Reaktorsicherheit für Leistungskernkraftwerke

Paul Laufs

Reaktorsicherheit für Leistungskernkraftwerke

Die Entwicklung im politischen und technischen Umfeld der Bundesrepublik Deutschland

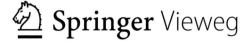

Springer Vieweg

Paul Laufs
Universität Stuttgart
Stuttgart
Deutschland

ISBN 978-3-642-30654-9   ISBN 978-3-642-30655-6 (eBook)
DOI 10.1007/978-3-642-30655-6

Die Deutsche Nationalbibliothek verzeichnet diese Publikation in der Deutschen Nationalbiblio-
grafie; detaillierte bibliografische Daten sind im Internet über http://dnb.d-nb.de abrufbar.

Springer Vieweg
© Springer-Verlag Berlin Heidelberg 2013

Springer Vieweg ist eine Marke von Springer DE. Springer DE ist Teil der Fachverlagsgruppe
Springer Science+Business Media
www.springer-vieweg.de

Vorwort

Als ausgebildeter und industrieerfahrener Ingenieur habe ich mich, insbesondere auch während meiner politischen Tätigkeit als Mitglied des Deutschen Bundestags (1976–2002) und als Parlamentarischer Staatssekretär (1991–1997), mit Fragen der Kerntechnik im In- und Ausland befasst. Unter dem Eindruck der heftigen Auseinandersetzungen um die Nutzung der Kernenergie entschloss ich mich, die Entwicklung der Reaktorsicherheit für Leistungsreaktoren ins Einzelne gehend darzustellen. Es ist der Versuch, aus einer geradezu unermesslichen Fülle von Fakten und Sachverhalten einen Überblick über die wesentlichen Tatbestände zu geben. Ich bin mir bewusst, dass ich nur eine unvollkommene Darstellung bieten kann. Im Vordergrund der Betrachtungen steht der Druckwasserreaktor.

Es ist mir ein vordringliches Anliegen, den zahlreichen Zeitzeugen und Akteuren zu danken, die in der zweiten Hälfte des 20. Jahrhundert an den Entwicklungen beteiligt waren und mich bei meiner technikhistorischen Arbeit mit ihrem Rat und ihren persönlichen Mitteilungen unterstützten. Dieser Dank gilt besonders den ehemaligen RSK-Mitgliedern, den emeritierten Professoren der Universitäten in Stuttgart, Karlsruhe und München, im Ruhestand lebenden Ministerialbeamten, Wissenschaftlern und Ingenieuren der kerntechnischen Industrie. Ich bin überzeugt, dass in den Jahren der Erstellung dieser Arbeit eine der letzten Chancen bestanden hat, wichtige technikhistorische Sachverhalte aus dem Gebiet der Reaktorsicherheit festzuhalten, bevor sie verloren gehen.

Bei meinen Recherchen in Bibliotheken und Archiven habe ich die freundliche Unterstützung sachkundiger Helfer erfahren dürfen. Dies gilt besonders für die Erschließung der ausgedehnten, nicht immer leicht zugänglichen Bestände des Archivs der Materialprüfungsanstalt der Universität Stuttgart. Das Ausfindigmachen wenig verbreiteter Literatur war oft mit erheblichen Schwierigkeiten verbunden. Es möge mir nachgesehen werden, dass ich hier stellvertretend für viele nur einen Namen erwähnen möchte: Frau Helga Högemann, Bibliothekarin bei der Gesellschaft für Anlagen- und Reaktorsicherheit mbH in Köln. Ihr und den vielen nicht persönlich genannten Helfern möchte ich sehr herzlich danken.

Inhalt

Abkürzungen

atw	Zeitschrift „atomwirtschaft"
Abg.	Abgeordneter
ABWR	Advanced Boiling Water Reactor
ACRS	Advisory Committee on Reactor Safeguards
ACSNI	Advisory Committee on the Safety of Nuclear Installations
AD	Arbeitsgemeinschaft Dampfkesselwesen/Druckbehälter
AEA	Atomic Energy Authority
AEB	Auslegungserdbeben
AEC	Atomic Energy Commission
AECL	Atomic Energy of Canada Limited
AEG	Allgemeine Elektricitäts-Gesellschaft
AEP	Accident Evaluation Program
AFNETR	Air Force Nuclear Engineering Test Reactor
AFR	Ausschuss für Rohrfernleitungen
AGIK	Arbeitsgemeinschaft Innovative Kerntechnik
AGKM	Archiv des Großkraftwerks Mannheim
AGL	Arbeitskreis Gleitlager der Forschungs-vereinigung Antriebstechnik
AGR	Advanced Gas-Cooled Reactor
AFS	Auxiliary Feedwater System
AIB	Absicherungsprogramm zum Integritätsnachweis von Bauteilen
AIF	Arbeitsgemeinschaft Industrieller Forschungsvereinigungen
AIME	American Institute of Mining, Metallurgical, and Petroleum Engineers
AK	Arbeitskreis/Aktionskomittee
AKR	Allgemeines Kerntechnisches Regelwerk
AKS	Arbeitsgemeinschaft Kernkraft Stuttgart
Al	Aluminium
ALWR	Advanced Light Water Reactor

ALOK	Amplituden-Laufzeit-Ortskurven
ALPR	Argonne Low Power Reactor
AM	Accident Management
AMPA	Archiv der Materialprüfungsanstalt der Universität Stuttgart
ANL	Argonne National Laboratory
ANS	American Nuclear Society
AP	Advanced Passive
APET	Accident Progression Event Tree
APEX	Advanced Plant Experiment
APPR	Army Package Power Reactor
APS	American Physical Society
ASA	American Standards Association
ASCOT	Assessment of Safety Culture in Organisation Teams
ASEA	Allmänna Svenska Elektriska Aktiebolaget
ASEP	Accident Sequence Evaluation Program
ASLWR	Advanced Simplified Light Water Reactor
ASME	American Society of Mechanical Engineers
ASTM	American Society for Testing and Materials
AtG	Atomgesetz
ATHLET	Analyse der Thermohydraulik von Lecks und Transienten
ATHLET-CD	ATHLET Core Degradation
ATHLET-SA	ATHLET Severe Accident Analysis
ATKE	Atomkernenergie (Zeitschrift)
AtSMV	Atomrechtliche Sicherheitsbeauftragten- und Melde-verordnung
AtVfV	Atomrechtliche Verfahrensverordnung
ATWS	Anticipated Transient Without Scram
AWRE	Atomic Weapons Research Establishment
AWT	Arbeitsgemeinschaft Wärmebehandlung und Werk-stofftechnik
Ba	Barium
BA	Bundesarchiv
BAG	Bayernwerk AG
BAnz	Bundesanzeiger
BAM	Bundesanstalt für Materialprüfung
BASF	Badische Anilin- und Soda-Fabrik
BBC	Brown, Boveri & Cie. AG
BBR	Babcock-Brown Boveri Reaktor GmbH
BBU	Bundesverband Bürgerinitiativen Umweltschutz
BCL	Battelle Columbus Laboratories
BDW	Berstdruckwelle
Be	Beryllium
BE	Bestrahlung
BETHSY	Boucle d'Études Thermo-Hydraulique Système
BfS	Bundesamt für Strahlenschutz
BGBl	Bundesgesetzblatt

BGR	Bundesanstalt für Geowissenschaften und Rohstoffe
BHB	Betriebshandbuch
BLHV	Badischer Landwirtschaftlicher Hauptverband
BMBF	Bundesminister(ium) für Bildung, Wissenschaft, Forschung und Technologie
BMBW	Bundesminister(ium) für Bildung und Wissenschaft
BMFT	Bundesminister(ium) für Forschung und Technologie
BMI	Bundesminister(ium) des Innern
BMwF	Bundesminister(ium) für wissenschaftliche Forschung
BMWi	Bundesminister(ium) für Wirtschaft und Technologie
BN	Bandnummer
BNDC	British Nuclear Design & Construction Limited
BNES	British Nuclear Energy Society
BNL	Brookhaven National Laboratory
BOL	begin of life
BORAX	Boiling Reactor Experiment
BPVC	Boiler and Pressure Vessel Code
Bq	Becquerel
BT	Bundestag
B & W	Babcock & Wilcox Company
BVerfG	Bundesverfassungsgericht
BWB	Bundesamt für Wehrtechnik und Beschaffung
BWV	Badischer Weinbauverband
c	Lichtgeschwindigkeit
cbm	Kubikmeter
C	Kohlenstoff
Ca	Calcium
CANDU	Canada Deuterium Uranium
CAT	Crack Arrest Temperature
CATHARE	Calcule de la Thermohydraulique Accidentelle dans les Réacteurs
CCFL	Counter Current Flow Limitation
CCTF	Cylindrical Core Test Facility
CDTN	Centro de Desenvolvimento da Tecnologia Nuclear
CDU	Christlich-Demokratische Union Deutschlands
Ce	Cer
CE	Combustion Engineering Inc.
CEA	Commissariat à l'Énergie Atomique
CEGB	Central Electricity Generating Board
CEBTB	Centre Expérimental du Bâtiment et des Travaux Publics
C.E.N.	Centre des Études Nucléaires
CENG	Centre d'Études Nucléaires de Grenoble
CESM	Continous Electroslag Melting
CFDT	Confédération Française et Démocratique du Travail
Ci	Curie
CIA	Central Intelligence Agency
CIRENE	CISE Reattore a Nebbia

CISE	Centro Informazioni, Studi ed Esperienze
Cm	Curium
CNA	Central Nuclear Atucha
CNEA	Comisión Nacional de Energia Atómica
CNEN	Comitato Nazionale per l'Energia Nucleare
CNN	Cable News Network
CNRN	Comitato Nazionale per le Ricerche Nucleari
Co	Kobalt
COBRA	Coolant Boiling in Rod Arrays-Code
COD	Crack Opening Displacement
COL	Combined Construction and Operating License
Cr	Chrom
CRE	Centro Ricerche Energia
CREST	Committee on Reactor Safety Technology
CRI	Containment Research Installation
CRIEPI	Central Research Institute of the Electric Power Industry
Cs	Cäsium
CSE	Containment Systems Experiment
CP	Chicago Pile
CSFRF	Conceptual Safety Features Review File
CSNI	Committee on the Safety of Nuclear Installations
CSU	Christlich-Soziale Union
CT	Compact Tension
Cu	Kupfer
CV	Containment Vessel
CVTR	Carolinas-Virginia Tube Reactor
DAtF	Deutsches Atomforum
DAtK	Deutsche Atomkommission
DBA	Design Basis Accident
DBA	Deutscher Druckbehälterausschuss
DBE	Design Basis Earthquake
DDA	Deutscher Dampfkesselausschuss
DDR	Deutsche Demokratische Republik
DE	Dampferzeuger
DECHEMA	Deutsche Gesellschaft für Chemisches Apparatewesen
DFD	Deutsch-französischer Direktionsausschuss
DFG	Deutsche Forschungsgemeinschaft
DGB	Deutscher Gewerkschaftsbund
DGZfP	Deutsche Gesellschaft für Zerstörungsfreie Prüfung
DH	Druckhalter
DIN	Deutsches Institut für Normung
DIV	Dampfisolierventil
DKE	Deutsche Elektrotechnische Kommission
DNB	Departure from Nucleate Boiling
DOE	Department of Energy
DP	Dringlichkeitsprogramm
DRUFAN	DRUckabsenkungsvorgänge mit Flexibler ANordnung der Kontrollvolumen

DSIN	Direction de la Sûreté des Installations Nucléaires
DTT	Design Transition Temperature
DVM	Deutscher Verband für Materialforschung und -prüfung e. V.
DVS	Deutscher Verband für Schweißtechnik
DWR	Druckwasserreaktor
D_2O	schweres Wasser (Bideuteriummonoxid)
el	elektrisch
E	Energie
EA	Empresarios Agrupados
EBR	Experimental Breeder Reactor
EBWR	Experimental Boiling Water Reactor
ECC	Emergency Core Cooling
ECCS	Emergency Core Cooling System
ECE	Economic Commission for Europe
ECN	Energy Research Centre of the Netherlands
EDF	Électricité de France
EDW	Explosionsdruckwelle
EF	Electric Furnace
EFDR	Entwickelter Fortgeschrittener Druckwasserreaktor
EIR	Eidgenössisches Institut für Reaktorforschung
ELCALAP	Extreme Load Conditions And Limit Analysis Procedures
EMI	Ernst-Mach-Institut (Fraunhofer Gesellschaft)
EN	Europäische Norm
ENEA	Ente per le Nuove Tecnologie, l'Energia e l'Ambiente
ENEL	Ente Nazionale per l'Energia Elettrica
ENES	Engineering Nuclear Equipment Strength
ENS	European Energy Society
ENSI	Eidgenössisches Nuklearsicherheitsinspektorat
ENSREG	European Nuclear Safety Regulators Group
EOB	End-of-Blowdown-Phase
EOL	end of life
EPERC	European Pressure Equipment Research Council
EPR	European Pressurized Water Reactor
EPRI	Electric Power Research Institute
ERR	Elk River Reactor
ERSEC	Étude de Refroidissement de Secours des Éléments Combustibles
ESIS	European Structural Integrity Society
EURATOM	Europäische Atomgemeinschaft
EVA	Einwirkungen von außen
EVS	Energieversorgung Schwaben
EVU	Elektrizitätsversorgungsunternehmen
EWG	Europäische Wirtschaftsgemeinschaft
ft	foot
F	(Querschnitts-) Fläche, auch: Fluor
FAD	Fracture Analysis Diagram/Failure Assessment Diagramm

FALSIRE	Fracture Assessment of Large Scale Internat. Reference Experiments
FAP	Facilities and Programmes
FAZ	Frankfurter Allgemeine Zeitung
FB	Forschungsbetreuung
FDP	Freie Demokratische Partei Deutschlands
FDR	Fortgeschrittener Druckwasserreaktor
Fe	Eisen
FEM	Finite-Elemente-Methode
FK	Fachkommission
FKS	Forschungsvorhaben Komponentensicherheit
FLAB	Flugzeugabsturz
FLECHT	Full-Length Emergency Cooling Heat-Transfer Tests
FLECHT-SET	FLECHT Systems-Effects Tests
FLECHT-SEASET	FLECHT Separate Effects And Systems-Effects Tests
FMPA	Forschungs- und Materialprüfungsanstalt für das Bauwesen der Universität Stuttgart (Otto-Graf-Institut)
FNKe	Fachnormenausschuss Kerntechnik
FRAMATOME	Société Franco-Américaine de Constructions Atomiques
FR 2	Forschungsreaktor Nr. 2
FRG	Forschungsreaktor Geesthacht
F.R.G.	Federal Republic of Germany
FRJ	Forschungsreaktor Jülich
FV	Forschungsvorhaben
FZK	Forschungszentrum Karlsruhe
FZKA	Forschungszentrum Karlsruhe
FZS	Forschungszentrum Seibersdorf
GAC	General Advisory Committee
GemAFriedrichstal	Gemeinde-Archiv Friedrichstal
GAU	größter anzunehmender Unfall
GB	Großbehälter
GE	General Electric Company
GERDA	Geradrohrdampferzeuger
GfK	Gesellschaft für Kernforschung Karlsruhe
GfS	Gesellschaft für Simulatorschulung
GFS	Gemeinsame Forschungsstelle
GFT	Gesellschaft für Tribologie
GG	Grundgesetz
GHH	Gutehoffnungshütte
GKM	Großkraftwerk Mannheim
GKN	Gemeinschaftskernkraftwerk Neckarwestheim
GKSS	Gesellschaft für Kernenergieverwertung in Schiffbau und Schifffahrt
GLA	Generallandesarchiv Karlsruhe
GMBl	Gemeinsames Ministerialblatt
Gp	Gigapond (1000 t)
GPR	Groupe Permanent chargé des Réacteurs Nucléaires
GPU	Groupe Permanent Usines
GPU	General Public Utilities Corporation

GPUN	General Public Utilities Nuclear Corporation
GRS	Gesellschaft für (Anlagen- und) Reaktorsicherheit mbH Köln
GRS-F-Nr.	Nr. der Fortschrittsberichte der Gesellschaft für Reaktorsicherheit
GSB	Gesellschaft für Sondermüllbeseitigung
GSF	Gesellschaft für Strahlen- und Umweltforschung
h	Stunde
H	Wasserstoff
HAMMLAB	Halden Man-Maschine Laboratory
HBWR	Halden Boiling Water Reactor
HD	Hochdruck
HDR	Heißdampfreaktor
HECTR	Hydrogen Event Containment Transient Response
HEW	Hamburgische Electricitäts-Werke
HKG	Hochtemperatur-Kernkraftwerk GmbH
HKL	Hauptkühlmittelleitung
HKMP	Hauptkühlmittelpumpe
HLUB	Hot Leg U-Bend
HMNII	Her Majesty's Nuclear Installations Inspectorate
H_2O	Wasser
HORUS	HORizontal U-tube Steamgenerators
HPIS	High Pressure Injection System
HPLWR	High Performance Light Water Reactor
HRB	Hochtemperatur-Reaktorbau GmbH
HSE	Health and Safety Executive
HSK	Hauptabteilung für die Sicherheit von Kernanlagen Würenlingen
HSST	Heavy Section Steel Technology
HTGR	High-Temperature Gas-Cooled Reactor
HTR	Hochtemperaturreaktor
HWZ	Halbwertszeit
I	Jod
IAEA	International Atomic Energy Agency
IAEO	Internationale Atomenergie-Organisation
IASMIRT	International Association of Structural Mechanics in Reactor Technology
IBLOCA	Intermediate Break Loss of Coolant Accident
ICENES	International Conference on Emerging Nuclear Energy Systems
ICMF	International Conference on Multiphase Flow
ICONE	International Conference on Nuclear Engineering
ICP	Industry Cooperative Program
ICPVT	International Conference on Pressure Vessel Technology
ICRP	International Commission on Radiological Protection
ICT	Institut für Chemische Technologie (Fraunhofer Gesellschaft)
IEC	International Electrotechnical Commission

IEEE	Institute of Electrical and Electronics Engineers
IEHK	Institut für Eisenhüttenkunde
IFAM	Fraunhofer-Institut für Fertigungstechnik und Angewandte Materialforschung
IfBT	Institut für Bautechnik (Berlin)
IFKM	Fraunhofer-Institut für Festkörpermechanik
IFU	Institut für Unfallforschung (TÜV Rheinland)
IGE	International General Electric Co.
IGEOSA	International General Electric Operations S. A.
IIST	INER Integral System Test
IIW	International Institute of Welding
IKE	Institut für Kernenergetik und Energiesysteme der Universität Stuttgart
ILK	Internationale Länderkommission Kerntechnik
IMIS	Integriertes Mess- und Informationssystem zur Überwachung der Umweltradioaktivität
INEL	Idaho National Engineering Laboratory
INER	Institute of Nuclear Energy Research (Lung-Tan/Taiwan)
INES	International Nuclear and Radiological Event Scale
INKA	Inaktives Kernschmelze-Auffangsystem
INPO	Institute of Nuclear Power Operations
INSAG	International Nuclear Safety Advisory Group
INTERATOM	Internationale Atomreaktorbau GmbH
INVAP SE	INVestigaciones APlicadas Sociedad del Estado
INWA	Inaktive Wärmeabfuhr
IPE	Individual Plant Examination
IPSN	Institut de Protection et de Sûreté Nucléaire
IRIS	International Reactor Innovative and Secure
IRS	Incident Reporting System
IRS	Institut für Reaktorsicherheit Köln
IRS-F-Nr.	Nr. der Forschungs/Fortschrittsberichte Institut für Reaktorsicherheit
IRS-W-Nr.	Nr. der Wissenschaftlichen Berichte des Instituts für Reaktorsicherheit
IRWST	In-Containment Refuelling Water Storage Tank
ISO	International Standardisation Organisation
ISP	International Standard Problem
ISPMS	Institute of Strength Physics and Materials Science
IST	Integral System Test
ISTec	Institut für Sicherheitstechnologie
IVO	Imatran Voima Corp. Vantaa/Finnland
IzfP	Fraunhofer-Institut für zerstörungsfreie Prüfung
JAERI	Japan Atomic Energy Research Institute
JAIF	Japan Atomic Industrial Forum Inc.
JAPCO	Japan Atomic Power Company Ltd.
JCAE	Joint Committee on Atomic Energy
JNES	Japan Nuclear Energy Safety Organization

JNSC	Japanese Nuclear Safety Commission
JRC	Joint Research Center Ispra
JSW	Japan Steel Works
kg	Kilogramm
kPa	Kilopascal
kW	Kilowatt
kWh	Kilowattstunde
KAB	Kraftwerks- und Anlagenbau Lubmin/Greifswald
KAERI	Korea Atomic Research Institute
KAPL	Knolls Atomic Power Laboratory
KBB	Kernreaktor Bau- und Betriebsgesellschaft mbH
KBR	Kernkraftwerk Brokdorf
KBWP	Kernkraftwerk Baden-Württemberg Planungsgesellschaft mbH
KCB	Kerncentrale Borssele
KEG	Kommission der Europäischen Gemeinschaften
KEPCO	Korean Electric Power Company
KfK	Kernforschungszentrum Karlsruhe
KFA	Kernforschungsanlage Jülich
KGR	Kernkraftwerk Greifswald
K_{Ic}	Bruchzähigkeit
KIT	Karlsruher Institut für Technologie
KKB	Kernkraftwerk Brunsbüttel
KKG	Kernkraftwerk Grafenrheinfeld
KKG (CH)	Kernkraftwerk Gösgen
KKI	Kernkraftwerk Isar
KKK	Kernkraftwerk Krümmel
KKP	Kernkraftwerk Philippsburg
KKS	Kernkraftwerk Stade
KKU	Kernkraftwerk Unterweser
KKW	Kernkraftwerk
KMK	Kernkraftwerk Mülheim-Kärlich
KOMFORT	Katalog zur Erfassung organisatorischer und menschlicher Faktoren bei Inspektionen vor Ort
Kr	Krypton
KRB	Kernkraftwerk Gundremmingen
KS	Komponentensicherheit
KSA	Eidgenössische Kommission für die Sicherheit von Kernanlagen
KSG	Kraftwerks-Simulator-Gesellschaft
KTA	Kerntechnischer Ausschuss
KTG	Kerntechnische Gesellschaft e.V.
KVP	Kontinuierliche Verbesserung betrieblicher Prozesse
KWB	Kernkraftwerk Biblis
KWG	Kernkraftwerk Grohnde
KWL	Kernkraftwerk Lingen
KWO	Kernkraftwerk Obrigheim/Neckar
KWS	Kernkraftwerk Süd GmbH

KWU	Kraftwerk Union AG
KWW	Kernkraftwerk Würgassen
loca	loss of coolant accident
LA	Lenkungsausschuss
LANL	Los Alamos National Laboratory
LASL	Los Alamos Scientific Laboratory
LBB	Leak-Before-Break
LBLOCA	Large Break Loss of Coolant Accident
LERF	Large Early Release Frequency
LITR	Low-Intensity Testing Reactor
LL-DWR	Leitlinien für Druckwasserreaktoren
LLNL	Lawrence Livermore National Laboratory
LNT	Linear-Non-Threshold
LOBI	Loop Blowdown Investigations
LOCA	Loss of Coolant Accident
LOFT	Loss of Fluid Test
LRA	Laboratorium für Reaktorregelung und Anlagensicherheit München
LRF	Ladle Refining Furnace
LSTF	Large Scale Test Facility
LuftSiG	Luftsicherheitsgesetz
LWHCR	Light Water High Conversion Reactor
LWR	Leichtwasserreaktor
m	Masse
mc	Millicurie
mca/MCA	maximum credible accident
ms	Millisekunde
mSv	Millisievert
M	Spaltproduktmenge
MAN	Maschinenfabrik Augsburg-Nürnberg AG
MCi	Millionen Curie
MD	Ministerialdirektor
MDgt	Ministerialdirigent
MDM	Metal Disintegration Machining
MERLIN	Multi rod Electrically heated Rig for LOCA Investigation
METI	Ministry of Economic Trade and Industry
MeV	Millionen Elektronenvolt
Mg	Magnesium
MHE	Maximum Hypothetical Earthquake
MHKW	Midvale-Heppenstall-Klöckner-Werke
MIST	Multiloop Integral System Test
MIT	Massachusetts Institute of Technology
MITI	Ministery of International Trade and Industry
Mn	Mangan
MN	Meganewton
MNm	Meganewtonmeter
Mo	Molybdän

MOX-BE	Mischoxid-Brennelement
MPa	Megapascal
MPA	Materialprüfungsanstalt
MPC	Metal Properties Council
MPR	Mandil-Panoff-Rockwell Associates, Inc. Alexandria, Va.
Mr, mr	Milliröntgen
MR	Ministerialrat
MRW	Mannesmann-Röhren-Werke AG
MTA	Mobile Test Assembly
MTO	Mensch-Technik-Organisation
MTOU	Mensch-Technik-Organisation-Umfeld
MTR	Materials Testing Reactor
MW	Megawatt
MW_{el}	Megawatt elektrischer Leistung
MW_{th}	Megawatt thermischer Leistung
MWs	Megawattsekunden
MZFR	Mehrzweck-Forschungsreaktor
N	Newton
NAIIC	The Fukushima Nuclear Accident Independent Investigation Commission
Nb	Niob
NCS	Nukleares Container-Schiff
ND	Niederdruck
NDE	Nondestructive Examination
NDRC	National Defense Research Committee
NDT	Nil Ductility Transition
NDT-T	Nil Ductility Transition Temperatur
NEA	Nuclear Energy Agency
NED	Nuclear Engineering and Design
NEPA	National Environmental Policy Act
NEPTUN	Nachwärmeabfuhr-Experiment am SNR-2 Natur-Konvektionsmodell
NERI	Nuclear Energy Research Initiative
NESC	Network for Evaluation of Structural Components
Ni	Nickel
NI	Nuclear Island
NII	Nuclear Installation Inspectorate
NHK	Nippon Hoso Kyotai
NISA	Nuclear and Industrial Safety Agency
NKe	Normenausschuss Kerntechnik
NKS	Notkühlsimulation
NKW	Notkühlwasser
NLFZ	Nationales Lage- und Führungszentrum
NPI	Nuclear Power International
NRA	Nuclear Regulation Authority
NRG	Nuclear Research and Consultancy Group, Petten/NL
NRI	Nuclear Research Institute Rez

NRL	Naval Research Laboratory
NRTS	National Reactor Testing Station Idaho
NRX	Nuclear Research Reactor Chalk River
NS	Nuklearschiff
NSA	Nukleare Sicherheitsarchitektur
NSAC	Nuclear Safety Analysis Center
NSBDT	Nationalsozialistischer Bund Deutscher Technik
NSC	Nuclear Safety Commission of Japan
NSSS	Nuclear Steam Support System
NUKEM	Nuklear-Chemie und Metallurgie GmbH
NUREG	NUclear REGulatory Commission
NURETH	Nuclear Reactor Thermal Hydraulics
NUSS	Nuclear Safety Standards
NW	Nennweite
NWK	Nordwestdeutsche Kraftwerke AG
O	Sauerstoff
OBE	Operational Basis Earthquake
ODL	Ortsdosisleistung
OECD	Organization for Economic Cooperation and Development
OEEC	Organization for European Economic Cooperation
OHSAS	Occupational Health and Safety Assessment Series
OKB	Experimental-Konstruktionsbüro (russ. Akronym)
OMR	Organisch moderierter und gekühlter Reaktor
ORNL	Oak Ridge National Laboratory
OSART	Operational Safety Review Team
OSU	Oregon State University
OTIS	Once-Through Integral System
OVG	Oberverwaltungsgericht
psig	pound-force per square inch gauge
P	Power, auch: Phosphor
Pa	Pascal ($1 \ N/m^2$)
PACTEL	PArallel Channel Test Loop
PANDA	PAssive Nachwärmeabfuhr und DruckAbbau Testanlage
PCSR	Pre-Construction Safety Report
PCV	Primary Containment Vessel
PHDR	Projekt Heißdampfreaktor
PIRT	Phenomena Identification and Ranking Table
PIUS	Process Inherent Ultimate Safe
PKKOM	Projektkomitee Komponentenverhalten
PKL	Primärkreislauf
PNS	Projekt Nukleare Sicherheit
PORV	Pilot-Operated Relief Valve
PRDC	Power Reactor Development Corporation
PRG	Program Review Group
PRHR	Passive Residual Heat Removal
PSA	Probabilistische Sicherheitsanalyse

PSF	Projekt Nukleare Sicherheitsforschung
PSI	Paul Scherrer Institut Würenlingen
PTS	Pressurized Thermal Shock
Pu	Plutonium
PVRC	Pressure Vessel Research Committee
PWR	Pressurized Water Reactor
r,R	Röntgen, auch Radius
rem	röntgen equivalent man
Ra	Radium
RAF	Rote Armee Fraktion
RCIC	Reactor Core Isolation Cooling
RE	Reaktorentwicklung
RBMK	Reaktor Bol'schoi Moschtschnosti Kipjaschtschij
RDB	Reaktordruckbehälter
RDM	De Rotterdamsche Droogdock Maatschappij N. V.
RDT	Reactor Development and Technology
REFLA	REFLood Analysis code
REFLOS	Refined Evaluation of Fuel Loading Schemes code
RELAP	REactor Leak and Analysis Program
REM	Rasterelektronenmikroskop
REWET	REWETting test facility
RGW	Rat für Gegenseitige Wirtschaftshilfe
ROSA	Rig of Safety Assessment
RPV	Reactor Pressure Vessel
RS	Reaktorsicherheit
RSB	Reaktor-Sicherheitsbehälter
RSK	Reaktor-Sicherheitskommission
RSK-UA	Reaktor-Sicherheitskommission-Unterausschuss
RSS	Reactor Safety Study
Ru	Ruthenium
RWE	Rheinisch-Westfälisches Elektrizitätswerk AG
RWTH	Rheinisch-Westfälische Technische Hochschule
RWTÜV	Rheinisch-Westfälischer Technischer Überwachungs-verein
Ry	Reactor-year
S	Schwefel
SAFE	Safety Assessment and Facilities Establishment
SAS	Schnellabschaltsystem
Sb	Antimon
SB	Sicherheitsbehälter
SBLOCA	Small Break Loss of Coolant Accident
SBO	station black out
SCOTT	Super-Critical, Once-Through Tube
SCTF	Slab Core Test Facility
SEASET	Separate Effects and Systems Effects Tests
SEB	Sicherheitserdbeben
SELNI	Società Elettronucleare Italiana
SEMO	Société Belgo-Française d'Énergie Nucléaire Mosane

SESAR	Senior Group of Experts on Nuclear Safety Research
SETH	SESAR Thermal Hydraulics
SGTR	Steam Generator Tube Rupture
Si	Silizium
SIET	Società Informazioni Esperienze Termoidrauliche S.p. A.
Si-G/R	Simulationsproben für Glüh- und Relaxationsversuche
Si-SSi	Simulationsproben für den Schweißsimulator
SIR	Submarine Intermediate Reactor
SK	Sachverständigenkreis
SL-1	Stationary Low-Power Reactor No. 1
SLV	Schweißtechnische Lehr- und Versuchsanstalt Halle
SMIRT	Structural Mechanics in Reactor Technology
Sn	Zinn
SNEC	Saxton Nuclear Experimental Corporation
SNL	Sandia National Laboratories
SNR	Schneller Natriumgekühlter Reaktor
SORIN	Società Ricerche Impianti Nucleari
SPD	Sozialdemokratische Partei Deutschlands
SPDS	Safety Parameter Display System
SPERT	Special Power Excursion Reactor Tests
SPES	Simulatore Pressurizzato per Esperienze di Sicurezza
Sr	Strontium
SR	Sicherheit kerntechnischer Anlagen
SRC	Stress Relief Crack (Relaxationsriss)
SRD	Safety and Reliability Directorate
SRI	Stanford Research Institute
SRR	Stahl- und Röhrenwerke Reisholz
SSE	Safe Shutdown Earthquake
SSK	Strahlenschutzkommission
SSMPR	Seismic Safety Margins Research Program
SSP	Sicherheitsspezifikation
SSVO	Strahlenschutzverordnung
SSW	Siemens-Schuckertwerke AG
StAF	Staatsarchiv Freiburg
StrlSchV	Strahlenschutzverordnung
STR	Submarine Thermal Reactor
STUK	Säteilyturvakeskus Radiation and Nuclear Safety Authority
Sv	Sievert
S-UP-Ro	Unterpulver-Schweißproben von Ronden
SWR	Siedewasserreaktor
SWR-69	Siedewasserreaktor der Baulinie 69
t	Zeit, auch: Tonne
T	Temperatur
TASS	Telegrafnoje Agentstwo Sowjetskogo Sojusa
TB	Technischer Bericht
Te	Tellur

TEG	Teilerrichtungsgenehmigung
TEM	Transmissions-Elektronenmikroskop
TEPCO	Tokyo Electric Power Company
th	thermisch
TH	Technische Hochschule
THTF	Thermal Hydraulic Test Facility
THTR	Thorium-Hochtemperatur-Reaktor
Ti	Titan
TMI	Three Mile Island
TNT	Trinitrotoluol
TPTF	Two-Phase Test Facility
TRAC	Transient Reactor Analysis Code
TRAM	Transient Reactor Accident Management
TRB	Technische Regeln für Druckbehälter
TRD	Technische Regel für Dampfkessel
TRW	Thompson-Ramo-Woolridge Inc.
TS	Technische Stammabteilung
TU	Technische Universität
TÜV	Technischer Überwachungs-Verein
TVO	Teollisuuden Voima Oy
TWS	Technische Werke Stuttgart
U	Uran
UA	Unterausschuss
UAW	United Automobile Workers
UCB	University of California – Berkeley
UCS	Union of Concerned Scientists
UFSAR	Updated Final Safety Analysis Report
UHI	Upper Head Injection
UHS	Ultimate Heat Sink
UKAEA	United Kingdom Atomic Energy Authority
UMAN	Universalmanipulator
UMCP	University of Maryland, College Park
UN	United Nations
UNDP	United Nations Development Programme
UNESCO	United Nations Educational, Scientific and Cultural Organization
UNICEF	United Nations Children's Fund
UN-OCHA	United Nations Office for the Coordination of Humanitarian Affairs
UNSPO	Universalsteuerpult
UP	Unter-Pulver
UPTF	Upper Plenum Test Facility
UPR	Unterplattierungsrisse
US	United States, auch: Ultraschall
USAEC	United States Atomic Energy Commission
USACRS	United States Advisory Committee on Reactor Safeguards
USDOE	United States Department of Energy

USNRC	United States Nuclear Regulatory Commission
USUS	Unabhängiges Sabotage- und Störfallschutz-System
UVV	Unfallverhütungs-Vorschriften
V	Vanadin/Vanadium
VAK	Versuchsatomkraftwerk Kahl
VBM	Verformungs- und Bruchmechanismus
VBWR	Vallecitos Boiling Water Reactor
VDE	Verband Deutscher Elektrotechniker
VDEh	Verein Deutscher Eisenhüttenleute
VDEW	Vereinigung Deutscher Elektrizitätswerke ab 2000 Verband der Elektrizitätswirtschaft
VDI	Verein Deutscher Ingenieure
VdTÜV	Vereinigung der Technischen Überwachungs-Vereine
VEW	Vereinigte Elektrizitätswerke Westfalen AG
VfW	Vereinigte Flugtechnische Werke
VGB	Vereinigung der Großkesselbetreiber (-besitzer) (später: Technische Vereinigung der Großkraftwerksbetreiber e.V., heute: VGB PowerTech e.V.)
VGD	Vorgespannte Guss-Druckbehälter
VGH	Verwaltungsgerichtshof
VIK	Verband der Industriellen Energie- und Kraftwirtschaft
VIP	Vessel Investigation Project
VMPA	Verband der Materialprüfungsanstalten
VSGD	Vorgespannte Stahlguss-Druckbehälter
VTT	valtion teknillinen tutkimuskesus – Technisches Forschungszentrum Finnland
WAA	Wiederaufarbeitungsanlage
WANO	World Association of Nuclear Operators
WASH	Washington
WEC	Westinghouse Electric Corporation
WENESE	Westinghouse Electric Nuclear Energy Systems Europe
WENRA	Western European Nuclear Regulators Association
WEZ	Wärmeeinflusszone
W + F	Werkstoffe und Festigkeit
WNA	World Nuclear Association
WRC	Welding Research Council
WRL-E	Westinghouse Research Laboratories Europe
WRSIM	Water Reactor Safety Information Meeting
WWER	Wasser-Wasser-Energie-Reaktor
Xe	Xenon
Y	Yttrium
Z	Ordnungszahl, Atomnummer
ZB	Behälter in Zwischengröße
ZfK	Zentralinstitut für Kernforschung Rossendorf
ZfP	Zerstörungsfreie Prüfung
ZMA	Zentrale Melde- und Auswertestelle des VGB
Zr	Zirkonium

Einleitung

Freiheitliche Rechtsordnungen sind offen für technischen Fortschritt und akzeptieren gewisse Gefahrenlagen und Risiken, die mit ihm verbunden sind. Bei der Errichtung und dem Betrieb von großtechnischen Anlagen, die enorme Gefahrenpotenziale besitzen, wie etwa Staudämme, chemische Werke oder Kernkraftwerke, sind Gefahrenabwehr und Schadensvorsorge gesellschaftliche und politische Fragen von hohem Rang. Solche Anlagen müssen höchsten Anforderungen an die Sicherheitstechnik genügen, und sie bedürfen staatlicher Zulassung und Überwachung.

Die Kernenergie ist eine der ergiebigsten Energiequellen, die dem Menschen zur wirtschaftlichen und umweltverträglichen Nutzung zur Verfügung stehen. Bei der Ersten Genfer Atomkonferenz der Vereinten Nationen im August 1955 waren sich alle Staaten in dem Bestreben einig, diese mächtige Ressource friedlich und zum Wohle der Menschen zu erschließen und ihre Gefahren sicher zu beherrschen.

Die Abwägung der Nützlichkeit technischer Anlagen gegen ihre Risiken und deren Bewertung sind eminent politische Aufgaben. Es gibt keine übergeordnete Sicherheitsphilosophie, aus der sich konkrete Maßgaben für hinnehmbare Risiken ableiten ließen. Es ist ein höchst verantwortungsvoller politischer Auftrag an die staatliche Verwaltung, die vom Gesetz geforderte ausreichende Schadensvorsorge sicherzustellen, um technische Katastrophen nach menschlichem Ermessen – oder gemäß der Formulierung des Bundesverfassungsgerichts (BVerfG) in seinem Kalkar-Urteil von 1978[1] durch „Abschätzungen anhand praktischer Vernunft" – zuverlässig auszuschließen. Im Zentrum der Kernenergienutzung steht die Technik der sicheren Umschließung der gefährlichen, während des Betriebs im Reaktor entstehenden, radioaktiven Stoffe und die sichere Entsorgung der radioaktiven Abfälle über sehr lange Zeiträume. Die hinzunehmenden Restrisiken aus unvorhersehbarem, unentrinnbarem Geschehen jenseits der „Grenzen menschlichen Erkenntnisvermögens" (BVerfG) haben sich bisher nicht realisiert – auch die schweren und katastrophalen Unfälle in Three-Mile-Island, Tschernobyl und Fukushima beruhten auf menschlichem Fehlverhalten und technischen Unzulänglichkeiten, die vorhersehbar und vermeidbar waren (s. Kap. 4).[2]

Politik und Behörden bedürfen bei der Vorbereitung ihrer hoheitlichen Entscheidungen der Zuarbeit und der Beratung durch die besten Sachverständigen, die in Industrie, Wissenschaft und Verbänden verfügbar sind. Sie registrieren empfindlich öffentliche Zustimmung oder Ablehnung, wenn neue Technik entwickelt und genutzt wird. In einem demokratisch verfassten Staat entscheidet letztlich die Bürgerschaft,

---

[1] BVerfG, Beschluss vom 8. 8. 1978–2 BvL 8/77; OVG NRW, Ziffer 6, s. Kap. 4.5.9.

[2] Der Begriff „Restrisiko" wird allerdings auch vieldeutig und missverständlich verwendet, vgl. Sellner D (1982) Die Bewertung technischer Risiken. In: Hosemann G (Hrsg) Risiko – Schnittstelle zwischen Technik und Recht, VDE/VDI-Tagung 18./19. 3. 1982 in Seeheim, VDE-Verlag, S. 183–203.

P. Laufs, *Reaktorsicherheit für Leistungskernkraftwerke*, DOI 10.1007/978-3-642-30655-6_1, © Springer-Verlag Berlin Heidelberg 2013

welche Risiken sie hinzunehmen bereit ist. Die sichere Beherrschung großer technischer Gefahrenpotenziale ist für die Bürger so lange glaubwürdig, wie sie uneingeschränktes Vertrauen in die hohe Ingenieurskunst und das unablässig wachsame Verantwortungsbewusstsein der staatlichen Stellen bei der Überwachung und Aufsicht der Anlagen setzen kann. Carl Duisberg hat den in der Verantwortung stehenden Akteur so gekennzeichnet: „Über allem Wissen steht das Können und darüber der Charakter." Die Mentalität der 68er und grünen Bewegungen wandte sich von der strengen Leistungsbezogenheit und Disziplin ab, die Voraussetzungen der sicheren Beherrschung von Großtechniken mit hohem Gefahrenpotenzial sind.

Einführung und Anwendung einer neuen Technik der Energieversorgung umfassen mehrere Jahrzehnte. Selbst wenn sich eine Technik als wirtschaftlich wettbewerbsfähig und ökologisch vorteilhaft erweist, gegen eine anhaltend ablehnende öffentliche Meinung wird sie sich auf Dauer nicht behaupten können. Es ist für das Verständnis der geschichtlichen Abläufe deshalb unabdingbar, das öffentliche politisch-gesellschaftliche Umfeld zu betrachten, in dem die Entwicklung und Nutzung der Kernenergie in der Bundesrepublik Deutschland stattfanden. Die anfängliche Begeisterung und die sich allmählich verstärkende Abwendung von der friedlichen Nutzung der Kernenergie haben vielschichtige Beweggründe.

Unter dem Eindruck der ungeheuer zerstörerischen Wucht der im Kriegseinsatz über Hiroshima und Nagasaki entfesselten nuklearen Energien erhoben sich schon unter den Wissenschaftlern des amerikanischen Atombombenprojekts eindringlich mahnende Stimmen, die der atomaren Aufrüstung scharf ablehnend und der zivilen Nutzung der Kernenergie skeptisch gegenüber standen. Sie brachten sich in der Ende 1945 erstmals erschienenen Zeitschrift „Bulletin of the Atomic Scientists" deutlich zum Ausdruck. Im Jahr 1969 wurde am Massachusetts Institute of Technology (MIT) in Cambridge, Mass., USA, von Studenten und Lehrkräften die Union of Concerned Scientists (UCS) gegründet, die einen Schwerpunkt ihrer politischen und publizistischen Arbeit in der Abschaffung aller Atomwaffen sah. Die UCS nahm keine grundsätzlich ablehnende Position gegen die friedliche Nutzung der Kernenergie ein, begleitete sie jedoch stets in kritischer Distanz mit wissenschaftlich ernst zu nehmenden hohen Anforderungen an die Sicherheitstechnik und -kultur.

Auch in der Bundesrepublik gab es, beginnend Mitte der 1950er Jahre, nach schwedischen und britischen Vorbildern kämpferische Protestbewegungen gegen Nuklearwaffen und Atomtests, wie den *Kampfbund gegen Atomschäden* (1956), die Bewegung *Kampf dem Atomtod* (1957/1958) sowie die *Ostermärsche gegen atomare Kampfmittel jeder Art und jeder Nation* (seit Ostern 1960). Diese Anti-Atomtod-Kampagnen weckten diffuse „Atomängste" und bildeten auch den Nährboden für Protestaktionen gegen die friedliche Nutzung des Atoms. Von Anbeginn der Kernenergienutzung waren besorgte Kritiker, die einzeln oder in Bürgerinitiativen auftraten, mit Sachargumenten zur Stelle. Sie traten jedoch gegenüber den kompromisslos und lautstark auftretenden Anti-AKW-Aktionsgruppen mehr und mehr in den Hintergrund.

Es trifft zu, dass in den Anfängen der Kerntechnik vielfältige Kenntnislücken vorhanden waren. Die Ingenieure der Reaktorbaufirmen, die aus der konventionellen Kraftwerkstechnik kamen, waren sich jedoch ihres teilweise unzulänglichen Wissens und der fehlenden Erfahrung bewusst und berücksichtigten dies mit sorgfältig angesetzten Sicherheitszuschlägen. Mit großzügig angelegten nationalen und internationalen Forschungsvorhaben, die auch Sofort- und Dringlichkeitsprogramme umfassten, wurden seit den 1960er Jahren die tatsächlich vorhandenen Sicherheitsreserven erkundet und die Voraussetzungen für einen langfristigen sicheren Betrieb der Leistungskernkraftwerke geschaffen. Es bestand weithin der Konsens, dass die Reaktorsicherheit mit einem nachdrücklich kritischen Problembewusstsein beständig reflektiert werden muss. Neue Erkenntnisse wurden bei der Auslegung neuer Kraftwerke und mit Nachrüstungen der älteren Anlagen fortlaufend umgesetzt.

Nach der Wiedererlangung der nationalen Souveränität 1955 wurde in der Bundesrepublik Deutschland mit der friedlichen Nutzung der Kernenergie unter großer Zustimmung der Bevölkerung, der politischen Parteien, der Wirtschaft und der Wissenschaft der Weg in das mit damals hochgestimmten Hoffnungen erwartete Atomzeitalter bereitet. Neben den ernst zu nehmenden Kritikern kam jedoch alsbald eine Anti-AKW-Bewegung auf, die für sachliche Argumentation unzugänglich war. In der Folge der 68er-Revolte der Nachkriegsgeneration wurden die Vorhaben der „Großindustrie" (Energieversorgungsunternehmen – EVU) und das Atomenergieprogramm der als repressiv empfundenen Staatsmacht zu einem der zahlreichen Kampffelder. Die Silhouette eines Atomkraftwerks und das Strahlenschutz-Warnzeichen wurden zu Fanalen eines radikal abgelehnten „Atomstaats". Radioaktivität und Atomkraft wurden zu emotional aufgeladenen Angstthemen. Kernenergie und Atomkrieg wurden zu einem „atomaren Holocaust" zusammengemengt. Technische Sachverhalte sowie wirtschaftliche und politische Abwägungserfordernisse wurden zu Fragen der Moral erhoben und zu Gegenständen kompromissloser Glaubenskämpfe gemacht.

In den 1970er Jahren wurden die Bauplätze für neue Kernkraftwerke in Wyhl, Brokdorf und Grohnde für überwiegend linksrevolutionäre Gruppen zu Feldern legendärer Schlachten mit geradezu bürgerkriegsähnlichen Verläufen. Diese Protestaktionen fanden eine starke Medienresonanz und Sympathie in Teilen der Bevölkerung. In traditions- und orientierungslos gewordenen, rechtsstaatlich umfassend regulierten Gesellschaften neigen Menschen dazu, ihre diffusen Ängste und latente Aggressivität dadurch zu bewältigen, dass sie ihre seelischen Nöte auf konkrete Widersacher projizieren und diese heftig engagiert bekämpfen. *„Die Kondensierung der politischen Leidenschaften zu einer kleinen Anzahl sehr einfacher Hassgefühle, die in den tiefsten Wurzeln des menschlichen Herzens verankert sind, ist eine Errungenschaft der modernen Zeit"* (Julien Benda).[3] Die Anti-AKW- und Anti-Atomtod-Bewegungen und die anhaltenden Proteste gegen den Atomstaat veränderten die Zeitstimmung. Mit der Gründung der Partei „Die Grünen" 1980 wurde die Kernenergiefrage zu einem Instrument im parteipolitischen Machtkampf. Die Verantwortbarkeit und Zweckmäßigkeit der Kernenergienutzung wurden von den Grünen und Teilen der SPD grundsätzlich verneint, weil ihr Restrisiko nicht hinnehmbar sei. Der Publizist und Historiker Arnulf Baring bemerkte mit Blick auf SPD und Grüne: *„Die Ablehnung der Kernenergie wurde zum Dogma erhoben – und war damit nicht mehr politisch verhandelbar. Die mangelnde Bereitschaft, den eigenen Standpunkt angesichts veränderter Rahmenbedingungen immer wieder neu zu überprüfen, ist für mich Realitätsverweigerung."*[4]

Es ist ein beunruhigendes Phänomen, dass Erkenntnisse aus wissenschaftlichen Forschungsvorhaben, die in einem geschichtlich einzigartigen Umfang durchgeführt worden sind, von Politik und Medien aus dem öffentlichen Diskurs einfach ausgeblendet und übergangen wurden. So wurde das an die Bundesregierung gerichtete Dialogangebot einer großen Zahl von Hochschullehrern und Forschern im Herbst 1999 über neues kerntechnisches Wissen und Verstehen ohne weitere Begründung zurückgewiesen. Es ist eine andere Qualität von Technikbewertung, die sich von der Aufklärung verabschiedet, wenn Techniken – wie die Energiebereitstellung durch Kernspaltung oder Photovoltaik – nicht mehr unter sachlichen, naturwissenschaftlich-technischen Gesichtspunkten wie Kosten-Nutzen-Verhältnis, Zweckmäßigkeit, Sicherheit, Risiken usw. beurteilt werden, sondern nach den einfachen moralischen Kategorien „gut" und „böse". Die Atomkraft wurde für viele Menschen zum Inbegriff des Bösen schlechthin. Was moralisch verwerflich ist, kann ohne weiteres abgelehnt und bekämpft werden. Eine neue Diskurskultur wurde vergebens angemahnt.[5]

---

[3] Benda J (1983) Der Verrat der Intellektuellen, Ullstein Materialien. Ullstein, Frankfurt a. M., S. 90.

[4] Baring A (2009) Kernenergie: Geschichte eines Realitätsverlusts. Frankfurter Allgemeine Zeitung, Nr. 150, 2. Juli 2009, S. 12.

[5] Renn O (2000) Energie im Widerstreit der öffentlichen Meinung – zur Notwendigkeit einer neuen Diskurskultur. In: Grawe J, Picaper J-P (Hrsg) Streit ums Atom, Piper, München und Zürich, S. 163–186.

Die Anti-Atom-Politik mit ihrem planmäßigen Schüren von Ängsten wurde zu einem zentralen Thema der politischen Auseinandersetzung. Mit der Bildung von rot-grünen Regierungskoalitionen in den 1980er und 1990er Jahren in Hessen, Niedersachsen und Schleswig-Holstein wurde der „ausstiegsorientierte" atomrechtliche Vollzug zur amtlichen Verwaltungspraxis und die Abschaltung der Kernkraftwerke zum erklärten politischen Ziel dieser Bundesländer. Die Bundesregierung Schröder/Fischer schließlich vereinbarte mit der Energiewirtschaft den bis 2021 zu vollziehenden Atomausstieg und bewirkte mit der Atomgesetznovelle vom April 2002 das Neubauverbot für kommerzielle Kernkraftwerke. Die 2009 ins Amt gekommene Bundesregierung Merkel/Westerwelle setzte in Abweichung vom Ausstiegsvertrag die Laufzeitverlängerung aller 17 in Betrieb befindlichen Kernkraftwerke um 8 bis 14 Jahre (im Durchschnitt 12 Jahre) durch und ließ dies Ende Oktober 2010 mit der 11. Atomgesetznovelle vom Deutschen Bundestag rechtlich verbindlich machen. Unter dem Eindruck der Zerstörung von vier Kernkraftwerksblöcken am japanischen Standort Fukushima-Daiichi nach der einzigartigen Naturkatastrophe vom 11. 3. 2011 vollzog sie einen abrupten energiepolitischen Kurswechsel und verfolgte im parteienübergreifenden Konsens den Ausstieg aus der Kernenergienutzung im nationalen Alleingang bis zum Jahr 2022 (s. Kap. 4.9).

Eine nüchterne, sachbezogene Abwägung von Nutzen und Risiken der Energiebereitstellung durch Kernspaltung war in der deutschen politischen Öffentlichkeit in den 1970er Jahren unmöglich geworden. Nicht nur der Bürger mit durchschnittlicher Schul- und Berufsausbildung, auch der sog. Bildungsbürger war gänzlich überfordert, die komplexen sicherheitstechnischen Sachverhalte der Kernenergienutzung zu verstehen und zu beurteilen. Die Berichterstattung in Presse, Rundfunk und Fernsehen spielte deshalb eine entscheidende Rolle für die öffentliche Akzeptanz dieser Energieform. Die zunehmende Dominanz des Bildes gegenüber dem erläuternden Wort verstärkte aber den Trend zur schnellen oberflächlichen Wahrnehmung, der nicht mehr nach den Hintergründen des sichtbaren Geschehens fragt und das Feld für tendenziöse Berichterstattungen weit öffnet. Die Folgen sind für die sachbezogene Ordnung des Gemeinwesens enorm, wie beispielsweise nach den Ereignissen in Fukushima nachzuvollziehen war. Die ehemalige Vorsitzende der Bundespressekonferenz T. Bruns stellte fest: „*In Wahrheit sind Politiker und Journalisten Getriebene einer Medienentwicklung, deren Zwänge wie nie zuvor und auf allen Ebenen die Kommunikation und Gestaltung der öffentlichen Angelegenheiten bestimmen und durchdringen.*"[6] Die „Medien-Wirklichkeit" kann die Wirklichkeit der Tatsachen in der Welt überlagern und verdrängen, wenn dem Bürger Einblick in das reale Geschehen und dessen Verständnis fehlen. Was die Menschen für wahr halten, ist ein Politikum von hoher Bedeutung.

Die Medien waren unverkennbar nicht in der Lage oder willens, komplizierte technische und naturwissenschaftliche Zusammenhänge der breiten Öffentlichkeit zu vermitteln. So ist beispielsweise nicht einmal ansatzweise versucht worden, die fundamentalen Unterschiede in der Physik, Betriebsweise, Sicherheitstechnik und -kultur zwischen dem Unglücksreaktor in Tschernobyl und deutschen Leistungskernkraftwerken darzustellen. Die deutsche Medienwelt bevorzugte ganz überwiegend emotionsgeladene Aktionen von Protestgruppen, die in der Kampfzeit der Anti-AKW-Bewegung gelernt hatten, sich und ihre Botschaft geschickt in Szene zu setzen. Schon kleine Vorfälle (wie ein Kurzschluss in einem für die Sicherheit der Anlage bedeutungslosen Maschinentransformator auf dem Freigelände neben einem Kernkraftwerk) konnten mit einem hysterischen Aufschrei zu handfesten Skandalen gemacht werden.[7] Die anschließend durchgeführten Bevölkerungsbefragungen lieferten dann nichts anderes als Reflexe auf die medialen Kampagnen, galten

---

[6] Bruns T (2007) Republik der Wichtigtuer – Ein Bericht aus Berlin, Herder Verlag, S. 11.

[7] So beispielsweise die Berichterstattung über den Kurzschluss in einem Maschinentransformator des Kernkraftwerks Krümmel am 4. Juli 2009.

aber als Beweise für die geringe Akzeptanz der Kernenergie. Von umstürzender Wirkung war die an Dramatik nicht zu überbietende Katastrophen-Berichterstattung der deutschen Medien über das Reaktorunglück von Fukushima, das sich in der Folge des schwersten Erdbebens in der Geschichte Japans und eines verheerenden Tsunamis am 11. 3. 2011 ereignete. Es entstand der erschütternde Eindruck von einer das Land und seine Bewohner heimsuchenden schweren Nuklearkatastrophe, die so jedoch gar nicht eingetreten war. In Deutschland gibt es im Gegensatz zu anderen Staaten keine allgemein anerkannte, von den politischen Akteuren unabhängige Autorität, welche die Glaubwürdigkeitskrise im wissenschaftlich-technischen Gebiet beheben könnte (UK: Royal Commissions, USA: Academy of Science).

Es ist bemerkenswert, mit welch geringer Zurückhaltung und kritischer Distanz gemeinhin die deutschen Medien die Anti-Atom-Inszenierungen begleiteten und mit ihren Berichten aufwerteten, ohne deren Berechtigung und wissenschaftliche Schlüssigkeit ernsthaft zu prüfen.[8] *„Wir leben in einer Zeit, in der wieder einmal der Irrationalismus Mode geworden ist."* (Karl R. Popper)[9] Die Medien setzen dabei die Politik unter heftigen Zugzwang. Die Politik *„sieht sich gezwungen, auf die andauernde Inszenierung von Krisen und Katastrophen zu reagieren, weil die Medien ihre eigene Logik als Beweis für politische Handlungsfähigkeit definieren. Auf dramatische Entwicklungen werden schnelle Reaktionen gefordert, obwohl politische Entscheidungen in diesem Tempo gar nicht sinnvoll getroffen werden können. Politik braucht Zeit. Die Medien geben sie ihr nicht mehr."*[10]

In diesem Umfeld scheint es wünschenswert zu sein, die Entwicklung der Reaktorsicherheit für deutsche Leistungskernkraftwerke aus den Anfängen heraus mit ihren vielfältigen Bezügen zu ausländischen Vorbildern und Ereignissen sowie zu nationalen und internationalen Forschungsvorhaben in einer Gesamtdarstellung detailliert zu beschreiben und auf Zuverlässigkeit und Glaubwürdigkeit zu prüfen. Das Gesamtgebiet ist umfangreich und in sich stark vernetzt. Jede sicherheitstechnische Maßnahme muss stets im Zusammenhang des komplexen Gesamtsystems Kernkraftwerk beurteilt werden. Gleichwohl sind die Forschungs- und Entwicklungsarbeiten zu den verschiedenen Sicherheitsanforderungen – etwa zur Gewährleistung der Integrität der druckführenden Umschließung – in sich zusammenhängend und müssen deshalb als Einheit dargestellt werden. Sie wurden gleichzeitig begleitet von Forschungsvorhaben und Fortschritten in anderen Teilgebieten der Reaktorsicherheit, wie beispielsweise der Leittechnik, der Sicherstellung der Notkühlung im Kühlmittelverlust-Störfall, des Schutzes der Umgebung durch den Sicherheitsbehälter und die äußere Stahlbetonhülle oder der Risikostudien. Diese einzelnen Entwicklungen waren jeweils in sich unmittelbar so verknüpft, dass sie von ihren Anfängen bis zur letzten Entwicklungsstufe wiederum in ihrer eigenen historischen Zeitfolge beschrieben werden müssen, damit der Sachzusammenhang nicht verloren geht. Die zeitlich parallel laufenden Entwicklungen beeinflussten sich jedoch während ihres Fortschreitens gegenseitig mit wechselnder Intensität; dies gibt zu häufigen Querverweisen Anlass. Gewisse Wiederholungen sind nicht zu vermeiden.

Den Untersuchungen und Darstellungen im Einzelnen können einige allgemeine Beobachtungen und übergeordnete Betrachtungen vorangestellt werden.

Es gibt keine Technik ohne Risiko, und die Gefahrenpotenziale der Kerntechnik sind sehr groß. Die Technikgeschichte lehrt, dass die Risiken des technischen Fortschritts im vorwärts drängenden Optimismus des Menschen gewöhnlich unterschätzt werden, wie z. B. die zahlrei-

---

[8] Kepplinger HM (1988) Die Kernenergie in der Presse. Kölner Zeitschrift für Soziologie und Sozialpsychologie (4): 659–683.

[9] Popper KR (1984) Auf der Suche nach einer besseren Welt, Piper. S. 11.

[10] Lübberding F (2011) Die Welt geht unter, wir gehen mit, Frankfurter Allgemeine Zeitung, Nr. 184, 10. 8. 2011, S. 33.

chen Kesselexplosionen in den Anfängen des Dampfmaschinen-Zeitalters zeigen.[11,12,13] Im Bewusstsein der gewaltigen Energien, die bei der Kernspaltung freigesetzt werden, und des spezifischen Risikos der radioaktiven Strahlenexposition haben die Akteure des Staats, der Wissenschaft und Wirtschaft von vornherein bei der Entwicklung der Kerntechnik die Grundsätze der inhärenten Sicherheit und der hintereinander gestaffelten Mehrfachsicherung konsequent angewandt. Dies unterscheidet die Reaktortechnik wesentlich von konventionellen – durchaus mit großen Gefahrenpotenzialen behafteten – Techniken.

Die Vorgehensweise im Gebiet der Reaktorsicherheit ist doppelt angelegt:

- Einerseits werden höchste Qualitätsanforderungen an die Anlagentechnik zur Vermeidung unerwünschter, störender oder gar gefährlicher Zustände gestellt und durchgesetzt.

- Andererseits werden *dennoch* durch präventiv-vorausschauende Untersuchungen derartige unerwünschte, störende oder gar gefährliche Ereignisabläufe unterstellt und abgestufte sicherheitstechnische Maßnahmen vorgesehen, mit denen sie sicher beherrscht werden können. Der Einfluss des „Faktors Mensch" wird sorgfältig beachtet und eine Sicherheitskultur auf hohem Niveau angestrebt.

Es ist tragisch, dass diese verantwortungsvolle, außerordentlich erfolgreiche Vorgehensweise von vielen Menschen geradezu als Beweis für eine hochriskante, unheimliche und letztlich unbeherrschbare Techniknutzung missverstanden wurde. Die Sicherheitsbilanz der Kernenergienutzung in den westlichen Staaten ist auf dieser Grundlage, einschließlich der Ereignisse

im japanischen Kernkraftwerk Fukushima-Daiichi, im Vergleich mit den fossilen Energieträgern vorzüglich. In der Bundesrepublik Deutschland wurden in einem halben Jahrhundert nuklearer Stromerzeugung über $4{,}2 \times 10^{12}$ kWh Elektrizität in das öffentliche Netz eingespeist, ohne dass Menschen in der Umgebung der Kernkraftwerke oder die Umwelt durch Strahlenexposition zu Schaden kamen. Betriebserfahrung aus ca. 1.000 (weltweit fast 15.000) Reaktorbetriebsjahren liegt vor. Deutsche Leichtwasserreaktoren fanden sich im weltweiten Vergleich regelmäßig auf den vorderen Plätzen der jährlichen Stromproduktion, vielfach in der Position des „Weltmeisters". Es blieb ohne sachliche Begründung, weshalb gerade diese Kernkraftwerke mitten in Europa, das weiterhin die Kernkraft nutzte, abgeschaltet werden mussten.

Natürlich muss man – auch in der Kerntechnik – stets mit Fehlern rechnen; entscheidend ist, aus ihnen zu lernen, damit sie abgefangen werden können, lange bevor sie gefährliche Folgen entwickeln. Zu den Grundsätzen der Reaktorsicherheit gehört auch, alle besonderen Vorkommnisse lückenlos zu erfassen und allen interessierten Kreisen zugänglich zu machen. Auch diese „meldepflichtigen Ereignisse" weit im Vorfeld gefährlicher Zustände geben in der Öffentlichkeit immer wieder Anlass zu Missverständnissen und politischen Agitationen.

Moderne Hochleistungstechnik wird von vielfältigen, höchst komplex zusammenhängenden naturwissenschaftlich-technischen Einflussgrößen beherrscht. Schon 1955 begann die Bundesrepublik Deutschland auf dem Gebiet der Nukleartechnik außeruniversitäre Großforschungseinrichtungen zu errichten. Man orientierte sich dabei an den National Laboratories, die in den USA während des Krieges auf- und ausgebaut worden waren.[14] Man befand sich damit aber auch in einer deutschen Tradition, die auf die Gründung der Physikalisch-Technischen Reichsanstalt (1887), der Kaiser-Wilhelm-Institute (1911) und anderer zentraler staatlicher Forschungseinrichtungen außerhalb der Univer-

---

[11] vgl. Hoffmann WE (1980) Die Organisation der Technischen Überwachung in der Bundesrepublik Deutschland, Droste, Düsseldorf, S. 29 f.

[12] Wellinger K, Kußmaul K (1970) 50 Jahre Werkstofftechnologie im Kraftwerksbau und -betrieb, Mitteilungen der Vereinigung der Großkesselbetreiber, Heft 5, 50. Jg., Oktober 1970, S. 356–362.

[13] 60 Jahre VGB, Jubiläumsschrift der VGB Technischen Vereinigung der Großkraftwerksbetreiber e. V., Essen, 1980, S. 11 ff.

[14] Rusinek B-A (1996) Das Forschungszentrum. Campus, Frankfurt, S. 13 ff.

sitäten zurückreicht.[15] Ihre wesentliche Aufgabe war es, im unmittelbaren Vorfeld industrieller Entwicklung oder in direkter Zusammenarbeit mit der Industrie die reine und anwendungsorientierte Forschung und Entwicklung voranzutreiben.

Als besonders nutzbringend erwiesen sich – angeregt durch englische Vorbilder – die im letzten Drittel des 19. Jahrhunderts in Deutschland gegründeten Materialprüfungsanstalten (MPA), in denen Experimente und Versuchsreihen zur Erforschung des Verhaltens von Werkstoffen und Bauteilen durchgeführt wurden. Der weltoffene Ingenieur Carl von Bach gründete 1884 die Stuttgarter MPA als wissenschaftliche Einrichtung, die zugleich „den Interessen der Industrie wie auch der Lehre zu dienen" hatte. Hier wurden grundlegende Erkenntnisse über Festigkeitseigenschaften und Gefügebilder von Konstruktionsmaterialien gewonnen. Ohne Bachs wegweisende Arbeiten sind die heutigen Leistungen des Dampfkesselbaus nicht denkbar.[16] Die MPA der Universität Stuttgart war auch seit den Anfängen der Kernenergienutzung mit allen Werkstoff- und Berechnungsfragen bei der Auslegung, der Errichtung und dem Betrieb der unterschiedlichen mit Wasser (Schwer- und Leichtwasser), Gas (Kohlendioxid und Helium) oder Natrium gekühlten Versuchs-, Demonstrations- und Leistungsreaktoren befasst. Mit dieser umfassenden, wissenschaftlich profunden Sachkompetenz konnte die MPA seit Anfang der 70er Jahre eine Schlüsselstellung bei der Erforschung der Sicherheit von Reaktorkomponenten einnehmen. Dort sind im Rahmen des Programms des Bundesministers für Forschung und Technologie (BMFT) „Forschung zur Sicherheit von Leichtwasserreaktoren" grundlegende und die Sicherheit druckführender Komponenten praktisch abschließend behandelnde Untersuchungen durchgeführt worden. Das BMFT-Forschungsvorhaben „Komponentensicherheit" mit seinen ergänzenden Forschungsprojekten ist deshalb der Gegenstand eingehender Betrachtung. Es soll gezeigt werden, wie die so erreichbare Qualitätssicherung als „Basissicherheitskonzept" in das kerntechnische Regelwerk eingegangen ist. Ein Schwerpunkt der vorliegenden Arbeit sind die druckführenden Komponenten. Die Sicherheit der Kernkraftwerke ist weitgehend durch die Integrität der unter Innendruck stehenden Kühlmittelumschließung bestimmt.

Für Großkraftwerke warf die Herstellung von Stahlbehältern großer Wanddicke aus Blechen und Schmiedestücken in der erforderlichen Qualität enorme Probleme auf. Die vorliegende Schrift soll zunächst die seit den 1960er Jahren stattfindende Suche nach weniger aufwändigen Alternativen aus Spannbeton, Mehrlagenkonstruktionen, vorgespannten Gussblöcken und Formschweißverfahren schildern und ihre Ergebnisse aufzeigen, um die weltweit letztlich für den Vollwand-Stahlbehälter getroffene Entscheidung zu bewerten.

10 Siedewasserreaktor (SWR)- und 14 Druckwasserreaktor (DWR)-Anlagen haben seit 1962 Strom in das westdeutsche öffentliche Netz eingespeist (s. Anhang 1.1). In der Bundesrepublik Deutschland wurden Leistungskernkraftwerke von den Firmen Allgemeine Elektricitäts-Gesellschaft AG (AEG), Frankfurt a. M., Siemens AG, München (bis 1967: Siemens-Schuckertwerke AG (SSW), Erlangen), und dem Konsortium aus Brown, Boveri & Cie. AG (BBC) und Babcock-Brown Boveri Reaktor GmbH (BBR), Mannheim, errichtet. Im April 1969 schlossen sich die Unternehmensbereiche Turbinenfabrikation, vier Jahre später auch die Reaktorabteilungen von AEG und Siemens mit der Gründung der Kraftwerk Union AG (KWU) mit Sitz in Mülheim, später in Erlangen, zusammen. Die KWU – ab 1977 im Alleineigentum von Siemens und 1987 als Unternehmensbereich Energieerzeugung in die Siemens AG eingegliedert – ist unter ihrem Vorstand Dr.-Ing. E. h. Klaus Barthelt (1969–1990) zum führenden deutschen Hersteller geworden. Die Entwicklungen in der Bundesrepublik Deutschland sind stark vom Geschehen in den USA geprägt worden. Die deutschen Firmen verfügten über gute, historisch gewachsene

[15] Ritter GA (1992) Großforschung und Staat in Deutschland. Beck, München, S. 16 ff.

[16] Kußmaul KF (1998) Das Bachsche Erbe. In: Naumann F (Hrsg) Carl Julius von Bach (1847–1931). Pionier – Gestalter – Visionär, Wittwer, Stuttgart, S. 95 ff.

Beziehungen zu amerikanischen Herstellern, wie General Electric Company, Westinghouse Corporation oder Combustion Engineering Inc. Die vorliegende Arbeit versucht daher, die wichtigsten amerikanischen Einflüsse sowie die deutschen Bemühungen aufzuzeigen, die aus den USA übernommene Technik zu verbessern. Sie soll beispielsweise darlegen, wie die grundlegenden Erkenntnisse gewonnen wurden, mit denen die Produktionstechnologie (Auslegung, Berechnung, Konstruktion, Werkstoffe und Verarbeitungsprozesse), Betriebstechnologie (Fahrweise) und Sicherheitstechnologie (Bauweise, Qualitätskontrollen, Überwachung im Betrieb und Dokumentation) optimiert werden konnten. Ein wesentlicher Unterschied bestand schon darin, dass deutsche Kernkraftwerke jeweils von einem einzigen verantwortlichen Generalunternehmer schlüsselfertig erstellt und in Betrieb gesetzt wurden, wodurch Schnittstellenprobleme beim Zusammenwirken verschiedener Systeme und Anlagenteile vermieden sowie die Erfahrungsrückflüsse optimal genutzt werden konnten.

Neben der primären Abwehr von störfallauslösenden Ursachen wurden außergewöhnliche Maßnahmen der Schadensbegrenzung wie die Kernnotkühlung und das Containment entwickelt. Wesentliche Untersuchungen wurden im Rahmen internationaler Forschungsverbünde durchgeführt, an denen die Bundesrepublik maßgebend beteiligt war. Die Techniken der Schadenseindämmung beeindrucken vor allem in der öffentlichen Sicherheitsdiskussion. Sie erscheinen einleuchtender und glaubwürdiger zu sein als die primäre Unfallverhinderung, denn: „Alles kann versagen, und wenn etwas versagt, kann nicht viel passieren." Diese Auffassung ist allerdings fragwürdig, denn auch jede sekundäre Sicherheitsmaßnahme hat ihre Grenzen. Die Frage nach einem vernünftigen Miteinander von hohen Standards der Produktions- und Betriebstechnologien sowie der Qualitätssicherung einerseits und Maßnahmen der Störfallbeherrschung sowie der möglicherweise erforderlichen Unfallfolgenbeherrschung andererseits begleitete stets die politischen und gerichtlichen Auseinandersetzungen um die richtige Schadensvorsorge. Die vorliegende Arbeit beschreibt im Einzelnen

die Entwicklungsarbeiten auf dem Gebiet der Kernnotkühlung und der sicheren Umschließung durch den Sicherheitsbehälter und die äußere Hülle (Containment).

Als sich in den 1970er Jahren die Akzeptanzkrise der Kernenergie politisch auszuwirken begann, wurden die Schwerpunkte der Forschungsförderung hin zur Verbesserung der Lebensqualität und zur Verhinderung sozialer und ökologischer Nebenwirkungen des technisch-industriellen Fortschritts verschoben.[17] Gleichzeitig wurde die bisherige polizeirechtliche Gefahrenabwehr zur Risikovorsorge ausgebaut.[18] Das Atomrecht wurde zur Grundlage einer dynamisch weiterentwickelten Schadensvorsorge. Ein möglichst kleines verbleibendes Risiko aus „Ungewissheiten jenseits dieser Schwelle praktischer Vernunft" ist als sozialadäquate Last hinzunehmen, wie das Bundesverfassungsgericht in seinem Kalkar-Urteil festgestellt hat.[19] Die Anforderungen an die Sicherheitstechnik wurden damit beträchtlich weiter gespannt als früher und umfassten auch sehr unwahrscheinliche Unfälle, die aber katastrophale Folgen haben können. Die deutsche Rechtsprechung hat einen wesentlichen Anteil an der Entwicklung der Reaktorsicherheit.

Es ist mit Hilfe der Methode der probabilistischen Risikostudien versucht worden, die Restrisiken der Kernenergienutzung zu quantifizieren und mit anderen zivilisatorischen und natürlichen Risiken zu vergleichen. Der britische Canvey-Island-Report, der amerikanische Rasmussen-Report (WASH-1400), die amerikanische Risikostudie NUREG-1150 und die Deutsche Risikostudie Phase A und B haben zur Klärung dieser Frage beachtliche Beiträge geleistet. Der Befund, dass beim Betrieb eines deutschen Leistungskernkraftwerks allenfalls einmal in einer Million Jahren mit einer Katastrophe gerechnet werden muss, hatte keine befriedende Wirkung. Die probabilistische Methode kann keine Aussage zum Zeitpunkt eines Unfalls machen, und

---

[17] Ritter Gerhard A., a. a. O., S. 100–103.

[18] Kuhlmann A (1995) Einführung in die Sicherheitstechnik. Verlag TÜV Rheinland, S. 392 ff.

[19] Für dieses verbleibende Risiko hat sich der uneinheitlich verwendete Begriff „Restrisiko" eingebürgert.

die Kernkraftgegner argumentierten, eine extrem geringe Eintrittswahrscheinlichkeit schließe ein baldiges Ereignis nicht aus.

Industrie, Staat und Wissenschaft haben für die Erhöhung der Sicherheitsstandards bei der friedlichen Nutzung der Kernenergie gewaltige Anstrengungen unternommen. Diese aufwändigen Bemühungen und ihre Erfolge sind nicht zu verstehen ohne das Wissen um die Gefahrenpotenziale der Kernenergie, die Atomängste und Proteste, die sich mit wechselnder Stärke seit Mitte der 1950er Jahre öffentlich äußerten. Die schweren nuklearen Störfälle und Unfälle in Großbritannien (Windscale 1957), den USA (TMI-2 1979) und insbesondere in der Sowjetunion (Tschernobyl 1986) sowie in Japan (Fukushima 2011) haben die Menschen tief berührt und besorgt gemacht. In der Bundesrepublik Deutschland war und ist es für die Verantwortungsträger in Staat und Nuklearwirtschaft von entscheidender Bedeutung, dass bei der friedlichen Nutzung der Kernenergie keine atomare Katastrophe eintritt. Es war allen Beteiligten immer klar, dass ein schwerer, die Bevölkerung in Mitleidenschaft ziehender Unfall in einem deutschen Kernkraftwerk das sofortige Ende dieser Technologie in Deutschland zur Folge haben würde. Auf die öffentlichen Proteste reagierte die Politik mit umfangreichen Forschungsvorhaben zur Bewertung und Erhöhung der Reaktorsicherheit.

Die friedliche Nutzung der Kernenergie vollzog sich in der Bundesrepublik in mächtigen Schritten hin zur Errichtung und zum Betrieb von Großkraftwerken. Aus der Vielzahl technisch unterschiedlich gestalteter und marktfähiger Kernreaktorsysteme[20] haben sich im Laufe der Zeit die mit natürlichem (leichtem) Wasser moderierten sowie gekühlten Siede- und Druckwasserreaktoren (Leichtwasserreaktoren) durchgesetzt.

Die deutschen Leichtwasser-Kernkraftwerke haben den Ruf, im weltweiten Vergleich zu den sichersten Anlagen mit der besten Verfügbarkeit zu gehören. Die vorliegende Arbeit geht der Frage nach, wodurch dieses oft geäußerte Urteil zu rechtfertigen ist. Es ist die Absicht, die Forschungs- und Entwicklungsarbeiten insbesondere über Kernkraftwerke mit Druckwasserreaktor und die aus ihren Ergebnissen abgeleiteten Verbesserungs- und Nachrüstmaßnahmen darzustellen, die von den 1960er Jahren bis heute im Zusammenwirken von Industrie, staatlichen Stellen, Wissenschaft und Sachverständigengremien unternommen wurden, um die Sicherheit deutscher Kernkraftwerke auf einen so hohen Stand zu bringen, dass eine nukleare Katastrophe nach menschlichem Ermessen auszuschließen ist.

Die Erkenntnisse der Radiologie sind grundlegend für die Bestimmung der sicherheitstechnischen Anforderungen an Kernkraftwerke; auf sie muss beständig Bezug genommen werden. Gleichwohl kann darauf verzichtet werden, die geschichtliche Entwicklung der Wissenschaft von den ionisierenden Strahlen von Grund auf im Rahmen dieser Arbeit zu beschreiben. Sachverhalte des Strahlenschutzes der Kraftwerksumgebung und bei der Entsorgung werden bewusst nicht angesprochen.

Die Fragen im Zusammenhang mit dem Transport und der Wiederaufarbeitung, Konditionierung, Zwischen- und Endlagerung von radioaktiven Abfällen werden ebenfalls nicht behandelt. Die deutsche Konzeption der nuklearen Entsorgung und die politischen Ereignisse, die die Versuche ihrer Verwirklichung begleiteten und noch begleiten, waren Gegenstand zahlreicher Publikationen.[21] Die Spaltprodukt-Inventare großer Entsorgungsanlagen sind von derselben Größenordnung, liegen jedoch entsprechend den technischen Einrichtungen nicht in der hohen räumlichen Konzentration bei hohen Drücken und Temperaturen vor, wie unvermeidlich in Kernkraftwerken. Die denkbaren Freisetzungsvorgänge sind vergleichsweise deutlich weniger kritisch einzuschätzen als schwere Schadensereignisse in Kernkraftwerken. Auch aus diesem Grund konzentriert sich die vorliegende Arbeit

---

[20] Übersicht z. B. in: Kugeler K, Schulten R (1989) Hochtemperaturreaktortechnik. Springer-Verlag, Berlin, S. 1–3.

[21] vgl. Tiggemann A (2004) Die „Achillesferse" der Kernenergie in der Bundesrepublik Deutschland: Zur Kernenergiekontroverse und Geschichte der nuklearen Entsorgung von den Anfängen bis Gorleben 1955 bis 1985, Europaforum-Verlag, Lauf.

auf die Sicherheit von Leichtwasserreaktoren mit dem Schwerpunkt Druckwasserreaktor (DWR).

Diese Schrift befasst sich vor allem mit der Darstellung der Technikentwicklung. Fragestellungen aus dem soziologischen und Bildungsbereich bleiben weitgehend ausgeklammert, so die Frage nach der medialen Kultur, technische Entwicklungen sachbezogen mit öffentlicher Berichterstattung zu begleiten; auch die Frage nach der Bereitschaft der Öffentlichkeit und ihrer Vorbildung dazu, sich mit komplexer Technik jenseits von schnell entfachbaren Emotionen nüchtern zu befassen.[22] Diese Fragestellungen sind für die Entwicklung der technischen Zivilisation in einem demokratischen Rechtsstaat von entscheidender Bedeutung. Sie warten darauf, zum Gegenstand einer breit angelegten Untersuchung gemacht zu werden.

1.1 Literatur und Quellen

Im Gegensatz zum Historikerinteresse, das der enormen Energiefreisetzung bei der Uran- und Plutoniumkernspaltung und deren Nutzung für militärische oder wirtschaftliche Zwecke galt, soll die vorliegende Arbeit vor allem die Gefahrenpotenziale der friedlichen Kernenergienutzung in den Blick nehmen und darstellen, mit welchen Sicherheitstechniken sie beherrscht werden können. Dabei stehen die bei der primären Kernspaltung entstehenden Spaltprodukte, deren Zerfallsprozesse und möglichen Freisetzungen im Mittelpunkt der Aufmerksamkeit. Soweit es zum Verständnis erforderlich erscheint, werden dazu die wissenschaftlichen und politischen Hintergründe dargestellt.

Die Klärung der Frage, wann das Gefahrenpotenzial der Spaltprodukte erkannt worden ist, soll den geschichtlichen Anfängen der Kernspaltung folgend anhand der öffentlich zugänglichen Quellen – Zeitschriften, Tagespresse, Bücher und Funk – geschehen. Dazu muss zunächst die wissenschaftliche Primärliteratur herangezogen werden. Sie findet sich in den Zeitschriften

Die Naturwissenschaften, Zeitschrift für Physik, Annalen der Physik, Nature, The Physical Review und Comptes Rendus. Die Wahrnehmung des konkreten Ausmaßes der radioaktiven Gefahren dieser Stoffe und sicherheitstechnische Schutzmaßnahmen gegen sie sind zuerst in den USA während des Krieges festzustellen.

Die in der Verantwortung der US Army durchgeführten Forschungs- und Entwicklungsarbeiten des Atombombenprojektes (Manhattan Engineer District) waren strengsten Geheimhaltungsvorschriften unterworfen. Die damals erstellten wissenschaftlich-technischen Berichte wurden erst ab 1946 von der amerikanischen Atomenergiebehörde USAEC (United States Atomic Energy Commission) nach und nach freigegeben. Unmittelbar nach dem Atombombenabwurf über Hiroshima wurde im August 1945 der erste historische Abriss (mit starker Einschränkung durch die militärische Geheimhaltung) über das Manhattan-Project von dem beteiligten Physiker Henry DeWolf Smyth publiziert.

Am Beginn der deutschen Kerntechnik nach 1955 stand im Wesentlichen das amerikanische Vorbild. Es ist deshalb erforderlich, die Entwicklung der Reaktorsicherheit in den USA zu betrachten. Die Veröffentlichung von umfangreichen historischen Studien über den militärischen Atomkomplex und die Anfänge der friedlichen Kernenergienutzung in den USA setzte Anfang der 1960er Jahre ein. Im Auftrag der USAEC und eng begleitet vom Historical Committee der USAEC untersuchten die Historiker Richard G. Hewlett, Oscar E. Anderson Jr., Francis Duncan, George T. Mazuzan und J. Samuel Walker die Geschichte der Atomenergie in den USA. Sie hatten Zugang zu allen, auch geheimen Archiven. Es entstand eine Reihe von Werken, in denen die markanten Zeitperioden abgehandelt wurden: The New World 1939–1946 (Hewlett und Anderson 1962), Atomic Shield 1947–1952 (Hewlett und Duncan 1969), Nuclear Navy 1946-62 (Hewlett und Duncan 1974), Controlling the Atom 1946–1962 (Walker und Mazuzan 1984), Containing the Atom 1963–1971 (Walker 1992), Permissible Dose (Walker 2000) und Three Mile Island (Walker 2004). Der leitende Historiker des US Department of Energy, Jack

---

[22] Auch zu diesem wichtigen Komplex können nur gelegentliche Hinweise gegeben werden.

M. Holl, schrieb mit Unterstützung von Richard G. Hewlett, beauftragt und begleitet vom History Committee des Argonne National Laboratory, die Geschichte dieser bedeutenden Forschungseinrichtung: Argonne National Laboratory 1946–1996 (1997).

Außerhalb der Regie des Historical Committee der USAEC wurden ebenfalls historische Forschungsarbeiten zum US-Atomkomplex unternommen. Zu erwähnen sind aus der Sicht der vorliegenden Arbeit insbesondere Elizabeth S. Rolph (Nuclear Power and the Public Safety 1979) und der Professor für Engineering and Applied Science an der University of California in Los Angeles David Okrent (Nuclear Reactor Safety 1981). Okrents offene und kritische Einstellung zur Behandlung sicherheitstechnischer Fragen durch Industrie und Behörden wurde offensichtlich von seiner Mitgliedschaft im Advisory Committee on Reactor Safeguards (ACRS) der USAEC nicht beeinträchtigt.

Akteure und Zeitzeugen verfassten Memoiren und Studien. Für die vorliegende Arbeit sind von besonderem Interesse: Otto Hahn (Erlebnisse und Erkenntnisse 1975), Otto R. Frisch (Woran ich mich erinnere 1981), Arthur Holly Compton (Atomic Quest 1956), Leslie R. Groves (Now it can be told—the story of the Manhattan Project 1962), Lewis L. Strauss (Men and Decisions 1962), Edward Teller und Allen Brown (The Legacy of Hiroshima 1962), Edward Teller (Energy from Heaven and Earth 1979) und Leona Marshall Libby (The Uranium People 1979). Diese Erinnerungen enthalten anregende und hochinteressante Hinweise. Da sie ohne oder nur mit geringer bibliographischer Dokumentation geschrieben wurden, ist fraglos eine gewisse kritische Distanz geboten. Edward Teller leitet eines seiner Bücher mit der Erklärung ein: „*I do not claim to be objective*". Dazu ist anzumerken, dass Tellers bedeutendes Wirken im Bereich der Reaktorsicherheit gut belegt ist.

Im Zentrum der amerikanischen historischen Literatur standen die handelnden Personen und das oft konfliktreiche Zusammenwirken von Wissenschaft, Militär, staatlichen Behörden, Industrie und Politik. Diese Darstellungen enthielten aber auch zahlreiche Hinweise auf radio-

logische Erfahrungen und sicherheitstechnische Schutzvorkehrungen, für die in der vorliegenden Arbeit ein hohes Interesse besteht. Diese Hinweise mussten auf ihre Plausibilität anhand der wissenschaftlich-technischen Originalberichte (falls verfügbar), durch Vergleiche der verschiedenen historischen Studien untereinander und aus der Sicht der heute vorhandenen allgemeinen Erkenntnisse über Atomphysik und Reaktortechnik geprüft werden.

In der zweiten Hälfte der 1940er Jahre begann sich die öffentliche Aufmerksamkeit in den USA zunehmend auf die Gefahren der Kernenergienutzung zu richten. Im Dezember 1945 wurde von Wissenschaftlern des Manhattan-Projekts im Entsetzen über die Zerstörung Hiroshimas und Nagasakis die nichttechnische Zeitschrift „Bulletin of the Atomic Scientists" gegründet, die zu einem bedeutenden Forum für Wissenschaftsethik und internationale Sicherheits- und Friedenspolitik wurde. Albert Einstein, Leo Szilard, Edward Teller, Bertrand Russell, Hans Bethe, Victor Weisskopf, J. Robert Oppenheimer u. v. a. äußerten sich hier. Die Herausgeber des zunächst 14-tägig, dann monatlich in Chicago erscheinenden Bulletins waren die Atomwissenschaftler in Chicago, die Lektoren Eugene Rabinowitch (Biophysiker) und Hyman H. Goldsmith (Atomphysiker). Das Bulletin wurde vom Notkomitee der Atomwissenschaftler (Emergency Committee of Atomic Scientists) gefördert, das von Albert Einstein und Leo Szilard 1946 gegründet worden war. Die administrativen Tätigkeiten der US-Regierung bei der militärischen und zivilen Nutzung der Atomenergie fanden eine dichte und kritische Begleitung. Ein weiteres wichtiges öffentliches Forum für die Sicherheitsdiskussion bot die 1947 vom New Yorker Verlag McGraw-Hill gegründete Monatszeitschrift NUCLEONICS. Sie befasste sich eingehend auch mit technischen und sicherheitstechnischen Fragen der Kernenergie. NUCLEONICS ist für den Technikhistoriker eine wertvolle Quelle bei seinen Studien der frühen Entwicklung der Kernkraftnutzung in den USA.

Über den Stand von Wissenschaft und Technik im Gesamtbereich der Nukleartechnologie gab die erste internationale Konferenz der Vereinten Nationen über die friedliche Nutzung der Atomenergie im August 1955 in Genf einen ausgezeichneten Überblick. Die in Genf vorgelegten 1132 wissenschaftlichen Beiträge sowie die Diskussionsprotokolle wurden vollständig publiziert. Die weiteren Genfer Atomkonferenzen in den Jahren 1958, 1964 und 1971 waren wiederum hervorragende Gelegenheiten zu einem weltweiten Austausch von Forschungsergebnissen und Erkenntnissen über den Ausbau der Kernenergienutzung. Beginnend in den 1960er Jahren wurden von der Internationalen Atomenergie-Organisation in Wien (IAEO/IAEA), von Euratom, der Kernenergie-Agentur der OECD (Nuclear Energy Agency – NEA), staatlichen Behörden, Wirtschaftsverbänden und Großforschungseinrichtungen zahlreiche Konferenzen zu Spezialthemen, u. a. auch zu Fragen der Reaktorsicherheit, abgehalten, die i. d. R. gut dokumentiert wurden. Für den Historiker sind diese Tagungsberichte wertvolle Quellen beim Studium der technischen Entwicklung.

In der Bundesrepublik Deutschland richtete sich das Interesse der Historiker zunächst auf die nuklearen Forschungen der deutschen Wissenschaftler, die während des Krieges (erfolglos) versuchten, mit Uranwürfeln im Schwerwasserbad eine sich selbst tragende Kettenreaktion zu erzeugen. Wie ist an diese Arbeiten in den 1950er Jahren angeknüpft worden? Die Literatur zu den Anfängen der Kernenergienutzung in der Bundesrepublik leuchtete in umfangreichen Analysen das Zusammenwirken und die Interessenkonflikte zwischen Wissenschaft, Staat und Wirtschaft aus. Die Darstellung der Auseinandersetzungen um die richtige Strategie bei der Entwicklung zukunftsfähiger Reaktorlinien und ihrer Brennstoffkreisläufe, um Standorte sowie der Kernenergie-Kontroverse nahmen in diesen historischen Schriften einen breiten Raum ein. Folgende Publikationen sollen dies beispielhaft belegen: Karsten Prüß (Kernenergiepolitik in der Bundesrepublik Deutschland 1974), Karl Winnacker und Karl Wirtz (Das unverstandene Atom 1975), Hans-Joachim Bieber (Zur politischen Geschichte der friedlichen Kernenergienutzung in der Bundesrepublik Deutschland 1977), Herbert Kitschelt (Kernenergiepolitik, Arena

eines gesellschaftlichen Konflikts 1980), Joachim Radkau (Aufstieg und Krise der deutschen Atomwirtschaft 1945–1975, 1983), Rolf-Jürgen Gleitsmann (Im Widerstreit der Meinungen: Zur Kontroverse der Standortfindung für die deutsche Reaktorstation 1950–1955, 1987) und Wolfgang D. Müller (Geschichte der Kernenergie in der Bundesrepublik Deutschland, 2 Bde. 1990 und 1996). Hans-Heinrich Krug schrieb über 40 Jahre innovativer Technologie-Entwicklung beim führenden deutschen Hersteller (Siemens und Kernenergie 1998). Die Geschichte der Großforschungszentren Karlsruhe und Jülich wurde von Günther Oetzel (Forschungspolitik in der Bundesrepublik Deutschland, Kernforschungszentrum Karlsruhe 1956–1963, 1996) und Bernd-A. Rusinek (Das Forschungszentrum, eine Geschichte der KFA Jülich von ihrer Gründung bis 1980, 1996) erforscht.

Diesen Untersuchungen der deutschen Kernenergiegeschichte ist gemeinsam, dass die dem Geschehen in der Bundesrepublik vorausgegangenen und als Vorbild wirkenden Entwicklungen in den USA nicht genauer in den Blick genommen wurden. Auch die Reaktortechnik und insbesondere die Reaktorsicherheitstechnik im engeren Sinne wurden im Zusammenhang mit den politischen Kontroversen nicht dargestellt. Die vorliegende Arbeit versucht einen Beitrag zu leisten, diese Lücke zu schließen.

Der dynamisch fortentwickelte Stand von Wissenschaft und Technik hinsichtlich der Reaktorsicherheit ist eng verknüpft mit den breit angelegten staatlichen Forschungsprogrammen, die in den 1960er Jahren begannen und rasch an Ausmaß und Intensität zunahmen. Die Industrie betrieb ebenfalls in beträchtlichem Umfang eigenständige Forschungen und beteiligte sich als einer der wichtigsten Partner an den staatlichen Programmen.

Die entscheidende Autorität im Bereich der Reaktorsicherheitstechnik war die 1958 von der Bundesregierung eingerichtete Reaktor-Sicherheitskommission (RSK). Die RSK gab Forschungsimpulse, begleitete eng die staatlichen Forschungsvorhaben und gab entscheidende Empfehlungen zur Umsetzung von Forschungsergebnissen sowie von Erfahrungen aus Herstellung, Qualitätssicherung und Betrieb kerntechnischer Anlagen in den Genehmigungsauflagen der Zulassungsbehörden. Das Wirken der RSK musste deshalb eingehend studiert werden. Die Ergebnisprotokolle zu den RSK-Sitzungen werden im Bundesarchiv (BA) verwahrt. Leider sind die Sitzungsprotokolle der RSK-Unterausschüsse (RSK-UA) vom BA nicht geschlossen aufbewahrt worden. Gelegentlich finden sich im BA Ergebnisprotokolle von RSK-UA als Beratungsunterlagen bei den Protokollen der RSK-Hauptsitzungen. Es gab im Laufe der Zeit gut 20 solcher ganz technikorientierter Unterausschüsse, in denen die eigentliche Sacharbeit geleistet wurde. Ein gewisser Bestand an RSK-UA-Protokollen befindet sich in den Archiven der MPA Stuttgart sowie der Gesellschaft für Anlagen- und Reaktorsicherheit (GRS/ Standort Garching).

Der MPA Stuttgart war in den 1970er Jahren von der Bundesregierung eine Schlüsselfunktion bei der wissenschaftlichen Ausrichtung und Abwicklung der staatlichen Forschungsprogramme zur Sicherheit der Druckführenden Umschließung zugewiesen worden. Das MPA-Archiv besitzt umfangreiche Aktenbestände über die Forschungsarbeiten auf dem Gebiet der Werkstoffe, Konstruktion und Prüfung von Reaktorkomponenten, insbesondere des Reaktordruckbehälters (RDB). Die wesentlichen Ergebnisse dieser Arbeiten wurden in Projektberichten, einschlägigen Zeitschriften oder auf Fachtagungen öffentlich zugänglich gemacht. Alle staatlichen Forschungsvorhaben wurden vom Institut für Reaktorsicherheit (IRS), später Gesellschaft für Reaktorsicherheit (GRS), in Köln verwaltungsmäßig betreut. Dort wurden vierteljährlich Fortschrittsberichte erstellt, in denen genaue Angaben über Zeitabläufe, beteiligte Institutionen, Personen und Fördermittel zu finden sind. Zu den primären Unterlagen der MPA-Forschungsprojekte, die strikt sach- und technikbezogen sind, gehören diese Angaben zur genauen zeitlichen und örtlichen Einordnung. Die in der vorliegenden Arbeit dargestellten Befunde zum Schwerpunkt Komponentensicherheit sind zu einem Großteil aus den Beständen des MPA-Archivs in Verbindung mit den IRS/GRS-Fortschrittsberichten sowie den Protokollen von RSK, RSK-UA und Sachverständigenkreisen gezogen worden.

Von großer Bedeutung für diese Arbeit war auch das Archiv des Umweltministeriums des Landes Baden-Württemberg in Stuttgart. Hier befinden sich die Akten der Genehmigungsverfahren für die Kernkraftwerke Obrigheim, Wyhl, Philippsburg und Neckarwestheim. Die Prozessakten der Verwaltungsstreitverfahren um den Standort Wyhl wurden im Staatsarchiv Freiburg bzw. im Generallandesarchiv Karlsruhe eingesehen. Wichtige technische Sachverhalte konnten im Siemens/KWU-Firmenarchiv, im Archiv des Kernkraftwerks Obrigheim und im Archiv des Großkraftwerks Mannheim geklärt werden.

Als besonders wertvoll erwiesen sich die über viele Jahre gepflegten Kontakte zu über 20 Persönlichkeiten, die in der herstellenden Industrie, an Hochschulinstituten und Forschungszentren, in Sachverständigengremien und Genehmigungsbehörden gestaltend und entscheidend an der Entwicklung der Reaktorsicherheitstechnik beteiligt waren – teilweise seit den 1950er Jahren. Persönliche Erinnerungen lassen die bewegenden Motive aufscheinen und Vorstellungen deutlich werden, die oft nicht oder nicht gänzlich verwirklicht werden konnten. Sie müssen sorgfältig betrachtet und in die Strukturen der nachprüfbaren Fakten eingeordnet werden.

Zahlreiche Institutionen des In- und Auslands stellen neuerdings ihre Materialien für den Internet-Zugriff zur Verfügung. Diese Form der Recherche wurde ausgiebig genutzt. Schließlich sei darauf hingewiesen, dass Teile der technikhistorischen Dissertation des Autors aus dem Jahr 2006 in die vorliegende Arbeit übernommen wurden.

1.2 Grundlegende Merkmale deutscher Leistungskernkraftwerke

1.2.1 Das Kernkraftwerk mit Druckwasserreaktor

Abbildung 1.1 zeigt aus der Vogelschau die Skizze eines Kernkraftwerks mit Druckwasserreaktor (DWR): am Reaktorgebäude mit

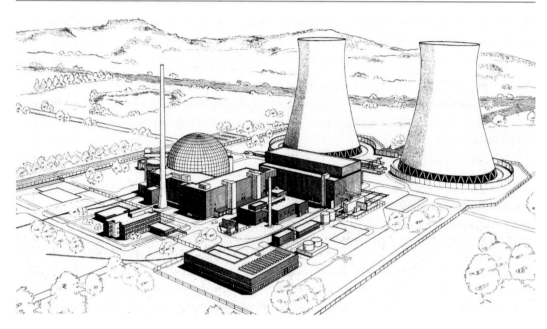

Abb. 1.1 Leistungskernkraftwerk mit Druckwasserreaktor

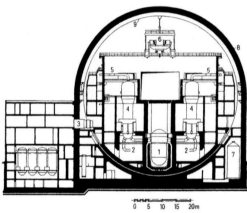

0 5 10 15 20m

1 Reaktordruckbehälter	6 Rundlaufkran
2 Hauptkühlmittel-Pumpen-Anschluss	7 Flutbehälter
3 Personenschleuse	8 Betonhülle
4 Dampferzeuger	9 Sicherheitsbehälter
5 Frischdampfleitungen	

Abb. 1.2 Vertikalschnitt durch ein 1.300-MW$_{el}$-Kernkraftwerk mit DWR

halbkugelförmigem Dom liegt das Hilfsanlagengebäude, daneben das Maschinenhaus, überragt von den beiden Kühltürmen und dem Fortluftkamin. Im Hintergrund ist der Flusslauf zu sehen, dem bei guter Wasserführung und niedrigen Temperaturen die Abwärme des Kraftwerks eingeleitet, andernfalls das Wasser für die Verduns-

tungskühlung in den Kühltürmen entnommen wird.

Abbildung 1.2 zeigt im Vertikalschnitt durch das Reaktorgebäude die wichtigsten Komponenten eines DWR-Standard-Kernkraftwerks der Leistungsgröße 1.300 MW$_{el}$. Zum druckführenden Hauptkühlmittel (HKM) -Kreislauf (Primärkreislauf) gehören der Reaktordruckbehälter (RDB), die Dampferzeuger (DE), die sie verbindenden HKM-Leitungen, die Umwälzpumpen und der Druckhalter (DH) (in Abb. 1.2 nicht zu sehen). Die DE sind Wärmetauscher, in denen der Arbeitsdampf (Frischdampf) erzeugt wird, der in einem Sekundärkreislauf durch die Frischdampfleitungen in das Maschinenhaus auf die Turbinen geleitet wird. Der Primärkreis wird umschlossen vom Splitterschutzzylinder aus Stahlbeton, auf dem der Rundlaufkran sitzt, dem druckfesten und gasdichten Sicherheitsbehälter aus Stahlblech sowie der Stahlbetonhülle.

Das Herzstück jedes Leistungskernkraftwerks ist der Reaktordruckbehälter (RDB s. Abb. 1.3), in dem durch Uran- und Plutoniumkernspaltung Wärme erzeugt wird. Die Wärme erhitzt das Kühlmittel im Primärkreis, das leichtes (natürliches) Wasser (H_2O) ist. Bei fortgeschrittenen DWR-Leistungsreaktoren beträgt die maximale

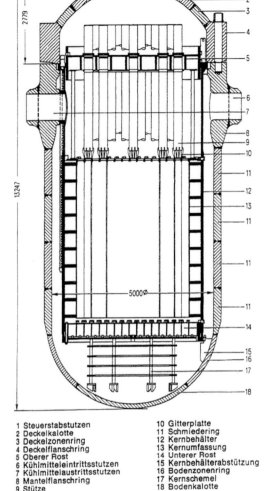

1 Steuerstabstutzen
2 Deckelkalotte
3 Deckelzonenring
4 Deckelflanschring
5 Oberer Rost
6 Kühlmitteleintrittsstutzen
7 Kühlmittelaustrittsstutzen
8 Mantelflanschring
9 Stütze

10 Gitterplatte
11 Schmiedering
12 Kernbehälter
13 Kernumfassung
14 Unterer Rost
15 Kernbehälterabstützung
16 Bodenzonenring
17 Kernschemel
18 Bodenkalotte

Abb. 1.3 Vertikalschnitt durch den Reaktordruckbehälter des Kernkraftwerks Biblis-A

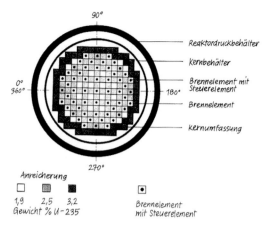

Abb. 1.4 Querschnitt durch den Reaktorkern

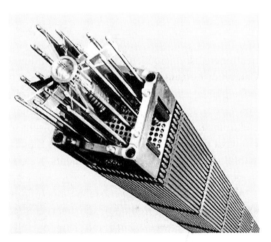

Abb. 1.5 Brennelement und Steuerelement bilden eine Einheit

Betriebstemperatur des Kühlmittels am RDB-Ausgang ca. 330 °C und der Kühlmitteldruck etwa 155 bar. Die RDB haben große Abmessungen. Der Innendurchmesser eines DWR-RDB beträgt ungefähr 5.000 mm, die zylindrische Wandstärke 250 mm und die Höhe ca. 13.000 mm. Diese Kessel umschließen den Reaktorkern (Core), der etwa 120 t Urandioxid-Brennstoff enthält.

Abbildung 1.4 zeigt den Querschnitt durch einen Kern mit 193 untereinander baugleichen Brennelementen, von denen 61 mit Steuerele-menten versehen sind. Die U^{235}-Anreicherung des Brennstoffs in den Brennelementen ist unterschiedlich (ca. 1,9–4,8 %). Jedes Brennelement besteht aus annähernd 4 m langen Brennstäben in einer quadratischen Gitteranordnung. In Abb. 1.5 ist ein Brennelement abgebildet, das mit einem Steuerelement eine Einheit bildet. Die Brennstäbe eines Brennelements bestehen je aus einer Säule von Brennstofftabletten aus gesintertem Urandioxid UO_2, deren Spaltstoff U^{235} angereichert ist. Die Brennstoffsäulen sind in gasdicht und druckfest verschweißten Zircaloy-Hüllrohren eingeschlossen. Die Steuerelemente, die zur Leistungsregelung und Schnellabschaltung dienen, bestehen aus Steuerstäben, die aus

Abb. 1.6 Umwandlung des Kernbrennstoffs im Reaktor

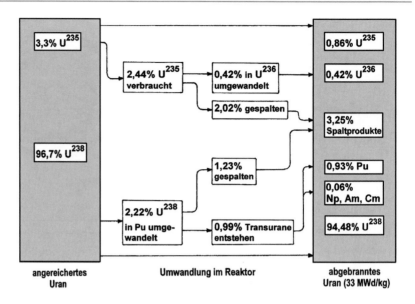

neutronenabsorbierendem Material (Indium-Cadmium-Legierung) aufgebaut sind. Die Steuerstäbe gleiten in den Führungsrohren und werden von einem auf dem RDB-Deckel angebrachten, elektromagnetisch arbeitenden Klinkenschritthubwerk bewegt. Die Brennstäbe und die Steuerstabführungsrohre eines Brennelements werden in einer Tragstruktur gehalten.

Bei der Kernspaltung entstehen hochradioaktive Stoffe (Spaltprodukte), die überwiegend sehr schnell, teilweise auch mit langen Halbwertszeiten zerfallen. Nach längerer Betriebszeit sind erhebliche Mengen an langlebigen Spaltprodukten entstanden, die eine außerordentlich große potenzielle Gefahr darstellen und unter allen Umständen eingeschlossen bleiben müssen. Ihre Menge und Zusammensetzung hängen von der Zusammensetzung des eingesetzten Kernbrennstoffs, der Höhe des Abbrandes und von der Reaktorfahrweise ab. In Abb. 1.6 ist beispielhaft dargestellt,[23] wie sich die Zusammensetzung des Kernbrennstoffs bei der Umwandlung im Reaktor verändert. Wenn in einem großen Leistungskernkraftwerk 100 t angereichertes Uran

eingesetzt werden, enthalten die abgebrannten Brennelemente etwa 3,25 t Spaltprodukte.

In Tab. 1.1 sind die radiologisch wichtigen Radionuklide aufgelistet, die nach Abschaltung eines DWR mit der thermischen Leistung von 3950 MW_{th} nach einer 28-tägigen Stillstandszeit und einer anschließenden Betriebsdauer von 100 Tagen in einem Kern aus Mischoxid (MOX) -Brennelementen vorhanden sind.[24] Das Radioaktivitäts-Inventar dieser Spaltprodukte sowie aller übrigen Radionuklide ist nach Ende der Kettenreaktion in verschiedenen zeitlichen Abständen angegeben. Man erkennt, dass sich in 10 Tagen das gesamte Inventar auf weniger als ein Zehntel vermindert.

Die RDB sind während des Betriebs hoher radioaktiver Strahlung, insbesondere auch durch Neutronen, ausgesetzt. Der plötzliche Zerknall dieser Kessel könnte den äußeren Sicherheitseinschluss (Containment) zerstören und zur katastrophalen Freisetzung des radioaktiven Inventars in die Umwelt führen. Ihr Bau, ihr Betrieb und ihre Überwachung stellen deshalb höchste Ansprüche an Produktions-, Betriebs- und Sicherheitstech-

[23] Volkmer M (2007) Kernenergie Basiswissen, InformationsKreis Kernenergie (Hrsg.). UbiaDruckKöln, Juni 2007, S. 67.

[24] Bundesamt für Strahlenschutz (Hrsg.) (2003) Leitfaden für den Fachberater Strahlenschutz der Katastrophenschutzleitung bei kerntechnischen Notfällen, Berichte der Strahlenschutzkommission (SSK) des Bundesministers für Umwelt, Naturschutz und Reaktorsicherheit, Heft 37, S. 3.

Tab. 1.1 Inventar an Radionukliden nach Abschaltung eines DWR-Kerns mit 3950 MW$_{th}$

Zeit nach Ende der Kettenreaktion

Nuklid	0 h	6 h	24 h	120 h	240 h
Edelgase					
Kr 87	1,7E+18	6,6E+16	3,6E+12	0,0E+00	0,0E+00
Kr 88	2,3E+18	5,4E+17	6,7E+15	4,4E+05	0,E+00
Xe 133	7,7E+18	7,7E+18	7,4E+18	4,8E+18	2,5E+18
Xe 135	3,2E+18	4,0E+18	2,1E+18	2,4E+15	2,6E+11
Iod					
I 131	3,1E+18	3,1E+18	2,9E+18	2,1E+18	1,4E+18
I 132	5,6E+18	5,4E+18	4,6E+18	2,0E+18	6,8E+17
I 133	7,9E+18	6,6E+18	3,7E+18	1,5E+17	2,7E+15
I 134	8,8E+18	2,4E+17	2,0E+11	0,0E+00	0,0E+00
I 135	7,5E+18	4,0E+18	6,1E+17	2,6E+13	8,9E+07
Schwebstoffe					
Ru 103	5,9E+18	5,9E+18	5,8E+18	5,4E+18	5,0E+18
Sb 127	4,1E+17	3,9E+17	3,4E+17	1,7E+17	6,8E+16
Te 131m	5,3E+17	4,7E+17	3,1E+17	3,3E+16	2,1E+15
Te 132	5,5E+18	5,2E+18	4,5E+18	L9E+18	6,6E+17
Cs 134	5,8E+17	5,8E+17	5,8E+17	5,8E+17	5,8E+17
Cs 136	1,8E+17	1,8E+17	1,7E+17	1,4E+17	1,1E+17
Cs 137	4,0E+17	4,0E+17	4,0E+17	4,0E+17	4,0E+17
Ba 140	6,7E+18	6,6E+18	6,3E+18	5,1E+18	3,9E+18
Pu 238	3,3E+16	3,3E+16	3,3E+16	3,3E+16	3,3E+16
Pu 241	1,4E+18	1,4E+18	1,4E+18	1,4E+18	1,4E+18
Cm 242	6,9E+17	6,9E+17	6,9E+17	6,8E+17	6,7E+17
Cm 244	6,4E+16	6,4E+16	6,4E+I6	6,4E+16	6,4E+16
Summe Spalt-produkte[a]	6,6E+20	1,8E+20	1,3E+20	8,4E+19	6,7E+19
Summe Aktinide[a]	1,6E+20	7,7E+19	6,0E+19	2,0E+19	6,8E+18
Insgesamt Inventar	8,2E+20	2,6E+20	1,9E+20	1,0E+20	7,4E+19

[a] Einschließlich aller hier nicht dargestellten Radionuklide

nologien, damit derartige Ereignisse nicht vorkommen können.

Die beim Zerfall der Spaltprodukte entstehende Nachzerfallswärme ist bei Kernkraftwerken der Leistungsklasse 1.300 MW$_{el}$ auch nach der Reaktorabschaltung, mit der die Kernspaltungen gestoppt werden, so groß, dass sie zur Kernschmelze und zum Durchschmelzen des RDB führen kann. Sie muss deshalb sicher abgeführt werden. Die Nachwärmeentwicklung ist von der Masse und der chemischen Zusammensetzung der aktiven Spaltprodukte zum Zeitpunkt der Reaktorabschaltung abhängig, die wiederum von der Zusammensetzung des eingesetzten Brennstoffs und der bis dahin entsprechend der Betriebsdauer und der Fahrweise der Anlage

erzeugten Wärmemenge abhängig sind.[25,26] In Abb. 1.7 ist beispielhaft der zeitliche Verlauf der Nachwärmeentwicklung in halblogarithmischer Darstellung abgebildet. Man erkennt, dass sie zunächst sehr schnell, dann immer langsamer zurück geht. Nach einer Stunde sind noch 1,28 % der vollen Leistung (bei 3.950 MW$_{th}$ immerhin noch 50,7 MW$_{th}$), nach einem Tag nur noch etwa die Hälfte mit 0,68 % (26,8 MW$_{th}$) vorhanden.

[25] vgl. Stehn JR, Clancy EF (1958) Fission-product radioactivity and heat generation. Proceedings of the second United Nations International Conference on the Peaceful Uses of Atomic Energy, Genf, 1. 9.–13. 9. 1958, Vol. 13, P/1071 USA. United Nations, Genf, S. 49–54.

[26] vgl. Riezler W, Walcher W (1958) Kerntechnik. Stuttgart, S. 768 f.

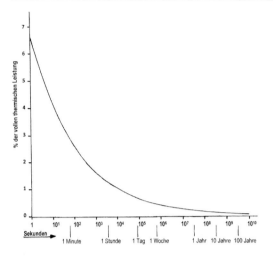

Abb. 1.7 Nachwärmeentwicklung nach Reaktorabschaltung

Die Leistungskernkraftwerke besitzen deshalb für Störfälle zur Bewältigung dieser großen Nachwärmemengen mehrfach redundante Not- und Nachkühlsysteme, die ebenfalls wie die Flutbehälter (Ziffer 7 in Abb. 1.2) im sog. Ringraum zwischen dem Sicherheitsbehälter (Ziffer 9) und der Betonhülle (Ziffer 8) angeordnet bzw. in einem eigenen verbunkerten Notspeisegebäude untergebracht sind.

Links neben der Personenschleuse (Ziffer 3) befindet sich das Reaktorhilfsanlagengebäude mit zahlreichen Systemen zur Behandlung radioaktiver Flüssigkeiten und zur Be- und Entlüftung des in den sog. Betriebsräumen begehbaren Reaktorgebäudes. Für den Nachweis der Zuverlässigkeit und Wirksamkeit aller sicherheitstechnischen Einrichtungen wurde und wird stets ein großer Aufwand getrieben.

1.2.2 Unterschiede bei Siedewasser- und Druckwasserreaktoren

Die deutschen Leistungskernkraftwerke werden mit Druckwasserreaktoren (DWR) oder Siedewasserreaktoren (SWR) betrieben, die mit leichtem (natürlichem) Wasser sowohl moderiert als auch gekühlt werden. Im Grundsatz ist deshalb die Reaktorsicherheitstechnik für DWR und SWR gleichartig; im Einzelnen bestehen erhebliche technische Unterschiede.

Dampferzeugung Im DWR-Kernkraftwerk wird der Arbeitsdampf für die Turbinen in einem Wärmetauscher (Dampferzeuger – DE) hergestellt. Der Reaktorkühlkreislauf (Primärkreislauf) befördert die im Reaktorkern erzeugte Wärme als dampffreier Wasserkreislauf (Druck ca. 155 bar, Temperatur ca. 330 °C) in den Dampferzeuger, wo sie auf den Speisewasser-Dampf-Kreislauf (Sekundärkreislauf oder Arbeitskreislauf) übertragen wird (Sattdampf, Druck ca. 70 bar, Temperatur ca. 290 °C), (Abb. 1.8).[27]

Im modernen SWR-Kernkraftwerk wird der Arbeitsdampf unmittelbar im Reaktordruckbehälter (RDB) erzeugt und als Sattdampf (Druck ca. 70 bar, Temperatur ca. 290 °C) direkt auf die Turbinen gegeben.[28] Der SWR-Primärkreislauf schließt also Turbinen, Kondensatoren, Niederdruck (ND)- und Hochdruck (HD)- Speisewasser- Vorwärmstrecken mit ein (Abb. 1.9).[29] Das Maschinenhaus fällt also in den Kontrollbereich. Um den Eintrag von radioaktiven Verunreinigungen in den Turbinenkreislauf zu minimieren und zu beseitigen, werden folgende Maßnahmen getroffen: Realisierung einer geringen Restfeuchte im Arbeitsdampf (< 0,1 %), um die wassergebundenen Verunreinigungen weitgehend im Reaktorkreislauf zu halten. Die gasförmigen radioaktiven Bestandteile werden zusammen mit der Einbruchsluft im Turbinenkondensator abgesaugt und in die Abgasanlage geleitet. Dort wird die Weiterleitung der Gase so lange verzögert, bis die Radioaktivität abgeklungen ist. Die wassergebundenen Restverunreinigungen werden in der Kondensatreinigung ausgefiltert.

[27] Deutsche Risikostudie Kernkraftwerke Phase B, Verlag TÜV Rheinland, 1990, S. 110.

[28] In der geschichtlichen Entwicklung gab es verschiedene SWR-Varianten, die auch mit Wärmetauschern arbeiteten.

[29] Traube K (1972) Boiling water reactor development and its mechanical-structural requirements and problems. Nucl Eng Des 19:56.

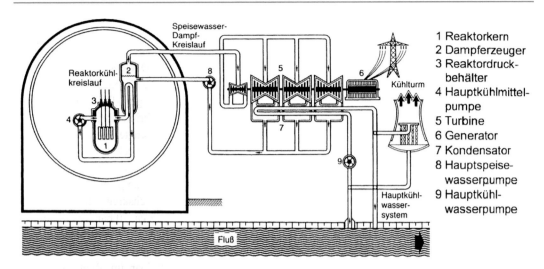

Abb. 1.8 Funktionsschema eines Kernkraftwerks mit Druckwasserreaktor

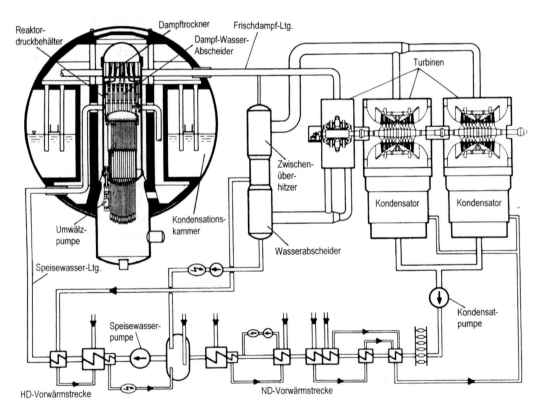

Abb. 1.9 SWR-Primärkreislauf eines AEG/KWU-SWR der Baulinie 69

Reaktordruckbehälter (RDB) Bei gleicher Leistung ist die RDB-Größe von DWR und SWR deutlich verschieden. Abbildung 1.10 zeigt für die gleiche elektrische Bruttoleistung von etwa 1400 MW_{el} bei gleichem Maßstab die Vertikalschnitte durch

Abb. 1.10 RDB-Größenver-
gleich: links KKK Krümmel
(SWR) und rechts KKP-2
Philippsburg (DWR)

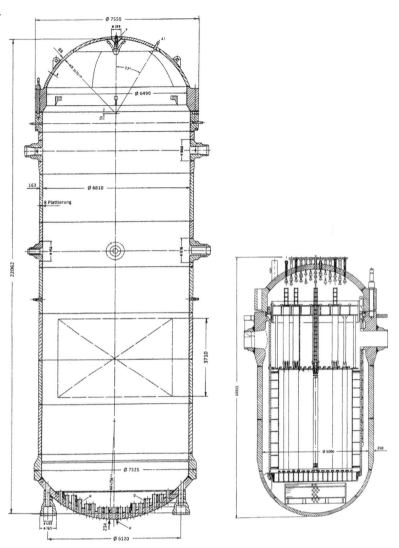

die RDB der Kernkraftwerke Krümmel KKK[30] (SWR) und Philippsburg Block 2 KKP-2 (DWR). Der Krümmel-RDB hat eine lichte innere Höhe von 22 m, einen inneren Durchmesser von 6,8 m und im zylindrischen Teil eine Wanddicke (mit Plattierung) von 171 mm sowie ein Leergewicht von 790 t. Diese Werte sind für den KKP-2-RDB: Höhe innen 11,6 m, Innendurchmesser 5 m, Zylinderwanddicke 250 mm, Gewicht 478 t (vgl. Kap. 9.4.2).

Diese Größenunterschiede sind wie folgt begründet:

• Im SWR-RDB müssen oberhalb des Reaktorkerns die Systeme für die Dampf-Wasser-Abscheidung und die Dampftrocknung untergebracht werden.

• Die mittlere räumliche Leistungsdichte im Reaktorkern ist beim SWR nur etwa halb so groß wie beim DWR. Dies liegt im Wesentlichen an dem größeren Volumenverhältnis von Moderator zu Brennstoff wegen der Dampf-

---

[30] AMPA Ku 154, Kußmaul K (2001) Gutachterliche Stellungnahme zur Einhaltung der Basissicherheit… Kernkraftwerk Krümmel. Stuttgart, Sept. 2001.

blasen im SWR.[31] (Der für die Wirtschaftlichkeit maßgebende Entladeabbrand ist für beide Reaktortypen vergleichbar groß.)

Wegen der Einbauten oberhalb des Reaktorkerns und wegen der besseren Wirksamkeit im unteren Kernbereich (geringerer Dampfanteil) werden beim SWR die Steuerstäbe von unten eingefahren. Beim DWR werden die Steuerstäbe von oben durch den Deckel eingefahren. Der DWR-RDB kann deshalb im Gegensatz zum SWR unterhalb der Stutzenebene ohne Durchbrüche gebaut werden, was die zerstörungsfreie Prüfung einfacher macht. Wegen des hohen Drucks im Primärkreis (druckführende Umschließung) und wegen der hohen Leistungsdichte stellen DWR besonders hohe Anforderungen an die Reaktorsicherheit.

Der SWR-RDB besitzt neben den Stutzen für die Frischdampfleitungen auch Stutzen für die Speisewasserleitungen. Im Vergleich dazu ist die Dimension der DWR-Stutzen für die Hauptkühlmittelleitungen erheblich größer, weil die im Kern erzeugte Wärme über einen Wasserkreislauf mit mäßigen Strömungsgeschwindigkeiten abgeführt wird.

Die Regelungskonzepte Ein Lastfolgebetrieb ist beim SWR wie beim DWR möglich. Der DWR wird mit variabler Borsäurekonzentration im Kühlmittel gefahren. Je nach Abbrand sind mehr oder weniger viele Steuerstabschritte oder eine mehr oder weniger große Zahl gleichzeitig betätigter Steuerstäbe erforderlich. Vom Abbrandzustand hängt es ab, wie stark der negative Temperaturkoeffizient ist. In engen Grenzen ist eine „Selbstregelung" möglich. Bei Drosselung der Turbinenleistung steigt dann im DWR-Primärkreislauf die Temperatur an, was infolge des negativen Temperaturkoeffizienten zur entsprechenden Leistungsminderung im Reaktorkern führt. Im SWR hätte die Drosselung des Dampfdurchsatzes am Turbineneinlassventil einen erhöhten Systemdruck zur Folge, woraus

sich eine Abnahme des Dampfblasenvolumens und damit eine Zunahme der Moderatordichte ergäbe, was die Reaktorleistung nicht, wie gewünscht, abnehmen, sondern steigen ließe. Die SWR-Leistung wird deshalb, anders als beim DWR, bei konstant gehaltenem Systemdruck über die Fördermenge der Kühlmittel-Umwälzpumpen geregelt. Bei Verminderung der Pumpendrehzahl geht der Kühlmitteldurchsatz zurück und das Dampfblasenvolumen vergrößert sich, was zur Leistungsabnahme im Reaktorkern führt – und umgekehrt. Diese Umwälzregelung erlaubt eine schnelle Leistungsänderung im oberen Leistungsbereich zwischen 60 und 100 %. Da zur Reaktivitätsbindung keine flüssige Borsäure verwendet werden kann, werden beim SWR mehr Steuerstäbe und abbrennbare Neutronengifte eingesetzt. So wird die Überschussreaktivität des SWR-Kerns am Zyklusbeginn durch dem Brennstoff beigemischtes, abbrennbares Gadolinium gebunden.

Sicherheitstechnik für den Kühlmittelverlust-Störfall Im Grundsatz sind die sicherheitstechnischen Anforderungen hinsichtlich Redundanz, Diversität, Fail-Safe und Zuverlässigkeit bei DWR und SWR gleich. Im Einzelnen ergeben sich auch hier beträchtliche technische Unterschiede. Die übergeordneten Schutzziele sind gleichermaßen

- sichere Abschaltung des Reaktorkerns,
- Gewährleistung der langfristigen Kühlung des Reaktorkerns und
- sicherer Einschluss der radioaktiven Spaltprodukte.

Bei erheblichen Betriebsstörungen erfolgt die Reaktorabschaltung beim DWR wie beim SWR durch ein Schnellabschaltsystem, das nach dem „Fail-Safe"-Prinzip (Ausfallsicherheit) arbeitet. Beim DWR fallen die von Elektromagneten gehaltenen Steuerstäbe bei Stromausfall, der Schwerkraft folgend, automatisch in den Reaktorkern. Beim SWR mit seinen unten liegenden elektrischen Steuerstabantrieben werden bei Ausfall der Eigenversorgung die Steuerstäbe mit Wasser aus den Schnellabschaltbehältern, das unter einem Stickstoffpolster unter hohem Druck

---

[31] Oldekop W (1978) Entwicklungslinien und gegenwärtiger Stand des Leichtwasserreaktors. In: Die Sicherheit des Leichtwasserreaktors, Berichtsband, Informationstagung 16.–17. 1. 1978. Deutsches Atomforum e. V., Bonn, S. 10–48.

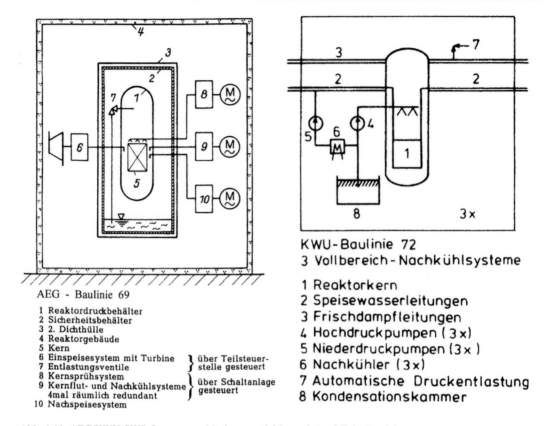

Abb. 1.11 AEG/KWU-SWR Systeme zur Nachwärmeabfuhr nach Ausfall der Betriebssysteme

(160 bar) steht, in den Kern getrieben. Die Tankschließventile öffnen im Notfall automatisch und werden nach ca. 10 Sekunden nach Auslösung der Schnellabschaltung wieder geschlossen, um ein Entweichen des Stickstoffs zu verhindern.

Abbildung 1.11 zeigt schematisch die wesentlichen Systeme der Nachwärmeabfuhr der AEG/ KWU-SWR der Baulinien 69 (links) und 72 (rechts), die nach Ausfall der Betriebssysteme verfügbar sind.[32,33] Die Baulinie 69 besitzt 4×50 % Niederdruck (ND) -Nachkühlsysteme sowie ein Hochdruck (HD) -Einspeise- und ein HD-Nachspeisesystem. Bei der Baulinie 72 besteht jedes der räumlich getrennten und

unabhängigen 3×100 %-Teilsysteme aus einem Hochdruck- und einem Niederdruckstrang.

Aufgrund probabilistischer Sicherheitsanalysen wurde in Kernkraftwerken dieser Baulinie (Gundremmingen) je Block noch ein „Zusätzliches Nachwärmeabfuhrsystem" installiert. Der DWR hat 4×50 %-Teilsysteme, die räumlich getrennt und voneinander unabhängig und jeweils einer Umwälzschleife (Loop) zugeordnet sind. Jedes DWR-Teilsystem der Notkühlung besteht aus einem Hochdruck- und einem Niederdruckeinspeisesystem mit 2 Druckspeichern, die große Mengen an boriertem Notkühlwasser enthalten. Der DWR benötigt diese Druckspeicher für die Anfangsphase eines „großen" Kühlmittelverluststörfalls. (vgl. Kap. 6.7.3, s. Abb. 1.12).[34]

Beim DWR erfolgt die kombinierte „Heiß"bzw. „Kalt"-Einspeisung des Notkühlwassers

---

[32] Voigt O (1972) Weiterentwicklung des Siedewasserreaktors in der BRD. atw 17 (September/Oktober): 490.

[33] Oldekop W (1978) Entwicklungslinien und gegenwärtiger Stand des Leichtwasserreaktors. In: Die Sicherheit des Leichtwasserreaktors, Berichtsband, Informationstagung 16.–17. 1. 1978. Deutsches Atomforum e. V., Bonn, S. 43.

[34] Deutsche Risikostudie Kernkraftwerke Phase B, Verlag TÜV Rheinland, 1990, S. 11.

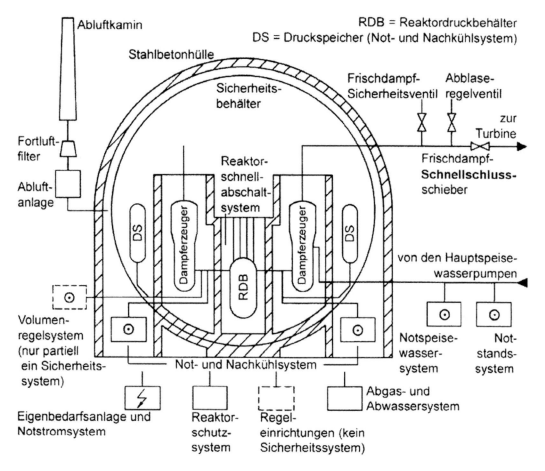

Abb. 1.12 Sicherheitsrelevante Systeme im DWR-Kernkraft-werk

über die Hauptkühlmittelleitungen, beim SWR über die Speisewasserleitungen oder über Kernsprüh- bzw. Kernflutsysteme, die direkt über dem Reaktorkern eingebaut sind. Die Systeme sind so dimensioniert, dass sie stets ausreichende Wassermengen für die Kernkühlung liefern können. Falls im SWR-RDB der Kühlmittel-Füllstand unter die Kernoberkante fällt, reicht der im unteren Kernbereich erzeugte Dampf zur Kernnotkühlung aus.

Im Gegensatz zum DWR besitzen Kernkraftwerke mit SWR völlig passiv wirkende Druckabbausysteme, die bei einem Kühlmittelverlust-Störfall den freigesetzten Primärdampf in einer Wasservorlage in Kondensationskammern niederschlagen (s. Abb. 1.11). SWR benötigen keine Druckspeicher mit Notkühlwasser, dies

wird vielmehr den Kondensationskammern entnommen. (Das SWR-Kernkraftwerk Krümmel KKK besitzt zusätzliche Rückfördersysteme, die ggf. Kühlmittel aus dem Reaktorgebäude in die Sicherheitsbehälter-Bodenwanne und von der Bodenwanne in die Kondensationskammer fördern können.) Die SWR-Nachzerfallswärme wird im Notkühlfall durch Dampf in die Turbinen-Kondensatoren oder in die Kondensationskammern abgeleitet. Wegen der Energieabfuhr durch Dampf ist nur eine relativ geringe Wassernachspeisung erforderlich, weil das eingespeiste Kühlmittel nicht nur erhitzt, sondern auch verdampft wird und somit auch die hohe Verdampfungswärme aufnimmt. Zu den Notkühlsystemen gehört jeweils noch eine Notstrom-Dieselmotor-Einheit.

Sicherheitsbehälter (SB) Zum sicheren Einschluss nach Versagen der druckführenden Umschließung des Primärkreises dient sowohl beim DWR als auch beim SWR der druckfeste und gasdichte Sicherheitsbehälter. Das Druckabbausystem eines SWR zusammen mit dem Sachverhalt, dass großvolumige Dampferzeuger nicht gebraucht werden, ermöglicht es, das erforderliche Volumen des SWR-SB deutlich kleiner auszulegen als beim DWR. Der kugelförmige SB des KKK hat einen Durchmesser von 29,6 m; der entsprechende SB-Durchmesser des KKP-2 ist 56 m. Die bauliche Gestaltung der SWR- und DWR-SB hat sich inzwischen zu einem zylindrischen SB aus Spannbeton mit innenliegender Stahldichthaut weiterentwickelt (KWU-Baulinie 72 Gundremmingen KRB II bzw. Europäischer DWR EPR). Die SB-Druckschale der Baulinie 69 ist von einer Dichthülle aus Stahlblech umgeben (Abb. 1.11). Der schmale Spalt zwischen Druckschale und Dichthülle wird abgesaugt und in ihr ein geringer Unterdruck aufrechterhalten. Beim DWR-Kernkraftwerk wird die Atmosphäre des Ringraums zwischen SB und Stahlbetonhülle des äußeren Betongebäudes kontrolliert im Unterdruck gehalten (Abb. 1.12). Bei der SWR-Baulinie 72 wird das Reaktorgebäude um den SB ebenfalls auf kontrolliertem Unterdruck gehalten.

Die Versorgungswirtschaft gab Kernkraftwerken mit DWR in den 1970er und 1980er Jahren weltweit und auch in der Bundesrepublik überwiegend den Vorzug. Aus diesen Gründen befasst sich die vorliegende Arbeit vorrangig mit der Sicherheitstechnik des DWR. Zu Beginn des 21. Jahrhunderts zeigten sich verstärkte Trends zu Kraftwerken mit SWR der 3. Generation, sodass auch die SWR-Sicherheitstechnik mit dem Schwerpunkt „Containment" in den Blick genommen wird.

2.1 Erste Erkenntnisse

2.1.1 Die grundlegende Entdeckung und ihre physikalische Deutung

In der Woche vor Weihnachten 1938 entdeckten Otto Hahn und Fritz Strassmann im Kaiser-Wilhelm-Institut für Chemie in Berlin-Dahlem, dass bei der Bestrahlung von Uran-Atomkernen mit langsamen Neutronen das Element Barium entsteht. Ihre systematischen radiochemischen Analysen ließen daran keine Zweifel. Dies war nach jahrelangen Forschungsarbeiten über die Isotope von schweren Elementen, insbesondere von Transuranen, ein umstürzendes Ereignis, und sie zögerten, diese *„seltsamen Ergebnisse"* zu veröffentlichen.[1] Hahn berichtete diese spektakuläre Erkenntnis in seinem Brief vom 19.12.1938 sofort Lise Meitner, die nach ihrer Flucht aus dem nationalsozialistischen Deutschland am Physikalischen Institut der Akademie der Wissenschaften in Stockholm ein Unterkommen gefunden hatte. Ein Zerplatzen des Uranatoms erschien ihm unannehmbar. Er schrieb: *„Vielleicht kannst Du irgendeine phantastische Erklärung vorschlagen. Wir wissen dabei selbst, dass es eigentlich nicht in Ba zerplatzen kann."*[2] Lise Meitner antwortete postwendend am 21.12.1938: *„Mir scheint vorläufig die Annahme eines so weitgehenden Zerplatzens sehr schwierig, aber wir haben in der Kernphysik so viele Überraschungen erlebt, dass man auf nichts ohne weiteres sagen kann: es ist unmöglich."*[3]

Lise Meitner verbrachte die Weihnachtstage bei einer befreundeten Familie in Kungälv an der schwedischen Küste. Sie traf sich dort mit ihrem Neffen Otto Robert Frisch, der am Institut für Theoretische Physik der Universität Kopenhagen bei Niels Bohr tätig war und von Dänemark herüberkam.[4] Während dieser Begegnung entwickelten die beiden Physiker die Theorie der Kernspaltung, wobei sie vom Gamowschen Modell des Atomkerns als eines Flüssigkeitstropfens ausgingen.[5,6] Sie berechneten und verglichen die Oberflächenspannungen und elektrischen Ladungen der Kerne, und es erschien ihnen möglich, dass die Form des Urankerns nur geringe Stabilität besitzt. Sie kamen zu dem Schluss, dass ein Auseinanderfallen eines großen Tropfens aus Neutronen und Protonen durch Energiezufuhr in zwei mittelschwere Kerne durchaus denkbar ist. Lise Meitner entsann sich der unterschiedlichen Packungsanteile von Uran und den Elementen in der Mitte des Periodischen Systems

---

[1] Hahn, Otto und Strassmann, Fritz: Über den Nachweis und das Verhalten der bei der Bestrahlung des Urans mittels Neutronen entstehenden Erdalkalimetalle, Die Naturwissenschaften, 27, 1939, S. 14.

[2] Hahn, Otto: Erlebnisse und Erkenntnisse, Econ Verlag Düsseldorf-Wien, 1975, S. 78.

[3] ebenda S. 79.

[4] Sime, Ruth Lewin: Lise Meitner, Insel Verlag, Frankfurt/M und Leipzig, 2001, S. 300–303.

[5] Frisch, Otto R.: Woran ich mich erinnere, Wiss. Verlagsgesellsch. Stuttgart, 1981, S. 148 ff.

[6] vgl. auch: Herneck, Friedrich: Bahnbrecher des Atomzeitalters, Berlin, 1965, S. 456 f.

P. Laufs, *Reaktorsicherheit für Leistungskernkraftwerke*,
DOI 10.1007/978-3-642-30655-6_2, © Springer-Verlag Berlin Heidelberg 2013

und errechnete aus dem Massendefekt von ca. 1/5 Protonenmasse mit Hilfe des Einsteinschen Äquivalenzgesetzes $E = mc^2$ die mit dem Zerplatzen eines Urankerns verbundene enorme Energiefreisetzung von etwa 200 MeV.[7]

Meitner und Frisch verfassten mit Datum vom 16. Januar 1939 eine Publikation, die am 11. Februar in der Londoner Zeitschrift NATURE erschien.[8] Sie führten in ihrer Schrift den Begriff Kernspaltung („*fission*") ein. Sie stellten fest, dass sich die beiden neu entstandenen Kerne abstoßen und eine kinetische Energie von ca. 200 MeV haben sollten. Bei der energetischen Betrachtung nahmen Meitner und Frisch an, dass die gesamte Kernspaltungsenergie als kinetische Energie der primären Bruchstücke frei wird. Sie beschrieben und begründeten physikalisch aber zugleich, dass die Spaltprodukte instabil sind, die neu entstandenen Atomkerne also radioaktiv und weiteren Zerfallsprozessen unterworfen sind. Sie beachteten dabei die Tatsache, dass das Verhältnis von Neutronen zu Protonen in schweren Atomkernen größer als in kleinen ist. Sie schrieben: „*After division, the high neutron/proton ratio of uranium will tend to readjust itself by beta decay to the lower value suitable for lighter elements. Probably each part will thus give rise to a chain of disintegrations. If one of the parts is an isotope of barium, the other will be krypton (Z = 92 − 56), which might decay through rubidium, strontium and yttrium to zirconium*". Damit beschrieben Meitner und Frisch am Beispiel einer von vielen möglichen Zerfallsreihen, dass nach der Kernspaltung zwangsläufig weitere atomare Zerfälle eintreten.

Dies ist die wesentliche Ursache für das Gefahrenpotenzial durch radioaktive Strahlung, das mit der Kernenergienutzung verbunden ist. Die Frage nach der Aufteilung der Energie, die

zunächst bei der Primärspaltung und dann bei den weiteren Zerfallsprozessen als kinetische bzw. als Strahlungsenergie (Alpha-, Beta-, Gamma-, Neutrino- und Neutronenstrahlung) freigesetzt wird, griffen Meitner und Frisch nicht auf.

Im Januar 1939 gelang Hahn und Strassmann im Kaiser-Wilhelm-Institut für Chemie der Nachweis der Spaltprodukte Strontium und Yttrium sowie der Entstehung von Edelgasen und Erdalkalimetall.[9] Es folgte die Erforschung der Zerfallsreihen von Krypton, Barium, Xenon, Strontium und Tellur.[10] Bis zum Frühjahr 1945 hatten Hahn, Strassmann und Mitarbeiter 25 Elemente mit etwa 100 Isotopen als Produkte der Kernspaltung radiochemisch und physikalisch bestimmt. Damit war ein erheblicher Teil aller überhaupt auftretenden Spaltprodukte in Deutschland bekannt. Für die meisten der entdeckten radioaktiven Isotope wurden die Halbwertszeiten bestimmt. Fragezeichen blieben bei den besonders kurz- sowie langlebigen Isotopen. Angaben über die Energie der bei den Zerfällen emittierten Neutronen, Neutrinos, β-Strahlen und die damit verknüpften γ-Strahlen waren nur in wenigen Fällen möglich. Die Häufigkeitsverteilung der Spaltprodukte wurde nicht gemessen.[11] Die umfassende und nahezu abschließende Erforschung der Zerfallsprozesse bei der Urankernspaltung fand in den Jahren 1942–1946 in den USA statt (s. Kap. 2.2.5).

Aus der bis heute im Grundsatz gültigen physikalischen Deutung der Kernspaltung nach Meitner und Frisch folgt, dass sich die neu entstandenen Atomkerne mit großer Energie voneinander abstoßen und stark ionisierend wirken. Frisch

---

[7] 1 MeV entspricht $1{,}6 \cdot 10^{-13}$ Joule. Die Zeitung „The New York Times" machte am 28.1.1939 mit der Schlagzeile „*Atom Explosion Frees 200,000,000 Volts*" auf. Siehe: Gerlach, Walter und Hahn, Dietrich: Otto Hahn. In: Große Naturforscher, Bd. 45, Wiss. Verlagsgesell., Stuttgart, 1984, S. 93.

[8] Meitner, Lise und Frisch, Otto R.: Disintegration of Uranium by Neutrons: A New Type of Nuclear Reaction, NATURE, Vol. 143, 1939, S. 239.

[9] Hahn, Otto und Strassmann, Fritz: Nachweis der Entstehung aktiver Bariumisotope aus Uran und Thorium, Die Naturwissenschaften, 27, 10.2.1939, S. 94.

[10] Hahn, Otto und Strassmann, Fritz: Über das Zerplatzen des Urankerns durch langsame Neutronen, Abhandlungen der Preußischen Akademie der Wissenschaften Jg. 1939, Math.-naturwiss. Klasse Nr. 12, Vortrag vom 25.5.1939.

[11] Seelmann-Eggebert, Walter und Götte, Hans: Chemische Untersuchung der Spaltprodukte, in: Naturforschung und Medizin in Deutschland (1939–1946). (Fiat Review of German Science), Bd. 13, Bothe, Walther und Flügge, Siegfried (Hg.): Kernphysik und Kosmische Strahlen, Teil I, Verlag Chemie GmbH Weinheim/Bergstr., 1953, S. 178–193.

konnte Anfang Januar 1939 in Kopenhagen in einer mit Wasserstoff gefüllten Ionisationskammer die auseinanderfliegenden Uranbruchstücke nachweisen. Er beobachtete eine maximale Flugstrecke eines Partikels von 3 cm, 2 Mio. dabei erzeugter Ionenpaare und eine Energieumsetzung von mindestens 70 MeV je Bruchstück. Die Differenz zu der von ihm eigentlich erwarteten Energiemenge von etwa 100 MeV erklärte er nicht.[12] Messungen, die 1939 und 1940 in Berkeley und Princeton durchgeführt wurden, ergaben schließlich den durchschnittlichen Wert von 177 MeV ± 1 % für die primäre Spaltungsenergie, die sich aus den kinetischen Energien der Spaltfragmente und der freigesetzten Neutronen sowie der prompten γ-Strahlung zusammensetzt.[13] Der am Kaiser-Wilhelm-Institut für Chemie in Berlin-Dahlem tätige Gottfried Frhr. von Droste nahm im März 1939 an, dass bei der Urankernspaltung Energie zur Abstrahlung von γ-Strahlen und zur Emission von freien Neutronen aufgebraucht wird.[14] Ganz ähnliche Resultate wurden fast gleichzeitig in anderen Laboratorien erzielt. Zu nennen sind vor allem das *Laboratoire de Chimie Nucléaire*, Collège de France, Paris (Frédéric Joliot)[15], das *Chemical Laboratory*, John Hopkins University[16], das Physikalische Institut der Universität Wien (wo schon im Februar 1939 die unterschiedliche Verteilung der kinetischen Energien von zwei Gruppen von Spaltfragmenten ermittelt wurde)[17], das *Radiation Laboratory* der University of California, Berkeley, Cal.[18] sowie die *Pupin Physics Laboratories*, Columbia University New York, N.Y.[19,20] Louis A. Turner vom *Palmer Physical Laboratory* der Princeton Universität gab einen umfassenden Überblick über die Entdeckung und Erforschung der Kernspaltung und stellte rund 140 kernphysikalische Arbeiten über Uran und Thorium zusammen, die den Zeitraum von Fermis Versuchen mit Neutronenstrahlen im Jahr 1934 bis zum 6. Dezember 1939 umspannten.[21]

Lise Meitner schlug eine einfache Versuchsanordnung vor, mit der die wegfliegenden Kernbruchstücke auf einem Metallblech, einem Stück Papier oder in einer Wasserschicht aufgefangen und ausgemessen werden konnten.[22,23] Die im Institut für Theoretische Physik in Kopenhagen im Februar 1939 durchgeführten Messungen zeigten, dass die Nachzerfallsaktivität der Gesamtheit der entstandenen Spaltprodukte zuerst schnell, dann immer langsamer abnimmt (Abb. 2.1)[24]. Die erhaltene Kurve war in vollkommener Übereinstimmung mit Ergebnissen, die Meitner, Hahn und Strassmann schon 1937 beobachtet, aber fälschlicherweise als Umwandlungsreihen von Uranisotopen und Elementen jenseits des Urans gedeutet hatten. Bei diesen Untersuchungen hatten sie mit schnellen, verlangsamten und thermischen Neutronen gearbeitet, wobei sie die aktivierten Präparate in verschiedenen Paraffin-Umkleidungen mit und ohne Cadmium-Fil-

[12] Frisch, Otto R.: Physical Evidence for the Division of Heavy Nuclei under Neutron Bombardment, NATURE, Vol. 143, 18.2.1939, S. 276.

[13] Henderson, Malcolm C.: The Heat of Fission of Uranium, The Physical Review, Vol. 58, November 1940, S. 774–780.

[14] Droste, G. von: Über die Energieverteilung der bei der Bestrahlung von Uran mit Neutronen entstehenden Bruchstücke, Die Naturwissenschaften, 27, 1939, S. 198.

[15] Joliot, Frédéric, 30.1.1939: Preuve expérimentelle de la rupture explosive des noyaux d' uranium…, Comptes Rendus Tome 208, 1939, S. 342.

[16] Fowler, R. D. und Dodson, R. W., 3.2.1939: A New Type of Nuclear Reaction, NATURE, Vol. 143, 11.2.1939, S. 233.

[17] Jentschke, Willibald und Prankl, Friedrich: Untersuchung der schweren Kernbruchstücke beim Zerfall von neutronenbestrahltem Uran und Thorium, 14.2.1939, Die Naturwissenschaften, 27, 24.2.1939, S. 134–135.

[18] Abelson, Philip: An Investigation of the Products of the Disintegration of Uranium by Neutrons, The Physical Review, Vol. 56, No. 1, 1939, S. 1–9.

[19] Anderson, H. L., Booth, E. T., Dunning, J. R., Fermi, E., Glasoe, G. N. und Slack, F. G.: The Fission of Uranium, 16.2.1939, The Physical Review, Vol. 55, 1939, S. 511–512.

[20] Booth, E. T., Dunning, J. R. und Slack, F. G.: Energy Distribution of Uranium Fission Fragments, 1.5.1939, The Physical Review, Vol. 55, 1939, S. 981.

[21] Turner, Louis A.: Nuclear Fission, Reviews of Modern Physics, Vol. 12, No. 1, Januar 1940, S. 1–29.

[22] Frisch, Otto R.: Physical Evidence for the Division of Heavy Nuclei under Neutron Bombardement, NATURE, 143, 18.2.1939, S. 276.

[23] Meitner, Lise und Frisch, Otto R.: Products of the Fission of the Uranium Nucleus, NATURE, Vol. 143, 18.3.1939, S. 471.

[24] ebenda.

Abb. 2.1 Nachzerfallsaktivität nach Meitner/Frisch

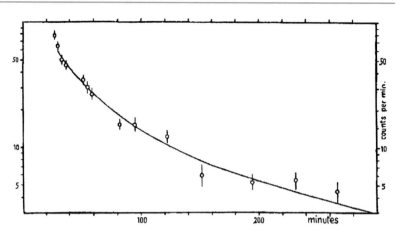

ter ausmaßen. Bei ihren Versuchen zeigten sich Resonanzabsorptionen der Neutronen im Uran. Sie bestimmten den ungefähren Wert der Neutronenenergie des Resonanzniveaus.[25]

Niels Bohr, der sich Anfang 1939 im *Institute for Advanced Study* in Princeton, New Jersey, USA, aufhielt, zog aus den von Meitner, Hahn und Strassmann ermittelten Absorptionskoeffizienten den Schluss, dass das im Natururan mit nur 0,7 % vorkommende Isotop U^{235} das durch thermische Neutronen spaltbare Uranisotop ist.[26] Diese Hypothese wurde unverzüglich mit einer sorgfältigen, die Theorie der Kernspaltung umfassend darstellenden Untersuchung belegt und bestätigt.[27] Dabei wurde auch das Einfangen schneller Neutronen durch das Uranisotop U^{238} auf bestimmten Resonanzebenen erörtert.

2.1.2   Die Ursachen der Gefahren der Kernenergie

Joliot und seine Mitarbeiter machten auf die Möglichkeit einer energieliefernden Kettenreaktion aufmerksam. Die Voraussetzung dafür ist,

dass bei jeder Kernspaltung mehr als ein neues Neutron entsteht, was aus ihren Experimenten zu folgen schien.[28] Hahn und Strassmann hatten die Emission von Neutronen bei der Kernspaltung bereits vermutet.[29] Den ersten sicheren Nachweis dafür erbrachten im März 1939 Enrico Fermi und Kollegen an der *Columbia University* in New York.[30] In Paris ermittelten Joliot und Mitarbeiter in weiteren Experimenten unter bestimmten Randbedingungen die durchschnittliche Zahl der pro Spaltung freigesetzten Neutronen mit 2,8–4,2[31] was zu hoch ist. Sie führten den Begriff einer sich selbst tragenden Kettenreaktion ein („*self-perpetuating reaction chain*") und zeigten auf, wie sie gesteuert werden kann.[32] In New York gaben Walter Zinn und Leo Szilard im August 1939 die mittlere Neutronenzahl pro Spaltung mit 2,3 an und ermittelten die genaue Verteilung der Neutronenenergie.[33] Gottfried von

[25] Meitner, L., Hahn, O. und Strassmann, F.: Über die Umwandlungsreihen des Urans, die durch Neutronenbestrahlung erzeugt werden, Zeitschrift für Physik, 106, 1937, S. 249–270.

[26] Bohr, Niels: Resonance in Uranium and Thorium Disintegrations and the Phenomenon of Nuclear Fission, The Physical Review, Vol. 55, 7.2.1939, S. 418–419.

[27] Bohr, Niels und Wheeler, John Archibald: The Mechanism of Nuclear Fission, The Physical Review, Vol. 56, 28.6.1939, S. 426–450.

[28] Halban, H. von, Joliot, F. und Kowarski, L.: Liberation of Neutrons in the Nuclear Explosion of Uranium, NATURE, Vol. 143, 18.3.1939, S. 471.

[29] Hahn, O. und Strassmann, F.: Nachweis der Entstehung aktiver Bariumisotope aus Uran und Thorium, Die Naturwissenschaften, 27, 10.2.1939, S. 94.

[30] Anderson, H. L., Fermi, E. und Hanstein, H. B.: Production of Neutrons in Uranium Bombarded by Neutrons, The Physical Review, Vol. 55, 1939, S. 797–798.

[31] Halban, H. von, Joliot, F. und, Kowarski, L.: Number of Neutrons Liberated in the Nuclear Fission of Uranium, NATURE, Vol. 143, 22.4.1939, S. 680.

[32] Adler, F. und von Halban, H.: Control of the Chain Reaction involved in Fission of the Uranium Nucleus, NATURE, Vol. 143, 13.5.1939, S. 793.

[33] Zinn, W. H. und Szilard, L.: Emission of Neutrons by Uranium, The Physical Review, Vol. 57, 1939, S. 619–624.

Droste und H. Reddemann in Berlin-Dahlem hatten schon im Mai 1939 bei ihren Experimenten gefunden, dass bei der Uranspaltung schnelle Neutronen mit Energien erheblich über 2,4 MeV entstehen.[34] In einer größeren kompakten Menge von U^{235}-Atomen können sich also Kernspaltungen lawinenartig potenzieren.

Im Februar und März 1939 wurde in amerikanischen Forschungsinstituten in Berkeley, Cal., Washington, D. C. und Durham, N. C. beobachtet, dass die Kernspaltung selbst wie auch die nachfolgenden β- Zerfälle mit der Aussendung starker, harter γ-Strahlen verbunden ist, sowie dass zeitlich verzögerte Neutronen emittiert werden.[35,36,37] Lise Meitner hatte bereits 1924 die Emission von γ-Strahlen nach dem β- Zerfall von Atomkernen beschrieben und diskutiert.[38] Im Jahr 1937 berichtete sie die Beobachtung, dass die durch Bestrahlung mit Neutronen entstehenden Umwandlungskörper des Urans, damals als Transurane gedeutet, β- und γ- Strahlen unterschiedlicher Intensität und Energie aussenden.[39]

Wenige Monate nach der Entdeckung der Kernspaltung waren in wissenschaftlichen Veröffentlichungen alle grundlegenden physikalischen und radiochemischen Sachverhalte bekannt geworden, aus denen die Gefahrenpotenziale der friedlichen Nutzung der Kernenergie qualitativ abgeleitet werden können; Ergebnisse:

1. In überkritischen Massen von Kernbrennstoffen können sich explosionsartig verlaufende Kettenreaktionen mit enormen Energiefreisetzungen ereignen.

2. Die primäre Kernspaltung ist mit energiereicher Neutronen- und γ-Strahlung verbunden.

3. Die bei der Kernspaltung entstehenden Spaltprodukte sind ganz überwiegend instabil und geben während langanhaltenden Nachzerfallsprozessen α-, β- und starke, harte γ- Strahlung ab. Bei einer größeren Menge an Spaltprodukten entsteht in erheblichem Umfang Nachzerfallswärme. Ein beträchtlicher Teil der bei der Kernspaltung entfesselten Energie wird also erst zeitlich verzögert und unkontrollierbar freigesetzt.

Im Jahr 1939 war noch nicht zu erkennen, wie und in welchem Ausmaß sich die Gefahrenpotenziale der Kernenergienutzung zu Unfällen und Katastrophen entwickeln können. Diese Einsichten und erste Erfahrungen im Umgang mit großen Mengen an Spaltprodukten wurden während des Krieges in den amerikanischen Plutonium-Fabriken in Hanford, Wash., gewonnen (s. Kap. 2.2.6). Die Tatsache, dass die Nachzerfallswärme in Kernbrennstoffen ausreichen kann, Brennelemente zum Schmelzen und damit zur Freisetzung der in ihnen enthaltenen Spaltprodukte zu bringen, ist erst 1953 öffentlich bekannt geworden (s. Kap. 3.1.2).

Die Wissenschaft befasste sich in den Anfangszeiten der Kernphysik und -technik nicht mit den Gefahren, die mit den Spaltprodukten verknüpft sind, insbesondere nicht mit den Gefahren der Spaltprodukte sehr langer Halbwertszeiten, die sich in Brennstoffen bei höheren Abbränden anreichern. Sie war zunächst ganz mit der Erforschung der kernphysikalischen Phänomene und den Fragen zur Nutzung der neu entdeckten Energiequelle ausgefüllt.

2.1.3 Erste Überlegungen zur Nutzung der Kernenergie

Auf den grundlegenden Erkenntnissen des ersten Halbjahrs 1939 aufbauend entwickelte Siegfried Flügge im Kaiser-Wilhelm-Institut für Chemie in Berlin-Dahlem die Grundvorstellungen einer „Uranmaschine", die „gigantische Leistungen"

---

[34] Droste, G. von und Reddemann, H.: Über die beim Zerspalten des Urankerns auftretenden Neutronen, Die Naturwissenschaften, 27, 1939, S. 372.

[35] Abelson, Philip: Cleavage of the Uranium Nucleus, The Physical Review, Vol. 55, 1939, S. 418.

[36] Roberts, R. B., Meyer, R. C. und Wang, P.: Further Observations on the Splitting of Uranium and Thorium: The Physical Review, Vol. 55, 1939, S. 510–511.

[37] Mouzon, J. C., Park, R. D. und Richards, J. A.: Gamma-Rays from Uranium Activated by Neutrons, The Physical Review, Vol. 55, 1939, S. 668.

[38] Meitner, Lise: Der Zusammenhang zwischen β- und γ- Strahlen, In: Ergebnisse der exakten Naturwissenschaften, III. Bd., Verlag von Julius Springer, Berlin, 1924, S. 160–181.

[39] Meitner, Lise: Über die β- und γ- Strahlen der Transurane, Annalen der Physik, Bd. 29, 1937, S. 246–250.

hervorbringen könne. Er diskutierte dabei die erforderliche Abbremsung der bei der Primärspaltung entstehenden schnellen Neutronen auf thermische Geschwindigkeiten, damit diese nicht von U^{238}-Kernen eingefangen werden können und für die Spaltung von U^{235}-Atomen verloren gehen. Auch die Steuerung der Kettenreaktionen mittels Cadmium wird von ihm betrachtet, wobei er die Anregungen von Adler und v. Halban aufgriff.[40,41] Flügge schilderte im August 1939 für ein breites Publikum in seinem Zeitungsaufsatz *„Die Ausnutzung der Atomenergie; Vom Laboratoriumsversuch zur Uranmaschine – Forschungsergebnisse in Dahlem"* die Geschichte der Kernphysik und die Vorgänge der *„Atomzertrümmerung"*, der Entstehung einer *„Neutronenlawine"* und einer kernenergetischen *„Kettenreaktion"*.[42] Flügge rechnete vor, dass der Energieinhalt eines Kubikmeters Uranoxid ausreiche *„um einen Kubikkilometer Wasser 27 km hoch zu heben, d. h. also etwa den Wasserinhalt des Wannsees bis in die Stratosphäre emporzuschleudern."* Er skizzierte mit allen technischen Vorbehalten eine Uranmaschine, die in der Lage sei, *„den ganzen Elektrizitätsbedarf des Deutschen Reiches ein Jahr lang zu decken."* Als eine der besonderen Schwierigkeiten beim Betrieb einer solchen Uranmaschine hob Flügge hervor, *„daß das Uran von Zeit zu Zeit von den entstehenden Spaltungserzeugnissen gereinigt werden muss, da diese selbst wieder Neutronen wegfangen, ohne neue hervorzubringen."*

Werner Heisenberg legte mit Datum vom 6. Dezember 1939 den ersten Teil seiner Schrift über *„Die Möglichkeit der technischen Energiegewinnung aus der Uranspaltung"* vor.[43] Er stellte darin die physikalischen Voraussetzungen für den Betrieb einer Uranmaschine wissenschaftlich eingehend dar und erörterte die Verwendbarkeit von leichtem (H_2O) und schwerem Wasser (D_2O) sowie von reinem Kohlenstoff als Moderatoren zur Abbremsung der schnellen Neutronen und diskutierte auch die Anreicherung von U^{235}, um Kettenreaktionen herzustellen. *„Die Anreicherung von U^{235} ist die einzige Methode, mit der das Volumen der Maschine klein gegen 1 cbm gemacht werden kann. Sie ist ferner die einzige Methode, um Explosivstoffe herzustellen, die die Explosivkraft der bisher stärksten Explosivstoffe um mehrere Zehnerpotenzen übertreffen."*[44] Heisenberg sah auch die Gefahren, die unmittelbar von Kernspaltungsanlagen ausgehen. Er schrieb: *„Mit der Energieerzeugung würde eine außerordentlich intensive Neutronenstrahlung und γ-Strahlung Hand in Hand gehen.... Bei einer Leistung von nur 10 kW würden pro sec 10^{15} Neutronen und γ-Quanten ausgesandt; dies entspricht der γ-Strahlungsintensität von 10 kg Ra oder der Neutronenintensität einer Ra-Be-Quelle, die 105 kg Ra enthält... Selbst wenn von dieser Strahlungsintensität ein erheblicher Teil im Innern der Maschine absorbiert wird, so würde der Betrieb der Maschine doch offenbar ganz umfangreiche Strahlungsschutzmaßnahmen notwendig machen."*[45] Im Teil II seines Berichts, der am 29.2.1940 folgte, behandelte Heisenberg ausführlich die Frage der Resonanzabsorption und präzisierte und verbesserte seine Berechnungen des Teils I. Zum Gefahrenpotenzial der Spaltprodukte äußerte er sich nicht.

Die vielfältigen Untersuchungen und Versuche des „Uranvereins" in Deutschland führten zu einer erfolgversprechenden Konzeption eines „Uranbrenners". Es ist aber bis April 1945 nicht gelungen, eine sich selbst tragende Kettenreaktion herzustellen.[46,47]

---

[40] Flügge, S.: Kann der Energieinhalt der Atomkerne technisch nutzbar gemacht werden?, Die Naturwissenschaften, 23/24, 9.6.1939, S. 402–410.

[41] Adler, F. und von Halban, H., a. a. O., S. 793

[42] Flügge, S.: Die Ausnutzung der Atomenergie, in: Deutsche Allgemeine Zeitung Nr. 387, 15.8.1939, Beiblatt; Faksimile in: ATOM, Stadtverwaltung Haigerloch, Druckerei Elser Haigerloch, 1982, S. 23–24

[43] Heisenberg, W., Typoskript, 6.12.39, Deutsches-Museum, Archiv, Atomdokumente, G 039.

---

[44] ebenda, S. 24.

[45] ebenda, S. 23.

[46] Heisenberg, W. und Wirtz, K.: Großversuche zur Vorbereitung der Konstruktion eines Uranbrenners, in: Naturforschung und Medizin in Deutschland 1939–1946 (Fiat Review of German Science) Bd. 14, Bothe, W. und Flügge, S. (Hg.) Kernphysik und Kosmische Strahlung, Teil II, Verlag Chemie GmbH Weinheim/Bergstr., 1953, S. 143–165.

[47] Keßler, G. und Wirtz, K.: Von der Entdeckung der Kernspaltung zur heutigen Reaktortechnik, KfK-Nachrichten, Jg. 20, 4/88, S. 200–210.

2.1.4 Wie nahe kam Deutschland an die Entwicklung atomarer Waffen?

Atomare Explosivstoffe und deren Spaltprodukte sind in Deutschland ebenfalls nicht entstanden. Die Bedeutung von Kernsprengstoffen für den Kriegseinsatz war zwar früh erkannt und von Paul Harteck und Wilhelm Groth[48] im April 1939 dem Oberkommando der Wehrmacht brieflich mitgeteilt worden.[49] Die Versuche mit verschiedenen Verfahren der Uranisotopentrennung misslangen jedoch oder waren nicht leistungsfähig genug, um hoch angereichertes U^{235} für die Waffenproduktion zu erzeugen.[50] Der Misserfolg, eine Uranmaschine zu bauen, versperrte auch den Weg, den anderen Kernsprengstoff Plutonium (Element mit der Ordnungszahl 94 und der Massenzahl 239) aus U^{238} zu gewinnen. Edwin McMillan (*University of California*, Berkeley) und Philip Hauge Abelson (*Carnegie Institution of Washington*, Washington, D.C.) hatten 1940 die Entstehung der Elemente 93 und 94 durch Neutronenbeschuss von U^{238} nachgewiesen und das Element 94^{239} in einem Experiment als sehr langlebig gefunden.[51] Dieses praktisch stabile Element mit der Ordnungszahl 94 und der Massenzahl 239 wurde später Plutonium genannt. Es entsteht durch zwei Beta-Umwandlungen aus dem U^{239}, das sich durch Neutroneneinfang aus U^{238} bildet. Ende 1939 hatte Louis A. Turner von der Princeton University, N. J., ausgehend von der Theorie von Bohr und Wheeler sowie von der Tatsache, dass Transurane in der Natur nicht vorkommen, geschlossen, dass Transurane durch thermische Neutronen spaltbar sind.[52] Carl Friedrich von Weizsäcker entwickelte 1941 aus den wissenschaftlichen Mitteilungen dieser Publikationen eine geheime Patentanmeldung für die Verwendung des Elements 94 in Kernreaktoren und für Explosivstoffe.[53] In Deutschland fehlte es jedoch an hochenergetischen Neutronenquellen zum Beschuss von Uran, und es war nicht einmal gelungen, sehr kleine, weitere Forschungsarbeiten ermöglichende Mengen des Transurans mit der Ordnungszahl 94 (Plutonium) herzustellen.[54] Otto Hahn stellte im Rückblick fest, dass während des Krieges auch im Kaiser-Wilhelm-Institut für Chemie im Jahr 1942 das Element 93 (Neptunium) entdeckt und in seinen chemischen Eigenschaften beschrieben worden ist (Starke, Hahn, Strassmann). „*Der Nachweis des daraus entstehenden sehr langlebigen Plutoniums gelang nicht infolge der geringen Intensität.*"[55] Ergebnis: Deutsche Forschungen kamen nie so weit, dass eine Entscheidung über den Bau einer Atombombe hätte getroffen werden können.[56]

Erfahrungen im Umgang mit größeren Mengen an Spaltprodukten, insbesondere auch mit solchen langer Halbwertszeit, konnte man also in Deutschland nicht machen. Man hatte sich auch gar nicht damit befasst und darauf vorbereitet. Die Vorsichtsmaßregeln, die von der amerikanischen Invasionsarmee 1944 unter dem Decknamen „Peppermint" für den Fall getroffen worden waren, dass die deutsche Seite radioaktive Giftstoffe (Spaltprodukte) einsetzt, erwiesen sich daher als unnötig.[57]

---

[48] Harteck, Paul, o. Prof. und Dir. Inst. für Physikalische Chemie, Univ. Hamburg; Groth, Wilhelm, Assistent von Harteck, später apl. und ao. Prof., Univ. Hamburg

[49] Walker, Mark: Die Uranmaschine, Siedler Verlag, Berlin, 1990, S. 30·

[50] ebenda, S. 46 f und S. 178 ff.

[51] McMillan, Edwin und Abelson, Philip H.: Radioactive Element 93, The Physical Review, Vol. 57, 1940, S. 1185–1186, Mitteilung vom 27. Mai 1940.

[52] Turner, Louis A.: The Nonexistence of Transuranic Elements, The Physical Review, Vol. 57, 1940, S. 157, Mitteilung vom 31.12.1939.

[53] Walker, Mark: Eine Waffenschmiede?, in: Maier, H. (Hg.): Gemeinschaftsforschung, Bevollmächtigte und Wissenstransfer, Wallstein-Verlag, Göttingen, 2007, S. 358 f

[54] Walker, Mark: Die Uranmaschine, Siedler Verlag, Berlin, 1990, S. 203.

[55] Hahn, Otto: Die Auffindung der Uranspaltung, in: Bothe, Walther und Flügge, Siegfried (Hg.): Naturforschung und Medizin in Deutschland 1939–1946. Bd. 13: Kernphysik und kosmische Strahlung, Teil I, Wiesbaden 1953, S. 178. Vgl. Starke, Kurt: Abtrennung des Elements 93, Die Naturwissenschaften, 30, 19.1.1942, S. 107 f sowie ebenda Starke, Kurt: Anreicherung des künstlich radioaktiven Uran-Isotops $^{239}_{92}U$ und eines Folgeprodukts $^{239}_{93}$ (Element 93), 18.9.1942, S. 577–582.

[56] Irving, David: The Virus House, William Kimber, London, 1967, S. 268.

[57] Hacker, Barton C.: The Dragon's Tail, Radiation Safety in the Manhattan Project, 1942–1946. Univ. of California Press, Berkeley, 1987, S. 47 f.

Nach dem Krieg erließ der Alliierte Kontrollrat am 29. April 1946 ein *„Gesetz zur Regelung und Überwachung der wissenschaftlichen Forschung"*, in dem – nach aller Furcht vor deutschen Atombomben und radioaktiven Giftstoffen – an erster Stelle ein unbedingtes Verbot für „Angewandte Atomphysik" ausgesprochen wurde.[58] Nach Gründung der Bundesrepublik Deutschland wurde dieses Verbot in das Gesetz Nr. 22 der Alliierten Hohen Kommission vom 2. März 1950 übergeführt,[59] das bis 4. Mai 1955 galt, also erst mit der Erlangung der Souveränität der Bundesrepublik durch deutsches Recht ersetzt werden konnte.[60]

Deutsche Atomphysiker und Kerntechniker mussten bis Mai 1955 versuchen, im Ausland, insbesondere in den USA, über die Entwicklungen informiert zu werden.

2.2 Forschung und Erfahrungen in den USA

2.2.1 Der Anfang des amerikanischen Atombomben-Projekts

Als im Jahr 1939 die Kernspaltung mit ihren grundlegenden Phänomenen in Theorie und Laborversuchen erforscht war, wurde ihre ungeheure Zerstörungskraft für militärische Zwecke erkannt. In England verfassten die aus Deutschland geflohenen Physiker Otto Robert Frisch und Rudolf Ernst Peierls für die britische Regierung im Frühjahr 1940 an der Universität Birmingham das erste konkrete Memorandum über den Atombombenbau aus dem Uranisotop U^{235}. Sie berechneten die Sprengkraft einer 5-kg-Bombe mit mehreren tausend Tonnen Dynamit und schlugen ein thermisches Ionen-Diffusionsverfahren zur Gewinnung einer reinen U^{235}-Masse vor.[61]

In den USA waren es auch vor allem die Immigranten aus Europa, die vor dem Faschismus und Nationalsozialismus geflohen waren, die auf eine Klärung praktischer Möglichkeiten für den Bau von Atomwaffen mit Hilfe staatlicher Programme drängten. Die Initiative ging von einer Gruppe von Physikern aus, deren Werdegang mit Deutschland verbunden war und die durch bedeutende wissenschaftliche Arbeiten bereits auf sich aufmerksam gemacht hatten. Zu nennen sind die aus Budapest stammenden Forscher Leo Szilard,[62] Eugen Paul Wigner[63] und Edward Teller,[64] der aus Wien kommende Victor F. Weißkopf[65] sowie der Nobelpreisträger Enrico Fermi[66] aus Rom. Sie waren mit dem Stand von Natur- und Ingenieurwissenschaften in Deutschland bestens vertraut und wurden von der Sorge umgetrieben, Hitler könnte in den Besitz von Atomwaffen kommen. Leo Szilard versuchte 1939 vergeblich, die Kernphysiker außerhalb Deutschlands zu einem Abkommen über die Geheimhaltung von nuklearen Forschungsergebnissen zu bewegen. Edward Teller bezeichnete später Szilards Bemühungen als eine gegen Hitler gerichtete *„militärische Maßnahme"*.[67]

Szilard, Wigner und Teller suchten im Juli 1939 Albert Einstein in dessen Sommerhaus in Peconic Bay auf Long Island, N. Y., auf, um ihn mit den Fortschritten der Kernphysik und ihren

[58] K Gesetz Nr. 25, Verzeichnis A, im englischen Original: Schedule A: Prohibited Applied Scientific Research (i) Applied nuclear physics…

[59] Gesetz Nr. 22, Artikel 1, Par. 1b.

[60] Lehrbach, Dirk: Wiederaufbau und Kernenergie, Diss. Stuttgart, 1996, S. 173 ff

[61] The Frisch-Peierls-Memorandum im Wortlaut in: Williams, Robert C. und Cantelon, Philip L. (Hg.): The

American Atom, University of Pennsylvania Press, Philadelphia, 1984, S. 14–18.

[62] 1920/1921 Studium TH/Univ. Berlin, 1922 Promotion bei Max von Laue, 1923 Kaiser-Wilhelm-Institut für Chemie Berlin-Dahlem, 1924–1927 Assistent bei von Laue, 1925 Habilitation, gemeinsame Patente mit Albert Einstein, bis 1933 Zusammenarbeit mit John von Neumann, Erwin Schrödinger und Lise Meitner.

[63] 1921/1924 Studium Chemie-Ingenieurwesen TH Berlin, 1925 Promotion, 1926-1927 Assistent von Richard Becker, Theoret. Physik, TH Berlin, 1927–1928 Assistent von David Hilbert, Göttingen, 1928 Priv.Doz. und 1930 ao. Prof. TH Berlin, seit 1930 Professur an der Princeton University, N.J., 1963 Nobelpreis für Physik.

[64] 1926/1928 Studium TH Karlsruhe und Univ. München, 1930 Promotion bei Heisenberg in Leipzig, 1931–1933 Göttingen.

[65] 1928–1932 Göttingen, Leipzig, Berlin.

[66] 1923 Göttingen.

[67] Gaus, Günther: Zur Person, Porträts in Frage und Antwort, Deutscher Taschenbuch Verlag, München, 1965, S. 143.

atemberaubenden militärischen Aspekten vertraut zu machen und überredeten ihn, einen Brief an Präsident Roosevelt zu schreiben. Einsteins Brief, der mit Datum vom 2. August 1939 abging, schloss mit den Hinweisen auf die Einstellung des Uranverkaufs aus den tschechoslowakischen Minen, nachdem Deutschland von ihnen Besitz ergriffen hatte, und die Arbeiten mit Uran, die am Kaiser-Wilhelm-Institut in Berlin stattfanden. Mit Einsteins Brief war der Anstoß zu einer Entwicklung gegeben, die unter der Tarnbezeichnung „Manhattan Engineer District" der United States Army zum Bau der ersten Atombomben führte.[68] Alle Untersuchungen, Forschungs- und Entwicklungsarbeiten von der ersten Tagung des von Präsident Roosevelt eingesetzten „Beratenden Ausschusses für Uran-Fragen" (Advisory Committee on Uranium) am 21.10.1939 bis zum Abwurf der Atombombe über Hiroshima am 6.8.1945 unterlagen strengster Geheimhaltung. Unmittelbar nach den ersten, die Welt erschütternden Atomexplosionen wurde zur Information der amerikanischen Öffentlichkeit der offizielle Bericht über die Entwicklung der Atombombe von Henry DeWolf Smyth publiziert.[69]

Smyth war Professor für Physik an der Princeton University und hatte im Urankomitee, später im „Metallurgical Laboratory" (s. Kap. 2.2.2 und 2.2.5) seit 1940 an den Entwicklungen mitgewirkt. Sein Bericht gibt, soweit dies mit Aspekten der militärischen Sicherheit vereinbar war, Einblicke in die Organisation des Atombombenprojektes und in die Erarbeitung der wissenschaftlichen und technischen Grundlagen. An diesem gigantischen Unternehmen waren etwa 150.000 Menschen, darunter 14.000 Physiker, Chemiker und Ingenieure beteiligt. Der finanzielle Aufwand betrug während des Weltkriegs zwei Milliarden US-Dollar.[70]

2.2.2 Das Plutonium-Projekt

Die grundlegenden Arbeiten von McMillan, Abelson und Turner haben den Weg zum atomaren Explosivstoff Plutonium (Element 94) aufgezeigt. Louis Turner wies Ende 1939 Fermi und Szilard, die an der Columbia University in New York mit Kernphysik befasst waren, mit einem Memorandum darauf hin, dass der für die U^{235}-Spaltung unerwünschte Effekt der Neutronenabsorption durch das Isotop U^{238} den Vorteil biete, ein spaltbares Transuran als Nebenprodukt hervorzubringen. Durch das Einfangen von Neutronen aus der U^{235}-Spaltung des Natururans entstehe aus U^{238} das spaltbare Element 94, das von Uran mit chemischen Verfahren abtrennbar sein müsse.[71] Emilio Segrè hatte bereits an der chemischen Identifikation von Transuranen gearbeitet.[72] Die Columbia-Gruppe um Fermi, Szilard, Anderson, Zinn u. a. erkannte, dass in Zeiten des Krieges der Hauptzweck der Urankernspaltung in der Produktion von Plutonium in beträchtlichen Mengen gesehen werden sollte. Ihre Forschungen hatten auch ergeben, dass dafür Graphit der erfolgversprechendste Moderator ist, wenn der Reaktor mit Natururan betrieben wird.[73]

1940/1941 untersuchten die Kernphysiker Emilio G. Segrè, Glenn T. Seaborg, Joseph W. Kennedy und Arthur C. Wahl an der University of California in Berkeley das Transuran mit der

---

[68] Rhodes, Richard: Die Atombombe, Greno, Nördlingen, 1986, S. 300–312.

[69] Smyth, H. D.: Atomic Energy for Military Purposes, Princeton Univ. Press, Princeton, N. J., 1945. Deutsche Übersetzung: Atomenergie und ihre Verwertung im Kriege, Ernst Reinhardt Verlag AG., Basel, 1947. Die folgenden Zitate sind der deutschen Übersetzung entnommen.

[70] Dessauer, Friedrich: Vorwort zur deutschen Ausgabe In: Smyth, H. D., a. a. O.

[71] Libby, Leona Marshall: The Uranium People, Crane Russak, Charles Scribner's Sons, New York, 1979, S. 77.

[72] Segrè, Emilio: An unsuccessful Search for Transuranic Elements, The Physical Review, Vol. 55, 1939, S. 1104–1105.

[73] In Deutschland war die Verwendung von Graphit als Moderator nicht weiter verfolgt worden, nachdem Walther Bothe in Heidelberg im Januar 1941 mit Siemens-Elektrographit der angeblich höchsten Reinheit schlechte Messergebnisse erhalten hatte. Tatsächlich enthielt der benutzte Graphit Verunreinigungen mit Bor. Vgl. Irving, David: The Virus House, William Kimber, London, 1967, S. 77 f

Ordnungszahl 94, das sie durch Beschuss des Uranisotops U^{238} mit schnellen Neutronen aus einem großen Zyklotron in kleinen Mengen erzeugten. Anhand dieser kleinen Plutonium-Mengen wurde in Berkeley gefunden, dass die Spaltbarkeit von Plutonium mit der von U^{235} vergleichbar und Plutonium von Uran und anderen Stoffen chemisch trennbar ist. Im Mai 1941 lag ein Bericht darüber vor, der mit der Bemerkung schließt, eine Plutoniumbombe könne man als „Superbombe" bezeichnen.[74]

E. P. Wigner und H. D. Smyth stellten in einem Bericht vom 10.12.1941 dar, dass bei umfangreichen Kettenreaktionen große Mengen an künstlich erzeugter Radioaktivität in Form von Spaltprodukten anfallen. Sie kamen zu dem Schluss, dass die „*Spaltprodukte, die eine 100.000-kW-Kettenreaktionseinheit an einem Tag erzeugt, ausreichen würden, um ein beträchtliches Gebiet unbewohnbar zu machen.*"[75] Damit wurde bereits 1941 in aller Klarheit erkannt, dass die Kernenergienutzung auch mit der außerordentlich großen Gefahr der Radioaktivität der Spaltprodukte verknüpft ist. In der Konsequenz achtete man deshalb sorgsam darauf, Standorte für Reaktoren mit nennenswerter Leistung weit entfernt von dicht besiedelten Gebieten auszusuchen. Die Intensität und das zeitliche und räumliche Ausmaß einer denkbaren radioaktiven Verseuchung waren damals noch nicht genauer abzuschätzen. Dazu mussten alle entstehenden Spaltprodukte, ihre Spaltausbeuten, Zerfallsreihen und Halbwertszeiten erst im Einzelnen ermittelt bzw. langfristig angelegte summarische Messungen durchgeführt werden.

Im Frühjahr 1942 wurde die Columbia-Gruppe um Fermi mit ihrem gesamten Material von New York sowie die theoretische Gruppe um Wigner von Princeton an die Universität Chicago übergeführt. Physik-Nobelpreisträger Arthur H. Compton konzentrierte dort die fundamentalen physikalischen Untersuchungen, die zu leiten ihm aufgetragen worden war. Die Uran-Projekte

wurden unter dem Decknamen „*Metallurgical Laboratory*" durchgeführt.[76]

Präsident Roosevelt hatte das Atombombenprojekt von den ersten Anfängen an aufmerksam verfolgt, sich regelmäßig berichten und seine Zustimmung zu Organisation und Durchführung einholen lassen. Im Juni 1942 sandten der Direktor des „*Office of Scientific Research and Development*", Vannevar Bush und sein Stellvertreter James B. Conant, die für das Uranprogramm bis dahin verantwortlich waren, einen Bericht an Präsident Roosevelt mit Vorschlägen und Detailplänen für die Erzeugung von U^{235} und Pu^{239} in den Mengen und der Reinheit, wie sie für die Waffenherstellung erforderlich waren, und zeigten Methoden auf, dies in Großanlagen zu erreichen. Roosevelt billigte ausdrücklich diese Pläne.[77]

Im Sommer 1942 organisierte das Ingenieurskorps der US Army den „Manhattan Engineer District" und übernahm die Aufgaben der Materialbeschaffung und Ingenieurarbeiten. General Leslie R. Groves wurde im September 1942 die Gesamtverantwortung für das Programm übertragen.[78] Die Zusammenarbeit zwischen den Wissenschaftlern und den Militärs gestaltete sich schwierig.[79,80] Im Herbst 1942 nahm Groves Kontakt mit dem Chemieunternehmen Du Pont in Willmington, Del., auf, das nach kritischer Prüfung des Plutonium-Projekts sich schließlich verpflichtete, Entwurf, Bau und Betrieb der geplanten Plutoniumfabriken als Großanlagen ohne Erfahrungen mit kleinen oder mittelgroßen Reaktoren ins Werk zu setzen.[81] Besondere Aufmerksamkeit galt den Risiken radioaktiver Verstrahlung, Verseuchung und Katastrophen. Die US-Administration übernahm für die Folgen sol-

---

[74] Smyth, H. D., a. a. O., S. 88

[75] Smyth, H. D. a. a. O., S. 90

[76] ebenda, S. 104, 113

[77] Smyth, H. D., a. a. O., S. 107–108.

[78] ebenda, S. 109, 112.

[79] Groves, Leslie R.: Now It Can Be Told, The Story of the Manhattan Project, Harper, New York, 1962, Reprint: A Da Capo paperback, New York, 1983, S. 44 ff

[80] Libby Leona Marshall, a. a. O., S. 93–97.

[81] Groves, Leslie R., a. a. O., S. 46–57.

cher denkbarer Ereignisse die volle Verantwortung und Haftung.[82]

Zur Untersuchung der Fragen im Zusammenhang mit der Erzeugung und chemischen Abtrennung des Explosivstoffs Plutonium wurde das Plutonium-Projekt aufgelegt. Im „Metallurgical Laboratory" wurden Arbeitsgruppen zu den Schwerpunkten Theorie (E. P. Wigner), Kernphysik (E. Fermi), Chemie (F. H. Spedding) und Technik (Th. Moore) gebildet.

2.2.3 Die Strahlenschutz-Problematik

Im Sommer 1942, als klar geworden war, dass sich die nukleare Kettenreaktion verwirklichen lassen wird, erschienen die zu erwartenden Gesundheitsgefahren als so schwerwiegend, dass eigens noch eine Abteilung für Gesundheit unter Robert S. Stone von der medizinischen Fakultät der Universität von Kalifornien, organisiert wurde.[83] Den Begriff des Strahlenschutzes vermied man, um kein unerwünschtes Interesse zu wecken. Arthur H. Compton erinnerte sich: „Unsere Physiker wurden beunruhigt, da sie wussten, was früheren Experimentatoren mit radioaktivem Material zugestoßen war. Die meisten von ihnen hatten nicht lange gelebt. Nun sollten sie mit Stoffen arbeiten, die millionenmal aktiver waren als die von den ersten Experimentatoren benutzten. Wie stand es dann um die eigene Lebenserwartung?"[84] Stone und der Leiter der Sektion für Medizin, der Radiologe Simeon T. Cantril, entwarfen die Strahlenschutzmaßnahmen, denen „wir in erster Linie den erstaunlichen Rekord (verdanken), dass sich bei unseren vielfältigen Arbeiten und Experimenten kein einziger schwerer Fall von Strahlenschäden ereignete.... Die Kenntnis des Umfangs der Strahlengefahren und ihrer möglichen Kontrolle war nicht nur für den Erfolg des Rüstungsprojekts von Bedeutung, sondern auch für das Vertrauen in die spätere friedliche Anwendung der Atomenergie."[85] Die Fragestellungen gingen weit über den Arbeitsschutz in kerntechnischen Anlagen hinaus. Sie umfassten alle industriellen, medizinischen und biologischen Anwendungen radioaktiver Stoffe. Besorgtes Interesse galt der Frage, welche Strahlenwirkungen aus den Atombombenexplosionen folgen werden.

Welche Risiken werden Menschen hinzunehmen haben, die alltäglich mit radioaktiven Stoffen in einem kommenden Atomzeitalter umgehen müssen? Welche physikalischen und chemischen Gefahren gehen von den neu entstehenden Schwermetallen – insbesondere von Plutonium – aus? Angesichts dieser dringlichen Fragen ergaben sich jedoch erhebliche Konflikte zwischen den Militärs und den universitären Forschergruppen. Wenn es im Rahmen des mit höchster Priorität vorangetriebenen Waffenprojektes um die Durchführung von Langzeitstudien über die biologische Wirkung geringer Strahlendosen ging, mussten Kompromisse auf schmaler gemeinsamer Basis gefunden werden.[86]

Im Jahr 1934 hatte das *US Advisory Committee on X-Ray and Radium Protection* zum radiologischen Schutz beim Umgang mit Radium den Grenzwert für Röntgenstrahlen von 100 Milliröntgen[87] pro Tag als Richtwert empfohlen. Obwohl diese Empfehlung auf nur wenig empirischem Datenmaterial beruhte und als reichlich unsicher galt, übernahm sie Stone für das Personal im Metallurgical Laboratory.[88] Einige Forschergruppen setzten allerdings ihren eigenen Grenzwert auf 50 Milliröntgen pro Tag fest.[89] Diese Regelungen wurden bis zum Ende des Krieges nicht geändert.

Eine Gruppe für Messinstrumente unter dem britischen Physiker Herbert Parker machte sich

---

[82] ebenda, S. 57.

[83] Smyth, H. D., a. a. O., S. 115.

[84] Compton, Arthur H.: Die Atombombe und ich, Nest Verlag, Frankfurt a. M., 1958, S. 243 f.

[85] ebenda, S. 245

[86] Hacker, Barton C.: The Dragon's Tail, Radiation Safety in the Manhattan Project, 1942-1946, Univ. of California Press, Berkeley, 1987, S. 50 f.

[87] mR, heute Coulomb je kg, 1 R = 258 μC/kg.

[88] Caufield, Catherine: Das strahlende Zeitalter, Beck, München, 1994, S. 69 f.

[89] Hacker, Barton C.: a. a. O., S. 55.

Abb. 2.2 Stagg Field der Universität Chicago

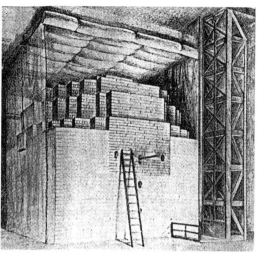

Abb. 2.4 CP-1, der erste Kernreaktor der Welt, Universität Chicago, Stagg-Field, West Stands. (Skizze)

Abb. 2.3 2.12.1942, CP-1 erstmals in Betrieb

2.2.4   CP-1, der erste Kernreaktor der Welt

Der Kernphysik-Gruppe unter Leitung von Enrico Fermi gelang es nach einigen Vorversuchen, am 2.12.1942 die erste sich selbst erhaltende Kettenreaktion im später so genannten Chicago Pile No. 1 (CP-1) herzustellen[92], der unter der Stagg-Field-Zuschauertribüne der Universität Chicago aufgebaut worden war (Abb. 2.2, 2.3[93], 2.4[94]). Die erzeugte Leistung betrug 0,5 Watt, für kurze Zeit auch einmal 200 Watt.[95] Weitere technische Einzelheiten wurden erst Ende November 1950 von der United States Atomic Energy Commission (USAEC), der US-Atomenergiebehörde, zur Veröffentlichung freigegeben.[96] Es wurde mitgeteilt, dass CP-1 im Februar 1943 von der Universität Chicago an den neu errichteten, etwa 40 km südwestlich von Chicago gelegenen Forschungsstandort Palos Park des späte-

in der Gesundheitsabteilung des „Metallurgical Laboratory" mit Vehemenz an die Erarbeitung von Messverfahren und -geräten für die verschiedenartigen ionisierenden Strahlen. Parker war auch mit dem Problem konfrontiert, Strahleneinheiten zu finden, welche die Physik der Ionisation mit ihren biologischen Wirkungen verknüpfen. Er schlug die Einheit rem (*röntgen equivalent man*)[90] vor, die auf der Energieabsorption des Körpergewebes sowie der unterschiedlichen Gewichtung der Strahlenarten beruht. Anstelle der früher üblichen „Toleranzdosis" wurde die „höchstzulässige Belastung" (*maximum permissible exposure*) als Grenze, die nicht überschritten werden soll, eingeführt. Das neue System war Anfang 1944 fertig gestellt und kam allmählich in Gebrauch.[91]

[90] heute Sievert, 1 rem = 0,01 Sv

[91] Hacker, Barton C.: a. a. O., S. 39–42.

[92] Libby, Leona Marshall, a. a. O., S. 118 ff

[93] Rahn, F. J., Adamantiades, A. G., Kenton, J. E. und Braun, C.: A Guide to Nuclear Power Technology, John Wiley & Sons, New York, 1984, S. 7.

[94] ‚Nuclear Reactors', in: Chemical Engineering, Jan. 1951, S. 113.

[95] Smyth, H. D., a. a. O., S. 133 und S. 287

[96] Chemical and Engineering News, American Chemical Society, Vol. 28, Part II, No. 49, 1950, S. 4252

Abb. 2.5 CP-2. Argonne Nat. Lab.

2.2.5 Forschung in den Laboratorien Argonne und Clinton/Oak Ridge

Bis Mai 1944, als Argonne ein unabhängiges nationales Laboratorium wurde, blieb es als Abteilung der Universität Chicago unter deren Aufsicht. Direktor war Enrico Fermi.[100] Zwischen Oktober 1942 und Februar 1943 wurden die eigentlichen Waffenprojekte nach Oak Ridge, Tenn., Hanford, Wash. und Los Alamos, N. M. ausgelagert.[101] Für das *Metallurgical Laboratory* an der Universität Chicago bzw. den Standort Argonne blieben ehrgeizige Forschungsprogramme. Sie umfassten u. a. Studien über die fundamentalen physikalischen, chemischen und biologischen Erscheinungen, die mit den Kernspaltungsprozessen verknüpft sind.[102] Schon die Experimente im Sommer und Herbst 1942 hatten u. a. neue Erkenntnisse über Krypton- und Xenonisotope, Caesium^{137}, Yttrium^{91}, Strontium^{89}, die Zirkonium^{97}-Zerfallsreihe und die Cer-Praseodymreihe gebracht. In den Jahren 1943–1946 wurde eine Vielzahl von Spaltprodukten radiochemisch untersucht sowie Spaltausbeuten und Halbwertszeiten bestimmt.[103] Die Gruppe, die über Spaltprodukte arbeitete, wurde von Charles D. Coryell geleitet.[104]

Im Rahmen des Metallurgischen Projekts wurden bis Juli 1945 in Chicago/Argonne und den zusammenwirkenden Laboratorien von Clinton/Oak Ridge, Tenn., Iowa State College, University of California und Indiana State University ungefähr 3.000 Berichte (so genannte „C reports") abgeschlossen.[105] In den Jahren 1944 und 1945 hatten die Clinton Laboratories (ab 1948: Oak Ridge National Laboratory) einen größeren Teil

ren Argonne National Laboratory verlagert und innerhalb eines massiven Betongehäuses als CP-2 wieder aufgebaut wurde (Abb. 2.5)[97]. Der erste Kernreaktor der Welt ging leicht verändert am 20.3.1943 wieder in Betrieb. Er bestand aus ungefähr 50 Tonnen Uran (10 t metallisch, der Rest als Metalloxid) und 472 Tonnen Graphit, die in Form von Backsteinen im Wechsel zwischen Uran und Graphit zu einem annähernd halbkugelförmigen Atommeiler aufgeschichtet waren. Die optimale Gitterstruktur der so im Graphit eingebetteten Uranbarren hatte E. P. Wigner Anfang des Jahres 1942 errechnet.[98] Der Graphit diente als Moderator und Reflektor. Die Abmessungen betrugen etwa 6,1 × 6,7 × 6,4 m. Oberhalb des CP-2-Reaktors befand sich ein Laboratorium für kernphysikalische Experimente.[99]

---

[97] ‚Nuclear Reactors', in: Chemical Engineering, Jan. 1951, S. 114.

[98] Wigner, E. P.: Symmetries and Reflections, The M.I.T. Press, Cambridge, Mass. and London, England, 1970, S. 118.

[99] Chemical and Engineering News, a. a. O., S. 4257.

---

[100] Hewlett, R. G. und Anderson, O. E.: The New World, 1939/1946, A History of the United States Atomic Energy Commission, The Pennsylvania State University Press, Vol. I, 1962, S. 207.

[101] ebenda, S. 199.

[102] Smyth, H. D., a. a. O., S. 154.

[103] Coryell, C. D. und Sugarman, N. (Hg.): Radiochemical Studies: The Fission Products, Book 1, 2 und 3, McGraw-Hill Book Company, Inc., New York, 1951

[104] Smyth, H. D., a. a. O., S. 126.

[105] Coryell, C. D. und Sugarman, N. (Hg.), a. a. O., Book 1, S. XIV.

der Grundlagenforschung übernommen. Anfang November 1943 war der mit Luft gekühlte und mit Graphit moderierte erste Leistungsreaktor der Welt Clinton X-10 im Tennessee-Tal bei Clinton/Oak Ridge kritisch geworden. Seine maximal erreichte Leistung war 1.800 kW.[106] Dieser Graphitreaktor hat ganz wesentlich zur Erforschung der Reaktorphysik beigetragen. Das Element Promethium wurde hier entdeckt und die ersten messbaren Mengen an Technetium erzeugt. Hier wurden die Spaltprodukte im Einzelnen erforscht. Mit systematischen, breit angelegten Versuchsreihen wurden die biologischen und materialverändernden Wirkungen langsamer und schneller Neutronen sowie von γ-Strahlen untersucht.[107] Dieser Forschungsreaktor wurde 20 Jahre lang betrieben und im November 1963 stillgelegt.[108] Die Anlagen für die chemische Aufarbeitung der abgebrannten Brennelemente und die Pu-Abtrennung gingen Ende November 1943 in Clinton/Oak Ridge in Betrieb. Die Voraussetzungen für die genaue Erfassung, Messung und Auswertung der anfallenden Spaltprodukte waren damit gegeben.[109]

E. P. Wigner, der von 1942 bis 1945 die Abteilung Theorie im Metallurgical Laboratory geleitet hatte, wechselte 1946 als Direktor für Forschung und Entwicklung in die Clinton Laboratories. Zusammen mit der Physikerin Katharine Way, die seit 1942 in Clinton/Oak Ridge arbeitete, legte Wigner einen zusammenfassenden Bericht über die Spaltprodukte auf der 272. Versammlung der American Physical Society im Juni 1946 in der Universität Chicago vor.[110] Ihr Bericht fußte auf Report CC-3032 vom 13. Juni 1945 aus den Clinton Laboratories.[111] Die amerikanische Atomenergiebehörde USAEC hatte im April 1946 damit begonnen, bisher geheim

gehaltene Forschungsberichte zu veröffentlichen. Unter den ersten freigegebenen Berichten waren die Arbeiten über Spaltprodukte.[112]

Im September 1947 erschien die erste Nummer der Monatszeitschrift NUCLEONICS, mit der die McGraw-Hill Publishing Company, Inc., New York, N. Y., dem naturwissenschaftlich und technisch interessierten Publikum ein monatliches Symposion über die radiologischen und kerntechnischen Anwendungen der atomaren Prozesse in allen Bereichen bieten wollte. Die Redaktion orientierte sich ausdrücklich am Vorbild der 1913 vom Julius Springer Verlag in Berlin gegründeten Zeitschrift „Die Naturwissenschaften" und zitierte deren Herausgeber Arnold Berliner mit der Bemerkung, dass es wegen der rasch fortschreitenden Spezialisierung der Naturwissenschaften immer schwieriger werde, sich jenseits des eigenen Tätigkeitsbereichs zurechtzufinden. Je enger das eigene Feld sei, umso größer werde die intellektuelle Notwendigkeit, seine Abhängigkeit von anderen Forschungsgebieten zu erkennen und das Ganze umfassend zu sehen.[113] Diese auf die Naturwissenschaften insgesamt bezogene Bemerkung Berliners machte die NUCLEONICS-Redaktion für den Bereich allein der Atomphysik und Kerntechnik geltend, der sich so schnell entwickele, dass es schwierig werde, den Überblick zu behalten. NUCLEONICS publizierte wissenschaftliche Arbeiten von Autoren an Universitäten, Forschungsinstituten und aus der Industrieforschung, bot aber auch ein frühes Diskussionsforum über die friedliche Nutzung der Atomenergie. In jeder Ausgabe wurden Fragen des Strahlenschutzes und der kerntechnischen Sicherheit behandelt. Diese neue Zeitschrift hatte eine positive Grundhaltung zur breiten Nutzung der Atomenergie, ließ aber auch frühe besorgte Stimmen zu den Gefahrenpotenzialen zu Wort kommen. Zur USAEC pflegte sie eine kritische

[106] Smyth, H. D., a. a. O., S. 174.

[107] Snell, Arthur H. und Weinberg, Alvin M.: Oak Ridge Graphite Reactor, Physics Today, August 1964, S. 32–38.

[108] NUCLEONICS, Vol. 8, 1963, S. 390

[109] Hewlett, R. G. und Anderson, O. E., a. a. O., S. 211.

[110] Way, K. und Wigner, E. P.: Radiation from Fission Products, The Physical Review, Vol. 70, 1946, S. 115.

[111] Coryell, C. D. und Sugarman, N. (Hg.), a. a. O., Book 1, S. 436.

[112] Wigner, E. P. und Way, K.: Radiation from Fission Products, Manhattan District Declassification Code (MDDC) 48 vom 6. Mai 1946, NUCLEONICS, Vol. 1, No. 1, Sept. 1947, S. 73.

[113] DeCew, Walter M.: Parallels between German Science before 1932 and Nucleonics in the United States Today, NUCLEONICS, Vol. 2, No. 2, Februar 1948, S. 1–3.

Distanz. In NUCLEONICS sowie im Bulletin of the Atomic Scientists erschienen früh die Hinweise auf die kernphysikalischen und -technischen Arbeiten aus der Kriegszeit, die ab März 1946 von der USAEC freigegeben wurden.[114] Im Jahr 1947 sind von 1.200 geprüften Dokumenten über 1.000 aus der Geheimhaltung entlassen worden.[115]

Way und Wigner teilten mit, dass die gesamte Nachzerfallsenergie, die in Form von β- und γ-Strahlung sowie Neutrinos pro Spaltung freigesetzt wird, 22 ± 3 MeV beträgt. Die durchschnittliche Anzahl der β-Zerfälle pro Spaltung eines Urankerns wurde mit 6 angegeben. Die Hälfte der Energie werde in Form von Neutrinos,[116] je ein Viertel – also jeweils etwa 6 MeV oder 3 % der Gesamtenergie – als β- und γ- Strahlung bei den Nachzerfällen abgegeben. Way und Wigner fanden auf der Grundlage theoretischer Berechnungen und experimenteller Ergebnisse, dass im zeitlichen Verlauf die Energieabstrahlung pro Spaltung im Zeitraum zwischen 10 Sekunden und 100 Tagen nach der Primärspaltung den Funktionen $1,4 \, t^{-1,2}$ (β-Strahlung) und $1,26 \, t^{-1,2}$ (γ-Strahlung) entsprechend abnimmt (t in Sekunden). Daraus folgt, dass noch längere Zeit, z. B. nach einer Atomexplosion, mit einer erheblichen Radioaktivität gerechnet werden muss.[117] Die Befunde von Way und Wigner sind später noch etwas präzisiert worden.[118]

Im November 1946 veröffentlichte das Plutonium Projekt unter Federführung von J. M. Siegel, C. D. Coryell u. a. eine Zusammenstellung aller bis zum 1. Juni 1946 bekannten Daten über Nuklide, die bei der Kernspaltung entstehen, im Einzelnen ihre Zerfallscharakteristiken, Spaltausbeuten, Halbwertszeiten und Zerfallsreihen.[119] Die Liste umfasste 35 Elemente und ungefähr 250 ihrer Isotope mit den Halbwertszeiten. Sie enthielt rund 80 verschiedene Zerfallsreihen und für etwa 60 Isotope die Spaltausbeute. Die aufgeführten Spaltprodukte wurden in vier Klassen eingeteilt:

A = Element und Isotop sicher festgestellt;

B = Element sicher und Isotop wahrscheinlich festgestellt;

C = Element sicher, Isotop unsicher;

D = unzureichende Daten.

In der Klasse C befanden sich etwa ein Fünftel der Isotope, in Klasse D nur sehr wenige.

In dieser Publikation ist auch die U^{235}-Spaltausbeute als Funktion der Massenzahl der Nuklide, die charakteristische Doppelhöcker-Kurve, enthalten (Abb. 2.6). Die Pu- und U^{233}-Spaltausbeuten folgen ganz ähnlichen Kurven.

Den hiermit vorgelegten Daten kann entnommen werden, dass von annähernd einem Viertel der Spaltproduktmenge (Mo^{99}, Te^{132}, I^{131}, I^{133}, Ce^{143}) die Halbwertszeiten im Bereich von Tagen liegen. Ungefähr ein Drittel der Spaltproduktmenge hat eine Halbwertszeit von mehr als einem Monat (Sr^{89}, Y^{91}, Zr^{95}, Ru^{103}, Ce^{141}, Ce^{144}). Die Menge der langlebigen Spaltprodukte mit Halbwertszeiten über ein Jahr beträgt etwas über ein Prozent (Krypton^{85} mit einer Spaltausbeute von 0,24 % etwa 10 Jahre; Ruthenium^{106}, 1 %, 1 Jahr). Als langlebigste Nuklide wurden Strontium^{90} (25 Jahre HWZ) und Caesium^{137} (33 Jahre HWZ) angegeben.

Die Zusammensetzung der Spaltprodukte nach einer einmaligen Kettenreaktion, wie sie bei einer Atomexplosion auftritt, ist nicht identisch mit der des Spaltproduktinventars eines längere Zeit betriebenen Reaktors. In einem Reaktor entstehen und zerfallen die Spaltprodukte unablässig, wobei die kurzlebigen schneller verschwinden als die langlebigen, die sich allmählich ansammeln können. Für die Abschät-

---

[114] Hutchinson, W. S.: The Manhattan Project Declassification Program, Bulletin of the Atomic Scientists, Vol. 2, Nos. 9 and 10, November 1946, S. 14 f.

[115] The Atomic Energy Commission Reports to the Congress, Bulletin of the Atomic Scientists, Vol. 4, No. 3, März 1948, S. 93.

[116] Neutrinos treten nicht in Wechselwirkung mit anderer Materie, sind also im Weiteren nicht zu berücksichtigen.

[117] Way, K. und Wigner, E. P.: The Rate of Decay of Fission Products, The Physical Review, Vol. 73, 1948, S. 1318–1330.

[118] Hunter, H. F. und Ballou, N. E.: Fission-Product Decay Rates, NUCLEONICS, Vol. 9, No. 5, November 1951, S. C-2 bis C-7.

[119] Siegel, J. M., Coryell, C. D. u. a. (Plutoniumprojekt): Nuclei Formed in Fission: Decay Characteristics, Fission Yields, and Chain Relationships, The Journal of the American Chemical Society, Vol. 68, 1946, S. 2411–2442.

Abb. 2.6 U[235]-Spalt-
ausbeute [%] über der
Massenzahl

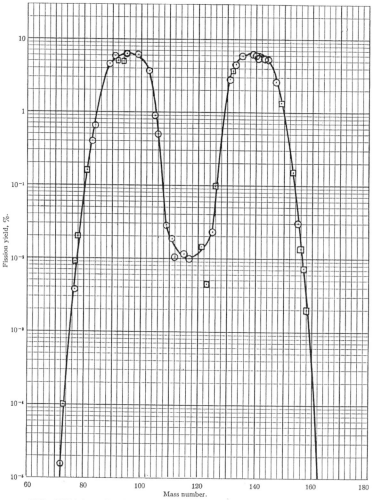

Yields of U[235] fission product chains as a function of mass: ⊙, certain mass assignment; ⊡, uncertain mass
assignment (mass 153 is now certain (H113)).

zung und Berechnung des Gefahrenpotenzials eines Kernreaktors muss also bekannt sein, wie sich während des Abbrandes des Kernbrennstoffs im zeitlichen Verlauf die Zusammensetzung und die Menge der Spaltprodukte entwickeln.

2.2.6 Die Hanford-Plutonium-Fabriken und ihre Spaltprodukte

In den USA lagen zum Zeitpunkt der ersten Atombombenexplosionen bereits umfangreiche praktische Erfahrungen mit großen Mengen an Spaltprodukten aus den Pu-Produktionsreaktoren vor. Anfang Februar 1943 war die Entscheidung endgültig gefallen, im zentralen, gering besiedel-

ten Teil des Staates Washington am Columbia-Fluss in Hanford bei Richland, eine Großanlage zur Plutoniumerzeugung zu errichten (Hanford Engineer Works).[120] Das Chemieunternehmen Du Pont begann im Juni 1943 in Zusammenarbeit mit der Universität Chicago und den Clinton Engineer Works diese Großanlage aufzubauen, die schließlich aus drei Blöcken mit je 100 MW thermischer Leistung bestand. Man folgte der Konzeption der theoretischen Gruppe unter E. P. Wigner und entschied sich für den Typ eines wassergekühlten, graphitmoderierten Reaktors mit zylindrischen Kanälen in einem großen Graphitblock, in die neues Uran einge-

---

[120] Groves, Leslie R., a. a. O., S. 70–75.

führt und abgebranntes Uran ausgestoßen werden konnten.[121] Der Uranbrennstoff wurde in
Aluminiumdosen eingefüllt, um Spaltprodukte
zurückzuhalten und das Uran vor Korrosion zu
schützen.[122] Die glatte, gasdichte Ummantelung
des Urans mit dünnwandigem, reinstem Aluminium war außerordentlich schwierig.[123,124] Im
September 1944 ging die erste Pu-Erzeugungs-
einheit in Betrieb[125], im Sommer 1945 arbeiteten
bereits drei. Gleichzeitig wurden die chemischen
Trennanlagen in größerer Entfernung von den
Erzeugungseinheiten in Betrieb genommen.

Über die Erfahrungen im Umgang mit den
gefährlichen Spaltprodukten berichtete H. D.
Smyth: *„Die Spaltprodukte sind sehr stark radio-*
aktiv und bestehen aus einigen 30 Elementen.
Darunter befinden sich radioaktives Xenon und
radioaktives Jod. Sie werden in einer beträcht-
lichen Menge frei, wenn die Uranbrocken gelöst
werden und müssen mit besonderer Sorgfalt
behandelt werden. Hohe Kamine müssen errich-
tet werden, die diese Gase mit den Säuredämpfen
der ersten Lösungseinheit wegschaffen, und es
muss dafür gesorgt werden, dass die Mischung
der radioaktiven Gase mit der Atmosphäre das
umliegende Land nicht gefährdet.“[126]

Wenn die Aluminiumdosen mit dem bestrahlten, abgebrannten Uran in konzentrierter Sal-
petersäure aufgelöst wurden, quollen dicke
braune Wolken aus den hohen Schornsteinen
der – „Queen Marys“ genannten – chemischen
Trennanlagen. Die Braunfärbung kam von den
Stickstoffdioxiden, aber auch von den hoch
radioaktiven Joddämpfen. Diese Abgase wurden
vom Wind weggetragen und zerstreut, kühlten
ab und schlugen sich in der entfernteren steppenartigen Umgebung Hanfords nieder. Sie
kontaminierten die Salbei- und Beifußsträucher,
von denen sich die dort heimischen Kaninchen
ernährten. Diese wiederum waren die Beute von
Kojoten, von denen in regelmäßigen Abständen
Exemplare erlegt und deren Schilddrüsen auf
radioaktives Jod untersucht wurden.[127] Über
die Landkontamination der Hanford-Umgebung
nach 10-jähriger Erfahrung sind Untersuchungen
bei der ersten Genfer Atomkonferenz der Vereinten Nationen 1955 vorgelegt worden.[128]

Über die von der Halbwertszeit abhängige
unterschiedliche Aufkonzentration der verschiedenen Spaltprodukte berichtete Smyth: *„In dem*
Augenblick, in dem die Erzeugungseinheit ihre
Tätigkeit beginnt, fängt die Konzentration aller
dieser Produkte zu wachsen an.... Aber bald tritt
der Zustand ein, dass in jeder Sekunde praktisch
ebensoviele Kerne zerfallen, wie in ihr gebildet
werden.... Die Gleichgewichtskonzentration ist
proportional der Erzeugungsgeschwindigkeit des
neuen Kerns und seiner Halbwertszeit. Produkte,
die stabil oder von sehr großer Halbwertszeit
sind (wie zum Beispiel Plutonium), werden eine
beträchtliche Weile wachsende Konzentration
zeigen. Stellt man die Erzeugungseinheit ab, so
geht natürlich die Radioaktivität weiter, aber sie
nimmt mit kontinuierlich sinkender Geschwin-
digkeit ab. Isotope von sehr kurzen Halbwerts-
zeiten fallen in wenigen Stunden oder Minuten
aus; andere von längerer Halbwertszeit bleiben
während Tagen oder Monaten erheblich aktiv.
Auf diese Weise hängt die Konzentration der ver-
schiedenen Produkte in einer vor kurzem abge-
stellten Einheit zu jeder gegebenen Zeit ab von
der Höhe des Energieniveaus, mit der die Einheit
in Betrieb war, von der Zeitdauer ihres Betriebs
und von der Zeit, die seit ihrer Abstellung ver-
strichen ist. Natürlich ist die Konzentration von
Plutonium und (nachteiligerweise) die Konzen-
tration der langlebigen Spaltprodukte um so
höher, je länger die Einheit vorher in Betrieb
war.“[129]

Angaben von konkreten Daten enthält der
Smyth-Bericht nicht.

---

[121] Smyth, H. D., a. a. O., S. 141 ff.

[122] ebenda, S. 178.

[123] Hewlett, R. G. und Anderson, O. E., a. a. O., S. 222 ff.

[124] Libby, Leona Marshall, a. a. O., S. 176.

[125] Hewlett, Richard G. und Anderson, O. E., a. a. O., S. 304 f.

[126] Smyth, H. D., a. a. O., S. 149.

---

[127] Libby, Leona Marshall, a. a. O., S. 174

[128] Parker, H. M.: Radiation Exposure from Environmental Hazards, Proceedings of the International Conference on the Peaceful Uses of Atomic Energy, United Nations, New York, 1956, Vol. 13, P/279, USA, S. 305–310.

[129] Smyth, H. D., a. a. O., S. 166 f.

3

Die Anfänge der friedlichen Kernenergienutzung und ihre Sicherheitsprobleme

3.1 Das amerikanische Atomgesetz von 1946 und seine Neufassung 1954

Zum Jahresende 1945 wurde das erste amerikanische Atomgesetz, *The McMahon Bill (Atomic Energy Act of 1946)*, verabschiedet, das alle Angelegenheiten der Atomenergie aus der militärischen Verantwortung in die zivile Regierungszuständigkeit überführte. Eine neue Zielsetzung dieses Gesetzes war die Entwicklung der Atomenergie für die friedliche Nutzung. Regelungen zur Reaktorsicherheit waren nicht enthalten. Sicherheitsstandards wurden nur im Zusammenhang mit dem Umgang mit Spaltmaterial erwähnt.[1] Alle nuklearphysikalischen und -technischen Aktivitäten blieben unter der strikten Kontrolle des Staates, weshalb ein Senator von der „*totalitären Kontrolle der Kernenergie*" sprach, die nur eine begrenzte Zeit hinnehmbar sei.[2]

Auf der Grundlage der McMahon Bill wurde Anfang 1946 die fünfköpfige *Atomic Energy Commission* (USAEC) als Leitung der Atomenergiebehörde von Präsident Truman berufen. Sie hatte einen konfliktträchtigen doppelten Auftrag: einerseits die Atomenergieentwicklung zügig voranzutreiben und andererseits die Menschen und die Umwelt vor Unfällen und schleichenden radioaktiven Belastungen zu schützen. Zur parlamentarischen Kontrolle der USAEC bildete sich das *Joint Committee on Atomic Energy* (JCAE) – der Gemeinsame Ausschuss für Atomenergie – aus Repräsentantenhaus und Senat. Es folgte die Einrichtung des *General Advisory Committee* (GAC – Allgemeiner Beratender Ausschuss). Im Juni 1947 wurde das Reactor Safeguards Committee – der Reaktorsicherheitsausschuss – eingesetzt, um Reaktorentwürfe und -standorte auf ihre Sicherheit zu prüfen und die Risiken für die Öffentlichkeit abzuschätzen. Diesen Ausschuss führte Edward Teller sechs Jahre lang als Vorsitzender.[3] Unter den Ausschussmitgliedern befanden sich hervorragende Sachkenner wie der Physiker John A. Wheeler[4] und der Chemiker Joseph W. Kennedy.[5] Die USAEC empfand im Laufe der Zeit das *Reactor Safeguards Committee* als zu akademisch und berief Anfang 1952 in ein *Industrial Committee on Reactor Location Problems* (Industrieausschuss für Reaktorstand-

---

[1] Originalwortlaut des McMahon-Gesetzes siehe z. B.: Williams, Robert C. und Cantelon, Philip L. (Hg.): The American Atom, Univ. of Pennsylvania Press, Philadelphia, 1984, S. 79–92.

[2] Strauss, Lewis L.: Kette der Entscheidungen, Droste, Düsseldorf, 1964, S. 365.

[3] Hewlett, Richard G. und Duncan, Francis: Atomic Shield, A History of the United States Atomic Energy Commission, Vol. II, 1947/1952, USAEC Wash 1215, Reprint 1972, S. 186–187.

[4] Wheeler, John Archibald, 1938–1942 apl. Prof., 1945–1966 o.Prof. Theoret. Physik Princeton Univ., Wheeler hatte zusammen mit Niels Bohr 1939 die grundlegende Arbeit über die Theorie der Kernspaltung veröffentlicht und am Manhattan Projekt in Chicago, Hanford und Los Alamos mitgewirkt.

[5] Kennedy war unter den Forschern, die ab 1940 die bahnbrechenden Untersuchungen des Elements 94 (Plutonium) in Berkeley durchführten.

P. Laufs, *Reaktorsicherheit für Leistungskernkraftwerke*,
DOI 10.1007/978-3-642-30655-6_3, © Springer-Verlag Berlin Heidelberg 2013

ortfragen) Fachleute aus der Wirtschaft unter dem Vorsitz von C. Rogers McCullough ein,[6] um sich von ihnen praxisgerecht beraten zu lassen. Aber die Erwartungen erfüllten sich nicht, so dass beide Gremien im Juli 1953 zum *Advisory Committee on Reactor Safeguards* (ACRS) zusammengelegt wurden.[7]

3.1.1 Das *Reactor Safeguards Committee* und die Reaktorsicherheits-Frage

Als der Reaktorsicherheitsausschuss (*Reactor Safeguards Committee*) der USAEC 1947 seine Arbeit aufnahm, wurde er von den Reaktor-Enthusiasten als Reaktorverhinderungsausschuss[8] apostrophiert und der Vorsitzende Edward Teller als der Mann im Bremserhäuschen[9] bezeichnet. Die leitenden Herren der USAEC schätzten die klaren Stellungnahmen des *Reactor Safeguards Committee* durchaus, aber bestimmten sorgfältig selbst, wie viel Rat sie nachsuchen wollten. Sie waren überzeugt, dass ihre Autorität auch den Bereich der Reaktorsicherheit und des Strahlenschutzes umfasste und wollten den Auffassungen des Reaktorsicherheitsausschusses nicht zu viel Gewicht beimessen.[10] Die offizielle Position der USAEC war es:

1. die Wahrscheinlichkeit von Unfällen mit Spaltproduktfreisetzungen auf das niedrigste mögliche Niveau zu senken (*„lowest practical level"*) und
2. gefährliche Konsequenzen von Unfällen zu minimieren.

Es wurde nicht erläutert, was das „niedrigste mögliche Niveau" und „minimieren" konkret bedeuteten.[11] Die praktische Anwendung dieser USAEC-Grundpositionen war die Aufgabe des Reaktorsicherheitsausschusses.

Die amerikanische Atomenergiebehörde USAEC besaß das tatsächliche Monopol über alle Atomwissenschaften einschließlich der Reaktortechnologie und ihrer Anwendungen. In den Jahren 1946–1952 hat die USAEC im Zusammenwirken mit ausgesuchten Industrieunternehmen neben den Pu-Produktionsanlagen eine stattliche Anzahl von Forschungsreaktoren unterschiedlicher Bauweise geplant, errichtet und in Betrieb genommen sowie den Bau von Reaktoren für U-Boot- und Flugzeugantriebe vorangetrieben. Edward Teller und sein Reaktorsicherheitsausschuss hatten die Sicherheit dieser Reaktoren zu prüfen. Sie schätzten das Gefahrenpotenzial sehr hoch ein und begutachteten die USAEC-Pläne sehr kritisch. Teller vertrat energisch die Notwendigkeit von Sperr- und Sicherheitsbereichen, deren Ausdehnung von der Reaktorleistung abhängig gemacht wurde, und verlangte Leistungsbegrenzungen für siedlungsnahe Standorte wie für einen Argonne-Versuchsreaktor im Jahr 1948.[12] Das General Advisory Committee meinte, Teller und seine Gruppe überschätzten die Folgen eines Reaktorunfalls und verzögerten möglicherweise ohne angemessene Rechtfertigung die Reaktorentwicklung.[13]

Teller und sein Ausschuss erwarben sich durch ihre verantwortungsvolle und sachkundige Arbeit zunehmend Respekt und Anerkennung. Sie spielten in den Genehmigungsverfahren die entscheidende Rolle. Der Reaktorsicherheitsausschuss kam zwischen 1947 und 1953 zwanzig Mal zu Beratungen zusammen. Die ausgezeich-

---

[6] AEC Sets Up Committee on Reactor Location Problems: NUCLEONICS, Vol. 10, No. 3, März 1952, S. 78.

[7] Okrent, David: Nuclear Reactor Safety, Univ. of Wisconsin Press, 1981, S. 4.

[8] Teller, Edward: Energy from Heaven and Earth, Freeman, San Francisco, 1979, S. 161.

[9] Teller, Edward und Brown, Allan: The Legacy of Hiroshima, Doubleday, Garden City, N. Y., 1962, S. 102; deutsche Ausgabe: Das Vermächtnis von Hiroshima, Econ, Düsseldorf, 1963. Diese Erinnerung und Selbstcharakterisierung Tellers erscheint glaubwürdig angesichts seiner nachdrücklichen öffentlichen Darstellungen des nuklearen Gefahrenpotentials und seiner Konflikte mit der USAEC.

[10] Mazuzan, George T. und Walker, J. Samuel: Controlling the Atom, Univ. of California Press, Berkeley, 1984, S. 61.

[11] Rolph, Elizabeth S.: Nuclear Power and the Public Safety, Lexington Books, Lexington, Mass., 1979, S. 50.

[12] Hewlett, Richard G. und Duncan, Francis: Atomic Shield, a. a. O., S. 203.

[13] ebenda, S. 208.

neten Ergebnisse der nuklearen Sicherheitsgeschichte wurden ihm gutgeschrieben.[14]

Alle diese Aktivitäten vollzogen sich für die Öffentlichkeit hinter dem Schleier des Geheimnisvoll-Unheimlichen, der den Atomkomplex umgab. Als dann die bisherige absolute Geheimhaltung allen kerntechnischen Wissens teilweise und sehr vorsichtig durch die USAEC aufgehoben wurde, beflügelte dies die Diskussion über die friedliche Nutzung der Atomenergie. Die Zeitschrift NUCLEONICS wandte sich im Herbst 1947 sogleich der Frage zu, ob und wann neben den Forschungsreaktoren und den militärischen Plutonium-Produktionsanlagen auch Kernkraftwerke zur Wärme- und Stromerzeugung gebaut werden sollten.[15] Die kernphysikalischen und -technischen Grundlagen wurden dargestellt.[16] Eine Diskussion der eigentlichen, von den Spaltprodukten hervorgerufenen Gefahren, die von Kernkraftwerken ausgehen können, fand nicht statt. Die Erörterung des Kernenergie-Risikos blieb auf die Fragen des Strahlenschutzes und der Ableitung radioaktiver Stoffe des normalen Reaktorbetriebs beschränkt. Es gab ein ausgesprochen positives Interesse an den Spaltprodukten für medizinische, industrielle, agrarische und vielfältige analytische Anwendungen.[17,18] Das Risiko der Kernenergie wurde abgewogen gegen die Verheißungen des Atomzeitalters. Die vorherrschende Überzeugung war, dass die Lebensrisiken der Gesellschaft in ihrer Gesamtheit durch die Kernenergienutzung sinken werde, weil die Lebenserwartung durch frühe Anwendungen in Biologie und Medizin, erhöhte Industrieproduktivität und mehr Freizeit

für die Menschen zunehmen werde.[19] „Relax. Disaster is not inevitable." wurde der von der atomaren Aufrüstung beunruhigten Bevölkerung zugerufen.[20]

Als zum Jahresende 1948 die US Navy die Entscheidung traf, einen Druckwasserreaktor als U-Boot-Antrieb zu entwickeln und sich die Industrie mit Vorstellungen zur Errichtung von Kernkraftwerken intensiv auseinandersetzte, wurde die Reaktorsicherheit zu einem wichtigen Thema der betroffenen Kreise. Anfang September 1949 hielten die drei Nuklearstaaten USA, Großbritannien und Kanada in England eine Geheimkonferenz über Reaktorsicherheit ab. Sie befassten sich mit den Gefahren des Versagens von Reaktorkomponenten und -steuerungen, zufälligen Bedienungsfehlern, Sabotage u. a.[21] Für Industriefirmen, die sich für die friedliche Kernenergienutzung unter dem strikten Regime der USAEC interessierten, veranstaltete die Universität New York zusammen mit der USAEC eine Reaktorsicherheits-Tagung im Januar 1950, auf der u. a. über Strahlenrisiken und ihre Beherrschung vorgetragen wurde.[22]

Nach den Atombombenabwürfen über Hiroshima und Nagasaki und dem Ende des Weltkriegs war in den USA der Eindruck weit verbreitet, die Menschheit stehe vor dem Scheideweg, der entweder durch atomare Rüstung in einem nuklearen Holocaust und der Vernichtung der Erde enden oder der durch die friedliche Nutzung der entfesselten gewaltigen Atomkraft zu geradezu paradiesischen Zuständen führen könne.[23] Im Frühjahr 1952 erklärte die Eisenhower-Administration zusammen mit dem Nationalen Sicherheitsrat die Bereitstellung der wirtschaftlich wettbewerbsfähigen Kernenergie zu einem Ziel

---

[14] Mazuzan, Georg T. und Walker, J. Samuel, a. a. O., S. 63.

[15] DeCew, Walther M.: Should Nuclear Power Plants Be Built Now?, NUCLEONICS, Vol. 1, No. 1, November 1947, S. 1–3.

[16] Goodman, Clark: Nuclear Principles of Nuclear Reactors, NUCLEONICS, Vol. 1, No. 3, Nov. 1947, S. 23–33 und Propagation of a Chain Reaction, NUCLEONICS, Vol. 1, No. 4, Dez. 1947, S. 22–31.

[17] Yaffe, L.: The Fission Products and Their Uses, NUCLEONICS, Vol. 3, No. 9, Sept. 1948, S. 68–73.

[18] Götte, Hans: Anwendungsmöglichkeiten der radioaktiven Isotope in Chemie und Technik, Chemie-Ingenieur-Technik, 24. Jg., 1952, Nr. 4, S. 204–209.

[19] Beers, Norman R.: The Atomic Industry and Human Ecology, Part II, NUCLEONICS, Vol. 5, No. 9, Sept. 1949, S. 2.

[20] Beers, Norman R.: The Atomic Industry and Human Ecology, Part IV, NUCLEONICS, Vol. 5, No. 11, Nov. 1949, S. 2.

[21] Hold 3-Nation Conference on Reactor Safeguards, NUCLEONICS, Vol. 5, No. 10, Okt. 1949, S. 83.

[22] NYU, AEC Sponser Safety Conference, NUCLEONICS, Vol. 5, No. 12, Dez. 1949, S. 77.

[23] Caufield, Catherine, a. a. O., S. 90 f.

von nationaler Bedeutung. Präsident Eisenhower hatte die Vision von der friedlichen Nutzung der Kernenergie, die zu einem Gegengewicht zum Schrecken verbreitenden atomaren Wettrüsten werden könne.[24] Mit seiner Initiative gab er den Anstoß zur Untersuchung und Planung unterschiedlichster nicht-militärischer nuklearer Projekte.

3.1.2 Erste öffentliche Diskussionen über die Gefahren der friedlichen Atomenergie-Nutzung

Im Juni und Juli 1953 führte das Joint Committee on Atomic Energy (JCAE) des US-Kongresses in Washington im Zusammenhang mit dem Gesetzgebungsverfahren zur Neufassung des amerikanischen Atomgesetzes Anhörungen über 'Die Entwicklung der Atomenergie und private Unternehmen' durch. Edward Teller bezeichnete es vor dem Ausschuss als äußerst glücklich, dass sich noch kein tödlicher Unfall in einem Kernreaktor ereignet habe. Störfälle seien aber unvermeidbar, weil Sicherheitsvorschriften vernachlässigt würden. Er führte aus, dass die von der Bevölkerung am meisten befürchteten Atomexplosionen in Reaktoren zwar stattfinden könnten, jedoch mit ihrer Wirkung immer auf die Anlage selbst beschränkt blieben. Die eigentliche Gefahr gehe von den radioaktiven Giften aus, die dabei freigesetzt werden und über hundert Meilen weit bedrohlich sein könnten. Keines der großen bisher geplanten und gebauten Kernkraftwerke sei absolut sicher. Auch wenn die Unfallwahrscheinlichkeit gering sei, die Emission der Spaltprodukte in eine Stadt oder dicht besiedelte Fläche habe katastrophale Folgen. Teller zeigte sich zuversichtlich, dass bald ausreichend sichere Kernkraftwerke gebaut werden könnten, und schlug vor, die Sicherheitsanforderungen gesetzlich zu verankern.[25] Tellers Aussagen vor dem JCAE waren öffentlich und an Deutlichkeit

nicht zu übertreffen. Es gäbe trotz aller inhärenter Sicherheitstechnik noch kein „narrensicheres" System: „With all the inherent safeguards that can be put into a reactor, there is still no foolproof system that couldn't be made to work wrongly by a great enough fool. The real danger occurs when false sense of security causes a letdown of caution."[26] Diese Aussagen fanden aber unmittelbar keinen Niederschlag in der Fachpresse. Teller wiederholte sie in seinem Beitrag auf der Genfer Atomkonferenz 1955.

Mit der Diskussion friedlicher Anwendungen tauchte auch das Problem des Sicherheitsstandards wieder auf. „Wie sicher ist sicher?" fragte die Zeitschrift NUCLEONICS im März 1953 und kritisierte die USAEC, versäumt zu haben, die Öffentlichkeit aktuell über das Gefahrenpotenzial von Reaktoren zu unterrichten.[27] Es wurde beklagt, dass keine wirklichen Daten über die Folgen eines „größeren" Reaktorunfalls verfügbar seien. Die USAEC wurde mit einer Stellungnahme zu den Pu-Produktionsreaktoren in Hanford zitiert: Die wirkliche Gefahr in Hanford bestehe darin, dass die Reaktoren außer Kontrolle geraten und so viel Wärme erzeugen könnten, dass die Brennelemente schmelzen und auf diese Weise eine sehr dichte und äußerst radioaktive Wolke freisetzen, die „gefährlicher wäre, als die Wolke, die eine Atombombenexplosion hervorruft." Die Wahrscheinlichkeit eines größeren Unfalls oder einer Katastrophe sei in Hanford wegen der Sicherheitsvorkehrungen gering. Aber es bleibe immer ein Risiko, dass diese Sicherheitseinrichtungen gleichzeitig durch eine Naturkatastrophe oder menschliches Versagen ausfallen könnten. NUCLEONICS forderte mit Nachdruck im Interesse der Industrie und der Öffentlichkeit von der USAEC klare Antworten auf diese Fragen zur Reaktorsicherheit.

---

[24] Strauss, Lewis L., a. a. O., S. 385.

[25] Auszug aus der Anhörung Tellers im Wortlaut. In: Okrent, David, a. a. O., S. 4–6.

[26] Atomic Power Development and Private Enterprise: Hearings before the Joint Committee on Atomic Power, 83rd Congress, 1st session, June-July 1953, Govt. Printing Office, Washington, D. C., zitiert nach: Weil, George L.: Hazards of Nuclear Power Plants, SCIENCE, Vol. 121, 1955, S. 316.

[27] Luntz, Jerome D., Editor: How Safe is Safe?, NUCLEONICS, Vol. 11, No. 3, März 1953, S. 9.

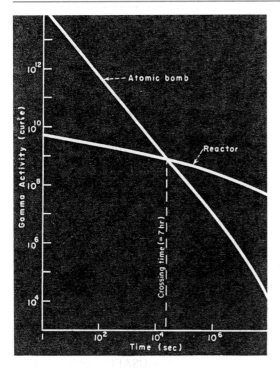

Abb. 3.1 γ-Strahlung der Spaltprodukte. (Atombombe, Reaktor)

Einige erhellende Antworten wurden auf der Konferenz über Reaktortechnik an der Universität von Kalifornien in Berkeley am 10. September 1953 gegeben. So wurde der aus dem Smyth-Bericht bekannte Sachverhalt, dass langlebige Spaltprodukte während des Betriebs von Leistungsreaktoren zu beträchtlichen Mengen auflaufen können, wieder aufgegriffen. Henry Hurwitz, Jr., vom Knolls Atomic Power Laboratory, Schenectady, N. Y., verglich auf dieser Tagung die γ-Strahlung aller Spaltprodukte einer 20.000-t-TNT-Atombombenexplosion mit der eines nach langer Betriebszeit abgeschalteten 1.000-MW$_{th}$-Reaktors (Abb. 3.1).[28] Die Spaltproduktaktivität eines Reaktors geht danach deutlich langsamer zurück. In etwa 7 Stunden ist die Strahlung in beiden Fällen gleich. Hurwitz betonte, dass ein schwerer Unfall, der zur Freisetzung eines nennenswerten Teils des Spaltproduktinventars führt, für die Menschen in der Umgebung eine ernste Gefahr bedeute. Er teilte mit, dass der Gleichgewichtskonzentration der Spaltprodukte die γ-Aktivität von ungefähr 6 Ci pro Watt Reaktorleistung entspricht.[29]

Edward Teller sagte auf dieser Berkeley-Konferenz als Mitglied des Ausschusses für Reaktorsicherheit der amerikanischen Atomenergiebehörde (USAEC *Advisory Committee on Reactor Safeguards*), dass die einzige wirkliche Gefahr der Kernenergienutzung allein von den Spaltprodukten ausgehe, die in den Reaktoren entstehen. Wörtlich stellte er fest: „*The reactor is a self-destructive mechanism that could kill an extremely great number of people if fission products were released.*"[30] Teller sprach von der Notwendigkeit, die Aura des Unbegreiflichen zu zerstreuen, die wirklichen Schwierigkeiten ebenso wie die Sicherheitsaspekte aufzuzeigen, damit die Öffentlichkeit nicht übermäßig beunruhigt werde. Die simpelste Schutzmaßnahme sei ein abgesonderter Standort, aber damit halte man die technologische Entwicklung auf. Er nannte beispielhaft technische Vorkehrungen, mit denen man Störfälle verhindern könne:

- Verriegelungen und Abschaltsysteme, um Leistungsexkursionen zu unterdrücken;
- sorgfältige Werkstoffauswahl, die Bestrahlungswirkungen berücksichtige;
- Sensoren für Schnellabschaltungen bei Erdbeben;
- Reaktorentwürfe, die auch nach längerem Betrieb die Inspektion der sicherheitsrelevanten Komponenten und Ausrüstungen ermöglichen.

Am 28. September 1954 hielt George L. Weil, ein Physiker aus dem Umfeld von Enrico Fermi, der von 1947–1952 stellvertretender Direktor der USAEC-Reaktorentwicklungsabteilung war und sich bei der Anhörung des JCAE 1953 für die wirtschaftliche Nutzung der Atomenergie eingesetzt hatte[31], vor dem Atomforum der amerikani-

---

[28] Hurwitz, H.: Safeguard Considerations for Nuclear Power Plants, NUCLEONICS, Vol. 12, No. 3, 1954, S. 57 f.

[29] Erkenntnisse von Hurwitz sind dargestellt im Lehrbuch: Münzinger, Friedrich: Atomkraft, Springer-Verlag, Berlin/Göttingen/Heidelberg, 1955, S. 55 f

[30] Reactor Hazards Predictable, Says Teller, NUCLEONICS, Vol. 11, No. 11, 1953, S. 80.

[31] Should the Atomic Energy Act Be Revised?: NUCLEONICS, Vol. 11, No. 9, September 1953, S. 11–22.

schen Industrie im Plaza Hotel in New York einen Vortrag über die Gefahren der Kernkraftwerke.[32] Er erläuterte eindrucksvoll die Gefährlichkeit der Spaltprodukte und schilderte im Einzelnen den Ablauf einer denkbaren nuklearen Katastrophe, die von einem Kritikalitätsstörfall[33] ausgeht, zur Zerstörung des Reaktorkerns und Reaktordruckbehälters (RDB) führt und mit der tödlichen Verseuchung weiter Gebiete endet. Weil plädierte für entfernte Standorte, inhärent sichere Reaktortypen[34] und gasdichte Sicherheitsbehälter. Er machte deutlich, dass aufwändige Reaktorsicherheitstechnik erforderlich ist. Weil fügte die kritische Bemerkung an, dass die segensreichen Aussichten der Kernenergienutzung einer breiten Öffentlichkeit nahe gebracht worden, die Diskussion der unerfreulichen Aspekte aber beinahe ausschließlich auf technische Tagungen und Publikationen begrenzt geblieben seien.

3.1.3   Die frühe amerikanische Standortpolitik

Den Verantwortlichen im militärischen Bereich der USA und später in der amerikanischen Atomenergiebehörde war das Gefahrenpotenzial der Reaktoren stets bewusst und sie versuchten, kerntechnische Anlagen nicht nur mit ausreichenden Sicherheitseigenschaften, sondern auch möglichst weit entfernt von menschlichen Siedlungen zu errichten.

Ende Oktober 1953 kam es auf der zweiten Jahreskonferenz über Atomenergie und Industrie des National Industrial Conference Board in New York zu einer Auseinandersetzung zwischen führenden britischen und amerikanischen Wissenschaftlern über Fragen der Reaktorsicherheit und Standortwahl. Der stellvertretende Direktor für Atomenergie im Versorgungsministerium in London, Sir Christopher Hinton, gab in seiner Rede eine eher pessimistische Einschätzung der Möglichkeiten, schwere Reaktorunfälle durch Ingenieurkunst sicher zu verhindern.[35] Er führte aus, dass Unfälle in Anlagen und Maschinen stets auftreten, mit denen man Neuland erschließt. Er erinnerte daran, dass viele frühe Brückenbauten einstürzten, Druckbehälter zerknallten und Flugzeuge abstürzten. *„Unsere Schwierigkeit beim Entwurf von Reaktoren liegt zuerst in der Tatsache, dass Ingenieure eher aus ihren Fehlern als aus ihren Erfolgen lernen. Im Fall eines Kernreaktors wäre aber die Bestrafung für Fehler so groß, dass es kein verantwortlicher Ingenieur wagen kann, sie zu riskieren.“*[36] Sein den Amerikanern nahegelegter Wunsch war, durch Experimente mit katastrophalem Versagen Kenntnisse über „durchgehende“ Reaktoren zu sammeln.[37] Seine Schlussfolgerung war, nur inhärent sichere Reaktoren in einigermaßen dünn besiedelten Gebieten zu errichten. Dazu zählte er Reaktortypen, bei denen das vom Moderator getrennte Kühlmittel eine Kapazität der Neutronenabsorption besitzt, die geringer als seine Moderatorwirkung ist. Er nannte gasgekühlte und mit Leichtwasser oder mit Schwerwasser sowohl gekühlte wie auch moderierte Reaktoren. Alle anderen Reaktortypen müssten auf nicht besiedelte, weit entfernte Gebiete verwiesen werden, insbesondere wassergekühlte, graphitmoderierte Reaktoren[38] und schnelle Brüter. Solche unter ungünstigen Umständen zu atomaren Explosionen und daraus folgenden Spaltproduktfreisetzungen neigenden Kernanlagen könnten auch nicht durch Anwendung mechanischer Steuerungen und anderer

---

[32] Weil, George L.: Hazards of Nuclear Power Plants, SCIENCE, Vol. 121, 4. 3. 1955, S. 315–317.

[33] Eine außer Kontrolle geratene Kettenreaktion.

[34] Reaktoren gelten als inhärent sicher, wenn der Verlust des Kühlmittels nicht zur Neutronenvermehrung und damit zur Leistungssteigerung führt. Beispielsweise gehören dazu wassermoderierte und -gekühlte oder graphitmoderierte und gasgekühlte Reaktoren. Eine andere „inhärent sichere“ Eigenschaft besitzen die meisten Reaktortypen: den negativen Temperaturkoeffizienten, bei dem die Reaktivität (Neutronenüberschuss) abnimmt, wenn die Reaktortemperatur steigt, der Reaktor also die Tendenz hat, sich selbst zurückzufahren.

[35] Hinton, Sir Christopher: British Developments in Atomic Energy, NUCLEONICS, Vol. 12, No. 1, Januar 1954, S. 6–10.

[36] ebenda, S. 10.

[37] Am 22. Juli 1954 wurde der BORAX-1-Reaktor zur Explosion gebracht und im Oktober 1954 begann das SPERT-Forschungsprogramm, s. Kap. 4.1.2.

[38] Der Unglücksreaktor RBMK in Tschernobyl war ein wassergekühlter, graphitmoderierter Druckröhrenreaktor.

Vorrichtungen sicher gemacht werden, denn alles könne versagen.[39] Es sei nicht vernünftig, Regelungen über Sicherheitsabstände festzulegen, die nichts anderes bedeuteten, als Distanzen vom Unfallreaktor, zu denen man vermutete Strahlungsintensitäten angebe. In Großbritannien habe man 1946 deshalb die Entscheidung getroffen, luftgekühlte, graphitmoderierte Reaktoren, trotz ihrer anderen Nachteile, zur Plutonium-Produktion an der Küste von Cumberland zu bauen.[40] Sir Christopher Hinton bezog in seiner Rede die inhärente Sicherheit eines Reaktors allein auf die Gefahr der unkontrolliert auftretenden überkritischen Leistungsexkursionen. Andere Gefahren, die zur Spaltproduktfreisetzung führen können, wie sie dann im „inhärent sicheren" Windscale-Reaktor (s. Kap. 4.3) geschah, sprach er nicht an.

Als Mitglied der USAEC erwiderte Henry D. Smyth auf die Rede von Sir Christopher. Er sagte, dass es neben den genannten Möglichkeiten der Gefahrenabwehr – also inhärent sichere Reaktoren und Standorte mitten in menschenleeren Wüsten – noch einen dritten Weg gäbe. Dazu gehöre zunächst, alle Arten der Sicherheitstechnik in einen Reaktor einzubauen, um die Wahrscheinlichkeit eines Unfalls zu minimieren. In den USA sei man nicht so skeptisch, was deren Wert ausmache. Ein Reaktorentwurf müsse außerdem einen starken, gasdichten Sicherheitseinschluss vorsehen, der einer Explosion standhalten könne (unfallsicherer Reaktor). Ein solcher Sicherheitsbehälter werde um den Reaktor gebaut, der bei Schenectady geplant sei. Die in ihren Laboratorien oder in der Nähe von Universitäten gebauten oder gerade im Bau befindlichen Reaktoren seien alle vom inhärent sicheren Typ. Die USAEC sei aber nicht bereit, ihre Planungen für künftige Leistungsreaktoren auf diese Typen zu beschränken. Man arbeite ständig daran, wie man auch

andere, billigere und effizientere Reaktortypen so sicher machen könne, dass sie in bevölkerten Gebieten errichtet werden können.[41] Smyth schloss mit der Bemerkung, dass die Atomenergiebehörde keinen Standort für einen industriellen Leistungsreaktor akzeptieren werde, falls die öffentliche Sicherheit nicht über jeden vernünftigen Zweifel hinaus garantiert werden könne.

Die USAEC hielt an ihrer höchst vorsichtigen Sicherheitsphilosophie fest, die schwere Unfälle mit einbezog, aber deren katastrophale Folgen verhindern, zumindest entscheidend begrenzen sollte. Dazu gehörten siedlungsferne, sorgfältig ausgewählte Standorte und Rückhaltetechniken für freigesetzte Spaltprodukte, wie Containments, deren Integrität gesichert werden musste.

Ende 1948 war zwischen USAEC, der US-Navy und der Firma Westinghouse die Entscheidung gefallen, einen Druckwasserreaktor für den U-Boot-Antrieb zu bauen.[42] Dieses Schiffsreaktor-Entwicklungsprogramm und seine eindrucksvollen Erfolge sind in erster Linie mit dem Namen – des späteren Vizeadmirals – Hyman G. Rickover verbunden, der es von 1949–1982 leitete. 1949 wurde Rickover sowohl Direktor der Schiffsreaktor-Geschäftsstelle (Naval Reactor Branch) der USAEC-Reaktor-Entwicklungsabteilung als auch der Kernenergie-Geschäftsstelle (Nuclear Power Branch) der Marine-Forschungsabteilung.[43]

Die Entscheidung Rickovers zugunsten des Druckwasserreaktors mit seiner hohen Energiedichte und entsprechend kleinen Abmessungen (Eigenschaften von großer Bedeutung für U-Boot-Antriebe) und die erfolgreiche Entwicklung und Einführung dieses Reaktortyps in der US-Navy sowie als erste ortsfeste Leistungsreaktoren (Mark I, Shippingport) waren die Grundlagen für die Durchsetzung des mit leichtem – also natürlichem – Wasser moderierten und gekühlten Druckwasserreaktors. Die Verfügbar-

---

[39] Am 26. April 1986 ereignete sich in Tschernobyl wegen schwerer Mängel in der Reaktorauslegung nach einer Kette unglücklicher Umstände und Fehlhandlungen der Bedienungsmannschaft eine katastrophale atomare Explosion in einem graphit-moderierten Druckröhren-Siedewasserreaktor vom Typ RMBK-1000, also in einem Reaktor der Bauart, die Sir Christopher Hinton als inhärent unsicher bezeichnete.

[40] Hinton, Sir Christopher, a. a. O., S. 8.

[41] Smyth, Henry D.: NUCLEONICS, Vol. 12, No. 1, Januar 1954, S. 9.

[42] Hewlett, Richard G. und Duncan, Francis: Atomic Shield, a. a. O., S. 207.

[43] Hewlett, Richard G. und Duncan, Francis: Nuclear Navy 1946–1962, The Univ. of Chicago Press, Chicago und London, 1974, S. 86–92.

keit großer Mengen an angereichertem Uran aus den mit hohen Kapazitäten im Rahmen der Militärprogramme betriebenen Trennanlagen machte den Weg für die wirtschaftliche Nutzung dieses Reaktortyps frei.[44] Leichtwasserreaktoren können nicht mit Natur-Uran betrieben werden. Sie brauchen angereicherten Brennstoff.

Rickover war sich sehr bewusst, dass ein ernster Unfall sein Programm äußerst gefährden würde, weshalb er den Fragen der Reaktorsicherheit stets höchste Aufmerksamkeit widmete. Die von allen Seiten in der USAEC anerkannte Sicherheitsphilosophie verfolgte neben der Vorsorge zur Verhinderung von Unfällen (prevention of accidents) mit gleichem Nachdruck die Begrenzung von Unfallfolgen (consequences limiting safeguards, mitigation). Diese zweifach angelegte Sicherheitsstrategie war bei U-Booten, deren Besatzungen nicht evakuiert oder durch große Sicherheitsbehälter geschützt werden konnten und die Häfen anlaufen mussten, nicht anwendbar. Rickover hatte keine andere Wahl, als Sicherheit allein dadurch zu erreichen, dass er die Wahrscheinlichkeit eines Unfalls, so weit wie nach menschlichem Ermessen möglich, auszuschließen suchte. Er stellte deshalb weit über das bisher als erforderlich gehaltene Maß hinaus extrem hohe Ansprüche an den Reaktorentwurf und die Qualitätskontrollen hinsichtlich Material und Personal. Er führte einen unablässigen, rücksichtslosen Kampf um bessere Qualitäten bei allen nuklearen und konventionellen Bauteilen seiner U-Boot-Reaktoren[45] sowie bei der Auswahl und Ausbildung der Reaktorfahrer.[46] In diesen frühen Zeiten der Reaktorentwicklung wurden also innerhalb der USAEC nebeneinander zwei unterschiedliche Wege zur Reaktorsi-

cherheit verfolgt, woraus sich in späteren Jahren ein erbitterter Wettbewerb entwickelte.[47]

Für ortsfeste Reaktoren bestimmte die vorsichtige Standortpolitik der USAEC das weitere Vorgehen. Im Hintergrund jeder Standortsuche stand die entscheidende Frage, von welcher emittierten Aktivitätsmenge im Falle eines Reaktorunglücks ausgegangen werden muss. Das Advisory Committe on Reactor Safeguards (ACRS) der USAEC bestimmte, dass für die Standortuntersuchungen die Freisetzung von 50 % der Spaltprodukte anzunehmen sei. Bei einem schweren Reaktorunfall sollte niemand außerhalb des umzäunten Kraftwerksgeländes eine höhere einmalige Dosis als 300 Röntgen erhalten können, was dem unteren Schwellenwert der tödlichen kurzzeitigen Strahlenexposition entspricht. Für diese Grenzbelastung von 300 Röntgen gab das ACRS für den Radius eines Sperrbereichs (exclusion area) um den Reaktorstandort herum, die sogenannte Abstandsformel an:[48]

$$R \text{ (in Meilen)} = 0,01$$
$$\cdot \sqrt{\text{Reaktorleistung (thermisch, in kW)}}.$$

Aus der Nuklearindustrie kamen Gegenvorschläge mit dem Hinweis, dass die Anwendung dieser Formel schon für kleine Reaktoren riesige Sperrbereiche innerhalb des Kraftwerkszauns ergäbe.[49] Die erforderlichen Flächen könnten in Industriegebieten nicht erworben werden.[50] Es wurde vorgeschlagen, den Sperrbereich zumindest teilweise durch zusätzliche Sicherheitstechnik ersetzbar zu machen, insbesondere durch ein narrensicheres, gasdichtes Containment, das bei Druckwasserreaktoren stets vorzusehen sei. Auch in Kanada wurden ähnliche Vorstellungen entwickelt. Reaktorsicherheit müsse auf guter Konstruktion und nicht auf Sperrgebieten beruhen,

---

[44] Häfele, Wolf: Die historische Entwicklung der friedlichen Nutzung der Kernenergie, in: Kaiser, Karl und Lindemann, Beate (Hg.): Kernenergie und internationale Politik, Oldenbourg, München/Wien, 1975, S. 47.

[45] Rickover, Hyman G.: Quality the Never-ending Challenge, NUCLEAR ENGINEERING, Februar 1963, S. 50–54.

[46] Hewlett, Richard G. und Duncan, Francis: Nuclear Navy, a. a. O., S. 352–361.

[47] Rolph, Elizabeth S., a. a. O., S. 26.

[48] Exclusion areas for reactors: NUCLEONICS, Vol. 12, No. 3, März 1954, S. 75 und Korrektur: Nucleonics, Vol. 12, No. 4, April 1954, S. 78.

[49] Stoller, S. M.: Site Selection and Plant Layout, NUCLEONICS, Vol. 13, No. 6, Juni 1955, S. 42–45.

[50] Für einen 4000 MW_{th}-Leistungsreaktor ergibt diese Formel einen Radius des Sperrgebiets von 32 km und ein Sperrgebiet von über 320 km^2.

wobei die Öffentlichkeit bereit sein müsse, ein kleines, aber reales Risiko hinzunehmen. Ausgehend von Forschungsarbeiten aus Harwell/England wurde gezeigt, dass ein sehr weiter Bereich von Schadenfolgen abhängig von unterschiedlichen meteorologischen Bedingungen nach einem katastrophalen Unfall erwartet werden könne.[51]

Nachdem das neue US-Atomgesetz (Atomic Energy Act) am 30. August 1954 in Kraft getreten war, begann die USAEC die Genehmigungsvoraussetzungen für Kernkraftwerke nach deren Erörterung mit den Vertretern der Energie-Versorgungsunternehmen, der nuklearen und chemischen Industrie, den Ausrüstungsherstellern und den Forschungsorganisationen festzulegen und vorzuschreiben. Es wurden die Antragsunterlagen benannt, die für das Genehmigungsverfahren vorzulegen waren. Neben einer Beschreibung des Standorts im Allgemeinen wurde auch verlangt, die Unfälle und deren Konsequenzen darzustellen, die sich aus Betriebsfehlern, technischen Störungen und Einwirkungen von außen ergeben könnten. Eine Abschätzung der Eintrittswahrscheinlichkeit jedes möglichen Unfalls sollte gegeben und das öffentliche Risiko beurteilt werden. Diese Vorgehensweise war bereits eingeübt. Eine Konkretisierung und Standardisierung wurde im Einzelnen noch nicht vorgenommen.[52]

Die USAEC als Genehmigungsbehörde verfuhr flexibel, und es folgten erste gerichtliche Auseinandersetzungen um Standorte. Der Konflikt zwischen Standortwirtschaftlichkeit und Standortsicherheit beherrschte einige konkrete Planungen. Die USAEC-Vertreter erläuterten auf der zweiten Genfer Atomkonferenz der Vereinten Nationen im September 1958 das sicherheitsgerichtete Genehmigungs- und Aufsichtsverfahren. Sie führten dort aus, dass Reaktor und Standort immer zusammen bewertet werden müssten. Gewisse Sicherheitsdefizite oder Unzulänglichkeiten entweder des Reaktors oder des Standorts könnten partiell durch ausgleichende Merkmale

jeweils des anderen Teils wettgemacht werden. In der Praxis lege der Antragsteller gewöhnlich den Gesamtbericht über die Reaktorsicherheit (Hazards Summary Report) in zwei Teilen vor, den vorläufigen Gefahrenbericht (Preliminary Hazards Report) beim Antrag auf die Baugenehmigung und den endgültigen Gefahrenricht (Final Hazards Report) beim Antrag auf die Betriebsgenehmigung. Es sei selbstverständlich geworden, dass mehrfache und voneinander unabhängige Sicherheitsvorkehrungen vorgesehen würden und besondere Entwurfskriterien eingehalten würden, um das Gefahrenpotenzial zu minimieren. Ein aktueller Entwurf sei dann zufriedenstellend, wenn schlüssig dargelegt werden könne, dass der „größte glaubhafte Unfall" nur ein vernachlässigbar kleines öffentliches Risiko verursache.[53] Was dies konkret bedeute, wurde nicht erläutert.

3.2   UN-Konferenz zur friedlichen Nutzung der Kernenergie 1955 und ihre Wirkung in Deutschland

3.2.1   Hochstimmung für „Atome für den Frieden"

Am 8. Dezember 1953 hielt Präsident Eisenhower vor den Vereinten Nationen seine Rede über „Atome für den Frieden". Diese Rede war nach einem längeren Vorlauf intensiver, auch kontrovers geführter Erörterungen seit Oktober 1953 sorgfältig vorbereitet worden.[54] Ihr Hauptmotiv war, nach dem Scheitern des Baruch-Plans einen Ausweg aus dem atomaren Wettrüsten zu finden und ein neues Angebot zur internationalen Kontrolle der Atomenergie über die Verein-

---

[51] Tait, G. W. C.: Reactor Exclusion Areas – Can They Be Eliminated?, NUCLEONICS, Vol. 16, No. 1, Januar 1958, S. 71–73.

[52] AEC's License Requirements and Regulations, NUCLEONICS, Vol. 13, No. 4, April 1955, S. 22–26.

[53] Beck, Clifford K., Mann, M. M. und Morris, P. A.: Reactor Safety, Hazards Evaluation and Inspection, Proceedings of the Second United Nations International Conference on the Peaceful Uses of Atomic Energy, Genf, 1958, United Nations, New York, 1958, Vol. 11, P/2407 USA, S. 17–20.

[54] Hewlett, Richard G. und Holl, Jack M.: Atoms for Peace and War 1953–1961, Univ. of California Press, Berkeley, 1989, S. 44–72.

ten Nationen zu machen.[55] Die USA stellten dazu große Mengen an Spaltmaterial sowie die Bereitstellung der Reaktortechnologie in Aussicht. Eisenhower sagte: „*My country wants to be constructive, not destructive.... So my country's purpose is to help us move out of the dark chamber of horrors into the light... move forward toward peace and happiness and well-being.*"[56] Selbstverständlich wurden Zeitpunkt und Diktion der Rede auch als ein politisches Mittel im Kalten Krieg eingesetzt.[57] Nachdem die Sowjetunion 1953 ihren ersten H-Bombentest unternommen hatte, nahmen die USA gerne Gelegenheiten wahr, ihre technologische Überlegenheit der Weltöffentlichkeit zu demonstrieren.[58] Die Annahme des amerikanischen Angebots musste zwangsläufig zu einer engeren Anbindung der Empfängerstaaten an die USA führen.

Eisenhowers Rede fand begeisterten Beifall und erzeugte Aufbruchstimmung. Die UN-Generalversammlung griff seine Initiative auf[59], und es folgte die erste „International Conference on the Peaceful Uses of Atomic Energy" der Vereinten Nationen vom 8.–20. August 1955 in Genf. „*Die Konferenz ersetzte Angst durch Euphorie*" (Edward Teller[60]).

Alle Mitgliedsstaaten der Vereinten Nationen waren eingeladen (Deutschland als UNESCO-Mitglied). 73 Staaten entsandten insgesamt 1428 Delegierte. Hinzu kamen etwa 1350 Beobachter

sowie annähernd tausend Medienvertreter.[61] Die deutsche Delegation wurde vom Präsidenten der Max-Planck-Gesellschaft, Otto Hahn, geführt und umfasste 70 Personen.[62] Aus Deutschland kamen ebenfalls zahlreiche Beobachter, u. a. eine Delegation des Deutschen Bundestages. 1067 wissenschaftliche Schriften waren ganz überwiegend von den Nuklearstaaten, etwa die Hälfte von den USA, eingereicht worden (darunter nur eine aus Deutschland)[63], von denen 450 für den mündlichen Vortrag mit anschließender Diskussion ausgewählt wurden.[64]

3.2.2   Gefahrenpotenzial und Reaktorsicherheit

Im Vordergrund standen Fragen der Kernphysik, Chemie, Reaktortechnologie, Brennstoffe, Werkstoffe, Handhabungstechniken, Anwendung von Radioisotopen, Biologie und Strahlenschutz, Wirtschaftlichkeit, Recht und Verwaltung. Einige wenige Beiträge galten auch der Reaktorsicherheit und möglichen Reaktorunfällen mit ihren Folgen. Am Nachmittag des 10. August wurden zum Themenkomplex „*Gesundheit und Sicherheitsaspekte der Kernenergie*" (6. Sitzung) zwei Vorträge über Reaktorsicherheit und Standortwahl für Kernkraftwerke aufgerufen, die in eindringlicher Weise und nicht zu überbietender Klarheit das konkrete Gefahrenpotenzial der Kernkraftwerke und die Folgen von Spaltproduktfreisetzungen bei schweren Unfällen darstellten. Der eine Vortrag als Beitrag der USA über Reaktorsicherheit war vom damaligen Vorsitzenden des *Advisory Committee on Reactor Safeguards* der USAEC C. Rogers McCullough sowie Mark M. Mills und Edward Teller von der

---

[55] Im Herbst 1956 wurde das Statut der Internationalen Atomenergie-Organisation (IAEO, International Atomic Energy Agency – IAEA) in New York von 81 Nationen, darunter die Bundesrepublik Deutschland, angenommen und unterzeichnet. Die IAEO mit Sitz in Wien ist eine selbständige internationale Organisation, die jedoch enge Verbindung zur UN hält. Ihr Statut, das im Herbst 1957 in Kraft trat, sieht ein internationales Kontrollsystem für spaltbare Stoffe vor.

[56] Originalwortlaut der Rede in: Williams, Robert C. und Cantelon, Philip L., a. a. O., S. 107.

[57] Eckert, Michael: US-Dokumente enthüllen: ‚Atoms for Peace' – eine Waffe im Kalten Krieg. bild der wissenschaft, Mai 1987, S. 64–74.

[58] Rolph, Elizabeth S., a. a. O., S. 27.

[59] UN General Assembly, resolution 810 (IX) vom 4. 12. 1954.

[60] Teller, Edward: Energy from Heaven and Earth, a. a. O., S. 169.

[61] Proceedings of the International Conference on the Peaceful Uses of the Atomic Energy, Vol. XVI. Record of the Conference, United Nations, New York, 1956, S. x.

[62] Proceedings, Vol. XVI, Annex I, S. 138 f.

[63] Wirtz, Karl: Production and Neutron Absorption of Nuclear Graphite, Proceedings, a. a. O., Vol. VIII. P/1132, Federal Republik of Germany, S. 496–499.

[64] Proceedings, a. a. O., Vol. XVI, S. ix

Tab. 3.1 Wärmeleistung und Radioaktivität von zwei Reaktoren nach längerem Betrieb und Abschaltung

Time after shutdown		Activity level from a previous steady heat power of			
		300 kw activity as		250.000 kw activity as	
sec		kw	curies	kw	curies
10	10 sec	12,9	$2,1 \times 10^6$	11.000	1.8×10^9
10^2	1.7 min	8,0	$1,3 \times 10^6$	6.800	1.1×10^9
10^3	16.7 min	5,2	$8,4 \times 10^5$	4.300	7.0×10^8
10^4	2.8 hr	3,3	$5,3 \times 10^5$	2.700	4.4×10^8
10^5	28 hr	2,0	$3,3 \times 10^5$	1.700	2.8×10^8

Universität von Kalifornien verfasst.[65] Sie gaben für die Nachzerfallswärme $P_{delayed}$ eines Kernkraftwerkes der normalen Leistung P_{normal}, das nach langem Betrieb abgeschaltet wird, diese Formel an:

$$P_{delayed} = 0,07 \cdot P_{normal} \cdot [t\ (sec)]^{-0,2}, \quad t > 1\ s$$

wobei der Faktor 0,07 ein experimentell bestimmter Faktor ist.[66] Diese Formel wurde später um einen Term ergänzt, welcher der Reaktorbetriebszeit Rechnung trägt, ist aber in guter Übereinstimmung mit neueren Arbeiten.[67] Für zwei aus heutiger Sicht kleine Reaktoren mit der thermischen Leistung von 300 und 250.000 kW wurden die Nachzerfallswärmeleistungen und die Radioaktivität der Spaltprodukte für verschiedene Zeitpunkte, nachdem die Reaktoren nach normalem Betrieb abgeschaltet wurden, in einer Tabelle angegeben (Tab. 3.1).[68] Um das enorme Ausmaß der erzeugten Radioaktivität vorstellbar zu machen, erläuterten die Autoren anhand dieser Tabelle, dass in einem Reaktor der Wärmeleistung 250.000 kW, was damals einer elektrischen Leistung von 60 MW entsprach, 24 Stunden nach

seiner Abschaltung das Aktivitätsinventar noch 300 Mio. Curie beträgt, was der Radioaktivität von 300 Tonnen Radium entspricht.[69] Sie fügten hinzu, dass während des Betriebs von einem Jahr 100 kg Spaltprodukte anfallen.[70] Damit ließen sich eine Million Kubikkilometer Luft so verseuchen, dass die Strahlenbelastung für den Menschen auf Dauer gerade noch tolerierbar sei.[71]

McCullough, Mills und Teller verglichen die giftigen Chemikalien Chlor, Monoarsan und Beryllium mit den radioaktiven Giften, den Isotopen von Uran U^{233}, Plutonium Pu^{239} und Strontium Sr^{90}, und kamen zu dem Schluss, dass die biologische Gefährlichkeit der Radioisotopen um den Faktor 10^6–10^9 größer ist als die der Chemikalien. Sie vertraten die Auffassung, dass die radioaktiven Gifte wegen dieses enormen Faktors ein Problem neuer Qualität darstellten.[72] Sie bezogen sich auf die höchstzulässigen Werte des National Bureau of Standards von 1953[73] sowie auf die im Juni 1954 von Karl Morgan, dem Direktor des Strahlenschutzlabors des Oak Ridge National Laboratory, und M. R. Ford publizierten und empfohlenen höchstzulässigen Konzentrationen von 80 Radioisotopen in Wasser, Luft und im menschlichen Körper, aufgegliedert nach

[65] McCullough, C. Rogers, Mark M. Mills und Edward Teller: The Safety of Nuclear Reactors, Proceedings of the International Conference on the Peaceful Uses of the Atomic Energy, Genf, 8. – 20. August 1955, United Nations, New York, 1956, Vol. 13, P/853 USA, S. 79–87.

[66] McCullough et al., a. a. O., S. 84.

[67] vgl. Stehn, J. R. und Clancy, E. F.: Fission-Product Radioactivity and Heat Generation, Proceedings of the Second United Nations International Conference on the Peaceful Uses of Atomic Energy, Genf, 1. 9. – 13. 9. 1958, Vol. 13, P/1071 USA, United Nations, Genf, 1958, S. 49–54.

[68] McCullough, C. Rogers et al., a. a. O., S. 81.

[69] 1 Ci = $3,7 \cdot 10^{10}$ Bq entspricht der Zahl der Atomzerfälle pro Sekunde von 1 g Ra^{226}

[70] Bei einem modernen Leistungsreaktor der 1300 MW_{el}-Klasse sind es danach rund zwei Tonnen.

[71] McCullough et al., a. a. O., S. 81.

[72] ebenda, S. 80.

[73] National Bureau of Standards: Maximum Permissible Amounts of Radioisotopes in the Human Body and Maximum Permissible Concentrations in Air and Water, Handbook 52, US Dept. of Commerce, Washington, March 20, 1953.

den empfindlichsten Organen.[74] Sie verwiesen auch auf den Vortrag von Weil[75], nach dem selbst eine tödliche Strahlendosis von den menschlichen Sinnen nicht erkannt werden kann und schwere Verletzungen oft erst einige Jahre nach der Exposition entdeckt werden.

McCullough, Mills und Teller diskutierten in diesem Zusammenhang eingehend die technischen Grundsätze, die man zur Vermeidung von Kernschmelzen bei ausgefallener Kühlung und zum sicheren Einschluss der Spaltprodukte beachten muss. Sie wollten aber nicht ausschließen, dass eine Großstadt evakuiert, ein größeres Wassereinzugsgebiet aufgegeben und der Reaktorstandort selbst für Jahre zur verbotenen Zone erklärt werden müssten.[76]

Ein zweiter wegweisender Beitrag kam aus dem Kernforschungszentrum Harwell in England.[77] Marley und Fry untersuchten die möglichen Folgen einer Spaltproduktfreisetzung großen Ausmaßes nach einem schweren Unfall. Eine in die Atmosphäre ausströmende radioaktive Wolke würde sich biologisch zweifach auswirken: einmal direkt durch die β- und γ-Strahlung sowie durch Inhalation während des Vorbeiziehens und zweitens indirekt durch die Kontamination von Pflanzen, Trinkwasserquellen und Böden in der Folge radioaktiver Niederschläge. Marley und Fry ermittelten für den Radius R vom Unglücksort, an dem die Spaltproduktmenge M, ausgedrückt in Megawatt, freigesetzt wird, den Zusammenhang

$$R = B \cdot M^{1/2},$$

wobei der Faktor B unter der Voraussetzung von trockenem, turbulentem Wetter für Grenzfälle (tödliche und tolerierbare Strahlenexposition, notwendige Evakuierung, Ungenießbarkeit von

Früchten und Milch) angegeben wurde. Im Falle von ausgeströmten 100-MW-Spaltprodukten wurde berechnet, dass die radioaktive Wolke bis 2 km Entfernung tödlich wirkt, in 17 km Abstand jedoch keine Verletzungen mehr zu befürchten sind.[78] Für Inversionswetterlagen und Regen gelten diese Berechnungen nicht. Marley und Fry zogen Vergleiche zu Chemieunfällen und kamen zu dem Ergebnis, dass große Leistungsreaktoren verantwortbar sind, wenn sie mit angemessener Reaktorsicherheitstechnik weit entfernt von dicht besiedelten Gebieten errichtet werden. Bei ihren Wirkungsberechnungen stützten sie sich ebenfalls auf die von Morgan und Ford publizierten Werte.[79] Neben diesen mündlich vorgetragenen Beiträgen war eine nicht zur Diskussion gestellte Arbeit bemerkenswert. Parker und Healy, Mitarbeiter der General Electric Company in Richland, Wash., befassten sich mit Umweltschäden nach einer Reaktorkatastrophe.[80] Unter verschiedenen meteorologischen Bedingungen und Freisetzungsmodalitäten berechneten sie die radioaktive Kontamination ebener Flächen. In Tab. 3.2 sind die Schadensgrenzen in Röntgen, Rad, Rem bzw. Millicurie (hier Abk. mc) aufgeführt.[81] In Abb. 3.2 sind für den Fall des vollständigen Ausstoßes der Spaltprodukte nach 100 Tagen Reaktorbetrieb die über die unterschiedlichen Randbedingungen gemittelten kontaminierten Flächen abhängig von der thermischen Reaktorleistung dargestellt.[82,83] Parker und Healy betonten, dass extreme Schadensfälle von verschwindend geringer Wahrscheinlichkeit sind. Sie schlugen dennoch vor, dass ein Sicher-

---

[74] Morgan, Karl Z. und Ford, M. R.: Developments in Internal Dose Determinations, NUCLEONICS, Vol. 12, No. 6, Juni 1954, S. 32–39.

[75] Weil, G. L.: Hazards of Nuclear Power Plants, SCIENCE, Vol. 121, No. 3140, 1955, S. 315.

[76] McCullough et al., a. a. O., S. 86.

[77] Marley, W. G. und Fry, T. M.: Radiological Hazards from an Escape of Fission Products and the Implications in Power Reactor Location, Proceedings, a. a. O., Vol. 13, P/394 UK, S. 102–105.

[78] Marley, W. G. und Fry, T. M., a. a. O., S. 104.

[79] Morgan, Karl Z. und Ford, M. R.: Developments in Internal Dose Determinations, a. a. O.

[80] Parker, H. M. und Healy, J. W.: Environmental Effects of a Major Reactor Disaster, Proceedings, a. a. O., Vol. 13, P/482 USA, S. 106–109.

[81] Parker, H. M. und Healy, J. W., a. a. O., S. 107.

[82] ebenda, S. 108.

[83] Unter diesen äußerst ungünstigen Umständen könnte, wie der Abb. 3.2 zu entnehmen ist, ein großer Leistungsreaktor mit 4000 MW$_{th}$ eine Fläche der Größe Baden-Württembergs so verseuchen, dass eine temporäre Evakuierung der gesamten Bevölkerung notwendig wäre.

Tab. 3.2 Grenzwerte für Strahlenschäden unter bestimmten Annahmen

Effect	Fallout limit	Resulting condition at boundary
Lethal		190−350 r full body*
		plus 800−1200 rads to lung-10 days
		plus 150−250 rem to bone-10 days
Significant injury to humans		60−250 r full body*
		plus 200−300 rads to lung-10 days
		plus 30−70 rem to bone-10 days
Land unusable for 5 years	5 mc/ft^2	Dose rate falls to 300 mr/week in 5 years
Land unusable for 2 years	2 mc/ft^2	Dose rate falls to 300 mr/week in 2 years
Temporary evacuation	0.5 mc/ft^2	Gamma dose of 50 r in first year (30 r in 2 months; 40 r in 6 months)
Crops Confiscated	0.1 mc/ft^2	5×10^{-5} μc Sr^{90}/gram of vegetation†

* 20−30 % from cloud passage; remainder from exposure to contaminated ground for 2–5 hr
† Limit computed assuming ingestion of crop by humans for one year

heitsbehälter aus Stahl den Reaktor umschließen solle.

Die Genfer Atomkonferenz von 1955 gab in über 60 Vorträgen mit Diskussionen breiten Raum den Fragen der biologisch-medizinischen Wirkungen der radioaktiven Strahlung. Darunter waren die Berichte des Professors Emeritus der Universität Tokio und Direktors der Zentralklinik des Japanischen Roten Kreuzes in Tokio, Masao Tsuzuki, über die zehnjährigen Erfahrungen mit den Strahlenschäden in Hiroshima und Nagasaki sowie über die Erkenntnisse aus den Verletzungen von Fischern durch den Fallout eines Atombombentests.[84]

3.2.3 Öffentliche Berichterstattung und Rezeption

Die bundesdeutsche Presse befasste sich täglich und ausführlich mit der Genfer Atomkonferenz. Die Berichterstattung über die Sicherheit von Atomanlagen war sehr unterschiedlich. Die großen überregionalen Zeitungen Süddeutsche Zeitung und Frankfurter Allgemeine Zeitung

brachten mit unübersehbarer Platzierung wichtige Aussagen der Beiträge von McCullough, Mills und Teller sowie Marley und Fry.[85,86] Auf diese „aufsehenerregenden Berichte" (Südd. Zeitung) kamen die Redakteure in ihren Kommentaren und Resümees zur Genfer Atomkonferenz nicht mehr zurück. Die Nutzbarmachung der friedlichen Atomenergie wurde nicht in Frage gestellt. „... *Die Erschließung einer gewaltigen neuen Energiequelle, der Atomkraft, muss der wirtschaftlichen und zivilisatorischen Entwicklung der nächsten Zukunft einen revolutionären Auftrieb geben. Diese Entwicklung ist unaufhaltsam, und so kann es nicht dabei bleiben, daß ‚Atom' immer nur als Stichwort für die panische Angst vor der Bombe genommen wird. Atom muss zur Parole werden für den wirtschaftlichen Fortschritt....*"[87]

Ein deutscher Beobachter[88] beklagte in seinem Bericht[89] vom 10. 11. 1955 an den hessischen Gesundheitsminister, dass die deutsche Delegation mangelhaft organisiert und geleitet worden sei. Die wenigen Biologen und Medizi-

---

[84] Tsuzuki, Masao: Early Effects of Radiation Injury, Proceedings of the International Conference on the Peaceful Uses of Atomic Energy, Vol. 11, New York, 1956, S. 128–129.
Ders.: Late Effects of Radiation Injury, ebenda, S. 130–131.
Ders.: Radiation Injury Due to Radioactive Fallout, ebenda, S. 132–133.

[85] Süddeutsche Zeitung Nr. 189, 11. 8. 1955: Atomindustrie erfordert Sicherungen, S. 1–2.

[86] Frankfurter Allgemeine Zeitung Nr. 184, 11. 8. 1955: Wenn ein Atommeiler „durchgeht", S. 1.

[87] Slotosch, Walter: Atome für den Frieden, Süddeutsche Zeitung Nr. 189, 11. 8. 1955, S. 1–2.

[88] Ministerialdirektor i. R. Dr. med. Hugo Freund, München. Er wurde am 26. 1. 1956 in die Fachkommission IV Strahlenschutz der Deutschen Atomkommission berufen.

[89] AMUBW 3408.3.3A, S. 2.

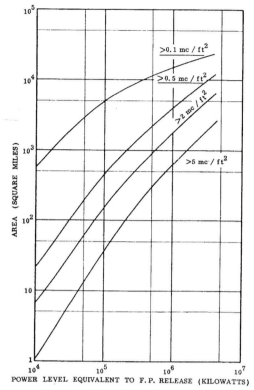

Figure 3. Average areas covered and contamination

Abb. 3.2 Kontaminierte Flächen (Mittelwerte)

ner in der deutschen Delegation seien nicht in der Lage gewesen, alle für sie relevanten Beiträge sachverständig aufzunehmen und auszuwerten. Der Beobachter zeigte sich beeindruckt von den Vorträgen von McCullough, Parker, Marley und Fry, die er in einem „gewissen Gegensatz zu den optimistischen Auffassungen" empfand.[90] Zur Auswertung des Konferenzmaterials bemerkte er: „*Der Aufbau der bundesdeutschen Atomverwaltung befindet sich im status nascendi. Das ist der systematischen Nutzbarmachung der Genfer Ergebnisse nicht zuträglich. Wir sind nicht einmal in der Lage festzustellen, wo überall und in welcher Weise an der Auswertung des Materials gearbeitet wird, geschweige denn diese Bemühungen zu koordinieren.*"[91] In der Tat war ein deutsches Echo auf die Genfer Aussagen zur Reaktorsicherheit praktisch nicht wahrzuneh-

men.[92] Biologie und Strahlenschutz fanden größere Aufmerksamkeit.[93]

Nach den Eindrücken eines anderen deutschen Beobachters[94], der für das Chemieunternehmen Bayer AG in Genf anwesend war, war diese Konferenz von dem weltweiten Konsens getragen, die neue Energiequelle der Kernspaltung friedlich zu nutzen. Die Gefahren der radioaktiven Spaltprodukte seien sehr wohl bekannt gewesen, aber es habe in Genf überhaupt keine grundsätzlichen Zweifel gegeben, dass die friedliche Nutzung der Kernenergie verantwortbar und beherrschbar sei. „*Für die deutschen Konferenzteilnehmer standen die Fragen im Vordergrund, wie Deutschland seinen 10-jährigen Rückstand in Wissenschaft und Technik gegenüber anderen großen Industrienationen aufholen kann, welcher Kerntechnik im Einzelnen der Vorrang zu geben und wie Wettbewerbsfähigkeit zu erreichen sei.*"[95] Im Deutschen Bundestag wurde dies ebenso gesehen. Der Abgeordnete Geiger (München)[96] führte bei der ersten Beratung des ersten Atomgesetzentwurfes der Bundesregierung am 22. Februar 1957 im Rückblick aus: „*Bei unserem Genfer Aufenthalt ist uns in seiner vollen Bedeutung bewusst geworden, wieviel die deutsche Bundesrepublik auf dem Atomsektor gegenüber vielen anderen Staaten nachzuholen hat. Wir haben erkannt, dass es für den Lebensstandard in der Bundesrepublik von ausschlaggebender Bedeutung sein wird, ob wir den Anschluss an die anderen Länder erreichen werden oder nicht.*"[97]

---

[90] ebenda, S. 12.

[91] AMUBW 3408.3.3A, S. 14

[92] Einen knappen Hinweis gab Bechert, Karl: Probleme des Strahlenschutzes, Atomkernenergie, 1. Jg., 1956, S. 221

[93] vgl. Marquardt, Hans: Die Genfer Atomkonferenz in medizinischer und biologischer Hinsicht, Naturwissenschaftliche Rundschau, 9. Jg., Heft 2, 1956, S. 41–43.

[94] Dr.-Ing. Karl Zuehlke, 1958–1977 Mitglied der Reaktorsicherheitskommission

[95] AMPA Ku 151, Zuehlke: Persönliche Mitteilung von Dr. Karl Zuehlke vom 23. 4. 2003

[96] Geiger, Hugo (CSU), März 1956 bis Januar 1957 Vorsitzender des Bundestags-Ausschusses für Atomfragen, in der 3. Wahlperiode 1957–1961 stellv. Vors. Ausschuss für Atomkernenergie und Wasserwirtschaft

[97] Stenographische Berichte des Deutschen Bundestages, PlPr 2/194, 22. 2. 1957, S. 11049

Die 1950er Jahre waren die Zeit des Wieder-
aufbaus und der Überwindung der Mangelwirt-
schaft. Man war nicht bereit und nicht gewillt,
sich auch mit allen Risiken der Kernenergienutzung ernsthaft auseinanderzusetzen. Man übernahm gerne die Einschätzung der Amerikaner,
die in ihrer Informationsschrift *„Atomenergie für
den Frieden"* über die Ergebnisse der Internationalen Atomkonferenz in Genf u. a. berichteten:
*„Die Gefahren der Atomstrahlung können weit-
gehend gebannt werden. Die Anlage von Atomkraftwerken ist nicht gefährlicher als die anderer
technischer Unternehmen."*[98]

---

[98] US Informationsdienst, Bad Godesberg 1: Atomenergie
für den Frieden, 1956, S. 46

Schadensereignisse, extreme Tests und Unfälle in Reaktoranlagen, ihre öffentliche Wahrnehmung und ihre Folgen

4

4.1 Vereinigte Staaten

4.1.1 Erste amerikanische Resümees über Reaktorsicherheit

Die Kerntechnik und ihre Anwendung verlangten neben den überlieferten ingenieur- und naturwissenschaftlichen Erkenntnissen auch Einsichten für den sicheren Umgang mit neuartigen gefährlichen Phänomenen. In den USA wurde während des Krieges der Aufbau eines riesigen nuklearen Forschungs- und Produktionskomplexes in großer Eile vollzogen. Die Verluste durch Störungen und Unfälle waren im Vergleich mit anderen Industrien erstaunlich gering. 12 Jahre nach Inbetriebnahme der ersten Reaktoren 1943 veröffentlichte die amerikanische Atomenergiebehörde USAEC einen geschichtlichen Rückblick auf die Erfahrungen mit der Reaktorsicherheit beim Betrieb von 25 Reaktoren.[1] Es wurde berichtet, dass während 606.686 Reaktorbetriebsstunden 17,8 Mio. Arbeitsstunden ohne tödliche Unfälle geleistet worden sind. 1,6 Mrd. kWh Wärme wurden in Reaktoren außerhalb der Plutonium-Produktion erzeugt. Im September 1957 konnte C. Rogers McCullough für die Sachverständigenkommission ACRS der USAEC feststellen: *„Der Sicherheitsbefund von regulär betriebenen Reaktoren ist phänomenal makellos gewesen. Es gab ein paar Unfälle während außergewöhnli-*cher Operationen. Diese Sachlage verdanken wir der sorgfältigen Konstruktion der Reaktoren, der Fähigkeit der Bedienungsmannschaften, sie zu betreiben, und vielleicht zu einem gewissen Grad dem Glück.“*[2] In den frühen 1950er Jahren war bekannt geworden, dass nur in militärischen Versuchsanlagen in Los Alamos bei Strahlenunfällen am 21.8.1945 und am 21.5.1946 je ein Toter zu beklagen war.[3] Aber es hatte noch andere Ereignisse gegeben, die große öffentliche Aufmerksamkeit fanden und Unruhe bewirkten.

In den USA fanden auf dem Reaktorversuchsgelände (NRTS) der USAEC im trockenen, steppenartigen Gebiet in Idaho etwa 60 km von der Stadt Idaho Falls entfernt am Reaktorstandort BORAX-1 am 22. Juli 1954 und am Standort EBR-1 am 29.11.1955 zwei Vorfälle statt, die weltweit besorgte Aufmerksamkeit erlangten.

4.1.2 BORAX-1 1954

Boiling Reactor Experiment-1(BORAX-1) war ein kleiner, einfach gebauter, vom Argonne National Laboratory entwickelter Siedewasser-Tankreaktor, dessen Moderator und Kühlmittel Leicht-

---

[1] Graham, Richard H.: U.S. Reactor Operating History 1943–1954, NUCLEONICS, Vol. 13, No. 10, Oktober 1955, S. 42–45.

[2] Amerikanischer Originaltext: McCullough, C. Rogers: reactor safety, NUCLEONICS, Vol. 15, No. 9, September 1957, S. 135.

[3] Schulz, Erich H.: Vorkommnisse und Strahlenunfälle in kerntechnischen Anlagen, Verlag Karl Thiemig, München, 1966, S. 51.

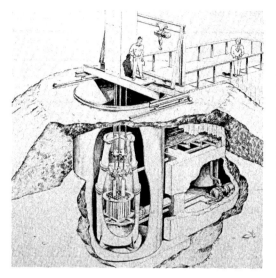

Abb. 4.1 Der BORAX-1-Versuchsreaktor

Abb. 4.2 Finales BORAX-1 Experiment

wasser war (Abb. 4.1).[4] Mit diesem Versuchsreaktor wurden seit Mai 1953 Tests gefahren, um
die inhärente Sicherheit von Siedewasser-Reaktoren zu erkunden. Am Ende der Versuchsreihe
am 22. Juli 1954 wurde ein Durchbrennversuch
mit plötzlichem Herausziehen aller Steuerstäbe
durchgeführt. Dabei schmolzen die Brennel-
mente in der Mitte des Kerns explosionsartig auf,
und es kam zu einer Wasserdampf-Explosion, die
den Versuchsreaktor völlig zerstörte. Teile des
Reaktortanks, des Steuerstabmechanismus und
des Reaktorkerns flogen bis zu 25 m in die Luft
(Abb. 4.2)[5]. Brennelementfragmente wurden
80 m weit weggeschleudert.[6]

Die freigesetzte Energie war mit später geschätzten etwa 135 MWs höher als erwartet. Sie
war vergleichbar mit der Explosion von ½ bis
1 kg 40-%igem Dynamit.[7] Diese Wirkung wäre

jedoch durch einen großen Sicherheitsbehälter
beherrschbar gewesen. Die Bilder aus einem
Film, die dieses abschließende Experiment in
seinem von außen beobachteten Ablauf zeigen,
wurden publiziert und standen der internationalen Presse bei der Genfer Atomkonferenz zur
Verfügung. Die Süddeutsche Zeitung veröffentlichte vier Bilder aus dieser Serie des explodie-
renden Versuchsreaktors BORAX-1 im Zusammenhang mit ihrer Berichterstattung über die
Genfer Konferenz.[8] Es wurde dazu angemerkt,
dass die amerikanische Atomenergiekommission
diesen Atommeiler absichtlich in die Luft gehen
ließ, um durch ein solches Unfallmanöver die
Wirkung für den Ernstfall zu studieren.

Die BORAX-Tests waren für die USAEC ein
Anstoß, ihr Reaktorsicherheits-Programm zu verstärken. Angesichts einer großen Zahl geplanter
Reaktoren, deren Standorte von Wüsten- in Siedlungsgebiete zu verlegen beabsichtigt war, wurde
allen Beteiligten bewusst, dass ein schwerer Unfall katastrophale Ausmaße annehmen und die
Nuklearindustrie um viele Jahre zurückwerfen
könnte. Im Oktober 1954 startete auf dem NRTS-
Versuchsgelände in Idaho das erste Projekt des

---

[4] Dietrich, J. R.: Experimental Determination of the Self-
Regulation and Safety of Operating Water-Moderated
Reactors, Proceedings of the International Conference on
the Peaceful Uses of the Atomic Energy, United Nations,
New York, 1956, Vol. 13, P/481 USA, S. 92.

[5] ebenda, S. 89.

[6] Holl, Jack M.: Argonne National Laboratory, 1946–96,
University of Illinois Press, Urbana und Chicago, 1997,
S. 118–121.

[7] Russell, Charles R.: Reactor Safeguards, Pergamon
Press, Oxford, New York, 1962, S. 170, 175.

---

[8] Jungk, Robert: Der Blick hinter den Uran-Vorhang,
Süddeutsche Zeitung Nr. 191/192, 13./14./15. 8. 1955,
S. 3.

SPERT (*Special Power Excursion Reactor Tests*)-Programms der USAEC in Zusammenarbeit mit der Firma Phillips Petroleum Company, Idaho Falls, Idaho. Die Zielsetzung war die systematische Erforschung des Verhaltens von fünf Reaktor-Klassen bei künstlich erzeugter Überkritikalität.[9] Die Forschungen zogen sich bis Ende der 60er Jahre hin.

4.1.3 EBR-1 1955

Der EBR-1 (Experimental Breeder Reactor Number 1), war ein vom Argonne National Laboratory 1949–1951 errichteter, mit einer Legierung der Alkalimetalle Natrium und Kalium moderierter und gekühlter Versuchsreaktor (der erste Brutreaktor der Welt), mit dem im Dezember 1951 weltweit mit ca. 100 kW Leistung der erste Strom durch Kernenergie erzeugt wurde. Bei Experimenten mit kurzzeitigen Leistungsexkursionen bis in hohe Temperaturbereiche hinein wurde EBR-1 bewusst extremen physikalischen Zuständen ausgesetzt. Am 29. November 1955 kam es wegen eines Missverständnisses zwischen den Experimentatoren zu einer um zwei Sekunden verzögerten Schnellabschaltung. Dieser Zeitverlust hatte genügt, um eine heftige Energieerzeugung auszulösen, die eine Teilkernschmelze mit der Zerstörung von 40 bis 50 % des Reaktorkerns zur Folge hatte. Die Radioaktivität im Reaktorkühlsystem und an den Fortluftventilatoren des Reaktorgebäudes stieg an und es wurde vorsichtshalber evakuiert. Menschen wurden nicht verletzt. In der Umgebung der Versuchsstation wurde keine erhöhte Strahlung gemessen.[10]

Obwohl dieser ernste Störfall nicht geplant war, hielt ihn der Direktor des Argonne National Laboratory, Walter H. Zinn, für ein wertvolles Experiment, bei dem weder unvorhergesehene noch katastrophale Prozesse abliefen.[11] Die USAEC,

die am 30. November 1955 von Zinn über das Ereignis unterrichtet worden war, informierte die Öffentlichkeit nicht. Als die Presse davon Wind bekam und Druck machte, erklärte sie erst am 5. April 1956, dass ein Unfall vorgefallen war.[12] Die geheimnistuerische Informationspolitik der USAEC fand heftige Kritik, beschädigte das Ansehen der amerikanischen Behörde und das Vertrauen der Bürger in die neue Industrie. Eine Zeitschrift überschrieb die Meldung mit „*Reaktor läuft Amok, niemand verletzt.*"[13] Die USAEC musste sich vorhalten lassen, dass nukleare Unfälle keine internen Angelegenheiten der Atomenergiebehörde seien. „*Tatsächlich stand nie in Frage und wird nie in Frage gestellt sein, dass nukleare Unfälle jedermann angehen. Dies wird in jeder Industrie immer der Fall sein, die größere Gefahrenpotenziale aufweist. Es besteht die Möglichkeit größerer Reaktorunfälle. Es bestehen die Gefahren der Ausbreitung radioaktiver und spaltbarer Stoffe zwischen Städten, Ländern und Staaten.*"[14] Der Direktor von Argonne, Walter H. Zinn, antwortete auf diese Vorhaltungen mit einem ausführlichen Brief an die Zeitschrift NUCLEONICS, in dem er das Geschehen detailliert erklärte und um Verständnis warb.[15] Der EBR-1-Störfall wurde zum Anlass genommen, mit dem EBR-2-Forschungsreaktor erste sorgfältig geplante Versuche mit Kernschmelzen zu machen.[16]

Die EBR-1-Havarie hatte ein weiteres Nachspiel. Anfang 1956 beantragte das Industriekonsortium Power Reactor Development Corporation (PRDC) die Baugenehmigung für den 100 MW_el natriumgekühlten, schnellen Brutreaktor „Enrico Fermi Atomic Power Plant" mit dem Standort Lagoona, Mich., 30 km von Detroit ent-

---

[9] Nyer, W. E., Forbes, S. G. et al.: Transient Experiments with SPERT-1 Reactor, NUCLEONICS, Vol. 14, No. 6, Juni 1956, S. 44–49.

[10] Holl, Jack M., a. a. O., S. 141–144.

[11] Zinn, Walter H.: A Letter on EBR-1 Fuel Meltdown, NUCLEONICS, Vol. 14., No. 6, Juni 1956, S. 104.

[12] Salvaging EBR-1: NUCLEONICS, Vol. 14, No. 5, Mai 1956, S. 17.

[13] Reactor Runs Amuck, No One Hurt: SCIENCE DIGEST, Juli 1956, S. 67.

[14] Amerikanischer Originaltext: Luntz, Jerome D. (Editor): Nuclear Accidents Are Everybody's Business, NUCLEONICS, Vol. 14, No. 5, Mai 1956, S. 39.

[15] Zinn, Walter H., a. a. O., S. 35, 103–104, 119.

[16] Sowa, Edmund S.: First TREAT Results – Meltdown Tests of EBR-2 Fuel, NUCLEONICS, Vol. 18, No. 6, Juni 1960, S. 122–124.

fernt. Die USAEC unterstützte und förderte dieses Projekt nachdrücklich. Das ACRS empfahl mit dem Hinweis auf den noch nicht vollständig aufgeklärten EBR-1-Unfall[17] die Ablehnung des Baugesuchs.[18] Die USAEC setzte sich über das ACRS-Votum hinweg und genehmigte den Bau des Fermi-Reaktors im August 1956. Diese Entscheidung fand starke Beachtung und öffentliche Kritik: Wird der Bau und Betrieb gefährlicher Reaktoren durch private Wirtschaftsunternehmen nicht zu Lasten der öffentlichen Sicherheit gehen? Die Automobilgewerkschaft UAW focht das zweistufige USAEC-Genehmigungsverfahren grundsätzlich an, weil über die endgültige Betriebsgenehmigung nach hohen Bauinvestitionen praktisch nicht mehr frei entschieden werden könne. Zum Zeitpunkt der Baugenehmigung lägen insbesondere die Einzelheiten über die Reaktorsicherheit noch nicht fest. Das Oberste Bundesgericht der USA wies die Klage im Juni 1961 ab. Eine Minderheit der Richter hielt die Klage angesichts *„der höchst ehrfurchtgebietenden, höchst tödlichen, höchst gefährlichen atomaren Reaktionen"* für begründet.[19] Der Fermi-Reaktor erhielt im Mai 1963 die Betriebsgenehmigung.

Das finale BORAX-1-Experiment und der EBR-1-Störfall gaben wichtige Anstöße für die Durchführung von Untersuchungen zur Abschätzung der Risiken beim Betrieb von Kernreaktoren (s. Brookhaven-Bericht WASH-740, Kap. 7.2.1).

4.1.4   SL-1 1961

Am 3. Jan. 1961 morgens um 9 Uhr verloren die amerikanischen Atomreaktoren ihre lange Zeit und eifersüchtig aufrecht erhaltene unversehrte Stellung, noch nie einen Todesfall verursacht

zu haben.[20] Vom Unglück betroffen war der von der US-Army im Idaho-Versuchsgelände, 60 km westlich von Idaho Falls in Zusammenarbeit mit der Fa. Combustion Engineering Inc. betriebene Siedewasserreaktor SL-1 (Stationary Low-power Reactor No. 1) mit der thermischen Leistung von 3000 kW. Er war als Prototyp eines kleinen Heizkraftwerks für entlegene militärische Standorte vom Argonne National Laboratory unter der Bezeichnung ALPR (Argonne Low Power Reactor) entworfen worden. Bei Montagearbeiten wurde durch das vermutlich zu weite Herausziehen des zentralen Steuerstabs eine explosionsartige (prompt kritische) Energiefreisetzung ausgelöst. Die dreiköpfige Mannschaft wurde von der Explosion und der intensiven radioaktiven Strahlung getötet.[21] Es wurde abschließend geschätzt, dass bei dieser nuklearen Leistungsexkursion 130 ± 10 MWs freigesetzt wurden, wozu noch 24 MWs aus einer Aluminium-Wasser-Reaktion hinzukamen. Im zentralen Bereich des Reaktorkerns schmolzen die Brennstoffplatten (16 von 40 Brennelementen). Die nukleare Kettenreaktion wurde durch die Zerstörung des Reaktorkerns und Verdampfung des Moderators beendet. Die schlagartige Bildung von Hochdruckdampf im Kernbereich beschleunigte das Wasser nach oben. Der Druckbehälter wurde durch diese Dampfexplosion mit „Wasserhammer-Effekt" hochgeworfen und aufgeweitet. Teile der Kontrollstabantriebe wurden herausgeschleudert.[22]

Im Reaktorgebäude wurde ein sehr hohes Strahlungsniveau von 500 bis 1.000 R/h festgestellt, in der Umgebung der Anlage und in der Atmosphäre waren die Aktivitätswerte gering. Günstig wirkte sich dabei aus, dass der Reaktor seit 10 Tagen abgeschaltet war und die kurzlebigen Spaltprodukte schon weitgehend zerfallen waren. Der SL-1-Reaktor besaß keinen gasdichten Sicherheitsbehälter. Das Reaktorgebäude bestand aus geschweißtem Stahlblech der Dicke

---

[17] Die bei Kühlmittel-Durchsatzveränderung bei gleichzeitiger Leistungssteigerung auftretende Instabilität wurde von Hans Albrecht Bethe geklärt und bei späteren Brutreaktoren per Design ausgeschlossen.

[18] Rolph, Elizabeth S., Nuclear Power and the Public Safety, Lexington Books, Lexington, Mass., 1979, S. 39.

[19] Margolis, Howard: The PRDC Case, Private Safety and Public Power, SCIENCE, Vol. 133, 1961, S. 1908.

[20] SL-1 Explosion Kills 3, Cause and Significance Still Unclear, NUCLEONICS, Vol. 19, No. 2, Februar 1961, S. 17.

[21] Cottrell, William B.: The SL-1 Accident, NUCLEAR SAFETY, Vol. 3, No. 3, März 1962, S. 64–74.

[22] Buchanan, J. R.: SL-1 Final Report, NUCLEAR SAFETY, Vol. 4, No. 3, März 1963, S. 83–86.

6,35 mm. Es wurde als sehr bemerkenswert eingeschätzt, dass dieses Gebäude eine so ausgezeichnete Rückhaltung der im Innern freigesetzten enormen Radioaktivitätsmenge leistete. Dies deute darauf hin, dass die bestehenden Standards eher „überkonservativ" seien.[23]

Der SL-1-Reaktorunfall fand bestürzte öffentliche Aufmerksamkeit und große Betroffenheit in den Kreisen im Bereich der Nukleartechnik. Es wurde allerdings auch geklagt, dass der Tod dreier Soldaten in einem Reaktor die amerikanische Öffentlichkeit heftig bewege, drei tote Soldaten bei einem Verkehrsunfall aber kaum zur Kenntnis genommen würden.[24] Die deutsche Tagespresse berichtete über den Unfall meist als kleine Meldung „Atomreaktor explodiert", die teilweise neben der Nachricht „Explosion im Dortmunder Hüttenwerk", bei der viele Menschen ums Leben kamen, unterging.[25] Es wurde aber auch vereinzelt wiederholt und hervorgehoben über die tödlichen Strahlungen berichtet, welche die Bergung der toten Soldaten unmöglich mache. Ein steifer Südwestwind, der die Strahlungsteilchen von bewohnten Gebieten forttreibe, verhindere, dass Gefahr für die Bevölkerung entstehe.[26, 27]

Die Diskussion in den Fachkreisen wurde durch die Tatsache belebt, dass Ursache und exakter Ablauf des Geschehens wegen des Todes aller unmittelbar Beteiligten lange Zeit unklar und nur schwer rekonstruierbar waren. Als besonders schockierend wurde empfunden, dass ein Leistungsreaktor verunglückte, dessen Reaktorsicherheit als so vorzüglich galt, dass ein solcher Unfall ausgeschlossen erschien.[28] Mit

Leichtwasser moderierte und gekühlte Siedewasserreaktoren waren gerade hinsichtlich unkontrollierter Leistungsexkursionen („Durchgehen") als besonders sicher eingeschätzt.

Die USAEC reagierte umgehend mit einer Dringlichkeitsanfrage an alle 47 Betreiber von Reaktoren und kritischen kerntechnischen Anlagen in den USA. Verlangt wurde die Beantwortung eines Fragenkatalogs, der sich um die maximale Überschussreaktivität, die Reaktivitätswerte von Regelstäben und Abschalteinrichtungen sowie die Vorkehrungen gegen unbeabsichtigte Kritikalität drehte.[29]

In Deutschland folgte man dem amerikanischen Vorbild. Die Reaktor-Sicherheitskommission beschloss auf ihrer 16. Sitzung am 21. Juni 1961, dem Bundesatomminister zu empfehlen, den Reaktivitätszustand der deutschen Reaktoren anhand eines Fragenkatalogs zu überprüfen.[30] Sie stimmte auch einer Anregung seitens des TÜV München zu, ein Symposium über Reaktorsicherheit zu planen. Die RSK wünschte dazu allerdings eine sorgfältige und langfristige Vorbereitung (nicht vor Frühjahr 1962) und eine Veranstaltung unter der Schirmherrschaft des Bundesatomministers sowie unter Beteiligung ausländischer Sicherheitsexperten.[31] Diese Absicht wurde jedoch von der Ankündigung der Internationalen Atomenergie-Organisation durchkreuzt, vom 14. bis 18. Mai 1962 in Wien eine wissenschaftliche Tagung über „Reaktorsicherheit und Methoden zur Ermittlung der Gefahrenmomente" abzuhalten. An diesem ersten, die ganze internationale Fachwelt umfassenden und ausschließlich der Reaktorsicherheit gewidmeten Symposion beteiligten sich 30 Nationen, darunter die Bundesrepublik, deren Sicherheits-

[23] Gall, W. R.: Plant Safety Features, NUCLEAR SAFETY, Vol. 3, No. 4, Juni 1962, S. 57.

[24] Burnett, T. J.: Reactor Siting Trends and Developments, NUCLEAR SAFETY, Vol. 2, No. 4, Juni 1961, S. 1.

[25] Atomreaktor explodiert (UPI): Süddeutsche Zeitung Nr. 4/5, 5./6. Januar 1961, S. 6.

[26] Amerikanischer Versuchsreaktor explodiert: Frankfurter Allgemeine Zeitung Nr. 4, 5. 1. 1961, S. 1.

[27] Noch immer tödliche Strahlungen: Frankfurter Allgemeine Zeitung Nr. 5, 6. 1. 1961, S. 1.

[28] Römer, H.: Der SL-1-Reaktorunfall in Idaho, atw, 6. Jg., Februar 1961, S. 85–88.

[29] AEC Telegram Reflects Some of Its Ideas About Cause: NUCLEONICS, Vol. 19, No. 2, Februar 1961, S. 23.

[30] BA B 138–3446, Ergebnisprotokoll 16. Sitzung der Reaktor-Sicherheitskommission vom 21.6.1961, S. 7.

[31] ebenda, S. 8–9

experten mit ihren Beiträgen große Beachtung fanden.[32, 33, 34]

Das Institut für Reaktorsicherheit der Technischen Überwachungsvereine (IRS – später GRS), Köln, entsandte einen ihrer Sicherheitsexperten nach Idaho, damit er sich vor Ort einen Einblick in die Untersuchungen des SL-1-Unfalls verschaffe.[35]

In den USA wurden als längerfristige Konsequenzen insbesondere sicherere und zuverlässigere Schnellabschaltsysteme und verbesserte Maßnahmen des Katastrophenschutzes gefordert.[36]

mit völliger Windstille wurden die radioaktiven Spaltprodukte nicht weit verteilt. Die unmittelbare Umgebung des Unglücksreaktors wurde evakuiert.[39] Spaltprodukte mit etwa 10^4 Ci Radioaktivität gelangten mit dem Kühlwasser in den Sumpf unterhalb des Reaktors.[40] Bei der langwierigen und aufwändigen Dekontamination des Reaktors wurden wertvolle Erfahrungen gewonnen.[41] Deutsche Reaktorbauer hielten sich später strikt an die Empfehlung, alle Komponenten ausbaubar und transportabel zu gestalten. Der NRX-Reaktor lag mehr als ein Jahr still. Der Schaden betrug insgesamt 2,5 Mio. US $.[42]

4.2 Kanada

Chalk River 1952

In Kanada war am 12. Dez. 1952 am NRX-Schwerwasser-Forschungsreaktor in Chalk River durch unsachgemäßen Betrieb ein großer Sachschaden entstanden. Personen wurden nicht verletzt. Durch eine Verkettung von technischen Fehlern und Missverständnissen in der Bedienungsmannschaft kam es zu einer Leistungsexkursion mit so hohen Temperaturen, dass Brennstäbe barsten.[37] Ca. 10 % der Aluminiumhüllen der Uranbrennstäbe wurden zerstört.[38] Dadurch wurden erhebliche Mengen an radioaktiven Gasen freigesetzt, die durch den Schornstein entwichen. Wegen einer extremen Wetterlage

4.3 Großbritannien

Windscale 1957

In England geschah am 10. Oktober 1957 in der Reaktoranlage Windscale Block 1, nördlich von Calder Hall, Cumberland, bei Wartungsarbeiten zur Regeneration des Graphitmoderators ein Störfall, der die Emission einer großen Menge ($2 \cdot 10^4$ Ci) Jod[131] in die Umgebung zur Folge hatte. Beim Glühen des Graphits geriet die Freisetzung der Wigner-Energie außer Kontrolle. Teile des Graphits erhitzten sich so stark, dass Hüllen von Brennelementen, die in diesen Graphitblöcken steckten, barsten und Spaltprodukte – insbesondere Jod[131] – austreten konnten. Die Weidewirtschaft in einem Gebiet von ca. 50 km Länge und 10 bis 15 km Breite musste vom 12.10. bis 23.11.1957 mit einer Milchsperre belegt werden. Ungefähr 3 Mio. l Milch wurden aus dem Verkehr genommen und vernichtet. Menschen wurden nicht verletzt. Der Reaktorblock, der der Pu-Produktion für die britischen Atomwaffen diente, wurde durch den Unfall zerstört.[43]

---

[32] Reactor Safety and Hazards Evaluation Techniques, Proceedings of the Symposium, Vol. I und Vol. II, IAEA, Wien, 1962.

[33] vgl. IAEO Reactor Safety Symposium: NUCLEAR SAFETY, Vol. 4, No. 1, 1962, S. 24–28.

[34] vgl. auch Techn. Überwachung 3, 1962, Nr. 9, S. 336–348 und Nr. 10, S. 391–396.

[35] Dipl.-Ing. Heinz G. Seipel, der später in das Bundesministerium für wissenschaftliche Forschung wechselte und bei der Koordinierung der Reaktorsicherheits-Forschung eine bedeutende Rolle spielte.

[36] Cottrell, William B.: The SL-1 Accident, NUCLEAR SAFETY, Vol. 3, No. 3, März 1962, S. 72–73.

[37] Uranium Rods Burst in Chalk River NRX Reactor: NUCLEONICS, Vol. 11, No. 1, Januar 1953, S. 76.

[38] Gilbert, F. W.: Decontamination of the Canadian Reactor, Chemical Engineering Progress, Vol. 50, No. 5, 1954, S. 267.

[39] U.S. Lends Canada Technical Aid on Damaged Reactor: NUCLEONICS, Vol. 11, No. 5, März 1953, S. 70.

[40] Gilbert, F. W., a. a. O., S. 267.

[41] ebenda, S. 267–271.

[42] Schulz, Erich H., a. a. O., S. 61.

[43] Der Reaktorunfall in Windscale, atw, 2. Jg., Nr. 11, 1957, S. 357–361.

Der Windscale-Unfall verursachte im Westen Europas die erste, von einem Reaktor ausgehende radioaktive Wolke, die zu einer Landkontamination mit Auswirkungen auf die Bevölkerung führte. Die Wolke passierte London, teilte sich, zog nach Norden und nach Osten über Belgien, die Niederlande und stieß weit über Deutschland nach Österreich und in die Tschechoslowakei vor, wobei die Aktivitäten rasch absanken.[44]

Da luftgekühlte Natururan-Graphit-Reaktoren vom Windscale-Typ nirgendwo sonst betrieben wurden, konnten auch für deutsche Reaktorprojekte keine direkten Folgerungen gezogen werden.[45] Gleichwohl befasste sich die Fachwelt intensiv mit den technischen und organisatorischen Ursachen des Unfalls. Besonderes Interesse bestand an den Fragen der Schadensfolgen emittierter Strahlungswolken. Die Briten, die ihre Reaktoren ohne Sicherheitsbehälter bauten, wandten sich verständlicherweise nachdrücklich diesen Fragen zu.

4.4 Sowjetunion

In der Sowjetunion sind seit den 1950er Jahren Unfälle in Kernreaktoren und reaktorähnlichen Versuchsanordnungen sowie in Aufarbeitungsanlagen und Lagertanks aufgetreten, die mit Personenschäden und Landkontaminationen verbunden waren. Näheres ist im Westen zunächst nicht bekannt geworden.[46] Der 1973 aus der Sowjetunion nach London emigrierte Biologe und Bürgerrechtler Schores Aleksandrowitsch Medwedjew machte 1976 auf eine Nuklearkatastrophe aufmerksam, die sich um das Jahr 1958 im südlichen Ural ereignet hatte.[47] Durch eine gewaltige Explosion seien sehr große Mengen an langlebigem radioaktivem Material aus einer unterirdischen Lagerstätte hochradioaktiver Abfälle freigesetzt worden. Der nach Israel emigrierte Bio-

physiker Lev Tumerman bestätigte die zwischen Swerdlowsk und Tscheljabinsk eingetretene Nuklearkatastrophe, deren Folgen er 1960 selbst in Augenschein genommen habe.[48] Medwedjew wertete über 100 in sowjetischen wissenschaftlichen Zeitschriften erschienene Arbeiten über die Wirkungen von Strontium^{90} und Cäsium^{137} auf Tier- und Pflanzenpopulationen aus und schloss daraus auf die emittierten Radionuklidmengen.[49] Seine Mitteilung, es habe sich um eine nukleare Explosion gehandelt, traf auf Unverständnis und seine Abschätzungen der freigesetzten Mengen an radioaktiven Stoffen wurden bezweifelt.

Im Oak Ridge National Laboratory wurde eine Studiengruppe eingesetzt, die Medwedjews Mitteilungen sowie anderes, von der US Central Intelligence Agency (CIA) freigegebenes Material auf Schlüssigkeit überprüfte. Diese Studiengruppe arbeitete heraus, wo Medwedjews Angaben und Schlussfolgerungen plausibel und wo sie inkonsistent waren, und kam zum Ergebnis, dass mit hoher Wahrscheinlichkeit in der Provinz Tscheljabinsk nordöstlich der Stadt Kyschtym um 1957/1958 eine massive Freisetzung von langlebigen Spaltprodukten stattgefunden hat. Die entscheidende Ursache könne keine Nuklearexplosion gewesen sein. Es wurden einige möglich erscheinende Explosionsursachen aufgeführt, darunter die Detonation gewisser Nitratabfälle in einem Lagertank mit hochradioaktiven Abfällen.[50] Die Ursache der radioökologischen Befunde aus dem Fall-out der Atomwaffentests herzuleiten, wurde von der Studiengruppe als eine denkbare, andere Erklärung widerlegt.[51]

Erst Jahre nach dem Reaktorunglück in Tschernobyl informierte Moskau im Juli 1989 ohne nähere Angaben die Öffentlichkeit darüber,

44 Schulz, Erich H., a. a. O., S. 231–235.

45 Wiesenack, G.: Die Lehren des Windscale-Unfalls, atw, 3. Jg., Nr. 5, Mai 1958, S. 183–188.

46 Schulz, Erich H., a. a. O., S. 60–61, S. 197–200.

47 Medvedev, Zhores A.: Two decades of dissidence, New Scientist, Vol. 72, No. 1025, 4. November 1976, S. 265.

48 Medvedev, Zhores A.: Nuclear Disaster in the Urals, Vintage Books, New York, 1980, S. 10–12.

49 Medvedev, Zhores A.: Facts behind the Soviet nuclear disaster, New Scientist, Vol. 74, No. 1058, 30. Juni 1977, S. 761–764.

50 Trabalka et al.: Another Perspective of the 1958 Soviet Nuclear Accident, NUCLEAR SAFETY, Vol. 20, No. 2, März-April 1979, S. 206–210.

51 Technical Note: The 1957–1958 Soviet Nuclear Accident in the Urals, NUCLEAR SAFETY, Vol. 21, No. 1, Januar-Februar 1980, S. 94–99.

dass in der Nähe des Ortes Kyschtym bei Tscheljabinsk im Herbst 1957 eine Atomkatastrophe eingetreten war. Im Chemiekombinat von Majak, in dem Brennelemente zur Plutoniumgewinnung aufgearbeitet wurden, befanden sich große unterirdische Lagertanks für die hochradioaktiven Nuklide in den Lösungsmitteln, die nach dem Aufarbeitungsprozess übrigblieben. Einer der Tanks sei nach Ausfall des Kühlsystems und dem Eindampfen der gelagerten Flüssigkeit, wodurch sich explosive Nitratsalze aufkonzentriert hätten, so heftig durch eine chemische Detonation zerknallt, dass Trümmerstücke kilometerweit geflogen seien. Westliche Sachverständige schätzten, dass bei Kyschtym im südlichen Ural ein Mehrfaches der in Tschernobyl freigesetzten Radioaktivität in die Umwelt emittiert worden ist. Es wird vermutet, dass dieses Unglück mehreren hundert Menschen das Leben gekostet hat. Ein Gebiet von rund 1.000 km^2 sei so stark radioaktiv kontaminiert worden, dass etwa 10.000 Einwohner auf Dauer umgesiedelt werden mussten. Eine Fläche von ca. 170 km^2 bei Kyschtym gilt als das am stärksten radioaktiv verseuchte Gebiet dieser Erde.[52, 53] Nach dem Untergang der Sowjetunion wurde die strikte Geheimhaltung über die Nuklearkatastrophe vom 29. September 1957 in der größten sowjetischen Waffen-Plutoniumfabrik Tscheljabinsk 65 gelockert, und erste Daten über die radioaktive Verseuchung des Landes und die Belastungen der Bevölkerung wurden der Internationalen Atomenergie Organisation (IAEA) übermittelt.[54] Anfang 1992 wurde auch der Sperrbereich für Besuchergruppen aufgehoben.[55] Seit Anfang der 1990er Jahre gelangten konkrete Hinweise auf weitere nukleare Stör- und Unfälle in kerntechnischen Anlagen in die Öffentlichkeit.[56]

Am 26. April 1986 ereignete sich im Kernkraftwerk Tschernobyl eine bis zu diesem Zeitpunkt unvorstellbare Nuklearkatastrophe bei der friedlichen Nutzung der Kernenergie. Dieses schwere Unglück führte letztlich zum bundespolitischen Ausstiegsbeschluss und zur Abwicklung der Kernenergienutzung der Bundesrepublik Deutschland. (s. Kap. 4.8 und Kap. 4.9).

4.5 Erste öffentliche Risikodiskussionen in der Bundesrepublik

4.5.1 Wissenschaft und Politik zu Aspekten der Atomenergie

Nach dem Krieg verband die deutsche Öffentlichkeit Atomenergie mit den Schrecken der Atombombe. Ein „mystisches Grauen" vor dem Atom und latente Ängste vor der Entfesselung dieser „kosmischen Urkraft"[57] waren in der Bevölkerung weit verbreitet. Aber auch die Vorstellung ihrer friedlichen Nutzung, wie sie von Siegfried Flügge und Werner Heisenberg schon früh entwickelt worden war, blieb bei den Wissenschaftlern und in der Industrie lebendig. Der Experimental- und Atomphysiker Walther Gerlach von der Universität München hielt in der öffentlichen Sitzung der Bayerischen Akademie der Wissenschaften bereits am 5. Oktober 1948 in München einen Vortrag über die Probleme der Atomenergie, in dem er u. a. auf die „Atomenergiemaschine", den „Uranbrenner", einging.[58] Er sprach von den Zerfallsprodukten als „ungeheuer stark und gefährlich strahlenden Schlacken" und führte aus: „Auch die leichte Möglichkeit, mit diesen radioaktiv strahlenden Schlackensubstanzen unübersehbares Unheil für ganze Volksgruppen und ihre Nachkommenschaft anzurichten, darf nicht außer acht gelassen werden. Nach der

[52] Lossau, Norbert: Die vergessene Nuklear-Katastrophe von Kyshtym im Ural, Die Welt, Wissenschaft, 9. 4. 1996.

[53] vgl. auch: List of nuclear accidents, Wikipedia, the free encyclopedia, http://en.Wikipedia.org/List_of_nuclear_accidents.

[54] Nuclear accident in the Urals, Nuclear Energy, Vol. 29, No. 1, Feb. 1990, S. 4.

[55] Repke, W.: Eindrücke aus Tscheljabinsk und Tschernobyl, atw, Jg. 38, Feb. 1993, S. 146–149.

[56] vgl. Egorov, Nikolai, Novikov, Vladimir M., Parker, Frank L. und Popov, Victor K. (Hg.): The Radiation Lega-

cy of the Soviet Nuclear Complex, Earthscan Publications Ltd., London, 2000, S. 63–77.

[57] Strauß, Franz Josef: Der Staat in der Atomwirtschaft, atw, 1. Jg., 1956, S. 2.

[58] Gerlach, Walther: Probleme der Atomenergie, Biederstein Verlag München, 1948, S. 14.

Explosion einer Atombombe sind weite Gebiete durch solche Schlacken verseucht."

Walther Gerlach war auf besondere Weise an der Sendereihe „*Vom Atom zum Weltsystem*" des Heidelberger Studios des Süddeutschen Rundfunks beteiligt, in der vom Januar bis März 1954 für eine allgemein gebildete und interessierte Hörerschaft Vorträge über die Ergebnisse der Atomkernforschung ausgestrahlt wurden.[59] Nach Gerlach, der die 10-teilige Vortragsreihe einleitete und einzelne Beiträge vorstellte, kamen hervorragende Forscher auf dem Gebiet der Kernphysik und -technik sowie der Biologie und Medizin zu Wort: Otto Hahn, Walther Bothe, Werner Heisenberg, Karl Wirtz, Friedrich Dessauer, Pascual Jordan u. a. In diesen Vorträgen war das Gefahrenpotenzial des Spaltproduktinventars von Atomreaktoren kein Thema. Karl Wirtz[60] allein gab in seinem Beitrag über „Atom und Technik" den knappen Hinweis zu Brennelementen aus Uran: „*Die Uranstäbe werden während der Reaktion sehr stark radioaktiv. Sie müssen durch eine dünne Metallschicht bedeckt sein, damit die Bremssubstanz und eventuelle Kühlmittel nicht radioaktiv verseucht werden.*"[61] Der Mediziner Karl Heinrich Bauer[62] mahnte in seinem Beitrag „Atom und Medizin", bei der Verwendung radioaktiver Stoffe beim Menschen äußerste Vorsicht walten zu lassen, da die Natur dem Menschen keinerlei Schutzinstinkte und keinerlei Abwehrreaktionen mitgegeben habe. Es sei tröstlich zu erfahren, dass „*in den großen Atomkraftanlagen Schutzmaßnahmen durchgeführt werden, die*

wirklich beruhigend zu wirken vermögen." Selbst an den Stätten höchster Konzentration radioaktiver Produkte sei eine Vorbeugung gegen ihre Schäden möglich.[63]

Im Schlussgespräch über die Konsequenzen der Atomkernforschung zwischen den Professoren Friedrich Dessauer, Hans Kienle und Helmut Thielicke wurde das Gefahrenpotenzial bei der friedlichen Kernenergienutzung nicht erwähnt.

Die Arbeitsgemeinschaft sozialdemokratischer Akademiker veranstaltete im Frühsommer 1955 an der Technischen Hochschule München eine Vortragsreihe zum Thema „Weltmacht Atom"[64], mit dem Ziel, „*... in unserem Volk einiges Wissen von den Dingen zu verbreiten, die mit der Unterwerfung der atomaren Energien unter den Willen des Menschen entstanden sind*", so der Vizepräsident des Deutschen Bundestages, Professor Carlo Schmid, auf dieser Tagung.[65] Walther Gerlach führte in seinem Vortrag über den heutigen Stand der Kernphysik aus, dass „*die bei der Spaltung entstehenden Atome sich wieder unter Energieabgabe, nämlich der radioaktiven Strahlen, schließlich in andere stabile Atome umwandeln. Hierin liegt eine große Bedeutung, aber auch eine große Gefahr. Die radioaktiven Strahlen stellen sogar eine ungeheure Gefahr für den Organismus dar.*" Und er ergänzte, dass man diese Gefahr bei einem Atommeiler im Gegensatz zur Atombombe vermeiden kann.[66] Der Professor für Experimentalphysik an der Technischen Hochschule München, Georg Joos, erwähnte in seinem Beitrag „Die Möglichkeiten friedlicher Nutzung der Atomenergie"[67] die Spaltprodukte überhaupt nicht.

Auf ihrem Münchener Parteitag vom 10–14. Juli 1956 befasste sich die SPD mit Atomener-

---

[59] Das Heidelberger Studio: Vom Atom zum Weltsystem: Eine Sendereihe des Süddeutschen Rundfunks, Leitung J. Schlemmer, Alfred Kröner Verlag Stuttgart, Kröners Taschenausgabe Bd. 226, 1954.

[60] Karl Wirtz, Leiter der experimentellen Abteilung des Max-Planck-Instituts für Physik in Göttingen, war an den unter Leitung von Werner Heisenberg durchgeführten Forschungsarbeiten an einer Uranmaschine beteiligt gewesen, die schließlich 1945 in Haigerloch ihr Ende fanden.

[61] Das Heidelberger Studio: Vom Atom zum Weltsystem, a. a. O., S. 111.

[62] Karl Heinrich Bauer, Chirurg, Krebsforscher und Genetiker, Dir. der Chirurgischen Universitätsklinik Heidelberg.

[63] Das Heidelberger Studio: Vom Atom zum Weltsystem, a. a. O., S. 87.

[64] Arbeitsgemeinschaft sozialdemokratischer Akademiker (Hg.): Weltmacht Atom, Nest Verlag, Frankfurt a. M., 1955.

[65] ebenda, S. 117.

[66] ebenda, S. 31.

[67] ebenda, S. 37–60.

gie und Automatisierung. Leo Brandt[68] beschrieb in seinem Hauptreferat „Die zweite industrielle Revolution"[69] die fantastischen Aussichten der Atomenergienutzung: „… *selbst das größte deutsche Kraftwerk, das Goldenbergwerk, könnte seinen jährlichen Wärmebedarf aus 400 kg Uran 235 decken. Schiffahrt und Luftfahrt werden auf den neuen Kraftstoff übergehen. Ein halbes Kilo davon wird künftig ein Flugzeug achtmal um die Erde treiben können.*"[70] Der SPD-Parteitag verabschiedete den „Atomplan der SPD"[71], der auch ein kurzes Kapitel über „*Die Gefährlichkeit der Brennstoffe*" enthält. Dort heißt es: „*Kernbrennstoffe können insbesondere durch Unglücksfälle oder Mißbrauch große und fortwirkende Schäden an Leib, Leben und Gütern hervorbringen.*"[72] Deshalb wird gefordert, dass Einfuhr, Anreicherung, Verwahrung und Verteilung aller Kernbrennstoffe schärfsten staatlichen Kontrollen unterworfen werden und diese grundsätzlich sich als Eigentum im Besitz des Staates befinden sollen. Die Reaktorsicherheit wird nicht thematisiert. Der Atomplan der SPD ist getragen von großem Optimismus, ja von Atom-Euphorie. Man kann vom Projekt Kernenergie als „linker Utopie" sprechen; von ihr wurden rationalisierte Produktionsverfahren, Arbeitserleichterungen, Arbeitszeitverkürzung und ungeahnter Wohlstand erwartet. Mit Fortschrittspädagogik müsse man gegen irrationale Ängste vorgehen.[73] Diese Einstellung änderte sich erst 1975 unter dem Eindruck massenhafter Bürgerproteste gegen das Kernkraftwerk Süd in Breisach und Wyhl.[74]

CDU, CSU und FDP stellten die Energiepolitik der von ihnen getragenen Bundesregierungen nicht in Frage.

Größere Kreise der Öffentlichkeit wurden erstmals im Zusammenhang mit der Errichtung des Kernforschungszentrums Karlsruhe mit dem Gefahrenpotenzial der Kernkraftwerke konfrontiert.

4.5.2 Die staatliche Organisation des wissenschaftlich-technischen Sachverstands

Als die Bundesrepublik Deutschland im Mai 1955 ihre volle Souveränität erlangte, waren die Bundesländer für Atomfragen zuständig. Das Grundgesetz enthielt auf diesem Gebiet keine Vorschriften, weil der Verfassungsgesetzgeber im Jahr 1949 dazu keine Vollmacht hatte. Es bestand jedoch ein früher politischer Konsens, dass die friedliche Nutzung der Atomenergie bundeseinheitlich geregelt und die Rahmenbedingungen zu ihrer Erforschung und Entwicklung mit Zustimmung des Bundesrats vom Bund gesetzt werden sollten. Bedeutende Physiker, wie Otto Hahn und Werner Heisenberg[75], weite Bereiche der Politik und der deutschen Publizistik hatten darauf gedrängt, den Rückstand von zehn Jahren gegenüber dem Ausland in der Atomforschung zur friedlichen Nutzung der Kernenergie aufzuholen. Durch Organisationserlass Bundeskanzler Adenauers wurde am 6. Oktober 1955 ein Bundesministerium für Atomfragen errichtet. Bereits im November lag ein Referentenentwurf für ein Atomgesetz aus der Bundesregierung vor. Das parlamentarische Gesetzgebungsverfahren zur Schaffung des neuen Atomrechts gestaltete sich jedoch schwierig und zog sich bis Ende 1959 hin.

Um die Rechtsgrundlagen für frühe Forschungsvorhaben, insbesondere die Errichtung von Forschungsreaktoren, in den Ländern bereitzustellen, verabschiedeten die Landesparlamente von Bayern, Hessen, Hamburg, Nordrhein-Westfalen, Baden-Württemberg, Schleswig-Holstein

---

[68] Brandt, Leo, Dr. med. h.c., Dr.-Ing. E.h., Honorarprofessor an der RWTH Aachen, Staatssekretär im Wirtschafts- und Verkehrsministerium Nordrhein-Westfalen; s. auch: Rusinek, Bernd-A.: Das Forschungszentrum, Campus-Verlag, Frankfurt/New York, 1996, S. 121 ff.

[69] Brandt, Leo: Die Zweite industrielle Revolution, Vorstand der SPD (Hg.), Bonn, 7/56.

[70] ebenda, S. 6.

[71] ebenda, S. 27–36.

[72] ebenda, S. 31.

[73] Rusinek, Bernd-A.: Das Forschungszentrum, Campus Verlag, Frankfurt/New York, 1996, S. 89–103.

[74] Energiediskussion in Europa, Sozialdemokratische Partei Deutschlands (SPD) 2.4.1. IFZ Institut für Zukunftsforschung Forschungsbericht 118, 2. Ergänzungslieferung, Neckar-Verlag Villingen,1981, S. 2.

[75] vgl. Männer um das Atom, atw, 1. Jg., 1956, S. 9 und S. 67.

und Berlin in den Jahren 1957 und 1958 Landesatomgesetze mit vorläufigen Regelungen.[76] Zur Unterstützung und Beratung der Landesregierungen wurden auf Landesebene Beiräte und Kommissionen eingerichtet, in die namhafte Wissenschaftler und Persönlichkeiten aus Wirtschaft und Politik berufen wurden. In Bayern gab es die Bayerische staatliche Kommission zur friedlichen Nutzung der Atomkräfte, in der u. a. Werner Heisenberg, Walther Gerlach, Georg Joos und Heinz Maier-Leibnitz aus der Wissenschaft, Ernst von Siemens, Rolf Rodenstock, Wolfgang Finkelnburg (Siemens-Schuckertwerke AG) und Richard Ruß (AEG) aus der Wirtschaft sowie Ministerpräsident Hanns Seidel (Vors.), Wilhelm Hoegner und Hugo Geiger aus der Politik mitwirkten.[77] In Berlin wurde die Berliner Atom-Kommission eingerichtet, die von Max von Laue geführt wurde. In der Ständigen Studienkommission des Landes Schleswig-Holstein für die Beobachtung der atomaren Entwicklung war Erich Bagge vertreten. Baden-Württemberg gründete den Beirat für Kernenergie in Baden-Württemberg, in dem u. a. Wolfgang Gentner (Max-Planck-Inst. für Kernphysik Heidelberg), Robert Bauer (Univ. Tübingen), Otto Haxel (Univ. Heidelberg), Hanns Langendorff (Univ. Freiburg), Wirtschaftsminister Hermann Veit, Alex Möller (Karlsruher Lebensversicherungs AG) und Carl Knott (Siemens-Schuckertwerke AG) beteiligt waren.[78] Diesem baden-württembergischen Beirat wurde noch die Fachkommission für Strahlenschutz beim Wirtschaftsministerium Baden-Württemberg zur Seite gestellt.[79] Als Ende 1959 die Bundeskompetenz für Atomfragen begründet wurde, traten die Landesatomgesetze außer Kraft

("Bundesrecht bricht Landesrecht") und die Länderbeiräte verloren ihre Bedeutung.

Durch das „Gesetz über die friedliche Verwendung der Kernenergie und den Schutz gegen ihre Gefahren" (Atomgesetz) vom 23. Dezember 1959[80], begleitet von einer Grundgesetzänderung (Einfügung von Art. 74, Nr. 11a GG sowie Art. 87c GG), wurde die zusätzliche Bundeskompetenz für das Gebiet der Atomenergie sowie die Grundlage dafür geschaffen, den Ländern die Auftragsverwaltung zuzuweisen. Die Rechts- und Zweckmäßigkeitsaufsicht über das Verwaltungshandeln der Länder verblieb dem Bund.[81]

Der erste Bundesminister für Atomfragen, Franz Josef Strauß (CSU), hatte nach seiner Ernennung neben der Ausarbeitung des Atomgesetzes als dringlichste Aufgaben genannt:

- Ausarbeitung eines Gesetzes über den Schutz der Bevölkerung vor radioaktiven Stoffen,
- Ausarbeitung eines Koordinierungsprogramms für die Forschung, wobei Grundlagenforschung und Zweckforschung für alle Anwendungsbereiche in Betracht kämen,
- Ausarbeitung eines Förderprogramms für die Sicherstellung ausreichenden Nachwuchses von Fachleuten,
- internationale Verhandlungen über eine europäische Atomgemeinschaft, eine Atomzusammenarbeit in der OECD und in den Vereinten Nationen sowie bilaterale Abkommen und Verträge.

Strauß: „Um diese Aufgaben bearbeiten zu können, ist, insbesondere angesichts des deutschen Nachholbedarfs, die Bildung eines beratenden Organs für das Bundesministerium für Atomfragen erforderlich, dem ich mit Zustimmung des Bundeskabinetts die Bezeichnung 'Deutsche Atomkommission' gegeben habe."[82]

Die Deutsche Atomkommission (DAtK) Die DAtK wurde auf Beschluss der Bundesregierung

---

[76] vgl. Mattern, K. H. und Raisch, Peter: Atomgesetz Kommentar, Verlag Franz Vahlen, Berlin und Frankfurt a. M., 1961, S. 67 ff.

[77] Cartellieri, Wolfgang, Hocker, Alexander und Schnurr, Walter (Hg.): Taschenbuch für Atomfragen 1959, Festland Verlag, Bonn, 1959, S. 229–231.

[78] Cartellieri, Wolfgang, Hocker, Alexander und Schnurr, Walter (Hg.): Taschenbuch für Atomfragen 1959, Festland Verlag, Bonn, 1959, S. 228–233.

[79] Cartellieri, Wolfgang, Hocker, Alexander, Weber, Albrecht und Schnurr, Walter (Hg.): Taschenbuch für Atomfragen 1960/61, Festland Verlag, Bonn, 1960, S. 362.

[80] Bundesgesetzblatt I S. 814.

[81] Wegen des Alliierten-Vorbehalts war Berlin (West) ausgenommen. Die atomrechtliche Behörde Berlins übernahm jedoch alle Regeln, Richtlinien und Vorgaben der Bundesrepublik Deutschland.

[82] Strauß, Franz Josef: Der Staat in der Atomwirtschaft, atw, 1. Jg., 1956, S. 2–5.

am 26. Januar 1956 in Bonn als beratendes Organ der Bundesregierung ohne Exekutivgewalt konstituiert.[83] Sie hatte nach außen keine der USAEC vergleichbare gestaltende und entscheidende Funktion. Nach innen war die DAtK bei ihrer Befassung mit Sachfragen nahezu uneingeschränkt frei und bei der Beurteilung sachlicher Angelegenheiten völlig unabhängig. Sie bestand aus dem Bundesminister für Atomkernenergie und Wasserwirtschaft[84] als Vorsitzendem und den von ihm berufenen 26 Mitgliedern.[85] Als Vizepräsidenten wurden in der konstituierenden Sitzung Leo Brandt, Staatssekretär im nordrhein-westfälischen Ministerium für Wirtschaft und Verkehr, Otto Hahn, Präsident der Max-Planck-Gesellschaft, und Karl Winnacker, Vorstandsvorsitzender der Farbwerke Hoechst AG, gewählt.

Im Laufe des Jahres 1956 wurden fünf Fach-kommissionen (FK), nämlich für Kernenergie-recht (FK I), Forschung und Nachwuchs (FK II), technisch-wirtschaftliche Fragen bei Reaktoren (FK III), Strahlenschutz (FK IV) sowie für wirt-schaftliche, finanzielle und soziale Probleme (FK V) gebildet, denen 15 Arbeitskreise (AK) zuge-ordnet wurden. In diese FK und AK wurden ins-gesamt 200 ehrenamtlich tätige Sachverständige als Mitglieder oder ständige Gäste berufen.[86] Es waren die namhaftesten bundesdeutschen Per-sönlichkeiten aus den einschlägigen Sachgebie-ten. Darunter befanden sich die Wissenschaftler, die schon während des Krieges mit Atomphysik und Atomtechnik befasst waren, wie Werner Heisenberg, Fritz Strassmann, Karl Wirtz, Carl Friedrich von Weizsäcker, Erich Bagge, Walter Seelmann-Eggebert, Hans Götte, Wilhelm Groth, Heinz Maier-Leibnitz, Wolfgang Finkelnburg u. a. Aus der Wirtschaft kamen Hermann J. Abs von der Deutschen Bank, Hans C. Boden, AEG-Generaldirektor, Carl Knott vom Vorstand der Siemens-Schuckertwerke AG, Hans Goudefroy,

Generaldirektor der Allianz-Versicherungs-AG, Hermann Winkhaus, Vorstandsvorsitzender der Mannesmann AG, Heinrich Schöller vom Vor-stand der Rheinisch-Westfälisches Elektrizitäts-werk AG sowie Gewerkschaftsvertreter wie Lud-wig Rosenberg vom DGB u. v. a. m.

Die DAtK hatte in den Anfangsjahren einen sehr großen Einfluss auf die Entwicklung der Kernenergie in der Bundesrepublik.[87] Sie arbei-tete drei Atomprogramme der Bundesregierung aus, die von 1958 an jeweils fünf Jahre umfassten. Sie prüfte und koordinierte die Projektforschung, erstellte Gutachten und gab der Bundesregierung Empfehlungen zur Förderung kerntechnischer Vorhaben.[88] Der Bundesminister für Atomfragen Siegfried Balke (CSU) traf im September 1957 die Feststellung: „De facto kommt den Empfeh-lungen der Deutschen Atomkommission eine große praktische Bedeutung zu, sei es bei der Zuweisung von Mitteln zur Förderung der Atom-forschung und Atomtechnik, sei es bei der Aus-arbeitung von Gesetz- oder Verordnungsentwür-fen oder auf anderen Gebieten, für die das Atom-ministerium eine Zuständigkeit besitzt. ... Dank dieser großen Zahl hervorragender Fachleute kann das Bundesministerium für Atomfragen mit einem verhältnismäßig kleinen Personalbestand auskommen, der zur Zeit aus 130 Beamten, An-gestellten und Arbeitern besteht. Davon gehö-ren 25 Beamte und 13 Angestellte dem höheren Dienst an."[89] Fünf Jahre später hatte sich die Mit-arbeiterzahl auf 217 erhöht, davon 57 im höhe-ren Dienst.[90] Die von 1956 bis 1972 vom Bund und den Ländern aufgebrachten Finanzmittel für Kernforschungszentren, Grundlagenforschung, kerntechnische Entwicklung, Strahlenschutz,

---

[83] vgl. Lechmann, Heinz: Deutsche Atomkommission, in: Cartellieri, Wolfgang et al., Taschenbuch für Atomfra-gen 1959, a. a. O., S. 9–16.

[84] Bis zum 16. 10. 1956 war dies Franz Josef Strauß, dem dann Siegfried Balke (CSU) nachfolgte.

[85] Lechmann, Heinz, a. a. O., S. 210 f.

[86] Namensverzeichnis in: Cartellieri, Wolfgang et al.: Taschenbuch für Atomfragen 1959, a. a. O., S. 212–223.

[87] vgl. Müller, Wolfgang D.: Geschichte der Kernenergie in der Bundesrepublik Deutschland, Bd. I, Schäffer Ver-lag, Stuttgart, 1996, S. 162–181.

[88] ebenda, S. 100, 102.

[89] Balke, Siegfried: Vorwort in: Der Bundesminister für Atomfragen (Hg.): Deutsche Atomkommission, Ge-schäftsordnung, Mitgliederverzeichnis, Organisations-plan, September 1957, S. 6.

[90] Balke, Siegfried: Vorwort in: Der Bundesminister für Atomfragen (Hg.) Deutsche Atomkommission, Ge-schäftsordnung, Mitgliederverzeichnis, Organisations-plan, 1962, S. 6.

Reaktorsicherheit, Sachverständigentätigkeit und Beiträge zu internationalen Organisationen betrugen insgesamt 11,4 Mrd. DM. Der Bund trug davon ungefähr 80 Prozent.[91]

Die Sacharbeit der DAtK wurde im Einzelnen in den Arbeitskreisen geleistet. Der AK2 „Strahlenschutz in atomtechnischen Anlagen" der FK IV „Strahlenschutz" definierte seine Aufgabe in seiner dritten Sitzung am 23. September 1957 dahin gehend, Richtlinien als Arbeitsgrundlage für Sicherheitsmaßnahmen und -prüfungen auszuarbeiten. Der AK IV/2 wolle sich selbst nicht mit der Begutachtung konkreter Anlagen befassen.[92] Er beschäftigte sich folglich mit dem Entwurf einer Musterordnung (Merkpostenaufstellung) für die Abfassung von Sicherheitsberichten. Weitere Themen waren der Entwurf einer Strahlenschutzverordnung und Sicherheitsfragen bei der Entsorgung radioaktiver Abfälle. 1958 wurde der AK IV/2 in einen Querausschuss AK III/IV/1 „Strahlenschutz und Sicherheit bei atomtechnischen Anlagen" umgewandelt, weil Strahlenschutz ständig technisch zu treffende Sicherheitsmaßnahmen berücksichtigen müsse.[93] Er war den beiden Fachkommissionen FK III und FK IV zugeordnet.

Den Vorsitz des AK IV/2 bzw. AK III/IV/1 führte Erwin Schopper, Direktor des Instituts für Kernphysik an der Universität Frankfurt/M. Von den weiteren 14 Mitgliedern kamen aus dem Bereich der Universitäten und Forschungseinrichtungen: Heinz Oeser (Dir. Strahleninst. Freie Univ. Berlin), Armin Henglein (Physikalische Chemie, Univ. Köln), Josef Holluta (Wasserchemie, TH Karlsruhe), Hans A. Künkel (Strahlenbiologie, Univ.-Frauenklinik Hamburg-Eppendorf), Walter Seelmann-Eggebert (Radiochemie, Max-Planck-Inst. für Chemie Mainz) und als ständiger Gast Karl Wirtz (Physikalische Grundlagen der Reaktortechnik, TH Karlsruhe). Aus Wirtschaftsunternehmen waren vertreten: Hans Götte (Farbwerke Höchst, radiochem. Labora-

rien), Wolfgang Junkermann (Deutsche Babcock & Wilcox AG), Rudolf Schulten (Brown Boveri & Cie. AG), Günther Schulze-Fielitz (Hochtief AG) und Georg Weiss (Pintsch Bamag AG) sowie Erich Gruse (Gerling Konzern Allgemeine Versicherungs AG). Die Vereinigung der Technischen Überwachungsvereine e. V. war durch Günter Wiesenack vertreten.[94] Später kamen noch Walter Humbach (Inst. Reaktortechnik, TH Darmstadt), Heinrich Mandel (Rheinisch-Westfälisches Elektrizitätswerk AG) und Heinz Kornbichler (AEG) hinzu.[95]

Der andere Querausschuss der Fachkommissionen FK II und FK III, der Arbeitskreis AK II/III/1 „Kernreaktoren" befasste sich auf seiner 6. Sitzung am 16. November 1956 in München unter dem Vorsitz von Karl Wirtz mit einem deutschen Sicherheitskomitee ähnlich dem amerikanischen „Safe Guard Committee". Er unterstrich die Notwendigkeit der Bildung eines solchen für anlagenbezogene Sicherheits- und Standortfragen zuständigen Gremiums. Auf den amerikanischen „Hazards Summary Report"[96] wurde in diesem Zusammenhang hingewiesen.[97] Ein solches Gremium, die Reaktor-Sicherheitskommission (RSK), wurde dann auch etwa ein Jahr später gebildet.

Im Laufe der zweiten Hälfte der 50er Jahre wurden die grundlegenden Entscheidungen über die zu erforschenden und zu realisierenden Reaktortypen getroffen und die großen Linien für die Forschungsförderung festgelegt. In den zuständigen Ministerien arbeitete sich eine größere Zahl fachkundiger Beamter ein. Der Einfluss der DAtK sank. Seit Anfang der 60er Jahre gab es Bestrebungen, die DAtK zu reorganisieren, die erst

---

[91] Müller, Wolfgang D., a. a. O., S. 351.

[92] BA B 138–3411, 3. Sitzung FK IV „Strahlenschutz", 23. 9. 1957.

[93] BA B 138–3411, 6. Sitzung AK 2, 7. Januar 1958 in München.

[94] Der Bundesminister für Atomfragen (Hg.): Deutsche Atomkommission, Geschäftsordnung, Mitgliederverzeichnis, Organisationsplan, September 1957, S. 32.

[95] Der Bundesminister für Atomkernenergie (Hg.): Deutsche Atomkommission, Geschäftsordnung, Mitgliederverzeichnis, Organisationsplan, 1962, S. 43 f.

[96] Ab 1951 verlangte die Atomenergie-Behörde der USA für jede geplante Reaktoranlage im Genehmigungsverfahren einen Gefahrenbericht (hazards-summary report), s. Kap. 6.3.1.

[97] BA B 138–3366, 6. Sitzung AK II/III/1 vom 16. 11. 1956, Kurzprotokoll, S. 3.

1966 Erfolg hatten.[98] Der Beratungsbedarf hatte sich verändert. Aus der Forschungs- und Studienphase mit ihrer Vielzahl von Reaktorkonzepten für die Kühlmittel und Moderatoren Schwerwasser, organische Stoffe, Gas-Graphit oder Natrium war der Leichtwasserreaktor (LWR) als die bevorzugte Baulinie für Leistungsreaktoren hervorgegangen. Im Bereich der Reaktorsicherheit standen die konkreten technischen Fragen zu den geplanten und errichteten Leichtwasser-Leistungsreaktoren ganz im Vordergrund. Hier war nicht mehr die DAtK, sondern die Reaktor-Sicherheitskommission (RSK) gefragt und gefordert. Die DAtK wurde von der Bundesregierung am 19. Oktober 1971 aufgelöst.[99]

Die Reaktor-Sicherheitskommission (RSK)
Durch Verfügung des Bundesministers für Atomenergie und Wasserwirtschaft vom 30. Januar 1958 wurde zu seiner Beratung die RSK gebildet.[100] Sie konstituierte sich am 22. Mai 1958 in Bonn mit 14 Mitgliedern[101] unter dem Vorsitz von Joseph Wengler aus dem Vorstand der Farbwerke Hoechst AG. Stellvertretender Vorsitzender wurde Heinz Maier-Leibnitz.[102] Die Hälfte der neu berufenen RSK-Mitglieder war bereits in der DAtK tätig gewesen. Auch die Mitarbeit in der RSK war ehrenamtlich. Die RSK-Mitglieder kamen von Universitäten, Forschungszentren, Technischen Überwachungs-Vereinen, Kraftwerken, Wirtschaftsunternehmen (keine Hersteller-Firmen) und Verbänden.

Die Aufgabe der RSK war, die Konzepte und Sicherheitsberichte für den Bau und Betrieb von Kernreaktoren und anderen atomtechnischen Anlagen zu prüfen und zu beurteilen, ob die nach dem Stand von Wissenschaft und Technik gebo-

tene Vorsorge gegen Schäden aus technischer und naturwissenschaftlicher Sicht getroffen war.[103] Besonderer Wert wurde dem Umgebungsschutz beigemessen. Jedes RSK-Mitglied wurde für ein spezielles Fachgebiet (z. B. Kernphysik, Strahlenmedizin, Strahlenschutztechnik, Filtertechnik, Regeltechnik, Industrie-Ingenieurwesen usw.) berufen, für das es besondere Verantwortung trug. Nach der RSK-Geschäftsordnung hatte jedes RSK-Mitglied gleiches Stimmrecht, aber für eine Stellungnahme und Empfehlung trug es nur insoweit Verantwortung, wie sein Fachgebiet betroffen war. Wurde ein Sicherheitsbericht in atomrechtlichen Verfahren positiv bewertet, musste dies einstimmig erfolgen. Die RSK und jedes einzelne Mitglied waren in ihrer Sachverständigentätigkeit unabhängig und an Weisungen nicht gebunden. Jedes Mitglied hatte das Recht, in der Gesamtbewertung eine abweichende Meinung aus seinem Sachgebiet zum Ausdruck zu bringen.[104]

Der Zeitraum von 1958 bis 1971 wurde als „Ära Wengler/Groos"[105] bezeichnet.[106] Damals wurden die Grundlagen für den kontinuierlichen dynamischen Prüf- und Verbesserungsprozess zur Weiterentwicklung des hohen Sicherheitsstandards deutscher Kerntechnik gelegt. Die RSK wurde dank des ausgezeichneten Sachverstands und des hohen Verantwortungsbewusstseins[107]

---

[98] Müller, Wolfgang D., a. a. O., S. 178 f.

[99] ebenda, S. 178–181.

[100] vgl. Kühne, Hans: Reaktor-Sicherheitskommission, in: Cartellieri, Wolfgang et al., a. a. O., S. 158–160 und S. 223 f.

[101] Die Zahl der RSK-Mitglieder lag bis in die 1980er Jahre zwischen 15 und 19, von 1989 bis 1998 betrug sie zwischen 21 und 26.

[102] Verzeichnis der Mitglieder der neu gegründeten RSK s. Anhang 2–1.

[103] Dieser Wortlaut der atomrechtlichen Technikklausel wurde erst 1959 in § 7 AtG gebraucht.

[104] Bekanntmachung über die Reaktor-Sicherheitskommission, BAZ Nr. 89 vom 10. 5. 1958, Neufassung vom 1. 8. 1958, BAZ Nr. 171 vom 6. 9. 1958.

[105] Während dieser Zeit war Prof. Dr.-Ing. Joseph Wengler RSK-Vorsitzender und Dr.-Ing. Otto Heinrich Groos Referent für Reaktorsicherheit bzw. die Sicherheit atomtechnischer Anlagen im Bundesministerium für Atomkernenergie und Wasserwirtschaft bzw. den nachfolgenden zuständigen Bundesministerien, RSK-Geschäftsführer und ständiger Vertreter der Bundesregierung in der RSK. Wengler und Groos schieden 1971 aus.

[106] vgl. 25 Jahre RSK, Gesellschaft für Reaktorsicherheit (GRS) (Hg.), Köln, 1983.

[107] AMPA Ku 151, Zuehlke: „Wenn in einer Nuklearanlage ein Störfall eintrat, fragten wir uns sofort: Haben wir etwas falsch gemacht? Woran haben wir nicht gedacht?": Persönliche schriftliche Mitteilung vom 28. 4. 2003 von Dr.-Ing. Karl Zuehlke, RSK-Mitglied 1958–1977.

ihrer Mitglieder zum zentralen Beratungsorgan der Bundesregierung, das die Entwicklung der Reaktor-Sicherheitstechnik maßgebend prägte. Der internationale Erfahrungsaustausch mit den USA (ACRS und USAEC), Großbritannien (UKAEA), Frankreich (GPR und GPU), Schweiz (KSA) und Japan (JNSC, JAER) wurde intensiv gepflegt.

Am 9. September 1960 fand eine RSK-Sondersitzung in Frankfurt/M-Höchst zum einzigen Tagesordnungspunkt „Inbetriebnahme des Kahler Reaktors" statt. Es nahmen nur die vier mit diesem Versuchsreaktor besonders vertrauten RSK-Mitglieder teil. Solche spezialisierte Sondersitzungen wurden in der Folgezeit öfter einberufen. Daraus entwickelten sich ab Mitte der 60er Jahre „Unterausschüsse" oder „Ad-hoc-Ausschüsse" zu besonderen Projekten und Sachfragen. 1969 wurde der Ad-hoc-Ausschuss „Reaktordruckbehälter" eingerichtet (s. Kap. 10.2.2).

Die Beratungen und Empfehlungen der RSK waren vertraulich. Dies war der Anti-Atomkraft-Bewegung, die sich seit Ende der 60er Jahre immer stärker bemerkbar machte, ständiger Anlass zu Argwohn und Kritik. Im Herbst 1971, am Ende der „Ära Wengler/Groos", wurde die RSK neu berufen und ihre Geschäftsordnung geändert. Mit der Neuordnung der RSK wurde verfügt, dass die RSK-Empfehlungen vom Bundesminister für Bildung und Wissenschaft im Bundesanzeiger veröffentlicht werden.[108] Die Empfehlungen wurden von der gesamten RSK getragen. Für Empfehlungen zum Standort und der Grundkonzeption einer nuklearen Anlage und zur 1. Teilerrichtungsgenehmigung war eine Zweidrittelmehrheit, für sonstige Beschlüsse die einfache Mehrheit erforderlich. Bei den internen Beratungen der RSK waren wie zuvor die Fachkompetenzen der einzelnen Mitglieder gefordert, und der zuständige Bundesminister achtete bei Neuberufungen darauf, dass alle Fachbereiche vortrefflich abgedeckt wurden. Darüber hinaus wurde immer darauf gesehen, dass auch Generalisten unter den RSK-Mitgliedern waren, die über

begrenzte Fachdisziplinen hinaus die Gesamtanlage mit allen kernphysikalischen, thermohydraulischen, elektrotechnischen, mechanischen und sicherheitstechnischen Funktionen sowie das Verhalten ihrer zusammenwirkenden Komponenten bei allen Betriebs- und Störfallvorgängen beurteilen konnten. Die RSK-Mitglieder wurden allein aufgrund ihrer fachlichen Qualifikationen berufen. Die in der Satzung von 1958 vorgesehenen Vertreter der Vereinigung der Technischen Überwachungsvereine e. V., des Bundesministeriums für Arbeit und Sozialordnung sowie des Hauptverbandes der gewerblichen Berufsgenossenschaften e. V. schieden bei der Neuordnung 1971 aus.

Die erste Veröffentlichung von RSK-Empfehlungen geschah nach der 68. RSK-Sitzung am 3.11.1971.[109] Danach wurden pro Jahr etwa 10 RSK-Empfehlungen im Bundesanzeiger abgedruckt. Die publizierten Empfehlungen hatten komplexe naturwissenschaftlich-technische Sachfragen zum Gegenstand und waren in einer technischen Fachsprache verfasst. Sie fanden deshalb in der öffentlichen Diskussion nur geringe Resonanz und wurden außerhalb der Fachkreise kaum wahrgenommen. Sonstige RSK-Untersuchungen und Berichte, etwa über Störfälle in deutschen Anlagen, blieben vertraulich. Dies führte immer wieder zu öffentlicher Kritik an der RSK und ihren Vorsitzenden. Bei gravierenden Vorkommnissen wurde jedoch stets der Deutsche Bundestag oder der zuständige Bundestagsausschuss von der Bundesregierung unterrichtet, wobei in der Regel die Stellungnahmen der RSK verwendet wurden.

Mit der Neuordnung im Herbst 1971 wurden die RSK-Sitzungen in ihrem Ablauf streng gegliedert. Sie begannen mit internen Vorberatungen, an denen die RSK-Mitglieder und wenige zusätzliche Personen aus der RSK-Geschäftsstelle und den zuständigen Bundesministerien teilnahmen. Dabei ging es um die Tagesordnung, die Billigung des Ergebnisprotokolls der vorhergegangenen Sitzung, RSK-interne Angelegenheiten, wie die Besetzung von Ausschüssen, und die Benennung von Teilnehmern an besonderen Terminen.

---

[108] Bekanntmachung über die Bildung einer Reaktor-Sicherheitskommission vom 25. 11. 1971, BAZ Nr. 228 vom 8. 12. 1971, § 9 Abs. 2.

[109] BAZ Nr. 44 vom 3. 3. 1972.

Auch inhaltliche Fragen wurden vorbesprochen, wie das weitere Vorgehen zu bestimmten Themenkomplexen. Ergebnisse von Gesprächen der RSK-Mitglieder mit anderen, insbesondere ausländischen Institutionen wie dem amerikanischen ACRS (Advisory Committee on Reactor Safeguards), der französischen GPR (Groupe Permanent chargé des Réacteurs Nucléaires) oder der japanischen JNSC (Japanese Nuclear Safety Commission) wurden vorgetragen. Bei der RSK-Sitzung selbst waren zahlreiche Vertreter der zuständigen und interessierten Bundesministerien, der atomrechtlichen Genehmigungsbehörden der Länder, der Gutachterorganisationen (TÜV), dem IRS bzw. der GRS und der RSK-Geschäftsstelle zugelassen und anwesend. Ein besonderes Element der Sitzung war die Anhörung der Antragsteller, also der Reaktorhersteller und -betreiber, die dazu in den Saal gebeten wurden. In der Regel folgte darauf eine Beschlussfassung der RSK. Sitzung, Anhörung und Beschlussfassung konnten sich als eine Einheit mehrfach wiederholen. Je nach Tagesordnung konnten bis zu 80 Personen anwesend sein. Die RSK tagte gewöhnlich in Bonn in einem Saal des zuständigen Ministeriums, wobei es öfters zu räumlichen und zeitlichen Engpässen kam. Ab Mai 1988 fanden die RSK-Sitzungen ständig im Sitzungssaal des Wohnstifts Augustinum in der Bonner Römerstraße statt. 1991 begann die Zusammenarbeit mit dem der RSK entsprechenden französischen Beratungsgremium GPR. Es fanden zahlreiche gemeinsame Sitzungen abwechselnd in Frankreich und Deutschland statt. Zu RSK-Sitzungen außerhalb Bonns kam es sonst nur noch selten, wie etwa im Oktober 1996, als eine RSK-Sitzung mit Anhörung von Sachverständigen aus der Schweiz, Rumänien, Frankreich, Österreich, Belgien, USA und Deutschland zum Thema „Ableitung seismischer Lastannahmen für Kernkraftwerke" im großen Hörsaal Theresianum der TU München abgehalten wurde (304. RSK-Sitzung 21./22.10.1996).

Das Recht des einzelnen RSK-Mitglieds, ein Sondervotum zu mehrheitlich gefassten RSK-Empfehlungen abzugeben, blieb erhalten. Davon wurde jedoch nur selten Gebrauch gemacht. Es ging beispielsweise einmal um den Austausch

der Schnellabschalt (SAS)-Behälter der Siedewasserreaktoren Brunsbüttel (KKB) und Philippsburg 1 (KKP 1). Der RSK-Unterausschuss (UA) „Reaktordruckbehälter" (RDB) hatte sich mit druckführenden Komponenten außerhalb des Primärkreises in Betrieb befindlicher Kernkraftwerke befasst und geprüft, ob Werkstoffe, Herstellung und Qualitätssicherung den Empfehlungen der in diesen Fragen führenden MPA Stuttgart entsprachen. Besondere Aufmerksamkeit galt den höherfesten Feinkornbaustählen, deren Sicherheitseigenschaften hinsichtlich Zähigkeit und Rissbildung an Behälter-Schweißverbindungen nicht optimal waren. Der RSK-UA RDB hatte empfohlen, die SAS-Behälter nur noch befristet unter Auflagen zu belassen, weil sie den an RDB gestellten Anforderungen nicht genügten. Der Vorsitzende des RSK-UA RDB, Rudolf Trumpfheller, und Karl Kußmaul, die sich für die Linie der MPA Stuttgart einsetzten, konnten in einer intensiven Beratung die anderen RSK-Mitglieder von der Richtigkeit ihrer Position überzeugen mit Ausnahme von Albert Ziegler.[110] Mit seinem Minderheitsvotum widersprach Ziegler der Auffassung, dass die SAS-Behälter nicht unbefristet betrieben werden können. Es gebe nach seiner Auffassung keine schwerwiegenden Argumente für ein mögliches spontanes Versagen. Er verwies auf die guten Ergebnisse auch sehr harter Tests solcher SAS-Behälter.[111] Ein anderes Beispiel ist das Minderheitsvotum von vier RSK-Mitgliedern, die eine Ausstattung der RDB mit Berstsicherung generell nicht für notwendig hielten, während die RSK-Mehrheit den Berstschutz für das BASF-Kernkraftwerk befürwortete.[112]

Die Bundesregierung nahm grundsätzlich Kontroversen und Minderheitsvoten zu wichtigen Sachfragen als Indiz dafür, dass der Stand von Wissenschaft und Technik noch weiterer

---

[110] Ziegler, Albert, Dr. rer. nat., o. Prof. für Reaktortechnik an der Ruhr-Universität Bochum, 1953–1971 in leitenden Funktionen in den Bereichen Reaktortechnik, Kernkraftwerke und Schnellbrüter-Entwicklung der Fa. Siemens, 1971 Ruhr-Univ., 1971–1981 Mitglied der RSK.

[111] BA B 106-75314, Ergebnisprotokoll 105. RSK-Sitzung, 25. 6. 1975, S. 8 f.

[112] BA B 106-75309, Ergebnisprotokoll 89. RSK-Sitzung, 12. 12. 1973, S. 7.

Klärung bedurfte. Sie legte großen Wert darauf, dass fachliche Probleme bis zur Abklärung aller offenen Fragen ausdiskutiert wurden. War dies wegen fehlender Erkenntnisse und Erfahrungen nicht möglich, sollten Wissenslücken durch Studien und Forschungsprojekte geschlossen werden. Auch im Falle der abweichenden Auffassung von Albert Ziegler wurden Werkstoffversuche gefordert und durchgeführt.

Durch den Organisationserlass von Bundeskanzler Willy Brandt (SPD) vom 15.12.1972 wurden die Zuständigkeiten für Reaktorsicherheit neu abgegrenzt. Reaktorsicherheitsforschung und -technik verblieben bei dem für die Förderung der friedlichen Kernenergienutzung zuständigen Forschungsminister, Reaktorsicherheit und Strahlenschutz und damit die Recht- und Zweckmäßigkeitsaufsicht über den Vollzug des Atomgesetzes wurden dem Bundesminister des Innern zugeordnet. Im Bundesinnenministerium wurde dafür zunächst eine Unterabteilung „Sicherheit und Strahlenschutz" eingerichtet,[113] die bald in eine Abteilung mit zwei (später drei) Unterabteilungen umgewandelt wurde. Die RSK erhielt damit ebenfalls eine neue Anbindung. Durch die Trennung der Zuständigkeiten für die Aufsicht über die Kernenergie-Sicherheit von der für die Kernenergie-Förderung wurde die Unabhängigkeit der RSK gegenüber einer kritischen Öffentlichkeit unterstrichen. Die RSK selbst äußerte in einer Stellungnahme ihre „Besorgnis über eine mögliche Trennung auch der Reaktorsicherheitsforschung von der Genehmigungsverantwortung." Sie machte auf den Zielkonflikt zwischen der Förderung einer technisch-wirtschaftlichen Weiterentwicklung der Kernenergienutzung und der Entwicklung des Standes von Wissenschaft und Technik zugunsten der Reaktorsicherheit aufmerksam, „auch wenn letzteres wirtschaftlichen Erwägungen zuwiderläuft."[114] Tatsächlich

konnte die RSK die Forschungen im Bereich der Reaktorsicherheit, die vom Bundesminister für Forschung und Technologie (BMFT) gefördert wurden, fachlich eng begleiten. Der BMI förderte Forschungsvorhaben der Reaktorsicherheit, die in einem unmittelbaren Zusammenhang mit den Genehmigungsverfahren standen.

Die RSK war seit Anfang der 1970er Jahre stark gefordert. Die Zahl der Kernkraftwerksprojekte war beträchtlich angestiegen und deren Leistungsgröße lag zwischen bisher nicht erreichten 1.200 und 1.400 MW$_{el}$. Man musste technisches Neuland betreten. Bedeutende Fragen standen zur Beratung an. Wie müssen Großkraftwerke beschaffen sein, die in dicht besiedelten Gebieten betrieben werden sollen (Standorte wie Ludwigshafen/BASF, Mülheim-Kärlich u. a.)? Müssen sie verbunkert oder in unterirdischer Bauweise errichtet werden? Braucht der Reaktordruckbehälter einen Berstschutz? Wie verhält sich der Reaktor bei schweren Erdbeben? Halten die Reaktorgebäude Abstürzen von schnellfliegenden Kampfflugzeugen und chemischen Explosionsdruckwellen stand? Gibt es zuverlässige Verfahren der Qualitätssicherung auch bei periodisch wiederkehrenden Prüfungen (WKP) im Betrieb der Anlagen? Wie wappnet man sich gegen terroristische Anschläge? Der RAF-Terrorismus beunruhigte die Bevölkerung. Bei den Olympischen Spielen 1972 in München kam es zu blutigen Terrorakten.

Den RSK-Mitgliedern war bewusst, dass hohe Sicherheit im Gesamtsystem eines Kernkraftwerks nur erreichbar ist, wenn alle Teile ein gleichmäßig hohes Sicherheitsniveau besitzen. Dies zu erreichen, war eine der entscheidenden Aufgaben aller RSK-Mitglieder. Mit dieser Zielsetzung kamen gelegentlich auch RSK-Ausschüsse zu gemeinsamen Sitzungen zusammen. Um manche grundlegend wichtigen Sachthemen umfassend und in Ruhe ausdiskutieren zu können, wurden ab Mitte der 70er Jahre ein- bis zweitägige RSK-Klausurtagungen abgehalten. Sie fanden

---

[113] vgl. Genscher, Hans-Dietrich (FDP): Antwort auf eine parlamentarische Anfrage der Abg. Frau Dr. Walz (CDU/CSU), Deutscher Bundestag, Plenar-Protokoll 7/15, Anlage 6, 16. 2. 1973, S. 690.

[114] BA B 106-75306, Niederschrift 79. RSK-Sitzung, 20. 12. 1972, Anlagen: Stellungnahme der RSK zur Neuordnung der Zuständigkeit für das atomrechtliche Genehmigungsverfahren und für die Sicherheitsforschung vom 20.

12. 1972. Diese RSK-Stellungnahme wurde mit Schreiben vom 21. 12. 1972 vom RSK-Vorsitzenden Dieter Smidt an die Bundesminister Horst Ehmke (BMFT) und Hans-Dietrich Genscher (BMI) übersandt.

in besonderen Fällen in Bonn, gewöhnlich aber außerhalb an einem abgelegenen Ort statt, wie Kloster Seeon, Wildbad Kreuth, Schliersee, dem Fortbildungszentrum für Technik und Umwelt in Leopoldshafen oder ein Hotel irgendwo im Ruhrgebiet, wo die RSK-Mitglieder ungestört untereinander diskutieren konnten. Solche Themen, die über einzelne Fachdisziplinen hinausreichten, waren beispielsweise Erdbebensicherheit, Einrichtung von Notwarten, thermohydraulische Effekte, Kernschmelzunfälle in Leichtwasserreaktoren oder juristische Fragen zur Interpretation des Standes von Wissenschaft und Technik. Von außerhalb der RSK nahmen neben gelegentlich dazu eingeladenen Fachleuten nur Vertreter des zuständigen Bundesministeriums teil.

Im Jahr 1973 wurde im Bundesinnenministerium aus der Unterabteilung „Sicherheit und Strahlenschutz" die Abteilung „Reaktorsicherheit". Von den als Abteilungsleitern tätigen Ministerialdirektoren sind zu erwähnen: Dipl.-Ing. Wilhelm Sahl (1974–1981), Jurist Dr. Hans-Peter Bochmann (1981–1986), Verwaltungswissenschaftler und Jurist Dr. Walter Hohlefelder (1986–1994), Jurist Gerald Hennenhöfer (1994–1998), Jurist und Physiker Wolfgang Renneberg (1998–2009) sowie nochmals Jurist Gerald Hennenhöfer (ab 2009). In ihren Büros fand ein Jourfixe in der Regel am Vortag der RSK-Sitzungen statt, an dem der RSK-Vorsitzende, sein Stellvertreter sowie von Fall zu Fall Vorsitzende von RSK-Unterausschüssen teilnahmen. Der Jour-fixe diente der gegenseitigen Unterrichtung über anstehende Hauptthemen, über Verfahrensfragen, Entscheidungserfordernisse, insbesondere über Terminlagen bei atomrechtlichen Verfahren und Terminabstimmungen. Anstehende Neuberufungen von RSK-Mitgliedern wurden ebenfalls im Jour-fixe erörtert. Sach- und Fachfragen wurden hier nicht behandelt. Die fachliche Beratung und Entscheidungsfindung fand ausschließlich in der RSK und in ihren Ausschüssen statt.[115]

Das gesellschaftliche und politische Umfeld verschlechterte sich für die Kernenergienutzung in den 70er Jahren. An den Standorten Breisach und Wyhl (s. Kap. 4.5.7) und Brokdorf gab es Massenproteste und Gewalttätigkeiten bisher nicht erlebten Ausmaßes. Jede Genehmigung einer Neuanlage wurde gerichtlich überprüft, die Behörden mit Verwaltungsstreitverfahren überzogen. Die Politik reagierte mit immer neuen Anforderungen an die Reaktorsicherheit, Begutachtung und Nachprüfung. Die Zahl der RSK-Sitzungen nahm zu. Die Sacharbeit im Einzelnen wurde in den RSK-Unterausschüssen geleistet, die Sitzungen in dichter Folge abhielten.

Die 70er Jahre waren die Zeit der häufigen Konferenzen, Fachtagungen und öffentlichen Diskussionen über Atomkraft und Reaktorsicherheit. Die RSK-Vorsitzenden[116] und -Mitglieder waren als Sachverständige in Verwaltungsstreitverfahren, wie im Wyhl-Prozess, bei parlamentarischen Anhörungen, auf Tagungen und öffentlichen Foren und bei den Medien gefragt und gefordert. Sie gerieten dabei in die politische Auseinandersetzung. Für viele Atomkraftgegner gehörte die RSK zum Atom-Establishment. Sie könne und wolle sich nicht gegen wirtschaftliche Hersteller- und Betreiberinteressen durchsetzen. Die RSK sei seit ihrer Gründung ein „Bollwerk der Atomindustrie" und die „organisierte wissenschaftliche Einseitigkeit" gewesen.[117] Die Frage der Glaubwürdigkeit und Kritikfähigkeit der Wissenschaftler im Kernenergiebereich war Ende August 1978 beim Expertengespräch über Reaktorsicherheitsforschung im Bundesministerium für Forschung und Technologie (BMFT) unter Leitung des Ministers Volker Hauff (SPD) Gegenstand einer kontroversen Erörterung.[118]

---

[116] Anhang 2–2 enthält die Liste der RSK-Vorsitzenden und ihrer Stellvertreter seit 1958.

[117] So noch 1999 der Bundesminister für Umwelt, Naturschutz und Reaktorsicherheit, Jürgen Trittin (Grüne), vor dem Deutschen Bundestag, PlPr 14/49, 30. 6. 1999, S. 4294.

[118] Hauff, Volker (Hg.): Expertengespräch Reaktorsicherheitsforschung, Protokoll des Expertengesprächs vom 31. 8. bis 1. 9. 1978 im Bundesministerium für Forschung und Technologie, Neckar-Verlag, Villingen, 1980, S. 44 ff.

---

[115] AMPA Ku 151, Himmel: Persönliche schriftliche Mitteilung vom 2. 2. 2005 von Ministerialrat a. D. Theodor Himmel. Er hat als der für die RSK-„Betreuung" zuständige Referats- bzw. Gruppenleiter jahrelang am Jour-fixe teilgenommen.

Ein Vertreter des BMFT, Seipel,[119] führte das Beispiel des „Kritikers Kußmaul" in die Diskussion ein.[120] Kußmaul[121] habe sich 1970 über Schweißnahtnebenrisse in Reaktorkomponenten in einem kritischen Bericht geäußert, der von allen Seiten als Außenseitermeinung abgetan und zurückgewiesen worden sei. Trotzdem seien alle seine Schlussfolgerungen im BMFT-Forschungsprogramm berücksichtigt worden. Tatsächlich führte die Entschiedenheit des „Außenseiters und Kritikers" Kußmaul u. a. schließlich auch dazu, dass zunächst ganze Rohrleitungssysteme in deutschen im Bau befindlichen Kernkraftwerken erneuert und ausgetauscht wurden; bei nachfolgenden Anlagen wurde das Basissicherheitskonzept (s. Kap. 11.3) für die gesamte druckführende Umschließung und die äußeren Systeme angewendet. Es lässt sich durchgängig nachweisen, dass sich die RSK mit allen Empfehlungen, die sie für notwendig hielt, auch gegen wirtschaftliche Interessen durchgesetzt hat.

Da sich die Unterausschüsse (UA), in die zur Entlastung der RSK die Sachdiskussionen im Einzelnen verlagert werden konnten, bewährt hatten, waren sie in der neuen Geschäftsordnung verankert worden.[122] 1972 waren 28 Unterausschüsse eingesetzt, darunter der UA Reaktordruckbehälter. 1980 wurden die UA „Reaktordruckbehälter" und „Kühlmittelkreisläufe" im Ausschuss „Druckführende Komponenten" zusammengelegt. Während die RSK jährlich etwa 10 Hauptsitzungen abhielt, tagten die UA insgesamt 60–80 mal. Ab 1980 wurden die „Unterausschüsse" in „Ausschüsse" umbenannt, und es gab zusätzlich „Ad-hoc-Arbeitsgruppen" und in den 90er Jahren „RSK-Arbeitsgruppen" und für

die Zusammenarbeit mit ausländischen Gremien „Working Groups".[123]

Anfang der 90er Jahre gab es im Zusammenhang mit der angekündigten 7. Atomgesetznovelle öffentlich diskutierte Anregungen, die RSK gesetzlich zu verankern. Wenn ihre Aufgabenstellung, ihre Besetzung und ihre Unabhängigkeit normiert würden, könnten auch ihre Leitlinien und Empfehlungen eine gewisse interne und externe rechtliche Bindungswirkung entfalten.[124] Bundestag und Bundesregierung nahmen solche Vorschläge nicht auf. Die RSK solle ein Beratungsgremium der Bundesregierung bleiben, dessen Empfehlungen Teil eines behördeninternen Festlegungs- und Bewertungsvorgangs sei und bei der Wahrnehmung der Bundesaufsicht berücksichtigt werden. Solange sie aus hervorragenden Sachverständigen zusammengesetzt sei, seien ihre Beratungsergebnisse stets wichtige und belastbare Grundlagen für Verwaltungsentscheidungen.[125]

Die Strahlenschutzkommission (SSK) Am 19. April 1974 machte der Bundesminister des Innern Hans-Dietrich Genscher (FDP) bekannt, dass zu seiner Beratung in allen Fragen des Schutzes vor den Gefahren ionisierender Strahlen eine Strahlenschutzkommission (SSK) gebildet werde. Sie werde in der Regel aus 15 Mitgliedern bestehen, die besondere Erfahrungen auf einem der folgenden Fachgebiete haben sollten: Biophysik, Radiochemie, Radioökologie, Strahlenbiologie, Strahlengenetik, Strahlenphysik, Strahlenschutzmedizin, Strahlenschutzmesstechnik und Strahlenschutztechnik. Die Mitgliedschaft in der SSK sei ein persönliches Ehrenamt, unabhängig und frei von Weisungen.[126] In seiner Ansprache

[119] Heinz G. Seipel, Dipl.-Ing., Referent für Reaktorsicherheitsforschung im BMFT.

[120] Hauff, Volker (Hg.): Expertengespräch Reaktorsicherheitstechnik, a. a. O., S. 61.

[121] Karl Kußmaul, Dr.-Ing., 1970 stellvertretender Direktor und Leiter der Hauptabteilung Werkstoff- und Schweißtechnik an der MPA Stuttgart, 1973 bis 1998 RSK-Mitglied.

[122] BAZ Nr. 44 vom 3. 3. 1972, § 6 Bekanntmachung, Anlage Geschäftsordnung § 4.

[123] vgl. Berichte der RSK-Geschäftsstelle in den GRS-Jahresberichten.

[124] Jarass, Hans D.: Befund und Reform der untergesetzlichen Regelungen im Atomrecht, Neuntes Deutsches Atomrechts-Symposium, 24.–26. Juni 1991 in München, Lukes, Rudolf und Birkhofer, Adolf (Hg.): Schriftenreihe Recht-Technik-Wissenschaft, Bd. 64, C. Heymanns Verlag, Köln, 1991, S. 117–118.

[125] Birkhofer, A. und Jahns, A.: Einfluss der RSK auf den Sicherheitsstandard, atw, Jg. 22, April 1977, S. 191–194.

[126] BAnz Nr. 92, 17. 5. 1974.

anlässlich der konstituierenden Sitzung der SSK am 17. Oktober 1974 verwies Genschers Amtsnachfolger Bundesinnenminister Werner Maihofer auf den geplanten raschen Ausbau der Kernkraftwerkskapazität auf 50.000 MW$_{el}$ und meinte: *„Der Strahlenschutz im Brennstoffkreislauf, bei Transport und Lagerung radioaktiver Abfälle wächst damit in kritische Dimensionen.“* Er nannte auch *„das latente Risiko der von immer mehr Kernkraftwerken und anderen kerntechnischen Anlagen ausgehenden Strahlengefährdung.“* Zu den SSK-Aufgaben gehöre auch die wissenschaftliche Auseinandersetzung mit den Argumenten der Kritiker der friedlichen Nutzung der Kernenergie. Viele Mitbürger seien tief beunruhigt und von den polemischen Kampagnen verunsichert. Es fehle an Information. Diese Unsicherheiten müssten abgebaut werden. Die SSK stehe gleichrangig und gleichbedeutend neben der RSK.[127]

Gegenüber der kritischen Öffentlichkeit hatte die neu gebildete SSK den Vorzug, nicht unmittelbar etwas mit der Zulassung kerntechnischer Anlagen zu tun zu haben. Wegen der Sachnotwendigkeit, die Arbeit von RSK und SSK eng miteinander zu koordinieren, waren jedoch in der Regel zwei Sachverständige Mitglied in beiden Kommissionen zugleich. Die RSK hatte von Anbeginn entsprechend ihrer Satzung Mitglieder, welche die Fachgebiete Strahlenschutztechnik, -biologie und -medizin kompetent vertreten konnten. Parallel zur RSK war die Fachkommission Strahlenschutz der DAtK, der verschiedene Arbeitskreise zugeordnet waren, mit Fragen des Strahlenschutzes befasst. Nach Auflösung der DAtK im Oktober 1971 trat an die Stelle dieser Fachkommission ein Fachausschuss „Strahlenschutz und Sicherheit“. Ein Teil seiner Mitglieder wurde in die neue SSK übernommen. Der erste SSK-Vorsitzende war Wolfgang Jacobi.[128]

Zur Klärung von Fragen, die RSK und SSK gleichermaßen betrafen, wie beispielsweise die Beurteilung der Langzeitsicherheit eines Endlagers für radioaktive Abfälle oder Meldekriterien für den Betreiber kerntechnischer Anlagen zur Alarmierung der Katastrophenschutzbehörde oder Berechnungsgrundlagen zur Ermittlung der Auswirkungen schwerer Unfälle mit Kernschmelzen, wurden gemeinsame RSK/SSK-Sitzungen abgehalten, RSK/SSK-Arbeitsgruppen oder -Gesprächskreise eingerichtet.

Anfang März 1974 wurde beim Institut für Reaktorsicherheit der TÜV e. V. (IRS) in Köln eine fachlich weisungsunabhängige SSK-Geschäftsstelle eingerichtet, die am 1.1.1977 von der neu gegründeten Gesellschaft für Reaktorsicherheit (GRS) übernommen wurde. 1989 wurde die SSK-Geschäftsstelle in das neu errichtete Bundesamt für Strahlenschutz (BfS) eingegliedert. Die SSK tagte 5–10-mal und verabschiedete 2–10 Empfehlungen pro Jahr. Jährlich veröffentlichte sie ein bis zwei Schriften zu besonderen Themen, wie beispielsweise über *Ionisierende Strahlung und Leukämieerkrankungen von Kindern und Jugendlichen.*

Das Institut für Reaktorsicherheit der Technischen Überwachungsvereine e. V. (IRS) Für den Vollzug der atomrechtlichen Genehmigungs- und Aufsichtsverfahren waren von Anbeginn an die Länder zuständig. Sie bedienten sich bei der Begutachtung, der Errichtung und Inbetriebsetzung von Reaktoren auch der Mitarbeit der Technischen Überwachungs-Vereine (TÜV), die sich seit langer Zeit bei der Überwachung und Prüfung von industriellen Großanlagen bewährt hatten. Schon 1953 hatte die Mitgliederversammlung der Vereinigung der Technischen Überwachungs-Vereine e. V. (VdTÜV) beschlossen, sich mit Atomenergie und Kerntechnik zu befassen. Einige der jeweils in den Bundesländern ansässigen TÜV begannen 1955, eigene kerntechnische Arbeitsgruppen aufzubauen.[129] Diese Erweite

---

[127] Dokumentation des Bundesumweltministeriums: http://www.ssk.de/vorstell/maihofer.htm.

[128] Jacobi, Wolfgang, Dr. rer. nat. habil., apl. Prof. TU Berlin, 1952–1972 Leiter d. Abt. Strahlenhygiene am Hahn-Meitner-Institut f. Kernforschung, Berlin, seit 1972 Leiter d. Inst. f. Strahlenschutz d. Gesell. f. Strahlen- u. Umweltforschung, Neuherberg b. München, Mitglied ICRP.

[129] 10 Jahre IRS 1965–1975, Institut für Reaktorsicherheit, Köln, 1975, S. 6.

rung der TÜV-Tätigkeitsgebiete vollzog sich schleppend, bis 1958 die RSK gebildet wurde.[130]

Um die ehrenamtlich tätige RSK zu entlasten und zu ergänzen, lag es nahe, eine hauptberufliche Arbeitsgruppe für Reaktorsicherheit bei der VdTÜV zu gründen. Die Beschlüsse dazu fasste die VdTÜV-Mitgliederversammlung im Oktober 1960 in Mannheim. Die Arbeitsgruppe nahm am 1. Januar 1961 die Arbeit auf. Ihre Aufgaben waren:[131]

- Vorprüfung von Sicherheitsberichten,
- Nachrechnung nuklearer und konventioneller Vorgänge, soweit sie Einfluss auf die Sicherheit kerntechnischer Vorgänge haben,
- Kontrolle der Bewährung der Sicherheitsmaßnahmen kerntechnischer Anlagen im Betrieb sowie
- systematische Auswertung der eigenen und ausländischen Erkenntnisse zur Gestaltung einheitlicher technischer Regeln.

Die „Arbeitsgruppe Reaktorsicherheit" der VdTÜV hatte bis 1964 18 größere Gutachten zu erstellen. Als die Zahl der Reaktorprojekte zunahm, ergab sich die Notwendigkeit, eine belastbare Organisation zu schaffen. Im Dezember 1964 gründeten die 11 TÜV im Bundesgebiet und Berlin sowie der Germanische Lloyd (der TÜV für Schiffe) das Institut für Reaktorsicherheit mit einer Geschäftsstelle in Köln. An der Gründung hatte das Bundesministerium für wissenschaftliche Forschung maßgebend mitgewirkt. Sein Interesse galt einer zentralen Stelle, die alle sicherheitstechnischen Erkenntnisse aus dem In- und Ausland sammelt und auswertet sowie für sicherheitstechnische Beurteilungen von kerntechnischen Anlagen jederzeit verfügbar ist.[132] Der Bund verpflichtete sich vertraglich, für die Dauer von 10 Jahren einen Zuschuss zu den IRS-Betriebskosten zu zahlen.

Die IRS-Organe waren die Mitgliederversammlung, der fünfköpfige, aus den Mitglieds-

TÜV gewählte Vorstand und der Geschäftsführer. Zum Geschäftsführer wurde Otto Kellermann[133] bestellt. Die Organisation des Instituts bestand neben dem Verwaltungsbereich aus den Hauptabteilungen „Grundlagen" und „Anlagen". Die Grundlagenabteilung war mit Strahlenschutz, Regeln und Richtlinien sowie Störfallerfassung befasst. Die Hauptabteilung „Anlagen" war in sechs Fachabteilungen aufgegliedert: „Auslegung" (Reaktorstatik, Dynamik, Zuverlässigkeitstechnik), „Systeme" (Wärme- und Strömungstechnik, Sicherheitseinschlüsse), „Komponenten" (Konstruktion, Festigkeit, Werkstoffe), „Betriebstechnik" (Energieversorgung, Anlagensicherheitstechnik, Messwesen und Messwertverarbeitung), „Forschungsbetreuung" (Reaktorsicherheitsforschung) und „Projekte" (Gutachten und Bundesaufgaben). Dem IRS waren die Geschäftsstellen der RSK und des Kerntechnischen Ausschusses (KTA) angegliedert.

Zu den satzungsgemäßen IRS-Aufgaben gehörten:[134]

- Beratung und Gutachtertätigkeit für die Behörden des Bundes und der Länder,
- Bearbeitung grundsätzlicher Sicherheitsfragen,
- Ausarbeitung sicherheitstechnischer Regeln und Richtlinien,
- Sammlung, Auswertung und Verbreitung einschlägiger in- und ausländischer Erkenntnisse,
- Planung, Beratung, begleitende Beobachtung und Auswertung von Forschungsvorhaben,
- Dokumentation von Genehmigungsunterlagen.

Zu den fachlichen Aufgaben des IRS gehörte also neben der Gutachtertätigkeit auch die Weiterentwicklung der Sicherheitstechnik. Die Anregung, Verfolgung und Auswertung von Forschungsvorhaben sowie von Vorschlägen aus der Industrie auf dem Gebiet der Reaktorsicherheit wurde zu einem Arbeitsschwerpunkt des IRS. In Abstimmung mit dem Bundesministerium erfasste, prüfte und publizierte das IRS neue sicherheitstechnische Entwicklungen in den IRS-Mittei-

---

[130] Hoffmann, Werner E.: Die Organisation der Technischen Überwachung in der Bundesrepublik Deutschland, Droste, Düsseldorf, 1980, S. 128.

[131] ebenda, S. 8.

[132] Karr, H.: Das neue Institut für Reaktorsicherheit, atw, Jg. 10, März 1965, S. 140 f.

[133] Kellermann, Otto, Dipl.-Ing., Dir. TÜV Rheinland e. V., Köln.

[134] 10 Jahre IRS, a. a. O., S. 42.

lungen, Allgemeinen Berichten, Forschungsberichten, Tagungsberichten, Wissenschaftlichen
Berichten, Statusberichten und Stellungnahmen
zu Kernenergiefragen. Hinzu kamen die Veröffentlichung von Richtlinien und Empfehlungen
sowie die IRS-Informationsdienste. Die Berichte des IRS wuchsen im Laufe der Jahre zu umfangreichen Reihen heran. Der Arbeitsaufwand
für gutachtliche Tätigkeiten und Betreuung der
Programme der Bundesministerien war über ein
Drittel des Gesamtaufwands. Für Gutachten in
der Zusammenarbeit mit den TÜV wurde etwa
ein Viertel der insgesamt verfügbaren Arbeitszeit
aufgewendet.[135] Der personelle Ausbau des IRS
schritt entsprechend den vielen geplanten und
errichteten kerntechnischen Anlagen und unter
dem Eindruck des öffentlichen Atomprotestes
Ende der 1960er Jahre rasch voran und erreichte
1974 einen Stand von 160 Mitarbeitern.[136] Alle
Kernkraftprojekte mussten in Verwaltungsstreitverfahren vor Gericht verteidigt werden. Die
Genehmigungsbescheide mussten deshalb „ge-
richtsfest" abgefasst, außerordentlich sorgfältig
und detailliert erarbeitet und begutachtet werden.
Um die praktischen Auswirkungen dieser Entwicklung zu verdeutlichen, sei folgender Hinweis gegeben:

Wolfgang Keller, das für die Technik zuständige Vorstandsmitglied von Siemens-KWU, hat
mit Blick auf die 1970er Jahre auf einer Tagung
eindrucksvoll beschrieben, wie das „Anforde-
rungskarussell" den Aufwand der Hersteller an
Ingenieursleistungen, Begutachtungen, Vorprü-
fungen und Überwachung geradezu exponentiell
in die Höhe trieb.[137] Der Ingenieursaufwand für
das Kernkraftwerk Grafenrheinfeld (Baubeginn
1975) stieg gegenüber dem Kraftwerk der gleichen Leistungsklasse Biblis A (Baubeginn 1970)
um das Zweieinhalbfache auf 3,5 Mio. Stunden.
Der Umfang der erforderlichen Dokumentation
für qualitätssichernde Betriebsaufschreibungen,
Qualitätsnachweis des Herstellers, der Gutach-

ter und Behörden sowie die Qualitätsüberwachung durch Sachverständige allein für die Pri-
märkreisanlage wuchs von 60.000 auf 240.000
Blatt an, also auf das Vierfache innerhalb von
fünf Jahren.

**Das Laboratorium für Reaktorregelung
und Anlagensicherheit an der Technischen
Hochschule (später Technischen Universität)
München (LRA)** Am 1. Oktober 1963 wurde
das LRA durch den Direktor des Instituts für
Mess- und Regelungstechnik an der Technischen
Hochschule München, Ludwig Merz[138], gegründet. Das LRA sollte die im Ausland erzielten
Fortschritte der Reaktorsicherheits-Forschung
auswerten und Lücken in deutschen Forschungsvorhaben schließen. Es befasste sich zunächst
mit Reaktor-Regelungskonzepten und der Instrumentierung und Dynamik von Kernreaktoren,
insbesondere dem Kühlmittelverhalten. Später kamen die Simulation des Verhaltens von
Reaktoranlagen und die Berechnung komplexer
Störfälle hinzu. Im Jahr 1971 wurden die LRA-
Forschungsvorhaben in sieben Themenkreise neu
gegliedert:[139]

• Reaktorstatik und Dynamik
• Notkühlung
• Containmentprobleme
• Systemanalyse und Zuverlässigkeitstechnik
• Analyse stochastischer Prozesse
• Reaktorregelung und
• Einsatz der Datenverarbeitung.

Im April 1971 bezog das LRA einen großzügig
ausgestatteten Neubau in Garching bei München.
Auf Ludwig Merz folgte 1971 Adolf Birkhofer,[140] unter dessen Leitung der LRA-Personal-

---

[135] ebenda, S. 16 f.

[136] ebenda, S. 10–15.

[137] Keller, Wolfgang: Neue Wege bei Planung und Begutachtung von Kernkraftwerken, VGB-Sondertagung, 24.
April 1980, Dortmund

[138] Merz, Ludwig, Dr.-Ing., 1930–1961 Siemens & Halske AG, 1961 o. Prof. für Regelungstechnik TH München,
1958–1969 RSK-Mitglied, 1967–1969 stellv. RSK-Vors.

[139] Krause, H. D.: Entwicklung des LRA, in: 10 Jahre Laboratorium für Reaktorregelung und Anlagensicherheit,
Technische Universität München, 1974, S. 7–12.

[140] Birkhofer, Adolf, Dr. phil. Dr.-Ing. E.h., 1958–1963
Industrietätigkeiten (Siemens, TÜV Bayern), 1963 Leiter
LRA, 1971 Lehrstuhl für Reaktordynamik und Reaktor-
sicherheit TU München, 1975 o. Prof., 1977–2002 Wiss.-
Techn. Geschäftsführer GRS, 1965–1998 RSK-Mitglied,
1974–1977, 1986–1989 und 1993–1998 RSK-Vors., 1969
Comm. on the Safety of Nuclear Installations OECD,

bestand auf 60 Wissenschaftler und 24 nichtwissenschaftliche Kräfte im Jahr 1975 anwuchs.

Die Gesellschaft für Anlagen- und Reaktorsicherheit (GRS) mbH Die Einrichtung des IRS hatte sich gerade in den Jahren kritischer öffentlicher Diskussionen und Proteste gegen die Kernenergienutzung bewährt. 1976 wurde das IRS mit dem LRA vereinigt und als GRS zur zentralen, gemeinnützigen Fachinstitution auf dem Gebiet der Reaktorsicherheit ausgebaut. Der Bund, die Länder Nordrhein-Westfalen und Bayern sowie die elf TÜV und der Germanische Lloyd führten als Gesellschafter am 26. Mai 1976 LRA und IRS zusammen und gründeten die „Gesellschaft für Reaktorsicherheit (später Gesellschaft für Anlagen- und Reaktorsicherheit) (GRS) mbH" mit den beiden Standorten Köln und Garching bei München. Die Gesellschaftsanteile verteilten sich wie folgt: Bundesrepublik Deutschland 46 %, die elf TÜV und der Germanische Lloyd zusammen 46 % und die Standort-Länder je 4 %. Die GRS-Geschäftsführer wurden die Geschäftsführer von IRS (Otto Kellermann) und LRA (Adolf Birkhofer). Der Geschäftsbetrieb begann im Januar 1977. Die Mitarbeiterzahl wuchs bis 1981 auf 500.[141]

Es gab Überlegungen und Bestrebungen vonseiten des IRS und des LRA, die MPA Stuttgart in diesen Verbund einzubeziehen. Sie scheiterten an den Bedenken des BMI, der auf einer strikten Unabhängigkeit der MPA Stuttgart gegenüber den Technischen Überwachungsvereinen und der GRS bestand.

LRA und IRS ergänzten sich mit ihren Forschungs- und Entwicklungsaufgaben und der praktischen Erfahrung mit Begutachtungen in den atomrechtlichen Genehmigungsverfahren. Die GRS führte die bisherigen Tätigkeiten von IRS und LRA fort, musste aber umgehend neue Aufgaben übernehmen. Im Frühjahr 1976 hatte

der Bundesminister für Forschung und Technologie eine Risikostudie für ein deutsches Kernkraftwerk mit Druckwasserreaktor in Anlehnung an den USAEC Bericht WASH-1400 („Rasmussen-Studie", s. Kap. 7.2.2) in Auftrag gegeben. Hauptauftragnehmer wurde die GRS. Die Ergebnisse der Phase A der deutschen Risikostudie wurden 1979 veröffentlicht.[142] 1981 wurde Phase B der Risikostudie begonnen und zahlreiche Institutionen mit Einzeluntersuchungen beauftragt. 1985 erhielt die GRS die Aufgabe, unter Einbeziehung dieser Einzelvorhaben die Risikostudie B fortzuführen und abzuschließen, was 1989 geschah. Dabei wurden anlageninterne Notfallschutzmaßnahmen berücksichtigt und eine verbesserte Datenbasis verwendet.[143]

Der schwere Störfall im amerikanischen Kernkraftwerk Three Mile Island Block 2 (TMI 2) am 28. März 1979 gab der RSK und der GRS Anlass, den Störfallablauf zu analysieren und die deutsche Sicherheitstechnik im Vergleich zu überprüfen.[144] Ein wesentliches Ergebnis war, dass das „kleine Leck" den größten Beitrag zu Kernschmelzunfällen liefert, was auch durch die Deutsche Risikostudie, Phase A (s. Kap. 7.3), bestätigt wurde. Die daraus gewonnenen Erkenntnisse haben zu erheblichen Nachrüstungen zur Verbesserung der Störfallbeherrschung geführt, wie beispielsweise RDB-Füllstandsonde, Hochdruckeinspeisung in den RDB aus dem Sicherheitsbehälter-Sumpf sowie Wasserstoff-Abbau-, -Durchmischungs- und -Detektionssysteme. Nach dem Reaktorunfall im Block 4 des Kernkraftwerks Tschernobyl am 26.4.1986 wiederholten sich diese Aktivitäten. Die GRS informierte umgehend und – soweit die Datenlage es zuließ – wissenschaftlich fundiert über die Ursachen,

---

1978–1982 Vors., 1985 International Nuclear Safety Advisory Group (INSAG/IAEA), 1996–1999 Vors.

[141] vgl. Butz, Heinz-Peter und Rakowitsch, Bettina: Reaktorsicherheit – Eine permanente Herausforderung, in: Arbeitssicherheit, Handbuch für Unternehmensleitung, Betriebsrat und Führungskräfte, Rudolf Haufe Verlag, Freiburg, Heft 8, 2003.

[142] Der Bundesminister für Forschung und Technologie (Hg.): Deutsche Risikostudie Kernkraftwerke, Verlag TÜV Rheinland, Köln, 1979.

[143] Der Bundesminister für Forschung und Technologie (Hg.): Deutsche Risikostudie Kernkraftwerke Phase B, Verlag TÜV Rheinland, Köln, 1990.

[144] RSK-Mitglied Prof. Dr. Dieter Smidt wurde eigens vom BMI nach Harrisburg abgeordnet, um vor Ort den Unfall zu analysieren und eine vorläufige Bewertung vorzunehmen. vgl. Smidt, Dieter: Reaktor-Sicherheitstechnik, Springer-Verlag, Berlin/Heidelberg, 1979, S. 284–287.

den Ablauf und die Umweltauswirkungen des Unglücks. Die Untersuchungen haben umfangreiche Nachrüstungen bei den deutschen Kernkraftwerken im Bereich des anlageninternen Notfallschutzes, d. h. zur Verhinderung und Eindämmung von Unfallfolgen bewirkt, z. B. die Einführung von primär- und sekundärseitigen bleed- and- feed-Maßnahmen sowie der gefilterten Druckentlastung des Containments.

Anfang der 80er Jahre wurde das technische Regelwerk erweitert und verbessert. 1982 nahm die GRS ein neues Aufgabenfeld für die Erfassung und Auswertung besonderer Vorkommnisse in deutschen Kernkraftwerken in Angriff. Sie entwickelte Zuverlässigkeitskenngrößen für Komponenten und Systeme. Sie prüfte gezielte, anlagenbezogene Sicherheitsprozeduren (Accident Management Procedures) und nutzte 1994 die UPTF (Upper Plenum Test Facility)-Versuchsanlage im Großkraftwerk Mannheim für den experimentellen Nachweis ihrer Wirksamkeit für die Kühlung des Kerns. Für die laufenden Kernkraftwerke wurde als Folge der Reaktorkatastrophe in Tschernobyl (s. Kap. 4.8.4.2) die am gestaffelten Schutzzielkonzept ausgerichtete „Periodische Sicherheitsüberprüfung" empfohlen. Im Jahr 1987 wurde von der GRS ein Testsimulator für Störfälle eingerichtet.

Neben der Sicherheit deutscher Druckwasserreaktoren bearbeitete die GRS Sicherheitsfragen der Siedewasserreaktoren, sowie des THTR 300 und HTR-Moduls, des SNR 300, der Kraftwerke russischer Bauart (WWER[145]- 440/230), wie sie nach der Wiedervereinigung in Greifswald zu begutachten waren, des Transports und der Entsorgung von radioaktiven Abfällen.

Internationale Kooperationen wurden von der GRS gesucht, wo immer sie zweckmäßig erschienen. Nach der Auflösung des Sowjetblocks war die GRS mit Gutachten, Pilotprojekten und Förderprogrammen in Osteuropa und Russland stark gefordert. 1992 gründete die GRS die Tochterunternehmen „Institut für Sicherheitstechnologie GmbH" (ISTec) und mit dem französischen IPSN (Institut de Protection et de Sûreté Nucléaire) die gemeinsame Organisation RISKAUDIT

in Form einer „Europäischen Wirtschaftlichen Interessenvereinigung".

1991 änderten die Gesellschafter der GRS ihren Namen in „Gesellschaft für Anlagen- und Reaktorsicherheit (GRS) mbH".[146]

4.5.3 Das Kernforschungszentrum Karlsruhe

Am 2. Juli 1956 gab Bundesatomminister Franz Josef Strauß (CSU) in Karlsruhe bekannt, dass Karlsruhe das deutsche Atomzentrum werden wird. Ein mehrjähriges Ringen zwischen Karlsruhe und München war durch Intervention von Bundeskanzler Adenauer entschieden worden.[147] Im 7. „Karlsruher Gespräch" des Süddeutschen Rundfunks am selben Tag nahmen Strauß, der baden-württembergische Wirtschaftsminister Hermann Veit (SPD) und der Mediziner Karl Heinrich Bauer von der Universität Heidelberg[148] zum Thema „Atommeiler" Stellung. Bei der Aussprache wurden aus dem Publikum kritische und besorgte Fragen zu den Gefahrenquellen, den notwendigen Schutzvorkehrungen und der gesetzlichen Verankerung von Sicherheitsmaßnahmen gestellt.[149]

Der Landtag von Baden-Württemberg verabschiedete am 18. Juli 1956 das Gesetz über die Beteiligung des Landes an der Kernreaktor Bau- und Betriebsgesellschaft mbH, Karlsruhe. Der Abgeordnete von Karlsruhe-Stadt II führte in der Beratung aus, er „… empfinde als Karlsruher Bürger die Erwählung meiner Stadt zum Zentrum der deutschen Atomforschung als Auszeichnung."[150] Er fügte hinzu: „Die Bevölkerung

---

[145] Abkürzung für Wasser-Wasser-Energie-Reaktor.

[146] Butz H.-P. und Rakowitsch, B., a. a. O. S.1–19.

[147] Zur Geschichte der Standortentscheidung vgl. Gleitsmann, R-J (1986) Im Widerstreit der Meinungen: Zur Kontroverse um die Standortfindung für eine deutsche Reaktorstation (1950–1955), Kernforschungszentrum Karlsruhe, KfK 4186.

[148] s. Kap. 4.5.1.

[149] Fortschrittliche Skepsis: Badische Volkszeitung Nr. 151, 3. Juli 1956, S. 3.

[150] Otto Dullenkopf (CDU), MdL 1956–1970, Stenographische Berichte des Landtags von Baden-Württemberg, 2. Wahlperiode, 7. Sitzung, 18. Juli 1956, S. 184–185.

der Stadt sieht dem Reaktor mit den angehängten Forschungsstätten mit einer Mischung von – ich darf sagen – Tapferkeit und Gelassenheit entgegen, aber auch nicht, meine Damen und Herren, ohne eine verhaltene Unruhe. Diese Unruhe wird genährt durch atomwissenschaftliche und pseudowissenschaftliche Darstellungen in der Presse sowie durch offensichtlich erhebliche Abweichungen in der Auffassung namhafter Fachvertreter zur Frage des Strahlenschutzes."

Am 19. Juli 1956 fand in Karlsruhe der Staatsakt zur Gründung der Kernreaktor Bau- und Betriebsgesellschaft in Anwesenheit von Bundesminister Strauß (CSU), Ministerpräsident Müller (CDU) und dem Präsidenten der Max-Planck-Gesellschaft Otto Hahn statt. Wie die Lokalpresse in ihren Erinnerungen an einen großen Tag, dem *„erfreulichsten Datum"* in der Geschichte der Stadt, berichtete, begann es mit einer *„dramatisch aussehenden Arabeske vor der Stadthalle".*[151] Eine „Aktionsgemeinschaft für Strahlenschutz" verteilte Flugblätter, auf denen die sofortige Verabschiedung eines Strahlenschutzgesetzes gefordert wurde. Für den Karlsruher Atommeiler müssten äußerste Sicherheitsmaßnahmen getroffen werden. Verantwortlich für das Flugblatt zeichnete die besorgte Stadträtin Menzinger.[152] Die Festredner des Staatsakts betonten einmütig, dass Sicherheit das oberste Gebot beim Bau und Betrieb des Karlsruher Reaktors sei.

Im September 1956 wurde bekannt, dass der Standort des Kernforschungszentrums vom ursprünglich vorgesehenen Gelände am Rhein, nördlich Karlsruhe-Maxau, in den Hardtwald bei Leopoldshafen und Friedrichstal verlegt werden soll. Neben anderen Gründen spiele dabei auch die Sicherheitsfrage eine Rolle.[153] Diese Nachricht löste große Beunruhigung in den Hardtgemeinden aus. Einige Gemeinden erklärten, es gehe nicht an, dass die Stadt Karlsruhe den Landgemeinden das „Risiko des Atommeilers" aufbür-

de.[154] Die Bürger der Hardtgemeinden befürchteten, durch den Reaktor einer höchst bedrohlichen Gefahr ausgesetzt zu werden, die für die Karlsruher Bürger offenbar nicht zumutbar war. Gerade die Ungewissheit über das Ausmaß der Gefahr war beängstigend. Hinreichend genaue Gewissheit über Gefahrenpotenzial und Restrisiko lag offensichtlich auch bei den Vertretern von Staat, Parteien, Wissenschaft und Vorhabenträgern nicht vor.[155] Zur Atomangst kam die als ungerecht empfundene Ungleichverteilung von allgemeinem Nutzen und lokalen Risiken. Die zutiefst aufgebrachte Bürgerschaft der Hardtgemeinden sah sich einer geschlossenen Front von Staat, Parteien, Wissenschaft und Medien gegenüber. Die ablehnende Haltung verhärtete sich. Es entwickelte sich eine erbitterte Auseinandersetzung, wie sie in den 70er Jahren typisch für viele Nuklearstandorte werden sollte.[156]

Zur Rechtfertigung der Proteste wurde in den Hardtgemeinden eine Sammlung kritischer Äußerungen namhafter Wissenschaftler zur Atomkraft aus Zeitschriften und Vortragsmanuskripten zusammengetragen.[157] Sie enthielt mit gewissen Übersetzungs-Unschärfen gegenüber dem englischen Original Aussagen aus Edward Tellers Beitrag auf der Genfer Atomkonferenz 1955, zitiert nach einer Publikation von Karl Bechert.[158] Die

---

[151] Badische Neueste Nachrichten Nr. 168, 20. Juli 1956, S. 9.

[152] Toni Menzinger (CDU), 1970–1980 Landtagsabgeordnete Wahlkreis Karlsruhe II.

[153] Atommeiler voraussichtlich nicht auf Karlsruher Gemarkung: Badische Neueste Nachrichten Nr. 213, Ausgabe Hardt/Pfinzgau, 11. September 1956, S. 8.

[154] Die Hardtbürgermeister und der Karlsruher Atommeiler: Badische Neueste Nachrichten Nr. 228, 28. September 1956, S. 9.

[155] Beispielhaft wird dies deutlich in einer Referentenbesprechung mit Vortrag und Diskussion im Wirtschaftsministerium Baden-Württemberg vom 4. 10. 1955 über Gefahren von Atomkraftwerken. Es wurde vom beigeladenen Sachverständigen nur erwähnt, dass in Atommeilern Millionen Curie Radioaktivität entstehen, die Bedeutung dieser Tatsache aber nicht erläutert. Siehe Faksimile des Protokolls in: Gleitsmann, Rolf-Jürgen: Im Widerstreit der Meinungen, a. a. O., S. 248–261.

[156] Oetzel, Günther: Forschungspolitik in der Bundesrepublik Deutschland, Europäische Hochschulschriften: Reihe 3, Geschichte und ihre Hilfswissenschaften; Bd. 711. Peter Lang Europäischer Verlag der Wissenschaften, Frankfurt a. M., 1996, S. 353.

[157] GemAFriedrichstal: Akte: Kernreaktor auf Gemarkung Leopoldshafen, hier: Allgemeiner Schriftwechsel.

[158] Bechert, Karl, Professor für theoretische Physik an der Univ. Mainz, 1957–1972 MdB (SPD), 1961–1965 Vors. Bundestags-Ausschuss f. Atomkernenergie und

Sammlung umfasste auch besorgte Meinungsäußerungen über radioaktive Abluft, Abwässer und Abfälle aus Atomreaktoren des englischen Nobelpreisträgers für Chemie Frederick Soddy, des Direktors des Max-Planck-Instituts für Biophysik, Frankfurt a. M., Boris Rajewsky, sowie von Professoren der Technischen Hochschulen Karlsruhe und Darmstadt. Aus dem Aufsatz von Prof. Dr. E. Naumann aus dem Bundesgesundheitsamt Koblenz „*Probleme des Umweltschutzes bei Kernreaktoren*"[159] wurden ausführliche Auszüge maschinenschriftlich vervielfältigt. Naumann befasste sich in seiner Veröffentlichung kritisch mit den biogenetischen Wirkungen der gasförmigen, flüssigen und festen radioaktiven „*Abgänge und Abfälle aus dem Betrieb der Reaktoren*", wobei er sich auf Stellungnahmen des amerikanischen Genetikers und Nobelpreisträgers Hermann Joseph Muller stützte.[160] Durch die friedliche Nutzung der Atomenergie werde ein nie gekanntes Risiko eingegangen. Der Mensch sei in der Lage, das „*Menschengeschlecht ja vielleicht alles auf dieser Erde von der Wurzel aus zu vernichten…. Achtet der Mensch nicht auf die Gesetze der Genetik, so büßen viele Generationen mit Krankheit, Siechtum und Tod.*" Naumann sah in der besseren Reinigung der Abgase und Abwässer der Reaktoren eine entscheidende Aufgabe und forderte, dass Atommeiler mit ausreichenden Sicherheitszonen umgeben werden.[161] Er berichtete in seiner Veröffentlichung auch über die Störfälle im kanadischen Reaktor Chalk River und stellte abschließend die Frage: Kann man solche Risiken im dichtbesiedelten Deutschland eingehen? Die eigentliche Gefahr der Atomtechnik, nämlich die durch einen Unfall verursachte, unkontrollierte

Freisetzung von großen Mengen an Spaltprodukten, wurde im Weiteren von Naumann nicht erörtert. Die dazu verfügbare, öffentlich zugängliche Literatur, einschließlich der amerikanischen Beiträge auf der Genfer Konferenz 1955, wurde nicht eingearbeitet.

Zur Materialsammlung der Hardtgemeinden gehörten auch die Manuskripte von zwei Vorträgen, die Karl Bechert am 16. April und 4. September 1956 gehalten hatte. Er betonte in diesen Vorträgen ebenfalls die Gefahren aus der Ableitung von radioaktiven Gasen und Stäuben, die Strahlenschäden am Menschen bewirken und sich in der Umgebung der Reaktorstation auf Ackerpflanzen und Gras niederschlagen können. Insgesamt konzentrierten sich seine Befürchtungen auf Fragen der mit der Zeit zu besorgenden Strahlenkrankheiten, Erbschäden und zunehmenden Verseuchung von Ackerboden und Grundwasser sowie der biologischen Anreicherung langlebiger Nuklide in der Nahrungskette. Edward Teller wird nach seinem Genfer Beitrag 1955 wie folgt zitiert: „*Ein Reaktorunglück könnte nach Tellers Meinung die Evakuierung einer nahe gelegenen Großstadt verlangen. Ein Reaktor sollte so liegen, dass durch radioaktive Flüssigkeit, die beim Durchbrennen entkommen kann, nicht zuviel Grundwasser und Oberflächenwasser verseucht wird.*" Des Weiteren nahm Bechert Edward Teller für die falsche Behauptung in Anspruch, täglich entstünde in einem 60-MW$_{el}$-Reaktor eine Radioaktivitätsmenge, die 300 Tonnen Radium entspräche. Diese Radioaktivitätsmenge ergibt sich vielmehr laut Teller nach längerer Betriebszeit, einen Tag nach Abschaltung des 60-MW$_{el}$-Reaktors (vergl. Kap. 3.2.2). Diese fehlerhafte Übertragung mag dazu beigetragen haben, dass Bechert vonseiten des Landratsamts als „*in der Reaktorfrage nicht kompetent*" eingeschätzt wurde.[162] Mit großer Eindringlichkeit stellte Bechert die Folgen kriegerischer Kampfhandlungen und den Einsatz atomarer Waffen für die Bevölkerung im Umkreis von Kernkraftwerken dar. Er führte, offensichtlich inspiriert von einem britischen

---

Wasserwirtschaft, Publikation: Probleme des Strahlenschutzes, Atomkernenergie, 1. Jg., 1956, S. 221.

[159] Naumann, E.: Probleme des Umweltschutzes bei Kernreaktoren, Ärztliche Wochenschrift, 11. Jg., Heft 24, 15. Juni 1956, S. 528–534.

[160] Muller, Hermann J.: Strahlenwirkung und Mutation beim Menschen, Naturwissenschaftliche Rundschau, 9. Jg., Heft 4, April 1956, S. 127–135.

[161] Mit dieser Forderung bezog sich Naumann auf Münzinger, Friedrich: Atomkraft, Springer-Verlag, Berlin, Göttingen, Heidelberg, 1955, S. 54, 55 und 57. Münzinger orientierte sich an der Regulierung der USAEC.

[162] Oetzel, Günther, a. a. O., S. 340.

Beitrag auf der Genfer Atomkonferenz 1955[163], als die gefährlichsten radioaktiven Stoffe Jod[131], Strontium[90] und Phosphor[32] an. Caesium[137], das maßgeblich für die großräumige Verseuchung nach dem Tschernobyl-Unglück war, wurde nicht genannt. Die Anteile der verschiedenen Nuklide im Spaltproduktinventar wurden nicht angegeben und entsprechend ihren Halbwertszeiten bewertet. Bechert zitierte aus dem britischen Beitrag: *„In Europa sollten diese Fragen der Verseuchung durch Reaktorstationen besonders sorgfältig geprüft werden, weil wir, anders als die glücklichen Amerikaner, damit rechnen müssen, dass Kernreaktoren verhältnismäßig nahe an Gebieten liegen, in denen reichlich Ackerbau betrieben wird, von dessen Erzeugnissen große Bevölkerungsteile abhängig sind.“*[164] Besonders aufmerksam widmete sich Bechert den strahlungsinduzierten Erbänderungen (Mutationen), wobei er sich, wie bereits E. Naumann, an Schriften von Hermann J. Muller orientierte. Bechert griff die Empfehlung der Internationalen Strahlenschutzkommission auf, die höchstzulässige Strahlenbelastung von 0,3 R pro Woche auf ein Zehntel, nämlich 0,03 R/Woche zu senken, und zitierte Walter Binks, den Sekretär dieser Organisation mit dessen entsprechenden Äußerungen auf der Genfer Konferenz.[165]

Weitere Argumentationshilfen für die Hardt-Gemeinden kamen von einer Strahlenschutz-Tagung. Vom 6–8. Juni 1956 richtete das Max-Planck-Institut für Biophysik in Frankfurt a. M. ein „Symposium über die wissenschaftlichen Grundlagen des Strahlenschutzes" aus, an dem über 200 Biologen, Mediziner und Erbforscher

teilnahmen.[166] Jacques Labeyrie vom Centre d'Études Nucléaires du Commissariat à l'Énergie Atomique (C. E. A.) in Saclay, Frankreich[167], sprach über Strahlenschutz am Reaktor. Er berichtete, dass ein 100-MW_{el}-Reaktor nach einer Betriebszeit von einem Monat eine Milliarde Curie an β- und γ- Strahlern enthielte, was 1.000 Tonnen Radium entspräche. Ohne Strahlenschutzmaßnahmen würde die direkte Strahlung einen Menschen im Umkreis von 100 m innerhalb weniger Minuten töten, im Abstand von 1 km würden hierzu einige Stunden ausreichen. Entwiche ein Zehntel der gesamten Aktivität nach außen und würde diese Menge von einem mäßig schnellen Wind mit 1 m/s weggetragen, so wäre diese Wolke innerhalb von 2–3 km Entfernung in Windrichtung eine tödliche Gefahr für alle Lebewesen. Labeyrie sagte: *„Die Reaktoren stellen also eine ständige Gefahr dar, sowohl für das in der Nähe arbeitende Personal, als auch für die im Umkreis von mehreren 10 km um den Reaktor wohnende Bevölkerung.“*[168]

Dieser Fundus an Stellungnahmen zu den Gefahren der Atomkraft war die Grundlage der Argumentation gegen den geplanten Reaktorstandort auf der Gemarkung Leopoldshafen. In ihm sind keine Einzelheiten zur Reaktortechnik und den konkreten Sicherheitsmaßnahmen des Reaktors FR 2 enthalten. Er umfasst keine Szenarien großer Spaltprodukt-Freisetzungen.

Im Rahmen seiner Aufklärungsbemühungen bot der Landkreis in Abstimmung mit der Stadt Karlsruhe und der Kernreaktor Bau- und Betriebsgesellschaft den Gemeinden eine Informationsfahrt zum französischen Atomforschungszentrum in Saclay an. Dieses Angebot wurde angenommen und eine größere Delegation von Gemeindevertretern und Persönlichkeiten des Landkreises und des Landes unternahmen im November 1956 diese Fahrt zum Centre des Études

[163] Chamberlain, A. C., Loutit, J. F., Martin, R. P. und Russell, R. Scott: The Behaviour of I^{131}, Sr^{89} and Sr^{90} in Certain Agricultural Food Chains, Proceedings of the International Conference on the Peaceful Uses of Atomic Energy, Vol. 13, P/393 UK, United Nations, New York, 1956, S. 360–363.

[164] Chamberlain, A. C. et al., a. a. O., S. 363.

[165] Binks, Walter: Radiation Injury and Protection – Maximum Permissible Exposure Standards, Proceedings of the International Conference on the Peaceful Uses of Atomic Energy, Vol. 13, P/451 UK, United Nations, New York, 1956, S. 129–131.

[166] vgl. Strahlenschutz, Deutschland, Keine Toleranzdosis in Sicht?, atw Juli/August 1956, S. 284.

[167] Labeyrie, J. Jacques R., D. ès Sc., Chef de la Section l'Electronique Physique, C. E. A.

[168] Labeyrie, J.: Strahlenschutz am Reaktor, in: Rajewsky, Boris (Hg.): Wissenschaftliche Grundlagen des Strahlenschutzes, Verlag G. Braun, Karlsruhe, 1957, S. 361 f.

Nucléaires (C.E.N.) in Saclay bei Paris.[169] Die zu klärenden Fragen betrafen die Verseuchung von Luft, Boden und Gewässern, die Entsorgung des Atommülls sowie die Gefahrenpotenziale für dichtbesiedelte Gebiete. Die Delegation kam überwiegend beruhigt zurück und fand ein starkes Medieninteresse. Eine Zeitung brachte ihre Meldungen unter der Überschrift: *„Reaktoren sind sicherer als chemische Fabriken".*[170] Ein anderes Blatt berichtete auf einer ganzen Seite u. a.: Auf die Frage, ob nicht durch eine Häufung unglücklicher Zufälle eines Tages ein Meiler *„durchgehen"* und damit größte Gefahren für die Bevölkerung entstehen könnten, erwiderte Dr. Jammet (ein französischer Atomexperte): *„In jedem Atommeiler befinden sich derartige Sicherheitsvorrichtungen, dass in einem solchen Falle der Atommeiler sofort zu brennen aufhört. Es gibt sogar Uranbrenner, die nur dann arbeiten, wenn alle Sicherheitsvorrichtungen intakt sind. Wenn die Alarmglocke anschlägt, funktioniert und arbeitet auch der Meiler nicht mehr."* Ein Reaktor könne niemals im Sinne einer Atombombe *„explodieren".*[171] Fragen der Notkühlung und einer möglichen Kernschmelze wurden offenbar nicht angesprochen.

Trotz der beruhigenden Berichte aus Saclay verharrten die betroffenen Gemeinden auf ihrer entschiedenen Ablehnung des Reaktor-Projekts. Das Ringen um die Akzeptanz in der betroffenen Bevölkerung zog sich bis in das Jahr 1957 hinein. Der Bau des Karlsruher Kernreaktors schien ernsthaft gefährdet, und Bundesatomminister Siegfried Balke warnte Ministerpräsident Müller (CDU), *„nicht wenige Bundesländer seien sofort bereit, das Karlsruher Projekt zu übernehmen."* Müller äußerte sich gegenüber den Gemeinden des Hardtwaldes ungehalten: Die Gefahrlosigkeit des Atomreaktors sei in Gutachten deutscher und ausländischer Sachverständiger nachgewiesen worden. Er vermute, dass in der Öffentlichkeit zwischen einem gefahrlosen Atomreaktor und den Atombombenversuchen nicht unterschieden

werde.[172] In der Tat beschäftigte sich damals die Presse ausgiebig mit den radioaktiven Niederschlägen aus den Atomwaffentests. Nach der Genfer Konferenz waren schon aufsehenerregende Meldungen erschienen, wie die Warnungen des amerikanischen Nobelpreisträgers Hermann Joseph Muller, die gegenwärtig als zulässig angesehenen atomaren Strahlungsmengen könnten die menschliche Erbmasse schädigen und künftigen Generationen Tod und Vernichtung bringen.[173] Im September 1956 war es zu einer offen ausgetragenen wissenschaftlichen Kontroverse über die Gefahrenlage gekommen. Das Radiologische Institut der Universität Freiburg betrieb auf dem Schauinsland in 1.200 m Höhe eine Messhütte, die mit Mitteln des Bundesinnenministeriums errichtet worden war, und publizierte regelmäßig Messergebnisse.[174] Auf dem Königstuhl hatte die Universität Heidelberg eine ähnliche Messstation aufgebaut. Die Freiburger Radiologen hatten von bedenklicher Radioaktivität von Pflanzen und Lebensmitteln berichtet.[175] Karl Bechert warnte eindringlich vor den zu befürchtenden Erbschäden und sprach von der Naivität, mit der selbst ernst zu nehmende Leute die Gefahren auch der friedlichen Atomkraft übersehen oder der Rücksicht auf einen falsch verstandenen Fortschritt unterordnen.[176] Der Experimental- und Kernphysiker Otto Haxel, Direktor des II. Physikalischen Instituts der Universität Heidelberg, widersprach sogleich eingehend solchen Meldungen.[177] Diese so unterschiedlichen Einschätzungen und Bewertungen des Gefahrenpotenzials der aus der Kern-

---

[169] Oetzel, Günther, a. a. O., S. 329–336.

[170] AZ-Allgemeine Zeitung Nr. 275, 27. 11. 1956.

[171] Hardt-Bürgermeister „betasteten" Pariser Atommeiler: Badische Volkszeitung Nr. 275, 27. 11. 1956, S. 6.

[172] Bau des Atommeilers in Karlsruhe gefährdet: Stuttgarter Zeitung Nr. 31, 6. Februar 1957, S. 4.

[173] Wird die Öffentlichkeit getäuscht? – Genetische Schäden durch atomare Strahlung – Nobelpreisträger Mullers Enthüllungen. Rhein-Neckar-Zeitung, Heidelberg, Nr. 218, 21. 9. 55.

[174] Regen und Sahara-Staub unter dem Zählrohr: Stuttgarter Zeitung Nr. 164, 18. Juli 1956, S. 11.

[175] Das Radiologische Institut Freiburg warnt: Badische Neueste Nachrichten Nr. 220, 19. September 1956, S. 5.

[176] Atomversuche müssen eingestellt werden: Badische Neueste Nachrichten Nr. 220, 19. September 1956, S. 5.

[177] Professor Haxel: Radioaktivität bisher ungefährlich: Badische Neueste Nachrichten Nr. 222, 21. September 1956, S. 10.

spaltung stammenden Radionuklide verunsicherten und beunruhigten die Bevölkerung.

4.5.4   Die KfK-Debatte im Landtag von Baden-Württemberg

Mit Datum vom 15.12.1956 ging eine Bittschrift der Hardt-Gemeinden Linkenheim, Blankenloch, Eggenstein, Friedrichstal, Hochstetten und Russheim an den Landtagspräsidenten in Stuttgart.[178] Sie trugen ihre Befürchtungen vor, die Inbetriebnahme des Atom-Reaktors könne eine Verseuchung der Luft und des Grundwassers verursachen, *„wobei eine erhöhte Gefahr der Verseuchung landwirtschaftlicher Produkte bei starkem Nebel, wie er in der Hardt öfters auftritt, gegeben ist.“* Ihre Sorge galt auch dem Absinken des Grundwasserspiegels durch die hohe Wasserentnahme und der daraus folgenden Verödung und Versteppung. Die Hardt-Gemeinden protestierten gegen den geplanten Standort in einem dichtbevölkerten Gebiet. Wörtlich wurde ausgeführt: *„Der Bau des Reaktors an der geplanten Stelle wäre nur dann auf weniger Widerstand gestoßen, wenn aufgrund langjähriger Erfahrungen und Erkenntnisse mit Sicherheit eine Gefahr für Mensch und Tier als ausgeschlossen angesehen werden könnte. Solange aber in den höchsten atomwissenschaftlichen Kreisen keine Einigkeit über die Auswirkungen oder Abgrenzungen der Gefahrenquellen besteht, wird sich die Bevölkerung der betroffenen Hardtgemeinden dem Bau des Atom-Meilers widersetzen.“*

Die im Umkreis der geplanten Anlage betroffenen Abgeordneten griffen die Ängste der Bevölkerung auf und brachten am 16. Januar 1957 eine Große Anfrage im Landtag ein, mit der die Staatsregierung aufgefordert wurde, *„über die eventuellen Gefahren für Menschen, Tiere und Pflanzen bei der Errichtung des Atommeilers Aufschluss zu geben“*.[179] In seiner Begründung

der Großen Anfrage zitierte der örtliche Abgeordnete Robert Ganter (CDU), der offensichtlich Zugang zur Materialsammlung in den Hardtgemeinden hatte, vor dem Landtag einige Beiträge von der Genfer Atomkonferenz, insbesondere – aus zweiter Hand[180] – von Edward Teller mit der Feststellung, dass ein Reaktorunglück die Evakuierung einer nahegelegenen Großstadt erforderlich machen könne. Ganter wies auf die Aussagen der Forscher aus Harwell/England hin, dass in Europa die Frage der Verseuchung besonders sorgfältig geprüft werden müsse, weil hier die Kernreaktoren immer nahe an Gebieten liegen, in denen reichlich Ackerbau getrieben wird. Er berichtete von zwei Unfällen im kanadischen Reaktor Chalk River in den Jahren 1952 und 1955, bei denen radioaktive Gase und Flüssigkeiten freigesetzt wurden, und stellte dem Landtag Naumanns Frage: *„Kann man solche Risiken im dichtbesiedelten Deutschland eingehen?“* Ganter schloss seine Rede mit der Bemerkung: *„Menschlicher Geist ist im Begriff, eine neue Epoche der Menschheitsgeschichte einzuleiten, und schon stehen bei der Geburtsstunde Gefahren für die Menschheit, überhaupt für alles Leben, wie sie bislang noch nie durch Menschenhand verursacht wurden, Pate.“*[181]

Der baden-württembergische Wirtschaftsminister Hermann Veit (SPD) antwortete mit einer umfassend angelegten großen Rede, in der er alle Bedenken entschieden zurückwies.[182] Veit sprach von der Tragik, dass die erste praktische Anwendung der Kernenergie als grausame Vernichtungswaffe zu einer schweren psychologischen Belastung für deren friedliche Nutzung geworden sei. Die Atomangst sei zu einer wesentlichen Erschwernis geworden. Er betonte, dass die vorgesehenen Sicherheitsvorkehrungen nach einem Urteil aus England erheblich über das hinausgingen, was im Ausland üblich sei, und ein Teil

---

[178] GemAFriedrichstal, Akte: Kernreaktor auf Gemarkung Leopoldshafen.

[179] Die Beunruhigung der Bevölkerung über den geplanten Atommeiler im Landkreis Karlsruhe: Große Anfrage der CDU-Abgeordneten Ganter, Siegwarth, Kühn, Stöß-

inger, Löffler, 2. Landtag von Baden-Württemberg, Beilage 664, ausgegeben am 22. 1. 1957.

[180] aus der Veröffentlichung Bechert, Karl: Probleme des Strahlenschutzes, Atomkernenergie, Jg. 1, 1956, S. 221.

[181] Stenographische Berichte des Landtags von Baden-Württemberg, 2. Wahlperiode, 24. Sitzung, 22. Februar 1957, Robert Ganter (CDU), S. 1034–1035.

[182] ebenda, S. 1035–1042.

der zusätzlichen Sicherheitseinrichtungen für entbehrlich gehalten werde. Veit spielte auf den Unfall im Reaktor Chalk River am 12.12.1952[183] an und führte wörtlich aus: *„In der unmittelbaren Umgebung des Reaktorstandorts kann zwar, wie sich bei dem einzigen früher bekannt gewordenen schweren Störungsfall im Ausland gezeigt hat, eine kurzzeitige Erhöhung der Radioaktivität auftreten, diese lässt sich aber dann durch Spezialtrupps beseitigen. Hierbei ist noch zu berücksichtigen, dass der Reaktor in dem erwähnten Störungsfall kein druckdichtes Gebäude hatte, wie es der Karlsruher Reaktor erhalten soll."*[184] Veit befasste sich eingehend mit Sicherheitsfragen, sprach jedoch das Gefahrenpotenzial des Spaltproduktinventars eines längere Zeit betriebenen Reaktors nicht an. Man kann wohl nicht annehmen, dass er oder ein anderer der Redner in dieser Debatte sich über alle kernphysikalischen Gegebenheiten im Klaren waren. Zur Bekräftigung der auf hohe Sicherheit ausgerichteten Landespolitik rief der Wirtschaftsminister aus: *„Wir haben doch kein Interesse daran, dass ein Atommeiler gebaut wird, aus dem dann für die Bevölkerung Gefahren entstehen mit der Wirkung, dass es mit der Atomforschung in Deutschland ein für allemal vorbei ist."*[185] Der Landtag dankte Veit mit lebhaftem Beifall. Veit ließ seine Rede als Wirtschaftsminister und stellv. Ministerpräsident unverzüglich als Druckschrift in handlichem kleinem Format an alle Haushaltungen der Unteren Hardt *„zur Aufklärung und damit zur Beruhigung in den Hardtgemeinden"* verteilen.[186]

Unter dem Eindruck intensiver Informationskampagnen vor Ort[187], der *„psychologischen Bearbeitung des Hardtwaldes"*, einer gleichzeitigen Presseoffensive des Stuttgarter Wirtschaftsministeriums[188] und einer bundesweit herrschenden

Verständnislosigkeit angesichts der Proteste auf der Hardt[189] hatte der Gemeinderat der Standortkommune Leopoldshafen bereits am 13. Februar 1957 einstimmig seine Petition beim Landtag von Baden-Württemberg gegen das Bauvorhaben zurückgezogen.[190] Mit den Bauarbeiten zur Errichtung der Forschungsinstitute für den ersten in Deutschland entworfenen und gebauten Kernreaktor, den Forschungsreaktor FR 2, konnte im April 1957 begonnen werden. Protest und Widerstand in den Nachbargemeinden Linkenheim und Friedrichstal blieben bis Ende 1958 jedoch äußerst virulent.

4.5.5 Anhaltender Widerstand in Linkenheim und Friedrichstal

Am 6.4.1957 erhielt die Kernreaktor Bau- und Betriebsgesellschaft (KBB) durch Baubescheid des Landratsamts Karlsruhe die baurechtliche Genehmigung zur Errichtung von Instituts- und Verwaltungsgebäuden sowie eines Reaktorgebäudes. Von den Hardtgemeinden übernahmen nun Linkenheim und Friedrichstal mit ihren Bürgermeistern Hees und Borell die Führung im verwaltungs- und zivilrechtlichen Abwehrkampf gegen den geplanten Reaktor. Ihr Prozessbevollmächtigter wurde der Karlsruher Rechtsanwalt Justizrat Dr. Heinrich Ehlers. Er brachte am 21.6.1957 beim Regierungspräsidium Nordbaden eine Verwaltungsbeschwerde mit dem Antrag auf Aufhebung des Baubescheids ein. Bei der II. Zivilkammer des Landgerichts Karlsruhe erhob Ehlers am 27.6.1957 die Unterlassungsklage gegen die KBB und das Land Baden-Württemberg. Zur Begründung war der Klage im Anhang die Abwehrschrift der Gemeinden Linkenheim und Friedrichstal „Zuerst Sicherheit dann Reaktorbau" beigefügt.[191] Diese Abwehrschrift war von

[183] vgl. Kap. 4.2.

[184] Stenographische Berichte des Landtags von Baden-Württemberg, 2. Wahlperiode, 24. Sitzung, 22. Februar 1957, S. 1039.

[185] ebenda, S. 1042.

[186] GLA 69/KfK, BN 195.

[187] vgl. Abele, Johannes: Wachhund des Atomzeitalters, Deutsches Museum, 2002, S. 172–178.

[188] Oetzel, Günther, a. a. O., S. 340 f.

[189] Gleitsmann, Rolf-Jürgen: Die Anfänge der Atomenergienutzung in der Bundesrepublik Deutschland, in: Hermann, Armin und Schumacher, Rolf (Hg.): Das Ende des Atomzeitalters?, Verlag Moos & Partner, München, 1987, S. 40.

[190] Der Widerstand gegen den Atommeiler schmilzt: Stuttgarter Zeitung Nr. 39, 15. Februar 1957, S. 15.

[191] GLA 69/KfK, BN 60.

Heinrich Ehlers zusammengestellt worden und wurde im Juli 1957 mit einem Nachtrag in ähnlichem Format und Umfang wie die Veitsche Rede von den klagenden Gemeinden als Postwurfsendung in allen Hardtgemeinden verteilt.[192]

Die Abwehrschrift setzte den Versicherungen des Wirtschaftsministers Veit, dass alle erdenkbaren Sicherheitsmaßnahmen getroffen werden, um eine Schädigung der in der Nähe des Reaktors wohnenden Menschen und ihres Eigentums auszuschließen, die besorgten Äußerungen der Wissenschaftler entgegen, die in den Hardtgemeinden zusammengetragen worden waren. Sie enthielt die schlagkräftigsten Aussprüche von Naumann, Soddy, Teller, Rajewsky, Labeyrie und von Darmstädter und Karlsruher Professoren. Die Zitate aus der bereits bestehenden Sammlung wurden um beunruhigende Feststellungen ergänzt, die in der vom Handelsblatt-Verlag in Düsseldorf seit 1956 herausgegebenen Zeitschrift „die atomwirtschaft" aufgefunden wurden. Darunter befand sich eine Publikation von Rudolf Schulten[193], welche die in einem Reaktor enthaltene, enorm gefährliche Radioaktivitätsmenge anschaulich machte: „... *Die Strahlungsmengen, die dabei auftreten, entsprechen der Strahlungsmenge, die von hunderten von Tonnen Radium ausgesandt wird. Wenn man bedenkt, dass schon Milligramm-Mengen von Radium wegen ihrer Gefährlichkeit außerordentlich sorgfältig überwacht und abgeschirmt werden müssen, so hat man ein plastisches Bild von der Größe der potenziellen Gefahren einer Reaktoranlage."*[194]

Der Zweck der Abwehrschrift war es, den Karlsruher Reaktor als eine ständige ernste Gefahrenquelle darzustellen und seinen vorgesehenen Standort zu bekämpfen. Sie wollte jedoch, wie ausdrücklich betont wurde, die Entwicklung von Atomenergie für die friedliche Nutzung

weder stören noch hemmen. Ihr Fazit war die letztlich aus den USA stammende Forderung, eine völlig unbewohnte Sicherheitszone von 30 km Radius um jeden Reaktor herum vorzusehen.

Die Abwehrschrift befasste sich überhaupt nicht mit dem geplanten Reaktor FR 2 und seiner Sicherheitstechnik. Ihre Argumentationslinie war eine allgemeine. Sie führte anhand von Erklärungen wissenschaftlicher Zeugen von hoher Autorität die großen Gefahrenpotenziale der Reaktoranlagen vor Augen. Die von den zitierten Wissenschaftlern Teller, Schulten oder Laveyrie gleichzeitig mit den benannten Gefahren dargestellten technischen Schutzvorkehrungen, mit denen man sie sicher zu beherrschen gedachte, wurden vollständig ausgeblendet. Es war die Rede vom „*Durchgehen eines Reaktors*", von der „*Grundwasserverseuchung durch langsam eingesickertes radioaktives Wasser*" oder der „*Bedrohung aus der Luft.*" Denkbare Ereignisabläufe bei einem Unfallgeschehen wurden jedoch nicht betrachtet. Die riesigen Unterschiede zwischen den vielfältigen, weltweit genutzten Reaktorsystemen wurden ebenfalls nicht beachtet. Vielmehr wurde einfach behauptet: „*Noch in keinem Punkt der Gefahrenausschaltung und Sicherheit besteht erprobte Gewissheit.*" Zu den Schadensfolgen wurde ohne Differenzierung betont: „*Sicherlich wird in wachsendem Maße alles getan, um auch die Umgebung einer Reaktoranlage in der Luft, zu Wasser und zu Lande ständig zu kontrollieren. Aber wenn erst einmal – und sei es auch nur durch eine kleine Undichtigkeit in der Anlage – eine 100 %ige Kontrolle verloren gegangen ist, so nützt im Grunde auch die zuverlässigste Schadenfeststellung nichts mehr, weil in fast allen Fällen der Schaden bei Mensch, Tier und Boden nicht wieder gutzumachen ist.*"[195] Diese apodiktische Feststellung ist unzutreffend.

Die Anwälte der Beklagten begründeten ihren Klageabweisungs-Antrag u. a. damit, dass die Kläger „... *lediglich unter Hinweis auf journalistische und wissenschaftliche Veröffentlichungen Behauptungen aufgestellt (haben), die reine Meinungen und Werturteile wiedergeben.*" Eine

---

[192] GLA 69/KfK, BN 547.

[193] Rudolf Schulten, Brown Boveri & Cie. AG, Mannheim, Dr. rer. nat., 1961 Hon.Prof. TH Karlsruhe, 1964 o. Prof. RWTH Aachen und Leiter des Instituts für Reaktorentwicklung KFA Jülich. Schulten war maßgeblich an der Entwicklung des Hochtemperatur-Kugelhaufenreaktors („Schulten-Reaktor") beteiligt.

[194] Schulten, Rudolf: Sicherheits- und Schutzmaßnahmen bei Reaktoranlagen, atw, 2. Jg., April 1957, S. 121.

[195] GLA 69/KfK, BN 547.

Substantiierung des Klagegrundes fehle gänzlich. Auffälligerweise ignorierten die Klägerinnen die sehr detaillierten Ausführungen technischer Art zur Sicherheitsfrage des Karlsruher Reaktors völlig. In seiner Landtagsrede hatte Wirtschaftsminister Veit versichert: *„Wir nehmen jede Einwendung, von wo sie auch immer kommen möge, absolut ernst und sind bereit, ihr nachzugehen und sie auf ihren Wahrheitsgehalt zu prüfen. Wir können uns aber nicht mit Einwendungen auseinandersetzen, die erfolgen, ohne dass von dem Angebot Gebrauch gemacht wird, einmal nachzuprüfen, ob die für Karlsruhe vorgeschlagene Konstruktion nicht doch den Grad von Sicherheit gewährt, den die Bevölkerung mit Recht verlangen kann.“*[196]

Veit übte in diesem Zusammenhang vor dem Landtag Kritik an Professor Karl Bechert, der wiederholte Einladungen der KBB ausgeschlagen habe. Bechert bestätigte in einer Rechtfertigungsschrift die mehrfachen Einladungen nach Karlsruhe, um die FR 2-Konstruktionspläne einzusehen.[197] Er schrieb, ein Gutachten mache man nicht dadurch, dass man sich Konstruktionspläne ein paar Stunden lang ansehe. *„Ich habe… dringend geraten, das amerikanische Verfahren anzuwenden und alles zu beachten, was dort an Erfahrung vorliegt. Das ist ein besserer Dienst an der Bevölkerung und an der Sache, als wenn ich mich dazu hergegeben hätte, etwas übereilt zu beurteilen, für dessen Beurteilung monatelange Untersuchungen und Vorarbeiten notwendig sind. Ein wissenschaftliches Urteil abzugeben unter solchen Umständen, wie es von mir erwartet wurde, bin ich nicht bereit. Der Sinn meiner Warnungen in der Öffentlichkeit war immer der, zu bewirken, dass die nötigen Vorsichtsmaßregeln getroffen, die nötigen Untersuchungen gemacht werden.“*

Diese Ausführungen Becherts kann man als die Einsicht eines theoretischen Physikers auffassen, bei der Beurteilung einer komplexen Reaktorkonstruktion überfordert zu sein. In gleicher Weise verhielten sich die anderen vom Wirtschaftsministerium aufgesuchten und befragten Wissenschaftler, deren kritische Stellungnahmen in den Hardtgemeinden gesammelt worden waren: Rajewsky, Naumann, Holluta und Kirschmer. Sie alle versicherten, dass sie sich niemals gegen das Reaktor-Projekt in Karlsruhe ausgesprochen hätten.[198] Diese Erfahrung veranlasste Heinrich Ehlers zu einer bitteren Bemerkung: *„Dass, wie namhafte Wissenschaftler erklären, von einer überhasteten Entwicklung der Gewinnung von Atomenergie für friedliche Zwecke weit größere Gefahren drohen können als von kriegerischer Verwendung der Atomkraft – davon ist leider nie die Rede, außer in wissenschaftlichen Abhandlungen, deren Verfasser jedenfalls bei uns, aber fast regelmäßig sofort erheblich ‚zurückstecken‘, wenn der reaktorbaubesessene Staat, von dem sie mehr oder weniger abhängen, auch nur mit der Stirn runzelt.“*[199] Die ablehnend eingestimmten Wissenschaftler und die beunruhigte Bevölkerung waren nicht in der Lage, vielleicht auch nicht gewillt, sich mit der schwierigen Materie der Reaktorsicherheit im konkreten Fall auseinanderzusetzen. Während die Reaktor-Gegner ihre allgemeinen Befürchtungen vortrugen, konzentrierten sich die Antragsteller und Befürworter auf den Reaktor selbst und seine Sicherheitstechnik. So begannen beide Seiten, unentwegt aneinander vorbeizureden.

Die von den Gemeinden Linkenheim und Friedrichstal in Gang gesetzten Streitverfahren waren nur am Rande mit den Fragen der Reaktorsicherheit befasst. Die II. Zivilkammer des Landgerichts Karlsruhe stellte in ihrem Urteil vom 6. Februar 1958 fest, dass sich Erörterungen der Sicherheitsvorrichtungen erübrigt hätten, da die Klage aus anderen Gründen abzuweisen sei.[200] Gegen dieses Urteil legten die Gemeinden

---

[196] Stenographische Berichte des Landtags von Baden-Württemberg, 2. Wahlperiode, 24. Sitzung, 22. Februar 1957, S. 1041.

[197] GemAFriedrichstal, Bechert, Karl: Zum Streit um den Karlsruher Reaktor, Akte Kernreaktor auf Gemarkung Leopoldshafen, hier: Allgemeiner Schriftwechsel.

[198] Stenographische Berichte des Landtags von Baden-Württemberg, 2. Wahlperiode, 24. Sitzung, 22. Februar 1957, S. 1041 f.

[199] Ehlers, Heinrich: Die Gefahren des Reaktorbaus, in: Briefe an die Herausgeber, Frankfurter Allgemeine Zeitung Nr. 79, 3. April 1958, S. 11.

[200] Urteil Landgericht Karlsruhe vom 6. 2. 1958, Az 20 122/57, S. 16, GLA 69/KfK, BN 60.

Linkenheim und Friedrichstal am 13. März 1958 Berufung beim II. Zivilsenat des Oberlandesgerichts Karlsruhe ein. In der Berufungsbegründung wurde nun vor allem hervorgehoben, dass alle erdenklichen Sicherheitsmaßnahmen nicht ausreichten, um Unfälle völlig auszuschließen und jeder Unfall schwerste, in vielen Fällen nicht wieder gutzumachende Folgen für die Umgebung haben könnte. Die Unfälle von Windscale (10.10.1957), Chalk River (23.5.1958) und Oak Ridge (20.6.1958) wurden als Belege dafür genannt.

Mit Nachdruck wurde auch geltend gemacht, dass der Staat gegen Treu und Glauben verstoße, wenn er einem dichtbesiedelten Gebiet rücksichtslos die Duldung von Gefahren und damit verbundenenen seelischen Belastungen ohne zwingende Notwendigkeit auferlege. Wenn die Bevölkerung über die ungeheuren Gefahren, die von einem Atomreaktor jederzeit ausgehen könnten, in ständiger schwerer Sorge sei, so müsse billigerweise dieser Tatsache Rechnung getragen werden. Ablehnung und Besorgnis der Bevölkerung seien so tief verwurzelt, dass sich die Wahlberechtigten in Linkenheim aus Protest geschlossen an der Bundestagswahl am 15. September 1957 nicht beteiligt hätten.[201]

Am 27. Mai 1958 trat das baden-württembergische Gesetz zur vorläufigen Regelung der Anwendung der Kernenergie in Kraft.[202] Die Errichtung und der Betrieb von Kernreaktoren konnte danach nur zugelassen werden, wenn „*jede nach dem Stand von Wissenschaft und Technik gebotene Vorsorge gegen Schäden durch die Errichtung und den Betrieb der Anlage getroffen ist.*" Im zu diesem Zeitpunkt vorliegenden Entwurf eines Bundesatomgesetzes waren die erforderlichen Haftungsregelungen vorgesehen. Angesichts der geringen Erfolgsaussichten ihrer Berufung entschlossen sich die Hardtgemeinden, ihren Widerstand aufzugeben und alle gerichtlichen Verfahren zu beenden. Sie schlossen am 25. November 1958 mit der KBB einen außergerichtli-

chen Vergleich. In der gemeinsam formulierten Presse-Information wurde festgestellt, dass den Wünschen der Gemeinden nach gesetzlichem Schutz inzwischen entsprochen wurde. Die Gemeinden hätten sich überzeugt, dass die Arbeiten der KBB sorgfältig und gewissenhaft geplant und nach dem neuesten technischen Stand durchgeführt würden. Ebenso hätten sie sich überzeugt, dass die zuständigen Behörden die Vorhaben mit äußerster Gewissenhaftigkeit prüften und überwachten.[203] In der Tat haben die Beamten in den zuständigen Behörden und Ämtern mit Hartnäckigkeit und einem Hang zum Perfektionismus auf der kritischen Prüfung und der exakten Umsetzung des FR 2- Sicherheitsberichts bestanden und den am Bau beteiligten Ingenieuren und Betrieben nichts geschenkt.[204]

4.5.6 Der Standort BASF/ Ludwigshafen

Im Mai 1969 beantragte die Badische Anilin- und Soda- Fabrik AG (BASF) beim Wirtschaftsministerium von Rheinland-Pfalz die Baugenehmigung für ein Kernkraftwerk im Fabrikgelände Ludwigshafen. Der für den ersten Bauabschnitt geplante Druckwasserreaktor sollte, nach Überarbeitung der ursprünglichen Planung, die zwei Blöcke mit je 2.000 MW_{th} vorgesehen hatte, 380 MW_{el} Strom und gleichzeitig 500 kg/s Prozessdampf mit 18 bar und 265 °C erzeugen (insgesamt 2.331 MW_{th}).[205] Die Absicht des Chemieunternehmens, für seine eigene Produktion

---

[201] Ehlers, Heinrich: Berufungsbegründung vom 30. 6. 1958, GLA 69/KfK, BN 60.

[202] Gesetzblatt für Baden-Württemberg, Nr. 12, 1958, S. 129 f.

[203] GemA Friedrichstal, Akte Kernreaktor auf Gemarkung Leopoldshafen, hier: Beilegung von Rechtsstreitigkeiten.

[204] Die zahlreichen Aktenvermerke und -notizen aus dem baden-württembergischen Arbeitsministerium, dem Regierungspräsidium Nordbaden, dem Gewerbeaufsichtsamt Karlsruhe und dem Technischen Überwachungsverein Mannheim im Zeitraum September 1958 bis März 1961 machen die Akribie deutlich, mit der die zuständigen Beamten sicherheitstechnische Fragen prüften und deren Lösung durchsetzten, siehe AMUBW 3415.6.1 A I/ II/III, vgl. auch AMPA Ku 151, Zuehlke: Persönliche Mitteilung von Karl Zuehlke vom 23. 4. 2003.

[205] AMPA Ku 56, KWU AG, Mülheim: BASF-Kernkraftwerk Sicherheitsbericht, Bd. 2, Technische Daten, Hauptdaten der Gesamtanlage, August 1975.

Kernkraft zur Herstellung von Strom und Prozessdampf zu nutzen, wurde von der Fachwelt und der Wirtschaft begrüßt und als zukunftsträchtig eingeschätzt. In den USA hatte die Chemie erheblich zur Entwicklung der Atomtechnik beigetragen. In Deutschland schien die BASF-Entscheidung einen neuen interessanten Anwendungsbereich für Kernenergie zu eröffnen.

Der Standort für den BASF-Reaktor war unmittelbar am linken Rheinufer etwa gegenüber der Neckarmündung auf dem werkseigenen Industriegelände im Stadtkreis Ludwigshafen geplant. Im Umkreis von ca. 2 km liegen linksrheinisch Werksanlagen mit damals ungefähr 32.000 Beschäftigten, rechtsrheinisch ein Mannheimer Industriegebiet. Die Zentren der Städte Ludwigshafen (1969: 176.000 Einwohner) und Mannheim (1969: 331.000 Einwohner) liegen 3,5 km bzw. 4,5 km entfernt. Im Umkreis von 27 km liegen 11 größere Städte wie Heidelberg, Worms, Neustadt a. d. W. und Speyer mit weiteren insgesamt 440.000 Einwohnern. Um den Standort erstreckt sich ein dichtmaschiges Netz aus Bundesautobahnen, Bundes- und Landstraßen mit einem täglichen Verkehrsaufkommen von über einer halben Million Kraftfahrzeugen (Zählung 1970/1974). Die Eisenbahnverkehrsdichte betrug 1971 in Standortnähe mehr als 1.000 Personenzüge am Tag und etwa die gleiche Anzahl an Güterzügen. Der Schiffsverkehr hatte dort im Mittel eine Frequenz von ungefähr 400 Einheiten pro Tag. Eine beachtliche Besonderheit des geplanten Reaktorstandorts sind Chemieanlagen in unmittelbarer Nähe, in denen mit brennbaren, toxischen, narkotischen und ätzenden Stoffen gearbeitet wurde.

Es bedurfte keiner besonderen Erwähnung, dass an diesem Standort eine Reaktorkatastrophe, die das Umland in Mitleidenschaft zieht, nach menschlichem Ermessen ausgeschlossen werden musste. Am 24. September 1969 machte die RSK die Sicherheitseinrichtungen für stadtnahe Kernkraftwerke, insbesondere für das Kernkraftwerk der BASF, zum Schwerpunkt ihrer Sondersitzung in Mainz.[206] Der Vertreter der Bundesregierung, Günter Schuster[207], regte im Hinblick auf die besondere politische und geographische Lage und die hohe Bevölkerungsdichte an, eine eigene „Reaktor-Sicherheitsphilosophie" für die Bundesrepublik zu erarbeiten. Der BASF-Standort sei industrie- und stadtnah und stelle für alle Industrienationen der Welt einen Präzedenzfall dar. Schuster forderte mit Hinweis auf die USA für Leistungsreaktoren Standorte mit geringer Besiedelung im Umfeld, schloss aber den BASF-Standort aus wirtschaftlichen Gründen nicht aus. In diesem Fall seien zusätzliche Maßnahmen gegen chemische Explosionen und Brände vorzusehen. Er diskutierte auch Verbunkerungen gegen kriegerische Einwirkungen und die Unterboden- bzw. besonders gesicherte Überbodenbauweise. Die RSK erörterte die genannten Themen sowie Fragen des Behälterberstens und bombensicherer Containments im Zusammenhang mit der wirtschaftlichen Wettbewerbsfähigkeit der Kernenergie, ohne mit einer eindeutigen Meinungsbildung abzuschließen. Die Frage nach den konkreten Schadensfolgen einer schweren Reaktorkatastrophe am Standort BASF wurde nicht gestellt.

Die Briten hatten sich schon früh in ihrem Forschungszentrum Harwell mit Fragen der Ausbreitung radioaktiver Wolken und deren Folgen befasst. Ihre Reaktorbauweise ohne Containments und der Windscale-Unfall legten dies nahe. Ende März 1969 veranstaltete die British Nuclear Energy Society (BNES) ein Symposium über Reaktorsicherheit und Standortwahl in London, an dem auch Vertreter des Bundesministeriums für wissenschaftliche Forschung, des IRS und TÜV Rheinland teilnahmen. Repräsentanten der Fa. Atomic Power Constructions Ltd. behandelten die Frage, ob Großstädte für gasgekühlte Reaktoren geeignete Standorte sind, und legten für Reaktorkatastrophen Berechnungen über sofort und später zu erwartende Tote vor, abhängig von der Menge freigesetzter Spaltprodukte und anderen Faktoren. Es wurden Beispielsfälle mit

---

[206] BA B 138-3449, Ergebnisprotokoll außerordentliche RSK-Sitzung, Ministerium für Wirtschaft und Verkehr, Mainz, 24. 9. 1969, S. 2–7.

[207] Ministerialdirigent Dr. rer. nat. Günther Schuster, Leiter der Unterabteilung Kerntechnische Entwicklung sowie des Referats Reaktorentwicklung im Bundesministerium für wissenschaftliche Forschung.

vielen zehntausend Toten vorgestellt.[208] Das BNES-Symposium beeindruckte die deutschen Besucher außerordentlich. Karl-Heinz Lindackers, Direktor beim TÜV Rheinland, Köln, fuhr mit der Absicht zurück, das heikle Thema der *„erstmals in Europa berechneten Folgen eines schweren Reaktorunfalls nicht mehr unter dem Tisch zu halten."*[209] Lindackers hielt am 8. Januar 1970 anlässlich seiner mündlichen Doktorprüfung vor der Fakultät für Maschinenwesen der RWTH Aachen einen Vortrag, in dem er das Verfahren der quantitativen Abschätzung nach der Fa. Atomic Power Constructions Ltd. auf den Reaktorstandort BASF Ludwigshafen anwandte.

Er ging von einer mittleren Bevölkerungsdichte von 4.530 Personen/km² aus und ermittelte für die Zahl der langfristig Sterbenden als unteren Grenzwert 33.000 und als oberen Grenzwert 1,67 Mio. Menschen.[210] Abbildung 4.3 zeigt seine von den britischen Untersuchungen übernommenen Abschätzungen der Anzahl der kurzfristig Sterbenden (maximal 100.000 Personen) abhängig vom Prozentsatz der Spaltproduktfreisetzungen in Bodennähe.[211] Er erläuterte dazu, dass im Wesentlichen nur der Nahbereich um den Reaktor mit einem Radius bis 10 km mit seiner hohen Bevölkerungsdichte für die Anzahl der kurzfristig Sterbenden von Bedeutung ist. Da hinter Ludwigshafen und Mannheim die Bevölkerungsdichte stark abnimmt, seien die Zahlen für die langfristig zu Tode Kommenden erheblich kleiner als die von ihm angegebenen Werte.

Lindackers vermittelte in seinem Vortrag auch die von den Briten gefundene starke Abhängig-

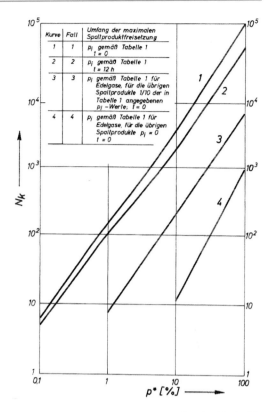

Abb. 4.3 Anzahl der kurzfristig Sterbenden N_k in Abhängigkeit vom Prozentsatz p* verschiedener max. Spaltproduktfreisetzungen (Fälle 1 bis 4)

keit der zu erwartenden Anzahl kurzfristig Sterbender von der Quellhöhe der Spaltproduktfreisetzung (Abb. 4.4).[212, 213] Weder die britischen Analysen noch Lindackers versuchten zu erklären, durch welche Ereignisabläufe und mit wel-

---

[208] Cave, L. und Halliday, P.: Suitability of gas cooled reactors for fully urban sites, Appendix I: Estimate of casualties following large releases of fission products from a nuclear power station, British Nuclear Energy Society, Symposium on Safety and Siting, 28. März 1969, London, Section 4, Paper 10, S. 101–121.

[209] AMPA Ku 151, Lindackers: Persönliche schriftliche Mitteilung von Prof. Dr.-Ing. Karl Heinz Lindackers an den Verf. vom 30. März 2003.

[210] AMPA Ku 151, Lindackers, Karl-Heinz: Die Auswirkung sehr schwerer Schäden an Kraftwerken, öffentlicher Vortrag vor der Fakultät für Maschinenwesen der RWTH Aachen, 8. 1. 1970, Manuskript S. 8.

[211] vgl. Cave, L. und Halliday, P., a. a. O., S. 115.

[212] vgl. Cave L, Halliday, P., a. a. O., S. 118.

[213] Der heftige Graphitbrand, der nach der atomaren Explosion im Unglücksreaktor von Tschernobyl am 26. 4. 1986 einsetzte, erzeugte durch seinen starken thermischen Auftrieb eine große effektive Quellhöhe der in die Atmosphäre emittierten Spaltprodukte. Aufgrund der damaligen Wetterlage verteilte sich die freigesetzte Radioaktivität rasch über weite Teile Europas und Asiens. Die Anzahl der in der Umgebung des Reaktors sofort schwer und tödlich verletzten Personen war nach den offiziellen Angaben relativ gering (s. Kap. 4.8.3.1). Siehe auch: Orlov, Igor (Hg.) Chernobyl, London Editions, London, 1996, S. 286 f., und: Egorov, Nikolai N. et al.: The Radiation Legacy of the Soviet Nuclear Complex, Earthscan Publications, London, 2000, S. 66–77.

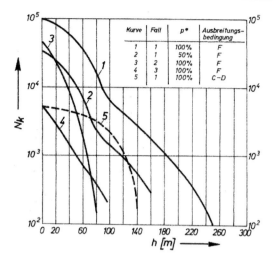

Kurve	Fall	p*	Ausbreitungs-bedingung
1	1	100%	F
2	1	50%	F
3	2	100%	F
4	3	100%	F
5	1	100%	C–D

Abb. 4.4 Anzahl der kurzfristig Sterbenden N_k in Abhängigkeit von der effektiven Quellenhöhe h für verschiedene Spaltproduktfreisetzungen und Ausbreitungsbedingungen

cher Eintrittswahrscheinlichkeit es geschehen könnte, dass derartig große Mengen an Spaltprodukten ausgerechnet in Bodennähe in die Atmosphäre entlassen werden.

Lindackers Vortrag wurde nie gedruckt, sein Manuskript jedoch von Kernenergiegegnern in sehr großen Stückzahlen, nach Meinung des damaligen Bundesministeriums des Innern in einigen 100.000 Exemplaren fotokopiert.[214] Lindackers Zahlen fanden sich auf unzähligen Flugblättern und in Klageschriften und spielten noch 1974 auf bundespolitischer Ebene eine Rolle.[215] Bei der Planung des BASF-Kernkraftwerks wurde dann auch versucht, ganz neue sicherheitstechnische Wege zu beschreiten. (s. Kap. 6.6.4)

4.5.7 Der Standort Breisach/Wyhl und der Freiburger Wyhl-Prozess

Wyhl – ein kleiner Ort am Oberrhein nördlich des Kaiserstuhls – wurde zum Inbegriff des Widerstands gegen Atomkraftwerke. Der Streit um den Standort Wyhl fällt in die „wilden 70er Jahre". Es war das Jahrzehnt der Bürgerinitiativen und der Bürgerbeteiligung in allen Bereichen und des Aufbruchs für Umweltschutz und Sicherheit. Es war auch eine Zeit der rechtswidrigen Grenzüberschreitungen: der Studentenrevolten an den Universitäten, der anhaltenden Besetzung von Häuserblocks, von Straßenkämpfen in Großstädten bis hin zum RAF-Terrorismus. In dieses Jahrzehnt fallen die Ölkrise (1973/1974) und das 4. Atomprogramm der Bundesregierung (1973/1976) mit der Zielsetzung, die Kernkraft bis zum Jahr 1985 auf 45.000–50.000 MW_{el} auszubauen, was etwa 40 großen Kernkraftblöcken entsprach. Am Ende diese Jahrzehnts ereignete sich im März 1979 im Kernkraftwerk TMI-2 bei Harrisburg, Pa., USA, ein schwerer Störfall.

Der Kampf um Wyhl nahm ungeahnte Formen des Bürgerprotests an: Massenaufmärsche, Tumulte und Pfeifkonzerte bei Erörterungsterminen, Bauplatzbesetzungen, gewalttätiger Widerstand gegen die Polizei, Errichtung von Barrikaden und Straßensperren in einer Weise, die zuvor unvorstellbar gewesen war. Auf dem Baugelände für das geplante Kernkraftwerk am Oberrhein bei Wyhl war bei entschlossenem Widerstand der Massen und der Bindung der Staatsgewalt an den Verfassungsgrundsatz der Verhältnismäßigkeit der Mittel die rechtstaatliche Ordnung monatelang nicht durchsetzbar gewesen.

Die Auseinandersetzungen um Wyhl hatten ein Vorspiel in Breisach, knapp 20 km rheinaufwärts gelegen. Am 2. Juni 1971 beantragte die Badenwerk AG, Karlsruhe, für einen Bauplatz am Rhein, etwa 7 km nördlich der Stadt unmittelbar am Fuß des Kaiserstuhls gelegen, beim Wirtschaftsministerium Baden-Württemberg einen Standortvorbescheid für die Errichtung eines Kernkraftwerks mit Druckwasserreaktoren und einer Endausbauleistung von ca. 4.000 MW_{el}.[216]

[214] AMPA Ku 151, Lindackers: Persönliche schriftliche Mitteilung von Prof. Dr.-Ing. Karl Heinz Lindackers an den Verf. vom 14. Mai 2003

[215] Presse- und Informationszentrum des Deutschen Bundestages (Hg.) Das Risiko der Kernenergie, Aus der öffentlichen Anhörung des Innenausschusses des Deutschen Bundestages am 2. und 3. Dezember 1974, in der Reihe: Zur Sache 2/75, Umweltschutz (IV), Bonn, 1975, S. 107 f.

[216] AMUBW 3480 A I.

Kaum 15 km südlich von Breisach auf der französischen Rheinseite liegt Fessenheim, auf dessen Gemarkung die Électricité de France (EDF) bis zu 6 Kernkraftwerksblöcke mit insgesamt 5.600 MW$_{el}$ geplant bzw. schon im Bau hatte. Der Badische Landwirtschaftliche Hauptverband und der Badische Weinbauverband äußerten umgehend ihre Bedenken und tiefen Sorgen angesichts möglicher Störungen des Kleinklimas durch verstärkte Nebelbildung. In Oberrotweil am Kaiserstuhl fanden sich spontan je ein Arzt, Apotheker, Physiker, Chemiker und Bürgermeister zusammen und gründeten das „Oberrotweiler Komitee gegen Umweltgefährdung durch die Kernkraftwerke Breisach und Fessenheim". Sie waren durch die beispiellose Größe der geplanten Kernkraftwerke sehr beunruhigt und befürchteten eine für den Rhein untragbare Wärmelast und bei Verwendung von Kühltürmen starke klimatische Veränderungen. Sie forderten in einem Brief an den Ministerpräsidenten Hans Filbinger (CDU) vom 26.7.1971 eine die Grenzen überschreitende Gemeinschaftsplanung und baten um Aussetzung des deutschen Genehmigungsverfahrens, bis durch unabhängige Klimatologen, Meteorologen, Hydrologen, Agrarmeteorologen und Mediziner alle offenen Fragen geklärt worden seien.[217]

Die Öffentlichkeit begann sich für die Probleme der Kernkraft zu interessieren. Die Zeitungs-Berichterstattung war zu diesem Zeitpunkt sachlich unaufgeregt und stellte die Positionen von Bürgerinitiativen, Energiewirtschaft und Kernforschung gegenüber.[218] Das Deutsche Atomforum e. V.[219] führte vom 4.–9.11.1971 in der Breisgauhalle in Breisach eine Vortrags- und Ausstellungsveranstaltung durch. Es traten weitere Aktionsgruppen wie die „Oberrheinische Aktionsgemeinschaft gegen die Atomkraftwerke Breisach und Fessenheim", der „Bad Krozinger Kreis" und die „Aktion Umweltschutz Freiburg", und die „Hochschulgruppe für Umweltschutz der Fachschaft Chemie der Universität Freiburg" als Streiter gegen die Kernkraftwerke auf. Der Ton der Auseinandersetzung wurde emotionaler und schärfer. Die einmalige und ungeheure Konzentration von Kernkraftwerken wurde als unzumutbare Bedrohung empfunden. Neben der Klimaveränderung wurde auch die radioaktive Belastung thematisiert.

Anfang des Jahres 1972 formierte sich in den Winzergemeinden des Kaiserstuhls eine massive Abwehrfront aus Genossenschaften, Bürgermeistern, Gemeinderäten und Aktionsgruppen.[220] Podiumsdiskussionen wurden veranstaltet und Resolutionen verfasst. Das Wirtschaftsministerium beteuerte in seinen Schreiben an Bürgerinitiativen und Einzelpersonen, dass alle erforderlichen Gutachten eingeholt und alle notwendigen Vorsorgemaßnahmen ergriffen würden, um Schaden abzuwehren. Aber es konnte auf konkrete Anfragen keine befriedigenden Antworten geben, weil wichtige Entscheidungen über den Bau des Kraftwerks, etwa zu den Kühltürmen, noch nicht getroffen waren. In dieser von Angst und Unsicherheit geprägten Situation fand das aus Österreich stammende *„Ärzte-Memorandum betreffend die Errichtung von Kernspaltungs-Kraftwerken"*[221] einflussreiche Verbreitung. Diese gegen das Kernkraftwerk Zwentendorf an der Donau gerichtete heftige Streitschrift war eine flammende Warnung vor den radioaktiven Gefahren der friedlichen Kernenergienutzung. Die natürliche Radioaktivität und die ionisierende Strahlung aus der Röntgen- und Nuklearmedizin und die dadurch verursachten Belastungen der Bevölkerung erwähnte das Ärzte-Memorandum nicht.

---

[217] AMUBW 3480 A I.

[218] vgl. Diskussion um die Kernkraftwerke: Badische Zeitung Nr. 260, 11. 11. 1971, S. 9.

[219] Das Deutsche Atomforum (DAtF) wurde im Mai 1959 als Dachverband der für Informationsaustausch und -verbreitung tätigen vier Organisationen (Arbeitsgemeinschaft für Kerntechnik, Deutsche Gesellschaft für Atomenergie, Atom für Frieden und Physikalische Studiengesellschaft) in Bonn gegründet. 1960 wurde das DAtF in einen eingetragenen Verein umgewandelt und die vier Gründerorganisationen lösten sich selbst auf. vgl. Müller, Wolfgang D., a. a. O., S. 196–200.

[220] Amann, Arnold: Alarmstufe Eins am Kaiserstuhl: Massive Abwehrfront gegen Atomkraftwerke am Oberrhein, Badische Neueste Nachrichten, 27. 1. 1972.

[221] Sonderdrucke aus der als Organ der Österreichischen Ärztekammer in Wien erscheinenden Österreichischen Ärztezeitung, 25. Jg., H. 20, 25.10. 1970, S. 2430–2442.

Am 7. Mai 1972 fand ein Protest-Sternmarsch aus den elsässischen Orten Vogelgrün, Hirtzfelden und Blodelsheim mit Ziel Fessenheim statt. Zubringerbusse kamen aus Freiburg. Am 16. September 1972 bildeten die südbadischen Winzer einen kilometerlangen Demonstrationszug mit 500 Traktoren nach Breisach. An ihren Schleppern hatten sie Plakate angebracht, auf denen sie ihre Sorgen ausdrückten: „Lieber heute aktiv als morgen radioaktiv", „Fortschritt ja, Nebel nein", „Wir Kaiserstühler fordern laut, dass man uns die Sonne nicht klaut".[222]

Die Landesregierung von Baden-Württemberg befasste sich auf ihrer 11. Ministerratssitzung am 26. September 1972 mit dem Kernkraftwerk Breisach. Während der Wirtschaftsminister den Standort verteidigte, äußerten sich die Landwirtschafts- und Innenminister ablehnend. Ministerpräsident Filbinger machte auch ästhetische Gesichtspunkte geltend. Kühltürme mit einer Höhe von ca. 160 m und enormen Durchmessern würden die Landschaft ganz erheblich beeinträchtigen. Man solle das Badenwerk schon jetzt davon unterrichten, dass unter Umständen eine Änderung des Standorts erforderlich werde.[223]

Gegen die Erteilung eines Standortvorbescheids für das Breisacher Kernkraftwerk hatten 65.000 Personen fristgerecht Einspruch eingelegt. Die Einsprüche waren ganz überwiegend auf Unterschriftslisten der Aktionsgemeinschaft gegen Umweltgefährdung durch Atomkraftwerke, Freiburg, und des Oberrheinischen Komitees gegen Umweltgefährdung durch Kernkraftwerke e. V. gesammelt worden. Einige tausend Einsprüche kamen auf Unterschriftslisten betroffener Gemeinden. Einige hundert Einsprüche waren individuell begründet. Die Einwendungen zielten auf das Genehmigungsverfahren (befangene Genehmigungsbehörden, abhängige Gutachter, unverständliche Unterlagen), auf die Einschätzung des Energiebedarfs und der Wirtschaftlichkeit, auf Fragen der Erdbebengefährdung, Grundwas-

serversorgung, des Natur- und Landschaftsschutzes und des Fremdenverkehrs sowie ganz nachdrücklich auf die Auswirkungen auf das Klima und deren Folgen. In den Einwendungen gab es auch Fragen zur Reaktorsicherheit, zu möglichen Störfällen und Katastrophen. Das verbleibende Restrisiko wurde problematisiert und auf den Brookhaven-Bericht[224] Bezug genommen. Die Gefahren des Atommülls und der radioaktiven Emissionen eines Kernkraftwerks mit den Folgen radioaktiver Verseuchungen der landwirtschaftlichen Produkte und des Grundwassers waren weitere Gegenstände der Einwendungen.[225]

Am 31.10.1972 veranstaltete das Wirtschaftsministerium die atomrechtliche Anhörung in der Breisgauhalle in Breisach. Wirtschaftsminister Rudolf Eberle (CDU) leitete die Versammlung. Er traf auf 500 zornige Bürger, die nicht bereit waren, in eine Sachdiskussion einzutreten, wie das Ministerium sie geplant hatte. Des Ministers Anwesenheit („Eberle stellt sich der Kritik"[226]) sollte zur Vertrauensbildung und Beruhigung beitragen. Die Atomkraft-Gegner sahen sich in ihrer Absicht bestärkt, statt einer sachlichen Erörterung der Einwendungen mit den Fachbeamten eine grundsätzliche politische Diskussion über die Vorgehensweise der Ministerialbürokratie zu führen und allgemein in Zweifel zu ziehen, dass ein Kernkraftwerk am Kaiserstuhl verantwortbar ist. Sie waren wütend auf die Beamten, die entscheidende Gutachten unter Verschluss hielten und nur mündlich aus ihnen vortragen wollten. Ausführungen hoher Ministerialbeamter gingen im ohrenbetäubenden Getrampel und Protestgeschrei unter. Ein Vertreter des Badenwerks wurde regelrecht niedergeschrien. Es kam zu einer misslichen Vermischung von grundsätzlichem, emotional vorgetragenem Widerspruch mit den strikt sachbezogenen Erörterungen im atomrechtlichen Verfahren, in dem die grundlegenden Vorgaben des Atomgesetzes nicht mehr in Frage

---

[222] Winzerprotest mit 500 Traktoren in Breisach: Standort des Kernkraftwerks soll überprüft werden, Stuttgarter Zeitung, Nr. 215, 18. 9. 1972, S. 22.

[223] AMUBW 3480 A I, Protokoll der 11. Sitzung des Ministerrats am 26. 9. 1972, S. 18 f.

[224] WASH-740, s. Kap. 7.2.1.

[225] AMUBW 3480 A I, Ministerium für Wirtschaft, Mittelstand und Verkehr Baden-Württemberg, Vermerk Nr. 8722.419/176 vom 18. 10. 1972, Betreff: Kernkraftwerk Breisach, Einwendungen gegen das Vorhaben.

[226] Stuttgarter Nachrichten, 2. 11. 1972, S. 27.

gestellt werden können. Als die Anhörung am späteren Abend unter Protest beendet wurde, flogen schließlich noch Tomaten.[227]

In der 16. Sitzung des Ministerrats der Landesregierung am 7. November 1972 war man sich einig, aus den Breisacher Vorgängen für die Zukunft die Lehre zu ziehen, die Öffentlichkeit frühzeitig und umfassend zu unterrichten und dabei auch wichtige Gutachten auf den Tisch zu legen. Man dürfe sich allerdings keinen Illusionen darüber hingeben, dass die betroffene Bevölkerung auch positive Gutachten vermutlich nicht akzeptieren werde. Man müsse nach alternativen Standorten Ausschau halten, die auf jeden Fall in ausreichender Entfernung vom Kaiserstuhl liegen. Aus diesem Grund erscheine der bereits ins Gespräch gekommene Standort Wyhl von vornherein nicht annehmbar. „Eine Genehmigung wird auf keinen Fall erteilt, wenn nicht Gefahren oder erhebliche Belastungen für Bevölkerung und Umwelt mit Sicherheit ausgeschlossen werden können."[228]

Die Badenwerk AG ließ Breisach fallen und wandte sich einem 20 km rheinabwärts auf der Gemarkung der 2800-Einwohner-Gemeinde Wyhl im Kreis Emmendingen in einem Wald am Rhein gelegenen Bauplatz zu. Die Badenwerk AG und die Energieversorgung Schwaben AG gründeten mit je hälftiger Beteiligung die *Kernkraftwerk Süd GmbH* (KWS), Ettlingen, die Anfang 1973 an die sorgfältige Untersuchung des neuen Standorts ging. KWS und Ministerialbürokratie zogen aus dem Scheitern des Breisacher Vorhabens den Schluss, im Vorfeld sicherzustellen, dass keine K.-o.-Argumente gegen ein Kraftwerk Wyhl vorlagen. So wurden von der KWS und einer interministeriellen Arbeitsgruppe alle wichtigen Sachgutachten vorläufig eingeholt und erstellt sowie die entscheidenden kommunalpolitischen Stellungnahmen vor Eröffnung des atomrechtlichen Verfahrens vertraulich abgeklärt. Ein Ministerialdirigent des Stuttgarter Wirtschafts-

ministeriums bestätigte dies auf Nachfrage der Presse im Nachhinein.[229]

Der Wyhler Gemeinderat wurde in mehreren nichtöffentlichen Sitzungen und auf zwei Informationsreisen über die Planungen und die Sicherheits- und Umweltaspekte eines 1250-MW$_{el}$-Druckwasser-Reaktors, der von der Kraftwerk Union AG (KWU), Erlangen, errichtet werden sollte, gründlich unterrichtet. Mit zweijährigem Abstand sollte ein zweiter Block folgen. Am Abend des 18. Juli gab der Gemeinerat dem Projekt seine Zustimmung. Die Geheimhaltung war gelungen. Am 19. Juli 1973 gab die KWS bekannt, dass das geplante Kernkraftwerk bei Wyhl entstehen soll. Für den 23. Juli berief der Wyhler Bürgermeister Wolfgang Zimmer eine Bürgerversammlung ein.[230, 231]

Sofort regte sich entschiedener Protest in der Gemeinde Weisweil, an deren Gemarkung der vorgesehene Bauplatz angrenzte und die nur 5 km davon entfernt war. Mit Bestürzung reagierte die Weisweiler Gemeindeverwaltung und prangerte die geheime, unter Ausschluss der Öffentlichkeit beschlossene Standortverlegung als undemokratisches Verhalten an.[232] Am Tag vor der Bürgerversammlung protestierten Umweltschutzgruppen in Wyhl. Es kamen überwiegend Jugendliche aus der Umgebung. „Die Bürgerschaft der Gemeinde nahm mehr als neugierige Zaungäste an der Veranstaltung teil."[233] Zur Bürgerversammlung kamen über 1.000 Bürgerinnen und Bürger in die Wyhler Turn- und Festhalle. Ein zupackender Ordnungsdienst sorgte dafür, dass nur Wyhler Bürger den Saal betreten konnten. Die aus Weisweil und Freiburg mit landwirtschaftlichen Fahrzeugen, Lautsprecherwagen und Transparenten („Wir wollen lieber Tabak anbauen, als auf den Atomtod lauern", „Atomkraftwerke – Atombom-

---

[227] Anhörung der Kernkraftgegner gerät zum Tribunal, Stuttgarter Zeitung, Nr. 253, 2. 11. 1972, S. 32.

[228] AMUBW 3480 A II, Protokoll der 16. Sitzung des Ministerrats am 7. 11. 1972, S. 18.

[229] Kein Reaktor in Breisach: Stuttgarter Zeitung, Nr. 165, 20. 7. 1973, S. 27.

[230] ebenda, S. 1 und 27.

[231] Wyhl Standort für Kernkraftwerke?: Badische Zeitung, Nr. 165, 20. 7. 1973, S. 8.

[232] Erster Protest gegen den neuen Standort für das neue Kernkraftwerk: Stuttgarter Zeitung, Nr. 168, 24. 7. 1973, S. 18.

[233] Protestversammlung in Wyhl: Badische Zeitung, Nr. 168, 24. 7. 1973, S. 8.

ben mit Zeitzünder") angerückten Atomkraftgegner wurden ausgeschlossen. Sie versuchten
mit lautstarkem Klopfen an die Hallenfenster
und Hupkonzerten die Versammelten zu stören.
Bürgermeister Zimmer nutzte diese Druckkulisse
von außen geschickt, so dass sich seine Mitbürger
mit ihm und dem Kernkraftprojekt weitgehend
solidarisierten.[234] Bürgermeister und Gemeinderat, unterstützt von den Fachleuten der KWS,
begründeten ihr positives Urteil damit, dass die
Radioaktivität des Kernkraftwerks mehrfach gesichert eingeschlossen sei und die radioaktiven
Emissionen im Normalbetrieb vernachlässigbar
klein seien. Die Dampfschwaden der Kühltürme
(je Block ein Kühlturm) träten nur in wenigen
Wochen im Jahr auf und könnten das Klima und
die Landwirtschaft nicht beeinträchtigen. Der
verlorene Wald werde durch Aufforstung anderer
Flächen ersetzt. Ein erhebliches Gewerbesteuer-
aufkommen sei bereits während der Bauzeit zu
erwarten. In der Versammlung herrschte über
weite Strecken Sachlichkeit, und es wurde bis
nach Mitternacht fair diskutiert.[235]

Ende Juli 1973 erklärte Wirtschaftsminister
Eberle anlässlich eines Besuchs der Baustelle
für das Kernkraftwerk Neckarwestheim, dass in
Baden-Württemberg elf Standorte für Kernkraftwerke benötigt würden. Auch der Standort Breisach könne erneut in die Diskussion kommen.
Eberle räumte ein, die Verlegung nach Wyhl
hänge damit zusammen, dass hier „das Verfahren
nicht so sehr mit Emotionen belastet wird."[236]
Auch bei einem Treffen mit Bürgermeistern und
Abgeordneten in Emmendingen betonte Eberle,
der Standort Breisach sei noch nicht aufgegeben.
Eine Entscheidung für Wyhl könne erst nach Abschluss des atomrechtlichen Verfahrens getroffen
werden.[237]

Am 10.10.1973, der heiße Krieg im vierten
Nahost-Konflikt war gerade ausgebrochen, stellte die KWS beim Stuttgarter Wirtschaftsministerium den Genehmigungsantrag für den Standort Wyhl. Wenige Tage zuvor hatte die SPD/
FDP-geführte Bundesregierung in ihrer energiepolitischen Unterrichtung an den Deutschen
Bundestag erklärt: „Die Kernenergie ist ein in
hohem Maße umweltfreundlicher Energieträger,
der überdies den Vorzug hat, vom Standpunkt
des Angebots von Primärenergieträgern besonders versorgungssicher zu sein.… Die Bundesregierung ist deshalb der Auffassung, dass die
Kernkraftwerks-Kapazität so zügig wie möglich
ausgebaut werden muss. Sie hält als Minimalziel
die Installierung einer Kapazität von 18.000 MW
bis 1980 und von 40.000 MW bis 1985 (besser
50.000 MW) für erforderlich."[238]

Anfang November 1973 verabschiedete der
Deutsche Bundestag im Eilverfahren wegen der
denkbaren Folgen des Nahost-Krieges ein Ener-
giesicherungsgesetz zur möglichen Rationierung
von Benzin und Heizöl. Die Bezugscheine seien
schon gedruckt.[239] Ende November 1973 fand
der erste autofreie Sonntag statt.[240] Bundeswirtschaftsminister Hans Friderichs (FDP) kritisierte
zu diesem Anlass, dass im Kernenergiebereich
Anträge zum Bau oder zur Erweiterung einer Anlage zum Teil jahrelang unbearbeitet blieben.[241]
Bei der Verabschiedung des 4. Atomprogramms
der Bundesregierung Anfang Dezember 1973
hielt auch der Bundesforschungsminister Horst
Ehmke (SPD) es für erforderlich, dass die Genehmigungsverfahren vereinfacht und verkürzt

---

[234] Fehr, Hans Otto: Ein resoluter Bürgermeister nutzt
die Stimmungsmache von außen, Stuttgarter Zeitung,
Nr. 169, 25. 7. 1973, S. 21.

[235] Erste Kraftwerksdebatte in Wyhl, Versammlung in
belagerter Halle: Badische Zeitung, Nr. 169, 25. 7. 1973,
S. 9.

[236] Wurm, Theo: Elf Standorte benötigt, Badische Zeitung, Nr. 174, 31. 7. 1973, S. 10.

[237] Hennenbruch, Adrian: Keine Vorentscheidung, Badische Zeitung, Nr. 178, 4./5. 8. 1973, S. 8.

[238] Unterrichtung durch die Bundesregierung: Die Energiepolitik der Bundesregierung, BT-Drs. 7/1057, 3. 10.
1973, S. 10.

[239] vgl. Bonn bereitet Gesetz zur Rationierung von Benzin und Heizöl vor (1973) Frankfurter Allgemeine Zeitung, Nr. 259, 6. 11. 1973, S. 1 und 4.

[240] vgl. Das erste Wochenende im Zeichen der Energiekrise, Frankfurter Allgemeine Zeitung, Nr. 275, 26. 11.
1973, S. 1.

[241] Bonn macht aus dem Ernst der Krise keinen Hehl
mehr, Frankfurter Allgemeine Zeitung, Nr. 275, 26. 11.
1973, S. 3.

werden, wobei jedoch die Anliegen des Umweltschutzes nicht vernachlässigt werden dürften.[242]

In der ersten Fortschreibung ihres Energieprogramms im Oktober 1974 verstärkte die Bundesregierung ihren Druck auf den Kernenergieausbau: „Für das Jahr 1980 hatte die Bundesregierung im Energieprogramm 1973 die Installierung einer Kernkraftwerksleistung von 18.000 MW und für 1985 von 40.000 MW für erforderlich gehalten. Angesichts der Entwicklung in den zurückliegenden Monaten ist jetzt die Installierung von 20.000 MW für 1980 – dies entspricht einem Anteil an der Stromversorgung von 25 % – und 45.000 MW für 1985 erforderlich. Es ist wünschenswert, dass sogar 50.000 MW erreicht werden, damit diese Energie mit 45 % an der Stromerzeugung beteiligt ist." [243]

Zwischen diesen Äußerungen zur Energiepolitik der Bundesregierung fand in Wyhl die Erörterung der Einsprüche gegen das dort geplante Kernkraftwerk statt. Am 18. Mai 1974 hatte das Wirtschaftsministerium den Erörterungstermin vom 9./10. Juli 1974 bekannt gemacht.[244]

Es wurden über 95.000 Einsprüche schriftlich eingelegt. Im Genehmigungsverfahren für das Kernkraftwerk in Obrigheim am Neckar waren es zwei, in Philippsburg 250, in Neckarwestheim 5.400 und in Breisach 65.000 Einsprüche gewesen. Das Wirtschaftsministerium war nicht mehr in der Lage, jeden Einwender einzeln zu bescheiden.[245]

Unter den Einsprechern waren 9 Gemeinden, darunter die Städte Freiburg, Lahr und Endingen sowie 53 Organisationen und Verbände.[246] Rund

90.000 Einsprüche kamen auf Sammellisten fristgerecht und einige tausend verspätet. Einige hundert betroffene Bürger aus der unmittelbaren Nachbarschaft traten als Einzeleinsprecher auf. Inhaltlich ließen sich die Einsprüche ähnlich wie beim Breisacher Erörterungstermin in sieben große Sachbereiche, darunter die Einwendungen, die Reaktorsicherheitsprobleme betreffend, gliedern. Wie in Breisach zielte die Masse der Einsprüche auf das Genehmigungsverfahren, die energiepolitische Notwendigkeit des Vorhabens, die Auswirkungen von Kühltürmen und radioaktiven Ableitungen sowie auf Fragen des Grundwasser- und Landschaftsschutzes.[247]

Im Bereich der Reaktorsicherheit gab es neue Akzente. Einige Umweltschutzgruppen zitierten die beängstigenden Aussagen aus Lindackers Vortrag vom 8. Januar 1970 vor der RWTH Aachen (s. Kap. 4.5.6). Die Aktionsgemeinschaft gegen Umweltgefährdung durch Atomkraftwerke e. V., Mitglied in der Rheintal Aktion, Freiburg, wies auf die Möglichkeit des Berstens des RDB hin. In diesem Fall würde der Kessel mit einer Wucht von 50.000 Mp gegen die Sicherheitshülle prallen und eine Öffnung von mehr als 5 m Durchmesser durchbrechen. Auch die Beton-Sekundär-Abschirmung sei dann keine Barriere mehr. Sie sei für einen berstenden Druckkessel kein ernsthaftes Hindernis.[248] Der Arbeitskreis Umwelt an den Chemischen Instituten der Universität Freiburg stellte in einer umfangreichen Begründung seines Einspruchs Reaktorsicherheitsprobleme dar, die mit Versprödung und Korrosion der Primärkreiskomponenten zusammenhängen. Eine Reihe bekannt gewordener Störfälle wurde sehr kritisch bewertet. Die besorgte Äußerung des britischen Metallurgen Sir Alan Cottrell zur Bruchsicherheit dickwandiger Vollwand-Stahlbehälter (s. Kap. 6.6.3) wurde gewürdigt. Brennstabversagen und Kühlmittel-Verluststörfälle nahmen einen breiten Raum in der

[242] Die Bundesregierung beschließt Heizkosten-Hilfe und Atom-Programm, Frankfurter Allgemeine Zeitung, Nr. 284, 6. 12. 1973, S. 6.

[243] Unterrichtung durch die Bundesregierung: Erste Fortschreibung des Energieprogramms der Bundesregierung, BT-Drs. 7/2713, 30. 10. 1974, S. 15.

[244] Öffentliche Bekanntmachung des Ministeriums für Wirtschaft, Mittelstand und Verkehr Baden-Württemberg zum Kernkraftwerk Süd, Badische Zeitung, Nr. 115, 18./19. 5. 1974, Anzeigenteil.

[245] AMUBW 3481.1.12 A, Ministerium für Wirtschaft, Mittelstand und Verkehr, AZ Nr. 8722.424/290, Schreiben an das Verwaltungsgericht Freiburg vom 25. 2. 1975, S. 5.

[246] AMUBW 4651.41, Niederschrift der Tonbandaufzeichnung der Erörterungen am 9. und 10. Juli 1974, S. 4.

[247] ebenda, S. 6.

[248] AMUBW 3480 A II, Schreiben zur Begründung der Sammeleinsprüche der Aktionsgemeinschaft gegen Umweltgefährdung durch Atomkraftwerke e. V., Mitglied in der Rheintal Aktion, Freiburg, an das Ministerium für Wirtschaft, Mittelstand und Verkehr vom 2. 7. 1974, S. 3.3.3–1.

Einspruchsbegründung ein. Dieser Freiburger Arbeitskreis kam zum Ergebnis, dass man mit dem Wyhler Kraftwerksprojekt mit verbrecherischer Gewissenlosigkeit die vitalen Interessen der gesamten Bevölkerung aus einseitigen, nur am finanziellen Gewinn orientierten Überlegungen mit Füßen trete.[249]

Die zweitägige Erörterung in der Wyhler Festhalle (ein zusätzliches Zelt stand ebenfalls bereit) versuchten die vier Stuttgarter Ministerien für Wirtschaft, Mittelstand und Verkehr, für Arbeit, Gesundheit und Sozialordnung, für Ernährung, Landwirtschaft und Umwelt sowie das Innenministerium strikt sachbezogen nach Maßgabe des Verwaltungs- und Verfahrensrechts durchzuziehen. Minister Eberle nahm nicht teil, was lautstark gerügt wurde. Versammlungsleiter war der Ministerialrat (späterer Ministerialdirigent) im Wirtschaftsministerium Dr. Joachim Grawe. In der überfüllten Wyhler Halle herrschte von Beginn an eine hochgradig emotionalisierte und mitunter geradezu hysterische Atmosphäre. Die Verhandlung wurde immer wieder von langanhaltenden Beifallsstürmen, Buh-Rufen, Tumulten, Sprechchören, Zwischenrufen, Pfeif- und rhythmischen Klatschkonzerten unterbrochen und durch Beschallung mit Lautsprecherwagen von außen gestört. Der Versammlungsleiter, der stets beherrscht und unbeirrt das atomrechtliche Verfahren vorantrieb, wurde als überheblich und schlecht vorbereitet abgelehnt. Es kam zu Sprechchören *„Grawe raus, Grawe raus".*[250] Am Abend des ersten Erörterungstages wurde sein Auto von gewalttätigen Atomkraftgegnern demoliert.[251] Mehrfach war eine Verständigung zwischen Podium und Publikum für längere Zeit praktisch unmöglich. „Hier in Wyhl ist ein Hexenkessel" wurde wiederholt von Diskussionsrednern festgestellt. Am Abend des zweiten Erörterungstages wurde ein schwarzgestrichener Sarg mit der Auf-

schrift „Demokratie" durch den Saal getragen und die Einsprecher verließen demonstrativ – bis auf wenige Fragesteller – nahezu geschlossen den Saal.[252]

In dieser Situation war eine ins Einzelne gehende Sachdiskussion sehr erschwert. Am zweiten Tag, als Reaktorsicherheitsprobleme erörtert wurden, gab es längere Zeit das allseitige Bemühen um sachliche Argumentation. Die Einsprecher trugen in Kurzreferaten die wichtigsten Argumente aus ihren Einspruchsbegründungen vor. Insbesondere vonseiten des Umweltarbeitskreises an der Universität Freiburg wurde deutlich, dass umfassende Literaturstudien betrieben worden waren. Die ablehnenden Wertungen wurden vor allem mit den bei weitem nicht ausreichenden Erfahrungen mit großen Kernkraftwerken begründet. Es gäbe noch ein enormes Forschungsdefizit. Die laufenden Forschungsvorhaben seien der beste Beleg für die noch bestehenden Unsicherheiten.[253] Die Ingenieure der Kraftwerk Union dagegen versicherten die Zuverlässigkeit ihrer mehrfach gestaffelten technischen Sicherheits- und Vorsorgemaßnahmen und versuchten, die Einsprüche mit ihren Sachargumenten zu entkräften. Sie stießen auf fehlendes Vertrauen, ja geradezu auf feindseliges Bezweifeln ihrer Darstellungen. Prof. Bender[254] betonte die Unsicherheit hinsichtlich der Größe des Restrisikos: *„Dieses Restrisiko ist nicht quantifizierbar, das gibt jedermann zu, der damit zu tun hat. Aber wenn man sagen würde: Der Größenordnung nach ist dieses Restrisiko, dass eine solche Katastrophe passiert, 1:1 Mio. oder 1:10 Mio. im Reaktorbetriebsjahr, dann mögen sie sagen, gut das nehmen wir in Kauf. Aber das kann niemand sagen."*[255] Besonders kritisch wurde in diesem

---

[249] AMUBW 3480 A II, Schreiben zur Einspruchsbegründung des Arbeitskreises Umwelt an den Chemischen Instituten der Universität Freiburg an den Wirtschaftsminister vom 6. Juli 1974, S. 43–46 und S. 58–67.

[250] AMUBW 4651.41, Niederschrift der Tonbandaufzeichnung des Erörterungstermins am 9./10. 7. 1974.

[251] Reaktorsicherheit und Radiologie: Badische Zeitung, Nr. 157, 11. 7. 1974, S. 8.

[252] Umweltschützer haben sich selbst ins Aus manövriert: Badische Zeitung, Nr. 158, 12. 7. 1974, S. 8.

[253] AMUBW 4651.41, Niederschrift der Tonbandaufzeichnung des Erörterungstermins am 9./10. 7. 1974, Vormittag 10. 7. 1974: Bender, B., S. 23–25, Karennovics, H., S. 30–35.

[254] Prof. Dr. iur. Bernd Bender, Freiburger Rechtsanwalt, profilierter Vertreter von Bürgerinitiativen auch im Wyhl-Prozess.

[255] AMUBW 4651.41, Niederschrift der Erörterung am Vormittag, den 10. 7. 1974, S. 25.

Zusammenhang die Zuverlässigkeit des Notkühl-systems beurteilt. Hans-Helmut Wüstenhagen[256] stellte zur Unsicherheit von Wahrscheinlichkeits-berechnungen fest: *„Und wir müssen davon aus-gehen, dass Wahrscheinlichkeitsberechnungen nicht beinhalten, wann eine Katastrophe eintritt. Am ersten Tag oder am letzten?"* [257]

Nachdem die Umweltschutzgruppen eine Ver-tagung der Erörterungen auf einen neuen Termin nicht durchsetzen konnten, verließen sie unter Protest den Saal. Die von den zurückgebliebenen Fragestellern vorgebrachten Probleme wurden noch behandelt und danach wurde der Erörte-rungstermin geschlossen.

Am Nachmittag des 5. November 1974 fiel im Kabinett der Landesregierung die Entscheidung, das Kernkraftwerk Wyhl zu genehmigen. Durch eine Panne im Wirtschaftsministerium war be-reits eine Anzeige mit der Überschrift „Warum das Kernkraftwerk Wyhl genehmigt wird" in den südbadischen Blättern für den 6.11.1974 geschal-tet worden und konnte nicht mehr zurückgeholt werden.[258]

Gegen die beabsichtigte Genehmigung des Kernkraftwerks Süd protestierten umgehend der Badische Weinbauverband, der Badische Land-wirtschaftliche Hauptverband und Umwelt-schutzgruppen in Sasbach, wo 5.000 Demons-tranten zusammenkamen. Der Protest richtete sich gegen die Gefährdung eines Gebietes inten-siver landwirtschaftlicher Nutzung durch Kühl-türme, radioaktive Ableitungen und Emissionen des Bleichemiewerks, das im 7 km entfernten, auf der elsässischen Rheinseite liegenden Mar-ckolsheim geplant war.[259] Mit einer Resolution wurde gefordert, dass ein über die Grenzen rei-chender, verbindlicher Industrialisierungs- und

Belastungsplan erarbeitet werden müsse, bevor Industrie- und Kraftwerksanlagen genehmigt werden könnten.[260]

Bürgermeister und Gemeinderat von Wyhl sahen die Situation um das Kraftwerksprojekt als „vergiftet" an und beschlossen zur Befrie-dung einen Bürgerentscheid über den Verkauf des gemeindeeigenen Baugrundstücks an die KWS herbeizuführen.[261] Auch die Landesregie-rung bemühte sich, Wogen zu glätten und die Ge-nehmigung zu begründen. Sie hob dabei die 120 besonderen Auflagen zur Qualitätssicherung und zum Schutz der Anlage gegen Einwirkungen von außen hervor.[262]

Am 12. Januar 1975 beteiligten sich 92 % der 1744 wahlberechtigten Wyhler Einwohner im Scheinwerferlicht eines beachtlichen Aufgebots an Journalisten der Presse, des Rundfunks und Fernsehens an der Abstimmung über den Ver-kauf des 40 Hektar großen Kraftwerksgeländes. 55 % waren für den Verkauf, 43 % dagegen, der Rest der Stimmen war ungültig.[263] Das Ergeb-nis wurde mit Beifall und Jubel, zugleich auch mit Buh-Rufen und Pfiffen aufgenommen. Die enttäuschten Atomkraftgegner zogen sich nach Weisweil zurück, wo sie sich ihren Willen zum Widerstand bekräftigten und auf die Besetzung des Bauplatzes einstimmten.[264] Das Internatio-nale Komitee der Bürgerinitiativen Baden/Elsass erklärte wörtlich: „Die Wyhler Bevölkerung hat über den Verkauf eines Grundstücks entschieden. Aber wir, die betroffene Region, werden über den Bau des Kernkraftwerks entscheiden."[265]

---

[256] Wüstenhagen, Hans-Helmut, Vorsitzender des Bun-desverbandes Bürgerinitiativen Umweltschutz e. V., bundes-weit bekannt gewordener Atomkraftgegner.

[257] AMUBW 4651.41, Niederschrift der Erörterung am Vormittag, den 10. 7. 1974, S. 11.

[258] Lehmann, Andreas: Panne, ein Sündenbock und viel Durcheinander, Badische Zeitung, Nr. 258, 7. 11. 1974, S. 8.

[259] Dölle, Hans-Hinrich: „In Wyhl kocht das Wasser schon auf zweihundert Grad", Badische Zeitung, Nr. 261, 11. 11. 1974, S. 10.

[260] Winzer fordern „Belastungsplan": Badische Zeitung, Nr. 262, 12. 11. 1974, S. 16.

[261] Dölle, Hans-Hinrich: Zimmer: Keine Prognose zum Ausgang des Entscheids, Badische Zeitung, Nr. 263, 13. 11. 1974, S. 8.

[262] Warum Kernkraftwerk gebaut wird, Regierung be-gründet Genehmigung. Badische Zeitung, Nr. 7, 10. 1. 1975, S. 9.

[263] Wyhl: Mehrheit für Geländeverkauf: Badische Zei-tung, Nr. 9, 13. 1. 1975, S. 1 und 16.

[264] Kössler, Armin: Nicht die letzte Runde, das Bauge-lände soll besetzt werden, Badische Zeitung, Nr. 10, 14. 1. 1975, S. 3.

[265] Nach der Abstimmung in Wyhl: Badische Zeitung, Nr. 10, 14. 1. 1975, S. 8.

Das Ministerium für Wirtschaft, Mittelstand und Verkehr Baden-Württemberg erteilte am 22. Januar 1975 im Einvernehmen mit dem Ministerium für Arbeit, Gesundheit und Sozialordnung und dem Innenministerium Baden-Württemberg der KWS die Erste Teilgenehmigung für die Errichtung (1. TEG) des Reaktorgebäudes, des Hilfsanlagengebäudes, des Maschinenhauses und Schaltanlagengebäudes sowie einiger Rohrleitungen, Rohr- und Kabelkanäle.[266] Sie wurde mit dem Sofortvollzug ausgestattet, weil der unverzügliche Baubeginn im dringenden Interesse der Versorgungssicherheit der Bevölkerung liege.

Am 26. Januar 1975 demonstrierten mehrere tausend Umweltschützer aus Baden, dem Elsass und der Schweiz in Weisweil gegen das Wyhler Kraftwerk und führten Transparente mit wie „Der Rhein stirbt, Bonn schläft", „100.000 Betroffene sind dagegen – 883 Wyhler sind dafür." Hans-Helmut Wüstenhagen versicherte, dass die 500 deutschen Bürgerinitiativen hinter den Demonstranten stünden. Man müsse „unseren Gewissensnotstand anerkennen, wenn es hier zum Bau kommt."[267]

Anfang Februar 1975 erhoben zwei Freiburger Rechtsanwaltskanzleien Klage gegen das Land Baden-Württemberg beim Verwaltungsgericht Freiburg und beantragten die Aufhebung der Ersten Teilgenehmigung vom 22.1.1975.[268] Auch die sofortige Vollziehbarkeit wurde beklagt. 100.000 Eingaben gegen das Kernkraftwerk Wyhl waren inzwischen gesammelt worden.[269] Diese Vorgänge waren so aufsehenerregend, dass selbst in den USA eingehend darüber berichtet wurde.[270]

Die KWS begann am 17. Februar 1975 damit, einen Drahtzaun um das Gelände zu ziehen und das Waldgelände auszustocken.[271] Am folgenden Tag besetzten etwa 300 Atomkraftgegner das Baugelände und erzwangen den Abbruch der Arbeiten.[272] Sie setzten sich vor Planierraupen und kletterten auf die Maschinen. Einzelne der Demonstranten begannen, den Zaun einzureißen.[273] Gegen Mittag rückte die Polizei mit 20 Mann und Lautsprecherwagen an. Sie machte mit Durchsagen auf die Straftatbestände aufmerksam und kündigte Schadenersatzklagen der KWS an. „Der Schaden für jeden Tag Verzögerung geht in die Hunderttausende Mark." Die Polizei fotografierte die Besetzer und forderte sie zum Verlassen des Geländes auf, was diese zunächst auch taten.[274] In der darauf folgenden Nacht waren 150 Demonstranten in Zelten und einer Holzhütte auf dem Platz geblieben. Die Besetzungs- und Demonstrationstechniken entsprachen den Methoden, die in den damals verbreiteten revolutionären Schriften empfohlen wurden.[275]

Ministerpräsident Filbinger erklärte, eine längere Besetzung in Wyhl werde nicht geduldet. Die Polizei wolle versuchen, mit den „mildesten Mitteln" das Gelände zu räumen. Erst wenn diese nicht mehr ausreichten, werde man härter eingreifen. In Marckolsheim war auf dem Bleichemiewerk-Bauplatz bereits eine dauerhafte Freiluftsiedlung erstellt worden.[276]

Überraschend schnell wurde am 20. Februar 1975 das besetzte Baugelände von vier Hundertschaften Polizei geräumt. 100–150 Personen mussten mit Wasserwerfern vertrieben oder von den Beamten mit „einfacher körperlicher Ge-

---

[266] Erste Teilgenehmigung für die Errichtung des Kernkraftwerkes Süd Block I, Ministerium für Wirtschaft, Mittelstand und Verkehr Baden-Württemberg, AZ IV 8722.424/252, Stuttgart, 22. 1. 1975.

[267] „Schützend vor die Heimat stellen": Badische Zeitung, Nr. 21, 27. 1. 1975, S. 16.

[268] AMUBW 3481.1.12A, RA Rainer Beeretz für einen Landwirt in Jechtingen am 11. 2. 1975 und RA Prof. Dr. Bernd Bender und RAe für die Gemeinde Sasbach u. a. am 12. 2. 1975.

[269] 100000 Eingaben gegen das Kernkraftwerk Wyhl, Badische Zeitung, Nr. 44, 22./23. 2. 1975, S. 1.

[270] A Construction License for Long-Planned 1,350-MW Wyhl Station, NUCLEONICS WEEK, 5. Dezember 1974, S. 9 f.

[271] Baubeginn für Kernkraftwerk Wyhl: Badische Zeitung, Nr. 40, 18. 2. 1975, S. 1 und 7.

[272] Baugelände in Wyhl besetzt: Badische Zeitung, Nr. 41, 19. 2. 1975, S. 1.

[273] Demonstranten erzwingen Abbruch der Arbeit: Badische Zeitung, Nr. 41, 19. 2. 1975, S. 8.

[274] Doelfs, Michael: Belagerungszustand im Wyhler Rheinwald, Badische Zeitung, Nr. 41, 19. 2. 1975, S. 3.

[275] vgl. Weigt, Peter: Revolutions-Lexikon – Handbuch der Außerparlamentarischen Aktion, Bärmeier & Nikel, Frankfurt, 1968.

[276] Filbinger: Längere Besetzung in Wyhl nicht geduldet: Badische Zeitung, Nr. 42, 20. 2. 1975, S. 1.

walt" vom Platz getragen, geschleift oder abgeführt werden.[277, 278] 54 von ihnen wurden zur Feststellung ihrer Personalien vorrübergehend festgenommen. Es waren 12 Franzosen, ein Holländer und 33 Personen aus Freiburg, Tübingen und Karlsruhe, darunter *„bekannte Angehörige linksextremistischer Gruppen"* sowie 8 Personen aus dem Gebiet des Kaiserstuhls.[279]

Die Polizeiaktion erregte den Zorn weiter Teile der Kaiserstühler Bevölkerung. Sie galt denen, die das Kraftwerk verhindern wollten, als äußerst unverhältnismäßig und wurde zum Gegenstand heftiger parteipolitischer Auseinandersetzungen. Politiker und Aktionsgruppen forderten, erst das Urteil des Verwaltungsgerichts Freiburg abzuwarten, bevor die Arbeiten auf dem Bauplatz fortgesetzt werden könnten.[280] Annähernd 4.000 Gegner des Wyhler „Teufelsdings" aus Baden, der Schweiz und dem Elsass versammelten sich am 21. Februar zu einer Protestkundgebung am Rande des Bauplatzes zwischen Auwald und Rhein an der sogenannten „NATO-Rampe", eine für militärische Zwecke betonierte Rheinuferbefestigung. Hier wurde zu gewaltloser Solidarität und anhaltendem passivem Widerstand aufgerufen.[281, 282] Als sich einige Demonstranten daran machten, mit Drahtscheren die Stacheldrahtrollen an der Zugangsstelle zu zerlegen, fuhr die Polizei erneut Wasserwerfer auf. Gegen Polizeifotografen wurden Steine geworfen. Die Warnungen des Polizeilautsprechers gingen jedesmal im ohrenbetäubenden Protestgeschrei unter.[283] Zwei Tage

später, einem Sonntag, veranstaltete die Vereinigung der oberrheinischen Bürgerinitiativen eine Großkundgebung, zu der annähernd zehntausend Menschen nach Wyhl strömten. Nach der ruhig verlaufenen Kundgebung wurde über das Megafon das Signal zum Angriff gegeben.[284] Ungefähr 2.000 Demonstranten drangen von verschiedenen Seiten zum Bauplatz vor und rissen den Zaun aus Panzerdraht ein. Die Polizei erwehrte sich mit Gummiknüppeln und wurde mit Steinen beworfen. Es gab Verletzte. Als die Massen die Umzäunung durchbrachen und auf das Gelände drängten, zogen sich die drei Hundertschaften Polizei ohne Einsatz von Tränengas oder Wasserwerfern vollständig zurück.[285] Die Besetzer verbarrikadierten den Bauplatz mehrfach gestaffelt mit Baumstämmen, Stacheldrahtrollen aus dem ehemaligen Polizeizaun und einem umgestürzten Auto.[286] Die offizielle breite Zufahrtsstraße wurde bereits 1 km vor dem Baugelände mit einer 1,5 m hohen doppelten Straßensperre aus Baumstämmen abgeriegelt und bewacht. Kraftwerkszaun und amtliche Verbotsschilder wurden entfernt. „Der Kampf geht jetzt erst richtig los." Journalisten, die sich nicht solidarisierten, wurden angepöbelt. „Wer nicht für uns ist, ist gegen uns – etwas anderes gibt es hier nicht."[287] Auf dem Bauplatz bauten die Kraftwerksgegner ein Zeltlager auf und richteten sich auf Dauer ein.[288]

Angesichts dieser zum nachhaltigen Widerstand entschlossenen Massenbewegung forderte die Landesregierung nach einer Sondersitzung des Kabinetts am 24. Februar 1975 die KWS auf, die vorbereitenden Arbeiten für den Kernkraftwerksbau in Wyhl bis zur Entscheidung des Verwaltungsgerichts einzustellen. Die Landesregierung erklärte dazu, dass die Vorgänge in

---

[277] Polizei räumt Kraftwerksgelände in Wyhl: Badische Zeitung, Nr. 43, 21. 2. 1975, S. 1.

[278] Doelfs, Michael und Piper, Nikolaus: „Ihr wisst nicht, was ihr zerstört habt", Badische Zeitung, Nr. 43, 21. 2. 1975, S. 3.

[279] 4000 demonstrieren gegen Kernkraftwerk: Stuttgarter Zeitung, Nr. 44, 22. 2. 1975, S. 30.

[280] Doelfs, Michael: Keine „Bau"-Arbeiten vor einem Richterspruch, Badische Zeitung, Nr. 44, 22./23. 2. 1975, S. 3.

[281] Lessner, Reinhard: Am Tümpel schöpften sie Mut, Badische Zeitung, Nr. 44, 22./23. 2. 1975, S. 3.

[282] Kundgebung: Der Kampf gegen das Kernkraftwerk Wyhl dauert an: Badische Zeitung, Nr. 44, 22./23. 2. 1975, S. 8.

[283] 4000 demonstrieren gegen Kernkraftwerk: Stuttgarter Zeitung, Nr. 44, 22. 2. 1975, S. 30.

[284] Die Emotionen angeheizt wie bei einem Volksaufstand: Stuttgarter Zeitung, Nr. 46, 25. 2. 1975, S. 17.

[285] Bauplatz erneut besetzt: Badische Zeitung, Nr. 45, 24. 2. 1975, S. 1.

[286] Piper, Nikolaus: Immer mehr Besetzer kamen aufs Wyhler Gelände, Badische Zeitung, Nr. 46, 25. 2. 1975, S. 8.

[287] Die Emotionen angeheizt wie bei einem Volksaufstand: Stuttgarter Zeitung, Nr. 46, 25. 2. 1975, S. 17.

[288] Reaktorgelände noch besetzt: Stuttgarter Zeitung, Nr. 47, 26. 2. 1975, S. 1.

Wyhl („Landfriedensbruch") grundsätzliche Bedeutung für die Wahrung des Rechtsstaats und Sicherung der Energieversorgung hätten. Man werde am Standort Wyhl festhalten; er sei sehr gründlich untersucht und mit sehr umfangreichen Auflagen zur Sicherung von Natur und Landwirtschaft versehen worden. Wenn in Wyhl nicht gebaut werde, könne es an keinem anderen Platz des Landes mehr gelingen, lebenswichtige Großprojekte unterzubringen.[289]

Die Landesregierung schaltete Zeitungsanzeigen mit dem Aufruf, „der Vernunft eine Chance"[290] zu geben und die Bevölkerung am Kaiserstuhl darauf hinzuweisen, dass „Kernkraftwerke in der ganzen Welt erprobt" seien.[291]

Pressekommentatoren stellten fest, dass nicht so sehr Argumente als vielmehr Emotionen gegen eine tiefgreifende Veränderung der Region um den Kaiserstuhl die Menschen bewegten. Es gehe nun um die wichtige Frage, „wie planvoll verhindert werden kann, dass ein so großes Energieangebot am Oberrhein zu einer Überindustrialisierung in der noch intakten Landschaft führen kann."[292] Mit Kernkraftwerken würde zwar immer noch unbewusst die Angst vor der schrecklichen Wirkung von Atombomben verbunden. Schreckensvisionen seien auch mit der Evakuierung der Bevölkerung bei einem schweren Reaktorunfall (den fast niemand für möglich halte) verknüpft. „Ob die Stromgewinnung mit Hilfe von Kernkraftwerken nun wirklich gefährlich ist, das vermag man nicht zu beurteilen, und das kümmert die Menschen auch nicht."[293] „Die Winzer haben das Gefühl, dass ihnen sichtbar, greifbar ein Stück Heimat hier weggenommen werden soll. Ob das, was sie tun, recht ist oder nicht, darüber lassen sie nicht mehr mit sich diskutieren."[294]

In der Sondersitzung des Landtags von Baden-Württemberg am 27. Februar 1975 verteidigte Ministerpräsident Filbinger das Kernkraftwerk Wyhl mit dem stark wachsenden Stromverbrauch: „Ohne das Kernkraftwerk Wyhl werden zum Ende des Jahrzehnts in Baden-Württemberg die ersten Lichter ausgehen" Er sprach vom Egoismus der südbadischen Bevölkerung, die alle Lasten der Energieversorgung den nördlichen Landesteilen aufbürden wolle.[295] Er sprach von Landfriedensbruch, offenem Unrecht und rechtswidriger Gewalt, die man nicht dulden werde. Wer eine Genehmigung habe, auf die Rechtsanspruch bestehe, sollte nicht fragen müssen, wann er sie ausführen dürfe, sondern müsse Rechtssicherheit haben. Sonst werde der Rechtsstaat verlassen. Einige Redner stellten irrationale Ängste in der Verbindung mit der Atombombe dar; Reaktorsicherheit und die Möglichkeit nuklearer Katastrophen wurden nicht angesprochen.

Das Verwaltungsgericht Freiburg hob am 14. März 1975 die sofortige Vollziehbarkeit der 1. TEG auf[296], ein Beschluss, der mit klimatologischen Bedenken und Zweifeln an der Energiebedarfsprognose begründet wurde. Sicherheitstechnische Gründe wurden nicht genannt. Die Diskussion um den Standort Wyhl drehte sich bis in den Herbst vor allem um die Fragen von Meteorologie, Klimatologie, Grundwasser und industrielle Entwicklung.[297] Als die Landesregierung im Juli 1975 versuchte, mit einem Verhandlungsangebot die starren Fronten zu lockern und die Besetzer des Bauplatzes zur Räumung zu bewegen, ging es ebenfalls um diese Probleme.[298] Die 42 badisch-elsässischen Bürgerinitiativen gingen teilweise auf das Angebot ein und forderten in einer Entschließung den Beweis von unab-

[289] Landesregierung stoppt Bauarbeiten am Kernkraftwerk Wyhl: Stuttgarter Zeitung, Nr. 46, 25. 2. 1975, S. 1.

[290] Badische Zeitung, Nr. 47, 26. 2. 1975, S. 9.

[291] Badische Zeitung, Nr. 50, 1./2. 3. 1975, S. 9.

[292] Doelfs, Michael: Zäsur in Wyhl, Badische Zeitung, Nr. 22, 28. 1. 1975, S. 1.

[293] Schmid, Franz J.: Aufruhr in Wyhl, Leitartikel, Stuttgarter Zeitung, Nr. 46, 25. 2. 1975, S. 1.

[294] Die Emotionen angeheizt wie bei einem Volksaufstand: Stuttgarter Zeitung, Nr. 46, 25. 2. 1975, S. 17.

[295] Filbinger, Hans: Regierungserklärung, Stenografische Berichte, Landtag von Baden-Württemberg, 6. Wahlperiode, 75. Sitzung, 27. 2. 1975, S. 5050 ff.

[296] Beschluss des VG Freiburg VS II 26/75 vom 14. 3. 1975.

[297] vgl. Weiterführung des Wyhler Hauptverfahrens vor dem Verwaltungsgericht Freiburg, Antrag der Fraktion der CDU, Landtag von Baden-Württemberg, Drucksache 6/7906 vom 27. 6. 1975.

[298] Angebot der Landesregierung im Fall Wyhl: Stuttgarter Zeitung, Nr. 149, 3. 7. 1975, S. 1.

hängigen Gutachtern, dass das Kraftwerk weder Gesundheit und Leben gefährde noch Klima und Landwirtschaft beeinträchtige.[299]

Der Verwaltungsgerichtshof (VGH) Baden-Württemberg in Mannheim wies am 8. Oktober 1975 die Bedenken des Freiburger Verwaltungsgerichts zurück und hob den Baustopp in Wyhl auf.[300] Er stellte aber fest, dass die Erfolgsaussichten der Einwender in der Hauptsache noch offen seien, was die Reaktorsicherheit betreffe. Vor allem bedürfe es eines abschließenden Urteils, ob alle über den GAU, auf den das Kernkraftwerk ausgelegt sei, hinausgehenden Unfälle derart unwahrscheinlich seien, dass sie nicht berücksichtigt zu werden bräuchten. Einer weiteren Aufklärung bedürften vor allem die Fälle einer Kernschmelze, eines Berstens des Reaktordruckgefäßes und eines Bruchs der Sicherheitshülle hinsichtlich ihrer denkbaren Voraussetzungen, mutmaßlichen Folgen und Wahrscheinlichkeit. In jedem Falle müsse eine große Katastrophe nationalen Ausmaßes mit Tausenden von Toten und der Verseuchung ganzer Landstriche auf unabsehbare Zeit praktisch ausgeschlossen sein.[301]

Die Bauträger des Kernkraftwerks Wyhl sahen sich durch den VGH bestätigt und erklärten, sie wollten „notfalls mit Hilfe der Staatsgewalt" ihre Rechtstitel durchsetzen.[302]

Die Landesregierung wollte ihre wiedergewonnene Handlungsfreiheit zunächst nicht für neue Polizeieinsätze auf dem Bauplatz in Wyhl benützen, sondern ließ Bereitschaft zur Verständigung mit den Kernkraftgegnern erkennen.[303] Sie setzte auf eine einvernehmliche Regelung, verlangte jedoch die Räumung des Platzes. Die Besetzer erklärten, dass der Widerstand weitergehe. Die badisch-elsässischen Bürgerinitiativen riefen zu einer Großkundgebung auf, zu der sich

am Sonntag, dem 19. Oktober, zwischen 5.000 und 10.000 Menschen an der NATO-Rampe versammelten.[304] Der Widerstand der Bevölkerung war auch nach der VGH-Entscheidung ungebrochen. Wo Recht zu Unrecht werde, da werde Widerstand zur Pflicht, war auf Transparenten zu lesen.[305] Dennoch versuchten viele Beteiligte, auch in den Bürgerinitiativen, eine Eskalation zu verhindern und die starren Fronten aufzulockern. Der CDU-Fraktionsvorsitzende im Landtag, Lothar Späth, bot sich als Vermittler an.[306] Am 7. November 1975 verließen die Besetzer das Baugelände auf Zusicherung der Landesregierung und der KWS, während der Verhandlungen mit den Vertretern der Bürgerinitiativen keine Veränderungen des Platzes vorzunehmen.[307] Zum Schluss war es noch „ein Häufchen von höchstens 10 Leuten, linksgefärbte Studenten zumeist", gewesen, das bei Wind und Wetter auf dem morastigen Boden des Rheinauwaldes ausgeharrt und von ortsansässigen Bauern seine tägliche Versorgung empfangen hatte.[308]

Die Landesregierung wollte mit Argumenten überzeugen und kündigte weitere Gutachten über klimatische Verhältnisse sowie Pumpversuche zur Untersuchung der Auswirkungen von Grundwasserentnahmen an.[309] Am 6. Dezember 1975 wurde zwischen der Landesregierung, der KWS, dem Badischen Landwirtschaftlichen Hauptverband (BLHV) und dem Badischen Weinbauverband (BWV) die sogenannte „Freiburger Erklärung"[310], ein Abkommen mit vertragsähnlichem Charakter, abgeschlossen. Die KWS verpflichtete sich zur Einrichtung radiologischer Messstationen. Die Landesregierung sagte zu, ein

---

[299] Räumen Besetzer in Wyhl den Platz?: Stuttgarter Nachrichten, Nr. 151, 5. 7. 1975, S. 11.

[300] Beschluss des VGH Mannheim X 351/75 vom 8. 10. 1975.

[301] Beschluss des VGH Mannheim X 351/75 vom 8. 10. 1975, S. 50–52.

[302] Piper, Nikolaus: Badenwerk: Notfalls mit Staatsgewalt, Badische Zeitung, Nr. 239, 16. 10. 1975, S. 8.

[303] Filbinger will Polizei vorerst in Wyhl nicht einsetzen: Stuttgarter Zeitung, Nr. 239, 16. 10. 1975, S. 1 und 5.

[304] 5000 demonstrieren in Wyhl: Stuttgarter Zeitung, Nr. 242, 20. 10. 1975, S. 16.

[305] Bevölkerung mit Kraftwerksgegnern solidarisch: Badische Zeitung, Nr. 242, 20. 10. 1975, S. 18.

[306] Räumung des Bauplatzes in Wyhl bald möglich: Stuttgarter Zeitung, Nr. 248, 27. 10. 1975, S. 1 und 17.

[307] Wyhler Bauplatz ohne Spektakel verlassen: Stuttgarter Zeitung, Nr. 258, 8. 11. 1975, S. 1 u. 31.

[308] Gegner des Atomkraftwerks drängen auf Gespräche: Stuttgarter Zeitung, Nr. 240, 17. 10. 1975, S. 25.

[309] Filbinger will in Wyhl überzeugen: Stuttgarter Zeitung, Nr. 251, 30. 10. 1975, S. 6.

[310] AMUBW Akte KWS Wyhl-Gespräche, Anlage 15.

meteorologisches Messstellennetz einzurichten. Zusätzliche meteorologisch-klimatische und wasserrechtliche Untersuchungen wurden vereinbart. Die KWS übernahm die Haftung für alle durch den Betrieb des Kernkraftwerks etwaig auftretenden Schäden. Der Kühlturmbetrieb in Wyhl sollte hinsichtlich der nutzbaren Kühlkapazität des Rheins bei kritischen Wetterlagen so mit anderen Kraftwerken am Rhein abgestimmt werden, dass nachteilige Auswirkungen in Wyhl auf ein Minimum beschränkt werden. Die Landesregierung verpflichtete sich, den Landesentwicklungsplan so fortzuschreiben, dass die regionale wirtschaftliche Entwicklung die Landwirtschaft, den Weinbau und die landschaftliche Eigenart des Kaiserstuhls berücksichtige. Ein „zweites Ruhrgebiet"[311] werde es am Oberrhein nicht geben. Die Landesregierung erklärte außerdem, dass in der Region Südlicher Oberrhein keine regionalen Atommülldeponien angelegt würden. BLHV und BWV hatten sich mit ihren Wünschen durchgesetzt.[312]

Am 31. Januar 1976 schlossen die Landesregierung, die KWS und die Bürgerinitiativen nach Vermittlung durch Lothar Späth die sogenannte „Offenburger Vereinbarung"[313] ab. Sie ging über die „Freiburger Erklärung" hinaus. Sie sicherte den Bürgerinitiativen zu, dass alle Schadensersatzansprüche und Strafanträge im Zusammenhang mit der Besetzung des Kraftwerksgeländes zurückgenommen werden. Bis zum 1. November 1976 wurde ein Aufschub des Baubeginns zugesichert. Sollten die bis dahin erwarteten zusätzlichen Gutachten Anlass zu wesentlichen Unterschieden in der Beurteilung geben, sollten erneute Gespräche zwischen den Beteiligten geführt werden. Die Bürgerinitiativen bekannten sich zur Gewaltlosigkeit.[314] Die Landesregierung bewertete die Offenburger Vereinbarung als „Zeichen der Liberalität und Bürgernähe". Auf

der Delegiertenversammlung der badisch-elsässischen Bürgerinitiativen am 1. Februar 1976 in Weisweil wurde die Vereinbarung als ein „erfreuliches Ergebnis" gewürdigt und gleichzeitig gefordert, die Zeit zu nutzen um „zu beweisen, dass Wyhl für ein Atomkraftwerk kein geeigneter Standort ist".[315]

Die Auseinandersetzung um Wyhl wurde von Oktober 1976 bis Februar 1977 in der öffentlichen Berichterstattung überlagert von den heftigen Zusammenstößen zwischen Polizei und Atomkraftgegnern am Bauplatz des Kernkraftwerks Brokdorf an der Unterelbe in Schleswig-Holstein.[316] Am 1. November 1976 veranstaltete die „Volkshochschule Wyhler Wald" eine „Platzbegehung" auf dem Kraftwerksgelände in Wyhl als Solidaritätskundgebung für die Kämpfer in Brokdorf, an der sich 1.000 Menschen beteiligten.[317, 318]

Anfang November 1976 überreichte Wirtschaftsminister Eberle in Freiburg vier zusätzliche Gutachten dem BLHV, dem BWV und den badisch-elsässischen Bürgerinitiativen.[319] Diese für die Kraftwerksplanung durchweg positiven Gutachten wurden von den Kernkraftwerks-Gegnern als unzureichend bezeichnet. Auch in mehreren Gesprächen, zu denen zahlreiche Fachleute aufgeboten wurden, konnte kein Konsens erzielt werden, weder mit den Bauernverbänden[320] noch mit den Bürgerinitiativen.[321] Neue Gegengründe wurden in den Vordergrund geschoben, wie die fehlende Entsorgung der radioaktiven Abfälle. In der von Polizeikräften streng bewachten Ge-

[311] Landesregierung hält sich an ihre Verpflichtungen: Badische Zeitung, Nr. 235, 9. 10. 1976, S. 10.

[312] Weitgehende Zugeständnisse für Bauern rund um Wyhl: Stuttgarter Zeitung, Nr. 281, 8. 12. 1975, S. 17.

[313] AMUBW Akte KWS Wyhl-Gespräche, Anlage 25.

[314] Vorerst kein Baubeginn in Wyhl, Regierung sagt neue Gutachten zu: Stuttgarter Zeitung, Nr. 26, 2. 2. 1976, S. 1.

[315] Späth: Auf beiden Seiten großer Wille zur Einigung: Stuttgarter Zeitung, Nr. 26, 2. 2. 1976, S. 2.

[316] vgl. Zint, Günter: Gegen den Atomstaat, 300 Fotodokumente, Zweitausendeins, 1979, S. 9–51.

[317] In Brokdorf Ruhe nach dem Sturm – Solidaritätsdemonstration in Wyhl: Stuttgarter Zeitung, Nr. 254, 2. 11. 1976, S. 1 und 6.

[318] Piper, Nikolaus: Unbehagen im Wyhler Wald, Badische Zeitung, Nr. 254, 2. 11. 1976, S. 12.

[319] Neue Gutachten für Wyhl: Stuttgarter Zeitung, Nr. 260, 9. 11. 1976, S. 6.

[320] Wyhl-Gespräch ohne Ergebnis: Stuttgarter Zeitung, Nr. 272, 24. 11. 1976, S. 7.

[321] Schmid, Franz J.: Neun Stunden Grabenkampf um Wyhl, Stuttgarter Zeitung, Nr. 288, 13. 12. 1976, S. 6.

meindehalle von Emmendingen-Windenreute wurde am 15. Januar 1977 vor etwa 200 Zuhörern ein ganztägiges Gespräch zwischen der Landesregierung und den Bürgerinitiativen abgehalten, in dem die Auseinandersetzung um Wyhl eine tiefgreifende Wende nahm. Die Bürgerinitiativen bestanden zwar nachdrücklich darauf, dass die Offenburger Vereinbarung nicht erfüllt sei, ihr Interesse galt aber nur noch am Rande den klimatologischen, radioökologischen und wasserrechtlichen Fragen am Standort Wyhl. Die Emmendinger Diskussion wurde von den Atomkraftgegnern als ein aggressives politisches Streitgespräch um die prinzipiellen Fragen der Verantwortbarkeit nuklearer Risiken geführt.[322]

Der Bundesverband Bürgerinitiativen Umweltschutz e. V. (BBU) hatte kurz vor dem Emmendinger Termin eine Schrift über „Die Auswirkungen schwerer Unfälle in Wiederaufarbeitungsanlagen und Atomkraftwerken – Abdruck und Interpretation zweier vertraulicher Studien des Instituts für Reaktorsicherheit vom August und November 1976" herausgebracht.[323] Wie der BBU darin erläuterte, hatte das Bundesinnenministerium (BMI) im Juli 1975 das Institut für Reaktorsicherheit (IRS) mit der Untersuchung über die Folgen eines großen Störfalls in einer Wiederaufarbeitungsanlage (WAA) und in einem Kernkraftwerk beauftragt. In der Tat hatte das IRS im Auftrag des BMI im ersten Halbjahr 1976 vergleichende Untersuchungen über größtmögliche Störfallfolgen erarbeitet und im August 1976 im IRS-Arbeitsbericht Nr. 290 intern dokumentiert.[324] Im Vorwort der Gesellschaft für Reaktorsicherheit (GRS), in der das IRS Anfang 1977 aufgegangen war, wurde zu diesem IRS-Arbeitsbericht festgestellt: „Der BMI-Auftrag verfolgte die begrenzte Zielsetzung, das Gefährdungspotenzial einer kommerziellen Wiederauf-

arbeitungsanlage mit dem eines großen Kernkraftwerks zu vergleichen. Dazu wurden die radiologischen Auswirkungen der größtmöglichen Störfälle untersucht. Sie sind dadurch gekennzeichnet, dass keinerlei Sicherheitsmaßnahmen wirksam werden". Es müsse darauf hingewiesen werden, dass dieser Bericht in keiner Weise eine realistische Risikoermittlung sei.

Die modellhaften Annahmen im IRS-Arbeitsbericht 290 waren für eine WAA: vollständiger Ausfall der Kühlung der Konzentratbehälter und des vollbesetzten Brennelemente-Lagerbeckens, keinerlei Rückhaltevermögen der Behälterstrukturen und der Gebäude, Ausdampfen nahezu aller Spaltprodukte und Freisetzung in die Umgebung bei konstanter Windgeschwindigkeit von 1 m/s. Die Freisetzungshöhe wurde mit 20 m angesetzt. Die Annahmen für ein Kernkraftwerk waren: Kernschmelze mit Dampfexplosion, die das Containment in Bodennähe öffnet, ebenfalls Freisetzung eines sehr hohen Anteils des Spaltproduktinventars bei einer konstanten Windgeschwindigkeit von 1 m/s. Die Auswirkungen wurden für beide Fälle als etwa gleich ermittelt. Noch in 100 km Entfernung vom Unglücksort müsse mit einer radioaktiven Ganzkörper-Dosis von 10^3–10^5 rem (10–10^3 Sv), also mit sofort tödlich wirkenden Dosen gerechnet werden.

Angesichts dieser erschreckenden Werte wurde vom IRS eine neue, realistischere Studie vorangetrieben, die sich auf einen anderen BMI-Auftrag vom Dez. 1975 bezog und radiologische Auswirkungen massiver Spaltproduktfreisetzungen aus großen Druckwasserreaktoren zum Inhalt hatte.[325] Dieser Untersuchung war zugrunde gelegt, dass sich in einem Druckwasserreaktor der thermischen Leistung von 2.331 MW_{th} ein Störfall mit dem Verlust des Primärkühlmittels und undicht werdenden Hüllen der Brennstäbe ereignet und dabei der Sicherheitsbehälter teilweise versagt (Leckage). Die Freisetzungshöhe wurde zu 20 m angesetzt. Bezogen auf das gesamte Spaltprodukt-Inventar wurde angenom-

---

[322] Kontroverse um Kernkraftwerk bleibt: Stuttgarter Zeitung, Nr. 12, 17. 1. 1977, S. 7.

[323] StAF, G 575/13, Nr. 42, Anlage 20.

[324] Bachner, D., Holm, D., Meltzer, A., Morlock, G., Neußer, P. und Urbahn, H.: Untersuchungen zum Vergleich größtmöglicher Störfallfolgen in einer Wiederaufarbeitungsanlage und in einem Kernkraftwerk, IRS-Arbeitsbericht Nr. 290, August 1976, StAF G 575/13 Nr. 42, Anlage 21.

[325] Bachner, D., Friederichs, H.-G. und Morlock, G.: Radiologische Auswirkungen massiver Spaltproduktfreisetzungen aus Druckwasserreaktoren, IRS-Arbeitsbericht Nr. 293, November 1976, 56 Seiten.

men, dass 10 % der Edelgase und Halogene, 5 % der flüchtigen Feststoffe und 0,1 % der übrigen Feststoffe aus den Brennelementen freigesetzt werden. Durch Anlagerungen an Oberflächen und Auswaschung durch Kondensation des Wasserdampfes sollten die in die Umgebung emittierten Spaltproduktanteile noch weiter reduziert werden. Abhängig von der Leckrate und den Wetterbedingungen wurden die Dosiswerte in der Kraftwerksumgebung berechnet. Die Ergebnisse zeigten nun, dass die letalen Dosen auf ein relativ begrenztes Umfeld des Kraftwerkstandorts beschränkt blieben.

Die Arbeitsergebnisse der IRS-Berichte 290 und 293 galten als vorläufig und vertraulich. Der BBU, der Wind von diesen brisanten Studien erhalten hatte, bat das BMI vergeblich um deren Herausgabe. Er beschaffte sie sich dann auf anderem, ungeklärt gebliebenem Weg und publizierte IRS 290 mit der Bemerkung „da diese Untersuchung konsequent geheimgehalten werden soll, wird sie vom BBU auf den Seiten 6–26 dieses Berichts in vollem Wortlaut abgedruckt." Der BBU zog die weitergehende Schlussfolgerung: „Daraus ergibt sich, dass bei einem solchen Unfall unter den angegebenen Wetterbedingungen etwa 30,5 Mio. Bewohner der Bundesrepublik Deutschland umkommen würden." Dazu kämen noch Tote in anderen Ländern, da die tödliche Wirkung über 600 km hinausreiche. Die zweite Studie IRS 293 wurde als Trick bezeichnet, denn sie gäbe als Folge eines Unfalls nur Strahlenbelastungen an, die etwa um den Faktor 1.000 niedriger lägen als die in IRS 290 angegebenen.

Die BBU-Schrift erregte bundesweit großes Aufsehen. Die Bürgerinitiativen sahen sich in ihren Warnungen vor den tödlichen Folgen der Atomkraftnutzung bestätigt. Das BMI entschied, den „ganz und gar unrealistischen Arbeitsbericht 290" aus der IRS-Berichtsreihe vollständig zu eliminieren und nur noch den IRS-Arbeitsbericht Nr. 293 gelten zu lassen.

In Emmendingen-Windenreute konfrontierten die Bürgerinitiativen die Landesregierung mit den IRS-Arbeitsberichten Nr. 290 und 293. Die anwesenden Fachleute von der GRS erwiderten, dass es sich lediglich um theoretische Arbeitspapiere handle, die nichts mit der Wirklichkeit

zu tun hätten. Minister Eberle erklärte, dass er für diese grundsätzlichen Fragen nicht zuständig sei und lehnte die Beratung dieser Berichte ab. Der Bundesgesetzgeber hatte mit der Schaffung des Atomrechts die grundlegenden Entscheidungen getroffen. Die Landesregierung sei für die Wyhl-spezifische Thematik zuständig, über die er sich mit den Bürgerinitiativen auseinandersetzen wolle. Die Bürgerinitiativen bestanden auf der Diskussion des IRS-Berichts 290, und es entwickelte sich ein stundenlanger Streit mit scharfen Gegensätzen und einem tumultartigen Verlauf. Eberle wies schließlich darauf hin, dass die Landesregierung ein neues radioökologisches Gutachten in Auftrag gegeben habe, das auch Störfälle berücksichtige. Im Übrigen erklärte er, dass die Landesregierung vor weiteren Maßnahmen die öffentliche mündliche Verhandlung des Verwaltungsgerichts Freiburg abwarten wolle. Danach könnten gegebenenfalls Gespräche über dann noch offene Fragen wieder aufgenommen werden, die jedoch im Februar 1977 endgültig abgeschlossen sein müssten.[326, 327]

Die Bürgerinitiativen wendeten die IRS-290-Ergebnisse auf den Standort Wyhl an und verbreiteten am Kaiserstuhl, dass nach einer IRS-Geheimstudie bei einem „Superunfall" im Kernkraftwerk Wyhl innerhalb von 36 min alle Einwohner zwischen Freiburg und Emmendingen ums Leben kämen. Minister Eberle dementierte mit Entschiedenheit: Eine solche Studie gäbe es überhaupt nicht.[328]

Die II. Kammer des Verwaltungsgerichts (VG) Freiburg[329] entschied sich, eine mündliche öffentliche Verhandlung im Rahmen des Verwaltungsstreitverfahrens um das Kernkraftwerk Süd (Wyhl) durchzuführen und legte dazu Ende September 1976 einen umfangreichen Fragenkatalog

---

[326] Kontroverse um Kernkraftwerk bleibt: Stuttgarter Zeitung, Nr. 12, 17. 1. 1977, S. 7.

[327] Piper, Nikolaus: Verhärtete Fronten in Wyhl, Badische Zeitung, Nr. 12, 17. 1. 1977, S. 1 und 18.

[328] Eberle: Es gibt keine Geheimstudie zu Wyhl: Stuttgarter Zeitung, Nr. 14, 19. 1. 1977, S. 5.

[329] Vorsitzender Richter am VG Dr. Roßwog, Richter am VG Rudolph, Richter am VG Dr. von Bargen (Berichterstatter), ehrenamtliche Richter Mussler und Fischer.

des Berichterstatters vor.[330] Der Fragenkatalog war nach den zentralen Streitfragen gegliedert:

a) Auswirkungen der Wärmeableitung durch den Kühlturmbetrieb und direkt in den Rhein (18 Fragen),

b) Auswirkungen unvermeidbarer Radioaktivitätsabgaben durch den Kamin, an das Rheinwasser und auf sonstige Weise (51 Fragen),

c) Reaktorsicherheit, Vorkehrungen gegen Störfälle mit Auswirkungen auf die Umgebung (28 Fragen).

Zur Erörterung dieser Fragen wurden etwa 50 Sachverständige geladen.[331] Die mündliche Verhandlung wurde auf Donnerstag, den 27. Januar bis Mittwoch, den 9. Februar 1977 in der Breisgauhalle in Herbolzheim am Kaiserstuhl terminiert.[332] Diese öffentliche Verhandlung war ein Wagnis, denn die Unruhe und Widerstandsbereitschaft in der Bevölkerung am Kaiserstuhl waren ungedämpft. Nicht nur der Landesregierung und der Energiewirtschaft, auch dem Verwaltungsgericht wurde mit Misstrauen begegnet, denn sie alle steckten doch unter einer Decke. In der öffentlichen Diskussion wurde auch die Frage aufgeworfen, ob die Verwaltungsgerichtsbarkeit, die nur eng und punktuell beschränkt die Rechtmäßigkeit staatlichen Handelns prüfen könne, überhaupt geeignet sei, den Rechtsschutz der Allgemeinheit sicherzustellen (s. Abb. 4.5). Der höchst zeitaufwändige Streit durch alle Instanzen, bis das Bundesverfassungsgericht das letzte Wort gesprochen habe, sei für alle Beteiligten äußerst unbefriedigend.[333] Im Nachhinein hat es sich als richtig erwiesen, in einem zweiwöchigen transparenten Verfahren der Beweisaufnahme und der Plädoyers das Für und Wider der Sachverständi-

Abb. 4.5 Aus einer Wyhl-Prozess-Info des Arbeitskreises Umweltschutz Uni Freiburg

gen und der Anwälte in aller Öffentlichkeit dargestellt zu bekommen. Insgesamt wurden 53 Sachverständige gehört. Die Breisgauhalle war stets mit disziplinierten Zuhörern stark besetzt. Ernsthafte Störversuche gab es nicht.[334] Das Publikum war mitunter so zahlreich, dass der Saal vorübergehend geschlossen werden musste.[335] Die Presse berichtete ausführlich. Die Verhandlung fand in einer sehr konstruktiven Atmosphäre statt. Keine Seite wollte das Verfahren torpedieren oder verzögern, sondern bestmöglich zu einem gerechten Urteil beitragen. Eine Schwierigkeit bestand für das Gericht darin, den erforderlichen Sachverstand durch unabhängige, ausgewiesene Persönlichkeiten umfassend zu repräsentieren. Es hat sich als vertrauensbildend herausgestellt, dass von der Klägerseite kurzfristig angebotene amerikanische Sachverständige zugelassen wurden (wobei zunächst die Sachverständigen aus

---

[330] VG Freiburg: Katalog der Fragen, die das Gericht in der mündlichen Verhandlung der Verfahren in Sachen „Kernkraftwerk Süd (Wyhl)" mit Sachverständigen zu erörtern beabsichtigt, Verfügung VS II 27/75 vom 29. 9. 1976, StAF G 575/13, Nr. 4, S. 939 ff.

[331] VG Freiburg: Übersicht der geladenen Sachverständigen, StAF G 575/13, Nr. 5, S. 1821 ff.

[332] Verfügung VG Freiburg VS II 27/75 vom 15. 11. 1976, StAF G 575/13, Nr. 4, S. 1113.

[333] vgl. Kühnert, Hanno: Mit steinzeitlichem Werkzeug, Badische Zeitung, Nr. 20, 26. 1. 1977, S. 5.

[334] Doelfs, Michael: Wyhl-Prozess beginnt in ruhiger Atmosphäre, Badische Zeitung, Nr. 22, 28. 1. 1977, S. 1.

[335] Doelfs, Michael: Der Primus, Badische Zeitung, Nr. 34, 11. 2. 1977, S. 7.

der RSK dolmetschten).[336] Gleichwohl war vor allem auf der Klägerseite der Eindruck vorherrschend, der Sachverstand sei sehr ungleichmäßig verteilt und keine „Waffengleichheit" gegeben gewesen.[337] Von den Bürgerinitiativen wurden 42 Sachverständige als grundsätzlich der Kernenergie zugeneigt und damit nicht genügend objektiv eingestuft.[338] Den Klägern war es jedoch nicht gelungen, eine größere Anzahl von ausgewiesenen Sachverständigen für ihre Sicht der Dinge zu finden[339], ein von ihnen benannter Professor hatte die Teilnahme am Prozess abgelehnt.[340] Nach den ersten Verhandlungstagen, als die Klägerseite ins Hintertreffen zu geraten schien, erklärten die badisch-elsässischen Bürgerinitiativen, dass sie sich einem Wyhl-Urteil des VG Freiburg nicht mehr ohne weiteres unterwerfen wollten.[341]

Am 7. Februar 1977 wurde in Herbolzheim verhandelt, wie sich ein atomares Unglück aus einem schweren Störfall in der Umgebung eines Reaktors entwickeln und wie wahrscheinlich eine nationale Katastrophe sein könnte. Die 1. TEG hatte diese Frage nicht behandelt, sondern kurzerhand festgestellt: „Der Sicherheit von Kernenergieanlagen wurde entsprechend dem großen Gefährdungspotenzial von Anfang an besondere Beachtung geschenkt. Ausschlaggebend bei der Entscheidung kann allerdings nicht die Frage nach der Größe des Gefährdungspotenzials sein, entscheidend ist vielmehr die Frage, ob die mit der Nutzung der Kernenergie verbundenen Gefahren sicher beherrscht werden können. ... Eine genaue Betrachtung der von den Einsprechern angeführten Störfälle zeigt, dass sie sich in dieser

Form bei den heutigen Reaktoren nicht ereignen können oder aber, dass die Sicherheitseinrichtungen funktionierten und Schäden außerhalb der Anlage sicher verhindert haben."[342] Zu den über die Auslegungsstörfälle hinaus reichenden Störfälle wurde gesagt: „So kommt Rasmussen vom Massachusetts Institute of Technology (MIT) in seiner umfangreichen im Auftrag der USAEC (United States Atomic Energy Commission), der amerikanischen Atomgenehmigungsbehörde, durchgeführten Studie zu dem Ergebnis, dass der ungünstigste Reaktorunfall allenfalls mit einer Wahrscheinlichkeit von 10^{-9} auftritt (alle Milliarde Reaktorbetriebsjahre ein solcher Störfall)."[343] Das VG Freiburg gab sich damit nicht zufrieden, sondern sah einen entscheidenden Zusammenhang zwischen der Größe des Gefährdungspotenzials und der Wahrscheinlichkeit seiner Freisetzung.

Im Zentrum der Verhandlung stand zunächst der IRS-Bericht 290. Der Sachverständige Karl-Heinz Lindackers führte aus, dass dieser Bericht Dosisberechnungen für Entfernungen bis 100 km enthalte. Für die Ausbreitung von Fremdstoffen in der Luft dürften die damals bekannten Rechenmethoden aber allenfalls bis zu einer Entfernung von 20 km von der Quelle angewandt werden.[344] Im Übrigen müssten Fehler enthalten sein, denn unter gleichen Annahmen ergäben seine eigenen Kalkulationen für die Entfernung von 100 km den Ganzkörper-Dosiswert von 20 rem (0,2 Sv).[345] Sachverständiger Franzen[346] ergänzte, dass IRS-290 eine vorläufige, halbfertige Arbeit sei, die noch keinem Überprüfungs- und Verifikationsverfahren unterworfen worden sei. Er wies darauf hin, dass sich wirkliche Abläufe wesentlich von hypothetischen unterschieden, bei denen ein-

[336] StAF G575/13, Nr. 57, Bd. 125, S. 11.

[337] Bender: Sabotagegefahr nicht unterdrücken: Badische Zeitung, Nr. 34, 11. 2. 1977, S. 7.

[338] Doelfs, Michael: Elegante Schale, Badische Zeitung, Nr. 32, 9. 2. 1977, S. 5.

[339] Klägerseite in Beweisnotstand: Esslinger Zeitung, 5. 2. 1977.

[340] Doelfs, Michael, Kühnert, Hanno und Piper, Nikolaus: Pollard spricht von vielen Schwachstellen, Badische Zeitung, Nr. 31, 8. 2. 1977, S. 5.

[341] Doelfs, Michael: Bürgerinitiativen: Ein politisches Problem, Badische Zeitung, Nr. 25, 1. 2. 1977, S. 5, siehe auch S. 1.

[342] Erste Teilgenehmigung für die Errichtung des Kernkraftwerks Süd Block I, Ministerium für Wirtschaft, Mittelstand und Verkehr Baden-Württemberg, AZ IV 8722.424/252, Stuttgart, 22. 1. 1975, S. 116.

[343] ebenda, S. 121.

[344] StAF G 575/13, Nr. 57, Anlagen zu Protokoll Bd. 152, S. 7.

[345] StAF G 575/13, Nr. 57, Anlagen zu Protokoll Bd. 153, S. 8 f.

[346] Dipl.-Phys. Ludwig F. Franzen, Gesellschaft für Reaktorsicherheit, Köln.

fach angenommen werde, dass hohe Anteile des Spaltproduktinventars sozusagen urplötzlich in einem fein verteilten Zustand in die Atmosphäre überführt würden und sich dann optimal in Wind und Wetter auf die Umgebung ausbreiten könnten. Ein wirklicher Unfall finde in einer konkreten Struktur von Behältern und Räumen statt, in denen sich physikalische Prozesse an Wänden usw. abspielten. Die betrachteten hypothetischen Unfallabläufe könnten überhaupt nicht vorkommen.[347]

Zu den damals international vorliegenden Erkenntnissen über die Auswirkungen schwerer Störfälle mit Kernschmelze und teilweise versagendem Sicherheitsbehälter stellte Lindackers fest, „dass in einer Zone bis zu etwa 15 km Entfernung damit gerechnet werden muss, dass die dort sich während der gesamten Zeit des Störfallablaufs aufhaltenden Personen so hohe Dosen bekommen, dass sie an einem akuten Strahlensymptom erkranken und ein großer Teil besonders innerhalb der näheren Zone wenige Tage danach zu Tode kommt."[348] Der Sachverständige Smidt[349] bestätigte, dass die Folgen eines von ihm beschriebenen Berstunfalls mit einem von RDB-Sprengstücken durchgeschlagenen Reaktor-Sicherheitsbehälter[350] die gleiche Schadensdimension erreichen könne, wie sie von Lindackers angegeben worden war.[351] Der Sachverständige Pollard[352] nannte eine Landfläche von

740 km^2, von der die Einwohner evakuiert werden müssten.[353]

Der Sachverständige Karl Kußmaul[354] vertrat die Auffassung, dass der RDB insgesamt keinen Anlass zu sicherheitstechnischen Bedenken gebe. Dies gelte uneingeschränkt für die Werkstoffwahl, die Sorgfalt bei der Auslegung und der Herstellung, für die Fertigungsqualität und Wiederholungsprüfungen sowie für das Sprödbruchverhalten. Kußmaul erläuterte die Konstruktion des Reaktordruckgefäßes: „Es ist außerordentlich übersichtlich gestaltet. Es sind keinerlei Wanddurchbrüche im Bereich der unverstärkten Schale vorhanden." Die Hauptkühlmittelleitungen seien im verstärkten Flansch angeordnet. „Wir haben durch diese einfache und übersichtliche Konstruktion gegenüber anderen Systemherstellern, z. B. in Amerika oder in anderen Ländern, einen unwahrscheinlich großen Sicherheitsgewinn, in dem ein Bruch, der eingeleitet werden möge, z. B. im Anschluss der Rohrleitungen an das Druckgefäß, nicht in dieses durchschlagen kann."[355] Im Vergleich zu den USA habe man die chemische Zusammensetzung des Werkstoffs optimiert und Schweißprobleme dadurch minimiert. Schweißnähte seien eingespart und die zerstörungsfreien Prüfverfahren verfeinert worden. „Ein derart hoher Standard ist mit Abstand in keinem anderen Land der Welt vorhanden...Fehler, die sich einer kritischen Größe annähern könnten, werden deshalb mit Sicherheit gefunden."[356]

Das Gericht und die Klägerseite sahen in diesen Feststellungen einen Widerspruch zu den Ausführungen des Sachverständigen Smidt, dem die Nachfrage gestellt wurde, ob es nicht denkbar, theoretisch denkbar sei, dass durch Versagen der nachgeschalteten Sicherheitssysteme, wie beispielsweise der Überdruckventile, der RDB zum

---

[347] StAF G 575/13, Nr. 57, Anlagen zu Protokoll Bd. 154, S. 8 ff.

[348] StAF G 575/13, Nr. 57, Anlagen zu Protokoll Bd. 152, S. 7.

[349] Dr. rer. nat. Dieter Smidt, o. Prof. für Reaktortechnik Univ. Karlsruhe, Dir. Institut für Reaktorentwicklung Kernforschungszentrum Karlsruhe, Mitglied RSK 1968–1982, stellv. RSK-Vors. 1969–1971 und 1974–1977, RSK-Vors. 1971–1974 und 1981–1982.

[350] Smidt, Dieter: Verminderung des Restrisikos in DWR-Kernkraftwerken, atw, Mai 1976, S. 257.

[351] StAF G 575/13, Anlagen zu Protokoll Bd. 156, S. 12.

[352] Robert Pollard, USA, Reaktorexperte, ehemaliger Mitarbeiter der USAEC im Bereich Sicherheitssysteme, nahm im Februar 1976 seinen Abschied von der USAEC, weil er die kerntechnische Entwicklung dort nicht mehr mitverantworten wollte; er war nun für die Umweltschutzorganisation Union of Concerned Scientists tätig.

[353] StAF G 575/13, Nr. 57, Anlagen zu Protokoll Bd. 156, S. 12.

[354] Dr.-Ing. Dr. techn. h.c. Karl F. Kußmaul, o. Prof. für Materialprüfung, Werkstoffkunde und Festigkeitslehre der Univ. Stuttgart sowie Direktor der Staatlichen Materialprüfungsanstalt Stuttgart.

[355] StAF G 575/13, Nr. 57, Anlagen zu Protokoll Bd. 122, S. 8–10.

[356] StAF G 575/13, Nr. 57, Anlagen zu Protokoll Bd. 124, S. 2–7.

Bersten gebracht werden könne. Smidt antwortete: „Ich würde sagen, denkbar ist es genauso, wie es denkbar ist, dass dieses Gebäude im nächsten Augenblick auf uns zusammenstürzt. Auch das ist selbstverständlich denkbar."[357]

Die Frage der Berstsicherheit des RDB wurde am nächsten Verhandlungstag wieder aufgegriffen. Auch ein Sachverständiger der GRS wollte in einem Denkmodell das Überdruckversagen des RDB nicht vollständig ausschließen. Der Sachverständige Kußmaul hielt dem entgegen, dass man auch bei einer extremen Innendruckbelastung nicht von vornherein ein Bersten postulieren müsse. Mit mindestens der gleichen Berechtigung solle man zunächst prüfen, ob sich nicht die Deckelschrauben längten und eine Druckentlastung zwischen Deckel und Flanschring erfolge. Wahrscheinlich würden zuerst Schrauben oder Rohrleitungen abreißen. „Ich würde also darum bitten, dass wenn man solche Denkmodelle macht, dass man sie dann auch noch mit einem Mindestmaß von ingenieursmäßigem Denken durchführt."[358] Kußmaul musste allerdings einräumen, dass solche Versuche in der Praxis noch nicht durchgeführt worden waren.[359]

Der Berichterstatter Richter von Bargen befragte den Sachverständigen Smidt nach der Schutzwirkung einer Berstsicherung. Wäre im Falle des RDB-Berstens mit einer solchen Einrichtung ein Penetrieren des Sicherheitsbehälters durch Trümmerstücke ausgeschlossen? Smidt: „Es ist ja praktisch auch so ausgeschlossen, es würde in diesem Fall komplett ausgeschlossen". Der Sachverständige Birkhofer korrigierte Smidt: „Die Berstsicherung ist für BASF geplant worden, um mit Formen, gewissen Formen, des Berstens im Primärsystem fertig zu werden. Grob gesagt. Es sind aber Bruchformen denkbar, bei denen auch die Berstsicherung nicht voll funktionstüchtig wird, bzw. auch versagen kann. Eine Berstsicherung besteht ja auch aus einer technischen Einrichtung. Insofern hat die RSK immer davon gesprochen, dass die Berstsicherung im Zusammenhang mit dem Standort BASF und für die Anlage BASF eine Risikoverminderung bewirkt. Sie hat nie gesagt, dass die Schadensauswirkungen null sind."[360]

Die Aussage von Smidt, ein Berstunfall mit raschem Containmentversagen sei nicht mit Sicherheit auszuschließen, erst durch eine Berstsicherung werde er „komplett ausgeschlossen", trug wesentlich zur Urteilsfindung bei.[361] Der Sachverständige Prof. Kußmaul ging auf diese Argumentation nicht ein. Er wies auf neueste positive Entwicklungen bei den Erkenntnissen über das Behälterversagen hin. Man habe nun einen anderen Hintergrund für diese Aufgabenstellung, die RDB-Qualität zu quantifizieren.[362] Er konnte dem Gericht die für den Standort BASF entwickelte Technik der Berstsicherung anhand der originalen Konstruktionspläne vorstellen (s. Kap. 6.6.4). Er führte aus, dass die erforderliche axiale Vorspannung des RDB durch den während des Betriebs bestehenden Innendruck aufgehoben und dadurch die Spannungskonzentration an den Stutzenlöchern ganz erheblich erhöht werde. Er habe keinen Zweifel, dass dadurch die Ausfallwahrscheinlichkeit des RDB um mehr als eine Größenordnung zunehme. Der eng um den RDB herum errichtete Betonmantel mache den RDB für Inspektionen und zerstörungsfreie Prüfungen schwer zugänglich. Die neu konzipierten Zweikammerrohre des Primärkreises hätten viele schwierige Fragen aufgeworfen. Diese Bauweise sei für ihn keinesfalls erprobt. Zum Zeitpunkt, als das BASF-Projekt in Angriff genommen worden sei, habe man noch nicht so sicher wie derzeit das

---

[357] StAF G 575/13, Nr. 57, Anlagen zu Protokoll Bd. 127, S. 8.

[358] StAF G 575/13, Nr. 57, Anlagen zu Protokoll Bd. 148, S. 10–12.

[359] AMPA Ku 68, Schreiben von Dr.-Ing. Heinrich Dorner, Siemens/KWU, vom 22. 3. 1979 mit Bezug auf: KWU-Arbeitsbericht R 213/163/79: Begrenzung des Druckes im Primärkreis durch Wasserausströmung aus der RDB-Deckeldichtung, 16. 3. 1979. Diese KWU-Untersuchung ergab, dass es durch Verformung der Deckelverschraubung zu einem Abheben des RDB-Deckels kommt. Die Ausströmung beginnt bei etwa 270 bar, RDB-Bersten ist erst ab 460 bar möglich.

[360] StAF G 575/13, Nr. 57, Anlage zu Protokoll Bd. 165, S. 11 f.

[361] Bargen, J. von: Zu den Voraussetzungen für die Genehmigung eines Kernkraftwerks, VG Freiburg Urteil vom 14. 3. 1977 – VS II 27/75, Neue Juristische Wochenschrift (NJW), 1977, Heft 36, S. 1647.

[362] StAF G 575/13 Nr. 57, S. 11 f.

Bruchverhalten eines solchen Gefäßes beurteilen können.[363]

Die Verhandlungen befassten sich noch am 7.2.1977 und auch am Morgen des 8.2.1977 eingehend mit den Schwierigkeiten der Evakuierung der Bevölkerung und mit der Katastrophenschutzplanung.[364] Die Erörterung katastrophaler Unfallfolgen und die kaum lösbaren Evakuierungsprobleme erzeugten Unruhe und fanden ein starkes Presseecho.[365]

Das Urteil zum Kernkraftwerk Wyhl der II. Kammer des VG Freiburg wurde am 14. März 1977 verkündet. Die jahrelang im Zentrum der kritischen Auseinandersetzung stehenden klimatologischen und radioökologischen Fragen waren dem VG Freiburg keine gegen den Kernkraftwerksbau sprechenden Gründe. So ist in der Urteilsbegründung ausgeführt, dass die Kammer davon ausgehe, „dass Umweltwirkungen der Kühlturmemissionen zum Nachteil der Kläger nicht in Betracht kommen."[366] Weiter heißt es: „Auch im Hinblick auf Auswirkungen des in den Rhein eingeleiteten Kühlwassers sind von vornherein entgegenstehende rechtliche Hindernisse nicht ersichtlich."[367] Die zu erwartende radioaktive Belastung der Bevölkerung durch den Normalbetrieb falle – so das VG – „in keiner Weise ins Gewicht." Sie sei von vernachlässigbarer Größenordnung, wie bereits das OVG Münster im Würgassen-Urteil befunden habe.[368]

Der Tenor des Urteils hatte einen anderen entscheidenden Schwerpunkt. Das VG Freiburg ließ in seiner Urteilsbegründung keinen Zweifel an seiner Überzeugung, dass eine große „Katastrophe nationalen Ausmaßes" nicht undenkbar ist. Art und Ausmaß des Schadens seien extrem hoch, falls das Reaktordruckgefäß berste, der Sicher-

heitsbehälter durchbrochen und ganz plötzlich ein Teil des radioaktiven Inventars freigesetzt werde.[369] Das Gericht folgte den Ausführungen der Sachverständigen Lindackers, Franzen und Smidt. Es stellte dazu mit Hinweis auf die IRS-Studie Nr. 290 fest, dass die beschriebenen Auswirkungen tendenziell eher noch pessimistischer als harmloser beurteilt werden müssten.

Das VG Freiburg hob mit seinem Urteil vom 14. März 1977 die 1. TEG des Kernkraftwerks Süd Block I auf, weil die erforderliche Vorsorge gegen Schäden, die mit dem Betrieb möglicherweise verbunden sind, nicht getroffen sei. Die Möglichkeit des Berstens des Reaktordruckbehälters, das eine große Katastrophe nationalen Ausmaßes verursachen könne, sei nicht vollkommen ausgeschlossen.[370] Konsequenterweise könne auf eine Berstsicherung für das Kernkraftwerk Süd nicht verzichtet werden[371] (s. Kap. 6.6.4). Das Gericht folgte nicht den Bewertungen des Sachverständigen Kußmaul, der den Sicherheitsgewinn einer Berstsicherung als höchst fragwürdig dargestellt hatte.

Das Freiburger Verwaltungsgerichtsurteil war ein lautstarkes Stoppsignal und hätte auf eine lange Zeit ein Moratorium für die weitere Entwicklung oder gar die Beendigung der Kernenergienutzung in der Bundesrepublik Deutschland bedeuten können. Das Verwaltungsstreitverfahren um das KKW Grafenrheinfeld vor dem VG Würzburg machte jedoch den Weg für die Fortsetzung der Ausbaupläne wieder frei. Das Gericht in Würzburg kam aufgrund der Sachverständigenaussagen zu einem gegenteiligen – positiven – Urteil.

4.5.8   Der Grafenrheinfeld-Prozess vor dem VG Würzburg

Wenige Tage nach dem Urteil des VG Freiburg zum KKW Wyhl begann vor dem VG Würzburg, II. Kammer, das Verwaltungsstreitverfahren der

---

[363] StAF G 575/13, Nr. 57, Anlage zu Protokoll Bd. 178, S. 2–7.

[364] StAF G 5757/13, Nr. 57, Anlagen zu Protokoll Bände 158 und 159.

[365] Piper, Nikolaus, Doelfs, Michael und Kühnert, Hanno: Abschätzungen über den schwersten Unfall, Badische Zeitung, Nr. 32, 9. 2. 1977, S. 5.

[366] VG Freiburg VS. II 27/75 Urteil in Sachen Kernkraftwerk Wyhl vom 14. 3. 1977, S. 127.

[367] ebenda, S. 134.

[368] ebenda, S. 11 f.

[369] ebenda, S. 27 und 32 ff.

[370] VG Freiburg VS. II 27/75 Urteil in Sachen Kernkraftwerk Wyhl vom 14. 3. 1977, S. 93 f.

[371] ebenda, S. 85.

Stadt Schweinfurt gegen den Freistaat Bayern wegen der Genehmigung des Kernkraftwerks Grafenrheinfeld. Im Mittelpunkt stand – wie nicht anders zu erwarten – die Frage nach der Integrität des Reaktordruckbehälters. Unter den Beweisanträgen der Klägerin Stadt Schweinfurt stand an erster Stelle die Gefährdung durch den Bruch des Reaktordruckbehälters. Trotz des Freiburger Präjudizes gab das Gericht unmissverständlich zu verstehen, dass es durch die Zeugenbefragung zu einer eigenen Überzeugung gelangen müsse und werde.[372]

Nach dem Freiburger Richterspruch hatte der Bundesminister des Innern (BMI) umgehend Sachverständige anderer betroffener Ministerien, der RSK, GRS und des TÜV Rheinland zu einer Lagebesprechung am 15. März 1977 nach Bonn eingeladen. In diesem Gespräch wurde die sachliche Begründung des Urteils kritisch bewertet. Kußmaul wies auf wesentliche Fortschritte bei der Behälterfertigung hin. Neueste Erkenntnisse machten den Nachweis möglich, dass ein Bersten „mit an Sicherheit grenzender Wahrscheinlichkeit" auszuschließen sei.[373] RSK-Mitglied Rudolf Trumpfheller, der an diesem Gespräch teilgenommen hatte, erinnerte sich: Der Jurist und Unterabteilungsleiter Reaktorsicherheit im BMI Joseph Pfaffelhuber „führte aus, dass das Urteil eines unteren Verwaltungsgerichts nicht unbedingt das Ende der Kerntechnik nach sich ziehen müsse, wenn es beim nächsten Prozess vor einem anderen Verwaltungsgericht zu einem anderen Urteil käme. Der Schlüssel liege bei den vom Gericht zugezogenen Sachverständigen. Der Termin über das Kernkraftwerk Grafenrheinfeld beim Verwaltungsgericht Würzburg stand dicht bevor. Juristisch sei es leichter, zu einem anderen Urteil zu kommen, wenn die Sachverständigen neue Erkenntnisse vorbringen könnten. In der Beratung darüber, ob es überhaupt hierfür brauchba-

re Erkenntnisse gäbe, schlug Prof. Kußmaul vor, die bereits erzielten Ergebnisse der im Zusammenhang mit den Unterplattierungs- und Nebennahtrissen durchgeführten Forschungsvorhaben in diesem Sinne als neue Erkenntnisse anzuführen. Dies war die Geburtsstunde des Begriffs Basissicherheit. Das Urteil Wyhl hatte den Anstoß zur Festlegung dieses Begriffs gegeben."[374]

Am 16. März 1977 tagte die RSK und erarbeitete eine Stellungnahme zum Freiburger Urteil, die am 21. März vom BMI veröffentlicht wurde.[375] In der RSK-Stellungnahme, an der Kußmaul maßgebend mitwirkte,[376] wurde ausgeführt: „Seit der technischen Diskussion über die Sicherheitsanforderungen an das geplante Kernkraftwerk BASF auf dem Werksgelände in Ludwigshafen im Jahre 1970 sind verschiedene Wege zu einer weiteren Verbesserung des Sicherheitskonzeptes beschritten worden. Einer davon war die Entwicklung eines Berstschutzes aus Stahlbeton, ein anderer die weitere Verbesserung der Qualität des Reaktordruckbehälters sowie der Qualitätssicherungs- und Wiederholungsprüfungen. Hierzu ist festzustellen, dass nach den physikalischen Gesetzmäßigkeiten ein Bersten des Reaktordruckbehälters, das zum Durchschlagen der Sicherheitshülle führt, erst ab einer gewissen Größe vorhandener Fehler eintreten kann. Durch die inzwischen erreichte Qualität der betrieblichen Wiederholungsprüfungen einschl. Druckproben, werden aber solche Fehler mit Sicherheit festgestellt, bevor sie zu katastrophalen Folgen führen können. Aus diesen Gründen wird ein derartiges Bersten des Reaktordruckbehälters ausgeschlossen. Die RSK hält deshalb in Übereinstimmung mit den Fachleuten des In- und Auslandes einen Berstschutz nicht für erforderlich."

Zur Erläuterung dieser Stellungnahme legte Kußmaul am 30. März 1977 dem RSK-UA RDB[377] eine Ausarbeitung über die „Basissi-

---

[372] StAWu Bestand Verwaltungsgericht Würzburg 457 II, Nr. W 115 II 74 Bd. VII, Urteil vom 25. 3. 1977, Bayerisches Verwaltungsgericht Würzburg, II Kammer in der Verwaltungsstreitsache Stadt Schweinfurt gegen Freistaat Bayern, S. 94.

[373] AMPA Ku 66, BMI Referat RS I 2: Kurzprotokoll des Gesprächs über die Konsequenzen aus dem Urteil des VG Freiburg in Sachen Wyhl, 17. 3. 1977, S. 4.

[374] AMPA Ku 151, Persönliche schriftliche Mitteilung von Dr. Rudolf Trumpfheller vom 12. 3. 2003, S. 19.

[375] AMPA Ku 66, BMI (Pfaffelhuber): Mitteilung an die Presse, 21. 3. 1977.

[376] AMPA Ku 66, vgl. Entwürfe und Notizen.

[377] AMPA Ku 25, Ergebnisprotokoll 56. Sitzung RSK-UA RDB, 30. 3. 1977, S. 13.

cherheit" und zwei weitere redundante Sicherheitsbarrieren, die „Sicherheit durch Qualitätskontrolle" und die „Sicherheit durch Prüfung und Überwachung im Betrieb" vor.[378] Sie enthielten im Wesentlichen die Einflussgrößen und Grundsätze, die bereits im 1971 vorgelegten MPA-Statusbericht (s. Kap. 10.2.3) enthalten waren, ergänzt um die Betriebsaspekte. Als Basissicherheit wurde eine bei der Herstellung von druckführenden Komponenten und Systemen erzeugte Qualität verstanden, die so hoch ist, dass ein katastrophales Versagen nach menschlichem Ermessen ausgeschlossen werden kann. Es ging nun um die systematische Erfassung, Bewertung und Beschreibung aller Produktionsanforderungen im Einzelnen, die eine beständig hohe Qualität, also die Basissicherheit, gewährleisten können.

Die RSK-Stellungnahme vom 16. März wurde von Pfaffelhuber per Fernschreiben vom 17.3.1977, 12.03 Uhr über den in Würzburg anwesenden Vertreter des Bayerischen Staatsministeriums für Landesentwicklung und Umweltfragen in die Verhandlung eingeführt.[379]

Bei der Einvernahme der Sachverständigen Birkhofer, Kußmaul und Trumpfheller am 2. und 3. Tag der mündlichen Verhandlung (Donnerstag 17.3. und Freitag 18.3.1977) vor dem Bayerischen Verwaltungsgericht Würzburg, II. Kammer, in Sachen des Kernkraftwerks Grafenrheinfeld argumentierten diese im Sinne der RSK-Stellungnahme vom 16. März.[380] Der Sachverständige für Werkstoffe und Konstruktion von Druckbehältern Prof. Kußmaul bejahte wiederholt mit Entschiedenheit und ausführlicher Begründung die Frage, ob das Bersten des RDB ausgeschlossen werden könne.[381] Diese klare

Aussage war der Wendepunkt bei der gerichtlichen Beurteilung einer zentralen Problemstellung der Reaktorsicherheit.

Das Gericht stützte sich auf die Aussagen der RSK-Mitglieder und kam in seinem Urteil vom 25. März 1977 nach dem Ergebnis der Beweisaufnahme zu dem Schluss, dass durch die inzwischen erreichte Fertigungsqualität der Druckbehälter und die periodisch vorgenommenen betrieblichen Wiederholungsprüfungen einschließlich der vorgenommenen Druckprüfungen ein Bersten des Reaktordruckbehälters nach menschlichem Ermessen unwahrscheinlich und ein zusätzlicher Berstschutz deshalb nicht erforderlich seien. Wie in der RSK-Stellungnahme wurde hervorgehoben, dass seit der technischen Diskussion über die Sicherheitsanforderungen an das geplante Kernkraftwerk der BASF verschiedene Wege einer weiteren Verbesserung des Sicherheitskonzepts beschritten worden seien. Einer dieser Schritte sei die Entwicklung eines Berstschutzes aus Stahlbeton, ein anderer die weitere Verbesserung der Qualität des Reaktordruckbehälters sowie der Qualitätssicherungs- und Wiederholungsprüfungen gewesen.[382]

In juristischen Fachkreisen ist mit Befremden zur Kenntnis genommen worden, dass einzelne RSK-Mitglieder in kurz aufeinander folgenden Gerichtsverhandlungen unterschiedlich argumentierten. Es wurde kritisch angemerkt, dass die RSK bzw. ihre Mitglieder ihren Standpunkt entweder nach außen nicht hinreichend deutlich zu machen und/oder im Innenverhältnis nicht ausreichend zu präzisieren vermochten.[383] In der Tat war es einzelnen Mitgliedern der RSK schwer gefallen, sich nach jahrelanger Befassung mit dem Berstschutz und probabilistischen Modellen von ihrer Empfehlung einer Berstsicherung

---

[378] AMPA Ku 66, Erläuterungen zur RSK-Presseverlautbarung „Wyhl" vom 16. 3. 1977.

[379] StAWu Bestand Verwaltungsgericht Würzburg 457 II, Nr. W 115 II 74 Bd. VI.

[380] StAWu Bestand Verwaltungsgericht Würzburg 457 II, Tonbandaufnahmen der Sachverständigen Birkhofer Bd. 1, Bd. 2: 370–500, Kußmaul Bd. 1, Bd. 2: 408–158, Trumpfheller Bd. 2: 355–780.

[381] AMPA Ku 175: Verwaltungsgerichtsverfahren Grafenrheinfeld, Aussage von Prof. Karl Kußmaul, Mitglied der RSK, vor dem Verwaltungsgericht Würzburg in der

Hauptsacheverhandlung Stadt Schweinfurt gegen den Freistaat Bayern wegen Genehmigung des Kernkraftwerks Grafenrheinfeld, Tonbandabschrift, S. 6 und S. 22

[382] Golitschek, H. von: Zu den Voraussetzungen für die Genehmigung eines Kernkraftwerks, VG Würzburg, Urteil vom 25. 3. 1977–Nr. W 115 II/74, NJW 1977, Heft 36, S. 1652.

[383] Albers, Hartmut: Atomgesetz und Berstsicherung für Druckwasserreaktoren, Deutsches Verwaltungsblatt (DVBl), 1./15. Januar 1978, S. 22–28.

für das BASF-Kernkraftwerk zu verabschieden und sich allein auf die von der MPA Stuttgart und der Industrie erarbeiteten Nachweise einer deterministischen Primär- oder Basissicherheit abzustützen. So behandelte der RSK-UA RDB im Oktober eingehend die Frage, ob im Rahmen einer statistisch-probabilistischen Risikountersuchung eine Versagenswahrscheinlichkeit für den RDB angegeben werden könne. Er vertrat die Auffassung, dass die Angabe einer Wahrscheinlichkeit über das katastrophale Versagen wenig aussagefähig sei und eine geeignete Grundlage zur Herleitung eines solchen Wertes fehle.[384]

4.5.9 Das Kalkar-Urteil des Bundesverfassungsgerichts

Die Errichtung des Prototyp-Kernkraftwerks SNR 300 der Baulinie „Schneller Brüter" am Standort Kalkar in Nordrhein-Westfalen, die mit der ersten Teilerrichtungsgenehmigung im Dezember 1972 begann, war heftig umstritten. Die befürchtete Einführung einer "Plutoniumswirtschaft" rief öffentlich lautstark diskutierte Ängste vor Erpressungsaktionen psychisch gestörter Experten, vor Atombombenbau durch Terroristen und nationalen Nuklearkatastrophen hervor, zu deren Gefahrenabwehr Zwänge und Abhängigkeiten erforderlich würden, die eine Aufrechterhaltung demokratischer Strukturen des Staates und bürgerlicher Freiheiten fraglich erscheinen ließen.

Das Oberverwaltungsgericht des Landes Nordrhein-Westfalen in Münster (OVG Münster) legte dem Bundesverfassungsgericht (BVerfG) mit Beschluss vom 18.8.1977 insbesondere die Frage vor, ob die Genehmigung des SNR 300 auf der Grundlage des § 7 Abs. 2 Atomgesetz (AtG) mit dem Grundgesetz vereinbar sei. Diese Genehmigungsgrundlage sei hinsichtlich der weitreichenden Folgewirkungen kerntechnischer Entwicklungen zu unbestimmt. Der Gesetzgeber selbst müsse durch konkrete normative Festlegungen die politische Verantwortung für die

Nutzung von Techniken übernehmen, deren Gemeinschaftsrisiken weithin nicht mehr kalkulierbar seien.

Der Zweite Senat des BVerfG wies mit seinem Beschluss vom 8. August 1978 die Bedenken des OVG Münster zurück und erklärte das Kalkar-Genehmigungsverfahren für mit dem Grundgesetz vereinbar.[385] Dieser Beschluss war für den Ausbau der Kernenergienutzung in Deutschland von hoher Bedeutung. Er klärte und bestätigte die konkrete Kompetenzzuordnung zwischen den staatlichen Gewalten.

Der Beschluss des BVerfG beurteilte die im Atomrecht in weitem Umfang verwendeten unbestimmten Rechtsbegriffe für sachgerecht, da wegen der vielschichtigen und verzweigten Probleme technischer Fragen und Verfahren es in der Regel nicht möglich sei, sämtliche sicherheitstechnischen Anforderungen, denen die jeweiligen Anlagen oder Gegenstände genügen sollen, bis ins Einzelne und gemäß einer fortschreitenden technischen Entwicklung vorab festzulegen. Die erforderliche Schadensvorsorge müsse nach den neuesten wissenschaftlichen Erkenntnissen erfolgen. „Die in die Zukunft hin offene Fassung des § 7 Abs. 2 Nr. 3 AtG dient einem dynamischen Grundrechtsschutz. Sie hilft, den Schutzzweck des § 1 Nr. 2 AtG jeweils bestmöglich zu verwirklichen." (Leitsatz 5) Daraus ergebe sich jedoch zwangsläufig: „Durch die Verwendung unbestimmter Rechtsbegriffe werden die Schwierigkeiten der verbindlichen Konkretisierung und der laufenden Anpassung an die wissenschaftliche und technische Entwicklung mehr oder weniger auf die administrative und – soweit es zu Rechtsstreitigkeiten kommt – auf die judikative Ebene verlagert. Behörden und Gerichte müssen mithin das Regelungsdefizit der normativen Ebene ausgleichen."[386] Eine gewisse, sich daraus ergebende Rechtsunsicherheit müsse in Kauf genommen werden.

Der Beschluss des BVerfG befasste sich eingehend mit Fragen des „sogenannten Restrisi-

---

[384] AMPA Ku 25, Ergebnisprotokoll 74. Sitzung RSK-UA RDB, 4. 10. 1978, S. 4 f.

[385] Entscheidungen des Bundesverfassungsgerichts (BVerfGE) Bd. 49, J. C. B. Mohr (Paul Siebeck) Tübingen, 1979, S. 89–147.

[386] BVerfGE Bd. 49, S. 135.

kos", ohne eine eindeutige Definition vorzunehmen. Die Wahrscheinlichkeit eines künftigen Schadens sei nicht mit letzter Sicherheit auszuschließen. Das Gesetz lege die Exekutive normativ auf den Grundsatz der bestmögliche Gefahrenabwehr und Risikovorsorge fest. Darüber hinaus nehme die Vorschrift des § 7 Abs. 1 und 2 ein Restrisiko in Kauf und überlasse es weithin der Exekutive, über das Ausmaß der Risiken zu befinden, die im Einzelfall hingenommen oder nicht hingenommen werden. Auch über das Verfahren zur Ermittlung der verbleibenden Risiken habe die Exekutive zu entscheiden.

Es macht prinzipiell keinen Sinn, sich Risiken auszusetzen, wenn sie nicht durch entsprechend großen Nutzen ausgeglichen werden. Beklagte und Kläger des Ausgangsverfahrens hoben in ihren Stellungnahmen vor dem BVerfG darauf ab. Die Landesregierung Nordrhein-Westfalen wies auf das Gemeinschaftsinteresse von besonders hohem Rang an der Entwicklung und Nutzung der Schnellen-Brüter-Technologie hin, weil sie von der Knappheit des Natururans praktisch unabhängig mache und die Möglichkeit biete, die volkswirtschaftlich notwendige Energie auf unbegrenzte Zeit in nahezu unbegrenzter Menge zur Verfügung zu stellen.[387] Der Kläger, der in der Nähe des geplanten SNR-300-Standorts einen landwirtschaftlichen Betrieb führte, machte in seiner Stellungnahme geltend, dass aus energiepolitischen und energiewirtschaftlichen Gründen gar keine Notwendigkeit für den sofortigen Ausbau und die Weiterentwicklung des Schnellen Brüters bestehe. Lasse sich aber ein und dasselbe Gut auf verschiedene Weise produzieren und sei bei der einen Produktionsweise das Risiko für die Grundwerte der Bevölkerung wesentlich geringer, so müsse der Gesetzgeber dafür Sorge tragen, dass auf sichere Weise produziert werde.[388]

Der Beschluss des BVerfG vom 8.8.1978 betrachtet Risiko-Nutzen-Beziehungen nicht. Er stellt vielmehr fest, der Gesetzgeber habe im AtG die Grundentscheidung für die Nutzung der Atomenergie getroffen und „zugleich im Blick auf die Unabdingbarkeit größtmöglichen

Schutzes vor den Gefahren der Kernenergie die Grenzen der Nutzung bestimmt".[389] Voraussetzung der Kernenergie-Nutzung ist die nach dem Grundsatz der praktischen Vernunft im Rahmen des Erfahrungswissens und der neuesten wissenschaftlichen Erkenntnisse betriebene Minimierung der verbleibenden Risiken, die ihre Grenze in der Natur des immer unvollständigen menschlichen Annäherungswissens und Erkenntnisvermögens findet. Das Restrisiko wird dadurch so weit marginalisiert, dass es zu einer hypothetischen Größe und praktisch bedeutungslos wird. Der abschließende 6. Leitsatz des Beschlusses lautet: „Vom Gesetzgeber im Hinblick auf seine Schutzpflicht eine Regelung zu fordern, die mit absoluter Sicherheit Grundrechtsgefährdungen ausschließt, die aus der Zulassung technischer Anlagen und ihrem Betrieb möglicherweise entstehen können, hieße die Grenzen menschlichen Erkenntnisvermögens verkennen und würde weithin jede staatliche Zulassung von Technik verbannen. Ungewissheiten jenseits dieser Schwelle praktischer Vernunft sind unentrinnbar und insofern als sozialadäquate Lasten von allen Bürgern zu tragen."

Die Ausführungen des BVerfG zum Restrisiko der Kernenergienutzung sind von Kernenergiegegnern dahin ausgelegt worden, dass alle – auch nur theoretisch denkbaren – Unfallereignisse vollständig beherrschbar sein müssten. Selbstverständlich lassen sich Katastrophen vorstellen, die etwa durch punktgenaue Treffer von schweren Meteoriten oder von Großraumflugzeugen ausgelöst werden können. Der Beschluss des BVerfG vom 8.8.1978 stellt jedoch in das Zentrum der Entscheidungsfindung über die erforderlichen sicherheitstechnischen Maßnahmen die praktische Vernunft, das Erfahrungswissen und die wissenschaftliche Kompetenz der Sachverständigen. Unausgesprochen, aber unverzichtbar sind dabei auch deren Verantwortungsbewusstsein und charakterliche Eignung inbegriffen. Wirtschaftliche Erwägungen bleiben bei der Risikovorsorge außer Belang.

Eine Analyse der schweren, bisher bekannt gewordenen Nuklearunfälle (s. Kap. 4.7, 4.8 und

---

[387] ebenda, S. 110.
[388] BVerfGE Bd. 49, S. 117.

[389] ebenda, S. 129.

4.9) ergibt eindeutig, dass sie nicht dem hypothetischen Bereich der Restrisiken zuzuordnen, sondern vorhersehbar und vermeidbar waren. Die zur Abwendung der Unfälle zusätzlich erforderlich gewesenen sicherheitstechnischen und organisatorischen Maßnahmen hätten die Wirtschaftlichkeit der Anlagen in keiner Weise nachhaltig beeinträchtigt.

4.5.10   Der Mannheimer Wyhl-Prozess

Das im Verwaltungsstreitverfahren in Sachen Kernkraftwerk Wyhl vor der zweiten Kammer des Verwaltungsgerichts Freiburg unterlegene Land Baden-Württemberg legte zusammen mit der beigeladenen Kernkraftwerk Süd GmbH gegen das Freiburger Urteil vom 14.3.1977 vor dem Verwaltungsgerichtshof Baden-Württemberg (VGH) Berufung ein. Im Berufungsverfahren vor dem 10. Senat des VGH wurden zwischen Mai 1979 und November 1981 an 13 öffentlichen Verhandlungstagen in Mannheim die Sachverständigen beider Seiten, von denen zuvor schriftliche Gutachten erbeten worden waren, angehört.

Die Berstsicherheit des Reakordruckbehälters (RDB) war der zentrale Gegenstand der Erörterungen. Daneben spielten im Berufungsverfahren die Erkenntnisse aus dem schweren Störfall im amerikanischen TMI-2-Kernkraftwerk im Hinblick auf Kühlmittelverluststörfälle sowie Fragen der Radiologie, des Kühlturmbetriebs, des Flugzeugabsturzes oder möglicher Erdbeben eine eher untergeordnete Rolle.

Das Cottrell-Memorandum und die darin angesprochenen Leck-vor-Bruch-Bedingungen wurden eingehend behandelt.[390] Der 10. Senat setzte sich mit den neuesten Erkenntnissen über Rissentstehung und Behälterbersten hinsichtlich der Reaktorbaustähle 22 NiMoCr 3 7 und 20 MnMoNi 5 5 auseinander, wobei auch die Begründungen der Reaktorsicherheitskommission (RSK) für das BASF-Berstschutzkonzept be-

trachtet wurden.[391] Probleme mit der Schweißsicherheit[392] und der Strahlenversprödung wurden im Detail diskutiert.[393] Der Leistungsfähigkeit und Zuverlässigkeit der Ultraschallprüfverfahren und periodisch wiederkehrender Prüfungen im Blick auf das Kurz- und Langzeitverhalten des RDB galt die eindringliche Aufmerksamkeit des Senats.[394] Das katastrophale Versagen des Ammoniak-Konverters der Kesselbaufirma John Thompson (s. Kap. 9.1.3) wurde dem Gericht zur Kenntnis gebracht.[395] Die befragten RSK-Mitglieder Smidt und Kußmaul konnten in ihren Stellungnahmen die in den Forschungsprogrammen gewonnenen Erkenntnisse darlegen und das Prinzip des Bruchausschlusses nach den Grundsätzen des Basissicherheitskonzepts erläutern. Bei den Verhandlungen zu den Reaktorbaustählen war insbesondere der Direktor der MPA Stuttgart, Karl Kußmaul, gefordert.

Das Berufungsurteil erging am 30.3.1982. Es hob die Urteile des Verwaltungsgerichts Freiburg auf und wies die Klagen gegen die Errichtung des Kernkraftwerks Wyhl ab.[396] Der 10. Senat des VGH verwarf die Differenzierung der RSK zwischen den Standorten BASF/Ludwigshafen und Wyhl, mit der die RSK das höhere Kollektivrisiko am dichter besiedelten Standort BASF durch verstärkte technische Sicherheitsmaßnahmen hatte ausgleichen wollen. Der Senat führte dazu aus: *„Die Auffassung der RSK setzt aber voraus, dass der Risikobetrag, der die Gefahr, gegen die zusätzlich vorgesorgt werden muss, vom Restrisiko trennt, exakt bestimmt werden kann. Dies ist nicht der Fall. … Es kann vor allem nicht gesagt werden, dass bei gleicher Eintrittswahrscheinlichkeit eines Unfalls die daraus resultierende Höhe des Schadens am Standort Wyhl akzeptabel, am Standort Ludwigshafen inakzeptabel*

[390] GLA Abt. 471, Zug. 1997–36, Nr. 4, S. 2890, 2899–2902, 2909–2911, 2920, 2964–2967, 2989, 3181–3183, 3185–3193.

[391] ebenda, S. 2934–2957, 2961–2964.

[392] ebenda, S. 2914–2920, 2970–2977.

[393] ebenda, S. 2975, 2985.

[394] ebenda, S. 2921–2928, 2958–2961, 2977–2978.

[395] GLA Abt. 471, Zug. 1997–36, Nr. 37, Gutachten Dipl.-Ing. Otto W. Schnetzler.

[396] Verwaltungsgerichtshof Baden-Württemberg: Urteil in der Verwaltungsrechtssache Kernkraftwerk Wyhl vom 30. 3. 1982, X 575/77, X 578/77, X 583/77, s. z. B. AMUBW 3481.1.12 IX.

wäre. Vielmehr muss für beide Standorte alles an Vorsorge unternommen werden, bis ein Schaden praktisch ausgeschlossen ist."[397] Grundsätzlich wurde an die Adresse der RSK gesagt: „*Ob unterschiedliche Bevölkerungsdichte und damit korrespondierend unterschiedliche Opferzahl bei sonst gleichen Bedingungen allein eine unterschiedliche Vorsorge rechtfertigen, ist keine Frage nach dem Stand von Wissenschaft und Technik, die mit naturwissenschaftlicher Autorität beantwortet werden kann, sondern eine dem Wesen nach juristische Frage, nämlich nach der Akzeptanz eines Risikos.*"[398] Es liege nahe anzunehmen, dass die Gründe der RSK, einen Berstschutz für das BASF-Kernkraftwerk zu befürworten, für ein 1.300 MW$_{el}$-Kernkraftwerk aber nicht, auf der Verkennung des rechtlichen Gehalts der Begriffe „erforderliche Vorsorge" und „Stand der Technik" beruhten. Man könne die Notwendigkeit einer Vorsorgemaßnahme nicht davon abhängig machen, ob sie realisierbar sei. Wenn die integrale Berstsicherung notwendig, jedoch nur für die Leistungsgröße des BASF-Kernkraftwerks machbar sei, wären Reaktoren mit einer thermischen Leistung von 3.675 MW nicht genehmigungsfähig. Auch wenn die RSK-Empfehlungen einen sehr gewichtigen Hinweis auf den damaligen Stand von Wissenschaft und Technik gäben, so komme auch den Äußerungen anderer anerkannter Wissenschaftler eine nicht unerhebliche Bedeutung zu.[399]

Zu den tragenden Gründen seines Berufungsurteils führte der 10. Senat aus: „*Aus den vom Senat in Auftrag gegebenen Gutachten der Sachverständigen Kuβmaul und Smidt und ihrer Anhörung in der mündlichen Verhandlung ergibt sich nunmehr mit Gewissheit – und das ist wie oben ausgeführt entscheidend –, dass die Empfehlungen der RSK zur integralen Berstsicherung unabhängig vom Standort des KKW Wyhl der Sache nach überholt sind und vom heutigen Stand der Wissenschaft und Technik die erforderliche Vor-*

sorge gegen ein Versagen des Reaktordruckbehälters der jetzigen 1.300 MW-Reihe auf andere Weise als durch eine integrale Berstsicherung getroffen werden kann."[400] Weiter heißt es in der Urteilsbegründung: „*Heute – d. h. zum Zeitpunkt der mündlichen Verhandlung am 4.7.1979 – hält der Sachverständige Kuβmaul wegen der Verbesserung der Basissicherheit die Entwicklung eines integralen Berstschutzes aus Stahlbeton für den Reaktordruckbehälter nicht mehr für sinnvoll. ... Auch der Sachverständige Smidt ist der Auffassung, dass heute eine integrale Berstsicherung keinen adäquaten Sicherheitsgewinn bringt, da auch die Nachteile wie das Vorspannungsproblem und die Unzugänglichkeit der unteren Kalotte des Reaktordruckbehälters und damit auch das Problem der kleinen Lecks stärker ins Gewicht fallen.*"[401]

Gegen das Berufungsurteil wurde die Revision zugelassen, die jedoch nicht erfolgreich war.[402]

Vor den Gerichten war es nicht um eine Grundentscheidung für oder wider die Kernenergienutzung gegangen. Diese politische Festlegung war vom Gesetzgeber mit dem Atomgesetz vorgenommen worden. Die Gerichte hatten die Sachentscheidung zu treffen, ob die Sicherheitsvorkehrungen des geplanten Kernkraftwerks Wyhl der Schadensvorsorge nach dem Stand von Wissenschaft und Technik entspricht. Sie mussten sich dabei auf die Gutachten der Sachverständigen stützen, gerade auch vonseiten der Kläger. Diesen war es jedoch schwer gefallen, kompetente Sachverständige beizubringen, die nicht nur allgemein zur Kerntechnik Stellung beziehen, sondern sich auf dem neuesten Stand der Erkenntnisse konkret mit dem Entwurf des geplanten Kraftwerks auseinandersetzen konnten. Die gegnerischen Beiträge waren für das konkrete Verfahren zu unspezifisch (s. Kap. 4.5.7).

Die Gerichte orientierten sich im Wesentlichen an den jeweiligen RSK-Positionen. Die Klägerseite erhob den Vorwurf, die Juristen seien

---

[397] Verwaltungsgerichtshof Baden-Württemberg, a. a. O., S. 222.

[398] Verwaltungsgerichtshof Baden-Württemberg, a. a. O., S. 221.

[399] ebenda, S. 224 f.

[400] ebenda, S. 227.

[401] ebenda, S. 228.

[402] Das Bundesverwaltungsgericht Berlin wies am 19. 12. 1985 die Revisionen der Kläger zurück.

überfordert und es fehle an unabhängigen Sachverständigen, denn auch die Vertreter der RSK seien für die Kernkraft voreingenommen.[403] In der Tat ist es schwer vorstellbar, dass entschiedene Kernenergiegegner zugleich Höchstleistungen bei der Erforschung und Entwicklung von Reaktorsicherheitstechnik erbringen, was sie erst zu exzellenten Sachverständigen macht. Die Autorität und Kompetenz der RSK-Mitglieder blieben jedenfalls auch von der Klägerseite letztlich unangefochten.

Das Kernkraftwerk Wyhl hätte in der zweiten Hälfte der 1980er Jahre, also 15 Jahre nach der ersten Antragstellung auf Baugenehmigung, errichtet werden können. Die Baupläne waren inzwischen technisch überholt. Die Energieversorgungsunternehmen hatten ihre Pläne bereits geändert. Sie erbauten am Standort Neckarwestheim einen zweiten Block, GKN-2.

Die Bürgerinitiativen am Oberrhein hatten schließlich wegen der Langwierigkeit der Verwaltungsstreitverfahren de facto obsiegt, obwohl sie mit ihrem Begehren im Unrecht waren, wie sich bereits mit dem Urteil des Verwaltungsgerichts Würzburg zum KKW Grafenrheinfeld vom 25. März 1977 abgezeichnet hatte (s. Kap. 4.5.8). Diese Erfahrung hat die Antiatomkraftbewegung an allen neuen Standorten beflügelt und die Wirtschaftsunternehmen mit ihren Planungen überaus vorsichtig und zurückhaltend werden lassen.

4.6   Der Canvey-Island-Report 1978

Mit den Reaktorsicherheits-Studien WASH-1250 (1973, s. Kap. 6.2 und 7.2.2) und WASH-1400 (Rasmussen-Report 1974/1975, s. Kap. 7.2.2) wurde der Versuch unternommen, die Risiken der Kernenergienutzung im Zusammenhang mit anderen von menschlichen Tätigkeiten ausgehenden Risiken zu sehen und zu bewerten. Die um öffentliche Akzeptanz ringenden Behörden, Industrien und wissenschaftlichen Institutionen griffen diese Argumentation auf. Mitte der 1970er Jahre widmeten sich erste deutsche Forschungs-

arbeiten den Gesundheitsgefährdungen durch Energietechniken. Sie erbrachten im Vergleich zu Kohlekraftwerken sehr günstige Ergebnisse für die Kernenergie.[404] Der RSK-Vorsitzende Adolf Birkhofer erläuterte Anfang Februar 1977 im Wyhl-Prozess vor dem Verwaltungsgericht Freiburg, dass die maximalen Auswirkungen nuklearer Unfälle mit den Schadensdimensionen möglicher konventioneller Großunfälle verglichen werden sollten. Man müsse dabei zwischen tatsächlich eingetretenen Katastrophen und potenziellen, d. h. nicht völlig ausschließbaren maximalen Schadensdimensionen unterscheiden. So könne der Absturz eines Flugzeugs in eine Menschenansammlung z. B. in einem Sportstadion mehrere 1.000 Tote zur Folge haben, beobachtet worden seien bisher nur 71 getötete Menschen. Dammbrüche in den USA könnten theoretisch bis zu 70.000 Menschenleben kosten, die Zerstörung der Möhnetalsperre im Krieg habe etwas mehr als 1.200 Tote gefordert. Ähnliches gelte für die Freisetzung von 1.000 t Chlorgas. Vergleichsweise habe Rasmussen für schwere Reaktorunfälle maximal 3.000 Tote errechnet.[405]

In Großbritannien hatte ein katastrophales Explosionsunglück in der chemischen Industrie eine Sicherheitsdiskussion ausgelöst, die sich nicht auf die Kernenergie beschränkte. Am 1. Juni 1974 ereignete sich auf dem Werksgelände der Firma Nypro Ltd., die Grundstoffe für die Nylonherstellung erzeugte, in Flixborough, Lincolnshire, England, eine verheerende Explosion, die 28 Menschen tötete und 100 verletzte. Die chemische Anlage wurde völlig zerstört, das Verwaltungsgebäude, Laboratorien und die Kontrollstation bis auf die Grundmauern weggerissen sowie die umliegenden Ortschaften in Mitleidenschaft gezogen. Häuser wurden schwer beschädigt und unbewohnbar gemacht, Dächer,

---

[403] Eisele, Hermann: Unabhängige Sachverständige fehlen, Stuttgarter Nachrichten, Nr. 236, 12. 10. 1978, S. 12.

[404] vgl. Oberbacher, B. et al.: Vergleich der Gesundheitsgefährdung bei verschiedenen Technologien der Stromerzeugung und erster Versuch der Einordnung des Risikos der Kernenergie, Zwischenbericht 200/1, BMI-Vorhaben RS I 2–510321/40– SR 30, Batelle-Institut, Frankfurt/M, Januar 1976.

[405] Birkhofer, Adolf: Sachverständigen-Aussage, II. Kammer VG Freiburg, 7. 2. 1977, StAF, G 575/13, Nr. 57, Anlage zum Protokoll, Bd. 156, S. 8 f.

Türen und Fensterscheiben eingedrückt. Die Explosionsursache war vermutlich ein Leck in einer Rohrleitung einer Cyclohexan-Reaktionskolonne.[406] Sachverständige aus dem IRS besichtigten den Unglücksort, um zu klären, ob eine explosive Gaswolke, wie sie in Flixborough entstanden war, ein Kernkraftwerk etwa am Standort BASF Ludwigshafen gefährden könnte. Die IRS-Experten verneinten dies, falls die vom IRS vorgeschlagenen Mindestabstände eingehalten würden.[407]

In Kanada und den USA war schon in den 1950er Jahren versucht worden, die nuklearen Risiken im Vergleich zu allgemeinen Lebensrisiken, insbesondere zu industriellen und verkehrsbezogenen Gefährdungen zu betrachten und die Kosten ihrer Verminderung zu bewerten.[408] In Großbritannien befasste man sich grundsätzlich mit den Fragen der öffentlichen Sicherheit, um nicht bei Risikovergleichen stehen zu bleiben, sondern praktische Schlussfolgerungen ziehen zu können. Man versuchte, einen gesamtgesellschaftlichen Zusammenhang der Vorsorgeaufwändungen mit dem möglichen Nutzen der Risikoverminderung herzustellen. Die Frage, wo und mit welchem Aufwand Individual- und Kollektivrisiken vorrangig reduziert werden sollten, könne nur im Hinblick auf die Risiken aus sämtlichen industriellen Tätigkeiten beantwortet werden. Frank Reginald Farmer[409], einer der führenden Sicherheitsexperten im Bereich der Kerntechnik, hat die britische Haltung im Expertengespräch erläutert, das vom Bundesminister für Forschung und Technologie Ende August 1978 in Bonn

veranstaltet wurde.[410] Er wies auf die Gefahren insbesondere in der chemischen Industrie hin: *„Plutonium wird als besonders giftig beschrieben. Viele Chemikalien sind jedoch giftiger, weitaus giftiger, nämlich um Faktoren von 100 und 1.000. Bei Unfällen in anderen Industriezweigen könnten viele Menschen ums Leben kommen... Viele Chemikalien sind krebserregend und verursachen genetische Schäden. Und gemäß dem ehemaligen Leiter des Medical Research Council liegt das Risiko tödlich ausgehender bösartiger Tumoren in einigen Industriezweigen wahrscheinlich 30 mal höher als das Risiko in der Nuklearindustrie.“* Farmer bedauerte, dass der Blick der Kerntechniker nach innen gerichtet sei und sicherheitstechnische Fragestellungen isoliert von anderen Industriezweigen entschieden würden. Er legte dies am Beispiel der Schutzmaßnahmen gegen Flugzeugabstürze dar, die in Deutschland zur Genehmigungsvoraussetzung gemacht worden waren. *„Wenn wir in England sagen, es sei unter keinen oder absolut keinen Umständen erforderlich, einen Schutz gegen Flugzeugabsturz vorzusehen, so heißt das nicht, dass wir in dieser Sache weniger verantwortungsbewusst oder weniger umsichtig wären als Sie in Deutschland. Es bedeutet vielmehr, dass wir wissen, dass wir unsere petrochemischen Anlagen nicht gegen Flugzeugabsturz auslegen können. Und ich glaube, dass die Folgen hier noch schlimmer wären, wobei die Wahrscheinlichkeit, dass sehr große Schäden und zahlreiche Todesfälle verursacht werden, beinahe eins zu eins ist. Bei einem Reaktor ist hingegen meiner Ansicht nach nur eine sehr geringe Wahrscheinlichkeit gegeben, dass es zu einem Absturz mit Folgeschäden und Todesfällen kommt. Die wahrscheinlichste Folge ist natürlich, dass das Flugzeug selbst beschädigt wird und der Beton den Aufprall aushält.“*[411]

---

[406] Wilson, John: Counting the cost at Flixborough, NATURE, Vol. 249, 14. Juni 1974, S. 604.

[407] Alex, H. und Jungclaus, D.: Informationsreise am 31. Juli 1974 nach Flixborough, England, IRS-T-26, Köln, November 1974.

[408] vgl. Siddall, Ernest: Statistical Analysis of Reactor Safety Standards, Nucleonics, Vol. 17, No. 2, Februar 1959, S. 64–69.

[409] Frank Reginald Farmer. 1914–2001, brit. Physiker und Mathematiker, Begründer der probabilistischen Risikoanalyse im Bereich der Kerntechnik, 1947 UKAEA, 1955–1976 Sicherheitsberater UKAEA, 1972 Prof. Imperial College of Science and Technology, London, 1976–1984 Director of Safety and Reliability UKAEA, Culcheth, Warrington, Cheshire, England.

[410] Farmer F. R. Stellungnahme in Hauff, Volker (Hg.) Expertengespräch Reaktorsicherheitsforschung, a. a. O., S. 74–80.

[411] vgl. auch Farmer, F. R.: Past and Present Approaches to the Anticipation and Control of Potentially Major Hazard Situations, in: Probabilistic Safety Assessment and Risk Management PSA, 87, Vol. I, Verlag TÜV Rheinland, 1987, S. LVII–LXII.

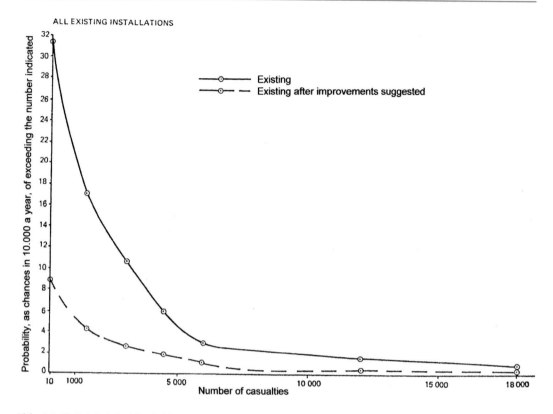

Abb. 4.6 Kollektivrisiken im Gebiet Canvey Island/Thurrock

Farmer machte in Bonn nachdrücklich darauf aufmerksam, dass die britische Behörde Health and Safety Executive (HSE) in London Zuständigkeiten nicht nur für die Genehmigung von Kernreaktoren, sondern auch für die Sicherheit anderer gefährlicher Industrien habe. Diese Behörde habe mit einem Kostenaufwand von etwa einer Million US $ einen Sicherheitsbericht über die Petrochemie auf Canvey Island im Themsetal angefertigt, der die hohen Individual- und Kollektivrisiken in der Umgebung dieser Anlagen aufzeige und Empfehlungen zur Verbesserung der Risikovorsorge enthalte.

Die Canvey-Island-Studie wurde im Auftrag der britischen Umwelt- und Arbeitsministerien von der HSE mit etwa 30 Ingenieuren, Chemikern und anderen Spezialisten zwischen April 1976 und April 1978 erarbeitet. Sie sollte die Gesundheits- und Sicherheitsrisiken untersuchen, die von den Industrieanlagen auf Canvey Island/ Thurrock von Essex ausgehen. Diese Studie war ohne Beispiel und die erste ihrer Art in Großbri-

tannien und vermutlich weltweit. Die Studiengruppe bestand zu einem Großteil aus Mitarbeitern des Safety and Reliability Directorate (SRD) der UKAEA. Die Aufsicht führten UKAEA und HSE gemeinsam.[412]

Unmittelbarer Anlass für die Canvey-Island-Untersuchung war die Absicht der Firma United Refineries Ltd., eine weitere Rohölraffinerie auf Canvey Island zu errichten. Im Canvey Island/ Thurrock-Gebiet bestand bereits eine dichte Ansammlung von Raffinerien sowie von Tanklagern, Umschlags- und Verarbeitungsanlagen für Rohöl, Flüssiggas, Methan, Petroleumprodukte, Ammoniak, Ammoniumnitrat, Düngemittel usw. zahlreicher Unternehmen. Die Themse ist an dieser Stelle auch mit Gefahrguttransporten stark befahren. Abbildung 4.6 zeigt das Kollek-

---

[412] Health and Safety Executive, Locke, J. H., Dunster, H. J. und Pittom, L. A.: CANVEY, an investigation of potential hazards from operations in the Canvey Island/ Thurrock area, Her Majesty's Stationery Office, London, Mai 1978.

tivrisiko der Bevölkerung im Bereich von Canvey Island/Thurrock.[413] Mit Katastrophen, die 1.000–10.000 Tote zur Folge haben, musste mit der Wahrscheinlichkeit von 2×10^{-3} und 2×10^{-4} pro Jahr gerechnet werden. Diese Risiken lagen um mehrere Größenordnungen über denen, die Rasmussen für die Umgebung eines Kernkraftwerks angegeben hatte. Die HSE schloss daraus, dass hier mit Vorrang Risikovorsorge getroffen werden sollte. Durch technische und organisatorische Maßnahmen, wie etwa durch die Verringerung der zulässigen Höchstgeschwindigkeit einfahrender Schiffe, konnten die Risiken deutlich abgesenkt werden (s. Abb. 4.6).

Der Canvey-Island-Report wurde in der Bundesrepublik zur Kenntnis genommen,[414] ohne dass er im britischen Sinne Konsequenzen gezeitigt hätte. Hier wurden unabhängig von Sicherheitsproblemen in anderen Industriezweigen alle machbaren und zumutbaren Schutzmaßnahmen ergriffen, um den Sicherheitsstandard der kerntechnischen Anlagen auf ein höchstmögliches Niveau zu bringen. Der rationale britische Ansatz, alle industriellen und gesellschaftlichen Risiken ohne jede Sonderbehandlung in der Rangordnung ihres Gewichts zu erfassen und nach einer Kosten/Nutzen-Analyse zu bekämpfen, blieb den Verantwortlichen in Deutschland fremd. Über die Kernenergienutzung und ihre Risiken wurde stets isoliert von allen anderen gefährlichen Tätigkeiten politisch entschieden.

4.7   Der Unfall im Three Mile Island Block 2, 1979

Vor dem japanischen Reaktorunglück (s. Kap. 4.9) hat sich der schwerste Unfall in einem Kernkraftwerk westlicher Bauart am 28. März 1979 im 900-MW$_{el}$-Druckwasserreaktorblock TMI-2 des Herstellers Babcock & Wilcox und des Versorgungsunternehmens Metropolitan Edison mit Tochterunternehmen General Public Utilities Corp. (GPU) am Standort Three Mile Island bei Harrisburg, Pa., USA ereignet. TMI-2 hatte Ende Dezember 1978 den kommerziellen Betrieb aufgenommen, nachdem während der Inbetriebsetzung überdurchschnittlich viele Probleme mit Komponentenversagen aufgetreten waren.[415] Das Schadensereignis nahm am 28.3.1979 um 4 Uhr morgens seinen Anfang, als die Pumpen des Kondensat-Reinigungssystems aus nie geklärten Ursachen abschalteten. Das Ventil der Bypass-Leitung versagte und öffnete nicht, sodass die Speisewasserzufuhr unterbrochen war. Die Speisewasserpumpen schalteten daraufhin automatisch ab, und es folgten gemäß der Auslegung die Turbinen- und anschließend die Reaktorschnellabschaltung. Die drei Notspeisewasserpumpen sprangen an, konnten jedoch kein Wasser in die Dampferzeuger (DE) fördern, weil zwei Ventile, die nach der letzten Inspektion versehentlich und gegen die Bestimmungen des Betriebshandbuchs in geschlossener Position gelassen worden waren, die Leitungen blockierten. Die Wärmeabfuhr über das Sekundärsystem war in dieser Situation unmöglich. Die Nachwärmeerzeugung im Kern erhöhte rasch Druck und Temperatur im Primärkreis, bis das Abblaseventil (pilot-operated relief valve – PORV) über dem Druckhalter (pressurizer) öffnete (Abb. 4.7).[416] Nachdem der Überdruck im Primärkreis abgebaut war, versagte dieses Ventil und schloss nicht wieder, sondern blieb im geöffneten Zustand hängen. Das Offenbleiben wurde nicht bemerkt, weil auf der Warte keine Rückmeldung der Ventilstellung (Auf-Zu) angezeigt wurde. Durch das geöffnete Abblaseventil über dem Druckhalter konnte in den folgenden Stunden ein Großteil des Kühlmittelinventars des Primärkreises entweichen.[417] Die TMI-Bedienungsmannschaft erkannte nicht, was sich im Reaktorsystem ereignet hatte. Schon Sekunden nach Auftreten der ersten Störungen

---

[413] ebenda, S. 33.

[414] vgl. Deutsche Risikostudie Kernkraftwerke, Hauptband, Verlag TÜV Rheinland, Köln, 1979, S. 239.

[415] Walker, J. Samuel: „Three Mile Island", University of California Press, Berkeley, 2004, S. 48.

[416] ebenda, S. 72.

[417] Goswami, S. und Ziegler, A.: TMI-2-Störfall: Neue Daten und Erkenntnisse, atw, Jg. 24, Dezember 1979, S. 578–582.

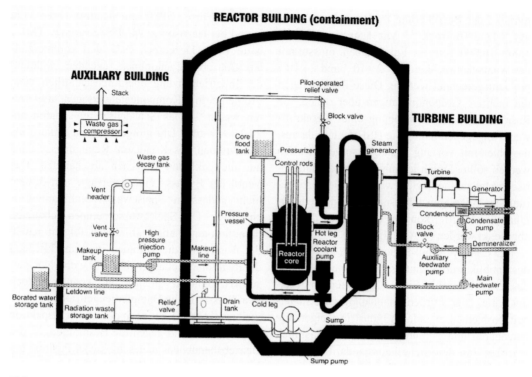

Abb. 4.7 Längsschnitt durch das Kernkraftwerk TMI-2 (schematisch)

machte das Alarmsystem mit lauten Hupsignalen auf Probleme aufmerksam. An den Anzeigetafeln der Schaltwarte begannen umgehend über 100 Warnlichter zu blinken, die auf fehlendes Speisewasser, zu hohe Drücke und Temperaturen, abgeschaltete Tubinen und Pumpen usw. hinwiesen, aber Ursachen und Zusammenhänge nicht erkennbar machten. Ein Reaktorfahrer gab später zu Protokoll: „Ich hätte die Anzeigetafeln am liebsten hinausgeworfen, sie gaben uns keinerlei nützliche Information."[418] Die Operateure waren sich nicht bewusst, dass sie einen Kühlmittelverlust-Störfall erlebten. Sie waren auf die eingetretene Situation nicht vorbereitet.

Der Energieaustrag durch das Abblaseventil war für die anhaltende Nachwärmeabfuhr nicht ausreichend. Eine gute Stunde nach Beginn der Störungen waren Temperatur und Dampfblasengehalt des Kühlmittels im Primärkreis so hoch,

dass die Hauptkühlmittelpumpen (HKMP) anfingen, heftig zu schütteln. 74 min nach Unfallbeginn schalteten die Operateure die beiden ersten HKMP, 25 min später die beiden anderen HKMP ab, um deren Beschädigung zu verhindern. Danach setzten die Aufheizung und das Trockengehen des Reaktorkerns ein. Bis 100 min nach Unfallbeginn hätte es verschiedene Möglichkeiten gegeben, den Reaktor in einen sicheren Zustand zu überführen, wenn die Bedienungsmannschaft über die Abläufe im Reaktorsystem richtig im Bilde gewesen wäre. Abbildung 4.8 zeigt den zeitlichen Verlauf des Drucks im Primärkreis.[419]

In Abb. 4.9 ist die Bandbreite der Temperatur in der Kernmitte dargestellt, innerhalb derer die Kernaufheizung in der Zeit zwischen 100 und

---

[418] Walker, J. Samuel: „Three Mile Island", University of California Press, Berkeley, 2004, S. 74.

[419] Tolman, E. L., Kuan, P. und Broughton, J. M.: TMI-2 Accident Scenario Update, Nuclear Engineering and Design, Vol. 108, 1988, S. 45–54.

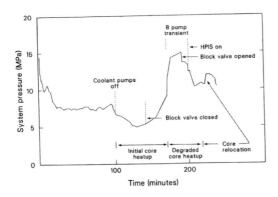

Abb. 4.8 Zeitlicher Druckverlauf im Primärkreis

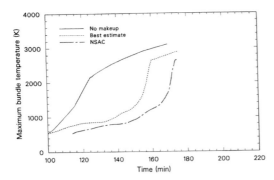

Abb. 4.9 Bandbreite der maximalen Kerntemperatur (NSAC – Nuclear Safety Analysis Center, Palo Alto, Ca., USA)

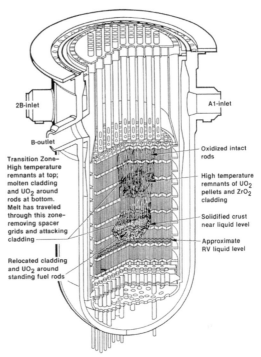

Abb. 4.10 Zustand des Reaktorkerns nach 150 min

174 min nach Unfallbeginn stattfand.[420] Ungefähr nach 140 min des Unfallgeschehens stieg die im Containment gemessene Radioaktivität an, was darauf hindeutete, dass erste Hüllrohre der Brennstäbe durch die Hitzeentwicklung und die damit einhergehende Oxidation und Versprödung geborsten waren. Zu diesem Zeitpunkt leiteten die Reaktorfahrer aus den zeitlichen Druck- und Temperaturverläufen ab, dass das Abblaseventil am Druckhalter zumindest teilweise offen geblieben war und schlossen das davor liegende Absperrventil (block valve). Ein gutes Drittel des Primärinventars war bis dahin abgeblasen worden. Abbildung 4.10 zeigt den Zustand des Reaktorkerns zu diesem Zeitpunkt, wie er nach rechnerischen Analysen und Simulationen als

wahrscheinlich angenommen wird.[421, 422] Geschmolzenes Hüllrohrmaterial und UO_2 war in der Kernmitte nach unten geflossen und wurde von einer erhärteten Kruste über dem Pegel des Kühlmittels aufgefangen. 174 min nach Unfallbeginn dürften die Temperaturen in der Kernmitte 2400 K überschritten haben. Zu diesem Zeitpunkt wurde eine HKMP für 15 min wieder in Betrieb genommen. Das dadurch dem Reaktorkern neu zugeführte Kühlwasser führte zu stoßartiger Dampfentwicklung und einem schnellen Anstieg des Systemdrucks (Abb. 4.8). Die dadurch ausgelösten thermischen und mechanischen Belastungen zertrümmerten die bereits hochgradig oxidierten und versprödeten Brennstäbe im oberen Kernbereich. In Abb. 4.11 ist der Zustand des Reaktorkerns abgebildet, wie er sich

[420] Tolman, E. L., Kuan, P. und Broughton, J. M.: TMI-2 Accident Scenario Update, Nuclear Engineering and Design, Vol. 108, 1988, S. 46.

[421] Ireland, J. R., Wehner, T. R. und Kirchner, W. L.: Thermal-hydraulic and Core-Damage Analyses of the TMI-2 Accident, NUCLEAR SAFETY, Vol. 22, No. 5, Sept.-Okt. 1981, S. 583–593.

[422] Tolman, E. L., Kuan, P. und Broughton, J. M., a. a. O., S. 50.

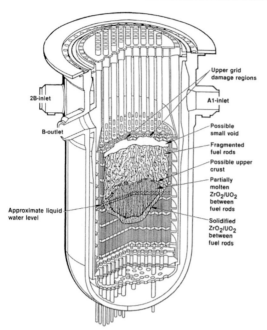

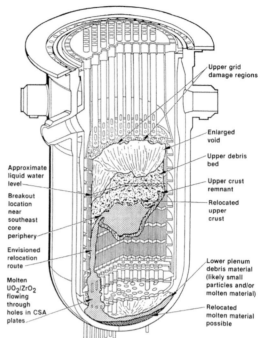

Abb. 4.11 Zustand des Reaktorkerns zum Zeitpunkt 175–180 min

Abb. 4.12 Konfiguration nach Versagen der Kernstruktur. (Zeitpunkt 224 min)

nach dem Start der HKMP einstellte.[423] Über der Trümmermasse hatte sich ein mit Dampf gefüllter Hohlraum ausgebildet. Unter den Brennelement-Trümmern befand sich eine von der Kruste im Kühlwasser gehaltene ZrO_2/UO_2-Schmelze zwischen noch bestehenden Brennstäben. Bei 200 min wurde das Hochdruck-Einspeisesystem (High Pressure Injection System – HPIS) eingeschaltet. Über die Einspeisemengen gibt es keine gesicherten Erkenntnisse. Der Kern wurde nicht unmittelbar gekühlt, nachdem die Hochdruckeinspeisung in Gang gesetzt worden war. Eine Kruste umgab das geschmolzene Kernmaterial und hinderte das Wasser daran, einzudringen. Diese Kruste nahm an Dicke zu, bis sie 224 min nach Unfallbeginn an der Seite aufbrach und die Schmelze nach unten in die Kugelkalotte des Reaktordruckbehälters (RDB) abfloss. Die erste Teilmenge der Kernschmelze wurde von dem am RDB-Boden noch vorhandenen restlichen Kühlwasser gekühlt und erstarrte zu einer keramisch-metallischen Kruste, die den RDB-Boden vor der Hitze der später nachströmenden Schmelze

teilweise schützte. Abbildung 4.12 zeigt den Zustand des Reaktorkerns nach Zusammenbruch seiner Struktur.[424] In den folgenden Stunden wurde die Hochdruckeinspeisung verstärkt und versucht, den Primärdruck abzusenken und die Niederdruck-Notkühlung in Betrieb zu nehmen. 16 h nach Unfallbeginn war der Zwangsumlauf des Reaktorkühlmittels wieder hergestellt. Die Integrität des RDB blieb erhalten. Es wurden an der unteren RDB-Kalotte keine Schäden wie z. B. Anschmelzungen festgestellt.

9 h und 50 min nach Unfallbeginn kam es im Sicherheitsbehälter (Containment) zu einem kurzen Druckanstieg. Die Druckspitze von 1,9 bar trat 6–9 Sekunden nach Beginn der Drucktransiente auf. Die Ursache war eine Wasserstoffverpuffung bei lokaler Überschreitung der Zündgrenze. Es handelte sich nicht um eine Knallgas-Detonation. Aus der Höhe der Druckspitze einerseits und der Reduktion des Sauerstoff-

---

[423] ebenda, S. 47.

[424] Tolman, E. L., Kuan, P. und Broughton, J. M., a. a. O., S. 54.

gehalts in der Containment-Atmosphäre wurde geschlossen, dass die Wasserstoffkonzentration zwischen 5,9 und 8,7 Vol. % betrug. Zwischen 44 und 63 % des im Kern vorhandenen Zirkoniums waren oxidiert worden und hatten dabei Wasserstoff erzeugt. Das freie Volumen innerhalb des Sicherheitsbehälters hatte ein Ausmaß von 60.000 m³. Nach den Untersuchungen einer Sachverständigen-Kommission, die von US-Präsident Carter eingesetzt worden war, wurden als gesicherte Erkenntnisse festgestellt:

• Im RDB von TMI-2 war zu keinem Zeitpunkt eine Knallgas-Explosion möglich, weil der hierfür erforderliche Sauerstoff fehlte.

• Bei Freisetzung der maximal möglichen Wasserstoffmenge aus der Zirkonium-Wasser-Reaktion in das Containment hätte dieses nicht nur einer einmaligen Verpuffung, sondern evtl. auch einer Detonation standgehalten.[425]

US-Präsident Carter suchte das schwer beschädigte Kernkraftwerk TMI-2 vier Tage nach dem Unfall auf und ließ sich an Ort und Stelle über das Geschehen unterrichten. Wenige Tage danach verfügte er die Einrichtung einer unabhängigen Untersuchungskommission und berief John G. Kemeny, einen Hochschulpräsidenten, zum Vorsitzenden. Die USNRC setzte verschiedene Expertengruppen zur Aufklärung der Unfallursachen ein, von denen die Rogovin-Kommission („spezial inquiry group") einen breit angelegten, völlig ergebnisoffenen Untersuchungsauftrag erhielt. Mitchell Rogovin war ein durch öffentliche Streitverfahren bekannt gewordener Rechtsanwalt. Die amerikanischen Betreibergesellschaften gründeten im April 1979 in Palo Alto, Cal., das Zentrum für nukleare Sicherheitsanalysen (Nuclear Safety Analysis Center – NSAC) sowie im Dezember 1979 auf Empfehlung des Kemeny-Berichts das Institut für Kernkraftnutzung (Institute of Nuclear Power Operations – INPO) in Atlanta, Ga., um Unfallursachen und Konse-

quenzen für den Kernkraftwerksbetrieb untersuchen zu lassen.[426, 427]

Die Herstellerfirmen – nicht nur die unmittelbar betroffene Babcock & Wilcox Corp. – ließen eigene Sachverständigengruppen die TMI-2-Ereignisse abarbeiten und Folgerungen für ihre Anlagen ziehen. Die Westinghouse Electric Corp., der Marktführer bei Druckwasserreaktoren, legte Wert auf die Feststellung, dass bei den gleichen technischen Störungen die Reaktorkerne in ihren nuklearen Dampferzeugungssystemen (Nuclear Steam Supply Systems – NSSS) keinesfalls trockengegangen wären. Westinghouse zog aus TMI-2 folgende Lehren:

• Ein Kernkraftwerk besteht aus dem integralen Zusammenwirken von Menschen, technischen Komponenten und Systemen sowie Verfahrensweisen. Dem Faktor Mensch muss erhöhte Aufmerksamkeit zugewendet werden.

• Es bedarf einer besseren Ausgewogenheit der Reaktorsicherheits-Maßnahmen zwischen dem sehr unwahrscheinlichen Großereignis (LOCA mit großem Bruch) und den kleineren, häufiger auftretenden Störungen (insbesondere dem kleinen Leck).

• TMI-2 unterstrich die hohe Bedeutung der Rückmeldung und Berücksichtigung von Betriebserfahrungen bei der Entwicklung neuer Kraftwerke, Verfahrensweisen und Trainings-Programme.

• Die Komplexität der Kernkraftwerke und ihrer Sicherheitssysteme muss vermindert werden.[428]

Vonseiten des Electric Power Research Institute (EPRI) wurden auf allen drei Sicherheitsebenen erhebliche Defizite, aber auch verpasste Eingriffsmöglichkeiten dargestellt.[429] Entscheidend für den Unfallverlauf und das Auftreten der Teil-

---

[425] English, Robert E.: Chemistry, Report of the Technical Assessment Task Force, Oktober 1979, Washington, D.C., in: Staff Reports to the President's Commission on the Accident at Three Mile Island, Progress in Nuclear Energy, Vol. 6, 1981, S. 91–115.

[426] Walker, J. Samuel: „Three Mile Island", University of California Press, Berkeley, 2004, S. 210–225.

[427] Zebroski, E. L. et al.: World Progress in LWR Safety, Trans. Am. Nucl. Soc., Vol. 37, 1981, S. 84–101.

[428] Rawlins, David H.: Impact of the Accident at Three Mile Island on an Vendor – a Westinghouse Perspective, Progress in Nuclear Energy, Vol. 10, 1983, S. 285–297.

[429] Breen, R. J.: Defense-in-Depth Approach to Safety in Light of the Three Mile Island Accident, Nuclear Safety, Vol. 22, No. 5, Sept.-Okt. 1981, S. 561–569.

kernschmelze war die fehlende Kenntnis des Betriebspersonals, dass bei einem Leck im oberen Bereich des Druckhalters (unerkannt offen stehendes Druckhalterventil) der Druckhalterfüllstand keine verlässliche Aussage mehr über den RDB-Füllstand liefert. Das Betriebspersonal hat deshalb nicht erkannt, dass der Reaktorkern zeitweise ohne Kühlwasser freigelegt war.

Die unabhängigen Untersuchungskommissionen übten unterschiedslos harsche Kritik an dem Hersteller Babcock & Wilcox, den Betreibern Metropolitan Edison und GPU sowie an der staatlichen Regulierungsbehörde USNRC, deren Versäumnisse, Unzulänglichkeiten und Versagen schonungslos aufgeführt wurden. Als wesentliche Ursachen für das Unfallgeschehen wurden in erster Linie nicht die technischen, sondern die Management-Probleme herausgestellt. Die USNRC, deren Vorsitzender ausgewechselt wurde, unterbrach die laufenden Genehmigungsverfahren und erteilte bis Oktober 1980 keine neuen Lizenzen mehr.

Ende Oktober 1980 veröffentlichte die USNRC die TMI-Aktionsplan-Anforderungen, die im Dezember 1982 präzisiert und ergänzt wurden.[430] Die neuen Erfordernisse an Systeme und Personal zur verbesserten Störfallbeherrschung betrafen neben vielfältigen technischen und organisatorischen Maßnahmen insbesondere auch:

- Die Koordination und Zusammenführung aller Maßnahmen zur Verbesserung der Reaktorsicherheit im Störfall, seien es Systemtechnik, Verfahrensweisen oder Trainingsprogramme.[431]
- Das Anzeigesystem für Sicherheitsparameter (Safety Parameter Display System – SPDS), das der Bedienungsmannschaft in außergewöhnlichen und Störfallsituationen den Zustand der Systeme kontinuierlich so dar-

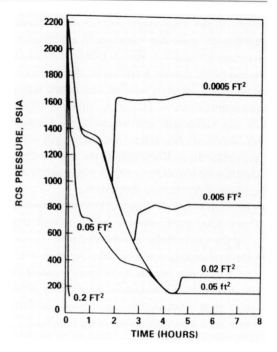

Abb. 4.13 Gerechnete Druckverläufe im Kühlsystem für verschiedene Leckgrößen

stellt, dass sie über erforderliche steuernde Eingriffe zuverlässig entscheiden kann.[432]
- Detaillierte Überprüfung der Kraftwerkswarte, deren Aufbau und multimediale Gestaltung anerkannten ergonomischen Grundsätzen folgen musste.[433, 434]

Die Inhaber von Bau- und Betriebsgenehmigungen wurden aufgefordert, bis spätestens 15. April 1983 einen TMI-Aktionsplan für jeden einzelnen Kernkraftwerksblock der USNRC vorzulegen, der die geplante Umsetzung dieser neuen Anforderungen im Einzelnen enthalten musste.[435] Der TMI-2-Unfall hatte weitreichende Auswirkungen auf die Sicherheitstechnik und -kultur in den USA.

Bei den amerikanischen Forschungsprogrammen rückten die Erfahrungen mit dem TMI-2-Unfall in den Vordergrund des Interesses. Ein kleines Leck oder ein in Offen-Stellung hängen

---

[430] Clarification of TMI Action Plan Requirements – Requirements for Emergency Response Capability, Dezember 1982, NUREG-0737 Supplement No. 1, Office of Nuclear Reactor Regulation, USNRC, Washington, D. C., Januar 1983.

[431] Clarification of TMI Action Plan Requirements, a. a. O. S. 4–6.

---

[432] ebenda, S. 7–9.

[433] ebenda, S. 10–12.

[434] Hagen, E. W.: Control and Instrumentation, NUCLEAR SAFETY, Vol. 23, No. 3, Mai-Juni 1982, S. 291–299.

[435] Hagen, E. W.: ebenda, S. 2.

gebliebenes Ventil konnten einen langsamen Blowdown verursachen, bei dem die Nachzerfallswärme nicht vollständig durch die Ausströmung am Leck ausgetragen werden konnte. Hohe Drücke im Primärkreis konnten während eines Kühlmittelverluststörfalls mit kleinem Leck (Small Break Loss of Coolant Accident – SBLOCA) über Stunden andauern. In Abb. 4.13 sind mit analytischen Codes berechnete zeitliche Druckverläufe abhängig von der Leckgröße aufgezeichnet.[436] Wenn während lange anhaltender hoher Drücke im Reaktorkühlsystem die Notkühlsysteme nicht ansprechen oder versagen oder außergewöhnliche Transienten auftreten, wie der vollständige Speisewasserverlust oder Stromausfall, so kann ein SBLOCA das Trockengehen des Reaktorkerns, wie bei TMI-2, zur Folge haben. Die Untersuchung der thermo- und fluiddynamischen Vorgänge mit kleinem und mittelgroßem Leck bei gleichzeitigem Auftreten zusätzlicher fehlerhafter Transienten wurde nunmehr in den USA als vordringlich eingestuft.

10 Jahre nach dem TMI-2-Unfall konnte in den USA eine positive Bilanz der von diesem Ereignis ausgehenden, sicherheitsgerichteten Aktivitäten gezogen werden. Über 200 Fragen zur Reaktorsicherheit waren Gegenstand von Untersuchungen geworden und fanden anwendbare Lösungen. Die Reaktor-Schnellabschaltungen und die bedeutenden Ereignisse in amerikanischen Kernkraftwerken nahmen um 40–50 % ab. Neue Standards für die Personalausbildung und den Betrieb von Kernkraftwerken wurden eingeführt. Planungen und Verfahrensweisen für den Notfall wurden installiert.[437]

Als die ersten Informationen über den TMI-2-Unfall in der Bundesrepublik Deutschland vorlagen, traten der Unterausschuss (UA) „Reaktorbetrieb" der Reaktorsicherheitskommission (RSK) am 31. März und die RSK selbst am 4. April 1979 zu Sondersitzungen zusammen, um über den Unfallablauf und mögliche Konsequenzen für deutsche Anlagen zu beraten. Die ersten aus verschiedenen Quellen zusammengetragenen Meldungen waren unvollständig und widersprüchlich. Zur Klärung der Sachverhalte begab sich eine Delegation von Mitgliedern der RSK und der Strahlenschutzkommission (SSK) in die USA und hielt sich vom 18.–20. April 1979 bei der USNRC in Washington, D. C., auf. Auf ihrer Sitzung am 25. April 1979 ließ sich die RSK ausführlich berichten und zog vorläufige Schlussfolgerungen für die Kernkraftwerke in der Bundesrepublik.[438]

Die RSK setzte sich kritisch mit den „ernsten organisatorischen Mängeln" bei der Umgebungsüberwachung am TMI-Standort und der Erfassung der Strahlenbelastung auseinander, insbesondere mit der verspäteten Alarmierung der verschiedenen Messdienste, der unzureichenden Anzahl von Messstellen im TMI-Außenbereich, den fehlenden oder ungenauen Angaben über Ort und Zeitpunkt der Probennahmen, den schwer vergleichbaren Messergebnissen der von den unterschiedlichen Messorganisationen verwendeten verschiedenartigen Messverfahren und den erheblichen zeitlichen Verzögerungen bis zur Vorlage zuverlässiger Analysen. Positiv hervorgehoben wurde der frühe Einsatz von Messtrupps mit Hubschraubern, die mit regelmäßigen Flügen über die TMI-2-Anlage die radioaktiven Freisetzungen (im Wesentlichen Xenonisotope) maßen. Die Wirkung der TMI-Jodfilter unter Störfallbedingungen wurde von der RSK als zufrieden stellend angesehen. Die RSK registrierte zustimmend auch die sehr große Zahl von Ganzkörpermessungen an Personen der Umgebung, welche die geringe Bedeutung der Strahlenexposition der Bevölkerung aufzeigten.[439] Die Notfallschutzmaßnahmen, insbesondere die widersprüchlichen Evakuierungsempfehlungen der USNRC und des Gouverneurs in Harrisburg, wurden von der RSK als nicht befriedigend bewertet. Nach USNRC-Schätzungen haben im Laufe der Tage 80.000–200.000 verunsicherte

---

[436] Tong, L. S.: USNRC LOCA Research Program, Proceedings, Eighth Water Reactor Safety Research Information Meeting, 27.–31. 10. 1980, Gaithersburg, Md., NUREG/CP-0023, Vol. 1, IAEA-CN-39/99, Fig. 1.

[437] Duffey, R. B.: U. S. Nuclear Power Plant Safety: Impact and Opportunities Following Three Mile Island, NUCLEAR SAFETY, Vol. 30, No. 2, April-Juni 1989, S. 222–231.

[438] BA B 106-75334, Ergebnisprotokoll 145. RSK-Sitzung, 25. 4. 1979, S. 10–27.

[439] BA B 106-75334, Ergebnisprotokoll 145. RSK-Sitzung, 25. 4. 1979, S. 17–19.

Menschen das Gebiet verlassen. Nach nachträglichen Erkenntnissen sei dies nicht erforderlich gewesen.[440]

Die Übertragbarkeit des TMI-Unfallablaufs auf deutsche Kernkraftwerke wurde von der RSK geprüft. Sie stellte dazu fest, dass bei Biblis A und allen danach errichteten Kernkraftwerken mit Druckwasserreaktor (DWR) gegenüber TMI-2 fünf wesentliche Unterschiede bestünden:[441]

1. Die größere Redundanz und getrennte (entmaschte) Bauweise der Notspeisewasserversorgung des Sekundärkreises hätten bei einer Reparatur nur das Schließen der Verbindungen zu einem der vier Dampferzeuger (DE) gefordert. Wären durch menschliches Versagen die betreffenden Ventile geschlossen geblieben, so wäre nur die Notspeisewasserversorgung eines von vier DE im Anforderungsfall nicht verfügbar gewesen.

2. Die größere Redundanz und Trennung (Entmaschung) der Notkühlsysteme des Primärkreises deutscher Anlagen vermindert im Vergleich zu amerikanischen Anlagen die Gefahr eines gleichzeitigen Ausfalls.

3. Das um den Faktor 6 größere sekundärseitige Wasservolumen der U-Rohr-DE hätte selbst bei gleichartigen Verhältnissen (Unterbrechung der gesamten Notspeisewasserversorgung für 8 min) nicht zu einem Ausdampfen der DE geführt.

4. Bleibt ein Druckhalter (DH) -Entlastungsventil bei den deutschen Anlagen in Offenstellung, so schließt sich nach 5 Sekunden die Vorabsperrung automatisch. Der Sättigungszustand im System wäre deshalb in einer deutschen Anlage nicht erreicht worden. Eine wichtige Erkenntnis aus dem TMI-2-Unfall war allerdings, dass der DH-Füllstand bei Lecks im oberen DH-Bereich keine eindeutige Aussage zum Füllstand des RDB liefert.

5. Der Förderdruck des Hochdruckeinspeisesystems des Primärkreises liegt deutlich unter dem Ansprechdruck der Druckhalter-Abblase- und Sicherheitsventile. Deshalb hätte es in einer deutschen Anlage überhaupt keine Ver-

anlassung gegeben, das Sicherheitseinspeisesystem abzuschalten.

Die Sicherheitstechnik der älteren Kernkraftwerke Stade (KKS), Obrigheim (KWO), Mehrzweckforschungsreaktor Karlsruhe (MZFR) und Kahl (VAK) wurde im Lichte der TMI-2-Erkenntnisse einer besonderen Bewertung unterzogen. Die zwischenzeitlich erfolgte Überprüfung dieser Anlagen ergab, dass wie bei den neueren Kraftwerken auch hier keine Sofortmaßnahmen erforderlich seien. Für die älteren Anlagen, insbesondere für VAK, wurden jedoch einzelne technische Verbesserungen und weitere Überprüfungen für die nächste Zukunft vorgeschlagen.[442]

Obwohl die Überprüfung der deutschen DWR-Kernkraftwerke eine durchweg positive Bilanz erbracht hatte, stellte die RSK erste Überlegungen an, wie deren Sicherheitskonzept noch weiter verbessert werden könnte, und sah Ansatzpunkte für die Weiterentwicklung von:

- Notfallschutz
- Transientenmodellen, die in den Forschungsvorhaben zu den Kühlmittelverluststörfällen untersucht werden könnten,
- Störfallanalysen im Hinblick auf eine nur vorübergehende Nichtverfügbarkeit von Sicherheitssystemen und im Hinblick auf den Faktor Mensch-Maschine
- Information des Betriebspersonals über den Anlagenzustand bei Störfällen[443]

Der Bundesminister des Innern (BMI) erbat von der RSK eine Stellungnahme zur Frage nach zusätzlichen, aufgrund der aus dem TMI-2-Unfall gewonnenen Erkenntnisse angezeigten Maßnahmen für die sich in der Errichtung befindlichen DWR-Kernkraftwerke. In ihrer Antwort hielt die RSK im Rahmen des Notfallschutzes für erforderlich, zur Begrenzung der Wasserstoffkonzentration im Sicherheitsbehälter an geeigneter Stelle am Sicherheitsbehälter eine Anschlussmöglichkeit für einen Rekombinator vorzusehen. Die Verfügbarkeit eines Rekombinators sei sicherzustellen. Desweiteren forderte die RSK Prüfungen, ob

[440] ebenda, S. 19.
[441] ebenda, S. 21 f.

[442] BA B 106-75334, Ergebnisprotokoll 145. RSK-Sitzung, 25. 4. 1979, S. 22–26.
[443] ebenda, S. 22.

- die bereits vorgesehene Anzeigegröße „Siedeabstand" des Kühlmittels in den heißen HKML als Anregekriterium für die Notkühlung, eventuell als Alterativkriterium für den Druckhalterwasserstand, verwendet werden könne und
- ein Lüftungsabschluss des Sicherheitsbehälters aufgrund eines hohen Aktivitätspegels automatisch ausgelöst werden solle.[444]

Als im Herbst 1979 der Bericht der Kemeny-Kommission vorlag, unternahm die Redaktion der Zeitschrift „atomwirtschaft" eine Umfrage unter den Betreibern und Herstellern deutscher DWR-Kernkraftwerke, um Bewertungen und Schlussfolgerungen über den TMI-Unfall auf deutscher Seite festzuhalten.[445] In übereinstimmender Beurteilung der wesentlichen Unterschiede zur amerikanischen Anlagen- und Sicherheitskonzeption wurde eine grundsätzliche Änderung der deutschen behördlichen Auflagen nicht für erforderlich gehalten. Die Geradrohrdampferzeuger (Babcock & Wilcox -Konstruktion) im Kernkraftwerk Mülheim- Kärlich wurden wegen ihres geringen sekundärseitigen Wasserinhalts jedoch als problematisch angesehen. Zur Zielsetzung der Reaktor-Sicherheitsforschung wurde angemerkt, dass betriebsnahe Störungen, Mensch-Maschine-Probleme und die optimale Abstimmung von Anforderungen an Umgebungsschutz, Arbeitsschutz, betriebliche Zuverlässlichkeit und Wirtschaftlichkeit mehr in den Vordergrund gerückt werden müssten. Aus dem Bundesministerium für Forschung und Technologie (BMFT) wurde dazu gesagt, dass „der Entstehungsphase möglicher Störfälle, der Betrachtung des Ablaufs der Störungen über größere Zeiträume und dem Eskalationspotenzial kleiner und harmlos beginnender Störungen mehr Gewicht beizumessen ist. Dabei muss dem Einfluss des Operateurverhaltens besondere Beachtung geschenkt werden." Im Übrigen gebe es im Rahmen der Reaktorsicherheitsforschung durch

mehrere umfassende Projekte und eine Reihe von Einzelvorhaben umfangreiche theoretische und experimentelle Untersuchungen, deren Ergebnisse die Beantwortung der aufgeworfenen Fragen bereits zu einem großen Teil ermöglichten.[446]

Der RSK-UA „Leichtwasserreaktoren" befasste sich weiterhin mit den Berichten der Kemeny-Kommission und der „Lessons Learned Task Force" der USNRC sowie mit Möglichkeiten für die weitere Reduktion des DWR-Betriebsrisikos und schlug eine ganze Reihe von Verbesserungs- und Ertüchtigungsmaßnahmen vor.[447] Die Herstellerfirmen Babcock-Brown Boveri Reaktor GmbH (BBR) und die Kraftwerk Union AG (KWU) nahmen zu diesen Empfehlungen, von der fernbetätigten Entgasung des RDB und Primärkreises bis zur Stahlhüllenberieselung des Sicherheitsbehälters zur Schadenseindämmung, überwiegend positiv Stellung und zeigten auf, wie sie die Vorschläge umzusetzen gedachten.[448] Die Firma Siemens/KWU sah in der Weiterentwicklung von Notfallschutzmaßnahmen einen Schwerpunkt ihrer sicherheitsgerichteten Aktivitäten. So führte sie in ihren DWR-Kraftwerken „bleed and feed" -Verfahren[449] ein, um im Falle des vollständigen Ausfalls der sekundärseitigen Wärmesenke durch Einspeisung von Notkühlwasser in den Primärkreis und gleichzeitiges Abblasen von Dampf aus dem Primärkreis eine ausreichende Kernkühlung sicherzustellen.[450] Im oberen Plenum der DWR-RDB von KWU wurde oberhalb der Gitterplatte an drei diskreten Punkten eine Höhenstandssonde installiert, die das Vorhandensein von Wasser im RDB nachwies. Diese Füllstandssonde wurde in das Reaktor-

---

[444] BA B 106–75336, Ergebnisprotokoll 147. RSK-Sitzung, 20. 6. 1979, S. 20 f.

[445] Was bedeutet der Kemeny-Bericht für die Kernenergie-Nutzung in der Bundesrepublik Deutschland?, atw, Jg. 25, Januar 1980, S. 39–45.

[446] Seipel, H. G.: Harrisburg – Konsequenzen für Forschungs- und Entwicklungsprogramme, atw, Jg. 25, Oktober 1980, S. 508–514.

[447] AMPA Ku 31, Ergebnisprotokoll 30. Sitzung RSK-UA Leichtwasserreaktoren, 22. 1. 1980, S. 6–10.

[448] AMPA Ku 31, Ergebnisprotokoll 35. Sitzung RSK-UA Leichtwasserreaktoren, 5. 5. 1980, S. 6–21.

[449] Im sachlich nicht korrekten US-Sprachgebrauch „feed and bleed"

[450] Roth-Seefried, H., Feigel, A. und Moser, H.-J.: Implementation of bleed and feed procedures in Siemens PWRs, Nuclear Engineering and Design, Vol. 148, 1994, S. 133–150.

schutzsystem integriert; ihr Ansprechen war ein Kriterium für die Reaktorschnellabschaltung. Fiel der Wasserstand auf einen bestimmten Wert ab, wurden Maßnahmen des anlageninternen Notfallschutzes angeregt (s. Kap. 6.7.8).[451]

Im Jahr 1981 begann die Kooperation zwischen den amerikanischen Behörden und der OECD Nuclear Energy Agency (NEA) mit der Zielsetzung, Kernproben aus der Trümmermasse im Inneren des TMI-2-RDB zu gewinnen, zu analysieren und Konsequenzen für schwere nukleare Unfälle zu entwickeln.[452] Das ganze Ausmaß der Kernschäden mit Kernschmelze war erst fünf Jahre nach dem Störfall erkannt. Die analytischen Untersuchungen mit dem RELAP4/MOD6/U4/J2-Code in Japan[453] und dem TRAC-Code im Los Alamos National Laboratory (LANL)[454] ergaben eine auf den Innenbereich des Kerns begrenzte und dort erstarrte Kernschmelze. Im Sommer 1982 gelang es, eine Kamera durch einen Kontrollstab-Kanal in das Innere des RDB einzuführen und den Hohlraum und die Trümmermasse zu beobachten. Im September 1983 konnten die ersten Proben des Kernmaterials aus dem RDB-Innenraum gewonnen werden.[455] Die metallurgischen Untersuchungen dieser Proben (Abb. 4.14) ergaben, dass bei der Zerstörung des Reaktorkerns Temperaturen zwischen 2.800 und 3.100 K herrschten. Die zeitlichen Abfolgen der Kernschmelzvorgänge konnten anhand der Probenbefunde im Einzelnen rekonstruiert

werden.[456] Als erkannt worden war, dass der Reaktorkern in erheblichem Umfang geschmolzen und Teile der Kernschmelze in die RDB-Bodenkalotte abgeflossen waren, wurde im Februar 1985 die Absicht der Betreibergesellschaften, TMI-2 wieder in Betrieb zu nehmen, aufgegeben. Zugleich bildeten Industrie und Behörden für die anstehenden Reinigungs- und Aufräumarbeiten die Gesellschaft GEND, in der die General Public Utilities Nuclear Corporation (GPUN), das Electric Power Research Institute (EPRI), die USNRC und das US Department of Energy (USDOE) zusammenwirkten. Das USDOE förderte das TMI-2 Accident Evaluation Program (AEP), das die Entstehung der Kernschäden und die Freisetzungsmechanismen für die Spaltprodukte untersuchte. Im Laufe der Untersuchungen wurde 1987 erkannt, dass mindestens 45 % des TMI-2-Kerns geschmolzen und annähernd 19 Tonnen des geschmolzenen Materials in die RDB-Bodenkalotte geflossen waren.[457]

Im Oktober 1987 schlug die USNRC der OECD-NEA ein gemeinsames „Vessel Investigation Project" (VIP) vor, mit dem erforscht werden sollte, auf welche Weise ein katastrophales RDB-Versagen hätte eintreten können und welche Sicherheitsreserven tatsächlich noch vorhanden waren. Das VIP wurde im Juni 1988 begonnen. Neben den USA beteiligten sich Belgien, Deutschland, Finnland, Frankreich, Italien, Japan, Schweden, Schweiz, Spanien und das Vereinigte Königreich. Im Februar 1990 gelang es, dem RDB-Boden von der Innenseite 15 Werkstoffproben („Schiffchen") sowie 14 Steuerstabstutzen und 2 Führungsrohre zu entnehmen, ohne die Integrität des RDB zu gefährden. Sie wurden mit einer Schneidetechnik gewonnen, die mit punktförmiger Abschmelzung durch elektrische Entladungen arbeitete (metal disintegration ma-

[451] Liebert, J., Gaul, H.-P. und Weiss, P.: Forschungsprogramm Reaktorsicherheit, Abschlussbericht zum Forschungs- und Entwicklungsvertrag BMFT 1500 876: UPTF-Experiment – Durchführung von Versuchen zur Fragestellungen des anlageninternen Notfallschutzes (TRAM), Sept 1997, S. 131.

[452] Stadie, K.: The VIP-Challenge: What happened to TMI's Reactor Pressure Vessel? Nuclear Engineering International, Vol. 39, März 1994, S. 38–40.

[453] Tanabe, F., Yoshiba, K. et al.: Post-Facta Analysis of the TMI Accident: Analysis of Thermal Hydraulic Behavior by Use of RELAP4/MOD6/U4/J2, Nuclear Engineering and Design, Vol. 69, 1982, S. 3–35.

[454] Ireland, J. R., Wehner, T. R. und Kirchner, W. L.: Thermal-Hydraulic and Core-Damage Analyses of the TMI-2 Accident, NUCLEAR SAFETY, Vol. 22, No. 5, September-Oktober 1981, S. 583–593.

[455] Eidam, G. R.: TMI-2 Reactor Characterization Program, Trans. Am. Nucl. Soc., Vol. 47, 1984, S. 305 f.

[456] McCardell, R. K., Russell, M. L., Akers, D. W. und Olsen, C. S.: Summary of TMI-2 Core Sample Examinations, Nuclear Engineering and Design, Vol. 118, 1990, S. 441–449.

[457] Rubin, A. M. und Beckjord, E.: Three Mile Island – New Findings 15 Years after the Accident, NUCLEAR SAFETY, Vol. 35, Juli-Dezember 1994, S. 256–269.

TMI-2 Core Debris Grab Samples

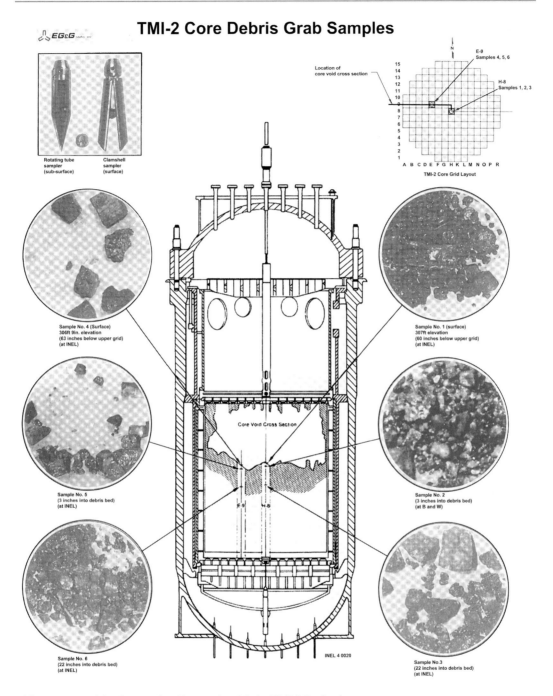

Abb. 4.14 Materialproben aus dem Trümmerbereich des TMI-2-Reaktorkerns

chining – MDM).[458] Der RDB-Boden war einlagig austenitisch plattiert. Die „Schiffchen"
hatten eine Länge von 165 mm, eine Breite von
76 mm und eine Höhe von 64 mm und enthielten
Material aus dem RDB-Boden bis annähernd der
halben Wanddicke von 137 mm. Das gewonnene Werkstoffmaterial wurde zerlegt und einzelne
Proben zu mechanisch-technologischen und me-
tallografisch-metallkundlichen Untersuchungen
an amerikanische Laboratorien sowie internationale renommierte Materialprüfungsanstalten,
darunter die MPA der Universität Stuttgart, gegeben. Proben gingen auch nach Japan, Finnland,
Frankreich und Italien.

　Die Originalproben aus dem TMI-2-RDB-
Boden der MPA Stuttgart bestanden aus drei
unterschiedlichen Gefügezonen: austenitische
Plattierung, Übergangszone und ferritischer
Grundwerkstoff ASTM A 533 Grade B (ähnlich dem deutschen Werkstoff 20 MnMoNi 5 5,
s. Kap. 9.3.1 und 10.1.1). Bei Werkstoffbean-
spruchungen durch hohe Temperaturen laufen
Gefügeänderungen ab, die von der Höhe der
Temperatur wie von deren Einwirkungsdauer abhängen. Die Temperatur/Zeit-Beanspruchung des
RDB-Bodens war während des TMI-2-Unfalls
von Stelle zu Stelle unterschiedlich. Die Einflussgrößen Temperatur und Zeit können bis zu
einem gewissen Grad getrennt voneinander ermittelt werden, da bestimmte Erscheinungen bei
den Gefügeänderungen, wie beispielsweise Me-
tallkarbid-Ausscheidungen oder die Auflösung
von Aluminium-Nitriden, nur in gewissen Temperaturbereichen auftreten. In der MPA Stuttgart
stand ein großes Arsenal an leistungsfähigen maschinellen und messtechnischen Einrichtungen
für die Untersuchung der TMI-2-Proben zur Verfügung (s. Tab. 4.1). Die Stuttgarter Ergebnisse
stimmten mit denen anderer Institute überein und

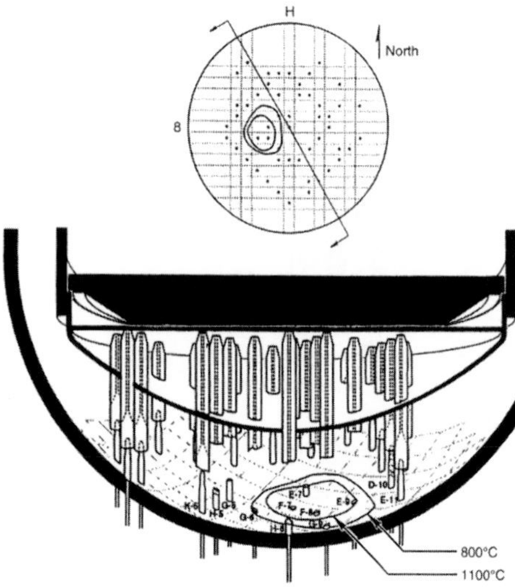

Abb. 4.15　Die heiße Stelle im RDB-Boden

stellten maximale Temperaturen am RDB-Boden
von ca. 1100 °C dar.[459]

　Aus den VIP-Untersuchungen ergab sich insgesamt, dass sich eine heiße Stelle (hot spot) der
Temperatur 1.100–1.125 °C in Form eines ungefähr elliptischen Gebiets mit der Ausdehnung von
1 m auf 0,8 m gebildet hatte (Abb. 4.15).[460] Diese
hohen Temperaturen konnten bis zu 30 min ge-
herrscht haben, bevor die Kühlung einsetzte. Es
gab Hinweise darauf, dass eine Schicht, die aus
keramischem und metallischem Trümmerma-
terial bestand, die RDB-Bodenkalotte isolierte.
An der heißen Stelle besaß diese Schutzschicht
eine zu geringe Dicke, um den RDB-Boden ausreichend zu isolieren. Da der Abbrand noch relativ gering war, betrug die Nachwärmeleistung
der 19.000 kg Kernschmelze in der Bodenkalotte
ca. 2,47 MW. Analysen mit Rechenprogrammen
deuteten darauf hin, dass Risse und Spalten in
den keramisch-metallischen Deckschichten vor-

[458] Cole, N., Friderichs, T. und Lipford, B.: Specimens
Removed from the Damaged Three Mile Island Reactor
Vessel, Proceedings of an open forum „Three Mile Island
Reactor Vessel Investigation Project-Achievements and
Significant Results", Boston 20.–22.10.1993, OECD Do-
cuments, Paris, 1994, S. 81–91.

[459] Ruoff, H., Katerbau, K.-H. und Sturm, D.: Microstructural investigations of TMI-2 lower pressure vessel
head steel, Proceedings of an open forum „Three Mile Island Reactor Vessel Investigation Project-Achievements
and Significant Results", Boston 20.–22.10.1993, OECD
Documents, Paris, 1994, S. 123–137.

[460] Rubin, A. M. und Beckjord, E.: Three Mile Island –
New Findings 15 Years after the Accident, NUCLEAR
SAFETY, Vol. 35, Juli–Dezember 1994, S. 261.

Tab. 4.1 Untersuchungsmethoden bei hohen Temperaturen

Gefügekenngröße	Untersuchungsmethode	Temperaturbereich (°C)
Härte, Festigkeit	Härtemessung, evtl. Zugversuch	>650
Korngröße	Lichtmikroskopie und Bildverarbeitung	>1000
Teilumwandlung zwischen A_1 und A_3	Lichtmikroskopie	715–850
M_2C-Einformung und Auflösung	TEM an Ausziehabdrücken	650–1.000
M_3C; chem. Zusammensetzung	TEM, EDS	650–1.000
Auflösung der Aluminiumnitride	TEM an Ausziehabdrücken	1.100–1.350
Diffusion von Cr und Ni	Konzentrationsprofile mit ESMA	>1.000
Ferritgehalt	Magnetisches Verfahren (Förstersonde)	>1.000
Einformung und Umwandlung des δ-Ferrits	REM, TEM an Metallfolien	>1.000
Bildung von σ-Phase	REM, TEM an Metallfolien	650–900

EDS – Energiedispersive Röntgenspektroskopie; ESMA – Elektronenstrahl-Mikroanalyse; REM – Raster-Elektronen-Mikroskopie; TEM – Transmissions-Elektronen-Mikroskopie

handen gewesen sein mussten, die Kühlkanäle für Wasser und Dampf bildeten und schließlich zu einer ausreichenden Kühlung beitrugen.[461] Im Oktober 1993, nach Abschluss des internationalen VIP-Forschungsprojekts, konnte festgestellt werden, dass der TMI-2-RDB erheblich widerstandsfähiger war, als angenommen werden konnte. Wie groß die Sicherheitsreserven tatsächlich noch waren, konnte allerdings nicht ermittelt werden.[462, 463]

Die Reinigungs- und Aufräumarbeiten zogen sich bis Dezember 1993 hin und kosteten nahezu eine Milliarde US $. Im Zentrum dieser Arbeiten stand die Entleerung des RDB, die von Oktober 1985 bis April 1990 durchgeführt wurde. Seit 1993 dient das TMI-2-Gebäude als Brennelement-Zwischenlager (Post Defueling Monitored Storage).[464]

Im Auftrag des Bundesministers für Bildung, Wissenschaft, Forschung und Technologie (BMBF) wurde von der MPA der Universität Stuttgart in den Jahren 1993 bis 1995 ein For-schungsvorhaben durchgeführt, das den Einfluss hoher Temperaturen (>650 °C) auf Gefüge und Festigkeit von RDB-Werkstoffen umfassender untersuchte, als dies im Rahmen des VIP-Vorhabens möglich war.[465] Neben den Proben aus dem TMI-2-RDB stand ein Werkstoffsegment aus dem RDB-Boden des mit TMI-2 baugleichen, nicht in Betrieb genommenen Midlandreaktors zur Verfügung. Unterschiedliche Temperaturbeanspruchungen konnten systematisch simuliert, ihre Folgen untersucht und Untersuchungsmethoden bewertet werden[466] (Tab. 4.1).[467]

Zusammenfassend kann über den TMI-2-Unfall gesagt werden: Ein relativ harmloses einleitendes Ereignis in der Kondensatreinigung im Maschinenhaus eskalierte aufgrund von Systemfehlern, Komponentenversagen und Fehlhandlungen des Betriebspersonals bis zu einer Teilkernschmelze und Freisetzung großer Spaltprodukt- und Wasserstoffmengen in den Sicherheitsbehälter. Aber das Containment funktionierte und

[461] Rubin, A. M. und Beckjord, E.: Three Mile Island – New Findings 15 Years after the Accident, NUCLEAR SAFETY, Vol. 35, Juli-Dezember 1994, S. 266.

[462] Stadie, K.: The VIP-Challenge: What happened to TMI's Reactor Pressure Vessel? Nuclear Engineering International, Vol. 39, März 1994, S. 38–40.

[463] Rubin, A. M. und Beckjord, E.: Three Mile Island – New Findings 15 Years after the Accident, NUCLEAR SAFETY, Vol. 35, Juli-Dezember 1994, S. 256–269.

[464] http://www.world-nuclear.org/info/inf36.html vom 30. 8. 2008.

[465] GRS-F-2/1995, Berichtszeitraum 1. 7.–31. 12. 1995, Projekt-Nr. 1500966, „Einfluss hoher Temperaturen (>650 °C) auf Gefüge und Festigkeit von Reaktordruckbehälterwerkstoffen", Arbeitsbeginn 1. 9. 1993, Arbeitsende 31. 12. 1995, Auftragnehmer MPA Stuttgart, Leiter Dr. K. H. Katerbau.

[466] Ruoff, K. und Katerbau, K.-H.: Einfluss hoher Temperaturen (>650 °C) auf Gefüge und Festigkeit von Reaktordruckbehälter-Werkstoffen, Abschlussbericht Reaktorsicherheitsforschungs-Vorhaben Nr. 1500966, Staatliche Materialprüfungsanstalt Universität Stuttgart, Dezember 1996

[467] ebenda, Beilage 5.

die Kraftwerksumgebung war – im Gegensatz zum Nuklearunglück in Tschernobyl – praktisch nicht betroffen[468]. *„Wenn es je eines Beweises für die Leistungsfähigkeit des Barrierenkonzeptes, insbesondere des Containments, bedurft hätte – Harrisburg hat sozusagen als unfreiwilliges Großexperiment einen eindrucksvollen Beweis geliefert.“*[469]

4.8   Die Reaktorkatastrophe in Tschernobyl, 1986

Mit der Nuklearkatastrophe in Tschernobyl am 26. April 1986 ist das Ereignis eingetreten, das in den westlichen Industriestaaten die Physiker, Konstrukteure, Hersteller, Betreiber und die staatliche Aufsicht mit ihrer Sicherheitskultur unter allen Umständen auszuschließen suchten und bis dahin auch ausgeschlossen haben. Der schwere Störfall im Druckwasserreaktor TMI-2[470] bei Harrisburg, Pa., USA, am 28. März 1979 hat die Welt schockiert. Die dort vorsorglich installierte Sicherheitstechnik hatte jedoch verhindert, dass Personen- und Umweltschäden eintraten. Dennoch verstärkte dieser Vorfall die skeptische und ablehnende Grundströmung gegen die Kernenergienutzung in Teilen der Bevölkerung und der politischen Parteien. Das verheerende Unglück in Tschernobyl beschleunigte in der Bundesrepublik Deutschland in starkem Maß die Antiatomkraftbewegung. Die Grünen im Deutschen Bundestag forderten umgehend die sofortige, gesetzlich abgesicherte Abschaltung aller Atomanlagen.[471]

Die SPD beschloss auf ihrem Nürnberger Parteitag am 27. August 1986 nahezu einstimmig, den Atomausstieg innerhalb von 10 Jahren durchzusetzen[472], und brachte den Entwurf eines „Kernenergieabwicklungsgesetzes“ im Deutschen Bundestag ein.[473] Der Vorsitzende der SPD-Bundestagsfraktion, Hans-Jochen Vogel, erklärte vor dem Bundestag: *„Vor allem das sogenannte Restrisiko ist nach den Erfahrungen von Tschernobyl nicht länger zu verantworten.“*[474]

Zum Zeitpunkt der Katastrophe war der westlichen Fachwelt bekannt, dass es sich bei dem Unglücksreaktor um den speziellen sowjetischen Typ RBMK-1000 handelte, dessen kernphysikalische Eigenschaften, Konstruktion, Betriebsweise und Sicherheitseinrichtungen sich von denen westlicher Leistungsreaktoren grundlegend unterschieden. Dennoch wurde das Unglück von vielen Atomkraftgegnern ohne Wenn und Aber als Menetekel der friedlichen Kernenergienutzung begriffen. Die engagierten Atomkraftgegner differenzierten nicht. Für sie war der Unfall in Tschernobyl „letztendlich zu erwarten. Natürlich stand weder fest, dass er genau in Tschernobyl stattfinden musste noch der genaue Zeitpunkt…. Den Fachleuten für nukleare Sicherheit ist bekannt, dass bei allen heute existierenden Kernkraftwerken westlicher und östlicher Bauart schwere Unfälle mit massiver Freisetzung radioaktiver Stoffe nicht auszuschließen sind….“[475] Die Bundesregierung, die einschlägigen Institute der Wissenschaft sowie die Industrie versuchten,

---

[468] Der Störfall von Harrisburg, Der offizielle Bericht der von Präsident Carter eingesetzten Kommission über den Reaktorunfall auf Three Mile Island, Erb Verlag, Düsseldorf, 1979, S. 55 f.

[469] Orth, Karlheinz: Fehlerverzeihende Technik, ENERGIE, Jg. 40, Nr. 5, Mai 1988, S. 44.

[470] Three Mile Island Nuclear Station, Unit 2, 905 MW$_{el}$, Hersteller Babcock & Wilcox, Betreiber Jersey Central Power and Light Company, kommerzieller Betrieb ab Dezember 1978.

[471] Deutscher Bundestag: Beratung des Berichts des Innenausschusses gemäß § 62 Abs. 2 der Geschäftsordnung zu dem von der Fraktion DIE GRÜNEN eingebrachten Entwurf eines Gesetzes über die sofortige Stillegung von Atomanlagen in der Bundesrepublik Deutschland (Atom-

sperrgesetz), Stenographischer Bericht, Plenarprotokoll 10/216 vom 15. Mai 1986, S. 16700–16711.

[472] Der SPD-Parteitag fast einstimmig für den Verzicht auf die Atomenergie, Frankfurter Allgemeine Zeitung, Nr. 198, 28. 8. 1986, S. 1.

[473] Gesetzentwurf der Fraktion der SPD zur Beendigung der energiewirtschaftlichen Nutzung der Kernenergie und ihrer sicherheitstechnischen Behandlung in der Übergangszeit (Kernenergieabwicklungsgesetz) BT Drs. 10/6700 vom 9. 12. 1986.

[474] Deutscher Bundestag, Stenographischer Bericht, Plenarprotokoll 10/230 vom 12. 9. 1986, S. 17890.

[475] So z. B. Sailer, Michael: Politische und wirtschaftliche Aspekte der Sicherheit beim Betrieb von Kernkraftwerken, in: Moltmann, Bernhard, Sahm, Astrid und Sapper, Manfred (Hg.): Die Folgen von Tschernobyl, Haag und Herchen Verlag, Frankfurt/M, 1994, S. 97.

die Verschiedenartigkeit der RBMK-Reaktoren hervorzuheben. Dies fand umgehend öffentliche Kritik. Aus der Frage nach der Sicherheit verschiedener Reaktortypen dürfe sich nicht die Frage nach Verantwortlichkeit und Humanität verschiedener politischer Systeme entwickeln. Die Ausbeutung des Unglücks zu diesem falschen Zweck habe bereits mit den vollmundigen Schwüren auf die Sicherheit westlicher Reaktoren begonnen, die eine ähnliche Katastrophe ausschlösse. Solche Äußerungen seien peinlich. Die gewöhnliche Lebenserfahrung lehre, dass alle Menschenwerke unzuverlässig seien. Das Problem bestehe darin, dass es Menschen sind, die mit der Atomenergie umgehen, die sich beim Konstruieren täuschen, bei der Risikoabschätzung irren, bei der Bedienung einschlafen könnten.[476] Eine ernsthafte öffentliche Befassung mit der Technik der unterschiedlichen Reaktorlinien fand nicht statt. Die im Westen vorliegenden Informationen hätten dies ermöglicht. Stattdessen wurde das Unglück zum Instrument der parteipolitischen Auseinandersetzung gemacht.

4.8.1 Der Unglücksreaktor RBMK-1000, Block 4

Der Unfall in Tschernobyl ereignete sich im jüngsten, erst 1983 fertiggestellten, der vier dort betriebenen Reaktorblöcke vom Typ RBMK-1000. Es waren graphitmoderierte Druckröhren-Siedewasser-Reaktoren mit der elektrischen Leistung von 1.000 MW_{el} und der Wärmeleistung von 3.200 MW_{th}. Sie waren in Tschernobyl als Zwillingsanlagen errichtet, wobei jeweils zwei Blöcke an den entgegengesetzten Enden eines gemeinsamen Gebäudekomplexes stehen. Einige Anlagensysteme werden gemeinsam benutzt. Die Entwicklung dieser speziellen Reaktorlinie begann mit dem ersten sowjetischen Atomkraftwerk, das im Juni 1954 in Obninsk in Betrieb genommen wurde und die Leistung von 5 MW_{el} (30 MW_{th}) erbrachte. Als Neutronenmoderator diente in diesem ersten Kernkraftwerk Graphit,

als Kühlmittel natürliches (leichtes) Wasser, das in Druckröhren durch das Innere der rohrförmigen Brennelemente gepumpt wurde. 128 solcher „Arbeits-Druckröhren" waren in einem zylindrischen Graphitblock mit einem Durchmesser von 150 cm und einer Höhe von 170 cm in Bohrungen von 6,58 cm Durchmesser eingebettet. Diese Anlage wurde auf der ersten Genfer Atomkonferenz 1955 ausführlich beschrieben, wobei die Probleme ihrer Steuerung im Einzelnen abgehandelt wurden. Es wurde dargestellt, wie empfindlich die atomare Kettenreaktion vom Zusammenwirken von Uran, Graphit und Wasser abhängt.[477] Auf der zweiten Genfer Atomkonferenz 1958 wurde ein umfangreicher Erfahrungsbericht über den Betrieb dieses Kraftwerks in Obninsk gegeben, der die aufgetretenen Störfälle, u. a. die Zerstörung einer Druckröhre durch Überhitzung, umfasste. Dieser sowjetische Beitrag enthielt auch den Hinweis, dass Pulsationen des Kühlmittels auftreten können, die Instabilitäten in der Wärmeabführung und die Überhitzung der Druckröhren im Innern der Brennelemente zur Folge haben können.[478]

Die spezielle sowjetische Baulinie der graphitmoderierten, wassergekühlten Druckröhrenreaktoren wurde zu größeren Einheiten weiterentwickelt. Am Standort Belojarsk nahm im April 1964 ein Reaktor dieser Bauart mit nuklearer Dampfüberhitzung und der Leistung 100 MW_{el} (286 MW_{th}) den Betrieb auf. Ihm folgte 1967 in der nächsten Ausbaustufe ein Leistungsreaktor mit 200 MW_{el} (560 MW_{th}).[479] Über die Inbetriebnahme des ersten Blocks in Belojarsk und

---

[476] Schütze, Christian: Ausstrahlungen einer Katastrophe, Süddeutsche Zeitung, Nr. 100, 2. Mai 1986, S. 4.

[477] Blokhintsev, D. I. und Nikolaev, N. A.: The First Atomic Power Station of the USSR and the Prospects of Atomic Power Development, Proceedings of the International Conference on the Peaceful Uses of Atomic Energy, Genf, 8. 8. bis 20. 8. 1955, Vol. 3, P/615 USSR, United Nations, New York, 1955, S. 35–55.

[478] Dollezhal, N. A. et al.: Operating Experience with the First Atomic Power Station in the USSR and Its Use under Boiling Conditions, Proceedings of the Second United Nations International Conference on the Peaceful Uses of Atomic Energy, Genf, 1. 9. bis 13. 9. 1958, Vol. 8, P/2183 USSR, United Nations, Genf, 1958, S. 86–99.

[479] Wenzel, P.: Graphitmoderierte wassergekühlte Druckröhrenreaktoren, KERNENERGIE, 8. Jg., Heft 8, 1965, S. 449–464.

dort unternommene kritische Experimente wurde auf der dritten Genfer Atomkonferenz 1964 berichtet.[480] Dabei wurde angegeben, dass bei Entfernung des Wassers aus einer bestimmten Anzahl von Arbeitskanälen ein positiver Leistungskoeffizient (+ 0,015) der Reaktivität auftreten kann.[481, 482]

Der Reaktortyp des graphitmoderierten Druckröhren-Siedewasser-Reaktors wurde, isoliert vom internationalen Erfahrungsaustausch, ausschließlich in der Sowjetunion entwickelt und betrieben. Die Firma Westinghouse in den USA führte zwar im Auftrag der USAEC Anfang der 60er Jahre eine Studie für einen 1.000-MW$_{el}$-Reaktor mit 650 Druckröhren durch. Die Zielsetzung dieses SCOTT (Super-Critical, Once-Through Tube) -Reaktorprojekts war die Untersuchung eines Reaktorkonzepts, das bei hohen Dampfdrücken von 250 bis 280 bar und Temperaturen um 550 °C Wirkungsgrade von etwa 44 %, vergleichbar mit modernen konventionellen Kraftwerken, erreichen kann. Dabei sollte das Speisewasser jeweils beim Durchströmen einer einzigen Druckröhre in den überhitzten Dampfzustand gebracht werden. Die technologischen Probleme wurden als sehr hoch eingeschätzt.[483, 484] Das Projekt wurde aber schließlich nicht verwirklicht.

Den Reaktoren von Belojarsk folgte die Entwicklungslinie RBMK (**R**eaktor **B**ol'schoi **M**oschtschnosti **K**ipjaschtschij – Siedewasserreaktor großer Leistung)[485]. Anfang der 70er Jahre wurde 70 km westlich von Leningrad der

erste Block einer Zwillingsanlage des graphitmoderierten Druckröhren-Siedewasser-Reaktortyps RBMK-1000 mit der Leistung 1.000 MW$_{el}$ (3.200 MW$_{th}$) errichtet und Ende 1973 in Betrieb genommen. Die Sowjetunion bevorzugte diese Baulinie für große Leistungsreaktoren, weil Druckwasserreaktoren wegen der Schwierigkeiten beim Bau und Transport der Druckbehälter sich aus damaliger sowjetischer Sicht nur für Leistungen bis maximal 1.000 MW$_{el}$ eigneten.[486] Die sowjetische Regierung nutzte die Gelegenheit der vierten Genfer Atomkonferenz 1971, um diesen neuen Reaktortyp, der nun in Serie gebaut werden sollte, der Weltöffentlichkeit vorzustellen.[487] Es wurde betont, dass es sich um ein sehr zuverlässiges und sicheres Kernkraftwerk handle, das sehr flexibel unterschiedlich angereicherten Brennstoff nutzen und Plutonium erzeugen könne. Die sowjetischen graphitmoderierten Druckröhren-Siedewasser-Reaktoren hatten stets eine doppelte Aufgabe zu erfüllen: Sie erzeugten neben Strom und Wärme auch waffenfähiges Plutonium. Durch die Möglichkeit des Brennelementwechsels während des Betriebs konnten niedrige Brennstoff-Abbrände für die Produktion waffenfähigen Plutoniums erzielt werden.

Der Genfer Beitrag aus der Sowjetunion enthielt schematische Darstellungen des Reaktoraufbaus und der Druckröhrenkonstruktion. Abbildung 4.16[488] zeigt den Querschnitt durch einen RBMK-1000-Block des Leningrader Kernkraftwerks mit eingefügten deutschen Bezeichnungen. Es wurde angegeben, dass die Zahl der Druckröhren in der Spaltzone 1693, der Dampfdruck 65 atm und die Temperatur 280 °C betragen. Der zylindrische Graphitblock der Spaltzone im

---

[480] Grigoryantz, A. N. et al. Start-Up and Pilot Operation of the First Unit of the Beloyarsk Nuclear Power Station after I. V. Kurchatov, Proceedings of the Third International Conference on the Peaceful Uses of Atomic Energy, Genf, 31. 8. bis 9. 9. 1964, Vol. 6, P/308 USSR, United Nations, New York, 1965, S. 249–255 (russisch).

[481] ebenda, S. 252.

[482] Reaktoren, bei denen der Verlust des Kühlmittels – hier des Neutronen absorbierenden leichten Wassers bei weiterhin wirksamem Moderator Graphit – zu einer Leistungssteigerung führen kann, gelten als inhärent unsicher.

[483] Nuclear Power Progress at Westinghouse: THE ENGINEER, Vol. 217, Mai 1964, S. 921 f.

[484] vgl. Westinghouse-Studie für 1000-MW$_{el}$-Reaktor, atw, 7. Jg., Juli 1962, S. 374.

[485] Ursprüngliche Erklärung, später auch Reaktor großer Leistung vom Kanaltyp (Kanalnogo tipa).

[486] atw-report: Neue Kernkraftwerke in Europa 1976, Sowjetunion, atw, 21. Jg., April 1976, S. 190.

[487] Petros'yants, A. M. et al.: The Leningrad Atomic Power Station and the Prospects for Channel-Type Boiling-Water Reactors, Proceedings of the Fourth International Conference on the Peaceful Uses of Atomic Energy, Genf, 6. bis 16. 9. 1971, Vol. 5, P/715 USSR, United Nations, International Atomic Energy Agency, Wien, 1972, S. 297–315 (russisch), ebenfalls erschienen in Atomnaya Énergiya, Vol. 31, No. 4, Oktober 1971, engl. Übers. in: SOVIET ATOMIC ENERGY, Vol. 31,1971, Consultants Bureau, New York, April 1972, S. 1086–1097.

[488] ebenda, S. 303.

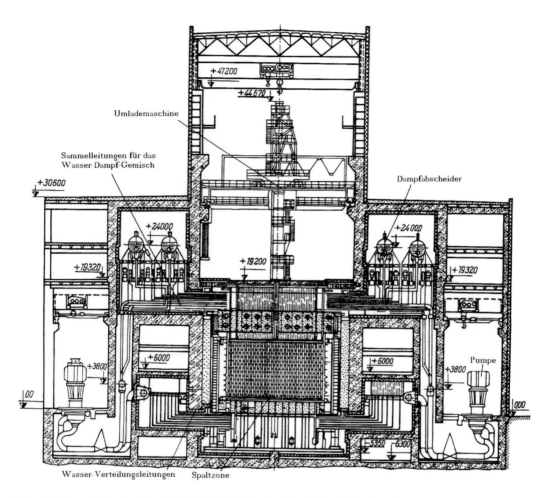

Abb. 4.16 Querschnitt durch den RBMK-1000-Reaktor des Kernkraftwerks Leningrad

Zentrum des Reaktors (Kernbereich), der in vertikalen Bohrungen die Druckröhren und Absorberstäbe aufnimmt, hat einen Durchmesser von 11,8 m und eine Höhe von 7 m. Jedes Druckrohr enthält übereinander zwei Brennelementbündel. Die Hüllrohre der Brennelemente und Teile der Druckröhren bestehen aus einer Zirkonium-Niob-Legierung. Das Betongebäude, in dem der Reaktor untergebracht ist, hat die Abmessungen $21,6 \times 21,6 \times 25,5$ m³. Ein druckfester Sicherheitsbehälter (Containment) war nicht vorgesehen. Es wurde hervorgehoben, dass als Folge von Unfällen und Versagen, die den Wasser-Dampf-Kreislauf in Mitleidenschaft ziehen, kein gefährlicher Reaktivitätssprung auftreten könne.[489] Die

Reaktorhalle, in der die Umlademaschine verfahren werden kann, ist nicht für besondere Belastungen ausgelegt. Es wurde angenommen, dass die Freisetzungen von Radioaktivität aus Leckagen und aus Handhabungsvorgängen mit Brennelementen von der Lüftungstechnik der Halle beherrscht werden können.

Die Berichte und Tagungsunterlagen aus der Sowjetunion waren in russischer Sprache gehalten. Sie wurden jedoch in der seit Januar 1956 von der Akademie der Wissenschaften der Sowjetunion publizierten Zeitschrift „Atomnaya Énergiya" abgedruckt. Die Firma Consultants Bureau, Inc., New York, übersetzte Heft für Heft der „Atomnaya Énergiya" ins Englische und brachte sie mit einer halbjährigen Verzögerung in New York heraus. Die in Berlin (Ost) erschie-

---

[489] Petros'yants AM et al. a. a. O., S. 308.

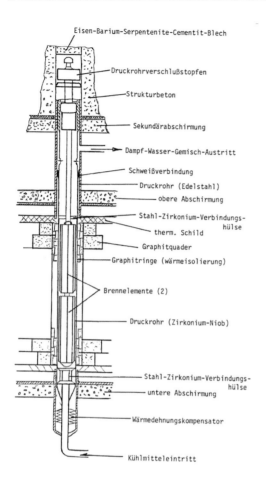

Eisen-Barium-Serpentenite-Cementit-Blech

Druckrohrverschlußstopfen

Strukturbeton

Sekundärabschirmung

Dampf-Wasser-Gemisch-Austritt

Schweißverbindung

Druckrohr (Edelstahl)

obere Abschirmung

Stahl-Zirkonium-Verbindungs-
hülse
therm. Schild

Graphitquader

Graphitringe (wärmeisolierung)

Brennelemente (2)

Druckrohr (Zirkonium-Niob)

Stahl-Zirkonium-Verbindungs-
hülse
untere Abschirmung

Wärmedehnungskompensator

Kühlmitteleintritt

Abb. 4.17 Prinzipskizze eines Druckrohrs

Abb. 4.18 Aufbau eines RBMK-1000-Blocks am Standort Kursk (November 1975)

nene Zeitschrift für Kernforschung und Kerntechnik „Kernenergie" machte sich um die Vermittlung russischer Literatur und kerntechnischer Entwicklungen in der Sowjetunion im deutschen Sprachraum verdient. Die Zeitschrift „Kernenergie" wurde seit 1958 zunächst vom Amt für Kernforschung und Kerntechnik der Regierung der Deutschen Demokratischen Republik, später von der Ingenieurhochschule Zittau herausgegeben. Ihr ganz überwiegendes Interesse galt den WWER-Druckwasserreaktoren, die auch in der DDR betrieben wurden. In dieser Zeitschrift wurde Ende 1974 über den Reaktortyp RBMK-1000 berichtet.[490] Es wurden weitere technische Einzelheiten mitgeteilt.

Abbildung 4.17[491] zeigt die Prinzipdarstellung eines Druckrohres mit Brennelementen. Die Gesamtlänge eines Druckrohrs beträgt 22 m, davon unterhalb des Kernbereichs 5 m (in Stahl ausgeführt) und oberhalb des Kernbereichs 9 m (ebenfalls aus Stahl). Im Kernbereich ist das Druckrohr 8 m lang und besteht aus einer Zirkonium-2,5 %-Niob-Legierung. Sein Außendurchmesser ist 88 mm. Das Kühlmittel umströmt die Brennelemente; seine Temperatur beträgt beim Kerneintritt 270 °C, beim Kernaustritt 284 °C. Es sind 180 Absorberstäbe vorhanden. Insgesamt kommen 180 t UO_2-Brennstoff mit einer Anreicherung von etwa 1,8 % zum Einsatz. Diese für den RBMK-1000-Block bei Leningrad angegebenen Daten wurden in der Serie der nachfolgend gebauten RBMK-Kernkraftwerke geringfügig variiert. In Abb. 4.18 ist der Aufbau eines RBMK-1000-Blocks oberhalb der Spaltzone am Standort Kursk im November 1975 abgelichtet.[492]

---

[490] Wenzel, P. und Zabka, G.: Graphitmoderierte wassergekühlte Druckröhrenreaktoren in der UdSSR, KERN-ENERGIE, 17. Jg., Heft 12, 1974, S. 361–367.

[491] BA B 295–18743, Zwischenbericht der Reaktor-Sicherheitskommission (RSK) zur vorläufigen Bewertung des Unfalls im Kernkraftwerk Tschernobyl im Hinblick auf Kernkraftwerke in der Bundesrepublik Deutschland, Anlage 1 zum Ergebnisprotokoll der 213. RSK-Sitzung am 6. 6. 1986.

[492] atw-report: Neue Kernkraftwerke in Europa 1976, Sowjetunion, atw, 21. Jg., April 1976, S. 189.

Zu den sicherheitstechnischen Aspekten wurde ausgeführt, dass als schwerwiegendste Störfälle der plötzliche Bruch von Rohrleitungen im Bereich des Primärkreislaufs und der Totalspannungsausfall angesehen würden. Die Reaktorkonstruktion sei so gestaltet, dass bei einem Kühlmittelverlust-Störfall kein positiver Reaktivitätssprung auftrete.[493] In einem Vergleich von Druckröhren- und Druckkesselreaktoren wurden neben beachtlichen Vorteilen des Druckröhrenreaktors, wie die Möglichkeit, Brennelemente während des Betriebs umzuladen, auch einige Nachteile aufgeführt:

1. Der Aufbau der Spaltzone und Druckröhren ist kompliziert und teuer.
2. Das Spaltzonenvolumen ist sehr groß, die Qualitätsanforderungen an den Moderatorblock sind hoch.
3. Der Anschluss von mehreren tausend Rohrleitungen an die Druckröhren ist sehr aufwändig. Das Auswechseln der Druckröhren ist prinzipiell einfach, kann praktisch aber zu erheblichen Schwierigkeiten führen.
4. Undichtigkeiten an den Druckröhren können Beschädigungen am Moderatorblock hervorrufen.

Einzelheiten der Sicherheitstechnik wurden in den sowjetischen Publikationen nicht dargestellt. In der Zeitschrift „Atomnaya Énergiya" waren wiederholt Beiträge veröffentlicht worden, die sich mit Sicherheitsfragen der RBMK-1000-Reaktoren befassten. Sowjetische Wissenschaftler hatten aber nur dargelegt, dass die besonderen Eigenschaften dieses Reaktortyps grundlegend neue Lösungen bei der Entwicklung von Sicherheitssystemen erforderten.[494] So seien komplexe Regelungs- und Schutzsysteme notwendig, um die zur Instabilität neigende Leistungsverteilung in der Spaltzone zu steuern und zu stabilisieren. Für den Fall eines Rohrversagens sei ein Druckabbausystem vorgesehen, das freigesetzte Wasser-Dampf-Gemische durch einen eigenen Tunnel zur Kondensation in eine Wasservorlage leite. Es wurde mitgeteilt, dass sich bei bestimmten Störungen im Wasser-Dampfkreislauf bei zunehmendem Dampfgehalt die Reaktivität erhöhe. Wegen des positiven Dampfblasenkoeffizienten[495] (Void-Koeffizient) war bei solchen Störungen mit Leistungsüberschwingern zu rechnen.

Diese technisch wenig ergiebigen Publikationen[496] zu Sicherheitsfragen der RBMK-1000-Kernkraftwerke konnte das Erkenntnisinteresse westlicher Institutionen nicht zufrieden stellen. Auch zehn Jahre nach der Katastrophe wurde der Kenntnisstand über die älteren RBMK immer noch als nicht befriedigend bezeichnet.[497] Erst als die Sowjetunion im Laufe des Jahres 1986 den Zugang zu technischen Informationen über den RBMK-1000 und den Unglücksreaktor erleichterte, konnte erkannt werden, wie gefährlich sich der positive Dampfblasenkoeffizient beim RBMK-Reaktor aufgrund seiner konstruktiven Beschaffenheit und großen Abmessungen seiner Spaltzone bei geringer Reaktorleistung und steigendem Abbrand auswirken konnte.[498]

Ende Mai 1983 fand im Rahmen der Auslandskulturtage der Stadt Dortmund eine Konferenz über die Entwicklung der Energieversorgung in der Sowjetunion statt. Über Kraftwerke und Kernkraftwerke referierte der stellvertretende Minister für Stromerzeugung und Elektrifizierung, F. Saposchnikow, aus Moskau. Dieser Vortrag sowie interessante Hinweise aus anderen

---

[493] Wenzel, P. und Zabka, G., a. a. O., S. 364.

[494] Emel'yanov, I. Ya., Vasilevskii, V. P., Volkov, V. P. et al.: Safety of Power Plants with Boiling-Water Graphite Channel Reactors, Atomnaya Énergiya, Vol. 43, No. 6, Dezember 1977, engl. Übers. in: SOVIET ATOMIC ENERGY, Vol. 43, No. 6, 1977, New York, Juni 1978, S. 1107–1114.

[495] Eine Zunahme des Dampfblasengehalts bewirkt eine Reaktivitätszufuhr, die wiederum die Leistung und die Temperatur erhöht. Eine Temperaturerhöhung verstärkt das Sieden und hat damit wieder eine Zunahme des Dampfblasengehalts zur Folge: solche Reaktorkonzepte sind instabil.

[496] vgl. auch: Emel'yanov, I. Ya., Kuznetsov, S. P. und Cherkashov, Yu. M.: Design Provisions for Operational Capability of a Nuclear Power Plant with a High-Powered Water-Cooled Channel Reactor in Emergency Regimes, Atomnaya Énergiya, Vol. 50, No. 4, April 1981, engl. Übers. in: SOVIET ATOMIC ENERGY, Vol. 50, No. 4, 1981, New York, Oktober 1981, S. 226–235.

[497] Weber, Jochen Peter, Reichenbach, Detlev und Tscherkashow, Jurij M.: Sicherheitsfragen des RBMK, atw, 40. Jg., Heft 5, Mai 1995, S. 314–319.

[498] Kotthoff, K. und Erven, U.: Stand der Analysen des Tschernobyl-Unfalls, atw, 32. Jg., Januar 1987, S. 32–37.

Referaten dieser Konferenz waren Gegenstand eines Berichtes in der Zeitschrift „atomwirtschaft" im Dezember 1983.[499] Über die RBMK-1000-Baulinie wurde mitgeteilt, dass sie bereits standardisiert sei und die Reaktoren „im Fließbandverfahren hauptsächlich im Werk Atommasch gefertigt" würden. Am Standort Leningrad waren bereits 4 Blöcke, in Kursk 2 Blöcke, in Tschernobyl 3 Blöcke und in Smolensk 1 Block installiert.[500] Von der Baureihe RBMK-1500 sei ein Prototyp in „Ignalin"[501] im Bau und die Baureihe RBMK-2400 sei in der Entwicklung. Die sowjetischen Experten stellten – so der Bericht – zum RBMK-Kraftwerkstyp fest: „Die Verlässlichkeit des ganzen Systems ist sehr hoch dank der Überwachungs- und Kontrollmöglichkeit der einzelnen horizontal[502] liegenden Kanäle aus Zirkon." Zur Sicherheit der WWER- und RBMK-Kraftwerke der 1.000-MW-Größe wurde gesagt: „Zur Betriebssicherheit sind die Kraftwerke mit drei parallel arbeitenden Sicherheitssystemen ausgerüstet. Die Kraftwerke sind gegen Naturkatastrophen (Orkane, Überschwemmungen, Erdbeben etc.) und gegen Flugzeugabsturz und Druckwellen von außen ausgelegt. Die Sicherheit wird noch durch die in Russland mögliche Standortauswahl, KKW in gewisser Entfernung von größeren Ortschaften zu erstellen, erhöht."[503]

Diese Aussagen aus dem Konferenzbericht in der Zeitschrift „atomwirtschaft" wurden von Atomkraftgegnern als deutsche Sachverständigen-Stellungnahme zitiert und als Beleg dafür verbreitet, wie unzuverlässig auch westliche Risikoeinschätzungen seien.[504] Der Reaktortyp von Tschernobyl sei in der Fachzeitschrift „Atomwirtschaft" vom Dezember 1983 „von unseren Experten noch als besonders sicher dargestellt" worden.[505]

Im Lichte der Ergebnisse zahlreicher Untersuchungen, die nach der Katastrophe durchgeführt wurden, lassen sich die Sicherheitsdefizite der RBMK-Technik wie folgt zusammenfassen:[506]

- ungesicherte, technologisch relevante Kanäle im Reaktorbereich,
- fehlendes Containment,
- instabiles Reaktorverhalten im niedrigen Leistungsbereich (positiver Temperatur- und Voidkoeffizient),
- unkontrollierbare schwere Störfälle bereits beim Abreißen weniger Kühlkanäle,
- durch Bedienungspersonal leicht abschaltbare Sicherheitssysteme,
- unzureichender Brandschutz, keine wirkungsvolle Schnellabschaltung,
- unzureichende und fehlerhaft konstruierte Regel- und Steuersysteme.

4.8.2   Ereignisablauf und Ursachen

Welche Ursachen den Reaktorunfall in Tschernobyl auslösten und wie er ablief, wurde der Welt von der Moskauer Informationspolitik zunächst monatelang vorenthalten. Die endgültige Aufklärung der Unglücksursachen ließ noch Jahre auf sich warten. Am 1. Mai 1986, fünf Tage nach dem Unfall, verlas Radio Moskau eine Erklärung und teilte mit, es gäbe keine Brände und keine bedeutenden Zerstörungen. Es laufe auch keine Kettenreaktion des Atombrennstoffs ab. Der Reaktor sei abgestellt worden.[507] Diese Falschmeldung begünstigte Spekulationen westlicher Fachleute, in

[499] Born, H.-P.: Kernenergie in der Sowjetunion, atw, 28. Jg., Dezember 1983, S. 645–648.

[500] vgl. atw-report: Neue Kernkraftwerke in Europa, 1980, Sowjetunion, atw, 25. Jg., Juni 1980, S. 332–334.

[501] Gemeint war der Kernkraftwerks-Standort Ignalina in Litauen.

[502] Diese Aussage widerspricht den bisherigen sowjetischen Publikationen, wonach die Druckröhren aus Zirkonium senkrecht im Graphitblock der Spaltzone stehen.

[503] Born, H.-P.: Kernenergie in der Sowjetunion, a. a. O., S. 647.

[504] Der Autor H.-P. Born wehrte sich dagegen, für unkommentiert berichtete Aussagen der sowjetischen Experten in Anspruch genommen zu werden: Zur Verläss-

lichkeit des Tschernobyl-Reaktortyps, Kernenergie und Umwelt, 1986, Nr. 7, S. IV.

[505] vgl. Deutscher Bundestag: Zwischenfrage des Abg. Schulte (Menden) (Grüne) in der Beratung des Berichts des Innenausschusses gemäß § 62 Abs. 2 GO am 15. 5. 1986, a. a. O., S. 16703.

[506] Gutierrez, Antonio M. H.: Innovative Kernreaktoren mit verbesserten Sicherheitseigenschaften, Habilitationsschrift, RWTH Aachen, 1996, S. 34.

[507] „Der Umweltzustand erregt keine Besorgnis": Süddeutsche Zeitung, Nr. 100, 2. 5. 1986, S. 2.

Tschernobyl sei es zu einer Wasserstoffexplosion nach Überhitzung von Kanälen wegen Versagens der Kühlung und nach Zirkonium-Wasser-Reaktionen gekommen. Auch wurde ein Graphitbrand durch Freisetzung von Wigner-Energie, wie bei dem Störfall in Windscale, für möglich gehalten.[508] Westliche Risikobetrachtungen setzten stets am Versagen wichtiger Komponenten bei Volllastbetrieb der Reaktoren an.

Zehn Tage nach dem Unglück wiederholte der Leiter der Untersuchungskommission, der Stellvertretende Ministerpräsident Schtscherbina, auf einer Moskauer Pressekonferenz die unzutreffende Behauptung, es sei ziemlich wahrscheinlich, dass die Explosion von Chemikalien im Reaktorraum die Katastrophe ausgelöst habe.[509] Das Reaktorgebäude sei dadurch beschädigt worden. Ein Feuer sei ausgebrochen, das die Ummantelung des Reaktorraums erfasst habe. Diese Mitteilungen aus der Sowjetunion wurden im Westen mit großer Skepsis aufgenommen. Schließlich wiesen die über halb Europa zerstreuten großen Radioaktivitätsmengen auf ein schweres Unglück hin. Satellitenaufnahmen zeigten den Graphitbrand des Reaktors. Die Empörung über die sowjetische Informationsblockade war im Westen groß.

Die deutsche Bundesregierung bot jede erwünschte technische Hilfe an. Das Angebot wurde unauffällig angenommen. So hatte die Sowjetunion über Vermittlung des Deutschen Atomforums drei vom kerntechnischen Hilfsdienst für den Einsatz nach Nuklearunfällen entwickelte Manipulator-Fahrzeuge gekauft. Die in der Nähe des Kernforschungszentrums Karlsruhe stationierten Geräte wurden am Wochenende des 10. Mai 1986 mit zwei Aeroflot-Transportflugzeugen vom Stuttgarter Flughafen aus abtransportiert. Das sowjetische Personal wurde für den Einsatz von deutschen Spezialisten in Moskau geschult.[510] Auch dieser Vorfall war ein Hinweis darauf, dass die Zerstörungen in Tschernobyl

ein weit größeres Ausmaß hatten, als offiziell zugegeben wurde. Bundeskanzler Helmut Kohl (CDU) regte eine internationale Konferenz über Sicherheitsvorkehrungen an.[511] Einer nach Kiew gereisten Delegation der Internationalen Atomenergieorganisation (IAEO) wurde bedeutet, dass nach Abschluss der eigenen Untersuchungen eine sowjetische Expertengruppe nach Wien kommen werde, um dort ihre Analysen vorzulegen.[512]

Im Kernforschungszentrum Karlsruhe wurden auf der Grundlage der bis Juni 1986 in Europa gemessenen radioaktiven Niederschläge und der Hinweise von sowjetischer Seite umfangreiche Untersuchungen durchgeführt. Zu diesen aus der Sowjetunion in den Westen gelangten Nachrichten gehörte die Information, dass der Reaktor in einem Experiment bei sehr geringer Leistung verunglückte. In Karlsruhe wurden u. a. das Brennelementverhalten bei Kühlstörungen, Dampfexplosionen nach Leistungsexkursionen, Zirkonium-Wasser-Reaktionen und Spaltproduktfreisetzungen studiert. Diese Analysen ergaben zutreffend, dass am Beginn des Unfallgeschehens eine prompt kritische Leistungsexkursion stattgefunden haben musste.[513]

Als die sowjetische Seite zu einem umfangreichen Bericht über das Unglück bereit war, fand vom 25. bis 29. August 1986 das *„Post-Accident Review Meeting"* der *„International Nuclear Safety Advisory Group"* (INSAG) der IAEO in Wien statt. Über 500 Experten aus 62 Staaten und 21 Organisationen erörterten ausführlich den schriftlich vorgelegten sowjetischen Bericht. Dabei entstand weitgehende Klarheit über den Hergang des Unfalls. Eine Reihe von Detailfragen blieb jedoch noch offen. Die Ergebnisse des Wiener Expertentreffens wurden in einem INSAG-Bericht veröffentlicht.[514]

---

[508] Explosion nach Versagen der Wasserkühlung: Frankfurter Allgemeine Zeitung, Nr. 101, 2. 5. 1986, S. 3.

[509] Mehr als eine Woche danach: Moskau nennt Einzelheiten des Reaktor-Unfalls: Frankfurter Allgemeine Zeitung, Nr. 105, 7. 5. 1986, S. 1.

[510] Karlsruher Atom-Feuerwehr hilft aufräumen, Stuttgarter Zeitung, Nr. 108, 13. 5. 1986, S. 6.

[511] Regierungserklärung des Bundeskanzlers vor dem Deutschen Bundestag, Stenographischer Bericht BT PlPr 10/215, 14. 5. 1986, S. 16526.

[512] Tägliche Übermittlung von Messwerten, Frankfurter Allgemeine Zeitung, Nr. 107, 10. 5. 1986, S. 2.

[513] Hennies, H.-H.: Zum Ablauf des Reaktorunfalls in Tschernobyl und zur Übertragbarkeit auf deutsche Reaktoranlagen, KfK-Nachrichten, Jg. 18, 3/86, 1986, S. 127–132.

[514] IAEO-Dokument GC (SPL.I)/3 vom 24. 9. 1986, deutsche Übersetzung in: Unterrichtung durch die Bun-

In Wien stellte sich der Ereignisablauf wie folgt dar:[515] Beim Abfahren von Block 4 für die jährliche Routinerevision sollte am Abend des 25. April 1986 ein Turbinenversuch durchgeführt werden. Es sollte für den Fall eines totalen Stromausfalls getestet werden, ob die Rotationsenergie des Turbinen-/Generator-Satzes ausreichen könnte, die Stromversorgung der Hochdruckeinspeisepumpe so lange zu sichern, bis der Notstromdiesel hochgefahren ist. Der Test sollte bei einer thermischen Reaktorleistung von 700 bis 1.000 MW_{th} oberhalb der für den Reaktorbetrieb zulässigen minimalen Reaktorleistung von etwa 700 MW_{th} gefahren werden. Während des Abfahrens trat jedoch durch einen Operateur-Fehler bei der Leistungsregelung ein Leistungsabfall auf 30 MW_{th} (1 % Nennleistung) ein (s. Abb. 4.19).[516] Die starke Beschleunigung des Leistungsabfalls wurde vom abnehmenden Dampfblasengehalt (Abnahme der Reaktivität) und dem inzwischen erfolgten Xenonaufbau[517] verursacht. Der Weiterbetrieb des Reaktors bei dieser geringen Leistung war ein klarer Verstoß gegen die Betriebsvorschriften. Um die Leistung wieder anzuheben, wurden fast alle Absorberstäbe aus dem Kernbereich völlig herausgezogen. Dies war ein weiterer Verstoß gegen die Betriebsvorschriften. Es gelang, die Leistung auf 200 MW_{th} (7 %) zu bringen. Reaktorschutzsignale wurden blockiert, um eine automatische Reaktorabschaltung zu verhindern. Entsprechend den Versuchsvorgaben wurden die beiden Reservehauptkühlmittelpumpen zugeschaltet. Dadurch erhöhte sich der Kühlmitteldurchsatz, was einen sehr geringen Dampfblasengehalt bewirkte. Der Reaktor verhielt sich nun sehr instabil. Um

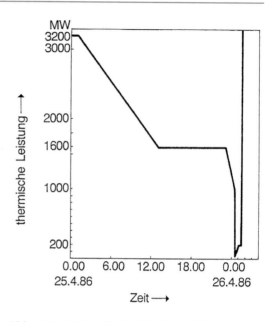

Abb. 4.19 Zeitlicher Verlauf der Reaktorleistung

1.00 Uhr 23 min und 4 s wurden die Turbinenschnellschluss-Ventile geschlossen und vier der acht Hauptkühlmittelpumpen liefen aus. Mit dem abnehmenden Kühlmitteldurchsatz stiegen die Temperatur und der Dampfblasengehalt und damit wieder die Reaktivität an. Um 1.00 Uhr 23 min 40 s war die Reaktorleistung auf 10–11 % angewachsen und der Operateur löste von Hand die Schnellabschaltung aus. Drei bis vier Sekunden später begann die prompt kritische Leistungsexkursion, die im Bruchteil einer Sekunde das 100-fache der Reaktorvollleistung erreichte. Durch diese äußerst hohe Energiezufuhr wurde der Brennstoff in feine, extrem heiße Partikel zerstäubt, die das umgebende Hüllmaterial augenblicklich aufschmolzen und das Kühlwasser durchdrangen, das explosionsartig verdampfte. Diese Dampfexplosion zerstörte einen Teil der Druckröhren und führte zu einem Druckaufbau von einigen 10 bar.[518] Die obere, etwa 1.000 Tonnen schwere Kernplatte wurde dadurch hochgehoben und in eine steile Schräglage gebracht. Beim Abheben der Kernplatte wurden alle noch intakten Druckrohre und Leitungen abgerissen.

desregierung: Bericht der Bundesregierung über den Reaktorunfall in Tschernobyl und seine Konsequenzen für die Bundesrepublik Deutschland, BT Drs. 10/6442, 12. 11. 1986, Anlage 1. Zitate folgen dieser deutschen Übersetzung.

[515] ebenda: Chronologie des Ereignisablaufs, S. 14–17.

[516] Kotthoff, K. und Erven, U., a. a. O., S. 34.

[517] Wenn ein Reaktor abgeschaltet wird, in dem sich eine stabile Jod-135- und Xenon-135-Konzentration eingestellt hatte, so steigt die Xenon-135-Konzentration aus dem Zerfall von Jod-135 an, weil die Halbwertszeit von Jod-135 kleiner ist (6,7 h) als die von Xenon-135 (9,2 h). Wegen der Neutronenabsorption durch Xenon spricht man auch von Xenonvergiftung.

[518] Hicken, E.: Erste Auswertung des sowjetischen Berichts, atw, 31. Jg., Oktober 1986, S. 486–488.

Abb. 4.20 Luftbild des zerstörten Reaktors

Auf die erste Explosion (Leistungsexkursion) folgte im Abstand von zwei bis drei Sekunden eine zweite Explosion. Die Reaktorhalle wurde zerstört und Trümmerstücke aus dem Kernbereich – etwa ein Viertel der Graphitblöcke – wurden hinausgeworfen (s. Abb. 4.20).[519] Die Ursache der zweiten Explosion blieb umstritten. Eine Wasserstoffexplosion konnte nicht ausgeschlossen werden. Dagegen sprach allerdings, dass Graphitblöcke der Kernzone radial weggeschleudert wurden. Auch verdrängte der entstandene Dampf teilweise die Luft. Es ist anzunehmen, dass in den abgerissenen Rohren der Druck rasch gesunken, das Wasser gesiedet und die Reaktivität gestiegen war. Es ist also eher wahrscheinlich, dass die zweite Explosion durch eine erneute prompt kritische Leistungsexkursion ausgelöst worden ist.[520] Es kam zu zahlreichen Bränden.

Sechs Jahre nach der Katastrophe korrigierte die IAEO-Reaktorsicherheitsgruppe INSAG ihren ersten Unfallbericht[521] und stellte fest, dass die fehlerhafte Konstruktion der Steuerstäbe mit Verdrängungskörpern die Ursache dafür war, dass Reaktivität beim Einfahren dieser Stäbe

nicht gebunden, sondern freigesetzt wurde.[522, 523] 1986 in Wien hatten sowjetische Experten die Angabe gemacht, dass die Steuerstäbe etwa sechs Sekunden benötigt hätten, um in Bereiche höheren Neutronenflusses vorzustoßen. Da die Leistungsexkursion schon drei bis vier Sekunden nach Auslösung der Schnellabschaltung eingetreten sei, hätte sie nicht mehr wirksam werden können. Die INSAG-Mitglieder und die sie unterstützenden Experten fanden diese Erklärung für die Unfallursache plausibel und sahen keinen Anlass, alternative Szenarien zu entwickeln.

Nach der Wiener Konferenz 1986 wurde das Unfallgeschehen jedoch von Expertengruppen in mehreren Ländern weiter analysiert und Untersuchungsergebnisse publiziert.[524] Aber erst die merkwürdigen Berichte von zwei sowjetischen Kommissionen aus dem Jahr 1991 veranlassten die INSAG, ihren Tschernobylbericht von 1986 zu ändern. Der eine Bericht wurde von einer Kommission unter Leitung von N. A. Shteynberg im Auftrag der staatlichen Aufsichtsbehörde für industrielle und kerntechnische Sicherheit erstellt.[525] Der zweite Bericht enthält die Forschungsergebnisse einer Arbeitsgruppe von Experten aus wissenschaftlichen Instituten und staatlichen Behörden.[526] Dieser zweiten Arbeit liegen Computersimulationen und Experimente in Versuchseinrichtungen und mit RBMK-Reak-

[519] Tschernobyl – Zehn Jahre danach, Gesellschaft für Reaktorsicherheit mbH (Hg.), GRS-121, Köln, Feb. 1996, S. 53.

[520] Hicken, E., a. a. O., S. 488.

[521] International Nuclear Safety Advisory Group (INSAG): Summary Report on the Post-Accident Review Meeting on the Chernobyl Accident, Safety Series No. 75-INSAG-1, IAEA, Wien, 1986.

[522] The Chernobyl Accident: Updating of INSAG-1, INSAG-7, A Report by the International Nuclear Safety Advisory Group, IAEA Safety Series No. 75-INSAG-7, Wien, November 1992.

[523] vgl. Varley, James: Who was to blame for Chernobyl-Insag's second thoughts, Nuclear Engineering International, Mai 1993, S. 51 f.

[524] vgl. Sobajima, Makoto und Fujishiro, Toshio: Examination of the Destructive Forces in the Chernobyl Accident Based on NSRR Experiments, Nuclear Engineering and Design, 106, 1988, S. 179–190.

[525] Shteynberg, N. A., Petrov, V. A. et al.: Causes and Circumstances of the Accident at Unit 4 of the Chernobyl Nuclear Power Plant on 26 April 1986, Moskau, 1991, in: The Chernobyl Accident: Updating INSAG-1, INSAG-7, a. a. O., Annex I, S. 29–94.

[526] Abagyan, A. A., Adamov, E. O. et al.: Causes and Circumstances of the Accident at Unit 4 of the Chernobyl Nuclear Power Plant and Measures to Improve the Safety of Plants with RBMK Reactors, Moskau, 1991, in: The Chernobyl Accident: Updating the INSAG-1, INSAG-7, a. a. O., Annex II, S. 101–132.

Abb. 4.21 Neutronen-
flussverteilung über der
Kernhöhe, *3*: um 22.00
Uhr, *4*: bei Auslösung des
Schnellabschaltsystems

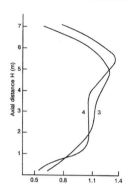

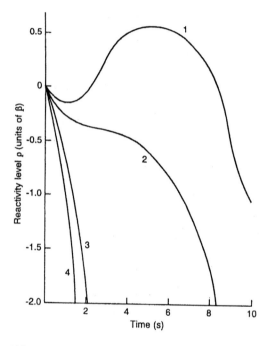

Abb. 4.22 Die Wirkungsamkeit des Schnellabschaltsystems, *1*: zum Unfallzeitpunkt, *3*: nach konstruktiver Verbesserung

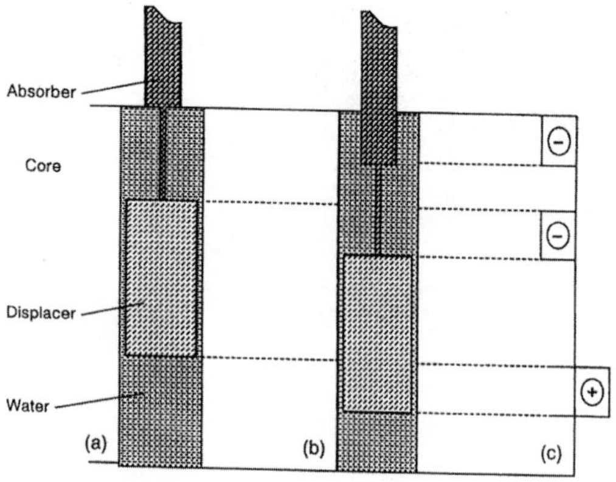

Abb. 4.23 Die Wirkung der Verdrängungskörper aus Graphit beim Einfahren in den Kern (schematisch) (a) völlig gezogener Steuerstab, (b) teilweise eingefahrener Steuerstab, (c) Reaktivitätsänderung

toren im Betrieb zugrunde. Es wurde gefunden, dass unmittelbar vor dem Unfall die Neutronenflussverteilung über der Kernhöhe einen doppelhöckerigen Verlauf mit einem ausgeprägten oberen Maximum hatte (s. Abb. 4.21).[527] Als in dieser Situation die völlig gezogenen Absorberstäbe eingefahren wurden, konnte während der ersten Sekunde negative Reaktivität eingebracht werden, dann jedoch nahm die Reaktivität wegen der konstruktiven Beschaffenheit der Absorberstäbe

wieder zu (s. Abb. 4.22).[528] Mit den Absorberstäben waren aus Gründen des Neutronenhaushalts wasserverdrängende Graphitkörper verbunden, die sich im gezogenen Zustand etwa in der Kernmitte befanden (s. Abb. 4.23).[529] Wenn die Stäbe eingefahren wurden, entfernten die neutronenmoderierenden Graphitkörper das neutronenabsorbierende Wasser, und im unteren Kernbereich stieg dadurch die Neutronenmultiplikation.

Die Shteynberg-Kommission stellte dar, dass die Konstruktionsdefizite des Schnellabschaltsystems seit Ende 1983 bekannt waren.[530] Sie beklagte den Mangel an Sicherheitskultur in allen Bereichen der sowjetischen Kernenergienutzung. Der Reaktorfahrer in der Unglücksnacht sei sich der gefährlichen Lage, in die er den Reaktor gebracht habe, nicht bewusst gewesen. Anfang 1984 war zwar dieser gefährliche Tatbestand und die Absicht der für die Reaktorherstellung zuständigen Behörde, die Zahl der völlig gezogenen Steuerstäbe auf maximal 150 zu begrenzen, den Verantwortlichen in den Kernkraftwerken mitgeteilt worden; eine technische Nachrüstung und Schulungen des Personals waren jedoch unterblieben.[531]

[527] ebenda, S. 118.

[528] ebenda, S. 110 und S. 131.

[529] ebenda, S. 123.

[530] Shteynberg, N. A., Petrov, V. A. et al., a. a. O., S. 43.

[531] Shteynberg, N. A., Petrov, V. A. et al., a. a. O., S. 81 ff.

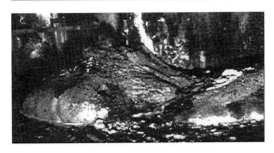

Abb. 4.24 Erstarrte „Lava" aus Kernschmelze und Sand

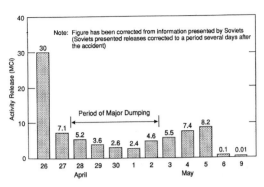

Abb. 4.25 Tägliche Aktivitätsfreisetzung

Es wird daher heute als gesichertes Wissen betrachtet, dass paradoxerweise die Aktivierung der Reaktorabschaltung durch den Operateur die Katastrophe auslöste.[532, 533]

Aus dem Blickwinkel der Reaktorsicherheitstechnik waren es drei wesentliche Ursachen, die in ihrer Addition aus einem Störfall eine Katastrophe werden ließen:

1. der Mangel an inhärenter Stabilität des Reaktors (positiver Dampfblasenkoeffizient),
2. Konstruktionsfehler bei den Steuerstäben und
3. das fehlende Containment.[534]

Keiner dieser drei verhängnisvollen technischen Mängel ist Leichtwasserreaktoren westlicher Bauart eigen. Zu den Grundsätzen westlicher Sicherheitskultur gehört es, auch menschliche Fehlhandlungen durch eine „fehlerverzeihende Technik" so weit wie möglich aufzufangen.

Der Operateur hat im Unglücksreaktor während eines ungewöhnlichen Tests schwere Bedienungsfehler gemacht. Er war offensichtlich mangelhaft ausgebildet und mit dem Verhalten der Anlage bei außergewöhnlichen Betriebszuständen nicht ausreichend vertraut. Seine verbissenen Bemühungen, den Reaktor entgegen der sich aufbauenden „Xenon-Vergiftung" wieder auf Teillast zu bringen, lässt sich mit dem Wunsch erklären, das Experiment noch rechtzeitig vor dem 1. Mai mit seinen Festlichkeiten zu beenden. Entscheidend für den katastrophalen Verlauf war jedoch die mangelhafte Sicherheitstechnik. Der zweite Betriebsingenieur und Schichtleiter in der Unglücksnacht, der vier Jahre im Gefängnis abzubüßen hatte, machte ausschließlich die Konstruktionsfehler des RBMK 1000 für die Katastrophe verantwortlich.[535]

Nach der Zerstörung des Reaktors durch die Explosionen schmolz der Kernbrennstoff durch die Entwicklung der Nachzerfallswärme und sammelte sich zum größten Teil unterhalb der unteren Platte im Bereich der Eintrittsrohre an. Er vermischte sich mit anderem Material und erstarrte zu einer glasartigen „Lava", die im Laufe der Jahre in einen porösen Zustand überging (s. Abb. 4.24)[536]. Etwa drei bis vier Prozent des Kernbrennstoffs wurden durch die Explosionen in die Umgebung außerhalb des Reaktorgebäudes hinausgeschleudert. Ungefähr 30 Hubschrauber begannen schon am 26. April 1986 mit dem Abwurf von Materialien zur Verminderung der Gefahr der Rekritikalität, zur Abschirmung, Abdichtung, Energieabsorption und Filterung der Spaltprodukte. In zehn Tagen wurden insgesamt 40 t Borcarbid, 800 t Dolomit, 1.800 t Lehm und Sand und 2.400 t Blei abgeworfen.[537] Am 6. Mai 1986 war die Freisetzung von Spaltprodukten praktisch beendet (s. Abb. 4.25).[538]

[532] Orth, Karlheinz und Türp, Herbert: Ursachen und Folgen des Unfalls Tschernobyl-4, atw, 41. Jg., März 1996, S. 157.

[533] vgl. Cruickshank, Andrew: INSAG reconsiders the causes of Chernobyl, ATOM, 427, März/April 1993, S. 44–46.

[534] Orth, Karlheinz und Türp, Herbert, a. a. O., S. 157.

[535] Dyatlov, Anatoly: How it was: an operator's perspective, Nuclear Engineering International, November 1991, S. 43–50.

[536] Tschernobyl – Zehn Jahre danach, a. a. O., S. 76.

[537] Hicken, E., a. a. O., S. 488.

[538] Witherspoon Jr., J. P. und Early, T. O.: The Chernobyl Source Term: A Critical Review, NUCLEAR SAFETY, Vol. 31, No. 3, Juli-September 1990, S. 360.

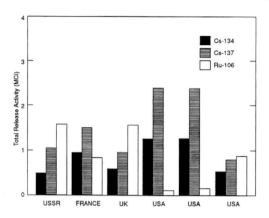

Abb. 4.26 Gesamte freigesetzte Aktivitätsmengen

Aus dem zerstörten Reaktor konnten nahezu 100 % der Edelgase Kr^{85} und Xe^{133} ins Freie gelangen. Der 10-tägige Graphitbrand erzeugte eine Thermik, mit der ein erheblicher Teil des übrigen radioaktiven Inventars in die Atmosphäre emittiert wurde. Im Nachhinein wurde durch Messungen und Berechnungen versucht, die Menge der freigesetzten Radionuklide zu bestimmen. Unterschiedliche Forschergruppen kamen zu unterschiedlichen Ergebnissen (s. Abb. 4.26).[539] Das besondere Interesse galt dem langlebigen Cäsium Cs^{137}. Davon sind wohl zwischen ein und zwei Millionen Curie (entspricht der Radioaktivität von einer bis zwei Tonnen Radium) in die Umgebung gelangt und mit den Winden über Europa verteilt worden. Von den anderen langlebigen radioaktiven Schwermetallen Strontium und Plutonium wurden nur ca. 3–4 % des Kerninventars freigesetzt und verblieben im Wesentlichen im Umkreis von 30 bis 40 km vom Unglücksort.[540]

Vom Mai bis Oktober 1986 wurden die Reste des Unglücksreaktors in einen „Sarkophag" aus Beton und Stahl eingehaust. Umfangreiche Projekte zur endgültigen sicheren Einschließung sowie zur Zwischenlagerung und Behandlung der radioaktiven Stoffe wurden mit internationaler Hilfe vorangetrieben.[541]

Am 26. April 2012, dem 26. Jahrestag der Katastrophe, gab der ukrainische Präsident Viktor Janukowitsch in Tschernobyl den offiziellen Beginn der Errichtung eines neuen Sicherheitseinschlusses „New Safe Confinement" (NSC) für den Unglücksreaktor bekannt. Die Standsicherheit des Sarkophags war als zunehmend bedenklich eingeschätzt worden. Sein Einsturz ließ die Freisetzung großer Mengen radioaktiver Stäube befürchten. Das NSC ist als gasdichte größere Schutzhülle ausgelegt, die in Form einer bogenförmigen Metallrohrkonstruktion den Sarkophag überwölben wird und imposante Abmessungen besitzt: Höhe ca. 108 m, Breite ca. 257 m und Länge ca. 150 m. Das NSC wird neben dem Sarkophag aus vorgefertigten Segmenten zusammengebaut und nach der Fertigstellung auf Schienen über ihn geschoben. Unter dieser neuen Schutzhülle soll der Rückbau von Sarkophag und Unglücksblock 4 für die sichere Lagerung und Entsorgung der radioaktiven Materialien und Abfälle erfolgen. An der Planung dieses international finanzierten Projekts (Aufwand ca. 470 Mio. EURO) war auch die GRS/Köln beteiligt.

4.8.3 Öffentliche Wahrnehmung und Schadensfolgen

4.8.3.1 Sowjetunion

Am vierten Tag nach dem Reaktorunfall gab die sowjetische Regierung bekannt, dass das Unglück zwei Tote gefordert habe. Die Siedlung am Kraftwerksstandort und drei weitere Ortschaften seien evakuiert worden.[542] Am darauf folgenden Tag meldete Moskau neben den beiden Toten 197 hospitalisierte Verletzte, von denen 49 bereits wieder das Krankenhaus verlassen hätten. 18 Verletzte seien in einem ernsten Zustand.[543] Informationen über die Folgen des Unfalls kamen

---

[539] ebenda, S. 367.

[540] Tschernobyl – Zehn Jahre danach, a. a. O., S. 59, 68–69.

[541] Richter, R. und Kraemer, J.: Tschernobyl – 20 Jahre danach, atw, Jg. 51, April 2006, S. 251–253.

[542] Atomreaktor offenbar durchgeschmolzen, Moskau bittet im Ausland um Rat: Süddeutsche Zeitung, Nr. 99, 30. 4./ 1. 5. 1986, S. 1.

[543] Moskau meldet Erlöschen des Reaktorbrandes und Rückgang der radioaktiven Strahlung: Süddeutsche Zeitung, Nr. 100, 2. 5. 1986, S. 1.

stets unvollständig, geschönt und verspätet. Die sowjetische Bevölkerung wurde jahrelang unzureichend unterrichtet. Dadurch ist weiterer großer Schaden entstanden. Da es an Messgeräten fehlte und die sowjetische Regierung kein Interesse an genauen und umfassenden Aufzeichnungen hatte, musste das Geschehen später mühsam rekonstruiert werden. Viele Fakten über Strahlenbelastungen blieben im Dunkeln. Die Verluste an Menschenleben, die gesundheitlichen Schäden sowie die Landverseuchung wurden erst im Laufe der Jahre sichtbar.

Zehn Jahre nach dem Ereignis waren die Auswirkungen des Reaktorunfalls von Tschernobyl Gegenstand einer internationalen Fachkonferenz, die vom 8. bis 12. April 1996 in Wien stattfand und von der Internationalen Atomenergieorganisation, der Weltgesundheitsorganisation und der Europäischen Kommission ausgerichtet wurde. In einer Regierungserklärung vor dem Deutschen Bundestag berichtete die Bundesumweltministerin Angela Merkel (CDU), die Präsidentin dieser Konferenz, von den Ergebnissen dieser Fachtagung, an der 1.000 Experten teilnahmen.[544] Das in Wien erarbeitete Datenmaterial stellte die Bundesregierung in der Antwort auf eine Kleine Anfrage aus der SPD-Fraktion im Wesentlichen zur Verfügung.[545] Das Bundesamt für Strahlenschutz legte im August einen umfassenden Bericht vor.[546] Die wichtigsten Befunde der radiologischen Folgen des Unglücks werden wie folgt aufgeführt.

Todesopfer durch akutes Strahlensyndrom 31 Menschen verloren innerhalb der ersten drei Monate ihr Leben. Es waren Personen aus der Reaktormannschaft, den Feuerwehren und Helfern der ersten Tage, die unmittelbar bei der Unfallbekämpfung beteiligt waren. Von den 134 hoch verstrahlten Personen, die in Kliniken in Moskau und Kiew behandelt wurden, verstarben in den folgenden Jahren weitere Personen. Zu Aufräum- und Reinigungsarbeiten wurden ca. 800.000 sogenannte „Liquidatoren" aus vielen Teilen der Sowjetunion eingesetzt, davon 200.000 am Unglücksreaktor oder in seiner näheren Umgebung. 340.000 Liquidatoren waren aus dem Militär dienstverpflichtet worden. Die eingesetzten Männer wurden über ihre Strahlenexposition im Unklaren gelassen. Warnanlagen waren ausgeschaltet worden. Es gibt Mutmaßungen, dass Tausende von Liquidatoren lebensgefährliche Strahlendosen erhielten und ohne angemessene Behandlung daran verstarben.[547, 548]

Späte gesundheitliche Effekte (Krebs, vor allem Schilddrüsenkrebs) Bis Ende 1995 sind etwa 800 Erkrankungen an Schilddrüsenkrebs insbesondere bei Kindern bekannt geworden, von denen bis dahin fünf tödlich verliefen. Bei richtiger Behandlung sind 90 % der Fälle heilbar. Bei einer von Organisationen der Vereinten Nationen im Jahr 2001, also 15 Jahre nach dem Unglück durchgeführten Nachprüfung wurden ca. 2.000 Fälle von Schilddrüsenkrebs erfasst und die Gesamtzahl der zu erwartenden Erkrankungen auf 8.000–10.000 geschätzt. Eine Zunahme der Leukämie-Erkrankungen, die vorhergesagt worden war, konnte nicht festgestellt werden.[549] Ein von deutschen Wissenschaftlern durchgeführtes Messprogramm erfasste in den Jahren 1991–1993 etwa 300.000 Personen. Insgesamt ergab sich, dass in den höchstbelasteten Ortschaften nur in einem Fall die Überschreitung der internen Zehnjahres-Folgeäquivalentdosis von 100 mSv zu erwarten stand.[550] Die Spätfolgen der Strah-

[544] Merkel, Angela: Erklärung der Bundesregierung: 10 Jahre nach Tschernobyl, BT PlPr 13/101, 25. 4. 1996, S. 8904–8908.

[545] Antwort der Bundesregierung auf die Kleine Anfrage Abg. Michael Müller (Düsseldorf), SPD, u. a.: Die Reaktorkatastrophe von Tschernobyl – 10 Jahre danach, BT Drs. 13/4762 vom 29. 5. 1996.

[546] Kaul, Alexander: Radiologische Folgen des Tschernobyl-Unfalls, Bundesamt für Strahlenschutz, BfS-10/96, Salzgitter, August 1996.

[547] Orlov, Igor et al. (Hg.), Chernobyl, Leader-Invest Inc., Moskau und London Editions and Troika, 1996, S. 287.

[548] vgl. auch Neubert, Miriam: Verstrahlt, vergessen, verstorben, Süddeutsche Zeitung, Nr. 94, 23. 4. 1996, S. 3.

[549] The Human Consequences of the Chernobyl Nuclear Accident, A Report Commissioned by UNDP and UNICEF with the Support of UN-OCHA and WHO, Chernobyl Report-Final-240102, 25. Januar 2002, S. 7.

[550] Hille, R.: Strahlenexposition der Bevölkerung um Tschernobyl, atw, Jg. 41, März 1996, S. 162–166.

lenbelastung der Liquidatoren und der Bevölkerung können nur durch statistische Vergleiche annähernd ermittelt werden, da strahlenbedingte Krebsfälle sich nicht von spontanen unterscheiden lassen. Da Tumorregister und auch verlässliche Mortalitätsstatistiken in der Sowjetunion nicht geführt wurden, fehlen die Unterlagen für solche Untersuchungen. So ist es verständlich, dass intuitive Urteile vorherrschten.[551, 552]

Psychosoziale Folgen für die Gesundheit Tausende der durch Strahlenexposition, Evakuierung und Umsiedlung betroffenen Menschen entwickelten psychogene Erkrankungen, die durch die schlechten materiellen und sozialen Verhältnisse verschlimmert wurden.[553] Die psychosomatischen Probleme waren jahrelang unterschätzt worden.

Evakuierungen und Umsiedlungen In den Tagen nach dem Unfall sind in der Ukraine und in Weißrussland 116.000 Personen evakuiert worden. Später wurden, als das Ausmaß der Verstrahlung des Landes bekannt war, weitere 208.000 Menschen in der Ukraine, in Weißrussland und Russland umgesiedelt. Insgesamt mussten in Weißrussland 415 Siedlungen, in Russland 279 Siedlungen und in der Ukraine 76 Siedlungen geräumt und aufgegeben werden.

Landkontamination In Weißrussland, der Ukraine und Russland sind insgesamt 145.000 km^2 mit mehr als 37 kBq/m^2 (1 Ci/km^2) kontaminiert worden, davon ca. 30.000 km^2 mit mehr als 185 kBq/m^2 (5 Ci/km^2) und 10.000 km^2 mit mehr als 555 kBq/m^2 (15 Ci/km^2). Die Kontamination mit 1 Ci/km^2 gilt als relativ gering. Große Flächen in Skandinavien, Großbritannien und Frankreich haben eine natürliche terrestrische Strahlenbelastung in Höhe von 1 bis 5 Ci/km^2.

In den nach dem Unfall so genannten hochbelasteten Gebieten mit mehr als 15 Ci/km^2 leben 150.000–200.000 Menschen. Sie erhielten in den 10 Jahren nach dem Unfall Ganzkörperdosen, die teilweise den vom *International Committee on Radiological Protection* (IRCP) empfohlenen Lebenszeit-Grenzwert 70 mSv überschritten.[554] Zahlreiche humanitäre Programme und weltweite Hilfsbereitschaft versuchten, die Leiden der betroffenen Menschen, soweit dies von der sowjetischen Regierung erlaubt wurde, zu lindern.

Die Sperrzone um Tschernobyl hatte im Jahr 1996 eine Fläche von rund 4.300 km^2. In einem etwa 30 km^2 großen Gebiet in unmittelbarer Nähe zum zerstörten Reaktor wurden direkte Schäden wie Absterben und Verkrüppeln von Pflanzen beobachtet. Nach drei Jahren begann die Flora sich so zu erholen, dass mit bleibenden Schäden nicht gerechnet werden muss.

Der Präsident der Russischen Föderation, Boris Jelzin, bezeichnete den Reaktorunfall in Tschernobyl zehn Jahre danach als eine der größten Tagödien in der Geschichte der Menschheit.[555] Dies kann nicht in Frage gestellt werden, zumal dieses Unglück durch vorsorgliches Handeln hätte vermieden und seine Folgen wesentlich hätten verringert werden können. 1½ Jahre vor Tschernobyl ereignete sich am 3. Dezember 1984 in der zentralindischen Stadt Bhopal ein Giftgasunglück, das als die schlimmste Katastrophe der Industriegeschichte angesehen wird, obwohl es beträchtlich weniger Aufsehen erregte. In der Pestizidfabrik von Union Carbide waren große Mengen des hochgiftigen Gases Methylisocyanat ausgetreten. Tausende Menschen starben sofort, weit über Zehntausend weitere an den Folgen. Hunderttausende Menschen wurden verletzt, ein Großteil von ihnen hatte bleibende Gesundheitsschäden.[556] Die Katastrophe von

[551] Kellerer, Albrecht M.: Zur Situation der vom Reaktorunfall betroffenen Gebiete der Sowjetunion, atw, Jg. 36, März 1991, S. 118–124.

[552] Hill, P. und Hille, R.: Radiologische Folgen des Reaktorunfalls in Tschernobyl, atw, Jg. 47, 2002, S. 31–36.

[553] The Human Consequences of the Chernobyl Nuclear Accident, a. a. O., S. 9.

[554] The Human Consequences of the Chernobyl Nuclear Accident, a. a. O., S. 35–37.

[555] Jelzin, Boris: On the Tenth Anniversary of the Accident at the Chernobyl Nuclear Power Station, Vorwort in: Orlov, Igor et al. (Hg.), a. a. O.

[556] Lapierre, Dominique und Moro, Javier: Fünf nach zwölf in Bhopal, Europa Verlag, Leipzig, 2004, S. 362–366.

Abb. 4.27 Verteilung der Radioaktivität am 29. Apr. 1986

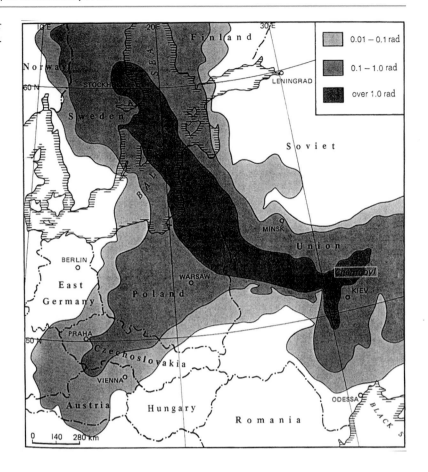

Bhopal hat wahrscheinlich größere Opfer an Menschenleben und Gesundheit gefordert als die von Tschernobyl. Ein wesentlicher Unterschied sind die großflächigen Kontaminationen durch die Freisetzung großer Mengen an Spaltprodukten. Stark radioaktiv verseuchte Gebiete sind für menschliche Nutzung für Generationen verloren, wenn sie nicht mit enormem Aufwand dekontaminiert werden. Beachtliche Erfolge konnten bereits bis Ende der 1990er Jahre erzielt werden.[557]

4.8.3.2 Bundesrepublik Deutschland

Der Westen erfuhr vom Reaktorunfall, als am Nachmittag des 27. April 1986 in Schweden erhöhte Radioaktivität gemessen wurde. Am Vormittag des 28. April 1986 lösten Messgeräte der Umgebungsüberwachung des Kernkraftwerks Forsmark, 100 km nördlich von Stockholm, Alarm aus. Die Beschäftigten und Besucher wurden evakuiert. Aber schon bald stellte sich heraus, dass die Radioaktivität von außerhalb kam.[558] Schwedische und finnische Analysen fanden radioaktive Feststoffe wie Kobalt, Cäsium, Neptunium und Jod, woraus auf eine vollständige oder teilweise Schmelze der Brennelemente eines Kernkraftwerkes geschlossen wurde.[559] Die am 28. April 1986 in Moskau vorstellig gewordene schwedische Botschaft wurde vom sowjetischen Staatskomitee für Atomenergie beschieden, dass

---

[557] Lindner, Ludwig: Tschernobyl heute und im Vergleich zu anderen Katastrophen, atw, Jg. 45, 2000, S. 282–285.

[558] Bacia, Horst: Ahnungslos spazieren die Stockholmer im Südostwind, Frankfurter Allgemeine Zeitung, Nr. 100, 30. 4. 1986, S. 3.

[559] Urban, Martin: „Im Prinzip war RBMK 1000 ein zuverlässiges System", Süddeutsche Zeitung, Nr. 99, 30. 4./ 1. 5. 1986, S. 2.

Abb. 4.28 Effektive
Dosis im ersten Jahr in
den europäischen Ländern

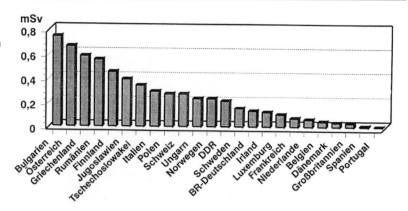

von einem Unglück nichts bekannt sei. „Wenn es eines gegeben hätte, müssten wir es wissen."[560]

Erst am späten Abend des 28. April 1986 meldete der sowjetische Nachrichtendienst TASS ohne nähere Angaben, dass im Atomkraftwerk Tschernobyl ein Unfall geschehen sei und einer der Kernreaktoren beschädigt wurde.[561] Am 29. April 1986 waren bereits beträchtliche Mengen von freigesetzten radioaktiven Stoffen über weite Teile Europas durch atmosphärische Verfrachtung verteilt worden (s. Abb. 4.27)[562]. Ende April 1986 und in den ersten Maitagen breiteten sich radioaktiv kontaminierte Luftmassen über den südlichen und westlichen Teil Deutschlands, den Nordosten Frankreichs und die Beneluxländer bis Großbritannien, Schottland und Norwegen aus. Die Bodenkontamination durch Jod[131] (HWZ 8 Tage), Cäsium[134] (HWZ 2 Jahre) und Cäsium[137] (HWZ 30 Jahre) hing stark von den regionalen und lokalen Wetterbedingungen ab. Durch Regenfälle wurden die radioaktiven Stoffe in höherer Konzentration niedergeschlagen. Besonders betroffen war Südbayern, am stärksten der Berchtesgadener Raum (durchschnittlich 40.000–45.000 Bq/m² Cs¹³⁷).[563] Die Bundesrepublik Deutschland gehörte zu den europäi-

schen Ländern, die relativ gering belastet wurden (Abb. 4.28).[564, 565] In den zehn Jahren nach dem Tschernobylunglück war die mittlere effektive Dosis der Bevölkerung durch Bodenstrahlung aus dem deponierten Radiocäsium von 0,07 mSv (1986) auf weniger als 0,015 mSv (1996) pro Jahr zurückgegangen. Im Vergleich dazu beträgt die mittlere äußere Strahlenexposition durch natürliche terrestrische Strahlung ca. 0,3 mSv. Die Aktivitätskonzentration in den Grundnahrungsmitteln lag unter 1 Bq pro Kilogramm Frischmasse bzw. pro Liter. An verhältnismäßig hoch belasteten Stellen südlich der Donau, des Bayerischen Walds und in Ostdeutschland sowie bei Wildpilzen und Wildfleisch konnte 1996 die Belastung durch Radiocäsium noch erheblich höher liegen.[566, 567]

Der Reaktorunfall in Tschernobyl wurde zu einem medialen Schlüsselereignis, bei dessen Darstellung sich die Bundesrepublik wesentlich von anderen Ländern, insbesondere Frankreich, unterschied. Die Katastrophe trat in einem Zeitpunkt ein, als die westdeutsche Tagespresse und die Wochenblätter überwiegend negativ über

[560] Küppers, Bernhard: Nichtssagendes, das Schlimmes ahnen läßt, Süddeutsche Zeitung, Nr. 99, 30. 4./ 1. 5. 1986, S. 3.

[561] Moskau bestätigt Unglück in Atomkraftwerk: Frankfurter Allgemeine Zeitung, Nr. 99, 29. 4. 1986, S. 1.

[562] Orlov, Igor et al. (Hg.), a. a. O., S. 7.

[563] Bericht der Bundesregierung über Umweltradioaktivität und Strahlenbelastung im Jahr 1986, BT Drs. 11/5049 vom 8. 8. 1989, S. 26.

[564] Konstantinov, L. V. und Gonzalez, A. J.: The Radiological Consequences of the Chernobyl Accident, NUCLEAR SAFETY, Vol. 30, No. 1, Januar-März 1989, S. 62.

[565] Kaul, Alexander: Radiologische Folgen des Tschernobyl-Unfalls, Bundesamt für Strahlenschutz, BfS-10/96, August 1996, T 30-07.

[566] Unterrichtung durch die Bundesregierung: Umweltradioaktivität und Strahlenbelastung im Jahr 1996, BT Drs. 13/8630, 1. 10. 1997, S. 44.

[567] Bayer, A.: Folgen des Tschernobyl-Unfalls für Deutschland, atw, Jg. 41, März 1996, S. 167–170.

Kernenergie schrieben und in Tschernobyl die Bestätigung alter Ängste sahen. Die Publikationen über Kernenergie folgten einem klaren Rechts-Links-Gefälle und waren hochgradig politisiert.[568] Die Berichterstattung über das Unglück war in Deutschland dreimal so intensiv wie in Frankreich. Während dort der Unglücksreaktor und die spezifisch sowjetischen Probleme im Zentrum des Interesses standen, benutzte ein Großteil der deutschen Journalisten das aktuelle Geschehen von Tschernobyl als einen beweiskräftigen Hintergrund für die Schilderung einer generellen Bedrohung durch die Kernenergie.[569] Es gab groteske journalistische Fehlleistungen.[570]

Es gab auch durchaus um strenge Sachlichkeit bemühte Darstellungen, die sowjetische Unzulänglichkeiten und Unterschiede herausarbeiteten. So wurde ein detailreicher, unerwartet kritischer Bericht einer sachkundigen sowjetischen Autorin über schwere Mängel beim Reaktorbau in Tschernobyl zugänglich gemacht, der genau ein Monat vor der Katastrophe in einer ukrainischen Zeitschrift erschienen war.[571] Sicherheitsdefizite in der sowjetischen Atomindustrie wurden herausgestellt[572] sowie auf sicherheitstechnische Probleme der RBMK-Reaktoren hingewiesen.[573] Die natürliche und zivilisatorische Strahlenbelastung der Bevölkerung wurde zu-

treffend und nüchtern abgehandelt.[574, 575] Solche Sachberichte gingen jedoch in der Flut aufgeregter unheilschwangerer Nachrichten und Kommentare unter. Das bei der Verbreitung emotional erregender Nachrichten besonders mächtige Fernsehen war andererseits wenig geeignet, komplexe technische und naturwissenschaftliche Sachverhalte zu vermitteln.

Große Teile der Bevölkerung waren tief beunruhigt. Was tun, wenn radioaktive Wolken kommen?[576] Bald setzten die laufenden Meldungen über hohe Strahlenwerte und radioaktive Niederschläge ein. Presseberichte sagten, es gebe gegen diese unheimlichen Atomstrahlen kein Heilmittel, und erst künftige Statistiken würden den Anstieg bestimmter Tumorleiden ausweisen.[577, 578] Die Menschen wurden von Urängsten erfasst, und die Träger öffentlicher Belange versuchten mit Vorsorgemaßnahmen jeden denkbaren Schaden abzuwehren. Bundesinnenminister Friedrich Zimmermann (CSU) ließ an den DDR-Grenzübergängen Eisenbahnzüge und Kraftfahrzeuge aus dem Osten auf Strahlenbelastungen untersuchen. Bundesgesundheitsministerin Rita Süßmuth (CDU) veranlasste aus Gründen der Gesundheitsvorsorge Einschränkungen für Agrarimporte aus Polen und der Sowjetunion.[579] Die Strahlenschutzkommission (SSK) mahnte zur Vorsicht beim Verzehr von frischer Milch aus Süddeutschland. Milch solle nur ausgeliefert werden, wenn die Jod[131]-Aktivität den Wert von

[568] Kepplinger, Hans Mathias: Die Kernenergie in der Presse, Kölner Zeitschrift für Soziologie und Sozialpsychologie, Heft 4, 1988, S. 659–683.

[569] Kepplinger, Hans Mathias: Vom Hoffnungsträger zum Angstfaktor, in: Grawe, Joachim und Picaper, Jean-Paul (Hg.): Streit ums Atom – Deutsche, Franzosen und die Zukunft der Kernenergie, Piper, München, Zürich, 2000, S. 81–103.

[570] vgl. Müller-Ullrich, Burkhard: Medienmärchen, Karl Blessing Verlag, München, 1996, S. 35–49.

[571] Kovalevska, Ljubow: Keine private Angelegenheit, Literaturna Ukraina, März 1986, Übersetzung in: Viele grobe Mängel beim Kraftwerkbau in Tschernobyl, Frankfurter Allgemeine Zeitung, Nr. 108, 12. 5. 1986, S. 10.

[572] vgl. Engelbrecht, Uwe: Nicht wie der Blitz aus heiterem Himmel, Stuttgarter Zeitung, Nr. 99, 30. 4. 1986, S. 3.

[573] vgl. Die sowjetischen Atomreaktoren erfüllen nicht die westlichen Sicherheitsnormen: Frankfurter Allgemeine Zeitung, Nr. 100, 30. 4. 1986, S. 2.

[574] vgl. Der Mensch wird aus vielen Quellen radioaktiv bestrahlt – nicht erst seit Tschernobyl: Frankfurter Allgemeine Zeitung, Nr. 104, 6. 5. 1986, S. 2.

[575] Furthmeier-Schuh, Anneliese: Über Spätschäden durch geringe Radioaktivität – Was geschieht im Körper? Krebsrisiko so gut wie nicht erhöht, Frankfurter Allgemeine Zeitung, Nr. 107, 10. 5. 1986, S. 8.

[576] Roll, Evelyn: Notfalls mit Jod-Tabletten in den Keller, Süddeutsche Zeitung, Nr. 99, 30. 4./ 1. 5. 1986, S. 18.

[577] vgl. Bei schwacher Strahlungsintensität ist die Unsicherheit am größten. Das Ausmaß der Katastrophe wird sich erst in zehn Jahren zeigen: Frankfurter Allgemeine Zeitung, Nr. 100, 30. 4. 1986, S. 2.

[578] vgl. Urban, Martin: Umgang mit dem Unwahrscheinlichen, Süddeutsche Zeitung, Nr. 103, 6. 5. 1986, S. 4.

[579] Strahlenmessung an der Grenze: Frankfurter Allgemeine Zeitung, Nr. 101, 2. 5. 1986, S. 1.

500 Bq je Liter nicht übersteigt.[580] Für Blattgemüse und Kräuter wurde der Grenzwert von 250 Bq pro Kilo empfohlen. Die nordrhein-westfälische Landesregierung kritisierte diese Werte als zu hoch.[581] Das hessische Umweltministerium riet, dass Kinder, die im Freien gespielt hätten, abgewaschen werden sollten. Vorsichtshalber solle auch keine Milch getrunken werden.[582] Die baden-württembergische Landesregierung empfahl der Bevölkerung, Blattgemüse und Salat etwas gründlicher als üblich zu waschen.[583] München schloss ein gerade wieder geöffnetes Freibad und verbot das Betreten der Liegewiesen an Hallenbädern.[584] In Starnberg spritzte die Feuerwehr alle freien Flächen in den Schulhöfen ab.[585] Der Oberbürgermeister von Wiesbaden ordnete die Schließung der städtischen Kinderspielplätze, Sport- und Freizeitanlagen an.[586] Im Gegensatz zu Hessen hielt man in Baden-Württemberg das Spielen von Kindern im Freien für unbedenklich. Dort wurde jedoch am 5. Mai 1986 das gesamte Freilandgemüse auf den Großmärkten beschlagnahmt und in Leipheim an der Donau ein Wasserwerk wegen 130 Bq Radioaktivität pro Liter stillgelegt.[587] Eine ganze Gemüse- und Salaternte wurde auf der Insel Reichenau und in anderen baden-württembergischen Anbaugebieten vernichtet und untergepflügt.[588, 589]

Es begann eine verwirrende Diskussion um die ungefährliche Obergrenze für die Jod[131]-Konzentration in Milch. Die IAEA-Werte waren 1.000 Bq je Liter für Kinder und 10.000 Bq je Liter für Erwachsene. Der SSK-Wert war allgemein auf 500 Bq je Liter festgelegt worden. Am 6. Mai 1986 setzte Hamburgs Gesundheitssenatorin den Gefahrenwert auf ein Zehntel der SSK-Empfehlung, also 50 Bq je Liter herab.[590] Das Heidelberger IFEU-Institut forderte für Milch maximal 10 Bq pro Liter.[591] In Hessen wurde der zulässige Wert auf 20 Bq pro Liter herabgesetzt.[592]

Viele Menschen reagierten panikartig. Jodtabletten und Geigerzähler waren umgehend ausverkauft. Händler blieben auf ihrer frischen Ware sitzen. Tausende verängstigter Bürger wandten sich an Auskunftsstellen.[593, 594] Am 2. Mai 1986 wurden in der Giftzentrale der Universitätsklinik Mainz die ersten Vergiftungsfälle nach übermäßiger Einnahme von Jodtabletten eingeliefert.[595] Die Sprecher der Bundesregierung betonten unablässig, dass keine akute Gefahr bestehe und warnten davor, Jodtabletten einzunehmen. Die Gefahr im Vergleich zur natürlichen Strahlung sei klein. Der Vorsitzende der Strahlenschutzkommission der Bundesregierung, Erich Oberhausen,[596] bezeichnete die meisten der im Zu-

---

[580] Nach Reaktorunfall verfügt Bonn schärfere Lebensmittelkontrollen: Frankfurter Allgemeine Zeitung, Nr. 102, 3. 5. 1986, S. 1.

[581] Kritik an Grenzwerten für Lebensmittel: Süddeutsche Zeitung, Nr. 103, 6. 5. 1986, S. 1.

[582] Unterschiedliche Urteile in Hessen: Frankfurter Allgemeine Zeitung, Nr. 102, 3. 5. 1986, S. 2.

[583] „Gemüse etwas gründlicher waschen": Frankfurter Allgemeine Zeitung, Nr. 102, 3. 5. 1986, S. 2.

[584] Roll, Evelyn: Belastungsprobe für Boden, Luft und Bürger, Süddeutsche Zeitung, Nr. 102, 5. 5. 1986, S. 13.

[585] Die Strahlenbelastung rund um München und was man dagegen unternimmt: Süddeutsche Zeitung, Nr. 103, 6. 5. 1986, S. 19.

[586] Warnung vor frischem Gemüse und Milch vom Bauern: Süddeutsche Zeitung, Nr. 103, 6. 5. 1986, S. 2.

[587] Wasserwerk wegen Radioaktivität stillgelegt: Frankfurter Allgemeine Zeitung, Nr. 105, 7. 5. 1096, S. 4.

[588] Hauser, Bert: „Man sieht es nicht, man riecht es nicht – da könnte man schon hintersinne", Frankfurter Allgemeine Zeitung, Nr. 107, 10. 5. 1986, S. 3.

[589] Schreyer, Ulrich: Aus deutschen Landen frisch unter die Erde, Stuttgarter Zeitung, Nr. 112, 17. 5. 1986, S. 8.

[590] Bodenwerte teilweise stark gestiegen: Süddeutsche Zeitung, Nr. 104, 7./ 8. 5. 1986, S. 7.

[591] Strahlung am Boden stark gestiegen: Stuttgarter Zeitung, Nr. 106, 10. 5. 1986, S. 6.

[592] Vorwürfe gegen Joschka Fischer: Stuttgarter Zeitung, Nr. 107, 12. 5. 1986, S. 5.

[593] Müller-Jentsch, Ekkehard: „Im Zweifelsfall auf Nummer sicher gehen", Süddeutsche Zeitung, Nr. 101, 3./ 4. 5. 1986, S. 17.

[594] Roll, Evelyn: Belastungsprobe für Boden, Luft und Bürger, Süddeutsche Zeitung, Nr. 102, 5. 5. 1986, S. 13.

[595] Bonn beschließt erste Vorsorgemaßnahmen: Süddeutsche Zeitung, Nr. 101, 3./ 4. 5. 1986, S. 1.

[596] Oberhausen, Erich, Dr. rer. nat., Dr. med., o. Prof. für Strahlenbiophysik und Physikalische Grundlagen der

sammenhang mit der radioaktiven Strahlenbelastung erlassenen Anordnungen als *„unnötig, wenn nicht unsinnig"* und warnte vor einer Hysterie in der Bevölkerung.[597] Der IAEO-Generaldirektor Hans Blix äußerte sich kritisch in Wien: *„Vieles von dem, was in einigen Ländern getan wurde, ist aus Gesundheitsgründen nicht erforderlich."*[598] Die Bundesgesundheitsministerin nannte den Alleingang der hessischen Landesregierung, Beschränkungen für den Fleischverkauf zu verfügen, eine unverantwortliche Verunsicherung der Bürger. Der hessische Sozialminister wiederum warf der Bundesregierung vor, sie handle unverantwortlich, weil sie für Fleisch keine Grenzwerte festlege.[599] Im Münchner Stadtrat wurde die Atom-Lobby verdächtigt, auf die Messergebnisse Einfluss zu nehmen. Die „Verwirrung und Verharmlosung" habe Methode. Die Rathaus-Grünen forderten die unentgeltliche Bereitstellung einer größeren Anzahl städtischer Busse zum Abtransport gefährdeter Menschen und die Anmietung von Räumlichkeiten in radioaktiv unbelasteten Gebieten.[600]

Die hochgradig irritierten Bürger machten sich zu Hamsterkäufen auf. Im Einzelhandel wurden die Regale mit H-Milch, Konservenbüchsen und Eiern aus Käfighaltung abgeräumt und die Tiefkühltruhen geleert.[601] Selbst Mineralwasser wurde gehamstert.[602] Die Märkte mit (kontrollierten) Frischwaren hatten dramatische Umsatz-

rückgänge. „Manche Leute trauen sich wegen der dauernden widersprüchlichen Schreckensmeldungen überhaupt nichts mehr zu kaufen."[603] Zu den „Schreckensmeldungen" über radioaktive Strahlung kamen die Reportagen über die Toten und Verletzten in Tschernobyl, die Evakuierung von mehr als 100.000 Menschen, den noch „nicht unschädlichen" Katastrophen-Reaktor[604] und die Tragödie in der Ukraine.[605]

Auf deutschen Straßen und Plätzen demonstrierten Zehntausende von Atomkraftgegnern in Berlin, München, Hamburg, Stuttgart, Wackersdorf und vielen anderen Orten unter Transparenten mit Aufschriften wie „Tschernobyl ist überall", „Guten Appetit für den Tod", „Wir wollen leben und gesund bleiben"[606, 607] oder „Macht kaputt, was Euch kaputt macht."[608] Es kam zu schwersten Krawallen mit hohen Sachschäden und Hunderten von Verletzten.[609, 610] Neun Mitglieder der Umweltschutzgruppe Robin Wood besetzten einen Hochspannungsmast in der Nähe des Kernkraftwerks Stade an der Unterelbe.[611] Es kam zu einer Serie von Anschlägen auf das öffentliche Stromnetz. Bis Mitte August 1986 wurden 45 Hochspannungsmasten mit Stahlsä-

Medizin und Direktor für Nuklearmedizin und Medizinische Physik der Radiologischen Klinik der Universität des Saarlands.

[597] Bodenwerte teilweise stark gestiegen: Süddeutsche Zeitung, Nr. 104, 7./ 8. 5. 1986, S. 7.

[598] Blix kritisiert weitgehende Vorsichtsmaßnahmen: Stuttgarter Zeitung, Nr. 109, 14. 5. 1986, S. 1.

[599] Deutsche Experten nach Moskau, Streit um Grenzwerte für Fleisch: Stuttgarter Zeitung, Nr. 107, 12. 5. 1986, S. 1.

[600] Dürr, Alfred: Grüne fordern Evakuierung von Familien, Süddeutsche Zeitung, Nr. 104, 7./ 8. 5. 1986, S. 17.

[601] Hénard, Jacqueline: Strahlenmessungen auf zwei Wochen ausgebucht – Das Geschäft mit den Ängsten floriert/ Geigerzähler, Schutzanzüge, Katastrophenseminare, Frankfurter Allgemeine Zeitung, Nr. 111, 15. 5.1986, S. 7.

[602] Müller-Jentsch, Ekkehard: Verwirrspiel um Strahlenbelastung, Süddeutsche Zeitung, Nr. 103, 6. 5. 1986, S. 13.

[603] Lebert, Stephan und Roll, Evelyn: Die Folgen – In München hautnah zu spüren, Süddeutsche Zeitung, Nr. 104, 7./ 8. 5. 1986, S. 17.

[604] Katastrophen-Reaktor noch „nicht unschädlich". Ein Betonmantel für Hunderte von Jahren: Frankfurter Allgemeine Zeitung, Nr. 110, 14. 5. 1986, S. 1.

[605] Küppers, Bernhard: Die Havarie wird zur Tragödie, Süddeutsche Zeitung, Nr. 106, 10./ 11. 5. 1986, S. 3.

[606] Ein Alptraum wird Wirklichkeit: Süddeutsche Zeitung, Nr. 102, 5. 5. 1986, S. 6.

[607] Demonstrationen gegen Kernenergie – Tausende auf der Straße: Frankfurter Allgemeine Zeitung, Nr. 108, 12. 5. 1986, S. 2.

[608] Schwere Ausschreitungen bei Demonstrationen in Hanau: Frankfurter Allgemeine Zeitung, Nr. 261, 10. 11. 1986, S. 1.

[609] Schneider, Renate: „Jeder bekommt sein Teilchen ab", Frankfurter Allgemeine Zeitung, Nr. 111, 15. 5. 1986, S. 4.

[610] Über 400 Verletzte in Wackersdorf: Stuttgarter Zeitung, Nr. 113, 20. 5. 1986, S. 1.

[611] Atomgegner besetzen Hochspannungsmast: Süddeutsche Zeitung, Nr. 106, 10./ 11. 5. 1986, S. 6.

gen umgelegt.[612] Die Zahl der Gewalttaten gegen kerntechnische Anlagen nahm im ersten Halbjahr 1986 stark zu und erreichte über 200 Brand- und Sprengstoffanschläge.[613]

Wie tief die Angst vor der Radioaktivität aus Tschernobyl saß und wie irrational Politik und Medien mit ihr umgingen, verdeutlichte die Episode um das verstrahlte Molkepulver. Das bayerische Weidevieh nahm die radioaktiven Stoffe Jod und Cäsium auf, die aus der Tschernobyler Wolke niedergeschlagen worden waren. Bei der Käse- und Butterherstellung wirkte sich dies nur unbedeutend aus, denn das Jod[131] zerfiel schnell. Das radioaktive Cäsium jedoch blieb in der Molke und wurde zum langfristigen Problem. Ein Wasserburger Milchwerk, das über eine leistungsfähige Eindampfanlage verfügte, trocknete die strahlende Molke aus ganz Südbayern zu einem Pulver aus Eiweiß und Milchzucker. Im Jahr 1986 kamen 5.000 t Molkepulver mit einer Kontamination von etwa 5.000 Bq Gesamtcäsium/kg zusammen, die auf Eisenbahnwaggons auf dem Bundesbahngelände Rosenheim zwischengelagert wurden. 1987 sind 1.900 t Molkepulver mit einer Kontamination von etwa 1.900 Bq/kg angefallen, die in einer Lagerhalle in Forsting bei Rosenheim gelagert wurden.[614]

Das kontaminierte Material sollte mit unbelasteten Stoffen vermischt und so zu Tierfutter verarbeitet werden, dass der vom Bundeslandwirtschaftsministerium festgesetzte Grenzwert von 1.850 Bq/kg eingehalten würde. Es fand sich ein Unternehmer in Hessen, der Fischzuchtanlagen exportierte und das bayerische Molkepulver für die Herstellung von Fischfutter verwenden wollte. Er ließ Anfang 1987 100 Waggons mit je 20 Tonnen Molkepulver nach Bremen und 50 Waggons nach Köln zu Futtermittelherstellern transportieren. Als dies öffentlich bekannt wurde,

brach ein Sturm der Entrüstung los. Das Gewerbeaufsichtsamt Bremen untersagte das Entladen der strahlenden Fracht. In Köln verweigerte der Adressat die Annahme der Waggons.[615] Die Bremer Kriminalpolizei ermittelte wegen des Verdachts eines Verstoßes gegen das Abfallbeseitigungsgesetz. Das Bundesumweltministerium erklärte, das verstrahlte Molkepulver sei bei entsprechender Behandlung als Futtermittel geeignet. In Bremen und Köln suchten Juristen nach einer Handhabe, die unerwünschte Fracht wieder nach Bayern abzuschieben. In Köln schlitzten Atomgegner Säcke auf und verstreuten das Molkepulver. Die Feuerwehr maß fünffach erhöhte Radioaktivität. Als noch bekannt wurde, dass das Fischfutter nach Ägypten ausgeführt werden sollte, war die Empörung allgemein. Die Bundesgesundheitsministerin Rita Süssmuth hielt es für „verantwortungslos und moralisch verwerflich", in Länder der Dritten Welt zu exportieren, was in Deutschland nicht akzeptabel sei.[616] Der Bundesumweltminister setzte eine Arbeitsgruppe ein.[617]

Der Unmut über den „Skandal" richtete sich vor allem gegen Bayern. Der bayerische Umweltminister Alfred Dick (CSU) erklärte vor der Presse, aus der Sicht seines Ministeriums sei das Molkepulver kein Abfall und es gebe keine Rechtsvorschrift, die einer Verarbeitung als Futtermittel entgegenstünde. Zur Demonstration seiner Harmlosigkeit entnahm er einem aus Rosenheim mitgebrachten Sack eine Portion des blassgelblichen Pulvers und verspeiste sie vor den Augen der Journalisten.[618] Alfred Dick wurde wie folgt zitiert: „‚Das tut mir nix', sagte er und donnerte gegen ‚maßlose Hysterie' und die ‚Dä-

---

[612] Spiel am Strommast: Frankfurter Allgemeine Zeitung, Nr. 201, 1. 9. 1986, S. 1.

[613] Anschläge auf kerntechnische Anlagen: Kernenergie und Umwelt, Nr. 8/9, August/September 1986, S. IV.

[614] Antwort der Bundesregierung auf die Kleine Anfrage der Abg. Halo Saibold, Bündnis 90/Die Grünen u. a.: Verbrennung von radioaktiv verseuchtem Molkepulver bei der Gesellschaft für Sondermüllbeseitigung, 17. 5. 1996, BT Drs. 13/4650.

[615] Holzhaider, Hans: Molkepulver nicht an den Mann zu bringen, Süddeutsche Zeitung, Nr. 25, 31. 1./ 1. 2. 1987, S. 23.

[616] Holzhaider, Hans: Verseuchtes Molkepulver – Abfall oder Wirtschaftsgut?, Süddeutsche Zeitung, Nr. 27, 3. 2. 1987, S. 17.

[617] Affäre um Molke-Pulver weitet sich aus: Süddeutsche Zeitung, Nr. 28, 4. 2. 1987, S. 1.

[618] Holzhaider, Hans: Umweltminister verspeist verseuchtes Molkepulver, Süddeutsche Zeitung, Nr. 28, 4. 2. 1987, S. 18.

monisierung der Molke'."[619] Dick wurde kopf-
schüttelnd bundesweit belächelt.[620] Er überlebte
das Experiment um nahezu 20 Jahre.

Die Stadt Köln erließ eine Ordnungsverfü-
gung gegen das Wasserburger Milchunterneh-
men, das in Köln-Niehl in 50 Eisenbahnwaggons
abgestellte Molkepulver zurückzunehmen oder
täglich 9.000 DM Buße zu bezahlen. Der nordrhein-westfälische Landtag befasste sich mit der
Affäre. Umweltminister Klaus Matthiesen (SPD)
nannte den Appell des Bundesumweltministers,
Bremen und Nordrhein-Westfalen sollten bei der
Lösung des Problems mithelfen, ein „Stück aus
dem Tollhaus. … Es ist abenteuerlich zu verlangen, wir sollten jetzt das machen, was man in
Bayern nicht geschafft hat."[621]

Bundesumweltminister Walter Wallmann erklärte sich kurzerhand für zuständig und setzte der
Odyssee des kontaminierten Molkepulvers einen
Schlusspunkt. Er übernahm für die Bundesrepublik Deutschland die gesamten 5.000 Tonnen[622]
und ließ die Waggons von Bremen und Köln mit
insgesamt 3.000 t auf ein Bundeswehrgelände
bei Meppen im Emsland verbringen. Der Ober-
kreisdirektor des Landkreises Emsland protes-
tierte heftig dagegen und versuchte vergeblich,
den Transport zu verhindern. Die Bevölkerung
des Emslandes habe in der Vergangenheit schon
genug Belastungen im Interesse der Allgemeinheit übernehmen müssen.[623] In diesem politisch-
psychologischen Umfeld war auch nicht mehr

daran zu denken, das Molkepulver einfach als
Düngemittel auf Feldern auszubringen.[624]

Die restlichen 2.000 t Molkepulver aus dem
Jahr 1986 wurden später in 92 Waggons von Rosenheim auf das Bundeswehrgelände der Gäu-
boden-Kaserne in Feldkirchen Mitterharthausen
gebracht.

Wallmanns Absicht war es, das Molkepulver
technisch zu entionisieren, da nach aller öffentlichen Aufregung an eine Verwertung als Wirtschaftsgut nicht mehr zu denken war. In Zusammenarbeit mit den Hannoveraner Professoren
Franz Roiner und Werner Giese errichtete die
Würzburger Firma Gg. Noell in der Maschinen-
halle des 1978 stillgelegten Kernkraftwerks Lingen im Emsland eine Pilot- und Hauptanlage zur
Dekontaminierung des Molkepulvers mit einem
Ionenaustauschverfahren. Der Cäsium- Rest-
gehalt lag nach der Behandlung unter 100 Bq/
kg Trockenmasse. Das dekontaminierte Pulver
wurde als Futtermittel verkauft.[625] Die Dekontaminierung der 5.000 t Molkepulver im Bun-
desbesitz begann im Frühjahr 1990 und war im
Dezember 1990 beendet. Die Errichtungskosten
der Anlage betrugen über 31 Mio. DM[626], die
Gesamtkosten einschließlich Anlagenbetrieb,
Transporte, Wagenmiete und Bewachung beliefen sich auf 66,7 Mio. DM.[627] Nach der Kampa-
gne interessierte sich niemand für diese Anlage,
auch Moskau nicht. Sie wurde zerlegt und gegen
bescheidene Erlöse verwertet.

Die im oberbayerischen Forsting im Landkreis Rosenheim verbliebenen 1.900 t Molkepulver aus dem Jahr 1987 wurden bis 1996 gelagert.
Bis dahin war die Radioaktivität wegen der relativ kurzen Halbwertszeit von Cäsium[134] (2 Jahre)

---

[619] Molkepulver auf dem Privatweg: Süddeutsche Zeitung, Nr. 29, 5. 2. 1987, S. 4.

[620] Cäsium-137 verhält sich physiologisch ähnlich wie
Kalium-40 und verweilt etwa 80 Tage im Körper. Das natürliche primordiale K-40 trägt zu etwa einem Zehntel zur
internen Strahlenexposition des Menschen bei. Eine Person mit 75 kg Körpergewicht hat eine natürliche interne
Aktivität von ca. 4.500 Bq durch K-40. Ein Esslöffel Molkepulver mit etwa 100 Bq ist in der Tat völlig unerheblich. vgl. Kiefer, Hans und Koelzer, Winfried: Strahlen
und Strahlenschutz, Springer, Berlin, Heidelberg, 1986,
S. 65 und 69.

[621] Weiter Streit über das Molkepulver: Frankfurter Allgemeine Zeitung, Nr. 31, 6. 2. 1987, S. 4.

[622] Broichhausen, Klaus: Wallmann bereitet der Irrfahrt
der Molke einstweilen ein Ende, Frankfurter Allgemeine
Zeitung, Nr. 32, 7. 2. 1987, S. 3.

[623] Molkepulver soll auf Bundeswehrgelände: Süddeutsche Zeitung, Nr. 34, 11. 2. 1987, S. 6.

[624] Jährlich wurden in der Bundesrepublik etwa 2 Mio. t
Phosphatdünger in der Landwirtschaft ausgebracht. Die
natürliche Radioaktivität dieser Dünger betrug bis zu
11.000 Bq/kg. vgl. Kernenergie und Umwelt 1987, Nr. 4,
April 1987, S. IV.

[625] Antwort des Staatssekretärs Clemens Stroetmann vom
17. 8. 1990 auf die schriftlichen Fragen Nr. 84 und 85 des
Abg. Leidinger (SPD) BT Drs. 11/7731, S. 32.

[626] Antwort des Parl. Staatssekretärs Wolfgang Gröbl
auf die Frage Nr. 39 des Abg. Leidinger (SPD), BT PlPr
11/215, 1. 6. 1990, Anlage 9, S. 16974.

[627] Antwort der Bundesregierung auf die Kleine Anfrage
der Abg. Halo Saibold, a. a. O., S. 3.

auf 1.200 Bq/kg abgeklungen. Dieses Molkepulver hätte eigentlich aus seiner Quarantäne entlassen und als Futtermittel vermarktet werden können. Aber niemand wollte es nach dieser Vorgeschichte haben. Die bayerische Staatsregierung und der Besitzer kamen überein, das Material in einer Sondermüll-Verbrennungsanlage mit Abgas-Spezialfiltern zu vernichten und die anfallende Flugasche und Verbrennungsschlacke in einer unterirdischen Sondermülldeponie zu entsorgen. Der Kostenaufwand wurde auf 2,2 Mio. DM geschätzt. „Ein südlicher Nachbar von Bayern" habe seine verstrahlte Molke damals „einfach in die Donau gekippt", bemerkte der bayerische Umweltminister Thomas Goppel (CSU) dazu.[628] Die Messergebnisse einer Probeverbrennung Ende April 1996 bestätigten, dass die Aktivität des gereinigten Abgases unterhalb der Nachweisgrenze blieb.[629] Die Verbrennung der 1.900 t Molkepulver in 80.000 Papiersäcken durch die Gesellschaft für Sondermüllbeseitigung (GSB) in Ebenhausen bei Manching sollte in den folgenden drei Monaten abgewickelt werden. Zuvor stellte sich der bayerische Umweltminister Thomas Goppel den heftigen Protesten der Bevölkerung. Eine Bürgerinitiative, die sich in Ebenhausen zur Kontrolle der GSB gebildet hatte, überreichte Goppel 5.000 Bürger-Unterschriften gegen die Molkeverbrennung. Die Ebenhausener waren von der Ungefährlichkeit der Verbrennung nicht zu überzeugen. „Wenn die Molke so ungefährlich ist, warum wird sie dann in einer Sondermüllverbrennungsanlage entsorgt?" lautete die am häufigsten gestellte Frage.[630]

Albrecht M. Kellerer[631] zog folgendes Fazit: *„Die wertlose und harmlose Molke – ihre Ra-*

dioaktivität entsprach etwa der von Kunstdünger – erschien jedoch so bedrohlich, dass sie, in gesichertem Eisenbahnzug transportiert, auf Militärgelände in Quarantäne genommen und dann in geheimer Prozedur gereinigt wurde. Geheim verschwand sie, mit ihr verschwanden 40 t des angereicherten Restmülls, 70 Mio. DM an Steuergeldern – allein nach offizieller Zählung – und, viel wichtiger, verschwand der letzte Rest der Verhältnismäßigkeit in der Reaktion auf eine technische Katastrophe. Wird die Bevölkerung einmal auf so aufwendige Weise vor dem millionsten Teil der natürlichen Strahlenexposition geschützt, so wird nie mehr irgendeine Technik – oder auch nur die geringste Veränderung – gerechtfertigt werden." [632]

4.8.4   Konsequenzen für die Reaktorsicherheit

4.8.4.1   Internationale Bemühungen

Ein vordringliches Anliegen des Westens war es, die Sicherheitsstandards der im Ostblock betriebenen Kernkraftwerke zu untersuchen und dabei mitzuwirken, sie auf ein akzeptables Sicherheitsniveau zu bringen. Die von der Bundesregierung angeregte IAEO-Sonderkonferenz fand vom 24. bis 26. September 1986 in Wien statt und erbrachte zwei internationale Konventionen über frühzeitige Unfallinformation sowie über Hilfeleistungen bei kerntechnischen Unfällen oder radiologischen Notfällen. Dazu wurden Arbeitsprogramme für sicherheitstechnische Überprüfungen, Qualitätssicherung, Verbesserung technischer Einrichtungen und Qualifikation des Betriebspersonals beschlossen. Die Sowjetunion war nun zu bilateralen Kooperationsabkommen bereit. Am 22. April 1987 wurde in Moskau ein deutsch-sowjetisches Rahmenabkommen über wissenschaftlich-technische Zusammenarbeit abgeschlossen. Am 1. November 1986 wurde daraufhin als eines von drei Fachabkommen eine Nuklearvereinbarung geschlossen, die im

---

[628] Schneider, Christian: Tschernobyl-Molke soll verbrannt werden, Süddeutsche Zeitung Nr. 90, 18. 4. 1996, S. 48.

[629] Probeverbrennung von verstrahlter Molke: Süddeutsche Zeitung, Nr. 97, 26. 4. 1996, S. 47.

[630] „Nehmen Sie Ihr Cäsium wieder mit": Süddeutsche Zeitung, Nr. 99, 29. 4. 1996, S. 42.

[631] Kellerer, Albrecht M., Dr. rer. nat. habil., 1968 Prof. Columbia Univ. New York, 1975 Vorst. Inst. f. Med. Strahlenkunde, Univ. Würzburg, 1990 o. Prof. f. Strahlenbiologie Univ. München u. Vorst. Inst. f. Strahlenbiologie GSF, Forschungszentrum Umwelt und Gesundheit, Neuherberg.

[632] Kellerer, Albrecht M.: Kernenergie in Europa und ihre radiologischen Folgen, atw, Jg. 38, Juli 1993, S. 515.

Bereich Kerntechnik und Kernphysik Grundlagenforschung, Strahlenschutz, Reaktorsicherheit, Beseitigung von nuklearen Abfällen u. a.
umfasste. Die Zusammenarbeit auf dem Gebiet
der Reaktorsicherheit entwickelte sich jedoch
nur schleppend.[633] Im Jahr 1989 beschlossen die
RGW-Staaten von sich aus ein umfangreiches
16-Punkte-Programm für Nachrüstmaßnahmen
zu verwirklichen.[634] Im Mai 1989 gründeten
weltweit die Betreiber kerntechnischer Anlagen
ihre Weltorganisation *The World Association of
Nuclear Operators* (WANO) mit Zentralen in Atlanta, Moskau, Paris und Tokio sowie einem ko-
ordinierenden Zentrum in London. Die WANO
befasste sich intensiv mit der technischen Ertüchtigung osteuropäischer Kernkraftwerke und
der Verbesserung ihres Betriebs. Der praktische
Vollzug der west-östlichen Zusammenarbeit im
Bereich der Reaktorsicherheit war aber zu Zeiten
der Sowjetunion nur sehr eingeschränkt möglich.
Erst nach Auflösung der Sowjetunion konnten
internationale Reaktorsicherheits-Projekte vorangetrieben werden.

Das G-7-Treffen auf dem Weltwirtschaftsgip-
fel, der Anfang Juli 1992 in München stattfand,
machte die Gefährdungen durch die Kernkraftwerke Mittel- und Osteuropas – wiederum auf
Drängen der Bundesregierung – zu einem zentralen Thema. Es wurde ein Aktionsprogramm für
technische Sofortmaßnahmen und längerfristige
Verbesserungen der kerntechnischen Sicherheit
beschlossen, das auch die Stärkung der staatlichen Kontrolle zum Inhalt hatte. Dafür wurde
ein multilateraler Fonds zur Sicherung und Stilllegung von Kernkraftwerken sowjetischer Bauart geschaffen.[635] Das deutsche BMU-Programm
zur Verbesserung der kerntechnischen Sicherheit

in Osteuropa richtete sich am G-7-Aktionspro-
gramm aus und hatte diese Schwerpunkte:
- Organisatorisch-administrative Unterstützung
  vor Ort, Verbesserung der Arbeitsbedingungen und der technischen Infrastruktur, Schulungen, Vermittlung westlicher Methoden,
- Verbesserung der Betriebssicherheit,
- Technische Ausrüstungen und
- Strahlenschutz.

Bis 1998 wurden für das BMU-Programm
208 Mio. DM zur Verfügung gestellt.[636]

Die Europäische Union nutzte ihre beiden
Unterstützungsprogramme „Phare" und insbesondere „Tacis", um Projekte zur Verbesserung
der Sicherheit von Reaktoren sowjetischer Bauart
auf den Weg zu bringen. So setzte die Kommission der Europäischen Union im Rahmen ihres
im Jahr 1991 begonnenen Programms „*Technical
Assistance for the Commonwealth of Independent States*" (Tacis) ein internationales Konsortium ein, das alle wesentlichen Sicherheitsaspekte der Reaktorauslegung und des Reaktorbetriebs
untersuchen und Empfehlungen für Ertüchti-
gungen und Nachrüstungen entwickeln sollte.
Acht westliche Länder waren beteiligt, darunter
Deutschland, das durch die GRS vertreten war.
Aus Russland, Litauen und der Ukraine kamen
10 Partnerorganisationen hinzu. Die Überprüfung der beiden RBMK-Referenzanlagen Smo-
lensk-3 und Ignalina-2 ergab eine große Zahl von
Sicherheitsdefiziten. Aus diesem „*RBMK Safety
Review Project*" wurden ca. 300 Verbesserungsvorschläge im Einzelnen entwickelt, die nahezu
alle die Zustimmung der östlichen Partner fanden.[637] Neben diesen multilateralen Projekten
gab es auch bilaterale Kooperationen mit ähnlicher Zielsetzung, wie die schweizerisch-russi-
sche Zusammenarbeit im Bereich der diversitä-
ren Abschaltsysteme.[638] Von großer Bedeutung

[633] vgl. atw-Interview mit dem Vorsitzenden des Staatlichen Komitees der UdSSR für die Überwachung kerntechnischer Anlagen und Nachrüstung der Kernkraft-
werks-Sicherheit, Wadim Malyschew, atw, Jg. 34, März
1989, S. 123–126.

[634] Birkhofer, Adolf: Zum Stand der Sicherheitsbeurteilung osteuropäischer Kernkraftwerke, atw, Jg. 36, April
1991, S. 188–191.

[635] Kohl sieht in der Konferenz von München ein Signal
der Ermutigung und der Hoffnung, Frankfurter Allgemeine Zeitung, Nr. 157, 9. 7. 1992, S. 1 f.

[636] Gesellschaft für Anlagen- und Reaktorsicherheit
mbH: Reaktorsicherheit in Osteuropa, GRS-S- 44, Juli
1998, S. 18–20 und S. 53–58.

[637] Weber, Jochen Peter, Reichenbach, Detlev und
Tscherkashow, Jurij M.: Sicherheitsfragen des RBMK,
atw, Jg. 40, Heft 5, Mai 1995, S. 314–319.

[638] Knoglinger, Ernst, Burlokov, Evgeniy V. und Stenbock, Igor A.: RBMK Shut-down Systems, atw, Jg. 40,
Heft 5, Mai 1995, S. 319–323.

war die Präsenz vor Ort, weshalb Deutschland und Frankreich Anfang 1993 in Moskau und Kiew gemeinsame Außenstellen ihrer Beratungsinstitutionen *Gesellschaft für Anlagen- und Reaktorsicherheit* (GRS) und *Institut de Protection et de Sûreté Nucléaire* (IPSN) einrichteten.[639]

Am 17. Juni 1994 wurde unter der Schirmherrschaft der IAEO in Wien das Übereinkommen über nukleare Sicherheit abgeschlossen. Es lag vom 20.9.1994 bis zum Inkrafttreten am 24.10.1996 für alle Staaten in Wien zur Unterzeichnung auf. 57 Staaten sind ihm beigetreten und haben es ratifiziert, unter den ersten war Russland. Die Vertragsparteien verpflichteten sich, einen hohen Stand nuklearer Sicherheit durch Verbesserung innerstaatlicher Maßnahmen und technische Zusammenarbeit zu erreichen und beizubehalten. Das Übereinkommen enthielt keine technischen Sicherheitsanforderungen im Einzelnen, sondern die Grundsätze für Gesetzgebung und Vollzug, die im Interesse hoher Sicherheitsstandards in jedem Land durchgesetzt werden müssen. Von großer Bedeutung war der Gedanke der internationalen Sicherheitspartnerschaft mit regelmäßig stattfindenden Tagungen, auf denen die Berichte über die nationalen Maßnahmen von den anderen Vertragsparteien erörtert und bewertet werden.

4.8.4.2 Deutschland

Administrative und gesetzgeberische Aktivitäten Als die Aufregung über den Fall-out aus Tschernobyl etwas abgeklungen war, ereignete sich im Demonstrationskraftwerk THTR in Hamm-Uentrop ein Vorkommnis, das wenig bedeutend war, aber die öffentliche Erregung wieder heftig entfachte.[640, 641] Die Bundesregierung sah

sich im Zugzwang. Mit Organisationserlass vom 2.6.1986 errichtete Bundeskanzler Helmut Kohl ein Bundesministerium für Umwelt, Naturschutz und Reaktorsicherheit und berief den Frankfurter Oberbürgermeister Walter Wallmann zum ersten Bundesumweltminister. Kohl begründete seine Entscheidung u. a. mit seiner Absicht, das Vertrauen der Bevölkerung in die Fähigkeit der Bundesregierung zu stärken, für die Sicherheit auch der Kernkraft sorgen zu können.[642] Im neuen Ministerium wurden einschlägige Kompetenzen aus den Ministerien des Innern (Umwelt, Reaktorsicherheit), für Ernährung, Landwirtschaft und Forsten (Naturschutz) und für Jugend, Familie und Gesundheit (Strahlenschutz) gebündelt. Sitz des Bundesumweltministers war zunächst das frühere Kanzleramt, das Palais Schaumburg.

Ein aktuelles Anliegen für den Umweltminister und die Umweltpolitiker der Koalitionsfraktionen war es, gesetzgeberische Konsequenzen aus dem irritierenden Durcheinander um den vorsorgenden Strahlenschutz der Bevölkerung nach Tschernobyl zu ziehen. Ein neues Gesetz sollte den zuständigen Behörden das Instrumentarium für ein effizientes und koordiniertes Vorgehen verschaffen, um den Risiken aus Nuklearunfällen im Ausland wirkungsvoll und angemessen begegnen zu können. Die Koalitionsfraktionen brachten aus der Mitte des Parlaments am 29.9.1986 den Entwurf eines Strahlenschutzvorsorgegesetzes ein,[643] das am 11.12.1986 vom Deutschen Bundestag und am 19.12.1986 vom Bundesrat verabschiedet wurde und am 31.12.1986 in Kraft trat. Es wies dem Bund die Aufgabe zu, ein flächendeckendes, großräumig integriertes Mess- und Informationssystem zur Überwachung der Umweltradioaktivität (IMIS) für die Medien Luft und Wasser einzurichten. Als eine der weiteren Aufgaben wurde dem Bund zugeordnet, die ermittelten Daten gegebenenfalls zu bewerten und durch Rechtsverordnung mit Zustimmung des

---

[639] Töpfer, Klaus: Hilfe für östliche Kernkraftwerke, atw, Jg. 38, Juli 1993, S. 500.

[640] Störfall im Hochtemperatur-Reaktor von Hamm, radioaktiver Graphitstaub entwichen, Frankfurter Allgemeine Zeitung, Nr. 124, 2. 6. 1986, S. 1.

[641] Beim Beschicken des Reaktorkerns hatten sich Absorberkugeln in einem Zugaberohr verklemmt. Durch Heliumgasdruck wurde der Stau aufgelöst. In der Abluft wurden daraufhin geringe Mengen an Graphitstaub und unbedeutend erhöhte Radioaktivität gemessen. vgl. Viel Lärm um Nichts, Kernenergie und Umwelt, Nr. 7, Juli 1986, S. IV.

[642] Der Kanzler holt Wallmann ins Kabinett, Frankfurter Allgemeine Zeitung, Nr. 126, 4. 6. 1986, S. 1.

[643] Gesetzentwurf Abg. Dr. Laufs u. a. sowie der Fraktionen der CDU/CSU und der FDP: Entwurf eines Gesetzes zum vorsorgenden Schutz der Bevölkerung gegen Strahlenbelastung (Strahlenschutzvorsorgegesetz – StrVG), BT Drs. 10/6082, 29. 9. 1986.

Bundesrats Dosis- und Kontaminationswerte zu bestimmen.

Um eine weitere Verbesserung der Aufgabenwahrnehmung und eine klarere Zuordnung der politischen und fachlichen Verantwortung auf den Gebieten des Strahlenschutzes, der kerntechnischen Sicherheit und der Entsorgung radioaktiver Abfälle zu erreichen, fasste die Bundesregierung am 22.3.1988 den Kabinettsbeschluss, ein Bundesamt für Strahlenschutz zu schaffen. Damit sollte, so der Bundesumweltminister Klaus Töpfer, ein Eckpfeiler für mehr Sicherheit und Kontrolle bei der friedlichen Nutzung der Kernenergie gesetzt werden. Organisatorische Änderungen für eine wirksamere Bundesaufsicht über die Kernenergie sollten nicht erst nach eingetretenen Vorkommnissen vorgenommen werden.[644] Am 1.9.1989 wurde das Bundesamt für Strahlenschutz errichtet.[645] Diese Bundesoberbehörde mit Sitz in Salzgitter erhielt die Fachbereiche Strahlenhygiene, Nukleare Entsorgung und Transport, Kerntechnische Sicherheit sowie Strahlenschutz. Die entsprechenden Fachreferate bzw. Abteilungen wurden aus der Physikalisch-Technischen Bundesanstalt in Braunschweig, dem Institut für Strahlenhygiene des Bundesgesundheitsamtes in Neuherberg bei München, dem Institut für Atmosphärische Radioaktivität beim Bundesamt für Zivilschutz in Freiburg und der Gesellschaft für Reaktorsicherheit (GRS) in Köln und München im neuen Bundesamt zusammengeführt.

Die Überprüfung der Kernkraftwerke Neben den administrativen Konsequenzen aus dem Tschernobyl-Unfall war ein zentrales Thema, welche Lehren daraus für die deutschen Kernkraftwerke zu ziehen waren. Kurz nachdem die Katastrophe bekannt geworden war, bat der Bundesinnenminister die RSK, den Unfall im Hinblick auf die in der Bundesrepublik Deutschland betriebenen Kernkraftwerke zu analysieren und zu bewerten. Die GRS stellte alle verfügbaren

Informationen über den Unglücksreaktor und das Ereignis für die RSK zusammen, die auf ihrer 211. Sitzung am 14.5.1986 die Feststellung traf, dass kein Anlass für Maßnahmen bei den hier im Bau oder im Betrieb befindlichen Kraftwerken bestehe. Der betroffene Uran-Graphit-Siedewasser-Druckröhren-Reaktor unterscheide sich von Leichtwasserreaktoren deutscher Bauart so grundlegend, dass ein unmittelbarer Vergleich nicht gezogen werden könne.[646] *„Sie [die RSK] wird prüfen, ob sich aus den Informationen Hinweise auf die Möglichkeit von Verbesserungen im Rahmen der ständigen Weiterentwicklung der Sicherheitseinrichtungen für Kernkraftwerke in der Bundesrepublik Deutschland ergeben.“*[647]

Die RSK wandte sich der Frage zu, wie in Kernkraftwerken deutscher Bauart das Restrisiko weiter verringert werden könnte. Ihre besondere Aufmerksamkeit galt dem denkbaren, wenn auch äußerst unwahrscheinlichen Kernschmelzunfall und seinen Folgen. Der TMI-2-Störfall hatte gezeigt, dass auch westliche Kernkraftwerke von hypothetischen Störfällen mit Kernschmelzen betroffen sein können. Es ging der RSK insbesondere um folgende Fragen: Wie kann die Integrität des Sicherheitsbehälters unter allen möglichen Begleitumständen des Kernschmelzvorgangs gesichert werden? Wie kann die Funktionsfähigkeit der Steuerung der im Falle des Unglücks noch verfügbaren Sicherheitseinrichtungen erhalten bleiben?

Zu den bereits seit Anfang der 1970er Jahre mit Nachdruck vorangetriebenen Untersuchungen gehörten energetische Wechselwirkungen zwischen einer Kernschmelze und Wasser („Dampfexplosion"), die thermischen und chemischen Einwirkungen einer Kernschmelze auf das Betonfundament, Wasserstoffverbrennungsvorgänge im Sicherheitsbehälter und das Reaktordruckbehälter (RDB) -Hochdruckversagen.

[644] Ein Bundesamt für Strahlenschutz, Frankfurter Allgemeine Zeitung, Nr. 70, 23. 3. 1988, S. 5.

[645] Gesetzentwurf der Bundesregierung: Entwurf eines Gesetzes über die Errichtung eines Bundesamtes für Strahlenschutz, BT Drs. 11/4086, 24. 2. 1989.

[646] Der Bundesminister für Umwelt, Naturschutz und Reaktorsicherheit, Jürgen Trittin (Grüne), bezeichnete 1999 diese RSK-Feststellung als „eine geradezu unglaubliche Verharmlosung". Deutscher Bundestag, PlPr 14/49, 30. 6. 1999, S. 4294.

[647] BA B 295-18743, Ergebnisprotokoll der 211. RSK-Sitzung am 14. 5.1986, S. A 2–2.

Als im August 1986 das neu errichtete Bundesumweltministerium, das von der RSK nun beraten wurde, den Auftrag erteilte, alle Kernkraftwerke einer Sicherheitsüberprüfung zu unterziehen, erbat sich die RSK von den Kraftwerksherstellern und den Kraftwerksbetreibern anlagenspezifische Informationen zu den folgenden Komplexen:

- Containment
  - Druckentlastung nach schweren Unfällen
  - Zuverlässigkeit des Abschlusses
  - Prüfbedingungen bei periodisch wiederkehrenden Prüfungen
- Warte und Notsteuerstelle
  - Informationsbereitstellung
  - zusätzliche Ausstattung wie
    a) Abschirmung
    b) Lüftung
    c) Sanitätsraum
    d) Notverpflegung

Der RSK-Ausschuss „Leichtwasserreaktoren" befasste sich auf mehreren Sitzungen im Sommer und Herbst 1986 unter dem Vorsitz von Franz Mayinger[648] mit diesen Sicherheitsaspekten und erarbeitete Empfehlungen für die RSK,[649] die sie auf ihrer Sitzung am 17.12.1986 annahm.[650] Diese Empfehlungen umfassten für Druckwasserreaktoren drei Komplexe.

1. *Sicherstellung des Reaktorsicherheitsbehälter-Abschlusses*: Für die Zuverlässigkeit der Absperrvorrichtungen wurden die zu beachtenden Grundsätze und erforderlichen Maßnahmen für große Lüftungsöffnungen und sonstige Leitungen zusammengestellt. Gegenüber dem bereits eingeführten Sicherheitskonzept ergaben sich keine Bedenken.

2. *Ausstattung von Warte und Notsteuerstelle im Hinblick auf den anlageninternen Notfallschutz*: Anlageninterne Notfallschutzmaßnahmen[651] sollten an einer zentralen Stelle in der Anlage geplant und zumindest teilweise eingeleitet und überwacht werden können. An dieser Stelle sollten die erforderlichen Informationen über den Anlagenzustand vorliegen. Die Betreiber hatten zu diesen Anforderungen ihre Zustimmung bereits mitgeteilt.

3. *Druckentlastung von DWR-Sicherheitsbehältern über Filter bei Kernschmelzunfällen*: Für den äußerst unwahrscheinlichen Fall eines Kernschmelzunfalls mit nachfolgendem Druckanstieg im Sicherheitsbehälter (SB), der bis an seine Versagensgrenze zunimmt, wurde eine Druckentlastungsvorrichtung empfohlen. Die zu erfüllenden Anforderungen an Auslegung und Einsatzweisen, zu berücksichtigende Belastungen sowie der technische Aufbau wurden im Einzelnen dargelegt.

Der Gedanke, bei einem Kühlmittelverlust-Unfall Dampf mit Spaltprodukten aus dem Containment kontrolliert zu entfernen, war nicht neu.[652] Auch Überlegungen, die Druckentlastung des SB mittels eines Überströmkanals in einen großen Druckausgleichsbehälter mit Wasserbecken außerhalb des Reaktorgebäudes vorzunehmen, wurde bereits Anfang der 60er Jahre erörtert.[653]

---

[648] Mayinger, Franz, Dr.-Ing., 1962–1969 MAN Nürnberg, 1969 o. Prof. für Thermische Verfahrenstechnik, TU Hannover, 1981 o. Prof. für Thermohydraulik, Wärmeübertragung und Gas-Flüssigkeitsströmung, TU München, 1971–1991 RSK-Mitglied, 1983–1984 RSK-Vorsitzender.

[649] AMPA Ku 33, Ergebnisprotokoll der 76. Sitzung des RSK-Ausschusses Leichtwasserreaktoren, 8. 12. 1986, Anlage 2.

[650] BA B 295–18743, Ergebnisprotokoll 218. RSK-Sitzung, 17. 12. 1986, Anlage 1.

[651] Die englische Bezeichnung „Accident Management" (AM) ist anschaulicher: Maßnahmen, die den Verlauf eines schweren Unfalls und seine Folgen abmildern und begrenzen sollen. Das BMU versuchte „AM-Maßnahmen" als Oberbegriff zu verwenden der sowohl anlageninterne als auch anlagenexterne (Katastrophenschutz-)Maßnahmen umfasste. Als Notfallschutzmaßnahmen wurden nur anlageninterne technische oder organisatorische Maßnahmen verstanden. Der Sprachgebrauch war jedoch nicht einheitlich (vgl. Persönliche, schriftliche Mitteilung von Ministerialrat a. D. Theodor Himmel vom 2. 5. 05, AMPA Ku 151, Himmel).

[652] vgl. Smidt, D. und Salvatori, R.: Safety Technology for Accident Analysis and Consequence Mitigation – Pressure Vessel Types, Proceedings of the International Conference on World Nuclear Energy – A Status Report, Washington, D. C., USA, 14.–19.11. 1976, S. 227–238.

[653] Rothe, Rainer: Möglichkeiten und Verfahren der Druckentlastung von Reaktorgebäuden bei einem Unfall, Technische Überwachung, Bd. 2, Oktober 1961, S. 377–381.

Abb. 4.29 Das Druckentlastungssystem Barsebäck

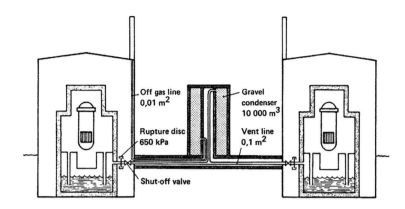

Die Deutsche Risikostudie untersuchte in ihrer Phase A Kernschmelzunfälle, die zum SB-Versagen führen. Diese Studien zeigten ein allmähliches Ansteigen des Drucks, der nach ca. 30 Stunden zu einem SB-Versagen durch Undichtigkeit, z. B. an Schraubenverbindungen, und damit die Freisetzung von Spaltprodukten zur Folge hat.[654] Andere Untersuchungen ergaben, dass die Art des Versagens nicht immer eindeutig vorhersehbar sei. Es waren Fälle nicht auszuschließen, bei denen sich das Überdruckversagen als katastrophaler Zerknall mit enormen Zerstörungen ereignet.[655, 656] Vor den Folgen solcher Unfälle konnten Druckentlastungssysteme schützen. In Schweden war in der ersten Hälfte der 80er Jahre bereits im Kernkraftwerk Barsebäck ein Druckentlastungssystem realisiert worden. Die beiden Siedewasser-Reaktorblöcke mit je 570 MW_{el} in Barsebäck liegen zwischen Malmö und Landskrona am Öresund gegenüber von Kopenhagen. Die Dänen und die Bevölkerung von Malmö sahen sich von diesem Kernkraftwerk unangemessen stark gefährdet. Nachdem das Forschungsprojekt FILTRA, das seit 1980 von

den schwedischen Kernkraftwerksbetreibern und der schwedischen Kernenergieaufsichtsbehörde durchgeführt wurde,[657] die technische Machbarkeit und wirtschaftliche Zumutbarkeit möglich erscheinen ließ, verpflichtete die schwedische Regierung mit einem Erlass vom 15.10.1981 den Betreiber des Kernkraftwerks Barsebäck, für den Notfall ein Druckentlastungssystem mit einer Filteranlage zu installieren.[658] Diese Einrichtung war im Oktober 1985 betriebsbereit, und alle anderen schwedischen Kernkraftwerke wurden bis 1988 mit weiterentwickelten Druckentlastungssystemen nachgerüstet.[659] In Barsebäck wurde ein Kiesschotter-Filter mit einer Schüttung von 10.000 m^3 vorgesehen, in dem das eingeleitete Dampf-Gas-Gemisch abgekühlt, kondensiert und gereinigt werden konnte, bevor das restliche Abgas durch den Fortluftkamin emittiert wurde (s. Abb. 4.29).

In den Jahren 1981–1985 hatten sich Forschungsvorhaben der Deutschen Risikostudie, Phase B, mit Möglichkeiten der anlageninternen Notfallmaßnahmen zur Druckentlastung des Si-

---

[654] Der Bundesminister für Forschung und Technologie (Hg.): Deutsche Risikostudie Kernkraftwerke, Verlag TÜV Rheinland, Köln, 1979, S. 147–153.

[655] Krieg, R., Eberle, I. et al.: Spherical Steel Containments of Pressurized Water Reactors under accident conditions, Nuclear Engineering and Design, 82, 1982, S. 77–87.

[656] Krieg, R., Göller, B., Messemer, G. und Wolf, E.: Failure Pressure and Failure Mode of the Latest Type of German PWR Containments, Nuclear Engineering and Design, 104, 1987, S. 381–390.

[657] Johansson, K., Nilsson, L. und Persson, A.: Design Considerations for Implementing a Vent-Filter System at the Barseback Nuclear Power Plant, FILTRA Log. No. 255, The International Meeting on Thermal Nuclear Reactor Safety, Chicago, Ill., USA, 29. 8.–2. 9. 1982.

[658] Statens Kärnkraftinspektion: Summary of the present Swedish licensing and regulatory position on prevention and mitigation of radioactive releases in the case of severe accidents, 1982-01-22, OECD, NEA, SINDOC (82) 64, Paris, 25. 4. 1982, S. 3.

[659] vgl. Kuczera, B. und Wilhelm, J.: Druckentlastungseinrichtungen für LWR-Sicherheitsbehälter, atw, Jg. 34, März 1989, S. 129–133.

Abb. 4.30 Aufbau eines Druckentlastungssystems im Prinzip

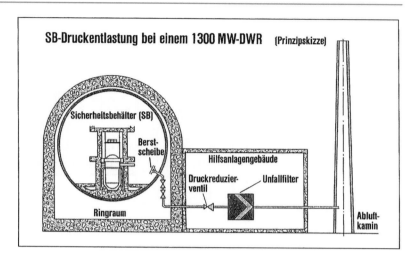

cherheitsbehälters befasst.[660] Die Wirksamkeit der Druckentlastung mit und ohne Wassereinspeisung wurde eindrucksvoll nachgewiesen, wobei Komplikationen bei höheren Wasserstoffkonzentrationen auftreten können.[661] Für die Druckentlastungssysteme der Kernkraftwerke mit Druckwasserreaktor in Deutschland wurden keine Kies- oder Sandbettfilter, sondern Edelstahlfaser-Filter vorgeschlagen, die im Laboratorium für Aerosolphysik und Filtertechnik des Kernforschungszentrums Karlsruhe entwickelt worden waren[662, 663] und mit hochwirksamen Jodfiltern kombiniert wurden. Zum Einsatz kamen mehrstufige Filtersysteme entweder aus „Venturiwäscher" und Metallfaservlies oder Metallfaservlies und Molekularsieb aus Zeolith. Eine Ad-hoc-Arbeitsgruppe „Filter" der RSK hatte die Tauglichkeit dieser Systeme sorgfältig geprüft.[664] Abbildung 4.30 zeigt den prinzipiel

len Aufbau einer Einrichtung für die Sicherheitsbehälter-Druckentlastung.[665, 666, 667]

Das erste deutsche Druckentlastungssystem, unter der Bezeichnung „Wallmann-Ventil"[668] bekannt geworden, wurde in das lange Zeit schwer umkämpfte Kernkraftwerk Brokdorf (KBR)[669] kurz vor seiner Inbetriebnahme eingebaut. Der Vorschlag dazu war von der Betreibergesellschaft PreussenElektra gekommen, offensichtlich um einer nach Tschernobyl höchst besorgten Bevölkerung den entschlossenen Willen zu demonstrieren, jede denkbare Maßnahme der weiteren Risikominimierung zu nutzen. Der RSK-Ausschuss „Leichtwasserreaktoren" und die RSK selbst setzten sich eingehend mit der Technik insbesondere auch des Edelstahlfaservlies-Filters auseinander, der am Fortluftkamin installiert wurde. Die RSK fand das KBR-Filtersystem ge

[660] Der Bundesminister für Forschung und Technologie (Hg.): Deutsche Risikostudie Kernkraftwerke Phase B, Gesellschaft für Reaktorsicherheit, Verlag TÜV Rheinland, Köln, 1990, S. 50–56.

[661] ebenda, S. 600 f.

[662] Rüdinger, V., Ricketts, C. I. und Wilhelm, J. G.: Schwebstofffilter hoher mechanischer Belastbarkeit, atw, Jg. 32, Dezember 1987, S. 587–589.

[663] Kuczera, B. und Wilhelm, J., a. a. O., S. 130 f.

[664] BA B 295-18745, 249. RSK-Sitzung, 20. 12. 1989, S. 15 sowie Anlage 4.

[665] Kuczera, Bernhard: Technik gegen den GAU, Kultur &Technik 4/1999, S. 44.

[666] vgl. Hennies, H.-H., Kuczera, B. und Rininsland, H.: Forschungsergebnisse zum Kernschmelzunfall in einem 1300-MW$_e$-DWR, atw, Jg. 31, November 1986, S. 547.

[667] Labno, L.: Überwachung der Radioaktivitätsabgabe bei Containmentdruckentlastung, atw, Jg. 37, Oktober 1992, S. 472–476.

[668] So genannt nach dem ersten Bundesumweltminister Dr. Walter Wallmann, der sich nach dem Tschernobyl-Unfall mit Nachdruck für weitere risikomindernde Maßnahmen einsetzte, vgl. Karwat, H.: Unfallmanagement bei schweren Störfällen, atw, Jg. 36, Juli 1999, S. 339.

[669] KBR Brokdorf, Druckwasserreaktor, 1.400 MW$_{el}$ Übernahme durch den Betreiber am 22. 12. 1986.

eignet, die Freisetzung langlebiger Spaltprodukte, insbesondere von Cs^{137}, bei einem Unfall um Größenordnungen herabzusetzen.[670] In den Jahren bis 1992 wurden alle deutschen Kernkraftwerke mit Druckentlastungssystemen und Spaltproduktfiltern nachgerüstet.

Im Oktober 1986 ergänzte die RSK im Rahmen der Sicherheitsüberprüfung der Kernkraftwerke ihre Informationsanforderungen an Kernkraftwerkshersteller und -betreiber um einen Fragenkatalog mit ungefähr 40 Punkten.[671] Sie unterschied dabei drei Aufgabenbereiche:

A: Stärkung der Präventivmaßnahmen zur Vermeidung von Unfällen

B: Anlageninterner Notfallschutz bei Unfällen

C: Begleitende anlagenunabhängige Untersuchungen zu A und B sowie zu generischen Themen.

Beispielhaft seien einige Untersuchungsgegenstände genannt:

Zu A: Füllstandsmessung in Reaktordruckbehältern, Prüfdruck bei Leckratenwiederholungsprüfungen, Notabschluss des Sicherheitsbehälters bei Gegendruck, Simulatortraining, Zuverlässigkeit der Notstromversorgung.

Zu B: Druckentlastung des Sicherheitsbehälters, Warte/Notsteuerstelle, Wasserstoffverbrennung, Ausfall der Eigenbedarfsversorgung und der Dieselnotstromanlagen, Brandbekämpfung bei massiver Strahlenbelastung, Lastabtragung bei Stahlbeton-Sicherheitsbehältern.

Zu C: Fehlertoleranz der Anlagen, Maßnahmen zur Abschaltung und langfristigen Nachwärmeabfuhr bei hypothetischen Ereignissen, Untersuchungen zu Reaktivitätsstörfällen, Verhalten von Sicherheitsbehälter und Reaktorgebäude bei schweren Unfällen, Versagenszeiten und -modi des Reaktordruckbehälters und des Sicherheitsbehälters, Abscheideverhalten radioaktiver Aerosole hoher Aktivität im Primärsystem und Sicherheitsbehälter.

Die RSK war von ihrer 215. Sitzung am 17.9.1986 bis zu ihrer 238. Sitzung am 23.11.1988 regelmäßig mit der Sicherheitsüberprüfung der westdeutschen Leistungsreaktoren befasst. Ende April 1987 begannen die RSK-Informationsbesuche in den einzelnen Anlagen. Zunächst veranstalteten die RSK-Ausschüsse „Leichtwasserreaktoren" und „Reaktorbetrieb" gemeinsame Sitzungen in den Kernkraftwerken Isar 1 (KKI-1) und Stade (KKS), um sich sicherheitstechnisch relevante Änderungen seit den ersten Betriebsgenehmigungen und betriebliche Erfahrungen erläutern zu lassen, die Anlagen zu begehen und die von der RSK in ihrem Fragenkatalog aufgeworfenen Themen anlagenbezogen zu erörtern. Die RSK ließ sich in ihren Hauptsitzungen über die Ergebnisse dieser Informationsbesuche unterrichten.[672] Im Juni 1987 entlastete die RSK ihre Ausschüsse „Leichtwasserreaktoren" und „Reaktorbetrieb" von diesen aufwändigen Vor-Ort-Beratungen und -Begehungen und setzte dafür eine spezielle Ad-hoc-Arbeitsgruppe „Betriebliche Fragen bei der Sicherheitsüberprüfung", bestehend aus acht ihrer Mitglieder, ein,[673] die bis Juni 1988 alle zu überprüfenden Kernkraftwerke besuchte.[674] Der „Abschlussbericht über die Ergebnisse der Sicherheitsüberprüfung der Kernkraftwerke der Bundesrepublik Deutschland durch die RSK" wurde am 23.11.1988 verabschiedet und vorgelegt.[675]

In der Zusammenfassung der Ergebnisse ihrer Sicherheitsüberprüfung erläuterte die RSK zunächst die Erweiterung des Sicherheitskonzepts um die 4. Sicherheitsebene durch Einbindung des anlageninternen Notfallschutzes. Sie stellte fest: *„Die Vorgehensweise bei der Bemessung von Sicherheitseinrichtungen führt zu einer Überdimensionierung von Komponenten und Systemen und durch Anwendung des Einzelfehlerkriteriums zu einer redundanten Systemauslegung.*

---

[670] BA B 295-18743, Ergebnisprotokoll der 216. RSK-Sitzung, 15. 10. 1986, S. 6–8.

[671] ebenda, Anlage 1, S. A 1–2 bis A 1–5.

[672] BA B 295-18743, Ergebnisprotokoll der 221. RSK-Sitzung, 20. 5. 1987, S. 5–9.

[673] BA B 295-18743, Ergebnisprotokoll der 222. RSK-Sitzung, 24. 6. 1987, S. 8 f.

[674] BA B 295-18744, Ergebnisprotokoll der 233. RSK-Sitzung, 22. 6. 1988, S. 11.

[675] BA B 295-18744, Ergebnisprotokoll der 238. RSK-Sitzung, 23. 11. 1988, RSK-Abschlussbericht, Anlage 4.

Bei realistischer Betrachtungsweise verbunden mit dem Ausnutzen der Sicherheitsreserven von Komponenten weisen die Systeme erheblich höhere Wirksamkeiten auf, so dass sie flexibel zur Beherrschung auslegungsüberschreitender Ereignisse eingesetzt werden können." Somit lässt sich eine 4. Sicherheitsebene schaffen, *„die es erlaubt, selbst bei hypothetischen Ausfällen von Sicherheitseinrichtungen schwere Kernschäden zu verhindern und die Integrität des Sicherheitsbehälters zu gewährleisten.*"[676]

Die Unfälle jenseits der Auslegungsstörfälle, die auf der vierten, „neuen" Schutzebene bekämpft werden sollen, wurden in drei Kategorien eingeteilt:[677]

Kategorie I:	Anforderungen aus dem Genehmigungsverfahren nicht erfüllt, aber volle Kühlbarkeit des Kerns mit verbleibenden Sicherheitssystemen.
Kategorie II:	Unfallverlauf mit Kernschäden. Durch wiederaktivierte Kühlung aber langfristige Nachwärmeabfuhr möglich (TMI-2 -Fall).
Kategorie III:	Unfallverlauf mit kompletter Kernschmelze und Eindringen der Schmelze aus dem RDB in das Containment- und Reaktorgebäudefundament.

Die Kernkraftwerks-Überprüfungen der RSK ergaben keine Mängel, die durch Sofortmaßnahmen hätten behoben werden müssen. *„Durch gezielte Nachrüstmaßnahmen, die im Laufe der bisherigen Betriebszeit, zum Teil in erheblichem Umfang, durchgeführt wurden, konnten die Kernkraftwerke dem neuen Stand sicherheitstechnischer Überlegungen weitgehend und ausreichend angepasst werden.*"[678] Die Beratungen führten zu anlagenübergreifenden und anlagenspezifischen Hinweisen auf weitere Verbesserungsmöglichkeiten, wie beispielsweise der Ausbau von Batteriekapazitäten, die Erweiterung der

Fremdstromversorgung, passive Schließmechanismen der Gebäudeklappen und Maßnahmen im Bereich des anlageninternen Notfallschutzes (4. Sicherheitsebene).

Zu den Ergebnissen der Sicherheitsüberprüfung gehörten auch Anforderungen an künftige periodische Sicherheitsüberprüfungen, die von Bundesumweltminister Klaus Töpfer angeregt worden waren.[679] Diese periodischen Überprüfungen sollten jeweils im 10-Jahres-Abstand stattfinden und folgenden Umfang haben:

- Sicherheitsstatus der Anlage
- Bewertung des Sicherheitsstatus und der Betriebsbewährung
- Probabilistische Sicherheitsanalyse.

Die Anforderungen im Einzelnen wurden dazu dargelegt.[680]

Der Prozess der Periodischen Sicherheitsüberprüfungen als integrale Beurteilung der Sicherheit im periodischen Abstand ist alsbald angelaufen und umfasst die probabilistische wie deterministische Bewertung. Für das Anforderungsprofil an diese Analysen wurden entsprechende Guidelines erarbeitet.

4.9 Das Reaktorunglück in Fukushima-Daiichi 2011

Am Nachmittag des 11. März 2011 wurde Japan von einer furchtbaren Naturkatastrophe heimgesucht. Um 14.46 Uhr japanischer Ortszeit ereignete sich das schwerste Erdbeben in der Geschichte Japans; es hatte die Stärke (Moment-Magnitude M_w) 9,0. Das Epizentrum lag ca. 120 km östlich der Stadt Sendai im Pazifik. Diesem Seebeben folgten eine Reihe schwerer Nachbeben bis zur Stärke M_w 7,7. Etwa eine Stunde später trafen an der japanischen Ostküste die Flutwellen eines Tsunamis ein, die sich stellenweise mehr als 30 m hoch aufsteilten. Dieser Tsunami verwüstete das Land und überzog es mit einer Schicht aus Sand, Geröll und Trümmern (s. Abb. 4.31).[681]

---

[676] ebenda, S. 8.

[677] Mayinger, Franz und Birkhofer, Adolf: Neuere Entwicklungen in der Sicherheitsforschung und Sicherheitstechnik, atw, Jg. 33, August/September 1988, S. 428.

[678] ebenda, S. 9.

[679] BA B 295-18744, Ergebnisprotokoll der 230. RSK-Sitzung, 16. 3. 1988, S. 6 und Anhang 1.

[680] RSK-Abschlussbericht, a. a. O., S. 57–59.

[681] Nuclear and Industrial Safety Agency (NISA) und Japan Nuclear Energy Safety Organization (JNES): The

Abb. 4.31 Die erste her-
einbrechende Flutwelle

Nahezu 19.000 Menschen kamen durch Erdbeben und Tsunami ums Leben. Vier Kernkraftwerksstandorte waren von dieser Katastrophe mit
nachfolgenden Reaktorunfällen betroffen, die jedoch keine Menschenleben forderten. Die an den
Standorten Fukushima II (Daini), Onagawa und
Tokai aufgetretenen Probleme konnten in wenigen Tagen gemeistert und die Anlagen in einen
kalten drucklosen und unterkritischen Zustand
überführt werden.

Die 6 Siedewasserreaktor (SWR) -Blöcke des
Kernkraftwerks Fukushima-Daiichi(FukushimaI)
der Betreibergesellschaft Tokyo Electric Power
Company (TEPCO) wurden schwer getroffen.
Die drei in Betrieb befindlichen Blöcke 1–3
schalteten sich innerhalb von Sekunden automatisch ab. Alle Steuerstäbe waren um 14.47 Uhr
vollständig eingefahren. Die Blöcke 4–6 waren
in Revision und bereits abgeschaltet. Fukushima
I überstand das Beben der Magnitude 9,0 mit
intakten Kühlkreisläufen. Die auf dem Kraftwerksgelände gemessenen maximalen Horizontalbeschleunigungen lagen mit bis zu 550 cm/s^2
deutlich über den Auslegungsanforderungen, die
für ein Beben der Magnitude M_w 8,2 darunter
lagen.[682]

Da das öffentliche Elektrizitäts-Versorgungs-
netz vom Beben zerstört wurde, liefen alle Notstromdiesel – mit Ausnahme eines in geplanter
Inspektion befindlichen Aggregats des bereits
abgeschalteten Blocks 4 – auslegungsgemäß an
und versorgten die Kühlsysteme der Reaktoren
und Brennelement-Lagerbecken.[683] Die Abfuhr
der Nachzerfallswärme war in einem stabilen
Zustand. Containment-Durchdringungen wurden abgesperrt (containment isolation). Die den
Reaktorblöcken vorgelagerten, dem Meer zu-
gewandten Maschinenhäuser der Fukushima-I-
Blöcke (s. Abb. 4.32) waren aber nur gegen Einwirkungen durch bis zu 5,7 m hohe Flutwellen
mit einem 6,3 m hohen Betonwall geschützt. Fukushima besaß keine in hohem Maße gesicherten
Notsysteme, wie sie etwa in deutschen verbunkerten DWR-Notspeisegebäuden vierfach redundant untergebracht sind. Die nach dem Beben am
Standort Fukushima um 15.37 Uhr Ortszeit auf-
schlagende Flutwelle erreichte eine Höhe von 14
bis 15 m über dem normalen Meeresniveau. Die
gegen eindringendes Wasser nicht gesicherten
Maschinenhäuser der Blöcke 1–4, die ca. 10 m
über dem Meeresniveau liegen, wurden 4–5 m,

2011 off the Pacific coast of Tohoku Pacific Earthquake
and the seismic damage to the NPPs, Präsentation vom 4.
April 2011, S. 2.

[682] Kuczera, Bernhard: Das schwere Tohoku-Seebeben in
Japan und die Auswirkungen auf das Kernkraftwerk Fukushima-Daiichi, atw, Jg. 56, April/Mai 2011, S. 234–241.

[683] www.nisa.meti.go.jp/english/files/en20110528-4.pdf,
Bericht der Nuclear and Industrial Safety Agency (NISA):
Regarding the Evaluation of Tokyo Electric Power Co.'s
„Regarding the Impact Assessment and Analysis of Fu-
kushima Dai-Ichi Nuclear Power Station's Record of
Operations and Accident Record at the Time of the To-
hoku District-Off the Pacific Ocean Earthquake", 24. 5.
2011, S. 12.

Abb. 4.32 Die Blöcke 1
bis 4 von Fukushima-I vor
dem 11.3.2011 (Block 1
oben) – Foto Kyodo News,
3.10.2008

die Kühlwassereinläufe 5–7 m hoch überflutet
(vgl. Abb. 4.33). Die Notstromversorgung war
durch die Flutwelle sofort unterbrochen, alle
Meerwasser-Pumpen und die Nebenkühlwasserversorgung fielen aus. Im Bereich der Blöcke 5
und 6, die etwa 13 m über dem Meeresniveau liegen, erreichte die Flutwelle eine Höhe von 13 bis
14 m, so dass dort die Überflutung unter einem
Meter lag. Im Block 6 blieb ein mit Luft gekühlter Notstromdiesel von der Flut verschont und
funktionsfähig. Die technischen Daten der 6 Fukushima-I-Blöcke sind in Tab. 4.2 aufgeführt:[684]
Die volle thermische Leistung bei 100 % Leistungsbetrieb, aus der sich die in Notlagen entscheidende Nachwärmeleistung ergibt, betrug
1.380 MW_{th} bei Block 1 und jeweils 2.381 MW_{th}
bei den Blöcken 2 und 3.

Maßgeblich für die Nachwärmeleistung in den
Brennelement (BE) -Lagerbecken sind Anzahl
der BE, ihr Abbrand und die Abklingzeit seit ihrer
Entladung aus dem Reaktor. Über die Höhe des
Abbrandes lagen für die verschiedenen Reaktoren

keine Angaben vor. Tabelle 4.3, die Größe und Inventar der BE-Lager aufführt, zeigt, dass in Block
4 die größte Nachwärmeleistung vorlag.[685]

Das Erdbeben der Stärke 9,0 und ganz entscheidend der 55 min später eintreffende verheerende
Tsunami führten im Kernkraftwerk Fukushima-
Daiichi zu einer Notsituation bisher unvorstellba-
rer Dramatik. 4 Kernkraftblöcke hatten wichtige
Hilfsanlagen und Infrastruktur-Anbindungen einschließlich der Frischwasserversorgung für Tage,
teilweise für Wochen verloren. Die Nachwärmeleistung in den Reaktorkernen der Blöcke 1–3 war
zu diesem Zeitpunkt bereits auf ein Fünftel des
Wertes unmittelbar nach Abschaltung der Reaktoren zurückgegangen. Aus Tab. 4.4 ist zu ersehen, wie die Nachwärmeleistung in MW_{th} nach
der Reaktorabschaltung zunächst schnell, dann
immer langsamer zurückging.[686] Nach 5 Wochen

---

[684] Nuclear and Industrial Safety Agency (NISA) und
Japan Nuclear Energy Safety Organization (JNES): The
2011 off the Pacific coast of Tohoku Pacific Earthquake
and the seismic damage to the NPPs, Präsentation vom 4.
April 2011, S. 8.

[685] Nuclear and Industrial Safety Agency (NISA) und
Japan Nuclear Energy Safety Organization (JNES): The
2011 off the Pacific coast of Tohoku Pacific Earthquake
and the seismic damage to the NPPs, Präsentation vom 4.
April 2011, S. 35.

[686] Helmholtz Gemeinschaft Zentrum Dresden/Rossen-
dorf, Forschungszentrum Jülich, Karlsruher Institut für
Technologie: Hintergrundinformationen zu ausgewählten
Themen zum nuklearen Störfall in Japan, Nr. 008, 18. 3.
2011.

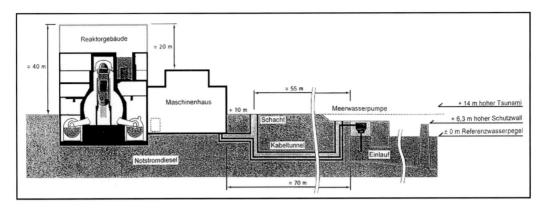

Abb. 4.33 Schematischer Vertikalschnitt durch einen Block des Kernkraftwerks Fukushima I

Tab. 4.2 Die technischen Daten der Fukushima-I-Blöcke. (BWR = Boiling Water Reactor, PCV = Primary Containment Vessel, RPV = Reactor Pressure Vessel – RDB, DG = Diesel Generator, CV = Containment Vessel, D/W = Dry Well, S/C = Suppression Chamber)

	Unit 1	Unit 2	Unit 3	Unit 4	Unit 5	Unit 6
	BWR-3	BWR-4	BWR-4	BWR-4	BWR-4	BWR-5
PCV model	Mark-1	Mark-1	Mark-1	Mark-1	Mark-1	Mark-2
Electric output (MWe)	460	784	784	784	784	1.100
Max. pressure of the RPV (MPa)	8.24	8.24	8.24	8.24	8.62	8.62
Max. temp. of the RPV (°C)	300	300	300	300	302	302
Max. pressure of the CV (MPa)	0.43	0.38	0.38	0.38	0.38	0.28
Max. temp. of the CV (°C)	140	140	140	140	138	171 (D/W) 105 (S/C)
Commercial operation	1971,3	1974,7	1976,3	1978,10	1978,4	1979,10
Emergency DG	2	2	2	2	2	3*
Electric grid	275kV × 4				500kV × 2	
Plant status on Mar. 11	In Operation	In Operation	In Operation	Refueling Outage	Refueling Outage	Refueling Outage

*One Emergency DG is Air-Cooled

Tab. 4.3 Die Brennelement-Lagerbecken am Standort Fukushima I

Unit	1	2	3	4	5	6
Number of fuel assemblies in the core	400	548	548	–	548	764
Number of spent fuel assemblies in the spent fuel pool	292	587	514	1.331	946	876
Number of new fuel assemblies in the spent fuel pool	100	28	52	204	48	64
Water volume (m³)	1.020	1.425	1.425	1.425	1.425	1.497

Condition of the fuel in the spent fuel pool

Unit 1	Unit 2	Unit 3	Unit 4
Most recent shut down was on Sep. 27, 2010	Most recent shut down was on Nov. 18, 2010	Most recent shut down was on Sep. 23, 2010	Most recent shut down was on Nov. 29, 2010
			All fuel assemblies were removed from the core and located in the pool due to the core shroud replacement

Tab. 4.4 Die Nachwärmeleistung der Reaktoren von Fukushima I

Date/Time (Fukushima Time)	Fukushima Daiichi-1 Decay Heat (MW$_{th}$)	Fukushima Daiichi-2 & 3 Decay Heat (MW$_{th}$)	Percent of Full Thermal Power
11.03.11, 14:46	92,0	156,8	6,60
11.03.11, 14:47	44,7	76,2	3,21
11.03.11, 14:48	36,9	62,8	2,64
11.03.11, 14:50	31,4	53,5	2,25
11.03.11, 15:00	24,1	41,0	1,73
11.03.11, 15:30	19,1	32,5	1,37
11.03.11, 20:00	12,8	21,9	0,92
12.03.11, 08:00	10,1	17,3	0,73
12.03.11, 20:00	9,1	15,5	0,65
13.03.11	8,5	14,5	0,61
14.03.11	7,8	13,2	0,53
16.03.11	6,9	11,8	0,50
20.03.11	6,1	10,5	0,44
01.04.11	5,2	8,8	0,37
01.07.11	3,7	6,3	0,26
01.10.11	3,3	5,6	0,23
11.03.12	2,9	5,0	0,21

betrug sie noch ca. 5 % der Erzeugung unmittelbar nach Abschaltung.

Aufzeichnungen über Tsunami-Ereignisse der neueren aber auch älteren japanischen Geschichte liegen vor. In den vergangenen 500 Jahren trugen sich 14 Tsunamis zu, deren Wellenhöhe 10 m überstiegen. Die Wiederkehrperiode beträgt also ungefähr 30 Jahre. Diese Werte beziehen sich auf alle nahezu 4.000 japanischen Inseln und können nicht als typisch für einzelne Inseln oder Küstenregionen angesehen werden. Ein anbrandender Tsunami entfaltet entlang einer Küste je nach deren Beschaffenheit Flutwellen sehr unterschiedlicher Höhe. Gleichwohl ist es erstaunlich, unverständlich und fatal, dass das verhältnismäßig hohe Risiko von schweren Seebeben mit gewaltigen Flutwellen bei der Auslegung der Fukushima-Anlagen nicht hinreichend berücksichtigt wurde.[687] Die IAEA-Expertengruppe, die Ende Mai 2011 mit ihren Untersuchungen am Standort Fukushima I begann, stellte als wichtigsten Befund die völlig unzureichende Vorsorge gegen die Tsunami-Gefahr heraus. Die vom Betreiber noch im Jahr 2002 verbesserten Sicherheitsvorkehrungen waren von der Auf-

sichtsbehörde weder überprüft noch genehmigt worden. Die vorgesehenen Notfallschutzmaßnahmen seien – so die IAEA-Expertengruppe – für das gleichzeitige Auftreten mehrerer Havarien nicht ausreichend gewesen.[688] Die japanische Regierung nannte auf der IAEA Ministerial Conference on Nuclear Safety, die von der IAEA in Wien vom 20. bis zum 24. Juni 2011 abgehalten wurde, als erste aus dem Atomunfall zu ziehende Lehre, dass die möglichen Höhen und Häufigkeiten von Tsunamis neu betrachtet und die Energieversorgungs- und Kühlsysteme nachgerüstet werden müssten.[689] Ein weiterer Auslegungsmangel bestand darin, dass die 2 Notstromdiesel pro Reaktorblock gegen Überflutung ungeschützt tief unten in den Maschinenhäusern angeordnet (s. Abb. 4.33)[690] und ihre Treibstofftanks im Hafenbereich so installiert wurden, dass sie von der Flutwelle mitgerissen werden konnten. Am Standort Fukushima wurden nach dem

---

[687] Mohrbach, Ludger: Unterschiede im gestaffelten Sicherheitskonzept: Vergleich Fukushima Daiichi mit deutschen Anlagen, atw, Jg. 56, April/Mai 2011, S. 242–249.

[688] Report to the IAEA Member States: IAEA International Fact Finding Expert Mission of the Fukushima Daiichi NPP Accident Following the Great East Japan Earthquake and Tsunami, 24. 5. – 2. 6. 2011, S. 14 f.

[689] Kaieda, Banri (Minister of Economy, Trade and Industry, japanischer Delegationsführer): Statement to the IAEA Ministerial Conference on Nuclear Safety, Wien, 20. 6. 2011, S. 4.

[690] Kuczera, B.: a. a. O., S. 236.

Unglück zum Schutz gegen künftige Flutwellen die Notstromgeneratoren und Feuerwehrgeräte auf höher gelegenes Kraftwerksgelände verlagert und provisorische Flutbarrieren errichtet.[691]

Die mangelhafte Vorsorge gegen hohe Flutwellen ist also keinesfalls unter den unvorhersehbaren, unvermeidlichen Restrisiken jenseits der „Grenzen menschlichen Erkenntnisvermögens" (BVerfG) einzuordnen, sondern hat sich als ein eklatanter Fehler bei der Anlagenplanung und Anlagenauslegung herausgestellt.

Die Reaktormannschaften standen vor der Aufgabe, unter hohem Zeitdruck Notfallschutzmaßnahmen zu ergreifen, um

- die intakt gebliebenen inneren Umschließungen (die Reaktordruckbehälter und Rohrleitungen bis zur ersten Absperrarmatur sowie die Sicherheitsbehälter – SB – und Kondensationskammern) in den Blöcken 1 bis 3 vor der Zerstörung durch Überdruck und Kernschmelze zu retten und

- das in den nun ungekühlten Abklingbecken verdunstende und verdampfende Wasser nachzufüllen, um radioaktive Freisetzungen aus den dort lagernden, teilweise immer noch heißen Brennelementen zu verhindern.

Die entscheidend wichtigen Arbeiten mussten in starken Strahlungsfeldern unter Einsatz von Strahlenschutzkleidung, später auch von Atemschutzgeräten sowie teilweise bei äußerst schwacher Beleuchtung durchgeführt werden.[692] Sie wurden erschwert durch immer wieder einsetzende heftige Nachbeben, und sie wurden behindert durch erhebliche Kommunikationsprobleme.

Zu dem im Kernkraftwerk Three Mile Island Block-2 (TMI-2) mit Druckwasserreaktor (s. Kap. 4.7) am 28. März 1979 eingetretenen schweren Kühlmittelverlust-Unfall gab es Parallelen, aber auch wesentliche Unterschiede. In TMI-2 waren alle Hilfsanlagen und die gesamte Infrastruktur während des Ereignisses funktions-

fähig vorhanden. Die Reaktormannschaft hatte die internen Ursachen und den Verlauf des Unfalls mehrere Stunden lang nicht richtig erkannt. Ein Drittel des Kühlmittels wurde durch ein offen hängengebliebenes Ventil abgeblasen, wodurch Wärme ausgetragen, aber auch der Reaktorkern freigelegt wurde. Es kam zur Bildung großer Mengen Wasserstoffgas, zur Teilkernschmelze und zu einer Wasserstoffverpuffung im SB. Erst nach 16 Stunden konnte der Zwangsumlauf des Reaktorkühlmittels wiederhergestellt werden. Es dauerte mehr als 3 Jahre, bis Kamerasondierungen und viereinhalb Jahre, bis Probenentnahmen im RDB-Innenraum möglich waren.

Für die Bedienungsmannschaften in Fukushima Daiichi war die beispiellose Notsituation, vor der sie standen, sofort klar. Sie mussten versuchen, die ausgefallenen Kühlkreisläufe unverzüglich wieder in Gang zu setzen oder mit anderen, provisorischen Hilfsmitteln eine große Katastrophe zu verhindern. Die dafür zur Verfügung stehende technische Ausrüstung und die personelle Qualifikation waren jedoch unzureichend. Durch die völlig unzureichende Auslegung der Anlagen gegen Tsunami stand das Notfallpersonal aber auch vor einer äußerst schwierigen Aufgabe.

Die Blöcke Fukushima I 1–3 sind GE-SWR der 2. Generation (BWR-3 bzw. BWR-4) und besitzen Containments des Typs Mark I. In Notfallsituationen ist die Funktionsfähigkeit und Belastbarkeit der Containments von entscheidender Bedeutung.

4.9.1   Das Containment Mark I

Anfang der 1960er Jahre entwarfen die amerikanischen Reaktorhersteller die ersten Kernkraftwerke der Leistungsklasse 400–600 MW_{el}. Darunter war das GE-SWR-Kernkraftwerk Oyster Creek mit der Bruttoleistung 652 MW_{el} am Standort Lacey im US-Bundesstaat New Jersey am Atlantik. Der Baubeginn war im Dezember 1964. Der kommerzielle Betrieb begann am 1.12.1969. Zeitlich parallel zu Oyster Creek wurde das baugleiche Kernkraftwerk Nine Mile Point-1 am Lake Ontario im US-Bundesstaat New York errichtet. Für diesen neuen SWR-Bautyp wurde das Containment „Mark I" mit einem Druckab-

---

[691] Status of countermeasures for restoring from the accident at Fukushima Daiichi Unit 1 through 4. As of October 20th, 2011, http://fukushima.grs.de/sites/default/files/Countermeasures_20111020.pdf.

[692] Report to the IAEA Member States: IAEA International Fact Finding Expert Mission of the Fukushima Daiichi NPP Accident Following the Great East Japan Earthquake and Tsunami, 24. 5. – 2. 6. 2011, S. 30.

Abb. 4.34 Das aufgeschnittene Mark-I-Containment

bausystem konstruiert, das neben der oben liegenden trockenen Druckkammer (dry-well) eine torusförmige Kondensationskammer (wet-well) aufwies, die etwa zur Hälfte mit Wasser gefüllt war. Abbildung 4.34 zeigt das aufgeschnittene Mark-I-Containment in einer dreidimensionalen Ansicht.[693] In Abb. 4.35 ist das Oyster Creek Mark-I-Containment im schematischen Vertikalschnitt dargestellt.[694]

Das Druckabbausystem erwies sich in den Sicherheitsanalysen als sehr wirksam bei einem Leck oder Bruch im Kühlkreislauf innerhalb der Druckkammer. Daraus wurde abgeleitet, dass die Druckkammer (Sicherheitsbehälter – SB) nur noch für geringen Überdruck ausgelegt und mit seinem Volumen verhältnismäßig klein konstruiert werden kann. Die Druckkammer (SB) von Mark-I in der frühen amerikanischen Version hatte ein freies Volumen von 4814 m³ netto

und die Kondensationskammer entsprechend 3653 m³. Die Wasservorlage im Torus hatte das Volumen 2336 m³.[695] Das Mark-I-Containment wurde mit einem frei stehenden SB aus Stahlblech (Druckkammer – dry well) mit einer Stahlbetonhülle oder als Stahlbeton-Containment mit Stahl-Liner gebaut.[696] Die japanischen SWR-Blöcke Fukushima I 1–4 besitzen einen frei stehenden SB. Block 1 wurde durch den amerikanischen Hersteller General Electric (GE) errichtet. Beim Bau des Blocks 2 war neben GE auch der japanische Hersteller Toshiba beteiligt. Block 3 wurde von Toshiba und Block 4 von Hitachi in japanischer Regie hergestellt, wobei konstruktive Weiterentwicklungen – auch des Containments – vorgenommen wurden. Die Mark-I-Containments japanischer Bauart haben vergrößerte Abmessungen gegenüber dem amerikanischen Original (Höhe innen 38,25 m, Innendurchmesser 23,9 m, Durchmesser des oberen Abschluss-

[693] USNRC Technical Training Center, Reactor Concepts Manual, Boiling Water Reactor Systems, Rev0200, S. 3–16.

[694] Gall, W. R.: Review of Containment Philosophy and Design Practice, Nuclear Safety, Vol. 7, No. 1, 1965, S. 81–88.

[695] ebenda, S. 84.

[696] Hessheimer, M. F. und Dameron, R. A.: Containment Integrity Research at Sandia National Laboratories, NUREG/CR-6906 SAND2006-227P, Juli 2006, S. 9.

Abb. 4.35
Schematischer Vertikal-
schnitt durch das
Mark-I-Containment
des KKW Oyster Creek

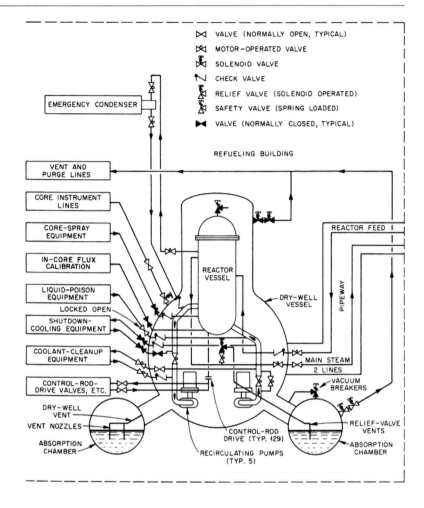

doms – Deckels – 9,65 m) (s. Abb. 4.36).[697] Der Auslegungsdruck ist 5,24 bar absolut, die Auslegungstemperatur 140 °C. Zwischen dem SB und der ihn umgebenden Stahlbetonhülle (biologischer Schild) ist ein Zwischenraum von 35 mm. Der im besonders hoch belasteten zylindrischen Teil verwendete japanische Stahl etwas höherer Streckgrenze entspricht dem amerikanischen Stahl ASME Sec. II SA 537 Class 1.[698] Die SB-Wanddicke beträgt hier 38 mm, so dass auf eine

Wärmebehandlung nach dem Schweißen auf der Baustelle verzichtet werden konnte. In den oberen und unteren Bereichen des SB wurde der Stahl SA 516 Grade 70[699] mit hoher Zähigkeit eingesetzt. Neben den Durchführungen der Rohrleitungen für Frischdampf und Speisewasser sowie für die Verbindungsrohre zur Kondensationskammer sind eine Personenschleuse (Innendurchmesser 2,60 m), eine Materialschleuse (Innendurchmesser 3,66 m) und eine Notschleuse (Innendurchmesser 2,0 m), die jeweils kreisförmig sind, in den SB eingefügt. Auch die torusförmige Kondensationskammer ist ein frei stehender Behälter aus Stahlblech.

---

[697] Isozaki, T., Soda, K. und Miyazono, S.: Structural Analysis of a Japanese BWR Mark-I Containment Under Internal Pressure Loading, Nuclear Engineering and Design, Vol. 104, 1987, S. 365–370.

[698] Chemische Zusammensetzung in Gew.-%: C 0,24, Mn 0,70–1,35, P max. 0,035, S max. 0,035, Si 0,15–0,50, Cu 0,35, Ni 0,25, Cr 0,25, Mo 0,08, Streckgrenze 485–620 MPa.

---

[699] Chemische Zusammensetzung in Gew.-%: C 0,28, Mn 0,85–1,20, P max. 0,035, S max. 0,035, Si 0,15–0,40, Streckgrenze 485–620 MPa.

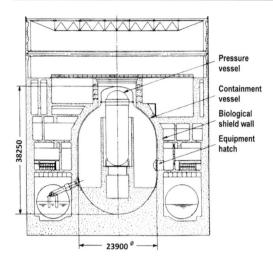

Abb. 4.36 Vertikalschnitt durch ein Mark-I-Containment japanischer Bauart (schematisch)

Das Mark-I-Containment ist unter extremen Belastungen, wie sie bei schweren Unfällen auftreten können, untersucht worden. Der SB aus Stahlblech der japanischen Bauart wurde mit einer japanischen Studie hinsichtlich seines elastisch-plastischen Verhaltens unter hohem Innendruck mit Hilfe der Finite-Elemente-Methode analysiert. Als Ergebnis konnte festgestellt werden, dass sich das Stahlcontainment als Ganzes bis zu einem Innendruck von 17 bar elastisch verformt. Bei annähernd 20 bar ist der SB so weit aufgeblasen, dass er sich an die umhüllende Betonwand anlegt. Es wurde nachgewiesen, dass der Stahl SA 537 eine geeignete Wahl für hohe Innendruckbelastungen ist.[700]

Mitte der 1980er Jahre entschloss sich die USNRC, anhand von 5 typischen amerikanischen Leistungskernkraftwerken eine neue Risikostudie zu schweren Unfällen „Severe Accident Risks: An Assessment for Five U. S. Nuclear Power Plants" durchzuführen (NUREG-1150, s. Kap. 7.2.3). Eine der untersuchten Anlagen war das Kernkraftwerk mit SWR-BWR/4 Peach Bottom Block 2 bei Lancaster, Pennsylvania. Diese von GE errichtete, im Juli 1974 in den

kommerziellen Betrieb gegangene Anlage besitzt eine elektrische Bruttoleistung von 1.180 MW (thermische Leistung 3.514 MW) und ein Containment der amerikanischen Bauart Mark I. Sie ist leistungsstärker als die Fukushima-Blöcke 1–4, aber mit ihren Eigenschaften vergleichbar.

Ereignisabläufe, die im KKW Peach Bottom zu Kernschäden führen können, wurden wegen der mehrfach redundant und diversitär vorhandenen Notkühlsysteme in erster Linie in der Folge eines vollständigen Stromausfalls in der Gesamtanlage (station black out) oder bestimmter Transienten (ATWS) angenommen. Die Kernnotkühlungs-Systeme für die Hochdruck- und Niederdruckeinspeisung sowie das Niederdruck-Kernsprühsystem werden von elektrischen Pumpen angetrieben, die einen beträchtlichen Strombedarf haben und bei hohen Temperaturen ausfallen.[701] Bei einem totalen Netzausfall und dem völligen Versagen der Notstromversorgung (Ausfall aller Diesel-Generatoren) verbleibt zur Abführung der Nachwärmeleistung aus dem Reaktorkern allein noch die von der Schwerkraft angetriebene Naturumlaufkühlung bei Block 1 mit dem Notkondensationssystem (Isolation Condenser – IC) oder das Nachspeisesystem bei den Blöcken 2 und 3 (Reactor Core Isolation Cooling – RCIC), das ein einsträngiges, turbinengetriebenes System geringer Fördermenge ist, das bei Frischdampfabschluss die RDB-Füllstandshaltung mit Kühlmittel aus der Kondensationskammer oder dem Kondensatvorratsbehälter sicher stellt, s. Abb. 4.37[702]: Nach dem Prinzip der RCIC treibt der im RDB erzeugte Dampf auf seinem Weg in die torusförmige Kondensationskammer eine kleine Turbine an, die mit einer Pumpe verbunden ist, die aus der Kondensationskammer Wasser in den RDB einspeist. Die Leis-

---

[700] Isozaki, T., Soda, K. und Miyazono, S.: Structural Analysis of a Japanese BWR Mark-I Containment Under Internal Pressure Loading, Nuclear Engineering and Design, Vol. 104, 1987, S. 370.

[701] Division of Systems Research, Office of Nuclear Regulatory Research, USNRC: Severe Accident Risks: An Assessment for Five U. S. Nuclear Power Plants, Final Summary Report, NUREG-1150, Vol. 1, Part II, Chapter 4: Peach Bottom Plant Results, Dezember 1990, S. 4-2 bis 4-8.

[702] Quelle: AREVA NP, vgl. Mohrbach, Ludger: Tohoku-Kanto Earthquake and Tsunami on March 11, 2011 and Consequences for Northeast Honshu Nuclear Power Plants, VGB PowerTech, März 2011, S. 26.

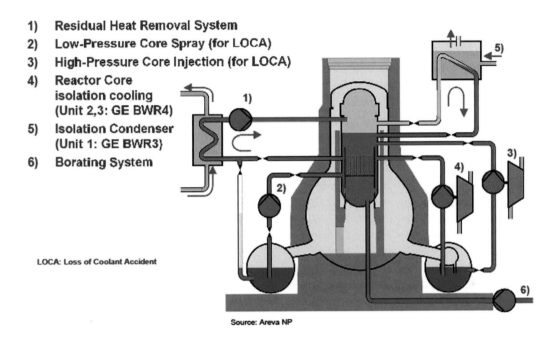

Emergency Core Cooling Systems

1) **Residual Heat Removal System**
2) **Low-Pressure Core Spray (for LOCA)**
3) **High-Pressure Core Injection (for LOCA)**
4) **Reactor Core isolation cooling (Unit 2,3: GE BWR4)**
5) **Isolation Condenser (Unit 1: GE BWR3)**
6) **Borating System**

LOCA: Loss of Coolant Accident

Source: Areva NP

Abb. 4.37 Die Notkühlsysteme der BWR3/BWR4-General-Electric-Siedewasserreaktoren

tungsfähigkeit dieses Umwälzsystems geht mit steigenden Temperaturen in der Kondensationskammer zurück und ist bei Erreichen des Sättigungszustandes zu Ende. Zum geregelten Betrieb des RCIC-Systems sind zur Ventilsteuerung geringe Mengen elektrischer Energie erforderlich, die aus den im KKW vorgehaltenen Batterien entnommen werden können. Im Rahmen der Risikostudie NUREG-1150 wurde angenommen, dass dafür die Kapazität der Batterien 12 Stunden lang ausreicht.[703]

Gelingt es nicht, die Nachzerfallswärme aus dem Reaktorkern in eine außerhalb des Containments liegende Wärmesenke abzuführen, steigen Temperatur und Druck im Reaktordruckbehälter (RDB) an. Ein RDB-Druckentlastungssystem mit 5 automatisch gesteuerten und weiteren 6 außerhalb der automatischen Steuerung befindlichen Entlastungsventilen kann von der Bedie-

nungsmannschaft von außerhalb des Sicherheitsbehälters in Gang gesetzt und die Ventile geöffnet werden, wozu im Notfall auch Batteriestrom ausreicht. Wenn der Druck im SB bestimmte Werte erreicht, ist bei Mark-I eine Containment-Druckentlastung vorgesehen (primary containment venting system). Die Druckentlastung kann über 5 verschiedene Wege aus der Druckkammer (SB – dry-well) und 4 verschiedene Wege aus dem Torus der Kondensationskammer (wet-well) erfolgen.

Für den Belastungsfall der nach außen nicht abführbaren Nachwärmeleistung wurde den Untersuchungen der Risikostudie NUREG-1150 die Containment-Druckentlastung über die Kondensationskammer zugrunde gelegt, damit radioaktive Stoffe vorher in der Wasservorlage ausgewaschen und zurückgehalten werden können. Eine 152-mm-Rohrleitung aus dem oberen, wasserfreien Bereich des Torus sei dazu ausreichend.[704] Das Mark-I-Containment von Peach

[703] Division of Systems Research, Office of Nuclear Regulatory Research, USNRC: Severe Accident Risks: An Assessment for Five U. S. Nuclear Power Plants, Final Summary Report, NUREG-1150, Vol. 1, Part II, Chap. 4: Peach Bottom Plant Results, Dezember 1990, S. 4–8.

[704] Division of Systems Research…, NUREG-1150…, a. a. O., S. 4–9.

Bottom ist für den maximalen Druck von 3,86 bar (56 psig) bei einem Kühlmittelverlust-Störfall ausgelegt und wird vermutlich bei 10,2 bar (148 psig) durch Bruch versagen. Wegen seines verhältnismäßig geringen freien Volumens kann es nur begrenzte Mengen an nichtkondensierbaren Gasen – wie Wasserstoff aus Zirkonium-Wasser-Reaktionen – aufnehmen. Um Wasserstoff-Deflagrationen im Verlauf schwerer Unfälle zu verhindern, werden Mark-I-Containments mit Stickstoffgas inertisiert.[705]

Die Risikostudie zu schweren Unfällen NUREG-1150 kam für das KKW Peach Bottom u. a. zum Ergebnis, dass die Bedeutung der langfristig ausfallenden Nachwärmeabfuhr für das Eintreten von Containment-Versagen sowie von Kernschäden und Kernschmelzen – bei Berücksichtigung einer gewissen Kernkühlung – durch die Containment-Druckentlastung wesentlich vermindert wird.[706] Eine vertiefende Untersuchung dieses Befundes wurde im Auftrag der USNRC im Idaho National Engineering Laboratory, Idaho Falls, 1988/1989 durchgeführt. Sie bestätigte, dass der Notfall eines langfristigen Ausfalls der Nachwärmeabfuhr für Kernschäden und radioaktive Freisetzungen unbedeutend wird, wenn Containment-Druckentlastungen (auf dem Weg durch die Wasservorlage der Kondensationskammer) zusammen mit fortgesetzten Kühlmitteleinspeisungen in den RDB vorgenommen werden: „TW [long-term loss of decay heat removal sequence] risk is insignificant."[707] Diese 20 Jahre zuvor entwickelte Notfallschutz-Strategie war in den Fukushima-Betriebshandbüchern vorgesehen, konnte aber erst um entscheidende Stunden verspätet angewendet werden.

4.9.2 Der Ablauf der Ereignisse in Fukushima-Daiichi

Die Naturkatastrophe mit ihren verheerenden Verwüstungen und die dramatische Situation am Kernkraftwerksstandort Fukushima I hatten eine unsichere und häufig widersprüchliche Nachrichtenlage zur Folge, obwohl Informationen – Fakten und Bewertungen – sachkundiger Institutionen verfügbar waren:

- Governmental Emergency Headquarters, Tokio
- TEPCO Tokyo Electric Power Company, Betreibergesellschaft
- JAIF Japan Atomic Industrial Forum
- NSC Nuclear Safety Commission of Japan
- NISA Nuclear and Industrial Safety Agency
- JNES Japan Nuclear Energy Safety Organization
- IAEA International Atomic Energy Agency
- WANO World Association of Nuclear Operators, Tokyo Centre

Dazu kamen aktuelle journalistische Berichterstattungen von:

- TBS Tokyo Broacasting System, japanischer Fernsehsender
- NHK Nippon Hoso Kyotai, japanischer Fernsehsender
- KYODO News japanische Nachrichtenagentur
- CNN Cable News Network, amerikanischer Fernsehsender

In Deutschland sammelte und bewertete die Gesellschaft für Anlagen- und Reaktorsicherheit (GRS) mbH in Köln im Auftrag des Bundesumweltministeriums Informationen zur Lage in den vom Erdbeben betroffenen Kernkraftwerken und machte sie über ihr Fukushima-Internetportal der Öffentlichkeit zugänglich. Die japanischen Nachrichten und Mitteilungen wurden bei der GRS ins Deutsche übersetzt und auf ihre Plausibilität überprüft. In täglichen Statusmeldungen – in der Woche nach dem Erdbeben auch mehrmals täglich – wurden die GRS-Erkenntnisse im Internet publiziert und fortlaufend aktualisiert. Forschungsinstitutionen wie die Helmholtz-Gemeinschaft, das Forschungszentrum Jülich und das Karlsruher Institut für Technologie stell-

---

[705] Division of Systems Research, Office of Nuclear Regulatory Research, USNRC: Severe Accident Risks: An Assessment for Five U. S. Nuclear Power Plants, Final Summary Report, NUREG-1150, Vol. 1, Part II, Chap. 4: Peach Bottom Plant Results, Dezember 1990, S. 4–12.

[706] ebenda, Part III, Chap. 8, Perspectives and Uses, S. 8–10.

[707] Dallman, R. Jack, Galyean, William J. und Wagner, K. C.: Containment venting as an accident management strategy for BWRs with Mark I containments, Nuclear Engineering and Design, Vol. 121, 1990, S. 421–429.

ten wissenschaftliche Hintergrundinformationen bereit. Parallel zur GRS unterhielten einige Printmedien ihre ständig laufenden Internet-Nachrichtendienste, in denen sie auch Meinungen und Einschätzungen verbreiteten, die sich ganz und gar von den Bewertungen der offiziellen Stellen unterschieden.

Eine wesentliche Quelle für die Darstellung und Bewertung der Ereignisabläufe in Fukushima sind die Berichte der japanischen Regierung vom Juni und Sept. 2011.[708, 709] Ein detaillierter Bericht zu den Ereignissen im Fukushima-Kernkraftwerk wurde vom amerikanischen Institute of Nuclear Power Operations (INPO) in Zusammenarbeit mit dem Betreiber TEPCO im Nov. 2011 vorgelegt.[710] Anfang Dezember 2011 veröffentlichte die Betreiberfirma TEPCO einen detaillierten Zwischenbericht, der von zwei Komitees erarbeitet worden war.[711] Das Fukushima-Reaktorunfall-Untersuchungskomitee bestand aus leitenden Persönlichkeiten der Fa. TEPCO. Das Untersuchungs-Verifikationskomitee war aus externen Sachverständigen aus den Bereichen der betroffenen Wissenschaften und des Rechts zusammengesetzt. Die Komitees prüften und bewerteten die verfügbaren Aufzeichnungen von Messwerten, die teilweise nur bruchstückhaft vorlagen, in sich widersprüchlich und schwierig zu deuten waren, zumal die meisten Messinstrumente nach Erdbeben und Stromausfall nicht mehr funktionsfähig waren. Für die Analyse der Ereignisabläufe mussten deshalb Annahmen getroffen werden, die durch Modellrechnungen und Sensitivitätsuntersuchungen auf ihre Plausibilität geprüft wurden. Wichtige Ein-

richtungen innerhalb und außerhalb der Anlagen wurden mit Vor-Ort-Begehungen in Augenschein genommen. Mehr als 250 Personen, die während des Unfallgeschehens in den havarierten Kernkraftwerken die Verantwortung trugen, wurden ausgiebig befragt.

Die folgende Darstellung des Unfallgeschehens in Fukushima I steht trotz aller umfassenden Analysen unter dem Vorbehalt, dass sich die Abläufe im Einzelnen erst im Laufe der kommenden Jahre und Jahrzehnte, möglicherweise niemals bis ins Letzte durch genaue Erkundungen im Innern der Containments und RDB werden klären lassen. Die Schilderung stützt sich weitgehend auf die Statusmeldungen und die Zwischenberichte der GRS und TEPCO.[712, 713] Die unbeantworteten Fragen betreffen insbesondere auch die offensichtlichen Defizite bei der Kommunikation zwischen Aufsichtsbehörde, Notfallstab und den Verantwortlichen auf den Anlagen sowie der Betreibergesellschaft. Die GRS stellt dazu fest: „Es bleibt zu klären, inwiefern es aufgrund mangelnder Kommunikation zu Verzögerungen bei der Einleitung von Maßnahmen, zum Beispiel bei der Meerwasserbespeisung oder der Druckentlastung der Containments der Blöcke gekommen ist oder ob für die Wirksamkeit der Maßnahmen technische Probleme, wie ein zu hoher Druck im RDB für die Bespeisung oder das Fehlen von Antriebsmedium für die druckluftgetriebenen Ventile der Ventingsysteme, verantwortlich sind."[714]

Das schweizerische Eidgenössische Nuklearsicherheitsinspektorat (ENSI) hat in einem dreigliedrigen Bericht (Ereignisabläufe – Vertiefende Analyse des Unfalls in Fukushima – Radiologische Auswirkungen) im August/September 2011 ungewöhnlich kritische Mutmaßungen über die Hintergründe des Unfall-Geschehens angestellt.

Anfang Juli 2012 legte der Untersuchungsausschuss „The Fukushima Nuclear Accident Inde-

---

[708] Nuclear Emergency Response Headquarters, Government of Japan: Report of the Japanese Government to the IAEA Ministerial Conference on Nuclear Safety, June 2011.

[709] Nuclear Emergency Response Headquarters, Government of Japan: Additional Report of the Japanese Government to the IAEA Ministerial Conference on Nuclear Safety (Summary), September 2011.

[710] INPO 11–005, Special Report on the Nuclear Accident at the Fukushima Daiichi Nuclear Power Station, November 2011.

[711] The Tokyo Electric Power Company, Inc.: Fukushima Nuclear Accident Analysis Report (Interim Report), 2. Dezember 2012, 156 Seiten.

---

[712] Die GRS wies darauf hin, dass sie die Genauigkeit und Zuverlässigkeit der aus japanischen Quellen stammenden Messdaten und Werte nicht bestätigen kann.

[713] Der Unfall in Fukushima, Zwischenbericht von den Abläufen in den Kernkraftwerken nach dem Erdbeben vom 11. März 2011, GRS-293, August 2011, ISBN 978-3-939355-70-0.

[714] ebenda, S. 85.

pendent Investigation Commission" (NAIIC) des japanischen Parlaments seinen Bericht über Ablauf und Ursachen der dramatischen Ereignisse in Fukushima vor. Er bezeichnete das Unglück als „Made in Japan" und zutiefst in der japanischen Mentalität begründet. Das Desaster sei vorhersehbar und vermeidbar gewesen und durch eine Vielzahl menschlicher Fehler und durch mutwillige Pflichtvergessenheit bei der Regierung, den Aufsichtsbehörden und dem Betreiber verschuldet worden. Der Untersuchungsausschuss stellte eindringlich dar, wie die internen Verflechtungen und Abhängigkeiten zwischen Wirtschaft, Regierung und Aufsichtsbehörden zu grob fahrlässigen Versäumnissen und Unterlassungen bei den sicherheitstechnischen und organisatorischen Nachbesserungen, Nachrüstungen und Schulungen führten. Beispielsweise seien die Reaktorfahrer, die Unternehmensführung und die staatliche Aufsicht unvorbereitet mit dem kompletten Ausfall der Stromversorgung konfrontiert worden, weil der „Station Blackout" (SBO) entgegen internationaler Anforderungen als völlig unwahrscheinlich und hinsichtlich anderer Hilfsmittel als belanglos eingeschätzt worden war.[715] Der Ende Juli 2012 publizierte Abschlussbericht der von der japanischen Regierung im Mai 2011 eingesetzten Untersuchungskommission bestätigte im Wesentlichen die Erkenntnisse des japanischen parlamentarischen Untersuchungsausschusses.[716] Am 12. Oktober 2012 legte das von der Firma TEPCO eingesetzte Sonderkomitee für die Reorganisation des Kernkraftwerksbetriebs seine Reformvorschläge vor. Sie wurden begleitet von einer an Deutlichkeit nicht zu übertreffenden Kritik an den früheren Versäumnissen der Betreiberfirma TEPCO:

- TEPCO hat die Nachrüstung von notwendigen und als notwendig anerkannten Notfallschutz-

maßnahmen unterlassen, weil ungünstige öffentliche Reaktionen befürchtet wurden.
- TEPCO hätte die Folgen aus den 3 Kernschmelzen abmildern können, wären die internationalen Standards und Empfehlungen sorgfältiger beachtet worden.
- TEPCO hat sich um die Schulung des Bedienungspersonals in praktischen Notfallschutzmaßnahmen nicht gekümmert.
- TEPCO ist unvorbereitet von den Herausforderungen des 11. März 2011 getroffen worden.[717]

Das Fukushima-Unglück und die öffentliche Diskussion seiner Ursachen erschütterten das jahrzehntelange Vertrauen der Japaner in die Reaktorsicherheit ihrer Anlagen zutiefst. Mitte September 2012 erklärte die Regierung Yoshihiko Noda ohne formelle Beschlussfassung die Absicht zur Energiewende, die Japan durch einen massiven Ausbau regenerativer Energienutzung bis spätestens zum Jahr 2040 von der Kernkraft unabhängig machen solle. Die drei im Bau befindlichen neuen Kernkraftwerke sollten allerdings fertiggestellt und in Betrieb genommen werden. Auch die nach dem 11. März 2011 abgeschalteten Reaktoren sollten nach ihrer Überprüfung und Nachrüstung wieder hochgefahren werden.

Die im Dezember 2012 neu gewählte Regierung Shinzo Abe kündigte an, die weitere Nutzung der Kernenergie nach sorgfältigen Sicherheitsprüfungen, auch den Neubau von Kernkraftwerken, wieder aufnehmen zu wollen. Die im September 2012 neu eingerichtete Regulierungsbehörde Nuclear Regulation Authority (NRA) legte im Januar 2013 den Entwurf umfassend neuer Sicherheitsstandards vor, auf deren Grundlage eine durchgreifend effektive Regulierung der Kernenergienutzung in Japan beginnen soll.

Es muss nochmals mit Nachdruck betont werden: Das eigentliche Unfallgeschehen nahm seinen Ausgang nicht vom Erdbeben, sondern von der Flutwelle, die das Land verwüstete, die Maschinenhäuser 5 m hoch überschwemmte, Hilfsanlagen und Infrastruktur zerstörte. In Abb. 4.38 ist der Lageplan des Kernkraftwerks Fukushima I

---

[715] The National Diet of Japan: The official report of The Fukushima Nuclear Accident Independent Investigation Commission, Executive Summary, 2012, Tokio, S. 9–16

[716] vgl. die in englischer Sprache erschienene Zusammenfassung: Investigation Committee on the Accident at Fukushima Nuclear Power Stations of Tokyo Electric Power Company: Executive Summary of the Final Report, Tokio, 23. 7. 2012, S. 43. Die englische Ausgabe der Langfassung war im September 2012 verfügbar.

[717] Nuclear Reform Special Task Force – The First Nuclear Reform Monitoring Committee: Fundamental Policy for the Reform of TEPCO Nuclear Power Organization, Tokio, 12. 10. 2012, S. 7–13.

Abb. 4.38 Der Lage-
plan des Kernkraftwerks
Fukushima-Daiichi

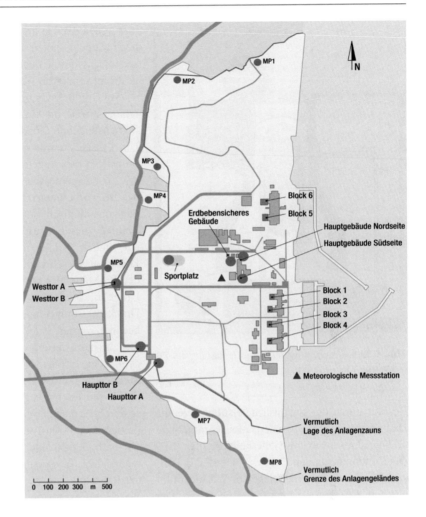

mit seinen 6 Blöcken und den Messpunkten (MP),
an denen die Dosisleistung der radioaktiven Strahlung aufgezeichnet wurde, wiedergegeben.[718]

Die japanische Betreiberfirma Tepco bat umgehend um technische Hilfe aus dem Ausland,
die sofort von vielen Seiten – insbesondere auch
von den USA – zugesagt und in die Wege geleitet wurde. Bei den deutschen Kernkraftwerksbetreibern und der deutschen Nuklearindustrie
lief eine umfangreiche Hilfsaktion an. Bereits
am 20.3.2011 wurden ab Frankfurt die ersten 20
Paletten mit nachgefragten Hilfsgütern, wie beispielsweise Spezialfiltern, Masken und Dosime-
tern nach Japan geflogen. Weiteres kerntechnisches Spezialequipment folgte nach.

Block 1 Nach Eintreffen der Flutwelle brach die
Stromversorgung komplett zusammen (Station
Black Out – SBO) – auch die 125-Volt-Batte-
rien waren überflutet und unbrauchbar. Für die
Wärmeabfuhr aus dem Reaktorkern des Blocks
1 standen grundsätzlich nur die Systeme des
Notkondensators (Isolation Condenser) zur Verfügung. Sie waren nach dem Beben automatisch gestartet und dann manuell vorübergehend
außer Betrieb genommen worden, um zu hohe
Abkühlgeschwindigkeiten im Reaktor zu vermeiden. Ob der Notkondensator nach dem SBO
noch funktionierte, blieb im Unklaren.[719] Der im

[718] GRS: Informationen zu den radiologischen Folgen
des Erdbebens vom 11. März 2011 in Japan und dem kerntechnischen Unfall am Standort Fukushima Daiichi, Stand
11. 4. 2011, S. 11.

[719] http://www.nisa.meti.go.jp/english/files/en20110528-
4.pdf, Bericht der Nuclear and Industrial Safety Agency (NISA): Regarding the Evaluation of Tokyo Electric
Power Co.'s „Regarding the Impact Assessment and Analysis of Fukushima Dai-Ichi Nuclear Power Station's Record of Operations and Accident Record at the Time of

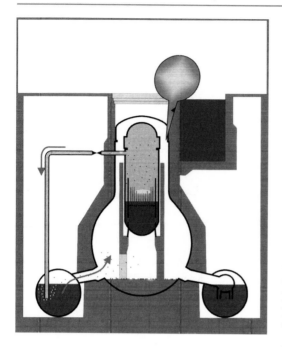

Abb. 4.39 Kernzerstörung und Druckentlastung des SB (schematisch)

Reaktor durch die Nachwärmeleistung erzeugte Dampf strömte in die Kondensationskammer und erhöhte dort sowie im Sicherheitsbehälter (SB) des Containments den Druck.[720] Der RDB-Füllstand sank ab. Eine ausreichende Wärmeabfuhr aus dem Reaktorkern fand nicht mehr statt. Der Reaktorkern wurde zunehmend freigelegt. Die Hüllrohre der Brennstäbe erreichten 900 °C, blähten sich und rissen auf. Flüchtige Spaltprodukte wurden in den RDB und den SB freigesetzt (Abb. 4.39)[721]. Bei einem in großem Umfang freigelegten Kern wurden etwa 4 Stunden nach dem Erdbeben die Hüllrohre auf 1200 °C erhitzt. Das Zirkonium reagierte mit Wasser, oxidierte, und es entstanden vermutlich ungefähr 750 kg Wasserstoff. Das Wasserstoffgas gelangte direkt aus dem RDB oder über die Kondensationskam-

mer in den SB. Da im SB Druck und Temperatur hoch waren, könnten radioaktive Stoffe und Wasserstoffgas durch Lecks in das Reaktorgebäude geströmt sein (Abb. 4.39).

Am Unglückstag um 23.00 Uhr zeigten Strahlenmessgeräte im Maschinenhaus eine beträchtlich ansteigende Ortsdosisleistung.[722] Um 23.50 Uhr Ortszeit wurde ein über dem Auslegungsdruck (5,3 bar) liegender Containmentdruck von etwa 6 bar gemessen und eine Druckentlastung des SB vorbereitet. Die Öffnung eines manuell oder pneumatisch aktivierbaren Ventils an einer Leitung zum Fortluftkamin erwies sich wegen der hohen Strahlenbelastung und fehlender Druckluft als schwierig. Erst am folgenden Tag, den 12. März 2011, um 14.00 Uhr, als ein mobiler Druckluftkompressor verfügbar war, konnte die Druckentlastung eingeleitet und um 14.30 Uhr beendet werden[723] (Abb. 4.39). Wasserstoffgas, das zur Inertisierung des Containments verwendete Stickstoffgas, Wasserdampf und geringe Mengen an Aerosolen (Jod, Cäsium ca. 0,1 %) sowie alle Edelgase gelangten – möglicherweise durch Leckagen oder wegen eines nicht funktionierenden Abluftventils – in den Beckenflur oberhalb der Reaktoranlage und des Containments. Der Wasserstoff durchmischte sich mit der Raumluft. Um 15.36 Uhr ereignete sich eine Wasserstoffexplosion, die Dach und Seitenwände der Reaktorhalle oberhalb der Bedienungsebene (des Beckenflurs) zerstörte. Abbildung 4.40 zeigt die Rauch- und Dampfwolke nach der Explosion über dem Block 1 und Abb. 4.41 die Stahlkonstruktion des zerstörten obersten Geschosses des Reaktorgebäudes von Block 1. Das unterhalb der Service-Ebene liegende Containment erfuhr vermutlich keine Beschädigungen, die von der Wasserstoffexplosion verursacht wurden. Über den Zustand des Brennelement-Abklingbeckens gab es zunächst keine Informationen.

the Tohoku District-Off the Pacific Ocean Earthquake", 24. 5. 2011, S. 3–5.

[720] Report to the IAEA Member States: IAEA International Fact Finding Expert Mission of the Fukushima Daiichi NPP Accident Following the Great East Japan Earthquake and Tsunami, 24. 5. – 2. 6. 2011, S. 31 f.

[721] Quelle: AREVA NP, vermittelt von Dipl.-Ing. Uwe Stoll.

[722] Nuclear Emergency Response Headquarters, Government of Japan: Report of the Japanese Government to the IAEA Ministerial Conference on Nuclear Safety, June 2011, S. IV-34.

[723] Nuclear Emergency Response Headquarters, Government of Japan: Additional Report of the Japanese Government to the IAEA Ministerial Conference on Nuclear Safety (Summary), September 2011, S. 6 f.

Abb. 4.40 Wasserstoffexplosion im Reaktorgebäude des Blocks 1 am 12.3.2011, 15.36 Uhr

Abb. 4.41 Die zerstörte Reaktorhalle Block 1

TEPCO teilte am 15.5.2011 eine vorläufige Analyse des Reaktorkern-Zustands aufgrund aller zu diesem Zeitpunkt verfügbaren Messergebnisse und Datenaufzeichnungen mit. Nach einer Kalibrierung der Reaktorfüllstandsmessung hatte sich ergeben, dass der Füllstand erheblich unter dem bis dahin angezeigten Wert lag und schwere Kernschäden eingetreten waren. Den Berechnungen der TEPCO-Analyse zufolge sank der RDB-Füllstand innerhalb von 2,5 Stunden nach Eintreffen des Tsunami bis zur Oberkante des Reaktorkerns. Nach weiteren 1,5 Stunden war die BE-Unterkante erreicht und der Kern völlig freigelegt. Innerhalb weniger Stunden waren dann die Schmelztemperatur der Brennstabhüllrohre und später die Schmelztemperatur des Brennstoffs (2850 °C) erreicht. Durch eine fortschreitende Kernschmelze war flüssiges Schwermetall in die RDB-Bodenkalotte abgeflossen.[724] Der Reaktordruckbehälter (RDB) war 14 Stunden und 9 min ohne Wassereinspeisung, als es am 12.3.2011 um 5.46 Uhr Ortszeit gelang, Frischwasser in den RDB einzuspeisen, wozu man die Feuerlöschleitungen und die Pumpen eines Löschfahrzeugs einsetzte. 3 Stunden zuvor war der RDB-Druck auf 8 bar gefallen, was die Einspeisung mit behelfsmäßigem Gerät möglich machte. Der Frischwasservorrat von ungefähr 80 m³ hielt nur bis 14.50 Uhr vor. Um 20.20 Uhr konnte Meerwasser aus dem Feu-

erlöschbassin zusammen mit boriertem Wasser eingespeist werden. Um die Fortsetzung der Einspeisung zu ermöglichen, war zuvor um ca. 19.25 Uhr eine weitere Druckentlastung vorgenommen worden. Die elektrische Versorgung wurde über mobile Generatoren gesichert. Am 14.3.2011 war die Einspeisung zeitweise wegen Wassermangels im Feuerlöschbassin unterbrochen. Die Zeitdauer der Unterbrechung ist unbekannt. Am 23.3.2011 früh morgens wurde der RDB zusätzlich auch über die Speisewasserleitung bespeist und die Einspeisemenge von 2 m³/h auf 18 m³/h erhöht. Später am gleichen Tag wurde nur noch die Speisewasserleitung benutzt und die Einspeisemenge auf 11 m³/h reduziert. Am 24.3.2011 wurde die Einspeisemenge mit 9,6 m³/h angegeben; sie wurde schrittweise bis zum 3.4.2011 auf 6 m³/h herabgesetzt und zunächst dabei belassen. Am 25.3.2011 nachmittags konnte die Einspeisung von Meerwasser auf Frischwasser umgestellt und damit der zunehmenden Salzverkrustung vorgebeugt werden. Eine provisorische elektrische Pumpe konnte am 29.3.2011 in Betrieb genommen werden, die seit dem 3.4.2011 vom externen Netz versorgt wurde. Aufgrund der Messwerte wurde angenommen, dass der Füllstand im RDB beständig bei 1,8/1,4 m unter Kernoberkante lag, was jedoch nicht den Fakten entsprach. Am 6.5.2011 wurde die Kühlmittelmenge auf 8 m³/h mit der Absicht erhöht, innerhalb von 20 Tagen das Containment bis auf die Höhe der Brennelemente-Oberkante im RDB zu fluten. Die Einspeisemenge wurde am 15.5.2011 auf 10 m³/h gesteigert, um die Auswirkungen auf

---

[724] http://fukushima.grs.de/sites/default/files/TEPCO-Analyse-Block-1_20110515.pdf, Tepco: Reactor Core Status of Fukushima Daiichi Nuclear Power Station Unit 1, 15. 5. 2011, 5 Seiten.

Drücke und Temperaturen in RDB und Containment zu erkunden. Über eine abgeschlossene Flutung wurde Ende Mai und in den nachfolgenden Monaten nichts bekannt.

Im RDB bestand ein Überdruck im Bereich zwischen 3 und 6 bar. Die Temperaturen der RBB-Wand betrugen am Speisewasserstutzen zwischen 230 und 330 °C (nach einem Anstieg auf nahezu 400 °C am 24.3.2011), am unteren Plenum zwischen 120 °C und 170 °C. Am 31.3.2011 wurde nachmittags drei Stunden lang Frischwasser auf das äußere Containment (Betonumhüllung) zur Kühlung von außen aufgesprüht. Der Druck in SB und Kondensationskammer lag zwischen 2,6 und 3,6 bar. Anfang November 2011 waren die stabilen Parameter: RDB-Einspeiserate 7,6 m³/h, Temperaturen am Speisewasserstutzen sowie am RDB-Boden etwa 50 °C (weiter fallend). Im System bestand praktisch kein Überdruck mehr.[725]

Die Dosisleistung im SB sank von ca. 41 Sv/h (24.3.2011) auf 31 Sv/h (5.4.2011) und in der Kondensationskammer entsprechend von ca. 26 Sv/h auf 10 Sv/h. Am 7. 4. wurde damit begonnen, über 6 Tage insgesamt 6.000 m³ Stickstoff in den SB einzuleiten, um die Zündfähigkeit des durch Radiolyse und durch Zirkonium-Wasser-Reaktionen im RDB entstandenen Wasserstoffs zu vermeiden. Stickstoffeinleitungen wurden später wiederholt.

Am 5.5.2011 wurde eine mobile Luftfilteranlage zur Verbesserung der Arbeitsbedingungen im Reaktorgebäude in Betrieb genommen. Es wurde geplant, Mitte Mai 2011 einen Kühler für das Kühlmittel im RDB in der Nähe des Reaktorgebäude-Zugangs zu installieren und ihn an einen Luftkühler außerhalb des Gebäudes anzuschließen. Es gelang aber nicht, einen geschlossenen Kühlkreislauf zu installieren. Der Wärmeaustrag erfolgte neben Wärmeleitung durch die Wände und das Fundament des Reaktorgebäudes und Konvektion in die Umgebung durch einen offenen, unvollständigen Wasserkreislauf. Das durch Lecks in das Reaktorgebäude und das Maschi-

nenhaus austretende kontaminierte Wasser wurde in die Ende Juni in Betrieb genommene Wasseraufbereitungsanlage gepumpt und von dort über einen Frischwassertank wieder in den RDB eingespeist. Ein Teil des eingespeisten Kühlwassers versickerte vermutlich in den Untergrund. Ein Überwachungs- und Messsystem zur Erfassung der radioaktiven Belastung des Grundwassers wurde eingerichtet. Zur Verhinderung des Abflusses radioaktiv kontaminierten Grundwassers in das Meer wurde Ende Oktober 2011 mit dem Bau einer Spundwand zwischen dem Kernkraftwerk und dem Pazifik begonnen.[726] Es wurde dauerhaft zu erreichen gesucht, den Wasserstand im Reaktorgebäude und im Maschinenhaus unterhalb des Grundwasserspiegels zu halten.

Die Mitte Mai 2011 um den RDB gemessene Temperaturverteilung zeigte – so TEPCO -, dass die vorhandene Kühlung ausreichte und ein Durchschmelzen des RDB nicht zu erwarten war. Der niedrige Füllstand deutete auf das Vorhandensein eines Lecks im RDB hin. Eine erhebliche Beschädigung des RDB wurde jedoch als unwahrscheinlich eingeschätzt. Die GRS machte dazu folgende Anmerkungen: „Studien der GRS haben gezeigt, dass es bei SWR im Fall einer Kernschmelze u. a. mit hoher Wahrscheinlichkeit zu einem Versagen des RDB in Form von Lecks bzw. Undichtigkeiten an Durchführungen (z. B. für die Kerninstrumentierung oder für die beim SWR von unten in den Kern einfahrenden Steuerstäbe, deren Antriebe außerhalb des RDB liegen) kommen kann. Dabei ist zu beachten, dass ein solches lokales Versagen an Durchführungen nicht zwangsläufig mit einem großflächigen Durchschmelzen der eigentlichen RDB-Wand verbunden sein muss.“[727] Die GRS wies darauf hin, dass eine vollständige Schmelze der in Fukushima I betroffenen Kerne, wie sie die TEPCO-Analysen nahelegten, mit anderen Daten, wie beispielsweise den gemessenen Drücken und Temperaturverteilungen, unvereinbar sei. Die Ende Nov. 2011 bekannt gewordenen Ergebnisse von japanischen

[725] Status of countermeasures for restoring from the accident at Fukushima Daiichi Unit 1 through 4. As of November 2nd, 2011, http://fukushima.grs.de/sites/default/files/Countermeasures_20111104.pdf.

[726] Status of countermeasures for restoring from the accident at Fukushima Daiichi Unit 1 through 4. As of December 1st, 2011. (Estimated by JAIF) http://fukushima.grs.de/sites/default/files/Countermeasures_20111201.pdf.

[727] http://fukushima.grs.de/print/1673 vom 9. 6. 2011.

Analysen zur Kernschmelze im Block 1 lassen es als möglich erscheinen, dass der Kern größtenteils geschmolzen ist, den RDB-Boden sowie eine darunter befindliche stählerne Bodenplatte durchschmolzen und sich bis zu 65 cm tief in den Beton des Fundaments gefressen hat. Der minimale Abstand zur SB-Stahlwand (vgl. Abb. 4.36, 4.39) könne noch 37 cm betragen.[728]

Die Dekontaminierung der Gebäude, die Bergung und Entsorgung der Kerntrümmer und erstarrten Brennstoff/Beton-Klumpen sowie der vollständige Rückbau der zerstörten Anlage soll nach einem Ende des Jahres 2011 vorgestellten Drei-Phasen-Plan in 30–40 Jahren nach dem Unglück abgeschlossen sein. Während der zweiten, auf zehn Jahre angelegten Phase soll der offene Kühlkreislauf in einen geschlossenen überführt werden, indem die Lecks im Containment abgedichtet und eine neue Kühlmittel-Umwälzschleife mit externem Wärmetauscher installiert werden sollen. Es ist geplant, im Jahr 2016 mit der Untersuchung des Sicherheitsbehälters im Innern zu beginnen und im Jahr 2019 den RDB-Deckel abzuheben. TEPCO und die japanische Regierung rechnen damit, dass umfangreiche Forschungs- und Entwicklungsarbeiten erforderlich werden, um die Voraussetzungen für die Erkundungs- und Entsorgungsarbeiten im Einzelnen zu schaffen.[729]

Ende Juni 2011 wurde mit der Einhausung des Reaktorgebäudes begonnen, die aus einer mit Kunststoff-Platten ausgekleideten Stahlkonstruktion und wasserdichter Außen-Membrane besteht. Der umhüllende Würfel hat eine Grundfläche von 47 m × 42 m und eine Höhe von 57 m. In diese Einhausung ist eine Lüftungsanlage integriert, die radioaktive Partikel ausfiltert. Die Errichtung wurde im Okt. 2011 abgeschlossen.[730]

Der japanische parlamentarische Untersuchungsausschuss NAIIC sowie die Untersuchungskommission der japanischen Regierung haben Hinweise gegeben, weshalb die Notfallmaßnahmen der Druckentlastung und Bespeisung des RDB erst so spät eingeleitet wurden, dass zuvor schon die Kernschmelze eintreten konnte. Es ging dabei um Fragen zu den sicherheitstechnischen Vorkehrungen, zum Ausbildungsstand des Personals, zu den Entscheidungswegen zwischen den Fachkräften und ihren Vorgesetzten sowie zur Kommunikation zwischen den Einsatzgruppen. Die NAIIC-Befunde waren beunruhigend. Das Büro des Ministerpräsidenten, die Ministerien, die Aufsichtsbehörden und das Unternehmen TEPCO versagten bei der Verhinderung und Eindämmung der Schadensfolgen, weil sie auf ein Unglück dieses Ausmaßes nicht vorbereitet waren. Die jeweiligen Aufgaben und Verantwortlichkeiten waren nicht eindeutig bestimmt und abgegrenzt. So griff beispielsweise der Ministerpräsident direkt in die Abläufe vor Ort ein und unterbrach die dort aufgebauten Weisungsstränge für die Mannschaften. Schulungen und Übungen zu Notfallschutzmaßnahmen waren vernachlässigt worden. Der komplette Verlust der Funktionen der Kraftwerkswarte, der Beleuchtung und der gebräuchlichen Kommunikationsmittel sowie die Behinderungen durch Nachbeben und Trümmer-Barrieren waren nicht vorhergesehen worden. Notfallschutzplanungen gab es für diese Situation nicht. Im Übrigen waren die Betriebshandbücher nicht auf dem neuesten Stand.[731,732]

Block 2 Das Nachspeisesystem (Reactor Core Isolation Cooling – RCIC) lief nach dem kompletten Stromausfall ungesteuert weiter, zunächst aus dem Kondensatvorratsbehälter, dann aus

[728] Analyse zum Grad der Kernschmelze in Fukushima Daiichi (Stand 30. 11. 11), http://fukushima.grs.de/content/analyse-zum-grad-der-kernschmelze-fukushima-daiichi-stand-301111.

[729] Mid-and-long-Term Roadmap towards the Decommissioning of Fukushima Daiichi Nuclear Power Units 1-4, TEPCO, 21. 12. 2011, http://www.meti.go.jp/english/earthquake/nuclear/decommissioning/pdf/111221_01.pdf.

[730] Nuclear Emergency Response Headquarters, Government-TEPCO Integrated Response Office: „Roadmap to-

wards Restoration from the Accident at Fukushima Daiichi Nuclear Power Station, TEPCO", 17. 10. 2011.

[731] The National Diet of Japan: The official report of The Fukushima Nuclear Accident Independent Investigation Commission, Executive Summary, 2012, Tokio, S. 18, 20, 30 und 40.

[732] Investigation Committee on the Accident at Fukushima Nuclear Power Stations of Tokyo Electric Power Company: Executive Summary of the Final Report, Tokio, 23. 7. 2012, S. 2, S. 26–34.

der Kondensationskammer gespeist, bis zum 14.3.2011 um ungefähr 12.30 Uhr, als die Pumpe aussetzte. Vermutlich waren Druck und Temperatur in der Kondensationskammer für die Kondensation des Antriebsdampfes aus der Pumpenturbine zu hoch geworden. Bis dahin lag der Füllstand im RDB bei etwa 3 m oberhalb des Kerns, ging danach aber schnell zurück. Der Reaktorkern wurde mehr und mehr freigelegt, und eine zumindest teilweise Kernschmelze trat ein. (Nach einer im Nov. 2011 durchgeführten japanischen Analyse könnten etwa 57 % des Brennstoffs geschmolzen und – abhängig von den unterstellten Annahmen – zwischen 350 und 800 kg Wasserstoffgas entstanden sein.) Am 14.3.2011 gegen 20 Uhr konnte mit der Meerwassereinspeisung in den RDB über die Leitung des Feuerlöschwassersystems begonnen werden, nachdem es schließlich gelungen war, ein RDB-Sicherheitsentlastungsventil zu öffnen, mit dem der RDB-Druck unter den niedrigen Förderdruck der Feuerlöschpumpe abgesenkt werden konnte.

Insgesamt 7-8 Stunden war kein Wasser in den RDB eingespeist worden. Es ist merkwürdig, dass angesichts der Ereignisse im Block 1 und der absehbar begrenzten Verfügbarkeit des RCIC-Systems die RDB-Einspeisung von außen nicht so vorbereitet werden konnte, dass sie mit Aussetzen der RCIC-Pumpe unverzüglich einsetzbar war.

Die Meerwasser-Einspeisung hob den Füllstand vermutlich wieder auf 2,70 m unter Kernoberkante[733] und der Druck im SB stieg auf 4,15 bar (etwa Auslegungsdruck). Es wurde eine Öffnung des Reaktorgebäudes geschaffen, um die Gase aus dem SB bei einer Druckentlastung ins Freie entweichen zu lassen und eine Explosion zu vermeiden. Bereits früh morgens am 12. März 2011 hatte die japanische Aufsichtsbehörde NISA eine SB-Druckentlastung angeordnet, um den steigenden Druck im Containment abzubauen. Solange das RCIC-System arbeitete und

die Nachwärme aus dem Kern in die große Wärmesenke der Kondensationskammer abführte, bauten sich Druck und Temperatur nur langsam im SB auf, sodass zunächst kein Bedarf für eine Druckentlastung bestand. Als nach dem Versagen des RCIC-Systems der Druck stieg, gelang es jedoch trotz intensiven Bemühens nicht, ein motorgetriebenes, pneumatisches oder manuell betätigtes Ventil zu einer Abluftleitung zu öffnen.[734]

Am 15.3.2011 zwischen 6.00 und 6.12 Uhr wurde ein explosionsartiges Geräusch vernommen, das in der Nähe der Kondensationskammer lokalisiert, bei späteren Analysen jedoch der Wasserstoffexplosion in Block 4 zugeordnet wurde. Etwa zur gleichen Zeit wurde ein Druckabfall in der Kondensationskammer festgestellt, der als Folge einer Beschädigung der Kondensationskammer gedeutet wurde. Der zunächst noch anhaltend hohe Druck im SB schloss jedoch aus, dass ein größeres Leck in der Kondensationskammer entstanden sein konnte. Die Vermutung von TEPCO und NISA war, dass es sich um eine Wasserstoffexplosion handelte. Die im Block 2 erzeugte Wasserstoffmenge wurde auf 600–700 kg geschätzt. Es blieb aber unklar, wie Wasserstoffgas in die unteren Räume des Reaktorgebäudes gelangen konnte und welcher Zusammenhang mit den vergeblichen Druckentlastungsversuchen möglicherweise bestand. Die Untersuchungskommission der japanischen Regierung kam zum Ergebnis, dass eine Wasserstoffexplosion auszuschließen sei (s. Final Report vom 23. 7. 2012, S. 71f). Nach Einschätzung der GRS kam es im weiteren Verlauf des Schadensereignisses zu Beschädigungen von Messleitungen und zum Ausfall der Druckmessung in der Kondensationskammer. Der Absturz eines Teils des geschmolzenen Kerns aus einem RDB-Leck in eine Wasservorlage sei ebenfalls nicht auszuschließen.[735]

―――――――――

[733] http://www.tepco.co.jp/en/press/corp-com/release/betu11_e/images/110514e14.pdf, TEPCO: Status of Cores at Units 2 and 3 in Fukushima Daiichi Nuclear Power Station, 23. 5. 2011, S. 2. Unter der Annahme, dass die Füllstandsanzeige wie im RDB des Blocks 1 fehlerhaft war, wurde eine zweite Analyse vorgenommen, derzufolge große Teile des Reaktorkerns geschmolzen und in die RDB-Bodenkalotte abgeflossen sind.

[734] Nuclear and Industrial Safety Agency (NISA) und Japan Nuclear Energy Safety Organization (JNES): The 2011 off the Pacific coast of Tohoku Pacific Earthquake and the seismic damage to the NPPs, Präsentation vom 4. April 2011, S. 24.

[735] Der Unfall in Fukushima, Zwischenbericht von den Abläufen in den Kernkraftwerken nach dem Erdbeben vom 11. März 2011, GRS-293, August 2011, ISBN 978-3-939355-70-0, S. 84.

Durch ein Leck – so wurde angenommen – konnte radioaktiv kontaminiertes Wasser in das äußere Containment aus Stahlbeton abfließen. Es wurde vermutet, dass das im Maschinenhaus festgestellte radioaktive Wasser aus dem äußeren Containment über möglicherweise durch das Erdbeben rissig gewordene Stahlbeton-Strukturen in die unteren Geschosse des Reaktorgebäudes sickerte und über Kabelkanäle in das Maschinenhaus gelangte. Am 2.4.2011 wurde in einem 2 m tiefen Schacht für Stromkabel in der Nähe des Kühlwassereinlaufs, in dem ca. 10–20 cm hoch kontaminiertes Wasser stand, eine Dosisleistung von mehr als 1 Sv/h gemessen. An der Seite des Schachtes wurde ein etwa 20 cm langer Riss in der Stahlbetonwand gefunden, durch den hoch radioaktiv belastetes Wasser direkt in das Meer abfloss. Am 5.4.2011 gelang es nach wiederholten Anläufen, das Leck mit Härtemittelinjektionen abzudichten. Zur sicheren Abdichtung des Kühlwassereinlaufs wurden danach Eisenplatten eingesetzt.

Seit 17.3.2011 wurde ein Füllstand im RDB zwischen 1,3 und 1,4 m unter der Kernoberkante gemeldet. Am 26.3.2011 wurde die Einspeisung auf Frischwasser umgestellt und ab 27.3.2011 mit einer provisorischen elektrischen Pumpe betrieben. Die Einspeisemenge wurde von 12 m^3/h am 24.3.2011 auf 8 m^3/h am 3.4.2011 vermindert. Der Überdruck in RDB und SB stabilisierte sich auf sehr niedrigen Werten. Nach Auffassung der NISA stützten die niedrigen Druckwerte die Vermutung, dass der RDB defekt sein könnte. Es wurde jedoch ausgeschlossen, dass größere Schäden eingetreten seien. Die Temperaturen am RDB-Speisewasserstutzen bewegten sich bei 100–140 °C. Die Dosisleistung im SB ging von ca. 47 Sv/h am 24.3.2011 auf 32 Sv/h am 5.4.2011 und in der Kondensationskammer entsprechend von 1,4 Sv/h auf 0,9 Sv/h zurück. Anfang Nov. 2011 waren die stabilen Parameter: RDB-Einspeiserate 10,0 m^3/h, Temperatur am Speisewasserstutzen 71 °C, Temperatur am RDB-Boden 75 °C (weiter fallend). Im System bestand praktisch kein Überdruck mehr.[736]

Wie bei Block 1 war zu vermuten, dass ein Großteil des eingespeisten Wassers durch Lecks im RDB und Containment sowie im Reaktorgebäude über Kabelkanäle in das Maschinenhaus gelangte, von wo es der Wasseraufbereitungsanlage zugeführt wurde. Die vom Kerninventar immer noch in großer Menge erzeugte Nachwärme wurde teilweise über diesen offenen Wasserkreislauf, im Übrigen über die Wände und das Fundament des Reaktorgebäudes an die Umgebung ausgetragen. Die Entsorgung radioaktiver Materialien und der Rückbau des Blocks 2 sollen entsprechend dem Plan für Block 1 erfolgen.

Block 3 Das Nachspeisesystem (Reactor Core Isolation Cooling – RCIC) arbeitete bis 12.3.2011 um 11.36 Uhr, als es versagte. Um 12.35 Uhr startete automatisch die Hochdruckeinspeisung (High Pressure Core Injection – HPCI) in den Reaktorkern, nachdem der Wasserstand entsprechend weit gefallen war. Über die Stromversorgung dieses Systems (eigene Batterien?) wurden keine Angaben gemacht. Am 13.3.2011 um 2.42 Uhr wurde das HPCI-System manuell außer Betrieb genommen, vermutlich wegen des Druckabfalls im RDB. Danach stieg der Druck wieder an und erreichte bis 4 Uhr 70 bar.[737] Versuche, das RCIC-System wieder zu starten und die Niederdruckstränge des Notkühlsystems (Emergency Core Cooling System – ECCS) in Betrieb zu nehmen, schlugen fehl. Ein alternatives Verfahren der Wassereinspeisung in den RDB war – wie bei Block 2 – nicht in Betracht gezogen worden. Um 8.41 Uhr wurde eine Druckentlastung des Containments eingeleitet und gegen 9.20 Uhr erfolgreich abgeschlossen. Um den RDB bespeisen zu können, sollte eine RDB-Druckentlastung über ein Sicherheits- und Entlastungsventil vorgenommen werden, was zunächst wegen fehlender Batteriekapazität nicht möglich war. Erst mit Hilfe von herbeigeschafften Autobatterien

---

[736] Status of countermeasures for restoring from the accident at Fukushima Daiichi Unit 1 through 4. As of November 2nd, 2011, http://fukushima.grs.de/sites/default/files/Countermeasures_20111104.pdf.

[737] www.nisa.meti.go.jp/english/files/en20110528–4.pdf, Bericht der Nuclear and Industrial Safety Agency (NISA): Regarding the Evaluation of Tokyo Electric Power Co.'s „Regarding the Impact Assessment and Analysis of Fukushima Dai-Ichi Nuclear Power Station's Record of Operations and Accident Record at the Time of the Tohoku District-Off the Pacific Ocean Earthquake", 24. 5. 2011, S. 8.

konnte eines der Ventile geöffnet werden. Am 13.3.2011 um 9.25 Uhr wurde mittels einer Feuerlöschpumpe boriertes Frischwasser aus der Löschwasser-Zisterne in den RDB eingespeist.

Der RDB war 6 Stunden und 43 min ohne Wassereinspeisung geblieben. In dieser Zeit heizten sich die Brennstäbe auf, und eine zumindest teilweise Kernschmelze trat ein. (Nach einer im Nov. 2011 durchgeführten japanischen Analyse könnten etwa 63 % des Brennstoffs geschmolzen sein.) Es wurde vermutet, dass ein Großteil des Kerns in die RDB-Bodenkalotte abgeflossen ist. Beschädigungen an den Durchdringungen des RDB-Bodens wurden für möglich gehalten, sodass Teile des Kerns außerdem in den SB gelangt sein könnten. Auch hier stellt sich die Frage, weshalb der vorhersehbaren Notwendigkeit der von außen vorzunehmenden Wassereinspeisung in den RDB nicht besser entsprochen wurde.

Nach Erschöpfung der Frischwasser-Zisterne musste um 13.12 Uhr auf boriertes Meerwasser aus dem Löschwasserbassin umgestellt werden, das aber am 14.3.2011 um 1.10 Uhr leer gepumpt war. Es dauerte mehr als zwei Stunden, bis danach die Meerwassereinspeisung wieder fortgesetzt werden konnte. Um 5.20 Uhr wurde eine weitere Druckentlastung des Containments vorgenommen. Um 6.50 Uhr wurde im SB ein abnormaler Anstieg des Drucks festgestellt, der in den folgenden Stunden wieder abnahm. Am 14.3.2011 um 11.01 Uhr kam es zu einer Wasserstoffexplosion, die – wie bei Block 1– das oberste Geschoss des Reaktorgebäudes zerstörte (s. Abb. 4.42). Die japanische Aufsichtsbehörde NISA vermutete, dass sich Wasserstoff durch Lecks im Containment im oberen Bereich des Reaktorgebäudes ansammeln konnte. Ein Zusammenhang mit den SB-Druckentlastungen wurde für wenig wahrscheinlich gehalten. Am 20.3.2011 stieg der Containmentdruck auf 3,20 bar. Der Containmentdruck fiel ohne erneute Druckentlastung innerhalb eines Tages auf 1,20 bar ab. Die Kühlung des Reaktorgebäudes von Block 3 mit Wasserwerfern wurde fortgesetzt.

Am 15.3.2011 um 7.05 Uhr wurde über dem Reaktor eine Dampffahne sichtbar. Es konnte festgestellt werden, dass dem Abklingbecken Wasser fehlte. Es wurde vermutet, dass die Brenn-

Abb. 4.42 Wasserstoffexplosion im Reaktorgebäude des Blocks 3

elemente (BE) frei standen. Dieses BE-Lagerbecken mit dem Volumen 1425 m³ enthielt 514 BE, die eine Wärmeleistung von ca. 200 kW hatten. In der Nähe des Blocks 3 stieg die Strahlendosisleistung auf 400 mSv/h. Vom 16.3.2011 an wurde zunächst mit Wasserabwürfen vom Hubschrauber aus, dann mit dem Einsatz von japanischen und amerikanischen Wasserwerfern versucht, dem BE-Becken des Blocks 3 Wasser zuzuführen. Weißer und grauer Rauch stieg immer wieder über Block 3 auf. Am 23.3.2011 gelang es, 35 m³ Meerwasser über das Beckenkühl- und -reinigungssystem in das BE-Becken zu pumpen. Ab 27.3.2011 stand eine 58-m-Großmastpumpe („Autobetonpumpe") der Fa. Putzmeister, Aichtal, mit der Pumpleistung 50 t/h zur Verfügung, mit der aus großer Höhe ein Wasserstrahl gezielt auf das BE-Becken gerichtet und es mit ausreichenden Kühlwassermengen versorgt werden konnte. Seit Anfang April 2011 waren weitere 4 Maschinen dieses Herstellers mit flexibler Mastkinematik und 62 m bzw. 70 m Masthöhe sowie 6 bzw. 5 Armen in Fukushima im Einsatz. Die Stromversorgung der zentralen Kraftwerkswarte konnte am 22.3.2011 wiederhergestellt werden.

Die RDB-Einspeisung mit Frischwasser begann am 25.3.2011 um 18.02 Uhr. Der RDB-Füllstand war in der Zeit zwischen dem 15.3.

und 7.4.2011 1,9–2,3 m unter Kernoberkante. Die Einspeisemenge in den RDB betrug am 28.3.2011 12 m^3/h; sie wurde schrittweise auf 7 m^3/h am 3.4.2011 verringert und zunächst dabei belassen. Am 20.5.2011 wurde die Einspeisemenge auf ca. 12 m^3/h erhöht. Es bestand die Absicht, wie bei Block 1, zunächst den RDB und dann das innere Containment bis Mitte Juli 2011 vollständig zu fluten. Diese Flutung wurde zum angegebenen Zeitpunkt in den folgenden Monaten nicht bestätigt. Ein geschlossener Kühlkreislauf konnte nicht eingerichtet werden. Die Drücke im RDB und im SB konnten auf niedrigem Niveau, maximal 3 bar, gehalten werden. Ende März/Anfang April lagen sie wenig über 1 bar. Die Temperaturen am RDB-Speisewasserstutzen betrugen 62–90 °C und am unteren Plenum zwischen 114–156 °C. Anfang November 2011 waren die stabilen Parameter: RDB-Einspeiserate 10,5 m^3/h, Temperatur am Speisewasserstutzen 64 °C, Temperatur am RDB-Boden 70 °C (weiter fallend). Im System bestand praktisch kein Überdruck mehr.[738] Es hatte sich offensichtlich – wie bei den anderen havarierten Blöcken – ein offener, unvollständiger Kühlkreislauf herausgebildet, der über die Wasseraufbereitungsanlage und die Wiedereinspeisung des dekontaminierten Wassers in den RDB führte.

Wie bei den Blöcken 1 und 2 konnten Fehlanzeigen des RDB-Füllstandes nicht ausgeschlossen werden. Im Fall eines tatsächlich sehr viel niedrigeren Füllstandes wäre mit einem erheblich größeren Anteil der Kernschmelze zu rechnen.[739] Die Entsorgung radioaktiver Materialien und der Rückbau des Blocks 3 sollen entsprechend dem Plan für die Blöcke 1 und 2 erfolgen.

Block 4 Zum Zeitpunkt des Erdbebens war die Anlage abgeschaltet und der Reaktorkern vollständig aus dem RDB entladen. Das BE-Lagerbecken des Blocks 4 mit dem Volumen 1.425 m^3 war mit 1331 BE beladen, die eine Wärmeleistung von ca. 2 MW$_{th}$ entwickelten. Die Wassertemperatur wurde früh morgens am 14.3.2011 mit 84 °C gemessen. Am 15.3.2011 gegen 6 Uhr morgens entstand ein Brand im Reaktorgebäude, und es kam zu einer Wasserstoffexplosion, die große Zerstörungen am Reaktorgebäude verursachte. Mit Wasserabwürfen von einem Hubschrauber und mit Feuerspritzen wurde versucht, Wasser in das BE-Abklingbecken einzubringen. Am 16.3.2011 um 5.45 Uhr brach erneut ein Feuer aus, das das Reaktorgebäude und auch das Dach der Reaktorhalle stark beschädigte. Ab 22.3.2011 konnten mit der Autobetonpumpe ausreichend große Wassermengen in das BE-Becken eingespeist werden.

Zunächst war allgemein angenommen worden, die BE seien im ausgedampften BE-Lagerbecken durch die Nachwärmeentwicklung zerstört worden. Zirkonium-Wasser-Reaktionen hätten zur Freisetzung großer Wasserstoffmengen geführt. Ende April 2011 konnte jedoch durch visuelle Inspektion festgestellt werden, dass die BE keine Schäden aufwiesen. Nach Angabe des JAIF vom 16.5.2011 wurde nun vermutet, dass bei der Druckentlastung des benachbarten Blocks 3 über einen gemeinsamen Rohrleitungsanschluss an den Kamin Wasserstoffgas in das Reaktorgebäude des Blocks 4 gedrückt worden ist. Der nach der Explosion beobachtete Brand könnte von entzündetem Öl verursacht worden sein.

Nach den Explosionen und den Bränden in den Blöcken 1–4 bot das Kernkraftwerk Fukushima I aus der Vogelperspektive einen spektakulären, trostlosen Anblick (Abb. 4.43). Diese äußerlichen Demolierungen waren für die Sicherheit des Einschlusses der Spaltprodukte in den Containments jedoch praktisch ohne Bedeutung. Das Reaktorgebäude des Blocks 4 bot den schrecklichsten Anblick, obwohl sein RDB zum Zeitpunkt des Tsunami keine BE mehr enthalten hatte und diese im Abklingbecken unbeschädigt geblieben waren.

Blöcke 5 und 6 Die Anlagen waren seit 3.1.2011 (Block 5) und 12.8.2010 (Block 6) abgeschaltet und damit unterkritisch kalt. Die Kerne waren

---

[738] Status of countermeasures for restoring from the accident at Fukushima Daiichi Unit 1 through 4. As of November 2nd, 2011, http://fukushima.grs.de/sites/default/files/Countermeasures_20111104.pdf.

[739] http://www.tepco.co.jp/en/press/corp-com/release/betu11_e/images/110514e14.pdf, Tepco: Status of Cores at Units 2 and 3 in Fukushima Daiichi Nuclear Power Station, 23. 5. 2011, S. 7.

Abb. 4.43 Die äußerlich zerstörten Reaktorgebäude von Fukushima I (Block 1 *rechts*). (Bild: Air Photo Service Co. Ltd., Japan 24.3.2011)

in den Reaktordruckbehältern geblieben. Nach dem Erdbeben und der Flutwelle war im Block 6 noch ein Notstromdieselgenerator verfügbar. Block 5 erhielt Notstromversorgung aus Block 6 ab 19.3.2011 um 4.22 Uhr, nachdem die Reparatur eines zweiten Notstromdiesels von Block 6 zu diesem Zeitpunkt abgeschlossen werden konnte.

Das BE-Lagerbecken von Block 5 mit dem Volumen 1.425 m^3 enthielt 946 BE mit der Wärmeleistung von ca. 700 kW$_{th}$. Das BE-Lagerbecken von Block 6 mit dem Volumen 1.496 m^3 enthielt 876 BE mit der Wärmeleistung von ca. 600 kW$_{th}$. Bis zum 17.3.2011 sanken die Wasserstände in den BE-Becken, als die Wassereinspeisung mit der Energieversorgung durch den Notstromdieselgenerator des Blocks 6 ermöglicht wurde. Die Füllstände waren ca. 2 m über den BE-Köpfen geblieben. Die Temperaturen stiegen in den BE-Lagerbecken auf nahezu 70 °C früh morgens am 19.3.2011. Mit der Verfügbarkeit eines zweiten Notstromdieselgenerators am 19.3.2011 konnten die Beckenkühlsysteme wieder in Betrieb genommen werden, und die Temperaturen sanken mit der Zeit auf normale Werte. BE-Beschädigungen waren nicht eingetreten.

4.9.3 Die radiologischen Folgen des Unfalls am Standort Fukushima-Daiichi

Die Freisetzung radioaktiver Stoffe setzt die Beschädigung von Brennelementen voraus, mit denen Wärme erzeugt wurde. Durch den anhaltenden Ausfall der Kühlung der Reaktorkerne und der BE-Abkling- und -Lagerbecken wurden in erheblichem Ausmaß Kernbrennstäbe beschädigt, vermutlich bis zur Teilkernschmelze. Die aus dem Kernbrennstoff freigesetzten Spaltprodukte gelangten in die RDB und SB/Kondensationskammern bzw. aus den BE-Becken in die Reaktorhallen oder unmittelbar ins Freie. Bei den Druckentlastungen wurden beträchtliche Mengen an Edelgasen, Jod und Cäsium in die Atmosphäre freigesetzt. Die Ortsdosisleistung (ODL) an 16 verschiedenen Messpunkten auf dem Fukushima-Daiichi-Areal lässt die Ereignisse im zeitlichen Verlauf erkennen (Abb. 4.44).[740] Die weitere Entwicklung ist durch einen stetigen Rückgang der ODL gekennzeichnet (s. Abb. 4.45). Anfang April wurde damit begonnen, das Kraftwerksge-

---

[740] GRS: Informationen zu den radiologischen Folgen des Erdbebens vom 11. März 2011 in Japan und dem kerntechnischen Unfall am Standort Fukushima Daiichi, Stand 11. 4. 2011, S. 6.

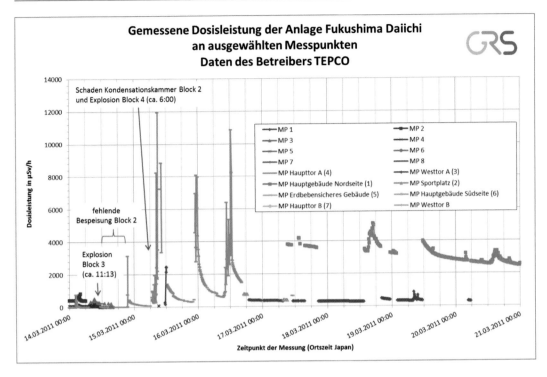

Abb. 4.44   Verlauf der Ortsdosisleistung vom 14.3.–21.3.2011

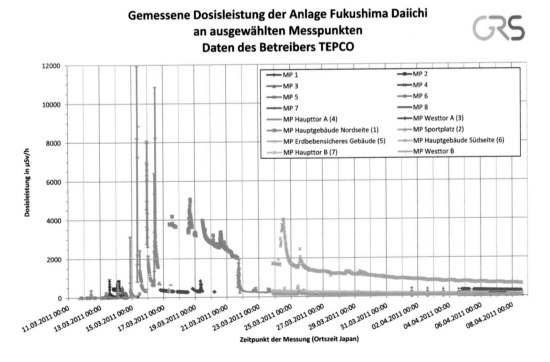

Abb. 4.45   Gesamtübersicht über die Ortsdosisleistung bis 8.4.2011

Tab. 4.5 Die Jod/Cäsium-Freisetzungen in Fukushima I und Tschernobyl

| | Assumed amount of the discharge from Fukushima Daiichi NPS | | (Reference) Amount of the discharge from the Chernobyl accident (Bq) |
	Estimated by NISA (Bq)	Announced by NSC (Bq)	
^{131}I (a)	$1,3 \times 10^{17}$	$1,5 \times 10^{17}$	$1,8 \times 10^{18}$
^{137}Cs	$6,1 \times 10^{15}$	$1,2 \times 10^{16}$	$8,5 \times 10^{16}$
(Converted value to ^{131}I) (b)	$2,4 \times 10^{17}$	$4,8 \times 10^{17}$	$3,4 \times 10^{18}$
(a) + (b)	$3,7 \times 10^{17}$	$6,3 \times 10^{17}$	$5,2 \times 10^{18}$

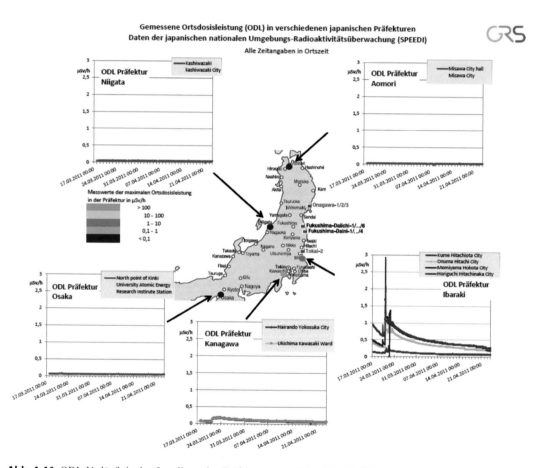

Abb. 4.46 ODL-Verläufe in den 5 umliegenden Präfekturen von Fukushima-Daiichi

lände und die Reaktorgebäude mit Bindemitteln zu besprühen, um zu verhindern, dass die radioaktiven Partikel aufgewirbelt und verweht werden konnten.

Die Nuclear Safety Commission of Japan (NSC) bestimmte durch Berechnungen und Abschätzungen die durch das Unfallgeschehen in die Atmosphäre abgeleitete Gesamtmenge an radioaktivem Jod und Cäsium (Tab. 4.5) und kam zum Ergebnis, dass etwa ein Zehntel der in Tschernobyl freigesetzten Jod- und Cäsiummengen in Fukushima-I ins Freie gelangten, wie einer Presseerklärung des NISA/METI (Ministry of Economy Trade and Industry) vom 12.4.2011 zu entnehmen war.[741]

---

[741] Bannai, Toshihiro: News Release NISA/METI: INES Rating on the Events in Fukushima Daiichi Nuclear Power Station by the Tohoku District off the Pacific Ocean Earthquake, Tokio, 12. 4. 2011.

Abb. 4.47 Strahlenbe-
lastung im Umfeld von
Fukushima-Daiichi

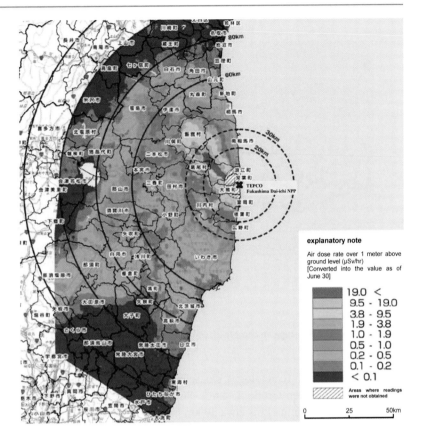

Die NSC empfahl, den Unfall am Standort Fukushima-Daiichi auf der INES-Skala vorläufig auf der höchsten Stufe 7 einzuordnen, wie die Katastrophe in Tschernobyl. Die NISA hatte am 18.3.2011 die Einstufung nach 5 vorgeschlagen. Mitte April 2011 zeichneten sich in Japan jedoch keine Schadensfolgen ab, die auch nur entfernt mit denen in der Sowjetunion vergleichbar wären (vgl. Kap. 4.8.3.1). Es war vergleichsweise nur ein Bruchteil an radioaktiven Stoffen freigesetzt worden, und die günstige Wetterlage in der Zeit zwischen dem 12. und 18.3.2011 hatte bewirkt, dass die Masse des freigesetzten radioaktiven Materials in östlicher Richtung auf den Pazifik verfrachtet wurde.

Auf der betroffenen japanischen Hauptinsel Honshu wurden außerhalb von Fukushima in 5 Präfekturen Ortsdosisleistungen ständig gemessen (Abb. 4.46). In der von ihnen am stärksten belasteten Präfektur Ibaraki waren die ODL bis Mitte April auf Werte unter 0,5 μ Sv/h zurückgegangen, die auf das Jahr hochgerechnet etwa der durchschnittlichen Strahlenexposition der Bevöl-

kerung in Deutschland (3,9 mSv/a) entsprechen. In den anderen 4 Präfekturen waren die ODL praktisch nicht erhöht und lagen konstant bei ca. 0,1 μSv/h. Von der Präfektur Fukushima wurden in 9 Städten Messpunkte in der Umgebung von Fukushima City in Entfernungen vom Kraftwerk zwischen 24 km (Soma City) und 115 km (Minami Aizu) eingerichtet. Besonders hohe ODL waren nordwestlich zwischen dem havarierten Kraftwerk und Fukushima City bei der 7.000 Einwohner zählenden Gemeinde Iitate gemessen worden. Am 20.3.2011 hatte dort ein in nordwestlicher/nördlicher Richtung ziehendes Niederschlagsgebiet örtlich stärkere Bodenkontaminationen verursacht. Die am 15.4.2011 bekannt gegebenen ODL-Werte lagen zwischen 0,08 μSv/h für Minami und 5,26 μSv/h für Iitate. Eine ODL von 2,3 μSv/h entspricht etwa der Jahresdosis von 20 mSv/a, dem in Deutschland geltenden Grenzwert für beruflich strahlenexponierte Personen. Ein Monat nach dem Unglück war nach Messungen des japanischen Technologie-Ministeriums MEXT (Ministry of Education, Culture,

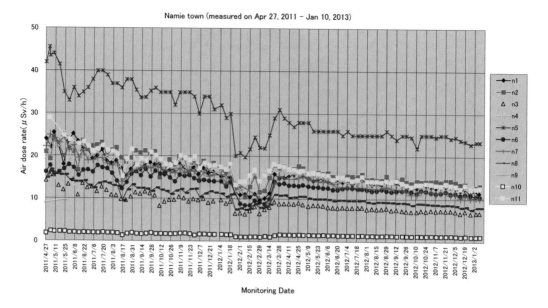

Abb. 4.48 Die Dosisleistung an den Messstellen der Stadt Namie von April 2011 bis Januar 2013

Sports, Science and Technology) ein schmales Gebiet der ungefähren Größe 43 km², das sich vom Standort Fukushima I bis etwa 30 km nordwestlich erstreckte, mit einer Dosisleistung von mehr als 20 μSv/h belastet.[742] Abb. 4.47 zeigt die ODL – ermittelt Ende Juni 2011 für die Höhe 1 m über Grund – im weiteren Umfeld des Standorts Fukushima I.[743] Außerhalb der unmittelbaren Umgebung des Kraftwerks war die Stadt Namie am stärksten betroffen. Abb. 4.48 zeigt die Dosisleistungen an verschiedenen Messstellen im Bereich der Stadt Namie zwischen April 2011 und Januar 2013. In diesem Zeitraum halbierte sich die Intensität auf maximal ca. 25 μSv/h.[744]

Die maximale Strahlenexposition in unmittelbarer Nachbarschaft 3 km westsüdwestlich von

den verunglückten Reaktoren betrug 75 μSv/h bei Futaba county Okuma town Koirino.[745] Die Strahlenexposition wurde nach dem schnellen Zerfall des radioaktiven Jods ganz überwiegend durch Cäsium[134] (Halbwertszeit 2 Jahre) und Cäsium[137] (Halbwertszeit 30 Jahre) verursacht. Der parlamentarische Untersuchungsausschuss NAIIC schätzte die Gesamtfläche des kontaminierten Landes der Präfektur Fukushima auf 1800 km², auf der sich potentiell eine jährliche Strahlenexposition von 5 mSv und mehr ergeben kann (Executive Summary, S. 38). Die japanische Regierung hat bereits bei der Wiener Konferenz Ende Juni 2011 Dekontaminationsmaßnahmen angekündigt.[746] Siedlungsgebiete, in denen die Bevölkerung einer jährlichen Strahlenexposition von mehr als 1 mSv (zuerst waren 5 mSv geplant) ausgesetzt sein wird, sollen dekontaminiert werden. Mit Vorrang wurden Schulen und Kinder-

[742] Quelle MEXT/ENSI, vgl. Völkle, H.: Strahlenbelastung nach Reaktorunfällen: Tatsachen und Meinungen, Fachtagung 2012 Nuklearforum Schweiz, Olten, 31. 1. 2012.

[743] MEXT and DOE Airborne Monitoring: Results of aircraft monitoring by MEXT and Miyagi Prefecture (July 22, 2011), S. 8, http://www.mext.go.jp/component/english/__icsFiles/afieldfile/2011/08/02/1304797_0722.pdf.

[744] Readings at Monitoring Post out of 20 km Zone of Fukushima Dai – ichi NPP (18.00 January 11, 2013), http://radioactivity.mext.go.jp/en/contents/6000/5928/24/195_0111.pdf.

[745] Estimated Integrated Dose at Each Monitoring Location based on Measured Values, Latest Readings, (August 11, 2011), S. 3, http://radioactivity.mext.go.jp/en/contents/5000/4164/24/1750_0811.pdf

[746] Report of the Japanese Government to the IAEA Ministerial Conference on Nuclear Safety, Wien, 20. 6. 2011, S. X-9.

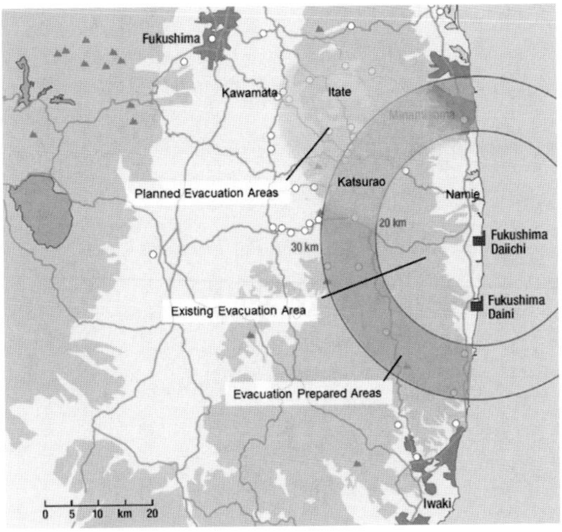

Abb. 4.49 Evakuierungszonen um den Standort Fukushima-I

gärten gereinigt.[747] Für die Lagerung und Aufarbeitung des abgetragenen kontaminierten Materials und der Reinigungsschlämme wurde ein eigener Plan erstellt. Das Landwirtschaftsministerium MAFF (Ministery of Agriculture, Forestry and Fisheries) machte sich daran, mit einem eigenen, erfolgreich demonstrierten Programm die Bodenaktivität in den belasteten Gebieten unter den Grenzwert von 5.000 Bq/kg für Reisanbau zu vermindern. 63 km^2 Reisfelder und 20 km^2 höher gelegene landwirtschaftliche Flächen waren betroffen.[748, 749] Zum Vergleich sei daran erinnert, dass in den Monazitsand-Gebieten Brasiliens und Indiens eine beträchtliche Bevölkerung mit einer jährlichen natürlichen terrestrischen Strahlenexposition von bis zu 30 mSv lebt.

Angesichts der bedrohlichen Lage der in Not geratenen Fukushima-Kernkraftwerke wurden am Abend des 11.3.2011 die Bewohner im Um-

kreis von 3 km um das Kernkraftwerk evakuiert. Früh morgens am 12.3.2011 wurden dann Evakuierungsmaßnahmen im 10-km-Radius um die Anlagen Fukushima-Daiichi und Fukushima-Daini veranlasst. Als nach der Druckentlastung des Containments und der Wasserstoffexplosion im Reaktorgebäude des Blocks 1 am Nachmittag des 12.3.2011 die ODL auf der Anlage Fukushima-I$^+$ kurzzeitig bis auf 1 mSv/h anstiegen, wurde im Laufe des Tages die Evakuierungszone um Fukushima-Daiichi auf 20 km Radius ausgedehnt. Insgesamt sind nahezu 147.000 Menschen evakuiert worden. Um die Evakuierungszone herum wurde den Menschen bis zu einem Radius von 30 km um Fukushima-Daiichi empfohlen, sich in den Gebäuden aufzuhalten und sich zur Evakuierung bereitzuhalten. Die ersten Evakuierungsanordnungen der japanischen Regierung waren unscharf und wurden vom parlamentarischen Untersuchungsausschuss NAIIC als „chaotisch" bezeichnet. Nicht wenige Bürger mussten wiederholt evakuiert werden, weil sie zunächst in Gebiete mit höheren Strahlenbelastungen gebracht wurden.

Aus dem besonders belasteten Gebiet zwischen Fukushima City und dem Kraftwerksstandort, bei dem Ort Iitate (s. Abb. 4.49), sollten die Menschen dort evakuiert werden, wo die hochgerechnete jährliche Strahlenexposition voraussichtlich höher als der Grenzwert von 20 mSv/a sein wird. Sie wurden angewiesen, diese erweiterte Zone innerhalb eines Monats zu verlassen. Außerhalb der 30-km-Zone sind einige Stellen ermittelt worden, an denen zu erwarten ist, dass die jährliche Strahlenexposition 20 mSv übersteigen wird. Einige hundert Haushalte in drei Siedlungen sind betroffen, denen von der Regierung die Evakuierung empfohlen wurde und Hilfeleistungen zugesagt worden sind.[750]

In Bodenproben aus der Präfektur Fukushima wurden die Nuklide Strontium-89 und Strontium-90 mit Konzentrationen zwischen 3,3 Bq/kg und 260 Bq/kg nachgewiesen. Bei der Gemeinde Iitate wurden in Bodenproben Cäsium^{137}-Kon-

---

[747] Environmental impact caused by the nuclear power accident at Fukushima Daiichi nuclear power station: As of November 2nd, 2011, http://fukushima.grs.de/sites/default/files/Environmental_effort_20111102.pdf.

[748] Environmental impact caused by the nuclear power accident at Fukushima Daiichi nuclear power station: As of Sept. 8th, http://fukushima.grs.de/sites/default/files/Environmental_effect_200110908.pdf.

[749] Remediation of Large Contaminated Areas Off-site the Fukushima Daiichi NPP, Final Report of the International Mission 7–5 October 2011, Japan, IAEA, NE/NEFW/2011, 15. 11. 2011.

[750] Environmental impact caused by the nuclear power accident at Fukushima Daiichi nuclear power station: As of November 2nd, 2011, http://fukushima.grs.de/sites/default/files/Environmental_effort_20111102.pdf.

Abb. 4.50 Messstellen vor der Küste bei Fukushima-Daiichi

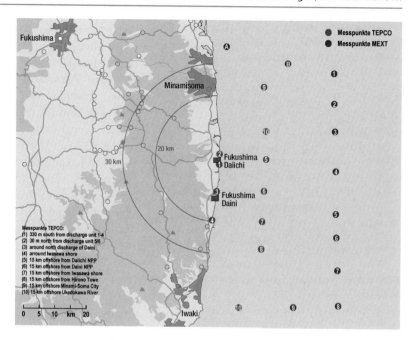

zentrationen zwischen 408 und 227.000 Bq/kg gemessen.[751] In 8 Präfekturen konnten in der ersten Hälfte des April 2011 weder radioaktives Jod noch Cäsium in Nahrungsmittelproben nachgewiesen werden. In der Präfektur Fukushima enthielten unter den gesammelten Proben einige Jod[131] und Cäsium[134/137] über den Grenzwerten. Die japanische Regierung hatte am 21.3.2011 den Vertrieb und am 23.3.2011 den Konsum bestimmter Produkte vorläufig beschränkt und mit Auflagen versehen.

Über den Luftpfad sowie durch Einleitungen ist das Meer vor der japanischen Ostküste mit radioaktiven Stoffen belastet worden. In den Untergeschossen, den Rohr- und Kabelkanälen sowie den Wartungsschächten der Reaktorgebäude und Maschinenhäuser der Blöcke 1–3 war es zu Ansammlungen teilweise hoch kontaminierten Wassers gekommen. Zur kontrollierten Lagerung und um die Maschinenhäuser wieder besser zugänglich zu machen, wurden für ca. 60.000 m³ radioaktiv belastetes Wasser (je Block ca. 20.000 m³) Lagermöglichkeiten am Standort geschaffen.

Kontaminiertes Wasser wurde in Kondensatoren, Kondensatvorratsbehälter und andere Behälter gepumpt. Um in der zentralen Wasseraufbereitung der Fukushima-Anlage Platz für 30.000 m³ hoch kontaminiertes Wasser zu schaffen, wurden am 4. und 5. Apr. 2011 ca. 15.000 m³ gering kontaminiertes Wasser aus der zentralen Wasseraufbereitung in das Meer abgelassen. Ein schwimmender Tank wurde für die Speicherung weiterer 18.000 m³ bereitgestellt. Für zusätzlich benötigtes Volumen hielten sich Tankschiffe der amerikanischen Streitkräfte bereit. Beginnend mit dem 15. Apr. 2011 wurden mit Zeolith gefüllte Säcke im Bereich des Kühlwassereinlaufs der Blöcke 1–4 eingebracht, die im Wasser befindliche radioaktive Stoffe absorbieren sollten. Außerdem wurden dort im anlageneigenen Hafenbecken schwimmende Barrieren eingesetzt, die kontaminierte Schwebstoffe zurückhalten sollten. Abbildung 4.50 zeigt die Messpunkte zur Aufzeichnung der Konzentrationen radioaktiver Stoffe im Meerwasser. In den Abb. 4.51 und 4.52 ist der zeitliche Verlauf der Kontaminationen des Seewassers mit Jod-131 und Cäsium-137 aufgezeichnet. Anfang Mai 2011 waren die Grenzwerte wieder unterschritten.

Nach Angaben von JAIF waren am Standort Fukushima Anfang Juni 2011 ungefähr

[751] Nuclear and Industrial Safety Agency (NISA) und Japan Nuclear Energy Safety Organization (JNES): The 2011 off the Pacific coast of Tohoku Pacific Earthquake and the seismic damage to the NPPs, Präsentation vom 4. April 2011, S. 67.

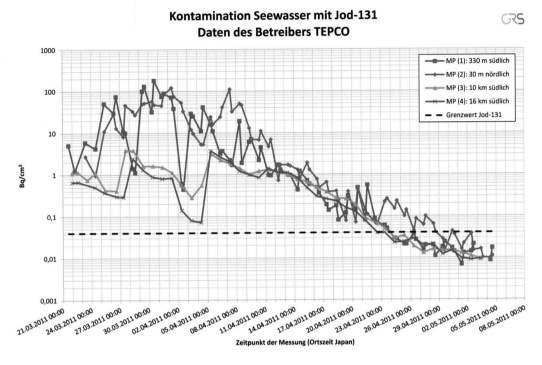

Abb. 4.51 Messdaten für Jod-131 im Seewasser vor der Küste bei Fukushima-Daiichi

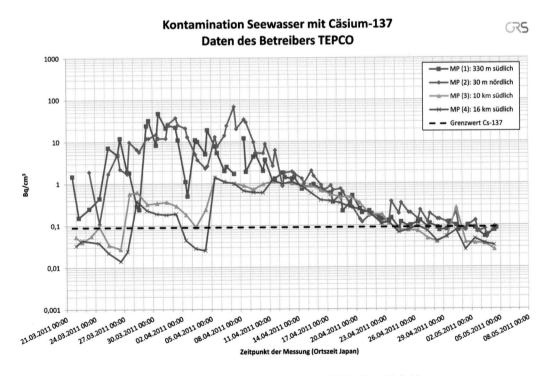

Abb. 4.52 Messdaten für Cäsium-137 im Seewasser vor der Küste bei Fukushima-Daiichi

100.000 m³ kontaminiertes Wasser mit einer Radioaktivität von insgesamt ca. 720×10^{15} Bq vorhanden, die sicher gelagert und aufgearbeitet werden mussten. 13.300 m³ waren zu diesem Zeitpunkt bereits gelagert. Auf die 4 havarierten Blöcke verteilten sich die noch zu lagernden Mengen wie folgt:

- 16.200 m³ aus Block 1,
- 24.600 m³ aus Block 2,
- 28.100 m³ aus Block 3,
- 22.900 m³ aus Block 4.

JAIF machte die Planung von TEPCO bekannt, ab Mitte Juni 2011 täglich 1.200 m³ kontaminiertes Wasser zu filtern und u. a. durch Adsorption von Cäsium an Zeolithen zu dekontaminieren. Nach einigen Testläufen erreichte die neu installierte Aufbereitungsanlage am 21.6.2011 ihre volle Kapazität. Das aufbereitete Wasser wurde über eine Rohrleitungsanlage in die RDB der Blöcke 1–3 eingespeist, um die Menge des kontaminierten Wassers nicht weiter anwachsen zu lassen. Bis Anfang Nov. 2011 wurden rund 150.000 m³ Wasser dekontaminiert[752] und 55.000 m³ Wasser entsalzt. Für hoch radioaktiv belastetes Abwasser wurde ein unterirdischer Tank mit 2.800 m³ Fassungsvermögen errichtet.[753]

Nach Angaben von NISA und JNES[754] wurden bis zum 1. April 2011 insgesamt 21 Personen verzeichnet, die einer Strahlenexposition von mehr als 100 mSv[755] ausgesetzt waren. 17 Arbeiter (9 Mitarbeiter des Betreiberunternehmers

TEPCO und 8 Mitarbeiter von im Auftrag von TEPCO tätigen Firmen) zogen sich am 12.3.2011 Kontaminationen im Gesicht zu, wie bei der radiologischen Überprüfung nach Rückkehr aus dem Kontrollbereich festgestellt wurde. Nach ihrer Untersuchung und Behandlung ergab sich der Befund, dass keine gesundheitlichen Schäden zu befürchten sind. Ein Arbeiter registrierte am 12.3.2011 während des Druckentlastungsvorgangs im Block 1 einen Strahlenpegel von 106 mSv/h, worauf er sich zurückzog. Nachdem sich die Strahlung verringert hatte, setzte er die Arbeit fort. Später klagte er über Kopfschmerzen und wurde ins Krankenhaus gebracht. Nach einigen Tagen der Untersuchung und Beobachtung konnte er nach Hause entlassen werden. Bei 3 Arbeitern wurde am 24.3.2011 eine Strahlenexposition von ca. 170 mSv nachgewiesen. Zwei von ihnen waren im Keller des Maschinenhauses des Blocks 2 durch stark kontaminiertes Wasser mit der Oberflächendosisleistung von 400 mSv/h gewatet. Ihre Füße wurden mit radioaktiven Substanzen kontaminiert. Sie wurden in ein Krankenhaus gebracht, da Verbrennungsverletzungen der Beine durch β-Strahlung möglich erschienen. Die festgestellte Höhe der Strahlenexposition erforderte jedoch keine weitere Behandlung. Nach 4 Tagen wurden die Arbeiter wieder entlassen.

Nach Feststellung der IAEA-Expertengruppe sind bis Ende Mai 2011 etwa 30 Personen im Kernkraftwerk Fukushima I einer Strahlenexposition von 100 bis 250 mSv ausgesetzt gewesen. In Folge des Reaktorunfalls sei keine Verletzung irgendeiner Person durch Verstrahlung nachgewiesen worden. Die IAEA wies jedoch auf bestehende Unsicherheiten hin und begrüßte das Vorgehen der japanischen Regierung, die ein *Unabhängiges Untersuchungskomitee* zur Ermittlung von Schadensfolgen und Verantwortlichkeiten eingerichtet hat.[756]

Der Betreiber TEPCO führte ein Personal-Untersuchungsprogramm durch, in das 14.800 Personen einbezogen wurden, die seit dem 11.

[752] Status of countermeasures for restoring from the accident at Fukushima Daiichi Unit 1 through 4. As of November 2nd, 2011, (Estimated by JAIF), http://fukushima.grs.de/sites/default/files/Countermeasures_20111104.pdf.

[753] Status of countermeasures for restoring from the accident at Fukushima Daiichi Unit 1 through 4. As of October 20th, 2011, http://fukushima.grs.de/sites/default/files/Countermeasures_20111020.pdf.

[754] Nuclear and Industrial Safety Agency (NISA) und Japan Nuclear Energy Safety Organization (JNES): The 2011 off the Pacific coast of Tohoku Pacific Earthquake and the seismic damage to the NPPs, Präsentation vom 4. April 2011, S. 51.

[755] 100 mSv sind ein Zehntel der Dosis von 1 Sv, bei der beim Menschen erste Symptome der Strahlenkrankheit wie Übelkeit, Erbrechen und Durchfall auftreten, von denen er sich wieder erholt. Bei 100 mit 250 mSv exponierten Personen rechnet man mit 1 zusätzlichen Krebserkrankung als Spätfolge.

[756] Report to the IAEA Member States: IAEA International Fact Finding Expert Mission of the Fukushima Daiichi NPP Accident Following the Great East Japan Earthquake and Tsunami, 24. 5. – 2. 6. 2011, S. 40 f.

März 2011 am Standort Fukushima I tätig gewesen waren. Die Ermittlung der individuellen
Strahlenexposition hatte mit Stand vom 30.9.2011
folgende Ergebnisse: 99 Personen erhielten
Strahlendosen von mehr als 100 mSv, davon 77
Personen 100 bis 150 mSv, 14 Personen 150 bis
200 mSv, 2 Personen 200 bis 250 mSv und 6 Personen mehr als 250 mSv. Die 6 Mitarbeiter mit
der höchsten Strahlenexposition erhielten Strahlendosen von 309 mSv bis 678 mSv.[757]

Die Weltgesundheitsorganisation der Vereinten Nationen (WHO) legte im Frühjahr 2012
einen einstweiligen Bericht über die Strahlenexposition der vom Fukushima-Unglück betroffenen Bevölkerung während des ersten Jahres nach
der Naturkatastrophe vor.[758] Der Bericht wurde
von einer mehr als 30-köpfigen internationalen
Expertengruppe auf der Grundlage der erfassten Werte vielfältiger Radioaktivitätsmessungen
sowie von Modellrechnungen erarbeitet. Alle
Expositionspfade wurden berücksichtigt. Die
erforderlichen Annahmen im Einzelnen wurden
realistisch aber stets so getroffen, dass Unter-
schätzungen der ermittelten Dosiswerte vermieden wurden. Für die Schilddrüsendosis, die im
Wesentlichen durch Inhalation radioaktiven Jods
verursacht wurde, ermittelten die WHO-Sach-
verständigen unter konservativen Annahmen für
die Bevölkerung der Präfektur Fukushima Dosiswerte zwischen 10 und 100 mSv. Ein Ortsteil
der am stärksten betroffenen Stadt Namie machte
davon eine Ausnahme; für ihn wurden Dosiswerte für Kleinkinder zwischen 100 und 200 mSv
geschätzt. Vergleichsweise liegen die deutschen
Eingreifrichtwerte für die Einnahme von Jod-
tabletten und die Evakuierung bei 50 mSv für
Kinder bis 12 Jahren und 250 mSv für Personen
ab 13 Jahren. Für die in der Präfektur Fukushima lebenden 360.000 Jugendlichen unter 18
Jahren wurde ein staatliches Schilddrüsen-Über-

wachungsprogramm begonnen, das im 2- bis
5-jährigen Turnus Untersuchungen vorsieht und
auf die gesamte Lebenszeit der betroffenen jungen Menschen angelegt ist.[759] Evtl. auftretende
Schilddrüsen-Krebserkrankungen sollen frühzeitig erkannt und hohe Erfolgsaussichten für deren
Heilung sichergestellt werden können.

Die WHO-Abschätzungen für die effektive Ganzkörperdosis ergaben, dass die jährliche
Strahlenexposition in den beiden am stärksten betroffenen Siedlungen (Namie – etwa 20 km vom
Standort Fukushima-Daiichi und Iitate – etwa 40
km vom Unglücksort entfernt) Werte zwischen
10 und 50 mSv erreichte. Im Übrigen erreichten
die Dosiswerte in der Präfektur Fukushima 1 bis
10 mSv/a, außerhalb dieser Präfektur 0,1 bis 10
mSv/a. Der international anerkannte Grenzwert
für die Strahlenexposition der Allgemeinheit ist
die effektive jährliche Dosis von 10 mSv/a, was
ungefähr einer Computertomographie (CT) entspricht, wie sie für medizinische Untersuchungen
häufig angewandt wird. Der jährliche Grenzwert
für beruflich strahlenexponiertes Personal liegt
nach den Empfehlungen der Internationalen
Strahlenschutz-Kommission ICRP bei 20 mSv,
kann aber in Ausnahmefällen auch 50 mSv pro
Jahr erreichen, wenn im 5-Jahres-Durchschnitt
die Exposition nicht mehr als 20 mSv pro Jahr
betrug. Es kann damit gerechnet werden, dass
die Strahlenexposition in Japan in den folgenden
Jahren deutlich niedriger sein wird als im ersten
Jahr nach dem Unglück. Lassen sich strahlen-
induzierte Gesundheitsauswirkungen der radioaktiven Freisetzungen von Fukushima auf die
japanische und weltweite Bevölkerung abschätzen? Die Internationale Strahlenschutz-Kommission (International Commission on Radiological
Protection – ICRP) stellt in ihren Empfehlungen
ICRP-103 vom März 2007 dar, dass keine biologischen und epidemiologischen Daten verfügbar
sind, die im Bereich kleiner Strahlendosen unterhalb von etwa 100 mSv die Quantifizierung von
Dosis-Wirkungsbeziehungen ermöglichen. Das

---

[757] Radiation exposure of the workers, Status of countermeasures for restoring from the accident at Fukushima Daiichi Unit 1 through 4. As of December 1st 2011.
(Estimated by JAIF) http://fukushima.grs.de/sites/default/
files/Countermeasures_20111201.pdf.

[758] World Health Organization: Preliminary dose estima-
tion from the nuclear accident after the 2011 Great Japan
Earthquake and Tsunami, 2012, ISBN 978 92 4 150366 2

[759] Environmental impact caused by the nuclear power
accident at Fukushima Daiichi nuclear power station: As
of November 2nd, 2011, http://fukushima.grs.de/sites/de-
fault/files/Environmental_effort_20111102.pdf.

für praktische Zwecke des Strahlenschutzes verwendete Modell der Linearen Dosis-Wirkungsbeziehung ohne Schwellenwert („linear-nonthreshold" model oder LNT-Modell) ist im Bereich geringer Strahlendosen als Hypothese nicht mehr anwendbar. ICRP-103 empfiehlt bei niedrigen Strahlendosen die Berechnung von strahleninduzierten Krebserkrankungen und Todesfällen grundsätzlich zu unterlassen (ICRP-103, Textziffer 66). Gleichwohl sind auf der Basis des LNT-Modells mehrfach Todesfallberechnungen vorgenommen, publiziert und von den Medien vielfach verbreitet worden. Selbst für Nordamerika und Europa sind solche Zahlen veröffentlicht worden, wo die Radioaktivität aus Fukushima in den Schwankungen der natürlichen und zivilisatorischen Strahlenexposition etwa durch Ortswechsel, Flugreisen, Ernährungsgewohnheiten oder Röntgenuntersuchungen praktisch nicht mehr bemerkbar und darstellbar war.

4.9.4 Die öffentliche Wahrnehmung der Ereignisse in Fukushima-Daiichi und die politischen Konsequenzen für die Kernenergienutzung

Die furchtbare Naturkatastrophe in Japan am 11. März 2011, durch die annähernd 19.000 Menschen ihr Leben verloren, ist in den deutschen Medien in einem hohen Maß der Übereinstimmung in der Wahrnehmung und Bewertung in erster Linie als Atomkatastrophe geradezu apokalyptischen Ausmaßes berichtet worden. Die elektronischen Medien transportierten mit ihren Bildreportagen die „japanische Atomkatastrophe" als ein in Echtzeit miterlebtes, unheimliches, dramatisch erschütterndes Geschehen in jede deutsche Wohnstube. Die Schreckensbilder der Verwüstungen durch das Erdbeben und den Tsunami wurden mit denen der havarierten Kernkraftwerks-Blöcke sowie Rückblenden auf die Tschernobyl-Katastrophe untrennbar zusammengemengt. Die Printmedien zogen unter dem Eindruck der Macht dieser Bilder mit. Die Aufmacher der Titelseite etwa der *Frankfurter Allgemeine – Zeitung für Deutschland* lauteten „Atomkatastro-

phe in Japan" (14.3.2011), „Weitere Explosion in Fukushima" (15.3.2011), „Radioaktive Strahlung nimmt zu" (16.3.2011), „Brand – Kernschmelze – Strahlen – Fukushima gerät außer Kontrolle" (17.3.2011), „Verzweifelte Kühlversuche – verzweifelte Bebenopfer" (18.3.2011), „Strahlung am Kraftwerk Fukushima stark gestiegen" (26.3.2011), „Region um Fukushima wird auf Dauer zum Sperrgebiet" (21.4.2011), „Hauptsache Nebensache – Ach, Fukushima" (18.5.2011), „TEPCO: Kernschmelze auch in Reaktoren zwei und drei" (25.5.2011)". „TEPCO: Temperatur in Reaktor 5 stark angestiegen" (30.5.2011). Wenige Tage nach dem Ereignis konnte über Fukushima geschrieben werden: „Das ganze apokalyptische Vokabular ist in den Echtzeittickern fast ausgeschöpft."[760]

Die Kommentare und Berichte der deutschen Medien folgten ganz überwiegend der tief gefühlten Überzeugung, der Reaktorunfall in Fukushima erbringe den endgültigen Beweis, dass die Kernenergie grundsätzlich nicht beherrschbar sei. „Weil die Welt gesehen hat, wie ein Atomkraftwerk explodiert, ist der Glaube an die Beherrschbarkeit der Technik zerstört. – Ein Foto aus den Geschichtsbüchern unserer Enkel: Fukushima, 12. März 2011."[761] Das falsch gedeutete sichtbare Geschehen wurde offensichtlich ohne Erkundung der tatsächlichen Abläufe, Ursachen und Auswirkungen als Bestätigung verfestigter Vorurteile über eine unverantwortbare Techniknutzung genommen. Die Schlussfolgerung war sofort: „Fukushima, 12. März 2011, 15.36 Uhr – Das Ende des Atomzeitalters".[762] In Deutschland bis dahin verwendete Abschätzungen von Risiken und Nutzen wurden unterschiedslos als Lügen bezeichnet, wie etwa im Aufmacher „Keine Lügen mehr" und den sehr umfangreich folgenden Darstellungen der Wochenzeitung *Die Zeit* (Ausgabe Nr. 12 vom 17.3.2011), womit die moralische Verwerflichkeit der Kernenergienutzung gekennzeichnet wurde.

---

[760] Schirrmacher, Frank: Der Moment, in dem man versteht, FAZ, Nr. 66, 19. 3. 2011, S. 33.

[761] Illies, Florian: Die Macht der Bilder, Die Zeit, Nr. 12, 17. 3. 2011, S. 49.

[762] *Der Spiegel*, Titel der Ausgabe Nr. 11 vom 14. 3. 2011.

Eine unsagbare Skepsis und die Ahnung von einem geschichtlichen Wendepunkt machten sich breit. Die seit der 68er-Bewegung tief sitzenden, schwärenden Ressentiments gegen eine von Hightech-Industrien beherrschte Welt brachen sich ungehindert Bahn. „Eine ganze technische Zivilisation weiß Wochen nach dem Ereignis weder, was wirklich geschehen ist, noch, was sie tun kann. Das ist eine Veränderung für die Geschichtsbücher. Dass uns körperlich nichts widerfahren ist, ändert nichts an der Übertragung auf die gesamte technisch-wissenschaftliche Kultur."[763] Das Bemühen um eine zutreffende, nüchterne Darstellung der technischen Sachverhalte blieb gegenüber der Artikulation dieser Gefühlslage weit zurück. Die Tatsache, dass sich in drei alten Kernkraftblöcken gleichzeitig unter dramatischen äußeren Umständen Kernschmelzen ereigneten und trotz aller Unzulänglichkeiten und Fehler kein Mensch durch Strahlenexposition schwer verletzt wurde und keine größeren Flächen durch radioaktive Kontamination für Nutzungen dauerhaft verloren gingen, lag offenbar jenseits jeder Wahrnehmungsbereitschaft. Der von den deutschen Medien vermittelte Fukushima-Alarmismus war so stark und nachhaltig, dass noch im Juni in deutschen Kirchen für die Opfer der Atomkatastrophe gebetet wurde, nicht für die Opfer des Erdbebens und der Flutwelle.

Besonnene Stimmen waren vereinzelt zu hören, die mit Fassungslosigkeit darauf hinwiesen, dass die Naturkatastrophe, die im fernen Japan ein Kernkraftwerk zerstörte, in Deutschland Wahlen entscheidet und eine Regierung, die eben noch an der Atomkraft festhalten wollte, den Entschluss zum Ausstieg fassen lässt. „Kernkraftwerke waren in Japan stets gefährdeter als hierzulande; dass diese Gefährdung jetzt offenbar wurde, verändert nichts an der Gefährdungslage bei uns. Es ist ein Fehlschluss, einen solchen Zusammenhang herzustellen."[764] Es wurden auch nüchterne Vergleiche der Gesundheitsgefahren und Schadensfolgen zu alternativer Energiebereitstellung angestellt.[765] Der amerikanische Umweltaktivist Stewart Brand machte deutlich, dass Deutschland mit seinem Kurswechsel allein dastehe. Aus wirtschaftlichen Gründen und angesichts der Bedrohung durch Treibhausgase könne die Welt nicht auf Atomkraft verzichten.[766] Der britische Umweltaktivist und Kolummnist der Londoner Tageszeitung The Guardian, George Monbiot schrieb, dass er nach dem Desaster von Fukushima der Nuklear-Technologie nicht mehr indifferent gegenüberstehe, sondern sie befürworte. Er begründete seinen Sinneswandel so: „Ein miserables altes Kraftwerk mit unzulänglicher Sicherheitstechnik wurde von einem ungeheuren Erdbeben und einem gewaltigen Tsunami getroffen. Die Stromversorgung fiel aus und die Kühlsysteme blieben stehen. Die Reaktoren begannen zu explodieren und die Kerne zu schmelzen. Das Desaster machte die geläufigen Folgen von mangelhafter Auslegung und Murks sichtbar. Und trotz allem hat bisher niemand eine tödliche Strahlendosis abbekommen – soweit wir dies wissen." Die Kernenergie sei wegen der großen Probleme der regenerativen und fossilen Energiebereitstellung eine gute Option.[767]

[763] Schirrmacher, Frank: Die neun Gemeinplätze des Atomfreunds, FAZ, Nr. 73, 28. 3. 2011, S. 27. Der FAZ-Mitherausgeber Schirrmacher erläuterte später mit Blick auf die Echtzeit-Internetdienste: „Die japanische Atomkatastrophe hat den Menschen klargemacht, dass gedruckte Medien zwangsläufig Fehler enthalten... Der Print-Journalist muss sich also zum Phänomen seines unvollständigen Wissens bekennen, und das tut er am zukunftsträchtigsten, in dem er Hintergründe analysiert." (Der Spiegel, Nr. 30, 25. 7. 2011, S. 132) Anmerkung: Das Versagen der Print-Medien bei der Fukushima-Berichterstattung beruhte tatsächlich nicht auf dem Mangel an Schnelligkeit, sondern auf dem Mangel an einer profunden naturwissenschaftlich-technischen Analyse des Geschehens, die sehr wohl schon frühzeitig möglich gewesen wäre.

[764] Jessen, Jens: Gegen den Strom, Die Zeit, Nr. 14, 31. 3. 2011, S. 49.

[765] Renn, Ortwin: Eher fällt ein Meteorit auf Deutschland, Interview mit Rainer Wehaus, Stuttgarter Nachrichten, Nr. 78, 4. 4. 2011, S. 7.

[766] Brand, Stewart: Ihr Deutschen steht allein da, Interview mit Jordan Mejias, FAZ, Nr. 84, 9. 4. 2011, Feuilleton.

[767] Monbiot, George: Why Fukushima made me stop worrying and love nuclear power, The Guardian, 22. 3. 2011, Mail & Guardian Online, http://mg.co.za/article/2011-03-22-why-fukushima-made-me-stop-worrying-and-love-nuclear-power.

Die ungeheure Wucht der atomaren Schreckensberichterstattung verunsicherte die Menschen in Deutschland tief und hatte enorme politische Konsequenzen. Die CDU/CSU/FDP-Regierung räumte „geradezu fluchtartig Positionen, die sie noch vor einem guten halben Jahr entschlossen verteidigt hatte."[768] Bundeskanzlerin Angela Merkel (CDU) verkündete innerhalb von vier Tagen nach der japanischen Naturkatastrophe zunächst die Sicherheitsüberprüfung aller 17 deutschen Kernkraftwerke, dann ein 3-monatiges Moratorium für die im Gesetz vorgesehene Laufzeitverlängerung der deutschen Kernkraftwerke sowie schließlich die überraschende Stilllegung der 7 älteren Reaktoren sowie des Kernkraftwerks Krümmel und auch ohne sachliche Grundlage. Die atomrechtlich mit Gefahr im Verzuge begründete Stilllegungs-Verfügung war tatsächlich ohne Rechtsgrundlage, denn der öffentlichen hysterischen Stimmungslage eines Ausnahmezustands, die offensichtlich das Regierungshandeln motivierte, entsprach keine neue wirkliche Gefahrenlage in Deutschland. Die von der Bundesregierung vor dem japanischen Ereignis verfolgte Laufzeitverlängerung der in Betrieb befindlichen Kernkraftwerke („Ausstieg aus dem Ausstieg") hatte eine eindeutig positive Beurteilung der Reaktorsicherheit zur Grundlage, wie sie etwa in den regelmäßig durchgeführten, zeitaufwändigen anlagenspezifischen periodischen Sicherheitsüberprüfungen bestätigt wird. Es musste deshalb überraschen, dass aufgrund der japanischen Naturkatastrophe für alle in Deutschland betriebenen Anlagen eine in kurzer Frist durchzuführende Sicherheitsüberprüfung (nicht zu verwechseln mit den nach Tschernobyl eingeführten, in 10-Jahres-Perioden vorgenommenen PSÜ) gefordert wurde, zumal schon bald bekannt war, dass die relevanten Zerstörungen in den Fukushima-I-Blöcken die Folgewirkungen der Flutwelle und nicht des Erdbebens waren. Da Tsunamis in dieser Stärke an deutschen KKW-Standorten nicht zu erwarten sind, war nicht nachvollziehbar, welcher Erkenntnisgewinn aus den kurzfristig angesetzten Überprüfungen gezogen werden konnte.

Die spektakulären politischen Reaktionen bestätigten und verstärkten die erschreckend eindrucksvollen Mediendarstellungen potenzieller Kernkraftrisiken. Im Westen Deutschlands verdoppelte sich der Bevölkerungsanteil der vehementen Atomkraftgegner auf 42 %.[769] Im baden-württembergischen Landtagswahlkampf waren Kernenergie und Energiepolitik zunächst als unbedeutende Probleme angesehen worden, nur 4 % der Wahlberechtigten hielten sie für wichtig (Erhebungszeitraum 1.–8.3.2011). Nach den japanischen Ereignissen wurde dieses Thema jedoch wahlentscheidend wichtig (44 % im Erhebungszeitraum 16.–22.3.2011).[770] Die wahlentscheidende Verschiebung von 2 bis 3 Prozentpunkten am 27. März 2011 und damit der Wechsel zu einer grün-roten Landesregierung in Stuttgart ist wesentlich am Fukushima-Geschehen, seiner öffentlichen Bewertung und politischen Zuordnung festzumachen.[771]

Die Reaktor-Sicherheitskommission (RSK) stellte auf ihrer 433. Sitzung am 17.3.2011 zunächst fest: „Trotz des außergewöhnlich starken Erdbebens wurden die Anlagen automatisch abgeschaltet; die Notstromversorgung und das sicherheitstechnisch notwendige Kühlwasser (Nebenkühlwasser) waren zunächst verfügbar." Die RSK merkte jedoch an, dass bei der Auslegung der Anlagen in Fukushima

- naturbedingte Ereignisse (Tsunamis) offensichtlich unterschätzt wurden und
- bei der Planung anlageninterner Notfallschutzmaßnahmen die Zerstörung der Infrastruktur nicht hinreichend berücksichtigt wurde.

Diese RSK-Auffassung ist zutreffend für die fundamentalen Auslegungsmängel hinsichtlich

- Schutz der Batterien und der Dieselgeneratoren vor Überflutung,

---

[768] Köcher, Renate: Eine atemberaubende Wende, FAZ, Nr. 93, 20. 4. 2011, S. 5.

[769] Köcher, Renate: Eine atemberaubende Wende, FAZ, Nr. 93, 20. 4. 2011, S. 5.

[770] Güllner, Manfred: Ein Rückblick auf die Landtagswahl in Baden-Württemberg vom 27. 3. 2011, forsa. P0090.25 04/11 Gü/Wi.

[771] Köcher, Renate: Eine atemberaubende Wende, FAZ, Nr. 93, 20. 4. 2011, S. 5.

- nicht vorhandener Wasserstoff-Rekombinatoren,
- nicht vorgesehener Filtersysteme für Containment-Druckentlastungen.

Die RSK-Stellungnahme enthielt auch die Feststellung: *„Ein langfristiger Komplettausfall der Stromversorgung und des Nebenkühlwassers lagen der Anlagenauslegung und der Planung von anlageninternen Notfallmaßnahmen offensichtlich nicht zugrunde."*[772] Es wäre hilfreich gewesen, die RSK hätte mit Nachdruck auf die NUREG-1150-Untersuchungen und insbesondere auf die im Idaho National Laboratory Ende der 80er Jahre entwickelten Notfallschutz-Strategie hingewiesen. Selbstverständlich war für den langfristigen Komplettausfall der Stromversorgung und des Nebenkühlwassers dieses Verfahren, das Druckentlastungen des Containments und RDB-Einspeisungen vorsieht, Bestandteil der japanischen Betriebshandbücher und wurde bereits zu dem Zeitpunkt angewendet, als die RSK ihre Stellungnahme abgab. In politischen und journalistischen Kreisen war in der Zeit unmittelbar nach dem Reaktorunglück die Überzeugung weit verbreitet, der Kampf gegen die Freisetzung der radioaktiven Massen sei vergebens, Fukushima rettungslos verloren und Tokio werde in Kürze unbewohnbar sein. Die Schlussfolgerung liegt nahe, dass auch der Bundesregierung in einer außerordentlich kritischen Entscheidungssituation unzureichende Informationen vorlagen.

Am 22.3.2011 setzte die Bundeskanzlerin eine „Ethikkommission für eine sichere Energieversorgung" mit 17 Mitgliedern im Wesentlichen aus Politik, Wissenschaft und Kirche ein, die unter dem Vorsitz des ehemaligen Bundesumweltministers Prof. Klaus Töpfer und des Wissenschaftlers der TU Dortmund Prof. Matthias Kleiner bis Ende Mai 2011 Empfehlungen für einen „ethisch gangbaren Weg" in den Atomausstieg unter Abwägung aller zu berücksichtigenden Belange im gesellschaftlichen Konsens erarbeitete. Der Ethik-Kommission gehörte kein

Vertreter der Energieversorgungswirtschaft an. Unter den Kommissionsmitgliedern war nur ein Wirtschaftsvertreter, der aus der chemischen Industrie kam.

Am 30. Mai 2011 legte die „Ethik-Kommission Sichere Energieversorgung" ihre Empfehlung vor, „die Nutzung der Atomkraftwerke so zügig zu beenden, wie ihre Leistung durch risikoärmere Energien nach Maßgabe der ökologischen, wirtschaftlichen und sozialen Verträglichkeit ersetzt werden kann."[773] Dieses „gemeinsame Urteil" wurde mit der nach Fukushima veränderten Risikowahrnehmung begründet, in der japanische und deutsche Kernkraftnutzung grundsätzlich gleich bewertet werden. Der Reaktorunfall selbst und seine Schadensfolgen wurden nicht betrachtet. Die Argumentation blieb allgemein:[774]

- Die Reaktorhavarie hat sich in einem Hochtechnologieland ereignet.
- Noch Wochen nach dem Unglück war es unmöglich, eine abschließende Schadensbilanz zu ziehen und eine definitive Abgrenzung des betroffenen Gebiets anzugeben.
- Die Havarie wurde durch einen Prozess ausgelöst, für dessen unbeschadetes Überstehen die Anlagen nicht ausgelegt waren, was die Begrenztheit technischer Risikobewertungen deutlich macht.

Die Ethik-Kommission sah ernst zu nehmende Zielkonflikte um berechtigte, sich widersprechende Interessen. Dabei gehe es darum, „die wegfallenden Atomstrom-Mengen nicht

- einfach durch Zukauf von Strom aus Kernkraftwerken der Nachbarländer auszugleichen, weil dies den Grundsätzen eines verantwortbaren Ausstiegs widerspricht;
- einfach durch CO_2 emittierende, fossile Energieträger zu ersetzen, weil es klimapolitische Restriktionen gibt;
- einfach durch nochmals drastisch beschleunigten Ausbau der erneuerbaren Energien zu

---

[772] RSK434/RSK-Anforderungskatalog-Vorspann, 30. 3. 2011, dib/waf, RSK/ESK-Geschäftsstelle beim Bundesamt für Strahlenschutz, S. 1.

[773] Ethik-Kommission Sichere Energieversorgung: Deutschlands Energiewende – Ein Gemeinschaftswerk für die Zukunft, Berlin, 30. 5. 2011 (48 Seiten), S. 15.

[774] Ethik-Kommission Sichere Energieversorgung: Deutschlands Energiewende – Ein Gemeinschaftswerk für die Zukunft, Berlin, 30. 5. 2011, S. 11 f.

ersetzen, weil es Grenzen der Belastbarkeit natürlicher Lebensräume gibt und schnell die technische Machbarkeit überschätzt wird;

- einfach durch zwangsweise Rationierung von Strom einzusparen, weil dies dem Lebensanspruch der Menschen und der Wirtschaft eines Hochtechnologielandes widerspricht;
- einfach mit hohen Energiepreisen zu kompensieren, weil die Unternehmen im globalen wirtschaftlichen Wettbewerb stehen und es in Deutschland soziale Disparitäten gibt;
- einfach durch staatliche Vorgaben verzichtbar zu machen, weil dies nicht den Regeln der Demokratie und der sozialen Marktwirtschaft entspricht."[775]

Angemessene Abwägungen in diesen Zielkonflikten und Kompromissfindungen könnten – so die Ethik-Kommission – nur in der Verantwortung eines nationalen Gemeinschaftswerks mit einer gemeinsamen Anstrengung auf allen Ebenen der Politik, der Wirtschaft und der Gesellschaft gelingen. Der Ausstiegsprozess, der innerhalb eines Jahrzehnts abgeschlossen werden könne, solle durch institutionelle Reformen unterstützt werden und ein „Parlamentarischer Beauftragter für die Energiewende" beim Deutschen Bundestag sowie ein „Nationales Forum Energiewende" eingerichtet werden.

Nach Vorlage der Empfehlungen der Ethik-Kommission beschloss am 30. Mai 2011 die Koalition von CDU/CSU und FDP in Berlin den Ausstieg aus der Kernenergie-Nutzung bis spätestens 2022. Die als Reaktion auf die Havarie in Fukushima vom Netz genommenen 7 älteren Kernkraftwerke Biblis A und B, Neckarwestheim 1, Brunsbüttel, Isar 1, Unterweser und Philippsburg 1 sowie das neuere Kraftwerk Krümmel sollen abgeschaltet bleiben. Allerdings vereinbarte die Koalition, eines dieser Kernkraftwerke als „Kaltreserve" für die Winterhalbjahre 2011/2012 und 2012/2013 einsatzbereit zu halten, um die möglicherweise angespannte Versorgungssicherheit zu gewährleisten. Die zur Planung im Einzelnen ermächtigte Bundesoberbehörde Bundesnetzagentur in Bonn hatte zunächst erwogen,

das Kernkraftwerk Philippsburg 1 (KKP 1) als Reservekraftwerk vorzusehen. Politischer Widerstand vonseiten der grün-roten baden-württembergischen Landesregierung veranlasste die Bundesnetzagentur für die Bereitstellung von Reservekapazitäten auf Kernkraft zu verzichten und fossil gefeuerte, bereits außer Betrieb genommene Kraftwerke bereitzuhalten. Die Wahl fiel u. a. auf das Mainz-Wiesbaden Kraftwerk 2, einem Kombiblock aus Dampfturbine und vorgeschalteter Gasturbine (350 MW_{el}, Inbetriebnahme 1977, bereits als Kaltreserve genutzt) sowie GKM3 (Steinkohle-Block 3 des Großkraftwerks Mannheim, der im Jahr 2006 nach 40jähriger Betriebszeit aus dem Leistungsbetrieb genommen worden war, 220 MW_{el}). Die Bundesnetzagentur stellte fest: „*Die erforderliche Risiko- und Güterabwägung bedeutet nicht, dass das Risiko lokaler, regionaler und großflächiger Netzausfälle zu vernachlässigen sei. Es bleibt im Gegenteil festzuhalten, dass dieses Risiko durch den zeitgleichen, endgültigen Verlust von 8,4 GW Erzeugungsleistung deutlich gestiegen ist.*" Die bisherigen Netz- und Erzeugungsstrukturen hätten noch etliche Reserven und Sicherheitspolster enthalten. „*Diese zusätzlichen Sicherheiten sind durch die endgültige Abschaltung von acht Kernkraftwerken aufgebraucht.*"[776]

Bundeskanzlerin Merkel (CDU) sprach am 9. Juni 2011 im Deutschen Bundestag bei der Einbringung der Gesetzentwürfe zur Energiewende von ihrer persönlichen Betroffenheit durch die „*Schilderungen …, wie in Fukushima verzweifelt versucht wurde, mit Meerwasser die Reaktoren zu kühlen.*" Selbstverständlich wisse jeder, dass es ein genauso verheerendes Erdbeben und ein solch katastrophaler Tsunami in Deutschland nicht würde geben können. „*Nein, nach Fukushima geht es um etwas anderes. Es geht um die Verlässlichkeit von Risikoannahmen und um die Verlässlichkeit von Wahrscheinlichkeitsanaly-*

---

[775] Ethik-Kommission Sichere Energieversorgung, a. a. O., S. 17.

[776] Bundesnetzagentur: Auswirkungen des Kernkraftausstiegs auf die Übertragungsnetze und die Versorgungssicherheit, Bericht zur Notwendigkeit eines Reservekernkraftwerks im Sinne der Neuregelung des Atomgesetzes, Zusammenfassung vom 31. August 2011, S. 3, 5 f.

sen.[777] Sie erläuterte ihr eigenes Verständnis von Aufgaben und Grenzen einer Risiko-Untersuchung nicht und machte auch nicht deutlich, was sie aus dem Geschehen in Fukushima im Einzelnen für die Bewertung der Untersuchungsergebnisse der Reaktor-Sicherheitskommission oder der Deutschen Risikostudie, die sich mit deutschen und nicht mit japanischen Kernkraftwerken befassten, ableitete. Auch die apodiktische Begründung des unverzüglichen Atomausstiegs durch den Bundesumweltminister „...., *nämlich dass wir im Hochtechnologieland Japan erneut die Erfahrung der Nichtperfektion des Menschen, der Nichtbeherrschbarkeit der Natur und der Nichteingrenzbarkeit der Schäden gemacht haben*"[778] blieb ohne konkrete Hinweise auf nachprüfbare Tatsachen etwa der „Nichteingrenzbarkeit der Schäden". Solche pauschalen „ethischen" Ausstiegsbegründungen stellen die moderne technische Zivilisation grundsätzlich in Frage. Mit den offen zu Tage getretenen Fehlern bei der Planung und Ausführung der japanischen Anlagen befasste er sich vor dem Bundesparlament nicht. Die Ausstiegsgesetzgebung wurde im Deutschen Bundestag am 30.6.2011 im Konsens der Regierungskoalition mit SPD und Grünen abgeschlossen. Die Vertreter der Länder haben am 8.7.2011 den Gesetzen der Energiewende einhellig zugestimmt. Es zeichnete sich im Übrigen klar ab, dass die abgeschalteten Kernkraftwerke zunächst im Wesentlichen durch Kohle- und Erdgaskraftwerke sowie Stromimporte ersetzt werden mussten. Die Kaltreserve aus alten, bereits stillgelegten Kohle- und Ölkraftwerken musste in Anspruch genommen werden. Die Versorgungssicherheit und die Versorgungsqualität werden in einem zur Instabilität neigenden Stromnetz zur großen Herausforderung. Die Steigerung des Wind- und Solarstromanteils über ein Drittel der jährlichen Gesamtstromerzeugung hinaus wird mit untragbar hohen Kosten verbunden sein.

Anfang 2012 hat die GRS im Auftrag des Bundesministers für Umwelt, Naturschutz und Reaktorsicherheit (BMU) eine Weiterleitungsnachricht[779] mit 22 Empfehlungen für deutsche Kernkraftwerke zusammengestellt.[780] Aus den Auswirkungen der japanischen Naturkatastrophe vom 11. März 2011 auf die japanischen Kernkraftwerke leitete die GRS folgende Anstöße zur Überprüfung und Sicherstellung ab:

- zur elektrischen Energieversorgung u. a. die Sicherstellung der Stromversorgung bei einem Station-Blackout für mindestens 10 Stunden, ein zusätzliches Notstromaggregat
- zur Kühlwasserversorgung u. a. eine eigenständige Nebenkühlwasserversorgung unabhängig von der auslegungsgemäß vorhandenen Kühlwasserentnahme, eine mobile Pumpe und Anschlüsse an Redundanzen des gesicherten Zwischenkühlkreises zur Kern- und Brennelementlagerbecken-Kühlung, bei Druckwasserreaktoren die Möglichkeit einer unabhängigen Bespeisung des Reaktordruckbehälters mit boriertem Wasser
- zu Notfallschutzaspekten u. a. Maßnahmen am System zur gefilterten Druckentlastung des Sicherheitsbehälters, Überprüfung ob Wasserstoffansammlungen außerhalb des Sicherheitsbehälters möglich sind, Einrichtungen als Notfallmaßnahme zur Kühlung der Brennelementlagerbecken
- zu Brandschutzaspekten u. a. Überprüfung des Konzepts zur Brandbekämpfung, Erdbebenauslegung von Feuerlöscheinrichtungen
- zur Erdbebenauslegung u. a. Überprüfung des Bemessungserdbebens und ggf. der Nachweise zur Erdbebenauslegung

---

[777] Regierungserklärung Bundeskanzlerin Dr. Angela Merkel, Deutscher Bundestag, Plenarprotokoll, 17. Wahlperiode, 114. Sitzung, Berlin, Donnerstag, den 9. Juni 2011, S. 12960.

[778] Redebeitrag Bundesminister Dr. Norbert Röttgen (CDU), BT PlPr, 17/114, 9. 6. 2011, S. 12985.

[779] Weiterleitungsnachrichten werden von der GRS im Auftrag des BMU verfasst, wenn es in einer in- oder ausländischen kerntechnischen Anlage zu einem Ereignis mit sicherheitstechnischer Bedeutung gekommen ist und die daraus gewonnenen Betriebserfahrungen für den sicheren Betrieb der deutschen Anlagen von Interesse sein können.

[780] GRS-Veröffentlichung, http://www.grs.de/de/print/1730

4.9.5 Die Überprüfung der deutschen Kernkraftwerke und erste Schlussfolgerungen

GE-SWR mit Mark-I-Containments sind in Deutschland nie errichtet worden. Aus den Vorzügen und den Problemen dieses Bautyps können nicht ohne weiteres Schlussfolgerungen für die deutsche Kernkraftnutzung gezogen werden.

Am 17.3.2011 forderte der Deutsche Bundestag die Bundesregierung auf, eine umfassende, anlagenspezifische Sicherheitsüberprüfung deutscher Kernkraftwerke unter Berücksichtigung der Ereignisse in Fukushima-I zu veranlassen. Auf ihrer 434. Sitzung am 30.3.2011 verabschiedete die RSK einen allgemein gehaltenen Anforderungskatalog (weder waren die Naturereignisse noch die betroffenen Reaktoren direkt auf Deutschland übertragbar), dessen Schwerpunkte die Überprüfung der „Robustheit" von Vorsorgemaßnahmen und der Durchführung von Notfallmaßnahmen unter erschwerten Randbedingungen bei naturbedingten und zivilisatorisch bedingten Einwirkungen von außen waren.

Vonseiten der VGB PowerTech e. V. wurden die Unterschiede der Sicherheitskonzepte im Vergleich der japanischen und deutschen Anlagen untersucht.[781, 782] Dabei wurde eine Reihe von Schwachstellen der Fukushima-Blöcke sichtbar, und es konnte dargestellt werden, dass keine über die gerade ausreichenden Auslegungs-Anforderungen hinausgehenden Sicherheitsreserven in der charakteristischen Standortgefährdung durch Flutwellen vorhanden waren. Besondere Aufmerksamkeit galt dabei den sogenannten „Cliff Edge"-Effekten, die bei geringfügiger Überschreitung der Auslegungsanforderungen zu übermäßig schweren Schadensfolgen führen. An den Beispielen des Bemessungserdbebens und des 10.000-jährlichen Hochwassers

konnte nachgewiesen werden, dass deutsche Anlagen schon von ihrer Auslegung, aber auch von den verfügbaren Notfallschutzmaßnahmen her vergleichsweise erheblich größere Sicherheitsreserven als die japanischen Kernkraftwerke besitzen.

In ihrer 437. Sitzung erarbeitete die RSK vom 11. bis 14.5.2011 eine erste Stellungnahme zur „Anlagenspezifischen Sicherheitsüberprüfung (RSK-SÜ) deutscher Kernkraftwerke unter Berücksichtigung der Ereignisse in Fukushima-I (Japan)".[783] Im Rahmen dieser RSK-SÜ, die zusätzlich zu den Periodischen Sicherheitsüberprüfungen durchgeführt wurde, nahm die RSK eine „Robustheitsbewertung" für ausgewählte wesentliche Sicherheitsaspekte vor. Bei diesem „Stresstest" wurde das Verhalten der Anlage bei auslegungsüberschreitenden Einwirkungen bei gleichzeitig postulierter Unverfügbarkeit von Sicherheitssystemen untersucht. Die Bewertung erfolgte gestaffelt nach „Robustheitslevel" für naturbedingte Einwirkungen, Postulate, Vorsorge- und Notfallmaßnahmen sowie nach „Robustheitsschutzgraden" hinsichtlich zivilisatorisch bedingter Einwirkungen, insbesondere Absturz von Großflugzeugen und Terroranschläge. Ausgangspunkt ist jeweils der „Basislevel".

Unter naturbedingten Einwirkungen von außen und postulierten Folgeereignissen wurden untersucht:

- Erdbeben
- Hochwasser
- „station blackout" (SBO)
- Langandauernder Notstromfall
- Ausfall Nebenkühlwasser
- Robustheit von Vorsorgemaßnahmen
- Erschwerende Randbedingungen für die Durchführung von Notfallmaßnahmen
  - Kernkühlung und Unterkritikalität
  - Kühlung der Brennelemente in Nasslagerbecken
- Erhalt der Integrität des Sicherheitsbehälters und Begrenzung der Aktivitätsfreisetzung

---

[781] Mohrbach, Ludger: Unterschiede im gestaffelten Sicherheitskonzept: Vergleich Fukushima Daiichi mit deutschen Anlagen, atw, Jg. 56, April/Mai 2011, S. 242–249.

[782] Mohrbach, Ludger: The defence-in-depth safety concept: Comparison between the Fukushima Daiichi units and German nuclear power plants, VGB PowerTech 6/2011, S. 51–58.

[783] RSK/ESK Geschäftsstelle BfS, 437. RSK: RSK-Stellungnahme SÜ, 116 S.

Unter zivilisatorisch bedingten Ereignissen wurden untersucht:

- Flugzeugabsturz
- Gasfreisetzung
  - Explosionsdruckwelle
  - brennbare Gase
  - toxische Gase
- Terroristische Einwirkungen
  - Verletzung von vitalen Funktionen in Abhängigkeit vom Aufwand für die Zerstörung
  - Angriffe von außen auf rechnerbasierte Steuerungen und Systeme

Dreifach gestaffelte Robustheitslevel bzw. -schutzgrade wurden den 17 deutschen Kernkraftwerken jeweils in den 6 Risikobereichen Erdbeben, Hochwasser, Station Blackout, Ausfall Nebenkühlwasser, Flugzeugabsturz thermisch und Flugzeugabsturz mechanisch zugeordnet.

Die Robustheitslevel gegen Einwirkungen durch Erdbeben seien beispielhaft aufgeführt:[784]

- *Basislevel*: Die Sicherheit der Anlage ist für ein Erdbeben mit einer Überschreitungswahrscheinlichkeit 10^{-5}/a nachgewiesen.
- *Level 1*: Es werden Auslegungsreserven gegenüber den anlagenspezifisch nach Stand von Wissenschaft und Technik ermittelten Erdbeben, Basis: Überschreitungswahrscheinlichkeit 10^{-5}/a, derart ausgewiesen, dass auch bei einer um *eine* Intensitätsstufe[785] erhöhte Intensität die vitalen Funktionen zur Einhaltung der Schutzziele sichergestellt sind. Dabei können auch wirksame Notfallmaßnahmen berücksichtigt werden.
- *Level 2*: Es werden Auslegungsreserven gegenüber den anlagenspezifisch nach Stand von Wissenschaft und Technik ermittelten Erdbeben, Basis: Überschreitungswahrscheinlichkeit 10^{-5}/a, derart ausgewiesen, dass auch bei einer um *zwei* Intensitätsstufen erhöhte Intensität die vitalen Funktionen zur Einhaltung der Schutzziele sichergestellt sind. Dabei können auch wirksame Notfallmaßnahmen berücksichtigt werden.
- *Level 3*: Erdbeben mit einer Intensität größer Level 2 sind am Standort der Anlage praktisch auszuschließen.

Alternativ:

Es werden Auslegungsreserven gegenüber den anlagenspezifisch nach Stand von Wissenschaft und Technik ermittelten Erdbeben, Basis: Überschreitungswahrscheinlichkeit 10^{-5}/a, derart ausgewiesen, dass auch bei einer um *zwei* Intensitätsstufen erhöhte Intensität die vitalen Funktionen zur Einhaltung der Schutzziele sichergestellt sind. Dies wird durch vorhandene Sicherheitssysteme gewährleistet.

Die RSK-SÜ hatte folgendes Fazit:[786] *„Aus den Erkenntnissen zu Fukushima im Hinblick auf die Auslegung dieser Anlagen ergibt sich, dass hinsichtlich der Stromversorgung und der Berücksichtigung externer Überflutungsereignisse für deutsche Anlagen eine höhere Vorsorge festzustellen ist…Die Bewertung der Kernkraftwerke bei den ausgesuchten Einwirkungen zeigt, dass abhängig von den betrachteten Themenfeldern über alle Anlagen kein durchgehendes Ergebnis in Abhängigkeit von Bauart, Alter der Anlage oder Generation auszuweisen ist… Bei Anlagen mit ursprünglich weniger robuster Auslegung wurden zur Sicherstellung vitaler Funktionen teilweise unabhängige Notstandssysteme nachgerüstet. Bei der hier angelegten Bewertung der Robustheit führt dies punktuell zum Ausweisen hoher Robustheitsgrade.“*

In allen 6 betrachteten Risikobereichen wurden den 17 deutschen Kernkraftwerken von der RSK Robustheitslevel bzw. -schutzgrade zugeordnet, die den Basislevel teilweise erheblich übertreffen. Es gibt eine Ausnahme: Das Kernkraftwerk Unterweser kann für das Bewertungskriterium Hochwasser „nur" das Sicherheitsniveau des Basislevels aufweisen („Die Sicherheit der Anlage ist für ein Bemessungshochwasser –10.000-jährliches Hochwasser – nachgewiesen.").

Aus der Überprüfung der Robustheit deutscher Kernkraftwerke ergaben sich keine Hinweise auf die Notwendigkeit ihrer unverzüg-

---

[784] RSK-SÜ, S. 23 f.

[785] Aus dem logarithmischen Maßstab der Richter-Skala folgt, dass die Erhöhung um 1 Intensitätsstufe die Verzehnfachung der Stärke bedeutet.

[786] RSK-SÜ, S. 15 f.

lichen Abschaltung. Das Vorgehen der Bundesregierung war nicht durch sicherheitstechnische
Mängel, sondern rein politisch motiviert.

Der Europäische „Stresstest"
Der Rat der Europäischen Union hat bei seiner
Tagung am 24./25. März 2011 in Brüssel die EU-
Mitgliedstaaten aufgerufen, die Sicherheit aller
kerntechnischen Anlagen der EU mittels einer
umfassenden und transparenten Risiko- und Sicherheitsbewertung („Stresstest") zu überprüfen.
Die *Europäische hochrangige Gruppe für nukleare Sicherheit und Abfallentsorgung* (European Nuclear Safety Regulators Group – ENS-
REG) und die Kommission wurden beauftragt,
den Umfang dieser Tests unter Einbeziehung
der Mitgliedstaaten festzulegen und die Durch-
führungsmodalitäten auszuarbeiten. Betroffen
waren 14 Staaten mit insgesamt 143 Kernkraftwerken. Kein Kernkraftwerks-Betreiber entzog
sich der freiwilligen Teilnahme. Auch das *Eidgenössische Nuklearsicherheitsinspektorat* ENSI
verpflichtete alle Betreiber der schweizerischen
Kernkraftwerke, ihre Anlagen dem EU-Stresstest
zu unterwerfen. Nach langwierigen Verhandlungen verständigten sich die EU-Staaten am 24.
Mai 2011 über die Regeln der Belastungstests,
die im Wesentlichen von der *Western European
Nuclear Regulators Association* (WENRA) vorgeschlagen worden waren.[787]

a. Als auslösende, naturbedingte Ereignisse
   wurden untersucht:
   - Erdbeben
   - Hochwasser
b. In der Folge des auslösenden Ereignisses
   war für den Anlagenstandort der Verlust von
   Sicherheitsfunktionen zu unterstellen:
   - Ausfall der Stromversorgung einschließ-
     lich Komplettausfall (Station
     Black Out – SBO)
   - Verlust der letzten verfügbaren Wärme-
     senke (Ultimate Heat Sink – UHS)
   - das gleichzeitige Auftreten von SBO und
     Verlust der UHS

c. Im Hinblick auf schwere Unfälle waren zu
   prüfen:
   - Notfallschutzmaßnahmen bei Komplett-
     ausfall der Kernkühlung
   - Notfallschutzmaßnahmen bei Komplett-
     ausfall der Kühlung von Brennelement-
     Lagerbecken
   - Notfallschutzmaßnahmen beim Verlust der
     Integrität des Containments

ENSREG wies darauf hin, dass die Untersuchungen auch für Notfälle relevant sind, die indirekt durch andere Ereignisse ausgelöst werden,
wie beispielsweise Waldbrände oder Flugzeugabstürze.

Grundlage der Untersuchungen waren die
Anforderungen der Anlagenauslegung (Design
Basis – DB). Die Sicherheitsreserven gegenüber
den Auslegungsanforderungen waren zu ermitteln.

Der EU-Stresstest lief in drei Stufen ab:
- Anlagenbezogene Überprüfung durch die
  Kernkraftwerks-Betreiber (1.6.–31.10.2011)
- Kontrolle und Bewertung der Betreiberbe-
  richte durch die nationalen Aufsichtsbehör-
  den. Die Vorlage der nationalen Ergebnisbe-
  richte wurde auf den 31.12.2011 terminiert.
- Begutachtung der nationalen Berichte durch
  Experten aus anderen Staaten bis Ende April
  2012 (Peer Review Process)

Am 4. Oktober 2012 präsentierte der EU-Ener-
giekommissar Günther Oettinger das Ergebnis
des EU-Stresstests und führte aus: *„Die Stress-
tests haben gezeigt, wo unsere Stärken liegen
und was wir noch verbessern müssen. Die Tests
waren gründlich und erfolgreich. Generell ist die
Situation zufriedenstellend, zufrieden geben sollten wir uns damit aber nicht."* Aus technischer
Sicht müsse kein Kernkraftwerk in der EU abgeschaltet werden. Es bestünden jedoch vielfach
erhebliche Mängel und großer Verbesserungs-
bedarf. Die Mängelliste der deutschen Kernkraftwerke war vergleichsweise kurz. Bei den
Kernkraftwerken in Norddeutschland wurden
fehlende Erdbebenwarnsysteme bemängelt und
deren Nachrüstung gefordert, obwohl an diesen
Standorten aus den vergangenen Jahrtausenden
keine starken Beben bekannt geworden sind oder
von Geologen erwartet werden.

---

[787] (EU Stress tests specifications.pdf): Declaration of ENS-
REG, Annex I: EU „Stress tests" specifications, 14 Seiten.

Die Internationale Atomenergie-Agentur
IAEA veranstaltete vom 20. bis 24. Juni 2011
eine Ministerkonferenz über Reaktorsicherheit,
die sich ganz dem Geschehen in Fukushima widmete. Eine 12-köpfige international – ohne deutsche Beteiligung – besetzte Expertengruppe hatte
zuvor in Japan die Fakten gesammelt, die Lehren
aus den Ereignissen gezogen und Schlussfolgerungen empfohlen.[788] Die japanische Regierung
erstattete einen umfangreichen Bericht.[789] Die
IAEA forderte ihre Mitgliedsstaaten eindringlich
auf, die von ihr entwickelten Sicherheitsstandards und Leitlinien der Sicherheitskultur einzu-
halten und umzusetzen.[790]

---

[788] Report to the IAEA Member States: IAEA International Fact Finding Expert Mission of the Fukushima Daiichi NPP Accident Following the Great East Japan Earthquake and Tsunami, 24. 5.–2. 6. 2011.

[789] Report of the Japanese Government to the IAEA Ministerial Conference on Nuclear Safety, Wien, 20. 6. 2011.

[790] Chairpersons' Summaries, IAEA Ministerial Conference on Nuclear Safety, Wien, 20.–24. 6. 2011.

Die Suche nach der richtigen Sicherheits-Konzeption

Mit dem Atomgesetz (AtG) vom 23. Dezember 1959 war die positive Grundsatzentscheidung für die rechtliche Zulässigkeit der friedlichen Nutzung der Kernenergie getroffen worden. Dem Förderzweck war zugleich der Schutzzweck des AtG überlagert worden, der die Nutzung der Kernenergie von der erforderlichen Schadensvorsorge nach dem Stand von Wissenschaft und Technik bei der Errichtung und dem Betrieb kerntechnischer Anlagen abhängig machte (§ 7, Abs. 2, Nr. 2). Mit dieser Grundsatzentscheidung hat der Gesetzgeber im Einklang mit den Vereinten Nationen bejaht, dass die beim Betrieb kerntechnischer Anlagen verbleibenden Risiken im Verhältnis zum Nutzen tolerierbar sind. Da sich die Kerntechnik in einer schnellen Entwicklung befand, konnte der Gesetzgeber die Sicherheitsanforderungen nicht mit normativen Festlegungen bestimmen, sondern musste sie technologieoffen mit dem jeweiligen Stand von Wissenschaft und Technik verknüpfen. Die Konkretisierung dieser unbestimmten Rechtsbegriffe und damit die Festlegung der sicherheitstechnischen Anforderungen in jedem einzelnen Fall wurden der Exekutive auferlegt. In Verwaltungsstreitverfahren war auch die Judikative gefordert, bei der verbindlichen Konkretisierung der Sicherheitsanforderungen an den jeweiligen Stand von Wissenschaft und Technik mitzuwirken. Dabei mussten alle wissenschaftlichen und technischen Erkenntnisse herangezogen und auch künftige Schadensmöglichkeiten eingeschätzt werden. Alle Tätigkeiten bei der friedlichen Nutzung der Kernenergie wurden umfassend der staatlichen Genehmigung und Kontrolle unterstellt. Gemäß Atomgesetz wurden die Genehmigungsverfahren von den jeweils zuständigen Landesgenehmigungsbehörden in Bundesauftragsverwaltung durchgeführt, und dem Bund war die Recht- und Zweckmäßigkeitsaufsicht vorbehalten. Die Genehmigungs- und Aufsichtsbehörden des Bundes und der Länder wurden vom AtG verpflichtet, mit der bestmöglichen Schadensvorsorge für die Sicherheit deutscher Kernkraftwerke verantwortlich einzustehen.

Die atomrechtlichen Genehmigungen wurden von der Genehmigungsbehörde des zuständigen Landes erarbeitet. Diese legte in den Bestimmungen des Genehmigungsbescheids, bestehend aus dem Genehmigungsumfang, den Genehmigungsunterlagen und den Genehmigungsauflagen, alle notwendigen Sicherheitsanforderungen fest und prüfte vor Genehmigungserteilung, ob die Genehmigungsvoraussetzungen erfüllt waren. Die Exekutive konnte auch bei Vorliegen der Genehmigungsvoraussetzungen, im Rahmen ihres pflichtgemäßen Ermessens, die Genehmigung für den Bau und Betrieb einer kerntechnischen Anlage oder Einrichtung verweigern (sogenanntes Versagensermessen). Aufgabe der Aufsichtsbehörde war und ist es, die Einhaltung der Bestimmungen der Genehmigung sowie der Genehmigungsvoraussetzungen zu kontrollieren und sich dabei mit geeigneten Methoden immer wieder davon zu überzeugen, dass der Betreiber seiner Verantwortung zur Gewährleistung des sicheren Betriebs nachkommt. Genehmigungs- und Aufsichtsbehörde sind meist in einer Behörde vereinigt. Die Angehörigen dieser Behörde müssen kompetent, wachsam, durchsetzungsfähig und unabhängig sein. Ihre Anforderungen und Entscheidungen steuerten die Entwicklung der Sicherheitstechnik in der Bundesrepublik. Neben dem Antragsteller (EVU), dem Hersteller, den Landes- und Bundesbehörden trugen weitere Institutionen mit ihren Gutachten und Empfehlungen zur Entscheidungsfindung bei (s. Anhang 1–2).

Die sicherheitstechnischen Anforderungen zu der im Atomgesetz geforderten Schadensvorsorge weichen für die verschiedenen Reaktorbauarten voneinander ab. Im Zusammenwirken mit den Reaktorherstellern, den Betreibern und der Wissenschaft musste die Exekutive in den Anfangsjahren der deutschen Kernenergienutzung über grundlegende Forschungsvorhaben und die Förderung von Prototyp- und Demonstrations-Kernkraftwerken entscheiden, deren Zukunftsfähigkeit sich erst im Laufe der Zeit herausstellen konnte. Dabei ging es neben der Wirtschaftlichkeit der verschiedenen Bautypen in erster Linie um eine schlüssige und tragfähige Sicherheitskonzeption.

Die Entscheidung der deutschen Energieversorger über die kommerziell anzuwendenden Reaktor-Baulinien fiel früh zugunsten der aus den USA stammenden und dort erfolgreich eingeführten Leichtwasser-Technologie. Siedewasser- und Druckwasser-Reaktoren wurden zeitlich parallel entwickelt und zu den Leistungsträgern der nuklearen Stromerzeugung. Damit lag die Art der erforderlichen Sicherheitseinrichtungen im Grundsatz fest: Schnellabschaltung, Notkühlung, sicherer Einschluss der radioaktiven Stoffe, Schadensbegrenzung durch Sicherheitsbehälter und äußeres Containment sowie Verhütung von Schäden, welche die sichere Umschließung gefährden könnten. Schon in der Frühzeit der Kernenergienutzung in der Bundesrepublik wurde damit begonnen, neben der Leichtwasser-Technologie alternative Reaktorkonzepte zu untersuchen und Prototypen zu erbauen: Gasgekühlte Reaktoren, Hochtemperaturreaktoren und Schnelle Brüter.

Die Verantwortlichen in der Politik und in den Bundes- und Landesregierungen standen von Anfang an vor der Frage, was die erforderliche Schadensvorsorge im Einzelnen konkret bedeutet. Sie hatten im Umkehrschluss darüber zu entscheiden, welche Art, welches Ausmaß und welche Eintrittswahrscheinlichkeit denkbarer Schäden vom einzelnen Bürger und der Allgemeinheit im dicht besiedelten Industrieland Bundesrepublik hingenommen werden mussten. Über die sehr hohen Anforderungen an die Reaktorsicherheit gab es eine grundsätzliche Übereinstimmung zwischen staatlichen Verantwortungsträgern, Wirtschaft, Wissenschaft und Sachverständigenorganisationen. Auf der Reaktortagung des Deutschen Atomforums und der Kerntechnischen Gesellschaft im April 1970 in Berlin bekräftigten namhafte Vertreter aus Industrie, RSK, IRS, LRA und TÜV in einer gemeinsamen Erklärung ihre ernsthafte Zielsetzung, das für die Reaktortechnik charakteristische Risiko, die radioaktive Strahlenbelastung des Menschen, von vornherein auf einen so geringen Wert zu bringen, dass es neben dem allgemeinen Lebensrisiko, etwa durch Krankheit, vernachlässigt werden kann. *„Es wird also versucht, gegen alle Störfälle, die zur Freisetzung von Radioaktivität führen können, bereits bei der Konstruktion des Reaktors Vorsorge zu treffen, d. h. sie durch zusätzliche Maßnahmen auszuschließen oder in ihren Folgen zu begrenzen, ehe die Erfahrung dazu zwingt. Dieser an sich wünschenswerte präventiv-vorausschauende Charakter der Störfalluntersuchungen macht die eigentliche Schwierigkeit aller Diskussionen um die Reaktorsicherheit aus.“*[1]

Schäden durch technische Störungen und Unfälle lassen sich grundsätzlich nicht mit absoluter Sicherheit ausschließen, so weit auch immer Maßnahmen der Schadensvorsorge getrieben werden. Es werden immer Restrisiken und Ungewissheiten bleiben. Ein Unfall mit völligem gleichzeitigem Versagen mehrerer hintereinander gestaffelter, voneinander unabhängiger Schutzeinrichtungen ist theoretisch denkbar, wenn auch äußerst unwahrscheinlich. Das Bundesverfas-

---

[1] Birkhofer, A., Braun, W., Koch, E. H., Kellermann, O., Lindackers, K. H. und Smidt, D.: Reaktorsicherheit in der Bundesrepublik Deutschland, atw, Jg. 15, September/Oktober 1970, S. 441.

sungsgericht hat in seinem Kalkar-Beschluss vom 8. August 1978 dazu ausgeführt: „Ungewissheiten jenseits dieser Schwelle praktischer Vernunft haben ihre Ursache in den Grenzen des menschlichen Erkenntnisvermögens; sie sind unentrinnbar und insofern als sozialadäquate Lasten von allen Bürgern zu tragen" (s. Kap. 4.5.10).

Bei der Beurteilung der Anlagensicherheit durch die Genehmigungs- und Aufsichtsbehörden wurden drei Bereiche voneinander unterschieden:[2]

1. die Ebene der Gefahrenabwehr, auf der Schäden an Leben, Gesundheit und Sachgütern ausgeschlossen werden sollten,
2. die Ebene der weiteren Risikominimierung (Erhöhung der Sicherheitsreserven), auf der ein zusätzlicher Sicherheitsgewinn in einem angemessenen Verhältnis zum Aufwand für die zusätzliche Schutzmaßnahme stehen musste und
3. der Bereich des hinzunehmenden Restrisikos.

Die an Heftigkeit in den 70er Jahren zunehmende öffentliche Auseinandersetzung ging um das Ausmaß der erforderlichen, vernünftigerweise vorzusehenden weiteren Risikominimierung und die Größe des schließlich hinzunehmenden Restrisikos. Der Druck auf die in der Verantwortung stehenden Exekutive, die sicherheitstechnischen Anforderungen zu verschärfen, wuchs stetig an.

Bei der Ermittlung des jeweiligen Standes von Wissenschaft und Technik konnten sich die staatlichen Behörden auf sachverständige Gremien und Institute sowie auf die Hersteller und Betreiber abstützen. Das Atomgesetz sah in § 20 vor, dass die Genehmigungs- und Aufsichtsbehörden Sachverständige zuziehen können, und verwies auf die Bestimmungen der Gewerbeordnung. In den Genehmigungsverfahren arbeiteten gemäß § 24b und c der Gewerbeordnung in erster Linie die jeweils zuständigen Technischen Überwachungsvereine (TÜV) mit ihrer Sachkunde den Landesbehörden zu. Die langfristig angelegte Zusammenarbeit wurde in der Regel vertraglich

so gefestigt, dass die TÜV einschlägig qualifiziertes Personal heranziehen und vorhalten konnten. Darüber hinaus zogen die Landesbehörden regelmäßig entweder über die TÜV oder unmittelbar wissenschaftlichen Sachverstand aus Universitäten und Forschungseinrichtungen hinzu, um die exekutiven Entscheidungen zu konkreten technischen Problemen bestmöglich abzusichern.[3] Die in Sach- und Rechtsfragen im Einzelfall weisungsbefugte oberste Bundesbehörde – das jeweils zuständige Bundesministerium – stützte sich in erster Linie auf die Sachverständigen der ihr zugeordneten Beratungsgremien Reaktor-Sicherheitskommission (RSK), Strahlenschutzkommission (SSK) und des Instituts für Reaktorsicherheit (IRS, später Gesellschaft für Anlagen- und Reaktorsicherheit – GRS) sowie des im Jahr 1989 errichteten Bundesamts für Strahlenschutz (BfS). Die Sachverständigen und ihre Organisationen nahmen beim praktischen Vollzug des Atomrechts die Aufgabe einer eigenständigen Kontroll- und Überwachungsinstanz – ohne eigene Entscheidungskompetenz (die stets allein der zuständigen atomrechtlichen Behörde oblag) – wahr.[4]

Die zuständigen Fachreferate der weisungsbefugten Bundesbehörden waren sich der enormen Schwierigkeiten bewusst, objektiv belastbare, zuverlässige Entscheidungen vorzubereiten. Anfang des Jahres 1973 stellte der Leiter des Referats Reaktorsicherheit im BMFT, Heinz Seipel, die Lage wie folgt dar: *Im Brennpunkt aller Entscheidungen im Genehmigungsverfahren steht stets die Frage, ob die trotz aller Schutzmaßnahmen verbleibenden Schadensmöglichkeiten (‚Restrisiko‘) im Hinblick auf die extremen Auswirkungen hinreichend unwahrscheinlich*

---

[2] Hohlefelder, W.: Zur Regelung der Gefahrenabwehr bei Kernenergieanlagen in der deutschen Rechtsordnung, Energiewirtschaftliche Tagesfragen, 33. Jg., 1983, Heft 6, S. 392–399.

[3] vgl. beispielsweise AMPA Ku 158: Anforderungen verschiedener Landesgenehmigungsbehörden an die gutachtliche Tätigkeit der MPA Stuttgart und Prof. Kußmaul bzw. Kooperationsverträge zwischen Technischen Überwachungsvereinen und der MPA Stuttgart.

[4] Für eine eingehende Darstellung und Diskussion der atomrechtlichen Sachverständigen-Tätigkeiten im In- und Ausland siehe: Sellner, D., Hennenhöfer, G. et al.: Die Aufgabe der Sachverständigen bei der Gewährleistung der kerntechnischen Sicherheit und Auswirkungen möglicher Reformen, in: Schriftenreihe Recht & Technik, Bd. 17, Verlag VdTÜV, Berlin, Oktober 2006.

sind. Hier liegt ein Grenzbereich zwischen wissenschaftlich-technischer Erkenntnis und sicherheitspolitischem Ermessen, wo Behörden und externe Sachverständige sich gegenseitig gern den ‚Schwarzen Peter‘ zuspielen. Wenn Fragestellungen zur Diskussion stehen, die über Sein oder Nichtsein eines ganzen Projekts oder einer ganzen Baulinie entscheiden, fällt es schwer, Gutachter zu finden, die aufgrund ihrer Sachkenntnis, Stellung und Persönlichkeit völlig objektiv an das Problem herangehen. Häufig besteht die Gefahr, dass Gutachter sich an Fragen dieser Diskussion vorbeiwinden. Deshalb ist der kritische Dialog zwischen Behörden und Gutachtern gerade in diesem Bereich erforderlich, um die Vollständigkeit und Schlüssigkeit der Prüfung zu gewährleisten." Die Behörde müsse selbst in der Lage sein, bei jedem Projekt relativ viele technische Details sachkundig beurteilen und die hinter Details verborgenen Risikoentscheidungen erkennen und verantwortlich mittragen zu können.[5]

Die hinzunehmenden sozialadäquaten Lasten jedoch, die gegen den wirtschaftlichen Nutzen abgewogen werden mussten, waren unter dem starken Einfluss des gesellschaftlichen und meinungsbildenden Umfeldes, von politischen Wertungen und Interessen allenfalls unter Hinweis auf höchstrichterliche Urteile abzuschätzen. Die Grenzen des Entscheidungsfreiraums für exekutives Ermessen gegenüber der grundrechtlich garantierten Gewerbe- und Unternehmensfreiheit der Hersteller und Betreiber kerntechnischer Anlagen waren dabei stets umstritten.

Den Bundes- und Landesregierungen war bewusst, dass sie aus einer kritischen Distanz zu allen Beteiligten wissenschaftliche, technische, wirtschaftliche und sicherheitstechnische Gesichtspunkte in übergreifender Weise gegeneinander abwägen mussten.[6] Schon die anlagen-

technische Ausgewogenheit allein erforderte die Prüfung, ob eine bestimmte Maßnahme, mit der die Sicherheit eines Einzelteils erhöht wurde, möglicherweise die Sicherheit der Gesamtanlage verschlechterte. Art und Ausmaß der sicherheitstechnischen Anforderungen an Errichtung und Betrieb von Kernkraftwerken wurden nicht allein von naturwissenschaftlich-technischen Erkenntnissen und Entwicklungen bestimmt. Mit der Verschärfung der Genehmigungsvoraussetzungen wurde – vergeblich – versucht, die zunehmend besorgten Bürger zu beruhigen und die Antiatomkraft-Bewegung abzuschwächen. In einem starken Spannungsfeld zwischen den Erfordernissen der rasch expandierenden Kernenergienutzung und dem Schutzbedürfnis der Bevölkerung wurde eine zentrale Aufgabe der staatlichen Stellen und ihrer Beratungsgremien darin erkannt, die weitreichenden politischen Entscheidungen einer immer kritischer werdenden Öffentlichkeit verständlich zu machen.[7]

Die konkreten sicherheitstechnischen Anforderungen zur Gefahrenabwehr und zusätzlichen Risikominderung entwickelten sich mit den Entscheidungen in den Genehmigungsverfahren. In der Bundesrepublik konnte dabei auf die Erfahrungen im Ausland, insbesondere in den USA, aber auch auf die eigenen, rasch zunehmenden Erfahrungen zurückgegriffen werden. Mit der besonderen Standortproblematik in der dicht besiedelten Bundesrepublik und der zunehmenden Komplexität der Sicherheitsbetrachtung beim Fortschreiten des Standes von Wissenschaft und Technik musste häufig wissenschaftliches und technisches Neuland betreten werden, auf dem vorausschauendes und verantwortungsbewusstes Ermessen erforderlich war. Ende der 60er Jahre regte die Bundesregierung an, im Hinblick auf die besondere politische und geographische Lage und die hohe Bevölkerungsdichte eine eigene „Reaktor-Sicherheitsphilosophie" für die Bundesrepublik zu erarbeiten. Aus dieser Maß-

---

[5] AMPA Ku 173, Persönliche Mitteilung von Dipl.-Ing. Heinz Seipel vom 2.12.2006, Anlage 2: handschriftlicher Vermerk mit Anregungen zum Einführungsvortrag von IV C, Unterabteilungsleiter MinDirig. Sahl im BMI, 1973, S. 2 f.

[6] AMPA Ku 3, Schreiben des Bundesministers für Forschung und Technologie Prof. Dr. Horst Ehmke an den RSK-Vorsitzenden Prof. Dr. D. Smidt vom 24.1.1973,

Anlage zum Ergebnisprotokoll der 80. RSK-Sitzung, 27.1.1973, S. 2 f.

[7] AMPA Ku 3, Ansprache Staatssekretär Günther Hartkopf anlässlich der konstituierenden Sitzung der RSK am 18.9.1974, Anhang 1 zum Ergebnisprotokoll der 74. RSK-Sitzung, 18.9.1974, S. 3.

gabe entwickelten sich sehr umfangreiche Forschungsvorhaben des Bundes in den 70er–90er Jahren. Die übergeordneten Ziele dabei waren:[8]

- Quantifizierung der Sicherheitsreserven in existierenden Komponenten und Systemen durch sicherheitstechnische Experimente und Analysen,
- Entwicklung verbesserter Systeme und Sicherheitseinrichtungen zur Verhinderung von Störfällen und zur Eindämmung schwerer Unfälle.

Das BMFT-Programm zur Sicherheit von Leichtwasserreaktoren umfasste systematisch neun umfangreiche Forschungsprojekte mit jeweils zahlreichen Einzelvorhaben:[9] Qualitätssicherung, Komponentensicherheit, Kernnotkühlung, Containment bei Kühlmittelverlust, Äußere Einwirkungen, Behälterversagen, Kernschmelzen, Spaltprodukttransport und Strahlenbelastung, Risiko und Zuverlässigkeit. Internationale Forschungsaktivitäten wurden sorgfältig beobachtet. Es ergaben sich vielfältige Möglichkeiten zu Kooperationen mit ausländischen Forschungsstellen, die durch bi- und multilaterale Verträge abgesichert wurden. Eine international führende Rolle nahm die amerikanische Atomenergiebehörde (Atomic Energy Commission, später Nuclear Regulatory Commission) ein.[10]

Im Zusammenhang mit dem wachsenden öffentlichen Widerstand gegen die Pläne der Bundesregierung zum beschleunigten Ausbau der Kernkraftkapazität begann in den 70er Jahren eine intensive Diskussion über die Bedeutung, die Reichweite und die Grenzen der im Atomenergierecht von den Gesetz- und Verordnungsgebern sowie von der Rechtsprechung verwendeten vielfältigen Begriffe wie Störfall, Unfall, sonstige sicherheitstechnisch bedeutsame Ereignisse,

Gefährdung, Gefahr, Gefahrenabwehr, erforderliche Schadensvorsorge nach dem Stand von Wissenschaft und Technik, individuelles und allgemeines Risiko, Restrisiko, Wahrscheinlichkeit, deterministische und probabilistische Analysen.[11,12] Der Bundesminister des Innern (BMI) legte beispielsweise in einer umfänglichen Stellungnahme das Tatbestandsmerkmal „erhebliche Gefährdung" im Sinne des § 17 Abs. 5 AtG so aus, dass schon eine deutlich entferntere Wahrscheinlichkeit des Eintritts eines erheblichen Schadens an Leib, Leben und Gesundheit oder die Zerstörung von für die Allgemeinheit bedeutsamer Werte genüge, um die Schutzpflicht des Staates auszulösen, als bei Risiken, die gemeinhin akzeptiert werden.[13]

Die Vielzahl der unbestimmten Rechtsbegriffe und die schwierigen Abwägungen bei den Risikobewertungen machten den verwaltungsgerichtlichen Rechtsschutz zu einem unverhältnismäßig langen Streitverfahren. Jedes Genehmigungsverfahren wurde verwaltungsgerichtlich überprüft und die Gerichte bestanden darauf, auch die technisch-wissenschaftlichen Sachverhalte umfassend aufzuklären. In der Sache widersprüchliche Gerichtsurteile erhöhten die Rechtsunsicherheit. Im Zuge der Entwicklung stand regelmäßig die Frage an, ob Teilgebiete soweit ausgereift waren, dass sie zur gleichmäßigen und berechenbaren Rechtsanwendung in Form von Richtlinien, Leitlinien und technischen Regeln erfasst und kodifiziert werden konnten.

Ein vordringliches Anliegen bestand darin, zur Gewährleistung von Rechtssicherheit den Bestimmtheitsanforderungen besser zu entsprechen und ein kerntechnisches Regelwerk zu schaffen, das höchsten wissenschaftlichen und technischen Ansprüchen genügte. Anfang der 70er Jahre begannen die mit Reaktorsicherheit

---

[8] vgl. Rininsland, H. und Kuczera, B.: Das Projekt Nukleare Sicherheit 1972–1986, Abschlusskolloquium 1986, Berichtsband KfK 4170, August 1986, S. 46.

[9] Der Bundesminister für Forschung und Technologie (Hg.): Programm Forschung zur Sicherheit von Leichtwasserreaktoren 1977–1980, Bonn, 1978.

[10] Bennett, G. L., Spano, A. H. und Szawlewcz, S. A.: NRC International Agreements on Reactor Safety Research, Nuclear Safety, Vol. 18, No. 5, Sept.-Okt. 1977, S. 589–595.

[11] Feldmann, F. J.: Schadensvorsorge gegen Störfälle und Unfälle bei der Auslegung von Kernkraftwerken, Energiewirtschaftliche Tagesfragen, 33. Jg., 1983, Heft 6, S. 385–392.

[12] Bischof, Werner: Die Begriffe „Störfall" und „Unfall" im Atomenergierecht, Energiewirtschaftliche Tagesfragen, 30. Jg., 1980, Heft 8, S. 592–606.

[13] BA B 106–75327, Ergebnisprotokoll 137. RSK-Sitzung, 20.9.1978, Anlage 2.

befassten Institutionen mit Nachdruck, Sicherheitskriterien, Richtlinien, Leitlinien, Regeln und sonstige Normen zu erarbeiten (s. Kap. 6.1). Im Laufe der 70er Jahre urteilte die Rechtsprechung über die Grenzen der Standardisierung und führte den Begriff des „dynamischen Grundrechtsschutzes"[14] ein, aus dem eine flexible Anpassung an die sich ändernde Technik folgte. Das Oberverwaltungsgericht Münster stellte zur Genehmigung von Kernkraftwerken fest: *„Die gesetzliche Fixierung eines bestimmten Sicherheitsstandards durch die Aufstellung starrer Regeln würde demgegenüber, wenn sie sich überhaupt bewerkstelligen ließe, die technische Weiterentwicklung wie die ihr jeweils angemessene Sicherung der Grundrechte eher hemmen als fördern."*[15] Die Erstellung von kerntechnischen Regeln und Normen stellte deshalb stets eine Gratwanderung zwischen Bestimmtheitsansprüchen und zukunftsoffener Flexibilität dar.

Nach dem Vorbild von probabilistischen Untersuchungen im Vereinigten Königreich und in den USA wurde seit Mitte der 70er Jahre im Rahmen der Deutschen Risikostudie Phase A und B (s. Kap. 7.3) versucht, die Größe des Restrisikos maximaler Unfallfolgen mit Wahrscheinlichkeitsbetrachtungen konkret festzustellen. Umfassende Analysen ergaben äußerst geringe Katastrophen-Häufigkeiten (Größenordnung kleiner als 10^{-6} pro Reaktorbetriebsjahr) und zeigten, dass die quantitativen Nachweise bei weiteren Verbesserungen der Systemtechnik immer schwieriger werden. Auch diese Studien entfalteten keine befriedende Wirkung, da theoretisch denkbare Maximalfolgen schwerer Reaktorunfälle von den Kernkraftgegnern mit dem Argument in den Mittelpunkt der Sicherheitsbetrachtungen gestellt wurden, auch eine extrem geringe Eintrittswahrscheinlichkeit schließe ein baldiges Ereignis nicht aus. Probabilistische Risikoanalysen wurden jedoch in der Praxis als Mittel der Schwachstellenerkennung und der

Ermittlung von Risikoprofilen sowie zur Überprüfung der Ausgewogenheit des Sicherheitskonzepts eingesetzt und dienten auf diese Weise der weiteren Verbesserung der Reaktorsicherheit in Deutschland.[16]

Die Entwicklung der Reaktorsicherheit begann mit der möglichst sorgfältigen deterministischen Auslegung, Konstruktion und Herstellung aller Komponenten und Systeme, die ein Kernkraftwerk umfasst, gemäß den naturwissenschaftlich-technischen Regeln und Erkenntnissen, die dem jeweiligen Stand von Wissenschaft und Technik entsprachen. Die Integrität der druckführenden Umschließung, insbesondere des Reaktordruckbehälters (RDB), war dabei von grundlegender und vorrangiger Bedeutung. Erst später wurde erkannt, dass die probabilistische Risikoanalyse als ein wertvolles Instrument zur Fortentwicklung und Verbesserung der Reaktorsicherheit genutzt werden kann. Schließlich wurde gesehen, dass der im Kernkraftwerk tätige Mensch vielfältigen Einflüssen ausgesetzt ist und im Zusammenwirken mit der Technik, der Organisation und seinem politisch-gesellschaftlichen Umfeld die entscheidend wichtige Sicherheitskultur prägt. Die vorliegende Arbeit folgt deshalb der Gliederung nach den Themen Deterministik (Kap. 6), Probabilistik (Kap. 7) und Mensch-Technik-Organisation-Umfeld (Kap. 8). Die deterministischen Arbeiten zur Erforschung, technischen Entwicklung und Kodifizierung der Auslegung, Konstruktion und Herstellung der druckführenden Umschließung waren so gewichtig und umfangreich, dass sie in den besonderen Kap. 9, 10 und 11 ausführlich beschrieben werden.

Im nachfolgenden Kap. 6 soll anhand der historischen Vorgänge die deterministische Entwicklung der sicherheitstechnischen Konzeption moderner Kernkraftwerke, ihrer Standardisierung und Kodifizierung dargestellt werden.

---

[14] vgl. Beschluss des Bundesverfassungsgerichts zum „Schnellen Brüter" Kalkar vom 8.8.1978 – 2BvL8/77, Leitsatz 5.

[15] OVG Münster Beschluss vom 18.8.1977, Die Öffentliche Verwaltung, 1979, S. 53.

---

[16] Birkhofer, A.: Gedanken zur Weiterentwicklung der Reaktorsicherheit, atw, Jg. 38, Dezember 1993, S. 823–827.

Die Deterministik bei Auslegung, Konstruktion und Herstellung

6

Die Auslegung kerntechnischer Anlagen erfolgt anhand deterministisch vorgegebener Anforderungen, wie der zu beachtenden physikalischen Zusammenhänge, der konkreten Lastannahmen, der Zielvorgaben durch administrative Sicherheitskriterien wie Leitlinien, Qualitätssicherungsmaßnahmen, Maßgaben für Diversität, Redundanz, räumliche Trennung usw. Der Konstrukteur geht deterministisch vor. Er stützt sich auf die Grundannahme, dass eine bestimmte Ursache immer eine bestimmte Wirkung hat (Kausalitätsprinzip). Bei vollständiger Kenntnis und Berücksichtigung aller naturgesetzlichen Ursache-Wirkungs-Beziehungen sowie aller Einflussgrößen könnte er auf die Frage nach dem Versagen seiner Konstruktion mit absoluter Gewissheit eine Ja-Nein-Aussage treffen. Dies ist prinzipiell unerreichbar wegen der begrenzten menschlichen Erkenntnismöglichkeiten.

Der deterministisch vorgehende Ingenieur wendet für seine Problemlösung das bestbewährte Wissen an, das ihm in Form des einschlägigen Regelwerks sowie aus den Erkenntnissen aus mangelhafter Herstellung und Schadensfällen zur Verfügung steht. Er erfasst und berücksichtigt die nach seiner Erfahrung wichtigen Einflussgrößen, deren schädigende Wirkung er, soweit erforderlich, zu beherrschen versucht. Ist die Zahl der Einflussgrößen bei einer Systemkomponente – etwa dem Reaktordruckbehälter oder einer Kühlmittelleitung der druckführenden Umschließung – überschaubar klein, so kann bei sehr sorgfältiger Auslegung, Herstellung und Qualitätssicherung ein Bruch „nach menschlichem Ermessen"

ausgeschlossen werden (vgl. Kap. 11.3 – Basissicherheitskonzept). Wenn der Ingenieur – wie gewöhnlich – die Beschaffenheit seiner Bauteile und alle Einwirkungen nicht vollständig und präzise kennt, arbeitet er mit Sicherheitsreserven, die er in Form von zusätzlichen Sicherheitsbeiwerten nach seinem ingenieurmäßigen Urteil einführt. Die deterministische Vorgehensweise kommt also nicht ganz ohne subjektive Einschätzungen des aufgrund ingenieurtechnischer Erfahrung zu erwartenden Verhaltens von Systemen und deren Komponenten aus.

Im Folgenden sollen die verschiedenen Formen der Kodifizierung sicherheitstechnischer Tatbestände und Anforderungen dargestellt werden.

6.1 Das Regelwerk zur Kodifizierung der sicherheitstechnischen Tatbestände und Anforderungen zur Schadensvorsorge

Das untergesetzliche kerntechnische Regelwerk ist über einen längeren Zeitraum hinweg entwickelt worden. Eine übergeordnete Konzeption der Exekutive lag ihm von Anfang an nicht zugrunde. Es entstand vielmehr Schritt für Schritt in der Folge der Einzelentscheidungen in den Genehmigungsverfahren. Seine wesentliche Ausgestaltung erfuhr es im Zuge der Genehmigung, der Errichtung, des Betriebs und der Stilllegung der Kernkraftwerke mit Leichtwasserreaktor der 1970er und am Anfang der 1980er Jahre.

Beträchtlichen Einfluss auf die Entwicklung kerntechnischer Sicherheitskriterien, Richt- und Leitlinien hatte die Genehmigungspraxis der amerikanischen Atomenergiebebehörde USAEC. Bis in die 70er Jahre wurden die in den USA kodifizierten sicherheitstechnischen Standards zur Beurteilung deutscher Baupläne herangezogen. Mit Sorgfalt wurden auch internationale Bemühungen um Sicherheitsstandards in den verschiedenen technischen Gebieten beachtet. So hatte die Europäische Atomgemeinschaft (Euratom) seit Anfang der 60er Jahre Grundnormen des Strahlenschutzes erarbeitet und mit ihren Forschungsprogrammen Fragen der Reaktorsicherheit aufgegriffen. Im Jahr 1974 begründete die International Atomic Energy Agency (IAEA) in Wien mit der sicherheitstechnischen Berichtsserie „Safety Series" das Programm der Nuclear Safety Standards. Die IAEA befasste sich auf den Ebenen Fundamentals, Requirements, Guides und Practices mit allen Aspekten der technischen Sicherheit. Deutsche Stellen waren für Euratom und IAEA bei der Entwicklung von sicherheitstechnischen Standards tätig. Das Sicherheitsniveau entsprach dort zunächst nur Mindestanforderungen, wurde jedoch zu „Best-Practice-Standards" weiterentwickelt.

Alle mit Fragen der Sicherheitstechnik und Normung in der Bundesrepublik befassten Einrichtungen lieferten ihre Beiträge mit unterschiedlicher Regelungstiefe: die zuständigen Bundesministerien, der Länderausschuss für Atomkernenergie, das Institut für Reaktorsicherheit (IRS, später Gesellschaft für Anlagen- und Reaktorsicherheit – GRS), die Deutsche Atomkommission (DAtK), die Reaktorsicherheitskommission (RSK), die Strahlenschutzkommission (SSK), das Deutsche Institut für Normung (DIN, hier der Fachnormenausschuss Kerntechnik – FNKe, später Normenausschuss NKe), die TÜV-Leitstelle Kerntechnik bei der Vereinigung der Technischen Überwachungsvereine (VdTÜV), die Hersteller und Betreiber mit ihren Verbänden und wissenschaftliche Institutionen.

Die Aufgabe des kerntechnischen Regelwerks ist die *konkrete* Abbildung des Standes von Wissenschaft und Technik. Bei der Anwendung des Regelwerks sollten sich keine Interpretations-

spielräume auftun. Die in anderen Regelwerken üblichen „Mindestanforderungen" sind unter den Randbedingungen atomrechtlicher Verfahren ungenügend. Die Festlegungen des untergesetzlichen Regelwerks sind keine Rechtsvorschriften, sondern erlangen erst durch die Entscheidungen der Genehmigungs- und Aufsichtsbehörden im einzelnen Genehmigungsverfahren konkrete rechtsverbindliche Geltung. Das Zentrum des deutschen Regelwerkes bilden die BMI-Sicherheitskriterien und -Störfall-Leitlinien sowie die RSK-Leitlinien und KTA-Regeln. Dazu kommen noch die besonderen Regeln für Druckbehälter, die in Kap. 9.1 behandelt werden.

Als in der ersten Hälfte der 70er Jahre erhebliche Verzögerungen in den atomrechtlichen Genehmigungsverfahren auftraten, legte der BMI Ende 1974 ein „Konzept zur Beschleunigung der atomrechtlichen Genehmigungsverfahren"[1] vor, mit dem er auf zahlreiche Beschwerden und Memoranden aus der Wirtschaft und von Verbänden reagierte. Der BMI sah in der Standardisierung der Anforderungen und der Standardisierung der Auslegung der Kernkraftwerke unter sicherheitstechnischem Gesichtspunkt die einzige Möglichkeit, in kurzer Zeit die Errichtung einer größeren Anzahl von Kernkraftwerken sowie die Vorfertigung terminführender Komponenten genehmigen zu können. Deshalb hielt er die Kodifizierung der sicherheitstechnischen Anforderungen in allgemein gültigen Vorschriften und Regeln mit überschaubarer zeitlicher Beständigkeit für notwendig. Der BMI führte im Anhang zu seinem Konzept die von ihm in Angriff genommenen Regulierungsmaßnahmen zur Kodifizierung der Anforderungen für die Vorfertigung von Anlagenteilen und Schematisierung des Verfahrensablaufes auf. Im Einzelnen enthielt sein Regulierungsprogramm die Verabschiedung der Sicherheitskriterien für Kernkraftwerke mit Durchführungserläuterungen, Regeln des Kerntechnischen Ausschusses KTA sowie eine Vielzahl von Richtlinien u. a.

---

[1] BA B 106–75313, Ergebnisprotokoll 101. RSK-Sitzung, 22.1.1974, Anlage, Der Bundesminister des Innern: Entwurf Konzept zur Beschleunigung der atomrechtlichen Genehmigungsverfahren für Kernkraftwerke (Stand: 30. 12. 1974).

Eine umfassende Zusammenstellung der wichtigsten Verordnungen, Richtlinien, Kriterien, Leitlinien, Grundsätze, Leitsätze, Regeln, Weisungsbeschlüsse,[2] Anforderungen, Empfehlungen und Interpretationen bietet das „Handbuch Reaktorsicherheit und Strahlenschutz", eine Loseblattsammlung, deren Grundwerk vom BMI im Mai 1978 herausgegeben wurde. Mit etwa 30 Ergänzungslieferungen ist das RS-Handbuch vom BMI, später vom BMU mit dem jeweiligen Stand von Wissenschaft und Technik fortgeschrieben worden.[3]

Ein zusammenfassender Überblick über das in der Bundesrepublik Deutschland entstandene Regelwerk (abgesehen von den Druckbehälter-Regeln – s. Kap. 9.1) soll in den hier anschließenden Abschn. 6.1.1–6.1.7 gegeben werden. Das Ringen um die bestmöglichen sicherheitstechnischen Anforderungen und Lösungen im Kontext aller abzuwägenden Gesichtspunkte wird anhand wichtiger Beispiele in den Kap. 6.3–6.8 im Einzelnen abgehandelt.

6.1.1   Die BMI-Sicherheitskriterien für Kernkraftwerke

Dem Vorbild des Genehmigungsverfahrens in den USA folgend, wurde von Antragstellern für die Errichtung und den Betrieb kerntechnischer Anlagen ein Sicherheitsbericht gefordert, der von den Genehmigungs- und Aufsichtsbehörden, die sich von Sachverständigengremien beraten ließen, geprüft wurde.

Der Arbeitskreis (AK) 2 „Strahlenschutz in atomtechnischen Anlagen" der Fachkommission IV „Strahlenschutz" der Deutschen Atomkommission (DAtK), der sich am 22.2.1957 konstituiert hatte (Vorsitz Prof. Dr. Erwin Schopper), sah seine Aufgabe darin, „auf dem Gebiet des Strahlenschutzes in atomtechnischen Anlagen Richtlinien auszuarbeiten als Grundlage für die Arbeit der Sicherheits-Kommission." Es bestehe der Plan, für das Genehmigungsverfahren bei atomtechnischen Anlagen – wie in anderen Ländern üblich – eine Sicherheits-Kommission, deren Aufgabe die Prüfung eingereichter Sicherheitsberichte sei, zu bilden.[4] (Die Reaktor-Sicherheitskommission – RSK – wurde Anfang 1958 eingerichtet, s. Kap. 4.5.2.) Für die Beurteilung atomtechnischer Anlagen müsse eine „einheitliche, rechtsverbindliche Musterordnung des Sicherheitsberichts" geschaffen werden. Dazu gehöre die Beschreibung der atomtechnischen Anlage, der Störfälle sowie der Schutz- und Sicherheitsmaßnahmen.[5] In der Untergruppe „II Störfälle und Gegenmaßnahmen" enthielt die Musterordnung in 7 Kapiteln umfangreiche Listen, die von möglichen Anlässen für ein „Durchgehen"[6] des Reaktors bis zur Gefährdung durch Flugzeugabsturz alle damals (und überwiegend bis heute) vorstellbaren physikalisch, chemisch und technologisch bedingten Störfälle umfassten. In der Untergruppe „III Schutz- und Sicherheitsmaßnahmen" wurden u. a. die innerbetrieblichen Maßnahmen bei Störfällen und der Schutz der Umgebung aufgeführt. Im Einzelnen wurden u. a. als Störfälle auslösende Ursachen genannt:

- Explosion druckführender Teile
- Explosionen außerhalb der Reaktoranlage
- Störungen durch Blitzschlag
- Wasser- und Witterungsschäden
- Erdbeben
- Flugzeugabsturz[7]

Zum Schutz der Umgebung wurde vor allem auf Kontroll- und Warndienste hingewiesen. Die

---

[2] Die sog. „TÜV-Leitstelle" führte für die Abwicklung der Genehmigungsverfahren der standardisierten sog. „Konvoi-Anlagen" das Instrument der „Weisungsbeschlüsse" ein, die durch die Vorgabe eines bestimmten Vorgehens eine einheitliche organisations- und personenunabhängige Begutachtung ermöglichte. Mit der Weisung zu einem rationalen Vorgehen war keine sog. „Ergebnisweisung" verbunden.

[3] Druck und Vertrieb dieses Werkes lagen zunächst bei der Gesellschaft für Anlagen- und Reaktorsicherheit (GRS), Köln, nach seiner Gründung im November 1989 beim Bundesamt für Strahlenschutz (BfS) in Salzgitter.

[4] BA B 138–3413, Kurzprotokoll 3. Sitzung AK IV/2 DAtK vom 23. 9. 1957.

[5] BA B 138–3413, Kurzprotokoll 5. Sitzung AK IV/2 DAtK vom 26. 11. 1957.

[6] Das Durchgehen eines Leichtwasserreaktors bedeutet eine unkontrollierte Leistungsexkursion mit der Folge einer Dampfexplosion, die den Reaktor zerstört.

[7] BA B 138–3413, Kurzprotokoll 11. Sitzung AK III-IV/1 DAtK vom 2./3. 10. 1958.

„Maßnahmen bei Überschreitung dieser kriti-schen Werte" (III.3.3) wurden nicht erläutert.

Die Musterordnung wurde als „Merkposten-aufstellung für die Abfassung des Sicherheitsbe-richts ortsfester Spaltungsreaktoren" vom inzwi-schen umbenannten und neu zusammengesetzten Arbeitskreis III-IV/1 „Strahlenschutz und Sicher-heit bei atomtechnischen Anlagen" der DAtK ab-schließend beraten und nach Zustimmung ande-rer Fachkommissionen im Mai 1960 endgültig verabschiedet.[8] Die Merkpostenaufstellung war rechtlich nicht verbindlich, wurde aber in der Praxis sorgfältig beachtet. Im vorzulegenden Si-cherheitsbericht sollte dargelegt werden, wie in der zu genehmigenden Anlage die aufgeführten Störfälle durch technische und organisatorische Maßnahmen beherrscht werden können.

Die Merkpostenaufstellung für die Erstellung eines Standard-Sicherheitsberichts ist später von einer Arbeitsgruppe aus Fachleuten der Her-steller und Betreiber von Kernkraftwerken, der Technischen Überwachungsvereine, des Instituts für Reaktorsicherheit (IRS) und der atomrecht-lichen Genehmigungsbehörden der Länder und des Bundesinnenministeriums mit einem hohen Detaillierungsgrad fortgeschrieben und 1976 als BMI-Richtlinie bekannt gemacht worden.[9] Im Blick auf die in den 60er Jahren anstehenden Genehmigungsverfahren reichte die erste Merk-postenaufstellung vom Mai 1968 nicht aus, um die sicherheitstechnischen Anforderungen an die Auslegung von Kernkraftwerken zur erforderli-chen Schadensvorsorge zu konkretisieren.

Die amerikanische Atomenergiebehörde USAEC hatte im Mai 1959 einen Entwurf für Si-cherheitskriterien veröffentlicht, der von der be-troffenen Industrie entschieden abgelehnt wurde. Die Entwicklung sei noch zu sehr im Fluss, die Zeit noch nicht reif für administrative Festlegun-gen (s. Kap. 6.4.1). Im Februar 1961 folgten die USAEC-Leitlinien für Reaktorstandorte, die von Herstellern und Betreibern mit der zusätzlichen Forderung akzeptiert wurden, auch verbraucher-nahe Standorte zu ermöglichen.

Im November 1965 publizierte die USAEC den Entwurf für „Allgemeine Auslegungskrite-rien für Errichtungsgenehmigungen von Kern-kraftwerken" (General Criteria for Nuclear Power Plant Construction Permits)[10] und forder-te die Fachwelt zu kritischen Kommentaren auf. Auch der deutsche Bundesminister für wissen-schaftliche Forschung versandte im Dezember 1965 bzw. Februar 1966 diesen amerikanischen Richtlinienentwurf an deutsche Experten bzw. Firmen mit der Bitte um Stellungnahme.[11] Dieser Kriterienkatalog enthielt 27 Kriterien, von denen sich sieben (criteria 17–23) mit ingenieurmäßi-ger Sicherheitstechnik (engineered safeguards), insbesondere mit dem Containment und der Not-stromversorgung, befassten. Die USAEC-Sicher-heitskriterien verfolgten den Zweck, Auslegungs-grundsätze, nicht jedoch Konstruktionsvorschrif-ten im Einzelnen aufzustellen. Die deutschen Fachleute bewerteten die USAEC-Kriterien als grundsätzlich richtig und als „wertvolle Mate-rialsammlung", ihre unveränderte Übernahme lehnten sie aber allgemein ab.[12] Von den ameri-kanischen Überlegungen ging jedoch der Anstoß aus, die oberste Aufsichtsbehörde BMI zu ver-anlassen, Sicherheitskriterien für die Auslegung deutscher Kernkraftwerke vorzugeben.[13]

Der vom Institut für Reaktorsicherheit der Technischen Überwachungsvereine e. V. (IRS) erarbeitete erste Entwurf der deutschen „Sicher-heitskriterien für Kernkraftwerke"[14] wurde am 6. März 1968 der Fachwelt zugänglich gemacht. Diese Kriterien enthielten „Grundsätze, die nach

---

[8] Der Bundesminister für Atomkernenergie (Hg.): Merk-postenaufstellung für die Abfassung des Sicherheitsbe-richts ortsfester Spaltungsreaktoren, Gersbach & Sohn Verlag, München, 1962.

[9] „Merkpostenaufstellung mit Gliederung für einen Stan-dardsicherheitsbericht für Kernkraftwerke mit Druck-wasserreaktor oder Siedewasserreaktor" – Bek. d. BMI v. 26. 7. 1976–RS I 4–513 807/Z -, GMBl. 1976, Nr. 26, S. 418–439.

[10] Englischer Originaltext in: Kritische Analyse der „All-gemeinen Konstruktionsrichtlinien für Kernkraftwerke" der Atomenergiekommission der USA, IRS-I 19 (Interner Bericht), 1967, Anhang A.

[11] Kritische Analyse der „Allgemeinen Konstruktions-richtlinien für Kernkraftwerke" der Atomenergiekommis-sion der USA, IRS-I 19 (Interner Bericht), 1967, S. 2.

[12] ebenda, S. 5.

[13] ebenda, S. 30 f und Anhang B.

[14] Sicherheitskriterien für Kernkraftwerke, Entwurf vom 6. März 1968 und Erläuterungen, IRS-I 31 (Interner Be-richt), 1968.

dem Stand von Wissenschaft und Technik zur Gewährleistung einer hinreichenden Sicherheit erfüllt sein sollten." Begründete Ausnahmen seien zulässig. Dieser „Leitfaden" beschränkte sich weitgehend darauf, Ziele und Anforderungen zu beschreiben, die Wege dahin, d.h. die konkrete konstruktive und werkstoffmäßige Ausführung einschließlich der konkreten Herstellungs- und Prüfanforderungen, jedoch dem Konstrukteur zu überlassen. Beispielsweise war ein Sicherheitsbehälter als dichte und druckfeste Hülle um Reaktor und Primärsystem gefordert (Krit. 8.2), über dessen konstruktive Gestaltung, Werkstoffe und Druckprüfung nichts ausgesagt war. Vielmehr wurde allgemein auf die Einhaltung der gültigen Vorschriften, Richtlinien und Regeln, insbesondere auf den „Katalog von Werkstoff-, Bau- und Prüfvorschriften für Anlagenteile von Kernreaktoren" hingewiesen, der 1966 vom Technischen Überwachungs-Verein Rheinland e. V. Köln, herausgegeben worden war.[15] Weitere Hinweise bezogen sich auf internationale Richtlinien der International Electrotechnical Commission und den ASME-Code der USA. Schon im Vorwort wurde gesagt, dass sich die Sicherheitskriterien auch auf Erfahrungen stützten, wie sie etwa in den „General Design Criteria for Nuclear Power Plant Construction Permits" der USAEC ihren Niederschlag gefunden haben. Die Sicherheitskriterien vom März 1968 enthielten die Definition von „Störfällen", die in zwei Gruppen unterteilt waren: Störfälle, die bei geschlossenem Primärkühlsystem eintreten und Störfälle, deren auslösendes Ereignis ein Bruch im Primärsystem ist. Als „Auslegungsunfall" wurde der Kühlmittelverlust-Störfall definiert, der die größten Auswirkungen auf die Bevölkerung hat und nicht trotz sorgfältiger Auslegung, Herstellung, Prüfungen, periodisch wiederkehrenden Prüfungen und ständiger Überwachung der Anlageteile nach menschlichem Ermessen ausgeschlossen werden kann. Die Vorlage der Sicherheitskriterien in Form eines IRS-Berichts sollte ihre schnelle und unbürokratische Anpassung an die weitere Entwicklung der Kerntechnik ermöglichen.

Der Entwurf vom März 1968 wurde redaktionell überarbeitet, wobei die Begriffsbestimmungen für „Störfälle" und den „Auslegungsstörfall" (statt „Auslegungsunfall") übernommen wurden. Das Minimierungsgebot für die Strahlenbelastung der Bevölkerung für alle Störfälle bis einschließlich des Auslegungsstörfalls, wurde eingeführt (Krit. 8.11). Die überarbeitete Fassung wurde im Mai 1969 in der IRS-Schriftenreihe „Richtlinien und Empfehlungen" veröffentlicht.[16]

Über die Notwendigkeit der Fortschreibung der Sicherheitskriterien für Kernkraftwerke bestand von Anfang an Klarheit. Das Institut für Reaktorsicherheit (IRS) untergliederte die Sicherheitskriterien in 11 Abschnitte mit 32 Einzelkriterien wie Qualitätsgewährleistung, Strahlenbelastung in der Umgebung, inhärente Sicherheit, Druckführende Umschließung, Notstromversorgung, Sicherheitseinschluss des Kernreaktors, Einwirkungen von außen usw. Sie enthielten die allgemeinen Grundsätze zur Schadensvorsorge gegen „auftretende Störfälle", „störfallbedingte Belastungen", „Auftreten eines Einzelfehlers"[17], „unvorhersehbare Ereignisabläufe" und „Störfallsituationen". Die Störfälle im Einzelnen sollten in den Störfall-Leitlinien (s. Kap. 6.1.4) zusammengestellt werden. Auch für Einwirkungen von außen (Erdbeben, Erdrutsch, Sturm, Flugzeugabsturz usw.) wurde beispielsweise die

---

[15] Diese fortgeschriebene Loseblattsammlung, deren Grundwerk im Februar 1966 erschien, unterschied 3 Gruppen von Vorschriften: Berechnungs- und Werkstoffvorschriften, Herstellungsvorschriften sowie Ausrüstungs- und Abnahmevorschriften. Sie umfasste alle einschlägigen Unfallverhütungs-Vorschriften und Richtlinien des Hauptverbands der gewerblichen Berufsgenossenschaften, AD-Merkblätter, VDE-Vorschriften, DIN-Normen, DIN-Werkstoffnormen, DIN-Materialprüfungsnormen, VdTÜV-Merkblätter, DVS-Merkblätter, Vorschriften über chemische und zerstörungsfreie Prüfungen, Druck- und Dichtigkeitsprüfungen, Abnahme- und Funktionsprüfungen. Dieser TÜV-Vorschriftenkatalog enthielt auch ausländische Richtlinien: ASTM-Standards, British Standards und französische Spécifications, IEC Recommendations und ISO-Empfehlungen. Abschließend bot der Katalog eine Beispielsammlung: Tabellen der Werkstoff-, Bau- und Prüfvorschriften für die wesentlichen Komponenten einer Kernkraftanlage.

[16] Sicherheitskriterien für Kernkraftwerke (Fassung vom 28.5.1969), IRS – R – 2 (1969).

[17] Ein Einzelfehler liegt vor, wenn eine Systemkomponente der Sicherheitseinrichtungen ihre Funktion bei Anforderung nicht erfüllt.

generelle Anforderung erhoben, dass der Kernreaktor sicher abgeschaltet, in abgeschaltetem
Zustand gehalten, die Nachwärme abgeführt und
die Freisetzung radioaktiver Stoffe verhindert
werden kann (Einhaltung der Schutzziele).

In die Zeit der Fortschreibung der Sicherheitskriterien fiel auch die Entwicklung der RSK-
Leitlinien (s. Kap. 6.1.3) und der ersten KTA-Regeln (s. Kap. 6.1.5). Es bestand ein gegenseitiger
Beratungs- und Abstimmungsbedarf, den der
BMI mit Schreiben vom 29.8.1973 bei der RSK
anmeldete. Ebenso wurde den am atomrechtlichen Genehmigungsverfahren beteiligten Fachkreisen, insbesondere den Herstellern, Betreibern
und Sachverständigengremien, Gelegenheit zu
Stellungnahmen gegeben.

Im Januar 1974 beantwortete die RSK eine
Reihe von offenen Fragen des BMI hinsichtlich
der Sicherheitskriterien. Zur Abstimmung ihrer
eigenen Leitlinien auf die Sicherheitskriterien
stellte die RSK fest, dass es bei den Sicherheitskriterien um die „generelle Formulierung von
Grundsätzen" gehe, während in den RSK-Leitlinien „ausführlichere Richtlinien zur Erfüllung
der Kriterien" gegeben werden sollten.[18] Einem
neuen, mit dem Länderausschuss für Atomkernenergie abgestimmten Entwurf der BMI-Sicherheitskriterien (Stand 20.12.1973) stimmte die
RSK im März 1974 im Grundsatz zu. Sie empfahl die Berücksichtigung von Einzelstellung-
nahmen einiger RSK-Mitglieder und bat den
BMI, die Definitionen von Störfall und Unfall,
die sie nicht für sinnvoll halte, noch einmal zu
überdenken.[19]

Am 25. Juni 1974 verabschiedete der Länderausschuss für Atomkernenergie die BMI-Sicherheitskriterien für Kernkraftwerke, die das IRS
mit gleichem Datum herausgab.[20] Im Vorwort
wurde darauf hingewiesen, dass die Sicher-

heitskriterien als „fachtechnischer Teil für eine
noch zu erlassende Allgemeine Verwaltungsvorschrift", insbesondere für Kernkraftwerke mit
Leichtwasserreaktoren, erarbeitet worden seien.
Die vorgezogene Veröffentlichung solle so früh
wie möglich einer einheitlichen Genehmigungspraxis dienen.

Die umständliche Definition früherer Fassungen für Störfälle war fallen gelassen und
der Störfall als Ereignisablauf definiert worden,
bei dessen Eintreten der Betrieb der Anlage, für
den sie ausgelegt ist, aus sicherheitstechnischen
Gründen nicht fortgeführt werden kann. Der Begriff Unfall kam überhaupt nicht mehr vor. Als
zugelassene individuelle Dosis-Richtwerte wurden für die Umgebung eines Kernkraftwerks-
Standorts 30 mrem – 0,3 mSv – (Ganzkörperdosis im Jahr) und 90 mrem – 0,9 mSv – (Radio-
jod, Schilddrüsendosis von Kleinkindern im
Jahr) angegeben (Krit. 2.3).

Das IRS gab eine gesonderte Reihe „Beschreibung der gegenwärtigen Praxis zu den Sicherheitskriterien für Kernkraftwerke" heraus,
mit der es Materialien und Informationen für
Hinweise zusammentrug, wie die in den Sicherheitskriterien aufgeführten Ziele erreicht werden
können, beispielsweise für Sicherheitskriterium
2.6: Einwirkungen von außen, Teilaspekt Flugzeugabsturz.[21]

Mit der Strahlenschutzverordnung (StrlSchV)
vom 13.10.1976 erhielten die BMI-Sicherheitskriterien in § 28 Abs. 3 Satz 4 eine neue Rechtsgrundlage. Mit Datum vom 1. April 1977, dem
Tag des Inkrafttretens der novellierten StrlSchV,
veröffentlichte der BMI die Sicherheitskriterien
vom Juni 1974 wortgleich (abgesehen von veränderten Verweisen auf die radiologischen Grenzwerte für belüftete Räume) im Bundesanzeiger.[22]
Der Länderausschuss für Atomkernenergie hatte
am 22.3.1977 zugestimmt.

Abschnitt 1 der Sicherheitskriterien war in den
Fassungen von 1969, 1974 und vom 1.4.1977 frei

---

[18] BA B 106–75309, Ergebnisprotokoll 90. RSK-Sitzung,
23. 1. 1974, S. 27–29.

[19] BA B 106–75310, Ergebnisprotokoll 92. RSK-Sitzung,
20. 3. 1974, S. 13.

[20] Der Bundesminister des Innern: Sicherheitskriterien
für Kernkraftwerke, verabschiedet im Länderausschuss
für Atomkernenergie, 25. Juni 1974, Herausgeber: Institut
für Reaktorsicherheit der Technischen Überwachungs-
Vereine e. V., Köln.

[21] IRS, Januar 1976, vgl. Handbuch Reaktorsicherheit
und Strahlenschutz, BfS, A.10.3.

[22] Der Bundesminister des Innern: Bekanntmachung von
Sicherheitskriterien für Kernkraftwerke vom 1. April
1977, BAnz Nr. 106 vom 8. 6. 1977, S. 3 f.

geblieben. Er wurde mit dem Krit. 1.1 „Grundsätze der Sicherheitsvorsorge" für die endgültige Bekanntmachung im vollständigen Wortlaut ausgefüllt. Die nun ausformulierten Grundsätze umfassten alle hohen Anforderungen nach dem Stand von Wissenschaft und Technik an die Auslegung und Qualität der Anlage, die Fachkunde und Zuverlässigkeit des Personals, die Funktionsfähigkeit und Sicherheitsreserven der Sicherheitseinrichtungen, der Qualitätssicherung, Prüfung und Überwachung sowie die sichere Beherrschung von anomalen Betriebszuständen und Störfällen durch passive und aktive Maßnahmen. Vorangestellt waren die Grundsätze, ein Kernkraftwerk müsse jederzeit sicher abgeschaltet und in einem abgeschalteten stabilen Zustand (langfristige Unterkritikalität und Sicherstellung der Nachwärmeabfuhr) gehalten werden können, sowie das Minimierungsgebot für die Strahlenexposition des Personals und der Umgebung. Die so ergänzten Sicherheitskriterien wurden mit weiteren geringfügigen redaktionellen Überarbeitungen der Definitionen mit dem Datum vom 21. Oktober 1977 erneut im Bundesanzeiger bekannt gemacht.[23]

Bei der Anwendung der knappen Formulierungen der BMI-Sicherheitskriterien zeigten sich Interpretationsspielräume, die zu Auslegungsschwierigkeiten führen konnten. Der BMI ließ deshalb „Interpretationen zu den Sicherheitskriterien für Kernkraftwerke" erarbeiten, die mit konkretisierenden Erläuterungen wesentlich dazu beitrugen, dass Auslegungsprobleme geklärt werden konnten. Der BMI gab zur Rechtsqualität dieses Hilfsmittels bekannt: „Die Interpretationen zu den Sicherheitskriterien haben die gleiche Bedeutung und Verbindlichkeit wie die Sicherheitskriterien selbst."[24] Als erste von insgesamt 8 Interpretationen wurde das Einzelfehlerkonzept – Grundsätze für die Anwendung des Einzelfehlerkriteriums (Stand 26.10.1978– diese Interpretation wurde bis 1984 wiederholt neu

gefasst) am 28. Oktober 1978 im Gemeinsamen Ministerialblatt (GMBl 1978, Nr. 38, S. 631 f) veröffentlicht. Weitere Beispiele für die BMI-Interpretationen sind:

- 8.5 „Wärmeabfuhr aus dem Sicherheitseinschluss" – Wird mit Sicherheitskriterium 8.5 ein Gebäudesprühsystem gefordert? (GMBl 1979, Nr. 14, S. 161–163)
- 4.3 „Nachwärmeabfuhr nach Kühlmittelverlusten" – Ist das Kriterium 4.3 auch auf Störfälle ohne Kühlmittelverlust mit Ausfall der Hauptwärmesenke anzuwenden? (GMBl 1980, Nr. 5, S. 92)
- 2.6 „Einwirkungen von außen" – Zu unterstellende Lastkombinationen und Kombinationen äußerer und innerer Einwirkungen (GMBl 1980, Nr. 5, S. 91)

Die BMI-Sicherheitskriterien blieben nahezu 3 Jahrzehnte lang unverändert bestehen. Im September 2003 begann die Gesellschaft für Anlagen- und Reaktorsicherheit (GRS) im Auftrag des Bundesministers für Umwelt, Naturschutz und Reaktorsicherheit (BMU) an der Modernisierung des untergesetzlichen Regelwerks zu arbeiten. Der Grundgedanke war, das deutsche Regelwerk aus BMI-Sicherheitskriterien, RSK-Leitlinien, Störfall-Leitlinien und KTA-Regeln am neuesten Stand von Wissenschaft und Technik zu prüfen und es mit den Sicherheitsanforderungen der IAEA (IAEA Safety Requirements), den Richtlinien der WENRA, den RSK-Stellungnahmen, den Praxiserfahrungen sowie den neuen wissenschaftlichen Erkenntnissen in den neuen „BMU-Sicherheitskriterien für Kernkraftwerke" zusammenzufügen.[25] Das deutsche Regelwerk sei veraltet, und viele neue international definierte Anforderungen an die kerntechnische Sicherheit seien nicht enthalten.[26]

Da neue Kernkraftwerke jedoch nach der „Ausstiegsnovelle" des Atomgesetzes von 2002 in Deutschland nicht mehr genehmigt werden konnten, war die Zielsetzung eines neuen Regelwerks unklar. Die direkte Anwendung neuer

---

[23] Der Bundesminister des Innern: Bekanntmachung von Sicherheitskriterien für Kernkraftwerke vom 21. Oktober 1977, BAnz Nr. 206 vom 3. 11. 1977, S. 1–3.

[24] Ausführungen in der Einleitung zu den einzelnen Interpretationen.

[25] vgl. Internetplattform http://regelwerk.grs.de.

[26] Renneberg, W.: Atomaufsicht – Bundesauftragsverwaltung oder Bundeseigenverwaltung aus der Sicht optimaler Aufgabenerfüllung, atw, Jg. 50, Januar 2005, S. 15–19.

Sicherheitskriterien, die mit einer neuen „Sicherheitsphilosophie" begründet werden, auf bereits genehmigte und im Betrieb befindliche Kernkraftwerke lässt der Bestandsschutz nach deutschem Recht nicht zu. Es gab deshalb kritische Stimmen zu diesem BMU-Vorhaben. Das Ergebnis dieser tiefgreifend angelegten Reform des deutschen Regelwerks werde, insbesondere auch im Vergleich mit dem Ausland, ein „unausgereiftes, nicht qualitätssicherndes und aus rechtlichen Gründen unanwendbares Konstrukt sein."[27]

6.1.2 BMI/BMU-Richtlinien

Zum untergesetzlichen übergeordneten kerntechnischen Regelwerk gehören die Richtlinien des Bundesministers des Innern (nach 1986 des Bundesministers für Umwelt, Naturschutz und Reaktorsicherheit), die mit Zustimmung des Länderausschusses für Atomkernenergie im Gemeinsamen Ministerialblatt – ausnahmsweise auch im Bundesanzeiger – bekannt gemacht wurden. Sie dienten der Erleichterung und Vereinheitlichung der Abwicklung atomrechtlicher Genehmigungsverfahren und der Aufsicht durch die zuständigen Länderbehörden. Sie stellten für die Antragsteller und die Betreiber sowie die sachverständigen Gutachter die Anforderungen im Einzelnen dar, die sie zu beachten hatten.

Die BMI/BMU-Richtlinien hatten nicht die konstruktive Auslegung der Systeme zum Gegenstand, die von zentraler sicherheitstechnischer Bedeutung sind. Sie regelten insbesondere den Vollzug der Atomrechtlichen Verfahrensverordnung (AtVfV)[28] sowie der Strahlenschutzverordnung (StrlSchV)[29] mit Darlegungen im Einzelnen zu den dort aufgeführten Bestimmungen.

Vom Bundesminister des Innern wurden Arbeitsgruppen aus Fachleuten der Industrie, der Verbände, der Wissenschaft und der zuständigen Behörden zusammengestellt, welche die Richtlinien entwarfen. Vor deren Bekanntmachung wurden die betroffenen Kreise, insbesondere die Hersteller und Betreiber, die Technischen Überwachungs-Vereine, das Institut (ab 1976 die Gesellschaft) für Reaktorsicherheit (IRS bzw. GRS) gehört, und die Zustimmung der Reaktorsicherheitskommission (RSK) eingeholt.

In den Richtlinien wurde darauf hingewiesen, dass über ihre Anwendung die zuständige Genehmigungs- und Aufsichtsbehörde nach Maßgabe des jeweiligen Einzelfalls entscheidet. Es wurde betont, dass ihre Vorgaben in allgemeiner Form und nicht abschließend dargestellt seien und den Verhältnissen der jeweiligen Anlage angepasst werden müssten. Ein Teil der Richtlinien wurde häufig geändert und über längere Zeit weiterentwickelt. So sind die „Richtlinien über die im atomrechtlichen Genehmigungsverfahren für Kernkraftwerke zur Prüfung erforderlichen Informationen" (erste Ausgabe vom 30.7.1975, GMBl 1975, Nr. 28, S. 602–609) über ungefähr drei Jahre hinweg in 9 Ausgaben über einzelne sicherheitstechnische Aspekte und Systeme (Reaktorkern, Reaktordruckbehälter und seine Einbauten, Sicherheitsbehälter, Reaktorschutzsystem, Steuer- und Abschaltsysteme usw.) fortgeschrieben und überarbeitet worden. In dieser von den Genehmigungs- und Aufsichtsbehörden einheitlich anzuwendenden Zusammenstellung ist nur die Art der Informationen, nicht aber ihr Inhalt, d. h. die Anforderungen an Auslegung, Herstellung und Prüfung, aufgeführt.

Frühe BMI-Richtlinien griffen die Frage auf, wie die vom Atomgesetz geforderte Fachkunde der für die Errichtung, Leitung und Beaufsichtigung des Betriebs der Anlage verantwortlichen Personen (AtG § 7 Abs. 2 Nr. 1) sichergestellt

---

[27] Raetzke, Ch. und Micklinghoff, M.: Die Überarbeitung des deutschen kerntechnischen Regelwerks: ein Vergleich mit dem Ausland, atw, Jg. 50, Mai 2005, S. 298–304.

[28] Ursprünglich: Verordnung über das Verfahren bei der Genehmigung von Anlagen nach § 7 des Atomgesetzes (Atomanlagen-Verordnung) vom 20. 5. 1960 (BGBl I S. 310 f), Novellen vom 25. 4. 1963 (BGBl I S. 208), 29. 10. 1970 (BGBl I S. 1517–1519), AtVfV 18. 2. 1977 (BGBl I S. 280–284), 31. 3. 1982 (BGBl I S. 411–417) u. a.

[29] Erste Verordnung über den Schutz vor Schäden durch Strahlen radioaktiver Stoffe (Erste Strahlenschutzverordnung) vom 24. 6. 1960 (BGBl S. 430–452), Novellen vom 24. 3. 1964 (BGBl S. 233–242), 15. 10. 1964 (BGBl I S. 1653–1684), 13. 10. 1976 (BGBl I S. 2905–2995) u. a.

werden kann. Die ersten Richtlinien dieser Art bezogen sich auf Beschleunigeranlagen, den Strahlenschutz und die Strahlenschutzausbildung im medizinischen Bereich, die anderen Bereiche folgten nach:

- Richtlinien über den Umfang der Fachkunde und der Kenntnisse auf dem Gebiet des Strahlenschutzes von Beschleunigern im medizinischen Bereich (Stand: 1.3.1973, GMBl 1974, Nr. 5, S. 80–85)
- Richtlinie über Programme zur Erhaltung der Fachkunde des verantwortlichen Schichtpersonals in Kernkraftwerken (Stand: 10.5.1978, GMBl 1978, Nr. 29, S. 431–434 sowie Stand: 17.5.1979, GMBl 1979, Nr. 18, S. 238–241). Mit den verschiedenen Entwürfen dieser Richtlinie hatten sich der RSK-UA „Reaktorbetrieb" wiederholt befasst und die RSK unter Maßgabe einer Reihe von Änderungen im April 1978 zugestimmt.[30]
- Richtlinie über den Fachkundenachweis für Kernkraftwerks-Personal (Stand: 17.5.1979, GMBl 1979, Nr. 18, S. 233–238)
- Richtlinie über den Inhalt der Fachkundeprüfung des verantwortlichen Schichtpersonals in Forschungsreaktoren (Stand: 28.11.1979, GMBl 1980, Nr. 5, S. 92–102)
- Richtlinie über die Gewährleistung der notwendigen Kenntnisse der beim Betrieb von Kernkraftwerken sonst tätigen Personen (Stand: 28.10.1980, GMBl 1980, Nr. 33, S. 652–658).

In der Hauptsache befassten sich die BMI-Richtlinien mit Regelungen zum Strahlenschutz. Im Folgenden werden einige in den 70er Jahren erarbeitete Richtlinien aufgeführt:

- Auslegungsrichtlinien und -richtwerte für Jod-Sorptionsfilter zur Abscheidung von gasförmigem Spaltjod in Kernkraftwerken (vom 25.2.1976, GMBl 1976, Nr. 13, S. 168–170
- Richtlinie für die physikalische Strahlenschutzkontrolle (§§ 62 und 63 StrlSchV) (GMBl 1978, Nr. 22, S. 348–354)
- Richtlinie für das Verfahren zur Vorbereitung und Durchführung von Instandhaltungs-

und Änderungsarbeiten in Kernkraftwerken (GMBl 1978, Nr. 22, S. 342–348)
- Richtlinie über den Strahlenschutz des Personals bei der Durchführung von Instandhaltungsarbeiten in Kernkraftwerken mit Leichtwasserreaktor (Stand: 10.5.1978, GMBl 1978, Nr. 28, S. 418–428). Die RSK hatte dazu eine Liste von Änderungsvorschlägen erstellt und einen anderen Titel angeregt.[31]
- Richtlinie über Prüffristen bei Dichtheitsprüfungen an umschlossenen radioaktiven Stoffen (Stand: 7.2.1979, GMBl 1979, Nr. 11, S. 120–123)
- Richtlinie zu § 45 StrlSchV: Allgemeine Berechnungsgrundlagen für die Strahlenexposition bei radioaktiven Ableitungen mit der Abluft oder in Oberflächengewässer (vom 15.8.1979, GMBl 1979, Nr. 21, S. 371–435, Berichtigung GMBl 1980, Nr. 30, S. 576 f)
- Richtlinie zur Emissions- und Immissionsüberwachung kerntechnischer Anlagen (vom 16.10.1979, GMBl 1979, Nr. 32, S. 668–683)
- Rahmenempfehlung für die Fernüberwachung von Kernkraftwerken (vom 6.10.1980, GMBl 1980, Nr. 30., S. 577–581)

Aus dem Rahmen der BMI-Richtlinien, die Rechtsverordnungen präzisierten und deren Anwendung harmonisierten, fiel die „Richtlinie für den Schutz von Kernkraftwerken gegen Druckwellen aus chemischen Reaktionen durch Auslegung der Kernkraftwerke hinsichtlich ihrer Festigkeit und induzierter Schwingungen sowie durch Sicherheitsabstände",[32] in deren Vorgeschichte die RSK in hohem Maß eingebunden war. Die RSK hatte sich bereits 1970/71 eingehend mit Schutzmaßnahmen gegen die aus chemischen Explosionen resultierenden Druckwellen bei ihren Beratungen zu den Kernkraftwerken Stade, Brunsbüttel und BASF befasst (s. Kap. 6.5.5) und schon zu diesem Zeitpunkt beabsichtigt, Auslegungskriterien dafür in ihre

---

[30] BA B 106-75325, Ergebnisprotokoll 133. RSK-Sitzung, 19. 4. 1978, S. 21.

[31] BA B 106-75323, Ergebnisprotokoll 128. RSK-Sitzung, 23. 11. 1977, S. 15.

[32] Bekanntmachung im GMBl 1976, Nr. 27, S. 442–445 zugleich auch im BAnz Jg. 28, Nr. 179, 22.9.1976.

Leitlinien für Leichtwasserreaktoren aufzunehmen, was dann 1974 geschah.[33]

Im Jahr 1972 richtete die RSK einen RSK-UA „Chemische Explosionen" ein, der in den Jahren 1973–1976 Ausarbeitungen des BMI zu diesem Thema beriet und Stellungnahmen dazu abgab. Dabei ergab sich ein unüberbrückbarer Gegensatz bei der Frage, ob bei Zündung einer Wolke aus freigesetzten Kohlenwasserstoffen und Luft nicht nur mit Deflagrations-, sondern auch mit Detonationsdruckwellen zu rechnen ist. Der BMI wollte mit Hinweis auf internationale Expertenmeinungen[34] detonative Abläufe nicht ausschließen, während die RSK und die „kompetentesten Sachverständigen der Bundesrepublik Deutschland" die Entstehung eines größeren detonationsfähigen Konzentrationsbereichs in solchen Gaswolken nach eingehender Sachdiskussion übereinstimmend für unmöglich hielten.[35]

Für den BMI war es Anfang 1976 angesichts der eskalierenden Proteste an den Standorten Wyhl am Oberrhein (s. Kap. 4.5.7) und Brokdorf an der Unterelbe ein Ärgernis, dass BMI, RSK, IRS und die Experten noch zu keiner einheitlichen Beurteilung der Gefährdung von Kernkraftwerken durch Druckwellen aus chemischen Reaktionen gelangt waren. Der BMI befürchtete gerichtliche Anfechtungen der Genehmigungsverfahren aus dieser Unsicherheit heraus und verwies auf das Kernkraftwerk Brokdorf, für das diese Gefährdung noch nicht ausreichend geklärt sei.[36]

Der BMI hatte ohne Abstimmung mit der RSK beim Battelle-Institut einen „Statusbericht über die äußere Druckbelastung von Kernkraftwerken durch Gasexplosionen" in Auftrag gegeben. Er entschloss sich, zur Überraschung der

RSK, einen neu ausgearbeiteten Richtlinienentwurf im Länderausschuss für Atomkernenergie einzubringen, der die Einhaltung von Sicherheitsabständen vorschrieb, die mit Detonationsdruckwellen begründet waren. Im März 1976 wurde von der RSK die Belastung des Vertrauensverhältnisses zwischen ihr und dem BMI durch diese Vorgänge angesprochen. Der BMI begründete sein Vorgehen damit, dass er sich in einem „Entscheidungsnotstand" befunden habe und seine Richtlinie als Ausweg und „nicht als unabänderliche Dauerlösung" ansehe. Die RSK hielt nach einer kurzen Sachdiskussion die vom BMI vorgesehene Massen-Abstands-Formel zur Abdeckung von unterstellten Detonationen für ungeeignet.[37]

Der BMI gab die von ihm ausgearbeitete Richtlinie über chemische Explosionsdruckwellen ohne Einvernehmen mit der RSK nach ihrer Verabschiedung im Länderausschuss für Atomkernenergie zur Umsetzung der Genehmigungsvoraussetzungen nach § 7 Abs. 2 Nr. 4 des Atomgesetzes (erforderlicher Schutz gegen sonstige Einwirkungen Dritter) mit dem Stand vom August 1976 bekannt. Er hob in der Einleitung hervor, dass er sich die Anwendung dieser Richtlinie auf dem Wege der Einzelweisung gemäß Art. 85 GG ausbitte, soweit in den Genehmigungsverfahren noch keine verbindlichen Entscheidungen dazu getroffen worden seien. Keine Erwähnung fand, dass die angegebene Massen-Abstands-Formel für Detonationsdruckwellen galt.

Im März 1977 konnte sich der RSK-UA „Chemische Explosionen" mit dem vom Battelle-Institut erstellten Statusbericht befassen. Er betrachtete ihn als ausgewogene und umfassende Darstellung des damaligen Wissensstandes. Er sah sich in seiner Ansicht bestärkt, dass Detonationen als Folge von unfallbedingten Freisetzungen von Transport-Kohlenwasserstoffen ausgeschlossen werden können.[38]

[33] RSK-Leitlinien für Druckwasserreaktoren, Kap. 2.7 „Zivilisationsbedingte Einwirkungen – 2.7.2 Chemische Explosionen", 1. Ausgabe, 24. 4. 1974, IRS, Köln.

[34] vgl. Geiger, W.: Generation and Propagation of Pressure Waves due to Unconfined Chemical Explosions and their Impact on Nuclear Power Plant Structures, Nuclear Engineering and Design, Vol. 27, 1974, S. 189–198.

[35] BA B 106-75316, Ergebnisprotokoll 110. RSK-Sitzung, 18. 2. 1976, S. 44.

[36] BA B 106-75316, Ergebnisprotokoll 110. RSK-Sitzung, 18. 2. 1976, S. 45.

[37] BA B 106-75317, Ergebnisprotokoll 111. RSK-Sitzung, 17. 3. 1976, S. 6.

[38] BA B 106-75321, Ergebnisprotokoll 123. RSK-Sitzung, 20. 4. 1977, S. 21 f.

6.1.3   Die RSK-Leitlinien

Die Aufgabe der Reaktor-Sicherheitskommission (RSK) bestand in erster Linie darin, am Beginn eines Genehmigungsverfahrens neuartige Fragen und Probleme von grundsätzlicher Bedeutung herauszuarbeiten und aufzuzeigen sowie die Grundsätze für die fachliche Problemlösung vorzugeben.[39] Als im Sommer 1968 die Rheinisch-Westfälisches Elektrizitätswerk AG (RWE) die Standortgenehmigung bei Biblis am Rhein für ein 1.000 MW$_{el}$-Kernkraftwerk beantragte, wurde die RSK von der Bundesregierung und der hessischen Landesregierung um eine Stellungnahme gebeten.[40] Nach einer Informationstagung im Mai 1969 mit den Anbietern für das nukleare Großkraftwerk Biblis wurden die RSK-Mitglieder nachgesucht, „ihre Vorstellungen über die notwendigen Sicherheitsmaßnahmen bei großen Leichtwasser-Kernkraftwerken in der Nähe von größeren Siedlungen schriftlich mitzuteilen."[41] Aus 13 einzelnen schriftlichen Stellungnahmen stellte die RSK in eingehenden Beratungen die sicherheitstechnischen Anforderungen in 17 Kernpunkten systematisch und in allgemeiner Form zusammen, d. h. ohne die jeweilige Problemlösung im Einzelnen auszuführen.[42, 43, 44]

Die RSK traf ohne technische Konkretisierung im Einzelnen grundsätzliche Feststellungen zu den Anforderungen hinsichtlich:

1. Abgabe flüssiger und gasförmiger radioaktiver Stoffe bei Normalbetrieb und in Störfällen
2. Reaktivitätsunfälle
3. Anforderungen an druckführende Teile
4. Zur Bauweise
5. Kern-Notkühlung
6. Lüftungsanlagen
7. Containment
8. Einbauten im Containment
9. Druck-Unterdrückungs-Systeme
10. Metall-Wasserreaktionen
11. Reaktorwarte
12. Unfallfolgeninstrumentierung
13. Kühlung des Brennelement-Lagerbeckens
14. Sicherheitsparameter für die Instrumentierung, Regelung und Sicherheitssysteme
15. Setzungsmessungen
16. Weitere Sicherheitsmaßnahmen wie beispielsweise Sicherung der Speisewasserversorgung und Verhinderung von fehlerhaftem Zulaufen von Ventilen u. a.
17. Unfallfolgenbehebung

Am 1.6.1969 hatte das RWE der neu gegründeten Kraftwerk Union AG (KWU) den Auftrag für die Errichtung des Kernkraftwerks Biblis mit Druckwasserreaktor (DWR) erteilt. Ende November 1969 wurden die Grundsätze sicherheitstechnischer Anforderungen noch einmal in einer RSK-Sitzung zusammen mit den Vertretern des Herstellers Siemens/KWU[45] und der Genehmigungs- und Aufsichtsbehörden unter dem Blickwinkel eines Kernkraftwerks mit DWR ausgiebig erörtert. Dabei wurde u. a. auch die Frage einer Reaktordruckbehälter-Berstsicherung diskutiert. Einwände vonseiten Siemens/KWU an dieser und anderen Stellen, die von der RSK diskutierten Maßnahmen seien mit erheblichen Kostenerhöhungen verbunden, wurden vom RSK-Vorsitzenden Wengler jeweils mit dem Hinweis zurückgewiesen, dass solche Gesichtspunkte für die RSK von sekundärer Natur seien, sie habe primär die Sicherheit zu beurteilen.[46]

---

[39] Zu den RSK-Obliegenheiten gehörten auch Analysen aufgetretener Störfälle, Empfehlungen und fachliche Begleitung staatlicher Forschungsvorhaben, internationaler Erfahrungsaustausch u. a. – vgl. Kap. 4. 5. 2.

[40] BA B 138-3448, Ergebnisprotokoll 46. RSK-Sitzung, 2. 7. 1968, S. 22.

[41] BA B 138-3449, Ergebnisprotokoll 51. RSK-Sitzung, 6. 6. 1969, S. 10.

[42] BA B 138-3449, Ergebnisprotokoll 52. RSK-Sitzung, 21. 7. 1969, S. 4–10.

[43] BA B 138-3449, Ergebnisprotokoll 53. RSK-Sitzung, 13. 10. 1969, S. 4–10

[44] BA B 138-3449, Ergebnisprotokoll 54. RSK-Sitzung, 17. 10. 1969, S. 3 f, Anlage: „Stellungnahme der Reaktor-Sicherheitskommission zu den für das Kernkraftwerk Biblis vorzusehenden Sicherheitseinrichtungen" (17. 11. 1969) – 7 Seiten -, dazu Anhang A: „Technische Informationen über die beabsichtigten Sicherheitsparameter (Im Sicherheitsbericht aufzuführen)" – 2 Seiten.

[45] Dr. Wolfgang Keller, Dr. Heinrich Dorner, Dr. Wolfgang Braun.

[46] BA B 106-75303, Ergebnisprotokoll 55. RSK-Sitzung, 28. 11. 1969, S. 7–21.

Im Zusammenhang mit dem Genehmigungsverfahren für das 800-MW$_{el}$-Kernkraftwerk mit Siedewasserreaktor (SWR) Brunsbüttel wurden in ähnlicher Weise die von Kernkraftwerken mit DWR abweichenden Anforderungen an die Sicherheitseinrichtungen von großen Kernkraftwerken mit SWR festgelegt.[47, 48]

Im Jahr 1970 zeichnete es sich ab, dass eine größere Anzahl von Kernkraftwerken der Leistungsgröße 800–1.200 MW$_{el}$ gebaut werden könnte, deren Sicherheitseinrichtungen für die nach dem „Stand von Wissenschaft und Technik erforderliche Vorsorge" einheitlich vorzugeben waren. Im Herbst 1970 richtete die RSK die Unterausschüsse „RSK-Leitlinien für DWR" und „RSK-Leitlinien für SWR" ein.

Im Mai 1971 war die Absicht der RSK, die erarbeiteten Leitlinien noch vor der Neuberufung der RSK im Oktober 1971 zu verabschieden. Die befassten RSK-UA wurden gedrängt, mit den betroffenen Herstellern bald abschließende Diskussionen zu führen und für die Leitlinien endgültige Formulierungen festzulegen. Der RSK-Vorsitzende Wengler stellte hierzu fest, dass die Leitlinien aus den früheren Genehmigungsbedingungen und den Diskussionen der RSK mit den Herstellern und Betreibern entstanden seien. „Sie sollen einen derzeitigen Stand wiedergeben und von Fall zu Fall, wenn angängig, auch geändert werden können. Mit ständigen weiteren Unterhaltungen mit den Firmen würde man niemals vorläufige Feststellungen machen können."[49]

Die schnelle Verabschiedung der RSK-Leitlinien gelang nicht, und bei der konstituierenden Sitzung der neu berufenen RSK am 6./7. Oktober 1971 war angesichts der Probleme bei der Bewältigung von 25 anstehenden Genehmigungsverfahren die Schaffung von RSK-Leitlinien für

DWR und SWR ein wichtiger Bestandteil der erörterten Reform der RSK-Tätigkeiten.[50]

Im Herbst 1972 lagen neu erarbeitete RSK-Leitlinien-Entwürfe vor, die für DWR und SWR so weit wie möglich im Wortlaut in Übereinstimmung gebracht wurden. Die RSK beriet diese Entwürfe und gab sie zur Weiterbearbeitung in die Unterausschüsse zurück.[51] Im September 1973 übernahm die RSK-Geschäftsstelle die redaktionelle Arbeit an den RSK-Leitlinien, führte alle Stellungnahmen aus den Unterausschüssen und der RSK selbst zusammen und diskutierte und überarbeitete sie im Zusammenwirken mit den Vorsitzenden der RSK-UA „Leitlinien für DWR bzw. SWR". Die zu diesem Zeitpunkt noch offenen Fragen betrafen die Notkühlung, Auslegung des Sicherheitsbehälters, Instrumentierung und den Reaktorschutz. Die Geschäftsstelle übernahm auch die Aufgabe, auf Übereinstimmung der KTA-Regelentwürfe mit den RSK-Leitlinien zu achten.[52]

Bei der Erarbeitung der RSK-Leitlinien stellte sich die Frage, auf welche Weise sie von wem mit welcher Verbindlichkeit angewendet werden sollten. Zunächst war die RSK – wie sie auf eine Anfrage dem Bundesminister für Forschung und Technologie (BMFT) erklärte – der Meinung, dass die Leitlinien als interne Arbeitspapiere der Erleichterung ihrer Beratungen dienen sollten. Die zuständigen UA würden prüfen, ob zwischen unbedingten Anforderungen und Empfehlungen, für die auch andere Lösungsmöglichkeiten zulässig seien, unterschieden werden könne.[53] Wenig später, im Juni 1973, beabsichtigte die RSK, dem BMI zu empfehlen, die auf den neuesten Stand gebrachten RSK-Leitlinien als verbindlich zu erklären. Nach Meinung des BMI sollten die

[47] BA B 106-75303, Ergebnisprotokoll 56. RSK-Sitzung, 12. 1. 1970: „Kernkraftwerk Brunsbüttel: Information über die sicherheitstechnischen Merkmale durch den Hersteller."

[48] BA B 106-75303, Ergebnisprotokoll 57. RSK-Sitzung, 13. 2. 1970: „Kernkraftwerk Brunsbüttel: Beratung der RSK über die erforderlichen Sicherheitseinrichtungen", S. 12–17.

[49] AMPA Ku 2, Niederschriftsprotokoll 64. RSK-Sitzung, 14. 5. 1971, S. 17.

[50] BA B 106-75305, Ergebnisprotokoll 66. (konstituierende) und 67. RSK-Sitzung, 6./7. 10. 1971, Bundesminister für Bildung und Wissenschaft, Sprechzettel zur 66. (konstituierenden) RSK-Sitzung, IV C 1/IV C 4 – 1902 – 2 – 43/71, Bonn, 1. 10. 1971.

[51] BA B 106-75306, Ergebnisprotokoll 78. RSK-Sitzung, 15. 11. 1972, S. 10.

[52] BA B 106-75308, Ergebnisprotokoll 86. RSK-Sitzung, 19. 9. 1973, S. 8 f.

[53] BA B 106-75306, Ergebnisprotokoll 81. RSK-Sitzung, 21. 2. 1973, S. 5.

RSK-Leitlinien dynamisch weiterentwickelt und in das allgemeine Richtlinien- und Regelwerk eingebaut werden. Darüber hinaus sollten die RSK-Leitlinien dem BMI als Grundlage für Weisungen an die Länder dienen.[54] Die RSK-Leitlinien wurden schließlich aber nicht vom BMI als Richtlinie, sondern vom IRS (später GRS) publiziert, wodurch ihre rechtliche Unverbindlichkeit unterstrichen wurde. Gleichwohl hatten die RSK-Leitlinien aufgrund der unangefochtenen, vom weisungsbefugten BMI stets anerkannten wissenschaftlich-technischen Autorität der RSK einen hohen Grad faktischer Verbindlichkeit. Das KWU-Vorstandsmitglied Dr.-Ing. Wolfgang Keller gab im Herbst 1977 dazu folgende Einschätzung:[55] „Verbindliche Verwaltungsvorschriften gibt es auf dem Gebiet der Kerntechnik noch nicht. ... Eine Sonderstellung in jeder Beziehung nehmen die RSK-Leitlinien ein." ... Sie sind „formal weder Verwaltungsvorschriften noch technische Regeln, sondern Leitlinien für den internen Beratungsprozess und Empfehlungen für den Bundesminister des Innern. Aber gerade deshalb haben sie wohl in praxi einen Verbindlichkeitsgrad erreicht, wie er sonst bei keiner anderen technischen Richtlinie vorliegt. Die mit der Tätigkeit der RSK verbundenen praktischen Schwierigkeiten sind bekannt. Die RSK-Leitlinien sind zwar mit den Antragstellern erörtert worden; auf ihre endgültige Gestaltung und Formulierung konnten diese jedoch letztlich nur geringen Einfluss nehmen. Die Formulierungen werden den Anforderungen der Begutachtungsverfahren häufig nur unzureichend gerecht, da sie im Allgemeinen einen sehr hohen Interpretationsspielraum enthalten, der von den Gutachtern höchst unterschiedlich wahrgenommen wird."

Gleichzeitig und parallel zu den RSK-Leitlinien wurden die BMI-Sicherheitskriterien für Kernkraftwerke erarbeitet. Im Januar 1974 beauftragte die RSK ihre Geschäftsstelle, einen RSK-Leitlinien-Entwurf vorzulegen, dessen Ordnungsschema dem der BMI-Sicherheitskriterien angepasst ist. Leitlinien und Sicherheitskriterien müssten aufeinander abgestimmt sein.[56] Ende Februar 1974 lag ein neuer Entwurf mit angepasster Gliederung vor, der auch den atomrechtlichen Genehmigungsbehörden, den Technischen Überwachungs-Vereinen und den Herstellern und Betreibern zugeleitet worden war. RSK und BMI forderten, dass mit Nachdruck die Leitlinien, über die sachliche Klarheit bestehe, bearbeitet und verabschiedet werden müssten. Lücken im Vergleich mit den BMI-Sicherheitskriterien könnten nach und nach gefüllt werden.[57]

Am 22. Mai 1974 beschloss die RSK, nach ausführlicher Diskussion, die RSK-Leitlinien für Druckwasserreaktoren im Wortlaut einer Tischvorlage vom 24.4.1974, in die noch Änderungswünsche der RSK-UA „Chemische Reaktionen", „Notkühlung", „Leitlinien für DWR" und „Reaktordruckbehälter" eingearbeitet worden waren. „Die RSK empfiehlt dem Bundesminister des Innern, darauf hinzuwirken, dass diese Leitlinien beim Bau und Betrieb von Kernkraftwerken mit Druckwasserreaktoren erfüllt werden." Der BMI fragte nach, was die Absicht der RSK für bereits bestehende Anlagen bedeute, ihre Leitlinien in angemessenen Abständen an den aktuellen Stand von Wissenschaft und Technik anzupassen. Die RSK erklärte dazu, Änderungen der Leitlinien stellten neue Anforderungen an Bau und Betrieb zukünftiger Anlagen, implizierten aber keine unmittelbaren Backfitting-Forderungen.[58] Für diese Einstellung der RSK konnten einige Länderbehörden in ihren konkreten Begutachtungs- und Genehmigungsverfahren jedoch überhaupt kein Verständnis aufbringen, was zu ständigen Konflikten zwischen allen Beteiligten führte. Die Kraftwerksbetreiber beriefen sich auf den Bestandsschutz jeder einmal rechtmäßig genehmigten und betriebenen Anlage. Nur wenn sich das

[54] BA B 106-75308, Ergebnisprotokoll 85. RSK-Sitzung, 20. 6. 1973, S. 5.
[55] AMPA Ku 171: Keller, W.: Anforderungen an Komponentenwerkstoffe unter den Aspekten Verfügbarkeit, Sicherheit, Genehmigungsfähigkeit, in: KWU-Seminar „Werkstofftechnik in Kernkraftwerken (LWR)", 21./22. 11. 1977, Erlangen, S. 7–9.
[56] BA B 106-75309, Ergebnisprotokoll 90. RSK-Sitzung, 23. 1. 1974, S. 29.
[57] BA B 106-75309, Ergebnisprotokoll 91. RSK-Sitzung, 20. 2. 1974, S. 15
[58] BA B 106-75310, Ergebnisprotokoll 93. RSK-Sitzung, 22. 5. 1974, S. 6 f.

Risiko für Dritte und die Allgemeinheit grundsätzlich vergrößert habe, sei ein hinreichender Grund gegeben, eine nachträgliche Auflage zur Änderung der Anlage mit dem Ziel zu erlassen, das ursprüngliche und bereits akzeptierte Risiko wiederherzustellen. Die Berufung auf Forderungen durch die öffentliche Meinung sei nicht hinzunehmen.[59]

Die „RSK-Leitlinien für Druckwasserreaktoren, 1. Ausgabe" wurden mit dem Datum vom 24. April 1974 vom Institut für Reaktorsicherheit der TÜV e. V./Geschäftsstelle Reaktor-Sicherheitskommission in Köln veröffentlicht. Im Vorwort wurde u. a. ausgeführt: *„Zweck dieser Leitlinien ist es vor allem, den Beratungsprozess innerhalb der RSK zu vereinfachen sowie Herstellern und Betreibern bereits frühzeitig Hinweise auf die von der RSK für notwendig erachteten sicherheitstechnischen Anforderungen zu geben. … Bei Erfüllung der Leitlinien können Hersteller und Betreiber erwarten, dass die RSK verhältnismäßig kurzfristig zu Einzelprojekten Stellung nehmen kann. Kann oder will der Antragsteller eine Leitlinie nicht erfüllen, so muss nachgewiesen werden, dass durch andere Maßnahmen die Sicherheit mindestens in gleicher Weise gewährleistet ist. Hierdurch soll insbesondere der Weiterentwicklung der Sicherheitstechnik der notwendige Raum gegeben werden. …"*[60] Zu den noch nicht formulierten Leitlinien gehörten beispielsweise Qualitätsgewährleistung, Prüfbarkeit, naturbedingte Einwirkungen, Zugangskontrollen, Fluchtwege und Alarmeinrichtungen, Stilllegung und Beseitigung von Kernkraftwerken und Wärmeabfuhr nach bestimmungsgemäßem Betrieb.

Bei den RSK-Leitlinien handelte es sich nicht um ein Regelwerk im rechtlichen Sinne, sondern um eine Zusammenstellung sicherheitstechnischer Anforderungen der RSK an die genehmigungsbedürftigen Anlagen. Dennoch hatten diese Leitlinien ein enormes Gewicht und prägten die Sicherheitskultur in der Bundesrepublik Deutschland maßgeblich. Die RSK hatte sich hohes Ansehen und Autorität erworben und war das entscheidende Beratungsgremium des zuständigen Bundesministers, der mit seinem grundgesetzlich vorgegebenen Weisungsrecht in alle atomrechtlichen Verfahren eingreifen konnte. Die RSK-Leitlinien repräsentierten den neuesten Stand von Wissenschaft und Technik im Bereich der Kernenergienutzung.

Die Verabschiedung von analogen Leitlinien für Kernkraftwerke mit Siedewasserreaktor wurde kurzfristig in Aussicht gestellt. Die RSK befasste sich im Juni 1974 auch wieder mit den SWR-Leitlinien, stellte aber ihre Verabschiedung auf Anraten des RSK-UA „Reaktordruckbehälter" zurück. Die Hersteller und Betreiber der SWR-Kernkraftwerke der Baulinie 69 arbeiteten nach dem Störfall am 12. April 1972 im Kernkraftwerk Würgassen und nach jahrelangen Untersuchungen und Forschungsarbeiten an den Festlegungen der konstruktiven Ertüchtigungs- und Nachrüstmaßnahmen (vgl. im Kap. 6.5.2 „Die weitere Entwicklung der SWR-Containments"). Über den Geltungsbereich der Leitlinien für die Druckführende Umschließung gab es zu diesem Zeitpunkt noch Meinungsverschiedenheiten hinsichtlich der einzelnen Sicherheitsbeiwerte für RDB, Rohrleitungen und Komponenten.[61,] [62] Die RSK-Leitlinien für SWR wurden mit dem Entwurf vom März 1975 fortentwickelt. Im Februar 1974 hatte der Anlagen-Hersteller KWU den Auftrag zur Errichtung des Doppelblock-Kernkraftwerks KRB II mit SWR am Standort Gundremmingen erhalten. Die dort umgesetzte Baulinie 72 unterschied sich wesentlich von der Baulinie 69, sodass deren Merkmale in den Leitlinien berücksichtigt werden mussten. Im September 1978 bat der BMI die RSK mit Blick auf den noch nicht verabschiedungsreifen Entwurf vom Mai 1978, für die im Bau befindliche Anlage KRB II die nach neuestem Kenntnisstand erforderlichen Hinweise und Verbesserungsmöglichkeiten vorab

---

[59] Mandel, H.: Die Kernenergie im Spannungsfeld der Energiepolitik, atw, Jg. 19, Januar 1974, S. 18–22.

[60] RSK-Leitlinien für Druckwasserreaktoren 1. Ausgabe, 24. April 1974, Institut für Reaktorsicherheit der TÜV e. V., LL-DWR 4.7.4, S. 1-1.

[61] BA B 106-75312, Ergebnisprotokoll 95. RSK-Sitzung, 19. 6. 1974, S. 26.

[62] BA B 106-75313, Ergebnisprotokoll 99. RSK-Sitzung, 13. 11. 1974, S. 10.

mit dem Ziel zusammenzutragen, dass sie noch beim weiteren Bau bzw. bei Bestellungen Beachtung finden könnten.[63] Im Entwurf der RSK-Leitlinien für SWR vom 17.9.1980 wurden diese Gesichtspunkte abschließend behandelt. Dabei wurden die Beratungsergebnisse der RSK-Unterausschüsse Leichtwasserreaktoren, Notkühlung, Druckbehälter, Spaltproduktrückhaltung und Kühlmittelkreisläufe berücksichtigt. Der Entwurf wurde zur Kommentierung an Gutachter, Hersteller und Betreiber von SWR versandt.[64] Im Zusammenhang mit der verwaltungsgerichtlichen Überprüfung des Genehmigungsverfahrens für das Kernkraftwerk Krümmel warf der Sozialminister des Landes Schleswig-Holstein im Mai 1986 die Frage auf, weshalb die RSK-Leitlinienentwürfe für SWR von der RSK nicht verabschiedet worden waren. Die RSK wies in einer Erklärung die Behauptung als unzutreffend zurück, „RSK-Mitglieder weigerten sich, wegen sicherheitstechnischer auf den RDB von SWR-Anlagen bezogener Bedenken, endgültige Leitlinien für SWR-Anlagen zu verabschieden." Der Grund für die Nichtverabschiedung endgültiger SWR-Leitlinien habe sich daraus ergeben, dass die Regelungen der Entwurfsfassungen in die Einzelbeurteilungen durch die RSK im Rahmen der Genehmigungsverfahren eingeflossen seien und neue Genehmigungsverfahren nach KRB II nicht mehr zu erwarten waren. Während noch etliche DWR in der Planung waren, habe für SWR kein Handlungsbedarf mehr bestanden.[65]

Die sicherheitstechnischen Anforderungen an DWR-Anlagen rückten Mitte der 70er Jahre immer mehr in das Zentrum der RSK-Tätigkeit. Bereits im Mai 1974 begann die RSK mit Beratungen zur Ausfüllung der Lücke in ihren DWR-Leitlinien „Naturbedingte Einwirkungen". Sie befasste sich mit der Frage des gleichzeitigen Auftretens eines Erdbebens mit einem dadurch verursachten Kühlmittelverluststörfall, also mit Anforderungen, die über das Spektrum eines gleichzeitig erarbeiteten KTA-Regelentwurfs „Erdbebenauslegung von Kernkraftwerken" hinausgingen (vgl. Kap. 6.5.5). Die RSK nahm zu bautechnischen Bemessungsgrundlagen Stellung, die vom Institut für Bautechnik in Berlin vorgelegt worden waren.[66]

Bei einer erneuten grundlegenden Erörterung des BMI mit der RSK über deren zukünftige Arbeit im September 1974 wurde der Wunsch nach Standardisierung und Kodifizierung der Sicherheitsanforderungen wiederum nachdrücklich vorgetragen. Die Fortschreibung der RSK-Leitlinien, denen richtungsweisende Bedeutung zugemessen wurde, sei ein wichtiger Programmpunkt der RSK. Von der RSK wurde die Ansicht vertreten, dass DWR-Anlagen – im Gegensatz zu den SWR – „in einer Art Standardverfahren" behandelt werden könnten.[67]

Die RSK-Unterausschüsse (UA) identifizierten offene sicherheitstechnische Fragen bei Druckwasserreaktoren und bearbeiteten sie mit Nachdruck, wie etwa die Beherrschung des Frischdampfleitungsbruchs, das Turbinenversagen, den Pumpenschwungradzerknall und insbesondere Werkstofffragen hinsichtlich der Integrität des Primärkreislaufs.[68, 69] Der RSK-UA „Druckführende Umschließung" machte auf der Grundlage von Forschungsergebnissen der MPA Stuttgart (vgl. Kap. 10.2) Qualitätsanforderungen an die einzusetzenden Werkstoffe und die Begrenzung von Spannungen geltend, aus denen eine grundlegende Neuausrichtung von Konstruktion und Herstellung („Basissicherheitskonzept") der druckführenden Komponenten folgte.

Die RSK beschloss im März 1977, die 1. Ausgabe ihrer DWR-Leitlinien zu überarbeiten und neu zu publizieren.[70] Acht RSK-UA waren daran

---

[63] BA B 106-75327, Ergebnisprotokoll 137. RSK-Sitzung, 20. 9. 1978, S. 20.

[64] BA B 106-75349, Ergebnisprotokoll 161. RSK-Sitzung, 17. 12. 1980, S. 7 f.

[65] BA B 295-18743, Ergebnisprotokoll 213. RSK-Sitzung, 6. 6. 1986, Anlage 2.

[66] BA B 106-75311, Ergebnisprotokoll 94. RSK-Sitzung, 22. 5. 1974, S. 24 f.

[67] BA B 106-75312, Ergebnisprotokoll 97. RSK-Sitzung, 18. 9. 1974, S. 7 f.

[68] BA B 106-75309, Ergebnisprotokoll 91. RSK-Sitzung, 20. 2. 1974, S. 12 f.

[69] BA B 106-87876, Ergebnisprotokoll 119. RSK-Sitzung, 15. 12. 1976, S. 10–13.

[70] BA B 106-75321, Ergebnisprotokoll 122. RSK-Sitzung, 16. 3. 1977, S. 18.

beteiligt und bemühten sich um die Abstimmung ihrer Vorschläge mit den Anlagenherstellern und -betreibern. Bei den Beratungen wurde die „wenig befriedigende Abstimmung" zwischen den verschiedenen Gremien, die Verordnungen, Leitlinien und KTA-Regeln erarbeiteten, hinsichtlich der verwendeten Begriffe und deren Inhalt als besonders kritikwürdig empfunden. Die besondere Aufmerksamkeit der RSK in ihren Hauptsitzungen galt einigen neuen Gegenständen. Die Leitlinien für elektrische Einrichtungen beispielsweise wurden neu erarbeitet und in zwei getrennten Kapiteln „Elektrische Einrichtungen des Betriebssystems" und „Elektrische Einrichtungen des Sicherheitssystems" zusammengestellt.[71] Der RSK-UA „Spaltproduktrückhaltung" forderte die völlige Trennung des Gebäudesprühsystems von der Notkühlung mit einer getrennten Einspeisung der erforderlichen Kapazität. Angesichts der geringen sicherheitstechnischen Vorteile des Gebäudesprühsystems, die zudem mit zusätzlichen Nachteilen erkauft werden müssten, hielt die RSK diesen Aufwand für nicht gerechtfertigt. Für die Leckratenerst- und -wiederholungsprüfungen des Sicherheitsbehälters wurden neue Festlegungen getroffen.[72] Von ganz erheblicher Bedeutung war die Einführung der „Basissicherheit" der Druckführenden Umschließung als Anforderung an deren Auslegung, Gestaltung und Werkstoffwahl. Für ein einheitlich hohes Niveau der Qualität der Werkstoffe und deren Verarbeitung wurden alle sicherheitstechnisch wichtigen Komponenten außerhalb der Druckführenden Umschließung unter dem Titel „Äußere Systeme" zusammengefasst[73, 74, 75, 76] (vgl. Kap. 11.2.2).

Die „RSK-Leitlinien für Druckwasserreaktoren, 2. Ausgabe, 24. Januar 1979" wurden von der RSK in ihrer 141. Sitzung verabschiedet und von der Gesellschaft für Reaktorsicherheit (GRS), Köln, Geschäftsstelle der Reaktor-Sicherheitskommission, veröffentlicht.[77] Die endgültige Fassung der „Rahmenspezifikation Basissicherheit von Druckführenden Komponenten" als Anhang zu den RSK-Leitlinien Kap. 4.2 wurde von der RSK am 25. April 1979 beschlossen.[78, 79] Das Konzept der Basissicherheit mit seinen Rahmenspezifikationen wurde erstmals im März 1979 auf einer IAEA-Konferenz der internationalen Fachwelt vorgestellt.[80]

Nach der Veröffentlichung der weiterentwickelten RSK-Leitlinien stellte sich erneut die Frage nach ihrem Erfüllungsstand bei Anlagen, die in absehbarer Zeit in Betrieb gesetzt werden sollten. Die RSK erklärte dazu im Vorwort dieser 2. Ausgabe: „Sie sind nicht ohne Weiteres gedacht für eine Anpassung von bestehenden, im Bau oder Betrieb befindlichen Kernkraftwerken. Der Umfang der Berücksichtigung dieser Leitlinien wird bei diesen Anlagen von Fall zu Fall zu prüfen sein." Für das nahezu fertig gestellte Kernkraftwerk Grafenrheinfeld mit DWR (1200 MW_{el}) waren die RSK-Leitlinien vom April 1974 zugrunde gelegt worden. Ein Vergleich mit den sicherheitstechnischen Anforderungen der RSK-Leitlinien vom Januar 1979 zeigte keine Abweichungen, die zu Bedenken Anlass gaben. Für die

---

[71] BA B 106-75323, Ergebnisprotokoll 129. RSK-Sitzung, 21. 12. 1977, S. 18–20.

[72] BA B 106-75326, Ergebnisprotokoll 134. RSK-Sitzung, 17. 5. 1978, S. 12–15.

[73] BA B 106-75326, Ergebnisprotokoll 135. RSK-Sitzung, 21. 6. 1978, S. 10–13.

[74] BA B 106-75328, Ergebnisprotokoll 139. RSK-Sitzung, 15. 11. 1978, S. 7 f.

[75] BA B 106-75331, Ergebnisprotokoll 142. RSK-Sitzung, 21. 2. 1979, S. 8 und Anlage 1.

[76] BA B 106-75332, Ergebnisprotokoll 143. RSK-Sitzung, 21. 3. 1979, S. 17 f und Anlage 2.

[77] BA B 106-75330, Ergebnisprotokoll 141. RSK-Sitzung, 24. 1. 1979, S. 12 f.

[78] BA B 106-75334, Ergebnisprotokoll 145. RSK-Sitzung, 25. 4. 1979, Anhang 1.

[79] RSK-Leitlinien für Druckwasserreaktoren, 2. Ausgabe 24. Januar 1979, Anhänge zu Kapitel 4.2, 1. Anhang: Auflistung der Systeme und Komponenten, auf die die Rahmenspezifikation Basissicherheit von druckführenden Komponenten anzuwenden ist, 2. Anhang: Rahmenspezifikation Basissicherheit, Basissicherheit von druckführenden Komponenten, Behältern, Apparaten, Rohrleitungen, Pumpen und Armaturen, Stand: 25. April 1979, Druck und Versand: Gesellschaft für Reaktorsicherheit (GRS), Köln.

[80] Kussmaul, K. und Blind, D.: Basis Safety – A Challenge to Nuclear Technology, IAEA Specialists Meeting on „Trends in Reactor Pressure Vessel and Circuit Development", Madrid/Spanien, 5.–8. 3. 1979, Proceedings edited by Nichols, R. W., Applied Science Publishers, London, 1980, S. 1–16.

Komponenten der Druckführenden Umschließung waren die neuen Anforderungen „weitestgehend erfüllt"; die wenigen Ausnahmen konnten durch Ersatzmaßnahmen – etwa hinsichtlich der Oberflächen-Rissprüfverfahren – abgedeckt werden. Die äußeren Systeme kamen der Erfüllung der Rahmenspezifikation Basissicherheit nahe oder entsprachen ihr. Die Qualitätssicherungsmaßnahmen waren schon frühzeitig so verschärft worden, dass nachträgliche Kontrollen auf der Baustelle zu keinen nennenswerten Beanstandungen oder Nachbesserungen geführt hatten.[81]

Die RSK und ihre Ausschüsse[82] „Leichtwasserreaktoren", „Flugzeugabsturz" und „Druckführende Komponenten" ergänzten im Laufe der Jahre 1980 und 1981 die neu gefassten Leitlinien mit Interpretationen für die Auslegung von Kernkraftwerken im Einzelnen. Ein Fragenkreis betraf den Nachweis der Auslegung von Komponenten und Systemen gegen induzierte Erschütterungen durch den in die äußere Stahlbetonhülle eingeleiteten Impuls bei einem Flugzeugabsturz. Die RSK hielt es für erforderlich, das Reaktorgebäude und andere Gebäude, die hinsichtlich einer sicheren Abschaltung und Nachwärmeabfuhr geschützt werden müssen und nicht durch entsprechende Redundanzen abgesichert sind, in Vollschutz auszuführen. Bei einer entkoppelten Bauart (mit nicht eingebundenen Decken im Reaktorgebäude) und einer Gründungstiefe wie bei dem Kernkraftwerk Grohnde und KWU-Folgeanlagen könne die Standsicherheit mit einer statischen Ersatzlast und dem Beschleunigungswert ± 0.5g Erdbeschleunigung horizontal und vertikal im vereinfachten Verfahren nachgewiesen werden. Radioaktive brennbare Stoffe seien durch besondere Maßnahmen zu schützen.[83] Die Belastungsprüfung typischer Komponenten ergab, dass mit einem katastrophalen Versagen infolge eines Flugzeugabsturzes nicht gerechnet werden muss.[84]

Der RSK-Ausschuss Druckführende Komponenten erörterte von Dezember 1980 bis Februar 1982 in 11 Sitzungen die Interpretation der Rahmenspezifikation Basissicherheit insbesondere für Rohrleitungen. Ein Schwerpunkt seiner Beratungen war die Interpretation und Handhabung der Bruchpostulate für Rohrleitungen. Die Bruchannahme 2 F (Rundabriss, beidseitiges Ausströmen durch den vollen Querschnitt), die ursprünglich nur als Auslegungskriterium für die Notkühlung und für den Sicherheitsbehälter bestimmt war, hatte zu einer Vielzahl von aufwändigen Ausschlagsicherungen zur Beherrschung der Strahl- und Reaktionskräfte geführt. Diese Ausschlagsicherungen behinderten die Zugänglichkeit der Rohrleitungen bei wiederkehrenden Prüfungen, erhöhten die Strahlenbelastung des Prüfpersonals wegen des größeren Zeitaufwands für die Prüfungen und führten zu zusätzlichen Zwangskräften. Der RSK-Ausschuss wies darauf hin, dass sich durch die Anforderungen der Rahmenspezifikation Basissicherheit die Rohrleitungswanddicke von 44 auf 52 mm in der Druckführenden Umschließung und von 17 auf 25 mm in der Frischdampfleitung vergrößerte. Er schlug im März 1981 als Ergebnis seiner Beratungen vor, von den Ausschlagsicherungen an den Großrohrleitungen abzugehen, weil es für sie keine Begründung mehr gebe, und regte die Neufassung der einschlägigen RSK-Leitlinien an.[85]

Die RSK griff die Vorschläge seines Ausschusses Druckführende Komponenten auf und stimmte mit ihm überein, dass das 2-F-Bruchkriterium allein für die Auslegung des Sicherheitsbehälters, seiner Einbauten durch Differenzdruckbelastung und der Notkühleinrichtungen und der elektrischen Einrichtungen sowie für die Festlegung der Standsicherheit der Großkomponenten beibehalten werden sollte[86] (vgl. Kap. 6.1.4). Für die Auslegung gegen Druckwellenbelastung der RDB-Einbauten sowie gegen Strahl- und Reaktionskräfte wurden reduzierte Bruchquerschnitte

[81] BA B 106-75350, Ergebnisprotokoll 163. RSK-Sitzung, 18. 2. 1981, S. 9–15 und Anlage 1.

[82] Seit 1980 wurden die bisherigen RSK-Unterausschüsse als RSK-Ausschüsse bezeichnet.

[83] BA B 106-75347, Ergebnisprotokoll 158. RSK-Sitzung, 24. 9. 1980, S. 14–18.

[84] BA B 106-75351, Ergebnisprotokoll 164. RSK-Sitzung, 18. 3. 1981, S. 17 f.

[85] AMPA Ku 26, Ergebnisprotokoll 99. Sitzung RSK-Ausschuss Druckführende Komponenten, 12. 3. 1981, S. 9 f.

[86] BA B 106-75353, Ergebnisprotokoll 166. RSK-Sitzung, 20. 5. 1981, S. 14 f.

(0,1 F) unterstellt. Die Anwendung der neuen Konzeption wurde im Einzelnen für die Anlagen Philippsburg 2 (KKP 2), Grohnde, Brokdorf und die Konvoi-Anlagen beraten.[87]

Eine Delegation von Vertretern des BMI und der RSK reiste nach Washington, D. C., um mit der amerikanischen Nuclear Regulatory Commission (USNRC) und deren Advisory Committee on Reactor Safeguards (ACRS) den Fortfall der Ausschlagsicherungen zu erörtern. Die amerikanischen Gesprächspartner erklärten dieses Vorhaben für sinnvoll und beabsichtigten ebenfalls diesen Weg zu beschreiten, sobald die Voraussetzungen dafür gegeben, nämlich die geschweißten Krümmer und Formstücke sowie die längsnahtgeschweißten Rohre durch verbesserte Konstruktionen in den amerikanischen Anlagen ersetzt seien.[88]

Im April 1981 hatte die RSK festgestellt, dass seit der Verabschiedung der 2. Ausgabe der RSK-Leitlinien im Januar 1979 verschiedene RSK-Empfehlungen als Ergebnisse der Beratungen zu den einzelnen Genehmigungsverfahren im Bundesanzeiger veröffentlicht worden waren, die den Charakter von Leitlinien hatten. Die RSK-Geschäftsstelle wurde beauftragt, diese Beratungsergebnisse zusammenzustellen und Formulierungsvorschläge für Änderungen und Ergänzungen zu erarbeiten.[89] Der im Oktober 1981 vorliegende Entwurf der Neufassung enthielt im Wesentlichen einige Änderungen hinsichtlich der Konsequenzen aus dem TMI-Störfall sowie der Bruchpostulate für Rohrleitungen der Druckführenden Umschließung. Auf ihrer 169. Sitzung verabschiedete die RSK ihre „RSK-Leitlinien für Druckwasserreaktoren, 3. Ausgabe, 14. Oktober 1981", die wiederum von der Geschäftsstelle der Reaktor-Sicherheitskommission herausgegeben und von der Gesellschaft für Reaktorsicherheit

(GRS), Köln, (früher IRS) gedruckt und versandt wurden.[90]

Zu den Fragen im Zusammenhang mit den neu konzipierten Bruchpostulaten hatte der BMI einen umfangreichen Fragenkatalog zusammengestellt, der vom RSK-Ausschuss Druckführende Komponenten ausführlich beantwortet worden war.[91] Auf dieser Grundlage wurde ein Kommentar zur Neufassung des Abschn. 21.1 der RSK-Leitlinien für DWR abgefasst,[92] der von der RSK als begründende Stellungnahme zum 2-F-Bruchausschluss zustimmend zur Kenntnis genommen wurde.[93]

Auf die 3. Ausgabe der RSK-Leitlinien für Druckwasserreaktoren folgten keine weiteren Neufassungen mehr. Nach der Errichtung der Konvoi-Anlagen, mit der der Ausbau der Kernenergie in der Bundesrepublik Deutschland im 20. Jahrhundert seinen Abschluss fand, gab es keinen Bedarf mehr für die Weiterentwicklung dieses Regelwerks.

6.1.4   Die Störfall-Leitlinien

Die Erste Strahlenschutzverordnung (StrlSchV) wurde 1960, die Zweite Strahlenschutzverordnung (Schutz vor Schäden durch ionisierende Strahlen in Schulen) 1964 erlassen. In diesen Verordnungen wurden als geeignete Schutzmaßnahmen die Bereitstellung geeigneter Räume, Schutzeinrichtungen, Geräte und Schutzausrüstungen für Personen, Kennzeichnungen sowie die geeignete Regelung des Betriebsablaufs aufgeführt. Schutzmaßnahmen gegen Störfälle in kerntechnischen Anlagen wurden nicht genannt.

Anfang der 1970er Jahre wandte sich die International Commission on Radiological Protection

---

[87] AMPA Ku 26, Ergebnisprotokoll 102. Sitzung RSK-Ausschuss Druckführende Komponenten, 7. 7. 1981, S. 7–9.

[88] AMPA Ku 26, Ergebnisprotokoll 103. Sitzung RSK-Ausschuss Druckführende Komponenten, 1. 10. 1981, S. 12.

[89] BA B 106-75352, Ergebnisprotokoll 165. RSK-Sitzung, 29. 4. 1981, S. 8

[90] BA B 106-75356, Ergebnisprotokoll 169. RSK-Sitzung, 14. 10. 1981, S. 8.

[91] AMPA Ku 26, Ergebnisprotokoll 106. Sitzung RSK-Ausschuss Druckführende Komponenten, 11./12. 1. 1982, S. 5–13.

[92] AMPA Ku 26, Ergebnisprotokoll 107. Sitzung RSK-Ausschuss Druckführende Komponenten, 2. 2. 1982, Anlage 1.

[93] BA B 106-87880, Ergebnisprotokoll 173. RSK-Sitzung, 17. 2. 1982, S. 22.

(ICRP) der Schadensvorsorge gegen Störfälle in industriellen Anlagen zu, die zur Freisetzung von Radioaktivität nicht nur in die Anlage, sondern auch in die Umgebung führen. Die ICRP-Untersuchungen und -Überlegungen fanden ihren Niederschlag in den ICRP-Empfehlungen Nr. 26 (Textziffern 210–243) vom Januar 1977.[94] Gleichzeitig mit den ICRP-Recommendations wurden die Euratom-Strahlenschutz-Grundnormen novelliert, in denen 1976 u. a. für die Bevölkerung Schutzmaßnahmen gegen ein unvertretbares, insbesondere unfallbedingtes Bestrahlungsrisiko gefordert wurden (Art. 36–39).[95]

Im Zusammenhang mit diesen internationalen Normungsarbeiten wurde auch im Bundesministerium des Innern (BMI) die wesentliche Novellierung der StrlSchV mit dem Blick auf die radiologischen Störfallfolgen in Angriff genommen. Mit dem Auftrag der wissenschaftlichen Zuarbeit wurde der Jurist Dr. Werner Bischof, wissenschaftlicher Mitarbeiter in der Atomrechtsabteilung des Instituts für Völkerrecht der Universität Göttingen, in das BMI zum Unterabteilungsleiter Reaktorsicherheit, Ministerialrat Joseph Pfaffelhuber, abgeordnet. Bischof war in seinem Universitäts-Institut seit 1958 mit allen Rechtsfragen des internationalen, europäischen und nationalen Strahlenschutzrechts befasst gewesen. Über die Arbeiten an den Euratom-Grundnormen und den ICRP-Empfehlungen war er unterrichtet. Von Anfang 1972–1986 war Bischof für den BMI bzw. BMU tätig.[96]

Nach BMI-internen Besprechungen, insbesondere mit Pfaffelhuber und den Ministerialräten Dr. Mehl und Dr. Holtzem, sowie mit sachkundigen Mitarbeitern anderer mitbeteiligter Bundesministerien und nach Verhandlungen mit dem Länder-

ausschuss für Atomkernenergie, fertigte Bischof einen ersten Entwurf der StrlSchV-Novelle, mit der die nach § 7 Abs. 2 Nr. 3 AtG erforderliche Schadensvorsorge gegen Störfälle konkretisiert werden sollte. In dieser Entwurfsfassung vom September 1972 war erstmals eine Vorschrift enthalten, die vorsah, dass durch atomrechtlich genehmigungsbedürftige Tätigkeiten eine gewisse Umgebungsbestrahlung nicht überschritten werden darf, dies bei der Planung der Tätigkeit berücksichtigt und im Genehmigungsverfahren nachgewiesen werden muss. Diese Entwurfsfassung wurde bei einer zweitägigen Klausurtagung im November 1972 im Neubau des TÜV Rheinland in Köln von etwa 20 sachkundigen Wissenschaftlern und Verbandsvertretern gründlich erörtert und geprüft. Es ging um die Frage, ob und ggf. wie für die Planung baulicher und sonstiger Schutzmaßnahmen in kerntechnischen Anlagen maximale Körperdosen in der Anlagenumgebung für den ungünstigsten Störfall vorgegeben werden können (Störfallplanungswerte).

Die Diskussionen über die Formulierung eines Verordnungstextes zur Störfallplanungsdosis für kerntechnische Anlagen zogen sich lange hin. Zwischen Dezember 1974 und März 1975 wurden im Referat Pfaffelhuber zahlreiche Spezialisten aus den Herstellerfirmen, Forschungsinstituten, Gewerkschaften und Verbänden angehört.[97] Das Ergebnis der Beratungen ging in die Entwurfsfassung vom 24.3.1975 ein, die auf dem 4. Deutschen Atomrechtssymposium am 26.–28. Mai 1975 in Göttingen zur Diskussion gestellt wurde. § 28 Abs. 4 (später Abs. 3) dieses Entwurfs war wie folgt formuliert:

> Bei dem Nachweis, dass bei der Planung baulicher oder apparativer Schutzmaßnahmen ausreichende Vorsorge gegen Schäden getroffen ist, dürfen für die Störfälle in oder an einem Kernkraftwerk, die die Auslegung bestimmen, als Äquivalenzdosis in der Umgebung der Anlage höchstens die Werte … zugrunde gelegt werden.

---

[94] Annals of the ICRP, Recommendations of the ICRP, Publication 26, Pergamon Press, Oxford, 1977, S. 38–43.

[95] Richtlinie des Rates vom 1. 6. 1976 zur Festlegung der überarbeiteten Grundnormen für den Gesundheitsschutz der Bevölkerung und der Arbeitskräfte gegen die Gefahren ionisierender Strahlungen (76/579/Euratom), ABl. EG Nr. L 187/1 vom 12. 7. 1976.

[96] AMPA Ku 151, Bischof, W.: Persönliche schriftliche Mitteilung vom 30. 3. 2003 von Dr. Werner Bischof, Institut für Völkerrecht der Universität Göttingen: Entstehungsgeschichte des § 28 Abs. 3 StrlSchV in der alten Fassung von 1976.

[97] ebenda S. 2: Darunter waren Dr. Stauber (AEG), Dr. Spang (Siemens), Meier (DGB, Stuttgart), Dr. Bödege (KKW Lingen), Dr. Thomas Roser (Deutsches Atomforum), Prof. Hans Kiefer (KFZ Karlsruhe) sowie Dr. Mennicken und Hannes Edelhäuser (beide BMI).

Hier war das Konzept der Auslegungsstörfälle eingeführt. Der Begriff des Auslegungsstörfalls war bereits in den BMI-Sicherheitskriterien vom 28.5.1969 enthalten gewesen. Dem nun weiterentwickelten Konzept lag der Gedanke zugrunde, dass jeder Auslegungsstörfall auch ähnliche Störfälle zu umfassen vermag, die ähnliche Ereignisabläufe haben, aber zu geringeren radiologischen Auswirkungen oder geringeren Belastungen der Anlagen führen als der sie umschließende Auslegungsstörfall. Dieses Konzept wurde zu einer wesentlichen Grundlage der neuen StrlSchV und der aus ihr abgeleiteten Störfall-Leitlinien.

Die RSK hatte 1974 für die Prüfung der Neufassung der StrlSchV einen Ad-hoc-Ausschuss „Strahlenschutzverordnung – SSVO" eingesetzt, der nach zwei Sitzungen Ende 1974 umfangreiche Verbesserungen und Ergänzungen mit ausführlicher Begründung vorgeschlagen hatte.[98] Dieser Ad-hoc-Ausschuss erarbeitete auch im Sommer 1975 eine alternative Formulierung für den § 28 Abs. 3 StrlSchV, der einem probabilistischen Ansatz folgte. Die RSK empfahl dem BMI, in der neuen Verordnung vorzusehen, dass Kernkraftwerke so ausgelegt werden müssen, „dass die Risiken in Bezug auf Störfälle und Unfälle für die Bevölkerung in der Umgebung deutlich unter den allgemeinen Lebensrisiken liegen."[99]

Aus den öffentlichen und internen Diskussionen ging schließlich der Entwurf vom 16.11.1975 hervor, der Kabinettsvorlage wurde und dem Bundesrat zugeleitet wurde. Der darin enthaltene § 28 Abs. 3 folgte nicht der RSK-Empfehlung, sondern einem deterministischen Konzept. In der neu gefassten StrlSchV vom 13.10.1976, die am 1.4.1977 in Kraft trat, lautete diese Vorschrift (in Auszügen):

> Bei der Planung baulicher und sonstiger Schutzmaßnahmen gegen Störfälle in oder an einem Kernkraftwerk dürfen … als Körperdosen in der Umgebung der Anlage im ungünstigsten Störfall höchstens die Werte … zugrunde gelegt werden. … Maßgebend für eine ausreichende Vorsorge gegen Störfälle … ist der Stand von Wissenschaft und

Technik. Die Genehmigungsbehörde kann diese Vorsorge insbesondere dann als getroffen ansehen, wenn der Antragsteller bei der Auslegung der Anlage die Störfälle zugrunde gelegt hat, die nach den vom Bundesminister des Innern nach Anhörung der zuständigen obersten Landesbehörden im Bundesanzeiger veröffentlichten Sicherheitskriterien und Leitlinien für Kernkraftwerke die Auslegung eines Kernkraftwerkes bestimmen müssen. …(BGBl. Teil I, Nr. 125 vom 20. 10. 1976, S. 2915.)

Der neue § 28 Abs. 3 ermächtigte den BMI als normkonkretisierende Verweisung, neue Störfall-Leitlinien zu erarbeiten und sie, wie die Sicherheitskriterien für Kernkraftwerke (s. Kap. 6.1.1), in rechtsverbindlicher Form bekannt zu machen.[100] Die Störfall-Leitlinien hatten der Planung und Beurteilung baulicher und sonstiger technischer Schutzmaßnahmen gegen Auswirkungen von Störfällen zu dienen. Die Störfallplanungswerte nach § 28 Abs. 3 StrlSchV mussten eingehalten werden. Durch die Auslegung sollte gewährleistet sein, dass mit dem Eintreten derartiger Störfälle während der Lebensdauer eines Kernkraftwerks nicht gerechnet werden musste.

In der Anlage I der StrlSchV von 1976 haben die Begriffe „Störfall" und „Unfall" Legaldefinitionen erfahren, die sie vollständig gegeneinander abgrenzen. Sie sind als Ereignisabläufe definiert, bei deren Eintreten entweder der Anlagenbetrieb aus sicherheitstechnischen Gründen nicht fortgeführt werden kann (Störfall) oder zulässige Personendosiswerte überschritten werden (Unfall). In diesen Begriffsbestimmungen ist nicht festgelegt worden, durch wen oder was der Ereignisablauf in Gang gesetzt wird, ob die Ursache innerhalb oder außerhalb einer Anlage liegt.

Der Verordnungsgeber BMI hatte mit dem Entwurf der StrlSchV bereits einen Entwurf „Leitlinien für die Auslegung von Kernkraftwerken gegen Störfälle" vorgelegt, der mit Datum vom 17.12.1976 der RSK und der Strahlenschutzkommission (SSK) zur Beratung zugeleitet wurde. Die RSK hielt diesen Entwurf nicht für ausgereift. Ihr missfiel beispielsweise, dass

---

[98] BA B 106-75313, Ergebnisprotokoll 100. RSK-Sitzung, 11. 12. 1974, S. 8–12.

[99] BA B 106-75315, Ergebnisprotokoll 106. RSK-Sitzung, 17. 9. 1975, S. 10 f.

[100] Fechner, J. B., Erven, U. und Viefers, W.: Leitlinien zur Beurteilung der Auslegung von Kernkraftwerken, atw, Jg. 30, Januar 1985, S. 37–40.

der Absturz einer Militärmaschine auf ein Kernkraftwerk, ein extrem unwahrscheinliches Ereignis, als Auslegungsstörfall aufgelistet war.[101] Überhaupt schienen die Definition des Störfalls interpretationsbedürftig und die Frage nach den Gesichtspunkten offen, unter denen Störfälle geordnet und als repräsentativ für die Auslegung beurteilt werden sollten.[102]

Die Jahre vom Inkrafttreten der StrlSchV bis zum Herbst 1983 waren erfüllt von Perioden intensiver und kontroverser Diskussionen um Grundsätze und Festlegungen im Einzelnen. Der terminliche Ablauf der Beratungen musste immer wieder neu geplant, die Verabschiedung der Störfall-Leitlinien immer wieder hinausgeschoben werden. An den Beratungen waren die GRS, die RSK mit ihren Unterausschüssen Druckwasserreaktoren, Leichtwasserreaktoren, Spaltproduktrückhaltung und Sicherheitsforschung, die SSK mit ihren Unterausschüssen, die TÜV-Leitstelle Kerntechnik sowie der Länderausschuss für Atomkernenergie und die Aufsichtsbehörde BMI beteiligt. Zu allen Sachfragen wurden die Hersteller und Betreiber gehört und in wiederholt durchgeführten Verbände-Anhörungen ein weiter Kreis von Sachverständigen und Interessenvertretern einbezogen. Im März 1980 wurde der Gemeinsame Ausschuss von RSK und SSK zu den Störfall-Leitlinien gebildet.

Für den BMI waren die Störfall-Leitlinien von grundlegender Bedeutung als Beurteilungsmaßstab für die Wirksamkeit der sicherheitstechnischen Einrichtungen von Kernkraftwerken. Er betonte stets, dass die abschließende Erstellung und letztendliche Veranwortung für dieses normative Regelwerk seine Angelegenheit und die Tätigkeit von RSK und SSK lediglich als fachliche Zu

arbeit zu bewerten sei.[103] Tatsächlich passte sich jedoch der BMI nach kontroversen Diskussionen weitgehend den Argumenten von RSK und SSK an. Die Beratungsgegenstände, die in lang anhaltenden Auseinandersetzungen zwischen BMI, Beratungsgremien und Verbänden geklärt wurden, waren im Wesentlichen die folgenden Aspekte:

Reaktorbauarten, Referenzanlagen, Probabilistische Kriterien und Störfallberechnungs-Grundlagen Der BMI bemühte sich um eine vollständige und vergleichende Bestandsaufnahme der sicherheitstechnischen Auslegung von Kernkraftwerken verschiedener Bauarten.[104] Er beabsichtigte zunächst, die Störfall-Leitlinien umfassend anzulegen, zumindest jedoch die Leichtwasserreaktoren darzustellen. Ursprünglich waren als Referenzanlagen mit Druckwasserreaktor (DWR) die Kernkraftwerke Philippsburg-2 (KKP-2 für die KWU-Linie) und Mülheim-Kärlich (KMK für die BBR-Linie), mit Siedewasserreaktor (SWR) die Kernkraftwerke Philippsburg-1 (KKP-1 für die Baulinie 69) und Gundremmingen-II (KRB II für die Baulinie 72) vorgesehen.[105] Die Untersuchungen und Beratungen konzentrierten sich jedoch zunehmend auf KWU-Kernkraftwerke mit DWR der Baulinie 80 (sog. „Konvoi-Anlagen", deren Technik im Prinzip bei KKP-2, Philippsburg 2-1. Teilerrichtungsgenehmigung 6.7.1977 –, bereits entwickelt worden war), für deren einheitlich abgewickelte Genehmigungsverfahren für eine vereinheitlichte Technik diese Leitlinien zur Grundlage gemacht wurden.[106] Die schließlich verabschiedeten Störfall-Leitlinien wurden nur rechtswirksam für Kernkraftwerke mit DWR, deren erste Teilerrichtungsgenehmigung (1. TEG) nach dem 1.7.1982 erteilt wurde.

BMI und RSK maßen den probabilistischen Sicherheitsanalysen stets hohe Bedeutung zu,

[101] BA B 106-75321, Ergebnisprotokoll 120. RSK-Sitzung, 19. 1. 1977, S. 14.

[102] Der Begriff „Störfall" in der StrlSchV hat eine andere Bedeutung als bei der Sicherheitsanalyse und bei Vorfällen während des Betriebs. Das Fehlen einer geeigneten differenzierenden Definition hat in der Öffentlichkeit zu Verwirrung und zu unzutreffenden Reaktionen/Urteilen bei der „Meldung von Vorkommnissen in der Anlage" geführt. Aus fachlicher Sicht hat erst die „IAEA-Event-Scale" eine sachgemäße Definition gebracht, aber zu spät, um die Vorprägung der öffentlichen/veröffentlichten Meinung zu beeinflussen.

[103] BA B 106-75344, Ergebnisprotokoll 155. RSK-Sitzung, 23. 4. 1980, S 9.

[104] BA B 106-75323, Ergebnisprotokoll 129. RSK-Sitzung, 21. 12. 1977, S. 21.

[105] BA B 106-75330, Ergebnisprotokoll 141. RSK-Sitzung, 24. 1. 1979, S. 19.

[106] BA B 106-75352, Ergebnisprotokoll 165. RSK-Sitzung, 29. 4. 1981, S. 8.

etwa bei der Durchführung der deutschen Risikostudien. Die Eintrittswahrscheinlichkeiten von Störfällen und Unfällen und die davon abhängigen Schutzmaßnahmen wurden in der Öffentlichkeit kontrovers diskutiert. Die RSK legte großen Wert auf probabilistische Überlegungen bei der Abgrenzung von Störfallgruppen. Dennoch lehnte die RSK die grundlegende Vorgabe von probabilistischen Kriterien für die Störfall-Leitlinien ab. Verbände vermissten dabei ein konsequent begründetes Zusammenspiel von Probabilistik und Deterministik in den Störfall-Leitlinien.[107] Prof. Dr. Adolf Birkhofer, langjähriges Mitglied und ehemaliger Vorsitzender der RSK, erläuterte in der öffentlichen Anhörung des Innenausschusses des Deutschen Bundestages am 22.2.1984: *„Wir haben in der Reaktor-Sicherheitskommission sehr intensiv mit vielen Fachkollegen darüber diskutiert, inwieweit die Zeit reif sei, ein probabilistisches Konzept einzuführen. Wir sind der Meinung, dass es nicht zweckmäßig ist, weil der Rückfluss aus der Erfahrung in ein probabilistisches Konzept nur über analytische Methoden erlangt werden kann. Darum haben wir an einem deterministischen Konzept festgehalten. Es schreibt vor, wie irgendetwas zu bauen und auszulegen ist und welche Schutzmaßnahmen vorzusehen sind. Das geschieht enorm detailliert. Ich bin der Meinung, dass der Konstrukteur nur auf diese Weise klare Richtlinien bekommt, wie er seinen Bau zu planen und auszuführen hat. Diese Richtlinien sind für ihn – im Vergleich zu einem probabilistischen Kriterium – wesentlich klarer."*[108]

Der BMI-Vorentwurf „Leitlinien für die Beurteilung der Auslegung von Kernkraftwerken gegen Störfälle" vom 1.8.1979.[109] enthielt die Rechenannahmen und Modelle zum Störfallablauf und dessen Auswirkungen. Dieser Teil der Vorschriften wurde herausgetrennt. RSK und SSK wurden beauftragt, für die Strukturen der KWU-Baulinie 80 die Annahmen und Parameter zur Berechnung der Freisetzung radioaktiver Stoffe und der potenziellen Strahlenexposition im Einvernehmen mit dem BMI zusammenzustellen. Bei den Festlegungen gab es erhebliche Meinungsverschiedenheiten zwischen RSK/SSK und BMI über realistische und überkonservative Annahmen und Parameter. Die „Störfallberechnungsgrundlagen für die Leitlinien zur Beurteilung der Auslegung von Kernkraftwerken mit DWR gemäß § 28 Abs. 3 StrlSchV" wurden als Empfehlungen der Reaktor-Sicherheitskommission und der Strahlenschutzkommission, die in der 13. Sitzung des Gemeinsamen Ausschusses von RSK und SSK verabschiedet worden waren,[110] mit Datum vom 18.10.1983 im Gemeinsamen Ministerialblatt bekannt gemacht.

Ausgewogenheit des sicherheitstechnischen Konzepts Die RSK-Leitlinien beschrieben die bei der Auslegung eines Kernkraftwerks in sicherheitstechnischer Hinsicht zugrunde liegenden Gesichtspunkte in ihrem ganzen Umfang. Dazu gehörten auch Aspekte, die aus dem Rahmen von Störfall-Leitlinien fallen, wie etwa die Auslegung Druckführender Komponenten. Die RSK missbilligte, dass das Störfall-Leitlinien-Konzept des BMI den Eindruck erweckte, eine Teilmenge dessen, was die sicherheitstechnische Auslegung bestimmt, noch einmal durch eine BMI-Leitlinie auf ein „hohes Podest" zu heben. In der Folge könne das Grundkonzept einer ausgewogenen sicherheitstechnischen Auslegung leiden. Hinsichtlich der Störfälle gehe es darum, das Spektrum nach bestimmtem „Sortierkriterien" aufzugliedern, „Leitstörfälle" zu identifizieren und die Bereiche gegeneinander

---

[107] BA B 295-39218, Stellungnahme des DGB zu den BMI-Störfallleitlinien für Kernkraftwerke im Hinblick auf § 28 Abs. 3 StrlSchV, Düsseldorf, im Oktober 1983.

[108] Deutscher Bundestag, 10. Wahlperiode, Öffentliche Anhörung des Innenausschusses: „Leitlinien zur Beurteilung der Auslegung von Kernkraftwerken mit Druckwasserreaktor gegen Störfälle im Sinne des § 28 Abs. 3 StrlSchV (Störfall-Leitlinien)", 22. 2. 1984, Stenografisches Protokoll Nr. 22, BA B 295 -39218, S. 22/35.

[109] BA B 295-39217, Der Bundesminister des Innern RS II 4-511 434/2, Entwurf Leitlinien für die Beurteilung der

Auslegung von Kernkraftwerken gegen Störfälle (§ 28 Abs. 3 Strahlenschutzverordnung), Bonn, 1. 8. 1979.

[110] BA B 106-87891, Ergebnisprotokoll 187. RSK-Sitzung, 22. 6. 1983, S. 9 und Anlage 1.

abzugrenzen.[111] Dabei müssten probabilistische Überlegungen mit einbezogen werden.

Die Eintrittswahrscheinlichkeit für den Flugzeugabsturz auf ein Kernkraftwerk sei beispielsweise so klein, dass der Beitrag dieses Ereignisses zum Gesamtrisiko eines Kernkraftwerks vernachlässigt werden könne. Gegenüber anderen Einleitungsmechanismen für Störfälle und Unfälle trete der Flugzeugabsturz in den Hintergrund.[112] Gleichermaßen sei eine Verbunkerung des Hilfsanlagengebäudes gegen Flugzeugabsturz schon im Hinblick auf sein Aktivitätsinventar nicht notwendig, das um 6 Größenordnungen kleiner als das des Reaktorgebäudes sei.[113]

Die RSK stellte fest, dass die in den letzten Jahren durchgeführten Risikountersuchungen zu einer neuen Bewertung des Risikobeitrags der verschiedenen Störfälle geführt haben. Die Aufstellung der BMI-Leitlinien müsse sowohl dem Risikogewicht eines Schadensverlaufs als auch dem Umfang der möglichen radiologischen Belastung der Umgebung Rechnung tragen.[114] Singuläre Maßnahmen zur Beherrschung von Unfallfolgen hielt die RSK nur dort für vertretbar, wo die getroffenen Maßnahmen nicht zu einer Verschlechterung des gesamten Sicherheitsniveaus führen und gleichzeitig zu einer merklichen Risikominderung beitragen.[115]

RSK und SSK widersprachen mit Entschiedenheit der nachdrücklich verfochtenen Absicht des BMI, zur Einhaltung der Dosisgrenzwerte von administrativen Maßnahmen gänzlich abzusehen und sie nur durch bauliche und sonstige technische Maßnahmen zu gewährleisten. Der radiologisch kritische Weide-Kuh-Milch-Pfad lässt sich – was eine Selbstverständlichkeit ist – durch einfache administrative Maßnahmen z. B. im Nahbereich unterbrechen, die Strahlenexposition durch Ingestion dann um Größenordnungen vermindern. Die RSK wies eindringlich darauf hin, dass der Verzicht auf administrative Maßnahmen zu einem unausgewogenen Sicherheitskonzept führe.[116]

Festlegung der Liste der Auslegungsstörfalle Es bedurfte jahrelanger Erörterungen zwischen BMI und RSK/SSK sowie der Einsetzung eines Ad-hoc-Ausschusses im November 1982 aus Vertretern der Genehmigungs- und Aufsichtsbehörden, der RSK, SSK und der TÜV-Leitstelle Kerntechnik, um eine abschließende Klärung der Störfall-Listen herbeizuführen.[117, 118] Der BMI-Vorentwurf „Leitlinien für die Beurteilung der Auslegung von Kernkraftwerken gegen Störfälle" vom 1.8.1979, der im November 1979 Gegenstand einer Anhörung der Industrie- und Umweltverbände war, enthielt gleichgewichtig nebeneinander Ereignisse sehr unterschiedlicher Eintrittshäufigkeiten wie Betriebsstörungen und Einwirkungen von außen (EVA) – Flugzeugabsturz, chemische Explosionen und Erdbeben. (Anfang Mai 1982 wurde in einem BMI-internen Vermerk eine Entscheidung über EVA als Auslegungsstörfälle im Hinblick auf das Genehmigungsverfahren der Konvoi-Anlage Neckarwestheim-2 (GKN-2) als dringend geboten angemahnt.[119]) Er enthielt Ereignisse mit sehr unterschiedlichen radiologischen Konsequenzen und gleichermaßen Ereignisse, die als Auslegungsgrundlage z. B. für Sicherheitssysteme dienten, aber keine radiologischen Auswirkungen haben. Der Nachweis der Erfüllung der sicherheitstechnischen Anforderungen sollte detaillierten Störfallablaufmustern – etwa beim Bruch einer Hauptkühlmittelleitung – folgen.

RSK und SSK empfahlen, dass die Einhaltung von Schutzzielen wie sichere Abschaltung, siche-

---

[111] BA B 106-87885, Ergebnisprotokoll 187. RSK-Sitzung, 22. 6. 1983, S. 11 f.

[112] BA B 106-75347, Ergebnisprotokoll 158. RSK-Sitzung, 24. 9. 1980, S. 14.

[113] BA B 106-75334, Ergebnisprotokoll 145. RSK-Sitzung, 25. 4. 1979, S. 9.

[114] BA B 106-75347, Ergebnisprotokoll 158. RSK-Sitzung, 24. 9. 1980, S. 13.

[115] BA B 106-75349, Ergebnisprotokoll 161. RSK-Sitzung, 17. 12. 1980, S. 9.

[116] BA B 106-87881, Ergebnisprotokoll 174. RSK-Sitzung, 17. 3. 1982, S. 8.

[117] BA B 106-87886, Ergebnisprotokoll 180. RSK-Sitzung, 10. 11. 1982, S. 8.

[118] BA B 106-87887, Ergebnisprotokoll 181. RSK-Sitzung, 15. 12. 1982, S. 9–11 und Anlage 3.

[119] BA B 295-39217, Der Bundesminister des Innern RS II 4-511 434/2, Betr.: Erforderliche Vorsorge gegen Schäden infolge Einwirkungen von außen (EVA), Bonn, 9. 5. 1982.

re Nachwärmeabfuhr, langfristige Erhaltung der Unterkritikalität (und der Kernstruktur) oder die Unterschreitung der Dosisgrenzwerte im Mittelpunkt stehen sollten. Bei der Festlegung der radiologisch repräsentativen Auslegungsstörfälle sollte darauf geachtet werden, dass sie vergleichbare Risikobeiträge zum Gesamtrisiko darstellen, da sonst die Ausgewogenheit des sicherheitstechnischen Konzepts infragegestellt sei.[120] Zur Beurteilung der Störfallfolgen sollten Dosisberechnungen hinzugezogen werden. Zum Nachweis der Einhaltung der Dosisgrenzwerte sollte die Strahlenexposition über sämtliche Pfade berechnet werden. Bei Überschreitung der Grenzwerte sollte nachgewiesen werden, dass Vorsorge für – ggf. administrative – Maßnahmen zur Einhaltung der Grenzwerte getroffen ist.[121] Betriebsstörungen sollten in der Liste ausgeklammert werden, da sie nach den Vorschriften für Bereiche, die nicht Strahlenschutzbereiche sind (30 mrem/Jahr-Konzept gemäß § 45 StrlSchV), zu regeln sind. Ereignisse mit äußerst geringer Eintrittswahrscheinlichkeit wie Flugzeugabsturz oder äußere Explosionsdruckwellen sollten dem Bereich der Restrisikominimierung (wie bei den RSK-Leitlinien) zugeordnet und nicht in den Auslegungsstörfällen enthalten sein.

Die Beratungen im BMI-Referat RS I 4 (Leitung: Ministerialrat Dr. Klaus Gast) hatten schließlich das Ergebnis, dass EVA per se keine Störfälle i. S. des § 28 Abs. 3, sondern lediglich mögliche Ursachen von Störfällen und Unfällen als kausal miteinander verknüpfte Folgeereignisse sind. Die Einordnung einer gewissen Einwirkung von außen als Auslegungsstörfall müsse nach den Kriterien Schadensumfang und Eintrittswahrscheinlichkeit erfolgen. Art und Umfang der Nachweisführung sowie die Sicherheitsreserven der Auslegung gegen EVA sollten sich an der Wahrscheinlichkeit des betrachteten Ereignisses orientieren. So seien im Rahmen der Gefahrenabwehr beispielsweise gegen die Belastungen aus Erdbeben höhere Sicherheits-

reserven erforderlich als zur Gefahrenvorsorge gegen die speziell aus Flugzeugabstürzen ableitbaren Belastungen. In jedem Fall seien für die Auslegung gegen EVA die Sicherheitskriterien, die RSK-Leitlinien, die Regeln des KTA und die Richtlinien des BMI bezüglich Druckwellen aus chemischen Explosionen zur erforderlichen Schadensvorsorge nach § 7 Abs. 2 Nr. 3 des AtG maßgebend.[122]

Im September 1982 wurde ein neuer BMI-Entwurf der Störfall-Leitlinien zur abschließenden Beratung vorgelegt. Betriebsstörungen sowie Ereignisse geringen Risikos wie Flugzeugabsturz oder Explosionsdruckwellen waren in der Liste der Auslegungsstörfälle nicht mehr enthalten. EVA als Auslegungsstörfälle waren Erdbeben, Hochwasser, Blitzschlag, Wind, Eis und Schnee, äußere Brände und andere, standortabhängige EVA.

Am 15. März 1983 wurde der Entwurf vom Länderausschuss für Atomkernenergie gebilligt und am 13. Juni 1983 fand noch einmal eine Anhörung der Hersteller, Betreiber, der Industrie-, Umwelt-, Natur- und Lebensschutz-Verbände, insgesamt von 28 Firmen und Vereinigungen, statt. Dabei ergaben sich keine Gesichtspunkte mehr, die grundlegend gegen den BMI-Entwurf sprachen. Es wurden keine weiteren Ereignisse genannt, die als Auslegungsstörfälle hätten berücksichtigt werden müssen.[123] Der BMI und die Industrie sahen lediglich noch sehr unterschiedliche Probleme bei der Behandlung des Ingestions-Pfads nach Störfalleintritt, die in der Ad-hoc-Arbeitsgruppe und der SSK diskutiert werden mussten.[124] Die abschließend festgelegte Formulierung lautete: *„Bei der Berechnung der Strahlenexposition ist von einem realistischen und vernünftigen Verzehrverhalten der Bevölkerung nach Eintritt eines Störfalls auszuge-*

---

[120] BA B 106-75349, Ergebnisprotokoll 161. RSK-Sitzung, 17. 12. 1980, S. 9.

[121] BA B 106-75354, Ergebnisprotokoll 167. RSK-Sitzung, 1. 7. 1981, S. 9.

[122] BA B 295-39217, Der Bundesminister des Innern RS I 4–511 434/2, Betr.: Erforderliche Vorsorge gegen Schäden infolge Einwirkungen von außen (EVA), Bonn, 13. 5. 1982.

[123] BA B 295-39217, Zusammenstellung der wesentlichen Änderungswünsche gemäß Verbändeanhörung vom 13. 6. 1983.

[124] BA B 106-87891, Ergebnisprotokoll 187. RSK-Sitzung, 22. 6. 1983, S. 8 f.

hen. Es wird angenommen, dass innerhalb eines Umkreises von 2.000 m um den Emissionspunkt kontaminierte Nahrungsmittel nicht länger als 24 Stunden nach Beginn der Freisetzung radioaktiver Stoffe in die Umgebung verzehrt werden, und dass die landwirtschaftliche Nutzung des kontaminierten Bodens in diesem Bereich erst zu Beginn der nächsten Vegetationsperiode wieder aufgenommen wird." In dieser Festlegung sind administrative Maßnahmen – ohne diesen Begriff zu nennen – unterstellt.

Die „Bekanntmachung der Leitlinien zur Beurteilung der Auslegung von Kernkraftwerken mit Druckwasserreaktoren gegen Störfälle im Sinne des § 28 Abs. 3 der Strahlenschutzverordnung – Störfall-Leitlinien – vom 18. Oktober 1983" wurde als Beilage zum Bundesanzeiger Nr. 245 vom 31.12.1983 veröffentlicht. In den Störfall-Leitlinien sind 35 repräsentative Auslegungsstörfälle, die ca. 70 Störfälle umschließen,[125] in zwei Tabellen aufgelistet. 7 Gruppen von radiologisch relevanten Störfällen, gegen die anlagentechnische Schadensvorsorge getroffen werden muss, sind dort aufgeführt. Sie betreffen u. a. den Kühlmittelverlust aus dem Primärkreislauf oder aus dem Sekundärkreislauf, Dampferzeugerheizrohrschäden, Rohrleitungsversagen, Störungen in Hilfs- und Nebenanlagen oder Erdbeben. Ebenfalls sind dort Störfälle aufgelistet, gegen die anlagentechnische Schadensvorsorge getroffen werden muss und die aufgrund der getroffenen Vorsorge für die Umgebung radiologisch nicht relevant sind. Zu den 9 Störfallgruppen dieser Kategorie gehören u. a. Reaktivitätsstörfälle, Leckagen im Not- und Nachkühlsystem, Versagen von Großkomponenten wie Hauptkühlmittelpumpen oder Turbinen, Brände, Explosionen oder Überflutung in der Anlage, Hochwasser und Blitzschlag.

In den Störfall-Leitlinien wird ausdrücklich Bezug auf die RSK-Leitlinien und KTA-Regeln genommen. So wird zum Störfall „Leck in der Hauptkühlmittelleitung" gemäß der 3. Ausgabe der RSK-Leitlinien vom 14.10.1981 die Vorgabe

gemacht, dass bei der Berechnung der radiologischen Auswirkungen der Totalabriss (2 F -Bruch) zugrunde zu legen ist, für die Reaktions- und Strahlkräfte sowie für die Druckwellenbelastung der RDB-Einbauten aber von einem Leckquerschnitt von 0,1 F (F = offene Querschnittsfläche) auszugehen ist. Bei einem Leckquerschnitt von 0,1 F können die Ausschlagsicherungen entfallen.

Diese Bestimmungen und ihre Konsequenzen wurden zum Gegenstand politischer Auseinandersetzungen. Auf der parlamentarischen Ebene wurde der Wegfall der Rohrausschlagsicherungen an den Hauptkühlmittel- und Speisewasserleitungen als „eine erhebliche Verringerung der Sicherheitsanforderungen" eingeschätzt.[126] Bei einer öffentlichen Anhörung des Innenausschusses des Deutschen Bundestags am 22.2.1984 wurde das neue 0,1 F-Postulat kritisch und ausgiebig diskutiert.[127] Die Sachverständigen und RSK-Mitglieder Adolf Birkhofer und Karl Kußmaul erläuterten die neuen Leitlinien und wiesen die Kritik entschieden zurück.

Es wurde immer wieder darauf hingewiesen, dass die Störfall-Leitlinien schwer verständlich und ihr Zusammenwirken mit anderen sicherheitstechnischen Regelwerken undurchsichtig seien. Die wesentlichen Einwände hatten folgende Ursachen:

- Sicherheitstechnische Vorsorgemaßnahmen werden nur gegen Störfälle, nicht jedoch gegen die zwar weniger wahrscheinlichen, aber in ihren Auswirkungen viel gravierenderen Unfälle gefordert. Das Gesamtrisiko resultiert nahezu ausschließlich aus den Unfällen.
- Die Abgrenzung zwischen Störfällen und Unfällen ist willkürlich.

Das Bundesministerium des Innern hielt diesen Argumenten entgegen, dass die Abgrenzung zwi-

---

[125] Fechner, J. B., Erven, U. und Viefers, W.: Leitlinien zur Beurteilung der Auslegung von Kernkraftwerken, atw, Jg. 30, Januar 1985, S. 39.

[126] vgl. Landtag von Baden-Württemberg, 9. Wahlperiode, Antrag der Abg. Ulshöfer-Eckstein u. a., GRÜNE: Anwendung höherer sicherheitstechnischer Anforderungen beim Bau atomtechnischer Anlagen in Baden-Württemberg vom 20. 7. 1984, Drucksache 9/247, S. 2.

[127] Deutscher Bundestag, 10. Wahlperiode, Öffentliche Anhörung des Innenausschusses: „Leitlinien zur Beurteilung der Auslegung von Kernkraftwerken mit Druckwasserreaktor gegen Störfälle im Sinne des § 28 Abs. 3 StrlSchV (Störfall-Leitlinien)", 22. 2. 1984, Stenografisches Protokoll Nr. 22, BA B 295 -39218.

schen Störfällen und Unfällen nicht willkürlich, sondern so vorgenommen wurde, dass Störfälle weder gesundheitliche Schäden noch Strahlenerkrankungen zur Folge haben können, also konservativ sei. Die nach den Vorschriften der Störfall-Leitlinien vorzunehmende sicherheitstechnische Auslegung eines Kernkraftwerks gegen Störfälle sei nicht nur wirksam gegen diese, sondern darüber hinaus auch eine wirksame Vorsorge gegen Unfälle.[128]

6.1.5   Das KTA-Regelwerk

Im Sommer 1970 wurde das Deutsche Atomforum (DAtF) bei der Bundesregierung mit der Empfehlung vorstellig, den Stand von Wissenschaft und Technik auf dem Nuklearsektor, dort wo technische Alternativen bereits abgeklärt und bewährte Lösungen anerkannt seien, durch Regeln und Richtlinien konkreter zu formulieren. Diese Aufgabe solle einem Kerntechnischen Ausschuss (KTA) übertragen werden, der organisatorisch als eingetragener Verein nach Art eines privatrechtlichen Industriemodells an das DAtF angebunden werden könne. In erster Linie sollten Hersteller und Betreiber von Kernkraftwerken im KTA mitarbeiten. Der Bundesminister für Bildung und Wissenschaft (BMBW) pflichtete dem DAtF in der Sache bei, akzeptierte den organisatorischen Vorschlag jedoch nicht.

Mit einer Presseerklärung vom 25.5.1971 griff der BMBW die DAtF-Initiative zur Gründung eines KTA auf und schlug seinerseits vor, ein etwa 50-köpfiges Gremium zu gleichen Teilen mit Vertretern der Behörden, Hersteller/Betreiber und Gutachter/Wissenschaft zu besetzen. Eine Majorisierung durch „interessierte Kreise" sollte ausgeschlossen sein. Der KTA sollte die grundlegenden Probleme der Sicherheit behandeln und auf die Ergebnisse anderer, mit der Sicherheit kerntechnischer Anlagen befassten

Gremien Bezug nehmen.[129] Die RSK begrüßte die BMBW-Empfehlung, einen KTA durch Organisationserlass einzurichten und äußerte seine Bereitschaft zur Mitarbeit unter der Maßgabe, dass ein öffentlich-rechtliches Organisationsmodell (wie das des Deutschen Dampfkessel-Ausschusses DDA) gewählt und die Geschäftsführung beim IRS angesiedelt werde.[130]

Am 1. September 1972[131] übertrug die Bundesregierung dem Kerntechnischen Ausschuss (KTA) in der Bekanntmachung über seine Bildung die Aufgabe, *„auf Gebieten der Kerntechnik, bei denen sich auf Grund von Erfahrungen eine einheitliche Meinung von Fachleuten der Hersteller, Ersteller und Betreiber von Atomanlagen, der Gutachter und der Behörden abzeichnet, für die Aufstellung sicherheitstechnischer Regeln zu sorgen und deren Anwendung zu fördern."*[132] Die KTA-Regeln sollten die atomrechtlichen Anforderungen von Atomgesetz (AtG) und Strahlenschutzverordnung (StrlSchV) sowie die daraus hergeleiteten BMI-Sicherheitskriterien und RSK-Leitlinien in technische und organisatorische Vorschriften für die Praxis umsetzen. Sie sollten die Auslegungsgrundlagen und Prüfkriterien konkretisieren und vergleichmäßigen.

In den KTA wurden je 10 Vertreter der Hersteller, Betreiber, Genehmigungsbehörden des Bundes und der Länder, Gutachter und Beratungsorganisationen sowie besonderer Behörden, Organisationen und Stellen berufen. 2 von den 50 Mitgliedern entsandte die RSK. Die Geschäftsführung wurde in das IRS eingegliedert. Die Arbeit des KTA war auf übergreifenden Konsens angelegt und war mit einer umständlichen Verfahrensordnung mühsam und langwierig. Die KTA-Regeln wurden mit 5/6-Mehrheit (42 Stimmen) verabschiedet, sodass keine der 5 KTA-Fraktionen überstimmt werden konnte. Die

---

[128] BA B 295-39217, BMI Referat RS I 4 – 511 434/2, Betr.: § 28 Abs. 3 StrlSchV sowie Leitlinien hierzu, hier: Interpretation des § 28 Abs. 3 StrlSchV und Beantwortung von Anfragen, Bonn, 27. 5. 1980.

[129] BA B 106-75305, Ergebnisprotokoll 65. RSK-Sitzung, 23. 6. 1971, Anlage zu TOP 5, IRS-Berichte.

[130] BA B 106-75305, Ergebnisprotokoll 65. RSK-Sitzung, 23. 6. 1971, S. 11–13.

[131] Schwarzer, Wolfgang: Entstehung, Aufgabe und Arbeit des Kerntechnischen Ausschusses, KTA-GS-60, Köln, Juni 1992, S. 60.

[132] § 2 der Bekanntmachung, BAnz Nr. 172 vom 13. Sept. 1972.

eigentliche Sacharbeit wurde in Unterausschüssen und zugehörigen Arbeitsgremien geleistet. Die KTA-Regeln wurden vom Bundesminister des Innern (BMI), später vom Bundesminister für Umwelt, Naturschutz und Reaktorsicherheit (BMU) nach Prüfung und Zustimmung im Bundesanzeiger veröffentlicht.

Als der KTA-Programmausschuss Ende November 1972 erstmals zusammentrat, lagen zahlreiche Anregungen für neu zu erarbeitende Regeln sowie Hinweise auf bereits geleistete Normungsarbeit vor:[133]

- Sicherheitstechnische Regeln für die Planung und Konstruktion von Kernreaktor-Anlagen, Bericht des DAtF-Programmausschusses vom Dezember 1971,
- Themenvorschläge des BMBW vom Juni 1972 für das Arbeitsprogramm des KTA, die 33 Aufgabenstellungen für KTA-Regeln umfassten, sowie
- eine umfangreiche Zusammenstellung des IRS vom November 1972 von weit mehr als 200 nationalen und internationalen Regeln und Normen auf dem Gebiet der Kerntechnik.

Es war im Umfeld der vielen nationalen und internationalen Arbeitskreise und Institutionen, die mit Richtlinien und Regelentwürfen beschäftigt waren, unmöglich, ein systematisch und langfristig angelegtes KTA-Arbeitsprogramm aufzustellen. Die Vorgehensweise war eher pragmatisch und an den jeweils vorliegenden Erfahrungen und Erkenntnissen orientiert. So stand die Arbeit an der KTA-Regel über die Auslegung von Kernkraftwerken gegen seismische Einwirkungen ganz am Anfang, obwohl dieses Thema in der BMBW-Liste nicht enthalten war. In einem der IRS-Berichte zur 65. RSK-Sitzung im Juni 1971 war kritisch vermerkt worden, dass bei KKP-1 eine statische, bei KKP-2 eine dynamische Auslegung gegen Erdbeben gefordert wurde. „Hier sollte ein für alle zukünftigen Reaktoren einheitliches Regelwerk geschaffen werden."[134]

Es war die Aufgabe des KTA, das sicherheitstechnische Regelwerk aufzustellen, das die genehmigungsrelevanten Anforderungen an eine kerntechnische Anlage zuverlässig beschrieb. Der KTA wurde tätig, wenn sich eine einheitliche Meinung zu sicherheitstechnischen Fragen abzeichnete. Die RSK dagegen entwickelte Anforderungen an die Sicherheitstechnik, wo noch keine allgemein anerkannten Regeln oder einheitlichen Auffassungen bestanden.

Mit Schreiben vom 29.8.1973 bat der BMI die RSK um Beratung bei Fragen, die sich auf die vom KTA beabsichtigten Regelentwürfe bezogen. Im Januar 1974 war die Abstimmung zwischen KTA und RSK bei der Erarbeitung kerntechnischer Regeln Gegenstand einer RSK-Sitzung. Die RSK sprach folgende Empfehlung aus: „Die RSK hält es für zweckmäßig, zu den Entwürfen der KTA-Regeln vor deren Behandlung im Programmausschuss und deren Verabschiedung durch den KTA Stellung zu nehmen. Sie bittet den BMI, ihr die zur Erarbeitung dieser Stellungnahmen notwendigen Unterlagen zugänglich zu machen."[135] So wurde dann verfahren.

Die RSK prüfte die ihr vom BMI zugeleiteten KTA-Unterlagen, insbesondere die Vorberichte, die den zu regelnden Sachverhalt und Regelumfang, den Stand von Wissenschaft und Technik, die Beurteilung des Sachverhaltes und seiner Regelfähigkeit, die vorgeschlagene Gliederung sowie die mit der Regelbearbeitung zu beauftragenden Organisationen und Personen, die Terminplanung usw. umfassten und darstellten. Die RSK stellte fest, ob die in den Vorberichten behandelten Grundsatzfragen der Reaktorsicherheitstechnik zum gegebenen Zeitpunkt regelfähig waren. Sie äußerte sich nicht zu Regelvorhaben des KTA, die außerhalb ihres Beratungsauftrags lagen, wie etwa zu Hebezeugen in kerntechnischen Anlagen.[136]

Die RSK stellte nicht nur fest, ob Gegenstände der KTA-Vorhaben „regelfähig", „nicht regelfähig" oder „noch nicht regelfähig" waren, sie

[133] BA B 106-75306, RSK-Information 78/3 des IRS vom 13. 12. 1972 „KTA-Arbeitsprogramm", Beilage zum Ergebnisprotokoll 79. RSK-Sitzung, 20. 12. 1972.

[134] BA B 106-75305, IRS-Berichte zur 65. RSK-Sitzung am 23. 6. 1971, S. 7.

[135] BA B 106-75309, Ergebnisprotokoll 90. RSK-Sitzung, 23. 1. 1974, S. 17 und 27.

[136] BA B 106-75312, Ergebnisprotokoll 98. RSK-Sitzung, 16. 10. 1974, S. 12.

nahm auch bei ihr wichtig erscheinenden Fällen zu den KTA-Regelentwürfen inhaltlich detailliert mit Formulierungsvorschlägen Stellung. So konnte die RSK der Verabschiedung der ersten KTA-Regel „Erdbebenauslegung von Kernkraftwerken, Blatt 1: Grundsätze" nur nach Berücksichtigung ihrer zahlreichen Änderungs- und Ergänzungsvorschläge zustimmen.[137, 138] Diese erste KTA-Regel 2201.1 „Auslegung von Kernkraftwerken gegen seismische Einwirkungen Teil 1: Grundsätze – Fassung 6.75" wurde am 23.6.1975 auf der 9. Sitzung des KTA verabschiedet.

Neben weiteren Regeln zur Erdbebenauslegung wandte sich der KTA dann Themen zu wie beispielsweise „Lagerung und Handhabung von radioaktiven Stoffen in Kernkraftwerken", „Reaktorsicherheitsbehälter aus Stahl – Herstellung und Prüfung", „Kabeldurchführungen in Reaktorsicherheitsbehältern", „Begehbare Schleusen in Kernkraftwerken" oder „Auslegung der Reaktorkerne". Bei der im Jahr 1977 zügig verabschiedeten KTA-Regel 3501 „Reaktorschutzsystem und Überwachungseinrichtungen des Sicherheitssystems" konnte sich der KTA weitgehend auf Vorarbeiten des FNKe stützen.

Die RSK hatte gegenüber dem KTA in der Sache faktisch eine übergeordnete, entscheidende Position. Die KTA-Regeln wurden erst nach ihrer Zustimmung publiziert. Der KTA hatte sorgfältig zu prüfen, was die RSK vorgab. Die RSK wiederum achtete darauf, dass ihre sicherheitstechnischen Leitlinien möglichst bald und umfassend Bestandteil des KTA-Regelwerks wurden. Waren die RSK-Vorgaben in das KTA-Regelwerk übernommen, wurden die Leitlinien insoweit entbehrlich.

Bis in das Jahr 1985 standen nahezu in jeder RSK-Sitzung KTA-Regelvorhaben oder -Regeländerungsvorhaben auf der Tagesordnung. Ende Januar 1985 wurde im Einvernehmen mit dem BMI zwischen RSK und KTA vereinbart, dass das Vorgehen bei der Beratung von KTA-Regel-

vorhaben zunächst in einem Gespräch zwischen dem BMI und den Geschäftsführern des KTA und der RSK erörtert werden soll.[139] Danach wurden die KTA-Entwürfe überwiegend allein in den zuständigen RSK-Unterausschüssen beraten und von Zeit zu Zeit die RSK in ihren Hauptsitzungen informiert. Nur noch in besonderen Fällen wurde die gesamte RSK mit den KTA-Regelvorhaben befasst.

Von Juni 1975–November 2003 sind ca. 90 KTA-Fachregeln verabschiedet, am jeweils neuesten Stand von Wissenschaft und Technik regelmäßig überprüft (spätestens alle 5 Jahre) und überwiegend neu gefasst worden. Die KTA-Regeln betrafen:

• nukleare und thermodynamische Auslegung
• Bautechnik
• Werkstofffragen
• Instrumentierung
• Organisationsfragen
• Arbeitsschutz (spezielle Ergänzungen für die Kerntechnik)
• Aktivitätskontrolle
• Sonstige Vorschriften

Der Qualitätssicherung einschließlich des Alterungsmanagements in Kernkraftwerken sowie dem Qualitätsmanagement galten stets die besondere Aufmerksamkeit des KTA.

Im September 1998 initiierte der KTA das Programm KTA 2000, mit dem das KTA-Regelwerk hierarchisch strukturiert, systematisiert, modernisiert, vervollständigt und zu einer Regelpyramide mit 3 Ebenen (Abb. 6.1) ergänzt werden sollte.[140] Die KTA-Sicherheitsgrundlagen wurden erarbeitet und in der Fassung vom Juni 2001 als Regelentwurf verabschiedet. Die 7 Basisregeln wurden erarbeitet und im Dezember 2002 als Fraktionsumlauf verteilt. Ungefähr 100 Experten waren mehr als 4 Jahre lang mit der Erstellung dieser Grundlagen und Grundregeln befasst gewesen. Der Bundesminister für Reaktorsicherheit Jürgen Trittin (Grüne) erklärte im Frühjahr 2003 ohne nachvollziehbare Begründung das Projekt KTA 2000 für gescheitert. Das Präsidium des KTA

---

[137] BA B 106-75311, Ergebnisprotokoll 94. RSK-Sitzung, 22. 5. 1974, S. 25–29.

[138] BA B 106-75311, Ergebnisprotokoll 104. RSK-Sitzung, 21. 5. 1975, S. 24.

[139] BA B 106-87899, Ergebnisprotokoll 201. RSK-Sitzung, 23. 1. 1985, S. 4.

[140] http://www.kta-gs.de/d/kta2000_d.htm.

Abb. 6.1 Die KTA-Regelpyramide des Programms KTA 2000

reagierte darauf mit dem Beschluss, dieses viel versprechende Projekt mit Wirkung vom November 2003 ruhen zu lassen.

Die schwierig zu bestimmende Rechtsqualität der KTA-Regeln wurde als antizipierte Sachverständigengutachten, Anwendungsempfehlungen und unverbindliche, abstrakt-generelle Auskünfte des BMI über seine zukünftige aufsichtsbehördliche Praxis charakterisiert.[141] Trotz ihrer allgemein anerkannten, hohen technischen Qualität konnten sie ihre Adressaten Antragsteller, Drittbetroffene, Genehmigungsbehörden, Sachverständige und Gerichte im rechtlichen Sinne nicht binden. Faktisch hatten diese im Konsens aller beteiligten Kreise verabschiedeten Regeln jedoch mangels überzeugender Alternativen eine hohe Bindekraft und prägende Wirkung auf die Genehmigungspraxis. Bundestag und Bundesregierung sahen sich deshalb nicht veranlasst, die immer wieder erhobene Forderung nach einer Verrechtlichung der KTA-Regeln, etwa mit einer Vermutungswirkung im Atomgesetz, aufzugreifen.

Ein außerordentlich wichtiges, ungelöst gebliebenes Problem der KTA-Regeln (eigentlich des kerntechnischen Regelwerks insgesamt) ist die Frage, ob eine Regel rückwirkend auf einen Sachverhalt angewendet werden kann, für den diese Regel gar nicht aufgestellt worden ist („Backfitting"). Im KTA war lange Zeit die Auf-

---

[141] Vieweg, Klaus: Atomrecht und technische Normung: Der Kerntechnische Ausschuss (KTA) und die KTA-Regeln, Schriften zum Öffentlichen Recht, Bd. 413, Dunker und Humblot, Berlin, 1982.

fassung vorherrschend, dass neu erarbeitete Regeln aufgrund ihres Entstehungsprozesses und des Abstimmungsverfahrens nur bei Sachverhalten gelten sollten, die in der Zukunft zu genehmigen sind. Diese Auffassung wurde allerdings während der Zeit der Konvoi-Genehmigungsverfahren von Landesgenehmigungsbehörden ignoriert, denen die Vorstellung eines sicherheitstechnischen Gewinns der ungestörten Abwicklung einer sorgfältig erarbeiteten Konzeption im Vergleich zu den Störeffekten einer erzwungenen Berücksichtigung neuer Forderungen mit oftmals fragwürdigen Ergebnissen nicht vermittelt werden konnte.

6.1.6   RSK/GPR-Sicherheitsanforderungen für Druckwasserreaktoren

Im April 1989 vereinbarten die beiden führenden Hersteller von Kernkraftwerken in Deutschland und Frankreich, die Siemens AG, Erlangen, und die Framatome, S. A., Paris, vertraglich die gemeinsame Entwicklung einer Druckwasserreaktor-Linie der nächsten Generation und gründeten zu diesem Zweck die gemeinsame Tochterfirma Nuclear Power International (NPI). Im Juni 1989 vereinbarten der deutsche Bundesminister für Umwelt, Naturschutz und Reaktorsicherheit und der französische Industrieminister eine möglichst enge Zusammenarbeit auf dem Gebiet der friedlichen Nutzung der Kernenergie (s. Kap. 12). Ende 1989/Anfang 1990 wurde ein deutsch-französischer Direktionsausschuss (DFD) eingesetzt und mit der Prüfung grundsätzlicher Sicherheitsfragen, insbesondere auch der Reaktorkonzepte von zukünftigen DWR – in erster Linie des gemeinsam entwickelten Europäischen Druckwasserreaktors EPR – beauftragt. Ende 1991 lag ein erstes zwischen Siemens und Framatome abgestimmtes Reaktorkonzept vor, und von der staatlichen Seite wurde die baldige Festlegung der als Genehmigungsvoraussetzung zu erfüllenden Sicherheitsanforderungen nachgesucht.

Am 17.12.1991 begann die RSK auf einer zweitägigen Klausurtagung in Leopoldshafen mit der Diskussion über Anforderungen an neue Sicherheitskonzepte für Leichtwasserreaktoren

(LWR). Wichtige wissenschaftliche Publikationen u. a. aus dem Umfeld des „Karlsruher Sicherheitskonzepts" (s. in Kap. 6.5.8 „Studien zur Belastbarkeit von Containment-Strukturen unter Extrembedingungen – das Karlsruher Konzept") lagen als Beratungsunterlagen vor. Zum erstenmal nahm ein Vertreter des für Reaktorsicherheit zuständigen französischen Beratungsgremiums „Groupe Permanent chargé des Réacteurs Nucléaires (GPR)" an einer RSK-Sitzung teil. Auf Regierungsebene war vereinbart worden, dass in beiden Sachverständigen-Kommissionen RSK und GPR jeweils auch ein Vertreter des anderen Landes mitwirken kann. Von dieser Möglichkeit ist in den Jahren 1991–1993 gelegentlich Gebrauch gemacht worden.

Die RSK sah ihre Aufgabe darin, zu prüfen, wie die Auswirkungen schwerer Unfallsequenzen durch entsprechende Vorkehrungen auf die Anlage begrenzt werden können. Der Kenntnisstand habe sich zu diesen Fragen seit 1986 wesentlich erweitert. Im Einzelnen seien zu diskutieren:

• Überdruckversagen des Sicherheitsbehälters
• Versagen des Reaktordruckbehälters (Hochdruck-Pfad, Kernschmelze)
• Dampfexplosion
• Verbrennung von Wasserstoff bzw. Detonation eines Wasserstoff-Luft-Gemisches
• Schmelze-Beton-Wechselwirkung.[142]

Zu diesen Themen lagen neuere Ergebnisse aus dem Projekt Nukleare Sicherheitsforschung (PSF) des Kernforschungszentrums Karlsruhe vor.

Als Grundsätze, von denen bei der Erörterung dieser Themen ausgegangen werden müsse, wurden u. a. genannt:

• Die Systeme zur Beherrschung schwerer Unfallsequenzen sollen einfach gestaltete und weitgehend passive Systeme sein.
• Systeme zur langfristigen Kontrolle eines zerstörten Reaktorsystems sind in äußeren Raumbereichen unterzubringen.
• Für die Auslegung druckführender Systeme ist im Sinne der Basissicherheit das Leck-vor-Bruch-Kriterium zu beachten.

Auf ihrer nächsten Sitzung setzte die RSK eine Ad-hoc-Arbeitsgruppe „Sicherheitsanforderungen an neue Reaktorkonzepte" ein. Ihren Vorsitz übernahm der RSK-Vorsitzende Keßler. Weitere acht Mitglieder wurden aus den Reihen der RSK berufen, u. a. Birkhofer, Mayinger und Eibl.[143] Diese Arbeitsgruppe tagte im Juli zweimal in München/Garching, wo sie sich kämpferisch mit der Frage auseinandersetzte, wie weitreichend die passiven Systeme vernünftigerweise sein sollten. Das extrem passive „Karlsruher Konzept", das sich jedoch nur mit Studien zur Belastbarkeit von Containment-Strukturen unter Extrembedingungen befasst hat, wurde zu einer wesentlichen Orientierungshilfe. Auf ihrer vierten Sitzung Anfang September 1992 in Karlsruhe einigten sich nach erneuten heftigen Diskussionen die Mitglieder der Arbeitsgruppe auf das Papier „Hinweise der RSK für das Sicherheitskonzept für Kernkraftwerke mit neuem Druckwasserreaktor".[144] Eine erhebliche Abweichung vom „Karlsruher Konzept" bestand darin, dass statt passiver Vorkehrungen zur Beherrschung von Kernschmelzen unter hohem Druck diese mit Hilfe entsprechend zuverlässiger Einrichtungen vermieden werden sollten. Der Grundgedanke war, dass durch diversitäre und automatisch funktionierende Sicherheitstechnik, insbesondere durch äußerst zuverlässige Druckentlastungsventile, der Hochdruckpfad so in den Niederdruckpfad überführt wird, dass nach menschlichem Ermessen das Hochdruckversagen des RDB ausgeschlossen werden kann. Die RSK stimmte am 16.9.1992 diesem Arbeitspapier zu und empfahl, es als Basis für die weiteren Beratungen der von der Industrie entwickelten neuen Kernkraftwerksgeneration zu verwenden.[145]

Am 11. Dezember 1992 kamen RSK und GPR in Paris zu ihrem ersten Fachgespräch über „Sicherheitsanforderungen an neue Reaktor-

_____

[142] AMPA Ku 15, Ergebnisprotokoll 266. RSK-Sitzung, 17./18. 12. 1991, S. 6–9.

[143] Ampa Ku 15, Ergebnisprotokoll 267. RSK-Sitzung am 27. 1. 1992, Anlage 1, S. 2.

[144] AMPA Ku 151, Keßler: Keßler, G.: Das neue Sicherheitskonzept für zukünftige LWR (eine persönliche Erinnerung), persönliche schriftliche Mitteilung von Prof. Keßler vom 21.5.2003, S. 7.

[145] AMPA Ku 15, Ergebnisprotokoll der 271. RSK-Sitzung am 16. 9. 1992, S. 13.

konzepte" zusammen. Sie verabredeten ein ehrgeiziges, mit der NPI abgestimmtes Beratungsprogramm für das Jahr 1993. Die gemeinsamen Arbeitsgruppen von IPSN und GRS erhielten umfangreiche Aufträge für die fachliche Zuarbeit. Die endgültige Festlegung des NPI-Konzepts für den EPR solle erst getroffen werden, wenn die RSK/GPR-Anforderungen im Konsens vorliegen.

Die GRS/IPSN-Arbeitsgruppen erstellten gemeinsame Berichte zu den einzelnen Sachthemen, wie beispielsweise zu „*Accident Management for PWRs in France and Germany*" (Report No. 2, November 1991) oder „*Severe Accidents Overall Approach and Related Design Features*" (Common Report IPSN/GRS No. 35, September 1997). Bis Ende 1998 wurden etwa 70 gemeinsame Berichte erarbeitet, mit denen sich dann RSK/GPR-Arbeitsgruppen befassten. In diesen Berichten wurden jeweils die deutschen und französischen Positionen und deren Unterschiede beschrieben, erforderlicher Untersuchungsbedarf dargestellt und dazu gemeinsame Kommentare angefügt.

Nach den ersten Sacherörterungen zwischen RSK und GPR ließ sich das Bundesumweltministerium unterrichten. Die Abteilungs-, Unterabteilungs- und Referatsleiter MD Hohlefelder, MDgt Gast und MR Himmel trafen sich am 19. Januar 1993 mit den RSK-Mitgliedern Birkhofer, Mayinger, Keßler und Eibl. Es ging um die Frage, wie die energiepolitische Vorgabe der Bundesregierung vom Dezember 1991, die Auswirkungen auch großer Störfälle auf die Anlage selbst zu begrenzen, technisch umgesetzt werden könnte. Die Fachabteilung des BMU hatte sich bei der Erarbeitung der Reaktorsicherheits-Vorgaben dieses energiepolitischen Gesamtprogramms zum Ziel gesetzt, für die Nachweisführung im atomrechtlichen Genehmigungsverfahren zukünftiger Kernkraftwerke auch bei schweren Störfällen ausschließlich deterministische Methoden heranzuziehen und sie nicht auf Wahrscheinlichkeitsberechnungen zu stützen. Sie hatte die Forschungsarbeiten in Karlsruhe und Jülich aufmerksam verfolgt und kannte die kontroversen Diskussionen über probabilistische und deterministische Ansätze in der RSK. Das Gespräch sollte klären, ob trotz der unterschied-

lichen Positionen eine gemeinsame Linie gefunden werden könnte.[146] Es entwickelte sich ein engagierter Disput zwischen Keßler, Eibl einerseits und Birkhofer, Mayinger andererseits darüber, ob in einem gewissen Umfang auch aktive Notfallschutzmaßnahmen mit ihren Versagenswahrscheinlichkeiten Grundlage für die Auslegung künftiger Kernkraftwerke sein könnten, wofür Birkhofer und Mayinger nachdrücklich eintraten. Keßler und Eibl verfochten ihr „Karlsruher Konzept", das nur deterministisch ausgelegte, allein passiv wirkende Sicherheitssysteme zuließ, um die Folgen aller denkbaren Kernschmelzunfälle ohne probabilistische Risikobetrachtungen anlagenintern aufzufangen. Hohlefelder fasste das Gespräch schließlich so zusammen, dass bei zukünftigen Reaktoren die Auswirkungen von schweren Unfällen auf die Anlage beschränkt bleiben sollten. Mit Wahrscheinlichkeiten sollte dabei nicht argumentiert werden.[147] Dies wurde auch die Grundlage der Atomgesetznovelle des Jahres 1994.

Auf der bald danach im Februar 1993 abgehaltenen RSK-Klausursitzung in Schliersee wurden die entsprechenden technischen Spezifikationen festgelegt. Auf der 9. gemeinsamen RSK/GPR-Sitzung Anfang Mai 1993 in München/Garching wurde noch Diskussionsbedarf zu den Kernschmelzszenarien, der Containmentauslegung, der Integrität der druckführenden Umschließung, den Auslegungs- und Konstruktionsmerkmalen sowie zum Thema Mensch-Maschine-Wechselwirkung angemeldet. Aus diesem Grunde wurden drei RSK/GPR-Ad-hoc-Arbeitsgruppen eingesetzt:

- Severe Accidents (5 GPR-Mitglieder, 4 RSK-Mitglieder: Keßler, Eibl, Fischer und Hicken)
- Materials (5 GPR-Mitglieder, 5 RSK-Mitglieder, u. a. Kußmaul)
- Human Factor Engineering (2 RSK-Mitglieder, 1 GPR-Mitglied).[148]

---

[146] AMPA Ku 151, Himmel: Persönliche schriftliche Mitteilungen von Ministerialrat a. D. Theodor Himmel vom 2. 5. 05, S. 3, und 27. 5. 05, S. 1.

[147] Keßler, G.: Das neue Sicherheitskonzept für zukünftige LWR (eine persönliche Erinnerung), a. a. O., S. 8.

[148] AMPA Ku 15, Ergebnisprotokoll 277. RSK-Sitzung, 19. 5. 1993, S. 10 f.

Die deutsch-französischen Abstimmungsgespräche führten zu gemeinsamen grundlegenden Sicherheitsanforderungen an zukünftige Kernkraftwerke. Mitte Juni 1993 konnte die RSK die „Gemeinsame Empfehlung von RSK und GPR für Sicherheitsanforderungen an zukünftige Kernkraftwerke mit Druckwasserreaktor" verabschieden,[149] die danach im Juli 1993 vom deutsch-französischen Direktionsausschuss (DFD) angenommen wurde. Sie enthielt u. a. Kapitel über „Schwere Unfälle und Auslegung des Sicherheitseinschlusses" sowie „Einwirkungen von außen" mit Beschreibungen von Unfallsituationen, die „praktisch eliminiert" bzw. „ausgeschlossen" werden müssten. Die Grundgedanken waren:

- Der DWR der nächsten Generation sollte nicht aus einem revolutionär neuem Konzept, sondern evolutionär aus den bewährten Reaktorlinien entwickelt werden.
- Die Reaktorsicherheit sollte durch die Verringerung der Eintrittswahrscheinlichkeit schwerer Unfälle sowie durch die Verbesserung des Sicherheitseinschlusses (Containment) für den Fall des Eintretens schwerer Unfallsequenzen deutlich erhöht werden.
- Die Betriebsbedingungen sollten u. a. durch frühzeitige Berücksichtigung möglicher menschlicher Fehlhandlungen verbessert werden.

Diese allgemeinen Sicherheitsanforderungen berücksichtigten die Probleme, zu deren – teilweisen – Lösung das Karlsruher Sicherheitskonzept entwickelt worden war. Framatome und EDF hatten sich an den deutschen Diskussionen nicht beteiligt und standen den deutschen Ideen verständnislos gegenüber. Es bedurfte langwieriger intensiver Zusammenarbeit zwischen GRS und IPSN sowie RSK und GPR, bis sich die konkreten sicherheitstechnischen Vorstellungen angeglichen hatten. Die deutschen Betreiber und Hersteller von Kernkraftwerken waren von der Notwendigkeit sehr weitreichender passiver Schutzmaßnahmen ebenfalls nicht überzeugt: Das wahrschein-

lichkeitstheoretische Risikokonzept der 70er Jahre war immer noch die anerkannte Grundlage für reaktorsicherheitstechnische Betrachtungen. Sie schlossen jedoch 1993 mit dem KfK einen Zusammenarbeitsvertrag über Forschungen und Entwicklungen zu den schweren Unfällen. Sie bezahlten bis zum Jahr 2000 etwa 20 Mio. DM und erhielten dafür exklusiv die Verwertungsrechte der erarbeiteten Ergebnisse.[150, 151] In Folge der politischen Diskussionen und der siebenten Atomnovelle 1994 traten die probabilistischen Risikobetrachtungen merklich in den Hintergrund. Betreiber und Industrie in Deutschland übernahmen das Sicherheitskonzept für zukünftige Reaktoren, die auch hypothetische Störfälle (Kernschmelzen) anlagenintern auf deterministischer Basis nach menschlichem Ermessen sicher beherrschen („katastrophensichere" Kernkraftwerke).[152] Neue Reaktoren konnten aus politischen Gründen jedoch nicht gebaut werden.

Die gemeinsamen RSK/GPR-Empfehlungen fanden nicht die ungeteilte Zustimmung des Herstellerkonsortiums NPI, insbesondere war die Behandlung von Flugzeugabsturz, RDB-Versagen unter hohem Druck, Dampfexplosion und Wasserstoff-Verbrennung für NPI jenseits vernünftiger Vorstellungen von wirklich erforderlichen Schutzmaßnahmen. Die deutsch-französischen Beratungen der gemeinsamen Sicherheitsanforderungen mussten fortgesetzt werden.

Zwischen März 1994 und Januar 1995 waren vertiefte technische Erörterungen in sieben Sitzungen einer RSK/GPR-Arbeitsgruppe, sechs RSK/GPR-Hauptsitzungen und sechs DFD-Sitzungen erforderlich, um eine abschließende Verständigung über folgende Themen zu erzielen:[153]

[149] AMPA Ku 16, Ergebnisprotokoll der 278. RSK-Sitzung vom 16. 6. 1993, Anlage 1 (englische Fassung), Anlage 2 (deutsche Fassung), vgl. BAZ 218, 20. 11. 1993, S. 10193 ff.

[150] Keßler, Günther: Das neue Sicherheitskonzept für zukünftige LWR (eine persönliche Erinnerung), a. a. O., S. 9.

[151] Bürkle, Wulf, Petersen, Klaus und Popp, Manfred: Möglichkeiten und Grenzen der Reaktorsicherheitsforschung, atw, Jg. 39, November 1994, S. 753–757.

[152] vgl. Keller, Wolfgang: Quo vadis Kernenergie?, atw, Jg. 40, Dezember 1995, S. 751–755.

[153] Birkhofer, Adolf, Chevet, Pierre-Franck, Quérinart, Daniel und Wendling, Rolf-Dieter: Gemeinsamer deutsch-französischer sicherheitstechnischer Ansatz für zukünftige Kernkraftwerke, CONTRÔLE, No. 105, Juni 1995, S. 10–13.

- Schutz gegen Einwirkungen von außen (Flug-zeugabsturz, Explosion, Erdbeben),
- Sicherheitstechnische Maßnahmen gegen Unfälle mit Kernschmelzen („Ausschluss" von Kernschmelzen des Hochdruckpfads, Kernschmelzefänger mit Kühlung (Core Cat-cher) für den Niederdruckpfad),
- Schwere Unfälle und Auslegung des Contain-ments,
- Redundanz und Diversifizierung der Systeme und
- „Bruchausschluss"-Konzept für die großen Rohrleitungen des Primärsystems.

Im Laufe des Jahres 1994 konnten RSK und GPR alle gemeinsamen Empfehlungen zur Konkretisierung und Präzisierung der Sicher-heitsanforderungen mit Ausnahme der Schutz-maßnahmen gegen Flugzeugabsturz verabschie-den.[154]

Die deutsch-französischen Abstimmungs-bemühungen waren dadurch erschwert worden, dass die EPR-Entwicklung von der Industrie in Arbeitspakete zerlegt worden war. Die französi-sche Seite war z. B. für das Containment zustän-dig. In Deutschland hatte man einen sphärischen SB aus Stahl und ein äußeres Containment aus Stahlbeton, das gegen den Absturz eines schnell-fliegenden Phantom-Jagdflugzeugs ausgelegt wurde. Das Brennelement-Lagerbecken war in den SB integriert. In Frankreich hatte man ein doppelwandiges Stahlbeton-Containment, das gegen den Absturz eines Sportflugzeugs des Typs Cesna auszulegen war. Die französischen Brenn-elementbecken lagen ungeschützt außerhalb des Containments. Über die Belastungen durch Wasserstoffverbrennung und die Notwendigkeit eines inneren Stahl-Liners gingen die deutsch-französischen Vorstellungen weit auseinander.

Erst Anfang 1995 konnte eine deutsch-fran-zösische Übereinkunft erzielt werden. Die Fran-zosen akzeptierten eine Last-Zeit-Funktion mit einer Spitzenlast von 110 MN, wie sie den „RSK-Leitlinien für Druckwasserreaktoren", also dem Absturz eines schnell fliegenden Militärflug-zeugs entsprach. Die deutsche Seite akzeptierte

ein außerhalb des Containments errichtetes Ge-bäude für das Brennelementlagerbecken, für das zum Schutz gegen Flugzeugabsturz eine andere Last-Zeit-Funktion mit dem Spitzenwert von 80 MN angenommen wurde. Die durch den Absturz induzierten Erschütterungen sollten durch die Entkopplung der äußeren von der inneren Con-tainmentschale von den inneren Strukturen fern-gehalten werden.

Erst 1998 waren die deutsch-französischen Beratungen soweit abgeschlossen, dass sich die 28. RSK/GPR-Sitzung am 11.9.1998 in Paris mit dem ersten Entwurf der gemeinsamen Leitlinien für zukünftige Kernkraftwerke mit Druckwasser-reaktoren befassen konnte. Die Arbeiten an den Leitlinien konnten nach dem Regierungswech-sel in Deutschland im Oktober 1998 durch den persönlichen Einsatz einiger aus der RSK entlas-sener ehemaliger RSK-Mitglieder mit einem ge-meinsamen deutsch-französischen Abschlussbe-richt im Jahr 2000 zu Ende gebracht werden.[155] Dieser 68 Seiten umfassende Bericht wurde nie offiziell publiziert, fand aber weite Verbreitung und große Beachtung. So wurde dieser Bericht eine wesentliche Grundlage für die weitere De-taillierung des EPR-Konzepts. Bei der tatsächli-chen Auslegung und Ausführung des EPR an den Standorten Olkiluoto/Finnland und Flamanville/ Frankreich erfuhr dieses Konzept eine beachtli-che Weiterentwicklung.

6.1.7   ILK-Empfehlungen

Die Internationale Länderkommission Kerntech-nik (ILK) wurde im Oktober 1999 von den Län-dern Baden-Württemberg, Bayern und Hessen für die unabhängige und objektive Beratung in Fragen der Sicherheit kerntechnischer Anlagen gegründet. Diese Gründung stellte die Reaktion auf tiefe Eingriffe der Regierung Schröder/Fi-scher in die Arbeitsweise und personelle Zusam-

---

[154] AMPA Ku 17, Ergebnisprotokoll 288. RSK-Sitzung, 14. 12. 1994, S. 13 und Anhänge 1 und 2 zu Anlage 1.

[155] AMPA Ku 153, Technical guidelines for the design and construction of the next generation of nuclear power plants with pressurized water reactors. Adopted during the GPR/German experts plenary meeting held on October 19th and 20th 2000.

mensetzung der Reaktor-Sicherheitskommission (RSK) dar. In der ILK arbeiteten Wissenschaftler und Experten aus Deutschland, Frankreich, Finnland, Schweden, der Schweiz und den USA mit dem Ziel zusammen, den international anerkannt hohen Sicherheitsstandard der süddeutschen Kernkraftwerke zu erhalten und weiterzuentwickeln. Nach genau 10 Jahren ihrer Tätigkeit, im Oktober 2009, löste sich die ILK wieder auf. Aus den Bundestagswahlen am 27.9.2009 war eine neue bürgerliche Regierung hervorgegangen, durch die die RSK des Bundes wieder so besetzt werden konnte, dass eine zusätzliche Kommission verzichtbar wurde.

Als gegen Ende der 1990er Jahre die Diskussion über die Überarbeitung des kerntechnischen Regelwerks aufkam, befasste sich auch die ILK mit Fragen eines zeitgemäßen Regelwerks. Im Juli 2005 legte die ILK ihre „ILK-Empfehlungen zu Anforderungen an ein zeitgemäßes Allgemeines Kerntechnisches Regelwerk in Deutschland" vor. Sie berücksichtigte dabei die Vorschläge der International Atomic Energy Agency (IAEA) sowie der 1999 gegründeten Western European Nuclear Regulators Association (WENRA). Die in Frankreich, Schweden und den USA angewandten Regeln wurden in die Überlegungen der ILK mit einbezogen.

In ihren Empfehlungen des Jahres 2005 mahnte die ILK eine Überarbeitung des bestehenden deutschen kerntechnischen Regelwerks aus 5 Gründen an:
1. inhaltliche Unvollständigkeit und Lückenhaftigkeit,
2. fehlende Systematik und klare hierarchische Struktur,
3. Fehlen von nach Schutzzielen geordneten Anforderungen,
4. unzureichende Berücksichtigung von Betriebserfahrungen und wissenschaftlichen Fortschritten bei der Regelfortentwicklung,
5. unnötige Anforderungen.

Die 10 ILK-Empfehlungen für ein Allgemeines Kerntechnisches Regelwerk (AKR) waren:
1. Die vertikale Gliederung des deutschen Regelwerks sollte eine flachere Hierarchie bekommen. Es werden zwei modular gestaltete Ebe-

Abb. 6.2 Struktur eines zeitgemäßen AKR

nen mit übergeordneten Anforderungen und daraus abgeleiteten zunehmenden Präzisierungen vorgeschlagen (s. Abb. 6.2).
2. Das untergesetzliche übergeordnete Regelwerk sollte faktisch bindende Ziele und Anforderungen deutlich von nichtbindenden Empfehlungen trennen.
   In der oberen Ebene des neuen AKR (s. Abb. 6.2) sollten nur faktisch bindende Anforderungen des sicherheitstechnischen Grundschutzes enthalten sein. Bei Anforderungen, die über den stets zu gewährleistenden Grundschutz hinausgehen (2. Ebene des AKR), muss das Verhältnis von Aufwand und Nutzen beachtet werden. Hierher gehören faktisch bindende, aber auch nichtbindende Empfehlungen der Aufsichts- und Genehmigungsbehörden, mit denen beispielsweise gute Sicherheitspraxis oder die Ausgewogenheit der Sicherheitsmaßnahmen verbessert werden können. Unterhalb der zwei AKR-Ebenen sollten nichtbindende Empfehlungen wie RSK- und SSK-Empfehlungen, Leitfäden und, soweit noch relevant, KTA-Regeln zu finden sein.
3. Die technische Basis der Anforderungen sollte erläutert werden. Die sicherheitstechnischen Anforderungen müssen nachvollziehbar sein, korrekt verstanden und sachgerecht angewandt werden können. Diese Empfeh-

lung fördert den Kompetenzerhalt in der Kerntechnik.

4. Das AKR sollte widerspruchsfrei, umfassend und vollständig sein. Die Sicherheitsanforderungen sollten für alle Phasen des Betriebs einschließlich des Nichtleistungsbetriebs der Leichtwasserreaktoren enthalten sein. National und international gewonnene Betriebserfahrungen sollten berücksichtigt werden. Als Schwachpunkte des bestehenden Regelwerks sah die ILK etwa das Fehlen übergeordneter Anforderungen an das Sicherheits-Management, an den anlageninternen Notfallschutz und ein ausgewogenes Verhältnis zwischen deterministischen und probabilistischen Grundsätzen. Anforderungen an den personell-organisatorischen Bereich (Mensch-Technik-Organisation, MTO) sollten in angemessener Tiefe erfasst werden.

5. Das AKR sollte international ausgerichtet sein. Den Harmonisierungs-Bemühungen internationaler Organisationen sollte sich Deutschland nicht verschließen.

6. Die Präskriptivität des AKR sollte zugunsten seiner Zielorientierung zurückgenommen werden. Bei Fragen von geringer sicherheitstechnischer Bedeutung und bei betrieblichen Fragen sollte die stringente Reglementierung zurückgenommen und die Eigenverantwortung der Betreiber gestärkt werden.

7. Die Regelwerkserstellung sollte sich an international bewährten Vorgehensweisen orientieren. An der Überarbeitung des AKR sollten Interessengruppen (stakeholders) angemessen beteiligt sein.

8. Die Überarbeitung sollte den anerkannten Grundsätzen eines Projektmanagements folgen.

9. Für die angemessene Anwendung des neuen Regelwerks auf bestehende Anlagen sollte ein „Anwendungsleitfaden" erarbeitet werden. Das neue Regelwerk sollte mit einer Übergangsphase eingeführt werden.

10. Das neue Regelwerk sollte regelmäßig aktualisiert und einem „peer review" unter internationaler Beteiligung unterzogen werden.

6.2 Die Sicherheitsebenen, die Auslegungsprinzipien für Sicherheitseinrichtungen und die Klassifizierung der Stör- und Unfälle

Auf der Genfer Atomkonferenz im August 1955 führten der Vorsitzende der amerikanischen Reaktorsicherheitskommission (Advisory Committee on Reactor Safeguards – ACRS) C. Rogers McCullough und die Wissenschaftler Mark M. Mills und Edward Teller von der University of California in die Grundzüge der Reaktorsicherheit ein.[156] Sie beschrieben die zentralen Aufgaben bei der Kernkraftnutzung: die Reaktivität des Reaktors sicher zu steuern und die bei der Kernspaltung entstehenden hochgefährlichen radioaktiven Stoffe sicher zu kühlen und einzuschließen. Sie forderten inhärent sichere und zuverlässige technische Systeme und eine ebenso zuverlässige, ununterbrochen aufmerksame Bedienung der Anlage. Aber ein Reaktorbetrieb über lange Zeit sei ohne gelegentlich auftretende Fehler unmöglich. Dagegen seien Sicherheitsvorkehrungen vorzusehen, die wiederum unzureichend sein könnten. Aus Leistungsexkursionen und ungenügender Nachwärmeabfuhr könnten sich chemische Reaktionen, Kernschmelzen und Spaltprodukt-Freisetzungen entwickeln, denen mit weiteren Sicherheitsmaßnahmen wie Kernnotkühlsystemen und Containments begegnet werden müsse. In diesen amerikanischen Darlegungen aus dem Jahr 1955 wurde bereits die Notwendigkeit von hintereinander gestaffelten Sicherheitsbarrieren und aufeinander folgenden Schutzmaßnahmen erkennbar.

Im Februar 1970 legte die Abteilung für Reaktorentwicklung und -technologie (Direktor Milton Shaw) der amerikanischen Atomenergiebehörde (USAEC) ihr Leichtwasserreaktor (LWR)-Sicherheitsprogramm (Water Reactor Safety Program Plan) vor. Dieses erste amerikanische,

---

[156] McCullough, C. Rogers, Mark M. Mills und Edward Teller: The Safety of Nuclear Reactors, Proceedings of the International Conference on the Peaceful Uses of the Atomic Energy, Genf, 8. – 20. August 1955, United Nations, New York, 1956, Vol. 13, P/853 USA, S. 79–87.

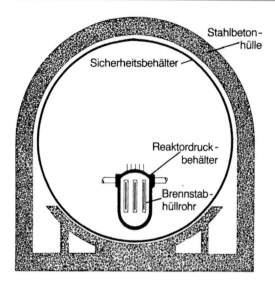

Abb. 6.3 Schutzbarrieren eines DWR

systematisch angelegte Reaktorsicherheits-Programm hatte die Zielsetzung, der USAEC und der amerikanischen Industrie die sicherheitsrelevanten Sachverhalte und Daten der LWR-Technologie so umfassend bereit- und darzustellen, dass für die sichere Nutzung der Kernenergie zur Stromerzeugung die noch erforderlichen Forschungen, Entwicklungen und Erprobungen ermöglicht werden sollten.[157] Es befasste sich mit der Integrität der drei technischen Schutzbarrieren und den Unfallabläufen, die zu ihrer Beeinträchtigung oder Zerstörung führen können. Abbildung 6.3 zeigt schematisch diese Barrieren: Brennstabhüllrohre, die den Brennstoff umschließen, der Reaktorkühlkreislauf, der das für die Brennstabkühlung erforderliche Kühlmittel umschließt und der Sicherheitsbehälter, der den Reaktorkühlkreislauf umschließt und selbst durch die Stahlbetonhülle gegen Einwirkungen von außen geschützt wird.[158]

Abbildung 6.4 zeigt das Unfall-Ablaufdiagramm mit den Stellen, an denen ingenieursmäßige Sicherheitsmaßnahmen zur Erhaltung der Schutzbarrieren dem Unfallgeschehen und

damit letztlich dem Entweichen radioaktiver Stoffe entgegenwirken können (starke Pfeile). Die gestrichelte Linie zeigt den Freisetzungspfad der Spaltprodukte (Fission Products – F. P.) in die Umgebung bei Versagen der drei Barrieren Brennstabhüllen, Reaktorkühlkreislauf und Containment (gasdichter und druckfester Sicherheitsbehälter und umschließendes Stahlbetongebäude).[159]

Im Juli 1973 legte die USAEC-Abteilung für Reaktorentwicklung und -technologie ihren zuvor schon heftig umstrittenen Bericht WASH-1250 über die Risiken der Kernkraftnutzung vor,[160] der dem Rasmussen-Report vorausging (vgl. Kap. 7.2.2). Die Risikoabschätzungen in WASH-1250 waren unterlegt mit einer neu formulierten grundlegenden Sicherheitsphilosophie (Chapter 2.0: Basic Philosophy and Practices for Assuring Safety). Der bereits häufiger benutzte Begriff „defense in depth" (in die Tiefe gestaffelte Schutzbarrieren und Verteidigung) wurde dabei in die USAEC-Nomenklatur aufgenommen. Die Schutzbarrieren müssen ihrerseits gegen Gefährdungen durch technische und Bedienungsfehler oder äußere Einwirkungen wie Erdbeben verteidigt werden. Das Prinzip des „defense in depth" wirkt stets zweifach: erstens gegen die Entstehung von Stör- und Unfällen und zweitens, wenn solche Ereignisse nicht vermeidbar sind, gegen die Ausweitung ihrer Schadensfolgen und gegen ihre Weiterentwicklung zu gravierenderen Unfällen.

WASH-1250 machte den Vorschlag, dieses Prinzip auf drei Sicherheitsebenen (levels of safety) im Einzelnen zu entwickeln.[161] Den drei Ebenen wurden unterschiedliche Auslegungsmerkmale zugeordnet, die jedoch miteinander vernetzt sind und sich teilweise überlappen. Ihre Zuordnung zu einer bestimmten Sicherheitsebene sei deshalb – so WASH-1250 – etwas willkürlich.[162]

---

[157] USAEC WASH-1146: Water Reactor Safety Program Plan, Februar 1970.

[158] Rittig, D.: Sicherheitsaspekte künftiger Leichtwasserreaktoren, atw, Jg. 37, Juli 1993, S. 352–358.

[159] USAEC WASH-1146: Water Reactor Safety Program Plan, Februar 1970, S. I-9.

[160] USAEC WASH-1250: The Safety of Nuclear Power Reactors (Light Water Cooled) and Related Facilities, Final Draft, Juli 1973.

[161] USAEC WASH-1250: The Safety of Nuclear Power Reactors (Light Water Cooled) and Related Facilities, Final Draft, Juli 1973, S. 2–1 bis 2–16.

[162] ebenda, S. 2–2.

Abb. 6.4 Unfall-Ablauf-diagramm mit ingenieurs-mäßigen Sicherheitsmaß-nahmen

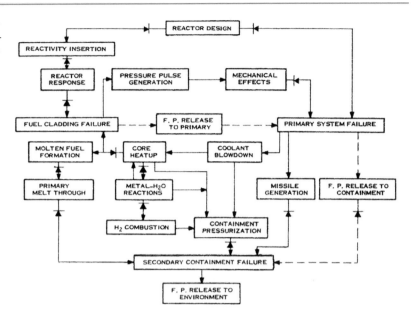

Erste Sicherheitsebene Die WASH-1250-Anweisung lautet: „Lege die Anlage für höchste Sicherheit bei Normalbetrieb und höchste Verträglichkeit gegen Störungen in den Systemen aus. Nutze Auslegungseigenschaften, die für einen sicheren Betrieb inhärent günstig sind. Lege nachdrücklich Wert auf Qualität, Redundanz, Inspektions- und Kontrollmöglichkeiten vor Übernahme in den kommerziellen Dauerbetrieb und während der Lebenszeit des Kraftwerks."

WASH-1250 betont die hohe Bedeutung von inhärent sicheren Konstruktionen und „fehlerverzeihenden" Techniken, die bei Störungen zu einem sicheren Zustand tendieren („designed to fall into a safe state" oder „fail-safe-features"). Die detaillierten weiteren Ausführungen des USAEC-Berichts zur ersten Sicherheitsebene lassen sich wie folgt zusammenfassen:

- Ausrüstung der Anlage mit Komponenten und Systemen hoher Qualität,
- Erhaltung der Qualität der Komponenten und Systeme während des Betriebs durch ein dichtes Netz von Überwachungssystemen und periodischen, systematischen Prüfungen,
- Kontrolle des Anlagenbetriebs durch ein System von erprobten und zuverlässigen Einrichtungen zur Überwachung sowie zur automatischen Steuerung und Regelung des Anlagenzustands, vor allem im Leistungsbetrieb,

- Einsatz von qualifiziertem und regelmäßig geschultem und geprüftem Personal,
- Auswertung und Umsetzung eigener und fremder Betriebserfahrungen.

Zweite Sicherheitsebene Die WASH-1250-Anweisung lautet: „Rechne damit, dass trotz aller Sorgfalt bei der Auslegung, der Konstruktion und dem Betrieb Störungen auftreten werden. Sieh Sicherheitssysteme gegen diese Störungen vor, um Personal und Öffentlichkeit zu schützen, Schaden zu vermeiden oder zu minimieren." Die zweite Sicherheitsebene hat also die Zielsetzung, Fehlfunktionen von technischen Einrichtungen oder Bedienungsfehler in ihren Auswirkungen zu begrenzen und ihre Weiterentwicklung zu Störfällen (d. h. das Entstehen von weiteren und gravierenden Schäden) zu verhindern. Zur Eingrenzung von Störungen und Vermeidung von Störfällen sollen folgende Maßnahmen getroffen werden:

- Berücksichtigung von erhöhten Belastungen bei der Auslegung von allen für den Reaktorbetrieb wichtigen Einrichtungen (z. B. Sicherheitsreserven der druckführenden Komponenten),
- Erkennung von Störungen durch ein Netz von unabhängig arbeitenden, redundanten Überwachungssystemen (z. B. Störungsmeldesysteme),

- Eingrenzung und Beherrschung von Störungen durch Einrichtungen, die erforderlichenfalls automatisch Gegenmaßnahmen einleiten (z. B. Reaktorschutzsystem),
- umfangreiches Informationssystem, das dem Bedienungspersonal jederzeit einen guten Überblick über den momentanen Anlagenzustand ermöglicht (z. B. rechnergestütztes Prozess-Informationssystem).

WASH-1250 stellte beispielhaft die Notwendigkeit von Einrichtungen für die von der Umgebung unabhängige Notstromversorgung, die Reaktor-Schnellabschaltung und die Kernnotkühlung dar.

Dritte Sicherheitsebene Die WASH-1250-Anweisung lautet: „Halte zusätzliche Sicherheitssysteme zur Beherrschung von postulierten gravierenden Ereignisabläufen (hypothetical accidents) bereit, wobei anzunehmen ist, dass gleichzeitig Sicherheitseinrichtungen ausfallen, die zur Eingrenzung dieses Störfalls vorgesehen sind." Aus der Analyse der äußerst unwahrscheinlichen postulierten Störfälle wurden einige sog. „Auslegungsstörfälle" (Design Basis Accidents – DBAs) ausgewählt, die für den Entwurf der Anlage und ihrer Sicherheitseinrichtungen als grundlegend und für ähnlich ablaufende Ereignisse als repräsentativ angesehen wurden. WASH-1250 erörtert als wichtigsten Auslegungsstörfall den Kühlmittelverlust-Störfall. Darüber hinaus werden folgende Störfälle genannt, die auf der dritten Sicherheitsebene beherrscht werden sollen: Erdbeben, Tornados und mitgeführte Flugkörper, Überflutung, Versagen von Komponenten wie Pumpen und Dampferzeuger, Überdruck ohne Schnellabschaltung, Leistungstransienten.

Die Einrichtungen zur Störfallbeherrschung (z. B. das Sicherheitseinspeise- und Notnachkühlsystem) werden so ausgelegt und konstruiert, dass

- die Belastungen durch die Störfälle berücksichtigt sind, die zu den maximalen Anforderungen führen und nach dem „Maßstab der praktischen Vernunft"[163] noch zu unterstellen sind,

- die Wirksamkeit und Zuverlässigkeit der Sicherheitseinrichtungen durch analytisch und experimentell abgesicherte Auslegungsprinzipien sowie durch regelmäßige gezielte, sog. „wiederkehrende" Prüfungen sichergestellt sind.

Das USAEC-Konzept der Schutzbarrieren und drei Sicherheitsebenen fand als „Mehrstufenprinzip" zur Veranschaulichung komplexer Zusammenhänge Eingang in die deutsche kerntechnische Literatur.[164,165] Die Reaktor-Sicherheitskommission (RSK) bediente sich dieses Ordnungsschemas bei der Erarbeitung ihrer Leitlinien nicht. Sie blieb bei ihrer Vorgehensweise, die sich an konkreten Auslegungsstörfällen und den daraus abgeleiteten sicherheitstechnischen Anforderungen an einzelne Komponenten und Systeme orientierte.

Das Geschehen im amerikanischen Kernkraftwerk Three Mile Island Block 2 im März 1979 (s. Kap. 4.7) rückte Ereignisse jenseits der durch die Anlagenauslegung beherrschten Störfälle ins Zentrum sicherheitstechnischer Betrachtungen. Es zog erste theoretische Studien über schwere Unfälle nach sich. Die RSK hatte wiederholt nach eingehenden Prüfungen die Notwendigkeit von Sofortaktionen in deutschen Kernkraftwerken verneint. Gleichwohl befassten sie sowie ihr Unterausschuss (UA) „Leichtwasserreaktoren" sich mehrfach mit Möglichkeiten der weiteren Reduktion des Risikos von Druckwasserreaktoren (DWR) in der Bundesrepublik Deutschland. Sie empfahl Maßnahmen der Unfallverhinderung und der Schadenseindämmung, die über Auslegungsstörfälle hinausgingen.[166] Die RSK regte die Weiterentwicklung der Kernkraftwerks-Simulationen an, die durch Erfassung vielschichtiger Störungen zu einem besseren Verständnis ungewöhnlicher Anlagenzustände führen und der Aus- und Weiterbildung des Bedienungspersonals zur Beurteilung dieser ungewöhn-

---

[163] Dieser Begriff ist hier der Rechtsprechung des deutschen Bundesverfassungsgerichts entnommen.

[164] vgl. Smidt, D.: Reaktorsicherheitstechnik, Berlin, Heidelberg, New York, 1979, S. 3 f.

[165] vgl. Deutsche Risikostudie Kernkraftwerke, Hauptband, Verlag, TÜV Rheinland, 1979, S. 40 f.

[166] BA B 106-75340, Ergebnisprotokoll 151. RSK-Sitzung, 19. 12. 1979, Anlage 1.

lichen Anlagenzustände dienen können.[167] Der Ministerialdirektor im Bundesinnenministerium, Dr. Hans-Peter Bochmann, erläuterte auf dem 7. Deutschen Atomrechts-Symposium im März 1983 in Göttingen, dass Sicherheitsbeurteilungen mit probabilistischen Methoden für Ereignisabläufe jenseits der dritten Sicherheitsebene, mit Überschreitungen der Auslegungsgrenzen und der Störfallplanungswerte, durchgeführt werden sollten. Hierbei handle es sich um den Gefährdungsbereich, der durch die zusammengehörigen Begriffe Restrisiko – Risikominimierung – Risikovorsorge und Unfallfolgeneindämmung gekennzeichnet sei.[168]

Im internationalen Verbund folgten umfassende Untersuchungen, die das physikalische Verständnis schwerer Unfallabläufe verbesserten. Es wurde erkannt, dass erhebliche „Karenzzeiten", das sind Zeitspannen, innerhalb derer noch Gegenmaßnahmen ergriffen werden können, zwischen dem Ereignisbeginn und dem nicht mehr steuerbaren Unfallablauf bestehen. Diese Zeit kann für sog. interne Notfallschutz-Maßnahmen (im Englischen „accident management") genutzt werden. Bereits im Dezember 1979 hatte sich die RSK mit „eindämmenden Maßnahmen" befasst, die zu einer „Verlängerung der für den Notfallschutz verfügbaren Zeit" führen und deren Untersuchung sie wünschte.[169] Sie behandelte u. a.

• die Entlastung des Sicherheitsbehälters über Filter (wie sie nach dem Tschernobyl-Unglück unter der Bezeichnung „Wallmann-Ventil"[170] vorgesehen wurde) und

• die Wärmeabfuhr aus dem Sicherheitsbehälter durch Besprühen des Containments von außen.[171]

Die Gesellschaft für Reaktorsicherheit mbH, Köln, fand bei ihren Untersuchungen, dass mit geeigneten manuellen Schalthandlungen des Bedienungspersonals bei bestimmten schweren Unfällen beträchtliche Zeit gewonnen und eine Kernschmelze verhindert werden kann.[172]

Nach der Reaktorkatastrophe von Tschernobyl im April 1986 (s. Kap. 4.8) bestand dringlicher Bedarf, der schockierten Öffentlichkeit die Sicherheitstechnik der deutschen Kernkraftwerke zusammengefasst darzustellen. Im Zwischenbericht der RSK vom 6. Juni 1986 zur vorläufigen Bewertung des Tschernobyl-Unfalls wurden die Grundsätze der Reaktorsicherheitstechnik anhand der Aktivitätsbarrieren und der sicherheitstechnischen Auslegung in den Sicherheitsebenen als „tiefgestaffeltes Sicherheitskonzept" ausführlich beschrieben.[173] Den bisher bekannten drei Sicherheitsebenen wurde dabei eine 4. Sicherheitsebene „Zusätzliche Maßnahmen zur Verhinderung von Unfällen und zur Begrenzung von Unfallfolgen (Reduzierung des verbleibenden Risikos)" hinzugefügt.

Vierte Sicherheitsebene Zusätzliche Maßnahmen (z. B. Systemmodifikationen und Betriebsanweisungen) des anlageninternen Notfallschutzes („accident management") werden gegen extrem unwahrscheinliches gleichzeitiges Mehrfachversagen von redundanten Sicherheitssystemen getroffen, das zu unzureichenden Anlagenfunktionen bei Reaktorabschaltung, bei der Stromversorgung, der Dampferzeuger-Ein-

---

[167] BA B 106-75341, Ergebnisprotokoll 152. RSK-Sitzung, 23. 1. 1980, S. 25.

[168] Bochmann, H.-P.: Gefahrenabwehr und Schadensvorsorge bei der Auslegung von Kernkraftwerken, in: Lukes, R. (Hg.): Recht-Technik-Wirtschaft, Bd. 31, Siebtes Deutsches Atomrechts-Symposium 16./17. 3. 1983 in Göttingen, Carl Heymanns Verlag, Köln, 1983, S. 17–31.

[169] BA B 106-75340, Ergebnisprotokoll 151. RSK-Sitzung. 19. 12. 1979, Anlage 1, S. 5.

[170] Walter Wallmann war von Juni 1986 bis April 1987 der erste Bundesminister für Umwelt, Naturschutz und Reaktorsicherheit.

[171] vgl. Covelli, B., Varadi, G. et al.: Computer-Simulation der Containmentkühlung mit Außensprühung nach einem Kernschmelzunfall, in: Tagungsbericht Kerntechnik '82, 4.-6. 5. 1982 Mannheim, Deutsches Atomforum e. V. und Kerntechnische Gesellschaft e. V., Bonn, 1982, S. 299–302.

[172] Herbold, G. und Kersting, E. F.: Analysis of a total loss of AC-power in a German PWR, Proceedings of the 5th International Meeting in Thermal Nuclear Reactor Safety, Karlsruhe 1984, Bericht KfK-3880/1, Vol. 1, Kernforschungszentrum Karlsruhe, 1984, S. 436–447.

[173] BA B 295-18743, Ergebnisprotokoll 213. RSK-Sitzung, 6. 6. 1986, Anlage 1.

Abb. 6.5 Mehrstufenkonzept
mit vier Sicherheitsebenen

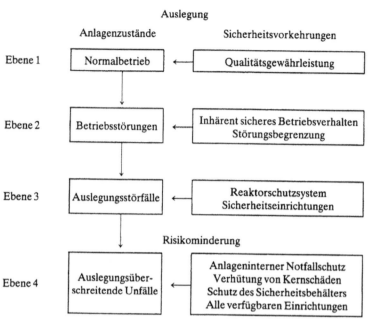

speisung oder der Wärmesenke führt. Die auf der ersten, zweiten und dritten Sicherheitsebene aufgrund der zahlreichen Versuchsprogramme (insbesondere PKL und UPTF – s. Kap. 6.7) und der probabilistischen Sicherheitsanalysen als vorhanden festgestellten Auslegungsreserven und Karenzzeiten werden dabei genutzt, um durch Wiederherstellung der Kühlung eine Überhitzung und Zerstörung des Reaktorkerns zu vermeiden oder zumindest die Funktion der Barriere Sicherheitsbehälter zu schützen. Zusätzlich wird Vorsorge gegen andere extrem unwahrscheinliche Ereignisse, wie den Absturz eines schnell fliegenden Militärflugzeugs oder die Einwirkungen einer Gasexplosion getroffen. Die vierte Sicherheitsebene dient der Reduzierung des Restrisikos. In Abb. 6.5 sind die 4 Anlagenzustände und die entsprechenden Sicherheitsvorkehrungen der Sicherheitsebenen des Mehrstufenkonzepts abgebildet.[174]

Die IAEA etablierte im März 1988 auf der Grundlage des dritten Berichts ihrer International Nuclear Safety Advisory Group (INSAG) ihr

Mehrstufenkonzept mit 5 Sicherheitsebenen, die sie als „Verteidigungsebenen" (levels of defense in depth) bezeichnete.[175, 176] Im INSAG-10-Bericht von 1996 sind die Sicherheitsmaßnahmen im Einzelnen aufgeführt. Tabelle 6.1 gibt einen Überblick über das IAEA-Konzept der Sicherheits-/Verteidigungs-Ebenen.[177] Der INSAG-3-Bericht wurde weltweit ganz überwiegend positiv beurteilt, aber auch mit vielfältigen Kommentaren versehen.[178] Im Jahr 1999 wurde mit dem INSAG-12-Bericht eine überarbeitete und erweiterte Fassung des INSAG-3-Berichts vorgelegt.[179]

Die fünfte Verteidigungsebene (fifth level of defense in depth) im Rahmen der IAEA-Struktur (identisch mit der Ebene 4b in Deutschland) hat die Zielsetzung, die Bevölkerung in der Um-

---

[174] Mayinger, F. und Birkhofer, A.: Neuere Entwicklungen in der Sicherheitsforschung und Sicherheitstechnik, atw, Jg. 33, August/September 1988, S. 428.

[175] IAEA safety series No.75-INSAG-3: Basic Safety Principles for Nuclear Power Plants, Wien, 1988, S. 64–67.

[176] IAEA INSAG-10: Defence in Depth in Nuclear Safety, Wien, 1996, S. 1–3

[177] ebenda, S. 6 und S. 8–12.

[178] Basic safety principles for nuclear power plants: INSAG evaluation of the international response, IAEA Bulletin, 1/1989, S. 44–45.

[179] IAEA INSAG-12: Basic safety principles for nuclear power plants 75-INSAG-3 Rev. 1, Wien, 1999.

Tab. 6.1 Verteidigungsebenen des IAEA-Konzepts

Levels	Objective	Essential means
Level 1	Prevention of abnormal operation and failures	Conservative design and high quality in construction and operation
Level 2	Control of abnormal operation and detection of failures	Control, limiting and protection systems and other surveillance features
Level 3	Control of accidents within the design basis	Engineered safety features and accident procedures
Level 4	Control of severe plant conditions, including prevention of accident progression and mitigation of the consequences of severe accidents	Complementary measures and accident management
Level 5	Mitigation of radiological consequences of significant releases of radioactive materials	Off-site emergency response

gebung eines Kernkraftwerks vor den Folgen erheblicher radioaktiver Freisetzungen zu schützen. Dabei werden kurz- und langfristige Maßnahmen von Notfallschutz-Plänen außerhalb des Kraftwerkszauns umgesetzt, die anlageninterne Reaktorsicherheitstechnik nicht zum Gegenstand haben. Deshalb sollen diese – durchaus wichtigen – Aspekte hier nicht weiter betrachtet werden.

Auslegungsprinzipien für Sicherheitseinrichtungen Obwohl sie selten angefordert werden, sind die Sicherheitseinrichtungen zur Beherrschung der unterstellten Störfälle für hohe Wirksamkeit und Zuverlässigkeit konzipiert, sodass die Einhaltung der Schutzziele auch bei Störfällen gewährleistet ist. Von Anbeginn der Kernkraftnutzung wurden Auslegungsprinzipien angewandt, die zunächst über ihre konkrete Ausgestaltung beim Bau und der Genehmigung von Abschaltsystemen, Reaktordruck- und Sicherheitsbehältern, Notkühlsystemen, Noteinspeisesystemen usw. hinaus nur gelegentlich in allgemeiner, grundsätzlicher Form festgehalten wurden. Dies geschah in der RSK meist bei der ersten Begutachtung eines neuen Bauvorhabens. Bei der Beratung zum Kernenergieforschungsschiff „Otto Hahn" wurde festgehalten: „Die RSK ist der Meinung, dass bei Kernkraftwerken das Regelsystem und das Sicherheitssystem im größtmöglich praktisch ausführbaren Maß getrennt werden sollten."[180] Zum geplanten

Kernkraftwerk Biblis stellte die RSK fest: „Die RSK setzt voraus, dass die Folgen eines totalen Kühlmittelverlustes infolge Bruchs einer Hauptleitung des druckführenden Primärkreises sicher beherrscht werden. Hierzu gehören insbesondere vor Sprengstücken geschützte redundante Notkühlsysteme"; oder: „Grundsätzlich sollte ein Doppelcontainment mit absaugbarem und befahrbarem Zwischenraum vorgesehen werden."[181] Bei der Erörterung des BASF-Kernkraftwerksprojekts wurde der Standpunkt vertreten, „dass möglichst gegen alle nicht ausschließbaren Unfälle redundante, diversitäre Sicherheitseinrichtungen vorhanden sein sollten."[182]

Die Auslegungsgrundsätze wurden beispielsweise in den Deutschen Risikostudien (1979 und 1989) zusammengefasst dargestellt. Die amerikanische USAEC behandelte sie in ihren Berichten WASH-1146 und WASH-1250 Anfang der 70er Jahre und ebenso der IAEA-Beraterstab INSAG in seinen Berichten 3, 10 und 12 Ende der 80er und in den 90er Jahren im Einzelnen. Im Folgenden sollen sie aufgelistet und kurz erläutert werden.[183]

Die hohe Zuverlässigkeit der Sicherheitseinrichtungen wird durch folgende Auslegungsprinzipien erreicht:

[180] BA B 138-3449, Ergebnisprotokoll 48. RSK-Sitzung, 12. 12. 1968, S. 6.

[181] BA B 138-3449, Ergebnisprotokoll 52. RSK-Sitzung, 21. 7. 1969, S. 5 und 7.

[182] BA B 138-3449, Ergebnisprotokoll 53. RSK-Sitzung, 13. 10. 1969, S. 9.

[183] vgl. Orth, Karlheinz: Sind die deutschen Kernkraftwerke sicher?, www.Energie-Fakten.de, 18. 9. 2001, aktualisiert Februar 2010, S. 2–7.

- Schutz gegen einzelne Fehler und Ausfälle: *Redundanzprinzip.* Redundanz bedeutet, dass technische Sicherheitseinrichtungen aus mehreren *gleichen und voneinander unabhängigen* Teilsystemen bzw. Komponenten bestehen und von diesen Teilsystemen bzw. Komponenten mehr installiert sind, als zur Ausführung der Sicherheitsaktion benötigt werden (z. B. vier statt nur zwei Pumpen). Damit ist gewährleistet, dass auch bei einem unterstellten Ausfall („Einzelfehler") einer Komponente oder eines Teilsystems die verbleibenden Komponenten oder Teilsysteme die Sicherheitsaktion mit ausreichender Wirksamkeit ausführen können.
- Schutz gegen systematische Fehler und gemeinsam verursachte Ausfälle: *Diversitätsprinzip.* Diversität bedeutet, dass *unterschiedliche* Wirkungsprinzipien und Konstruktionen eingesetzt werden, damit im Anforderungsfall nicht alle redundanten Einrichtungen eines Sicherheitssystems aufgrund einer gemeinsamen Fehlerursache versagen (z. B. Auslösung einer Reaktorschutzaktion durch physikalisch unterschiedlich gemessene Grenzwerte).
- Schutz gegen übergreifende Fehler: *Räumliche Trennung, baulicher Schutz, Entkoppelung.* Durch räumliche Trennung redundanter Sicherheitseinrichtungen oder durch bauliche Schutzmaßnahmen wird Vorsorge getroffen, dass beispielsweise bei Brand oder Überflutung ausreichend viele Teilsysteme funktionsfähig bleiben. Durch Entkoppelung der elektrischen Sicherheitseinrichtungen untereinander wird erreicht, dass selbst bei Überspannungen nach einem Kurzschluss oder Blitzschlag keine Folgeschäden auftreten und ausreichend viele redundante Teilsysteme verfügbar bleiben. Eine konsequente Trennung von Betriebs- und Sicherheitssystemen verhindert, dass sich Fehler in den Betriebssystemen negativ auf die Funktion der Sicherheitssysteme auswirken können.
- Schutz gegen den Ausfall von Hilfsenergie: *„Fail-Safe"-Prinzip* (sicherheitsgerichtetes Ausfallverhalten). Bei einer Konzeption nach diesem Prinzip führen Fehler *selbsttätig* zu Schutzaktionen. So werden beispielsweise die Steuerelemente des Schnellabschaltsystems beim DWR elektromagnetisch oberhalb des Reaktorkerns gehalten; bei einem Ausfall der Stromversorgung fallen sie von selbst infolge der Schwerkraft in den Reaktorkern und unterbrechen sofort die Kettenreaktion.
- Schutz gegen Fehlhandlungen: *Automatisierung.* Um zu vermeiden, dass das Betriebspersonal unter Stress und Zeitdruck wichtige Entscheidungen treffen muss, sind die Maßnahmen zur Störfallbeherrschung so automatisiert, dass mindestens in den ersten dreißig Minuten nach Eintritt eines störfallauslösenden Ereignisses Schalthandlungen und sonstige Handeingriffe des Bedienungspersonals nicht erforderlich sind. Auch nach dieser Zeit sind allenfalls nur wenige von Hand kurzfristig zu tätigende Maßnahmen erforderlich; für die Mehrzahl der Eingriffe steht mehr Zeit zur Verfügung.

Bei der Automatisierung von Sicherheitsaktionen bedürfen die Ingenieure eines ausgezeichneten Verständnisses des Gesamtsystems. In der Bundesrepublik ergab sich ein großer Vorteil dadurch, dass Planung, Errichtung und Inbetriebsetzung der Anlagen in der Verantwortung eines einzigen Gesamtunternehmers erfolgten, wodurch Schnittstellenprobleme vermieden und eine optimale Umsetzung der aus den verschiedenen Prozessabläufen und aus dem Erfahrungsrückfluss aus dem Anlagenbetrieb sich ergebenden Automatisierungsschritte möglich wurde.

Die Klassifizierung der Stör- und Unfälle, INES-Skala Das Informationsbedürfnis der Öffentlichkeit ist hoch bei besonderen Ereignissen in kerntechnischen Anlagen oder beim Umgang mit radioaktiven Stoffen und Strahlenquellen. Ihr Urteilsvermögen ist jedoch überfordert, wenn sie mit rein technischen Informationen aus komplexen Zusammenhängen bedient wird. Die Beurteilung von Stör- und Unfällen sollte international in gleicher Weise, verständlich und nachvollziehbar erfolgen. (Zur Entwicklung und Verrechtlichung des deutschen Meldesystems s. Kap. 8.2.)

Im Jahr 1989 erarbeitete eine internationale Expertengruppe der IAEA (Internationale

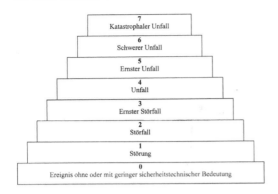

Abb. 6.6 Die Stufen der INES-Skala

Atomenergie-Organisation) und der OECD/NEA (OECD-Kernenergieagentur) die internationale Bewertungsskala für nukleare Ereignisse (International Nuclear Event Scale – INES). INES wurde im März 1990 vorgestellt und nach einer Probezeit im Jahr 1992 von über 60 Staaten offiziell eingeführt. INES besteht aus 7 Stufen. Im Laufe der 90er Jahre bürgerte es sich ein, eine inoffizielle „Stufe 0" – unterhalb der INES-Skala – anzufügen. INES wird gewöhnlich in Form einer Pyramide dargestellt (s. Abb. 6.6). Die Stufen 1–3 werden als Störung bzw. Störfälle (incidents), die Stufen 4–7 als Unfälle (accidents) bezeichnet. Die „Stufe 0" bezeichnet Ereignisse ohne oder mit geringer sicherheitstechnischer Bedeutung. Je höher die Stufe, umso größer ist die Schwere des Ereignisses. Von Stufe zu Stufe verzehnfacht sich ungefähr die Tragweite des Vorfalls.[184]

Die INES-Skala wird ausschließlich auf nichtmilitärische Vorfälle bezogen, die mit radioaktiven Stoffen und/oder mit ionisierender Strahlung zusammenhängen. Zunächst wurde INES für Vorkommnisse in Kernkraftwerken entwickelt, mit der Revision vom Juni 2006 dann auch auf das gesamte Spektrum industrieller und medizinischer Anwendungen und Transporte von radioaktiven Materialien und Strahlenquellen erweitert.[185]

Tritt in einem deutschen Kernkraftwerk ein sicherheitsrelevantes, also meldepflichtiges Ereignis ein, so hat es der Betreiber der Anlage gemäß der INES-Skala einzustufen und der zuständigen Landesaufsichtsbehörde anzuzeigen, die es dem Bundesamt für Strahlenschutz (BfS) weitermeldet, wo alle meldepflichtigen Ereignisse erfasst und dokumentiert werden. Die von den Anlagenbetreibern vorgenommene Einstufung ihres meldepflichtigen Ereignisses wird in jedem INES-Mitgliedstaat vom dort tätigen „INES-Officer" geprüft. In Deutschland nimmt diese Aufgabe im Auftrag des Bundesumweltministers ein Experte der GRS wahr. Stimmt der INES-Officer der Beurteilung des Betreibers nicht zu, so wird eine Klärung über die richtige Ereignis-Einstufung zwischen Betreiber, INES-Officer und den Aufsichtsbehörden des Landes und des Bundes herbeigeführt.

Ereignisse werden anhand der umfangreichen Kriterien, die im INES-Handbuch zusammengestellt sind, eingeordnet. Diese Kriterien sind in dreifacher Hinsicht gegliedert:

- die radiologischen Folgen des Ereignisses in der Umgebung der Anlage,
- die radiologischen Folgen innerhalb der Anlage und
- die Beeinträchtigung der gestaffelten Sicherheitseinrichtungen der Anlage.

In Tab. 6.2 ist diese Grundstruktur dargestellt.[186]

Als Beispiele für die Einstufung bekannter Unfälle nennt das INES-Handbuch:

Stufe 7: Tschernobyl 1986 (s. Kap. 4.8), Fukushima 2011 (s. Kap. 4.9)

Stufe 6: Kyschtym 1957 (s. Kap. 4.4)

Stufe 5: Windscale 1957 (s. Kap. 4.3) und TMI-2 1979 (s. Kap. 4.7)

Ereignisse wie Transformatorenbrände oder Turbinenschäden in einem Kernkraftwerk können nicht nach INES eingestuft werden, weil sie nicht Bestandteil der Sicherheitseinrichtungen sind. Sie fallen in die „Stufe 0". Die bedeutendsten Störfälle in der Bundesrepublik Deutschland entfielen auf die Stufe 2 (s. Kap. 8.2, 8.3 und An-

---

[184] vgl. The International Nuclear Event Scale (INES), User's Manual 2001 Edition, Jointly prepared by IAEA and OECD/NEA, IAEA, Wien, 2001.

[185] Offizieller Name heute: International Nuclear and Radiological Event Scale (INES).

[186] vgl. The International Nuclear Event Scale (INES) User's Manual 2001 Edition, Jointly prepared by IAEA and OECD/NEA, IAEA, Wien, 2001, S. 2.

Tab. 6.2 Die Grundstruktur der INES-Skala mit Einordnungskriterien

Stufe	Folgen außerhalb der Anlage	Folgen innerhalb der Anlage	Bedeutung für die Sicherheit
7: Katastrophaler Unfall	Schwerste Freisetzung von Radioaktivität, Auswirkungen auf Gesundheit und Umwelt in einem weiten Umfeld		
6: Schwerer Unfall	Erhebliche Freisetzung von Radioaktivität, voller Einsatz der Katastrophenschutz-Maßnahmen		
5: Ernster Unfall	Begrenzte Freisetzung von Radioaktivität, teilweiser Einsatz der Katastrophenschutz-Maßnahmen	Reaktorkern/radiologische Barrieren schwer beschädigt	
4: Unfall	Geringe Freisetzung von Radioaktivität, Strahlenbelastung der Bevölkerung etwa in Höhe natürlicher Quellen	Reaktorkern/radiologische Barrieren erheblich beschädigt, Strahlenbelastung von Mitarbeitern mit Todesfolge	
3: Ernster Störfall	Sehr geringe Freisetzung von Radioaktivität, Strahlenbelastung der Bevölkerung in Höhe eines Bruchteils natürlicher Quellen	Schwere radioaktive Kontaminierung, Mitarbeiter erleiden akute Gesundheitsschäden	Beinahe-Unfall: keine weiteren Sicherheitsvorkehrungen, die einen Unfall verhindert hätten
2: Störfall		Erhebliche radioaktive Kontaminierung, unzulässige Strahlenbelastung von Mitarbeitern	Störfall mit erheblichen Ausfällen von Sicherheitsvorkehrungen
1: Störung			Abweichung von den zulässigen Bereichen für den sicheren Anlagenbetrieb
0			Keine oder sehr geringe sicherheitstechnische Bedeutung

hang 19). IAEA und OECD/NEA legten stets großen Wert auf die Feststellung, dass sich die nach INES öffentlich gewordenen Ereignisse nicht für statistische Ländervergleiche eignen. Im Bereich der Ereignisse ohne oder mit nur geringer sicherheitstechnischer Bedeutung sowie der Störungen und Störfälle seien die anlagentechnischen und administrativen Unterschiede zwischen den Mitgliedstaaten für sinnvolle statistische Vergleiche zu groß. Die USA beispielsweise meldeten Stör- und Unfälle nur ab INES-Stufe 2 und Ereignisse, die weniger bedeutend seien, nur auf besonderen Wunsch von INES-Mitgliedern. Im Bereich der Unfälle seien die Ereignisse so selten, dass auch hier statistisch signifikante Schlussfolgerungen nicht gezogen werden könnten.

6.3 Der „Größte Anzunehmende Unfall" (GAU)

6.3.1 Das Konzept des „maximum credible accident" (mca) in den USA

Über die frühen Arbeiten des von ihm in den Jahren 1947–1953 geleiteten Reaktorsicherheitsausschusses (USAEC *Reactor Safeguards Committee*) stellte Edward Teller fest, dass er wegen der „*sehr realen und sehr großen Gefahr*" einer Spaltproduktfreisetzung nicht der üblichen Methode des Versuchs und Irrtums folgen konnte, da ein Fehler eine ganze Stadt gefährden könne.

„*In developing reactor safety, the trials had to be on paper because actual errors could be catastrophic.*"[187] Für die Begutachtung der Sicherheit der von der USAEC geplanten Reaktoren gab es zunächst keinerlei Erfahrungen und anerkannte Kriterien. Wie Teller mitteilte, wurde diese „*simple Prozedur*"[188] angewandt: „*... wir verlangten, dass jede Konstruktion eines Reaktors von einer speziellen Beurteilung begleitet wurde, die Antworten auf zwei Fragen gab: Welches ist der größte glaubhafte Unfall (maximum credible accident – mca)? Was sind die Folgen eines größten glaubhaften Unfalls?*"[189] „*Wir forderten die Reaktorplaner auf, sich den schlimmsten Unfall auszumalen, der ihrer Meinung nach möglich war, und dann Sicherheitsvorkehrungen zu entwickeln, die garantierten, dass er nicht passieren konnte.*" War das Komitee in der Lage, einen größeren Unfall vorauszusehen und aufzuzeigen, wurde die Planung als unzulänglich zurückgegeben. In den meisten Fällen – so Edward Teller – erzeugte die geforderte Diskussion potenzieller Unfälle eine so vernünftige sicherheitsgerichtete Einstellung, dass der Reaktor mit ausreichender Sicherheit gebaut werden konnte.[190]

Diese Vorgehensweise war im Wesentlichen auf theoretische Überlegungen gegründet und wurde deshalb von Ingenieuren kritisiert, die in den praktischen Erfahrungen die entscheidende Grundlage von Sicherheitsmaßnahmen sahen. Zum ersten Mal wurde bei einer bedeutenden industriellen Entwicklung im Voraus versucht, denkbare technische Unfälle zu erahnen und Maßnahmen zu ergreifen, um sie möglichst auszuschließen, noch bevor die entsprechenden Anlagen errichtet wurden.[191]

Ab 1951 verlangte die USAEC für jede geplante Reaktoranlage einen Gefahrenbericht (hazards-summary report)[192], welcher der „simplen Prozedur" der Tellerschen Sicherheitsüberprüfung folgen musste. In den Fällen, in denen zum Zeitpunkt der Entscheidung über eine Baugenehmigung noch nicht alle Informationen verfügbar waren, musste ein vorläufiger Gefahrenbericht (preliminary hazards-summary report) erstellt werden. Ein Gefahrenbericht umfasste die Beschreibung des Reaktors und seines Standorts, die geplanten Ableitungen radioaktiver Stoffe und eine Liste aller technischen Merkmale, von denen potenziell Gefahren ausgehen konnten. Der Bericht musste die Sicherheitsvorkehrungen enthalten, mit denen die Risiken minimiert werden sollten, sowie eine Abschätzung der Schäden, die durch einen Unfall mit der Freisetzung von Spaltprodukten, ihrer Ausbreitung in der Umgebung und Wirkung auf Menschen und Umwelt zu erwarten sind.

Mit dem neuen Atomgesetz (Atomic Energy Act) von 1954 wurde die industrielle Nutzung der Atomenergie für private Unternehmen frei gegeben. Für die nun zwingend vorgeschriebenen Genehmigungsverfahren wurde das zu betrachtende, auslösende Unfallgeschehen für die jeweiligen Reaktortypen nicht vorgeschrieben. Die vorzusehenden Schutzmaßnahmen sollten der „*zugrunde gelegten Freisetzung der Spaltprodukte*" entsprechen.[193] Das ACRS hatte Standortuntersuchungen unter der Annahme der Freisetzung von 50 % des Spaltproduktinventars empfohlen. Die endgültigen Gefahrenberichte (Final Hazards Summary Reports) der in den Jahren 1954–1959 genehmigten Reaktoren mussten alle „glaubhaften" Unfälle (credible accidents) erläutern, deren Eintritt möglich erschien. Die Bezeichnung „glaubhaft" wurde benutzt, um Unfälle zu beschreiben, mit denen gerechnet werden musste und gegen die Schutzmaßnahmen vorzusehen waren. Es wurde darauf hingewiesen, dass wegen der geringen Erfahrung mit Reaktorstörfällen Eintrittswahrscheinlichkeiten und Schwere

[187] Teller, Edward und Brown, Allan: The Legacy of Hiroshima, Doubleday, Garden City, N. Y., 1962, S. 104.

[188] ebenda

[189] Teller, Edward: Energy from Heaven and Earth, Freeman, San Francisco, 1979, S. 161.

[190] Teller, Edward und Brown, Allen a. a. O., S. 104.

[191] Teller, Edward: Energy from Heaven and Earth, a. a. O., S. 165.

[192] Anfang der 60er Jahre wurde die Bezeichnung „Safety Assessment" (Analyses of Hypothetical Accidents) (NS Savannah) verwendet, Mitte der 60er Jahre der Begriff „Safety Analysis Report" (Sicherheitsbericht) eingeführt.

[193] AEC's License Requirements and Regulations, NUCLEONICS, Vol. 13, No. 4, April 1955, S. 24.

eines Unfallgeschehens kaum vorausberechnet werden könnten. Zu den glaubhaften Unfällen gehörten Konstruktionsfehler, das Versagen von Komponenten wie Rohrleitungen, Ventile, Pumpen, Steuerstäbe, Brennelemente, Kühlmittelverlust (loss of coolant accident – loca), chemische Reaktionen, Fehlanzeigen von Instrumenten, Bedienungsfehler usw. Eine Kombination oder Verkettung von glaubhaften Unfällen könne zum größten glaubhaften Unfall (maximum credible accident – mca) führen.[194]

Da die einzigartige Gefahr, die von einem Kernkraftwerk ausgeht, in der Möglichkeit liegt, hochradioaktive Substanzen in die Umwelt zu streuen, wurde der „mca" als der Unfall definiert, der die größte öffentliche Strahlenbelastung am Zaun des Reaktorgeländes verursacht.[195] Die größte zulässige Strahlenbelastung für die Öffentlichkeit in der Folge eines Unfalls wurde von der USAEC vorgegeben. Daraus folgte, dass der „mca" die obere Grenze der Anforderungen an die technischen Sicherheitseinrichtungen bestimmte, mit denen die Auswirkungen des Unfalls begrenzt werden mussten.[196] In der Regel[197] wurde in den Gefahrenberichten ein größter glaubhafter Unfall beschrieben und bewertet.

Die Prüfung der Gefahrenberichte durch die Bewertungsstelle der USAEC hatte zu klären, ob ein geplanter Reaktor ohne unzumutbares Risiko für die öffentliche Gesundheit und Sicherheit betrieben werden konnte. Es gab kein allgemein vorgeschriebenes Prüfverfahren. In jedem einzelnen Fall wurden die Unterlagen mit Sorgfalt und

allen verfügbaren Erfahrungen im Dialog mit den Konstrukteuren auf den Prüfstand gestellt. Auch die Fachkunde und Zuverlässigkeit der Antragsteller wurde bewertet.[198] Bei den wasser- und gasgekühlten Kernkraftwerken ergab es sich, dass der „mca" stets als Kühlmittelverlust-Unfall angenommen wurde, der durch den Bruch der Hauptkühlmittelleitung eintritt. Die Möglichkeit eines katastrophalen Versagens des Reaktordruckbehälters wurde nicht als glaubhaft eingeschätzt. Im Gefahrenbericht des Siedewasserreaktors Humboldt Bay, Buhne Point, Ca., der Pacific Gas & Electric Co.[199] ist dies in einer Weise begründet worden, wie sie der herrschenden Meinung der Fachleute in den USA entsprach und zum Vorbild der folgenden Genehmigungsverfahren wurde. Es wurde betont, dass sehr wenig Erfahrung mit Reaktordruckbehältern, aber ausreichende Kenntnisse über Dampfkessel vorlägen, die mit über 40 bar betrieben würden. 400–500 solcher Kessel mit über 4.000 Betriebsjahren seien in den USA eingesetzt und es sei noch zu keinem Zerknall gekommen. Die nach dem ASME-Code gebauten Vollwand-Stahlbehälter hätten eine vierfache Bruchsicherheit. Wegen der Besonderheiten des nuklearen Betriebs würden Reaktordruckgefäße noch konservativer als konventionelle Kessel gebaut.[200]

Im Vertrauen auf die Zuverlässigkeit des ASME-Codes wurde die Möglichkeit des Berstens von Reaktordruckbehältern also generell ausgeschlossen. Der katastrophale Bruch einer Hauptleitung des Primärsystems galt dagegen als glaubhaft, obwohl auch dazu angemerkt wurde, dass in 30 Jahren nur vier Abrisse von großen Rohrleitungen bekannt geworden seien, die auf minderwertige Werkstoffe und Verarbeitung zurückgeführt werden konnten. Nach dem Stand

---

[194] Piper, H. B.: Credible Accidents, in: Cottrell, William, B. und Savolainen, Ann W. (Hg.): U. S. Reactor Containment Technology, ORNL-NSIC-5, 1965, S. 3.1–3.14.

[195] Culver, H. N.: Consequences of Activity Release, Maximum Credible Accident, NUCLEAR SAFETY, Vol. 2, No. 1, September 1960, S. 89.

[196] vgl. Ausführungen des Stellv. Direktors der USAEC Division on Regulation, Clifford K. Beck, in der Podiumsdiskussion anlässlich der Internationalen Fachmesse der Kerntechnischen Industrie Nuclex 66 in Basel, in: Seipel, Heinz: Nuclex-Diskussion über Sicherheitsfragen, Technische Überwachung, 8, Nr. 1, Januar 1967, S. 35.

[197] Eine Ausnahme war der natriumgekühlte, schnelle Brutreaktor Enrico Fermi, siehe: Bell, C. G. und Culver, H. N.: Comparison of Maximum Credible Accidents Postulated for US Power Reactors, NUCLEAR SAFETY, Vol. 1, No. 4, Juni 1960, S. 28.

[198] Case, E. G.: Principles and Practices in Reviewing Hazards Summary Reports in: Proceedings of the Symposium on Reactor Safety and Hazards Evaluation Techniques, 14–18 May 1962, Vol. II, IAEA, Wien, 1962, S. 455–462.

[199] Leistung: 163 MW$_{th}$, 48,5 MW$_{el}$, Baugenehmigung November 1960, Betriebsgenehmigung August 1962, in: Calendar of Legal Steps in Licensing U. S. Power Reactors, NUCLEAR SAFETY, Vol. 4, No. 4. Juni 1963, S. 159.

[200] Piper, H. B., a. a. O., S. 3.32.

der Technik ausgelegte, hergestellte und betriebene Rohrleitungen könnten praktisch nicht versagen.[201] Über Größe und Lage des Leitungsbruchs wurden unterschiedliche Annahmen getroffen. Bei den größeren Druck- und Siedewasserreaktoren waren Notkühlsysteme und Sicherheitsbehälter vorgesehen. Die Sicherheitsbehälter waren so auszulegen, dass das im Primärkreis enthaltene Kühlmittel und die radioaktiven Stoffe im Falle dessen Versagens zurückgehalten werden konnten, wodurch der „mca" sich auf die Umgebung praktisch nicht ausgewirkt hätte. In den Sicherheitsberichten der Druckwasserreaktoren PWR Shippingport, Pa. Atomic Power Station[202] und Yankee Nuclear Power Station, Rowe, Mass.[203] wurden deshalb darüber hinausgehende „hypothetische Unfälle" untersucht, bei denen nach dem „mca Kühlmittelverlust" auch noch das Versagen der Notkühlung mit nachfolgender Kernschmelze und Spaltproduktfreisetzung in den Sicherheitsbehälter unterstellt war. Bei diesen mca-Szenarien wurde stets angenommen, dass die Integrität des Containments erhalten bleibt. Die Unterscheidung zwischen „mca" und „Hypothetischem Unfall" wurde als recht willkürlich und häufig allein als eine Frage der Terminologie eingeschätzt.[204]

Im endgültigen Gefahrenbericht vom September 1959 für den DWR Yankee Rowe (Leistung: 485 MW$_{th}$, 141 MW$_{el}$) wurde angenommen, dass die Hauptkühlmittelleitung mit 50 cm Durchmesser abreißt, wodurch der Primärkreis in wenigen Sekunden drucklos wird und sich ein praktisch vollständiger Wasserverlust ergibt. Im Sicherheitsbehälter entstünde ein anfänglicher Überdruck von etwa 2,3 bar. Die weitere Annahme war, dass das Noteinspeisesystem versagt und eine Teilkernschmelze eintritt, deren Ausmaß eine Funktion der Zeit ist. Abbildung 6.7 zeigt den

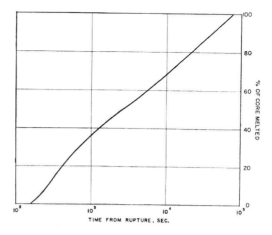

Abb. 6.7 Kernschmelze bei Kühlmittelverlust, Reaktor Yankee Rowe

auf Grundlage experimenteller Untersuchungen berechneten zeitliche Verlauf der Kernschmelze (%-Anteil des geschmolzenen Kerns) und damit der Freisetzung der gasförmigen und flüchtigen Spaltprodukte. Nach ungefähr einer Stunde wäre die Hälfte des Kerns geschmolzen.[205]

Den beiden mit Sicherheitsfragen befassten Gremien der USAEC, der *Hazards Evaluation Branch* (Geschäftsstelle für Gefahrenbewertung) der *Division of Licensing and Regulation* (Abteilung für Zulassung und Regulierung) sowie dem ACRS war stets bewusst, dass der „mca" nicht mehr als eine Unfallvermutung darstellte, die möglicherweise dem größten denkbaren Unfall (maximum conceivable accident) nahe kam oder auch nicht. Die Hypothese des mca bildete nichts anderes als einen Rahmen, in dem man das Verhalten des Systems unter gewissen Störfallbedingungen analysieren konnte.[206]

Die Glaubwürdigkeit der Annahmen und vorgelegten Berechnungen wurde wegen der unzureichenden Betriebserfahrungen und der großen Ungewissheiten hinsichtlich der zu einem Unfall führenden Ereignisabläufe und deren Eintrittswahrscheinlichkeiten sowie hinsichtlich der konkreten Konsequenzen eines Unfalls in Frage

---

[201] ebenda, S. 3.33.

[202] Baugenehmigung Januar 1954, Betriebsgenehmigung November 1957, in: Calendar of Legal Steps in Licensing U.S. Power Reactors, NUCLEAR SAFETY, Vol. 3, No. 2, Dezember 1961, S. 79.

[203] Calendar of Legal Steps in Licensing U.S. Power Reactors, NUCLEAR SAFETY, Vol. 3, No. 2, Dezember 1961, S. 79: Baugenehmigung November 1957, Betriebsgenehmigungen Juli 1960 bis Juni 1961.

[204] Culver, H. N., a. a. O., S. 89.

[205] Piper, H. B., a. a. O., S. 3.20.

[206] Thompson, Theos J. und Berkeley, James G.: Introduction in: The Technology of Nuclear Reactor Safety, Vol. I, The Massachusetts Institute of Technology Press, Cambridge, Mass., 1964, S. 2.

gestellt.[207] Eine genaue Analyse der Spaltproduktfreisetzung und -ausbreitung konnte wegen fehlender Daten in diesen Gefahrenberichten nicht vorgenommen werden.[208]

6.3.2 Internationale Kritik am mca-Konzept

Auf der Reaktorsicherheits-Tagung der Internationalen Atomenergie-Organisation vom 14. bis 18. Mai 1962 in Wien erhoben sich in den Diskussionen kritische Stimmen insbesondere der Vertreter der britischen Wirtschaft und Atombehörde UKAEA, sobald das Konzept des „größten glaubhaften Unfalls" dargestellt wurde. Die Kritiker verwiesen auf die allgemeine Erfahrung mit technischen Fehleinschätzungen und bezweifelten, ob die angenommenen Ereignisse mit Kühlmittelverlust wirklich die glaubhaft größten Unfälle seien. Die Annahme, dass ein Reaktordruckbehälter nicht bersten könne, sei angesichts von Korrosion und Strahlenversprödung höchst fragwürdig. Die Vorstellung, der „mca" umfasse als Einhüllende alle möglichen Unfalltypen, wurde in Frage gestellt. Die großen Unterschiede zwischen Wasserreaktoren und gasgekühlten Kernkraftwerken – so wurde geltend gemacht – ließen eine einheitliche Betrachtungsweise nicht zu.[209]

In diesen Diskussionen wurde deutlich, dass das katastrophale Bersten des Reaktordruckbehälters, das den Sicherheitsbehälter in Mitleidenschaft zieht, einen durchaus vorstellbaren und weit schwereren Unfall, als das mca-Ereignis, darstellt. Ähnliche Unfallszenarien wurden im Wyhl-Prozess Gegenstand heftiger Auseinandersetzungen (s. Kap. 4.5.7 und Kap. 4.5.10).

Die britischen Einwände wurden sehr beachtet, auch wenn sie wohl teilweise von der Tatsache motiviert waren, dass die voluminösen, gasgekühlten britischen Reaktoren keine Containments besaßen und sich schlecht in das amerikanische Schema „mca" und „hypothetische Unfälle" einordnen ließen. Von kanadischer und japanischer Seite wurde die grundsätzlich neue Erwägung vorgetragen, dass der Sicherheitsstandard von der Versagenswahrscheinlichkeit wichtiger Komponenten und Steuerungsfunktionen abhänge.[210] Wenn ein Unfall katastrophale Folgen haben könne, müsse er betrachtet werden, auch wenn seine Eintrittswahrscheinlichkeit äußerst gering sei.

6.3.3 Die Anwendung des mca/ GAU-Konzeptes in der Bundesrepublik

Die deutschen Reaktorhersteller, Gutachter und Genehmigungsbehörden orientierten sich am amerikanischen Verfahren und übernahmen die Arbeitshypothese des mca als Obergrenze der Anforderungen an die Sicherheitstechnik zur Eindämmung von Unfallfolgen.[211] Für die Technischen Überwachungsvereine, die als Gutachter für die Landesgenehmigungsbehörden tätig waren, hatte das mca/GAU-Konzept die hilfreiche Bedeutung, die grenzenlose Fülle vorstellbarer Stör- und Unfallereignisse praktikabel zu begrenzen und somit die der Prüfung unterlegte Größe des Risikos *irgendwie konkret zu fassen*.[212] Mögliche Einwirkungen von außen wie Sabotage, Flugzeugabsturz, kriegerische Einwirkungen usw. ließen sich in dieses Schema nicht einordnen und wurden bei den sicherheitstechnischen und baulichen Schutzmaßnahmen zunächst nicht berücksichtigt.

[207] Bell, C. G. und Culver, H. N.: Comparison of Maximum Credible Accidents Postulated for U. S. Power Reactors, NUCLEAR SAFETY, Vol. 1, No. 4, Juni 1960, S. 24–32.

[208] Laguna, W. de: Geologic and Hydrologic Considerations in Power Reactor Site Selection, NUCLEAR SAFETY, Vol. 1, No. 4, Juni 1960, S. 64–68.

[209] Discussion IX.2. und Discussion IX.3. in: Proceedings of the Symposium on Reactor Safety and Hazards Evaluation Techniques, 14–18 May 1962, Vol. II, IAEA, Wien, 1962, S. 480–481 und S. 491–492.

[210] Laurence, G. C.: Operating Nuclear Reactors Safely, Proceedings of the Symposium on Reactor Safety and Hazards Evaluation Techniques, 14.–18. Mai 1962, IAEA, Wien, Vol. I, S. 135–146.

[211] Kuhlmann, Albert: Einführung in die Probleme der Kernreaktorsicherheit, VDI-Verlag, Düsseldorf, 1967, S. 46 f.

[212] ebenda, S. 45.

Im Mai 1958 wurde von der Kernreaktor Bau- und Betriebs-GmbH Karlsruhe der vorläufige Sicherheitsbericht für den ersten in der Bundesrepublik Deutschland entwickelten Reaktor FR 2 (Forschungsreaktor 2)[213] der Genehmigungsbehörde Wirtschaftsministerium Baden-Württemberg sowie der gerade neu gebildeten Reaktor-Sicherheitskommission des Bundesministers für Atomkernenergie und Wasserwirtschaft vorgelegt.[214] Der FR 2 war geplant als ein mit Natururan betriebener, mit Schwerwasser (D_2O) moderierter und gekühlter Tankreaktor der maximalen Wärmeleistung von 12 MW_{th} zur Erzeugung von Neutronen (am Bau beteiligte Firmen: Gutehoffnungshütte, Fried. Krupp, Heraeus, Dt. Babcock & Wilcox, MAN, Siemens-Schuckertwerke, Siemens & Halske; Inbetriebnahme März 1961).

In der Vorbemerkung des FR 2-Sicherheitsberichts wird festgestellt: „Der FR 2 enthält nach einer Laufzeit von ½ Jahr bei 12 MW rund 10^7 Ci länger lebende Spaltprodukte, d. h. rund 10^7 Ci/m^3. Würde diese Aktivität freigesetzt, so müsste sie um einen Faktor größer als 10^{14} verdünnt werden, um unter der Toleranzdosis zu bleiben. Es darf also keine Betriebsstörung auftreten, die diese Aktivität freisetzt. Dieses Problem gehört zum Wesen jeder Reaktoranlage."[215] Der FR 2-Sicherheitsbericht enthält die Gefahrenanalysen von einem guten Dutzend technischer Störungen wie der Überhitzung einzelner Brennelemente, dem Ausfall von Stromversorgung, Kühlpumpen und des Wasserkreislaufs, dem Bruch des Tanks und der Schwerwasserkreislaufleitung, dem Verlust von Schwerwasser, dem Bruch eines Wärmetauschers, den Uran-Schwerwasser- und Aluminium-Schwerwasser-Reaktionen u. a. Der Sicherheitsbericht beschreibt dazu die technischen Vorkehrungen zur Vermeidung von Auswirkungen auf die Umgebung. Es wird der ungünstigste Fall angenommen.[216]

Mit Hinweis auf WASH-740 (Brookhaven-Report) wird als „Extremfall" angenommen, dass infolge eines Unfalls sämtliche flüchtigen und die Hälfte aller festen Spaltprodukte des Reaktors nach 180 Tagen Volllast (12 MW_{th}) in das Druckgebäude ausgetreten sind. Die Strahlung der Druckschale (Sicherheitsbehälter) als Punktquelle, die Leckverluste von gasförmigen Spaltprodukten und deren Ableitung über den Schornstein werden berechnet und die Auswirkungen auf die Umgebung abgeschätzt.[217] Es wird festgestellt, dass der diskutierte „Extremfall" vermutlich keinem wirklichen Vorgang entspricht.[218] Die Begriffe „größter glaubhafter Unfall" oder „hypothetischer Unfall" werden nicht verwendet. Im Nachtrag II zum FR 2-Sicherheitsbericht im April 1965 wird dieser „Extremfall" jedoch in Anlehnung an die amerikanische Bezeichnung „maximum credible accident" als „maximal glaubhafter Unfall" bezeichnet.[219]

Gegen Ende 1961 erhielten die Siemens-Schuckertwerke Erlangen von der Gesellschaft für Kernforschung Karlsruhe den Auftrag zum Bau des Mehrzweck-Forschungsreaktors (MZFR). Es war der erste in der Bundesrepublik Deutschland entwickelte und errichtete Druckwasserreaktor (Inbetriebnahme September 1965) mit der Leistung 200 MW_{th}/50 MW_{el}. Bei ihm wurde wie beim FR 2 Schwerwasser als Moderator, Kühlmittel und Reflektor verwendet. Der Vertrag bestimmte, dass die Aufstellung des Sicherheitsberichts Sache des Bestellers ist, der Lieferer jedoch alle erforderlichen Unterlagen und Hilfen bereitstellt. Für den vorläufigen und endgültigen Sicherheitsbericht seien die in der Bundesrepublik Deutschland geltenden Bestimmungen maßgebend.[220]

---

[213] FR 2 war eine Weiterentwicklung des im Max-Planck-Institut für Physik in Göttingen im Jahr 1955 entworfenen FR 1, mit dem Wissenschaftler wie Werner Heisenberg und Karl Wirtz an ihre Forschungen von 1940–1945 anknüpften.

[214] Kernreaktor Bau- und Betriebs- GmbH, Karlsruhe: Vorläufiger Sicherheitsbericht für den Reaktor FR 2 des Atomforschungszentrums Karlsruhe (s. z. B. AMUBW 3415.3/A).

[215] AMUBW 3415.3/A, S. II.

[216] AMUBW 3415.3/A, S. II, S. 10.1–10.19.

[217] ebenda, S. 10.20–10,24.

[218] ebenda, S. II

[219] Kernforschungszentrum Karlsruhe: Nachtrag II zum Sicherheitsbericht (Auflage Oktober 1959) für den Reaktor FR2 der Gesellschaft für Kernforschung mbH Karlsruhe, Stand April 1965, S. II/29.

[220] BA B 138–306, Teil I Hauptvertrag, S. 30.

Als Grundlage für die Aufstellung und Prüfung von Sicherheitsberichten ortsfester Spaltungsreaktoren hatte der Bundesminister für Atomkernenergie 1960 eine Merkpostenaufstellung herausgegeben (s. Kap. 6.1.1). Man findet in dieser Aufstellung die *„maximal denkbare Reaktivitäts-, Leistungs- und Energieexkursion"*, aber nicht den „größten glaubhaften Unfall" an sich.

Die Siemens AG, nicht die Gesellschaft für Kernforschung, legte im Juli 1968 den endgültigen Sicherheitsbericht für den MZFR vor.[221] Er folgte der Systematik der Merkpostenaufstellung von 1960, beschrieb aber den vollständigen Abriss der Hauptkühlmittelleitung als *„Auswirkungen des maximal hypothetischen Störfalls"*. Es heißt dort: *„Der schwerste vorstellbare, technisch aber nicht glaubwürdige Unfall würde durch einen Bruch, der zum vollständigen Verlust des Kühlmittels führen kann, hervorgerufen werden, also durch das 'größte hypothetische Leck'."* Auch dieser Störfall kann – so der Bericht – von der Anlage so beherrscht werden, dass keinerlei Gefahren durch radioaktive Strahlung für die Umgebung auftreten.[222]

Das Kernkraftwerk Obrigheim (KWO) wurde zum Prototyp für die Siemens-Druckwasser-Leistungsreaktoren (Baubeginn März 1965, Inbetriebsetzung September 1968). Im ersten Sicherheitsbericht, der zwischen März 1964 und Januar 1965 vor der ersten Teilerrichtungsgenehmigung erstellt wurde, ist der *„größte anzunehmende Unfall"* (GAU) die Grundlage für die Auslegung der Reaktorsicherheitshülle.[223] Der GAU wird definiert als ein Bruch mit einem Querschnitt, der einem vollständigen Abreißen einer Hauptkühlmittelleitung entspricht, wodurch das gesamte Kühlmittel innerhalb einiger Sekunden ausströmt. Dazu wird ausgeführt: *„Bei einem Bruch des Reaktordruckbehälters im Bereich der Stutzen würde kein größerer Querschnitt freigelegt, da infolge der raschen Druckentlastung*

im System die Bruchstelle nicht weiter aufreißt. Unterhalb der Stutzen in Höhe des Reaktorkerns befinden sich keine weiteren Durchbrüche durch den Druckbehälter. Die einzelnen Mantelschüsse sind aus nahtlos geschmiedeten Ringen hergestellt. Durch einen starken thermischen Schild wird die Behälterwand vor einer zu hohen Strahlendosis geschützt. Ein Bruch in diesem Bereich des Druckbehälters kann völlig ausgeschlossen werden."

Im endgültigen KWO-Sicherheitsbericht vom Juni 1967 wurde der Begriff des größten anzunehmenden Unfalls erläutert.[224] *„Die Definition eines größten anzunehmenden Unfalls weist nicht auf eine schwache Stelle der Reaktoranlage hin, sondern dient zur Abschätzung des radiologischen Risikos. Da der Hauptkühlkreislauf, einschließlich des Reaktordruckbehälters, sehr sorgfältig ausgelegt ist und einer gründlichen Fertigungsüberwachung und Abnahmeprüfung unterworfen wird, ist ein großer Bruch in diesem System überhaupt nicht glaubhaft."... „Die Reaktoranlage mit der Reaktorsicherheitshülle ist so ausgelegt, dass auch bei dem 'größten anzunehmenden Unfall', bei dem der größte Teil der im Reaktor enthaltenen Spaltprodukte augenblicklich freigesetzt wird, keine unzulässige Strahlenbelastung in der Umgebung des Kernkraftwerkes auftritt. Eine Voraussetzung dieses Unfalls ist, dass in dem geschlossenen Kreislauf des Reaktorkühlsystems ein großer Bruch mit einem nachfolgenden raschen Kühlmittelverlust auftritt. Obwohl die Anlage ein Sicherheitseinspeisesystem für das Kühlmittel besitzt, wird angenommen, dass dieses wenigstens teilweise unwirksam ist. Dies würde zur Zerstörung des Reaktorkerns und zur Freisetzung der Spaltprodukte führen. Eine Ausbreitung der Spaltprodukte auf die Umgebung des Kernkraftwerkes wird durch die doppelwandige Sicherheitshülle so weitgehend verhindert, dass die in der Umgebung des Kernkraftwerkes lebende Bevölkerung bei ungünstigen Wetterbedingungen höchstens eine Strahlendosis erhalten kann, die unter 3 rem liegt."*

Die Reaktorsicherheitskommission (RSK) hatte die Sicherheitsberichte der geplanten Re-

---

[221] Siemens Aktiengesellschaft: Sicherheitsbericht Mehrzweck-Forschungsreaktor, Bd. I Beschreibung der kerntechnischen Anlage, Bd. II Störfälle und Gegenmaßnahmen, Bd. III Schutz- und Sicherheitsmaßnahmen, Erlangen, 1968 (siehe z. B. AMUBW 3415.8).

[222] ebenda, S. 510.

[223] AKWO 01910000036/01, Bd. 1, Abschn. 7

[224] AKWO 01920000354, Bd. 1, Abschn. 9

aktoren zu begutachten. Die amerikanische Unfallphilosophie des mca wurde im Wesentlichen
die Grundlage der Prüfung des Sicherheitsbehälters und des Reaktorgebäudes auf Standfestigkeit
und Dichtheit. Höhere Belastungen als die durch
den mca verursachten wurden nicht betrachtet.
Beim FR 2 hielt die RSK die wissenschaftlichen
Grundlagen für die Berechnung der Leckrate der
Reaktorhalle wegen unvermeidbarer Undichtigkeiten im Falle des „*maximal möglichen Reaktorunfalls*" für so unsicher, dass sie nach Ablauf
von 3 Jahren eine Überprüfung vorschlug.[225]

Sehr kritische Betrachtungen wurden zur
Unfallanalyse im Sicherheitsbericht des Versuchsatomkraftwerks Kahl VAK, insbesondere
im Hinblick auf die Berechnung des zeitlichen
Druckanstiegs im Sicherheitsbehälter beim „*maximalen Unfall*" angestellt.[226]

Der „*größte anzunehmende Reaktorunfall*"
(das Abreißen einer Kühlgasleitung des Primärkreises) des bei Bertoldsheim/Donau geplanten
Kernkraftwerkes mit weiterentwickeltem Calder-
Hall-Reaktor stellte die RSK vor besondere Probleme. Das Fehlen eines Sicherheitseinschlusses
(Containments) machte Maßnahmen der Luft-
reinigung und die Aufstellung eines besonderen
Katastrophenplans erforderlich.[227]

Das Standortgutachten der VdTÜV kam zum
Ergebnis, dass bei dem „*angenommenen größten
Unfall*" des MZFR bei extrem pessimistischen
Annahmen die auftretende Strahlenbelastung für
die nächstliegenden Ortschaften keine Gefahr mit
sich bringt. Es wurde dabei vorausgesetzt, dass
die wesentlichen Sicherheitsvorkehrungen (Sicherheitsbehälter, Druckentlastungssystem und
Sprühsystem) im Störfall funktionieren. Die RSK
forderte von der Firma Siemens, den notwendigen
Nachweis für das Funktionieren der Sicherheitsvorkehrungen noch zu erbringen, insbesondere
dürfe das Reaktorgebäude keine höhere Leckrate
als 0,5 Vol.-% pro Tag beim höchsten auftreten-

den Innendruck haben.[228] Selbst beim „*größten
glaubhaften Unfall*" werde – so wurde von Siemens später belegt – kein höherer Druck als 1,5
atü im Außenraum des MZFR entstehen.[229]

Beim KRB Gundremmingen A (SWR) befasste sich die RSK mit dem „*größtmöglichen Unfall*" und seinen Auswirkungen auf die Wasser-
versorgung der Region.[230] Dabei war zwischen
dem Eintreten des „*maximalen Unfalls*" (Bruch
der Hauptdampfleitung) innerhalb und außerhalb
des Containments zu unterscheiden.[231]

Bei der Heißdampfreaktoranlage HDR Großwelzheim musste sichergestellt werden, dass im
Falle eines „*schwersten Unfalls*" die maximal
auftretende Druckbelastung des Reaktorgebäudes mit genügendem Sicherheitsabstand unterhalb des Auslegungsdrucks des Gebäudes lag.[232]
Die Ermittlung der Druckverläufe bei einem mca
in den einzelnen Räumen innerhalb des Reaktor-Containments war eine wichtige Aufgabe, zu
deren Lösung in den USA und auch in Deutschland Rechenprogramme erstellt wurden. Für das
Kernkraftwerk Lingen KWL waren die Wände
bereits fertig gestellt, als mit 1966 verfügbar gewordenen Rechenprogramme die kurzzeitigen
Kräfte und zusätzlichen Belastungen als zu hoch
für sie errechnet worden waren. Die RSK hatte
sich mit der Frage entlastender Durchgangsöff-
nungen, zusätzlicher Bewehrungen und Stütz-
konstruktionen auseinanderzusetzen, um die Integrität der Wandungen des KWL-Containments
beim „*maximalen Störfall*" zu gewährleisten.[233]

Neben dem „*maximal denkbaren Unfall
(MCA)*" musste für das Nuklearschiff „Otto
Hahn" die Möglichkeit weiterer großer Unfälle
im Zusammenhang mit der Seefahrt, der Handha-

---

[225] BA B 138-194, Ergebnisprotokoll 11. RSK-Sitzung,
11. 2. 1960, S. 6.

[226] ebenda, Ergebnisprotokoll 12. RSK-Sitzung, 10. 6.
1960, S. 5.

[227] BA B 138-3446, Ergebnisprotokoll 17. RSK-Sitzung,
17. 11. 1961, S. 5.

[228] BA B 138-3446, Ergebnisprotokoll 19. RSK-Sitzung,
29. 3. 1962, S. 5–6.

[229] BA B 138-3447, Ergebnisprotokoll 30. RSK-Sitzung,
13. 7. 1965, S. 5.

[230] BA B 138-3446, Ergebnisprotokoll 25. RSK-Sitzung,
6. 3. 1964, S. 4.

[231] BA B 138-3447, Ergebnisprotokoll 27. RSK-Sitzung,
12. 8. 1964, S. 3.

[232] BA B 138-3447, Ergebnisprotokoll 30. RSK-Sitzung,
13. 7.1965, S. 9.

[233] BA B 138-3448, Ergebnisprotokoll 40. RSK-Sitzung,
4. 10. 1968, S. 10–11.

bung der Brennelemente und besonderer Reaktivitätsstörungen untersucht werden.[234] Beim gasgekühlten, mit Graphit moderierten Forschungsreaktor AVR in Jülich wurde zwischen dem „größten anzunehmenden Unfall" (Reißen eines Verdampferrohres im Innern des Reaktorbehälters) und dem „hypothetischen Reaktorunfall" (gleichzeitiger Bruch des Dampferzeugers außen und innen) unterschieden.[235]

Der „maximum credible accident" wurde von der deutschen Fachwelt als mca/MCA oder gleichbedeutend damit in einem vielfältigen, unscharfen Sprachgebrauch als „Extremfall", dann als „maximaler", „maximal möglicher", „größtmöglicher", „größter anzunehmender", „angenommen größter", „größter glaubhafter", „schwerster" und „maximal denkbarer" Unfall oder Störfall bezeichnet. In der Mitte der 60er Jahre setzte sich der Begriff „größter anzunehmender Unfall" (GAU) mehr und mehr durch, ohne dass sich an seiner Bedeutung etwas änderte.[236]

6.3.4 Die Auseinandersetzung um das mca/GAU-Konzept und seine Weiterentwicklung

Das Institut für Reaktorsicherheit der Technischen Überwachungsvereine e. V., Köln, führte am 8. November 1966 in Jülich ein Fachgespräch zum Thema „Der Größte Anzunehmende Unfall als Kriterium für die Sicherheitsbeurteilung von Atomanlagen" durch. Diese Fachtagung wurde von rund 160 Teilnehmern aus Industrie, Behörden, Forschungsinstituten und Verbänden besucht. Die Diskussionsleitung war dem Vorsitzenden der Reaktorsicherheitskommission Josef

Wengler[237] übertragen worden. In mehreren Beiträgen wurde betont, dass die deutsche Vorsorge gegen die Gefahren der Kernenergie weitgehend durch die in USA entwickelten Auffassungen geprägt worden ist, zugleich wurde aber auch Kritik an der Vorgehensweise der USAEC geübt und ein starkes Unbehagen mit der mca-Unfallanalyse geäußert. Wegen der Komplexität der Atomanlagen sei ein „größter anzunehmender Unfall" überhaupt nicht oder nur schwer zu definieren.[238] Gegen das mca/GAU-Konzept spreche die Subjektivität der zu machenden Annahmen, die Willkürlichkeit bei der Annahme von Schadenskombinationen und Versagern.[239]

Es wurde aber auch mit Nachdruck darauf hingewiesen, dass das mca/GAU-Konzept mit Erfolg angewendet wurde und Wissenschaft und Technik angeregt habe, sich mit allen denkbar möglichen und nicht nur mit dem „maximalen" Unfallgeschehen eingehend zu befassen. Die mca-Annahmen schienen auch nicht wirklichkeitsfern zu sein, wie ein Bericht über amerikanische „Beinahe-Unfälle" aufzeigte, den Clifford K. Beck, der stellvertretende Direktor der Division on Licensing and Regulation der USAEC, auf der dritten Genfer Atomkonferenz 1964 gab. An drei verschiedenen Reaktoren waren in Hauptrohrleitungen des Primärsystems Risse entdeckt worden, die sich über mehr als die Hälfte des Rohrumfangs erstreckten.[240, 241]

---

[234] BA B 138-3447, Ergebnisprotokoll 33. RSK-Sitzung, 21. 1. 1966, S. 5.

[235] BA B 138-3448, Ergebnisprotokoll 42. RSK-Sitzung, 26. 9. 1967, S. 8.

[236] vgl. Radkau, Joachim: Aufstieg und Krise der deutschen Atomwirtschaft 1945–1975, Reinbek, 1983, S. 357–360. Der Auffassung Radkaus, dass es lange gedauert habe, bis sich das Konzept des GAU in der Bundesrepublik in vollem Umfang und mit praktischen Konsequenzen durchgesetzt habe, kann nicht gefolgt werden.

[237] Wengler, Josef, Dr.-Ing., Dr. rer. nat. h.c., 1934–65 Chefingenieur und Vorstandsmitglied IG Farben bzw. Farbwerke Hoechst, Honorarprofessor an der Univ. Frankfurt a. M., Mai 1958 bis Juni 1971 Vorsitzender der RSK.

[238] Groos, Otto H.: Grundsätze und Grenzen der Vorsorge gegen die Gefahren von Atomanlagen, in: IRS, 2. Fachgespräch in Jülich, „Der Größte Anzunehmende Unfall", 8. Nov. 1966, S. 8–12.

[239] Wiesenack, Günter: Entwicklung der Sicherheitsphilosophie nach dem Modell des Größten Anzunehmenden Unfalls, ebenda, S. 13–20. Siehe auch Wiesenack, G.: Entwicklung der Sicherheitsphilosophie nach dem Modell des GAU, atw, August/September 1967, S. 418–421.

[240] Beck, Clifford K.: US reactor experience and power reactor siting, Proceedings of the Third International Conference on the Peaceful Uses of Atomic Energy, Genf, 31. 8.-9.9.1964, Vol. 13, P/275 USA, United Nations, New York, 1965, S. 358.

[241] vgl. auch: Kellermann, Otto: Reaktorsicherheit, Standort und Sicherheitsbehälter, Technische Überwachung 6, Nr. 1, Januar 1965, S. 24.

Die Frage der Weiterentwicklung des mca/ GAU-Ansatzes, wie er von Japan, Kanada und insbesondere von England vorgeschlagen wurde, in dem Zuverlässigkeiten und Ausfallwahrscheinlichkeiten sicherheitsrelevanter Reaktorkomponenten mit berücksichtigt werden, beschäftigte die IRS-Tagung ausgiebig. Das mca/ GAU-Konzept betrachte nach dem „Alles oder Nichts"-Prinzip Bauteile entweder als funktionierend, wie den Reaktordruckbehälter und das Containment mit allen seinen Durchdringungen und Absperrvorrichtungen, oder als nicht funktionierend, wie Hauptkühlmittelleitungen und Notkühlsysteme. Ereignisketten seien aber entscheidend von Komponenten-Ausfallwahrscheinlichkeiten bestimmt. In einem Redebeitrag wurde ein neues „Basisunfall-Konzept", das einzelnen Unfällen und Unfallketten Wahrscheinlichkeiten zuordnete, vorgeschlagen. Man solle so verschwommene Begriffe wie „anzunehmend", „denkbar" oder „hypothetisch" vermeiden.[242] Für die Ausfallwahrscheinlichkeiten konnten keine Zahlenwerte angegeben werden. In der Diskussion war man sich einig, dass neue Unfallphilosophien und -konzepte erst sinnvoll werden könnten, wenn Ausfallwahrscheinlichkeiten präzise angebbar seien. Bis dahin würden noch 10 oder 15 Jahre vergehen. Solange seien Diskussionen über Basisunfälle, maximal annehmbare oder hypothetische Unfälle ein Streit um Worte. Es seien in Deutschland schon Störfälle eingetreten, deren Wahrscheinlichkeit als null eingeschätzt gewesen sei, weil niemand an deren Möglichkeit gedacht habe.[243]

Clifford K. Beck, Deputy Director der Division of Regulation der USAEC, hatte auf der Baseler Nuclex 66 bereits eingeräumt, dass die *„etwas unglückliche Bezeichnung maximum credible accident"* zu Missverständnissen und Fehldeutungen Anlass geben könne.[244] Gegen Ende der 60er Jahre wurde in Deutschland die miss-

verständliche Bezeichnung „größter anzunehmender Unfall" durch „Auslegungsunfall" oder „Auslegungsstörfall" ersetzt.[245] Die über die Auslegungsstörfälle hinausgehenden hypothetischen Unfälle wurden in der zweiten Hälfte der 70er Jahre dem Restrisiko zugeordnet.[246] Damit wurde deutlicher beschrieben, was gemeint war: Störfälle, gegen die eine Reaktoranlage ausgelegt wurde mit allen zu ihrer Beherrschung notwendigen Sicherheitsvorkehrungen, ohne zu suggerieren, es seien darüber hinaus gehende Unfälle nicht denkbar.

Es ist vorgeschlagen worden, Auslegungsstörfälle von hypothetischen Unfällen durch ihre Eintrittswahrscheinlichkeiten voneinander abzugrenzen und dafür den Zahlenwert 10^{-6} pro Jahr, also ein Ereignis in einer Million Jahren, festzusetzen.[247] Ein derartig niedriger Wert ließe sich experimentell nicht überprüfen. Da sich auch eine theoretische lückenlose und höchst präzise Analyse aller Unfallablaufketten (Fehlerbäume) als unmöglich herausstellte, war dieser Vorschlag wenig hilfreich. Von hypothetischen Ereignissen oder Unfällen wurde dann gesprochen, wenn Sicherheitseinrichtungen zur Beherrschung von größten anzunehmenden Unfällen oder Auslegungsstörfällen versagen oder nur unzureichend wirksam werden.[248]

Am 3. Oktober 1968 führte das Land Bayern am Atomkraftwerk KRB Gundremmingen die erste Katastrophenschutzübung in der Bundesrepublik durch. An der Übung nahmen etwa 400 aktive Personen, Angehörige der Land- und Bereitschaftspolizei, des Roten Kreuzes, der Bundeswehr, des Bundesgrenzschutzes und der

[242] Schikarski, W.: Überlegungen zu schweren Unfällen an schnellen natriumgekühlten Leistungsreaktoren, IRS, 2. Fachtagung in Jülich, Der Größte Anzunehmende Unfall, 8. Nov. 1966, S. 39–45.

[243] ebenda, S. 64.

[244] Seipel, Heinz G.: Nuclex-Diskussion über Sicherheitsfragen, Technische Überwachung, 8, Nr. 1, Januar 1967, S. 36.

[245] vgl. RSK-Erörterungen zu Biblis KWB A und Stade KKS, in: BA B 138–3449, Ergebnisprotokoll 52. RSK-Sitzung, 21. 7. 1969, S. 7 und S. 12.

[246] Mayinger, Franz und Birkhofer, Adolf: Neuere Entwicklungen in der Sicherheitsforschung und Sicherheitstechnik, Plenarvortrag auf der Jahrestagung Kerntechnik der KTG und des DAtF 1988, 19. 5. 1988, Travemünde, nicht im Tagungsbericht enthalten; siehe überarbeitete Fassung in: atw, 33. Jg., August/September 1988, S. 426–434

[247] Watzel, G. V. P.: Kritische Anmerkung zur Sicherheitsanalyse mit Hilfe des Auslegungsstörfalls, atw, 16. Jg., Oktober 1971, S. 533 f.

[248] Fechner, J. B., Erven, U. und Viefers, W.: Leitlinien zur Beurteilung der Auslegung von Kernkraftwerken, atw, 1985, S. 37.

Feuerwehr teil.[249] Die Ausgangslage wurde mit dem „größten anzunehmenden Unfall" bestimmt, dass im Primärsystem des KRB eine Hauptleitung abgerissen sei, die Kernnotkühlanlage versagt habe und Spaltprodukte freigesetzt worden seien. Alle sonstigen Sicherheitseinrichtungen sollten ordnungsgemäß arbeiten.[250] Der in Karlsruhe stationierte sogenannte Kerntechnische Zug wurde eingesetzt. Die Bevölkerung selbst war nicht beteiligt.[251] Der Vorsitzende des Arbeitskreises III/7 „Strahlenschutztechnik" der DAtK, Karl Aurand[252], berichtete seinem Arbeitskreis über seine Beobachtungen in Gundremmingen.[253] Er merkte kritisch an, dass der zugrunde gelegte GAU keiner Katastrophenschutzmaßnahmen bedurft hätte. Die in der Übung vorgeführten Absperrmaßnahmen, Messtrupps und Dekontaminationsmaßnahmen seien unverständlich und im Widerspruch zur Zuverlässigkeit des KBR-Sicherheitsberichts. Der AK III/7 stellte fest, dass bei Reaktorunfällen nach wie vor Unklarheit über die Ausgangssituation bestehe. Die Frage sei, ob für Zwecke der Katastrophenplanung von dem im Sicherheitsbericht beschriebenen größten anzunehmenden Unfall auszugehen sei oder ob weniger wahrscheinliche, aber immerhin denkbare Störfälle anzunehmen seien. Der AK empfahl, eine Studie über die Ausgangssituation möglicher Reaktorunfälle als Grundlage für einen Katalog der im Einzelnen durchzuführenden Maßnahmen der Katastropheneinsatzleitung ausarbeiten zu lassen. Dies ist jedoch offenbar nicht geschehen.

Im März 1979 ereignete sich der Unfall im Druckwasserreaktor TMI-2 des Herstellers Babcock & Wilcox (s. Kap. 4.7). Der Reaktorkern wurde dabei vollständig zerstört. Obwohl keine Personen- oder Umweltschäden zu beklagen waren, erschütterte dieses Ereignis das öffentliche Vertrauen in die Sicherheit der Reaktoren westlicher Bauart.

Heinz Maier-Leibnitz[254] sagte in einem Festvortrag in der öffentlichen Sitzung der Bayerischen Akademie der Wissenschaften in München am 24. November 1979: *„Die Sicherheitsberichte sind voll von Maßnahmen, wie beim Eintreten des GAU jeder auch nur kleine Schaden für die Umgebung vermieden werden kann. Auch die Maßnahmen werden beschrieben, die man getroffen hat, um größere Störfälle sicher zu vermeiden. Aber was soll geschehen, wenn der große Unfall doch passiert? Darüber wird geschwiegen. Es gibt ihn nicht. Der Grund für das Schweigen ist klar: In dem Klima von Anfeindung und Misstrauen, das bei der Reaktorsicherheit herrscht, würde jedes Eingehen auf diesen Unfall zu der Forderung führen, seine Folgen ebenso zu verhindern wie bei den angenommenen Unfällen. Dagegen glaubt man sich nur wehren zu können mit dem Argument: Es gibt ihn nicht. Schaut, wir denken nicht einmal an ihn."*[255] Maier-Leibnitz räumte ein, dass die Experten dann doch überlegt haben, was passieren könnte. Er erwähnte aber die seit den 60er Jahren international und in Deutschland laufenden großen Forschungsprogramme nicht, mit denen gerade die Ereignisse jenseits des GAU untersucht wurden: die Kernschmelze eines Großreaktors, die Berstsicherheit des Reaktordruckbehälters und die Integrität des Containments.

Die Auseinandersetzung um die größten anzunehmenden oder hypothetischen Unfälle hat den Widerspruch zwischen absoluter Sicherheit und relativer Reichweite technischer Maßnahmen bewusst gemacht. Der technische Umgang mit dem, was man nicht weiß, hat in der Kerntechnik

---

[249] „Atom-Alarm" in Gundremmingen: Frankfurter Allgemeine Zeitung Nr. 231, 4. 10. 1968, S. 9.

[250] Eickelpasch, N.: Katastrophenschutzübung in Gundremmingen, atw, 13. Jg., November 1968, S. 555–556.

[251] „Katastrophe angenommen": Süddeutsche Zeitung Nr. 239, 4. 10. 1968, S. 18.

[252] Aurand, Karl, Dr. med., Institut für Wasser-, Boden- und Lufthygiene des Bundesgesundheitsamtes, Berlin, 1966 Privatdoz., 1972 apl. Prof. TU Berlin, 1975 I. Dir. u. Prof. Inst. WaBoLu.

[253] BA B138–3411, Kurzprotokoll 7. Sitzung AK III/7 DAtK vom 28. 11. 1968, BMBW, Bonn.

[254] Maier-Leibnitz, Heinz, Dr. phil., o. Prof. u. Dir. Labor. f. techn. Physik, TH München, 1958–1967 stellv. Vors. RSK, 1974–1979 Präs. Dt. Forsch.Ges.

[255] Maier-Leibnitz, Heinz: Atomenergie – vor 23 Jahren und heute betrachtet, in: Kafka, Peter und Maier-Leibnitz, Heinz: Streitbriefe über Kernenergie, Piper Verlag, München, 1982, S. 53.

zur Entwicklung und Anwendung von diesen Sicherheitsgrundsätzen geführt:

- Staffelung von Sicherheitsmaßnahmen (defense in depth),
- Räumliche und funktionelle Trennung technischer Sicherheitseinrichtungen,
- Zerlegung von Gesamtsystemen in experimentell erprobbare Teilsysteme,
- Ansatz, technische Gefährdungen „so klein wie möglich" zu halten,
- Ansatz des sicheren Einschlusses,
- Ansatz der inhärenten Sicherheit, des „fail safe"-Prinzips.

Es ist deutlich geworden, dass die Reaktorsicherheit ohne Betrachtung von Zuverlässigkeiten und Ausfallwahrscheinlichkeiten nicht befriedigend eingeschätzt werden kann. Der begriffliche Umgang mit dem, was man nicht weiß, hatte in der Kerntechnik die Einführung der Begriffe Wahrscheinlichkeit und Risiko und die sogenannten probabilistischen Risikoanalysen (Rasmussen-Bericht von 1975, Deutsche Risikostudie Phase A, 1979 und Phase B, 1989) zur Folge.[256] Die darin abgeschätzten Eintrittswahrscheinlichkeiten von Reaktorkatastrophen waren starker Kritik ausgesetzt. Die Erwartungen der Fachwelt, sie könnten zur öffentlichen Akzeptanz der Kernenergienutzung beitragen, haben sich nicht erfüllt. Dagegen stand das Argument, dass Statistiken nur Aussagen über die Häufigkeit von Ereignissen, nicht aber über den Zeitpunkt ihres Eintretens machen können. Auch äußerst seltene, geradezu unwahrscheinliche Vorkommnisse können theoretisch in allernächster Zukunft passieren.

6.4   Standortwahl und Reaktorsicherheitstechnik

6.4.1   Die Standortkriterien der USAEC und deren Kritik

Im Mai 1959 brachte die USAEC einen Entwurf für Sicherheitskriterien heraus, der auch Standortkriterien umfasste.[257] Als zu berücksichtigende Standortfaktoren waren genannt:

1. Das Sperrgebiet um den Reaktor herum (mindestens 0,4–1,2 km Radius bei größeren Leistungsreaktoren),
2. die Bevölkerungsdichte in der Umgebung,
3. die natürlichen Gegebenheiten: Meteorologie, Seismologie, Hydrologie und Geologie.

Die Größe des Sperrgebiets wiederum wurde nicht mehr allein von der Reaktorleistung, sondern von mehreren Faktoren abhängig gemacht, u. a. vom Vorhandensein besonderer Sicherheitsvorkehrungen. Große Reaktoren sollten 16–32 km von großen Städten entfernt sein.

Dieser Kriterienentwurf der USAEC stieß auf heftige Kritik, geradezu auf Empörung der Industrie.[258] Man war einhellig der Meinung, dass die Reaktortechnologie noch nicht ausreichend entwickelt sei, um feste Standards zu setzen. Die vorgeschlagenen Sperrgebiete und Entfernungen zu großen Städten würden sehr ernsthaft die Möglichkeiten der städtischen Versorgungsunternehmen beschränken, Nuklearstrom zu erzeugen. Im dicht besiedelten Europa würden solche Standards das Marktpotenzial für die Atomtechnik vermindern. Im Übrigen habe die USAEC bereits drei Standorte genehmigt, die die vorgeschlagenen Standards nicht erfüllten, was zu öffentlichen Protesten führen müsse. Die Abteilung für Genehmigungen und Regulierungen der USAEC zog schließlich den ersten Entwurf für Sicherheitskriterien zurück.[259]

Neben der USAEC waren Organisationen mit Reaktorstandortkriterien befasst, deren Aufgabe die Standardisierung war: die *American Standards Association* (ASA), die 1957 ein *Nuclear Standards Board* gründete, und das *Standards Committee der American Nuclear Society* (ANS), die miteinander eng kooperierten.[260] Sie

---

[256] Häfele, Wolf: Sicherheitstechnische Maßnahmen und Regeln im Bereich der Kerntechnik, atw, Nov. 1989, S. 518–526.

[257] Notice of Proposed Rule Making (Reprinted from Federal Register, May 1959): NUCLEAR SAFETY, Vol. 1, No. 1, September 1959, S. 8–9.

[258] AEC, Industry at Odds on Site Safety Criteria: NUCLEONICS, Vol. 17, No. 8, August 1959, S. 21.

[259] AEC May Delay Safety-Criteria Effort: NUCLEONICS, Vol. 17, No. 9, September 1959, S. 31.

[260] Mann, L. A.: Organization of Standards in the Nuclear Field, NUCLEAR SAFETY, Vol. 1, No. 3, März 1960, S. 15.

gingen davon aus, dass jeder Leistungsreaktor von einem Sicherheitsbehälter umschlossen ist, der auch bei schweren Unfällen funktionstüchtig erhalten bleibt. Sie stellten den Zusammenhang zwischen Spaltproduktinventar, Leckrate des Sicherheitsbehälters und Größe des erforderlichen Sperrbereichs dar.[261] ASA und ANS setzten sich auch mit Reaktorsicherheits-Philosophien auseinander. Der ANS-Präsident Miles C. Leverett diskutierte die vier möglichen Antworten auf die Frage, wie sicher Kernreaktoren gebaut werden sollen:[262]

- So sicher wie andere Industrieanlagen.
- Individuelle Lebensrisiken sollen nicht wesentlich erhöht werden.
- Zu erwartende Schäden sollen, über einen langen Zeitraum betrachtet, ein bestimmtes Ausmaß nicht übersteigen.
- Gleichgültig, wie sicher Reaktoren sind, wenn sie noch sicherer gemacht werden können, muss dies geschehen.

Leverett machte sich die beiden ersten Antworten zu Eigen und wusste sich dabei in Übereinstimmung mit dem ACRS. Die anderen Antworten verwarf er, weil es einmal theoretisch und auf der Grundlage sehr geringer Erfahrungen unmöglich sei, Eintrittswahrscheinlichkeit und Schadensfolgen schwerer Reaktorunfälle zu prognostizieren, und weil es zum anderen keine Grenze sicherheitsgerichteten Handelns gäbe, aber schnell die Unwirtschaftlichkeit erreicht sei.

Im Februar 1961 publizierte die USAEC, unter dem Eindruck des SL-1-Unfalls und einer sich anbahnenden „Standortkrise", im Federal Register ihre Leitlinien für die Standortwahl von Reaktoren, die insgesamt günstig aufgenommen wurden.[263] Sie waren nicht aus sicherheitsphilosophischen Grundsätzen, sondern aus den Erfahrungen der bisherigen Genehmigungspraxis abgeleitet. Sie waren immer noch von der Vorstellung von der Barrierewirkung großer Entfer-

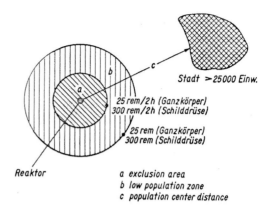

Abb. 6.8 USAEC-Richtlinien für Reaktorstandorte

nungen beherrscht. Die Leitlinien enthielten die Definition von drei Maßgaben für einen Standort:

1. Der Sperrbereich (exclusion area) um den Reaktor herum, in dem normaler Aufenthalt verboten ist und an dessen äußerem Rand niemand, der sich dort nach einem Unfall zwei Stunden lang aufhält, eine Ganzkörperdosis von mehr als 25 rem und eine Schilddrüsendosis von mehr als 300 rem erhalten soll.
2. Die gering besiedelte Zone (low population zone) im Anschluss an den Sperrbereich, aus dem die Bevölkerung rechtzeitig evakuiert oder in Schutzräume gebracht werden kann.
3. Die Entfernung zum nächsten Siedlungsschwerpunkt (*population center distance*), d. h. der Abstand von der nächstgelegenen Grenze eines dicht besiedelten Gebiets mit mehr als 25 000 Einwohnern. Diese Distanz soll mindestens 1 1/3 mal so groß sein wie die vom Reaktor zur äußeren Grenze der gering besiedelten Zone (Abb. 6.8, 6.9)[264]. Bei Großstädten ist eine noch größere Distanz erforderlich.[265]

Die Annahmen für die Berechnung der Sicherheitsabstände waren unter der Vorgabe der maximal zulässigen Dosiswerte 25 rem bzw. 300 rem, dass beim mca:

[261] Cottrell, William B.: Site Selection Criteria, NUCLEAR SAFETY, Vol. 1, No. 2, Dezember 1959, S. 2–5.

[262] Leverett, Miles C.: Reactors, Sites, and Safety, NUCLEAR SAFETY, Vol. 3, No. 2, Dezember 1961, S. 1–2.

[263] Crisis Over Reactor Siting; New AEC Guide May Help: NUCLEONICS, Vol. 19, No. 3, März 1961, S. 23–25.

[264] Grafik entnommen aus: Wiesenack, Günter: Entwicklung der Sicherheitsphilosophie nach dem GAU, in: 2. IRS-Fachgespräch in Jülich, a. a. O., S. 13 ff.

[265] Crisis Over Reactor Siting, New AEC Guide May Help: NUCLEONICS, Vol. 19, No. 3, März 1961, S. 24.

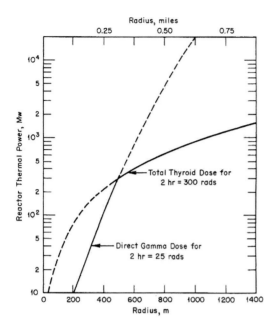

Abb. 6.9 Sperrbereich-Radius abhängig von der thermischen Reaktorleistung

1. die Edelgase zu 100 %, die Halogene zu 50 % und die festen Spaltprodukte zu 1 % in den Sicherheitsbehälter emittiert werden;
2. 50 % des Jods für die Freisetzung durch Containmentlecks verfügbar ist;
3. die Leckrate des Containments mit 0,1 % pro Tag konstant bleibt und
4. die atmosphärische Ausbreitung der Spaltprodukte bei Inversionswetterlage nach der Theorie von Oliver G. Sutton[266] erfolgt.

Die kommerzielle Nutzung der Kernenergie konnte in den USA bis Mitte der 60er Jahre im Wettbewerb mit konventionellen Kohle- und Ölkraftwerken nicht bestehen. Der Umschwung zugunsten der Kernenergie kam neben anderen Faktoren vor allem mit den großen wirtschaftlichen Reaktoren im Leistungsbereich 500–1.000 MW$_{el}$ (1.500–3.000 MW$_{th}$).[267] Abbildung 6.9 zeigt, wie der von der USAEC geforderte Sperrbereichs-Radius rasch mit der Wärmeleistung des Reaktors

anwächst. Ein neben modernen Großkraftwerken vergleichsweise kleiner Reaktor von 1.500 MW$_{th}$ muss bereits von einem Sperrbereich mit Radius 1,4 km umgeben sein. Es wurde dazu festgestellt, dass es denkbare Störfallabläufe gäbe, bei denen das Containment versagt, größere Anteile des Spaltproduktinventars freigesetzt und sich unter ungünstigeren Wetterbedingungen ausbreiten könnten, als bei einem „mca" angenommen werde. Die Folgen wären dann um viele Größenordnungen gravierender.[268]

Die Standortkriterien der USAEC-Leitlinien wurden von der Industrie mit der kritischen Kommentierung aufgenommen, dass sie für Prozessdampf-Anwendungen und für Großkraftwerke in Industrie- und Ballungsgebieten prohibitiv seien. Als Ausweg aus dem Dilemma wurde gesehen, dass die USAEC besonders entwickelte Reaktorsicherheitseinrichtungen, wie z. B. Druckunterdrückungssysteme in Sicherheitsbehältern, als Rechtfertigung für weniger isolierte Standorte anerkennen könnte.[269] Die Bedeutung dieser Öffnungsklausel wurde allerdings mit dem Hinweis wieder unsicher gemacht, dass selbst bei einem ernsteren Unfall, der über die normalerweise anzunehmende Störfälle hinausgeht, die Zahl der Opfer kein katastrophales Ausmaß annehmen dürfe.

Die USAEC-Vorschläge fanden eine lebhafte Diskussion und durchaus unterschiedliche Interpretationen.[270] Auch japanische Industrielle traten auf und bezogen Gegenposition, weil sonst in Japan Kernenergie nicht nutzbar sei.[271]Das Forum der amerikanischen Atomindustrie forderte, das Konzept der Entfernung vom nächsten Siedlungsschwerpunkt fallen zu lassen und das Zusammenspiel zwischen Reaktorsicherheitstechnik, Standortcharakteristik, Entfernungen

---

[266] Sutton, Oliver G.: Micrometeorology, McGraw-Hill, New York, 1953.

[267] Hogerton, John F.: The Arrival of Nuclear Power, Scientific American, Vol. 218, No. 2, Februar 1968, S. 21–31.

[268] Cottrell, William B.: Reactor Site Criteria, NUCLEAR SAFETY, Vol. 4, No.1, September 1962, S. 13.

[269] ebenda, S. 23.

[270] vgl. Leverett, Miles C., a. a. O., S. 3.

[271] Criteria Feared by Japanese: NUCLEONICS, Vol. 19, No. 5, Mai 1961, S. 18.

und Bevölkerungsdichte in den Mittelpunkt der Standortkriterien zu stellen.[272]

Die Neufassung der USAEC-Standortkriterien im April 1962 brachte keine wesentlichen Änderungen.[273] Die USAEC hielt an ihrem Prinzip der Abgelegenheit von Reaktoren fest, ließ aber ihre Bereitschaft erkennen, Distanz gegen zusätzliche Sicherheitstechnik (engineered safeguards) einzutauschen. Tatsächlich honorierte die amerikanische Genehmigungsbehörde Sicherheitsmaßnahmen wie Doppelcontainment, Notkühl- und Sprühsysteme, Abschaltsysteme mit borierter Wassereinspeisung, Abluftfilteranlagen oder Druckunterdrückungssysteme. Der Sperrbereichsradius wurde für die Druckwasserreaktoren Indian Point von 5,1 auf 0,3 miles und für Connecticut Yankee von 0,87 auf 0,25 miles reduziert. Für den DWR San Onofre wurde der Abstand zum nächsten größeren Siedlungsgebiet von 15,75 auf 2 miles verkürzt.[274]

Die amerikanische Wirtschaft war bereit, sich hinsichtlich der Sicherheitstechnik in die Pflicht nehmen zu lassen. Aber das ACRS zögerte, für große Leistungsreaktoren konkrete Standort- und Sicherheitsstandards festzulegen, die Kraftwerke in Großstadtnähe ermöglicht hätten. Man wollte zuerst angemessene experimentelle Bestätigungen für die Wirksamkeit der Sicherheitstechniken, bevor Standorte in Stadtnähe oder in Erdbebengebieten zugelassen werden sollten. Wissenschaftliche Erkenntnislücken und der schnelle technologische Fortschritt schienen die Ausarbeitung solcher neuer Standards nicht zuzulassen.[275]

Im November 1965 begann die USAEC zu ihrem Entwurf „Allgemeine Auslegungskriterien für Errichtungsgenehmigungen von Kernkraftwerken" eine Diskussion mit der Fachwelt und überarbeitete ihren Entwurf. Die auf 70 Kriterien erweiterten USAEC-Auslegungskriterien[276] wurden im Juli 1967 im US Federal Register veröffentlicht. In der Einführung wurde angemerkt, dass die Allgemeinen Auslegungskriterien als Rahmen dienen sollten, in dem die Möglichkeit bestehe, im Einzelfall begründete Zusätze oder Abweichungen vorzunehmen.[277] Die USAEC war nun eher bereit, die Reaktorsicherheitstechnik bei der Standortwahl zu berücksichtigen.

Die USAEC-Standortpolitik blieb in der Diskussion und fand anhaltende Kritik. Die American Nuclear Society führte vom 16.-18. Februar 1965 in Los Angeles eine Konferenz über Standortfragen für Reaktoren durch. Frank K. Pittman[278] vertrat dort die Auffassung, man müsse sich von den „illusorischen und akademischen Betrachtungen des GAU" lösen. „Wir müssen uns von der Idee trennen, Sicherheit nur durch eine Kombination von Abstand mit vielfacher Einschließung zu erreichen, und stattdessen die Idee verfolgen, alle Betriebsstörungen auszuschließen. Wahre Reaktorsicherheit erwächst aus der Verhinderung von Unfällen und nicht aus der Einschließung oder Dispersion der Unfallprodukte." Man solle die Reaktor-Konstrukteure nicht weiter zwingen, immer mehr Sicherheitstechnik aufeinander zu häufen. Man solle nicht den Standort dem Reaktor, sondern umgekehrt den Reaktor dem Standort anpassen.[279]

Pittmanns Position, die sich völlig mit der Vizeadmiral Rickovers deckte, wurde in England, Japan, der Schweiz und in Deutschland aufmerksam zur Kenntnis genommen und häufig zitiert. Schon bei der von der „International Atomic Energy Agency" (IAEA) und der „International Organization for Standardization" (ISO) ge-

---

[272] Forum Group Suggests Site-Criteria Revisions: NUCLEONICS, Vol. 19, No. 7, Juli 1961, S. 30.

[273] Code of Federal Regulations, Title 10, Part 100 – Reactor Site Criteria vom 12. April 1962, Kopie in: Cottrell, William B. und Savolainen, Ann W. (Hg.): U. S. Reactor Containment Technology, ORNL-NSIC-5, August 1965, Appendix A.

[274] Culver, H. N.: Effect of Engineered Safeguards on Reactor Siting, NUCLEAR SAFETY, Vol. 7, No. 3, 1966, S. 342–346.

[275] Rolph, Elizabeth S., a. a. O., S. 76.

[276] deutsche Übersetzung in: Sicherheitskriterien für Kernkraftwerke, Entwurf vom 6. März 1968 und Erläuterungen, IRS-I 31 (Interner Bericht), 1968, Anlage.

[277] Revised Design Criteria, NUCLEAR SAFETY, Vol. 8, No. 6, Nov.-Dez. 1967, S. 629.

[278] Pittman, Frank K., Ph.D., seit 1954 in führenden Positionen in der USAEC, 1958–1964 Direktor der Reactor Development Division USAEC, 1964–1967 Manager Nucl. Div., Kerr-McGee Co.

[279] Abolish Site Criteria – Pittman; Public Acceptance Seen Biggest Site Problem: NUCLEONICS WEEK Bd. 6, Nr. 8, 25. 2. 1965, S. 2.

meinsam veranstalteten Konferenz über Reaktorstandorte vom 30. Oktober bis 7. November 1961 in Wien war deutlich erkennbar geworden, dass England, Kanada, Frankreich, Japan und Deutschland und andere dicht besiedelte Länder die amerikanischen Standortkriterien nicht übernehmen, vielmehr der Reaktorsicherheitstechnik zur Unfallverhütung und -folgenbegrenzung größeres Gewicht beimessen wollten.[280]

6.4.2   Die deutsche Position

Der RSK-Vorsitzende Josef Wengler hatte an der Standortkonferenz der American Nuclear Society im Februar 1965 teilgenommen. Er berichtete seiner Kommission darüber und hielt als *„wesentlichstes Ergebnis"* fest, dass man auch in den USA immer mehr dazu übergehe, das Prinzip *„Sicherheit durch Abstand"* durch das Prinzip *„Sicherheit durch ingenieurmäßige Maßnahmen"* zu ersetzen.[281] Als solche Maßnahmen würden in den USA neue Formen von Reaktor-Containments entwickelt.[282]

In Deutschland waren Mitte der 60er Jahre die Leichtwasser-Demonstrationskernkraftwerke der 250–300-MW$_{el}$-Klasse KRB Gundremmingen A, KWL Lingen und KWO Obrigheim im Bau. Die Planung von Leistungsreaktoren mit mindestens doppelter Leistung schritt gleichzeitig zügig voran. Großkraftwerke warfen neue Standort- und Sicherheitsfragen auf. Das Institut für Reaktorsicherheit IRS veranstaltete am 29. Oktober 1965 in München das erste IRS-Fachgespräch über den „Einfluss des Standortes auf die Sicherheitsmaßnahmen in der Reaktoranlage"[283], an dem nahezu 120 Fachleute aus der Wirtschaft, den Genehmigungsbehörden, den Gutachterver-

bänden und der Wissenschaft teilnahmen. Man befasste sich zunächst mit den höchstzulässigen radioaktiven Unfalldosen. Die International Commission on Radiological Protection (ICRP) hatte zu diesem Zeitpunkt noch keine Empfehlungen für die Strahlenbelastung nicht beruflich exponierter Bevölkerungsgruppen, z. B. infolge eines Reaktorunfalls mit Spaltproduktfreisetzung, abgegeben. Man orientierte sich deshalb an den USA und England, deren Empfehlungen nicht weit auseinander lagen. Die nicht verbindlichen, vorläufigen deutschen Werte[284], die den Genehmigungsverfahren zugrunde gelegt wurden, lagen etwa in der Mitte zwischen den amerikanischen und englischen Höchstdosen, wobei gegenüber den Ende 1961 in der RSK beratenen und empfohlenen Werte für werdende Mütter und Kinder abweichende Regelungen vorgegeben waren.[285]

Die Diskussion auf der 1. IRS-Fachtagung ging um die Frage, ob die damals bekannten Sicherheitseinrichtungen zuverlässig genug seien, um große Leistungsreaktoren in Gebieten hoher Bevölkerungsdichte errichten zu können. Der Vertreter des Bundesministeriums für wissenschaftliche Forschung, Otto H. Groos[286], vertrat die Auffassung, die Wahl eines Reaktorstandortes sei ein rein wirtschaftliches Problem. Ausreichender Schutz für die Bevölkerung in der Umgebung von Reaktorstandorten könne gewährleistet werden durch Abstand oder technische Einrichtungen zur Begrenzung von Unfallfolgen.[287] Diese Überzeugung blieb unwidersprochen. Ein anderer Schwerpunkt dieser Tagung war die Leistungsfähigkeit des Containments bei Reaktorun-

[280] Für einen zusammenfassenden Überblick siehe: Parker, G. W.: IAEA Meeting on Reactor Siting, NUCLEAR SAFETY, Vol. 3, No. 4, 1962, S. 12–17.

[281] vgl. Bericht über die ANS-Konferenz: Can Any Site Be Safe?: NUCLEONICS, Vol. 23, No. 3, März 1965, S. 22.

[282] BA B 138–3447,Ergebnisprotokoll 29. RSK-Sitzung, 22. 4. 1965, S. 8–9.

[283] 1. IRS-Fachgespräch: Der Einfluss des Standortes auf die Sicherheitsmaßnahmen in der Reaktoranlage, München, 29. 10. 1965, IRS, Köln, 1965.

[284] Ganzkörperdosis pro Jahr durch äußere Bestrahlung 25 rem, Jod-131 Schilddrüse 300 rem – für Bevölkerungsgruppe werdende Mütter und Kinder 25 rem, Strontium-89 Knochen 15 rem, Strontium-90 Knochen 1,5 rem/a, Cäsium-137 Ganzkörper 10 rem, Evakuierung der Bevölkerung 3 rem.

[285] BA B 138-194, 17. RSK-Sitzung vom 17. 11. 1961, S. 5–7, vgl. auch BA B 138–3447, Ergebnisprotokoll 27. RSK-Sitzung, 12. 8. 1964, S. 7–8.

[286] Dr.-Ing. Otto H. Groos, Leiter des Referats Sicherheit atomtechnischer Anlagen.

[287] Groos, Otto H.: Aufgaben der Behörden bei Reaktorstandorten in dichtbesiedelten Gebieten, 1. IRS-Fachgespräch, a. a. O., S. 2.

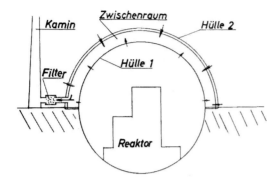

Abb. 6.10 Doppelcontainment mit Absaugung des Ringraums

fällen.[288] Besondere Aufmerksamkeit galt dem Doppelcontainment mit Absaugung der Leckage aus dem Ringraum über ein Filtersystem und Abblasen über einen Schornstein (Abb. 6.10).[289] Im Dezember 1968 empfahl die RSK dem IRS, die radiologischen Auswirkungen des GAU mit den Freisetzungsraten 100 % für Edelgase und 50 % für Halogene, davon 10 % organisch gebunden, und 1 % Feststoffe zu berechnen. Die Filterwirksamkeit für die aus dem Spalt abgesaugte Luft soll als Parameter eingeführt werden.[290]

Die erste von der AEG entsprechend der Bauart General Electric errichtete Leichtwasser-Demonstrations-Anlage mit Siedewasserreaktor KRB Gundremmingen A (237 MW$_{el}$) lieferte am 5.12.1966 den ersten Strom in das öffentliche Netz. Das von der Fa. Siemens gebaute, mit Druckwasserreaktor betriebene Demonstrationskraftwerk KWO Obrigheim (282, später 357 MW$_{el}$) folgte im Herbst 1967. Schon im Oktober 1967 fand der Sprung in die nächste Leistungsgröße der Siede- und Druckwasserreaktoren in Deutschland statt. AEG erhielt den Auftrag für den Bau des SWR-Kernkraftwerks KWW Würgassen (667 MW$_{el}$) und zur gleichen Zeit Siemens den Letter of Intent für die DWR-Anla-

ge KKS Stade (662 MW$_{el}$).[291] Mit der Leistungsgröße wuchs die Wirtschaftlichkeit der Anlagen. Die Stromwirtschaft und die Anlagenhersteller planten bereits den nächsten Leistungssprung in die 1.000-MW$_{el}$-Größenordnung.

Im Frühjahr 1968 stellte die Rheinisch-Westfälische Elektrizitätswerke AG (RWE) beim Hessischen Wirtschaftsministerium den Antrag auf Standortgenehmigung für das 1.100-MW$_{el}$-Kernkraftwerk KWB-A bei Biblis am Rhein, das bis dahin größte Kernkraftwerk der Welt. Die Reaktorsicherheit für dieses beispiellose nukleare Großkraftwerk war eine enorme Herausforderung, und die RSK setzte unverzüglich einen Unterausschuss Kernkraftwerk Biblis ein.[292]

Die stürmische Entwicklung der Reaktortechnik veranlasste das Bundesministerium für wissenschaftliche Forschung am 12. Februar 1969 eine Aussprache über die Sicherheitsmaßnahmen für Großkernkraftwerke in unmittelbarer Nähe großer Städte zu veranstalten. An der Meinungsbildung nahmen die atomrechtlichen Genehmigungs- und Aufsichtsbehörden sowie unabhängige Sachverständige teil, u. a. die RSK-Mitglieder, die Kurzvorträge zu halten hatten. Es ging um die Frage, ob größere Risiken mit Sicherheit durch zusätzliche technische Mittel ausgeglichen werden können.[293] In den USA waren USAEC und ACRS einige Jahre zuvor mit ähnlichen Fragen konfrontiert gewesen. Die Vorgänge in den USA haben deutsche Vorgehensweisen stark beeinflusst (s. Kap. 6.6.2).

Am Projekt BASF-Kernkraftwerk (s. Kap. 4.5.6 und 6.6.4) wurde in der ersten Hälfte der 70er Jahre mit großem Einsatz systematisch und exemplarisch erkundet, wie eine eigene Reaktor-Sicherheitsphilosophie für Deutschland aussehen könnte. Die dabei verfolgten Gesichtspunkte waren:[294]

- Volle oder teilweise unterirdische oder oberirdische Bauweise,

---

[288] Seipel, Heinz G.: Dynamische Belastungen eines Containments bei einem schweren Reaktorunfall, 1. IRS Fachgespräch, a. a. O., S. 1–6.

[289] aus Tietze, A.: Welchen Einfluss hat die Ausführung eines Doppelcontainments auf die Ausbreitung radioaktiver Edelgase nach einem Reaktorunfall?, ebenda, S. 6.

[290] BA B 138-3449, Ergebnisprotokoll 48. RSK-Sitzung, 12. 12. 1968, S. 14.

[291] Krug, Hans-Heinrich: Siemens und Kernenergie, Siemens KWU, 1998, S. 69.

[292] BA B 138-3448, Ergebnisprotokoll 46. RSK-Sitzung, 2. 7. 1968, S. 22.

[293] BA B 138-3449, Ergebnisprotokoll 48. RSK-Sitzung, 12. 2. 1968, S. 7–8.

[294] BA B 106-75303, Ergebnisprotokoll 56. RSK-Sitzung, 12. 1. 1970, S. 12.

- zusätzliche Notkühlung durch Flutung der Reaktoranlage bis Druckbehälteroberkante,
- Reaktordruckbehälter- und Dampferzeuger-Berstsicherungen,
- zusätzliche Druckunterdrückungs- oder Druckabbausysteme im Sicherheitsbehälter,
- spezielle Anforderungen an das Containment,
- Katastrophenschutz.

Im Vordergrund waren also zunächst die Fragen der besseren Unfallfolgenbeherrschung. Parallel und mit zunehmendem Gewicht wurden die Forschungsprogramme zur Unfallvermeidung aufgelegt und durchgeführt. Der BASF-Reaktor blieb bis 1976 auf der RSK-Tagesordnung.

Besondere öffentliche Aufmerksamkeit galt den sicherheitstechnischen Aspekten der unterirdischen Bauweise, die von der RSK stets kontrovers diskutiert worden war. Als die Auseinandersetzungen mit den Atomkraftgegnern immer heftiger und gewaltbereiter wurden, erbat der BMI im April 1978 von der RSK eine grundsätzliche Stellungnahme zur Untergrundbauweise. Im März 1979 erklärte die RSK, dass die erforderliche Vorsorge für den Schutz der Bevölkerung nicht die Einführung der unterirdischen Bauweise verlange. Die Ermittlung des Ertüchtigungspotenzials der oberirdischen Bauweise sei vergleichsweise geeigneter.[295] Evident waren allerdings die Vorteile bei extremsten äußeren Einwirkungen wie Druckwellen und schnellfliegende Massen etwa im Krieg, bei terroristischen Anschlägen oder beim Flugzeugabsturz. Auch bei Ereignisabläufen, die zu einem raschen Versagen des Sicherheitsbehälters führen, sei die unterirdische Bauweise hinsichtlich der Aktivitätsfreisetzung in die Atmosphäre und Oberflächengewässer vorteilhaft. Dagegen seien in einzelnen Fällen größere Auftretenswahrscheinlichkeiten oder gravierendere Auswirkungen bestimmter Störfälle zu erwarten, wie etwa beim Bruch einer Frischdampfleitung oder einer Nebenkühlwasserleitung mit Versagen der Absperrarmatur. Die Sicherstellung von Fluchtwegen und die Bekämpfung von Bränden könnten bauweisebedingt erschwert sein. Die Belastungen der Einbauten des unterirdisch errichteten Kernkraft-

werks im Erdbebenfall könnten höher als beim oberirdischen Kernkraftwerk sein. Es sei auch noch ungeklärt, wie unterirdische Kernkraftwerke sicher gegen Grundwassereinbruch nach einem Erdbeben ausgelegt werden könnten.[296] Anders als bei der Druckbehälterberstsicherung wurde die Untergrundbauweise bei keinem Kernkraftwerk in der Bundesrepublik Deutschland konkret geplant.

6.5   Die Begrenzung potenzieller Unfallfolgen durch die Sicherheitshülle

6.5.1   Die Containment-Konzepte in den USA

Mit der klaren Einsicht in die großen Gefahren, die von den in Kernreaktoren entstehenden radioaktiven Stoffen ausgehen, wurden in den USA die ersten Reaktoren mit nennenswerter Leistung weit entfernt von größeren menschlichen Siedlungen in steppenhaften, wüstenartigen Gebieten errichtet. Der mit Luft gekühlte X-10-Reaktor (Clinton) in Oak Ridge, Tenn. und die Plutoniumfabriken bei Hanford, Wash. hatten keine Sicherheits-Umhüllungen, die bei Unfällen freigesetzte radioaktive Stoffe hätten einschließen und aus der Umgebung zurückhalten können. Die Gebäude, in denen der Clinton-Reaktor sowie der Forschungsreaktor in Brookhaven auf Long Island, N. Y. betrieben wurden, hatten jedoch Lüftungssysteme mit hochwirksamen Gas-Waschanlagen und Filtern, welche radioaktive Partikel aus der Raumluft zum Schutz des Personals sowie zur Reinigung der Ableitungen in die Umgebung entfernten.[297, 298]

Der erste gasdichte Sicherheitsbehälter (SB) zum Schutz der Umwelt vor radioaktiven Freisetzungen bei Unfällen wurde 1953 in West

---

[295] BA B 106-75332, Ergebnisprotokoll 143. RSK-Sitzung, 21. 3. 1979, S. 7 f.

[296] BA B 106-75332, Ergebnisprotokoll 143. RSK-Sitzung, 21. 3. 1979, Anlage 1, S. 1–8.

[297] Russell, C. R.: Reactor Safeguards, Pergamon Press, 1962, S. 98 f.

[298] Passarelli, W. O.: Ventilation Requirements for Power Reactor Compartments, NUCLEONICS, Vol. 10, No. 6, Juni 1952, S. 46–49.

Abb. 6.11　West Milton 1953

Milton, N. Y. um den fortgeschrittenen Proto-
typ-Brutreaktor für das Atom-U-Boot Seawolf
der US Navy errichtet (Submarine Intermediate
Reactor – SIR – Mark A), s. Abb. 6.11.[299] Dieser
kugelförmige SB aus Stahlblech war das Vorbild
für zahlreiche später errichtete Kernkraftwerke,
gerade auch in Deutschland.

　　Die Firma Knolls Atomic Power Laboratory
(KAPL) in Schenectady, N. Y. war in der zweiten
Hälfte der 40er Jahre in Zusammenarbeit mit General Electric (GE) intensiv mit der Entwicklung
eines mit drucklosem Natrium gekühlten, mit
Beryllium moderierten und mit angereichertem
Uran betriebenen Brutreaktors befasst. Im Vorfeld der Entscheidung über das Antriebssystem
der Atom-U-Boote der US Navy sondierten GE
und KAPL die Möglichkeit, einen Prototyp-Reaktor in räumlicher Nähe zu den Laboratorien
und den Wohnungen der Entwicklungsingenieu-
re aufzubauen und zu betreiben, statt im weit
entfernten Wüstengebiet der National Reactor
Testing Station Idaho. Das vom USAEC neu er-
nannte Reactor Safeguards Committee kam im
November 1947 zu seiner ersten Sitzung in Schenectady zusammen, um über die Voraussetzungen einer Genehmigung des geplanten Prototyp-
Reaktors am vorgesehenen Standort West Milton
zu beraten, der etwa 50 km von Schenectady und
etwa 15 km von einem anderen dichtbesiedelten
Gebiet entfernt war. Das Reaktorsicherheitskomitee unter Vorsitz von Edward Teller empfahl

Abb. 6.12　SB-Grundlegung in West Milton

die Errichtung einer sehr großen gasdichten
Hülle um den Reaktor, deren Wände so stark
sein müssten, dass sie einer Explosion widerstehen könnten und die Rückhaltung der radioaktiven Stoffe gesichert sei. Der maximale Druck
bei einem solchen Unfall folge aus dem Zerknall
des Kernbehälters und den sich anschließenden
heftigen chemischen Reaktionen zwischen Natrium, Wasser und Luft. Die umschließende Hülle
müsse durch Explosionsmatten und Stahlplatten
vor Splittern geschützt werden.[300, 301]

　　Die USAEC erwarb im September 1948 das
Gelände bei West Milton und machte die Empfehlung des Reaktorsicherheitskomitees gegenüber GE und KAPL zur Auflage, einen überaus
geräumigen SB um den Prototyp-Reaktor Mark
A und alle zur Versuchsanlage gehörenden Komponenten zu bauen. Nach einer schwierigen Planungsphase für Mark A wurde im August 1952
mit der Grundlegung des kugelförmigen SB
mit dem Durchmesser von 68,6 m (225 ft) und
dem Volumen von 170.000 m³ (6 Mio. ft³) in
West Milton begonnen[302] (Abb. 6.12[303]). Abbildung 6.13 zeigt schematisch das Betonfundament
für das Kugelsegment im Untergrund, das eine
Tiefe von 11,6 m (38 ft) und einen Durchmesser
von 54,6 m (179 ft) hatte. Nach dem Einbau der

[299] Hewlett, R. G. und Duncan, F.: Nuclear Navy 1946–
1962, University of Chicago Press, Chicago und London,
1974, S. 174.

[300] Teller, Edward und Brown, Allen: The Legacy of Hiroshima, Doubleday, N. Y., 1962, S. 106.

[301] Russell, C. R., a. a. O., S. 20.

[302] Hewlett, R. G. und Duncan, F., a. a. O., S. 176.

[303] Russell, C. R., a. a. O., S. 100.

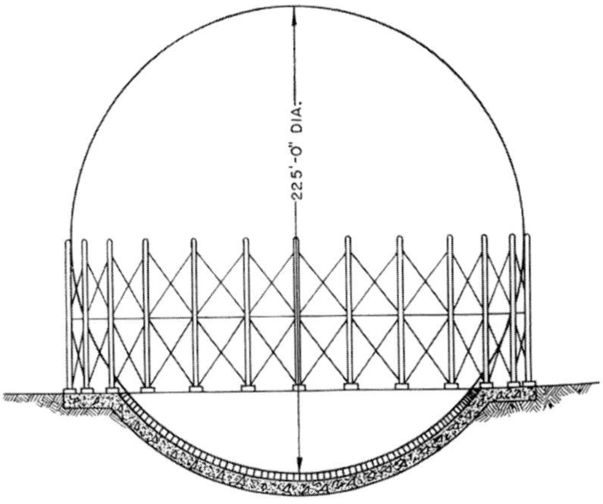

Abb. 6.13 Das SB- Betonfundament

stählernen Kugelschale wurde dieses Segment wieder bis auf das Niveau des Erdbodens aufgefüllt und mit einer Betonschicht überdeckt, die den Hallenboden bildete.

Der SB West Milton wurde von der Firma Chicago Bridge & Iron, Chicago, aus Feuerblech (Firebox Steel) ASTM A201 Gr. B nach der ASTM-Spezifikation ASTM A300 hergestellt. ASTM A201 ist ein mit Mangan legierter Kohlenstoffstahl (s. Kap. 9.3.1). Die Stahlblechkugel wurde aus 680 gebogenen Platten der Dicke zwischen 24 mm (0,94 in) und 27 mm (1,06 in) (s. Abb. 6.14)[304] zusammengeschweißt. Die Plattenecken wurden mit dem Magnetpulver-Verfahren untersucht, bei Verdacht auf Risse auch einer Ultraschall-Prüfung unterzogen. Alle Schweißnähte wurden geröntgt.[305] Der Auslegung der Stahlblechschale lag die Absicht zugrunde, den Innendruck bei einem Unfall, bei dem einige 100 ft^3 Natrium verbrennen, um nicht mehr als ungefähr 1 bar (15 psig) ansteigen zu lassen. Die ASME Boiler and Pressure Vessel Codes sahen für diese Druckschale einen Sicherheitsfaktor von 4 vor.[306] Bei einer Druckprobe mit einem ab-

soluten Innendruck von ca. 2,36 bar (19,75 psig) wurde an den Schweißnähten ein Seifenblasen-Test vorgenommen. Die Druckprobe dauerte 48 Stunden und ergab eine Leckrate von weniger als 2 Vol.-% pro Tag.[307] Dabei wurden die Temperatur- und Druckverläufe gemessen und berücksichtigt. (Nach einer anderen Quelle lagen die Drücke etwas höher: Auslegungsdruck 20 psig, Prüfdruck 25 psig.)[308]

Der SB West Milton musste sein Eigengewicht, die Isolierungen, die Wind-, Eis- und Schneelasten ohne innere Abstützungen tragen. Zur Erhöhung der Belastbarkeit waren 26 zylindrische Säulen aus Stahlblech am Kugeläquator angebracht, verspannt und verstrebt worden. Bei der Errichtung war darauf geachtet worden, dass jede Säule die ihr zugerechnete Last auch tatsächlich zu tragen bekam. Der Zugang zum SB-Innenraum erfolgte durch zwei kugelförmige Schleusen mit einem Durchmesser von 5 m (16,5 ft), deren Form und Abmessungen so gewählt wurden, dass Spannungsspitzen in den Schalen an ihren Durchdringungen vermieden wurden.[309]

Seit im Frühjahr 1952 die US-Regierung die Entwicklung der zivilen Kernenergienutzung zu einem Programm von nationaler Bedeutung gemacht hatte, fand die Frage nach den atomaren Gefahren zunehmende Beachtung (s. Kap. 3.1.2). Bei einer Diskussion im Oktober 1953 auf der zweiten „Jahreskonferenz über Atomenergie und Industrie des National Industrial Conference Board" in New York über den Schutz der Bevölkerung vor den radioaktiven Gefahren der Kernenergienutzung ließ die USAEC, vertreten durch Henry D. Smyth, keine Zweifel daran, dass Leistungsreaktoren nur mit einer belastbaren gasdichten Schutzhülle genehmigt werden könnten, die einer nuklearen Leistungsexkursion und heftigen

---

[304] Piper, H. B.: Description of Specific Containment Systems, in: Cottrell, Wm. B. und Savolainen, A. W. (Hg.): U. S. Reactor Containment Technology, Vol. II, ORNL-NSIS-5, August 1965, S. 7.2.

[305] Kolflat, Alf: Reactor Building Design, in: Etherington, H. (Hg.): Nuclear Engineering Handbook, McGraw Hill Book Co., 1958, S. 13–166 f.

[306] Kolflat, Alf: Reactor Building Design, a. a. O., S. 13–169.

[307] Thompson, T. J. und McCullough, C. R.: The Concepts of Reactor Containment, in: Thompson, T. J. und Beckerley, J. G. (Hg.): The Technology of Nuclear Reactor Safety, Vol. 2, The M. I. T. Press, Cambridge, Mass., 1973, S. 756.

[308] Bergstrom, R. N. und Chittenden, W. A.: Reactor-Containment Engineering – Our Experience to Date, NUCLEONICS, Vol. 17, No. 4, April 1959, S. 88.

[309] Kolflat, Alf: Reactor Building Design, a. a. O., S. 13–167.

Abb. 6.14 Der Aufbau des SB West Milton

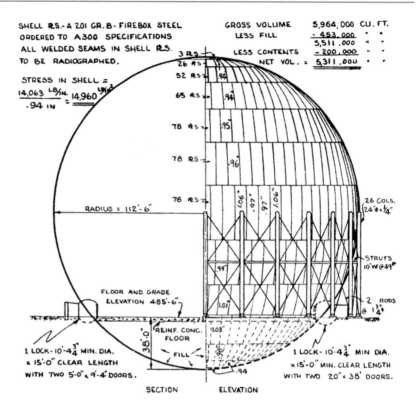

chemischen Reaktionen standhalten könne. Man nehme an, dass es Reaktortypen gebe, deren sicherer Einschluss mit weniger komplizierten und aufwändigen Konstruktionen möglich sei, als dies in West Milton der Fall war.[310] Die USAEC machte zur Genehmigungsvoraussetzung, dass zur primären Umschließung der Spaltstoffe im Primärkreislauf eine weitere umfassende „sekundäre" Umschließung (Containment) vorzusehen sei. Ein „sekundäres" Containment sei für Leichtwasserreaktoren (LWR) besonders geeignet und vorteilhaft, weil LWR hohe Leistungsdichten aufwiesen, deshalb kompakt seien und relativ kleine Containments benötigten. Gleichzeitig seien sie durch hohe negative Temperatur- und Dampfblasen-Koeffizienten gegen Leistungsexkursionen geschützt. Die Bereitstellung eines „sekundären" Containments könne jedoch die Bedeutung anderer sicherheitstechnischer Vorkehrungen nicht mindern. Das alles umschließende Containment sei die letzte Barriere gegen die Freisetzung von

Spaltprodukten, falls alle anderen vorgeschalteten Barrieren versagen sollten.[311]

Die Definition von „Reactor Containment" umfasste alle baulichen Strukturen, Systeme, Mechanismen und Geräte, die vorgesehen werden können, um mit hoher Zuverlässigkeit die Radioaktivität zurückzuhalten, die bei einem Reaktorunfall voraussichtlich freigesetzt wird und in die Umgebung entweichen könnte. Containments sind im Hinblick auf die Radioaktivitätsführung für den Normalbetrieb des Reaktors nicht erforderlich. Mit Reaktor-Containments bezeichnete man im technischen Sinne gasdichte Umschließungen, die jedoch in Wirklichkeit nicht absolut dicht waren, sondern pro Zeiteinheit eine endliche Menge Gas ein- oder ausströmen ließen. In der Folge wurden Containments als Systeme verstanden, in die komplexe bauliche Strukturen, Untersysteme und Prozesssteuerungen integriert waren, die bei einem Unfall zusammenwirken,

---

[310] Smyth, Henry D.: American View of Reactor Safety, NUCLEONICS, Vol. 12, No. 1, Jan. 1954, S. 9.

[311] USAEC/General Nuclear Engineering Corporation: Reactor Safety and Containment, Power Reactor Technology, Vol. 2, No. 3, Juni 1959, S. 22–28.

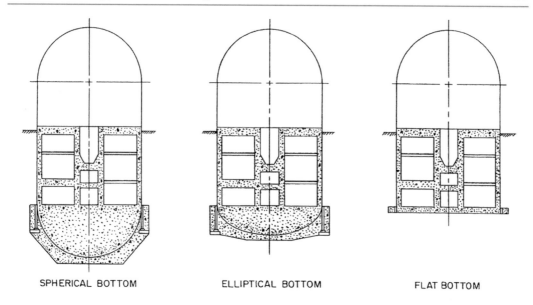

SPHERICAL BOTTOM   ELLIPTICAL BOTTOM   FLAT BOTTOM

Abb. 6.15 zylindrische Containmentformen

um die Radioaktivitäts-Freisetzung in einer vor-
herbestimmten Weise mit hoher Zuverlässigkeit
zu kontrollieren.[312]

Leistungsreaktoren erhielten „gasdichte",
druckfeste Sicherheitsbehälter (SB – containment
vessel oder containment shell) aus Stahlblech als
kugelförmige Druckschale wie in West Milton
oder in zylindrischer Ausführungsform mit halb-
kugel- oder halbellipsoidförmigen Enden oder
flachem Boden (s. Abb. 6.15).[313] Containments
in zylindrischer Form wurden auch als Betongebäude mit Stahlblech-Auskleidung (liner) erstellt.

Die ideale Form für den Einschluss eines
Druckgases ist die Kugel. Andere Erforderni-
se können jedoch den Zylinder vorteilhafter erscheinen lassen. Oft ist es schwieriger, den Raum
innerhalb einer Kugel vollständig auszunutzen,
als in einem Zylinder. Für Reaktortypen, wie den
Siedewasserreaktor, deren Reaktordruckbehälter mit Steuerungsmechanismen eine sehr große
vertikale Ausdehnung haben, wurde häufig die
zylindrische Ausführungsform gewählt. Dabei

wurde in Kauf genommen, dass bei gleichem
umschlossenem Rauminhalt zylindrische SB mit
12 m, 24 m oder 48 m Durchmesser ungefähr
15 % mehr Stahl benötigen als entsprechende kugelförmige SB mit 15 m, 30 m oder 60 m Durchmesser.[314] Da in einem Zylinder bei gleichem Innendruck die Umfangsspannung doppelt so groß
ist wie die Spannung in einer Kugelschale, muss
die Zylinderwand entsprechend verstärkt werden. Auch ein halbellipsoidförmiger Boden, der
gewählt wurde, um die Ausschachtungstiefe zu
begrenzen, brauchte Verstärkungen. Der Zusammenbau eines kugelförmigen SB auf der Baustelle, die Prüfung seiner Schweißnähte und sein
Schutz gegen Einwirkungen von außen erwiesen sich jedoch im Vergleich mit dem Zylinder
vielfach als komplizierter und aufwändiger. Die
Firma Chicago Bridge & Iron Company, Chicago, Ill. galt als besonders erfahren und leistungsfähig im Bau von mächtigen Druckbehältern aus
Stahlblech in der Fabrik und auf dem Bauplatz,[315]
sodass die kugelförmigen SB der frühen großen
Kernkraftwerke in den USA von dieser Firma er-

[312] Cottrell, Wm. B.: Philosophy, in: Cottrell, Wm. B.
und Savolainen, A. W. (Hg.): U. S. Reactor Containment
Technology, Vol. I, ORNL-NSIS-5, August 1965, S. 1.1.
[313] ebenda, S. 7.27.

[314] Kolflat, A.: Reactor Building Design, a. a. O., S. 13–169.
[315] Reedy, R. F. und Sims, J. E.: Construction of a Site-
Assembled Nuclear Reactor Pressure Vessel, Nuclear Safety, Vol. 11, No. 2, März-April 1970, S. 119–129.

richtet wurden (Big Rock Point, Dresden, Indian Point, Yankee u. a.). Wenn der maximale Druck im Containment gering ist, kann auch ein flacher Boden vorgesehen werden. Ein Beispiel dafür war das Boiling Nuclear Superheater (BONUS) -Kernkraftwerk am Standort Punta Higuera in Puerto Rico (kritisch Okt. 1963). Der maximale unfallbedingte Überdruck im BONUS-SB, der einen Durchmesser von 50,6 m hatte, wurde mit 0,3 bar angegeben.[316] Andere Beispiele sind der Carolinas-Virginia Tube Reactor (CVTR, kritisch März 1963) oder der Heavy-Water Components Test Reactor (HWCTR).[317]

Bei Forschungs- und Prototypreaktoren geringer Leistung wurde teilweise auf druckfeste umfassende Schutzhüllen verzichtet und die Belastung der Umgebung durch Spaltprodukte bei einem Unfall durch Druckunterdrückungssysteme und/oder Druckentlastungssysteme mit Filteranlagen und Ableitungen durch hohe Schornsteine weitgehend vermieden. Im Reaktorgebäude wurde gewöhnlich ein geringer Unterdruck aufrechterhalten. Bei Leistungsreaktoren konnten solche Systeme zusätzlich zum SB in das Containment integriert werden.

Druckunterdrückungs-Systeme galten als besonders geeignet zur Eindämmung der Folgen eines „größten anzunehmenden Unfalls" (GAU) in LWR. Als GAU im LWR wurde der Kühlmittelverlust-Unfall angenommen, bei dem in sehr kurzer Zeit – etwa durch Abriss einer Hauptkühlmittelleitung – große Energiemengen in Form von Dampf in das Containment freigesetzt werden. Die Aufgabe von Druckunterdrückungs-Systemen ist in diesem Fall die rasche Kondensation des Wasserdampfs an Wasservorlagen oder durch Sprühsysteme.

Bei der Planung des Experimental Boiling Water Reactor (EBWR) im Jahr 1955 im Rahmen des USAEC-Entwicklungsprogramms durch das Argonne National Laboratory (ANL) und das In-

genieurbüro Sargent and Lundy, Engineers, Chicago, Ill. (Architect-engineer) wurde erstmals die Einrichtung eines Sprühsystems in der Kuppel des EBWR-Containments entworfen. Mit diesem Druckunterdrückungs-System sollte bei Unfällen ausströmender Wasserdampf kondensiert werden.[318, 319] Angesichts hoher Errichtungs- und Wartungskosten für Containments wurde diese neue Technik vielfach aufgegriffen und ihre Wirksamkeit in groß angelegten Experimenten untersucht.[320, 321]

Neben den allgemein eingeführten Sprühsystemen wurde die Einleitung und Kondensation von ausgeströmtem Dampf in eigens vorgehaltenen Wasservorlagen zur Druckunterdrückung genutzt. Bei Siedewasserreaktoren erfolgt die Dampferzeugung im Reaktordruckbehälter (RDB). Wird der RDB in einem druckfesten Betongebäude eingeschlossen, so kann der aus RDB-Lecks strömende Dampf durch Rohre in ein Wasserbecken eingeleitet werden, wo er kondensiert und radioaktive Partikel teilweise ausgewaschen werden. Auf diese Weise wird der Druckaufbau im Containment weitgehend unterdrückt. Abbildung 6.16 zeigt links schematisch den Einbau eines Druckunterdrückungssystems in einen SB, der nur noch für einen geringen Überdruck ausgelegt werden muss.[322] Druckunterdrückungs-Systeme konnten so wirksam konstruiert werden, dass umfassende, gasdichte und druckfeste SB entbehrlich und mit Unter-

---

[316] Siler, W. C. und Wells, J. H.: Design of BONUS Containment Structure, Nuclear Structural Engineering, Vol. 2, 1965, S. 306–314.

[317] Piper, H. B.: Descriptions of Specific Containment Systems, a. a. O., S. 7.30 ff.

[318] Harrer, J. M., Jameson, A. C. und West, J. M.: The Engineering Design of a Prototype Boiling Water Reactor Power Plant, Proceedings of the International Conference on the Peaceful Uses of the Atomic Energy, Genf, 8.-20. 8 1955, Vol. III, P/497 USA, United Nations, New York, 1956, S. 250–262.

[319] Nuclear Engineering Notes: New Containment Strategy, NUCLEONICS, Vol. 15, No. 7, 1957, S. 92.

[320] Kolflat, A. und Chittenden, W. A.: Containment Vessel Can Be Reduced, Electrical World, July 29, 1957, S. 53–57.

[321] Tests point way to cutting containment costs, POWER, Vol. 103, Dez. 1959, S. 99.

[322] Sutter, A.: Reactor Containment, Neue Technik, Vol. 2, Heft 10/11, 1960, S. 69–76.

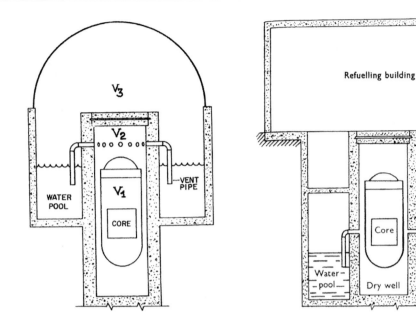

Abb. 6.16 Druckunterdrückungssystem im SB (*links*) und als Containment (*rechts*)

druck betriebene Lüftungssysteme ausreichend erschienen (Abb. 6.16, rechts).[323]

Am Standort Buhne Point/Eureka, Cal. planten und erbauten die General Electric Co. zusammen mit der Bechtel Corp., San Francisco, Cal. (Architect-engineer) in den Jahren 1958–1963 für die Pacific Gas & Electric Company das Kernkraftwerk mit Siedewasserreaktor Humboldt Bay Power Plant Unit No. 3 mit der Leistung 165 MW_{th}, 65 MW_{el}. Abbildung 6.17 zeigt den Längsschnitt durch die Humboldt-Bay-Anlage, deren Containment aus Betonstrukturen und einem Druckunterdrückungssystem mit geräumigen Kammern bestand. Am oberen Ende des RDB war auch ein ringförmiges Sprühsystem angebracht. Die Nachwärmeabfuhr erfolgte mit Wasser, das der Wasservorlage (Suppression tank) entnommen, gekühlt und in den RDB eingespeist wurde.[324, 325] Der Humboldt-Bay-Kon-

zeption eines Druckunterdrückungs-Systems wurde für Siedewasser-Reaktoren eine große Zukunft vorhergesagt. Sie werde den SB als Druckbehälter ersetzen, wobei zu diesem Zeitpunkt noch nicht vorstellbar war, wie schnell sich die Reaktoren in Leistungsgrößen von mehreren tausend MW_{th} entwickeln werden.[326]

Druckentlastungs-Systeme befanden sich in gasdichten Gebäuden, die einem Überdruck bis 0,7 bar standhalten konnten, und bestanden aus Lüftungssystemen mit mächtigen Rohrleitungen, die große Gasmengen bei kleinen Differenzdrücken wegschaffen konnten. Bei Unfällen mit plötzlicher Freisetzung großer Energiemengen war die Aufgabe eines Druckentlastungs-Systems, die entstehende erste Druckspitze prompt abzubauen und die kaum radioaktiven Druckgase – also den Wasserdampf nach dem Bruch des LWR-Kühlkreislaufs – in die Umgebungsatmosphäre abzuleiten. Nach dieser Druckentlastung war das Gebäude gasdicht zu verschließen, um die später stattfindende Spaltprodukt-Freisetzung sicher zurückzuhalten, wobei ein Auslegungs-

---

[323] Ashworth, C. P., Barton, D. B. und Robbins, C. H.: Pressure Suppression, Nuclear Engineering, Vol. 7, 1962, S. 313–321.

[324] Ashworth, C. P. et al.: Pressure Suppression, a. a. O., S. 320.

[325] Wahl, H. W.: Foundation Caisson Provides Underground Containment for Nuclear Power Plant, Nuclear Engineering and Design, Vol. 3, 1966, S. 478–494.

[326] Whatley, M. E.: Pressure-Suppression Containment, Nuclear Safety, Vol. 2, No. 1, September 1960, S. 49 f.

Abb. 6.17 Vertikalschnitt durch die Humboldt-Bay-Anlage

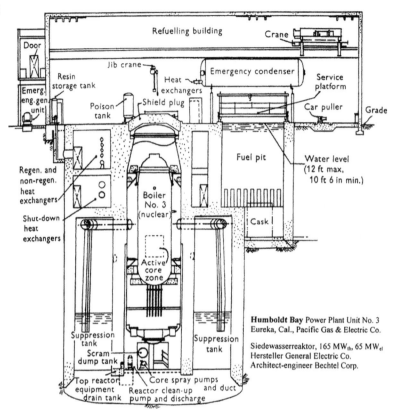

überdruck von 0,35 bar (5 psig) nicht überschritten werden sollte. Um einen langfristigen Druckaufbau aus der Nachwärmeentwicklung zu verhindern, können Sprühsysteme oder weitere Ableitungen aus dem Gebäude, nun über Filtersysteme, Monitore und Schornsteine, vorgesehen werden (vgl. auch Kap. 4.8.4.2). Beispiele für „Pressure Relief Containments" waren der New Production Reactor am Standort Hanford, Wash. und der NPD-Reaktor am Standort Chalk River, Ont. in Kanada (kritisch April 1962).[327] Im Kosten-Vergleich mit anderen Containment-Konzepten schnitten Druckentlastungs-Systeme hervorragend ab. Als Schwachstelle wurde die grundsätzlich unbekannte Zeitdifferenz zwischen der Druckspitze nach dem Kühlmittelverlust-Unfall und der Freisetzung von Spaltprodukten gesehen. Eine Kombination mit einer kontrollier-

ten Ableitung der Gase durch Rückhalte- und Filtersysteme könnte teilweise Abhilfe schaffen.[328]

Mehrfachcontainments bestanden aus zwei oder mehreren vollständigen Barrieren um das primäre Reaktorsystem herum. Das erste Kernkraftwerk mit einem Doppelcontainment, Indian Point, wurde in der zweiten Hälfte der 50er Jahre geplant und am Standort Buchanan, N. Y. vom Versorgungsunternehmen Consolidated Edison Company gebaut. Indian Point hatte einen kugelförmigen Hochdruck-SB, der von einem ebenfalls gasdichten Betongebäude umgeben war (s. weiter unten). Der Energieversorger Consolidated Edison plante Anfang 1963 in unmittelbarer Nachbarschaft von Queens, einem Stadtteil von New York, N. Y., einen für damalige Verhältnisse sehr großen Druckwasserreaktor der Fa. Westinghouse mit einer Wärmeleistung von 2.030 MW_{th} zu errichten, den Ravenswood-

---

[327] Piper, H. B.: Descriptions of Specific Containment Systems, a. a. O., S. 7.123–7.127.

[328] Gall, W. R.: Reactor Containment Design, Nuclear Safety, Vol. 3, No. 4, Juni 1962, S. 52–58.

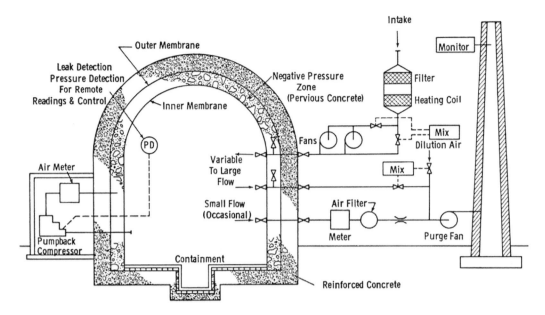

Abb. 6.18 Das geplante Ravenswood-Containment (schematisch)

Reaktor. Das Ravenswood-Containment sollte eine Weiterentwicklung des Indian-Point-Containments sein. Es sollte aus zwei ineinander verschachtelten gasdichten Druckbehältern aus Stahlblech bestehen. Diese Druckschalen waren als Zylinder mit halbkugelförmigen oberen Abschlüssen und flachen Böden konzipiert, die eine Ausbuchtung für den Reaktordruckbehälter hatten (Abb. 6.18).[329] Der Durchmesser des inneren Zylinders sollte 46 m betragen. Der Zwischenraum zwischen den beiden Druckschalen sollte mit einem porösen Beton ausgefüllt werden, in dem ein Unterdruck aufrechterhalten werden sollte. Jede in diesen Zwischenraum sickernde Leckage sollte in die Containment-Atmosphäre zurückgepumpt werden. Auf diese Weise sollten alle Spaltprodukte, die durch die erste Schale entwichen sind, wieder in den Innenraum zurückgebracht werden. Sollte es erforderlich werden, den Containment-Innenraum zu belüften, konnte dies durch Filtersysteme nach Kontrollmessungen über Schornsteine erfolgen (natürlich nur innerhalb zugelassener Grenzen). Die äußere Druckschale sollte von einer dicken mit Stahl armierten

Beton-Ummantelung umschlossen und geschützt werden. Das Ravenswood-Kernkraftwerk ist nicht gebaut worden. Sein Containment-Konzept wurde nie realisiert.[330] Das Doppelcontainment von Indian Point wurde zum Vorbild zahlreicher später errichteter Kernkraftwerke. Das entscheidende Merkmal dieses Doppelcontainments war der kontrolliert belüftete Zwischenraum zwischen einem hochgradig gasdichten SB und einer geschlossenen Betonhülle, in dem ein geringer Unterdruck herrschte.

Im Februar 1954 beschloss die USAEC ihr Fünfjahresprogramm für die Entwicklung der Kernenergie-Technologie für die industrielle Nutzung.[331] Fünf Reaktorkonzepte wurden ausgewählt, deren Potenzial für die wirtschaftliche nukleare Stromerzeugung besonders hoch eingeschätzt wurde. Neben homogenen Reaktoren und Brutreaktortypen wurden in erster Linie zwei Leichtwasserreaktoren für Druckwasser (PWR

---

[329] Piper, H. B.: Descriptions of Specific Containment Systems, a. a. O., S. 7.132–7.144.

[330] vgl. Okrent, D.: Nuclear Reactor Safety, The University of Wisconsin Press, 1981, S. 70–77.

[331] Staebler. U. M.: Objectives and Summary of USAEC Civilian Power Reactor Program, Proceedings of the International Conference on the Peaceful Uses of the Atomic Energy, Genf, 8.-20. August 1955, Vol. III, P/816 USA, United Nations, New York, 1956, S. 361–365.

am Standort Shippingport, Va.) und Siedewasser (EBWR am Standort des Argonne National Laboratory, Lemont, Ill.) im Auftrag der USAEC als Prototyp-Kernkraftwerke errichtet und betrieben. Parallel dazu wurden von den US Streitkräften für militärische Nutzungen kleine experimentelle Anlagen entwickelt und gebaut, wie beispielsweise der Druckwasserreaktor APPR am Standort Fort Belvoir, Va. Mit ihrem „civilian power reactor program" verband die USAEC die Absicht, der Industrie die technischen Grundlagen für eigene Projekte bereitzustellen und sie zur Planung größerer Demonstrationskraftwerke anzuregen. Im Jahr 1955 erklärten mehrere Energieversorgungs-Unternehmen ihren Entschluss, sich am Aufbau einer nuklearen Stromerzeugung zu beteiligen, darunter die Firmen: Consolidated Edison Co. (Druckwasserreaktor Indian Point, Buchanan, N. Y.), Commonwealth Edison Co. (Siedewasserreaktor Dresden am Standort Morris, Ill.), Yankee Atomic Elec. Co. (Druckwasserreaktor Yankee am Standort Rowe, Mass.). Die Duquesne Light Company hatte sich schon im Sommer 1953 bereitgefunden, mit der USAEC den PWR/Shippingport zu errichten und zu betreiben.

In den 50er Jahren waren in der Folge der USAEC-Politik eine Reihe von Forschungs- und experimentellen Reaktoren und Demonstrations-Kernkraftwerken in Planung und Bau, für die umschließende Containments in unterschiedlichen Ausführungsformen entwickelt wurden. Die Auswahlkriterien für die Containment-Konstruktion waren die Standortbedingungen, der Reaktortyp, die aus dem „größten anzunehmenden Unfall" folgenden Lasten und nicht zuletzt die Errichtungskosten (die weit über den Grundstückskosten liegen konnten).[332]

Auf der zweiten Genfer Atomkonferenz im September 1958 befassten sich zahlreiche Beiträge mit dem Thema „Reactor Safety and Containment". Die Vertreter der USA stellten anhand der amerikanischen Beispiele die Erfahrungen mit dem Entwurf und der Errichtung von Containments dar. Es wurden die Schwierigkeiten und

Unsicherheiten aufgezeigt, die bei der Ermittlung der realistischen größten Lastfälle und von wirtschaftlichen Lösungen für ein optimales Containment auftraten.[333] Von vorrangigem Interesse war die Frage, welchen Belastungen ein Containment im äußersten Fall widerstehen muss:[334]

• Interne Drucklasten durch Expansion des Kühlmittels

Durch Lecks und Brüche in den unter hohen Drücken und Temperaturen stehenden Kühlkreisläufen der mit Wasser gekühlten Reaktoren können Dampf-Wasser-Gemische oder reiner Dampf in den vom äußeren Containment umschlossenen Raum strömen. Der zeitliche Verlauf des Druckaufbaus innerhalb des Containments hängt vom Abblasevorgang ab, der langsam, aber auch schlagartig erfolgen kann, sowie von den Wärmeübergängen in der Anlage und durch das Containment nach außen. Zur Eingrenzung der zu erwartenden Druckbelastungen wurden vereinfachte Rechnungen für langsame und schnelle Expansion vorgenommen, die allerdings das mögliche Auftreten von Verdichtungsstößen nicht erfassten.

• Interne Drucklasten durch chemische Reaktionen

In Leichtwasserreaktoren größerer Leistung ist nach längerem Betrieb die Nachzerfallswärme im Kern so groß, dass beim Ausfall der Kühlung die Brennelemente durch die Hitzeentwicklung zerstört werden. So kann beispielsweise das Zirkonium der Hüllrohre mit Wasserdampf reagieren und oxidieren, wodurch Wasserstoffgas entsteht, das sich mit der Containment-Atmosphäre durchmischt. Bei höheren Konzentrationen und Entzündung des Gemischs kann es zur Deflagration oder Detonation kommen. In Reaktoren, die mit metallischem Uran als Brennstoff betrieben werden, können bei einem Unfall heftige Uran-Wasser-Reaktionen auftreten. Bei Kernschmel-

---

[332] Stoller, S. M.: Site Selection and Plant Layout, NUCLEONICS, Vol. 13, No. 6, Juni 1955, S. 42 f.

[333] Proceedings of the Second United Nations International Conference on the Peaceful Uses of Atomic Energy, Genf, 1. 9.-13. 9. 1958, Vol. 11, „Reactor Safety and Control".

[334] Brittan, R. O. und Heap, J. C.: Reactor Containment, Proceedings of the Second United Nations International Conference on the Peaceful Uses of Atomic Energy, Genf, 1. 9.-13. 9. 1958, Vol. 11, P/437 USA, S. 66–78.

zen kommt es zu Reaktionen zwischen der metallischen Schmelze und Beton.

In Reaktoren mit Flüssigmetall-Kühlung (schnelle Brutreaktoren) sind explosionsartige Leistungsexkursionen mit der Zerstörung des Kerns und des Kernbehälters vorstellbar, wodurch das Natrium- bzw. Natrium-Kalium-Kühlmittel ausgestoßen wird. In der Containment-Atmosphäre verbrennen dann die Alkalimetalle. Es wurde angenommen, dass die gesamte bei diesem Vorgang freigesetzte Energie die Containment-Atmosphäre aufheizt. In den 50er Jahren wurden chemische Reaktionen zwischen Metallen, Wasser und Luft analytisch und experimentell eingehend untersucht. Metall-Wasser-Experimente mit Uran, Uran-Molybdän, Uran-Zirkonium-Niob, Zircaloy und Aluminium wurden unter Laborbedingungen und im Testreaktor durchgeführt. In der National Reactor Testing Station (NRTS) in Idaho stand dafür der Materials Testing Reactor (MTR), der im Mai 1952 in Betrieb gegangen war, zur Verfügung.[335] Natrium-Luft-Reaktionen wurden bei KAPL und der Detroit Edison Company, Detroit, Mich. im Hinblick auf Reaktor-Containment-Belastungen erforscht.[336]

• Punktlasten durch Splittereinschläge
In den Anfangszeiten der Reaktorentwicklung galt der Frage nach den Folgen einer explosionsartigen nuklearen Leistungsexkursion oder dem Bersten des Reaktordruckbehälters größte Aufmerksamkeit. Man hielt es für wahrscheinlich, dass die auf diese Weise ausgelösten Druckwellen kleinere Fragmente und Splitter aus Anlagenkomponenten und den sie umgebenden Betonstrukturen abreißen und auf so hohe Geschwindigkeiten beschleunigen könnten, dass sie den Sicherheitsbehälter durchschlagen. Man sah sich bei der Klärung dieser Vorgänge vor schwierigste Probleme gestellt, zu deren Lösung umfangreiche Forschungsvorhaben erforderlich seien. Im Vorfeld der Errichtung des Air Force Nuclear Engineering Test Reactor (AFNETR) im Wright Air Development Center im Siedlungsgebiet von Dayton, Ohio wurden 1956/1957 mit einem im Maßstab 1:4 verkleinerten Reaktor-Modell Explosionsversuche vorgenommen. Dabei wurde versucht, nukleare Leistungsexkursionen durch Sprengstoff-Explosionen zu simulieren. Aus den Testergebnissen wurden einige Änderungen an den Reaktorgebäude- und Containmentstrukturen des AFNETR abgeleitet.[337] Die Übertragbarkeit der Versuchsergebnisse vom Modell mit einer Sprengstoffexplosion auf die Großanlage mit einer Leistungsexkursion wurde kritisch kommentiert. Insbesondere wurde die Möglichkeit verneint, von speziellen Modellversuchen allgemeine Entwurfskriterien für Containments ableiten zu können.[338, 339] Wirksame und weniger wirksame Schutzvorkehrungen zur Abwehr von Stoßwellen-Schäden an Containments wurden untersucht und vorgeschlagen.[340]

• Einzellasten durch interne Geschosse
Man hielt es für möglich, dass beim Zerknall des primären Reaktorsystems größere Bruchstücke wie Brennelemente, Steuerstäbe und Antriebskomponenten, Teile von Behältern und Rohrleitungen, Verschlüsse und Ventile losgerissen werden, als Geschosse auf die Schale des Sicherheitsbehälters prallen und diese durchschlagen könnten. Man merkte an, dass für diese schweren Geschosse im unteren Geschwindigkeitsbereich (150 m/s) keine experimentellen und analytischen Erkenntnisse vorlägen.

• Einzellasten durch Verschiebung interner Strukturen
Durch Druckwellen und Druckerhöhungen können bauliche Strukturen, wie beispielsweise die Kranbrücke, verschoben und zusätzliche Lasten auf das äußere Containment gebracht werden. Strukturen können mit dem Containment in Kontakt kommen

[335] USAEC/General Nuclear Engineering Corporation: Tests on Metal-Water-Reactions (out-of-pile und in-pile), Power Reactor Technology, Vol. 1, No. 1, Dez. 1957, S. 17–20.

[336] Hines, E., Gemant, A. und Kelley, J. K.: How Strong Must Reactor Housings Be To Contain Na-Air Reactions? NUCLEONICS, Vol. 14, No. 10, Okt. 1956, S. 38–41.

[337] Bohannon, J. R. und Baker, W. E.: Simulating Nuclear Blast Effects, NUCLEONICS, Vol. 16, No. 3, März 1958, S. 75–77, 79.

[338] Porzel, F. B.: Comment on „Simulating Nuclear Blast Effects", NUCLEONICS, Vol. 16, No. 3, März 1958, S. 78.

[339] Deuster, R. W.: Comment on „Simulating Nuclear Blast Effects", NUCLEONICS, Vol. 16, No. 3, März 1958, S. 78.

[340] Porzel, F. B.: Designing for Blast Protection, NUCLEONICS, Vol. 16, No. 10, Okt. 1958, S. 82–85.

und es dadurch belasten. Beim Entwurf des Containments müsse darauf geachtet werden, dass solche Einzellasten nicht entstehen können.

• Einwirkungen von außen

Wie die moderne Bautechnik äußere Einwirkungen berücksichtigt, so müssen auch beim Entwurf eines Containment-Gebäudes gewisse Belastungen von außen betrachtet werden:

– Erdbeben

Neben den unmittelbar während des Bebens auftretenden Lasten und Schäden müssen die durch mögliche Hebungen und Senkungen des Untergrunds fortdauernden Gebäudebelastungen erfasst werden. Dies ist jedoch außerordentlich schwierig. Durch geeignete Verstärkung und Ausrichtung der Fundamente kann versucht werden, Schäden durch Setzungen des Untergrunds entgegenzuwirken. Die Erdbebensicherheit von Kernkraftwerken wurde naturbedingt zuerst in Japan eine vordringliche Aufgabenstellung, der man sich schon frühzeitig mit experimentellen Untersuchungen zuwandte.[341, 342] Entsprechendes gilt für die Auslegung gegen Tsunami-Flutwellen.

– Äußere Druckbelastungen durch wechselnde meteorologische Bedingungen: Wind-, Eis- und Schneelasten

Zu beachten ist, dass Druckschalen, die problemlos höhere Innendrücke aufnehmen können, eine geringe Stabilität gegen Verbeulen, Verbiegen und Außendruckbelastung aufweisen. Bei frei stehenden Sicherheitsbehältern kann dies das entscheidende Auslegungskriterium sein.

– Aufprall von Flugkörpern und Trümmerstücken

Bei einem Flugzeugabsturz oder beim Aufschlag eines Trümmerstücks, das bei einem Sturm mit hoher Geschwindigkeit anfliegt, kann ein Containment durchschlagen werden. Diese Fälle seien jedoch nicht von vorrangigem Interesse, weil selbst eine Durchdringung des Containments nicht zur Freisetzung

von Radioaktivität führen müsse. Verstärkte interne Schutzmaßnahmen an der Reaktoranlage könnten verhindern, dass der von außen eindringende Gegenstand schwere Schäden am Primärsystem verursache. Dies müsse im Einzelfall entschieden werden. Einen generellen Schutz könne es nicht geben.

– Druckwellen, Bombardierung

Ein oberirdisches Containment, das schweren Druckwellen und Bombenangriffen standhalten kann, ist nicht realisierbar. Falls solche Anforderungen erhoben würden, gebe es keine Alternative zur Untergrundbauweise. Unterirdische Standorte, insbesondere in Felskavernen, wurden in der Schweiz,[343] in Norwegen[344] und Schweden[345] genutzt. In den USA wurden in den National Laboratories Argonne und Oak Ridge Untersuchungen zur unterirdischen Bauweise durchgeführt; zu einer Genehmigungsvoraussetzung wurde diese Bauweise nie. Die Realisierbarkeit der unterirdischen Bauweise, ihr beträchtliches Schutzpotenzial gegen Einwirkungen von außen sowie Freisetzungen von Spaltprodukten wurden grundsätzlich bejaht. Fragwürdig erschien jedoch die Bestimmung von Leckraten, da Fels immer rissig sei.[346, 347]

Bei der praktischen Umsetzung dieser auf der Genfer Atomkonferenz 1958 dargestellten Last-

---

[341] Wootton, K. J.: Designing an earthquake-proof nuclear power station, The New Scientist, 23. 4. 1959, S. 913–915.

[342] Reactor Earthquake Tests, Nuclear Energy Engineer, Juli 1959, S. 349–351.

[343] Binggeli, E., Verstraete, P. und Sutter, A.: The underground containment of the Lucens experimental nuclear power plant, Proceedings of the Third International Conference on the Peaceful Uses of Atomic Energy, Geneva, 31. 8.-9. 9. 1964, Vol. 13, P/459 Switzerland, United Nations, New York, 1965, S. 411–419.

[344] Aamodt, N. G.: Underground Location of a Nuclear Reactor, Proceedings of the Second United Nations International Conference on the Peaceful Uses of Atomic Energy, Genf, 1. 9.-13. 9. 1958, Vol. 11, P/561 Norway, S. 92–100.

[345] Carlbom, L., Ubisch, H. von, Holmquist, C-E. und Hultgren, S.: On the Design and Containment of Nuclear Power Stations Located in Rock, Proceedings of the Second United Nations International Conference on the Peaceful Uses of Atomic Energy, Genf, 1. 9.-13. 9. 1958, Vol. 11, P/172 Sweden, S. 101–106.

[346] Fontana, M. H.: Underground Containment of Power Reactors, Nuclear Safety, Vol. 2, No. 3, März 1961, S. 31–34.

[347] Bernell, L. und Lindbo, T.: Tests of Air Leakage in Rock for Underground Reactor Containment, Nuclear Safety, Vol. 6, No. 3, Frühjahr 1965, S. 267–277.

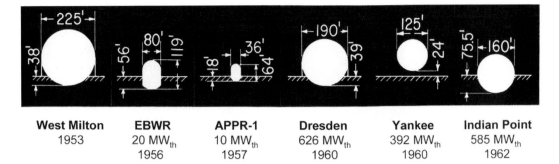

West Milton	EBWR	APPR-1	Dresden	Yankee	Indian Point
1953	20 MW$_{th}$	10 MW$_{th}$	626 MW$_{th}$	392 MW$_{th}$	585 MW$_{th}$
	1956	1957	1960	1960	1962

Abb. 6.19 Die Containments früher amerikanischer Leichtwasserreaktoren

fälle in konkreten Containments war jeweils die Frage gestellt worden, ob die vereinfachende, konservativ-pessimistische Betrachtung und Berechnung der Belastungen nicht durch genauere, weniger pessimistische, realistische bzw. „best estimate"- Annahmen ersetzt werden könnten. Es wurde geschätzt, dass auf diese Weise die anzunehmende Belastung der Bevölkerung durch eine unfallbedingte Freisetzung von Radioaktivität um den Faktor 100–1000 reduziert werden könnte. Eine Schwierigkeit bestand in den 50er Jahren z. B. darin, dass es keine technischen Regeln für die Auslegung des SB (containment vessel) gab. Der gewöhnlich angewendete ASME Code für Druckbehälter ohne Feuerung hatte zur Grundlage, dass der Druckbehälter ununterbrochen mit dem Auslegungsdruck in Betrieb und dabei mit Flüssigkeit oder Gas gefüllt war. Dies traf auf den SB nicht zu, der höchstens einmal und dann nur für kurze Zeit den Auslegungsdruck halten musste. Daraus sind verminderte Anforderungen an den SB abgeleitet und vorgeschlagen worden, den geforderten Sicherheitsfaktor zur Bruchfestigkeit von 4 auf 2 zu verringern. Eine Reduktion des Sicherheitsfaktors auf 3 erschien akzeptabel.[348] Andererseits hatte der SB zahlreiche Öffnungen und Durchführungen für Schleusen und Rohrleitungen, die eine Schwächung der Druckschale bedeuteten und das Problem der Dichtigkeit aufwarfen. Anerkannte Kriterien für den Zusammenhang zwischen dem in das Containment freigesetzten radioaktiven Inventar, der Containment-Leckrate und den maximal akzep-

tablen radioaktiven Umgebungsbelastungen gab es ebenfalls nicht.[349]

Die Entwurfsingenieure der ersten Containments hatten schwierige Abwägungen zwischen den allgemeinen Sicherheitsanforderungen, ihrer möglichen Bedeutung im Einzelnen, den technischen Unsicherheiten und den Errichtungskosten zu treffen. Es galt der Grundsatz, dass die Konstruktion optimal sei, wenn sie die vorgegebenen Lastfälle abdecke und die geringsten Baukosten verursache. Für Leichtwasserreaktoren größerer Leistung z. B. musste, entsprechend dem „größten anzunehmenden Unfall" – Abriss einer Hauptkühlmittelleitung – der Sicherheitsbehälter einem Überdruck von einigen Atmosphären standhalten können. Abbildung 6.19 zeigt für frühe in den USA gebaute Leichtwasserreaktor-Containments die Umrisse, ihre Lage zum Erdboden und die Außenabmessungen in ft sowie die thermische Reaktorleistung und das Jahr, in dem das Kernkraftwerk ans Netz ging. Zum Vergleich ist auch der SB von West Milton dargestellt.[350] Die zylinder- und kugelförmigen Ausführungen wurden zu den Standard-Containments.

Das Containment von **PWR Shippingport**
Das erste Kernkraftwerk mit Druckwasser-Reaktor größerer Leistung PWR Shippingport (s. auch Kap. 9.3.2), mit dessen Planung im Herbst 1953 begonnen worden war, ging im Dezember 1957

---

[348] Kolflat, Alf: Reactor Building Design, a. a. O., S. 13–169.

[349] Brittan, R. O. und Heap, J. C.: Reactor Containments, a. a. O., S. 71–73.

[350] Bergstrom, R. N. und Chittenden, W. A.: Reactor-Containment Engineering – Our Experience to Date, NUCLEONICS, Vol. 17, No. 4, April 1959, S. 86–93.

Abb. 6.20 Das PWR-
Kernkraftwerk am Stand-
ort Shippingport, Pa. 1957

ans Netz (Abb. 6.20).[351] Es hatte ein Contain-
ment-System aus drei horizontal liegenden,
miteinander verbundenen Zylindern und einer
Kugel, die in Kammern aus Betonwänden installiert waren. Die Kammern waren nahezu vollständig im Untergrund versenkt. Dieses außergewöhnliche und einzigartig gebliebene Konzept
wurde aufgrund besonderer Anforderungen gewählt:

- Die Reaktoranlage sollte in einem unterirdischen Bauwerk untergebracht und betrieben
  werden, um das Personal vollkommen durch
  Erde und Beton abzuschirmen, wenn Radioaktivität bei einem Unfall austreten sollte. Um
  die Tiefe der Baugrube und damit die Kosten
  der Ausschachtung zu begrenzen, wurden
  horizontal liegende, kompakt angeordnete
  zylindrische SB gewählt (Abb. 6.21).
- Es sollte die Möglichkeit vorgesehen werden,
  den ganzen Reaktorkern durch einen mit Wasser gefüllten Kanal herauszunehmen.
- Während des Normalbetriebs des PWR sollte
  kein Personal innerhalb des Containments
  tätig sein.[352]

Die zylindrischen SB hatten einen Innendurchmesser von 15,2 m (50 ft) und waren mit ihren
halbkugelförmigen Enden 29,6 m (97 ft) bzw.
44,8 m (147 ft) lang. In den beiden kürzeren SB
waren Dampferzeuger und Pumpen, im längeren SB der Druckhalter und andere Hilfssysteme
untergebracht. Der Reaktordruckbehälter wurde

von einem kugelförmigen SB mit dem Innendurchmesser von 11,6 m (38 ft) umschlossen,
an dem sich oben eine Luke für den Brennelementwechsel befand. Die SB-Zylinder waren
mit Rohren der Durchmesser 2,4 m miteinander
verbunden. Zwischen dem Hilfsbehälter und der
SB-Kugel war eine rohrförmige Verbindung mit
lichtem Durchmesser von 3,7 m. Die Betonwände der Kammern hatten Dicken zwischen 1,5 m
und 2,1 m (Abb. 6.21). Das gesamte Contain-
mentvolumen betrug 13.310 m^3 (470.000 ft^3), der
Auslegungs-Überdruck war 3,64 bar (52,8 psig).
Die SB-Zylinder hatten Personenschleusen und
Material-Luken sowie druckdichte Durchführungen für Rohrleitungen und Kabel.[353]

Das Containment des **EBWR**

Das Argonne National Laboratory (ANL) entwarf und baute zusammen mit dem Ingenieursbüro Sargent & Lundy in den Jahren 1955 und
1956 den Experimental Boiling Water Reactor
(EBWR) auf dem ANL-Gelände bei Lemont, Ill.,
ca. 40 km südwestlich von Chicago. Der Siedewasserreaktor wurde für eine thermische Leistung
von 20 MW$_{th}$ und einer elektrischen Leistung von
5 MW$_{el}$ geplant, die im Naturumlauf ohne Wärmetauscher erzeugt wurde. Der Dampf mit etwa
42 bar und 260 °C wurde direkt auf die Turbine
gegeben und das Kondensat mit einer Speisewasserpumpe wieder in den Reaktor zurückgeführt.
Das Kernkraftwerk EBWR ging Ende Dezember 1956 ans Netz (Abb. 6.22). Es war das erste
Kernkraftwerk in den USA, das seinen Betrieb
im öffentlichen Netz aufnahm. EBWR lieferte

---

[351] Rahn, F. J., Adamantiades, A. G., Kenton, J. E. und
Braun, C.: A Guide to Nuclear Power Technology, John
Wiley & Sons, New York, 1984, S. 13.

[352] Chave, O. T. und Balestracci, O. P.: Vapor Container
for Nuclear Power Plants, Proceedings of the Second
United Nations International Conference on the Peaceful
Uses of Atomic Energy, Genf, 1. 9.-13. 9. 1958, Vol. 11,
P/1879 USA, S. 107–117.

[353] Chave, C. T. und Balestracci, O. P.: Vapor Container
for Nuclear Power Plant, a. a. O., S. 109 f.

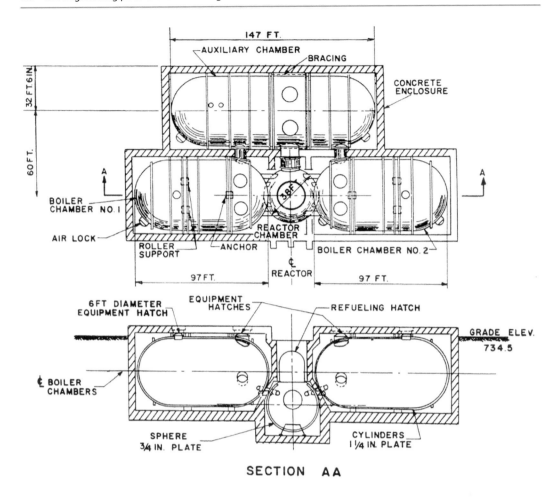

Abb. 6.21 Containment-Kammern des Druckwasserreaktors PWR Shippingport

Abb. 6.22 Das EBWR-Kernkraftwerk am Standort Lemont, Ill. Ende 1956

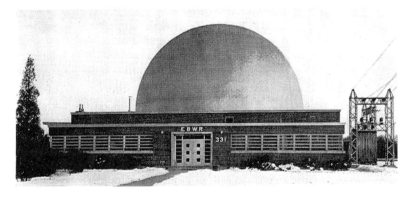

kontinuierlich Strom ins Netz, auch bei wechselnder Nachfrage und Belastung.[354]

Das EBWR-Kernkraftwerk war etwa zur Hälfte in den Untergrund abgesenkt. Alle Kraftwerkskomponenten, die Radioaktivität enthalten konnten, einschließlich des Brennelement-Lagerbeckens, wurden von einem gasdichten, druckfes-

---

[354] Significance of EBWR, NUCLEONICS, Vol. 15, No. 7, Juli 1957, S. 54.

Abb. 6.23 Aufbau und
Gliederung der EBWR-
Anlage

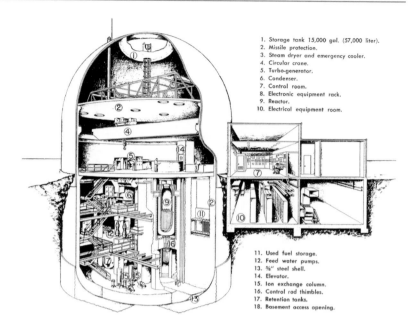

1. Storage tank 15,000 gal. (57,000 liter).
2. Missile protection.
3. Steam dryer and emergency cooler.
4. Circular crane.
5. Turbo-generator.
6. Condenser.
7. Control room.
8. Electronic equipment rack.
9. Reactor.
10. Electrical equipment room.

11. Used fuel storage.
12. Feed water pumps.
13. ⅝" steel shell.
14. Elevator.
15. Ion exchange column.
16. Control rod thimbles.
17. Retention tanks.
18. Basement access opening.

ten Gebäude umschlossen (Abb. 6.23).[355] Diese gasdichte Umschließung bestand aus einem sich selbst tragenden zylindrischen SB aus Stahlblech mit einem hemisphärischen Oberteil und einem hemi-ellipsoiden Boden, der von der Fa. Graver Tank & Co. gebaut wurde. Der EBWR-SB hatte einen Durchmesser von 24,4 m und eine Höhe von 36,2 m (s. Abb. 6.24).[356] Er war für einen Überdruck von 1,04 bar ausgelegt gemäß der Annahme, dass bei einem Unfall das gesamte Kühlmittel dampfförmig ausströmt und die Energie von einem Viertel der im Kern möglichen Metall-Wasser-Reaktionen (Brennelemente aus metallischem Uran in Zirkonium-Umhüllung) freigesetzt wird.

Die Wanddicke des SB-Stahlblechs aus Werkstoff ASTM A201 Grade B (Feuerblech) betrug im zylindrischen und Bodenteil 16 mm, im halb-

kugelförmigen Oberteil 9,5 mm und entsprach den Vorgaben des Regelwerks ASME Pressure Vessel Code, Section VIII für Schweißkonstruktionen. Die erforderliche Zähigkeit des Materials wurde zur Vermeidung von Sprödbrüchen in Übereinstimmung mit den ASTM A300 Spezifikationen mit Charpy-V-Proben bei − 45 °C (vgl. Kap. 10.5.1) sichergestellt.[357] Der EBWR-SB wurde in der Baugrube von außen frei zugänglich auf temporären Stützen komplett zusammengebaut und auf Dichtigkeit geprüft. Die Auflage war, dass der SB bei einem Überdruck von 1,04 bar an einem Tag nicht mehr als 28 m³ (1.000 ft³) durch Leckage verlieren dürfe. Diese erste Dichtigkeitsprobe war erfolgreich. Sie fand jedoch ohne Luken, Schleusen und Durchführungen für Leitungen aller Art statt. Nach dieser Probe wurde das Betonfundament unter dem SB-Bodenteil gegossen und der SB von innen mit einer 600 mm dicken Betonauskleidung bis zur Höhe des Hauptdecks (Erdbodenniveau)

[355] Haller, J. M., Jameson, A. C. und West, J. M.: The Engineering Design of a Prototype Boiling Water Reactor Power Plant, Proceedings of the International Conference on the Peaceful Uses of the Atomic Energy, Genf, 8.-20. 8 1955, Vol. III, P/497 USA, United Nations, New York, 1956, S. 259.

[356] Jaeger, Thomas: Sicherheitseinschluss von Leistungsreaktoren, Atomkernenergie, Jg. 5, Heft 3, 1960, S. 100–107.

[357] Heineman, A. H. und Fromm, L. W.: Containment for the EBWR, Proceedings of the Second United Nations International Conference on the Peaceful Uses of Atomic Energy, Genf, 1. 9.-13. 9. 1958, Vol. 11, P/1891 USA, S. 139–152.

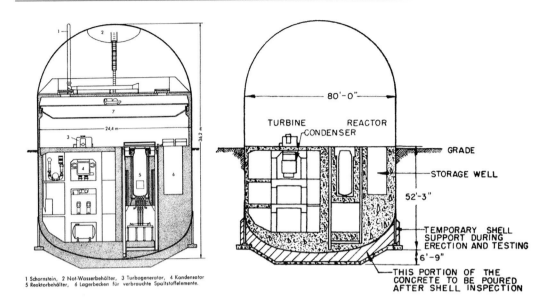

1 Schornstein, 2 Not-Wasserbehälter, 3 Turbogenerator, 4 Kondensator
5 Reaktorbehälter, 6 Lagerbecken für verbrauchte Spaltstoffelemente.

Abb. 6.24 EBWR-Vertikalschnitt (*links*) und der EBWR-Unterbau (*rechts*)

versehen (Abb. 6.24).[358] Darüber wurde der SB
mit einer 8 m hohen, 300 mm dicken armierten
Betonschicht ausgekleidet. Mit diesen Sicherheitsvorkehrungen sollte die Integrität des SB
im Falle eines explosionsartigen Zerknalls des
Reaktordruckbehälters (RDB) oder der Turbine
gesichert werden. Zum Schutz der Kuppel vor
Splittern und fliegenden Trümmerstücken – etwa
eines Teils eines Turbinenschaufelrads – wurde
eine Deckenplatte auf der Höhe 8 m über dem
Hauptdeck aus 300 mm dickem Beton mit einem
9,5 mm dicken Stahlblech an der Unterseite installiert (Abb. 6.23 und 6.24). Die Armour Research Foundation des Illinois Institute of Technology untersuchte die Explosionswirkung einer
maximal zu erwartenden Energiefreisetzung und
empfahl mächtige Beton- und Stahlstrukturen zur
Einhausung des EBWR-RDB sowie die Installation besonders konstruierter Explosionsschilde
(Abb. 6.24).

Im Scheitel der SB-Kuppel war ein Wasserbehälter mit einem Fassungsvermögen von 57 m³
angebracht, aus dem die Sprühköpfe des Not-
Sprinklersystems mit 63 l/s Wasser gespeist wurden (Abb. 6.23 und 6.24). Dieses Druckunterdrü-

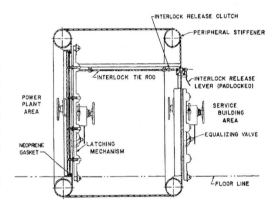

Abb. 6.25 Hauptschleuse für das Personal

ckungssystem wäre bei einem Kühlmittelverlust-
Störfall automatisch in Betrieb gegangen.

Der EBWR-SB hatte zahlreiche Leitungs-
Durchführungen und Öffnungen. Den Personen-
zugang während des Betriebs ermöglichte eine
Luftschleuse (Abb. 6.25) mit einem Verschluss-
mechanismus, der die gleichzeitige Öffnung beider Schleusentüren verhinderte. Die Rahmen der
Schleusentüren waren durch kreisförmige Ver-
steifungsrohre verstärkt.[359] Neben dieser Haupt-

[358] Kolflat, Alf: Reactor Building Design, a. a. O., S. 13–171.

[359] Heineman, A. H. und Fromm, L. W.: Containment for
the EBWR, a. a. O., S. 141.

Abb. 6.26 SB-Durchfüh-
rungstechniken

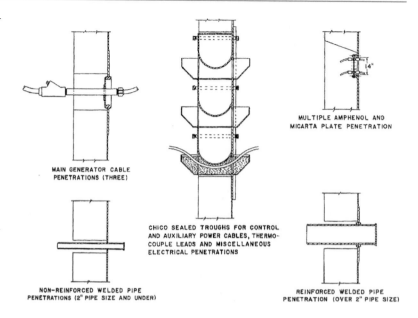

schleuse gab es eine Notschleuse für das Personal sowie eine Luke für den Materialtransport mit
verschraubbarem Verschlussdeckel. Den Containment-Innenraum belüftete eine Klimaanlage
mit SB-Durchführungen für Frisch- und Abluft
(Schornstein). Generator-Kabel, Wasserrohre für
die Kondensator-Kühlung sowie ca. 300 Strom-
und Steuerleitungen mussten durch das Containment geführt werden, wobei unterschiedliche
Techniken verwendet wurden (Abb. 6.26).[360]

Die Frischluftzufuhr und der Abluftschornstein
waren mit Luftklappen ausgerüstet, die automatisch gasdicht schlossen, wenn von einem Kont-
rollinstrument Radioaktivität über einer gewissen
Dosis festgestellt wurde. Der Schließmechanis-
mus arbeitete mit Gewichten und einer magnetischen Verriegelung, die bei Unterbrechung
des Stromkreises die Gewichte freigab und in die
Position „geschlossen" schwingen ließ.

Als das EBWR-Kernkraftwerk fertig gestellt
und betriebsbereit war, wurde eine erneute Dichtigkeitsprüfung vorgenommen. Sie war nicht
erfolgreich; die Leckrate war enorm. Bei einem
anschließenden Test über drei Tage mit einem bar
Überdruck wurde versucht, die Lecks aufzufinden und zu verzeichnen. Es erwies sich als notwendig, große Öffnungen, wie Schleusen, Luken

und Luftkanäle, zu isolieren und einzeln zu prüfen. Probleme gab es mit Schweißnähten und insbesondere mit Kabeldurchführungen. Die vorbe-
reiteten Durchführungsöffnungen waren mit Chi-
co-Zement versiegelt worden (s. Abb. 6.26), der
sich jedoch als nicht gasdicht und druckfest herausstellte. Kabel mit Litzen leckten durch diese
Litzen. Es bedurfte mehrerer Wochen intensiven
Studiums und Experimentierens, bis belastbare
Lösungen gefunden waren: verbesserte und zusätzliche Schweißnähte und Abdichtungen mit
Hilfe von Epoxyharzen aus zwei Komponenten,
die praktisch ohne Schrumpfung aushärteten.[361]
Abbildung 6.27 stellt das Ergebnis des endgültigen Dichtigkeitstests dar und zeigt die gemessenen Leckraten, die nur die Hälfte der zulässigen
Werte erreichten.

Die Containment-Dichtigkeit wurde zu einem
bedeutenden Thema. Um unvorhersehbare Bau-
verzögerungen und zusätzliche Kosten zu vermeiden, wurde für jedes Bauvorhaben ein plan-
mäßiges „leaktightness program" vorgeschlagen,
in dem die Verantwortlichkeiten zwischen Ingenieurbüro (architect engineer), Konstrukteuren,
Herstellern und Unternehmen auf der Baustelle

---

[360] ebenda, S. 143.

[361] Harrer, J. W.: Starting Up EBWR, NUCLEONICS,
Vol. 15, No. 7, Juli 1957, S. 60–64.

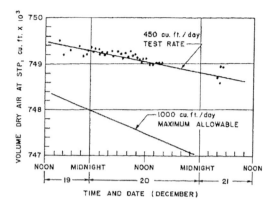

Abb. 6.27 endgültiger Leckraten-Test nach Fertigstellung des EBWR

Abb. 6.28 Das Kernkraftwerk APPR-1, 1957

verbindlich aufgeteilt werden sollte.[362] Die Techniken der Leck-Entdeckung wurden diskutiert.[363, 364, 365]

Die freie Oberfläche des EBWR-SB wurde außen mit 76 mm dicken Dämmplatten isoliert, die von aufgeschweißten 3 × 90 mm-Stollen gehalten wurden. Darüber wurde ein mit Glasfasern verstärkter Kunststoffbelag aufgebracht. Auf diese Weise wurde das EBWR-Containment vor schnellen, wetterbedingten Temperaturänderungen geschützt und Verspannungen und Verwölbungen entgegengewirkt.[366]

Das Containment des **APPR-1**

Im Auftrag der USAEC entwickelte das Oak Ridge National Laboratory (ORNL) in Zusammenarbeit mit dem Ingenieurbüro Stone & Webster (Architect-engineer) für die US Army/Corps of Engineers in den Jahren 1954–1957 den Army Package Power Reactor (APPR) mit der Leistung

10 MW_{th} und 2 MW_{el} (Abb. 6.28).[367] Das APPR-1-Kernkraftwerk mit Druckwasserreaktor ging am Standort Fort Belvoir, Va. am Potomac, 30 km von Washington, D. C. entfernt, im April 1957 ans Netz.[368] Das Reaktorsystem kam von der Fa. Alco Products, Inc., Schenectady, N. Y., der SB des Containments von Bethlehem Steel. APPR-1 sollte die Grundlagen für die Entwicklung eines transportablen Kleinkraftwerks liefern und deshalb möglichst kompakt errichtet werden.[369]

Die Nähe zur Hauptstadt Washington und die Errichtung in einem bedeutenden Militärstandort erforderten eine äußerst vorsichtige Planung. Personen sollten sich dem Kraftwerk von allen Seiten nähern können, ohne gefährlicher Strahlenbelastung ausgesetzt zu sein. Unterschiedliche Containment-Ausführungsformen wurden sorgfältig geprüft. Die Entscheidung fiel für ein zylindrisches Containment mit hemisphärischen Enden, weil der zylindrische Raum die Kompaktbauweise erleichterte.[370] Abbildung 6.29 bildet den Längsschnitt durch den APPR-1 ab und zeigt den SB (Vapor container) aus Stahlblech (22 mm dick im zylindrischen, 13 mm in den

[362] Verkamp, J. P. und Williams, S. L.: Nuclear-Plant Leaktightness, NUCLEONICS, Vol. 14, No. 6, Juni 1956, S. 54–57.

[363] Methods Used for Tests, NUCLEONICS, Vol. 14, No. 6, Juni 1956, S. 55.

[364] Testing Reactor Enclosure Tightness, NUCLEONICS, Vol. 15, No. 8, August 1957, S. 66 f.

[365] Robinson, G. C.: Containment Vessel Leak Detection, Nuclear Safety, Vol. 1, No. 1, September 1959, S. 29 f.

[366] Kolflat, Alf: Reactor Building Design, a. a. O., S. 13–170.

[367] Army Package Power Reactor, POWER, Vol. 103, Juni 1959, S. 88–90.

[368] Livingston, R. S. und Bloch, A. L.: Power Reactor Package, NUCLEONICS, Vol. 13, No. 5, Mai 1955, S. 24–27, 46.

[369] Portable nuclear power plant, POWER, Vol. 103, Januar 1959, S. 61–63.

[370] Chave, C. T. und Balestracci, O. P.: Vapor Container for Nuclear Power Plant, a. a. O., S. 110.

Abb. 6.29 Vertikalschnitt
durch das APPR-Contain-
ment

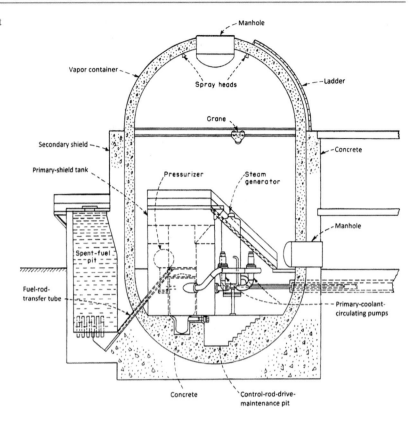

hemisphärischen Teilen) mit einem Durchmesser
von 11 m und einer Gesamthöhe von 19,5 m.[371]
Der APPR-SB war innen zum Splitterschutz mit
einer 600 mm dicken armierten Betonschicht
ausgekleidet. Die äußere Beton-Ummantelung
(Secondary shield) um den zylindrischen Teil bis
in eine Höhe von ca. 8,5 m über Grund hatte eine
Dicke von 900 mm und war ein zusätzlicher biologischer Schild. Die innere Beton-Auskleidung
ihrerseits war mit einem dünnen Stahlblech der
Dicke 3,8 mm ausgekleidet, um den porösen
Beton zu schützen, den Innenraum fluten zu können und ggf. eine einfache Dekontamination zu
ermöglichen. Bei dieser inneren Auskleidung des
Betons mit einem Stahlblech-Liner ergaben sich
so gewaltige Probleme, dass von einer Wiederholung dieser Konstruktion bei künftigen Projekten
abgeraten wurde.[372]

Das Containment des APPR-1 bestand also
aus mehreren Schichten: dem äußeren Betonmantel im zylindrischen und Bodenteil, dem
gasdichten und druckfesten SB, der inneren
Betonauskleidung und dem Stahlliner zum Innenraum. Im Scheitel der Containment-Kuppel
war ein Not-Sprinklersystem mit Sprühköpfen
angehängt. Für die Dampf-, Wasser-, Luft- und
elektrischen Leitungen war ein Tunnel zum Maschinenhaus angelegt. Durch das Mannloch in
der Kuppel waren die Komponenten des Reaktorsystems hereingebracht worden; sein Deckel
wurde danach abgedichtet, mit Bolzen gesichert
und verschweißt. Das ebenerdige Mannloch mit
einem Durchmesser von 1,4 m und einer Länge
von 2,7 m war während des Reaktorbetriebs auf
beiden Seiten mit abgedichteten Verschlussde-
ckeln verschlossen, mit Bolzen gesichert und
vollständig mit Wasser gefüllt. Die gemessene
Leckrate war deutlich unter dem zulässigen Wert
von 2 l/h bei einem Innendruck von 5,5 bar. Das
Brennelementbecken war außerhalb des Containments, aber unmittelbar daneben angeordnet. Für

---

[371] Nucleonics Reactor File No. 2: APPR, NUCLEO-
NICS, Vol. 15, No. 8, August 1957, S. 60 ff.

[372] Chave, C. T. und Balestracci, O. P.: Vapor Container
for Nuclear Power Plant, a. a. O., S. 111.

Abb. 6.30 Das Kernkraftwerk Dresden-1 kurz vor seiner Fertigstellung in Morris, Ill. 1958

den Transportmechanismus der abgebrannten Brennelemente war eine röhrenförmige Containment-Durchführung erforderlich (Abb. 6.29).

Das Containment des Kernkraftwerks **Dresden**
Im April 1955 kündigte die Commonwealth Edison Company an, am Standort Morris, Ill., 80 km südwestlich von Chicago das Kernkraftwerk Dresden Nuclear Power Station Unit 1 mit Siedewasserreaktor und einer Leistung von 630 MW$_{th}$/180 MW$_{el}$ zu errichten (Abb. 6.30).[373] Der Hersteller war General Electric, das Ingenieurbüro Bechtel Corp., San Francisco, Ca. Der schlüsselfertig erstellte Dresden-Reaktor wurde im Oktober 1959 erstmals kritisch und war im August 1960 im kommerziellen Betrieb am Netz. Er war das bisher größte amerikanische Kernkraftwerk. Dresden-1 hatte die 30-fache Leistung des Versuchs-Kernkraftwerks EBWR und arbeitete mit zwei Umwälzschleifen. Die Bechtel Corp. hatte mit einer systematischen Studie die Frage untersucht, welche Containment-Ausführungsform die beste für Dresden sei.

Acht unterschiedliche Konzepte wurden analysiert.[374] Dabei wurden die Vor- und Nachteile des Voll-Containments gegen die des Tel-Containments abgewogen, das Turbinen, Kondensatoren, Speisewasseraufheizung und -pumpen nicht umschloss, sondern einem konventionellen

Maschinenhaus überließ. Als kostengünstigste Lösung erwies sich ein sphärisches Teil-Containment mit einem Durchmesser von 52 m, das den Reaktor und die Dampferzeugung umhüllte. Für die Energieumwandlung und Stromerzeugung wurde ein unmittelbar angrenzendes separates Gebäude vorgeschlagen (Abb. 6.31).[375, 376] Diese Containment-Konzeption wurde realisiert, wobei der Auslegungsdruck auf 2 bar Überdruck (bei 160 °C) begrenzt und der Kugeldurchmesser auf 58 m (190 ft) vergrößert wurde. Neben der Wirtschaftlichkeit wurde der sicherheitstechnische Vorzug dieser Konzeption betont. Bei richtiger Anordnung des Turbogenerators kann auch ein schwerer Turbinen-Berstschaden den Sicherheitsbehälter (SB) nicht verletzen. Die aufwändige Durchführung des Generator-Hauptkabels durch den SB entfällt. Als sicherheitstechnischer Nachteil wurde gesehen, dass die Hauptwärmesenke außerhalb des SB liegt und für den Notkühlfall im SB die zuverlässige Abführung der Nachzerfallswärme sichergestellt werden muss. Außerdem müssen die Frischdampfleitungen durch den SB geführt und mit sicher funktionierenden Absperrventilen versehen werden.[377] Ungeachtet dieser Einwände wurde die Anlagenkonzeption des Kernkraftwerks Dresden-1 mit dem Containment für den Reaktor- und Dampferzeugerteil und einem davon getrennten Maschinenhaus für Turbinen, Generatoren, Kondensatoren, Speisewasserbehälter und -pumpen zum Vorbild für alle später errichteten Leistungskernkraftwerke mit Leichtwasserreaktoren. Etwa im gleichen Zeitraum ist bei Dounreay, Nordschottland eine Großversuchsanlage mit einem Schnell-Brutreaktor (60 MW$_{th}$/20 MW$_{el}$) errichtet worden, der eine ähnliche Containment-Konzeption zugrunde lag.[378]

---

[373] Smith, T. H., Dunn, J. T. und Love, J. E.: Dresden Nuclear Container Sphere Leak-Tested Economically, ELECTRICAL WORLD, 15. Dezember 1958, S. 32

[374] Smith, T. H. und Burr, H. R.: Selection of a Reactor Containment Structure, Nuclear Science and Engineering, Vol. 4, 1958, S. 762–784.

[375] ebenda, S. 779.

[376] Jaeger, Th.: Die Containerschale des Dresden-Kernkraftwerkes, In: Kurze Technische Berichte, DER BAUINGENIEUR, Bd. 34, Heft 2, 1959, S. 60–65.

[377] Smith, T. H. und Burr, H. R.: Selection of a Reactor Containment Structure, a. a. O., S. 764.

[378] Jaeger, Th.: Entwurf und Bauausführung des Containments der Dounreay-Reaktoranlage, in: Kurze Technische Berichte, DER BAUINGENIEUR, Bd. 35, Heft 2, 1960, S. 63–67.

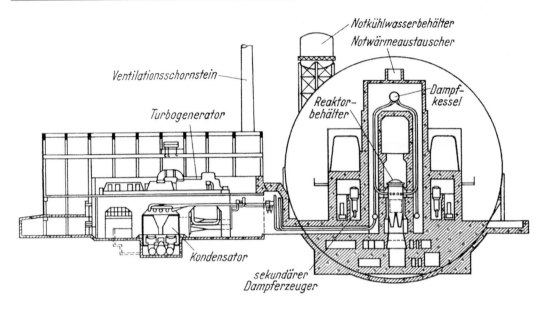

Abb. 6.31 Die Anordnung des SB von Dresden-1 mit dem Maschinenhaus

Der Dresden-SB wurde für den Fall der plötzlichen Druckentlastung und Freisetzung von ca. 188 t Kühlmittel unter 70 bar Druck und bei 280 °C ausgelegt. Der Kugelinhalt des SB betrug 102.000 m³, sein freies Volumen 82.000 m³. Der Reaktordruckbehälter (RDB) wurde von mächtigen Betonstrukturen umgeben und sein Bersten als sehr unwahrscheinlich eingeschätzt. Explosionsschilde wurden im Vergleich zum EBWR nicht vorgesehen.[379, 380]

Der SB von Dresden-1 wurde von der Chicago Bridge & Iron Co. aus Stahlblech ASTM A201 Grade B nach den ASTM A300 Spezifikationen auf der Baustelle Morris, Ill. aus 492 einzelnen Stahlblechen mit einem Gesamtgewicht von 3.500 t zusammengeschweißt. Die Blechdicke betrug 32,0 mm im oberen SB-Teil und 32,6 bis 35,6 mm in der Einbettungszone (s. Abb. 6.32). Die Zugfestigkeit sollte das Vierfache der maximalen Membranspannung betragen. Die einzelnen Sektionen wurden aus meist vier bis zu 3,0 × 10,5 m großen Blechen mit Schweißautomaten

auf kippbaren Tischen zusammengeschweißt. Vor dem Schweißen wurden die Bleche mit Propanbrennern entsprechend den Vorschriften des ASTM-Regelwerks auf ca. 90 °C vorgewärmt.[381]

Um die erforderliche Zähigkeit des Schweißguts sicherzustellen, wurden Spezialelektroden verwendet. Alle Schweißnähte wurden mit Röntgenstrahlen auf Risse untersucht. Ein Verstärkungsring, der an einer SB-Öffnung mit annähernd 5 m Durchmesser (verschraubbare Luke) angeschweißt worden war, wurde 6 Stunden lang bei 600 °C spannungsarmgeglüht.[382]

Abbildung 6.32 stellt den Aufbau des SB von Dresden dar, der große Ähnlichkeit mit West Milton aufwies.[383] Abbildung 6.33 zeigt die Ansicht des nahezu fertiggestellten SB von Dresden-1.[384] Die tiefste Stelle des SB-Bodens lag 12 m unter dem Erdboden. Unter Innendruck-Belastung

---

[379] NUCLEONICS Reactor File No. 8, Dresden on the Line, NUCLEONICS, Vol. 17, No. 12, Dez. 1959, S. 68 f.

[380] Fontana, M. H.: Containment of Power Reactors, NUCLEAR SAFETY, Vol. 2, No. 1, September 1960, S. 55–70.

[381] ASME Pressure-Vessel Code Rulings for Containment Vessels, NUCLEONICS, Vol. 17, No. 4, April 1959, S. 92.

[382] Arnold, P. C.: Welding of Containment Sphere for Dresden Nuclear Power Station, Welding Journal, Vol. 38, No. 5, Mai 1959, S. 461–468.

[383] Jaeger, Th.: Die Containerschale des Dresden-Kernkraftwerkes, a. a. O., S. 62.

[384] Arnold, P. C.: Welding of Containment Sphere for Dresden, a. a. O., S. 461.

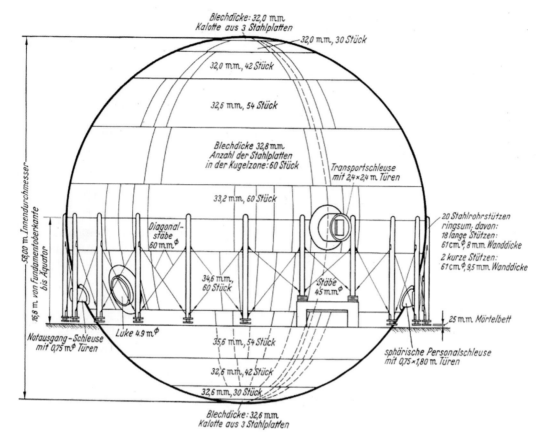

Abb. 6.32 Aufbau des Dresden-SB

bläht sich ein Stahlblech-SB auf. An der Über-
gangsstelle von Fundament zur frei stehenden
Schale muss dies berücksichtigt werden. Abbildung 6.34 bildet den Vertikalschnitt der Über-
gangs-Einbettung des Dresden-SB ab.[385]

Neben der verschraubten und mit Bolzen
gesicherten großen Luke ermöglichten drei
Schleusen den Zugang zum SB-Innenraum: eine
2,4 × 2,4 m Materialschleuse, eine Notschleuse
mit einem Durchmesser von 0,75 m sowie die normale kugelförmige Personenschleuse mit einem
0,75 × 1,80 m großen Durchgang (Abb. 6.35),[386]
für die Chicago Bridge & Iron Co. Patentschutz

Abb. 6.33 Ansicht des Dresden-SB

---

[385] Jaeger, Th.: Die Containerschale des Dresden-Kernkraftwerkes, a. a. O., S. 63.

[386] Jaeger, Th.: Die Containerschale des Dresden-Kernkraftwerkes, a. a. O., S. 64.

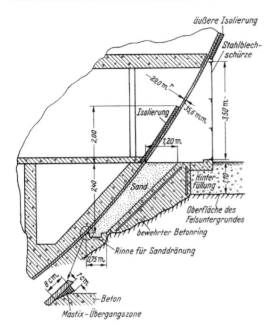

Abb. 6.34 Einbettung des Dresden-SB (Vertikalschnitt)

erhalten hatte.[387] Abbildung 6.36 zeigt eine typische Rohrdurchführung durch die SB-Schale.[388]

Die Brennelementlagerung war außerhalb des SB in einem unterirdischen Lagerbecken vorgesehen. Während der Kernkraftwerks-Revision wurden die abgebrannten Brennelemente in einem Umladebecken in Transportbehälter geladen und über ein Entladerohr aus dem SB ausgeschleust (Abb. 6.37).[389]

Die Auslegungs-Leckrate war mit 0,5 Vol.-% pro Tag festgesetzt worden. Bei einer Dichtigkeitsprüfung bei 2 bar Überdruck über einen Zeitraum von 30 Stunden wurde eine Leckrate von nur 0,016 Vol.-% pro Tag gemessen.[390]

Zur Isolierung des Dresden-SB wurde ein 10 mm dicker mit Bitumen und Kork angereicherter Mastix-Belag mit Druckluft von außen

aufgesprüht. Dieser Isolierbelag sollte den SB gegen starke solare Temperaturschwankungen mit den damit verbundenen Ausdehnungen und Schrumpfungen, gegen Wärmeverluste im Winter mit Kondensation von Feuchtigkeit im Innern sowie vor übermäßiger Abkühlung und damit verbundene Materialversprödung schützen. Da dieser Belag schwarz und mit seiner rauen Beschaffenheit unansehnlich war, wurde noch eine zusätzliche Farbschicht aufgetragen.[391]

Das Containment des Kernkraftwerks Yankee Rowe

Im Jahr 1954 gründeten einige Versorgungsunternehmen aus den Neuengland-Staaten die Yankee Atomic Electric Company, die im Frühjahr 1955 ihre Absicht bekannt gab, am Standort der kleinen Gemeinde Rowe, Franklin County, im Nordwesten Massachusetts, am Deerfield River einen Druckwasserreaktor (DWR) der Firma Westinghouse zu errichten. Das beauftragte Ingenieurbüro war Stone & Webster Engineering Corporation, Boston, Mass. Yankee Rowe hatte eine Leistung von 392 MW$_{th}$/110 MW$_{el}$ (später 485 MW$_{th}$/136 MW$_{el}$) und lieferte im November 1960 den ersten Strom ins Netz (Abb. 6.38).[392] Die Stromerzeugung fand in einer separaten Turbinenhalle statt, wie dies bei Leistungsreaktoren nun zur Regel wurde.

Die Ingenieure von Stone & Webster brachten beim Entwurf von Yankee Rowe ihre Erfahrungen mit der Errichtung der Containments von PWR Shippingport und APPR-1 ein. Sie untersuchten für den Lastfall des Kühlmittelverlustes durch ein großes Leck im Primärkreis sowie in einer sekundärseitigen Dampfleitung (im Containment maximal 2,4 bar Überdruck, 120 °C, Volumen zur Aufnahme des Dampfes 24.000 m^3)[393, 394]

---

[387] Zick, L. P.: Design of Steel Containment Vessels in the U. S. A., in: Nuclear Reactor Containment Buildings and Pressure Vessels, Proceedings of a Symposium at the Royal College of Science and Technology, Glasgow, 17.–20. Mai 1960, Butterworths, London, 1960, S. 91–113.

[388] Jaeger, Th.: Die Containerschale des Dresden-Kernkraftwerkes, a. a. O., S. 64.

[389] ebenda, S. 65.

[390] Fontana, M. H.: Containment of Power Reactors, a. a. O., S. 60.

[391] Appleford, A. M. et al.: Structural Design Considerations, in: Cottrell, Wm. B. und Savolainen, A. W. (Hg.): U. S. Reactor Containment Technology, Vol. I, ORNL-NSIS-5, August 1965, S. 8.80.

[392] Held, Ch.: Erfahrungen beim Betrieb des Kernkraftwerks Yankee, atw, Jg. 9, Januar 1964, S. 17.

[393] 84 t Kühlmittel, 148 bar Betriebsdruck und 270 °C Betriebstemperatur.

[394] Fontana, M. H.: Containment of Power Reactors, a. a. O., S. 57–60.

Abb. 6.35 Die Personenschleuse

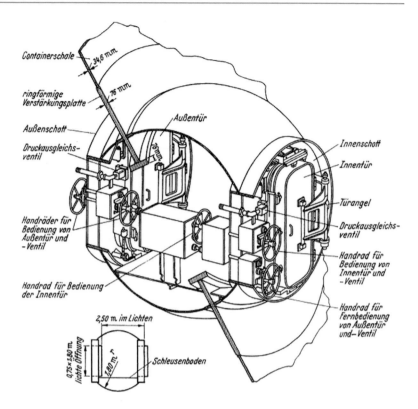

Abb. 6.36 Typische Konstruktion einer Rohrdurchführung

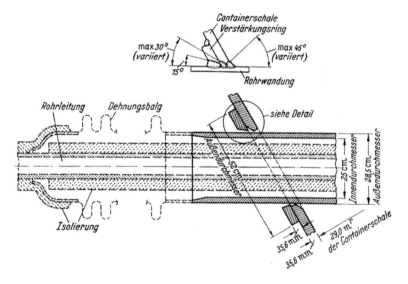

mehrere Containment-Konzepte.[395] Das Bersten
des Reaktordruckbehälters (RDB), die Kernschmelze und Metall-Wasser-Reaktionen wurden

mit Blick auf die vorgesehenen sicherheitstechnischen Maßnahmen als so unwahrscheinlich
eingeschätzt, dass sie den Berechnungen nicht
zugrunde gelegt wurden.

Die Entscheidung fiel zu Gunsten einer kugelförmigen Stahlblech-Umschließung (Sicherheitsbehälter – SB) und wurde begründet mit

[395] Chave, Ch. T. und Balestracci, O. P.: The Vapor Container for the Yankee Atomic Electric Plant, POWER EN-
GINEERING, Vol. 63, April 1959, S. 52–54.

Abb. 6.37 Das Brennel-
emente-Entladesystem des
Kernkraftwerks Dresden-1

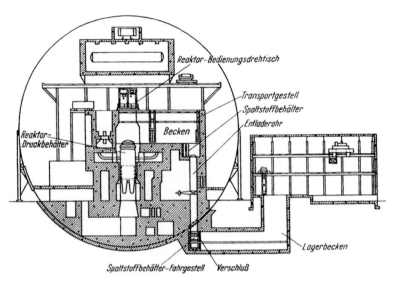

Abb. 6.38 Das Kernkraftwerk Yankee Rowe 1960

Kostengesichtspunkten, dem Raumbedarf für 4
Umwälzschleifen (Loops) und Dampferzeuger
sowie der Möglichkeit, einen Montagekran in der
Kugel zu installieren. Der SB hatte ein Brutto-
volumen von 29.000 m³, sein freier Rauminhalt
betrug 24.000 m³.

Eine konstruktive Besonderheit bestand darin,
dass die Innenstrukturen und der SB getrennt
voneinander abgestützt wurden. Der SB mit seinem tiefsten Punkt 7,3 m über Grund wurde von
16 röhrenförmigen Stahlstützen getragen, die in
gleichen Abständen an seinem Äquator befestigt waren. Die Innenkonstruktion ruhte auf 10
Betonsäulen, von denen 8 in einem Kreis mit
23 m Durchmesser, 2 im Zentrum angeordnet

waren (Abb. 6.39,[396, 397] 6.40[398]). In Abb. 6.40
ist zu erkennen, dass die 4 Loops in Kammern
mit starken Betonwänden eingeschlossen waren.
Die tragenden Betonsäulen waren mit Stahlblech
ummantelt. An den SB-Durchführungen dieser
Säulen waren dehnbare, manschettenartige Ver-
bindungsstücke aus Stahlblech angebracht (expansion joints), die abdichteten und eine Ausdehnung des SB erlaubten.

Der Grund für die hohe Abstützung des SB
war die Einrichtung einer kreisförmigen Bo-
denluke mit einem Durchmesser von ca. 4,3 m.
Unter dieser Montageöffnung befand sich ein
Eisenbahngleis, auf dem Komponenten und Geräte an- und abtransportiert und vom Montagekran im SB gehoben und bewegt werden konnten
(Abb. 6.39, 6.40).

Das Lagerbecken für abgebrannte Brennelemente befand sich außerhalb des SB. Das
Entladesystem verband es über einen Rutsch-

[396] Jaeger, Th.: Sicherheitseinschluss von Leistungsreaktoren, Atomkernenergie, Jg. 5, Heft 3, 1960, S. 100.

[397] Griffin, R. F., Dyer, G. H. und Wahl, H. W.: Contain-
ment Accessories, in: Cottrell, Wm. B. und Savolainen, A.
W. (Hg.): U. S. Reactor Containment Technology, Vol. II,
ORNL-NSIS-5, August 1965, S. 9.31.

[398] Chave, Ch. T. und Balestracci, O. P.: The Vapor Container for the Yankee Atomic Electric Plant, POWER EN-
GINEERING, Vol. 63, April 1959, S. 53.

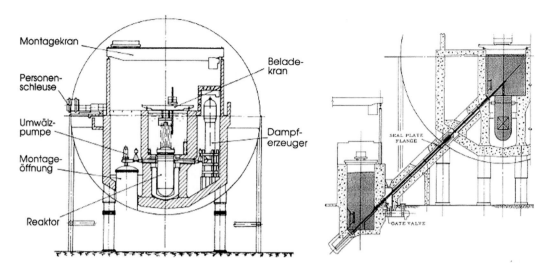

Abb. 6.39 Vertikalschnitt KKW Yankee Rowe und Transfer abgebrannter Brennelemente aus dem SB

Abb. 6.40 Querschnitt durch das KKW Yankee Rowe auf Höhe des SB-Äquators

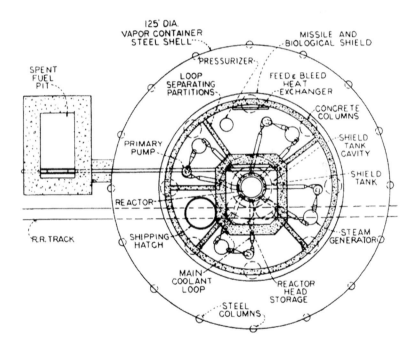

mechanismus mit dem Wasserbecken über dem RDB während des Brennelementwechsels[399] (Abb. 6.39, rechts).

Der SB wurde von der Chicago Bridge & Iron Co. aus Stahlblech ASTM A201-B nach A300-Spezifikationen hergestellt. Die Blechdicke betrug mindestens 22 mm, höchstens 36 mm. Alle Schweißnähte wurden einer Röntgen-Prüfung unterzogen. Der SB hatte 48 Leitungs-Durchführungen. Die Rohre mit Frischdampf hatten je 2 in

---

[399] NUCLEONICS Reactor File No. 9, Yankee Atomic Electric Power Station, NUCLEONICS, Vol. 19, No. 3, März 1961, S. 55 ff.

Serie geschaltete Absperrventile, die bei Druck-differenzen von 0,35 bar schlossen. Die elektri-schen Durchführungen wurden bei Temperaturen bis − 60 °C auf Dichtigkeit geprüft.[400] Eine Leck-rate von 0,1 % pro Tag war zugelassen worden; bei der Dichtigkeitsprobe mit 1,1 bar Überdruck wurde eine Leckrate von 0,02 % pro Tag gemes-sen.[401]

Der Splitterschutz im Innern des SB wurde durch die mächtigen Betonwände des biologi-schen Schilds als ausreichend angesehen. Ein-wirkungen von außen wurden nicht berücksich-tigt; sie seien äußerst unwahrscheinlich. Der SB wurde von außen mit einem Isolierbelag ver-sehen.[402]

Alle Errichtungskosten, die dem Yankee-Con-tainment zugeordnet werden mussten, beliefen sich auf 3,3 Mio. US-$ oder 7,5 % der gesamten Baukosten. Bezogen auf die Gesamtkosten sowie auf die elektrische Leistung war das Containment der Yankee-Rowe-Anlage im Vergleich zu ande-ren amerikanischen Kernkraftwerken eine wirt-schaftliche und preisgünstige Konzeption.[403] Das Yankee-Containment wurde jedoch für die später errichteten kommerziellen Kernkraftwerke deut-lich höherer Leistung nicht zum Vorbild. Es blieb in seiner Art einmalig.

Das Doppel-Containment des Kernkraftwerks
Indian Point
Zeitlich parallel mit den Leistungskernkraftwer-ken Dresden-1 und Yankee Rowe wurde in der zweiten Hälfte der 50er Jahre vom Versorgungs-unternehmen Consolidated Edison of New York, Inc. am Hudson River nördlich von New York City das Kernkraftwerk Indian Point geplant und gebaut (s. auch Kap. 9.3.2). Indian Point war ein Thorium-Konverter, dessen nuklear erzeugter, 232 °C heißer Dampf mit 29 bar in zwei nach-

Abb. 6.41 Das Kernkraftwerk Indian Point am Hudson Fluss, N. Y. 1962

geschalteten, mit Öl gefeuerten Überhitzern auf die Temperatur von 538 °C (25,5 bar) gebracht wurde, bevor er auf die Turbine kam.[404] Die Gesamtanlage hatte beträchtliche Ausmaße und wurde von einem 143 m hohen Schornstein über-ragt (Abb. 6.41).[405]

Die Komplexität der Anlage erhöhte den Zeit-aufwand für Planung, Genehmigung und Er-richtung, sodass Indian Point im Oktober 1962 etwa zwei Jahre später als Dresden-1 und Yankee Rowe in Betrieb ging. Das Unternehmen Conso-lidated Edison führte selbst Regie, schaltete je-doch die Beratungsfirma Vitro Engineering Co., New York, N. Y. ein. Den Druckwasserreaktor mit 4 Loops und der thermischen Leistung von 585 MW$_{th}$ baute die Babcock & Wilcox Co.

Der Auslegung des Containments wurde der Lastfall der plötzlichen Freisetzung des gesamten Kühlmittelinventars des Primärkreises[406] sowie des Dampfinhalts einer sekundärseitigen Kessel-trommel zugrunde gelegt. Chemische Reaktionen wurden nicht betrachtet. Als Sicherheitsbehälter (SB) wurde für einen maximalen Überdruck von ca. 2 bar und die Temperatur von 110 °C eine ku-gelförmige Stahlblechschale mit 48,8 m Durch-

---

[400] Fontana, M. H.: Containment of Power Reactors, a. a. O., S. 61.

[401] Piper, H. B.: Description of Specific Containment Sys-tems, a. a. O., Table 7.3, S. 7.40 und Table, 7.4, S. 7.45.

[402] ebenda, Table 7.7, S. 7.56.

[403] Cottrell, Wm. B.: Introduction, in: Cottrell, Wm. B. und Savolainen, A. W. (Hg.): U. S. Reactor Contain-ment Technology, Vol. I, ORNL-NSIS-5, August 1965, Table 1.4, S. 1.25.

[404] NUCLEONICS Reactor File No. 14, Indian Point Nuclear Power Station, NUCLEONICS, Vol. 21, No. 4, April 1963, S. 47 ff.

[405] Meyer, H. L.: Constructing Indian Point, NUCLEO-NICS, Vol. 20, No. 9, September 1962, S. 48 f.

[406] 74 t, Betriebsdruck 106 bar, Betriebstemperatur 260 °C.

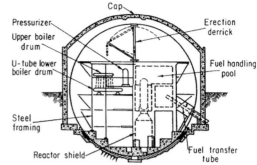

Abb. 6.42 Die Errichtung des Containments von Indian Point in mehreren Bauabschnitten

messer und der Wanddicke von 23 mm im oberen Teil und 26 mm im unteren Bereich gewählt.

Der Reaktordruckbehälter (RDB) wurde zur Abschirmung von einem ringförmigen Wassertank und Betonstrukturen umgeben, die als biologische Schilde die Strahlenbelastung auf 7 mSv/h im SB verminderten. Wegen dieser hohen Strahlungsintensität war dem Personal während des Betriebs der Aufenthalt innerhalb des SB verboten. Das Betreten des SB und die Ausführung von Wartungsarbeiten waren nur nach dem Abschalten des Reaktors möglich.[407] Ein zusätzlicher biologischer Schild war zum Schutz der Umgebung erforderlich. Das Ingenieurbüro Vitro Engineering Co. untersuchte verschiedene Konstruktionsalternativen und entschied sich für eine vertikale zylindrische Betonwand mit dem Innendurchmesser 52 m und der Dicke 1,7 m über Grund (1,2 m im Untergrund), die von einem sich selbst tragenden ellipsoidförmigen Betondach der Dicke von ca. 0,8 m überwölbt wurde und den SB vollständig umschloss.

Die Errichtung des Containments von Indian Point erfolgte in mehreren Stufen (s. Abb. 6.42).[408] Zunächst wurde eine tiefe Baugrube ausgehoben, in die annähernd die Hälfte des SB abgesenkt werden konnte, danach wurde das Fundament der zylindrischen Ringwand gelegt und diese hochgezogen. Dabei wurden

maschinell 7 Lagen mit 385 Umläufen von Federstahl-Spanndrähten der Dicke 5 mm eingebracht und vorgespannt.[409] Der obere Rand der Ringwand wurde besonders verstärkt, damit er mögliche Schubkräfte des Betondaches aufnehmen konnte. Die Gesamthöhe dieser armierten Betonwand war 26,4 m, davon 15 m über Grund. Im nächsten Bauabschnitt wurde der SB von der Chicago Bridge & Iron Co. aus Stahlblech ASTM A201-B/A300 zusammengebaut. Alle Schweißnähte wurden geröntgt. Der gesamte Rauminhalt des SB betrug 60.600 m^3. In der dritten Baustufe wurde der SB endgültig eingebettet und der Bodenbereich abschließend ausgebaut. Der Äquator des SB lag 1,4 m über dem Niveau des Erdbodens; er wurde von zwanzig 12,8 m langen Säulen aus Stahlblech gestützt, die im Fundament der Ringwand verankert waren (Abb. 6.44). Nach Fertigstellung des SB wurde dieser auf Dichtigkeit geprüft. Nach Installation aller Behälter, Maschinen, Aggregate und Geräte wurde eine erneute Leckprobe durchgeführt. Die gemessene Leckrate war mit 0,02 % pro Tag bei 1,7 bar Überdruck deutlich unter dem zugelassenen Wert von 0,1 % pro Tag.[410] Im folgenden Bauabschnitt wurde das Beton-Dach erstellt. In Abb. 6.43 ist die Konstruktion aus 24 vorgefertigten Gewölberippen mit Querverstrebungen zu

---

[407] Indian Point, NUCLEAR ENGINEERING, Oktober 1961, S. 420.

[408] Meyer, H. L.: Constructing Indian Point, NUCLEONICS, Vol. 20, No. 9, September 1962, S. 48.

[409] ebenda.

[410] Piper, H. B.: Description of Specific Containment Systems, in: Cottrell, a. a. O., Table 7.3, S. 7.40.

Abb. 6.43 Die Dachkonstruktion und das Beton-Containment von Indian Point

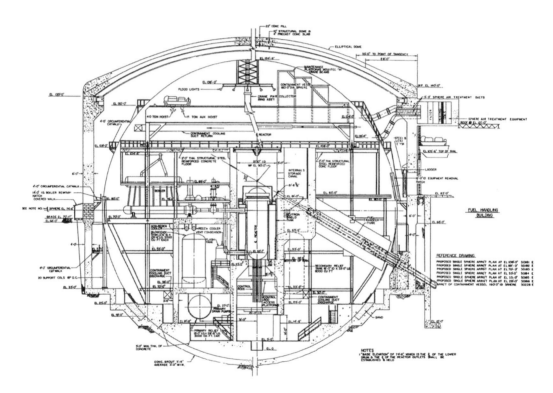

Abb. 6.44 Vertikalschnitt durch das Containment von Indian Point von Indian Point

sehen.[411] Abbildung 6.43 zeigt auch das fertig gestellte Beton-Containment.[412]

In Abb. 6.44 ist der Vertikalschnitt durch das Containment abgebildet.[413] Wie bei den Kernkraftwerken Dresden-1 und Yankee Rowe lag das Lagerbecken für abgebrannte Brennelemente außerhalb des Containments. In den Abb. 6.44 und 6.45[414] ist die schräg angelegte Transferbahn für diese Brennelemente zu erkennen.

Die wesentliche Bestimmung des Beton-Gebäudes um den SB war die Abschirmung radio-

---

[411] Indian Point, NUCLEAR ENGINEERING, Oktober 1961, S. 420.

[412] ebenda, S. 415.

[413] Piper, H. B.: Description of Specific Containment Systems, In: Cottrell, a. a. O., S. 7.17.

[414] Indian Point, NUCLEAR ENGINEERING, Oktober 1961, S.423 ff.

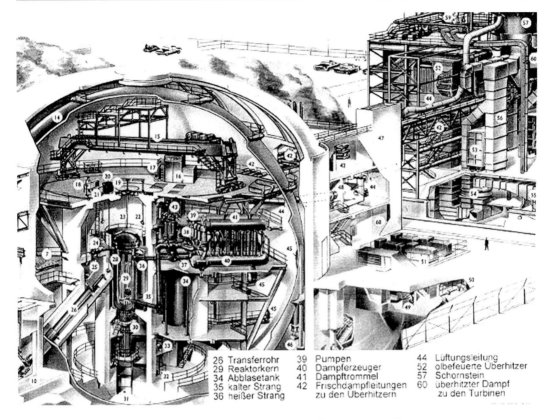

26 Transferrohr	39 Pumpen	44 Lüftungsleitung
29 Reaktorkern	40 Dampferzeuger	52 ölbefeuerte Überhitzer
34 Abblasetank	41 Dampftrommel	57 Schornstein
35 kalter Strang	42 Frischdampfleitungen	60 überhitzter Dampf
36 heißer Strang	zu den Überhitzern	zu den Turbinen

Abb. 6.45 Das aufgeschnittene Containment von Indian Point mit Übergang zu den Überhitzern

aktiver Strahlung während des Normalbetriebs und insbesondere auch beim „größten anzunehmenden Unfall" (mca). Darüber hinaus sollte diese Beton-Umhüllung als zusätzliche Barriere gegen die Freisetzung von Spaltprodukten dienen. Im Ringraum zwischen SB und Beton-Containment wurde ein geringer Unterdruck aufrechterhalten und die abgesaugte Luft über Filter in den Schornstein abgeleitet.[415]

Bei der Analyse der Abläufe bei einem mca in Indian Point wurde die Wirkung des Ringraums zwischen SB und Beton-Gebäude nur darin gesehen, dass auf diese Weise Zeit für andere Gegenmaßnahmen gewonnen werden kann. Der Schutz, den das Beton-Containment gegen Einwirkungen von außen bieten kann, wurde nicht besonders gewürdigt.

Indian Point besaß Sprühsysteme innerhalb und außerhalb des SB. Bei Erhöhung des Drucks im SB um 0,7 bar wurde das Containment überwiegend automatisch, teilweise auch manuell dicht gemacht. Die Frischdampfleitungen schlossen automatisch mit 2 Ventilen.[416] Bei 0,7 bar Überdruck wurde der SB durch manuelle Schaltung von außen mit Wasser besprüht. Bei 1 bar Überdruck und hoher Gamma-Strahlung wurde das interne Sprühsystem zugeschaltet.[417]

Indian Point bereitete den Weg für die großen industrie- und stadtnahen Leistungsreaktoren in den USA. Kein bis dahin genehmigtes Kernkraftwerk hatte eine so dicht bevölkerte Umgebung wie dieses 585-MW_{th}-Kernkraftwerk vor den Toren von New York City. Consolidated Edison reichte während des Genehmigungsverfahrens fünf verschiedene Gefahrenberichte (hazards reports) ein, und es ist nicht bekannt geworden, welche Genehmigungsvoraussetzungen vom

---

[415] Piper, H. B.: Description of Specific Containment Systems, a. a. O., S. 7.15.

[416] ebenda, Table 7.10, S. 7.61.

[417] Griffin, R. F., Dyer, G. H. und Wahl, H. W.: Containment Accessories, a. a. O., Table 9.3, S. 9.76.

Advisory Committee on Reactor Safeguards (ACRS) im Einzelnen eingefordert wurden. Verbindliche sicherheitstechnische Richtlinien gab es zu diesem Zeitpunkt noch nicht (s. Kap. 6.1.1). Die Frage der öffentlichen Sicherheit war Anfang 1956 allerdings Gegenstand eines besorgten Briefwechsels zwischen dem von US-Senat und -Kongress eingerichteten Joint Committee on Atomic Energy und ACRS/USAEC. USAEC und ACRS räumten ein, dass es keinen absolut sicheren Kernreaktor gebe, so wenig wie eine absolut sichere chemische Fabrik oder Ölraffinerie. Sie rechtfertigten die Indian-Point-Genehmigung mit der „Philosophie des Containments" in Verbindung mit einem angemessenen Abstand zu Siedlungen.[418] Tatsächlich wäre Indian Point nach den später entwickelten Standortkriterien auch ohne Doppelcontainment genehmigungsfähig gewesen.[419] Die später an diesem Standort errichteten DWR- und SWR-Blöcke wurden mit einfacheren Containments gebaut.

Noch in den frühen 60er-Jahren wurde mit dem Blick auf Reaktoren relativ geringer Leistung wie PWR, Yankee, Humboldt Bay, Big Rock Point, Saxton, Pathfinder u. a. das Containment als eine unabhängige Barriere gesehen, die auch einer Kernschmelze standhalten könne.[420] Die Beherrschung dieses Unfalls wurde im Genehmigungsverfahren für Indian Point nicht zur Genehmigungsvoraussetzung gemacht. Später wurden Zweifel geäußert, ob das dort errichtete Containment den Belastungen einer Kernschmelze gewachsen gewesen wäre. Der Zerknall des Reaktordruckbehälters (RDB) galt als so unwahrscheinlich, dass er von vornherein nicht betrachtet wurde.

Im Entwurf der USAEC-Leitlinien für Genehmigungsverfahren vom 28.8.1962 waren umfangreiche Anforderungen an die Beschrei-

bung des Containment-Systems im endgültigen Sicherheitsbericht enthalten.[421] Sie waren allgemein gehalten und nicht konkret bestimmt. Für die Festlegung des Auslegungsdrucks beispielsweise sollten alle wichtigen Höchstdrücke und -temperaturen sowie deren Ursachen und Auswirkungen erörtert werden. Ob und in welchem Ausmaß Kernschmelzunfälle darin eingeschlossen sein sollten, wurde nicht erläutert.[422]

In den Entwürfen und der endgültigen Fassung der „Allgemeinen Auslegungsrichtlinien für Errichtungsgenehmigungen von Kernkraftwerken" der USAEC von 1965–1968 wurde an die Leistungsfähigkeit der Kernnotkühlsysteme so hohe Anforderungen gestellt, „dass die Metall-Wasser-Reaktion des Hüllmaterials auf ein vernachlässigbares Ausmaß begrenzt wird, und zwar für alle Bruchgrößen im Reaktorkühlsystem einschließlich des Abscherens des größten Rohres."[423] Für die Auslegung des Containments wurde gefordert, dass es „Drücken und Temperaturen standhält, die als Folgen der größten glaubhaften Energiefreisetzung nach einem Kühlmittelverlustunfall auftreten. Dabei ist ein beträchtlicher Sicherheitszuschlag zur Berücksichtigung von Wirkungen von Metall-Wasser-Reaktionen oder anderen chemischen Reaktionen zu machen, die als Folge von Versagen von Kernnotkühlsystemen auftreten können."[424] In erster Linie wurde dabei an Zirkonium-Wasser-Reaktionen und die Verbrennung von Wasserstoff gedacht. Einzelheiten dazu wurden nicht angegeben.[425] Diese Auslegungskriterien bestanden ihre Bewährungsprobe beim Kühlmittelverlust-Unfall am 28. März 1979 im Kernkraftwerk TMI-2 bei Harrisburg, Pa. (s. Kap. 4.7).

---

[418] Okrent, D.: Nuclear Reactor Safety, The University of Wisconsin Press, 1981, S. 20–25: Antwortbrief von USAEC-Chairman W. F. Libby an Senator B. Hickenlooper vom 14. 3. 1956.

[419] Ergen, W. K.: Site Criteria for Reactors with Multiple Containment, Nuclear Safety, Vol. 4, No. 4, Juni 1963, S. 8–14.

[420] Bell, C. G. und Culver, H. N.: Comparison of Maximum Credible Accidents Postulated for U. S. Power Reactors, Nuclear Safety, Vol. 1, No. 4, Juni 1960, S. 24–32.

[421] Description of Containment System in Final Safety Analysis Report, in: „Purpose, Organization und Contents of Hazards Summary Reports for Power Reactors", in: Cottrell, Wm. B. und Savolainen, A. W. (Hg.): U. S. Reactor Containment Technology, Vol. II, ORNL-NSIS-5, August 1965, Appendix B.

[422] ebenda, S. B.6.

[423] Sicherheitskriterien für Kernkraftwerke, IRS-I 31 (1968), Kriterium 44, S. A-17.

[424] ebenda, Kriterium 49, S. A-18.

[425] Kritische Analyse der „Allgemeinen Konstruktionsrichtlinien für Kernkraftwerke" der Atomenergiekommission der USA, IRS-I 19 (1967), Richtlinie 17, S. 22.

Im Mai 1960 fand im Royal College of Science and Technology in Glasgow, Schottland eine wissenschaftliche Tagung über nukleare Containments und Druckbehälter statt, bei der sich eine Reihe von Beiträgen mit dem Entwurf, der Spannungsanalyse und Festigkeit sowie der Herstellung von kompliziert gestalteten Reaktorumschließungen befassten.[426]

Im März 1964 wurde das technische Regelwerk für den Bau von nuklearen Druckbehältern als Section III in den ASME Boiler and Pressure Vessel Code eingefügt. Seitdem die neuen Regeln der Section III 1963 bekannt geworden waren, wurden sie anstelle der behelfsweise gebrauchten Normen der Section VIII und gewisser Fallbeispiele verwendet. Die Konstruktionsregeln für Containments waren in Section III Class B enthalten und galten für Drücke über 0,34 bar. Sie wurden von der American Standards Association am 21.4.1965 angenommen[427] und umfassten detaillierte Bestimmungen für Werkstoffe und deren erforderliche Zähigkeit, für Werkstoffprüfungen, Konstruktion, Qualitätssicherung während der Herstellung, Schweißverfahren und Schweißnahtprüfung, für Dichtheits- und Wiederholungsprüfungen.[428] Die Regeln des ASME-Codes galten als Mindesterfordernisse. Der SB aus Stahl blieb ein Gegenstand wissenschaftlicher Untersuchungen.[429, 430]

In der ersten Hälfte der 60er Jahre wurde in den USA eine teilweise kontroverse Diskussion über empfehlenswerte Containmentformen und -ausführungen geführt. Auf der dritten Genfer Atomkonferenz der Vereinten Nationen im September 1964 wiesen die USAEC-Vertreter auf die in den USA geplanten und durchgeführten Containment-Forschungsprogramme hin, mit denen für große Leistungsreaktoren die Vorgänge bei der Energiefreisetzung bei Kühlmittelverlust-Störfällen sowie die Wirkung von ingenieurmäßigen Sicherheitsvorkehrungen wie Sprühsystemen, Filtern usw. untersucht werden sollten.[431] Die Vertreter der Bechtel Corp., San Francisco, Cal. und des Oak Ridge National Laboratory, Oak Ridge, Tenn. stellten auf dieser Konferenz die zu diesem Zeitpunkt gebräuchlichen amerikanischen Containment-Systeme vor. Das in Fig. 5 (Abb. 6.46)[432] schematisch dargestellte Doppelcontainment wurde in einer für den Hersteller Siemens typischen Ausführungsform zum Standard-Containment deutscher Druckwasser-Reaktoren (DWR) (s. Kap. 6.5.3).

In den USA wurde das Konzept des Doppel-Containments mit frei stehendem SB aus Stahlblech und einem umhüllenden Stahlbeton-Gebäude mit einem im Unterdruck kontrolliert belüfteten Zwischenraum nur noch gelegentlich angewandt. Beispiele sind die Kernkraftwerke Prairie Island 1 und 2 bei Red Wing, Minn. der Northern States Power Company[433] (je 560-MW_{el}-DWR, Westinghouse, am Netz Dezember 1973 bzw. November 1974), Kewaunee bei Carlton, Wis. der Wisconsin Public Service

---

[426] Nuclear Reactor Containment Buildings and Pressure Vessels, Butterworths, London, 1960, darin: Section 2: Design Studies and Methods of Stress Analysis, S. 91–188; Section 3: Shell Research – Analysis and Experiment, S. 191–458; Section 4: Engineering Design, Fabrication, Erection and Testing, S. 461–495.

[427] ASA Standard N 6.2, Safety Standard for Design, Fabrication and Maintenance of Steel Containment Structures for Stationary Nuclear Power Reactors.

[428] Cottrell, Wm. B. und Savolainen, A. W. (Hg.): U. S. Reactor Containment Technology, Vol. II, ORNL-NSIS-5, August 1965, Appendices C, D und E.

[429] vgl. Merkle, J. G.: The Strength of Steel Containment Shells, Part I: Nuclear Safety, Vol. 7, No. 2, Winter 1965/66, S. 204–212; Part II: Nuclear Safety, Vol. 7, No. 3, Frühjahr 1966, S. 346–353.

[430] vgl. Gluckmann, A. L.: Some Notes on Dynamic Structural Problems in the Design of Nuclear Power Stations, Nuclear Structural Engineering, Vol. 2, 1965, S. 419–437.

[431] Lieberman, J. A., Hamester, H. L. und Cybalskis, P.: The nuclear safety research and development program in the United States, Proceedings of the Third International Conference on the Peaceful Uses of Atomic Energy, Genf, 31. 8.-9. 9. 1964, Vol. 13, P/282 USA, United Nations, New York, 1965, S. 6 f.

[432] Davis, W. K. und Cottrell, W. B.: Containment and engineered safety of nuclear power plants, Proceedings of the Third International Conference on the Peaceful Uses of Atomic Energy, Genf, 31. 8.-9. 9. 1964, Vol. 13, P/276 USA, United Nations, New York, 1965, S. 362–371.

[433] Blakely, J. P.: Action on Reactor and Other Projects Undergoing Regulatory Review or Consideration: Prairie Island 1 and 2 (Dockets 50–282 and 50–306), Nuclear Safety, Vol. 9, No. 4, Juli-Aug. 1968, S. 333.

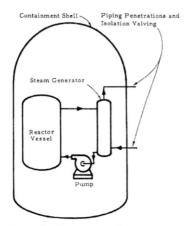

Figure 1. Pressure containment
(shown with PWR, GCR or OCR)

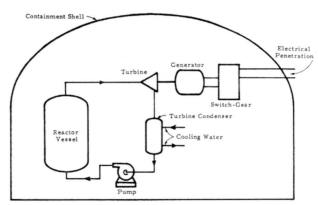

Figure 2. Low pressure containment (shown with BWR)

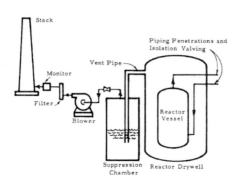

Figure 3. Pressure suppression containment (shown
with BWR)

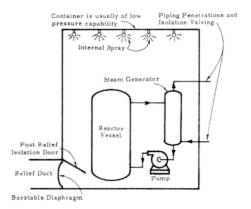

Figure 4. Pressure relief containment (shown with PWR)

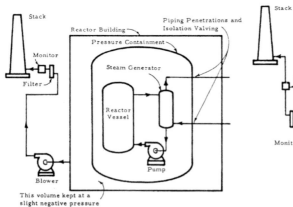

Figure 5. Multiple barrier containment
(shown with PWR)

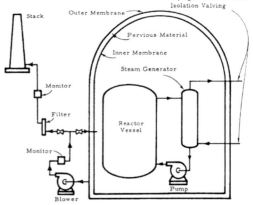

Figure 6. Multiple barrier containment (shown with PWR)

Abb. 6.46 Die amerikanischen Containment-Systeme im Jahr 1964 (schematisch)

Abb. 6.47 San Onofre -
1 am Pazifik im Jahr 1967

Corporation[434] (530-MW$_{el}$-DWR, Westinghouse,
am Netz April 1974) sowie wenige weitere Fälle.

Die Firma Westinghouse errichtete in den Jahren 1963–1967 zwei Kernkraftwerke mit DWR,
die sehr unterschiedliche Containments hatten:[435]

- am Standort Haddam Neck, etwa 30 km südöstlich von Hartford, Ct. für die Connecticut
Yankee Atomic Power Company zusammen
mit dem Ingenieurbüro Stone & Webster
einen DWR mit der geplanten Netto-Leistung
462 MW$_{el}$[436] und
- am Standort San Onofre an der Pazifikküste,
16 km südlich von San Clemente, Cal. für
die Southern Calif. Edison & San Diego Gas
& Electric Company mit dem Ingenieurbüro
Bechtel einen DWR mit der geplanten Netto-Leistung 375 MW$_{el}$[437]. Beide Kraftwerke
gingen im Januar 1968 in den kommerziellen
Betrieb. San Onofre hatte einen kugelförmigen SB aus Stahlblech mit dem Durchmesser

von 42,7 m, der ca. 12 m in den Untergrund
abgesenkt war. Das Vorbild des Dresden-
1-SB, den ebenfalls die Bechtel Corp. entworfen hatte, war unverkennbar. Es war der
letzte kugelförmige SB eines amerikanischen
Leistungsreaktors (Abb. 6.47).[438]

Die Befürworter der zylindrischen Bauweise
machten geltend, dass diese einfacher zu verwirklichen sei. Höhe und Durchmesser könnten
im Gegensatz zur Kugel unabhängig voneinander gewählt, in der Entwicklungsphase problemlos variiert und den räumlichen Erfordernissen
der Reaktoranlage optimal angepasst werden.
Je größer das erforderliche Containment-Volumen und die Wanddicke eines sphärischen SB
aus Stahlblech würden, umso komplizierter und
teurer werde seine Errichtung; die zylindrische
Form mit hemisphärischer oder -ellipsoider Kuppel werde nicht nur konstruktiv, vielmehr auch
wirtschaftlich vorteilhafter. Mitte der 60er Jahre
waren die Forschungsreaktoren und Kernkraftwerke in den USA ganz überwiegend mit zylindrischen Containments gebaut worden.[439]

Das Containment von Haddam Neck war ein
aus armiertem Beton hergestellter, senkrecht
stehender Zylinder mit hemisphärischer Kuppel

---

[434] Blakely, J. P.: Action on Reactor and Other Projects
Undergoing Regulatory Review or Consideration: Ke-
waunee (Docket 50–305), Nuclear Safety, Vol. 9, No. 5,
Sept.-Okt. 1968, S. 437.

[435] Gall, W. R.: Review of Containment Philosophy and
Design Practice, Nuclear Safety, Vol. 7, No. 1, Herbst
1965, S. 81–86.

[436] Action on Reactor Projects Undergoing Regulatory
Review: Connecticut Yankee Reactor (Docket 50–213),
Nuclear Safety, Vol. 6, No. 1, Herbst 1964, S. 98 f.

[437] Buchanan, J. R.: Action on Reactor Projects Undergo-
ing Regulatory Review: San Onofre Nuclear Generating
Station (Docket 50–206), Nuclear Safety, Vol. 5, No. 3,
Frühjahr 1964, S. 281 f.

[438] Hogerton, J. F.: The Arrival of Nuclear Power, Scientific American, Vol. 218, No. 2, Februar 1968, S. 27.

[439] Appleford, A. M., Dyer, G. H. et al.: Structural Design
Considerations, in: Cottrell, Wm. B. und Savolainen, A.
W. (Hg.): U. S. Reactor Containment Technology, Vol. II,
ORNL-NSIS-5, August 1965, S. 8.17–8.22.

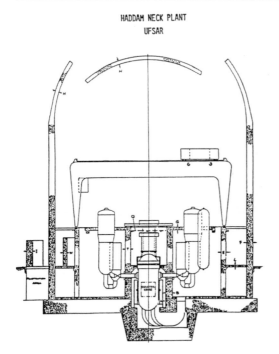

Abb. 6.48 Vertikalschnitt durch das Containment des Haddam-Neck-Kernkraftwerks

(Abb. 6.48),[440] der im Innern mit einem Stahl-Liner der Blechdicke 6,4 mm ausgekleidet war. Der Liner war mit Stahlstiften am Beton befestigt.[441] Der Stahlbeton-Zylinder hatte einen Innendurchmesser von 41 m, eine Höhe von 34 m und die Wanddicke von 1,7 m. Die Wanddicke der Stahlbeton-Kuppel betrug 1,4 m.[442] Auslegungsdruck und -temperatur waren 2,8 bar und 127 °C. Das zylindrische Containment stand auf einer ca. 3 m dicken Fundament-Platte aus armiertem Beton. Das Containment-Konzept von Haddam Neck wurde in den USA zu einem vielfach angewandten Standard.

Für SB von Leistungsreaktoren, die höheren Drücken standhalten mussten, war erst einmal Stahl das bevorzugte Baumaterial, weil Stahl hohe

Zugspannungen aufnehmen und zum Abbau von Spannungsspitzen mit ausreichender Zähigkeit und Verformbarkeit ausgestattet werden kann. Bei Blechdicken über 1¼ in. (31 mm) mussten jedoch Wärmebehandlungsvorschriften eingehalten, die Schweißnähte spannungsarm geglüht und besonderen Prüfverfahren unterzogen werden. Dies war auf der Baustelle nur mit großem Aufwand zu leisten. Als weitere Aufgabe eines Containments war stets die Abschirmung der Umgebung vor der radioaktiven Strahlung der während eines Unfalls in den SB freigesetzten Spaltprodukte zu gewährleisten. Der Gedanke war nun naheliegend, die mächtigen, zur Abschirmung errichteten Betonwände zugleich als tragende und druckhaltende Konstruktion zu verwenden und dadurch den SB aus Stahl zu ersetzen.

Über die Grenzen der Verwendbarkeit von Beton als Baumaterial für Containments wurde intensiv diskutiert.[443, 444, 445] Beton kann nur geringe Zugspannungen aufnehmen. Schon bei Temperaturgradienten und Erschütterungen können sich Risse bilden. Für das Containment eines Leistungsreaktors konnte deshalb nur mit Stahl bewehrter Beton (Stahlbeton) oder mit Stahlseilen vorgespannter Beton (Spannbeton) in Betracht kommen. Wegen der zu gewährleistenden geringen Leckraten mussten in jedem Fall die Betonwände eines Containment-Gebäudes innen mit einem gasdichten Kunststoffbelag oder einer Stahlblech-Auskleidung versehen werden.

Zylindrische Stahlbeton-Containments mit Stahl-Liner im Innern wurden beispielsweise für die Kernkraftwerke Indian Point 2 und 3 am Hudson-Ufer bei Buchanan, N. Y. der Consolidated Edison Corp. (je 873-MW_{el}-DWR, Westinghouse, am Netz Aug. 1973 bzw. Juni 1975), Surry 1 und 2 am James River, Surry County, Va. der Virginia Electric & Power Company (je 788-MW_{el}-DWR, Westinghouse, am Netz Dezember 1972 bzw. Mai

[440] Abb. aus dem endgültigen Sicherheitsbericht (UFSAR) Haddam Neck Plant, GRS-Archiv, Köln.

[441] Blakely, J. P.: Action on Reactor and Other Projects Undergoing Regulatory Review or Consideration: Connecticut Yankee (Docket 50–213), Nuclear Safety, Vol. 8, No. 5, Sept.-Okt. 1967, S. 526 f.

[442] Denkins, R. F. und Northup, T. E.: Concrete Containment Structures, Nuclear Safety, Vol. 6, No. 2, Winter 1964/1965, S. 194–211.

[443] Waters, T. C.: Reinforced Concrete as a Material for Containments und Diskussion, in: Nuclear Reactor Containment Buildings and Pressure Vessels, Butterworths, London, 1960, S. 50–87.

[444] Koenne, W.: Einige Gedanken zur Errichtung von Beton-Containments, Nuclear Structural Engineering, Vol. 2, 1965, S. 126–133.

[445] Appleford, A. M., Dyer, G. H. et al., a. a. O., S. 8.27–8.37.

1973), Diablo Canyon bei San Luis Obispo, Cal. der Pacific Gas & Electric Company (1084-MW$_{el}$-DWR, Westinghouse, am Netz Sept. 1975) und an weiteren Standorten errichtet. Das Kernkraftwerk Brunswick 1 und 2, Brunswick County, N. C. der Carolina Power & Light Co. (je 821-MW$_{el}$-SWR, General Electric Corp., am Netz Januar 1975 bzw. Dezember 1975) hatte je ein zylindrisches Stahlbeton-Containment mit Stahl-Liner, dessen neuartige Beton-Bewehrung aus diagonal verlaufenden Stahlstangen bestand und seismischen Schubkräften standhalten konnte.[446]

Wegen der Empfindlichkeit des Betons gegen hohe Temperatur und Drücke legte die amerikanische Reaktorsicherheitskommission ACRS in den Genehmigungsverfahren großen Wert auf die Leistungsfähigkeit und Zuverlässigkeit von ingenieurmäßigen Druckunterdrückungs-, Belüftungs- und Filtersystemen. Den Sprühsystemen wurde besondere Bedeutung zugemessen.[447, 448, 449] Die Westinghouse Electric Corporation entwickelte im Jahr 1965 das Containment mit Eis-Kondensator („ice-condenser reactor containment system"), um den bei einem Kühlmittelverlust-Störfall freigesetzten Dampf in wenigen Minuten vollständig kondensieren und den normalen Druck im Containment wiederherstellen zu können. Die Zielsetzung war, eine große statische Wärmesenke innerhalb des Containments vorzuhalten, die eine große Oberfläche für den Wärmeübergang bereitstellen konnte. Eis mit seiner niedrigen Schmelztemperatur und seiner hohen Schmelzwärme erschien als das ideale Medium. Eis kann in Formen mit großer Oberfläche aus boriertem Wasser hergestellt und mit konventionellen Kältemaschinen in gefrorenem Zustand gehalten werden. Ein mit Millionen hohlen Eiswürfeln (wie sie zur Kühlung von Getränken dienen) gefüllter Ringraum wurde so zwischen dem Primärkreislauf und dem freien Containment-Volumen eingebaut, dass der beim Komponentenversagen freigesetzte Dampf gezwungen wurde, durch den Eis-Kondensator zu strömen (Abb. 6.49[450, 451]). Für umfassende experimentelle Untersuchungen wurde ein Versuchsstand bei Waltz Mill, Pa. mit dem Höhenmaßstab 1:1 erbaut. Das neue System erwies sich als so wirksam, dass es möglich erschien, für das Containment mit Eis-Kondensator den Auslegungsdruck auf ein Viertel und das umschlossene Volumen auf die Hälfte zu vermindern (Abb. 6.49, links).

Das ACRS befasste sich mit dem Eis-Kondensator und kam zu dem Ergebnis, dass dieses neue Konzept eine erfolgversprechende technische Lösung für eine ausreichende Druckunterdrückung darstelle.[452] Das erste Kernkraftwerk mit Eis-Kondensator-Containment war Donald C. Cook 1 und 2 am Lake Michigan bei Benton Harbor, Mich. der Indiana & Michigan Electric Company[453] (je 1060-MW$_{el}$-DWR, Westinghouse, am Netz April 1975 bzw. Mai 1976). Die Blöcke Cook 1 und 2 hatten je ein Stahlbeton-Containment mit innerem Stahl-Liner. In ihnen wurden ergänzend Wasserstoff-Sauerstoff-Rekombinatoren sowie hochwirksame Filtersysteme installiert. Wenig später wurde ein zweites Kernkraftwerk mit Eis-Kondensator-Containments erbaut: Sequoyah 1 und 2 bei Chattanooga, Tenn. der Tennessee Valley Authority[454] (je 1130-MW$_{el}$-DWR, Westinghouse, am Netz Juni

---

[446] Blakely, J. P.: Action on Reactor and Other Projects Undergoing Regulatory Review or Consideration: Brunswick 1 and 2 (Dockets 50–324 and 50–325), Nuclear Safety, Vol. 10, No. 5, Sept.-Okt. 1969, S. 467.

[447] Griffiths, V.: Use of Sprays as a Safeguard in Reactor Containment Structures, Nuclear Safety, Vol. 6, No. 2, Winter 1964–1965, S. 186–194.

[448] Keilholtz, G. W. und Battle, G. C.: Air Cleaning as an Engineered Safety Feature in Light-Water-Cooled Power Reactors, Nuclear Safety, Vol. 10, No. 1, Januar-Februar 1969, S. 46–53.

[449] Row, Th. H.: Research on the Use of Containment-Building Spray Systems in Pressurized-Water Reactors, Nuclear Safety, Vol. 11, No. 3, Mai-Juni 1970, S. 223–234.

[450] Nuclear safety with ice cubes, Power Engineering, Vol. 71, No. 11, Nov. 1967, S. 73 f.

[451] Weems, S. J., Lyman, W. G. und Haga, P. B.: The Ice-Condenser Reactor Containment System, Nuclear Safety, Vol. 11, No. 3, Mai-Juni 1970, S. 2115–222.

[452] Blakeley, J. P.: AEC Administrative Activities: ACRS on Ice, Nuclear Safety, Vol. 9, No. 2, März-April 1968, S. 174 f.

[453] Blakely, J. P.: Action on Reactor and Other Projects Undergoing Regulatory Review or Consideration: Cook 1 and 2 (Dockets 50–315 and-316), Nuclear Safety, Vol. 10, No. 3, Mai-Juni 1969, S. 274 f.

[454] Blakely, J. P.: Action on Reactor and Other Projects Undergoing Regulatory Review or Consideration: Sequoyah 1 and 2 (Dockets 50–327 and 50–328), Nuclear Safety, Vol. 10, No. 2, März-April 1969, S. 194.

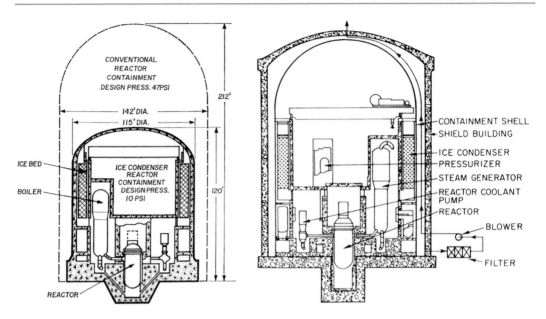

Abb. 6.49 Größenvergleich von Containments mit und ohne Eis-Kondensator (links) und Containment mit Eis-Kondensator des Kernkraftwerks Sequoyah (rechts)

1976 bzw. Februar 1977). Die Containments bestanden aus zylindrischen Stahl-SB mit ebenem Boden und hemisphärischer Kuppel, die von zylindrischen Stahlbeton-Hüllen umschlossen waren. Die Abluft aus dem Ringraum des jeweiligen Doppelcontainments wurde über Filtersysteme abgeleitet (Abb. 6.49, rechts).

Spannbeton hat gegenüber Stahlbeton den Vorzug, die Rissbildung weitgehend zu unterdrücken, und da der Spannstahl unter hoher Zugspannung steht, weniger Stahl zu erfordern. Spannbeton-Containments können für ähnlich hohe Auslegungsdrücke gebaut werden, wie SB aus Stahl.[455] Sie sind mit ihrer Dichtheit und Standfestigkeit den Stahlbeton-Containments überlegen. Spannbeton-Containments wurden in den USA erst in der zweiten Hälfte der 60er Jahre im Zusammenhang mit der Errichtung von Kernkraftwerken sehr großer Leistung in der Nähe von Industrie- und Wohngebieten eingeführt.[456] In Frankreich und England waren seit den 50er Jahren Reaktordruckbehälter aus Spannbeton in gasgekühlten Reaktoren in Betrieb (s. Kap. 9.2.1).

Das erste amerikanische Spannbeton-Containment wurde für das R. E. Ginna (zunächst Brookwood) -Kernkraftwerk der Rochester Gas & Electric Co. am Ontariosee, 25 km von Rochester entfernt, erbaut (480-MW$_{el}$-DWR, Westinghouse, am Netz Juli 1970). Das ACRS maß dieser „neuartigen Konzeption" hohe Bedeutung bei. Ein ACRS-Unterausschuss befasste sich eingehend mit dieser ungewöhnlichen ingenieurmäßigen Schutzvorkehrung. Das ACRS empfahl ausdrücklich, die europäischen Erfahrungen mit dem Entwurf, der Konstruktion und Prüfung von nuklearen Spannbeton-Behältern zu berücksichtigen. Hohe Sicherheitsreserven sollten vorgesehen und die Stahlseile für die Vor- und Nachspannung vor Korrosion geschützt werden. Die Druckprüfung solle bei 4,8 bar vorgenommen und die Leckrate bei 4,1 bar ermittelt werden.[457]

Mit dem Hinweis auf einen seismisch aktiven Untergrund wurde für das Palisades-Kernkraftwerk bei South Haven, Mich. der Michigan Consumers

[455] Guthrie, C. E. (Hg.): Containment Integrity – A State-of-the-Program Report, Nuclear Safety, Vol. 8, No. 5, Sept.-Okt. 1967, S. 483–489.

[456] Gall, W. R.: Design Trends in Systems for Containment, Nuclear Safety, Vol. 8, No. 3, Frühjahr 1967, S. 245–248.

[457] Blakely, J. P.: Action on Reactor and Other Projects Undergoing Regulatory Review or Consideration: Brookwood Unit No. 1 (Docket 50–244), Nuclear Safety, Vol. 7, No. 4, Sommer 1966, S. 517 f.

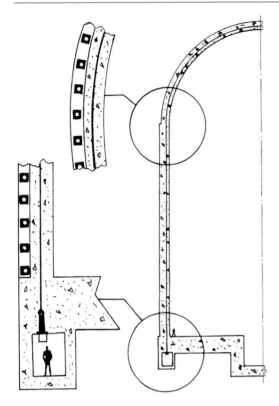

Abb. 6.50 Lage der Spannseile in einem Spannbeton-Containment

seil-Verankerungen mussten während des oft langwierigen Prozesses der Vorspannung und für spätere Kontrollen zugänglich sein, wozu unter der Zylinderwand ein Verankerungstunnel (tendon gallery) angelegt wurde (Abb. 6.50 und 6.51). Nach einer schwedischen Konzeption wurde das Spannbeton-Containmentgebäude auf gewachsenem Fels errichtet und der kreisförmige Verankerungstunnel in angemessener Tiefe im Fels erstellt.[459] In Abweichung von der üblichen horizontal umlaufenden und vertikalen Anordnung der Spannseile wurden diese auch kreuzmusterartig 45° zur Senkrechten geneigt in den Beton eingebracht. Ein Beispiel dafür war das Fort Calhoun – Kernkraftwerk etwa 30 km nördlich von Ohama, Nebr. der Ohama Public Power District Co. (480-MW$_{el}$-DWR, Combustion Engineering, am Netz September 1973), dessen Containment erdbebensicher ausgelegt werden sollte.[460]

Im Genehmigungsverfahren für das Kernkraftwerk Three Mile Island 2 am Susquehanna Fluss 16 km südöstlich von Harrisburg, Pa. der Jersey Central Power and Light (später Metropolitan Edison) Company (900-MW$_{el}$-DWR, Babcock & Wilcox, am Netz Mai 1977) wurde dem Korrosionsschutz der Spannseile im Spannbeton-Containment besondere Aufmerksamkeit zugewandt. Eine periodisch durchzuführende Containment-Druckprüfung mit einem 15 % über dem Auslegungsdruck liegenden Prüfdruck wurde vorgesehen. Besondere Untersuchungen galten der Zirkonium-Wasser-Reaktion und der Wasserstoffbildung bei einem Kühlmittelverlust-Störfall mit Versagen der Kernnotkühlung.[461] Das TMI-2-Containment hielt am 28.3.1979 allen Belastungen durch einen Kühlmittelverlust-Unfall stand, einschließlich einer Drucktran-

Power Company of Michigan (700-MW$_{el}$-DWR, Combustion Engineering, am Netz 1971) ein Spannbeton-Containment mit innerem Stahl-Liner errichtet.[458] Das Konzept des Spannbeton-Containments mit Stahl-Liner wurde nunmehr vielfach angewandt. Weitere Beispiele sind das Kernkraftwerk Turkey Point 3 und 4 im Dade County, Fla. der Florida Power & Light Co. (je 760-MW$_{el}$-DWR, Westinghouse, am Netz Dezember 1972 bzw. September 1973) oder das Kernkraftwerk Oconee 2 und 3 im Oconee County, S. C. der Duke Power Company (je 839-MW$_{el}$-DWR, Babcock & Wilcox, am Netz Juli 1973 bzw. März 1974).

Abbildung 6.50 zeigt die Anordnung der vertikalen und horizontalen Spannseile. Das zylindrische Containment-Gebäude wurde auf eine mächtige Stahlbeton-Bodenplatte gestellt. Die Spann-

[458] Blakely, J. P.: Action on Reactor and Other Projects Undergoing Regulatory Review or Consideration: Palisades Nuclear Power Plant (Docket 50–255), Nuclear Safety, Vol. 8, No. 4, Sommer 1967, S. 417.

[459] Lindbo, T. und Bronner, N.: Prestressed concrete containment vessel for R4/EVE Sweden, Diskussionsbeitrag in: Nuclear Reactor Containment Buildings and Pressure Vessels, Butterworths, London, 1960, S. 72–75.

[460] Blakely, J. P.: Action on Reactor and Other Projects Undergoing Regulatory Review or Consideration: Fort Calhoun (Docket 50–285), Nuclear Safety, Vol. 9, No. 4, Juli-August 1968, S. 331.

[461] Blakely, J. P.: Action on Reactor and Other Projects Undergoing Regulatory Review or Consideration: Three Mile Island 2 (Docket 50–320), Nuclear Safety, Vol. 10, No. 6, Nov.-Dez. 1969, S. 558 f.

Abb. 6.51 Vertikalschnitt durch ein typisches amerikanisches Spannbeton-Containment mit DWR

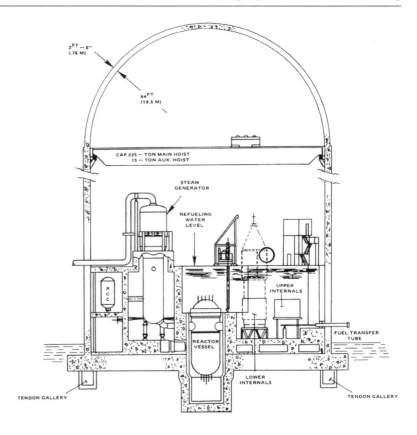

siente aus einer Wasserstoff-Verpuffung mit einer Druckspitze von annähernd 2 bar (s. Kap. 4.7).

In Abb. 6.51 ist der Vertikalschnitt eines typischen Spannbeton-Containments für ein amerikanisches Kernkraftwerk mit Druckwasserreaktor (DWR) abgebildet.[462] Die Kuppeln dieser Containments waren teils halbkugelförmig, teils flach gewölbt.

Ein besonderes Problem stellte beim Spannbeton-Containment die Befestigung der Stahlblech-Innenauskleidung dar. Bei der Vorspannung und Verdichtung des Betons konnte es zu Ausbeulungen des Liners und damit zu Rissbildungen und Brüchen kommen. In analytischen und experimentellen Untersuchungen wurde erkundet, wie und in welchen Abständen Dübel zur Liner-Verankerung am Beton vorgesehen werden sollten.[463]

Die Frage der Funktionstüchtigkeit und Zuverlässigkeit der Containmentsysteme einschließlich ihrer ingenieurmäßigen Schutzvorrichtungen unter Unfallbedingungen war in den USA in den 60er Jahren ein Gegenstand ständiger Erörterung, theoretischer und experimenteller Untersuchungen, an denen sich zahlreiche Institutionen beteiligten (vgl. Kap. 6.5.6).[464, 465]

Zum 30. Juni 1980 waren in den USA 120 Leistungskernkraftwerke mit Druckwasserreaktor in Betrieb oder im Genehmigungsverfahren; 30 davon hatten ein Containment aus Stahlblech (11 kugelförmig). Die Betoncontainments bestanden aus senkrechten Zylindern mit kugel- oder ellipsoidförmigen Kuppeln und flachen Fundamentplatten. 55 Containments hatten

---

[462] Abb. .6.51 ist einer älteren amerikanischen Schulungsunterlage entnommen, GRS-Archiv, Köln.

[463] Chan, H. C. und McMinn, S. J.: The Stabilisation of the Steel Liner of a Prestressed Concrete Pressure Vessel, Nuclear Engineering and Design, Vol. 3, 1966, S. 66–73.

[464] Buchanan, J. R.: Research, in: Cottrell, Wm. B. und Savolainen, A. W. (Hg.): U. S. Reactor Containment Technology, Vol. II, ORNL-NSIS-5, August 1965, S. 12.1–12.7.

[465] Zapp, F. C.: Testing of Containment Systems Used with Light-Water-Cooled Power Reactors, Nuclear Safety, Vol. 10, No. 4, Juli-August 1969, S. 308–315.

Tab. 6.3 Containment-Bauarten der DWR-Kernkraftwerke im Jahr 2006 in den USA

Primary Containment	Subtype	Subtype Detail	Plants	Plants (2)
Large Dry Primary Containment	Steel Cylinder	Steel Cylinder with Reinforced Concrete Shield Building	Kewaunee, Prarie Island 1, Prarie Island 2, Davis-Besse, St. Lucie 1, St. Lucie 2, Waterford 3	Arkansas 1, Arkansas 2, Oconee 1, Oconee 2, Oconee 3, Crystal River 3, Three Mile Island 1, Calvert Cliffs 1, Calvert Cliffs 2, Palisades, Palo Verde 1, Palo Verde 2, Palo Verde 3, San Onofre 2, San Onofre 3, Braidwood 1, Braidwood 2, Byron 1, Byron 2, Callaway, Farley 1, Farley 2, Point Beach 1, Point Beach 2, South Texas 1, South Texas 2, Summer, Turkey Point 3, Turkey Point 4, Vogtle 1, Vogtle 2, Wolf Creek
	Reinforced Concrete Cylinder with Steel Liner	Reinforced Concrete Cylinder with Steel Liner	Comanche Peak 1, Comanche Peak 2, Diablo Canyon 1, Diablo Canyon 2, Indian Point 2, Indian Point 3, Salem 1, Salem 2, Shearon Harris 1	
	Posttensioned Concrete Cylinder with Steel Liner	Reinforced Concrete Cylinder with Steel Liner and Secondary Containment	Seabrook 1	
		1-D Vertical Posttensioned Concrete Cylinder with Steel Liner	Ginna, HB Robinson	
		Diagonal Posttensioned Concrete Cylinder with Steel Liner	Fort Calhoun	
		3-D Posttensioned Concrete Cylinder with Steel Liner		
		3-D Posttensioned Concrete Cylinder with Steel Liner and Secondary Containment	Millstone 2	
Subatmospheric Primary Containment		Reinforced Concrete Cylinder with Steel Liner	Beaver Valley 1, Beaver Valley 2, North Anna 1, North Anna 2, Surry 1, Surry 2	
		Reinforced Concrete Cylinder with Steel Liner	Millstone 3	
Ice Condenser Primary Containment		Steel Cylinder with Reinforced Concrete Shield Building	Sequoyah 1, Sequoyah 2, Watts Bar 1, Catawba 1, Catawba 2, McGuire 1, McGuire 2	
		Reinforced Concrete Cylinder with Steel Liner	DC Cook 1, DC Cook 2	

Wände aus Spannbeton, 33 aus Stahlbeton.[466] Im Jahr 2006 wurden in den USA 69 Leistungskernkraftwerke mit Druckwasserreaktor betrieben, von denen 53 großräumige Containments ohne Druckabbausysteme hatten. In Tab. 6.3 sind die Containment-Bauarten zusammengestellt.

Nur noch 7 Kernkraftwerke hatten ein Doppel-Containment mit Stahlblech-Sicherheitsbehälter und äußerer Stahlbeton-Hülle. Alle Kernkraftwerke mit kugelförmigem Sicherheitsbehälter waren zu diesem Zeitpunkt bereits stillgelegt. 62 DWR-Kernkraftwerke besaßen ein zylindrisches Betoncontainment mit innerer Stahl-

---

[466] Rieseman von, W. A., Blejwas, T. E. et al.: NRC Containment Safety Margins Program for Light-Water Reactors, Nuclear Engineering and Design, Vol. 69, 1982, S. 161–168.

blech-Auskleidung (Liner); 36 davon waren aus nachgespanntem Spannbeton (Vorspannung mit nachträglichem Verbund) errichtet. 9 Stahlbeton-Containments mit geringerem Volumen waren mit Eis-Kondensatoren ausgestattet, 7 Stahlbeton-Containments wurden mit Unterdruck von ca. 0,35 bar gefahren.[467]

6.5.2 Containments der Leistungskernkraftwerke in der Bundesrepublik mit Siedewasserreaktor

In der Deutschen Atomkommission (DAtK) traten die Vertreter der Rheinisch-Westfälische Elektrizitätswerk AG (RWE), Heinrich Schöller und Heinrich Mandel, von Anfang an für ein vielseitiges Reaktorentwicklungsprogramm ein, an dem die deutsche Elektrizitätswirtschaft mitwirken müsse. Heinrich Mandel,[468] ein hervorragender Pionier der Kernenergienutzung in der deutschen Energiewirtschaft, legte im Arbeitskreis Kernreaktoren der DAtK, der sich am 19.4.1956 konstituiert hatte, ein konkretes Programm für fünf Versuchsatomkraftwerke (Prototypen) verschiedener Reaktortypen vor.[469]

Als Leiter der 1955 neu eingerichteten Kerntechnischen Abteilung der RWE hatte Heinrich Mandel bereits im Februar 1956 mit einer Anfrage bei zehn amerikanischen und britischen Herstellerfirmen die Errichtung eines ersten deutschen Versuchsatomkraftwerks mit einer elektrischen Leistung von rd. 10 MW_{el} erkundet. Um die Aufwändungen für eine unwirtschaftliche Versuchsanlage möglichst gering zu halten,

sollte das Versuchskraftwerk klein, aber doch so groß sein, dass die Bau- und Betriebserfahrungen auf künftige Großkraftwerke übertragen werden konnten. Unter sieben eingegangenen Angeboten fiel im März 1957 die Entscheidung zugunsten einer amerikanisch-britischen Firmengruppe, die ein Kernkraftwerk mit Siedewasserreaktor (SWR) nach dem Konzept des im Februar 1956 angekündigten Kernkraftwerks Elk River Reactor (ERR) zu bauen vorschlug.[470]

ERR wurde von der amerikanischen Atomenergiebehörde USAEC geplant und am Mississippi, etwa 60 km nordwestlich von Minneapolis, Minn., in Zusammenarbeit mit der Herstellerfirma Allis-Chalmers Manufacturing Co. und dem Ingenieurbüro Sargent & Lundy Engineers in den Jahren 1959–1962 errichtet. Der ERR-SWR hatte eine elektrische Leistung von 22 MW_{el} und arbeitete mit Naturumlauf seines Kühlmittels, unterschied sich aber von den anderen SWR-Systemen durch einen geschlossenen Primärkreis, der über einen Wärmetauscher mit einem Sekundärkreis verbunden war. Der sekundärseitig erzeugte Dampf wurde in einem mit Kohle gefeuerten Überhitzer weiter erhitzt, bevor er auf die Turbine geleitet wurde. Der nukleare Brennstoff bestand aus einem Gemisch von Uran- und Thoriumdioxid.[471] Man kann ERR als die SWR-Variante des Indian-Point-Reaktorkonzepts (ohne Übernahme des Doppel-Containments) bezeichnen (s. Kap. 6.5.1). Für die RWE hatte dieses Konzept den Vorzug höherer Wirtschaftlichkeit. Nukleare und konventionelle Dampferzeugung waren so kombiniert, dass im Betrieb von einer Technik zur anderen gewechselt werden konnte und insbesondere keine Gefahr der radioaktiven Kontamination des konventionellen Teils der Stromerzeugung bestand.

Die Verhandlungen der amerikanisch-britischen Firmengruppe, an der sich von deutscher Seite noch die Siemens-Schuckertwerke AG beteiligen sollte, mit der USAEC über Fragen der Technikentwicklung und deren Finanzierung

[467] Hessheimer, M. F. und Dameron, R. A.: Containment Integrity Research at Sandia National Laboratories, NUREG/CR-6906 SAND2006-2274P, Juli 2006, S. 7 f.

[468] Heinrich Mandel, (1919–1979), Dr.-Ing. Dr. phil. Dr. h. c. mult., Maschineningenieur und Physiker, Honorarprofessor für Reaktortechnik der RWTH Aachen 1963, DAtK 1956, RWE-Vorstand 1966, Präsidium Kerntechnischer Ausschuss 1972, Präs. DAtF 1973, Präs. Weltenergiekonferenz 1977, größter Erfolg: Bau des KKW Biblis, des damals größten Kernkraftwerks der Welt.

[469] Müller, Wolfgang D.: Geschichte der Kernenergie in der Bundesrepublik Deutschland, Schäffer Verlag, Stuttgart, 1990, S. 362.

[470] Mandel, Heinrich: Planung des Versuchsatomkraftwerks Kahl, atw, Jg. 6, Januar 1961, S. 25 f.

[471] Nucleonics Reactor File No. 15, ERR Elk River, Nucleonics, Vol. 21, No. 7, Juli 1963, S. 37 ff.

für das ERR-Projekt scheiterten. Der vorläufige RWE-Auftrag an die Firmengemeinschaft musste im Herbst 1957 annulliert werden. Die Konzeption der Kombination eines SWR mit einem nachgeschalteten fossil gefeuerten Überhitzer wurde in Deutschland mit dem Bau des Kernkraftwerks Lingen (KWL) in den Jahren 1964–1968 am Dortmund-Ems-Kanal 5 km südlich von Lingen verwirklicht.[472]

In der Zwischenzeit hatte sich die International General Electric Co., New York, zu einer engeren Zusammenarbeit auf dem Kernenergiegebiet mit der Allgemeinen Elektricitäts-Gesellschaft (AEG), Frankfurt/m. entschlossen und unterbreitete der RWE AG ein neues Angebot, das im Juni 1958 die Zustimmung der RWE fand.[473]

Das Genehmigungsverfahren für das erste deutsche Leistungskernkraftwerk gestaltete sich schwierig, aus der Sicht der Antragstellerin in Teilen umständlich und undurchsichtig. Die RWE AG erteilte am 13. Juni 1958, drei Wochen nachdem sich die Reaktor-Sicherheitskommission (RSK) konstituiert hatte, der AEG AG den Bauauftrag für den Standort Kahl am Main. Noch im gleichen Monat erteilte das Landratsamt Alzenau die vorläufige Baugenehmigung und begannen die Bauarbeiten. Noch gab es keine deutschen Regelungen, Richt- oder Leitlinien zum Prüfverfahren für Leistungsreaktoren. Die RSK erörterte zeitlich parallel zum Genehmigungsverfahren für den ersten deutschen Leistungsreaktor eine erste „Musterordnung: Merkposten für die Aufstellung eines Sicherheitsberichts.“[474] Das Atomgesetz (AtG) trat erst zum 1. Januar 1960 in Kraft. Am 20. Mai 1960 wurde die Verordnung über das Verfahren bei der Genehmigung von Anlagen nach § 7 AtG (Atomanlagen-Verordnung) erlassen. Die erste Strahlenschutzverordnung trat zum 1. September 1960 in Kraft. Zu diesem Zeitpunkt war die Errichtung des ersten deutschen Leistungskernkraftwerks nahezu ab-

Abb. 6.52 Das Versuchsatomkraftwerk Kahl, 1961

geschlossen. Es wurde im November 1960 zum ersten Mal kritisch.

Bei den deutschen Behörden und Gutachtern, auch beim deutschen Hersteller AEG und der auftraggebenden Energiewirtschaft, lagen so gut wie keine Erfahrungen mit der Abwicklung von kerntechnischen Vorhaben dieser Größenordnung vor. Man orientierte sich an ausländischen Entwicklungen, insbesondere in den USA.

Versuchsatomkraftwerk Kahl Im Oktober 1958 gründeten die RWE gemeinsam mit der Bayernwerk AG die Versuchsatomkraftwerk Kahl (VAK) GmbH, Großwelzheim, an der RWE mit 80 % und das Bayernwerk mit 20 % beteiligt waren. Der Hauptauftragnehmer AEG errichtete schlüsselfertig in den Jahren 1958–1961 für die VAK-Gesellschaft etwa 10 km südöstlich von Frankfurt/M. auf der Gemarkung Großwelzheim bei Kahl am Main das erste deutsche Leistungskernkraftwerk, das eine elektrische Nettoleistung von 15 MW_{el} hatte, die von einem SWR erzeugt wurde (Abb. 6.52).[475]

AEG arbeitete eng mit IGE bzw. mit deren europäischen Niederlassung International General Electric Operations S. A. (IGEOSA), Genf zusammen. Die IGE wurde mit der nuklearen und thermischen Auslegung des Reaktors sowie mit dem Entwurf des Dampferzeugersystems beauftragt und lieferte die Brennelemente, Regelstäbe, Antriebe und Teile der Reaktordruckbehälter

---

[472] Körber, A.: Besondere bautechnische Aufgaben für das KWL, atw, Jg. 13, März 1968, S. 155–157.

[473] Mandel, Heinrich: Planung des Versuchsatomkraftwerks Kahl, atw, Jg. 6, Januar 1961, S. 26.

[474] BA B 138–194, Ergebnisprotokoll 10. RSK-Sitzung, 9. 11. 1959, S. 6 f.

[475] Versuchsatomkraftwerk Kahl, atw, Jg. 6, Januar 1961, S. 23.

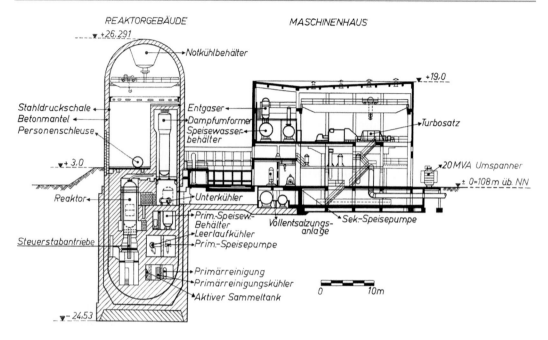

Abb. 6.53 Vertikalschnitt durch Reaktorgebäude und Maschinenhaus des VAK

(RDB) -Einbauten.[476] IGE war darüber hinaus Projektberater und Ausbilder des VAK-Betriebspersonals.

Der leichtwassergekühlte und -moderierte SWR wurde im Naturumlauf des Kühlmittels im geschlossenen Primärkreis betrieben. Der im Reaktor erzeugte Dampf übertrug seine Wärme im Dampfumformer und im Unterkühler an den Sekundärkreis. Der dort erzeugte Sattdampf wurde über einen Wasserabscheider in das Maschinenhaus zur Turbine geleitet (Abb. 6.53).[477]

Die Konzeption des VAK-Containments folgte den amerikanischen SWR-Vorbildern EBWR, VBWR (Vallecitos Boiling Water Reactor) und ERR und sah die zylindrische Bauform mit halbkugelförmigen oberen und unteren Abschlüssen vor. Der druckdichte Sicherheitsbehälter (SB) bestand aus einer Stahlblech-Druckschale mit dem Innendurchmesser von 13,7 m und einer Wanddicke von 21 mm im zylindrischen Teil. Die hemisphärischen Teile hatten eine Wanddicke von 12 mm. Insgesamt war der VAK-SB 46,0 m hoch. Der Werkstoff der Druckschale war normalisier-

ter hochfester Baustahl BH38/KWA.[478, 479] Da es noch kein deutsches Regelwerk zur Auslegung von Containments gab, mussten sich Hersteller und Gutachter an den amerikanischen Zulassungsverfahren orientieren.

Von Anbeginn der VAK-Planung wurde eine Leistungssteigerung auf ca. 30 MW_{el} durch Übergang vom Natur- zum Zwangsumlauf des Kühlmittels eingeplant. Für die räumliche Unterbringung eines zweiten Dampfumformers sowie die erforderlichen Pumpen und Rohrleitungen wurde bei der Auslegung der Gebäude und des Containments vorgesorgt. Mit Rücksicht auf die Gesamtkosten des Kraftwerks waren SB und Reaktorgebäude bewusst knapp ausgelegt worden. Bei der planerischen Weiterentwicklung mit Leistungsverdoppelung ergab sich die Notwendigkeit, die SB-Höhe um einen 3-m-Schuss zu vergrößern.[480] Diese vorab eingeplante Leistungsverdoppe-

---

[476] Mandel, Heinrich: Planung des Versuchsatomkraftwerks Kahl, atw, Jg. 6, Januar 1961, S. 25–29.

[477] ebenda, S. 28.

[478] Chemische Analyse: 0,18 % C, 0,55 % Si, 0,83 % Mn, 0,03 % P, 0,03 % S, 0,15 % Ti, 0,03 % Al.

[479] Zastrow, E.: Werkstoffe im Versuchsatomkraftwerk Kahl, atw, Jg. 6, Januar 1961, S. 67.

[480] Ellmer, M. und Kornbichler, H.: Gestaltung und Errichtung des Versuchsatomkraftwerks Kahl, atw, Jg. 6, Januar 1961, S. 30–41.

lung wurde nicht realisiert. Statt dieses Ausbaus wurde 1963 ein Versuchskreislauf für die Erprobung von Brennelementen eingebaut.

Der VAK-Standort lag in unmittelbarer Nachbarschaft zum RWE-Steinkohlekraftwerk Dettingen. Das am Main vorhandene Einlaufbauwerk dieses Kraftwerks sollte die Kühlwasserversorgung des VAK mit übernehmen. Der VAK-Bauplatz lag in einem Gelände, das mit Abraum eines ehemaligen Braunkohletagebaus aufgefüllt worden war. Erst in einer Tiefe von ca. 25 m befand sich gewachsener Boden: eine feste Braunkohlenschicht knapp über einer Tonschicht, unter der bis in große Tiefe tertiärer Sand anstand. Zur Verbesserung des Baugrunds wurde mit einem Rütteldruckverfahren der aufgefüllte Boden verdichtet.

Generalunternehmen für den bautechnischen Teil war die Firma Hochtief AG für Hoch- und Tiefbauten, Essen. Das Reaktorgebäude wurde in einem zylindrischen Senkkasten (Caisson) aus wasserdichtem Beton mit dem Durchmesser von 17,25 m erstellt, der auf die gewachsene Braunkohlenschicht aufgesetzt wurde.[481] Am 1.12.1958 war dieser abgesenkte Baukörper fertiggestellt. Innen wurde er mit einer Bitumen-Isolierschicht versehen. Der SB wurde mit dem unteren Drittel seiner Bodenkalotte unmittelbar auf die Füllbetonsohle des Senkkastens gestellt. Im Übrigen war der SB sowohl innen als außen durch Dehnungsfugen, die mit elastischem Material gefüllt waren, von den umgebenden Betonteilen getrennt (Abb. 6.54). Diese Fugen hätten alle Dehnungen und Drehungen des SB beim größten anzunehmenden Unfall zugelassen.[482]

Der SB stand etwa zur Hälfte im Erdreich und wurde vom Beton des Senkkastens und einer ca. 90 cm dicken Füllbeton-Schicht umgeben. Oberhalb des Senkkastens war der SB zum Strahlenschutz der Umgebung, aber auch zum Schutz der Reaktoranlage vor Einwirkungen von außen, mit 70 cm dickem Beton ummantelt. Zwischen SB und Betonhülle war ein 50 mm breiter Spalt, der mit einer Spezialglaswollematte gefüllt war. Die SB-Druckschale wurde von der Firma MAN

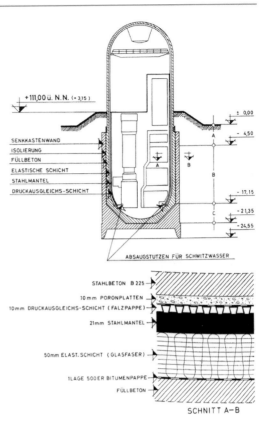

Abb. 6.54 Aufbau des VAK-Reaktorgebäudes und des VAK-Sicherheitsbehälters

Maschinenfabrik Augsburg-Nürnberg AG, Werk Gustavsburg, geliefert und frei stehend erstellt. Ende April 1959 war der SB-Stahlbau abgeschlossen (Abb. 6.55).[483] Anschließend fand die Druckprüfung bei 7,8 ata und 20 °C statt. Sie ergab eine gemessene Leckrate von 0,18 % pro Tag über eine Prüfzeit von drei Tagen. Der Druckversuch wurde ohne die vier Zugänge zum SB-Innenraum (Personenschleuse, Nebenschleuse, Materialschleuse und Montageöffnung) durchgeführt. Die Schleusen wurden später Einzeldruckversuchen unterworfen. Die für die Druckprobe zugeschweißte Montageöffnung von 4 mal 6 m wurde danach wieder für die Bau- und Montagearbeiten geöffnet.[484]

[481] Börnke, F.: Die bauliche Entwicklung des Versuchsatomkraftwerks Kahl, atw, Jg. 6, Januar 1961, S. 61–65.

[482] Börnke, F.: Die bauliche Entwicklung des Versuchsatomkraftwerks Kahl, atw, Jg. 6, Januar 1961, S. 63.

[483] Versuchsatomkraftwerk Kahl, atw, Jg. 6, Januar 1961, S. 24.

[484] Ellmer, M. und Kornbichler, H.: Gestaltung und Errichtung des Versuchsatomkraftwerks Kahl, atw, Jg. 6, Januar 1961, S. 36.

Abb. 6.55 Der fertige VAK-SB im April 1959

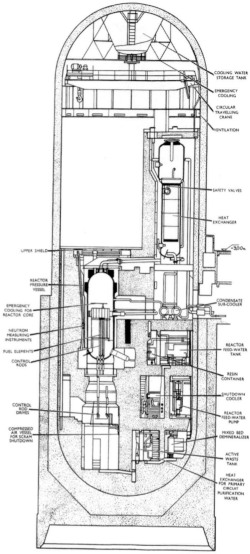

Das Reaktorgebäude mit Betonmantel und Innenausbauten war im Oktober 1959 im Rohbau fertiggestellt. Das Gelände um das Reaktorgebäude herum wurde zum Hochwasserschutz noch um 3,15 m aufgeschüttet. Abbildung 6.56 zeigt den Aufbau der 70 cm dicken Betonhülle.[485]

Die Innenräume des Reaktorgebäudes sollten für Kontrollgänge während des Betriebs betreten werden können. Die Auslegung und Berechnung der Abschirmung der radioaktiven Komponenten wurden sorgfältig vorgenommen.[486] Um den RDB herum wurden Betonwände mit der minimalen Dicke von 2,7 m und einer konstruktiven Bewehrung eingebaut (Abb. 6.57).[487]

Abb. 6.56 Vertikalschnitt durch das VAK-Reaktorgebäude

In der Höhe des Reaktorkerns wurde die Schachtwandung durch eine 3 m hohe und 0,5 m dicke halbkreisförmige Einlage aus Schwerstbeton (mit Roteisenstein, Magnetit und Nagelspitzenschrott) verstärkt. Zum Strahlenschutz des Kontrollpersonals wurden an Radioaktivität führenden Aggregaten demontierbare Wände aus Betonsteinen eingebaut.[488] Die Strahlenschutz-

---

[485] Versuchsatomkraftwerk Kahl, atw, Jg. 6, Januar 1961, S. 24.

[486] Fendler, H. G. und Knopf, K.: Strahlenschutz am Versuchsatomkraftwerk Kahl, atw, Jg. 6, Januar 1961, S. 50–56.

[487] Kühnel, R.: The 15 MW BWR at Kahl, Nuclear Engineering, Februar 1961, S. 56–65.

[488] Börnke, F.: Die bauliche Entwicklung des Versuchsatomkraftwerks Kahl, atw, Jg. 6, Januar 1961, S. 64 f.

Abb. 6.57 Aufbau der Betonhülle des VAK

Vorkehrungen im Innern ermöglichten es, die Wanddicke der äußeren Betonhülle des Containments auf 70 cm zu begrenzen.

Den Mitgliedern der RSK war im April 1959 der vorläufige VAK-Sicherheitsbericht übergeben worden.[489] Die RSK nahm den von ihr als vorbildlich eingeschätzten Sicherheitsbericht für das amerikanische Kernkraftwerk mit SWR Dresden (s. Kap. 6.5.1) als Grundlage für ihre Anforderungen und Bewertungen des VAK-Sicherheitsberichts.[490] Sie erbat sich auch von der USAEC Stellungnahmen zu Fragen, zu denen sie keine Erkenntnisse und Erfahrungen hatte.[491] Die RSK sollte das Vorgehen der dominanten Lieferfirma General Electric Co. kritisch begleiten.

Die von den RSK-Mitgliedern an die Hersteller AEG/IGE gerichteten Fragenkataloge waren umfangreich. Bei ihrer Sitzung im Juni 1960 in Kahl wurde beanstandet, dass nach dem im VAK-Sicherheitsbericht beschriebenen maxima-

len Unfall die freigesetzten Aktivitäten die maximale Jahresdosis für nicht beteiligte Personen in der näheren Umgebung nach Maßgabe der neu verabschiedeten Strahlenschutzverordnung überschreiten würden. Die AEG machte geltend, dass die im Sicherheitsbericht zugrunde gelegte Leckrate von 0,5 % pro Tag vom gemessenen Wert 0,18 % pro Tag deutlich unterschritten werde. Gleichwohl hielt die RSK zusätzliche Maßnahmen der Filterung für notwendig und „in den nächsten drei Jahren jährlich einmal die Leckrate der Stahldruckschale zu prüfen."[492]

Nach Fertigstellung der Gebäude und Montage der Reaktor- und Stromerzeugungsanlagen wünschte die Antragstellerin VAK GmbH eine umfassende Betriebsgenehmigung. Die RSK und das Bayerische Staatsministerium für Wirtschaft und Verkehr als Genehmigungsbehörde nutzten jedoch die von der neu geschaffenen Atomanlagenverordnung eingeräumte Möglichkeit, Teilbetriebsgenehmigungen zu erteilen. Einer „Phase A: Kritisches Experiment und Nullleistungsversuche" in der Zeit vom 13.11.–12.12.1960 folgten weitere Gutachten und Nachforderungen, bevor die „Phase B: Leistungsversuchsbetrieb" beginnen und im Juni 1961 die erste Netzsynchronisation vorgenommen werden konnten. Im Juni 1961 gab es in der RSK keine Bedenken, die Leistungsprüfungen bis 75 % der Nennleistung durchzuführen.[493] Am 2. November 1961 wurden Versuche bis zu 100 % Leistung genehmigt. Nach Erteilung der Volllastgenehmigung am 4.1.1962 lief VAK ab 5. Januar 1962 mit der vollen 15-MW$_{el}$-Nettoleistung.[494] Diese überaus vorsichtige und zeitraubende Vorgehensweise von RSK und Genehmigungsbehörde nahm Heinrich Mandel von der RWE AG zum Anlass eines Beschwerdebriefs an den Bundesminister für Atomkernenergie. Der RSK-Vorsitzende Joseph Wengler wies diese Angriffe auf die RSK zurück und machte die Briefwechsel bei Anwe-

[489] BA B 138-194, Ergebnisprotokoll 8. RSK-Sitzung, 8. 4. 1959, S. 6.

[490] BA B 138-194, Ergebnisprotokoll 9. RSK-Sitzung, 19. 6. 1959, S. 3–5.

[491] BA B 138-194, Ergebnisprotokoll RSK-Sondersitzung, 9. 9. 1960, S. 4.

[492] BA B 138-3446, Ergebnisprotokoll 15. RSK-Sitzung, 9. 1. 1961, S. 2 f.

[493] BA B 138-3446, Ergebnisprotokoll 16. RSK-Sitzung, 21. 6. 1961, S. 7.

[494] Reaktor in Kahl mit voller Leistung, atw, Jg. 7, Januar 1962, S. 39.

senheit des Bundesministers Balke am 17. November 1961 den RSK-Mitgliedern bekannt. Die Ministerantwort wurde von der RSK mit Befriedigung zur Kenntnis genommen.[495, 496]

Mit dem VAK-Genehmigungsverfahren hatten alle deutschen Beteiligten Neuland betreten. RWE und AEG stellten gemeinsam fest, dass der gesamte Prüf- und Abnahmeaufwand für VAK aus ihrer Sicht letztlich zehnfach größer als für ein konventionelles Großkraftwerk war.[497] Dennoch war VAK nach einer Bauzeit von nur 29 Monaten ohne größere Terminverzögerungen und ohne Überschreitung des vereinbarten Festpreises von 35 Mio. DM erstmals kritisch geworden.

Die Erfahrungen beim Bau und Betrieb des ersten größeren deutschen Kernkraftwerks VAK waren gut und für die großtechnische Einführung der Kernenergie in Deutschland von besonderer Bedeutung. VAK bewährte sich im über 25 jährigen unfallfreien, nahezu störungsfreien Betrieb als Stromerzeugungsanlage mit einer Bruttoarbeit von ca. 2,1 Mrd. kWh, als Versuchsanlage für die Bestrahlung nuklearer Werkstoffe und die Erprobung von Brennelementen sowie als Aus- und Weiterbildungsstätte für Betriebspersonal.[498]

Das VAK wurde am 25. November 1985 endgültig abgeschaltet. Die Stilllegung und der Rückbau erfolgte in fünf Phasen[499] bis zur totalen Beseitigung der Anlage und der Wiederherstellung der „grünen Wiese" im Jahr 2010.[500]

Kernkraftwerk Gundremmingen KRB-A Die guten Erfahrungen mit dem Bau und Betrieb des VAK bewegten die Firmen Rheinisch-Westfälisches Elektrizitätswerk AG (RWE) und Bayernwerk AG (BAG) im Juli 1962 zur Gründung der Kernkraftwerk RWE-Bayernwerk GmbH (KRB) Gundremmingen (RWE 75 %, BAG 25 %), deren Gesellschaftszweck die Errichtung und der Betrieb des ersten großen Kernkraftwerks in Deutschland auf der Gemarkung der Gemeinde Gundremmingen bei Günzburg/Niederbayern an der Donau war.[501] Das Kernkraftwerk Gundremmingen wurde mit Siedewasserreaktor (SWR) für eine Nutzleistung von 237 MW_{el} (thermische Leistung 800 MW_{th}) entworfen. Alle Hauptauftragnehmer des VAK-Projekts wurden auch für das KRB-Vorhaben verpflichtet: die amerikanische Herstellerfirma General Electric IGE (USA) bzw. IGEOSA (Genf), die Allgemeine Elekticitäts-Gesellschaft AG (AEG) und die Hochtief AG. Wegen der Bedeutung dieses ersten Demonstrations-Kernkraftwerks für die Kernkraftentwicklung in Deutschland förderte die Bundesrepublik Deutschland dieses Projekt mit einer Beteiligung am Betriebsrisiko und einer Übernahme von Kreditbürgschaften. Die Europäische Atomgemeinschaft Euratom gewährte einen Zuschuss von 32 Mio. DM und den Status eines „Gemeinsamen Unternehmens". Der Festpreis des schlüsselfertig zu übergebenden Kernkraftwerks Gundremmingen wurde mit 335 Mio. DM vereinbart.[502] KRB-A wurde in den Jahren 1962–1966 erbaut (Abb. 6.58).[503]

Die Vor- und Nachteile der SWR-Bauart waren gegen die Eigenarten der Druckwasser-

[495] BA B 138-3446, Ergebnisprotokoll 17. RSK-Sitzung, 17. 11. 1961, S. 2.

[496] Joachim Radkaus Darstellung der „Hilflosigkeit der RSK" gegenüber Atomindustrie und Energiewirtschaft (s. Radkau, J.: Aufstieg und Krise der deutschen Atomwirtschaft 1945–1975, Rowohlt, 1983, S. 404 f) sowie seine Meinung, VAK habe gegen Bedenken der RSK durchgesetzt werden müssen (s. Radkau, J.: Mandel, in: Historische Kommission bei der Bayerischen Akademie der Wissenschaften (Hg.): Neue Deutsche Biographie, Bd. 16, Duncker & Humblot, Berlin, 1990, S. 9 f), können anhand der RSK-Sitzungsprotokolle nicht nachvollzogen werden.

[497] Rösch, H. und Vogel, G.: Die Genehmigungsverfahren, atw, Jg. 6, Januar 1961, S. 41–46.

[498] Hlubek, W.: Erfahrungen beim Bau und Betrieb des Versuchsatomkraftwerks Kahl, atw, Jg. 30, Dezember 1985, S. 614–623.

[499] Pachl, L.: Sechs Jahre Erfahrungen mit Stilllegung und Rückbau des VAK, atw, Jg. 36, Dezember 1991, S. 571–573.

[500] Informationskreis KernEnergie: kernenergie.de/Lexikon/VAK.

[501] Mandel, H.: Das Atomkraftwerksprojekt der Kernkraftwerk RWE-Bayernwerk GmbH, atw, Jg. 7, November 1962, S. 533–535.

[502] Mandel, H.: Kernkraftwerk Gundremmingen – seine Stellung in der deutschen Atomwirtschaft, atw, Jg. 10, November 1965, S. 564 f.

[503] Kernkraftwerk Gundremmingen/Donau Inbetriebnahme 1966, atw, Jg. 13, Januar 1968, S. A 5.

Abb. 6.58 Kernkraftwerk
Gundremmingen KRB-A,
1966

und Gasgekühlten Reaktoren abgewogen und die Entscheidung zugunsten der Weiterentwicklung des VAK getroffen worden.[504] Wie bei der amerikanischen Anlage Dresden erhielt KRB ein Zweikreissystem mit Zwangsumlaufkühlung. Der im Reaktor erzeugte Dampf wurde direkt auf die Turbine geleitet. Daneben wurde Kühlmedium in der flüssigen Phase aus dem Reaktor in einen Wärmetauscher abgeleitet, in dem Sekundärdampf erzeugt wurde, der einer Turbinenstufe niedrigeren Drucks zugeführt wurde.[505]

Die nuklearen Anlagenteile wurden ähnlich dem VAK in einem Volldruck-Sicherheitsbehälter (SB) untergebracht, dessen senkrecht stehender zylindrischer Teil eine Höhe von 30 m und dessen halbkugelförmigen oberen und unteren Abschlüsse einen Radius von je 15 m hatten. Der Durchmesser dieser Druckschale betrug also 30 m, ihre Gesamthöhe 60 m (Abb. 6.59).[506] Anders als beim VAK-SB, der fast zur Hälfte in den Untergrund abgesenkt war, wurde die Fundament-Tasse nur 6 m tief in den Erdboden hinabgelassen. Der größere Teil des hemisphärischen SB-Bodens lag oberirdisch. Abbildung 6.59 zeigt, wie die Druckschale im unteren Teil satt

auf dem Betonfundament aufsitzt, am Rande aber elastisch gebettet ist.

Der KRB-SB wurde für den Lastfall eines großen Bruchs im Primärkreis mit sprunghaftem Anstieg des Innendrucks ausgelegt. Darüber hinaus wurde die chemische Reaktion von Zirkonium der Brennelement-Hüllrohre mit Primärwasser in die Lastberechnung einbezogen, obwohl – wie der ausdrückliche Hinweis lautete – „die dadurch entstehende Wärme bei Neuanlagen in den USA nicht mehr berücksichtigt wird.“[507] Um die Stahlblechdicken der SB-Wände unter 30 mm zu halten (damit die Schweißnähte auf der Baustelle nicht geglüht werden mussten), wurde der Feinkornbaustahl WSt 51[508] mit der Streckgrenze von 51 kg/mm^2, der Bruchgrenze (Zugfestigkeit) von 65 bis 80 kg/mm^2 und der Dehnung von mindestens 18 % gewählt.[509, 510] Die Wanddicke im zylindrischen Teil des SB wurde so mit 26,5 mm, in den hemisphärischen Teilen mit 13,5 mm bestimmt.

Im November 1962 wurde der Firma Dinglerwerke AG, Zweibrücken/Pfalz, der Auftrag zum Bau des SB, der Schleusen, der Kranbrücke und der Brennstofflagerbecken-Auskleidung erteilt. Der Aufbau der unteren Halbkugel auf der

[504] Weckesser, A.: Vom VAK zum KRB Gundremmingen, atw, Jg. 10, November 1965, S. 565–567.

[505] Ringeis, W. K., Strasser, W. und Peuster, K.: Aufbau der Gesamtanlage Kernkraftwerk Gundremmingen, atw, Jg. 10, November 1965, S. 575–587.

[506] Haußmann, H.: Reaktor-Umschließungsgebäude, atw, Jg. 10, November 1965, S. 611–615.

[507] ebenda, S. 611.

[508] Andersen, A.: Reaktorsicherheitsbehälter aus Stahl, in: Stahlbau Handbuch, Bd. 2, Köln, 1986, S. 1224.

[509] Haußmann, H., a. a. O., S. 612.

[510] Chemische Analyse: 0,18 % C, 1,5 % Mn, 0,55 % Ni, 0,18 % V.

Abb. 6.59 Vertikalschnitt durch
den SB des KRB-A

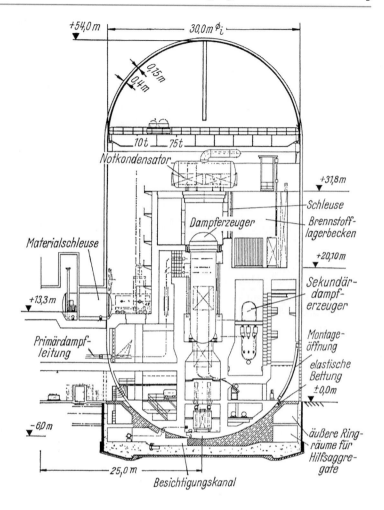

Baustelle begann im Juni 1963. Die gebogenen Blechteile wurden mit Hilfe eines Lehrgerüstes und eines Montagemastes in ringförmigen Schüssen bei der Vorwärmtemperatur von 150±50 °C zusammengeschweißt. Der zylindrische SB-Teil und der halbkugelförmige Dom wurden ohne Lehrgerüst aufgebaut. Alle Schweißnähte wurden einer Röntgenprüfung unterzogen. Der SB war im Januar 1964 fertiggestellt (Abb. 6.60).[511]

Die größten SB-Durchdringungen stellten die Materialschleuse (5,6 m Durchmesser), die Personenschleuse (4,0 m Durchmesser) und die Notschleuse (2,6 m Durchmesser) dar. Weitere Durchdringungen waren für die Notkondensat-, Primärdampf-, Sekundärdampf- und Speisewasserleitungen sowie für die Belüftung, Abwasser-

abführung u. a. erforderlich. An diesen Durchdringungen des SB wurde dessen Wanddicke örtlich verstärkt, an der Materialschleuse beispielsweise auf 45 mm Dicke.[512]

Nach der SB-Fertigstellung wurde unverzüglich am 12. Januar 1964 bei niedriger Außentemperatur die Druckprüfung durchgeführt. Beim Innendruck von 4 atü zeigten sich an Schweißnähten des Verstärkungsblechs der Materialschleuse erste Risse, die ein sofortiges Abbrechen der Druckprüfung veranlassten. Die gesamte SB-Oberfläche wurde daraufhin innen und außen mittels dreier Prüfverfahren systematisch auf Risse abgesucht. Dabei wurden zahlreiche Risse an Schweißnähten und an Stellen, an denen zuvor Hilfseisen angeschweißt worden waren, festge-

[511] KRB im Aufbau, atw, Jg. 10, November 1965, S. 589.   [512] Haußmann, H., a. a. O., S. 612.

Abb. 6.60 Der KRB-SB nach Fertigstellung im Januar 1964

stellt. Es war durch die Schweißarbeiten in den Wärmeeinflusszonen des Feinkornbaustahls zur Zähigkeitsabnahme gekommen, die bei der niedrigen Prüftemperatur Rissbildung verursachte.

Zur Reparatur der rissigen Stellen und für die weitere Verstärkung der SB-Wand an den Durchdringungen wurden mehr als 8 Monate benötigt. Vor der zweiten Druckprüfung wurden die Prüfwerte anhand der inzwischen genau bekannten freien Volumina im SB erneut berechnet und äußerst pessimistische Sicherheitszuschläge korrigiert. Als neue Werte ergaben sich für den Druck 3,55 atü, die Temperatur 135 °C und den Prüfdruck 4,47 atü. Die Reaktor-Sicherheitskommission (RSK) hielt die Herabsetzung des Auslegungsdrucks auf 3,5 atü für annehmbar.[513] Die zweite Druckprüfung im August 1964 erbrachte bei einem Innendruck von 3,8 atü eine Leckrate von 0,21 % pro Tag. Eine erneute Untersuchung auf Anrisse in der Druckschale verlief ohne Befund.[514]

Der KRB-SB wurde oberhalb des Erdbodens vollständig mit einer freitragenden 380 mm dicken Stahlbetonhülle umgeben, die auf das SB-Fundament aufgesetzt wurde. Sie diente dem Strahlenschutz der Umgebung sowie dem Schutz des SB vor Einwirkungen von außen. Zwischen SB und Betonhülle war ein Abstand von 150 mm. Dieser Zwischenraum wurde ständig unter einem Unterdruck von 50 mm WS gehalten. Die daraus abgesaugte Luft wurde kontrolliert über einen 118 m hohen Fortluftkamin in die Umgebung abgeleitet.[515] Die RSK hatte im Juni 1963 zur Spaltgasfreisetzung die Empfehlung gegeben: „z. B. könnten durch Einschaltung eines Spaltes zwischen der Reaktor-Druckschale und der äußeren Betonabschirmung und dessen Entlüftung über den Kamin bei Zwischenschaltung von Jodfiltern eine wesentliche Reduzierung der Strahlenbelastung erzielt werden."[516]

Das KRB-A-Genehmigungsverfahren war einvernehmlich zwischen den Beteiligten verlaufen.[517] Die RSK hatte die Antragstellerin schon vor Baubeginn wissen lassen: „...dass sich die RSK nicht in der Lage sieht, den Reaktor zu begutachten, wenn bei Einreichung des Sicherheitsberichts die Errichtung des Reaktors schon so weit fortgeschritten ist, dass Empfehlungen der RSK nicht mehr berücksichtigt werden können."[518] Die Betriebsgenehmigung erfolgte in 2 Teilen. Die erste Teilgenehmigung für die Nullenergieexperimente wurde am 10.8.1966 ausgehändigt. Die zweite Betriebsgenehmigung folgte am 31.10.1966. Ab dem 11.12.1966 lieferte das erste nukleare Großkraftwerk Deutschlands Strom in das öffentliche Netz. Die Übernahme der Anlage durch den Betreiber fand Ende April 1967 statt. Die RSK verlangte als zusätzliche Auflage vor Erteilung der unbefristeten Betriebsgenehmigung noch den Einbau eines Durchflussbegrenzers, der den Störfall eines Bruchs

---

[513] BA B 138-3447, Ergebnisprotokoll 27. RSK-Sitzung, 12. 8. 1964, S 3 f.

[514] Haußmann, H., a. a. O., S. 613–615.

[515] ebenda, S. 615.

[516] BA B 138-3446, Ergebnisprotokoll 24. RSK-Sitzung, 28. 6. 1963, S. 3–5.

[517] Weckesser, A. et al.: Inbetriebnahme des Kernkraftwerks Gundremmingen, atw, Jg. 12, Juli 1967, S. 348–351.

[518] BA B 138-3446, Ergebnisprotokoll 20. RSK-Sitzung, 16. 8. 1962, S. 7.

der Primärdampfleitung außerhalb des SB wirkungsvoll beherrschen könne.[519] Ein besonderes Problem schien sich im Frühjahr 1966 durch ungleichmäßige Setzungen des Untergrundes zu ergeben, die zu einer „Gesamtschrägstellung des Reaktorgebäudes und des Containments" führen könnten.[520] Die vierteljährlich vorgenommenen Setzungsmessungen ergaben jedoch nur geringe Differenzen, und der Setzungsvorgang war im April 1967 nahezu abgeschlossen.[521]

Am 13.1.1977 traten durch Witterungseinflüsse nacheinander zwei Kurzschlüsse im Hochspannungsnetz auf, die KRB-A vollständig vom Netz trennten. Das Fehlverhalten eines Lastsprung-Relaisschalters sowie der Speisewasser-Regelstation führten zur Freisetzung von 200 t Primärwasser in das Reaktorgebäude, das dadurch stark verunreinigt und leicht radioaktiv kontaminiert wurde. Personen wurden nicht gefährdet und erhöhte Aktivitätsabgaben an die Umgebung nicht festgestellt.[522] Umfangreiche Untersuchungen im Rahmen eines zwischen Behörde und Betreiber vereinbarten „Stufenprogramms zur Wiederinbetriebnahme und zur sicherheitstechnischen Ertüchtigung der Anlage"[523] ergaben erhebliche zeitliche und finanzielle Aufwändungen für die erforderlichen Reparatur- und Ertüchtigungsmaßnahmen. Dazu kamen in der Zwischenzeit aufgedeckte interkristalline Rissbildungen in den aus dem unstabilisierten (amerikanischen) austenitischen Werkstoff X 5 CrNi 18 9, W.Nr. 4301, hergestellten Umwälzschleifen infolge Ofen- und Schweiß-Sensibilisierung. Bei der Rissbildung handelte es sich zweifelsfrei um anodische Span-

nungsrisskorrosion.[524] Im Januar 1980 beschlossen die Gesellschafter RWE und BAG schließlich, das Kernkraftwerk Gundremmingen A aus wirtschaftlichen Erwägungen endgültig abzuschalten.[525]

Die weitere Entwicklung der SWR-Containments Im März 1964 gründeten die Vereinigte Elektrizitätswerke Westfalen AG (VEW) und die Allgemeine Elektricitäts-Gesellschaft AG (AEG) die Kernkraftwerk Lingen GmbH (KWL), die das Demonstrationskernkraftwerk KWL im Rahmen des 2. Deutschen Atomprogramms auf der Gemarkung Darme bei Lingen am Dortmund-Ems-Kanal errichtete. KWL hatte eine elektrische Nettoleistung von 240 MW$_{el}$. Der KWL-SWR trug 70 %, ein nachgeschalteter ölgefeuerter Dampfüberhitzer 30 % der Wärmeleistung bei.[526] Der KWL-Sicherheitsbehälter (SB) war denen des VAK und KRB-A sehr ähnlich; er bestand aus einem senkrecht stehenden Stahlblech-Zylinder mit dem Durchmesser 30 m und der Höhe 33 m. Die oberen und unteren SB-Abschlüsse waren Halbkugeln. Die Wanddicke des zylindrischen Teils war 27 mm, der halbkugelförmigen Teile 13 mm. Der Werkstoff dieser Druckschale war der Feinkornbaustahl FB 50 S. Der Auslegungsdruck betrug 4,8 atü, der Prüfdruck 5,7 atü. Der KWL-SB wurde von einem 400 mm dicken Stahlbetonmantel umgeben. Der Zwischenraum zwischen SB und Betonmantel lag im Absaugebereich der Abluftanlage.[527,528] Der KWL-SB mit Schleusen wurde von der MAN Maschinenfabrik Augsburg-Nürnberg AG, Werk Gustavsburg hergestellt. Mit den SB-Durchfüh-

[519] BA B 138-3448, Ergebnisprotokoll 40. RSK-Sitzung, 19. 4. 1967, S. 6.

[520] BA B 138-3447, Ergebnisprotokoll 34. RSK-Sitzung, 18. 3. 1966, S. 8 f.

[521] BA B 138-3448, Ergebnisprotokoll 40. RSK-Sitzung, 19. 4. 1967, S. 4.

[522] Betriebsergebnisse der deutschen Kernkraftwerke 1977, KRB Gundremmingen (250 MW), atw, Jg. 23, September 1978, S. 148 f.

[523] Brief des Bayerischen Staatsministeriums für Landesentwicklung und Umweltfragen (StMLU), München, an den Bundesminister des Innern, Bonn, vom 16. 5. 1977, StMLU-AZ 9202-VI/21 Bundesminister des Innern, Bonn, 13071.

[524] Kußmaul, K. und Uetz, H.: Gutachterliche Stellungnahme zu den Schäden an den Hauptumwälzschleifen Kernkraftwerk Gundremmingen (KRB I), abgegeben im Auftrag des TÜV Bayern e. V., Juni 1978, D 1 KSW 01 – Le/La. A. Nr. 2588 vom 30. 5. 1978, 12 Textseiten, 6 Tafeln, 30 Bilder.

[525] Keller, W.: Siedewasserreaktoren in der Bundesrepublik Deutschland, atw, Jg. 29, Dezember 1984, S. 614 f.

[526] Deublein, O.: Entstehung und Bedeutung des Kernkraftwerks Lingen, atw, Jg. 13, März 1968, S. 138–141.

[527] Jaerschky, R.: Die Inbetriebnahme des KWL, atw, Jg. 13, März 1968, S. 142–145.

[528] Schmoczer, R.: Aufbau der Gesamtanlage KWL, atw, Jg. 13, März 1968, S. 146–155.

rungen, den Stahlkonstruktionen und dem nuklearen Rohrleitungsbau wurde die Mannesmann Rohrleitungsbau GmbH, Düsseldorf beauftragt. Den Stahlbetonbau errichtete die Hochtief AG.

Die SWR-SB der Anlagen VAK, KRB-A, KWL und HDR[529] mit ihren großen Dampfumformern oder Zweikreisdampferzeugern im Primärkreis waren als sogenannte trockene Druckschalen ausgebildet. Sie waren dafür ausgelegt, dem Druck und der Temperatur standzuhalten, die nach dem Ausströmen des gesamten Kühlmittelinventars des Primärkreises auftreten. Mitte der 60er Jahre nahm die Firma AEG-Telefunken auf der Basis der SWR-Technik von General Electric Co. eine sicherheitstechnische Entwicklung von SWR-Anlagen höherer Leistung mit dem Ziel auf, sie vollständig standortunabhängig zu machen. Selbst der schwerste anzunehmende Unfall sollte so beherrscht werden, dass die höchstzulässige Jahresdosis für Personen auch am Kaminaustritt des Kernkraftwerk-Abluftsystems nicht überschritten würde.[530] Diese Konzeption verlangte die Integration zahlreicher Sicherheitssysteme in den SB, insbesondere auch eines Druckabbausystems mit einem großen gekühlten Wasserreservoir, in dem bei einem Unfall freigesetzter Primärdampf kondensiert werden könnte. Dabei war ein Hauptziel, eine material- und damit kostensparende kompakte Anordnung des nuklearen Dampferzeugersystems zu erreichen. Besondere Bemühungen galten der Vereinfachung des Zwangsumlaufs durch interne Axialpumpen, um von den externen Zwangsumlaufschleifen völlig wegzukommen. Es lag nahe, für eine kompakte Bauweise die Geometrie des SB kugelförmig mit einer zylindrischen Verlängerung nach unten zu gestalten.[531]

Der Vorläufer dieser weitgehend eigenständigen „SWR-Baulinie 69" der Firma AEG-Telefunken war das Kernkraftwerk Würgassen (KWW), das bereits alle wesentlichen Merkmale dieser neuen Entwicklung aufzeigte. Im Oktober 1967 erteilte die Preussische Elektrizitäts-Aktiengesellschaft (Preussenelektra), die zum Konzern der Vereinigten Elektrizitäts- und Bergwerks-AG (VEBA) gehörte, der Herstellerfirma AEG-Telefunken den Auftrag, bei Würgassen an der Weser einen SWR mit der Leistung 670 MW_{el} brutto schlüsselfertig zu errichten. Nach einer Bauzeit von 45 Monaten wurde KWW am 22.10.1971 erstmals kritisch. Als SB wurde ein Stahl-Kugelbehälter mit dem inneren Durchmesser von 27 m gewählt.[532]

Abbildung 6.61 zeigt schematisch den KWW-SB mit den um ihn herum erstellten bzw. in ihn eingebauten Kernsprüh-, Kernflut-, kleinen und großen Noteinspeisungs-, Sicherheitsbehältersprüh- und Sicherheitsbehälterflutsystemen sowie dem Druckabbausystem mit der Kondensationskammer.[533] Abbildung 6.62 stellt den Vertikalschnitt durch den KWW-SB dar.[534] Er war doppelwandig ausgeführt. Die innere Druckschale war für einen Überdruck von 4,35 atü (maximaler Störfalldruck 3,65 atü) und eine Temperatur von 135 °C ausgelegt und hatte eine Wanddicke von 16 bis 30 mm. Der SB besaß unten eine zylindrische Ausbuchtung für die Steuerstabantriebe, sodass die gesamte lichte SB-Höhe 34 m betrug. Die innere Druckschale war mit einer zweiten Schale aus Stahlblech der Dicke 3 mm (Dichthülle) umgeben, die auch den Fundamentsockel umfasste. Sie wurde mit Eindellungen auf 20 mm Abstand gehalten. Dieser 20-mm-Spalt wurde zwischen Druckschale und Dichthülle abgesaugt und in ihm ein Unterdruck von 20 mm WS aufrechterhalten.[535]

Der SB des KWW und der Kernkraftwerke der Baulinie 69 war in zwei große Räume unter-

---

[529] Heißdampfreaktor, s. Kap. 10.5.7.

[530] Kornbichler, H.: Sicherheitstechnik bei Kernkraftwerken mit Siedewasserreaktoren, atw, Jg. 13, Januar 1968, S. 50–53.

[531] Kornbichler H.: Fortschritte bei den wassergekühlten Reaktoren – 2. Siedewasser-Reaktoren, atw, Jg. 15, September/Oktober 1970, S. 473–476.

[532] Gersten, W.: Kernkraftwerk Würgassen – Gesamtkonzeption und technische Daten, atw, Jg. 17, Februar 1972, S. 87–97.

[533] Ringeis, W. K.: Das 670-MW-Kernkraftwerk Würgassen mit AEG-Siedewasserreaktor (II), atw, Jg. 13, Februar 1968, S. 95–98.

[534] Voigt, O. und Koch, E.: Störfallursachen und Problemlösungen, atw, Jg. 18, Dezember 1973, S. 584–587.

[535] Ringeis, W. K.: Das 670-MW-Kernkraftwerk Würgassen mit AEG-Siedewasserreaktor, atw, Jg. 13, Januar 1968, S. 40–49.

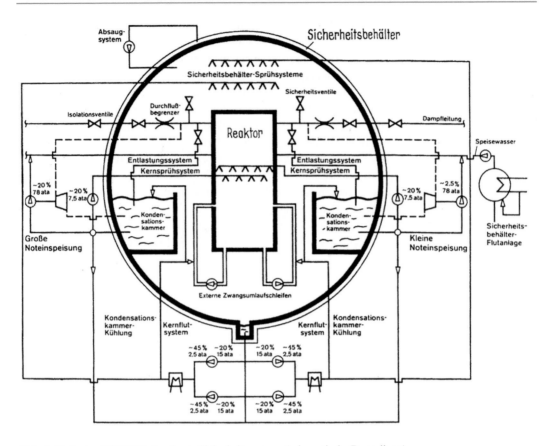

Abb. 6.61 In den KWW-SB eingebaute Sicherheitssysteme (schematische Darstellung)

teilt; einmal die Druckkammer mit dem Reaktordruckbehälter (RDB), den Regelstabantrieben, Umwälzpumpen und Dampf- und Speisewasserleitungen sowie zum andern die torusförmige Kondensationskammer. Im Gegensatz zu KWW hatten die nachfolgenden SWR-Anlagen der Baulinie 69 statt äußerer Umwälzschleifen und -pumpen interne Axialpumpen, die es erlaubten, die Kondensationskammer zweckmäßiger zu gestalten. Kondensationskammerdecke und -boden wurden nach Würgassen nicht mehr torusförmig nach innen gewölbt gebaut, sondern als kegelförmige Bauteile mit dem Innenzylinder und der SB-Schale verbunden (vgl. Abb. 6.67). Die Kondensationskammer war zur Hälfte mit gekühltem Wasser gefüllt, in das die Kondensations- und Druckentlastungsrohre 1,8 m bzw. 2,7 m tief eintauchten (Abb. 6.62 und 6.67). Das bei einem Leck oder Bruch im Primärkreislauf ausströmende Dampf-Wasser-Gemisch erhöht den Druck in der Druckkammer, bis der Dampf

zusammen mit der mitgerissenen Luft aus der Druckkammer über die abgetauchten Kondensationsrohre in die Kondensationskammer abströmen kann. Dabei kondensiert der Dampf in der Wasservorlage der Kondensationskammer. Die mitgeführte Luft wird in der Kondensationskammer eingespeichert, baut dort den Druck auf und wird später über Rückschlagklappen wieder in die Druckkammer zurückgeführt. Die beiden Räume im SB waren durch Stahlwände sowie dicke Abschirmwände aus Stahlbeton voneinander getrennt. Die Druckschale des SB war durch eine Auskleidung mit Splitterschutzbeton geschützt. Abbildung 6.63 zeigt die typische Anordnung des SB im kubischen Reaktorgebäude (KKI-1, Isar-1).[536]

---

[536] Baumgartl, B. J. und von Braunmühl, H.: Das 900-MW-Kernkraftwerk Isar mit AEG-Siedewasserreaktor, atw, Jg. 17, Mai 1972, S. 273.

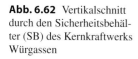

Abb. 6.62 Vertikalschnitt durch den Sicherheitsbehälter (SB) des Kernkraftwerks Würgassen

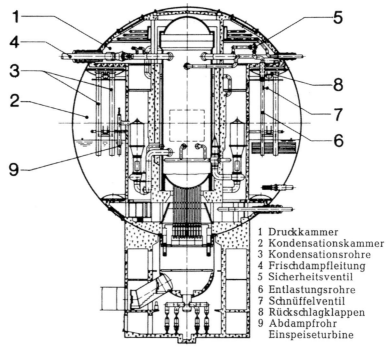

1 Druckkammer
2 Kondensationskammer
3 Kondensationsrohre
4 Frischdampfleitung
5 Sicherheitsventil
6 Entlastungsrohre
7 Schnüffelventil
8 Rückschlagklappen
9 Abdampfrohr
    Einspeiseturbine

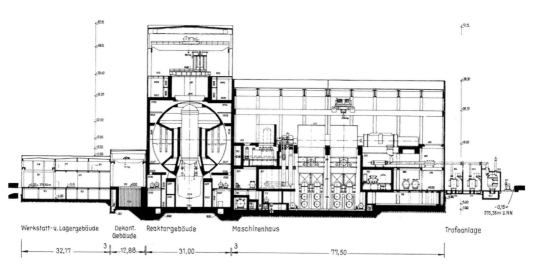

Werkstatt- u. Lagergebäude   Dekont. Gebäude   Reaktorgebäude   Maschinenhaus   Trafoanlage

32,17   12,88   31,00   77,50

Abb. 6.63 Typische Anordnung des SB in einem SWR-Kernkraftwerk der Baulinie 69

Am 12. April 1972 ereignete sich im KWW ein Störfall, bei dem 30 min lang Primärdampf über ein in Offenstellung hängen gebliebenes Sicherheits- und Entlastungsventil in die Kondensationskammer abgeblasen und die Wassertemperatur in unzulässiger Weise erhöht wurde. Weil der Dampf nicht fein verteilt in das Wasser eingeleitet wurde, kam es zu starken Druckpulsationen, die Leckagen in der Kondensations-

kammer verursachten.[537] Die raue Kondensation wurde durch die hohe Temperatur des Pools in der Kondensationskammer verstärkt. Dieses Ereignis machte sichtbar, dass die Kondensationsvorgänge mit dem Kollabieren der Dampfblasen (Kondensationsschläge) und die dadurch ver-

---

[537] Der Störfall im Kernkraftwerk Würgassen, atw, Jg. 18, Dezember 1973, S. 584–592.

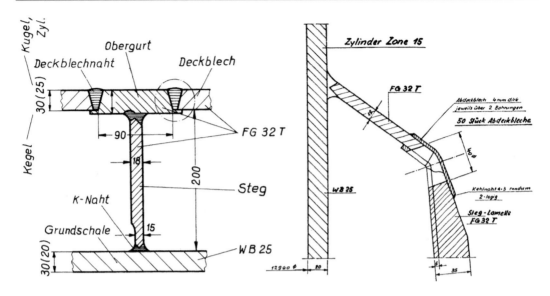

Abb. 6.64 Konstruktion der Deckblech-Verstärkung der KKB-Kondensationskammer (Bild rechts Werkstattzeichnung)

ursachten Belastungen der SB-Strukturen nicht vollständig verstanden und beherrscht wurden. Jahrelange Forschungsarbeiten[538, 539] ergaben, dass die Entlastungsrohre mit Düsen versehen und die Stahlstruktur der Kondensationskammer verstärkt werden mussten. Zur Ertüchtigung der Struktur aller Anlagen der Baulinie 69 wurden zwei Konzepte realisiert: der Einbau eines zweiten Bodens (Deckblech gleicher Dicke) oder die Verstärkung des Winkels zwischen Kondensationskammerwand und Kondensationskammerboden sowie des Stoßes zwischen Boden und SB-Außenwand, wozu noch Verstärkungsrippen auf die Kondensationskammerwand und den -boden geschweißt wurden. Wegen der besseren Durchführbarkeit der wiederkehrenden Prüfungen wurde dem zweiten Konzept der Vorzug gegeben.

Nur an der Kondensationskammer des Kernkraftwerks Brunsbüttel (KKB) wurde ein 30 mm dickes Deckblech, das über Stege mit der Grundschale in Sandwich-Bauweise verbunden war, angebracht (Abb. 6.64). Der RSK-Unterausschuss (UA) „Reaktordruckbehälter" (RDB) befasste sich im Juli 1974 mit dieser Verstärkungskonstruktion. Bei Schweißarbeiten waren an den Stegen, die auf den Kondensationskammerboden von KKB aufgeschweißt wurden, Wurzelrisse mit einer Tiefenausdehnung von bis zu 2 mm

[538] vgl. BMFT-Forschungsvorhaben: IRS-F-17 (November 1973), Projekte RS 78/RS 78A, Kondensationsvorgänge bei dem Einblasen von Wasserdampf und Dampf-Wasser-Luft-Gemisch in eine Wasservorlage, Auftragnehmer KWU AG Frankfurt, Projektleiter Dipl.-Ing. Gräbener, Dr. Sobottka, Laufzeit 1. 9. 1972 bis 30. 6. 1974, Gesamtkosten 3,24 Mio. DM, S. 75 f – dieses Projekt umfasste 1973/74 Untersuchungen im Großversuchsstand GKM – Großkraftwerk Mannheim. IRS-F-17 (November 1973), Projekt PNS 4211, Dynamische Beanspruchung von LWR-Druckabbausystemen, Auftragnehmer PNS GfK Karlsruhe, Projektleiter E. Wolf, R. A. Müller, Laufzeit Jan. 1972 bis Dez. 1976, S. 77. IRS-F-23 (März 1975), Projekt RS 78 B, Theoretische Arbeiten zum Druckabbausystem (Kondensation IV, Teil 1), Auftragnehmer KWU AG Frankfurt, Projektleiter Dr. Sobottka, Laufzeit 15. 10. 1974 bis 31. 3. 1976, Gesamtkosten 0,62 Mio. DM, S. 105 f. IRS-F-33 (Dezember 1976), Projekte RS 78 D/ RS 78 E, Kondensation V, Teil 1 und Teil 2, Auftragnehmer KWU AG Karlstein, Projektleiter Dr. Simon, Laufzeit 1. 4. 1976 bis 30. 9. 1977, Gesamtkosten 2,91 Mio. DM, S. 97–111. GRS-F-74 (März 1979), Projekt RS 263, Analytische Tätigkeiten der GRS im Rahmen des Reaktorsicherheitsforschungsprogramms des BMFT, Dynamisches Verhalten von Fluid und Struktur in Druckabbausystemen, Auftragnehmer GRS mbH Köln, Projektleiter Dr. W. Ch. Müller, Laufzeit 1. 7. 1977 bis 31. 12. 1979, Finanzmittel 1,39 Mio. DM.

[539] Krieg, R., Göller, B. und Hailfinger, G.: Dynamic Stresses in Spherical Containments with Pressure Sup- pression System During Steam Condensation, Nuclear Engineering and Design, Vol. 64, 1981, S. 203–223.

Abb. 6.65 Verstärkung des Kondensationskammerbodens KKI-1

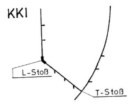

aufgetreten. Als Stahl der KKB-Kondensationskammer war der vanadinhaltige warmfeste Baustahl WB 25 (DIN Nr. 1.8812)[540] der Fa. Mannesmannröhren-Werke AG verwendet worden.

Nach einer Reihe von Großplattenversuchen (s. Kap. 6.5.4) sowie Modifikationen des Schweißverfahrens und einer Wasserdruckprüfung hielt es der RSK-UA RDB für unwahrscheinlich, dass in der Folgezeit sicherheitstechnisch bedeutsame Rissbildung auftritt.[541] Um letzte Bedenken auszuräumen, die aufgrund von aufgetretenen Niedrigspannungsbrüchen bei den Großplattenversuchen geäußert worden sind, veranlasste der Hersteller auf Anraten der MPA Stuttgart, dass Bohrungen von 40 mm Durchmesser an den Kreuzungspunkten der Deckblechnähte mit der Rundnaht eingebracht wurden, um für den unterstellten Fall eines Deckblechnaht-Durchrisses ein Weiterlaufen des Risses in die Grundschale zu verhindern. Die Bohrungen wurden mit 4 mm dicken Blechen abgedeckt (Abb. 6.64). Es wurde geprüft, dass das Gesamtverformungsverhalten des Systems aus Grundschale, Abdeckblechen und Deckblech dadurch nicht verändert wurde und das niedrige Spannungsniveau erhalten blieb.[542]

Das Prinzip der Verstärkung ohne zweiten Boden ist im Abb. 6.65 für den Siedewasserreaktor Isar-1 (KKI-1) zu ersehen.[543] Abbildung 6.66

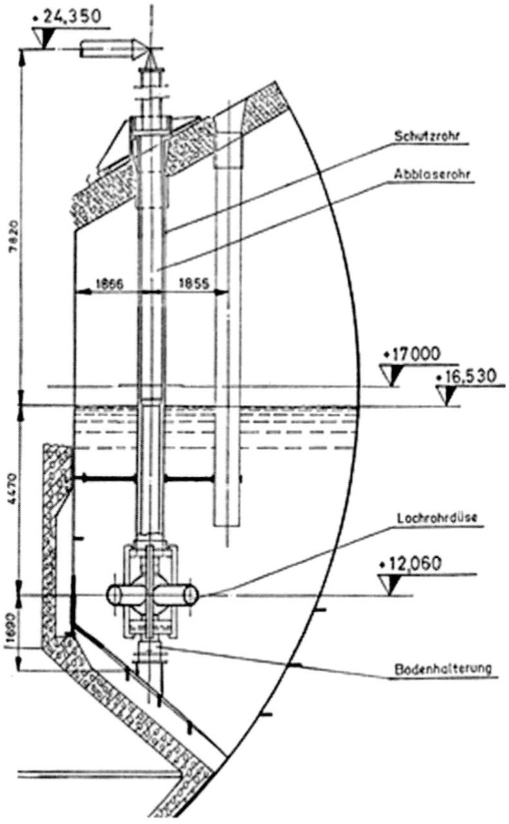

Abb. 6.66 Vertikalschnitt durch die neu konstruierte Kondensationskammer

stellt das Druckentlastungssystem von KKI-1 mit dem Vertikalschnitt durch die Kondensationskammer dar. Es zeigt die Neukonstruktion der Abblaserohre mit Lochrohrdüsen sowie die Verstärkungen der Stahlkonstruktion.[544] Die Ertüchtigungsarbeiten an den Druckabbausystemen der Anlagen der Baulinie 69 waren Ende der 70er Jahre abgeschlossen.[545] Anfang der 80er Jahre schlossen sich Nachrüstungen der Rohrleitun-

---

[540] Chemische Zusammensetzung in %: max. 0,20 C, 0,20–0,50 Si, 1,00–1,50 Mn, max. 0,035 P, max. 0,035 S, 0,10–0,30 Mo, 0,10 V.

[541] AMPA Ku 24, Ergebnisprotokoll 23. Sitzung RSK-UA RDB, 12. 7. 1974, S. 6–8.

[542] AMPA Ku 172, Kraftwerk Union AG: Ergänzung zu Bericht KWU/R2-3062, Ullrich, W.: Verstärkung der Kondensationskammer, Ausführung der Deckblechschweißnähte, Frankfurt, 9. 7. 1974.

[543] AMPA Ku 3, KWU/RS 15/Dr. Fi/Hk vom 16. 9. 1974: Druckabbausystem Philippsburg, Bericht zur 97. RSK-Sitzung am 19. 9. 1974, S. 23.

[544] AMPA Ku 3, KWU/RS 15/Dr. Fi/Hk vom 16. 9. 1974: Druckabbausystem Philippsburg, Bericht zur 97. RSK-Sitzung am 19. 9. 1974, S. 29.

[545] AMPA Ku 151, Bilger, H.: Persönliche schriftliche Mitteilung von Dr. Hartmut Bilger vom 22. 7. 2009. Dipl.-Phys. Dr. Hartmut Bilger, 1964–1969 Max-Planck-Institut für Metallforschung, Institut für Physik Stuttgart bzw. Kernforschungszentrum Grenoble (CENG), 1969 EVS, 1976–1982 Projektleiter KKP-1, 1994 bis August 2000 Vorstandsmitglied EVS bzw. EnBW Energie Baden-Württemberg, 1999 Vorstandsvorsitzender EnBW Regional AG.

gen und Komponenten innerhalb und außerhalb des SB an, deren hochfeste Feinkornbaustähle durch zähe Werkstoffe ersetzt werden mussten (s. Kap. 11.3.1). Zu den Nachrüstungen gehörte auch der Einbau von Wasserstoff-Rekombinatoren, die später durch die Inertisierung des SB durch Stickstoff ersetzt wurden. Der Gesamtaufwand für die Nachrüstungen belief sich auf 1,5 Mrd. DM[546].

Die in den 70er Jahren bis 1983 nach Würgassen wesentlich ertüchtigte und nachgerüstete SWR-Baulinie 69 umfasste folgende Leistungskernkraftwerke: Brunsbüttel (KKB),[547] HEW/NWK, 806 MW$_{el}$, erbaut 1971–1976; Isar-1 (KKI-1),[548] Isar-Amper-Werke, 907 MW$_{el}$, 1971–1977; (in Österreich: Tullnerfeld,[549] 692 MW$_{el}$, 1972–1976, nach einer Volksabstimmung nicht in Betrieb gegangen); Philippsburg-1 (KKP-1),[550] Badenwerk und EVS, 900 MW$_{el}$, 1970–1979; der damals leistungsstärkste SWR der Welt Krümmel (KKK),[551, 552] HEW/NWK, mit 1.316 MW$_{el}$, 1972–1984 (s. Abb. 6.67).

Die SB und Reaktorgebäude der SWR-Kernkraftwerke der Baulinie 69 nach Würgassen hatten alle die gleichen technischen Merkmale. AEG-Telefunken war bestrebt, die Standardisierung und Austauschbarkeit der Komponenten voranzutreiben. Abbildung 6.67 zeigt den Vertikalschnitt durch den SB des KKK (Durchmesser 29,6 m, Wanddicke der inneren Druckschale 25–70 mm), der die typische Konstruktion der SWR-Baulinie 69 erkennen lässt.[553] Mit KKK waren die Anfangshindernisse der Baulinie 69 überwunden.

Die Nichtbegehbarkeit und die beengte Bauweise des kompakten SB mit dem integrierten Druckabbausystem und der großen Zahl automatisierter Abläufe galten als Ursachen für die ungewöhnlich vielen Abschaltungen, die im Kernkraftwerk Würgassen auftraten. Bei den Folgeanlagen konnte die Anzahl der Ausfälle durch die zunehmend standardisierte und verbesserte Konzeption verringert werden.[554] Die insgesamt unbefriedigende Verfügbarkeit der vor 1983 in den kommerziellen Betrieb gegangenen SWR-Kernkraftwerke war jedoch überwiegend eine Folge der umfangreichen Ertüchtigungs- und Nachbesserungsarbeiten der 70er und frühen 80er Jahre. Nach dem Unfall von Tschernobyl Ende April 1986 wurden in den SB der SWR-Baulinie 69 die Luft durch Stickstoff ersetzt. Auf diese Weise wurde für den Kühlmittelverlust-Unfall mit Metall-Wasser-Reaktionen das Risiko von Deflagrationen und Bränden weiter gemindert. Außerdem wurde ein Überschreiten des Auslegungsdrucks im SB durch ein Entlastungsventil mit angeschlossenem Filtersystem verhindert.[555]

Die Hauptabteilung „Entwicklung" im Kerntechnischen Fachbereich der Firma AEG-Telefunken unterzog mit etwa 40 Mitarbeitern die Baulinie 69 über 4 Jahre lang einer grundlegenden Überprüfung und Neubewertung. Ein wichtiger Entwicklungskomplex war die Neukonzeption des Sicherheitsbehälters einschließlich des Druckabbausystems und des Reaktorgebäudes. Neben den Fragen der Zugänglichkeit

---

[546] Eckert, G.: Die wesentlichen Nachbesserungen der SWR-Kraftwerke der Baulinie 69, atw, Jg. 29, Dezember 1984, S. 639–644.

[547] Kornbichler, H. und Ringeis, W.: Das 800-MW-Kernkraftwerk Brunsbüttel, atw, Jg. 15, April 1970, S. 191–202.

[548] Baumgartl, B. J. und von Braunmühl, H.: Das 900-MW-Kernkraftwerk Isar mit AEG-Siedewasserreaktor, atw, Jg. 17, Mai 1972, S. 269–273.

[549] Bechtold, E., Köth, D. und Hüttl, A.: Das 700-MW-Gemeinschaftskernkraftwerk Tullnerfeld, atw, Jg. 17, März 1972, S. 146–153.

[550] Hüttl, A. und Moll, W.: Das 900-MW-Kernkraftwerk Philippsburg mit AEG-Siedewasserreaktor, atw, Jg. 15, Juli 1970, S. 320–323.

[551] Banz, P., Lange-Stalinski, K. und Mitschel, H.: Das 1300-MW-Kernkraftwerk Krümmel, atw, Jg. 20, Februar 1975, S. 66–73.

[552] Banz, P., Lange-Stalinski, K. und Zimmermann, A.: Das Kernkraftwerk Krümmel geht in Betrieb, atw, Jg. 29, Januar 1984, S. 19–28.

[553] Banz, P., Lange-Stalinski, K. und Zimmermann, A.: Das Kernkraftwerk Krümmel geht in Betrieb, atw, Jg. 29, Januar 1984, S. 22.

[554] Hüttl, A. J.: Betriebserfahrungen mit Siedewasserreaktor-Kernkraftwerken, atw, Jg. 29, Oktober 1984, S. 634–638.

[555] Albert, N. und Bilger, H.: Inerting system and pressure relief system with filtered venting in KWU BWRs, Proceedings of an international symposium on severe accidents in nuclear power plants, IAEA, Vienna, 1988, vol. 2, S. 629–642.

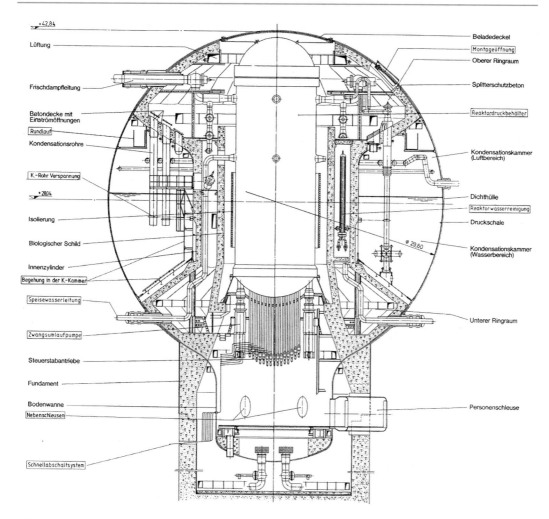

Abb. 6.67 Vertikalschnitt durch den Sicherheitsbehälter des Siedewasserreaktors Krümmel

der Komponenten war das Problem der zu beherrschenden Einwirkungen von außen zu lösen. Im Laufe des Jahres 1972 wurden als neue wichtige Merkmale die tiefliegenden Wassermassen des Druckabbausystems, die Verwendung von Stahlbeton statt Stahl, zylindrische Grundformen und eine optimale Raumausnutzung und Systemanordnung herausgearbeitet (Abb. 6.68).[556] Aus dieser neuen Konzeption wurde die „SWR-Baulinie 72" entwickelt.

Im April 1973 wurden die kerntechnischen Abteilungen der Firmen Siemens und AEG-Telefunken in der bereits 1969 gegründeten Kraftwerk Union AG (KWU) zusammengeführt. Zum 1. Januar 1977 übertrug die AEG ihre KWU-Anteile auf die Siemens AG und zog sich aus dem Kernenergiegeschäft gänzlich zurück. Im Februar 1974 erteilten die RWE (75 %) und BAG (25 %) der KWU und Hochtief den Auftrag, am Standort Gundremmingen neben KRB-A ein Doppelblock-Kernkraftwerk (KRB-II) mit SWR der KWU-Baulinie 72 und der Bruttoleistung von je 1.310 MW$_{el}$ schlüsselfertig zu errichten. Mit dem Bau des Blocks B wurde im Juli 1976 begonnen. Im März 1984 wurde die erste Kritika-

---

[556] Voigt, O.: Weiterentwicklung des Siedewasserreaktors in der BRD, atw, Jg. 17, September/Oktober 1972, S. 488–491.

Abb. 6.68 Die wesentlichen Merkmale von SB und Reaktorgebäude der SWR-Baulinie 72

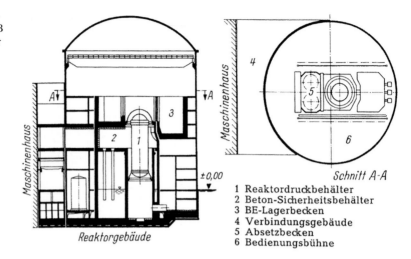

1 Reaktordruckbehälter
2 Beton-Sicherheitsbehälter
3 BE-Lagerbecken
4 Verbindungsgebäude
5 Absetzbecken
6 Bedienungsbühne

Abb. 6.69 KRB-A, KRB-B und -C am Standort Gundremmingen, 1985

lität erreicht und der erste Strom ans Netz abgegeben. Der baugleiche Block C folgte mit einem zeitlichen Abstand von 8 Monaten. Beide Blöcke wurden mit ihren Maschinenhäusern an ein gemeinsames Zentrum mit allen Hilfsanlagen angebunden.[557] In Abb. 6.69 ist die Gesamtansicht der drei Kernkraftwerke in Gundremmingen dargestellt.

In Abb. 6.70 ist im Vertikalschnitt der zylindrische SB eines KRB-II-Blocks mit dem Innendurchmesser von 29,0 m und der lichten Höhe von 32,5 m abgebildet. Sein Werkstoff ist vorgespannter Beton mit einer 8 mm dicken Stahldichthaut (Liner), die den SB einschließlich der Kondensationskammer innen auskleidet. Den unteren Abschluss bildet die mit dem Reaktorgebäude gemeinsame Fundamentplatte aus Stahlbeton. Oberhalb des Reaktordruckbehälters (RDB) liegt der Ladedeckel aus Stahl, der zusammen mit der Kreisringplatte aus Stahlbeton den SB nach oben abschließt. Darüber befindet sich der zylindrische Flutraum. Dies war die erste Sicherheitsumschließung aus Spannbeton für ein Leistungskernkraftwerk in der Bundesrepublik Deutschland.[558]

[557] Haußmann, H., Gaßner, K.-H., Frisch, J. und Kuhne, H.: Das Kernkraftwerk Gundremmingen B und C, atw, Jg. 29, Dezember 1984, S. 616–628.

[558] ebenda, S. 621 ff.

Abb. 6.70 Vertikalschnitt durch den SB eines KRB-II-Blocks

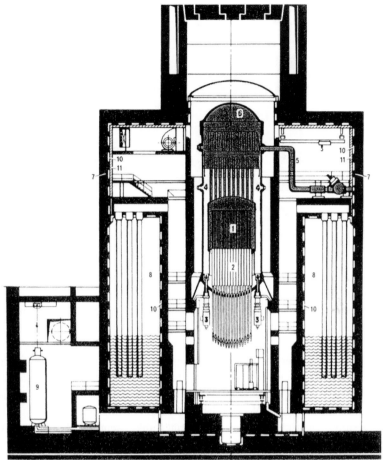

1 Brennelemente	5 Frischdampfleitung	9 Schnellabschalttank
2 Steuerelemente	6 Reaktordruckbehälter	10 Liner (Stahldichthaut)
3 Hauptkühlmittelpumpen	7 Sicherheitsumschließung	11 Splitterschutzbeton
4 Speisewasserstutzen	8 Kondensationskammer	

Wie bei der SWR-Baulinie 69 umschließt auch hier der SB zwei Raumbereiche, die Druckkammer mit RDB, Rohrleitungen, Pumpen und Absperrarmaturen des Primärkreises sowie die ringförmig angeordnete Kondensationskammer mit der nunmehr tiefliegenden Wasservorlage. Im Beton der Kondensationskammerdecke sind radial 21 Kanäle eingebracht, von denen jeweils 3 Kondensationsrohre abgehen, die in die Wasservorlage eintauchen. Im Wasser der Kondensationskammer soll der aus dem Primärkreis in der Druckkammer bei Unfällen freigesetzte Dampf kondensiert werden. Dieses Wasserreservoir ist zugleich ein passiver Bestandteil des Notkühlsystems als Ersatzwärmesenke bei Ausfall der Hauptwärmesenke. Abb. 6.71 zeigt, wie der SB in das Reaktorgebäude integriert ist.

Die RSK behandelte auf mehreren Sitzungen dieses SWR-Konzept, ihr Unterausschuss „SWR-Konzepte" auf zahlreichen Sitzungen, nachdem die KWU einen Konzeptvorbescheid nach § 7a AtG beantragt hatte. Die Zusammenfassung dieser Beratungen war wie folgt: „Die RSK ist in der Gesamtbeurteilung der Ansicht, dass dieses Konzept in sicherheitstechnischer Hinsicht eine Verbesserung gegenüber den bisherigen SWR-Anlagen der KWU darstellt …"[559]

[559] BA B 106-75310, Ergebnisprotokoll 92. RSK-Sitzung, 20. 3. 1974, S. 6–9.

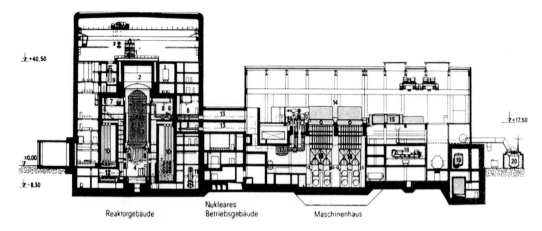

Abb. 6.71 Längsschnitt durch einen Block des KRB-II-Kernkraftwerks in Gundremmingen

Die Entwicklung Des SWR-1000 Nach dem Tschernobyl-Unglück wurden in den westlichen Industriestaaten neue Reaktorlinien untersucht und entwickelt, die sich weitestgehend auf passive und vereinfachte Sicherheitssysteme abstützten und der mittleren Leistungsgröße angehörten. Deutsche Kernkraftwerksbetreiber beteiligten sich an diesen internationalen Programmen.[560] Siemens/KWU erklärte, die Spitzenposition Deutschlands in der Kerntechnik auch auf diesem Gebiet in Zusammenarbeit mit den Energieversorgungsunternehmen behaupten zu wollen.[561]

Die Erarbeitung eines Konzeptes für den SWR-1000 war von KWU im Frühjahr 1992 begonnen worden. Auf der europäischen Nuklearkonferenz ENC '94 Anfang Oktober 1994 in Lyon wurde das Konzept dieses fortschrittlichen SWR von KWU vorgestellt; auf dem VGB-Kongress „Kraftwerke 1995" im September 1995 in Essen wurden konstruktive Merkmale des Entwurfs im Einzelnen dargestellt.[562] Im Jahr 1995

beteiligten sich neben der deutschen Energiewirtschaft auch europäische Partner am SWR-1000-Projekt: TVO Finnland, NRG Niederlande, PSI Schweiz und EDF Frankreich.

Die damals bestehenden Auslegungsstandards der drei Sicherheitsebenen wurden für den SWR-1000-Entwurf weiter verbessert, etwa auf der zweiten Ebene durch eine deutlich reduzierte Leistungsdichte im Kern und die wesentliche Vergrößerung des Wasserinventars im RDB, wodurch Störungen langsamer verlaufen und für Begrenzungsmaßnahmen mehr Zeit verfügbar wird. Die dritte Ebene wurde durch die Einführung passiv wirkender Einrichtungen zur Störfallbeherrschung verbessert, die ohne Ansteuerung oder Energieversorgung von außen ausgelöst und betätigt werden. Das Sicherheitskonzept des SWR-1000 zeichnet sich besonders dadurch aus, dass mehrfach zwei aktive und vier passive Teilsysteme für die erforderliche Schutzfunktion vorgesehen sind. Für die Störfallbeherrschung reichen nur ein oder zwei der 6 Teilsysteme aus, wobei die aktiven und passiven Teilsysteme zueinander diversitär sind[563],[564] (Tab. 6.4).[565]

---

[560] Bilger, H., Hartel, W. und Ringeis, W.: Neue Leichtwasserreaktorkonzepte mit passiven Sicherheitseigenschaften, VGB Kraftwerkstechnik, 74, 1994, Heft 2, S. 103–108.

[561] Vortrag von KWU-Vorstand Adolf Hüttl auf dem Plenartag der Jahrestagung Kerntechnik '96 im Mai 1996 in Mannheim, vgl. atw-Bericht: CO$_2$- Minderungsziel nur mit Kernenergie zu erreichen, atw, Jg. 41, Juni 1996, S. 394.

[562] Mohrbach, L.: Notwendigkeit einer neuen Industriekultur, atw, Jg. 40, Dezember 1995, S. 772.

[563] Brettschuh, W. und Meseth, J.: SWR 1000 vor Angebotsreife, atw, Jg. 45, Juni 2000, S. 369–373.

[564] Brettschuh, W. und Wagner, K.: Das Sicherheitskonzept des SWR 1000, atw, Jg. 44, Januar 1999, S. 23–27.

[565] Fabian, H., Pamme, H. und Schmaltz, H.: Neue Qualität in der Sicherheitskonzeption des SWR 1000, atw, Jg. 44, Januar 1999, S. 12–18.

Tab. 6.4 Passive u. aktive SWR-1000-Sicherheitssysteme

Sicherheits-funktionen	Passive Einrichtungen (Klassifizierung nach IAEA TECDOC 626)		Aktive Einrichtungen
Unter-kritikalität	Schnellabschaltsystem 4 Tanks Auslösung: - Membranventile, Passiver Impulsgeber (Passiv C) - Magnetventile (Passiv D)		137 Elektro-motorische Antriebe Borabschalt-system
Durchdringungs-abschluß FD-Leitungen	2 eigenmediumbetätigte Schnellschluß-armaturen pro Leitung (Schieber+Ventil) Auslösung: - Membranventile / Passiver Impulsgeber (Passiv C) - Magnetventile (Passiv D)		1 Schieber (wenn erforderlich)
Reaktordruck-begrenzung	6 S + E - Ventile	Auslösung: - Federsteuervent. (Passiv C) - Magnetventile (Passiv D)	
Reaktor-druckentlastung		- Membranventil/ Passiver Impuls-geber (Passiv C) - Magnetventile (Passiv D)	4 Not-konden-satoren (Passiv B)
Wärmeabfuhr aus RDB — HD	4 Notkondensatoren (Passiv B)		
— ND			2 Nachwärme-abfuhr- und Kernflutsysteme
Kernflutung — ND	4 Flutleitungen (Passiv C)		
Wärmeabfuhr aus dem Containment	4 Gebäudekondensatoren (Passiv B)		

Gemäß den Anforderungen des im Juli 1994 novellierten Atomgesetzes sind die Auswirkungen eines Kernschadens auf die Anlage zu beschränken, so dass keine Katastrophenschutz-Maßnahmen erforderlich werden. Deshalb wurde eine weitere, vierte Sicherheitsebene vorgesehen mit Vorkehrungen gegen auslegungsüberschreitende Ereignisse bis hin zum Kernschmelzunfall. Eine Kernschmelze wird durch folgende Maßnahmen beherrscht:

- Die RDB-Umgebung wird geflutet und der RDB von außen so gekühlt, dass sein Durchschmelzen verhindert und die Kernschmelze in der unteren RDB-Kalotte zurückgehalten wird (Abb. 6.72).[566]
- Die Kernschmelze bei hohem Druck im RDB kann praktisch ausgeschlossen werden, da redundante und diversitäre Druckentlastungs-

Einrichtungen mit hoher Zuverlässigkeit vorgesehen sind.

- Eine Dampfexplosion beim Absturz der Kernschmelze in die untere RDB-Kalotte kann ebenfalls ausgeschlossen werden, da die Steuerstabführungsrohre das Wasservolumen im unteren Plenum stark segmentieren.
- Die Wasserstofffreisetzung aus einer 100 %igen Zirkoniumoxidation ist der Sicherheitsbehälter (SB) -Auslegung zugrunde gelegt.
- Wasserstoffexplosionen sind unmöglich, da der SB mit Stickstoff inertisiert ist.
- Der Containmentdruck wird durch die Wärmeabfuhr durch die Gebäudekondensatoren begrenzt.[567]

Das zylindrische Stahlbeton-Containment ist mit einer Stahlblech-Auskleidung (Dichtliner) versehen. In der Druckkammer befinden sich

---

[566] Brettschuh, W. und Meseth, J.: SWR 1000 vor Angebotsreife, atw, Jg. 45, Juni 2000, S. 372.

[567] Brettschuh, W. und Wagner, K.: Das Sicherheitskonzept des SWR 1000, atw, Jg. 44, Januar 1999, S. 27.

Abb. 6.72 Außenflutung des RDB bei einer Kernschmelze

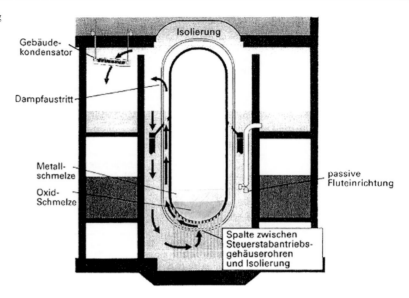

der RDB, die Frischdampf- und Speisewasserleitungen sowie 4 hydraulisch miteinander verbundene Flutbecken. Dort sind die je 4 Not- und Gebäudekondensatoren zur passiven Wärmeabfuhr, die Flutleitungen zur passiven Flutung des RDB sowie die passiven Impulsgeber zur hydraulischen Auslösung von Sicherheitsfunktionen untergebracht (Abb. 6.73).[568] Diese Druckkammer ist mit einem redundanten Umluftkühlsystem ausgerüstet. Die Kondensationskammer ist Wärmesenke und Wasservorrat und dient der Druckbegrenzung im SB. Oberhalb und außerhalb des SB befindet sich ein zusätzlicher großer Wasservorrat im Absetzbecken, der das Potenzial der Energiespeicherung erheblich vergrößert und damit die Karenzzeit für Eingriffe von außen verlängert.

Zur experimentellen Untersuchung der Zuverlässigkeit und Leistungsfähigkeit der SWR-1000-Notkondensatoren wurde im Forschungszentrum Jülich die Versuchsanlage NOKO errichtet und die Tests mit ergänzenden analytischen Verfahren abgesichert. Umfangreiche Versuchsreihen

bestätigten die erwartete Betriebsweise und die Kapazität des Notkondensators.[569]

Abbildung 6.74 zeigt den Größenvergleich der Siedewasserreaktoren KRB-II in Gundremmingen und SWR-1000, dessen Leistung auf vergleichbare 1200/1250 MW_{el} aufgestockt wurde.[570]

Der SWR-1000 wird seit März 2009 unter dem Warenzeichen KERENA von Areva vermarktet.

Der Schwerpunkt des vorliegenden Werks liegt bei der Entwicklung der Sicherheitstechnik für Kernkraftwerke mit Druckwasserreaktor. Die ersten Leistungskernkraftwerke in den USA und in der Bundesrepublik Deutschland wurden mit Siedewasserreaktoren betrieben. Es war deshalb unumgänglich, die Containments der ersten SWR darzustellen. Die weitere Entwicklung der SWR-Containments kann jedoch nur skizzenhaft angedeutet werden.

---

[568] Fabian, H., Pamme, H. und Schmaltz, H.: Neue Qualität in der Sicherheitskonzeption des SWR 1000, atw, Jg. 44, Januar 1999, S. 13.

[569] Schaffrath, A., Hicken, E. F., Jaegers, H. und Prasser, H.-H.: Operation conditions of the emergency condenser of the SWR 1000, Nuclear Engineering and Design, Vol. 188, 1999, S. 303–318.

[570] Brettschuh, W.: SWR 1000: AREVA's Advanced, Medium-Sized Boiling Water Reactor With Passive Safety Features, Conference „New nuclear power plant technologies", 8. 3. 2007, Budapest.

Abb. 6.73 SWR-1000-
SB mit Einbauten

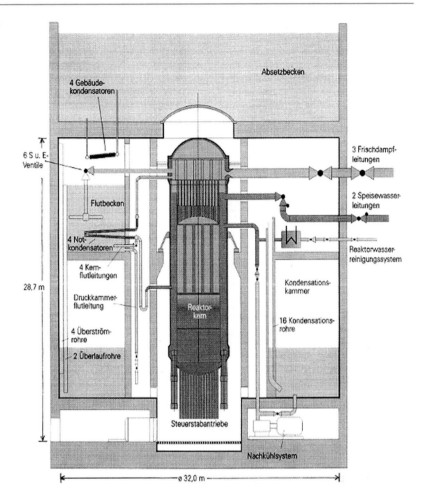

6.5.3   Containments der Leistungskernkraftwerke in der Bundesrepublik mit Druckwasserreaktor

Der erste in Deutschland von der Siemens Schu-
ckertwerke AG (SSW) im Kontakt mit ihrem
amerikanischen Lizenzpartner Westinghouse
entwickelte und erbaute Druckwasserreaktor
(DWR) war der Mehrzweck-Forschungsreaktor
(MZFR) am Standort des Kernforschungszentrums Karlsruhe. Bei der Konzeptentwicklung
für die Leistungsreaktoren mit DWR waren die
Erfahrungen der Siemens-Ingenieure mit dem
MZFR von großer Bedeutung. Er soll deshalb in
gedrängter Form dargestellt werden.

Die thermische Leistung des MZFR betrug
etwa 200 MW$_{th}$, seine elektrische Nettoleistung

50 MW$_{el}$. Seine Brennelemente bestanden aus
Natururan, und er wurde mit schwerem Wasser
(D$_2$O) moderiert und gekühlt. Die Betriebstemperatur war 280 °C, der Betriebsdruck 90 at. Mit
dem Bau des MZFR wurde im April 1962 begonnen,[571] Ende September 1965 wurde er zum
ersten Mal kritisch.[572]

Der MZFR-Sicherheitsbehälter (SB) war aus
Feinkornstahlblech der Dicke 15,5 mm in Form
eines stehenden Zylinders mit dem Durchmesser
24,4 m und der Höhe 27 m, der von einer halbkugelförmigen Kuppel überwölbt wurde, zusammengeschweißt worden (Abb. 6.75). Der SB war

---

[571] Brandl, J.: Der Mehrzweck-Forschungsreaktor
(MZFR), atw, Jg. 8, April 1963, S. 257–259.

[572] Sparhuber, R.: Inbetriebsetzung und Anfangsbetrieb
des MZFR, atw, Jg. 13, März 1968, S. 130–134.

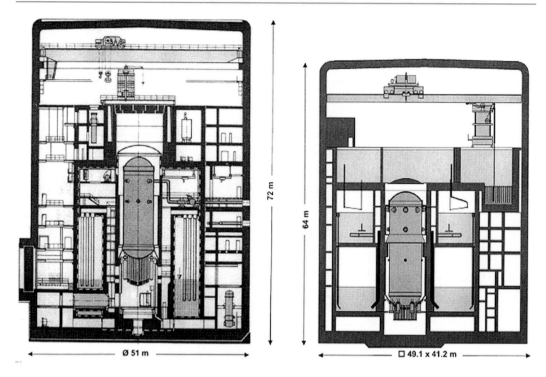

Abb. 6.74 Größenvergleich im Vertikalschnitt der Siedewasserreaktoren KRB-II und SWR-1000. (rechts)

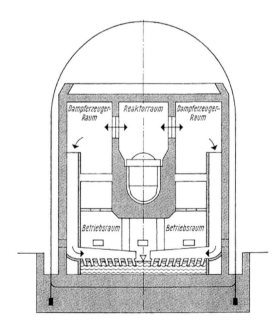

Abb. 6.75 Vertikalschnitt durch das MZFR-Containment mit der Anlage zur Druckentlastung

für einen Überdruck von 1,5 atü bei einer Wandtemperatur von 80 °C ausgelegt.[573]

Der verwendete Feinkornbaustahl HSB 40S/ H1A war niedrigfest mit einer Streckgrenze von 290 N/mm².[574]

Das Reaktorgebäude stand mit einer 2,3 m dicken Stahlbetonplatte als Flachgründung etwa 4 m tief im Grundwasser. Der darauf als Sekundärabdichtung errichtete zylindrische Stahlbetonmantel hatte eine Wanddicke von 1,0 bzw. 0,8 m, einen äußeren Durchmesser von 22,8 m und eine Höhe von etwa 32 m. Zwischen dieser Sekundärabschirmung und dem Stahlblech des SB war ein Abstand von 0,8 m. Zur Abdichtung gegen eindringendes Grundwasser wurde im Erdreich um

[573] Aisch, D. und Petersen, G.: Sicherheitshülle mit Anlage zur Druckentlastung, atw, Jg. 10, Juli/August 1965, S. 359–360.

[574] Andersen, A.: Reaktorsicherheitsbehälter aus Stahl, in: Stahlbau Handbuch, Bd. 2, Stahlbau-Verlagsgesell. Köln, 1986, S. 1224.

die Stahlbeton-Fundamentplatte herum eine Rhepanol-Folie zwischen Schutzbeton eingebettet.[575]

Für einen Unfall, bei dem durch einen Bruch im Reaktorkühlsystem das Kühlmittel und der Moderator plötzlich ausdampfen, war eine Einrichtung zur Druckentlastung vorgesehen. In diesem Fall wäre der entstandene Dampf sofort in die Wasservorlage des Kondensationsbeckens mit 500 m^3 Wasserinhalt geströmt und praktisch vollständig kondensiert (Abb. 6.75). Von der Genehmigungsbehörde war der Nachweis gefordert worden, dass auch bei Dampf-Luft-Gemischen ein größtmöglicher Kondensationseffekt erzielt wird.[576, 577]

Die Errichtung des MZFR war gewissermaßen das „Gesellenstück" und der Prüfstein für die Fähigkeiten der SSW, ein Kernkraftwerk zu entwerfen und zu bauen. Westinghouse hatte sich nie mit D$_2$O-Reaktoren befasst und hatte deshalb wenig zum Konzept und der Errichtung des MZFR beitragen können. Die beim MZFR gesammelten Erfahrungen erlaubten die allmähliche Abkoppelung der SSW von Westinghouse und ermöglichten, das Kernkraftwerk Obrigheim anzubieten.[578]

Bei der Konstruktion und Fertigung des Reaktordruckbehälters (RDB) für den MZFR (s. Kap. 9.4.2) war erkannt worden, dass die Anfang der 60er Jahre verfügbaren technischen Mittel zur Herstellung von RDB für große, mit Natururan betriebene Leistungsreaktoren auf der Grundlage der D$_2$O-Technologie nicht aus-

reichten. Der Schwerwasser-Reaktor war in der Bauform des Druckkessel-Reaktors eine Nischen-Technologie. Außerdem war die lange Zeit vorherrschende Sorge um die Verfügbarkeit von angereichertem Uran zur Brennstoffversorgung nicht mehr aktuell.

SSW unternahm große Anstrengungen, zu einem wettbewerbsfähigen, leistungsstarken und von Westinghouse unabhängigen Anbieter von DWR großer Leistung mit Leichtwasser-Technologie zu werden. Die Lizenzpartnerschaft hatte sich auf das nukleare Dampferzeugersystem beschränkt. Die Westinghouse Corp. war im Rahmen ihres Lizenzvertrags mit SSW rechtlich nicht befugt und nicht verpflichtet gewesen, SSW darüber hinausgehendes technisches Wissen – etwa über Containments – zur Verfügung zu stellen. Für das Reaktorgebäude und die Gesamtanlage waren in der Regel die großen Ingenieurbüros, die Architect Engineers, verantwortlich, die den Gesamtauftrag der Errichtung eines Kernkraftwerks abwickelten. Die Architect Engineers wachten sorgsam darüber, dass konstruktive Einzelheiten nicht in die Hände möglicher Mitbewerber gelangten.

In der Siemens Reaktorentwicklung (RE) war man bestrebt, neben den Erkenntnissen aus eigenen Entwicklungen und den Erfahrungen mit dem MZFR-Projekt, stets die neuesten Informationen aus den Kernenergie nutzenden und entwickelnden Ländern, insbesondere aus den USA, Kanada und Großbritannien, zu erhalten. Einer der damals im Ausland tätigen und beobachtenden Siemens-Ingenieure war Diethelm Knödler.[579]

Auf Fachkonferenzen und Kraftwerks-Baustellen sowie durch Kontakte zu Herstellern konnten Informationen zu Containment-Konzepten und über wirklich erstellte Reaktorgebäude

[575] Klee, O.: Bauwerke des Mehrzweck-Forschungsreaktors im Kernforschungszentrum Karlsruhe, Nuclear Engineering and Design, Vol. 3, 1966, S. 95–104.

[576] Aisch, D. und Petersen, G.: Sicherheitshülle mit Anlage zur Druckentlastung, atw, Jg. 10, Juli/August 1965, S. 360.

[577] vgl. AMUBW 3415.8 A III, MZFR, Unterlagen zu Druckentlastungssystemen.

[578] AMPA Ku 167, Persönliche schriftliche Mitteilung von Dr. Wolfgang Keller vom 3. 9. 2009. Wolfgang Keller (geb. 1928), Physikstudium, Wiss. Assistent am Lehrstuhl Technische Mechanik und Wärmelehre der Fakultät Maschinenbau der TH Stuttgart, 1956 Dr.-Ing., Studium „Nuclear Science" Pennsylvania State University und ANL, 1962 Leiter Reaktorprojekte bei Siemens RE, 1967 Leiter RE, 1976 Mitglied Vorstand KWU, später Siemens AG, Aufsichtsrat u. a. bei Interatom und ALKEM, 1972 Mitglied Präsidium des KTA.

[579] Dipl.-Ing. Diethelm Knödler, Tätigkeiten bei BBC und Escher Wyss, 1957 RE bei SSW, 1960 abgeordnet zum Kernforschungszentrum AECL in Chalk River (Kanada), November 1961 und Frühjahr 1962 Besichtigungen von Yankee Rowe, Fermi-1, Dresden, Indian Point und San Onofre, 1963 Koordinator für Technologie-Transfer zwischen Westinghouse und Siemens, zahlreiche Aufenthalte in Pittsburgh, 1980 Leiter Hauptbereich KWU-Reaktortechnik.

gesammelt werden. Die Ingenieurbüros hielten Detail-Informationen zurück, aber „auf Baustellen und in laufenden Anlagen gab es dann im Stolz auf den Erfolg eher freimütige Auskünfte. So konnten auch die Erfahrungen Dritter mit der Errichtung, der Montage, der Inbetriebsetzung und dem Brennelementwechsel wie Mosaiksteinchen zu einem Gesamtbild gesammelt und zusammengesetzt werden. Die vielfältigen eigenen Entwurfsarbeiten erlaubten meist, das Know-why herauszufinden und nicht nur das Know-how unreflektiert zu sammeln."[580]

Kernkraftwerk Obrigheim (KWO) Die Energieversorgungswirtschaft Baden-Württembergs gründete im Oktober 1960 die Kernkraftwerk Baden-Württemberg Planungsgesellschaft mbH (KBWP), deren Absicht es war, am Standort Obrigheim am Neckar im Landkreis Mosbach ein 150-MW_{el}-Kernkraftwerk mit einem organisch moderierten und gekühlten Reaktor (OMR) zu errichten.[581] Die maßgebenden Gesellschafter waren die Badenwerk AG, Karlsruhe, die Energie-Versorgung Schwaben AG (EVS), Stuttgart, und die Technischen Werke der Stadt Stuttgart (TWS), wozu noch weitere energiewirtschaftliche Unternehmen und Stadtwerke kamen.[582] Der technische KBWP-Geschäftsführer war der Ingenieur Reinhard Kallenbach.[583] Die Vorgängergesellschaft der KBWP, die 1957 gegründete Arbeitsgemeinschaft Kernkraft Stuttgart (AKS), hatte sich bereits 1959 für einen OMR als Reaktor eines Demonstrationskraftwerks entschieden. Vorbild war das von der USAEC geplante und in den Jahren 1960–1963 erbaute OMR-Kraftwerk Piqua/Ohio. Die Schwierigkeiten mit der

thermischen und radiolytischen Zersetzung des organischen Moderators und Kühlmittels waren jedoch so groß, dass diese Baulinie im März 1968 von der USAEC aufgegeben wurde.[584] Schon Anfang des Jahres 1966 war Piqua endgültig wegen Ablagerungen von Zersetzungsprodukten an Steuerstäben und Brennelementen sowie den daraus folgenden Funktionsstörungen abgeschaltet worden.[585] Ähnliche Probleme hatten die Erforschung und Entwicklung des OMR ständig begleitet,[586] sodass diese Technik zunehmend kritisch beurteilt worden war. Im Herbst 1962 forderte deshalb die KBWP, neben dem OMR-Projekt, für ein „Zweitprojekt" bei der AEG und bei den Siemens-Schuckertwerken AG (SSW) Angebote für Kernkraftwerke mit Leichtwasserreaktoren an.

Im Vorfeld der Entscheidungen über den Reaktor-Typ und den Hersteller untersuchte die KBWP auf Anregung des Bundesministeriums für wissenschaftliche Forschung (BMwF) eine „doppelt gesicherte Bauweise" in einer Kaverne, die auf der Gemarkung Obrigheim angelegt werden könnte. Der Vorstand des Heidelberger Portland-Cement-Werks hatte sich für den Bau eines Kavernenkernkraftwerks aufgeschlossen gezeigt.[587] Die Mehrkosten wurden auf bis zu 80 Mio. DM geschätzt und ein Antrag auf Bewilligung eines Bundeszuschusses im April 1963 gestellt. Die Kavernenbauweise war jedoch keine Zielsetzung im Atomprogramm der Bundesregierung, die sich letztlich nicht in der Lage sah, eine Kavernenanlage finanziell zu fördern. Im Juni 1963 wurde mit dem BMwF verabredet, das am

---

[580] AMPA Ku 167, Persönliche schriftliche Mitteilung von Diethelm Knödler vom 25. 7. 2009, S. 2.

[581] KBWP erteilt Projektierungsauftrag für OMR-Kraftwerk, atw, Jg. 6, April 1961, S. 247.

[582] Kernkraftwerk Baden-Württemberg Planungsgesellschaft mbH gegründet, atw, Jg. 5, Dezember 1960, S. 591.

[583] Dipl.-Ing. Reinhard Kallenbach (1917–2000), technischer Geschäftsführer der Kernkraftwerk Obrigheim GmbH 1964–1968, KWO-Aufsichtsratsvorsitzender 1970–1982, Mitglied im Vorstand der EVS 1970–1982, Mitglied 1975–1982 und Vorsitzender 1980–1982 des Präsidiums des Kerntechnischen Ausschusses.

[584] Blakely, J. P.: Action on Reactor and Other Projects Undergoing Regulatory Review or Consideration: Piqua (Docket 115-2), Nuclear Safety, Vol. 9, No. 3, Mai-Juni 1968, S. 294 f.

[585] Blakely, J. P.: Action on Reactor and Other Projects Undergoing Regulatory Review: Piqua Nuclear Power Facility (Docket 115-2), Nuclear Safety, Vol. 7, No. 3, Frühjahr 1966, S. 392.

[586] Rosenthal, M. W.: Operating Experience with the OMRE, Nuclear Safety, Vol. 2, No. 2, Dezember 1960, S. 75–81.

[587] AMPA Ku 167, Kernkraftwerk Baden-Württemberg Planungsgesellschaft mbH: Niederschrift über die Sitzung des Ständigen Ausschusses am 15. 5. 1963, S. 5–7.

Neckar geplante Kernkraftwerk „in offener Bauweise" voranzutreiben.[588]

Im Laufe des Jahres 1963 führte die KBWP-
Geschäftsführung intensive Gespräche mit den
Herstellerfirmen AEG und SSW sowie mit Lan-
des- und Bundesbehörden über das von ihr verfolgte „Zweitprojekt", für das sie folgende Alternativen untersuchte:

- 240-MW$_{el}$-Druckwasserreaktor-Kernkraftwerk
  der SSW
- 240-MW$_{el}$-Siedewasserreaktor-Kernkraftwerk
  der AEG
- 100-MW$_{el}$-Siedewasserreaktor-Kernkraftwerk
  der AEG

Die Grobauslegung dieser Projekte war Mitte
August 1963 abgeschlossen worden, verbindliche Angebote wurden bis Ende Februar 1964
erwartet.[589] Die Planung eines 100-MW$_{el}$-Siede-
wasserreaktors wurde jedoch im Oktober 1963
wegen vergleichsweise geringer Wirtschaftlichkeit und fraglicher Bundeshilfen eingestellt.[590]

Die Auslegung des 240-MW$_{el}$-SWR von AEG
entsprach weitgehend der des KRB Gundremmingen. Auch für den Standort Obrigheim wurde
ein Doppelcontainment aus einem stählernen Sicherheitsbehälter (SB) und einer Stahlbetonhülle vorgeschlagen. Der SB sollte die Form eines
senkrecht stehenden Zylinders mit halbkugeligen
Abschlüssen haben.

Bei der Errichtung des 240-MW$_{el}$-DWR-
Kraftwerks sollte die Herstellerfirma SSW die
vielfach bewährte Westinghouse-Druckwasser-
Technik übernehmen. Für den Reaktor plante
SSW in der zweiten Hälfte des Jahres 1963 ein
Reaktorgebäude in der Form eines Rotations-
ellipsoids, die einem Rugby-Ball ähnelte. Diese
spindelförmige, doppelt gekrümmte Schale sollte
von der Firma Dyckerhoff & Widmann aus vorgespanntem Beton gebaut werden. Als vorteilhaft

wurde angesehen, dass die erforderlichen großen
Öffnungen an den spitzen Polen der Spindel angelegt werden könnten, wo wegen der starken Krüm-
mung die Spannungen am geringsten sind und die
Spannglieder bequem verankert werden können.
Auch dieses Containment sollte als zweischaliges
System aufgebaut werden, wobei der Zwischenraum zwischen den beiden Schalen mit porösem
Einkornbeton aufgefüllt und in dauerndem Unterdruck gehalten werden sollte. Die Betonschalen
sollten innen mit einer 6 mm dicken Stahlauskleidung versehen werden, die möglicherweise durch
Kunststoffauskleidungen ersetzt werden könnte,
wozu einige Probleme noch gelöst werden müssten. „Weitere Probleme liegen in der Lagerung der
Schale im Fundament. Es wird daran gedacht, ausgedehnte Untersuchungen und Versuche über die
hier auftretenden Probleme anzustellen."[591]

Die Firma SSW, vertreten durch die für den
Bau und den Vertrieb von Kraftwerken zuständige „Technische Stammabteilung" „Wärmekraft"
(TS 13), hatte sich im Frühjahr 1963 gegenüber
der KBWP entschieden gegen einen stählernen
Kugelbehälter und für ein Betoncontainment
ausgesprochen, das erhebliche Preisvorteile
biete und dessen Raumaufteilung zweckmäßiger gestaltet werden könne. Ein Vergleich des in
Spannbeton ausgeführten Spindelcontainments
mit dem Zylinder in Stahlbeton rechtfertige die
Wahl der Spindel.[592]

Ein kleines DWR-Projekt- und Entwicklungs-
team in der SSW RE hatte nach eingehenden Studien der Bauprojekte und Konzeptionen in den
USA, Kanada und England die wesentlichen, teilweise von den Vorstellungen des Lizenzpartners
Westinghouse abweichenden Kriterien für ein
DWR-Containment wie folgt zusammengestellt:

- bestmögliche Einfügung in die Landschaft,
- Volldruckcontainment mit Doppelschale und
  absaugbarem Ringraum; Verzicht auf eine
  Druckentlastungs-Einrichtung wegen des
  schwierigen Nachweises ihrer bei allen Ereig-

---

[588] AMPA Ku 167, KBWP-Geschäftsführung: Bericht
über den Stand der Verhandlungen zur Durchführung des
Projekts für die „doppelt gesicherte" Kernkraftwerksanla-
ge vom 1. 7. 1963, S. 1.

[589] AMPA Ku 167, KBWP-Geschäftsführung: Übersicht
über das von KBWP verfolgte Zweitprojekt, 30. 7. 1963,
S. 1.

[590] AMPA Ku 167, KBWP: Niederschrift über die Sitzung
des Ständigen Ausschusses am 21. 10. 1963, S. 10–12.

[591] AMPA Ku 167, KBWP: Technische Referate über die
Projekte der KBWP, 19. 9. 1963, S. 14–16.

[592] AMPA Ku 167, KBWP: Aktennotiz betr. Reaktorge-
bäude-Vergleich, Druckwasserreaktor SSW, 10. 5. 1963,
S. 1–8.

nissen ununterbrochen sicheren Funktionsfähigkeit und daraus folgenden möglichen Verzögerungen im Genehmigungsverfahren,

- große Montageöffnung/Materialschleuse und großzügige Raumgrößen, um die Bauzeit möglichst gering zu halten,
- Brennelement (BE) -Lagerbecken im SB zur Beschleunigung des BE-Wechsels und zur gesicherten Lagerung der frisch entladenen BE während ihrer anfänglich hochaktiven Abklingphase, Kerninstrumentierung von oben,
- ausreichender Platz auf dem Beckenflur zur Vorbereitung des BE-Wechsels und der Inspektionen bzw. wiederkehrenden Prüfungen sowie weitläufige Begehbarkeit des Containments, um interne Transportvorgänge zu vereinfachen und dadurch eine hohe Anlagenverfügbarkeit zu erreichen,
- umfassende Vorkehrungen für die Reparaturfreundlichkeit der Anlage, beispielsweise für die Austauschbarkeit von Großkomponenten, wie Dampferzeuger, ohne Aufschneiden des Containments, um Betriebsunterbrechungen zu vermeiden und zu minimieren.

Das Konzept der Spannbeton-Spindel als Volldruckcontainment versprach in diesem Sinne gute Zugänglichkeit – auch für den Austausch großer Komponenten – ohne spätere zerstörende Öffnung der Containmentwand, große Serviceflächen und Räume für Brennelement- und Kerngerüstbecken innen sowie eine ausgezeichnete Abschirmwirkung.[593] Das Spindel-Konzept war von der SSW TS „Wärmekraft" ohne Abstimmung mit der Abteilung RE „im Alleingang" angeboten worden.[594]

Diese Kriterien für ein optimales Containment-Konzept deckten sich völlig mit den Vorstellungen, die im Interesse einer hohen Verfügbarkeit ihres am Neckar geplanten Kernkraftwerks auch von der KBWP in intensiven Gesprächen mit SSW entwickelt worden waren. Die KBWP forderte einen möglichst geringen Zeitbedarf für den Brennelementwechsel sowie gute Zugänglichkeit aller Komponenten zu War-

tungs- und Reparaturzwecken und genügend Behälterraum für Primärwasser.[595] Der Innenraum des Sicherheitsbehälters (SB) sollte während des Betriebs begehbar sein. Alle Systeme und Komponenten sollten unter ständiger direkter Beobachtung sein und – soweit erforderlich und möglich – auch während des Betriebs repariert werden können. Das Lagerbecken für abgebrannte Brennelemente sollte im SB angeordnet werden. Die räumlichen Abmessungen im SB sollten es ermöglichen, dass große Komponenten auch noch nach Inbetriebsetzung der Gesamtanlage abgebaut und ersetzt werden konnten. Von Anfang an war das Doppelcontainment eine Forderung der KBWP.[596] Die von der KBWP erhobenen Anforderungen an das Containment wichen beträchtlich von den amerikanischen Standards ab und bedingten „eigene Wege zu gehen" (Dr. Herbert Schenk). Aus dem Zusammenwirken von KBWP und SSW erwuchs eine außerordentlich fruchtbare Partnerschaft. „Die Vorstellungen, die Dr. Schenk und die KBWP in den Angebotsphasen entwickelten, wie das Kernkraftwerk konzipiert werden soll, und seine konstruktive Kritik an unseren Entwürfen und Spezifikationen oder an unserem Vorgehen, waren eine große Hilfe für die Absicherung und Abwicklung unserer Arbeit – auch für die Reparatur- und Servicearbeiten nach der Inbetriebnahme."[597]

In der Sitzung des Ständigen Ausschusses der KBWP[598] am 21. Oktober 1963 bei der EVS in Stuttgart merkte der Geschäftsführer Kallenbach zur SSW-Projektstudie an: „Bei SSW ist

---

[593] AMPA Ku 167, Persönliche schriftliche Mitteilung von Diethelm Knödler vom 25. 7. 2009, S. 3.

[594] AMPA Ku 167, Persönliche schriftliche Mitteilung von Dr. Wolfgang Keller vom 3. 9. 2009.

[595] Kallenbach, R.: Kernkraftwerk Obrigheim – die Konzeption des Bauherrn, atw, Jg. 10, Juni 1965, S. 271.

[596] AMPA Ku 167, Persönliche Mitteilung (s. Gesprächsnotiz) vom 4. und 6. April 2009 von Dr. Herbert Schenk, der damals KBWP-Mitarbeiter und Beauftragter der Geschäftsführung und ab 1968 technischer Geschäftsführer der KWO GmbH (als Nachfolger von Kallenbach) war.

[597] AMPA Ku 167, Persönliche schriftliche Mitteilung von Diethelm Knödler vom 25. 7. 2009, S. 1.

[598] Mitglieder des Ständigen Ausschusses waren die Vertreter der Gesellschafter EVS, Badenwerk, TWS, Kraftübertragungswerke Rheinfelden, Neckarwerke Esslingen, Stadtwerke Karlsruhe sowie des Württ. Portland-Cement-Werks. Dazu kamen die KBWP-Geschäftsführung und die Beauftragten der KBWP-Geschäftsführung. Als Gäste nahmen weitere Vertreter der Energiewirtschaft sowie des Wirtschaftsministeriums Baden-Württemberg teil.

der Raum des Containments so reichlich gehalten, dass die Abmessungen sicher noch reduziert werden können, ohne dass betriebliche Belange darunter leiden. Das Projekt beinhaltet technisch und wirtschaftlich beträchtliche Sicherheiten." Über den Stand der deutschen Kernkraftwerks-Projekte und die Erwartung des Forschungsministeriums berichtete Kallenbach, dass die deutsche Energiewirtschaft 1964 die Bauentscheidungen über drei neue Kernkraftwerke unterschiedlicher Bauweise (Siedewasser, Druckwasser und Druckröhren) treffen werde. Hinsichtlich des Druckwasser-Reaktors denke das BMwF an die KBWP. Nach Aussagen des BMwF könne die KBWP beim Bau eines großen Demonstrations-Kernkraftwerks das gleiche Ausmaß an Finanzierungshilfen des Bundes erhalten, wie die KRB Gundremmingen. Im Übrigen fügten sich beide 240-MW$_{el}$-Projekte der KBWP gut in das zweite Atomprogramm der Bundesregierung ein. In der anschließenden lebhaften Diskussion, in deren Zentrum wieder einmal die Errichtungs- und Stromerzeugungskosten standen, näherte sich der Ständige Ausschuss vorsichtig dem SSW-Angebot an.[599]

Im Spätherbst 1963 wurde dem Projektteam der SSW von Dyckerhoff & Widmann in einer eilig nach München einberufenen Besprechung eröffnet, dass das Spindelcontainment nach neuesten Erkenntnissen nicht realisierbar sei. Bei der Detailplanung war festgestellt worden, dass

1. keine der bekannten Schalungsanordnungen den Belastungen durch die zügig zu vergießenden großen Betonmassen standhalten könne,
2. um die mit Stahlringen armierten Containment-Durchführungen für Leitungen und Rohre herum wahrscheinlich nicht genug Spannkabel untergebracht und
3. die in der Containmentwand erforderlichen Rohre zur Aufnahme der Spannkabel nur unsicher beim Gießen des Betons in Position gehalten werden könnten.[600]

Den Herstellerfirmen AEG und SSW gegenüber hatte die KBWP besonders ihre Forderungen nach niedrigen Stromkosten und hoher Ausnutzung betont. „Auf Betriebssicherheit wurde größter Wert gelegt. Daher sollten weitgehend im Betrieb bewährte Konstruktionen verwendet werden."[601] In den USA waren zu diesem Zeitpunkt zwei Containment-Konzepte eingeführt, die stählerne Kugel und der Zylinder aus Stahlbeton. Die Firma Westinghouse war im Jahr 1963 als Hauptauftragnehmer an der Erbauung der beiden Druckwasser-Kernkraftwerke San Onofre und Connecticut Yankee (Haddam Neck) beteiligt (s. Kap. 6.5.1). San Onofre erhielt unter der Geschäftsleitung des Architect Engineer Bechtel in bewährter Weise ein Stahlkugel-Containment; für Connecticut Yankee wurde erstmals das bei Siedewasserreaktoren bewährte zylindrische Stahlbeton-Containment verwirklicht.

Nach der überraschenden Absage durch Dyckerhoff & Widmann ließen sich die einvernehmlichen Anforderungen von SSW RE und KBWP an das optimale Containment gut mit einer räumlich großzügig bemessenen Stahlkugelschale erfüllen, die von einer äußeren Stahlbetonhülle umschlossen war. Diese Bauform war von RE stets bevorzugt worden, „weil sich die Kugel am besten an die Konturen des Primärkreises anpasst."[602] Diethelm Knödler und weitere SSW-Ingenieure erhielten sofort den besonderen Auftrag von SSW RE, über den Lizenzpartner Westinghouse die Detailabmessungen der Reaktorräume, der Komponenten und deren Anordnung im Containment von San Onofre in Erfahrung zu bringen. San Onofre wurde für das nukleare Dampferzeugungssystem zum Jahreswechsel 1963/1964 eine der Westinghouse-Referenzanlagen für das DWR-Projekt von KBWP.[603]

Die SSW überarbeitete ihr Vorangebot umfassend und unterbreitete im Frühjahr 1964 ein verbindliches Angebot mit weitreichenden, über die bei US-Anlagen üblichen Zusicherungen

[599] AMPA Ku 167, KBWP: Niederschrift über die Sitzung des Ständigen Ausschusses am 21. 10. 1963 bei der EVS in Stuttgart, S. 3–15.

[600] AMPA Ku 167, Persönliche schriftliche Mitteilung von Diethelm Knödler vom 25. 7. 2009, S. 4.

[601] Kallenbach, R.: Kernkraftwerk Obrigheim – die Konzeption des Bauherrn, atw, Jg. 10, Juni 1965, S. 266–271.

[602] AMPA Ku 167, Persönliche schriftliche Mitteilung von Dr. Wolfgang Keller vom 3. 9. 2009.

[603] AMPA Ku 167, Persönliche schriftliche Mitteilung von Diethelm Knödler vom 25. 7. 2009, S. 5.

Abb. 6.76 Blick auf die
KWO-Anlage im Jahr
1968

hinausgehenden Garantien hinsichtlich Lieferzeit, Leistung, Verfügbarkeit, Lastflexibilität
und Stillstandszeiten. Diese Garantieerklärungen
waren nur möglich gewesen durch eine frühzeitig
erarbeitete Selbständigkeit auf dem Gebiet der
Anlagentechnik und der Gebäudeplanung. SSW
bekam im Juli 1964 den Zuschlag der KBWP-
Gesellschafter und erhielt einen vorläufigen Auftrag. Ende November 1964 wurde die KBWP in
Kernkraftwerk Obrigheim GmbH (KWO) umbenannt. Am 12.3.1965 fanden die Vertragsver-
handlungen im Einzelnen ihren Abschluss und
SSW wurde der endgültige Auftrag zur schlüs-
selfertigen Errichtung des KWO erteilt. Die
Bau- und Betriebsgesellschaft KWO hatte sich
neben den speziellen technischen Garantien auch
ein weitgehendes Mitspracherecht gesichert,
sodass die KWO-Auslegung sich noch in die
Ausführungsphase hinein erstreckte.[604] Mit der
nun geplanten elektrischen Bruttoleistung von
300 MW$_{el}$ war KWO das größte leichtwassergekühlte Kernkraftwerk Europas.[605] Dieses dritte
deutsche Demonstrations-Kernkraftwerk erhielt
durch Euratom den Status eines Gemeinsamen
Unternehmens. Die Bundesregierung förderte
KWO mit Zuschüssen und der Beteiligung am

Betriebsrisiko. KWO verpflichtete sich gegenüber dem Bund, das Kernkraftwerk möglichst
wirtschaftlich zu errichten und zu betreiben.[606]

Der Bau der KWO-Anlage wurde im März
1965 begonnen. (Die Erste Teilerrichtungsgenehmigung wurde am 16.3.1965 vom Wirtschaftsministerium Baden-Württemberg erteilt.) Im
Juli 1967 konnten die ausführlichen Inbetriebsetzungsarbeiten aufgenommen und am 22. September 1968 die erste Kritikalität erreicht werden.[607] Abbildung 6.76 zeigt das neu errichtete
Kernkraftwerk Obrigheim am linken Neckarufer
zwischen Heilbronn und Heidelberg.[608]

Das KWO-Doppelcontainment bestand aus
einem inneren kugelförmigen Sicherheitsbehälter aus 18 mm (ungestörte Bereiche) dickem
Stahlblech von 44 m Durchmesser und einer
äußeren, im unteren zylindrischen Teil (bis zur
Höhe von 13 m) 80 cm, im oberen Teil 60 cm
dicken Stahlbetonhülle mit dem inneren Durchmesser von 46,3 m (Abb. 6.77).[609] Der mittlere

---

[604] Kallenbach, R.: Kernkraftwerk Obrigheim – die Konzeption des Bauherrn, atw, Jg. 10, Juni 1965, S. 266 f.

[605] Frewer, H., Held, Chr. und Keller, W.: Planung und
Projektierung des 300-MW-Kernkraftwerks Obrigheim,
atw, Jg. 10, Juni 1965, S. 272–282.

[606] Schenk, H.: Das Kernkraftwerk Obrigheim, atw,
Jg. 13, Dezember 1968, S. 594 f.

[607] Breitwieser, W., Kirchweger, K., Martin, A. und
Wegmann, A.: Das Inbetriebnahmeprogramm des KWO
bis zur ersten Kritikalität, atw, Jg. 13, Dezember 1968,
S. 607–612.

[608] ebenda, S. 613.

[609] AMPA Ku 167, Siemens AG: Sicherheitsbericht
300-MW$_{el}$-Kernkraftwerk Obrigheim mit Druckwasserreaktor, Abb. 3.8–1 Reaktorgebäude, Schnitt A-A. Längsschnitt, Juni 1967.

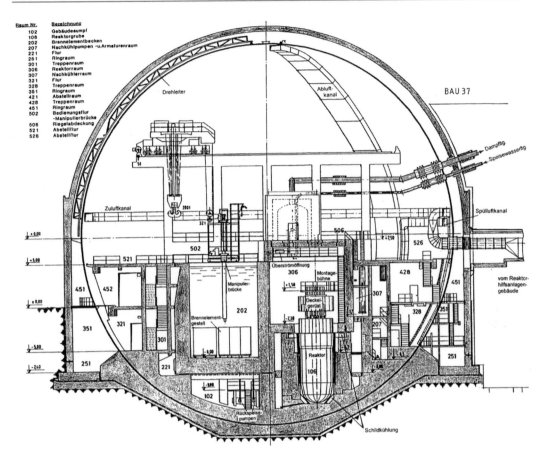

Abb. 6.77 Vertikalschnitt durch das KWO-Containment

Abstand zwischen SB und der oberen kugelförmigen Betonschale betrug 1,2–1,5 m. Der SB wurde als geschlossenes Gefäß druckfest und gasdicht ausgeführt. Die Betriebsräume des SB-Innenraums waren während des Betriebs begehbar und wurden mit Zuluft und Fortluft ständig belüftet. Im SB wurde ein ständiger Unterdruck von ca. 10 mm WS aufrechterhalten, wobei eine Druckstaffelung eine gerichtete Luftströmung von den Betriebs- in die Anlagenräume gewährleistete. Bei einem Störfall erfolgte ein sofortiger Lüftungsabschluss des SB über das Schließen der Schnellschlussklappen in der Zu- und Fortluft. Im Falle eines Druckanstiegs im SB wäre der Zwischenraum zur Betonhülle durch Absaugen unter leichten Unterdruck gebracht worden, so dass auch kleinste Leckraten aus dem SB über Aerosol- und Aktivkohlefilter kontrolliert über den Fortluftkamin in die Umgebung abgegeben worden wären. Auch bei einem schweren Kühl-

mittelverlust-Störfall sollte an keinem Ort der Kraftwerksumgebung eine Evakuierung der Bevölkerung erforderlich werden.

Die für KWO von Siemens entwickelte Ausführungsform eines Doppelcontainments wurde zum Standard-Containment deutscher Druckwasserreaktoren. Seine Eignung, Spaltprodukte zurückzuhalten und die Kraftwerksumgebung abzuschirmen, erwies sich als ausgezeichnet.[610]

Die Forderung eines Doppelcontainments mit Zwischenraumabsaugung für KWO wurde mit der Lage dieses Kraftwerks und den dort herrschenden meteorologischen Verhältnissen begründet. Die nächsten Ortschaften waren ungefähr 1,2 km, das nächste Wohngebiet 650 m vom

---

[610] Karwat, H.: The Influence of Activity Release and Removal Effects on the Escape of Fission Products from a Double Containment System, Nuclear Structural Engineering, Vol. 2, 1965, S. 315–322.

Reaktorgebäude entfernt. Im Umkreis von 2 km lebten etwa 3.500, im Umkreis von 10 km ca. 45.000 Menschen. Am Standort KWO mit seiner Tallage musste in den unteren Luftschichten relativ häufig mit Inversionswetterlagen gerechnet werden.[611]

Die Reaktorsicherheitskommission (RSK) befasste sich wiederholt mit dem KWO-Containment. Im April 1965 stellte sie fest: „*Bei der vorgesehenen Bauweise des Reaktorgebäudes und der Entlüftungsanlage mit hochwertigen Filtern im Abgaskamin sowie bei der Kontrolle der möglichen radioaktiven Ableitungen aus der Kernenergieanlage in die Umgebung bestehen keine Bedenken gegen die Errichtung.*"[612] Im September 1966 bestätigte die RSK, dass Bauweise und Rückhaltemaßnahmen bei der Kaminhöhe von 60 m gewährleisteten, dass eine Gefährdung der Bevölkerung in der KWO-Umgebung nicht zu erwarten sei.[613]

Als Grundlage der Auslegung des Sicherheitsbehälters (SB) wurde eine rasche Druckentlastung des Reaktorkühlsystems angenommen, wie sie auf ein vollständiges Abreißen einer Hauptkühlmittelleitung folgt („größter anzunehmender Unfall"). Darüber hinaus wurde mit der gleichzeitigen Beschädigung eines Dampferzeugers und dem Ausströmen seines Speisewasser- und Dampfinhalts gerechnet. Des Weiteren wurde angenommen, dass die Brennelement-Hüllrohre nach dem Kühlmittelverlust so hohe Temperaturen erreichen, dass 15 % des gesamten in den Hüllrohren enthaltenen Zirkoniums mit Wasser reagiert, zusätzliche Wärme entwickelt und Wasserstoff freisetzt, der mit Sauerstoff verbrennt. Die augenblickliche Freisetzung der Spaltprodukte aus den zerstörten Brennelementen in den SB wurde unterstellt.[614] Der aus dem Unfallablauf berechnete Druckaufbau im SB erreichte mit

4,04 ata seinen höchsten Wert bei einer Temperatur von ca. 130 °C. Der SB wurde deshalb für 3,05 atü mit einer 1,5-fachen Sicherheit gegen die Streckgrenze bei 125 °C ausgelegt.[615] Die Spezifikation folgte den verbindlichen Regeln für Kugelgasbehälter in den AD- und VdTÜV-Merkblättern, DIN-Normen und Unfallverhütungsvorschriften (UVV) für Druckbehälter. Der SB-Werkstoff war der kaltverformbare, alterungsbeständige, mittelfeste Feinkornbaustahl BH 36 KA[616] der Rheinstahl-Hüttenwerke AG, Werk Ruhrstahl, Henrichshütte.[617]

Der SB wurde in ein schalenförmiges Betonfundament eingebettet und lag mit seiner tiefsten Stelle ca. 14 m unter dem Erdboden (Kraftwerksniveau). Die Beton-Fundamentschale lag an ihrem tiefsten Punkt annähernd 16 m unter dem Kraftwerksniveau und ruhte auf einer Buntsandsteinschicht, die ca. 10 m unter dem Erdboden ansteht.

Zur Absicherung der Fundamentschale gegen eindringendes Grundwasser wurde die gesamte Gründungsplatte einschließlich des aufgehenden Zylinders der äußeren Stahlbetonhülle mit einer druckwasserdichten Rhepanol-Folie isoliert (Abb. 6.78).[618] Die inneren Einbauten wurden unmittelbar auf die Stahlschale aufbetoniert und gaben durch sie hindurch ihre Last in das Fundament ab. Die untere SB-Kugelkalotte mit ca. 34 m Durchmesser war damit starr im Beton eingeschlossen. Sie ruhte auf einer 25 cm dicken Schicht aus porösem Einkornbeton. Zwischen Einkornbetonschicht und SB-Schale lag ein etwa 5–8 cm dicker Betonglattstrich.[619] Die Wanddicke des SB wurde dort, wo er im Beton-

[611] Lepie, G. M. und Martin, A. H.: Obrigheim, The KWO Nuclear Power Station with a Siemens PWR, Nuclear Engineering, Vol. 12, No. 131, April 1967, S. 278–285.

[612] BA B 138-3447, Ergebnisprotokoll 29. RSK-Sitzung, 22. 4. 1965, S. 6 f.

[613] BA B 138-3447, Ergebnisprotokoll 36. RSK-Sitzung, 6. 9. 1966, S. 6.

[614] Siemens-Schuckertwerke AG: Sicherheitsbericht KBWP 240-MW_{el}-Kernkraftwerk mit Druckwasserreak-

tor, Bd. 1, Text, März 1964 ergänzt auf Stand Januar 1965, Abschn. 7.2a, S. 1–5.

[615] Siemens-Schuckertwerke AG: Sicherheitsbericht KBWP 240-MW_{el}-Kernkraftwerk mit Druckwasserreaktor, Bd. 1, Text, März 1964 ergänzt auf Stand Januar 1965, Abschn. 7.3a, S. 2.

[616] Chemische Zusammensetzung in %: 0,16 C, 0,40 Si, 1,10–1,60 Mn, max. 0,025 P, max. 0,025 S, 0,10 V.

[617] Siemens AG: Sicherheitsbericht 300-MW_{el}-Kernkraftwerk Obrigheim mit Druckwasserreaktor, Bd. 1, Beschreibung, Juni 1967, Abschn. 3.8, S. 246 f.

[618] ebenda, Zeichnung 1 TS 117 Ka 135332 b.

[619] ebenda, Abschn. 3.9a, S. 2 f.

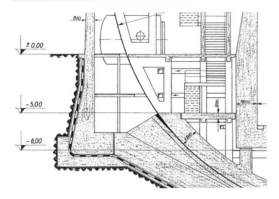

Abb. 6.78 Das KWO-Betonfundament mit Einbettung des Sicherheitsbehälters

fundament eingespannt war, auf 30 mm verstärkt. Im Bereich der Schleusen sowie der Rohr- und Kabeldurchführungen wurde die Wanddicke der SB-Schale ebenfalls verstärkt (auf 30 bzw. 35 mm).

Dort wo der SB vom einbetonierten zum freien Behälterteil überging, wurde er nachgiebig eingebettet, um unzulässige Kantenpressungen zu vermeiden. Um an dieser Stelle auch zusätzliche Spannungen in der SB-Schale aus schroffen Temperaturübergängen auszuschließen, wurde eine Wärmeisolierung angebracht (Abb. 6.79).[620]

Die Rheinstahl-Union Brückenbau AG, Werk Orange, Gelsenkirchen, wurde mit der Errichtung des SB und seiner Schleusen beauftragt. Diese Firma verfügte über Erfahrungen mit dem Bau von großen stählernen Kugelgasbehältern und erfüllte alle Qualitätsanforderungen.

Der SB war so konstruiert, dass er aus miteinander verschweißten Blechsegmenten in insgesamt 9 ringförmigen, waagerecht liegenden Zonen (Abb. 6.80)[621] zusammengesetzt wurde. Bis zur Mitte der 3. Zone, der Einspannzone, lag die SB-Kugel in der Betonschale. Am oberen und unteren Pol wurde der SB mit einer Blechkalotte abgeschlossen. Die drucktragenden SB-Bleche wurden im Herstellerwerk gewalzt und gekümpelt. Die Bleche mit Stutzen- und Ausschnittsverstärkungen wurden spannungsarm geglüht.

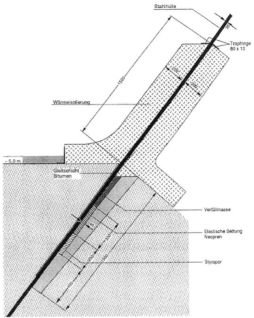

Abb. 6.79 SB-Übergangsbereich aus dem Betonfundament

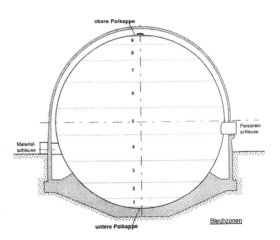

Abb. 6.80 Die Blechzonen des KWO-SB

Die Vorprüfung der Blechsegmente und die Bauüberwachung erfolgten ständig durch Gutachter. Jeder Schweißer musste vor seinem Einsatz auf der Baustelle eine Arbeitsprobeplatte schweißen. Bei der Vormontage wurden 2 Einzelbleche auf einer Schweißwippe zusammengeschweißt. Diese Doppelbleche wurden dann in die Ringzone eingeschweißt. Im ersten Bauabschnitt einschließlich der Zone 3 wurden die

---

[620] AMPA Ku 168, Siemens/KWU: Arbeitsbericht S 33/91/0002, Sicherheitseinschluss KWO, Abb. 2.2-2.

[621] ebenda, Abb. 2.2-1.

Abb. 6.81 SB-Bauzustand April 1966   **Abb. 6.82** Aufsetzen der oberen Polkappe

Bleche auf Spindelstützen montiert, um das Ausfugen, Gegenschweißen und Prüfen der Schweißnähte von der Unterseite zu ermöglichen.

Als diese Arbeiten beendet waren, wurde die Stahlblech-Kugelkalotte durch Aufschwimmen, Entfernen der Stützen und Ablassen des Wassers in die Kalotte abgesetzt. Nach dem Abpumpen des Wassers wurde in den verbliebenen Spalt zwischen Stahlblech-Kugelkalotte und Betonfundamentschale durch Injizierstutzen in der Stahlwand Fließmörtel eingepresst, um ein sattes Aufliegen des SB in der Fundamentschale sicherzustellen.[622] Abbildung 6.81 zeigt den SB-Bauzustand im April 1966.[623] Während der weiteren Montage des SB wurden die inneren Betonstrukturen hergestellt.

In Abb. 6.82 ist das Aufsetzen der oberen Polkappe ersichtlich, mit der im November 1966 der SB verschlossen wurde.[624] Abbildung 6.83 stellt den Bauzustand des KWO-Containments im Februar 1967 dar, als der obere Teil der halbkugelförmigen Stahlbetonhülle errichtet wurde.[625]

Für die Durchführung von Kabelkanälen, Rohr- und Lüftungsleitungen wurden Stutzen in die SB-Wand eingeschweißt. Für die messtechnischen Daten und zur Versorgung elektrischer Verbraucher im SB waren Kabeldurchführungen vorgesehen. Die Abb. 6.84[626] zeigt den Querschnitt des KWO-Containments auf der Höhe - 4,5 m unter Kraftwerksniveau mit Rohr- und Kabelkanälen. Bei den Kabeldurchführungen wurde jeder elektrische Leiter mit einer Druckglaseinschmelzung, die hohe Festigkeit und Dichtheit gewährleistete, isoliert eingesetzt (Abb. 6.85).[627] Alle Durchführungen, von zwei Sonderfällen abgesehen, hatten ihren Festpunkt am SB, waren also am SB starr angeschlossen. Die Ausnahmen davon waren die Speisewasser- und Frischdampf-Leitungsdurchführungen, die über einen Kompensator beweglich angeschlossen waren und ihren Festpunkt außerhalb des Containments hatten. Abbildung 6.86 zeigt die Konstruktion nach Errichtung des Notspeisegebäudes zwischen Reaktorgebäude und Reaktorhilfsanlagengebäude.[628] Zuvor befand sich der Festpunkt für die Frischdampf- und Speisewas-

---

[622] AMPA Ku 167, Siemens AG/KWU: Bericht zum Sicherheitsstatus KWO, April 1991, Bd. 2, S. 2.5.1-2 bis 2.5.2-5.

[623] atw berichtet: KWO Kernkraftwerk Obrigheim, atw, Jg. 13, Dezember 1968, S. 614.

[624] Krug, Hans-Heinrich: Siemens und Kernenergie, 1998, S. 58.

[625] Lepie, G. M. und Martin, A. H.: Obrigheim, The KWO Nuclear Power Station with a Siemens PWR, Nuclear Engineering, Vol. 12, No. 131, April 1967, S. 278.

[626] Frewer, H., Held, Chr. und Keller, W.: Planung und Projektierung des 300-MW-Kernkraftwerks Obrigheim, atw, Jg. 10, Juni 1965, S. 279.

[627] AMPA Ku 167, Siemens AG/KWU: Bericht zum Sicherheitsstatus KWO, April 1991, Bd. 2, Abb. 2.5.2/4.

[628] ebenda, Abb. 2.5.2/3.

Abb. 6.83 Bauzustand der
KWO-Anlage im Februar
1967

Abb. 6.84 Containment-
Querschnitt auf Höhe -4,5 m
mit Rohr- und Kabelkanälen

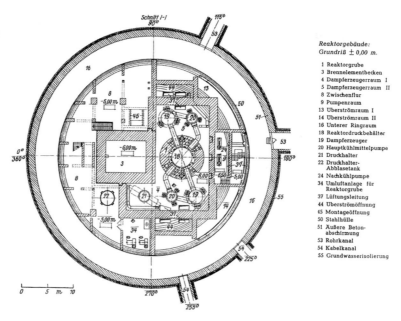

Reaktorgebäude:
Grundriß ± 0,00 m.

1 Reaktorgrube
3 Brennelementbecken
4 Dampferzeugerraum I
5 Dampferzeugerraum II
8 Zwischenflur
9 Pumpenraum
13 Überströmraum I
14 Überströmraum II
16 Unterer Ringraum
18 Reaktordruckbehälter
19 Dampferzeuger
20 Hauptkühlmittelpumpe
21 Druckhalter
22 Druckhalter-
   Abblasetank
24 Nachkühlpumpe
34 Umluftanlage für
   Reaktorgrube
37 Lüftungsleitung
44 Überströmöffnung
45 Montageöffnung
50 Stahlhülle
51 Äußere Beton-
   abschirmung
53 Rohrkanal
54 Kabelkanal
55 Grundwasserisolierung

ser-Leitungen auf dem Dach des Reaktorhilfsan-
lagengebäudes.

Während des Reaktorbetriebs war der Zugang
zu den Betriebsräumen im SB nur über druckfeste,
gasdichte Schleusen möglich. Die beiden Türen
jeder Schleuse waren so gegeneinander verriegelt, dass jeweils nur eine Tür geöffnet werden
konnte. Die Personenschleuse (lichte Öffnung
1,9 × 1,2 m, 5 m über Kraftwerksniveau) war
für das gleichzeitige Durchschleusen aller im
Normalbetrieb im SB befindlichen (maximal

8) Personen bemessen. Als zusätzlicher Flucht-
weg war eine Notschleuse (lichte Öffnung 0,8 m
Durchmesser auf Kraftwerksniveau) für das Aus-
schleusen von mindestens zwei Personen mit
einer zusätzlichen Trage vorgesehen. Während
des Normalbetriebs waren die Innentüren dieser Schleusen geöffnet bzw. angelehnt. Für das
Durchschleusen von Brennelement-Transport-
behältern war im SB auf Kraftwerksniveau eine
Materialschleuse (lichte Öffnung 2,4 × 2,4 m)
vorhanden, deren Tore im Normalbetrieb ge-

Abb. 6.85 Mehrpolige Druck-
glas-Kabeldurchführung

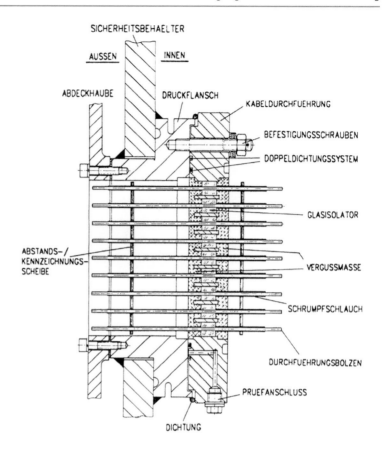

Abb. 6.86 Speisewas-
ser- und Frischdampf-
Leitungsdurchführung
(schematisch)

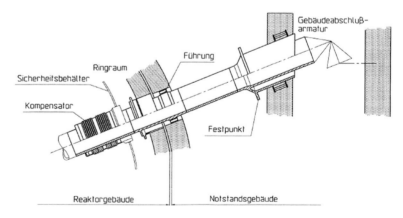

schlossen waren und hydraulisch betrieben wurden.[629]

In der Ersten Änderung der Ersten Teilerrichtungsgenehmigung für das Kernkraftwerk
Obrigheim vom 27.9.1965 verfügte das Wirt-

schaftsministerium Baden-Württemberg als Genehmigungsbehörde, dass sämtliche Schweißnähte der Stahlhülle unter Mitwirkung des TÜV
Baden einer Ultraschallprüfung unterzogen
werden mussten. Bei unklaren Anzeigen und an
unzugänglichen Schweißnähten musste eine ergänzende Röntgenprüfung vorgenommen werden. „Die Schweißnahtprüfung der Stahlhülle ist

---

[629] AMPA Ku 167, Siemens AG/KWU: Bericht zum Sicherheitsstatus KWO, April 1991, Bd. 2, S. 2.5.1–7.

für die Sicherheit der Anlage von großer Bedeutung."[630]

Die Errichtung des SB war im November 1966 abgeschlossen. Die Druckprüfung fand Mitte Dezember 1966 bei einem Prüfdruck von 4,35 ata statt. Die Leckrate wurde beim Druck von 4,05 ata gemessen und lag unter dem maximal zulässigen Wert von 0,25 Vol.-% pro Tag.[631] Alle 4 Jahre wurde bei wiederkehrenden Prüfungen die SB-Leckrate mit einem Prüfdruck von 0,5 bar gemessen. Der obere Ringraum zwischen SB und Betonkuppel wurde durch eine Ringbühne und eine Drehleiter (Abb. 6.77) erschlossen. Der SB konnte mit Hilfe dieser Einrichtungen jährlich auf mechanische und Korrosionsschäden abgesucht werden. Die Rohrleitungs- und Kabeldurchführungen wurden wiederkehrend auf Dichtheit, die Schleusen auf Funktionstüchtigkeit und Dichtheit überprüft. Alle den SB durchdringenden Rohrleitungen waren durch fernbetätigte Armaturen absperrbar, deren Zuverlässigkeit und Funktionsfähigkeit wiederkehrend überprüft wurden.

Die Stahlbetonhülle erhielt eine äußere Wärmeisolierung aus 20 mm dicken Steinwollematten, die sie gegen witterungsbedingte Temperaturschwankungen schützte. Die Steinwolleschicht wiederum wurde gegen Witterungseinflüsse durch eine 8 mm dick aufgetragene Asbest-Bitumen-Schutzschicht abgeschirmt.[632]

Ein Gebäude-Sprühsystem wurde nach amerikanischem Vorbild für den Fall eines Kühlmittelverlust-Störfalls mit Spaltproduktfreisetzung als zusätzliches Hilfssystem installiert. Mit dieser Sprühanlage wäre eine rasche Abkühlung des Luft-Dampf-Gemisches im SB erreicht worden. Der KWO-SB war als Volldruckbehälter ausge-

legt, errichtet und geprüft worden. Er hätte den Kühlmittelverlust-Störfall ohne diese Druckentlastungs-Einrichtung voll beherrscht. Das KWO-Sprühsystem sollte vor allem dazu dienen, radioaktive Stoffe, außer den Edelgasen, aus der SB-Atmosphäre auszuwaschen. Es bestand aus 35 Vollkugel-Sprühdüsen mit einem Nenndurchsatz von je 270 l/h. Sie wären bei Bedarf von zwei elektrisch angetriebenen, notstromversorgten Kreiselpumpen mit einer Nennförderhöhe von 96 m mit boriertem Wasser beschickt worden. Ein für 10 Stunden Sprüh-Betrieb ausreichender Wasservorrat wurde im Borwasserbehälter vorgehalten. Die Sprühdüsen waren im SB an einer Ringleitung und davon abzweigenden, in einzelne Räume führenden Stichleitungen angebracht.[633] Im Störfall wären die vom Reaktorschutzsystem automatisch ausgelösten Schutzmaßnahmen wie die Reaktorschnellabschaltung, die Sicherheitseinspeisung, das Schließen der durch die SB-Wand führenden Rohrleitungen sowie die Absaugung des Zwischenraums zwischen SB und Betonhülle vom Betriebspersonal durch das Einschalten des Gebäude-Sprühsystems von Hand ergänzt worden.[634] Die Störfallanalysen waren für KWO ohne Berücksichtigung der Wirkungen des Gebäude-Sprühsystems durchgeführt worden.

Als weitere Hilfssysteme waren im KWO-SB die Einrichtungen zur Begrenzung der Wasserstoffkonzentration vorgesehen. Sie sollten nach einem Kühlmittelverlust-Störfall mit Zirkonium-Wasser-Reaktionen verhindern, dass insgesamt oder lokal zündfähige Konzentrationen (> 4 Vol.-% H_2 in Luft) entstehen konnten. Dazu war ein H_2-Überwachungssystem mit 11 im SB verteilten Messstellen vorhanden. Das H_2-Abbausystem bestand aus zwei störfallfesten, flammlosen, thermischen Wasserstoff-Sauerstoff-Rekombinatoren mit natürlicher Konvektion (Durchsatz 140 m^3/h). Die chemische Reaktion von Wasser-

[630] AMPA Ku 167, Wirtschaftsministerium Baden-Württemberg: Erste Änderung der Ersten Teilerrichtungsgenehmigung für das Kernkraftwerk Obrigheim, Stuttgart, 27. 9. 1965, S. 1–3.

[631] Lepie, G. M. und Martin, A. H.: Obrigheim, The KWO Nuclear Power Station with a Siemens PWR, Nuclear Engineering, Vol. 12, No. 131, April 1967, S. 284.

[632] Siemens-Schuckertwerke AG: Sicherheitsbericht KBWP 240-MW$_{el}$-Kernkraftwerk mit Druckwasserreaktor, Bd. 1, Text, März 1964 ergänzt auf Stand Januar 1965, Abschn. 3.9a, S. 5.

[633] AMPA Ku 167, Siemens AG/KWU: Bericht zum Sicherheitsstatus KWO, April 1991, Bd. 2, Abschn. 2.5.4.2, S. 1 ff.

[634] Siemens-Schuckertwerke AG: Sicherheitsbericht KBWP 240-MW$_{el}$-Kernkraftwerk mit Druckwasserreaktor, Bd. 1, Text, März 1964 ergänzt auf Stand Januar 1965, Abschn. 7.2a 1/65, S. 4 f.

stoff mit Sauerstoff sollte bei einer Temperatur von 650 °C in einem Luft-Dampf-Gemisch stattfinden.[635]

6.5.4 Die weitere Entwicklung der DWR-Containments – Konstruktion und Werkstoffe

Alle auf das Demonstrations-Kernkraftwerk KWO folgenden Siemens-Kraftwerksbauten mit DWR erhielten Doppelcontainments, deren Konzeption im Wesentlichen unverändert blieb. Die Konstruktionsmerkmale im Einzelnen erfuhren jedoch beachtliche Weiterentwicklungen, wie etwa Durchmesser, Werkstoff und Wanddicke des SB oder Fundament, SB-Einbettung, Ringraum, Mächtigkeit und Bewehrung des umhüllenden Betongebäudes.

Die Durchmesser der gasdichten, kugelförmigen Volldruck-SB wuchsen mit der Kraftwerksleistung und den entsprechenden Kühlmittel-Inventaren der Primärkreisläufe. Beispiele dafür sind die Siemens/KWU-Kernkraftwerke (vgl. auch Abb. 6.87):

- KWO Obrigheim (357 MW$_{el}$, kommerzieller Betrieb 03/1969) SB Ø 44 m
- KCB (NL) Borssele (480 MW$_{el}$, kommerzieller Betrieb 10/1973) SB Ø 46 m
- KKS Stade (660 MW$_{el}$, komm. Betrieb 5/1972) SB Ø 48 m[636]
- GKN-1 Neckarwestheim-1 (850 MW$_{el}$, komm. Betrieb 12/1976) SB Ø 50 m[637]
- KKG (CH) Gösgen (970 MW$_{el}$, komm. Betrieb 11/1979) SB Ø 52 m
- KWB-A Biblis-A (1200 MW$_{el}$, komm. Betrieb 2/1975) SB Ø 56 m[638]

Alle nach Biblis-A in Deutschland in Betrieb genommenen Siemens/KWU-Kernkraftwerke mit DWR, die alle der Leistungsgröße 1300–1480 MW$_{el}$ angehörten, hatten einen SB des Durchmessers 56 m. Dieser Durchmesser ergab sich aus der Größe der Dampferzeuger und den geometrischen Erfordernissen des Splitterschutzzylinders sowie des auf ihm aufsitzenden Rundlaufkrans, der Bewegungsfreiheit zum Einsetzen der Dampferzeuger brauchte. Werkstoff und Wanddicke des SB ergaben sich dann aus dem Kühlmittelvolumen und -energieinhalt im Kühlmittelverlust-Störfall unter Berücksichtigung der SB-Herstellungsbedingungen auf der Baustelle. Auch das Kernkraftwerk KMK Mülheim-Kärlich (1.300 MW$_{el}$, kommerzieller Betrieb 8/1987) des Konsortiums aus Brown, Boverie & Cie. AG (BBC) und Babcock-Brown Boverie Reaktor GmbH (BBR) hatte einen kugelförmigen SB aus Stahlblech des Durchmessers 56 m.

Anders als das KWO-Reaktorgebäude wurden die später errichteten Siemens/KWU-Kraftwerke auf flache, biegesteife und kreisförmige Stahlbeton-Fundamentplatten gegründet, die deutlich weniger tief in den Untergrund abgesenkt waren. Die untere SB-Polzone wurde nun in eine schalenförmig ausgebildete Stahlbetonkalotte eingebettet, die ihrerseits auf eine Kreisfläche der Fundamentplatte zentral aufbetoniert wurde,[639] deren Durchmesser nur etwa ein Drittel des Fundamentplattendurchmessers betrug. Auf diese Weise entstand unterhalb des SB-Äquators ein großer nutzbarer Zwischenraum zur zylindrischen äußeren Betonhülle. Dieser Raum wurde in vier Quadranten unterteilt, die jeweils eines der vier redundanten Sicherheitseinspeisesysteme einschließlich der Borwasser-Vorratsbehälter sowie die Brennelement-Kühleinrichtungen und einen Teil der Nachkühlkette aufnahmen.[640]

Die Stahlbetoneinbauten im SB trugen ihre Last durch das SB-Stahlblech über die Stahl-

---

[635] AMPA Ku 167, Siemens AG/KWU: Bericht zum Sicherheitsstatus KWO, April 1991, Bd. 2, Abschn. 2.5.4.1, S. 1–4.

[636] Frewer, H. und Keller, W.: Das 660-MW-Kernkraftwerk Stade mit Siemens-Druckwasserreaktor, atw, Jg. 12, Dezember 1967, S. 568–573.

[637] Schubert, F. und Tschannerl, J.: Das 805-MW-Gemeinschaftskernkraftwerk Neckar mit Siemens-Druckwasserreaktor, atw, Jg. 17, August 1972, S. 410–414.

[638] Frühauf, H. und Lepie, G.: Aufbau der Gesamtanlage des Kernkraftwerks Biblis, atw, Jg. 19, August/September 1974, S. 408–419.

[639] Eine Ausnahme machte das Kraftwerk Gösgen in der Schweiz, dessen SB aus der Vertikalachse der Betonhülle exzentrisch verschoben war, damit das Brennelement-Lagerbecken und das Brennelement-Trockenlager außerhalb des SB angeordnet werden konnten.

[640] Emonts, H. und Schomer, E.: Das 1300-MW-Kernkraftwerk Unterweser mit Siemens-Druckwasserreaktor, atw, Jg. 18, Mai 1973, S. 226–231.

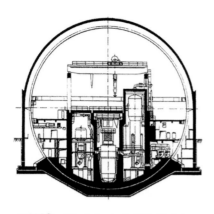

KWO (Obrigheim) SB Ø 44 m

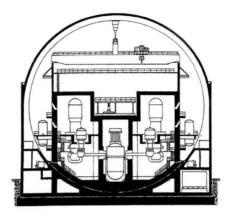

KKS (Stade) SB Ø 48 m

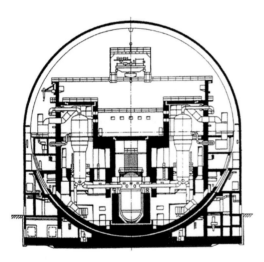

KWB-A (Biblis-A) SB Ø 56 m

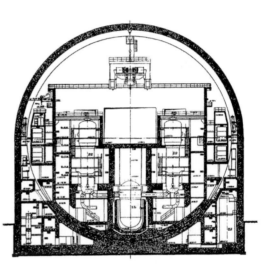

KKP-2 (Philippsburg-2) SB Ø 56 m

Abb. 6.87 Vertikalschnitte durch Siemens/KWU-Kernkraftwerke mit Druckwasserreaktor

betonschale auf die Fundamentplatte ab. In der oberen Randzone der Stahlbetonschale war der SB – wie bei der KWO-Anlage – beim Übergang zum freitragenden Teil mit flexiblem Material elastisch eingebettet. Abbildung 6.88 zeigt für den SB des Kraftwerks KWB-A (Biblis-A) die 8-stufige Styropor-Einbettung an der oberen Einspannzone.[641] Ein Großversuch im Biblis-Kernkraftwerk Block A mit Spannungsmessungen im SB-Stahlblech ergab, dass diese Technik der

SB-Einspannung im Stahlbeton auch für Großkraftwerke geeignet ist.[642] Die Fundamentplatte und der aufgehende Zylinder der äußeren Stahlbetonhülle erhielten, wie KWO, im Erdreich eine druckwasserdichte Isolierung.

Im SB umschloss ein stehender Stahlbetonzylinder als Primärabschirmung alle Räume, in denen die druckführenden Komponenten und das Brennelementlagerbecken untergebracht

---

[641] AMPA Ku 170, KWU/R 321/Sü, 18. 6. 1976, Auslegung der Druckwasserreaktor-Sicherheitsbehälter, S. 5.

[642] Frühauf, H. und Lepie, G.: Aufbau der Gesamtanlage des Kernkraftwerks Biblis, atw, Jg. 19, August/September 1974, S. 419.

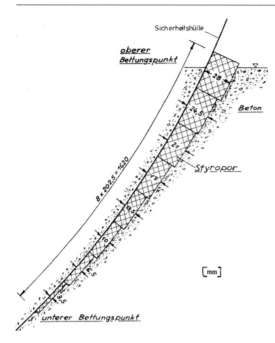

Abb. 6.88 Obere flexible SB-Einspannzone im KWB-A (Biblis-A)

waren. Er diente zugleich als Splitterschutz des SB gegen Teile, die in der Folge eines Kühlmittelverlust-Störfalls möglicherweise fortgeschleudert werden. Auf der Krone dieser inneren Zylinderwand saß der Gebäude-Rundlaufkran.

Bei den nach KWB-A von KWU in Auftrag genommenen, für die Errichtung in den 70er Jahren vorgesehenen Leistungskernkraftwerken sollten die in Biblis gewonnenen Erfahrungen voll genutzt und möglichst standardisierte, zeichnungsgleiche Komponenten verwendet werden. Dadurch sollten auch die Genehmigungsverfahren vereinfacht und gestrafft werden. Die Errichtung des Blocks B des Kernkraftwerks Biblis (kommerzielle Übergabe im Januar 1977) und des Kernkraftwerks Unterweser (komm. Übergabe im September 1979) folgte im Wesentlichen dem Vorbild KWB-A. Aber auch in deren Genehmigungsverfahren wurden bereits neue sicherheitstechnische Betrachtungen angestellt, die Auslegungs- und Konstruktionsänderungen nach sich zogen. Die hochgradig politisierte Risikodiskussion in den 70er Jahren schlug sich in laufend verschärften Sicherheitsanforderungen nieder, die bei den Kernkraftwerksbauten KKG

Grafenrheinfeld (kommerzielle Übergabe im Juni 1982), KWG Grohnde (kommerzielle Übergabe im Februar 1985) und KKP-2 Philippsburg-2 (kommerzielle Übergabe im April 1985) erhebliche Verzögerungen und drastisch gestiegene Ingenieurs- und Materialaufwändungen zur Folge hatten.

Die SB-Werkstoffe In den USA und in Japan betrachtete man – im Gegensatz zu Deutschland – die aus Stahlblech gefertigten SB als ebenso unter Dauerbelastung stehend wie die druckführende Umschließung des Primärkreises. Die Zähigkeitsanforderungen entsprachen deshalb den im ASME Code Abschnitt III, NB 2300 festgelegten Mindestwerten. Darüber hinaus erfolgte die SB-Auslegung mit dem Sicherheitsfaktor 3,6–4 gegen die Bruchfestigkeit. Die SB beispielsweise der amerikanischen Kernkraftwerke Shippingport, Indian Point, Yankee, Dresden, Elk River und Peach Bottom waren aus dem verarbeitungssicheren, unlegierten, niedrigfesten und zähen Stahl ASTM A201 (entsprechend dem deutschen Stahl RSt 34-2) mit der Streckgrenze 21 kp/mm^2 hergestellt. Für andere Kraftwerke, wie Pathfinder, wurde der Stahl SA212-B (entsprechend St 37–3) mit der Streckgrenze 24 kp/mm^2 verwendet.[643]

In Deutschland wurde dagegen mit der 1,5-fachen Sicherheit gegen die gewährleistete Mindeststreckgrenze bei Raumtemperatur gerechnet. Für deutsche Hersteller war darüber hinaus kennzeichnend, dass sie höherfeste Stähle unter Inkaufnahme vergleichsweise geringer Zähigkeit einsetzten.[644]

Die sphärischen SB aus Stahlblech wurden auf der Baustelle aus vorgefertigten, gekümpelten Segmenten zusammengeschweißt. Das Spannungsarmglühen der Schweißnähte auf der Baustelle war schwierig und aufwändig. Die Hersteller versuchten deshalb, die Wanddicken nicht über 30 mm anwachsen zu lassen, denn nur die Schweißungen an dickeren Wänden muss-

---

[643] Fontana, M. H.: Containment of Power Reactors, Nuclear Safety, Vol. 2, No. 1, September 1960, S. 58.
[644] AMPA Ku 25, Ergebnisprotokoll 46. Sitzung RSK-UA RDB, 3. 9. 1976, S. 8.

ten nach den damaligen nicht nuklearen Regelwerken spannungsarmgeglüht werden.[645] Für die SB der Kernkraftwerke Obrigheim, Borssele und Stade konnten für deren Wanddicken zwischen 18 und 25 mm „kaltzähe" Stähle (BH 36 KA) und warmfeste Stähle mit einer Streckgrenze von 36 kp/mm^2 verwendet werden. Um Gewicht und Wanddicke der SB für Kernkraftwerke hoher Leistung und großer Kühlmittelinventare zu reduzieren, setzten die Hersteller höherfeste und hochfeste Feinkornbaustähle ein. Für GKN-1, Biblis A und B sowie KKU Unterweser wurden Stähle der Streckgrenze 47 kp/mm^2 (FB 70 WS, FG 47 WS, BHW 33 entsprechend WSt E 47) eingesetzt und die Wanddicken knapp unter 30 mm gehalten (GKN-1 bei 26 mm, KWB-A und -B sowie KKU bei 29 mm). Für die SB der Kernkraftwerke Grafenrheinfeld, Grohnde und Philippsburg-2 war ein Stahl mit der Streckgrenze 51 kp/mm^2 (FG 51 WS entsprechend WSt E 51 S) vorgesehen.[646] Diese Stähle waren u. a. mit Vanadin legiert[647] und erforderten höchste Sorgfalt bei der Verarbeitung durch Schweißen. KMK Mülheim-Kärlich hatte einen SB aus dem Stahl BH 47 W-M mit der Streckgrenze 47 kp/mm^2. Der SB des Kernkraftwerks KBR Brokdorf (1.480 MW$_{el}$, kommerzieller Betrieb 12/1986) wurde aus dem Stahl Aldur 50/65 D (19 MnAl 6 V) der Vereinigten Österreichischen Eisen- und Stahlwerke AG (VÖEST-ALPINE) mit der Streckgrenze 50 kp/mm^2 hergestellt. Die SB-Wanddicke von Mülheim-Kärlich, Grafenrheinfeld, Grohnde und Brokdorf betrug 30 mm. Die unteren, einbetonierten SB-Zonen waren – entsprechend der Temperaturabhängigkeit der zugrunde gelegten Streckgrenze – mit Wanddicken von 26 mm ausgeführt.[648]

Beim Zusammenschweißen der SB-Segmente auf der Baustelle musste, um wasserstoffinduzierte Kaltrissigkeit zu vermeiden, die Feuchtigkeit von Schweißelektroden und -pulver äußerst gering sein, und die Bleche mussten angemessen vorgewärmt werden. Ein Potenzial für Niedrigspannungsbrüche im Schweißgut konnte unabhängig von der Blechfestigkeit bei einseitiger Schweißung entstehen, wenn die Bleche nicht fest eingespannt waren und beim Schweißen Flankenbewegungen auftraten. Der erforderliche Aufwand zur Sicherung der Schweißnahtgüte durch Überwachen des Schweißvorgangs und der Wärmeführung sowie der zerstörungsfreien Prüfungen war unter Baustellenbedingungen außerordentlich hoch.

Nach der Herstellung des SB (Abb. 6.59) des Kernkraftwerks Gundremmingen KRB-A aus dem hochfesten Feinkornbaustahl WSt 51 waren – wie bereits erwähnt – nach der Druckprüfung im Januar 1963 zahlreiche Risse an Schweißnähten der Stutzenverstärkungen festgestellt worden (zum weiteren Vorgehen s. Kap. 6.5.2). Bei der Fertigung des SB für KKU Unterweser aus dem höherfesten Stahl BHW 33[649] wurden in der Wärmeeinflusszone von Schweißnähten ebenfalls Risse gefunden, die offenbar unter Wasserstoffeinfluss verzögert entstanden waren. Diese Befunde und ähnliche Phänomene waren für die Reaktorsicherheitskommission (RSK) Anlass, die Festigkeit der SB in der RSK allgemein zu behandeln.[650]

Der RSK-Unterausschuss Reaktordruckbehälter (RSK-UA RDB) befasste sich 1975 und 1976 in mehreren Sitzungen mit diesem Sachverhalt. Seine Beratungsergebnisse waren:

- Die verwendeten höherfesteren Stähle erfüllten die amerikanischen Zähigkeitsanforderungen nicht vollständig. Wegen des erhöhten Verarbeitungs- und Sprödbruchrisikos sollte der weitere Gebrauch von Feinkornbaustählen mit einer Mindeststreckgrenze über 370 N/mm^2 ausgeschlossen werden. Die bisherige spezifisch hohe Beanspruchung sollte auf ein nied-

[645] AMPA Ku 24, Ergebnisprotokoll 34. Sitzung RSK-UA RDB, 19. 6. 1975, S. 9.

[646] AMPA Ku 25, Ergebnisprotokoll 46. Sitzung RSK-UA RDB, 3. 9. 1976, S. 7–10.

[647] Chemische Zusammensetzung des Stahls WStE 51 S in %: 0,21 C, 0,1–0,5 Si, 1,3–1,7 Mn, max. 0,035 P und S, 0,4–0,7 Ni, max. 0,2 V.

[648] AMPA Ku 26, Ergebnisprotokoll 64. Sitzung RSK-UA RDB, 6.12. 1977, S. 13.

[649] Chemische Zusammensetzung in %: 0,20 C, 0,40 Si, 1,20 bis 1,70 Mn, 0,035 P bzw. S, 0,55 Ni, 0,22 V.

[650] BA B 106-75313, Ergebnisprotokoll der 99. RSK-Sitzung, 13. 11. 1974, S. 17 f.

riges Niveau von 200 bis 250 N/mm² Nennspannung gesenkt werden.

- Die Sicherheit der SB sollte vor allem durch
  Konstruktion und Auslegung gewährleistet
  werden. Die Auslegungsbeanspruchung lasse
  sich durch einen hinreichend großen Behäl-
  terdurchmesser senken. (Bekanntlich falle
  der Druck mit der dritten Potenz des Durchmessers ab, während die Spannung mit dem
  Durchmesser nur linear ansteige.)
- Bei einer Reihe von Stählen mit gewährleisteter Mindeststreckgrenze bis 370 N/mm²
  lag die Glühgrenze nach dem neuen Regelwerk der AD-Merkblätter der HP-Reihe nicht
  mehr bei 30, sondern bei 38 mm. Ein Beispiel
  dafür war der hochzähe SB-Stahl TSB 370 (15
  MnNi 6 3) der Thyssen-Henrichshütte.
- Für die in Bau befindlichen und fertig gestellten SB aus den Stählen der Gruppe St E 47
  und St E 51 wurden besondere qualitätssichernde Nachweise gefordert.[651, 652]

Die Hersteller verschlossen sich der RSK-Empfehlung, die SB-Durchmesser über 56 m hinaus
zu vergrößern, weil dies zu erheblichen Konzept-
änderungen geführt hätte. In der Folge ergaben
sich beim Übergang zu niedrigfesten Werkstoffen
SB-Wanddicken, die über 30 mm lagen. Als die
RSK die Konsequenzen daraus für die SB-Her-
stellung diskutierte, kam der Vorschlag auf, die
viereckigen, dickerwandigen SB-Segmentbleche
an ihren Rändern so weit anzuschrägen, dass
beim Zusammenbau des SB an den Schweißnähten zwischen ihnen die 30-mm-Glühgrenze
eingehalten werden konnte. Diese SB-Kon-
struktionsform erhielt spontan die Bezeichnung
„Schokoladenriegel-Containment". Ein solcher
SB ist nie gebaut worden.

Die besondere Aufmerksamkeit des RSK-UA
RDB galt den spannungsmäßig gestörten Behäl-
terzonen mit Durchbrüchen und eingeschweißten
Stutzen, deren Wanddicken z. T. auf erheblich
über 30 mm verstärkt waren. Im Falle des SB

für KMK Mülheim Kärlich wurden die Stutzensegmente aus den von der Thyssen-Henrichshütte aus dem modifizierten Feinkornbaustahl BH
47 W-M (WSt 47) vorgefertigten Stutzen und
Blechen mit einer Wanddicke bis zu 42 mm bei
der Firma Noell im Werk Würzburg gefertigt und
dort auch spannungsarmgeglüht.[653] Um nach dem
Einschweißen der verstärkten Segmente in die
SB-Wand auf der Baustelle das Spannungsarmglühen zu vermeiden, hatten die Hersteller die
Wanddicke an den Randzonen durch Anschrägen
so weit vermindert, dass die Schweißnähte die
bei 30 mm festgelegte Glühgrenze einhielten.
Mit der Problematik der Ultraschall-Prüfung dieser „Schokoladenriegel-Nähte" der SB von Grafenrheinfeld, Grohnde und Mülheim-Kärlich war
der RSK-UA RDB wiederholt befasst.[654, 655]

In einem dringlichen Schreiben vom März
1976 erwartete das Innenministerium Baden-
Württemberg[656] nach eineinhalb Jahren vergeb-
licher Bemühungen vom Bundesministerium
des Innern endlich zuverlässige Aussagen über
die Brauchbarkeit des Stahls BH 51 WS für den
SB des Kernkraftwerks Süd (KWS) in Wyhl und
wies auf bestehende „massive Bedenken" und
„größere Meinungsunterschiede" hin. In der
Literatur fänden sich viele Hinweise auf Fehl-
schläge beim Schweißen höherfester Feinkornbaustähle.

In ihrer Stellungnahme vom 14. Mai 1976 zum
Schreiben des baden-württembergischen Innenministeriums betonte die Firma Kraftwerk Union
AG (KWU), dass der Werkstoff BH 51 WS für
den Druckbehälterbau baurechtlich zugelassen
sei und die erforderlichen Nachweise (Großplat-

---

[651] AMPA Ku 24, Ergebnisprotokoll 37. Sitzung RSK-UA
RDB, 30. 10. 1975, S. 6 f.

[652] AMPA Ku 24, Ergebnisprotokoll 43. Sitzung RSK-UA
RDB, 31. 3. 1976, S. 8 f.

[653] AMPA Ku 25, Konstruktions- und Fertigungs-Merk-
male des Sicherheitsbehälters, Tischvorlage für die 51.
Sitzung des RSK-UA RDB am 11. 11. 1976 in Mülheim-
Kärlich, S. 2–4 sowie Übersichts-Zeichnungen 950976
und 951183.

[654] AMPA Ku 25, Ergebnisprotokoll 49. Sitzung RSK-UA
RDB, 20. 10. 1976, S. 6, 8 und 9.

[655] AMPA Ku 25, Ergebnisprotokoll 51. Sitzung RSK-UA
RDB, 11. 11. 1976, S. 7.

[656] AMPA Ku 170, Schreiben des Innenministeriums Baden-Württemberg vom 25. 3. 1976, AZ V 4518 Wyhl/61,
S. 1–6.

tenversuche, Kümpelversuche, Kreuzzugproben, Robertson Tests und Behälterversuche) erbracht seien.[657] Aufgrund der Beratungen in der RSK über die Auswirkungen des Spannungsarmglühens auf die Wärmeeinflusszonen (WEZ) des geschweißten Werkstoffs WSt E 51 habe sich die KWU jedoch entschieden, im Stutzenbereich des SB von KWS einen anderen Werkstoff einzusetzen. In einem gleichzeitig an die RSK abgegangenen Schreiben[658] erbat die KWU die Freigabe der Werkstoffe 20 MnMoNi 5 5, Aldur 50/65 und den durch Sonderbehandlung (Elektro-Schlacke-Umschmelzverfahren) wesentlich verbesserten BH 51 ESU für die Stutzenbereiche von SB. KWU legte dar, dass mit einem Stahl der Festigkeitsgruppe 370 N/mm^2 (Auslegungsnennspannung 213 N/mm^2) bei Ausnutzung der Glühgrenze 38 mm der Kugeldurchmesser von 56 m beibehalten werden könne.

Bei Untersuchungen der Stutzeneinschweißungen am Grohnde-SB aus dem Werkstoff FG 51 WS (WSt E 51) hatten sich negative Befunde ergeben. Faltversuche führten zu Rissen und vorzeitigem Bruch an den „Schokoladenriegel-Nähten". Der RSK-UA RDB empfahl, wie bereits für die damals geplanten Anlagen Biblis-C, Hamm, KWS (Wyhl) oder Philippsburg-2, als Übergangslösung auch für Grohnde für die spannungsmäßig gestörten Bereiche an Stelle des vorgesehenen WSt E 51 den Stahl 20 MnMoNi 5 5 mit herabgesetztem Kohlenstoff-Gehalt zu verwenden. Betreiber und Hersteller folgten dieser Empfehlung.[659, 660]

Im Juni 1976 hielt die Materialprüfungsanstalt der Universität Stuttgart (MPA) ihr 2. MPA-Seminar ausschließlich über „Anforderungen an Werkstoff und Auslegung von Sicherheitsbehäl-

tern" ab. Dabei wurden Ergebnisse eines Untersuchungsprogramms zur Beurteilung von Zähigkeitsabnahme und Rissbildung in der WEZ u. a. des Stahls St E 51 berichtet.[661] Es wurde festgestellt, dass St E 51 ein komplizierter, ausscheidungshärtender Stahl ist, der im Temperaturbereich unter +50 °C auch bei günstiger Wärmebehandlung die Zähigkeits-Anforderungen nach ASME III, NB 2300 in der WEZ nicht erfüllen kann. Im Gegensatz dazu verwies die Thyssen Henrichshütte AG, Hattingen im Rahmen des 2. MPA-Seminars auf ihren Stahl TSB 370, der bemerkenswert gute Eigenschaften, auch in Großplattenversuchen (s. Kap. 10.2.1) mit beachtlichen Dicken von 52,5 mm und einer Breite von 902 mm zeigte.[662] Diese Versuche waren bereits 1967 von Prof. W. Soete, Universität Gent, als Voraussetzung für den Einsatz dieses neuartigen Sonderstahls für einen Kugelgasbehälter mit einem Inhalt von 62.000 m^3 der Stadt Brüssel gefordert worden. Trotz der verhältnismäßig großen Wanddicke ergaben sich im Zugversuch mit „Wells-Fehler" (Abb. 6.89) große lokale und globale plastische Verformungen.[663] In diesem Seminar wurde auch über Anrissbildung an Mehrlagenschweißungen beim Bau einer SWR-Kondensationskammer berichtet. Im Zuge der Fertigung führte die MPA Stuttgart deshalb eine Reihe von Großplattenversuchen durch, bei denen unerwartete Niedrigspannungsbrüche eintraten (s. Kap. 10.2.3), die von der nicht (!) angerissenen Nahtwurzel ausgingen. Offenbar sind dort beim Schweißen größere plastische Verformungen erzwungen worden.[664] Derartige Verformungen werden nicht nur durch den Mehrlagen-

[657] AMPA Ku 170, Schreiben KWU vom 14. 5. 1976, R 32 Ul/pa., S. 1–5.

[658] AMPA Ku 170, Schreiben KWU vom 14. 5. 1976 an den RSK-Vorsitzenden Prof. Dr. A. Birkhofer und die Mitglieder des RSK-UA RDB sowie den BMI, R 32 Ul/pa., S. 1–5.

[659] AMPA Ku 25, Ergebnisprotokoll 49. Sitzung RSK-UA RDB, 20. 10. 1976, S. 9–11.

[660] AMPA Ku 24, Ergebnisprotokoll 43. Sitzung RSK-UA RDB, 31. 3. 1976, S. 9.

[661] Ewald, J.: Beurteilungsmöglichkeiten für FK-Baustähle, insbesondere im Hinblick auf spannungsarmgeglühte Schweißverbindungen, 2. MPA-Seminar, 29./30. 6. 1976, Stuttgart (10 S.).

[662] Piel, K. H.: Werkstoffe für Sicherheitsbehälter, 2. MPA-Seminar, 29./30. 6. 1976, Stuttgart (18 S.).

[663] (Soete, W.): Essai de traction statique sur grande éprouvette soudée avec default Wells. Laboratorium voor Weerstand van Materialen, Gent, 18. 5. 1967.

[664] Blind, D. und Miyata, T.: Niedrigspannungsbrüche durch örtlich geschädigtes Schweißgut, 2. MPA-Seminar, 29./30. 6. 1976, Stuttgart (16 S.).

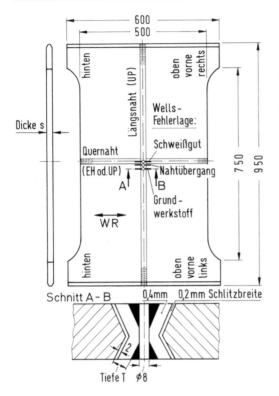

Abb. 6.89 Abmessungen der Großzugproben mit Wells-Fehler

effekt hervorgerufen, sondern werden auch durch Relativbewegungen der Schweißkanten, trotz örtlicher Fixierung durch Heftnähte oder Klammern, begünstigt. Verschweißt wurde in diesem Fall der niedrigfeste Baustahl TT StE 32 (Mindeststreckgrenze 320 N/mm²), Werksbezeichnung FG32T, mit einer dafür üblichen kalkbasischen Elektrode (KbIXs). Die Wurzellage wurde wegen der notwendigen Einseitenschweißung (Abb. 6.89) über einer Schweißbadsicherung eingebracht, um Wurzelfehler klein zu halten. Die Brüche verliefen sämtlich im Schweißgut, ausgehend von der Nahtwurzel. Nur Proben mit nicht (!) angerissener Wurzellage ergaben Niedrigspannungsbrüche. Alle mit Wurzelrissen behafteten Proben waren über die Streckgrenze hinaus belastbar. Daraufhin durchgeführte Kontrollversuche im Laboratorium Soete ergaben ebenfalls einen Niedrigspannungsbruch.

Auf dem 4. MPA-Seminar 1978 wurden die Ergebnisse der Großplattenversuche an den Stählen BH 51 WS, Aldur 50/65, 15 MnNi 6 3 und einigen anderen Werkstoffen vorgestellt.[665] Insgesamt wurden bis 1990 150 Stück 400–500 mm breite und 21–55 mm dicke Großplatten mit originalem Wells-Fehler (Abb. 6.89)[666] z. T. auch bei Anwendung nicht optimierter Schweißtechnik sowie bei der Lage des Wells-Fehlers im Nahtübergang im Temperaturbereich von −80 bis +60 °C geprüft. Zum Vergleich dienten Grundwerkstoffplatten mit Mittelschlitz. Erfasst wurden die mittel- bis hochfesten Feinkornbaustähle 15 MnNi 6 3, WSt E 43, St E 51, 19 MnAl 6 V, 20 MnMoNi 5 5 und ein hochzäher wasservergüteter Sonderstahl St E 70 (Streckgrenze 700 N/mm²) aus der modifizierten HY (High Yield) -Reihe nach ASTM, mit 0,15 % C, 1,3 % Cr, 0,4 % Mo und 3 % Ni. Der Aufwand für die Versuchstechnik und die Bereitstellung der bruchmechanischen Grundlagen war erheblich. In Abb. 6.90 sind die umfangreichen Versuchsergebnisse im „Fracture Analysis Diagram" (FAD) nach Pellini dargestellt.[667]

Bemerkenswert war in diesem Zeitraum das japanische Bestreben, höchstfeste Containmentstähle zu entwickeln und zu qualifizieren. Bereits 1975 stellte die Fa. Mitsubishi Heavy Industries, Ltd. einen schweißsicheren modifizierten Nickel-Chrom-Molybdän-Stahl auf der Basis des Werkstoffs ASTM A 543 vor und demonstrierte, dass Schweißverbindungen bis zu einer Wanddicke von 40 mm ohne Spannungsarmglühung ausgezeichnete Ergebnisse nach den herkömmlichen Prüfverfahren einschließlich Großplattenversuchen lieferten. Die für den amerikanischen Stahl gewährleistete Mindeststreckgrenze von 600 MPa wurde mit mehr als 700 MPa deutlich übertroffen. Da die zulässige Spannung nach Vorschrift mit 184 MPa begrenzt war, ergab sich eine hohe Sicherheit gegen postulierte Störfall-

[665] Sturm, D. und Julisch, P.: Großplattenversuche, 4. MPA-Seminar, „Bruchverhalten und Brucherscheinungen – Primärsystem und Sicherheitsbehälter", Stuttgart, 4./5. 10. 1978, (24 S.).

[666] Julisch, Peter: Beitrag zur Bestimmung des Tragverhaltens fehlerbehafteter, ferritischer Schweißkonstruktionen mit Hilfe von Großplatten-Zugversuchen, Diss. Universität Stuttgart 1990, Techn.-wiss. Berichte MPA Stuttgart 1990, Heft 90–02, Abb. 9, S. 32.

[667] ebenda Abb. 27, S. 59.

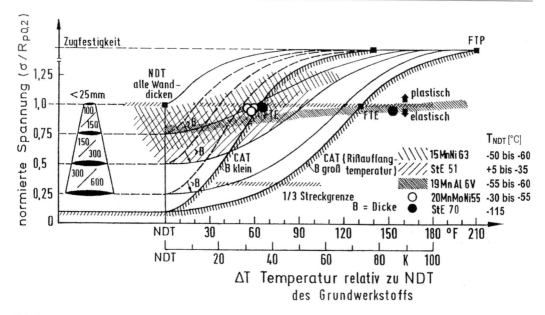

Abb. 6.90 Ergebnisse der Großplattenversuche im „Fracture-Analysis"-Diagramm nach Pellini

belastungen.[668] Im 3. Deutsch-Japanischen Seminar 1985 ging es um einen kaltzähen Mn-Nb-Ni-Mo-Stahl, der bis zur Wanddicke von 70 mm untersucht worden ist.[669] Das 5. Seminar in dieser Reihe bezog sich auf einen Tieftemperaturstahl (TNDT nicht höher als – 41 °C) mit einer Mindeststreckgrenze von 500 MPa.[670]

Die RSK übernahm im September 1976 die Empfehlungen ihres Unterausschusses RDB, insbesondere die erheblich verschärften Anforderungen an die Werkstoffzähigkeit, die sich am amerikanischen Regelwerk (ASME III, NB 2300) orientierten und teilweise übertrafen (Hochlagen-Zähigkeit). Die Membranspannung im ungestörten Bereich sollte auf ein niedriges Niveau zwischen 200 und 250 N/mm² sowie die gewährleistete Mindeststreckgrenze auf 370 N/mm² begrenzt werden. Beispielhaft wurde der Stahl TSB 370 (15 MnNi 6 3) genannt, der bis zu einer Wanddicke von 38 mm ohne Spannungsarmglühen der Schweißnähte eingesetzt werden konnte.[671] Die neuen Anforderungen an Auslegung und Herstellung der SB fanden Eingang in die 2. Ausgabe der RSK-Leitlinien für Druckwasserreaktoren vom 24. Januar 1979.

Vom Mai 1978 bis Juli 1979 war der RSK-UA RDB eingehend mit den Entwürfen der Regeln des Kerntechnischen Ausschusses (KTA) zum Reaktorsicherheitsbehälter aus Stahl befasst (KTA-Regeln 3401.1 bis 4), die zwischen Oktober 1979 und März 1981 im Bundesanzeiger veröffentlicht wurden. Auch die KTA-Regeln gaben den in der RSK festgestellten Stand von Wissenschaft und Technik wieder. Die erste Ausgabe der Regel KTA 3401.1 „Werkstoffe und Erzeugnisformen" vom Juni 1980 führte im An-

---

[668] Susukida, H., Satoh, M., Ubayashi, T. und Yoshida, K.: The Application of High Strength Steel to Containment Vessels, NUCLEX 75, 7.-8. Oktober 1975, Basel/Schweiz.

[669] Yamaba, R., Okamoto, K., Moriyama, K. und Itoh, K.: Strength and Toughness of Newly Developed HT 60 Steel Plate Used for P.C.V., The 3rd German-Japanese Joint Seminar, Research of Structural Strength and NDE Problems in Nuclear Engineering, 29.-30.8.1985, Stuttgart, Vol. II, Beitrag II.2.10, 15 S.

[670] Yamaba, R., Okayama, Y., Okamoto, K. und Nakao, H.: Development of Steel Plate with High Toughness for Primary Containment Vessel of Nuclear Reactor, The 5th German-Japanese Joint Seminar, Research of Structural Strength and NDE Problems in Nuclear Engineering, 11.-12.10.1990, München, Beitrag 2.1, 15 S.

[671] BA B 106-75318, Ergebnisprotokoll 116. RSK-Sitzung, 15. 9. 1976, S. 27–30.

Tab. 6.5 Alte und neue Auslegung des Sicherheitsbehälters von KKP-2 in Philippsburg, im Vergleich

Ausführung	alt	neu
Durchmesser	56 m	56 m
Auslegungsdruck	5,3 bar	5,3 bar
Werkstoff	WStE51	15MnNi63
Gesamtgewicht	2.600 t	3.300 t
Blechwand (ungestörter Bereich)	30 mm	38 mm
Ronden für Stutzen	30 mm	60/80 mm
Kabelsegmente	43 mm	52 mm
Stutzen ≥ DN 290	Längsnaht	geschmiedet
Schweißnahtvolumen	100 %	135 %
Sektionsgröße	4 Segmente	bis 10 Segmente
Schleusen	3	4
Gesamtbauzeit in Monaten	Plan: 23	Ist: 42
Reine Montagezeit in Monaten	Plan: 16	Ist: 24

hang A allein den Stahl 15 MnNi 6 3 als zulässig für die drucktragenden SB-Wände auf.[672] Eine Werkstoffwahl war also zunächst nicht möglich. Spätere Ausgaben dieser KTA-Regel enthielten drei weitere, aufgrund ihrer eingehenden und vollständigen Prüfung als zuverlässig geltende SB-Stähle.[673]

Für die Errichtung des Kernkraftwerks KKP-2 in Philippsburg war geplant gewesen, für den SB die für KWS am aufgegebenen Standort Wyhl bereits aus WSt E 51 hergestellten und gekümpelten SB-Bleche zu verwenden. Unter dem Eindruck der RSK-Empfehlungen, insbesondere auch der außerordentlich verschärften Qualitätssicherungsmaßnahmen, entschied sich der Betreiber von KKP-2 im Herbst 1977, die bereits gefertigten Bleche zu verschrotten und den SB von KKP-2 erstmals aus dem Stahl TSB 370 (15 MnNi 6 3) mit einer Wanddicke von 38 mm herstellen zu lassen.[674] Die MPA der Universität Stuttgart erstellte während der Fertigung des SB von KKP-2 ein Gutachten, in dem ein Fragen-

katalog des Innenministeriums Baden-Württemberg abgearbeitet wurde. Als Ergebnis konnte festgehalten werden, dass die Anforderungen an den SB zuverlässig erreicht werden können und mit 15 MnNi 6 3 „ein hochreiner, hochzäher und verarbeitungsunempfindlicher Werkstoff" eingesetzt wurde. Der Werkstoff TSB 370 sei auch dem optimierten Werkstoff St E 51 eindeutig sicherheitstechnisch überlegen.[675] Tabelle 6.5 macht den enormen Mehraufwand für Material, Gesamtbauzeit und Qualitätssicherung bei der Errichtung des SB von KKP-2 deutlich.[676]

Die MPA untersuchte und beurteilte auch den wasservergüteten, höherfesten Feinkornbaustahl Aldur 50/65/D entsprechend 19 MnAl 6 V[677] (Abb. 6.90), der für die Herstellung des SB von KBR Brokdorf verwendet worden war. Aldur 50/65/D erfüllte die in ihn gesetzten Erwartungen; der KBR-SB konnte als sicher angesehen werden. Unabhängig davon sollte jedoch für zukünftige Projekte dem Werkstoff 15 MnNi

[672] KTA 3401.1 Sicherheitstechnische Regeln des KTA, Reaktorsicherheitsbehälter aus Stahl, Teil 1: Werkstoffe und Erzeugnisformen, Fassung 9/88, Carl Heymanns Verlag, Köln (1. Fassung 6/80, BAnz Nr. 187a vom 7. 10. 1980).

[673] Schröter, Hans-Jürgen: Die KTA-Regeln für den stählernen Reaktorsicherheitsbehälter, Stahlbau, Jg. 54, Heft 2, 1985, S. 46–52.

[674] AMPA Ku 25, Ergebnisprotokoll 64. Sitzung RSK-UA RDB, 6. 12. 1977, S. 9.

[675] AMPA Ku 135, Gutachterliche Äußerung von Prof. Dr.-Ing. Karl Kußmaul zum Fragenkatalog des Innenministeriums Baden-Württemberg für die Zustimmung im Einzelfall zur Verwendung des Stahls TSB 370 für den Sicherheitsbehälter des Kernkraftwerks Philippsburg, Block 2 (KKP 2), MPA Stuttgart, 31. 7. 1979.

[676] Clasen, H.-J., Fröhlich, H.-J. und Langetepe, G.: Die Errichtung des Kernkraftwerks Philippsburg Block 2, atw, Jg. 30, Februar 1985, S. 73.

[677] Chemische Zusammensetzung, Richtwerte in %: 0,20 C, 0,45 Si, 1,5 Mn, 0,06 Al, 0,01 V, max. 0,04 P, max. 0,04 S.

6 3 mit einer Wanddicke von 38 mm der Vorzug gegeben werden.[678]

Die durch die TÜVe zusammen mit der KWU AG und der MPA Stuttgart unter Federführung des TÜV Baden umfänglich betriebene Begutachtung des Werkstoffs 15 MnNi 6 3 unter Einbeziehung von Schweißsimulation und 74 Großplattenversuchen erstreckte sich bis in das Jahr 1983 und bestätigte die Eignung des hochzähen und schweißsicheren Stahls, in den nun im VdTÜV-Blatt 427 festgelegten Analysengrenzen, für Einsatztemperaturen bis 350 °C.[679] Neben der Verwendung als Blech für SB wurde der Stahl in den äußeren Systemen u. a. für Speisewasserbehälter, geschmiedete Rohrböden und Ventilgehäuse sowie für Primärrohrleitungen des Frischdampfsystems von SWR eingesetzt.[680]

6.5.5   Der Schutz gegen Störmaßnahmen oder sonstige Einwirkungen Dritter – Erdbeben, Flugzeugabsturz, Explosionsdruckwellen, Sabotage

Das Gesetz über die friedliche Verwendung der Kernenergie und den Schutz gegen ihre Gefahren (Atomgesetz – AtG) vom 23.12.1959 machte die Genehmigung eines Kernkraftwerks u. a. davon abhängig, dass „der erforderliche Schutz gegen Störmaßnahmen oder sonstige Einwirkungen Dritter gewährleistet ist" (§ 7, Abs. 2, Nr. 4 bzw. in späteren Fassungen Nr. 5). Die erforderliche Schadensvorsorge auch nach dem Eintritt einer solchen Einwirkung bestand in sicherheitstechnischen und administrativen Maßnahmen, die vorzusehen sind, um

- den Reaktor sicher abschalten und im abgeschalteten Zustand halten zu können,
- die Nachwärme abzuführen und
- eine unzulässige Freisetzung radioaktiver Stoffe zu verhindern.

Neben der Sabotage können sich Einwirkungen von außen (EVA) auf ein Kernkraftwerk in sehr verschiedener Weise ereignen. In der Bundesrepublik Deutschland galten als Einwirkungen von außen:

naturbedingt
- Sicherheits- und Auslegungserdbeben (SEB, AEB)
- Windlasten, Hochwasser, Blitzschlag

zivilisationsbedingt
- Flugzeugabsturz (FLAB)
- Explosionsdruckwelle (EDW)
- Berstdruckwelle (BDW)[681]
- Giftige und explosionsgefährliche Gase,
- Brände

Im Herbst 1969 betrachtete die RSK bei der Beratung der Sicherheitsmaßnahmen für die geplanten Großkraftwerke Biblis und BASF unter den denkbaren EVA auch kriegerische Einwirkungen mit konventionellen Waffen.[682]

Unmittelbar vergleichbar sind die Lasten aus Druckwellen und Wind. Bei den mitteleuropäischen Witterungsverhältnissen zeigt der Vergleich, dass Windlasten durch EDW bei weitem abgedeckt sind.[683] Die Reaktorgebäude wurden für das sogenannte 1.000-jährige

---

[678] AMPA Ku 135, Gutachtliche Stellungnahme zum Einsatz des wasservergüteten Feinkornbaustahls Aldur 50/65/D entsprechend 19 MnAl 6 V für die Sicherheitshülle des Kernkraftwerks Brokdorf, abgegeben im Auftrag des Technischen Überwachungsvereins Norddeutschland e. V., Hamburg, von Prof. Dr.-Ing. Karl Kussmaul, Stuttgart, 30. 3. 1981, S. 12.

[679] Bericht des TÜV Baden: Stand der Begutachtung des Werkstoffs 15 MnNi 6 3, Erzeugnisform Blech, Nov. 1983, Federführung TÜV Baden.

[680] Eine Zusammenfassung der Begutachtungsergebnisse und weitere detaillierte Angaben des Herstellers über chemische Zusammensetzung, Wärmebehandlung und Festigkeit/Zähigkeit sowie den Einsatz in verschiedenen Kernkraftwerken finden sich in: Piel, K. H.: State of experience in the application of the steal 15 MnNi 6 3 for containments and components of nuclear power stations, Nuclear Engineering and Design, Vol. 84, 1985, S. 241–251.

[681] Zunächst wurden nur „Druckwellen aus chemischen Explosionen" betrachtet. Bei der Erarbeitung der entsprechenden BMI-Richtlinie von 1976 (vgl. Kap. 6.1.2) war erkannt worden, dass Gaswolkenexplosionen nach der Freisetzung von Kohlenwasserstoffgasen als Deflagrationen ablaufen und von Detonationen mit der Ausbildung von Stoßwellen (Berstdruckwellen aus katastrophalem Behälterversagen) unterschieden werden mussten.

[682] BA B 138-3449, Ergebnisprotokoll 53. RSK-Sitzung, 13. 10. 1969, S. 5.

[683] AMPA Ku 59, Ergebnisprotokoll 18. Sitzung RSK-UA Bautechnik, 2. 11. 1978, S. 8–10.

(später 10.000-jährige) Hochwasser ausgelegt, durch konstruktive Maßnahmen abgesichert und isoliert. Alle Gebäude und der Fortluftkamin wurden mit Blitzableitern versehen und an eine Gesamterdungsanlage angeschlossen.[684] Die RSK-Leitlinien vom Februar 1974 forderten den Nachweis, wie das Ansaugen giftiger und explosionsgefährlicher Gase durch die Luftansaugöffnungen vermieden werden kann. Die RSK-Leitlinien zum Brandschutz verlangten Schutzmaßnahmen zur Vermeidung von brandbedingten Ausfällen einzelner Redundanzgruppen der Sicherheitssysteme durch Brandhitze und Rauchgase. Sie enthielten Anforderungen an die sichere Verlegung von Leitungen und Kabeln, die sichere Verwendung von brennbaren Stoffen, die Sicherung von Rettungswegen im Brandfall, die geeignete Instrumentierung zur Früherkennung und automatische Löscheinrichtungen. In den errichteten Anlagen wurden die Lüftungssysteme diesen RSK-Vorgaben entsprechend mit Detektoren, Entqualmungseinrichtungen, Rauch- und Explosionsschutzklappen ausgestattet.

Im Folgenden sollen die schweren Einwirkungen durch Erdbeben, Flugzeugabsturz und Druckwellen betrachtet werden. Die Lasteintragung in das Gebäude erfolgt bei diesen Ereignissen jeweils auf ganz unterschiedliche Weise:

- Beschleunigungs-Zeitverlauf, großflächig am Fundament (SEB, AEB)
- Stoßkraft-Zeitverlauf, lokal begrenzt an der Außenhülle (FLAB)
- Druck-Zeitverlauf, großflächig an der Außenhülle (EDW, BDW, Wind)

Der historischen Entwicklung folgend, galt für die Schadensvorsorge gegen Erdbeben, dass das übliche Störfallspektrum einschließlich des Kühlmittelverluststörfalls bis zum GAU beherrscht werden musste. Bei FLAB und EDW, deren Belastungen überwiegend durch die massiven Betonstrukturen des Reaktorgebäudes abgefangen werden, konnte aufgrund der Analyse der im Einwirkungsfall auftretenden Komponenten-

belastungen, davon ausgegangen werden, dass der Primärkreis unversehrt bleibt und allenfalls betriebliche Leckagen betrachtet werden mussten, die mit dem vorhandenen Borsäureeinspeisesystem beherrschbar waren. Somit waren die Aufgabenstellung und die daraus resultierende Systemtechnik bei EDW und FLAB identisch.

Die notwendige Systemtechnik zur Sicherstellung der Schnellabschaltung und langfristigen Unterkritikalität des Reaktors sowie zur Nachwärmeabfuhr muss durch bauliche Schutzmaßnahmen und redundante, räumlich voneinander getrennte Systeme wirksam gegen EVA geschützt werden. Bei der Erörterung der grundsätzlichen Sicherheitsanforderungen an große Leistungskernkraftwerke empfahl die RSK im Jahr 1969 zum Schutz gegen Flugzeugabsturz und kriegerische Einwirkungen die Panzerung des Cores, der Notkühlsysteme, der Notenergieversorgung, der Notwarte und der Abfuhrmöglichkeit der Nachwärme sowie des Brennelementlagerbeckens.[685]

In den frühen Kernkraftwerken mit Druckwasserreaktor bis einschließlich KKU Unterweser waren die systemtechnisch erforderlichen Noteinrichtungen in mehrfacher Ausführung teils in den Beton-Strukturen innerhalb des Sicherheitsbehälters, teils in jeweils voneinander getrennten Räumen im unteren Ringraum des äußeren Stahlbeton-Containments angeordnet. In der ersten Hälfte der 70er Jahre kam der Gedanke auf, die für die sichere Abschaltung, langfristige Unterkritikalität und Nachwärmeabfuhr bei EVA und Sabotage erforderlichen sicherheitstechnischen Systeme in einem eigenen Gebäude unterzubringen.

Im Rahmen der Konzeptgenehmigung für das zunächst als SWR-Anlage geplante Kernkraftwerk Philippsburg – 2 wurde die sicherheitstechnische Auslegung eines „Unabhängigen Sabotage- und Störfallschutz-Systems (USUS)" geprüft. Die Mitglieder des RSK-Sabotage-Sonderausschusses Prof. Dr. Adolf Birkhofer und Dr. Herbert Schenk erörterten USUS mit Behördenvertretern, dem TÜV Baden sowie Herstellern und Betreibern und befürworteten seine Einrich-

---

[684] vgl. beispielsweise AMPA Ku 161, Kraftwerk Union AG: Kernkraftwerk Grohnde, Anlagenbeschreibung, Bd. I, 8.4 Schutz vor Einwirkung Dritter, September 1983, S. 8–2 f.

[685] BA B 138-3449, Ergebnisprotokoll 53. RSK-Sitzung, 13. 10. 1969, S. 4–6.

tung am 16. Juli 1974.[686] Zum Aufbau von USUS gehörten im Wesentlichen:

- ein gesondertes Pumpenhaus in massiver Betonkonstruktion mit 2 Nebenkühlwasserpumpen,
- die unterirdische Kabel- und Nebenkühlwasserführung zum und vom USUS-Gebäude und
- das USUS-Gebäude mit 2 Notdieseln zur Energieversorgung der USUS-Systeme; 2 Wärmetauscher sowie 2 direkt an das Primärsystem angeschlossene 2 × 100 % Nachkühlpumpen, Mess- und Steueranlagen. Das direkt neben dem Reaktorgebäude angeordnete USUS-Gebäude sollte 1,5 m dicke Stahlbeton-Außenwände erhalten und damit Druckwellen von bis zu 0,45 atü standhalten können.[687]

Der volle Schutz des USUS-Gebäudes gegen Flugzeugabsturz wurde von der RSK nicht für notwendig gehalten. Bei einem Flugzeugabsturz auf ein USUS-Gebäude seien die normalen betrieblichen Notstromanlagen und Schaltanlagen durch das Maschinenhaus geschützt. Gleichzeitige Einwirkungen auf USUS- und Betriebssysteme galten als ausgeschlossen.[688]

Für die KWU-Kernkraftwerke mit Druckwasserreaktor (Vorkonvoi- und Konvoianlagen) wurde dieses sicherheitheitstechnische Konzept weiterentwickelt. Sie erhielten frei stehende, baulich besonders geschützte „Notspeisegebäude", in denen die redundant und räumlich getrennt ausgelegten maschinenbaulichen, elektrotechnischen und leittechnischen Systeme zusammengefasst wurden. In Abb. 6.91 ist die Lage des Notspeisegebäudes zum Reaktorgebäude und Maschinenhaus am Standort Grafenrheinfeld zu ersehen.[689] Die RSK-Leitlinien forderten sicherzustellen, dass die Anlage im Störfall mit

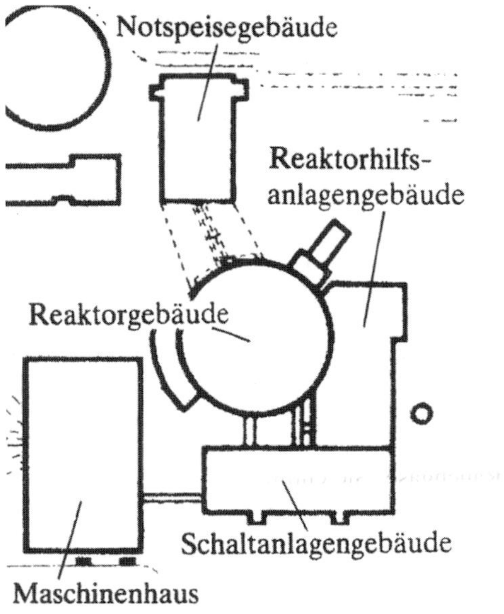

Abb. 6.91 Lage des Noteinspeisegebäudes Grafenrheinfeld

Hilfe des Notstandssystems ohne Handeingriff in einen sicheren Zustand übergeht und mindestens 10 Stunden lang unabhängig von Bedienung und Versorgung von außen darin verbleiben kann.[690] Für diese „10-h-Autarkie" waren im Notspeisegebäude ausreichende Vorräte an Deionat (Nachwärmeabfuhr durch Verdampfen und „Abblasen über Dach") und Dieselkraftstoff zur Notstromversorgung vorzuhalten. Die Vorstellung war, dass in diesem Zeitraum Hilfspersonal und Hilfsmittel herbeigeholt werden können. Die erforderlichen technischen Funktionen beim Eintritt des Lastfalls müssen automatisch ausgelöst werden.

Der besondere bauliche Schutz des Notspeisegebäudes sowie der zwischen ihm und dem Reaktorgebäude verlegten Rohr- und Kabelkanäle ist eine sicherheitstechnische Grundanforderung zur Schadensvorsorge gegen EVA. Abbildung 6.92 zeigt die Quer- und Längsschnitte durch ein Konvoi-Notspeisegebäude mit den 4fach ausgelegten

---

[686] AMPA Ku 3, Unterlagen zur 98. RSK-Sitzung am 16. 10. 1974: RSK-Information 97/9 vom 10. 9. 1974.

[687] BA B 106–75312, Ergebnisprotokoll 96. RSK-Sitzung, 17. 7. 1974, Anlage Kernkraftwerk Philippsburg I (und II), hier: Unabhängiger Sabotage- und Störfallschutz (USUS).

[688] BA B 106–75312, Ergebnisprotokoll 97. RSK-Sitzung, 18. 9. 1974, S. 13 f.

[689] Schröder, W.: Kernkraftwerk Grafenrheinfeld – Auslegung, technische Daten, Zusatzforderungen, atw, Jg. 27, Oktober 1982, S. 505–509.

[690] RSK-Leitlinien für Druckwasserreaktoren 2. Ausgabe 24. Januar 1979: 22.2 (1) Notstandssystem, vgl. RSK-Leitlinien für Druckwasserreaktoren 1. Ausgabe 24. Februar 1974: 5.4 (7) Schaltwarte und Hilfssteuereinrichtungen.

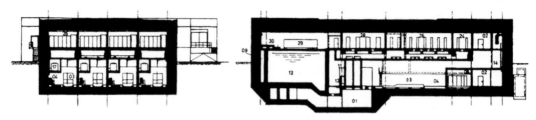

01 Rohr- und Kabelkanal, 03 Notspeiseaggregat, 13 Deionatbecken, 17 Dieselölbehälter - dahinter Batterieraum, 24 Notsteuerstelle, 26 Elektronikschränke für Reaktorschutz, Steuerung und Regelung, 28 Schalt- und Gleichstromanlage, 29 Umluftanlage

Abb. 6.92 Quer- und Längsschnitt durch ein Konvoi-Notspeisegebäude

Notsystemen.[691] Das Notspeisegebäude hat eine
lichte Länge von 54 m und eine lichte Breite von
25 m. Es ist 7–10 m tief in die Erde abgesenkt.
Die Wanddicke der äußeren Stahlbetonwände beträgt 2 m.

Im Genehmigungsverfahren wurden die Auslegungsanforderungen für jeden Einzellastfall
festgelegt und der Nachweis ihrer Erfüllung jeweils getrennt geführt. Gleichwohl verursachen
die verschiedenartigen Ereignisse vielfach gleich-
artige Anforderungen, etwa hinsichtlich der induzierten Erschütterungen in der Innenstruktur des
Gebäudes. So wurde im Genehmigungsverfahren
für das BASF-Kernkraftwerk nachgewiesen, dass
die dynamische Belastung der Reaktordruckbe-
hälter-Stutzen beim Sicherheitserdbeben die Einwirkungen der Bodenbewegungen infolge von
Explosionsdruckwellen umfasst.[692] Es erschien
denkbar, sowohl einhüllende Lastfunktionen als
auch einhüllende Antwortspektren für die Reaktionen der Gebäudestrukturen und installierten
Systeme zu bestimmen. Im Zusammenhang mit
den Genehmigungsverfahren für die Konvoi-Anlagen wurden Anfang der 80er Jahre Untersuchungen mit dem Ziel aufgenommen, integrale
Auslegungsanforderungen für kerntechnische
Anlagen in der Bundesrepublik Deutschland festzulegen.[693] Die ersten Untersuchungsergebnisse

kamen in den damals laufenden Genehmigungsverfahren jedoch nicht mehr zum Tragen; danach
gab es keinen Bedarf mehr.

Erdbeben Der Belastungsfall Erdbeben wird
von den seismologischen und geologischen Verhältnissen am Kernkraftwerks-Standort sowie
von der Steifigkeit des Bauwerks und der Dämpfung des schwingenden Systems aus Bauwerk
und Baugrund bestimmt. Die Parameter für die
ortsspezifische seismische Gefährdung sind die
bei einem zu erwartenden Erdbeben auftretenden
maximalen horizontalen und vertikalen Bodenbeschleunigungen und deren Dauer (Starkbe-
wegungsphase) sowie der Frequenzbereich, in
dem die einwirkenden Erdstöße das schwingende
System anregen. Diese Bemessungsparameter
hängen von der Erdbebenstärke (freigesetzte
Energie, Magnitude), der Entfernung vom Erd-
bebenherd (Hypozentrum bzw. Epizentrum an
der Erdoberfläche) und den lokalen Untergrund-
verhältnissen ab. Die Scherfestigkeit des Bodens
kann durch dynamische Verdichtung des Korn-
gefüges und Erhöhung des Porenwasserdrucks
vermindert werden („Bodenverflüssigung“).

Für die ingenieurseismologische Auslegung
von Kernkraftwerken sind Angaben zu

- den maximalen horizontalen und vertikalen
  Bodenbeschleunigungen,
- der Dauer der starken Erschütterungen und
- den Frequenzen des Beschleunigungsverlaufs
  erforderlich.

[691] Kraftwerk Union AG: Sicherheitsbericht Gemein-
schaftskernkraftwerk Neckar Block II (GKN II) mit
Druckwasserreaktor, elektrische Leistung 1300 MW,
Bd. 1, März 1981, S. 2.4.12/1.

[692] AMPA Ku 59, Ergebnisprotokoll 9. Sitzung RSK-UA
Bautechnik, 29. 1. 1976, S. 6 f.

[693] BMI-Forschungsvorhaben SR 268: Zusammenfassung der Einwirkungen von außen (EVA) zu einer integralen Auslegungsanforderung für kerntechnische Anlagen,

GRS-F-131 (Mai 1984), 8. Jahresbericht über SR-Vorhaben 1983, Lfd. Nr. 15, S. 1–4; GRS-F-140 (Juni 1985),
9. Jahresbericht über SR-Vorhaben 1984, Lfd. Nr. 14,
S. 1–3.

Die seismischen Wellen induzieren (gedämpfte) Schwingungen im Gebäude, sogenannte Antwortspektren, die sich zwischen Fundament und Kuppel für verschiedene Gebäudeabschnitte unterscheiden. Die Eigenfrequenzen der Gebäudestrukturen werden regelmäßig einer Pendelschwingung um die Horizontalachse durch das Fundament sowie den horizontalen und vertikalen Translationsschwingungen überlagert. Der Boden hat maßgeblichen Einfluss auf das Schwingungsverhalten eines Kernkraftwerks.[694]

Bis Anfang der 60er Jahre erfolgte die Auslegung von Kernkraftwerken gegen Erdbebeneinwirkungen weltweit nach den konventionellen nationalen Baurichtlinien, wobei eine statische Horizontalbeschleunigung angenommen wurde. In den USA und Japan wurde um das Jahr 1963 ein Auslegungserdbeben (Design Basis Earthquake – DBE) definiert, das dem stärksten am Standort geschichtlich belegten Erdbeben entsprechen sollte. Daraus wurde in den USA eine Erhöhung der zulässigen Spannungen im Normalbetrieb für Rohrleitungen in der Regel um den Faktor 1,2 und für Gebäude um den Faktor 1,33, in Japan um den generellen Faktor 1,5 abgeleitet.[695] Gleichzeitig wurde in den USA und Japan das größte anzunehmende Erdbeben (Maximum Hypothetical Earthquake – MHE) betrachtet, das am Standort überhaupt vernünftigerweise vermutet werden kann. Für die Auslegung der amerikanischen Kernkraftwerke wurde das MHE mit der doppelten Intensität des DBE zugrunde gelegt; in Japan wurde mit einer Intensitätssteigerung zwischen 1,25 und 1,5 gerechnet. Im Jahr 1967 wurde in das amerikanische Genehmigungsverfahren im Rahmen des Konzepts der Lastfall-Kombinationen die Begutachtung des gleichzeitigen Auftretens von Erdbeben und Kühlmittelverlust-Störfällen eingeführt. 1968 wurden in den USA die betrachteten Erdbeben neu definiert als Operational Basis Earthquake

(OBE) und Safe Shutdown Earthquake (SSE). Das SSE sollte dem stärksten Erdbeben entsprechen, das im Umkreis von 200 miles (322 km) jemals in geschichtlichen Zeiten registriert wurde. Dafür sollte der Reaktor sicher abgeschaltet, in abgeschaltetem Zustand gehalten und die Nachwärme abgeführt werden können. Nach einem OBE sollte das Kernkraftwerk ohne Störung weiter betrieben werden können. Der amerikanisch-japanischen Vorgehensweise wurde international grundsätzlich gefolgt.

Anfang der 70er Jahre wurden in der Bundesrepublik Deutschland ebenfalls zwei Bemessungserdbeben unterschieden:

- das Auslegungserdbeben, bei dem die elastischen Bauwerks- und Anlagengrenzen nicht überschritten werden und das während der gesamten Betriebszeit des Kernkraftwerks mehrfach auftreten kann, sowie
- das Sicherheitserdbeben, bei dem die elastischen Grenzen überschritten werden dürfen und das nur einmal ohne unzulässige radioaktive Freisetzungen ertragen werden kann.

Im Regelwerk des Kerntechnischen Ausschusses (KTA) vom Juni 1975[696] (s. Kap. 6.1.5) war festgelegt worden, zur Ermittlung des Auslegungserdbebens das im 50-km-Umkreis in der Vergangenheit aufgetretene stärkste Erdbeben in der unmittelbaren Nähe des Standorts zugrunde zu legen. Das Sicherheitserdbeben sollte dem stärksten nach wissenschaftlichen Erkenntnissen in einer weiteren Umgebung (200-km-Umkreis) und in einer längeren Wiederkehrperiode (etwa 10.000 Jahre) zu erwartenden Erdbeben entsprechen.

Wie häufig und mit welcher Intensität Erdbeben in der Umgebung eines Kernkraftwerks-Standorts zu erwarten sind, lehrt die geschichtliche Erfahrung. Die historischen Aufzeichnungen dieser Ereignisse stellen die Auswirkungen auf Mensch und Umwelt, insbesondere die Gebäudeschäden dar. Aus dem Schadensausmaß wurde auf die Intensität des Erdbebens geschlossen (makroseismische Intensität). Die Intensität wurde – auch im KTA-Regelwerk von 1975 – mit maxi-

---

694 Koch, E. H.: Grundzüge der erdbebensicheren Auslegung von Kernkraftwerken, VGB Kraftwerkstechnik, Bd. 59, Heft 1, Januar 1979, S. 36–45.

695 Stevenson, J. D.: Current Summary of International Extreme Load Design Requirements for Nuclear Power Plant Facilities, Nuclear Engineering and Design, Vol. 60, 1980, S. 197–209.

---

696 KTA-Regel 2201: Auslegung von Kernkraftwerken gegen seismische Einwirkungen, Fassung 6/75.

malen Bodenbeschleunigungen korreliert, wobei
ausländische Messungen, insbesondere aus den
USA, zugrunde gelegt wurden. In Deutschland
gab es keine eigenen Messungen von Beschleu-
nigungszeitverläufen starker Erdbeben. Hier zeigen jahrhundertealte Erfahrungen, dass Schäden
in einer Siedlung nie gleichverteilt sind. Sie konzentrieren sich in den Talauen und sind auf mit-
telfestem Gestein bereits abgeschwächt, während
auf hartem Gesteinsuntergrund kaum Schäden
auftreten.

Der RSK-UA Bautechnik befasste sich in den
Jahren 1976–1978 in Anhörungen und Sitzungen
mit der Unsicherheit der Bemessungsparameter,
d. h. der ingenieurseismischen Kenndaten und
der Bodenkennwerte bei der Auslegung deutscher Kernkraftwerke. Hinsichtlich der Kor-
relation zwischen beobachteter Intensität und
maximaler Bodenbeschleunigung kam er zum
Ergebnis, dass diese Zuordnung für deutsche
Standorte rein fiktive Rechenwerte darstellen. Die wichtigste Frage, in welcher Weise die
auf das Gebäudefundament auftreffende Energie aufgeteilt werden müsse, sei – auch in den
USA – eine offene Frage. Offensichtlich sei die
Schnittstelle zwischen seismischer Wellenfunk-
tion einerseits und den verschiedenen, bei den
erzwungenen Schwingungen eines Gebäudes
auftretenden Energie verbrauchenden Prozessen
andererseits völlig im Dunkeln. Wenn man aus
Beschleunigungsmessungen Erkenntnisse über
die Aufteilung der Energie erhalten wolle, müssten von einem Erdbeben gleichzeitig Messungen
im Gebäude, am Gebäudefundament und im
Freifeld vorgenommen werden. Die Ausbreitung
der Welle im Untergrund wäre vorausberechen-
bar, wenn die Eigenschaften des Untergrunds
bekannt wären. Die Informationen aus einzelnen Bohrproben reichten nicht aus.[697, 698] Für die
Beschreibung der Verhältnisse und die Berechnung der Erdbebenlasten mussten (konservative)
Schätzwerte verwendet werden.

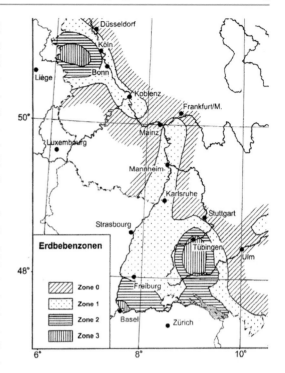

Abb. 6.93 Erdbebenzonen in Südwestdeutschland

Die Bundesrepublik Deutschland ist im Vergleich zu den USA oder Japan ein Land mit nur
mäßiger seismischer Gefährdung. Zu den wenigen Gebieten höherer seismischer Aktivität gehört der Oberrheingraben (Abb. 6.93)[699], in dem
die teils nur geplanten, teils realisierten Kernkraftwerks-Standorte Wyhl, Neupotz, Philippsburg, Ludwigshafen (BASF) und Biblis liegen.

Die RSK und ihr Unterausschuss Bautechnik
unter dem Vorsitz von Prof. Dr.-Ing. Thomas
Jaeger (Bundesanstalt für Materialprüfung, Berlin) beschäftigten sich in den Jahren 1975–1979
gründlich mit der seismischen Gefährdung von
Standorten im Oberrheintalgraben und den dort
für die Auslegung maßgeblichen Parametern wie
die maximalen Beschleunigungen bei Sicher-
heits- und Auslegungserdbeben (SEB, AEB).

[697] AMPA Ku 59, Ergebnisprotokoll 13. Sitzung des
RSK-UA Bautechnik, 1. 12. 1976, Anl. 1, S. 2–6.

[698] AMPA Ku 59, Ergebnisprotokoll 15. Sitzung des
RSK-UA Bautechnik, 18. 4. 1978, S. 7 f.

[699] nach DIN 4149: 2005–04. Eine probabilistische Erd-
bebenzonenkarte für die Überschreitungsrate 10⁻⁴/a nach
Ahorner und Rosenhauer wurde auf der Sondersitzung
des RSK-UA Bautechnik über Auslegung von kerntechnischen Anlagen gegen Erdbeben vorgestellt, s. AMPA Ku
59, Ergebnisprotokoll 33. Sitzung des RSK-UA Bautechnik, 30. 10. 1984, Anlage.

Sie orientierten sich an amerikanischen Vorgehensweisen und wurden bei der Erkundung der deutschen Verhältnisse insbesondere von den Geophysikern Prof. Dr. Hans Berckhemer von der Universität Frankfurt/M und Prof. Dr. Götz Schneider von der Universität Stuttgart unterstützt.

Im Oberrheintalgraben wurden Erdbeben der Intensität 7–8 mehrfach beobachtet, wie etwa beim Rastatter Erdbeben von 1933. Die Intensität 8 wurde in historischer Zeit nur einmal beim Baseler Erdbeben von 1356 überschritten. Nach Erkenntnissen von Prof. Schneider gebe es im Oberrheintalgraben Zentren hoher seismischer Aktivität, die sich mit stark aufgewärmten Gebieten abwechselten, die seismisch kaum aktiv seien. Philippsburg liege in der Mitte eines seismisch kaum aktiven Gebiets, während Biblis am Rande einer aktiven Zone liege. Da die seismische Aktivität jedoch von Süden nach Norden abnehme, seien die beiden Standorte etwa gleich zu bewerten.[700]

Nach langwierigen Beratungen verständigte man sich in der RSK schließlich für die Auslegung des Philippsburger Blocks KKP-2 auf die maximale Bodenbeschleunigung für das SEB horizontal 210 cm/s^2, vertikal 105 cm/s^2 und für das AEB horizontal 130 cm/s^2, vertikal 65 cm/s^2.[701,702] Für den Standort Biblis Block C wurden als entsprechende Werte für das SEB horizontal 200 cm/s^2, vertikal 100 cm/s^2 und für das AEB horizontal 100 cm/s^2, vertikal 50 cm/s^2 empfohlen. Als Bebendauer wurden 7 s (SEB) und 4 s (AEB) bestimmt. Der Bodengutachter bestätigte, dass bei diesen Bodenbeschleunigungen und Bebendauern eine Gefahr durch Bodenverflüssigung nicht bestehe.[703]

Die maximale Vertikalbeschleunigung war nach ausgiebigen Erörterungen auf 50 % der maximalen Horizontalbeschleunigung festgelegt worden, obwohl dieser Verhältniswert im internationalen Vergleich der niedrigste Ansatz sei. Im Frequenzbereich 1–10 Hz wurde der Schwerpunkt des Herddynamikeinflusses gesehen; für die erdbebensichere Auslegung der maschinentechnischen Anlagen sei der Bereich zwischen ca. 3 und 8 Hz von besonderer Bedeutung.[704] In den deutschen Gebieten ohne beachtliche historische Erdbebenaktivität wurde als seismische Grundlast in der KTA-Regel 2201.1 für das Bemessungserdbeben eine horizontale Maximalbeschleunigung von 50 cm/s^2 angenommen.

Vergleichsweise sind für die Kernkraftwerks-Standorte im Oberrheingraben folgende maximale SEB-Horizontalbeschleunigungen (in cm/s^2) bestimmt worden: Wyhl: 225 (später in einer Nachtragsgenehmigung auf 300 erhöht); Philippsburg KKP-1: 150, KKP-2: 210; Neupotz: 200; BASF: 200; Biblis A und B: 150; Biblis C: 200.[705] Im Hinblick auf die gegenüber KKP-2 niedriger angesetzte Spezifikation für das SEB für KKP-1 ließ der RSK-UA Bautechnik die Gefährdung des Kernkraftwerks Philippsburg 1 (KKP-1) durch seismische Einwirkungen neu begutachten. Nach Anhörung des TÜV Baden und des Gutachters kam der Unterausschuss zur Überzeugung, dass die KKP-1-Auslegung gegen Erdbeben dank vorsichtiger Annahmen für die Dämpfung und die Bodenparameter konservativ durchgeführt worden war. Die Modell-Abbildungen für die Erfassung der Boden-Bauwerk-Wechselwirkungen seien in solcher Weise vorgenommen worden, dass sie auch dem fortgeschrittenen Stand der Technik entsprächen. Um ein Maximum an erreichbarer Sicherheit zu gewährleisten, empfahl der Unterausschuss sicherzustellen, dass durch die Ausschlagsicherungen der Rohrleitungen keine erdbebeninduzierten größeren Spannungsspitzen in den Rohrleitungen verursacht werden können. Die elastische Lagerung

[700] AMPA Ku 59, Ergebnisprotokoll 21. Sitzung RSK-UA Bautechnik, 23. 5. 1979, S. 5–9.

[701] AMPA Ku 59, Ergebnisprotokoll 13. Sitzung RSK-UA Bautechnik, 1. 12. 1976, Anlagen.

[702] KWU AG: Sicherheitsbericht Kernkraftwerk Philippsburg (KKP-2) mit Druckwasserreaktor, elektrische Leistung 1300 MW, Bd. 1, Februar 1984, S. 2.2.2–6.

[703] AMPA Ku 59, Ergebnisprotokoll 21. Sitzung RSK-UA Bautechnik, 23. 5. 1979, S. 9–12.

[704] AMPA Ku 59, Ergebnisprotokoll 13. Sitzung RSK-UA Bautechnik, 1. 12. 1976, Anlage 1, S. 8–10.

[705] AMPA Ku 59, Ergebnisprotokoll 19. Sitzung RSK-UA Bautechnik, 20. 2. 1979, S. 5.

der Stahlschale des Druckabbausystems müsse den rechnerischen Annahmen entsprechen.[706]

Bei der ingenieurmäßigen Umsetzung des seismischen Lastfalls auf die konstruktive Auslegung waren anlagenorientierte und bauwerkorientierte Aspekte zu betrachten. Beim Entwurf der Baustrukturen musste neben der Forderung nach ausreichender Standsicherheit die Funktionsfähigkeit der mit dem Gebäude verbundenen Systeme sichergestellt werden. Die Anforderungen hinsichtlich der Tragfähigkeit und Standsicherheit der Kernkraftwerksgebäude wurden nach den Grundsätzen, Berechnungsannahmen und Berechnungsmethoden der „Richtlinien für die Stahlbetonbauteile von Kernkraftwerken für außergewöhnliche äußere Belastungen (Erdbeben, äußere Explosion, Flugzeugabsturz)" vom Juli 1975 abgearbeitet.[707] Die Erdbeben-Richtlinien waren von der Arbeitsgruppe „Erdbebenbeanspruchung" (Obmann Prof. Dr.-Ing. Gert König, TH Darmstadt) des Ausschusses „Kerntechnischer Ingenieurbau" im Institut für Bautechnik, Berlin erarbeitet worden.[708] Eine wesentliche Frage war, wie mit einem vertretbaren analytischen Aufwand nichtlineare Verformungen der Stahlbetonteile berücksichtigt und in bestimmten Grenzen eingehalten werden können. Wegen der stochastischen Art der Erdbebenbelastung mit großen Schwankungen und wegen der Ungenauigkeiten bei der Annahme der Werkstoff- und Bodenparameter wurden Parameterstudien und Grenzbetrachtungen empfohlen.

Bei der rechnerischen Analyse wurde der Gesamtablauf des Erdbebenereignisses in einem Kernkraftwerk in der Regel in eine Kette von hintereinander geschalteten Einzelvorgängen aufgespalten. Der Nachweisaufwand für die Er-

füllung der Anforderungen war relativ hoch. Dabei bestand die Möglichkeit der Anhäufung von Teilkonservativitäten, die zu überkonservativen und zu steifen Systemen führte.

Auf zwei Konferenzen über Erdbebenrisiken, -auswirkungen und -auslegung im Mai 1983 in den USA herrschte die Auffassung vor, dass bei der Auslegung der installierten Systeme, insbesondere der Rohrleitungssysteme, ausreichend zähe Werkstoffe mit plastischer Verformbarkeit eingesetzt werden müssten. Die Rohrleitungssysteme seien bisher teilweise zu steif ausgebildet worden; man solle Vertrauen in die elastische Lösung setzen. Eine Studie über das Verhalten von 5 fossil befeuerten Kraftwerken und einer Wechselrichteranlage bei 4 Erdbeben mit den Maximalbeschleunigungen zwischen 200 und 500 cm/s^2 zeigte, dass an Anlagenteilen praktisch keine Schäden feststellbar waren, wenn diese einfachen konstruktiven Grundregeln genügten, also beispielsweise ordentlich verankert waren. Aus dieser Studie könne – nach Auffassung der Autoren – ein hohes Maß an Überschätzung der durch Erdbeben verursachten Beanspruchungen durch die bisherige Berechnungs- und Auslegungsweise abgeleitet werden.[709]

Schon Anfang des Jahres 1976 hatte die Herstellerfirma KWU AG bestätigt, dass eine maximale horizontale Beschleunigung von 200 cm/s^2 bei gleichzeitig 100 cm/s^2 Vertikalbeschleunigung konstruktiv ohne Schwierigkeiten zu bewältigen ist.[710] Weitere experimentelle Untersuchungen der KWU Anfang der 80er Jahre zeigten die hohe Flexibilität von Rohrleitungssystemen unter tatsächlichen Erdbebeneinwirkungen. Die Festlegung von konstruktiven Verlegevorschriften, die eine ausreichende Verformungsfähigkeit sicherstellen sollten, wurde gefordert. Der Nachweis bezgl. Auslegungserdbeben könne entfallen. Die KWU hielt vereinfachte Nachweise und

---

[706] AMPA Ku 59, Ergebnisprotokoll 15. Sitzung RSK-UA Bautechnik, 18. 4. 1978, S. 4.

[707] Institut für Bautechnik: Richtlinien für die Bemessung von Stahlbetonbauteilen von Kernkraftwerken für außergewöhnliche Belastungen (Erdbeben, äußere Explosionen, Flugzeugabsturz), Mitteilungen 6/1974, S. 175 f.

[708] Ergänzende Bestimmungen zu den „Richtlinien für die Bemessung von Stahlbetonbauteilen von Kernkraftwerken für außergewöhnliche Belastungen (Erdbeben, äußere Explosionen, Flugzeugabsturz) – Fassung Juli 1974 -", Mitteilungen IfBt 1/1976, S. 3–5.

[709] AMPA Ku 59, Ergebnisprotokoll 28. Sitzung RSK-UA Bautechnik, 18. 11. 1983, S. 4–8.

[710] AMPA Ku 59, Ergebnisprotokoll 9. Sitzung RSK-UA Bautechnik, 29. 1. 1976, S. 5.

realistischere Lastannahmen insgesamt für vertretbar und geboten.[711]

Der RSK-UA Bautechnik setzte eine Ad-hoc-Gruppe zur Überprüfung der Anforderungen zur Erdbebenauslegung von Kernkraftwerken ein. Im Mai 1984 diskutierte er die Vorschläge der Ad-hoc-Gruppe, modifizierte und ergänzte sie. Im geänderten Grundkonzept sollte nun das Sicherheitserdbeben (SEB) allein die Basis für die Auslegung gegen Erdbeben sein (Bemessungserdbeben). Das Auslegungserdbeben (AEB) war bisher als das größte im weiteren Umkreis eines Standorts historisch dokumentierte Erdbeben vorgegeben worden und entsprach damit ebenfalls einem extrem seltenen (ca. 1.000-Jahres-) Ereignis. Dies stehe im Widerspruch zur Annahme eines mehrmaligen Auftretens während der gesamten Betriebszeit. Die durch den AEB-Nachweis erzielte Sicherheit sei zusätzlich zum SEB-Erdbeben unnötig und entbehrlich. Anders sei die Lage in seismisch aktiven Gebieten wie beispielsweise in Kalifornien oder in Japan, wo Erdbeben mit Stärken wenig unter der maximal möglichen Stärke (SEB) häufig auftreten. In Abb. 6.94 ist dargestellt, wie die Beschleunigungsamplituden von SEB und AEB an den Standorten Biblis und Neckarwestheim bei stark unterschiedlicher Häufigkeit weit auseinander liegen. Es wurde vorgeschlagen, das SEB als Bemessungserdbeben so zu definieren, dass die Überschreitenshäufigkeit kleiner als 10^{-4}/a ist.[712, 713] Mit der Fassung vom Juni 1990 wurde der Grundsatz für die Auslegung von Kernkraftwerken gegen seismische Einwirkungen in der Regel KTA 2201.1 neu festgelegt:[714] „Als Bemessungserdeben ist das Erdbeben mit der für den Standort größten Intensität anzunehmen, das unter Berücksichtigung einer größeren Umgebung (bis etwa 200 km vom Standort) nach wis-

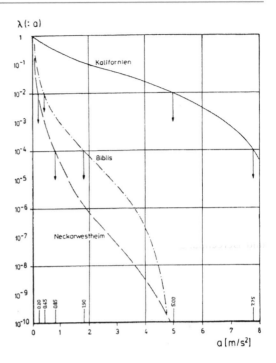

Abb. 6.94 Erdbebenhäufigkeiten und Beschleunigungsamplituden

senschaftlichen Erkenntnissen auftreten kann." Das „Auslegungserdbeben" wurde als Grundlage für die Erdbebenauslegung nicht mehr betrachtet.

Der RSK-UA Bautechnik hatte noch erwogen, ein „Inspektionserdbeben" als ein weiteres Maß für Auslegung und Betrieb von Kernkraftwerken vorzugeben. Bis zur Erdbebenstärke eines Inspektionserdbebens sollten in einer Anlage keine Schäden oder Veränderungen auftreten können, die die Ausfallwahrscheinlichkeit von Komponenten wesentlich erhöhen. Im Eintrittsfall sollten Inspektionen bei gleichzeitigem Weiterbetrieb der Anlage vorgenommen werden.[715] Die Erörterungen zur Einführung der Auslegungsgrundlage „Inspektionserdbeben" wurde in der RSK nicht zu Ende geführt.

Erdbebenbedingte Störfälle können durch das Versagen eines Bauwerks und/oder Komponentenausfälle herbeigeführt werden. Im Rahmen der Deutschen Risikostudie Kernkraftwerke, Phase A, wurde in den Jahren 1976–1979 das Versagen

---

[711] AMPA Ku 59, Ergebnisprotokoll 28. Sitzung RSK-UA Bautechnik, 18. 11. 1983, S. 9.

[712] AMPA Ku 59, Ergebnisprotokoll 31. Sitzung RSK-UA Bautechnik, 30. 5. 1984, S. 5–9.

[713] AMPA Ku 59, Ergebnisprotokoll 33. Sitzung RSK-UA Bautechnik, 30. 10. 1984, Anlage: König und Heunisch, Beratende Ingenieure: Auslegung von kerntechnischen Anlagen gegen Erdbeben, S. 28–30 und S. 55 f.

[714] KTA 2201.1, BAnz. Nr. 20a vom 30. 1. 1991.

[715] AMPA Ku 59, Ergebnisprotokoll 31. Sitzung RSK-UA Bautechnik, 30. 5. 1984, S. 8 f.

von Bauteilen infolge von Erdbeben untersucht. Der maximale horizontale Beschleunigungswert für das SEB wurde dabei mit 150 cm/s^2 festgelegt.[716] Die Versagenshäufigkeit folgender Bauwerksstrukturen wurde ermittelt:

- Innenzylinder im Reaktorgebäude im unteren Bereich
- Innenzylinder unter dem Rundlaufkran im Bereich des Brennelementbeckens
- Trennwand zwischen Brennelementbecken und Abstellplatz für Kerneinbauten
- Auflagerung des Reaktordruckbehälters auf dem Tragschild
- Obere Abstützung der Dampferzeuger
- Wand der Armaturenkammer im Bereich der Ausschlagsicherungen für die Frischdampfleitungen
- Querrahmen im Maschinenhaus.

Das Versagen von Komponenten des Primär- und Sekundärkühlkreislaufs innerhalb des Sicherheitsbehälters wurde nicht unterstellt, da deren Auslegungslasten nicht erreicht werden.[717] Die Risikostudie hatte das Ergebnis, dass die untersuchten einzelnen Bauteile eine so geringe Versagenshäufigkeit aufwiesen, dass eine weitere Betrachtung entbehrlich erschien. Sie fand jedoch, dass die Erdbebenauswirkungen zum Ausfall der Eigenbedarfsversorgung führen könnten und der weitere Ereignisablauf dem Notstromfall gleiche. Da die Eintrittshäufigkeit eines solchen erdbebenbedingten Ereignisablaufs mit 10^{-3}/a um 2 Größenordnungen kleiner als die Eintrittshäufigkeit des Notstromfalls sei, trage er nur unwesentlich zum Risiko bei.

Die Deutsche Risikostudie Phase B untersuchte in den 80er Jahren die Auswirkungen auch stärkerer Erdbeben (Intensitätsstufen $I_1 = 6–7$,

$I_2 = 7–8$, $I_3 = 8–9$) und damit neben 150 cm/s^2 auch die maximalen Horizontalbeschleunigungen von 210 cm/s^2 und 320 cm/s^2 im maßgebenden Frequenzspektrum 1–10 Hz.[718] Sie betrachtete das erdbebeninduzierte Ausfallverhalten folgender Komponenten: Deionatbehälter, Notspeisepumpen, Pumpen und Rohrleitungen der Nebenkühlwasserversorgung, Not- und Nachkühlsysteme innerhalb des Sicherheitsbehälters, Notstromdieselaggregate im Schaltanlagengebäude, Nuklearer Zwischenkühler, Brennelementlager, Primärsystem, Traggestelle für elektrische und elektronische Komponenten, Sicherheitsbehälter. Die Nichtverfügbarkeit von Systemfunktionen und in der Folge die erwartete Eintrittshäufigkeit von Schadenszuständen pro Jahr wurden ermittelt.[719] Es zeigte sich, dass nahezu ausschließlich der erdbebeninduzierte Ausfall der Speisewasserversorgung zum Auftreten von Schadenszuständen beiträgt. In Tab. 6.6 sind die Beiträge der verschiedenen Ereignisgruppen zur Summe der erwarteten Häufigkeiten der Schadenszustände von $3{,}6 \cdot 10^{-6}$/a abgebildet.[720] Erdbebeneinwirkungen tragen mit 84 % mit Abstand am meisten dazu bei.

Flugzeugabsturz Anforderungen an die Containment-Auslegung zum Schutz gegen Flugzeugabsturz wurden international unterschiedlich beurteilt. In den USA waren gemäß den Sicherheitskriterien 10 CFR 100 vom April 1962 nur gegen solche Ereignisse sicherheitstechnische Maßnahmen geboten, die mit einer Wahrscheinlichkeit größer als 10^{-7} pro Jahr zu radioaktiven Freisetzungen führen. Dies wurde hinsichtlich der Gefahr von Flugzeugabstürzen für Standorte, die nicht in unmittelbarer Nachbarschaft zu Flughäfen oder unter stark frequentierten Flugrouten lagen, verneint. Allein die Contain-

[716] Der Bundesminister für Forschung und Technologie (Hg.): Deutsche Risikostudie Kernkraftwerke, Hauptband, Verlag TÜV Rheinland GmbH, Köln, 1979, S. 125–130.

[717] Prof. Kußmaul, MPA Universität Stuttgart, hatte schon im April 1975 darauf hingewiesen, dass bei richtiger Werkstoffwahl, Herstellung und Prüfung das Versagen von Rohrleitungen und damit die Gleichzeitigkeit von Erdbeben und GAU ausgeschlossen werden könne, s. AMPA Ku 59, Ergebnisprotokoll 5. Sitzung RSK-UA Bautechnik, 5. 5. 1975, Anlage 2.

[718] Der Bundesminister für Forschung und Technologie (Hg.): Deutsche Risikostudie Kernkraftwerke, Phase B, Gesellschaft für Reaktorsicherheit, Verlag TÜV Rheinland GmbH, Köln, 1990, S. 488–492.

[719] ebenda, S. 528–547.

[720] Der BMFT (Hg.): Deutsche Risikostudie Kernkraftwerke, Phase B, a. a. O., S. 545.

Tab. 6.6 Beiträge anlageninterner und -externer Ereignisse zu Schadenszuständen

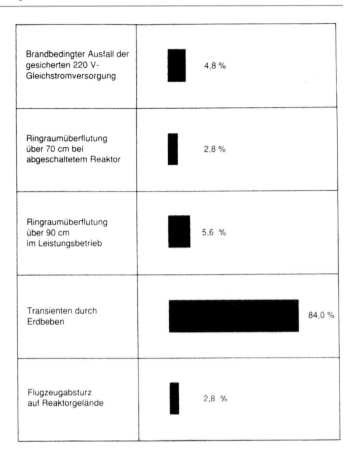

Brandbedingter Ausfall der gesicherten 220 V-Gleichstromversorgung	4,8 %
Ringraumüberflutung über 70 cm bei abgeschaltetem Reaktor	2,8 %
Ringraumüberflutung über 90 cm im Leistungsbetrieb	5,6 %
Transienten durch Erdbeben	84,0 %
Flugzeugabsturz auf Reaktorgelände	2,8 %

ments der Kernkraftwerke am Standort Three Mile Island in der Nähe des Verkehrsflughafens Harrisburg, Pa., wurden gegen den Absturz langsam im Landeanflug befindlicher Verkehrsflugzeuge des Typs Boeing 320 oder 707 ausgelegt. Die meisten der Kernenergie nutzenden Länder, darunter Japan, Spanien oder Schweden, nahmen die amerikanische Konzeption zum Vorbild ihrer Regulierungen.[721,722] Großbritannien lehnte einen besonderen, über die vorhandenen massiven Strahlenschutzbarrieren und Reaktorgebäude hinausgehenden Schutz gegen Flugzeugabsturz kategorisch mit der Begründung ab, dass

Chemieanlagen mit praktisch vergleichbaren Gefahrenpotenzialen auch nicht geschützt würden (s. Kap. 4.6). In Frankreich wurden Schutzmaßnahmen gegen private Sportflugzeuge vom Typ Cessna für erforderlich gehalten, da Kernkraftwerke beliebte Orientierungspunkte in der Landschaft seien. Für Standorte in Flughafennähe wurde der Absturz von Verkehrsmaschinen des Typs Boeing oder Lear Jet unterstellt. Die Schweiz und Belgien richteten sich am Vorgehen Deutschlands aus.

In der Bundesrepublik mit ihrem dichten Flugverkehr und den überaus zahlreichen Abstürzen des Jagdbombers Lockheed F-104 G Starfighter, der seit dem Jahr 1960 im Einsatz war, wurde der Flugzeugabsturz nach der Errichtung der Demonstrationskraftwerke in die Sicherheitsbetrachtungen miteinbezogen. Eine Untersuchung der Abstürze von Militärmaschinen in der Bundesrepublik Deutschland ergab ca. 25 Verluste

---

[721] Stevenson, J. D.: Survey of Extreme Load Design Regulatory Agency Licensing Requirements for Nuclear Power Plants, Nuclear Engineering and Design, Vol. 37, 1976, S. 3–22.
[722] Stevenson, J. D.: Summary and Comparison of Current U. S. Regulatory Standards and Foreign Standards, Nuclear Engineering and Design, Vol. 79, 1984, S. 145–160.

pro Jahr außerhalb der Starts und Landungen. Bei zufälligen Abstürzen aus freiem Flug folgte daraus eine Trefferwahrscheinlichkeit für eine Fläche von 100 × 100 m² von etwa 10⁻⁶ pro Jahr.[723]

Bei der Diskussion der sicherheitstechnischen Maßnahmen zum Schutz der Kernkraftwerke Biblis und BASF gegen EVA stellte die RSK im Oktober 1969 fest: „Für den Fall des Flugzeugabsturzes muss das Primär-System einschließlich der Notkühlsysteme, der Notenergieversorgung, der Notwarte und der Abfuhrmöglichkeit für die Nachwärme durch Panzerung hinreichend geschützt sein. Es wird davon ausgegangen, dass die biologische Abschirmung und das Druckgefäß bereits einen hohen Grad von Panzerung darstellen.“[724]

Bei der Eignungsprüfung eines neuen Kernkraftwerks-Standorts untersuchte die RSK regelmäßig die in dessen Nähe zu erwartenden Flugbewegungen. Anfang des Jahres 1970 planten die Firmen Badenwerk und Energie-Versorgung Schwaben gemeinsam den Bau eines Kernkraftwerks am Standort Eichau am Rhein, der in der Einflugschneise des Flugplatzes Speyer der VfW/Fokker-Werke lag. Die RSK sprach sich gegen Eichau aus, hatte aber keine Bedenken gegen den Ausweichstandort „Rheinschanzinsel" bei Philippsburg, der ca. 2 km seitlich von der Flugschneisenverlängerung entfernt war. Allerdings setzte die RSK voraus, „dass

a. das Überfliegen des Kernkraftgeländes für alle Flugmaschinen untersagt wird,
b. das Gesamtgewicht der auf dem Landeplatz Speyer start- und landeberechtigten Flugmaschinen auf maximal 35 t begrenzt und die Mitnahme von Munition verboten wird und
c. vom Reaktorhersteller der Nachweis erbracht wird, dass ein Absturz eines 35 t -Flugkörpers auf das Reaktorgebäude und/oder wichtige Nebengebäude die Betonstrukturen nicht so beschädigen kann, dass sicherheitstechnisch relevante Anlageteile, wie z. B. der Sicher-

heitsbehälter oder die Notstromdiesel in Mitleidenschaft gezogen werden können.“[725]
Für den Standort des Kernkraftwerks Unterweser (KKU) wurde geprüft, ob durch den Ausbau eines militärischen und zivilen Flughafens in der Nachbarschaft, besonders im Bereich des Funkfeuers durch die Warteflüge, eine erhöhte Gefahr für Zusammenstöße bestehe.[726] Der Belastungsfall Flugzeugabsturz auf das KKU-Reaktorgebäude wurde durch eine statische Ersatzlast von 1.700 t mit einem dynamischen Stoßfaktor von 1,1, einer Aufprallfläche von 2,14 m² und einem Einfallwinkel normal auf die Tangentialebene berücksichtigt.[727]

Bei der Beratung des Sicherheitskonzepts für das Kernkraftwerk Krümmel (KKK) wurde von der RSK der volle Schutz auch oberhalb des Brennelement-Lagerbeckens gegen den Absturz eines Flugzeugs mit dem Startgewicht 13 t (dem Starfighter F-104 G entsprach) und der Auftreffgeschwindigkeit 102 m/s gefordert. Die anzunehmende Stoßkraft betrage 1.700 t.[728]

Bei den Erörterungen im RSK-UA „BASF" zu den sicherheitstechnischen Vorkehrungen gegen EVA beim geplanten BASF-Kernkraftwerk wurde die vorgesehene Wanddicke von 1,20 m der den Sicherheitsbehälter umgebenden Betonhülle als ausreichend eingeschätzt im Hinblick auf die Penetration beim Absturz von schnellfliegenden Militärmaschinen. Es müsse noch nachgewiesen werden, dass die Betonhülle einer Stoßbelastung von 6.000 bis 7.000 t standhält.[729] Ein Flächenbrand durch auslaufenden Treibstoff sei zu beherrschen.[730]

[723] Richardson, J. A.: Summary comparison of West European & U. S. licensing regulations for LWR's, Nuclear Engineering International, Vol. 21, No. 239, Februar 1976, S. 32–41.

[724] BA B 106-75303, Ergebnisprotokoll 53. RSK-Sitzung, 13. 10. 1969, S. 5

[725] BA B 106-75303, Ergebnisprotokoll 57. RSK-Sitzung, 13. 2. 1970, S. 7–9.

[726] AMPA Ku 2, Niederschriftsprotokoll 65. RSK-Sitzung, 23. 6. 1971, S. 17 f.

[727] BA B 106-75318, Ergebnisprotokoll 114. RSK-Sitzung, 22./23. 6. 1976, S. 41.

[728] BA B 106-75306, Ergebnisprotokoll 79. RSK-Sitzung, 20. 12. 1972, S. 21.

[729] BA B 106-75307, Ergebnisprotokoll 5. Sitzung RSK-UA „BASF", 15. 3. 1973, Anlage IRS AZ RSK/S/2-82/6 vom 20. 3. 1973, S. 2 f.

[730] BA B 106-75307, Ergebnisprotokoll 83. RSK-Sitzung, 18. 4. 1973, S. 15.

Anfang des Jahres 1973 wurde in der ersten Sitzung des RSK-UA „Flugzeugabsturz" festgestellt, dass die Gefährdung überwiegend von schnellfliegenden Militärmaschinen ausgehe. Der Stoßkraft – Zeitverlauf ergebe wesentlich höhere Belastungen als früher angenommen worden sei.[731] Im Jahr 1973 begann die Indienststellung des Kampfflugzeugs McDonnell Douglas F-4 F Phantom II bei den Luftstreitkräften der Bundeswehr. Die Phantom hatte das doppelte Startgewicht des Starfighters. Das Institut für Reaktorsicherheit (IRS) erarbeitete einen wissenschaftlichen Zwischenbericht zur Auslegung kerntechnischer Anlagen gegen Flugzeugabsturz, der im Dezember 1973 als IRS-Publikation in der Reihe Wissenschaftliche Berichte vorlag.[732] Dieser Bericht IRS-W-7 wurde in der 1. Ausgabe der RSK-Leitlinien vom April 1974 (s. Kap. 6.1.3) als Auslegungsgrundlage aufgeführt.

Das IRS bezog sich im Bericht IRS-W-7 auf allgemeinere Analysen, die gezeigt hatten, dass das Risiko im nicht landeplatzbezogenen Luftverkehr von schnellfliegenden Militärmaschinen bestimmt ist. „Demgegenüber sind die Risiken, die mit dem Absturz von in der Bundesrepublik geflogenen Großflugzeugen, Sportflugzeugen bzw. Hubschraubern verbunden sind, klein." Die Auswertung von Unfallberichten verschiedener Flugzeugmuster führte schließlich zur Festlegung folgender Randbedingungen:

Flugzeugmuster: Phantom RF-4 E
Absturzgeschwindigkeit: 215 m/s
Absturzwinkel: normal auf die Schutz-
                         wand im Auftreff-
                         punkt.

Neben thermischen Belastungen durch Treibstoffbrände wurde die lokale Beanspruchung (Durchschlagen/Penetration) von der Beanspruchung des Gesamtbauwerks (Verlust der Tragfähigkeit/Zusammenbruch) getrennt behandelt. Als Penetrationsschutzdicke S_{PEN} wurde die Wanddicke definiert, bei der das Flugzeug die Wand

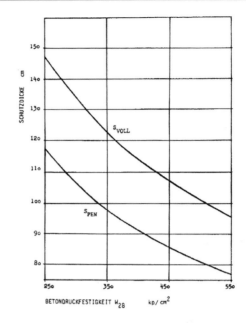

Abb. 6.95 Penetrations- und Vollschutz-Wanddicken in cm

nicht mehr durchdringt, aber Betonbrocken auf der Rückseite der Wand abgeschleudert werden. Die Vollschutzdicke S_{VOLL} bietet auch Schutz gegen rückseitiges Abplatzen. Abbildung 6.95 zeigt in Abhängigkeit von der Betongüte W_{28}[733] die Wanddicken S_{PEN} und S_{VOLL}.[734]

Für die Auslegung eines Reaktorgebäudes auf Tragfähigkeit ist das den Flugzeugabsturz charakterisierende Stoßlast-Zeit-Diagramm maßgebend. Auf amerikanische Vorarbeiten aufbauend,[735, 736] erarbeiteten die Firmen Hochtief und Interatom mit IRS und BMI den in Abb. 6.96 dargestellten Stoßlast-Zeit – Verlauf für die Randbedingungen eines Phantom-Absturzes.[737] Die Lastspitze bei 40–50 ms wird durch das Auftreffen der Triebwerkswelle als des größten massi-

---

[731] BA B 106-75306, Ergebnisprotokoll 81. RSK-Sitzung, 21. 2. 1973, S. 8.

[732] Drittler, K., Gruner, P. und Sütterlin, L.: Zur Auslegung kerntechnischer Anlagen gegen Einwirkungen von außen, Teilaspekt: Flugzeugabsturz, Zwischenbericht, IRS-W-7 (Dezember 1973).

[733] W_{28} = Würfeldruckfestigkeit des verwendeten Betons nach 28 Tagen in kp/cm².

[734] Drittler, K. et al., a. a. O., S. 9.

[735] Riera, J. D.: On the Stress Analysis of Structures Subjected to Aircraft Impact Forces, Nuclear Engineering and Design, Vol. 8, 1968, S. 415–426.

[736] Chelapati, C. V., Kennedy, R. P. und Wall, I. B.: Probabilistic Assessment of Aircraft Hazard for Nuclear Power Plants, Nuclear Engineering and Design, Vol. 19, 1972, S. 333–364.

[737] Drittler, K. et al., a. a. O., S. 12.

Abb. 6.96 Stoßlast – Zeit – Diagramm

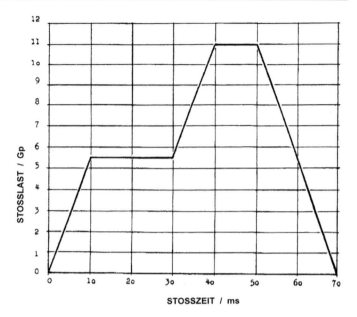

ven Bauteils verursacht. Die gegen Flugzeugabsturz ausgelegte Stahlbetonkonstruktion wurde im Vergleich zum Flugkörper näherungsweise als starr angesehen, so dass die Stoßlast-Zeit – Funktion unabhängig von der vorgegebenen Konstruktion war.

Verschiedene Untersuchungen, so auch des IRS, ergaben, dass einzelne Lastspitzen etwa 16 Gp (ca. 16.000 t) erreichen können. Nach sorfältigem Abwägen vieler Einzelaspekte wurde entschieden, für den Nachweis gegen Flugzeugabsturz ein „geglättetes Diagramm" festzulegen mit einer maximalen Stoßlast von 11 Gp, die 10 ms andauert.[738]

Die Rechnungen zeigten, dass der Streukegel der Trümmerstücke eines sich beim Aufprall weitestgehend zerlegenden Flugkörpers „überraschend eng" ist. Als Auftrefffläche wurden 7 m^2 (kreisförmig) festgelegt. Diese Festlegungen wurden in die RSK-Leitlinien eingeführt und blieben in allen Ausgaben unverändert bestehen.

Im Rahmen der Risikostudie Kernkraftwerke Phase B wurden die 145 Abstürze schnellfliegender Militärflugzeuge untersucht, die sich über dem Gebiet der Bundesrepublik Deutschland im Zeitraum 1978–1988 ereignet hatten. Flugzeugmasse, Absturzgeschwindigkeit und Absturzwinkel wurden ermittelt. Abbildung 6.97 zeigt die Summenhäufigkeitsverteilung dieser für die Belastung von getroffenen Gebäuden wesentlichen Parameter. Die Auswertung ergab, dass bei ca. 90 % der Abstürze die Lastparameter Masse und Geschwindigkeit unter den Lastannahmen der RSK-Leitlinien lagen. Bei etwa der Hälfte der Abstürze war der Absturzwinkel unter 30 %.[739]

Das Institut für Bautechnik (IfBt), Berlin,[740] berief im Herbst 1972 den Ausschuss „Kerntechnischer Ingenieurbau", der sich mit der Bemessung von Betonbauteilen in Kernkraftwerken für außergewöhnliche Lastfälle befasste. Die RSK und der Bundesminister für Bildung und Wissenschaft begrüßten dies und stellten fest, dass die RSK für die Festlegung der Lastannahmen im Rahmen des sicherheitstechnischen

---

[738] AMPA Ku 59, Ergebnisprotokoll 29. Sitzung RSK-UA Bautechnik, 7. 11. 1983, S. 5.

[739] Der Bundesminister für Forschung und Technologie (Hg.): Deutsche Risikostudie Kernkraftwerke, Phase B, Gesellschaft für Reaktorsicherheit, Verlag TÜV Rheinland GmbH, Köln, 1990, S. 494.

[740] heute: Deutsches Institut für Bautechnik (DIBt), Berlin, Anstalt des Öffentlichen Rechts, Zulassungsstelle für Bauprodukte und Bauarten, Bautechnisches Prüfamt.

Abb. 6.97 Summen-
häufigkeitsverteilung der
Absturzparameter von 145
Abstürzen schnellfliegen-
der Militärmaschinen in
den Jahren 1978–1988

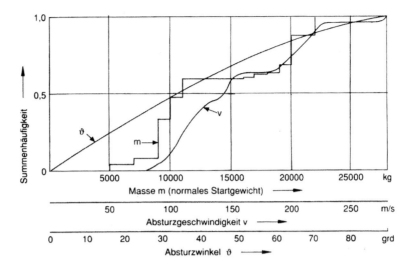

Gesamtkonzepts zuständig ist.[741] Das IfBt legte seinen Untersuchungen die von RSK und BMI bestimmten Randbedingungen für den Flugzeugabsturz, insbesondere das Stoßlast-Zeit-Diagramm, zugrunde. Im Mai 1974 legte das IfBt den Entwurf „Richtlinien für die Bemessung von Stahlbetonbauteilen von Kernkraftwerken für außergewöhnliche Belastungen (Erdbeben, äußere Explosionen, Flugzeugabsturz)" vor, zu dem der RSK-UA „Bautechnik" Stellung nahm. Die Prüfung ergab, dass die RSK mit ihren Leitlinien mit diesen Richtlinien übereinstimmte und sie begrüßte, „da die bisher verbindlichen Bemessungsnormen nicht ohne Ergänzung für die Auslegung von Kernkraftwerken gegen Einwirkungen von außen geeignet sind." Den Lastfall Flugzeugabsturz hatte die IfBt-Arbeitsgruppe „Explosion und Flugzeugabsturz" (Obmann Prof. Dr.-Ing. Wolfgang Zerna) bearbeitet, in der Vertreter der Wissenschaft, der Bauindustrie, der Reaktorhersteller und der Sicherheitsbehörden mitwirkten.

Besondere Aufmerksamkeit galt der Bewehrung des Stahlbetons und deren konstruktiver Durchbildung. Bei der Berechnung der Mindestwanddicke wurden empirische Formeln der Waffentechnik für die Eindringtiefe von Granaten zu-

grunde gelegt. Für die erforderliche Wanddicken ergaben diese Richtlinien geringere Werte als nach IRS-W-7 (Abb. 6.95). Die IfBt-Richtlinien wurden in der Fassung vom Juli 1974 in den IfBt-Mitteilungen publiziert[742] und um Erläuterungen ergänzt.[743] In der Fassung vom November 1975 wurden die Bestimmungen zu den Mindest- und Maximalbewehrungen abgeändert.[744] Die IfBt-Richtlinien ersetzten den IRS-Bericht W-7 vom Dezember 1973 und wurden bis in die 80er Jahre verwendet.[745]

---

[742] Institut für Bautechnik: Richtlinien für die Bemessung von Stahlbetonbauteilen von Kernkraftwerken für außergewöhnliche Belastungen (Erdbeben, äußere Explosionen, Flugzeugabsturz), Mitteilungen 6/1974, S. 175–181.

[743] Stangenberg, F. und Zilch, K.: Erläuterungen zu den „Richtlinien für die Bemessung von Stahlbetonbauteilen von Kernkraftwerken für außergewöhnliche Belastungen (Erdbeben, äußere Explosionen, Flugzeugabsturz)", Mitteilungen IfBt 1/1976, S. 3–11.

[744] Ergänzende Bestimmungen zu den „Richtlinien für die Bemessung von Stahlbetonbauteilen von Kernkraftwerken für außergewöhnliche Belastungen (Erdbeben, äußere Explosionen, Flugzeugabsturz) – Fassung Juli 1974 –", Mitteilungen IfBt 1/1976, S. 12.

[745] vgl. Kraftwerk Union AG: Sicherheitsbericht Kernkraftwerk Philippsburg (KKP-2) mit Druckwasserreaktor 3765 MW$_{th}$, Bd. 1 Text, September 1975, S. 2.0.1-3, und vgl. auch: Kraftwerk Union AG: Sicherheitsbericht Kernkraftwerk Philippsburg (KKP II) mit Druckwasserreaktor, elektrische Leistung 1300 MW, Bd. 1, Februar 1984, S. 2.1.1-3.

---

[741] BA B 106-75306, Ergebnisprotokoll 78. RSK-Sitzung, 15. 11. 1972, S. 6.

Noch Anfang der 70er Jahre, als in der Bundesrepublik eine heftige Risiko- und Sicherheitsdiskussion aufflammte, galt der Penetrationsschutz des Reaktorgebäudes gegen den Absturz eines Starfighters F-104 G als ausreichend und im internationalen Vergleich als vorbildlich. Bis einschließlich der Anlage Unterweser (KKU) lagen die Wanddicken des äußeren Stahlbetongebäudes bei KWU-Kernkraftwerken mit DWR zwischen 600 mm (Obrigheim KWO, Biblis A, Neckarwestheim GKN-1) und 1.000 mm (Biblis B); bei KKS Stade und KKU 800 mm. Die Bewehrung war beträchtlich und betrug bei KKU 7.500 t im gesamten Reaktorgebäude.

Der Schutz eines Gebäudes gegen Flugzeugabsturz hat zwei Aspekte:

- die Stabilität des Gebäudes, seine Standsicherheit und Funktionsfähigkeit als Ganzes und
- die lokale Widerstandsfähigkeit am Auftreffpunkt des Flugkörpers gegen das Durchbrechen der Gebäudehülle.

Die im April 1974 bekannt gemachten RSK-Leitlinien legten dem Belastungsfall Flugzeugabsturz nicht nur die Randbedingungen einer Phantom zugrunde, sie forderten auch den dynamischen Nachweis der Standsicherheit der Bauteile (wozu auch die Industrie eigene Untersuchungen vorgelegt hatte)[746] und der Gesamtkonstruktion sowie Schutzmaßnahmen gegen die Auswirkungen von Trümmern, Treibstoffbränden und durch den Aufprall induzierte Erschütterungen. Von den neuen sicherheitstechnischen Nachweisen waren die sogenannten Vorkonvoi-Anlagen mit DWR Grafenrheinfeld (KKG, 1. Teilerrichtungsgenehmigung – TEG – 21.6.1974), Grohnde (KWG, 1. TEG 8.6.1976), Brokdorf (KBR, 1. TEG 25.10.1976) und Philippsburg 2 (KKP-2, 1. TEG 6.7.1977) betroffen.

Im Falle der KWG-Anlage beispielsweise, deren Konzeption sich bei Auftragserteilung und Genehmigungsantrag zur Jahreswende 1973/74 eng an Biblis und Unterweser angelehnt hatte,

mussten alle Unterlagen neu erstellt werden. Der Terminverzug betrug 27 Monate; die Errichtungskosten erhöhten sich auf das 2,6 fache. Das Reaktorgebäude erfuhr erhebliche Änderungen. Zur Beherrschung der durch Flugzeugabsturz induzierten Erschütterungen wurde die Außenschale von allen anschließenden Decken und Wänden entkoppelt. Zur Berechnung der Etagenantwortspektren wurden neue dynamische Berechnungsverfahren eingesetzt, die rechnerisch erheblich höhere Lasten ergaben, die bei der neuen Auslegung der Decken und Wände zugrunde gelegt wurden. Es folgten unverhältnismäßig voluminöse Abstützungen von Rohrleitungen und Komponenten. Die Wanddicke der äußeren Stahlbetonhülle wurde auf 1.800 mm verdreifacht. Das Gewicht der Bewehrung im gesamten Reaktorgebäude stieg auf 11.800 t. Vonseiten des Betreibers Preußische Elektrizitäts AG wurde eine rechnerische „Akkumulation der Einzelkonservativitäten" kritisch angemerkt, die weit von der Realität entfernt liege und „unsinnig steife und damit auch unwirtschaftliche Konstruktionen" ergebe. Die Möglichkeit, nachträglich erhobene Einzelforderungen untereinander und auf die Gesamtanlage abzustimmen, habe in der Regel nicht bestanden. Es sei ein mit Konservativitäten behaftetes Gesamtkonzept entstanden, das zudem noch durch „Null-Fehler"- und „Null-Risiko"-Forderungen belastet worden sei.[747, 748]

Die stark bewehrte Stahlbetonhülle mit der Wanddicke von 1.800 mm wurde zum äußeren Standard-Containment aller Vorkonvoi- und Konvoianlagen. Einzig in ihrer Dimension blieb die Wanddicke von 2.000 mm des äußeren Containments von Grafenrheinfeld.

Abbildung 6.98 stellt aus der Sicht des Herstellers KWU den in den 70er Jahren zu bewältigenden Mehraufwand bei der Umsetzung der sicherheitstechnischen Anforderungen für den Lastfall Flugzeugabsturz dar. Aus dem einfachen Penetrationsschutz wurde ein einzigartiges Inge-

---

[746] Dietrich, R. und Fürste, W.: Beanspruchung und Bemessung von Kernkraftwerksgebäuden bei den äußeren Einwirkungen Flugzeugabsturz und Druckwelle, Techn. Mitt. Krupp – Forsch.-Ber., Bd. 31, 1973, H. 3, S. 99–112.

[747] Böttcher, D.: Fehlentwicklungen bei nachträglicher Erhöhung der Sicherheits- und Qualitätsanforderungen, atw, Jg. 29, März 1984, S. 131–134.

[748] Böttcher, D., Beckmann, G., Ritter, M. und Klein, W.: Das Kernkraftwerk Grohnde in Betrieb, atw, Jg. 30, Mai 1985, S. 236–243.

Abb. 6.98 Entwicklung der Anforderungen „Flugzeugabsturz" und deren Umsetzungsaufwand

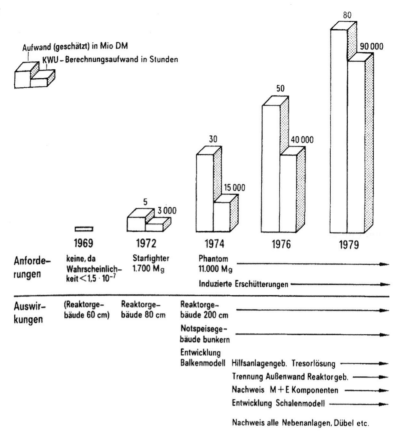

nieurproblem, wozu nicht nur beispielsweise die Verbunkerung systemtechnisch wichtiger Einrichtungen oder die Freistellung der Außenschale des Reaktorgebäudes gehörten, sondern vor allem auch akribisch begründete Nachweise im Einzelnen geführt werden mussten.[749]

Anfang 1980 unterbreitete die Fa. KWU dem BMI den Vorschlag eines vereinfachten, mit statischen Ersatzlasten arbeitenden Nachweiskonzeptes für die Auslegung von Kernkraftwerken gegen Flugzeugabsturz. Die inzwischen vorliegenden Forschungsergebnisse zeigten, dass die Stoßkraft im Aufprallbereich durch die Plastifizierung der Reaktorkuppel abgemildert wird. Es bildet sich ein Stanzkegel aus, der wie ein „Stoßdämpfer" wirkt. Die Stoßkraft-Zeitfunktion wird abgeflacht und zeitlich gestreckt. In Abb. 6.99

ist die Stoßlast-Zeit-Kurve der insgesamt weitergeleiteten dynamischen Belastungen für das Beispiel der Stahlbeton-Kuppel eines Kernkraftwerks dargestellt. Die Abschwächung und zeitliche Streckung der Standard-Stoßlast-Zeit-Funktion ergeben sich aus der Energieabsorption durch die plastische Stahlbetonverformung im Aufprallbereich des Flugzeugs. Die tatsächlich induzierten Erschütterungen im Innern des Kernkraftwerks sind deutlich abgemildert.[750]

Die Fa. KWU stellte dar, dass die Standsicherheit von Komponenten und Systemen im Reaktorgebäude mit einer statischen Ersatzlast von $\pm$ 0,5 g nachgewiesen werden kann. Das Verformungsvermögen der Komponenten werde

[749] Keller, W.: Neue Wege bei Planung und Begutachtung von Kernkraftwerken, VGB Kraftwerkstechnik, Bd. 60, Heft 6, Juni 1980, S. 417–422.

[750] Schnellenbach, G. und Stangenberg, F.: Neue Entwicklungen bei der Auslegung von Kernkraftwerken gegen Flugzeugabsturz, VGB Kraftwerkstechnik, Bd. 59, Heft 1, Januar 1979, S. 46–53.

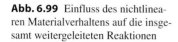

Abb. 6.99 Einfluss des nichtlinearen Materialverhaltens auf die insgesamt weitergeleiteten Reaktionen

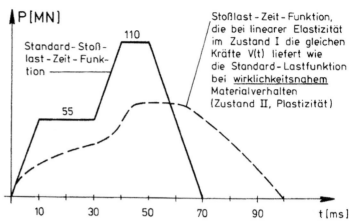

dabei bei weitem nicht ausgenutzt.[751] Der BMI
befasste die RSK mit dem KWU-Konzept und
ließ es im Rahmen eines Forschungsvorhabens
untersuchen.[752] Die Prüfung durch das beauftragte Ingenieurbüro und die Erörterungen in
der RSK bestätigten, „dass das vorgeschlagene
Nachweiskonzept eine ingenieurmäßig vernünftige, der Bedeutung des Lastfalls Flugzeugabsturz angemessene Vorgehensweise darstellt."

Die Deutsche Risikostudie Kernkraftwerke,
Phase B, untersuchte die Frage, wie häufig nicht
beherrschte Anlagenzustände bei Kernkraftwerken zu erwarten sind, die nur gegen Starfighter-
Abstürze (13 t Flugzeugmasse und 102 m/s Absturzgeschwindigkeit) ausgelegt worden waren.
Für das Kernkraftwerk Unterweser KKU wurden die von der Reaktorgebäudewand (Dicke
800 mm) aufnehmbaren Lasten ermittelt. Die
Ergebnisse zeigten, dass von den Versagensarten Perforation, Biegeversagen und Schubversagen das Biegeversagen maßgebend ist. Bei einer
Flugzeugmasse von 20 t (Phantom) ist ein Biegeversagen der Zylinder- bzw. Kugelschale von
KKU erst bei Aufprallgeschwindigkeiten normal

zur Wand größer 108 m/s möglich (entsprechend
der kritischen Aufprallenergie). Abhängig von
der Masse, der Geschwindigkeit und dem Auf-
prallwinkel würden 85 % aller zufälligen Abstürze in der Bundesrepublik unter der kritischen
Aufprallenergie bleiben. Die Risikostudie ermittelte die zufällig eintretende standortspezifische
Absturzhäufigkeit mit Durchdringen der Re-
aktorwand auf ca. $1 \cdot 10^{-7}$ pro Jahr. Die rein mechanischen Zerstörungen würden dabei wegen
der Staffelung massiver Zwischenwände lokal
begrenzt bleiben. Aufgrund der weitgehenden
räumlichen Trennung von redundanten Systemen
könne angenommen werden, dass primär- und sekundärseitige Leckagen beherrscht werden könnten. Besondere Ereignisabläufe könnten sich aus
Bränden durch eindringenden Flugzeugtreibstoff
ergeben.[753]

Zur theoretischen und experimentellen Erkundung der Vorgänge beim Absturz eines Flugzeugs
auf ein Kernkraftwerk wurden von den 70er bis
in die 90er Jahre nationale und internationale
Forschungsvorhaben großen Umfangs durchgeführt (s. Kap. 6.5.7).

Die Terroranschläge des 11. September 2001
auf das World Trade Center in New York und das
Pentagon bei Washington veranlassten deutsche
Aufsichtsbehörden unverzüglich, gutachterliche

[751] AMPA Ku 59, Ergebnisprotokoll der 23. Sitzung des
RSK-UA Bautechnik, 13. 3. 1981, S. 4–6.

[752] GRS-F-98 (Dezember 1980), SR 250, Fachliche Stel-
lungnahme für die RSK zu einem von der KWU vor-
geschlagenen Nachweiskonzept für die Auslegung von
Kernkraftwerken gegen Flugzeugabsturz, Auftragnehmer
Beratende Ingenieure König und Heunisch, Projektleiter
Prof. Dr.-Ing. König, Laufzeit 1. 7. – 30. 9. 1980, lfd.
Nr. 28, S. 1 f.

[753] Der Bundesminister für Forschung und Technologie
(Hg.): Deutsche Risikostudie Kernkraftwerke, Phase B,
Gesell. für Reaktorsicherheit, Verlag TÜV Rheinland
GmbH, Köln, 1990, S. 518–524.

Untersuchungen von Angriffsszenarien für terroristische Flugzeugabstürze und deren Wirkung auf deutsche Kernkraftwerke sowie zur Überprüfung des baulichen Schutzzustands von Kernkraftwerken in Auftrag zu geben. Die als vertrauliche Verschlusssachen eingestuften Untersuchungsberichte der Gesellschaft für Anlagen- und Reaktorsicherheit (GRS) und der Internationalen Länderkommission Kerntechnik (ILK) lagen Ende 2002 vor. 2004 vereinbarten die Kernkraftwerksbetreiber ihre Standorte durch Vernebelungssysteme mit Mehrfachauslösung bei unmittelbarer Bedrohung zu tarnen, wie dies ähnlich bei militärischen Selbstschutzsystemen erprobt ist. Die ersten Vernebelungsanlagen wurden an wenigen Standorten gegen Ende des ersten Jahrzehnts des 21. Jahrhunderts einsatzfähig installiert.[754] In den folgenden Jahren sollten alle übrigen deutschen Standorte mit Vernebelungsanlagen ausgerüstet werden. Neben dieser Schutzmaßnahme wurde untersucht, unter welchen Voraussetzungen Terroristen die automatisierten Navigationssysteme in Verkehrsflugzeugen für einen selbsttätigen Zielanflug benutzen könnten.

Die Gefährdung von Kernkraftwerken durch gezielte Flugzeugabstürze beschäftigte im Jahr 2009 den Landtag von Baden-Württemberg. In einer Stellungnahme führte die Umweltministerin Tanja Gönner aus: *„Zur Abwehr eines gezielten terroristischen Flugzeugabsturzes wurde das gestaffelte Sicherheitssystem weiter verbessert, das eine Vielzahl von Maßnahmen vorsieht wie etwa die lückenlose Kontrolle der Fluggäste sowie des Reise- und Handgepäcks, die Kontrolle des Personals der Flughäfen und der Luftverkehrsgesellschaften beim Zutritt zu sensiblen Bereichen, Zuverlässigkeitsüberprüfungen des Flughafenpersonals, Eigensicherungsmaßnahmen der Flughäfen und Luftverkehrsgesellschaften, den Einsatz von bewaffneten Flugsicherheitsbegleitern sowie verschließbare und schusssichere Cockpittüren. Außerdem wurde ein Nationales Lage- und Führungszentrum (NLFZ) errichtet, in dem die in verschiedenen Bundesministerien angesiedelten Bereiche Innere Sicher-*heit, *Luftsicherheit und Luftverteidigung integriert sind, um bei Gefahrenlagen im Luftraum rasch und zielgerichtet entscheiden zu können. Intern wurde die Kompetenz der Bundeswehr bei der Luftsicherheit durch das Luftsicherheitsgesetz (LuftSiG) vom 11. Januar 2005 erweitert (Abdrängen und Zwingen zur Landung von Luftfahrzeugen).“* Die Umweltministerin erklärte des Weiteren: *„Neben den staatlichen Maßnahmen im Bereich der Flugsicherung wurden von den Betreibern der Kernkraftwerke eine Reihe von anlagenbezogenen Maßnahmen ergriffen. U. a. wurden zur Bekämpfung großflächiger Kerosinbrände bei einem unterstellten Flugzeugabsturz die Werksfeuerwehren mit neuen Schaumlöschfahrzeugen ausgerüstet. Darüber hinaus werden für die Standorte Philippsburg und Neckarwestheim Tarnmaßnahmen mit Vernebelungstechnik zur weiteren Verbesserung des Schutzes gegen gezielten Flugzeugabsturz realisiert. ... In einem im Auftrag des Umweltministeriums durch eine Gruppe erfahrener Flugexperten erstellten Gutachten wurde die Wirksamkeit der Tarnmaßnahmen für die Standorte Philippsburg und Neckarwestheim sowohl für den Sichtflug, als auch für einen automatischen Anflug mit Nutzung von Navigationsinstrumenten in jeder Hinsicht bestätigt.“*[755] Aufgrund des vertraulichen Inhalts der gutachterlichen Berichte wurden diese nicht veröffentlicht, sondern nur einem beschränkten Personenkreis zugänglich gemacht.

Druckwellen aus chemischen Explosionen Als die Planungen und der Bau von Kernkraftwerken in der Nähe von Chemieanlagen und starkem Tankschiffsverkehr an Standorten wie Stade, BASF/Ludwigshafen und Brunsbüttel voranschritten, begann die Reaktorsicherheitskommission (RSK) im Jahr 1970 sich intensiv mit der Einwirkung von Druckwellen aus chemischen Reaktionen auf die äußere Betonhülle von Kernkraftwerksgebäuden zu beschäftigen. Man war sich einig, dass Notstromdiesel, Schaltanlagen und Notkühlsys-

---

[754] vgl. Holl, Thomas: Mit der Vernebelung ist alles klar, FAZ Nr. 273, 23. 11. 2010, S. 4.

[755] Landtag von Baden-Württemberg, Drucksache 14/4652 vom 18. 6. 2009, Stellungnahme des Umweltministeriums zu einem Antrag der Abg. Franz Untersteller u. a. Grüne, S. 5 f.

tem besonders geschützt werden müssten, wenn die Gefahr bestehe, dass ein Kernkraftwerk von Explosionsdruckwellen getroffen werden kann.

Die RSK rechnete damit, dass bei Bildung und Zündung von Gas-Luft-Gemischen mit gesättigten Kohlenwasserstoffen wie Äthylen und Propylen Druckspitzen bis zu 0,5 atü auftreten können. Die möglichen Quellen explosiver Gasgemische lägen jedoch meistens so weit entfernt, dass zündfähige Wolken mit größter Wahrscheinlichkeit außerhalb des Kraftwerksareals zur Explosion kämen. Für das geplante BASF-Kernkraftwerk in der Mitte von Chemieanlagen wurde allerdings eine Verstärkung der halbkugelförmigen Betonhülle von 600 mm auf 1.200 mm empfohlen, die auch Druckwellen von 0,3 atü bei einem Reflexionsdruck von 0,7 atü widerstehen könne. Das Reaktorgebäude von Brunsbüttel an exponierter Stelle an der Kreuzung zweier bedeutender Schiffahrtswege solle, so die RSK, gegen eine dynamische Druckbelastung mit 0,15 atü und eine statische Druckbelastung mit 0,3 atü ausgelegt werden. Obwohl Belastungen mit mehr als 0,3 atü äußerst unwahrscheinlich seien, empfahl die RSK, Maßnahmen zu treffen, mit denen eine Kernschmelze im Reaktor selbst bei eingestürztem Reaktorgebäude vermieden werden könne.[756] Der Betreiber von Stade war bereit, mit Rücksicht auf chemische Explosionen eine zusätzliche unabhängige Not- und Nachkühlanlage zu installieren.[757]

Die Auslegungsvorschriften für Brunsbüttel fanden harte Kritik vonseiten der Industrie. Man bemängelte insbesondere, dass der Zündmechanismus für eine große Gaswolke nicht berücksichtigt, sondern einfach unterstellt worden sei, dass eine vorhandene Gaswolke vollkommen zündet und explodiert.[758] Die RSK und ihr Unterausschuss „Chemische Explosionen" erörterten wiederholt im Auftrag des zuständigen Bundesministeriums die Gefährdung des Standorts Brunsbüttel durch ein geplantes Chemiewerk in

der Nachbarschaft. „Höhere Drücke (als die der empfohlenen Auslegung), z. B. bei Explosionen ungesättigter Kohlenwasserstoffe und bei Detonationen, sind zwar nicht unmöglich, müssen jedoch als merklich unwahrscheinlicher gelten." Die RSK hielt die geplante Konzeption des Chemiewerks für realisierbar, insbesondere auch wegen der Absicht des Chemieunternehmens, in einem dem Kernkraftwerk nächstgelegenen Geländestreifen und dem anschließenden Ingenieurstreifen keine Lagerung oder Verarbeitung größerer Mengen ungesättigter Kohlenwasserstoffe vorzunehmen.[759] Für den Standort BASF regte die RSK an, die Gefährdung des Kernkraftwerks durch die nahe vorbeigehenden Azetylen-Leitungen, durch den unmittelbar angrenzenden Verschiebebahnhof und die auf der anderen Seite angrenzende Schifffahrtsstraße Rhein gutachterlich besonders zu untersuchen und die Gebäudeauslegung daran zu messen.[760]

Anfang 1974 erarbeitete das Bundesinnenministerium grundlegende Prinzipien und Auslegungsanforderungen zur Schadensvorsorge gegen chemische Explosionen sowie Kriterien für den Umgang mit explosionsgefährlichen Stoffen.[761] In dieser BMI-Aufstellung vom März 1974 wurde u. a. festgelegt:

1. Das nach dem derzeitigen Stand notwendige Mindestmaß eines Schutzes gegen Explosionsdruckwellen ist die Auslegung gegen Deflagrationen beliebig großer Wolken gesättigter Kohlenwasserstoffe in unmittelbarer Nähe der Kernkraftwerke.

2. Durch den erreichten Stand der Auslegung gegen Flugzeugabsturz ist – vielleicht abgesehen von einigen Schwachstellen – ein Schutz gegen Druckwellen gegeben, der erheblich über dem nach 1. notwendigen Mindestmaß liegt. Deshalb sind die etwaigen Schwachstellen soweit aufzurüsten, wie es mit zumutba-

[756] BA B 106-75304, Ergebnisprotokoll 61. RSK-Sitzung, 23. 9. 1970, S. 12–16.

[757] AMPA Ku 2, Niederschriftsprotokoll 64. RSK-Sitzung, 14. 5. 1971, S. 10.

[758] AMPA Ku 2, Institut für Reaktorsicherheit: Berichte zur 65. RSK-Sitzung am 23. 6. 1971, zu Punkt 11 der T. O.: Kernkraftwerk Philippsburg 2, S. 8.

[759] BA B 106-75306, Ergebnisprotokoll 81. RSK-Sitzung, 21. 2. 1973, S. 9 und Anlage.

[760] BA B 106-75308, Ergebnisprotokoll 85. RSK-Sitzung, 20. 6. 1973, S. 11.

[761] BMI UA II 4-513145: Schutz von Kernkraftwerken gegen Druckwellen aus chemischen Explosionen, Bonn, 19. 3. 1974, Anlage 1 zum Ergebnisprotokoll der 92. RSK-Sitzung am 20. 3. 1974, BA B 106-75310.

rem Aufwand möglich ist. Nach diesem Verfahren wird eine höhere Druckwelle als Standard für die zukünftige Auslegung festgelegt.

3. Eine bauliche Auslegung gegen Druckwellen aus Detonationen beliebiger Art ist nach dem derzeitigen Stand nicht realisierbar, und kann daher nicht gefordert werden. Der erforderliche Schutz ist deshalb durch ausreichende Entfernung des Umgangs mit den betreffenden Stoffen zu gewährleisten, sofern nicht die Gefahr des Auftretens einer Druckwelle aufgrund besonderer Umstände hinreichend klein ist.

Für die Auslegung gegen Deflagrationen gesättigter Kohlenwasserstoffe wurde der Druckverlauf an der Gebäudewand vorgegeben, der in Abb. 6.100[762] aufgezeichnet ist (maximaler Überdruck 0,45 bar). Die verstärkenden Wirkungen vorgelagerter Geländeformationen, von Bauwerken und ihrer Teile (z. B. Druckerhöhung durch Flammenbeschleunigung in Nischen, Umschlagen von Deflagrationen in Detonationen durch reflektierende Druckwellen) sollten berücksichtigt werden. Für Kernkraftwerke, die nach diesem Explosionsverlauf ausgelegt wurden, mussten Abstände für die ortsfeste Lagerung und Handhabung sowie für den Transport von explosionsgefährlichen Stoffen eingehalten werden. Abbildung 6.101 zeigt die erforderlichen Sicherheitsabstände abhängig von der Masse des explosionsfähigen Stoffes, mit dem umgegangen wird.[763] In einem Nahbereich unter 100 m sollte der Umgang mit explosionsfähigen Stoffen nicht zulässig sein.

In den RSK-Leitlinien vom April 1974 wurden zum Nachweis der Standsicherheit gegen Druckwellen infolge Explosionen gesättigter Kohlenwasserstoffe die Belastungsannahmen vorgegeben, die dem Druckverlauf der BMI-Auslegungsanforderungen vom März 1974 entsprachen (Abb. 6.100). Sie enthielten jedoch keine Festlegung von Mindestabständen für die Lagerung explosionsfähiger Stoffe, um einen Schutz gegen Detonationen zu gewährleisten. In einer Diskussion der BMI-Vorschläge für Mindestabstände bezweifelte die RSK, ob sich bei den wirklich ablaufenden Mischungs- und Turbulenzvorgängen überhaupt in größerem

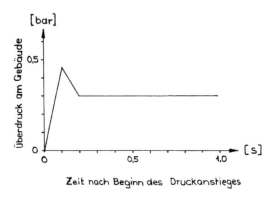

Abb. 6.100 Druckverlauf am Kernkraftwerksgebäude

Maßstab Detonationsgemische innerhalb der erforderlichen engen Konzentrationsgrenzen bilden können. Es wurde auch darauf hingewiesen, dass in jedem Kernkraftwerk explosionsfähige Stoffe wie Wasserstoffgasflaschen für die Aufrechterhaltung von Wasserstoffpolstern in den Ausgleichsbehältern oder zur Generatorkühlung gelagert werden müssten.[764]

Die RSK und ihr Unterausschuss „Chemische Explosionen" erörterten mehrfach die Frage der BMI-Schutzabstände gegen Detonationen von Kohlenwasserstoff/Luft-Gemischwolken aus Unfällen mit Flüssiggasen. Sie kamen zum Ergebnis, dass eine unterschiedliche Festlegung von Schutzabständen für gesättigte und ungesättigte Kohlenwasserstoffe nicht gerechtfertigt sei. Die BMI-Schutzabstände seien größer als der 5fache Radius der maximal möglichen Gas/Luft-Gemischwolke. Bei einer solchen Entfernung habe die sich ausbreitende Druckwelle bei Detonation und Deflagration qualitativ den gleichen Verlauf.[765] Trotz weiterer Untersuchungen, mit denen die RSK-Position erhärtet wurde, publizierte der BMI im September 1976 seine Auslegungsanforderungen mit einigen Änderungen als Richtlinie über Druckwellen aus chemischen Reaktionen[766]

---

[762] Bild entnommen GMBl 1976, Nr. 27, S. 443.

[763] Bild entnommen GMBl 1976, Nr. 27, S. 444.

[764] AMPA Ku 3, Tonbandniederschrift der Diskussion zu TOP 5.1 „Schutz von Kernkraftwerken gegen Druckwellen aus chemischen Explosionen" der 99. Sitzung der RSK am 13. 11. 1974.

[765] BA B 106-314, Ergebnisprotokoll 103. RSK-Sitzung, 19. 3. 1975, S. 16 f.

[766] Richtlinie für den Schutz von Kernkraftwerken gegen Druckwellen aus chemischen Reaktionen durch Auslegung der Kernkraftwerke hinsichtlich ihrer Festigkeit und

Abb. 6.101 Sicherheitsabstände für den Umgang mit
explosionsfähigen Chemi-
kalien

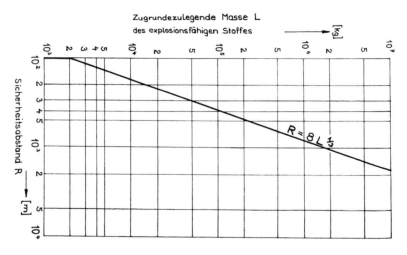

(s. Kap. 6.1.2). In die 2. Ausgabe der RSK-Leitlinien vom Januar 1979 wurde diese BMI-Richtlinie integriert. Die RSK-Leitlinien ergänzten
die Vorsorgemaßnahmen gegen Druckwellen um
Auslegungsanforderungen gegen das Ansaugen
und Eindringen standortbedingter giftiger und
explosionsgefährlicher Gase in Räume des Kernkraftwerks.

Zur ingenieurmäßigen Umsetzung der BMI-
Anforderungen für den Lastfall äußere Explosion
dienten wiederum die „Richtlinien für die Bemessung von Stahlbetonbauteilen von Kernkraftwerken für außergewöhnliche Belastungen (Erdbeben, äußere Explosionen, Flugzeugabsturz)" des
Instituts für Bautechnik, Berlin, vom Juli 1974.
Der vorgegebene Druckverlauf (Abb. 6.100)
wurde auf zylindrische und kugelförmige Flächen übertragen. Abbildung 6.102 zeigt die Last-
Zeit-Kurve sowie die Druckverteilung für die
Auslegung eines zylindrischen Gebäudes, dessen
Außendurchmesser etwa 30–70 m beträgt.[767]

Die dynamische Berechnung des gesamten
Reaktorgebäudes, seiner aussteifenden Bauteile
und der Gründung wurde als sehr aufwändig dargestellt und deshalb der Hinweis gegeben, dass
sich ein solcher Nachweis erübrige, wenn ein

Nachweis mit einem einseitigen Überdruck des
1,5fachen maximalen Drucks an der Gebäudewand als statische Ersatzlast geführt werde.

In der Regel bot die Auslegung von Kernkraftwerksgebäuden gegen Flugzeugabsturz
einen Schutz gegen Druckwellen, der erheblich
über dem vorgeschriebenen Mindestmaß lag.
Im Einzelfall war zu prüfen, ob eine die Standsicherheit gefährdende Belastung des Gesamtge-
bäudes unter sehr ungünstigen Umständen über
die Belastung durch Flugzeugabsturz hinausgeht.
Im Hinblick auf die Systeme wurden im Nor-
malfall Flugzeugabsturz und Druckwellen aus
chemischen Explosionen im Sicherheitsbericht
gemeinsam abgehandelt. „Die Anforderungen
an die Systemtechnik bei Explosionsdruckwelle
sowie die daraus resultierende Aufgabenstellung
bei Störfällen ist mit denen des Flugzeugabsturzes identisch."[768]

Die Gefährdung des BASF-Kernkraftwerks
durch den Bahnverkehr mit Druckgaskesselwa-
gen sowie durch den Schiffsverkehr wurde hinsichtlich seiner Belastbarkeit durch Druckwellen
vom RSK-UA „Chemische Explosionen" neu
abgeschätzt. Die RSK überzeugte sich, dass ein
Reflexionsspitzenüberdruck von ca. 1 bar als dynamische Belastung unter Berücksichtigung der
Trag- und Standfestigkeit der Baukörper und der

induzierter Schwingungen sowie durch Sicherheitsabstände: Bekanntmachung im GMBl 1976, Nr. 27, S. 442–445
zugleich auch im BAnz Jg. 28, Nr. 179, 22. 9. 1976.

[767] Institut für Bautechnik: Richtlinien für die Bemessung
von Stahlbetonbauteilen von Kernkraftwerken für außergewöhnliche Belastungen (Erdbeben, äußere Explosionen, Flugzeugabsturz), Mitteilungen 6/1974, S. 177 f.

[768] vgl. z. B. Kraftwerk Union AG: Sicherheitsbericht
Gemeinschaftskernkraftwerk Neckar Block II (GKN II)
mit Druckwasserreaktor, elektrische Leistung 1300 MW,
März 1981, Bd. 1, S. 2.2.2.3-1.

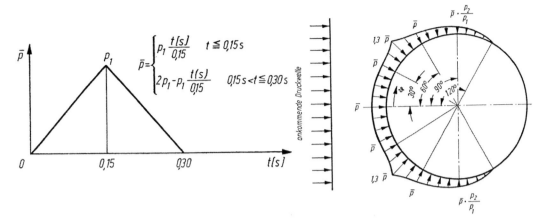

Abb. 6.102 Druckverlauf und -verteilung an einem zylindrischen Gebäude großen Durchmessers

Schwingungsbeanspruchung der Primärkreis-komponenten beherrscht wird.[769]

Für den Standort Brokdorf wurden konservative Annahmen über mögliche Unfälle mit Gastankern auf der Freiburger Reede getroffen, die zu Druckwellen mit einem Überdruck von 0,36 bar und einem Reflexionsüberdruck von 0,84 bar führen könnten. Die RSK sah in diesen Druckwerten eine obere konservative Grenze. Die Auslegung der sicherheitstechnisch relevanten Gebäude gegen diese Drücke galt als machbar.[770]

Für den Standort Grohnde wurde die Gefahr des Eindringens von explosiblen Gaswolken aus Unfällen mit Flüssiggastransporten auf der Weser und einer Bundesstraße in den Innenhof des Kernkraftwerks untersucht. Die RSK kam zur Ansicht, dass die Verbauung des Innenhofs aus Gründen des Explosionsschutzes wegen der standortspezifischen Gegebenheiten nicht notwendig sei.[771]

Schutz gegen Störmaßnahmen oder Sonstige Einwirkungen Dritter Die Schutzmaßnahmen gegen Sabotage begannen mit rein baulichen und administrativen Maßnahmen und wurden Schritt für Schritt auf systemtechnische Autarkie hinsichtlich der Reaktorabschaltung und Nachwärmeabfuhr ausgeweitet, für den Fall, dass normale Betriebs- und Sicherheitssysteme zerstört werden sollten.

Der Schutz gegen Störmaßnahmen oder sonstige Einwirkungen Dritter erfolgt gegen Außentäter sowie gegen Innentäter durch technische und personell-organisatorische Maßnahmen einschließlich polizeilicher Schutzmaßnahmen. Dem Schutz gegen Sabotage gemäß § 7, Abs. 2, Nr. 4 AtG galt die besondere Aufmerksamkeit der RSK. In den RSK-Sitzungsprotokollen finden sich jedoch aus nahe liegenden Gründen neben den grob skizzierten Planungen am Standort Philippsburg keine weiteren Ausführungen mehr zu Fragen des Sabotageschutzes. Gelegentlich wurde noch darauf hingewiesen, dass sich die RSK davon überzeugt habe, dass technische und organisatorische Maßnahmen zum Schutz gegen Sabotage getroffen sind.[772] Auch die Einzelheiten von Nachrüstmaßnahmen an älteren Kernkraftwerken blieben unter Verschluss. Die Atomanlagen-Verordnung von 1960 sah vor, dass die zur Prüfung der Maßnahmen gegen Sabotage vorgesehenen Unterlagen getrennt vorzulegen waren.[773]

[769] BA B 106-314, Ergebnisprotokoll 104. RSK-Sitzung, 21. 5. 1975, S. 14 f.

[770] BA B 106-313, Ergebnisprotokoll 102. RSK-Sitzung, 19. 2. 1975, S. 17.

[771] BA B 106-315, Ergebnisprotokoll 106. RSK-Sitzung, 17. 9. 1975, S. 18.

[772] BA B 106-75316, Ergebnisprotokoll 110. RSK-Sitzung, 18. 2. 1976, S. 23.

[773] Verordnung über das Verfahren bei der Genehmigung von Anlagen nach § 7 des Atomgesetzes (Atomanlagen-Verordnung) vom 20. Mai 1960, BGBl. I S. 310.

In den RSK-Leitlinien vom April 1974 wurde zu den sonstigen Einwirkungen Dritter bestimmt:

1. Im Hinblick auf böswillige oder unachtsame Beschädigungen der Anlage ist das Prinzip der räumlichen Redundanz anzuwenden. Danach sind die redundanten Systeme zur Abschaltung und Nachkühlung in getrennten Räumen so anzuordnen, dass die Zerstörung mehr als eines Systems aus der gleichen Ursache ausgeschlossen werden kann.
2. Zum gleichen Zweck sind zusätzliche und stützende technische Einrichtungen vorzusehen.
3. Durch administrative Maßnahmen muss eine böswillige Beschädigung der Anlage erschwert werden.
4. Über Einzelheiten der in 1–3 geforderten Maßnahmen sind einem Sonderausschuss Unterlagen vorzulegen.

Es bestand stets Einvernehmen darüber, dass neben der Zugangskontrolle (Kontrolle der Zugangsberechtigung und der Personenidentität) zu den „administrativen Maßnahmen" auch das „Vieraugenprinzip" bei Arbeiten im sicherheitsrelevanten Bereich gehörte.

Im Sicherheitsbericht des 1300-MW$_{el}$-Kernkraftwerks Grohnde (KWG) beispielsweise wird zur Vorsorge gegen Sabotage in knapper Form festgestellt:

„Die Anlage ist durch einen äußeren Sicherungsbereich – bestehend aus der Zaunanlage – und einem inneren Sicherungsbereich, der von entsprechend ausgeführten Bauwerken mit gesicherten Türbereichen gebildet wird, geschützt. Gegen Einwirkungen über den Kühlwasserbereich sind Maßnahmen getroffen worden.

Ein Detektierungs-, Kontroll- und Meldesystem verhindert den Zugang unbefugter Personen in unzulässige Bereiche.

Eine stets funktionierende Verbindung zu Behörden ist sichergestellt.

Das gesamte System des Schutzes gegen Einwirkungen Dritter ist begutachtet."[774]

---

[774] AMPA Ku 169, Kraftwerk Union AG: Kernkraftwerk Grohnde, Anlagenbeschreibung, Bd. I, 8.4 Schutz vor Einwirkung Dritter, September 1983, S. 8–13.

6.5.6   BMwF/BMBW/BMFT- und BMI-Forschungsvorhaben zur Untersuchung von Reaktorsicherheitsbehältern und -gebäuden

Wegen des alliierten Vorbehalts konnte die Kernenergienutzung in der Bundesrepublik Deutschland erst im Jahr 1955 beginnen. Für die deutschen interessierten Kreise waren deshalb die vorausgegangenen und aktuellen internationalen Entwicklungen von größter Bedeutung. Die Auslegung der Containments früher Leistungsreaktoren waren an den amerikanischen Vorbildern ausgerichtet worden (s. Kap. 6.5.1). Die in den USA geplanten und durchgeführten Forschungsarbeiten wurden sorgfältig zur Kenntnis genommen, um deutsche Vorhaben sinnvoll einordnen zu können. Die sicherheitstechnischen Anforderungen an die Containments und die entsprechenden Untersuchungsziele wurden für die deutschen Forschungsvorhaben zunächst aus den USA übernommen.

Vorausgegangene amerikanische Untersuchungen Die frühesten Regulierungen der US Atomic Energy Commission (USAEC) für Containments (Reactor Site Criteria 10 CFR 100) von 1962 gingen vom „größten anzunehmenden Unfall" aus, der als plötzlicher vollständiger Kühlmittelverlust (Blowdown) verstanden wurde. Auf welche Weise auch immer dieser Verlust der Integrität des Primärkreises (Druckführende Umschließung) als Auslegungsstörfall (design-basis accident – DBA oder design-basis loss-of-coolant accident – LOCA) eintreten sollte, die Integrität des Containments sollte intakt bleiben und sichergestellt sein, dass eine vorgegebene Leckrate für die Freisetzung von Radionukliden nicht überschritten wird. Der Zerknall des Reaktordruckbehälters (RDB) wurde als Unfallursache nicht betrachtet.

Von Mitte der 1950er bis Anfang der 1970er Jahre fanden insbesondere die folgenden, von der Industrie und der USAEC geförderten Containment-Untersuchungsprogramme, deren Zielsetzung die Verminderung der Schadensfolgen bei

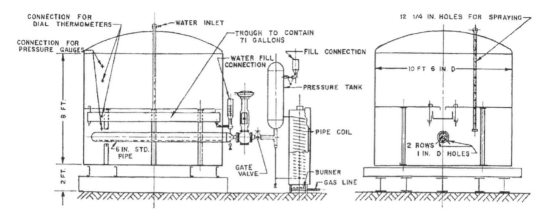

Abb. 6.103 Die Containment-Versuchsanlage von Sargent & Lundy, Chicago, 1956

Kühlmittelverlust-Störfällen waren, internationale Beachtung.

Die Containment-Versuchsanlagen von Sargent & Lundy, Engineers Die Atomic Power Engineering Group der Firma Sargent & Lundy, Engineers, Chicago, USA, entwarf und errichtete 1956 eine Containment-Versuchsanlage, mit der die Wärmeabsorption einer Containment-Schale nach einem Kühlmittelverlust-Störfall untersucht wurde.[775] Die Versuche wurden im Auftrag einer belgischen Firma vorgenommen, die bei der Voruntersuchung eines Kernkraftwerk-Projekts Daten über die Belastbarkeit von Containments brauchte.[776] Die Containment-Versuchsanlage bestand aus einem zylindrischen Stahlblechbehälter mit dem Volumen von 22,4 m³, dem Durchmesser von 3,2 m und einer inneren Höhe von 2,93 m, der durch ein horizontal liegendes Stahlblech in zwei Räume geteilt wurde. Mitten durch diese Trennwand lief ein 100 mm breiter Spalt quer durch das ganze Containment. Der Reaktor wurde durch ein außerhalb des Modell-Containments aufgestelltes Druckgefäß simuliert, das aus einem mit Propangas befeuerten Heizkessel mit Heißwasser bei Drücken

bis ca. 70 bar gespeist wurde. Über ein schnell öffnendes Ventil wurde das unter hohem Druck stehende Wasser in ein Dampfverteiler-Rohr im unteren Containmentraum geleitet, wo es als Dampf oder Dampf-Wasser-Gemisch durch zwei unten liegende Lochreihen in das Containment ausströmen konnte (Abb. 6.103).[777] In den gefahrenen Testreihen konnte der ausgeprägte Einfluss der Wärmeübergangs- und Kondensationsvorgänge an den Containmentwänden auf den Druckaufbau beim Ausströmen des Kühlmittels („Blowdown") gezeigt werden. Im Vergleich zur Theorie ohne Wärmeaufnahme durch die Containment-Strukturen waren die gemessenen Drücke nach den Blowdown-Experimenten annähernd halb so hoch. Nach Auskleidung der Innenwände mit einer isolierenden ca. 40 mm dicken Zementschicht war die Absenkung der beobachteten Druckwerte deutlich geringer. Nach Installation eines Wasserbads unmittelbar unter dem Dampfverteiler-Rohr trat auch in dem mit Zement ausgekleideten Containment praktisch keine Druckerhöhung mehr auf.

Aus den von Sargent & Lundy, Engineers, durchgeführten Containment-Versuchen wurde die Forderung abgeleitet, in Kernkraftwerken ein neuartiges Druckabbausystem so einzurichten, dass mit Beginn eines Ausströmvorgangs der

---

[775] Kolflat, A. und Chittenden, W. A.: A New Approach to the Design of Containment Shells for Atomic Power Plants, Proceedings of the American Power Conference, March 27–29, 1957, Vol. 19, S. 651–659.

[776] Kolflat, A. und Chittenden, W. A.: Containment Vessel Can Be Reduced, Electrical World, July 29, 1957, S. 53–57.

[777] Kolflat, A. und Chittenden, W. A.: A New Approach to the Design of Containment Shells for Atomic Power Plants, Proceedings of the American Power Conference, March 27–29, 1957, Vol. 19, S. 652.

Abb. 6.104 Die Containment-Versuchsanlage von Sargent & Lundy, Hennepin, 1959

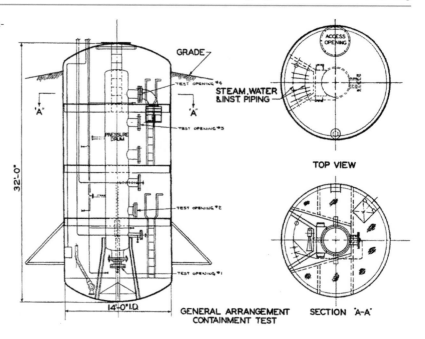

Dampf sofort an einer Wasservorlage abgekühlt und kondensiert wird. Die neuen Erkenntnisse wurden am Beispiel des vom Agonne National Laboratory entwickelten Siedewasser-Kernkraftwerks EBWR erörtert.[778]

Die Testergebnisse 1956/1957 überzeugten die Ingenieure der Firma Sargent & Lundy von der Möglichkeit, die Größe eines Containments drastisch zu verkleinern und Baukosten entsprechend einzusparen. Im Herbst 1958 ergab sich für Sargent & Lundy die Gelegenheit, auf dem Gelände des Kraftwerks Hennepin, Ill, der Illinois Power Company am Illinois Fluss, ca. 150 km westlich von Chicago, eine größere Containment-Versuchsanlage zu errichten, die im Jahr 1959 für Experimente betriebsbereit war. Die Kosten trugen neben Sargent & Lundy acht amerikanische Unternehmen der Energieversorgung, des Industrie-, Messgeräte- und Rohrleitungsbaus.[779]

Abbildung 6.104 zeigt den Vertikalschnitt sowie Querschnitte durch den zylindrischen Containment-Versuchsbehälter aus Stahlblech, der eine Höhe von 9,75 m und einen inneren Durchmesser von 4,27 m hatte und für einen Überdruck von 6,9 bar ausgelegt war. Er wurde aus Sicherheitsgründen fast vollständig eingegraben. In seinem Innern war zur Simulation des Reaktordruckbehälters (RDB) ein Druckgefäß der Höhe 7 m und des Durchmessers 1,07 m installiert, das einem Überdruck von 48 bar standhalten konnte. In dieses Druckgefäß war eine Reihe Stutzen des Durchmessers 305 mm eingebaut, an die nach unten gerichtete 90°-Krümmer angeflanscht werden konnten (Abb. 6.105). Durch Aufreißen einer an der Krümmeröffnung angebrachten Berstscheibe konnte ein Stutzen-Sprödbruch mit Blowdown nachgebildet werden. Am unteren Druckgefäßende befand sich ebenfalls eine Öffnung, durch die das plötzliche Ausströmen des Kühlmittels aus dem RDB simuliert werden konnte.[780]

Das Druckgefäß wurde mit 8.000 lbs. (ca. 3.630 kg) ganz oder teilweise mit Wasser gefüllt, das erhitzt und auf einen Überdruck von ungefähr 40 bar gebracht wurde, bei dem der Ausströmvorgang begann. In der Bodenkalotte des Containment-Versuchsbehälters konnte eine Wasser-

---

[778] ebenda, S. 659.

[779] Kolflat, A.: Results of 1959 Nuclear Power Plant Containment Tests, Report SL-1800, März 1960, auch: Preprint Paper 10, Nuclear Engineering & Science Conference, April 4–7, 1960, New York, Engineers Joint Council, S. 13.

[780] ebenda, S. 2 f, Fig. No. 1, Fig. No. 11.

Abb. 6.105 Zeitliche
Druckverläufe bei
verschiedenen
Experimenten

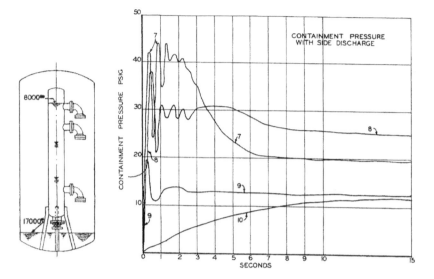

vorlage bereitgestellt werden, die in der Regel mit 17.000 lbs. (ca. 7.700 kg) bemessen war. Im Abb. 6.105 zeigt Kurve 10 die geringe Druckentwicklung beim Blowdown des mit 8.000 lbs. gefüllten Druckgefäßes durch die untere Öffnung in die Wasservorlage. Kurve 9 entspricht dem Ausströmen aus dem mittleren Stutzen. Kurven 7 und 8 zeigen für das Ausströmen von Dampf aus dem oberen und mittleren Stutzen des nur teilweise gefüllten Druckgefäßes starke Druckpulsationen, die physikalisch nicht erklärbar waren.

Die Tatsache, dass schon bei einem verhältnismäßig kleinen Behälter und übersichtlicher Geometrie bei einem Stutzenbruch unerwartete und ungünstige dynamische Effekte auftraten, führten in Deutschland zur Überlegung, dass die instationären Vorgänge in einem räumlich komplex aufgeteilten Containment mit Dringlichkeit experimentell untersucht werden sollten. Dies wurde insbesondere hinsichtlich der Druckabbausysteme der Siedewasserreaktoren so gesehen.[781]

Containment Systems Experiment (CSE) Auf der dritten Genfer Atomkonferenz Anfang September 1964 stellten die amerikanischen Ver-

treter das Reaktorsicherheits-Forschungs- und Entwicklungsprogramm der USA vor. Es wurde berichtet, dass auf dem Gelände der Großanlage zur Plutoniumerzeugung Hanford bei Richland, Wash., ein Modell-Containment errichtet wurde,[782] dessen äußeres Gehäuse aus Stahlblech bei einem Durchmesser von 7,6 m und einer Höhe von 20,1 m ein Volumen von 850 m^3 umfasste und für einen Druck bis 5,2 bar ausgelegt war. Der Druckbehälter im Innern hatte den Inhalt von 4,25 m^3 und hielt Drücken bis 172 bar stand. Zur Vorbereitung und Ergänzung der Versuche im Großbehälter wurden weitere Behälter mit den Rauminhalten von 2,5 m^3, 3,7 m^3 und 56,6 m^3 bereitgestellt. Das CSE-Programm wurde vom Battelle Memorial Institute, Pacific Northwest Laboratory, Richland, Wash., in den Jahren 1965–1970 durchgeführt.[783] Es bestand im Wesentlichen aus Untersuchungen des Verhaltens von Aerosolen aus Dämpfen, Spaltprodukten (Jod, Cäsium-, Tellur-, Barium- und Rutheniumoxide) mit Beimengungen von Hüllrohrmaterial und

[781] Seipel, H. G.: Dynamische Belastungen eines Containments bei einem schweren Reaktorunfall, Atomkernenergie, Jg. 11, Heft 9/10, 1966, S. 368.

[782] Lieberman, J. A., Hamester, H. L. und Cybulski, P.: The nuclear safety research and development program in the United States, Proceedings of the Third International Conference on the Peaceful Uses of the Atomic Energy, Genf, 31. 8. – 9. 9. 1964, Vol. 13, P/282 USA, United Nations, New York, 1965, S. 6.

[783] vgl. Rogers, G. J.: Containment Systems Experiment, Nuclear Safety, Vol. 10, No. 3, Mai-Juni 1969, S. 263.

Urandioxid in unterschiedlichen Containment-Atmosphären. Die aktiven Spaltprodukte wurden in einem benachbarten Laboratorium der Hanford-Anlage erzeugt.

Im Rahmen des CSE-Programms ging es im Einzelnen um die Erforschung der natürlichen und durch Sprühsysteme beschleunigten Vorgänge der Abscheidung und Ablagerung der radioaktiven Gase und Partikel bei der Dampfkondensation an den Containmentwänden sowie um die Erprobung von Adsorptions-Filtersystemen, die im Umwälzverfahren die Containment-Atmosphäre reinigten und dekontaminierten. Die Wirksamkeit von Containment-Sprühsystemen wurde untersucht.[784] Des Weiteren wurden umfangreiche Leckraten-Tests sowie Ausström-(„Blowdown"-) Experimente gefahren. Eine wichtige Zielsetzung des CSE-Programms war auch die experimentelle Unterstützung der Entwicklung analytischer Codes zur rechnerischen Darstellung von Blowdown-Vorgängen und Aerosolströmungen im Containment.[785]

Containment Research Installation (CRI) Im Oak Ridge National Laboratory (ORNL) ging im Mai 1966 eine kleine Containment-Versuchsanlage mit einem 3,85-m³-Behälter in Betrieb.[786] Das CRI-Testprogramm war eng mit dem CSE-Programm abgestimmt. Es wurde mit echten und simulierten Spaltprodukten an Filtersystemen und Containment-Wandbelägen experimentiert, wobei Wasserdampf- und Spaltproduktkonzentrationen, Drücke und Temperaturen vari-

iert wurden.[787] Die CRI-Versuche dienten auch der Vorbereitung des großen LOFT-Projekts (s. Kap. 6.7.1) in Idaho.[788]

CVTR Containment System Tests Der Carolinas-Virginia Tube Reactor (CVTR) am Standort Parr, S. C., war ein mit schwerem Wasser gekühlter und moderierter Westinghouse-Druckwasserreaktor mit der Leistung 65 MW$_{th}$. Am CVTR wurden Forschungs- und Entwicklungsarbeiten durchgeführt, die mit seiner endgültigen Abschaltung im Juni 1968 beendet wurden.[789] Der Reaktor wurde abgebaut und das Reaktorgebäude ausgeräumt. Im Rahmen des Forschungsprogramms „Water Reactor Safety Program" der amerikanischen Atomenergiebehörde USAEC begannen Mitte Oktober 1968 integrale Leckraten-Versuche am CVTR-Containment, die von der Atomic Energy Division der Phillips Petroleum Company, Idaho Falls, Idaho, durchgeführt wurden.[790] Es waren die ersten Untersuchungen an einem realen Containment, das für die damalige Bauform einigermaßen repräsentativ war. Das CVTR-Containment bestand aus einem 27,3 m hohen Stahlbetonzylinder mit dem Innendurchmesser von 17,4 m und der Wanddicke von 0,61 m, der auf einer 1,75 m dicken Stahlbeton-Fundamentplatte errichtet war. Der Zylinder wurde überwölbt von einem halbkugelförmigen Dom aus 12,7 mm dicken Stahlblech, das mit einer 0,52 m dicken Betonschicht überzogen war. Die Höhe des Containment-Gebäudes betrug innen 36 m. Seine Innenwände waren

---

[784] Rogers, G. J. et al.: Removal of Airborne Fission Products by Containment Sprays, Trans. Am. Nucl. Soc., Vol. 12, No. 1, 1969, S. 327 f.

[785] vgl. Fortschrittsberichte in NUCLEAR SAFETY, Vol. 7, No. 4, Sommer 1966, S. 503 f; Vol. 8, No. 3, Frühjahr 1967, S. 267 f; Vol. 8, No. 4, Sommer 1967, S. 399, 401; Vol. 8, No. 5, Sept.-Okt. 1967, S. 506 f; Vol. 8, No. 6, Nov.-Dez. 1967, S. 613 f; Vol. 9, No. 1, Jan.-Feb. 1968, S. 81 f; Vol. 9, No. 3, Mai-Juni 1968, S. 276 f; Vol. 9, No. 5, Sept.-Okt. 1968, S. 416; Vol. 10, No. 1, Jan.-Feb. 1969, S. 95; Vol. 10, No. 3, Mai-Juni 1969, S. 263; Vol. 11, No. 1, Jan.-Feb. 1970, S. 69 f; Vol. 11, No. 3, Mai-Juni 1970, S. 247 f; Vol. 11, No. 5, Sept.-Okt. 1970, S. 407 f.

[786] Whetsel, H. B.: Progress Summary of Nuclear Safety Research and Development Projects, Nuclear Safety, Vol. 8, No. 1, Herbst 1966, S. 87 f.

[787] Roberts, B. F. et al.: Evaluation of Various Methods of Fission Product Aerosol Simulation, Trans. Am. Nucl. Soc., Vol. 12, No. 1, 1969, S. 326.

[788] vgl. Fortschrittsberichte in NUCLEAR SAFETY, Vol. 7, No. 4, Sommer 1966, S. 505; Vol. 8, No. 1, Herbst 1966, S. 87 f; Vol. 8, No. 2, Winter 1966–1967, S. 192; Vol. 8, No. 3, Frühjahr 1967, S. 267, 269; Vol. 8, No. 5, Sept.-Okt. 1967, S. 507; Vol. 10, No. 3, Mai-Juni 1969, S. 266.

[789] Blakeley, J. P.: Action on Reactor and Other Projects Undergoing Regulatory Review or Consideration, Nuclear Safety, Vol. 9, No. 6, Nov.-Dez. 1968, S. 537.

[790] Bingham, G. E., Norberg, J. A. and Waddoups, D. A.: CVTR Leakage Rate Tests, Trans. Am. Nucl. Soc., Vol. 12, Supplement, S. 29 f.

mit einem 6,4 mm dicken Stahlblech (Liner) ausgekleidet.[791]

Neben den Leckraten-Tests wurden seismologische Untersuchungen am CVTR-Containment vorgenommen, wobei ultrasensitive Seismometer zur Aufzeichnung natürlich – etwa durch Winde – angeregter Vibrationen sowie ein Gebäudeschüttler zur Erregung von starken Erschütterungen und Schwingungen eingesetzt wurden.[792] Aus diesen Untersuchungen ergab sich ein großer zusätzlicher Forschungsbedarf, weshalb sich die USA am späteren deutschen HDR-Sicherheitsprogramm beteiligten (s. Kap. 10.5.7). Im Herbst 1969 übernahm die Idaho Nuclear Corporation, Idaho Falls, Idaho, die Forschungsvorhaben am CVTR-Containment und konzentrierte sich auf die Containment-Auswirkungen des Auslegungsstörfalls mit Kühlmittelverlust „Design-Basis Accident" (DBA). Bei den Tests wurde überhitzter Hochdruckdampf in das verschlossene Containment eingeblasen. Die Dampf-Massenströme lagen bei 2,6–3 t/min, um die DBA-Atmosphäre schnell zu erreichen. Die zeitabhängigen Verläufe von Drücken, Temperaturen, Luftbewegungen, Wärmeübergängen, Kondensationsraten und Spannungen wurden bei natürlichem und durch Sprühsysteme beschleunigtem Druckabbau gemessen.[793] Die Untersuchungen am CVTR-Containment waren Ende 1970 abgeschlossen.[794]

Zeitlich parallel zu den zuvor genannten Containment-Untersuchungen liefen seit Anfang der 60er Jahre in der National Reactor Testing Station in Idaho die Arbeiten am LOFT-Programm, mit dem der Kühlmittelverlust-Störfall, seine Auswirkungen und die Maßnahmen der Schadensvermeidung umfassend erforscht wurden (s. Kap. 6.7.1 und 6.7.4).

Spezielle Fragestellungen wie etwa zum Verhalten von Reaktorkern und Brennelementen, zu chemischen Reaktionen oder zur Dichtheit von Containments an Schleusen und sonstigen Durchführungen wurden von den Argonne und Oak Ridge National Laboratories (ANL, ORNL) oder anderen Forschungseinrichtungen bearbeitet.

Nach dem Unfall im TMI-2-Reaktor im März 1979 wurde das Forschungsprogramm der US Nuclear Regulatory Commission (USNRC) auf die Untersuchung schwerer Reaktorunfälle ausgerichtet. In den 80er und 90er Jahren wurden die Sandia National Laboratories in Albuquerque, New Mexico, zum Zentrum von experimentellen Containment-Untersuchungen an Modellanlagen aus Stahl, Stahlbeton und Spannbeton sowie von analytischen Code- Entwicklungen (s. Kap. 6.5.8).

Die IAEA-Konferenz 1967 Die IAEA veranstaltete Anfang April 1967 in Wien eine Konferenz über Containment und Standortwahl für Kernkraftwerke. Aus amerikanischer Sicht wurde dargelegt, dass die schlichte Vorstellung des Containments als letzte Barriere, die jedes Versagen der Hüllrohre und des Primärkühlkreislaufs beherrschen müsse, überholt sei. Eine neue Auslegungsmethode betrachte das Containment als Teil eines Gesamtsystems von verschiedenen sicherheitstechnischen Einrichtungen mit der gemeinsamen Bestimmung, die Freisetzung von Spaltprodukten bei einem Störfall zu verhindern (Abb. 6.106).[795] Das Containment solle durch diese sicherheitstechnischen Vorsorgemaßnahmen wirksam gegen

- Überdruckversagen und
- Splitterpenetration

---

[791] Cottrell, William B. und Savolainen, Ann W. (Hg.): U. S. Reactor Containment Technology, ORNL-NSIC-5, Vol. I, August 1965, S. 7.30 f.

[792] Smith, M. L. and Schmitt, R. C.: Evaluation and Comparison of Seismic Response Investigations of the Carolinas Virginia Tube Reactor Containment System, Trans. Am. Nucl. Soc., Vol. 12, Supplement, S. 28 f.

[793] Norberg, J. A., Schmitt, R. C. and Waddoups, D. A.: The Carolinas Virginia Tube Reactor Simulated Design Basis Accident Tests, Trans. Am. Nucl. Soc., Vol. 12, Supplement, S. 30 f.

[794] vgl. Fortschrittsberichte in NUCLEAR SAFETY, Vol. 10, No. 1, Jan.-Feb. 1969, S. 101 f; Vol. 10, No. 3, Mai-Juni 1969, S. 267 f; Vol. 10, No. 5, Sept.-Okt. 1969, S. 455 f; Vol. 11, No. 1, Jan.-Feb. 1970, S. 77; Vol. 11, No. 3, Mai-Juni 1970, S. 254; Vol. 11, No. 5, Sept.-Okt. 1970, S. 414; Vol. 12, No. 1, Jan.-Feb. 1971, S. 51.

[795] Levy, S.: A Systems Approach to Containment Design in Nuclear Power Plants, in: Proceedings of a Symposium on the Containment and Siting of Nuclear Power Plants, 3–5 April, IAEA, Wien, 1967, S. 227–242.

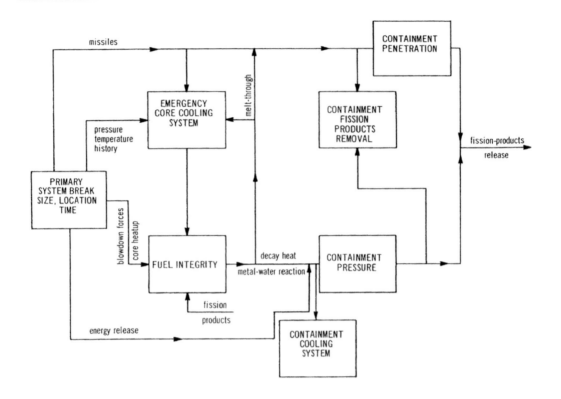

Abb. 6.106 Gesamtsystem sicherheitstechnischer Einrichtungen in einem Containment

geschützt werden. In Abhängigkeit vom Ort und der Größe der Bruchstelle im Primärkreis seien die Abläufe, gegenseitigen Interaktionen und Anforderungen an die einzelnen Sicherheitssysteme Kernnotkühlung, Containmentkühlung und Spaltproduktbeseitigung sehr unterschiedlich. Ein umfassendes Spektrum von einzelnen Störfallabläufen müsse untersucht werden.

Die deutschen Konferenzteilnehmer aus dem Institut für Reaktorsicherheit (IRS), Köln, Kellermann und Seipel,[796] begrüßten die amerikanischen Ausführungen ausdrücklich[797] und wiesen in ihrem Tagungsbeitrag mit Nachdruck darauf hin, dass mit dem Versagen des Containments

gerechnet werden müsse. Sie nannten die Fehlermöglichkeiten, die zum Ausfall aller Not- und Nachkühlsysteme führen können, und verwiesen auf den daraus folgenden Druckverlauf, der schließlich den Bruch der Sicherheitsumschließung verursache (Abb. 6.107).[798] Sie diskutierten die Möglichkeit einer probabilistischen Analyse, wie sie von Yamada und Farmer (s. Kap. 7.1) vorgeschlagen worden war, für die Ermittlung der Versagenswahrscheinlichkeit eines Containments. Als Nutzanwendung ihrer Überlegungen empfahlen sie, die sicherheitstechnische Entwicklung stärker auf die Schadensvermeidung statt auf die Schadensbegrenzung auszurichten, also die Zuverlässigkeit aller sicherheitsrelevanten Komponenten und Systeme konsequent zu erhöhen. Wie von anderen Tagungsteilnehmern

---

[796] Dipl.-Ing. Heinz G. Seipel wurde 1968 vom IRS in die National Reactor Testing Station in Idaho Falls, Idaho, USA, abgeordnet, wo er an der Vorbereitung der CVTR Containment Tests mitarbeitete.

[797] Levy, S.: A Systems Approach to Containment Design in Nuclear Power Plants, in: Proceedings of a Symposium on the Containment and Siting of Nuclear Power Plants, 3–5 April, IAEA, Wien, 1967, S. 239.

[798] Kellermann, O. und Seipel, H. G.: Analysis of the Improvement in Safety Devices for Water-Cooled Reactors, in: Proceedings of a Symposium on the Containment and Siting of Nuclear Power Plants, 3–5 April, IAEA, Wien, 1967, S. 403–420.

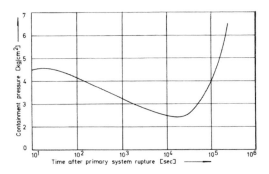

Abb. 6.107 Druckverlauf in einem Containment ohne Kühlung nach Kühlmittelverlust

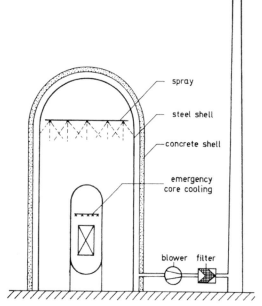

Abb. 6.108 Volldruck-Doppelcontainment

wurde auch von deutscher Seite das Doppelcontainment mit kontrolliert belüftetem Zwischenraum gefordert (Abb. 6.108). Als ein erforderliches Forschungsvorhaben wurde die Untersuchung der Differenzdruck- und Strahlkraftbelastungen der Zwischenwände in einem mehrfach räumlich unterteilten Containment nach einem Blowdown-Ereignis aufgezeigt. In Abb. 6.109 sind die inneren Containment-Strukturen schematisch im Vertikalschnitt abgebildet.

Frühere analytische Arbeiten hatten deutlich gemacht, dass im Falle eines schnellen Kühlmittelausflusses komplizierte instationäre Strömungsvorgänge mit großen Druckdifferenzen zwischen den einzelnen Räumen auftreten. Diese Vorgänge waren rechnerisch schwer zu erfassen.[799]

In britischen Konferenzbeiträgen wurde die Frage nach der Notwendigkeit einer zweiten äußeren Sicherheitsumschließung für gasgekühlte Leistungsreaktoren britischer Bauart verneint.[800, 801] Großes Interesse und ein nachhaltiges Echo fanden die von Frank Reginald Farmer von der Uni-

[799] Seipel, H. G.: Dynamische Belastungen eines Containments bei einem schweren Reaktorunfall, Atomkernenergie, Jg. 11, Heft 9/10, 1966, S. 367–372.

[800] Yellowlees, J. M. und Spruce, T. W.: Safety Features of the Hinkley Point B AGR Pressure Vessel and Penetrations, in: Proceedings of a Symposium on the Containment and Siting of Nuclear Power Plants, 3–5 April, IAEA, Wien, 1967, S. 597–617.

[801] Wolff, P. H. W.: „TO CONTAIN, OR NOT TO CONTAIN", in: Proceedings of a Symposium on the Containment and Siting of Nuclear Power Plants, 3–5 April, IAEA, Wien, 1967, S. 619–630.

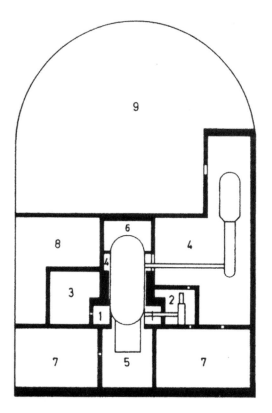

Abb. 6.109 Innere räumliche Strukturen

ted Kingdom Atomic Energy Authority (UKAEA) vorgetragenen Vorstellungen über die Anwendbarkeit der probabilistischen Sicherheitsanalyse auf die Risikoermittlung für die Kernenergienutzung.[802]

Die ersten vom BMwF/BMBW/BMFT geförderten Untersuchungen Das Battelle-Institut Frankfurt hatte im Dezember 1963 für das BMwF eine Studie über Probleme von Personenschleusen in gasdichten Gebäuden von Leistungs- und Forschungsreaktoren abgeschlossen und erhielt im Februar 1965 den BMwF-Auftrag für „Konstruktion, Bau und Erprobung einer fluchtsicheren Gasschleuse für Reaktoren".[803] Die Aufgabe bestand in der Entwicklung, Herstellung und Langzeiterprobung einer Personalschleuse in Originalgröße mit rechteckigen, seitlich verfahrbaren Schiebetüren (statt der damals üblichen runden Klapptüren), die den im Containment befindlichen Personen im Gefahrenfall eine schnelle Flucht ermöglichen und auch bequem mit Wagen befahren werden kann. Die geplanten Arbeitsabläufe und Zwischenergebnisse wurden jeweils ausführlich mit den beteiligten Kreisen in BMwF, RSK, Forschungsanstalten, TÜV und Industrieunternehmen diskutiert. Das Modell im Maßstab 1:1 wurde in mehr als 120.000 Arbeitsspielen erprobt. Es ergaben sich nicht nur im Normalbetrieb kürzere Ein- und Ausschleuszeiten, sondern vor allem im Katastrophenfall kürzere Rettungszeiten. Dieses Forschungsvorhaben wurde im Januar 1969 abgeschlossen.[804, 805]

Im Juni 1966 begann das Laboratorium für Reaktorregelung und Anlagensicherheit an der Technischen Universität München (LRA) mit der Arbeit an dem vom BMwF erteilten Untersuchungsauftrag „Containmentprobleme" für die voraussichtliche Laufzeit von 10 Jahren im Umfang von 5 wissenschaftlichen Mitarbeitern.[806] Das LRA-Untersuchungsprogramm war breit und langfristig angelegt und befasste sich mit zahlreichen Unterthemen, wie:

- Untersuchungen zur Druckwellenausbreitung im Primärsystem
- Theoretische Untersuchungen zum Verhalten von Sicherheitsbehältern unter Störfallbedingungen
- Theoretische Untersuchungen zur Wasserstoffbildung im Containment
- Theoretische Untersuchungen auf dem Gebiet des Kernschmelzens unter Berücksichtigung von Spaltproduktfreisetzungsvorgängen
- Reaktordruckbehälter mit Berstsicherung
- Mitarbeit bei Planung, Durchführung und Auswertung von Experimenten mit Sicherheitsbehältern.

Die LRA-Arbeiten konzentrierten sich mehr und mehr auf die Entwicklung von Rechenmodellen und -programmen zur Analyse der einzelnen Containmentprobleme. Nachdem im Mai 1976 aus LRA und IRS die Gesellschaft für Reaktorsicherheit (GRS) neu gebildet worden war, wurden auch die in LRA und IRS durchgeführten

---

[802] Farmer, Frank R.: Siting Criteria – A New Approach, Proceedings of a Symposium on the Containment and Siting of Nuclear Power Plants held by the IAEA, 3–7 April 1967, Wien, 1967, S. 303–329.

[803] BMwF-Forschungsvorhaben RS-6, in: Übersicht über die vom Bundesministerium für wissenschaftliche Forschung geförderten Forschungsvorhaben auf dem Gebiet der Reaktorsicherheit, Stand 30. 6. 1968, Schriftenreihe Forschungsberichte des Instituts für Reaktorsicherheit, IRS-F-1, Köln, Juli 1968, S. 14 f.

[804] IRS-F-3, Berichtszeitraum Januar bis Juni 1969, Projekt RS-6, S. 11–14.

[805] Um die Reaktorsysteme während ihres Betriebs aus der Nähe beobachten und gewisse Wartungs- und Repa-

raturarbeiten sowie Vorbereitungen für Brennelement-Wechsel und Wiederkehrende Prüfungen während des Anlagenstillstands vornehmen zu können, hatten deutsche Kernkraftwerke während des Leistungsbetriebs begehbare Betriebsräume in Teilbereichen der Sicherheitsbehälter und Containments. Als in den 1970er Jahren immer höhere Ansprüche an den Umgebungsschutz gestellt wurden, kam von Gewerkschafts- und Betriebsratsseite die Forderung auf, auch den Arbeitsschutz im Kernkraftwerk deutlich zu verbessern und die Zahl und Qualität der Personenschleusen, Fluchtwege und gesicherten Räume entsprechend zu erhöhen. Die in den 1980er Jahren geführten Beratungen und Verhandlungen zwischen der Berufsgenossenschaft der Feinmechanik und Elektrotechnik, Köln, und den Gewerkschaften führten schließlich zu den berufsgenossenschaftlichen Vorschriften VBG 30 „Kernkraftwerke" vom 1. Januar 1987, die hohe, überwiegend administrative Standards für den anlageninternen Strahlenschutz und für das Verhalten des Personals verbindlich festlegten.

[806] IRS-F-10, Berichtszeitraum 1. 1. bis 31. 3. 1972, Projekt At T 85a, S. 1–5.

Programmentwicklungen zusammengeführt. Am 1. Januar 1977 begann das neue Projekt „Analytische Tätigkeiten der GRS im Rahmen des Reaktorsicherheitsforschungsprogramms des Bundesministers für Forschung und Technologie (BMFT)", das sich zuerst mit der Weiterentwicklung des Codes für die Druckverteilung im Containment befasste.[807]

Aus dem BMwF/BMBW/BMFT-Containment-Forschungsprogramm seien an dieser Stelle noch einige weitere frühe Vorhaben genannt:

- Das Battelle-Institut Frankfurt wurde vom BMwF im Mai 1968 mit der Analyse und Entwicklung der möglichen „Grobverfahren zur Leckratenbestimmung in Reaktor-Containments" beauftragt.[808]
- „Untersuchungen über die Adsorption von gasförmigen Spaltprodukten an Linde-Molekularsieben" (TU Berlin)[809]
- „Experimentelle Untersuchungen an einem Eiskondensator für Reaktor-Sicherheitsbehälter (Siemens, Erlangen)[810]
- „Untersuchungen über die Auswirkungen des Ausströmens von Dampf- und Dampf-Wassergemischen aus Rohrleitungslecks" (Kraftwerk Union AG – KWU, Erlangen)[811]
- „Versuche zum Wärmeübergang bei Eiskondensation" (TU München)[812]
- „Kondensationsvorgänge bei dem Einblasen von Wasserdampf und Dampf-Wasser-Luftgemisch in eine Wasservorlage" (KWU Erlangen)[813]
- „Sicherheitsexperimente im Kernkraftwerk Marviken, Schweden"[814]

- „Untersuchungen zur Wechselwirkung von Spaltprodukten und Aerosolen in LWR-Containments" (Projekt Nukleare Sicherheit – PNS – GfK Karlsruhe).[815]

Die Containment-Versuchsanlage des Battelle-Instituts Das Battelle-Institut e. V. errichtete auf seinem Areal in Frankfurt/M[816] im Auftrag des Bundesforschungsministers (BMBW bzw. BMFT) von Dezember 1971 bis Juni 1973 ein Modellcontainment, das – bezogen auf das Volumen – im Verhältnis 1:64 verkleinert die Innenräume des Containments der 1200-MW$_{el}$-Druckwasserreaktor (DWR) -Anlage Biblis A näherungsweise abbildete.[817, 818] Die Projektleiter waren Dipl.-Ing. Rüdiger (bis Juni 1974) und Dr.-Ing. Teja Kanzleiter (ab April 1973). Containment-Untersuchungen bei möglichst originalgetreuen geometrischen und thermohydraulischen Versuchsbedingungen erschienen dringend geboten, da die Ergebnisse der amerikanischen Forschungsvorhaben auf deutsche Gegebenheiten nicht übertragbar waren. Deutsche DWR-Containments waren – anders als die amerikanischen Containment-Versuchsbehälter – im Innern durch massive Stahlbeton-Zwischenwände mehrfach unterteilt, die konstruktiven Zwecken sowie dem Strahlen- und Splitterschutz dienten. Das Battelle-Institut war bereits im Frühjahr 1967 mit der Untersuchung der Vorgänge bei der Druckentlastung wassergekühlter Reaktoren beauftragt worden und hatte dazu einen Großbehälter-Prüfstand errichtet (s. Kap. 6.7.2).

Das Modellcontainment des Battelle-Instituts wurde von der Kraftwerk Union AG, Erlangen, entworfen und bestand aus einer zylindrischen

[807] GRS-F-74 (März 1979), Berichtszeitraum 1. 10. bis 31. 12. 1978, Projekt RS 263, lfd. Nr. 78, S. 1–3.

[808] IRS-F-1, Stand 30. 6. 1968, Projekt RS-24, S. 46 f.

[809] IRS-F-4, Berichtszeitraum Juli bis Dezember 1969, Projekt RS 17, Laufzeit 3,5 Jahre, S. 25 f.

[810] IRS-F-7, Berichtszeitraum 1. 7. bis 30. 9. 1971, Projekt RS 52, Laufzeit 2 Jahre.

[811] IRS-F-15 (Juli 1973), Berichtszeitraum 1. 1. bis 31. 3. 1973, Projekt RS 93, Laufzeit 21 Monate, S. 63 f.

[812] IRS-F-15 (Juli 1973), Berichtszeitraum 1. 1. bis 31. 3. 1973, Projekt RS 67, Laufzeit 3 Jahre, S. 65.

[813] IRS-F-17 (November 1973), Berichtszeitraum 1. 7. bis 30. 9. 1973, Projekt RS 78, Laufzeit 3 Jahre, S 75 f.

[814] IRS-F-19 (März 1974), Berichtszeitraum 1. 10. bis 31. 12. 1973, Projekt RS 33, Laufzeit 4 Jahre, S. 79.

[815] IRS-F-20 (Juli 1974), Berichtszeitraum 1. 1. bis 31. 3. 1974, Projekt PNS 4311, Laufzeit 3 Jahre, S. 81 f.

[816] Lageplan der Versuchsanlage in: Die Containment-Versuchsanlage, Detailbericht BF-RS 50–21-1, Battelle-Institut e. V. Frankfurt/M, Oktober 1978, S. C8.

[817] IRS-F-10, Berichtszeitraum 1. 1. bis 31. 3. 1972, Projekt RS 50 „Untersuchung der Vorgänge in einem mehrfach unterteilten Containment beim Bruch einer Kühlmittelleitung wassergekühlter Reaktoren", Auftragnehmer Battelle-Institut Ffm, Arbeitsbeginn 4. 5. 1971, S. 1–4.

[818] IRS-F-16 (August 1973), Berichtszeitraum 1. 4. bis 30. 6. 1973, Projekt RS 50, S. 61 f.

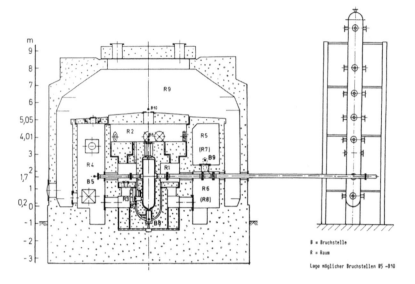

Abb. 6.110 Vertikal-schnitt durch das Modell-containment und den Modell-Reaktordruckbe-hälter (rechts)

Stahlbeton-Außenhülle mit dem Außendurch-messer von 12,1 m und der Wanddicke von 0,45 m. Es stand auf einer 2,0–3,2 m dicken Fun-damentplatte und umfasste einen Rauminhalt von ca. 600 m³. Der halbkugelförmige Kuppelraum von Biblis A wurde durch einen Kegelstumpf-mantel mit einer oberen Montageöffnung von 5 m Durchmesser in grober Näherung nachge-bildet (Abb. 6.110).[819] Abbildung 6.111 zeigt den Aufbau des Modellcontainments mit innerer und mittlerer Zylinderwand sowie die Einschalung der äußeren Zylinderwand und die massive Be-wehrung der Kuppel.[820] In Abb. 6.112[821] ist der Grundriss des Modellcontainments auf Höhe 4,01 m abgebildet. Seine Räume sind durch zahl-reiche Wanddurchbrüche (Überströmöffnungen – Ü) miteinander verbunden. Diese Wanddurch-brüche konnten bei den Experimenten wahlwei-se mit Stahlplatten verschlossen, mit Einsätzen wie Stahlblenden in ihrem freien Querschnitt verkleinert oder ganz geöffnet werden. Die Zy-linder- und Zwischenwände im Innern, für die

man starke Belastungen voraussah, wurden mit einem Bewehrungsanteil von 580 kg Baustahl/m³ gegenüber normalerweise 180–200 kg Stahl/m³ errichtet.[822] Über der Modellanlage wurde für den Ein- und Ausbau schwerer Komponenten ein 32-t-Brückenkran erstellt (Abb. 6.113, links: Reaktorhalle mit Modell-Reaktordruckbehälter (RDB) und Hilfseinrichtungen, rechts: Modell-containment mit darüberführender Krananla-ge).[823]

Die Containment-Außenhülle war für einen maximalen inneren Überdruck von 4,9 bar aus-gelegt. Zur Simulation von verschiedenen DWR-Primärkreis-Leitungsbrüchen mussten für die Druckentlastung („Blowdown") die entsprechen-den Bruchmassen- und Enthalpieströme erzeugt werden. Dies geschah mittels
- eines großen Druckbehälters (5,3 m³, 11,3 m hoch) mit eingebauter Elektroheizung (350 kW), der aus Gründen der besseren Zugänglichkeit in der Reaktorhalle neben dem Modellcontainment aufgestellt wurde (Abb. 6.110 und 6.113),

[819] Kanzleiter, T.: Modellcontainment-Versuche, Ab-schlussbericht RF-RS 50–01, Battelle-Institut e. V. Frank-furt/M, Dezember 1980, Bild 2.2, S. B2.

[820] Battelle-Institut: Die Containment-Versuchsanlage, Detailbericht BF-RS 50–21-1, Frankfurt/M, Oktober 1978, S. 72.

[821] ebenda, S. 68.

[822] IRS-F-11, Berichtszeitraum 1. 4. bis 30. 6. 1972, Pro-jekt RS 50, S. 1–3.

[823] Kanzleiter, T.: Modellcontainment-Versuche, Ab-schlussbericht RF-RS 50–01, Battelle-Institut e. V. Frank-furt/M, Dezember 1980, Bild 2.1, S. B1.

Abb. 6.111 Die Errichtung des Modellcontainments auf dem Gelände des Battelle-Instituts Frankfurt/M.

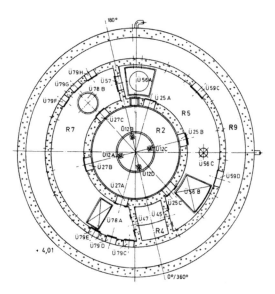

Abb. 6.112 Grundriss des Modellcontainments auf Höhe 4,01 m

Abb. 6.113 Außenansicht der Versuchsanlage des Battelle- Instituts in Frankfurt/M.

- eines kleinen Druckbehälters („Pufferflasche" mit 0,8 m³ Inhalt), der in der Mitte der RDB-Attrappe aus Beton im Zentrum des Modellcontainments eingebaut war (Abb. 6.110),
- der Hauptrohrleitungen („Speiseleitung" mit der Nennweite 200 mm und „Dampferzeugungsleitung" mit NW 150 – Abb. 6.110),
- der Bruchstellen-Simulationen mit Hilfe von Berstscheiben mit Schussauslösung sowie
- der Hilfssysteme zum Umwälzen des Kühlmittels (Pumpen, Rohrleitungen).

Die zulässigen Betriebsbedingungen des Modellkühlkreises betrugen 140 bar und 300 °C. Die Bereitstellung der Messtechnik zur Bestimmung der Durchflusszahl von Überströmöffnungen und der Massenströme erwies sich als ungewöhnlich anspruchsvoll und aufwändig.

Die Modellcontainment-Versuchsanlage war nach mehreren Luftdruckprüfungen und Blowdown-Versuchen im Herbst 1973 für Experimente betriebsbereit. Bis Mitte 1980 wurde mit verschiedenen Umbauten ein Untersuchungsprogramm gefahren, mit dem das Containment-Kurzzeitverhalten während und unmittelbar nach der Blowdown-Phase sowie das Containment-Langzeitverhalten während der Druckaufbau- und -abbauphase studiert wurden.

Bei der Untersuchung des Containment-Kurz-
zeitverhaltens wurden folgende Versuchsparameter verändert: [824], [825], [826]

- Bruchlagen (in verschiedenen Modellräumen:
  Reaktorgrube R0, Stutzenraum R1, Reak-
  torraum R2, Druckhalterraum R4, unterer
  Dampferzeugerraum R6 und Kuppelraum R9
  -Abb. 6.110).
- Bruchquerschnitt (einfache und Doppelend-
  brüche, verschieden große Bruchöffnungen)
- Anordnung von Überströmöffnungen
- Spezifische Bruchraumbelastungen (Variation
  von Abströmquerschnitten).

Die Versuchsbedingungen waren zunächst eng an
den komplexen Originalverhältnissen des Kernkraftwerks Biblis A ausgerichtet. Die Versuchsergebnisse zeigten:

- Druckwellen in bruchnahen Räumen traten
  im Allgemeinen nur mit geringen Amplituden
  auf.[827]
- Druckdifferenzen zwischen Containmenträumen waren mit der Entfernung von der Bruchstelle deutlich gestaffelt und verschwanden
  gegen Blowdown-Ende. Abbildung 6.114
  zeigt die Absolutdruckverläufe in den Containmenträumen nach einem Doppelendbruch
  im Stutzenraum R1. Der in den ersten Sekunden anstehende Differenzdruck zwischen dem
  Stutzen- und dem Druckhalterraum (R1, R4)
  war sehr groß.[828]
- Dampfblasenfreie Wasserstrahlen blieben
  geschlossen und zeigten eine radial eng
  begrenzte Strahlkraftverteilung mit einem
  hohen Maximum in der Strahlmitte, während
  Zweiphasenstrahlen auch bei sehr geringen
  Dampfgehalten sofort hinter der Bruchöffnung durch eine starke Querexpansion mit

einer breiten, flachen Strahlkraftverteilung
gekennzeichnet waren.[829]

Zur Untersuchung des Containment-Langzeit-
verhaltens wurden zwei Versuchsreihen gefahren, mit denen die Druckaufbau- und die Druck-
abbauphase während und nach einem Blowdown
studiert wurden.[830] Wegen der druckabbauenden
Kondensation der Sattdampf-Luft-Gemische an
den kälteren Containmentstrukturen trat der maximale Druck im Containment schon kurze Zeit
vor dem Blowdown-Ende auf. Im Containment
ergaben sich inhomogene Dampf-Luft-Vertei-
lungen. Im Bruchraum und anderen bruchnahen
Räumen wurde die anfangs vorhandene Luft
durch den ausströmenden Dampf in bruchferne
Räume abgedrängt. In der Bruchnähe war der
Dampfgehalt hoch. Es herrschten ein hoher
Dampfpartialdruck und deshalb eine hohe Sättigungstemperatur. In bruchfernen Räumen, in
denen sich die verdrängte Luft sammelte, war
der Luftpartialdruck hoch, der Dampfpartialdruck und damit auch die Raumtemperatur niedrig. Abbildung 6.115[831] macht diese Verhältnisse
deutlich.

In den hohen Räumen, insbesondere dem
Kuppelraum R9, bildeten sich sehr stabile Tem-
peratur- und Dampfgehaltsschichtungen über
der Höhe aus. In zwei Tests wurde die Wirkung
des Containmentsprühens untersucht und ein be-
schleunigter Druckabbau und eine sofortige Auflösung der Temperaturschichtung im Kuppelraum festgestellt.

Bei der Auswertung der integralen, eng an
Originalbedingungen   angelehnten   Versuche
ergab sich die Notwendigkeit, die Rechenverfahren zu verbessern. Anhand der integralen komplexen Versuchsläufe war dies nur sehr begrenzt
möglich, weshalb Versuchsreihen mit idealisier-
ten, auf bestimmte Einzeleffekte ausgerichteten
Versuchsbedingungen gefahren wurden.[832]

[824] IRS-F-25 (Mai 1975), Berichtszeitraum 1. 1. bis 31.
3. 1975, S. 71–74.

[825] IRS-F-28 (März 1976), Berichtszeitraum 1. 10. bis 31.
12. 1976, S. 121–123.

[826] IRS-F-30 (Juni 1976), Berichtszeitraum 1. 1. bis 31.
3. 1976, S. 87–89.

[827] IRS-F-27 (Dezember 1975), Berichtszeitraum 1. 7. bis
30. 9. 1975, S. 77–80.

[828] Kanzleiter, T.: Modellcontainment-Versuche, Abschlussbericht RF-RS 50-01, Battelle-Institut e. V. Frank-
furt/M, Dezember 1980, S. B46.

[829] GRS-F-40 (Juni 1977), Berichtszeitraum 1. 1. bis 31.
3. 1977, S. 147–150.

[830] Kanzleiter, T.: Modellcontainment-Versuche, Abschlussbericht RF-RS 50-01, Battelle-Institut e. V. Frank-
furt/M, Dezember 1980, S. 136–146.

[831] ebenda, Abb. 4.4.5, S. B69.

[832] IRS-F-31 (September 1976), Berichtszeitraum 1. 4.
bis 30. 6. 1976, S. 111–113.

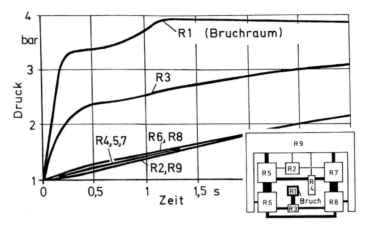

Abb. 6.114 Absolutdrücke in den Containmenträumen nach Doppelendbruch im Stutzenraum R1

Bis Mitte des Jahres 1980 wurden insgesamt 33 Containmentexperimente durchgeführt, die zum damaligen Zeitpunkt ein weltweit einmaliges, umfangreiches Datenmaterial zur Überprüfung und Weiterentwicklung von Rechenprogrammen zur Analyse des Verhaltens von Volldruck-Containments erbrachten (Codes COFLOW, DDIFF 2, COMPARE, BEACON). Damit wurden die Grundlagen dafür geschaffen, die Größenordnung der tatsächlichen Sicherheitsreserven in der Containmentauslegung zu bestimmen. Weitere offene Fragen bei der Simulation des Containmentverhaltens wurden benannt und Anregungen für zusätzliche Experimente gegeben. Die analytischen Berechnungen ergaben in der Regel konservative Ergebnisse, die verdeutlichten, dass die Containment-Auslegung im Allgemeinen überdimensioniert war.[833]

Zwei Versuche wurden im Auftrag des Bundesministers des Innern national und international (OECD-CSNI) als Erstes und Zweites Containment-Standard-Problem ausgeschrieben. An der Problemlösung beteiligten sich jeweils etwa 10 in- und ausländische Teilnehmer. Es wurden dadurch beträchtliche Erkenntnisse und Erfahrungen auf dem Gebiet der Containment-Modellrechnungen gewonnen.[834] Der Bundesfor-

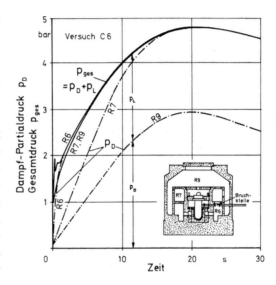

Abb. 6.115 Gemessene Luft- und Dampfpartialdrücke in den Containmenträumen R6, R7, R9

schungsminister bewilligte für das Containment-Versuchsprogramm des Battelle-Instituts in den Jahren 1971–1980 Mittel in Höhe von insgesamt 22 Mio. DM.[835] Die Battelle-Containment-Versuchsanlage wurde noch einmal in den Jahren 1989–1991 für Experimente mit Wasserstoff-Deflagrationen benutzt (s. Kap. 6.5.6).

Die Fülle der in der Bundesrepublik Deutschland geplanten und durchgeführten Forschungsvorhaben auf dem Containmentgebiet machten ihre ins Einzelne gehende Abstimmung mit dem

---

[833] Kanzleiter, T. F.: Experimental Investigations of Pressure and Temperature Loads on a Containment after a Loss-of-Coolant Accident, Nuclear Engineering and Design, Vol. 38, 1976, S. 159–167.

[834] Kanzleiter, T.: Modellcontainment-Versuche, Abschlussbericht RF-RS 50-01, Battelle-Institut e. V. Frankfurt/M, Dezember 1980, S. 147–149.

[835] GRS-F-79 (Juni 1979), Berichtszeitraum 1. 1. bis 31. 3. 1979, Projekt RS 50, lfd. Nr. 70, S. 1–3.

ebenfalls umfangreichen Forschungsprogramm in den USA wünschenswert. Am 6.3.1974 war zwischen der USNRC und dem BMFT eine Vereinbarung über den technischen Austausch und die Zusammenarbeit auf dem Gebiet der Reaktorsicherheitsforschung und -entwicklung abgeschlossen worden. Es war in der Folge zu kurzen Informationsbesuchen und zum Austausch von Informationsmaterial gekommen. Im Jahr 1978 wurde im BMFT der Entschluss gefasst, die Kooperation mit den USA auf dem Containmentgebiet zu beleben und zu vertiefen. Die Gesellschaft für Reaktorsicherheit (GRS) wurde mit einem besonderen Projekt[836] beauftragt, folgende Ziele zu verfolgen:

- Ermittlung detaillierter Aussagen über die Gesamtheit der theoretischen und experimentellen Arbeiten zu Containmentproblemen auf bilateraler Basis,
- Beschleunigung des bilateralen Informationsaustausches,
- Mithilfe bei der Pflege und Weiterentwicklung von Rechenprogrammen,
- Zentralisierung der Anfragen auf dem Containmentgebiet aus der Bundesrepublik Deutschland.

Im Rahmen dieses Projektes wurde von deutscher Seite die Teilnahme an den Containment Code Review Group Meetings und den Midyear Review Meetings der USNRC sowie den Common Review Group Meetings von USNRC-BMFT intensiv vorbereitet und mit angemessener Präsenz durchgeführt. In den USA wurde ein Seminar über Containmentaktivitäten in der Bundesrepublik abgehalten. Das amerikanische Rechenprogramm BEACON/MOD2 A wurde in seiner Draft-Version der GRS übergeben, die eine Verifikationsmatrix erstellte und untersuchte, welche Grundlagenexperimente zur Beschaffung fehlender Daten zur Verifikation dieses Codes noch erforderlich waren.

Die Containment-Versuchsanlage des Battelle-Instituts in Frankfurt/M wurde noch einmal, nun im Rahmen der Untersuchungen zu den schweren Reaktorunfällen, für die Erforschung der Vorgänge bei der Wasserstoff-Deflagration in mehrfach unterteilten Containments genutzt. In den Jahren 1989–1991 wurden 67 Experimente vorgenommen, bei denen neben der H_2-Konzentration (zwischen 5,5 und 14 Vol. %) und der Wasserdampfkonzentration (zwischen 0 und 60 Vol. %) insbesondere die Geometrie der Versuchsanordnung (ketten- oder ringförmig, Anzahl und Größe der Räume, Größe der Verbindungsöffnungen u. a.) variiert wurden. Bei diesen Versuchen wurde beobachtet, dass aus H_2-Deflagrationen enorme Druckspitzen entstehen können, die ein hohes Zerstörungspotenzial für die inneren Containmentstrukturen besitzen und wegfliegende Trümmerstücke erzeugen können, die für äußere Umschließungen eine Gefahr darstellen.[837]

Die zerstörerische Wirkung von Wasserstoff-Luft-Deflagrationen in mehrfach räumlich unterteilten Containments machte deutlich, dass die Überschreitungen der Deflagrationsgrenze und auf alle Fälle der Detonationsgrenze im Dreistoffsystem Luft-Wasserdampf-Wasserstoff unbedingt vermieden werden müssen. Bei einer Kernschmelze mit dem Oxidieren des Hüllmaterials und der Reaktion des Fundamentbetons mit der Schmelze entstehen große Wasserstoffmengen. Zur Vermeidung hoher Wasserstoffkonzentrationen im Containment wurden Maßnahmen einer gezielten frühzeitigen und kleinräumigen Verbrennung des Wasserstoffs mittels Funken-Zündern, katalytischen Zündern oder katalytischen Rekombinatoren untersucht. Die Reaktorsicherheitskommission (RSK) hatte im April 1994 zur Risikominderung bei Freisetzung von Wasserstoff in den Sicherheitsbehälter (SB) nach auslegungsüberschreitenden Ereignissen

---

[836] GRS-F-79 (Juni 1979), Berichtszeitraum 1. 1. bis 31. 3. 1979, Projekt RS 343, Abstellung zur USNRC zur Kooperation auf dem Containmentgebiet, Auftragnehmer GRS, Projektleiter Dr. G. Mansfeld, Laufzeit 1. 9. 1978 bis 31. 8. 1979, Finanzmittel 0,18 Mio. DM, lfd. Nr. 69, S 1–5.

[837] Kanzleiter, T. F.: Hydrogen Deflagration Experiments Performed in a Multi-Compartment Containment, in: Kussmaul, Karl F. (Hg.): Transactions of the 12th International Conference on Structural Mechanics in Reactortechnologies, 15.-20. 8. 1993, Stuttgart, Vol. U: Severe Containment Loading and Core Melt, Elsevier, Amsterdam, 1993, S. 61–78.

die Ausrüstung der SB mit katalytischen Rekombinatoren empfohlen.[838, 839, 840, 841]

Die Sicherheitsbehälter waren jedoch in der Bundesrepublik Deutschland schon als Konsequenz aus dem TMI-2-Störfall mit folgenden Wasserstoffsystemen nachgerüstet worden:

- Wasserstoff-Detektionssystem
- Wasserstoff-Durchmischungssystem
- Wasserstoff-Rekombinationssystem

6.5.7 Nationale und internationale Forschungsvorhaben zum Schutz gegen Einwirkungen von außen (EVA) – unterirdische Bauweise, Explosionsdruckwellen, Erdbeben, Flugzeugabsturz

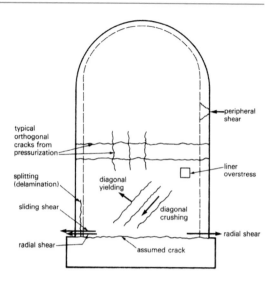

Abb. 6.116 Mögliche Schäden an einem Stahlbeton-Containment mit Liner

Die frühen Containments waren im Wesentlichen gegen inneren Überdruck nach Kühlmittelverlust-Störfällen ausgelegt. Bei der Berechnung der Schalen konnte in guter Näherung – mit Ausnahme einiger Übergangsstellen – ein Membranverhalten zugrunde gelegt werden. Mit der Errichtung großer Leistungskernkraftwerke wurden zusätzliche Lastfälle berücksichtigt, bei deren rechnerischen Erfassung einfache linear-elastische Betrachtungen nicht mehr genügten. Durch von außen einwirkende Erschütterungen, Beschleunigungen, horizontale und vertikale Versetzungen, durch den Aufprall von Flugkörpern und Druckwellen können komplexe dynamische Belastungen und Beschädigungen des Containments auftreten.

In den USA wurden die Forschungsarbeiten mehr und mehr auf das innen mit einer Stahl-

blechauskleidung (Liner) versehene Stahlbeton- bzw. Spannbeton-Containment ausgerichtet, das Mitte der 60er Jahre zur vorherrschenden Bauart wurde. Diese Bauart unterschied sich wesentlich vom deutschen Druckwasserreaktor-Containment aus freistehender Stahlblechkugel und freistehender Stahlbetonhülle mit einer kontrollierten Atmosphäre im Zwischenraum.

Abbildung 6.116 zeigt schematisch denkbare Rissausbildungen in einem Stahlbeton-Reaktorgebäude, das seismischen Belastungen ausgesetzt war.[842] Die realitätsnahe Ermittlung der von EVA verursachten Containment-Belastungen für verschiedene bautechnische Containment-Ausformungen an unterschiedlich seismisch aktiven Standorten und für unterschiedlich destruktive Flugzeugabstürze und Druckwellen erwies sich als außerordentlich schwierig. Die Erkundung der Sicherheitsreserven bestimmter Containment-Bauarten bis zu ihrem katastrophalen Versagen stellte hohe Ansprüche an die Forschungseinrichtungen der beteiligten Staaten. Für Japan und die USA standen die bautechnischen Vorsorgemaßnahmen gegen Erdbeben-Einwirkungen ganz im Vordergrund des Forschungsinteresses.

[838] Kanzleiter, T. und Seidler, M.: Katalytische Rekombinatoren zum Abbau von Wasserstoff, atw, Jg. 40, Juni 1995, S. 392–396.

[839] Heck, R., Kelber, G., Schmidt, K.-E. und Zimmer, H.-J.: Hydrogen Reduction Following Severe Accidents, atw, Jg. 38, Dezember 1993, S. 850–853.

[840] Ferroni, F., Collins, P. und Schiel, L.: Containmentschutz mit Wasserstoffrekombinatoren, atw, Jg. 39, Juli 1994, S. 513 f.

[841] Fineschi, F., Bazzichi, M. und Carcassi, M.: A study on the hydrogen recombination rates of catalytic recombiners and deliberate ignition, Nuclear Engineering and Design, Vol. 166, 1996, S. 481–494.

[842] Gergely, P. und White, R. N.: Research Needs for Design of Concrete Containment Structures, Nuclear Engineering and Design, Vol. 69, 1982, S. 183–186.

In der Bundesrepublik Deutschland legten die atomrechtlichen Genehmigungsbehörden der Länder und der Bundesminister des Innern (BMI) strenge Maßstäbe an Kernkraftwerks-Standorte in der Nähe von industriellen und urbanen Ballungsräumen. Dabei wurden auch denkbare Folgen extremer äußerer Einwirkungen betrachtet. Anfang der 70er Jahre wurde erkannt, dass für sachlich fundierte standortbezogene Entscheidungen in wichtigen Gebieten wissenschaftlich gesicherte Fakten fehlten. Während der Bundesminister für Forschung und Technologie (BMFT) die Reaktorsicherheit allgemein erforschte, legte der BMI Forschungsvorhaben auf, deren Ergebnisse standortspezifische Entscheidungen in den Genehmigungsverfahren ermöglichen oder doch erleichtern sollten. Die Sicherheitsforschung des BMI richtete sich auf Fragen der unterirdischen Bauweise, Erdbeben-Einwirkungen und in Abstimmung mit dem BMFT auf gewisse Aspekte der Druckwellen und des Flugzeugabsturzes.

Am 16. September 1976 konstituierte sich unter dem Vorsitz von Prof. Dr. Dieter Smidt der Unterausschuss der Reaktorsicherheitskommission (RSK-UA) „Sicherheitsforschung". Als seinen Beratungsauftrag benannte der BMI die Beschreibung der noch bestehenden Erkenntnislücken und der Forschungsarbeiten, die zu deren Schließung für die unmittelbar überschaubare Genehmigungslage notwendig seien.[843] Der neue RSK-UA erarbeitete Empfehlungen für Analysen, Studien und Forschungs- und Entwicklungsarbeiten auf dem Gebiet der Sicherheit von Leichtwasserreaktoren. Ein Schwerpunkt bildete das Gebiet der EVA (insbesondere bautechnische Untersuchungen).[844, 845] Die Arbeiten konzentrierten sich hier in den Jahren 1972–1979 auf Fragen der unterirdischen Bauweise, der chemischen Explosionen und des Flugzeugabsturzes. Das Thema Erdbeben wurde erst Ende der 70er Jahre zu einem Schwerpunkt

der EVA-Forschungsarbeiten des BMI. Wegen der geringen Erdbebentätigkeit in Deutschland war dieses Thema nicht vorrangig. Die amerikanischen und japanischen Arbeiten auf diesem Gebiet wurden aufmerksam verfolgt. Die RSK empfahl insbesondere das Studium der japanischen Vorgehensweise bei der Vorsorge gegen Erdbeben-Einwirkungen. Vor- und Nachteile der japanischen Verfahren sollten aufgezeigt und auf dieser Grundlage eigene Forschungsvorhaben vorgeschlagen werden. Die deutschen Untersuchungen zielten weniger auf die Beschaffung von Planungsunterlagen für die zu errichtenden Anlagen als vielmehr auf die Ermittlung der Sicherheitsreserven deutscher Kernkraftwerke. Für die probabilistischen deutschen Risikostudien (s. Kap. 7.3) wurden die erforderlichen Daten gewonnen.

Die Forschungsvorhaben zu EVA waren Mitte der 80er Jahre alle abgeschlossen. Die finanziellen Aufwändungen betrugen in den Jahren 1972–1974 zusammen 1,6 Mio. DM und in den Jahren 1975–1979 insgesamt 19,4 Mio. DM. Für die Untersuchungen in den Jahren 1980–1986 wurden ca. 1,4 Mio. DM ausgegeben. Die durchgeführten Arbeiten wurden von der RSK alle in der Kategorie „Grundlagen für Verbesserungen der sicherheitstechnischen Auslegung der Anlage" unter der Priorität A „kurzfristig erforderlich" eingeordnet.

Unterirdische Bauweise Der BMI initiierte im Frühjahr 1974 ein Studienprojekt zur Untersuchung der Probleme der Errichtung und des Betriebs von unterirdischen Kernkraftwerken. Schon bei der Planung des Demonstrations-Kernkraftwerks Obrigheim war ein unterirdischer und ein Kavernen-Standort in der Diskussion gewesen. Einige unterirdisch errichtete Kernkraftwerke kleinerer Leistung existierten bereits: Halden (Norwegen), Ågesta (Schweden), SENA Chooz (Frankreich) und Lucens (Schweiz). Von der unterirdischen Bauweise versprach sich der BMI einen Sicherheitsgewinn hinsichtlich der EVA und eine verbesserte Akzeptanz der Kernenergienutzung in der Gesellschaft. Die Untersuchungen sollten sich vor allem auf die in offener Grubenbauweise errichteten und dann

---

[843] AMPA Ku 74, Ergebnisprotokoll 1. Sitzung RSK-UA Sicherheitsforschung, 16. 9. 1976.

[844] AMPA Ku 74, Ergebnisprotokoll 12. Sitzung RSK-UA Sicherheitsforschung, 15. 6. 1979, Anlagen.

[845] AMPA Ku 74, Ergebnisprotokoll 15. Sitzung RSK-UA Sicherheitsforschung, 4. 7. 1980, Anhang.

überdeckten Anlagen richten.[846] Als Beratungsgremium setzte er einen Projektbeirat ein, dem
neben unabhängigen Sachverständigen auch Vertreter der Kernkraftwerks-Hersteller und Elektri-
zitätsversorgungs-Unternehmen angehörten. Der
BMI vergab 25 Teilstudien an das Battelle-Institut, die Fa. Dywidag, die Kernforschungsanlage
Jülich, die Gesellschaft für Reaktorsicherheit,
die Bundesanstalten für Geowissenschaften und
Rohstoffe sowie für Gewässerkunde, Hochschul-
Institute, Ingenieurbüros u. a. Der finanzielle
Aufwand für diese Studien, die in den Jahren
1974 bis 1979 durchgeführt wurden, betrug
7,3 Mio. DM. Der BMI unterrichtete wiederholt
den Innenausschuss des Deutschen Bundestags
über die Ergebnisse seines Studienprojekts.[847]

Von Mai 1978 bis Dezember 1979 befasste
sich der RSK-UA Sicherheitsforschung mehrfach
mit dem BMI-Studienprojekt und beantwortete
einen umfangreichen BMI-Fragenkatalog.[848] Er
nahm wie folgt zu den Studienergebnissen Stellung: *„Unter Beachtung der möglichen Ertüchtigung des oberirdischen Kernkraftwerks geht
nach Meinung der RSK aus den bisher durchgeführten Untersuchungen nicht hervor, inwieweit
die unterirdische Bauweise sicherheitstechnische
Vorteile bietet. Die potenziellen sicherheitstechnischen Vorteile einer unterirdischen Bauweise
werden vor allem dadurch relativiert, dass lebenswichtige Anlagenteile doch oberirdisch sein
müssen*:

- *Zugänge, Schleusen und Verbindungskanäle
  für Rohrleitungen und Kabel,*
- *die Haupt- und Not-Wärmesenke.*"

Die unterirdische Bauweise ziele auf die Verminderung der Auswirkungen sehr unwahrscheinlicher Unfälle ab; sie liefere keinen Beitrag zur
Verringerung der Eintrittswahrscheinlichkeit anlageninterner Unfälle. Gegen von außen auf das
Kernkraftwerk gerichtete Einwirkungen Dritter
biete die unterirdische Bauweise Vorteile, da die
angebotene Zielfläche kleiner sei. Die Wärmesenke sei jedoch in gleicher Weise verletzbar.
Nach Konsultation des Infrastrukturstabs der
Bundeswehr stellte der RSK-UA fest, dass sich
ein Schutzzuwachs gegenüber Einwirkungen
Dritter auf Hohlladungsgeschosse und solche
kleinkalibrigen Waffen beziehe, die von terroristischen Banden mitgeführt werden könnten. Die
gleiche Schutzwirkung hiergegen ließe sich mit
geringeren Kosten auch bei der oberirdischen
Konzeption erreichen.[849] Der gezielte Angriff
auf ein Kernkraftwerk mit einem von Terroristen
entführten Verkehrsflugzeug war zu diesem Zeitpunkt nicht vorstellbar.

Die RSK übernahm im Wesentlichen die Bewertung des RSK-UA Sicherheitsforschung,
betonte jedoch, dass eine Beurteilung der unterirdischen Bauweise von Kernkraftwerken in ent-
scheidendem Maße von den insbesondere hinsichtlich schwerster äußerer Einwirkungen (u. a.
durch Waffen) einzuhaltenden Schutzzielen abhängig sei.[850, 851]

Die grundsätzlich skeptische Einstellung der
RSK gegenüber der unterirdischen Bauweise
teilten auch die Hersteller und Betreiber von
Kernkraftwerken: *„Der hohe Sicherheitsstan-
dard des oberirdischen Kernkraftwerks ist das
Ergebnis einer langjährigen, stetigen und auf
Betriebserfahrungen gestützten Entwicklung.
Eine schrittweise, stetige Verbesserung dieses*

---

[846] Kröger, W., Altes, J. und Schwarzer, K.: Underground
Siting of Nuclear Power Plants with Emphasis on the 'cut-
and-cover' Technique, Nuclear Engineering and Design,
Vol. 38, 1976, S. 207–227.

[847] AMPA Ku 74, Das Sudienprojekt „Unterirdische Bau-
weise von Kernkraftwerken" des Bundesministers des
Innern, 2. Zwischenbericht für den Innenausschuss des
Deutschen Bundestags, Stand 23. 9. 1979, Anlage zum
Ergebnisprotokoll der 13. Sitzung des RSK-UA Sicher-
heitsforschung, 12. 11. 1979.

[848] AMPA Ku 74, Entwurf: Zusammenfassung und ergänzende Kommentare zur RSK-Stellungnahme der 143.
Sitzung, Anlage 3 zum Ergebnisprotokoll der 14. Sitzung
des RSK-UA Sicherheitsforschung, 18. 12. 1979.

[849] AMPA Ku 74, Entwurf: Zusammenfassung und ergänzende Kommentare zur RSK-Stellungnahme der 143.
Sitzung, Anlage 3 zum Ergebnisprotokoll der 14. Sitzung
des RSK-UA Sicherheitsforschung, 18. 12. 1979, S. 10.

[850] BA B 106-75332, Ergebnisprotokoll 143. RSK-Sitzung, 21. 3. 1979, Anlage 1

[851] vgl. auch Buchhardt, F.: Some Comments on the Con-
cept of 'Underground Siting of Nuclear Power Plants' –
A Critical Review of the Recently Elaborated Numerous
Studies, Nuclear Engineering and Design, Vol. 59, 1980,
S. 217–230.

bewährten Konzepts ist effektiver und sinnvoller als sprunghafte Änderungen, die mit erheblichen Unwägbarkeiten belastet sind. Gerade dies ist bei der unterirdischen Bauweise der Fall. ..."[852]

Explosionsdruckwellen Die Druckwellenentstehung und -ausbreitung bei Gasexplosionen war eine Frage der Sicherheitstechnik bei der Produktion, Lagerung, Handhabung und dem Transport explosionsgefährlicher Stoffe. In den USA fanden Druckwellen aus chemischen Explosionen neben anderen Einwirkungen von außen auf Kernkraftwerke wie Erdbeben, Hurrikane/Tornados, Tsunamis, Flugkörper oder extreme Schnee- und Eislasten kein besonderes Interesse. Untersuchungen der Belastungen aus Detonations-Druckwellen (blast detonation) waren noch 1977 und 1979 in den umfassenden Listen der USNRC-Forschungsthemen enthalten, wurden jedoch nicht in die tatsächlichen USNRC-Forschungsprogramme aufgenommen.[853, 854]

In der Bundesrepublik Deutschland war die Entstehung chemischer Explosionen und deren Wirkung auf Gebäude und Anlagen in den Jahren 1973–1976 ein Gegenstand von BMFT-Forschungsvorhaben, für die annähernd 2 Mio. DM aufgewendet wurden. Diese Forschungen wurden damit begründet, dass

- eine engere Kopplung zwischen Chemiebetrieben und Kernkraftwerken wegen des großen Energie- und Prozessdampfbedarfs der chemischen Industrie zu erwarten sei (das Kernkraftwerk am Standort BASF, Ludwigshafen, war gerade in Planung) und
- beim Transport chemischer Produkte in der Nähe von Kernkraftwerken auf Schiene, Straße und Wasserwegen Unfälle mit chemischen Explosionen entstehen könnten.

Von besonderem Interesse waren transportgefährliche Stoffe wie Methan, Äthylen und Propan, die nach ihrer Freisetzung als driftende Wolken explosibel sind. Die möglicherweise später nachfolgende Explosion des leckgeschlagenen Transportbehälters war ebenfalls zu betrachten.[855]

Das Institut für Chemische Technologie (ICT) in Berghausen bei Karlsruhe und das Ernst-Mach-Institut (EMI) in Freiburg der Fraunhofer Gesellschaft e. V., München, wurden 1973 mit der Durchführung der Forschungsarbeiten beauftragt.[856, 857] Die Untersuchungen zielten auf die Ermittlung der

- Ausströmprozesse explosionsgefährlicher Gase und Flüssigkeiten aus Behältern sowie Verdampfungs-, Ausbreitungs- und Mischvorgänge in Luft abhängig von Umweltbedingungen (Temperatur, Wind, Untergrund u. ä.),
- Zündgrenzen explosibler Gemische unter verschiedenen Randbedingungen sowie
- orts- und zeitabhängigen Verläufe des statischen, dynamischen und reflektierten Überdrucks in der Umgebung einer Gasexplosion.

Die Frage, unter welchen Randbedingungen bei Gasexplosionen in freier Atmosphäre Deflagrationen bzw. Detonationen auftreten und ineinander übergehen, wurde besonders aufmerksam untersucht. Diese Frage hatte zu einem Konflikt zwischen BMI und RSK geführt (s. Kap. 6.1.2). Deflagrationen und Detonationen unterscheiden sich wesentlich. Eine Deflagrations- (Flammen-) Front läuft mit Unterschallgeschwindigkeit und erhöht den Druck vergleichsweise nur geringfügig. Eine Detonationsfront (Stoßwelle) bewegt

---

[852] AMPA Ku 74, Ergebnisprotokoll 13. Sitzung RSK-UA Sicherheitsforschung, 12. 11. 1979, S. 7.

[853] Browzin, B. S.: Regulatory Research in Structural Design and Analysis of Nuclear Power Plants, Nuclear Engineering and Design, Vol. 50, 1978, S. 30.

[854] Browzin, B. S. und Shao, L. C.: Structural and Mechanical Engineering Research of the U. S. Nuclear Regulatory Commission, Nuclear Engineering and Design, Vol. 59, 1980, S. 3–13.

[855] Jungclaus, D.: Basic Ideas of a Philosophy to Protect Nuclear Plants against Shock Waves related to Chemical Reactions, Nuclear Engineering and Design, Vol. 41, 1977, S. 75–89.

[856] IRS-F-19 (März 1974), Berichtszeitraum 1. 10. bis 31. 12. 1973, Vorhaben RS 102-6, Entstehung chemischer Explosionen und deren Wirkung auf sicherheitstechnisch wichtige Reaktorkomponenten, Laufzeit 1. 9. 1973 bis 31. 12. 1976, Projektleiter Dr. Pförtner, Dipl.-Ing. G. Hoffmann.

[857] IRS-F-19 (März 1974), Berichtszeitraum 1. 10. bis 31. 12. 1973, Vorhaben RS 102-9, Beugung von Druckwellen um Reaktorgebäude, Laufzeit 1. 9. 1973 bis 31. 12. 1976, Projektleiter G. Hoffmann.

sich mit Überschallgeschwindigkeit und erhöht den Druck stark und sprunghaft.

Um die Ausströmvorgänge explosibler Gase unter definierten, reproduzierbaren Bedingungen untersuchen zu können, wurde eine Halle errichtet. Auf einem Versuchsfeld im Steinbruch des ICT wurden freie Gaswolken durch Ballons aus 0,1 mm dicker Polyäthylen-Folie mit einem Volumen von 1,5 m³ und 15 m³ simuliert, die mit Gas-Luft-Gemisch gefüllt waren. In Abb. 6.117 ist ein Doppel-Ballon-Versuch zu sehen.[858]

Zur Messung der Flammen-Ausbreitungsgeschwindigkeiten wurden Schlauchversuche durchgeführt (Abb. 6.118).[859] Die Schlauchlänge betrug 27 m, der Durchmesser 0,8 bzw. 0,5 m. Die Zündung der Gas-Luft-Gemische wurde zentral oder peripher mit verschiedenen Techniken vorgenommen: Glühdraht, Funke, pyrotechnischer Zündpille und detonativer Zündkapsel.[860]

Neben den Untersuchungen der Ausströmvorgänge in der Halle und den Vorversuchsreihen wurden über 100 Freifeldversuche mit Ballons und ca. 50 Schlauchversuche gefahren. Wegen der Gefährlichkeit des Äthylens (C_2H_4) wurde mit diesem Stoff besonders intensiv experimentiert. Die untere Zündgrenze von Äthylen wurde zu 2,8 Vol.-%, die obere Zündgrenze zu 30,5 Vol.-% bestimmt. In Äthylen-Luft-Gemischen mit einem C_2H_4-Anteil $\geq$ 5,5 %, die mit detonativen Zündkapseln gezündet wurden, entstanden vollständige Detonationen.[861] Die kritische Sprengstoffmenge (Nitropenta) in detonativen Zündern (das ist die im Ballonzentrum gezündete Sprengstoffmenge, die gerade ausreicht, um die detonative Umsetzung eines trockenen Gas-Luft-Gemisches zu erzielen) wurde mit 6–8 g ermittelt.[862] Für stöchiometrische Propan-Luft-Gemische lag die kritische Sprengstoffmenge (Plastiksprengstoff DM

Abb. 6.117 Zwei sich berührende 15-m³-Ballons mit Gas-Luft-Gemisch

Abb. 6.118 Schlauchversuche im ICT-Steinbruch

12) zwischen 70 und 80 g. Im stöchiometrischen Methan-Luft-Gemisch konnten selbst 2,5 kg Sprengstoff keine Gasdetonation auslösen.[863]

Die Ballon- und Schlauchversuche mit den verschiedenen Gas-Luft-Gemischen, die mit normalen Zündpillen, Funken oder Zünddraht gezündet wurden, verliefen immer deflagrativ. Es war weder eine Flammenbeschleunigung noch ein Übergang der Deflagration in eine Detonation erkennbar. Auch bei Doppelballon-Versuchen, bei denen die Ballons durch eine Öffnung mit-

[858] IRS-F-26 (August 1975), Berichtszeitraum 1. 4. bis 30. 6. 1975, S. 187–193.

[859] IRS-F-27 (Dezember 1975), Berichtszeitraum 1. 7. bis 30. 9. 1975, S. 143–147.

[860] IRS-F-20 (Juli 1974), Berichtszeitraum 1. 1. bis 31. 3. 1974, S. 137 f.

[861] IRS-F-26 (August 1975), Berichtszeitraum 1. 4. bis 30. 6. 1975, S. 188.

[862] IRS-F-27 (Dezember 1975), Berichtszeitraum 1. 7. bis 30. 9. 1975, S. 143 f.

[863] IRS-F-33 (Dezember 1976), Berichtszeitraum 1. 7. bis 30. 9. 1976, S. 179–181.

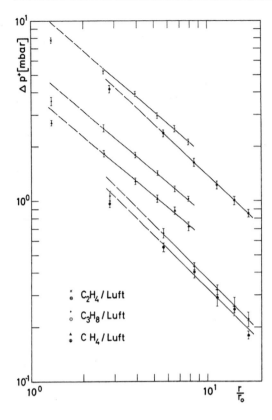

Abb. 6.119 Spitzenüberdrücke bei Deflagration von Gas-Luft-Gemischen

einander verbunden waren und ein Ballon detonativ gezündet wurde, konnte eine Übertragung der Detonation auf den benachbarten Ballon nicht festgestellt werden.[864] Diese Befunde bestätigten die Auffassung von RSK und Battelle-Institut in der Auseinandersetzung um die BMI-Richtlinie für den Schutz von Kernkraftwerken gegen Druckwellen aus chemischen Reaktionen (s. Kap. 6.1.2), dass es bei Transportunfällen mit der Freisetzung von Kohlenwasserstoffen nicht zu Detonationsdruckwellen kommen kann.

Die deflagrativen Ballonversuche mit den beiden Ballongrößen ergaben Spitzenüberdrücke im Bereich von mbar. Abbildung 6.119 zeigt in doppel-logarithmischer Darstellung die Druckabnahme mit dem Abstand vom Ballonzentrum, wobei auf die positive Druckphase eine negative Druckphase folgt. Die Kurven für verschieden große

Ballons fallen nicht zusammen. Dies macht die Probleme der Übertragung von Modellversuchen auf große Wolken deutlich. Die Normierung auf den „Wolkenradius" r_0 (= Ballonradius) kann nur grobe Näherungen liefern.[865]

Zur Untersuchung der deflagrativen Vorgänge in größeren Gasmengen wurde ein Äthylen-Luft-Gemisch (C_2H_4-Anteil 10,6 %) in einem Würfel aus Polyäthylenfolie mit einer Kantenlänge von 8 m gezündet. Der höchste gemessene Spitzenüberdruck betrug weniger als 10 mbar.[866] Vonseiten der Herstellerfirma KWU AG war aufgrund eigener Untersuchungen die Entwicklung von Detonationen aus Gas-Luft-Gemischen in freier Atmosphäre ebenfalls praktisch ausgeschlossen worden.[867]

Im EMI wurde die Druckstoßbelastung eines Gebäude-Ensembles aus Reaktorgebäude, Maschinenhaus, Hilfs- und Schaltanlagengebäuden experimentell in Stoßrohren untersucht. Voruntersuchungen wurden an vereinfachten, zweidimensionalen Modellen in einem kleinen Stoßrohr vorgenommen; sie zeigten ein sehr kompliziertes Beugungsfeld zwischen zwei Gebäuden.[868] Die eigentlichen Tests wurden in einem großen Stoßrohr mit einem Durchmesser von 2,4 m an einem dreidimensionalen Kernkraftwerksmodell (Durchmesser des Reaktorgebäudes 30 cm) gefahren. Das Modell konnte in verschiedene Belastungsrichtungen gedreht werden.[869] In Abb. 6.120 sind die Stoßwellenbelastungen am Reaktorgebäude vorne und am Hilfsanlagengebäude dargestellt, wie sie nur von einer Detonation verursacht werden können. In der Nische zwischen Reaktor- und Hilfsanlagengebäude tritt eine äußerst kurzfristige Druckspitze

[864] IRS-F-31 (September1976), Berichtszeitraum 1. 4. bis 30. 6. 1976, S. 219–223.

[865] GRS-F-35 (März 1977), Berichtszeitraum 1. 10. bis 31. 12. 1976, S. 261–267.

[866] IRS-F-31 (September1976), Berichtszeitraum 1. 4. bis 30. 6. 1976, S. 220.

[867] Koch, C. und Bökemeier, V.: Phenomenology of Explosions of Hydrocarbon Gas-Air Mixtures in the Atmosphere, Nuclear Engineering and Design, Vol. 41, 1977, S. 69–74.

[868] IRS-F-25 (Mai 1975), Berichtszeitraum 1. 1. bis 31. 3. 1975, S. 139 f.

[869] IRS-F-23 (März 1975), Berichtszeitraum 1. 10. bis 31. 12. 1974, S. 188.

Abb. 6.120 Druck-Zeit-Verläufe an Messstellen des Kernkraftwerksmodells

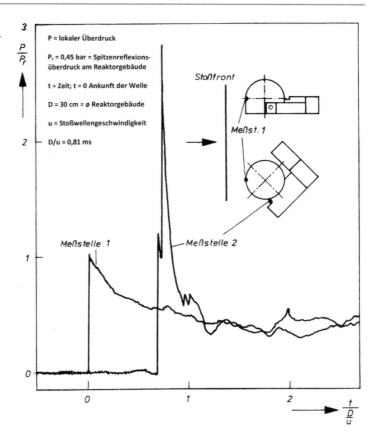

P = lokaler Überdruck

P_r = 0,45 bar = Spitzenreflexionsüberdruck am Reaktorgebäude

t = Zeit; $t = 0$ Ankunft der Welle

D = 30 cm = ø Reaktorgebäude

u = Stoßwellengeschwindigkeit

D/u = 0,81 ms

Stoßfront

Meßst. 1

Meßstelle 1

Meßstelle 2

auf, die den 2,8fachen Wert des Reflexionsüberdrucks vorne am Reaktorgebäude erreicht.[870] Die Experimente im ICT-Steinbruch hatten jedoch ergeben, dass Gasexplosionen bei Freisetzungen in die Atmosphäre nach Transportunfällen nicht als Detonationen, sondern als Deflagrationen mit geringen Spitzenüberdrücken ablaufen. Die Massen-Abstandsformel der BMI-Richtlinie zum Schutz gegen Explosionsdruckwellen war infrage zu stellen.[871] Die Anforderungen der Genehmigungsbehörden an die deutschen Kernkraftwerke hatten für diesen Lastfall also große Sicherheitsreserven zur Folge.

Erdbeben Die öffentliche Sicherheit hatte bei der Nutzung der Kernenergie stets Vorrang. Wo

sicherheitsrelevante Sachverhalte nicht hinreichend genau bekannt waren, wurden deshalb mit Nachdruck konservative Auslegungsanforderungen gestellt. Die am schwierigsten erfassbaren Belastungen der Gebäude, Systeme und Komponenten von Kernkraftwerken werden von Erdbeben verursacht. In den Ländern mit starken seismischen Aktivitäten, wie Japan oder die USA, wurde die Erforschung der Erdbeben-Einwirkungen intensiv betrieben. Im zeitlichen Verlauf waren die Forschungsvorhaben ausgerichtet auf

- die Erkundung der durch Erdbeben induzierten Phänomene und ihrer Randbedingungen,
- die Prüfung der regulatorischen Anforderungen an die sicherheitstechnischen Vorsorgemaßnahmen auf ihre Angemessenheit und
- die Ermittlung der Sicherheitsreserven eingeführter Bauweisen sowie ggf. die Anpassung der Auslegungsanforderungen und der Regelwerke an den fortgeschrittenen Erkenntnisstand.

[870] IRS-F-31 (September 1976), Berichtszeitraum 1. 4. bis 30. 6. 1976, S. 225–228.

[871] Pförtner, H.: Gas Cloud Explosions and Resulting Blast Effects, Nuclear Engineering and Design, Vol. 41, 1977, S. 59–67.

Die vielfältigen Forschungsarbeiten wurden von staatlichen und universitären Instituten, Einrichtungen von Wirtschaftsverbänden und Forschungszentren der Hersteller- und Betreiberindustrien durchgeführt. Seit 1956 wurden ungefähr alle vier Jahre vom Earthquake Engineering Research Institute der USA „World Conferences on Earthquake Engineering" abgehalten, die das ganze Spektrum des Ingenieurwesens abdeckten. In der zweiten Hälfte der 60er Jahre entstand ein besonderer, auf die hohen kerntechnischen Anforderungen ausgerichteter Bedarf für ein internationales Diskussionsforum, auf dem die jeweiligen Forschungsvorhaben vorgestellt und Erkenntnisse ausgetauscht werden konnten. Prof. Dr.-Ing. Thomas A. Jaeger, Abteilungsdirektor in der Bundesanstalt für Materialprüfung in Berlin (BAM), warb Ende der 60er Jahre weltweit für die Einrichtung einer internationalen Fachkonferenz über bautechnische Fragen auf dem Gebiet der Reaktortechnologie. Im September 1971 fand die erste „International Conference on Structural Mechanics in Reactor Technology" (SMiRT-1) in Berlin statt. Sie wurde mit 800 Teilnehmern, über 260 Originalbeiträgen und 73 erbetenen Vorträgen ein großer Erfolg. SMiRT-Konferenzen fanden danach im zweijährigen Turnus an wechselnden Orten jeweils im Spätsommer statt. Im Anschluss an die Haupttagungen wurden „post-conference international seminars" zu vielfältigen Spezialthemen veranstaltet, u. a. über „Extreme Load Conditions and Limit Analysis Procedures for Structural Reactor Safeguards and Containment Structures (ELCALAP)". Zur festen thematischen Gliederung der SMiRT-Konferenzen gehörte die Abteilung „Seismic response analysis of nuclear power plant systems". Die bautechnischen Schutzmaßnahmen gegen Erdbeben wurden zu einem vorrangigen Thema der SMiRT-Konferenzen.

Die von Thomas A. Jaeger mit der North-Holland Publishing Company Amsterdam gegründete Zeitschrift „Nuclear Engineering and Design" übernahm die Publikation der wesentlichen SMiRT-Beiträge.[872] Die Kommission der Europäischen Gemeinschaften in Brüssel ermöglichte den Vorabdruck der angenommenen Konferenzbeiträge und förderte damit gut vorbereitete produktive Diskussionen während der Tagungen.

Auf der Berliner Konferenz SMiRT-1, 1971, wurde vonseiten der USA,[873, 874] Japans[875, 876] und Frankreichs[877] der jeweilige Stand der Erkenntnisse und Regeln bei der Erdbeben-Auslegung der Kernkraftwerke dargestellt. Die Erweiterung und Vertiefung der Erkenntnisse über die seismische Aktivität und die Rückwirkungen der Gebäudestrukturen, Systeme und Einrichtungen auf diese Erdbeben-Einwirkungen wurden eingefordert. Es wurde auf das komplexe Zusammenspiel von vertikalen und horizontalen Bewegungen des seismisch angeregten Erdbodens und auf die Relativbewegungen von Verbindungsstellen zwischen Bauteilen sowie Befestigungspunkten zueinander in Gebäuden hingewiesen. Die Bedeutung der genauen Kenntnis der Dämpfung und Energieabsorption im elastischen Bereich und bei der plastischen Verformung wurde hervorgehoben. Dafür wurden Experimente im Originalmaßstab gefordert. Zur Verbesserung der analytischen Modelle und Codes sei eine erheblich erweiterte Datenbasis notwendig.

Ende 1972 stellte die amerikanische Herstellerfirma Westinghouse Electric Corporation alle ihr bekannt gewordenen Dämpfungswerte zusammen, die an realen Kernkraftwerks-Komponenten, insbesondere des Primärkühlkreislaufs, während wirklicher seismischer Anregungen oder künstlich erzeugter Vibrationen gemessen

[872] Jaeger, T. A.: Preface to the Publication of the Invited Lectures of the First International Conference on Structural Mechanics in Reactor Technology, Nuclear Engineering and Design, Vol. 18, 1972, S. 1–9.

[873] Newmark, N. M.: Earthquake Response Analysis of Reactor Structures, Nuclear Engineering and Design, Vol. 20, 1972, S. 303–322.

[874] Pickel, T. W. Jr.: Evaluation of Nuclear System Requirements for Accomodating Seismic Effects, Nuclear Engineering and Design, Vol. 20, 1972, S. 323–337.

[875] Hisada, T. et al.: Philosophy and Practice of the Aseismic Design of Nuclear Power Plants – Summary of the Guidelines in Japan, Nuclear Engineering and Design, Vol. 20, 1972, S. 339–370.

[876] Shibata, H. et al.: Development of Aseismic Design of Mechanical Structures, Nuclear Engineering and Design, Vol. 20, 1972, S. 393–427.

[877] Costes, D.: Précautions parasismiques pour les réacteurs nucléaires, Nuclear Engineering and Design, Vol. 20, 1972, S. 303–322.

worden waren sowie aus Labor- und Feldtests stammten. Dabei waren die Art der Erschütterungen und die Höhe der Systembelastung, die Materialdämpfung und die Scherdämpfung an Verbindungs- und Befestigungsstellen sowie die Frequenz- und Amplitudenabhängigkeit zu berücksichtigen. Für die Auslegungspraxis wurden Näherungswerte für Dämpfungen verschiedener Komponenten und Bauteile vorgeschlagen und Hinweise auf bestehende Unsicherheiten gegeben.[878]

Auf der SMiRT-2-Konferenz 1973, die wieder in Berlin stattfand, wurde erneut die Notwendigkeit von Großversuchen für die Validierung analytischer Rechenprogramme hervorgehoben und über amerikanische Feldversuche mit unterirdischen Sprengladungen[879] sowie japanische Vibrationsexperimente an Reaktorgebäuden[880] berichtet. Für die Aufzeichnung von Antwortspektren und Dämpfungswerten in Kernkraftwerken während wirklicher Erdbeben wurden Standards für die Ausrüstung mit Messgeräten vorgeschlagen.[881]

Die amerikanische Los Angeles Power Division der Bechtel Power Corporation befasste sich in Zusammenarbeit mit dem California Institute of Technology in Pasadena eingehend mit der analytischen Erfassung und Behandlung von Boden-Gebäude-Wechselwirkungen.[882, 883, 884]

Diese Fragen wurden auf dem International Seminar on Extreme Load Conditions and Limit Analysis Procedures for Structural Reactor Safeguards and Containment Structures (ELCALAP) im September 1975 in Berlin im Anschluss an die dritte SMiRT-Konferenz in London weiter erörtert und vertieft.[885, 886, 887, 888, 889] Dabei wurden auch nichtlineare Effekte, die von großer Bedeutung sind, betrachtet.[890, 891] Von amerikanischer Seite wurde ein umfassender Überblick über den Stand Mitte der 70er Jahre der Auslegung von Kernkraftwerken gegen Erdbeben-Einwirkungen gegeben.[892] Die analytischen und experimentellen Untersuchungsmethoden wurden kritisch betrachtet und ihre Grenzen aufgezeigt. Eine große Zahl erforderlicher weiterer Forschungsvorhaben wurde mit dem Ziel aufgelistet, eine ausreichende Datenbasis für die Verifikation analytischer Codes bereitzustellen. Fragen der Dämpfung und Energieabsorption bei hohen seismischen Anregungen und nichtlinearem Verhalten der Strukturen standen im Zentrum der gewünschten Arbeiten. Geeignete Verfahren zur Ermittlung der Erdbebensicherheit älterer Kernkraftwerke

---

[878] Morrone, A.: Damping Values of Nuclear Power Plant Components, Nuclear Engineering and Design, Vol. 26, 1974, S. 343–363.

[879] Smith, C. B.: Dynamic Testing of Full-Scale Nuclear Power Plant Structures and Equipment, Nuclear Engineering and Design, Vol. 27, 1974, S. 199–208.

[880] Muto, K. et al.: Comparative Forced Vibration Test of Two BWR-Type Reactor Buildings, Nuclear Engineering and Design, Vol. 27, 1974, S. 220–227.

[881] Pauly, S. E.: Earthquake Instrumentation for Nuclear Power Plants, Nuclear Engineering and Design, Vol. 27, 1974, S. 359–371.

[882] Hadjian, A. H., Luco, J. E. et al.: Soil-Structure Interaction: Continuum or Finite Elements? Nuclear Engineering and Design, Vol. 31, 1974, S. 151–167.

[883] Tsai, N. C., Swatta, M. et al.: The Use of Frequency-Independent Soil-Structure Interaction Parameters, Nuclear Engineering and Design, Vol. 31, 1974, S. 168–183.

[884] Hadjian, A. H., Niehoff, D. und Guss, J.: Simplified Soil-Structure Interaction Analysis with Strain Dependent Soil Properties, Nuclear Engineering and Design, Vol. 31, 1974, S. 218–233.

[885] Stoykovich, M.: Development and Use of Seismic Instructure Response Spectra in Nuclear Power Plants, Nuclear Engineering and Design, Vol. 38, 1976, S. 253–266.

[886] Hadjian, A. H.: Soil-Structure Interaction – An Engineering Evaluation, Nuclear Engineering and Design, Vol. 38, 1976, S. 267–272.

[887] Hall, J. R. und Kissenpfennig, J. F.: Special Topics on Soil-Structure Interaction, Nuclear Engineering and Design, Vol. 38, 1976, S. 273–287.

[888] Hamilton, C. W. und Hadjian, A. H.: Probabilistic Frequency Variation of Structure-Soil Systems, Nuclear Engineering and Design, Vol. 38, 1976, S. 303–322.

[889] Wolf, J. P.: Soil-Structure Interaction with Separation of Base Mat from Soil (Lifting-Off), Nuclear Engineering and Design, Vol. 38, 1976, S. 357–384.

[890] Kennedy, R. P., Wesley, D. A. et al.: Effect on Non-Linear Soil-Structure Interaction due to Base Slab Uplift on the Seismic Response of a High-Temperature Gas-Cooled Reactor, Nuclear Engineering and Design, Vol. 38, 1976, S. 323–355.

[891] Takemori, T., Sotomura, K. und Yamada, M.: Nonlinear Dynamic Response of Reactor Containment, Nuclear Engineering and Design, Vol. 38, 1976, S. 463–474.

[892] Howard, G. E., Ibáñez, P. und Smith, C. B.: Seismic Design of Nuclear Power Plants – An Assessment, Nuclear Engineering and Design, Vol. 38, 1976, S. 385–461.

und praktikable Maßnahmen ihrer Nachrüstung wurden ebenfalls angemahnt.[893]

Im August 1977 war auf der SMiRT-4-Konferenz in San Franzisco, Cal., die herrschende Meinung bei den Vertretern der Industrie und der Verbände, dass die sicherheitstechnische Auslegung der Kernkraftwerke gegen Erdbeben-Einwirkungen in den USA maßlos überzogen sei („there is an overkill in seismic design", einzelne Anforderungen seien „unbelievable conservative").[894] Es wurde hervorgehoben, dass noch kein konventionelles Kraftwerk bei einem Erdbeben in Amerika – einschließlich der Beben in Alaska (1964, Stärke 9,2) und Managua (1972, Stärke 6,2) – ernsthaft beschädigt worden sei. Fossile Kraftwerke seien stabil gebaut, auch wenn ihre Sicherheitsanforderungen weit hinter denen der Kernkraftwerke zurückblieben. Die Forschungsvorhaben sollten nun der kostengünstigeren Auslegung der Kernkraftwerke dienen, ohne ihre Sicherheit und Leistungsfähigkeit zu vermindern. Die von den USNRC-Kriterien vorgegebenen Lastfunktionen seien übermäßig konservativ und klammerten nichtlineare Effekte aus. Die linear-elastischen Analyseverfahren lieferten extrem konservative Ergebnisse.[895, 896]

Der USNRC-Vertreter stellte klar, dass die Forschungsvorhaben der USNRC einzig dem Ziel dienten, die staatlichen Genehmigungsverfahren zu rechtfertigen und keineswegs bezweckten, der Industrie zu helfen. Indirekt allerdings sei zu hoffen, dass auch die Industrie davon Vorteile habe.[897] Er legte den Stand und die geplante Fortschreibung des USNRC-Forschungsprogramms

dar und machte deutlich, dass die zeitlichen Abläufe und charakteristischen Eigenschaften der Erdbeben, ausgehend von ihrem Hypozentrum und abhängig von den Bodenmerkmalen, sowie deren Einwirken auf Gebäudefundamente und -strukturen grundlegend abgeklärt werden sollten. Dazu sollten analytische Methoden, Feldexperimente mit Sprengungen und Versuche mit Schütteltischen beitragen. Die Entwicklung von probabilistischen Verfahren zur Abschätzung der Schadensrisiken durch Erdbeben werde für vordringlich gehalten.[898]

Das Electric Power Research Institute (EPRI) stellte auf der 4. SMiRT-Konferenz sein im Jahr 1975 begonnenes Erdbeben-Forschungsprogramm vor, das auf die Entwicklung eines analytischen Codes zielte, der auf der Grundlage der Finite-Elemente-Methode nichtlineare dreidimensionale Berechnungen ermöglichen sollte. Zur Beschaffung der realen Daten wurden 1977 und 1978 auf einem Nevada-Versuchsgelände Tests mit unterirdischen Sprengungen gefahren, die Bodenbeschleunigungen bis 6 g erzeugten. Die Messungen wurden an Modell-Containments vorgenommen, die im Maßstab 1/12, 1/24 und 1/48 verkleinert in unterschiedlicher Entfernung vom Explosionsherd teilweise in verschiedenem Bodenmaterial eingebettet waren.[899] Mit Stand von Anfang des Jahres 1978 wurde ein Überblick über die Behandlung nichtlinearer Effekte bei der Auslegung von Kernkraftwerken gegeben und weitere Forschungsarbeiten empfohlen.[900] Von amerikanischen Architect Engineers (das sind die mit der sog. „balance of plant" – die das Nuclear Steam Supply System und den Turbine-Generator-Satz nicht umfasst – beauftragten Ingenieurs-Firmen) wurde ein Forschungsbedarf aufgezeigt, der auf der Grundlage von Experimenten das

---

[893] ebenda, S. 449–454.

[894] Diskussion im Panel „Status Research in Structural Design and Analysis for Nuclear Power Plants", Nuclear Engineering and Design, Vol. 50, 1978, S. 131–142.

[895] Johnson, T. E. und Morrow, M. W.: Research to Provide Criteria for More Economical Nuclear Power Plant Structures and Components, Nuclear Engineering and Design, Vol. 50, 1978, S. 3–11.

[896] Chen, C. und Moreadith, F. L.: Research Needs and Improvement of Standards for Nuclear Power Plant Design, Nuclear Engineering and Design, Vol. 50, 1978, S. 13–16.

[897] Diskussionsbeitrag Boris S. Browzin, Paneldiskussion, Nuclear Engineering and Design, Vol. 50, 1978, S. 132.

[898] Browzin, B. S.: Regulatory Research in Structural Design and Analysis of Nuclear Power Plants, Nuclear Engineering and Design, Vol. 50, 1978, S. 23–32.

[899] Chan, C.: Electric Power Research Institute Research in Structural Design and Analysis, Nuclear Engineering and Design, Vol. 50, 1978, S. 17–22.

[900] Stoykovich, M.: Nonlinear Effects in Dynamic Analysis and Design of Nuclear Power Plant Components: Research Status and Needs, Nuclear Engineering and Design, Vol. 50, 1978, S. 93–114.

Tab. 6.7 Zahl der in der Vergangenheit aufgetretenen schweren Erdbeben

Intensity	California ~200 a	Japan ~1.000 a	France ~1.000 a	F.R.G. ~1.000 a
≥7	142	357	lo8	67
≥8	55	327	44	8
≥9	23	140	20	–
≥10	10	22	5	–

physikalische Verhalten von Stahlbeton unter bestimmten konstruktiven Aspekten zum Gegenstand haben sollte.[901]

Die Bundesrepublik Deutschland hat im Vergleich zu Ländern des Mittelmeerraums, zu Japan oder den USA in der Geschichte nur wenige Erdbeben begrenzter Stärke erfahren müssen (Tab. 6.7– für Kalifornien liegen nur für die vergangenen 200 Jahre Daten vor).

Angesichts dieser beträchtlichen Unterschiede stimmten die beteiligten Kreise in der Bundesrepublik darin überein, die amerikanisch-japanischen Auslegungsstandards nicht zu übernehmen. Auf dieser einvernehmlichen Grundlage konnte der Kerntechnische Ausschuss in den Jahren 1975–1977 die deutschen KTA-Regeln für die Auslegung von Kernkraftwerken gegen seismische Einwirkungen erarbeiten (s. Kap. 6.1.5).

Das deutsche Interesse an eigenen umfangreichen Forschungsvorhaben zum Lastfall Erdbeben war wegen der geringen seismischen Aktivitäten in Deutschland nicht besonders ausgeprägt. Auch die seismische Überwachung in Kernkraftwerken stellte geringere Ansprüche. Nur wenige zuverlässig funktionierende Messgeräte mussten installiert werden, um die in Deutschland zu erwartenden Erdbeben für die erforderlichen Analysen hinreichend genau aufzuzeichnen.[902]

Als im Jahr 1973 das Untersuchungsprogramm am stillgelegten Heißdampfreaktor (HDR) bei Karlstein/Main entworfen wurde, schien der HDR auch besonders geeignet, an ihm die von den USA immer wieder geforderten Großversuche mit Erdbeben-Simulationen durchzuführen (s. Kap. 10.5.7). Im Rahmen der deutsch-amerikanischen Kooperation auf dem Gebiet der Reaktorsicherheits-Forschung bot das HDR-Sicherheitsprogramm die Gelegenheit zu einer vertieften bilateralen, aber auch international vielfältigen Zusammenarbeit.

Im September 1975 wurden im Rahmen des HDR-Sicherheitsprogramms die ersten Erschütterungsversuche mit geringer Anregung vorgenommen, die bis zum Herbst 1979 mit zunehmend erhöhter Anregung fortgesetzt wurden. Die USA (USNRC und EPRI) beteiligten sich mit großem Personal- und Sachaufwand an den Erdbebenexperimenten mit hoher Anregung, die in den Jahren 1986–1988 gefahren wurden und ihren Schwerpunkt in Dämpfungsmessungen hatten.[903] Die Erdbeben-Simulationen im Rahmen des HDR-Sicherheitsprogramms waren der international viel beachtete deutsche Beitrag zu den weltweit unternommenen Forschungsvorhaben auf diesem Gebiet.

In den Jahren 1976–1985 wurde eine Reihe von Untersuchungen zum Lastfall Erdbeben vom BMFT (RS-Vorhaben) und BMI (SR-Vorhaben) durchgeführt, die teilweise im Zusammenhang mit dem HDR-Sicherheitsprogramm standen oder sich in die internationale Projektvielfalt einordneten:

• Seismische Kriterien zur Standortwahl kerntechnischer Anlagen in der Bundesrepublik Deutschland, Auftragnehmer Bundesanstalt für Geowissenschaften und Rohstoffe (BGR), Hannover, Laufzeit 1.1.1976–31.12.1977. Die BGR erarbeitete aus dem verfügbaren makroseismischen Datenmaterial von ca. 800 Erd-

---

[901] Banerjee, A. K. und Holley, M. J. Jr. Research Requirements for Improved Design of Reinforced Concrete Containment Structures, Nuclear Engineering and Design, Vol. 50, 1978, S. 33–39.

[902] Bork, M. und Kaestle, H. J.: Seismic Instrumentation for Nuclear Power Plants: An Interpretative Review of Current Practice and the Related Standard in Germany, Nuclear Engineering and Design, Vol. 50, 1978, S. 347–352.

[903] vgl. Browzin, B. S. und Anderson, W. F.: Status of Structural and Mechanical Engineering Research at the U. S. Nuclear Regulatory Commission, Nuclear Engineering and Design, Vol. 79, 1984, S. 121.

beben der Jahre 1000–1974 eine Erdbeben-kartierung mit einem Gitterpunktabstand von 5 km.[904, 905, 906]

- Untersuchungen über durch den Boden gekoppelte dynamische Wechselwirkungen benachbarter Kernkraftwerksbauten großer Masse unter seismischer Einwirkung, Auftragnehmer Bundesanstalt für Materialprüfung (BAM), Berlin, Laufzeit 1.4.1977–31.3.1980. Die Charakteristik und Größenordnung der Wechselwirkung bei benachbarten, schweren Bauwerken unter seismischer Beanspruchung sollte durch geeignete numerische Verfahren dargestellt werden. Die Größe des Wechselwirkungseinflusses sollte quantitativ in Abhängigkeit des Frequenzgangs der Gebäude, der Bodentiefe, der Bodenschichtung, der Einbettung und der Dämpfung ermittelt werden.[907, 908, 909]

- Untersuchungen zum nichtlinearen Verhalten von erdbebenbeanspruchten Stahlbetonkonstruktionen, Auftragnehmer Institut für Massivbau der TH Darmstadt, Laufzeit 1.11.1979–31.3.1982. Die Zielsetzung war die versuchsmäßige Absicherung und rechnerische Überprüfung von in der Praxis benutzbaren Näherungsverfahren zur Erfassung des nichtlinearen Verhaltens von Stahlbetonkonstruktionen.[910, 911]

- Dynamische Boden-Bauwerk-Wechselwirkung bei eingebetteten Bauwerken, Auftragnehmer Institut für Beton und Stahlbeton der Universität Karlsruhe, Laufzeit 1.1.1980–30.9.1981. Es sollte untersucht werden, inwieweit die bei Bauten mit Flachgründung üblichen vereinfachten analytischen Verfahren auch bei Bauwerken mit erheblicher Einbettung anwendbar sind. Anhand zweier typischer Fallbeispiele wurde der Einfluss der Modellabbildung auf die rechnerische Erdbebenbeanspruchung eingebetteter Bauwerke ermittelt.[912, 913]

- Schwingungsmessungen an Bauwerken, Auftragnehmer Institut für Mechanik (Bauwesen) der Universität Stuttgart, Laufzeit 1.6.1980–31.12.1982. Ziel des Vorhabens war die Weiterentwicklung und Perfektionierung eines Messverfahrens, mit dem die im ersten Halbjahr 1982 durchgeführten Schwingungsmessungen am HDR hinsichtlich der Eigenfrequenzen und Dämpfungen analysiert wurden.[914, 915]

- Erschütterungen von KKW-Gebäuden und -Komponenten infolge Erdbeben und Flugzeugabsturz, Auftragnehmer Ingenieurbureau Heierli, Zürich, Laufzeit 1.9.1980–31.8.1981. Die Anwendung einer neuen Methode zur experimentellen Simulation von Bauwerkserschütterungen für Qualifikationstests zum Nachweis der Erdbebensicherheit von Kernkraftwerks-Gebäuden und -Komponenten sollte aufgezeigt und dadurch eine Alternative zur unsicher eingeschätzten Floor-Response-Spektren-Methode verfügbar gemacht werden.[916, 917]

[904] IRS-F-30 (Juni 1976), Berichtszeitraum 1. 1. bis 31. 3. 1976, RS 170, S. 139 f.

[905] IRS-F-45 (November 1977), Berichtszeitraum 1. 4. bis 30. 6. 1977, RS 170, S. 149–152.

[906] IRS-F-47 (Dezember 1977), Berichtszeitraum 1. 7. bis 30. 9. 1977, RS 170, S. 99–102.

[907] GRS-F-89 (März 1980), 4. Jahresbericht über SR-Vorhaben 1979, Berichtszeitraum 1. 1. bis 31. 12. 1979, SR 101, lfd. Nr. 27, S. 1–3.

[908] GRS-F-103 (März 1981), 5. Jahresbericht über SR-Vorhaben 1980, Berichtszeitraum 1. 1. bis 31. 12. 1980, SR 101, lfd. Nr. 41, S. 1–3.

[909] Matthees, W. und Magiera, G.: A Sensitivity Study of Seismic Structure-Soil-Structure Interaction Problems for Nuclear Power Plants, Nuclear Engineering and Design, Vol. 73, 1982, S. 343–363.

[910] GRS-F-102 (März 1981), Berichtszeitraum 1. 10. bis 31. 12. 1980, RS 150 444, lfd. Nr. 54, S. 1–3.

[911] GRS-F-1114 (März 1982), Berichtszeitraum 1.7.–31.12. 1981, RS 150 444, S. 1–3.

[912] GRS-F-103 (März 1981), 5. Jahresbericht über SR-Vorhaben 1980, Berichtszeitraum 1. 1. bis 31. 12. 1980, SR 0247, lfd. Nr. 40, S. 1–3.

[913] GRS-F-113 (März 1982), 6. Jahresbericht über SR-Vorhaben 1981, Berichtszeitraum 1. 1. bis 31. 12. 1981, SR 0247, lfd. Nr. 38, S. 1–4.

[914] GRS-F-102 (März 1981), Berichtszeitraum 1. 10. bis 31. 12. 1980, RS 150 459, lfd. Nr. 53.1, S. 1 f.

[915] GRS-F-123 (Mai 1983), Berichtszeitraum 1. 7. bis 31. 12. 1982, RS 150 459, S. 1–7.

[916] GRS-F-103 (März 1981), 5. Jahresbericht über SR-Vorhaben 1980, Berichtszeitraum 1. 1. bis 31. 12. 1980, SR 245, lfd. Nr. 36, S. 1–4.

[917] GRS-F-113 (März 1982), 6. Jahresbericht über SR-Vorhaben 1981, Berichtszeitraum 1. 1. bis 31. 12. 1981, SR 245, lfd. Nr. 36, S. 1–3.

- Vorprojekt: Ausloten der Sicherheitsreserven in der Übertragungskette Bauwerk-Komponenten bei Erdbeben, Auftragnehmer Fa. König und Heunisch, Frankfurt/M., Laufzeit 1.12.1981–31.3.1985. Der Einfluss der Lager- und Befestigungselemente auf die Erregungsübertragung bei Erdbebenbeanspruchung sollte experimentell überprüft und rechnerisch erfasst werden.[918, 919]

- Ermittlung und Vergleich von Skalierungsmodellen für seismologische und ingenieurseismische Kenndaten im Nahbereich von Erdbeben aus der Vrancea-Region und dem Oberrheingraben, Auftragnehmer Geophysikalisches Institut der Universität Karlsruhe, Laufzeit 1.1.1984–31.12.1985. Zur verbesserten seismischen Risikoabschätzung im Oberrheingraben wurden im Rahmen der deutsch-rumänischen wissenschaftlichen Zusammenarbeit die Bruchabläufe krustaler und mitteltiefer Erdbeben in den rumänischen Karpaten untersucht.[920]

- Bedeutung des Auslegungserdbebens innerhalb des Erdbeben-Bemessungskonzepts für Bauteile von Kernkraftwerken, Auftragnehmer Zerna, Schnellenbach und Partner Gemeinschaft Beratender Ingenieure GmbH, Laufzeit 1.1.1985–30.9.1986. Die Sicherheitsreserven in den Bemessungen der Bauteile und Komponentenbefestigungen in einem Konvoi-Kernkraftwerk sollten unter den Einflüssen eines Auslegungserdbebens (AEB) und eines Sicherheitserdbebens (SEB) ermittelt sowie die Konsequenzen der Änderung des Erdbebenbemessungskonzepts bewertet werden.[921]

- Ermittlung elastischer Grenztragbereiche unter dem Zusatzlastfall Erdbeben, Auftragnehmer Bundesanstalt für Materialprüfung (BAM), Berlin, Laufzeit 1.4.1985–31.5.1986. Durch umfassende parametrische Studien

sollte der Einfluss von Modifikationen in der Auslegungsphilosophie, insbesondere der alleinigen Bemessung gegen das Sicherheitserdbeben (Abänderung der KTA-Regel 2201), dargestellt werden.[922]

Im Umfeld der Diskussionen um die amerikanische Risiko-Studie WASH-1400 (s. Kap. 7.2.2) wurde die Bedeutung von probabilistischen Sicherheitsanalysen erkannt und insbesondere vom BMI hoch bewertet (vgl. Beitrag des BMI-Ministerialrats und späteren Ministerialdirigenten Dr. Helmut Schnurer auf der 5. SMiRT-Konferenz 1979[923]). Im Zusammenhang mit den deutschen Risikostudien befassten sich die Gesellschaft für Reaktorsicherheit (GRS) und der Technische Überwachungsverein Baden mit probabilistischen Untersuchungen des Lastfalls Erdbeben.[924, 925]

Die Konferenzen SMiRT-5 (1979, Berlin), SMiRT-6 (1981, Paris), SMiRT-7 (1983, Chicago) und SMiRT-8 (1985, Brüssel) waren jeweils wiederum intensiv mit seismischen Einwirkungen auf Gebäude und Komponenten der Kernkraftwerke beschäftigt. Im Rahmen der SMiRT-5-Konferenz erörterten die USNRC ihr im Juli 1978 gestartetes „komplexes und äußerst ehrgeiziges" Forschungsprogramm zur Ermittlung der inhärenten Sicherheitsreserven eines Kernkraftwerks bei starken anzunehmenden Erdbeben: „The Seismic Safety Margins Research Program (SSMRP) of the U. S. Nuclear Regulatory Commission". Mit der Durchführung dieses umfangreichen Programms wurde das Lawrence Livermore National Laboratory (LLNL) in Li-

---

[918] GRS-F-123 (Mai 1983), Berichtszeitraum 1. 7. bis 31. 12. 1982, RS 150 520, S.1 f.

[919] GRS-F-141 (Mai 1985), Berichtszeitraum 1. 7. bis 31. 12. 1984, RS 150 520, S.1–3

[920] GRS-F-149 (Juni 1986), Berichtszeitraum 1. 7. bis 31. 12. 1985, RS 150 666, S. 1–16.

[921] GRS-F-148 (Mai 1986), 10. Jahresbericht über SR-Vorhaben 1985, Berichtszeitraum 1. 1. bis 31. 12. 1985, SR 0349, lfd. Nr. 12, S. 1–3.

[922] GRS-F-148 (Mai 1986), 10. Jahresbericht über SR-Vorhaben 1985, Berichtszeitraum 1. 1. bis 31. 12. 1985, SR 355, lfd. Nr. 13, S. 1–3.

[923] Schnurer, H.: Future Developments of Probabilistic Structural Reliability to Meet the Needs of Risk Analyses of Nuclear Power Plants, Nuclear Engineering and Design, Vol. 60, 1980, S. 145–149.

[924] Sütterlin, L. und Liemersdorf, H.: Probabilistic Risk Assessment of Nuclear Power Plants for Seismic Events in the Federal Republic of Germany, Nuclear Engineering and Design, Vol. 110, 1988, S. 165–169.

[925] Jehlicka, P.: Seismic Design Concept Using Methods of Probabilistic Structural Mechanics, Nuclear Engineering and Design, Vol. 110, 1988, S. 247–250.

vermore bei San Franzisco, Cal., beauftragt.[926] Vertreter der amerikanischen Wirtschaft ergänzten eigene Empfehlungen für weitere Untersuchungen.[927, 928, 929] In der Podiumsdiskussion ließ die USNRC erkennen, dass die Revision ihrer Auslegungsanforderungen (Regulatory Guide 1.61) eine Zielsetzung ihres Forschungsprogramms sei.[930] Auf der SMiRT-5-Konferenz wurde eine neue Zusammenstellung und statistische Bewertung der zu diesem Zeitpunkt bekannt gewordenen Dämpfungswerte für Gebäude, Systeme und Komponenten von Kernkraftwerken präsentiert.[931]

Der SMiRT-6-Konferenz wurde ein Sachstandsbericht zum USNRC-SSMRP geboten. Zu den bemerkenswerten ersten Resultaten gehörte die Einsicht, dass der von Erdbeben verursachte Ausfall des Notspeisewasser-Systems ein relativ hoher Risikofaktor sei.[932] Ein weiterer SSMRP-Sachstandsbericht wurde auf der 7. SMiRT-Konferenz gegeben.[933] Das SSMRP-Programm wurde 1985 abgeschlossen. Sein Ergebnis war im Wesentlichen die Bereitstellung einer Methode der probabilistischen Risikoanalyse für seismische Lastfälle. Weiterhin bestehende Unsicherheiten wurden eingeräumt.

Die wissenschaftlichen Forschungen auf diesem Gebiet zeigten auf der SMiRT-8-Konferenz eine unübertroffene Vielfalt an Aktivitäten. Zu den Themen „Design Ground Motions" und „Soil-Structure Interaction" wurden jeweils über 30 und zum Thema „Response of Structures" 40 wissenschaftliche Beiträge angenommen.[934] Den neu gewonnenen Erkenntnissen entsprechend konnten die von der Industrie und den Regulierungsbehörden empfohlenen und vorgesehenen Regelwerke in den USA[935, 936] und Japan[937] angepasst werden.

Flugzeugabsturz In den USA wurde der Aufprall harter Flugkörper auf Betonstrukturen untersucht, wie sie in Tornados mitgerissen (Metallteile bis Automobile) oder bei internen Unfällen (Rohrleitungs- oder Pumpenbruchstücke, Turbinenschaufeln) weggeschleudert werden können. Die untersuchten Schäden wurden unterschieden nach Eindringen in die Betonstruktur (Penetration), Durchschlagen der Betonwand (Perforation) und Absplittern oder Abplatzen des Betons an der Einschlags- und Rückseite (Spalling bzw. Scabbing). Grundlage der Betrachtungen waren bereits vorliegende umfangreiche experimentelle und theoretische Untersuchungen aus militärischen Versuchsanstalten, die sich auf harte, also praktisch nicht deformierbare Projektile bezogen. Das National Defense Research Committee (NDRC) hatte

[926] Richardson, J. E., Bagchi, G. und Brazee, R. J.: The Seismic Safety Margins Research Program of the U. S. Nuclear Regulatory Commission, Nuclear Engineering and Design, Vol. 59, 1980, S. 15–25.

[927] Reed, J. W., Riesemann, W. A. von, Kennedy, R. P. und Waugh, C. B.: Recommended Research for Improving Seismic Safety of Light-Water Nuclear Power Plants, Nuclear Engineering and Design, Vol. 59, 1980, S. 57–66.

[928] Sethi, J. S. und Niyogi, B. K.: Research Needs for Improved Seismic Safety of Mechanical Equipment in Nuclear Power Plants, Nuclear Engineering and Design, Vol. 59, 1980, S. 113–115.

[929] Chen, C. und Moreadith, F. L.: Seismic Qualification of Equipment – Research Needs, Nuclear Engineering and Design, Vol. 59, 1980, S. 149–153.

[930] SMiRT-5/USNRC Panel Session, Nuclear Engineering and Design, Vol. 59, 1980, S. 207 f.

[931] Stevenson, J. D.: Structural Damping Values as a Function of Dynamic Response Stress and Deformation Levels, Nuclear Engineering and Design, Vol. 60, 1980, S. 211–237.

[932] Richardson, J. E. und Burger, C. W.: Status of the Seismic Safety Margins Research Program of the U. S. Nuclear Regulatory Commission, Nuclear Engineering and Design, Vol. 69, 1982, S. 155–160.

[933] Guzy, D. J. und Richardson, J. E.: The Seismic Safety Margins Research Program – A Status Report, Nuclear Engineering and Design, Vol. 79, 1984, S. 125–128.

[934] Stalpaert, J. (Hg.): Transactions of the 8th International Conference on Structural Mechanics in Reactor Technology, Brüssel, 19.-23. 8. 1985, Vol. K(a) „Seismic Response Analysis of Nuclear Power Plant Systems", The Commission of the European Communities, North-Holland Physics Publishing – Amsterdam, 1985.

[935] Stevenson, J. D.: Summary and Comparison of Current U. S. Regulatory Standards and Foreign Standards, Nuclear Engineering and Design, Vol. 79, 1984, S. 145–160.

[936] Sammataro, R. F.: Lifetime Integrity Requirements for Containments in the United States, Nuclear Engineering and Design, Vol. 117, 1989, S. 67–77.

[937] Kato, Muneaki: Review of Revised Japanese Seismic Guidelines for NPP Design, Nuclear Engineering and Design, Vol. 114, 1989, S. 211–228.

schon im Jahr 1946 Formeln zur Berechnung von Eindringtiefen entwickelt. Daneben existierte eine Reihe alternativer Formeln anderer Institutionen und Urheber. In der ersten Hälfte der 1970er Jahre wurden Versuche mit hohlen Geschossen unternommen, aus denen eine Modifikation der NDRC-Formeln für deformierbare Projektile abgeleitet wurde.[938] Die NDRC-Formeln wurden Anfang der 1980er Jahre anhand neuer Versuchsergebnisse überarbeitet; sie hatten zu große Eindringtiefen ergeben.[939] Amerikanische Ingenieurbüros, wie Bechtel, Gilbert oder Holmes and Narver, befassten sich Ende der 1960er und Anfang der 1970er Jahre mit der Abschätzung der Auswirkungen von aufschlagenden Flugzeugen[940, 941] und anderen Flugkörpern.[942] Nach dem Unfall in TMI-2 im März 1979 waren die Sandia National Laboratories (SNL) in Albuquerque, New Mexico, von der USNRC im Rahmen des Containment Integrity Program mit der Untersuchung schwerer Unfälle beauftragt worden. In Kooperation mit japanischen Forschungsinstituten wurden von SNL im Jahr 1988 mit Originalgerät Abstürze eines GE-J79-Triebwerks und einer Phantom F4 simuliert.

In Frankreich wurden 1974–1976 im Auftrag des staatlichen Energieversorgers Électricité de France (EDF) und der Atomenergiebehörde Commissariat à l'Énergie Atomique (CEA) drei Testreihen durchgeführt, mit denen Gesetzmäßigkeiten im Verhalten von Stahlbetonplatten beim Aufprall harter Körper erkundet wurden.

Die erste Testreihe, die von der Versuchsanstalt für Bau und öffentliche Bauarbeiten (Centre Expérimental du Bâtiment et des Travaux Publics – CEBTP) in Saint-Rémy-lès-Chevreuses gefahren wurde, bestand aus Fallversuchen mit 340 kg schweren Stahlkörpern von einem 47 m hohen Turm. Die Aufschlaggeschwindigkeit betrug ca. 28,5 m/s.[943] Die zweite Testreihe führte das Pioniercorps der Direction Centrale du Génie Militaire in Fort de Vanves durch. Dabei wurden mit einem Mörser des Kalibers 305 mm nicht deformierbare Projektile, die 103 cm lang waren und zwischen 160 und 227 kg wogen, über eine Entfernung von 70 m gegen 40 bzw. 50 cm dicke Stahlbetonplatten geschossen.[944] In den Versuchseinrichtungen von Saclay (Centre d'Études Nucléaires) wurde die dritte Testreihe abgewickelt. Dabei wurden aus einer mit Gas betriebenen Kanone des Durchmessers 300 mm harte Geschosse mit dem Gewicht von 100 kg auf Geschwindigkeiten bis annähernd 300 m/s beschleunigt. Die Ziele waren wiederum unterschiedlich bewehrte Stahlbetonplatten, die bei den Versuchen größtenteils perforiert wurden.[945] Die französischen Testreihen erbrachten einiges Datenmaterial für die Entwicklung analytischer Codes und der CEA-EDF-Formeln für Penetration und Perforation bestimmter Stahlbetonplatten. Sie ließen jedoch keine Skalierungsgesetzmäßigkeiten erkennen.

Die britische Atomenergiebehörde UKAEA (United Kingdom Atomic Energy Authority) begann im Jahr 1976 ein Forschungsprogramm zu Stoßbelastungen von Stahlbetonstrukturen, dessen experimentelle Untersuchungen auf dem Waffenversuchsgelände des Atomic Weapons Research Establishment (AWRE) auf der Insel

---

[938] Kennedy, R. P.: A Review of Procedures for the Analysis and Design of Concrete Structures to Resist Missile Impact Effects, Nuclear Engineering and Design, Vol. 37, 1976, S. 183–203

[939] Haldar, A. und Miller, F. G.: Penetration Depth in Concrete for Nondeformable Missiles, Nuclear Engineering and Design, Vol. 71, 1982, S. 79–88

[940] vgl. Riera, J. D.: On the Stress Analysis of Structures to Aircraft Impact Forces, Nuclear Engineering and Design, Vol. 8, 1968, S. 415–426

[941] vgl. Chelapati, C. V., Kennedy, R. P. und Wall, I. B.: Probabilistic Assessment of Aircraft Hazard for Nuclear Power Plants, Nuclear Engineering and Design, Vol. 19, 1972, S. 333–364

[942] vgl. Yeh, G. C. K.: Probability and Containment of Turbine Missiles, Nuclear Engineering and Design, Vol. 37, 1976, S. 307–312

[943] Gueraud, R., Sokolovsky, A. et al.: Study of the Perforation of Reinforced Concrete Slabs by Rigid Missiles, Nuclear Engineering and Design, Vol. 41, 1977, S. 91–102.

[944] Fiquet, G. und Dacquet, S.: Study of the Perforation of Reinforced Concrete Slabs by Rigid Missiles – Experimental study, part II, Nuclear Engineering and Design, Vol. 41, 1977, S. 103–120.

[945] Goldstein, S. und Berriand, C.: Study of the Perforation of Reinforced Concrete Slabs by Rigid Missiles – Experimental study, part III, Nuclear Engineering and Design, Vol. 41, 1977, S. 121–128.

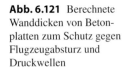

Abb. 6.121 Berechnete
Wanddicken von Beton-
platten zum Schutz gegen
Flugzeugabsturz und
Druckwellen

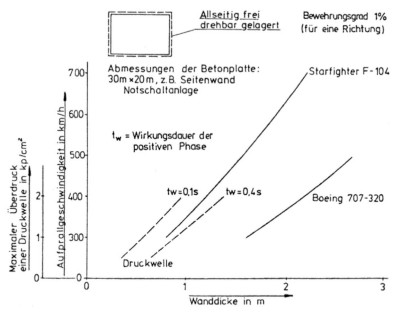

Foulness/Essex vorgenommen wurden. Das Forschungsinteresse richtete sich auf die Auswirkungen des Aufpralls eines Militärflugzeugs oder eines bei einem schweren internen Unfall abgesprengten massiven Bruchstücks. Für die Experimente wurden u. a. aus Aluminiumblech gefertigte, deformierbare Flugkörpermodelle mit der Länge 490 mm, dem Durchmesser 107 mm und dem Gewicht von 1,6 kg verwendet. Die Versuchsergebnisse dienten der Verifikation analytischer Rechenprogramme.[946] Ende 1978 kam es zu einer Kooperation zwischen UKAEA und dem deutschen Forschungsministerium BMFT und zur Abstimmung des britischen mit dem deutschen Projekt.[947]

Anders als in den meisten Ländern mussten deutsche Kernkraftwerke gegen Flugzeugabsturz geschützt werden. Um die wirtschaftliche Zumutbarkeit dieser weitreichenden Anforderung abschätzen zu können, ließ das Bundesministerium für Bildung und Wissenschaft (BMBW) im Jahr 1972 die zusätzlichen Kosten von der Fried. Krupp GmbH Maschinenfabriken Essen näherungsweise berechnen.[948] Abbildung 6.121 zeigt den Vergleich der berechneten erforderlichen Wanddicken bei Belastung einer Betonplatte durch Aufprall eines abstürzenden Flugzeugs und durch Druckwellen.[949] Überschlägige Kostenschätzungen ergaben eine Kostenerhöhung von knapp 5 % der Gesamtkosten der Errichtung eines Kernkraftwerks. Die zusätzlichen Kosten für Schutzmaßnahmen gegen Kerosin-Flächenbrände wurden auf 20–60 Mio. DM geschätzt.[950]

Beim Lastfall Flugzeugabsturz wirken hohe Belastungen äußerst kurzzeitig auf das Reaktorgebäude ein. Wegen der damals bestehenden Wissenslücken auf dem Gebiet der kinetischen Tragwerksbeanspruchung und des Verhaltens defor-

[946] Bignon, P. G. und Riera, J. D.: Verification of Methods of Analysis for Soft Missile Impact Problems, Nuclear Engineering and Design, Vol. 60, 1980, S. 311–326.

[947] Barr, P. et al.: Studies of missile impact with reinforced concrete structures, Nuclear Energy, Vol. 19, Juni 1980, S. 179–189.

[948] IRS-F-13, Berichtszeitraum 1. 7. bis 30. 9. 1972, Studie über die wirtschaftlichen Auswirkungen des Schutzes von Kernkraftwerken gegen Einwirkungen von außen, Projekt RS 65, Laufzeit 1. 2. 1972–31. 5. 1973, Projektleiter Dr. rer. nat. Glupe, S. 61 f.

[949] IRS-F-16 (August 1973), Berichtszeitraum 1. 4. bis 30. 6. 1973, RS 65, S. 147–149.

[950] IRS-F-16, Berichtszeitraum 1. 10. bis 31. 12. 1972, RS 65, S. 77 f.

mierbarer Flugkörper während der Aufprallphase konnten Grenztraglasten nur unter konservativen Annahmen berechnet und abgeschätzt werden. Der Bundesminister für Forschung und Technologie (BMFT) führte deshalb zusammen mit dem Bundesamt für Wehrtechnik und Beschaffung (BWB), Koblenz, in den Jahren 1974–1979 experimentelle Untersuchungen zur Widerstandsfähigkeit von Betonstrukturen gegen Flugzeugabsturz durch.[951] Der Gedanke war, dass wegen der sehr geringen Eintrittswahrscheinlichkeit dieses Belastungsfalls alle Sicherheitsreserven weitgehend ausgenutzt werden können. Diese sollten deshalb möglichst genau bekannt sein.

Das Großvorhaben Flugzeugabsturzsimulation wurde auf dem Versuchsgelände der Bundeswehr-Erprobungsstelle 91 in Meppen im niedersächsischen Emsland verwirklicht. Es wurde mit dem Forschungsvorhaben zur Grenztragfähigkeit von Stahlbetonplatten bei hohen Belastungsgeschwindigkeiten (z. B. Flugzeugabsturz) kombiniert, dessen Auftragnehmer die Fa. Hochtief AG in Frankfurt/M war und das die theoretischen Arbeiten zur Dimensionierung des Zielwiderlagers und Stahlbeton-Zielkörpers sowie den Entwurf und die Ausführung der baulichen Maßnahmen in Meppen umfasste.[952] Die Fa. Schwarzkopff, Bonn, wurde mit der Herstellung und Montage einer Beschleunigungsanlage für Wuchtgeschosse beauftragt, einer auf ein Schienenfahrzeug montierten gasgetriebenen Kanone (Brennkammer mit Expansionsrohr der Gesamtlänge 20 m), die Projektile mit einem Durchmesser von 600 mm, einer Länge bis 6 m und einem Gewicht von ca. 1 t auf eine Geschwindigkeit von ca. 300 m/s beschleunigen konnte.

Zur inhaltlichen Vorbereitung dieses großen Forschungsvorhabens wurde von Februar bis Oktober 1974 eine Konzeptstudie „Dimensionierung von Stahlbetonbauteilen des äußeren Containments von Kernkraftwerken unter der Wirkung von Flugkörpern" von der Abteilung Kernenergie der Fa. Hochtief AG in Frankfurt/M vorgenommen. Dabei wurden unter vereinfachenden Annahmen und auf der Grundlage des international bekannten Wissensstandes mit Hilfe von Rechenmodellen die Stoßlast-Zeit-Funktionen, die Bemessung der Versuchsplatten und die Dimensionen von Flugkörpermodellen ermittelt.[953]

Die übergeordneten Zielsetzungen des Vorhabens waren:

*   Ermittlung von Stoßlast-Zeit - Verläufen beim Aufprall stark deformierbarer Flugkörper und
*   Ermittlung der kinetischen Grenztragfähigkeit von Stahlbetonplatten.

Für die Versuche wurde ein großer Maßstab gewählt. Bei Experimenten an kleinen Modellkonstruktionen im Labormaßstab wäre die Übertragung der Versuchsergebnisse auf die Originalgröße außerordentlich schwierig, wenn nicht unmöglich gewesen. Wie hätte man beispielsweise im stark verkleinerten Maßstab die Korngrößen der Beton-Zuschlagsstoffe, den Verbund zwischen Beton und Stahl oder den Einbau von Bügelbewehrungen nachbilden können? Wie hätte man bei verändertem Längenmaßstab, aber praktisch unveränderten Geschwindigkeiten die Schockwellenausbreitung in der Struktur erfassen können? Als Ziele sollten deshalb quadratische Stahlbetonwände von 6 m Kantenlänge mit einer Dicke bis 1,2 m dienen.

Die Planungen zogen sich über das Jahr 1975 hin. Der Bau der Gleisanlage, des Werkstatt- und Montagehauses, des Mess- und Beobachtungsstandes sowie des Zielwiderlagers auf dem Versuchsgelände Meppen erfolgte im Laufe des Jahres 1976. Die Anlage wurde Ende November 1976 an die Erprobungsstelle 91 der Bundeswehr

---

[951] IRS-F-23 (März 1975), Berichtszeitraum 1. 10. bis 31. 12. 1974, Untersuchungen der Widerstandsfähigkeit von Betonstrukturen gegen Flugzeugabsturz, RS 149, Auftragnehmer BWB, Projektleiter RBDir. Weymar, Laufzeit 1. 4. 1974–31. 12. 1979, Gesamtkosten 2,54 Mio. DM, S. 193–195.

[952] IRS-F-27 (Dezember 1975), Berichtszeitraum 1. 7. bis 30. 9. 1975, Grenztragfähigkeit von Stahlbetonplatten bei hohen Belastungsgeschwindigkeiten (z. B. Flugzeugabsturz), RS 165, Auftragnehmer Fa. Hochtief AG, Ffm, Projektleiter Dr. Jonas, H. Riech, Laufzeit 1. 4. 1975–30. 9. 1981, Gesamtkosten 1,64 Mio. DM, S. 159–163.

[953] IRS-F-22 (Dezember 1974), Konzeptstudie „Dimensionierung von Stahlbetonbauteilen des äußeren Containments von Kernkraftwerken unter der Wirkung von Flugkörpern", RS 116, Auftragnehmer Hochtief AG, Projektleiter Dr. Jonas, Laufzeit 1. 2.- 11. 10. 1974, S. 119–121.

Abb. 6.122 Großversuchsanlage zur Simulation von Flugzeugabstürzen auf dem Bundeswehrgelände Meppen (Skizze) 1 - Beschleunigungsanlage auf Gleis, 2 - Projektil, 3 - Zielwiderlager

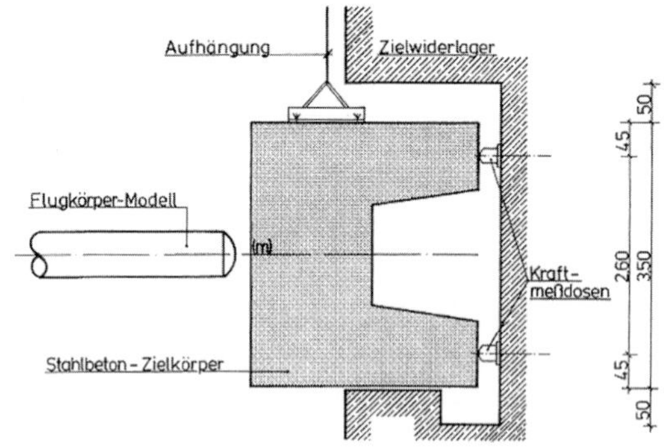

Abb. 6.124 Zielkörper und Zielwiderlager der Messreihe I

Abb. 6.123 Projektil-Beschleunigungsanlage

zur Durchführung der Versuche übergeben.[954] Abbildung 6.122 zeigt eine Skizze.[955]

Die Fa. Schwartzkopff, Bonn, hatte im Juli 1976 die Beschleunigungsanlage fertiggestellt und war mit der Herstellung der Flugkörpermodelle beauftragt worden. Abbildung 6.123 zeigt die auf den Gleisen fahrbar gelagerte Beschleunigungsanlage. Im Hintergrund ist das Zielwiderlager mit eingebautem Stahlbetonzielkörper zu erkennen.[956] In Abb. 6.124 sind das Zielwiderlager und der Stahlbetonzielkörper für die Messreihe I schematisch dargestellt.[957]

Ende 1976 begannen die ca. 20 Kalibrierungsversuche mit Holz- und Stahlflugkörpern, die gegen einen Erdwall geschossen wurden. Dabei wurden auch die Verfahren der Messung und

Aufzeichnung des Aufprallvorgangs und des Geschwindigkeits-Zeit - Verlaufs der Projektile getestet. Bei der fotographischen Aufzeichnung der Vorgänge ergaben sich besondere Schwierigkeiten, da die Projektile nach dem Austritt aus dem Expansionsrohr der Beschleunigungsanlage von Verbrennungsgasen des Methan-Luft-Gemischs überholt und eingehüllt wurden. Das Heck der Projektile musste deshalb mit einem Metalldichtungsband – wie eine Kolbendichtung – umgeben werden. Aus Abb. 6.125 sind die Abmessungen und der Aufbau der Flugkörpermodelle der ersten Messreihe zu ersehen.[958] Sie hatten abgestufte Rohrwanddicken. Im vorderen Flugkörperbereich wurde eine geringe Wanddicke zur Simulation des Knautschvorgangs gewählt, wodurch der Schwerpunkt des Projektils nach hinten verschoben wurde und sich die Flugeigenschaften verschlechterten. Zum Ausgleich wurden im Innern Rohrstücke oder dickwandige Ringe als zusätzli-

[954] GRS-F-35 (März 1977), Berichtszeitraum 1. 10. bis 31. 12. 1976, RS 165 und RS 149, S. 273–278.

[955] GRS-F-36 (April 1977), projects RS 165 and RS 149, S. 244.

[956] GRS-F-45 (Nov. 1977), Berichtszeitraum 1. 4. bis 30. 6. 1977, RS 165 und RS 149, S. 153–158.

[957] IRS-F-33 (Dez. 1976), Berichtszeitraum 1. 7. bis 30. 9. 1976, RS 165 und RS 149, S. 187–193.

[958] IRS-F-33 (Dez. 1976), Berichtszeitraum 1. 7. bis 30. 9. 1976, RS 165 und RS 149, S. 190.

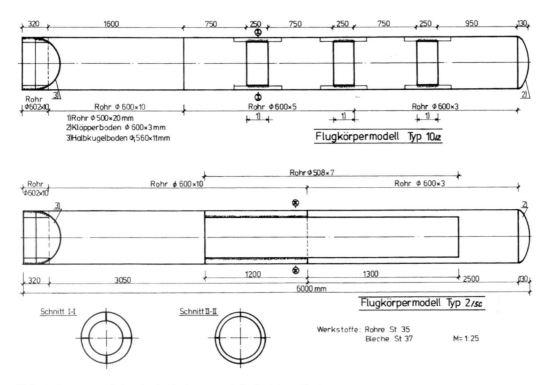

Abb. 6.125 Längsschnitte durch Flugkörpermodelle der Messreihe I

che Massen im mittleren und vorderen Projektil-bereich eingebaut.

Abbildung 6.126 zeigt den Einbau eines Projektils in die Beschleunigungsanlage. In Abb. 6.127 ist ein deformiertes Projektil vor der Aufprallstelle des Stahlbetonzielkörpers abgebildet.[959]

Der Messplan für die Versuchsdurchführung wurde vom Otto-Graf-Institut (Forschungs- und Materialprüfungsanstalt für das Bauwesen – FMPA – der Universität Stuttgart) erarbeitet. Bei der Einrichtung der Kraftaufnehmersysteme zur Messung der Stoßkräfte wurden Erfahrungen der MPA der Universität Stuttgart eingebracht.[960]

Im ersten Halbjahr 1977 fanden die ersten vier von den 9 Versuchen der Messreihe I statt, die im Wesentlichen von der Hochtief AG betreut wurden und das Ziel hatten, Stoßkraft-Zeit-Verläufe beim

Abb. 6.126 Laden eines Projektils

Aufprall stark deformierbarer Flugkörper zu erkunden. Die Stahlbeton-Zielkörper sollten dabei unter hohen Stoßlasten eine möglichst geringe Durchbiegung und mit Sicherheit keine Perforation aufweisen. Sie sollten der Lastabtragung zu den vier 1-t-Kraftmessdosen dienen, mit denen die Stoßkraft-Zeit-Verläufe aufgenommen wurden. Die äußeren Abmessungen wurden mit 3,7 × 3,5 × 3,0 m festgelegt (Abb. 6.124). Die Aufprallgeschwindigkeiten bei den ersten vier Experimenten der

---

[959] GRS-F-45 (Nov. 1977), Berichtszeitraum 1. 4. bis 30. 6. 1977, RS 165 und RS 149, S. 153–158.

[960] GRS-F-66 (Sept. 1978), Berichtszeitraum 1. 4. bis 30. 6. 1978, RS 165 und RS 149, S. 206–209.

Messreihe I lagen zwischen 197 und 268 m/s. Die Projektilgewichte betrugen 973 bzw. 1.020 kg. Da der Zielkörper nur geringfügige Oberflächenabplatzungen aufwies, konnte er jeweils ausgebessert und wieder verwendet werden.[961]

Die ersten Versuche der Messreihe II mit großen Stahlbeton-Versuchsplatten der Dicke 70 cm begannen im Oktober 1977. Die Flugkörpermodelle waren identisch mit denen der Messreihe I. Einzelne Platten wurden nach den Richtlinien des Instituts für Bautechnik, Berlin, entsprechend der Praxis für Kernkraftwerke gefertigt. In anderen Versuchsplatten wurde die Bewehrung geändert. Eine Platte wurde ohne Schubbewehrung hergestellt. Für diese Platte war Perforation bei Aufprallgeschwindigkeiten größer als 215 m/s vorausberechnet worden. Der Vergleich der Testergebnisse an Platten mit und ohne Schubbewehrung (Versuch II/4 vom 20.12.1977 und Versuch II/5 vom 12.4.1978) zeigte den wesentlichen Einfluss der Schubbewehrung (Bügel) auf die kinetische Grenztragfähigkeit der Stahlbetonplatten. Die Platte ohne Schubbewehrung hatte bei der Aufprallgeschwindigkeit von 235 m/s versagt (nahezu perforiert). Der letzte der ersten 10 Versuche der Messreihe II wurde Anfang April 1979 gefahren.[962, 963]

Im Dezember 1978 wurde zwischen der Reaktorsicherheits-Forschungsabteilung der britischen Atomenergiebehörde UKAEA-SRD, der Gesellschaft für Reaktorsicherheit (GRS) und der Fa. Hochtief AG vertraglich vereinbart, zwei ausgewählte vergleichende Experimente und Berechnungen in Meppen und der britischen Versuchsanlage auf der Insel Foulness/Essex vorzunehmen. Der zusätzliche Meppener Versuch (außerhalb der geplanten Messreihen) mit einem kompakten Projektil und der von der UKAEA gewünschten niedrigen Aufprallgeschwindigkeit von 76 m/s wurde Ende November 1979 gefahren.[964]

Schon bevor die Messergebnisse zur Auswertung aufbereitet waren, wurde Ende 1978 als ein weiterer Schwerpunkt des Forschungsvorhabens die Überarbeitung der Theorie zum Aufprallvorgang deformierbarer Projektile unter Beachtung der Koppelung Projektil und lokales Bauteilverhalten erkannt. Eine phänomenologische Beschreibung wurde erarbeitet und die Bereiche verwendeter Parameter anhand empirischer Formeln eingegrenzt.[965] Im August 1979 begann das BMFT weiterführende theoretische und experimentelle Untersuchungsvorhaben:

- Theoretische Untersuchungen zur Ermittlung der kinetischen Grenztragfähigkeit von Stahlbetonplatten beim Aufprall stark deformierbarer Metall-Flugkörper, Auftragnehmer Hochtief AG Frankfurt/M, Koordinator Riech, Laufzeit 1.8.1979–31.3.1985, Finanzmittel 2,70 Mio. DM,[966, 967]

- Stahlbetonkonstruktion unter Flugzeugabsturzbelastung – theoretische Nutzung der Meppener Versuche unter besonderer Berücksichtigung des Materialverhaltens, Auftragnehmer Zerna, Schnellenbach und Partner Gemeinschaft beratender Ingenieure GmbH, Projektleiter Dr. Stangenberg, Dr. Nachts-

[961] GRS-F-45 (Nov. 1977), Berichtszeitraum 1. 4. bis 30. 6. 1977, RS 165 und RS 149, S. 154 f.

[962] GRS-F-74 (März. 1979), Berichtszeitraum 1. 10. bis 31. 12. 1978, RS 165 (und RS 149), lfd. Nr. 54 S. 1–3.

[963] GRS-F-79 (Juni 1979), Berichtszeitraum 1. 1. bis 31. 3. 1979, RS 165 (und RS 149), lfd. Nr. 47, S. 1–3.

[964] GRS-F-88 (März. 1980), Berichtszeitraum 1. 10. bis 31. 12. 1979, RS 165 (und RS 149), lfd. Nr. 75, S. 1–3.

[965] GRS-F-74 (März 1979), Berichtszeitraum 1. 10. bis 31. 12. 1978, RS 165 (und RS 149), lfd. Nr. 54, S. 1–3.

[966] GRS-F-88 (März 1980), Berichtszeitraum 1. 10. bis 31. 12. 1979, Projekt 150408, lfd. Nr. 76, S. 1–3.

[967] GRS-F-141 (Mai 1985), Berichtszeitraum 1. 7. bis 31. 12. 1984, Projekt 150408, S. 1–3.

heim, Laufzeit 18.5.1979–31.3.1983, Finanzmittel 0,94 Mio. DM,[968, 969]

- Experimentelle Untersuchung an stoßartig belasteten Stahlbetonplatten, Auftragnehmer BWB, Projektleiter Heine, Laufzeit 1.1.1980–30.9.1983, Finanzmittel 0,61 Mio. DM.[970, 971]

- Grenztragfähigkeit von Stahlbetonbalken unter Stoßbelastung, Auftragnehmer Institut für Beton und Stahlbeton der Universität Karlsruhe, Projektleiter Dr.-Ing. O. Henseleit, Laufzeit 1.10–31.10.1980, Finanzmittel 0,20 Mio. DM.[972, 973] Dieses Vorhaben hatte bereits ein Vorläuferprojekt, das vom 1.5.1978–30.4.1979 abgewickelt worden war.[974]

Die Bundesanstalt für Materialprüfung (BAM) in Berlin war schon im Herbst 1977 mit der Untersuchung des Tragverhaltens quergestoße-ner Stahlbetonbauteile bei geregeltem Stoßkraft-Zeit-Verlauf beauftragt worden. Dieses Vorhaben lief zeitlich parallel zu den Meppener Arbeiten bis Ende 1984 und lieferte Daten für die Entwicklung von Rechenprogrammen und die Vorbereitung der Großversuche.[975, 976] Die BAM-Experimente hatten das Ziel, das mechanische Verhalten stoßartig belasteter Stahlbetonkonstruktionen zu beschreiben. Die innere Struktur der großformatigen Probekörper (Platten und Balken) wurde hinsichtlich der Biege- und Bügelbewehrung, der Rippung der Bewehrungsoberfläche und der Korngröße der Zuschlagstoffe verändert und genau nachgebildet. Balkenhöhe, Plattendicke und Stoßkraft-Zeit-Verlauf wurden variiert. Die Experimente an 58 Stahlbetonbalken und 6 Stahlbetonplatten wurden mit einer servohydraulischen Versuchseinrichtung (max. Stoßkraft 100 t, max. Verformungsgeschwindigkeit 8,5 m/s, min. Stoßzeit 30 ms) durchgeführt. Die BAM-Untersuchungen ergaben, dass die kinetische Grenztragfähigkeit von Stahlbeton-Sicherheitseinschlüssen wesentlich abhängt von

- den äußeren Bauteilabmessungen,
- der Bewehrung (Anordnung im Bauteil, Betonstahlsorte, Menge, Verbund),
- der Betonfestigkeit und
- dem zeitlichen Belastungsverlauf.[977]

Die BAM führte im Themenkreis Flugzeugabsturz ein weiteres Projekt „Energieaufnahmevermögen von Stahlbetonbauteilen bei Stoßeinwirkung" aus, mit dem die Übertragbarkeit von Ergebnissen aus Versuchen an mittelgroßen und kleinen Probekörpern auf die Originalgröße der Bauteile untersucht wurde.[978, 979] Betrachtet wurden die beiden unterschiedlichen Versagensmechanismen von Stahlbetonplatten bei Stoßbelastung: Biegeversagen nach Bildung von Fließgelenklinien und Schubversagen in einer konusförmigen Scherfläche (Durchstanzen). Abbildung 6.128 zeigt die beiden Formen des Plattenversagens.[980, 981] Die durchgestanzte Platte (Dicke 16 cm) hatte keine Bügelbewehrung.

---

[968] GRS-F-88 (März 1980), Berichtszeitraum 1. 10. bis 31. 12. 1979, Projekt 150410, lfd. Nr. 77, S. 1–3.

[969] GRS-F-123 (Mai 1983), Berichtszeitraum 1. 7. bis 31. 12. 1982, Projekt 150410, S. 1–3.

[970] GRS-F-102 (März 1981), Berichtszeitraum 1. 10. bis 31. 12. 1980, Projekt RS 467, lfd. Nr. 55.

[971] GRS-F-132 (April 1984), Berichtszeitraum 1. 7. bis 31. 12. 1983, Projekt 150408 (u. 150467), S. 2.

[972] GRS-F-88 (März 1980), Berichtszeitraum 1. 10. bis 31. 12. 1979, Projekt 150437, lfd. Nr. 79, S. 1–3.

[973] GRS-F-102 (März 1981), Berichtszeitraum 1. 10. bis 31. 12. 1980, Projekt 150437, lfd. Nr. 60, S. 1–3.

[974] GRS-F-74 (März 1979), Berichtszeitraum 1. 10. bis 31. 12. 1978, RS 337, Grenztragfähigkeit von Stahlbetonbalken bei großer Belastungsgeschwindigkeit, Auftragnehmer Institut für Beton und Stahlbeton Universität Karlsruhe, Projektleiter Dr. Henseleit, Laufzeit 1. 5. 1978 bis 31. 5. 1979, Finanzmittel 0,33 Mio. DM, lfd. Nr. 56, S. 1–3.

[975] GRS-F-63 (Sept. 1978), Berichtszeitraum 1. 1. bis 31. 3. 1978, Projekt RS 121, Auftragnehmer BAM – Fachgruppe Tragfähigkeit der Baukonstruktionen, Projektleiter Brandes, Struck, Laufzeit 1. 10. 1977 bis 31. 12. 1984, Finanzmittel 1,47 Mio. DM, S. 139–143

[976] GRS-F-141 (Mai 1985), Berichtszeitraum 1. 7. bis 31. 12. 1984, Projekt 1500121 (RS 121), S. 1–3.

[977] ebenda, S. 1–3.

[978] GRS-F-102 (März 1981), Berichtszeitraum 1. 10. bis 31. 12. 1980, Projekt 150460, Energieaufnahmevermögen von Stahlbetonbauteilen bei Stoßeinwirkung, Auftragnehmer BAM, Projektleiter Brandes, Laufzeit 1. 6. 1980 bis 30. 6. 1985, Finanzmittel 0,48 Mio. DM, lfd. Nr. 62, S. 1–3.

[979] GRS-F-141 (Mai 1985), Berichtszeitraum 1. 7. bis 31. 12. 1984, Projekt 150460, S. 1–3.

[980] GRS-F-123 (Mai 1983), Berichtszeitraum 1. 7. bis 31. 12. 1982, Projekt 150460, S. 3.

[981] GRS-F-141 (Mai 1985), Berichtszeitraum 1. 7. bis 31. 12. 1984, Projekt 150460, S. 3.

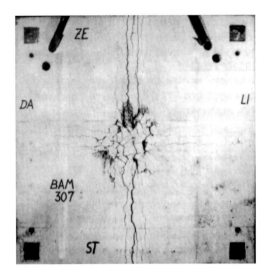 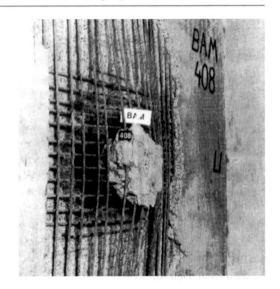

Abb. 6.128 Zerstörte Platten durch Biegeversagen (*links*) und Durchstanzen (*rechts*)

Neben den experimentellen Untersuchungen an insgesamt 29 Stahlbetonplatten der Dicke 16–22 cm wurden theoretisch-rechnerische Analysen vorgenommen. Die BAM-Experimente machten deutlich, dass für eine zuverlässige Analyse des Flugzeugabsturzes das Trageverhalten der dynamisch belasteten Stahlbeton-Bauteile genau erforscht sein muss, da es im Bereich der plastischen Verformung eine große Variationsbreite aufweist.[982]

Die Experimente in der Versuchsanlage Meppen wurden zur weiteren Untersuchung der Versagensmechanismen von Stahlbetonplatten bei Flugzeugabsturz fortgesetzt. Zur Vorbereitung der einzelnen Versuche wurden Untersuchungsergebnisse an Anlagen im kleinen Maßstab, insbesondere der UKAEA in Winfrith Newburgh/ Dorset, einbezogen. Im Herbst 1980 wurde für die Experimente in Meppen, bei UKAEA und bei der BAM zwischen allen Beteiligten ein Gesamtversuchsprogramm entwickelt und Prioritäten festgelegt. Als Vorversuche für Meppen wurden kleinmaßstäbliche Versuche in Winfrith gefahren.[983]

In den Jahren 1981 und 1982 wurden in Meppen weitere 11 der insgesamt 21 Großversuche der Messreihe II durchgeführt. Im Rahmen der Messreihe II hatten die Projektile unterschiedliche Steifigkeitsverteilungen und eine Masse zwischen 940 und 1.060 kg; die Dicke der Stahlbeton-Versuchsplatten wechselte zwischen 50 cm (4 Platten), 70 cm (15 Platten) und 90 cm (2 Platten). Die Betonfestigkeit, die Schubbewehrung und die Biegebewehrung wurden variiert. Die Aufprallgeschwindigkeiten lagen zwischen 172 und 258 m/s.[984] Eine 50 cm dicke Versuchsplatte wurde bei einer Aufprallgeschwindigkeit von 235 m/s durchschlagen (perforiert), während eine 90 cm dicke Platte mit der gleichen Bewehrung bei 245 m/s nicht einmal rückseitige Abplatzungen zeigte. Eine 90 cm dicke Platte mit stark verringerter Bewehrung wies bei 237 m/s nur geringe Abplatzungen auf. Daraus wurde geschlossen, dass für Stahlbeton-Containments unabhängig von der Bewehrung ein Minimum an Wanddicke vorgesehen werden sollte.[985]

---

[982] Brandes, K.: Assessment of the Response of Reinforced Concrete Structural Members to Aircraft Crash Impact Loading, Nuclear Engineering and Design, Vol. 110, 1988, S. 177–183.

[983] GRS-F-102 (März 1981), Berichtszeitraum 1. 10. bis 31. 12. 1980, Projekt 150410, lfd. Nr. 58, S. 2.

[984] Versuchsdaten im Überblick: GRS-F-123 (Mai 1983), Berichtszeitraum 1. 7. bis 31. 12. 1982, Projekt 150408 (und RS 467), S. 5.

[985] Nachtsheim, W. und Stangenberg, F.: Interpretation of Results of Meppen Slap Tests – Comparison with Parametric Investigations, Nuclear Engineering and Design, Vol. 75, 1982, S. 283–290.

Die Bedeutung der Meppener Versuche wurde im Übrigen in der Beschaffung von Daten zur Verifikation theoretischer Modelle für analytische Rechenprogramme gesehen. Das von der Hochtief AG geschaffene Rechenprogramm DREIDI wurde weiter entwickelt und verfeinert. Es bildete das elastisch-plastische Verhalten des Bewehrungsstahls und des Betons ab und enthielt eine Betonbruchbedingung. Mit diesem Rechenprogramm wurde eine zufriedenstellende Beschreibung des Grenztrageverhaltens von Stahlbetonplatten für stoßartige Belastungen erreicht.[986]

Aufseiten der Hersteller war die vordringliche Frage, mit welchen Maßnahmen die Widerstandsfähigkeit der Gebäudestrukturen erhöht werden kann. Den Anforderungen der RSK-Leitlinien von 1974 gemäß waren die Wanddicken der äußeren Stahlbetonhülle und deren Bewehrung verstärkt sowie die inneren Gebäudestrukturen soweit wie möglich von den äußeren entkoppelt worden. Die damals verwendeten Berechnungsverfahren gingen vom linear-elastischen Materialverhalten aus und führten zu massiven biegesteifen Konstruktionen mit unwirtschaftlicher Bewehrung. Ende der 70er Jahre standen nun analytische Methoden zur Berechnung des nichtlinearen elastoplastischen Materialverhaltens von Stahlbetonstrukturen zur Verfügung. Sie berücksichtigten die großen lokalen plastischen Verformungs- und Energieaufnahmevermögen der äußeren Stahlbeton-Hülle. Diese realitätsnahen Untersuchungen zeigten, dass die induzierten Erschütterungen und inneren Belastungen der Reaktoranlage im Vergleich mit den bisherigen Auslegungsvorgaben deutlich vermindert sind.[987]

Die Aufprallversuche an Stahlbetonplatten hatten ergeben, dass auch geringere Wanddicken ausreichen, wenn sie auf eine hohe Deformierbarkeit hin konstruiert sind. Für eine wirtschaftliche Dimensionierung der Stahlbeton-Konstruktionen wurde die Verwendung hochfester Baustähle zur Bewehrung vorgeschlagen. Die ein-

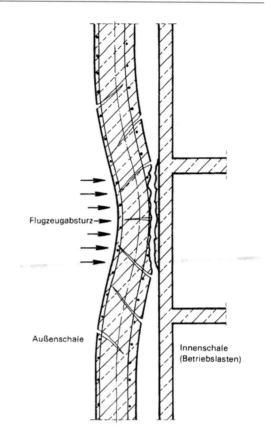

Abb. 6.129 Zweischalen-Bauweise

zelnen Stäbe sollten an den Stößen mit Muffen kraftschlüssig gekoppelt und mit aufgepressten Endankern sicher befestigt werden. Der Aufwand an Bügeln und an Durchstanzbewehrung könne reduziert werden. Durch eine Stahlblechauskleidung (Liner) der inneren Wand der Außenschale des Containments könnten das rückseitige Abplatzen von Betonbruchstücken verhindert und durch eine zweischalige Bauweise die induzierten Erschütterungen erheblich vermindert werden (Abb. 6.129).

Betonzuschläge mit Stahlfaserzusatz erhöhten bei den Stahlbeton-Aufprallversuchen die Betonzugfestigkeit und reduzierten die Betonbeschädigungen beim Flugzeugabsturz wesentlich (s. Abb. 6.130).[988, 989]

---

[986] GRS-F-141 (Mai 1985), Berichtszeitraum 1. 7. bis 31. 12. 1984, Projekt 150408, S. 2 f.

[987] Schnellenbach, G. und Stangenberg, F.: Neue Entwicklungen bei der Auslegung von Kernkraftwerken gegen Flugzeugabsturz, VGB Kraftwerkstechnik, Bd. 59, Heft 1, Januar 1979, S. 46–53.

[988] ebenda, S. 49 f.

[989] Zerna, W., Schnellenbach, G. und Stangenberg, F.: Optimized Reinforcement of Nuclear Power Plant Struc-

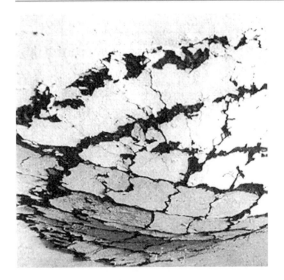

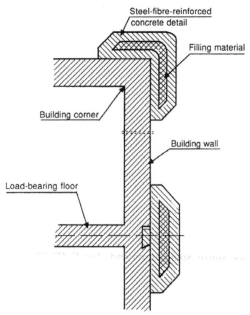

Abb. 6.130 Abplatzschutz durch Stahlfaserzuschlag im Stahlbeton

Diese plastischen Effekte sind an besonders steifen Strukturen wie Kanten, Ecken oder starren Querverbindungen nicht gegeben. Die Fa. KWU AG entwickelte für solche Stellen zur Aufpralldämpfung ein Doppelschalen-Konzept (s. Abb. 6.131). Die Wirkung der Doppelschalen-Elemente erhöht sich bei Verwendung von mit Stahlfasern verstärktem Beton und stark dämpfenden Füllmaterialien. Die experimentelle Bestätigung der analytischen Untersuchungen erfolgte mit Fallversuchen im Anschluss an das Heißdampfreaktor (HDR)-Sicherheitsprogramm des BMFT in Karlstein (s. Kap. 10.5.7).[990] Dieses Doppelschalen-Konzept fand keine praktische Anwendung mehr, da die Containments der Konvoi-Kernkraftwerke Mitte der 80er Jahre bereits fertiggestellt waren.

Die Versuche in Meppen und Karlstein waren im internationalen Vergleich die bis zu diesem Zeitpunkt anspruchsvollsten und aufwändigsten Simulationen eines Flugzeugabsturzes auf ein Stahlbetongebäude. Sie wurden jedoch als noch nicht genau genug eingeschätzt, um den Stoß-

Abb. 6.131 Aufprall dämpfende Doppelschalen-Elemente

kraft-Zeit-Verlauf und damit die lokalen Schäden realitätsnah darstellen zu können. Noch vor dem Abschluss der Meppener Versuche im Jahr 1982 war darauf hingewiesen worden, dass in Wirklichkeit komplizierte dreidimensionale Vorgänge ablaufen. Man müsse beispielsweise damit rechnen, dass schon 1 oder 2 ms nach dem Auftreffen der Flugzeugrumpfspitze die Triebwerke abreißen und die Kreiselkräfte der schräg auftreffenden, schnell rotierenden Turbinen zu starken lokalen Querkräften führen können.[991, 992]

Auf dem Versuchsgelände der Sandia National Laboratories (SNL) in Albuquerque, N. M., war eine 600 m lange zweigleisige Raketenschlitten-Bahn errichtet worden, auf der in den Jahren 1982–1983 in Kooperation mit dem Electric Power Research Institute (EPRI) Originalteile

tures for Aircraft Impact Forces, Nuclear Engineering and Design, Vol. 37, 1976, S. 313–320.

[990] Krutzik, N. J.: Reduction of the Dynamic Response by Aircraft Crash on Building Structures, Nuclear Engineering and Design, Vol. 110, 1988, S. 191–200.

[991] Riera, J. D., Zorn, N. F. und Schuëller, G. I.: An Approach to Evaluate the Design Load Time History for Normal Engine Impact Taking into Account the Crash-Velocity Distribution, Nuclear Engineering and Design, Vol. 71, 1982, S. 311–316.

[992] Zorn, N. F. und Schuëller, G. I.: On the Failure Probability of the Containment under Accidental Aircraft Impact, Nuclear Engineering and Design, Vol. 91, 1986, S. 277–286.

von Turbogeneratoren für Aufprallversuche beschleunigt wurden.[993] Im Jahr 1988 wurden mit
einem ausgemusterten Originaltriebwerk GE-J79
des Jagdbombers F-4 Phantom[994, 995] sowie mit
einem außer Betrieb gestellten Originalflugzeug
des Typs F-4D Phantom[996] auf dieser SNL-Ver-
suchsstrecke Aufprallexperimente gefahren.

Die Versuche wurden in Kooperation von
SNL mit den japanischen Forschungseinrichtungen Kobori Research Complex, Inc., Tokio
und Central Research Institute of the Electric
Power Industry, Abiko, durchgeführt. Das Experiment mit dem realen Phantom-Flugzeug diente
dem Ziel der genauen Ermittlung des Stoßkraft-
Zeit-Verlaufs beim Aufprall mit ca. 215 m/s auf
eine starre Stahlbetonwand. Am F-4D-Flugzeug
wurden die Fahrwerke entfernt und durch Gleit-
schuhe ersetzt, die die Schienenköpfe der Gleis-
bahn so umfassten, dass sie das Flugzeug führten
und es am Abheben hinderten. Die Beschleunigung erfolgte in zwei Stufen, einmal durch einen
schiebenden Raketenschlitten („Pusher Sled")
mit 36 Super-Zuni-Raketen, der nach 70 m mit
einer Wasserbremsung abgetrennt wurde, und
5 Nike-Raketen, die direkt unter der F-4D angebracht waren (Abb. 6.132). Die F-4D-Tanks
wurden mit 4,8 t Wasser gefüllt. Die Turbinen
der F-4D-Triebwerke standen still. Das Aufprall-
gewicht der Phantom betrug 19,0 t. Die Aufprallgeschwindigkeit wurde mit 215 m/s ± 1 % gemessen. Das Aufprallziel war eine 7 m × 7 m große
senkrecht zur Flugbahn stehende Fläche eines
Stahlbetonblocks der Dicke 3,66 m. Dieser Block
hatte mit 469 t annähernd das 25fache des Flug-
zeuggewichts und war frei beweglich auf einem

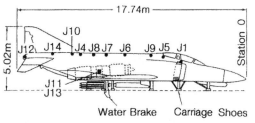

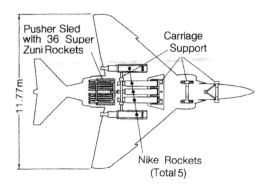

Abb. 6.132 F-4D-Testkonfiguration

Luftpolster gelagert. Abbildung 6.133 enthält die
Fotosequenz des Aufpralls.[997]

Das Flugzeug wurde entgegen den theoretischen Voraussagen bis zum Schwanzende vollkommen zertrümmert. In Abb. 6.134 sind Aufprallfläche und -schäden zu erkennen.[998] Die
Aufprallfläche war etwa doppelt so groß wie die
F-4D-Rumpfquerschnittsfläche. Die Schäden am
Betonblock waren geringfügig. Die Eindringtiefe
der Triebwerke war jeweils 60 mm, des Rumpfs
nur 20 mm. Die vom Rumpf verursachten Schäden waren neben denen der Triebwerke unbedeutend. Die größten Schäden wurden von den
Gehäusen und Befestigungen der Nike-Raketen
sowie von den Gleitschuh-Strukturen angerich-
tet. Im Abb. 6.135 sind die gemessenen und theoretisch vorhergesagten Stoßkraft-Zeit-Verläufe
aufgezeichnet. Sie zeigen eine gute Übereinstim-

[993] Hessheimer, M. F. und Dameron, R. A.: Containment Integrity Research at Sandia National Laboratories, NUREG/
CR-6906 SAND2006-2274P, Juli 2006, S. 38 und 113.

[994] Sugano, T. et al.: Local damage to reinforced concrete structures caused by impact of aircraft engine missiles
Part 1. Test program, method and results, Nuclear Engineering and Design, Vol. 140, 1993, S. 387–405.

[995] Sugano, T. et al.: Local damage to reinforced concre-
te structures caused by impact of aircraft engine missiles
Part 2. Evaluation of test results, Nuclear Engineering and
Design, Vol. 140, 1993, S. 407–423.

[996] Sugano, T. et al.: Full-scale aircraft impact test for
evaluation of impact force, Nuclear Engineering and Design, Vol. 140, 1993, S. 373–385.

[997] Hessheimer, M. F. und Dameron, R. A., a. a. O., S. 113.

[998] Sugano, T. et al.: Full-scale aircraft impact test for
evaluation of impact force, Nuclear Engineering and Design, Vol. 140, 1993, S. 377 und 383.

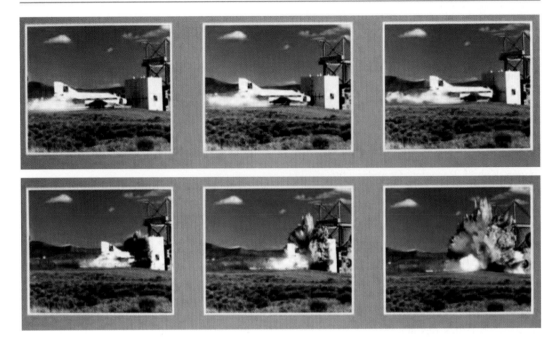

Abb. 6.133 Fotosequenz des F-4D-Aufpralls mit 215 m/s auf einen starren Stahlbetonblock

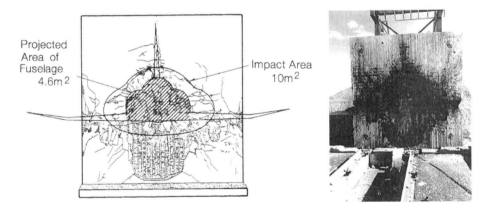

Abb. 6.134 Die Aufprallfläche: Skizze (*links*), Ansicht nach dem Experiment (*rechts*)

mung.[999] Die Riera-Berechnungsmethode von 1968 wurde bestätigt.[1000]

6.5.8 Weiterentwicklung der Containment-Konzepte

Untersuchungen und Konzepte in den USA Am 28. März 1979 ereignete sich im Druckwasserreaktor (DWR) TMI-2 bei Harrisburg, Pa. ein Kühlmittelverlust-Störfall, in dessen Folge sich komplexe thermodynamische Zustände ergaben, die schließlich zu einer Teilkernschmelze führten, die den Reaktordruckbe-

---

[999] Sugano, T. et al.: Full-scale aircraft impact test for evaluation of impact force, Nuclear Engineering and Design, Vol. 140, 1993, S. 383.

[1000] Riera, J. D.: On the stress analysis of structures subjected to aircraft impact forces, Nuclear Engineering and Design, Vol. 8, 1968, S. 415–426.

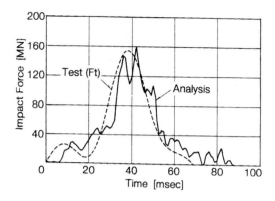

Abb. 6.135 Stoßkraft-Zeit-Verläufe

hälter (RDB) jedoch praktisch unversehrt ließ. Die Reaktoranlage wurde irreparabel zerstört (s. Kap. 4.7). Das Containment hielt auslegungsgemäß dem Druck des ausgeströmten Kühlmittels und einer Wasserstoff-Deflagration stand. Die Vermeidung ähnlicher Ereignisse durch präventive Maßnahmen wurde in den USA und allen anderen Kernenergie nutzenden Staaten zu einer intensiv in Angriff genommenen vorrangigen Aufgabe. Eine weitere beklemmende Frage war, ob und wie lange das Containment standgehalten hätte, wenn die Kernschmelze den RDB durchbrochen und sich nach Absturz im Sumpf ausgebreitet bzw. im Betonfundament eingegraben hätte. Waren neue Auslegungsanforderungen und neue Containment-Konzepte unerlässlich?

Im Juni 1980 begann die USNRC ihr „NRC Containment Safety Margins Research Program for Light Water Reactors", mit dem sie die äußersten Sicherheitsreserven der in Betrieb befindlichen Stahl- und Betoncontainments unter den Belastungen eines schweren Unfalls erkunden wollte.[1001, 1002] Die Sandia National Laboratories (SNL) in Albuquerque, New Mexico, wurden federführend beauftragt, die Planung der einzelnen Forschungsvorhaben sowie die experimentellen

und analytischen Untersuchungen durchzuführen.[1003] In den Jahren 1982–2001 wurden von SNL zylindrische Sicherheitsbehälter aus Stahlblech (in verkleinertem Modellmaßstab 1:32, 1:10, 1:8 und 1:4)[1004, 1005] sowie entsprechende Stahlbeton- und Spannbeton-Containments (im verkleinerten Modellmaßstab 1:6)[1006] jeweils bis zum Überdruckversagen getestet. Das Electric Power Research Institute (EPRI), Palo Alto, Ca., war in Zusammenarbeit mit den Construction Technology Laboratories (CTL) in Skokie, Ill., und anderen Forschungsinstituten mit der Untersuchung besonderer Phänomene (Wanddurchführungen, Aerosole, Kernschmelze u. a.) beteiligt.[1007, 1008] Die Experimente dienten dem Verständnis des Containment-Verhaltens mit seinen „Störstellen" infolge Durchführungen und Schleusen bei auslegungsüberschreitenden Belastungen und auch der Verifikation von Rechencodes.[1009, 1010] Die Ergebnisse der Versuchsreihen wurden wie folgt zusammengefasst:

[1001] Riesemann von, W. A., Blejwas, T. E., Dennis, A. W. und Woodfin, R. L.: NRC Containment Safety Margins Program for Light Water Reactors, Nuclear Engineering and Design, Vol. 69, 1982, S. 161–168.

[1002] Kerr, W. und Dey, M. K.: Containment Loads from Severe Accidents – U. S. Program, Nuclear Safety, Vol. 29, No. 1, Jan.-März 1988, S. 29–35.

[1003] Hessheimer, M. F. und Dameron, R. A.: Containment Integrity Research at Sandia National Laboratories, NUREG/CR-6906 SAND2006-2274P, Juli 2006, S. xv-xvii und S. 38.

[1004] Blejwas, T. E. und von Riesemann, W. A.: Pneumatic Pressure Tests of Steel Containment Models – Recent Developments, Nuclear Engineering and Design, Vol. 79, 1984, S. 203–209.

[1005] Clauss, D. B.: Pretest Predictions for the Response of a 1:8 Scale Steel LWR Containment Building Model to Static Overpressurization, Nuclear Engineering and Design, Vol. 90, 1985, S. 223–240.

[1006] Pfeiffer, P. A., Kulak, R. F. et al.: Pretest Analysis of a 1:6 Scale Reinforced Concrete Containment Model Subject to Pressurization, Nuclear Engineering and Design, Vol. 115, 1989, S. 73–89.

[1007] Hanson, N. W. und Schultz, D. M.: Implications of Results from Full-Scale Test of Reinforced and Prestressed Concrete Containments, Nuclear Engineering and Design, Vol. 117, 1989, S. 79–83.

[1008] Rubio, A., Loewenstein, W. B. und Oehlberg, R.: Nuclear Safety Research: Responsive Industry Results, Nuclear Engineering and Design, Vol. 115, 1989, S. 219–271.

[1009] Clauss, D. B.: Comparison of Analytical Predictions and Experimental Results for a 1:8 Scale Steel Containment Model Pressurized to Failure, Nuclear Engineering and Design, Vol. 90, 1985, S. 241–260.

[1010] Bergeron, K. D. und Williams, D. C.: CONTAIN Calculations of Containment Loading of Dry PWRs, Nuclear Engineering and Design, Vol. 90, 1985, S. 153–159.

- Überdruckversagen trat bei den Stahlmodellen beim 4–6fachen und bei den Stahlbetonmodellen beim 2,5–3,5fachen des Auslegungsdrucks ein.
- Die Bruchdehnung unter freien Zugspannungen war bei den Containment-Modellen aus Stahlblech 2–3 %, aus Stahlbeton 1,5–2 % und aus Spannbeton 0,5 – 1,0 %.

Containmentmodelle aus Stahlblech hatten die Tendenz, durch schlagartiges Bersten zu versagen, Betoncontainments durch sich öffnende Lecks. Die analytischen Verfahren konnten bis in den Bereich plastischer Formänderungen angemessen genaue Vorhersagen liefern. Bei der Ermittlung individueller Versagensdrücke ergaben sich erwartungsgemäß größere Abweichungen. Es wurde angenommen, dass die Testergebnisse von den Modellversuchen den oberen Bereich der Belastbarkeitsgrenzen realer, in Betrieb befindlicher Containments aufzeigten.[1011]

Im Rahmen des SNL-Forschungsprogramms wurden auch die Vorgänge untersucht, die mit der Kernschmelze einhergehen können:[1012] Dampfexplosionen,[1013] Knallgas-Detonationen[1014] und Schmelze-Beton-Reaktionen.[1015]

Die gewonnenen Erkenntnisse aus den amerikanischen und vielfältigen internationalen Forschungsaktivitäten wurden regelmäßig auf Konferenzen ausgetauscht und erörtert. Zu nennen sind hier insbesondere die SMiRT-Konferenzen und die von der Canadian Nuclear Society erstmals 1984 eingerichtete International Conference on Containment Design and Operation.

Auch in Deutschland wurden diese Erkenntnisse an der bestehenden Auslegung der DWR-Anlagen gespiegelt. Die Auslegung des Doppelcontainments – kugelförmiger Sicherheitsbehälter aus Stahlblech mit Stahlbetonhülle gegen Einwirkungen von außen mit Ringraum zur geschützten Unterbringung von Sicherheitssystemen mit kontrollierter Lüftungsführung und Aktivitätsfilterung – wurde als ausgereift und belastbar bestätigt, ebenso die Belastungsansätze. Die resultierenden Versagensgrenzen und Freisetzungen lagen an der oberen Grenze der aus dem SNL-Programm ermittelten Belastungen. Einige Optimierungen der Auslegung wurden vorgenommen und Accident-Management-Maßnahmen eingeführt, im Wesentlichen:

- Druckentlastung des Containments,
- Filterung ggf. freigesetzter Gase,
- Maßnahmen zur Wasserstoff-Reduktion, Vermeidung des Containment-Versagens,
- Vermeidung des Hochdruck-Versagens des Primärkreislaufs durch Maßnahmen zur sekundärseitigen und primärseitigen Druckentlastung.

Diese Auslegungsmerkmale wurden in Deutschland zum Standard für alle DWR-Anlagen.

Im Rahmen des amerikanischen ALWR-Programms wurde Mitte der 80er Jahre von der Westinghouse Electric Company der „fortschrittliche passive" (Advanced Passive) AP600-DWR mit der Leistung 600 MW$_{el}$, einer vereinfachten Konstruktion und passiven Sicherheitssystemen entworfen und im Laufe der 90er Jahre zur Baureife und Genehmigungsfähigkeit entwickelt (s. Kap. 12). Diese neuartige Konzeption wurde erfolgreich vermarktet und soll deshalb kurz vorgestellt werden.

Das AP600-Containment besteht aus einem druckfesten freistehenden zylindrischen Stahlblech-Sicherheitsbehälter (SB) mit dem Durchmesser von 39,6 m und ellipsoidförmigen oberen und unteren Abschlüssen. Die SB-Höhe beträgt 58,3 m, der Auslegungsdruck 3,1 bar. Ende der 90er Jahre wurde der AP600 zum AP1000 bei gleichbleibendem Containment-Durchmesser und unveränderter Konstruktion zu einer SB-

---

[1011] Hessheimer, M. F. und Dameron, R. A.: Containment Integrity Research at Sandia National Laboratories, NUREG/CR-6906 SAND2006-2274P, Juli 2006, S. xvi f.

[1012] Corradini, M. L.: Current aspects of LWR containment loads due to severe reactor accidents, Nuclear Engineering and Design, Vol. 122, 1990, S. 287–299.

[1013] Corradini, M. L., Swenson, D. V., Woodfin, R. L. und Voelker, L. E.: An Analysis of Containment Failure by a Steam Explosion Following a Postulated Core Meltdown in a Light Water Reactor, Nuclear Engineering and Design, Vol. 66, 1981, S. 287–298.

[1014] Berman, Marshall: A Critical Review of Recent Large-Scale Experiments on Hydrogen-Air Detonations, Nuclear Science and Engineering, Vol. 93, 1986, S. 321–347.

[1015] Theofanous, T. G. und Saito, M.: An Assessment of Class-9 (Core-Melt) Accidents for PWR Dry-Containment Systems, Nuclear Engineering and Design, Vol. 66, 1981, S. 301–332.

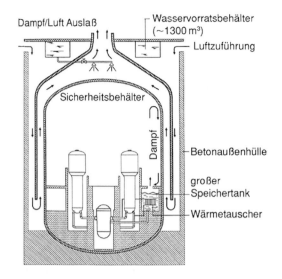

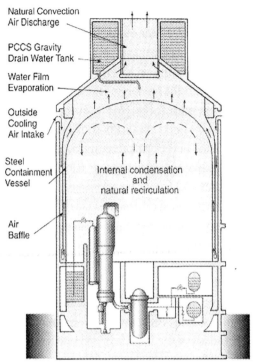

Abb. 6.136 AP600/1000-Nachwärmeabfuhr mit Containmentkühlung (schematisch)

Höhe von 66,0 m und dem Auslegungsdruck 4,07 bar aufgestockt.[1016] Der SB ist von einer Stahlbetonhülle mit der Dicke 0,8 m und dem Außendurchmesser 44,2 m mit einem konischen Dachaufbau umschlossen. Im Zwischenraum zwischen äußerer Betonumschließung und dem SB befindet sich ein Luftleitblech, das eine natürliche konvektive Luftzirkulation außen um den SB mit Abzug nach oben erzwingt. Im Abb. 6.136[1017] ist diese Anordnung schematisch dargestellt. Der Abb. 6.137[1018] sind die tatsächlichen Größenverhältnisse für den AP1000-DWR zu entnehmen.

Ist die Wärmeabfuhr aus dem Reaktorkern beim Normalbetrieb völlig unterbrochen, wird die Nachwärme allein nach den Prinzipien der Druckentlastung, der Einspeisung unter Schwerkraft und des Naturumlaufs ohne Schalthandlungen des Betriebspersonals abgeführt (passive Nachwärmeabfuhr: passive residual heat removal – PRHR). Im Containment befindet sich

Abb. 6.137 Vertikalschnitt durch das AP 1000-Containment

dafür ein großer Wasserspeichertank (incontainment refueling water storage tank – IRWST), der höhenmäßig über den Hauptkühlmittel-Leitungen (heißer Strang: hot line – HL, kalter Strang: cold line – CL) angeordnet und in dem ein Wärmetauscher (heat exchanger – HX) installiert ist (Abb. 6.138).[1019] Der IRWST-Behälter ist für atmosphärischen Druck ausgelegt. Die Druckentlastung des Primärkreislaufs im Störfall erfolgt über ein vierphasiges automatisches System, bis der Naturumlauf der passiven Wärmeabfuhr in Gang kommt. Der IRWST dient als Wärmesenke, und es vergeht etwa eine Stunde, bis das Wasser im großen Speichertank zu sieden beginnt. Der dann entstehende Dampf wird in das Containment freigesetzt und kondensiert an den Innenflächen des SB. Das Kondensat wird in den IRWST zurückgeführt. Durch den stähler-

[1016] Schulz, T. L.: Westinghouse AP1000 advanced passive plant, Nuclear Engineering and Design, Vol. 236, 2006, S. 1547–1557.

[1017] Rittig, D.: Sicherheitsaspekte künftiger Leichtwasserreaktoren, atw, Jg. 37, Juli 1992, S. 352–358.

[1018] Schulz, T. L.: Westinghouse AP1000 advanced passive plant, Nuclear Engineering and Design, Vol. 236, 2006, S. 1554.

[1019] Conway, L. E.: The Westinghouse AP600 passive safety system key to a safer, simpler PWR, Proceedings of the International Topical Meeting on Safety of Next Generation Power Reactors, 1.-5. Mai 1988, Seattle, Wash., American Nuclear Society, 1988, S. 552–557.

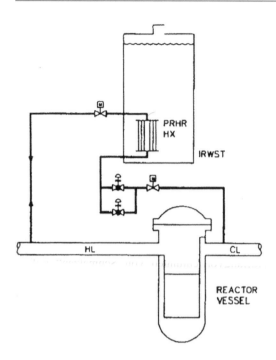

Abb. 6.138 Passive Kernnotkühlung

nen SB wird die Wärme nach außen geleitet und von der konvektiven Luftströmung zwischen SB und Luftleitblech in die Umgebung abgeleitet. Zur Verstärkung dieser SB-Kühlung wird Wasser durch Schwerkraft aus dem Wasservorratstank über dem Betongebäude auf die SB-Kuppel gesprüht, das auf der SB-Außenfläche verdampft und verdunstet. Diese zusätzliche Kühlung zur Abführung der ersten starken Nachwärmeerzeugung ist durch die im Wasservorratstank gespeicherte Wassermenge zeitlich begrenzt. Der SB-Innendruck wird durch diese Containment-Kühlung weit unter dem Auslegungsdruck gehalten.[1020]

Zur Untersuchung der Leistungsfähigkeit und Zuverlässigkeit des zeitlich unbegrenzt laufenden passiven AP600/1000-Nachwärmeabfuhrsystems wurden umfangreiche experimentelle und analytische Forschungsarbeiten durchgeführt. Dafür standen die Versuchseinrichtungen des Westinghouse Science and Technology Centers, der Oregon State University, der kanadischen Uni-

versity of Western Ontario und die italienischen Anlagen in Piacenza (SIET/SPES) und Casaccia (Vapore) zur Verfügung. So wurde beispielsweise für den Kühlmittelverlust-Störfall der passiv stattfindende Übergang von der Druckentlastung bis zur langfristigen Nachwärmeabfuhr nicht nur mit Rechencodes analysiert, sondern auch in drei Versuchsanlagen experimentell untersucht und seine Zuverlässigkeit nachgewiesen.[1021] AP600-Modelle wurden im Maßstab 1: 8 und 1: 4 für Experimente errichtet. Alle Formen der Kühlmittelverlust-Störfälle (LOCA) wurden durchgespielt. Die Untersuchungen bestätigten, dass die Integrität des AP600/1000-Containments erhalten bleibt.[1022]

Schwere Reaktorunfälle wurden bei der AP600/1000-Auslegung so berücksichtigt, dass die Integrität des Containments auch nach einer Kernschmelze zeitlich unbegrenzt intakt bleibt (was über die USNRC-Anforderungen hinausgeht):

- Der Hochdruckpfad einer Kernschmelze wird durch ein redundantes und diversitäres automatisches Druckentlastungssystem ausgeschlossen (wie dies auch zum Standard heutiger Anlagen gehört).

- Schmelze-Beton-Wechselwirkungen werden verhindert, da Schmelze und Trümmer im von außen gekühlten Reaktordruckbehälter zurückgehalten werden. Dies wurde experimentell und analytisch nachgewiesen und von der USNRC geprüft.[1023]

- Wasserstoff-Explosionen werden durch Wasserstoff-Zünder und passive autokatalytische Rekombinatoren verhindert.[1024]

Bei der Analyse der innovativen passiven Sicherheitssysteme konnten jedoch nicht alle Unsicherheiten ausgeräumt werden. Diese Konzepte

---

[1020] Winters, J. W.: AP600 – Ready to Build, AP1000 – Ready to License, atw, Jg. 47, Juni 2002, S. 378–382.

[1021] Bessette, D. E. und Marzo, M. di: Transition from depressurization to long term cooling in AP600 scaled integral test facilities, Nuclear Engineering and Design, Vol. 188, 1999, S. 331–344.

[1022] Bruschi, H. J.: The Westinghouse AP600, atw, Jg. 41, April 1996, S. 256–259.

[1023] Schulz, T. L.: Westinghouse AP1000 advanced passive plant, Nuclear Engineering and Design, Vol. 236, 2006, S. 1553.

[1024] ebenda.

waren durch keinerlei Betriebserfahrung abgesichert, und das Restrisiko konnte auch bei diesen Entwürfen nicht Null sein, denn immer lassen sich Freisetzungspfade etwa durch Einwirkungen von außen denken.[1025] Die Containment-Kühlung mit der konvektiven Zirkulation von Umgebungsluft erfordert große Öffnungen in der äußeren Stahlbetonhülle, die den Schutz gegen äußere Einwirkungen mindern können. Die Unsicherheiten bestanden auch hinsichtlich

- gewisser Unzulänglichkeiten der analytischen Codes sowie
- des Leistungsvermögens der Naturumlauf-Kühlung, deren Antriebskräfte gering und beeinflussbar und deren Auswirkungen auf das thermo-hydraulische Gesamtverhalten groß sind.[1026, 1027]

In den amerikanischen Genehmigungsverfahren sind diese Restrisiken keine Verweigerungsgründe. Im internationalen Vergleich sind die deutschen Anforderungen an deterministische Nachweise für den Kernschmelzunfall nach der Atomgesetznovelle von 1994 einzigartig.[1028] In den USA haben die USNRC und das ACRS den Kompromiss gefunden, dass nur in 90 % aller Kernschmelzunfälle das Containment den Belastungen standhalten muss, in 10 % dieser Unfälle versagen darf. Es wird der probabilistische Nachweis verlangt, dass die Häufigkeit einer frühen Freisetzung großer Mengen (LERF – Large Early Release Frequency) an radioaktiven Stoffen unter 10^{-6}/a bleibt. Ein deterministischer Nachweis für die Containment-Integrität ist nur für die ersten 24 Stunden eines Kernschmelzunfalls erforderlich.

Entwicklungen in der Bundesrepublik Deutschland In der Bundesrepublik Deutschland gehörten Untersuchungen von schweren Störfällen bis hin zu hypothetischen Unfällen mit Kernschäden von Anbeginn zu den Untersuchungsgegenständen staatlicher Programme der Reaktorsicherheitsforschung. Im Vierten Atomprogramm für die Jahre 1973–1976 wurden als ein Schwerpunktprojekt des Sicherheitsforschungsprogramms die „Vorgänge beim Niederschmelzen des Reaktorkerns: Freisetzung und Verbleib der Spaltprodukte, Kontakt der Schmelze mit Wasser, Wechselwirkung von Schmelze und Strukturmaterial, Entwicklung von Auffangvorrichtungen von Schmelzen" aufgeführt.[1029] Tatsächlich hatte das Kernforschungszentrum Karlsruhe (KfK) bereits am 1.12.1970 ein Arbeitsprogramm „Reaktorsicherheit und nuklearer Umweltschutz" vorgeschlagen, zu dessen Arbeitsthemen u. a. gehörten:

- Schadensumfang bei großen hypothetischen Reaktorunfällen und seine Zeitabhängigkeit
- Beurteilung der Folgen großer hypothetischer Unfälle.[1030]

Die von der obersten Aufsichtsbehörde geforderten und vom Bundesforschungsminister unter wesentlicher Beteiligung der Hersteller eingeleiteten Untersuchungen hypothetischer Reaktorunfälle wurden von den Befürwortern und Förderern der Kernenergienutzung heftig kritisiert. Sie sahen in den Aufsichtsbeamten geradezu „Totengräber der Kernenergie", die einer leicht erregbaren Öffentlichkeit unnötigerweise Angst einjagten. Auch der USAEC-Direktor für Reaktorentwicklung, Milton Shaw, äußerte sich den deutschen Beamten gegenüber sehr kritisch zu diesen Forschungsvorhaben, die sachlich nicht

[1025] Weinberg, A. M.: Engineering in an age of anxiety: The search for inherent safety, VDI Berichte Nr. 822, 1990, S. 254 f.

[1026] Beelman, R. J., Fletcher, C. D. und Modro, S. M.: Issues affecting advanced passive light-water reactor safety analysis, Nuclear Engineering and Design, Vol. 146, 1994, S. 289–299.

[1027] Burgazzi, L.: Evaluation of uncertainties related to passive systems performance, Nuclear Engineering and Design, Vol. 230, 2004, S. 93–106.

[1028] Keßler, G.: Das Sicherheitskonzept für neue Reaktoren, atw, Jg. 44, Januar 1999, S. 19 f.

[1029] Der Bundesminister für Forschung und Technologie (Hg.): Viertes Atomprogramm der Bundesrepublik Deutschland für die Jahre 1973 bis 1976, Bonn, 1973, S. 75.

[1030] Rininsland, H. und Kuczera, B.: Das Projekt Nukleare Sicherheit 1972–1986 – Ziele und Ergebnisse, Abschlusskolloquium des Projektes Nukleare Sicherheit, 10. und 11. 6. 1986, Karlsruhe, Berichtsband, KfK 4170, August 1986, S. 45.

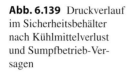

Abb. 6.139 Druckverlauf im Sicherheitsbehälter nach Kühlmittelverlust und Sumpfbetrieb-Versagen

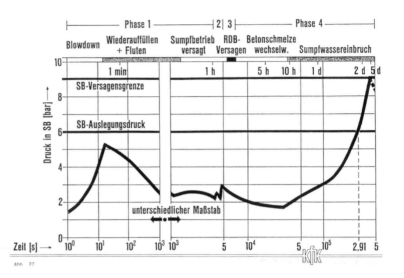

erforderlich seien und nur zu öffentlichen Irritationen führten.[1031]

Die KfK-Vorarbeiten führten am 1.1.1972 zur Gründung des Projektes Nukleare Sicherheit (PNS, später Projekt Nukleare Sicherheitsforschung – PSF), in dessen Rahmen die Vorgänge untersucht wurden, aus denen ein Überdruckversagen des Containments folgen kann. Im Abb. 6.139 sind für den Kühlmittelverluststörfall mit niedrigem Druck im Reaktordruckbehälter (sog. „Niederdruck-Pfad"), der voraussichtlich am ehesten eintreten könnte, die vier Phasen dargestellt, die nach etwa 5 Tagen in den Versagensbereich des Sicherheitsbehälters (SB) führen (Blowdown mit Versagen des Sumpfbetriebs, Verdampfung des restlichen Wassers und Kernaufheizung, RDB-Versagen, Betonschmelze und Sumpfwassereinbruch).[1032, 1033]

Dieser zeitliche Druckverlauf wurde unter Anwendung des im KfK entwickelten WECHSL-Code (ausschließlich zur Berechnung der Schmelze-Beton-Wechselwirkung), nach dem Sumpfwassereinbruch mit dem WAVCO-Code der Fa. KWU berechnet. Die rechnerischen Analysen wurden mit breit angelegten Versuchsreihen verifiziert.[1034] Dieser Druckverlauf hat in die Deutsche Risikostudie (DRS) Eingang gefunden. Die eingehende Befassung mit Kernschmelze-Vorgängen und mit der Leistungsfähigkeit von Containments war vom Rasmussen-Report (s. Kap. 7.2.2) angestoßen worden, von dessen Umsetzung auf deutsche Anlagen die DRS ihren Ausgang nahm. Der zentrale Forschungsgegenstand der DRS waren die Untersuchungen der Kernschmelze und der Containment-Integrität im Kernforschungszentrum Karlsruhe (KfK, später FZK und KIT) mit namhafter Beteiligung der Hersteller.

Die genaue Ermittlung des Versagensdrucks und der Versagensart am Beispiel des SB des

[1031] Persönliche mündliche Mitteilung von Dipl.-Ing. Heinz Seipel, s. auch seine persönliche schriftliche Mitteilung vom 2. 12. 2006, AMPA Ku 173, S. 2.

[1032] Rininsland, H.: Core Meltdown Investigations and Fission Product Release to the Environment, Proceedings, VTT Symposium 25, Second Finnish-German Seminar on Nuclear Safety, 29. und 30. 9. 1982, Otaniemi, Finnland, Technical Research Centre of Finland, Espoo 1983, S. 233–260.

[1033] Hennies, H.-H., Kuczera, B. und Rininsland, H.: Forschungsergebnisse zum Kernschmelzunfall in einem modernen 1300-MW$_{el}$-DWR, atw, Jg. 31, November 1986, S. 542–548.

[1034] Rininsland, H.: BETA (Core-Concrete Interaction) and DEMONA (Demonstration of NAUA) – Key Experimental Programs for Validation and Demonstration of Source Terms in Hypothetical Accident Situations, Proceedings, International Meeting on Light Water Reactor Severe Accident Evaluation, 28. 8. – 1. 9. 1983, Cambridge, Mass., American Nuclear Society, 1983, S. 12.3–1 bis 12.3–8.

DWR Philippsburg (KKP-2) machte deutlich, dass die mit 9 bar angenommene SB-Versagensgrenze eher zu niedrig angesetzt war. Es ergab sich, dass am Dichtkasten, der die Verschraubung zwischen der SB-Schale und der Materialschleuse überdeckt, bei einem Überdruck von 12,9–13,7 bar eine Leckage auftritt, die einen weiteren Druckanstieg verhindert. Ohne das Versagen des Dichtkastens müsste u. U. mit dem großflächigen Zerknall des SB mit unklaren Folgen und im Extremfall mit erheblichen Folgeschäden in der Umgebung gerechnet werden.[1035]

Schon als Ergebnis der Deutschen Risikostudie Phase A (s. Kap. 7.3) wurde der Gedanke verfolgt, den langsamen Druckaufbau bei einem Kernschmelzunfall nicht tatenlos bis zum Containmentversagen abzuwarten, sondern den Druck rechtzeitig zu entlasten.[1036] In der Folge des Tschernobyl-Unglücks wurden in deutsche DWR-Kernkraftwerke SB-Druckentlastungssysteme mit hochwirksamen Filtern eingebaut. Weitere Überlegungen zielten auf bauliche, systemtechnische und organisatorische Maßnahmen des sog. „anlageninternen Notfallschutzes", die auch im Fall der auslegungsüberschreitenden Ereignisse die Integrität des Sicherheitsbehälters so weit wie möglich aufrechterhalten[1037] (s. Kap. 4.8.4.2). Die vielfältigen PNS-Forschungen konnten in der Feststellung zusammengefasst werden: *„Nach unserem heutigen hohen Wissensstand besteht kein Anlass zur Sorge, dass in einem deutschen LWR-Kernkraftwerk ein hypothetischer Unfall eintreten könnte, der zu einer dramatischen Gefährdung der Bevölkerung führt."*[1038]

Diese Feststellung wurde in der parallel laufenden Deutschen Risikostudie Phase B im Einzelnen erhärtet und Vorschläge zur Optimierung erarbeitet. Die analytisch und technisch verbesserten Einschätzungen des Systemverhaltens haben zu einer Zahl von Anregungen zu Nachrüstungen und Verbesserungen im Gebiet der auslegungsüberschreitenden Ereignisabläufe geführt:

- Vermeidung des Hochdruck (HD) -Pfades durch den Einbau von Einrichtungen für „bleed and feed"-Maßnahmen. Die komplexen systemtechnischen Maßnahmen gegen vielfältige, auch unsymmetrische Mehrfach-Fehlersituationen mit und ohne Kühlmittelverlust wurden in der PKL-Anlage untersucht und analytisch bei Siemens und den Gutachtern ausgewertet.

- Einbau von Wasserstoff (H_2) -Rekombinatoren im SB zur Vermeidung von deflagrativen Wasserstoff-Verbrennungen,

- Ertüchtigung der Störfallfilter im Abluftsystem aus dem Containment zur Aktivitätsrückhaltung bei Unfällen mit Freisetzungen („Containment-Venting"),

- Hierzu wurden auch die zugehörigen organisatorischen Maßnahmen getroffen und Notfall-Handbücher zur Ergänzung der Betriebshandbücher erstellt, begutachtet und genehmigt, in denen die präventiven und mitigativen Notfall-Schutzmaßnahmen im Detail beschrieben wurden. Eine zusätzliche „Vierte Sicherheitsebene" wurde eingeführt (s. Kap. 6.2).

Damit der Erfahrungsrückfluss aus allen Anlagen und neue Erkenntnisse systematisch berücksichtigt werden, wurde das Verfahren der „Periodischen Sicherheitsüberprüfung" (PSÜ) eingeführt, mit der alle 10 Jahre eine umfassende Sicherheitsbewertung der Anlage erstellt und begutachtet wird (s. Kap. 4.8.4.2).

Das EPR-Containment Die deutsch-französische Entwicklung eines europäischen Druckwasserreaktors der nächsten Generation („European Pressurized Water Reactor" – EPR) in der ers-

---

[1035] Krieg, R., Göller, B., Messemer, G. und Wolf, E.: Verhalten eines DWR-Sicherheitsbehälters bei steigender Innendruckbelastung, in: Abschlusskolloquium des Projektes Nukleare Sicherheit, 10. und 11. 6. 1986, Karlsruhe, Berichtsband, KfK 4170, August 1986, S. 501–523.

[1036] Kuczera, B. und Wilhelm, J.: Druckentlastungseinrichtungen für LWR-Sicherheitsbehälter, atw, Jg. 34, März 1989, S. 129–133.

[1037] Rohde, J., Tiltmann, M. und Schwinges, B.: Maßnahmen zur Erhaltung der Integrität des Sicherheitsbehälters, atw, Jg. 35, Februar 1990, S. 60–73.

[1038] Rininsland, H. und Kuczera, B.: Das Projekt Nukleare Sicherheit 1972–1986 – Ziele und Ergebnisse, Abschlusskolloquium des Projektes Nukleare Sicherheit,

---

10. und 11. 6. 1986, Karlsruhe, Berichtsband, KfK 4170, August 1986, S. 72.

ten Hälfte der 90er Jahre gründete sich auf die bewährten französischen und deutschen DWR-Baulinien N4- und Konvoi-Kernkraftwerke der Herstellerfirmen Framatome und Siemens/KWU (s. Kap. 12). Die französische Seite übernahm bei der bilateralen Aufgabenverteilung den Entwurf des EPR-Containments und bevorzugte aufgrund ihrer Erfahrungen die in Frankreich bewährte Beton-Konstruktion. Das EPR-Containment ist ein Doppelcontainment aus zwei freistehenden Betonschalen auf ebener Bodenplatte. Es besteht aus einem inneren Spannbetonzylinder mit der Wanddicke von 1,3 m, dem Innendurchmesser von etwa 47 m und der lichten Höhe über dem Gebäudeboden von ca. 60 m. Die äußere Hülle besteht aus Stahlbeton der Wanddicke 1,3 m und dem äußeren Durchmesser von 56 m. Die Kuppeln der Betonschalen sind ellipsoidförmig (Abb. 6.140).[1039]

Im Gegensatz zur amerikanischen Genehmigungspraxis wurde in Europa nach dem Tschernobyl-Unglück die deterministisch nachgewiesene Beherrschung von Kernschmelzunfällen zur Genehmigungsvoraussetzung für neue Kernkraftwerke (in Deutschland durch die Atomgesetznovelle von 1994). Bei der EPR-Entwicklung ging es neben den Verbesserungen zur weiteren Verminderung der Unfallwahrscheinlichkeit auf den Sicherheitsebenen 1–3 vor allem auf der neuen vierten Sicherheitsebene um derart sichere Maßnahmen des Einschlusses und der Kühlung einer Kernschmelze, dass Evakuierungen und längerfristige landwirtschaftliche Nutzungsbeschränkungen nicht notwendig werden (Abb. 6.141).[1040]

Für alle möglichen Verläufe schwerer Unfälle muss sichergestellt sein, dass die Integrität des Containments erhalten bleibt. Eine wesentliche Aufgabe beim Entwurf des EPR bestand darin, extreme und damit potenziell unbeherrschbare

Unfallabläufe durch konstruktive Maßnahmen zu verhindern und deren Zuverlässigkeit durch eingehende Untersuchungen nachzuweisen.[1041] Im Einzelnen müssen folgende Ereignisabläufe betrachtet werden:

- RDB-Versagen bei *hohem* Primärkreisdruck (HD-Pfad): Die mit diesem Ereignis verbundene extrem hohe und plötzliche Energiefreisetzung kann zu frühzeitigem Containment-Versagen führen. Durch ein speziell entwickeltes Druckentlastungssystem hoher Zuverlässigkeit wird gewährleistet, dass bei allen Kernschmelzunfällen ein RDB-Versagen bei Drücken unter 20 bar (bei den meisten Szenarien unter 5 bar) eintritt.[1042]
- Heftige Dampfexplosionen: Die Untersuchungen der Dampfexplosion und der experimentelle Nachweis, dass moderne RDB unter dieser Belastung nicht versagen, wurde im Jahr 2002 abgeschlossen.[1043, 1044] Dampfexplosionen außerhalb des RDB werden dadurch ausgeschlossen, dass durch bauliche Maßnahmen Wassereinträge in die Reaktorgrube verhindert werden.
- Wasserstoff-Detonationen: Das EPR-Containment hat ein Innenvolumen von ungefähr 80.000 m³, das großräumige Konvektion ermöglicht und der Ausbildung kritischer Gemische in stratifizierter Atmosphäre entgegenwirkt. Zur Homogenisierung der Con-

[1039] Czech, J., Serret, M., Krugmann, U. et al.: European pressurized water reactor: safety objectives and principles, Nuclear Engineering and Design, Vol. 187, 1999, S. 25–33.

[1040] Nie, M. und Bittermann, D.: Implementierung von Maßnahmen zur Beherrschung schwerer Störfälle in Anlagen der 3. Generation am Beispiel EPR, atw, Jg. 49, Mai 2004, S. 324–327.

[1041] Weisshäupl, H. A.: Severe accident mitigation concept of the EPR, Nuclear Engineering and Design, Vol. 187, 1999, S. 35–45.

[1042] Brettschuh, W. und Schneider, D.: Moderne Leichtwasserreaktoren – EPR und SWR 1000, atw, Jg. 46, August/September 2001, S. 536–541.

[1043] Struwe, D., Jacobs, H., Imke, U., Krieg, R., Hering, W., Böttcher, M., Lummer, M., Malmberg, T., Messemer, G., Schmuck, Ph., Göller, B. und Vorberg, G.: Consequence Evaluation of In-Vessel Fuel Coolant Interactions in the European Pressurized Water Reactor, Forschungszentrum Karlsruhe, wiss. Bericht FZKA 6316, Juli 1999.

[1044] Krieg, R., Dolensky, B., Göller, B., Hailfinger, G., Jordan, T., Messemer, G., Prothmann, N. und Stratmanns, E.: Load carrying capacity of a reactor vessel head under molten core slug impact, Final report including recent experimental findings. Nuclear Engineering and Design, 223, 2003, S. 237–253.

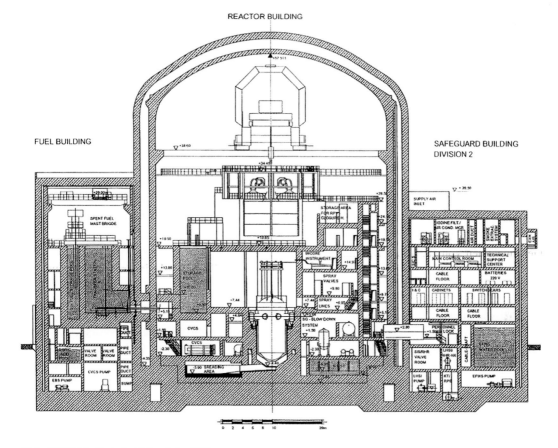

Abb. 6.140 Vertikalschnitt durch den EPR

Abb. 6.141 Die 4 Sicherheitsebenen des EPR

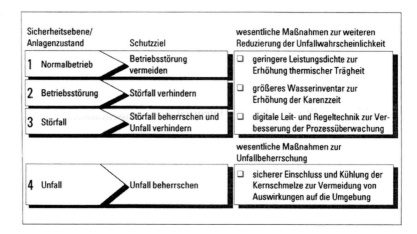

Sicherheitsebene/ Anlagenzustand	Schutzziel	wesentliche Maßnahmen zur weiteren Reduzierung der Unfallwahrscheinlichkeit
1 Normalbetrieb	Betriebsstörung vermeiden	☐ geringere Leistungsdichte zur Erhöhung thermischer Trägheit
2 Betriebsstörung	Störfall verhindern	☐ größeres Wasserinventar zur Erhöhung der Karenzzeit
3 Störfall	Störfall beherrschen und Unfall verhindern	☐ digitale Leit- und Regeltechnik zur Verbesserung der Prozessüberwachung
		wesentliche Maßnahmen zur Unfallbeherrschung
4 Unfall	Unfall beherrschen	☐ sicherer Einschluss und Kühlung der Kernschmelze zur Vermeidung von Auswirkungen auf die Umgebung

tainment-Atmosphäre wird beim Kernschmelzunfall Primärdampf in die unteren Räume eingeblasen, in denen außerdem 40 katalytische Rekombinatoren installiert sind. Mit diesen Vorkehrungen wird das Containment kurzfristig mit Dampf inertisiert und langfristig die Wasserstoff-Konzentration (bei max. 10 %) unterhalb der Zündgrenze gehalten.

• Containment-Versagen durch Auf- und Durchschmelzen des Betonfundaments.

Im Rahmen des Projekts Nukleare Sicherheit des Kernforschungszentrums Karlsruhe (KfK) wurden die Schmelze-Beton-Wechselwirkungen experimentell und analytisch eingehend untersucht. Das KfK erstellte ein Berechnungsprogramm und wickelte umfangreiche Experimente in einer dort errichteten **BET**on-Schmelz-Anlage in den Jahren 1984–1986 ab, die sogenannten BETA-Experimente.[1045] Die physikalischen und chemischen Vorgänge, insbesondere die auftretenden Wärmeflüsse beim Eindringen von heißer Schmelze in Beton waren damit weitgehend erforscht, so dass ein Kernfänger (core catcher) entworfen werden konnte, der die Schmelze auffängt und zur wirksameren Kühlung ausbreitet. Zunächst wird die Schmelze nach Durchschmelzen der RDB-Bodenkalotte bis zu einer Stunde durch „Opfermaterial" und Schmelzstopfen in der Reaktorgrube zurückgehalten und konditioniert. Während der dann in einem Zug stattfindenden Ausbreitung der Schmelze verhindern keramische Schutzschichten im „Discharge Channel" ihr Eindringen in den Bodenbereich. Eine 15 cm dicke Schicht „Opferbeton" wird von der Schmelze aufgelöst. Die Kernschmelze löst passiv die Flutung des Core-Catchers aus. Die Entwicklung dieses Kernschmelzefänger-Konzepts war von Forschungsarbeiten des KfK eng begleitet worden.[1046] Dieses KfK-Konzept wurde beim EPR nicht verwirklicht. Bei dem für den EPR unter Verwendung von Erkenntnissen des KfK entwickelten Core-Catcher wird die

Schmelze von allen Seiten von Wasser umgeben und gekühlt. Für die Gestaltung von Kernschmelzeauffang- und -kühleinrichtungen lagen bereits für Schnelle Brutreaktoren Konstruktionen und auch für LWR erste Vorschläge aus den Sandia National Laboratories in Albuquerque, N.M., USA,[1047] vor. Es wurden zahlreiche technische Formen entworfen und patentiert.[1048] Abbildung 6.142 zeigt das Konzept eines Kernfängers, der für den EPR entwickelt wurde.[1049] Abbildung 6.143 zeigt die Form der ca.170 m^2 großen ebenen Ausbreitungsfläche.[1050]

Die beiden Konzepte nach Hans Alsmeyer[1051] und Heinrich Werle[1052] für Vorrichtungen, mit denen Kernschmelzen aufgefangen, ausgebreitet und gekühlt werden können, wurden wissenschaftlich in der Theorie und mit Versuchen abschließend untersucht, jedoch beim EPR nicht realisiert.

• Containment-Wärmeabfuhrsystem: Diese Systeme sind 2fach vorhanden und in zwei der 4fach vorhandenen Sicherheitsgebäuden so untergebracht, dass sie ohne Vermaschung

[1045] Alsmeyer, H.: BETA-Experimente zum Kernschmelzen, KfK-Nachrichten, Jg. 18, 3/86, 1986, S. 165–173.

[1046] Alsmeyer, H., Tromm, W. et al.: Beherrschung und Kühlung von Kernschmelzen außerhalb des Druckbehälters, Nachrichten Forschungszentrum Karlsruhe, Jg. 29, 4/97, S. 327–335.

[1047] Fish, J. D., Pilch, M. und Arellano, F. E.: Demonstration of Passively Cooled Particle-Bed Core Retention, Proceedings of the LMFBR Safety Topical Meeting, 19.-23. Juli 1982, Lyon, 1982, Vol. III, S. 327–336.

[1048] Alsmeyer, H. und Werle, H.: Kernschmelzkühleinrichtungen für zukünftige DWR-Anlagen, KfK-Nachrichten, Jg. 26, 3/94, S. 170–178.

[1049] AMPA Ku 154: Nie, Markus und Bittermann, Dietmar: Implementierung von Maßnahmen zur Beherrschung schwerer Störfälle in Anlagen der 3. Generation am Beispiel EPR, KTG-Fachtagung „Fortschritte bei der Beherrschung und der Begrenzung der Folgen auslegungsüberschreitender Ereignisse" am 25./26. 9. 2003 in Karlsruhe, vgl. Fabian, Hermann: KTG Fachtag: Fortschritte bei der Beherrschung und Begrenzung der Folgen auslegungsüberschreitender Ereignisse, atw, Jg. 49, Januar 2004, S. 37–39.

[1050] Weisshäupl, H. A.: Severe accident mitigation concept of the EPR, Nuclear Engineering and Design, Vol. 187, 1999, S. 35–45.

[1051] Alsmeyer, H. und Tromm, W.: The COMET Concept for Cooling Core Melts: Evaluation of the Experimental Studies and Use in the EPR, Forschungszentrum Karlsruhe, wiss. Bericht FZKA 6186, Oktober 1999.

[1052] Fieg, G., Möschke, M. und Werle, H.: Untersuchungen zu Kernfängerkonzepten, Projekt Nukleare Sicherheitsforschung, Jahresbericht 1993, KfK 5327, S. 90–100, vgl. auch: Studies for the staggered pans core catcher, Nuclear Technology, Vol. 111, September 1995, S. 331–340.

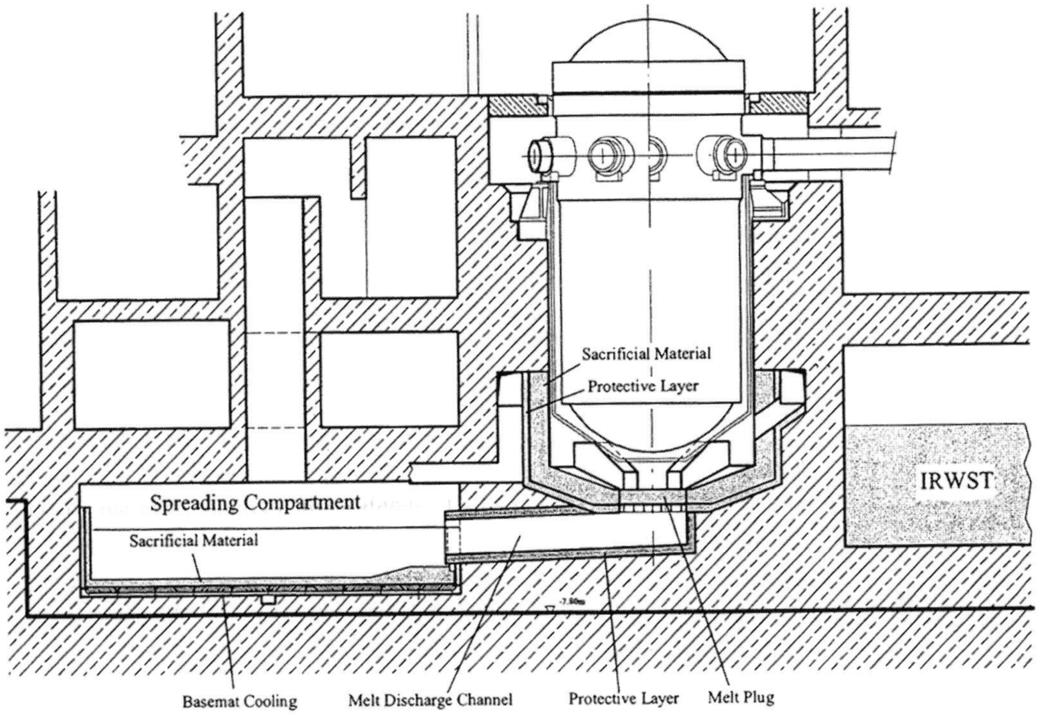

Abb. 6.142 Konzept des EPR-Core-Catchers (Kernfängers)

jeweils eigenständig räumlich voneinander getrennt sind (Abb. 6.144).[1053]

Der Auslegungsdruck des EPR-Containments beträgt 6,5 bar_{abs} und die einzuhaltende Auslegungsleckrate war schon kleiner als 1 % des Containmentvolumens in 24 h vorgegeben, als noch kein Liner eingeplant war. Damit sind die Temperatur- und Druckerhöhungen durch einen schweren Kernschmelzunfall mit einem deutlichen Sicherheitsabstand abgedeckt. Zunächst war die innere Auskleidung des Spannbetonzylinders mit einer Kunststoffschicht aus Vinylester oder glasfaserverstärkten Kunststoffen erfolgreich untersucht und experimentell getestet worden.[1054] Der „Plastik-Liner" wurde jedoch aufgegeben und der EPR mit einem Stahl-Liner ausgestattet. Im Ringraum zwischen den beiden Betonschalen des EPR-Containments besteht ein leichter Unterdruck; seine Atmosphäre wird kontrolliert und vor der Freisetzung gefiltert.

Die Abstimmungsvorgänge über die wichtigsten sicherheitstechnischen Vorkehrungen für den EPR zwischen den Herstellern Framatome und Siemens sowie EDF und den deutschen EVU waren langwierig und mühsam gewesen. Sie mündeten schließlich in eine gemeinschaftliche evolutionäre Konzeption mit konsequenter Nutzung der langjährigen Entwicklungsarbeit und langjährigen Betriebserfahrungen gleichermaßen der deutschen wie der französischen Seite. Es liegt auf der Hand, dass die Festlegungen in den Leitlinien der deutschen Reaktorsicherheitskommission (RSK) nicht ohne Diskussionen auf den EPR übertragbar waren. Die RSK fand immer wieder erhebliche Diskrepanzen gegenüber ihren Vorstellungen von der konkreten Umsetzung einer Sicherheitsanforderung. Dies betraf insbesondere die Behandlung von

- Flugzeugabsturz,
- RDB-Versagen unter hohem Druck (HD-Pfad),

[1053] Brettschuh, W. und Schneider, D.: Moderne Leichtwasserreaktoren – EPR und SWR 1000, atw, Jg. 46, August/September 2001, S. 536–541.

[1054] Costaz, J. L. und Danisch, R.: Discussion on recent concrete containment design, Nuclear Engineering and Design, Vol. 174, 1997, S. 189–196.

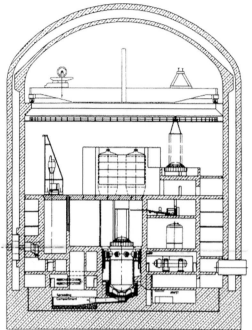

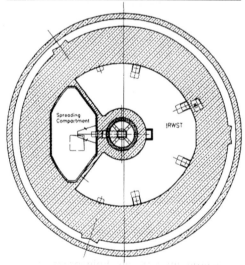

Abb. 6.143 Die Ausbreitungsfläche im EPR

sonders schwierig war es, die Anforderungen an das Containment zur Schadensvorsorge bei einem Flugzeugabsturz gemeinsam festzulegen. Die französischen Stahlbeton-Außenhüllen waren bisher nur gegen den Absturz eines Sportflugzeugs des Typs Cesna ausgelegt worden. Die französische Seite akzeptierte für das EPR-Konzept den Absturz eines schnell fliegenden Militärflugzeugs mit der in den RSK-Leitlinien vorgegebenen maximalen Stoßlast von 110 MN. Die Last-Zeit-Funktion wurde jedoch abgeändert.[1056] Das beim EPR innerhalb des Reaktorgebäudes angeordnete Brennelement(wechsel)becken kann aus geometrischen Gründen keine den deutschen Anlagen vergleichbare Kapazität aufweisen. Daher wurde außerhalb des Reaktorgebäudes ein eigenes Brennelementlagerbecken vorgesehen, für das die gleichen Schutzanforderungen gegen Flugzeugabsturz wie beim Reaktorgebäude gelten.

Die gemeinsame Empfehlung der deutschen und französischen Reaktorsicherheitskommissionen RSK und GPR (Groupe Permanent chargé des Réacteurs Nucléaires) zur Auslegung des Containments wurde in den konkreten Genehmigungsverfahren weiterentwickelt:

• Das Containment sollte zunächst keine begehbaren Betriebsräume und deshalb auch keine Lüftungsanlagen erhalten. Zur Verkürzung von Stillstandzeiten ist das EPR-Containment – wie bei den Konvoi-Anlagen – begehbar beispielsweise für die Vorbereitung des Brennelementwechsels oder zur Durchführung von Komponentenprüfungen. Der EPR besitzt deshalb entsprechende lüftungstechnische Ausrüstungen mit Durchführungen durch das Containment zum Nuklearen Hilfsanlagengebäude und die erforderlichen Absperreinrichtungen.

• Die Sicherheitseinspeise- und Nachwärmeabfuhrsysteme wurden nicht innerhalb des Containments, sondern außerhalb in den vier Sicherheitsgebäuden untergebracht.

• Dampfexplosion und
• Wasserstoff-Verbrennung.[1055]
Zwischen März 1994 und Anfang 1995 waren zahlreiche Beratungen zwischen den deutschfranzösischen Gremien erforderlich, um eine abschließende Verständigung zu erreichen. Be-

---

[1055] AMPA Ku 16, Ergebnisprotokoll 281. RSK-Sitzung, 8. 12. 1993, S. 7–9.

[1056] Technical Guideslines for the Design and Construction of the Next Generation of Nuclear Power Plants with Pressurized Water Reactors, adopted during the GPR/German experts plenary meetings held on October 19th and 26th 2000, S. 59–63.

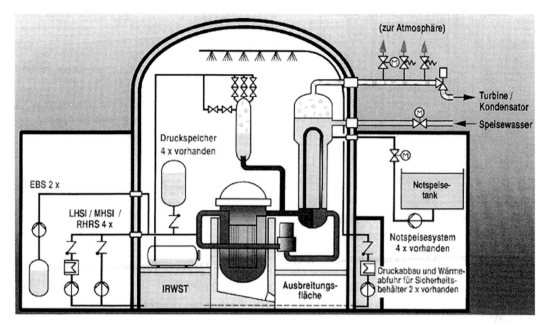

Abb. 6.144 Die EPR-Sicherheitssysteme

- Gegen Dampffreisetzung im Ringraum zwischen den Containmentschalen wurden Doppelrohre vorgesehen.
- Die Anordnung der einzelnen Redundanzgruppen der Sicherheitssysteme in jeweils eigenen Sicherheitsgebäuden verhinderte systemübergreifende Ausfälle infolge Brand oder Dampffreisetzung.

Bei der deutsch-französischen Zusammenarbeit auf dem Gebiet der Reaktorsicherheit verständigten sich RSK und GPR auf gemeinsame Empfehlungen für die Anforderungen an künftige Reaktoren. So sollten beispielsweise:

- die Umwelt gegen schwere Unfälle (Kernschmelzen) durch einen Sicherheitseinschluss der aus dem Primärkreis freigesetzten radioaktiven Stoffe geschützt sein, der auch in diesen Fällen schon durch eine deterministische Anlagenauslegung gewährleistet wird,
- Unfallfolgen durch das Austreten von Radioaktivität über Containment-Bypass-Möglichkeiten „praktisch" ausgeschlossen werden,
- der Sicherheitseinschluss von Schmelze und freigesetzter Radioaktivität bei Niederdruck-Kernschmelzen durch das Containment gewährleistet werden,

- Kernschmelzen unter hohem Systemdruck „praktisch" ausgeschlossen werden, wobei die primäre Druckentlastung im Sinne einer evolutionären Entwicklung auf der Grundlage der Betriebserfahrungen mittels Druckentlastungsventilen mit ausreichender Abblasekapazität und hoher Zuverlässigkeit erfolgt.

Studien zur Belastbarkeit von Containment-Strukturen unter Extrembedingungen (das Karlsruher Konzept) Im April 1986 ereignete sich das katastrophale Reaktorunglück in Tschernobyl, das zu einer neuen öffentlichen Bewusstseinslage und Befindlichkeit führte. Im Januar 1987 wurde im KfK als Folgeprogramm von PNS eine Projektgruppe „LWR-Sicherheit" eingesetzt. Deren Forschungsschwerpunkte lagen in den Bereichen:

- Schwere Kernschäden im RDB,
- Verhalten einer Kernschmelze im Containment und
- Aerosolverhalten im Containment und Minimierung des radioaktiven Quellterms.

Sie dienten der Bewertung sicherheitstechnischer Vorkehrungen und einzelner Notfallschutzmaßnahmen („Accident Management"), mit denen der Ablauf eines schweren Unfalls so beeinflusst werden sollte, dass die Kernzerstörung begrenzt, die Integrität des Containments so lange wie möglich erhalten und die Freisetzung von Spaltprodukten minimiert wird.[1057]

Die Deutschen Risikostudien A und B hatten ergeben, dass einige wenige Unfallabläufe mit äußerst geringer Eintrittshäufigkeit zu großen Spaltproduktfreisetzungen führen. Für die Berechnung der Unfallfolgen wurden im KfK Rechenmodelle entwickelt und durch Ausbreitungsexperimente in der Umgebung des Kernforschungszentrums verifiziert.[1058] Mit einem verbesserten Programm wurde auch der Tschernobyl-Unfall analysiert.[1059] Die Risikostudien und Unfallfolgenanalysen zeigten auf, dass sich für die Umgebung katastrophale Unfälle in deutschen Reaktoren im Durchschnitt nur einmal in 10 Mio. Reaktorjahren ereignen, die Schutzmaßnahmen aber dann für betroffene Großstädte wie Frankfurt, Stuttgart oder Mannheim völlig unzureichend wären.

Über auslegungsüberschreitende Unfälle und ihre denkbaren Abläufe wurde insbesondere nach TMI-2 1979 in kleinen Fachzirkeln immer wieder diskutiert. Gegenüber der Öffentlichkeit wurden sie als unvermeidbare und hinnehmbare Restrisiken dargestellt, die von den beiden Untersuchungen der Deutschen Risikostudie (DRS), DRS-A (1979) und DRS-B (1990) genauer erörtert wurden. Zuvor galt eine Schrift über nukleare Katastrophen für ein breites Publikum aus der Feder eines Wissenschaftlers der staatlich geförderten Forschungseinrichtung KfK als ein Tabu-Bruch und unter Vorgesetzten und Kollegen nicht gern gesehen.[1060] Diese Haltung änderte sich im KfK Ende der 80er Jahre, als sich

die Professoren Günter Keßler,[1061] Josef Eibl[1062] und Hans-Henning Hennies[1063] diesen Fragen entschlossen zuwandten.[1064]

In kleinem Kreis von Kollegen der RSK und der Universität Karlsruhe/KfK stellte damals Josef Eibl immer wieder die Frage, ob man nicht die mechanischen und thermischen Auswirkungen schwerer Kernschmelzunfälle analysieren und dann bauliche und konstruktive Maßnahmen so ergreifen könne, dass es nicht zu einem Containment-Versagen komme.[1065] Der Gedanke war also, alle vorgesehenen Maßnahmen zur Verhinderung und Abschwächung von Kernschmelzunfällen unbeachtet zu lassen und allein auf die Schutzwirkung des Containments zu setzen, das allen denkbaren Belastungen widerstehen können sollte.

Im Sommer 1989 machte sich Keßler daran, den Wissensstand zu schweren Kernschmelzereignissen zu erkunden. Die deutschen Risikostudien hatten in diesen Fällen stets ein Containment-Versagen angenommen und die Analysen nicht zu Ende geführt. Keßler betrachtete fünf angenommene Unfallketten, die durch Containment-Versagen katastrophale Unfallfolgen haben können.[1066]

1. Nach Versagen der Wärmeabfuhr wird der Kern weißglühend (über 2.000 °C), schmilzt bei niederem Druck durch den RDB und

[1057] Kuczera, Bernhard: Status und Trends der LWR-sicherheitsorientierten Forschungsarbeiten im KfK, atw, Jg. 34, Januar 1989, S. 37–42.

[1058] vgl. Der Bundesminister für Forschung und Technologie (Hg.): Deutsche Risikostudie Kernkraftwerke, a. a. O., S. 173 ff.

[1059] Ehrhardt, J. und Panitz, H.-J.: Schwerpunkte der Weiterentwicklung des Unfallfolgenmodells UFOMOD und erste Analysen zum Reaktorunfall in Tschernobyl, KfK 4170, Juli 1986.

[1060] vgl. Krieg, Rolf: Wie sicher sind Kernreaktoren? Bonn Aktuell, Stuttgart, 1988.

[1061] Keßler, Günter, Dr.-Ing., Dr. h.c., Honorarprofessor Univ. Karlsruhe, Leiter des Instituts für Neutronenphysik und Reaktortechnik des KfK, RSK-Mitglied 1987–1998, RSK-Vors. 1991–1993, stv. RSK-Vors. 1993–1998.

[1062] Eibl, Josef, Dr.-Ing. habil., Dr.-Ing. E.h., Dr. techn. h.c., Dyckerhoff & Widmann KG 1963, Abt.-Vorst. und Prof. Inst. Baustoffkunde u. Stahlbetonbau TU Braunschweig 1968, o. Prof. Baumechanik-Statik Univ. Dortmund 1974, o. Prof. für Massivbau und Baustofftechnologie Univ. Karlsruhe 1982, RSK-Mitgl. 1982–1998, stv. RSK-Vors. 1986–1990.

[1063] Hennies, Hans-Henning, Dr. rer. nat., Honorarprofessor Univ. Karlsruhe, Mitglied Vorstand KfK, Vorstandsbereich Reaktorentwicklung.

[1064] AMPA Ku 151, Krieg: Persönliche schriftl. Mitteilung von Dr.-Ing. Rolf Krieg vom 9. 1. 2003, S. 5.

[1065] AMPA Ku 151, Keßler: Keßler, G.: Das neue Sicherheitskonzept für zukünftige LWR (eine persönliche Erinnerung), persönliche schriftliche Mitteilung von Prof. Keßler vom 21. 5. 2003, S. 2.

[1066] ebenda, S. 2–3.

reagiert mit dem Beton des Fundaments der Reaktoranlage. Er frisst sich innerhalb von wenigen Tagen (etwa einer Woche) durch ein vier Meter dickes Betonfundament.[1067] Dabei entsteht Wasserstoff aus dem im Beton enthaltenen Kristallwasser. Auch nach 10 Tagen erzeugt der Kern noch etwa 10 MW_{th} Wärme. Die Wärmeerzeugung klingt über Jahre hinweg langsam ab.

2. Beim Niederschmelzen des Reaktorkerns reagiert der Wasserdampf im RDB mit der Zirkonium-Hülle der Brennstäbe. Dabei entstehen etwa anderthalb bis zwei Tonnen Wasserstoff, der bei Vermischung mit Luft entweder schnell verbrennen oder u. U. detonieren kann. Dabei kann sich kurzfristig ein quasistationärer Druck im SB aufbauen, der bis an die Versagensgrenze reicht. Es können aber auch Detonationsdruckwellen gegen die Wand des SB prallen, einen sehr hohen Druck erzeugen und den SB aufreißen.

3. Wenn beim Versagen der Wärmeabfuhr der volle Systemdruck von 155 bar im Primärkreis bzw. RDB erhalten bleibt (Hochdruck-Pfad), wird der Kern beim Durchschmelzen des RDB-Bodens mit Dampf ausgetrieben. Der RDB-Boden kann über die ganze Querschnittsfläche aufreißen. Sehr kurzfristig wirkt dann eine Rückstoßkraft von etwa 30.000 t auf den RDB und dessen Aufhängung. Der RDB kann dadurch losgerissen und wie eine Rakete nach oben getrieben werden und den SB durchschlagen.

4. Ein geschmolzener Kern, der die untere Tragplatte des Reaktorkerns durchschmilzt, kann so in das in der unteren Kugelkalotte des RDB befindliche Wasser abstürzen, dass durch eine schlagartige Wärmeabgabe der Schmelze an das Wasser eine Dampfexplosion erfolgt. Die entstehenden Explosionsdruckwellen können den RDB-Deckel abreißen und durch die SB-Wand schießen.

5. Zur Untersuchung der Versagensfolgen wird unterstellt, dass der den Kern umschließende

RDB versagt. (Obwohl dies bei Einhaltung des „Basissicherheitskonzepts" – s. Kap. 11– ausgeschlossen ist.) Der RDB soll seitlich aufreißen und gegen die ihn umgebende Betonwand prallen.

Für diese fünf Unfallszenarien recherchierte und analysierte Keßler die maximal auftretenden Belastungen für den SB und diskutierte sie in kleinem Kreis mit Eibl und Hennies.

Zu 1. Im Rahmen des Reaktorsicherheits-Forschungsprogramms des Bundesministeriums für Forschung und Technologie hatte der Sachverständigenkreis „Kernschmelzen" schon Anfang 1976 Großexperimente vorgeschlagen. Nachdem sich im TMI-2-Reaktor 1979 eine Teilkernschmelze ereignet hatte, wurde dieser Vorschlag verwirklicht. In besonders eingerichteten Versuchsanlagen und langen Versuchsreihen wurden neben der Oxidation des Zircaloy-Hüllmaterials durch Wasserdampf die chemischen Wechselwirkungen zwischen Brennstoff und Hüllmaterial,[1068] die Bildung der Schmelze im RDB[1069] und die Schmelze-Beton-Wechselwirkung[1070, 1071] eingehend experimentell und analytisch erforscht. Die Berechnungsgrundlagen zur Ermittlung maximaler Belastungen lagen hiermit für diesen Bereich vor.

Zu 2. Keßler konnte auf Forschungsarbeiten des Sandia National Laboratory in Albuquerque,

---

[1067] Alsmeyer, H. und Stiefel, S.: Rechnungen zum Langzeitverhalten einer Kernschmelze bei der Fundamenterosion, Jahrestagung Kerntechnik '88, Tagungsbericht, INFORUM, Bonn, Mai 1988, S. 227–230.

[1068] Hoffmann, P. und Hagen, S.: Untersuchungen zu schweren Kernschäden, insbesondere die chemischen Wechselwirkungen zwischen Brennstoff und Hüllmaterial, Abschlusskolloquium des Projektes Nukleare Sicherheit, 10. und 11. 6. 1986, Karlsruhe, Berichtsband KfK 4170, August 1986, S. 251–319.

[1069] Skokan, A. und Holleck, H.: Die Bedeutung der chemischen Reaktionen von Reaktormaterialien beim Kernschmelzen, Abschlusskolloquium des Projektes Nukleare Sicherheit, 10. und 11. 6. 1986, Karlsruhe, Berichtsband KfK 4170, August 1986, S. 367–379.

[1070] Alsmeyer, H.: BETA-Experimente zur Verifizierung des WECHSL-Codes, Experimentelle Ergebnisse der Schmelze-Beton-Wechselwirkung, Abschlusskolloquium des Projektes Nukleare Sicherheit, 10. und 11. 6. 1986, Karlsruhe, Berichtsband KfK 4170, August 1986, S. 409–430.

[1071] Reimann, M.: Verifizierung des WECHSL-Codes zur Schmelze-Beton-Wechselwirkung und Anwendung auf den Kernschmelzunfall, Abschlusskolloquium des Projektes Nukleare Sicherheit, 10. und 11. 6. 1986, Karlsruhe, Berichtsband KfK 4170, August 1986, S. 431–453.

N.M., USA, zurückgreifen, die von der USNRC nach dem TMI-2-Unfall gefördert worden waren. Bei der Teilkernschmelze im TMI-2-RDB waren durch Zirkonium-Dampf-Reaktionen beträchtliche Mengen Wasserstoff erzeugt und in das Containment freigesetzt worden. Das Wasserstoff-Luft-Gemisch entzündete sich und verursachte durch deflagrative Verbrennung eine Druckerhöhung im Containment auf 192 kPa (1,92 bar), die ungefährlich war.[1072] Das Wasserstoffproblem hatte während des Ereignisablaufs im TMI-2-Kernkraftwerk große Befürchtungen und Aufregung hervorgerufen.[1073] Die Frage war, ob Wasserstoff-Luft-Detonationen entstehen und die Integrität des Containments gefährden können. In den Sandia-Laboratorien wurden seit Anfang der 80er Jahre umfangreiche theoretische und experimentelle Untersuchungen über die Verbrennung von Wasserstoff-Luft-Dampf-Gemischen und ihrer möglichen Detonation durchgeführt.[1074] Die Experimente wurden auf Testgeländen in Nevada und Neu Mexiko abgewickelt. Ihre Zielsetzung war zu erkunden, wie Flammenfronten in Detonationsstoßwellen übergehen und welche Spitzendrücke mit welchen Verweilzeiten auftreten.[1075] Aus den Ergebnissen der Sandia-Forschungen konnte Keßler ableiten, dass die Detonations-Druckspitze auch nach mehrfacher Reflektion der Druckwellen maximal das 37-fache des Ausgangsdrucks im SB erreichen kann und die Halbwertsbreite der Druckspitze etwa 5 ms beträgt. Keßler legte mit einem Sicherheitsfaktor den Auslegungs-Spitzendruck auf 230 bar und den Impuls auf 0,2 MPa fest.[1076] Spätere Arbeiten ergaben, dass Keßler den Impuls um den Faktor drei zu hoch angesetzt hatte.[1077] Der Problemkreis Wasserstoff wurde abschließend erforscht mittels der Entwicklung von Rechenprogrammen für dreidimensionale instationäre Verbrennungsphänomene und Experimenten in den Sandia National Laboratories, N. M., USA, dem Kurchatov Institut in Russland sowie im Forschungszentrum Karlsruhe.[1078]

Im Institut für Massivbau und Baustofftechnologie von Josef Eibl an der Universität Karlsruhe wurde errechnet, dass man SB bauen kann, die diesen Drücken und Impulsen widerstehen können. Eibl entwarf ein Containment-Konzept in Verbundbauweise, das im Normalbetrieb aus einem freistehenden Sicherheitsbehälter (SB) aus Stahlblech und einer 2 m dicken äußeren Stahlbetonhülle bestand. Im Ringraum dazwischen konnte die Umgebungsluft durchströmen und ggf. Nachwärme durch die obere Öffnung abführen (ähnlich dem AP600-Konzept). An der Innenseite der umschließenden Betonschale waren 2×2 m dicke Betonrippen vorgesehen, deren Zwischenräume wie Kamine wirkten (Abb. 6.145).[1079]

Bei einer Wasserstoff-Luft-Detonation sollte sich die Stahlblechschale über die Streckgrenze hinaus plastisch aufblähen und auf den Betonrippen abstützen (s. Abb. 6.145, Alternative I). Um die Containment-Funktion des SB auch bei extremen Unfällen aufrechtzuerhalten, sollte die Stahlschale mit baulichen Vorrichtungen gegen den Aufprall von Splittern und Trümmerstücken geschützt werden (Alternative II). Eine absolute Sicherheit gegen das Entweichen von Radioaktivität durch ggf. auftretende Risse im Liner bzw.

[1072] Wong, C. C.: HECTR Analyses of the Nevada Test Side (NTS) Premixed Combustion Experiments, NUREG/CR-4916, SAND87-0956, November 1988, S. 3.

[1073] Walker, J. Samuel: Three Mile Island, Univ. of California Press, Berkeley, 2004, S. 140 ff.

[1074] Marshall, Billy J., Jr.: Hydrogen: Air: Steam Flammability Limits and Combustion Characteristics in the FITS Vessel, NUREG/CR-3468, SAND84-0383, Dezember 1986.

[1075] Sherman, M. P., Tieszen, S. R. und Benedick, W. B.: Flame Facility, NUREG/CR-5275, April 1989.

[1076] Keßler, G.: Das neue Sicherheitskonzept für zukünftige LWR (eine persönliche Erinnerung), a. a. O., S. 4.

[1077] Breitung, W. und Kessler, G.: Calculation of Hydrogen Detonation Loads for Future Reactor Containment Design, Festschrift zum 60. Geburtstag von Prof. J. Eibl, Schriftenreihe des Instituts für Massivbau und Bautechnologie, März 1996, S. 331–350.

[1078] Krieg, R., Dolensky, B., Göller, B., Breitung, W., Redlinger, R. und Royl, R.: Assessment of the load-carrying capacities of a spherical pressurized water reactor steel containment under a postulated hydrogen detonation, Nuclear Technology, Vol. 141, Februar 2003, S. 109–121.

[1079] AMPA Ku 153, Eibl, J.: A New Containment Design for PWR's, SMiRT-Preconference, Seminar on Containments of Nuclear Reactors, UCLA, Los Angeles, August 1989, S. 8.

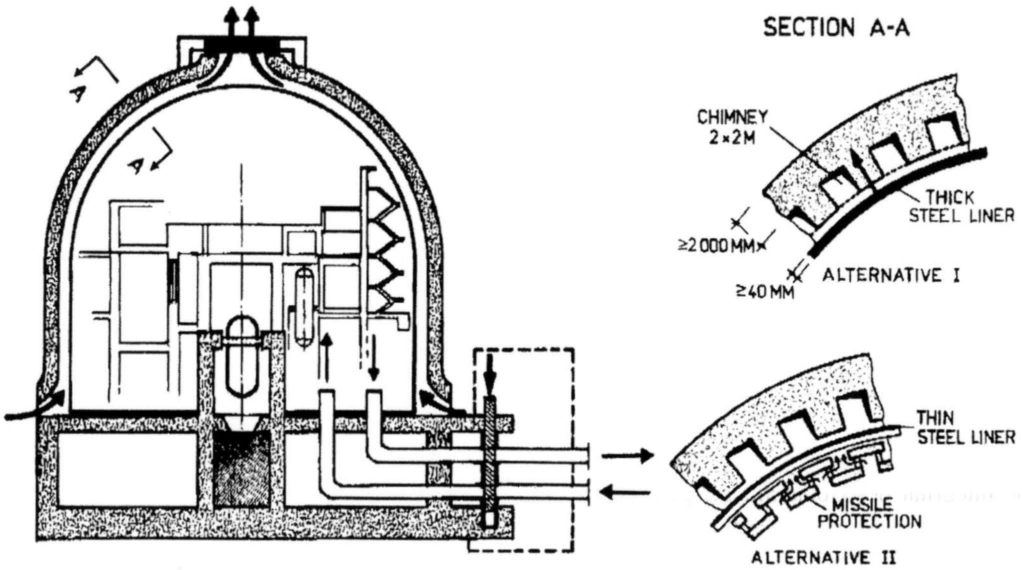

Abb. 6.145 Containment-Konzept in Stahl-Beton-Verbundbauweise nach Eibl

in Durchführungen der Rohrleitungen konnte auch damit nicht erreicht werden.

Das neue Eibl-Konzept wurde im Institut für Reaktorsicherheit (Leiter Dr.-Ing. Rolf Krieg) des KfK verfeinert und im Einzelnen auch experimentell auf seine Machbarkeit untersucht. Es wurde vorgeschlagen, die Betonrippen durch stählerne, plastisch verformbare Stützrippen zu ersetzen (Abb. 6.146), auf die bei einer Detonation die Stahlschale unter einem Druckpuls mit Spitzenwerten bis zu 100 bar mit hoher Aufprallgeschwindigkeit gegenstoßen und sich anlegen kann. Für einen Containment-Innendurchmesser von 30 m wurden als Abstand zwischen SB-Schale und Stützrippen 150 mm vorgeschlagen, was im Lastfall einer Membrandehnung von 0,5 % entspricht. Die maximalen plastischen Dehnungen der SB-Schale an den Stützrippen (Rippenabstand 500 mm, -länge 800 mm, -dicke 40 mm) wurden mit 2 % bestimmt. Eine Gefahr für die SB-Dichtheit bestünde damit nicht. Abbildung 6.147 zeigt den Aufbau des neu konzipierten Containments.[1080]

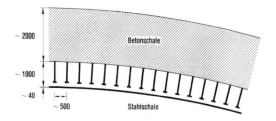

Abb. 6.146 Wandaufbau mit Stützrippen

Zu 3. Zum Problem des von einer Kernschmelze verursachten Abrisses des RDB-Bodens hatte die GRS erste Abschätzungen vorgenommen. Die Maximalkraft von 30.000 t kann nur während eines kleinen Bruchteils einer Sekunde anstehen. Diese kurze Zeit wurde später mit etwa 50 ms berechnet.[1081] Keßler hielt eine Verstärkung der Aufhängung des RDB für machbar, so dass er bei dieser extremen Belastung nicht losgerissen wurde. Eibl machte dazu einen Konstruktionsvorschlag.[1082]

[1080] Göller, B., Dolensky, B. und Krieg, R.: Mechanische Auslegung eines kernschmelzenfesten Druckwasserreaktor-Sicherheitsbehälters, KfK-Nachrichten, Jg. 24, 4/1992, S. 183–191.

[1081] Jacobs, G.: Dynamic loads from reactor pressure vessel core melt-through under high primary system pressure, Nuclear Technology, 111, 1995, S. 331–340.

[1082] Keßler, G.: Das neue Sicherheitskonzept für zukünftige LWR (eine persönliche Erinnerung), a. a. O., S. 4.

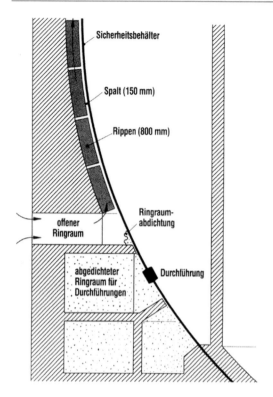

Abb. 6.147 Vertikalschnitt durch den SB-Aufbau

Zu 4. Die Energiefreisetzung bei einer Dampfexplosion war schwierig abzuschätzen. Nach Durchsicht der einschlägigen Literatur und Problemerörterungen mit den damit befassten Spezialisten, die sich über drei Monate hinzogen, konnte Keßler die Obergrenze der Energiefreisetzung mit etwa 3 GJ bestimmen.[1083] Die daraus abgeleiteten Drücke und Deckelkräfte ließen sich konstruktiv abfangen. Die in den 70er Jahren durchgeführten Arbeiten zum RDB-Berstschutz hatten Lösungsmöglichkeiten aufgezeigt (s. Kap. 6.6.4).

Zu 5. Der Fall des RDB-Zerknalls war in den 70er Jahren eingehend untersucht worden. Josef Eibl wies nach, dass eine 3–4 m dicke Betonwand als Berstschutz ausreicht.[1084] Er entwarf

ein Containment, das allen denkbaren Unfallabläufen mit Kernschmelzen langfristig passiv widerstehen konnte.[1085] Abbildung 6.148 zeigt einen Vertikalschnitt.[1086]

In Abb. 6.149[1087] sind die Belastungen der inneren Umschließung infolge RDB-Versagens unter hohem Druck oder durch Dampfexplosion im Prinzip dargestellt.

Als die Wissenschaftler Keßler, Eibl und Hennies die Ergebnisse dieser Untersuchungen diskutierten, kamen sie zur Überzeugung, dass auch für den bewährten Druckwasserreaktor großer Leistung ein passives Sicherheitskonzept realisierbar war, das auch bei schwersten Unfällen das Austreten von Radioaktivität verhindert. Es war ihnen klar, dass ihr neues Sicherheitskonzept auf große Bedenken und Widerstände vor allem bei denen stoßen werde, die alles bisher Erreichte zur Nachbesserung in Frage gestellt sehen würden. Welchen Sinn sollte es machen, noch weitere teuere Sicherheitstechnik vorzusehen, wo sich die Katastrophenwahrscheinlichkeit bereits mit bewährter Technik im Bereich von 1:10 Mio. pro Reaktorjahr und Anlage[1088] befand?

Das neue „Karlsruher Sicherheitskonzept" wurde erstmals auf der 5. ICENES (International Conference on Emerging Nuclear Energy Systems) von H. H. Hennies vorgestellt, die Anfang Juli 1989 in Karlsruhe stattfand.[1089] Hennies und

---

[1083] Keßler, G.: Das neue Sicherheitskonzept für zukünftige LWR (eine persönliche Erinnerung), a. a. O., S. 5.

[1084] Eibl, J., Schlueter, F.-H., Cueppers, H., Hennies, H. H., Kessler, G.: Containments for future PWR-reactors, Transactions of the 11th Int. Conf. on Structural Mechanics in Reactor Technology, Shibata, H. (Ed.), Atomic Energy Society of Japan, V. A., 1991, S. 57–68.

[1085] AMPA Ku 153, Eibl, J.: A New Containment Design for PWR's, SMIRT-Preconference, Seminar on Containments of Nuclear Reactors, UCLA, Los Angeles, August 1989.

[1086] Eibl, J.: Zur bautechnischen Machbarkeit eines alternativen Containments für Druckwasserreaktoren, KfK 5366, 1994, Abb. 1.

[1087] Hennies, Hans-Henning, Keßler, Günther und Eibl, Josef: Sicherheitsumschließungen in künftigen Reaktoren, atw, Jg. 37, Mai 1992, S. 241.

[1088] vgl. Deutsche Risikostudie Kernkraftwerke, Phase B: Eine Untersuchung/GRS im Auftrag des Bundesministers für Forschung und Technologie, Verlag TÜV Rheinland, Köln, 1990, S. 766.

[1089] Hennies, H. H., Kessler, G. und Eibl, J.: Improved Containment Concept for Future Pressurized Water Reactors, in: Möllendorff, U. von und Goel, B. (Hg.): Emerging Nuclear Energy Systems 1989, Proceedings of the fifth International Conference on Emerging Nuclear Energy Systems, 3.-6. Juli 1989, Karlsruhe, World Scientific, Singapore u. a., 1989, S. 19–24.

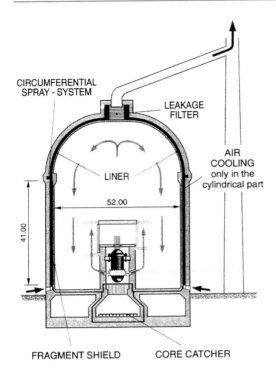

Abb. 6.148 Alternatives Verbund-Containment

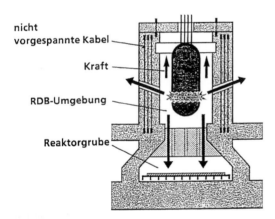

Abb. 6.149 RDB-Versagen bei HD-Pfad oder Dampf-explosion

Keßler waren die wissenschaftlichen Konferenz-leiter. Bei der Präsentation des Karlsruher Sicher-heitskonzepts wurden die Konstruktionsmerk-male des neu entworfenen Containments, eines Kernschmelzefängers und des RDB-Berstschut-zes im Prinzip vor- und dargestellt. Die konstruk-tiven Einzelheiten wurden später optimiert und an den Stand der PSF-Forschungen angepasst.

Der ICENES-Vortrag wurde reserviert aufge-nommen und löste eine Beschwerde aus dem Bundesministerium für Forschung und Techno-logie aus, dass diese Veröffentlichung ohne vor-herige Information erfolgt sei.[1090] Keßler, Eibl und Hennies stellten ihr Konzept auf mehreren internationalen Konferenzen zur Diskussion und veröffentlichten es auch in der Zeitschrift Atomwirtschaft.[1091] Die Vorstände der Energie-versorgungsunternehmen reagierten mit Befrem-den, weil das Konzept weder mit dem Bundes-forschungsministerium noch mit der Industrie und den Energieversorgern abgestimmt worden war.[1092]

Mit nachfolgenden Arbeiten konnte nachge-wiesen werden, dass mit passiven bautechnischen Maßnahmen die Kernschmelze unter hohem Druck beherrscht werden kann. Jacobs berechne-te mit eigens entwickelten Programmen, dass für die maximale Abrissfläche beim Durchschmelzen der unteren RDB-Kugelkalotte kurzfristig Aufla-gerkräfte bis 340 MN auftreten können.[1093] Eibl zeigte, dass mit einer verstärkten Halterung des RDB-Auflagerträgers sich der RDB auch bei die-sem Extremfall nicht bewegen würde.[1094]

Die Grundüberlegungen zum „Karlsruher Konzept" deckten sich mit den Empfehlungen der RSK für die Anforderungen an zukünftige Reak-toren. Kernschmelze unter hohem Systemdruck konnte entsprechend den Karlsruher Empfehlun-gen auch mit passiven Maßnahmen beherrscht werden. Gleichwohl hielten RSK und GPR die evolutionäre Weiterentwicklung des „Konzepts gegenwärtiger DWR" für geboten. Kernschmel-zen unter hohem Systemdruck müsse „praktisch"

[1090] Keßler, G.: Das neue Sicherheitskonzept für zukünf-tige LWR (eine persönliche Erinnerung), a. a. O., S. 5.

[1091] Hennies, Hans-Henning, Keßler, Günther und Eibl, Josef: Sicherheitsumschließungen in künftigen Reakto-ren, atw, Jg. 37, Mai 1992, S. 238–247.

[1092] Keßler, G.: Das neue Sicherheitskonzept für zukünfti-ge LWR (eine persönliche Erinnerung), a. a. O., S. 6.

[1093] Jacobs, G.: Dynamic Loads from Reactor Pressure Vessel Core Melt-Through under High Primary System Pressure, Nuclear Technology, Vol. 111, September 1995, S. 351–357.

[1094] Eibl, J.: Zur bautechnischen Machbarkeit eines alter-nativen Containments für Druckwasserreaktoren – Stufe 3, Kernforschungszentrum Karlsruhe, KfK 5366, 1993.

ausgeschlossen werden, was durch eine primäre Druckentlastung mit ausreichender Abblasekapazität über Druckentlastungsventile mit hoher Zuverlässigkeit (Redundanz, Diversität) sichergestellt werden könne.[1095]

Mit dem „Karlsruher Konzept" wurde der Versuch unternommen, mit einem extrem robusten äußeren Sicherheitseinschluss der gefährlichen radioaktiven Stoffe die öffentliche Akzeptanz für die Kernenergienutzung wiederzugewinnen. Dem besorgten Bürger sollte nachgewiesen werden, dass es in der Reaktoranlage zum schlimmsten Unfallgeschehen kommen kann, ohne dass die Umwelt in Mitleidenschaft gezogen wird. In einem gesellschaftlich-politischen Umfeld, in dem Radioaktivität und Atomenergie zu Inbegriffen einer verwerflichen technischen Entwicklung geworden waren, konnte der Karlsruher Empfehlung kein Erfolg beschieden sein. Sie wurde öffentlich überhaupt nicht zur Kenntnis genommen.

6.6 Das Konzept der Berstsicherheit von Druckwasserreaktoren (DWR)

6.6.1 Das Sicherheitskriterium „Leck-vor-Bruch"

Für die Reaktorsicherheit ist die Frage nach der Gefahr „katastrophaler" Brüche von Komponenten der druckführenden Umschließung durch Abriss, Aufbrechen oder Zerknall von zentraler Bedeutung. Die Berstsicherheit des Reaktordruckbehälters (RDB) steht im Mittelpunkt der Betrachtungen der Kap. 6.6.4, 9, 10 und 11. Dort werden die konstruktiven, werkstofftechnischen und qualitätssichernden Maßnahmen bei Herstellung und Betrieb beschrieben, die einen Bruch nach dem Maßstab der praktischen Vernunft ausschließen (Bruchausschlusskonzept). Allenfalls

darf es im Betrieb zu einem Risswachstum kommen, das die Behälterwand zu einer Leckage mit kleiner stabiler Ausströmfläche öffnet, die rechtzeitig bei den wiederkehrenden Prüfungen entdeckt und beseitigt werden kann. Hierfür wurde das Sicherheitskriterium „Leck-vor-Bruch" (LvB, im Englischen „Leak-Before-Break" – LBB) weltweit eingeführt. LvB-Verhalten besagt also, dass durch Risse und Risswachstum bedingte Undichtigkeiten sicher als Lecks erkannt werden, bevor sie kritische Durchrisslängen erreichen können. Im Folgenden soll dieses Sicherheitskriterium mit Bezug auf die Rohrleitungen in Kernkraftwerken mit Siedewasserreaktor (SWR) und Druckwasserreaktor (DWR) betrachtet werden, wobei sich die Schadensphänomene in SWR von denen in DWR teilweise unterscheiden. Die Gesamtlänge der Rohrleitungen beträgt in einem großen Leistungskernkraftwerk etwa 100 km; wovon allerdings nur ein Bruchteil von sicherheitstechnischer Bedeutung ist.

Der Rohrleitungsbau für Kraftwerke oder Gasversorgungsnetze kann auf eine lange Geschichte seiner Erfahrungen und Rückschläge zurückblicken. Wo immer Rohrleitungssysteme mit Konstruktions- und Herstellungsfehlern sowie nur eingeschränkt geeigneten Werkstoffen gebaut und mit lückenhafter Überwachung und unvorhergesehen hohen Belastungen betrieben wurden, musste mit Schadensfällen gerechnet werden. In den USA, wie in anderen Ländern, war noch in den 70er und 80er Jahren die Auffassung verbreitet, dass eine gewisse Versagenswahrscheinlichkeit unvermeidlich und hinnehmbar sei. Der vollständige Abriss einer Hauptkühlmittelleitung (2F-Bruch) wurde als größter anzunehmender Unfall der Auslegung von Kernkraftwerken zugrunde gelegt (s. Kap. 6.3). Man war sich stets bewusst, dass die Lebensdauer von Rohrleitungen durch Alterung stärker beschränkt wird als die des RDB.

Die Luft- und Raumfahrttechnik hat sich früh mit der Rissentstehung und dem Risswachstum in dünnwandigen Strukturen beschäftigt. George R. Irwin aus dem US Naval Research Laboratory in Washington, D. C. gilt als ein Begründer des Leck-vor-Bruch-Konzepts Anfang der 60er

---

[1095] AMPA Ku 17, Ergebnisprotokoll, 297. RSK-Sitzung, 25. 1. 1996, Anhang 1 zur Anlage 4, Keßler, G.: Anforderungen an künftige Reaktoren – Gemeinsame Empfehlung von RSK und GPR.

Jahre.[1096] Irwin hat wanddurchdringende Risse, instabiles Wachstum, Bruch und Rissstopp beschrieben und mit Hilfe der linear-elastischen Bruchmechanik berechnet.[1097] Den Begriff „Leak-Before-Break" verwendete er zu diesem Zeitpunkt noch nicht.

In den USA sind in den 60er Jahren vom Battelle Memorial Institute Columbus Laboratories in Columbus, Ohio, experimentelle und analytische Untersuchungen an Hochdruck-Gasleitungen großer Durchmesser im Auftrag der amerikanischen Gaswirtschaft unternommen worden. Die Arbeiten befassten sich mit dem Entstehen, Wachsen und Stoppen von Längsrissen in geraden, zylindrischen Rohren.[1098, 1099] Im April 1965 begann bei der Firma General Electric Company (GE) ein von der amerikanischen Atomenergiebehörde US Atomic Energy Commission (USAEC) gefördertes Projekt zur Untersuchung von Rohrleitungsbrüchen, dem eine Studienphase vorangegangen war und das auf vier Jahre angelegt wurde.[1100, 1101] In den Jahren 1966–1969 wurden in den Battelle Columbus Laboratories im Auftrag der USAEC Forschungsvorhaben zur Rissentstehung und kritischen Risslänge in typischen Rohrleitungen des Primärkühlsystems von Leichtwasserreaktoren durchgeführt. Zur Erkundung des Rohrversagens wurden Fehler in Form axial ausgerichteter Oberflächenkerben und Schlitze in die Rohrwand eingebracht. Es wurde versucht, das Auftreten von Lecks (Wanddurchrisse – through-wall – TW-flaws), begrenzten Aufbrüchen und großen Brüchen (rupture) in Abhängigkeit von Fehlerlänge und -tiefe (d/t) sowie der Versagensbelastung darzustellen, wie in Abb. 6.150 schematisch aufgezeichnet ist.[1102]

Im Jahr 1965 wurden die ersten Risse in Rohrleitungen eines kommerziellen amerikanischen Kernkraftwerks im SWR-KKW Dresden Block 1 nach etwa 5 Betriebsjahren entdeckt. Als im September 1974 eine Reihe von Rohrleitungslecks in den SWR-KKW Dresden Block 2, Quad Cities Block 2 und Millstone Block 1 gemeldet wurden, veranlasste die USNRC-Abteilung „Office of Inspection and Enforcement" Untersuchungen der Bypass-Leitungen mit 4 in. (ca. 100 mm) Durchmesser von 15 SWR-Anlagen. Als zahlreiche Defekte gefunden wurden, setzte die USAEC im Januar 1975 eine „Pipe Crack Study Group" (PCSG) mit dem Auftrag ein, Ursachen, Ausmaß und Sicherheitsrelevanz der beobachteten Rohrleitungsschäden zu klären und zu bewerten.[1103] Die neu formierte USNRC ließ 1975 erneut 23 SWR-Kernkraftwerke abschalten, um 10-in. (254 mm) -Rohrleitungen mit zerstörungsfreien Prüfverfahren, zu denen auch Ultraschalltests gehörten, einer Inspektion zu unterziehen. Bis Juli 1975 wurden 73 Fälle von Rohrleitungsrissen registriert.[1104] Der für die Rohrleitungen verwendete unstabilisierte austenitische Stahl SA 376, Type 304,[1105] erwies sich unter SWR-Bedingun-

[1096] Wilkowski, G.: Leak-Before-Break: What Does It Mean?, Journal of Pressure Vessel Technology, Vol. 122, August 2000, S. 267–272.

[1097] Irwin, G. R.: Fracture of Pressure Vessels, in Parker, E. R. (Hg.): Materials of Missiles and Spacecraft, McGraw-Hill, New York, 1963, S. 204–229.

[1098] Maxey, W. A., Kiefner, J. F., Eiber, R. F. und Duffy, A. R.: „Ductile Fracture Initiation, Propagation, and Arrest in Cylindrical Vessels", Fracture Toughness, Proceedings of the 1971 National Symposium on Fracture Mechanics, Part II, ASTM STP 514, American Society for Testing and Materials, 1972, S. 70–81.

[1099] Hahn, G. T., Sarrate, M. und Rosenfield, A. R.: Criteria for Crack Extension in Cylindrical Pressure Vessels, International Journal of Fracture Mechanics, Vol. 5, No. 3, September 1969, S. 187–210.

[1100] Kilsby, E. R.: Reactor Primary-Piping-System Rupture Studies, Nuclear Safety, Vol. 7, No. 2, Winter 1965–1966, S. 185–194.

[1101] Vandenberg, Stuart R.: Status of Pipe-Rupture Study at General Electric, Nuclear Safety, Vol. 8, No. 2, Winter 1966–1967, S. 148–155.

[1102] Eiber, R. J., Maxey, W. A., Duffy, A. R. und Atterbury, T. J.: Investigation of the Initiation and Extent of Ductile Pipe Rupture, Phase I, Final Report, Battelle Memorial Institute, Columbus, Ohio, BMI 1866, Juli 1969, S. 68.

[1103] Frank, L., Hazelton, W. S. et al.: Pipe Cracking Experience in Light-Water Reactors, USNRC, NUREG-0679, August 1980, S. 1–4.

[1104] Fox, M.: An Overview of Intergranular Stress Corrosion Cracking in BWRs, Journal of Materials for Energy Systems, Vol. 1, 1979, S. 3–13.

[1105] Chemische Zusammensetzung (Richtanalyse) in Gew. %: C≤0,08, Si≤0,75, Mn≤2, Ni 8–11, Cr 18–20. Stabilisierte austenitische Stähle sind zusätzlich mit Titan und Niob legiert, wodurch die Bildung von Chromoxiden vermieden und eine höhere Korrosionsbeständigkeit erzielt wird.

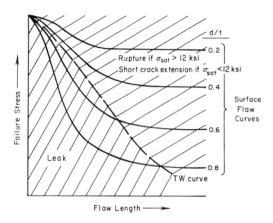

Abb. 6.150 Idealisiertes Versagens-Diagramm

gen anfällig für interkristalline Spannungsriss-korrosion.[1106]

Die Herstellerfirma General Electric Company (GE) und das Electric Power Research Institute (EPRI) brachten 1975 gemeinsame Forschungsvorhaben zur Untersuchung der Rissbildungen in Typ-304-Stahlrohrleitungen mit ca. 100 mm Durchmesser auf den Weg.[1107, 1108] Die 1978 im deutschen SWR-KKW Philippsburg-1 entdeckten Umfangsrisse in Speisewasserleitungen veranlassten ein Konsortium von amerikanischen SWR-Betreibern und das EPRI, die Battelle Columbus Laboratories mit einem umfangreichen Forschungsprogramm zu beauftragen. In Columbus, Ohio, wurden Rohrleitungen aus austenitischem Stahl Typ 304 mit Durchmessern bis 406 mm (16 in.) unter Innendruck und dynamischen Lasten, wie sie bei Erdbeben, Wasserhammer-Ereignissen oder Stör- und Unfällen entstehen können, auf Versuchsständen und mit theoretischen Analysen auf ihre Sicherheitsreserven untersucht. Die Experimente wurden im Modell- und Originalmaßstab mit Umfangsfeh-

lern gefahren. Dieses Forschungsprojekt war im Frühjahr 1982 abgeschlossen.[1109] Das Battelle Institute, Pacific Northwest Laboratories in Richland, Wash., übernahm darüber hinaus im August 1980 im Auftrag von EPRI und USNRC die Projektleitung zur experimentellen Untersuchung des LvB-Verhaltens von Rohrleitungen großer Durchmesser (610 mm), wie sie als Speisewasserleitungen in SWR eingesetzt wurden.[1110, 1111]

Die PCSG kam im Oktober 1975 zu dem Urteil, es sei wegen der hohen Zähigkeit des verwendeten Chrom-Nickel-Stahls Typ 304 nicht zu erwarten, dass die Risse und Lecks instabil werden und zu katastrophalen Brüchen führen könnten. Gleichwohl seien sie unerwünscht und widersprächen den allgemeinen Auslegungskriterien der USNRC. Die PCSG schlug Maßnahmen zur Minimierung der Riss- und Leckbildung vor, wie unempfindlichere Werkstoffe, Kontrolle der Wasserchemie, Verbesserung der Schweißverfahren zur Verminderung der Eigenspannungen und die Verringerung von zyklischen Spannungen durch Vibration und Temperaturschwankungen. Weitere Rohrleitungsschäden traten auf; und als bekannt wurde, dass im Frühjahr 1978 in Deutschland – wie bereits erwähnt – große Umfangsrisse an SWR-Speisewasserleitungen mit Durchmesser NW 350 gefunden wurden und sich im Juni des gleichen Jahres im SWR-KKW Brunsbüttel der Abriss eines Fönanschlusses ereignete (s. unten), aktivierte die USNRC im September 1978 erneut eine PCSG.[1112]

Bis Oktober 1979 wurden in 19 amerikanischen SWR-KKW insgesamt 191 Schadensfälle

---

[1106] Bei der Spannungsrisskorrosion wirken mechanische Zugspannungen und elektrolytische Korrosion zusammen.

[1107] Kass, J. N., Walker, W. L. und Giannuzzi, A. J.: Stress Corrosion Cracking of Welded Type 304 and 304 L Stainless Steel Under Cyclic Loading, CORROSION-NACE, Vol. 36, No. 6, Juni 1980, S. 299–305.

[1108] Ford, F. P. und Silverman, M.: Effect of Loading Rate on Environmentally Controlled Cracking of Sensitized 304 Stainless Steel in High Purity Water, CORROSION-NACE, Vol. 36, No. 11, Nov. 1980, S. 597–603.

[1109] Kanninen, M. F. et al.: Instability Predictions for Circumferentially Cracked Type-304 Stainless Steel Pipes Under Dynamic Loading, Project T118–2, Final Report, Vol. 1 und 2, EPRI NP-2347, April 1982.

[1110] Olson, N. J. et al.: Verification of Intergranular Stress Corrosion Crack Resistance in Boiling Water Reactor Large-Diameter Pipe, Progress Report for the Period from August 1980 to February 1982, Battelle Pacific Northwest Laboratories, Mai 1982, 41 S., 9 S. Anhang.

[1111] Battelle errichtete ein im Januar 1981 fertig gestelltes „Materials Reliability Center", das eine genaue Kopie einer Werkshalle der MPA Stuttgart einschließlich der Prüfeinrichtungen war.

[1112] Frank, L., Hazelton, W. S. et al.: Pipe Cracking Experience in Light-Water Reactors, USNRC, NUREG-0679, August 1980, S. 14.

durch Rissbildungen in Rohrleitungen bekannt, von denen 45 zu Leckagen führten.[1113] Die Durchmesser der defekten Rohre lagen zwischen 25 und 305 mm. Rohrleitungen von Kernsprühsystemen, Reaktorwasserreinigungsanlagen und Bypässen an Ventilen der Kühlmittelumwälzschleifen waren besonders oft betroffen. Als Schadensursache wurde an erster Stelle interkristalline Spannungsrisskorrosion im unstabilisierten austenitischen korrosionsbeständigen Stahl Typ 304 im Bereich von Schweißnähten in Leitungen mit stehendem, hochreinem und sauerstoffreichem Wasser festgestellt.

In amerikanischen Kernkraftwerken mit DWR sind in den 60er und 70er Jahren im Unterschied zu SWR-KKW keine Rohrleitungsschäden im Primärkühlkreislauf registriert worden. Es traten jedoch häufig durch Spannungsrisskorrosion verursachte Risse und Lecks in Rohrleitungen aus dem unstabilisierten austenitischen Werkstoff Typ 304 auf, die nahezu stehendes, mit Borsäure versetztes Wasser enthielten. In vielen DWR-Sekundärkreisläufen wurden zwischen Speisewasserleitungen und Dampferzeugerstutzen Risse, vereinzelt auch Lecks festgestellt, die von korrosionsbeeinflusstem Ermüdungsrisswachstum durch Vibration herbeigeführt worden waren.

Die ersten Rohrleitungslecks in amerikanischen DWR-KKW wurden 1974 im KKW Arkansas Block 1 in Leitungen der Gebäudesprüh und Nachwärmeabfuhrsysteme beobachtet. Im KKW Surry Block 2 wurden im Jahr 1976 Lecks in Rohrleitungen des Containment-Sprühsystems und im KKW R. E. Ginna Block 1 in der Ansaugleitung einer Notkühlpumpe gefunden. Die schadhaften Rohrleitungen waren aus dem unstabilisierten austenitischen korrosionsbeständigen Stahl Typ 304 gefertigt und hatten Durchmesser von 254 bzw. 203 mm. Der schwerwiegendste Schadensfall wurde im Mai 1979 aus dem DWR-KKW D. C. Cook Block 2 gemeldet. Leckagen traten aus Umfangsrissen in den 406 mm weiten Speisewasserleitungen unmittelbar an den Rundnähten zu den Dampferzeugerstutzen auf. Aus weiteren 16 von 25 DWR-Blöcken in An-

lagen des Herstellers Westinghouse Corporation sowie 2 von 8 DWR-KKW der Firma Combustion Engineering wurden bis Oktober 1979 in Speisewasserleitungen korrosionsbeeinflusste Ermüdungsrisse in der Nähe der Dampferzeugerstutzen gemeldet, die bis 19 mm tief waren.[1114]

Interkristalline Spannungsrisskorrosion hatte in 10 Fällen in 7 DWR-KKW zur Rissbildung in 100–254 mm weiten Typ-304-Stahlrohrleitungen von Containmentsprüh- und Wärmeabfuhrsystemen geführt. Alle Risse traten in der Wärmeeinflusszone von Schweißnähten an Stellen auf, die von stark boriertem und sauerstoffreichem Wasser berührt wurden, das ständig oder zeitweilig bewegungslos bei niedrigem Druck und niedriger Temperatur dort verharrte.[1115] Für Rohrleitungen mit Durchmessern kleiner als 100 mm wurden in einem seit 1969 geführten Melderegister in rund 10 Jahren 84 Schadensfälle mit Leckagen aus 36 KKW-Blöcken mit DWR verzeichnet.[1116]

Die amerikanischen Betreiber hatten von 1969–1982 rund 150 Wasserhammer-Ereignisse gemeldet, die meisten Mitte der 70er Jahre, von denen allerdings nur wenige zu Schadensfällen wurden.[1117] In der Inbetriebnahmephase von H. B. Robinson Block 2 kam es im April 1970 zum Abriss eines Sicherheitsventils an einer Hauptkühlmittelleitung, vermutlich durch einen Dampf oder Wasserhammer. 7 Personen wurden verletzt. Ebenfalls während der Inbetriebsetzung des KKW Turkey Point Block 3 wurden im Dezember 1971 3 Sicherheitsventile an einer Hauptkühlmittelleitung durch eine schlagartige Belastung – vermutlich ausgelöst durch einen Kondensationsschlag – abgerissen. 16 Bauarbeiter wurden leicht verletzt. Im November 1973 kam es im KKW Indian Point Block 2 beim Anfahren zu einem DampfKondensationsschlag in einer horizontal geführten Speisewasserleitung, der einen 180°-Umfangsdurchriss der Hauptspeisewasserleitung an der

[1113] Frank, L., Hazelton, W. S. et al.: Pipe Cracking Experience in Light-Water Reactors, USNRC, NUREG-0679, August 1980, S. 4 und S. 22–27.

[1114] Frank, L., Hazelton, W. S. et al.: Pipe Cracking Experience in Light-Water Reactors, USNRC, NUREG-0679, August 1980, S. 7–9.

[1115] ebenda, S. 11 und 13.

[1116] ebenda S. 28 f.

[1117] Serkiz, A. W.: Evaluation of Water Hammer Occurrence in Nuclear Power Plants, Technical Findings to Unresolved Safety Issues A-1, NUREG-0927, Revision 1, März 1984.

Kehlschweißnaht zur Anschlussplatte der Containmentdurchführung verursachte.[1118]

Angesichts aller dieser Schäden setzte die USNRC Ende November 1979 die dritte Studiengruppe „Pressurized Water Reactor Pipe Crack Study Group (PWR PCSG)" ein, die sich mit sicherheitsrelevanten Rohrleitungssystemen in DWR und deren Schadensmechanismen beschäftigte. Ein Schwerpunkt ihrer Studien war die Ermittlung von Sicherheitsauswirkungen der Rohrleitungsrisse und -leckagen auf die Reaktorsicherheit der Gesamtanlage. Die 17köpfige PCSG wurde aus verschiedenen USNRC-Abteilungen rekrutiert und das Battelle Memorial Institute – Pacific Northwest Laboratory beteiligt. Zahlreiche Berater aus National Laboratories, Universitäten und Forschungsinstituten wurden beigezogen.[1119] Als vermutete Schadensursachen untersuchte die PCSG:

• Spannungsrisskorrosion
• Ermüdungsrisse durch Temperaturwechselbeanspruchung bei Betriebsphasen mit Temperaturschichtung in der Rohrleitung durch intermittierende Kaltwassereinspeisung nach heißem Strömungsstillstand
• Rissentstehung und -wachstum in Rohrleitungen relativ geringer Wanddicke, die mit Borsäure angereichertes Wasser führen
• Wasserhammer und schlagartige Belastungen
Die Studien des PWR PCSG ergaben zunächst eine unzulängliche und unangemessene Meldepraxis der Betreiber zu den Rohrleitungsschäden in ihren Kernkraftwerken. Die PWR PCSG attestierte den Betreibern aber auch, dass die Reparatur- und Nachrüstmaßnahmen sowie die Einrichtungen der Lecküberwachung in den betroffenen Anlagen ausreichen, um weitere Schäden durch Risse und Leckagen durch Spannungsrisskorrosion, thermische Ermüdung und Borsäurefraß zu vermeiden oder zumindest rechtzeitig zu entdecken. Die Studiengruppe listete zudem eine Vielzahl von Empfehlungen auf, um die Anlagen grundlegend zu ertüchtigen und Neubauten besser auszulegen.[1120] Die Untersuchungen der PWR PCSG hatten auch das Ergebnis, dass die aufgetretenen Ereignisse mit Wasserhammer- und schlagartigen Belastungen bei der Konstruktion der Anlagen als Belastungsfälle unterschätzt oder gänzlich übersehen worden waren. Die nach dem amerikanischen Regelwerk ausgelegten Kraftwerke seien gegen Schäden dieser Art ausreichend gesichert.[1121]

Zur Ermittlung der Sicherheitsrelevanz von Rohrleitungsrissen, -leckagen und -brüchen für die Gesamtanlage untersuchte die PWR PCSG Auswirkungen auf den Primärkühlkreislauf, das sichere Abfahren des Reaktors aus dem heißen Zustand und Aufrechterhaltung der Unterkritikalität sowie auf Systeme der Störfall- und Unfallvermeidung und -verminderung. Dabei wurden zahlreiche Szenarien studiert. Kurz-, mittel- und langfristiger Handlungsbedarf wurde aufgezeigt. Zusätzliche Analysen und Forschungsarbeiten wurden als wünschenswert dargestellt.[1122]

Die im Jahr 1980 vorliegenden Befunde über die Rohrleitungsschäden in amerikanischen Kernkraftwerken lösten vielfältige Forschungsaktivitäten aus, die mehrere hundert wissenschaftliche und technische Publikationen hervorbrachten. Die zentrale Problemstellung war mit der Rissvermeidung bzw. mit der Gewährleistung des Leck-vor-Bruch-Sicherheitskriteriums befasst. Eine umfassende Ausarbeitung über die Forschungsvorhaben und deren wesentlichen Ergebnisse bietet das 1993 erschienene Standardwerk „Aging and Life Extension of Major Light Water Reactor Components".[1123]

Das amerikanische LvB-Konzept (LBB concept) umfasste u. a. die Auswahl der geeigneten Werkstoffe, die Anwendung der Bruchmechanik, die Berechnung des Risswachstums, der kritischen Risslänge und der Leckage sowie die wiederkehrende Anwendung von zerstörungsfreien Prüfverfahren einschließlich der Ultraschallprüf-

---

[1118] USNRC: Investigation and Evaluation of Cracking Incidents in Piping in Pressurized Water Reactors, NUREG-0691, September 1980, S. 2–42 bis 2–45.

[1119] ebenda, S. 1–1 bis 1–3, A1-A2, B1.

[1120] USNRC: Investigation and Evaluation of Cracking Incidents in Piping in Pressurized Water Reactors, NUREG-0691, September 1980, S. 2–48 bis 2–51.

[1121] USNRC:… NUREG-0691, September 1980, a. a. O. S. 2–47.

[1122] ebenda, S. 3–2, 3–49 bis 3–51.

[1123] Shah, V. N. und MacDonald, P. E. (Hg.): Aging and Life Extension of Major Light Water Reactor Components, Elsevier, 1993, 943 S. 261 Abb.

methode zur Entdeckung und Größenermittlung von Rissen und schließlich auch Lecküberwachungssysteme, denen eine hohe Bedeutung zugemessen wurde. In der zweiten Hälfte der 80er Jahre ergänzte das LBB concept im Rahmen von Ertüchtigungsmaßnahmen der in Betrieb befindlichen amerikanischen Kernkraftwerke das 2 F-Bruch-Konzept. Das LBB concept wurde in den USA getragen von einer Reihe von Regulations, Regulatory Guides, Standard Review Plans und Codes and Standards.[1124] Das amerikanische LBB concept fordert den Nachweis, dass hinnehmbare Fehler während der Lebensdauer des Kraftwerks keine Lecks und kein Risswachstum verursachen können, das zu kritischen Risslängen führt. Zum Normalbetrieb muss die Belastung durch ein Sicherheitserdbeben berücksichtigt werden. Gegen das Auftreten eines Lecks sind hohe Sicherheitsreserven vorzusehen.

In der Bundesrepublik Deutschland sind – in einer von ausländischen Vorbildern unabhängigen Vorgehensweise – die grundlegenden Voraussetzungen systematisch erforscht worden, unter denen der „katastrophale" Bruch von Behältern und Rohrleitungen im langfristigen Betrieb (40 Jahre) ausgeschlossen werden kann. Im Statusbericht der MPA Stuttgart vom Frühjahr 1971 wurden systematische Grundlagenuntersuchungen über die „Leck-vor-Bruch-Bedingung"[1125] und das Rissstoppvermögen bei rissigen oder gekerbten Behältern postuliert (Anhang 4–1), die dann nach langer Vorbereitungszeit im Forschungsprogramm Komponentensicherheit (FKS) im Auftrag des Bundesministeriums für Forschung und Technologie mit beträchtlicher Beteiligung der Industrie durchgeführt wurden. In der FKS-Detailspezifikation vom Mai 1977 wurde herausgestellt, dass damit ein *„gemeinsamer Beitrag von Wirtschaft, Wissenschaft und Staat zur Demonstration von Qualität und Sicherheit der Komponenten in Leichtwasserkernkraftwerken gegenüber Leckage, lokalem Aufreißen oder ka-*

tastrophalem Bersten" geleistet wird.[1126] In den 70er Jahren sind die fünf Prinzipien entwickelt worden, die das Konzept des Bruchausschlusses bilden (s. Kap. 11). Es konnte mit mechanistisch-deterministischen Sicherheitsanalysen nachgewiesen werden, dass bei richtiger Anwendung des Prinzips der „Qualität durch Produktion" (Basissicherheit) katastrophale Brüche ausgeschlossen werden können. Die vier weiteren Prinzipien sind unabhängige Redundanzen für die Sicherheitsgewährleistung (Basississicherheitskonzept).

Auf der ersten internationalen Konferenz „Structural Mechanics in Reactor Technology" (SMIRT-1) im September 1971 in Berlin zeigten Günther Bartholomé und Heinrich Dorner von der Siemens AG mit Hilfe der linear-elastischen Bruchmechanik auf, dass Sicherheit gegen das katastrophale Versagen von Reaktordruckbehältern und damit grundsätzlich auch für Rohrleitungen quantitativ nachgewiesen werden kann. Sie stellten u. a. „Leck-vor-Bruch-Fehler" dar, die durch Leckage den Innendruck abbauen und nicht zum großen Bruch führen.[1127] Ebenfalls auf der Berliner Tagung SMIRT-1 berichteten die Vertreter der MPA Stuttgart von ihren experimentell abgesicherten Erkenntnissen über Rissauffangmöglichkeiten in zähen Werkstoffen unter vielfältigen Einflussfaktoren. Zur Klärung der noch offenen Sicherheitsfragen verwiesen sie auf die von der MPA Stuttgart entwickelte Forschungsplanung.[1128]

Im Rahmen des FKS wurde im Zeitraum 1977–1993 ein umfangreiches Programm von experimentellen und theoretischen Arbeiten durchgeführt, mit dem die Berstsicherheit von druckführenden Komponenten eines Kernkraftwerks sowie die kritischen Längs- und Umfangsrisstiefen und -risslängen ermittelt und damit die Gültigkeit des

---

[1124] vgl. Approach to the LBB concept in the USA, in: Applicability of the leak before break concept, IAEA-TECDOC-710, Wien, 1993, S. 18–20.

[1125] AMPA Ku 150, MPA-Statusbericht im Auftrag des Bundesministeriums für Bildung und Wissenschaft über die Forschung auf dem Kernreaktor-Druckbehälterwesen, Stand Frühjahr 1971, S. 19.

[1126] Staatliche Materialprüfungsanstalt (MPA) Universität Stuttgart: Forschungsprogramm Komponentensicherheit FKS, Zusammenfassung der Detailspezifikation, RS 192 durchgeführt im Auftrage des Bundesministeriums für Forschung und Technologie, Mai 1977, S. 5.

[1127] Bartholomé, G. und Dorner, H.: Sicherheitsanalyse von Reaktordruckbehältern, Nuclear Engineering and Design, Vol. 20, 1972, S. 201–213.

[1128] Wellinger, K., Krägeloh, E., Kußmaul, K. und Sturm, D.: Die Bruchgefahr bei Reaktordruckbehältern und Rohrleitungen, Nuclear Engineering and Design, Vol. 20, 1972, S. 215–235.

Leck-vor-Bruch-Kriteriums nachgewiesen wurden, falls diese Komponenten nach den Leitlinien der Basissicherheit – auch unter ungünstigsten Voraussetzungen – hergestellt und genutzt werden.

Die wichtigsten Forschungsvorhaben, die von zahlreichen weiteren Projekten begleitet wurden, sind bei der MPA Stuttgart und in den Laboratorien der Firma Siemens/KWU[1129] sowie bei der Gesellschaft für Reaktorsicherheit (GRS) in Köln durchgeführt worden. Die großen Behälterberstversuche fanden in der unterirdischen Versuchsanlage des Großkraftwerks Mannheim (GKM) sowie in der Bundeswehrerprobungsstelle 91 in Meppen/Niedersachsen statt. Weitere Auftragnehmer waren KfK Karlsruhe, Fraunhofer-Institut IWM Freiburg, RWTÜV Köln, BBC Mannheim, INTERATOM Bensberg, VGB Essen sowie andere Ingenieur- und Industrieunternehmen. Die wesentlichen Untersuchungsprojekte waren:

- HDR-Sicherheitsprogramm (MPA 1973–1989), s. Kap. 10.5.7
- Phänomenologische Behälterberstversuche (MPA 1977–1987), s. Kap. 10.5.8
- Untersuchungen zur instabilen Rissausbreitung und zum Rissstoppverhalten (KWU 1978–1982)[1130, 1131]
- Analytische Tätigkeiten – Bruchvorgänge in Behältern und Rohrleitungen (GRS 1980–1985)[1132]

- Absicherungsprogramm zum Integritätsnachweis von Bauteilen – AIB (MPA im Auftrag von KWU und VGB-Kaftwerkstechnik 1985–1989)[1133, 1134]
- Rissverhalten bei dynamischer Beanspruchung (MPA 1989–1993)[1135, 1136]

In Abb. 6.151 ist schematisch dargestellt, wie Längsrisse in Rohrleitungen wachsen können.[1137] Bei Erreichen der kritischen Risstiefe (Fall B) wird das Risswachstum instabil, und es kommt zum wanddurchdringenden Durchriss und zur Lecköffnung. Bei Erreichen der kritischen Durchrisslänge läuft der Riss instabil in den ungeschwächten Werkstoff weiter; es entsteht ein großer Bruch. Abbildung 6.152 macht deutlich, welche Fragestellungen durch die Forschungsvorhaben aufgegriffen und gelöst wurden.[1138]

- Wie weit wird der größte nach Herstellung der Rohrleitung in der Rohrwand verbliebene oder während des Betriebs entstandene und nach Untersuchung mit zerstörungsfreien Prüfverfahren (non-destructive examination – NDE)

[1129] Bartholomé, G., Kastner, W. und Zeitner, W.: Experimental and Theoretical Investigations of KWU on Leak-Before-Break Behaviour and its Application on Excluding of Breaks in Nuclear Piping of KWU-Plants, Nuclear Engineering and Design, Vol. 94 (3), 1986, S. 269–280.

[1130] GRS-F-119, September 1982, Berichtszeitraum 1. 1. 82 bis 30. 6. 82, BMFT-Projekt 150 320, Rissstoppverhalten, Auftragnehmer KWU Erlangen, Projektleiter R. Steinbuch, Laufzeit 1. 8. 78 bis 30. 9. 1982, bewilligte Mittel 3,8 Mio. DM.

[1131] Kastner, W., Lochner, H., Rippel, R., Bartholomé, G., Keim, E. und Gerscha, A.: Forschungsprogramm Reaktorsicherheit, Abschlussbericht Fördervorhaben BMFT 150 320, Untersuchungen zur instabilen Rissausbreitung und zum Rissstoppverhalten, Kraftwerk Union, Reaktorentwicklung, Technisches Berichtswesen, R 914/83/018, Erlangen, Juni 1983.

[1132] GRS-F-142, Mai 1985, Berichtszeitraum 1. 1. 84 bis 31. 12. 1984, BMFT-Projekt RS 477, Analytische Tätigkeiten – Bruchvorgänge in Behältern und Rohrleitungen, Auftragnehmer GRS, Köln, Projektleiter Dr. Höfler, Laufzeit 1.5.1980 bis 31.12.1985.

[1133] Blind, D. und Schick, M.: Absicherungsprogramm zum Integrationsnachweis von Bauteilen, Zusammenfassender Bericht mit Bewertung, MPA-Auftrags-Nr. 940 500, MPA Stuttgart, Februar 1989, 15 S., 47 Beilagen.

[1134] Julisch, P., Sturm, D. und Wiedemann, J.: Exclusion of rupture for welded piping systems of power stations by component test and failure approaches, Nuclear Engineering and Design, Vol. 158, 1995, S. 191–201.

[1135] GRS-F-2/1992, Berichtszeitraum 1. 7. bis 31. 12. 1992, BMFT-Projekt 1500 825, Rissverhalten bei dynamischer Beanspruchung, Auftragnehmer MPA Stuttgart, Projektleiter Prof. K. Kußmaul, Laufzeit 1. 11. 1989 bis 31. 3. 1993, bewilligte Mittel 3,7 Mio. DM.

[1136] Kußmaul, K., Klenk, A., Link, T. und Schüle, M.: Dynamic material properties and their application to components, Nuclear Engineering and Design, Vol. 174, 1997, S. 219–235.

[1137] Kastner, W., Lochner, H., Rippel, R., Bartholomé, G., Keim, E. und Gerscha, A.: Forschungsprogramm Reaktorsicherheit, Abschlussbericht Fördervorhaben BMFT 150 320, Untersuchungen zur instabilen Rissausbreitung und zum Rissstoppverhalten, Kraftwerk Union, Reaktorentwicklung, Technisches Berichtswesen, R 914/83/018, Erlangen, Juni 1983, Abb. 9.

[1138] Bartholomé, G., Kastner, W. und Zeitner, W.: Experimental and Theoretical Investigations of KWU on Leak-Before-Break Behaviour and its Application on Excluding of Breaks in Nuclear Piping of KWU-Plants, Nuclear Engineering and Design, Vol. 94 (3), 1986, S. 269–280.

Abb. 6.151 Risswachstum in einer Rohrwand (schematisch)

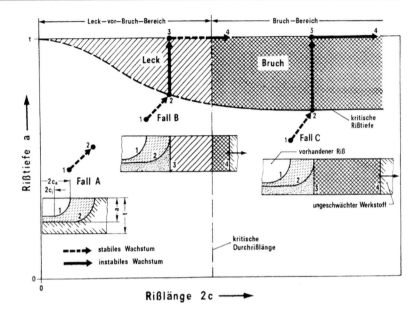

Abb. 6.152 Leck-vor-Bruch (schematisch)

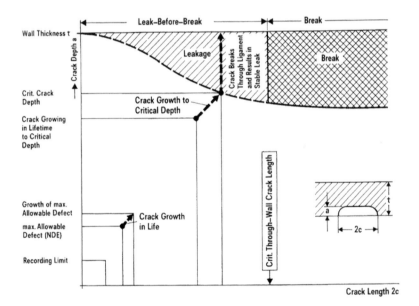

unentdeckt gebliebene Riss während der Lebensdauer dieser Komponente wachsen?

- Wie hängt das Wachstum von Längs- und Umfangsrissen von der Komponentenbelastung, den Werkstoffeigenschaften und der Rissgröße ab?
- Reichen Leistungsfähigkeit und Zuverlässigkeit von zerstörungsfreien Prüfverfahren insbesondere von Ultraschallmessungen aus, um bereits kleine Fehler zu entdecken, die wäh-

rend der Komponenten-Lebenszeit nicht zu kritischer Größe anwachsen können?

- Sollte ein unentdeckt gebliebener Riss die kritische Risstiefe erreichen und ein Durchriss zum Leck führen, wird die Risslänge (Lecköffnung) stabil bleiben?
- Unter welchen Voraussetzungen kann ausgeschlossen werden, dass ein Riss bis zur kritischen Risslänge wächst und den großen Bruch auslöst?

Ob eine druckführende Rohrleitung das LvB-Kri-terium erfüllt, hängt von ihrem Werkstoff, ihren Abmessungen, der Herstellungsqualität sowie von den Betriebs- und Störfallbelastungen ab. Auf der Grundlage des Basissicherheitskonzepts wird das Verformungs- und Bruchverhalten eines Bau-teils bei ungünstigen, gerade noch denkbar rea-listischen Grenzzuständen untersucht („Lower-Bound-Konzept"). Die in der Bundesrepublik Deutschland durchgeführten Forschungsarbeiten an Rohrleitungen hatten folgenden Umfang:[1139]

Komponenten	gerade Rohre, Behälter, Rohr-bögen	
Dimensionen: (Außendurch messer x Wand dicke in mm)	133×14	400×25
	200×30	407×10
	279×10	447×24
	324×22	450×15
	352×21	470×41
	350×11	800×47
	368×12	
Fehler-Typen	künstliche Kerben und Schlitze, natürliche Fehler durch Ermüdung und Korrosion	
Fehler-Orientierung	axial, Umfangsfehler, schräg	
Fehler-Lage	Grundwerkstoff, Schweißgut, Wärmeeinflusszone	

Werkstoffe	
ferritisch	austenitisch
20 MnMoNi 5 5 ($A_v = 60$–200 J)[a]	X 20 CrMoV 12 1
15 Mo 3	X 10 CrNiNb 18 9
15 MnNi 6 3	X 6 CrNi 18 11
15 NiCuMoNb 5	X 2 CrNiMoN 17 12
17 MnMoV 6 4	INCONEL 600
14 MoV 6 3	INCOLOY 800

[a] Neben Werkstoffen mit basissicherem Zähigkeits-niveau wurde auch ein besonders behandelter Werk-stoff mit niedriger Kerbschlagzähigkeits-Hochlage ($A_v \approx 60$ J) untersucht („Lower-Bound-Konzept").

Von den Primärkreiskomponenten wurde das Bruchausschluss-Konzept zuerst und mit Dringlichkeit auf den DWR-RDB angewendet (s. Kap. 9, 10, und 11). Die mit dem Forschungs-vorhaben „Phänomenologische Behälterberst-versuche" untersuchten zylindrischen Behälter mit dem Außendurchmesser 800 mm und der Wanddicke 47 mm entsprachen den ferritischen DWR-Hauptkühlmittelleitungen und waren zu-gleich geeignete Modelle des zylindrischen Teils von DWR-RDB im verkleinerten Maßstab von ca. 1:7. Unter den typischen Betriebsbedingun-gen eines DWR, also 160 bar Druck und 320 °C Temperatur, wurde der zeitliche Verlauf der durch einen längs in die Behälterwand eingebrachten Fehler (Kerbe oder Schlitz) verursachten Riss-öffnung, des Risswachstums und des Rissstopps experimentell erkundet. Auf dem 5. MPA-Se-minar im Oktober 1979 wurden erste Untersu-chungsergebnisse und experimentell bestätigte Leck-vor-Bruch-Kurven abhängig von der Span-nung (σ_n/R_m = Nennspannung/Zugfestigkeit), der Fehlerlänge und der Fehlertiefe (t/s = Risstiefe/ Wanddicke) vorgestellt (Abb. 6.153).[1140] Ein we-sentliches Instrument zur Beurteilung des Trag-lastverhaltens sowie der Ausbildung von „klei-nen" Lecks und großen („katastrophalen") Brü-chen ist die sogenannte LvB-Kurve, mit der die Grenze zwischen Leckage und Bruch dargestellt wird. In den Abb. 6.154 und 6.155 sind die LvB-Kurven schematisch für Längs- und Umfangs-fehler aufgezeichnet.[1141]

Auf dem 7. MPA-Seminar im Oktober 1981 lagen bereits umfangreiche Versuchsergebnisse und theoretische Studien vor. Die Leck-vor-Bruch-Kurve, so wurde gefunden, wird bei glei-chen Festigkeitswerten im Wesentlichen von der Werkstoffzähigkeit bestimmt. Die Art der Risseinleitung, ob quasistatisch oder dynamisch (schlagartig), hat auf den Verlauf dieser Grenz-kurve zwischen Leckagen und großen Brüchen

[1139] Kussmaul, Karl und Sturm, Dietmar: Piping Research in the Federal Republic of Germany, Recent Results and Plans, LBB Research Programs, in: Proceedings of the Seminar On Leak-Before-Break: International Policies And Supporting Research, held at Columbus, Ohio, 28–30. 10. 1985, NUREG/CP-0077, S. 208 f.

[1140] Sturm, D., Stoppler, W. und Julisch, P.: Stand des Forschungsvorhabens Behälterversagen, 5. MPA-Semi-nar „Sicherheit und Prüfkonzeption für Komponenten und Systeme",Stuttgart, 11.-12. 10. 1979, Vortrag Nr. 7, 23 S., 21 Abb.

[1141] vgl. Kußmaul, K., Blind, D., Roos, E. und Sturm, D.: Leck-vor-Bruch-Verhalten von Rohrleitungen, VGB Kraftwerkstechnik, Jg. 70, Juli 1990, S. 553–565.

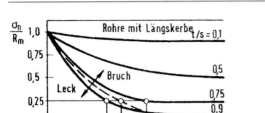

Abb. 6.153 Leck-vor-Bruch-Kurve MPA 1979

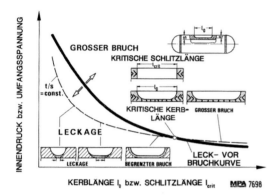

Abb. 6.154 LvB-Kurve für Rohre mit Längsfehler

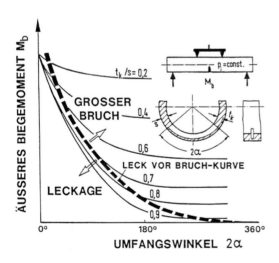

Abb. 6.155 LvB-Kurve für Umfangsfehler

keinen Einfluss.[1142, 1143] In einem zylindrischen Behälter unter Innendruck sind die Umfangsspannungen in der Behälterwand doppelt so groß wie die Längsspannungen, weshalb axial ausgerichteten Fehlern das erste Interesse gilt. An den Rundschweißnähten zum Anschluss von Rohren an Stutzen oder Rohrbögen ist das Auftreten von Rissen jedoch wahrscheinlicher als im Grundwerkstoff der ungestörten Rohrwand. Die Rundschweißnähte der Hauptkühlmittelleitungen an den RDB-Austrittsstutzen sind am höchsten belastet. Ein Schwerpunkt der experimentellen und analytischen Arbeiten im Hause Siemens/KWU war die Untersuchung von wanddurchdringenden Rissen und Teildurchrissen in Umfangsrichtung. Versuchsergebnisse von MPA, Battelle, General Electric, Westinghouse u. a. wurden neben eigenen experimentellen Resultaten für Vergleiche mit der Theorie beigezogen. Die Forschungen bei Siemens/KWU waren im Herbst 1981 so weit abgeschlossen, dass auch der doppelendige Rundabriss der Hauptkühlmittelleitung eines Leistungskernkraftwerks ausgeschlossen werden konnte.[1144, 1145]

Das Bruchausschluss-Konzept bedarf als unabhängiger Redundanz zur basissicheren Produktion insbesondere der zerstörungsfreien Prüftechnologie. In den 60er und 70er Jahren hatte sich die Ultraschallprüfung nach und nach durchgesetzt. Das 1972 an der Universität Saarbrücken gegründete „Fraunhofer-Institut für zerstörungsfreie Prüfverfahren" (IzfP) sah zunächst seinen Tätigkeitsschwerpunkt in der Entwicklung und

[1142] Sturm, D., Stoppler, W., Julisch, P., Hippelein, K. und Muz, J.: Bruchauslösung und Bruchöffnung unter Leichtwasserreaktor-Betriebsbedingungen, 7. MPA-Seminar, „Zähbruchkonzepte", Stuttgart, 8–9. 10. 1981, 10 S., 31 Abb.

[1143] vgl. Sturm, D., Stoppler, W., Julisch, P., Hippelein, K. und Muz, J.: Fracture initiation and fracture opening under light water reactor conditions, Nuclear Engineering and Design, Vol. 72, 1982, S. 81–95.

[1144] Bartholomé, G., Steinbuch, R. und Wellein, R.: Ausschluss des doppelendigen Rundabrisses der Hauptkühlmittelleitung, 7. MPA-Seminar, „Zähbruchkonzepte", Stuttgart, 8–9. 10. 1981, 12 S., 14 Abb.

[1145] vgl. Bartholomé, G., Steinbuch, R. und Wellein, R.: Preclusion of double-ended circumferential rupture of the main coolant line, Nuclear Engineering and Design, Vol. 72 (1), 1982, S. 97–105.

Verbesserung der Ultraschallprüfsysteme für die deutsche Kerntechnik. Auf einem deutsch-amerikanischen Seminar im Sommer 1982 in Saarbrücken wurden mit 50 Beiträgen der internationale Entwicklungsstand und die Leistungsfähigkeit der verschiedenen Ultraschalltechniken dargestellt.[1146] Auf der Grundlage der Anfang der 80er Jahre zu den zerstörungsfreien Prüfverfahren und Lecküberwachungssystemen (LÜS) vorliegenden Kenntnisse und Erfahrungen stellten die Vertreter der Firma Siemens/KWU auch für den ungünstigsten Fall fest, dass durch die wiederkehrende zerstörungsfreie Prüfung Fehler der maximalen Länge 10 mm und der Tiefe 6 mm aufgefunden werden. Gegenüber der kritischen Durchrisslänge an der höchstbeanspruchten Naht von 500 mm bedeutete dies einen großen Sicherheitsabstand. Auch durch die zusätzlichen Lecküberwachungssysteme mittels Schall-, Feuchte- und Kondensatmessung können Durchrisslängen weit unter der kritischen Größe erkannt werden (Abb. 6.156).[1147] Bei dem von der MPA Stuttgart im März 1983 ausgerichteten internationalen IAEA-Symposium über „Reliability of Reactor Pressure Components" konnten MPA Stuttgart und Siemens/KWU über die ganze Breite vorliegender Erkenntnisse zum Bruchausschluss bei Hauptkühlmittelleitungen berichten.[1148, 1149] Bruchausschluss bedeutet für Rohrleitungen vor allem, dass der doppelendige Abriss (2 F-Bruch)

als Auslegungspostulat entfallen kann und damit auch die sicherheitstechnisch problematischen Rohrausschlagssicherungen und Stoßbremsen weggelassen werden können.

Das deutsche Bruchausschlusskonzept stieß zunächst auf erhebliche Bedenken. Vonseiten des britischen Her Majesty's Nuclear Installation Inspectorate (HM NII) wurden auf dem Leak-Before-Break-Seminar im Oktober 1985 in Columbus, Ohio, die bestehenden Unsicherheiten bei der Anwendung der Ultraschall-Prüftechnik besonders hervorgehoben und abschließend gesagt: „…es erscheint ganz unvernünftig, den vollständigen Abriss als Versagensmechanismus von Hauptkühlmittelleitungen der Westinghouse DWR auszuschließen."[1150] Auch von französischer Seite wurden Weiterentwicklungen und Verbesserungen der zerstörungsfreien Prüfverfahren angemahnt.[1151] Auf dem 10. MPA-Seminar im Oktober 1984 hatten jedoch schon neuere Erkenntnisse bei der Ultraschallprüfung an Stutzen, Behältern und Rohren vorgestellt werden können, die eine deutliche Verbesserung der Prüfqualität aufzeigten.[1152]

Von 1978 bis in die 90er Jahre sind im Rahmen der Forschungsprogramme des BMFT sowie des Bundesministers des Innern (BMI) über 20 Forschungsvorhaben zu Fragen der Integrität und des LvB-Verhaltens von Rohrleitungen durchgeführt worden. Davon sollen noch zwei bei der MPA Stuttgart durchgeführte Projekte kurz vorgestellt werden.

[1146] Höller, P.: New Procedures in Nondestructive Testing, Proceedings of the German-U. S. Workshop Fraunhofer-Institut, Saarbrücken, 30. August – 3. September 1982, Springer-Verlag, 1983, 604 S. 369 Abb.

[1147] Bartholomé, G., Steinbuch, R. und Wellein, R.: Ausschluss des doppelendigen Rundabrisses der Hauptkühlmittelleitung, 7. MPA-Seminar, „Zähbruchkonzepte", Stuttgart, 8–9.10. 1981, 12 S., 14 Abb.

[1148] Kussmaul, K., Stoppler, W., Sturm, D. und Julisch, P.: Ruling-Out of Fractures in Pressure Boundary Pipings, Proceedings, Part 1: Experimental studies and their interpretation, International Symposium on Reliability of Reactor Pressure Components, Stuttgart 21–25. 3. 1983, IAEA-SM-269/7, Wien, 1983, S. 211–235.

[1149] Bartholomé, G., Kastner, W., Keim, E. und Wellein: Preclusion of Failure of the Pressure Retaining Coolant System, Part 2: Application on Coolant Pipe of the Primary System, International Symposium on Reliability of Reactor Pressure Components, Stuttgart 21–25. 3. 1983, IAEA-SM-269/7, Wien, 1983, S. 237–254.

[1150] Creswell, S. L.: Leak before break, HM NII's present view, in: Proceedings of the Seminar On Leak-Before-Break: International Policies And Supporting Research, Held at Columbus, Ohio, 28–30.10.1985, NUREG/CP-0077, S. 19 f.

[1151] Barrachin, B., Bouche, D. und Jamet, P.: French Regulatory Practice and Reflections on the Leak-Before-Break Concept, in: Proceedings of the Seminar On Leak-Before-Break: International Policies And Supporting Research, Held at Columbus, Ohio, 28–30.10.1985, NUREG/CP-0077, S. 49–56.

[1152] Höller, P., Hübschen, G. und Salzburger, H. J.: Ultraschall-Prüfung der innenoberflächennahen Zonen an Stutzen, Behältern und Rohren von außen, 10. MPA-Seminar, 10–13.10.1984, Bd. 1, Vortrag 19, 13 S., 23 Abb.

Abb. 6.156 Anwendung der zerstörungsfreien Prüfverfahren zum
LvB-Nachweis

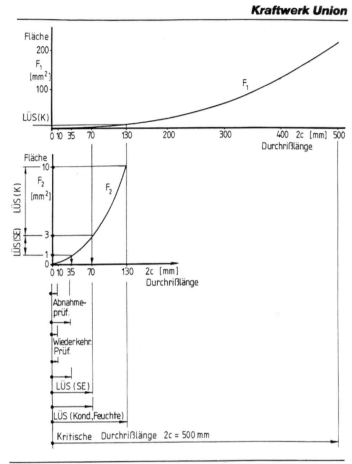

Bruchausschluß: Zulässige und entdeckbare Leckflächen

Das Absicherungsprogramm zum Integritäts-nachweis von Bauteilen (im Auftrag von KWU und VGB-Kraftwerkstechnik) Ziel dieses Vor-habens, das vom Frühjahr 1985 bis Anfang 1989 lief, war der quantifizierte Integritätsnachweis von druckführenden Rohrleitungen, wie sie in SWR als auch sekundärseitig in DWR eingesetzt sind. Die Forschungen umfassten Bauteilversu-che, Schlagzugversuche und Versuche zur Deh-nungsabsicherung, wobei im Wesentlichen noch realistische Grenzzustände („lower-bound"-Ver-hältnisse) untersucht wurden. Bei den Bauteil-versuchen wurden die Sicherheitsreserven von Rohrleitungen mit postulierten Rundrissen gegen großen Bruch bei ungünstigsten Bauteileigen-

schaften unter Störfallbelastungen erkundet.[1153] Mit den Schlagzugversuchen wurden das Verfor-mungs- und Traglastverhalten von Rohren auch mit angerissenen Rundnähten ermittelt. Bei den Versuchen zur Dehnungsabsicherung wurden durch Dehnungswechselversuche im Lastspiel-zahlbereich von 0,25 bis 10^3 für unterschiedliche Parameter das Anriss- und Risswachstumsverhal-ten verschiedener Werkstoffe untersucht.[1154] In

[1153] Schiedermaier, J. et al.: Absicherungsprogramm zum Integritätsnachweis von Bauteilen, Einzelvorhaben „Bau-teilversuche", Bericht 940 500 300, MPA Stuttgart, Feb-ruar 1989.

[1154] Blind, D. und Schick, M.: Absicherungsprogramm zum Integrationsnachweis von Bauteilen, Zusammen-

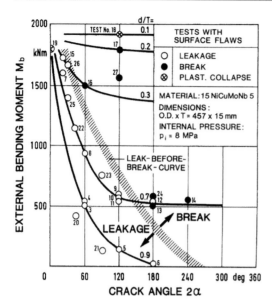

Abb. 6.157 LvB-Kurve für Rohre mit Oberflächenrissen in Umfangsrichtung unter äußeren Biegemomenten

Abb. 6.157 ist beispielhaft die Leck-vor-Bruch-Kurve für Rohre des Außendurchmessers 457 mm und der Wanddicke 15 mm dargestellt, die unter 80 bar Innendruck und äußeren Biegemomenten bis nahezu 2.000 kNm stehen, abhängig vom Umfangswinkel von Oberflächenrissen.[1155]

Rissverhalten bei dynamischer Beanspruchung Die übergeordnete Zielsetzung dieses vom 1.1.1989 bis zum 30.6.1992 von der MPA Stuttgart durchgeführten, vom BMFT in Auftrag gegebenen Forschungsvorhabens war die Sicherheitsanalyse dynamisch (schlagartig) belasteter, rissbehafteter Kraftwerkskomponenten. Es ging im Wesentlichen um die Rissentstehung und den Risswiderstand unter dynamischer Beanspruchung. Das Verhalten von vier ferritischen Feinkornbaustählen und eines unstabilisierten austenitischen Werkstoffs wurde bei Variation von Dehngeschwindigkeiten in Form von Risswiderstandskurven charakterisiert. Das Vorhaben

umfasste darüber hinaus Grundlagenforschung zur Erweiterung des werkstoffmechanischen Verständnisses sowie zum Nachweis der Übertragbarkeit der an Kleinproben ermittelten bruchmechanischen Kennwerte auf das Bauteil. Für die Experimente standen servohydraulische Prüfrahmen für Schnellzerreißversuche sowie Rotationsschlagwerke zur Verfügung. Im Rahmen dieser Forschungen wurde eine Methodik zur Sicherheitsanalyse von rissbehafteten, dynamisch belasteten Komponenten entwickelt und validiert.[1156, 1157]

Im September 1983 hielt die Nuclear Energy Agency der OECD in Monterey, California, eine Tagung zum Leck-vor-Bruch-Konzept für Rohrleitungen in Kernkraftwerken ab. Diese Konferenz stand ganz im Zeichen der auf Rohre angewandten Bruchmechanik sowie der Lecküberwachung. Zur deutschen Position wurde in Monterey das Basissicherheitskonzept mit dem Bruchausschluss-Postulat für Hauptkühlmittelleitungen sowie neueste Entwicklungen im Bereich des Regelwerks und der Leitlinien der Reaktorsicherheitskommission vorgetragen.[1158]

Im Oktober 1985 veranstaltete die USNRC gemeinsam mit EPRI und dem Battelle Memorial Institute, Columbus Division, in Columbus, Ohio, ein Seminar über die international eingeführten Leck-vor-Bruch-Vorschriften und die sie unterstützenden Forschungsprogramme.[1159] Vertreter der 10 größten kernenergienutzenden westlichen Staaten boten ein uneinheitliches

fassender Bericht mit Bewertung, MPA-Auftrags-Nr. 940 500, MPA Stuttgart, Februar 1989, S. 2–5.

[1155] Julisch, P., Sturm, D. und Wiedemann, J.: Exclusion of rupture for welded piping systems of power stations by component tests and failure approaches, Nuclear Engineering and Design, Vol. 158, 1995, S. 191–201.

[1156] Kußmaul, K., Klenk, A. und Schüle, M.: Rißverhalten bei dynamischer Beanspruchung, Forschungsvorhaben 1500 825, Abschlussbericht, MPA-Auftrags-Nr. 8710 02 000, Stuttgart, Mai 1994.

[1157] Kußmaul, K., Klenk, A., Link, T. und Schüle, M.: Dynamic material properties and their application to components, Nuclear Engineering and Design, Vol. 174, 1997, S. 219–235.

[1158] Schulz, H.: Current Position and Actual Licensing Decisions on Leak-Before-Break in the Federal Republic of Germany, in: Proceedings of the CSNI Specialist Meeting in Nuclear Reactor Piping, Held at Monterey, California, Sept. 1–2, 1983, NUREG/CP-0051, CSNI Report No. 82, S. 505–522.

[1159] USNRC: Proceedings of the Seminar On Leak-Before-Break: International Policies And Supporting Research, 28–30. 10. 1985, Columbus, Ohio, NUREG/CP-0077, 335 S.

Bild. Die USA und die Bundesrepublik Deutschland, vertreten durch die MPA Stuttgart,[1160] stellten mit Entschiedenheit die Anwendbarkeit und Zuverlässigkeit des LvB/LBB-Konzepts heraus, während Vertreter anderer Staaten sich teils unentschieden, teils distanziert verhielten. Eine weitreichende Übereinstimmung bestand darin, dass sich das LvB-Konzept am ehesten auf die Hauptkühlmittelleitungen von DWR anwenden ließe. Ohne Einwand blieb die Feststellung, dass die Anforderungen an Notkühlsysteme und Containments unabhängig vom LvB-Konzept erhalten bleiben müssten. Einige Seminar-Teilnehmer sahen die Rohrausschlagssicherungen als sicherheitstechnisch problematisch an und konnten sich ihre Entfernung auf der Grundlage des LvB-Konzepts vorstellen.[1161]

Die Fragen der Alterung und des Versagens von Rohrleitungen waren seither Gegenstände zahlreicher weiterer Untersuchungen. Im Sommer 2004 befassten sich das Institute for Safety and Reliability GmbH (ISaR) und die MPA Stuttgart im Auftrag der Internationalen Länderkommission Kerntechnik (ILK) mit der Frage, inwieweit das in Deutschland praktizierte Basissicherheitskonzept mit Bruchausschluss dem internationalen Stand von Wissenschaft und Technik entspricht. Die in Deutschland, Frankreich und den USA eingesetzten Rechenmethoden für die thermohydraulische Analyse von Leckstörfällen erwiesen sich dabei als gleichwertig. Die Anforderungen an die bei diesen Analysen zu unterstellenden Randbedingungen sind jedoch in Deutschland deutlich schärfer als in den USA oder Frankreich. Für den amerikanischen LBB-Nachweis werden Leckagen unterstellt, während in Deutschland Anrisse mittels ZfP entdeckt werden müssen, bevor sich ein wanddurchdringen-

der Riss einstellt. Die deutsche Praxis des Bruchausschlusskonzepts ist als international führend anzusehen.[1162] Das Bruchausschluss-Konzept bewährte sich über mehr als 25 Jahre betrieblicher Erfahrungen.[1163] Im 36. MPA-Seminar im Oktober 2010 in Stuttgart war im Hinblick auf die Laufzeitverlängerung deutscher Kernkraftwerke das Ermüdungsverhalten von Komponenten des Kühlsystems ein wichtiges Thema.[1164]

In Rohrleitungssystemen deutscher Kernkraftwerke, die vor Einführung des Bruchausschlusskonzepts (s. Kap. 11.2) gebaut wurden, sind Schäden aufgetreten, von denen einige im Folgenden beispielhaft aufgeführt werden sollen. Es sei auch erwähnt, dass im Jahr 1973 im Rahmen des Dringlichkeitsprogramms 22 NiMoCr 3 7 (RS 101) ein Versuchsbehälter aus dem Werkstoff 13 MnNiMo 5 4 mit dem Innendurchmesser 1.473 mm unter schwellender Belastung ohne vorherige Leckage mit einem Sprödbruch und Rundabriss des Bodenteils zerknallte (Kap. 10.2.6, Projekt ZB 1– Behälter in Zwischengröße).

Die Anfang des Jahres 1978 festgestellten großen Umfangrisse in den Schweißnähten von Speisewasserleitungen der NW 350 an den RDB-Stutzen des 900-MW$_{el}$-SWR-KKW Philippsburg 1 (KKP-1) (vgl. Kap. 10.2.7, Fehleratlas II) waren für die RSK Anlass, den Fragenkomplex zu den Festigkeits- und Zähigkeitseigenschaften der Speisewasserleitungen und zu den in der Nähe der RDB-Stutzen gefundenen aufgehärteten Bereichen noch vor Inbetriebnahme von KKP-1 aufzuklären.[1165] In ihrer 132. Sitzung empfahl die RSK, aufgrund von Einschätzungen der MPA Stuttgart, die in absehbarer Frist vor-

---

[1160] Kussmaul, K. und Sturm, D.: Piping Research in the Federal Republic of Germany – Recent Results and Plans – LBB Research Programs, in: Proceedings of the Seminar On Leak-Before-Break: International Policies And Supporting Research, 28.–30. 10. 1985, Columbus, Ohio, NUREG/CP-0077, S. 194–255.

[1161] USNRC: Proceedings of the Seminar On Leak-Before-Break: International Policies And Supporting Research, 28.–30. 10. 1985, Columbus, Ohio, NUREG/CP-0077, S. v–viii, S. 319.

[1162] Herter, K.-H., Kerner, A. et al.: Bruchannahmen für die druckführende Umschließung von Leichtwasserreaktoren, ILK-Auftrags-Nr. ILK 38/04 Krüger, MPA-Nr. 8333 000 000, Stuttgart, 15. 10. 2004, 73 S.

[1163] Hoffmann, H., Ilg, U., Mayinger, W. et al.: Das Integritätskonzept für Rohrleitungen sowie Leck- und Bruchpostulate in deutschen Kernkraftwerken, VGB PowerTech, Jg. 87, Heft 7/2007, S. 78–91.

[1164] Ilg, U., König, G. et al.: Development of an Integrated Fatigue Assessment Concept for Ensuring Long Term Operation, 36. MPA-Seminar, 7–8. 10. 2010, Stuttgart, 20 S.

[1165] BA B 106-75324, Ergebnisprotokoll 131. RSK-Sitzung, 14./15. 2. 1978, S. 20 f.

zunehmende Erneuerung der Speisewasserleitungen von KKP-1 bis zur ersten Absperrarmatur sowie weitere Ertüchtigungsmaßnahmen an Rohrleitungen.[1166] Die verwendeten ferritischen Werkstoffe waren 22 NiMoCr 3 7 (RDB-Stutzen) und der hochfeste, Platz und Gewicht sparende Feinkornbaustahl 17 MnMoV 6 4 – Industriebezeichnung WB 35 – für nahtlos gepilgerte[1167] Speisewasser-Leitungsrohre.[1168]

Die RSK forderte am 17. Mai 1978 als Konsequenzen aus den KKP-1-Befunden für die mit KKP-1 vergleichbaren Anlagen Brunsbüttel, Gundremmingen 2, Isar, Krümmel und Würgassen Nachuntersuchungen mit einem beträchtlichen Prüfumfang an den Speisewasser-, Frischdampf- und Entlastungsleitungen, Kondensationsrohren, sonstigen Leitungen mit Durchmesser größer als 100 mm, Formstücken der Frischdampfleitungen sowie an den Speisewasserrückschlagklappen. Im Kernkraftwerk Würgassen waren bereits einige Fälle von Leckagen an Rohrleitungen aus WB 35 aufgetreten.[1169] Die MPA Stuttgart wurde als regional maßgebende Stelle mit der Ermittlung und Bewertung der Befunde beauftragt. Die RSK hielt bereits Ertüchtigungsmaßnahmen in den SWR-Anlagen bei Speisewasser-, Frischdampf-, Hilfs- und Zudampfleitungen bis zur 1. Absperrarmatur sowie bei Entlastungsleitungen für absehbar und empfahl den betroffenen Landesbehörden, im Zusammenwirken mit der MPA Stuttgart diese Fragestellungen in das Aufsichts- und Genehmigungsverfahren einzuführen.[1170]

In den Jahren 1980–1983 wurde ein Teil der in konventioneller Ausführung aus den Werkstoffen

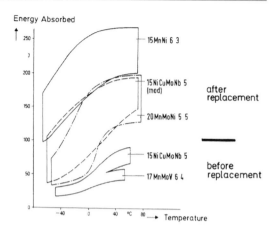

Abb. 6.158 Umrüstung der SWR-KKW auf Werkstoffe mit basissicheren Qualitäten

17 MnMoV 6 4 (WB 35) und 15 NiCuMoNb 5 (WB 36) gefertigten Rohrleitungen im Zuge der Umrüstung in basissichere Qualität (Werkstoffe 20 MnMoNi 5 5 und 15 MnNi 6 3) ausgewechselt (vgl. Kap. 11.3.1). Abbildung 6.158 macht die Erhöhung des Qualitätsniveaus durch Einsatz von hochzähen und schweißsicheren Werkstoffen deutlich.[1171] Die Kosten der technischen Nachbesserungen für die vier SWR-Anlagen der Baulinie 69 beliefen sich auf 1,5 Mrd. DM. Der Aufwand für die sogenannte Stromverlagerung wegen der Nichtverfügbarkeit der Kraftwerke während ihrer Sanierung wurde auf die gleiche Höhe geschätzt.[1172]

Am 18.6.1978 ereignete sich im Kernkraftwerk Brunsbüttel mit SWR (KKB) am Fönanschlussstutzen der Frischdampfleitung 1 ohne vorausgegangene Leckage der doppelendige spontane Abriss des Vorschweißflansches neben der Schweißnaht zum Rohrstück, das ihn mit dem

---

[1166] BA B 106-75325, Ergebnisprotokoll 132. RSK-Sitzung, 5. 3. 1978.

[1167] Im Pilgerschrittverfahren mit hin- und hergehenden Bewegungen gewalzte Rohre.

[1168] Kußmaul, K., Blind, D. und Jansky, J.: Rissbildungen in Speisewasserleitungen von Leichtwasserreaktoren, VGB Kraftwerkstechnik, Jg. 64, Heft 12, Dezember 1984, S. 1115–1129.

[1169] Eckert, G.: Die wesentlichen Nachrüstungen der SWR-Kraftwerke der Baulinie 69, atw, Jg. 29, Dezember 1984, S. 641.

[1170] BA B106-75326, Ergebnisprotokoll 134. RSK-Sitzung, 17. 5. 1978, S. 10–12.

[1171] Kussmaul, K., Blind, D., Bilger, H., Eckert, G. et al.: Experience in the Replacement of Safety Related Piping in German Boiling Water Reactors, Int. J. Pressure Vessels & Piping, Vol. 25, 1986, S. 111–138.

[1172] Eckert, G.: Die wesentlichen Nachrüstungen der SWR-Kraftwerke der Baulinie 69, atw, Jg. 29, Dezember 1984, S., 639–644.

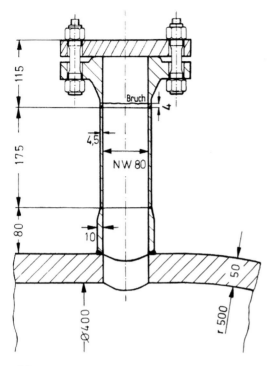

Abb. 6.159 Bruchstelle am Fönanschlussstutzen der KKB-Frischdampfleitung

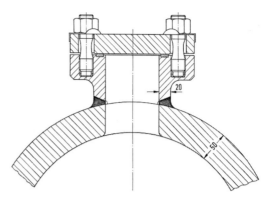

Abb. 6.160 Sanierungsvorschlag der KWU

Stutzen verband (Abb. 6.159).[1173, 1174] Flansch, Rohr und aufgesetzter Stutzen waren aus dem Werkstoff 15 Mo 3 gefertigt. Die Untersuchung des KKB-Schadens unter Mitwirkung der MPA Stuttgart ergab, dass der Bruch als Dauerbruch unter Schwingbeanspruchung entstanden war. Der Oberflächenzustand (Unterschleifungen, Schleiffriesen) hatte die Bruchentstehung begünstigt. Der Bruch lag in der Wärmeeinflusszone der Schweißnaht am Übergang zum konischen Teil des Flansches und war überwiegend auf Biegeschwingungen zurückzuführen.

Jahre zuvor waren bereits Schäden an Fönanschlüssen in den DWR-KKW Neckarwestheim

GKN-1 (1976) und Biblis B (1978) aufgetreten, die als Dauerbrüche bzw. Dauerannrisse durch Schwingbeanspruchung eingestuft werden konnten. Abbildung 6.160 zeigt den Sanierungsvorschlag für KKP-1 mit der Neukonstruktion des Fönanschlusses. Zu den Folgerungen aus den Schäden gehörten u. a.

• Änderung der Konstruktion
• Einsetzung optimierter Werkstoffe
• sorgfältige Fertigung und Vermeidung von Kerben und Oberflächenfehlern
• zerstörungsfreie Wiederholungsprüfungen auf Anrisse

Am 5.11.1983 kam es im ehemaligen Heißdampfreaktor (HDR) in Karlstein-Großwelzheim, der im Jahr 1976 zu einer nichtnuklearen Versuchsanlage umgerüstet worden war (s. Kap. 10.5.7), zu einem doppelendigen „katastrophalen" Rundabriss eines Reduzierstücks in einer Rohrleitung. Es gab keine Hinweise auf ein Leck vor dem Bruch. In den HDR war ein Versuchskreislauf für Thermoschockversuche mit Druckhalterbogen (Durchmesser 300 mm), Reduzierstück und senkrechtem Teilstrang (Durchmesser 80 mm) mit zwei Ventilen und anderen Anlagenteilen eingebaut worden (Abb. 6.161).

Der 2F-Bruch trat während eines Versuchs auf, der mit 107 bar und 315 °C gefahren wurde. Eine zyklische Beanspruchung durch Kalteinspeisung war zusätzlich aufgebracht worden. Es entstanden nachfolgend Sachschäden in der näheren Umgebung der Abrissstelle aus dem Schlagen der Rohrleitung und dem „Blowdown"-Strahl aus dem Druckhalterbogen.

[1173] Kußmaul, K.: Gutachtliche Stellungnahme über die Änderung der Fönanschlüsse im Kernkraftwerk Brunsbüttel (KKB), abgegeben im Auftrag des Sozialministeriums des Landes Schleswig-Holstein, Geschäftszeichen IX 354-416-799 710- vom 29. 6. 1978, Stuttgart, Januar 1979, 7 S., 10 Beilagen.

[1174] Fönanschlüsse dienen beim Kaltfahren der Maschine zum Ansaugen von Kaltluft und beim „Fönbetrieb" zum Abblasen der über den Kondensator eingebrachten Warmluft.

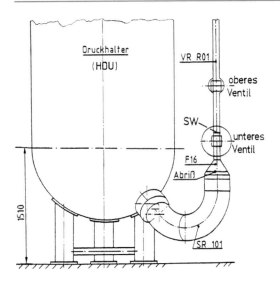

Abb. 6.161 HDR-Versuchsanlage

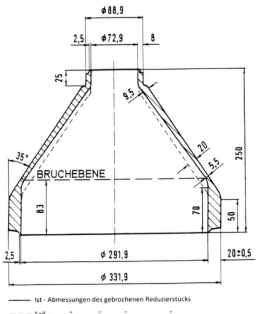

——— Ist - Abmessungen des gebrochenen Reduzierstücks
– – – Soll -   "   "   "   "

Abb. 6.162 Reduzierstück mit Bruchlage

Die RSK war alarmiert, war dieser Rohrabriss doch im Widerspruch zum Bruchausschluss-Konzept der RSK-Leitlinien. Sie befasste sich in der 192. und 194. Sitzung mit diesem Schaden und seinen Konsequenzen.[1175, 1176] Die MPA Stuttgart untersuchte diesen Fall und stellte bei der Schadensaufklärung fest, dass durch fehlerhafte mechanische Bearbeitung in der Werkstatt die Wanddicke auf 5,5 mm (Solldicke 20 mm) erheblich geschwächt worden war, was nicht erkannt wurde (Abb. 6.162). Die weit unter Sollstärke liegende Restwanddicke hielt der Druckprobe noch stand. Im späteren Betrieb entwickelte sich aus der hohen Biegespannung an der Innenseite des konischen Übergangs sowie aus der zyklischen und phasengleichen hohen Beanspruchung durch Zug, Innendruck und Torsion eine dehnungsinduzierte Risskorrosion. Den Versuchsvorgaben entsprechend war der Sauerstoffgehalt des Wassers auf 8 ppm erhöht worden, was das Risswachstum begünstigt hatte. Der Zähbruch (Scherbruch) ging von einem Rissgebiet aus, das aus vielen zusammenhängenden, ineinanderübergehenden Einzelrissen bestand und sich über 140° des Umfangs erstreckte.

Abbildung 6.163 zeigt die Vielfachrissbildung in der typischen Form perlenschnurartig aneinandergereihter halbelliptischer Einzelrisse, die sich an der Rohrrinnenseite aus Korrosionsgrübchen gebildet hatten. Sie durchdrangen die Wand in großer Breite nahezu vollständig. Der Rundabriss nahm seinen Ausgang an der Stelle der geringsten Restwanddicke und breitete sich ohne erkennbare Zwischenhalte instabil nach beiden Seiten aus. Aus der Beschaffenheit der Restbruchfläche konnte geschlossen werden, dass dort die mittlere Nettospannung zu Beginn des Bruchvorgangs in der Höhe zumindest der Streckgrenze lag. Es wurde angenommen, dass neben der Unterdimensionierung der Wand auch die Wirkung kleiner Kerbstellen aus Drehriefen der mechanischen Werkstattbearbeitung zur Rissbildung beigetragen haben. Bei der metallografischen und chemischen Untersuchung wurden zahlreiche Mangansulfideinschlüsse gefunden, die unter der mechanischen Beanspruchung örtlich zu transkristallinem und interkristallinem Risswachstum beigetragen hatten.[1177] Andere

[1175] BA B 106-87893, Ergebnisprotokoll 192. RSK-Sitzung, 25. 1. 1984, S. 7–9.
[1176] BA B 106-87894, Ergebnisprotokoll 194. RSK-Sitzung, 21. 3. 1984, S. 12–14.

[1177] Jansky, J., Blind, D. und Katzenmaier, G.: Erkenntnisse aus einem Rohrbriss an der HDR-Versuchsanla-

Abb. 6.163 Bruchfläche des Reduzierstücks

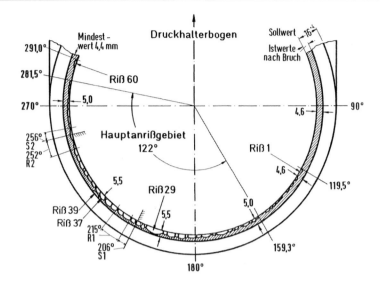

ähnliche Reduzierstücke im HDR-Versuchskreislauf, deren Wanddicken den Berechnungsvorgaben entsprachen, zeigten bei der zerstörungsfreien Nachüberprüfung keine Befunde, die auf Anrissbildung hätten schließen lassen.[1178]

Die RSK erörterte mit den Betreibern, der KWU und der MPA das Auftreten von Korrosionsrissen in Kernkraftwerken, die Randbedingungen der Entstehung solcher Rissbildungen und die Qualitätssicherungsmaßnahmen zur Vermeidung des Einbaus nicht maßgerechter Bauteile. Die MPA stellte die Faktoren zusammen, bei deren Zusammenwirken ein doppelendiger Abriss unter LWR-Betriebsbedingungen auftreten kann. Sie müssen bei einer basissicheren Ausführung bedacht und in ihren Wirkungen begrenzt werden:[1179, 1180]

a. Korrosives Medium
   – Temperatur
   – Durchströmgeschwindigkeit

– Sauerstoffgehalt
– Chloride

b. Sensitiver Werkstoffzustand
   – Schwefelgehalt
   – hohe Härte bei ferritischen Werkstoffen
   – nichtadäquate Wärmebehandlung (Lösungsglühen oder Sensibilisierung beim Schweißen) bei nichtstabilisierten austenitischen Stählen

c. Beanspruchung
   – Primär- und Sekundärspannungsniveau
   – Eigenspannungen
   – Spitzenspannungen (Kerben, Korrosionsgrübchen)
   – Transienten (kritische Dehngeschwindigkeit an Kerbspitzen)
   – zyklisch auftretende thermische und mechanische Beanspruchung

d. Nichtadäquate Auslegung und Fertigung
   – Überlastung infolge Wanddickenunterschreitung (hohe Spannungen)
   – Versteifungsringe, Ausschlagsicherungen, Stoßbremsenbefestigungen
   – fehlerhafte Schweißverbindungen
   – Kerbstellen in mediumsberührten Oberflächen
   – Anschneiden von Mangansulfiden im Zuge mechanischer Bearbeitung mediumsberührter Oberflächen

Abschließend stellte die RSK fest: „*Bei Rohrleitungen und Komponenten, die nach den Ge-*

ge unter Betriebsbedingungen mit Einfluss von hohem Sauerstoffgehalt, MPA Stuttgart, 1984, S. 4 f.

[1178] MPA-Dokumentation und Interpretation des HDR-Rundrisses, Vorlage zur RSK-Sitzung vom 22. 2. 1984, Stuttgart, 16. 2. 1984, S. 19.

[1179] ebenda, S. 20.

[1180] Jansky, J., Blind, D. und Katzenmaier, G.: Erkenntnisse aus einem Rohrabriss an der HDR-Versuchsanlage unter Betriebsbedingungen mit Einfluss von hohem Sauerstoffgehalt, MPA Stuttgart, 1984, S. 19.

sichtspunkten der Basissicherheit ausgelegt, gestaltet und gefertigt sind, ist die Gefahr für dehnungsinduzierte Risskorrosion nur gering, da durch dieses Konzept nur niedrige Membranspannungen vorliegen und lokale Spannungsspitzen weitestgehend vermieden sind."[1181]

6.6.2 Die Forderungen des ACRS

In den USA stieg Mitte der 60er Jahre nicht nur die Leistungsgröße der Reaktoren sprunghaft an, auch die Zahl der Bauanträge wuchs abrupt. Man wurde sich bewusst, dass die Eintrittswahrscheinlichkeit schwerer Unfälle mit der Zahl der betriebenen Reaktoren und die Unfallfolgen mit deren Wärmeleistung zunahmen. Die Größe der Reaktordruckbehälter und deren Wandstärken mussten für diese Großkernkraftwerke in Dimensionen gesteigert werden, für die wenig Erfahrung vorlag.

Im April 1965 beantragte die *Commonwealth Edison Company* die Errichtungsgenehmigung für den 2.255-MW$_{th}$-Siedewasserreaktor Dresden 2 für den gleichen Standort wie des Dresden 1-Reaktors (690 MW$_{th}$). Das ACRS nahm das Projekt Dresden 2 zum Anlass, sich grundsätzlich mit der Integrität des Primärsystems, insbesondere mit der des Reaktordruckbehälters, auseinanderzusetzen. Die Meinungen waren gespalten. Einige der ACRS-Experten hielten das katastrophale Bersten für möglich, wenn auch nur mit einer äußerst geringen Wahrscheinlichkeit. Das ACRS entschied sich einmütig, dem USAEC-Vorsitzenden Glenn T. Seaborg mit Datum vom 24. November 1965 einen Brief zu schreiben, in dem es empfahl, gegen den sehr unwahrscheinlichen Zerknall eines Reaktordruckbehälters (RDB) Vorsorge zu treffen, um angesichts der wachsenden Zahl von Großkraftwerken in der Nähe von Bevölkerungszentren denkbare Katastrophen zu vermeiden.[1182] In seinem Aufsehen erregenden Schreiben schlug das

ACRS für diesen nicht auszuschließenden Fall vor, die Flutung des Kerns sicherzustellen, das Containment gegen wegfliegende Trümmerstücke und Splitter zu schützen und bei einem nicht mehr voll funktionsfähigen Sicherheitsbehälter Maßnahmen vorzusehen, damit keine großen Mengen an Spaltprodukten in die Atmosphäre emittiert werden.[1183]

Trotz heftiger Kritik aus der Industrie[1184] wurde dieser Brief für die USAEC zum Anstoß, das von ihr finanzierte, vom Oak Ridge National Laboratory durchgeführte Forschungsprogramm HSST (Heavy Section Steel Technology) für massiven Stahlbau 1966 aufzulegen. Der Industrieausschuss für Druckbehälterforschung (*Pressure Vessel Research Committee* – PVRC) schloss sich mit einem eigenen Programm an (*Industry Cooperative Program* – ICP). Die USAEC-Abteilung für Reaktorentwicklung und -technologie (USAEC RDT) entwarf in den Jahren 1967–1970 ein Leichtwasser-Reaktorsicherheitsprogramm (Water-Reactor Safety Program). Es wurde mit dem Hinweis begründet, die Integrität des Primärsystems könne über die ganze Lebensdauer eines Reaktors nicht garantiert werden.[1185] In den sehr dicken Stahlteilen bestünden große Unsicherheiten hinsichtlich möglicher Werkstofffehler wie Schlackeeinschlüsse, Risse und andere Ungänzen, sowie Abweichungen von den erforderlichen metallurgischen Eigenschaften und den Spannungen aus großen Temperaturgradienten.[1186] Das Forschungsprogramm enthielt deshalb auch sehr ausführlich dargestellte Unfallbegrenzungsmaßnahmen wie verbesserte Notkühlsysteme und neue Konzepte für Containments.[1187] Schon Mitte 1968 war ein weit gestreuter und viel kommentierter Zwischenbe-

---

[1181] BA B 106-87894, Ergebnisprotokoll 194. RSK-Sitzung, 21. 3. 1984, S. 13.

[1182] Okrent, David, Nuclear Reactor Safety, Univ. of Wisconsin Press, 1981, S. 86–89.

[1183] Faksimile des Briefs in: ACRS-Report on the Integrity of Reactor Vessels for Light-Water Power Reactors, WASH 1285, Januar 1974, S. VII–VIII.

[1184] ACRS Qualms on Possible Vessel Failure Startle Industry: NUCLEONICS, Vol. 24, No. 1, Januar 1966, S. 17 f.

[1185] WASH-1146, Water Reactor Safety Program Plan, Water Reactor Safety Program Office, Idaho Falls, Idaho, Februar 1970, S. ii.

[1186] WASH-1146, a. a. O., S. III-23 – III-43.

[1187] WASH-1146, a. a. O., S. III-44 – III-59.

richt mit einer Bewertung der Problembereiche erschienen (*Water-Reactor Safety Program Plan – Problem Area Importance Rating*).[1188]

Das Bersten eines RDB konnte von der USAEC nicht ausgeschlossen werden. Sie ließ Ende der 60er Jahre das Konzept eines Doppelmantel-Behälters untersuchen, der im Falle des Berstens eine konstruktive Redundanz besitzt.[1189] Der Konstruktionsentwurf sah vor, dass in einem üblichen RDB ein zweiter Behälter mit eigenem Deckel eingefügt wird. Beide Behälter sollten vom gleichen Fangflansch gehalten werden. Der äußere Behälter war weiterhin als die primäre druckführende Umschließung vorgesehen. Im Falle des Aufreißens der äußeren Wand sollte der innere Behälter in der Lage sein, die Integrität des Reaktorkerns zu sichern, den Ausströmvorgang zu begrenzen und das Kühlmittel für die Nachwärmeabfuhr in ausreichender Weise zu halten.

Die amerikanische Entwicklung des Doppelmantelbehälters wurde nicht so weit vorangetrieben, dass ein baureifes Konzept vorgelegen hätte. Nicht alle Details dieser komplexen Bauweise wurden abschließend untersucht. Im Zuge der HSST-Untersuchungen und ihrer die Sicherheit der amerikanischen dickwandigen Vollwandbehälter bestätigenden Ergebnisse („inherent material toughness and tolerance for defects")[1190] sank das Interesse an einer konstruktiven Redundanz für den primären RDB. Das in der Bundesrepublik Deutschland entwickelte Berstschutzkonzept wurde aufmerksam zur Kenntnis genommen.[1191]

6.6.3   Cottrell-Memorandum und Marshall-Bericht

Der britische Metallurge Sir Alan Cottrell[1192] äußerte im Januar 1974 in einem Memorandum an den Ausschuss für Wissenschaft und Technologie des britischen Unterhauses Zweifel an der Berstsicherheit der Reaktordruckbehälter (RDB) aus Stahl von Druckwasserreaktoren (DWR).[1193] Er erläuterte die von der Spannung abhängige kritische Risslänge in zähem und sprödem Material. Wenn sie überschritten werde, zerlege ein schnell und unkontrollierbar laufender Riss das Gefäß. Er verwies auf Beispiele katastrophaler Brüche und vertrat die Auffassung, dass in RDB von Leichtwasserreaktoren (LWR) die kritische Risslänge kleiner als die Wanddicke und deshalb das Leck-vor-Bruch-Kriterium nicht anwendbar sei. Die Berstsicherheit eines RDB hänge von hohen, rigoros durchgesetzten Fertigungs- und Prüfstandards und regelmäßigen, effektiven Ultraschall-Wiederholungsprüfungen ab. Das mögliche Risswachstum durch Alterung, Versprödung, Korrosion und außergewöhnliche Belastungen wie Thermoschock in Bereichen hoher Spannung, wie etwa an den Stutzen, könne noch nicht genau berechnet werden und bliebe ein Element der Unsicherheit.

Die Denkschrift Cottrells erreichte die britischen Abgeordneten, als sie den Plan ihrer Regierung prüften, eine größere Zahl von DWR amerikanischer Bauart zu errichten. In Großbritannien hatte man bis dahin gasgekühlte, graphitmoderierte Reaktoren entwickelt und gebaut, die bei deutlich niedrigeren Drücken als LWR-DWR betrieben wurden. Das Parlament reagierte mit großen Vorbehalten und schließlich mit Ablehnung auf das Regierungsvorhaben.[1194]

[1188] ebenda, S. ii.

[1189] WASH-1285, Report on the Integrity of Reactor Vessels for Light-Water Power Reactors, National Technical Information Service, U.S. Department of Commerce, Springfield, Va., Januar 1974, S. 51 f.

[1190] Whitman, G. D.: Historical Summary of the Heavy-Section Steel Technology Program and Some Related Activities in Light-Water Reactor Pressure Vessel Safety Research, NUREG/CR-4489, ONRL-6259, 1986, S. 141 f.

[1191] vgl. WASH-1285, a. a. O., S. 51.

[1192] Cottrell, Sir Alan (Howard), Prof. of Physical Metallurgy, Univ. of Birmingham, Deputy Head of Metallurgy Division, Atomic Energy Research Establishment, 1962–1965 Member UKAEA, 1976 Vice President Royal Society.

[1193] AMPA Ku 146, Cottrell, A.: Fracture of steel pressure vessels, submitted to the Select Committee on Science and Technology, 22. 1. 1974.

[1194] Hall, John: British MPs do not like US reactor plan, Nature, Vol. 247, February 22 1974, S. 499 f.

In der Bundesrepublik Deutschland wurde das Cottrell-Papier mit großer Aufmerksamkeit zur Kenntnis genommen. Es wurde über viele Jahre von Atomkraftgegnern immer wieder zitiert.[1195] Der RSK-Unterausschuss Reaktordruckbehälter erörterte im April 1974 die Cottrell-Aussagen eingehend anhand einer schriftlichen Stellungnahme der MPA Stuttgart, die Karl Kußmaul erläuterte. Er vertrat folgende Positionen:

- Ein schneller Bruch ist äußerst unwahrscheinlich.
- Die Leck-vor-Bruch-Bedingung hat keine entscheidende sicherheitstechnische Bedeutung, da Querrisse dieser Größe auszuschließen sind.
- Fertigungskontrollen und Ultraschall-Wiederholungsprüfungen haben in Deutschland einen hohen Stand.
- Das Wachstum kleiner Risse in hochbeanspruchten Zonen durch Alterungs- und Korrosionseinwirkung im Langzeitbetrieb sowie Thermoschockbeanspruchung sind in Deutschland Gegenstand laufender und geplanter Forschungsvorhaben.[1196]

Nach eingehender Diskussion folgte der RSK-Unterausschuss Kußmaul. Die RSK übernahm nach kurzer Beratung ebenfalls seine Positionen.[1197]

Im Vereinigten Königreich hatte Ende 1973 die United Kingdom Atomic Energy Authority (UKAEA) eine Studienkommission unter Walter Marshall (später Lord Marshall)[1198] eingesetzt, die eine Bewertung der RDB-Integrität bei normalen und Störfallbedingungen vornehmen sollte. Die Auffassung von Sir Alan Cottrell

war dafür die entscheidende Vorgabe. Im Oktober 1976 lag der Marshall-Bericht vor.[1199] Er kam zum Ergebnis, dass ein Vollwand-RDB aus Stahl eine sehr hohe Berstsicherheit im Betrieb aufweist, wenn bei der Auslegung, Werkstoffwahl, Herstellung und Ultraschallprüfung hohe Standards eingehalten werden. Marshall forderte zusätzliche Forschungen, beispielsweise zur Korrosionsermüdung, zum Risswachstum und Thermoschock[1200], wie sie dann vor allem im Rahmen des deutschen Forschungsvorhabens Komponentensicherheit in den Jahren 1977 bis 1997/1999 durchgeführt wurden (s. Kap. 10.5).

Im Anschluss an die Veröffentlichung des Marshall-Berichts wurde anlässlich des Besuches einer Delegation des britischen Nuclear Installation Inspectorate (NII) unter Chief Inspector R. Gausden beim Bundesminister des Innern am 18./19. Oktober 1976 vereinbart, zu den Themen Primärkreis-Integrität und Kühlmittelverlust-Störfälle bzw. Kernnotkühlung je ein zweitägiges Treffen in der MPA Stuttgart und im IRS Köln zu veranstalten.[1201] Diese Konferenzen fanden Ende November und Anfang Dezember 1976 jeweils mit Beteiligung des LRA Garching statt.

Das Thermoschock-Verhalten des RDB unter betriebsnahen Bedingungen wurde für so bedeutsam gehalten, dass im Jahr 2000, praktisch parallel zu den 1999 abgeschlossenen MPA-Versuchen, ein Aufsehen erregender Großversuch (Spinning Cylinder Experiment) von der UKAEA in Risley mit internationaler Beteiligung vorgenommen wurde.

6.6.4 Berstsicherung beim geplanten BASF-Kernkraftwerk

Nachdem die Badische Anilin- und Soda-Fabrik AG (BASF) im Mai 1969 den Antrag auf Errichtung eines Kernkraftwerks auf ihrem Fabrikge-

---

[1195] vgl. Kollert, Roland (Hg.): Risse in Fessenheim – Dokumente zur Reaktorunsicherheit, Arbeitsgruppe Fessenheim der Badisch-Elsässischen Bürgerinitiative, Freiburg, 1980, S. 49 f.

[1196] AMPA Ku 24, Ergebnisprotokoll 20. Sitzung RSK-UA RDB, 22. 4. 1974, S. 4 f.

[1197] BA B 106–75310, Ergebnisprotokoll 93. RSK-Sitzung, 22. 5. 1974, S. 17–19.

[1198] Marshall, Walter Charles (1932–1996), Lord Marshall of Goring and South Stoke, 1968–1975 Director, UK Atomic Energy Research Establishment Harwell, 1975 Deputy Chairman UKAEA, Chief Scientist, Department of Energy, 1987 Chairman Central Electricity Generating Board.

[1199] AMPA Ku 146, United Kingdom Atomic Energy Authority: An Assessment of the Integrity of PWR Pressure Vessels, Report by a Study Group under the chairmanship of Dr. W. Marshall, C.B.E., F.R.S. 1. 10. 1976.

[1200] ebenda, S. 152–156.

[1201] AMPA Ku 146, Der Bundesminister des Innern: Schreiben vom 29. 10. 1976, RS I 2–518 042– V 4/2.

lände Ludwigshafen gestellt hatte (s. Kap. 4.5.6), befasste sich die RSK in mehreren Beratungen Ende 1969 und Anfang 1970 mit der Frage der Präzedenzwirkung besonderer sicherheitstechnischer Maßnahmen für das BASF-Kernkraftwerk auf andere kerntechnische Anlagen. Es sei beispielsweise nicht nachvollziehbar, für den BASF-Reaktor eine Berstsicherung zu verlangen, für Biblis und andere Reaktoren aber nicht. Die katastrophalen Folgen des Druckbehälterberstens seien ohne Unterschied. Wolfgang Keller von Siemens betonte, dass ein Bersten des RDB während seiner Lebensdauer auszuschließen sei, andererseits räumte er ein: „Ohne Zweifel könne man die Sicherheit einer Reaktoranlage durch eine Druckbehälter-Berstsicherung erhöhen." Er traf auch die Feststellung, dass dem RDB-Bersten und dem doppelendigen Bruch einer Hauptkühlmittelleitung die gleiche (äußerst geringe) Wahrscheinlichkeit zuzuordnen sei.[1202] Da der Abriss einer Hauptkühlmittelleitung ein Auslegungsstörfall war, warf das RSK-Mitglied Adolf Birkhofer die Frage auf, ob Druckbehälterbersten und Rohrbruch so unterschiedlich behandelt werden dürften. Es wäre nur logisch, wenn die Reaktorhersteller, falls für die eine Unfallart keine Sicherheitsmaßnahmen getroffen werden müssten, auch den Wegfall der Sicherheitseinrichtungen für die andere Unfallart in Zukunft durchsetzen würden. Ein Vertreter der USAEC habe ihm gegenüber erklärt, dass in den USA bei stadtfernen Standorten keine Berstsicherung gefordert würde, dass jedoch für stadtnahe Standorte Doppelmantel-Druckbehälter diskutiert würden. Insgesamt stehe die RSK vor einer weitreichenden Ermessensentscheidung.[1203] Nach einer längeren Erörterung hielten in einer Abstimmung 7 RSK-Mitglieder eine Druckbehälter-Berstsicherung nicht für erforderlich. 4 RSK-Mitglieder sprachen sich für einen Berstschutz aus.[1204]

Die RSK war sich bewusst, dass nicht sie, sondern der für Forschung und Entwicklung zuständige Bundesminister für Bildung und Wis-

senschaft (BMBW) und die Ländergenehmigungsbehörden die Entscheidungen zu treffen hatten. In der nachfolgenden Beratung wurde vermerkt, dass in einem TÜV-Schreiben vom 6.1.1970[1205] die Zahl der Toten nach einem Behälterbruch mit 10.000 und mehr angegeben und darauf hingewiesen werde, dass selbst eine Expertenkommission für das verbleibende Risiko des Reißens eines Reaktordruckbehälters keinesfalls die Verantwortung allein übernehmen könne.[1206] Die Vertreter der Behörden ließen während der Beratungen keinen Zweifel daran, dass sie für den Standort BASF Sicherheitsmaßnahmen für erforderlich hielten, die über den bisher erreichten Stand von Wissenschaft und Technik hinausgingen. Die RSK schloss sich dieser Auffassung an und forderte, *„dass wegen der extrem hohen Besiedlungsdichte um den Standort des BASF-Kernkraftwerks sehr sorgfältig zu prüfen ist, durch welche zusätzlichen Sicherheitseinrichtungen bzw. Verbesserungen der bei stadtfernen Kernkraftwerken gegebene Sicherheitsfaktor ‚Abstand‛ kompensiert werden kann."* Die RSK verlangte vom Hersteller und dem Betreiber Unterlagen über technische Lösungsmöglichkeiten u. a. für die RDB-Berstsicherung.[1207]

Im Mai 1970, als erste Lösungskonzepte des Herstellers für weiterreichende Sicherheitsmaßnahmen vorlagen, erörterte die RSK erneut und eingehend das BASF-Kernkraftwerk. Das Beratungsergebnis war, dass alle anwesenden RSK-Mitglieder seinen Bau befürworteten. Mit einer Ausnahme waren sich alle RSK-Mitglieder einig, dass die vorgestellten unterirdischen Konzepte keine wesentlichen Vorteile böten. Die RSK empfahl jedoch einmütig zusätzliche Sicherheitseinrichtungen, wie die Verstärkung der äußeren Betonhülle, oder Eiskondensatoren für den Druckabbau bei einem Blowdown. Gegen die Stimme des Vorsitzenden Joseph Wengler und

---

[1202] BA B 106–75303, Ergebnisprotokoll 55. RSK-Sitzung, 28. 11. 1969, S. 8 und S. 13.

[1203] ebenda, S. 23.

[1204] ebenda, S. 29.

[1205] Vermutlich besteht ein Zusammenhang mit dem Lindackers-Vortrag vor der RWTH Aachen am 8. 1. 1970, s. Kap. 4.5.6.

[1206] BA B 106–75303, Ergebnisprotokoll 56. RSK-Sitzung, 12. 1. 1970, S. 8.

[1207] BA B 106–75303, Ergebnisprotokoll 56. RSK-Sitzung, 12. 1. 1970, S. 16 f.

der eines anderen RSK-Mitglieds forderte die RSK eine Berstsicherung für die druckführende Umschließung des Primärsystems.[1208]

Mit der Entscheidung zugunsten einer Berstsicherung wurde das politische und technische Augenmerk in der ersten Hälfte der 70er Jahre verstärkt auf die Bekämpfung von Unfallfolgen gerichtet, die als nicht völlig ausschließbar gehalten wurden.

Am 17. August 1970 gab Hans Leussink, Bundesminister für Bildung und Wissenschaft, seine Entscheidung bekannt, die Genehmigung des Kernkraftwerks BASF um zwei Jahre zu verschieben. Er wolle zuvor in einem Forschungsprogramm mit einem Aufwand von 137 Mio. DM innerhalb von vier Jahren die sicherheitstechnischen Anforderungen an Kernkraftwerke in Großstadtnähe noch einmal grundlegend überprüfen lassen.[1209] Seine Entscheidung hatten die leitenden Beamten seines Ministeriums mit der gemeinsamen Vorlage vorbereitet, den BASF-Standort nicht zu genehmigen. Der Leiter des Referats Reaktorsicherheit, der junge Groos-Nachfolger Heinz Seipel, sein Unterabteilungsleiter Scheidwimmer und der Leiter des Referats Atomrecht Pfaffelhuber hielten den Bau eines Kernkraftwerks am Standort Ludwigshafen für nicht verantwortbar. Leussink, der als Bauingenieur und Professor an der Universität Karlsruhe u. a. am Bau von Staudämmen beteiligt war und technische Restrisiken mit großem Schadenspotenzial aus eigener Erfahrung kannte, hatte seinen Beamten zugestimmt. Eine ablehnende Entscheidung wäre jedoch auf entschiedenen Widerstand von Industrie, der rheinland-pfälzischen Landesregierung und der RSK, die dem Standort bereits zugestimmt hatte, gestoßen. Im Bundeskabinett wurde deshalb aus taktischen Gründen zunächst eine Verschiebung um zwei Jahre beschlossen.[1210] In der politischen Auseinandersetzung konnte Leussink auf diese Weise Zeit gewinnen, Druck

vermeiden und einer virulent werdenden, sich gerade formierenden Antiatomkraft-Bewegung den Wind aus den Segeln nehmen.

Im dritten Quartal 1971 wurde das Vorhaben „Berstsicherheit für RDB" erstmals in das BMBW (später BMFT – Bundesministerium für Forschung und Technologie) -Forschungsprogramm aufgenommen.[1211, 1212] Auftragnehmer war das Laboratorium für Reaktorregelung und Anlagensicherheit, München (LRA), das instationäre Vorgänge im Spalt zwischen RDB und Berstsicherung untersuchte. Im ersten deutschen Forschungsprogramm allein zur Reaktorsicherheit, das im August 1972 vorgestellt wurde (s. Kap. 10.5), war neben 8 anderen, breit angelegten Projekten das Projekt „Behälterversagen" enthalten, das am Beispiel des BASF-Kernkraftwerks die Machbarkeit und Zweckmäßigkeit von Druckwasserreaktoren mit berstgesichertem Primärkreislauf untersuchte.

Im Juni 1972 hatten KWU und BASF den Vorschlag eines integralen Berstschutzsystems für den RDB unterbreitet. Mit Schreiben vom 9.2.1973 legte die KWU AG der RSK ein Konzept der Berstsicherung für den BASF-RDB und die übrigen Primärkomponenten vor, mit dem sich die RSK im April 1973 eingehend auseinandersetzte. Eine endgültige RSK-Zustimmung zum KWU-Konzept blieb unter dem Vorbehalt befriedigender Antworten auf über 40 Fragen, die in einem Katalog zusammengestellt wurden.[1213]

Die Berstschutz-Problematik spitzte sich zu, als die in der Planung weit fortgeschrittenen Anlagen Krümmel und Philippsburg-2 in diese Diskussion gerieten. Im Dezember erörterte die RSK erneut und grundsätzlich die Zweckmäßigkeit von RDB-Berstsicherungen.[1214] Die Beratung ergab, dass die RSK den zusätzlich gegebenen Schutz des Sicherheitsbehälters als Vorteil einer

---

[1208] BA B 106–75303, Ergebnisprotokoll 59. RSK-Sitzung, 5. 5. 1970, S. 10.

[1209] Kernkraft-Projekte zurückgestellt: Frankfurter Allgemeine Zeitung, Nr. 189, 18. 8. 1970, S. 13.

[1210] AMPA Ku 151, Seipel: Persönliche schriftliche Mitteilung vom 2. 12. 2006 von Dipl.-Ing. Heinz Seipel, S. 1.

[1211] IRS-F-7, Berichtszeitraum 1. 7. bis 30. 9. 1971, At T 85a/10a.

[1212] IRS-F-9, Berichtszeitraum 1. 10. bis 31. 12. 1971, At T 85a/10a.

[1213] BA B 106-75307, Ergebnisprotokoll 83. RSK-Sitzung, 18. 4. 1973, S. 9–16.

[1214] BA B 106-75309, Ergebnisprotokoll 89. RSK-Sitzung, 12. 12. 1973, S. 5–7.

Berstsicherung würdigte, aber auch eine Reihe nachteiliger Aspekte ausmachte:

- Die Berstsicherung könne das weitere Aufreißen des RDB nicht in jedem Fall verhindern, erleichterte es möglicherweise sogar.
- Die Berstsicherung bringe z. Zt. nicht übersehbare, zusätzliche Belastungen für den RDB und zwinge zu ungünstigeren Konstruktionen.
- Die Berstsicherung bringe unvermeidliche Behinderungen bei periodisch wiederkehrenden Prüfungen.

Die generelle Ausstattung der RDB von Kernkraftwerken der Leistungsgröße 1.300 MW$_{el}$ mit einer Berstsicherung stelle keine sicherheitstechnische Verbesserung dar. Die RSK befürwortete jedoch das angelaufene Forschungsprogramm „Berstsicherheit für Reaktordruckbehälter", von dem sie die Klärung der noch offenen Fragen erwarte. Vier RSK-Mitglieder (von der Decken, Nickel, Trumpfheller und Ziegler) äußerten in einem Minderheitenvotum, dass eine Ausstattung der RDB mit Berstsicherung generell nicht notwendig sei. Das Restrisiko eines RDB-Versagens könne durch lückenlose Fertigungskontrollen, konsequente zerstörungsfreie periodisch wiederkehrende Prüfungen mit Ultraschall und Druckprüfungen in unbedenklichen Grenzen gehalten werden.

Auf ihrer nächsten Sitzung erklärte die RSK, dass die im BASF-Konzept vorgeschlagenen zusätzlichen Sicherheitsmaßnahmen eine Weiterentwicklung der Sicherheitstechnik darstellten, und empfahl für das BASF-Kernkraftwerk einen „integralen Berstschutz für das gesamte Primärsystem".[1215] Die RSK begleitete die Entwicklungsarbeiten zum BASF-Kernkraftwerk bis 1976, insbesondere auch mit ihren Unterausschüssen „BASF" und „Berstsicherung". Der RSK-UA „BASF" hielt von 1971 bis 1976 22 Sitzungen ab. Im Jahr 1973 wurde ein RSK-UA „Berstsicherung" eingesetzt, der zweimal tagte.[1216] Darüber hinaus waren auch andere RSK-Unterausschüsse, wie beispielsweise „Reaktordruckbehälter", „Druckwasserreaktoren",

„Notkühlung" und „Chemische Explosionen", mit dem BASF-Kernkraftwerk befasst.

Das KWU-Konzept für das BASF-Kernkraftwerk sah vor, den RDB mit einem Berstschutzbehälter aus Beton zu umgeben, der mit Axial-, Radial- und Ringspanngliedern aus Stahl vorgespannt wird. Die Konstruktion folgte dem Grundsatz, die notwendigen Fugen zwischen RDB und Berstschutzbehälter so gering wie möglich zu halten, um im Falle des Berstens die dynamischen Belastungen durch beschleunigte Trümmerstücke und Druckwellen zu begrenzen.

Der RDB als Festpunkt des nuklearen Dampferzeugersystems musste am oberen und unteren Ende in der Spannbetonummantelung fixiert und zentriert werden. Die Wärmedehnungen mussten von diesem Festpunkt aus vom Primärkreislauf aufgenommen werden. Zur BASF-Konzeption gehörten deshalb gerade Hauptkühlmittelleitungen (HKL), die sternförmig mit radial beweglich gelagerten Dampferzeugern (DE) verbunden waren. In die DE waren die Umwälzpumpen hängend eingebaut. Die vier HKL waren als horizontal geteilte Zweikammer-Rohre entworfen, mit der oberen Hälfte als Primärkühlmittel-Eintrittsleitung in den DE, die untere Hälfte als Primärkühlmittel-Austrittsleitung aus dem DE. Die Leitungen des Kernnot- und Nachkühlsystems sollten direkt an den RDB angeschlossen werden. Auch für die vier HKL, die vier DE und den Druckhalter wurden Berstschutzkonstruktionen (Stahlringe bzw. Mehrlagen-Splitterschutzbehälter) entworfen. Abbildung 6.164[1217] und Anhang 16[1218] vermitteln einen Eindruck vom Ausmaß der Berstschutz-Strukturen. Der Konstruktionsentwurf des Berstschutzbehälters für den RDB hatte diese Abmessungen: Außendurchmesser 12.110 mm, Innendurchmesser 6.260 mm, Wanddicke 2.925 mm, Höhe des Abstützrings 3.500 mm, Gesamthöhe 19.100 mm. Die Verankerung der Axialspannglieder war auch für Inspektionen von

---

[1215] BA B 106-75309, Ergebnisprotokoll 90. RSK-Sitzung, 23. 1. 1974, S. 8–10.

[1216] vgl. Berichte der RSK-Geschäftsstelle in: IRS (bzw. GRS) -Jahresberichte, Köln, 1972–1976.

[1217] AMPA Ku 58, Kraftwerk Union AG: Sicherheitsbericht BASF-Kernkraftwerk Nord mit Druckwasserreaktor 385 MW$_{el}$, Prozessdampferzeugung 500 kg/s, 18 bar, 265 °C, Bd. 3, Zeichnungen, Mai 1976, Abb. 2.7/11.

[1218] AMPA Ku 53, Ergebnisprotokoll 3. Sitzung RSK-UA Druckwasserreaktoren und 18. Sitzung RSK-UA BASF, 10. 12. 1975, Beratungsunterlagen.

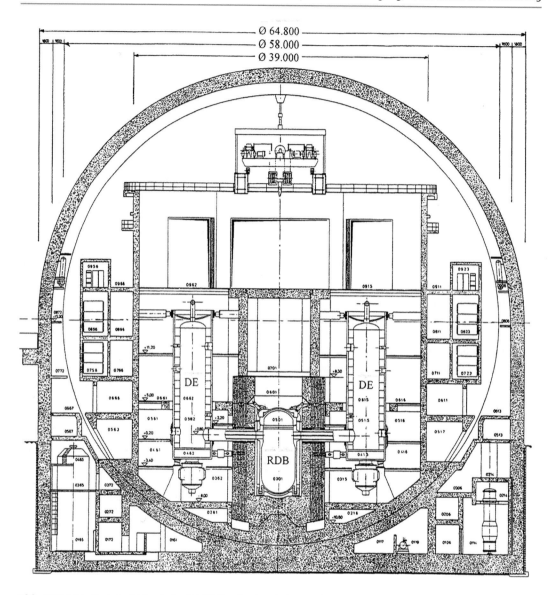

Abb. 6.164 Vertikalschnitt durch das BASF-Kernkraftwerk (Entwurf)

unten zugänglich.[1219] Abbildung 6.165[1220] zeigt die Lage der Axial-, Radial- und Ringspannglie-

---

[1219] AMPA Ku 55, Kraftwerk Union AG: Sicherheitsbericht Kernkraftwerk mit Druckwasserreaktor 385 MW$_{el}$, Prozessdampferzeugung 500 kg/s, 18 bar, 265 °C für BASF AG Ludwigshafen, Bd. 1, August 1975, Zeichnung Nr. 2.2/9.

[1220] AMPA Ku 54, KWU AG R 232, Berstsicherung für RDB, Blatt 2, ORE 07-5855, 24. 3. 1975.

der in Querschnitten unterschiedlicher Höhen. Eine solch neuartige Konzeption erforderte umfangreiche Forschungs- und Entwicklungsarbeiten. Das BMBW/BMFT-Forschungsprojekt „Behälterversagen" enthielt für das BASF-Kernkraftwerk folgende Forschungsvorhaben:

• Voruntersuchungen zum Programm Berstsicherheit für RDB, Forschungsvorhaben RS 53, Auftragnehmer Siemens AG, Erlan-

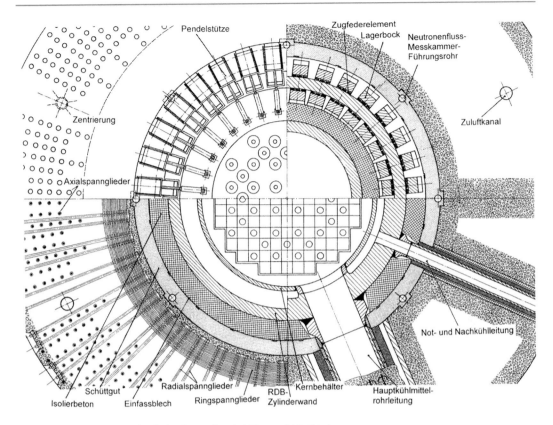

Zugfederelement
Lagerbock
Pendelstütze
Neutronenfluss-
Messkammer-
Führungsrohr
Zentrierung
Zuluftkanal
Axialspannglieder
Not- und Nachkühlleitung
Schüttgut
Radialspannglieder
RDB-
Kernbehälter
Hauptkühlmittel-
rohrleitung
Isolierbeton
Einfassblech
Ringspanngglieder
Zylinderwand

Abb. 6.165 Querschnitte durch den Berstschutzbehälter und Abstützring

gen, Arbeitsbeginn 15.11.1972, Laufzeit 15 Monate[1221, 1222]

- Untersuchungsprogramm zur Erprobung einer Berstsicherung für Reaktorkomponenten, Forschungsvorhaben RS 104, Auftragnehmer Kraftwerk Union AG, Erlangen, Arbeitsbeginn 5.2.1973, Laufzeit 44 Monate.[1223, 1224] Dieses Programm hatte zunächst Strahlbelastungsversuche mit Wasser und Dampf an Isolierbetonplatten, Lecabetonsteinen und Schüttgut zum Inhalt. Schwerpunkt des Vor-

habens waren jedoch bruchmechanische Versuche zur Ermittlung der kritischen Risslänge. Die Berstversuche kamen aber über wenige Vorversuche nicht hinaus und wurden, weil die Planung des Forschungsvorhabens Komponentensicherheit, das auch Behälterversuche umfasste, bereits weit fortgeschritten war, Ende 1976 abgebrochen.[1225]

- Berstsicherheit für den Primärkreislauf, Forschungsvorhaben RS 108, Auftragnehmer Kraftwerk Union AG, Erlangen, Arbeitsbeginn 1.8.1973, Laufzeit 41 Monate.[1226, 1227] Im Rahmen dieses Forschungsvorhabens

[1221] IRS-F-14, Berichtszeitraum 1. 10. bis 31. 12. 1972, RS 53, S. 68.

[1222] IRS-F-19, Berichtszeitraum 1. 10. bis 31. 12. 1973, RS 53, März 1974, S. 113.

[1223] IRS-F-16, Berichtszeitraum 1. 4. bis 30. 6. 1973, RS 104, August 1973, S. 131 f.

[1224] IRS-F-33, Berichtszeitraum 1. 7. bis 30. 9. 1976, RS 104, Dezember 1976, S. 149.

[1225] GRS-F-34, Berichtszeitraum 1. 10. bis 31. 12. 1976, RS 104, Februar 1977, S. 208.

[1226] IRS-F-19, Berichtszeitraum 1. 10. bis 31. 12. 1973, RS 108, März 1974, S. 117.

[1227] GRS-F-40, Berichtszeitraum 1. 1. bis 31. 3. 1977, RS 108, Juni 1977, S. 184.

wurden alle Entwicklungsarbeiten und Untersuchungen vorgenommen, die für einen baureifen Entwurf des BASF-Kernkraftwerks erforderlich waren.

- Untersuchung des Verhaltens des Wärmedämm-Kühl-Systems der Berstsicherung für RDB bei dynamischer Belastung, Forschungsvorhaben RS 157, Auftragnehmer Dyckerhoff & Widmann AG, München, Arbeitsbeginn 15.3.1975, Laufzeit 8,5 Monate.[1228, 1229]
- Berechnungen zu denkbaren Extrembelastungen für eine Berstsicherung, Auftragnehmer SDK-Ingenieurunternehmen für spezielle Statik, Dynamik und Konstruktion GmbH, Lörrach, Forschungsvorhaben RS 115, 138, 138A, durchgeführt in den Jahren 1974–1976.

Insgesamt wurden vom Forschungsministerium mehr als 10 Mio. DM für diese Untersuchungen zur Berstsicherung ausgegeben.[1230] Das Ergebnis war ein baureifer Entwurf eines Kernkraftwerks mit Berstsicherung.

Parallel zu den Behälterversuchen durch die KWU AG (Forschungsvorhaben RS 104) unternahm die Fa. BASF Berstversuche an einem im Maßstab 1:5,5 verkleinerten Modellbehälter.[1231] Die Experimente wurden in einem Bunker des im 2. Weltkrieg gebauten Untertagekraftwerks im Großkraftwerk Mannheim (GKM) durchgeführt. Die Zielsetzung war, die Integrität des Kernbehälters bei einem Längsriss-Versagen des Druckbehälters nachzuweisen und dabei die Leistungsfähigkeit eines in den USA entwickelten Rechenverfahrens („PISCES" der Fa. Physics International, San Leandro, Cal., USA) zu studieren. Abbildung 6.166 zeigt den Versuchsaufbau mit den Modellen des Kernbehälters, des Druckbehälters (Innendurchmesser 800 mm, Wanddicke 36 mm) und des Mehrlagen-Berst-

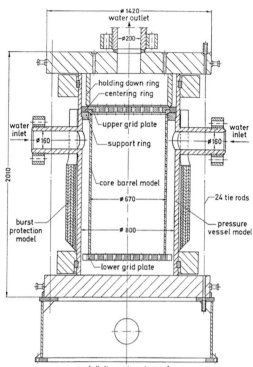

Abb. 6.166 Schematischer Versuchsaufbau BASF/GKM-Berstversuche

[1228] IRS-F-27, Berichtszeitraum 1. 7. bis 30. 9. 1975, RS 157, Dezember 1975, S. 121 f.

[1229] IRS-F-28, Berichtszeitraum 1. 10. bis 31. 12. 1975, RS 157, März 1976, S. 195 f.

[1230] Dieser Betrag ist die Summe der Aufwändungen für die Einzelprojekte, siehe IRS-Forschungsberichte.

[1231] AMPA Ku 53, Dübe, R., Spähn, H. et al. von BASF sowie Gruber, P., Vasoukis, G. et al. von KWU: Pressure Vessel Model Fracture and Core Barrel Model Integrity, ELCALAP-Seminar, 1975.

schutz-Zylinderrings. Der Spalt zwischen Druckbehälter und Berstschutzwand betrug 5 mm. Die Druckbehälterwand wurde so vorgespannt, dass die Axialspannung durch den Berstdruck annähernd aufgehoben wurde. In die Außenwand des Druckbehälters wurde eine 1.000 mm lange und 22–23 mm tiefe Kerbe in Längsrichtung eingefräst. Der Berstdruck war 195 bar, die Bersttemperatur 290 °C, der Sattdampfdruck 75 bar. Die Druckabbauvorgänge und die dadurch verursachte Beschleunigung des Kernbehälters konnten genau gemessen und aufgezeichnet werden. Die plastischen Deformationen des Kernbehälters waren unbedeutend. Auch weitere Versuche mit weniger zähen Werkstoffen bestätigten, dass die Integrität des Reaktorkerns bei einem Längsriss nicht gefährdet ist. Im Juni 1975 wurde im RSK-UA „BASF" ein vorläufiger Versuchsbericht über Aufbau und Ablauf der Behälterversuche im GKM vorgetragen. Dabei wurde gezeigt, dass die PISCES-Rechenergebnisse vor allem in den ersten Millisekunden in guter Übereinstim-

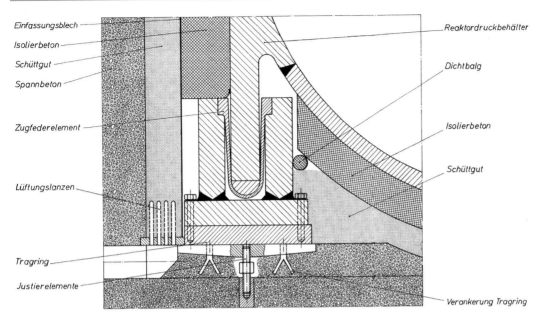

Abb. 6.167 Auflagerung der Standzarge

mung mit den Messergebnissen waren.[1232] Mit Hilfe des PISCES-Programms wurden die Vertikal- und Horizontalkräfte auf die RDB-Einbauten (Kernbehälter) bei Längs- und Kalottenrissen des RDB berechnet und im RSK-UA „BASF" eingehend diskutiert.[1233, 1234] Zum Abhebeverhalten des RDB im Hinblick auf den Hammerschlageffekt beim Kalottenabriss entwickelte die Bundesanstalt für Materialprüfung ein eigenes Programm.[1235]

Umfangreiche Untersuchungen der KWU (Forschungsvorhaben RS 108) hatten die Fixierung und Zentrierung des RDB im Berstschutzbehälter zum Gegenstand. Um den folgenschweren Rundabriss der RDB-Wand sicher zu vermeiden, wurde entschieden, den RDB axial so vorzuspannen, dass im Betrieb praktisch keine Längsspannungen auftreten. Das RDB-Auflager musste deshalb so beschaffen sein, dass es große axiale Kräfte (ca. 30.000 t) aufnehmen und zugleich radiale Bewegungen (ca. 10 mm) aus der Wärmedehnung ermöglichen konnte. Es wurden mehrere konstruktive Lösungen genauer mit einander verglichen. Die Entscheidung fiel zu Gunsten einer Standzarge aus, die eine Verlängerung der RDB-Zylinderwand nach unten darstellt (s. Anhang 17).[1236] Sie sollte in symmetrisch angeordneten Zugbiegefedern aufgehängt[1237, 1238] werden (Abb. 6.167).[1239]

Für den oberen Verschluss der Berstsicherung wurde eine Konstruktion mit Pendelstützen gewählt, die einerseits auf einem Fangflansch auf-

[1232] AMPA Ku 52, Ergebnisprotokoll 12. Sitzung RSK-UA BASF, 9. 6. 1975, S. 7 f.

[1233] AMPA Ku 52, Ergebnisprotokoll 13. Sitzung RSK-UA BASF, 9. 7. 1975, S. 5–9.

[1234] AMPA Ku 52, KWU AG: Zusammenstellung der untersuchten Bruchformen, 27. 6. 1975, Stellungnahme zur 13. Sitzung des RSK-UA BASF.

[1235] AMPA Ku 53, Ergebnisprotokoll 19. Sitzung RSK-UA BASF, 28. 2. 1976, S. 8.

[1236] AMPA Ku 57, KWU AG: Sicherheitsbericht Kernkraftwerk mit Druckwasserreaktor 385 MW$_{el}$, Prozessdampferzeugung 500 kg/s, 18 bar, 265 °C für BASF AG Ludwigshafen, Bd. 3, Zeichnungen, August 1975, Abb. 2.2/4.

[1237] IRS-F-21, Berichtszeitraum 1. 4. bis 30. 6. 1974, RS 108, September 1974, S. 125 f.

[1238] IRS-F-26, Berichtszeitraum 1. 4. bis 30. 6. 1975, RS 108, August 1975, S. 153 f.

[1239] AMPA Ku 54, KWU AG R 232, Berstsicherung für RDB, Blatt 1, ORE 07-58556, 8. 4. 1975.

sitzen, andererseits sich auf einen Betonring abstützen, der auf den RDB-Berstschutzbehälter
aufgesetzt, mit Bolzen zentriert und mit Spann-
stählen in ihm verankert werden sollte.[1240, 1241]
Der Entwurf sah 32 Pendelstützen (Länge
1.100 mm, Breite 300 mm, Höhe 350 mm) vor,
die in ihrem Schwerpunkt drehbar gelagert sind
und mit pneumatischen Zylindern in die erforderliche Position geschwenkt werden können.
Die konische Fläche des Abstützrings wurde so
ausgelegt, dass die Druckbelastung im Kraft-
schluss mit den Pendelstützen im Berstfall unter
350 kp/cm^2 bleibt. Bei der Untersuchung des
Verspannungsvorgangs zeigte sich, dass noch
kleinere konstruktive Änderungen vorgenommen werden mussten.[1242] Der RDB-Deckel sollte
durch einen Mehrlagen-Deckel verstärkt werden
(Abb. 6.168).[1243]

Für die Dampferzeugerberstsicherung wurden
Boden und Deckel von der Fa. VÖEST-ALPINE,
Linz, entwickelt. Der Splitterschutzzylinder in
Mehrlagenbauweise wurde von der Fa. Krupp,
Essen, gestaltet und optimiert.[1244]

Der Raum zwischen RDB und Berstschutzbehälter (700 mm) sollte mit Isolierbeton und
Schüttgut ausgefüllt werden. Dazu wurden hitze-
beständige Lecabeton-Formsteine vorgesehen,
die an 5 Seiten mit Stahlblech umhüllt werden
sollten. Als Wärmedämmschüttung sollten Stea-
tit-Kugeln dienen. Die Belüftung und Kühlung
sollte durch Kühlkanäle und Lüftungslanzen im
Schüttgut erfolgen. Für zerstörungsfreie periodisch wiederkehrende Prüfungen des RDB konnten die Lecabetonsteine entfernt werden. Das
elastisch-plastische Verhalten des Isolierbetons

und der Schüttung unter Temperatur- und Stoß-
beanspruchung wurde untersucht.[1245]

Die RSK hat über sechs Jahre lang das Sicher-
heitskonzept des Kernkraftwerks BASF beraten.
Die für verschiedene Fachbereiche zuständigen
Unterausschüsse der RSK waren in insgesamt 94
Sitzungen gemeinsam mit Gutachtern, Genehmigungsbehörden, Antragsteller und Herstellern mit
dem neuen Kernkraftwerkskonzept befasst.[1246]
In ihrer 111. Sitzung am 17.3.1976[1247] und in
ihrer 112. Sitzung am 28.4.1976[1248] schloss die
RSK ihre Beratungen ab und verabschiedete eine
Empfehlung zum Standort und zum Sicherheitskonzept. In der zusammenfassenden Beurteilung
hieß es: „*Die für das Kernkraftwerk BASF vorgesehenen zusätzlichen Sicherheitseinrichtungen
und -maßnahmen, wie z. B.*

- *integraler Berstschutz für das Primärsystem,*
- *Ertüchtigung des Kernnotkühlsystems,*
- *erhöhte Auslegungsreserve beim Sicherheitsbehälter und ertüchtigtes Sicherheitsbehälter-
  Sprühsystem,*
- *schnelles Boreinspritzsystem als diversitäres
  Schnellabschaltsystem*

*bedeuten von ihrem Sicherheitspotenzial her eine
weitere Reduzierung des ohnehin sehr geringen
Risikos, das mit dem Betrieb von konventionellen
Druckwasserreaktor-Anlagen verbunden ist. Ins-
besondere ist das Konzept geeignet, Nachteile des
Standortes BASF-Mitte zu kompensieren. ...*"[1249]

Im August 1976 richtete der BMI ein Schreiben an die RSK mit der Frage, ob aus der grundsätzlich positiven Stellungnahme der RSK zu
dem BASF-Konzept allgemein gefolgert werden
müsse, dass nur noch mit Hilfe des integralen

[1240] IRS-F-21, Berichtszeitraum 1. 4. bis 30. 6. 1974,
RS 108, September 1974, S. 125.

[1241] IRS-F-23, Berichtszeitraum 1. 10. bis 31. 12. 1974,
RS 108, März 1975, S. 157.

[1242] IRS-F-30, Berichtszeitraum 1. 1. bis 31. 3. 1976,
RS 108, Juni 1976, S. 124.

[1243] AMPA Ku 54, KWU AG R 232, Berstsicherung für
RDB, Blatt 1, ORE 07–58556, 8. 4. 1975.

[1244] IRS-F-32, Berichtszeitraum 1. 7. bis 30. 9. 1976,
RS 108, Oktober 1976, S. 150–152.

[1245] AMPA Ku 52, TÜV Rheinland Stellungnahme zum
RSK-Fragenkatalog vom 23. 1. 1974, Beratungsunterlage
für die 17. Sitzung RSK-UA BASF, 14. 10. 1975, September 1975, S. 1.1–8 und 1.2–5.

[1246] AMPA Ku 54, RSK-Geschäftsstelle im IRS: Entwurf
einer Empfehlung, RSK-Information 21/1–22/4, 31. 3.
1976, S. 1 f.

[1247] BA B 106-75317, Ergebnisprotokoll 111. RSK-Sitzung, 17. 3. 1976, S. 7–10.

[1248] BA B 106-75317, Ergebnisprotokoll 112. RSK-Sitzung, 28. 4. 1976, S. 18 f.

[1249] BA B 106-75317, Ergebnisprotokoll 112. RSK-Sitzung, 28. 4. 1976, S. 18.

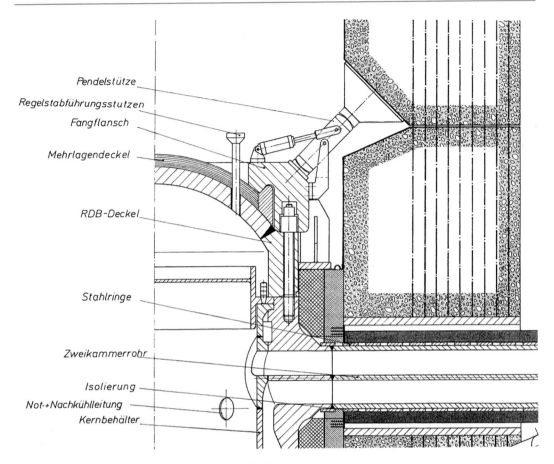

Pendelstütze
Regelstabführungsstutzen
Fangflansch

Mehrlagendeckel

RDB-Deckel

Stahlringe

Zweikammerrohr

Isolierung
Not-+Nachkühlleitung
Kernbehälter

Abb. 6.168 Fangflansch, Pendelstütze und Stutzen im Längsschnitt

Berstschutzes die nach dem Stand von Wissenschaft und Technik erforderliche Vorsorge gegen Schäden getroffen werden könne. Die RSK gab auf ihrer 118. Sitzung am 10.11.1976 eine Antwort darauf.[1250] Sie habe den Berstschutz für das Primärsystem empfohlen, weil am Standort BASF-Mitte mit einem höheren kollektiven Risiko zu rechnen sei und die Durchführung von Notfallschutzmaßnahmen erschwert sein könne. Mit ihrer Forderung nach zusätzlicher Sicherheit habe die RSK bezweckt, die Risiken am Standort BASF-Mitte mindestens auf das Maß anderer Standorte abzusenken. Den Mehraufwand bei der Verwirklichung des BASF-Konzepts halte die RSK an diesem Standort für gerechtfertigt. „...
Erst nach der beschriebenen Demonstration und

Klärung der offenen Fragen kann das neue Sicherheitskonzept als Stand von Wissenschaft und Technik betrachtet werden. Es ist jedoch noch nicht geklärt, ob sich dieses für das Kernkraftwerk BASF (2.331 MW$_{th}$) entwickelte Sicherheitskonzept auf die Anlagen der 1.300-MW$_{el}$-Klasse (3.675 MW$_{th}$) sinnvoll übertragen lässt. Es besteht deshalb und aufgrund des allgemein erreichten hohen Sicherheitsstandes keine Veranlassung, einen integralen Berstschutz auch für Kernkraftwerke zu empfehlen, die an einem normalen Standort errichtet werden sollen.“[1251] An normalen Standorten stünden die Aufwändungen für den integralen Berstschutz in keinem vernünftigen Verhältnis zu der erzielbaren Verminderung des ohnehin geringen Restrisikos.

[1250] AMPA Ku 6, Ergebnisprotokoll 118. RSK-Sitzung, 10. 10. 1976, S. 7–9.

[1251] ebenda, S. 8.

Die Argumentation der RSK gegenüber der Öffentlichkeit folgte der probabilistischen Risikobetrachtung. Sie blieb jedoch den Nachweis schuldig, wie die durch eine Berstsicherung beabsichtigte Risikominderung quantifiziert werden könnte. Die betroffene Bevölkerung konnte eine Risikoabstufung bei denkbaren Schäden nicht akzeptieren, die in jedem Fall katastrophale Ausmaße annehmen würden. Die Gerichte verwarfen schließlich die probabilistische Risikoanalyse als die maßgebende Grundlage der atomrechtlichen Zulassung (s. Wyhl-Prozess, Kap. 4.5.7 und 4.5.10).

Am 11.5.1976 wurde der Standort BASF-Mitte aufgegeben und das Bauvorhaben auf ein Gelände zwei Kilometer nördlich des BASF-Betriebsareals im Anschluss an die Großkläranlage der BASF verlagert. Der Standort Nord lag unmittelbar am linken Rheinufer auf der Gemarkung Frankenthal und war im näheren Bereich nur dünn besiedelt. Dem Unternehmen mag angesichts der Vorgänge um Wyhl und Brokdorf der als besonders riskant geltende Standort BASF-Mitte als nicht mehr durchsetzbar erschienen sein. Mit dieser Standortverschiebung ging jedoch der Vorteil der Nähe zu den Prozessdampfverbrauchern verloren. Am 14. Dezember 1976 zog die BASF AG ihren Antrag auf Errichtung und Betrieb eines Kernkraftwerks endgültig zurück.

6.7   Die Kernnotkühlung

Die bei der Kernspaltung entstehenden Spaltprodukte werden in den Brennstoffen Uran und Plutonium oder von der Umhüllung des Brennstoffs, hier insbesondere die Spaltgase, zurückgehalten. Diese erste Barriere gegen die Spaltproduktfreisetzung geht verloren, wenn die entstehende Wärme nicht abgeführt werden kann und die Brennelemente schmelzen. Im Januar 1955 waren in einem Reaktor der amerikanischen Plutonium-Produktionsanlagen in Hanford, Wash. Brennelemente geschmolzen, weil die Kühlung eines Kanals blockiert war.[1252] Im November 1955

war es im Versuchsreaktor EBR-1 im Argonne National Laboratory (ANL) zu einem weiteren Kernschmelz-Unfall gekommen (s. Kap. 4.1.3). Störfälle mit Teilkernschmelzen wegen unzureichender Kühlung traten in Versuchsreaktoren in den Folgejahren mehrfach auf.[1253]

Auch nach der Abschaltung eines längere Zeit in Betrieb befindlichen Reaktors geht die Wärmeerzeugung – auf niedrigerem Niveau – durch die Nachzerfallsprozesse der Spaltprodukte weiter. Way und Wigner haben die freigesetzte Nachzerfallsenergie und den zeitlichen Verlauf ihres Abklingens erforscht (s. Kap. 2.2.5 und 3.2.2). Bei größeren Reaktoren muss die Nachwärme durch aktive Kühlung entfernt werden; sie reichte andernfalls aus, die Brennelemente des Kerns zum Schmelzen zu bringen. Edward Teller kennzeichnete in diesem Zusammenhang auf einer Konferenz der Universität von Kalifornien in Berkeley im September 1953 einen Reaktor als einen „selbstzerstörerischen Mechanismus". Die ersten Versuche zur Messung der Oberflächentemperaturen an Brennelementen nach dem Kühlmittelverlust wurden im Oak Ridge National Laboratory (ORNL) in den Jahren 1950–1953 am Low-Intensity Testing Reactor (LITR)[1254] durchgeführt.[1255]

Zu Beginn des Jahres 1956 war die amerikanische Atomenergie-Behörde USAEC mit einem umfassenden Forschungs- und Entwicklungsprogramm über Reaktorsicherheitstechnik befasst und stellte für die theoretischen und experimentellen Untersuchungen fünf Fragen:[1256]

1. Unter welchen Betriebsbedingungen wird ein bestimmter Reaktortyp sich selbst zerstören?

[1252] Buchanan, J. R.: Hanford Reactor Incidents, NUCLEAR SAFETY, Vol. 4, No. 1, September 1962, S. 103–107.

[1253] vgl. Colomb, A. L. und Sims, T. M.: ORR Fuel Failure Incident, NUCLEAR SAFETY, Vol. 5, No. 2, Winter 1963–1964, S. 203.

[1254] LITR war ein mit Leichtwasser gekühlter und moderierter Tankreaktor der maximalen Wärmeleistung von 3 MW_{th} und ging 1950 in Betrieb. Er hatte plattenförmige Brennelemente aus insgesamt 3 kg angereichertem Uran, eingehüllt in Aluminium.

[1255] Webster, C. C.: Water-Loss Tests in Water-Cooled and -Moderated Research Reactors, NUCLEAR SAFETY, Vol. 8, No. 6, Nov.-Dez. 1967, S. 591.

[1256] Graham, Richard H. und Boyer, D. Glenn: AEC Steps Up Reactor Safety Experiments, NUCLEONICS, Vol. 14, No. 3, März 1956, S. 45.

2. Werden die Brennelemente schmelzen?

3. Werden die geschmolzenen Brennelemente mit dem Kühlmittel in explosiver Weise chemisch reagieren?

4. Wird die Integrität des Reaktordruckbehälters bei den nuklearen und chemischen Vorgängen erhalten bleiben?

5. Wenn der Reaktordruckbehälter versagen sollte, wird der Sicherheitsbehälter (Containment) die Freisetzung der Spaltprodukte verhindern können?

Fragen aus diesem USAEC-Katalog wurden in der zweiten Hälfte der 50er Jahre Gegenstand wissenschaftlicher Untersuchungen in den National Laboratories, Forschungsinstituten der Universitäten und der Industrie. Besonderes Interesse galt den thermo- und fluiddynamischen Vorgängen bei einem Kühlmittelverlust-Störfall (Loss-of-Coolant Accident – LOCA) durch das plötzliche Öffnen des Primärkreislaufs (durch ein Leck oder den Abriss einer Kühlmittelleitung) eines Druckwasserreaktors (DWR).[1257] Den Berechnungen der Zweiphasen-Strömung aus Wasser und Dampf lagen unkomplizierte Modelle und vereinfachte physikalische Annahmen zugrunde. Mitte der 50er Jahre waren das Wissen um die thermohydraulischen Phänomene bei einem LOCA und das Verständnis komplexer Zweiphasenströmungen erst in bescheidenen Ansätzen vorhanden.[1258]

In Abb. 6.169 ist die druckführende Umschließung (Primärkreislauf) eines Druckwasserreaktors schematisch dargestellt.[1259] Durch den „doppelendigen" Bruch einer Hauptkühlmittel-Leitung (Broken loop) entweicht das unter hohem Druck und hoher Temperatur stehende Kühlmittel schnell. Bei der wirklichkeitsnahen Abbildung der komplexen ein- und zweiphasi-

gen Ausströmung (Blowdown)[1260] innerhalb der strömungsbegrenzenden Ränder sowie der tatsächlichen Abläufe des Wiederauffüllens[1261] und Flutens[1262] des freigelegten Kerns wurden große Schwierigkeiten gesehen. Die nach dem Blowdown bis zum Einsetzen der Kernschmelze für den Beginn der Kernnotkühlung verbleibende Zeit wurde für UO$_2$-Brennelemente in Zirkonium-Hüllrohren auf 10–15 min veranschlagt, die Unsicherheit solcher Abschätzungen aber gleichzeitig betont.[1263]

6.7.1 Die LOFT-Versuchsanlage der USAEC/USNRC und ihr technisch-wissenschaftliches Umfeld

Im Februar 1962 entschloss sich die USAEC, ein experimentelles Testprogramm aufzulegen, mit dem die Vorgänge bei einem Kühlmittelverlust in einem Leichtwasser-DWR umfassend erforscht werden sollten. Dieses Programm mit Namen LOFT (Loss-of-Fluid Test, zunächst Loss-of-Flow Test) sollte die Folgen eines LOCA in einem modellhaft errichteten Kernkraftwerk wirklichkeitsnah bis hin zur Kernschmelze und zur Freisetzung von Spaltprodukten sowie von Wasserstoff aus Zirkonium-Wasser-Reaktionen in das Containment untersuchen. Als Standort der LOFT-Versuchsanlage wurde das Idaho National Engineering Laboratory (INEL) im nörd-

---

[1257] vgl. Harris, Tedric A.: Analysis of the Coolant Expansion Due to a Loss-of-Coolant Accident in a Pressurized Water Nuclear Power Plant, NUCLEAR SCIENCE AND ENGINEERING, Vol. 3, 1959, S. 238–244.

[1258] Levy, Salomon: The important role of thermal hydraulics in 50 years of nuclear power applications, Nuclear Engineering and Design, Vol. 149, 1994, S. 1–10.

[1259] Tong, L. S. und Bennett, G. L.: NRC Water-Reactor Safety-Research Program, NUCLEAR SAFETY, Vol. 18, No. 1, Jan.-Feb. 1977, S. 12.

[1260] Der Blowdown ist der Ausströmvorgang des Kühlmittels aus der druckführenden Umschließung und beginnt mit der Entstehung des Lecks bzw. des Abrisses einer Kühlmittelleitung. Er ist bei einem großen Leck bei Erreichen des im Containment herrschenden Drucks abgeschlossen. Der Reaktorkern geht dabei trocken.

[1261] Das Wiederauffüllen beginnt bei Ende oder kurz vor dem Ende des Blowdown und ist beendet, wenn das eingespeiste Notkühlwasser den Boden des Reaktordruckbehälters bis zu den unteren Enden der Brennstäbe aufgefüllt hat.

[1262] Das Fluten des Kerns beginnt bei Ende des Wiederauffüllens und ist beendet, wenn der Kern vollständig mit Wasser bedeckt ist und die Temperaturen der Brennstäbe ihr niedriges Langzeitniveau erreicht haben.

[1263] Perry, A. M.: Temperature Excursion Following Loss-of-Coolant Accident, NUCLEAR SAFETY, Vol. 1, No. 4, Juni 1960, S. 34–37.

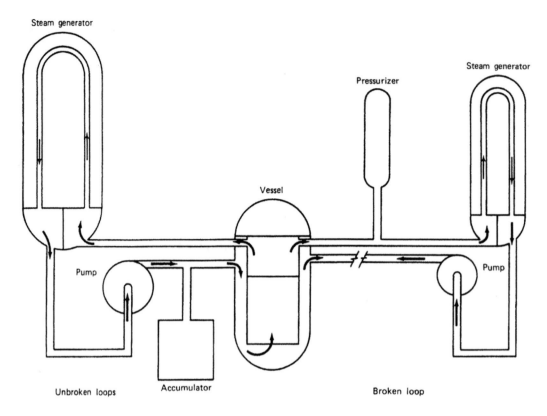

Abb. 6.169 Druckführende Umschließung eines DWR mit gebrochener Hauptkühlmittelleitung

lichen Bereich der National Reactor Testing Station (NRTS) in Idaho bestimmt.

Bis September 1966 wurde diese Anlage baureif entworfen und mit dem Bau begonnen. Errichtet wurde ein Sicherheitsbehälter (Containment) mit der Höhe von 39,3 m (einschließlich der unterirdischen Gebäudeteile) und dem Durchmesser von 21,3 m (Abb. 6.170).[1264] Der Druckwasserreaktor sollte mit einem Kern aus angereicherten Uran-Brennelementen 55 MW$_{th}$ leisten. Der Primärkühlkreislauf sollte aus einer Schleife mit einem Durchsatz von 57 m^3/min bestehen. Drei Notkühlsysteme waren vorgesehen: Druckspeicher sowie Hoch- und Niederdruckeinspeisung. Reaktor und Kühlkreislauf wurden auf ein Schienenfahrzeug montiert, das in den Sicherheitsbehälter (Containment) eingefahren und nach den Versuchen in eine Werkstatt zur wei-

teren Untersuchung bewegt werden konnte.[1265] Mit dem Entwurf der LOFT-Anlage wurde das Ingenieurbüro Kaiser Engineers (architect-engineer), mit der Errichtung die Phillips Petroleum Company, Idaho Falls, Idaho, beauftragt. Die Dimensionen der LOFT-Versuchsanlage waren so gewählt worden, dass sich die LOCA-Phänomene und -Abläufe annähernd in der gleichen Weise darstellten wie in einem großen DWR-Leistungskernkraftwerk mit 1.000 MW$_{el}$. Für die LOFT-Versuchsanlage ist stets geltend gemacht worden, dass sie das größte Modell von kleineren Modellen eines DWR darstellte. Abbildung 6.171 zeigt einen isometrischen Größenvergleich.[1266] Der volumetrische Verkleinerungsmaßstab war ca. 1:60.

Im Mai 1967 traf die USAEC die Entscheidung, die Zielsetzung der LOFT-Versuche

---

[1264] Reeder, Douglas, L.: LOFT System and Test Description, NUREG/CR-0247, TREE-1208, Juli 1978, Fig. 3.

[1265] Wilson, T. R.: Status Report on LOFT, NUCLEAR SAFETY, Vol. 8, No. 2, Winter 1966–1967, S. 127–139.

[1266] Hicken, E. F.: Das OECD-LOFT-Projekt, atw, Jg. 35, Dezember 1990, S. 563.

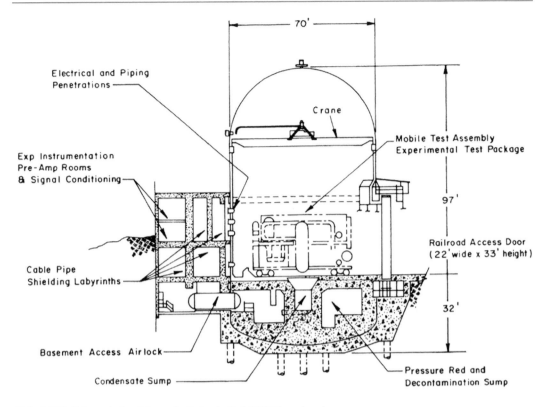

Abb. 6.170 Schematischer Längsschnitt durch die LOFT-Versuchsanlage

grundlegend umzuändern. Nicht mehr Belastbarkeit und Rückhaltevermögen des Sicherheitsbehälters (Containments) waren die vorrangig
zu untersuchenden Probleme, sondern die Effizienz der Notkühlsysteme. Im Jahr 1969 wurde
das LOFT-Programm mit dem Ziel erneut geändert, das Primärkreislaufsystem eines typischen kommerziellen 4-Loop-DWR maßstabs-
gerecht nachzubilden und genügend Daten für
die Rechencode-Entwicklung zu gewinnen. In
der Folge kamen die Bauarbeiten zwischen Mai
1968 und Oktober 1970 nahezu vollständig zum
Erliegen. Das vorgesehene Versuchsprogramm
rückte in weite Ferne. Die Ursachen für die Verzögerungen wurden in einen Zusammenhang
mit den Abänderungen der LOFT-Zielsetzungen
und den von der USAEC durchgesetzten neuen
Qualitätsstandards gebracht. Die USAEC sah
jedoch die Probleme bei der Phillips Petroleum
Company und übertrug die Verantwortung 1966
für den NRTS-Betrieb und im Sommer 1971 für
die Sicherheitsforschung in Idaho auf die Aerojet Nuclear Company, eine hundertprozentige

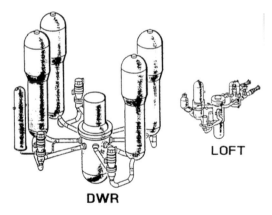

Abb. 6.171 Größenvergleich LOFT/DWR. (*LOFT* Loss
of Fluid Test, *DWR* Druckwasserreaktor)

Tochter der Aerojet-General Corp.[1267] Die Aerojet Nuclear Company wurde 1976 vom nuk-
lear-militärischen Dienstleistungsunternehmen
EG&G (Edgerton, Germeshausen and Grier, Inc.,

[1267] Gilette, Robert: Nuclear Safety (II): The Years of
Delay, SCIENCE, Vol. 177, 8. September 1972, S. 867–871.

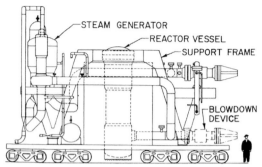

Abb. 6.174 MTA-Seitenansicht schematisch

Abb. 6.172 Blick auf die LOFT-Versuchsanlage mit der Mobile Test Assembly (MTA) bei der Einfahrt

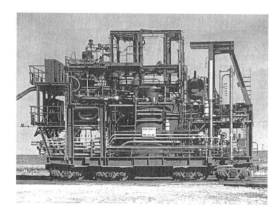

Abb. 6.173 Seitenansicht des MTA

Die Abb. 6.173[1270] und 6.174[1271] stellen diesen LOFT-Testwagen in der Seitenansicht fotografisch und schematisch dar.

Die Experimente in der LOFT-Versuchsanlage fanden erst im Zeitraum 1976–1989 statt (s. Kap. 6.7.4). Bis dahin hatte sich ein außerordentlich differenziertes Umfeld an amerikanischen und internationalen thermohydraulischen Testanlagen zur Untersuchung von Kühlmittelverluststörfällen und ihrer einzelnen Phänomene gebildet. Das LOFT-Programm selbst wurde von einer Reihe theoretischer und experimenteller Untersuchungen der einzelnen Aspekte eines LOCA begleitet.[1272] Die amerikanische Reaktorsicherheitskommission ACRS hatte in Stellungnahmen vom August und November 1963 empfohlen, die Freisetzung von Spaltprodukten nach einem Kühlmittelverlust umfassend zu erforschen, zugleich aber festgestellt, dass LOFT-Versuche im großen Maßstab erst dann sinnvoll würden, wenn die einzelnen LOCA-Phänomene und -Prozesse mit grundlegenden Forschungen geklärt seien.[1273] Die USAEC stellte das LOFT-Programm auf der 3. Internationalen

Gaithersburg, Md.) abgelöst. Der Besitzer der LOFT-Anlage war das US Department of Energy (USDOE).

Ende 1970 war der geänderte Entwurf der LOFT-Versuchsanlage weitgehend abgeschlossen.[1268] In den Jahren 1971–1975 wurde die Anlage mit allen ihren Komponenten weiter errichtet und fertiggestellt. Abbildung 6.172 zeigt das Gebäude mit der Containment-Kuppel, in das der Testwagen mit Versuchsaufbauten MTA (Mobile Test Assembly) eingefahren wird.[1269]

[1268] Reeder, Douglas, L.: LOFT System and Test Description, NUREG/CR-0247, TREE-1208, Juli 1978.

[1269] Coplen, H. L. und Ybarrondo, L. J.: Loss-of-Fluid Test Integral Test Facility and Program, NUCLEAR SAFETY, Vol. 15, No. 6, Nov.-Dez. 1974, S. 676–690.

[1270] ebenda, S. 680.

[1271] Wilson, T. R.: Status Report on LOFT, NUCLEAR SAFETY, Vol. 8, No. 2, Winter 1966–1967, S. 127–133.

[1272] vgl. Wintertagung der American Nuclear Society, 15.-18.11.1965, McCullough, C. R. (Chairman): Loss-of-Coolant Investigations – The LOFT Program, Transactions American Nuclear Society, Vol. 8, No. 2, November 1965, S. 539–544.

[1273] Coordination in the AEC Nuclear Safety Program, NUCLEAR SAFETY, Vol. 5, No. 2, Winter 1963–1964, S. 200 f.

Atomkonferenz 1964 in Genf einem internationalen Publikum vor und wies darauf hin, dass zunächst eine Serie von Einzelexperimenten zu den LOCA-Phänomenen durchgeführt werden solle.[1274]

Das Semiscale-Testprogramm In den Jahren 1964 und 1965 wurden von Babcock & Wilcox, Kaiser Engineers u. a. thermohydraulische Modelle zur Untersuchung des Blowdown-Vorgangs bei Kühlmittelverluststörfällen mit großem Leck entwickelt und die Notwendigkeit aufgezeigt, praktische Versuche vorzunehmen.[1275] Die Phillips Petroleum Company wurde 1965 beauftragt, an einem verkleinerten Modell der LOFT-Anlage hydrodynamische, thermische und mechanische LOCA-Daten zu den Ausström- und Aufheizvorgängen im Primärkreis zu sammeln. Der lineare Verkleinerungsmaßstab gegenüber der LOFT-Anlage betrug zunächst 1:2 (semiscale), bei späteren Notkühlversuchen 1:4, wobei man sich der Probleme der Ergebnishochrechnung vom Modell auf die Großanlage bewusst war.[1276] Die Untersuchungsgegenstände des Semiscale-Testprogramms waren:

• Daten zur Validierung und Verifikation von Rechenmodellen zu beschaffen,
• die mechanischen Kräfte, die während des Blowdown auf den Reaktorkern wirken, abhängig von der Größe und Lage der Lecks/Brüche zu messen,
• die nach dem Blowdown im Reaktordruckbehälter (RDB) verbleibende Wassermenge zu bestimmen. Diesem Messwert wurde hinsichtlich der Geschwindigkeit und des Ausmaßes von Zirkonium-Wasser-Reaktionen große

Bedeutung zugemessen. Mit der Freisetzung der chemischen Reaktionswärme und des Wasserstoffs aus solchen Reaktionen sowie mit der damit verbundenen Zerstörung der Kernintegrität war mit Blick auf die LOFT-Versuche das Argonne National Laboratory befasst.[1277]

Das Semiscale Testprogramm war in verschiedene Versuchsreihen mit jeweils speziell aufgebauten Teststrecken aufgegliedert. Abbildung 6.175 gibt einen schematischen Überblick. Die ca. 100 Blowdown-Tests mit und ohne (unbeheizten) Kerneinbauten begannen im Herbst 1966 und waren im Juni 1968 abgeschlossen.[1278, 1279]

Besondere Aufmerksamkeit fanden die Kernnotkühl-Versuche mit der Einspeisung von Notkühlwasser, nachdem die USAEC im Mai 1967 die Zielsetzungen des LOFT-Projektes abgeändert und den Eignungsnachweis der in den USA verwendeten Notkühleinrichtungen zu einer zentralen Aufgabe gemacht hatte (Emergency Core Cooling – ECC).[1280] 1968 wurde im 1:4 verkleinerten Maßstab ein Modell der LOFT-Anlage mit einer einzigen Umwälzschleife (1 Loop) errichtet, bestehend aus den Nachbildungen des Reaktordruckbehälters (Reactor Vessel), eines Dampferzeugers (Steam Generator), der Hauptkühlmittelpumpe (Coolant Circulation Pump) und des Druckhalters (Pressurizer) sowie den Verbindungsleitungen (Abb. 6.176).[1281]

[1274] Lieberman, J. A., Hamester, H. L. und Cybulski, P.: The nuclear safety research and development program in the United States, Proceedings of the Third International Conference on the Peaceful Uses of the Atomic Energy, Genf, 31. 8. – 9. 9. 1964, Vol. 13, P/282 USA, United Nations, New York, 1965, S. 8.

[1275] Parks, Charles E.: Blowdown Models Applicable to the Loss-of-Fluid Test Facility (LOFT) Evaluation, Trans. Am. Nucl. Soc., Vol. 8, No. 2, 1965, S. 541 f.

[1276] Rose, R. P. und Ahrens, F. W.: LOFT Semi-Scale Blowdown Tests, Trans. Am. Nucl. Soc., Vol. 8, No. 2, 1965, S. 542 f.

[1277] Baker, Louis Jr. und Ivins, Richard O.: Analyzing the Effects of a Zirconium-Water Reaction, NUCLEONICS, Vol. 23, No. 7, Juli 1965, S. 70–74.

[1278] Whetsel, H. B.: Summary of Nuclear Safety Research and Development Projects: Model Tests of Coolant Blowdown for a Reactor Primary System, NUCLEAR SAFETY, Vol. 8, No. 1, Herbst 1966, S. 87.

[1279] Brockett, G. F., Curet, H. D. und Heiselmann, H. W.: Experimental Investigations of Reactor System Blowdown, Idaho Nuclear Corporation, IN-1348, September 1970, S. 3.

[1280] Coplen, H. L. und Ybarrondo, L. J.: Loss-of-Fluid Test Integral Test Facility and Program, NUCLEAR SAFETY, Vol. 15, No. 6, November-Dezember 1974, S. 676–690.

[1281] Olson, D. J.: Semiscale Blowdown and Emergency Core Cooling (ECC) Project Test Report – Test 845 (ECC Injection), Aerojet Nuclear Company, ANCR-1014, TID-4500, Januar 1972, S. 4.

Abb. 6.175 Das Semiscale
Testprogramm

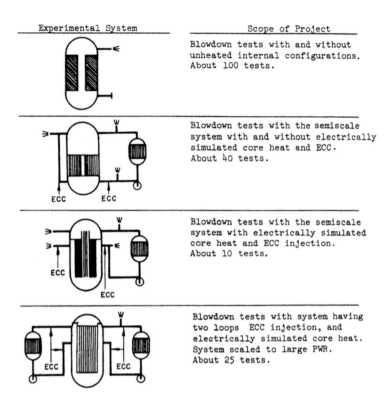

Abbildung 6.177 zeigt den Längsschnitt durch das RDB-Modell mit der elektrisch beheizbaren Kern-Nachbildung.[1282] Bemerkenswert ist die unten liegende Anordnung des Eintrittsplenums für das Kühlwasser, das nicht wie in Wirklichkeit von der Höhe des oberen Plenums zuerst durch den Ringraum zwischen RDB-Wand und Kernbehälter (Downcomer) nach unten strömte, sondern direkt von unten durch den Kern nach oben gepumpt wurde. Der Downcomer wurde also durch ein Rohr nachgebildet. In diese neue Versuchsstrecke wurde eine Einspeisevorrichtung für Notkühlwasser eingebaut, die während der Blowdown-Phase das Notkühlwasser aus einem Vorratsbehälter entweder in den Ringraum zwischen der Druckbehälter-Wand und dem Eintritts-Leitblech auf Höhe des unten liegenden

Eintrittsplenums oder direkt in das Eintrittsplenum einspeiste[1283] (Abb. 6.176 „ECC Injection" und Abb. 6.177 „Coolant Injection Rotated 37° from Inlet Nozzle").

Im November 1970 begannen im Idaho National Engineering Laboratory (INEL) die Notkühl-Versuche. Die Berstscheibe (Rupture Disc) war zwischen der Kühlmittelpumpe und dem Eintrittsstutzen auf der Höhe des Austrittsstutzens in den „kalten Strang" eingebaut (Abb. 6.176). Die Primärkreisdaten zu Beginn des Blowdown waren: 156 bar Druck, 316 °C am Kühlmittelaustritt und 293 °C am Kühlmitteleintritt des RDB. Die Einspeisung begann 3,1 Sekunden nach dem simulierten Bruch der Hauptkühlmittelleitung zwischen RDB und Dampferzeuger und endete nach 8,3 Sekunden. In dieser Zeit wurden ca.

[1282] Curry, T. E.: Semiscale Project Test Data Report – Test 851, Aerojet Nuclear Company, ANCR-1065, UC-80, TID-4500, Juli 1972, S. 5.

[1283] Current Events: Heiselmann, H. W.: Semiscale Blowdown and Emergency Core Coooling, NUCLEAR SAFETY, Vol. 12, No. 3, Mai-Juni 1971, S. 258.

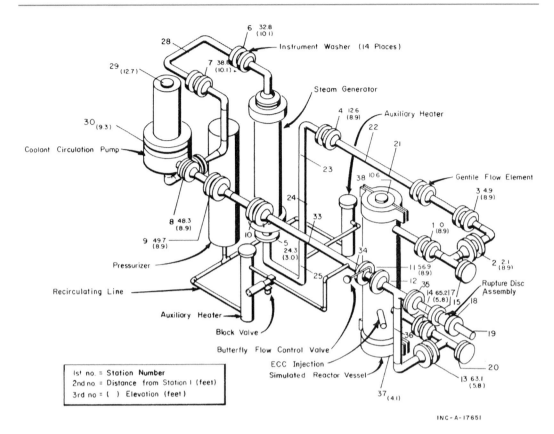

Abb. 6.176 Semiscale-Versuchsaufbau für Kernnotkühlung-Tests

80 Liter Notkühlwasser eingespeist. Die Druckentlastung der gesamten Versuchsstrecke dauerte 22 Sekunden. Während des Blowdown erreichte keine messbare Menge des Notkühlwassers den Kern oder verblieb im Eintrittsbereich des RDB. Die Geschwindigkeit und der Druck des ausströmenden Dampfs waren so hoch, dass das eingespeiste Notkühlwasser direkt wieder aus dem RDB hinaus mitgerissen wurde.[1284, 1285] Mehrmals bis Anfang 1971 wiederholte Versuche mit

Variationen der Versuchsbedingungen brachten keine besseren Ergebnisse.[1286, 1287]

Die USAEC war alarmiert. Sie setzte sogleich im Januar 1971 einen ranghohen Untersuchungsausschuss („senior task force") unter Leitung des früheren ACRS-Vorsitzenden Stephen H. Hanauer ein, der die Leistungsfähigkeit der in amerikanischen Kernkraftwerken installierten bzw. geplanten Notkühlsysteme bewerten und Verbesserungsvorschläge entwickeln sollte.[1288]

[1284] Current Events: Heiselmann, H. W.: Semiscale Blowdown and Emergency Core Cooling, NUCLEAR SAFETY, Vol. 12, No. 3, Mai-Juni 1971, S. 258.

[1285] Olson, D. J.: Semiscale Blowdown and Emergency Core Cooling (ECC) Project Test Report – Test 845 (ECC Injection), Aerojet Nuclear Company, ANCR-1014, TID-4500, Januar 1972, S. 8 f, S. 25 ff.

[1286] Olson, D. J.: Semiscale Blowdown and Emergency Core Cooling (ECC) Project Test Report Tests 848, 849 and 850 (ECC Injection), Aerojet Nuclear Company, ANCR-1036, UC-80, TID-4500, Juni 1972.

[1287] Curry, T. E.: Semiscale Project Test Data Report – Test 851, Aerojet Nuclear Company, ANCR-1065, TID-4500, Juli 1972.

[1288] Delays Ahead in Nuclear Plant Licensing Pending AEC Review of ECC-Systems, NUCLEONICS WEEK, Vol. 12, No. 19, 13. Mai 1971, S. 1.

Abb. 6.177 Längsschnitt durch den Semiscale-RDB

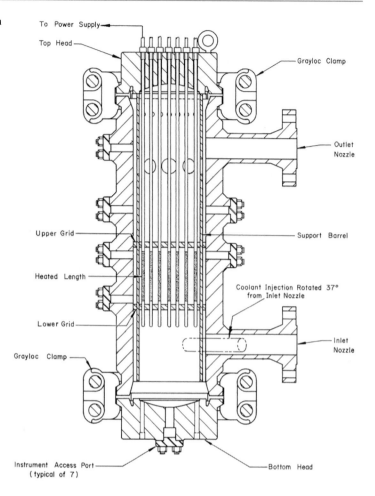

Die Genehmigungsverfahren für fünf große neue Kernkraftwerke wurden angehalten. In einem Brief an das Joint Committee on Atomic Energy des US-Kongresses (JCAE) führte der USAEC-Vorsitzende Glenn T. Seaborg aus, dass vorläufige Versuchsergebnisse der Sicherheitsforschung darauf hindeuteten, dass die Sicherheitsreserven der Kernnotkühlsysteme nicht so groß sein könnten, wie dies bisher angenommen worden war. Mit Blick auf die noch nicht abgeschlossenen Untersuchungen sei vorauszusehen, dass in den Genehmigungsverfahren Verzögerungen auftreten könnten.[1289] Bei einer Anhörung des JCAE räumten Vertreter der USAEC ein, dass

Notkühl-Experimente nicht die erwarteten Ergebnisse erbracht hätten.[1290] Die USAEC betonte bei dieser Gelegenheit nachdrücklich, wie dies auch in den Forschungsberichten geschah, dass die wesentlichen und bedeutsamen Unterschiede zwischen einem wirklichen Reaktor und dem Semiscale-Modell eine Extrapolation der Versuchsergebnisse auf die reale Reaktor-Großausführung nicht zuließen.[1291, 1292] Gleichwohl

---

[1289] Text of Seaborg Letter to JCAE on Core-Cooling Licensing Delays, NUCLEONICS WEEK, Vol. 12, No. 19, 13. Mai 1971, S. 6.

[1290] Gillette, Robert: Nuclear Reactor Safety: A Skeleton of the Feast?, SCIENCE, Vol. 172, Mai 1971, S. 918 f.

[1291] ACRS Questioning PWR Emergency Core Cooling: Plant Delays Possible, NUCLEONICS WEEK, Vol. 12, No. 18, 6. Mai 1971, S. 1.

[1292] Olson, D. J.: Semiscale Blowdown and Emergency Core Cooling (ECC) Project Test Report – Test 845 (ECC Injection), Aerojet Nuclear Company, ANCR-1014, TID-4500, Januar 1972, S. ii.

wurde die Dampfblockade („steam binding")[1293] bei der Notkühlung zu einer beherrschenden Frage in der Öffentlichkeit und den Forschungseinrichtungen. Es gab aber auch umgehend kritische Anmerkungen zum Semiscale-Versuch: es sei uneffektiv, Notkühlwasser während der Blowdown-Phase einzusprühen; in der Regel mache man dies erst, wenn der Blowdown beendet sei.[1294, 1295]

Die kerntechnische Industrie reagierte bestürzt und unzufrieden mit den Einlassungen der USAEC, die zur Verunsicherung der Öffentlichkeit, aber nicht zur Klärung der Notkühlprobleme, falls diese überhaupt existierten, beitrügen. Das Schweigen von USAEC und JCAE zu Einzelheiten der Forschungsergebnisse und deren Bedeutung für die Genehmigungsverfahren erwecke den Eindruck, als gäbe es etwas zu vertuschen und spiele den Kernenergiegegnern in die Hände. Mit Unverständnis werde dort registriert, dass Genehmigungsverfahren aufgeschoben, aber keine Fragen zu Notkühlproblemen der in Betrieb befindlichen Kernkraftwerke gestellt würden.[1296]

Im Oak Ridge National Laboratory waren zwischen Januar und April 1970 Versuche an Brennstäben mit Zirkaloy-Hüllrohren in Dampfatmosphäre vorgenommen worden. Bei einer Temperatur von 2.200 °F (1.204 °C) zeigten die Hüllrohre auch bei längerer Einwirkungszeit (12 min) keine Brüche oder Risse. Bei einer Temperatur von 2.400 °F (1.316 °C) dagegen zerbrachen alle Stäbe während der Flutphase oder bei ihrer Handhabung.[1297] Zirkaloy-Wasser-Reaktionen begannen wenig über 2.000 °F (ca. 1.100 °C);

ihr Ausmaß hing von der Einwirkungsdauer der Temperatur ab.

Mitte Juni 1971 wurde bekannt, dass der USAEC-Untersuchungsausschuss verschärft konservative Auslegungskriterien für die Notkühlsysteme vorschlagen werde. So dürfe die maximale errechnete Hüllrohrtemperatur der Brennstäbe einen Wert von 2.300 °F (1.260 °C) nicht überschreiten. Außerdem müsse der Anteil an Brennelementhüllen, der mit Wasser oder Dampf chemisch reagiere (Zr-H$_2$O-Reaktion), auf maximal 1 % begrenzt werden.[1298] Mit Datum vom 29. Juni 1971 wurden diese „Interim Acceptance Criteria for Emergency Core-Cooling Systems for Light-Water Power Reactors" von der USAEC im Federal Register publiziert. Eine öffentliche Anhörung zu diesen provisorischen Kriterien wurde zugleich angekündigt.

Die vorläufigen USAEC-Kriterien konnten die öffentlichen Besorgnisse nicht zerstreuen. Die Union of Concerned Scientists (UCS – Vereinigung besorgter Wissenschaftler) publizierte Ende Juli 1971 eine äußerst kritische Bewertung der fehlgeschlagenen Semiscale-Versuche und zeigte die katastrophalen Folgen eines Kernschmelzunfalls auf.[1299] Im Oktober 1971 folgte weitere UCS-Kritik, die insbesondere die maximal zulässige Hüllrohrtemperatur von 2.300 °F (1.260 °C) als viel zu hoch und die Semiscale-Tests als völlig unangemessene Simulationen kommerzieller Leistungsreaktoren bezeichnete.[1300] Die UCS empfahl erneute sorgfältige Untersuchungen sowie Forschungs- und Entwicklungsarbeiten, die in vollkommener Unabhängigkeit von der USAEC durchgeführt werden sollten. Diese kritischen wissenschaftlichen Zurufe wurden von der Politik sehr ernst

[1293] vgl. Blakely, J. Paul: General Administrative Activities: ACRS on LWR Safety Research, NUCLEAR SAFETY, Vol. 13, No. 4, Juli-August 1972, S. 325.

[1294] AMPA Ku 164, Ergebnisprotokoll 1. RSK-Unterausschusssitzung „Notkühlung", 30. 7. 1971, S. 5.

[1295] In den USA lagen die Einspeisedrücke bei ca. 40 bar, bei den KWU-DWR bei 26 bar.

[1296] Some in Industry Dismayed over AEC, JCAE Secrecy on Core Cooling, NUCLEONICS WEEK, Vol. 12, No. 20, 20. Mai 1971, S. 2 f.

[1297] Rittenhouse, P. L.: Failure Modes of Zircaloy-Clad Fuel Rods, NUCLEAR SAFETY, Vol. 11, No. 5, Sept.-Okt. 1970, S. 408 f.

[1298] AEC Task Force to Ask Limit on Fuel Cladding Heat-Up, NUCLEONICS WEEK, Vol. 12, No. 24, 17. Juni 1971, S. 1.

[1299] Forbes, I. A., Ford, D. F., Kendall, H. W. und MacKenzie, J. J.: Nuclear reactor safety: an evaluation of new evidence, Nuclear News, Vol. 14, No. 9, Sept. 1971, S. 32–40.

[1300] Ford, D. F., Kendall, H. W. und MacKenzie, J. J.: A critique of the AEC's interim criteria for emergency core-cooling systems, Nuclear News, Vol. 15, No. 1, Januar 1972, S. 28–35.

genommen.[1301] In einem Briefwechsel zwischen dem JCAE-Vorsitzenden John Pastore und dem neu berufenen USAEC-Vorsitzenden James R. Schlesinger vom Oktober 1971 wurde von politischer Seite eine klare Aussage über die erforderlichen und tatsächlich vorhandenen Sicherheitsreserven der amerikanischen Kernkraftwerke, insbesondere der Notkühlsysteme, gefordert. Die Administration stellte umfassende Untersuchungen und Bewertungen in Aussicht (s. Kap. 7.2.2).[1302]

Die öffentliche Anhörung zur Regulierung der Notkühlsysteme (ECCS Rule-Making Hearing) fand vom 27. Januar bis 25. Juli 1972 in Washington, D. C. statt und war die erste allgemeine USAEC-Anhörung. Sie verlief hinsichtlich der vorläufigen USAEC-Kriterien auch unter Wissenschaftlern aus den USAEC-Forschungseinrichtungen kontrovers. Besondere Aufmerksamkeit galt der Frage, ob die Leistung in Betrieb befindlicher Kernkraftwerke reduziert werden müsse.[1303, 1304] Die Kontroverse hielt an, und die Anhörung wurde Mitte November 1972 fortgesetzt.[1305] Der abschließende Bericht umfasste 22.000 Seiten und über doppelt so umfangreiche Anlagen.[1306] Das Ergebnis hatte die Neufassung

der USAEC-Notkühlkriterien zur Folge. Die maximal zulässige Hüllrohrtemperatur wurde auf 2.200 °F (1.200 °C) abgesenkt. Dazu wurden u. a. genaue Bestimmungen über die zulässige Hüllrohr-Oxidation und Wasserstoffbildung festgelegt.[1307, 1308]

1972 begann die Weiterentwicklung der Semiscale-Versuchseinrichtung zu einem der LOFT-Anlage entsprechenden 1½-Loop-System, bei dem der gebrochene Strang (½-Loop) mit einem Druckunterdrückungs-Tank verbunden wurde.[1309, 1310] Im Jahr 1973 wurde das „1½-loop model 1 semiscale system" entworfen[1311], das im volumetrischen Verkleinerungsmaßstab von 1:30 das LOFT-System abbildete, das wiederum eine Verkleinerung im Maßstab von 1:50 eines großen Leistungskernkraftwerks mit Druckwasserreaktor darstellte.[1312] Mit diesem Semiscale Mod-1 System wurde von August 1974 bis August 1977 ein umfangreiches Versuchsprogramm abgewickelt, um experimentelle Daten für analytische Rechenmodelle sowie für die Parameterauswahl und die Instrumentierung des LOFT-Programms einzusammeln.

Die Entwicklung von analytischen Computer-Codes war stets ein zentrales Ziel der Reak-

[1301] vgl. auch AMPA Ku 164, Materialien zur 4. RSK-UA-Sitzung „Notkühlung" am 20. 11. 1972, Schreiben Dr. Schnurer, BMBW, vom 14. 7. 1972 an RSK und IRS mit beigefügter Übersetzung des Artikels von Forbes et al. in Nuclear News vom September 1971 und der Bitte um fachliche Stellungnahme „wegen der darin angesprochenen Notkühlproblematik und der Verwendung dieses Berichts durch Kernenergiegegner."

[1302] Current Events: Reactor Safety Assessment Document, NUCLEAR SAFETY, Vol. 13, No. 3, Mai-Juni 1972, S. 243.

[1303] Blakely, J. Paul: General Administrative Activities: The ECCS Hearings, NUCLEAR SAFETY, Vol. 13, No. 4, Juli-August 1972, S. 323–325.

[1304] AEC wrestles with ECCS criteria; tries to avoid derating, NUCLEONICS WEEK, Vol. 13, No. 41, 12. Oktober 1972, S. 1 f.

[1305] ECCS Criteria: Muntzing says some plants may be derated by up to 20 %, NUCLEONICS WEEK, Vol. 13, No. 44, 2. November 1972, S. 1 f.

[1306] Cottrell, Wm. B.: The ECCS Rule-Making Hearing, NUCLEAR SAFETY, Vol. 15, No. 1, Jan.-Feb. 1974, S. 30–55.

[1307] Cottrell, Wm. B.: General Administrative Activities: The ECCS Rule-Making Hearing, NUCLEAR SAFETY, Vol. 14, No. 5, Sept.-Okt. 1973, S. 527 f.

[1308] New Acceptance Criteria for Emergency Core-Cooling Systems of Light-Water-Cooled Nuclear Power Reactors, NUCLEAR SAFETY, Vol. 15, No. 2, März-April 1974, S. 173–184.

[1309] Current Events: Heiselmann, H. W.: Semiscale Blowdown in ECC, NUCLEAR SAFETY, Vol. 13, No. 1, Jan.-Feb. 1972, S. 66.

[1310] Current Events: Semiscale Blowdown and Emergency Core Cooling, NUCLEAR SAFETY, Vol. 13, No. 5, Sept.-Okt. 1972, S. 412 f.

[1311] Current Events: Zane, J. O.: Semiscale Blowdown and Core Cooling, NUCLEAR SAFETY, Vol. 14, No. 5, Sept.-Okt. 1973, S. 519.

[1312] Ball, L. J., Dietz, K. A., Hanson, D. J. und Olson, D. J.: Semiscale Program Description, 01-NUREG/CR-0172, 01-TREE-NUREG-1210, Mai 1978, S. iii.

torsicherheits-Forschungsprogramme.[1313] Diese Codes waren und sind die Instrumente zur Analyse
- der Leistungsfähigkeit von Kernnotkühlsystemen, die Folgen angenommener LOCA aufzufangen,
- der Einflüsse der verschiedenen Reaktorkomponenten auf den LOCA-Verlauf und die Vermeidung eines Brennelementversagens,
- der Reaktion des Reaktorsystems auf andere anzunehmende Störfälle und
- der Sicherheitsreserven im Rahmen von Genehmigungsverfahren.

Die in großer Zahl entwickelten analytischen Codes entfallen auf zwei Kategorien: die System-Codes und die Komponenten-Codes. Im Vordergrund der System-Codes stand das weithin genutzte Rechenmodell RELAP. Es war von der Fa. Idaho National Engineering Laboratory (INEL) zur Analyse von LOCA in Leichtwasserreaktoren entwickelt worden.[1314]

Abbildung 6.178 zeigt schematisch die Semiscale Mod-1 Konfiguration für den Bruch im heißen Strang.[1315] Die Versuchs-Konfiguration war einfach abzuändern, so dass die Lage und Größe der Brüche bzw. Lecks sowie die Kühlwasser-Einspeisestelle beliebig angesetzt werden konnten. Die seitliche Ausdehnung von Reaktorkern und Dampferzeuger waren so gering, dass thermo-hydraulische Größen im Wesentlichen nur eindimensional erfasst werden konnten. Die 40 Brennstäbe des Kerns waren elektrisch geheizt. Die wichtigsten Untersuchungsgebiete waren:[1316, 1317]

- Wechselwirkungen zwischen den Systemkomponenten
- Charakteristik der Pumpenleistung
- thermo-hydraulische Vorgänge im Reaktorkern während des Blowdown
- Dampfblockade, Notkühl-Bypass und Dampf-Wasser-Gemische
- thermo-hydraulische Vorgänge beim Wiederauffüllen und Fluten des Reaktorkerns.

Die Einspeisung des Notkühlwassers aus dem Vorratsbehälter in das obere RDB-Plenum erwies sich am wirkungsvollsten.[1318] 1978 begann die Planung und Entwicklung weiterer Versuchsanlagen.

Mit Semiscale Mod-3 wurden von 1978 bis 1980 zunächst Blowdown- und Flutungs-Versuche mit einem 3,66 m hohen Reaktorkern gefahren, dann nach dem TMI-2-Unfall Kühlmittelverlust-Störfälle mit kleinem Leck simuliert.

Semiscale Mod-3 erfuhr wesentliche Änderungen und wurde zu einer neuen Generation von Semiscale-Testständen umgebaut, den Mod-2-Systemen. Von Dezember 1980 bis Jahresende 1986 wurden die Mod-2A-, Mod-2B- und Mod-2C-Testreihen gefahren, die einen weiten Bereich an Experimenten umfassten, mit denen Transienten simuliert wurden wie beispielsweise verschiedene Aspekte von SBLOCA, Upper Head Injection (UHI), Brüche auf der Sekundärseite, Dampferzeuger-Heizrohrbrüche, Stromausfall oder alternative Notkühlwasser-Einspeisungen. Die Ergebnisse waren außerordentlich nützlich für die Entwicklung analytischer Rechenprogramme.[1319]

[1313] Tong, L. S.: Water Reactor Safety Research, Progress in Nuclear Energy, Vol. 4, 1980, S. 51–95.

[1314] RELAP war Mitte der 1970er Jahre in seiner 4. Version verfügbar. RELAP4 wurde u. a. mit den Semiscale-Messergebnissen verifiziert und kalibriert. Zu RELAP4 vgl.: Solbrig, C. W. und Barnum, D. J.: The RELAP4 Computer Code: Part 1. Application to Nuclear Power-Plant Analysis, NUCLEAR SAFETY, Vol. 17, No. 2, März-April 1976, S. 194–204; Barnum, D. J. und Solbrig, C. W.: The RELAP4 Computer Code: Part 2. Engineering Design of the Input Model, NUCLEAR SAFETY, Vol. 17, No. 3, Mai-Juni 1976, S. 299–311; Barnum, D. J. und Solbrig, C. W.: The RELAP4 Computer Code: Part 3. LOCA Analysis Results of a Typical PWR Plant, NUCLEAR SAFETY, Vol. 17, No. 4, Juli-August 1976, S. 422–436.

[1315] Ball, L. J., Dietz, K. A. et al., a. a. O., S. 87.

[1316] Ball, L. J., Dietz, K. A. et al., a. a. O., S. 5.

[1317] vgl. Cottrell, Wm. B.: Water-Reactor Safety-Research Information Meeting: Loss of Coolant Accident (LOCA) Test Program, NUCLEAR SAFETY, Vol. 17, No. 2, März-April 1976, S. 147 f.

[1318] Ball, L. J., Dietz, K. A. et al., a. a. O., S. 14, Anmerkung: Diese sog. „Heißeinspeisung" ist in den KKW von Siemens/KWU ab KKS (Stade) realisiert.

[1319] Larson, T. K. und Loomis, G. G.: A Review of Mod-2 Results, NUCLEAR SAFETY, Vol. 29, No. 2, April-Juni 1988, S. 150–166.

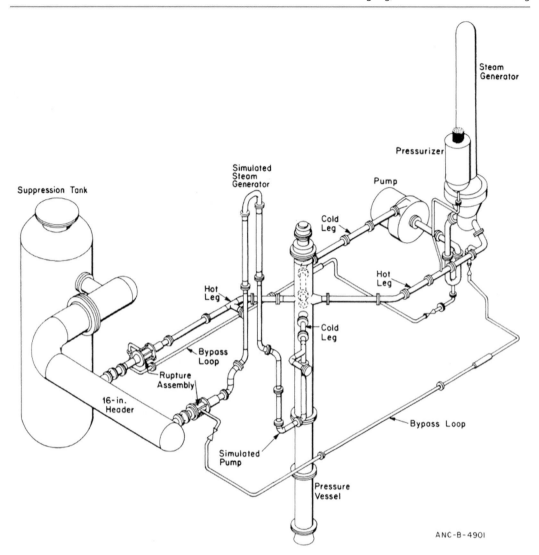

Abb. 6.178 Semiscale Mod-1 Konfiguration für Bruch im heißen Strang

Die Semiscale-Versuche waren 1986 insgesamt abgeschlossen. Sie haben in einem Zeitraum von zwei Jahrzehnten bedeutende Beiträge bei der Erforschung der Zweiphasenströmung, insbesondere bei der Entwicklung neuer Mess- und Analysetechniken geleistet.[1320]

Die FLECHT-Versuche Mit der Umorientierung des LOFT-Programms auf die Untersuchung von Kernnotkühl-Systemen im Mai 1967 entschied die USAEC, neben den Semiscale-Tests auch grundlegende Erkenntnisse über die Strömungsformen und Wärmeübergänge beim Fluten bzw. Besprühen von Reaktorkernen mit Hilfe von „full-length emergency cooling heat-transfer tests (FLECHT)" zu gewinnen.[1321] Es ging um

[1320] Larson, T. K. und Loomis, G. G.: Semiscale Program: A Summary of Program Contributions to Water Reactor Safety Research, NUCLEAR SAFETY, Vol. 29, No. 4, Okt.-Dez. 1988, S. 436–450.

[1321] Current Events: Sowards, N. K.: Engineered Scale Tests for Emergency Cooling, NUCLEAR SAFETY, Vol. 8, No. 6, Nov.-Dez. 1967, S. 619.

die zentrale Frage, wie nach dem Trockenge-
hen des Reaktorkerns durch den Blowdown der
Wiederauffüll- und Flutvorgang abläuft, welche
physikalisch-technischen Einflussgrößen für die
Wiederbedeckung des immer weiter wärmeerzeu-
genden Kerns mit Kühlwasser entscheidend sind.
Die Versuche wurden für Siede- und Druckwasserreaktoren durchgeführt. Mit der Errichtung der
PWR-FLECHT-Anlage für DWR wurden die Firmen Nuclear Energy Systems der Westinghouse
Electric Corp., Pittsburgh, Pa., und Idaho Nuclear
Corp., Idaho Falls, Id., beauftragt. Technischer
Programmdirektor war Dr. Long Sun Tong, der
führende Thermodynamiker der Westinghouse
Corp., ab 1973 Direktor in der Abteilung Reaktorsicherheitsforschung der USAEC/USNRC.
Die Teststrecke bestand aus der Nachbildung
eines Brennelementbündels voller Größe, wie
es für kommerzielle DWR Mitte der 60er Jahre
typisch war. Es steckte in einem zylindrischen,
eng anliegenden Stahlbehälter mit quadratischem
Querschnitt. In den Behälter waren Fenster aus
Quarzglas zur Strömungsbeobachtung einge-
lassen. Die elektrisch beheizbaren Stäbe waren
3,66 m lang. Die untersuchten Bündel hatten
7 × 7 oder 10 × 10 Stäbe. Abbildung 6.179 zeigt
den Querschnitt durch ein 7 × 7-Bündel.[1322] Die
wärmeerzeugenden Stäbe sind mit ihrem relativen Leistungsprofil zwischen 0,95 und 1,10 der
durchschnittlichen Stableistung gekennzeichnet.
Einige andere Stäbe dienten der Instrumentierung. In Abb. 6.180 ist die axiale Leistungsverteilung in den beheizten Stäben abgebildet.[1323]
Die im FLECHT-Teststand nachgebildeten radialen und axialen Leistungsprofile entsprachen den
Leistungsverteilungen, wie sie damals in realen
Reaktorkernen gemessen worden waren.[1324] Zur
PWR-FLECHT-Versuchsanlage gehörten außerdem ein Kühlwasservorrats- und -auffangbehäl-
ter, ein Dampferzeuger für die Gegendruckregu-
lierung, ein Druckgassystem für die Kühlwasser-
einspeisung sowie die erforderlichen Rohrleitun-

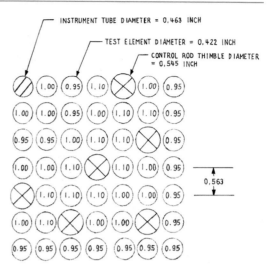

Abb. 6.179 Querschnitt des 7 × 7 Testbündels

gen und Ventile. Das PWR-FLECHT-Konzept
war im Mai 1968 fertig gestellt, das endgültige
Testprogramm lag im Januar 1969 vor. Die Tests
waren in 3 Gruppen gegliedert: Niedrige Spitzentemperatur mit Brennelement-Hüllrohren aus
rostfreiem Stahl, hohe Spitzentemperatur mit
Brennelement-Hüllrohren aus rostfreiem Stahl
und hohe Spitzentemperatur mit Brennelement-
Hüllrohren aus Zircaloy-4.[1325]

Die Tests begannen 1969 und waren Ende
1970 abgeschlossen.[1326] Bei den Versuchen
wurde das Kühlwasser von unten in die erhitzten Stabbündel eingespeist, wobei automatisch
die Heizleistung der Stäbe auf die Nachwärmeerzeugung entsprechender nuklearer Brennelemente umgestellt wurde.[1327] Als Parameter wurden die Anfangstemperatur der Hüllrohre, die
Strömungsgeschwindigkeit im Rohrbündel am
Kühlwassereintritt (Flutgeschwindigkeit), der
Systemdruck und die Unterkühlung des eintre-
tenden Kühlwassers variiert. Die maximale Hüllrohrtemperatur war 1.200 °C (2.200 °F).[1328] Die

[1322] Cadek, F. F., Dominicis, D. P. und Leyse, R. H.: PWR
FLECHT Final Report, 01-WCAP 7665, April 1971,
Fig. 2–1, S. 2–2.

[1323] ebenda, Fig. 2–3, S. 2–4.

[1324] ebenda, S. 2–1.

[1325] ebenda, S. 1–1 bis 1–3.

[1326] Current Events: Zane, J. O.: PWR Full-Length Emergency Core Cooling Heat-Transfer Program, NUCLEAR
SAFETY, Vol. 11, No. 1, Jan.-Feb. 1970, S. 72.

[1327] Cadek, F. F., Dominicis, D. P. und Leyse, R. H.,
a. a. O., S. 2–16 f.

[1328] Current Events: Shumway, R. W.: PWR FLECHT,
NUCLEAR SAFETY, Vol. 11, No. 3, Mai-Juni 1970, S. 249.

Abb. 6.180 Axiale Leistungsverteilung
in den beheizten Stäben

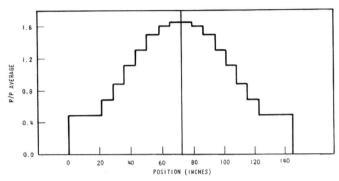

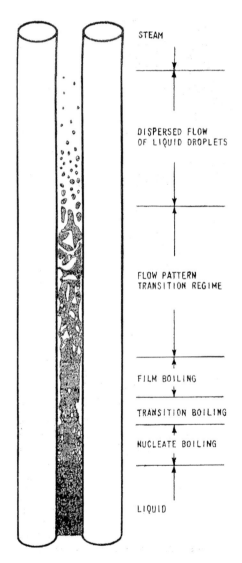

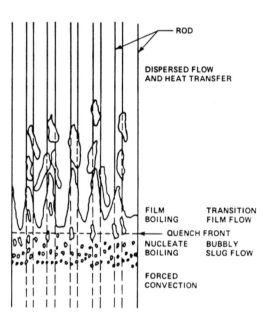

Abb. 6.182 Typische Strömungsformen im Testbündel
während des Flutens

Strömungsbilder, die sich zwischen den Heizstäben herausbildeten, wurden mit einer Hochgeschwindigkeitskamera gefilmt. Abbildung 6.181 veranschaulicht die Abfolge der Strömungsformen von der Flüssigkeit (Liquid) über das Blasensieden (nucleate boiling), Filmsieden (film boiling), Nebelströmung (dispersed flow of liquid droplets) bis zum Dampf (steam), wie sie im Jahr 1970 erstmals beobachtet wurde.[1329] Abbildung 6.182 stellt die typische Strömung während

Abb. 6.181 Strömungsformen beim Fluten von unten

[1329] Cadek, F. F., Dominicis, D. P. und Leyse, R. H., a. a. O., S. 3–70.

des Flutens eines Rohrbündels dar.[1330] Sichtbar ist hier auch die Benetzungsfront (quench front) am Übergang des Blasensiedens zum Filmsieden In den Abb. 6.181 und 6.182 ist der Wasserauswurf (chunks of liquid) oberhalb des Filmsiedens eindrucksvoll zu erkennen. Abbildung 6.183 zeigt den Temperaturverlauf an einer Hüllrohr-Messstelle des Heizstabs in der Bündelmitte auf halber Höhe der gesamten Länge.[1331] Bei konstanter Flutgeschwindigkeit (gestrichelte Linie) nimmt die Temperatur entsprechend der Nachwärmeerzeugung noch zu, bis der Wärmeübergang zur ankommenden Dampf- und Nebelströmung groß genug ist, sie zu verringern. Wenn die Benetzungsfront die Messstelle erreicht, sinkt die Hüllrohrtemperatur rasch auf die Sättigungstemperatur ab.

Die PWR-FLECHT-Tests erbrachten durch die Variation der Parameter in weiten Bereichen eine enorme Menge an Messergebnissen. Sie zeigten einige der beim Wiederauffüllen und Fluten auftretenden Phänomene und deren Abhängigkeit von den physikalisch-technischen Gegebenheiten. Insbesondere wurden die Parameter untersucht, die den Flutvorgang hinsichtlich des Wärmeübergangs beeinflussen.

Nach Auswertung der FLECHT-Versuchsergebnisse, die im Oktober 1972 abgeschlossen war, wurde die Westinghouse Corp. gemeinsam von der USAEC und dem Electric Power Research Institute (EPRI) beauftragt, die FLECHT-Versuchsanlage so auszubauen, dass damit das LOCA-Verhalten des gesamten Primärkreislaufs (System-Effekte) simuliert werden konnten. Dies geschah in zwei Phasen.[1332] Die „Full-Length Emergency Core Cooling Heat Transfer – Systems-Effects Tests" (FLECHT-SET) Phase A wurden auf einer Versuchsstrecke gefahren, die zum repräsentativen Testbündel die Strömungsräume ober- und unterhalb des Reaktorkerns im

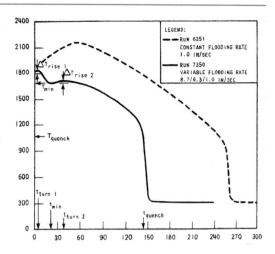

Abb. 6.183 Hüllrohrtemperatur in °F über der Zeit in Sekunden nach Beginn des Flutens

Reaktordruckbehälter (RDB) (upper and lower plenum) am Stabbündelbehälter (test section) nachbildete sowie den Downcomer (Ringraum zwischen Reaktorkernbehälter und RDB-Wand, vgl. Abbildung 6.169) in Form eines Rohres simulierte (Abb. 6.184).[1333] Die übrigen Behälter der Teststrecke hatten die Aufgabe, den Systemdruck aufrecht zu erhalten, Wasser und Dampf abzuscheiden und aufzufangen. Das Testbündel bestand, wie bei den urprünglichen FLECHT-Tests, aus 10 × 10 Stäben, die auf einer Länge von 3,66 m beheizbar waren. Die Versuchsanlage wurde im Einzelnen so dimensioniert, dass der Einspeise-Massenstrom des Downcomers, die Ausströmgeschwindigkeiten, die Transportzeiten und Verzögerungen durch Massenspeicherung und Ausströmwiderstände ähnliche Werte ergaben, wie bei einer 4-Loop-DWR-Anlage während der Anfangsphase des Flutens. Die Untersuchungen zielten vor allem auf die Hydraulik des Flutvorgangs im Downcomer und Reaktorkern. Bei den Versuchen traten Schwingungen der Wasserpegel im Downcomer und Reaktorkern mit einer Frequenz von ungefähr 3 Hz auf, die von thermohydraulischen Instabilitäten verursacht wurden. Die gemessenen Wärmeübergangskoeffizienten

[1330] Hochreiter, L. E.: FLECHT SEASET Program Final Report, NUREG/CR-4167, EPRI NP-4112, WCAP-10926, Nov. 1985, S. 3–22.

[1331] Cadek, F. F., Dominicis, D. P. und Leyse, R. H., a. a. O., S. 3–2.

[1332] Cottrell, Wm. B.: Water-Reactor Safety-Research Information, NUCLEAR SAFETY, Vol. 17, No. 2, März-April 1976, S. 149 f.

[1333] Blaisdell, J. A., Hochreiter, L. E. und Waring, J. P.: PWR FLECHT-SET Phase A Report, WCAP-8238, Westinghouse Electric Corp., Dez. 1973, Abb. entnommen aus: AMPA Ku 82, Dr. Riedle: Statusbericht Kernnotkühlung, KWU/R 512, Erlangen, 20. 3. 1975, Anlage.

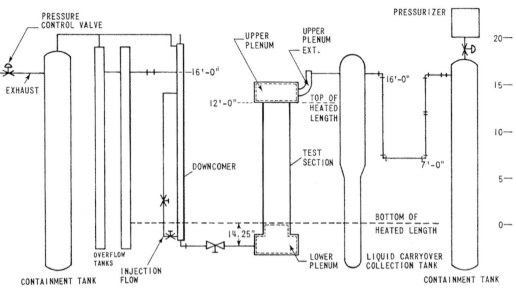

Abb. 6.184 Versuchsaufbau FLECHT-SET Phase A (schematisch)

lagen während der Oszillationen deutlich über den alten FLECHT-Werten.[1334] Die Schwingungs-Phänomene wurden von der Westinghouse Corp. in einer eigenen Testanlage untersucht, um sie vorhersagen und analysieren zu können.[1335]

Die Phase-A-Messungen waren im Herbst 1973 beendet, und die Versuchsanlage wurde für die FLECHT-SET-Phase-B-Tests um die Nachbildungen von zwei Umwälzschleifen mit zwei Dampferzeugern erweitert. Damit konnten die intakte und die gebrochene Schleife zusammen simuliert werden.[1336] Die FLECHT-SET-Phase-B-Versuche begannen im Frühjahr 1974 und

waren Ende 1974 abgeschlossen. Die wichtigsten Testreihen waren:

- geringe Hüllrohr-Anfangstemperaturen
- variable Einspeiseraten (Flutwasser-Massenströme)
- anhaltend variierte Einspeiseraten
- konstante geringe Einspeiseraten
- Spitzenleistung der Brennstäbe bei geringen Einspeiseraten
- unterkühltes Kühlwasser bei geringen Einspeiseraten[1337]

Die Phase-B-Tests machten einsichtig, dass Dampferzeuger und oberes Plenum das Systemverhalten bei der Notkühlung in hohem Maße beeinflussen. Die FLECHT-Messergebnisse trugen wesentlich zur Verifikation und Kalibrierung von analytischen Rechenmodellen bei.[1338]

[1334] Blaisdell, J. A., Cadek, F. F., Hochreiter, L. E., Suda, A. P. und Waring, J. P.: FLECHT Systems-Effects Tests Phase A, Trans. Am. Nucl. Soc., Vol. 17, Nov. 1973, S. 368 f.

[1335] Yeh, Hsu-Chien und Hochreiter, L. E.: An Analysis of Oscillations in Simulated Reflood Experiments, Trans. Am. Nucl. Soc., Vol. 22, Nov. 1975, S. 490 f.

[1336] Waring, J. P., Rosal, E. R. und Hochreiter, L. E.: FLECHT-Systems-Effects Tests – Phase B1 Results, Trans. Am. Nucl. Soc., Vol. 19, Okt. 1974, S. 292 f.

[1337] Cottrell, Wm. B.: Water-Reactor Safety-Research Information, NUCLEAR SAFETY, Vol. 17, No. 2, März-April 1976, S. 149 f.

[1338] Für die Analyse einzelner LOCA-Phänomene wurden damals folgende Rechenprogramme von Herstellerfirmen und Forschungs- und Entwicklungsinstituten be-

Auf das FLECHT-SET-Phase-B-Projekt folgte eine zweijährige Diskussion zwischen USNRC,[1339] dem Electric Rower Research Institute (EPRI) und der Westinghouse Electric Corp. über den noch bestehenden kurz- und langfristigen Erkenntnisbedarf im Gebiet der Kernnotkühlung. Im Jahr 1977 wurde das Forschungsvorhaben „Full-Length Emergency Cooling Heat Transfer Separate Effects and Systems Effects Tests" (FLECHT SEASET) für einen Zeitraum von zunächst 5, schließlich 8 Jahren auf den Weg gebracht. Es wurde gemeinsam von USNRC, EPRI und Westinghouse geleitet und finanziert. Es umfasste 4 Zielsetzungen:[1340]

1. Die durch deformierte Brennstäbe blockierte Notkühl-Strömung:

Bei den FLECHT-Tests des Jahres 1970 waren bereits einige Versuche mit Testbündeln gefahren worden, die durch ein plattenförmiges Strömungshindernis teilweise blockiert waren. Die Versuchsergebnisse deuteten auf eine Verbesserung der Wärmeübergänge. Mit den FLECHT-SEASET-Versuchen wurden verschiedene Konfigurationen blockierter Strömungen durch deformierte Brennstäbe in kleineren und größeren Stabbündeln (21 und 161 Stäbe) untersucht. Abbildung 6.185 zeigt einige durch Überhitzung unter dem gegebenen Innendruck aufgeblähte Hüllrohre (ballooning).[1341] Die Versuche an unterschiedlichen geometrischen Anordnungen der blockierten Stellen ergaben auch für den Fall starker Strömungsverdrängungen (flow bypass) erhebliche Verbesserungen des Wärmeüber-

Abb. 6.185 Deformationen

gangs durch verstärkte Strömungsturbulenzen, Tröpfchen-Aufschläge und Tröpfchen-Zerstäubung.[1342] Die FLECHT SEASET -Ergebnisse waren im Widerspruch zu den Annahmen, die den Kernnotkühl-Kriterien der USNRC zugrunde lagen, und führten zu der Forderung, diese überkonservativen Anforderungen an Notkühlsysteme zu novellieren.[1343]

---

reit gestellt: Blowdown: SATAN-V und BLOWDWN-2 (Hydraulik), THINC-III (Strömungsverteilung), LOC-TA-R2 (Brennstab-Wärmeübergang); Wiederauffüllen: LOCTA-R2, REFILL-REFLOOD; Fluten: REFILL-REFLOOD (Kernflutrate), LOCTA-R2, LOCTA-RΘ, CHARM und COBRA (Strömungsbehinderungs-Effekte), vgl. AMPA Ku 164, TÜV Baden, Schubarth, Eisele: Technischer Bericht 116–541-6.3-2 vom 27. 11. 1973.

[1339] Im Januar 1975 wurde die USAEC durch die United States Nuclear Regulatory Commission (USNRC) ersetzt.

[1340] Hochreiter, L. E.: FLECHT SEASET Final Report, NUREG/CR-4167, EPRI NP-4112, WCAP-10926, Nov. 1985, S. 1–1.

[1341] Hochreiter, L. E. et al.: PWR FLECHT SEASET 21-Rod Bundle Flow Blockage Task, NUREG/CR-1370, EPRI NP-1382, WCAP-9658, Okt. 1980, S. 4–32.

[1342] An dieser Stelle sei angemerkt, dass Mitte der 1970er Jahre im Rahmen des Projekts Nukleare Sicherheit (PNS) des Kernforschungszentrums Karlsruhe ebenfalls umfangreiche theoretische und experimentelle Untersuchungen zum Brennstabverhalten beim Kühlmittelverlustunfall und zur Auswirkung von Brennstabschäden auf die Wirksamkeit der Kernnotkühlung durchgeführt wurden; vgl. BMFT-Forschungsvorhaben PNS 4230, 4231, 4235.1-3, 4236, 4237, 4238, 4239, 4234-I.1.3.

[1343] Hochreiter, L. E.: FLECHT SEASET Final Report, NUREG/CR-4167, EPRI NP-4112, WCAP-10926, Nov. 1985, S. 1–2.

2. Wärmeübertragungs-Mechanismen beim Fluten mit geringen/erzwungenen Einspeiseraten:
Im nicht blockierten 161-Stabbündel wurden Flutgeschwindigkeiten ab 10 mm/s eingestellt und solche bis ca. 200 mm/s gefahren, die sich unter Schwerkraftbedingungen ergaben. Verbesserte Instrumentierung und Hochgeschwindigkeits-Filmtechniken erlaubten es, Tröpfchen-Durchmesser, deren Häufigkeit, Verteilung und Interaktionen zu erfassen. Instationäre und quasistationäre Strömungsvorgänge wurden studiert. Die sehr sorgfältig durchgeführten Versuchsreihen erbrachten Verbesserungen der zuvor verwendeten analytischen Werte. Sie zeigten insbesondere die bedeutende Rolle, die die Tröpfchendichte und das Tröpfchenvolumen für den Wärmeübergang in Nebelströmungen spielen. Die Messergebnisse und Strömungsbeobachtungen wurden wiederum die Grundlage für analytische Code-Entwicklungen.[1344]

Während der Durchführung des FLECHT-SEASET-Programms ereignete sich im März 1979 der Unfall im Druckwasserreaktor TMI-2 bei Harrisburg, Pa., dessen Verlauf den damals herrschenden Vorstellungen von einem Unfallgeschehen in einem DWR nicht entsprach. Für die Analyse und Nachbildung des TMI-2-Unfalls fehlten hinsichtlich der Folgen kleiner Lecks die experimentellen Daten und Rechenmodelle. Aus diesem Grund wurde das FLECHT-SEASET-Programm neu orientiert. Es wurden zwei neue Zielsetzungen vorgegeben: Dampfkühlung bei relativ geringen Strömungsgeschwindigkeiten und Naturumlauf-Kühlung.

3. Dampfkühlung bei niedrigen Reynoldszahlen im Stabbündel:
Um die neu geplanten Untersuchungen im Stabbündel durchführen zu können, musste zunächst das thermohydraulische Dampferzeuger-Verhalten, insbesondere der unter außergewöhnlichen Randbedingungen stattfindende Wärmetransport von der Dampferzeugerprimär- zur -sekundärseite ermittelt werden. Dazu wurde von Westinghouse eine besondere Versuchsanlage erbaut, die

ein- und zweiphasige Strömungen unter variablen Systemparametern darstellen konnte.[1345]

Bei der einphasigen Dampfströmung durch das Stabbündel bei niedrigen Reynoldszahlen ergaben sich allgemein höhere Wärmeübergangsbeziehungen als nach den klassischen Berechnungsmethoden.[1346]

4. Naturumlauf und Kondensation in der Rückströmung:
Nach dem TMI-2-Unfall galt diesen Versuchen besonderes Interesse. Im Maßstab 1:307 gegenüber einem 4-Loop-3425-MW_{th}-DWR wurde eine neue Versuchsanlage errichtet. Sie hatte zwei Dampferzeuger-Nachbildungen in voller Höhe mit sekundärseitiger Wärmeabführung (Abb. 6.186).[1347] Der Maßstab 1:307 wurde auf das 161-Stabbündel zurückgeführt, dessen Volumen 1/307 des Strömungsbereichs und Volumens eines Standard-Westinghouse- 3425-MW_{th}-DWR-Reaktorkerns betrug. Die besten Versuchsergebnisse mit Blick auf die wirkliche Großausführung erwartete man bei maßstabsgerechter Volumenverkleinerung bei Aufrechterhaltung der unveränderten Längen und Höhen der Leitungen und Umwälzschleifen. Es wurden drei Test-Reihen gefahren:

- ununterbrochene Flüssigkeitsströmung im Naturumlauf mit ununterbrochener Flüssigkeitsströmung auf der Dampferzeuger-Sekundärseite
- Zweiphasenströmung im Naturumlauf auf der Primärseite mit Sieden auf der Dampferzeuger-Sekundärseite
- Kondensation im Rücklauf der Primärseite mit Sieden auf der Dampferzeuger-Sekundärseite.

Auch diese Versuche erhöhten das Verständnis für die komplexen Zweiphasenströmungen, die bei einem Unfall auftreten können. Sie zeigten,

---

[1344] Hochreiter, L. E.: FLECHT SEASET Final Report, NUREG/CR-4167, EPRI NP-4112, WCAP-10926, Nov. 1985, S. 3–1 bis 3–25 und S. 5–1 bis 5–4.

[1345] Howard, R. C. und Hochreiter, L. E.: PWR FLECHT SEASET Steam Generator Separate Effects Task Data Analysis and Evaluation Report, NUREG/CR-1534, EPRI NP-1461, WCAP-9724, Februar 1982.

[1346] Hochreiter, L. E.: FLECHT SEASET Final Report, NUREG/CR-4167, EPRI NP-4112, WCAP-10926, Nov. 1985, S. 5–2.

[1347] Rosal, E. R. et al.: PWR FLECHT SEASET Systems Effects Natural Circulation and Reflux Condensation, NUREG/CR-2401, EPRI NP-2015, WCAP-9973, Februar 1983, S. 6–2.

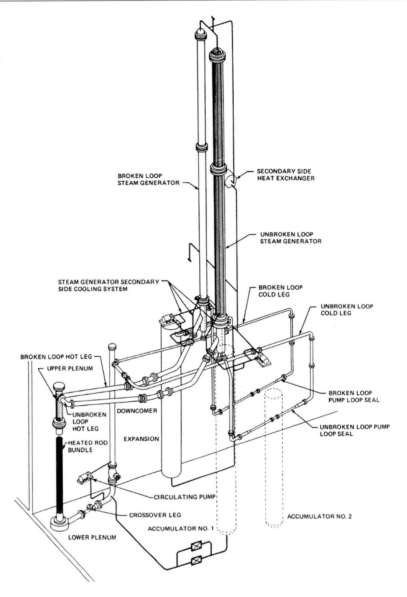

dass sich auch bei geringen Rücklaufraten „kein
Abgrund" („cliff effect") von Diskontinuitäten
auftut, sondern die Wärmeabführung in einer vorhersehbaren Weise bei verminderter Rückströmung in den Reaktorkern ebenfalls zurückgeht.
Die Ergebnisse demonstrierten reichliche Sicherheitsreserven gegenüber den USNRC-Kriterien.
Eine Revision dieser Kriterien sei möglich, ohne
wirkliche Sicherheit zu opfern.[1348]

Im Umfeld von LOFT wurden in den USA
neben den Versuchseinrichtungen Semiscale und
FLECHT zahlreiche weitere Forschungsanlagen
an Instituten der Industrie, Universitäten oder
Nationalen Laboratorien betrieben.[1349, 1350] Man
unterschied drei Test-Kategorien:

[1348] Hochreiter, L. E.: FLECHT SEASET Final Report,
NUREG/CR-4167, EPRI NP-4112, WCAP-10926, Nov.
1985, S. 5–4.

[1349] vgl. Loewenstein, W. B.: EPRI Water-Reactor Safety
Program, NUCLEAR SAFETY, Vol. 16, No. 6, Nov.-Dez.
1975, S. 659–666.

[1350] vgl. Tong, L. S. und Bennett, G. L.: NRC Water-Reactor Safety-Research Program, NUCLEAR SAFETY,
Vol. 18, No. 1, Jan.-Feb. 1977, S. 1–40.

- Integrale Versuchsanlagen, die ganze Kühlkreisläufe nachbildeten,
- Tests für besondere Phänomene und Einzeleffekte und
- Tests für die Entwicklung von analytischen Modellen, die nicht unmittelbar auf wirkliche Reaktoranlagen übertragbar waren.[1351]

Die Forschungsvorhaben waren eng aufeinander abgestimmt und gewöhnlich ganz oder teilweise von der USAEC/USNRC bzw. EPRI finanziert. An dieser Stelle können nur einige Beispiele für Untersuchungen spezieller Effekte kurz genannt werden:

Argonne National Laboratory (ANL) Experimente mit Blowdown-Versuchsanlagen wurden u. a. mit einem RDB gefahren, der im Maßstab 1:6 verkleinerte, wirklichkeitsgetreu nachgebildete Downcomer, Stutzen und Rohrleitungen hatte.[1352, 1353] Im Jahr 1984 wurde im ANL ein „hot leg U-bend" (HLUB) -Teststand aufgebaut, in dem in einer Umwälzschleife das Verhalten einer Zweiphasenströmung untersucht werden konnte. Die 5 m hohe Versuchsanlage konnte im Naturumlauf oder im Zwangsumlauf mit Stickstoffgas und Wasser betrieben werden. Die wesentliche Zielsetzung der ANL-Studien war die Überprüfung von theoretischen Ähnlichkeitskriterien und Modellregeln.[1354]

Oak Ridge National Laboratory (ORNL) ORNL betrieb im Zeitraum 1970–1974 eine Multirod-Burst-Test-Facility zur Untersuchung der Deformationen und des Berstens von Stäben in überhitzten Brennelement-Stabbündeln.[1355] 1980/1981 wurden in der Thermal Hydraulic Test Facility (THTF) -Versuchsanlage in einem 8 × 8-Stabbündel bei hohen Drücken und hohen Temperaturen Übergänge im Bereich des Blasen- und Filmsiedens gemessen.[1356]

Combustion Engineering, Inc., Hartford, Ct. (CE) CE untersuchte in den Jahren 1973–1976 Dampf-Wasser-Gemische und unterschiedliche Verfahren der Einspeisung von Notkühlwasser an 1:3- und 1:5-Modellen.[1357] CE unterhielt auch einen Versuchsstand zur Untersuchung von Pumpen in einem weiten Parameterbereich. Die Kraftwerk Union AG, Erlangen (KWU) konnte diese Einrichtung in den Jahren 1974–1980 nutzen und das Verhalten von Hauptkühlmittelpumpen beim Blowdown anhand von Modellpumpen erforschen.[1358] Zu diesem Zeitpunkt lagen weder ausreichende experimentelle noch theoretische Unterlagen über das Verhalten der Pumpen bei zweiphasiger Durchströmung vor. Da während des Blowdown der Durchsatz durch den Reaktorkern und damit die Stabtemperaturen entscheidend von der Förderleistung der von Dampf-Wasser-Gemischen durchströmten Pumpen abhängt, bestand ein hohes Interesse an experimentellen Versuchsergebnissen, um physikalische Modellvorstellungen für das Pumpenverhalten im zweiphasigen Bereich entwickeln zu können. Der Pumpenhersteller ASTRÖ (Anstalt für Strömungsmaschinen, Graz, Steiermark) baute 2 Modellpumpen im Maßstab 1:4 und 1:5 entsprechend den Haupt-

---

[1351] Fabic, Stanislav: Data Sources for LOCA Code Verification, NUCLEAR SAFETY, Vol. 17, No. 6, Nov.-Dez. 1976, S. 671–685.

[1352] Hutcherson, M. N., Henry, R. E. und Gunchin, E. R.: Compressible Aspects of Water Reactor Blowdown, Trans. Am. Nucl. Soc., Vol. 18, Juni 1974, S. 232–234.

[1353] Hutcherson, M. N., Henry, R. E. und Wollersheim, D. E.: Experimental Measurements of Large Pipe Transient Blowdown, Trans. Am. Nucl. Soc., Vol. 20, April 1975, S. 488–490.

[1354] Young, M. W. und Sursock, J. P.: Coordination of Safety Research for the Babcock and Wilcox Integral System Test Program, März 1987, NUREG-1163, S. 4–1 bis 4–21.

[1355] Longest, A. W., Chapman, R. H. und Crowley, J. L.: Boundary Effects on Zirkaloy-4 Cladding Deformation in LOCA Simulation Tests, Trans. Am. Nucl. Soc., Vol. 41, Juni 1982, S. 383–385.

[1356] Morris, D. G., Mullins, C. B. und Yoder, G. L.: Transient Film Boiling of High-Pressure Water in a Rod Bundle, Trans. Am. Nucl. Soc., Vol. 39, 1981, S. 565–567.

[1357] Cudnik, R. A. und Carbiener, W. A.: Steam-Water Mixing Studies Related to Emergency Core-Cooling System Performance, NUCLEAR SAFETY, Vol. 17, No. 2, März-April 1976, S. 185–193.

[1358] IRS-F-25 (Mai 1975), Berichtszeitraum 1. 1. bis 31. 3. 1975, Vorhaben RS 111 „Untersuchungen über das Verhalten von Hauptkühlmittelpumpen bei Kühlmittelverluststörfällen", Arbeitsbeginn 1. 9. 1974, Auftragnehmer KWU AG R 512 Erlangen, Leiter Dr. Riedle, S. 35 f.

kühlmittelpumpen des Kernkraftwerks GKN-1. AEG lieferte die Antriebsmotoren. Alle erforderlichen Versuchskomponenten waren im ersten Halbjahr 1979 bei CE angeliefert worden.[1359] In den Jahren zuvor waren in einem gemeinsamen EPRI/CE- und KWU-Programm bereits Experimente mit einer B&J (Byron & Jackson) -Pumpe gefahren worden, die Anfang 1977 angelaufen waren.[1360] Die Vorbereitungsarbeiten für diese EPRI/CE/KWU-Versuche hatten sich hinsichtlich des erforderlichen Umbaus des CE-Versuchsstands und seiner hydraulischen Stabilität, der Bereitstellung eines leistungsfähigen Dampferzeugers, der Instrumentierung, Messwerterfassung und Datenverarbeitung als schwierig und zeitaufwändig herausgestellt.[1361, 1362] Vorausberechnungen für die transienten Versuche wurden mit dem Blowdown-Code CE-FLASH durchgeführt. Im Herbst 1977 wurden mit der B&J-Pumpe 300 stationäre und instationäre (7 Blowdown-) Versuche vorgenommen, wobei auch die Verhältnisse bei Vor- und Rückwärtsströmung untersucht wurden. Bei zweiphasiger Strömung nahmen Förderhöhe und Drehmoment mit zunehmendem Dampfgehalt homolog ab. Bei Dampfgehalten größer 70 % ging diese Förderhöhen- und Drehmomentverminderung zurück.[1363] Im Herbst 1977 wurde eine weitere Testserie mit 60 stationären und einigen wenigen transienten Experimenten abgewickelt.[1364] Die Versuche mit den KWU-Pumpen (Fabrikate ASTRÖ) begannen im Herbst 1979 entsprechend einer Testmatrix, die mit EPRI und CE diskutiert worden war, um alle neuen Gesichtspunkte berücksichtigen zu können. Für beide Modellpumpen (200 mm und 150 mm Zulaufdurchmesser) wurden 20 Test-

punkte bei Einphasenströmung und 325 stationäre Testpunkte bei Zweiphasenströmung festgelegt. Unter den Testpunkten bei Zweiphasenströmung befanden sich 9 Blowdown-Versuche, bei denen das transiente Verhalten der 150-mm-Testpumpe untersucht wurde. Sämtliche Versuche waren Mitte 1980 abgeschlossen.[1365, 1366] Die gewonnenen Messergebnisse erlaubten es, die Pumpenkennlinien im interessierenden Bereich von Druck, Durchfluss und Dampfgehalt zu ermitteln. Für den Bruch einer Hauptkühlmittelleitung zwischen Hauptkühlmittelpumpe und RDB wurden Vergleiche zwischen verschiedenen Modellen zur Beschreibung des Pumpenverhaltens beim Blowdown angestellt. Dabei wurden für unterschiedliche Bruchgrößen Blowdown-Rechnungen mit dem KWU-Pumpenmodell, dem von der USNRC eingesetzten Modell sowie mit einem auf den Versuchsergebnissen dieses Vorhabens (RS 111) basierenden empirischen Pumpenmodell durchgeführt. Die Analyse zeigte die Konservativität der bisherigen Annahmen in den Blowdown-Rechnungen auf.

Battelle Columbus Laboratories, Columbus, Oh. (BCL) BCL studierte Dampf-Wasser-Wechselwirkungen in einem Downcomer eines 4-Loop-DWR im Maßstab 1:15. Der RDB der Versuchseinrichtung bestand aus Glas, um qualitative Phänomene wie Kondensation und Dampf-Wasser-Gegenströmung beobachten zu können.[1367]

University of California – Berkeley (UCB) Im Rahmen des EPRI-Forschungsprogramms wurden an der Universität Berkeley Mitte der 70er Jahre grundlegende Untersuchungen der thermohydraulischen Phänomene während der Flutungs-Phase nach einem LOCA vorgenommen. Die Versuchseinrichtung bestand aus einem 3,66 m langen, elektrisch beheizbaren Rohr aus

[1359] GRS-F-82 (September 1979), Berichtszeitraum 1. 4. bis 30. 6. 1979, Vorhaben RS 111, lfd. Nr. 10, S. 1 f.

[1360] GRS-F-40 (Juni 1977), Berichtszeitraum 1. 1. bis 31. 3. 1977, Vorhaben RS 111, S. 50–52.

[1361] IRS-F-30 (Juni 1976), Berichtszeitraum 1. 1. bis 31. 3. 1976, Vorhaben RS 111, S. 49–51.

[1362] IRS-F-33 (Dezember 1976), Berichtszeitraum 1.7. bis 30. 9. 1976, Vorhaben RS 111, S. 42–44.

[1363] GRS-F-45 (November 1977), Berichtszeitraum 1. 4. bis 30. 6. 1977, Vorhaben RS 111, S. 38–41.

[1364] GRS-F-47 (Dezember 1977), Berichtszeitraum 1. 7. bis 30. 9. 1977, Vorhaben RS 111, S. 18–20.

[1365] GRS-F-88 (März 1980), Berichtszeitraum 1. 10. bis 31. 12. 1979, Vorhaben RS 111, lfd. Nr. 13, S. 1–3.

[1366] GRS-F-96 (September 1980), Berichtszeitraum 1. 10. bis 31. 12. 1979, Vorhaben RS 111, lfd. Nr. 11, S. 1–3.

[1367] Cudnik, R. A., Flanigan, L. J. und Wooton, R. O.: Studies of Steam-Water Interactions in the Downcomer of 1:15-Scale Representation of a Four-Loop PWR, Trans. Am. Nucl. Soc., Vol. 21, Juni 1975, S. 337–339.

INCONEL-600-Stahl mit einem Innendurchmesser von 14,4 mm und einer Wanddicke von 0,8 mm.[1368]

Westinghouse Electric Corp., Pittsburgh, Pa. Der DWR-Systemhersteller Westinghouse (WEC) untersuchte in seinen Forschungslaboratorien und an anderen Standorten bei Bedarf besondere Effekte und Systemverhalten an eigenen Testanlagen. An dieser Stelle können nur beispielhaft einige WEC-Vorhaben erwähnt werden. Die Einspeisung von Notkühlwasser in den kalten Strang wurde im verkleinerten Maßstab von 1:4 und 1:3 simuliert.[1369] Für die Untersuchung des Filmsiedens in Abwärtsströmungen in Stabbündeln wurde eine eigene Testeinrichtung betrieben.[1370] Anfang der 80er Jahre wurde im EPRI Research Center in Palo Alto, Cal., die „Westinghouse G2 loop test facility" betrieben, mit der Wärmeübertragungen in einem DWR-Bündel von 336 elektrisch beheizbaren Stäben gemessen wurden. Die Studien waren insbesondere auf Messungen beim Fluten des trocken gefallenen Reaktorkerns oberhalb des Zweiphasen-Gemisches gerichtet.[1371]

Ende der 80er Jahre, als nach dem Tschernobyl-Unglück inhärent sichere Reaktorkonzepte nachgefragt wurden, entwarf WEC den AP600 (600 MW$_{el}$), einen mit passiven Sicherheitseigenschaften versehenen Reaktor der Generation III. Die thermohydraulischen Phänomene bei LOCA mit großem und kleinem Leck und Mehrfachversagen von Sicherheitssystemen sollten umfassend simuliert werden. Zu diesem Zweck begann WEC 1991 mit Unterstützung des US Department of Energy (DOE) an der Oregon State University (OSU) in Corvallis, Oreg., die integrale

Großversuchsanlage APEX (Advanced Plant Experiment) zu entwickeln. Der APEX-Errichtung gingen detaillierte Studien über die Auswirkungen des Modellmaßstabs auf die Messergebnisse voraus. Im Juni 1994 war APEX einsatzbereit. Die Verkleinerungsmaßstäbe waren für Längen und Höhen 1:4, das Volumen 1:192, die Nachwärmeleistung 1:96 und die Strömungsgeschwindigkeiten 1:2.[1372] Die von WEC und OSU unter Beteiligung der USNRC durchgeführten Versuche brachten WEC 1999 die amtliche Musterzulassung des AP600 durch die USNRC.[1373] WEC erweiterte und verbesserte den AP600 zum AP1000, dessen amtliche USNRC-Zulassung 2005 erfolgte.[1374] Auf den japanischen und italienischen Testanlagen ROSA IV-AP600[1375] und SPES-2[1376] wurden Kontroll- und Ergänzungsversuche vorgenommen.

Babcock & Wilcox Co., Lynchburg, Va. Der TMI-2-DWR war von der Babcock & Wilcox Company (B&W) hergestellt worden. Am Standort Mülheim-Kärlich am Rhein war zum Unfallzeitpunkt (März 1979) ein 1.300-MW$_{el}$-Kernkraftwerk im Bau, das vom Konsortium Brown, Boverie & Cie. AG (BBC) und Babcock-Brown Boverie Reaktor GmbH (BBR) auf der Grundlage einer B&W-Lizenz errichtet wurde. Die konstruktiven Unterschiede gegenüber den Westinghouse- und Siemens/KWU-Anlagen waren erheblich; u. a. wurden Geradrohr-Dampferzeuger (once-through steam generators) statt

---

[1368] Abdollahian, D. et al.: UCB Experimental Study of Reflood Heat Transfer, Trans. Am. Nucl. Soc., Vol. 27, 1977, S. 609–611.

[1369] Lilly, G. P., Hochreiter, L. E.: Mixing of Emergency Core Coolant with Steam in a PWR Cold Leg, Trans. Am. Nucl. Soc., Vol. 22, Nov. 1975, S. 491–492.

[1370] Hochreiter, L. E., Rosal, E. R. und Fayfich, R. R.: Downflow Film Boiling in a Rod Bundle at Low Pressure, Proceedings ENS/ANS International Topical Meeting on Nuclear Power Reactor Safety, Brüssel, 16.-19. 10. 1978, Vol. 2, S. 1675–1686.

[1371] http://www.nea.fr/abs/html/csni1009.html.

[1372] Reyes, J. N. und Hochreiter, L.: Scaling Analysis for the OSU AP600 test facility (APEX), Nuclear Engineering and Design, Vol. 186, 1998, S. 53–109.

[1373] APEX-AP1000 Confirmation Testing to Support AP1000 Design Certification, NUREG-1826, 2005.

[1374] Schulz, T. N.: Westinghouse AP1000 advanced passive plant, Nuclear Engineering and Design, Vol. 236, 2006, S. 1547–1557.

[1375] Yonomoto, T., Ohtsu, I. und Yoshinari, A.: Thermalhydraulic characteristics of a next-generation reactor relying on steam generator secondary side cooling for primary depressurization and long-term passive core cooling, Nuclear Engineering and Design, Vol. 185, 1998, S. 83–96.

[1376] Bessette, D. E. und Di Marzo, M.: Transition from depressurization to long term cooling in AP600 scaled integral test facilities, Nuclear Engineering and Design, Vol. 188, 1999, S. 331–344.

U-Rohr-Dampferzeuger eingesetzt. Im Herbst 1980 beschlossen die BBR zusammen mit B&W, die thermohydraulische GERDA (Geradrohrdampferzeuger) -Versuchsanlage speziell zur Untersuchung des Störfalls „kleines Leck" (SBLOCA) zu erstellen und dabei die Besonderheiten der B&W-Bauart abzubilden. Die GERDA-Anlage wurde im B&W-Forschungs- und Entwicklungszentrum in Alliance, Oh., im Leistungs- und Volumenmaßstab 1:1.686 gebaut (mit einem Dampferzeuger; Downcomer als externes Rohrstück simuliert) und im Frühjahr 1982 in Betrieb genommen. Die Experimente zum fluiddynamischen Verhalten der Naturumlauf-Kühlung beim SBLOCA wurden Mitte 1983 abgeschlossen.[1377] Die GERDA-Anlage wurde 1984 erweitert und erhielt den Namen OTIS (Once-Through Integral System).

Im Anschluss an die GERDA-Versuchsreihe wurde im Juli 1983 ein umfangreiches experimentelles IST (Integral System Test) -Programm für integrale Untersuchungen der B&W-Anlagen aufgelegt, das gemeinsam von B&W, USNRC, EPRI und der B&W-„owners group" finanziert wurde.[1378] OTIS wurde in dieses Programm integriert. Im B&W-Forschungs- und Entwicklungszentrum wurde eine neue Versuchseinrichtung mit Nachbildungen aller Primärkreislauf-Komponenten und Dampferzeuger eines typischen B&W-DWR für den Multiloop Integral System Test (MIST) erstellt. Der Maßstabsfaktor für Volumen und Leistung war 1:817, für die Höhe 1:1. Der Downcomer war unten als einfaches, im oberen Bereich als doppelwandiges Rohr ausgebildet. Mit dem auf diese Weise oben hergestellten Ringraum sollte eine gewisse Ähnlichkeit mit dem wirklichen Downcomer erzielt werden. Der Reaktorkern wurde durch ein 7 × 7-Stabbündel aus 45 beheizbaren und 4 Steuerstäben nachgebildet. Große Aufmerksamkeit galt den Auswirkungen der Skalierungs- und Modellie-

rungskompromisse.[1379] Mit der MIST-Testanlage wurden in der zweiten Hälfte der 80er Jahre die thermohydraulischen Messreihen gefahren, mit deren Daten der auf B&W-Anlagen erweiterte RELAP-Code u. a. verifiziert wurde.

SRI International, Inc., Menlo Park; Cal. Zum IST-Programm für B&W-Anlagen gehörte auch die von EPRI finanzierte integrale System-Versuchseinrichtung SRI-2, die von dem Forschungsinstitut SRI (Stanford Research Institute) International, Inc. entworfen und errichtet wurde. SRI-2 simulierte den Primärkreislauf des TMI-2-Unfallreaktors mit allen Komponenten. Die vertikalen Dimensionen waren 1:4, die horizontal verlaufenden Rohrleitungen waren nicht verkürzt. Der zylindrische Reaktordruckbehälter (RDB) hatte die Höhe von 2,58 m und den Innendurchmesser von 0,25 m. Der Reaktorkern wurde durch ein Bündel aus 18 Heizstäben nachgebildet. Der Downcomer war der Ringraum zwischen Heizelementen und der RDB-Wand. Die Skalierungsprobleme wurden intensiv studiert.[1380]

University of Maryland, College Park, Md. Im Chemical and Nuclear Engineering Department der University of Maryland (UMCP) wurde im Rahmen des IST-Programms für B&W-Anlagen mit Finanzmitteln der USNRC die UMCP-Testanlage errichtet. Sie war ein wirklichkeitsgetreues Modell des B&W-Primärsystems mit den Verkleinerungsmaßstäben 1:500 für das Volumen, 1:4 für die Höhen und 1:7 für die Drücke.[1381] Der RDB hatte eine Höhe von 1,28 m und einen Durchmesser von 0,51 m; der Downcomer-Ringspalt war 0,032 m weit.[1382] Die UMCP-Studien in der zweiten Hälfte der 80er Jahre ergänzten und überprüften andere IST-Untersuchungen, wie beispielsweise MIST bei B&W in Alliance, Oh. Besondere Aufmerk-

---

[1377] Ahrens, G., Haury, G., Lahner, K. und Schatz, A.: Versuchsanlage GERDA für DWR mit Geradrohrdampferzeuger, atw, Jg. 28, November 1983, S. 564–568.

[1378] Young, M. W. und Sursock, J. P.: Coordination of Safety Research for the Babcock and Wilcox Integral System Test Program, März 1987, NUREG-1163.

[1379] ebenda, S. 3–3 bis 3–45.

[1380] ebenda, S. 3–46 bis 3–77.

[1381] DiMarzo, M., Almenas, K. K., Hsu, Y. Y. und Wang, Z.: The phenomenology of a small break LOCA in a complex thermal hydraulic loop, Nuclear Engineering and Design, Vol. 110, 1988, S. 107–116.

[1382] Young, M. W. und Sursock, J. P., a. a. O., S. 3–78.

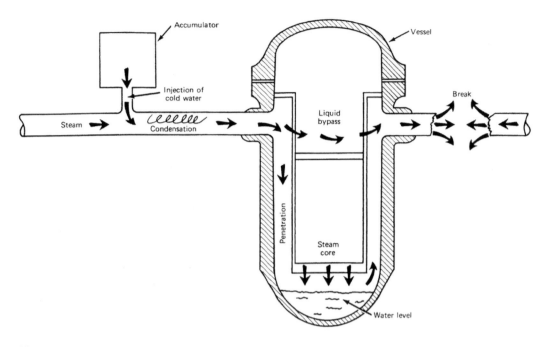

Abb. 6.187 Kühlwasser-Einspeisung aus Vorratsbehälter in den kalten Strang (schematisch)

samkeit galt den instationären Kondensations-vorgängen bei der Naturumlaufkühlung.[1383] Ähnlichkeitsbetrachtungen[1384] und Skalierungs-probleme bei der Modellierung von SBLOCA in integralen Testanlagen[1385, 1386] waren weitere Schwerpunkte der Arbeiten an der UMCP.

Mitte der 70er Jahre war aus amerikanischen und internationalen Forschungseinrichtungen eine umfangreiche Datenbasis für die Verifika-tion von analytischen Computer-Codes verfüg-bar.[1387] Ausnahmen davon bildeten Codes von Modellen für Näherungslösungen, die mehrdi-mensionale Vorgänge und instationäre Übergän-ge des Massen-, Momenten- und Energietrans-ports abzubilden versuchten. So war die Verifika-tion von hochentwickelten thermo-hydraulischen Modellen, die beispielsweise die komplexe Zweiphasen-Strömung im wirklichen Down-comer während eines LOCA erfassten, lange Zeit jenseits der experimentellen Möglichkeiten. Der Downcomer war – von qualitativen Studien ab-gesehen – als Rohr abgebildet. Abbildung 6.187 stellt den wirklichen Fall der Kühlwasser-Ein-speisung in den kalten Strang mit Kondensation und Kernbehälter-Umströmung (Liquid bypass) schematisch dar.[1388]

Internationale Bemühungen um Grundlagen und Rechen-Codes Die Länder, die sich in den 50er Jahren entschlossen hatten, die Kernenergie für ihre Energieversorgung zu nutzen, sahen in der wissenschaftlichen Erforschung der Reaktor-sicherheitstechnik eine vordringliche Aufgabe. Auch kleine Länder waren sich bewusst, dass sie an internationalen Entwicklungen in vorde-

---

[1383] Wang, Z. et al.: Impact of rapid condensations of large vapour spaces on natural circulation in integral sys-tems, Nuclear Engineering and Design, Vol. 133, 1992, S. 285–300.

[1384] Wang, Z. et al.: On the applicability of Ishii's simila-rity parameters to integral systems, Nuclear Engineering and Design, Vol. 117, 1989, S. 317–323.

[1385] Hsu, Y. Y. et al.: Scaling-modeling for small break LOCA test facilities, Nuclear Engineering and Design, Vol. 122, 1990, S. 175–194.

[1386] DiMarzo, M., Almenes, K. und Hsu, Y. Y.: On the scaling of pressure for integral test facilities, Nuclear En-gineering and Design, Vol. 125, 1991, S. 137–146.

[1387] vgl. Fabic, Stanislav: Data Sources for LOCA Code Verification, NUCLEAR SAFETY, Vol. 17, No. 6, Nov.-Dez. 1976, S. 671–685.

[1388] Tong, L. S. und Bennett, G. L., a. a. O., S. 15.

rer Linie nur dann teilhaben konnten, wenn sie eigene Forschungsvorhaben durchführten. Die amerikanischen Untersuchungen der Phänomene der Kernnotkühlung fanden die besondere internationale Aufmerksamkeit. Die Untersuchungen der Vorgänge bei der Kernnotkühlung wurden vielfach wiederholt, wozu ähnliche, aber im Einzelnen abgeänderte Versuchsanlagen errichtet wurden. Der Erfahrungsaustausch und die internationale Abstimmung der nationalen Forschungsprogramme wurden zu einem zentralen Anliegen. So veranstaltete das Committee on Reactor Safety Technology (CREST) der Nuclear Energy Agency (NEA) der OECD im Oktober 1972 im Laboratorium für Reaktorregelung und Anlagensicherheit der Technischen Universität München in Garching (LRA) eine Tagung über Kernnotkühlung von Leichtwasserreaktoren, an der 18 Länder und internationale Organisationen teilnahmen. Neun verschiedene Länder und Organisationen präsentierten ihre Forschungsprojekte.[1389]

Nach dem Unfall im Kernkraftwerk TMI-2 Ende März 1979 wurde der Ablauf der zerstörerischen Ereignisse im TMI-2-Reaktorkern analysiert. Zur Simulation des thermohydraulischen Geschehens diente der Transient Reactor Analysis Code (TRAC), der im Los Alamos Scientific Laboratory (LASL)/Los Alamos National Laboratory (LANL) in den Jahren 1976–1979 entwickelt worden war (erste Ausgabe März 1977).[1390] Obwohl TRAC nicht für den Kühlmittelverlust-Störfall mit kleinem Leck (small-break loss of coolant accident – SBLOCA) entworfen worden war und Effekte von nichtkondensierbaren Gasen wie Wasserstoff sowie Deformationen von Stabbündeln nicht abbilden konnte, erwies sich dieser Code als außerordentlich nützlich, anpassungsfähig und in sehr guter Übereinstimmung mit den während der ersten drei Stunden gemessenen TMI-2-Daten. Umfangreiche Experimente mit SBLOCA wurden angefordert, um den weiterentwickelten Code TRAC-PF1 verifizieren und noch präziser machen zu können.[1391] Der TMI-2-Unfall bewirkte eine Neuausrichtung der amerikanischen und internationalen LOCA-Forschungen auf den nun als viel wahrscheinlicher und gefährlicher eingeschätzten Fall des Kühlmittelverlustes durch ein kleines Leck. Die frühere Vorstellung, der Totalabriss einer Hauptkühlmittelleitung könne alle Notkühlphänomene „abdecken", hatte sich als völlig unzutreffend herausgestellt. Schon der Rasmussen-Bericht vom Oktober 1975 (s. Kap. 7.2.2) hatte mit seinen probabilistischen Analysen dem kleinen Leck einen um eine Größenordnung höheren Risikobeitrag zugeordnet als dem großen Bruch.

Die OECD-Kernenergie-Agentur NEA forderte ihre 23 kernenergienutzenden Mitgliedsstaaten angesichts unüberschaubar werdender Forschungsprojekte nachdrücklich zu verstärkter Zusammenarbeit auf.[1392] Das OECD/NEA-„Committee for the Safety of Nuclear Installations" (CSNI – Nachfolgeorganisation von CREST) veranstaltete nach den Vorläuferkonferenzen in Toronto (1976) und Paris (1978) im März 1981 in Pasadena, Cal., ein „Specialist Meeting on Transient Two-Phase Flow", bei dem sich 100 Wissenschaftler aus 12 Ländern mit Fragen der zweiphasigen Strömungen nach einem LOCA befassten. In den folgenden Jahrzehnten organisierte und förderte das CSNI viele weitere Konferenzen zu Fragen der Zweiphasenströmung.

Die Thermal-Hydraulics Division der American Nuclear Society (ANS) hielt zusammen mit der Heat Transfer Division der American Society of Mechanical Engineers (ASME) im Oktober 1980 in Saragota Springs, N. Y., das erste ANS Topical Meeting on Nuclear Reactor Thermal Hydraulics (NURETH-1) ab. Über 180 Beiträge

[1389] Proceedings of the CREST Specialist Meeting on Emergency Core Cooling for Light Water Reactors, Garching/München, 18–20. 10. 1972, LRA-MRR 115, Vol. 1 und 2, Dez. 1972.

[1390] Vigil, J. C. und Pryor, R. J.: Development and Assessment of the Transient Reactor Analysis Code (TRAC), NUCLEAR SAFETY, Vol. 21, No. 2, März-April 1980, S. 171–183.

[1391] Ireland, J. R., Wehner, T. R. und Kirchner, W. L.: Thermal-Hydraulic and Core-Damage Analyses of the TMI-2 Accident, NUCLEAR SAFETY, Vol. 22, No. 5, Sept.-Okt. 1981, S. 583–593.

[1392] Stadie, K. B. und Oliver, P.: International Cooperation for Assuring Safety, Proceedings International Conference on World Nuclear Energy – Accomplishments and Perspectives, 17–21. Nov. 1980, Washington, D.C., in: Trans. Am. Nucl. Soc., Vol. 37, 1981, S. 103–109.

wurden eingereicht, von denen etwa ein Drittel von außerhalb der USA kam. Die NURETH-Konferenzen fanden danach in Abständen von etwa zwei Jahren unter großer internationaler Beteiligung an weltweit verschiedenen Orten statt (NURETH-10, 2003, Seoul, Korea, NU-RETH-12, 2007, Pittsburgh, Pa.). Im August 1981 führte die ANS zusammen mit USNRC und EPRI in Monterey/Kalifornien ein „Specialists Meeting on Small Break LOCA" durch.[1393] In Monterey wurde in 60 Beiträgen aus 8 Ländern, wobei die USA mit ihren industriellen, universitären und staatlichen Forschungseinrichtungen breit vertreten waren, der Stand der Erkenntnisse zum Small-Break-LOCA umfassend dargestellt. Die Bundesrepublik Deutschland war mit einem Beitrag über die PKL-Versuchsanlage der Firma KWU in Erlangen vertreten.[1394] Aus Sicht von USNRC und EPRI bestanden in Monterey noch die folgenden Erkenntnislücken und offenen Fragen zum LOCA mit kleinem Leck:[1395]

- Auswirkungen zusätzlicher Mengen an nichtkondensierbaren Gasen aus Zircaloy-Wasser-Reaktionen (Wasserstoff) und Druckgas aus den Vorratsbehältern (Stickstoff)
- Wiederanstieg des Drucks nach erster Druckentlastung
- Verhalten der Reaktoranlage bei gleichzeitigem Auftreten mehrfacher Fehler wie Verlust der Stromversorgung und Rohrbrüchen in Dampferzeugern
- Auswirkungen des Einspeiseorts
- Verlauf der Naturzirkulation in Anlagen mit mehreren Umwälzschleifen

- Zweiphasenströmungen in Rohrverzweigungen und -bögen, vertikalen und anders orientierten Rohren
- kleines Leck und Einspeisung durch den RDB-Deckel (upper head injection)
- Wärmeübergänge und Kernverhalten bei Experimenten mit nuklearen Brennelementen

Die IAEA initiierte ebenfalls Specialists Meetings und Workshops zu experimentellen und analytischen Aspekten des LOCA, so in Stockholm (Oktober 1980) und in Budapest (Oktober 1983). Auch die siebente internationale Wärmeübertragungskonferenz, die von der DECHEMA (Deutsche Gesellschaft für chemisches Apparatewesen e. V.) im September 1982 in München ausgerichtet wurde, befasste sich u. a. mit Zweiphasenströmung und Wärmeübertragung in Kernreaktoren.[1396] Das im Oktober 1963 in Stockholm gegründete Diskussionsforum European Two-Phase Flow Group Meeting befasste sich auf seinen jährlichen Zusammenkünften intensiv auch mit der Thermohydraulik von Kernreaktoren. Im September 1991 wurde in Tsukuba in Japan die International Conference on Multiphase Flow (ICMF) begründet, die sich auch mit Mehrphasenströmungen (Wasser, Dampf, nichtkondensierbare Gase, Tröpfchen) in nuklearen Dampferzeugungssystemen beschäftigt (6. ICMF-Konferenz 2007 in Leipzig).

Von den kernenergienutzenden Ländern wurden in großer Zahl LOCA-Forschungs-Projekte durchgeführt. Neben den Testanlagen zur Untersuchung einzelner physikalischer Phänomene (Separate Effects Tests – SET) entstanden integrale große Versuchsanlagen, bei denen zumindest der Höhenmaßstab 1:1 der wirklichen Anlage entsprach. Parallel dazu wurden Rechencodes zur analytischen Darstellung der physikalischen Vorgänge beim Kühlmittelverlust entwickelt. Die OECD/NEA mit ihrem Reaktorsicherheitskomitee CSNI machte sich zur Aufgabe, die Versuchsanlagen und die in ihnen gewonnenen Daten systematisch einzuordnen und auf ihre Tauglichkeit zur Validierung von Computer-Codes hin zu be-

---

[1393] Proceedings ANS/USNRC/EPRI Specialists Meeting on Small Break Loss-of-Coolant Accident Analysis in LWRs, Monterey, 25–27. August 1981, EPRI WS-81–201.

[1394] Weisshäupl, W. und Brand, B.: PKL Small Break Tests and Energy Transport Mechanisms, Proceedings ANS/USNRC/EPRI Specialists Meeting on Small Break Loss-of-Coolant Accident Analysis in LWRs, Monterey, 25–27. August 1981, EPRI WS-81–201, S. 5–31 bis 5–50.

[1395] McPherson, G. D. und Leach, L. P.: The Status and Future Directions of Small-Break Studies in the LOFT and Semiscale Facilities, in: Proceedings ANS/USNRC/EPRI Specialists Meeting on Small Break Loss-of-Coolant Accident Analysis in LWRs, Monterey, 25–27. August 1981, EPRI WS-81–201, S. 1.35 bis 1.54.

[1396] Proceedings of The Seventh International Heat Transfer Conference, 6–10. September 1982, München, Hemisphere Publishing Corporation, Washington, 1982, Vol. 5.

werten.[1397] Die dabei gewählte Vorgehensweise wurde 1983 von Klaus Wolfert und Willi Frisch aus der GRS, Garching, vorgeschlagen.[1398] CSNI setzte zwei internationale Arbeitsgruppen ein, die für DWR bzw. SWR so genannte Validierungsmatrizen erstellten, in denen die einzelnen relevanten LOCA-Phänomene den Testmethoden und Versuchsanlagen gegenübergestellt wurden. Dabei wurde jeweils angegeben, ob ein Phänomen durch eine Testmethode vollständig oder teilweise erfasst werden kann, ob eine bestimmte Versuchsanlage dieses Phänomen ganz oder teilweise so untersuchen kann, dass die Messdaten sich zur Code-Validierung eignen und ob entsprechende Tests bereits durchgeführt worden oder in absehbarer Zeit geplant sind.

Im März 1987 publizierte das OECD/NEA-CSNI Validierungsmatrizen, die Testmethoden und Versuchsanlagen aufführten, die als beste Basis zur Bestimmung der Leistungsfähigkeit von thermohydraulischen Computercodes angesehen wurden.[1399, 1400] Es waren 67 thermohydraulische Phänomene und 187 Versuchsanlagen identifiziert worden, von denen 133 Anlagen verwertbare Daten zu liefern in der Lage waren. Diese ersten CSNI-Validierungsmatrizen enthielten die einzelnen LOCA-Phänomene (Separate Effects), deren Untersuchung für die Code-Erstellung und die Weiterentwicklung der Versuchsanlagen als unverzichtbar galt. Die weiteren Studien des CSNI konzentrierten sich auf integrale Versuchsanlagen, die das Verhalten des Reaktorkühlsystems einschließlich der wesentlichen Sicherheitssysteme insgesamt abbilden konnten. Die für die Code-Validierung erforderlichen Experimente wurden für 6 Klassen von Stör- und Unfällen, wie beispielsweise

große Lecks, kleine und mittelgroße Lecks oder Unfallmanagement, bestimmt. Die Bedingungen für Kontrollexperimente auf unterschiedlichen Versuchsanlagen wurden definiert. Im Juli 1996 wurden umfangreiche Materialien mit Validierungs-Matrizen veröffentlicht.[1401] Die Wechselwirkungen zwischen Code-Entwicklungen sowie dem Ausbau und Betrieb der Versuchsanlagen waren intensiv und umfangreich, insbesondere beim RELAP-Programm des Idaho National Laboratory.[1402]

Die USNRC gestattete mit der Neufassung ihrer Genehmigungsvorschriften für LWR-Kernnotkühlsysteme vom September 1988 die Anwendung von realistischen („best estimate")[1403] Computersimulationen von Störfallabläufen mit Bewertung der Ergebnisunsicherheiten. Im unmittelbaren Zusammenhang damit entwickelten INEL, Westinghouse und das Los Alamos National Laboratory ein Verfahren zur Identifikation von thermohydraulischen Phänomenen, Systemen, Komponenten und Abläufen sowie deren jeweilige relative Bedeutung für den betrachteten Störfall (Phenomena Identification and Ranking Table – PIRT). Mit PIRT wurde eine Code-unabhängige Methode bereitgestellt, die für eine ausreichende und effiziente Analyse die Grundlagen zu beschaffen ermöglichte.[1404, 1405]

Im Folgenden sollen die wichtigsten Länder mit wenigen, in der Regel nur beispielhaften Hin-

---

[1397] Stadie, K. B.: Sharing safety experience in OECD countries, Nuclear Engineering International, April 1981, S. 36–39.

[1398] Wolfert, K. und Frisch, W.: Proposal for the Formulation of a Validation Matrix, CSNI-SINDOC (83), 1983.

[1399] CSNI Code Validation Matrix of Thermo-Hydraulic Codes for LWR LOCA and Transients, CSNI Report 132, März 1987.

[1400] Wolfert, K. und Brittain, I.: CSNI Validation Matrix for PWR und BWR Thermal-Hydraulic System Codes, Nuclear Engineering and Design, Vol. 108, 1988, S. 107–119.

[1401] CSNI Integral Test Facility Validation of Thermal-Hydraulic Codes for LWR LOCA and Transients, NEA/CSNI/R (96) 17, Juli 1996 bzw. OCDE/GD (97) 12.

[1402] vgl. Schultz, R. R.: RELAP5–3D Code Manual Volume V: User's Guidelines, Appendix A: Abstracts of RELAP5–3D Reference Documents, S. A-1 bis A-132, INEEL-EXT-98-00834, Revision 2.3, April 2005.

[1403] Ein Beispiel für „best estimate"-Analysen ist der Verzicht auf die Postulate „Einzelfehler" und „Reparaturfall", so dass für die Systemfunktion nicht nur zwei, sondern alle vier Untersysteme als verfügbar angenommen werden.

[1404] Hanson, R. G., Wilson, G. E., Oritz, M. G. und Griggs, D. P.: Development of a phenomena identification and ranking table (PIRT) for a double-ended guillotine break in a production reactor, Nuclear Engineering and Design, Vol. 136, 1992, S. 335–346.

[1405] Wilson, G. E. und Boyack, B. E.: The role of the PIRT process in experiments, code development and code applications, Nuclear Engineering and Design, Vol. 186, 1998, S.23–37.

weisen auf ihre Aktivitäten bei der Erforschung und Analyse von LOCA-Ereignissen aufgeführt werden (die Forschungen und Entwicklungen in der Bundesrepublik Deutschland werden im Einzelnen in Kap. 6.7.2 dargestellt).

Japan Die 1957 gegründete Japanese Atomic Energy Commission entschied sich zunächst für die Zusammenarbeit mit dem Vereinigten Königreich und ließ die Japan Atomic Power Company Ltd. (JAPCO) einen gasgekühlten Reaktor vom Typ Calder Hall in den Jahren 1961–1966 errichten. Mitte der 60er Jahre begann die Kooperation mit den amerikanischen Firmen General Electric und Westinghouse, deren LWR-Kernkraftwerke mit japanischen Modifikationen von JAPCO in Lizenz gebaut wurden. Bis 1981 gingen 13 Siede- und 11 Druckwasserreaktoren in Betrieb. Reaktorsicherheitsfragen hatten im dichtbesiedelten Japan von Anfang an einen sehr hohen Stellenwert.[1406]

In Japan wurden im internationalen Vergleich schon sehr früh, Anfang der 60er Jahre, Versuche zum Kühlmittelverlust-Störfall und seinen Folgen durchgeführt, wobei die Versuchsanlagen an amerikanischer Reaktortechnik ausgerichtet wurden. Im Hitachi Research Laboratory begann im Jahr 1962 die Errichtung einer Versuchsanlage für die Sprüh-Kühlung eines elektrisch beheizbaren SWR-6 × 6-Stabbündels. Zunächst wurden Experimente mit stationärer Kühlung durchgeführt,[1407] dann die thermohydraulischen Vorgänge des Filmsiedens untersucht, wobei die charakteristischen Temperatur-Zeit-Verläufe[1408] (vgl. Abb. 6.183) sowie die Bewegung der Benetzungsfront gemessen wurden.[1409] 1963 be-

gann das Japan Atomic Industrial Forum, Inc. (JAIF) das Projekt Safety Assessment and Facilities Establishment (SAFE), in dessen Rahmen Blowdown-Versuche nach einem LOCA, Untersuchungen der Wärmeübertragung, der Kondensation im Sicherheitsbehälter u. a. durchgeführt wurden.[1410] Über Experimente des Specialists Committee for Study of Nuclear Fuel Safety des JAIF mit überhitzten Rohrbündeln, ihren Deformationen und ihres Berstens wurde bereits auf der 3. Genfer Atomkonferenz im August 1964 ausführlich berichtet.[1411] Auch am Institut für Nuclear Engineering der Universität Tokio wurde Mitte der 60er Jahre Grundlagenforschung zu Fragen der Wärmeübertragung, des Film- und Blasensiedens betrieben.[1412, 1413]

1969 wurde das ROSA (Rig of Safety Assessment) -Programm in Gang gesetzt mit einer Blowdown-Versuchsanlage, die Ende des Jahres 1970 im Reactor Safety Engineering Laboratory I des Japan Atomic Energy Research Institute (JAERI) in Tokai-Mura einsatzbereit war. Diese ROSA-Testeinrichtung bestand aus den modellhaft nachgebildeten Komponenten: Umwälzschleife und RDB mit Reaktorkern aus einem elektrisch beheizbaren 7 × 7-Stabbündel sowie den Hilfskomponenten und Messeinrichtungen.

---

a Heated Vertical Surface in Emergency Cooling, Journal of Nuclear Science and Technology, Vol. 7, No. 8, August 1970, S. 418–425.

[1410] Uchida, H. und Kodama, K.: Japanese Safety Examination Criteria on ECCS, in: Proceedings of the CREST Specialist Meeting on Emergency Core Cooling for Light Water Reactors, Garching/München, 18–20. 10. 1972, LRA-MRR 115, Vol. 2.

[1411] Mishima, Y. et al.: An experimental study on the mechanical strength of fuel cladding tubes under loss-of-coolant accident conditions in water-cooled reactors, Proceedings of the Third International Conference on the Peaceful Uses of Atomic Energy, Genf, 31.8.-9.9.1964, Vol. 13, P/438 Japan, United Nations, New York, 1965, S. 105–117.

[1412] Tachibana, F., Akiyama, M. und Kawamura, H.: Heat Transfer and Critical Heat Flux in Transient Boiling, Journal of Nuclear Science and Technology, Vol. 5, No. 3, März 1968, S. 117–126.

[1413] Michiyoshi, I., Kikuchi, Y. und Furarkawa, O.: Heat Transfer in a Fluid with Internal Heat Generation through a Vertical Tube, Journal of Nuclear Science and Technology, Vol. 5, No. 11, Nov. 1968, S. 590–595.

[1406] Matsuda, Y., Suehiro, K. und Taniguchi, S.: The Japanese Approach to Nuclear Power Safety, NUCLEAR SAFETY, Vol. 25, No. 4, Juli-August 1984, S. 451–471.

[1407] Yamanouchi, Atsuo: Effect of Core Spray Cooling at Stationary State after Loss of Coolant Accident, Journal of Nuclear Science and Technology, Vol. 5, No. 11, Nov. 1968, S. 498–508.

[1408] Yamanouchi, Atsuo: Effect of Core Spray Cooling in Transient State after Loss of Coolant Accident, Journal of Nuclear Science and Technology, Vol. 5, No. 11, Nov. 1968, S. 547–558.

[1409] Yoshioka, K. und Hasegawa, S.: A Correlation in Displacement Velocity of Liquid Film Boundary formed on

Abb. 6.188 UHI-Ein-
speisung während eines
LOCA (schematisch)

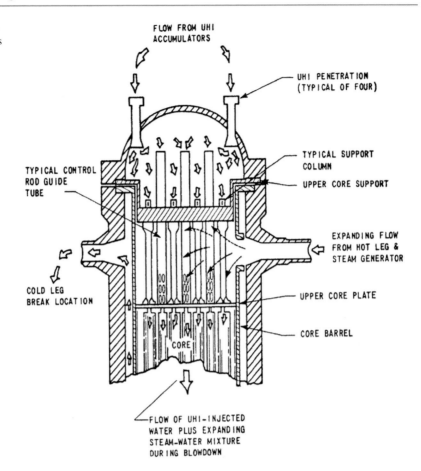

FLOW FROM UHI
ACCUMULATORS

UHI PENETRATION
(TYPICAL OF FOUR)

TYPICAL CONTROL
ROD GUIDE
TUBE

TYPICAL SUPPORT
COLUMN

UPPER CORE SUPPORT

EXPANDING FLOW
FROM HOT LEG &
STEAM GENERATOR

COLD LEG
BREAK LOCATION

UPPER CORE PLATE

CORE BARREL

CORE

FLOW OF UHI-INJECTED
WATER PLUS EXPANDING
STEAM-WATER MIXTURE
DURING BLOWDOWN

Die Messergebnisse waren in bester Übereinstimmung mit den LOFT-Semiscale-Daten.[1414]

Im Mai 1971 wurden die Nachrichten aus
Idaho über die Notkühlprobleme bei den Semiscale-Versuchen mit Bestürzung zur Kenntnis
genommen. 1972 wurde eine neue integrale RO-
SA-II-Versuchsanlage entworfen, die 2 Loops,
einen 5,9 m hohen, innen 0,265 m weiten RDB,
2 Dampferzeuger, einen Druckhalter und ein
Notkühl-System besaß.[1415] ROSA II erlaubte die
Simulation eines 4-Loop-Reaktors einschließlich
der Sekundärseite der Dampferzeuger für das gesamte LOCA-Spektrum vom großen Bruch bis
zum kleinen Leck. Bemerkenswert waren in den

Jahren 1976/1977 insbesondere die Untersuchungen des „Upper Head Injection" (UHI) – Systems[1416] der Firma Westinghouse, bei dem Kühlwasser durch vier vertikale Eintrittsstutzen im
RDB-Deckel aus Vorratsbehältern eingespritzt
wurde (s. Abb. 6.188).[1417] Bei den japanischen
ROSA-II-UHI-Versuchen ergaben sich Dampf-
blockierungen im RDB, die das eingespeiste
Kühlwasser am Eindringen in den Reaktorkern
hinderten und über den gebrochenen Strang ausströmen ließen. Daraus folgten neue Diskussionen, Versuche und rechnerische Analysen.[1418]

[1414] Shimamune, H. et al.: Current Status of ROSA Pro-
gram 1. September 1972, in: Proceedings of the CREST
Spezialist Meeting on Emergency Core Cooling for Light
Water Reactors, Garching/München, 18–20. 10. 1972,
LRA-MRR 115, Vol. 1.

[1415] ebenda, S. 11–13 und S. 26.

[1416] Tasaka, K. et al.: ROSA-II UHI Tests in JAERI,
Trans. Am. Nucl. Soc., Vol. 26, 1977, S. 407 f.

[1417] Young, M. Y., McIntyre, B. A. und Docherty, P. J.:
Westinghouse Upper Head Injection System and Typical
Results, Trans. Am. Nucl. Soc., Vol. 26, 1977, S. 409 f.

[1418] Chon, W. Y.: Recent Advances in Alternate ECCS
Studies for Pressurized-Water Reactors, NUCLEAR SA-
FETY, VOL. 19, No. 4, Juli-August 1978, S. 476–478.

Unmittelbar nach dem TMI-2-Unfall wurde das ROSA-IV-Programm in Tokai-Mura mit der Zielsetzung aufgelegt, den Kühlmittelverlust-Störfall mit kleinem Leck (SBLOCA) zu studieren. Das ROSA-IV-Programm umfasste die große, im volumetrischen Verkleinerungsmaßstab 1:48 errichtete integrale Versuchsanlage (Large Scale Test Facility – LSTF) zur Untersuchung der System-Effekte während eines SBLOCA sowie die Zweiphasen-Teststrecke (Two-Phase Test Facility – TPTF) für die besonderen Effekte. TPTF war im Mai 1982 einsatzbereit, LSTF sollte Ende 1984 fertiggestellt sein. LSTF modellierte einen 3.423 MW$_{th}$-DWR mit 17 × 17 Brennelement-Bündeln und bildete 2 Loops mit allen wichtigen Komponenten der Primär- und Sekundärsysteme sowie das Notkühlsystem nach. Der Höhenmaßstab der LSTF-Anlage war unverändert 1:1. Die maximale Leckgröße betrug 10 % des Querschnitts der Hauptkühlmittelleitung.[1419, 1420] Bis Frühjahr 1987 wurden noch fünf 5 %-SBLOCA-Versuche und zwei Experimente mit Naturumlaufverfahren auf der ROSA-IV-Anlage gefahren.[1421]

JAERI führte auch umfangreiche Forschungsprogramme zur Untersuchung des LOCA in Siedewasserreaktoren durch. Zu nennen sind hier insbesondere die Großanlage FUGEN, die in der ersten Hälfte der 70er Jahre geplant und im O'arai Engineering Center, ca. 100 km nördlich von Tokio, errichtet wurde,[1422] sowie die integrale Versuchsanlage ROSA III, die 1976–1978

von JAERI in Tokai-Mura entworfen und gebaut wurde.[1423]

Ende der 70er/Anfang der 80er Jahre beteiligte sich JAERI mit neuen großen Versuchsanlagen am 2D/3D-Projekt der USA und Deutschlands zur Untersuchung von Kühlmittelverlust-Störfällen in Druckwasser-Reaktoranlagen im großen Maßstab (s. Kap. 6.7.4).

Frankreich Die französische Atomenergiebehörde Commissariat à l'Énergie Atomique (CEA) begann die zivile Nutzung der Kernenergie mit graphitmoderierten, gasgekühlten und mit Natururan betriebenen Reaktoren. Das erste Kernkraftwerk dieser Bauart für die kommerzielle Nutzung ging im April 1959 in Marcoule an der Rhône unweit von Avignon in Betrieb. Der Baubeginn des letzten Kraftwerks dieses Typs Saint-Laurent A2 an der Loire bei Orléans war Anfang 1966, seine Inbetriebnahme im Oktober 1971.

Der Einstieg in die amerikanische Druckwasserreaktor-Technik begann Ende 1958 mit der Gründung der Société Franco-Américaine de Constructions Atomiques (Framatome) in Puteaux, Île-de-France, durch die Unternehmensgruppe Empain-Schneider sowie die Firmen Merlin-Gerin und Westinghouse Electric Corp., einem Ingenieurbüro, das Westinghouse-Lizenznehmer war. 1961 erhielt Framatome vom staatlichen Stromversorger Électricité de France (EDF) den Auftrag, ein 300-MW$_{el}$-Kernkraftwerk mit DWR in Chooz an der Maas in den Ardennen, nahe der Grenze zu Belgien, schlüsselfertig zu errichten. 1969 erteilte die Société Belgo-Française d'Énergie Nucléaire Mosane (SEMO) Framatome den Auftrag, im belgischen Tihange an der Maas bei Lüttich ein 870-MW$_{el}$-DWR-Kernkraftwerk zu erbauen.

Das Kraftwerk Chooz A ging im April 1967 ans Netz, und CEA wandte sich von den graphitmoderierten, gasgekühlten Reaktoren ab. Die Errichtung der beiden 900-MW$_{el}$-DWR-Blöcke

[1419] Tasaka, K.: ROSA-IV Program for the Experimental Study on Small-Break LOCA's and the Related Transients in a PWR, in: Tenth Water Reactor Safety Research Information Meeting, 12–15. Okt. 1982, NUREG/CP-0041, Vol. 1, S. 353–355.

[1420] vgl. Silver, E. G.: Twelfth NRC Water Reactor Safety Research Information Meeting, NUCLEAR SAFETY, Vol. 26, No. 5, Sept.-Okt. 1985, S. 582.

[1421] Tasaka, K. et al.: The Results of 5 % Small-Break LOCA and Natural Circulation Tests at the ROSA-IV LSTF, Nuclear Engineering and Design, Vol. 108, 1988, S. 37–44.

[1422] Tokumitsu, M.: Full Scale Safety Experiment of FUGEN, in: Proceedings of the CREST Specialist Meeting on Emergency Core Cooling for Light Water Reactors, Garching/München, 18–20. 10. 1972, LRA-MRR 115, Vol. 1, Dez. 1972.

[1423] Koizumi, Y., Tsaka, K., Abe, N. und Shiba, M.: Analysis of 5 % Small Break LOCA Experiment at ROSA-III, in: Proceedings ANS/USNRC/EPRI Specialists Meeting on Small Break Loss-of-Coolant Accident Analysis in LWRs, Monterey, 25–27. August 1981, EPRI WS-81-201, S. 5–51 bis 5–64.

in Fessenheim am Rhein, die 1971/72 begann und mit der kommerziellen Inbetriebnahme im April bzw. Oktober 1977 abgeschlossen wurde, war der Anfang des französischen Kernenergieausbaus mit großen standardisierten Serien. Die Referenzkraftwerke für Fessenheim waren Beaver Valley 1 bei Shippingport, Pa., und North Anna 1 bei Richmond, Va., Westinghouse-Kernkraftwerke mit 900-MW$_{el}$-DWR und drei Loops, deren Bau 1970 begonnen worden war. Mit dieser Neuorientierung der französischen Kernenergiepolitik rückten Fragen der Reaktorsicherheit von DWR vordringlich ins Blickfeld des CEA.[1424] Die Erfahrungen aus der Ölkrise 1973 führten zu einem Regierungsprogramm, das von 1977 bis 1993 34 Kernkraftwerke mit 900-MW$_{el}$-Standard-DWR und 20 Kernkraftwerke mit 1.300-MW$_{el}$-Standard-DWR ans Netz brachte. Danach folgten noch 4 Kraftwerke der 1.500-MW$_{el}$-Serie.

Das französische Forschungsprogramm zur Reaktorsicherheit von DWR orientierte sich an den international bereits durchgeführten Projekten und versuchte, sich auf Fragestellungen zu konzentrieren, die nach CEA-Auffassung nicht angemessen genug behandelt wurden. Dazu zählten u. a. Sicherheitsprobleme im Zusammenhang mit Lastabwurf, Vibrationen im Primärkreis und Hüllrohrschäden. Die finanziellen Aufwändungen blieben in den 70er Jahren in einem vergleichsweise bescheidenen Rahmen.[1425]

Im Bereich des Kühlmittelverlustes und der Kernnotkühlung wurde Anfang der 70er Jahre, als die aufgeregte Diskussion über die Semiscale-Experimente stattfand, vom CEA im Centre d'Études Nucléaires de Grenoble (CENG) eine Reihe von Teständen errichtet, mit denen einzelne LOCA-Phänomene (besondere Effekte) untersucht wurden.[1426] Zu erwähnen ist die MOBY-DICK-Testanlage, in der 1971–1977 bei stationärer Zweiphasen-Strömung und geringen Drücken die Vorgänge an der Benetzungsfront erforscht wurden. Mit der SUPER-MOBY-DICK-Anlage wurden diese Experimente bei hohen Drücken und beliebigen Dampf-Wasser-Gemischen in den Jahren 1980–1983 wiederholt. Die Versuchseinrichtung ERSEC (Étude de Refroidissement de Secours des Éléments Combustibles) diente der Untersuchung von Wärmeübergängen und Wärmeübergangskoeffizienten während des Blowdown und Flutens und bestand zunächst aus einem Rohr, das mit einer Leistung von 450 kW beheizt werden konnte. Die Versuche wurden mit geringen Drücken und unterkühltem Notkühlwasser in den Jahren 1972–1977 gefahren.[1427, 1428] 1974 wurden Experimente mit einem 4 m langen Bündel aus 25, später aus 36 Rohren begonnen.[1429] In den Jahren 1975–1978 wurden am CANON-Teststand Experimente mit Gemischen aus Wasser und Dampf sowie Wasser und Luft gemacht, die wegen der dabei gefahrenen geringen Drücke und Temperaturen sowie messtechnischer Unsicherheiten nicht zufrieden stellten. Deshalb wurde die Versuchsanlage SUPER CANON gebaut, die aus einem 4 m langen Rohr mit einem Innendurchmesser von 102,3 mm bestand. Die Versuchstemperaturen lagen bei 300 °C, die Drücke bei 150 bar. Der Dampfblasenanteil wurde mit der Neutronenstreuungs-Methode gemessen.[1430]

Die Versuchsergebnisse, die an den CENG-Teständen sowie am schwedischen Versuchsreaktor Marviken gewonnen wurden, bildeten die Grundlage für die Entwicklung des französischen thermohydraulischen Codes CATHARE (calcule de la thermohydraulique accidentelle dans les ré-

---

[1424] Tanguy, P.: The French Approach to Nuclear Power Safety, NUCLEAR SAFETY, Vol. 24, No. 5, Sept.-Okt. 1983, S. 589–606.

[1425] Ringot, Claude: French Safety Studies of Pressurized-Water Reactors, NUCLEAR SAFETY, Vol. 19, No. 4, Juli-August 1978, S. 411–427.

[1426] ebenda, S. 418–420.

[1427] Andreoni, D. und Courtaud, M.: Study of Heat Transfer During the Reflooding of a Single Rod Test Section, in: Proceedings of the CREST Specialist Meeting on Emergency Core Cooling for Light Water Reactors, Garching/München, 18–20. 10. 1972, LRA-MRR 115, Vol. 1, Dez. 1972.

[1428] Ringot, Claude, a. a. O., S. 419.

[1429] Courtaud, M.: French Experimental Work on Emergency Core Cooling, Trans. Am. Nucl. Soc., Vol. 20, 1975, S. 502.

[1430] Rousseau, JC. und Riegel, B.: SUPER CANON Experiments, Proceedings of the 2nd CSNI Specialists Meeting on Transient Two-Phase Flow, 12–14. 6. 1978, Paris, Vol. 1, S. 667–682.

acteurs à l'eau pressurisée), die im Zusammen-wirken von CEA, EDF und FRAMATOME im Jahr 1979 begann.[1431] Für die Verifikation von CATHARE reichten jedoch die Messergebnisse zu den Einzeleffekten nicht aus.

Im Jahr 1982 fanden sich CEA, EDF und FRAMATOME zu einem groß angelegten gemeinsamen Forschungsvorhaben zusammen und errichteten bis 1986 im Kernforschungszentrum Grenoble die integrale Versuchsanlage BETHSY (Boucle d'Études Thermo-Hydraulique Système). Dieses Vorhaben wurde damit begründet, dass zur Verifikation des CATHARE-Computercodes integrale Versuchsreihen erforderlich seien und die physikalischen Grundlagen für Notfall-Maßnahmen ermittelt werden müssten.[1432] BETHSY bildete die französischen 900-MW$_{el}$-Reaktoren im volumetrisch verkleinerten Maßstab 1:100 mit allen drei Loops, Dampferzeugern, Pumpen, Notkühlsystemen und Leitungen ab. Der Höhenmaßstab blieb identisch 1:1 zum Original-Kernkraftwerk. Der Downcomer war als Rohr abgebildet.[1433] Mit der BETHSY-Anlage wurden auch Störfälle untersucht, die bisher nur am Rande Aufmerksamkeit erlangt hatten, wie das Versagen der Nachwärmeabführung nach dem Herunterfahren eines Reaktors.[1434] Über ein Jahrzehnt von 1987–1998 war BETHSY neben den japanischen, deutschen und italienischen Anlagen ROSA IV, PKL und SPES eine international viel genutzte Testeinrichtung zur Verifikation

von analytischen Codes bei breiter Parametervariation.[1435, 1436]

Ein weiterer Schwerpunkt der französischen Reaktorsicherheitsforschung war der Forschungsreaktor Phébus, der im Kernforschungszentrum Cadarache in Saint-Paul-lès-Durance im Umkreis von Marseille für die Simulation schwerer Unfälle erbaut und mit bestrahlten Brennelementen betrieben wurde.[1437, 1438] Im Maßstab 1:5.000 wurde der Kern eines 900-MW$_{el}$-Reaktors nachgebildet. Im Rahmen eines europäischen Programms, an dem sich auch USNRC, JAERI und weitere Länder beteiligten, wurden im Zeitraum vom Dezember 1993 bis November 2004 fünf Experimente mit der Freisetzung von Spaltprodukten und Kernschmelzen gefahren.[1439] Es bestand u. a. eine enge Kooperation mit dem Forschungszentrum Karlsruhe.

Vereinigtes Königreich Die britische nukleare Stromerzeugung nutzte die Technik des mit Natururan betriebenen, graphitmoderierten und gasgekühlten Reaktors. Der Brennstoff war mit der Magnesiumlegierung Magnox umhüllt, woraus sich die Reaktor-Bezeichnung Magnox-Typ ableitete. Von 1959–1973 wurden 11 Kernkraftwerke vom Magnox-Typ mit einer Leistung von 138 MW$_{el}$ bis 1.180 MW$_{el}$ in Dienst gestellt. In den 80er Jahren folgten 7 Kernkraftwerke vom Typ AGR (advanced gas-cooled-reactor) mit einer Leistung von je 1.320 MW$_{el}$. Die Reakto-

[1431] Barre, F. und Bernard, M.: The CATHARE code strategy and assessment, Nuclear Engineering and Design, Vol. 124, 1990, S. 257–284.

[1432] Bazin, P. et al.: Investigation of PWR accident situations at BETHSY facility, Nuclear Engineering and Design, Vol. 124, 1990, S. 285–297.

[1433] Deruaz, R. und Megnin, J. C.: The French Integral Loop, a Joint CEA-EDF-FRAMATOME Project, in: Tenth Water Reactor Safety Research Information Meeting, 12–15. Okt. 1982, NUREG/CP-0041, Vol. 1, S. 108–117.

[1434] Dumont, D., Lavialle, G., Noel, B. und Deruaz, R.: Loss of residual heat removal during mid-loop operation: BETHSY experiments, Nuclear Engineering and Design, Vol. 149, 1994, S. 365–374.

[1435] NEA/CSNI/R(1997)38, Vol. 1 und 2, Juni 1998, Final Report.

[1436] vgl. Liu, Tay-Jian: IIST and BETHSY Counterpart Tests on PWR Total Loss-of-Feedwater Transient with Two Different Bleed-and-Feed Scenarios, Nuclear Technology, Vol. 137, Jan. 2002, S. 10–27.

[1437] Réocreux, M. und Scott de Martinville, E. F.: A study of fuel behaviour in PWR design basis accident: an analysis of results from the PHEBUS and EDGAR experiments, Nuclear Engineering and Design, Vol. 124, 1990, S. 363–378.

[1438] Schwarz, M., Clement, B. et al.: The Phebus F.P. International Research Program on Severe Accident: Status and Main Findings, Proceedings of the Twenty-Sixth Water Reactor Safety Information Meeting, Oct. 26–28, 1998, Bethesda, Md., NUREG/CP-0166, Vol. 1, S. 157–179.

[1439] Holtbecker, H. F. und Hardt, von der, P.: Phebus PF – Ein internationales Projekt der Reaktorsicherheits-Forschung, atw, Jg. 39, Februar 1994, S. 116–119.

ren hatten Reaktordruckbehälter teils aus Stahl, teils aus Spannbeton. Erst in der zweiten Hälfte der 80er Jahre wurde mit dem Bau eines Westinghouse-DWR am Standort Sizewell begonnen (s. Kap. 11.3.2), wodurch im Genehmigungsverfahren wesentlich neue sicherheitstechnische Fragen behandelt und beurteilt werden mussten.[1440]

Der späte britische Einstieg in die Druckwasser-Technik hatte zur Folge, dass die Atombehörde UKAEA (United Kingdom Atomic Energy Authority) und der damalige staatliche zentrale Stromversorger CEGB (Central Electricity Generating Board) auf dem Gebiet des Kühlmittelverlustes von Leichtwasserreaktoren ihre Forschungsanstrengungen in den 70er Jahren zunächst darauf beschränkten, Entscheidungsoptionen offenhalten und Vergleiche zu der von ihnen genutzten Technik ziehen zu können. In den Berkeley Nuclear Laboratories der CEGB in Berkeley, Gloucestershire, England, wurden grundlegende wissenschaftliche Studien und Experimente zur Benetzung heißer Oberflächen,[1441] Fluten von Reaktorkernen[1442] und Wiederauffüllen und Fluten von Reaktorkernen[1443] durchgeführt.[1444] Im Auftrag der UKAEA untersuchte die British Nuclear Design & Construction Ltd. (BNDC) in

Whetston, Leicester, England, das Versagen von Brennelementen bei einem LOCA.[1445, 1446]

Die Entscheidung für den Bau des Druckwasserreaktors Sizewell B war für die UKAEA der Anlass, mit Nachdruck Versuchseinrichtungen zum Studium der Thermohydraulik (REFLEX, THETIS und TITAN) und des Brennstoffverhaltens (MERLIN) von DWR zu schaffen.

Am südenglischen UKAEA-Standort Winfrith Newburgh/Dorset wurde die integrale Anlage THETIS mit einem 7 × 7-Brennelementbündel voller Größe und einer Blockadevorrichtung errichtet, die 80 % des Strömungsquerschnitts absperren konnte. Die Experimente mit teilweise blockierter Strömung wurden in den Jahren 1983 und 1984 durchgeführt.[1447] Im Jahr 1985 wurde in Winfrith die TITAN-Versuchsanlage installiert. Sie ermöglichte die Untersuchung des Flutens eines 5 × 5-DWR-Stabbündels, das über die ganze Länge mit einer Leistung von 9 MW geheizt werden konnte.[1448] Ebenfalls im Winfrith Technology Centre wurden in den Jahren 1989–1991 im Auftrag des CEGB an der ACHILLES-Versuchseinrichtung für den Sizewell-B-Sicherheitsbericht Experimente zum Fluten eines DWR-Reaktorkerns der Westinghouse-Bauart nach einem LBLOCA durchgeführt. Die ACHILLES-Anlage besaß ein Brennelementbündel aus 69, über die Länge von 3,66 m elektrisch beheizbaren Stäben, das von einem beheizbaren Behälter umhüllt war. Die Wärmeübergangs-Messungen wurden bei teilweise blockierter und

[1440] Anthony, R. D.: Nuclear Safety Philosophy in the United Kingdom, NUCLEAR SAFETY, Vol. 27, No. 4, Okt.-Dez. 1986, S. 443–456.

[1441] Duffey, R. B. und Porthouse, D. T. C.: Experiments on the Cooling of High-Temperature Surfaces by Water Jets and Drops, Proceedings of the CREST Specialist Meeting on Emergency Core Cooling for Light Water Reactors, Garching/München, 18–20. 10. 1972, LRA-MRR 115, Vol. 2, Dez. 1972.

[1442] White, E. P. und Duffey, R. B.: A Study of the Unsteady Reflooding of Water Reactor Cores, Trans. Am. Nucl. Soc., Vol. 20, 1975, S. 491–494.

[1443] Piggott, B. D. G. und Porthouse, D. T. C.: A Correlation of Rewetting Data, Nuclear Engineering and Design, Vol. 32, 1975, S. 171–182.

[1444] Für eine Zusammenstellung und Würdigung weiterer britischer Untersuchungen vgl.: Sawan, M. E. und Carbon, M. W.: A Review of Spray-Cooling and Bottom-Flooding Work for LWR Cores, Nuclear Engineering and Design, Vol. 32, 1975, S.191–207.

[1445] Baker, J. N.: Fuel Element Integrity and Behaviour in a Loss of Coolant Accident, Proceedings of the CREST Specialist Meeting on Emergency Core Cooling for Light Water Reactors, Garching/München, 18–20. 10. 1972, LRA-MRR 115, Vol. 2, Dez. 1972.

[1446] Goldemund, M. H.: „CLADFLOOD" – An Analytical Method of Calculating Core Reflooding and its Application to PWR Loss-of-Coolant Analysis, Proceedings of the CREST Specialist Meeting on Emergency Core Cooling for Light Water Reactors, Garching/München, 18–20. 10. 1972, LRA-MRR 115, Vol. 2, Dez. 1972.

[1447] http://www.nea.fr/abs/html/csni1016.html

[1448] Shires, G. L., Lee, D. H., Bowditch, F. H. und Mogford, D. J.: PWR cluster critical heat flux tests carried out in the TITAN loop at Winfrith, Proceedings, European Two-Phase Flow Group Meeting, München, 10–13. 6. 1986, Paper H1, 19 S.

nicht blockierter Strömung vorgenommen. Der ACHILLES-Teststand wurde im Rahmen des „International Code Assessment and Application Program" von CSNI, IAEA und USNRC ausgewählt, um die Messwerte zu liefern, die von verschiedenen Anwendern des RELAP5-Codes verifiziert werden sollten. Der Vergleich der RELAP5-Rechenergebnisse der beteiligten Anwender in Finnland, Schweden, der Schweiz und Italien untereinander und mit den Messwerten zeigten erhebliche Auswirkungen der „Code-Anwender-Effekte".[1449]

Italien In Italien begann sehr früh nach dem 2. Weltkrieg die wissenschaftliche Erkundung und technische Entwicklung der friedlichen Kernenergienutzung. Im November 1946 wurde das Forschungszentrum CISE (Centro Informazioni, Studi ed Esperienze) in Segrate bei Mailand unter Beteiligung der italienischen Industrie (Edison, Montecatini und FIAT) gegründet. 1952 etablierte der italienische Staat das Kernforschungskomitee CNRN (Comitato Nazionale per le Ricerche Nucleari), das 1960 neu als CNEN (Comitato Nazionale per l'Energia Nucleare) organisiert wurde. Als erste Leistungsreaktoren wurden ein 153-MW$_{el}$-Kernkraftwerk vom britischen Magnox-Typ (Latina, Baubeginn Oktober 1958) und ein 150-MW$_{el}$-SWR der General Electric Corp. (Garigliano, Baubeginn November 1959) errichtet.[1450] Die Zusammenarbeit mit der Firma Westinghouse Electric Corp. führte zur Errichtung eines 272-MW$_{el}$-DWR am Standort Trino Vercellese in der ersten Hälfte der 60er Jahre (s. Kap. 9.3.2).

1967 begann mit einem Übereinkommen zwischen CNEN und dem 1962 gebildeten zentralen staatlichen Energieversorgungsunternehmen ENEL (Ente Nazionale per l'Energia Elettrica) die Entwicklung einer italienischen Version des CANDU (Canada Deuterium Uranium) -Druck-

röhren-Reaktors, genannt CIRENE (CISE Reattore a Nebbia).[1451] Der Brennstoff von CIRENE sollte Natururan oder leicht angereichertes Uran sein. Er sollte mit schwerem Wasser moderiert und mit siedendem Leichtwasser gekühlt werden. Für die Entwicklung des CIRENE-Kernnotkühlsystems wurden im Auftrag von CNEN im Forschungszentrum CISE an beheizbaren 4 m langen röhren- und ringförmigen Testelementen unter Variation zahlreicher Versuchsparameter Experimente zu den Vorgängen bei einem LOCA sowie der Kühlwasser-Einspeisung vorgenommen. Ergebnisse lagen 1971 vor.[1452, 1453] Die Testergebnisse wurden zur Verifikation analytischer Rechenmodelle verwendet.[1454, 1455, 1456]

Zur Untersuchung der Notkühlung von DWR amerikanischer Bauart führte das 1956 von FIAT und Montecatini in Saluggia bei Vercelli/Piedmont gegründete Forschungsunternehmen SORIN (Società Ricerche Impianti Nucleari) im Auftrag der Firma FIAT – Nuclear Energy Sec-

[1449] Aksan, S. N., D'Auria, F. D. und Städtke, H.: User Effects on the thermal-hydraulic transient system code calculations, Nuclear Engineering and Design, Vol. 145, 1993, S. 159–174.

[1450] Nuclear Energy Agency Profiles – Italy, http://www.nea.fr/html/general/profiles/italy.html nach dem Stand vom 21. 4. 2008.

[1451] Silvestri, M.: Grundzüge und Ablauf des CIRENE-Programms, atw, Jg. 12, Feb. 1967, S. 85–88.

[1452] Martini, R. und Premoli, A.: Bottom Flooding Experiments with Simple Geometries under Different ECC Conditions, Proceedings of the CREST Specialist Meeting on Emergency Core Cooling for Light Water Reactors, Garching/München, 18.-20. 10. 1972, LRA-MRR 115, Vol. 1, Dez. 1972.

[1453] Gaspari, C. P., Granzini, R. und Hassid, A.: Dryout Onset in Flow Stoppage, Depressurization and Power Surge Transient, Proceedings of the CREST Specialist Meeting on Emergency Core Cooling for Light Water Reactors, Garching/München, 18–20. 10. 1972, LRA-MRR 115, Vol. 1, Dez. 1972.

[1454] Martini, R. und Premoli, A.: A Simple Model for Predicting ECC Transients in Bottom Flooding Conditions, Proceedings of the CREST Specialist Meeting on Emergency Core Cooling for Light Water Reactors, Garching/München, 18–20. 10. 1972, LRA-MRR 115, Vol. 2, Dez. 1972.

[1455] Magni, A.: „TILT": A Digital Simulation Programme for the Study of Hydrodynamic Processes and Core Heat-Up of a Boiling Water Pressure Tube Reactor During Transient Conditions, Proceedings of the CREST Specialist Meeting on Emergency Core Cooling for Light Water Reactors, Garching/München, 18–20. 10. 1972, LRA-MRR 115, Vol. 2, Dez. 1972.

[1456] Martini, R., Pierini, G. C. und Sandri, C.: The RATT-1 Code for Thermal-Hydraulic Analysis of Power Channel Blowdown, Trans. Am. Nucl. Soc., Vol. 23, 1976, S. 288–292.

tion Versuche an Rohrbündeln mit 21 Stäben bei sehr geringen Flutgeschwindigkeiten durch. Diese Testbedingungen seien bei den PWR-FLECHT-Experimenten nicht berücksichtigt worden.[1457]

Die CNEN-Laboratorien waren in den 70er Jahren mit besonderen Effekten der Wärmeübertragung und Thermohydraulik an kleinen Versuchsanlagen befasst.[1458] Das TMI-2-Unglück am 28.3.1979 war Anlass zu Untersuchungen der Wärmeübertragung in trocken gefallenen Reaktorkernen, die sowohl im Forschungszentrum Casaccia bei Rom[1459] als auch im CISE[1460] wiederum an einfachen, aus einem Rohr bestehenden Test-Einrichtungen vorgenommen wurden. Mitte der 80er Jahre wurde von der staatlichen Forschungsanstalt ENEA (Ente per le Nuove tecnologie l'Energia e l'Ambiente) im CRE (Centro Ricerche Energia) Casaccia in Rom die Versuchsanlage JF1 erbaut, mit der die Zweiphasenströmung stromabwärts von der Bruchstelle eines Rohrs studiert werden konnte.[1461]

Im Jahr 1983 gründeten die ENEA und ENEL in Piacenza das Forschungsunternehmen SIET (Società Informazioni Esperienze Termoidrauliche S.p.A.) mit dem Ziel, eine integrale Versuchsanlage zur Simulation eines Westinghouse-DWR (PWR W 312) zu errichten. Die von SIET in den Jahren 1984/1985 erbaute Anlage mit Namen SPES (Simulatore Pressurizzato per Esperienze di Sicurezza – DWR-Simulator für Sicherheitsexperimente) hatte den gleichen Höhenmaßstab wie der reale Referenz-DWR (ca. 30 m), war aber hinsichtlich der Leistung (6,5 MW, maximal 9 MW) und des Volumens um den Faktor 427 verkleinert. Auslegungsdruck und -temperatur betrugen 200 bar bzw. 365 °C. Der Downcomer war als externes Rohr nachgebildet, um insbesondere den Druckabfall zutreffend simulieren zu können. Das Modell des Reaktorkerns bestand aus 97 6,5 m langen Stäben mit der beheizbaren Länge von 3,66 m.[1462] In den Jahren 1988–1991 wurden mit SPES-1 in Abstimmung mit den Arbeiten in Frankreich (BETHSY) und Japan (ROSA IV) ergänzende und Wiederholungstests zu kleinen (Small Break LOCA – SBLOCA) und mittelgroßen Lecks (Intermediate Break LOCA – IBLOCA) gefahren. Darüber hinaus wurden Versuche zum Notstrom-Fall, Speisewasserverlust und Naturumlauf unternommen.[1463] Parallel zu den Experimenten wurden analytische Methoden weiterentwickelt, wozu sich die Universitäten von Mailand und Pisa einbrachten. Zur analytischen Verifikation wurde eine fortgeschrittene Version des RELAP-Codes, der für die Untersuchung von Reaktoren amerikanischer Bauart international weite Verbreitung gefunden hatte, beigezogen.[1464] Um die Genauigkeit dieses Codes zu prüfen und Verbesserungen vornehmen zu können, wurden parallele Versuche zu anlageninternen Notfallschutzmaßnahmen in den Testanlagen LOBI (s. Kap. 6.7.6) und SPES gefahren. Dabei wurde der Einfluss unterschiedlicher Konstruktion der Testanlagen sowie unterschiedlicher Randbedingungen studiert. Der Referenz-Code

---

[1457] Campanile, A. und Pozzi, A.: Low Rate Emergency Reflooding Heat Transfer Tests in Rod Bundle, Proceedings of the CREST Specialist Meeting on Emergency Core Cooling for Light Water Reactors, Garching/München, 18–20. 10. 1972, LRA-MRR 115, Vol. 1, Dez. 1972.

[1458] Bianchi, G. und Cumo, M.: Safety Aspects of LWR Thermohydraulics, Trans. Am. Nucl. Soc., Vol. 31, 1979, S. 414–417.

[1459] Annunziato, A., Cumo, M. und Palazzi, G.: Uncovered Core Heat Transfer and Thermal Non-Equilibrium, Proceedings of The Seventh International Heat Transfer Conference, 6–10. 9. 1982, München, Vol. 5, S. 405–410.

[1460] Barzoni, G. und Martini, R.: Post-Dryout Heat Transfer: An Experimental Study in a Vertical Tube and a Simple Theoretical Method for Predicting Thermal Non-Equilibrium, Proceedings of The Seventh International Heat Transfer Conference, 6–10. 9. 1982, München, Vol. 5, S. 411–416.

[1461] Celata, G. P., Cumo, M., D'Annibale, F. und Farello, G. E.: Two-Phase Flow Models in Unbounded Two-Phase Critical Flows, Nuclear Engineering and Design, Vol. 97, 1986, S. 211–222.

[1462] Annunziato, A., Mazzocchi, L., Palazzi, G. und Ravetta, R.: SPES: The Italian Integral Test Facility for PWR Safety Research, ENERGIA NUCLEARE, Jg. 1, No. 1, Dezember 1984, S. 66–87.

[1463] http://www.siet.it/loadXML.asp?pag=PWR&sub=&sub=&tipo=lng=ENG nach dem Stand vom 15. 4. 2008.

[1464] Ferri, R., Cattadori, G. et al.: Cold Leg Intermediate Break experiment in SPES facility and post-test calculations with Relap5 Mod 3.2 code, Proceedings of the 38th European Two-Phase Flow Group Meeting, 29–31. Mai 2000, Karlsruhe.

war RELAP5/MOD2.[1465] 1992–1994 wurde in Piacenza der nach Tschernobyl entworfene Westinghouse Advanced Passive PWR AP600 mit der Anlage SPES-2 simuliert. Nach 1999 folgte die Nachbildung des innovativen Zukunftsprojektes IRIS (International Reactor Innovative and Secure). Dieser mit 1.000 MW_{th} konzipierte, inhärent sichere Reaktor wurde im Maßstab 1:100 verkleinert abgebildet.

Skandinavische Länder An der südlichen Küste Norwegens in Halden nahe der schwedischen Grenze wurde mit dem Siede-Schwerwasser-Reaktor HBWR (Halden Boiling Water Reactor) 1958 das OEEC (ab 1961 OECD) -Halden-Reaktorprojekt von der OEEC/OECD-Kernenergieagentur und einem guten Dutzend europäischer Länder ins Leben gerufen.[1466] Besitzer von HBWR ist das norwegische Institute for Energy Technology, früher Institutt for Atomenergi. Während 50 Jahren des HBWR-Betriebs wurde das Halden-Versuchs- und Forschungsprogramm von bis zu 100 Organisationen in 18 Ländern getragen. Die Schwerpunkte der Untersuchungen im HBWR waren das Brennstoff- und Werkstoffverhalten in kommerziellen Reaktoren im Normalbetrieb und bei Transienten, sowie die Wechselwirkungen zwischen Mensch, Technik und Organisation.[1467] Im Jahr 2006 wurden LOCA-Versuche mit hoch abgebrannten Brennelementen im Reaktorkern gefahren. Korrosion, Kriechverhalten und Rissbildung von unterschiedlichen Brenn- und Werkstoffen wurden untersucht.[1468]

In Schweden wurde südlich von Stockholm bei Norrköping an der Ostsee in den 60er Jahren das Kernkraftwerk Marviken mit einem Siede-Schwerwasserreaktor gebaut, das nach fast vollständiger Fertigstellung aus wirtschaftlichen Gründen nicht als Nuklearanlage in Betrieb genommen wurde. 1971 wurde der nukleare Teil der Anlage interessierten Nationen wie Deutschland, Frankreich, Japan, den USA u. a. für gemeinsame Forschungsprojekte zur Verfügung gestellt. Von August 1972 bis Oktober 1976 wurden in zwei Serien insgesamt 25 Blowdown-Experimente im Großmaßstab 1:1 mit verschiedenen Versuchsparametern durchgeführt.[1469, 1470] Im Mittelpunkt des Interesses war das Störfallverhalten des Containments, insbesondere auch Resonanzphänomene.[1471] Die Marviken-Versuche dienten auch zur Weiterentwicklung von Messverfahren, wie beispielsweise einer Infrarotmesseinrichtung für instationäre Mehrkomponenten-Zweiphasenströmungen.[1472] Am Standort Studsvik bei Nyköping betrieb die Studsvik Energiteknik AB in den 80er Jahren die FIX-II-Versuchseinrichtung, die im volumetrischen Maßstab 1:777 die schwedischen SWR für LOCA-Blowdown-Experimente abbildete.

Finnland nahm 1977 und 1981 in Loviisa am Finnischen Meerbusen östlich von Helsinki zwei WWER-DWR sowjetischer Bauart mit der Nettoleistung von je 488 MW_{el} in kommerziellen Betrieb. Auf der Insel Olkiluoto im Bottnischen Meerbusen wurden 1979 und 1980 zwei SWR-Kernkraftwerke der schwedischen ASEA Atom mit je 860 MW_{el} Nettoleistung in Betrieb genommen. Im Jahr 1976 begann mit Blick auf die in Bau befindlichen WWER-Reaktoren an der Technischen Universität Lappeenranta die

[1465] D'Auria, F., Galassi, G. M. et al.: Comparative Analysis of Accident Management Procedures in LOBI and SPES Facilities, Proceedings of the Fifth International Topical Meeting on Reactor Thermal Hydraulics NURETH-5, 21–24. 9. 1992, Salt Lake City, Ut, USA, Vol. VI, S. 1577–1587.

[1466] Braun, Heinz: Das OEEC-Halden-Rektorprojekt (HBWR), atw, Jg. 5, März 1960, S. 112–120.

[1467] Broy, Y. und Wiesenack, W.: The OECD Halden Reactor Project, atw, Jg. 45, April 2000, S. 229–233.

[1468] http://www.nea.fr/html/jointproj/halden.html nach dem Stand vom 17. 5. 2008.

[1469] Slaughterbeck, D. C. und Ericson, Leif: Nuclear Safety Experiments in the Marviken Power Station, NUCLEAR SAFETY, Vol. 18, No. 4, 1977, S. 481–491.

[1470] Schwan, Henning: Reaktorsicherheits-Experimente im Kernkraftwerk Marviken, Kerntechnik, Jg. 20, Heft 10, 1978, S. 445–449.

[1471] Appelt, K. B., Kadlec, J. und Wolf, E.: Investigation of the Resonance Phenomena in the PS Containment of the Marviken Reactor during Blowdown, Trans. Am. Nucl. Soc., Vol. 20, 1975, S. 503–510.

[1472] Barschdorff, D., Neumann, M. und Wiogo, S.: Auswertung von Infrarotabsorptionsmessungen bei Blowdownversuchen am Druckabbausystem des Reaktors Marviken, Gesell. f. Kernforschung Karlsruhe, Projekt Nukleare Sicherheit, KFK 2534, Oktober 1977.

experimentelle Untersuchung des thermohydraulischen Wiederauffüllens und Flutens eines DWR-Reaktorkerns mit der Versuchsanlage REWET-I, die aus einem Rohr bestand. Die REWET-II-Anlage folgte 1981. Sie besaß 19 elektrisch beheizbare Brennstäbe voller Länge und die Hauptkomponenten eines Primärkreislaufs. Der volumetrische Verkleinerungsmaßstab betrug 1:2333. Mit REWET-II wurden Testserien zur Untersuchung verschiedener Verfahren zur Einspeisung von Notkühlwasser in WWER-Reaktorkerne sowie die Wirkungen unterschiedlicher Gestaltungen der Gitterplatten im Reaktordruckbehälter gefahren.[1473] Weitere Experimente zielten auf den Einfluss der Auskristallisation von Borsäure während eines LOCA.[1474] Die Anlage wurde 1985 um weitere Komponenten ergänzt und als REWET-III-Versuchseinrichtung bis 1987 betrieben.[1475]

Im Jahr 1989 wurde in Lappeenranta mit dem Bau der integralen Versuchsanlage PACTEL (Parallel Channel Test Loop) begonnen, die von 1990–2003 betrieben wurde. Mit PACTEL wurde das thermohydraulische Verhalten der Reaktoren WWER-440 bei einem LOCA, insbesondere die Naturumlauf-Notkühlung untersucht.[1476]

Schweiz In der ersten Hälfte der 80er Jahre wurden am Eidgenössischen Institut für Reaktorforschung (EIR) in Würenlingen (ab 1988 Paul-Scherrer-Institut – PSI – in Villigen) mit den Versuchsanlagen NEPTUN-I und -II DWR-LOCA-Simulationen durchgeführt. Die Experimente erlaubten die Messung der Wärmeübertragung bei der Kernnotkühlung über der vollen Länge der Brennelemente. Das Test-Stabbündel bestand aus 33 elektrisch beheizbaren Stäben und 4 Steuerstä-

ben und entsprach einem Segment des LOFT-Reaktorkerns der LOFT-Versuchsanlage in Idaho, USA. In enger Abstimmung mit den LOFT-Experimenten und im Rahmen eines Abkommens zwischen USNRC und dem Bundesamt für Energie der Schweiz wurden 1981/1982 in Würenlingen SBLOCA-Tests mit Trockengehen des Reaktorkerns vorgenommen, wobei die simulierte Nachzerfallswärmeleistung, der Systemdruck und die Anfangsunterkühlung des Notkühlwassers variiert wurden. Weitere Versuchsreihen betrafen die Flutphase. Die NEPTUN-Versuche ergänzten das LOFT-Programm (s. Kap. 6.7.4) im Hinblick auf die Weiterentwicklung der thermohydraulischen Codes RELAP und TRAC.[1477] Im Jahr 1985 wurde die NEPTUN-Anlage für Untersuchungen im Rahmen des High Performance Light Water Reactor (HPLWR) -Projekts der Europäischen Union umgebaut. Bei den NEPTUN-III-Versuchen wurde das Verhalten eines dicht stehenden hexagonalen Stabbündels beim Wiederauffüllen und Fluten studiert. Diese Versuchsanordnung entsprach einem Leichtwasserreaktor mit Uran/Plutonium-Brennstoff und hoher Konversionsrate (Light Water High Conversion Reactor – LWHCR).[1478] Am Paul Scherrer Institut wurde 1991 ein Projekt begonnen, mit dem die langfristige passive Nachzerfallswärmeabfuhr fortschrittlicher Reaktorsysteme analytisch und experimentell untersucht werden sollte. Im Rahmen dieses von der schweizerischen Versorgungswirtschaft und dem Nationalen Energie-Forschungs-Fonds geförderten Projekts wurde die Großversuchsanlage PANDA (Passive Nachwärmeabfuhr und Druckabbau) errichtet. PANDA ist in der Höhe 1:1 und bezüglich Volumen sowie Leistung 1:25 skaliert. Ihre Zielsetzung ist die Untersuchung von Naturumlauf- und Containment-Phänomenen hinsichtlich der künftigen Generation der Siedewasserreaktoren wie

[1473] Kervinen, T., Purhonen, H. und Kalli, H.: REWET-II Reflood Experiment Project, Trans. Am. Nucl. Soc., Vol. 46, 1984, S. 471 f.

[1474] Kervinen, T. und Tuuanen, J.: Emergency Cooling Experiments with Aqueous Boric Acid Solution in the REWET-II Facility, Trans. Am. Nucl. Soc., Vol. 55, 1987, S. 466 f.

[1475] http://ydin.pc.lut.fi/en/research/history.html nach dem Stand vom 25.4.2008.

[1476] Tuuanen, J., Semken, R. S. et al.: General description of the PACTEL test facility, VTT, ESPOO, 1998, ISBN 951-38-5338-1.

[1477] Aksan, S. N.: NEPTUN Bundle Boil-Off Reflooding Experimental Program Results, Proceedings, Tenth Water Reactor Safety Research Information Meeting, 12–15. 10. 1982, Gaithersburg, Md., NUREG/CP-0041, Vol. 1, S. 363–374.

[1478] Rouge, N., Dreier, J., Yanar, S. und Chawla, R.: Experimental comparisons for bottom reflooding in tight LWHCR and standard LWR geometries, Nuclear Engineering and Design, Vol. 137, 1992, S. 35–47.

SBWR von General Electric oder SWR-1000. Die erste Testserie wurde Anfang des Jahres 1995 gefahren.[1479, 1480]

Brasilien In der ersten Hälfte der 80er Jahre plante die Comissão Nacional de Energia Nuclear (CNEN) am Standort Centro de Desenvolvimento da Tecnologia Nuclear (CDTN) in Belo Horizonte (Minas Gerais) die Testanlage DTLES für thermohydraulische Versuche mit Kühlmittelverluststörfällen. Im Rahmen des deutsch-brasilianischen Abkommens über die Zusammenarbeit bei der friedlichen Nutzung der Kernenergie von 1975 erhielt die CNEN technische Unterstützung durch das Kernforschungszentrum KFA Jülich und die Firma KWU AG. Die Referenzanlage war entsprechend der damals errichteten Anlage Angra-2 ein 1300-MW$_{el}$-DWR der Bauart KWU. DTLES wurde Anfang der 90er Jahre erbaut und hatte den Volumenmaßstab 1:1976 sowie den Höhenmaßstab 1:1. Das Testbündel bestand aus 5×5 Stäben. DTLES diente der Bereitstellung von analytischen und experimentellen Erfahrungen, um die brasilianischen Behörden in die Lage zu versetzen, unabhängige Bewertungen in Genehmigungsverfahren vornehmen zu können. DTLES sollte auch Brasilien in die weltweiten Forschungs- und Entwicklungsprogramme der Reaktorsicherheit integrieren.[1481]

Taiwan Im Institute of Nuclear Energy Research (INER) in Lung-Tan wurde Anfang der 90er Jahre die integrale Versuchsanlage IIST (INER Integral System Test) errichtet, mit der die in Maanshan 1984 und 1985 in den kommerziellen Betrieb gegangenen Westinghouse-DWR mit 951 MW$_{el}$ und 3 Loops abgebildet wur-

den. Die Skalierung war für die Höhen 1:4 und das Volumen 1:400. Die Experimente dienten der Verifikation des RELAP5/Mod3-Codes und der Messergebnisse anderer integraler Versuchseinrichtungen.[1482, 1483]

6.7.2 Das BMFT-Projekt Kernnotkühlung

Die für Forschungsvorhaben auf dem Gebiet der Reaktorsicherheit zuständigen Bundesministerien für wissenschaftliche Forschung (BMwF bis 1969), Bildung und Wissenschaft (BMBW bis 1972) und Forschung und Technologie (BMFT bis 1998) förderten seit Mitte der 60er Jahre mit rasch wachsendem Aufwand Untersuchungen zur Kernnotkühlung, die in den 80er Jahren ihr größtes Ausmaß erreichten. In den 60er Jahren war das staatliche Forschungsprogramm vom Bemühen geprägt, Anschluss an internationale Aktivitäten zu bekommen und Fragen aufzugreifen, die noch unzureichend geklärt erschienen.

Beteiligung am internationalen Halden-Programm[1484] An Versuchs-Brennelementen der Firmen Siemens, AEG und NUKEM (Nuklear-Chemie und Metallurgie GmbH, Wolfgang bei Hanau) wurden im norwegischen Versuchsreaktor Halden Bestrahlungsexperimente vorgenommen und das Verhalten von Brennstoff, Spaltgasen und Hüllrohren unter extremen Bedingungen untersucht. In-Core-Instrumentierungen zur Bestimmung der Leistungsdichte-Verteilung wurden entwickelt. Die Firma NUKEM entwarf und baute eine Druckmesszelle zur Messung des Druckaufbaus von Spaltgasen in Brennelementen während der Bestrahlung. Testbrennstäbe

[1479] Dreier, J. et al.: The PANDA facility and first test results, Kerntechnik, Vol. 61, 1996, S. 214–222.

[1480] Warnke, E. P. et al.: Cooling elements for passive heat removal, Nuclear Engineering and Design, Vol. 207, 2001, S. 33–40.

[1481] Ladeira, L. C. D. und Navarro, M. A.: DTLES Brasilian Test Facility for Thermohydraulic Reactor Safety Research, Proceedings of the Fifth International Topical Meeting on Reactor Thermal Hydraulics NURETH-5, 21–24. 9. 1992, Salt Lake City, Ut, USA, Vol. VI, S. 1557–1561.

[1482] Ferng, Y. M. und Lee, C. H.: Numerical simulation of natural circulation experiments conducted at the IIST facility, Nuclear Engineering and Design, Vol. 148, 1994, S. 119–128.

[1483] Lee, C. H. et al.: Investigation of mid-loop operation with loss of RHR at INER integral system test (IIST) facility, Nuclear Engineering and Design, Vol. 163, 1996, S. 349–358.

[1484] IRS-F-1 (30. 6. 1966), Vorhaben At T 110, Laufzeit 5 Jahre ab Dezember 1966, 0,72 Mio. DM, S. 35.

wurden in der KFA Jülich und dem niederländischen EURATOM-Forschungszentrum Petten bestrahlt.[1485]

Vorgänge bei plötzlicher Druckentlastung im Kessel und in der Hauptdampfleitung[1486] Nach Auffassung des Ministeriums war als größter anzunehmender Unfall der Bruch einer wichtigen Rohrleitung nur hypothetisch erörtert, aber nicht in seinen Einzelheiten geklärt worden. Die ersten in der Bundesrepublik Deutschland betriebenen Leistungsreaktoren waren Siedewasserreaktoren (SWR): Kahl und Gundremmingen. Es wurde deshalb als sinnvoll angesehen, den Rohrbruch einer Hauptdampfleitung bei einem SWR an Hand von Modellversuchen zu untersuchen. Den mechanischen Wirkungen des ausströmenden Zwei-Phasen-Gemisches Wasser-Dampf auf die Primärkreis-Komponenten galt das besondere Interesse.

Das Battelle-Institut in Frankfurt/M wurde mit der Durchführung der Forschungsarbeiten beauftragt. Nach Abschluss der Vorversuche mit einem kleinen Modellbehälter aus Glas der Jahre 1967/1968[1487] wurden Druckentlastungsexperimente bei Drücken bis 70 atü mit einem Versuchs-Stahlbehälter (0,8 m Innendurchmesser und 3,8 m lichte Höhe) gefahren. Abbildung 6.189 zeigt schematisch den Aufbau des Versuchsstandes. Abbildung 6.190 stellt die Druckverläufe über der Zeit nach dem plötzlichen Öffnen des Rohres dar.[1488]

Ende 1969 wurden die Laufzeit des Forschungsprojekts RS 16 auf 4 Jahre und die dafür aufgewendeten Finanzmittel auf 3,5 Mio. DM erhöht, sowie das Versuchsprogramm auf Bedingungen für Druckwasserreaktoren (DWR)

ausgeweitet.[1489] Die Höhe des Versuchsbehälters wurde auf 11,5 m vergrößert. Die Rohrleitung hatte den Innendurchmesser 150 mm und eine Länge von 6,2 m bis zur Bruchstelle. Die Anfangsdrücke bei den DWR-Versuchen lagen bei 130 at, die Temperaturen bei 200–290 °C, die Sättigungsdrücke bei 70–76 at. Der nach dem Rohrbruch austretende Massenstrom betrug nach einer Sekunde ca. 350 kg/s, nach 10 s ca. 150 kg/s. Das ausströmende Medium erzeugte in den ersten Zehntelsekunden eine mittlere Schubkraft von 18 Mp, nach 10 s ca. 6 Mp. Diese Ergebnisse waren wichtig für die Ermittlung der Kräfte auf Komponentenabstützungen.

Bei Abschluss des Forschungsvorhabens RS 16 wurde festgestellt, dass es nicht gelungen war, die Ausströmrate in der Anfangsphase (0–0,5 s) befriedigend genau zu messen.[1490] Das Projekt wurde deshalb ab 1.11.1971 für weitere 5 Monate mit dem Ziel fortgesetzt, Messsysteme zu entwickeln, die den Massenstrom und die Dichte des ausströmenden Mediums in der stark transienten Anfangsphase während der ersten Millisekunden erfassen können.[1491] Prototypen von Widerstandskörper- (Dragbody) -Messfühlern wurden entwickelt, erprobt und kalibriert.[1492] In Versuchen wurde gezeigt, dass Dichteänderungen in einem Dampf-Wasser-Gemisch innerhalb eines Messintervalls von 1 ms sehr gut erfasst werden können.[1493]

Nachdem in den Jahren 1966–1972 die Vorgänge bei plötzlicher Druckentlastung für ein Druckgefäß ohne Einbauten grundlegend untersucht worden waren, wurde im Battelle-Institut/ Frankfurt ein neues Forschungsvorhaben begonnen, das die Belastungen für Kerneinbauten im Reaktordruckbehälter (RDB) während des Blowdown ermitteln sollte. Die Siemens AG erhielt

[1485] IRS-F-3, Berichtszeitraum Januar bis Juni 1969, Vorhaben RS 11, Laufzeit 2,5 Jahre ab September 1966, 0,4 Mio. DM, S. 20–27.

[1486] IRS-F-1 (30. 6. 1966), Vorhaben RS 16, Laufzeit 4 Jahre ab März 1967, 3,5 Mio. DM, S. 36.

[1487] IRS-F-2, Berichtszeitraum Juli bis Dezember 1968, Vorhaben RS 16, S. 30 f.

[1488] IRS-F-4, Berichtszeitraum Juli bis Dezember 1969, Vorhaben RS 16, S. 19–24.

[1489] IRS-F-6, Berichtszeitraum 1. 1. bis 30. 6. 1971, Vorhaben RS 16, Bericht V71/1, S. 1–3.

[1490] IRS-F-6, Berichtszeitraum 1. 4. bis 30. 4. 1971, Vorhaben RS 16, Bericht V71/2, S. 1 f.

[1491] IRS-F-9, Berichtszeitraum 1. 10. bis 31. 12. 1971, Vorhaben RS 16/1, S. 1–3.

[1492] IRS-F-10, Berichtszeitraum 1. 1. bis 31. 3. 1972, Vorhaben RS 16/1, Berichts-Nr. V72/1, S. 1–3.

[1493] IRS-F-11, Berichtszeitraum 1. 4. bis 30. 6. 1972, Vorhaben RS 16/1, Berichts-Nr. V72/2.

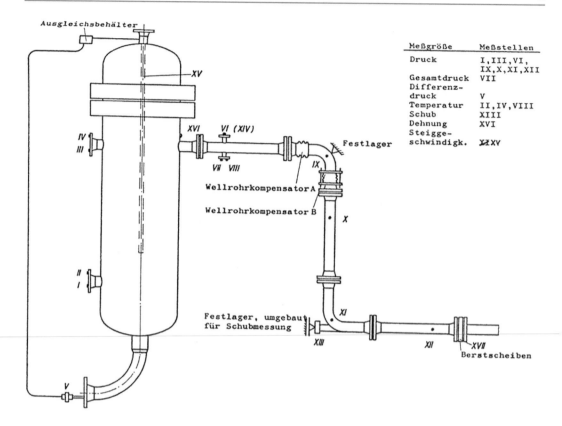

Abb. 6.189 Aufbau des Versuchsstandes nach Battelle-Institut. (schematisch)

Abb. 6.190 Zeitlicher Verlauf des statischen Drucks im Rohr an verschiedenen Messstellen

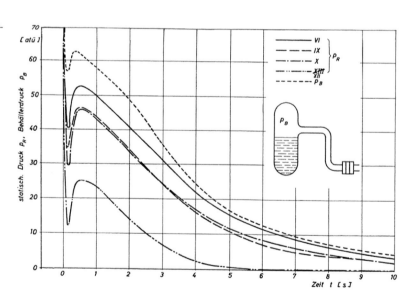

den Unterauftrag, die Modell-Kerneinbauten für einen DWR-RDB, der mit einem 11,2 m hohen Stahlbehälter simuliert wurde, zu dimensionieren (s. Abb. 6.191). Die Versuche unter DWR-Bedingungen sollten mit 140 bar und 290 °C gefahren werden. Die kurzzeitigen Druckdifferenzen an den Kerneinbauten nach einem Rohrbruch wurden mittels Rechencodes vorausberechnet. Die Rechencodes wiederum sollten anhand der Messergebnisse verifiziert und kalibriert werden. Das Versuchsprogramm, das im Juli 1972 begann, war für 3 Jahre geplant (Leitung Dipl.-Ing. Rüdiger).[1494]

Die Auslegung der SWR-Einbauten für die später geplanten Versuche unter SWR-Bedingungen wurde von der Firma AEG-Telefunken übernommen. Die Messtechnik zur Druck-, Differenzdruck- und Spannungsmessung wurde unter Berücksichtigung der Ansprechzeit von 1 ms sowie der Temperatur von ca. 285 °C ausgewählt.[1495]

Im Rahmen eines „DWR-Sofortprogramms" wurden bis September 1975 fünf Blowdown-Einzelversuche gefahren. Die Bruchöffnungszeiten betrugen dabei 3 ms, 30 ms und 120 ms. Der Bruchöffnungsquerschnitt wurde von NW 50 mm auf NW 100 vervierfacht und auf NW 150 verneunfacht. Die Länge des Ausblasstutzens wurde zwischen 550 mm, 920 mm und 350 mm variiert. Der Anfangsbehälterdruck war jeweils ca. 140 bar, die Anfangstemperatur ca. 295 °C.

Die Messergebnisse zeigten die Druckverteilung und den Temperaturverlauf im Behälter, die Kräfte auf die Kerneinbauten sowie die Dehnungen des Kernmantels, den Ausströmvorgang und verschiedene Einzeleffekte. Die experimentellen Ergebnisse waren in guter Übereinstimmung mit den Vorausberechnungen.[1496] Mit diesen Versuchen des Battelle-Instituts konnten wertvolle Grundlagen für die Ermittlung der Kräfte auf Kerneinbauten im Notkühlfall erarbeitet werden.

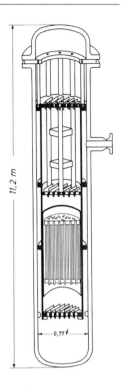

Abb. 6.191 Modell-Einbauten für DWR-Versuche

11,2 m

0,77 ⌀

Das Forschungsvorhaben zu den Vorgängen bei der plötzlichen Druckentlastung wurde zeitlich bis Ende Oktober 1979 ausgedehnt und die bewilligten Mittel auf 11,85 Mio. DM erhöht. Das Untersuchungsprogramm sollte nun insbesondere SWR-Versuche und weitere DWR-Experimente mit starren und flexiblen Einbauten umfassen.[1497, 1498] Parallel zu diesen Untersuchungen wurde im Rahmen des Projekts Nukleare Sicherheit (PNS) der Gesellschaft für Kernforschung Karlsruhe (GfK) und im Zusammenhang mit dem Heißdampfreaktor (HDR) -Sicherheitsprogramm (s. Kap. 10.5.7) in den Jahren 1974–1979 das Forschungsvorhaben „Auslegung, Vorausberechnung und Auswertung der HDR-Blowdown-Experimente zur dynamischen Belastung und Beanspruchung von Reaktordruckbehältereinbauten" durchgeführt.[1499]

[1494] IRS-F-13, Berichtszeitraum 1. 7. bis 30. 9. 1972, Vorhaben RS 16/2, Arbeitsbeginn 15. 7. 1972, Laufzeit 36 Monate, Gesamtkosten 4 Mio. DM.

[1495] IRS-F-14, Berichtszeitraum 1. 10. bis 31. 12. 1972, Vorhaben RS 16/2, Berichts-Nr. V72/2, S. 26–28.

[1496] IRS-F-27 (Dezember 1975), Berichtszeitraum 1. 7. bis 30. 9. 1975, Vorhaben RS 16 B, S. 43 f.

[1497] GRS-F-74 (März 1979), Berichtszeitraum 1. 10. bis 31. 12. 1978, Vorhaben RS 16 B, S. 1–3.

[1498] GRS-F-82 (September 1979), Berichtszeitraum 1. 4. bis 30. 6. 1979, Vorhaben RS 16 B, S. 1–4.

[1499] vgl. IRS-F-28 (März 1976), Berichtszeitraum 1. 10. bis 31. 12. 1975, Vorhaben PNS 4221, Arbeitsbe-

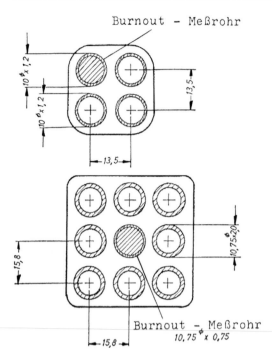

Abb. 6.192 Brennelemente für Versuche mit Leistungstransienten

Burnoutmessungen an 2 × 2- und 3 × 3-Stabbündeln Aufbauend auf Arbeiten der EURATOM wurden 1967/1968 von der Firma MAN-Nürnberg (verantwortlich Dr.-Ing. F. Mayinger) in Vier- und Neunstabbündeln üblicher Konfiguration für SWR und DWR (Abb. 6.192) Messungen von ungleichförmigen und kritischen Heizflächenbelastungen bei Leistungstransienten bis zu einer Zerstörung der Heizfläche (Burnout) vorgenommen.[1500, 1501] Parameter waren dabei der Mengenstrom, der Systemdruck sowie der Unterkühlungsgrad und die Dampfqualität am Messstreckeneintritt. Beim Burnout unter Leistungstransienten wird nur ein Teil der dem Heizelement (elektrisch) zugeführte Wärme bis zum

Augenblick des Filmsiedens vom Kühlmittel abgeleitet, ein großer Teil davon wird im Heizelement gespeichert. Der Anteil der Speicherwärme ändert sich in jedem Augenblick der Leistungssteigerung und war damals zunächst nicht direkt erfassbar. MAN entwickelte deshalb besondere Messverfahren, die eine fast trägheitsfreie Temperaturmessung und die sofortige Erfassung des beginnenden Filmsiedens ermöglichten.

Im Vierstabbündel wurde ein Eckstab, im Neunstabbündel der zentrale Stab bis zum Burnout belastet. Die kritischen Wärmestromdichten wurden abhängig vom Mengenstrom am Messstreckeneintritt ermittelt. Es ergab sich eindeutig, dass die transitorischen Burnoutwerte nahezu doppelt so hoch waren, wie die unter stationären Bedingungen gemessenen Werte. Gelegentlich waren Pulsationen in der Strömung und andere teilweise heftige Instabilitäten aufgetreten. Pulsationsfördernde Bedingungen wurden deshalb eigens untersucht.[1502, 1503]

Das BMBW-Notkühlprogramm 1970 Die deutschen Firmen AEG und Siemens, die in den 60er Jahren in Lizenz der amerikanischen Hersteller General Electric bzw. Westinghouse die ersten Demonstrations-Kernkraftwerke errichteten, verließen sich zunächst auf die amerikanischen – zum Teil experimentellen – Nachweise der Wirksamkeit der Notkühlsysteme. Die entsprechenden Unterlagen für das SWR-Kernkraftwerk Würgassen beispielsweise, die in den USA von der USAEC als ausreichend akzeptiert worden waren, wurden den verantwortlichen deutschen Gutachtern der TÜV und der RSK übergeben und von diesen geprüft.[1504] Die Firma Siemens ging bei der Planung und dem Bau des Kernkraftwerks Stade (KKS) bereits eigene, von der Westinghouse-Technik abweichende Wege (vgl. Kap. 6.7.3).

Ausgehend von der Feststellung, dass die Auslegung von Kernnotkühlsystemen zwar zum

---

ginn Oktober 1974, Arbeitsende Ende 1979, Berichts-Nr. V75/3 + 4.

[1500] IRS-F-1 (30. 6. 1966), Vorhaben RS 14, Laufzeit 1,5 Jahre ab Mai 1967, 0,9 Mio. DM, S. 36.

[1501] Burnout-Versuche an einzelnen geraden Rohren waren bereits in großer Zahl durchgeführt worden. vgl.: Griffel, J. und Bonilla, C. F.: Forced-Convection Boiling Burnout for Water in Uniformly Heated Tubular Test Sections, Nuclear Structural Engineering, Vol. 2, 1965, S. 1–35.

[1502] IRS-F-2, Berichtszeitraum Juli bis Dezember 1968, Vorhaben RS 14, S. 20–27.

[1503] IRS-F-5, Berichtszeitraum Januar bis Juni 1970, Vorhaben RS 14, S. 14–18.

[1504] vgl.: AMPA Ku 2, Niederschriftprotokoll der 64. RSK-Sitzung, 14. 5. 1971, IRS-Informationen RSK-64/3, S. 7.

Teil auf Versuchsergebnissen aus den USA, zum anderen Teil aber nur auf einer Reihe grober Annahmen beruhte, entschloss sich der BMBW Versuchsprogramme durchzuführen, „*die einmal die Probleme genauer untersuchen und zum anderen das Feld der aus amerikanischen Versuchen bekannten Parameter erweitern und somit eine Kontrolle und Verbesserung der bisher zur Störfallanalyse benutzten Rechenprogramme gestatten.*"[1505]

Für die Konzeption und die Durchführung der Forschungsvorhaben im Einzelnen standen dem BMFT neben der IRS-Forschungsbetreuung der Sachverständigenkreis Notkühlung zur Verfügung, dessen Vorsitzender Prof. Dr.-Ing. Franz Mayinger (1969–1981 TU Hannover, danach TU München) entscheidenden Einfluss hatte.

Der Kühlmittelverluststörfall wurde in zwei Phasen, einen Hochdruck- und einen Niederdruckteil, aufgegliedert. Der Hochdruckteil umfasste alle Vorgänge, die sich unmittelbar nach Eintritt des Störfalls im Leistungsbetrieb beim Ausströmen des Kühlmittels abspielen. Mit diesen Forschungsarbeiten wurde die Firma AEG-Telefunken, Frankfurt beauftragt. Im Niederdruckteil wurden alle Vorgänge untersucht, die sich nach Eingreifen der Notkühlsysteme und Absenken des Drucks ergeben. Diesen Teil des Gesamtprogramms plante und wickelte die Firma Siemens, Erlangen ab.

Die Reaktorsicherheitskommission (RSK) begleitete die Umsetzung des Notkühlprogramms und wirkte wesentlich auf Planung und Durchführung ein. Im Mai 1971 erörterte die RSK in interner Beratung[1506] die Meldungen aus den USA über die Semiscale-Versuche in Idaho (s. Kap. 6.7.1), die Zweifel an der Wirksamkeit von DWR-Notkühleinrichtungen aufgeworfen hatten.[1507] Die Einrichtung eines RSK-Unterausschusses (UA) „Notkühlung" wurde vorgeschlagen, der sich mit der Betreuung des deutschen Notkühlforschungsprogramms, den in den USA

aufgeworfenen Fragen und den USAEC-Interimskriterien beschäftigen sollte. Auf der folgenden RSK-Sitzung im Juni 1971 wurde der RSK-UA Notkühlung (Mitglieder: Vorsitzender Mayinger, Wengler, Smidt, Birkhofer, Schenk und ein IRS-Vertreter) gegründet. Die RSK diskutierte ausgiebig das Notkühlforschungsprogramm der Firmen AEG und Siemens.[1508]

Am 30. Juli 1971 konstituierte sich der RSK-UA „Kernnotkühlung" (danach einfach „Notkühlung") im BMBW in Bonn und diskutierte die Semiscale-Versuche. In Übereinstimmung mit den Vorausberechnungen durch den RELAP-3-Code sei die Notkühlwassereinspeisung wirkungslos geblieben. Der RSK-UA stellte dazu fest: „*Die Wirkungslosigkeit der Notkühleinspeisung ist jedoch bereits ohne Rechencode voll erklärbar, da aufgrund der Anordnung der Notkühleinspeisung in das untere Plenum des Druckgefäßes ein direkter Kurzschluss zur Bruchstelle vorhanden war, so dass die Noteinspeisemenge, ohne den Kern zu kühlen, direkt aus der Bruchstelle ausströmte.*" Die viel zitierten Semiscale-Versuche brächten somit keine umwälzend neuen Ergebnisse. Allerdings reichte dem RSK-UA der Stand der Technik nicht aus, eine komplette Analyse der physikalischen Vorgänge während der ersten ca. 15 s eines Kühlmittelverlust-Vorgangs (Blowdown-Phase) durchzuführen. Als ungeklärte Fragen wurden genannt:

- das Wärmeübergangsverhalten als Funktion des thermodynamischen Zustands,
- das Parallel- und Querströmungsverhalten in großen Reaktorkernen und
- die Rückwirkungen des Kreislaufverhaltens auf die Massenstrom- und Wärmeübergangsverhältnisse.

Zu den USAEC-Interimskriterien zur Kernnotkühlung wurde bemerkt, dass in den IRS-Kriterien von 1969 für Leichtwasserreaktoren bereits vergleichbare Anforderungen an die Auslegung der Notkühlanlagen enthalten seien.[1509]

Parallel zu den von AEG und Siemens durchgeführten Forschungsvorhaben wurde ergänzend

---

[1505] IRS-F-5, Berichtszeitraum Januar bis Juni 1970, S. 30.

[1506] AMPA Ku 2, Niederschriftprotokoll der 64. RSK-Sitzung, 14. 5. 1971, S. 5 f.

[1507] Zitiert wurde insbesondere NUCLEONICS WEEK, Vol. 12, No. 18, 6. Mai 1971, S. 1.

[1508] AMPA Ku 2, Niederschriftprotokoll der 65. RSK-Sitzung, 23. 6. 1971, S. 5–8.

[1509] AMPA Ku 164, Ergebnisprotokoll 1. RSK-UA-Sitzung Notkühlung, 30. 7. 1971, S. 3–6.

eine ganze Serie von speziellen theoretischen und experimentellen Untersuchungen zum Komplex Kernnotkühlung bei Hochschulinstituten und Forschungsanstalten ins Werk gesetzt.

Notkühlprogramm – Hochdruckversuche Für die AEG-Hochdruckversuche wurde angenommen, dass der Unfall im Volllastbetrieb eintritt und die Reaktorleistung nach der Schnellabschaltung auf das Leistungsniveau absinkt, das der dann freigesetzten Nachzerfallswärme entspricht. Die Zielsetzung war, das Zusammenspiel von Leistungstransiente, Druckabsenkung und thermohydraulischen Vorgängen am sog. „heißesten" Stab im Reaktorkern zu untersuchen, wobei die verschiedenen Geometrien von SWR- und DWR-Kernen zu berücksichtigen waren. Das Versuchsprogramm teilte sich in drei Abschnitte:[1510, 1511]

- Versuche an innendurchströmten und gekühlten Einzelrohren mit der wesentlichen Aufgabe, die sehr komplizierte Messtechnik zu entwickeln und zu erproben.
- Versuche an Vierstabbündeln (Betriebsdruck 90 bar, Betriebstemperatur 310 °C) entsprechend einer Wärmesenke von 0,4 MW Leistung. Die Unfalltransiente wird durch Öffnen eines Abblaseventils in der Messstrecke simuliert.
- Hauptversuche mit 7 × 7-Stabbündeln mit Originalgeometrie für SWR und DWR und einer Wärmesenke mit der Kapazität von 5 MW (Betriebsdruck bis 140 bar). Die Unfalltransienten werden gesteuert.[1512]

Die Versuchsergebnisse sollten der Überprüfung der damals gültigen Notkühlkonzepte dienen und Hinweise auf mögliche Verbesserungen geben. Das Versuchsprogramm war auf 4 Jahre angelegt; die Gesamtkosten wurden auf 9,2 Mio. DM aufgestockt.

Die Versuchsstände wurden am AEG-Forschungsstandort Großwelzheim (später Ortsteil von Karlstein) errichtet. In der zweiten Jahreshälfte 1971 wurden insgesamt 58 Blowdown-Versuche mit der Einrohr-Messstrecke durchgeführt und im Dezember 1971 abgeschlossen. Die Parameterbereiche deckten SWR und DWR ab.[1513] Bei der Ergebnisauswertung ergab sich u. a., dass die Wärmeübergangskoeffizienten bei großen Brüchen mehrfach größer sind als bei kleinen Brüchen.[1514] Die kritische Heizflächenbelastung wurde zeitverzögert gegenüber quasistationären Rechnungen überschritten.[1515] Der Versuchsstand für den Vierstabbündel-Kreislauf wurde im Juni 1972 hinsichtlich seiner maschinellen Komponenten und der Betriebsinstrumentierung in Großwelzheim in Betrieb genommen.[1516] Die Vierstabbündel-Versuche für SWR-Verhältnisse begannen Ende 1972. Parallel dazu wurde im Herbst 1972 der Versuchsstand für die Hauptversuche (zunächst für 36-Stabbündel) aufgebaut.[1517]

Zum 1.1.1973 ging die Verantwortung für das Notkühlprogramm – Hochdruckversuche von der Fa. AEG-Telefunken auf die Kraftwerk Union AG (KWU) über. Bis 31.3.1973 konnte die erste Versuchsserie mit Vierstabbündeln und dünnwandigen Heizstäben mit 30 Blowdown-Versuchen abgeschlossen werden. Die Versuche zeigten, dass Wiederbenetzen auch bei Temperaturen etwa 100 °C über der Sättigungstemperatur eintrat.[1518] Die Vierstabbündel-Versuche wurden von April bis Juni 1973 mit dickwandigen, direkt beheizten Heizstäben fortgesetzt, insgesamt 28 SWR-orientierte Blowdown-Versuche gefahren

---

[1510] IRS-F-5, Berichtszeitraum Januar bis Juni 1970, Vorhaben RS 37, Laufzeit 14. 2. 1969 bis 30. 6. 1973, 4,1 Mio. DM.

[1511] AMPA Ku 2, Ergebnisprotokoll 65. RSK-Sitzung, 23. 6. 1971, S. 5.

[1512] IRS-F-6, Berichtszeitraum 1. 1. bis 30. 6. 1971, Vorhaben RS 16, Berichts-Nr. V71/1 und V71/2.

[1513] IRS-F-9, Berichtszeitraum 1. 10. bis 31. 12. 1971, Vorhaben RS 37, Berichts-Nr. V71/4.

[1514] IRS-F-10, Berichtszeitraum 1. 1. bis 31. 3. 1972, Vorhaben RS 37 u. RS 37/1, Berichts-Nr. V71/4.

[1515] IRS-F-15, Berichtszeitraum 1. 1. bis 31. 3. 1973, Vorhaben RS 37, RS 37/1 und RS 37/2, Berichts-Nr. V73/1.

[1516] IRS-F-11, Berichtszeitraum 1. 4. bis 30. 6. 1972, Vorhaben RS 37, RS 37/1 und RS 37/2, Berichts-Nr. V72/2.

[1517] IRS-F-14, Berichtszeitraum 1. 10. bis 31. 12. 1972, Vorhaben RS 37, RS 37/1 und RS 37/2, Berichts-Nr. V72/4.

[1518] IRS-F-15, Berichtszeitraum 1. 1. bis 31. 3. 1973, Vorhaben RS 37, RS 37/1 und RS 37/2, Berichts-Nr. V73/1, S. 17 f.

und Heizleitervergleiche angestellt.[1519] Die Auswertung der Vierstabbündel-Tests zog sich in das Jahr 1974 hinein.[1520]

Anfang 1975 begann ein Vorhaben mit gesteuerten Blowdown-Versuchen, die Auskunft über die Thermohydraulik und das Wärmeübergangsverhalten während der instationären Blowdown-Vorgänge geben sollten. Die Experimente wurden mit einem 25-Stab-Heizleiterbündel auf dem Hauptversuchsstand gefahren. Die Versuchsläufe lieferten experimentelle Daten über die DNB (Departure from Nucleate Boiling) -Verzugszeit, den DNB-Ort und die Kurzzeit-Post-DNB-Phase.[1521]

Die Notkühlprogramm-Hochdruckversuche wurden von einigen überwiegend theoretischen, aber auch experimentellen Spezialuntersuchungen und Entwicklungen begleitet, die von Forschungsinstituten und der Industrie durchgeführt wurden. Im Laboratorium für Reaktorregelung und Anlagensicherheit an der Technischen Universität München in Garching (LRA) wurden folgende Forschungsvorhaben bearbeitet:

- Theoretische Untersuchungen im Zusammenhang mit Druckabsenkungsvorgängen im Primärsystem (Blowdown) (Laufzeit 1969–1975, Leitung Dipl.-Ing. K. Wolfert).[1522, 1523] Gegenstand dieses Forschungsvorhabens war die zweckmäßige mathematische Formulierung der physikalischen Vorgänge und Entwicklung von Rechenprogrammen wie BRUCH-D, BRUCH-DL, BRUCH-S, BRUJET, LAMB.

- Untersuchungen der Druckwellenausbreitung im Primärsystem (Leitung Dr. K. Köberlein, später Dr. A. B. Wahba, K. Wolfert) wurden im Zeitraum 1969–1975 vorgenommen, um Rechenprogramme zur Abschätzung der Beanspruchung der RDB- und Containment-Strukturen zu erstellen (BLAST-2, DAPSY, THSOCK, BLAFCI u. a.) Das Vorhaben wurde schließlich in die HDR-Blowdown-Versuche integriert.[1524, 1525]

Des Weiteren wurden folgende Themen von LRA bearbeitet:[1526]

- Stand der Messtechnik
- Durchsatzoszillationen
- Druckverluste in Rohrleitungen
- Verhalten von Umwälzpumpen
- Strömungsbild bei der Zweiphasenströmung.

Am Institut für Verfahrenstechnik der Technischen Universität Hannover wurden „Theoretische und experimentelle Untersuchungen über Modellgesetze für instationäre Wärmeübertragungsbedingungen in wassergekühlten Reaktoren bei Notkühlung" durchgeführt (Leitung Prof. Dr.-Ing. F. Mayinger, Laufzeit 1970–1974).[1527] Gegenstand war die Frage, unter welchen Bedingungen bei Burnout-Experimenten mit Stabbündeln auch für instationäre Vorgänge Wasser durch das Kühlmittel R12 ersetzt werden kann.[1528] Eine große Ver-

---

[1519] IRS-F-16, Berichtszeitraum 1. 4. bis 30. 6. 1973, Vorhaben RS 37, RS 37/1, Berichts-Nr. V73/2.

[1520] IRS-F-19 (März 1974), Berichtszeitraum 1. 10. bis 31. 12. 1973, Vorhaben RS 37 und RS 37/1, Berichts-Nr. V73/4, S. 17 f.

[1521] IRS-F-28 (März 1976), Berichtszeitraum 1. 10. bis 31. 12. 1975, Notkühlprogramm-Hochdruckversuche, Teilvorhaben: DWR-Post DNB Hauptversuche mit einem 25-Stabbündel, Vorhaben RS 37 C, Arbeitsbeginn 1. 1. 1975, Arbeitsende 31. 3. 1976, Gesamtkosten 2, 5 Mio. DM, Berichts-Nr. V75/1, V75/2, V75/3, V75/4.

[1522] IRS-F-5, Berichtszeitraum Januar bis Juni 1970, Vorhaben At T 85 a, Unterthema 9, Berichts-Nr. V71/1,2.

[1523] IRS-F-26 (August 1975), Berichtszeitraum 1. 4. bis 30. 6. 1975, Vorhaben ATT 085 A, Berichts-Nr. V75/2, S. 63 f.

[1524] IRS-F-7, Berichtszeitraum 1. 7. bis 30. 9. 1971, Vorhaben At T 85 a, Unterthema 10, Berichts-Nr. V71/3.

[1525] IRS-F-26 (August 1975), Berichtszeitraum 1. 4. bis 30. 6. 1975, Vorhaben ATT 085 A, Berichts-Nr. V75/2, S. 64 f.

[1526] vgl. Statusbericht Notkühlung (Dr. D. Brosche) in IRS-F-15 (Juli 1973), Berichtszeitraum 1. 1. bis 31. 3. 1973, S. 34–36.

[1527] IRS-F-6 (Dezember 1971), Berichtszeitraum 1. 1. bis 30. 6. 1971, Vorhaben RS 48, S. 1–3.

[1528] R12 ist der chemische Stoff Dichlordifluormethan CCl_2F_2, der von den herstellenden Firmen unter verschiedenen Markennamen vertrieben wurde: Frigen (Hoechst AG), Freon (DuPont), Kaltron (Kali-Chemie). R12 besitzt eine um ungefähr den Faktor 12 geringere Verdampfungswärme und kann bei vergleichbaren fluid- und thermodynamischen Eigenschaften mit wesentlich niedrigeren Drücken und Temperaturen verwendet werden als Wasser.

suchsanlage wurde errichtet[1529, 1530] und im Sommer 1972 in Betrieb genommen.[1531] Zur Ermittlung der Einflüsse einzelner Parameter und von Kennzahlen für Umrechnungsgesetze zwischen Wasser und R12 wurden ca. 100 Blowdown-Versuche gefahren. Messergebnisse aus Großwelzheim wurden zum Vergleich herangezogen.[1532]

Im Institut für Verfahrenstechnik der TU Hannover wurde unter Leitung von Prof. Dr.-Ing. F. Mayinger auch das BMFT-Forschungsvorhaben „Experimentelle und theoretische Untersuchungen zum thermodynamischen Verhalten des Cores während der ersten Blowdown-Phase" in den Jahren 1975–1979 durchgeführt, wozu die Messstrecke mit R12-Kreislauf umgebaut und mit neuer Messtechnik aufgerüstet wurde.[1533]

Von der Gesellschaft für Kernforschung Karlsruhe GfK wurden in den Jahren 1972–1976 „Untersuchungen zum mechanisch-thermischen Brennstabverhalten in der Blowdown-Phase" (Leitung Dr. Class, K. Hain) durchgeführt.[1534]

Die Firma KWU führte in den Jahren 1973– 1977 „Untersuchungen über die Auswirkungen des Ausströmens von Dampf und Dampf-Wassergemischen aus Rohrleitungslecks" (Leitung Dr. Klaus Riedle) in Erlangen durch. Die Versuche wurden an Rohren mit Längs- und Querrissen und verschiedenen Rissformen vorgenommen.[1535, 1536, 1537]

Notkühlprogramm – Niederdruckversuche Die Firma Siemens AG übernahm die Aufgabe „Versuche zur Wiederauffüllung und Notkühlung des Reaktorkerns leichtwassergekühlter Leistungsreaktoren nach größtem anzunehmenden Unfall" zu unternehmen (Leitung zunächst Dr. Schweickert dann Dr. Blank und Dr. Riedle). Die Laufzeit des Vorhabens sollte sich vom Dezember 1969 bis Ende 1971 erstrecken. Die Problemstellung wurde wie folgt beschrieben: *„Beim Fluten oder Besprühen des Reaktorkerns trifft Wasser auf die stark überhitzte Oberfläche der Brennstäbe. Durch Filmsiedevorgänge wird die Wärmeabfuhr aus den während des Flutens benetzten Brennstabgebieten stark behindert. Der Wärmeübergang zum Kühlmittel ist in den Brennstabgebieten, in denen das Filmsieden bereits zusammengebrochen ist, und im Filmsiedegebiet selbst so groß, dass Dampfmengen entstehen, die den Flutvorgang stören können."* Die Wärmeübergangs- und Strömungsverhältnisse im Reaktorkern sollten untersucht und erklärt werden.[1538]

Vorversuche zeigten das Auftreten der stoßweisen, explosionsartigen Verdampfung des Kühlwassers und von Schwingungen im Kühlwasserleitungssystem. Das eigentliche Versuchsprogramm war in zwei Abschnitte aufgeteilt:

- Einrohrversuche, mit denen die Wirksamkeit des Sicherheitseinspeisesystems und des Notkühlsystems überprüft und experimentelle Aussagen für eine analytische Behandlung des Flutvorgangs gewonnen werden sollten,
- Stabbündelversuche, mit denen komplette Reaktorausschnitte und die Auswirkungen unterschiedlicher radialer Aufheizung untersucht werden sollten.

Die Versuchsapparatur sowie der gesamte Versuchsstand für die Einrohrversuche wurden in Erlangen 1969 fertiggestellt (Abb. 6.193). Die Apparatur bestand im Wesentlichen aus dem Versuchsrohr mit einer elektrisch beheizbaren Länge von 2.985 mm, einem Innendurchmesser von 13,8 mm und einer Wandstärke von 0,6 mm. Oberhalb des Federbalgs, der die durch die Temperatur verursachte Längsdehnung aufnahm, folgte ein Aluminiumrohr, in dem die Dichte-

[1529] IRS-F-9 (Mai 1972), Berichtszeitraum 1. 10. bis 31. 12. 1971, Vorhaben RS 48, Berichts-Nr. V71/4, S. 1–4.

[1530] IRS-F-10 (Juli 1972), Berichtszeitraum 1. 1. bis 31. 3. 1972, Vorhaben RS 48, Berichts-Nr. V72/1, S. 1 f.

[1531] IRS-F-13 (Dezember 1972), Berichtszeitraum 1. 7. bis 30. 9. 1972, Vorhaben RS 48, Berichts-Nr. V72/3, S. 20–22.

[1532] IRS-F-19 (März 1974), Berichtszeitraum 1. 9. bis 31. 12. 1973, Vorhaben RS 48, Berichts-Nr. V73/4, S. 21–25.

[1533] IRS-F-27 (Dezember 1975), Berichtszeitraum 1. 7. bis 30. 9. 1975, Vorhaben RS 163, Berichts-Nr. V75/2, S. 37–40.

[1534] IRS-F-15 (Juli 1973), Berichtszeitraum 1. 1. bis 31. 3. 1973, Vorhaben PNS 4236, Berichts-Nr. V73/1, S. 46 f.

[1535] IRS-F-19 (März 1974), Berichtszeitraum 1. 10. bis 31. 12. 1973, Vorhaben RS 93, Berichts-Nr. V73/4, S. 65 f.

[1536] IRS-F-25 (Mai 1975), Berichtszeitraum 1. 1. bis 31. 3. 1975, Vorhaben RS 93, Berichts-Nr. V75/1, S. 79–81.

[1537] IRS-F-33 (Dezember 1976), Berichtszeitraum 1. 7. bis 30. 9. 1976, Vorhaben RS 93 A, Berichts-Nr. V76/3, S. 114 f.

[1538] IRS-F-5, Berichtszeitraum Januar bis Juni 1970, Vorhaben RS 36, S. 32.

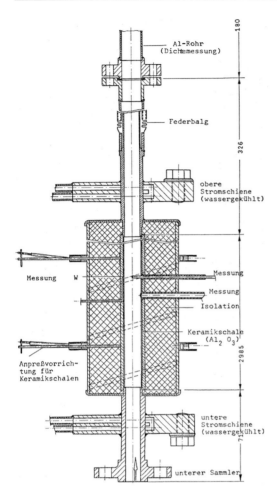

Abb. 6.193 Versuchsrohr der Einrohrversuche nach Siemens

schwankungen des Fluids nach der Absorptionsmethode von γ-Strahlen gemessen wurde. Für die Versuche unter Dampfatmosphäre wurde ein Dampferzeuger installiert. Abbildung 6.194 zeigt die Messergebnisse eines Versuchs unter Wasserdampfatmosphäre bei einem Druck von p = 1 ata, der Heizleistung von N = 5 kW und der Wandtemperatur von δw = 400 °C. Das Fluten erfolgte von unten mit einer Zulaufhöhe von 4 m und der Einspeisemenge von 40 l/h.[1539]

Das Einrohr-Versuchsprogramm war im Frühjahr 1971 abgeschlossen. Die Ergebnisse stimmten weitgehend mit vergleichbaren Versuchen in

den USA überein.[1540] Die Versuche hatten auch der Erprobung der Messtechnik gedient und Orientierung für die Stabbündelversuche gegeben.

Die Stabbündelversuche sollten aufzeigen, wie sich die thermohydraulischen Vorgänge gegenüber den Einrohrversuchen verändern, wenn die radiale Aufheizung den im Leistungsbetrieb verschieden stark belasteten Brennelementen entspricht. Abbildung 6.195 stellt die drei konzentrischen Stabzonen mit insgesamt 236 Stäben dar, die den DWR-Kern nachbildeten.[1541, 1542] Die Versuchsanlage wurde so ausgeführt, dass die einzelnen Strömungswege des eingespeisten Notkühlwassers für die verschiedenen Bruchlagen im Primärsystem möglichst genau simuliert werden konnten. Die Versuchsdaten entsprachen genau den Reaktorbedingungen wie Einspeisemengen, Zulaufhöhen, Nachzerfallswärmeleistung, Behältervolumen usw. Zur Kühlung konnte das Stabbündel von unten oder oben oder gleichzeitig von unten und oben geflutet werden. Kühlung durch Sprühen war ebenfalls möglich. Der Stabbündelbehälter konnte auch vor Versuchsbeginn mit Wasserdampf gefüllt werden. Damit wurden die Reaktorverhältnisse nach dem Blowdown simuliert, bei denen im Primärsystem außer dem restlichen Wasser nur Dampf vorhanden ist. Zuerst wurden die Einflüsse der Parameter untersucht, von denen die Wiederauffüll- und Notkühlvorgänge entscheidend beeinflusst werden: Nachzerfallswärmeleistung, Außentemperaturen, Einspeisewassermenge, Druck im System, Temperatur des Einspeisewassers, Atmosphäre im Stabbündelbehälter, Zulaufhöhe beim Fluten, freies Volumen oberhalb und unterhalb des Stabbündels.[1543]

In Abb. 6.196 ist die Modellierung des Flutvorgangs mit Kalteinspeisung über den Downcomer und Heißeinspeisung über den heißen

---

[1539] IRS-F-5, Berichtszeitraum Januar bis Juni 1970, Vorhaben RS 36, S. 32–44.

[1540] AMPA Ku 2, Ergebnisprotokoll 65. RSK-Sitzung, 23. 6. 1971, S. 6.

[1541] IRS-F-5, Berichtszeitraum Januar bis Juni 1970, Vorhaben RS 36, S. 43.

[1542] Ab April 1973 und durchgängig für die Primärkreislauf-Experimente wurde ein Stabbündel mit 340 Stäben verwendet.

[1543] IRS-F-5, Berichtszeitraum Januar bis Juni 1970, Vorhaben RS 36, S. 36 f.

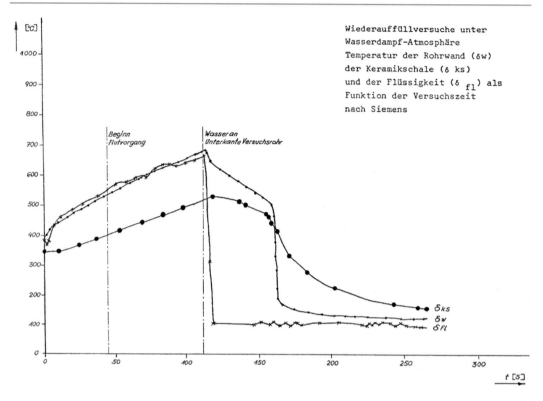

Abb. 6.194 Temperaturverläufe über der Zeit beim Wiederauffüllen im Einrohr-Versuchsstand

Strang in das obere Plenum schematisch dargestellt.[1544] Der Stabbündelbehälter trat an die Stelle des RDB; der in Wirklichkeit ringförmige Downcomer wurde als Rohr abgebildet. Die Simulation der im gesamten Primärkreislauf sich abspielenden thermohydraulischen Vorgänge wurde bei den Stabbündel-Versuchen auf die im RDB stattfindenden Prozesse beschränkt, wobei vorgegebene einfache Randbedingungen das Zusammenwirken mit den Umwälzschleifen (Loops) abbildeten.

Die Versuchsanlage für die Stabbündelversuche wurde im Sommer 1971 in Betrieb genommen und erste Hauptversuche gefahren. Erste qualitative Aussagen über Flutgeschwindigkeit, Wiederbenetzungszeiten und Wärmeübergang bei Nebelkühlung konnten gewonnen werden.[1545]

Im Herbst 1971 konnten 35 Experimente durchgeführt, dabei die Versuchsparameter variiert und der zeitliche Verlauf der Wärmeübergangszahl bestimmt werden.[1546] Von April bis Juni 1972 wurden erste Versuche mit gleichzeitigem Fluten von unten und oben vorgenommen und gezeigt, dass die von Siemens im DWR Stade und in allen danach folgenden DWR vorgesehene Einspeisung in den heißen Strang voraussichtlich das Problem des „Steambinding" lösen kann. Um evtl. noch bestehende Einwände gegen die Wirksamkeit der Heißeinspeisung zu entkräften, wurden Versuche unternommen, bei denen die Dampfabströmung aus dem oberen Plenum durch Sperren völlig verhindert wurde und die Heißeinspeisung nicht in das obere Plenum, sondern in eine dem heißen Strang nachgebildete horizontale Rohrleitung erfolgte. Auch bei völlig blockierter Dampfabströmung blieb der Druck im oberen Plenum stets unter seinem Anfangswert: die Heißeinspeisung war in der Lage, den

[1544] Hein, D. und Watzinger, H.: Status of Experimental Verification of ECCS Efficiency, Proceedings, ENS/ANS Topical Meeting on Nuclear Power Reactor Safety, 16–19. 10. 1978, Brüssel, Vol. 3, S. 2700, Fig. 6.

[1545] IRS-F-7, Berichtszeitraum 1. 7. bis 30. 9. 1971, Vorhaben RS 36, Berichts-Nr. V71/3.

[1546] IRS-F-9, Berichtszeitraum 1. 10. bis 31. 12. 1971, Vorhaben RS 36, Berichts-Nr. V71/4.

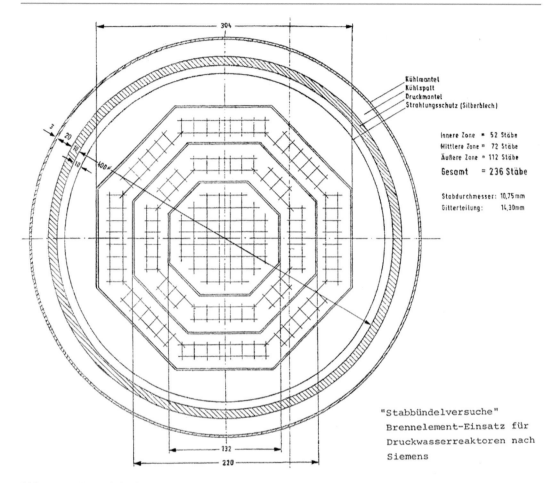

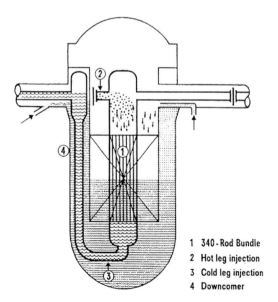

Abb. 6.195 Querschnitt durch den Versuchs-Stabbündelbehälter

im Stabbündel freigesetzten Dampf vollständig zu kondensieren.[1547]

Bei diesen ersten Stabbündelversuchen mit Heißeinspeisung und blockierter Dampfabströmung ergab sich, dass in der Versuchsanlage der Containment-Gegendruck nicht konstant gehalten werden konnte. Im wirklichen Reaktor aber würde der nach dem Blowdown im Containment herrschende Überdruck das eingespeiste Notkühlwasser in Richtung oberes Plenum drücken und verhindern, dass das in den kalten Strang gespeiste Wasser am Reaktorkern vorbei zum Leck strömt. Um diesen positiven Effekt experimentell nachweisen zu können, wurde die Versuchsanlage umgerüstet und durch eine Rohrleitung großen Querschnitts mit einem Dampferzeuger

1 340-Rod Bundle
2 Hot leg injection
3 Cold leg injection
4 Downcomer

Abb. 6.196 Modellierung des Flutvorgangs im Stabbündelbehälter (schematisch)

[1547] IRS-F-11, Berichtszeitraum 1. 4. bis 30. 6. 1972, Vorhaben RS 36, Berichts-Nr. V72/2.

verbunden, der ausreichend viel Dampf liefern konnte, um den Systemdruck aufrecht zu erhalten. Der Umbau war im September 1972 abgeschlossen.[1548] Die Verteilung der Heißeinspeisung im oberen Plenum wurde durch Einbauten den tatsächlichen Kraftwerksverhältnissen angepasst.[1549]

Bis Juni 1973 waren weitere 25 Flutversuche des DWR-Versuchsprogramms – nun mit einem 340-Stabbündel – durchgeführt worden. Erste Auswertungen ergaben, dass das Stabbündel selbst bei blockierter Dampfabströmung geflutet werden konnte, wenn die Heißeinspeisung mehr Dampf kondensieren konnte, als durch Nachzerfallswärme erzeugt wurde. Bei blockierter Dampfabströmung stieg der Wasserspiegel im Stabbündel schneller, wenn das Verhältnis der Einspeiseraten heiß zu kalt zugunsten der Heißeinspeisung verschoben wurde. Die Nachbildung des zeitlichen Absinkens der Nachzerfallswärme nach ANS (American Nuclear Society) -Standard ergab eine wesentliche Verbesserung des Flutvorgangs.[1550]

Im Herbst 1973 wurde das DWR-Versuchsprogramm abgeschlossen. Die Auswertung ergab, dass im Zeitraum zwischen Blowdown-Ende und Beginn des Kernflutens wegen der sofort wirksam werdenden Heißeinspeisung der Wärmeübergang[1551] mehrfach höher als die in der Sicherheitsanalyse zugrunde gelegten Werte erreichte. Es wurde festgestellt, dass das nach dem Blowdown-Ende im unteren Plenum befindliche Restwasser die Wirksamkeit der Notkühlung nicht beeinflusst. Vergleichsversuche zu den amerikanischen FLECHT- bzw. FLECHT-SET-Versuchen zeigten eine sehr gute Übereinstimmung im zeitlichen Verlauf des Wärmeüber-

gangs.[1552] Mit Beginn des Jahres 1974 wurden SWR-Versuchsreihen mit zwei 7×7-Stabbündeln in Brennelementkästen gefahren.

Das Forschungsvorhaben „Notkühlprogramm-Niederdruckversuche zur Wiederauffüllung des Reaktorkerns leichtwassergekühlter Leistungsreaktoren nach größtem anzunehmenden Unfall" (RS 36) ging nach 53 Monaten am 30. April 1974 zu Ende. Seine Gesamtkosten beliefen sich auf 3,7 Mio. DM.[1553] Für die Auswertung der Flutversuche am Einrohr und an den Stabbündeln wurde ein eigenes Forschungsvorhaben vom April 1972 bis September 1975 durchgeführt (Auftragnehmer Siemens bzw. KWU, Leitung Dr. K. Riedle).[1554] In dessen Rahmen wurden Rechenmodelle entwickelt und Rechenprogramme erstellt. Die zeitlichen Verläufe des Wärmeübergangs und der Flutwasserhöhe wurden in Abhängigkeit der Einflussparameter Systemdruck, Flutrate, Wärmeleistung usw. graphisch dargestellt.

Die Auswertung der Einrohrversuche war Ende 1972 abgeschlossen. Die Auswertung und Dokumentation der DWR-Stabbündelversuche folgte den Versuchs-Phasen im Jahr 1973.[1555] Die ca. 60 gefahrenen SWR-Versuche wurden 1974/75 ausgewertet und dokumentiert.[1556, 1557] Für den DWR-Abschlussbericht wurden mehrere Versuche im Hinblick auf Hüllrohrtemperaturen in axialer und radialer Richtung einiger Heizstäbe, Druck im oberen Plenum und Containment, Höhenstände im Stabbündelbehälter, Durchsatz

---

[1548] IRS-F-13, Berichtszeitraum 1. 7. bis 30. 9. 1972, Vorhaben RS 36, Berichts-Nr. V72/3.

[1549] IRS-F-15 (Juli 1973), Berichtszeitraum 1. 1. bis 31. 3. 1973, Vorhaben RS 36, Berichts-Nr. V73/1.

[1550] IRS-F-16 (August 1973), Berichtszeitraum 1. 4. bis 30. 6. 1973, Vorhaben RS 36, Ber.-Nr. V73/2.

[1551] In den Anfängen der Versuchsprogramme galt dem Wärmeübergangskoeffizienten („Alpha-Zahl") großes Interesse; später setzte sich die Erkenntnis durch, dass es im Ergebnis auf den Wärmeübergang und die erreichte Temperatur und nicht auf den einzelnen Parameter ankommt.

[1552] IRS-F-19 (März 1974), Berichtszeitraum 1. 10. bis 31. 12. 1973, Vorhaben RS 36, Berichts-Nr. V73/4, S. 37 f.

[1553] IRS-F-22 (Dezember 1974), Berichtszeitraum 1. 7. bis 30. 9. 1974, Vorhaben RS 36, Berichts-Nr. V74/3, S. 41 f.

[1554] IRS-F-14, Berichtszeitraum 1. 10. bis 31. 12. 1972, Vorhaben RS 36/1, Berichts-Nr. V72/2, S. 32 f.

[1555] IRS-F-15 (Juli 1973), Berichtszeitraum 1. 1. bis 31. 3. 1973, Vorhaben RS 36/1, Berichts-Nr. V73/1, S. 39 f.

[1556] IRS-F-22 (Dezember 1974), Berichtszeitraum 1. 7. bis 30. 9. 1974, Vorhaben RS 36/1, Berichts-Nr. V74/3, S. 43 f.

[1557] IRS-F-25 (Mai 1975), Berichtszeitraum 1. 1. bis 31. 3. 1975, Vorhaben RS 36 A, Berichts-Nr. V75/1, S. 63.

im Stabbündel und örtliche Wärmeübergangskoeffizienten ausgewertet.[1558]

Wie das Notkühlprogramm Hochdruckversuche wurde auch das Programm Niederdruckversuche von einer Reihe begleitender Forschungsvorhaben ergänzt. Im Folgenden sollen einige der vom BMFT geförderten Projekte aufgeführt werden.

- Seit 1969 war das Laboratorium für Reaktorregelung und Anlagensicherheit (LRA) der TU München in Garching bei München im Auftrag des für Reaktorsicherheit zuständigen Bundesministeriums mit Fragen der Notkühlung befasst. Seit Anfang 1971 arbeitete LRA an „Theoretischen Untersuchungen zur Niederdruckphase der Kernnotkühlung" (Leitung Rainer Großerichter, Dr.-Ing. Helmut Karwat). Für die analytische Erfassung von Aufheizvorgängen im Reaktorkern nach einem Kühlmittelverlustunfall wurde ein vom Argonne National Laboratory, USA, erstelltes Programm übernommen, erweitert und verbessert.[1559] Als dieses amerikanische Programm an die Grenzen seiner Anwendungsmöglichkeiten stieß, wurden von LRA neue Rechenmodelle entwickelt, insbesondere der Code LECK.[1560, 1561] Ab dem Jahr 1975 befasste sich LRA mit dem INEL-Rechenprogramm RELAP4.[1562]

- „Experimente zur Erstellung einer Theorie der Wiederbenetzung von hochaufgeheizten Brennstäben mittels Rohrversuchen" (Auftragnehmer Siemens Erlangen, Laufzeit 1971–

1974, Leitung D. Hein, Dr. Riedle).[1563] Nach Abschluss der Einrohrversuche wurden weiterführende Untersuchungen zum grundlegenden Verständnis des Wiederbenetzungsvorgangs mit neuen Messmethoden fortgesetzt. Die Versuchsanlage wurde umgebaut und die Versuchsanordnung zur Klärung grundsätzlicher Fragen einfach gestaltet. Das Vorhaben wurde mit den theoretischen Arbeiten koordiniert, die das LRA ausführte.[1564] Bei den theoretischen Arbeiten wurde das zweidimensionale Wärmeleitmodell so erweitert, dass der Übergang zwischen Blasensieden und Nebelkühlung berücksichtigt werden konnte. Das Fortschreiten der Benetzungsfront konnte im Vergleich von Rechnung und Messung in überraschend guter Übereinstimmung dargestellt werden.[1565] Im Herbst 1973 wurde eine axial ungleichförmig beheizbare Messstrecke in die Versuchsanlage eingebaut.[1566] Der Einfluss der lokalen Fluidtemperatur auf das Fortschreiten der Benetzungsfront konnte aufgezeigt werden.[1567]

- „Untersuchungen der stationären und instationären kritischen Heizflächenbelastung an Vielstabbündeln von Druck- und Siedewasserreaktoren mit Frigen als Modellflüssigkeit" wurden von der „Gesellschaft für Kernenergieverwertung in Schiffbau und Schifffahrt" in Geesthacht Ende 1972 begonnen und bis Mitte 1978 durchgeführt.[1568] Auf einem Versuchsstand wurden an Stabbündeln verschie-

---

[1558] IRS-F-27 (Dezember 1975), Berichtszeitraum 1. 7. bis 30. 9. 1975, Vorhaben RS 36 A, Berichts-Nr. V75/3, S. 65.

[1559] IRS-F-6 (Dezember 1971), Berichtszeitraum 1. 1. bis 30. 6. 1971, Vorhaben At T 85a, Unterthema 7, Berichts-Nr. V71/1,2.

[1560] IRS-F-13 (Dezember 1972), Berichtszeitraum 1. 7. bis 30. 9. 1972, Vorhaben At T 85a, Unterthema 7, Berichts-Nr. V72/3, S. 16–19.

[1561] IRS-F-14, Berichtszeitraum 1. 10. bis 31. 12. 1972, Vorhaben At T 85a, Unterthema 7, Berichts-Nr. V72/4, S. 14–16.

[1562] IRS-F-25 (Mai 1975), Berichtszeitraum 1. 1. bis 31. 3. 1975, Vorhaben ATT 085 A, Berichts-Nr. V75/1, S. 55 f.

[1563] IRS-F-7 (März 1972), Berichtszeitraum 1. 7. bis 30. 9. 1972, Vorhaben RS 62, Berichts-Nr. V71/2,3,4, S. 1 f.

[1564] IRS-F-14, Berichtszeitraum 1. 10. bis 31. 12. 1972, Vorhaben RS 62, Berichts-Nr. V72/4, S. 34 f.

[1565] IRS-F-15 (Juli 1973), Berichtszeitraum 1. 1. bis 31. 3. 1973, Vorhaben RS 62, Berichts-Nr. V73/1, S. 41–43.

[1566] IRS-F-19 (März 1974), Berichtszeitraum 1. 10. bis 31. 12. 1973, Vorhaben RS 62, Berichts-Nr. V73/4, S. 45 f.

[1567] IRS-F-22 (Dezember 1974), Berichtszeitraum 1. 7. bis 30. 9. 1974, Vorhaben RS 62, Berichts-Nr. V74/3, S. 47 f.

[1568] IRS-F-15 (Juli 1973), Berichtszeitraum 1. 1. bis 31. 3. 1973, Vorhaben RS 64, Berichts-Nr. V73/1, S. 139–142.

dener Stabzahl Burnout-Versuche vorgenommen.[1569, 1570]

- Mit dem auf zwei Jahre angelegten Vorhaben „Untersuchungen zur Hydraulik des Flutvorgangs und zu bisher noch unberücksichtigten Einflussgrößen beim Wiederbenetzen", das im Oktober 1975 bei der KWU AG begann (Leitung D. Hein), wurden die Experimente zu den Ursachen der Entstehung von Benetzungsfronten fortgesetzt. Ein 3 m langes Rohr, dessen Innenoberfläche mit verschiedenartigen Störstellen versehen war, wurde von Kühlmittel mit variierenden Flutgeschwindigkeiten und Eintrittstemperaturen durchströmt. Es wurde beobachtet, dass Störstellen neue Benetzungsfronten auslösen können.[1571]

Im November 1973 veranstaltete das Institut für Reaktorsicherheit (IRS) in Köln ein Fachgespräch über die Notkühlung in Kernkraftwerken mit einem Teilnehmerverzeichnis von über 200 Persönlichkeiten aus Industrie, Behörden, Kraftwerken, Fachverbänden, Hochschulen und Forschungsinstituten. Im Mittelpunkt der Erörterungen standen Fragen der Anwendbarkeit und Zuverlässigkeit der experimentellen und theoretischen Analysen des Notkühlablaufs in Hinsicht auf reale Anlagen. Es bestand Einvernehmen darüber, dass die Übertragung der Ergebnisse von Experimenten auf den wirklichen Reaktor nur mit Rechenprogrammen erfolgen kann, wobei diese die physikalische Wirklichkeit nur mit vereinfachten Modellen beschreiben konnten. Von Gutachterseite wurde die Auffassung vertreten, dass es nicht auf eine genaue und realistische Vorausbestimmung des Notkühlablaufs ankomme, sondern darauf, die Konservativität der Rechnung zu wahren. Die Überprüfung des Nachweises zur Wirksamkeit der Notkühlung müsse die Gewährleistung der Konservativität in der angewandten Analysentechnik sowie die Sicherung der Konservativität der Rechenergebnisse durch die Einhaltung der staatlich regulierten Kriterien und Richtlinien sicherstellen.[1572] Konservativ wurde verstanden im Sinne der Gewährleistung von Sicherheitsreserven gegenüber den realen Abläufen.

Man war sich beim Fachgespräch in Köln einig, dass Vorausberechnungen von Versuchen zur Ermittlung von Rechengenauigkeit bzw. Konservativität der Rechenergebnisse höher zu bewerten seien als Nachrechnungen. Jedes Rechenprogramm biete reichlich „Trimmschrauben", mit deren Betätigung Versuchsergebnisse reproduziert werden könnten. Andererseits sei häufig zu beobachten, dass Experimentatoren ähnlich wie die nachrechnenden Theoretiker zahlreiche Vorversuche machten und dabei die Parameter variierten, um schließlich den gewünschten Versuch ablaufen zu lassen, der dann auch eingehend ausgewertet werde.[1573] Für die Auslegung von Notkühlsystemen, insbesondere von RDB-Einbauten, Dimensionierung von Druckspeichern, Hoch- und Niederdruck-Noteinspeisesystemen wurden jedoch möglichst realistische und genaue Berechnungen gefordert.[1574] Abschließend wurde festgestellt, dass es alles in allem zweckmäßiger erscheine, in der Unfallanalyse mit möglichst realistischen Annahmen zu rechnen und erst das Ergebnis oder auch Detail-

---

[1569] IRS-F-22 (Dezember 1974), Berichtszeitraum 1. 7. bis 30. 9. 1974, Vorhaben RS 64, Berichts-Nr. V74/3, S. 129–135.

[1570] IRS-F-27 (Dezember 1975), Berichtszeitraum 1. 7. bis 30. 9. 1975, Vorhaben RS 64, Berichts-Nr. V75/3, S. 177–180.

[1571] IRS-F-33 (Dezember 1976), Berichtszeitraum 1. 7. bis 30. 9. 1976, Vorhaben RS 184, Berichts-Nr. V76/3, S. 72 f.

[1572] Rohde, J.: Beurteilung von Rechenprogrammen und ihrer Absicherung durch experimentelle Untersuchungen, in: Tagungsbericht „Notkühlung in Kernkraftwerken. Die Beurteilung aus der Sicht des Gutachters", 9. IRS-Fachgespräch, 8.-9. 11. 1973 in Köln, IRS-T-25 (April 1974), S. 39–78.

[1573] Diskussionsbeiträge von H. Seipel und H. Karwat in: Tagungsbericht „Notkühlung in Kernkraftwerken. Die Beurteilung aus der Sicht des Gutachters", 9. IRS-Fachgespräch, 8.-9. 11. 1973 in Köln, IRS-T-25 (April 1974), S. 79 und 82.

[1574] Karwat, H.: Durchführung realistischer Rechnungen als Basis für die Auslegung von Notkühleinrichtungen, in: Tagungsbericht „Notkühlung in Kernkraftwerken. Die Beurteilung aus der Sicht des Gutachters", 9. IRS-Fachgespräch, 8.-9. 11. 1973 in Köln, IRS-T-25 (April 1974), S. 84–94.

ergebnisse durch konservative Zuschläge zusätzlich abzusichern.[1575, 1576]

6.7.3 Notkühlsysteme mit „Heißeinspeisung"

Das Notkühlsystem des Demonstrations-Kernkraftwerks Obrigheim (KWO) war unverändert
nach einer Lizenz der Westinghouse Electric
Corp. (WEC) errichtet worden. In der Siemens-
Abteilung Reaktorentwicklung (RE) waren in
der zweiten Hälfte der 60er Jahre für die Kernnotkühlung der Arbeitsbereich Reaktorkern (RE
5) unter der Leitung des Physikers Dr. Wolfgang
Braun und ihm zugeordnet die Hauptabteilung
Wärmetechnik (RE 51) unter der Leitung des
Dipl.-Phys. und Dipl.-Ing. Franz Winkler zuständig. Bereits während des Baus von KWO gab es
einige über WEC-Technik hinausführende Überlegungen zur Verbesserung des Kernnotkühlsystems, die aber für KWO nicht mehr umgesetzt
wurden.[1577]

Im Juli 1967 erteilte die Nordwestdeutsche
Kraftwerke AG (NWK) an Siemens einen Letter
of Intent für die Lieferung eines Kernkraftwerks
mit Druckwasserreaktor (DWR) am Standort
Stade mit einer Leistung von voraussichtlich
zwischen 615 und 640 MW_{el} (KKS).[1578] Ende
1967 lag die KKS-Konzeption weitgehend im
Detail vor.[1579]

Braun und Winkler stellten theoretische Überlegungen dazu an, durch welche Technik nach

einem Kühlmittelverlustunfall das Notkühlwasser so schnell und so sicher wie möglich den
Kern erreicht. Die von WEC allein vorgesehene
Einspeisung in den kalten Strang („Kalteinspeisung") erschien ihnen nicht optimal.[1580] Je nach
Lage des Leitungsbruchs bzw. des Lecks – insbesondere zwischen Reaktordruckbehälter (RDB)
und Pumpe im kalten Strang – können große
Mengen des Notkühlwassers durch das Leck in
den Reaktorsumpf abfließen, ohne den Kern zu
erreichen (Abb. 6.197). Die enorme Dampfentwicklung im Kern kann zu einer Behinderung der
Dampfabströmung aus dem oberen Plenum des
RDB über die Kreisläufe zum Leck führen (steam
binding). Wird über den heißen Strang Kühlwasser in das obere Plenum eingespeist, kommt es
zur Dampfkondensation, und die Blockierung
kann aufgelöst werden. Abbildung 6.198 zeigt
die Situation beim Bruch der Hauptkühlmittelleitung (HKL) zwischen RDB und Dampferzeuger
(DE).

Eine experimentelle Absicherung oder eine
analytische Möglichkeit zur Quantifizierung der
Wirksamkeit der von Braun und Winkler vorgeschlagenen zusätzlichen Heißeinspeisung gab es
zum Zeitpunkt der Entscheidung über das Kernnotkühlsystem von KKS noch nicht. Dennoch erschien diese von WEC abweichende technische
Neuerung als grundsätzlich so vorteilhaft, dass
die Leitung der Siemens-Reaktorentwicklung sie
schon für KKS bejahte.

Bei der technischen Lösung der Kühlwasser-
zuführung im heißen Strang übernahm man die
Konstruktion von Franz Winkler, die ein in den
inneren unteren Teil der HKL eingeschweiß-
tes Rohrsegment („Hutze") vorsah.[1581] Abbildung 6.199 zeigt die Lage der Hutze in der HKL.
Die Einspeiseöffnung der Hutze ist in die Nähe
der aufgesetzten Schweißnaht zwischen HKL
und RDB-Stutzen vorgezogen, um die Distanz
des ausströmenden Kühlwassers zum oberen Plenum gering zu halten und seine Strahlwirkung

---

[1575] Mayinger, F.: Zusammenfassung der Ergebnisse, in:
Tagungsbericht „Notkühlung in Kernkraftwerken. Die
Beurteilung aus der Sicht des Gutachters", 9. IRS-Fach-
gespräch, 8.-9. 11. 1973 in Köln, IRS-T-25 (April 1974),
S. 181–185.

[1576] vgl. auch Mayinger, F.: Notkühlung in Kernkraftwerken – aus der Sicht des Gutachters, atw, Jg. 19, März
1974, S. 146–148.

[1577] AMPA Ku 151, Orth, Karlheinz: Persönliche schriftliche Mitteilung von Dipl.-Ing. Karlheinz Orth vom 23.
7. 2008.

[1578] atw Nachrichten des Monats: Stade an Siemens, atw,
Jg. 12, August/september 1967, S. 379.

[1579] Frewer, H. und Keller, W.: Das 660-MW-Kernkraft-
werk Stade mit Siemens-Druckwasserreaktor, atw, Jg. 12,
Dezember 1967, S. 568–573.

[1580] AMPA Ku 151, Orth, Karlheinz: Persönliche schriftliche Mitteilung von Dipl.-Ing. Karlheinz Orth vom 23.
7. 2008.

[1581] AMPA Ku 151, Orth, Karlheinz: Persönliche schriftliche Mitteilung von Dipl.-Ing. Karlheinz Orth vom 23.
7. 2008.

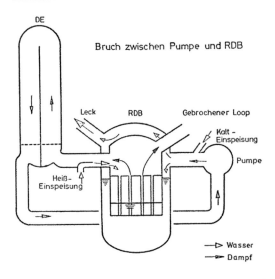

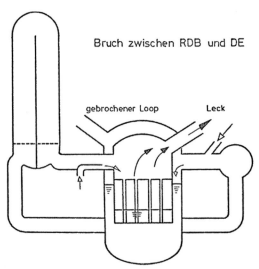

Abb. 6.197 Strömungswege von Wasser und Dampf beim Wiederauffüllen

Abb. 6.198 Strömungswege von Wasser und Dampf beim Wiederauffüllen

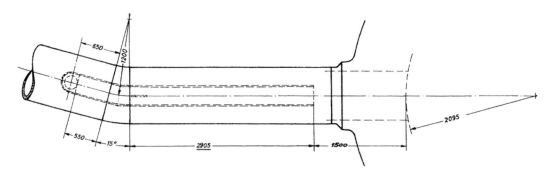

Abb. 6.199 Lage der Hutze in der Hauptkühlmittelleitung (heißer Strang) von Biblis B und KKU

durch Vermischung mit dem entgegenkommenden Dampf-Wasser-Gemisch nur unerheblich zu vermindern. In Abb. 6.200 sind Schnitte durch die Hutze und HKL dargestellt, wie sie für die Kernkraftwerke Biblis B und Unterweser eingebaut wurden.[1582]

KKS besaß vier Hauptkühlkreisläufe (Loops). Das Gesamtsystem der Kernnotkühlung bestand aus zwei unabhängigen, gleich wichtigen Teilsystemen, die den vier Loops zugeordnet waren, dem Niederdruck (ND)- und dem Hochdruck (HD)-Sicherheitseinspeisesystem. Das ND-Sicherheitseinspeisesystem teilte sich in zwei Teilstränge auf, die sogenannten „heißen" Einspeisungen, die an zwei HKL zwischen RDB und DE, und die sogenannten „kalten" Einspeisungen, die zwischen DE und Hauptkühlmittelpumpe an allen vier Loops angeschlossen waren. Das HD-Sicherheitseinspeisesystem bestand im Wesentlichen aus den Sicherheitseinspeisepumpen, die je nach Lage des Lecks umgeschaltet werden konnten. Hinter der Umschaltung schloss es an den „heißen" und „kalten" Strang des ND-Systems an.[1583]

[1582] AMPA Ku 82, Kraftwerk Union AG R 212: Hutze Biblis B/KKU, 2 RE 140–4457a, 22. 10. 1974.

[1583] Siemens AG: Kernkraftwerk Stade mit Druckwasserreaktor 1892 MW$_{th}$, Sicherheitsbericht, Bd. 1, Text, April 1972, S. 2.4–24 f.

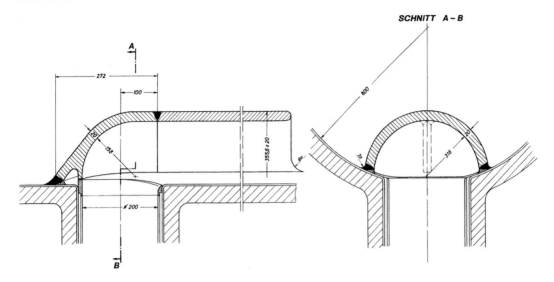

Abb. 6.200 Hutze von Biblis B und KKU im Schnitt

KKS hatte also Heißeinspeisungen nur an zwei HKL. Bei Biblis A und allen nachfolgenden KWU-DWR mündeten die Einspeiseleitungen je in einen „kalten" und „heißen" Strang. Da die Leitungswiderstände der „kalten" und „heißen" Einspeiseleitungen annähernd gleich waren, war auch die Einspeiserate etwa gleich.[1584]

Im ersten Halbjahr 1972 wurden im Rahmen des BMFT-Forschungsvorhabens RS 36 in der Stabbündel-Versuchsanlage in Erlangen Experimente mit gleichzeitigem Fluten von oben und unten vorgenommen. Die Versuchsergebnisse gaben eindrucksvolle Hinweise auf die hohe Wirksamkeit einer kombinierten Kernnotkühlung über die heißen und kalten Stränge (s. Kap. 6.7.2). Ende 1972/Anfang 1973 wurden im KWU-Kernkraftwerk Borssele (an der Westerschelde/Provinz Seeland in den Niederlanden) noch vor seiner Inbetriebsetzung (erste Kritikalität 20.6.1973) Heißeinspeisungs- und Kondensationsversuche gefahren, die im Februar 1973 abgeschlossen waren.[1585]

Am 29.1.1973 befasste sich der RSK-Unterausschuss „Notkühlung" auf seiner 5. Sitzung in Erlangen mit dem Nachweis der Wirksamkeit der Heißeinspeisung und ließ sich über die experimentellen Untersuchungen der KWU unterrichten. Über das Heißeinspeiseverfahren und die konstruktive Gestaltung der Hutze stellte der Unterausschuss fest: „*Es wird eine Phasentrennung zwischen kaltem Einspeisewasser und dem ausströmenden Dampf aus dem Reaktordruckbehälter erzielt. Da das Einspeisewasser stärker gebündelt bleibt, wird es weiter in Kernmitte gegen die Regelstabführungen im Plenum des Reaktordruckbehälters gespritzt und dadurch in diesem wesentlich gleichmäßiger verteilt. Es wird hierdurch eine bessere Kondensationswirkung erzielt. Diese Versuche sind bisher jedoch mehr qualitativer Art und müssen in ihren Ergebnissen noch diskutiert werden.*"[1586]

Der RSK-UA Notkühlung forderte von den Herstellern von Druckwasserreaktoren Babcock-Brown Boveri Reaktor (BBR) und Westinghouse Electric Nuclear Energy Systems Europe, Brüssel (WENESE) Unterlagen über deren Notkühlkonzepte an und diskutierte mit ihnen darüber auf der 6. Sitzung am 18.7.1973 in München-Garching.

[1584] Kraftwerk Union AG: Sicherheitsbericht 1200-MW$_e$-Kernkraftwerk mit Druckwasserreaktor für Standort Biblis, Bd. 1 Beschreibung, Mai 1969, S. 2.3–22.

[1585] AMPA Ku 165, KWU: KW Biblis, Block A, Experimentelle Absicherung der Kernnotkühlung beim Kernkraftwerk Biblis, Block A, KWU/R 11/Winkler, Erlangen, 18. 1. 1974, S. 3.

[1586] AMPA Ku 164, Ergebnisprotokoll 5. Sitzung RSK-UA Notkühlung, 29. 1. 1973, S. 4.

WENESE hatte für das geplante Angebot eines Kernkraftwerks einen Konzeptvorbescheid nach § 7a des Atomgesetzes beim Wirtschaftsministerium Baden-Württemberg beantragt. BBR hatte 1972 den Auftrag zur Errichtung des Kernkraftwerks Mülheim-Kärlich erhalten. WENESE legte einen ausführlichen Bericht über die „Westinghouse Notkühlung" vor, in dem begründet wurde, weshalb an der „erprobten Einspeisung in den kalten Strang", bei der der Reaktorkern von der Unterkante geflutet wird, weiterhin festhalten werde.[1587] Die RSK setzte einen Unterausschuss „BBR-Wenese" ein.

Die Bedenken von WENESE beruhten auf der Überlegung, dass beim Ausfall der Sicherheitseinspeisung in zwei heiße Stränge (Reparatur und Einzelfehler) die während des Wiederauffüllens entstehenden großen Dampfmengen im oberen Plenum nicht vollständig kondensiert werden könnten. Der nicht kondensierte Dampf könne das über die heißen Stränge eingespeiste Kühlwasser in die Dampferzeuger drücken, wo es verdampft werde. Dadurch könne ein Gegendruck erzeugt werden, der das von unten in den Kern eintretende Notkühlwasser wieder auswerfen könne. Größere Oszillationen von Druck und Wasserstand würden sehr wahrscheinlich auftreten. Die Zusammenhänge seien sehr komplex, und es fehle an experimentellen Nachweisen und analytischen Hilfsmitteln. „Westinghouse ist zur Zeit nicht überzeugt, dass die Heißstrang-Einspeisung ausreichend fundiert ist."[1588]

In einer weiteren umfangreichen Stellungnahme zu den Fragen, die in der 6. Sitzung des RSK-UA Notkühlung aufgeworfen worden waren, bestätigte und bekräftigte WENESE die ablehnende Westinghouse-Position zur Heißeinspeisung. Gutachter des TÜV Baden, die sich mit den WENESE-Einwänden auseinandersetzten, vertraten die Ansicht, dass durch die Heißeinspeisung die im oberen Plenum entstehende Dampfmenge „nahezu vollständig" kondensiert werden könne. Zusätzlich entstehende Dampfmengen und Abströmdruckverluste seien leicht abschätz-

bar. Die Berechnungsannahmen für die Analyse der Abläufe seien bei der reinen Kalteinspeisung allerdings eindeutig.[1589] Die RSK befasste sich im Dezember 1973 und im Januar 1974 mit dem Kernnotkühlkonzept der Firma WENESE und hörte dazu ihre Unterausschüsse „BBR-Wenese", „Notkühlung" und „Reaktordruckbehälter". Die RSK stellte fest: *„Das (WENESE-) Konzept für Kernnotkühlung sieht die Einspeisung des Notkühlwassers nur in den kalten Strang vor. Die RSK hält eine solche Einspeisung ohne zusätzliche Maßnahmen für die Verhinderung des „Steam-bindings" solange nicht für ausreichend, wie dies nicht durch repräsentative Versuche nachgewiesen ist."*[1590]

Die experimentelle Untersuchung der KWU-Heißeinspeisung in einer integralen Versuchsanlage wurde für BMFT und KWU zu einer vordringlichen Angelegenheit. Im Sommer 1975 wurde von KWU in Erlangen mit Hilfe eines Plexiglasmodells die Hutze der Heißeinspeisung optimiert.[1591] Mitte des Jahres 1976 war in Erlangen der Ausbau des Stabbündel-Versuchsstands zur Integral-Anlage abgeschlossen (s. Kap. 6.7.5). Anfang des Jahres 1977 begannen die Versuche mit dem großen Bruch im kalten Strang. Parallel zum Aufbau und Betrieb von Versuchsanlagen wurden die allenthalben neu entwickelten und ständig verbesserten Rechenprogramme zur Analyse von Kühlmittelverluststörfällen eingesetzt. Sie ergaben Mitte der 70er Jahre deutliche Hinweise darauf, dass die gleichzeitige Heiß- und Kalteinspeisung des KWU-Systems die Flutzeiten und damit vor allem die Brennstabtemperaturen wesentlich reduziert.[1592]

Im Juni 1977 organisierte die American Nuclear Society (ANS) in New York, N. Y., auf ihrer Jahreskonferenz eine internationale Diskussion

[1587] AMPA Ku 164, WENESE: Westinghouse Notkühlung, Brüssel, 16. 7. 1973, Materialien zur 6. Sitzung RSK-UA Notkühlung am 18. 7. 1973, S. 1–4 bis 1–7.
[1588] ebenda, S. 1–7.
[1589] AMPA Ku 164, TÜV Baden, Technischer Bericht 116–541-6.3–2 vom 27. 11. 1973, Materialien zur 7. Sitzung RSK-UA Notkühlung am 3. 12. 1973, S. 3 f.
[1590] BA B 106–75309, Ergebnisprotokoll 90. RSK-Sitzung, 23. 1. 1974, S. 23.
[1591] IRS-F-27 (Dezember 1975), Berichtszeitraum 1. 7. bis 30. 9. 1975, RS 0036 B, Berichts-Nr. V75/3, S. 68.
[1592] Winkler, F.: Beherrschung von Kühlmittelverluststörfällen im Primärkreis von Druckwasserreaktoren, Tagungsbericht Reaktortagung 30. 3.-2. 4. 1976 in Düsseldorf, DAtF/KTG, Bonn 1976, S. 3–6.

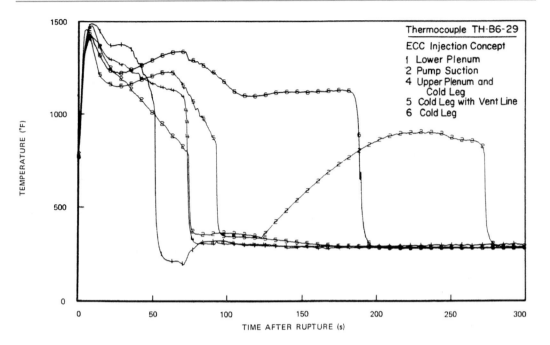

Abb. 6.201 Hüllrohr-Temperaturverläufe unterschiedlicher Einspeiseverfahren

über Streitfragen und Fortschritte bei den Not-kühlsystemen.[1593] Dabei wurde über Versuche mit unterschiedlichen Einspeiseverfahren be-richtet, die auf der Semiscale MOD-1 -Versuchs-anlage in Idaho gefahren worden waren.[1594, 1595] In Abb. 6.201 sind die entsprechenden Hüllrohr-Temperaturverläufe aufgezeichnet. Die schnells-te Flutung ergab sich bei der Einspeisung direkt in das untere Plenum (Kurve 1), gefolgt von der kombinierten Einspeisung über den heißen und kalten Strang (Kurve 4). Bei Einspeisung allein über den kalten Strang ist der Flutvorgang sehr viel später abgeschlossen (Kurve 6).

Auf dieser ANS-Tagung im Juni 1977 in New York wurde auch das PKL-Forschungsvorhaben in Erlangen vorgestellt.[1596] Es wurde ausgeführt, dass das von KWU für eine 1300-MW$_{el}$-4-Loop-Anlage entwickelte Notkühlsystem aus 4 vonein-ander völlig unabhängigen Teilsystemen bestehe, von denen jedes einer Umwälzschleife zugeord-net sei. Jedes Teilsystem bestehe aus einer Hoch-druck-Einspeisepumpe, zwei Druckspeichern (je 34 m^3 boriertes Wasser unter 26 bar Stick-stoff), einer Niederdruck-Einspeisepumpe und einer Notstrom-Dieselmotor-Einheit. Verglichen mit der alleinigen Kalteinspeisung sorge die kombinierte Einspeisung während der Wieder-auffüll-Phase für eine Nebelkühlung, ohne die eine nahezu adiabatische Aufheizung des Kerns stattfinde. Darüber hinaus bewirke sie die Kon-densation des während der Flutphase im Kern entstehenden Dampfes, wodurch eine Dampf-Blockierung (steam binding) vermieden werde.

Ab April 1977 wurden bei KWU in Erlangen die Primärkreisläufe (PKL) -Experimente ge-fahren, deren zentrale Zielsetzung die Untersu-

[1593] ECCS Controversies and Improvements, Trans. Am. Nucl. Soc., Vol. 26, 1977, S. 406–412.

[1594] Peterson, A. C., Harvego, E. A. und North, P.: An Investigation of Alternative ECC Injection Concepts in the Semiscale MOD-1 System, Trans. Am. Nucl. Soc., Vol. 26, 1977, S. 406 f.

[1595] vgl. auch: Chon, W. Y.: Recent Advances in Alternate ECCS Studies for Pressurized-Water Reactors, NUCLE-AR SAFETY, Vol. 19, No. 4, Juli-August 1978, S. 478 f.

[1596] Mayinger, F., Winkler, F. und Hein, D.: Efficiency of Combined Cold- and Hot-Leg Injection, Trans. Am. Nucl. Soc., Vol. 26, 1977, S. 408 f.

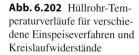

Abb. 6.202 Hüllrohr-Temperaturverläufe für verschiedene Einspeiseverfahren und Kreislaufwiderstände

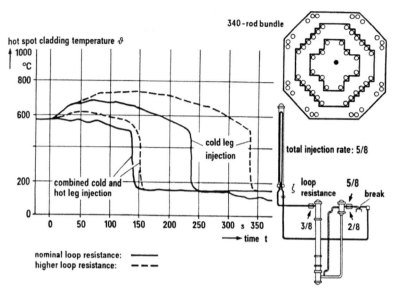

chung der verschiedenen Notkühlverfahren war. Abbildung 6.202 zeigt die zeitlichen Temperaturverläufe am zentralen Stab des 340-Stabbündels für den Fall des doppelendigen Bruchs im kalten Strang mit niedrigem sowie hohem Kreislaufwiderstand.[1597] Bei kombinierter Heiß- und Kalteinspeisung erfolgt die Benetzung des Kerns erheblich früher und steigen die Hüllrohr-Temperaturen deutlich weniger an als bei der reinen Kalteinspeisung. Auch bei erhöhtem Kreislaufwiderstand – etwa durch blockierende Pumpen – verläuft die Notkühlung bei kombinierter Einspeisung sehr viel günstiger, weil das direkt ins obere Plenum eingespeiste Kühlwasser den im Kern entstehenden Dampf kondensiert. Es konnte auch nachgewiesen werden, dass bei alleiniger Kalteinspeisung der im Kern und oberen Plenum entstehende und nicht kondensierte Dampf über die Kreisläufe zum Leck abströmt und dabei Wasser in die Dampferzeuger (DE) einträgt. Dieses Wasser verdampft und nimmt Energie von der DE-Sekundärseite auf, was einen Energieeintrag in den Primärkreis zur Folge hat, der dem schnellen Fluten entgegenwirkt.[1598]

Die Physiker und Ingenieure von Siemens/ KWU sahen ihre Erwartungen in die Wirksamkeit der kombinierten Einspeisung im Notkühlfall durch die Versuchsergebnisse bestätigt. Es war ihnen jedoch auch bewusst, dass sie die dreidimensionalen thermohydraulischen Strömungsvorgänge im oberen Plenum und im Ringraum (Downcomer) nur näherungsweise hatten nachbilden können. Es blieben z. B. Fragen nach der Wirksamkeit des Notkühlwasser-Durchbruchs durch den Brennelementkopfbereich und die Stabhalteplatte (s. Kap. 6.7.7).

Als die PKL-Versuchsergebnisse ausgewertet vorlagen, wurden sie auf internationalen Konferenzen, so Anfang November 1977 auf dem fünften Water Reactor Safety Research Information Meeting in Gaithersburg, Maryland, USA, oder im Oktober 1978 auf dem ENS/ANS Topical Meeting in Brüssel bekannt gemacht.[1599, 1600] Obwohl die experimentellen Nachweise die Über-

---

[1597] Hein, D. und Watzinger, H.: Status of Experimental Verification of ECCS Efficiency, Proceedings, ENS/ ANS Topical Meeting on Nuclear Power Reactor Safety, 16–19. 10. 1978, Brüssel, Vol. 3, S. 2688–2702, Fig. 13.

[1598] Hein, D. und Riedle, K.: Untersuchungen zum Systemverhalten eines Druckwasserreaktors bei Kühlmittel-

verlust-Störfällen. Das PKL Experiment, Atomkernenergie-Kerntechnik, Vol. 42, 1983, No. 1, S. 24.

[1599] Hein, D., Mayinger, F. und Winkler, F.: The Influence of Loop Resistance on Refilling and Reflooding in the PKL-Tests, 5th Water Reactor Safety Research Information Meeting, 7–11. 1977, Gaithersburg, USA.

[1600] Hein, D. und Watzinger, H.: Status of Experimental Verification of ECCS Efficiency, Proceedings, ENS/ANS Topical Meeting on Nuclear Power Reactor Safety, 16–19. 10. 1978, Brüssel, Vol. 3, S. 2688–2702.

legenheit der kombinierten Heiß- und Kaltein-speisung eindrucksvoll aufzeigten, beharrten die amerikanischen Hersteller auf ihren erprobten und in der Praxis bewährten Konzepten („proven design") der Kalteinspeisung.

Westinghouse setzte bei der Suche nach alter-nativen Verfahren auf die Einspeisung durch den RDB-Deckel über 4 Einspeisekanäle in das obere Plenum (Upper Head Injection – UHI) während der letzten Blowdown-Phase bis teilweise in die Wiederauffüll-Phase hinein. Die UHI begann während des Blowdown, sobald im oberen Ple-num 96,6 bar (1.400 psia) erreicht wurden. Das Japan Atomic Energy Institute (JAERI) unter-suchte das UHI-Verfahren auf der ROSA-II-Ver-suchsanlage. Die japanischen Untersuchungs-ergebnisse stimmtem mit den Erfahrungen der Westinghouse Corp. nicht überein und zeigten eine unerwartet schlechte UHI-Effizienz.[1601]

An der State University of New York at Buf-falo (SUNYAB) wurden mit Förderung durch das Electric Power Research Institute (EPRI) Versu-che zur kombinierten Kalt- und Heißeinspeisung an einem Rohrbündel durchgeführt. Die SU-NYAB/EPRI-Versuche bestätigten im Wesent-lichen die PKL-Ergebnisse, zeigten jedoch unter variablen Randbedingungen eine beträchtliche Schwankung der Effizienz der kombinierten Ein-speisung.[1602]

6.7.4 Das LOFT-Programm 1976–1989

Die Entwicklung des LOFT-Versuchsprogramms nahm lange Zeit in Anspruch. Die von Harold W. Lewis geführte Studiengruppe der American Physical Society (APS) hatte sich eingehend mit den theoretischen und praktischen Schwierigkei-ten des LOFT-Programms in ihrem Ende April 1975 vorgelegten Bericht auseinandergesetzt[1603] (s. auch Kap. 7.2.2). Die APS-Gruppe stellte als

kritischen Kern- und Angelpunkt die Frage nach der Vergleichbarkeit und Übertragbarkeit der LOFT-Experimente auf die reale Großanlage he-raus und diskutierte die LOFT-Skalierungs-Kri-terien. Sie fand es richtig, dass versucht wurde, die an der Wärmeübertragung beteiligten Kühl-mittelmengen und zeitlichen Abläufe maßstäb-lich repräsentativ zu machen (Tab. 6.8). Sie hob jedoch nachdrücklich hervor, dass die Verhältnis-se von Oberflächen zu Volumen und damit die hydraulischen Widerstände, die Kernoberfläche zur Leckgröße usw. maßstäblich nicht überein-stimmten und Kompromisse gefunden werden mussten. Die APS-Lewis-Gruppe befürwortete die LOFT-Experimente mit der Einschränkung, dass ein vollständiges quantitatives Verständnis des realen Systemverhaltens bei einem LOCA aus ihnen nicht abgeleitet werden könne.

Unter der Regie der USNRC wurden vom März 1976 bis September 1982 sieben Versuchs-reihen mit insgesamt 36 Experimenten gefah-ren:[1604]

1. Nicht-nukleare Versuche mit großem Bruch (LBLOCA, März 1976 bis April 1978)
2. Nukleare Versuche mit großem Bruch (Dezember 1978 bis Juni 1982)
3. LOCA mit kleinem Leck (SBLOCA, Mai 1979 bis Juni 1980)
4. LOCA mit mittlerem Leck (IBLOCA, September 1981)
5. Transienten bei unterstelltem Ausfall der Reaktorschnellabschaltung – ATWS – (Okto-ber 1980 bis August 1982)
6. Schwere Kern-Transienten (Oktober 1981 bis Dezember 1981)
7. Transienten mit unterstellten Mehrfachfehlern (April 1981 bis September 1982).

Aus versuchstechnischen Gründen wurden die Versuchsreihen mit nuklearer Beheizung nicht nacheinander, sondern zeitlich vermischt durch-geführt.

Am LOFT-Forschungsprogramm der USNRC beteiligten sich Japan (JAERI), die Bundes-

---

[1601] Chon, W. Y.: Recent Advances in Alternate ECCS Studies for Pressurized-Water Reactors, NUCLEAR SA-FETY, Vol. 19, No. 4, Juli-August 1978, S. 476–478.

[1602] ebenda, S. 475.

[1603] Nuclear reactor safety – the APS submits its report: Will LOFT scale?, PHYSICS TODAY, Vol. 28, Juli 1975, S. 40–42.

[1604] Adams, J. P., Batt, D. L. und Berta, V. T.: Influence of LOFT PWR Transient Simulations on Thermal-Hydraulic Aspects of Commercial PWR Safety, NUCLEAR SAFE-TY, Vol. 27, No. 2, April-Juni 1986, S. 179–192.

Tab. 6.8 Die Skalierungswerte DWR/LOFT

Comparison of coolant-system volume distributions and volume/power ratios

Component	Fraction of total volume		Volume/power [ft^c/MW (t)]	
	PWR[a]	LOFT	PWR[a]	LOFT
Reactor vessel	0.380	0.366[b]	1.36	1.81[b]
Combined volume, steam generators	0.352	0.252	1.26	1.25
Combined volume, primary coolant pumps	0.026	0.037	0.09	0.18
Pressurizer	0.147	0.125	0.53	0.62
Volume of intact loop(s)	0.355[c]	0.340	1.27	1.63
Volume of ruptured loop, reactor to break	0.118	0.170	0.43	0.82

[a] A four-loop pressurized-water reactor of selected, typical design
[b] Based on downcomer gap of 2.0 in
[c] Three of four loops, including the three steam generators and three pumps

republik Deutschland (LRA/GRS), Frankreich (CEA), die Niederlande (ECN), Österreich (FZS) und die Schweiz (EIR), die zusammen bis Juli 1981 über 13 Mio. US-$ beitrugen, wovon Japan und Deutschland gut Vierfünftel aufbrachten.[1605] Diese multinationale Kooperation ging über die Auswertung von Versuchsergebnissen weit hinaus und umfasste auch die gegenseitige Abstimmung aller analytischen und experimentellen Forschungsaktivitäten auf dem Gebiet der Kernnotkühlung sowie einen intensiven Erfahrungsaustausch. Erst durch diesen internationalen Forschungsverbund konnte die LOFT-Versuchsanlage ihre Bedeutung erlangen. Die LOFT-Anlage koppelte als einzige das Integralverhalten eines vollständig nachgebildeten Primärsystems mit der nuklearen Wärmeerzeugung und kam damit dem realen Verhalten eines Reaktors im Störfall hinsichtlich der nuklear-fluiddynamischen Rückwirkung sehr nahe. Wegen der nuklearen Beheizung und der Größe der LOFT-Anlage mit ihren messtechnischen Schwierigkeiten und dem hohen finanziellen und zeitlichen Versuchsaufwand war die Zahl der Versuche und der Detaillierungsgrad der nachgebildeten Störfälle begrenzt. Das Zusammenspiel mit den Forschungsarbeiten an anderen integralen Versuchsständen wie Semiscale (USA), ROSA (Japan), PKL (Deutschland), LOBI (EURATOM), NEPTUN (Schweiz) usw. war deshalb außerordentlich

wertvoll.[1606] Im September 1981 fand die erste offizielle Tagung zwischen USNRC und BMFT zur Diskussion der amerikanischen und deutschen Forschungsprogramme und Versuchserfahrungen statt. Bei der 9. Informationskonferenz über Reaktorsicherheitsforschung Ende Oktober 1981 wurden die Japaner in diese Diskussion mit einbezogen.[1607]

Die deutsche Beteiligung zielte zunächst auf die Gewinnung versuchstechnischer Erfahrungen und die Verifikation deutscher Rechenprogramme bei GRS, Industrie und Forschungsinstituten,[1608, 1609] umfasste dann insbesondere auch die vergleichende Bewertung von LOFT-, Semiscale- und ROSA-IV-Versuchsergebnissen mit den deutschen RS-Forschungsvorhaben LOBI und PKL.[1610, 1611] Drei deutsche Wissenschaftler arbeiteten an der Testanlage in Idaho mit, meh-

[1605] Feldman, E. M.: July 1981 LOFT Progress Report to Foreign Participants, EGG-LOFT-5541, August 1981, S. 7–11 und 19–21.

[1606] Mayinger, F.: Schlusswort und Zusammenfassung, 3. GRS-Fachgespräch „Analyse von Kühlmittelverlust-Störfällen heute – die LOFT-Versuche und ihre Konsequenzen", München, 29.-30. 11. 1979, GRS-16 (April 1980), S. 57 f.

[1607] Cottrell, Wm. B.: Ninth NRC Water-Reactor Safety Research Information Meeting, NUCLEAR SAFETY, Vol. 23, No. 3, Mai-Juni 1982, S. 264.

[1608] IRS-F-33 (Dezember 1976), Berichtszeitraum 1. 7. bis 30. 9. 1976, Vorhaben RS 198, S. 56–59.

[1609] GRS-F-45 (Nov. 1977), Berichtszeitraum 1. 4. bis 30. 6. 1977, Vorhaben RS 182, S. 71–74.

[1610] GRS-F-74 (März 1979), Berichtszeitraum 1. 10. bis 31. 12. 1978, Vorhaben 182, Lfd. Nr. 18, S. 1–3.

[1611] GRS-F-132 (April 1984), Berichtszeitraum 1. 7. bis 31. 12. 1983, Vorhaben RS 182, S. 1–3.

rere Mitarbeiter waren in den LRA/GRS-Stand-
orten mit dem LOFT-Projekt befasst.

Die ersten 6 LOFT-Versuche zur Analyse
von Blowdown-Vorgängen mit Notkühlwasser-
Einspeisung wurden ohne nukleare Beheizung
gefahren. Der erste Versuch fand am 4. März
1976 statt.[1612] Das Primärsystem bestand aus
dem Reaktordruckbehälter (RDB), einer intakten
Umwälzschleife (intact loop), mit der 3 Loops
nachgebildet wurden, und einem Blowdown-
System (broken loop). Zwei Schnellöffnungs-
ventile (quick opening valves)[1613] simulierten
die Bruchöffnung; ihre Öffnungszeiten konnten
zwischen 10 und 50 ms eingestellt werden. Das
ausströmende Wasser-Dampf-Gemisch wurde
in ein Druckabbausystem mit einer Wasservorlage (suppression vessel) geleitet, in dem der
Dampf kondensierte (Abb. 6.203, 6.204).[1614] Abbildung 6.205 zeigt den Blick von oben in das
Innere des LOFT-Sicherheitsbehälters mit dem
Reaktor und dem Druckabbausystem (rechts),
Abb. 6.206 zeigt den Kontrollraum.[1615] Die Übereinstimmung der ersten LOFT-Ergebnisse mit
den Semiscale-Versuchen und den Vorausberechnungen war im Allgemeinen gut. Die mechanischen Belastungen waren wesentlich geringer als
nach den konservativen Berechnungen vorausgesagt war. Die am Ende der Blowdown-Phase im
RDB verbliebene Restwassermenge war größer
als vorausberechnet war.[1616, 1617] Im Gegensatz

zu den Semiscale-Versuchen traten im LOFT-
Downcomer asymmetrische und oszillierende
Strömungsformen auf. Es wurde erkannt, dass
für genaue rechnerische Analysen Nichtgleichge-
wichtseffekte zwischen den Phasen Dampf und
Wasser berücksichtigt werden mussten. Besondere Aufmerksamkeit galt der Frage, wieviel des
eingespeisten Notkühlwassers am Kern vorbei
direkt zur Bruchöffnung abfließt (Bypass-Strö-
mung). Die nicht-nuklearen Versuche zeigten,
dass ein beträchtlicher Teil der Kühlmittelmenge
($>50\,\%$), die vor dem Blowdown-Ende eingespeist wurde, in das untere RDB-Plenum strömte
und für die Kernkühlung verfügbar war.[1618]

Der erste der nuklearen Tests fand am 9. Dezember 1978 erfolgreich in der LOFT-Versuchsanlage in Idaho statt. Er bildete den großen
(2 F-) Bruch eines kalten Strangs nach bei einer
Leistungsdichte im Kern von zwei Dritteln derer
eines kommerziellen Reaktors.[1619] Von besonderem Interesse war das Verhalten der nuklear beheizten Brennelemente und des Reaktorkerns
insgesamt während eines simulierten LOCA. Der
LOFT-Kern bestand aus 6 mit Messinstrumenten
bestückten und 3 nicht-instrumentierten Brennelement-Bündeln (Abb. 6.207).[1620] Er hatte einen
Durchmesser von ca. 600 mm. Die Brennelement-
Bündel entsprachen in ihrem Aufbau typischen
kommerziellen Abmessungen. Sie bestanden
aus 15×15 Brennstäben mit dem Durchmesser 10,7 mm und einem Zirkaloy-4-Hüllrohr der
Wanddicke 0,62 mm. Die Brennstäbe waren ca.
1.700 mm lang, ihre Gesamtzahl betrug 1300. Die
Höhe eines Bündels mit Rahmen maß 5.300 mm
(aktive Kernlänge 3.900 mm); sein Gewicht war

[1612] Cottrell, Wm. B. und Sharp, Debbie S.: First LOFT Nonnuclear Test Completed, NUCLEAR SAFETY, Vol. 17, No. 4, Juli-August 1976, S. 506.

[1613] Liesch, K. J., Hofmann, K. und Ringer, F. J.: Die Nachbildung des Bruchöffnungsvorgangs im LOFT-Versuchsstand und Möglichkeiten der Simulation im Rechenprogramm DAPSY, Tagungsbericht Reaktortagung 29. 3. – 1. 4. 1977 in Mannheim, DAtF/KTG, Bonn, 1977, S. 282–285.

[1614] McPherson, G. D.: Results of the First Three Nonnuclear Tests in the LOFT Facility, NUCLEAR SAFETY, Vol. 18, No. 3, Mai-Juni 1977, S. 306–316.

[1615] ebenda, S. 311.

[1616] Hicken, E. F., Leach, L. P. und Ybarrondo, L. F.: Experimentelle Ergebnisse der nicht nuklearen LOFT-Versuche, Tagungsbericht, Reaktortagung 29. 3. – 1. 4. 1977 in Mannheim, DAtF/KTG, Bonn, 1977, S. 269–273.

[1617] Müller, M.: Experimentelle LOFT-Ergebnisse der unterkühlten Blowdownphase und Vergleich mit posttest-Berechnungen, Tagungsbericht, Reaktortagung 29.

3. – 1. 4. 1977 in Mannheim, DAtF/KTG, Bonn, 1977, S. 274–281.

[1618] Leach, L. P. und Ybarrondo, L. J.: LOFT emergency Core-Cooling System Experiments: Results from the L 1–4 Experiment, NUCLEAR SAFETY, Vol. 19, No. 1, Januar-Februar 1978, S. 43–49.

[1619] Cottrell, Wm. B.: First Nuclear Test Conducted in LOFT Reactor, NUCLEAD SAFETY, Vol. 20, No. 2, März-April 1979, S. 224 f.

[1620] Reeder, Douglas, L.: LOFT System and Test Description, NUREG/CR-0247, TREE-1208, Juli 1978, S. 60, Fig. 36.

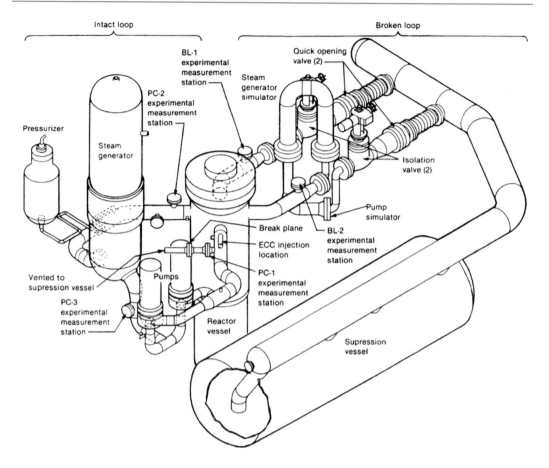

Abb. 6.203 Konfiguration des LOFT-Primärsystems

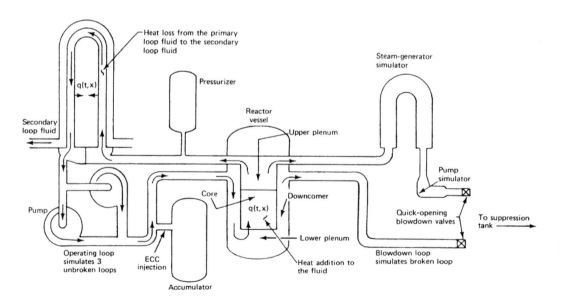

Abb. 6.204 LOFT-Versuchskonfiguration schematisch

Abb. 6.205 Blick in das Innere des Containments (von oben)

800 kg.[1621] Besondere Aufmerksamkeit galt den durch die Instrumentierung verursachten Störungen. Das gesamte LOFT-Primärsystem war mit sehr zahlreichen hydraulischen, thermischen und mechanisch-technologischen Messvorrichtungen ausgestattet. Für die Entwicklung der LOFT-Messtechnik, insbesondere für die richtungsempfindliche Messung von Masseströmen oder Druckgradienten für die höchst unterschiedlichen Anforderungen zwischen LBLOCA und SBLOCA wurde großer Aufwand getrieben. Beträchtliche Fehlerbänder mussten hingenommen werden.[1622]

Die LOFT-Versuche wurden mit dem RELAP4/MOD6-Code vorausberechnet. Die Übereinstimmung der Rechenergebnisse mit den Experimenten war ausreichend; die Notwendigkeit einer mehrdimensionalen Modellierung wurde sichtbar.[1623]

Abbildung 6.208 zeigt den Längsschnitt durch den LOFT-RDB mit seiner detaillierten Nachbildung eines kommerziellen RDB.[1624] Mit der ersten Versuchsreihe wurde der große Bruch (Abriss der Hauptkühlmittelleitung) im kalten Strang bei unterschiedlicher Leistung des Reaktorkerns simuliert. Die Zielsetzung war, die Wirkung der Reaktorkernleistung auf den Ablauf des LBLOCA und das Verhalten der Notkühlsysteme verstehen zu lernen.[1625] In Abb. 6.209 ist der zeitliche Verlauf der maximalen Hüllrohrtemperatur von zwei Tests mit unterschiedlicher Reaktorleistung (L2–2 bei Zweidrittelleistung mit 24,9 MW_{th} und L2–3 bei Vollleistung mit 36,7 MW_{th}) aufgezeichnet.[1626] Unmittelbar nach Bruchöffnung kehrte sich die Strömungsrichtung im Kern nach unten um; die Strömung stagnierte dann und nahm nach ca. 2,5–3 s die Aufwärtsrichtung wieder ein. Die dadurch bedingte geringe Kühlung ließ die Hüllrohrtemperatur stark ansteigen. Die Aufwärtsströmung im Kern zunächst mit überhitztem, dann mit gesättigtem Dampf hielt bis etwa 8,5 s an, und es kam zu einer Wiederbenetzung. Darauf folgte ein Trockengehen des Kerns mit Aufheizung. Nach der Kalteinspeisung von Notkühlwasser aus Druckspeichern trat im Kern mit Vollleistung die Wiederbenetzung und Flutung deutlich später ein als im Kern mit Zweidrittelleistung. Die Temperaturen blieben jedoch deutlich unter den kritischen Werten, bei denen Deformationen und Zerstörungen der Brennstäbe zu erwarten waren. Tatsächlich lagen die gemessenen maximalen Hüllrohrtemperaturen deutlich unter den Werten, die in den amerikanischen Genehmigungsverfahren unter den dort vorgeschriebenen Annahmen errechnet wurden. Die thermohydraulischen Folgen eines LBLOCA konnten als viel weniger schwerwiegend einge-

[1621] Russell, M. L.: LOFT Fuel Design and Operating Experience, Trans. Am. Nucl. Soc., Vol. 30, 1978, S. 392 f.

[1622] Bixby, W. W.: LOFT instrumentation, in: 3. GRS-Fachgespräch „Analyse von Kühlmittelverlust-Störfällen heute – die LOFT-Versuche und ihre Konsequenzen", München, 29.-30. 11. 1979, GRS-16 (April 1980), S. 20–29.

[1623] Grush, W. H. und White, J. R.: Prediction of LOFT Core Fluid Conditions During Blowdown and Refill, Trans. Am. Nucl. Soc., Vol. 30, 1978, S. 395 f.

[1624] Adams, James P.: Quick-Look Report on LOFT Nuclear Experiments L5–1 and L8–2, EGG-LOFT-5625, Project No. P 394, Oktober 1981, S. 61.

[1625] Leach, L. P. und McPherson, G. D.: Results of the First Nuclear-Powered Loss-of-Coolant Experiments in the LOFT- Facility, NUCLEAR SAFETY, Vol. 21, No. 4, Juli-August 1980, S. 461–468.

[1626] ebenda, S. 465.

Abb. 6.206 Blick in die
Warte der LOFT-Versuchs-
anlage

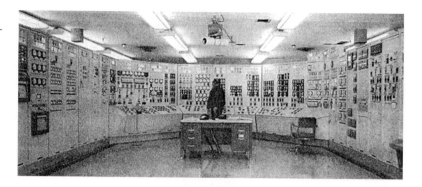

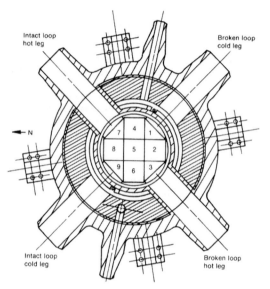

Abb. 6.207 Querschnitt durch den LOFT-Kern

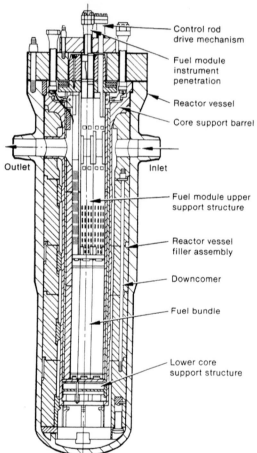

Abb. 6.208 Längsschnitt durch den LOFT-RDB

schätzt werden als ursprünglich angenommen
worden war.[1627]

Nach dem TMI-2-Unfall wurden vom Mai
1979 bis September 1981 acht Versuche mit kleinen und mittelgroßen Lecks gefahren. Sie ergaben, dass die vorgesehene Kernnotkühlung stets
in der Lage war, den Kern bedeckt zu halten und
die Brennstäbe vor Überhitzung, Deformation
und Zerstörung zu bewahren. „Die Wirksamkeit
der Notkühlsysteme der kommerziellen Druckwasserreaktoren wird als verifiziert betrachtet."
Bei Ausfall der aktiven Kühlsysteme im Falle
von SBLOCA begann eine zweiphasige Naturumlauf-Kühlung sofort nach Abbruch des er-

zwungenen Kühlkreislaufs und hielt so lange an,
wie die Dampferzeuger eine Wärmesenke blieben. Es wurde experimentell nachgewiesen, dass
bei deutlicher Verringerung des Primärinventars
eine voll ausreichende Nachwärmeabfuhr aus

[1627] Adams, J. P., Batt, D. L. und Berta, V. T., a. a. O.,
S 181 und 185.

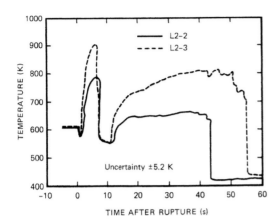

Abb. 6.209 Maximale Hüllrohrtemperaturen bei LOCA-Tests

dem Kern stattfand, solange ausreichend Kühlmittel für die Kernbedeckung vorhanden war.[1628]

Der völlige Ausfall der Wärmesenke bei einer Speisewasserverlust-Transiente während eines SBLOCA wurde im August 1982 mit einem LOFT-Experiment studiert. Dabei wurde gefunden, dass ein Anlagenzustand im Primärsystem existiert, in dem durch primärseitige Wassereinspeisung und gleichzeitiges Dampfabblasen über das Ventil am Druckhalter eine ausreichende Kernkühlung und Nachwärmeabfuhr möglich ist („feed and bleed").[1629]

Während des TMI-2-Unfalls hatten das Ausschalten und die Wiederinbetriebnahme der Hauptkühlmittelpumpen (HKMP) erhebliche Auswirkungen auf die thermohydraulischen Abläufe. Aus diesem Grund wurden LOFT-Versuche mit kleinem Leck (2,5 % Bruchöffnung) durchgeführt, bei denen die HKMP während des SBLOCA in Betrieb blieben, unmittelbar nach SBLOCA-Beginn abgeschaltet wurden oder später zum Einsatz kamen. Durch die LOFT-Ergebnisse[1630] sah die USNRC ihre Auffassung bestätigt, bei einem SBLOCA die Abschaltung der HKMP im Allgemeinen zu empfehlen. Abhängig

von Ort und Größe des Lecks sowie besonderen betrieblichen Gegebenheiten könnten jedoch auch andere Verfahrensweisen vorteilhafter sein. Die USNRC machte deshalb die analytische Untersuchung mit Rechencodes des optimalen HKMP-Einsatzes während eines SBLOCA zu einem Standardproblem in den Genehmigungsverfahren.[1631] Die Ertüchtigung des RELAP5-Programms anhand der LOFT-Messergebnisse war deshalb von großer Bedeutung.[1632]

Im Jahr 1982 wurde eine Reihe von LOFT-Experimenten zu Transienten ohne Kühlmittelverlust abgewickelt, wie beispielsweise Transienten mit Stromausfall, Speisewasserverlust, Störungen im Steuerstab-Fahrprogramm, Borsäure-Verdünnung u. a.

In einer abschließenden Bewertung konnte festgestellt werden, dass die LOFT-Versuche qualitativ sichere Erkenntnisse über einige Phänomene beim Ablauf von verschiedenartigen Kühlmittelverluststörfällen erbracht haben. Insgesamt stützten die Experimente die Erwartung, dass mit den in kommerziellen Kernkraftwerken installierten Notkühlsystemen Kühlmittelverluststörfälle beherrscht werden können. Für besonders schwere Störfälle konnten Notfallmaßnahmen erprobt werden, mit denen unkontrollierbare Exkursionen weitgehend verhindert werden können. Für die quantitative Übertragung der LOFT-Erkenntnisse auf reale Großanlagen wurden Rechencodes wie RELAP und TRAC weiterentwickelt, verifiziert und kalibriert.

Die jährlichen Kosten der LOFT-Versuche beliefen sich auf rund 50 Mio. US-$ und das USDOE suchte im Frühjahr 1982 nach Partnern, um die Stilllegung der LOFT-Anlage zu vermeiden. Die Nuclear Energy Agency (NEA) der OECD fand sich zur Kooperation mit den USA bereit und beteiligte Deutschland, Großbritannien, Italien, Japan, Österreich, Schweden/Finnland und die Schweiz am OECD-LOFT-

---

[1628] Adams, J. P., Batt, D. L. und Berta, V. T., a. a. O., S. 183.

[1629] ebenda, S. 185.

[1630] McCreery, G. E.: Quick-Look Report on LOFT Nuclear Experiment L3-6/L8-1, EGG-LOFT-5318, Project No. P 394, Dezember 1980.

[1631] Batt, D. L. und Leach, L. P.: LOFT reactor experiments help to resolve PWR accident concerns, NUCLEAR ENGINEERING INTERNATIONAL, Vol. 26, September 1981, S. 40–42.

[1632] Chen, T.-U., Modro, S. M. und Condie, K. G.: Best Estimate Prediction for LOFT Nuclear Experiment L3-6, EGG-LOFT-5299, Project No. P 394, Dezember 1980.

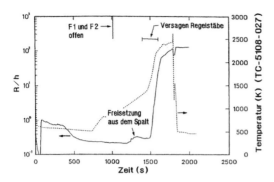

Abb. 6.210 Zeitliche Verläufe von Gammastrahlung und Temperatur im Zentralbündel

Versuchsprogramm, das zwischen Februar 1983 und März 1985 acht Experimente abwickelte. Die Kosten dieses neuen Projekts betrugen ca. 75 Mio. US-$; die USA brachten davon mehr als 55 Mio. US-$ auf.[1633] Über die Versuchsdurchführung im Einzelnen entschied die Program Review Group (PRG), in der jedes Teilnehmerland eine Stimme hatte, die USA allerdings zwei Stimmen. 5 Jahre lang war Prof. Dr. E. F. Hicken, Direktor am Institut für Sicherheitsforschung und Reaktortechnik der KFA Jülich, Leiter der PRG.

Sechs der OECD-LOFT-Experimente waren Wiederholungen der früheren Tests mit veränderten Versuchsparametern, um die Aussagesicherheit der Versuchsergebnisse zu erhöhen und die Rechenprogramme weiter zu verbessern. Zwei der neuen Versuche zielten auf Spaltproduktfreisetzungen im Kern und die Kernschmelze. Am 7.3.1985 wurden der Versuch mit Bruch einer Anschlussleitung und das Schmelzen des zentralen Bündels in der LOFT-Anlage durchgeführt. Während dieses Experiments wurden über mehr als 4,5 min Temperaturen von mehr als 2100 K erreicht mit lokalen Werten von über 3200 K. Dort wo sich keramische Schmelzen bildeten, traten Temperaturen von 2700 bis 2900 K ein. In Abb. 6.210 sind die zeitlichen Verläufe der radioaktiven Strahlung und der Temperatur im Zentralbündel aufgezeichnet. Abbildung 6.211 zeigt den Querschnitt durch das Zentralbündel mit Brennstab-Trümmern sowie erstarrten me-

tallischen und keramischen Schmelzen.[1634] Die Versuche mit den Spaltproduktfreisetzungen und Teilschmelzen des Kerns bestätigten die Annahmen und Ergebnisse des rekonstruierten und nachberechneten Ablaufs des TMI-2-Unfalls.

Das LOFT-Forschungsvorhaben wurde am 30.9.1989 formal beendet. Die offizielle Abschlusskundgebung des OECD-LOFT-Projekts fand im Mai 1990 in Madrid statt.

6.7.5 Die Versuchsanlage PKL von Siemens/KWU

Im Herbst 1972 trafen die USAEC, das Electric Power Research Institute (EPRI) und die Westinghouse Electric Corp. die Entscheidung, die FLECHT-Versuchsanlage zu einer FLECHT-SET (System-Effects Tests) -Anlage auszubauen, um das LOCA-Verhalten des Systems, also des ganzen Primärkreislaufs, untersuchen zu können. Parallel zu diesen amerikanischen Forschungsplanungen wurde zum Jahresanfang 1973 das Vorhaben von BMFT und KWU „Notkühlprogramm-Niederdruckversuche, Wiederauffüllversuche mit Berücksichtigung der Primärkreisläufe" (Vorhaben RS 36/2 bzw. RS 00 36 B, Leitung Dr. K. Riedle) begonnen.[1635] Die Zielsetzung war zunächst die experimentelle Untersuchung des Wiederauffüll- und Flutvorgangs an einem ausreichend großen Modell des gesamten Primärkreissystems eines 1.300-MW$_{el}$-KWU-DWR (Bauart Biblis B), wobei in erster Linie die Wirksamkeit der kombinierten Einspeisung über heiße und kalte Stränge erforscht werden sollte. Nachdem von amerikanischer Seite, insbesondere von Westinghouse (s. Kap. 6.7.3) Bedenken gegen die Heißeinspeisung erhoben und ungeklärte Fragen aufgezeigt worden waren, erschien dieses Forschungsvorhaben in hohem Maße begründet.

Die in Erlangen von KWU mit maßgeblicher Förderung des BMFT errichtete integrale Primärkreisläufe (PKL) -Anlage erfuhr in der langen

---

[1633] Hicken, E. F.: Das OECD-LOFT-Projekt, atw, Jg. 35, Dezember 1990, S. 562–567.

[1634] ebenda, S. 567.

[1635] IRS-F-19 (März 1974), Berichtszeitraum 1. 10. bis 31. 12. 1973, Vorhaben RS 36/2, Berichts-Nr. V73/3, S. 43 f.

Abb. 6.211 Querschnitt durch das zerstörte Zentralbündel

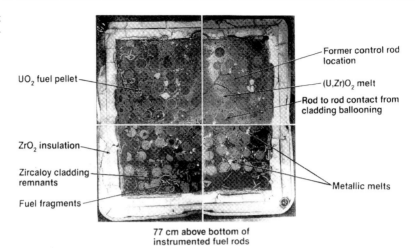

77 cm above bottom of instrumented fuel rods

Zeit ihres Gebrauchs wesentliche Änderungen in ihrem technischen Aufbau wie in den Zielsetzungen ihrer Versuchsprogramme; sie entwickelte sich zu einem Großforschungsvorhaben. Im Abb. 6.212 sind die drei Ausbaustufen PKL I, II und III während der über drei Jahrzehnte andauernden Nutzung graphisch mit ihren Versuchsprogrammen dargestellt.[1636]

Mit den Anlagen PKL I und II wurde bis 1985 die Wirksamkeit der Notkühlsysteme bei Kühlmittelverluststörfällen mit großen und kleinen Lecks experimentell untersucht. Dabei wurden die Sicherheitsreserven der KWU-Systeme aufgezeigt. Mit der Anlage PKL III wurden Betriebsstörungen und Störfälle ohne Kühlmittelverlust mit vielfältigen, auch unsymmetrischen Mehrfach-Fehlersituationen simuliert. Die Zielsetzung der Untersuchungen war, Maßnahmen beim Abfahren des Reaktors zu optimieren und Belastungen der Komponenten zu minimieren. Auch hier ging es um die Demonstration der Sicherheitsreserven der KWU-Systeme.

Eine die einzelnen Fragestellungen überlagernde Zielsetzung aller PKL-Versuchsphasen war die Erarbeitung einer experimentellen Datenbasis für die Verifikation und Kalibrierung von analytischen Computer-Codes. Der Erfahrungs-

austausch mit anderen internationalen Projekten wurde gepflegt.

Für die neu errichtete Anlage PKL I wurden im Laufe des Jahres 1974 die Nachbildungen der Dampferzeuger, des Reaktordruckbehälters (RDB), der Brennstäbe, des Downcomer, der Einspeisepumpen und anderer Komponenten konzipiert und konstruiert sowie die Rohrleitungspläne erstellt und die Messtechnik entwickelt.[1637]

Abbildung 6.213 zeigt schematisch die maßstäblich verkleinerte (dunkel getönte) PKL-Versuchsanlage, wie sie in die Umrisse eines 1300-MW$_{el}$-KWU-DWR eingezeichnet ist.[1638] Anstelle von vier Primärkreisläufen besaß die PKL-Anlage nur drei, von denen allerdings eine auf die doppelte Kapazität ausgelegt war, also zwei Loops repräsentierte. Die Dampferzeuger (DE) wurden thermodynamisch genau den Originalen nachgebildet und simulierten auf der Sekundärseite mit 280 °C und 56 bar wirkliche Verhältnisse. Der Kern wurde mit einem elektrisch indirekt beheizten 340-Stabbündel abgebildet, wobei die axiale Leistungsdichteverteilung („chopped cosine") berücksichtigt wurde. Seine maximale Leistung betrug 1,45 MW. Die Nach-

[1636] Umminger, K., Brand, B. und Kastner, W.: The PKL Test Facility of Framatome ANP – 25 Years Experimental Accident Investigation for Pressurized Water Reactors, VGB PowerTech 1/2002, S. 36–42.

[1637] IRS-F-22 (Dezember 1974), Berichtszeitraum 1. 7. bis 30. 9. 1974, Vorhaben RS 36/2, Berichts-Nr. V74/3, S. 45 f.

[1638] Hein, D. und Watzinger, H.: Status of Experimental Verification of ECCS Efficiency, Proceedings, ENS/ANS Topical Meeting on Nuclear Power Reactor Safety, 16–19. 10. 1978, Brüssel, Vol. 3, S. 2688–2702, Fig. 9.

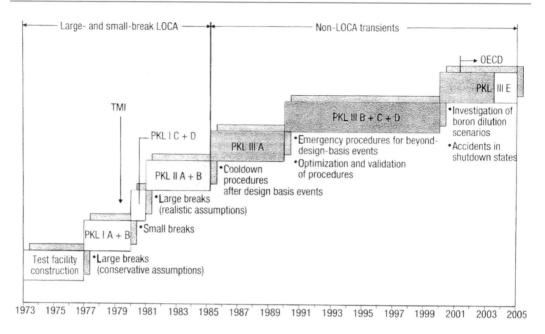

Abb. 6.212 Die PKL-Versuchsphasen und -Programme

Abb. 6.213 Modellie-
rung eines 4-Loop-DWR
(schematisch)

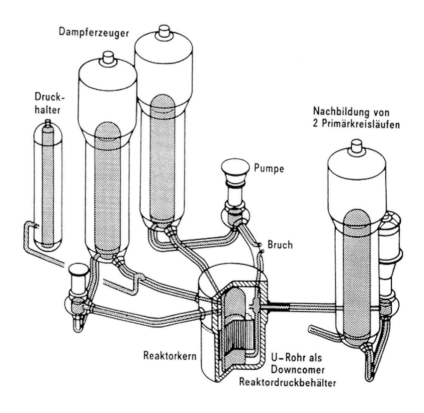

zerfallsleistung entsprach der Zeitfunktion des ANS-Standards, wurde jedoch gemäß den Vorgaben der RSK-Leitlinien für Notkühlanalysen um den Faktor 1,2 erhöht simuliert. Im Vergleich mit den 45.548 Stäben eines realen Reaktors war der Modellmaßstab 1:134. Auf eine volle Nachbildung der Queraustauschvorgänge im RDB und in den DE wurde verzichtet und der Durchmesser der Versuchsanlage im Maßstab 1:12 verkleinert.[1639] Alle Höhen wurden, wie Abb. 6.214 zeigt, im Maßstab 1:1 beibehalten. Die gesamte Höhe betrug ca. 23 m. Damit wurde der Bedeutung der Schwerkraft beim Fluten und im Naturumlauf Rechnung getragen.[1640] Um die Ähnlichkeit der Abläufe sicherzustellen, musste gemäß den Modellgesetzen sowohl die Leistung als auch das Volumen von der Großausführung auf die Versuchsanlage im gleichen Maßstab verkleinert übertragen werden. Andere Größen – wie beispielsweise der Rohrleitungsdruckverlust – ließen sich nicht ohne weiteres nachbilden; es mussten Kompromisse gefunden werden.

Ein weiteres erhebliches Problem stellte die Modellierung des ringförmigen Fallraums zwischen dem Kernbehälter und der RDB-Innenwand (Downcomer) dar. Durch die Verkleinerung der Durchmesser im Maßstab 1:12 wurde der Ringspalt in der Versuchsanlage sehr eng und die Geometrie des Downcomers stark verzerrt, so dass die Thermohydraulik vergleichsweise wenig Ähnlichkeit besaß. Der Downcomer wurde deshalb zunächst als kreisförmiges, senkrecht stehendes Rohr abgebildet, dessen Durchmesser dem hydraulischen Durchmesser des Ringspalts im Reaktor angenähert war. Alternativ wurde der Downcomer als vertikales Rohr mit einem zusätzlichen Rohr für die Dampfumleitung nachgebildet. Das zusätzliche Rohr war so am Stabbündelbehälter angebracht, dass Dampf aus dem Reaktorkern über das untere Plenum in Richtung

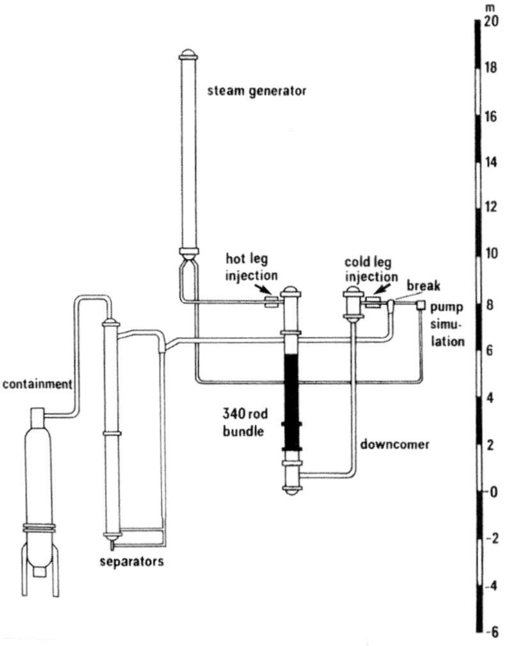

Abb. 6.214 Höhenabmessungen der Anlage PKL I

der Bruchlage im kalten Strang aufwärts abströmen konnte, während durch das andere Rohr das untere Plenum mit Wasser aufgefüllt wurde (Abb. 6.202). Sobald der Wasserpegel die Unterkante des Kerns erreichte und die beiden Downcomer-Rohre mit Wasser bedeckt waren, konnte – wie in der Wirklichkeit – kein Dampf aus dem Kern mehr auf diese Weise entweichen.[1641] Bei den Experimenten wurden beide Downcomer-Lösungen eingesetzt und deren jeweilige Wirkung studiert.

Im Reaktor-Downcomer selbst mit einem Umfang von ca. 15 m, einer Ringspaltweite von ca. 300 mm und einer Höhe von ca. 6 m können während eines Kühlmittelverluststörfalls in Teilbereichen Dampf-Wasser-Gegenströmungen auftreten. Für die PKL II -Versuchsphase wurde deshalb die Modellierung des Downcomers in zwei vertikale Abschnitte aufgeteilt. Auf die zwei parallelen vertikalen Rohre des PKL I -Downc-

---

[1639] Hein, D. und Riedle, K.: Untersuchungen zum Systemverhalten eines Druckwasserreaktors bei Kühlmittelverlust-Störfällen. Das PKL Experiment, Atomkernenergie-Kerntechnik, Vol. 42, 1983, No. 1, S. 19–27.

[1640] Hein, D., Mayinger, F. und Winkler, F.: The Influence of Loop Resistance on Refilling and Reflooding in the PKL-Tests, 5th Water Reactor Safety Research Information Meeting, 7–11. 1977, Gaithersburg, USA, Fig. 3.

[1641] Hein, D.: Status and Plans for the PKL Refill and Reflood, 1979 Annual Meeting of the Atomic Energy Society of Japan, 26–28. März 1979, Osaka, Japan, S. 5.

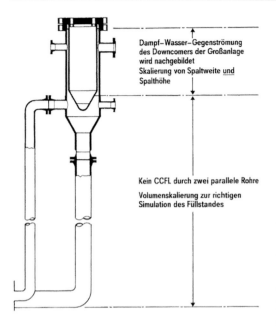

Abb. 6.215 PKL II Downcomer: Simulation des Gegenstromverhaltens

omers wurde ein kurzes ringförmiges Stück aufgesetzt, mit dem das Gegenstromverhalten (Counter Current Flow Limitation – CCFL) der Großausführung in guter Näherung nachgebildet wurde (Abb. 6.215).[1642]

Auch die Nachbildung des oberen Plenums war nicht ohne weiteres möglich. Bei Aufrechterhaltung der vollen Höhen bei gleichzeitiger Verminderung der Durchmesser lassen sich die geometrischen und thermohydraulischen Verhältnisse in diesem für das Wiederauffüllen und Fluten wichtigen Bereich des RDB nicht bewahren. So ist etwa die Wurfbahn des aus dem heißen Strang in das obere Plenum eingespritzten Wassers verzerrt. Um ähnliche Bedingungen näherungsweise zu erzwingen, wurde ein entsprechend gestaltetes Blech im oberen Plenum installiert.[1643] Die Einbauten im oberen Plenum des Stabbündelbehälters und die Hutze für die

Heißeinspeisung wurden im Sommer 1975 hergestellt.[1644]

Die ersten Inbetriebsetzungsversuche begannen im Juli 1976.[1645] Das Hauptprogramm der Experimente setzte Anfang 1977 mit der Untersuchung des Systemverhaltens bei großen Brüchen (ganzer Leitungsquerschnitt doppelseitig offen) ein. Die Versuche hatten das Blowdown-Ende mit einem Druck im Bruchquerschnitt von 4,2 bar als Startpunkt. Vom 1. April bis 30. Juni 1977 wurden im Rahmen der Versuchsserie I A 5 Experimente mit Bruchlagen im heißen Strang und 10 Versuche mit Bruchlagen im kalten Strang gefahren. Dabei wurden teilweise nur kaltseitige und teilweise kombinierte Kalt- und Heißeinspeisungen vorgenommen. Bei hohen Anfangstemperaturen am Stab (700 °C) und alleiniger Kalteinspeisung traten wiederholt so hohe Hüllrohrtemperaturen (950 °C) auf, dass das Steuerprogramm aus Sicherheitsgründen die Bündelheizung abschaltete.[1646]

Die Versuchsserie IA war Ende 1977 abgeschlossen. Sie hatte als Versuchsparameter den Einspeiseort, die Einspeisemenge und den Kreislaufwiderstand. Ihre Ergebnisse bestätigten die Vorzüge der kombinierten Einspeisung (Abb. 6.202). Das BMFT-Forschungsvorhaben RS 36 B ging im Mai 1977 zu Ende und wurde am 1. September 1977 als Vorhaben RS 287 (Leitung Dr. D. Hein) fortgesetzt. In dessen Rahmen wurde zunächst die Testserie PKL I B gefahren, wozu die Versuchsanlage durch eine erweiterte und verbesserte Instrumentierung und Datenerfassung ertüchtigt wurde. Zur verfeinerten Nachbildung der Heißeinspeisung erhielt das obere Plenum Einbauten. Zur Aufteilung der Wassereinspeisung in Gischt- und Kompaktanteile wurden 8 Rohre mit Düsen installiert, wozu

---

[1642] Hein, D. und Riedle, K.: Untersuchungen zum Systemverhalten eines Druckwasserreaktors bei Kühlmittelverlust-Störfällen. Das PKL Experiment, Atomkernenergie-Kerntechnik, Vol. 42, 1983, No. 1, S. 21.

[1643] Brand, B. und Hein, D.: PKL-Refill and -Reflood Experiment of Injection Mode and Loop Resistance, Paper presented at the OECD-CSNI-Working Group on Emer-

gency Core Cooling in Water Reactors, 7–9. Juni 1978, Paris, S. 3.

[1644] IRS-F-27 (Dezember 1975), Berichtszeitraum 1. 7. bis 30. 9. 1975, RS 0036 B, Berichts-Nr. V75/3, S. 67.

[1645] IRS-F-33 (Dezember 1976), Berichtszeitraum 1. 7. bis 30. 9. 1976, RS 00 36 B, Berichts-Nr. V 76/3, S. 68 f.

[1646] GRS-F-45 (November 1977), Berichtszeitraum 1. 4. bis 30. 6. 1977, RS 00 36 B, S. 85–88.

Tab. 6.9 Die PKL I Testserien

Testserie	Bruchgröße	Versuchsziele/ Versuchsparameter	Versuchsanzahl
IA	Großer Bruch	Loopwiderstand, Einspeisemenge, Einspeiseort	16
IB	Großer Bruch	Bruchgröße, Containmentgegendruck, Einbauten im oberen Plenum, kombinierte Einspeisung	15
IC	Kleines Leek	Inbetriebnahmeversuche	–
ID	Kleines Leek	Stationäre Versuche	75
		Transiente Versuche	12
IE	Großer Bruch	Einfluß der Blowdown-Endphase (Orientierungsversuch)	1

Vorversuche gemacht werden mussten.[1647] Als Versuchsparameter wurden die Bruchgröße und der Containmentdruck variiert. In Tab. 6.9 sind die PKL I -Testserien zusammengestellt.[1648]

Die Testserie I B sollte experimentelle Daten liefern, mit denen Rechenprogramme für die Notkühlanalyse verifiziert werden konnten. Im Vordergrund standen die in der Bundesrepublik Deutschland geschriebenen Programme FLUT und WAK. Das Rechenprogramm FLUT war im Auftrag des BMFT von der Gesellschaft für Reaktorsicherheit in Garching bei München entwickelt worden (Leitung Prof. Hicken). Es bildete die Fluiddynamik im Primärkreis eines DWR während der Wiederauffüll- und Flutphase ab. Die im Los Alamos Scientific Laboratory, USA (LASL) erstellten TRAC-Einzelmodelle wurden dabei berücksichtigt.[1649, 1650] Das Rechenprogramm WAK wurde von der KWU AG entwickelt und diente der Berechnung der instationären thermohydraulischen Vorgänge für die Wiederauffüll- und Flutphase bei der Notkühlung

nach Eintritt eines LBLOCA-Kühlmittelverluststörfalls.[1651] Die Ergebnisse der WAK-Analysen waren in guter Übereinstimmung mit den Experimenten,[1652, 1653] so dass dieses Programm auch zu Vorausberechnungen und Deutungen von Energietransport-Phänomenen im Primärkreislauf bei unterschiedlichen Bruchgrößen und -lagen sowie Notkühlverfahren angewendet wurde.[1654] Die PKL I B -Versuche waren aber nicht nur für die deutschen, sondern auch für die in den USA verwendeten Codes RELAP 4, MOD 6 und TRAC sowie für das von GRS weiterentwickelte amerikanische Programm FLOOD 4, den Code REFLOS, von großem Interesse.[1655]

Unter dem Eindruck des TMI-Unfalls im März 1979 wurde von August bis Dezember 1979 die PKL-Anlage für Versuche mit kleinen Lecks umgebaut. Beim kleinen Leck verlaufen

---

[1647] GRS-F-70 (Dezember 1978), Berichtszeitraum 1. 7. bis 30. 9. 1978, RS 287, lfd. Nr. 24, S. 1–5.

[1648] Hein, D. und Riedle, K.: Untersuchungen zum Systemverhalten eines Druckwasserreaktors bei Kühlmittelverlust-Störfällen. Das PKL Experiment, Atomkernenergie-Kerntechnik, Vol. 42, 1983, No. 1, S. 23.

[1649] Hora, A., Michetschläger, Ch. und Teschendorff, V.: Vorausberechnung eines FLECHT-Experiments mit dem Rechenprogramm FLUT, Tagungsbericht, Jahrestagung Kerntechnik '81, 24–26. 3. 1981, Düsseldorf, KTG, DAtF, Bonn, 1981, S. 69–72.

[1650] GRS-F-63 (September 1978), Berichtszeitraum 1. 1. bis 31. 3. 1978, RS 314, FLUT Programm-Entwicklung, lfd. Nr. 64, S. 1–8.

[1651] Seidelberger, E.: Berechnung des Kernflutens bei gleichzeitiger Heiß- und Kalteinspeisung mit WAK 2, Tagungsbericht, Reaktortagung, 30. 3. – 2. 4. 1976 in Düsseldorf, Deutsches Atomforum e. V., Bonn, 1976, S. 91–94.

[1652] Hein, D. und Watzinger, H.: Status of Experimental Verification of ECCS Efficiency, Proceedings, ENS/ ANS Topical Meeting on Nuclear Power Reactor Safety, 16–19. 10. 1978, Brüssel, Vol. 3, S. 2698.

[1653] Hertlein, R.: Nachrechnung des PKL-Flutversuchs K 10 mit dem Rechenprogramm WAK 3, Tagungsbericht, Jahrestagung Kerntechnik '81, 24–26. 3. 1981, Düsseldorf, KTG, DAtF, Bonn, 1981, S. 73–76.

[1654] Hein, D. und Watzinger, H.: Energy Transport to EC Coolant within the Primary System, PKL Test Results, Proceedings, 19th National Heat Transfer Conference, 27–30. Juli 1980, Orlando, Fla, USA, HTD-Vol. 7, S. 57–64.

[1655] GRS-F-70 (Dezember 1978), Berichtszeitraum 1. 7. bis 30. 9. 1978, RS 287, lfd. Nr. 24, S. 2.

Abb. 6.216 PKL-Einsatzbereiche für die Simulation von Druck-transienten

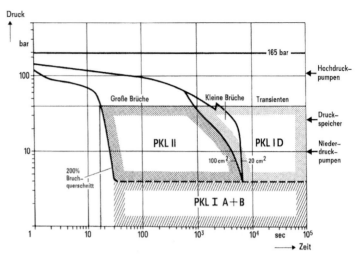

der Druckabfall im Primärkreis und die Abnahme des Wasserinventars relativ langsam. Die schwerwiegenden Phänomene treten aber auch hier erst im Druckbereich unterhalb von 50 bar auf. Abbildung 6.216 zeigt in logarithmischem Maßstab die Druckbereiche, in denen die Versuchsanlagen PKL I und II Experimente in der Niederdruckphase (<40 bar) eines Kühlmittelverluststörfalls durchführen konnten.[1656] Beim Umbau der PKL-Anlage wurde ein neuer Druckhalter für Drücke bis 40 bar sowie ein neues Stabbündel mit zusätzlicher Messinstrumentierung installiert. Vom Idaho National Engineering Laboratory (INEL) wurde im Auftrag der USNRC für die PKL I D -Versuche eine Turbinensonde für Messungen im Downcomer bereitgestellt.[1657]

Beim kleinen Leck wird durch die Wasser- oder Dampfausströmung weniger Energie ausgetragen, als durch die Nachzerfallswärme im Kern freigesetzt wird. Eine zusätzliche Energiesenke ist deshalb erforderlich; sie kann nur über die Sekundärseite der Dampferzeuger (DE) verfügbar gemacht werden. Im Vordergrund der I D -Untersuchungen mit kleinen Lecks standen Fragen des Energietransports vom Kern zu den DE bei unterschiedlichem Wasserinventar im System sowie Probleme des Wärmeübergangs von der

Primär- zur Sekundärseite der DE. Im Einzelnen wurden bei der Testserie I D untersucht:

- Naturumlauf bei einphasiger Strömung,
- Naturumlauf bei zweiphasiger Strömung,
- Energietransport bei unterbrochenem Naturumlauf mit Dampf-Wasser-Gegenströmung (reflux condenser mode).

Diese Experimente zeigten, dass die Nachzerfallsleistung ohne Schwierigkeiten bei Naturumlauf und sogar noch wirkungsvoller bei unterbrochenem Naturumlauf vom Kern zu den DE und aus dem Primärkreis hinaus transportiert werden konnte. Dies traf auch unter erschwerten Bedingungen zu, wie bei abgesunkenem sekundärseitigem Wasserstand. Die Wirksamkeit des bei KWU-DWR automatisch eingeleiteten Abfahrens der Temperatur der DE-Sekundärseite mit 100 K/h zur Bereitstellung der zusätzlichen Wärmesenke wurde für alle Störfälle demonstriert.[1658, 1659]

Mit Beginn der PKL I B -Testphase im September 1977 wurde bereits eine zweite Testserie PKL II geplant. Die neue Zielsetzung war, die „End-of-Blowdown-Phase" (EOB-Phase) miteinzubeziehen, um unter realistischeren Bedin-

---

[1656] Hein, D. und Riedle, K.: Untersuchungen zum Systemverhalten eines Druckwasserreaktors bei Kühlmittelverlust-Störfällen. Das PKL Experiment, Atomkernenergie-Kerntechnik, Vol. 42, 1983, No. 1, S. 20

[1657] GRS-F-88 (März 1980), Berichtszeitraum 1. 10. bis 31. 12. 1979, RS 287, lfd. Nr. 32, S. 1–3.

[1658] Hein, D. und Riedle, K.: Untersuchungen zum Systemverhalten eines Druckwasserreaktors bei Kühlmittelverlust-Störfällen. Das PKL Experiment, Atomkernenergie-Kerntechnik, Vol. 42, 1983, No. 1, S. 25.

[1659] Mandl, R. M. und Weiss, P. A.: PKL Tests on Energy Transfer Mechanisms During Small-Break LOCAs, NUCLEAR SAFETY, Vol. 23, No. 2, März-April 1982, S. 146–154.

gungen als bis zu diesem Zeitpunkt die Wirksamkeit der Notkühlsysteme schon mit dem Einsetzen der Druckspeicher-Einspeisung ab 26 bar untersuchen zu können. Als moderne Referenzanlage wurde nun KKP 2 (Philippsburg 2, „Vorkonvoi") gewählt. Da die Versuche bei einem Druck von 40 bar starteten, musste die Instrumentierung angepasst und erweitert werden, insbesondere sollten örtliche Zustände von Dampf-Wasser-Gemischen mit einer neu entwickelten Zweiphasen-Messtechnik erfasst werden. Im Rahmen der Zusammenarbeit mit der USNRC wurden schon im Frühjahr 1978 in den USNRC-Laboratorien Oak Ridge (ORNL) und Idaho (INEL) mit Vertretern des BMFT und der KWU über den Einsatz und Einbau von Messgeräten gesprochen, die von der USNRC für die PKL II -Experimente leihweise zur Verfügung gestellt wurden.[1660]

Bei den PKL II A -Versuchen des Wiederauffüllens und Flutens bei großem Leck wurden im Zeitraum Ende 1980 bis Anfang 1983 insbesondere die neue fortgeschrittene Messtechnik in Betrieb genommen und erprobt. Das Forschungsvorhaben des BMFT „PKL-Versuche zum thermodynamischen Verhalten des DWR-Kreislaufs bei Störfall mit Kühlmittelverlust unter Einbeziehung der End-of-Blowdown-Phase" begann im März 1983 (Leitung Dipl.-Ing. B. Brand, KWU).[1661] Ein neues Stabbündel mit neuem Behälter, in dem auch der Kernbypass nachgebildet wurde, waren konstruiert und hergestellt worden. Der Modellmaßstab änderte sich zu 1:145. Im letzten Quartal 1983 war der Umbau der PKL-Anlage für die EOB-Versuche abgeschlossen und die Inbetriebnahmearbeiten wurden begonnen. Beim ersten Versuchslauf der Testserie II B wurden die Heizstäbe im Keramik-Endkappenbereich durch Funkenüberschläge schwer beschädigt. Die Reparaturarbeiten zogen sich ein halbes Jahr lang hin.[1662]

Die 7 Experimente der II B -Serie waren im Frühjahr 1985 abgeschlossen. Es ergab sich, dass die EOB-Phase einen beträchtlichen Einfluss auf

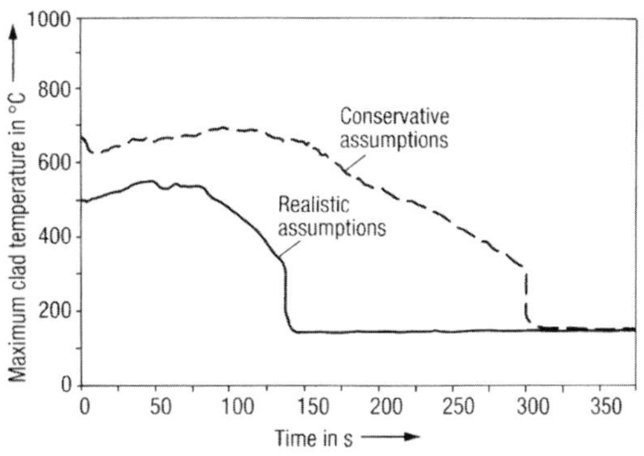

Abb. 6.217 PKL I und II -Testergebnisse nach großem Bruch

die Wiederauffüll- und Flutphase bei Brüchen sowohl im kalten wie im heißen Strang hat. Bei kombinierter Einspeisung waren in der EOB-Phase schon zwischen 6 % und 15 % der Messstellen an den Hüllrohren wieder benetzt.[1663] Abbildung 6.217 demonstriert die Unterschiede der Hüllrohrtemperaturen und der Zeitdauer erhöhter Temperaturen nach einem großen Bruch im Vergleich der Versuche PKL I A und PKL II B.[1664] Das Forschungsvorhaben PKL II B war am 31.12.1985 beendet.

Am 1.1.1986 begann die PKL-Versuchsphase III „Transienten-Untersuchungen in der PKL-Versuchsanlage (PKL III)" (Leitung B. Brand, KWU). PKL III, der eine halbjährige Planungsphase vorausgegangen war, wurde wiederum vom BMFT gefördert, nun aber beteiligten sich neben der Siemens AG auch die Betreiber der Kernkraftwerke über den Verband Deutscher Elektrizitätswerke (VDEW), weil sich neue Zielsetzungen auf die Optimierung des Kraftwerkbetriebs ausrichteten. Der Kostenanteil der Energieversorgungsunternehmen (EVU) erhöhte sich mit der Zeit beträchtlich, während der BMFT-Anteil auf ein Fünftel zurückging (Abb. 6.218).[1665] Insgesamt wurden rund 100 Mio. DM im Zeitraum 1973–

[1660] GRS-F-66 (September 1978), Berichtszeitraum 1. 4. bis 30. 6. 1978, RS 287, lfd. Nr. 83, S. 4.

[1661] GRS-F-132 (April 1984), Berichtszeitraum 1. 7. bis 31. 12. 1983, Projekt-Nr. 1500 287 A, S. 1–3.

[1662] GRS-F-141 (Mai 1985), Berichtszeitraum 1. 7. bis 31. 12. 1984, Projekt-Nr. 1500 287 A, S. 2.

[1663] GRS-F-149 (Juni 1986), Berichtszeitraum 1. 7. bis 31. 12. 1985, Projekt-Nr. 1500 287 A, S. 2.

[1664] Umminger, K., Brand, B. und Kastner, W.: The PKL Test Facility of Framatome ANP – 25 Years Experimental Accident Investigation for Pressurized Water Reactors, VGB PowerTech 1/2002, S. 38.

[1665] Sgarz, G. und Umminger, K.: Experimentelle Absicherung von Notfallmaßnahmen, Jahrestagung Kerntech-

Abb. 6.218 Die Kosten des PKL-Großforschungsvorhabens mit ihrer Verteilung zwischen BMFT und Industrie

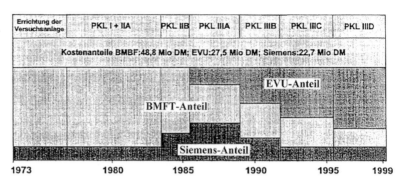

1999 für das Großforschungsvorhaben PKL ausgegeben, wovon das BMFT knapp die Hälfte trug.

Die Testserie PKL III A hatte insbesondere folgende Zielsetzungen:

- Untersuchungen zu optimalen Betriebsfahrweisen für das Abfahren bei besonderen Vorkommnissen
- Experimentelle Erprobung von Vereinfachungen und Vereinheitlichungen von Maßnahmen bei Betriebsstörungen entsprechend dem Betriebshandbuch
- Erarbeitung einer Datenbasis für die Verifikation von bestehenden und zukünftig anzuwendenden Rechenprogrammen zur Beschreibung von Systemtransienten.[1666]

Die primär- sowie sekundärseitige Aufrüstung der Anlage zog sich bis in das Jahr 1987 hin. Die Auslegung entsprach dem Typ „Vorkonvoi" (Philippsburg 2). Die gesamte Primärseite mit 4 identischen und symmetrisch um den RDB angeordneten Primärkreisläufen sowie die wesentlichen Teile der Sekundärseite (ohne Turbine und Kondensator) wurden einschließlich der Systemtechnik realistisch nachgebildet (Abb. 6.219 und 6.220).[1667] Das Skalierungskonzept wurde beibehalten. Für sämtliche geodätische Höhen galt der Maßstab 1:1 und für Volumen und Leistung 1:145. Bei einigen Komponenten wurde von der reinen Volumenskalierung abgewichen, um das thermodynamische Verhalten zutreffender simu-

lieren zu können (z. B. Dampfgegenströmung in den heißen Strängen).

Die Kerngeometrie und die Wärmeerzeugung im Kern wurden genau nachgebildet. Das Messbündel bestand aus 340 Stäben, von denen 314 beheizbar waren. Auch die Geometrie der Dampferzeuger (DE) war mit der Anzahl der DE-U-Rohre um den Volumen- und Leistungsmaßstab 1:145 verkleinert und als „Originalausschnitt" ausgeführt. Das Speisewassersystem wurde ebenfalls dem Skalierungskonzept entsprechend realistisch simuliert. Die sehr umfangreiche Instrumentierung umfasste ca. 1400 Messpositionen. Eine Warte mit Betriebsinstrumentierung wurde errichtet.

In der zweiten Hälfte 1987 wurden 4 Inbetriebsetzungsversuche sowie ein Versuch mit Naturumlauf und einem isolierten DE durchgeführt.[1668] Im Jahr 1988 wurden insgesamt 25 Versuche erfolgreich gefahren.[1669] Das Vorhaben PKL III A war am 31.3.1989 abgeschlossen.[1670]

Die Testserie PKL III A umfasste 6 Versuchsgruppen mit jeweils variablen Randbedingungen:

- Anlagencharakterisierungsversuche
- Basisversuche, Abfahren mit laufenden Hauptkühlmittelpumpen (HKMP)
- Abfahren der Anlage im Notstromfall ohne HKMP
- Wiederzuschalten von HKMP

---

nik '96, 21–23. Mai 1996 Mannheim, S. 1–22 (nicht im Tagungsbericht).

[1666] GRS-F-156 (Mai 1987), Berichtszeitraum 1. 7. bis 31. 12. 1986, Projekt-Nr. 1500 701 A, S. 1–3.

[1667] Sgarz, G. und Umminger, K.: a. a. O., S. 9 f.

[1668] GRS-F-164 (Juni 1988), Berichtszeitraum 1. 7. bis 31. 12. 1987, Projekt-Nr. 1500 701 A, S. 1–3.

[1669] GRS-F-169 (Oktober 1988), Berichtszeitraum 1. 1. bis 30. 6. 1988, Projekt-Nr. 1500 701 A, S. 1–3.

[1670] GRS-F-172 (Juni 1989), Berichtszeitraum 1. 7. bis 31. 12. 1988, Projekt-Nr. 1500 701 A, S. 1–3.

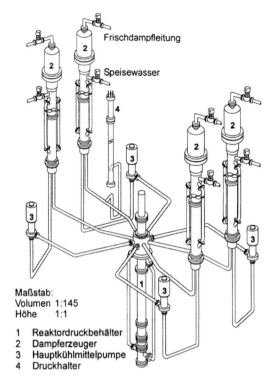

Maßstab:
Volumen 1:145
Höhe   1:1

1 Reaktordruckbehälter
2 Dampferzeuger
3 Hauptkühlmittelpumpe
4 Druckhalter

Abb. 6.219 Die Versuchsanlage PKL III (schematisch)

- Abfahren der Anlage bei Leckstörfällen
- Ausfall Speisewasserversorgung.

Die Experimente der Reihe PKL III A bestätigten die Durchführbarkeit der im Betriebshandbuch vorgegebenen Maßnahmen und Verfahren zum Erreichen des sicheren, drucklosen Zustands mit Abfuhr der Nachzerfallswärme über das Nachkühlsystem. Es wurde mehrfach die Ausbildung von Dampfpolstern im Primärsystem beobachtet, die jedoch die vorgeschriebenen Abfahrmaßnahmen nicht behinderten.[1671]

Die Testserie PKL III B lief im Zeitraum zwischen 1.1.1989–30.9.1991; (Leitung: Dipl.-Ing. Bernhard Brand, KWU). Ihr Schwerpunkt lag im Gebiet der anlageninternen Notfallschutzmaßnahmen (Accident Management). Die Aufgabenstellung für 25 Versuche umfasste im Einzelnen:

- Versuche zur Druckentlastung und Bespeisung (Bleed-and-Feed) sekundär- und primärseitig
- Untersuchung und Erprobung von Abfahrweisen nach Störungen und Störfällen bei auslegungsüberschreitenden Randbedingungen
- Vertiefte Untersuchung von thermohydraulischen Phänomenen
- Versuche zum Verhalten des DWR bei Anwesenheit von Inertgas im Primärkreis.[1672]

Vorrangiges Ziel der Maßnahmen des Notfallschutzes ist die flexible Nutzung aller vorhandenen Systeme, um ein weiteres Fortschreiten des Unfallgeschehens, insbesondere ein Kernschmelzen, zu verhindern. Durch rechtzeitige kontrollierte Druckentlastung (Bleed) werden die primär- und/oder sekundärseitigen Möglichkeiten für flexible Maßnahmen zur Bespeisung mit Kühlwasser (Feed) erhöht.

Die Versuche mit kleinem Leck bestätigten, dass das Abfahren der Anlage bei kleinen Störfällen auch unter erschwerten Randbedingungen (mehrere DE isoliert, reduzierte Verfügbarkeit der Hoch- und Niederdrucksysteme, keine Handmaßnahmen) möglich ist.[1673]

Den Vorgängen bei komplettem Ausfall der Speisewasserversorgung (einschließlich Notspeisewasser) auf der Sekundärseite und den darauf möglicherweise folgenden Notfallschutzmaßnahmen wurde große Bedeutung zugemessen. Die PKL-Experimente wiesen nach, dass es praktisch keinen Mechanismus gibt, der den Energietransport vom Kern zu den DE vollständig unterbinden kann, solange sekundärseitig Speisewasser und eine Dampfabfuhr über mindestens ein Frischdampf-Abblaseregelventil vorhanden ist. Dieser passive Wärmetransport vom Reaktorkern zu den DE zeigt sich als inhärent sicher, wenn die sekundärseitige Kühlkapazität aufrechterhalten bleibt. Darin wurde ein Entwicklungsziel für die weitere Erhöhung der Reaktorsicherheit erkannt.

Für den kompletten Ausfall der Speisewasserversorgung zeigten die PKL III B -Versuche Ac-

[1671] Brand, B., Helf, H. und Watzinger, H.: Experimentelle Untersuchungen von Betriebstransienten beim DWR, Jahrestagung Kerntechnik '89, 9–11. Mai 1989 Düsseldorf, S. 1–22 (nicht im Tagungsbericht).

[1672] GRS-F-177 (November 1989), Berichtszeitraum 1. 1. bis 30. 6. 1989, Projekt-Nr. 1500 701 B, S. 1.

[1673] GRS-F-1/1991 (Dezember 1991), Berichtszeitraum 1. 1. bis 30. 6. 1991, Projekt-Nr. 1500 701 B, S 2.

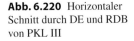
Abb. 6.220 Horizontaler
Schnitt durch DE und RDB
von PKL III

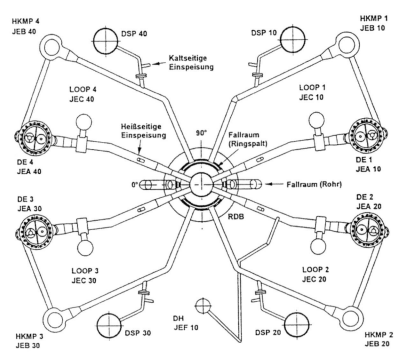

cident-Management-Vorgehensweisen auf, die
erfolgreich nach Druckentlastung der DE-Sekun-
därseiten eine Bespeisung mittels mobiler Niederdruckpumpen bzw. aus dem Speisewasserbehälter mittels sekundärseitigem Dampfdruck
ohne Pumpen ermöglichten. In diesen Fällen
stand eine Zeit von ca. 40 min für die Gegenmaßnahmen zur Verfügung.[1674, 1675]

Da Stickstoff als Treibgas in den Druckspeichern des Notkühlsystems verwendet wird, können im Notfall etwa durch Versagen einer Druck-
speicherabsperrung größere Stickstoffmengen in
den Primärkreis gelangen. Die Anwesenheit von

nicht-kondensierbaren Gasen kann die Wärmeübertragung in den DE deutlich reduzieren. Die
systematischen Untersuchungen im Rahmen der
Testserie PKL II B machten das inhärent sichere
und selbstregulierende Verhalten des DWR-Sys-
tems sichtbar. Kurzfristig auftretende Defizite bei
der Wärmeabfuhr wurden durch Dampfbildung,
Druck- und Temperaturanstieg und damit durch
einen erhöhten Naturumlauf-Antrieb umgehend
kompensiert.[1676] Insgesamt verdeutlichten die
Versuche PKL III B die großen Sicherheitsreserven des KWU-DWR.

Im Testprogramm PKL III C (Leitung
W. Kastner, KWU) wurden in der Zeit vom
1.9.1991–30.6.1995 18 Versuche durchgeführt,
die auslegungsüberschreitende Ereignisabläufe, insbesondere bei Mehrfachfehlersituationen
und bei unsymmetrischen Randbedingungen,

[1674] Brand, B., Helf, H., Kastner, W. und Mandl, R.:
Experimentelle Verifikation des passiven Wärmetransports vom Reaktorkern an die Dampferzeuger des DWR
in Störfallsituationen, Jahrestagung Kerntechnik '91,
14–16. Mai 1991 Bonn, Vortrag auf der Fachsitzung Naturumlaufprobleme zur passiven Nachwärmeabfuhr bei
fortgeschrittlichen Reaktoren, S. 1–24 (nicht im Tagungsbericht).

[1675] Brand, B., Helf, H., Kastner, W. und Mandl, R.:
Verification of Accident Management Procedures PKL-
Experiments Related to Secondary Feed and Bleed,
Proceedings of The 1st JSME/ASME Joint International
Conference on Nuclear Engineering, 4–7. 11. 1991 Tokio,
Japan, Vol. 2, S. 171–175.

[1676] Umminger, K. J. und Mandl, R. M.: Thermal Hydraulic Response of a PWR to Nitrogen Entering the Primary – Experimental Investigation in a 4-Loop Test Facility
(PKL) -, Proceedings of the Fifth International Topical
Meeting on Reactor Thermal Hydraulics NURETH-5,
21.-24. 9. 1992, Salt Lake City, Utah, USA, Vol. VI,
S. 1562–1569.

zum Gegenstand hatten. Die Einzelzielsetzungen waren:

- Druckentlastung und Bespeisung (Bleed-and-Feed) bei kleinen Lecks
- Primärseitige Druckentlastung und Bespeisung bei Heizrohrlecks
- Druckentlastung und Bespeisung sekundärseitig mit unsymmetrischen Bedingungen
- Druckentlastung und Bespeisung primärseitig mit variabler Systemtechnik
- Abfahrweisen mit und ohne Leckstörfällen bei gleichzeitigem Vorliegen von Mehrfachfehlern
- Abfahren der Anlage bei kleinen Primärlecks und überlagerten Mehrfachfehlern.[1677]

Bei den primärseitigen Bleed-and-Feed-Versuchen ergaben sich Probleme: Bei kleinen Lecks zeigte sich, dass bei Nichtverfügbarkeit der Sicherheitseinspeisepumpen (nur Druckspeicher verfügbar) eine Druckabsenkung bis in den Niederdruck-Notkühlbetrieb nicht sicher gewährleistet war. Ein Versuch mit kleinem Primärleck wurde unter der Randbedingung gefahren, dass zwei Dampferzeuger (DE) isoliert waren und in den beiden anderen DE der primärseitige Naturumlauf durch eindringenden Stickstoff zwar zum Erliegen kam, aber die Energieabfuhr über die beiden in Funktion befindlichen Dampferzeuger weiterhin gesichert war. Unter diesen extremen Randbedingungen war im untersuchten Zeitbereich eine Druckabsenkung unter 10 bar und damit ein Übergang auf die Niederdruck-Wärmesenke nicht möglich. In einem anderen Versuch mit 2F-Heizrohrbruch (ohne Hauptkühlmittelpumpen) wurde gezeigt, dass beim Abfahren der Anlage über die intakten DE die Unterkühlung und der Naturumlauf im Loop mit defektem DE erhalten werden kann. Durch ein weiteres Experiment mit Heizrohrbruch im DE wurde nachgewiesen, dass auch beim Bruch von 10 Heizrohren (20F) die Leckrate zur Sekundärseite durch Handmaßnahmen minimiert werden kann.[1678]

Die sekundärseitigen Bleed-and-Feed-Maßnahmen verliefen auch bei Unsymmetrie und Mehrfachfehlern erfolgreich. Die PKL III C -Experimente stellten bei kleinen primärseitigen Lecks insbesondere heraus:

- Mit frühzeitig einsetzenden sekundären Bleed-and-Feed-Maßnahmen (der Primärkreis ist noch nahezu vollständig mit Wasser gefüllt) können Temperatur und Druck primärseitig vermindert und Verluste des Wasserinventars in das Containment weitgehend verhindert werden.
- Selbst bei sehr spät einsetzenden sekundären Bleed-and-Feed-Maßnahmen (das primäre Wasserinventar ist beträchtlich reduziert und der Kern teilweise unbedeckt) führten zur Wiederherstellung der Wärmeabfuhr, aus der sich die Erneuerung der Kernkühlung ergab.

Zusammenfassend konnte festgestellt werden, dass die Versuchsreihe PKL III C die Accident-Management-Maßnahmen bestätigte, die das deutsche Notfallhandbuch für auslegungsüberschreitende Ereignisabläufe vorsah.[1679]

Die Testreihe PKL III D (Leitung K. Umminger, KWU) umfasste 12 Versuche, die vom 1.7.1995–31.12.1999 abgewickelt wurden. Die Untersuchung von auslegungsüberschreitenden Ereignisabläufen war auch der Gegenstand dieser neuen Serie. Dabei galt das besondere Interesse den geeigneten Notfallmaßnahmen beim Ausfall von Sicherheitssystemen sowie der Optimierung und Absicherung von Fahrweisen.[1680] Einige wesentliche Erkenntnisse aus diesem Versuchsprogramm sollen im Folgenden skizziert werden.

Die Wirksamkeit der sekundärseitigen Druckentlastung bei Ausfall der Speisewasserversorgung konnte selbst für den Fall, dass nur ein Frischdampf-Abblaseregelventil geöffnet wurde (DE über Sammler verbunden), experimentell bestätigt werden. Auch hier konnte durch Nutzung des passiv aus der Speisewasserleitung und aus

---

[1677] GRS-F-1/1992, Berichtszeitraum 1. 1. bis 30. 6. 1992, Projekt-Nr. 1500 880, S. 1–3.

[1678] GRS-F-2/1993, Berichtszeitraum 1. 7. bis 31. 12. 1993, Projekt-Nr. 1500 880, S. 3.

[1679] Umminger, K., Kastner, W. und Weber, P.: Effectiveness of Emergency Procedures under BDBA-Conditions – Experimental Investigations in an Integral Test Facility (PKL) -, Proceedings, 1996 ASME/JSME ICONE-4, 10–14. 3. 1996 New Orleans, La., USA, S. 1–9.

[1680] GRS-F-2/1995, Berichtszeitraum 1. 7. bis 31. 12. 1995, Projekt-Nr. 1500 997, S. 1.

dem Speisewasserbehälter eingespeisten Wassers die Abfuhr der Nachzerfallsleistung über die DE wiederhergestellt und für mehrere Stunden aufrechterhalten werden.

Bei einem kleinen Leck im Primärkreis und gleichzeitigem Ausfall der Sicherheitseinspeisepumpen sowie Ausfall des 100 K/h-Abfahrens konnte durch eine sekundärseitige Druckentlastung eine primärseitige Druckabsenkung bis in die Niederdruck-Phase (< 10 bar) sicher gewährleistet werden.[1681]

Es konnte experimentell nachgewiesen werden, dass bei einem kleinen Leck im Primärkreis und gleichzeitigem Ausfall der Sicherheitseinspeisepumpen die Verfügbarkeit des 100 K/h-Abfahrens von nur 2 DE (über nur ein Frischdampf-Abblaseregelventil) ausreicht, um den sicheren Übergang aus der Hochdruck- in die Niederdruckphase und in den anschließenden Nachkühlbetrieb sicherzustellen. Vor Erreichen der Zuschaltbedingungen für die Niederdruck-Pumpen konnte der Inventarverlust aus dem Volumenregelsystem und dem Zusatzboriersystem ausgeglichen werden.

Ein Versuch sollte Erkenntnisse zum Anlaufen des Naturumlaufs beim Wiederauffüllen des Primärkreises durch die Hoch- und Niederdruckeinspeisung nach großem Inventarverlust durch ein Primärleck (kaltseitig, 30 cm^2) liefern. Die Versuchsergebnisse zeigten, dass der Naturumlauf erst nach vollständigem Auffüllen der DE-U-Rohre einsetzte und dies nicht gleichzeitig in allen 4 Loops und auch nicht gleichzeitig in allen DE-Rohren eines DE.[1682]

Die Wirksamkeit der Betriebshandbuch-Abfahrweisen bei DE-Heizrohrleck mit Notstrom wurde für die 3-Loop- und 4-Loop-KWU-DWR mit Versuchen bestätigt, wobei während der gesamten Abfahrprozedur immer ein Sicherheitsabstand zu den Notkühlkriterien bestand.[1683]

Nach Stromausfall (Station Blackout) wurden bei einer primärseitigen Druckentlastung nach beginnender Kernfreilegung zur Bespeisung 8 Druckspeicher eingesetzt. Diese Notfallmaßnahme bewirkte die Wiederherstellung der Kernkühlung. Der Kern wurde vollständig benetzt und die Kernkühlung für ca. 1 Stunde sichergestellt.[1684]

Bei einem Experiment mit Kühlmittelverlust über ein offenes Mannloch in der DE-Eintrittskammer bei gleichzeitigem Ausfall des Nachkühlsystems wurde der Primärkreis nacheinander und abwechselnd aus den heiß- und kaltseitigen Druckspeichern (DSP) bespeist. Die auf 26 bar aufgeladenen DSP entleerten sich innerhalb von 70–80 s. Das Ausschieben von Stickstoffgas konnte verhindert werden, wenn die DSP schnell und zum richtigen Zeitpunkt abgesperrt wurden. Der Versuch ergab, dass abhängig von der DSP-Einspeisetemperatur und vom noch vorhandenen Wasserinventar der Wasseraustrag am Mannloch in Grenzen gehalten und die Dampfbildung im Kern erheblich verzögert werden konnten.[1685]

Das Anlaufen des Naturumlaufs beim Wiederauffüllen des Primärkreises (Primärleck 40 cm^2, heißseitig) unter Dampf-Wasser-Gegenströmung erfolgte in den einzelnen Loops trotz symmetrischer Bespeisung zu unterschiedlichen Zeitpunkten und mit unterschiedlicher Intensität, wie ein weiteres Experiment der PKL III D -Serie ergab.[1686]

Als sich abzeichnete, dass die thermohydraulischen Untersuchungsprogramme in den Versuchsanlagen der kernenergienutzenden Länder in absehbarer Zeit abgeschlossen sein würden und mit der Stilllegung dieser Anlagen gerechnet werden müsste, setzte 1997 das Committee on the Safety of Nuclear Installations (CSNI) der OECD/NEA eine Expertenkommission ein. Diese „Senior Group of Experts on Nuclear Safety Research" für „Facilities and Programmes" (SESAR/FAP) sollte die Versuchsanlagen und

---

[1681] GRS-F-2/1995, Berichtszeitraum 1. 7. bis 31. 12. 1995, Projekt-Nr. 1500 997, S. 3.

[1682] GRS-F-1/1996, Berichtszeitraum 1. 1. bis 30. 6. 1996, Projekt-Nr. 1500 997, S. 4 f.

[1683] GRS-F-2/1996, Berichtszeitraum 1. 7. bis 31. 12. 1996, Projekt-Nr. 1500 997, S. 5.

[1684] GRS-F-1/1997, Berichtszeitraum 1. 1. bis 30. 6. 1997, Projekt-Nr. 1500 997, S. 4.

[1685] GRS-F-2/1997, Berichtszeitraum 1. 7. bis 31. 12. 1997, Projekt-Nr. 1500 997, S. 4.

[1686] GRS-F-2/1998, Berichtszeitraum 1. 7. bis 31. 12. 1998, Projekt-Nr. 1500 997, S. 3.

Testprogramme benennen, für deren Weiterbetrieb und Fortsetzung ein Interesse der OECD/NEA-Mitgliedstaaten bestehe. Im Dezember 1999 kündigte CSNI entsprechend einer Empfehlung von SESAR/FAP auf dem Gebiet der Thermohydraulik das Projekt SETH (SESAR Thermal Hydraulics) an.

SETH umfasste neue Testreihen, die in den integralen Großversuchsanlagen PANDA des Paul Scherrer Instituts in Villigen/Schweiz (s. Kap. 6.7.1) sowie PKL in Erlangen mit Beteiligung der OECD durchgeführt werden sollten. Der PKL-Versuchsanlage wurden erweiterte Sicherheitsanalysen zugeordnet, die sich mit Störfällen nach Abfahren des Reaktors und mit Phänomenen der Borverdünnung im Reaktorkühlmittel befassen sollten. Das SETH-Projekt startete im April 2001 mit Beteiligung der OECD/NEA-Mitgliedstaaten Belgien, Finnland, Frankreich, Italien, Japan, Korea, Schweden, Schweiz, Spanien, Tschechien, Türkei, Ungarn, USA und Vereinigtes Königreich, die zusammen für die Hälfte der Projektkosten aufkamen. Dem OECD-Projekt schloss sich die Phase „OECD-PKL-2" mit einer Laufzeit bis Ende 2011 an.

Im Jahr 2000 begann das Testprogramm PKL III E mit den Schwerpunktthemen Borverdünnung nach einem Kühlmittelverluststörfall mit kleinem Leck sowie Ausfall des Nachkühlsystems nach Abfahren des Reaktors.[1687, 1688] Im Jahr 2001 ging die Verantwortung für PKL auf die Firma Framatome ANP über.

Die Abb. 6.221 und 6.222 aus dem Jahr 2001 präsentieren den PKL-Turm im Siemens-Werksgelände in Erlangen und mit einskizzierter PKL-Versuchsanlage. Sie machen die Größendimension der Anlage anschaulich. Abbildung 6.223 zeigt den Blick von oben auf die PKL-Versuchsanlage. Abbildung 6.224 stellt von außen betrachtet die Nachbildung des Reaktordruckbehäl-

Abb. 6.221 PKL-Turm im Siemens-Werksgelände in Erlangen. (rechte obere Bildhälfte)

ters im Bereich des oberen Plenums in der PKL-Versuchsanlage dar.[1689]

Die PKL-Experimente waren in hohem Maße hilfreich bei der Beantwortung von thermohydraulischen Fragestellungen, die bei Störfällen in DWR aufgeworfen werden. Die Versuchsergebnisse erhöhten den Stand der Erkenntnisse über die physikalischen Vorgänge bei Kühlmittelverlusten beträchtlich. Sie verschafften auch die Datenbasis für die Verifikation und Kalibrierung der Rechenprogramme über die Thermohydraulik in DWR. Zur Übertragung der im Experiment beobachteten Vorgänge auf das reale Kernkraftwerk ist der Einsatz hochleistungsfähiger Rechencodes unverzichtbar. Abbildung 6.225 stellt das Zusammenwirken von Experiment und Rechenprogramm dar.[1690]

Als Grundlage für die Berechnungen dienten die fortschrittlichen Thermohydraulikprogramme ATHLET und RELAP5. Das Rechenprogramm ATHLET (Analyse der Thermohydraulik von Lecks und Transienten) wurde seit Mitte der 80er Jahre im Auftrag des BMFT von der Gesell-

---

[1687] Umminger, K. und Brand, B.: Boron Dilution Tests/PKL, Proceedings of the 2003 Nuclear Safety Research Conference, 20–22. 10. 2003 Washington, DC, USA, NUREG/CP-0185, S. 185–206.

[1688] Umminger, K., Schön, B. und Mull, T.: PKL Experiments on Loss of Residual Heat Removal Under Shutdown Conditions in PWRS, Proceedings of ICAPP '06, 4–8. 6. 2006 Reno, Nv, USA, Paper 6440, S. 1–9.

[1689] AMPA Ku 82, Abbildungen KNK-42 bis −45 aus UPTF-PKL-CD.

[1690] Seeberger, G. J., Umminger, K., Brand, B. und Watzinger, H.: S-RELAP5 und PKL III, Jahrestagung Kerntechnik '98, 26–28. Mai 1998 München, S. 1–22 (nicht im Tagungsbericht).

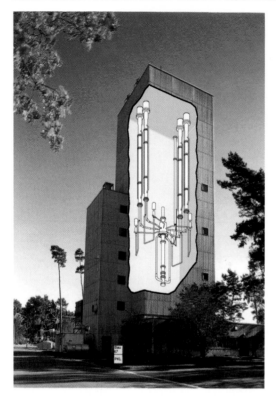

Abb. 6.223 Blick von oben auf die PKL-Anlage

Abb. 6.222 PKL-Turm mit einskizzierter PKL-Versuchsanlage

Abb. 6.224 Teil des PKL-RDB von außen

schaft für Reaktorsicherheit (GRS) in Garching bei München zur Simulation und Analyse von Störfällen in DWR und SWR entwickelt.[1691]

Für seine Verifikation wurden Versuchsergebnisse auch von PKL III herangezogen.[1692] Das vom Idaho National Engineering Laboratory (INEL) für USNRC entwickelte Thermohydraulikprogramm RELAP5/MOD2 und MOD3 wurde von Siemens modifiziert, verbessert und in seinem Thermohydraulik-Modell erweitert.[1693] Die von Siemens modifizierte Version wurde unter

der Bezeichnung S-RELAP5 zum vorrangig eingesetzten analytischen Werkzeug für die Untersuchung „kleiner" (SBLOCA) und „großer" (LBLOCA) Kühlmittelverlust-Störfälle.

6.7.6   Das LOBI-Projekt von EURATOM und BMFT

In der Forschungsanstalt Ispra am Lago Maggiore/Italien, einem Teil der Gemeinsamen Forschungsstelle (GFS – Joint Research Centre – J.R.C.) der Europäischen Kommission, wurde Anfang der 70er Jahre Grundlagenforschung zur Thermohydraulik von Reaktorkühlsystemen getrieben. Im Bundesministerium für Bildung und Wissenschaft (nach Dezember 1972 Bundesministerium für Forschung und Technologie – BMFT) wurde seit Februar 1972 mit Vertretern der Industrie und Sachverständigen über das Vorhaben beraten, experimentelle Untersuchungen des Einflusses der DWR-Primärkreis-Umwälz-

---

[1691] vgl. beispielsweise Müller, W. C.: Fast and accurate water and steam properties programs for two-phase flow calculations, Nuclear Engineering and Design, Vol. 149, 1994, S. 449–458.

[1692] GRS-F-2/1991, Berichtszeitraum 1. 7. bis 31. 12. 1991, Projekt-Nr. 1500 881, Nachrechnung von ROSA III- und PKL III- Integralexperimente als Beitrag zur Verifikation des Rechenprogramms ATHLET, S. 1–5.

[1693] Seeberger, G. J., Umminger, K., Brand, B. und Watzinger, H.: S-RELAP5 und PKL III, Jahrestagung Kerntechnik '98, 26.–28. Mai 1998 München, S. 3–5 (nicht im Tagungsbericht).

Abb. 6.225 Das Zusammenwirken von Rechenprogramm und Experiment

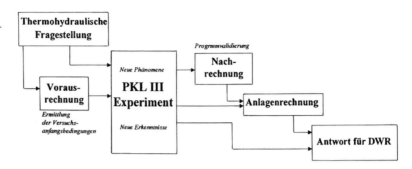

schleifen (Loops) auf den Blowdown und die Notkühlung nach einem Bruch der Hauptkühlmittelleitung durchzuführen.[1694] Dieses Vorhaben erschien angezeigt, weil die in den USA und Japan betriebenen Versuchseinrichtungen Reaktoranlagen des Herstellers Westinghouse nachbildeten und die Versuchsergebnisse im Einzelnen nicht auf KWU-Anlagen übertragbar waren.

Es war die Absicht, das 4-Loop-Primärkühlsystem eines 1.300-MW$_{el}$-DWR der KWU vom Typ Biblis im verkleinerten Modell nachzubauen und bei normalen Betriebsbedingungen (160 bar, 325 °C) zu untersuchen. In Ergänzung der Niederdruck-Versuchsanlagen in Erlangen sollte die Hochdruckseite nachgebildet und untersucht werden. Die Wärme sollte durch ein geschlossenes Sekundärkühlsystem (54 bar, 210–270 °C) abgeführt werden. Die geodätischen Höhen der Einzelkomponenten und die Längen der wärmeübertragenden Oberflächen (Kern, Dampferzeuger) sollten im Maßstab 1:1 zur wirklichen Reaktoranlage ausgeführt werden. Die Einspeisesysteme für die Kernnotkühlung sollten der KWU-Bauart nachgebildet sein. Der Reduktionsfaktor für Heizleistung, Kühlmitteldurchsatz und Kühlmittelvolumen sollte 712 betragen.[1695] Die IRS erstellte im September 1972 eine Anfrage mit Versuchsprogramm, die u. a. an EURATOM/Ispra gerichtet wurde. Im Mai 1973 legte GFS/Ispra einen Antrag auf Errichtung einer Integralversuchsanlage vor, mit der das Zusammenspiel

verschiedener DWR-Primärkreislauf-Komponenten während eines Blowdown experimentell erfasst sowie die die Kernkühlung beeinflussenden thermischen Größen, Strömungsverhältnisse, Wärmeübergänge und Druckdifferenzen gemessen werden konnten. Die Messergebnisse sollten auch zur Verifikation und Überprüfung von Rechenprogrammen, die zur Analyse solcher Vorgänge erstellt wurden, Verwendung finden können (Referenz-Code war RELAP4/MOD5 und -MOD6, später RELAP5-MOD1 und -MOD2).

Das EURATOM/BMFT-Projekt „Einfluss der DWR-Umwälzschleifen auf den Blowdown" begann im Januar 1974 in der GFS/Ispra, Division Technologie[1696] und war auf 4 Jahre geplant.[1697] Das Vorhaben wurde ab 1979 als „Loop Blowdown Investigations (LOBI) Project: Influence of PWR Primary Loops on Blowdown" bezeichnet.

Der BMFT-Sachverständigenkreis „Notkühlung" unter der Leitung von Prof. Franz Mayinger traf sich im Rahmen der zwischen dem BMFT und der USAEC vertraglich vereinbarten Zusammenarbeit am 8. und 9. August 1974 in Ispra mit dem USAEC-Direktor und Experten für Notkühlsysteme Dr. Long Sun Tong, um Fragen der Modellversuche zum Blowdown und Wiederauffüllen zu erörtern. Tong wies darauf hin, dass gewisse zweiphasige Strömungsformen, wie sie in der späteren Blowdown-Phase im ringspaltförmigen realen Downcomer auftreten und von erheblichem Einfluss auf die Wirksamkeit

---

[1694] AMPA Ku 164, Forschungsprojekt Notkühlung, Stand Juni 1973 Blatt 8/8, Materialien zur 6. Sitzung RSK-UA „Notkühlung", 18. 7. 1973.

[1695] GRS-F-82 (Sept. 1979), Berichtszeitraum 1. 4. bis 30. 6. 1979, RS-109, S. 2 f.

[1696] R&D-Contract RS-109/143–73 PIHOD, Commission of the European Communities EURATOM – J.R.C.-Ispra Establishment, Bundesminister für Forschung und Technologie, Bonn, Bundesrepublik Deutschland.

[1697] IRS-F-22 (Dezember 1974), Berichtszeitraum 1. 7. bis 30. 9. 1974, RS-109, S. 1.

der Kernnotkühlung sein könnten, mit einem – wie geplant – als Rohr simulierten Downcomer nicht nachgebildet werden können. In der Folge dieser wissenschaftlichen Erörterung wurde die in der Planung befindliche Loop-Konfiguration geändert und ein interner ringspaltförmiger Downcomer mit der Ringspaltbreite von zunächst 50 mm zwischen dem Kernbehälter und der Wand des RDB-Modells vorgesehen.[1698, 1699]

Die Ringspaltbreite von 50 mm fiel völlig aus dem Skalierungsrahmen für Volumen und Druckgefälle und führte zu einem verfälschten Systemverhalten während des LBLOCA. Bei Wahrung des tatsächlichen Querschnittsverhältnisses wäre die Ringspaltbreite mit 7 mm jedoch so klein gewesen, dass atypische, die Bypass-Phänomene verzerrende Strömungen hätten erwartet werden müssen. Mit einem Kernbehälter größeren Durchmessers konnte die Ringspaltbreite auf 12 mm verringert werden, womit ein Kompromiss zwischen der richtigen Skalierung des Volumens (7 mm) bzw. des Druckabfalls (25 mm) gesucht wurde.[1700] Die unstimmige Skalierung wurde als ein wesentliches Problem der LOBI-Experimente angesehen.[1701] Gleichwohl wurde betont, dass die aus der verkleinerten Nachbildung eines Reaktorkühlsystems folgenden unvermeidlichen Verzerrungen bei den LOBI-Experimenten im Vergleich mit anderen Versuchsanlagen als verhältnismäßig klein eingeschätzt werden konnten. Eine exakte Nachbildung des thermohydraulischen Verhaltens sei wegen der nur unvollständig bekannten und umsetzbaren Modellgesetze nicht möglich. Die Versuchsanlage könne aber mit allgemein anwendbaren thermohydraulischen Rechencodes abgebildet und diese mit Hilfe der

Experimente verifiziert werden, so dass damit analytische Instrumente für die Untersuchung der Realanlagen geschaffen werden könnten.[1702] Die Voraus- und Nachrechnungen zu den durchgeführten Versuchen mit den besten verfügbaren Codes war eine zentrale Aufgabe des LOBI-Projekts.

Die wesentlichen Bau- und Montagearbeiten bei der Errichtung der LOBI-Anlage wurden 1976 und 1977 vorgenommen.[1703] Vorversuche wurden ab Mitte 1979 gefahren.[1704] Abbildung 6.226 zeigt schematisch die LOBI-MOD1-Versuchsanlage, die zum damaligen Zeitpunkt einzige Hochdruck-Integral-Versuchsanlage innerhalb Europas.[1705] Der originale DWR mit 4 Loops wurde mit zwei Primärumwälzschleifen nachgebildet, wobei die intakte Schleife drei Loops repräsentierte, die Schleife mit der Bruchstelle den 4. Loop. Jede Schleife enthielt eine Pumpe und einen Dampferzeuger. Der Kern wurde durch ein 8×8 Stabbündel dargestellt, das über eine Länge von 3,9 m beheizt wurde. Die Heizleistung betrug bis zu 5,3 MW. Abbildung 6.227 bietet einen Blick auf die modellhafte Reaktor-Nachbildung mit gleichen Höhen, aber großer Volumenreduktion.[1706]

Das erste Versuchsprogramm wurde von Dezember 1979 bis Juni 1982 abgewickelt und erzeugte experimentelle Daten über Kühlmittelverluststörfälle, die von großen Brüchen verursacht werden. Insgesamt wurden 25 Experimente mit der Nachbildung von Bruchgrößen zwischen einem Achtel und dem Ganzen des Querschnitts einer Hauptkühlmittelleitung gefahren, wobei als weitere Parameter die Ringspaltbreite, die Bruchlage, der Notkühlwasser-Einspeisemodus und die

[1698] IRS-F-22 (Dezember 1974), Berichtszeitraum 1. 7. bis 30. 9. 1974, RS-109, S. 27–29.

[1699] IRS-F-26 (August 1975), Berichtszeitraum 1. 7. bis 30. 9. 1975, RS-109, S. 43.

[1700] Addabbo, C. und Annunziato, A.: Contribution of the LOBI Project to LWR Safety Research, NUCLEAR SAFETY; Vol. 34, No. 2, 1993, S. 180–195.

[1701] vgl. Riebold, W. L. und Piplies, L.: The LOBI-Project Small Break Experimental Programme, Proceedings, ANS/USNRC/EPRI-Conference on Small Break Loss-of-Coolant Accident Analyses in LWRs, Monterey, 25–27. August 1981, S. 5–65 bis 5–100.

[1702] Riebold, W. L., Mörk-Mörkenstein, P. et al., a. a. O., S. 196.

[1703] IRS-F-33 (Dezember 1976), Berichtszeitraum 1. 7. bis 30. 9. 1976, RS-109, S. 47–53.

[1704] GRS-F-85 (Dezember 1979), Berichtszeitraum 1.7. bis 30.9.1979, RS-109, S. 1–6.

[1705] Riebold, W. L., Mörk-Mörkenstein, P., Piplies, L. und Städtke, H.: Einfluss der DWR-Umwälzschleifen auf den Blowdown, atw, Jg. 28, April 1983, S. 196–202.

[1706] Kolar, W., Brewka, W. und Piplies, L.: LOBI Project, Technical Note No. I.06.01.80.104, J.R.C. Ispra Establishment, 1980.

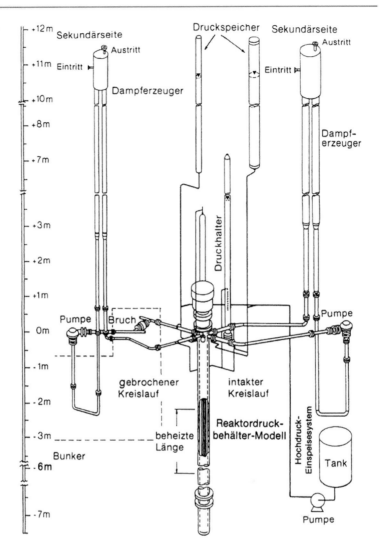

Abb. 6.226 LOBI-MOD1-Versuchsanlage (schematisch)

Pumpenbetriebsart variiert wurden. Die herausragenden Ergebnisse dieser Versuche waren:[1707]

- Der von der Bruchgröße abhängige Kühlmittelverlust beeinflusst direkt das thermodynamische Verhalten des Kerns.
- Die Bruchlage beeinflusst entscheidend das Verhalten des Gesamtsystems.
- Die kombinierte kalt- und heißseitige Notkühlwasser-Einspeisung kühlt den Kern viel wirksamer als nur die kaltseitige Einspeisung.

- Die LOBI-Daten zeigten, dass die damaligen Genehmigungsvorschriften und Zulassungskriterien überkonservativ waren.

Nach Abschluss der LOBI-Experimente mit großen Brüchen im Juni 1982, wofür die deutsche Seite insgesamt 38,5 Mio. DM aufgebracht hatte,[1708] wurde die LOBI-MOD1-Einrichtung einer umfangreichen Änderung unterzogen und zur LOBI-MOD2-Konfiguration umgebaut, mit der kleine Brüche und spezielle Transienten untersucht werden konnten.

[1707] Riebold, W. L., Addabbo, C., Piplies, L. und Städtke, H.: LOBI Project: Influence of PWR Primary Loops on Blowdown, Part I: LOBI-MOD1 Programme on Large Break Loss-of-Coolant Accidents, Final Report, J.R.C. Ispra, LFC-84-01, August 1984.

[1708] GRS-F-119 (Sept. 1982), Berichtszeitraum 1. 1. bis 30. 6. 1982, RS-109, S. 1.

Abb. 6.227 LOBI
Reaktor-Nachbildung

Der Umbau zur LOBI-MOD2-Version umfasste:

- ein neues Reaktordruckbehälter (RDB) -Modell,
- ein Hochdruck-Einspeisesystem (High Pressure Injection System – HPIS)
- ein Notspeisewasser-Einspeisesystem (Auxiliary Feedwater System – AFS, s. schematische Darstellung in Abb. 6.228[1709])
- eine Heizleistung-Feinsteuerung zur genauen Simulation der Nachzerfallswärme,
- eine wesentlich erweiterte Messinstrumentierung sowie ein erweitertes Steuer- und Regelungssystem,
- die Implementierung von RELAP5/MOD1 als Referenz-Code.

Der Umbau war Ende Juni 1983 abgeschlossen.[1710]

Das LOBI-MOD2-Versuchsprogramm war zweigeteilt und umfasste das BMFT-Programm,

das von April 1984 bis Dezember 1989 abgewickelt, und das Gemeinschaftsprogramm der EG, das noch bis Juni 1991 fortgesetzt wurde. Das BMFT-Vorhaben[1711] befasste sich mit Kühlmittelverlust-Störfällen mit kleinem Leck (SBLOCA) und speziellen Transienten, wobei die einzelnen Experimente teils vom BMFT allein, teils von beteiligten EG-Mitgliedsländern definiert und durchgeführt wurden.[1712]

Im Oktober 1982 machte die CSNI „Principal Working Group No. 2 on Transients and Breaks" den Vorschlag, einen LOBI-MOD2-Versuch mit kleinem Leck als „International Standard Problem No. 18" (ISP-18) zu definieren, mit internationaler Beteiligung durchzuführen und zu bewerten. Im September 1984 wurde ISP-18 als Experiment mit einem 1 %-Leck im kalten Strang zwischen Pumpe und RDB erfolgreich gefahren. Der Versuch war von den internationalen Teilnehmern mit den unterschiedlichen Codes (RELAP4, RELAP5, CATHARE, TRAC, DRUFAN u. a.) nachgebildet und vorausgerechnet worden, wobei eine „doppelt blinde" Vorgehensweise eingehalten wurde. Weder die Versuchsdurchführung konnte auf Besonderheiten der Codes, noch konnten umgekehrt die Codes auf den Versuchsablauf abgestimmt werden. Die Ergebnisse von ISP-18 waren wenig befriedigend:[1713]

- Das allgemeine Systemverhalten wurde mit den Größen Systemdruck, Masseninventar und Heizstabtemperaturen wenigstens qualitativ gut vorherbestimmt, wobei allerdings nahezu alle Rechnungen das Masseninventar der Primärschleife bei weitem zu gering vorhersagten.

[1709] Riebold, W. L. und Mörk-Mörkenstein, P. et al., a. a. O., S. 197.

[1710] GRS-F-128 (Sept. 1983), Berichtszeitraum 1.1. bis 30.6.1983, Projekt-Nr. 150 109A, S.2.

[1711] Forschungs- und Entwicklungsvertrag 1500 109A/2009-82-12 TI ISP D zwischen der Kommission der Europäischen Gemeinschaften und dem BMFT.

[1712] Addabbo, C. und Worth, B.: LOBI-MOD2 Research Programme A, Small Break LOCA and Special Transients, Final Report, CEC-BMFT Contract No. 2009-82-12 TI ISP D, Communication Nr. 4333, Oktober 1990.

[1713] Städtke, H.: International Standard Problem ISP-18, LOBI-MOD2 Small Break LOCA Experiment, Final Comparison Report, CSNI Report 133, April 1987, S. 5 und S. 67 f.

Abb. 6.228 LOBI-MOD2 Sekundär-Kühlsystem (schematisch)

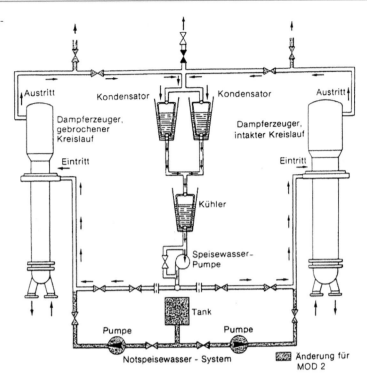

- Für LOCA mit kleinem Leck (SBLOCA) wurden wichtige Prozesse und lokale Phänomene im Allgemeinen unzutreffend berechnet und dargestellt.

Die Abweichungen der Rechnungen vom Experiment wurden auf Unzulänglichkeiten der analytischen Modelle hinsichtlich der Entstehung und Fortentwicklung von Gemischen, geschichteten Strömungen und instationären Kondensationsprozessen zurückgeführt. Unterschiedliche Rechenergebnisse lagen auch dann vor, wenn verschiedene Teilnehmer den gleichen Code anwendeten („Nutzer-Effekte").

In der Folge dieser Erfahrungen mit ISP-18 wurden im Rahmen des LOBI-Projekts die Theorien zu den Phasenübergängen überarbeitet und mehrere physikalische Modelle des Rechencodes RELAP5/MOD1 verbessert.[1714] Die optimierte LOBI-Version von RELAP wurde nun als RELAP5/MOD1-EUR für Voraus- und Nachrechnungen zu den LOBI-Versuchen verwendet und zeigte eine deutlich erhöhte Übereinstim-

mung mit den Versuchsergebnissen gegenüber der Originalversion.[1715]

Im Rahmen des LOBI-MOD2-Versuchsprogramms, das vom BMFT mit 9,3 Mio. DM gefördert wurde,[1716] sind bis zu seinem Ende im Dezember 1989 insgesamt 16 Experimente durchgeführt worden. Im Einzelnen waren es 11 Experimente zur Untersuchung von SBLOCA (wie beispielsweise durch U-Rohr-Versagen in Dampferzeugern),[1717] die Untersuchung des Ausfalls der Energieversorgung des Reaktors mit gleichzeitigem Versagen der Schnellabschaltung, zwei Experimente zum Naturumlaufverhalten sowie ein Experiment zur Charakterisierung der Wärmeübertragung der Dampferzeuger.

Zwischen Juli 1989 und Juni 1991 wurden in den Versuchsanlagen BETHSY (Frankreich),

---

[1714] GRS-F-145 (Oktober 1985), Berichtszeitraum 1.1 bis 30.6.1985, Projekt-Nr. 150 109A, S. 2.

[1715] GRS-F-160 (Oktober 1987), Berichtszeitraum 1.1 bis 30.6.1987, Projekt-Nr. 150 109A, S. 2 f.

[1716] GRS-F-180 (August 1990), Berichtszeitraum 1.7. bis 31.12.1989, Projekt 1500 109A, S. 1.

[1717] De Santi, G. F.: Analysis of steam generator U-tube rupture and intentional depressurization in LOBI-MOD2 facility, Nuclear Engineering and Design, Vol. 126, 1991, S. 113–125.

LSTF (Japan), LOBI und SPES (Italien) Testläufe zu einem bestimmten Kühlmittelverluststörfall mit kleinem Leck im kalten Strang gefahren, um den Einfluss des Maßstabfaktors auf die thermohydraulischen Phänomene zu untersuchen. Bezogen auf LSTF waren die volumetrischen Maßstäbe der anderen Anlagen um jeweils den Faktor 2,8 (BETHSY), 4,4 (LOBI) und 4,5 (SPES) kleiner. Die wesentlichen Phänomene traten in allen vier Experimenten in sehr ähnlicher Weise auf. Differenzen konnten aus den verschiedenen geometrischen Charakteristiken und besonderen Randbedingungen erklärt werden.[1718]

Bei der abschließenden Bewertung wurde festgestellt, dass die LOBI-Versuchsergebnisse, selbst unter den Einschränkungen der nur unvollständig bekannten Modellgesetze, die großen Sicherheitsreserven der Referenz-Reaktoranlage (KWU Biblis) zeigen konnten. Für eine Vielzahl von sehr unterschiedlichen Unfallbedingungen konnte eine ausreichende Kühlung des Reaktorkerns nachgewiesen werden, solange ein Minimum an Funktionsfähigkeit der Sicherheitssysteme noch verfügbar war. Insbesondere wurde mit den LOBI-Versuchen nachgewiesen:[1719]

- die Wirksamkeit des Naturumlaufs und des „Reflux Condenser"-Betriebs für die Wärmeabfuhr,
- der Vorteil der heißseitigen Einspeisung des Notkühlwassers für die Verhinderung oder Minderung von thermischen Belastungen des RDB,
- die Bedeutung des kontrollierten Abfahrens der Sekundärseite für den Verlauf des LOCA,
- die Möglichkeit der Begrenzung des Primär- und Sekundärdrucks durch Sicherheits- und Abblaseventile und
- die Wirksamkeit einer bewusst herbeigeführten Druckabsenkung im Primärsystem als „Accident Management"-Maßnahme für den

Fall einer erheblich reduzierten Verfügbarkeit von Sicherheitssystemen.

Die von den Versuchsreihen erzeugte LOBI-Daten-Basis wurde als wesentlicher Beitrag für die qualitative und quantitative Verifikation der verschiedenen thermohydraulischen Rechenprogramme angesehen. Die Fortsetzung der Arbeiten führte zu keiner Änderung dieser Einschätzung des Nutzens und der Grenzen des LOBI-Projekts.[1720]

6.7.7　Das 2D/3D-Projekt von USNRC/JAERI/BMFT, UPTF im GKM

Den Konstrukteuren und Betreibern der integralen Versuchsanlagen zur Untersuchung von Kühlmittelverluststörfällen war stets bewusst, dass sie wegen der kleinen Modellmaßstäbe ihrer Teststände die thermohydraulischen Vorgänge in einer wirklichen Großanlage nur näherungsweise nachbilden konnten. Die zwei- bzw. dreidimensionalen Strömungen im Downcomer oder im oberen Plenum eines RDB etwa konnten nicht korrekt simuliert werden.

Im April 1976 beschloss das japanische Kernenergieforschungsinstitut JAERI ein „Large Scale Reflood Test Program" aufzulegen, um bei der Untersuchung der Flutvorgänge im Reaktorkern von den kleinen Maßstäben wegzukommen und Versuchsanlagen zu errichten, die der Wirklichkeit besser entsprachen. Es wurden für den Standort Tokai-Mura zwei sehr große Versuchsstände geplant, die anstelle der bisherigen eindimensional-vertikalen nun eine zweidimensionale, teilweise auch dreidimensionale Nachbildung der Thermohydraulik im Kern ermöglichen sollten. Die eine Anlage „Cylindrical Core Test Facility" (CCTF) sollte die Strömung im ringförmigen Downcomer, im Kern und oberen Plenum sowie dem gesamten Primärkreis, die andere Anlage „Slab Core Test Facility" (SCTF) sollte bei voller Brennstablänge eine aus dem Kern radial herausgeschnittene Brennelementreihe (Slab)

[1718] Annunziato, A., Addabbo, C. et al.: Small Break LOCA Counter Part Test in the LSTF, BETHSY, LOBI and SPES Test Facilities, Proceedings of the Fifth International Topical Meeting on Reactor Thermal Hydraulics NURETH-5, 21–24. 9. 1992, Salt Lake City, Ut, USA, Vol. VI, S. 1570–1576.

[1719] Addabbo, C. und Worth, B., a. a. O., S. XII f und S. 7–1 bis 7–4.

[1720] Addabbo, C. und Annunnziato, A., Contribution of the LOBI Project to LWR Safety Research, NUCLEAR SAFETY; Vol. 34, No. 2, 1993, S. 180–195.

nachbilden und damit die Untersuchung zwei-dimensionaler Effekte erlauben. Die japanischen Planungen wurden von Anfang an mit der Forschungsabteilung der USNRC abgestimmt.

In Deutschland bestand ebenfalls ein hohes Interesse an der wirklichkeitsnahen Klärung der thermo- und fluiddynamischen Phänomene im RDB während eines Kühlmittelverluststörfalls. Die Druckwasserreaktoren (DWR) der Firma Siemens/KWU besaßen im Gegensatz zu den amerikanischen Reaktoren eine kalt- und heißseitige (kombinierte) Einspeisung des Notkühlwassers in den Reaktorkern. Bei der heißseitigen Einspeisung gelangt das Notkühlwasser über das obere Plenum in den Reaktorkern, was von den deutschen Ingenieuren als besonders vorteilhaft eingeschätzt wurde. Auch die von deutscher Seite betriebenen und geförderten Versuchsanlagen PKL und LOBI ermöglichten eine realistische zwei- oder dreidimensionale Nachbildung der thermo- und fluiddynamischen Vorgänge im RDB nicht.

Die Kraftwerk Union AG (KWU) erarbeitete Ende 1976 einen Vorschlag für ein Forschungsvorhaben zur experimentellen Untersuchung der Vorgänge im oberen Plenum während der Flutphase[1721] und begann Anfang 1977 in ihrem Forschungszentrum Karlstein eine vom BMFT geförderte Studie über die Durchführbarkeit eines dreidimensionalen Versuchs, des „3D-Experiments", anzufertigen. Mit den Ergebnissen dieses Experiments sollten 3-dimensionale Rechenprogramme zur Beschreibung der Strömungsvorgänge im oberen Plenum eines DWR während der Wiederauffüll- und Flutphasen verifiziert werden. Die Studie sollte Unterlagen liefern, auf deren Basis die Realisierung des „3D-Experiments" entschieden werden konnte.[1722]

Im Frühjahr 1977 unterbreitete Dr.-Ing. Klaus Riedle von der Firma Siemens/KWU dem Notkühlexperten und Sachverständigen des BMFT Prof. Franz Mayinger von der Technischen Universität Hannover den Vorschlag, Versuche an einem größeren Kernsegment durchzuführen. Das Kernsegment sollte im Querschnitt die Form einer Tortenschnitte haben, aber vertikal die volle Länge des Reaktorkerns nachbilden. *„Es erhoben sich zwei Fragen, einmal nach dem Bedarf an elektrischer Leistung für die Beheizung der Brennstab-Dummies zur Simulation der Nachzerfallswärme realer Brennelemente und zum anderen nach der Aussagekraft und Übertragbarkeit der Versuchsergebnisse auf die Realität, da auch hier der Downcomer in stark verkleinertem Maßstab nachgebildet werden musste und keine zweidimensionale Strömung, wie im Downcomer des Reaktors, gegeben war."*[1723]

Mayinger traf sich im Rahmen der Begutachtung von Forschungsaktivitäten für den BMFT häufig mit Dr. Long Sun Tong, dem führenden Thermodynamiker der USNRC, im EURATOM-Forschungszentrum Ispra. Nach den Erörterungen bei Siemens/KWU berichtete Mayinger dem amerikanischen Experten Tong von den deutschen Überlegungen. Tong wiederum informierte Mayinger über die Gespräche und Verhandlungen zwischen USNRC und JAERI, in Tokai-Mura neue Großversuchsanlagen zu erbauen. Die USNRC wolle als ihren Beitrag zu diesem Forschungsprogramm einen neuen Notkühlcode für 3-dimensionale Vorgänge, das TRAC-Rechenprogramm (Transient Reactor Analysis Code) weiterentwickeln. Auch die rechnerische Simulation der thermohydraulischen Vorgänge im Reaktorkern war bisher nur eindimensional möglich gewesen. Tong und Mayinger waren sich darüber im Klaren, dass die Versuchsergebnisse der beiden japanischen Großanlagen den Einfluss der räumlichen Bewegung des Notkühlwassers im realen Reaktorkern realistischer als bisher abzuschätzen erlaubten, jedoch nicht genau genug für

[1721] AGKM UPTF 2, Kraftwerk Union Reaktortechnik, Kiehne (R 114), Brand, Gaul, Hein, Mandl und Schmidt (R 512): Vorschlag für ein Forschungsvorhaben „Experimentelle Untersuchung der Vorgänge im oberen Plenum während der Flutphase", Erlangen, 1. 12. 1976, S. 1–17.

[1722] GRS-F-55 (April 1978), Berichtszeitraum 1. 10. bis 31. 12. 1977, Vorhaben RS 268 „Vorprojekt zur experimentellen Untersuchung der Einflüsse mehrdimensionaler Effekte beim Fluten", Arbeitsbeginn 1. 1. 1977, Arbeitsende 31. 1. 1978, Auftragnehmer KWU R 52, Karlstein, Leiter des Vorhabens Dr. Simon, S. 79–81.

[1723] AMPA Ku 169, Mayinger: Persönliche schriftliche Mitteilung vom 4. 12. 2006 von Professor em. Dr.-Ing. Dr.-Ing. E. h. mult. Franz Mayinger: „Entstehungsgeschichte des internationalen 2D/3D-Programms", S. 2.

die Feststellung tatsächlicher Sicherheitsreserven erfassen konnten.[1724]

Tong und Mayinger waren der gemeinsamen Auffassung, dass es vordringlich sei, die Strömung im oberen Plenum und im Ringraum des RDB realitätsnah und deshalb dreidimensional nachzubilden. Tong fragte an, ob es nicht möglich sei, in Deutschland eine entsprechende Versuchsanlage zu erbauen und zu betreiben. „*Wir waren uns einig, dass dies bei Dampferzeugung mit elektrischer Heizung versuchstechnisch nicht zu realisieren war. Es kam die Idee auf, dass der aus dem Reaktorkern in das obere Plenum strömende Dampf nicht unbedingt durch elektrische Beheizung an der Wand von Brennelement-Dummies entstehen müsse, sondern auch aus einer Fremdquelle von unten über ein die Brennelementkonfiguration nachbildendes Gitter in das obere Plenum eingeblasen werden könnte. Dazu benötigte man die Dampfeinspeisung aus einem Kraftwerk, das über genügend überschüssigen Dampf verfügte. Wegen seiner technischen Auslegung und der Aufgeschlossenheit seines damaligen Leiters, Herrn Dr. Wilhelm Schoch, kam bevorzugt das Großkraftwerk Mannheim infrage.*"[1725]

Erste Überlegungen zur Realisierbarkeit von 3D-Versuchen im Großkraftwerk Mannheim (GKM) fanden mit Hinweis auf die Vorstellungen von Prof. Mayinger Ende Mai 1977 im KWU-Forschungszentrum Karlstein statt.[1726] In Karlstein analysierten die KWU-Ingenieure die komplexe Aufgabenstellung, entwarfen ein Versuchsstandskonzept, bearbeiteten die Messtechnik und Datenerfassung und schätzten die Kosten für Planung, Bau und Versuchsdurchführung mit einem RDB nach KWU-Design auf ca. 75 Mio. DM, die Gesamtlaufzeit des Vorhabens auf 6 Jahre. Im November 1977 fanden Abstimmungsgespräche mit der USNRC in Washington statt, wobei die bereits fixierten technischen Eckdaten der japanischen und deutschen 2D/3D-Experimente vorgestellt und erörtert wurden. Auf Wunsch des Sachverständigenkreises des BMFT (Vorsitz Franz Mayinger) erarbeitete die KWU

eine Begründung für die Einbeziehung der Wiederauffüllphase sowie eine Nutzenanalyse für das 3D-Experiment.[1727] Besondere Aufmerksamkeit galt dem Problem der Kopplung von 2D- mit 3D-Experimenten, wobei auch die Möglichkeit bedacht werden musste, dass die verschiedenen Versuchsanlagen nicht parallel laufen.[1728]

Im Dezember 1977 unterrichtete das BMFT den GKM-Direktor Dr. Wilhelm Schoch über die seit geraumer Zeit zwischen BMFT, USNRC und JAERI stattfindenden intensiven Gespräche über die Beteiligung der Bundesrepublik an einem größeren Forschungsvorhaben „Experimentelle Untersuchung der Einflüsse mehrdimensionaler Effekte beim Fluten eines Druckwasserreaktors nach einem Kühlmittelverluststörfall." Das BMFT fragte an, ob dieses Vorhaben im GKM durchführbar sei und legte bereits eine erste Beschreibung des 3D-Experiments mit Schaltplänen, Zeichnungen der Versuchsstandsanordnung und Umrissen des Versuchsstandsgebäudes vor.[1729] Anfang Februar 1978 erklärte Schoch bei einer Besprechung im GKM mit Vertretern von BMFT, GRS, KWU und Prof. Mayinger, dass das GKM in der Lage sei, einen Dampfstrom von 700 t/h oder auch 1.000 t/h über die Versuchsdauer von ca. 10 min während der im Laufe von zwei Jahren stattfindenden Versuche ca. einmal pro Woche zur Verfügung zu stellen. Bei 1.000 t/h Dampfentnahme betrage der Leistungsabfall des Kraftwerks ca. 300 MW, wodurch entsprechende Kosten anfielen. Da eine Kondensation des Dampfes nach dem Durchströmen der Versuchsanlage Investitionskosten von etwa 10 Mio. DM

[1724] ebenda, S. 3.

[1725] ebenda, S. 3.

[1726] AGKM UPTF 1, Gesprächsnotiz vom 26. 5. 1977.

[1727] GRS-F-55 (April 1978), Berichtszeitraum 1. 10. bis 31. 12. 1977, Vorhaben RS 268 „Vorprojekt zur experimentellen Untersuchung der Einflüsse mehrdimensionaler Effekte beim Fluten", Arbeitsbeginn 1. 1. 1977, Arbeitsende 31. 1. 1978, Auftragnehmer KWU R 52, Karlstein, Leiter des Vorhabens Dr. Simon, S. 80 f.

[1728] GRS-F-63 (September 1978), Berichtszeitraum 1. 1. bis 31. 3. 1978, Vorhaben RS 268 „Vorprojekt zur experimentellen Untersuchung der Einflüsse mehrdimensionaler Effekte beim Fluten", Arbeitsbeginn 1. 1. 1977, Arbeitsende 31. 1. 1978, Auftragnehmer KWU R 52, Karlstein, Leiter des Vorhabens Dr. Melchior, S. 61–63.

[1729] AGKM UPTF 2, Schreiben Dr. Lummerzheim, BMFT 313-5691-RS 268, vom 21. 12. 1977.

erfordern würde, wurde vorgeschlagen, ihn über einen Schalldämpfer abzublasen.[1730]

In der ersten Aprilhälfte 1978 fanden bei KWU in Erlangen und bei der GRS in Köln internationale Expertengespräche statt, bei denen sich BMFT, USNRC und JAERI grundsätzlich über die Durchführung eines trilateralen 2D/3D-Programms verständigten. Wegen der teils zwei-, teils dreidimensionalen Natur der geplanten Untersuchungen nannte man das Forschungsvorhaben 2D/3D-Projekt. Die von Deutschland zu erstellende 3D-Anlage wurde als „Upper Plenum Test Facility" (UPTF) bezeichnet. Die USNRC wünschte von der deutschen Seite die Simulation von oberem Plenum und Downcomer in voller Größe und von den Japanern, nicht nur die Flutphase sondern auch die Wiederauffüllphase nachzubilden. Die Japaner stimmten zu, die Vertreter des BMFT verwiesen auf die Obergrenze der finanziellen Möglichkeiten in Höhe von 75 Mio. DM. Die Japaner betonten, dass die Errichtung ihrer Versuchsanlagen bereits weit fortgeschritten sei und voraussichtlich 1979/1980 erste Versuche gefahren werden könnten.[1731]

Die Verständigung zwischen BMFT, JAERI und USNRC im April 1978 gilt als Beginn des 2D/3D-Programms, dessen Durchführung sich dann über 15 Jahre erstreckte. Das 2D/3D-Projekt war das größte Forschungsvorhaben, das jemals im Gebiet der Reaktorsicherheit verwirklicht wurde. Die drei beteiligten Länder wendeten dafür bis 1993 insgesamt ca. 500 Mio. US-$ auf.[1732]

Ende Mai 1978 fand bei der Gesellschaft für Reaktorsicherheit (GRS) in Köln eine Beratung zwischen den deutschen Beteiligten BMFT, GRS, GKM, KWU und Prof. Mayinger statt. Die GRS wurde vom BMFT als Hauptauftragsstelle mit Verantwortung für die finanzielle Abwicklung benannt. Hauptauftragnehmer wurden GKM und

KWU für die Errichtung der UPTF-Anlage. Prof. Mayinger wurde in das fachlich verantwortliche trilaterale Technical Coordination Committee berufen, in dem die USNRC durch Dr. Tong (später Dr. Novak Zuber) und JAERI durch Dr. Masao Nozawa vertreten waren. Zwischen den deutschen Beteiligten wurde die USNRC-Anfrage diskutiert, die UPTF-Teststrecke von dem geplanten 180°-Kernsegment auf den vollen 360°-Querschnitt zu erweitern. Es konnte kein Konsens über die Notwendigkeit dafür hinsichtlich des Strömungsverhaltens und des Druckaufbaus erzielt werden. Der BMFT bestand aus Kostengründen auf der Planung des 180°-Segments, wobei konstruktive Vorkehrungen für die denkbare spätere Erweiterung auf 360° vorgesehen werden sollten. Die Kostenschätzung für den deutschen Beitrag belief sich Ende Mai 1978 auf 88,5 Mio. DM. Der USNRC-Beitrag zur UPTF-Errichtung in Form von zur Verfügung gestellten Spezial-Messinstrumenten wurde von Tong nach einer Telefonnotiz Mayingers mit 28,3 Mio. US-$ beziffert, wobei die hohen Entwicklungskosten inbegriffen seien. Dies erschien der deutschen Seite allerdings als ungerechtfertigt.[1733] Ende Mai 1978 lag bereits ein USNRC-Entwurf für das trilaterale 2D/3D-Abkommen vor.[1734]

Weitere internationale Besprechungen in Washington (Juni 1978), Tokai-Mura (Juni 1978) und Silver Spring, Md., USA (November 1978) folgten, bei denen es um die Ausgestaltung des 2D/3D-Programms ging. Die USNRC wiederholte dabei stets ihren Vorschlag, die deutsche UPTF-Anlage auf den vollen 360°-Querschnitt zu erweitern.[1735] Im Oktober 1978 fanden sich BMFT und GRS bereit, die amerikanischen Vorstellungen näher zu betrachten, das für die Begrenzung des 180°-Segments vorgesehene Trennblech entfallen zu lassen und den kompletten 360° umfassenden Primärkreis eines

[1730] AGKM UPTF 2, Besprechungsnotiz GRS Notkühlung 3D-Vorhaben, 7. 2. 1978.

[1731] AGKM UPTF 1, GKM-Vermerke über die internationalen Expertengespräche am 6.-7. 4. 1978 bei KWU in Erlangen und am 10.-12. 4. 1978 bei GRS in Köln.

[1732] Damerell, P. S. und Simons, J. W. (Hg.): Reactor Safety Issues Resolved by the 2D/3D Program, GRS-101, ISBN 3-923875-51-7, Sept. 1993, S. xxi.

[1733] AGKM UPTF 1, GKM-Ergebnisprotokoll Notkühlung 2D/3D-Projekt, Beratung BMFT, GKM, KWU, GRS, Prof. Mayinger in Köln am 29. 5. 1978.

[1734] AGKM UPTF 2, Schreiben H. G. Seipel, BMFT vom 31. 5. 1978.

[1735] AGKM UPTF 1 und UPTF 2, GRS-Vermerke über die internationalen 2D/3D-Meetings.

1300-MW$_{el}$-Leistungsreaktors mit 4 Umwälzschleifen im Maßstab 1:1 in der UPTF-Versuchsanlage im GKM darzustellen.[1736] In der 2D/3D-Besprechung im Januar 1979 bei der USNRC in Washington wurde über die neu vorgesehene 360°-Simulation und eine entsprechende Erhöhung des USNRC-Beitrags diskutiert. Erhebliche Änderungen am japanischen Versuchsprogramm wurden als erforderlich festgestellt. Die USNRC ihrerseits wollte die 3D-Code-Entwicklung vorantreiben und für den Entwurf der Versuchsprogramme im Einzelnen sowie für die Voraus- und Nachberechnungen zu jedem Test die analytischen Arbeiten vornehmen.[1737]

Im Februar 1979 begann die UPTF-Planung durch die KWU.[1738] Als UPTF-Zielsetzung wurde genannt „die maßstabsgetreue experimentelle Simulation der im Wesentlichen dreidimensional ablaufenden thermohydraulischen Vorgänge im oberen Plenum und Ringraum (Downcomer), also dem unbeheizten Teil des Reaktors, während der Endphase des Blowdown (ab 9 bar), Wiederauffüll- und Flutphase." Zur Nachbildung des Referenzreaktors im Maßstab 1:1 gehörten der teilweise durch einen Simulator ersetzte Reaktorkern, 3 intakte und ein gebrochener Loop, das Notkühlsystem sowie die erforderlichen Versorgungs- und Hilfseinrichtungen.[1739] Gleichzeitig wurden einige begleitende Forschungsvorhaben begonnen, wie beispielsweise experimentelle und theoretische Untersuchungen über den Abscheidemechanismus an Lochblenden, Drosselstellen sowie dem Brennelementkopf eines deutschen DWR-Standardreaktors während der Wie-

derauffüll- und Flutphase.[1740] Andere Vorhaben betrafen die Entwicklung eines Kernsimulators für UPTF[1741] und das Konzept für Überströmklappen in der 3D-UPTF, die im oberen Teil des Kernbehälters für die Nachbildung von Babcock & Wilcox -RDB installiert werden mussten.[1742]

Das trilaterale 2D/3D-Abkommen wurde für eine Laufzeit von 5 Jahren am 18. April 1980 abgeschlossen, auf deutscher Seite von BMFT-Staatssekretär Haunschild unterzeichnet.[1743] Das Abkommen sah vor, dass jedes Land seine Forschungsaufwändungen selbst finanzierte. Als einen Ausgleich für die sehr hohen finanziellen Belastungen bei der Errichtung und dem Betrieb der japanischen und deutschen Versuchsanlagen CCTF, SCTF und UPTF stellten die Amerikaner einen großen Teil der Instrumentierung zur Verfügung und entwickelten den TRAC-Code weiter. Die Versuchsergebnisse wurden ohne jede Einschränkung in Form von Originaldaten ausgetauscht und konnten von jeder Seite unabhängig ausgewertet und beurteilt werden. In Anhängen zum 2D/3D-Abkommen wurden die von den Vertragsparteien zu erbringenden Leistungen dargestellt. Abbildung 6.229 zeigt die wesentlichen Untersuchungsgebiete des 2D/3D-Programms. Die Forschungsschwerpunkte waren die thermohydraulischen Vorgänge im oberen Plenum, dem Reaktorkern und dem Downcomer.

[1736] AGKM UPTF 2, GRS-Stichworte zum Stand des 2D/3D-Projekts, TU Hannover, 31. 10. 1978.

[1737] AGKM UPTF 2, GRS-Vermerk über die 2D/3D-Besprechung bei der USNRC, Washington, 10–12. 1. 1979.

[1738] GRS-F-85 (Dezember 1979), Berichtszeitraum 1. 7. bis 30. 9. 1979, Vorhaben RS 150 363 „Planung der UPTF (Upper Plenum Test Facility)" Arbeitsbeginn 1. 2. 1979, Arbeitsende 30. 6. 1980, Auftragnehmer KWU VF 34, Frankfurt, Leiter Schirmeister.

[1739] Gaul, H. P., Kerst, B. und Kauer, M.: UPTF-Experiment, Notkühluntersuchungen im Originalmaßstab 1:1, Zielsetzungen, Versuchsprogramm, in: Tagungsbericht, Jahrestagung Kerntechnik '89, 9–11. 5. 1989 Düsseldorf, KTG, DAtF, INFORUM Bonn, 1989, S. 125–128.

[1740] GRS-F-82 (September 1979), Berichtszeitraum 1. 4. bis 30. 6. 1979, Vorhaben RS 150 366 „Fluiddynamische Effekte im Brennelementkopfbereich während des Wiederauffüllens und Flutens", Arbeitsbeginn 1. 3. 1979, Arbeitsende 28. 2. 1980, Auftragnehmer Institut für Verfahrenstechnik der Univ. Hannover, Leiter Prof. Mayinger, lfd. Nr. 150, S. 1–3.

[1741] GRS-F-88 (März 1980), Berichtszeitraum 1. 10. bis 31. 12. 1979, Vorhaben RS 150 395 „Entwicklung eines Kernsimulators für UPTF", Arbeitsbeginn 1. 6. 1979, Arbeitsende 31. 12. 1980, Auftragnehmer KWU R 541, Karlstein, Leiter Dr. U. Simon.

[1742] GRS-F-88 (März 1980), Berichtszeitraum 1. 10. bis 31. 12. 1979, Vorhaben RS 150 394 „Konzept Überströmklappen in der 3D-UPTF, Auftragnehmer Babcock-Brown Boveri Reaktor GmbH, Leiter Dr. G. Haury.

[1743] AMPA Ku 167, Arrangement on Research Participation and Technical Exchange between BMFT and JAERI and USNRC in a Coordinated Analytical and Experimental Study of the Thermohydraulic Behavior of Emergency Core Coolant During the Refill and Reflood Phase of a Loss-Of-Coolant Accident in a Pressurized Water Reactor.

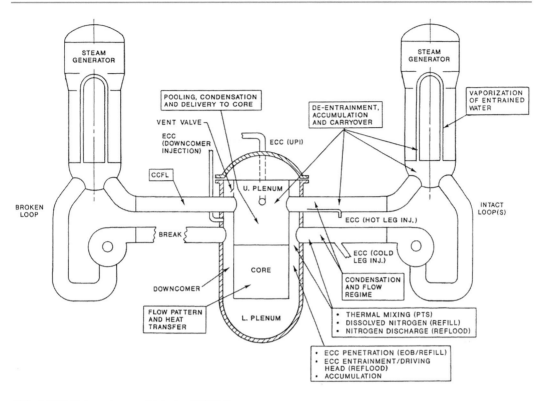

Abb. 6.229 Untersuchungsgebiete des 2D/3D-Programms

Im Anhang 6 des 2D/3D-Abkommens wurden auch die in den drei Ländern für die Projekt-Durchführung zuständigen Stellen aufgeführt. Die Gesamtverantwortung für die Abwicklung des 2D/3D-Projekts lag bei einem trilateralen Lenkungsausschuss (Steering Committee), in den jede Seite einen Vertreter entsandte. Für die Festlegung der Verfahrensabläufe zwischen den beteiligten Forschungsstellen, die Prüfung und Billigung der technischen Erfordernisse für die Versuchseinrichtungen, die Messverfahren und die Auswertung der Messergebnisse sowie für die Entwicklung der Versuchsmatrix und der Zeitpläne war das „Technical Coordination Committee" verantwortlich. Für die Abwicklung der einzelnen Projekte im Rahmen des 2D/3D-Programms wurden Auftragnehmer und Projektleiter ernannt, die sich im „Committee of Project Leaders" miteinander abstimmten. In Japan fanden alle Aktivitäten innerhalb von JAERI statt, in Deutschland waren die wesentlichen Auftragnehmer Siemens/KWU, GKM, GRS und – im Zusammenhang mit den fachlichen Aufgaben von Prof. Mayinger im

Technical Coordination Committee im Auftrag des BMFT – die Technische Hochschule München (TUM), an der Mayinger seit 1981 wirkte. In den USA waren das Idaho National Engineering Laboratory (INEL) und das Oak Ridge National Laboratory (ORNL) für die Entwicklung und Lieferung der neuesten Messinstrumente verantwortlich. Das Los Alamos National Laboratory (LANL, bis 1980 Los Alamos Scientific Laboratory – LASL) entwickelte und wendete den TRAC-Code an.[1744] Das Dienstleistungsunternehmen MPR Associates Inc., Alexandria, Va. war für Datenverarbeitung und technische Dienste verpflichtet worden (Abb. 6.230).[1745]

[1744] Williams, K. A.: TRAC Analysis Support for the 2D/3D Program, Proceedings, Eighth Water Reactor Safety Research Information Meeting, 27.–31. 10. 1980, Gaithersburg, Md., NUREG-CP-0023, Vol. 2, LA-UR-80–3086.

[1745] Damerell, P. S. und Simons, J. W. (Hg.): 2D/3D Program Work Summary Report, GRS-100, ISBN 3-923875-50-9, Dezember 1992, Fig. 1–1.

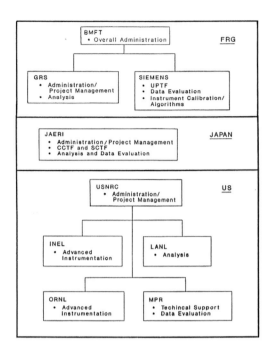

Abb. 6.230 Wesentliche Organisationsstellen des 2D/3D-Programms

Nachdem der trilaterale 2D/3D-Vertrag abgeschlossen und von den drei Partnern gutgeheißen war, begannen heftige Diskussionen um die Details. *„UPTF war die reale Nachbildung eines Druckwasserreaktors der höchsten Leistungsklasse, und so war es nicht verwunderlich, dass jedes der drei an diesem Projekt beteiligten Länder die spezifischen Konstruktionsmerkmale seiner eigenen Reaktoren möglichst genau wiedergespiegelt haben wollte. Die Verhandlungen zogen sich über viele Monate hin. Doch schließlich wurde auch hier ein zufrieden stellender Kompromiss gefunden."*[1746]

Auf deutscher Seite wurde versucht, weitere konstruktive Einzelheiten des KWU-Referenz-DWR im oberen Plenum nachzubilden, was zu Kritik und Verstimmung der anderen Partner führte. Die in New York erscheinende Zeitschrift NUCLEONICS WEEK berichtete im August 1981 über die Aufforderung der USNRC an die

deutsche Adresse, mit dem „Herumbasteln am UPTF-Entwurf" endlich aufzuhören. Die amerikanische Reaktorsicherheitskommission ACRS kritisierte die ständig wachsenden Kosten des 2D/3D-Programms und fand, dass die von den UPTF-Experimenten erwarteten Erkenntnisse auf anderem Wege mit weniger Aufwand und schneller gewonnen werden könnten.[1747] Die Versuchsanlagen in Tokai-Mura und Mannheim wurden für Umbaumaßnahmen vorbereitet, die es erlaubten, die Reaktoren der Hersteller Westinghouse (auch mit den japanischen Besonderheiten), KWU, Babcock & Wilcox (ein BBR-Reaktor in Mülheim-Kärlich) und Combustion Engineering in guter Näherung zu simulieren.

Am 16. Juni 1981 endlich wurde der Forschungs- und Entwicklungsvertrag (Grundvertrag) zwischen der Bundesrepublik Deutschland, vertreten durch den BMFT, dieser vertreten durch die GRS, und der GKM AG über die Zurverfügungstellung des notwendigen Bau- und Betriebsgeländes sowie die Bereitstellung der Betriebsmedien und deren Ver- und Entsorgungsleitungen bis 1 m vor die Versuchshalle abgeschlossen.[1748] GKM-Mitarbeiter hatten sich bereits in der Materialprüfungsanstalt (MPA) der Universität Stuttgart, die umfangreiche BMFT-Forschungsvorhaben durchführte, über die verwaltungsmäßige Abwicklung von Großprojekten unterrichten lassen.[1749] Als erster Zusatzvertrag wurde Ende 1981 ein Grundstück-Bereitstellungsvertrag mit den erforderlichen Einzelheiten geschlossen. Mit der KWU AG schloss der BMFT, vertreten durch die GRS, im September 1981 einen Forschungs- und Entwicklungsvertrag ab, dessen erste Bestimmung lautete: „Der Auftragnehmer übernimmt im Rahmen des deutschen Beitrags am trilateralen 2D/3D-Projekt die schlüsselfertige Errichtung und Inbetriebsetzung der Upper Plenum Test Facility (UPTF)." Der Beginn der Ausführung wurde auf den 18.3.1981 datiert. Die Lieferzeit sollte 43 Monate nach Ver-

---

[1746] AMPA Ku 151, Mayinger: Persönliche schriftliche Mitteilung vom 4. 12. 2006 von Professor em. Dr.-Ing. Dr.-Ing. E. h. mult. Franz Mayinger: „Entstehungsgeschichte des internationalen 2D/3D-Programms", S. 4.

[1747] NRC Staff Wants West Germans to Stop Tinkering with UPTF Design, NUCLEONICS WEEK, INSIDE N.R.C., 10. 8. 1981, S. 8.

[1748] AGKM UPTF 6 und 7, Grundvertrag 10./15. 12. 1981 vom 15. 6. 1981, Inkrafttreten mit Wirkung vom 18. 3. 1981.

[1749] AGKM UPTF 2, GKM-Vermerk vom 27. 8. 1979.

tragsunterzeichnung betragen.[1750] Zum Zeitpunkt dieser Vertragsabschlüsse waren die japanischen Versuchsanlagen in Tokai-Mura bereits in Betrieb. Die Errichtung der CCTF-Anlage war im Februar und die Inbetriebnahme-Tests waren im Mai 1979 abgeschlossen.[1751] Abbildung 6.231[1752] zeigt im Längsschnitt den CCTF-RDB (links) im Vergleich zum RDB realer Größe. Der RDB-Innendurchmesser betrug 1084 mm, der Kerndurchmesser ca. 700 mm und die Downcomer-Spaltbreite 61,5 mm. Der volumetrische Verkleinerungs-Maßstab war 1:21. Abbildung 6.232[1753] stellt den Kernquerschnitt dar. Der Kern besaß 32 Brennstabbündel mit je 8×8 Brennstäben, also 2048 Brennstäbe, von denen 1824 Stäbe elektrisch beheizbar waren. In Abb. 6.233[1754] ist der CCTF-Versuchsstand schematisch wiedergegeben; er repräsentierte die Nachbildung des Primärkreises eines 1100-MW$_{el}$-DWR mit 4 Umwälzschleifen. Mit CCTF wurden das Primärkreis-Verhalten insgesamt sowie die Vorgänge im Reaktorkern (Hüllrohr-Versagen, blockierte Strömung u. a.) während des Blowdown-Endes, des Wiederauffüllens und Flutens nach einem großen Bruch im kalten Strang untersucht. Die CCTF-Zielsetzungen waren: 1. Nachweis der Wirksamkeit des Notkühlsystems, wie es in japanischen DWR vorgesehen war, 2. Beschaffung von Daten zur Entwicklung von thermohydraulischen Codes und 3. Verifikation des japanischen Codes REFLA und des amerikanischen Codes TRAC zur Analyse der Flutphase.

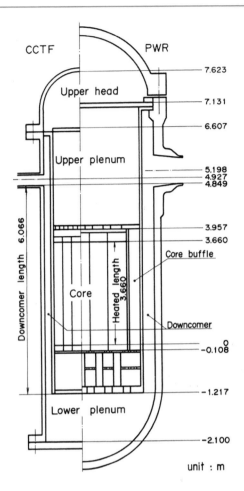

Abb. 6.231 Längsschnitte durch den CCTF- und den realen RDB

Es wurden Phänomene im oberen Plenum und Downcomer beobachtet, die von den eindimensionalen Analysen nicht erfasst werden konnten, wie Bypass-Strömungen und Wasser-Ansammlungen im oberen Plenum.[1755] Die erste CCTF-Versuchsreihe, die im Frühjahr 1981 durchgeführt wurde, ergab deutlich höhere Sicherheitsabstände, als sie in den Vorgaben der japanischen Genehmigungsverfahren gefordert wurden.[1756]

[1750] AGKM UPTF 7, Forschungs- und Entwicklungsvertrag zwischen Bundesrepublik Deutschland, vertreten durch den BMFT, dieser vertreten durch die GRS und KWU AG vom 14. und 18. 9. 1981.

[1751] Tong, L. S.: 2D/3D Program, in: Cottrell, Wm. B.: Seventh NRC Water-Reactor Safety-Research Information Meeting, NUCLEAR SAFETY, Vol. 21, No. 3, Mai-Juni 1980, S. 302 f.

[1752] Murao, Y., Hirano, K. und Nozawa, M.: Results of CCTF Core 1 Tests, Proceedings, Eighth Water Reactor Safety Research Information Meeting, 27–31. 10. 1980, Gaithersburg, Md., NUREG/CP-0023, Vol. 2, Fig. 1.

[1753] Murao, Y., et al.: CCTF Core 1 Test Results, Proceedings, Ninth Water Reactor Safety Research Information Meeting, 26–30. 10. 1981, Gaithersburg, Md., NUREG/CP-0024, Vol. 2, Fig. 3.

[1754] Murao, Y., et al.: Findings in CCTF Core I Test, Proceedings, Tenth Water Reactor Safety Research Information Meeting, 12–15. 10. 1982, Gaithersburg, Md., NUREG/CP-0041, Vol. 1, S. 275–286, Fig. 1.

[1755] Murao, Y., Akimoto, H., Sudoh, T. und Okubo, T.: Experimental Study of System Behavior during Reflood Phase of PWR-LOCA using CCTF, Journal of NUCLEAR SCIENCE and TECHNOLOGY, Vol. 19, Sept. 1982, S. 705–719.

[1756] Murao, Y., et al.: Findings in CCTF Core I Test, Proceedings, Tenth Water Reactor Safety Research Information Meeting, 12–15. 10. 1982, Gaithersburg, Md., NUREG/CP-0041, Vol. 1, S. 280.

Abb. 6.232 Querschnitt durch den CCTF-Kern

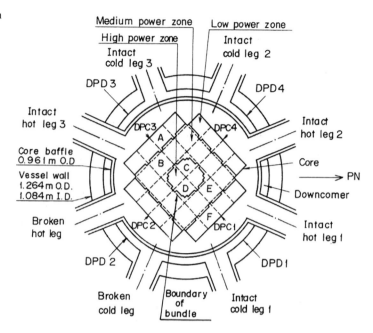

Abb. 6.233 Die CCTF-Versuchsanlage (schematisch)

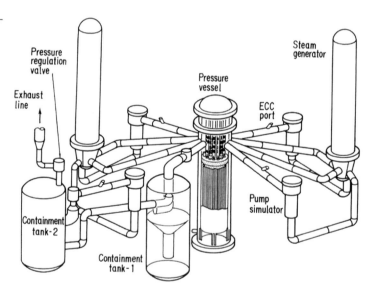

Die Slab Core Test Facility (SCTF) des japanischen Forschungsinstituts JAERI ging zwei Jahre nach der CCTF-Versuchsanlage in Betrieb. 1981 wurde die erste Testreihe gefahren. SCTF diente der zweidimensionalen Untersuchung der thermohydraulischen Vorgänge im Reaktorkern und des von Kern und oberem Plenum beeinflussten Strömungsverhaltens während der Blowdown-Endphase, des Wiederauffüllens und Flutens. SCTF bildete eine „Scheibe" aus einem

kommerziellen Reaktor der Leistung 1100 MW$_{el}$ ab (Abb. 6.234)[1757] in voller Höhe, mit vollem Radius und der Breite eines Brennelementbündels. Die simulierte Brennelementreihe umfasste acht elektrisch voneinander unabhängig beheiz-

---

[1757] Adachi, H. et al.: SCTF Core-I Test Results, Proceedings, Ninth Water Reactor Safety Research Information Meeting, 26–30. 10. 1981, Gaithersburg, Md., NUREG/CP-0024, Vol. 2, Fig. 1.

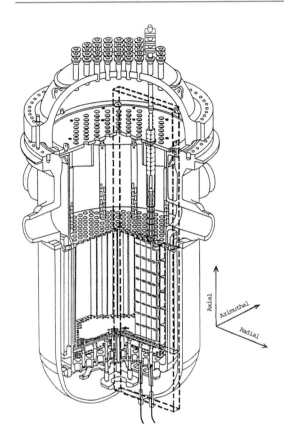

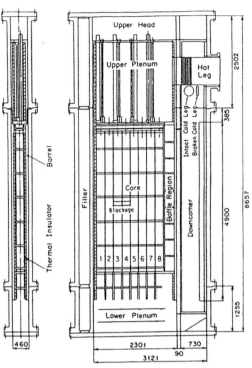

Abb. 6.235 Längsschnitt durch die SCTF-„Scheibe"

Abb. 6.234 Simulierte SCTF-RDB-"Scheibe"

bare Bündel mit je 16 × 16 Brennstäben. Die gesamte Heizleistung betrug maximal 10 MW. Von besonderem Wert war die realistische Nachbildung der geometrischen Verhältnisse in den Brennelementbündeln. Das dritte und vierte Bündel des SCTF-Core-I waren sogenannte „Blockierungsbündel" mit Vorrichtungen, mit denen aufgeblähte, die Strömung blockierende Brennstäbe (fuel rod ballooning) simuliert werden konnten. Blockierungsversuche wurden mit den Kernnachbildungen SCTF-Core-II und -III nicht mehr vorgenommen. Abbildung 6.235[1758] zeigt die inneren Strukturen der SCTF-RDB-„Scheibe" mit Downcomer, unterem und oberem Plenum sowie der Brennelementreihe. Besondere Beachtung galt der Isolierung der SCTF-Wände.

Die Auswirkungen unvermeidlicher Wärmeabflüsse mussten durch Nachrechnungen erfasst werden. Die SCTF-Primärkreis-Umwälzschleifen konnten sehr vereinfacht konstruiert werden (Abb. 6.236).[1759]

Die SCTF-Tests wurden in drei Phasen, die sich jeweils durch andere Versuchs-Konfigurationen unterschieden, durchgeführt: SCTF-I in den Jahren 1981–1983, SCTF-II 1983–1985 und SCTF-III 1986–1987. In der Phase SCTF-III wurden im Maßstab 1:1 die konstruktiven Einzelheiten eines KWU-Reaktors in der SCTF-Versuchsanlage nachgebildet. So wurde beispielsweise der Füllkörper aus dem SCTF-Downcomer der früheren Testserien entfernt, um den größeren Ringraum der deutschen Reaktoren simulieren zu können, sowie die Zahl der beheizten Stäbe erhöht. Die UPTF-Integralversuche wurden teilweise als „Coupling-Versuche" zu den SCTF-Versuchen angelegt. Dabei

---

[1758] Adachi, H. et al.: SCTF Core-I Reflood Test Results, Proceedings, Tenth Water Reactor Safety Research Information Meeting, 12–15. 10. 1982, Gaithersburg, Md., NUREG/CP-0041, Vol. 1, S. 287–306, Fig. 1.

[1759] Damerell, P. S. und Simons, J. W. (Hg.): 2D/3D Program Work Summary Report, GRS-100, ISBN 3-923875-50-9, Dezember 1992, Fig. 3.1-4.

Abb. 6.236 Die vereinfachte
SCTF-Primärkreis-Konstruk-
tion

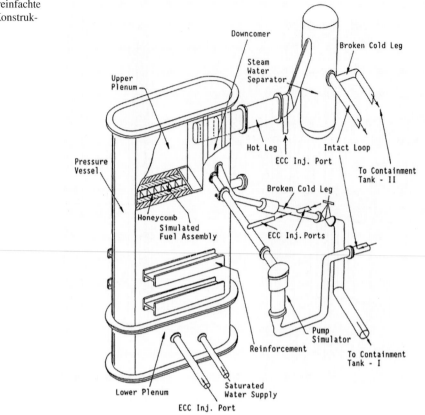

wurden die Experimente in der zweidimensionalen SCTF und der dreidimensionalen UPTF
mit abgeglichenen Randbedingungen gefahren,
wodurch das Verhalten des Primärkreises mit
dem Verhalten des Reaktorkerns zusammen betrachtet und realistische Rückschlüsse auf das
Gesamtverhalten der Reaktoranlage gezogen
werden konnten.

Die bei den CCTF- und SCTF-Versuchen gefundenen mehrdimensionalen Phänomene waren
von den analytischen Modellen nicht zutreffend
beschrieben worden. Sie hatten jedoch die Tendenz zur Verbesserung der Kernnotkühlung. Es
wurde der Nachweis erbracht, dass „heißseitig"
eingespeistes Notkühlwasser vom oberen Plenum her in Durchbruchbereichen nach unten in
Richtung unteres Plenum strömte und somit die
Flutung des Kerns von unten her unterstützte.
Auch die japanischen Experimente bestätigten
also, dass die deutsche Technik der kombinierten
heiß- *und* kaltseitigen Einspeisung von Notkühl-

wasser von außerordentlich hoher Wirksamkeit
ist.[1760]

Die Errichtung der UPTF-Versuchsanlage
auf dem Gelände des Großkraftwerks Mannheim begann am 18. März 1981, der Versuchs-
leiter wurde Dr.-Ing. Paul Weiß. Zunächst waren
zusätzliche Planungen und Berechnungen zur
Bau-, Maschinen- und Elektrotechnik vorzunehmen.[1761] Die thermohydraulischen Auslegungsgrundlagen für den Primärkreis und seine Komponenten bzw. Simulatoren ergaben sich aus
den analytisch und experimentell bestimmten
Extremwerten, die bei einem Kühlmittelverlust-

[1760] Murao, Y. et al.: Large-scale multi-dimensional phenomena found in CCTF and SCTF experiments, Nuclear
Engineering and Design, Vol. 145, 1993, S. 85–95.

[1761] GRS-F-123 (Mai 1983), Berichtszeitraum 1. 7. bis
31. 12. 1982, Vorhaben 1500 500 „Errichtung und Inbetriebsetzung der UPTF", Arbeitsbeginn 18. 3. 1981,
Arbeitsende 30. 6. 1985, Auftragnehmer KWU Erlangen,
Leiter Dr. M. Sawitzki, S. 1–3.

störfall überhaupt auftreten können. Betrachtet wurden die Endphase der Druckentlastung (Blowdown) ab ca. 18 bar, die Wiederauffüll- und Flutphase bei Brüchen im kalt- und heißseitigen Strang einer Umwälzschleife (Loop) und angenommenen Bruchgrößen vom 0,25 bis 2fachen des Rohrleitungsquerschnitts (0,25 F – 2 F) der Hauptkühlmittelleitungen. Dabei mussten die zu erwartenden Strömungsdaten sowohl bei kalt- *und* heißseitiger (deutscher Referenzreaktor) als auch bei nur kaltseitiger Notkühlwassereinspeisung (US/Japan-Reaktor) berücksichtigt werden. Zur Festlegung der thermohydraulischen Auslegungsdaten wurden Rechnungen mit verschiedenen Codes (TRAC, LECK, WAK) sowie Versuchsergebnisse aus PKL-Experimenten herangezogen.[1762]

Wegen des Fehlens eines heißen Kerns im nachgebildeten Reaktordruckgefäß (RDB) musste das im realen Reaktor bei der Notkühlung entstehende Dampf-Wasser-Gemisch künstlich in einem Kernsimulator hergestellt werden. Das Zweiphasengemisch sollte so originalgetreu wie möglich hinsichtlich des Dampfmassenstroms, des Dampfgehalts und des Tropfenspektrums des Wassers nachgebildet werden. Diese Größen sollten in weiten Bereichen variiert werden können, damit alle in den untersuchten Störfallphasen vorkommenden Dampf-Wasser-Zustände simuliert werden konnten. Insbesondere war zu berücksichtigen, dass der Wasserdurchbruch vom oberen Plenum in den Reaktorkern die Dampfproduktion stark beeinflusst.

Die Entwicklung des Kernsimulators fand im KWU-Forschungszentrum Karlstein in den Jahren 1979–1981 statt. Verschiedene Varianten von zentralen Sprühdüsen und Zweistoffdüsen wurden entworfen und erprobt. Von den Strömungsvorgängen wurden Hochgeschwindigkeitsfilme aufgenommen.[1763] Abbildung 6.237

zeigt die Anordnung der Dampf- und Wassereinspeisedüsen unter den Brennelementattrappen.[1764] Der Kernsimulator war in 17 Einspeisezonen aufgeteilt, in die durch 193 Wasser-Dampf-Mischer die Dampf- und Wassermassenströme von außen in die 193 Brennelement-Attrappen (dummy fuel elements, Abb. 6.238[1765]) eingespeist wurden. Der in einem realen Reaktor entstehende Dampf reißt in der Flutphase, beim Abströmen über das obere Plenum und die Loops, Wasser aus dem Kern mit. Die Simulation des Wassermitrisses im Kernsimulator der UPTF durch geregelte Einspeisung von Sattwasser war unbedingt erforderlich, weil dieser Wassermitriss entscheidenden Einfluss auf das Eindringen des heißseitig eingespeisten Notkühlwassers in den Reaktorkern hat. Zur Aufrechterhaltung der Massenbilanz im Versuchsbehälter mussten die von außen eingespeisten Dampf- und Wassermassenströme in Form von Wasser aus dem unteren Plenum entsprechend abgeführt werden.

In Abb. 6.239 ist der Längsschnitt durch den Versuchsbehälter mit der Höhe von 13,39 m und dem Innendurchmesser von 4,87 m dargestellt.[1766] Die Hauptkühlmittelleitungen hatten einen Innendurchmesser von 750 mm. In dieser Abbildung werden die Einspeisestellen für das Notkühlwasser, links in den kalten Strang, rechts in den heißen Strang mit Hutze, gezeigt. Die Versuchsbehälter-Geometrie reproduzierte – mit Ausnahme des Kernsimulators – den 1300-MW$_{el}$-DWR des KWU-Kernkraftwerks Grafenrheinfeld. Die Einbauten im oberen Ple-

---

[1762] Sawitzki, M., Kühlwein, K., Winkler, F., Emmerling, R., Hertlein, R. und Gaul, H.-P.: Errichtung und Inbetriebsetzung der UPTF, Abschlussbericht zum Forschungs- und Entwicklungsvertrag BMFT 1500 500/8, Forschungsprogramm Reaktorsicherheit, Siemens Unternehmensbereich KWU, U9 414/87/030 März 1987, S. 18.

[1763] GRS-F-99 (Dezember 1980), Berichtszeitraum 1. 7. bis 30. 9. 1980, Vorhaben 150 395, „Entwicklung eines

Kernsimulators für UPTF", Auftragnehmer KWU R 541 Karlstein, Leiter Dr. U. Simon, lfd. Nr. 23, S. 1 f.

[1764] Sawitzki, M., Kühlwein, K., Winkler, F., Emmerling, R., Hertlein, R. und Gaul, H.-P., a. a. O., S. 22.

[1765] Weiss, P., Sawitzki, M. und Winkler, F.: UPTF, a full-scale PWR loss-of-coolant accident experiment program, Atomkernenergie-Kerntechnik, Vol. 49, No. 1/2, 1986, S. 61–67.

[1766] Weiss, P. und Steinbauer, K.: Betriebserfahrungen, Versuchsergebnisse, UPTF Fachtagung II, 14. 2. 1989 in Mannheim, Siemens UB KWU, S. 9, vgl. auch: Liebert, J., Plank, H. und Sarkar, J.: UPTF-Experiment, Erster Integralversuch mit kombinierter Einspeisung, Tagungsbericht Jahrestagung Kerntechnik '88, 17.-19. Mai 1988 Travemünde, KTG/DAtF, INFORUM Bonn, 1988, S. 106.

Abb. 6.237 UPTF-Kernsimulator
(schematisch)

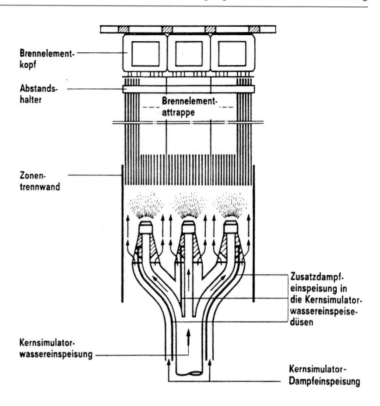

Brennelement-kopf

Abstands-halter

Brennelement-attrappe

Zonen-trennwand

Zusatzdampf-einspeisung in die Kernsimulator-wassereinspeise-düsen

Kernsimulator-wassereinspeisung

Kernsimulator-Dampfeinspeisung

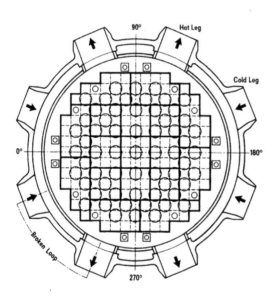

Abb. 6.238 Kernquerschnitt mit den 17 regelbaren Ein-speisezonen

num, die Gitterplatte, der Kernbypassbereich, der Kernbehälter, der Oberteil der Brennelemente sowie der zwischen dem Ende der heißseitigen

Loopleitung und dem Kernbehälter vorhandene Spalt sind im Originalmaßstab dem DWR Grafenrheinfeld nachgebildet. Der UPTF-Versuchsbehälter wich jedoch in einigen konstruktiven Einzelheiten vom DWR Grafenrheinfeld ab:

• Die Spaltbreite des Downcomers (Abb. 6.239) wurde als Kompromiss zwischen den Westinghouse- und KWU-Konstruktionen bestimmt.

• Im oberen Teil des Kernbehälters wurden Überstromklappen eingebaut, um die BBR- und B&W-Konstruktionen simulieren zu können; bei anderen Untersuchungen waren diese Klappen in „ZU"-Stellung verriegelt.

• Die Möglichkeit der direkten Einspeisungen von Notkühlwasser in den Downcomer wurde entsprechend der BBR- und B&W-Konstruktionen vorgesehen.

• Die Einbauten im unteren Plenum, der untere Rost sowie der untere Teil der Brennelemente wurden konstruktiv so vereinfacht und gestaltet, dass die eingebaute Struktur das Fluidvolumen und den Strömungswiderstand des Referenzreaktors Grafenrheinfeld nachbilden konnten. Die Abb. 6.240 und 6.241 geben die Ansichten des Versuchsbehälters bei der Fer-

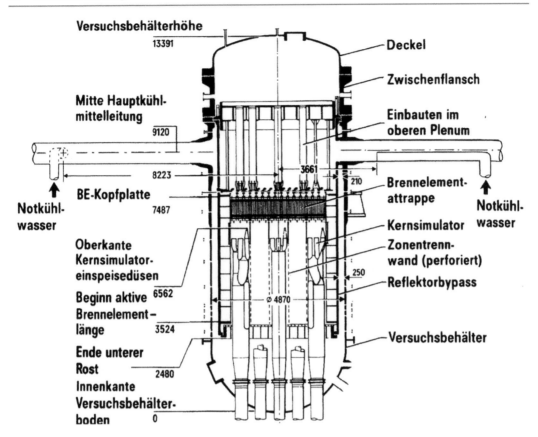

Abb. 6.239 Längsschnitt durch den UPTF-Versuchsbehälter mit den Einspeisestellen am kalten (links) und heißen Strang mit Hutze (rechts)

tigung im Werk der Gutehoffnungshütte Sterkrade und die Kerneinbauten wieder.[1767]
Mit der Baugenehmigung im November 1981 und der Baufreigabe Mitte 1982 konnte die Baustelle auf dem GKM-Gelände Ende Juni 1982 eröffnet werden. Das UPTF-Areal war genau 1 ha groß, wozu die GKM AG noch einen Vormontageplatz von 35a zur Verfügung stellte. Als die Planungen abgeschlossen waren, wurden die Bauaufträge in der ersten Jahreshälfte 1982 vergeben, so für Büro- und Schaltanlagengebäude, Versuchsbehälter-Materialien, Kernsimulator, Komponenten für die Dampferzeugersimulatoren, Dampfgefällespeicher, Containmentsimulator und Pumpen.[1768] Die GKM AG war Auf-

Abb. 6.240 UPTF-Versuchsbehälter bei der Fertigung im Werk Gutehoffnungshütte

---

[1767] Sawitzki, M., Kühlwein, K., Winkler, F., Emmerling, R., Hertlein, R. und Gaul, H.-P., a. a. O., S. 77 f.
[1768] GRS-F-123 (Mai 1983), Berichtszeitraum 1. 7. bis 31. 12. 1982, Vorhaben 1500 500, Errichtung und Inbetriebsetzung der UPTF, S. 2 f.

Abb. 6.241 Brennelement-Attrappe; Unteres Kerngerüst (Kernumfassung) zur Aufnahme der Kernsimulator-Einbauten; Oberes Kerngerüst

tragnehmer für ergänzende Lieferungen und Leistungen zur Errichtung und Inbetriebsetzung der UPTF, wie die Umleitung und Verkabelung einer über die geplante Versuchsanlage führenden 100-kV-Freileitung, Erd- und Bauarbeiten zur Bereitstellung des Baugeländes und dessen Infrastruktur mit Wegen, Wasser, Abwasser, Baustrom, Beleuchtung und Unterkünften.[1769] Zu den Aufgaben der GKM AG gehörte auch die Errichtung einer Rohrleitungsbrücke für Ver- und Entsorgungsleitungen für Dampf, Kühlwasser (je DN 500), Kondensat (DN 150) und elektrischen Strom mit der Anschlussleistung des Versuchsstands von 1,6 MW mit einer 6-kV- und einer unterbrechungslosen 380-V-Verbindung. Die Rohrleitungsbrücke verband das GKM-Maschinenhaus mit der ca. 100 m entfernten

UPTF-Versuchshalle und verlief in einer Höhe von 9 m.[1770]

Abbildung 6.242 zeigt schematisch die Vorderansicht und die Draufsicht der Versuchsanlage mit den wichtigsten Komponenten.[1771] Abb. 6.243 bietet den Blick auf den UPTF-Primärkreislauf mit seinen einzelnen Komponenten (schematisch).[1772]

Das Büro- und Schaltanlagengebäude sowie die Versuchshalle, ein in vier Hauptbühnenebenen gegliederter Stahlbau, wurden im Jahr 1983 errichtet. Ebenso wurde in diesem Jahr die Rohrleitungsbrücke erstellt und die Ver- und Entsorgungsleitungen verlegt.[1773] Abbildung 6.244 gibt den Bauzustand der UPTF-Anlage Mitte des Jah-

---

[1769] GRS-F-119 (Sept. 1982), Berichtszeitraum 1. 1. bis 30. 6. 1982, Vorhaben 1500 522, „Ergänzende Lieferungen und Leistungen zur Errichtung und Betriebsetzung der UPTF im Rahmen des 2D/3D-Projektes", Arbeitsbeginn 18. 3. 1981, Arbeitsende 31. 12. 1985, Auftragnehmer Großkraftwerk Mannheim AG, Leiter Dipl.-Ing. Baumüller.

[1770] GRS-F-123 (Mai 1983), Berichtszeitraum 1. 7. bis 31. 12. 1982, Vorhaben 1500 522, S. 2 f.

[1771] Sawitzki, M., Kühlwein, K., Winkler, F., Emmerling, R., Hertlein, R. und Gaul, H.-P., a. a. O., S. 64 f.

[1772] Damerell, P. S. und Simons, J. W. (Hg.): 2D/3D Program Work Summary Report, GRS-100, ISBN 3-923875-50-9, Dezember 1992, Fig. 4.1–2.

[1773] GRS-F-132 (April 1984), Berichtszeitraum 1. 7. bis 31. 12. 1983, Vorhaben 1500 522, S. 2.

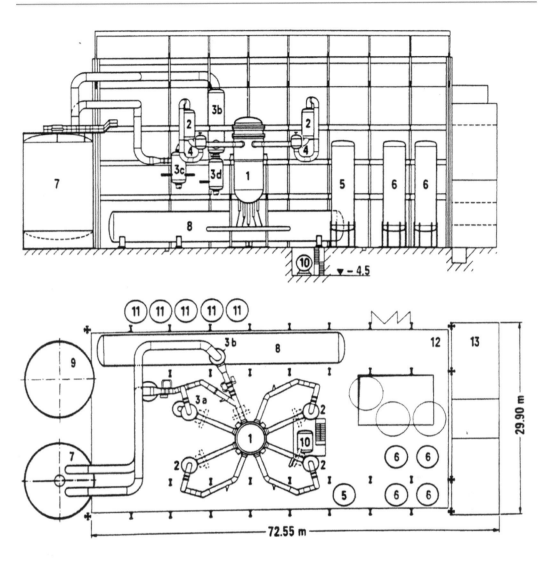

1 Versuchsbehälter
2 Dampferzeugersimulator
3a Wasserabscheider, Bruchloop heißer Strang
3b Wasserabscheider, Bruchloop kalter Strang
3c Wasserablaufbehälter, Bruchloop heißer Strang
3d Wasserablaufbehälter, Bruchloop kalter Strang

4 Pumpensimulator
5 Heißwasserbehälter
6 Druckspeicher
7 Containmentsimulator
8 Dampfgefällespeicher

9 Wassersammelbehälter
10 Kondensatsammelbehälter
11 Wasservorratsbehälter
12 Versuchshalle
13 Schaltanlagengebäude

Abb. 6.242 Vorderansicht und Draufsicht der UPTF-Versuchsanlage (schematisch)

res 1983 wieder. Die Bauabnahme für das Büro- und Schaltanlagengebäude und die Versuchshalle fand im März 1984 statt. In der ersten Jahreshälfte 1984 wurden der Containmentsimulator und der Wassersammelbehälter fertiggestellt sowie der Versuchsbehälter in der Versuchshalle eingebaut und an die Loopleitungen angeschlossen.[1774] Die bei Siemens in Erlangen hergerichteten Brennelementköpfe wurden zum Oak Ridge National Laboratory (ORNL) transportiert, wo sie mit

---

[1774] GRS-F-137 (Sept. 1984), Berichtszeitraum 1. 1. bis 30. 6. 1984, Vorhaben 1500 500, S. 2.

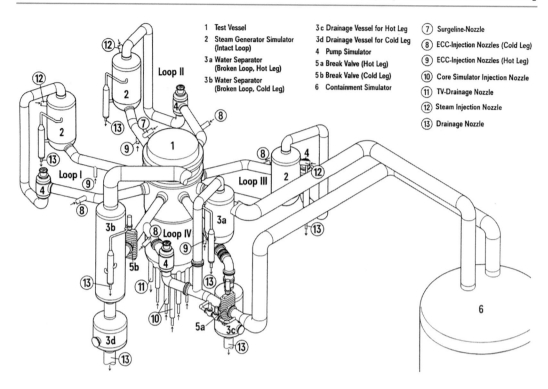

1	Test Vessel	3c Drainage Vessel for Hot Leg	⑦ Surgeline-Nozzle
2	Steam Generator Simulator (Intact Loop)	3d Drainage Vessel for Cold Leg	⑧ ECC-Injection Nozzles (Cold Leg)
3a	Water Separator (Broken Loop, Hot Leg)	4 Pump Simulator	⑨ ECC-Injection Nozzles (Hot Leg)
3b	Water Separator (Broken Loop, Cold Leg)	5a Break Valve (Hot Leg)	⑩ Core Simulator Injection Nozzle
		5b Break Valve (Cold Leg)	⑪ TV-Drainage Nozzle
		6 Containment Simulator	⑫ Steam Injection Nozzle
			⑬ Drainage Nozzle

Abb. 6.243 Der UPTF-Primärkreislauf (schematisch)

speziell entwickelter Instrumentierung (sog. „advanced instrumentation") bestückt wurden. Ende 1984 waren sämtliche Brennelement-Attrappen, das obere und untere Plenum mit der von USNRC bereitgestellten „Advanced Instrumentation" versehen und die dafür erforderliche Verkabelung fertiggestellt. Die USNRC stellte auch eine Datenerfassungsanlage zur Verfügung, die erfolgreich installiert wurde.[1775] Die Instrumentierung der Anlage, die Datenerfassung und Versuchsauswertung stellten hohe Ansprüche.[1776] In der UPTF waren ca. 2.000 Messaufnehmer eingebaut, davon über 1.400 im Versuchsbehälter. Abbildung 6.245 zeigt die Gebäude der UPTF-Anlage, wie sie sich vom GKM-Maschinenhausdach darboten.[1777] Die Versuchshalle war ca. 40 m hoch. In der unteren Bildhälfte links ist die

Abb. 6.244 UPTF-Baustelle Mitte 1983

Rohrleitungsbrücke mit ihren Stützen zu erkennen, an der rechten Seite der Gebäude sieht man den kugelförmigen Wassersammelbehälter und den zylindrischen Containmentsimulator. Abbildung 6.246 stellt die UPTF-Versuchshalle auf der 18,10-m-Bühne dar mit Blick auf den Deckel des Versuchsbehälters in der Bildmitte und die vier Dampferzeugersimulatoren.[1778]

[1775] GRS-F-141 (Mai 1985), Berichtszeitraum 1. 7. bis 31. 12. 1984, Vorhaben 1500 500, S. 2 f.

[1776] Hein, K., Bott, E., Debus, H. D. und Lapp, R.: UPTF-Experiment, Versuchsdatensysteme – Übersicht und Betriebserfahrung, Tagungsbericht, Jahrestagung Kerntechnik '89, 9–11. 5. 1989 Düsseldorf, KTG, DAtF, INFORUM Bonn, 1989, S. 133–136.

[1777] AMPA Ku 82, UPTF-PKL-CD.

[1778] Stuttgarter Zeitung Nr. 138, Samstag, 20. 6. 1987, S. 52.

Abb. 6.246 Blick von oben in die Versuchshalle mit Versuchsbehälter (Bildmitte) und den 4 Dampferzeuger-Simulatoren

Abb. 6.245 Die UPTF-Anlage auf dem GKM-Gelände

Im Jahr 1985 erfolgten in der Versuchshalle noch Montagearbeiten an Großleitungen, Behältern, Armaturen, Pumpen, Antrieben, Zusatzinstrumentierungen und Isolierungen.[1779] Die Rohrleitungen waren von der Firma MAB (Mannesmann Anlagenbau AG) geliefert worden. Weitere Arbeiten für Nachbesserungen und zur Wartung der Anlage fanden während der Inbetriebsetzung und des ganzen Versuchsbetriebs statt. Ende 1984 war mit der Vorbereitung der UPTF-Versuchsdurchführung begonnen worden. Die Vorbereitungs-, Inbetriebsetzungs- und Probebetriebsphasen bis zur Übergabe der Versuchsanlage durch den Hersteller erstreckten sich bis zum Übergabeversuch am 4.12.1986.[1780, 1781, 1782]

Die Aktivitäten der Vorbereitungsphase umfassten:

- Aufbau einer Versuchsmannschaft mit Personal von KWU, GKM, Battelle, Babcock-Brown Boveri Reaktor GmbH (BBR) und der Siemens-Zweigniederlassung Mannheim. Sie

bestand Ende 1986 aus 34 Ingenieuren und Technikern sowie 10 Laborhandwerkern.

- Festlegung des Bedarfs an zusätzlicher Auswertesoftware für die einzelnen Versuchsziele, Einsatz von Computer-Graphics-Technik,
- Spezifizierung des Probebetriebs durch GRS und KWU,
- Entwurf einer detaillierten UPTF-Versuchsmatrix. Im März 1982 hatten sich BMFT, JAERI und USNRC auf einen Programmplan verständigt, der neben einer aktuellen Beschreibung der jeweiligen Versuchseinrichtungen und Beiträge einen Testplan enthielt, der 30 Tests umfasste. Im Einzelnen sah dieser Testplan 13 „Separate Effects"-Tests (6 bezüglich Downcomer, 6 oberes Plenum und 1 Dampferzeuger-Rohrbruch) und 17 „Integral"-Tests (8 mit kombinierter Einspeisung, 7 mit kaltseitiger Einspeisung und 2 alternative Notkühlsysteme) vor. Im Mai 1984 wurden die Abmachungen vom März 1982 hinsichtlich der Instrumentierung und der Datenverwaltung abgeändert und der Beginn des Probebetriebs in das 2. Quartal 1985 gelegt. Im Oktober 1984 fand ein „2D/3D Coordination Meeting" in Washington statt, bei dem die Versuchsmatrix grundlegend neu erörtert wurde.[1783] Im Februar 1985 wurde unter Beteiligung der japanischen und amerikanischen Seite eine Gruppe von 8 Versuchen definiert und ihre Abwicklung fest-

---

[1779] GRS-F-145 (OKtober 1985), Berichtszeitraum 1. 1. bis 30. 6. 1985, Vorhaben 1500 500, S. 2 f.

[1780] GRS-F-141 (Mai 1985), Berichtszeitraum 1. 7. bis 31. 12. 1984, Vorhaben 1500 673, „2D/3D-Projekt UPTF-Experiment – Durchführung von Versuchen an der Versuchsanlage 'Upper Plenum Test Facility'.", Auftragnehmer KWU AG R 515 Erlangen, Arbeitsbeginn 27. 6. 1984, Arbeitsende 31. 12. 1988, Leiter Dr. P. Weiss, S. 1–3.

[1781] GRS-F-156 (Mai 1987), Berichtszeitraum 1. 7. bis 31. 12. 1986, Vorhaben 1500 673, S. 2–4.

[1782] UPTF Quick Look Report, Test No. 3, GPWR Integral Test, 5/8 Combined ECC Injection, R515/87/15, Sept. 1987, S. 4 ff.

[1783] GRS-F-141 (Mai 1985), Berichtszeitraum 1. 7. bis 31. 12. 1984, Vorhaben 1500 673, S 3.

gelegt.[1784] Am 15. April 1985 wurde das trilaterale 2D/3D-Abkommen bis 30. September
1988 verlängert und die Vereinbarungen vom
März 1982 und Mai 1984 als Anhänge einbezogen.[1785]
Mitte 1984 wurden Gespräche zwischen GRS,
KWU und GKM über die Sicherstellung hoher
Qualitätsstandards bei der Inbetriebsetzung
sowie der Anlagenintegrität im Versuchsbetrieb
geführt. Die MPA der Universität Stuttgart wurde
gebeten, ihre Fachkompetenz einzubringen. Es
wurde betont, dass werkstoff- und verfahrenstechnische Parallelen zwischen der konventionellen UPTF-Versuchsanlage und Kernkraftwerksanlagen nicht vorhanden seien und auch bei der
Bewertung der Versuchsabläufe nicht hergestellt
werden dürften. Letztlich sei die KWU allein
für die Anlagenintegrität verantwortlich. GKM
und MPA übernahmen eine das ganze Versuchsprogramm begleitende Qualitäts- und Anlagen-
integritäts-Überwachung. Besondere Aufmerksamkeit galt den Druckstößen beispielsweise aus
den auftretenden Wasserpfropfenbewegungen
und Kondensationsschlägen. Während der Re-
visionsphase der UPTF-Anlage von Januar bis
März 1987 wurden umfangreiche zerstörungsfreie Prüfungen an den druckführenden Komponenten vorgenommen. Die Überwachung der
Lärmpegel in der Nachbarschaft führte zu Schall-
schutz-Nachrüstungen. Seismologische Messungen ergaben, dass durch Bodenerschütterungen
während des Versuchsbetriebs keine Schäden im
Umfeld der Anlage zu erwarten waren.[1786] Vom
1.3.–30.4.1988 fand eine zweite Anlagenrevision
statt.

Ende des Jahres 1985 war die UPTF-Versuchsanlage nach dem probeweise Aufheizen des
Primärsystems, Einspeisen von Notkühlwasser
und Dampfmassenströme in den Containmentsimulator einsatzbereit.[1787] In Abb. 6.247 sind die
UPTF-kennzeichnenden Anlagendaten zusammengestellt.[1788]
Der erste Versuch (Einzeleffekt-Versuch
Nr. 12 in der Versuchsmatrix) wurde von 14.–
18. März 1986 durchgeführt. Das Versuchsziel
war die Untersuchung der thermohydraulischen
Vorgänge an der oberen Stabhalteplatte und im
oberen Plenum bei heißseitiger Einspeisung von
Notkühlwasser bei einem großen Bruch im heißen Strang. Als Versuchsergebnis zeigte sich,
dass unmittelbar nach Zuschaltung der Notkühleinspeisung das unterkühlte Wasser die obere
Stabhalteplatte erreichte und nahe der Einmün-
dung der bespeisten Stränge in das obere Plenum
in den Kernbereich durchbrach. Abbildung 6.248
zeigt die Phänomene im oberen Plenum schematisch.[1789] Die Wasserdurchbrüche blieben
während des Versuchsablaufs stabil bestehen. In
Abb. 6.249 sind die Durchbruchzonen des eingespeisten Notkühlwassers an der Stabhalteplatte in den Reaktorkern abgebildet (die Stutzen-
lage links unten kennzeichnet den gebrochenen
heißen Strang).[1790, 1791] Die schwarzen Bereiche
markieren die Abwärtsströmung des Kühlwassers, die hellen Flächen die Aufwärtsströmung
von Dampf und Wasser. Die schraffierten Zonen
sind Übergangsbereiche von der Abwärts- zur
Aufwärtsströmung. Das in den Kern eingespeiste
unterkühlte Wasser kondensierte etwa ein Viertel
des aus dem Kernsimulator entgegenströmenden
Dampfes. Bei großen eingespeisten Notkühl-

[1784] GRS-F-145 (Oktober 1985), Berichtszeitraum 1. 1.
bis 30. 6. 1985, Vorhaben 1500 673, S.3.

[1785] AMPA Ku 176, Amendment to Arrangement of The
Federal Minister for Research and Technology of the
Federal Republic of Germany (BMFT) and The Japan
Atomic Energy Research Institute (JAERI) and The U. S.
Nuclear Regulatory Commission (USNRC).

[1786] AMPA Ku 140 und 141, Vermerke, Besprechungs-
notizen und Berichte zu Anlagenintegrität und Umwelt-
aspekten von KWU, GKM und MPA im Zeitraum 1984
bis 1988.

[1787] GRS-F-149 (Juni 1986), Berichtszeitraum 1. 7. bis
31. 12. 1985, Vorhaben 1500 500, S. 2 f.

[1788] AMPA Ku 169, Weiss, P.: UPTF-Experiment, Anlage
und Ergebnisse, U9316, UPTF-Fachtagung, Mannheim,
9. 2. 1988, S. 13.

[1789] AMPA Ku 169, Hertlein, R. und Herr, W.: Strömungsvorgänge an der Brennelementkopfplatte, 2. UPTF-Fachtagung, Mannheim, 14. 2. 1989.

[1790] Liebert, J. und Emmerling, R.: UPTF-Experiment:
Eindringen von heißseitig eingespeistem Notkühlwasser
in einen dampfproduzierenden Kern, Jahrestagung Kerntechnik '87 Karlsruhe 2–4. Juni 1987, S. 5.

[1791] Glaeser, H.: Downcomer and tie plate countercurrent
flow in the Upper Plenum Test Facility (UPTF), Nuclear
Engineering and Design, Vol. 133, 1992, S. 259–283.

Hauptauslegungsdaten

○ **Versuchsbehälter und Primärkreis**
- ● Druck .... 20 Bar
- ● Temperatur .... 212°C

○ **Notkühlsystem**
- ● Maximale Einspeisemenge
  pro Einspeisestelle .... 700 kg/s

○ **Kernsimulator**
- ● Maximale Dampfeinspeisung ... 360 kg/s
- ● Maximale Wassereinspeisung .. 1500 kg/s

Betriebsmittel

○ **Bereitstellung – Großkraftwerk Mannheim**

○ **Verbrauch, Maximal pro Versuch**
- ● Sattdampf (20 Bar) .... 40 000 kg
- ● Sattwasser .... 80 000 kg
- ● Notkühlwasser .... 400 000 kg

Personal

○ **Grundlast**
- ● Ingenieure + Techniker 30
- ● Handwerker 10

○ **Mehrlast**
- ● Schichtpersonal bis zu 12

Abb. 6.247 UPTF-Anlagendaten

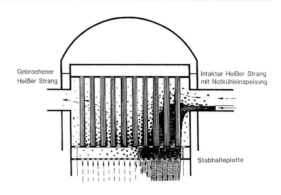

Abb. 6.248 Phänomene im oberen Plenum

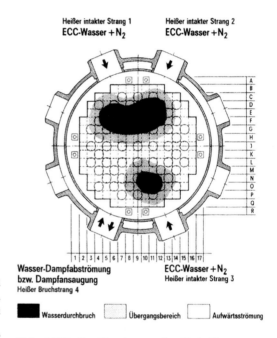

Abb. 6.249 Durchbruchzonen des Notkühlwassers an der Stabhalteplatte

wassermengen bildeten sich im oberen Plenum Massen an Dampf-Wasser-Gemischen unterschiedlicher Dampfanteile und -verteilungen.[1792] Abbildung 6.250[1793] macht unmittelbar deutlich, dass die Versuchsanlagen LOBI und PKL wegen ihrer gegenüber einem realen 1300-MW$_{el}$-DWR stark verkleinerten Kernquerschnittsflächen die Strömungsverhältnisse im oberen Plenum und an der Stabhalteplatte nicht wirklichkeitsnah darstellen konnten. Die Ausbildung von Wasserdurchbruchzonen wurde in den verkleinerten Versuchsanlagen stark vom aufwärtsströmenden Dampf beeinflusst.

Anfang Dezember 1986 wurde der Übergabeversuch (Nr. 3 der international vereinbarten Versuchsmatrix) durchgeführt. Es war der erste Integralversuch des UPTF-Progamms. Sein Versuchsaufbau entsprach dem doppelendigen (2F-) Bruch des kalten Strangs zwischen Hauptkühlmittelpumpe und RDB mit kombinierter kalt- und heißseitiger Einspeisung von Notkühlwasser. Die Drücke bei Versuchsbeginn waren 18 bar im Versuchsbehälter und 4 bar im Containmentsimulator. Die Zielsetzung des Übergabeversuchs war die Erforschung

---

[1792] GRS-F-153 (November 1986), Berichtszeitraum 1. 1. bis 30. 6. 1986, Vorhaben 1500 673, S. 3.

[1793] AMPA Ku 169, Wolfert, K.: Bewertung der UPTF-Ergebnisse aus der Sicht des Analytikers, 2. UPTF-Tagung, 14. 2. 1989, Mannheim.

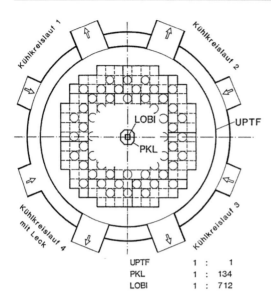

UPTF   1 :   1
PKL   1 : 134
LOBI   1 : 712

Abb. 6.250 Querschnittsflächen-Maßstäbe der Anlagen LOBI, PKL und UPTF

- der dreidimensionalen thermohydraulischen Vorgänge im oberen Plenum,
- des dreidimensionalen thermohydraulischen Zusammenspiels zwischen dem oberen Bereich des Reaktorkerns und dem oberen Plenum (Stabhalteplatte),
- des dreidimensionalen thermohydraulischen Verhaltens der Strömung im Downcomer und unteren Plenum,
- der thermohydraulischen Mechanismen im Einspeisungsbereich des Notkühlwassers und
- des thermohydraulischen Zusammenwirkens zwischen den Loops und dem RDB.[1794]

Dem Übergabeversuch gingen 4 Versuchsläufe als Vorversuche voraus. Die Versuchsrandbedingungen wurden durch Testläufe in der japanischen SCTF-III-Anlage sowie durch UPTF-TRAC-Berechnungen bestimmt. Unmittelbar nach Versuchsbeginn wurden während einer Konditionierungsphase diese Versuchsrandbedingungen in der Anlage genau eingestellt, wie die im unteren Plenum vorhandene Wassermenge, die Dampfeinspeiserate durch den Kernsi-

mulator, die Dampfeinspeiseraten in die Dampferzeugersimulatoren und den Druckhaltersimulator sowie die Einspeiserate des Notkühlwassers in das Primärkreissystem.[1795]

Die wichtigsten Erkenntnisse aus dem Versuch Nr. 3 (Übergabeversuch) lassen sich wie folgt zusammenfassen:

Bei der heißseitigen Einspeisung erfolgte der Wassereintrag in das obere Plenum intermittierend in Schüben, weil sich infolge von Gegenstrombedingungen in den heißen Strängen periodisch Wasserpfropfen in den Hauptkühlmittelleitungen bildeten. Während der Druckentlastungsphase waren die Strömungsverhältnisse im Ringraum (Downcomer) stark heterogen und instabil. Das kaltseitig eingespeiste Notkühlwasser trat wegen der Wasserpfropfenbildung in den kalten Strängen erst um 4 Sekunden verzögert in den Ringraum ein. Wegen der Downcomer-Bypass-Strömung mit dem direkten Austrag eines wesentlichen Teils des Notkühlwassers durch den gebrochenen Strang erreichte das Notkühlwasser erst nach weiteren 8 Sekunden Verzögerung das untere Plenum.[1796] Die Kombination beider Einspeisepfade führte jedoch zu einem sofort einsetzenden, intensiven Füllvorgang. Zur Quantifizierung der Sicherheitsreserven wurden zusätzliche Analysen vorgenommen.

Die beim UPTF-Übergabeversuch (Versuch Nr. 3) im Maßstab 1:1 ermittelten Strömungsverhältnisse im Primärsystem wurden in der SCTF-III-Versuchsanlage in Tokai-Mura nachgebildet, um ihre Auswirkungen auf den Verlauf der Hüllrohrtemperaturen im Reaktorkern zu studieren. Abbildung 6.251 stellt den unterschiedlichen Verlauf der Hüllrohrtemperaturen für die Bündelbereiche ohne Wasserdurchbruch A) und mit Wasserdurchbruch B) dar.[1797] Im Bereich B wur-

[1794] UPTF Quick Look Report, Test No. 3, GPWR Integral Test, 5/8 Combined ECC Injection, R515/87/15, Sept. 1987, S. v und 1.

[1795] ebenda, S. 11.

[1796] Liebert, J., Plank, H. und Sarkar, J.: UPTF-Experiment, Erster Integralversuch mit kombinierter Einspeisung, Tagungsbericht Jahrestagung Kerntechnik '88, 17–19. 5. 1988 Travemünde, KTG, DAtF, INFORUM Bonn, Mai 1988, S. 105–108.

[1797] AMPA Ku 169, Weiss, P.: UPTF-Experiment, Anlage und Ergebnisse, U9316, UPTF-Fachtagung, Mannheim, 9. 2. 1988, S. 68.

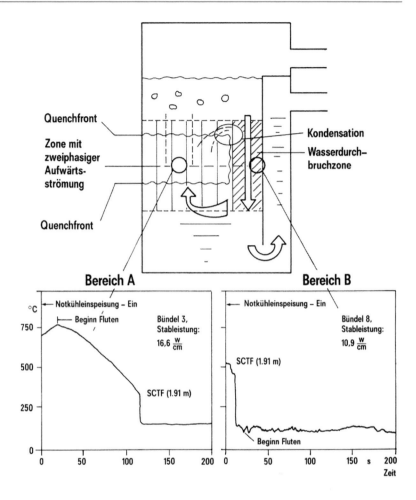

Abb. 6.251 Hüllrohrtemperaturen aus den SCTF-III-Versuchen für zwei Bündelbereiche

den die Brennstäbe sofort wieder benetzt und geflutet. Dort, wo das Kühlwasser nicht durchbrechen konnte (Bereich A), erreichte die maximale Hüllrohrtemperatur nur etwa 750 °C. SCTF-III-Versuche mit kontinuierlicher und intermittierender Notkühleinspeisung zeigten nur vernachlässigbar kleine Abweichungen voneinander.[1798] Nachrechnungen mit dem UPTF-TRAC-Code bestätigten, dass die Hüllrohrtemperaturen im Reaktorkern 720 °C nirgendwo übersteigen.[1799] Gegenüber dem Genehmigungskriterium von 1.200 °C wurde also ein großer Sicherheitsabstand bei den Kerntemperaturen von etwa 500 °C

gefunden. Temperaturen, bei denen sich Hüllrohre verformen oder bersten, werden bei einer kombinierten kalt- und heißseitigen Einspeisung von Notkühlwasser nicht erreicht. Zu einer Freisetzung des radioaktiven Inventars kann es deshalb nicht kommen.

Ein Vergleich der im realen Reaktorsystem verfügbaren mit den im UPTF-Versuch eingesetzten Wassermengen wurde als weiteres Indiz für die Existenz großer Sicherheitsreserven im Notkühlsystem der KWU-DWR gewertet (Abb. 6.252).[1800]

Im Jahr 1986 wurden einschließlich des Übergabeversuchs 4 Versuche aus der 1985 interna-

---

[1798] AMPA Ku 169, Winkler, F.: Bewertung der UPTF (2D/3D) Ergebnisse aus der Sicht des Herstellers, Bild 89PWR118.

[1799] ebenda, Schaubild 89PWR122.

[1800] Weiss, P., Watzinger, H. und Hertlein, R.: UPTF experiment: a synopsis of full scale test results, Nuclear Engineering and Design, Vol. 122, 1990, S. 219–234.

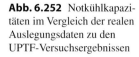

Abb. 6.252 Notkühlkapazitäten im Vergleich der realen Auslegungsdaten zu den UPTF-Versuchsergebnissen

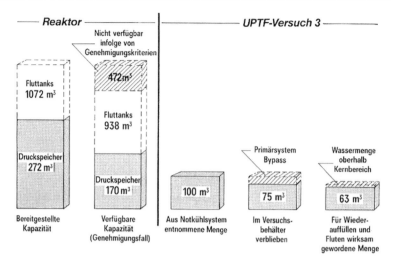

tional vereinbarten Versuchsmatrix gefahren. Vom Januar 1987 bis Dezember 1989 folgten die weiteren 26 sowie 4 zusätzliche, über den 2D/3D-Rahmen hinaus gehende Versuche. Die international vereinbarten 30 Großversuche umfassten 18 Einzeleffekt- und 12 Integralversuche. Mit den Einzeleffektversuchen wurden mit Hilfe überschaubarer Randbedingungen einzelne Phänomene untersucht, um mit den gewonnenen Versuchsdaten die Weiterentwicklung und Verifikation von Rechenprogrammen (insbesondere TRAC und ATHLET) zu unterstützen. Bei den Integralversuchen ging es um das integrale Systemverhalten bei möglichst wirklichkeitsnahen, reaktorähnlichen Versuchsabläufen. Die dabei untersuchten Reaktoren waren typische Beispiele aus den fortgeschrittenen deutschen, amerikanischen und japanischen Baureihen.

Im Vordergrund des Interesses standen die stark skalierungsabhängigen Phänomene, die nur mit einer Nachbildung der Reaktorgeometrie im Maßstab 1:1 richtig wiedergegeben werden konnten. Für folgende Großraumphänomene konnten mit den UPTF-Versuchen die erwünschte Datenbasis bereitgestellt werden:

Oberes Plenum Temperatur- und Strömungsverteilung, Wasserstau, Wassermitriss;

Oberes Plenum/Brennelementkopfplatten Verteilung von Dampf- und Wassergassen/Durchbruchzonen, Gegenstrombegrenzung;

Ringraum Temperatur- und Strömungsverteilung, Gegenstrombegrenzung und ECC-Bypass, Wassermitriss;

Hauptkühlmittelleitungen Strömungsformen, Wassermitriss, Gegenstrombegrenzung, Kondensation.[1801]

Ein besonderes Augenmerk galt bei einem Kühlmittelverluststörfall mit kleinem Leck (SBLOCA) den thermohydraulischen Vorgängen im heißen Strang. Ausgehend vom TMI-2-Unfallgeschehen war die Frage nach den Sicherheitsreserven bei Konvektionskühlung von Bedeutung. Ungefähr 40 min vor Beginn des Kernschmelzens hatten die TMI-2-Operateure wegen Fehlinterpretation des Systemzustands alle Hauptkühlmittelpumpen ausgeschaltet, und der Energietransport aus dem Reaktorkern konnte nur noch mittels schwerkraftgetriebener Konvektion vor sich gehen. In DWR stellt sich nach Erreichen des Sättigungszustandes im Primärkreislauf ein zweiphasiger Naturumlauf ein, der bei zunehmendem Kühlmittelverlust durch das Leck wieder abreißt. Falls ein oder mehrere

---

[1801] Watzinger, H., Weiss, P., Winkler, F. und Wolfert, K.: Ziele und Ergebnisse des 2D/3D-Programms (UPTF) zur Untersuchung des thermo- und fluiddynamischen Verhaltens bei Störfällen, Tagungsbericht Jahrestagung Kerntechnik '89, Fachsitzung „Aktuelle thermo- und fluiddynamische Aspekte bei Leichtwasserreaktoren", Mai 1989 Düsseldorf, Deutsches Atomforum e. V. Bonn, INFORUM Bonn, S. 30–43.

Dampferzeuger (DE) als Wärmesenke verfügbar
sind, kommt es danach zwischen RDB und DE
zu einem Gegenstrom von Dampf aus dem Reaktorkern und Wasser aus dem DE, in dem der
Dampf kondensiert. Das Kondensat fließt teilweise über den heißen Strang in den RDB zurück („Reflux Condenser" Betrieb[1802]). Es treten
unterschiedliche Strömungsformen auf: die lami-
nare oder turbulente Einphasenströmung oder die
zweiphasige Schichten- oder Pfropfenströmung.
Die streng mehrdimensionalen Effekte dieser
komplexen Strömungsverhältnisse erforderten
verbesserte Strömungs- und Kondensationsmo-
delle in den Rechenprogrammen.[1803] Die UPTF-
Versuchsergebnisse lieferten dazu die Daten. In
Abb. 6.253 ist die Versuchseinrichtung schematisch abgebildet.[1804]

Das Systemverhalten eines KWU-DWR der
Leistung 1300 MW$_{el}$ lässt sich nach einem großen Bruch im kalten Strang während der Endphase des Blowdown und dem Wiederauffüllen
mit kombinierter Kalt- und Heißeinspeisung wie
folgt charakterisieren: Wenn der Druck im Primärsystem unter 26 bar fällt, beginnt die automatische Einspeisung von Notkühlwasser aus den
Druckspeichern in die kalten *und* heißen Stränge.
Wenige Sekunden danach fließt stark unterkühltes Notkühlwasser in das obere Plenum und bricht
in den Reaktorkern durch. Die Durchbruchzonen
umfassen 20–40 % des Kernquerschnitts. Das
Wasserinventar des unteren Plenums nimmt
wegen der Heißeinspeisung schon 10 Sekunden
vor Blowdown-Ende bei 10 bar wieder zu und
erreicht die unteren Enden der Brennelemente
bereits wieder bei Ende der Druckentlastung.
Die Endphase des Blowdown und die Phase des
Wiederauffüllens überlappen sich. Die Hüllrohrtemperaturen in den Bündelbereichen außerhalb
der Durchbruchzonen sind bei Beginn des Flutens deutlich niedriger als wenn Blowdown und

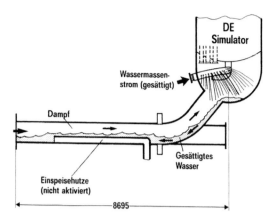

Abb. 6.253 Gegenstromverhältnisse im heißen Strang
(Versuchseinrichtung)

Wiederauffüllen nacheinander erfolgen. Abbildung 6.254 zeigt summarisch dieses Systemverhalten.[1805] Das Systemverhalten beim Fluten des
Reaktorkerns nach einem großen Bruch im kalten
Strang und „kombinierter" Kalt- und Heißeinspeisung ist wie folgt charakterisiert: Der Wasserpegel im Ringraum (Downcomer) steigt schnell
an, wenn das über den heißen Strang eingespeiste Notkühlwasser durch den Reaktorkern bricht,
das untere Plenum erreicht und in den Ringraum
einströmt. Sobald die Wasserhöhe im Ringraum
das Stutzenniveau des gebrochenen Strangs erreicht, fließt das Notkühlwasser dort ab und der
Wasserpegel stabilisiert sich. Während des Flutens ist der Kern in zwei Bereiche unterteilt. In
den Wasserdurchbruchzonen sind die Brennstäbe von oben bis unten immer benetzt. Außerhalb
der Durchbruchzonen beginnt die Kernkühlung,
wenn das Notkühlwasser von unten in den Kern
eindringt und verdampft. Beim Verdampfungs-
prozess wird Wasser mitgerissen und bis in die
oberen Kernbereiche transportiert, wodurch die
Kühlung über die ganze Kernhöhe einsetzt. Die
UPTF-Versuche ergaben, dass mehr als 80 % des
im Kern erzeugten Dampfes im oberen Plenum
und in den heißen Strängen kondensiert wird.
Der vom Dampf erzeugte Druckanstieg ist gering, weshalb die Flutrate (0,15–0,25 m/s) hoch

---

[1802] auch: Reflux-Boiler-Condenser-Mode.

[1803] Wang, M. J. und Mayinger, F.: Simulation and analysis of thermal-hydraulic phenomena in a PWR hot leg
related to SBLOCA, Nuclear Engineering and Design,
Vol. 155, 1995, S. 643–652.

[1804] AMPA Ku 169, Weiss, P.: UPTF-Experiment, Anlage
und Ergebnisse, U9316, UPTF-Fachtagung, Mannheim,
9. 2. 1988, S. 20.

[1805] Damerell, P. S. und Simons, J. W. (Hg.): Reactor Safety Issues Resolved by the 2D/3D Program, GRS-101,
ISBN 3-923875-51-7, Sept. 1993, S. 3.2–1 f., Fig. 3.2–2.

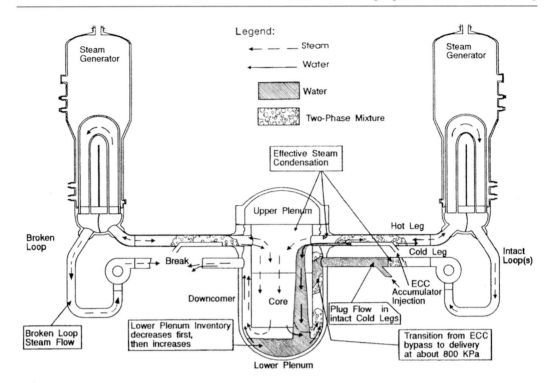

Abb. 6.254 Summarisches Systemverhalten eines KWU-DWR mit der Leistung 1300 MW$_{el}$ nach großem Bruch im kalten Strang bei kombinierter Kalt- und Heißeinspeisung während der Endphase des Blowdown und dem Wiederauffüllen

ist. Die Brennstäbe durchschnittlicher Leistung sind 90 s nach dem Bruchereignis benetzt; innerhalb von 130 s ist der ganze Kern geflutet. Abbildung 6.255 zeigt dieses Systemverhalten während des Flutens.[1806] Die Erkenntnisse aus dem 2D/3D-Programm wurden vom Hersteller Siemens/KWU als erfolgreicher Nachweis der überlegenen Wirksamkeit seines Sicherheitskonzepts gewertet. Tatsächlich konnte demonstriert und dokumentiert werden, dass mit „kombinierter" Einspeisung des Notkühlwassers in die kalten *und* heißen Stränge des Primärkreislaufs die Kerntemperaturen unter 750 °C, der Grenze für Schadensbeginn, gehalten werden konnten. Die Erkenntnisse und Ergebnisse der 2D/3D-Versuche konnten bei der Planung und Optimierung von Sicherheitsmaßnahmen von DWR für ein

breites Spektrum verschiedenartiger Störfälle direkt angewendet werden.[1807]

Das Reaktorsicherheitskomitee CSNI der OECD NEA nahm 1989 eine Bestandsaufnahme über den Wissensstand auf dem Gebiet der Thermohydraulik von Notkühlsystemen in Leichtwasserreaktoren vor. Tabelle 6.10 stellt in einer Matrix die relevanten Strömungsvorgänge für die maßgeblichen Bereiche des DWR-Primärsystems dar. Die dunkelgetönten Felder kennzeichnen die Vorgänge, bei denen eine starke Maßstababhängigkeit vorliegt und zu deren Erforschung die UPTF als 1:1-Versuchsanlage nach Auffassung der CSNI wesentlich beitragen konnte.[1808] Das 2D/3D-Projekt, insbesondere das UPTF-

---

[1806] Damerell, P. S. und Simons, J. W. (Hg.): Reactor Safety Issues Resolved by the 2D/3D Program, GRS-101, ISBN 3-923875-51-7, Sept. 1993, S. 3.2–3 f., Fig. 3.2–3.

[1807] AMPA Ku 169, Winkler, F.: Bewertung der UPTF (2D/3D) Ergebnisse aus der Sicht des Herstellers, Schaubilder 89 PWR 120 und 121.

[1808] Liebert, J., Gaul, H.-P. und Weiss, P.: Forschungsprogramm Reaktorsicherheit, Abschlussbericht zum Forschungs- und Entwicklungsvertrag 1500 876, UPTF-Experiment, Durchführung von Versuchen zu Fragestel-

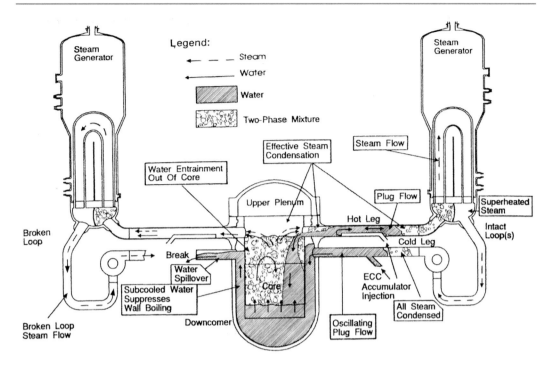

Abb. 6.255 Summarisches Systemverhalten eines KWU-DWR mit der Leistung 1300 MW$_{el}$ nach großem Bruch im kalten Strang bei kombinierter Kalt- und Heißeinspeisung während des Flutens

Programm waren in hohem Maß nützlich für das Verständnis der Thermohydraulik sowie für die Entwicklung und Bewertung der Analysemethoden des Kühlmittelverlust-Störfalls. Die experimentelle Datenbasis konnte erheblich verbessert und auf Originalmaßstab erweitert werden. Im zweiten Halbjahr 1987 wurde der Versuch Nr. 8 der international festgelegten Versuchsmatrix „Hot or Cold Leg Oscillation Test" in der UPTF-Versuchsanlage gefahren und mit dem weiterentwickelten TRAC-Code nachgerechnet. Bei dem Versuch traten in den Hauptkühlmittelleitungen Wasserpfropfen mit oszillierenden Bewegungen auf.[1809] TRAC konnte das Systemverhalten richtig simulieren. Einzeleffekte wie Oszillationen wurden rechnerisch ermittelt. Amplitude und Frequenz der Schwingungen waren in Übereinstimmung mit dem Experiment. Der Übergang von oszillatorischer zu stabiler Strömung erfolgte wie

im Versuch. Der Vorgang der Kondensation bei Notkühlwasser-Einspeisung in den kalten Strang wurde mit hoher Genauigkeit errechnet.[1810] Nicht nur die Weiterentwicklung des TRAC-Codes, auch die Entwicklung des ATHLET-Codes durch die GRS erfolgte wesentlich auf der Grundlage der 2D/3D-Datenbasis (s. Kap. 6.7.8).

Alle experimentellen und analytischen Untersuchungen ergaben zusammenfassend, dass die bisherigen Auslegungsgrundsätze und -erfordernisse außerordentlich vorsichtig (konservativ) angesetzt waren. Die realistische Erfassung der wirklichen Vorgänge bei einem Kühlmittelverlust-Störfall zeigte durchgängig große Sicherheitsreserven, meist weit größere, als erwartet worden waren.

Im Dezember 1989 wurde der Versuchsbetrieb des 2D/3D-Programms abgeschlossen. Im Jahr 1990 wurden die im vorangegangenen Jahr gefahrenen Versuche ausgewertet sowie die Be-

lungen des anlageninternen Notfallschutzes (TRAM), Siemens/KWU NT31/97/58, Erlangen, September 1997, S. 4.
[1809] GRS-F-164 (Juni 1988), Berichtszeitraum 1. 7. bis 31. 12. 1987, Vorhaben 1500 637, S. 3.

[1810] AMPA Ku 169, Riegel, B.: Nachrechnung des UPTF Tests 8B mit dem Rechenprogramm TRAC-PF1, 2. UPTF- Fachtagung, 14. 2. 1989 in Mannheim.

Tab. 6.10 UPTF-Forschungsbeiträge zu signifikanten maßstabsabhängigen Strömungsvorgängen Im DWR-Primärsystem

Vorgänge	Bereiche des DWR-Primärsystems								
	Ring-raum	BE-Kopf-platte	Oberes Plenum	Kalter Strang	Heißer Strang	Kern	DE-Plena	Pumpen-bogen	Unteres Plenum
Phasenseparation, vertikal	●		●		●	○		●	●
Phasenseparation, horizontal				●	●			●	
Mitriß/ Abscheidevorgänge			●	●	●			●	
Vermischung Dampf/Wasser, Wasser/Wasser und Kondensation	●		●	●	●		●		●
Gegenströmung/CCFL			●	●	●				
Großräumige, mehr-dimensionale Strömungs-verteilungen	●		●				○		●

  UPTF-Beitrag erbracht

richte (Quick Look Reports und Experimental Data Reports) erstellt. Auch die deutschen Beiträge zum UPTF-Summary Report und zum 2D/3D Program Summary Work Report wurden geschrieben und im zweiten Halbjahr 1990 abgeschlossen.[1811] Für das 2D/3D-Programm sind von deutscher Seite insgesamt nahezu 300 Mio. DM aufgebracht worden, davon allein für die Errichtung und die Inbetriebsetzung der UPTF-Anlage mit ergänzenden Lieferungen 200,9 Mio. DM sowie für die Durchführung der Experimente 78,8 Mio. DM.[1812, 1813, 1814] Dazu kamen noch die

Kosten für die UPTF-Planung, die Entwicklung des Kernsimulators, die Realisierung der Überströmvorrichtungen und mehrere begleitende Aktivitäten. Die deutschen finanziellen Aufwändungen für das UPTF-Forschungsvorhaben hatten sich gegenüber den ursprünglichen Planungen vervierfacht. Die während der Planung und Durchführung des 2D/3D-Versuchsprogramms eingetretenen Unglücksfälle im amerikanischen Kernkraftwerk TMI-2 am 28.3.1979 und im sowjetischen RBMK-1000-Reaktor am 26.4.1986 in Tschernobyl hatten zu großer öffentlicher Verunsicherung und Besorgnis geführt und damit die Bereitschaft der Forschungspolitik gefördert, reichliche finanzielle Mittel zur umfassenden Untersuchung von schweren Nuklearunfällen bereitzustellen. Abbildung 6.256 zeigt die zeitliche Einordnung des UPTF-Versuchsprogramms in das Forschungsgeschehen um den Kühlmittelverlust-Störfall (vgl. Kap. 6.7.1) und hinsichtlich der

---

[1811] GRS-F-188 (August 1991), Berichtszeitraum 1. 7. bis 31. 12. 1990, Vorhaben 1500 637, S. 2.

[1812] GRS-F-156 (Mai 1987), Berichtszeitraum 1. 7. bis 31. 12. 1986, Vorhaben 1500 500, S. 1.

[1813] GRS-F-164 (Juni 1988), Berichtszeitraum 1. 7. bis 31. 12. 1987, Vorhaben 1500 522, S. 1.

[1814] GRS-F-188 (August 1991), Berichtszeitraum 1. 7. bis 31. 12. 1990, Vorhaben 1500 637, S. 1.

Abb. 6.256 Integral-Versuchsanlagen für Reaktorsicherheitsexperimente 1965–1990 mit ihren Verkleinerungsmaßstäben gegenüber den realen DWR-Großanlagen

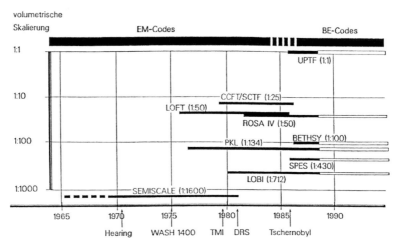

besonderen Ereignisse, wie die Unfälle im TMI-2-Kernkraftwerk (s. Kap. 4.7) und in Tschernobyl (s. Kap. 4.8) sowie die großen theoretischen Analysen WASH-1400 (s. Kap. 7.2.2) und Deutsche Risikostudie (DRS, s. Kap. 7.3).[1815]

Der Abschluss des 2D/3D-Programms bedeutete gewissermaßen die Vollendung der weltweit durchgeführten Forschungsvorhaben zur Untersuchung des Kühlmittelverlust-Störfalls, dessen Beherrschung in den Genehmigungsverfahren nachgewiesen werden musste. Die im Zeitraum 1960–1990 dafür aufgewendeten Forschungsmittel betrugen etwa zwei Milliarden US-$.[1816] Die für das 2D/3D-Programm fachlich verantwortlichen Wissenschaftler und Mitglieder des Technical Coordination Committee F. Mayinger, L. S. Tong und M. Nozawa trafen abschließend folgende Feststellung: „Alle bedeutenden Fragen im Zusammenhang mit den möglichen Auswirkungen mehrdimensionaler thermohydraulischer Effekte auf Kernnotkühlungs-Prozesse bei Auslegungsstörfällen sind beantwortet worden. Die technischen Ergebnisse und die Erfahrung, die durch das 2D/3D-Programm gewonnen wurden, versetzen uns heute in die Lage, die Fragestellungen zu den Auslegungsstörfällen zu verlassen

und uns künftig auf Probleme zu konzentrieren, die Auslegungsstörfälle überschreiten und Notfallschutzmaßnahmen betreffen."[1817]

6.7.8 Das UPTF-TRAM-Forschungsvorhaben des BMFT/BMBF

Im Zuge der fortschreitenden Untersuchungen am TMI-2-Unglücksreaktor wurde Mitte der 80er Jahre erkannt, dass während des Unfallgeschehens am 28. März 1979 Systemzustände herrschten, die weit jenseits der Auslegungsstörfälle lagen (s. Kap. 4.7). Diese Erfahrung legte die Vermutung nahe, dass auch bei auslegungsüberschreitenden Situationen eine Anlage durch Nutzung aller einsetzbaren Systemeinrichtungen so weit beherrscht und in einen sicheren Zustand gebracht werden kann, dass Schäden in der Kraftwerksumgebung nicht auftreten. Auch die Diskussionen zu den in den USA und Deutschland erstellten probabilistischen Risikostudien (Rasmussen-Bericht und Deutsche Risikostudien 1979 und 1989) förderten die Einsicht, dass Restrisiken und auslegungsüberschreitende Unfälle experimentell und theoretisch mit dem Ziel untersucht werden sollten, katastrophales Kernversagen mit Freisetzung des radioaktiven Inven-

---

[1815] AMPA Ku 169, Hicken, E. F.: UPTF – Ein entscheidender Schritt zur Bewertung des realen Anlagenverhaltens, Abb. 2.

[1816] Levy, Salomon: The important role of thermal hydraulics in 50 years of nuclear power applications, Nuclear Engineering and Design, Vol. 149, 1994, S. 4.

[1817] Damerell, P. S. und Simons, J. W. (Hg.): Reactor Safety Issues Resolved by the 2D/3D Program, GRS-101, ISBN 3-923875-51-7, Sept. 1993, S. xxi.

Abb. 6.257 Zeitliche Entwicklung der sicherheitstechnischen Beurteilungen

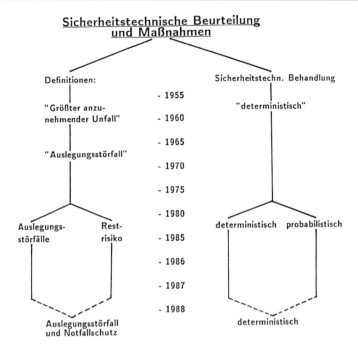

tars auszuschließen. Ende der 80er und Anfang der 90er Jahre rückten Fragen des anlageninternen Notfallschutzes („Accident Management" – AM) bei auslegungsüberschreitenden Unfällen in den Vordergrund internationaler Forschungsvorhaben. Abbildung 6.257 stellt den zeitlichen Verlauf der sicherheitstechnischen Entwicklungen vom „größten anzunehmenden Unfall" bis zum Notfallschutz dar.[1818] Zur Risikominderung jenseits der Auslegungsstörfälle wurde in das Mehrstufenkonzept zur Sicherheitsvorsorge in Kernkraftwerken die Ebene 4 eingefügt, auf der Kernschäden verhütet und die Integrität des Sicherheitsbehälters bewahrt werden sollen (Abb. 6.258).[1819]

Den Überlegungen, diese Maßnahmen der Risikominderung in die Planung zukünftiger Kernkraftwerke einzubeziehen, folgte die Forderung, auch bei äußerst unwahrscheinlichen Unfällen mit Kernschmelzen die Schadensfolgen auf die Anlage selbst zu begrenzen. Die atomrechtliche

Vorsorgepflicht wurde dann mit der 7. Atomgesetz-Novelle von 1994 entsprechend erweitert.[1820]

Am 9. Februar 1988 fand in Mannheim die erste UPTF-Fachtagung statt. Prof. Mayinger von der TU München, Vertreter der deutschen Seite im Technical Coordination Committee des 2D/3D-Programms, berichtete u. a., dass weltweit über „Accident Management", d. h. über mögliche Maßnahmen des Bedienungspersonals im Falle eines schweren Störfalls, diskutiert werde, wenn – was äußerst unwahrscheinlich sei – alle automatischen Schutz- und Notkühlmaßnahmen nicht wirksam werden sollten, um den Kern vor dem Schmelzen zu bewahren. International würden in diesem Zusammenhang die dabei zu berücksichtigenden thermohydraulischen und transienten Phänomene diskutiert und erörtert, in welcher Versuchsanlage welches Phänomen untersucht werden könnte. In Tab. 6.11 hatte Mayinger in der linken Spalte die wichtigsten Phänomene von der Dampf/Wasser-Phasenseparation im Reaktordruckbehälter (RDB) bis

---

[1818] AMPA Ku 169, Mayinger, F.: Neuere Entwicklungen in der Sicherheitsforschung und das Konzept eines UPTF Nachfolgeprogramms, 2. UPTF-Fachtagung, 14. 2. 1989, Mannheim.

[1819] Liebert, J., Gaul, H.-P. und Weiss, P., a. a. O., S. 5.

[1820] Zweite und Dritte Beratung BT Drs. 12/6908, 29. 4. 1994, BT PlPr 12/226 S. 19545 ff; Verhandlungen des Bundesrats, 669. Sitzung, 20. 5. 1994, S. 221 ff.

Abb. 6.258 Mehrstufen-konzept der Sicherheits-vorsorge mit Ebene 4

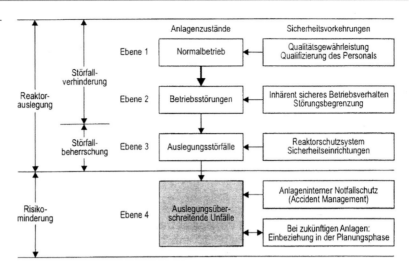

Tab. 6.11 Transientes Verhalten und thermohydraulische Phänomene bei Notfallmaßnahmen

Versuchsanlage Maßstab	ROSA IV 1:50	BETHSY 1:100	PKL 1:145	LOBI 1:700	Semisc 1:1750	UPTF 1:1
Phasenseparation im RDB	+	+	+	−	−	+
Schichtenströmung im Heißen Kanal	+	−	−	−	−	+
Reflux Condenser Mode	+	+	+	−	−	+
Pumpenskalierung	+	+	+	−	−	+
Mischen	+	−	−	−	−	+
Mehrdim. Effekte	−	−	−	−	−	+
Druckhalter Einflüsse	−	−	+	−	−	+
Verhalten und Einfluss nicht-kond. Gase	+	+	+	−	−	+
Druckhalter-Sprüher	+	+	+	−	−	+
Fluiddyn. Phänomene bei der Kühlung eines teilweise beschädigten Kernes	+	−	−	−	−	+

zur Kühlung eines teilweise beschädigten Kerns aufgelistet, die für zielgerichtete, effektive und wohlüberlegte AM-Gegenmaßnahmen der Bedienungsmannschaft in ihren Erscheinungsformen und Abläufen bekannt sein müssten. Im Vergleich mit den in USA, Japan, Frankreich, Italien und Deutschland vorhandenen Versuchsanlagen könne UPTF den umfassendsten und vollständigsten Beitrag zur Erforschung dieser Phänomene leisten. Mayinger plädierte nachdrücklich für die Fortsetzung der Versuche in der UPTF-Anlage und für die internationale Abstimmung solcher weiterführenden Arbeiten.[1821]

Auf der zweiten UPTF-Fachtagung am 14. Februar 1989 in Mannheim entwickelte Prof. Mayinger das Konzept eines UPTF-Nachfolgeprogramms nach Abschluss des 2D/3D-Projekts. Er erläuterte am Beispiel des Kühlmittelverluststörfalls mit kleinem Leck und weiterer Transienten die Notfallschutzmaßnahme „Öffnen von Druckhalterventilen und dadurch initiierte Akkumulatoreinspeisung". Damit könnten beträchtliche Zeitgewinne für die Aktivierung weiterer Schutzmaßnahmen vor Eintreten des Kernschmelzens erzielt werden (Abb. 6.259). Mayinger regte an, das thermo- und fluiddynamische Primärkreislaufverhalten bei auslegungsüberschreitenden Unfällen sowie die Wirkung von AM-Maßnahmen in verschiedenen Versuchsgruppen zu bestimmten Themenfeldern wie beispielsweise

---

[1821] AMPA Ku 169, Mayinger, F.: Zielsetzung der Untersuchungen in der UPTF, UPTF-Fachtagung, 9. 2. 1988, Mannheim, S. 8–10, Abb. 10.

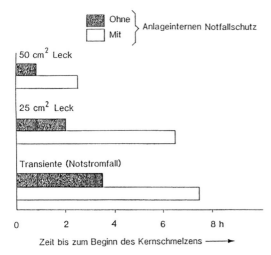

Abb. 6.259 Beispiele für Zeitgewinne durch anlageninterne Notfallschutz-Maßnahmen

die primärseitige Druckentlastung mit Druckspeicher-Einspeisung, den Energietransport bei Bleed und Feed oder die Konvektionskühlung (Reflux Condenser Betrieb) mit Notkühlwasser-Einspeisung zu untersuchen. Die Versuchsergebnisse sollten insbesondere der Ertüchtigung der Rechenprogramme und -verfahren sowie der Weiterentwicklung von Methoden zur Bewertung und Verbesserung der Sicherheitskonzepte zugute kommen.

Am 1. Juli 1991 war der Arbeitsbeginn des zunächst auf drei Jahre angelegten BMFT-Forschungsvorhabens „UPTF-Experiment – Durchführung von Versuchen zu Fragestellungen des anlageninternen Notfallschutzes" (Transient Reactor Accident Management[1822] – TRAM). Die Zielsetzung des TRAM-Programms war die Durchführung von Versuchen im Originalmaßstab zur Gewinnung von experimentellen Daten für Transienten und Szenarien des anlageninternen Notfallschutzes (AM), insbesondere im Hinblick auf

- Prozeduren der primärseitigen Druckentlastung im DWR zur Vermeidung von Kernschmelzen und
- Vorgänge der Energieumverteilung im Primärsystem von DWR zur Abschätzung der

Wahrscheinlichkeit von Hochdruckversagen des Primärkreises außerhalb des RDB.[1823] Das TRAM-Programm wurde weitgehend den Vorschlägen von Prof. Mayinger entsprechend in Versuchsgruppen gegliedert:

a. Den anlageninternen Notfallschutz unterstützende Versuche und Grundlagenversuche,
b. Versuche zum anlageninternen Notfallschutz (AM),
c. Versuche zur RDB-Sicherheit sowie zur Vermischung unterschiedlich borierter Wasserströme (diese Versuchsgruppe wurde 1994 in das TRAM-Programm aufgenommen und mit finanzieller Beteiligung der Vereinigung Deutscher Elektrizitätswerke – VDEW – durchgeführt),[1824]
d. Versuche zur Energieumverteilung durch Zirkulationsströmungen im Primärsystem vor und zu Beginn des Kernschmelzens.

Die UPTF-Anlage bildete nur die wesentlichen Komponenten des Primärsystems im Originalmaßstab nach. Für die integralen Untersuchungen des Gesamtsystems bedurfte es sorgfältig abgestimmter Ergänzungen durch Experimente an anderen Versuchsanlagen. Für das TRAM-Programm standen die japanischen Anlagen CCTF und SCTF des 2D/3D-Programms in Tokai-Mura nicht mehr zur Verfügung. Für Analysen des komplexen Zusammenwirkens von Primär- und Sekundärseite sowie den verschiedenen Hilfssystemen konnte die PKL-Anlage in Erlangen genutzt werden. Im Zeitraum 1986 bis 1999 wurden auf der Anlage PKL III Versuche zu Transienten und Störfallabläufen mit und ohne Kühlmittelverlust gefahren (s. Kap. 6.7.5). Die integralen TRAM-Studien wurden durch PKL-III-Experimente ergänzt. Abbildung 6.260 stellt das Zusammenwirken der UPTF- und PKL-Anlagen für die Untersuchung von Einzelphänomenen und

---

[1822] auch: TRansienten und Accident Management – TRAM.

[1823] GRS-F-2/1991, Berichtszeitraum 1. 7. bis 31. 12. 1991, UPTF-Experiment, Durchführung von Versuchen zu Fragestellungen des anlageninternen Notfallschutzes (TRAM), Kennzeichen 1500 876, Auftragnehmer Siemens/KWU, Leiter Dr. Paul Weiss, bewilligte Mittel 73,4 Mio. DM, S. 1–4.

[1824] Liebert, J., Gaul, H.-P. und Weiss, P., a. a. O., S. 1 f.

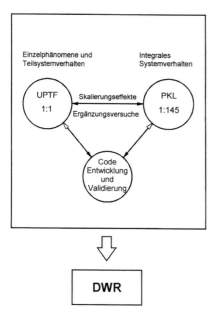

Abb. 6.260 Zusammenwirken von UPTF und PKL

Teilsystemverhalten zusammen mit dem integralen Systemverhalten dar.[1825]

Die TRAM-Planung wurde von Anfang an mit den auf internationaler Ebene laufenden Arbeiten, insbesondere mit den in Japan in Tokai-Mura (ROSA-Versuchsanlage), Frankreich im Forschungszentrum Grenoble (BETHSY-Versuchsanlage) und in den USA durchgeführten Versuchsprogrammen abgestimmt. Es sollte Doppelarbeit vermieden und die personell und finanziell aufwändigen Experimente auf der UPTF-Versuchsanlage so effizient und ergebnisorientiert wie möglich abgewickelt werden. Mit der Steuerung, Bewertung und Begleitung der deutschen TRAM-Aktivitäten im internationalen Kontext wurde vom BMFT der Lehrstuhl A für Thermodynamik der Technischen Universität München (Leiter Prof. F. Mayinger) beauftragt.[1826] Zu den

Aufgaben Mayingers gehörten auch die fachliche Begleitung der TRAM-Versuche, insbesondere die Festlegung der Versuchs-Randbedingungen im Konsens mit den Hauptbeteiligten Siemens/KWU und GRS sowie die fachliche Bewertung der Versuchsergebnisse.

Ein zentrales Anliegen sowohl des 2D/3D- als auch des TRAM-Programms war die Weiterentwicklung und Verifikation des von der GRS geschaffenen Systemcodes ATHLET (*A*nalyse der *Th*ermo-*H*ydraulik von *LE*cks und *T*ransienten) zu einem umfassenden Analysewerkzeug für Störfälle im Kühlsystem von Leichtwasserreaktoren. Dieser fortschrittliche Systemcode wurde zum Rechenprogramm ATHLET-CD (*C*ore *D*egradation) ausgebaut, das auch auslegungsüberschreitende Vorgänge bis hin zu schweren Kernschäden analysieren konnte. Systemcodes hatten neben den Differenzialgleichungen, welche die Erhaltungssätze für Masse, Energie und Impuls beschreiben, physikalische Modelle zur Grundlage, mit denen die mehrdimensionalen thermo- und fluiddynamischen Phänomene abgebildet wurden. Für die genaue mathematische Beschreibung der Strömungsform, Phasenverteilung und Phaseninteraktion war eine zuverlässige und präzise Datenbasis aus Experimenten erforderlich. Die 2D/3D- und TRAM-Programme lieferten fundierte und exakte Informationen, wie sie weltweit völlig neu und bisher nicht erreichbar waren. In enger Vernetzung mit diesen Versuchs-Programmen konnte der Systemcode ATHLET entstehen und international eine führende Stelle einnehmen. Für die ATHLET-Entwicklung wurde in den 90er Jahren vom BMFT (nach 1994 Bundesminister für Bildung, Wissenschaft, Forschung und Technologie, nach 1998 Bundesminister für Wirtschaft und Technologie) eine Reihe von Forschungs- und Entwicklungsvorhaben aufgelegt, so für die Codeentwicklung:

[1825] Brand, B., Schwarz, W. und Sgarz, G.: Nutzen der Ergebnisse von PKL III und UPTF/TRAM für den Betrieb von DWR-Anlagen, Jahrestagung Kerntechnik '97, 13–15. 5. 1997 in Aachen, Fachsitzung: „Forschungsvorhaben zur Unterstützung des Betriebs von Kernkraftwerken", Abb. 3.

[1826] GRS-F-188 (August 1991), Berichtszeitraum 1. 7. bis 31. 12. 1990, Steuerung, Bewertung und Begleitung der nationalen Aktivitäten beim internationalen TRAM-

Programm, Kennzeichen 1500 843, Arbeitsbeginn 1. 7. 1990, Arbeitsende 3. 6. 1994/31. 10. 1998, Auftragnehmer Lehrstuhl A für Thermodynamik TU München, Leiter Prof. Dr.-Ing. F. Mayinger, bewilligte Mittel 0,6 Mio. DM.

- ATHLET-Entwicklung,[1827, 1828]
- Weiterentwicklung und Verifikation eines dreidimensionalen Kernmodells für Reaktoren vom Typ WWER und seine Ankoppelung an den Störfallcode ATHLET,[1829]
- Vergleichende Bewertung von Programmsystemen zur Simulation schwerer Störfälle, Beiträge zur ATHLET/SA (Severe Accident Analysis) -Codeentwicklung[1830]
- Weiterentwicklung der 2d/3d-Module für ATHLET,[1831]
- Entwicklungsarbeiten für ATHLET,[1832]
- Weiterentwicklung von ATHLET-CD für die Spätphase der Kernzerstörung,[1833]

sowie für die Code-Verifikation/Validierung:
- ATHLET Verifikation,[1834]
- Beiträge zur Verifikation des Rechenprogramms ATHLET und Verbesserung darin enthaltener Teilmodelle,[1835]
- Nachrechnung von ROSA-III- und PKL-III-Integralexperimenten als Beitrag zur Verifikation des Rechenprogramms ATHLET,[1836]
- Beiträge zur Validierung des Programmsystems ATHLET mittels Vergleich und Bewertung von Rechenergebnissen ausgewählter Einzeleffektexperimente,[1837, 1838]
- Externe Verifikation von ATHLET,[1839]

[1827] GRS-F-2/1991, Berichtszeitraum 1. 7. bis 31. 12. 1991, ATHLET-Entwicklung, Kennzeichen RS 828, Arbeitsbeginn 1. 1. 1990, Arbeitsende 30. 6. 1993, Auftragnehmer Gesellschaft für Reaktorsicherheit (GRS) mbH, Leiter V. Teschendorff, bewilligte Mittel 16,8 Mio. DM.

[1828] GRS-F-2/1993, Berichtszeitraum 1. 7. bis 31. 12. 1993, ATHLET-Entwicklung, Kennzeichen RS 828A, Arbeitsbeginn 1. 5. 1993, Arbeitsende 31. 12. 1996, Auftragnehmer Gesellschaft für Reaktorsicherheit (GRS) mbH, Leiter V. Teschendorff, bewilligte Mittel 20,2 Mio. DM.

[1829] GRS-F-2/1992, Berichtszeitraum 1. 7. bis 31. 12. 1992, Weiterentwicklung und Verifikation eines dreidimensionalen Kernmodells für Reaktoren vom Typ WWER und seine Ankoppelung an den Störfallcode ATHLET, Kennzeichen 1500 925, Arbeitsbeginn 1. 7. 1992, Arbeitsende 31. 5. 1994, Aufragnehmer Forschungszentrum Rossendorf, Leiter Dr. U. Rohde, bewilligte Mittel 0,5 Mio. DM.

[1830] GRS-F-2/1994, Berichtszeitraum 1. 7. bis 31. 12. 1994, Vergleichende Bewertung von Programmsystemen zur Simulation schwerer Störfälle, Beiträge zur ATHLET/SA-Codeentwicklung, Kennzeichen 1500 831, Arbeitsbeginn 1. 4. 1990, Arbeitsende 31. 3. 1995, Auftragnehmer Ruhr-Universität Bochum, Leiter Prof. Dr. H. Unger, U. Brockmeier, bewilligte Mittel 0,5 Mio. DM.

[1831] GRS-F-1/1997, Berichtszeitraum 1. 5. bis 30. 6. 1997, Weiterentwicklung der 2d/3d-Module für ATHLET, Kennzeichen RS 1073, Arbeitsbeginn 1. 5. 1997, Arbeitsende 30. 9. 2000, Auftragnehmer GRS mbH, Leiter U. Graf, bewilligte Mittel 4,3 Mio. DM.

[1832] GRS-F-2/1997, Berichtszeitraum 1. 7. bis 31. 12. 1997, Entwicklungsarbeiten für ATHLET, Kennzeichen RS 1074, Arbeitsbeginn 1. 5. 1997, Arbeitsende 30. 9. 2000, Auftragnehmer Gesellschaft für Anlagen- und Reaktorsicherheit (GRS) mbH, Leiter V. Teschendorff, bewilligte Mittel 6,1 Mio. DM.

[1833] GRS-F-2/1997, Berichtszeitraum 1. 7. bis 31. 12. 1997, Weiterentwicklung von ATHLET-CD für die Spätphase der Kernzerstörung, Kennzeichen RS 1081,

Arbeitsbeginn 1. 5. 1997, Arbeitsende 30. 9. 2000, Auftragnehmer GRS mbH, Leiter Dr. K. Trambauer, bewilligte Mittel 5,1 Mio. DM.

[1834] GRS-F-188 (August 1991), Berichtszeitraum 1. 7. bis 31. 12. 1990, ATHLET Verifikation, Kennzeichen RS 829, Arbeitsbeginn 1. 1. 1990, Arbeitsende 31. 12. 1993, Auftragnehmer Gesellschaft für Reaktorsicherheit (GRS) mbH, Leiter Dr. R. Kirmse, bewilligte Mittel 5,7 Mio. DM.

[1835] GRS-F-2/1991, Berichtszeitraum 1. 7. bis 31. 12. 1991, Beiträge zur Verifikation des Rechenprogramms ATHLET und Verbesserung darin enthaltener Teilmodelle, Kennzeichen 1500 856, Arbeitsbeginn 1. 1. 1991, Arbeitsende 31. 12. 1992, Auftragnehmer Technische Hochschule Zittau, Leiter Dr. Lischke, bewilligte Mittel 0,26 Mio. DM.

[1836] GRS-F-2/1991, Berichtszeitraum 1. 7. bis 31. 12. 1991, Nachrechnung von ROSA-III- und PKL-III-Integralexperimenten als Beitrag zur Verifikation des Rechenprogramms ATHLET, Kennzeichen 1500 881, Arbeitsbeginn 1. 8. 1991, Arbeitsende 31. 10. 1992, Auftragnehmer TÜV Bayern, Leiter Stepan, bewilligte Mittel 0,5 Mio. DM.

[1837] GRS-F-2/1991, Berichtszeitraum 1. 7. bis 31. 12. 1991, Beiträge zur Validierung des Programmsystems ATHLET mittels Vergleich und Bewertung von Rechenergebnissen ausgewählter Einzeleffektexperimente, Kennzeichen 1500 882, Arbeitsbeginn 1. 8. 1991, Arbeitsende 31. 12. 1992, Auftragnehmer Ruhr-Universität Bochum, Leiter H. Unger, U. Brockmeier, bewilligte Mittel 0,16 Mio. DM.

[1838] GRS-F-2/1993, Berichtszeitraum 1. 7. bis 31. 12. 1993, Beiträge zur Validierung des Programmsystems ATHLET mittels Vergleich und Bewertung von Rechenergebnissen ausgewählter Einzeleffektexperimente, Kennzeichen 1500 882A, Arbeitsbeginn 1. 8. 1993, Arbeitsende 31. 7. 1994/31. 3. 1995, Auftragnehmer Ruhr-Universität Bochum, Leiter Prof. H. Unger, U. Brockmeier, bewilligte Mittel 0,14 Mio. DM.

[1839] GRS-F-2/1991, Berichtszeitraum 1. 7. bis 31. 12. 1991, Externe Verifikation von ATHLET, Kennzeichen 1500 883, Arbeitsbeginn 1. 8. 1991, Arbeitsende 30. 9.

- Verifikation des ATHLET-Rechenprogramms im Rahmen der externen ATHLET-Verifikationsgruppe,[1840]
- Verifikation des ATHLET-Rechenprogramms durch Nachanalysen an einem BETHSY-Versuch,[1841]
- Verifikation des Rechenprogramms ATHLET und ATHLET-CD,[1842]
- ATHLET-Verifikation und Einsatz für Störfallanalysen des WWER-400,[1843]
- Verifikation des ATHLET-Rechenprogramms anhand der Nachanalyse zweier Experimente an der BETHSY-Versuchsanlage,[1844]
- Externe Validierung des Programmsystems ATHLET/CD anhand von Nachrechnungen ausgesuchter Integralexperimente,[1845]

- Verifikation des ATHLET-Rechenprogramms im Rahmen der externen Verifikationsgruppe ATHLET,[1846]
- Verifikation des Thermohydraulikcodes ATHLET für die Bedingungen von WWER-Anlagen mit Experimenten der Versuchsanlagen PACTEL (Finnland) und HORUS-II (Hochschule Zittau/Görlitz),[1847]
- Externe ATHLET-Verifikation durch Nachanalysen der PKL-III-Versuche B 4.2 und C 6.1.[1848]

Die Reaktorsicherheitskommission (RSK) stellte im Juli 1997 fest: „Von den Integralexperimenten zum DWR wurden mit ATHLET bereits 40 Experimente der Versuchsanlagen CCTF, LOFT, LSTF, BETHSY, PKL und LOBI gerechnet. Für die Absicherung des Skalierungseinflusses waren die Analysen der UPTF-Experimente von besonderer Bedeutung."[1849]

Die zwischen dem TRAM-Versuchsprogramm und den theoretischen Analysen notwendigen detaillierten Abstimmungen wurden mit Hilfe des ATHLET-Codes vorgenommen. Zu jeder UPTF-TRAM-Versuchsgruppe wurden vor Versuchsbeginn die Versuchsspezifikationen erarbeitet. Dabei wurden Parameterfelder anhand von Skalierungskennzahlen ermittelt, Anfangs-

---

1992, Auftragnehmer Ingenieurbüro Dr. K. Pitscheider, bewilligte Mittel 0,29 Mio. DM.

[1840] GRS-F-2/1992, Berichtszeitraum 1. 7. bis 31. 12. 1992, Verifikation des ATHLET-Rechenprogramms im Rahmen der externen ATHLET-Verifikationsgruppe, Kennzeichen 1500 887, Arbeitsbeginn 1. 8. 1991, Arbeitsende 31. 5. 1993, Auftragnehmer Battelle-Institut Frankfurt/M, Leiter M. Schall, bewilligte Mittel 0,53 Mio. DM.

[1841] GRS-F-2/1993, Berichtszeitraum 1. 7. bis 31. 12. 1993, Verifikation des ATHLET-Rechenprogramms durch Nachanalysen an einem BETHSY-Versuch, Kennzeichen 1500 962, Arbeitsbeginn 1. 7. 1993, Arbeitsende 30. 6. 1994, Auftragnehmer Battelle-Institut Frankfurt/M, Leiter M. Schall, bewilligte Mittel 0,2 Mio. DM.

[1842] GRS-F-1/1997, Berichtszeitraum 1. 1. bis 30. 6. 1997, Verifikation des Rechenprogramms ATHLET und ATHLET-CD, Kennzeichen RS 0829A, Arbeitsbeginn 1. 3. 1994, Arbeitsende 31. 1. 1998, Auftragnehmer GRS mbH, Leiter Dr. R. Kirmse, F. Steinhoff, bewilligte Mittel 6,1 Mio. DM.

[1843] GRS-F-2/1994, Berichtszeitraum 1. 7. bis 31. 12. 1994, ATHLET-Verifikation und Einsatz für Störfallanalysen des WWER-400, Kennzeichen RS 0978, Arbeitsbeginn 1. 7. 1994, Arbeitsende 31. 12. 1994, Auftragnehmer GRS mbH, Leiter Dr. W. Horche, bewilligte Mittel 0,4 Mio. DM.

[1844] GRS-F-1/1996, Berichtszeitraum 1. 4. bis 30. 6. 1996, Verifikation des ATHLET-Rechenprogramms anhand der Nachanalyse zweier Experimente an der BETHSY-Versuchsanlage, Kennzeichen 150 1032, Arbeitsbeginn 1. 4. 1996, Arbeitsende 31. 3. 1998, Auftragnehmer Forschungszentrum Rossendorf, Leiter Dr. E. Krepper, bewilligte Mittel 0,22 Mio. DM.

[1845] GRS-F-1/1996, Berichtszeitraum 1. 4. bis 30. 6. 1996, Externe Validierung des Programmsystems ATHLET/CD anhand von Nachrechnungen ausgesuchter Integralexperimente, Kennzeichen 150 1037, Arbeitsbeginn

1. 4. 1996, Arbeitsende 31. 3. 1999, Auftragnehmer Ruhr-Universität Bochum, Leiter Prof. H. Unger, bewilligte Mittel 0,7 Mio. DM.

[1846] GRS-F-1/1997, Berichtszeitraum 1. 1. bis 30. 6. 1997, Verifikation des ATHLET-Rechenprogramms im Rahmen der externen Verifikationsgruppe ATHLET, Kennzeichen 150 1027, Arbeitsbeginn 1. 4. 1996, Arbeitsende 31. 12. 1997, Auftragnehmer Battelle Ingenieurtechnik Eschborn, Leiter M. Schall, bewilligte Mittel 0,4 Mio. DM.

[1847] GRS-F-1/1997, Berichtszeitraum 1. 1. bis 30. 6. 1997, Verifikation des Thermohydraulikcodes ATHLET für die Bedingungen von WWER-Anlagen mit Experimenten der Versuchsanlagen PACTEL (Finnland) und HORUS-II (Hochschule Zittau/Görlitz), Kennzeichen 150 1033, Arbeitsbeginn 1. 4. 1996, Arbeitsende 31. 3. 1998, Auftragnehmer HTWS Zittau/Görlitz, Leiter Prof. Dr. W. Lischke, bewilligte Mittel 0,34 Mio. DM.

[1848] GRS-F-1/1997, Berichtszeitraum 1. 1. bis 30. 6. 1997, Externe ATHLET-Verifikation durch Nachanalysen der PKL-III-Versuche B 4.2 und C 6.1, Kennzeichen 150 1034, Arbeitsbeginn 1. 4. 1996, Arbeitsende 30. 4. 1998, Auftragnehmer TÜV Hannover/Sachsen-Anhalt, Leiter Dr. H.-D. Wierum, bewilligte Mittel 0,33 Mio. DM.

[1849] AMPA Ku 18, Ergebnisprotokoll 310. RSK-Sitzung, 2. 7. 1997, S. 6.

und Randbedingungen festgelegt sowie der erforderliche Umfang der Messwerterfassung bestimmt. Nach der Versuchsdurchführung wurden die Experimente phänomenologisch ausgewertet, die Messergebnisse auf Plausibilität geprüft und mit den Modellrechnungen verglichen. Der Vergleich endete mit einer Modellbewertung und ggf. mit einer weiteren Ertüchtigung des Systemcodes ATHLET.[1850]

Nach Erteilung des TRAM-Forschungsauftrags an Siemens/KWU in Erlangen wurde im Sommer 1991 sofort mit dem Wiederaufbau der Versuchsmannschaft begonnen. Zugleich wurden die Modifikationen der UPTF-Anlage in Angriff genommen, welche die gegenüber dem 2D/3D-Programm sehr unterschiedliche Zielsetzung der TRAM-Experimente erforderlich machte. Diverse zusätzliche Rohrleitungen, Regelventile, Blenden und Formstücke mussten eingebaut werden. Ein Druckhalter mit Originalabmessungen und eine elektrische Heizung im unteren Plenum des Versuchsbehälters wurden neu installiert. Die Versuchsinstrumentierung musste ebenfalls ergänzt werden. Mehr als 200 zusätzliche Messinstrumente wurden zu den 2000 bereits vorhandenen Messaufnehmern montiert: Thermoelemente, Turbinen, Strömungskraftaufnehmer, Druckaufnehmer, Füllstand-, Dichte-, Strom- und Spannungsmessgeräte. Die bereits veralteten Datenerfassungs- und Auswertesysteme des 2D/3D-Programms mussten vollständig ausgebaut und durch neue Systeme ersetzt werden.[1851]

Die 15 TRAM-Versuche mit insgesamt 111 Versuchsläufen wurden während der Betriebsphase gefahren, die sich vom Januar 1992 bis Juni 1995 erstreckte. Die Versuchsgruppe A, die vom Januar bis Dezember 1992 abgearbeitet wurde, umfasste 7 Versuche mit 44 Versuchsläufen.

Versuch A1 – Kernbeaufschlagung bei heißseitiger Notkühleinspeisung: Vorgänge bei heißseitiger Hochdruck-Si-

cherheitseinspeisung in den Bereichen heißer Strang, oberes Plenum, Brennelement-Kopfplatte,

Versuch A2 – Strömungsformen im heißen Strang bei zweiphasigem Naturumlauf: Vorgänge im heißen Strang bei Dampferzeuger-Betrieb als Wärmesenke unter Mitwirkung benachbarter Komponenten,

Versuch A3 – Transport von heißseitig eingespeistem Notkühlwasser bei ein- und zweiphasigem Naturumlauf: Strömungsweg des heißseitig eingespeisten Notkühlwassers unter Bedingungen des zweiphasigen Naturumlaufs,

Versuch A4 – Reflux-Condenser-Betrieb mit heißseitiger Notkühleinspeisung: Vorgänge bei heißseitiger Hochdruck-Sicherheitseinspeisung unter Bedingungen des Reflux-Condenser-Betriebs,

Versuch A5 – Freiblasen des Pumpenbogens: Vorgänge beim Freiblasen des Pumpenbogens unter Bedingungen eines Störfalls mit mittlerem Leck,

Versuch A6 – Integralversuch zum mittleren Leck (4,5 % des Querschnittes der HKL) mit kaltseitiger Notkühleinspeisung: Vorgänge im Primärsystem nach Aktivierung der Druckspeicher bei Leck im kalten Strang und Anwendung der kaltseitigen Notkühleinspeisung unter Mitwirkung aller Komponenten in Originalgeometrie,

Versuch A7 – Integralversuch zum mittleren Leck (4,5 % des Querschnittes der HKL) mit heißseitiger Notkühleinspeisung: Vorgänge im Primärsystem nach Aktivierung der Druckspeicher bei Leck im kalten Strang und Anwendung der heißseitigen Notkühleinspeisung unter Mitwirkung aller Komponenten in Originalgeometrie.[1852]

[1850] GRS-F-2/1994, Berichtszeitraum 1. 7. bis 31. 12. 1994, Analytische Begleitung des UPTF-TRAM-Versuchsprogramms, Kennzeichen RS 0878, Arbeitsbeginn 1. 7. 1991, Arbeitsende 30. 6. 1995, Auftragnehmer GRS mbH, Leiter Dr. H. G. Sonnenburg, bewilligte Mittel 4 Mio. DM.

[1851] Liebert, J., Gaul, H.-P. und Weiss, P., a. a. O., S. 10–17.

[1852] Liebert, J., Gaul, H.-P. und Weiss, P., a. a. O., S. 18–22.

Abb. 6.261 Strömungs-
vorgänge bei Reflux-Con-
denser-Betrieb im heißen
Strang

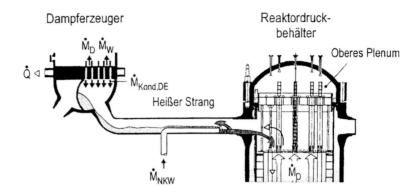

Im Rahmen des 2D/3D-Programms waren die Dampf-Wasser-Gegenstromverhältnisse im heißen Strang bei Konvektionsströmung (Reflux-Condenser-Betrieb) bereits untersucht worden, jedoch ohne zusätzliche Notkühlwasser (NKW) -Einspeisung. Die Siemens/KWU-DWR besaßen Dampferzeuger (DE) mit U-Rohr-Wärmetauschern und zusätzlich eine NKW-Einspeisung in den heißen Strang. Mit dem TRAM-Versuch A4 wurden die thermohydraulischen Vorgänge im Reflux-Condenser-Betrieb bei heißseitiger Notkühleinspeisung mit Originalabmessungen vertieft untersucht. PKL-III-Experimente ergänzten die TRAM-Untersuchungen mit den Testergebnissen zu den thermohydraulischen Vorgängen in den originalgetreu nachgebildeten U-Rohr-DE. Abbildung 6.261 zeigt die Strömungsvorgänge im heißen Strang der UPTF-Versuchsanlage bei Reflux-Condenser Betrieb mit heißseitiger NKW-Einspeisung.

Im Einzelnen wurden folgende Vorgänge beim Versuch A4 untersucht:

- Gegenstrombegrenzung (contercurrent flow limitation – CCFL) im heißen Strang durch Kondensataufstau in den DE-Heizrohren,
- Intensität der Dampfkondensation am NKW im oberen Plenum, im heißen Strang und im DE,
- Vermischung von Sattwasser und NKW im heißen Strang,
- Transport von unterkühltem Wasser in das obere Plenum, den Kern und den DE.

Die aufeinander abgestimmten Versuche in den UPTF- und PKL-Anlagen ergaben, dass keine fluiddynamische Blockade der Dampf-Wasser-Gegenströmung auftreten kann, die den ausreichenden Energietransport vom Kern zu den DE

unterbrechen kann, selbst wenn nur 1 oder 2 DE zur Verfügung stehen. Auch wenn sich nur noch wenig Wasser im RDB befindet, kann der Reaktorkern gekühlt und sein Durchschmelzen verhindert werden.[1853, 1854]

Die Versuchsgruppe B, bestehend aus 4 Versuchen und 29 Versuchsläufen, wurde zwischen April und November 1993 durchgeführt. Ihre Untersuchungsgegenstände waren im Einzelnen:

Versuch B1 – Strömungsvorgänge beim Abströmen von Dampf aus dem oberen Plenum in den heißen Strang sowie Wassermitrissvorgänge aus dem Primärsystem in die Volumenausgleichsleitung bei isobarem Abblasen.

Versuch B2 – Strömungsvorgänge im oberen Plenum, in den heißen und kalten Strängen, in der Volumenausgleichsleitung und im Druckhalter bei Druckentlastung mit verschiedenen Druckhalterabströmquerschnitten.

[1853] Umminger, K., Liebert, J. und Kastner, W.: Thermal-Hydraulic Behavior of a PWR under Accident Conditions – Complementary Test Results from UPTF and PKL, Proceedings, NURETH 8, 30. 9. – 4. 10. 1997, Kyoto, Japan, Vol. 2, S. 1142–1150.

[1854] Liebert, J., Umminger, K. und Kastner, W.: Thermohydraulische Vorgänge in Dampferzeuger und heißem Strang eines DWR bei Reflux-Condenser-Betrieb – Ergänzende Versuchsergebnisse aus den UPTF- und PKL-Vorhaben, Tagungsbericht, Jahrestagung Kerntechnik '98, 26–28. 5. 1998, München, KTG und DAtF, INFORUM Bonn, 1998, S. 103–106.

Versuche B3/B4 – Wechselwirkung zwischen Dampfproduktion im Kern und Dampfkondensation bei Unterschreiten des Druckspeicheransprechdruckes und die sich daraus ergebende Beeinflussung des weiteren Druckverlaufes.

In der Versuchsgruppe B wurde unterstellt, dass die Wärmesenke durch den Ausfall der sekundärseitigen Speisewasserversorgung aller Dampferzeuger eines DWR vollständig ausfällt. Gleichzeitig wurde der Ausfall der Hochdruck-Sicherheitseinspeisung angenommen. Für diesen hinsichtlich des deutschen Referenzreaktors höchst unwahrscheinlichen Fall wurden Maßnahmen des anlageninternen Notfallschutzes zur möglichst schnellen primärseitigen Druckentlastung bis auf den Ansprechdruck der Druckspeicher (26 bar) untersucht. Beim deutschen Referenzreaktor war in der Folge der TMI-2-Aufarbeitung eine Höhenstandssonde im oberen Plenum zur Messung der Wasserspiegelhöhe über der Gitterplatte installiert worden. Im Fall des Absinkens des Wasserspiegels unter eine bestimmte Höhe erfolgte als primärseitige AM-Maßnahme das Auffahren der Druckhalterabblaseventile auf maximalen Abströmquerschnitt, um den Druck im Primärkreis schnell abzusenken. Bei 26 bar (alternativ 46 bar) öffneten die Druckspeicherrückschlagarmaturen selbsttätig und speisten NKW in den Primärkreis ein, wodurch zunächst Dampf kondensiert und dadurch der Primärdruck vermindert wurde. Es trat dann eine pulsierende Wechselwirkung zwischen der Verdampfung des in den Kern gelangten NKW und der Dampfkondensation am unterkühlt eingespeisten NKW auf, die den Druckabsenkungs- und Notkühlvorgang entscheidend beeinflusste. Bei Druckabsenkung unter 10 bar konnte der Ansprechdruck der Niederdruckpumpen unterschritten und die Kernkühlung durch kontinuierliche NKW-Einspeisung aus dem Kernnotkühlsystem sichergestellt werden.

Der maximale Systemdruck in der UPTF-Anlage betrug 18 bar, sodass für die Untersuchungen der Gruppe B eine Druckskalierung der

Randbedingungen vom höheren Druck im realen DWR auf den niedrigeren UPTF-Druck erforderlich war.[1855]

Mit den Versuchen B3 und B4 wurde der Druckbereich zwischen Ansprechdruck der Druckspeicher und dem der Niederdruckpumpen untersucht, wobei u. a. folgende Vorgänge studiert wurden:

- Dampfkondensation am eingespeisten NKW,
- Wechselwirkung Kerndampfproduktion und Dampfkondensation,
- Wirksamkeit der Druckspeichereinspeisung abhängig von
  - Anzahl der verfügbaren Druckspeicher (4 bzw. 8),
  - Ansprechdruck der Druckspeicher (26 bzw. 46 bar),
  - Kernwasserstand zu Beginn der Druckspeichereinspeisung,
  - Ventilabströmquerschnitte,
  - Stickstoffvolumen im Druckspeicher.

In Abb. 6.262 ist das DWR-Störfallszenarium dargestellt.[1856]

Die UPTF/TRAM-Versuche der Gruppe B wurden wieder durch PKL-III-Experimente ergänzt. Beide Versuchsanlagen zeigten in eindrucksvoller Weise das gleiche globale Verhalten bei primärseitiger Druckentlastung und Bespeisung.[1857]

Die B3/B4-Versuchsergebnisse zeigten auf, dass die Absenkung des Drucks im Primärsystem bei heißseitiger Druckspeicher-Einspeisung u. a. begünstigt wird durch (in der Reihenfolge der Wirksamkeit):

- Erhöhung des Stickstoffvolumens im Druckspeicher,
- Zusätzliche NKW-Einspeisung über 4 kaltseitige Druckspeicher,

---

[1855] Liebert, J., Gaul, H.-P. und Weiss, P., a. a. O., Skalierungskonzept S. 133–135.

[1856] Liebert, J., Gaul, H.-P. und Weiss, P., a. a. O., S. 131–133

[1857] Liebert, J., Umminger, K. und Kastner, W.: Primärseitige Druckentlastung durch Abblasen über den Druckhalter eines DWR mit Druckspeichereinspeisung – Vergleichende Versuchsergebnisse aus dem UPTF- und PKL-Vorhaben, Tagungsbericht, Jahrestagung Kerntechnik '99, 18–20. 5. 1999, Karlsruhe, KTG und DAtF, INFORUM Bonn, 1999, S. 95–98.

Abb. 6.262 Strömungs-
vorgänge bei transientem
Abblasen mit Druckspei-
cher-Einspeisung

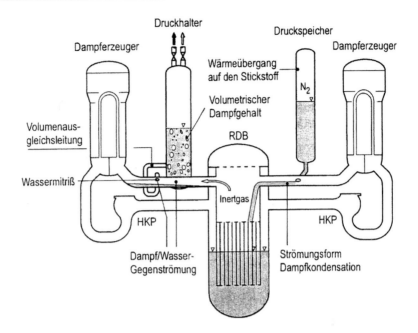

- Vergrößerung des Ventilabströmquerschnitts am Druckhalter,
- Übergang von 26-bar- auf den 46-bar-DWR-Druckspeicher.

Zur sicheren Unterschreitung des Drucks von 10 bar im DWR-Primärsystem wurden maximal 75 % des im Druckspeicher vorhandenen Wasserinventars benötigt, sodass sich allein durch die Modifikation der Wasser/Stickstoff-Volumina im Druckspeicher eine gravierende Verbesserung des Systemverhaltens erreichen ließ.[1858]

Mit Hilfe der UPTF/PKL-Experimente konnte nachgewiesen werden, dass ein Fluten des Reaktorkerns bei Ausfall aller aktiven Systeme (totaler Stromausfall) durch gleichzeitige heiß- *und* kaltseitige Druckspeicher-Einspeisung auch nach einer sehr spät eingeleiteten primärseitigen Druckentlastung gelingen wird.[1859]

Die 3 Versuche mit 24 Versuchsläufen der Gruppe C wurden im April und Mai 1994 gefahren. Ihre Zielsetzung war die Untersuchung von:

Versuch C1 – Strähnenkühlung der Reaktordruckbehälter (RDB) -Wand und damit verbundene Kondensationsvorgänge,

Versuch C2 – Streifenkühlung der RDB-Wand und damit verbundene Kondensationsvorgänge,

Versuch C3 – Vermischung unterschiedlich borierter (temperierter) Wasserströme in den kalten Strängen, im Ringraum und unterem Plenum des RDB.

Die Experimente C1 und C2 dienten der Beurteilung der Sicherheit des RDB gegen sprödes Versagen und der Validierung entsprechender Rechenprogramme. Mit diesen Versuchen wurden die Thermoschock-Versuche des HDR-Sicherheitsprogramms ergänzt, bei denen sich die Übertragbarkeit von Messergebnissen an kleinen Proben auf Großkomponenten als schwierig erwiesen hatte (s. Kap. 10.5.7). Im Februar 1995 wurde erneut in der RSK auf die Schwierigkeit hingewiesen, die Wärmeübertragung zwischen dem Wasser/Dampf-Inventar im RDB und den sich ausbildenden Strähnen und Streifen bei der Notkühlung zu ermitteln, weil dies mit theoretischen Modellen nicht ohne weiteres möglich sei. Belastbare Angaben zu thermischen Belastungen

---

[1858] Liebert, J., Gaul, H.-P. und Weiss, P., a. a. O., S. 148.

[1859] Brand, B., Liebert, J., Mandl, R., Umminger, K. und Watzinger, H.: Experimental and analytical verification of accident management measures, Kerntechnik, Bd. 63, 1998, S. 25–32.

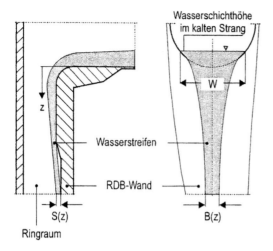

Abb. 6.263 Streifenkühlung der RDB-Wand

des RDB bei der Notkühlung seien nur auf der Grundlage der UPTF-Versuche zu erwarten.[1860] Die UPTF-Versuchsanlage war weltweit die einzige Anlage, an der solche DWR-Experimente in Originalgeometrie durchgeführt werden konnten.

Bei der Notkühlwasser-Einspeisung in den wasser- oder dampfgefüllten kalten Strang treten dort sowie im RDB-Ringraum thermische Misch- und Kondensationsvorgänge auf, welche die Abkühlungsgeschwindigkeit und die Fluidtemperaturverteilung im RDB-Ringraum und damit auch die Temperaturverläufe in der RDB-Wand bestimmen. Bei der Notkühleinspeisung kommt es zu einer Überlagerung der Abkühlung des gesamten RDB mit azimutal ungleichförmigen Temperaturbelastungen der RDB-Wand durch Wasserstreifen und -strähnen, die eine örtlich starke Abkühlung bewirken können. Hohe Temperaturgradienten in der RDB-Wand können erhebliche Spannungen verursachen.

Bei Streifenkühlung strömt das Kühlwasser bei abgesunkenem Wasserstand im Ringraum wasserfallähnlich nach unten (Abb. 6.263).[1861] Ist im Unterschied dazu der RDB-Ringraum mit Wasser gefüllt, so bildet sich eine Wassersträhne aus, wenn das einströmende Notkühl-

wasser wegen seiner höheren Dichte im heißeren Umgebungswasser nach unten strömt (Abb. 6.264).[1862] Die Versuche C1 und C2 erlaubten das Studium von Schichten- und Zirkulationsströmungen im kalten Strang, Wasser- und Dampfmitriss sowie Dampfkondensation.[1863] Sie ermöglichten eine wesentlich genauere Erfassung der thermohydraulischen Vorgänge als dies bis dahin erreichbar war und erbrachten das Ergebnis, dass die thermischen Spannungen in der RDB-Wand beherrschbar sind, weil durch die Mischungsvorgänge und Dampfkondensation auch bei mittelgroßen Leckagen das zugeführte Notkühlwasser hinreichend erwärmt wird. *„Dadurch können frühere Konservativitäten abgebaut werden, und die neuen Analysen ergeben einen wesentlich größeren Sicherheitsabstand gegen Sprödbruch als dies bisherige Berechnungen ergaben, die aus Unkenntnis auf pessimistischen Annahmen beruhten."*[1864]

Die RSK bewertete im März 1996 in Übereinstimmung mit dem Bericht des RSK-UA „Druckführende Komponenten" (Vorsitz Prof. K. Kußmaul) diese UPTF/TRAM-Versuche wie folgt: *„Da das Modell der UPTF-Versuche eine DWR-Anlage im Maßstab 1:1 nachbildet, erlauben die Versuchsergebnisse eine realistische, experimentell abgesicherte Berechnung der bruchmechanisch relevanten thermohydraulischen Parameter. ... Der Ausschuss ist der Auffassung, dass für die Wärmeübertragungsverhältnisse die experimentell abgesicherten Ergebnisse aus den UPTF-Versuchen zugrunde gelegt werden sollen. ... Die nach den neuen UPTF-Auswertungen von TÜV-Südwest errechneten Lastpfade führen zu*

[1860] AMPA Ku 17, Bemerkungen des Vorsitzenden UA „Druckführende Komponenten" Prof. Kußmaul, Ergebnisprotokoll 289. RSK-Sitzung, 15. 2. 1995, S. 17

[1861] Liebert, J., Gaul, H.-P. und Weiss, P., a. a. O., S. 151.

[1862] ebenda, S. 152.

[1863] Hertlein, R. und Däuwel, W.: UPTF-Experiment: Versuche zur Strähnen- und Streifenkühlung der RDB-Wand, Tagungsbericht, Jahrestagung Kerntechnik '96, 21–23. 5. 1996, Mannheim, KTG und DAtF, INFORUM Bonn, 1996, S. 85–88.

[1864] Mayinger, F.: Abschlussbericht zum Projekt „Begleitung, Betreuung und Steuerung der nationalen Aktivitäten beim internationalen TRAM-Programm", Förderkennzeichen 1500843, Garching, August 1999, S. 11.

Abb. 6.264 Strähnenkühlung der RDB-Wand

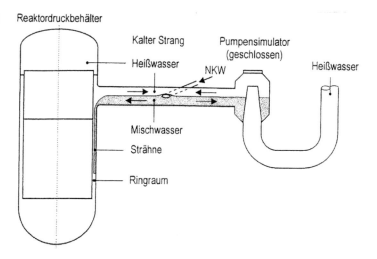

einer wesentlichen Verringerung der thermischen Belastungen des Reaktordruckbehälters.[1865]

Mit dem Versuch C3 wurde der Sicherheitsabstand gegenüber einer Rekritikalität im Reflux-Condenser-Betrieb durch die Ansammlung von Kondensatmengen untersucht, die praktisch keine Borkonzentrationen mehr aufweisen. Bei der Kühlmittelverdampfung geht Bor nicht oder nur geringfügig in die Dampfphase über. In den Dampferzeugern können sich aus diesem Dampf durch Kondensation nur gering borierte größere Wasserpfropfen bilden, die beim Wiedereinsetzen des Naturumlaufs bei Wiederauffüllen durch die Notkühleinspeisesysteme wieder in den Reaktorkern gelangen und die Unterkritikalität gefährden können. Die Bildung borfreier Wasserpfropfen und das in den Loops ungleichmäßige Wiedereinsetzen des Naturumlaufs (30 cm² Leck im kalten Strang, 2 von 4 der Hochdruckpumpen der Sicherheitseinspeisesysteme verfügbar) wurde parallel mit Experimenten in der PKL-III-Anlage studiert.[1866]

Im Experiment C3 wurde ein nahezu ideales Vermischen von Notkühlwasser (2200 ppm Bor) und Kondensat sowohl im kalten Strang als auch im RDB-Ringraum und unteren Plenum gemessen. Die geringste Borkonzentration am Kerneintritt wurde zu 675 ppm bestimmt.[1867, 1868] Die UPTF/TRAM-Versuchsergebnisse erbrachten den zuverlässigen Nachweis, dass auch unter Reflux-Condenser-Bedingungen mit Notkühleinspeisung in den kalten Strang die Borkonzentration im Reaktorkern stets so hoch ist, dass Rekritikalität ausgeschlossen werden kann.

In der Versuchsgruppe D wurden nach Erstellung des Versuchskonzepts und dessen Billigung durch eine Arbeitsgruppe unter dem Vorsitz von Prof. Mayinger die Vorversuche im Februar und März, die 14 Versuchsläufe des Hauptversuchs im Mai und Juni 1995 gefahren.[1869] Gegenstand der Untersuchung war der für DWR deutscher Bauart gänzlich hypothetische Kühlmittelverlust-Zustand, bei dem die Speisewasserversorgung völlig ausfällt und durch Kernfreilegung stark überhitzter Wasserdampf entsteht. Der Druck im Primärsystem wird durch den Ansprechdruck der

---

[1865] AMPA Ku 17, Ergebnisprotokoll, 295. RSK-Sitzung, 15. 11. 1995, S. 14 f.

[1866] Umminger, K., Kastner, W., Liebert, J. und Mull, T.: Thermal hydraulics of PWRS with respect to boron dilution phenomena. Experimental results from the test facilities PKL and UPTF, Nuclear Engineering and Design, Vol. 204, 2001, S. 191–203.

[1867] Hertlein, R.: UPTF-Experiment: Versuche zum Vermischen unterschiedlich borierter Wasserströme, Tagungsbericht, Jahrestagung Kerntechnik '97, 13–15. 5. 1997, Aachen, KTG und DAtF, INFORUM Bonn, 1997, S. 104–107.

[1868] Liebert, J., Hertlein, R. und Umminger, K.: Experimente in UPTF, PKL und Modellanlagen zur Borvermischung, Jahrestagung Kerntechnik '99, 18–20. 5. 1999, Karlsruhe, Fachsitzung, KTG und DAtF, INFORUM Bonn, 1999, S. 1–19.

[1869] GRS-F-1/1995,Berichtszeitraum 1.1. bis 30.6.1995, Kennzeichen 1500 876, S. 3.

Abb. 6.265 Strömungsvorgänge bei Kernfreilegung und -aufheizung

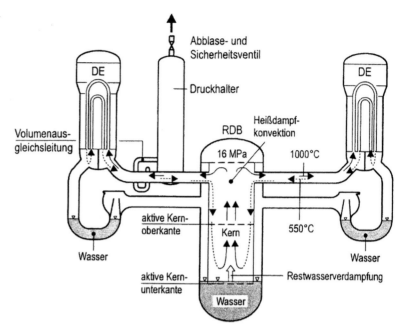

Druckhalterabblase- bzw. Sicherheitsventile bestimmt. Die lokalen Temperaturunterschiede des Heißdampfs bewirken, dass sich eine freie Konvektionsströmung im oberen Plenum, den heißen Strängen und den Dampferzeugern ausbildet. Die Pumpenbögen sind durch Restwasser verschlossen. Der aus dem Kern ins obere Plenum und in die heißen Stränge aufsteigende Heißdampf wird an den RDB-Einbauten und Wänden sowie in den Dampfleitungen und U-Rohren der Dampferzeuger durch konvektiven Wärmeübergang und Wärmeabstrahlung abgekühlt und kondensiert. Das Kondensat muss im Gegenstrom zum Dampf („Boiler-Condenser-Mode") wieder in den heißen Strängen in den RDB zurückfließen (Abb. 6.265).[1870] Das Untersuchungsinteresse bestand darin, die Verzögerung der Kernaufheizung durch Konvektion festzustellen, d. h. die Zeitreserve zu sehen, die für Gegenmaßnahmen verbleibt.

Auf der Grundlage von Ähnlichkeitsgesetzen wurden durch theoretische Vorarbeiten zum Versuchskonzept die UPTF-Betriebsparameter bestimmt, mit denen der konvektive Wärmeübergang des Heißdampfs bei 160 bar weitgehend analog mit dem Versuchsmedium Luft bei

Atmosphärendruck (1 bar) nachgebildet werden konnte.[1871] Die Luft wurde mit einer in das untere Plenum des Versuchsbehälters eingebauten elektrischen Heizung auf maximal 235 °C aufgeheizt.[1872] Als Energiesenke wurde ein interner Wärmetauscher im DE installiert. Die Versuchsmatrix konnte im Einzelnen erst auf der Basis der Erfahrungen aus den Vorversuchen erstellt werden.

Die UPTF/TRAM-Experimente der Gruppe D erlaubten es, die thermohydraulischen Vorgänge der Energieumverteilung durch Zirkulationsströmung im DWR-Primärkreis zu beschreiben.[1873] Die Versuchsergebnisse ermöglichten eine zuverlässige Analyse des zeitlichen Verlaufs der Wärmeübertragung vom Kern auf die Strukturen des

---

[1870] Liebert, J., Gaul, H.-P. und Weiss, P., a. a. O., S. 187.

[1871] GRS-F-2/1994, Berichtszeitraum 1. 7. bis 31. 12. 1994, Kennzeichen 1500 876, S. 3–5.

[1872] Klemm, L. und Liebert, J.: UPTF-Experiment: Gaskonvektionsströmung in der heißseitigen Leitung eines DWR vor und zu Beginn des Kernschmelzens, Tagungsbericht, Jahrestagung Kerntechnik '97, 13–15. 5. 1997, Aachen, KTG und DAtF, INFORUM Bonn, 1997, S. 120–123.

[1873] GRS-F-2/1996, Berichtszeitraum 1. 7. bis 31. 12. 1996, Kennzeichen 1500 876, S. 4 f.

Primärkreises sowie der Strömungsvorgänge vor und bei Beginn des Kernschmelzens.[1874]

Das UPTF/TRAM-Versuchsprogramm hat aufgezeigt, unter welchen Voraussetzungen sich auch auslegungsüberschreitende Unfälle unter Verhütung von katastrophalen Schäden im Reaktorkern und unter vollem Schutz des Sicherheitsbehälters beherrschen lassen. Insbesondere haben die UPTF/TRAM-Versuche nachgewiesen, dass die in deutschen Kernkraftwerken vorgesehene heißseitige Druckspeicher-Notkühlwassereinspeisung große Vorteile hat und dass auch bei sehr ungünstigen Situationen, die abhängig vom Leck-Querschnitt sind, lange Zeit allein durch diese selbsttätig wirkenden Vorrichtungen der Kern vor dem Schmelzen bewahrt werden kann. Die vom UPTF/TRAM-Programm geschaffene experimentelle Datenbasis erlaubte die Entwicklung neuer Rechencodes, die das Störfall- und Unfallverhalten großer Leistungsreaktoren zutreffend und zuverlässig vorhersagen können. *„Aufbauend auf diesen Vorhersagen ist dann eine äußerst wirksame und eindeutig sicherheitsgerichtete Planung von Accident-Management-Maßnahmen möglich."*[1875]

Nach annähernd 10-jähriger Betriebsphase der UPTF-Versuchsanlage mit 223 gültigen Versuchsläufen wurden im Zeitraum vom 1.1.1997–31.12.1999 die Messergebnisse und Daten der Versuchsauswertungen im Rahmen des BMBF/BMWi-Vorhabens „UPTF-Experiment – Auflösung des Versuchsbetriebs; Ergebnis- und Datensicherung; Dokumentation" abschließend dokumentiert, für die Archivierung digital gespeichert und gesichert. Auch die Mess- und Anlagentechnik sowie deren Modifikationen wurden in vier Berichten dokumentiert. Alle Komponenten der Versuchsanlage wurden sachgerecht demontiert, verwertet oder entsorgt sowie alle Büro- und Werkstatteinrichtungen aufgelöst.[1876, 1877] Im September 1997 wurden die ausgeräumten Gebäude einer Abbruchfirma übergeben, und 1998 war am Standort der UPTF-Versuchsanlage das ursprüngliche Gelände wiederhergestellt.[1878]

6.8   Die Entwicklung der Leittechnik

Zum Anfahren eines Reaktors, zur Sicherung seines Leistungsbetriebs und zur Reaktorabschaltung, die u. U. schnell erfolgen muss, sind Steuerungs- und Regelungseinrichtungen erforderlich. Die Leittechnik ist für die Reaktorsicherheit von zentraler Bedeutung. Der Begriff „Leittechnik" wurde um das Jahr 1960 geprägt und umfasst Messen, Steuern, Regeln, Überwachen und Schützen.[1879, 1880] Die dabei zu beachtenden wichtigsten physikalischen und betrieblichen Phänomene wurden schon bei der Errichtung und den Probeläufen der ersten Kernreaktoren beobachtet. Von Beginn an deckte die Leittechnik zwei Aufgabenfelder ab: die „betriebliche Leittechnik" für den normalen Anlagenbetrieb und die „Sicherheitsleittechnik" zum Schutz von Reaktor und Umwelt.

[1874] Mayinger, F.: Abschlussbericht zum Projekt „Begleitung, Betreuung und Steuerung der nationalen Aktivitäten beim internationalen TRAM-Programm", Förderkennzeichen 1500843, Garching, August 1999, S. 15.

[1875] ebenda, S. 14–16.

[1876] GRS-F-2/1997, Berichtszeitraum 1. 1. bis 30. 6. 1997, Vorhaben „UPTF-Experiment – Auflösung des Versuchsbetriebs; Ergebnis- und Datensicherung; Dokumentation", Kennzeichen 1501 070, Auftragnehmer Siemens/KWU, Leiter W. Kastner, bewilligte Mittel 0,353 Mio. DM, S. 1–3.

[1877] GRS-F-2/1997, Berichtszeitraum 1. 7. bis 31. 12. 1997, Kennzeichen 1501 070, Arbeitsbeginn 1. 1. 1997, Arbeitsende 31. 12. 1999, S. 1–3.

[1878] Gaul, H.-P. und Liebert, J.: Abschlussbericht zum Forschungs- und Entwicklungsvertrag BMWi Förderkennzeichen 1501 070: „UPTF-Experiment – Auflösung des Versuchsbetriebs; Ergebnis- und Datensicherung; Dokumentation", Dezember 1999, S. 19 f.

[1879] Aleite, W., Hoffmann, H. und Jung, M.: Leittechnik in Kernkraftwerken, atw, Jg. 32, März 1987, S. 122–134.

[1880] In den konventionelle Dampfkraftwerken der späten 1950er Jahre sind Kessel, Feuerung, Turbine und Nebenanlagen zu einer Schaltungs-, Betriebs- und Regelungseinheit zusammengewachsen, die von der zentralen Warte aus „geleitet" wurde. Der Begriff „Leittechnik" entspricht dem englischen „control". vgl. Schröder, Karl: Große Dampfkraftwerke, Springer-Verlag, Bd. 1 (1959), S. 656 und Bd. 3-B (1968), S. 361.

6.8.1 Die Anfänge in den USA

Die Entwicklung der Kernkraftwerks-Leit-technik begann in den USA in relativ einfacher Weise mit dem ersten Kernreaktor der Welt, dem Chicago Pile No. 1[1881] (CP-1, s. Kap. 2.2.4). In der zweiten Novemberhälfte des Jahres 1942 wurde CP-1 von der Gruppe um Enrico Fermi nach dessen Plänen unter der Westtribüne des Sportplatzes Stagg Field der Universität Chicago erbaut. Ziel war, eine sich selbst tragende Kettenreaktion zu erzeugen und erste Tests des Reaktorverhaltens bei sehr geringer Leistung zu fahren (Maßnahmen des Strahlenschutzes und der Wärmeabfuhr waren nicht getroffen). Schon nach knapp drei Monaten wurde CP-1 abgebaut, als CP-2 im Palos Park (Argonne) hinter meterdicken Betonwänden wieder aufgebaut und Ende März 1943 mit einigen Abänderungen – gerade auch der Steuerungstechnik – wieder in Betrieb genommen.[1882] Im September 1944 wurde in den Hanford-Plutonium-Fabriken der erste 100-MW_{th}-Reaktor kritisch (s. Kap. 2.2.6). Er wurde mit Natururan betrieben. Sein Moderator war Graphit und sein Kühlmittel Wasser des Columbia-Flusses. Mit diesem Großreaktor wurden wichtige neue Erfahrungen gewonnen. Der erste für die Produktion von elektrischem Strom gebaute Druckwasserreaktor war der „Army Package Power Reactor" (APPR), der mit leichtem Wasser moderiert und gekühlt wurde und mit einer Leistung von 2 MW_{el} (10 MW_{th}) im April 1957 ans Netz ging.[1883] APPR hatte den Standort des Army Engineer Corps Fort Belvoir, Va., südlich von Washington, D. C., am Potomac. Ein weiteres frühes Kraftwerk soll hier betrachtet werden: das weltweit erste Großkernkraftwerk Shippingport (PWR)[1884], das im Dezember 1957 mit der Leistung von 60 MW_{el} (230 MW_{th}) die Stromerzeugung aufnahm (s. Kap. 9.3.2). Auf PWR/Shippingport folgte der 134-MW_{el}-West-

inghouse-DWR Yankee Rowe (s. Kap. 9.3.2), der im August 1960 erstmals kritisch wurde. Am Beispiel dieser Reaktoren soll die Grundlagenentwicklung der Steuerungs- und Regelungstechnik in den USA skizzenhaft aufgezeigt werden.

Die Messung des Neutronenflusses Eine nukleare Kettenreaktion trägt sich selbst, wenn genauso viele Neutronen fortlaufend neu erzeugt wie absorbiert und abgestrahlt werden. Ein Reaktor arbeitet bei der Leistungserzeugung in diesem so genannten „kritischen Zustand". Zur Ermittlung des genauen Reaktorzustands beim Anfahren und beim Leistungsbetrieb müssen die Neutronendichte und -geschwindigkeit (Neutronenfluss) gemessen werden. Dazu werden Messinstrumente in den Reaktor eingebaut.

Beim ersten Anfahren des CP-1 bis zur Erreichung des kritischen Zustandes am 2.12.1942 wurden zur Ermittlung der Reaktionsintensität mehrere Bor-Trifluorid-(BF_3)-Zähler als Neutronendetektoren sowie Ionisationskammern zur Messung der Gammastrahlung innerhalb und außerhalb des Reaktors benutzt.[1885] BF_3-Zähler waren wie Geiger-Müller-Zählrohre aufgebaut, jedoch mit Bor-Trifluorid-Gas gefüllt. Wird ein langsames Neutron von einem B^{10}-Atom absorbiert, zerfällt dieses und sendet ein ionisierendes Alpha-Teilchen aus. Die Ionisation durch Alpha-Teilchen ist stärker als die durch β-Teilchen oder γ-Strahlen, sodass die Zähleinrichtung auf Neutronen allein eingestellt werden kann. BF3-Zählrohre waren seit 1939 in Gebrauch[1886, 1887] und relativ einfach herzustellen. Diese Aufgabe oblag der Chemikerin in Fermis Gruppe, Leona Woods (später Marshall Libby).[1888]

Eine am Reaktor angebrachte künstliche Neutronenquelle wurde verwendet, um den jeweili-

[1881] auch: chain reacting pile number 1.

[1882] Nuclear Reactors: CHEMICAL ENGINEERING, Vol. 58, Jan. 1951, S. 114.

[1883] APPR on the Line, Reactor File No. 2, NUCLEONICS, Vol. 15, No. 8, August 1957, S. 60 ff.

[1884] PWR on the Line, NUCLEONICS Reactor File No. 5, NUCLEONICS, Vol. 16, No. 4, April 1958, S. 56 ff.

[1885] Smyth, Henry DeWolf: Atomic Energy for Military Purposes, Princeton University Press, 1945, S. 241.

[1886] Korff, S. A. und Danforth, W. E.: Neutron Measurements with Boron-Trifluoride-Counters, The Physical Review, Vol. 55, 1939, S. 980.

[1887] Korff, S. A.: The Operation of Proportional Counters, Reviews of Modern Physics, Vol. 14, No. 1, 1942, S. 1–11.

[1888] Libby, Leona Marshall: The Uranium People, Crane Russak, Charles Seribner's Sons, New York, 1979, S. 118.

gen Neutronen-Multiplikationsfaktor[1889] festzustellen. Die Zunahme der Neutronen-Intensität wurde nach elektrischer Verstärkung der Bor-Trifluorid-Zählwerte graphisch auf Millimeterpapier aufgezeichnet.[1890]

Die experimentelle Messtechnik für den gesamten Bereich der Neutronen-Energien, β- und γ-Strahlungen wurde im Rahmen des Manhattan-Projekts mit großem Nachdruck im Los Alamos Scientific Laboratory der University of California weiterentwickelt, wobei das Radiation Laboratory des Massachusetts Institute of Technology wichtige Forschungsarbeiten beisteuerte.[1891]

Bei den frühen amerikanischen Forschungsreaktoren blieb die Neutronenfluss-Messung die entscheidende Größe für die Steuerung und Regelung der Reaktorprozesse. Die ersten Leistungsreaktoren waren ebenfalls mit Neutronendetektoren als Kontrollinstrumente ausgerüstet. Die Instrumentierung zielte nun aber auch auf thermische und fluiddynamische Messgrößen wie Temperaturen, Drücke und Strömungsverhältnisse.[1892]

Die Bedeutung der „verzögerten" Neutronen
Wenige Wochen nach der Entdeckung der Kernspaltung durch Hahn und Strassmann beobachteten Forscher in der Carnegie Institution of Washington, Washington, D. C., und der Columbia University of New York, N. Y., dass ein kleiner Bruchteil der Neutronen nach der primären Kernspaltung noch aus den bereits entstandenen Spaltprodukten, also „verspätet" emittiert wer-

den.[1893, 1894] Enrico Fermi erkannte die Bedeutung der verzögert freigesetzten Neutronen für die Regelung der nuklearen Kettenreaktion. Er wusste, dass die geringste Änderung des Multiplikationsfaktors über 1 hinaus zu einer exponentiellen Zunahme der Kernspaltungen führt. *„Es kann leicht eingesehen werden, dass wenn der Multiplikationsfaktor nahe bei 1 liegt, die Relaxationszeit im Wesentlichen von der Periode der verzögerten Neutronen bestimmt wird, die in der Größenordnung von 10 Sekunden ist."*[1895] Ende 1941 erläuterte er in einem Brief an den Direktor der Abteilung für Chemie des Metallurgischen Laboratoriums[1896] (s. Kap. 2.2.2) die Notwendigkeit, den Anteil der verzögerten Neutronen zu kennen und machte Vorschläge, wie dieser experimentell gemessen werden könnte. Die Untersuchungen wurden umgehend mit Hilfe des Zyklotrons der Universität Chicago vorgenommen. Der Bericht vom Mai 1942 enthielt als Ergebnis, dass etwa ein Prozent der bei der Urankernspaltung erzeugten neuen Neutronen verzögert sind, 0,07 % der Neutronen mehr als eine Minute. Er schloss mit der Anmerkung, dass die Zahl der verzögerten Neutronen ausreichend groß sei, um eine leichte Reaktorregelung zu ermöglichen.[1897] Zahlreiche weitere Forschungsarbeiten in den 40er und 50er Jahren präzisierten die Zahlen und zeitlichen Verteilungen sowie den Zerfall der in verschiedene Gruppen ein-

---

[1889] Der effektive Multiplikationsfaktor k_{eff} ist das Verhältnis der durchschnittlichen Zahl der durch Spaltung erzeugten Neutronen jeder Generation zur Gesamtzahl der entsprechenden Neutronen, die vom Brennstoff, dem Moderator, den Spaltprodukten usw. absorbiert werden oder durch Leckverlust nach außen verloren gehen. Bei $k_{eff}=1$ ist das System kritisch. Bei $k_{eff}<1$ spricht man von unterkritischen, bei $k_{eff}>1$ von überkritischen Systemen.

[1890] Das historische Dokument ist abgebildet in: „Chicago Pile" Anniversary Commemorated, NUCLEONICS, Vol. 1, Dezember 1947, S. 79.

[1891] Rossi, B. R. und Staub, H. H.: Ionization Chambers and Counters, McGraw-Hill, New York, 1949.

[1892] PWR Reactor Core Design, NUCLEONICS, Vol. 16, No. 4, April 1958, S. 68.

[1893] Roberts, R. B., Meyer, R. C. und Wang, P.: Further Observations on the Splitting of Uranium and Thorium, The Physical Review, Vol. 55, 1939, S. 510 f. und S. 664.

[1894] Booth, E. T., Dunning, J. R. und Slack, F. G.: Delayed Neutron Emission from Uranium, The Physical Review, Vol. 55, 1939, S. 876.

[1895] Fermi, E.: Some Remarks on the Production of Energy by a Chain Reaction in Uranium, Report A-14, June 30, 1941, in: Fermi, Enrico: NOTE E MEMORIE, Vol. II, Accademia Nazionale dei Lincei, Rom, 1965, S. 90.

[1896] Samuel K. Allison, siehe: Snell, A. H., Nedzel, V. A., Ibser, H. W. et al.: Studies of the Delayed Neutrons, I. The Decay Curve and the Intensity of the Delayed Neutrons, The Physical Review, Vol. 72, 1947, S. 541.

[1897] Eine Zusammenfassung des Berichts von Snell, Nedzel und Ibser wurde wiedergegeben in: Smyth, Henry DeWolf, Atomic Energy for Military Purposes, Princeton Univ. Press, 1945, Appendix 3, S. 236–238.

geteilten verzögert freigesetzten Neutronen.[1898]
Bei der Inbetriebsetzung von CP-1 waren sich
die Wissenschaftler bewusst, dass die verzögert
auftretenden Neutronen erlauben, bei der Erreichung überkritischer Zustände der Neutronenvermehrung in einem kurzen, aber genügend
langen Zeitraum mit einfachen Mitteln gegen-
zusteuern. Wären alle neu entstehenden Neutronen „prompte" Neutronen, so wäre es höchst
schwierig, mit den damaligen Mitteln vielleicht
überhaupt nicht zu meistern gewesen, CP-1 unter
Kontrolle zu halten.[1899]

In den USA wurde in den frühen 50er Jahren die Bezeichnung „Dollar" für die Reaktivität der verzögerten Neutronen eingeführt und
häufig verwendet. Bei einem U^{235}-Reaktor ist
1 \$ = 0,0064, ein Cent der hundertste Teil davon.
Bei einer Reaktivität von 1 \$ ist der Reaktor
„prompt kritisch", d. h. die Kettenreaktion kann
ohne die „verzögerten" Neutronen aufrecht erhalten werden.

Absorberstäbe und -substanzen Beim Aufbau
von CP-1 ging Enrico Fermi mit äußerster Vorsicht zu Werk, um eine überkritische Anordnung
zu vermeiden, in der die Kettenreaktion außer
Kontrolle geraten und die Spaltungsenergie
explosionsartig freigesetzt werden könnten.[1900]
Für die Steuerung und für experimentelle Zwecke
wurden quer durch den Meiler insgesamt 10 horizontal liegende Kanäle angelegt. Drei schmale
Kanäle davon waren im zentralen Bereich des
Reaktors angeordnet und nahmen Steuer- und
Sicherheitsstäbe auf.[1901] Diese Stäbe waren flache Holzlatten, auf die Cadmium-Blechstreifen

Abb. 6.266 Ansicht des aufgeschnittenen CP-1-Modells

als Neutronenabsorber genagelt waren.[1902] Die
beiden Sicherheitsstäbe konnten mit Elektromotoren in CP-1 hinein- und herausgefahren werden
(Abb. 6.266).[1903] Der Steuerstab wurde manuell bewegt. Bei dem kritischen Experiment am
2.12.1942 waren alle Stäbe vollständig aus dem
CP-1 entfernt worden bis auf den Steuerstab, der
von Hand langsam in kleinen Etappen herausgezogen wurde. Mitten durch CP-1 lief ein senk-
rechter Kanal, in den ein Schnellabschalt-Stab
(Zip rod) fallen konnte.[1904]

Nach dem Wiederaufbau von CP-1 als CP-2 im
Wald von Argonne wurden die Holzstäbe durch
flache Bronzestäbe ersetzt, die mit Cadmium be-
schichtet waren und eine Länge von 5,2 m hatten. CP-2 hatte 5 Absorberstäbe: einen für die
Grobeinstellung (shim rod), einen für die Fein-
steuerung (control rod) sowie 3 Sicherheitsstäbe
(safety rods). Sie wurden elektromechanisch angetrieben. Die Sicherheitsstäbe waren außerdem
mit 45-kg-Gewichten ausgerüstet, die sie bei
Stromausfall automatisch in den Reaktor hinein-
zogen.[1905] CP-2 wurde insbesondere als Neutro-

[1898] vgl. Keepin, G. R. und Wimett, T. F.: Delayed Neut-
rons, Proceedings of the International Conference on the
Peaceful Uses of Atomic Energy, Geneva, 8 August-20
August 1955, United Nations, New York, 1956, Vol. 4,
P/831, USA, S. 162–170.

[1899] vgl. Schultz, M. A.: Steuerung und Regelung von
Kernreaktoren und Kernkraftwerken, 2. Auflage, Berliner
Union, Stuttgart, 1965, S. 29–31.

[1900] Libby, Leona Marshall: The Uranium People, Crane
Russak, New York, Charles Scriber's Sons, New York,
1979, S. 118–122.

[1901] Smyth, Henry DeWolf, a. a. O., S. 239 f.

[1902] Anderson, H. L.: Work carried out by the Physics Division, in: Fermi, Enrico: NOTE E MEMORIE, Vol. II,
Accademia Nazionale dei Lincei, Rom, 1965, S. 268.

[1903] Libby, a. a. O., Bildteil, Abb. 25.

[1904] Konstruktive Details sind dargestellt in: Fermi, E.:
Experimental Production of a Divergent Chain Reaction,
American Journal of Physics, Vol. 20, 1952, S. 536–558.

[1905] Nuclear Reactors, CHEMICAL ENGINEERING,
Vol. 58, Jan. 1951, S. 114.

nenquelle genutzt, um Wirkungsquerschnitte[1906] für Streuprozesse (Streuquerschnitt), Absorption (Absorptionsquerschnitt) und Kernspaltungsreaktionen (Spaltquerschnitt) der Brennstoffe und Baumaterialien zu messen, die für die geplanten Hanford-Reaktoren in Betracht kamen.[1907]

Es zeigte sich, dass der CP-1-Operateur mit Hilfe der Neutronenfluss-Anzeige durch kleine Bewegungen des Steuerstabs den Reaktor einfach regeln konnte. Auf dem Symposium der American Philosophical Society in Philadelphia über Atomenergie und ihre Auswirkungen im November 1945 sprach Fermi davon, dass sich CP-1 als ein Prototyp einer Kettenreaktions-Einheit herausgestellt habe, der sich äußerst leicht und höchst genau steuern ließ. *„Einen Reaktor zu fahren ist genauso leicht, wie ein Auto auf einer geraden Straße zu halten, in dem man mit dem Steuerrad korrigierend eingreift, wenn der Wagen beginnt, nach links oder rechts auszuscheren."* [1908]

Cadmium ist ein ausgezeichneter Absorber von langsamen (thermischen) Neutronen, seine Wirksamkeit fällt jedoch bei Neutronen mittlerer und hoher Energie stark ab. Ein günstigeres Verhalten zeigt Bor (Isotop B^{10}), sodass mit Bor legierte Stähle schon für die Steuerung von CP-1 und CP-2 in Betracht gezogen und probeweise genutzt worden sind. Da Cadmium einen niedrigen Schmelzpunkt von 310 °C hat und sich nur schlecht legieren lässt, kann es für Steuerstäbe von Leistungsreaktoren mit ihren hohen Kühlmitteltemperaturen nur mit besonderen Umhüllungen in Frage kommen.

Die 7 Steuerstäbe des ersten Strom erzeugenden Reaktors APPR waren aus Borstahl, der aus rostfreiem Stahl mit Anteilen von Urandioxid und Borcarbid B_4C bestand, wobei das Bor mit B^{10} angereichert war.[1909]

Absorbermaterial sollte neben einem guten Einfangvermögen für einen großen Bereich der Neutronenenergie auch gute mechanische Eigenschaften besitzen und widerstandsfähig gegen Korrosion sein bzw. sich entsprechend legieren oder plattieren lassen. Auch sollte es auf Neutroneneinfang nicht mit Alphastrahlung reagieren, die das Material verspröden und verformen kann. B^{10} wandelt sich nach Neutroneneinfang in Lithium Li^7 um und emittiert einen Helium-Kern (Alphastrahlung). Bor kann deshalb nur in geringen Konzentrationen in den Steuerstäben eingesetzt werden. Absorbermaterialien, die statt Heliumkernen Gammastrahlen aussenden, sind vorzuziehen.

Das erste Großkernkraftwerk PWR/Shippingport hatte 32 Steuerstäbe aus Hafnium. Dieses Material war wegen seiner hervorragenden mechanischen und gleichzeitig guten nuklearen Eigenschaften ausgewählt worden. Es ist widerstandsfähig gegenüber Strahlenschäden und korrosionsbeständig. Seine Nachteile sind, dass es teuer bei der Herstellung und schwierig zu bearbeiten ist.[1910] Yankee Rowe hatte 24 Steuerstäbe, deren Absorberteil aus einer Silber-Indium-Cadmium-Legierung mit einer Nickelumhüllung bestand.[1911]

Die konstruktive Gestaltung der Steuerelemente von Leistungsreaktoren, deren erforderliche Anzahl, ihre Lage im Kern sowie ihre Antriebstechnik waren Fragen, zu deren Lösung in den 50er Jahren immer wieder neue Kompromisse gesucht wurden. An erster Stelle standen stets Sicherheit und Zuverlässigkeit dieser Steuerelemente. Die Steuerstäbe der ersten Leistungsreaktoren hatten unterschiedliche Querschnittsgeometrien: kastenförmige Stäbe wurden von APPR, kreuzförmige Stäbe von PWR und Yankee ver-

---

[1906] Der Wirkungsquerschnitt ist ein Maß für die Wahrscheinlichkeit, dass zwischen einem mit einer bestimmten Geschwindigkeit einfallenden Teilchen (z. B. ein Neutron) und einem anderen Teilchen (z. B. ein Atom im Gitter eines Baustoffs) eine bestimmte Wechselwirkung (z. B. Streuung oder Kernreaktionen) stattfindet.

[1907] Hughes, D. J.: Pile Neutron Research Techniques, NUCLEONICS, Vol. 6, 1950, No. 2, S. 5–17, No. 5, S. 38–53, No. 6, S. 50–55.

[1908] Fermi, E.: The Development of the First Chain Reacting Pile, Proceedings of the American Philosophical Society, Vol. 90, 1946, S. 20–24.

[1909] APPR on the Line, Reactor File No. 2, NUCLEONICS, Vol. 15, No. 8, August 1957, S. 60 ff.

[1910] PWR Reactor Core Design, NUCLEONICS, Vol. 16, No. 4, April 1958, S. 67.

[1911] Held, Ch.: Erfahrungen mit dem Betrieb des Kernkraftwerks Yankee, atw, Jg. 9, Januar 1964, S. 18.

Abb. 6.267 Steuerstab-
Antrieb des APPR
(ohne Motor)

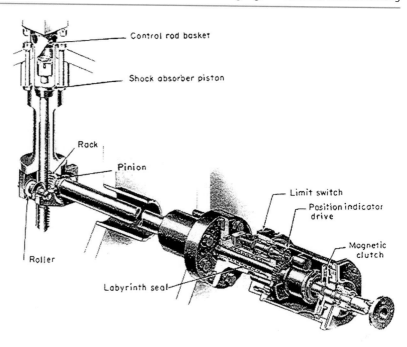

wendet.[1912] Später setzten sich kreiszylindrische Stäbe durch. Neben den mechanischen, thermischen und nuklearen Belastungen der Steuerelemente wurde beachtet, dass in Kernbereichen, aus denen Steuerelemente entfernt wurden, keine übermäßig hohen Neutronenflüsse auftraten. Um solchen Neutronenfluss-Spitzenwerten gegenzuwirken, wurden Verdrängungskörper mit geringer Neutronenabsorption an die Enden der Steuerstäbe (control element tail) angebracht.[1913]

Der Army Power Package Reactor (APPR) hatte eine von der betrieblichen Leittechnik unabhängige Sicherheitsinstrumentierung mit den dazu gehörigen Schaltkreisen. Die Sicherheitsleittechnik war im Oak Ridge National Laboratory (ORNL) entwickelt worden.[1914] Die Absor-

berstab-Antriebe saßen unterhalb des Reaktordruckbehälters (Abb. 6.267)[1915]. Die Steuerstab-"Kästen" mit quadratischem Querschnitt waren 1,54 m lang und bestanden aus rostfreiem Stahl. Sie hatten oben und unten Öffnungen, durch die Kühlwasser strömen konnte. In den „Kästen" befanden sich die Borstahl-Zylinder mit ebenfalls quadratischem Querschnitt. Diese saßen auf je einer Zahnstange, die von einem Ritzel bewegt wurde. Die Antriebswelle des Ritzels wurde durch die Wand der unteren Erweiterung des Druckbehälters geleitet. (Abb. 6.268)[1916]. Eine gewisse Kühlwasser-Leckage durch Labyrinth-Dichtungen wurde in Kauf genommen. Oben glitten die Steuerstäbe durch die obere Gitterplatte, die sie seitlich führte. Zur Erhöhung der Reaktivität wurden die Steuerstäbe nach oben aus dem Kern hinausgefahren. Diese Konstruktion wurde gewählt, um den Reaktordruckbehälter-Deckel öffnen zu können, ohne den Steuerstab-Mechanismus auseinander nehmen zu müssen.

[1912] Reactor Control Strategies, NUCLEONICS, Vol. 16, No. 5, Mai 1958, S. 75.

[1913] Simpson, J. W., Shaw, M. et al.: Description of the Pressurized Water Reactor (PWR) Power Plant Shippingport, Pa., Proceedings of the International Conference on the Peaceful Uses of Atomic Energy, Genf, 8. 8. – 20. 8. 1955, Vol. 3, P/815, USA, United Nations, New York, 1956, S. 234 f.

[1914] Livingston, R. S. und Boch, A. L.: ORNL's Design for a Power Reactor Package, NUCLEONICS, Vol. 13, No. 5, Mai 1955, S. 24–27.

[1915] APPR on the Line, Reactor File No. 2, NUCLEONICS, Vol. 15, No. 8, August 1957, S. 60 ff.

[1916] APPR on the Line, Reactor File No. 2, NUCLEONICS, Vol. 15, No. 8, August 1957, S. 60 ff.

Abb. 6.268 Längsschnitt durch den APPR-RDB. Es sind nur 5 der 7 Steuerstäbe schematisch dargestellt

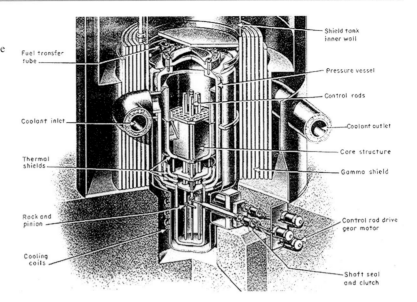

Die Antriebe der 32 Steuerelemente von PWR/Shippingport saßen auf dem RDB-Deckel (Abb. 9.86), waren 3,35 m lang und hatten einen Durchmesser von je 152 mm. Die Absorberstäbe waren mit Gewindespindeln verbunden, die von integrierten Dreiphasen-Synchronmotoren auf- und abbewegt werden konnten (Abb. 6.269). PWR-Shippingport besaß ein Reaktorschutzsystem, das die Reaktorleistung automatisch zurücknahm, indem die Steuerstäbe in den Reaktorkern eingefahren wurden, wenn eine der folgenden auslösenden Ereignisse eintrat:[1917]

- die thermische Reaktorleistung überstieg um 15 % die augenblicklich gegebene Aufnahmemöglichkeit des Kühlmittel-Kreislaufs,
- die Reaktor-Anfahrgeschwindigkeit lag höher als 1,75 Reaktorperioden[1918] pro Minute,
- starke Leistungsschwankungen im Hauptgenerator wegen elektrischer Fehler im Generator oder in seinen direkt angeschlossenen Stromkreisen.

Beim Kernkraftwerk Obrigheim (KWO) wurden erstmals von Siemens und Westinghouse auch für das amerikanische Kernkraftwerk Haddam

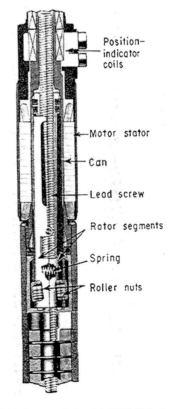

Abb. 6.269 Steuerstab-Antrieb PWR/Shippingport

[1917] PWR on the Line, NUCLEONICS Reactor File No. 5, NUCLEONICS, Vol. 16, No. 4, April 1958, S. 56 ff.

[1918] Die Reaktorperiode in einem bestimmten Zeitpunkt gibt die Zeitdauer an, in der sich der Neutronenfluss (Produkt aus Neutronenanzahl und deren mittlere Geschwindigkeit) um den Faktor $e = 2,718$ (Eulersche Zahl) ändert.

Abb. 6.270 Finger-
steuerstab (KWO)

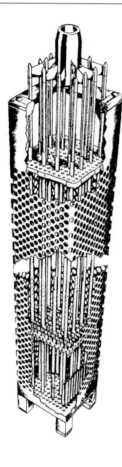

Neck entwickelte, jeweils individuell angetriebene „Fingersteuerstäbe" eingesetzt. An einem
spinnenförmigen Kopfstück waren 16 kreiszylindrische Absorberstäbe aus einer Silber-Indium-Cadmium-Legierung befestigt. KWO hatte
32 solcher Fingersteuerstäbe. Sie bewegten sich
in stählernen Führungsrohren und wurden von
magnetischen Klinkenschritthebern angetrieben,
wobei drei Hubklinken bzw. drei Halteklinken
in die Rillen der Antriebsstange einrasteten. Die
Aufwärts- und Abwärtsschritte betrugen je 1 cm
bei ca. 40 Schritt pro Minute.[1919] Diese Technik
ermöglichte quadratisch ausgeführte Brennstab-
konfigurationen, eine gleichmäßigere Verteilung
der Absorberstäbe und damit auch des Neutronenflusses über den Brennelementquerschnitt
(Abb. 6.270). Ihre bessere Wirksamkeit und das
Fehlen von Folgestäben ergaben ein leichteres

Gewicht und eine höhere mittlere Leistungsdichte im Reaktorkern.[1920] Die Fingersteuerstäbe bewährten sich und setzten sich allgemein durch.

Jede Änderung von Temperatur, Druck und
Durchfluss eines Leistungsreaktors, insbesondere jede Laständerung, bewirkt eine Änderung
der Reaktivität[1921] des Reaktors. Auch durch den
Abbrand des Brennstoffs und die entstehenden
Spaltprodukte wird die Reaktivität verändert.
Die Verwendung von im Kühlmittel löslichen,
aus dem Reaktor wieder entfernbaren Neutronen-
absorbern sowie abbrennbaren Absorbern (Neutronengifte) wurde zur langfristigen Reaktivitäts-
regelung schon früh diskutiert. APPR und PWR/
Shippingport benutzten Borcarbid als abbrennbares Neutronengift im Brennstoff, das die Reaktivitätsverluste ausgleichen sollte, die mit dem
Reaktorbetrieb zu erwarten waren.[1922, 1923]
Erstmals im Yankee-Reaktor wurde im Kühlmittel (leichtes Wasser) gelöste Borsäure als
Neutronenabsorber während der Anfahrphase
verwendet. Mit zunehmender Kühlmitteltemperatur wurde die Borsäure wieder entfernt, indem
borsäurehaltiges durch frisches Kühlmittel ersetzt wurde. Die letzten Borsäure-Reste wurden
mit einem Ionen-Austauscher eliminiert. Die
Verwendung von löslichen Neutronengiften im
Kühlmittel für die langfristige Reaktorregelung
wurde nicht ausgeschlossen, aber zunächst ein
umfassendes Forschungsprogramm eingefordert.[1924]

Die Temperaturabhängigkeit der Reaktivität
Bei der Kernspaltung wird Wärme frei, die
den Reaktor erhitzt. Enrico Fermi war bis zum

[1919] Lepie, G. und Martin, A.: Aufbau der Gesamtanlage
KWO, atw, Jg. 13, Dezember 1968, S. 596–606.

[1920] Frewer, H., Held, Chr. und Keller, W.: Planung und
Projektierung des 300-MW-Kernkraftwerkes Obrigheim,
atw, Jg. 10, S. 272–282.

[1921] Reaktivität ist definiert als $\rho = (k_{eff} - 1)/k_{eff}$. Sie beschreibt die Abweichung des Reaktors vom kritischen Zu-
stand $k_{eff} = 1$.

[1922] MacPhee, John: Today's Control Design, NUCLEO-
NICS, Vol. 16, No. 5, Mai 1958, S. 69.

[1923] PWR Reactor Core Design, NUCLEONICS, Vol. 16,
No. 4, April 1958, S. 64.

[1924] Beck, Clifford, K.: Hazard Evaluation of the Yankee Reactor, NUCLEONICS, Vol. 16, No. 3, März 1958,
S. 112–114.

kritischen Experiment am 2.12.1942 von der
Frage umgetrieben, ob CP-1 thermisch stabil
und damit steuerbar sein würde. Er war sich
keineswegs sicher.[1925] Im Februar 1942 hatte
er in einem Bericht[1926] die verschiedenen, teils
gegenläufigen physikalischen Wirkungen einer
Temperaturerhöhung auf den Neutronen-Mul-
tiplikationsfaktor diskutiert: die zunehmende
Resonanz-Absorption der Neutronen an den
U^{238}-Atomen („doppler broadening of the resonance levels"), den Rückgang der im Moderator
eingefangenen thermischen Neutronen sowie die
erhöhten Leckverluste aus einem endlich großen
Reaktor. An den Versuchsständen der Columbia-
Universität in New York[1927] und der Universität
Chicago wurde mit Hilfe von Zyklotronen als
Neutronenquellen der Temperatureffekt auf die
Reaktivität gemessen. Aus beiden Experimenten
ergaben sich negative Koeffizienten. Die Mess-
werte waren allerdings kleiner als die Mess-
ungenauigkeiten, sodass sie keine belastbaren
Aussagen beisteuern konnten.[1928]

Nach Inbetriebsetzung von CP-1 wurde die
Temperaturabhängigkeit des Multiplikationsfaktors gemessen. Der Winter 1942/1943 war sehr
kalt. Um CP-1 abzukühlen ließ man über Nacht
die Fenster offen stehen.[1929] Die Messungen fanden am abgekühlten Reaktor bei 9 °C und nach
dem Aufwärmen bei Raumtemperatur statt. Die
Tests liefen über 3 Wochen. Man fand, dass der
Steuerstab bei kritischem Zustand um 5,3 cm
pro °C tiefer in den abgekühlten Reaktor eingefahren werden musste. Der Temperaturkoef-

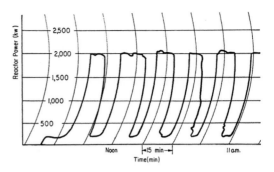

Abb. 6.271 Steuerung des APPR allein über den negativen Temperaturkoeffizienten

fizient war negativ in Höhe von $3,8 \cdot 10^{-5}$/°C.[1930]
CP-1 besaß eine Eigenschaft inhärenter Sicherheit: bei steigender Temperatur ging der Neutronenfluss zurück.

Im April 1957 wurde der Army Package
Power Reactor (APPR) erstmals kritisch und die
Testläufe begannen. Bei diesen Tests in einem
Leistungsbereich von 500 kW_{el} bis 2 MW_{el} zeigte APPR ein solches Ausmaß an Stabilität unter
heftigen Laständerungen, „dass selbst die Konstrukteure überrascht waren".[1931] Der Temperaturkoeffizient von APPR war − $4,1 \cdot 10^{-4}$/°C.[1932]
Bei einem Versuchslauf wurde die Generatorlast
innerhalb von zwei Stunden sechsmal von Voll-
Last auf Null-Last gefahren (Abb. 6.271). Während dieser Zeit wurde der Reaktor vollständig
durch den negativen Temperaturkoeffizienten
geregelt, ohne dass Steuerstäbe bewegt werden
mussten. Nahm der Generator mehr Leistung ab,
sank die Kühlmitteltemperatur und der Reaktor
reagierte mit einer Erhöhung der Reaktivität –
und umgekehrt. Die Temperatur- und Drucktran-
sienten waren dabei sehr mäßig.[1933]

Ähnliche Erfahrungen wurden bei der Inbetriebnahme des großen Leistungsreaktors PWR/

[1925] Fermi, E.: Feasibility of a Chain Reaction, Report
CP-383, November 26, 1942, in: Fermi, Enrico: NOTE
E MEMORIE, Vol. II, Accademia Nazionale dei Lincei,
Rom, 1965, S. 265 f.

[1926] Fermi, E.: The Temperature Effect on a Chain Reacting Unit, Report C-8, February 25, 1942, in: Fermi, Enrico: NOTE E MEMORIE, Vol. II, Accademia Nazionale
dei Lincei, Rom, 1965, S. 149–151.

[1927] vgl. Fermi, E.: Physics at Columbia University, Physics Today, Vol. 8, November 1955, S. 12–16.

[1928] Christy, R. F., Fermi, E. und Weinberg, A. M.: Effect
of the Temperature Changes on the Reproduction Factor,
Report CP-254, September 14, 1942, in: Fermi, Enrico:
NOTE E MEMORIE, Vol. II, Accademia Nazionale dei
Lincei, Rom, 1965, S. 195–199.

[1929] Libby, a. a. O., S. 138.

[1930] Fermi, E.: Summary of Experimental Research Ac-
tivities, Report CP-416, January 1943, in: Fermi, Enrico:
NOTE E MEMORIE, Vol. II, Accademia Nazionale dei
Lincei, Rom, 1965, S. 309 f.

[1931] APPR Goes On Line, NUCLEONICS, Vol. 15, No. 5,
Mai 1957, S. 26.

[1932] APPR on the Line, Reactor File No. 2, NUCLEO-
NICS, Vol. 15, No. 8, August 1957, S. 60 ff.

[1933] Reactor Control Strategies, NUCLEONICS, Vol. 16,
No. 5, Mai 1958, S. 73.

Shippingport gemacht, der im Dezember 1957 den Leistungsbetrieb aufnahm und sich bei Laständerungen als inhärent selbstregulierend erwies. Der Reaktor folgte wegen seines negativen Reaktivitätseffekts der Temperatur $(-2,6~\%~\Delta k/k)$[1934] einem plötzlichen Lastabwurf so angepasst, dass Steuerstäbe nicht bewegt werden mussten.[1935] Auch bei den frühen Siedewasser-Reaktoren erbrachte der negative Temperaturkoeffizient neben dem entscheidenden Dampfblasenkoeffizienten einen wichtigen Beitrag zur Stabilisierung. Wegen der komplexen Abhängigkeit der Reaktivität von Dampfdruck und Reaktortemperatur konnte es jedoch zu „Resonanz-Instabilitäten" kommen. Der erste amerikanische Demonstrations-Siedewasserreaktor EBWR (Experimental Boiling Water Reactor), der im Dezember 1956 mit einer thermischen Leistung von 20 MW (4,5 MW_{el}), den Reaktivitätseffekten der Temperatur von $-$ 0,65 % $\Delta k/k$ und der Dampfblasen von $-$ 2,0 % $\Delta k/k$ in Betrieb ging, hatte erhebliche Schwierigkeiten mit Oszillationen des Dampfdrucks.[1936]

Xenon-Vergiftung An einem Septemberabend des Jahres 1944 wurde in Hanford, Wash., der erste 100-MW-Reaktor zur Plutoniumsproduktion angefahren (Abb. 6.272).[1937] Die Steuerstäbe wurden stufenweise gezogen. Der Reaktor wurde kritisch und allmählich auf volle Leistung gebracht. Das Flusswasser, das mit hohem Druck durch die zahlreichen Kühlkanäle des Reaktors gepumpt wurde, erwärmte sich auf die Betriebstemperatur am Austritt von 60 °C. Leona Marshall Libby, die als Chemikerin seit August 1942 in der Fermi-Gruppe mitarbeitete, berichtete als Augenzeugin über das Geschehen.[1938] Sie beobachtete, wie die Bedienungsmannschaft nach kurzer Zeit des vollen Betriebs untereinander

zu tuscheln anfing, mit den Steuerstäben laborierte und Kontakt mit den Vorgesetzten suchte. Irgendetwas schien falsch zu laufen. Der Reaktor verlor ständig an Reaktivität und die Steuerstäbe mussten kontinuierlich herausgezogen werden, um den Reaktor auf 100 MW Leistung zu halten. Schließlich waren die Steuerstäbe vollständig gezogen und die Reaktorleistung begann abzufallen. Sie ging immer weiter zurück, bis der Reaktor gänzlich aufhörte Wärme zu erzeugen. Der Neutronenfluss verebbte.

Leona Marshall Libby und Fachleute der Du Pont Corporation vermuteten, dass Neutronen einfangendes Flusswasser durch ein Leck in den Graphitmoderator eingedrungen sein könnte. Fermi schlug vor, zunächst einmal die Feuchtigkeit des Heliumgases zu messen, mit dem die Graphitblöcke umgeben waren. Er erinnerte auch daran, dass die kleine 1-MW-Pilotanlage in Oak Ridge sehr geringe Anzeichen einer möglichen Spaltprodukt-Vergiftung aufgewiesen hatte. Genauere Untersuchungen waren aber in Oak Ridge nicht möglich gewesen.

Später in der Nacht zog einer der Operateure die Steuerstäbe wieder aus dem inzwischen abgekühlten Reaktor heraus, die man nach dem unerwarteten Ende der ersten Inbetriebnahme von B 100 eingefahren hatte. Er beobachtete, dass der Neutronenfluss anwuchs und erneut verebbte. Diese Beobachtung brachte John A. Wheeler auf den richtigen Gedanken. Wheeler stellte das Anwachsen und Abflauen des Neutronenflusses mathematisch als die Wirkung zweier radioaktiver Stoffe dar, deren Halbwertszeiten zusammen etwa 15 Stunden betragen und bei denen ein Stoff durch β-Zerfall aus dem anderen entsteht. Nach Durchsicht der Spaltprodukt-Tabellen identifizierte er das aus dem direkten Spaltprodukt Tellur 135 entstehende Jod 135 mit einer Halbwertszeit von 6,7 Stunden und dessen Zerfallsprodukt Xenon 135 mit einer Halbwertszeit von 9,2 Stunden als die wahrscheinlichsten Kandidaten. Noch vor Anbruch des nächsten Tages hatte John A. Wheeler die Ursache des Problems erkannt.

In den folgenden Tagen errechneten die Wissenschaftler um Fermi und Wheeler aus den Beobachtungen am B-100-Reaktor den Verlauf des

---

[1934] PWR on the Line, NUCLEONICS Reactor File No. 5, NUCLEONICS, Vol. 16, No. 4, April 1958, S. 56 ff.

[1935] PWR on utility duty; reactor's stability gratifying, NUCLEONICS, Vol. 16, No. 3, März 1958, S. 19.

[1936] EBWR on the Line, NUCLEONICS Reactor File No. 1, NUCLEONICS, Vol. 15, No. 7, Juli 1957, S. 56 und 62.

[1937] Smyth, Henry DeWolf, a. a. O., Bildteil.

[1938] Libby, a. a. O., S. 180–183.

Abb. 6.272 Die Hanford Engineer Works, B 100 rechts in der Bildmitte

Xenon-Aufbaus und ermittelten die zur Überwindung der Xenon-Vergiftung erforderliche zusätzliche Reaktivität. Es wurde gefunden, dass Xe^{135} einen 30.000 fach größeren Wirkungsquerschnitt als Uran aufweist. Die Du Pont Corporation hatte zur Sicherheit darauf bestanden, den Reaktor um die Hälfte größer zu bauen und 50 % mehr Produktionskanäle einzubauen, als in den ursprünglichen Plänen vorgesehen waren. Als die leer gebliebenen Produktionskanäle ebenfalls mit Spaltmaterial gefüllt waren, hatte der B-100-Reaktor genügend Überschussreaktivität, um dauerhaft betrieben werden zu können.

Da I^{135} eine kürzere Halbwertszeit als Xe^{135} besitzt, wird nach Abschaltung eines Reaktors, der auf hohem Leistungspegel im Gleichgewicht der Spaltprodukt-Konzentrationen betrieben wurde, die Xe^{135}-Konzentration zunächst bis zu einem Maximum anwachsen, bevor der Zerfall von Xe^{135} in Cs^{135} überwiegt. Der Höchstwert dieses so genannten Xenonüberschlages tritt etwa 11 Stunden nach dem Abschalten auf.

Schnellabschaltsysteme Fermis übervorsichtiges Vorgehen hatte zur Folge, dass drei Schnelllabschalt-Vorkehrungen bei CP-1 getroffen wurden:

1. Ein senkrecht durch Schwerkraft in den Reaktor einfallender Schnellabschalt-Stab („Zip" rod, ein mit Cadmium ummantelter Holzstab) war vorgesehen, der mit einer Leine aus dem Reaktor herausgezogen war. Die Leine war so befestigt, dass sie von einem mit Beil bereit stehenden Helfer auf Fermis Zuruf gekappt werden konnte.[1939]

2. Zwei mit Cadmium belegte Sicherheitsstäbe konnten von Elektromotoren innerhalb von 2 Sekunden automatisch in den Reaktor eingefahren werden, wenn ein Messwert aus einer von drei Bor-Trifluorid-Ionisationskammern einen vorgegebenen Sicherheitswert überschritt. Dieser Vorgang wurde von Fermis Gruppe mit „SCRAM" bezeichnet[1940] (scram = verschwinde! Mach, dass du wegkommst!), ein Begriff, der sich für die Reaktor-Schnellabschaltung international eingebürgert hat.

3. Helfer („liquid-control squad")[1941] mit einem Eimer konzentrierter Cadmium-Nitrat-Lösung standen auf der Plattform über dem Reaktor, um im Notfall diese Flüssigkeit über die Graphitblöcke zu schütten, zwischen denen sie versickern und Neutronen absorbieren sollte.

Nach Erreichen der Kritikalität beim Experiment am 2. Dezember 1942 sprachen die automatischen Sicherheitsstäbe an, und Fermi gab das Zeichen für die Auslösung des Zip-rod. Der Neutronenfluss versiegte unverzüglich.

Beim APPR wurde die Reaktor-Schnellabschaltung durch Freigabe einer magnetischen

---

[1939] Libby, a. a. O., S. 119–121.

[1940] Fermi, E.: Experimental Production of a Divergent Chain Reaction, American Journal of Physics, Vol. 20, 1952, S. 556.

[1941] „Chicago Pile" Anniversary Commemorated, NUCLEONICS, Vol. 1, Dezember 1947, S. 79.

Kupplung ausgelöst. Die Schnellabschaltzeit (scram time) wurde mit 0,53 Sekunden angegeben.[1942]

PWR/Shippingport verfügte über eine automatische Schnellabschaltung, die von folgenden Ursachen ausgelöst wurde:

- 175 % Leistung unabhängig vom Zustand des Kühlmittelkreislaufs,
- thermische Reaktorleistung ungefähr 38 % über der aktuellen Aufnahmefähigkeit des Kühlkreislaufs,
- weniger als drei Kühlkreislauf-Schleifen (Loops) in Betrieb, wenn die Reaktorleistung > 44 %,
- weniger als zwei Loops in Betrieb,
- Kühlmittel-Austrittstemperatur > 288 °C (6 °C über dem Normalbetrieb),
- Kühlmitteldruck < 112 bar (20 % unter dem Normalbetrieb),
- Ausfall der Spannung in den Steuer-Schaltkreisen.[1943]

Die zulässige Verzögerung nach dem Scram-Signal bis zur Freigabe der Gewindespindeln mit Absorberstäben betrug 0,1 Sekunden.[1944] Die Geschwindigkeit der beim Scram in den Kern einfallenden Steuerstäbe war maximal 2,4 m/s und wurde auf den letzten 150 mm durch einen hydraulischen Dämpfer abgebremst. Die Scram-Zeit wurde mit 1,35 Sekunden angegeben.[1945, 1946]

[1942] APPR on the Line, Reactor File No. 2, NUCLEO-NICS, Vol. 15, No. 8, August 1957, S. 60 ff.

[1943] PWR Startup, Operation and Testing, NUCLEO-NICS, Vol. 16, No. 4, 1958, S. 72.

[1944] Simpson, J. W., Shaw, M. et al.: Description of the Pressurized Water Reactor (PWR) Power Plant Shippingport, Pa., Proceedings of the International Conference on the Peaceful Uses of Atomic Energy, Genf, 8. 8. – 20. 8. 1955, Vol. 3, P/815, USA, United Nations, New York, 1956, S. 218.

[1945] PWR on the Line, NUCLEONICS Reactor File No. 5, NUCLEONICS, Vol. 16, No. 4, April 1958, S. 56 ff.

[1946] AMPA Ku 151, Persönliche Mitteilung von Karlheinz Orth: Die Verzögerung des einfallenden Steuerstabs in der Stoßdämpferzone, die für die Abschaltreaktivität ohne jede Bedeutung ist, hat dennoch Anlass zu Diskussionen über die Bestimmung der „zulässigen Fallzeiten" gegeben. Bei der Inbetriebsetzung von KWO wurde deshalb ein Steuerelementfallrohr an definierten Stellen (ganz oben, Eintauchtiefe 30 cm – d. h. Normalstellung bei Vollastbetrieb –, Fallrohrmitte, Beginn der Stoßdämp-

Von erheblicher sicherheitstechnischer Bedeutung sind auch Häufigkeit und Ursachen von Schnellabschaltungen, die jeweils zu Belastungen der Reaktorkomponenten und der Bedienungsmannschaft führen. Das Kernkraftwerk Yankee Rowe hatte zwischen der ersten Kritikalität im August 1960 und März 1962 insgesamt 30 Scrams zu verzeichnen, die mit einer Ausnahme sämtlich durch falsche Signale, fehlerhafte Messwerte oder Turbinenprobleme ausgelöst wurden. Nur in einem einzigen Fall war der Scram durch Abweichungen im Reaktorzustand richtig herbeigeführt worden, verursacht durch eine Fehlhandlung des Operators.[1947]

Die erforderliche Überschuss-Reaktivität Eine kleine Gruppe von Wissenschaftlern des Manhattan-Projekts um Eugene Paul Wigner widmete sich bei Kriegsende zunächst an der Universtät Chicago, dann in den Clinton Laboratorien in Oak Ridge der systematischen Zusammenfassung und Darstellung der gesamten Reaktor-Wissenschaft. Ihre Absicht war, für junge Reaktortechniker ein Ausbildungsprogramm zusammenzustellen. Von Oktober 1946 bis Juni 1947 wurden dann im Oak Ridge National Laboratory vor etwa 40 jungen Wissenschaftlern und Ingenieuren erstmals Vorlesungen über die neue Wissenschaft gehalten. Eine zentrale Aufgabenstellung dabei war die Berechnung der kritischen Reaktorgröße und die eines Leistungsreaktors, der längere Zeit betrieben werden kann. Es wurde herausgearbeitet, dass Leistungsreaktoren eine erhebliche Überschuss-Reaktivität besitzen müssen, weil:

- mit zunehmendem Abbrand immer weniger spaltbare Atome übrig bleiben,
- die entstehenden Spaltprodukte Neutronen absorbieren und
- bei inhärent sicheren Reaktoren mit negativem Temperaturkoeffizienten ein relativ

---

ferzone, ganz unten) mit induktiven Stellungsmeldern versehen, womit das Erreichen der jeweiligen Positionen digital exakt festgestellt werden konnte. Damit konnte bei Einfallen der Steuerstäbe zeitgleich berechnet werden, wieviel Abschaltreaktivität in den Kern eingebracht und welche Leistungsreduktion jeweils erreicht worden war.

[1947] Kaslow, J. F.: Yankee Reactor Operating Experience, Nuclear Safety, Vol. 4, No. 1, September 1962, S. 96–103.

Abb. 6.273 Die drei
Steuerungs- und
Regelungs-Loops

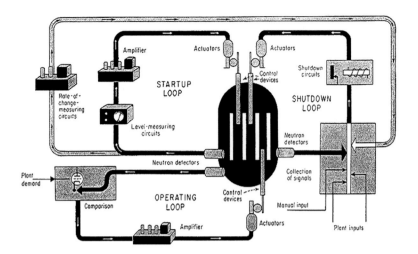

großer Reaktivitätsunterschied zwischen kaltem Anfahr- und heißem Betriebszustand besteht.[1948] Für den Army Package Power Reactor (APPR) wurde die gesamte Überschuss-Reaktivität, die vor dem ersten Anfahren von den Steuerstäben absorbiert werden musste, wie folgt aufgeschlüsselt:[1949] Abbrand-Kompensation 5,1 % Δk/k, Xenon-Unterdrückung 2,4 % Δk/k, Samarium-Unterdrückung 0,5 % Δk/k, andere Spaltprodukte 1,6 % Δk/k, Temperatur-Koeffizient 5,8 % Δk/k, alles zusammen 15,4 % Δk/k. Hier wurde neben Xenon auch das stabile Samarium aufgeführt, das für thermische Neutronen einen großen, vergleichsweise aber einen merklich kleineren Wirkungsquerschnitt als Xenon hat.

Für PWR/Shippingport wurde angegeben:[1950] Abbrand 10 % Δk/k, Xenon-Unterdrückung 3,1 % Δk/k, Xenon-Überschlag 2,9 % Δk/k, Samarium-Unterdrückung 0,7 % Δk/k, Temperaturkoeffizient 2,6 % Δk/k, insgesamt 19,3 % Δk/k.

Die Entwicklungstendenzen in den USA Ende der 50er Jahre In den 50er Jahren bildete sich in den USA der Konsens heraus, dass die Betriebs-

sicherheit von Leistungsreaktoren Vorrang vor ihrer Leistungsfähigkeit und Wirtschaftlichkeit haben muss. Die Fa. Westinghouse Electric Corp. in Pittsburgh, Pa., folgerte daraus, sich auf Reaktortypen mit hoher inhärenter Sicherheit zu konzentrieren, also auf Reaktoren mit negativen Temperaturkoeffizienten (bzw. Blasenkoeffizienten bei Siedewasserreaktoren) im mittleren bis oberen Bereich, und für deren Bau erprobte und zuverlässige Materialien verfügbar waren. Das Steuerungs- und Regelungssystem wurde entsprechend der unterschiedlichen Anforderungen in drei Schleifen aufgegliedert: Anfahr-Loop, Betriebs-Loop und Abschalt-Loop (Abb. 6.273). Die technische und wirtschaftliche Konzeption jeder Schleife erforderte grundlegende Entscheidungen über die Instrumentierung, die Technik der Reaktivitätssteuerung, die Nutzung automatischer Systeme, die Steuerungsgeschwindigkeit und die Bedingungen für besondere Maßnahmen.[1951]

Aus der Sicht des Oak Ridge National Laboratory ergaben sich für große Leistungsreaktoren Ende der 50er Jahre folgende Entwicklungstendenzen:[1952]

[1948] Soodak, H. und Campbell, E. C.: Elementary Pile Theory, John Wiley & Sons, New York, 1950, S. 43–63.

[1949] APPR on the Line, Reactor File No. 2, NUCLEONICS, Vol. 15, No. 8, August 1957, S. 60 ff.

[1950] PWR on the Line, NUCLEONICS Reactor File No. 5, NUCLEONICS, Vol. 16, No. 4, April 1958, S. 56 ff.

[1951] Schultz, M. A.: Reactor Control Philosophies, NUCLEONICS, Vol. 16, No. 5, 1958, S. 62–65.

[1952] Mann, E. R.: A Look Ahead to Tomorrow in Power Reactor Control, NUCLEONICS, Vol. 16, No. 5, 1958, S. 78 f.

- Reaktoren sollen so konstruiert werden, dass ihre Steuerung nicht von Daten abhängt, die schwierig zu messen sind. Beispielsweise soll die Kühlmittelströmung so durch den Reaktorkern geführt werden, dass die Temperatur der Brennelemente nirgendwo erheblich vom Mittel abweicht und damit keine besonderen Messdaten erforderlich werden.
- Das Steuerungs- und Regelungssystem sollte übereilte und unnötige Schnellabschaltungen (Scrams) vermeiden. Durch die Einführung von automatischen Systemen kann die Zahl nicht erforderlicher Scrams zunehmen.[1953]
- Die Regelung der Reaktorleistung über die Kühlmitteltemperatur wird die Regelung über den Neutronenfluss ersetzen.
- Automatische Steuerungs- und Regelungssysteme können schwerfälliger, aber auch zuverlässiger als manuelle sein. Große negative Temperaturkoeffizienten, hohe Wärme-Übergangskoeffizienten, hohe Wärmekapazitäten und große Systemträgheit können die Steuerungs- und Regelungsaufgabe sehr vereinfachen.
- Die Reaktorbetriebszeit und das Neutronenspektrum sollen Eingabegrößen für das Steuerungs- und Regelungssystem werden. Die Nutzung von im Kühlmittel löslichen und abbrennbaren Absorbersubstanzen kann häufige Brennelementwechsel vermeiden helfen.
- Bei der Entwicklung der Leistungsdichten in Großkraftwerken sollte die Grenze von 200 kW_{th}/l eingehalten werden, um hohen und schnellen Temperaturänderungen im Brennstoff vorzubeugen.

Diese Empfehlungen aus Oak Ridge sind für die weitere Entwicklung maßgebend gewesen.

Die Errichtung der Leistungsreaktoren in den USA Der Ausbau der Kernenergie in den USA fand im intensiven Wettbewerb der Dienst-

leistungs- und Industrieunternehmen statt, die sich auf diesem Gebiet entwickeln wollten. Die Energieversorgungsunternehmen, die Kernkraftwerke zu errichten beabsichtigten, wünschten in jeder Phase der Entstehung ihres Kraftwerks aus dem Wettbewerb wirtschaftlichen Nutzen zu ziehen. Für den Entwurf und die Konstruktion eines Kernkraftwerks wurde in der Regel ein Ingenieurbüro („Architect-Engineer") beauftragt. Der Auftraggeber hatte die Auswahl unter vielen Anbietern.[1954] Für die Entwicklung und Herstellung der einzelnen Komponenten, wie beispielsweise Reaktordruckbehälter, Turbinen oder elektrische Systeme, standen zahlreiche konkurrierende Unternehmen zur Verfügung.[1955] Der Architect-Engineer beriet das Energieversorgungsunternehmen bei der Vergabe der Aufträge an die System- und Komponentenlieferanten. Auf dem Gebiet der Instrumentierung, Regelung und Steuerung boten Anfang der 60er Jahre ungefähr 60 Beratungs- und Planungsbüros und mehrere hundert Industrieunternehmen ihre Dienstleistungen und Geräte an.[1956] Dem Architect-Engineer und dem Hersteller der nuklearen Komponenten kamen die Schlüsselpositionen bei der Gestaltung der Sicherheits- und Steuerungstechnik zu.

Bei der Errichtung der frühen Druckwasser-Kernkraftwerke Shippingport Atomic Power Station der Duquesne Light Company, Yankee Nuclear Power Station der Yankee Atomic Electric Co. und Haddam Neck Plant der Connecticut Yankee Atomic Power Co. waren die Stone & Webster Engineering Corp., New York, N. Y., und Boston, Mass., (Architect-Engineer) sowie die Westinghouse Electric Corp. Atomic Power Dept., Pittsburgh, Pa., (nukleare Systeme) die Unternehmen von entscheidender Bedeutung. Ein besonders erfolgreicher Architect-Engineer war die Bechtel Corp., San Francisco, Cal., die bis in die 80er Jahre mit den Druckwasser-Re-

---

[1953] Durch die Einführung von „Begrenzungen" bestimmter Prozessvariabler in deutschen Druckwasser-Reaktoren (s. Kernkraftwerk Stade), die den Schnellabschaltreaktionen des Reaktorschutzsystems vorgelagert sind, ließen sich schon in den frühen 1970er Jahren bei automatisierten Regeleinrichtungen unnötige Reaktor-Schnellabschaltungen wirkungsvoll vermeiden.

[1954] vgl. Services, Architect-Engineer, NUCLEONICS, Vol. 17, No. 5, Mai 1959, S. 251.

[1955] vgl. NUCLEONICS Buyer's Guide 1961/62: Product, Material and Service Directory, NUCLEONICS, Vol. 19, No. 11, November 1961, S. 251–332.

[1956] ebenda, S. 263–266, 303, 314–317.

aktorherstellern Westinghouse, Babcock & Wilcox, Combustion Engineering und im Gebiet der Siedewasserreaktoren mit General Electric zusammenarbeitete. Andere erfolgreiche Architect-Engineers waren beispielsweise auch Gilbert Associates, Inc., Reading, Pa., United Engineers & Construction, Inc., Philadelphia, Pa., Ebasco Services, Inc., New York, N. Y., Sargent & Lundy, Chicago, Ill., Burns & Roe, Inc., New York, N. Y., u. a. m. In wenigen Fällen führte das Energieversorgungsunternehmen, das den Bau eines Kernkraftwerks betrieb, den Entwurf und die Konstruktion in eigener Verantwortung durch, wobei Beratung vonseiten einschlägiger Ingenieurbüros eingekauft wurde (z. B. die Consolidated Edison Co. für Indian Point – 1 oder die Pacific Gas & Electric Co. für Diablo Canyon).

Die Vielfalt der Anbieter von Ingenieurdienstleistungen und Industrieprodukten war in den USA der Entstehung von technischen Standards und Regelwerken nicht förderlich.

In den 50er Jahren fanden in den USA analoge und digitale Computer eine immer nachhaltigere Verwendung zur Simulation des dynamischen Verhaltens von Reaktoren und ganzen Kernkraftwerken.[1957] Die modellhafte Nachbildung eines Kernkraftwerks bedeutete die Lösung eines Systems reaktorkinetischer simultaner Differenzialgleichungen, mit dem die thermodynamischen und thermohydraulischen Gleichungen für den Wärmetransport des Kühlmittels gekoppelt waren. Der Analogrechner war damals der Simulator erster Wahl wegen seiner Flexibilität und einfachen Handhabung insbesondere für Parameterstudien in Realzeit. Reaktorkonstrukteure und Regelungstechniker konnten sich auf diese Weise relativ unkompliziert Einblicke in das Verhalten eines Reaktorsystems auf Transienten und Störungen unterschiedlichster Art verschaffen.[1958] Dieses Hilfsmittel wurde von allen amerikanischen Reaktorherstellern intensiv genutzt.

[1957] Analog and Digital Computers in Nuclear Engineering: A NUCLEONICS Special Report, NUCLEONICS, Vol. 15, No. 5, Mai 1957, S. 53 ff.

[1958] Johnson, S. O. und Grace, J. N.: Analog Computation in Nuclear Engineering, NUCLEONICS, Vol. 15, No. 5, Mai 1957, S. 72–75.

6.8.2 Die Entwicklung der betrieblichen Leittechnik in der Bundesrepublik

In den Anfängen der Kernenergienutzung in der Bundesrepublik Deutschland bestand ein wesentlicher Unterschied zu den USA. Die deutschen Hersteller von Leistungsreaktoren planten, entwarfen, erbauten und übergaben ihre Kernkraftwerke schlüsselfertig als Generalunternehmer an die auftraggebenden Unternehmen. Die technische und wirtschaftliche Verantwortung für die Lieferung sämtlicher Teile, die Durchführung des Bauvorhabens, die Inbetriebnahme und den Probebetrieb blieb in einer Hand. Der Hersteller konnte in diesem Rahmen eine umfassende Leittechnik für die Gesamtanlage konzipieren und optimieren. Die Bereitschaft der Kernkraftwerksbetreiber zu einer engen und aktiven Zusammenarbeit mit dem Hersteller, auch nach der Inbetriebsetzung ihrer Anlage, war ebenfalls von großer Bedeutung. Auf den Erfahrungen, die bei der Inbetriebsetzung und im Betrieb einer Anlage gewonnen wurden, konnte bei den folgenden Anlagen aufgebaut werden. Es ergab sich eine kontinuierliche Entwicklung, die auch bald zu Standardisierungen führte. Im Folgenden soll wieder der Druckwasserreaktor im Mittelpunkt der Darstellungen stehen und damit auch die Firma Siemens/KWU.

Der Siemens-Konzern verfügte über breit angelegte Kenntnisse und Erfahrungen auf dem Gebiet des konventionellen Kraftwerksbaus sowie bei der Regelung und Steuerung chemischer Prozesse. Die Siemens-Ingenieure sahen sich gut gerüstet für eigenständige Entwicklungen der Leittechnik für deutsche Kernkraftwerke. Sie übernahmen grundlegende Erkenntnisse und Erfahrungen aus den USA, insbesondere vom Reaktorhersteller Westinghouse, mit dem von 1957–1970 ein Lizenzabkommen bestand, das aber wegen der zunehmenden Konkurrenzsituation nicht weitergeführt wurde. Eine partnerschaftliche Zusammenarbeit wurde von 1970–1979 mit der amerikanischen Firma Combustion Engineering (CE) gepflegt, die auf dem Gebiet der Leittechnik aber eher eine „Einbahnstraße" von Siemens zu CE war. Die französische Firma

Framatome war von 1989 bis 1996 ein Zusammenarbeits-Partner.

Zu Beginn ihrer Betätigung auf dem Gebiet der Reaktortechnik berief die Siemens-Schuckertwerke AG den Physiker Prof. Dr. Wolfgang Finkelnburg zum wissenschaftlichen Leiter der Reaktorentwicklung. Finkelnburg hatte nach dem Krieg in den USA als Wissenschaftler gearbeitet und war der Autor des 1948 erstmals erschienenen Standardwerks „Einführung in die Atomphysik". Unter ihm waren in der zweiten Hälfte der 50er Jahre einige Forschungs- und Entwicklungsgruppen tätig, die 1960 zur „Zentralen Forschung und Entwicklung" zusammengefasst wurden. 1964 gab es in der Siemens-Reaktorentwicklung 6 Arbeitsbereiche: Kerntechnische Forschung unter der Leitung des Physikers Dr. Werner Oldekop, Laboratorien (Physiker Dr. Hans Schweickert), Reaktorkern (Physiker Dr. Wolfgang Braun), Maschinentechnik (Dipl.-Ing. Hermann Kumpf), Instrumentierung und Regelung (Dipl.-Ing. Dietrich von Haebler) sowie Projekte (Physiker Dr.-Ing. Wolfgang Keller).[1959]

Im 1964 neu eingerichteten Bereich „Instrumentierung und Regelung" gab es die drei Gruppen Messtechnik, Regelungstechnik und Hilfsanlagen. Gruppenführer der 4 Mitarbeiter für die Regelungstechnik wurde Dipl.-Ing. Werner Aleite (später Abteilungsleiter und Hauptabteilungsleiter), der sich der Reaktor-Leittechnik im engeren Sinne annahm. Dr.-Ing. Heinz-Wilhelm Bock kam 1967 zur Leittechnik und wurde später Abteilungsleiter Reaktor-Leittechnik und Hauptabteilungsleiter KKW-Leittechnik. Mit der Reaktor-Messtechnik sowie den Sondersystemen (Kugel-Messsystem, Körperschall-, Schwingungs- und Lecküberwachungssysteme) wurde Dr. Wolf-Heiner Dio betraut. Die Entwicklung der Reaktorschutzsysteme vollzog sich unter der Leitung von Dipl.-Ing. Günther Bachmann. Die Reaktor-Dynamik, die das komplexe Betriebsverhalten einer Anlage umfasst, war in der Hauptabteilung Reaktor-Wärmetechnik angesiedelt. Die Diplom-Ingenieure Gerhard Frei

(Leiter Kernkraftwerks-Dynamik) und Karlheinz Orth (Gruppenführer KKW-Dynamik, später Hauptabteilungsleiter Sicherheit und Genehmigung und Bereichsleiter) waren mit der analogen Modellierung und der Planung des Betriebsverhaltens sowie der Verifikation der Simulationsergebnisse bei der Inbetriebsetzung der wirklichen Anlage befasst.[1960]

Die hier genannten Ingenieure und Physiker haben sich damals zur Aufgabe gemacht, mit redundanten, hoch verfügbaren leittechnischen und maschinenbaulichen Systemen sicherzustellen, dass bei Betriebsstörungen und bei Störfällen die Anlage durch automatische Maßnahmen in einen sicheren Zustand gebracht wird. Für die sicherheitstechnische Auslegung sollte das Mehrstufenkonzept auch der Leittechnik zugrundegelegt werden.[1961]

Im Zusammenwirken des Herstellerunternehmens Siemens/KWU mit den Kernkraftwerksbetreibern ergaben sich während etwa zwei Jahrzehnten von der Planung und Errichtung der Anlagen MZFR und Obrigheim in den 60er Jahren bis zu den Konvoi-Kernkraftwerken in den 80er Jahren kontinuierliche Fortschritte bei der Entwicklung der Leittechnik, deren hervorragende Eigenschaften jedem internationalen Vergleich standhielten.

Der Mehrzweck-Forschungsreaktor MZFR

Siemens projektierte und erbaute als Generalunternehmer in den Jahren 1961–1965 am Standort des Kernforschungszentrums Karlsruhe den Mehrzweck-Forschungsreaktor (MZFR) (s. auch Kap. 4.5.3 und 9.4.2). Im Laufe der Planung und Konstruktion wurde das Betriebsverhalten einzelner Reaktorfunktionen, wie z. B. das zeitliche Verhalten des Neutronenflusses, der Druckhaltung, der Wärmeübertragung im Dampferzeuger, aber auch das Verhalten der gesamten Anlage,

---

[1959] Müller, Wolfgang D.: Geschichte der Kernenergie in der Bundesrepublik Deutschland, Anfänge und Weichenstellungen, Schäffer Verlag Stuttgart, 1990, S. 414.

[1960] Eine Zuordnung von Personen und technischen Entwicklungen im Einzelnen enthält: AMPA Ku 151, Aleite, Werner: Persönliche schriftliche Mitteilung von W. Aleite „REAL.PERS.01.DOC" vom 20. 7. 2007.

[1961] Orth, Karlheinz: Das Sicherheitskonzept deutscher Kernkraftwerke, in: Sicherheit und Unfallbeherrschung bei DWR- und SWR-Kernkraftwerken, INFORUM, Bonn, 1987, S. 8.

auf einem Analogrechner nachgebildet und untersucht. Die Rechenergebnisse wurden die Grundlage für die Ermittlung der Werkstoff- und Komponentenbelastungen.[1962] Der Nutzen und die Anwendbarkeit analoger Simulationstechnik waren Ende der 50er Jahre auch in Deutschland dargestellt und diskutiert worden.[1963]

Der MZFR wurde mit schwerem Wasser moderiert und gekühlt. Der Moderatorkreislauf war vom Kühlmittelkreislauf getrennt. Die Überschussreaktivität des Reaktors im kalten Zustand mit frischem Brennstoff betrug 7,3 %, bei Xenon-Vergiftung und Betriebstemperaturen nur noch 1 %.[1964] Die Temperaturkoeffizienten des Brennstoffs, Kühlmittels und Moderators waren im neu beladenen Reaktor sämtlich negativ. Der Kühlmitteltemperaturkoeffizient im Abbrandgleichgewicht war leicht positiv. Der gesamte Temperaturkoeffizient war jedoch bei allen Betriebszuständen negativ. Das System besaß damit eine inhärente Sicherheit, d. h. die Leistung stabilisierte sich auf einem bestimmten Temperaturniveau. Die thermische Trägheit des Systems war aber so groß, dass die Reaktorleistung auf größere Störungen mit großen Schwankungen reagierte.[1965] Dies machte ein Regelungssystem erforderlich.

Der MZFR hatte zum Regeln und Abschalten 17 Absorberstäbe aus einer Silber-Indium-Cadmium-Legierung mit Nickel-Umhüllung, die das Core in Führungsrohren mit einer Neigung von 20° zur Senkrechten diagonal durchdrangen (Abb. 9.93). Die MZFR-Regelungs- und Steuerungseinrichtung war von Siemens entwickelt und gebaut worden. Ihre Konstruktion folgte dem amerikanischen Vorbild mit dem Unterschied,

dass kein Greifmechanismus mit Haltestange, sondern ein magnetischer Schritthebermechanismus verwendet wurde, der mit Reibschluss ohne jede Durchführung arbeitete. Größere Schwierigkeiten mit diesem Antriebssystem traten nicht auf.[1966] Im Betrieb diente einer der Absorberstäbe halb ausgefahren zum Regeln des Reaktors, während alle anderen Stäbe allein für die Abschaltung gebraucht wurden und im Betrieb voll ausgefahren waren.[1967, 1968]

Die Reaktorleistung, die sich aus der ständig gemessenen Neutronenflussdichte ergab, wurde durch Korrekturbewegungen des einen Steuerstabs gesteuert. Dabei wurde der Frischdampfdruck über den ganzen Lastbereich konstant gehalten und die mittlere Kühlmitteltemperatur angepasst. Mit der Regelung der Moderatortemperatur wurden langsame und andauernde Reaktivitätsverschiebungen ausgeglichen.[1969]

Über die Messung des Neutronenflusses wurde die Leistung des MZFR geregelt. Insgesamt waren 12 Messfühler außerhalb des Reaktordruckbehälters in der Betonabschirmung eingebaut. Als Messfühler dienten Bor-Trifluorid-Zählrohre (Ionisationskammern), die aus England beschafft worden waren. Die Messwerte wurden mit einem aufgeschalteten Tintenschreiber registriert. Aus Gründen der Sicherheit und der Vermeidung unnötiger Schnellabschaltungen wurden je drei Messstränge in Zwei-von-Drei-Schaltungen verwendet.[1970] Das An- und Abfahren des Reaktors erfolgte weitgehend von Hand. Auch während des Betriebs war es die Aufgabe des Reaktorfahrers, durch Beobachten der Messgeräte Fehler und Regelabweichungen zu erkennen und durch Einschalten von Ersatzreglern, Heranziehung anderer Regelstäbe usw.

[1962] Frei, G. und Rauscher, Th.: Dynamic tests on the MZFR, Atomkernenergie (ATKE), Jg. 14, Heft 2, 1969, S. 81–93.

[1963] Birkhofer, A. und Reimann, H.: Elektronische Nachbildung des dynamischen Verhaltens eines Kernreaktors, Nachrichtentechnische Zeitschrift NTZ, Jg. 12, Heft 3, 1959, S. 152–159.

[1964] AMUBW 3415.8, Siemens AG: Sicherheitsbericht Mehrzweck-Forschungsreaktor (MZFR), Juli 1968, Bd. I, S. 140.

[1965] AMUBW 3415.8, Siemens AG: Sicherheitsbericht Mehrzweck-Forschungsreaktor (MZFR), Juli 1968, Bd. I, S. 346.

[1966] Bastl, W.: Erfahrungen mit Sicherheitssystemen deutscher Reaktoren, atw, Jg. 12, August/September 1967, S. 422–426 und atw, Jg. 13, Oktober 1968, S. 509–511.

[1967] Ziegler, A.: Der Mehrzweck-Forschungsreaktor, atw, Jg. 7, Januar 1962, S. 17–26.

[1968] AMUBW 3415.8, Siemens AG: Sicherheitsbericht Mehrzweck-Forschungsreaktor (MZFR), Juli 1968, Bd. I, S. 144 f, Bd. IV, Abb. 12.

[1969] ebenda, S. 362 f.

[1970] AMUBW 3415.8, Siemens AG: Sicherheitsbericht MZFR, a. a. O.,S. 147 ff.

unwirksam zu machen. Sollte dies nicht gelingen, folgte einer nach oben abwandernden Temperatur zunächst Alarm und dann die Schnellabschaltung.[1971]

Vom November 1963 bis Juni 1964 wurde am MZFR das Nullenergie-Experiment durchgeführt. Es war von großer Bedeutung.[1972] Es erlaubte die mit Analogrechenprogrammen an einem Simulationsmodell für verschiedene Betriebszustände ermittelten Reaktivitätsbilanzen experimentell nachzuprüfen, die Blasen- und Temperaturkoeffizienten zu messen und die Regelstäbe zu eichen.[1973]

Die Schalttafeln und -pulte wurden in der sogenannten Kleinwartentechnik aus kleinen Einheiten aufgebaut, ein Verfahren, das sich bereits in der Eisenbahnsignaltechnik bewährt hatte. Die MZFR-Strahlungsüberwachung wurde in Teilbereiche aufgegliedert, die auch in späteren Anlagen unverändert beibehalten wurde: Ortsdosis-, Kreislauf-, Luft-, Kamin-, Abwasser- und Umgebungsüberwachung (vgl. Abb. 6.281).

Mit dem MZFR wurde erstmals ein in sich geschlossenes Leittechnik-System eingeführt.

Das Kernkraftwerk Obrigheim KWO Der Generalunternehmer Siemens errichtete von März 1965 bis September 1968 das Prototyp-Kernkraftwerk KWO mit Druckwasserreaktor ($907,5\ \mathrm{MW_{th}}$). Der Reaktor wurde mit leichtem (natürlichem) Wasser moderiert und gekühlt. KWO wurde als Lizenz-Kernkraftwerk der Westinghouse Electric Corp. (WEC) geplant, so dass intensive Kontakte zwischen den Ingenieuren von WEC und Siemens stattfanden. So besuchten die für Regelung und Kernkraftwerks-Dynamik zuständigen Siemens-Ingenieure Aleite und Frei im März 1964 WEC in Pittsburgh, Pa., USA. Aleites Gesprächspartner war in erster Linie John M. Gallagher, der seit 1963 die WEC-Abteilung Control & Electric Systems leitete und als hervorragender Fachmann auf dem Gebiet der Reak-

torregelung und -instrumentierung galt (er wurde später in die USNRC berufen). Aleite und Frei konnten bei WEC die Siemens-Erfahrungen mit der Auslegung und Modellierung des MZFR und einer von WEC-Technik wesentlich verschiedenen Gerätetechnik einbringen.

Mit dem KWO begann die Entwicklung einer betrieblichen Siemens-Leittechnik, die Kernkraftwerke mit Druckwasserreaktor zu Stromerzeugern machte, die sich mit hoher technischer Sicherheit an schnelle Laständerungen anpassen und an der Frequenzstützung des Netzes beteiligen können.[1974, 1975] Zugleich wurde damit ein außerordentlich wirtschaftlicher Betrieb ermöglicht.

Während der Planung und Auslegung von KWO setzten sich die Siemens-Ingenieure intensiv und grundsätzlich mit der Steuerung und Regelung eines Leistungskernkraftwerks auseinander. Bei der Generatorleistungs-Regelung, also der Leistungs-Regeleinrichtung des Gesamtkraftwerks, konnten sie auf die eingeführte „konventionelle" Turbinen-Regeleinrichtung aus Bausteinen des Siemens-Transidyn-B-Systems zurückgreifen. Deren Stellglieder waren die Turbinen-Frischdampf-Einlassventile. Den für die Stromerzeugung erforderlichen Frischdampf (Sattdampf) hatte das Reaktor-System über die Dampferzeuger im Reaktorkühlkreislauf zu liefern.

Bei der Bestimmung des Betriebsdrucks, der Kühlmitteltemperatur und des Kühlmitteldurchsatzes sowie beim Entwurf der Reaktorkomponenten wurde dem Betriebsverhalten der Anlage große Bedeutung zugemessen. Das Betriebsverhalten eines Reaktors ist auf komplexe Weise von den Reaktivitätsbeiträgen der Steuerstäbe, der Spaltprodukte und des gelösten Neutronenabsorbers sowie den Reaktivitäts-Rückwirkungen der sich ändernden Moderator- und Brennstofftemperaturen abhängig. Diese komplexen Zusammenhänge wurden anhand eines Simulationsmo-

[1971] ebenda, S. 421.

[1972] ebenda, S. 337 ff.

[1973] Behrens, Ernst, Grün, Arnold E. et al.: Nullenergie-Messungen am Core des Mehrzweckforschungsreaktors, Nukleonik, Bd. 7, Heft 5, 1965, S. 221–231.

[1974] Aleite, Werner: Regelung des Kernkraftwerks Obrigheim, Kerntechnik, Isotopentechnik und -chemie, Jg. 8, 1966, Heft 1, S. 15–18.

[1975] Aleite, Werner, Lepie, Günther und Rauscher, Theodor: Die Regelung des Kernkraftwerks Obrigheim, Atom und Strom, Folge 11/12, Nov./Dez. 1967, S. 194–198.

dells nachgebildet und untersucht. Die grundlegenden Untersuchungen wurden 1965–1967 von der Abteilung Reaktor-Entwicklung der Siemens AG in Erlangen durchgeführt. Für die analoge Modellierung aller wesentlichen Komponenten und Regelungen standen zwei amerikanische Analogrechner (Beckman EASE 1100 und IDA 2100) zur Verfügung. Eine Vielzahl von Parameterkombinationen und Störfällen und deren Auswirkungen auf das KWO-Betriebsverhalten wurde in etwa 2000 Kurvenverläufen durchgerechnet, um alle erforderlichen Informationen für die Auslegung der Reaktorkomponenten, die Optimierung der Regelung und die Erstellung des Sicherheitsberichts bereitzustellen.[1976, 1977] Schon bei den Untersuchungen des Gesamtsystem-Betriebsverhaltens in den USA hatte es sich als zweckmäßig herausgestellt, das Betriebsverhalten in Kurzzeit- und Langzeitverhalten aufzuteilen und zwei verschiedene Regelungssysteme mit unterschiedlichen Stellgliedern einzurichten: mit Steuerstab-Bänken und einem chemischen Regelsystem.[1978] Die Regelungs-Funktionen bedienten sich – wie dies von Westinghouse im Grundsatz vorgegeben war – zweier verschiedener Stellglieder:

- für das Kurzzeit-Verhalten mittels der Kühlmittel-Temperatur-Regelung der Reaktor-Steuerstäbe über die „Stabsteuerung" und
- für das Langzeitverhalten mittels der Stab-Bank-Stellungsregelungen der Bor- und Deionat-Einspeisungen, wozu entsprechende Einspeisesysteme vorgesehen waren.

Das Langzeitverhalten eines Reaktors wird von den Reaktivitätsveränderungen durch die Spaltproduktvergiftung und den Abbrand bestimmt,

die sich im Laufe mehrerer Stunden, einiger Tage oder von Monaten ergeben. Die starken Neutronenabsorber Xenon und Samarium[1979] sind dabei von besonderer Bedeutung. Der Druckwasserreaktor mit seinem geschlossenen Primärkühlkreislauf bietet die Möglichkeit, im Kühlmittel flüssige Neutronenabsorber, wie z. B. Borsäure, zu lösen und wieder daraus zu entfernen. Überschussreaktivität, die im kalten Zustand eines anfahrenden Reaktors zur Überwindung der Xenonvergiftung und zum Ausgleich des Abbrandes vorhanden sein muss, kann also durch Einspeisen von Borsäure (mittels Bor-Dosierpumpe) kompensiert und bei Eintreten der Reaktivitätsverluste durch Entzug von Borsäure wieder aktiviert werden. Der Borentzug erfolgt bei hoher Borkonzentration durch Verdünnen mit Deionat (besonders aufbereitetes Wasser), das über das Volumenregelsystem eingespeist wird. Bei niedriger Borkonzentration ab etwa 200 ppm wird das Bor durch Ionenaustausch entzogen, um zu große Austauschmengen zu vermeiden. Am Ende eines Abbrandzyklus ist die Borkonzentration im Kühlmittel nahezu Null. Auf diese Weise konnte der KWO-Druckwasserreaktor mit sehr hoher Anfangsüberschussreaktivität[1980] angefahren und bei Volllast mit weitgehend ausgefahrenen Regelstäben betrieben werden, womit im Reaktorkern eine ungestörte Leistungsdichte-Verteilung bewirkt und ein sehr hoher und gleichmäßiger Abbrand ermöglicht werden sollte. Auf dieser Grundlage wurde die wärmetechnische Auslegung optimiert und die Zahl der Regelstäbe auf 32 begrenzt.[1981, 1982] Die Bor-Trimmung (chemical shim) wurde in Deutschland erstmals bei KWO eingeführt.

[1976] AMPA Ku 151: Frei, Gerhard: Beschreibung des Rechenmodells zur KWO-Dynamik, Siemens-Bericht RE 5/402 986/Fr, 1965.

[1977] Orth, Karlheinz: Untersuchung des Betriebsverhaltens eines großen Druckwasser-Leistungsreaktors, Proceedings Actes II Applications, Fifth International Analogue Computation Meetings, Lausanne, 28. 8. – 2. 9. 1967, Presses Academiques Européennes, Brüssel, 1968, S. 1043–1055.

[1978] Orth, Karlheinz und Ulrych, Gerhard: Wärmetechnische Auslegung des Reaktors und Betriebsverhalten des Kernkraftwerks Obrigheim, Atom und Strom, Folge 11/12, Nov./Dez. 1967, S. 150–155.

[1979] Die auftretenden Samarium-Konzentrationen und ihr Einfluss auf die Reaktivität sind im Vergleich zu Xenon gering und werden oft vernachlässigt.

[1980] Bei KWO betrug sie für den Abbrand 15 %, die Xenon/Samarium-Vergiftung 2 % und den Kalt-Heiß-Reaktivitätsverlust 2 %.

[1981] Lepie, G. und Martin, A.: Aufbau der Gesamtanlage KWO, atw, Jg. 13, Dezember 1968, S. 596–606.

[1982] Frei, Gerhard und Orth, Karlheinz: Langzeit-Betriebsverhalten eines Druckwasserreaktors großer Leistung mit Bortrimmung (chemical shim), Nukleonik, Bd. 7, Heft 5, 1965, S. 231–236.

Das Kurzzeitverhalten wird von schnellen Vorgängen bestimmt, wie z. B. Laständerungen, die in Sekunden bis wenigen Minuten ablaufen. Der Druckwasserreaktor hat von Natur günstige dynamische Eigenschaften. Sein in der Regel negativer Temperaturkoeffizient[1983] bewirkt ein Selbstregelungsverhalten, bei dem die Reaktorleistung selbsttätig der Turbine so nachfährt, wie sie dort abgenommen wird. Im Gegensatz zum MZFR, der mit einer unterlagerten Neutronenflussregelung gefahren werden musste, benötigte KWO nur eine Kühlmitteltemperatur – Regelung als „Reaktor-Leistungs-Regeleinrichtung" und wurde im oberen Lastbereich mit konstanter mittlerer Kühlmitteltemperatur (gemittelt zwischen der Dampferzeugereintritts- und -austrittstemperatur) betrieben. Die Simulationen auf den Analogrechnern hatten bestätigt, dass eine unterlagerte Neutronenflussregelung nicht erforderlich war. Im Normalbetrieb wurde die Reaktorleistung von den Netzanforderungen über die Regelung des Turbogenerators vorgegeben, und der Reaktor folgte nach. Bei Leistungsänderungen verändern sich im Sekundärkreislauf Frischdampftemperatur und -druck vor der Turbine. Mit abnehmender Turbinenleistung steigen sie an, weil im Dampferzeuger bei geringerer Wärmeübertragung auch die Temperaturdifferenz zwischen Primär- und Sekundärkreislauf kleiner werden muss. Größere Abweichungen der Betriebstemperaturen und -drücke sind im Kraftwerksbetrieb, der höhere Komponentenbelastungen vermeiden will, unerwünscht. Bei Teillastbe-

trieb unterhalb der 65 % -Volllastgrenze wurde deshalb der Frischdampfdruck durch Absenken der mittleren Kühlmitteltemperatur mittels Einfahren der Steuerstäbe (Absorberstäbe) konstant gehalten (Abb. 6.274).[1984] Das KWO-Regelungsprogramm fügte also das Selbstregelungsverhalten des Reaktors mit dem Eingreifen der Steuerstäbe zur Einhaltung eines vorgegebenen Temperaturverlaufs zusammen.

An dieser Stelle muss darauf hingewiesen werden, dass KWO wegen des hohen Borgehalts im Kühlwasser in den ersten Monaten der Inbetriebsetzung des Erstkerns einen positiven Reaktivitätskoeffizienten des Kühlmittels („Temperaturkoeffizient" – anfangs $15 \cdot 10^{-5}/°C$) hatte, der erst bei steigendem Abbrand, also abnehmender Borsäurekonzentration, negativ wurde. KWO zeigte dadurch zunächst ein leicht instabiles Verhalten. In der ersten Betriebszeit des ersten Kerns musste daher die Reaktorregeleinrichtung die mittlere Kühlmitteltemperatur „aktiv" konstant halten. Dazu wurden die Steuerstäbe mit vielen Auf-und-Ab-Schritten zunächst häufig, später bei negativ werdendem „Temperaturkoeffizienten" nur noch recht selten bewegt (Abnahme von 50 Schritten auf 2 Schritte pro Stunde).[1985] Es zeigte sich, dass auch bei stabilem Betriebsverhalten mit negativem „Temperaturkoeffizienten" durch das unterstützende Eingreifen der Steuerstäbe jede Störung wesentlich besser und schneller ausgeregelt werden konnte, als es das Selbstregelungsverhalten des Reaktors – wenn überhaupt – allein vermochte.[1986, 1987]

Die Abb. 6.275 „Reaktorleistungs-Regeleinrichtung" zeigt im linken Teil den Regelkreis der „Mittleren Kühlmittel-Temperatur" des Reaktors (bei konstantem Kühlmittel-Durchsatz) mit den Temperatur-Messfühlern im „kalten" und „war-

---

[1983] Tatsächlich sind zwei Temperaturkoeffizienten zu unterscheiden: der Temperaturkoeffizient des Brennstoffs und der des Kühlmittels/Moderators. Bei steigender Temperatur nimmt der Neutronenresonanzeinfang des Brennstoffs (U^{238}) zu (Dopplereffekt). Der Brennstoff-Temperaturkoeffizient ist deshalb immer negativ. Die Dichte des Kühlmittels/Moderators wird mit steigender Temperatur kleiner, wodurch die Neutronenverluste durch Abstrahlung nach außen zunehmen und der Kühlmittelkoeffizient ebenfalls negativ ist. Bei hohen Konzentrationen von gelöster Borsäure kann der Kühlmittelkoeffizient positiv sein, weil mit geringer werdender Dichte die Absorption von Neutronen durch Boratome abnimmt. Er ist umso negativer, je geringer die Borkonzentration ist, also am Ende eines Abbrandzyklus. Die Rückwirkungen des Drucks und der Dampfblasen im Kühlmittel eines Druckwasserreaktors sind dagegen vernachlässigbar klein.

[1984] Orth, K. und Ulrych, G., a. a. O., S. 153.

[1985] Schenk, H. und Mayr, A.: Kernkraftwerk Obrigheim: Erfahrungen im ersten Betriebsjahr, atw, Jg. 15, Juli 1970, S. 324–329.

[1986] AMPA Ku 151: Frei, G.: Betriebsverhalten des Reaktors, Siemens Bericht RE 51, 1967, S. 5 f.

[1987] Frei, G.: Betriebs- und Störfallverhalten des Reaktors, VGB-Kernkraftwerks-Seminar 1970, Druckwasserreaktoren, Vereinigung der Grosskesselbetreiber, Essen, Vulkan-Verlag, 1970, S. 46–57.

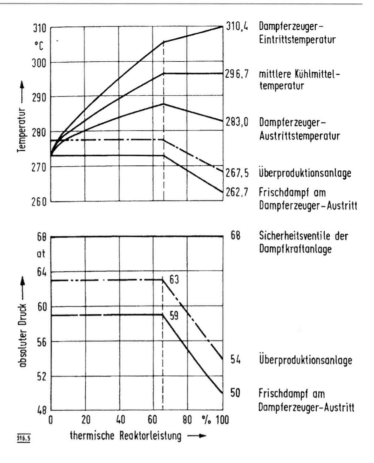

Abb. 6.274 Stationäres Teillastdiagramm des KWO

men" Strang der Kühlkreisläufe, mit deren Mit-
telwertbildung, dem Temperatur-Regler, der dazu
gehörigen Steuerstab-Steuerung und den Steuer-
stab-Antrieben.[1988] Es zeigt im rechten Teil einen
der zwei Dampferzeuger und die dem Temperatur-Regler zugehörige Temperatur-Sollwert-Füh-
rung, die – wie vorab beschrieben – im oberen
Leistungsbereich einen Konstantwert (S) vorgibt,
der dann im unteren Leistungsbereich so abgesenkt wird, dass sich ein konstanter Frischdampfdruck ergibt (vgl. dazu Abb. 6.274). Alle Messfühler waren grundsätzlich mehrfach redundant
vorhanden, um bei Störungen den schadhaften
Messkanal erkennen und automatisch abschalten
zu können.

Neben der Reaktorleistungs-Regelung waren
im KWO u. a. Regeleinrichtungen für den Re-
aktor-Kühlmitteldruck (dreifach redundant), für
den Frischdampf-Maximaldruck mit „FD-Um-

leitstation", sowie die zwei Regelungen für die
Dampferzeuger-Füllstände installiert.[1989] Die
Reaktor-Regeleinrichtungen waren in Siemens-
Analog-Technik Teleperm M ausgeführt. Die
der Reaktor-Kühlmitteltemperatur-Regelung
unterlegte originäre und höchst komplexe Stabsteuerung war eine sehr vielfältige und flexible
Spezialausführung in SIMATIC-Technik. Die
transistorisierten Steuerungs-, Verriegelungs-
und Regelsysteme zeigten ein gutes Betriebsverhalten und erlaubten mit ihrem einfachen
Aufbau, auch komplizierte Ablaufsteuerungen in
Funktionsgruppen-Automatiken umzusetzen.[1990]

Von zentraler Bedeutung war die Stabsteuer-
einrichtung, mit der die Regler- und Handsignale

[1988] Aleite, W., Lepie, G. und Rauscher, T., a. a. O., S 194.

[1989] Aleite, W., Lepie, G. und Rauscher, T., a. a. O.,
S. 194, 196 und 198.

[1990] Fraude, A.: Erfahrungen bei der Inbetriebnahme der
Kernkraftwerke GKN, KWL und KWO, atw, Jg. 14, April
1969, S. 185 f.

Abb. 6.275 Reaktorleistungs-Regeleinrichtung

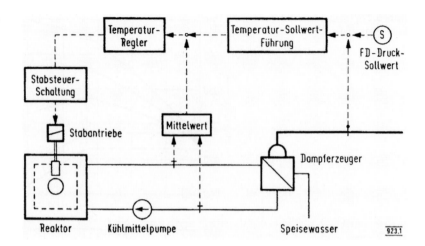

in ein Steuerstab-Fahrprogramm umgesetzt wurden. Anfang Januar 1966 erteilte Werner Aleite[1991] im Hause Siemens den Arbeitsauftrag zur
Projektierung, zum Bau und zur Prüfung einer
Stabsteuerung in Simatic-N-Technik mit zyklischer Stabbetätigung, die im September 1967 auf
der Baustelle Obrigheim eintreffen sollte.[1992]

Die Spezifikation der Stabsteuerung wurde
von Werner Aleite am 4.1.1966 in 7 Seiten Text
und 5 handgezeichneten Stromlaufplänen niedergelegt. Sie erfuhr während der Entwicklungsarbeiten am Analogrechner als auch beim Bau
und bei der Inbetriebsetzung von KWO umfangreichste Ergänzungen und Änderungen.[1993] Ihre
Konzeption beruhte auf folgenden Grundsätzen:
1. Gleichmäßige Verteilung aller Stäbe über den
   Kernquerschnitt, um günstige Heißkanalfaktoren[1994] zu erhalten, wobei eine große Steuerstabbank (die spätere L-Bank) entstand;

2. insgesamt geringe Eintauchtiefe dieser Bank,
   um den Reaktorkern möglichst über die ganze
   Höhe aktiv zu halten;
3. möglichst kleiner Gesamt-„Hub" bei größerer
   Störung;
4. innere Redundanz bei Stabversagen;
5. geringste Wirksamkeit eines herausgeschleuderten oder herauslaufenden Stabes;
6. schnelles Anfahren, da dazu alle Stäbe gleichzeitig fuhren;
7. ständige Funktionskontrolle, da immer alle
   Stäbe – zyklisch – bewegt wurden.

Als besonders bemerkenswerte Eigenheiten der
KWO-Stabsteuerung sind zu erwähnen:
• „Zyklische" Stabbetätigung (Anwahl in
  „Ringanordnung"),
• Einzelstäbe trotzdem vom Pult aus fahrbar,
• Zwei Schrittschaltwerke (Redundanz),
• Dreifache Stabstellungs-Erfassung (aus Grün-
  den der Sicherheit),
• Mehrfach-Abschaltreaktivitäts-Berechnung
  (aus Gründen der Sicherheit).

KWO wurde mit Steuerstäben und Bor-Trimmung geregelt. Solange das Kraftwerk in der
Grundlast und mit Volllast betrieben wurde,
konnten die Änderungen der Bor-Konzentration
zum Ausgleich der langsamen Reaktivitätsänderungen infolge des Abbrands von Hand gesteuert
werden.

[1991] Aleite, Werner, Dipl.-Ing., seit 1954 Siemens AG, seit
1962 Reaktor-Regelung in Erlangen, prägte maßgebend
zunächst als zuständiger Abteilungs- später als Hauptabteilungsleiter die Entwicklung der Leittechnik bis 1994.

[1992] AMPA Ku 151, Persönliche Mitteilung von W. Aleite
vom 28. 4. 2006: Reaktor-Leistungs-Leittechnik, Historische Entwicklung, S. 3–5.

[1993] AMPA Ku 151: Werner Aleite, persönliche Mitteilung vom 23. 8. 2007, S. 3 f.

[1994] Heißkanalfaktoren beschreiben die Wärmestrom-
dichte sowie die Aufwärmspanne im Kühlkanal mit der
größten Leistungsentbindung im Verhältnis zu den über
den gesamten Reaktorquerschnitt gemittelten Werten: vgl.
Ulrych, G.: Wärme- und strömungstechnische Auslegung,

in: Oldekop, W. (Hg.): Druckwasserreaktoren für Kernkraftwerke, Verlag Karl Thiemig, 1974, S. 45–79.

Im Teillastbetrieb ergeben sich in einem Reaktorkern beträchtliche lokale Änderungen der
Spaltprodukt-Vergiftung, insbesondere durch
Xenon und Samarium, die von der Leistungs-
vorgeschichte abhängig sind. Eine optimale
Kompensation der auftretenden Reaktivitätsänderungen konnte der KWO-Operator von Hand
nicht vornehmen. Es entstand das Problem, die
Ursachen für die über längere Zeiträume ablaufenden schleichenden Reaktivitätsänderungen
zweifelsfrei zu erkennen und mit angemessenen
Steuerbankbewegungen zu reagieren. Wegen der
komplexen Einwirkung vielfältiger Faktoren bedurfte es einer „Regelung der Regelstabstellung"
zwischen dem Einsatz von Steuerstäben und der
Steuerung der Borkonzentration im Kühlmittel.
Das Stabbank-Stellungs-Regelungssystem stellte
durch Bor-Einspeisung bzw. -Entzug die große
Steuerstabbank nach jeder Laständerung wieder
in ihre ursprüngliche Sollstellung zurück.[1995] Die
Regelung der Steuerstabstellung wurde deshalb
zur Erleichterung der Betriebsführung aus der
Hand des Reaktorfahrers in eine automatisierte
Leittechnik übertragen.

Die KWO-Stabsteuerung setzte Reglersignale
und Handbefehle in Einzelstab- und Stabgrup-
penschritte programmierbarer Steuerstabzahlen
in zyklischer Folge um. Es sollten nicht immer
alle Steuerstäbe gleichzeitig, sondern eine von
der Eintauchtiefe abhängige Zahl von Einzelstä-
ben mit zyklischer Vertauschung bewegt werden,
um eine gleichmäßige Nutzung aller Stäbe zu erreichen und die Leistungsdichte-Verteilung möglichst wenig zu stören. Die Einzelstäbe waren
mittels Klinkenschritthebel-Antrieben fahrbar.
Jeder Steuerstabhub bedeutete einen Reaktivitätssprung. Um ständige Auf- und Abwärtsbe-
wegungen der Stäbe zu vermeiden, musste hinter
dem Temperaturregler ein „Totband" vorgesehen
werden. Eine Stabbetätigung erfolgte also erst,
wenn ein Reglerausgangssignal die Totbandbrei-
te überschritt. Bei der Festlegung des Totbandes
mussten gegensätzliche Gesichtspunkte berücksichtigt werden, woraus sich die Steuerstabfunk-

tion für ereignisabhängige Schnell- und Feinre-
gelung entwickelte.[1996]

Am 22.9.1968 wurde KWO zum ersten Mal
kritisch. Die Siemens-Ingenieure hatten nun
während der Inbetriebsetzung die einzigartige
Möglichkeit, das nur aus Plänen, Zeichnungen
und Berechnungen Bekannte auch in der Wirklichkeit zu sehen und näher kennen zu lernen.
Zunächst lief ein Messprogramm ab, das bei sehr
geringer Leistung (kleiner 1 MW – „Nullenergie-
Experimente") die neutronenphysikalischen Aus-
legungsrechnungen überprüfte. Ein ursprünglich
nicht vorgesehener Prozessrechner bewährte sich
während der Inbetriebsetzung von KWO beim
Überwachen und Protokollieren der Versuche.[1997]
Ein on-line eingesetzter kleiner Analogrechner
(Reaktimeter) leistete sehr gute Dienste bei der
Erfassung der gemessenen Neutronenflusswerte,
der Berechnung der Reaktorreaktivität und bei
der Aufnahme der Kennlinien der Steuerstäbe
und Steuerstab-Bänke.[1998] Die Wirksamkeit des
Bors und die Stabwirksamkeiten stimmten mit
den Rechnungen gut überein.[1999]

Nach Aufnahme des Leistungsbetriebs Ende
Oktober 1968 wurde ein weiteres Versuchsprogramm abgewickelt, das sich auch nach Übernahme von KWO durch die Betreibergesellschaft
Ende März 1969 noch bis in das Jahr 1970 hinein
erstreckte. Im Dezember 1969 wurden Versuche
mit „Generatorleistungs-Sprüngen" von 300 MW
auf 275 MW und umgekehrt sowie mit „Lastrampen" von ± 10 %/min im oberen Leistungsbereich
mit konstanter mittlerer Kühlmitteltemperatur
und ± 5 %/min im unteren Leistungsbereich mit
Absenkung der mittleren Kühlmitteltemperatur
(bei konstantem Frischdampfdruck) gefahren.[2000]

[1995] Frei, G. und Orth, K., a. a. O., S. 232.

[1996] Aleite, W.: Regelung des Kernkraftwerks Obrigheim,
Kerntechnik, Jg. 8, Heft 1, 1966, S. 15–18.

[1997] Hellmerichs, K., Pannewick, A. und Riemann, K: Instrumentierung und Prozessüberwachung beim Kernkraftwerk Obrigheim, Atom und Strom, Folge 11/12, Nov./
Dez. 1967, S. 188–193.

[1998] Fraude, A., a. a. O., S. 186.

[1999] Bronner, G., Dio, H.-W., Etzel, W., Grün, A. E. und
Pfeiffer, R.: Neutronenphysikalische Untersuchungen bei
der Inbetriebnahme des KWO, atw, Jg. 13, Dezember
1968, S. 618–620.

[2000] Versuche Nr. 360 und 361 am 2. 12. 1969.

Die Reaktorleistung, die Temperaturen und Drücke erreichten dabei innerhalb von ca. einer Minute wieder konstante Werte.[2001] Die „absolut zuverlässige Funktion der Steuerstäbe[2002] und ihrer Antriebe" wurde vom Betreiber hervorgehoben.[2003]

Mit Hilfe eines Kugelmesssystems[2004], das kleine Kugeln aus Vanadin-51 kurze Zeit in den Reaktorkern schleuste und dem Neutronenfluss aussetzte, wurde die physikalische Auslegung verifiziert und die langzeitige Veränderung der Abbrandverteilung im Reaktorkern gemessen. Die Ausmessung der axialen Abbrandverteilung ergab, dass die untere Hälfte des Reaktorkerns in merkbar größerem Ausmaß zur Wärmeerzeugung beitrug als die obere Hälfte. Erst bei hohen Abbränden fand eine Verlagerung in die obere Hälfte des Kerns statt.[2005] Der Geschäftsführer der Kernkraftwerk Obrigheim GmbH, Herbert Schenk,[2006] empfahl im August 1969 in einer vom Bundesministerium für wissenschaftliche Forschung angefragten Stellungnahme zur Weiterentwicklung der Druckwasserreaktor-Technologie unter anderem die Entwicklung von „optimalen Regelstab- und Borsäurefahrprogrammen für die in der Praxis interessanten Lastwechselzyklen."[2007] Wenig später äußerte sich Schenk zur Optimierung der Betriebsführung. Der optimale Einsatz von Regelstäben habe nach den bis dahin vorliegenden Erfahrungen mit KWO ganz erhebliche Bedeutung. „Durch optimale Regelstabstel-

lungen sollte man auch in einem Druckwasserreaktor den maximal erreichbaren Abbrand positiv beeinflussen können. Wir vermuten, dass es nicht ganz optimal ist, die Regelstäbe von vornherein so weit als möglich auszufahren."[2008]

Weitgehend parallel zur Errichtung und Inbetriebsetzung von KWO wurde das Kernkraftwerk Stade an der Unterelbe projektiert und erbaut. Für Stade konnte die Leittechnik aus den Erfahrungen in Obrigheim folgerichtig weiterentwickelt werden.

Das Kernkraftwerk Stade KKS Die Siemens AG. erhielt im Oktober 1967 von der Nordwestdeutsche Kraftwerke AG. den Auftrag, am Standort Stade bei Hamburg ein „Großkernkraftwerk mit einer Bruttoleistung von 660 MW$_{el}$" zu errichten.[2009] Im Januar 1972 wurde KKS erstmals kritisch und lieferte den ersten Strom in das Netz.[2010] Im Mai 1972 übernahm die Kernkraftwerk Stade GmbH nach erfolgreichem Abschluss des Probebetriebs das schlüsselfertig errichtete Kraftwerk von Siemens/KWU.[2011]

Die KKS-Regeleinrichtungen waren für den Lastfolgebetrieb entworfen. Siemens-KWU garantierte Tageslastkurven zwischen 100 % und 40 % der Volllast in periodischer Wiederholung sowie Laständerungsgeschwindigkeiten bis zu ±60 MW/min.[2012] Anders als im ersten Abbrandzyklus nach Inbetriebsetzung des Kernkraftwerks Obrigheim sollte der Kühlmitteltemperaturkoeffizient von KKS bei Volllast stets negativ sein, was eine Borkonzentration im Kühlmittel von weniger als etwa 1300 Gew.-ppm bedingte. Zur Kompensation der hohen Überschussreaktivität beim ersten Anfahren von KKS

[2001] Aleite, W.: Regelung des Kernkraftwerks, VGB-Kernkraftwerks-Seminar 1970, Druckwasserreaktoren, Vereinigung der Grosskesselbetreiber, Essen, Vulkan-Verlag, 1970, S. 57–63.

[2002] In den 1960er und 1970er Jahren wurde die Bezeichnung „Regelstab" häufig in vollkommen gleicher Bedeutung als Synonym für „Steuerstab" verwendet.

[2003] Schenk, H. und Mayr, A., a. a. O., S. 328.

[2004] Grüner, W., Haebler, D. v., Klar, E. und Hofmann, W.: Die Weiterentwicklung der Kerninstrumentierung von Druckwasserreaktoren, Reaktortagung 30. 3. bis 2. 4. 1971 in Bonn, Tagungsbericht, Deutsches Atomforum, Bonn, 1971, S. 375–378.

[2005] Schenk, H. und Mayr, A., a. a. O., S.328.

[2006] Schenk, Herbert, Dr. rer. nat., Mitglied der Reaktorsicherheitskommission von 1970 bis 1992.

[2007] AMPA Ku 151: Schenk, H.: Schreiben von Dr. H. Schenk, Betr.: Aktenzeichen III B 1–5532-15–25/69 vom 27. 8. 1969, S. 5.

[2008] AMPA Ku 151: Schenk, H.: Protokoll der 4. Sitzung des AK „Brennstoffkreisläufe" des VDEW, Obrigheim, 1. 10. 1969, S. 5.

[2009] Frewer, H. und Keller, W.: Das 660-MW-Kernkraftwerk Stade mit Siemens-Druckwasserreaktor, atw, Jg. 12, Dezember 1967, S. 568–573.

[2010] KKS liefert Strom, atw, Jg. 17, März 1972, S. 127.

[2011] Letzte Meldungen: KKS übernommen, atw, Jg. 17, Juni 1972, S. 283.

[2012] Aleite, W., Bock, H.-W. und Dorer, K.: Regeleinrichtungen des Kernkraftwerks Stade, atw, Jg. 16, November 1971, S. 597–599.

wurden deshalb zusätzlich 432 stahlumhüllte Borglasröhrchen mit 3,1 Gew.-% abbrennbarem Bor verwendet. Die auf diese Weise im Reaktorkern fest fixierte Bormenge nahm an den temperaturbedingten Volumenänderungen des Kühlmittels nicht teil. Der Kühlmittelkoeffizient wurde dadurch von $+9\cdot10^{-5}$/°C auf $-4\cdot10^{-5}$/°C vermindert. Die „Giftstäbe" wurden nur während des ersten Abbrandzyklus benötigt und danach wieder aus dem Reaktorkern entfernt.[2013]

Die langfristigen Reaktivitätsverluste durch den Abbrand wurden wie bei KWO durch abnehmende Borgehalte im Kühlmittel kompensiert. Abbildung 6.276[2014] zeigt die Abhängigkeit der Überschussreaktivität vom Abbrand im KKS-Reaktorkern.

Die Leistungs-Regeleinrichtung auch des KKS-Reaktors war eine Kühlmitteltemperatur-Regelung, deren Sollwert während des üblichen Lastfolgebetriebs – im Bereich von ca. 30–100 % der Volllast – konstant war. Bei der Entwicklung des Steuerstabfahrprogramms wurden insbesondere zwei Forderungen beachtet:

1. Der mittlere Brennstoffabbrand sollte möglichst nahe am wirtschaftlichen Optimum liegen, d. h. die Leistungsdichte sollte im Reaktorkern stets möglichst gleichmäßig „flach", also ohne größere örtliche Abweichungen, verteilt sein.
2. Die Reaktorleistung sollte bei bestimmten auftretenden Störungen so „begrenzt" werden, dass der Reaktor in festem Abstand unterhalb des Ansprechwerts der Reaktorschnellabschaltung weiter betrieben werden konnte. Vermeidbare Schnellabschaltungen sollten also verhindert und Störungen durch schonende Betriebsweisen aufgefangen werden.

Die diesen Anforderungen optimal entsprechenden Fahrprogramme der Steuerstabbänke wurden in den Jahren 1969–1972 anhand eines räumlich und zeitlich fein auflösenden und für Langzeit-

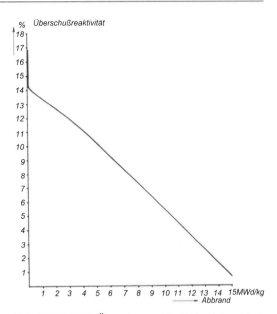

Abb. 6.276 KKS-Überschussreaktivität in Abhängigkeit vom Abbrand

verhalten (Abbrand) auch zeitlich raffenden Rechenmodells auf einem Spezial-Analogrechner großer Rechenkapazität in der Abteilung Reaktortechnik der Siemens AG. in Erlangen untersucht.[2015]

Um die erste Forderung zu erfüllen, wurde angestrebt, den Reaktorkern bei Volllast nahezu stabfrei zu fahren. Für die Regelung der Reaktorleistung war eine „Leistung verstellende Steuerstabbank[2016] (L-Bank)" vorgesehen, die 32 Steuerstäbe aus stark absorbierendem „schwarzem" Material (AgInCd – 80 % Silber, 15 % Indium und 5 % Cadmium) umfasste. Die schwarzen Steuerstäbe waren im Volllastbetrieb weit ausgefahren (Eintauchtiefe ca. 5 %). Die L-Bank war das schnelle und sehr wirksame Stellglied

[2013] Böhm, W., Katinger, T. und Kollmar, W.: Physikalische Auslegung des KKS-Reaktorkerns, atw, Jg. 16, November 1971, S. 590–592.

[2014] Bock, Heinz-Wilhelm: Ein analoges Diffusionsmodell für große Druckwasser-Leistungsreaktoren zur Untersuchung zeitabhängiger Probleme der Leistungsdichteverteilung, Diss., TU Carolo-Wilhelmina, Braunschweig, 1973, S. 28.

[2015] Bock, Heinz-Wilhelm: Ein analoges Diffusionsmodell für große Druckwasser-Leistungsreaktoren zur Untersuchung zeitabhängiger Probleme der Leistungsdichteverteilung, Diss., TU Carolo-Wilhelmina, Braunschweig, 1973.

[2016] Eine „Stabbank" wird von den Steuerstäben gebildet, die in einer Betriebsart – z. B. Leistungsverstellung oder Kompensation des Dopplereffekts – gemeinsam ansteuerbar sind. Eine „Stabgruppe" wird von den Stäben einer Stabbank gebildet, die bei einem Stabfahrbefehl gleichzeitig bewegt werden.

der Reaktor-Kühlmitteltemperatur-Regelung für schnelle und große Leistungsänderungen.

Bei Laständerungen ergeben sich Änderungen der Brennstofftemperatur und damit Reaktivitätsrückwirkungen aufgrund des Dopplereffekts. Zur Kompensation des Dopplereffekts waren im oberen Leistungsbereich zunächst vier weitere „schwarze" Steuerstäbe der insgesamt 36 „schwarzen" Stäbe vorgesehen, die als „D-Bank" (Doppler-Bank) gefahren wurden. Bei weiterer Absenkung fuhren 4 weitere „schwarze" Stäbe der großen Steuerstabbank – als D-2-Teilbank – ein. Die D-Bank regelte kleine und langsame Leistungsänderungen.

Erstmals und einmalig wurden im KKS auch „graue Steuerstäbe" aus Stahl eingesetzt, deren Absorptionswirkung nur etwa ein Fünftel von der der „schwarzen" Stäbe betrug. Mit den 13 grauen Steuerstäben, die die „X-Bank" bildeten, wurde vorwiegend die auf eine Laständerung folgende instationäre Xenonvergiftung kompensiert. (Zu Beginn des Abbrandzyklus wird zu diesem Zweck auch nur die Borsäurekonzentration verändert.) Die Xenon-135-Dichte und damit die Xenonvergiftung ergibt sich aus dem direkten Xenonaufbau aus den Kernspaltungen, dem Abbrand der Xenonkerne durch den Neutroneneinfang sowie aus dem Aufbau und Zerfall von Jod[135]. Bei der Steigerung der Reaktorleistung z. B. wird die Xenondichte kurzfristig durch höheren Xenon-Abbrand vermindert, so wie sie langfristig durch das vermehrt gebildete Jod wieder stärker anwächst. Daraus können sich axiale Schwingungen der Leistungsverteilung ergeben, wenn die Leistungsänderungen über der Kernhöhe ungleichmäßig verteilt und die Reaktorkerne so groß sind, dass sich die Neutronenflüsse in voneinander entfernten Kernbereichen nur noch geringfügig gegenseitig beeinflussen. Bei Kernhöhen von über 2 m Länge können Xenon-Oszillationen auftreten.[2017] Dieses Phänomen ist zuerst im Dezember 1955 an einem Reaktor der Savannah-River-Anlage, Aiken County, South Carolina, USA, des amerikanischen Atomwaffenprogramms, beobachtet worden. Es war eine über 14 Tage anhaltende ungedämpfte Schwingung der axialen Leistungsverteilung mit einer Periode von 28 Stunden aufgetreten. Die Abweichungen der Leistung schwankten zwischen ca. 40 und 70 %.[2018] Auch am Leistungsreaktor PWR-Shippingport traten 1958 solche Xenon-Instabilitäten auf. Neben axialen waren auch radiale Schwingungen beobachtet worden. Diesen Xenon-Instabilitäten konnte mit Steuerstabbewegungen einfach entgegengewirkt werden.[2019] Für den KKS-Reaktor wurden räumliche Schwingungen der Leistungsverteilung aufgrund der instationären Xenonvergiftung mit einem Rechenmodell errechnet[2020] und bei den Inbetriebsetzungsversuchen im Frühjahr 1972 gemessen.[2021] Um axiale Verzerrungen der Leistungsverteilung zu vermeiden, wurden die grauen Stäbe in symmetrischen Gruppen nacheinander in den Reaktorkern eingefahren, so dass zu einem Zeitpunkt höchstens eine Vierergruppe halb in den Reaktorkern eingetaucht war.[2022]

Bei Volllastbetrieb waren also alle „schwarzen" Stäbe der L- und D-Bänke fast ausgefahren, während sich wegen der zeitlich verzögert auftretenden Xenonvergiftung die grauen Stäbe in beliebiger, allerdings nicht in der vollen Eintauchtiefe befinden konnten. In Abb. 6.277[2023] ist das

---

[2017] Randall, D. und John, D. S. St.: Xenon Spatial Oscillations, NUCLEONICS, Vol. 16, No. 3, März 1958, S. 82–86 und S. 129.

[2018] Wilson, J. V.: Xenon Instabilities, NUCLEAR SAFETY, Vol. 5, No. 4, Sommer 1964, S. 345–354.

[2019] Simpson, J. W. und Rickover, H. G.: Shippingport Atomic Power Station (PWR), Proceedings of the Second United Nations International Conference on the Peaceful Uses of Atomic Energy, Genf, 1.-13. 9. 1958, Vol. 8, P/2462 USA, S. 40–46.

[2020] Aleite, W. und Bock, H.-W.: Spezial-Hybrid-Rechner für die Berechnung raumzeitlicher Leistungsverteilungen in großen Druckwasserreaktorkernen zur Optimierung von Regelungsstrukturen und Steuerstabfahrprogrammen, Proceedings, Conference on Hybrid Computation, Sixth International Analogue Computation Meetings, München, 31. 8. – 4. 9. 1970, Presses Academiques Européennes, Brüssel, 1970, S. 507–512.

[2021] Klar, E., Schaffer, S. und Spillekothen, H. G.: Erfahrungen mit der Nuklearinstrumentierung des Kernkraftwerks Stade, atw, Jg. 19, Oktober 1974, S. 477–480.

[2022] Bock, Heinz-Wilhelm, a. a. O., S. 82.

[2023] Aleite, W., Bock, H.-W. und Dorer, K., a. a. O., S. 598.

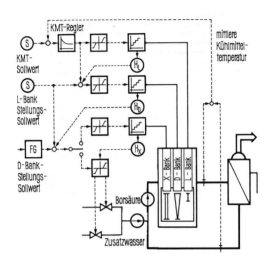

Abb. 6.277 KKS-Reaktorleistungs-Regelung

Prinzip der Reaktorleistungs-Regeleinrichtung dargestellt.

Von überaus großer Bedeutung für die Entwicklung der Reaktor-Leittechnik war die Einführung von Begrenzungen, die zwischen den Betriebsregelungen und den Schutzsystemen erstmals bei KKS eingerichtet wurden. Aus Abb. 6.278[2024] ist das Zusammenwirken von Betriebsregelungen, Begrenzungen und Schutzsystemen zu ersehen.

Die Absicht war, Ansprechwerte von „Grenzwertregelungen" einzuführen, die z. B. den Schnellabschaltreaktionen des Reaktorschutzsystems vorgelagert sind und eine automatische schnelle Rückstellung der Reaktorleistung so weit bewirken, dass bis zur Behebung der aufzufangenden Störung das Kraftwerk mit verminderter Leistung in Betrieb bleiben und dann schnell wieder hochgefahren werden kann. Die Grenzwertregelungen sicherten, falls dies möglich war, einen Abstand zu den Abschaltkriterien und vermieden auf diese Weise unnötige Reaktorschnellabschaltungen. Diese Situation kann eintreten bei Versagen der Betriebsregelungen sowie bei Störungen, für die die Stellglieder der Betriebsrege-

lungen nicht wirksam genug sind.[2025] Beispiele für solche Störungen sind das Fehlöffnen eines Frischdampf-Umleitventils, der Ausfall einer Kühlmittelpumpe oder einer Dampferzeuger-Speisepumpe oder ein Turbinenschnellschluss. Die Begrenzungen hatten Vorrang vor betrieblichen Regelungen. Ihre Funktionsfähigkeit und Störungen wurden angezeigt.

Beim KKS wurde die Reaktorleistung über den Neutronenfluss und den Siedeabstand begrenzt. Damit nicht unzulässige Betriebszustände bei anderen Kraftwerkskomponenten auftreten konnten, mussten Grenzwertregelungen für die Turbogenerator-Maximaldrehzahl, den Frischdampf-Minimaldruck und den Frischdampf-Maximaldruck vorgesehen werden.

Die Reaktor-Grenzleistungs-Regelung war ausgelegt, um schon bei geringer unzulässiger Überlast des Reaktors einzugreifen und die Reaktorleistung unter Einhaltung des Frischdampf-Minimaldrucks so herabzufahren, dass die Überlastgrenzwerte des Reaktorkühlsystems nicht erreicht und eine Reaktorschnellabschaltung vermieden wurden. In einem solchen Fall wurde die Kühlmitteltemperaturregelung kurzzeitig außer Betrieb gesetzt. Die Reaktorleistung wurde durch Einfahren der L-Bank-Steuerstäbe vermindert (es konnten nur Abfahrbefehle für die Steuerstäbe gegeben werden). In der Folge sank die mittlere Kühlmitteltemperatur und damit auch der Frischdampfdruck. Die Frischdampf-Minimaldruckregelung bewirkte eine teilweise Schließung des Turbineneinlassventils und damit eine Verringerung der Generatorleistung. Die Frischdampf-Maximaldruckregelung hatte die Aufgabe, im Falle von zuviel erzeugtem Dampf – etwa bei Lastabwurf oder bei Störungen am Turbogenerator – diesen um die Turbine herum direkt in den Kondensator zu leiten („Umleit-Regelung"). Die Maximaldruckbegrenzung und die Leistungsreduktion konnten durch den „Einwurf" einzelner Steuerstäbe in den Reaktor („Teilscram") und die dadurch bewirkte schnelle Leistungsreduktion unterstützt werden, wodurch

---

[2024] Aleite, W., Bock, H.-W. und Dorer, K., a. a. O., S. 597.

[2025] Aleite, W.: Regelung des Kernkraftwerks, VGB-Kernkraftwerks-Seminar 1970, a. a. O., S. 62 f.

Abb. 6.278 Die Begrenzungen zwischen den Betriebsregelungen und den Schutzsystemen

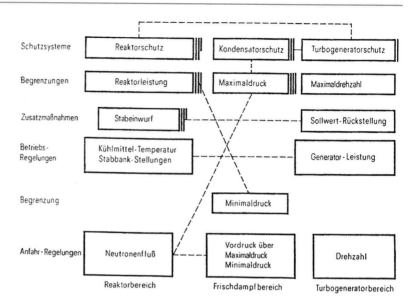

Abb. 6.279 Sicherheitstechnisches Mehrstufenkonzept

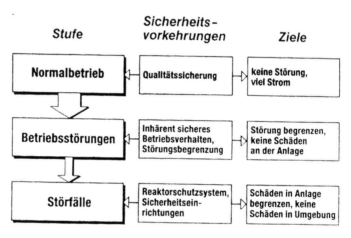

die in den Kondensator gelangende Dampfmenge wesentlich reduziert wurde.

Um die Grenzwertregelungen sehr sicher zu machen, wurde die Erfassung und Auswertung der maßgebenden Prozessvariablen redundant ausgelegt. Beim KKS wurde die Begrenzung des Neutronenflusses sowie des Siedeabstands viersträngig und weitgehend in binärer Bauweise vorgesehen. Die Frischdampf-Minimaldruckbegrenzung war zweikanalig mit dem Ansprechkriterium 1 von 2 ausgelegt. Die hohe Zuverlässigkeit der Frischdampf-Maximaldruckbegrenzung wurde durch eine mehrkanalige Auslegung erreicht, wobei sich die Kanalzahl nach der Anzahl

der großen Frischdampf-Umleitventile in den Kondensator richtete und größer als 3 war.[2026]

Die Reaktor-Begrenzungen erweiterten das klassische Reaktorschutzsystem und waren nach Art und Umfang eine Eigenheit deutscher Kernkraftwerke mit Druckwasserreaktor. Sie führten das sicherheitstechnische Mehrstufenkonzept (Abb. 6.279[2027]) auch für die Leittechnik ein. Vor der Abschaltgrenze des Reaktorschutzsystems

---

[2026] AMPA Ku 151: Persönliche Mitteilung von Werner Aleite vom 28. 4. 2006: Reaktorleistungs-Leittechnik, Historische Entwicklung 1965–1970, S. 10 f.

[2027] Orth, Karlheinz: Fehlerverzeihende Technik, Energie, Jg. 40, Nr. 5, Mai 1988, S. 41.

Abb. 6.280 „Defense-in-Depth"-Prinzip der Leittechnik

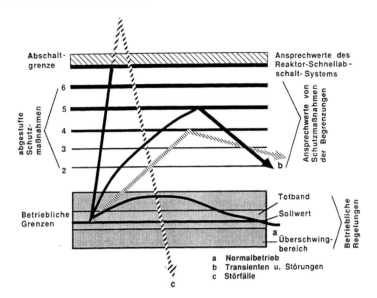

versuchten Begrenzungssysteme mit abgestuften Schutzmaßnahmen („Defense-in-Depth"-Prinzip) den Reaktor zu stabilisieren und sicher in Betrieb zu halten. Erst wenn diese „weichen" Gegenmaßnahmen nicht griffen, wurde das Reaktorschnellabschaltsystem aktiviert (Abb. 6.280[2028]). Beim KKS wurde ein erster großer Schritt zur Verwirklichung dieses in der Tiefe gestaffelten leittechnischen Schutzsystems getan.

Bei der KKS-Inbetriebsetzung im Frühjahr 1972 wurden zahlreiche Versuche zur Erprobung des Betriebs- und Störfallverhaltens gefahren. Die neue Reaktor-Regeleinrichtung und die erstmals eingeführten Funktionen der Steuerstabfahrprogramme sowie ein ebenfalls neu eingesetzter Anlagenprozessrechner bewährten sich mit großem Erfolg.[2029] Im Jahr 1974 wurde KKS ohne größere Störung ausschließlich mit Volllast betrieben. Die zeitliche Verfügbarkeit betrug ein-

schließlich des zweiten Brennelementwechsels und der Kraftwerksrevision 92,0 %.[2030]

Mit den Reaktorbegrenzungen wurden statistisch eindrucksvoll nachweisbare Erfolge für die Verfügbarkeit deutscher Druckwasserreaktoren erzielt.

Das Kernkraftwerk Biblis Block A (KWB-A)[2031] Ende Mai 1969 erteilte die Rheinisch-Westfälische Elektrizitätswerk AG (RWE) der von AEG und Siemens gegründeten Kraftwerk Union AG (KWU) sowie der Baufirma Hochtief AG den Auftrag, am Standort Biblis am Rhein ein Kernkraftwerk mit Druckwasserreaktor und der elektrischen Bruttoleistung von 1200 MW schlüsselfertig zu errichten.[2032] Nach einer Bauzeit von 4 Jahren wurde im Januar 1974 mit den Inbetriebsetzungsarbeiten begonnen. Mitte Juli 1974 war der Druckwasserreaktor des Blocks A des Kernkraftwerks Biblis erstmals kritisch[2033]

[2028] Aleite, W., Hofmann, H. und Jung, M.: Leittechnik in Kernkraftwerken, atw, Jg. 32, März 1987, S. 122–128.

[2029] Aleite, W. und Bock, H.-W.: Ergebnisse bei der Inbetriebsetzung der Reaktor-Regeleinrichtungen des Kernkraftwerkes Stade (KKS), Tagungsbericht, Reaktortagung Karlsruhe 10–13. 4. 1973, Deutsches Atomforum, Bonn, 1973, S. 514–517.

[2030] Betriebsergebnisse der deutschen Kernkraftwerke 1974, atw, Jg. 20, Oktober 1975, S. 527.

[2031] Zeitgleich mit Biblis-A entwickelte und errichtete KWU das niederländische 481-MW_{el}-Kernkraftwerk Borssele mit Druckwasserreaktor. Auf die technischen Parallelen wird im Folgenden nicht eingegangen.

[2032] Mandel, H.: Der Bauentschluss für das Kernkraftwerk Biblis, atw, Jg. 14, September/Oktober 1969, S. 453–455.

[2033] Nachrichten des Monats: Biblis A kritisch, atw, Jg. 19, August/September 1974, S. 373.

und erreichte Anfang Dezember 1974 eine am Generator gemessene Klemmenleistung von 1260 MW.[2034] Ende Februar 1975 wurde Biblis A nach erfolgreichem Probebetrieb vom Betreiber RWE übernommen. Es war damals das größte Kernkraftwerk der Welt mit einem Reaktorblock.[2035]

Die Regeleinrichtungen von KWB-A wurden nach dem Vorbild Stade entworfen und weiterentwickelt. Das Kraftwerk KWB-A wurde im Verbundnetz eingesetzt. Sein Regelsystem war so ausgelegt, dass es relativ große Leistungsänderungs-Geschwindigkeiten – Lastsprünge von 10 % in Abständen von zwei Minuten und Lastrampen von 10 % pro Minute im oberen Leistungsbereich – bewältigen konnte.[2036] Im Probebetrieb konnte nachgewiesen werden, dass KWB-A diesen hohen Geschwindigkeiten von Kurzzeit-Laständerungen nachkommen konnte. Die Flexibilität war auch im Fall von Störungen bemerkenswert, etwa bei Ausfall einer Hauptkühlmittelpumpe oder beim Mehrfach-Anfahren nach Notstromfall, Turbinen-Schnellabschaltung, Lastabwurf auf Nulllast und Lastabwurf auf Eigenbedarf.[2037]

Besondere Aufmerksamkeit galt der Leistungsverteilung (LV) im großen KWB-A-Reaktorkern. Bei Konstantlast-Betrieb erhielt die Axial-LV-Regelung ihre Signale von den Neutronenfluss-Außenmessungen, die dafür ausreichten. Diese Regelung kam mit einer sehr geringen Zahl von Steuerstabbetätigungen der L-Bank aus. Für den Anfahr- und Lastfolgebetrieb wurden die Signale der Neutronenfluss-Innenmessung verwendet. Zusätzlich zum Kugelmesssystem, das die Neutronenflussdichte diskontinuierlich maß (maximal sechs mal pro Stunde) und für Kalibrierungen benutzt wurde, waren

in bestimmten Brennelementen zur kontinuierlichen Messung und Überwachung der örtlichen Leistungsdichten stationäre Innenkern-Detektoren (Miniatur-Spaltkammern) eingebaut worden. An 8 Positionen des Kernquerschnitts waren je 6, also insgesamt etwa 50 dieser Leistungsverteilungsdetektoren (LVD) über die Kernhöhe verteilt.[2038] Abbildung 6.281[2039] zeigt die Messpositionen 6 (Neutronenfluss-Außenmessung) und 7 (Incore-LVD), die für die Bestimmung der Leistungsverteilung vorgesehen waren. Die Azimutal-LV-Regelung bestand aus zwei Teilschaltungen, die jeweils die Differenzleistung gegenüberliegender Kernquadranten überwachten und durch Einfahren eines Einzelstabs in den Quadranten höherer Leistung klein hielten. Um unzulässig hohe Werte der Leistungsdichte im Reaktorkern zu verhindern, wurde erstmals eine Leistungsdichte-Begrenzung zusätzlich zu den im KKS verwendeten Begrenzungen eingeführt. Zu große Leistung in der oberen Kernhälfte wurde durch L-Bank-Einfahren beseitigt. Bei zu hoher Leistung in der unteren Kernhälfte wurde die Leistungsdichte durch eine Gesamtleistungsabsenkung des Reaktors vermindert, was durch D-Bank-Einfahren bewirkt wurde (Generatorleistungs-Sollwert-Begrenzung). Das Einfahren der L-Bank war währenddessen gesperrt.[2040] Bei den Fahrversuchen im Probebetrieb kam es vor, dass bei sehr ungünstigen Randbedingungen kurz vor Erreichen der Volllast die Leistungsdichtebegrenzungen geringfügig und vorübergehend benötigt wurden.[2041]

[2034] Nachrichten des Monats: Biblis A mit voller Leistung, atw, Jg. 20, Januar 1975, S. 1.

[2035] Nachrichten des Monats: Biblis A übernommen, atw, Jg. 20, März 1975, S. 97.

[2036] Frühauf, H. und Lepie, G.: Aufbau der Gesamtanlage des Kernkraftwerks Biblis, atw, Jg. 19, August/September 1974, S. 408–419.

[2037] Aleite, W.: 1300-MW-Kernkraftwerke im Lastfolgebetrieb, VGB Kraftwerkstechnik, Jg. 56, Heft 2, Februar 1976, S. 72–75.

[2038] AMPA Ku 82, Kraftwerk Union AG: Sicherheitsbericht für das Kernkraftwerk Biblis Block A, Okt. 1969/ Aug. 1971, Bd. 1, Textziff. 2.6.2.1.2.1 „Stationäre Instrumentierung".

[2039] Spillekothen, H.-G.: Strahlenmessung, in: Kaiser, G. (Hg.): Reaktorinstrumentierung, VDE-Verlag, 1983, S. 135.

[2040] Aleite, W. und Bock, H. W.: Ergebnisse bei der Inbetriebsetzung der Reaktor-Regelungs- und Überwachungs-Systeme des Kernkraftwerks Biblis A, Tagungsbericht der Reaktortagung am 9.-11. April 1975 in Nürnberg, Kerntechnische Gesellschaft im Deutschen Atomforum e. V., Bonn, 1975, S. 579–582.

[2041] Aleite, W.: 1300-MW-Kernkraftwerke im Lastfolgebetrieb, VGB Kraftwerkstechnik, Jg. 56, Heft 2, Februar 1976, S. 74 f.

Abb. 6.281 Messpositionen für die Strahlungsüberwachung im Druckwasserrektor

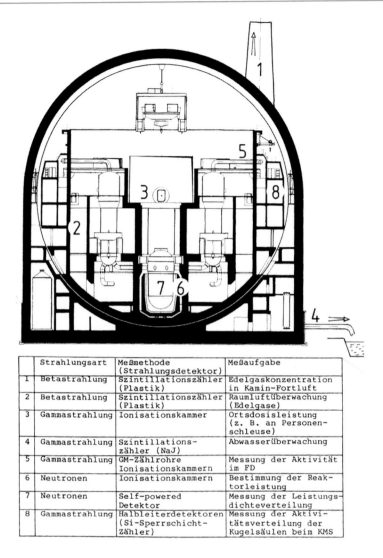

	Strahlungsart	Meßmethode (Strahlungsdetektor)	Meßaufgabe
1	Betastrahlung	Szintillationszähler (Plastik)	Edelgaskonzentration in Kamin-Fortluft
2	Betastrahlung	Szintillationszähler (Plastik)	Raumluftüberwachung (Edelgase)
3	Gammastrahlung	Ionisationskammer	Ortsdosisleistung (z. B. an Personenschleuse)
4	Gammastrahlung	Szintillationszähler (NaJ)	Abwasserüberwachung
5	Gammastrahlung	GM-Zählrohre Ionisationskammern	Messung der Aktivität im FD
6	Neutronen	Ionisationskammern	Bestimmung der Reaktorleistung
7	Neutronen	Self-powered Detektor	Messung der Leistungsdichteverteilung
8	Gammastrahlung	Halbleiterdetektoren (Si-Sperrschicht-Zähler)	Messung der Aktivitätsverteilung der Kugelsäulen beim KMS

Eine wesentliche technische Änderung gegenüber KKS betraf die X-Bank. Ursprünglich waren in Biblis Block A 13 „graue" Steuerstäbe aus dem Stahl Inconel-600 in der X-Bank zur Kompensation der Xenonreaktivitätsbindung vorgesehen. Es zeigte sich jedoch, dass die axiale Leistungsdichteverteilung sehr gut durch gezieltes Ein- und Ausfahren (5–10 cm) mit den „schwarzen" Steuerstäben der L-Bank ausgeglichen werden konnte. Dies wurde entweder vom Reaktorfahrer von Hand oder mit der Leistungsverteilungsregelung bewerkstelligt. Die mittlere Stellung der L-Bank betrug am Beginn eines Brennstoff-Zyklus ca. 30 cm und am Zyklusende ca. 10 cm. Der Reaktor wurde also weitgehend mit ausgefahrenen Steuerstäben betrieben. Bei Lastwechselbetrieb wurden zur Verminderung der Reaktorleistung D-Teilbänke eingefahren, die aus je 4 „schwarzen" Steuerstäben bestanden. Baute sich dann die Xenon-Konzentration auf, wurde dies durch Ausfahren der D-Teilbänke wieder kompensiert. Die axiale Leistungsverteilung wurde dabei immer mit der L-Bank ausgeregelt. Sollte die Reaktorleistung wieder gesteigert werden, wurden die D-Teilbänke weiter ausgefahren und die Borkonzentration verringert. Ein zusätzliches Einfahren der X-Bank hätte die Leistungsverteilung im Kern verschlechtert. Die X-Bank blieb deshalb immer vollständig ausgefahren und kam nicht zum Einsatz. Nach dem 4. Zyklus wurden

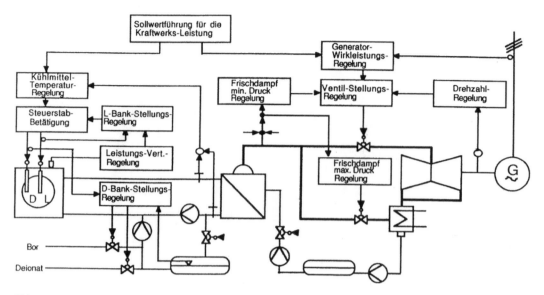

Abb. 6.282 Leistungsregeleinrichtung von KWU-DWR-Kraftwerken, Übersicht

die „grauen" X-Steuerstäbe gegen „schwarze" Steuerstäbe ausgewechselt.[2042] Bei den Kraftwerksbauten nach KWB-A wurden keine X-Bänke mehr vorgesehen. Die Betriebserfahrung mit KWB-A lehrte ebenfalls, dass die azimutale LV-Regelung aufgrund der Stabilitätseigenschaften auch großer Reaktorkerne nicht erforderlich war. Ähnliche Erfahrungen waren auch im Druckwasserreaktor Robinson-2 der Carolina Power Light Company, Raleigh, N. C., USA, gemacht worden. Auch dort wurde gefunden, dass die eigens für die Ausregelung der Xenon-Instabilitäten installierte Bank mit kürzeren Steuerstäben entbehrlich war.[2043]

Mit Biblis-A fand die Entwicklung des Siemens/KWU-Konzepts der Reaktor-Leistungs-Leittechnik im Prinzip ihren Abschluss. Abbildung 6.282 zeigt schematisch die Leistungsregeleinrichtung von KWU-Druckwasserreaktor-Kraftwerken.[2044]

Die weitere Entwicklung und internationale Aspekte Der hohe technische Stand der Leittechnik bei Biblis-A bewährte sich im Betrieb. Prinzipielle Änderungen waren nicht mehr erforderlich. Bei der Errichtung der Kernkraftwerke Biblis-B, Unterweser und Neckarwestheim-1 ging es um Verfeinerungen, kleinere Änderungen für eine optimale Fertigung und Montage sowie Umprogrammierungen zur Parameteranpassung. Mit Hilfe einer gepulsten Deionat-Einspeisung unter Ausnutzung der integralen Xenon-Ver- und Entgiftung konnte bei vollautomatischem Betrieb die Zahl der Steuerstabschritte deutlich abgesenkt werden (2 L-Bank-Schritte pro Tag und 1 D-Bank-Schritt pro Stunde bei Konstantlast). Diese Verfeinerungen der Leittechnik dienten der „Stellglied-Schonung".[2045]

Die weitere Optimierung der Begrenzungs-Leittechnik verfolgte die Zielsetzungen

[2042] AMPA Ku 151: Biblis: Persönliche Mitteilungen von Dr. Volker Grafen vom 21. 9. 2007 und Bernd Kehr vom 24. 9. 2007

[2043] Casto, William R.: Operating Experiences: Axial Xenon Oscillations Controlled at a PWR, NUCLEAR SAFETY, Vol. 14, No. 2, März-April 1973, S. 121 f.

[2044] Aleite, W. und Struensee, S.: Leistungsregeleinrichtungen und Begrenzungen von Druck- und Siedewasser-

reaktoren, atw, Jg. 32, März 1987, S. 129–134, vgl. auch AMPA Ku 82, Kraftwerk Union AG.: Sicherheitsbericht für das Kernkraftwerk Biblis, Oktober 1969, Bd. 2, S. 2.6–8.

[2045] Aleite, W., Bock, H. W. und Bortolazzi, K.: Inbetriebsetzung der Reaktor-Leistungs-Leittechnik der Kernkraftwerke Neckarwestheim und Biblis B, Tagungsbericht der Reaktortagung am 29.3–1.4. 1977 in Mannheim, Kern-

- die Sicherheitsreserven der Basissicherheit durch Schonung der Anlagenkomponenten und -systeme (vgl. Kap. 11.2) möglichst groß zu erhalten (größtmögliche Sicherheit),
- die Beeinträchtigung des Betriebs durch Störungen zu minimieren (hohe Verfügbarkeit) und
- die Lebensdauer der Anlage zu verlängern (bestmögliche Wirtschaftlichkeit).

Dazu wurden die „Verteidigungslinien" vorverlegt. Alle häufigen und die folgenschweren Störungen sollten möglichst frühzeitig, schnell und eindeutig erkannt werden, um sie mit geeigneten Gegenmaßnahmen optimal beherrschen zu können. Nur im notwendigsten Fall sollte der Betrieb durch Reaktorschnellabschaltung unterbrochen werden.

Bei der Errichtung des Kernkraftwerks Grafenrheinfeld[2046] wurde die Kühlmittel-Druck-Begrenzung eingeführt, wodurch die Sprödbruch-Sicherheit gewährleistet wird.[2047] In ihrer Folge wurden auch die Kühlmittelmasse- und die Temperaturgradienten-Begrenzungen eingerichtet. Wegen der nunmehr vielfältigen, unterschiedlich häufig auftretenden Situationen, in denen Begrenzungen bei situationsbedingt unterschiedlichen Werten ansprechen und Aktionen ausgelöst werden konnten, wurden an das leittechnische System neue, hohe Anforderungen gestellt. Mit Grafenrheinfeld wurde eine modulare Leittechnik-Generation begründet, die sich mit ihren Begrenzungen an einem „kontinuierlichen defence-in-depth-Konzept" ausrichtete.[2048] In Grafenrheinfeld wurden von KWU die ersten Mikroprozessoren des Siemens-ISKAMATIC-Bausteinsystems und das Rechnersystem TELE-PERM M eingesetzt.[2049] Damit begann die rasch zunehmende Verwendung von Rechnern für die betriebliche Leittechnik, insbesondere auch für die Prozessinformationssysteme. Die Komplexität der Aufgabenstellungen, der Aufwand für die genaue zeitliche und räumliche Messung und Erfassung von Prozessdaten sowie deren Verarbeitung und die Leistungsfähigkeit der Regeleinrichtungen wuchsen enorm an. Die Anzahl der erforderlichen „Elektronik-Schränke" nahm auf über 500 zu.[2050]

Die Siemens-Leittechnik für Kernkraftwerke entwickelte sich seit ihren Anfängen aus der konventionellen Kraftwerkstechnik heraus auf der Grundlage von dezentralen Automatisierungssystemen mit steckbaren elektronischen Baugruppen. Jede Funktion war dabei in Hardware ausgeführt. Die binären und/oder analogen Signale wurden parallel verarbeitet: „ein Signal – ein Draht"-Technik. Bei Störungen fiel nur die einzelne gestörte Funktion aus. Diese Technik bewährte sich ausgezeichnet auch in Kernkraftwerken, und die Anforderungen in den Genehmigungsverfahren waren auf sie ausgerichtet.[2051] KWU und Kernkraftwerks-Betreiber waren deshalb bei der Einführung neuer, voll digitalisierter Leittechnik vorsichtig und zurückhaltend. Kein deutsches Kernkraftwerk einschließlich der Konvoi-Serie der 80er Jahre erhielt als „harten Kern" der Sicherheitsleittechnik einen speicherprogrammierbaren Rechner. Auch in den USA, anders als in Frankreich, Kanada und Japan, verhielt man sich bei der Einführung frei programmierbarer Computer in die Sicherheitsleittechnik von Leistungsreaktoren zögerlich und hinhaltend. Das Oak Ridge National Laboratory (ORNL) jedoch, in dem reiche Erfahrung mit

---

technische Gesellschaft im Deutschen Atomforum e. V., Bonn, 1977, S. 865–868.

[2046] 1300 MW$_{el}$, Inbetriebsetzung Ende 1981, Übergabe von KWU an Bayernwerk AG 17. 6. 1982.

[2047] Aleite, W.: Improved Safety and Availability by Limitation Systems, Proceedings ENS/ANS International Topical Meeting on Nuclear Power Reactor Safety, 16–19. Oktober 1978, Brüssel, Vol. 1, S. 599–610.

[2048] Aleite, W.: Defence in Depth by 'Leittechnique' Systems with Graded Intelligence: Proceedings, International Symposium on Nuclear Power Plant Control and Instrumentation, IAEA, 11–15. 10. 1982, München, IAEA-SM-265/14, Wien, 1983, S. 301–319.

[2049] Bock, H. W., Bortolazzi, K. und Rubbel, F. E.: Grafenrheinfeld: Weiterentwicklung und IBS-Erfahrungen auf dem Gebiet der Reaktor-Leittechnik, Tagungsbericht, Jahrestagung Kerntechnik '83, 14–16. Juni 1983, Berlin, S. 781–784.

[2050] Aleite, W. und König, N.: Moderne Leittechnik-Systeme in Kernkraftwerken, VDI-Bericht 668 über die VDI-Tagung: Kernenergie, eine Energiequelle der Zukunft?, 24. u. 25. 2. 1988, Hannover, VDI-Verlag, Düsseldorf, S. 87–111.

[2051] Aleite, W., Hofmann, H. und Jung, M.: Leittechnik in Kernkraftwerken, atw, 32. Jg., März 1987, S. 122–128.

digitalisierten leittechnischen Systemen in Forschungsreaktoren vorlagen, empfahl in den 70er Jahren nachdrücklich den Einsatz von Computern auch in Reaktorschutzsystemen.[2052]

In Deutschland war die Diskussion über den Einsatz digitaler Sicherheitsleittechnik für Reaktorschutzfunktionen auch im Jahr 2007 noch nicht abgeschlossen. Die TÜV-Leitstelle Kerntechnik vertrat die Auffassung, dass softwarebasierte digitale Leittechniksysteme den Stand der Technik für zeitgemäße Steuerungs- und Sicherheitssysteme darstellen. Zur Restrisikominimierung hinsichtlich systematischer Fehler müssten jedoch für vitale Sicherheitsfunktionen zusätzliche Maßnahmen bzw. Sicherheitseinrichtungen vorgesehen werden.[2053]

Prozessrechner wurden zunächst (seit der Inbetriebsetzung von KWO) nur zur Protokollierung und Dokumentation des Betriebsgeschehens genutzt. Ihr Einsatzbereich erweiterte sich dann mit jeder Neuanlage z. B. auf die Durchführung kerntechnischer Berechnungen, die Steuerung und Auswertung des Kugelmesssystems, die automatische Steuerung von Geräten der Reaktorregeleinrichtungen und Überwachungssysteme, die Berechnung von Steuerstabfahrprogrammen (bei Siedewasserreaktoren)[2054] usw. Ein Arbeitskreis aus deutschen Herstellern und Betreibern stellte die für die Automatisierung geeigneten Betriebsabläufe und Systeme zusammen.[2055]

Der Bundesminister für Forschung und Technologie führte in den Jahren 1979 und 1980 einige Forschungsvorhaben mit der Zielsetzung „Sicheres Leit- und Informationssystem für Kernkraftwerke" durch. Die Herstellerfirmen Brown, Boveri & Cie. AG (BBC) und Kraftwerk Union AG (KWU) erstellten in Abstimmung mit der Gesellschaft für Reaktorsicherheit (GRS) Rahmenpflichten- und Lastenhefte, in denen die Rahmenbedingungen und Voraussetzungen für den Einsatz von seriell arbeitenden Mikroprozessoren für Messen, Steuern, Regeln, Schützen und Überwachen festgelegt wurden.[2056, 2057] Im Abschlussbericht zu diesen BMFT-Vorhaben wurden u. a. 7 Anforderungsstufen der Leittechniksysteme mit ihren Richtwerten der Unverfügbarkeit beschrieben und an Beispielen dargestellt.[2058]

Große Vorteile der Digitalisierung zeigten sich bei den integralen, intelligenten Prozessinformationssystemen, mit denen die Vorkonvoi- und Konvoi-Anlagen der Firma KWU ausgerüstet wurden, wozu die Betriebssoftware PRISCA – Process Information System Computer Aided – entwickelt wurde.[2059] Um hohe Verfügbarkeiten sicherzustellen, wurden Mehrrechnersysteme eingesetzt. Zur hochwertigen Darstellung der Prozessinformationen wurden Grafik-Sichtgeräte verwendet, die Detail-, System- und Übersichtsinformationen in beliebiger Tiefe und grafischer Form farbig darbieten konnten.[2060] Beim Entwurf und der Programmierung intelligenter Bilder machte sich Egbert Rubbel, KWU-Gruppenführer Hybrid Rechner, außerordentlich verdient. Bei den Inbetriebsetzungs-Versuchen des Gemeinschafts-Kernkraftwerks Neckar-2, der letzten Konvoi-Anlage, wurde im Januar und

[2052] Epler, E.P. und Oakes, L. C.: Obstacles to Complete Automation of Reactor Control, NUCLEAR SAFETY, Vol. 14, No. 2, März-April 1973, S. 95–104.

[2053] TÜV-Leitstelle Kerntechnik, Berlin: Statement der TÜV in der Leitstelle Kerntechnik zum Einsatz digitaler Sicherheitsleittechnik für Reaktorschutzfunktionen, atw, Jg. 52, Heft 8/9, August-September 2007, S. 589.

[2054] Die Reaktorsicherheitskommission stimmte am 19. 3. 1975 auf ihrer 103. Sitzung dem erstmaligen Gebrauch in der Bundesrepublik Deutschland eines Steuerstabfahrrechners im KKW Würgassen zu.

[2055] Aleite, W., Geyer, K. H., Hofmann, H. und Scherschmidt, F.: Leittechnik im Kernkraftwerk – zuviel oder zuwenig?, atw, Jg. 28, November 1983, S. 561.

[2056] GRS-F-88, Berichtszeitraum 1.10.-31.12.1979, März 1980, Projekt-Nr. RS 150424, S. 1–3.

[2057] GRS-F-93, Berichtszeitraum 1.1.-31.3.1980, Juni 1980, Projekt-Nr. RS 150367, S. 1–2.

[2058] Abschlussbericht zum BMFT-Vorhaben 150424 Rahmenpflichtenheft zur Leittechnik in Kernkraftwerken, Februar 1980, S. 9.

[2059] Aleite, W., Bock, H. W. und Rubbel, E.: Video Display Units in Nuclear Power Plant Main Control Rooms: The Process Information System KWU-PRINS: Siemens Forsch. u. Entwickl.-Ber., Bd. 13, Nr. 3, Springer-Verlag, 1984, S. 134–137.

[2060] Rubbel, F. E.: „Intelligente Bilder" der Sichtgerätewand vorgeführt mit Videorecordern, Tagungsbericht, Jahrestagung Kerntechnik '83, 14–16. Juni 1983, Berlin, S. 834–837.

Abb. 6.283 Schematischer
Grundriss einer Konvoi-
Warte

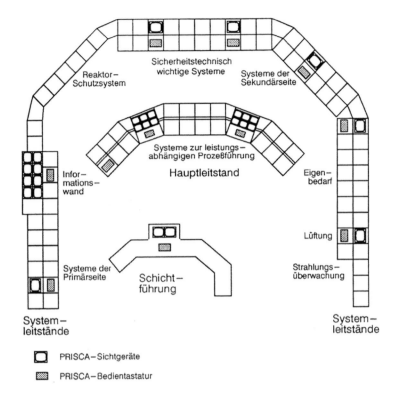

Reaktor-
Schutzsystem

Sicherheitstechnisch
wichtige Systeme

Systeme der
Sekundärseite

Systeme zur leistungs-
abhängigen Prozeßführung

Hauptleitstand

Infor-
mations-
wand

Eigen-
bedarf

Lüftung

Systeme der
Primärseite

Schicht-
führung

Strahlungs-
überwachung

System-
leitstände

System-
leitstände

☐   PRISCA–Sichtgeräte

▦   PRISCA–Bedientastatur

Februar 1989 die ganze Breite der bildhaften
Informationsdarstellung für Reaktorfahrer und
Instandhaltungspersonal aufgezeigt.[2061] Abbil-
dung 6.283 zeigt schematisch den Grundriss einer
Konvoi-Warte, in der sich der Hauptleitstand und
die Systemleitstände befinden, auf denen die
Steuerstellen, Anzeiger, Schreiber, Meldefelder
und Sichtgeräte angeordnet sind.

Die zusammenfassenden Erfahrungsberichte
über die PRISCA-Anlagenbildanzeigen in den
Kernkraftwerken Isar-2 und Neckarwestheim-2
waren vortrefflich und zeigten auf, dass die neue
Form der Informationsdarstellung den bisherigen
Instrumenten-Anzeigen weit überlegen war.[2062]
Als Vorteile wurden genannt:

- Die ergonomisch ausgereifte Symboldar-
  stellung ist höchst übersichtlich, schnell und
  exakt aufzunehmen.

- In komplexen Bereichen ist die Information
  umfassender und transparenter durch die
  Möglichkeiten der Informationsauswahl, -dar-
  stellung und -verdichtung.

- Der Erfolg von Schalthandlungen ist direkt
  kontrollierbar, die Wirksamkeit leichter und
  schneller zu beurteilen. Tendenzen werden
  sichtbar und feststellbar.

- Die Bilder können zusätzliche Vorverarbei-
  tungen und Rechenergebnisse enthalten.

- Die Zeitkurvendarstellung erlaubt eine
  schnelle nachträgliche Analyse aller Betriebsabläufe. Die Lupenfunktion ermöglicht das
  Herausheben wichtiger Vorgänge.

Die PRISCA-Abb. 6.284–6.286 zeigen beispielhaft eine Auswahl von Sichtgerätanzeigen aus
der Informationswand des Hauptleitstandes eines
1.300 MW-DWR der Firma KWU bei dessen Inbetriebsetzung.[2063] Sie wurden am 9.2.1988 je-

[2061] Aleite, W.: Leittechnik in Kernkraftwerken, atw,
Jg. 37, Oktober 1992, S. 462–471.

[2062] AMPA Ku 82, Erfahrungsberichte Anlagenbildanzei-
ge der Bayernwerk AG vom 28. 2. 1989 und der Gemeinschaftskernkraftwerk Neckar GmbH vom 24. 4. 1990.

[2063] AMPA KU 151, Aleite: Die Bildfolge wurde von
Dipl.-Ing. Werner Aleite aufgenommen und mit einer
persönlichen Mitteilung vom 20. 11. 2008 zugänglich gemacht.

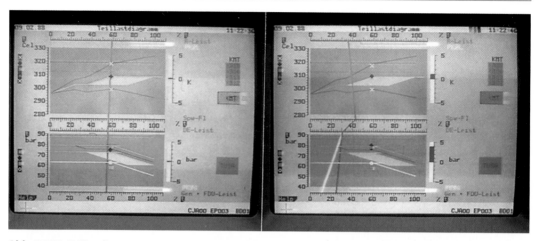

Abb. 6.284 Teillastdiagramm um 11:22:36 Uhr und Teillastdiagramm um 11:22:46 Uhr

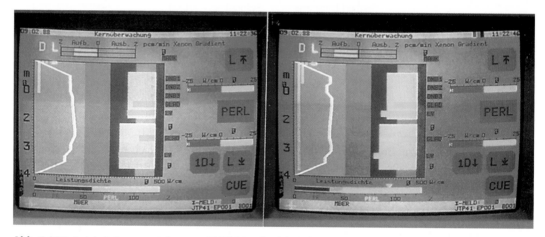

Abb. 6.285 Axiale Leisungsverteilung um 11:22:36 und axiale Leisungsverteilung um 11:22:46

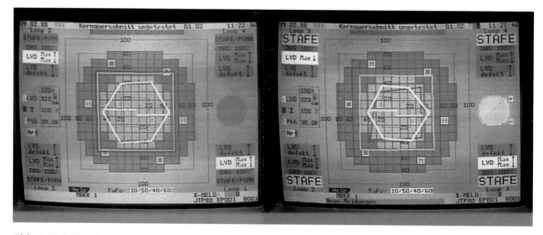

Abb. 6.286 Der Kernquerschnitt um 11:22:36 und der Kernquerschnitt um 11:22:46

weils in 10 Sekunden Abstand um 11:22:36 Uhr bzw. um 11:22:46 Uhr am Beginn einer Turbinen-Schnell-Abschaltung (TUSA) aufgenommen. Zu diesem Zeitpunkt war die Kraftwerksleistung stationär ca. 60 % (Generatorleistung und Reaktorleistung je ca. 60 %). Eine TUSA kann während des Normalbetriebs jederzeit unangekündigt auftreten.

Abbildung 6.284 zeigt das Teillastdiagramm, oben für die Kühlmitteleintritts- und -austrittstemperaturen, unten für den Frischdampfdruck (vgl. Abb. 6.274). Weiß eingezeichnet sind die rhomboidförmigen Betriebsfelder für die mittlere Kühlmitteltemperatur bzw. den Frischdampfdruck. Die senkrechte blaue Linie verbindet die jeweiligen „ca. 60-%-Werte" auf den jeweils zugehörigen Abzissen von Reaktorleistung, Speisewasserdurchfluss, Generatorleistung und den über die Frischdampf-Umleitstation in den Kondensator abgegebenen Anteil der Dampfmenge. 10 Sekunden nach Auslösung der TUSA (Abb. 6.284 *rechts*) hat sich der untere Teil der blauen Linie bereits in einen rötlichen Teil für die Generatorleistung, die gegen Null geht, und in einen blauen Teil für die über die Frischdampf-Umleitstation in den Kondensator abgeführte Frischdampf-Abblaseleistung aufgespalten.

Im Abb. 6.285 der axialen Leistungsverteilung ist links die Reaktorleistung gelb dargestellt. Links am Rand ist die Eintauchtiefe der leistungsregelnden Steuerstab-Gruppe zu sehen (hellblau), die nach 10 Sekunden ganz eingetaucht ist (Abb. 6.285 11:22:46 Uhr), während eine zweite Steuerstab-Gruppe einfährt. Die Reaktorleistung ist schon deutlich vermindert (Abb. 6.285 *rechts*). Aus den rechts stehenden, gelb gezeichneten Rechtecken sind die Begrenzungskriterien zu entnehmen.

Das Abb. 6.286 stellt im Abstand von 10 Sekunden den Kernquerschnitt mit den 193 Brennelementen und den Anzeigen der Neutronenfluss-Innen- und -außeninstrumentierung dar, deren Messwerte sich während des TUSA-Ereignisses zunehmend verkleinern.

Am Rande der Monitor-Anzeigen sind eine Reihe binärer Signale zu erkennen, die Hinweise auf Steuerstab-Fahrbewegungen, Borsäurekonzentration im Primärkreis, Sicherheitseinspei-sung, erlaubte Leistungen, Ausfall von Pumpen usw. geben.

Der Reaktorfahrer (Operateur) wurde durch das Prozessinformationssystem entlastet und erhielt durch die automatische und gestaffelte Aktivierung von Begrenzungsmaßnahmen mehr Handlungsspielräume und Sicherheit.[2064] Er wurde mehr und mehr zum Beobachter, Optimierer und Störfallmanager. In Abb. 6.287 sind die Phasen der Leittechnik-Entwicklung von Siemens/KWU schematisch dargestellt.[2065] Die entscheidende Voraussetzung für die erfolgreiche Umsetzung der Leittechnik-Entwicklungsziele lag in dem Sachverhalt begründet, dass die Siemens/KWU-Kernkraftwerke schlüsselfertig erstellt wurden. Alle Anlagensysteme und die Leittechnik kamen aus einer Hand. Alle Kenntnisse und Verantwortung waren beim Hersteller gebündelt und konnten bei der Optimierung der Begrenzungs-Leittechnik vom Entwurf bis zur Erprobung im Betrieb stets zusammenwirken.

Im Jahr 1985 konnten vonseiten der Kraftwerk Union AG überdurchschnittlich gute Betriebsergebnisse als Ausweis für die technologische Reife und Funktionstüchtigkeit ihrer Anlagen sowie der qualifizierten Betriebsführung durch die Betreiber verzeichnet werden. Die durchschnittliche Verfügbarkeit der 9 KWU-Druckwasserreaktoren lag damals mit 81,8 % beträchtlich über den 67,4 % der 118 DWR in anderen Ländern und von anderen Herstellern.[2066] Im Durchschnitt hatten die 9 Leistungs-Druckwasserreaktoren nur je eine Schnellabschaltung in

---

[2064] Büttner, W.-E. und Fischer, H. D.: Advanced German Operator Support Systems, NUCLEAR SAFETY, Vol. 27, No. 2, April-Juni 1986, S. 199–209.

[2065] Aleite, W.: Leittechnik in kerntechnischen Anlagen, Stand und Ausblick, in: Berichtsband der Fachtagung des Deutschen Atomforums e. V. „Mensch und Chip in der Kerntechnik", 27–28.10. 1987, Bonn, INFORUM, Bonn, S. 11–42.

[2066] Orth, Karlheinz: Neuere Aspekte zur Sicherheit von Druckwasserreaktoren, in: Kerntechnische Gesellschaft e. V.: Tagungsbericht „Neuere Entwicklungen zur Sicherheit von Kernkraftwerken und Anlagen des Kernbrennstoffkreislaufs", 24. und 25. September 1985, Düsseldorf, S. 1–52.

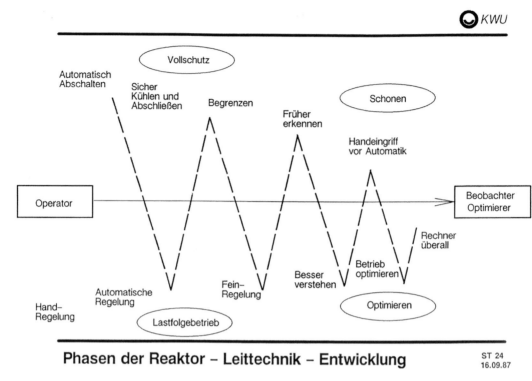

Abb. 6.287 Die Siemens/KWU-Entwicklung der Leittechnik

zwei Jahren.[2067] In den 22 Jahren von 1985–2006 waren KWU-DWR 21 mal Weltmeister bei der Stromerzeugung, wobei sich insbesondere die Kernkraftwerke Grohnde und Isar-2 im Wechsel auch mit Brokdorf, Emsland, Unterweser und Philippsburg-2 hervorgetan haben. Emsland war bis zum Jahr 2006 mit 93,7 % Weltmeister bei der durchschnittlichen Leistungsverfügbarkeit im Vergleich mit 284 großen Leistungsreaktoren weltweit.[2068] Schon auf einer Fachtagung anlässlich der vierten internationalen Fachmesse für die kerntechnische Industrie nuclex '75 im Oktober 1975 in Basel war von der KWU auf die

guten Betriebserfahrungen in Stade und Biblis A mit redundanten Begrenzungen zwischen Regeleinrichtungen und Schutzsystemen hingewiesen worden.[2069] Die von den Gesellschaften European Nuclear Society (ENS) und American Nuclear Society (ANS) im Oktober 1978 in Brüssel veranstaltete Konferenz über Reaktorsicherheit bot die Gelegenheit, die KWU-Leittechnik und ihre beeindruckenden Erfolge einem internationalen Fachpublikum ausführlich vorzustellen.[2070]

Die ausländischen Hersteller griffen die deutsche Leittechnik nicht auf. Dies hatte unterschiedliche Gründe:

- Im Gegensatz zu ausländischen Anlagen, die praktisch nur im Grundlastbetrieb gefahren wurden, waren deutsche Kernkraftwerke für ein anspruchsvolles Lastfolgefahren ausge-

---

[2067] Aleite, W.: The Contribution of KWU PWR Leittechnik Important to Safety to Minimize Reactor Scram Frequency, Proceedings OECD/NEA Symposium on Reducing Reactor Scram Frequency, Tokio, 14–18.4.1986, Session 6, S. 403–412.

[2068] AMPA Ku 82, AREVA NP GmbH: Top Ten Ranking of AREVA Nuclear Power Plants (Siemens design): World Champions of Electricity Generation sowie PWR and BWR Load factor in %: Commercial Operation until 2006.

[2069] Gewachsene nuclex '75 mit solider Kerntechnik, atw, Jg. 21, Januar 1976, S. 40.

[2070] Aleite, W.: Improved Safety and Availability by Limitation Systems, Proceedings ENS/ANS International Topical Meeting on Nuclear Power Reactor Safety, Brüssel, 16–19.10.1978, Vol. 1, S. 599–610.

legt, bei dem häufiger auftretenden geringfügigen Störungen mit gestuften Gegenmaßnahmen ohne Abschaltung des Kraftwerks begegnet werden konnte. In ausländischen Kernkraftwerken waren begrenzend regelnde Maßnahmen in Betriebshandbüchern als „Prozeduren" geregelt, die Operateure gegebenenfalls manuell ausführen konnten.

• Für Kernkraftwerke, die nicht schlüsselfertig von einem Hersteller, sondern von zahlreichen Einzelunternehmen gemeinsam errichtet wurden, wie beispielsweise in den USA, war es praktisch nicht möglich, eine umfassende, auf mannigfaltige Betriebserfahrungen aufbauende Leittechnik zu entwerfen und einzuführen.

• Die Mikroprozessor-Technik war von einigen ausländischen Herstellern bereits vor Siemens/KWU für die Betriebs- und Sicherheits-Leittechnik entwickelt worden, so etwa für die kanadischen CANDU-Reaktoren.[2071] Die amerikanische Firma Combustion Engineering arbeitete seit den frühen 70er Jahren an einer Sicherheitsleittechnik, die Mini-Computer für die digitale Signalverarbeitung und ein vollautomatisches digitales Prüfsystem verwendete. Mit dieser Halbleitertechnik wurden im Reaktorkern der Siedeabstand und die örtlichen Leistungsdichte-Anregekriterien überwacht.[2072] 1978/79 begann Combustion Engineering diese „Core Protection Calculators" in ihren Druckwasserreaktoren zu nutzen. Der französische Hersteller EDF/Framatome entwickelte seit 1977 ebenfalls eine rechnergestützte Leittechnik und setzte seit 1983 Mikroprozessoren für die Sicherheitsleittechnik seiner 1300 MW_{el}-Druckwasserreaktoren ein.[2073]

• Wie eine lebhafte Diskussion auf einer internationalen Konferenz 1986 deutlich machte, waren ausländische Experten mit der deutschen Konzeption einer Leittechnik mit Begrenzungen wenig vertraut.[2074]

6.8.3 Reaktorschutzfunktion und Reaktorschutzsystem in deutschen Kernkraftwerken

Das Reaktorschutzsystem hat die Aufgabe, die sicherheitsrelevanten Prozessvariablen einer Reaktoranlage zur Erfassung von Störfällen zu überwachen, zu verarbeiten und Schutzaktionen automatisch auszulösen, um den Zustand der Reaktoranlage in vorgegebenen Sicherheitsgrenzen zu halten. Auftretende Störfälle sollen keine unzulässigen Auswirkungen auf das Betriebspersonal, die Kraftwerksumgebung und die Reaktoranlage haben. Das Reaktorschutzsystem greift also in den Betriebsprozess ein, wenn Störungen oder Störfälle durch betriebliche Regeleinrichtungen und Begrenzungen nicht mehr beherrschbar sind. Es bildet mit den aktiven und passiven sicherheitstechnischen Einrichtungen das Sicherheitssystem.[2075] Die Auswahl der überwachten Prozessvariablen und die Bildung geeigneter Anregekriterien für Schutzaktionen erfolgten auf der Grundlage der Störfallanalysen.

In den Anfängen der Reaktortechnik in den USA bestand das Reaktorschutzsystem zunächst nur aus dem Schnellabschaltsystem, mit dem schnell und zuverlässig die Kernspaltungen unterbrochen werden konnten. Diese Schutzmaßnahme zielte im Wesentlichen auf die Verhinderung von zu hohen Leistungsexkursionen im Reaktorkern. Die Atomenergiekommission der Vereinten Staaten USAEC publizierte im November 1965 Kriterien für die Begutachtung von Genehmigungs-

---

[2071] vgl. Bastl, Werner: Eröffnung: Digitalisierung der Leittechnik in Kernkraftwerken, in: Deutsches Atomforum e. V. (Hg.): LEITTEC '96, INFORUM Verlag, Bonn, 1997, S. 7–11.

[2072] Meijer, C. H.: Reaktorschutzsystem mit automatischer Prüfung für DWR in den USA, atw, Jg. 21, März 1976, S. 142–147.

[2073] Bruyere, M. und Poujol, A.: Mise en Oeuvre de Nouvelles Fonctions de Protection, Proceedings, International Symposium on Nuclear Power Plant Control and Instrumentation, IAEA, 11–15. 10. 1982, München, IAEA-SM-265/14, Wien, 1983, S. 395–404.

[2074] OECD/NEA Symposium on Reducing Reactor Scram Frequency, Tokio, 14–18.4.1986, Proceedings, Session 6: Discussion, S. 415–417.

[2075] Bachmann, G. und Sych, W.: Aufgaben und Konzept des Reaktorschutzsystems, atw, Jg. 32, März 1987, S. 134–138.

anträgen zur Errichtung von Kernkraftwerken.[2076] Darin wurde gefordert, ein Reaktor müsse durch das Kontrollsystem aus jedem anzunehmenden Betriebszustand unterkritsch gemacht und gehalten werden können. Darüber hinaus müsse ein zusätzliches Abschaltsystem vorgehalten werden (Krit. 8 und 9). Die Krit. 15 und 16 forderten die Einrichtung eines automatisch arbeitenden Reaktorsicherheitssystems, dessen wichtigste Teile redundant und voneinander unabhängig vorgesehen sowie prüfbar sein sollten. Bei Ausfall der Energieversorgung und ungünstigen Umweltbedingungen, wie beispielsweise durch Feuer, Dampf oder Wassereinbruch verursacht, müsse das Sicherheitssystem einen möglichst sicheren Zustand der Anlage herbeiführen (fail-safe-Verhalten). Eine in sich geschlossene Definition und Beschreibung eines Reaktorschutzsystems enthielten die USAEC-Kriterien nicht.

Der Mehrzweck-Forschungsreaktor (MZFR) im Kernforschungszentrum Karlsruhe erfüllte die USAEC-Kriterien. Seine Schnellabschaltung „zum Schutz gegen Fehler im Reaktor" wurde ausgelöst, wenn ein im Reaktorschutzsystem vorab festgesetzter Grenzwert überschritten wurde. Die nuklearen Messgrößen, die bei Grenzwertüberschreitung zur Schnellabschaltung führen sollten, wurden immer dreifach gemessen und die entsprechenden Grenzwertkontakte nach dem Zwei-von-Drei-System verschaltet. Bei einer Auslösung fielen sämtliche Absorberstäbe vollkommen unabhängig voneinander in den Reaktorkern. Sie wurden auf dem ersten Teil ihres Weges von einer Abdrückfeder beschleunigt. Die Fallzeit des Steuerstabs aus der Fallhöhe von 2 m betrug 1,2 s, bei den anderen Absorberstäben aus 3,6 m Höhe 1,7 s. Etwa 0,4 Sekunden nach dem auslösenden Signal (Überschreitung von Grenzwerten, Ausfall der Hauptkühlmittelpumpen, starker Druckabfall oder Handbetätigung eines Notabschaltknopfs) begannen sie wirksam zu werden.[2077] Nach

2 Sekunden war die Reaktorleistung auf 5 % vermindert.[2078] Für den Fall einer so schweren Beschädigung der Reaktorstruktur, dass die Absorberstäbe am Einfallen gehindert worden wären, oder bei sehr starkem Druckabfall im Primärkreis war eine Notabschaltung durch Injektion einer Borsäurelösung vorgesehen. Auf dem Reaktordruckbehälter befanden sich dafür drei voneinander unabhängige Flaschen mit Borsäurelösung, deren Inhalt durch unter hohem Druck stehenden Stickstoff innerhalb von ca. 2 Sekunden in den Reaktor gestoßen werden konnte. Da der Inhalt einer Flasche zur Abschaltung ausreichte, bestand eine dreifache Sicherheit.[2079]

Das Reaktorschutzsystem des MZFR war also zur Sicherung seiner Funktionsfähigkeit so ausgelegt, dass ein einzelnes Versagensereignis eine Schnellabschaltung im Bedarfsfall nicht verhinderte. Der Analyse und Berücksichtigung möglicher versagensauslösender Ereignisse innerhalb und außerhalb des Reaktorschutzsystems kam bei der weiteren Entwicklung große Bedeutung zu. Das Reaktorschutzsystem musste einen Geräteausfall und einen Reparaturfall zulassen, ohne dass seine sicherheitstechnische Funktion unzulässig beeinträchtigt wurde.

Das MZFR-Reaktorschutzsystem hatte neben der Schnellabschaltung auch die Aufgabe, das Notkühlsystem zur Kernflutung, Kernnotkühlung und Abfuhr der Nachzerfallswärme automatisch auszulösen, wenn die entsprechenden Anregekriterien ansprachen. Die Grenzwertbildung und die Erfassung der Druckgradienten für die Notkühlautomatiken erfolgten im Reaktorschutzsystem in 2-von-3-Auswahl. Die Notkühleinrichtungen waren redundant vorhanden, die jeweiligen Kanalgruppen des Reaktorschutzsystems voneinander unabhängig und räumlich gesondert angeordnet.[2080] Das Sicherheitssystem war mit

---

[2076] USAEC: General Design Criteria for Nuclear Power Plant Construction Permits, 22. 11. 1965, Abdruck in: Kritische Analyse der „Allgemeine Konstruktionsrichtlinien für Kernkraftwerke" der Atomenergiekommission der USA, IRS-I-19, Köln, 1967, Anhang A.

[2077] AMUBW 3415.8, Siemens AG: Sicherheitsbericht Mehrzweck-Forschungsreaktor (MZFR), Juli 1968, Bd. I, S. 368.

[2078] Frei, G. und Rauscher, Th.: Dynamic tests on the MZFR, Atomkernenergie (ATKE), Jg. 14, Heft 2, 1969, S. 81–93.

[2079] AMUBW 3415.8, Siemens AG: Sicherheitsbericht Mehrzweck-Forschungsreaktor (MZFR), Juli 1968, Bd. II, S. 430.

[2080] AMUBW 3445, Siemens AG, Sicherheitsbericht Mehrzweck-Forschungsreaktor (MZFR), Ergänzung 1.10.1981, S. 249.

seinen Messsträngen, Anzeigen und Schutzfunktionen vom Regelungssystem völlig getrennt.[2081]

In der MZFR-Warte wurde der aktuelle Zustand des Reaktorschutzsystems auf einer besonderen Tafel dargestellt und angezeigt. Auf einer
weiteren separaten Tafel wurde das Notkühlsystem mit seinen Pumpen, Schieberstellungen
sowie den Anzeigen der jeweiligen Drücke, Temperaturen und Durchsätze abgebildet. Besonders
bemerkenswert ist, dass der MZFR eine Anzeige des Siedeabstandes besaß. Mit den Reaktor-
schutz- und Notkühltafeln sowie der Anzeige des
aktuellen Siedeabstands wurde eine zur damaligen Zeit höchst fortschrittliche Störfallinstru-
mentierung verwirklicht.[2082]

Die aus der hohen Zuverlässigkeit abgeleiteten Grundsätze der automatischen Auslösung von
Schutzaktionen, der technischen Diversität, Redundanz und Unabhängigkeit sowie räumlichen
Trennung der Sicherheitseinrichtungen, die schon
im MZFR realisiert waren, blieben mit weiteren
Verfeinerungen und Ergänzungen für alle weiteren Reaktoranlagen bestehen. Der Umfang der
Schutzfunktionen nahm jedoch erheblich zu.
Tabelle 6.12 [2083] zeigt die Erweiterungen des Reaktorschutzsystems im Vergleich des Kernkraftwerks Obrigheim (KWO) mit den Kernkraftwerken der Konvoi-Serie der 80er Jahre.

Das MZFR-Reaktorschutzsystem nutzte eine
Technik mit Schutzgaskontakten (Reedschaltern)
im Ruhestromprinzip. Im KWO-Reaktorschutz-
system und in allen nachfolgenden Anlagen wurde
der Ruhestrom durch ein dynamisches System in
kontaktloser Technik ersetzt, bei dem eine stetige
Impulsfolge den Normalzustand darstellte und
eine gestörte oder ganz ausfallende Impulsfolge

Tab. 6.12 Erweiterungen des Reaktorschutzsystems

	KWO (1969)	KONVOI (1987)
Reaktor- u. Turbinenschnellabschaltung	X	X
Kernnotkühlung:		
Hochdruckeinspeisung	X	X
Niederdruckeinspeisung		X
Druckspeicher absperren		X
Hauptkühlmittelpumpen abschalten		X
Abschluss des Reaktorsicherheitsbehälters	X	X
Sekundärseitiges Teilabfahren auf 75 bar		X
Druckhaltersprühen		X
Dampferzeuger-Notspeisung		X
Sekundärkreisabschluss		X
Primärkreisabschluss / Leckageergänzung		X
Notstromversorgung		X
Notspeise-Notstromversorgung		X
Sekundärseitiges Abfahren mit 100 K/h		X
Dampferzeuger-Druckabsicherung		X

Schutzaktionen auslöste.[2084] Im KWO arbeitete
der Taktgeber mit einer Frequenz von 1 kHz, sodass sich dieses dynamisch-gepulste System fortlaufend in jeder Millisekunde automatisch prüfte.
Solche Systeme sind extrem sicher, da Fehler, die
nicht zu einer Störung in der Impulsfolge führen,
praktisch nicht vorstellbar sind. Ihre Zuverlässigkeit ist wesentlich höher als die von statisch
nach dem Ruhestromprinzip arbeitenden Systemen. Störungen sind immer auslösegerichtet und
sebstmeldend. Das gepulste Reaktorschutzsystem wurde zu einem dynamischen Magnetkern-
System fortentwickelt, in dem die Taktgeber zwei
gegeneinander phasenverschobene Impulsfolgen
erzeugten (Konvoi-Anlagen).[2085]

Im März 1975 beschädigte und zerstörte ein
Brand in Kabelkanälen und -rinnen im Kernkraftwerk Browns Ferry der Tennessy Valley

---

[2081] AMUBW 3415.8, Siemens AG: Sicherheitsbericht
Mehrzweck-Forschungsreaktor (MZFR), Juli 1968, Bd. I,
S. 172 ff.

[2082] AMPA Ku 82, Riemann, Karl (KWU R 25): Die Entwicklung der Kraftwerksleittechnik, Manuskript vom 25.
6. 1990, S. 8.

[2083] Aleite, W.: Leittechnik in kerntechnischen Anlagen,
Stand und Ausblick, in: Berichtsband der Fachtagung des
Deutschen Atomforums e. V. „Mensch und Chip in der
Kerntechnik", 27–28.10. 1987, Bonn, INFORUM, Bonn,
S. 17.

[2084] Hellmerichs, Klaus, Pannewick, Alfons und Riemann, Karl: Instrumentierung und Prozessüberwachung
beim Kernkraftwerk Obrigheim, Atom und Strom, Folge
11/12, Nov./Dez. 1967, S. 188–193.

[2085] AMPA Ku 82, KWU: Sicherheitsbericht Gemeinschaftskernkraftwerk Neckar Block II (GKN II), Bd. 1,
März 1981, Kap. 2.15.3 und S. 2.15.4–2 ff.

Authority, USA, zahlreiche elektrische Kabelverbindungen und dabei auch Teile des automatischen Reaktorschutzsystems. Das Kernnotkühlsystem fiel aus, und es musste auf alternative manuelle Schutzmaßnahmen zurückgegriffen werden. Die Untersuchungen des Schadens ergaben, dass Defizite bei der räumlichen Trennung und Isolierung redundanter Sicherheitssysteme vorlagen.[2086] Die deutsche Reaktorsicherheitskommission befasste sich umgehend mit dem Kabelbrand im KKW Browns Ferry. Der Bundesinnenminister teilte mit, dass alle atomrechtlichen Genehmigungsbehörden der Länder bereits aufgefordert seien, über die Möglichkeiten von ähnlichen Brandschäden in den deutschen Kernkraftwerken zu berichten.[2087] Die RSK-Leitlinien für Druckwasserreaktoren von 1974 zum Brandschutz wurden in der 2. Ausgabe von 1979 präzisiert, konnten aber im Grundsatz unverändert fortgeschrieben werden, insbesondere: „Die einzelnen Redundanzgruppen der Sicherheitssysteme sind so weit entfernt voneinander anzuordnen, dass im Brandfall ein durch Brandhitze oder Rauchgase bedingter Ausfall der anderen Redundanzgruppen ausgeschlossen werden kann."[2088]

Mitte der 60er Jahre, als große Kernkraftwerke geplant und errichtet wurden, begann international die Diskussion über Richtlinien und verbindliche Vorschriften für Reaktorschutzsysteme, ihre Instrumentierung und Auslegung im Einzelnen. Erste Empfehlungen für eine Definition gaben 1966 das *Institute of Electrical and Electronics Engineers* (IEEE) in den USA und 1967 die *International Electrotechnical Commission* (IEC), die den Begriff des Reaktorschutzsystems weiter fassten und zusätzliche Schutzfunktionen einbe-

zogen.[2089, 2090] Den IEC-Empfehlungen von 1967 waren Konferenzen in Braunschweig (1962), Venedig (1963), Paris (1963), Genf (1964) und New York (1965) vorausgegangen, auf denen verschiedene Entwürfe erörtert worden waren. Im Jahr 1969 wurden die IEC-Empfehlungen ergänzt.[2091] 1971 publizierte das IEEE den fortgeschrittenen nationalen Standard für Reaktorschutzsysteme.[2092]

Gestützt auf die USAEC-Kriterien, die IEC-Empfehlungen sowie die Stellungnahmen deutscher Fachleute und Firmen zu diesen Richtlinien, stellte das Institut für Reaktorsicherheit (IRS, s. Kap. 4.5.2) im Jahr 1968 die Grundsätze und Regeln zusammen, die im deutschen Genehmigungsverfahren herangezogen werden sollten.[2093] Darin wurde ausgeführt: „*Das Reaktorschutzsystem umfasst unter anderem das System für die Auslösung der Abschalteinrichtungen und der Sicherheitseinrichtungen, deren Funktion für die Beherrschung von Störfällen notwendig ist.*" Als auszulösende Sicherheitseinrichtungen wurden genannt: Absperreinrichtungen für Durchdringungen des Sicherheitsbehälters, die Kernnotkühlsysteme und – soweit erforderlich – Containment-Sprühsysteme.

Das IRS veranstaltete im November 1972 ihr 8. IRS-Fachgespräch in Köln über das Reaktorschutzsystem als zentrale Sicherheitseinrichtung in Kernkraftwerken. Beim Erfahrungsaustausch zwischen Herstellern, Betreibern und Gutachtern

---

[2086] Scott, R. L.: Browns Ferry Nuclear Power-Plant Fire on Mar. 22, 1975, NUCLEAR SAFETY, Vol. 17, No. 5, September-Oktober 1976, S. 592–610.

[2087] BA B 106–75314, Ergebnisprotokoll 104. RSK-Sitzung, 21. 5. 1975, S. 24.

[2088] RSK-Leitlinien für Druckwasserreaktoren, 1. Ausgabe vom 24. 4. 1974, IRS, Köln, 1974, Kap. 2.8 Brandschutz, vgl. 2. Ausgabe vom 24. 1. 1979, Kap. 11 Brandschutz.

[2089] International Electrotechnical Commission: General Principles of Nuclear Reactor Instrumentation, IEC-Recommendation, Publication 231, 1st Edition, Geneva, 1967, dt. Übersetzung: IRS-I-30, Köln, 1968.

[2090] vgl. auch: Hanauer, S. H. und Walker, C. S.: Principles of Design of Reactor-Protection Instrumentation Systems, NUCLEAR SAFETY, Vol. 9, No. 1, Januar/Februar 1968, S. 28–34.

[2091] International Electrotechnical Commission: Supplement to Publication 231 (1967), Publication 231A, Genf, 1969.

[2092] IEEE Standard: Criteria for Protection Systems for Nuclear Power Generating Stations, IEEE Std 279–1971 (Revision of IEEE Std. 279–1968), ANSI N42.7–1972, New York, N. Y., 1971.

[2093] Sicherheitskriterien für Kernkraftwerke, Fassung vom 28. 5. 1968, IRS-R-2 (1969), vorausgegangen war ein interner Bericht vom 6. 3. 1968, IRS-I-31 (1968).

zeigten sich unterschiedliche Auffassungen über die Abgrenzung des Reaktorschutzsystems, den tatsächlich erreichten Stand der Sicherheitstechnik und die Schwerpunkte seiner Weiterentwicklung. Besonderes Interesse fanden die Anforderungen an das Reaktorschutzsystem bei Berücksichtigung äußerer Einwirkungen wie Erdbeben, Flugzeugabsturz und Explosionswellen, die u. a. die Ausgliederung einer Teilsteuerstelle aus der Warte in den baulich geschützten Bereich erforderlich machten.[2094] Als vordringlich wurde in Köln von allen Seiten die Erarbeitung verbindlicher Leit- und Richtlinien angesehen. Adolf Birkhofer, Leiter des Münchener Laboratoriums für Reaktorregelung und Anlagensicherheit (LRA) und Mitglied der Reaktor-Sicherheitskommission (RSK), berichtete über die Leitliniendiskussion in der RSK und stellte einen Vorschlag zur Definition des Reaktorschutzsystems vor.[2095]

Die RSK legte in ihren Leitlinien für Druckwasserreaktoren, deren erste Ausgabe am 24. April 1974 erschien, die Anforderungen an Reaktorschutzsysteme fest. Danach umfasste das Reaktorschutzsystem „alle Geräte und Einrichtungen der Messwerterfassung und Signalaufbereitung, der Logik-, Steuer-, Betätigungs- und Verriegelungsebene zur Ansteuerung von Sicherheitsaktionen sowie seine Energie- und Hilfsmedienversorgung.“[2096] Als Sicherheitseinrichtungen, die vom Reaktorschutzsystem überwacht und ausgelöst werden sollten, wurden die Reaktorschnellabschaltsysteme, die Notkühl- und Nachwärmeabfuhrsysteme, das Durchdringungsabschlusssystem und das Notstromsystem genannt. Die Beratungen zu diesen RSK-Empfeh-

lungen hatten seit Ende 1970 im RSK-Unterausschuss *Elektrische Einrichtungen* stattgefunden.

Wenige Wochen nach Veröffentlichung der RSK-Leitlinien legte der Bundesminister des Innern (BMI) die vom Länderausschuss für Atomkernenergie am 25. Juni 1974 verabschiedeten „Sicherheitskriterien für Kernkraftwerke“ vor.[2097] Krit. 6.1 „Reaktorschutzsystem“ fasste alle grundsätzlichen Anforderungen an die Auswahl der Prozessgrößen, die Anregekriterien, die Messwerterfassung, Signalverarbeitung, Redundanz und Auslösesicherheit zusammen, die dem damaligen Stand der Diskussion entsprachen. Der BMI begründete im Vorwort seine Publikation damit, dass die in ihr enthaltenen Anforderungen so früh wie möglich in den Genehmigungsverfahren einheitlich praktiziert werden sollten.

Parallel zur RSK waren die Technischen Überwachungs-Vereine (TÜV) intensiv mit Fragen der Reaktorsicherheitstechnik befasst, denn sie stellten in den atomrechtlichen Verfahren die wichtigsten Gutachter. Hersteller und Betreiber von Kernkraftwerken baten deshalb die TÜV nachdrücklich, ihre Maßstäbe im Einzelnen bei der Begutachtung von Reaktorschutzsystemen rechtzeitig bekanntzugeben. Der Ausschuss „Kerntechnik und Strahlenschutz“ der Vereinigung der TÜV (VdTÜV) setzte deshalb Arbeitskreise zu den Themen „Reaktorschutz“ und „Reaktorinstrumentierung“ ein, die in Form einer Loseblattsammlung „Sicherheitstechnische Empfehlungen für die Auslegung von Reaktorschutzsystemen“ erarbeiteten. Das erste VdTÜV-Merkblatt Kerntechnik 1752 „Versagensauslösende Ereignisse, die für die Auslegung von Reaktorschutzsystemen in Betracht zu ziehen sind“, erschien im Mai 1972.[2098] Das Merkblatt 9 „Auslegungsgrundsätze für Gefahrenmeldungen im Reaktorschutzsystem“ vom April 1974 ist besonders bemerkenswert, weil es einen hohen Automatisierungsgrad forderte. Das Reaktorschutzsystem sollte danach

---

[2094] Repke, W.: Der Einfluss neuer sicherheitstechnischer Überlegungen auf Konzeption und Ausführung von Schutzsystemen in künftigen Kernkraftwerken, in: Tagungsbericht „Das Reaktorschutzsystem als zentrale Sicherheitseinrichtung in Kernkraftwerken“, 8. IRS-Fachgespräch in Köln, 21.–22.11. 1972, IRS-T-24 (April 1973), S. 89–105.

[2095] Birkhofer, A.: Das Reaktorschutzsystem als zentrale Sicherheitseinrichtung in Kernkraftwerken, Bericht über das IRS-Fachgespräch in Köln, atw, Jg. 18, Februar 1973, S. 77 f.

[2096] RSK-Leitlinien für Druckwasserreaktoren, 1. Ausgabe, 24.4.1974, GRS, Köln, Kap. 6.

[2097] Der Bundesminister des Innern: Sicherheitskriterien für Kernkraftwerke, 25. 6. 1974, Herausgeber: IRS, Köln, 1974.

[2098] vgl. Vorschriften und Richtlinien, Mitarbeit in Ausschüssen, in: Jahresberichte der Technischen Überwachungs-Vereine, Geschäftsjahr 1974, VdTÜV, Essen, 1975, S. ESN 42–44.

so ausgelegt sein, dass es die erforderlichen Maßnahmen vollautomatisch ohne Handeingriffe des
Operateurs auslöst und die sicherheitstechnischen Einrichtungen mindestens 30 min lang ihre
Funktion erfüllen. Dies bedeutete jedoch nicht,
wie immer wieder die fälschliche Annahme war,
dass Reaktorfahrer bei einem Störfall 30 min
lang nicht in das Geschehen eingreifen durften.
Der Reaktoroperateur sollte vielmehr durch die
Automatik des Reaktorschutzsystems so weit
entlastet werden, dass er sich bedachtsam ohne
Zeitdruck einen Überblick über die Abläufe verschaffen konnte, bevor er sich, falls erforderlich,
korrigierend einschaltete.[2099]

Die RSK bezog sich ausdrücklich in ihren
Leitlinien vom April 1974 auf diese VdTÜV-
Empfehlungen, konnte jedoch das Merkblatt
9 nicht mehr einarbeiten. Sie und die VdTÜV
achteten darauf, dass der von ihnen entwickelte
Stand der Sicherheitstechnik bald in das Regelwerk des Kerntechnischen Ausschusses (KTA)
überführt wurde. Die RSK ließ sich über den
Fortgang der Arbeiten im regelerstellenden Gremium wiederholt berichten.[2100]

Das Deutsche Institut für Normung e. V.,
Berlin, hatte schon 1958 einen Fachnormenausschuss Kerntechnik (FNKe, ab 1976 verkürzt:
Normenausschuss Kerntechnik -NKe) eingerichtet. Er war das nationale „Spiegelgremium" zum
Komitee Kernenergie der Internationalen Organisation für Normung (ISO/TC 85).[2101] Mitte der
70er Jahre waren im FNKe ca. 400 Mitarbeiter in
41 Arbeitsausschüssen tätig. Der weitaus größte
und bedeutendste Fachbereich war mit 23 Ar-
beits- und Gemeinschaftsausschüssen der FB 3
„Reaktortechnik und -sicherheit". Ein Gemeinschaftsausschuss war mit „Reaktorinstrumentierung und -schutz" befasst. FNKe bzw. NKe

arbeitete eng mit dem KTA zusammen".[2102] So
beauftragte der KTA im Juni 1974 den FNKe mit
dem Entwurf einer sicherheitstechnischen KTA-
Regel „Reaktorschutzsystem und messtech-
nische Überwachung der Betriebs- und Funk-
tionsbereitschaft von Sicherheitseinrichtungen".
Ein Gemeinschaftsausschuss aus FNKe, Verein
Deutscher Ingenieure, Verband Deutscher Elektrotechniker und der Deutschen Elektrotechnischen Kommission (FNKe/VDI-VDE/DKE) erarbeitete mit seinen fünf ständigen und mehreren
Ad-hoc-Arbeitskreisen den KTA-Regelentwurf
3501 und verabschiedete ihn Anfang 1976. An
der Erstellung waren 34 Sachverständige von
deutschen Herstellern kerntechnischer Anlagen,
Betreibern, Gutachter-Vereinen, Forschungszentren und -instituten sowie einer Landesbehörde
beteiligt. Sie hatten alle bekannten ausländischen
und internationalen einschlägigen Regeln und
Richtlinien herangezogen, sie jedoch nicht, auch
nicht partiell, übernommen, weil sie den deutschen Vorstellungen und der Praxis im deutschen
Genehmigungsverfahren nicht entsprachen. Der
Entwurf des Gemeinschaftsausschusses wurde in
der Fassung 2/1976 vom KTA zur Prüfung und
für Stellungnahmen veröffentlicht.[2103]

Im März 1977 wurde die sicherheitstechnische Regel KTA 3501 „Reaktorschutzsystem und
Überwachung von Sicherheitseinrichtungen"
verabschiedet.[2104] Sie wurde wortgleich auch als
DIN-Norm 25 434 im Oktober 1977 herausgegeben. Auch die Novellierungen von KTA 3501
und der DIN-Norm 25434 erfolgten in den KTA-
Fassungen vom Oktober 1980 und Juni 1985
wortgleich. In den Jahren 1982–1988 wurden ergänzende KTA-Regeln über die Typprüfung von
elektrischen Baugruppen (KTA 3503), die elektrischen Antriebe des Sicherheitssystems (KTA
3504), die Typprüfung von Messgebern und -um-
formern (KTA 3505), die Systemprüfung der leit-

[2099] Sommer, P.: Auslegung von Reaktorschutzsystemen
nach VdTÜV-Empfehlungen, Tagungsbericht der Reaktortagung des Deutschen Atomforums e. V., 8–11. 4. 1975
in Nürnberg, S. 519–522.

[2100] BA B 106–75314, Ergebnisprotokoll der 104. RSK-
Sitzung, 21. 5. 1975, S. 25 oder BA B 106–75317, Ergebnisprotokoll der 112. RSK-Sitzung, 28. 4. 1976, S. 38 f.

[2101] Neider, R. J. A.: Activities of the German Standards
Committee for Nuclear Technology, NUCLEAR SAFE-
TY, Vol. 14, No. 3, Mai-Juni 1973, S. 181–186.

[2102] Becker, Klaus: Der Normenausschuss Kerntechnik
(NKe) im DIN, in: Deutsches Atomforum e. V. (Hg.): Tagungsbericht „Regeln und Richtlinien für die Kerntechnik",
24. und 25. Januar 1977 Mainz, Bonn, 1977, S. 128–144.

[2103] AMPA Ku 82, KTA-Dok. Nr. 3501/76/1 vom 13. 2.
1976.

[2104] KTA 3501 in der Fassung 3/77, BAnz. Nr. 107, Jg. 29,
11. 6. 1977, S. 1–6.

technischen Einrichtungen (KTA 3506) und die Werksprüfung der Baugruppen und Geräte der Leittechnik (KTA 3507) erstellt. Im Jahr 1993 wurde die Regel KTA 3508 „Rechnergestützte Leittechniksysteme in Kernkraftwerken" verabschiedet.

KTA 3501 legte den Umfang des Reaktorschutzsystems und dessen Komponenten fest und fasste alle sicherheitstechnischen Anforderungen an Aufbau, Ausführung, Gerätequalität, Einbau und Prüfung zusammen. An die Technik wurden höchste Anforderungen gestellt. Dies galt auch für die notwendigen Hilfseinrichtungen wie die Stromversorgung oder die Lüftung. Die zur Störfallerkennung erforderliche Messwerterfassung musste nicht nur redundant (mehrere Messstellen der gleichen Prozessvariablen) ausgelegt werden, sondern auch diversitär (verschiedenartige Prozessvariable), um Unsicherheiten der Störfallanalyse und Ausfälle mit gemeinsamer Ursache in der Messwerterfassung zu beherrschen. War diese Auslegung nicht erfüllbar, so wurden bei der Messwerterfassung unterschiedliche Messverfahren, unterschiedliche Messgeräte, verkürzte Prüfzyklen oder gleichwertige Maßnahmen vorgesehen. Zueinander redundante Segmente des Reaktorschutzsystems wurden räumlich getrennt eingerichtet. Die Signale aus dem Reaktorschutzsystem hatten Vorrang vor den Befehlen der betrieblichen Leittechnik und der Begrenzungseinrichtungen. Das Reaktorschutzsystem musste im Zusammenwirken mit aktiven und passiven Sicherheitseinrichtungen zusätzlich zum Störfall einen Zufallsausfall und Folgeausfälle beherrschen. Der gleichzeitige Eintritt eines weiteren systematischen Ausfalls, etwa durch falsche Auslegung oder Fertigungsfehler, konnte durch technische Maßnahmen praktisch ausgeschlossen werden. Zur Auslösung der Schnellabschaltung (eindeutig sicherheitsgerichtete Schutzaktion) war ein zweifacher Schaltungsaufbau mit 2-von-3-Wertungen einzurichten. Für die Schutzbegrenzungen waren zur Auslösung von (im allgemeinen nicht eindeutig sicherheitsgerichteten) Schutzaktionen, mit denen die überwachten Sicherheitsvariablen auf die für den Normalbetrieb festgelegten Werte zurückgeführt werden sollten, 2-von-4-Verknüpfungen vorzu-

sehen. Gleiches galt für die Zustandsbegrenzungen für die Einhaltung von Ausgangswerten von Prozessvariablen bei Störfällen.

Zum Anwendungsbereich von KTA 3501 gehörten ausdrücklich nicht die Betriebsbegrenzungen, deren Entwicklung und Verwendung für die Verfügbarkeit der KWU-Reaktoranlagen so wichtig waren. Gleichwohl war in der KTA-3501-Regel die Staffelung des „Defence-in-Depth-Konzepts", von den normalen Reaktorregelungen über die Begrenzungen bis zum Reaktorschutz, wie die Begriffsbestimmungen und Abgrenzungen deutlich zeigten, als Grundlage der Sicherheitsphilosophie enthalten. Für die Betriebspraxis mussten die verschiedenen Leittechnikbereiche

- Reaktorschutzsystem,
- Begrenzungen,
- Informationseinrichtungen und Handmaßnahmen

sorgfältig aufeinander abgestimmt werden, um auf Störungen mit abgestuften Maßnahmen optimal reagieren zu können. Mit begrenzenden Regelungseingriffen und Schutzmaßnahmen bis hin zu Abschaltungen von Teilsystemen bei größer werdenden Abweichungen von den Sollwerten konnte in den meisten Fällen die Entwicklung von kleinen Störungen zu Störfällen und damit auch Reaktor-Schnellabschaltungen vermieden werden. Tabelle 6.13[2105] stellt die Schutzziele, Aufgaben und Anforderungen dar, die diesen Leittechnikbereichen zugeordnet wurden.

Zum Automatisierungsgrad des Reaktorschutzsystems bestimmte KTA 3501, dass Handmaßnahmen nur in begründeten Ausnahmefällen vorzusehen seien. Das Sicherheitssystem sei so auszulegen, dass notwendig von Hand auszulösende Schutzaktionen zur Beherrschung von Störfällen nicht vor Ablauf von 30 min erforderlich werden. Die Gesamtkonzeption der deutschen Sicherheitstechnik zielte auf einen hohen Automatisierungsgrad mit festliegenden, unvermaschten Abläufen der Schutzaktionen bei Störfällen. Gleichzeitig wurde großer Wert auf ein

---

[2105] Aleite, W.: Aufgabe der Instrumentierung, in: Kaiser, Götz (Hg.): Reaktorinstrumentierung, VDE-Verlag, Berlin und Offenbach, 1983, S. 29–42.

Die Deterministik bei Auslegung, Konstruktion und Herstellung

Tab. 6.13 Aufgaben und Aufbau der Sicherheits-Leittechnik

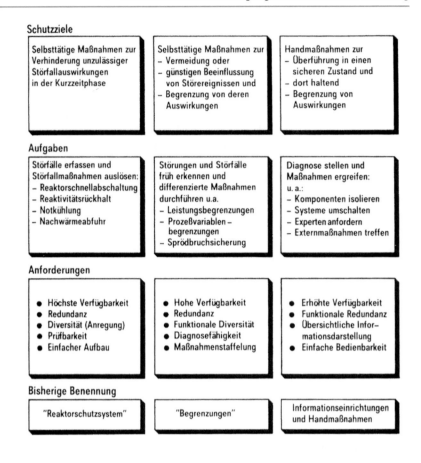

Schutzziele

| Selbsttätige Maßnahmen zur Verhinderung unzulässiger Störfallauswirkungen in der Kurzzeitphase | Selbsttätige Maßnahmen zur
– Vermeidung oder
– günstigen Beeinflussung von Störereignissen und
– Begrenzung von deren Auswirkungen | Handmaßnahmen zur
– Überführung in einen sicheren Zustand und
– dort haltend
– Begrenzung von Auswirkungen |

Aufgaben

| Störfälle erfassen und Störfallmaßnahmen auslösen:
– Reaktorschnellabschaltung
– Reaktivitätsrückhalt
– Notkühlung
– Nachwärmeabfuhr | Störungen und Störfälle früh erkennen und differenzierte Maßnahmen durchführen u.a.
– Leistungsbegrenzungen
– Prozeßvariablen- begrenzungen
– Sprödbruchsicherung | Diagnose stellen und Maßnahmen ergreifen:
u. a.:
– Komponenten isolieren
– Systeme umschalten
– Experten anfordern
– Externmaßnahmen treffen |

Anforderungen

| • Höchste Verfügbarkeit
• Redundanz
• Diversität (Anregung)
• Prüfbarkeit
• Einfacher Aufbau | • Hohe Verfügbarkeit
• Redundanz
• Funktionale Diversität
• Diagnosefähigkeit
• Maßnahmenstaffelung | • Erhöhte Verfügbarkeit
• Funktionale Redundanz
• Übersichtliche Informationsdarstellung
• Einfache Bedienbarkeit |

Bisherige Benennung

| "Reaktorschutzsystem" | "Begrenzungen" | Informationseinrichtungen und Handmaßnahmen |

Prozessinformationssystem gelegt, das auf unterschiedlichen Abstraktionsebenen den Betriebszustand auf Sichtgeräten umfassend und zugleich detailliert anzeigen konnte. Über das Ausmaß der erforderlichen Automation und den Umfang der unvermascht einzurichtenden Systeme gab es deutsch-amerikanische Meinungsverschiedenheiten. In den USA setzte man zuerst auf flexible Eingriffsmöglichkeiten des Personals und bevorzugte eine vermaschte Bauweise, die ein flexibles Eingreifen begünstigte.

Ende März 1979 nahm im Kernkraftwerk TMI-2 bei Harrisburg, Pa., USA, eine geringfügige Störung einen dramatischen Verlauf, der bis zur partiellen Zerstörung des Reaktorkerns eskalierte. Das Betriebspersonal erkannte über mehrere Stunden den Zustand des Primärkreises nicht richtig. Es kam zu menschlichem Versagen und Fehlhandlungen. Deutsche Beobachter waren überzeugt, dass die deutsche Sicherheitskonzep-

tion die Eskalation des Geschehens wirksam verhindert hätte.[2106]

Am 26. April 1986 ereignete sich in Tschernobyl in der Ukraine die Katastrophe in einem Reaktorblock vom Typ RBMK-1000. Als Unglücksursachen wurden der Mangel an inhärenter Reaktorstabilität, Konstruktionsfehler bei den Steuerstäben und das fehlende Containment genannt (s. Kap. 4.8.2). Die Leittechniker ergänzten, dass der Tschernobyl-Reaktor mit allen seinen technischen Mängeln nicht verunglückt wäre, hätte er „nur nicht-abschaltbare Schutzmaßnahmen oder eine geeignete Steuerstabfahrbegrenzung oder gar nur ein potentes Informationssystem" gehabt.[2107] Die Internationale Atomenergie-Orga-

---

[2106] Smidt, Dieter: Reaktorsicherheitstechnik, Springer-Verlag, 1979, S. 284–287.

[2107] Aleite, W.:Stand und Ausblick, in: Berichtsband der Fachtagung des Deutschen Atomforums e. V. „Mensch und Chip in der Kerntechnik", 27–28.10. 1987, Bonn, INFORUM, Bonn, S. 30.

Abb. 6.288 Barrieren und Ebenen des „Defense-in-Depth-Konzepts" der IAEO

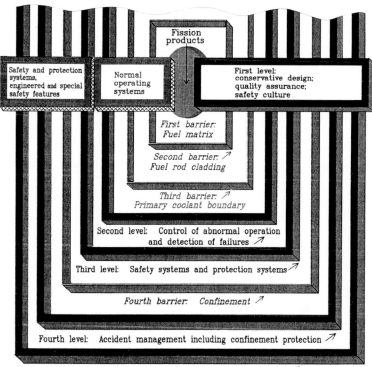

nisation der Vereinten Nationen in Wien (IAEO, IAEA) hatte sich bereits in den 70er Jahren mit dem Entwurf internationaler Sicherheits-Leitlinien unter Beteiligung deutscher Sachverständiger befasst. Im August 1980 publizierte sie im Rahmen ihres Nuclear-Safety-Standards (NUSS)-Programms ihre ersten Leitlinien für das Reaktorschutzsystem. Darin legte sie besonderen Wert auf automatische Schutzaktionen, die so lange ohne Handeingriffe auskommen sollten, bis sich der Operateur ein ausreichend zuverlässiges Bild vom Geschehen gemacht hat.[2108] In der Fortschreibung dieser Leitlinien im Jahr 1984 wurde erstmals, allerdings nur am Rande, von der IAEO die Staffelung der leittechnischen Begrenzungs- und Schutzaktionen dargestellt.[2109] Unter dem Eindruck des Tschernobyl-Unglücks novellierte die IAEO ihre Leitlinien und machte das Mehrstufenkonzept der „Verteidigung-in-der-Tiefe" zur Grundlage. Die Leittechnik wurde auf der zweiten Ebene (Regelungen und Begrenzungen) und der dritten Ebene (Sicherheits- und Schutzsysteme) in das Gesamtsystem von physischen Barrieren und Ebenen der Verteidigung und Schutzaktionen integriert (Abb. 6.288).[2110] Erstmals wurden auch Ereignisse jenseits der Kraftwerks-Auslegung mit einbezogen: der anlageninterne und anlagenexterne Notfallschutz (Ebenen 4 und 5).

[2108] IAEA: Protection Sytem and Related Features in Nuclear Power Plants, A Safety Guide, Safety Series No. 50-SG-D3, Wien, 1980, S. 10 f.

[2109] IAEA: Safety-Related Instrumentation and Control Systems for Nuclear Power Plants, A Safety Guide, Safety Series No. 50-SG-D8, Wien, 1984, S. 10.

[2110] IAEA: Basic Safety Principles for Nuclear Power Plants, Safety Series No. 75-INSAG-3, Wien, 1988, S. 67.

Die Probabilistik und die Frage nach dem Restrisiko

Der deterministisch vorgehende Ingenieur kennt die Beschaffenheit seiner Bauteile und der auf sie einwirkenden Einflussgrößen nicht bis ins Letzte, weshalb er mit Sicherheitsreserven in Form von zusätzlichen Sicherheitsbeiwerten arbeitet. Die entscheidende Frage, in welchem Umfang diese eingeführten Sicherheitszuschläge tatsächlich in Anspruch genommen werden, muss für Systeme offen bleiben, die so zuverlässig sind, dass keine Versagensstatistiken vorliegen. Für solche Systeme – und zu ihnen zählen Kernkraftwerke deutscher Bauart – können nur umfangreiche theoretische und experimentelle Risikoanalysen Näherungswerte für die tatsächlich vorhandenen Sicherheitsreserven oder die Eintrittshäufigkeit katastrophalen Versagens liefern. Bei solchen Risikoanalysen kerntechnischer Anlagen werden auf der Grundlage vorhandener Betriebserfahrungen, von theoretischen und experimentellen Untersuchungen denkbare, aber nicht wirklich aufgetretene Unfallabläufe durch Rechenmodelle nachgebildet. Für jedes denkbare Ereignis, das nicht logisch oder naturgesetzlich ausgeschlossen („verboten") ist, wird eine von Null verschiedene, wahrscheinliche Eintrittshäufigkeit bestimmt. Ja-Nein-Aussagen gibt es nicht. Die hier betrachteten Risiken gehören nicht zu den „hypothetischen Restrisiken" jenseits der Grenzen menschlichen Erkenntnisvermögens (s. Kap. 4.5.9), sondern zu den bekannten, berechenbaren und abschätzbaren, wenn auch außerordentlich geringen verbleibenden Risiken.

Risikoanalysen haben zunächst den Zweck, Risiken abzuschätzen, die nicht direkt aufgrund von Erfahrungen beurteilt werden können. Das Hauptziel probabilistischer Methoden bei der Untersuchung kerntechnischer Anlagen ist jedoch die Bewertung und Verbesserung der Zuverlässigkeit und Ausgewogenheit sicherheitstechnischer Systeme. Zuverlässigkeitsanalysen sind wertvolle Hilfsmittel der Sicherheitsbeurteilung und bei der Erkennung und Beseitigung von Schwachstellen. Wenn anstelle der im atomrechtlichen Genehmigungsverfahren eingeführten konservativen Daten realistische Werte („best estimate") angesetzt werden, lassen sich Auslegungsreserven und „Karenzzeiten" ermitteln, die zwischen dem einleitenden Ereignis und dem Eintritt der unerwünschten Ereignisfolge für „accident management"-Maßnahmen genutzt werden können. Sind „Schwachstellen" mit relativ hohen Ausfallraten bekannt, können dort gezielte Verbesserungsmaßnahmen vorgenommen werden. Es bedurfte einer längeren Entwicklungszeit anhand praktischer Anwendungen, bis die probabilistischen Verfahren zur Grundlage konkreter Risikoermittlungen werden konnten.

7.1 Die Einführung der probabilistischen Methode

Im Gebiet der Luft- und Raumfahrt wurden die ersten Erfahrungen mit probabilistischen Methoden bei der Abschätzung der Wahrscheinlichkeit katastrophaler Ereignisse gesammelt. Auch in der Kerntechnik wurde für sicherheitsrelevante Einrichtungen schon Ende der 50er Jahre ver-

P. Laufs, *Reaktorsicherheit für Leistungskernkraftwerke*,
DOI 10.1007/978-3-642-30655-6_7, © Springer-Verlag Berlin Heidelberg 2013

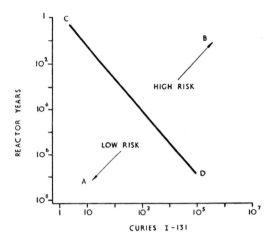

Abb. 7.1 Risiko-Grenzbereiche nach Farmer

sucht, aus spärlich vorhandenen Fehlerstatistiken Versagenshäufigkeiten zu berechnen.[1] Auf dem IAEA-Symposium über Reaktorsicherheit und Risiko-Analyse im Mai 1962 in Wien beschrieb der Japaner Tadao Yamada vom Standards-Komitee für Reaktorsicherheit des Ministeriums für Internationalen Handel und Industrie (MITI), Tokio, einen probabilistischen Ansatz zur Risikobestimmung.[2] Frank Reginald Farmer von der UKAEA hatte bereits einen einfachen, auf den Ausfall wichtiger Komponenten fixierten Ansatz der Reaktorsicherheits-Konzeption entwickelt, weil er das katastrophale Versagen des Reaktordruckgefäßes und des Containments nicht ausschließen wollte.[3] Er empfahl systematische Untersuchungen über die Sicherheitsabstände und Ausfallwahrscheinlichkeiten der verwendeten Komponenten und Anlagenteile. Diesen Ansatz baute er in den 60er Jahren zu einem Verfahren der probabilistischen Sicherheitsanalyse

aus, das weltweit zur Grundlage neuer Sicherheitsbetrachtungen wurde.

Farmer machte auf der IAEA-Konferenz über „Sicherheitseinschluss und Standortwahl für Kernkraftwerke" im April 1969 in Wien den Vorschlag, einen für die Allgemeinheit akzeptablen Risikobereich so abzugrenzen, dass die Wahrscheinlichkeit von Personenschäden klein ist gegen die natürliche Eintrittswahrscheinlichkeit für Tod durch Krankheit u. a. Abb. 7.1 zeigt die Farmersche Grenzkurve C – D, unterhalb derer das Risiko als Produkt der freigesetzten Jod^{131}-Aktivität und der Häufigkeit einer Jod^{131}-Freisetzung (in x Reaktorjahren) hinnehmbar ist.[4] Farmer betrachtete bei den Unfallfolgen nur die Gesundheitsschäden durch freigesetztes radioaktives Jod. Er stellte in seinem grundlegenden Beitrag auch das typische Schema von alternativen Ereignisabläufen dar (Abb. 7.2), deren jeweilige Eintrittswahrscheinlichkeit er damals für eine reine „Ansichtssache" hielt.[5]

Ein Kernkraftwerk besteht aus einer Vielfalt von sicherheitstechnischen Systemen, Teil- bzw. Untersystemen und Komponenten, die je nach dem zu betrachtenden Ereignisablauf unterschiedlich angefordert werden. Diese können im Betrieb oder bei ihrer Anforderung funktionieren oder versagen. Für die einzelnen Komponenten und Untersysteme werden die Versagenswahrscheinlichkeiten aus Betriebsstatistiken oder aus analytischen Untersuchungen ermittelt. Abbildung 7.3 zeigt das Beispiel eines Störfallablaufdiagramms für ein großes Leck mit einem Bruchquerschnitt >1.000 cm^2 im Reaktorkühlkreislauf.[6] In der zeitlichen Reihenfolge ihrer Anforderung in diesem Notkühlfall sind im oberen Diagrammteil die für den Ereignisablauf entscheidenden Sicherheitssysteme angeordnet. Im unteren Diagrammteil verzweigt sich der Störfallablauf-Baum an jeder Systemfunktion nach

[1] vgl. Gardiner, D. A.: Predicting Reliability of Safety Devices, Nuclear Safety, Vol. 2, No. 2, Dezember 1960, S. 27–30.

[2] Yamada, T.: Safety Evaluation of Nuclear Power Plants, Proceedings of the Symposium on Reactor Safety and Hazards Evaluation Techniques, 14–18 May 1962, IAEA, Wien, Vol. II, S. 496–515.

[3] Farmer, Frank R.: Towards the simplification of reactor safety, Journal British Nuclear Energy Society, Oktober 1962, S. 295–306.

[4] Farmer, Frank R.: Siting Criteria – A New Approach, Proceedings of a Symposium on the Containment and Siting of Nuclear Power Plants held by the IAEA, 3–7 April 1967, Wien, 1967, S. 303–329.

[5] Farmer, Frank R.: ebenda, S. 306.

[6] Birkhofer, A., Köberlein, K. und Heuser, F. W.: Zielsetzung und Stand der deutschen Risikostudie, atw, Jg. 22, Juni 1977, S. 331–338.

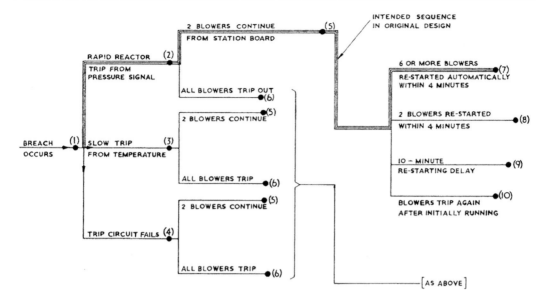

Abb. 7.2 Alternative Ereignisabläufe nach einem auslösenden Vorkommnis

oben, wenn das System funktioniert und nach unten, wenn es ausfällt. Die Ausfallwahrscheinlichkeit pro Jahr ist für jeden Verzweigungspunkt zu ermitteln. Die Summe dieser Unverfügbarkeiten – hier etwa 7×10^{-4}/a – ergibt die Gesamtunverfügbarkeit der Notkühlung. Wird dieser Wert mit der Eintrittshäufigkeit eines großen Bruchs multipliziert, so erhält man die Häufigkeit eines Kernschadens für diesen Störfall. Es sind viele unterschiedliche Ereignisabläufe möglich, die zu einem schweren Schadensfall – wie z. B. zu einer Kernschmelze – führen können. Die probabilistische Methode erlaubt es, nach den Regeln der Zuverlässigkeitsanalyse die integrale Schadenshäufigkeit der Gesamtanlage hochzurechnen. Für Reaktoren westlicher Bauart ergeben sich außerordentlich geringe Schadenshäufigkeiten.

Zur Ermittlung des Risikos wird die Wahrscheinlichkeit eines Unfalls mit den Unfallfolgen verknüpft. Der Schadensumfang und die Ungewissheit (Häufigkeit) des Schadenseintritts sind die beiden Elemente des Risikos. Nach der versicherungsmathematischen Definition ist das Maß für das Risiko das Produkt aus der Wahrscheinlichkeit eines Schadens und dem Schadensumfang. Zur Risikoanalyse gehören stets Untersuchungen der Unfallfolgen, die meist unter pessimistischen Annahmen ermittelt werden. In Abb. 7.4 sind die aufeinander folgenden Schritte

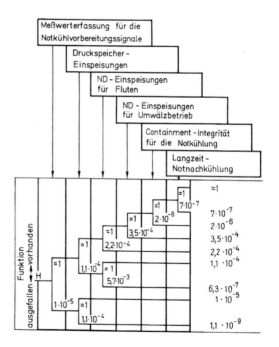

Abb. 7.3 Systemtechnisches Störfallablaufdiagramm für den Notkühlfall „großes Leck"

einer Risikoanalyse dargestellt.[7] Summiert man die Risken aller errechneten Versagensarten eines

[7] Birkhofer, A.: Die deutsche Risikostudie, VGB Kraftwerkstechnik, Jg. 59, Heft 12, Dezember 1979, S. 911–916.

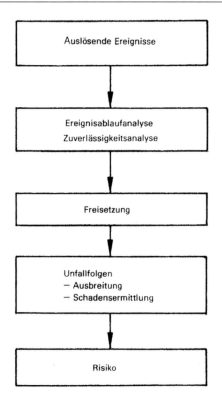

Abb. 7.4 Schritte einer Risikoanalyse

Kernkraftwerks, so erhält man das Risiko, das mit seinem Betrieb verbunden ist. Soll das nukleare Risiko gleichbleibend klein sein, so muss die Unfallwahrscheinlichkeit umso geringer werden, je größer der zu erwartende Unfallschaden wird. Die probabilistische Methode kann grundsätzlich kein „Risiko Null" als Ergebnis liefern, und sie kann nicht vorhersagen, wann ein Ereignis eintritt. Sie liefert aber wertvolle Aussagen über die relevanten „Schwachstellen" im Gesamtsystem und damit einen wesentlichen Beitrag zur Systemoptimierung und zur Risikominderung.

Die probabilistische Sicherheitsanalyse (PSA) fand schnell begeisterte Anhänger, aber auch streitbare Kritiker. Man sprach Anfang der 70er Jahre von „zwei feindlichen Lagern: Die Probabilisten und die Deterministen". Es wurde gefragt, welche Aussagekraft eine Unfallhäufigkeit pro Jahr von 10^{-6}/a haben solle. Eine Million Jahre seien unvorstellbar lang gegen die Zeit, in der

man überhaupt Kernspaltungsreaktoren bauen werde.[8] Weitere Einwände gegen die PSA waren:
– Modelle, mit denen Unfallabläufe simuliert werden, können stets nur vereinfacht das wirkliche System abbilden.
– Probabilistische Risikoanalysen sind nie wirklich vollständig. Nicht alle denkbaren Abläufe – etwa durch böswillige Eingriffe verursachte Ereignisse – können berücksichtigt werden.
– Modellrechnungen sind immer behaftet mit Unsicherheiten bei der Ermittlung der Daten und ihrer Streubreiten und bei der Quantifizierung des menschlichen Faktors. (Bei der Durchführung und Auswertung der Analysen wird allerdings die Streubreite der Parameter einbezogen und berücksichtigt.)

Aus diesen Problemen folgt, dass probabilistische Sicherheitsanalysen letztlich nur Risikoabschätzungen bieten können und nie frei sind von subjektiven Wertungen (die keineswegs willkürlich sein müssen). Die Befürworter der Probabilistik betonten, dass eine aussagefähige Analyse nicht die Detailbehandlung aller denkbaren Unfallabläufe erfordere. Das Prinzip der „abdeckenden oder einhüllenden" Abläufe sei auch hier anwendbar. Es sei jedoch unmöglich, die Vollständigkeit einer Analyse positiv nachzuweisen. Die „Probabilistiker" wiesen darauf hin, dass ihre Modelle im zeitlichen Verlauf berücksichtigten, wie oft Systeme angefordert werden, welche Konsequenzen ihr Versagen hat, welchen Einfluss einzelne Komponenten auf die Wahrscheinlichkeit des Gesamtsystemversagens haben und wie sich Teilsysteme gegenseitig beeinflussen. Mit solchen Risikoanalysen könne man besonders effizient feststellen, wo Schwachstellen im Gesamtsystem bestehen und wo durch gezielte Verbesserungen die Sicherheit insgesamt erhöht werden kann.[9] Im Laufe der 70er Jahre löste sich der Konflikt zwischen den „Probabi-

[8] Birkhofer, A., Braun, W., Smidt, D. et al.: Reaktorsicherheit in der Bundesrepublik Deutschland, atw, Jg. 15, September/Oktober 1970, S. 446.
[9] Birkhofer, A.: Das Risikokonzept aus naturwissenschaftlich-technischer Sicht, in: Lukes R. (Hg.): Schriftenreihe Recht-Technik-Wirtschaft, Bd. 31: Siebtes Deutsches Atomrechts-Symposium, 16./17. 3. 1983 Göttingen, Carl Heymanns Verlag, Köln, 1983, S. 33–43.

listen" und „Deterministen", und es setzte sich die gemeinsame Einsicht durch, dass die probabilistische Analyse die grundlegende deterministische Vorgehensweise vorzüglich ergänzt.

Nach dem Reaktorunglück in Fukushima wurden „die Verlässlichkeit von Risikoannahmen und die Verlässlichkeit von Wahrscheinlichkeitsanalysen" durch politisch motivierte Äußerungen grundsätzlich in Frage gestellt. Die dortigen Ereignisse waren jedoch die Folge eklatanter Planungs- und Ausführungsfehler und somit die Folge grob fahrlässig verfehlter Schadensvorsorge, aber kein Beweis für ein unterschätztes oder gar unbekanntes Risiko (s. Kap. 4.9.4).

7.2 Reaktorsicherheits-Studien in den USA 1957–1990

7.2.1 Der Brookhaven-Bericht WASH-740, 1957

Als in den USA mit dem *Atomic Energy Act* von 1954 die Weichen für die industrielle Nutzung der Kernenergie gestellt waren, kam die Frage nach der Atomhaftung und ihrer Versicherung auf. Das *Joint Congressional Committee on Atomic Energy* (JCAE) von Repräsentantenhaus und Senat veranstaltete im Februar und März 1955 Anhörungen über die Entwicklung, das Wachstum und die Lage der kerntechnischen Industrie. Dabei wurden auch Sicherheitsfragen und denkbare Unfälle diskutiert. Konkrete Schadenfolgen konnten jedoch nicht abgeschätzt werden. Das Interesse der Versicherungswirtschaft an diesem Geschäftsbereich wurde dadurch deutlich gedämpft.[10] Das JCAE bat deshalb die Atomenergiebehörde USAEC um Informationen über Unfallrisiken und mögliche Schadensfolgen. Die USAEC gab den Untersuchungsauftrag an das *Brookhaven National Laboratory* weiter, das eine 10-köpfige Arbeitsgruppe aus eigenen Mitarbeitern und Experten aus anderen Nationalen Laboratorien, wie Oak Ridge und Argonne, einsetzte.

Im Februar 1956 schließlich war die amerikanische Versicherungswirtschaft bereit, Reaktorrisiken zu versichern und richtete einen Pool zur Schadensbegleichung bei betroffenen Dritten bis maximal 60 Mio. US-$ ein.[11] In erneuten Anhörungen des JCAE unter dem Vorsitz von Senator Clinton P. Anderson im Februar 1956 wurde festgestellt, dass eine nukleare Katastrophe höchst unwahrscheinlich sei, wenn sie aber dennoch eintrete, der potenzielle Schaden extrem hoch ausfalle. Der von den Versicherungsgesellschaften gewährte Schutz reiche nicht aus.[12] Im April 1956 lag ein erster Bericht der Brookhaven-Gruppe ohne abschließende Ergebnisse vor sowie eine vorläufige Studie über nukleare Versicherungsprobleme, die vom *Atomic Industrial Forum, Inc. (*Atomforum der amerikanischen Industrie)[13] am juristischen Institut der Columbia Universität in Auftrag gegeben worden war. Dieses Rechtsgutachten enthielt den Vorschlag, für Schäden, die von der Versicherungswirtschaft nicht zu tragbaren Tarifen gedeckt werden könnten, solle der Staat haften.[14] Der Abgeordnete im US-Repräsentantenhaus, Melvin Price, hatte dies bereits mit einem Gesetzentwurf angeregt.[15] Der McKinney Report, der die Auswirkungen der Atomenergie auf Wirtschaft und Industrie darstellte und Anfang des Jahres 1956 publiziert

---

[11] Late News and Commentary: Insurance Progress: NUCLEONICS, Vol. 14, No. 2, Februar 1956, S. 10.

[12] Insurance Available for Reactor Liability Inadequate, Congress, Industry Agree: NUCLEONICS, Vol. 14, No. 3, März 1956, S. 19.

[13] Im April 1953 gründete eine an Atomkraft interessierte Gruppe von amerikanischen Firmen in New York das *Atomic Industrial Forum, Inc.* als Stimme der Industrie im Bereich der Atomenergie. Unter diesen Firmen waren: Detroit Edison, Dow Chemical, Babcock & Wilcox, Standard Oil, Phillips Petroleum, Foster-Wheeler, Nuclear Development Associates u. a. vgl. Luntz, Jerome D.: Atomic Forum, NUCLEONICS, Vol. 11, No. 5, Mai 1953, S. 9; siehe auch: New Industrial Association Formed to Foster Growth of Atomic Energy Industry, NUCLEONICS, Vol. 11, No. 5, Mai 1953, S. 70 und: Atomic Industrial Forum Elects Officers, NUCLEONICS, Vol. 11, No. 6, Juni 1953, S. 92.

[14] Insurance Progress: NUCLEONICS, Vol. 14, No. 4, April 1956, S. 24.

[15] Insurance Available for Reactor Liability Inadequate: NUCLEONICS, Vol. 14, No. 3, März 1956, S. 19.

---

[10] Where Does the U.S. Atomic Energy Program Stand Today: NUCLEONICS, Vol. 13, No. 3, März 1955, S. 43.

worden war, hatte gerade die staatliche Mithaftung mit dem Argument abgelehnt, so könne man intensive Anstrengungen der Privatwirtschaft, dem Problem der Reaktorsicherheit gerecht zu werden, nur aufweichen.[16]

Im März 1957 wurde vom USAEC der Endbericht der Brookhaven-Arbeitsgruppe über Auswirkungen schwerer Störfälle in großen Kernkraftwerken, „die theoretisch möglich, praktisch jedoch höchst unwahrscheinlich sind", der Öffentlichkeit vorgelegt. Dieser Brookhaven-Bericht erhielt das USAEC Report-Sigel WASH-740.[17] Der Bericht leitet mit der Frage ein, ob ein Kernkraftwerk, dessen eigentlicher Brennstoff identisch mit dem Sprengstoff einer Atombombe ist, nicht bei einem Unfall ähnlich wie diese explodieren könne und stellt fest, dass dies nicht der Fall sein könne. In Kernkraftwerken könnten explosionsartige atomare Energiefreisetzungen und chemische oder Dampfexplosionen an sich für die Umgebung jenseits des Kraftwerkszauns auch unter ungünstigsten Umständen nur eine geringe Gefahr darstellen. Solche Ereignisse könnten jedoch die Anlage selbst zerstören und damit radioaktive Spaltprodukte in die Umgebung freisetzen. Allein dies könne zu hohen Verlusten an Menschenleben und materiellen Schäden führen. Die Möglichkeit einer vollständigen Freisetzung des Spaltproduktinventars sei allerdings äußerst unwahrscheinlich und die Radioaktivität der zuerst emittierten Stoffe klinge auch am schnellsten ab. Die Gefahr für die Bevölkerung entstehe nicht augenblicklich, sondern erst nach Stunden oder Tagen. Trotzdem müsse klar erkannt werden, dass sich große Spaltproduktfreisetzungen ereignen und ernste Gefahren für die Gesundheit und Sicherheit der Menschen in einem weiten Umkreis entstehen könnten.[18] Die Untersuchung umfasste die unter den angenommenen Unfallbedingungen zu erwartenden kurzfristigen Personenschäden, die erforderlichen Evakuierungen und die landwirtschaftlichen Verluste durch großflächige Landkontaminationen.

Auf der positiven Seite wird in WASH-740 festgehalten, dass es keine Reaktoren gebe, bei denen ein einziger technischer Fehler eine Spaltproduktfreisetzung auslösen könne. Auch seien die meisten Reaktoren inhärent sicher, mit einem negativen Temperaturkoeffizienten des Brennstoffs und des Kühlmittels sowie einem negativen Voidkoeffizienten des Kühlmittels/Moderators, d. h. jede Leistungsexkursion erreiche einen Grenzwert, statt unbegrenzt weiter anzuwachsen.[19] Es wird das Mehrfachbarrieren-Konzept erläutert. In jedem Kernkraftwerk würden die Spaltprodukte in jedem Fall durch mehrere Barrieren zurückgehalten: die Brennstoffmatrix, die Brennstoff-Umhüllung, den Reaktorbehälter und Primärkreis sowie einen Sicherheitsbehälter („vapor-shell" oder „vapor container"), der nunmehr für jeden Reaktor vorgeschrieben werde.

Auf der negativen Seite wird aufgelistet, dass viele Reaktoren mit einem störanfälligen Hochdrucksystem arbeiteten. Die fehlerverursachende Wirkung lang anhaltender Strahlung auf physikalische und chemische Eigenschaften der Materialien sei weithin unbekannt. Verschiedene im Reaktor verwendete Metalle wie Uran, Zirkonium, Aluminium oder Beryllium könnten unter bestimmten, vielfach noch unbekannten Bedingungen sehr heftig mit Wasser reagieren. Im Betrieb könnten manche Komponenten nicht mehr direkt inspiziert werden, weil sie zu stark radioaktiv geworden seien.

Die Brookhaven-Arbeitsgruppe unterschied zwischen praktisch möglichen Störfällen, mit denen man rechnen müsse und vor deren Folgen man sich, ohne Umgebungsschäden anzurichten, schützen könne und müsse („credible accidents"), und Unfällen, die praktisch auszuschließen seien („incredible accidents").[20] Zur Ermittlung der Auswirkungen von schweren Störfällen werden drei Fälle modellhaft mit teilweise sehr pessi-

---

[16] Late News and Commentary: The McKinney Report: NUCLEONICS, Vol. 14, No. 2, Februar 1956, S. 9.

[17] USAEC WASH-740: Theoretical Possibilities and Consequences of Major Accidents in Large Nuclear Power Plants – A Study of Possible but Highly Improbable, Were to Occur in Large Nuclear Power Plants, March 1957.

[18] ebenda, S. 1.

---

[19] ebenda, S. 4.

[20] s. Kap. 6.3, Der „Größte Anzunehmende Unfall" (GAU)

mistischen Annahmen untersucht. Der betrachtete Reaktor hatte eine thermische Leistung von 500 MW, war 180 Tage in Betrieb und befand sich knapp 50 km von einer Millionenstadt entfernt bei sonst unterdurchschnittlicher Besiedlungsdichte. Im ungünstigsten Fall (hypothetischer Störfall) sind mit der Freisetzung des halben Spaltproduktinventars in die Umwelt, also nicht nur der Edelgase und Halogene, auch der Feststoffe, je nach Wind und Wetterlage sehr unterschiedliche Schäden zu erwarten. Im schlimmsten Fall werden einige tausend Tote und einige zehntausend Verletzte errechnet.[21]

Zur Frage der Wahrscheinlichkeit, mit der eine nukleare Katastrophe eintreten könne, sahen sich die Forscher in Brookhaven außerstande, irgendwelche begründbaren Abschätzungen vorzunehmen. Sie beschrieben im Einzelnen die möglichen Störfalltypen (unkontrollierte Kritikalität, Kühlmittelverlust mit Kernschmelze, chemische Reaktionen, Versagen des Reaktorbehälters und des Sicherheitsbehälters), sie konnten aber auch nicht annähernd angeben, wie hoch das Risiko eines gleichzeitigen Versagens aller Barrieren sein könnte und welcher Anteil der Spaltprodukte dann entwiche.[22] Sie führten deshalb eine Befragung unter den kenntnisreichsten Experten und herausragendsten Persönlichkeiten im Bereich der Reaktortechnologie und angrenzender Gebiete durch. Sie fanden eine starke Zurückhaltung der Befragten, quantitative Schätzungen für die Eintrittswahrscheinlichkeit einer Reaktorkatastrophe mit großer Spaltproduktfreisetzung vorzunehmen. Die schließlich erhaltenen konkreten Schätzwerte lagen zwischen 10^5 und 10^9 Reaktorjahren für den schlimmsten betrachteten Unfall.[23] Sie betonten dazu, dass diese Zahlen rein intuitiv gegriffen seien, ohne jede empirische oder wissenschaftliche Absicherung.

WASH-740 wurde als eine Grundlage für die Schaffung des Atomhaftungsrechts in den USA genutzt. Im September 1957 verabschiedete der US Congress den Price Anderson Act, der bis maximal US-$ 65 Mio. eine privatwirtschaftli-

che Deckungsvorsorge und darüber hinaus eine Staatshaftung bis US-$ 500 Mio. pro Schadensfall vorsah.[24]

Die USAEC war äußerst beunruhigt, die enormen Verluste an Menschenleben und Sachwerten, die WASH-740 für den schlimmsten Unfall berechnet hatte, könnten, aus dem Zusammenhang gerissen, missverstanden werden und die Öffentlichkeit übermäßig erschrecken. Man entschied sich, diese Analyse nicht weiter zu verfolgen und mit Risikoabschätzungen künftig vorsichtiger umzugehen. Erst 1964, als die Price-Anderson-Gesetzgebung novelliert werden sollte, wurde Brookhaven von der USAEC beauftragt, WASH-740 auf den neuesten Stand zu bringen. Im Juli 1964 machte sich eine 10-köpfige Arbeitsgruppe an die neue Studie und schloss Ende Januar 1965 ihren Bericht ab.[25] Der zweite Brookhaven-Bericht „WASH-740 Revision" zeigte auf, dass die Folgen katastrophaler Unfälle neuerer, größerer Reaktoren noch wesentlich gravierender, aber ihre Eintrittswahrscheinlichkeit geringer sein würden, als 1957 anzunehmen war. Er enthielt eine detaillierte Untersuchung eines anzunehmenden Kühlmittelverlust-Störfalls, der zu einer Kernschmelze führt. Es wurde die Zeitdauer berechnet, bis das flüssige Schwermetall den Boden des Reaktordruckbehälters durchgeschmolzen hat und sich in die darunter befindlichen Betonstrukturen frisst. Unter der Annahme eines gleichzeitigen Versagens des Containments ergaben sich für einen 1.000 MW_{el}-Reaktor bis zu 100-fach größere Schadensfolgen als bei WASH-740.[26] Diese Ergebnisse lösten in der USAEC heftige Diskussionen zu der Frage aus, ob es ratsam sei, diesen Revisions-Bericht zu veröffentlichen und welche Folgen sich aus der öffentlichen Erörterung der schlimmsten Katastrophen-Szenarien für die weitere Entwicklung des Atomprogramms ergeben könnten. Schließlich obsiegte der politische Wille, den Ausbau der Kernenergie voranzubringen und der Indus-

---

[21] USAEC WASH-740, März 1957, S. 13.

[22] ebenda, Appendix A, S. 21.

[23] ebenda, Appendix A, S. 6.

[24] Congress Passes Broadened 1958 Reactor Program: NUCLEONICS, Vol. 15, No. 9, September 1957, S. 21.

[25] Walker, Samuel J.: Containing the Atom, Univ. of California Press, 1992, S. 117 f

[26] ebenda, S. 123.

trie öffentliche Akzeptanzprobleme und höhere Versicherungskosten zu ersparen. „Wie es in der Geschichte des zivilen Nuklearprogramms der USAEC durchgängig geschah, kompromittierte die Bindung der Behörde an ihr Kernenergie-Ausbauprogramm die Integrität ihrer Kontrollfunktion."[27] Die USAEC veröffentlichte den fortgeschriebenen WASH-740-Bericht nicht, weil sie sich vor den politisch-gesellschaftlichen Folgen fürchtete. Er könne „von der Öffentlichkeit missverstanden werden".[28] Damit spielte die USAEC den Atomkraftgegnern ein schwergewichtiges moralisches Argument gegen die Glaubwürdigkeit und Offenheit der USAEC zu; denn die Existenz des Berichts musste unvermeidlich bekannt werden.

Die im WASH-740-Revisionsbericht erörterten Störfallabläufe lösten im ACRS eine intensive Diskussion aus, inwieweit die Integrität des alle Radioaktivität sicher zurückhaltenden Sicherheitsbehälters angenommen werden kann. Es wurde auch kritisch die Frage gestellt, ob man, wie bisher allgemein akzeptiert, das Versagen des Reaktordruckbehälters im Normalbetrieb ausschließen könne.[29] Aus diesen ACRS-Beratungen ergaben sich Ende 1965 Anstöße zu Forschungsprogrammen, die sich grundlegend mit Problemen der Reaktorsicherheit befassten.[30]

In Deutschland wurde WASH-740 zunächst ohne Diskussion zur Kenntnis genommen und nur gelegentlich zitiert. Erst im Zusammenhang mit der Akzeptanzkrise Ende der 60er, Anfang der 70er Jahre wurde dieser Bericht von den Kernenergie-Kritikern öffentlich diskutiert. Das Institut für Reaktorsicherheit der Technischen Überwachungsvereine brachte 1973 die wichtigsten Aussagen des Brookhaven-Berichts mit ausführlicher Kommentierung heraus.[31] In der Einführung wird dort zu WASH-740 bemerkt:

„Dieser Bericht ist wahrscheinlich das am häufigsten fehlinterpretierte Dokument auf dem Gesamtgebiet der Kerntechnik geworden. Er hat viel zur Verwirrung und Verunsicherung der Öffentlichkeit beigetragen." Im Rückblick möchte man diese Meinung nicht bestätigen. Die Unglücksfälle von TMI/Harrisburg (1979) und Tschernobyl (1986) machten sichtbar, dass die Abschätzungen und Berechnungen von WASH-740, wie sie öffentlich gemacht wurden, durchaus wirklichkeitsnah waren.

7.2.2 Der Rasmussen-Report WASH-1400, 1975

Als Ende der 60er Jahre die Zahl der Kernkraftwerksprojekte in den USA anschwoll, regte sich zunehmend öffentlicher Widerstand. Besorgte Bürger wollten sich nicht mehr mit der Zusicherung der USAEC zufrieden geben, die Nuklearanlagen seien sicher und risikolos.[32] Die besondere Aufmerksamkeit von Politik und Öffentlichkeit galt dem „China-Syndrom", womit auf drastische Weise der Kernschmelzunfall bezeichnet wurde, bei dem nach Ausfall der Kühlung der flüssige Kern den Reaktordruckbehälter und das Betonfundament durchschmilzt und sich durch die Erdkruste in Richtung China frisst. Die ernsthafte Frage war, mit welcher Häufigkeit das Versagen der Reaktorkühlsysteme, insbesondere der Notkühlsysteme, in den Kernkraftwerken zu erwarten sei und welche Folgen sich daraus ergäben. Zur Klärung dieser Fragen waren bereits experimentelle Untersuchungen, Studien und Sachverständigen-Anhörungen durchgeführt und weitere Forschungen eingefordert worden.

Zum 1. Januar 1970 war das amerikanische Umweltschutzgesetz (The National Environmental Policy Act – NEPA) in Kraft getreten, das für umweltrelevante Vorhaben detaillierte Untersuchungen der möglichen Auswirkungen auf Mensch und Umwelt vorschrieb. Neben Kosten/Nutzen-Analysen wurde auch die Darstellung

---

[27] ebenda, S. 132.

[28] Rolph, Elizabeth S., a. a. O., S. 49.

[29] Okrent, David: Nuclear Reactor Safety, Univ. of Wisconsin Press, 1981, S. 107–114.

[30] ebenda, S. 88.

[31] Merton, A.: Der Brookhaven-Bericht (WASH-740), Inhalt und Bedeutung, IRS-S-9, Stellungnahmen zu Kernenergiefragen, Köln, Mai 1973.

[32] Gilette, Robert: Nuclear Safety: The Roots of Dissent, SCIENCE, Vol. 177, 1. 9. 1972, S. 771–776.

von Alternativen zu den geplanten Vorhaben eingefordert.

Im Oktober 1971 forderte der Vorsitzende des Joint Committee on Atomic Energy von Senat und Repräsentantenhaus (JCAE), der Senator John Pastore, angesichts wachsender Besorgnis von der USAEC einen Bericht an, der für Industrie und Öffentlichkeit unzweideutig die Fakten über die Sicherheit der US-Reaktoren zusammenstellen sollte.[33] Man solle den Wünschen der Kernkraftkritiker entgegenkommen und die sicherheitsrelevanten Zusammenhänge zumindest teilweise offenlegen. Pastore regte für die Ausgestaltung des Berichts an, er könne mit quantitativen Größen die Eintrittswahrscheinlichkeiten von Unfällen und deren Folgen erörtern. Als Beispiele nannte Pastore den Kühlmittelverluststörfall und den Totalausfall der Stromversorgung. Es sei auch erforderlich, die nuklearen Risiken mit Lebensrisiken zu vergleichen, die in anderen Gefahrenbereichen der Gesellschaft vorhanden seien, um sie mit der richtigen Perspektive einordnen zu können. Dieser Bericht sei äußerst wichtig und solle so schnell wie möglich mit hoher Priorität in Angriff genommen werden. Die USAEC müsse alle ihre Ressourcen sowie Zuarbeit von außerhalb des USAEC-Bereichs in Betracht ziehen, was der Glaubwürdigkeit der Ergebnisse nur aufhelfen könne.

Die USAEC-Abteilung für Reaktorentwicklung und Technologie machte sich unter ihrem Direktor Milton Shaw unverzüglich daran, eine USAEC-hausinterne Reaktorsicherheits-Studie anzufertigen. Milton Shaw, ein ehemaliger Mitarbeiter von Admiral Hyman Rickover, war Ende 1964 in sein Amt berufen worden und sah seine Arbeitsschwerpunkte zunächst in der Förderung eines wirtschaftlich einsetzbaren Brutreaktors, dann in den Fragen der Qualitätssicherung. Er war der Ansicht, die Entwicklung des Leichtwasserreaktors (LWR) sei praktisch zu einem Abschluss gekommen und forcierte dessen kommerzielle Nutzung. Seine Zielsetzung war die

rigorose Durchsetzung von hohen Standards bei der Qualitätssicherung im Reaktorbau und bei den Forschungsprojekten und viel weniger die weitere wissenschaftliche Erforschung der LWR-Sicherheit. Seine Amtsführung und Prioritätensetzung waren Gegenstand heftiger interner Kritik aus dem Oak Ridge National Laboratory und der National Reactor Testing Station in Idaho, den beiden für die Sicherheitsforschung überwiegend verantwortlichen USAEC-Einrichtungen.[34]

Noch während die Shaw-Gruppe an der hausinternen Studie arbeitete, entschied der USAEC-Vorsitzende James Schlesinger, dass eine maßgebliche externe Reaktorsicherheits-Studie von unabhängigen Wissenschaftlern durchgeführt werden solle. Der Auftrag ging im August 1972 an Norman Carl Rasmussen, der seit 1965 als Professor für Reaktortechnik am Massachusetts Institute of Technology (MIT) lehrte. Die Studie war auf die Dauer von ungefähr einem Jahr angelegt und sollte sich mit den gleichen Fragen wie der Brookhaven-Report WASH-740 befassen, sich jedoch stärker auf die Abschätzung der Eintrittswahrscheinlichkeit schwerer Reaktorunfälle konzentrieren.[35] Erste Abschätzungen der Shaw-Gruppe ließen die USAEC erwarten, dass eine wissenschaftlich fundierte, technisch detaillierte Reaktorsicherheits-Studie Risikoprognosen ergäbe, die zur Beruhigung der öffentlichen Diskussion und zur Rechtfertigung und Absicherung des mit Nachdruck vorangetriebenen Kernenergieausbaus wesentlich beitragen könnten.

Die Shaw-Gruppe legte im Dezember 1972 einen Entwurf ihrer Sicherheitsstudie vor. Shaw hatte für diesen Bericht nur untergeordnete Beiträge aus dem Oak Ridge National Laboratory und der National Reactor Testing Station in Idaho abgerufen. Der in 50 Exemplaren in Umlauf gebrachte Entwurf wurde vonseiten der Nuklearindustrie als objektiv und gelungen bezeichnet, aus den Forschungsinstituten aber als ein Stück

---

[33] Wortlaut des Briefs von Senator Pastore vom 7. 10. 1971 an den USAEC-Vorsitzenden James R. Schlesinger sowie des Antwortbriefs von Schlesinger vom 16. 10. 1971 in: Blakely, J. Paul: General Administrative Activities, NUCLEAR SAFETY, Vol. 13, No. 3, Mai-Juni 1972, S. 243.

[34] Gilette, Robert: Nuclear Safety: Critics Charge Conflicts of Interest, SCIENCE, Vol. 177, 15. 9. 1972, S. 970–975.

[35] AEC has named Norman Rasmussen of M.I.T. to head its Study: NUCLEONICS WEEK, 3. August 1972, S. 6.

Tab. 7.1 Versagensraten nach Otway und Erdmann

System or component	Failure rate
Primary coolant pipe rupture	10^{-3}/yr
Reactor pressure vessel (catastrophic failure)	10^{-6}/yr
Emergency coolant injection start	10^{-2}/demand
Core flooding system	10^{-3}/demand
Reactor building spray system start	10^{-2}/demand per unit
Reactor building emergency cooling start	10^{-2}/demand per unit
Reactor shutdown system	10^{-5}/demand
Rod withdrawal at power	10^{-2}/yr
Reactivity fault at startup (all causes)	10^{-4}/yr

oberflächlicher Öffentlichkeitsarbeit, als weiße Tünche und Mohrenwäsche scharf kritisiert.[36] Der überarbeitete und ergänzte USAEC-Bericht der Shaw-Gruppe wurde im Juli 1973 mit der offiziellen Reportnummer WASH-1250 vorgelegt.[37]

WASH-1250 enthielt eine ausführliche Darstellung der USAEC-Sicherheitsphilosophie der gestaffelten Schutzbarrieren („defense in depth") und von drei Sicherheitsebenen.[38] Mit diesem Bericht unternahm es die USAEC erstmals, die Risiken der Kernkraftnutzung quantitativ abzuschätzen und im Zusammenhang mit anderen allgemeinen Lebensrisiken einzuordnen. Die Frage nach den äußerst unwahrscheinlichen Unfällen mit katastrophalen Auswirkungen fand besondere Aufmerksamkeit. Es wurde hier auf die recht häufigen Naturkatastrophen der jüngeren Geschichte hingewiesen, die verheerende Schäden anrichteten, wie etwa die Flut des Jahres 1887, der in China 900.000 Menschenleben zum Opfer fielen. Daneben wurden die Schwierigkeiten hervorgehoben, die mit der Abschätzung von Wahrscheinlichkeit und Schadensausmaß durchaus vorstellbarer, aber bisher noch nicht eingetretener nuklearer Katastrophen verbunden sind.[39]

Die Vorgehensweise bei der Risiko-Abschätzung folgte dem probabilistischen Ansatz. Die einzelnen Schutzbarrieren wurden als unabhängig voneinander angesehen. Für eine katastrophale Freisetzung des radioaktiven Inventars eines Reaktors wurde vorausgesetzt, dass alle Barrieren gleichzeitig versagen. Eine realistische Risiko-Untersuchung musste eine sehr große Zahl von Komponenten wie Reaktordruckbehälter, Rohrleitungen, Pumpen, Ventile usw. betrachten, von deren Funktionieren oder Versagen die Wirksamkeit der Schutzbarrieren abhing. Der Abschätzung der Versagenswahrscheinlichkeiten lagen die Erfahrungen mit nicht-nuklearen, also konventionellen Maschinenbauteilen zugrunde. Die Anwendung konventioneller Schadensstatistiken auf Reaktorkomponenten, die nach besseren Konstruktions- und Prüfstandards gebaut und betrieben würden, müsste zu tendenziell überhöhten Voraussagen von Versagenshäufigkeiten führen.[40] WASH-1250 stützte das verwendete Risiko-Konzept im Wesentlichen auf wissenschaftlichen Arbeiten ab, die an der University of California sowohl an der School of Engineering and Applied Science in Los Angeles, Cal., USA,[41] als auch im Los Alamos Scientific Laboratory in Los Alamos, N. Mex., USA, ausgeführt worden waren.[42] Deren Abschätzungen der Versagenswahrscheinlichkeiten wichtiger Reaktorkomponenten und Sicherheitssysteme wurden unverändert übernommen (Tab. 7.1). Die Fehlerrate der Rohrleitungen des Primärkühlkreislaufs mit 10^{-3} pro Jahr wurde allerdings als zu pessimistisch kommentiert. Otway und Erdmann von der University of California in Los Angeles wiederum hatten die in den 60er Jahren erschienene Literatur, insbesondere die auf dem Wiener IAEA-Symposium über Sicherheitsbehälter und Standortfragen vom April 1967 von verschiedenen Autoren vorgetragenen Analysen über konventionelle und nukleare Schadensfälle,

---

[36] Gilette, Robert: Nuclear Safety: AEC Report Makes the Best of It, SCIENCE, Vol. 179, 26. 1. 1973, S. 361.

[37] USAEC WASH-1250, The Safety of Nuclear Power Reactors (Light Water-cooled) and Related Facilities, Juli 1973.

[38] ebenda, Kap. 2, S. 1–6.

[39] ebenda, Kap. 6, S. 27.

[40] USAEC WASH-1250, a. a. O., Kap. 6, S. 28–35.

[41] Otway, H. J. und Erdmann, R. C.: Reactor Siting and Design from a Risk Viewpoint, Nuclear Engineering and Design, 13, 1970, S. 365–376.

[42] Otway, H. J., Lohrding, R. K. und Battat, M. E.: A Risk Estimate for an Urban-Sited Reactor, Nuclear Technology, Vol. 12, Oktober 1971, S. 173–184.

Tab. 7.2 Todesfall-Risiken pro Jahr und Person in den USA nach WASH-1250

Hazard	Annual Chance of Death One Person out of:	Probability of Death per Person Year
Cancer (all types)	625	1.6×10^{-3}
Auto Accident	3,600	2.8×10^{-4}
Drowning	27,000	3.7×10^{-5}
Choking on Food	~100,000	$\sim 10^{-5}$
Cancer from Medical X-rays	>100,000	$< 1 \times 10^{-5}$
Lightning	1,000,000	0.8×10^{-6}
Cancer from Nuclear Effluents	>25,000,000	$< 4 \times 10^{-8}$
Nuclear Power Plant Accidents leading to Releases of Radioactivity	~10,000,000,000	$\sim 10^{-10}$?

ausgewertet. WASH-1250 übernahm von Otway und Erdmann auch das Freisetzungsmodell, dem ein Kühlmittelverlust-Störfall mit nachfolgender Kernschmelze zugrunde lag, sowie deren Auswertungen.

Die Aussage, dass ein ernsthafter Kernschmelzunfall schon mit der Wahrscheinlichkeit eins zu tausend pro Jahr und Reaktor eintreten könne, wobei jedoch nicht mehr als 10 Curie Jod[131] in die Umwelt emittiert würden[43], fand erstaunte öffentliche Aufmerksamkeit.[44] Eine Reaktorkatastrophe mit der Freisetzung von 5 Mio. Curie Radioaktivität wurde mit einer Eintrittswahrscheinlickeit von $1:10^{11}$ als äußerst unwahrscheinlich eingeschätzt. Dazu wurde allerdings angemerkt, dass solche Berechnungen fragwürdig erscheinen müssten angesichts des Erdalters, das erheblich geringer sei. In Tab. 7.2[45] sind die in WASH-1250 ermittelten jährlichen Todesfall-Risiken für verschiedene alltägliche und nukleare Gefahren pro Person und Jahr in den USA aufgeführt. Es wurde dazu betont, dass mit der Angabe dieser Zahlen beabsichtigt sei, ein „Gefühl" für die Rangordnung der Gefahren und ihre Größenordnung zu vermitteln, so wie sie der damaligen Informationslage entsprachen.

Die USAEC griff in WASH-1250 auch die Frage nach der gesellschaftlichen Akzeptanz von technischen im Vergleich mit natürlichen Lebensgefahren auf. Sie stellte einen Zusam-

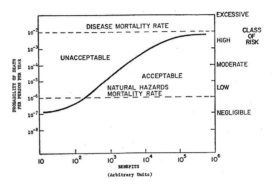

Abb. 7.5 Die Grenzen der Risiko-Akzeptanz bei der Kernkraftnutzung

menhang zwischen der Höhe von technischen Risiken und dem gesellschaftlichen Nutzen her. Abbildung 7.5 zeigt die Trennungslinie zwischen den akzeptablen und inakzeptablen Bereichen, wobei auch bei sehr hohem Nutzen die Wahrscheinlichkeit von Todesfällen in der Bevölkerung durch Reaktorunfälle kleiner sein sollte als die natürliche Todesfallrate durch Krankheiten.[46]

In WASH-1250 wurde auf die von der USAEC parallel veranlasste Reaktorsicherheits-Studie (Rasmussen) hingewiesen, die über Unfallrisiken der Kernkraftwerke aussagekräftige quantitative Schlussfolgerungen enthalten werde. Dabei sollten Unfälle mit weiterentwickelten probabilistischen Methoden der Ereignisbaum- und Fehlerbaumanalysen untersucht werden, die auch die große Katastrophe umfassten. Diese Methoden waren bereits im Bereich der Luft- und Raumfahrttechnik eingesetzt worden.

---

[43]   WASH-1250, a. a. O., Kap. 6, S. 34.

[44]   Gillette, Robert: Nuclear Safety: AEC Report Makes the Best of It, a. a. O., S. 361.

[45]   WASH-1250, a. a. O., Kap. 6, S. 44.

[46]   WASH-1250, a. a. O., Kap. 6, S. 13.

Die Rasmussen-Gruppe war aus externen Wissenschaftlern, AEC-Mitarbeitern aus den Forschungslaboratorien und dem Stab sowie einzelnen ACRS-Mitgliedern zusammengesetzt. Sie war mit den Arbeiten zu WASH-1250 vertraut und übernahm daraus direkt Material in die eigene Studie.

Die Rasmussen-Studie war breit angelegt und sollte über den Bericht WASH-740 (s. Kap. 7.2.1) hinaus ein geschlossenes Risiko-Konzept entwickeln. Sie untersuchte modellhaft Unfallabläufe anhand des Siedewasserreaktors Peach Bottom II[47] und des Druckwasserreaktors Surry I[48]. Die Rasmussen-Gruppe war vor eine zweifache Aufgabe gestellt:

1. Die Erfassung von denkbar erscheinenden unfallauslösenden Ereignissen und der sich daraus entwickelnden möglichen Ereignisabläufe, die zu Unfällen mit Umweltschäden führen können, sowie der jeweiligen Eintrittshäufigkeiten bzw. Versagenswahrscheinlichkeiten und

2. die Ermittlung der Schäden, die von verschieden großen, durch das Unfallgeschehen freigesetzten Radioaktivitätsmengen bei unterschiedlichen Umweltverhältnissen verursacht werden.

Wegen der großen Zahl der Kraftwerkskomponenten und Sicherheitseinrichtungen, die bei Anforderung funktionieren oder versagen können, ist eine große Zahl unterschiedlicher Ereignisabläufe möglich. Bei der Methode der Ereignisablaufanalyse werden sie in der Regel als Ereignisablaufdiagramme dargestellt. In Ergänzung dazu wird die Methode der Fehlerbaumanalyse angewendet. Ausgehend vom Ausfall einer Systemfunktion, wie z. B. der Reaktor-Schnellabschaltung oder der Stromversorgung des Notkühlsystems, werden in einem deduktivem Verfahren alle Kombinationen von Komponentenversagen analysiert, die zu diesem Ausfall führen. Anhand der Fehlerbaumanalyse

wird die Ausfallwahrscheinlichkeit von Systemfunktionen ermittelt. Dazu bedarf es der Kenntnis der Ausfallraten der einzelnen Komponenten wie Ventile, Schalter, Pumpen, Relais usw., die aus den Erfahrungen mit nuklearen und konventionellen Anwendungen abgeleitet werden.

Die Rasmussen-Gruppe versuchte alle einschlägigen international verfügbaren Datenbestände auszuwerten. Die United Kingdom Atomic Energy Authority (UKAEA) lieferte umfangreiches Material.[49] Rasmussen befasste sich intensiv mit der Frage, inwieweit die einzelnen Komponenten der betrachteten Reaktoren unabhängig voneinander funktionierten oder miteinander vermascht parallel versagen könnten (common mode failure). Die Gefährlichkeit der Vermaschung von Sicherheitssystemen war wohl bekannt und Gegenstand früherer Untersuchungen[50] und regulatorischer Maßnahmen[51] gewesen. An äußeren Ereignissen wurden Erdbeben, Tornados, Überschwemmungen, Flugzeugabstürze und fliegende Turbinenbruchstücke analysiert.

Die Komplexität der untersuchten Reaktorsysteme und der erforderliche Auflösungsgrad der Strukturen machten eine enge, intensive Zusammenarbeit mit der Industrie unumgänglich. Der Rasmussen-Gruppe blieb keine andere Wahl, als sich auf die Informationen von den Herstellerfirmen zu verlassen und auf deren seriöse Zuarbeit zu vertrauen. Industrie und USAEC hatten gewiss den vorrangigen Wunsch, der Öffentlichkeit günstige, die Akzeptanz der Kernenergie fördernde Risikoeinschätzungen vorzeigen zu können. Sie mussten aber auch ein eminentes Interesse daran haben, Schwachstellen der Reaktorkonstruktionen und -betriebsweisen

---

[47] Philadelphia Electric Co., Pa, 1065 MW$_{el}$, kommerzieller Betrieb ab Juni 1974, Hersteller General Electric.

[48] Virginia Electric & Power Co., Va, 788 MW$_{el}$, kommerzieller Betrieb ab Dezember 1972, Hersteller Westinghouse.

[49] Farmer, Frank R.: Diskussionsbeitrag in Hauff, Volker (HG.): Expertengespräch Reaktorsicherheitsforschung, Bundesministerium für Forschung und Technologie, 31. 8. bis 1. 9. 1978, Bonn, Neckar-Verlag Villingen, 1980, S. 74.

[50] vgl. Epler, E. P.: Common Mode Failure Considerations in the Design of Systems for Protection and Control, Nuclear Safety, Vol. 10, 1969, S. 38–45.

[51] AEC Implements Common Mode Failure Policy; Some Backfitting Likely, NUCLEONICS WEEK, 27. September 1973, S. 1.

zu erkennen, denn eine Nuklearkatastrophe hätte vermutlich das abrupte Ende der Kernenergienutzung bedeutet. Die Zuarbeit aus der Industrie war umfangreich und die Rasmussen-Studie wurde überwiegend in Einrichtungen der USAEC erstellt. Dass die USAEC gleichwohl in ihren öffentlichen Verlautbarungen die Unabhängigkeit der Rasmussen-Studie betonte, war Anlass zu heftiger Kritik, insbesondere vonseiten der Umweltorganisationen. Die Union of Concerned Scientists setzte auf der Grundlage des Freedom of Information Act die Einsicht in alle Arbeitsunterlagen der Rasmussen-Gruppe durch und gab einen „Anti-Rasmussen-Report" heraus.[52] Diese Schrift zog die Ernsthaftigkeit der Bemühungen um möglichst zuverlässige Reaktorsicherheits-Prognosen mit Hinweisen auf die vorschnelle, jede interne Kritik ausblendende Öffentlichkeitsarbeit der USAEC in Zweifel. Die Aussagekraft von WASH-1400 wurde grundsätzlich in Frage gestellt, weil die nach internen Überprüfungen vorgetragenen Verbesserungsvorschläge nur teilweise berücksichtigt worden waren. Der „Anti-Rasmussen-Report" enthält eine Fülle von wichtigen, wenngleich recht einseitigen Hintergrundinformationen über die Entstehungsgeschichte der Rasmussen-Studie.

Zur Berechnung der Unfallfolgen betrachtete Rasmussen für typische amerikanische Kraftwerks-Standorte eine größere Zahl von Wetterlagen und Freisetzungskategorien. Es wurden die kurzfristigen Todesfälle und Erkrankungen, die Langzeiterkrankungen und Sachschäden untersucht. Die Unfallrisiken aus dem Betrieb von 100 Kernkraftwerken, die man in den USA für 1980 erwartete, wurden mit anderen Risiken des Lebens verglichen.

Nach zweijähriger Arbeit der Rasmussen-Gruppe veröffentlichte die USAEC im August 1974 den Entwurf der Reaktorsicherheitsstudie

(Reactor Safety Study – RSS) WASH-1400, den sog. Rasmussen-Report.[53] Er umfasste 3.300 Seiten in 14 Bänden. Für ihn waren 70 Mannjahre und 3 Mio. US-\$ aufgewendet worden. Er war nach den folgenden wesentlichen Kapiteln gegliedert: Störfallabläufe (Auslösende Ereignisse, Störfallablaufanalysen, Fehlerbaumanalysen, Äußere Einwirkungen), Kernschmelzablauf, Containmentverhalten, Freisetzung von Aktivitäten aus der Anlage, Ausbreitung von Radioaktivität, Bevölkerungsmodell, Radiologische Wirkung und Risikobewertung. Berechnungsgrundlagen, verwendete Daten und Ergebnisse im Einzelnen wurden in umfangreichen Appendizes aufgeführt.

Das erste öffentliche Interesse galt dem Vergleich der Ergebnisse von WASH-740 und WASH-1400.[54] Tabelle 7.3 zeigt die ganz erheblich geringeren Schadensfolgen, die für ein 500-MW_{th}-Kernkraftwerk von Rasmussen berechnet wurden. Nach WASH-1400 geht von US-Reaktoren ein ungewöhnlich und unerwartet niedriges Risiko aus. Die grundsätzlichen, von der USAEC betonten Erkenntnisse waren:

– Die Folgen von potentiellen Reaktorunfällen sind nicht größer, in einigen Fällen viel kleiner als „von früheren Studien den Leuten zu glauben nahe gelegt worden ist."

– Die Wahrscheinlichkeit von Reaktorunfällen ist viel kleiner als von vielen nicht-nuklearen Unfällen, die ähnlich große Schadensfolgen haben. Viele nicht-nukleare Unglücksfälle (Brände, Erdbeben, Flugzeugabstürze usw.) treten viel häufiger ein und können vergleichbare oder größere Folgen haben.

– Die Wahrscheinlichkeit, dass Kernkraftwerke horrende Schäden verursachen, ist 100–1.000 Mal kleiner als bei anderen Verursachern. Nicht-nukleare Unglücksfälle, die große Zahlen von Verletzten zur Folge haben, sind ungefähr 100.000 Mal wahrscheinlicher.

[52] Kendall, Henry W., Hubbard, Richard B. und Minor, Gregory C. (Hg.): The Risks of Nuclear Power Reactors, A Review of the NRC Reactor Safety Study WASH-1400, Cambridge. Mass., August 1977, deutsche Ausgabe: Öko-Institut Freiburg (Hg.): Die Risiken der Atomkraftwerke, Der Anti-Rasmussen-Report der Union of Concerned Scientists, Verlag Adolf Bonz GmbH, Fellbach, 1980. Zitate beziehen sich auf diese deutsche Ausgabe.

[53] Reactor Safety Study, An Assessment of Accident Risks in U. S. Commercial Nuclear Power Plants, USAEC, WASH-1400, August 1974 – Draft Version

[54] AEC Releases Rasmussen Study Draft: ‚The Conservative Side of Realism', NUCLEONICS WEEK, 22. August 1974, S. 2 f.

Tab. 7.3 Schwere Unfallfolgen im Vergleich der USAEC-Studien WASH-740 (1957) und WASH-1400 (1974)

Comparison of WASH-740 and Rasmussen's WASH-1400 (Consequences from accidents in a 500-MW$_{th}$ reactor)

Parameter	Calculated in WASH-740	Predicted by WASH-1400	
	Peak	Peak	Average
Acute deaths	*3,400*	*92*	*0.05*
Acute illness	*43,000*	*200*	*0.01*
Damage (in $ billions)	*7*[a]	*1.7*[b]	*0.51*[b]
Approximate chance per reactor year		One in a billion	One in 10,000

[a] value predicted in 1957 dollars. [b] values are in 1973 dollars; would be about one-third less if in 1957 dollars. Wash-740 was AEC report of March 1957: Theoretical Possibilities and Consequences of Major Accidents in Large Nuclear Power Plants

– Die „wahrscheinlichsten Folgen" eines Kernschmelzunfalls (1:17.000 pro Reaktor und Jahr) wären: keine Toten, keine Verletzten und ungefähr 100.000 US-$ Kosten an öffentlichem Eigentum und für Reinigungsarbeiten.[55] Mit der Veröffentlichung des WASH-1400-Entwurfs forderte die USAEC zu öffentlichen Kommentaren und Stellungnahmen einschlägiger Institutionen auf, die bis November 1974 eingehen sollten. Die Kritik hatte schon vor der Publikation eingesetzt. Im Juni hatte eine aus AEC-Mitarbeitern und externen Beratern bestehende Gruppe von 12 Prüfern eine erste Kritik des Arbeitsentwurfs der WASH-1400-Hauptteile vorgenommen. Sie äußerte eine beträchtliche Zahl von Korrektur- und Ergänzungswünschen, die jedoch vor Veröffentlichung des WASH-1400-Entwurfs im August 1974 größtenteils nicht mehr berücksichtigt werden konnten. Die Kritik galt u. a. der Analyse von common-mode-Fehlern, die in besonderen Fällen unzulänglich sei.[56]

Die USAEC berief nach der Freigabe des vorläufigen Rasmussen-Reports unter der Leitung von Stephen H. Hanauer[57] eine zweite Prüfgruppe, die in mehrere Untergruppen aufgeteilt

wurde. Die zweite interne Überprüfung entdeckte Mängel bei der Analyse der Folgen von Erdbeben, Sabotage, Verlust des Kontrollraums, größeren Bränden, Versagen von Tragekonstruktionen und warf die Frage auf, inwieweit die Ergebnisse von Surry I und Peach Bottom II auf andere Kernkraftwerke übertragbar seien.[58]

Die öffentliche Diskussion des WASH-1400-Entwurfs bewegte sich zwischen dem entschiedenen Widerspruch der Umweltschutz- und Verbraucherverbände[59] und der Forderung des Atomforums der Industrie, nunmehr neue Prioritäten zu setzen und die Ausweitung der Genehmigungsvorschriften für Kernkraftwerke zu beenden.[60] Anfang Dezember 1974 waren 89 Kommentare und Stellungnahmen bei der USAEC eingegangen, von denen die Qualität der Eingaben der Umweltbehörde EPA und des Natural Resources Defense Council besonders hervorgehoben wurde.[61]

---

[55] AEC Releases Rasmussen Study Draft, a. a. O., S. 3

[56] Öko-Institut Freiburg (Hg.): Die Risiken der Atomkraftwerke, a. a. O., S. 239–246.

[57] Hanauer, Stephen H., Ph. D., 1950–1965 Physiker im Oak Ridge National Labaratory (u. a. verantwortlich für den Demonstrationsreaktor auf der Genfer Atomkonferenz 1955), 1965–1970 Prof. für Reaktortechnik Univ. of Tenn. Hanauer machte sich 1971–1974 einen Namen bei der Erforschung von Kühlmittelverlust-Störfällen und bei

der Neufassung der entsprechenden USAEC-Vorschriften über Notkühlsysteme.

[58] Öko-Institut Freiburg (Hg.): Die Risiken der Atomkraftwerke, a. a. O., S. 250–255.

[59] The Rasmussen Report Was Attacked by a Sierra Club and Union of Concerned Scientists: NUCLEONICS WEEK, 12. September 1974, S. 5 f.

[60] With the Rasmussen Report in Hand, Why Escalate Design Conservatism: NUCLEONICS WEEK, 7. November 1974, S. 6 f.

[61] The Rasmussen Report Has Buoyed Self-Confidence of the AEC Regulatory Staff: NUCLEONICS WEEK, 19. Dezember 1974, S. 10 f.

Am 19. Januar 1975 wurde die USAEC durch die U. S. Nuclear Regulatory Commission (USNRC) ersetzt, die das Rasmussen-Projekt übernahm und fortführte.

Die American Physical Society (APS) hatte mit Förderung der USAEC und der National Science Foundation parallel zur Rasmussen-Studie eine Gruppe von Wissenschaftlern aus Universitäten und Wirtschaftsunternehmen mit der Untersuchung der Reaktorsicherheit von kommerziellen LWR beauftragt. Die Leitung hatte Harold W. Lewis, Physikprofessor an der University of California, Santa Barbara. Im Steuerungs- und Prüfkomitee waren hervorragende Physiker wie Nobelpreisträger Hans A. Bethe und Victor F. Weisskopf vertreten. Im April 1975 wurden die Ergebnisse der APS-Studie auf der APS-Konferenz in Washington vorgelegt. Als knappe Zusammenfassung wurde festgestellt, dass kurzfristig keine substanziellen Bedenken hinsichtlich der Sicherheit von LWR bestünden, dass aber die Folgen schwerer Unfälle für die menschliche Gesundheit wahrscheinlich schlimmer seien, als bisher angenommen worden war. Zum WASH-1400-Entwurf wurde empfohlen, die Abschätzung der Schäden nach radioaktiven Freisetzungen zu überarbeiten.[62] Die Lewis-Gruppe hatte herausgefunden, dass in der Rasmussen-Studie der Langzeitbeitrag der Bodenkontamination zur Ganzkörperbelastung übersehen worden war. Allein die Strahlenbelastung aus der Bodenkontamination durch Caesium[137] würde die im Entwurf des WASH-1400-Berichts berechnete Bevölkerungsdosis um den Faktor 20 übersteigen. Darüber hinaus seien die Berechnungen der Todesfallrisiken durch Lungen- und Schilddrüsenkrebs erheblich zu optimistisch.[63] Besondere Aufmerksamkeit der APS-Studie galt dem Reaktorschutzsystem und der Kernnotkühlung. Sie bemängelte die unzureichende Erfassung von Störfällen, bei denen gleichzeitig Sicherheitsfunktionen nicht verfüg-

bar sind. Es wurden zusätzliche Forschungsprogramme zur Ermittlung der Sicherheitsreserven von Reaktorschutz- und Kernnotkühlsystemen sowie zu deren Weiterentwicklung und Erprobung eingefordert.[64]

Grundsätzliche Einwände kamen vonseiten der Raumfahrttechnik. Dort war die probabilistische Methode der Risikoanalyse eingeführt worden, um die technischen Komponenten und Systeme zu identifizieren, die den größten Beitrag zum Gesamtrisiko beisteuerten. Für Systemoptimierungen und Abschätzungen relativer Wahrscheinlichkeiten von Ereignisabläufen sei diese Methode geeignet, aber keinesfalls für die genaue Ermittlung von absoluten Risiken. Die Unsicherheiten beim Erfassen menschlicher Fehlhandlungen, Versagenswahrscheinlichkeiten einzelner Systemkomponenten oder der geradezu unbegrenzten Fülle auslösender Ereignisse würden sich in mehreren Größenordnungen im Ergebnis niederschlagen.[65]

Norman C. Rasmussen nahm zu den wichtigsten Einwendungen gegen seine Studie Stellung und verteidigte sein Vorgehen.[66] Die eingegangenen Kommentare, deren Umfang das Werk übertreffe, würden sorgfältig geprüft und triftige Vorschläge in die endgültige Fassung von WASH-1400 eingearbeitet. Die größten Änderungen ergäben sich aus den Hinweisen der APS-Studie. Rasmussen schätzte für die endgültigen Risikokurven den Unsicherheitsbereich der Wahrscheinlichkeit mit dem Faktor 20 ein.

Ende Oktober 1975 wurde die endgültige Fassung der Reaktorsicherheitsstudie (Rasmussen-Report) veröffentlicht.[67] Die dem Bericht vorangestellte richtungsweisende Zusammen-

---

[62] Nuclear reactor safety – the APS submits its report: PHYSICS TODAY, Vol. 28, Juli 1975, S. 38–43.

[63] Report to the American Physical Society by the study group on light-water reactor safety: Reviews of Modern Physics, Vol. 47, Suppl. No. 1, Sommer 1975, S. 47–51.

[64] American Physical Society's Study of Light-Water-Reactor Safety, NUCLEAR SAFETY, Vol. 16, No. 5, September-Oktober 1975, S. 542–545.

[65] Weatherwax, Robert K.: Virtues and limitation of risk analysis, Bulletin of the Atomic Scientists, September 1975, S. 29–32.

[66] Rasmussen, Norman C.: The safety study and its feedback, Bulletin of the Atomic Scientists, September 1975, S. 25–28.

[67] USNRC: WASH-1400 (NUREG 75/014), Reactor Safety Study, An Assessment of Accident Risks in U. S. Commercial Nuclear Power Plants, Oktober 1975.

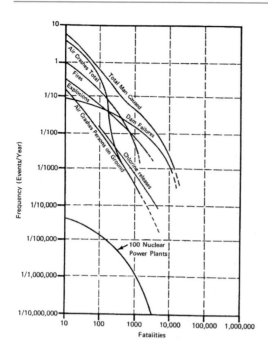

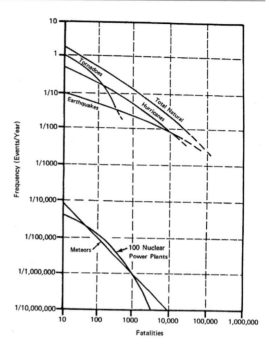

Abb. 7.6 Kurzfristige Todesfälle und Ereignishäufigkeit durch menschliche Ursachen

Abb. 7.7 Kurzfristige Todesfälle und Ereignishäufigkeiten durch natürliche Ursachen

fassung (Executive Summary) zeigte die eindrucksvollen Darstellungen der Risikokurven für kurzfristige Todes-Fälle nach Katastrophen, die von Menschen (Abb. 7.6) oder von der Natur (Abb. 7.7) verursacht werden[68] und für die damit verbundenen Sachschäden (Abb. 7.8)[69], die gegenüber dem Entwurf unverändert geblieben waren.

Diese einprägsamen Bilder fanden schnelle Verbreitung. Industrie und Genehmigungsbehörden waren erleichtert: Das Risiko von 100 Kernkraftwerken sei vergleichbar mit dem von Meteoriteneinschlägen! Gerade dieser Vergleich wurde bei einer Anhörung des Unterausschusses für Energie und Umwelt des United States Congress im Juni 1976 als „höchst missverständlich und irreführend" bezeichnet, weil Rasmussen die nach einem Unglück später auftretenden Todesfälle nicht miterfasst habe. Rasmussen verteidigte sich mit dem Hinweis, belastbare Daten seien für

nichtnukleare Katastrophen nicht verfügbar[70]. Auch ein späterer Prüfbericht fand, dass gerade die Executive Summary die Inhalte des Rasmussen-Reports mangelhaft wiedergäbe und in der Diskussion dazu missbraucht worden sei, über die Zumutbarkeit von Reaktorrisiken zu urteilen.[71] Dieser Prüfbericht wurde von einer 7-köpfigen Ad-hoc-Gruppe unter der Leitung von Harold W. Lewis, der auch die APS-Studiengruppe geführt hatte, erarbeitet. Die Lewis-Ad-hoc-Gruppe war im Juli 1977 von der USNRC berufen worden und bestätigte die von Rasmussen verwendete Methode der Risikoanalyse als geeignet und für künftige Untersuchungen empfehlenswert. Sie sah sich aber nicht in der Lage herauszufinden, ob die von Rasmussen in absoluten Werten angegebenen Unfallwahrscheinlichkeiten zu hoch oder zu niedrig waren. Sie hielt die für die einzelnen Eintrittswahrscheinlichkeiten in der Stu-

---

[68] USNRC:WASH-1400, a. a. O., Executive Summary, Section 1, S. 2.

[69] ebenda, S. 3.

[70] Boffey, Philip M.: Reactor Safety: Congress Hears Critics of Rasmussen Report, Science, Vol. 192, 25. Juni 1976, S. 1312 f.

[71] NUREG/CR-0400, Lewis, H. W. et al.: Risk Assessment Review Group Report to the U. S. Nuclear Regulatory Commission, September 1978, S. vii und S. x

die eingeführten Schätzunsicherheiten jedoch im Allgemeinen für viel zu niedrig angesetzt. Trotz seiner Mängel stelle der WASH-1400-Bericht die bedeutendste und umfangreichste Risikoanalyse für Kernkraftwerke dar.[72]

In Deutschland fand der Rasmussen-Report schon im Entwurfsstadium große Aufmerksamkeit. Am Kernkraftwerksstandort Wyhl eskalierten gerade die Auseinandersetzungen mit den Atomkraftgegnern. Die RSK erörterte auf ihrer 98. Sitzung am 16 Oktober 1974 eingehend die WASH-1400-Draft-Version.[73] Für die RSK war die wesentliche Aussage der Rasmussen-Studie, dass die Wahrscheinlichkeit eines Super-GAU sehr viel größer und dessen Auswirkungen sehr viel kleiner seien, als dies bisher im Allgemeinen unterstellt wurde. Die RSK-Diskussion drehte sich um die dafür maßgeblichen Gründe. Die Versagenswahrscheinlichkeit des Notkühlsystems sei bei Rasmussen mit 5×10^{-2} je Anforderung angegeben. Sie liege für das Kernkraftwerk Biblis um etwa zwei Größenordnungen niedriger, was man auf sehr reale Dinge zurückführen könne. So gäbe es bei der Anlage Surry I, die Rasmussen zugrunde gelegt habe, „geradezu verrückte Dinge". Z. B. könne man zunächst gar nicht glauben, dass Kernschmelzunfälle durch den Ausfall der Containmentkühlung verursacht werden könnten. Nun sei aber Surry I so eigenartig gestaltet, dass die Wärmeabfuhr der Nachwärme nach einem Störfall über die Containmentkühlung erfolge, nur dort säßen die erforderlichen Kühler. Das Notkühlsystem von Surry I sei, im Gegensatz zu deutschen Anlagen, in einem hohen Maße mit anderen Systemen vermascht und recht komplex aufgebaut. Auch die von Rasmussen selbst bemängelte Tatsache, dass die Explosion des Pumpenschwungrads schwere Folgen haben könne, sei bemerkenswert. Durch zusätzliche technische Maßnahmen müsse dies doch ausgeschlossen werden. Ein weiterer Grund für die relativ hohe Risikoeinschätzung der Kernschmelze sei darin zu erkennen, dass die Umschaltung vom Einspeisebetrieb auf den

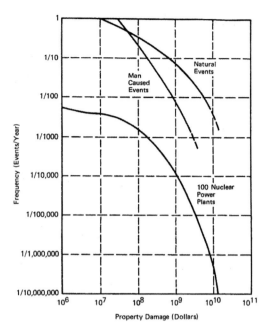

Abb. 7.8 Ereignishäufigkeit und Sachschaden

Nachkühlbetrieb nach einem Störfall in Surry I von Hand gemacht werden müsse und Rasmussen menschliche Fehlleistungen für recht wahrscheinlich halte. Die deutschen Anlagen seien vergleichsweise „einfach besser".

Bei der Diskussion der vorläufigen Rasmussen-Studie kam die RSK zur Auffassung, dass genauere Analysen vielfach unabdingbar seien. Man war skeptisch, dass selbst der allerschwerste Unfall zu einer Freisetzung erst nach 1½ Stunden und der weniger schwere Super-GAU erst nach 10 Stunden zur Freisetzung kommen; z. B. die Kernschmelze, die einfach nach unten durchschmelze, brauche nach Rasmussen dazu 10 Stunden. Der Druckaufbau im Containment durch die Zirkon-Wasserreaktion erfolge doch wesentlich rascher und es sei nicht auszuschließen, dass Detonationswellen ein Containmentversagen nach sich ziehen könnten. Auch die von Rasmussen mit 10^{-7} pro Jahr angenommene Versagenswahrscheinlichkeit des Reaktordruckbehälters sei aus überhaupt nicht repräsentativen Statistiken abgeleitet. Ein grundsätzlicher Kritikpunkt betraf Rasmussens Annahme, dass die Zuverlässigkeit der Analysen, also die Wahrscheinlichkeit der Richtigkeit

---

[72] ebenda, S. viii.

[73] AMPA Ku 4, Tonbandabschrift zu TOP 3 der 98. RSK-Sitzung, 16. 10. 1974: Rasmussen-Studie.

der Analysen, eins sei. Es werde an keiner Stelle angenommen, dass die Voraussagen der Konsequenzen von bestimmten Ereignissen mit einer Streubreite behaftet seien.

Andererseits wurde in der RSK festgehalten, dass die in Deutschland umstrittene Containmentkühlung in den US-Kernkraftwerken das Restrisiko des Super-GAU wieder etwas herabdrücke, was man aus der Rasmussen-Studie sehr deutlich lernen könne. Das Gesamtrisiko hänge im Übrigen entscheidend von der Bevölkerungsdichte ab, die im Umkreis der Kernkraftwerke in Deutschland 6½-mal so hoch liege wie in den USA. Rasmussen gehe von der Evakuierung von 90 % der Bevölkerung aus, wobei die Hälfte der betroffenen Menschen bereits nach zwei Stunden den Gefahrenbereich geräumt hätte. Solche Annahmen seien für deutsche Verhältnisse schon fraglich. Hier seien genauere Untersuchungen angezeigt.

Der Vertreter der Bundesregierung deutete in dieser RSK-Sitzung an, dass die zuständigen Bundesminister an einer breiten Untersuchung der Rasmussen-Studie im Blick auf die deutschen Anlagen und Standorte interessiert seien.

Im Januar 1975 zog die RSK aus dem Rasmussen-Report erste Folgerungen für ihre eigene weitere Arbeit:

1. „Die Versagenswahrscheinlichkeit und die Auswirkungen eines Versagens des Druckbehälters werden in der Bundesrepublik Deutschland u. U. anders beurteilt als in den USA. Diese Problematik ist deshalb weiter zu behandeln.“
2. „Risikoanalysen haben in Deutschland eine sehr viel größere Bevölkerungsdichte zu berücksichtigen und sollten auch Stellung nehmen zu den Grundfragen einer Verteilung des Risikos auf die Bevölkerung, z. B. in Abhängigkeit von der Entfernung zu einem Kernkraftwerk.“
3. „Eine Zusammenstellung der verschiedenen Untersuchungen in Deutschland zu Störfällen, einschließlich Notkühlversagen, erscheint notwendig.“

Die RSK war der zusammenfassenden Meinung, WASH-1400 stelle einen Versuch einer realistischen Abschätzung der Risiken der Kernenergie

dar. Sie wies nachdrücklich darauf hin, dass die Ergebnisse wegen der dort getroffenen Annahmen fehlerhaft seien.[74]

Ende 1974 beauftragte der Bundesminister des Innern (BMI) das IRS und das LRA, eine gemeinsame Stellungnahme zu WASH-1400-Draft-Version zu erarbeiten. Neben den verschiedenen Fachgruppen von IRS und LRA wurden die Gesellschaft für Kernforschung (GFK), Karlsruhe, und das Institut für Unfallforschung des TÜV Rheinland (IFU), Köln, beteiligt. 33 Sachverständige befassten sich in 17 Einzelbeiträgen mit den wichtigsten theoretischen und praktischen Aspekten der Rasmussen-Studie und legten im April 1976 ihren kritischen Bericht für weitere interne Beratungen vor.[75]

Die IRS/LRA-Gruppe fand bei genauer Durchsicht von WASH-1400, dass die Vorgehensweise dieser Risikostudie sinnvoll ist. Sie leitete daraus die qualitative Erkenntnis ab, dass bestimmte Störfallparameter und Sachverhalte auf das Gesamtrisiko einen wesentlichen Einfluss haben:

- „Der Risikoanteil aus Kernschmelzstörfällen dominiert gegenüber anderen (geringeren) Störfällen.
- Der Risikobeitrag aus Transienten[76] ist größer als der aus großen Kühlmittelverluststörfällen.
- Der Risikobeitrag aus kleinen Lecks ist größer als der aus großen Kühlmittelverluststörfällen.
- Der Einfluss des Reaktordruckbehälterversagens ist geringer als der der Transienten und LOCA (Loss Of Coolant Accident) mit Kernschmelzen.
- Unsicherheiten in den Eintrittswahrscheinlichkeiten der auslösenden Ereignisse gehen weit stärker ein als vergleichbare Unsicher-

---

[74] BA B 106–75313, Ergebnisprotokoll 101. RSK-Sitzung, 22. 1. 1975, S. 7.

[75] Balfanz, H.-P. und Kafka, P. (Koord.): Kritischer Bericht zur Reaktorsicherheitsstudie (WASH-1400), IRS-I-87, MRR-I-65, Köln und Garching, April 1976.

[76] Transienten sind zeitlich veränderliche Ereignisse, bei denen ohne Kühlmittelverlust ein länger andauerndes Ungleichgewicht zwischen Wärmeerzeugung und Wärmeabfuhr besteht.

heiten bei Ausfallraten von einzelnen Komponenten der Sicherheitssysteme.
- Nicht analysierte auslösende Ereignisse wirken immer im Sinne einer Risikounterschätzung.
- Beim DWR hat das Containmentsprühsystem bei Kernschmelzstörfällen einen großen Einfluss auf den weiteren Störfallablauf und die Höhe der Aktivitätsfreisetzungen.
- Das Versagen des Containments und die zugehörige Wahrscheinlichkeit beeinflussen das Gesamtrisiko wesentlich."

Die IRS/LRA-Gruppe fand in WASH-1400 eine Reihe von kritischen Einzelpunkten, die vor allem die quantitative Risikoaussage einschränken:
- „Das Teilversagen von Notkühlsystemen wird nicht in differenzierter Weise berücksichtigt. Damit kann in bestimmten Fällen das Versagen des Containments infolge Überdrucks bei Kernschmelzstörfällen wahrscheinlicher werden und damit zu höheren Auswirkungen als betrachtet führen.
- Beim SWR werden der Bruch der Speisewasserleitung außerhalb des Containments und das Versagen der Absperrung nicht als möglicher Kernschmelzstörfall gewertet.
- Die Wahrscheinlichkeit für Folgeschäden bei Behälterversagen (Reaktordruckbehälter, Dampferzeuger beim DWR) im Hinblick auf die Containmentintegrität wird nicht genügend spezifiziert bzw. gering bewertet.
- Das Gleiche gilt für Folgeschäden bei Transienten sowie bei kleinem LOCA, verbunden mit Überdruckversagen des Primärkreises.
- Eintrittswahrscheinlichkeiten kleiner LOCA sind im Hinblick auf die in der Studie angegebenen Wahrscheinlichkeiten für das unbeabsichtigte Öffnen und Nicht-Wieder-Schließen von Sicherheits- bzw. Entlastungsventilen zu klein angesetzt.
- Ereignisbaumanalysen von Transienten sind zu pauschal durchgeführt, sie sind daher bezüglich der Vollständigkeit nicht prüfbar.
- H_2-Explosion beim DWR ist gegenüber der betrachteten Anlage mit 788 MW_{el} bei Reaktoren mit der Leistung von 1.300 MW_{el} wahrscheinlicher (größeres Zirkoninventar).

- Die Anwendung der heute zur Verfügung stehenden Ausbreitungsmodelle ist bei Störfällen mit Bodenfreisetzung und bezüglich des Aktivitätstransports über große Entfernungen (>20 km) vom Ansatz her als unsicher anzusehen.
- Die Gefährdung des Betriebspersonals durch radiologische Belastungen sowie durch andere Störfallauswirkungen, z. B. durch Betriebsstörfälle, wird nicht berücksichtigt.
- Das Ausbreitungs- und das Bevölkerungsmodell sind in erster Linie auf die Ermittlung des Bevölkerungsrisikos ausgerichtet. Zur Ermittlung des Einzelrisikos werden obige Modelle mehr oder weniger übernommen und sind damit besonders im Hinblick auf die Maximalwerte fraglich."[77]

Der kritische IRS/LRA-Bericht enthielt in seinen Kommentaren zu Einzelpunkten des Rasmussen-Reports Hinweise auf abweichende Verhältnisse in der Bundesrepublik sowie Anregungen für weiterführende Untersuchungen. Er galt als eine Basis und Vorarbeit für eine mit WASH-1400 vergleichbare deutsche Risikostudie. Im Frühjahr 1976 beauftragte der Bundesminister für Forschung und Technologie die Gesellschaft für Reaktorsicherheit mbH (GRS) damit, als Hauptauftragnehmer zusammen mit anderen Institutionen eine deutsche Risikostudie für ein Kernkraftwerk mit Druckwasserreaktor durchzuführen. Als Referenzanlage wurde das Kernkraftwerk Biblis B als ein typischer Druckwasserreaktor deutscher Bauart ausgewählt. Die Untersuchungen wurden in Anlehnung an WASH-1400 vorgenommen.

7.2.3   Die Risiko-Studie NUREG-1150, 1990

Die probabilistische Methodik der amerikanischen Reaktorsicherheitsstudie (Reactor Safety Study – RSS) WASH-1400 (s. Kap. 7.2.2) wurde nach ihrem Erscheinen 1975 und insbesondere nach dem Geschehen im Kernkraftwerk

[77] Balfanz, H.-P. und Kafka, P. (Koord.), a. a. O., Zusammenfassung, S. 1–4.

Three Mile Island Block 2 Ende März 1979
(s. Kap. 4.7) auf eine große Zahl von Kernkraftwerken angewendet, um deren Sicherheitsreserven gegen Kernschmelzunfälle zu untersuchen.
Ein weiteres vorrangiges Ziel war die Anwendung der Methodik auf Reaktoren mit anderen
Auslegungsmerkmalen. Dabei wurde versucht,
die analytischen Modelle zu verfeinern und die
Datenbasis und deren Unsicherheiten präziser zu
fassen. Die USNRC legte Forschungsprogramme
auf, um fortgeschrittene Verfahren zur Abschätzung von Unfallhäufigkeiten und zur Sammlung
und Bewertung betrieblicher Daten zu erarbeiten
sowie die Phänomene auslegungsüberschreitender Ereignisabläufe genau zu erkunden. Mitte der
1980er Jahre waren verbesserte Rechenmodelle
zur Beschreibung und Bewertung physikalischer
Prozesse bei Kernschmelzunfällen und Freiset-
zungsvorgängen radioaktiver Stoffe verfügbar.

Die USNRC entschloss sich, auf der Grundlage einer verbesserten Methodik und belast-
barerer Daten, das öffentliche Risiko, das von
bestimmten Kernkraftwerken unterschiedlicher
Bauart ausgeht, erneut zu untersuchen.[78] Sie
wollte damit auch nachweisen, dass die probabilistische Methode im Genehmigungsverfahren und bei anlagenbezogenen Untersuchungen
(Individual Plant Examination – IPE) für die
Betreiber wertvolle Dienste leisten kann. Die
USNRC wählte dazu 5 in Betrieb befindliche
typenspezifische Kernkraftwerke aus, darunter 3
mit Druckwasserreaktor (DWR) und 2 mit Siedewasserreaktor (SWR):

- Surry Kernkraftwerk Block 1 (Hersteller
   Westinghouse, 3-Loop-DWR mit einem im
   atmosphärischen Unterdruck gehaltenen Containment), Standort bei Williamsburg, Virginia
- Zion Kernkraftwerk Block 1 (Hersteller
   Westinghouse, 4-Loop-DWR mit großem trockenen Containment), Standort bei Chicago,
   Illinois

- Sequoyah Kernkraftwerk Block 1 (Hersteller
   Westinghouse, 4-Loop-DWR, Containment
   mit Eiskondensator), Standort bei Chattanooga, Tennessee
- Peach Bottom Kernkraftwerk Block 2 (Hersteller General Electric, SWR BWR-4 in
   einem Mark-I-Containment), Standort bei
   Lancaster, Pennsylvania
- Grand Gulf Kernkraftwerk Block 1 (Hersteller General Electric, SWR BWR-6 in
   einem Mark-III-Containment), Standort bei
   Vicksburg, Mississippi.

Die 5 Risikostudien betrachteten die Anlagen
im Leistungsbetrieb. Als auslösende Ereignisse
für ein Unfallgeschehen wurden sowohl anlageninterne Ursachen (wie beispielsweise die
Unverfügbarkeit von Komponenten im Anforderungsfall oder ein Schaden an einer Komponente
während des Betriebs sowie Fehlhandlungen
des Betriebspersonals) als auch externe Ursachen (wie beispielsweise Erdbeben oder Brände)
angenommen. Die Kernkraftwerke Surry I und
Peach Bottom II waren bereits Gegenstand der
Rasmussen-Risikostudie WASH-1400 gewesen.

Die Auftragnehmer der USNRC für die Untersuchungen im Einzelnen waren die großen amerikanischen Forschungszentren:

- Sandia National Laboratories (SNL), Albu-
   querque, New Mexico
- Brookhaven National Laboratory (BNL),
   Upton, New York
- Idaho National Engineering Laboratory, Idaho
   Falls, Idaho
- Battelle Memorial Institute, Columbus, Ohio
- Los Alamos Scientific Laboratory, Los Ala-
   mos, New Mexico.

Die SNL hatten die übergeordnete Koordination
der Untersuchungen.

Im Februar 1987 wurde der erste Berichts-
entwurf von NUREG-1150, der die Ergebnisse
aller bis dahin erarbeiteten Analysen und Studien
zusammenfasste, veröffentlicht und kritische
Besprechungen erbeten. Die USNRC forderte
darüber hinaus in erster Linie das Brookhaven
National Laboratory (BNL) und das Lawrence
Livermore National Laboratory (LLNL) zu
Rezensionen auf. Die American Nuclear Society

---

[78] Division of Systems Research, Office of Nuclear
Regulatory Research, USNRC: Severe Accident Risks:
An Assessment for Five U. S. Nuclear Power Plants, Final
Summary Report, NUREG-1150, Vol. 1, Part I, Dezember
1990, S. 1–1 bis 1–5.

(ANS) berief eine eigene Prüfkommission, die sich mit dem NUREG-1150-Entwurf befasste.

Das kritische Echo war so stark, dass der erste NUREG-1150-Entwurf grundlegend überarbeitet und die wesentlichen Kritikpunkte sowie die daraus abgeleiteten Änderungen dokumentiert wurden. Im Juni 1989 war der zweite NUREG-1150-Entwurf fertiggestellt und wurde für eine nochmalige Überprüfung einem öffentlich bestellten, eigens dafür eingerichteten Sachverständigenkomitee übergeben. Auch die ANS-Kommission sowie das Advisory Committee on Reactor Safeguards (ACRS) der USNRC wurden mit diesem 2. Entwurf befasst. Die überwiegend positiven Kommentare dieser Gremien lagen Mitte 1990 vor. Die endgültige Fassung von NUREG-1150 konnte im Dezember 1990 bzw. Januar 1991 (Bd. 3) publiziert werden. NUREG-1150 besteht aus 3 Bänden.

Vol. 1 enthält: Part I: Einführung und Zusammenstellung der Methodik
                  Part II: Zusammenfassung der Ergebnisse für die 5 Anlagen
                  Part III: Perspektiven und Nutzung

Vol. 2 enthält: Anhang A: Methoden der Risikoanalyse
                  Anhang B: Beispiel einer Risikoberechnung
                  Anhang C: Wichtige Gesichtspunkte bei der Risiko-Quantifizierung

Vol. 3 enthält: Anhang D: Antworten auf Kommentare zum 1. Entwurf
                  Anhang E: Antworten auf Kommentare zum 2. Entwurf

NUREG-1150 bietet eine Momentaufnahme der Kernkraftrisiken, wie sie im März 1988 der Anlagenauslegung, Betriebsweise, Datenverfügbarkeit und dem Verständnis der Kernschmelzvorgänge entsprach. Die Untersuchung der Kernschmelzunfälle wurde in 5 Teilbereiche aufgegliedert (Abb. 7.9):
1. Ereignishäufigkeiten
2. Ereignisabläufe, Belastungen des Containments und der Bauwerkstrukturen
3. Freisetzung radioaktiver Stoffe
4. Unfallfolgen in der Umgebung
5. Ermittlung des Gesamtrisikos.

Im Unterschied zu WASH-1400 war die Aussagesicherheit der Risikoanalysen ein Schwerpunktthema der neuen Untersuchungen. Die Lewis-Gruppe hatte nach Prüfung der Rasmussen-Studie die bessere Ermittlung der Schätzunsicherheiten angemahnt (s. Kap. 7.2.2). Bei der Durchführung der NUREG-1150-Risikostudie wurde mit erheblichem Aufwand versucht, Häufigkeitsverteilungen mit der Angabe von Fraktilwerten zu quantifizieren. Die Unsicherheiten bei der funktionalen Beschreibung von system- und umgebungsbezogenen Ereignis- und Expositionsabläufen (Modellunsicherheiten) und die subjektiven Schätzunsicherheiten bei Expertenurteilen (Unsicherheiten der Parameterwerte) wurden soweit wie möglich auseinander gehalten. Die Behandlung von Unsicherheiten in Risikostudien war Gegenstand intensiver wissenschaftlicher Erörterungen.[79,80,81]

In den SNL wurde eine Verfahrensweise für die NUREG-1150-Studien entwickelt, um die Häufigkeit von Kernschmelzunfällen abzuschätzen, die von anlageninternen Vorkommnissen verursacht werden.[82] Dieses Accident Sequence Evaluation Program (ASEP) hatte für die realistische Ermittlung der Häufigkeit von Kernschmelzunfällen – mit angemessenem Aufwand – die Zielsetzung, die Methoden darzustellen, mit denen die dominanten Ereignisabläufe und Schadenszustände sowie die bedeutendsten Unsicherheiten und Sensitivitäten bestimmt werden konnten. Zur Quantifizierung wurde ein 16-stufiger Prozess anhand von Ereignisablauf-

[79] Kafka, P. und Polke, H.: Treatment of Uncertainties in Reliability Models, Nuclear Engineering and Design, Vol. 93, 1986, S. 203–214.

[80] Amendola, A.: Uncertainties in Systems Reliability Modelling: Insight Gained Through European Benchmark Exercises, Nuclear Engineering and Design, Vol. 93, 1986, S. 215–225.

[81] Apostolakis, G. E.: Uncertainty in Probabilistic Safety Assessment, Nuclear Engineering and Design, Vol. 115, 1989, S. 173–179.

[82] Drouin, M. T., Harper, F. T. und Camp, A. L.: Analysis of Core Damage Frequence from Internal Events: Methodology Guidelines, NUREG/CR-4550, SAND86–2084, Vol. 1, September 1987.

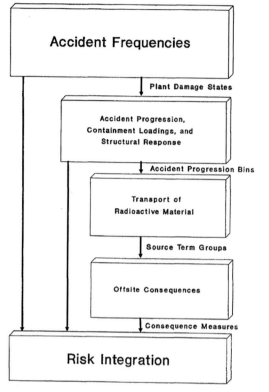

Abb. 7.9 Prozesselemente der Risikoanalyse

und Fehlerbaumanalysen vorgeschlagen.[83] Für die Bereitstellung einer allgemeinen Datenbasis zur Ermittlung von Parameterwerten waren alle bis August 1987 verfügbaren Informationen aus bereits durchgeführten Untersuchungen gesammelt und zusammengefasst worden.[84] Da für extrem seltene Ereignisse keine Statistiken vorliegen, muss auf Expertenmeinungen zurückgegriffen werden. Die Frage, wie subjektive Schätzungen möglichst zuverlässig erfasst und kalibriert werden können, war von großem Interesse.[85,86] Im Rahmen von ASEP wurde eine Mehrstufen-Methodik für besondere anlagenbezogene Fragestellungen zur Ermittlung von

Parameterwerten entwickelt.[87] Neben den Analysemethoden für die Unsicherheitsermittlung von Parameterwerten wurden Verfahrensweisen für Sensibilitäts-Studien für die Erkundung von Modellunsicherheiten und von Auswirkungen der Variation besonders bedeutender Parameter empfohlen.[88]

In Tab. 7.4 sind für das Kernkraftwerk mit DWR Surry I die relevanten und untersuchten Sequenzen für Kernschäden durch interne und äußere Ursachen aufgelistet.[89] (Die externen Ereignisse wurden zunächst nur für diese Anlage für Vergleiche mit WASH-1400 untersucht.) Die Spannweite zwischen den 5 %- und den 95 %-Fraktilen (Perzentile, Hundertstelwerte) ist groß und beträgt i. d. R. zwei bis drei Größenordnungen. Neben den 5 % - und 95 % -Fraktilen ist jeweils der arithmetische Mittelwert (Mean M) und der Zentralwert Median (Median m) angegeben. Die dominanten Risikobeiträge liefern Erdbeben und Ausfälle der Stromversorgung (station black out SBO: Ausfall des externen Netzes und der Notstrom-Dieselgeneratoren).

Mit der Methodik für die Untersuchung der aus den Schadenszuständen (Kernschmelzen) sich entwickelnden Folgeereignisse waren ebenfalls die SNL befasst.[90] Die Kette der aufeinanderfolgenden Ereignisse wurde anhand eines „Accident Progression Event Tree" (APET) analysiert. Zur Quantifizierung der Nichtverfügbarkeiten benötigter Systemfunktionen in den entsprechenden Fehlerbäumen waren fünf Expertengruppen tätig.[91]

[83] ebenda, S. X-1– X-11.

[84] ebenda, S. VIII-1– VIII-36.

[85] Apostolakis, George: On the Use of Judgment in Probabilistic Risk Analysis, Nuclear Engineering and Design, Vol. 93, 1986, S. 161–166.

[86] Ortiz, N. R. et al.: Use of expert judgment in NUREG-1150, Nuclear Engineering and Design, Vol. 126, 1991, S. 313–331.

[87] Drouin, M. T., Harper, F. T. und Camp, A. L.: Analysis of Core Damage Frequence from Internal Events: Methodology Guidelines, NUREG/CR-4550, SAND86–2084, Vol. 1, September 1987, S. IX-1– IX-18.

[88] Breeding, R. J., Helton, J. C., Gorham, E. D. und Harper, F. T.: Summary description of the methods used in the probabilistic risk assessments for NUREG-1150, Nuclear Engineering and Design, Vol. 135, 1992, S. 1–27.

[89] NUREG-1150, Vol. 1, Part II, S. 3–4.

[90] Gorham, E. D., Breeding, R. J. et al.: Evaluation of Severe Accident Risks: Methodology for the Containment, Source Term, Consequence, and Risk Integration Analyses, NUREG/CR-4551, SAND86–1309, Vol. 1, Rev. 1, Dezember 1993.

[91] Breeding, R. J., Helton, J. C., Gorham, E. D. und Harper, F. T.: Summary description of the methods used in the

Tab. 7.4 KKW Surry I: Häufigkeitsverteilungen für Kernschäden durch verschiedene Ursachen

	5%	Median	Mean	95%
Internal Events	6.8E-6	2.3E-5	4.0E-5	1.3E-4
Station Blackout				
Short Term	1.1E-7	1.7E-6	5.4E-6	2.3E-5
Long Term	6.1E-7	8.2E-6	2.2E-5	9.5E-5
ATWS	3.2E-8	4.2E-7	1.6E-6	5.9E-6
Transient	7.2E-8	6.9E-7	2.0E-6	6.0E-6
LOCA	1.2E-6	3.8E-6	6.0E-6	1.6E-5
Interfacing LOCA	3.8E-11	4.9E-8	1.6E-6	5.3E-6
SGTR	1.2E-7	7.4E-7	1.8E-6	6.0E-6
External Events				
Seismic (LLNL)	3.9E-7	1.5E-5	1.2E-4	4.4E-4
Seismic (EPRI)	3.0E-7	6.1E-6	2.5E-5	1.0E-4
Fire	5.4E-7	8.3E-6	1.1E-5	3.8E-5

Abb. 7.10 KKW Surry I: Vergleich von Risikoverteilungen aus NUREG-1150 und WASH-1400

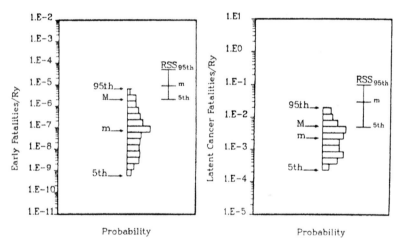

Bei der Auswertung der NUREG-1150-Ergebnisse bestand die Möglichkeit, Vergleiche mit der Referenzanlage Surry I der Reaktorsicherheitsstudie (RSS) WASH-1400 anzustellen.[92] Abbildung 7.10 zeigt die auf ein Reaktorbetriebsjahr (Reactor-year Ry) bezogenen Risikoverteilungen für Umgebungsrisiken (frühe Todesfälle durch Strahlenexposition und späte, latent vorhandene Krebserkrankungen). In Abb. 7.11 ist die Darstellung von Norman C. Rasmussen wiedergegeben.[93]

Zunächst fällt auf, dass die Bandbreite der Unsicherheiten bei den NUREG-1150-Ergebnissen erheblich größer ist als bei RSS. Dann ist das Risiko für frühe Todesfälle nach NUREG-1150 deutlich niedriger als von RSS WASH-1400 prognostiziert. Die Medianwerte unterscheiden sich um zwei Größenordnungen. Bei den späten Todesfällen aufgrund zunächst nicht in Erscheinung getretener Krebserkrankungen liegen die

---

probabilistic risk assessments for NUREG-1150, Nuclear Engineering and Design, Vol. 135, 1992, S. 2 f.

[92] Breeding, R. J. et al.: The NUREG-1150 probabilistic risk assessment for the Surry Nuclear Power Station, Nuclear Engineering and Design, Vol. 135, 1992, S. 29–59.

[93] Schreiben von Norman C. Rasmussen an Steve C. Griffith, Chairman Commission on Catastrophic Nuclear Accidents, http://www.state.nv.us/nucwaste/news/rpccna/pcrcna12.htm.

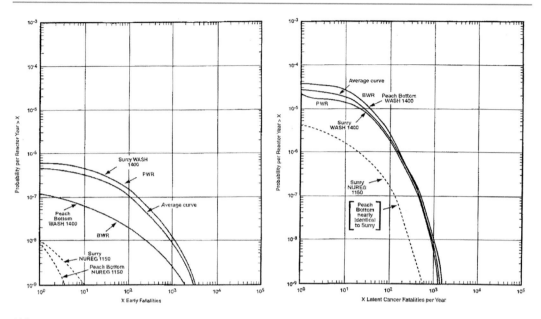

Abb. 7.11 KKW Surry I: Vergleich von Umgebungsrisiken (Mediane) NUREG-1150 zu WASH-1400

Risiken um etwa eine Größenordnung niedriger. Die Gründe dafür wurden nur teilweise darin gesehen, dass auf der Grundlage eines verbesserten Verständnisses von Kernschmelze-Ereignisabläufen nach WASH-1400 Nachrüstmaßnahmen im KKW Surry I durchgeführt worden waren. Die Unterschiede konnten vielmehr im Wesentlichen auf die realitätsnähere Berechnung des Containmentversagens und seiner Ursachen zurückgeführt werden. Weitere positive Einflüsse ergaben sich aus Notfallschutzmaßnahmen, die Behälterversagen verhindern.[94]

Es liegt auf der Hand, dass die Methode der propbabilistischen Analyse und deren Anwendung sich in ständiger Weiterentwicklung befinden. Aber auch die Erstanwendung brachte für die Reaktorsicherheit viele wertvolle Aspekte und Erkenntnisse. Ergänzend zur deterministischen Auslegung wurde eine zweite Methode bereitgestellt, die viele Anregungen und Korrekturhinweise für das formale deterministische Vorgehen erbrachte und sich als sehr nützlich erweist. Heute ist die probabilistische Methode weltweit

ein bedeutender Bestandteil des Genehmigungsverfahrens und der periodischen Sicherheitsüberprüfung. Zielsetzung der probabilistischen Sicherheitsanalyse (PSA) ist, Schwachstellen zu identifizieren, die Ausgewogenheit des Sicherheitskonzepts zu beurteilen und das Gesamtsicherheitsniveau zu verbessern.

7.3   Die Deutsche Risikostudie Phase A, B

Im Herbst 1971 hatte in den USA der gemeinsame Atomenergie-Ausschuss von Senat und Repräsentantenhaus von der amerikanischen Atomenergiebehörde USAEC gefordert, alle Fakten über die Sicherheit der US-Reaktoren zusammenzustellen und das Risiko mit allgemeinen Lebensrisiken zu vergleichen. Die USAEC brachte verschiedene Studien auf den Weg, die schließlich Ende Oktober 1975 mit der Veröffentlichung der endgültigen Fassung des WASH-1400 Rasmussen-Reports, der das Risiko der amerikanischen Kernenergienutzung quantifizierte, ihren vorläufigen Abschluss fanden (s. Kap. 7.2.2). Der Rasmussen-Report fand weltweit hohe Aufmerksamkeit. Kritischen Diskussionen folgten ergänzende Untersuchungen.

---

[94] Breeding, R. J., Helton, J. C., Gorham, E. D. und Harper, F. T.: Summary description of the methods used in the probabilistic risk assessments for NUREG-1150, Nuclear Engineering and Design, Vol. 135, 1992, S. 51–54.

Die von Norman C. Rasmussen verwendete probabilistische Methode wurde als geeignet für Risikoanalysen eingeschätzt und für künftige Untersuchungen weiter empfohlen. Die von Rasmussen im Einzelnen verwendeten Werte für Versagenswahrscheinlichkeiten und die Annahmen zu den Versagensfolgen wurden jedoch stark in Zweifel gezogen.

Im Frühjahr 1976 gab der Bundesminister für Forschung und Technologie (BMFT) Hans Matthöfer eine Studie in Auftrag, mit der das Risiko durch Kernkraftwerke mit Druckwasserreaktor typischer deutscher Bauart unter deutschen Standortbedingungen unter Anwendung der Methodik des Rasmussen-Reports ermittelt werden sollte. Diese Deutsche Risikostudie (DRS) Phase A wurde im Juni 1976 in Angriff genommen. Hauptauftragnehmer für die anlagentechnischen Untersuchungen mit der Ermittlung der störfallauslösenden Ereignisse und der möglichen Störfallabläufe bis hin zur Spaltproduktfreisetzung war die Gesellschaft für Reaktorsicherheit (GRS) in Köln. Mit der Ermittlung der Unfallfolgen, also der Ausbreitung von freigesetzten Spaltprodukten in der Atmosphäre und der von ihnen verursachten Strahlenschäden, wurden die Gesellschaft für Kernforschung (GfK) in Karlsruhe und die Gesellschaft für Strahlen- und Umweltforschung (GSF) in Neuherberg bei München beauftragt. Daneben wurden der TÜV Rheinland sowie einige weitere Institutionen, für spezielle Fragestellungen zum Systemverhalten auch der Hersteller KWU, beteiligt.[95] Eine führende Rolle bei der Konzeption und Durchführung der DRS hatte Prof. Dr. Adolf Birkhofer, wissenschaftlich-technischer Geschäftsführer der GRS und o. Professor für Reaktordynamik und Reaktorsicherheit der TU München; die fachliche Leitung lag bei ihm.

Als Referenzanlage der deutschen Risikostudien wurde das im März 1976 in den kommerziellen Betrieb gegangene Kernkraftwerk Biblis B mit einem Druckwasserreaktor der thermischen Leistung 3.800 MW$_{th}$ gewählt. Biblis B unter-

schied sich, vor allem was die Sicherheitssysteme betraf, wesentlich von der amerikanischen Referenzanlage Surry I. Die Vorgehensweise in der Phase A der DRS folgte weitgehend den Methoden und Annahmen des Rasmussen-Reports (WASH-1400). In der nachfolgenden, bereits geplanten zweiten Phase B sollten methodische Weiterentwicklungen und neuere Ergebnisse der Sicherheitsforschung berücksichtigt werden. Wie bei der amerikanischen Studie war der Ausgangspunkt der Untersuchungen, dass die Freisetzung nennenswerter Anteile des Spaltproduktinventars praktisch ausgeschlossen ist, solange der Reaktorkern nicht schmilzt und solange der Sicherheitsbehälter intakt bleibt und seine Rückhaltefunktion erfüllt. Da der Reaktorkern nicht schmelzen kann, solange die in ihm erzeugte Wärme durch die Kühlsysteme abgeführt wird, befasste sich die DRS mit

- Kühlmittelverluststörfällen,
- Transienten aufgrund eines Ungleichgewichts zwischen Wärmeerzeugung im Reaktorkern und Wärmeabfuhr aus dem Kern, ohne dass Kühlmittel verloren geht, und
- EVA, naturbedingten und zivilisatorischen Einwirkungen von außen.

Risikobeiträge aus dem laufenden Betrieb des Kernkraftwerks sowie aus möglichen Kriegseinwirkungen und Sabotage wurden nicht betrachtet. Ebenso wurden Ereignisabläufe nicht betrachtet, die zwar grundsätzlich denkbar und vorstellbar sind, aber jenseits der „Grenzen menschlichen Erkenntnisvermögens" und der „Abschätzungen anhand der praktischen Vernunft" (BVerfG, s. Kap. 4.5.9) liegen und nicht zu berücksichtigen sind. Von vornherein war bekannt, dass die Studie mit erheblichen Unsicherheiten belastet war. Die konstruktiven und sicherheitstechnischen Auslegungsmerkmale der Referenzanlage Biblis B konnten der Modellnachbildung zugrunde gelegt werden; zahlreiche Daten für Zuverlässigkeitsanalysen, physikalische Modelle im Einzelnen und Nachweisführungen wurden jedoch aus Auswertungen von Untersuchungen an anderen Anlagen beigezogen. Bei der Nachbildung von Unfallabläufen mit Kernschmelze und Spaltproduktfreisetzung musste wegen fehlender Detailkenntnisse mit erheblichen Vereinfachungen

[95] Birkhofer, A., Köberlein, K. und Heuser, F. W.: Zielsetzung und Stand der deutschen Risikostudie, atw, Jg. 22, Juni 1977, S. 331–338

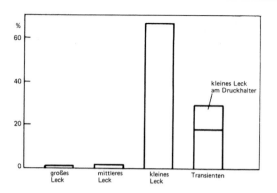

Abb. 7.12 Relative Beiträge von auslösenden Ereignissen zur Kernschmelzhäufigkeit

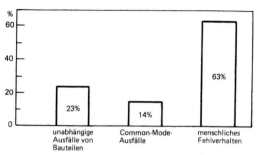

Abb. 7.13 Relative Beiträge unterschiedlicher Ausfallarten zur Kernschmelzhäufigkeit

gearbeitet werden. Die Ergebnisse der Studie ließen deshalb nur eine größenordnungsmäßige Abschätzung des Risikos zu.[96]

Im August 1979 lagen die wesentlichen Ergebnisse der Deutschen Risikostudie Phase A vor. Gegen Ende des Jahres 1979 wurde der Hauptband „Deutsche Risikostudie Kernkraftwerke – Eine Untersuchung zu dem durch Störfälle in Kernkraftwerken verursachten Risiko" vom Herausgeber BMFT veröffentlicht. Acht Fachbände zu Einzelthemen wie zu grundsätzlichen Fragen der Risikoermittlung, zu Aufbau und Funktionsweise eines Kernkraftwerks mit Druckwasserreaktor sowie zu den Methoden der Risikoanalyse und Interpretationshilfen für die Ergebnisse wurden erstellt.[97] Einwirkungen von außen und Unfallfolgenberechnungen folgten bis 1981. Da es eine politische Zielsetzung der DRS war, der Öffentlichkeit die Verantwortbarkeit und Beherrschbarkeit der Kernenergienutzung darzustellen, enthielt der Hauptband umfangreiche Erläuterungen.

Zu den wesentlichen Ergebnissen der DRS Phase A gehört, dass der weitaus überwiegende Anteil zur Kernschmelzhäufigkeit vom kleinen Leck im Hauptkühlkreislauf kommt, und dass die Ursache dafür überwiegend auf menschliches Fehlverhalten zurückzuführen ist (Abb. 7.12 und

7.13).[98],[99] Der Einfluss des menschlichen Faktors ergab sich aus der Notwendigkeit von Handeingriffen bei kleinen Lecks und der Zuverlässigkeitsbewertung dieser Handmaßnahmen. Als Konsequenz aus dieser Erkenntnis wurden diese Funktionen in den Kernkraftwerken automatisiert, sofern sie nicht bereits – wie in den neueren Anlagen – ohnehin automatisiert vorhanden waren, wodurch die Kernschmelzhäufigkeit deutlich vermindert wurde.

Dieses Beispiel zeigt deutlich die Bedeutung einer Risikoanalyse für die realitätsnahe Bewertung der Reaktorsicherheit. Der Risikobeitrag des deterministischen Postulats „Großes Leck im Primärkühlkreislauf infolge Abriss der Hauptkühlmittelleitung", das lange Zeit das Genehmigungsverfahren dominierte, ist verschwindend klein gegenüber dem Risiko aus einem „betriebsnahen" Ereignisablauf.

Bei der Analyse des Ablaufs von Kernschmelzunfällen wurden die Vorgänge beim Schmelzen des Reaktorkerns, die Belastungen und möglichen Versagensarten des Sicherheitsbehälters sowie der Spaltprodukttransport im Sicherheitsbehälter im Modell nachgebildet und studiert. Vergleichbare Unfallabläufe wurden in Freisetzungskategorien zusammengefasst. In Tab. 7.5 sind die Freisetzungskategorien

---

[96] Der Bundesminister für Forschung und Technologie (Hg.): Deutsche Risikostudie Kernkraftwerke, Hauptband, Verlag TÜV Rheinland, Bonn, 1979, S. 5.

[97] Der Bundesminister für Forschung und Technologie (Hg.): Deutsche Risikostudie Kernkraftwerke, Hauptband, Verlag TÜV Rheinland, Bonn, 1979, Kap. 2–4, S. 9–90.

[98] Der Bundesminister für Forschung und Technologie (Hg.): Deutsche Risikostudie Kernkraftwerke, Hauptband, Verlag TÜV Rheinland, Bonn, 1979, S. 243 und S. 244.

[99] vgl. Birkhofer, A.: Die Deutsche Reaktorsicherheitsstudie, atw, Jg. 25, Oktober 1980, S. 515–520.

Tab. 7.5 Freisetzungskategorien

Freisetzungs-kategorie Nr.	Beschreibung	Häufigkeit pro Jahr*
1	Kernschmelzen, Dampfexplosion	$2 \cdot 10^{-6}$
2	Kernschmelzen, großes Leck im Sicherheitsbehalter (Ø 300 mm)	$6 \cdot 10^{-7}$
3	Kernschmelzen, mittleres Leck im Sicherheitsbehälter (Ø 80 mm)	$6 \cdot 10^{-7}$
4	Kernschmelzen, kleines Leck im Sicherheitsbehälter (Ø 25 mm)	$3 \cdot 10^{-6}$
5	Kernschmelzen, Überdruckversagen des Sicherheitsbehälters, Ausfall der Störfallfilter	$2 \cdot 10^{-5}$
6	Kernschmelzen, Überdruckversagen des Sicherheitsbehälters	$7 \cdot 10^{-5}$
7	Beherrschter Kühlmittel-Verlust-Störfall, großes Leck im Sicherheitsbehälter (Ø 300 mm)	$1 \cdot 10^{-4}$
8	Beherrschter Kühlmittel-Verlust-Störfall	$1 \cdot 10^{-3}$

Kategorie 7 und 8 sind keine Kernschmelzunfälle
* Häufigkeiten enthalten 10% Überträge aus benachbarten Kategorien

zusammen mit der ermittelten Häufigkeit ihres Auftretens pro Jahr aufgelistet.[100] Kategorie 1 umfasst die Unfälle, die zu den höchsten Aktivitätsfreisetzungen mit einer Häufigkeit von 2×10^{-6} pro Jahr führen. Es wurde dabei unterstellt, dass unmittelbar auf eine Kernschmelze eine Dampfexplosion folgt, die den Sicherheitsbehälter zerstört. Mit neueren theoretischen und experimentellen Untersuchungen konnte jedoch nachgewiesen werden, dass die Zerstörung des Sicherheitsbehälters durch eine Dampfexplosion äußerst unwahrscheinlich ist. Auch das Überdruckversagen des Sicherheitsbehälters (Freisetzungskategorien 5 und 6) konnte durch Einbau von Druckentlastungssystemen mit besonderen Filteranlagen ebenfalls ausgeschlossen werden. Dieser Einbau von zusätzlichen Druckentlastungsventilen bzw. die entsprechende Umrüstung bereits vorhandener Einrichtungen der Abluftanlage waren übrigens nicht aus den Ergebnissen der DRS abgeleitet, sondern nach dem Tschernobyl-Unglück von der Politik gefordert worden.

Die DRS Phase A hat die Erfahrung bestätigt, dass sich ernstere Störfälle und Unfälle vorrangig aus kleinen Störungen während des normalen Betriebs heraus entwickeln. Sie zeigte die Risikobeiträge verschiedener Störfallabläufe auf und ließ dadurch erkennen, wo und mit welchen Mitteln Verbesserungen erzielt werden können. Für die Planung von Notfallschutzmaßnah-

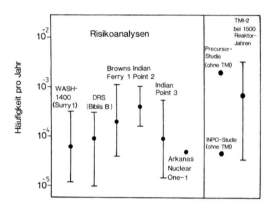

Abb. 7.14 Eintrittshäufigkeit von schweren Kernschäden aus verschiedenen Studien

men konnten Hinweise auf verfügbare Karenzzeiten gefunden werden, in denen ergänzende Schutzmaßnahmen notwendig und durchführbar sind.[101] Die DRS Phase A zeigt – bei sachgerechter Beurteilung – die für die Reaktorsicherheit vorrangige Bedeutung der Sicherheitsebenen 1 und 2, während Politik und Publizistik sich ganz überwiegend mit den Sicherheitsanalysen in der 3. und 4. Sicherheitsebene beschäftigen.

In den USA wurden nach der Publikation von WASH-1400 zahlreiche Kernkraftwerke mit der probabilistischen Methode analysiert und die Kernschmelzhäufigkeit ermittelt. In Abb. 7.14 sind die Ergebnisse einiger Studien überwiegend mit den zugehörigen 90 %-Vertrauensintervallen (90 % Sicherheit, dass der tatsächliche Wert

---

[100] Der Bundesminister für Forschung und Technologie (Hg.): Deutsche Risikostudie Kernkraftwerke, Hauptband, Verlag TÜV Rheinland, Bonn, 1979, S. 203.

[101] Birkhofer, A.: Die Deutsche Reaktorsicherheitsstudie, atw, Jg. 25, Oktober 1980, S. 517–520.

innerhalb des angegebenen Intervalls liegt) abgebildet.[102] Das Ergebnis der DRS (Biblis B) ord-
net sich im Mittelfeld ein. Es zeigte sich, dass
bei Kernkraftwerken mit vergleichsweise hoher
Kernschmelzhäufigkeit meist ein bestimmter
Störfallablauf einen stark dominierenden Risikobeitrag liefert. Durch gezielte sicherheitstechnische Verbesserungen kann in diesen Fällen das
Gesamtrisiko einer Kernschmelze wesentlich
reduziert werden.

Auf der Grundlage der Ergebnisse der DRS
Phase A wurde eine Reihe sicherheitstechnischer Verbesserungen in den deutschen Anlagen
vorgenommen. Durch diese Systemänderungen
konnten maßgebliche Risikoanteile erheblich
vermindert werden. Die Einzelbeiträge aus Kühlmittelverluststörfällen und Transienten zur Kernschmelzhäufigkeit wurden um annähernd eine
Größenordnung auf Werte unter 10^{-5} pro Jahr
verringert.[103] In der Folge stellte sich die Aufgabe, bestimmte Ereignisabläufe noch umfassender und genauer zu überprüfen, als es bei der
relativ grobmaschigen Vorgehensweise der Studie A möglich war.

Für die geplante DRS Phase B wurden methodische Verbesserungen in folgenden Gebieten
vorgeschlagen:[104]

– Auswertung von Betriebserfahrungen (insbesondere hinsichtlich der Zuverlässigkeitsdaten)
– Detaillierte Untersuchungen weiterer Störfälle (wie anlageninterne Brände, Erdbeben,
  Flugzeugabsturz usw.)
– Stärkere Differenzierung von Ereignisabläufen (u. a. Berücksichtigung von Teilausfällen,
  Behebung starker Modellvereinfachungen)
– Beurteilung der Aussagesicherheit der Stör-
  fallsimulation (Unsicherheiten etwa durch

pessimistische Annahmen sollen durch Quan-
tifizierungen behoben werden.)
– Verbesserungen im Unfallfolgenmodell (Das
  Modell soll differenzierter und flexibler
  gestaltet werden – vereinfachende Modellan-
  nahmen führen zu Überschätzungen von Ausmaß der Schäden und Risiko.)

Mit den Arbeiten zur Deutschen Risikostudie
Phase B wurde 1981 begonnen. 20 Wirtschaftsunternehmen, Forschungsgesellschaften und
-zentren, Institute und Ingenieurbüros wurden
vom BMFT beauftragt, Einzeluntersuchungen
im Rahmen der DRS Phase B durchzuführen.
Darunter waren

– die Gesellschaft für Reaktorsicherheit (GRS),
  Köln, wiederum Hauptauftragnehmer mit Lei-
  tungsfunktion (Prof. Dr. Adolf Birkhofer),
– Siemens/KWU, Erlangen,
– Babcock-Brown Boveri Reaktor GmbH
  (BBR), Mannheim,
– Rheinisch-Westfälisches Elektrizitätswerk
  (RWE), Essen,
– Kernforschungszentrum Karlsruhe (KfK),
– Kernforschungsanlage Jülich (KFA),
– Gesellschaft für Strahlen- und Umweltfor-
  schung (GSF), Neuherberg
– Staatliche Materialprüfungsanstalt der Uni-
  versität Stuttgart (MPA),
– Batelle-Institut, Frankfurt,
– Eidgenössisches Institut für Reaktorforschung
  (EIR), Würenlingen/Schweiz,
– TÜV Rheinland, Köln,
– Institut für Kernenergetik und Energiesysteme
  der Universität Stuttgart (IKE) u. a.

Die Arbeiten zu den 1981 vergebenen Einzelvorhaben waren Ende 1984 abgeschlossen. Im Jahr
1985 wurde die GRS vom BMFT beauftragt, die
Untersuchungen zur Phase B fortzuführen und
abzuschließen. Mit dieser Zielsetzung erteilte die
GRS 1985 einigen Institutionen wie MPA und
IKE der Universität Stuttgart, KfK (Projekt Nukleare Sicherheit – PNS), TÜV Norddeutschland
und den Beratenden Ingenieuren König und Heunisch ergänzende Teilaufgaben.

Stand und Zwischenergebnisse der DRS Phase
B wurden ab April 1986 auf Tagungen vorge-
stellt und diskutiert sowie mit wissenschaftlichen
Veröffentlichungen dargelegt. Die einzelnen

[102] Birkhofer, A.: Das Risikokonzept aus naturwissenschaftlich-technischer Sicht, in: Lukes R. (Hg.): Schriftenreihe Recht-Technik-Wirtschaft, Bd. 31: Siebtes
Deutsches Atomrechts-Symposium, 16./17. 3. 1983 Göttingen, Carl Heymanns Verlag, Köln, 1983, S. 40.

[103] Birkhofer, A.: Was leisten Risikostudien? atw, Jg. 31,
August/September 1986, S. 440–445.

[104] Der Bundesminister für Forschung und Technologie
(Hg.): Deutsche Risikostudie Kernkraftwerke, Hauptband, Verlag TÜV Rheinland, Bonn, 1979, S. 245 f.

Untersuchungen waren in der ersten Hälfte des Jahres 1989 abgeschlossen. Die GRS lieferte im Juni 1989 im Rahmen des von ihr abgewickelten Vorhabens RS 576 einen nicht öffentlich zugänglichen zweibändigen umfangreichen Auftragsbericht (GRS-A-1600) an den Auftraggeber BMFT. Im Juni 1989 publizierte die GRS einen ersten zusammenfassenden Bericht auf 105 Seiten.[105] Nach einer redaktionellen Überarbeitung wurde die Zusammenfassung als Kurzfassung und der Hauptbericht in einem Band 1990 vom BMFT herausgegeben (825 Seiten).[106] Eine Reihe von Institutionen publizierte detaillierte Darstellungen zu Einzelfragen der DRS Phase B. Die GRS brachte keine zusätzlichen Fachbände heraus.

Die DRS Phase B konzentrierte sich – wie schon die vorausgegangene DRS Phase A – auf die bei einem Kernkraftwerk letztlich bestimmenden Ereignisabläufe, die zum Schmelzen des Brennstoffs im Reaktorkern führen können. Sie untersuchte, unter welchen Umständen und mit welcher Wahrscheinlichkeit es trotz der weitreichenden Schutz- und Sicherheitseinrichtungen zum Versagen der Wärmeabfuhr und zum Schmelzen des Reaktorkerns kommen kann. Die wesentlichen Ziele der Studie B waren die Identifizierung von sicherheitstechnischen Optimierungsmöglichkeiten sowie die Ermittlung von Sicherheitsreserven bei Stör- und Unfallabläufen, die Auslegungsgrenzen überschreiten. Sie ging insbesondere auch der Frage nach, wie durch anlageninterne Notfallmaßnahmen ein Schmelzen des Brennstoffs verhindert, verzögert oder wenigstens in seinen Auswirkungen begrenzt werden kann und welche Karenzzeiten für manuelle Eingriffe dafür verfügbar sind. In der Studie wurde wie folgt vorgegangen:[107]

– Erfassung der auslösenden Ereignisse und Ermittlung der erwarteten Eintrittshäufigkeit (Mittelwert über ein Zeitintervall)

– Ermittlung der von den Sicherheitssystemen nicht beherrschten Ereignisabläufe (Ermittlung der Schadenszustände)
– Identifizierung und Ermittlung der Wirksamkeit von anlageninternen Notfallmaßnahmen
– Ermittlung der Belastung und Funktion des Sicherheitsbehälters beim Kernschmelzen
– Ermittlung des Ausmaßes der Spaltproduktfreisetzung

Gegenüber Phase A wurden zusätzlich detaillierte Ereignisablaufanalysen vor allem zu Lecks im Frischdampfsystem (innerhalb und außerhalb des Sicherheitsbehälters) und Leckagen an Dampferzeuger-Heizrohren sowie zu Kühlmittelverluststörfällen in Anschlussleitungen des Reaktorkühlkreislaufs durchgeführt. Für übergreifende Einwirkungen wurden auslösende anlageninterne und -externe Ereignisse wie Brände, Ringraumüberflutung, Erdbeben und Flugzeugabsturz untersucht. Besonderes Interesse galt den durch Betriebstransienten verursachten Störfällen wie dem Notstromfall (Ausfall der externen elektrischen Eigenbedarfsversorgung) oder dem Ausfall der Hauptspeisewasserversorgung mit und ohne Ausfall der Hauptwärmesenke.

Bei den Untersuchungen zur Belastung und dem Versagen des Sicherheitsbehälters konnte das Phänomen „Dampfexplosion" aus der Risikoabschätzung herausgenommen werden, weil sein Risikobeitrag aufgrund neuester Forschungsergebnisse als praktisch unbedeutend einzuschätzen war.[108] Stattdessen wurde – anders als in der Studie A – das Kernschmelzen unter hohem Systemdruck analysiert und ein daraus resultierendes frühzeitiges Versagen des Sicherheitsbehälters nach dem Durchschmelzen des Reaktordruckbehälters untersucht. Die Belastung durch Deflagration des bei diesen Vorgängen entstehenden Wasserstoffs wurde ebenfalls genauer betrachtet.

Bei der Beschaffung der Zuverlässigkeitsdaten (Kenngrößen für Komponentenversagen) konnte gegenüber Phase A auf Daten aus nichtnu-

---

[105] GRS-72: Deutsche Risikostudie Kernkraftwerke Phase B – Eine zusammenfassende Darstellung, GRS, Köln, Juni 1989.

[106] Der Bundesminister für Forschung und Technologie (Hg.): Deutsche Risikostudie Kernkraftwerke Phase B, TÜV Rheinland, Köln, 1990, ISBN 3–88585–809–6.

[107] ebenda, S. 15

[108] vgl. U.S. Nuclear Regulatory Commission: Severe Accident Risks: An Assessment for Five U.S. Nuclear Power Plants, Final Report, NUREG-1150, Vol. 2, Appendix C, 1990, S. C-94–C-101.

klearer Betriebserfahrung weitgehend verzichtet werden. Durch umfassende anlagenspezifische Auswertungen konnte die Streubreite der Daten wesentlich verringert werden. Die DRS Phase B führte die Analysen im Sinne einer Risikobewertung unter möglichst realistischen Annahmen, als sog. „best estimate"-Analysen durch. Die Aussagesicherheit der Ergebnisse musste dabei jedoch sehr aufwändig quantifiziert werden.[109]

Die DRS Phase B unterlag einigen Begrenzungen des Untersuchungsumfangs. So wurden etwa Ereignisse aus Abläufen mit sehr gering eingeschätzten Beiträgen zu Kernschmelzfällen wie beispielsweise Kleinstlecks oder großflächiges Versagen von Komponenten, die nach den Grundsätzen der Basissicherheit hergestellt und genutzt wurden, nicht betrachtet. Zu Einzelheiten dazu muss auf die Studie verwiesen werden.[110] Das Schwergewicht der Arbeiten der Phase B lag bei anlagentechnischen Untersuchungen.

Damit ein auslösendes Ereignis nicht zu einem Kernschmelzfall führt, müssen bestimmte Sicherheitsfunktionen und Sicherheitssysteme sowie Betriebssysteme eingreifen. Sind diese nicht verfügbar, tritt ein Schadenszustand mit resultierendem Ausfall der Wärmesenke und damit der Wärmeabfuhr aus dem Reaktorkern ein. Ohne weitere Maßnahmen, z. B. anlageninterne Notfallmaßnahmen, führen solche Schadenszustände zu Kernschmelzen. Die DRS Phase B ermittelte für verschiedene auslösende Ereignisgruppen deren Beiträge zur Entstehung von Schadenszuständen. Tabelle 7.6 zeigt die Beiträge der einzelnen Gruppen von auslösenden anlageninternen und -externen Ereignissen zum Auftreten von Schadenszuständen als Vorstufe von Kernschmelzfällen. Den mit Abstand größten Anteil tragen die Betriebstransienten bei. Die Summe der erwarteten Häufigkeiten der Schadenszustände beläuft sich auf $2{,}9 \times 10^{-5}$ pro Jahr. Die Hauptursache für das Auftreten von Schadenszu-

ständen ist mit 70 % die Nichtverfügbarkeit der Systemfunktion Speisewasserversorgung.[111]

Die in der DRS Phase B analysierten Kernschmelzfälle wurden unterschieden nach ihren möglichen Auswirkungen auf die Funktionsfähigkeit des Sicherheitsbehälters. Wesentlich für das Ausmaß der mechanischen und thermischen Belastungen des Sicherheitsbehälters ist der Druck im Primärkreis zum Zeitpunkt des Durchschmelzens des Reaktordruckbehälters:

– niedriger Druck im Primärkreis nach früher Druckentlastung durch das auslösende Ereignis (ND-Kernschmelzfall),
– niedriger Druck im Primärkreis nach später Druckentlastung durch anlageninterne Notfallmaßnahmen (ND*-Kernschmelzfall),
– hoher Druck im Primärkreis, Druckentlastung erst durch Versagen des Reaktorkühlkreislaufs (HD-Kernschmelzfall).

Von den Ergebnissen der Studie B ist höchst bemerkenswert, dass die Übergangszeiten von Kernschadenszuständen zu Kernschmelzfällen lang sind. Tabelle 7.7 gibt die Zeiten vom Störfalleintritt bis zum Beginn des Kernschmelzens bzw. bis zum Versagen des Reaktordruckbehälters.[112] Die Karenzzeiten für Notfallmaßnahmen liegen im Bereich von einer bis mehreren Stunden. In Tab. 7.8 sind die relativen Anteile der einzelnen Ereignisgruppen an den Kernschmelzfällen bei niedrigem Druck (ND und ND*) bzw. hohem Druck (HD) dargestellt. Wenn nachträglich eine ausreichende Wärmeabfuhr wiederhergestellt wird, kann eine Anlage aus einem Schadenszustand in einen sicheren Zustand überführt werden. Die langen Karenzzeiten erlauben es, durch anlageninterne Notfallmaßnahmen die Druckentlastung des Primärkreises und die Bespeisung des Primär- bzw. Sekundärkreises herbeizuführen.

Die Untersuchung der unterschiedlichen anlageninternen Notfallmaßnahmen ergab, dass in ca. 88 % der Schadenszustände damit zu rechnen ist, dass die Anlage wieder in einen sicheren Zustand gebracht wird. Zusammen mit der ermit-

---

[109] Birkhofer, A.: Was leisten Risikostudien? atw, Jg. 31, August/September 1986, S. 442.

[110] Der Bundesminister für Forschung und Technologie (Hg.): Deutsche Risikostudie Kernkraftwerke Phase B, TÜV Rheinland, Köln, 1990, S. 80 f.

[111] Deutsche Risikostudie Kernkraftwerke Phase B, TÜV Rheinland, Köln, 1990, S. 48.

[112] ebenda, S. 64 und S. 802.

Tab. 7.6 Beiträge einzelner Ereignisgruppen zur Ausbildung von Schadenszuständen

Ereignisgruppe	Beiträge der Ereignisgruppe zur Summe der erwarteten Häufigkeiten der Schadenszustände von $2{,}9 \cdot 10^{-5}$/a	
Lecks in der Hauptkühlmittelleitung	13,8 %	
Lecks am Druckhalter bei Transienten und durch Fehlöffnen Sicherheitsventil	10,2 %	Anlageninterne auslösende Ereignisse insgesamt 88 %, davon:
Dampferzeuger-Heizrohrleck	3,7 %	Summe der erwarteten Häufigkeiten der ND - Schadenszustände: 2,2 %
Betriebstransienten	51 %	Summe der erwarteten Häufigkeiten der HD - Schadenszustände: 97,8 %
Transienten durch Frischdampf-Leitungsleck	8,7 %	
Ringraumüberflutung	1 %	Übergreifende anlageninterne und anlagenexterne auslösende Ereignisse insgesamt 12 %, davon: Summe der erwarteten Häufigkeiten der ND - Schadenszustände: 4,7 %
Transienten durch Erdbeben	10,1 %	Summe der erwarteten Häufigkeiten der HD - Schadenszustände: 95,3 %

Tab. 7.7 Zeitangaben zu Kernschmelzfällen

Kernschmelzfall	Zeit ab Störfalleintritt in min.	
	Beginn des Kernschmelzens	Versagen des Reaktordruckbehälters
ND	55	120
ND*	330	410
HD	110	140
PLR-ND/ND*	80	140
DE-HD	110	140
DE-ND*	540	710

ND Niedriger Druck im Primärkreis, *ND** Niedriger Druck im Primärkreis nach Druckentlastung durch anlageninterne Notfallmaßnahmen (AM), *HD* Hoher Druck im Primärkreis, *PLR* Primärkreisleck im Ringraum, *DE* Dampferzeuger-Heizrohrbruch

telten Häufigkeit der Schadenszustände von ca. $2{,}9 \times 10^{-5}$/a ergibt sich die Häufigkeit für Kernschmelzfälle insgesamt zu $3{,}6 \times 10^{-6}$/a und pro Anlage.

Umfangreiche Untersuchungen der Studie B befassten sich mit dem Ablauf von Kernschadenszuständen, speziell mit den physikalisch-chemischen Phänomenen, die zu Belastungen des Sicherheitsbehälters und umgebender Struk-

Tab. 7.8 Beiträge einzelner Ereignisgruppen: **a** zu Niederdruck-Kernschmelzfällen (ND und ND*), **b** zu Hochdruck-Kernschmelzfällen (HD)

Ereignisgruppe	Beitrag zur erwarteten Häufigkeit von ND- und ND*- Kernschmelzfällen	
Lecks in einer Haupt-kühlmittelleitung	50%	Erwartete Häufigkeit aller Schadenszustände: $2,9 \cdot 10^{-5}$/a
Lecks am Druckhalter bei Transienten und durch Fehlöffnen Sicherheitsventil	32%	Erwartete Häufigkeit aller Kernschmelzfälle (ND und ND* und HD): $3,6 \cdot 10^{-6}$/a
Übergreifende anlageninterne Ereignisse	14%	Erwartete Häufigkeit aller ND- und ND*-Kern-schmelzfälle: $3,2 \cdot 10^{-6}$/a (88%)
Anlagenexterne Ereignisse (Erdbeben)	2,8%	
Sonstige	1,2%	

Ereignisgruppe	Beitrag zur erwarteten Häufigkeit von HD-Kernschmelzfällen	
Lecks in einer Haupt-kühlmittelleitung	7,7%	Erwartete Häufigkeit aller Schadenszustände: $2,9 \cdot 10^{-5}$/a; davon 97,8% unter hohem Druck
Lecks am Druckhalter bei Transienten und durch Fehlöffnen Sicherheitsventil	6,7%	Erwartete Häufigkeit aller Kernschmelzfälle (ND und ND* und HD): $3,6 \cdot 10^{-6}$/a
Betriebstransienten	33%	Erwartete Häufigkeit aller Kernschmelzfälle unter hohem Druck: $4,5 \cdot 10^{-7}$/a (12,5% aller Kernschmelz-fälle bzw. 1,5% aller HD-Schadenszustände)
Transienten durch Frischdampf-Leitungslecks	5,7%	
Anlagenexterne Ereignisse (Erdbeben und Flugzeugabsturz)	41%	
Betriebstransienten mit Ausfall der Reaktorschnell-abschaltung	3,7%	

turen bei Kernschmelzfällen führen können. Zusammenfassend stellt die Studie fest,[113] dass bei niedrigem Druck im Primärkreis das Durchschmelzen des Reaktordruckbehälters keine wesentlichen direkten Belastungen des Sicherheitsbehälters zur Folge hat. Die anschließende Schmelze-Beton-Wechselwirkung erzeugt große Mengen Wasserstoff. Wenn sich der Wasserstoff entzündet, kann die Deflagration die Integrität des Sicherheitsbehälters nicht gefährden. Bilden sich jedoch Gasgemische mit hohen Wasserstoffkonzentrationen, die durch späte Zündung detonieren, kann der Sicherheitsbehälter zerstört werden. Die Wirksamkeit von Rekombinationstechniken, die zur Begrenzung der Wasserstoffkonzentration eingesetzt werden, konnte die Studie seinerzeit nicht belastbar quantifizieren.

Der Auslegungsdruck des Sicherheitsbehälters wird in ca. 4 Tagen erreicht, wenn der Reaktorkern in den mit Wasser gefüllten Reaktorsumpf durchgeschmolzen ist. Das Überdruckversagen kann jedoch durch rechtzeitige Druckentlastung über Filter und Kamin verhindert werden.

Bei der Kernschmelze unter hohem Druck hängen die Auswirkungen auf die Integrität des Sicherheitsbehälters davon ab, an welcher Stelle der Primärkreis zuerst versagt. Versagt zuerst die druckführende Umschließung außerhalb des Reaktordruckbehälters, so sinkt der Druck

schnell ab und das Durchschmelzen des Reaktordruckbehälters folgt dem Niedrigdruckverlauf. Versagt der Primärkreis durch Abriss der Bodenkalotte des Reaktordruckbehälters, so kann die Integrität des Sicherheitsbehälters direkt gefährdet sein. Die DRS Phase B stellt fest, dass sich wegen der Ungewissheit über den Versagensablauf die Wahrscheinlichkeit für die Gefährdung der Sicherheitsbehälter-Integrität nicht quantifizieren lässt.

Die Studie B beschreibt ausführlich die Phänomene und Prozesse der Freisetzung radioaktiver Stoffe aus dem Reaktorkern. Sie kommt abschließend zu der Feststellung: *„Der Kenntnisstand zu den Auswirkungen auf den Sicherheitsbehälter durch Wasserstoffverbrennung, durch das Versagen des Primärkreises unter hohem Druck und zum Freisetzungsverhalten in das Grundwasser lässt derzeit eine belastbare Quantifizierung der Häufigkeit der Freisetzungsmöglichkeiten nicht zu.“*[114]

Die Bedeutung der DRS Phase B lag nicht in der möglichst präzisen Ermittlung der extrem kleinen Wahrscheinlichkeit von radioaktiven Freisetzungen katastrophalen Ausmaßes. Die Ergebnisse der Studie B haben vielmehr eine Reihe wesentlicher Verbesserungen der Anlagentechnik und der Vorgehensweisen zur Störfallbe-

---

[113] Deutsche Risikostudie Kernkraftwerke Phase B, TÜV Rheinland, Köln, 1990, S. 70 und S. 698.

[114] Deutsche Risikostudie Kernkraftwerke Phase B, TÜV Rheinland, Köln, 1990, S. 698.

herrschung aufgezeigt und angestoßen.[115] Dabei geht es um die bessere Beherrschung von

- Betriebs-Transienten durch Verbesserung der Speisewasserversorgung,
- Dampferzeuger-Heizrohrlecks durch Verbesserung der Ansteuerung des Not- und Nachkühlsystems,
- Kühlmittelverlust-Störfällen infolge kleiner Lecks in der Hauptkühlmittelleitung und am Druckhalter durch Verbesserung der Ansteuerung der Frischdampfsicherheitsventile,
- ATWS-Störfällen durch Auslegung der Druckhalterventile und der zugehörigen Steuerventile für das Abblasen von Wasser-Dampf-Gemischen,
- Störfällen infolge Überflutung des Ringraums durch Verbesserung der Identifizierung des betroffenen Nebenkühlwasserstrangs und durch automatische Umschaltung von Nebenkühlwasserpumpen.

Durch die analytischen Untersuchungen der Studie B wurden – etwa durch Ermittlung von Karenzzeiten – Planungsgrundlagen für anlageninterne Notfallmaßnahmen geschaffen, die eingesetzt werden können, um globales Kernschmelzen – präventiv – zu verhindern oder wenigstens dessen Auswirkungen – mitigativ – zu begrenzen, wenn Sicherheitsfunktionen ausfallen sollten. Die möglichen Maßnahmen zur Druckentlastung und Bespeisung des Primär- und Sekundärkreises zur Wiederherstellung der Not- und Nachkühlung wurden eingehend untersucht. Die gewonnenen Erkenntnisse haben zu Änderungen in der Anlagentechnik und den Betriebsvorschriften geführt.

Die DRS Phase B hat gezeigt, dass bei Berücksichtigung anlageninterner Notfallschutzmaßnahmen die ohnehin geringe Häufigkeit von Kernschmelzen um eine Zehnerpotenz unter dem in der DRS Phase A ermittelten Niveau liegt. Die DRS Phase B hat für die Anlage Biblis B ergeben, dass die Größenordnung der Häufigkeit von Kernschmelzen, die zu bedeutenden Belastungen des Sicherheitsbehälters führen, bei $10^{-8} - 10^{-6}$ pro Jahr liegt.

Im Rahmen der Studie B wurden abschließend die sicherheitsrelevanten Unterschiede zwischen der Anlage Biblis B und den Konvoianlagen beschrieben und bewertet.[116] Wesentliche anlagentechnische Verbesserungen bei den Konvoianlagen wurden dargestellt, die erwarten lassen, dass die Häufigkeit von Schadenszuständen im Vergleich zu Biblis B deutlich geringer ist.

Die DRS Phase A und B hat die Grundlage dafür gelegt, dass die Probabilistische Sicherheitsanalyse (PSA) schon 1988 als Teil der im 10-Jahres-Abstand stattfindenden periodischen Sicherheitsüberprüfung deutscher Kernkraftwerke eingeführt wurde (s. Kap. 4.8.4.2). Die Betreiber entwickelten eine positive Einstellung zur breiten und eigenen Anwendung der PSA für ihre Kernkraftwerke in Ergänzung zu den deterministischen qualitätsbildenden und -sichernden Instrumenten.[117] Für die praktische PSA-Anwendung hat es sich als zweckmäßig erwiesen, alle während der Lebensdauer einer Anlage vorgenommenen Änderungen der Systemtechnik und der Betriebsweise sowie die beobachteten Änderungen der Zuverlässigkeitsparameter darauf zu überprüfen, ob sie für die PSA-Ergebnisse relevant sind. Die Erhaltung und anhaltende Fortschreibung der PSA einer Anlage unter Einsatz eines Rechenmodells mit einer entsprechenden anlagenspezifischen Datenbasis wird als „Living PSA" bezeichnet. Das Nachführen der anlagenspezifischen Datenbank und die Rückkopplung auf die PSA hat sich als außerordentlich wertvoll herausgestellt. Durch eine konsequente präventive Instandhaltung der Anlage und die vorgeschaltete Anlagenüberwachung lässt sich die „Ausfallrate drastisch erniedrigen."[118]

Der Beitrag von Risikostudien zur Weiterentwicklung der Reaktorsicherheitstechnik kann abschließend wie folgt zusammengefasst werden. Sie dienen der:

[115] Deutsche Risikostudie Kernkraftwerke Phase B, TÜV Rheinland, Köln, 1990, S. 83.

[116] Deutsche Risikostudie Kernkraftwerke Phase B, TÜV Rheinland, Köln, 1990, S. 813–825.

[117] Jaerschky, R. und Ringeis, W.: Die probabilistische Sicherheitsanalyse aus Betreibersicht, atw, Jg. 35, Juli 1990, S. 330–334.

[118] Berg, H. P. und Scholl, H.: Probabilistische Sicherheitsanalyse, BfS-KT-3/92-REV-1. ISSN 0937–4442, S. 42–48.

- Optimierung der Auslegung,
- Ermittlung des Potenzials für Verbesserungen,
- Ermittlung von Karenzzeiten,
- Einführung von Notfall-Schutzmaßnahmen,
- Erarbeitung anlagenspezifischer Notfall-Handbücher.

Risikostudien dienen auch als:

- Grundlage für die alle 10 Jahre durchzuführende anlagenspezifische periodische Sicherheitsüberprüfung mit aktuellen anlagenspezifischen und allgemeinen Erkenntnissen,
- Basis für die Beurteilung der Wirksamkeit von Nachrüstungen,
- Quelle für die Weiterentwicklung der Analysen-Methodik.

Mensch – Technik – Organisation – Umfeld

8.1 Simulatorschulung

Eine kerntechnische Anlage ist im Betrieb ein Mensch-Maschine-System, dessen Sicherheit im gleichen Maße von Auslegung und technischer Ausführung der Anlage wie von der Betriebsorganisation sowie der Qualifikation und Zuverlässigkeit des Betriebspersonals abhängt. Unter „Sicherheitskultur" eines Unternehmens versteht man ein ausgereiftes Zusammenwirken von Mensch – Maschine – Organisation („MTO") auf hohem Niveau, wobei die Kommunikations-Struktur von großer Bedeutung ist. Abbildung 8.1 stellt den Anteil menschlicher Verantwortung am sicheren Betrieb von Kernkraftwerken dar.[1]

Mit der Errichtung der ersten Leistungsreaktoren in den USA fanden im Blick auf die Bedienungsmannschaft ergonomische und psychologische Fragen ein hohes Interesse, um die Zahl der Bedienungsfehler zu minimieren.[2,3,4,5] Zur Entwicklung bestmöglich geeigneter Kernkraft-werksleitstände wurden Modelle in voller Größe gebaut und ihre Handhabung in zahlreichen Varianten durchgespielt. Abb. 8.2 zeigt ein frühes Beispiel aus dem Jahr 1960.[6]

Seit Mitte der 70er Jahre war das für die Reaktorsicherheit federführende Bundesministerium des Innern (BMI) bestrebt, den ergonomisch-psychologischen Gesichtspunkten einer zweckmäßigen Gestaltung von Arbeitsplatz, Arbeitsablauf und Arbeitsumgebung für das Betriebspersonal eines Kernkraftwerks ein stärkeres Gewicht zu geben.[7] Das BMI bestand darauf, dass schon in der Konzeption und frühen Planungsphase kerntechnischer Anlagen die Erkenntnisse der Arbeitswissenschaft und die Erfahrungen der Ergonomen berücksichtigt wurden. Eine entscheidende Verpflichtung der Hersteller und Betreiber wurde darin gesehen, die wirkungsvolle, praxisnahe Erst- und Wiederholungsschulung der Betriebsleitung sowie des Wartungs-, Prüf- und Schichtpersonals sicherzustellen. Auch dabei konnte man auf Erfahrungen in den USA zurückgreifen.

Zur Schulung der Reaktorfahrer des ersten amerikanischen Leistungsreaktors PWR/Shippingport wurde an dessen Standort ein „PWR Training Simulator" aufgebaut. Er hatte eine Instrumenten- und Steuerkonsole, die dem Original nachgebildet war. Das instruktive Wirkungsver-

---

[1] Aleite, Werner: Aufgabe der Instrumentierung, a. a. O., S. 33.

[2] Dickey, David E.: A Human-Engineered Reactor Control Panel, NUCLEONICS, Vol. 18, No. 12, Dezember 1960, S. 80–82.

[3] Raudenbush, M. H.: Human Engineering Factors in Control-Board Design for Nuclear Power Plants, Nuclear Safety, Vol. 14, No. 1, Januar-Februar 1973, S. 21–26.

[4] Hagen, E. W.: Human Reliability Analysis, Nuclear Safety, Vol. 17, No. 3, Mai-Juni 1976, S. 315–326.

[5] Seminara, J. L., Pack, R. W., Gonzales, W. R. und Parsons, S. O.: Human Factors in the Nuclear Control Room, Nuclear Safety, Vol. 18, No. 6, November-Dezember 1977, S. 774–790.

[6] Dickey, David E., a. a. O., S. 80.

[7] Berg, K.-H. und Fechner, J. B.: Menschlicher Einfluss auf die Sicherheit kerntechnischer Anlagen, atw, Jg. 20, November 1975, S. 556–558.

P. Laufs, *Reaktorsicherheit für Leistungskernkraftwerke*,
DOI 10.1007/978-3-642-30655-6_8, © Springer-Verlag Berlin Heidelberg 2013

Abb. 8.1 Zusammenwirken von Leittechnik und menschlicher Verantwortung

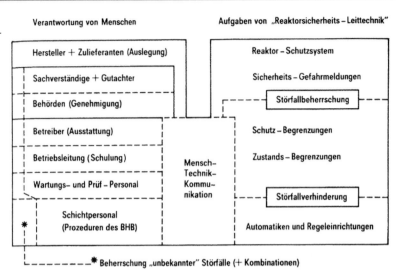

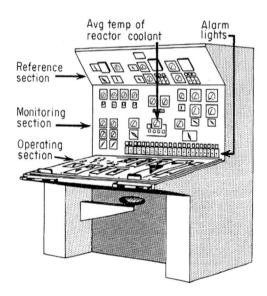

Abb. 8.2 Aufbau einer Kernkraftwerks-Warte von Westinghouse aus dem Jahr 1960

mögen dieses Trainingssimulators wurde hoch eingeschätzt: es könne von keiner mündlichen Unterrichtung, und sei diese noch so umfangreich, erreicht werden.[8] Nur der in Echtzeit gefahrene Simulator kann das zeitgleiche Zusammenwirken aller Systeme mit ihren thermodynamischen, hydraulischen, chemischen und leittechnischen Vorgängen vermitteln. Die Reaktorprozesse wurden im PWR-Trainings-Simulator

in vereinfachter Weise von zwei Analogrechnern modelliert, von denen einer die Anfahrphase, der andere den Leistungsbetrieb abbildete. Von einem außer Sehweite aufgestellten Steuerpult konnten Störungen in den simulierten Reaktorbetrieb eingeführt werden. So konnten Reaktor- und Turbinen-Schnellabschaltungen, der Ausfall einer Hauptkühlmittel- oder einer Speisewasserpumpe oder Reaktivitätsstörungen durch Xenon-Instabilitäten simuliert werden.[9] Die amerikanischen Ingenieure konnten sich dabei auf umfangreiche Erfahrungen mit der Simulierung von Luft- und Raumfahrtvorgängen stützen.

Die amerikanische Atomenergiebehörde USAEC verlangte als Voraussetzung der Zulassung von Reaktor-Operateuren, dass sie mit der Bedienung der Anlage bereits praktische Erfahrungen vorweisen konnten. Diese Erfahrungen konnten auch an Kraftwerkssimulatoren gewonnen werden. In den Jahren 1968–1971 entstanden deshalb große Kernkraftwerks-Simulatoren in den USA, zunächst bei General Electric für Siedewasserreaktoren, dann für Druckwasserreaktoren (DWR) in Ausbildungsstätten der Firmen Babcock & Wilcox und Westinghouse.[10] Diese

---

[8] Franz, J. P. und Alliston, W. H.: PWR Training Simulator, nucleonics, Vol. 15, No. 5, Mai 1957, S. 80–88.

[9] Franz, J. P. und Alliston, W. H., a. a. O., S. 81.

[10] Jaerschky, R. und Martin, H.-D.: Simulatortraining für Betriebspersonal von Kernkraftwerken – Entwicklungen und Erfahrungen in den USA, atw, Jg. 15, Juli 1970, S. 329–330.

Simulatoren verfügten über maßstabsgetreue komplette Kraftwerkswarten. Das Betriebsverhalten wurde auf Digitalrechnern simuliert. Die Errichtung eines solchen Schulungssimulators war sehr aufwändig und im Jahr 1970 mit Kosten in der Größenordnung von 10 Mio. DM verbunden. Die Betreiber von Kernkraftwerken hielten es nicht für verantwortbar, Anschauungsübungen mit künstlich eingeleiteten Betriebsstörungen und Unfällen an einem wirklichen Kernkraftwerk während des Betriebs durchzuführen.[11]

In Deutschland hatte sich die Technische Vereinigung der Großkraftwerksbetreiber e. V. (VGB, heute VGB PowerTech e. V.) die Aus- und Fortbildung von Fachkräften für den Betrieb von Kraftwerksanlagen zur gemeinsamen Aufgabe gemacht und 1957 die Kraftwerksschule e. V. (KWS) in Essen eingerichtet. Anfang der 70er Jahre fanden sich die deutschen, schweizerischen und niederländischen Betreiber von Siemens-Kernkraftwerken zusammen, um Trainingssimulatoren für ihre Anlagen zu beschaffen. 1973 wurden von KWS die Firmen Singer, Binghampton, N. Y., USA und Siemens/KWU beauftragt, für die Referenzanlagen Biblis A (DWR) und Brunsbüttel (SWR) je einen Schulungssimulator zu errichten.[12] 1976 wurde durch die KWS das erste Simulatorzentrum in Essen-Berghausen erbaut, in dem im Herbst 1977 mit der Schulung am DWR-Simulator begonnen werden konnte. Die dort beispielsweise für das Schichtpersonal von Biblis abgehaltenen Kurse wurden von den Teilnehmern sehr positiv beurteilt. Dabei wurde besonders hervorgehoben, dass am Simulator auch Störfälle durchgefahren werden konnten, die nicht fest einprogrammiert waren.[13] 1984 wurde die Simulatorschulung in den Neubau des Simulatorzentrums nach Essen-Kupferdreh verlegt, an den 1995 ein Erweiterungsbau angeschlossen wurde. Der Aufwand für die Errichtung und den Ausbau des Simulatorzentrums war enorm. Die Frage wurde gestellt, ob es für einen Betreiber zu rechtfertigen sei, bis zu 50 Mio. DM für das Üben seines Bedienungspersonals am Schulungssimulator auszugeben. Die Antwort war ein klares „Ja".[14]

Das deutsche Simulatorzentrum bringt eindrucksvoll die hohe Eigenverantwortlichkeit zum Ausdruck, mit der sich die Betreibergesellschaften einer vorbildlichen Sicherheitskultur verschrieben und die entsprechenden Investitionen tätigten. Diese Grundeinstellung und die relative Unabhängigkeit des Simulatorzentrums führten dazu, dass die Simulatorschulung in Essen jedweden behördlichen Anforderungen stets deutlich voraus war und international normsetzende Standards schaffen konnte. Das in der Kerntechnik ungewöhnliche Vertrauen, das Behörden und Gutachter-Gesellschaften dieser Einrichtung entgegenbrachten, wurde auch dadurch gestützt, dass für diese Institutionen jährlich 10–20 Simulatorkurse durchgeführt wurden.[15]

Den Genehmigungsbehörden und ihren Beratern war die außerordentliche Bedeutung der Simulatorschulung für die Sicherheitskultur in den Kernkraftwerken stets bewusst und sie begleiteten die Tätigkeit des Simulatorzentrums mit hohem Interesse. In der überarbeiteten Fachkunde-Richtlinie des Bundesumweltministers (BMU) für Lizenzpersonal von Kernkraftwerken vom Mai 1990 wurde für Kursteilnehmer an Simulatorschulungen ein Bewertungssystem für ihre Leistungen und ihr Verhalten eingeführt. Auf diese Weise erhielten die Simulator-Ausbilder, das Simulatorzentrum und die Kraftwerksbetreiber einen wertvollen Erfahrungsrückfluss. Einer wichtigen Forderung der Kursteilnehmer nach einer wirklichkeitsnahen Abbildung ihres

[11] ebenda, S. 330.

[12] Lindauer, E.: Kontinuität und Innovation – 25 Jahre simulatorschulung für Kernkraftwerke, atw, Jg. 47, Heft 10, Oktober 2002, S. 2–8.

[13] Göhlich, D.: Über die Bewährung des Kernkraftwerk-Simulator-Zentrums der Kraftwerksschule e. V. aus der Sicht eines Kernkraftwerksbetreibers, VGB Kraftwerkstechnik, Bd. 59, Heft 1, Januar 1979, S. 14–16.

[14] Kallmeyer, D., Hoffmann, E. und Kley, H.: Einsatzmöglichkeiten für Simulatoren: ein Überblick, in: Deutsches Atomforum e. V.: Fachtagung „Mensch und Chip in der Kerntechnik" 27.-28.10.1987 Bonn, Berichtsband, INFORUM, Bonn, 1987, S. 357–369.

[15] AMPA Ku 151, Hoffmann: Persönliche Mitteilung des KSG/GFS-Geschäftsführers Dr. Eberhard Hoffmann vom 31.1. 2008.

Arbeitsumfeldes konnte Rechnung getragen werden.[16]

Die Reaktor-Sicherheitskommission (RSK) befasste sich im Oktober 1981 mit Kernkraftwerks-Simulatoren und ließ sich die Erkenntnisse des RSK-Ausschusses „Reaktorbetrieb" berichten.[17] Zu diesem Zeitpunkt war der Essener Schulungssimulator werktäglich zu 12–16 Stunden ausgelastet; er werde noch hinsichtlich des Simulationsumfangs und der Simulationsgüte durch äußerst anspruchvolle Nachrüstprogramme verbessert, die sich bis in das Jahr 1984 hinein erstreckten. Für die Schulung von Kernkraftwerkspersonal der Baulinie Grafenrheinfeld, Grohnde und Philippsburg-2 zeichne sich eine Zwischenlösung ab. Für das brasilianische Staatsunternehmen Nuclebras sei 1977 ein Schulungssimulator für das Kernkraftwerk Angra-2[18]konzipiert worden. Durch die Verzögerung des brasilianischen Nuklearprogramms könne der 1982 fertig gestellte Nuclebras-Simulator vorübergehend in Deutschland genutzt werden. Die RSK begrüßte diese Zwischenlösung ausdrücklich.

Im Juli 1989 sah die RSK nach eingehender Beratung, dass die Vorteile eines Simulatorzentrums mit Vollsimulatoren gegenüber Simulatoren am Kernkraftwerksstandort überwiegen. Für spezielle Zielsetzungen könne es jedoch auch sinnvoll sein, Teilsimulatoren als Funktionstrainer und Analysesimulatoren[19] in Kernkraftwerken selbst einzusetzen.[20]

Siemens/KWU unterhielt am Standort der Reaktoranlagen Versuchsatomkraftwerk (VAK) und Heißdampfreaktor (HDR) das KWU-Service-und Schulungszentrum Karlstein. In dieser KWU-Einrichtung konnte nun vom Herbst 1982 bis Ende 1984 das Betriebspersonal für die damals in Bau befindlichen Kernkraftwerke Philippsburg-2 und Grohnde am Nuclebras-Schulungssimulator der französischen Firma für Simulationstechnik Thomson-CSF, Cergy-Pontoise, ausgebildet werden.[21] Der Nuclebras-Simulator war ein Vollsimulator, der die Gesamt-Kernkraftwerks-Anlage abbildete. Seine Nutzung in Karlstein ergab, dass annähernd die Hälfte der Simulationszeit für die Vermittlung allein der Leittechnik des Reaktors mit den angrenzenden Versorgungssystemen verwendet wurde. Um den Simulationsaufwand erheblich zu reduzieren, wurde von der Firma Siemens AG ein DWR-Teilsimulator als Funktionstrainer entwickelt, dessen Schwerpunkt die Schulung am Verhalten der Reaktor-Regelungen und Begrenzungen im Zusammenwirken mit der Gesamtanlage war.[22]

Nach der Nuklearkatastrophe in Tschernobyl am 26. April 1986 beauftragte der BMI die RSK mit einer Überprüfung der Sicherheit der Kernkraftwerke in der Bundesrepublik Deutschland und erbat sich u. a. Angaben zur Leistungsfähigkeit der Trainingssimulatoren und zur Qualität der Ausbildung am Trainingssimulator. Der RSK-Ausschuss „Reaktorbetrieb" beschäftigte sich Ende 1986 und 1987 mit dieser Thematik. Er stellte dazu fest: „Für Störungen/Störfälle, die sich innerhalb der Auslegungsgrenzen der Anlage bewegen, ist die Simulatorgüte recht gut. Werden Auslegungsgrenzen überschritten, kann nur noch bedingt von einer Simulation gesprochen werden." Umfang und Häufigkeit der Wiederholungsschulung am Simulator seien von Betreiber zu Betreiber überaus verschieden.[23]

[16] Engel, G.-J., Spindler, B. und Kruip, J.: 5 Jahre Simulatorbewertung – Ein Beitrag zur Sicherheitskultur, atw, Jg. 46, Mai 2001, S. 319–327.

[17] BA B106–75356, Ergebnisprotokoll 169. RSK-Sitzung, 14. 10. 1981, S. 15 f.

[18] Standort des KWU-Kernkraftwerks mit DWR Angra-2 ist Angra dos Reis an der brasilianischen Atlantikküste. Baubeginn war 1.1.1976. Referenzkraftwerk ist Grafenrheinfeld.

[19] vgl. Beraha, D.: Analysesimulatoren, in: Deutsches Atomforum e. V.: Fachtagung „Mensch und Chip in der Kerntechnik" 27.-28.10.1987 Bonn, Berichtsband, INFORUM, Bonn, 1987, S. 370–389.

[20] AMPA Ku 14, Ergebnisprotokoll 245. RSK-Sitzung, 17. 7. 1989, S. 23 f.

[21] Brand, W., Heyden, W. und Martin, H.-D.: Erfahrungen mit der Ausbildung am ersten Vorkonvoi-Simulator, atw, Jg. 30, Dezember 1985, S. 638–640.

[22] Fischer, H. D.: DWR-Teilsimulator, in: Deutsches Atomforum e. V.: Fachtagung „Mensch und Chip in der Kerntechnik" 27.-28.10.1987 Bonn, Berichtsband, INFORUM, Bonn, 1987, S. 390–406.

[23] AMPA Ku 33, Ergebnisprotokoll der gemeinsamen Sitzung der RSK-Ausschüsse LEICHTWASSERREAKTOREN und REAKTORBETRIEB, 14. Juli1987, S. 7 f.

Tab. 8.1 Die KSG/GfS-Simulatoren der KWU-Anlagen

Simuliertes Kraftwerk	Kunden-Kraftwerke	Anzahl der Signale zur Warte	Schulungs-beginn	Hersteller
Biblis B	Biblis A/B, Stade	12900	1977	Singer/USA
Grafenrheinfeld	Grafenrheinfeld, Grohnde	21600	1988	Krupp Atlas Elektronik Deutschland
Emsland	Emsland, Neckar-westheim 2, Isar 2	19200	1996	Siemens/S3T, Deutschland/USA
Philippsburg 2	Philippsburg 2	20400	1997	Siemens/S3T, Deutschland/USA
Brokdorf	Brokdorf	23800	1996	Siemens/S3T, Deutschland/USA
Unterweser	Unterweser	17700	1997	Thomson/Frankreich
Neckarwest-heim 1	Neckarwestheim 1	14300	1997	Thomson/Frankreich
Borssele	Borssele	16000	1997	Thomson/Frankreich
Obrigheim	Obrigheim	12500	1997	Thomson/Frankreich
Brunsbüttel	Brunsbüttel	13100 24200	1978 2003	Singer/USA, CAE/Kanada
Gundremmingen	Gundremmingen B/C	27200	1993	Siemens/Deutschland
Isar 1	Isar 1	22000	1997	Krupp Atlas Elektronik/ Deutschland
Philippsburg 1	Philippsburg 1	22500	1997	Krupp Atlas Elektronik/ Deutschland

Im Jahr 1987 gründeten die deutschen, schweizerischen und niederländischen Kernkraftwerksbetreiber die Firmen Kraftwerks-Simulator-Gesellschaft mbH (KSG) und Gesellschaft für Simulatorschulung mbH (GFS). Der KSG wurde die Aufgabe zugewiesen, die Simulatoren zu beschaffen und betriebsbereit zur Verfügung zu stellen. Die GfS führte die Schulungen durch und beschäftigte die Ausbilder. Tabelle 8.1 gibt einen Überblick über die in Essen-Kupferdreh aufgestellten Simulatoren, deren Beschaffung ganz überwiegend in die 1990er Jahre fällt.[24] Die Simulatoren entstanden in enger Zusammenarbeit zwischen dem Systemhersteller KWU und führenden Produzenten von Simulations-Software wie Krupp Atlas Electronik, Bremen-Sebaldsbrück; Thomson Training and Simulation (TT&S), Cergy-Pontoise, Frankreich; Singer, Binghampton, N. Y., USA; S3Technologies, Columbia, Maryland, USA (später GSE-Systems) und Canadian Aviation Electronics (CAE), Montreal, Kanada. In den Jahren 1991–1997 wurden die Konvoi- und Vorkonvoi-Kernkraftwerks-Si-mulatoren geplant, erbaut und abgenommen.[25] Auch für das BBC/BBR-Kernkraftwerk Mülheim-Kärlich (KMK) wurde 1986 ein eigener Simulator beschafft und in Betrieb genommen.

Um Wirklichkeitstreue zu erreichen, sind äußerst komplexe Simulationsprogramme erforderlich, für deren Erstellung unter Zuhilfenahme modernster softwaretechnischer Werkzeuge über 100 Mannjahre an Ingenieursleistung aufgebracht werden müssen. Es setzte sich die Überzeugung durch, dass die beste Lösung der anlagenspezifische Simulator ist, der die Warte in Originalgröße und -umfang abbildet sowie das Original-Betriebs- und -Notfallhandbuch uneingeschränkt anwendet. Die Kommunikationswege, die Notsteuerstelle, die Prozessrechner und das unbegrenzte Ereignisspektrum sollten identisch simuliert werden können. Diese hohen Ansprüche verdoppelten die Anschaffungskosten deutscher Simulatoren im Vergleich zu international üblichen Anlagen. Bis gegen Ende der 90er Jahre hing die modelltechnische Erreichbarkeit einer hohen Abbildungstreue von der zur

---

[24] Hoffmann, E.: Das Simulatorzentrum der KSG/GfS wird 20 Jahre alt!, VGB PowerTech 5/2007, S. 69–72.

[25] Grütter, J., Holl, B., Meltz, P. und Kruip, J.: Neue Simulatoren für die Schulung, atw, Jg. 43, Februar 1998, S. 102–104.

Abb. 8.3 Ansicht einer Simulatorwarte

Verfügung stehenden Rechnerleistung ab. Seither ist dies keine Restriktion mehr.[26] Abbildung 8.3 zeigt die Ansicht einer Simulatorwarte.

Die nach dem Tschernobyl-Unglück in den Kernkraftwerken eingeführten Maßnahmen zur Beherrschung auslegungsüberschreitender Ereignisse haben die Anforderungen an die Schulungssimulatoren weiter erhöht. So können nunmehr u. a. die unvollständige Reaktorabschaltung, der Ausfall sowohl der Sicherheitseinspeisung als auch der kompletten Eigenbedarfsversorgung sowie die Fahrweisen bei Notkühlung und primär- und sekundärseitigen Leckagen modelltechnisch dargestellt werden.[27] Im Kernkraftwerk Neckarwestheim 2 wurden ab 1991 anlageninterne Notfälle simuliert, woraus sich im Kernkraftwerk Biblis 1996 eine Übungsmethode entwickelte, die nach und nach eine Reihe von Notfallübungen umfasste. Dazu gehörten u. a. der Dampferzeugerheizrohrbruch mit Schließversagen der Absperrarmatur, das mittlere Leck mit Ausfall von 3 von 4 Sicherheitseinspeisepumpen, der Ausfall der Warte, das primär- und sekundärseitige Feed and Bleed oder die Wasserstoffexplosion im Hilfsanlagengebäude. Der Biblis-DWR-Simulator D_1 wurde im Simulatorzentrum der KSG/GfS in Essen betrieben.[28]

Im Mai 1995 befasste sich die RSK eingehend mit der Erprobung anlageninterner Notfallmaß-

nahmen unter Einsatz von Simulatoren sowie mit einem zusammenfassenden Bericht über Fallstudien an Trainingssimulatoren.[29] Die RSK hielt als Ergebnis ihrer Beratungen die Integration von Übungen zum anlageninternen Notfallschutz am Simulator in die bestehenden Ausbildungskonzepte für zweckmäßig. Die Weiterentwicklung der Simulationsqualität der Vollsimulatoren sei im Zusammenhang mit Anlagenänderungen und Forderungen der Betreiber nach dem Training von Notfallprozeduren vorangetrieben worden. Einen ganz wesentlichen Schritt zur weiteren Verbesserung der Simulationsqualität hätten die Betreiber mit der Beschaffung zusätzlicher anlagenspezifischer Simulatoren getan, die den neuesten Stand der Modelltechnik anwendeten.

Die Simulatorschulung hat die Aufgabe, das für die Bedienung der Anlage erforderliche Wissen und Können der Operateure zu vermitteln, zu erhalten und zu vertiefen. Lernzielkontrolle und Feedback sind unverzichtbare Bestandteile der Schulung. Leistung und Verhalten jedes Kursteilnehmers müssen bewertet werden. Die für die Sicherheit ihrer Kraftwerke verantwortlichen Betreiber erhalten dadurch einen guten Überblick über den Leistungs- und Wissensstand ihres Schichtpersonals. Die heute angewandte Beurteilung des Schulungserfolgs ist ein wichtiger Beitrag zur Sicherheitskultur.[30]

Die im Simulatorzentrum der KSG/GfS betriebenen Simulatoren repräsentierten im Jahr 2007 einen Wert von über 250 Mio. €. Sie mussten und müssen fortwährend den technischen Entwicklungen der simulierten wirklichen Kernkraftwerke angepasst werden. Ein Teil der Entwicklungsprojekte erfolgte zuerst am Simulator und wurde erst danach in der Realanlage umgesetzt. Das Simulatorzentrum verstand sich immer auch als Kompetenzzentrum, in dem Normen gesetzt und daran mitgewirkt wird, den Stand der Technik weiterzuentwickeln.[31]

---

[26] AMPA Ku 151, Hoffmann: Persönliche Mitteilung des KSG/GFS-Geschäftsführers Dr. Eberhard Hoffmann vom 31. 1.2008.

[27] Hoffmann, E.: Die Simulatorschulung – Anforderungen und deren Realisierung, atw, Jg. 42, Heft 2, Februar 1997, S. 88–92.

[28] Haas, H. und Rothe, F.: Anlageninterne Notfallübungen, atw, Jg. 48, Juni 2003, S. 380–382.

[29] AMPA Ku 17, Ergebnisprotokoll 291. RSK-Sitzung, 17. 5. 1995, S. 1–4.

[30] Engel, G.-J., Spindler, B. und Kruip, J.: 5 Jahre Simulatorbewertung – Ein Beitrag zur Sicherheitskultur, atw, Jg. 46, Mai 2001, S. 319–327.

[31] Hoffmann, E.: Das Simulatorzentrum der KSG/GfS wird 20 Jahre alt!, a. a. O., S. 69 und 70.

8.2 Die Sicherheitskultur

Bei der friedlichen Nutzung der Kernenergie gilt weltweit der Grundsatz, dass der Betreiber eines Kernkraftwerks allein die Verantwortung für die Sicherheit seiner Anlage trägt und für Schäden bei Dritten haftet.[32] Er ist der Inhaber der staatlichen Betriebsgenehmigung. Aufgabe der Aufsichtsbehörden ist es, über die Einhaltung der Bestimmungen der Genehmigung sowie der Genehmigungsvoraussetzungen zu wachen und die Weiterentwicklung der kerntechnischen Sicherheitsstandards zu fördern. Betreiber und Aufsichtsbehörden werden dabei von der Wissenschaft, den Sachverständigen und den Herstellern nuklearer Anlagen begleitet.

Der Beitrag des Menschen zur Sicherheit kerntechnischer Anlagen bei deren Betrieb war stets und selbstverständlich gefordert, und Vorsorgemaßnahmen berücksichtigten menschliche Fehler („der menschliche Faktor"– „human factor"). Der Sicherheitsbericht für das erste deutsche Großkraftwerk, dem damals weltweit größten Kernkraftwerk Biblis (Block A) vom Oktober 1969 enthielt im Abschnitt „Störfälle und Gegenmaßnahmen" das Kapitel „Menschliches Versagen".[33] Hier wurden folgende menschliche Fehlhandlungen und Personalmängel abgehandelt:

- Nichtbeachtung der für die Sicherheit der Anlage vorgesehenen Mess- und Warninstrumente,
- Fehlbedienung beim Normalbetrieb durch falsche Schalthandlungen,
- unzureichende Überwachung der Anlage beim Stillstand und
- Ausfall von Bedienungspersonal.

Die in diesen Fällen vorgesehenen Gegenmaßnahmen waren technischer Natur:

- Automatisch selbststabilisierendes Ausregeln von Störungen durch das Reaktorregelsystem,
- Automatische sichere Abschaltung des Reaktors durch das Reaktorschutzsystem bei Überschreitung von festgelegten Grenzwerten,
- Verriegelungen zur Blockierung von irrtümlichen Befehlen (z. B. Anfahren von Pumpen ohne Betriebsbereitschaft der vor- und nachgeschalteten Systeme),
- Schalter mit Sicherheitsschlüssel.

Im Übrigen wurden auf der Grundlage umfassender Analysen aller denkbaren Betriebsabläufe und unter Auswertung des Erfahrungsrückflusses detaillierte Betriebsanweisungen erarbeitet. Ein sorgfältig gestaltetes Anzeigesystem für die wesentlichen Betriebsparameter, ein umfassendes System von Warnmeldungen vor dem Erreichen unzulässiger Anlagenzustände zusammen mit übersichtlicher, ergonomischer Anordnung der Betätigungs- und Überwachungseinrichtungen trugen dazu bei, in der Warte Fehlbedienungen möglichst zu vermeiden.

Bei den ersten Leistungskernkraftwerken wurden zur Unfallverhinderung und Erhöhung der Anlagensicherheit insgesamt in erster Linie die technischen Sicherheitssysteme optimiert. In dieser „technischen Phase" sollte der „unsichere Mensch" weitgehend durch die „sichere Technik" ersetzt werden.[34] Der hohe Automatisierungsgrad der Schutzvorrichtungen war ein frühes und besonderes Kennzeichen deutscher Kernkraftwerke. Die Grundüberlegung war, dass in kritischen Situationen, in denen rasch und zuverlässig reagiert werden muss, die Automatik menschlichem Handeln in der Regel überlegen ist. Deshalb musste im Genehmigungsverfahren nachgewiesen werden, dass in den ersten 30 min nach Störfalleintritt Schalthandlungen der Bedienungsmannschaft nicht notwendig sind.

Staffelung, Redundanz, Diversität und inhärente Sicherheit der sicherheitstechnischen Vorkehrungen erhöhen die Zuverlässigkeit großer Systeme, erhöhen jedoch auch deren Komplexität. Die Distanz zwischen Konstrukteuren und Operateuren im Verständnis der Systemzusammenhänge wächst mit der Größe und Komplexität der Anlagen, und die Schwierigkeit einer völlig fehlerfreien Bedienung nimmt zu. Ein hohes

---

[32] Mit der Einschränkung, dass die Deckungsvorsorge gemäß § 9 AtDeckV auf maximal 2,5 Mrd. € begrenzt ist. Für darüber hinausgehende Schäden haftet der Staat.

[33] Kraftwerk Union AG: Sicherheitsbericht Kernkraftwerk Biblis der Rheinisch-Westfälisches Elektrizitätswerk AG Essen, Oktober 1969, Bd. 1 Beschreibungen, Abschn. 5, S. 99–102.

[34] Fahlbruch, B. und Wilpert, B.: Die Bewertung von Sicherheitskultur, atw, Jg. 45, November 2000, S. 684–687.

Sicherheitsbewusstsein des Bedienungspersonals ist von entscheidender Bedeutung. Bei häufigen Ereignissen handelt der Mensch routinemäßig; bei seltenen Ereignissen nimmt er seine Erfahrung zu Hilfe und hält sich an formale Instruktionen. Wenn er in extrem seltenen Situationen damit nicht weiterkommt, muss er versuchen, aufgrund seiner Kenntnisse zu improvisieren.[35,36]

Die Berufung geeigneten Betriebspersonals und die Aus- und Fortbildung der Operateure wurden frühzeitig als wichtige Aufgabe gesehen. In der ersten Hälfte der 70er Jahre befassten sich die Betreiberunternehmen mit der Bereitstellung von Trainingssimulatoren für Kernkraftwerke. Im Herbst 1977 konnte im Simulatorzentrum in Essen-Berghausen mit der Schulung an einem DWR-Simulator begonnen werden (s. Kap. 8.1). Das Ziel des Simulatortrainings besteht darin, besser fundierte Reaktionen einzuüben, die bei sehr seltenen und schadensträchtigen Störfällen wirksam werden können. Der Mensch darf durch automatisierte Sicherheitssysteme nicht zur Hilflosigkeit erzogen werden, die sich schlimm auswirkt, wenn die Systeme versagen.

Nach dem Unfall im amerikanischen Kernkraftwerk TMI-2 im März 1979 (s. Kap. 4.7), dessen Ablauf von menschlichen Fehlhandlungen zunächst infolge unzulänglicher Anzeige des Systemzustands verursacht und begleitet worden war, wurde dem „menschlichen Faktor im Kernkraftwerksbetrieb" intensive internationale Beachtung zugewandt.[37] Man stellte fest, dass die wenigsten menschlichen Fehler während der Bedienung im Leistungsbetrieb, sondern in einem weiten Umfeld bei der Herstellung, Leitung, Wartung und Instandsetzung der Anlagen auftreten, wie auch in neueren probabilistischen Studien bestätigt wird.[38] Nicht die aktiven, vielmehr die

latenten Fehler, die in nicht durchschauten Zusammenhängen lange Zeit verdeckt sein können, verursachen die meisten und am schwierigsten zu beherrschenden Störfälle. (So war beispielsweise der komplexe Störfallablauf vom 25.7.2006 im schwedischen Kernkraftwerk Forsmark 1 von einem lange Zeit unentdeckt gebliebenen Verdrahtungsfehler in der 400-kV-Schaltanlage verursacht worden.[39])

Bei der Untersuchung der Vorgeschichte des TMI-2-Unfalls am Standort Harrisburg wurde entdeckt, dass bereits ein Jahr zuvor ein glimpflich verlaufenes Ereignis gleicher Ursache („Precursor") vorgekommen, aber unzureichend analysiert und ausgewertet worden war. Es wurde erkannt, dass Betriebserfahrungen möglichst weltweit erfasst, bewertet und genutzt werden sollten. Nach dem TMI-2-Geschehen baute die Kernenergieagentur der OECD, die Nuclear Energy Agency (NEA), ein internationales Meldesystem auf, das „Incident Reporting System" (NEA-IRS), das 1981 von den OECD-Ländern amtlich gebilligt wurde. 1983 übernahm die IAEA dieses Meldesystem für ihre Mitgliedsstaaten und betrieb es gemeinsam mit der NEA. 1995 wurde eine universale Datenbank eingerichtet und die IAEA übernahm die ganze Verantwortung für IAEA/NEA-IRS. Von den teilnehmenden Staaten wurden IRS-Koordinatoren ernannt, die darüber entscheiden, welche nationalen Vorkommnisse wegen ihrer sicherheitstechnischen Bedeutung in das IRS aufgenommen werden. In Deutschland nimmt die GRS mbH in Köln die Aufgaben des IRS-Koordinators wahr. Die IRS-Zielsetzung ist, die Häufigkeit und Schwere sicherheitstechnisch bedeutsamer Vorkommnisse weltweit zu vermindern. Besonderes Interesse gilt der Erfassung von „Vorläuferereignissen", um Schwachstellen frühzeitig erkennen und beseitigen zu können.[40,41]

[35] Birkhofer, A.: Grenzen der Sicherheit in der Technik, Der Maschinenschaden, 57, Heft 5, 1984, S. 150–158.

[36] Kondo, J.: The spirit of safety: oriental safety culture, Nuclear Engineering and Design, Vol. 165, 1996, S. 281–287.

[37] Whitfield, D.: Advances in human factors in nuclear power systems, Nuclear Energy, Vol. 26, No. 4, August 1987, S. 205–206.

[38] Richei, A.: Der menschliche Faktor im Kernkraftwerksbetrieb, atw, Jg. 41, Dezember 1996, S. 807–808.

[39] Schier, H.: Der Störfall vom 25. Juli 2006 im schwedischen Kernkraftwerk Forsmark 1, atw, Jg.51, Oktober 2006, S. 616–621.

[40] vgl. Kotthoff, K.: Generische Auswertung von Betriebserfahrungen, atw, Jg. 38, Dezember 1993, S. 837–840.

[41] Pamme, H.: Beeinflusst der Wettbewerb die Sicherheit?, atw, Jg. 45, Juli 2000, S. 448–452.

Nach der Tschernobyl-Katastrophe vom April 1986 baute auch die im Mai 1989 gegründete *World Association of Nuclear Operators* (WANO) ein weltweites Meldesystem auf, das zunächst 8, später 11 messbare Leistungsindikatoren umfasste, wie:
– der Blockarbeits-Faktor (Prozentsatz der maximal möglichen Jahresarbeit)
– der ungeplante Arbeitsverlust-Faktor (ungeplante Stillstandszeiten pro Jahr)
– der Faktor für jährliche ungeplante automatische Schnellabschaltungen
– die jährliche Kollektivdosis der Betriebsmannschaft
– die Verfügbarkeit der Sicherheitseinrichtungen bei Anforderung[42,43]

Über einfach messbare, zusammenfassende Anlagensicherheits-Indikatoren hinaus mussten die komplexen Wechselwirkungen zwischen technischen, menschlichen und organisatorischen Faktoren des Kernkraftwerks als Gesamtsystem („soziotechnisches System Kernkraftwerk") betrachtet werden. In den USA ließ die USNRC eine Reihe neuer Verfahren für die Überwachung, Nachweisführung und Selbstkontrolle der Betreiberunternehmen mit dem Ziel entwickeln, die Sicherheit und Zuverlässigkeit des Kernkraftwerksbetriebs an den Mensch-Maschine-Schnittstellen zu gewährleisten und weiter zu erhöhen.[44] Der Rogovin-Bericht über den TMI-2-Unfall hatte als wesentliche Unfallursache nicht die technischen Defizite, sondern die Management-Probleme herausgestellt (s. Kap. 4.7). Nach Tschernobyl wurden diese Verknüpfungen verstärkt untersucht.[45] Fragen der Arbeits- und Organisationspsychologie für die „soziotechnische "Ereignisentstehung waren von besonderer Bedeutung.[46,47] Neue Anforderungen an die ergonomische Gestaltung der Kontrollwarte und die den Reaktorfahrer unterstützenden Informationssysteme sowie die Erhöhung der Wartungs- und Bedienungsfreundlichkeit wurden erhoben. So sollte beispielsweise der sogenannte „Meldeschwall" vermieden werden, wie er beim TMI-2-Unfall mit einer Unzahl von Störmeldungen und Warnsignalen die Bedienungsmannschaft verwirrt und ratlos gemacht hatte. Der Nuclear Energy Agency (NEA) der OECD stand dafür im Rahmen des Halden Reaktorprojekts seit 1983 in Halden, Norwegen, ein Laboratorium für experimentelle Untersuchungen von Mensch-Maschine-Systemen zur Verfügung (Halden Man-Maschine Laboratory – HAMMLAB), das mit einem Druckwasserreaktor-Simulator voller Größe verbunden war.[48,49,50,51,52] Die

[42] vgl. Nuclear Energy Agency, Committee on the Safety of Nuclear Installations: Summary Report on the Use of Plant Safety Performance Indicators, NEA/CSNI/R(2001)11, S. 25–26.

[43] vgl. WANO: 2008 Performance Indicators, World Association of Nuclear Operators, London, 2009.

[44] Eine umfassende Übersicht bietet beispielsweise: Identification and Assessment of Organisational Factors Related to the Safety of NPPs, NEA/CSNI/R(99)21/VOL2, September 1999, S. 36–38.

[45] Pidgeon, N. und O'Leary, M.: Man-made disasters: why technology and organizations (sometimes) fail, Safety Science, Vol. 34, 2000, S. 15–30.

[46] Reason, J.: Menschliches Versagen, Psychologische Risikofaktoren und moderne Technologien, Heidelberg, Spektrum Akademischer Verlag, 1994.

[47] Fahlbruch, B., Miller, R. et al.: Human Factors und Ereignisanalyse, in: Wilpert, B. (Hg.): Beitrag der Psychologie zur Sicherheit von Einrichtungen hohen Gefährdungspotenzials, Forschungsbericht 96–4, Zentrum Mensch-Maschine-Systeme, TU Berlin, 1996, S. 15–21.

[48] Vitanza, C.: Overview of the OECD Halden Reactor Project, Proceedings of the Twenty-Sixth Water Reactor Safety Information Meeting, 26.-28. 10. 1998, Bethesda, Maryland, NUREG/CP-0166, Vol. 2, S. 190–194.

[49] Øwre, F.: Achievements and Further Plans for the OECD Halden Reactor Project, Man-Machine Systems Programme, Proceedings of the Twenty-Sixth Water Reactor Safety Information Meeting, 26.-28. 10. 1998, Bethesda, Maryland, NUREG/CP-0166, Vol. 2, S. 213–229.

[50] Braarud, Ø. et al.: Overview and Results from the Human Error Analysis Project, Proceedings of the Twenty-Sixth Water Reactor Safety Information Meeting, 26.-28. 10. 1998, Bethesda, Maryland, NUREG/CP-0166, Vol. 2, S. 231–243.

[51] Louka, M., Holmström, C. und Øwre, F.: Human Factors Engineering and Control Room Design Using a Virtual Reality Based Tool for Design and Testing, Proceedings of the Twenty-Sixth Water Reactor Safety Information Meeting, 26.-28. 10. 1998, Bethesda, Maryland, NUREG/CP-0166, Vol. 2, S. 267–301.

[52] Farbrot, J. E., Nihlwing, Ch. und Svengren, H.: Human-Machine Communication, atw, Jg. 50, Februar 2005, S. 96–101.

gewonnenen Erkenntnisse fanden Eingang in die Praxis.[53]

Der Bundesminister des Innern (BMI) veranlasste in den Jahren 1978–1984 Forschungsvorhaben zu den Mensch-Maschine-Schnittstellen:

– Ergonomische Gesichtspunkte der sicherheitsgerechten Wartengestaltung in Kernkraftwerken,[54]
– Untersuchung der Verbesserungsmöglichkeiten des Simulatortrainings von Betriebspersonal (DWR-Störfallbeherrschung),[55]
– Menschliches Fehlverhalten und Automation in Kernkraftwerken,[56]
– Verbesserung und Standardisierung der Kommunikationsformen des Wartenpersonals,[57]
– Begleitende Beratung zur VGB (Technische Vereinigung der Großkraftwerksbetreiber) -Studie zur Optimierung der Ausbildung des verantwortlichen Schichtpersonals in Kernkraftwerken, Teil I bzw. Teil II,[58]
– Optimierung der Ausbildung des verantwortlichen Schichtpersonals in Kernkraftwerken, Studie der Technischen Vereinigung der Großkraftwerksbetreiber (VGB),[59]
– Ergonomische Arbeitsplatzgestaltung,[60]
– Untersuchung der Organisationsstrukturen von Kernkraftwerken und ihres Zusammenwirkens mit übergeordneten Organisationsstrukturen,[61]
– GRS-Leistungen zu Einzelfragen der Qualifikation von KKW-Personal und Sachverständigen.[62]

Ende der 80er Jahre begann der Bundesumweltminister (BMU) ein weiteres Untersuchungsprogramm zu den Fragen Mensch-Maschine-Wechselwirkung aufzulegen, das ganz überwiegend von der Gesellschaft für Anlagen- und Reaktorsicherheit (GRS) mbH, Köln abgearbeitet wurde:

– Weiterentwicklung der Erfassung und Auswertung von meldepflichtigen Vorkommnissen und sonstigen registrierten Ereignissen beim Betrieb von Kernkraftwerken hinsichtlich menschlichem Fehlverhalten,[63,64]
– Technische Anforderungen an die Schnittstelle Mensch/Maschine beim Betrieb von Kernkraftwerken,[65,66,67,68]
– Technische, organisatorische und personenbezogene Anforderungen im Rahmen des anlageninternen Notfallschutzes bei Kernkraftwerken,[69,70]
– Nutzbarmachung neuer Informationstechnologien zur Verbesserung der Mensch-Maschi-

---

[53] Kruip, J.: Konsequenzen moderner Informationsdarbietung in der Kraftwerkswarte. Was hat sich in der Warte geändert?, atw, Jg. 52, März 2007, S. 161–167.

[54] GRS-F-92, Juni 1980, Vorhaben SR 158, Laufzeit 1. 6. 1978 bis 30. 6. 1980, TÜV Rheinland.

[55] GRS-F-101, März 1981, Vorhaben SR 234, Laufzeit 1. 2. 1980 bis 31. 12. 1980, Mokros.

[56] GRS-F-98, Dezember 1980, Vorhaben SR 246, Laufzeit 1. 8.1980 bis 31. 7. 1981, Universität Karlsruhe, Institut für Reaktortechnik.

[57] GRS-F-106, Juni 1981, Vorhaben SR 236, Laufzeit 1. 4. 1980 bis 31. 12. 1981, TÜV Rheinland und TÜV Bayern.

[58] GRS-F-113, März 1982, Vorhaben SR 280, Laufzeit 1. 1. 1981 bis 28. 2. 1982 bzw. GRS-F-140, Juni 1985, Laufzeit 15. 4. 1982 bis 31. 3. 1984, TÜV Rheinland.

[59] GRS-F-113, März 1982, Vorhaben SR 243, Laufzeit 1. 3. 1981 bis 31. 12. 1983, VGB.

[60] vgl. GRS-F-122, Juni 1983, Vorhaben SR 243 II, SR 236, SR 280, SR 285, SR 295 und GRS-F-131, März 1984, Vorhaben SR 287, SR 289, SR 311, SR 320.

[61] GRS-F-131, März 1984, Vorhaben SR 289, Laufzeit 1. 7. 1982 bis 31. 12. 1983, FRASER, Essen.

[62] GRS-F-140, Juni 1985, Vorhaben SR 311, Laufzeit 1. 4. 1983 bis 31. 12. 1984, GRS mbH, Köln.

[63] GRS-F-174, November 1989, Vorhaben SR 118, Laufzeit 1.6. 1988 bis 31. 12.1990.

[64] GRS-F-1991, 16. Jahresbericht über SR-Vorhaben 1991, Vorhaben SR 2026, Laufzeit 1. 1. 1991 bis 31. 12.1993.

[65] GRS-F-174, November 1989, Vorhaben SR 273, Laufzeit 1. 9. 1986 bis 31. 12.1988.

[66] GRS-F-182, November 1990, Vorhaben SR 430, Laufzeit 1. 4. 1988 bis 30. 6. 1989.

[67] GRS-F-190, August 1991, Vorhaben SR 452, Laufzeit 1. 1.1989 bis 31. 12.1990.

[68] GRS-F-1991, 16. Jahresbericht über SR-Vorhaben, Vorhaben SR 2039/7, Laufzeit 1. 11. 1991 bis 31. 10.1993.

[69] GRS-F-190, August 1991, Vorhaben SR 461, Laufzeit 1. 1.1989 bis 31. 12.1991.

[70] GRS-F-190, August 1991, Vorhaben SR 465, Laufzeit 1. 3. 1989 bis 31. 3. 1992.

ne-Schnittstelle insbesondere in Kernkraftwerken.[71,72]

Die Schwerpunkte der Sicherheitsbetrachtungen verschoben sich in den 70er und 80er Jahren von der technischen über die menschlichen zu den organisatorischen Sachverhalten. Die Strategien des Sicherheitsmanagements entwickelten sich zu einem umfassenden Dreiklang Mensch-Technik-Organisation (M-T-O).

Nach dem Tschernobyl-Unglück im April 1986 setzte der IAEA-Generaldirektor die neue Beratergruppe „International Nuclear Safety Advisory Group – INSAG" zur Untersuchung der Unglücksursachen und zur Erarbeitung neuer Sicherheitsempfehlungen ein. In die 14-köpfige INSAG wurde aus Deutschland Prof. Dr. Adolf Birkhofer berufen. INSAG konnte keine monokausale Erklärung für das Unfallgeschehen finden, sondern stellte in einer abschließenden Zusammenfassung einen generellen Mangel an „Sicherheitskultur" („nuclear safety culture") fest.[73] Neben technischen Defiziten kamen ungenügende Aufsicht, mangelhafte Informationsweitergabe, unzureichendes Training, unbedachtes Vorgehen und eklatante Fehlhandlungen des Personals zusammen und verstärkten sich bis zum irreversiblen Ablauf der Katastrophe. Es kam zu einem totalen Versagen der nuklearen Sicherheitsarchitektur Mensch-Technik-Organisation-Umfeld (MTOU) in Verbindung mit dem auslösenden Ereignis „Test der Notauslaufeigenschaften der Turbogeneratoren" und dem beitragenden Faktor „Überbrückung der Schutzeinrichtungen des Reaktors" zur Sicherstellung der Durchführung des Tests.

Unter diesem von INSAG eingeführten Sammelbegriff der Sicherheitskultur wurden alle sicherheitsrelevanten, nicht unmittelbar technischen Einflussfaktoren auf die umfassende Reaktorsicherheit verstanden. Im zusammenfassen-

den Bericht von 1986 publizierte INSAG einige grundsätzliche Stellungnahmen, die jedoch für die Sicherheitsdiskussion in der Bundesrepublik keine neuen Gesichtspunkte enthielten. Die INSAG sah in der Sicherheitskultur ein „fundamentales Sicherheitsprinzip" (INSAG-3-Bericht, 1988)[74] und brachte 1991 eine ausführliche Schrift zur Sicherheitskultur heraus. Dieser INSAG-4-Bericht behandelte einerseits die allgemeinen Elemente: Politische Rahmenbedingungen, Anforderungen an das Betriebsmanagement und Prinzip der Eigenverantwortlichkeit, zum andern befasste er sich mit den tatsächlichen Haltungen und Kennzeichen der Sicherheitskultur bei den Behörden, Betreibern, Herstellern und Forschungsinstituten. Er führte eine große Zahl von Indikatoren (Safety Culture Indicators) auf, anhand derer das Niveau der Sicherheitskultur der betroffenen Stellen beurteilt werden kann.[75]

Die INSAG-4-Broschüre enthielt folgende Definition: „Sicherheitskultur ist die Gesamtheit von Merkmalen und Einstellungen bei Organisationen und Individuen, die als oberste Priorität durchsetzt, dass Sicherheitsfragen von Kernkraftwerken die ihrer Bedeutung entsprechende Aufmerksamkeit erhalten."[76] Diese Definition wurde mit dem Hinweis kritisiert, dass Einstellungen und Handeln nicht hoch miteinander korreliert sein müssen und das sicherheitsgerichtete Verhalten selbst in der Definition betont werden müsse.[77] Das britische Advisory Committee on the Safety of Nuclear Installations (ACSNI) fügte deshalb der INSAG-Definition 1993 die Verhaltensmuster („patterns of behavior") hinzu.[78] Sicherheitskultur betrifft also insbesondere die

---

[71] GRS-F-190, August 1991, Vorhaben SR 473, Laufzeit 1. 1.1989 bis 31. 12.1991.

[72] GRS-F-2/1992, Vorhaben 150 0884, Laufzeit 1. 7. 1992 bis 30. 12.1992, TÜV Norddeutschland.

[73] International Nuclear Safety Advisory Group: Summary Report on the Post-Accident Review Meeting on the Chernobyl Accident, Safety Series No. 75-INSAG-1, IAEA, Wien, 1986, S. 76.

[74] International Nuclear Safety Advisory Group: Basic Safety Principles for Nuclear Power Plants, Safety Series No. 75-INSAG-3, IAEA, Wien, 1988, S. 10.

[75] International Nuclear Safety Advisory Group: Safety Culture, Safety Series No. 75-INSAG-4, IAEA, Wien, 1991, S. 22–30.

[76] ebenda, S. 4.

[77] AMPA Ku 17, Wilpert, B.: Historische und gegenwärtige Trends in der Behandlung von Human Factors, Beitrag zur RSK-Klausurtagung „Mensch, Technik, Organisation – Sicherheitskultur", 13.-14. 6. 1995, Anlage zum Ergebnisprotokoll 292. RSK-Sitzung.

[78] Fahlbruch, B. und Wilpert, B.: Die Bewertung der Sicherheitskultur, atw, Jg. 45, Nov. 2000, S. 685.

innere Haltung und Einsatzbereitschaft des gesamten Betriebspersonals eines Kernkraftwerks auf allen hierarchischen Ebenen. Dabei stehen die Grundeinstellungen sowie die ungeschriebenen Werte und sozialen Regeln im Zentrum. Die sichtbaren Ausprägungen der Sicherheitskultur an der Oberfläche umfassen die dokumentierten Regeln und die gelebte Praxis. Die Sicherheitskultur ist also nur zum Teil direkt sichtbar. Mängel in der Sicherheitskultur und nachlassende Sicherheitskultur sind durch ein funktionierendes Frühwarnsystem frühzeitig zu identifizieren, möglichst bevor besondere Vorkommnisse die Mängel und Schwächen in der Sicherheitskultur offenkundig werden lassen (vgl. Anhang 20).

Die IAEA publizierte im Mai 1994 mit Bezug auf den INSAG-4-Bericht (danach wiederholt fortgeschriebene) Leitlinien für die Selbsteinschätzung von Organisationen (Assessment of Safety Culture in Organisations Team – ASCOT-Guidelines[79] bzw. acht Jahre später Leitlinien für Self Assessment of Safety Culture in Nuclear Installations.[80])

Das INSAG-Konzept der Sicherheitskultur fand breite Zustimmung. Die Meinungen über die Bedeutung der einzelnen Indikatoren und Attribute gingen jedoch auseinander. Aus der amerikanischen Reaktor-Sicherheitskommission ACRS wurde auf das Paradoxon hingewiesen, dass Kultur Voraussetzung sicheren Betriebs, aber auch zugleich Nährboden für neue Gefahren sein könne. Es gebe keine statistisch signifikanten Hinweise auf eine eindeutig messbare Wechselbeziehung zwischen bestimmten Attributen der Sicherheitskultur und der Zuverlässigkeit und Verfügbarkeit der Anlagen über einen längeren Zeitraum betrachtet. Eine quantitative Bewertung der Sicherheitskultur sei unmöglich.[81] Aus der Europäischen Kommission wurde die Erwartung geäußert, dass es gelingen könne, Hauptin

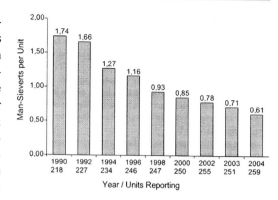

Abb. 8.4 Trend bei der kollektiven Strahlenbelastung in Kernkraftwerken mit DWR

dikatoren zu ermitteln, die Trends aufzeigen, zu Leistungsverbesserungen beitragen und vergleichende Untersuchungen ermöglichen können. Bei der Fortentwicklung der IAEA-Methoden müsse die Notwendigkeit der Personalmotivation durch gezieltes Sicherheitstraining stärker berücksichtigt werden. Auch sei die Bedeutung von unternehmerischen „Sub-Kulturen", klaren Kommunikationssträngen zu den Eigentümern und einer sachbezogenen, von gegenseitigem Vertrauen getragenen Zusammenarbeit mit den Aufsichtsbehörden zu betonen. Im Übrigen seien die IAEA-Leitlinien außerordentlich hilfreich, die Sicherheitskultur in Kernkraftwerken (und auch in Forschungsreaktoren) voranzubringen.[82]

Vonseiten der World Association of Nuclear Operators (WANO), London, wurde ein positiver Zusammenhang zwischen der nach Tschernobyl weltweit angestrebten Erhöhung der Sicherheitskultur insgesamt und den deutlichen Rückgängen der kollektiven Strahlenbelastung des Kernkraftwerkspersonals sowie der ungeplanten Reaktor-Schnellabschaltungen (s. Abb. 8.4 und 8.5) gesehen.[83] Es wurde dazu kritisch angemerkt, dass die von diesen messbaren Sachverhalten hergeleiteten Verbesserungen der Sicherheitskul-

[79] IAEA ASCOT Guidelines, IAEA-TECDOC-743, Wien, 1994.

[80] IAEA Self-Assessment of safety culture in nuclear installations, highlights and good practices, IAEA-TEC-DOC-1321, Wien, 2002.

[81] Sorensen, J. N.: Safety culture: a survey of the state-of-the-art, Reliability Engineering and System Safety, 76 (2002), S. 189–204.

[82] Mengolini, A. und Debarberis, L.: Safety culture enhancement through the implementation of IAEA guidelines, Reliability Engineering and System Safety, 92 (2007), S. 520–529.

[83] Mampaey, L.: Meeting the energy challenge for the environment: The role of safety, Nuclear Engineering and Design, Vol. 236, 2006, S. 1460–1463.

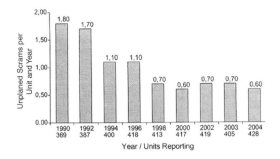

Abb. 8.5 Trend bei den ungeplanten Schnellabschaltungen pro 7.000 h Leistungsbetrieb

tur nach anfänglichen Erfolgen sich nicht mehr weiter fortgesetzt haben.

In der Bundesrepublik bestand die übereinstimmende Auffassung, dass von den Anforderungen einer hohen Sicherheitskultur nicht nur alle Aspekte des Kernkraftwerksbetriebs und des Brennstoffkreislaufs betroffen sind. Auch in der Öffentlichkeit und den politischen Parteien, bei der staatlichen Aufsicht, den Sachverständigen und der reaktorspezifischen Ausbildung müsse ein durchgängig sicherheitsgerichtetes Bewusstsein und Verhalten vorherrschen. Die technischen, personellen, organisatorischen und äußeren Voraussetzungen und Ursachen für das Tschernobyl-Unglück waren in der Bundesrepublik weit außerhalb eines denkbaren Unfallgeschehens. Gleichwohl wurde der neu eingeführte Begriff der Sicherheitskultur als ein umfassender Anspruch verstanden und geprüft, ob die dynamische Weiterentwicklung der Risikovorsorge möglich und angemessen ist.[84]

Im Zusammenwirken der Reaktorsicherheitskommission (RSK), der Betreiber und Behörden wurden Ende der 80er Jahre Maßnahmen des anlageninternen Notfallschutzes (vierte Sicherheitsebene) eingeführt und als Teil der nach dem Atomgesetz erforderlichen Schadensvorsorge verstanden (s. Kap. 6.2 und 4.8.4.2). Auch die in der Atomgesetznovelle von 1994 für Kernkraftwerksneubauten geforderte Vorsorge gegen Kernschmelzunfälle ohne erhebliche Umweltauswirkungen wurde als ein wesentlicher Fort-

schritt der nuklearen Sicherheitskultur begriffen. Auf der Betreiberebene wurde standortübergreifend die Auswertung der Betriebserfahrungen und der daraus resultierende Erfahrungsrückfluss organisiert. Dieses permanente Lernen aus Erfahrung schlug sich pro Anlage mit jährlich größenordnungsmäßig jeweils 100 Änderungsanträgen und 100 Änderungen unterhalb der Genehmigungsschwelle nieder.[85] Ähnliche Entwicklungen der Anlagen-Überprüfung fanden in den USA statt.[86]

Im Juni 1995 traf sich die RSK zu einer Klausursitzung im Kloster Seeon, dem Kultur- und Bildungszentrum des Bezirks Oberbayern, zum Thema „Mensch, Technik und Organisation – Sicherheitskultur" mit Vertretern der Aufsichtsbehörden, Wissenschaft, Sachverständigen-Organisationen und Betreiber von Kernkraftwerken, die zum Teil auch aus dem Ausland hinzukamen.[87]

Zu den bemerkenswerten Ergebnissen dieser Tagung gehörte u. a. die Darstellung zweier Problemfelder für die weitere Verbesserung der nuklearen Sicherheitskultur in Deutschland:

1. Die politische und gesellschaftliche Kontroverse über die Zukunft der Kernenergie werde in einigen Bundesländern in der Form des ausstiegsorientierten Gesetzesvollzugs ausgetragen, welche die Fortentwicklung von Sicherheitsgewährleistung und Risikovorsorge erheblich behindern oder sogar verhindern könne. Finanzielle und personelle Ressourcen würden ohne Nutzen für die Sicherheit fehlgeleitet werden.

2. Die Regelungsdichte durch Gesetze, Rechtsverordnungen, Verwaltungsvorschriften und das kerntechnische Regelwerk sowie die Kontrolldichte durch die staatliche Aufsicht seien im internationalen Vergleich sehr hoch und nehmen stetig zu. Hierdurch werde der Gestaltungsspielraum des Betreiberpersonals

---

[84] vgl.: Wilpert, B. und Itoigawa, N.: A culture of safety, Nuclear Engineering International, Mai 2002, S. 28–31.

[85] AMPA Ku 17, Ergebnisprotokoll 292. RSK-Sitzung, 13./14. 6. 1995, S. 7.

[86] Ostrom, L., Wilhelmsen, C. und Kaplan, B.: Assessing Safety Culture, Nuclear Safety, Vol. 34, No. 2, April-Juni 1993, S. 163–172.

[87] AMPA Ku 17, Ergebnisprotokoll mit zahlreichen Anlagen, 292. RSK-Sitzung, 13./14. 6. 1995.

zunehmend eingeschränkt und sein Verantwortungsbewusstsein vermindert. Es entstehe
eine Absicherungsmentalität und die Gefahr
der Verschiebung der Betreiberverantwortung
auf die Aufsichtsbehörden und deren Sachverständige.

Zu den negativen Auswirkungen der atomrechtlichen Vollzugspraxis in Ländern mit Koalitionsre-
gierungen aus SPD und Bündnis 90/Die Grünen
(Hessen in den Jahren 1984–1987, 1991–1995
und 1995–1999, Niedersachsen 1990–1994 und
später Schleswig-Holstein 1996–2005) nannte
Ministerialdirigent Hubert Steinkemper aus dem
BMU in seinem Beitrag der Aufsichtsbehörden
einige Beispiele:

– Gestellte Anträge für Sicherheitsverbesserungen würden von den zuständigen Behörden
  teilweise nur zögerlich bearbeitet. Andererseits würden Änderungsanträge für freiwillige
  Verbesserungen, die im üblichen Verfahren
  nur zustimmungspflichtig seien, mit dem
  gewaltigen Aufwand eines Genehmigungsverfahrens behandelt.
– Betreiberinitiativen unterblieben, weil Verfah-
  rens- und Kostenauswirkungen unüberschaubar geworden seien.
– Die Weiterentwicklung der rechtlichen Regelungen und des kerntechnischen Regelwerks
  komme mangels gemeinsamer Grundlagen
  nicht mehr wesentlich voran.
– Während im Ausland erste Prüfzyklen der
  periodischen Sicherheitsüberprüfung bereits
  abgewickelt seien, werde in Deutschland
  immer noch über inhaltliche Ausgestaltung,
  Bewertungskonzepte und verfahrensmäßige
  Einordnung gestritten.

Von Betreiberseite[88] kam die Forderung, aus
einem „wuchernden Dickicht" von Gesetzen,
Regeln, Richtlinien, Verfahren usw. ein völlig
neues Regelwerk mit europäischer Standardisierung zu schaffen, das Freiräume für die schöp-
ferische Entwicklung der Sicherheitskultur biete.

In Deutschland hätten unabhängige Sachverständige der staatlichen Aufsicht Kontrollaufgaben
übernommen, die im Ausland selbstverständlich
von der Eigenüberwachung der Betreiber wahrgenommen würden. Sicherheitskultur müsse
analog zur Unternehmenskultur gesehen werden,
von der die Lern-, Veränderungs- und Entwicklungsfähigkeit eines Unternehmens abhänge.[89]
Die Tendenz in modernen Organisationsformen
gehe zu mehr individuellem Gestaltungsspielraum.

Am Ende der RSK-Tagung in Seeon wurde
zur Institutionalisierung des Arbeitsgebiets die
Einrichtung einer RSK-Arbeitsgruppe (AG) mit
der Bezeichnung „Mensch, Technik, Organisation (MTO)" angeregt, die am 21.6.1995 eingesetzt wurde. Die RSK-AG MTO erarbeitete die
„RSK-Denkschrift zur Sicherheitskultur in der
Kerntechnik", die im April 1997 verabschiedet
wurde.[90] Darin wurden die sicherheitsgerichtete
Selbstverpflichtung und die vertrauensvolle Zusammenarbeit aller wichtigen Organisationen besonders betont:

– der Betreiber kerntechnischer Anlagen,
– der Aufsichtsbehörden und
– der Forschungs-, Gutachter- und Herstelleror-
  ganisationen.

Die RSK-Denkschrift stellte fest, dass sich der
gesellschaftliche Diskurs um die zukünftige
Rolle der Kerntechnik auf eine emotionale Ebene
verlagert habe. Mehrere Landesregierungen hatten die Abschaltung der Kernkraftwerke in ihrem
Bundesland zur politischen Zielsetzung erklärt
und den „ausstiegsorientierten Vollzug" eingeführt. Die RSK-Denkschrift sah dadurch die
Aufrechterhaltung und Weiterentwicklung kerntechnischer Sicherheitskultur in Deutschland
ernsthaft bedroht. Die Unterordnung der atomrechtlichen Aufsicht unter parteipolitische Zielvorgaben stelle die fachliche Unabhängigkeit der
Aufsichts- und Genehmigungsbehörden in Frage.
Unberechenbarkeit, Vertrauensverlust und Misstrauen seien die Folge.

---

[88] AMPA Ku 17, Ergebnisprotokoll 292. RSK-Sitzung,
13./14. 6. 1995, Anlagen, Beiträge von Dipl.-Ing. W. Hartel, RSK-Mitglied und Vorstandsmitglied HEW (Hamburgische Electricitäts-Werke) und Dr. H. Fuchs, Leiter
Thermische Anlagen der schweizerischen Aare-Tessin
AG, Olten und Geschäftsleiter KKW Gösgen-Däniken.

[89] vgl. Schein, E. H.: Unternehmenskultur, Campus-Verlag, Frankfurt/New York, 1995.

[90] AMPA Ku 18, Ergebnisprotokoll 309. RSK-Sitzung,
23. 4. 1997, Anlage 1.

Weiter zunehmende Überregulierung und überzogene Aufsichtstiefe – so die Denkschrift – verschiebe ungerechtfertigterweise die Verantwortung für die Anlagensicherheit, die bei den Betreibern liege, zu den Aufsichtsbehörden. Man beobachte die Tendenz, alle Tätigkeiten zwar in ein formal lückenlos nachvollziehbares Verfahren zu bringen, aber deren sicherheitstechnische Bedeutung geringer zu achten. Ein nur noch „checklistenmäßiges Abhaken" von behördlichen Auflagen durch den Betreiber pervertiere Sicherheitskultur in ihr Gegenteil – in eine Absicherungskultur. Die Eigeninitiative der Betreiber verkümmere. Durch die Vielfalt unterschiedlicher gutachterlicher Stellungnahmen gehe eine ganzheitliche Betrachtung und Bewertung der Anlagensicherheit verloren.

Die RSK-Denkschrift forderte entschieden die Rückkehr zu einem Konsens in der Aufsichtsphilosophie, Aufsichtspraxis und im Betreiben kerntechnischer Anlagen. Sie empfahl die Überprüfung des bestehenden kerntechnischen Regelwerks und dessen Zurückführung auf die zentralen sicherheitsrelevanten Kernpunkte. Leitlinien für eine vereinheitlichte Aufsichtspraxis sollten entwickelt werden. Die Einberufung einer internationalen Kommission zur kritischen Bewertung der Aufsichts- und Genehmigungspraxis wurde empfohlen. Die RSK appellierte an alle Beteiligten, durch verantwortungsbewusstes Handeln zu einer Stabilisierung der Sicherheitskultur in der deutschen Kerntechnik beizutragen. Im Vordergrund müsse wieder einzig und allein das Streben nach höchstmöglicher Sicherheit stehen.

Nach dem Regierungswechsel im Herbst 1998 wechselte der neue Bundesumweltminister Jürgen Trittin (Grüne) die RSK-Mitglieder nahezu vollständig aus und berief überwiegend „kritisch eingestellte" Mitglieder. Die Empfehlungen der RSK-Denkschrift von 1997 wurden nicht mehr aufgegriffen. Fragen der Sicherheitskultur wurden zur spezifischen Länderangelegenheit und zur entscheidenden Aufgabe der Betreiberunternehmen. Eine zur RSK alternative, im Oktober 1999 gegründete „Internationale Länderkommission Kerntechnik" (ILK) der Länder Baden-Württemberg, Bayern und Hessen unterstützte die sicherheitsgerichtete Arbeit der Aufsichtsbehörden und Betreiber mit ihrem wissenschaftlichen Sachverstand.

Die Förderung und Erhaltung der betrieblichen Sicherheitskultur ist in erster Linie die Aufgabe der Betreiber. Ein dauerhaftes hohes Sicherheitsniveau setzt den wirtschaftlichen Erfolg des Kernkraftwerks voraus. Ein von behördlichen Auflagen unabhängiges Interesse der Betreiber an einer hohen Sicherheitskultur besteht jedenfalls so lange, wie sie hohe Anlagenverfügbarkeit und kurze Stillstandszeiten zur Folge hat, also die Wirtschaftlichkeit erhöht. Es ist in Deutschland Konsens, dass Sicherheit und Wirtschaftlichkeit keine Gegensätze sind: Ein dauerhaft hohes Sicherheitsniveau auf der Grundlage einer hohen Sicherheitskultur sichert die Wirtschaftlichkeit des Kernkraftwerks.

Im Interesse des Betreibers wie der Öffentlichkeit war die optimale Nutzung von Betriebserfahrungen, die einen außerordentlichen Stellenwert für die Sicherheitskultur hat und eine der wichtigsten Quellen für Sicherheitserkenntnisse ist. Die Betriebsgenehmigungen der frühen Leistungsreaktoren enthielten die Auflage, die vom normalen Betrieb abweichenden Vorgänge, „besondere Vorkommnisse", der zuständigen Landesaufsichtsbehörde zu melden. Seit 1975 wurden diese Ereignisse über die Aufsichtsbehörden nach bundeseinheitlichen Meldekriterien von der GRS mbH in Köln zentral gesammelt und ausgewertet. Der Rückfluss der Erfahrungen erlaubte es, Mängel zu erkennen und zu beseitigen sowie die Wiederholung von Fehlern auch in anderen Anlagen zu vermeiden und die gewonnenen Erkenntnisse in die Auslegung neuer Anlagen einzubringen. Ein jährlicher Bericht mit der Zusammenstellung von besonderen Vorkommnissen wurde dem zuständigen Innen- bzw. Umweltausschuss des Deutschen Bundestags zugeleitet.[91] Die besonderen Vorkommnisse wurden nach Kategorien aufgeschlüsselt, die sich

---

[91] vgl. BMI Gesch. Z.: RS I 5–514 009/10 vom 22. 5. 1979, Der Bundesminister des Innern: Übersendungsschreiben an den Vorsitzenden des Innenausschusses: „Übersicht über besondere Vorkommnisse in Kernkraftwerken der Bundesrepublik Deutschland in den Jahren 1977 und 1978".

an der gebotenen Dringlichkeit behördenseitiger Veranlassungen orientierten. Die Bezeichnungen dieser Meldekategorien änderten sich 1985: zuvor A dann S – Sofortmeldung (unverzüglich), B/E – Eilmeldung (innerhalb von 24 h), C/N – Normalmeldung (innerhalb von 5 Tagen) und V – Vor Beladung (innerhalb von 10 Tagen).[92] Auf der Grundlage der Verordnungsermächtigungen der Atomgesetznovellen von 1985[93] und 1989[94] wurde das Meldeverfahren mit der „Verordnung über den kerntechnischen Sicherheitsbeauftragten und über die Meldung von Störfällen und sonstigen Ereignissen" (AtSMV)[95] vom 14.10.1992 verrechtlicht und präzisiert. Die AtSMV führt für Leichtwasserreaktor-Kernkraftwerke annähernd 50 Meldekriterien für „meldepflichtige Ereignisse" auf, die den Kategorien S, E, N, V zugeordnet sind. Die Meldekriterien gehen nicht auf technische Details ein. Neben diesen behördlichen Meldekategorien werden die meldepflichtigen Ereignisse seit dem 1.1.1991 auch nach der siebenstufigen Bewertungsskala der IAEA „International Nuclear Event Scale" (INES) eingestuft (s. Kap. 6.2). Im Jahrzehnt von 1983 bis 1992 traten insgesamt 2.449 meldepflichtige Ereignisse auf, von denen zwei Drittel bei Instandhaltungsmaßnahmen in Form von Mängeln aufgedeckt wurden.[96] Die Zahl der meldepflichtigen Ereignisse war in den 90er Jahren rückläufig (1991: 243, 1995: 152; 2000: 94, danach ca. 130–150 pro Jahr). Ungefähr 97 % aller bisher gemeldeten Ereignisse waren unterhalb der INES-Bewertungsskala einzuordnen (INES-0: keine oder sehr geringe sicherheitstechnische Bedeutung); der Rest war in die Kategorie INES-1 (Störung: Abweichung von den zulässigen Bereichen für den sicheren Betrieb der Anlage) einzustufen. Seit Einführung der INES-Bewertungsskala sind in Deutschland bisher drei Ereignisse

der Stufe 2 Störfall) zuzuordnen, nämlich ein Ereignis 1998 im Kernkraftwerk Unterweser[97] sowie zwei Ereignisse im Jahr 2001 im Kernkraftwerk Philippsburg KKP-2.[98] Die gleichzeitig aufgetretenen Abweichungen im KKP-2 von den Sollwerten für die Borkonzentration sowie für den Füllstand in Flutbehältern des Not- und Nachkühlsystems waren zwei unabhängige Ereignisse (s. Anhang 19). Vor Einführung der INES-Skala waren in Deutschland mehrere Ereignisse aufgetreten, die bei nachträglicher Bewertung der INES-Stufe 2 oder höher hätten zugeordnet werden müssen, beispielsweise das Abheben der Brennelement-Belademaschine vom Reaktordruckbehälter des MZFR im Jahr 1967 oder das Bersten des mit dem Primärkreis verbundenen Entwässerungsbehälters innerhalb des Reaktorsicherheitsbehälters im Kernkraftwerk Obrigheim KWO im Jahr 1972.[99]

Die Auswertung der national und international (IRS- und WANO-Meldesysteme) gemeldeten Ereignisse muss anlagenbezogen mit hoher Sachkenntnis erfolgen. Auf Empfehlung der Betriebsleiter der deutschen Kernkraftwerke wurde im Jahr 1984 zusätzlich zum behördlichen nuklearen Meldewesen die ZMA, Zentrale Melde- und Auswertestelle des VGB (Technische Vereinigung der Großkraftwerksbetreiber e. V.) speziell für Siemens/KWU-Anlagen eingerichtet. Alle Betreiber deutscher sowie der ausländischen Siemens/KWU-Kernkraftwerke sind ZMA-Mitgliedsunternehmen. Alle – auch von den behördlichen Meldekriterien nicht erfassten – betrieblichen Vorkommnisse werden an die ZMA gemeldet, die sicherheitstechnisch bedeutsam, für die Anlagenverfügbarkeit belangvoll oder für die Öffentlichkeit interessant sind. Die ZMA prüft unter Einbeziehung der Hersteller Siemens/KWU bzw. AREVA NP möglichst rationell und rational alle in Deutschland und international aufkommenden

---

[92] vgl. „Besondere Vorkommnisse" in den Kernkraftwerken der BR Deutschland 1985, atw, Jg. 31, Dezember 1986, S. 619–625.

[93] BGBl Teil I, Jahrgang 1985, S. 1566–1583.

[94] BGBl Teil I, Jahrgang 1989, S. 1830 f.

[95] BGBl Teil I, Jahrgang 1992, S. 1766–1768.

[96] Meldepflichtige Ereignisse in deutschen Kernkraftwerken 1992, atw, Jg. 38, November 1993, S. 778–781.

[97] KKU Unterweser, 1998: Nichtverfügbarkeit einer Frischdampf-Sicherheitsarmaturen-Station bei Anforderung.

[98] s. Anhang 19.

[99] AMPA Ku 173, Persönliche schriftliche Mitteilung des ehemaligen, für die Kernenergieaufsicht in der baden-württembergischen Landesregierung zuständigen Ministerialdirigenten Dr. Dietmar Keil vom 17. 7. 2010.

Meldungen und lässt besonders relevante Ereignisse in den VGB-Arbeitskreisen „DWR" und „SWR" für Druck- und Siedewasserreaktoren bearbeiten. Die ZMA ist auch die Verbindungsstelle zur internationalen Betreiberorganisation WANO.[100,101]

Neben dem Rückfluss betrieblicher Erfahrungen und deren konsequenter Verwertung ist die objektive Sicherheitsüberprüfung und -bewertung von kerntechnischen Anlagen ein höchst empfehlenswertes Instrument zur Verbesserung der Sicherheitskultur. Im Jahr 1982 fügte die IAEA in Wien – noch unter dem Eindruck des TMI-2-Geschehens – ihrem Dienstleistungsprogramm die OSART (Operational Safety Review Team) -Mission hinzu. Die OSART-Missionen dienen dem Zweck, an einem Standort die Betriebssicherheit eines Kernkraftwerks objektiv im Vergleich mit den IAEA-Sicherheitsstandards, dem besten internationalen Leistungsstand und der besten internationalen Praxis („best practice") zu durchleuchten und zu bewerten. Bewertungsschwerpunkte sind u. a. Management und Organisation, Ausbildung und Qualifikation des Personals, Betrieb und Instandhaltung, Rückfluss von Betriebserfahrung, Strahlenschutz, Notfallplanung, Sicherheitskultur. Die Prüfergebnisse werden mit konkreten Verbesserungsvorschlägen und Empfehlungen schriftlich niedergelegt. Spätestens drei Monate nach Abschluss einer OSART-Mission werden die Berichte von der IAEA publiziert und bei einem Nachprüftermin erneut erörtert. Das etwa 115-köpfige Team besteht zu zwei Dritteln aus erfahrenen Führungskräften aus ausländischen Kernkraftwerken. Dazu kommen Experten der IAEA. Die beteiligten Experten des überprüften Kernkraftwerks haben die Funktion der „Counterparts", die die OSART-Experten mit allen gewünschten Informationen versorgen und gehören selbst nicht dem OSART-Team an. OSART-Missionen gelten als die intensivste und transparenteste Form der Untersuchung der betrieblichen Sicherheit.[102]

Die OSART-Missionen der IAEA können nur von den Regierungen der UNO-Mitgliedsstaaten angefordert werden. Auf Wunsch der Betreiberunternehmen sind die nationalen Regierungen gewöhnlich bereit, die entsprechenden Anträge bei der IAEA zu stellen. So hat das Energieversorgungsunternehmen EnBW im Jahr 2004 den Standort Philippsburg (der durch den Störfall 2001 diskreditiert worden war) und 2007 den Standort Neckarwestheim von OSART-Missionen jeweils ca. drei Wochen lang untersuchen und bewerten lassen. Die an beiden Standorten überprüften Kernkraftwerke wurden nach internationalen IAEA-Standards als sehr gute Anlagen mit starken Merkmalen der Sicherheitskultur beurteilt. Das Ergebnis Neckarwestheim wurde als eines der besten in der 25 jährigen OSART-Geschichte bezeichnet, in der 144 Missionen stattgefunden hatten.[103]

Nach der Reaktorkatastrophe von Tschernobyl erteilte der Bundesumweltminister (BMU) im August 1986 den Auftrag, unter Einbeziehung der RSK und der Länderbehörden alle Kernkraftwerke in der Bundesrepublik einer Sicherheitsüberprüfung zu unterziehen, die alle 10 Jahre zu wiederholen ist (s. Kap. 4.8.4.2). Für die Durchführung dieser periodischen Sicherheitsüberprüfungen gab der BMU 1997 bundeseinheitliche Leitfäden vor, die teilweise durch interne Richtlinien der Länder ergänzt wurden.[104]

Der Weltverband der Kernkraftwerksbetreiber WANO bietet in seinem Dienstleistungsprogramm nach einer Erprobungsphase offiziell seit 1993 „Peer Reviews" (Experteninspektionen – Peer bedeutet „gleichgestellter Späher") für Kernkraftwerke seiner Mitglieder an. Der Gedanke ist, dass Operateure ohne Außenkontak-

---

[100] Staudt, U.: Die Zentrale Melde- und Auswertestelle des VGB – ein Instrument des Informations- und Erfahrungsaustauschs, atw, Jg. 52, Februar 2007, S. 77–79.

[101] Raetzke, Chr., Micklinghoff, M. und Pamme, H.: Erfahrungsrückfluss als Beitrag zur Sicherheit – eine Aufgabe der Betreiber, atw, Jg. 52, April 2007, S. 270–272.

[102] Lipár, M.: Status and Trends in IAEA Safety Standards, atw, Jg. 49, März 2004, S. 172–176.

[103] Bassing, G. und Willing, C.: OSART-Missionen der IAEO als Teil des proaktiven Managements betrieblicher Sicherheit – Erfahrungen der EnBW aus den Missionen in Philippsburg und Neckarwestheim, atw, Jg. 53, Mai 2008, S. 302–308.

[104] vgl. Glaser, H. und Scharlaug, F. H.: Durchführung und Bewertung von Sicherheitsüberprüfungen in Schleswig-Holstein, atw, Jg. 53, Mai 2008, S. 337–341.

te blind für die betrieblichen Schwächen ihrer Anlage werden, weshalb jedes Kernkraftwerk von Zeit zu Zeit unabhängige Sachverständige zu Gast haben sollte. WANO-Peer-Reviews werden auf freiwilliger Grundlage und auf Anforderung durch die Betreiber beim zuständigen WANO-Regionalbüro (Atlanta, Paris, Moskau und Tokio) durchgeführt. Ihre Zielsetzung ist, die Betriebspraxis eines Kernkraftwerks durch ein internationales, unabhängiges, etwa 20-köpfiges Expertenteam ohne Beteiligung von Behörden sozusagen „unter Kollegen" einer objektiven, an besten internationalen Standards ausgerichteten Sicherheitsüberprüfung zu unterziehen. Dabei werden in bestimmten Arbeitsfeldern wie Organisation, Betrieb, Instandhaltung, Personalqualifikation, Strahlenschutz, Brandschutz u. a. Schwachstellen aufgezeigt und Verbesserungsvorschläge gemacht, aber auch bemerkenswert hohe Leistungsfähigkeiten festgehalten, die für andere Standorte vorteilhaft sein können.

Die WANO-Überprüfung dauert etwa vier Wochen, davon etwa zwei Wochen im Kernkraftwerk selbst, und soll in einer aufgeschlossenen, von gegenseitigem Vertrauen geprägten Atmosphäre ohne Schuldzuweisungen stattfinden. Den jeweils zuständigen Mitarbeitern des untersuchten Kernkraftwerks entsprechen „Peers", die in ähnlicher Funktion reiche Erfahrung in anderen Kernkraftwerken im Inland oder in Ländern weltweit haben sammeln können. Die Weltvereinigung WANO erwartet, dass sich Experten aus allen Anlagen ihrer Mitglieder für Peer Reviews zur Verfügung stellen.

Die ohne Beschönigungen deutlich dokumentierten Ergebnisse eines Peer Reviews sind wegen der Sensibilität der Informationen strikt vertraulich. Durch einen offenen und kollegialen Erfahrungsaustausch „auf gleicher Augenhöhe" profitiert die Sicherheitskultur der überprüften Anlage vom Erfahrungsschatz des WANO-Teams. Auch die Mitglieder des Teams können dabei ihre Kenntnisse und Erfahrungen erweitern. In Nachuntersuchungen soll die Umsetzung der Empfehlungen erörtert und überprüft werden. Wegen der besonderen Sensibilität der Informationen und Ergebnisse der WANO-Peer-Reviews stehen diese weder den Aufsichtsbehörden, noch

den zugezogenen Sachverständigen zur Verfügung. Die Umsetzung der Überprüfungsergebnisse erfolgt also vollständig in Eigenverantwortung des Betreibers ohne staatliche Kontrolle. Die Aufsichtsbehörden müssen sich deshalb mit anderen Instrumenten von der Betriebssicherheit des Kernkraftwerks und der Sicherheitskultur des Betreibers überzeugen.

WANO verfolgt das Ziel, jedes Kernkraftwerk mindestens einmal im Laufe von sechs Jahren einem Peer Review zu unterziehen. Mit einem „vorbetrieblichen Peer Review", der etwa sechs bis acht Monate vor dem ersten Anfahren einer neuen Anlage durchgeführt wird, kann auch die Inbetriebsetzungsphase sehr hilfreich vorbereitet werden. Weltweit sind alle Betreiber von kommerziellen Kernkraftwerken Mitglied der WANO. Ende 2009 hatte WANO in jeder der über 440 betriebenen Kernkraftwerkseinheiten mindestens einen Peer Review durchgeführt.

Auf deutscher Seite ist der VGB (seit 2001 VGB PowerTech e. V.) die zentrale Verbindungsstelle der deutschen Kernkraftwerksbetreiber zu WANO und nimmt die Funktion als WANO-Interface-Organisation und die Aufgaben des Network-Coordinators im Nuclear Network von WANO wahr.[105] Die deutschen Betreiber leiteten im Jahr 1998 neben und in Ergänzung der externen Beurteilungen ihrer Anlagen durch IAEA, WANO und Aufsichtsbehörden ein internes Selbstbeurteilungsprogramm in die Wege. Unter dem Eindruck einer überschäumenden medialen Berichterstattung über kontaminierte Transportbehälter und den ersten Störfall in einem deutschen Kernkraftwerk, der wegen menschlichen Versagens der INES-Stufe 2 zugeordnet werden musste, hielten es die Energieversorgungs-Unternehmen für angezeigt, die Betriebsführungsstandards zwischen den Anlagen auf Defizite zu untersuchen und auf möglichst hohem Niveau zu vereinheitlichen.[106] Die IAEA hatte bereits in

---

[105] Theis, K. A.: Welcoming Remarks zur GRS-Konferenz: Improving Nuclear Safety through Operating Experience Feedback – present Challenges and Future Solutions, 29.-31. 5. 2006, Köln.

[106] Grauf, E.: „Nationale Peer Reviews" – Selbstbeurteilungsprogramm der deutschen Kernkraftwerke, atw, Jg. 45, Februar 2000, S. 82–85.

Abb. 8.6 Stufen der Be-
urteilungsprozesse

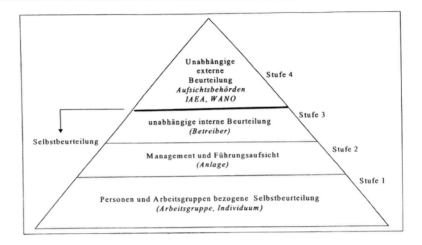

ihrem INSAG-4-Bericht angeregt, das betriebliche Sicherheitsmanagement als Teil der Sicherheitskultur durch Selbstbeurteilungs-Prozesse
zu überprüfen und zu verbessern.[107] Im Rahmen des VGB-Fachausschusses „Kerntechnik"
wurde Ende 1998 ein Konzept „Nationale Peer
Reviews" entworfen. Im Jahr 1999 veröffentlichte die IAEA Grundsätze und Ziele für Selbst-
beurteilungsprogramme in einem technischen
Dokument. Danach werden drei Selbstbeurtei-
lungsstufen unterschieden (Abb. 8.6). Im Anhang
dieses Dokuments sind acht Staaten aufgeführt,
wie Großbritannien, Frankreich, USA und Japan,
die ein Selbstbeurteilungsverfahren schon eingeführt hatten.[108]

Das deutsche Konzept wurde im Gegensatz
zu den OSART- und WANO-Reviews nicht auf
das Gesamtsystem, sondern auf Teilreviews angelegt. Sein Programm ist nach neun Themenfeldern aufgegliedert, wie beispielsweise Thema
1: Schichtorganisation/Schichtübergabe/Schicht-
anweisung/Schlüsselwesen; Thema 2: Auftrags-/
Freischaltwesen, Stör-/Mängelwesen, Arbeitssi-
cherheits- und Strahlenschutzmaßnahmen oder
Thema neun: Planung und Durchführung von
Änderungen. Alle deutschen Anlagen wurden
in das Nationale-Peer-Review-Programm einge-

bunden und die Standorte in Gruppen aufgeteilt.
Die Teams bestanden aus qualifizierten „Peers"
mit langjähriger Erfahrung in den spezifischen
Überprüfungs-Gebieten. Die ersten deutschen
Peer Reviews wurden 1999/2000 durchgeführt
und erwiesen sich als lehr- und hilfreiche Quellen
des Erfahrungsrückflusses. Zur Objektivierung
der Selbstbewertung der Sicherheitskultur wurden indikatorgestützte Sicherheitsmanagement-
Systeme nach dem VGB-Konzept „Sicherheits-
kultur-Bewertungs-System", den Vorgaben aus
den KTA-Basisregeln und weiteren Empfehlungen der IAEA fortentwickelt.[109]

Die Internationale Länderkommission Kerntechnik (ILK) befasste sich von Beginn ihrer
Tätigkeit im Jahr 1999 an intensiv mit dem
Thema Früherkennung nachlassender Sicherheit
im Kernkraftwerk anhand von Verhaltensindi-
katoren (sog. „early warning flags"). Etwa ein
Drittel aller meldepflichtigen Ereignisse werde
direkt oder zumindest teilweise durch menschliches Verhalten verursacht. Sie sah in der umfassenden Selbstbewertung eine Schlüsselrolle bei
der Überwachung der Sicherheitskultur in einer
Anlage. Die problembezogenen Kleingruppen-
diskussionen mit themenspezifisch festgelegten
Teilnehmern wurden als geeignete Form angesehen, um das Aufdecken und Verändern kritischer
Sachverhalte zu ermöglichen. Die ILK schätzte

---

[107] IAEA Safety Series No. 75-INSAG-4, Safety Culture,
IAEA, Wien, 1991, S. 12.

[108] IAEA TECDOC-1125: Self-assessment of operational
safety for nuclear power plants, IAEA, Wien, Dezember
1999, vgl. S. 6 und S. 25–132.

[109] Brockmeier, U.: Safety First – Sicherheitsstandards
und Sicherheitsmanagement in Deutschland, atw, Jg. 48,
März 2003, S. 168–170.

die Bedeutung und Nützlichkeit von Prozessen zur Verbesserung der Sicherheitskultur trotz möglicherweise verbleibender Grenzen aufgrund der menschlichen Eigenschaften als sehr hoch ein. Auch sei die Selbstbewertung eines der nützlichsten Hilfsmittel zur Verbesserung eines gesunden Selbstbewusstseins der Organisation.[110,111]

Die hohe Zeitverfügbarkeit deutscher Kernkraftwerke und die leicht fallende Tendenz der meldepflichtigen Ereignisse und der Kollektivdosis des Personals auf bereits niedrigem Niveau waren zum großen Teil auf freiwillige Maßnahmen der Betreiber zurückzuführen:

- umfangreiche sicherheitstechnisch relevante Nachrüstungen,
- weitere Erhöhung der Qualitätssicherung,
- konsequente Umsetzung hoher Anforderungen an die Sicherheitskultur und
- periodische Sicherheitsüberprüfungen einschließlich probabilistischer Analysen.

Mit dem Gesetz zur Neuregelung des Energiewirtschaftsrechts vom 24. April 1998[112] wurde in Umsetzung einer EU-Richtlinie der deutsche Elektrizitätsmarkt liberalisiert. Die Kundenbindung an den örtlichen Versorger wurde aufgelöst. Der an Strombörsen sich ergebende Marktpreis bestimmte den Kraftwerkseinsatz. Die Energieversorgungsunternehmen sahen sich im Wettbewerb vor die Aufgabe gestellt, die spezifischen Stromerzeugungskosten zu minimieren. Vonseiten der Unternehmen wurde entschieden die Unterstellung zurückgewiesen, sie beabsichtigten, Sicherheitskosten beim Betrieb ihrer Kernkraftwerke einzusparen. Zugleich machten sie jedoch deutlich, dass Kosten/Nutzen-Abwägungen nach dem Verhältnismäßigkeitsgrundsatz des

§ 7 AtG stärker als bisher erforderlich seien.[113] Tatsächlich gab es Hinweise auf negative Trends, wie beträchtlicher Personalabbau und Versuche, die sicherheitstechnische Nachweisführung der Behörde und deren Sachverständigen zu überlassen. Die Aufsichtsbehörde musste sich der neuen Lage zuwenden und sich mit der aufsichtlichen Bewertung der betrieblichen Sicherheitskultur verstärkt befassen.

Die staatlichen Regulierungsbehörden der Europäischen Union hattens ich 1999 mit der Gründung der *Western European Nuclear Regulators Association* (WENRA) zur Aufgabe gemacht, konkrete Grundlagen für die einheitliche Bewertung der Sicherheitsniveaus von mittel- und osteuropäischen Kernkraftwerken der Beitrittsländer zu schaffen. Darüber hinaus sollten auf der Ebene der EU die nuklearen Sicherheitsstandards harmonisiert werden.[114] In diesem Rahmen wurden für die Beurteilung des Sicherheitsniveaus Prüfgebiete festgelegt und Sicherheitsindikatoren sowie Referenzanforderungen an die Sicherheit von Leichtwasserreaktor-Kernkraftwerken vorgeschlagen.[115] Auf der Grundlage der von IAEA, WENRA und VGB empfohlenen Sicherheitsindikatoren für das betriebliche Sicherheitsmanagement hatten die Aufsichtsbehörden ihre Auswahl zur Erfassung der Sicherheitskultur in einem bestimmten Kernkraftwerk zu treffen.[116]

Die baden-württembergische Aufsichtsbehörde beispielsweise achtete zunächst streng darauf, dass sich die Aufgaben und Verantwortlichkeiten zwischen Betreibern und Behörde nicht vermischten oder verschoben. Auch im liberalisierten Strommarkt unter harten Wettbewerbsbedingungen konnte sie nicht bereit sein, den Unter-

---

[110] Internationale Länderkommission Kerntechnik: ILK-Stellungnahme: Praxis des Sicherheitsmanagements in den Kernkraftwerken in Deutschland, atw, Jg. 47, Oktober 2002, S. 631.

[111] Internationale Länderkommission Kerntechnik: ILK-Stellungnahme zum Umgang der Aufsichtsbehörde mit den von den Betreibern durchgeführten Selbstbewertungen der Sicherheitskultur, ILK-19D, Januar 2005, S. 6–10.

[112] Gesetz zur Neuregelung des Energiewirtschaftsrechts, BGBl. I 1998, Nr. 23, S. 730–736.

[113] Pamme, H.: Beeinflusst der Wettbewerb die Sicherheit?, atw, Jg. 45, Juli 2000, S. 448–452.

[114] Herttrich, M.: „WENRA" Ansätze zur Harmonisierung und Weiterentwicklung der Reaktorsicherheit in Europa, atw, Jg. 51, Dezember 2006, S. 803–807.

[115] Seidel, E. R. und Straub, G.: Indikatoren für die Bewertung des Sicherheitsniveaus von Kernkraftwerken, atw, Jg. 47, Dezember 2002, S. 754–758.

[116] Seidel, E. R. und Rauh, H.-J.: Das Sicherheitsmanagement von Kernkraftwerken aus Sicht der atomrechtlichen Aufsichtsbehörde, atw, Jg. 49, März 2004, S. 166–171.

nehmen die sicherheitstechnische Nachweisführung abzunehmen. Sie setzte vielmehr neben den üblichen aufsichtlichen Kontrollinstrumenten auf den „konstruktiv-kritischen Dialog" mit dem Betreiber, um die Sicherheitskultur dynamisch auch dort fortzuentwickeln, wo bestandskräftige Genehmigungen nur freiwillige sicherheitsverbessernde Maßnahmen an bestehenden Anlagen zuließen. Zur aufsichtlichen Beurteilung der Sicherheitskultur in einem Kernkraftwerk behalf sich die baden-württembergische Aufsichtsbehörde mit „weichen Indizien" und „harten Indikatoren" wie: aufgetretene Ereignisse, Qualität von Unterlagen, Verhaltensweisen des Betreibers gegenüber der Aufsichtsbehörde, Vorgehen bei sicherheitsrelevanten Fragestellungen, Gespräche mit der Führungsebene, Beobachtungen und Gespräche bei Aufsichtsbesuchen und Öffentlichkeitsarbeit. Ein hohes Niveau der Sicherheitskultur in einem Kernkraftwerk setzt – so die allgemeine Auffassung – bei allen beteiligten Organisationen ein Sicherheitsmanagement voraus, das selbstkritisch überwacht, angemessen reagiert und sich lernend weiterentwickelt.[117]

Zur Förderung einer starken Sicherheitskultur – eine wichtige Aufgabe der Aufsichtsbehörde – sollte die Aufsichtsbehörde ihr eigenes Handeln optimieren und an folgenden Grundsätzen ausrichten:

– Ziele statt Wege vorschreiben,
– Prioritäten setzen,
– Orientierung an der Sicherheitsrelevanz,
– transparente Entscheidungskriterien (Berechenbarkeit behördlichen Handelns),
– zeitnahe Entscheidungen und
– gute Kommunikation.

Die bayerische Aufsichtsbehörde unterzog anhand aufsichtlicher Sicherheitsindikatoren die aufgelaufenen meldepflichtigen Ereignisse einer ganzheitlichen Analyse, die über deren unmittelbare Ursachen und Auswirkungen hinaus auch Schwächen der Anlagenauslegung, der Organisation und bei den menschlichen Faktoren umfasste. Auf der Grundlage dieser ganzheitlichen Be-

wertung wurden die aufsichtlichen Maßnahmen angeordnet.[118]

Das Sicherheitsmanagementsystem[119]

Im Sommer 2001 sind im Kernkraftwerk Philippsburg Block 2 (KKP-2) zwei INES-2-Ereignisse aufgetreten, deren grundsätzliche Bedeutung erst im Herbst 2001 erkannt wurde. Die Anlage war nach Abschluss der Jahresrevision wieder angefahren worden, ohne dass die Flutbehälter des Not- und Nachkühlsystems ordnungsgemäß auboriert und vollständig gefüllt gewesen waren. Das Kernkraftwerk hätte in diesem Zustand mit einem nur eingeschränkt funktionstüchtigen Not- und Nachkühlsystem nicht wieder angefahren werden dürfen. Etwa zwei Wochen nach dem Wiederanfahren wurde dieses Sicherheitsdefizit vom Betriebspersonal entdeckt. Bei Feststellung des nur eingeschränkt funktionstüchtigen Not- und Nachkühlsystems hätte das Betriebspersonal die Anlage unverzüglich abfahren und den ordnungsgemäßen Zustand wiederherstellen müssen. Erst danach hätte das Kraftwerk mit einem voll funktionstüchtigen Sicherheitssystem wieder in Betrieb genommen werden dürfen. Stattdessen hat das Betriebspersonal den Leistungsbetrieb fortgesetzt und parallel dazu die Flutbehälter auboriert und aufgefüllt. Dieses Verhalten zeigte, dass erhebliche Defizite in der Sicherheitskultur vorlagen (vgl. Anhang 19). Der Betreiber EnBW nahm die Anlage zur umfassenden Aufklärung und Festlegung von Abhilfemaßnahmen am 8. Oktober 2001 freiwillig vom Netz.

Die Bundesaufsicht und die Landesaufsicht verlangten von der EnBW die zeitnahe Erarbeitung einer Konzeption für ein stringentes, betreibereigenes, indikatorgestütztes Sicherheitsmanagementsystems für die baden-württembergischen Kernkraftwerksstandorte Philippsburg, Neckarwestheim und Obrigheim, um künftige derartige Mängel in der Sicherheitskultur zu ver-

---

[117] Keil, D. und Glöckle, W.: Sicherheitskultur im Wettbewerb – Erwartungen der Aufsichtsbehörde, atw, Jg. 45, Oktober 2000, S. 588–592.

[118] Seidel, E. R. und Straub, G.: Analyse meldepflichtiger Ereignisse in bayerischen Kernkraftwerken mithilfe von aufsichtlichen Sicherheitsindikatoren, atw, Jg. 46, März 2001, S. 180–185.

[119] vgl. AMPA Ku 173, Keil, D.: Persönliche schriftliche Mitteilung von Ministerialdirigent a. D. Dr. Dietmar Keil vom 31. 7. 2010.

meiden. Die EnBW verpflichtete sich, eine solche Konzeption zu entwickeln. KKP-2 konnte nach einem Stillstand von etwa 70 Tagen wieder angefahren werden. Die Einführung eines Sicherheitsmanagementsystems wurde später von der Bundesaufsicht auf alle deutschen Kernkraftwerksstandorte erweitert.

Die konzeptionellen Vorstellungen über ein solches Sicherheitsmanagementsystem waren beim Betreiber EnBW, den Bundes- und Landesaufsichtsbehörden und auch bei den Gutachtern zunächst vage. Weltweit gab es im Nuklearbereich kein Vorbild einer solchen Konzeption, an dem man sich hätte orientieren können. Unter den Beteiligten waren deshalb längere Diskussionen erforderlich, die zunächst zu einer Einigung in der Zielsetzung eines solchen Systems führten:

- Verbesserung der Wahrnehmung der Eigenverantwortung durch ein betreibereigenes, systematisch angelegtes Gesamtsystem zur Planung, Ausführung, Überwachung und Verbesserung der sicheren Betriebsführung,
- frühzeitige Erkennung von Mängeln und Schwachstellen in der Sicherheitskultur und in den sicherheitsbezogenen betrieblichen Abläufen (Frühwarnsystem),
- Modernisierung, Vereinheitlichung und Systematisierung der schriftlichen betrieblichen Regelungen und Festlegungen,
- Orientierung an „Good Practice" bei der Neufestlegung der betrieblichen Abläufe in Form von Prozessen,
- Regelung der betrieblichen Abläufe standortübergreifend, soweit im Einzelfall nicht Standortspezifika entgegenstehen,
- Selbstüberwachung der betrieblichen Abläufe,
- kontinuierliche Verbesserung der betrieblichen Prozesse (KVP) und
- Vorgabe von Sicherheitszielen; Hochtrainieren von einzelnen Prozessen durch Vorgabe schärferer Zielwerte für die Indikatoren.

Das Ergebnis der Diskussionen unter allen Beteiligten war Anfang 2002, ein Kernkraftwerk als ein soziotechnisches System zu betrachten, das in seinen sicherheitsbezogenen betrieblichen Abläufen von Mensch, Technik und Organisation bestimmt wird. Sämtliche sicherheitsbezogene betriebliche Abläufe und Vorgehensweisen werden als Prozesse abgebildet, die auch untereinander Verflechtungen und Wechselwirkungen haben können. Die Prozessabläufe werden durch geeignete Indikatoren kontrolliert und überwacht. Dieser prozessorientierte, indikatorgestützte Ansatz orientiert sich an den Normen DIN EN ISO 9000:2000 ff und wird auch in der konventionellen Produktion – etwa in der Automobilindustrie – zur kontinuierlichen Verbesserung der Produktionsprozesse mit Erfolg praktiziert.

Die von der EnBW bis Mitte 2002 erarbeitete Konzeption eines Sicherheitsmanagementsystems erlaubt es, die anfänglich formulierten Ziele zu erreichen. Sie wurde in einem mehrjährigen Prozess an den drei EnBW-Standorten in Baden-Württemberg umgesetzt. Die wesentliche Entwicklungsarbeit der EnBW bestand in der Darstellung und Beschreibung sämtlicher sicherheitsrelevanten Betriebsabläufe in Form optimierter, an „Good Practice" orientierter Prozesse. Dabei wurden auch die betrieblichen Erfahrungen an diesen Standorten berücksichtigt. Es wurden 11 Führungsprozesse (z. B. Unternehmensziele, Ressourcenbereitstellung, Aufbauorganisation, Strategisches Alterungsmanagement, Wissensmanagement usw.), 26 Kernprozesse (z. B. Revision, Instandhaltung, Änderungsverfahren, Brennelementeinsatzplanung, Fahren der Anlage, Behandlung radioaktiver Betriebsabfälle usw.) sowie 33 unterstützende Prozesse (z. B. Anlagenüberwachung, Personalauswahl und Betreuung, Ausbildung, Erfassen von Ereignissen und Erfahrungsrückfluss, Ereignisanalyse usw.) erarbeitet (Abb. 8.7). Diesen 70 Einzelprozessen zur Festlegung der sicherheitsbezogenen Betriebsabläufe sind zur Kontrolle und Überwachung der Prozesse ca. 200 Indikatoren zugeordnet. Für jeden Prozess ist ein Prozessbetreuer für Überwachung und Verbesserung verantwortlich. Nach Einführung der Sicherheitsmanagementsysteme begann eine enge Abstimmung der drei baden-württembergischen Standorte untereinander mit dem Ziel, gegenseitige Erfahrungen zu nutzen, das System weiterzuentwickeln und ein zu großes Auseinandertriften der Sicherheitsmanagementsysteme zu vermeiden.

Die Prozesse der Sicherheitsmanagementsysteme der EnBW-Kernkraftwerke sind in Prozess-

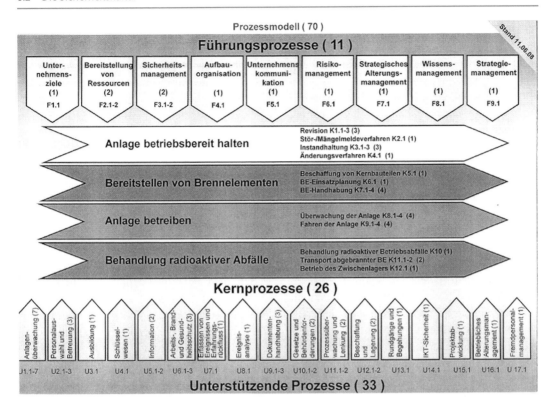

Abb. 8.7 Die Prozesse des EnBW-Sicherheitsmanagementsystems

handbüchern beschrieben, die auch Angaben zu Verantwortlichkeiten und Zuständigkeiten enthalten. Wichtige Ergebnisse der Prozessüberwachung, das Zusammenwirken der Prozesse und die Wirksamkeit des gesamten Sicherheitsmanagementsystems sind Gegenstände des Management-Reviews, das für jeden Standort einmal jährlich durchgeführt wird. Dabei werden die Erkenntnisse aus verschiedenen Überwachungsmaßnahmen wie Audits, Reviews, Indikatorenverfolgung oder Prozessüberwachung von der Geschäftsführung bewertet und finden Eingang in Verbesserungsmaßnahmen, neue Zielsetzungen und Vorhabenplanungen. Sicherheitsmanagementsysteme sind dynamische Systeme, die der kontinuierlichen Kontrolle und Fortentwicklung bedürfen. Mit den Sicherheitsmanagementsystemen besitzen die Betreiber bei ihrer ständigen Pflege ein wirksames Instrument der Eigenüberwachung, mit dem der sichere Betrieb der Anlagen kontinuierlich weiter verbessert werden kann. Inzwischen wurden weitere Managementsysteme auf der Grundlage der Prozesse des Sicherheitsmanagementsystems aufgebaut und mit dem Sicherheitsmanagementsystem in ein Integriertes Managementsystem übergeführt. Das Integrierte Managementsystem wurde im April 2009 nach DIN EN ISO 9001, DIN EN ISO 14001 und OHSAS 18001 zertifiziert.

Das Sicherheitsmanagementsystem ist ein zentraler Teil der Sicherheitskultur in einem Kernkraftwerk und bedeutet die organisatorisch-operative Umsetzung aller sicherheitsbezogenen betrieblichen Regelungen und Vorgehensweisen zur Gewährleistung eines sicheren Kernkraftwerksbetriebs in Form eines Systems von sich selbst optimierenden indikatorgestützten Prozessen im Sinne eines kontinuierlichen Verbesserungsprozesses (KVP). Die an den Standorten Neckarwestheim, Philippsburg und – mit Einschränkungen und besonderen Spezifikationen wegen seiner endgültigen Stilllegung – Obrigheim eingeführten Sicherheitsmanagementsysteme erfüllen die IAEA-Anforderungen GS-R-3 für ein Managementsystem. Sie gewährleisten, dass die Anforderungen aus verschiedenen Perspektiven – wie Sicherheit, Qualitätssicherung, Umwelt, Arbeitssicherheit u. a. – in den Prozessen erfüllt werden und dass in Konkurrenzsituationen den Sicherheitsanforderungen Vorrang eingeräumt wird. Bei der OSART-Mission im Kernkraftwerk Neckarwestheim im Herbst 2007 wurde das Sicherheitsmanagementsystem als eine „Good Practice" herausgestellt. Inzwischen wurden in allen deutschen Kernkraftwerken Sicherheitsmanagementsysteme eingeführt. Die EnBW hat bei der Entwicklung und Einführung von Sicherheitsmanagementsystemen eine Vorreiterrolle in Deutschland eingenommen.

Nach den Störfällen im Sommer 2001 im Kernkraftwerk KKP-2 in Philippsburg kam nicht nur der Betreiber EnBW, sondern auch die baden-württembergische Aufsichtsbehörde in die Kritik und wurde von einer Task Force der Landesregierung sowie von mehreren externen Gutachtern überprüft. Auch ein parlamentarischer Untersuchungsausschuss des Landtags befasste sich mit dem Kernkraftwerk sowie der Organisation und Wahrnehmung der Atomaufsicht in Baden-Württemberg. Als Resultat dieser Untersuchungen wurden die Arbeitsabläufe in der Aufsichtsbehörde umstrukturiert und verbessert.[120] Zur Erfassung und Bewertung der Sicherheitskultur in einem Kernkraftwerk wurde in Stuttgart für Anlageninspektionen das Aufsichtsinstrument KOMFORT (Katalog zur Erfassung organisatorischer und menschlicher Faktoren bei Inspektionen vor Ort) entwickelt.[121] Es umfasst acht Indikatoren, mit denen einzelne Aspekte der Sicherheitskultur abgebildet werden: Qualität schriftlicher Unterlagen, Befolgung von Vorschriften, Kenntnisse und Kompetenzen, Schulungen, Arbeitsbelastung, Wahrnehmung von Führungsaufgaben, Housekeeping (Sauberkeit, Ordnung und Pflege der

Anlage), Umgang mit der Behörde. Jede KOMFORT-Bewertung ist eine Stichprobe. Diese Einzelbefunde werden jährlich ausgewertet, um das Gesamtniveau einer Anlage und die Trends festzustellen. Wenn Handlungsbedarf angezeigt erscheint, bedeutet dies zunächst, Ursachen zu erfragen und aufzuklären. KOMFORT hat sich in der Praxis als besonders nützlich erwiesen, weil es die Aufsichtsbeamten anhält, die wichtigsten Aspekte der Sicherheitskultur immer zu betrachten, und weil es Langzeitentwicklungen sichtbar macht und damit eine Frühwarnfunktion erfüllt. KOMFORT ist eine hilfreiche Ergänzung der übrigen Instrumente der Erhaltung und Verbesserung eines hohen Niveaus der Sicherheitskultur.

Seit dem Jahr 2004 erhält die Aufsichtsbehörde jährliche Berichte zur Wirksamkeit des Sicherheitsmanagementsystems für die baden-württembergischen Kernkraftwerks-Standorte. Anhand dieser Berichte und von Aufsichtsgesprächen an den jeweiligen Standorten überzeugt sich die Aufsichtsbehörde regelmäßig von der wirksamen Anwendung des Sicherheitsmanagementsystems, der Sicherheitsleistung und der Sicherheitskultur.

8.3 Die Nukleare Sicherheitsarchitektur (NSA)

In den vorstehenden Kapiteln wurde beschrieben, wie die Reaktorsicherheitstechnik aus den Anfängen heraus entwickelt, aufgrund von wissenschaftlichen Erkenntnissen und Betriebserfahrungen ständig verbessert und zu einer „fehlerverzeihenden", in der Tiefe gestaffelten Sicherheitstechnik auf hohem Niveau fortentwickelt wurde.[122] Besondere Vorkommnisse, Störfälle und Unfälle waren neben den Ergebnissen der Sicherheitsanalysen sowie der nuklearen Forschung wesentliche Quellen für beachtliche Verbesserungen der Sicherheitstechnik. Im Laufe dieser Entwicklungen wurde zunehmend bewusst, dass der Faktor Mensch, die Organisation in einem

---

[120] Winter, U.: Neue Elemente in der baden-württembergischen Kernenergieaufsicht, atw, Jg. 49, Juli 2004, S. 486–492.

[121] Stammsen, S. und Glöckle, W.: Erfassen der Sicherheitskultur bei Anlageninspektionen: Das KOMFORT-Aufsichtsinstrument der baden-württembergischen atomrechtlichen Aufsichtsbehörde, atw, Jg. 52, November 2007, S. 731–736.

---

[122] vgl. Waas, Ulrich: Sicherheitskonzept deutscher Kernkraftwerke zum Ausschluss von Schäden in der Umgebung, Deutscher Instituts-Verlag GmbH, Köln, 2000.

Kernkraftwerk und das politisch-gesellschaft-liche, wirtschaftliche und wissenschaftliche Umfeld maßgebliche Einflussgrößen darstellen. Insbesondere die Unfälle in TMI-2 (s. Kap. 4.7) und Tschernobyl (s. Kap. 4.8) haben gezeigt, dass neben technischen Defiziten und Fehlbedienun-gen – also mit einer nicht „fehlerverzeihenden" Technik – sich Mängel bei den personell-organi-satorischen Abläufen verheerend auswirken kön-nen. Die Sicherheitskultur in einem Kernkraft-werk und seinem Umfeld ist von ganz entschei-dender Wirkung auf die Reaktorsicherheit. Der Abschn. 8 dieser Schrift soll zusammenfassend mit der Darstellung einer Nuklearen Sicherheits-architektur MTOU abgeschlossen werden.[123]

Was versteht man unter Nuklearer Sicher-heitsarchitektur? Die Sicherheit und der sichere Betrieb des soziotechnischen Systems Kernkraftwerk werden durch die „Vier Säulen der Sicherheit" maßgeblich bestimmt oder beein-flusst, nämlich durch das menschliche Verhal-ten des Betriebspersonals (der Faktor *Mensch*), durch die Auslegung und technische Ausfüh-rung der Anlage (der Faktor *Technik*), durch die Betriebsorganisation und alle übrigen sicher-heitsbezogenen organisatorischen Vorkehrungen (der Faktor *Organisation*) sowie durch zahlreiche Einflüsse des Umfelds (der Faktor *Umfeld*). Das moderne soziotechnische Sicherheitskonzept für ein Kernkraftwerk besteht demnach aus den vier maßgeblichen Faktoren **M**ensch – **T**echnik – **O**rganisation – **U**mfeld (Nukleare Sicherheits-architektur MTOU), die in enger Wechselwir-kung zueinander stehen.

Das Vorhandensein einer tragfähigen Nuklea-ren Sicherheitsarchitektur ist die zentrale Voraus-

setzung für die verantwortungsvolle Nutzung der Kernenergie. Die Sicherheit und der sichere Betrieb eines Kernkraftwerkes, also auch die Nu-kleare Sicherheitsarchitektur MTOU, sind keine statischen, sondern dynamische Zustände, die der ständigen Fortentwicklung und Optimierung unterliegen. Hierzu sind systematische Lern- und Veränderungsprozesse notwendig. Denn die Er-fahrung hat gelehrt, dass das Sicherheitsniveau abfällt, wenn man sich nicht bemüht, es zu ver-bessern.

Die technische Auslegung und Ausführung der Anlage stellt zwar die notwendige und grund-legende, aber noch keine hinreichende Voraus-setzung für den sicheren Betrieb eines Kernkraft-werks dar. Von hohem Rang für die Sicherheit sind auch die personell-organisatorischen Be-dingungen und die Umfeldeinflüsse. So gesehen wäre es einseitig und unausgewogen, wenn man bei der Bewertung der Sicherheit einer Anlage nur auf die Technik abheben würde.

Der Faktor Mensch Für den sicheren Betrieb bedarf es kompetenter und zuverlässiger Men-schen, d. h. Fachleute, deren Motivation, Ein-satzbereitschaft, Kompetenz, Zuverlässigkeit, Verantwortungsbereitschaft, Pflichtbewusstsein und Sicherheitskultur sich auf einem hohem Niveau befinden und erhalten bleiben, ja bestän-dig fortentwickelt werden müssen. Kompetenz allein reicht nicht. Das verantwortliche Betriebs-personal muss auch zuverlässig sein. Obwohl moderne Kernkraftwerke insbesondere in Deutschland hoch automatisiert sind, gibt es Situ-ationen, in denen der Mensch zwingend benötigt wird, z. B. bei Störungen/Störfällen während des Leistungsbetriebs, wenn nach Ablauf der in den ersten 30 min automatisch erfolgenden Gegen-maßnahmen die Anlage in einen langfristig siche-ren/stabilen Zustand gebracht werden muss. Auf die Handlungen/Maßnahmen des Bedienungs-personals kommt es besonders bei Anlagenzu-ständen außerhalb des Leistungsbetriebs an, also beim An- und Abfahren und beim Brennelement-wechsel. Das vollautomatische Kernkraftwerk, das auf den Menschen verzichten kann, gibt es nicht.

---

[123] Dieses Kap. 8.3 geht auf die Anregung und die Aus-arbeitung von Ministerialdirigent a. D. Dr. Dietmar Keil vom 28. August 2010 (vgl. AMPA Ku 173, Persönliche Mitteilungen) zurück. Dietmar Keil hat den Begriff Nu-kleare Sicherheitsarchitektur (MTOU: Mensch-Technik-Organisation-Umfeld) geprägt; er stellt den um den Ein-flussfaktor „Umfeld" erweiterten soziotechnischen An-satz MTO dar. Der MTO-Ansatz wurde in Deutschland maßgeblich durch Bernhard Wilpert (1936–2007, Prof. Dr. phil., 1966–77 Wissenschaftszentrum Berlin, Prof. für Psychologie 1978–80 PH Berlin, 1980–2003 TU Berlin) und seine Mitarbeiter ausgearbeitet.

Die Qualität von Personalhandlungen wird u. a. durch hohe spezifische Anforderungen an die Fachkunde und an die Zuverlässigkeit des Betriebspersonals gewährleistet. Für das verantwortliche Betriebspersonal (Leiter der Anlage, Fachbereichsleiter, Teilbereichsleiter, Schichtleiter, Reaktorfahrer, Ereignisanalyseingenieur sowie nuklearer Sicherheitsbeauftragter etc.) wird als Eingangsqualifikation eine anerkannte Ingenieurausbildung oder dieser gleichwertige Ausbildung verlangt. Daran schließt sich eine mehrjährige reaktorspezifische Ausbildung im Kernkraftwerk an. Die Anforderungen an die reaktorspezifische Fachkunde sind in der „Richtlinie für den Fachkundenachweis von Kernkraftwerkspersonal" niedergelegt. Die Grundkenntnisse und die reaktorspezifischen Kenntnisse entsprechend der Richtlinie müssen in schriftlichen und mündlichen Prüfungen nachgewiesen werden. Teilweise darf eine Funktion eigenverantwortlich erst dann ausgeübt werden, wenn Mindestberufserfahrungen als Stellvertreter vorliegen. Der Kenntnisstand muss durch regelmäßige Fortbildungsmaßnahmen aktuell gehalten werden. Bedeutsam sind dabei die Erkenntnisse aus besonderen Vorkommnissen in der eigenen Anlage sowie in anderen in- und ausländischen Kernkraftwerken.

Besonderer Stellenwert kommt dem regelmäßigen Training des Betriebspersonals an den Vollsimulatoren in der Simulatorschule in Essen zu (s. Kap. 8.1). Die Bedienung und Instrumentierung von Vollsimulatoren entspricht der Gestaltung der jeweiligen Hauptwarte im Kernkraftwerk. Außerdem zeigen die Simulatoren das tatsächliche dynamische Verhalten des Kernkraftwerks selbst. Deshalb können hier bedeutsame und komplexe betriebliche Maßnahmen, wie z. B. das An- und Abfahren der Anlage, regelmäßig in vollem Umfang unter realistischen Bedingungen geübt werden, was im betrieblichen Alltag des Kernkraftwerks für eine Schicht nur alle paar Jahre passiert. Insbesondere kann aber die Beherrschung von Störungen, Störfällen und Unfällen, die in der realen Anlage selten oder nie auftreten, trainiert werden.

Die Zuverlässigkeit des Betriebspersonals wird auf der Grundlage der „Atomrechtlichen Zuverlässigkeitsüberprüfungsverordnung" geprüft, wobei spezielle Charaktereigenschaften, Verantwortungsbereitschaft und Pflichtbewusstsein im Fokus stehen. In der betrieblichen Praxis ist der Begriff der Zuverlässigkeit viel weiter gesteckt. Beispielsweise spielt bei der Analyse der Ursachen von Ereignissen, bei denen das Verhalten des Betriebspersonals mit ursächlich für das Ereignis ist, neben der Fachkompetenz nicht selten auch die Frage der Zuverlässigkeit eine Rolle.

Nach dem Unfall am 26. April 1986 in Tschernobyl wurde der Begriff der „Sicherheitskultur in der Kerntechnik" geprägt. Darunter versteht man die grundsätzliche Haltung des Personals, bei der sämtlichen Sicherheitsfragen oberste Priorität zukommt. Daran muss ständig gearbeitet werden, beispielsweise durch Schulung, Tests, Training und Workshops. Der Begriff Sicherheitskultur erlaubt zunächst, verschiedene Schwächen im personell-organisatorischen Bereich, wie unzureichende hinterfragende Grundhaltung (Warum verhält sich die Anlage so? Was kann passieren?) und mangelndes sicherheitsgerichtetes Verhalten (Was ist sicherheitshalber zu tun?), mit einem Schlagwort zu belegen. Der Begriff umfasst zudem die notwendigen organisatorischen Sicherheitsvorkehrungen (Was ist bei der Planung von Tätigkeiten notwendig?) und die personellen Voraussetzungen (Welche Fähigkeiten und Kenntnisse des Personals und welche Fachkundemaßnahmen sind notwendig?). Insgesamt macht der Begriff Sicherheitskultur deutlich, dass über personell-organisatorische Vorkehrungen hinaus Werte und Einstellungen eine Organisation und das Verhalten der Personen in ihr prägen.

Durch betreiberseitige und aufsichtliche sowie nationale und internationale Überprüfungen wird das Niveau der Sicherheitskultur regelmäßig kontrolliert. Ziel dabei ist, frühzeitig Schwächen oder nachlassende Sicherheitskultur zu erkennen. Andererseits muss immer mit menschlichen Fehlern gerechnet werden, weil es keine perfekten, fehlerfreien Menschen und Organisationen gibt. Die Nukleare Sicherheitsarchitektur muss gewährleisten, dass menschliche Fehler nicht zu gravierenden Störfällen oder Unfällen führen. Schwächen in der Nuklearen Sicherheitsarchitektur müssen deshalb frühzeitig identifiziert werden im Sinne eines Frühwarnsystems, bevor Vorkommnisse drastisch darauf aufmerksam machen (s. Anhang 20).

Der Faktor Technik Ein Kernkraftwerk ist ein hochkomplexes soziotechnisches System, dessen redundante und diversitäre technische Sicherheitseinrichtungen ein Höchstmaß an Wirksamkeit und Zuverlässigkeit zur Einhaltung der vier nuklearen Schutzziele Reaktorabschaltung, Nachwärmeabfuhr zur Kühlung der Brennelemente, Radioaktivitätseinschluss und Minimierung der Strahlenexposition gewährleisten sollen. Diese Sicherheitseinrichtungen sollen auch verhindern, dass menschliche Fehler oder Fehlhandlungen zu Störfällen oder gar Unfällen führen („defense in depth", fehlerverzeihende, in der Tiefe gestaffelte Sicherheitstechnik).

Obwohl moderne Kernkraftwerke mit Leichtwasserreaktoren auf einem hohen technischen Sicherheitsniveau betrieben werden, können sie auch nach jahrelangem Betrieb noch unerkannte Schwachstellen besitzen, die erst durch Ereignisse oder durch gezielte Untersuchungen und Inspektionen offenkundig werden. Durch die Identifizierung und Beseitigung dieser Schwachstellen besteht also ein erhebliches Verbesserungs- und Optimierungspotential. Beispielsweise wurde im Zuge der Ursachenklärung der INES-2-Ereignisse im KKP 2 im Sommer 2001 in einem nuklearen Hilfssystem eine systemtechnische Schwachstelle entdeckt, die bei Fehlfunktion zu redundanzübergreifenden Auswirkungen im Not- und Nachkühlsystem führen konnte und im konkreten Fall im KKP 2 auch geführt hat (s. hierzu auch Anhang 19). Neben der Identifizierung und Beseitigung von Schwachstellen kommt der technischen Nachrüstung Verbesserungspotenzial zu. Ein sicherheitsbewusster Betreiber wird technische Nachrüstungen auch dann in Erwägung ziehen und realisieren, wenn sie der Verbesserung des Sicherheitsniveaus insgesamt und nicht nur der Abhilfe eines erkannten Mangels dienen.

Von Anfang der Nutzung der Kernenergie an war es Praxis, dass vor Beginn des kommerziellen Betriebs sog. „As-Built-Vergleiche" durchge-

führt wurden. Damit sollte nach der jahrelangen Errichtungsphase sichergestellt werden, dass die Anlage auch tatsächlich so errichtet und ausgeführt wurde, wie sie genehmigt und in den technischen Unterlagen beschrieben worden ist. Dabei wurden insbesondere immer wieder zahlreiche Abweichungen von den technischen Unterlagen festgestellt, die dann aufgrund der Ergebnisse des „As-Built-Vergleichs" korrigiert wurden. Für den späteren Anlagenbetrieb ist wichtig, dass die technischen Unterlagen auch tatsächlich die reale Anlage wiedergeben.

Darüber hinaus haben neuere Erkenntnisse gezeigt, dass auch ein Abgleich der folgenden drei Datensätze auf Übereinstimmung vor Beginn des kommerziellen Betriebs sowie wiederkehrend bei der 10-jährlichen Periodischen Sicherheitsüberprüfung erfolgen muss: Übereinstimmung aller sicherheitsrelevanter Daten aus den Sicherheitsanalysen zur Auslegung der Anlage für den bestimmungsgemäßen Betrieb sowie zur Störfallbeherrschung (Datensatz I) mit den entsprechenden Daten im Betriebshandbuch (BHB) (Datensatz II) sowie mit den in der Anlage realisierten bzw. umgesetzten Daten (Datensatz III). Beispielsweise muss die aus den Störfallanalysen zur Beherrschung eines Kühlmittelverluststörfalls sich ergebende erforderliche Menge an Notkühlwasser übereinstimmen mit den Angaben im Betriebshandbuch und mit der in der realen Anlage tatsächlich vorhandenen Menge an Notkühlwasser.

Da die Anlagen mehrere Jahrzehnte betrieben werden, ist dafür Sorge zu tragen, dass die technischen Einrichtungen, Systeme und Komponenten sowie die Betriebsmittel nicht durch Alterungsprozesse wie Verschleiß, Ermüdung, Versprödung und Korrosion sowie chemische Veränderungen die geforderten Eigenschaften verlieren. Einem wirksamen Alterungsmanagement obliegt es, dafür Sorge zu tragen, dass auch mit zunehmendem Alter der Anlage die Sicherheitsfunktionen in vollem Umfang gewährleistet sind.

Der Faktor Organisation Voraussetzung für das optimale Zusammenspiel zwischen Mensch und Maschine ist eine gute Organisation, die dritte Säule der Nuklearen Sicherheitsarchitektur. Sie besteht aus der Aufbauorganisation (Struktur) und Ablauforganisation (Prozesse). Ganz besondere Bedeutung innerhalb der Organisation kommt dem Sicherheitsmanagement zu, das einem ständigen Selbstverbesserungs- und Selbstüberwachungsprozess unterliegt. Alle sicherheitsbezogenen Tätigkeiten sind innerhalb des Sicherheitsmanagements durch Prozesse dargestellt und werden durch Indikatoren überwacht.

Zur Komponente Organisation gehört auch eine klare, eindeutige und funktionierende Kommunikation beim technischen Betriebspersonal und beim weisungsgebenden verantwortlichen Personal im Sinne einer eindeutigen „Kommandosprache" mit Rückmeldung. Missverständnisse bei Weisungen an das verantwortliche Wartenpersonal können zu menschlichen Fehlhandlungen mit eventuell unerwünschten Anlagenreaktionen führen.

Wichtiger Bestandteil der Organisation sind die schriftlichen betrieblichen Regelungen und Vorgehensweisen, die die Basis für das Handeln des Betriebspersonals bilden. Im Zentrum steht das Betriebshandbuch, nach dem die Anlage betrieben wird. Es enthält vor allem sowohl ereignisorientierte als auch zustandsorientierte Vorgehensweisen zur Störfallbeherrschung. Das Betriebshandbuch und die übrigen schriftlichen Regelungen müssen richtig und vollständig sein, damit sie für das Betriebspersonal eine zuverlässige Basis für sein Handeln sein können. Durch Ereignisse werden auch bei den schriftlichen betrieblichen Regelungen immer wieder Schwachstellen und Lücken entdeckt. Beispielsweise wurde im Zuge der Aufklärung der INES-2-Ereignisse im Kernkraftwerk KKP 2 im Sommer 2001 festgestellt, dass das Betriebshandbuch im Bereich des Stillstands und der Wiederanfahrphase sicherheitsrelevante Regelungsdefizite aufwies. In der Vergangenheit war der Erfahrungsrückfluss aus dem laufenden Betrieb der Anlage in die kontinuierliche Verbesserung des Betriebshandbuchs und der übrigen schriftlichen betrieblichen Regelungen nicht systematisch und wirksam organisiert, so dass die ursprünglich vom Anlagenlieferer erstellten Betriebshandbücher über viele Jahre im Kern unverändert

blieben, obwohl bei den Betreibern inzwischen umfangreiche Erfahrungen für Verbesserungen vorlagen (vgl. Anhang 19).

Im Betriebshandbuch (BHB) müssen auch klar und eindeutig verbindliche Kriterien enthalten sein, die festlegen, unter welchen sicherheitsbezogenen Voraussetzungen die Anlage abgeschaltet werden muss bzw. nicht weiter betrieben oder nicht angefahren werden darf. Diese „Abschaltkriterien" müssen im BHB nicht nur in der Sache eindeutig, sondern auch an der zutreffenden und für das Personal auffindbaren Stelle beschrieben sein. Hierzu müssen sowohl die Reparaturzeiten zur Wiederherstellung des ordnungsgemäßen Zustands einer oder mehrerer Sicherheitsteileinrichtungen (Redundanzen), als auch die Bedingungen, wann eine Sicherheitsteileinrichtung als ausgefallen zu betrachten ist, auf der Basis von Sicherheitsanalysen genau definiert sein. Bei einem unvollständigen, lückenhaften BHB könnte die Entscheidung über die Notwendigkeit des Abfahrens der Anlage nicht dem verantwortlichen Betriebspersonal im Anforderungsfall überlassen werden, weil dem Betriebspersonal in der Kürze der zu treffenden Entscheidung die notwendigen Grundlagen und Informationen als Voraussetzung für eine richtige Entscheidung nicht zur Verfügung stehen. Das Betriebspersonal wäre überfordert, wie das in der Vergangenheit verschiedentlich der Fall war. Die hierfür verantwortlichen Personen können dadurch bei Verdacht auf eine falsche Entscheidung in prekäre Situationen infolge von Ermittlungen der Staatsanwaltschaft, von Untersuchungen der Aufsichtsbehörde, des Betreibers und der Konzernleitung sowie von Recherchen investigativer Journalisten und den möglicherweise daraus resultierenden personellen Konsequenzen geraten. Deshalb müssen verbindliche Kriterien für das Abschalten und Wiederanfahren sorgfältig auf der Basis umfassender Sicherheitsanalysen und weiterer sicherheitsbezogener Überlegungen im Vorfeld von Entscheidungen festgelegt und dokumentiert werden. Auf diese Weise wird für das verantwortliche Betriebspersonal und auch für den Betreiber insgesamt eine klare Entscheidungsbasis geschaffen, was zu dessen Entlastung beiträgt.

Auch die Aufsichtsbehörde kann sich in einem prekären Dilemma befinden, wenn eindeutige Kriterien fehlen, weil die Abschaltung der Anlage oder das Nichtwiederanfahren für den Betreiber die wirtschaftlich gravierendsten Maßnahmen darstellen. Die behördlich angeordneten Maßnahmen Abschaltung der Anlage oder Verweigerung der Erlaubnis des Wiederanfahrens sind rechtlich von gleicher Qualität, auch im Hinblick auf mögliche Rechtsfolgen wie Schadensersatz.

Der Faktor Umfeld Schließlich hat das Umfeld des Kernkraftwerks, die vierte Säule der Nuklearen Sicherheitsarchitektur, Einfluss auf den sicheren Betrieb. Als Beispiele für Umfeldeinflüsse sollen folgende Bereiche oder Felder genannt werden:

- Management und Unternehmenskultur des Energieversorgungsunternehmens als Konzernumfeld,
- kerntechnische Infrastruktur als industrielles, technisches und wissenschaftliches Umfeld,
- gesellschaftlich-politisches und mediales Umfeld,
- Nachwuchspersonal als Human-Ressources-Umfeld,
- Liberalisierung und Globalisierung des Strommarkts als wirtschaftliches Umfeld sowie
- Aufsichtsbehörde und zugezogene Sachverständige als Kontrollumfeld.

Beispielhaft wird nachstehend der Aspekt „Aufsichtsbehörde als externer Einflussfaktor auf das Kernkraftwerk" näher betrachtet.

Die Betrachtung des Kernkraftwerks als ein soziotechnisches System (MTO), das äußeren Einflüssen ausgesetzt ist (MTOU), lenkt den Blick auf die Beeinflussung durch die Aufsichtsbehörde. Der Einfluss der Aufsichtsbehörde kann sich sehr positiv auf die Sicherheit auswirken. Die Aufsichtsbehörde führt hierzu einen intensiven Dialog mit den Betreibern. Das Ziel ist die ständige Verbesserung der Sicherheit der Anlage und ihres Betriebs. Weit im Vorfeld einer möglichen Gefährdung – und damit ohne staatliche Zwangsmittel, sondern mit Mitteln der Überzeugung – setzt sich die Aufsichtsbehörde im Dialog mit dem Betreiber für Sicherheitsverbesserungen

ein. Hierfür wurde der Begriff „konstruktiv-kritischer Dialog" geprägt. Ergänzend zur Gefahrenabwehraufsicht und Rechtmäßigkeitsaufsicht wird in dieser „weitergehenden Aufsicht" eine wichtige Aufgabe der Aufsichtsbehörde gesehen. Die Aufsichtsbehörde macht also gezielt ihren Einfluss zur weiteren Sicherheitsverbesserung sowie zur Stärkung der Eigenverantwortung des Betreibers geltend.

Der Einfluss der Aufsichtsbehörde kann sich jedoch auch negativ auf die Sicherheit auswirken, beispielsweise wenn durch zu detaillierte Vorschriften eine Optimierung betrieblicher Abläufe erschwert oder die Verantwortung des Betreibers für den sicheren Betrieb eingeengt wird und die Verantwortung für die sichere Betriebsführung schließlich auf die Behörde übergeht. Auch kann der Betreiber durch ein Übermaß an behördlichen Forderungen so belastet werden, dass er seinen Sicherheitsaufgaben nicht mehr ausreichend nachkommen kann. Daher ist es notwendig, dass die Aufsichtsbehörde ihr Verhältnis zum Betreiber immer wieder reflektiert und selbstkritisch überprüft. Dies ist im Leitbildprozess der Aufsichtsbehörde für ihren Umgang mit den Betreibern formuliert. Die Reflexion der Aufsichtskultur stellt eine Daueraufgabe dar, die beispielsweise in internen Workshops und Fortbildungsseminaren erfolgt.

Selbst ein in der Praxis gelebtes Leitbild kann aber nicht garantieren, dass die Maßnahmen oder Handlungsweisen der Aufsichtsbehörde auf Betreiberseite immer das bewirken, was beabsichtigt ist. Daher ist es unumgänglich, dass zwischen Betreiber und Behörde offen und konstruktiv-kritisch kommuniziert wird. Die Aufsichtsbehörde braucht ein Feed-back, welche negativen „Nebenwirkungen" ihre Handlungen und Verhaltensweisen auf Betreiberseite haben. Damit wird keineswegs die Behörde in ihren Handlungen beeinträchtigt. Vielmehr wird so ermöglicht, dass sie ihren Einfluss noch gezielter geltend machen kann. Ein wesentliches Element der offenen Kommunikation und des konstruktiv-kritischen Dialogs sind die regelmäßig stattfindenden Gespräche auf Führungsebene zwischen Aufsichtsbehörde und Betreiber, der sog. strategische Dialog. In diesen Gesprächen wird

u. a. das Zusammenwirken von Betreiber und Aufsichtsbehörde reflektiert. Wahrnehmungen, Sichtweisen, Kritik und Befürchtungen können auf diese Weise frühzeitig angesprochen und ausgetauscht werden, ohne dass sie gleich im Detail belegt werden müssen.

Voraussetzung für einen in sicherheitsbezogener Hinsicht positiven Einfluss der Aufsichtsbehörde auf den Kernkraftwerksbetrieb sind Kompetenz, Wachsamkeit, Durchsetzungsfähigkeit und Unabhängigkeit ihrer Inspektoren. Dadurch erwächst der Aufsichtsbehörde auch der zur Aufgabenwahrnehmung notwendige Respekt und die Akzeptanz seitens des Betreibers.

Es darf aber auch nicht verkannt werden, dass eine Kontrollinstanz wie die Aufsichtsbehörde mit ihren zugezogenen Sachverständigen bis zu einem gewissen Grad vom Betreiber immer als Störfaktor empfunden wird. Dies liegt in der Natur der Sache: Wer kontrolliert wird, fühlt sich in seiner Haut nicht gänzlich wohl. Allerdings ist die Aufsichtsdichte und -intensität nicht statisch. Sie muss intensiver sein, wenn beim Betreiber Schwächen und Versäumnisse erkannt werden; sie kann weniger intensiv und weniger engmaschig sein, wenn der Betreiber seiner Eigenverantwortung in vollem Umfang nachkommt. Ein essentielles Ziel der Aufsicht ist dabei stets, die Eigenverantwortung des Betreibers zu stärken. Eine unter den genannten Voraussetzungen und Anforderungen (Kompetenz, Wachsamkeit, Durchsetzungsfähigkeit und Unabhängigkeit) arbeitende staatliche Aufsichtsbehörde ist ein bedeutsamer Einflussfaktor zur Gewährleistung des sicheren Betriebs eines Kernkraftwerks.

Die Sicherheit des Reaktordruckbehälters (RDB) von Druckwasserreaktoren

9

9.1 Die Regelwerke

Die Entwicklungsgeschichte der Institutionen, staatlichen Normsetzungen und technischen Regelwerke zum Schutz der Menschen und der Umwelt geht bis in das frühe 19. Jahrhundert zurück. Damals wurde die Hochdruckdampfmaschine eingeführt und fand schnell vielfältige Verwendung in Kohlegruben, Pumpwerken, Mühlen, Manufakturen, Werkstätten und insbesondere als Antrieb auf Schiffen. Die Nutzung dieser Technik war begleitet von zahlreichen katastrophalen Explosionen mangelhaft hergestellter und fahrlässig betriebener Dampfkessel. Die Ereignisse selbst und die zu beklagenden Opfer an Menschenleben und Sachwerten waren so erschütternd, dass der Ruf nach wirksamer Abhilfe die betroffene Industrie und den Staat nachhaltig aufrüttelte.

Es war ein langwieriger, konfliktreicher Prozess, bis sich gegen Ende des 19. Jahrhunderts erste Ansätze eines sicherheitsgerichteten Zusammenspiels von Eisenhüttenleuten, Kesselschmieden und Anlagenbetreibern, Wissenschaft, Politik und staatlicher Verwaltung herausgebildet hatten.[1]

Die Entwicklung zu einem hohen technischen Sicherheitsniveau nahm zunächst in den USA und im Vereinigten Königreich einen anderen Gang als in Frankreich und Deutschland.

In Amerika ging die Auseinandersetzung um die Frage, ob und gegebenenfalls wie weit staatliche Regulierungen in die Gestaltungsfreiheit des Unternehmers und sein Eigentum eingreifen dürfen.[2] Das Eigeninteresse der Kesselbauer und -betreiber bewirke von selbst die erforderlichen Sicherheitsvorkehrungen, war dort zunächst die vorherrschende Meinung. Ähnlich war die Einstellung in England. In beiden Ländern galt vor allem anderen die Ursachenforschung für die Kesselschäden als vordringlich. Erst in der zweiten Hälfte des 19. Jahrhunderts entstanden in den USA und im UK angesichts enormer Schäden und vieler tausend Toten gesetzliche Sicherheitsvorschriften. Die Einsicht hatte sich durchgesetzt, dass die Rechtsordnung die Gesundheit und das Leben der Menschen nicht schutzlos den technischen Gefahren aussetzen darf.

In den autoritär verfassten kontinentalen Staaten Frankreich, Preußen und Sachsen standen gesetzliche Regelungen schon am Anfang der Druckbehälternutzung, wobei es zunächst nicht um Arbeiterschutz, sondern um den Schutz der Nachbarschaft vor Explosionsgefahren und Luftverunreinigungen ging. In Frankreich regelten ein napoleonisches Dekret von 1810 und technische Spezialgesetze von 1823 und 1830 Genehmigungspflicht, Abnahmeprüfung sowie technische Einzelheiten der Konstruktion und des Betriebs von Hochdruckmaschinen. Dampfkessel

---

[1] Sonnenberg, Gerhard S.: Hundert Jahre Sicherheit, Beiträge zur technischen und administrativen Entwicklung des Dampfkesselwesens in Deutschland 1810–1910, Verein Deutscher Ingenieure, Technikgeschichte in Einzeldarstellungen, Nr. 6, VDI Verlag, Düsseldorf, 1968.

[2] Burke, John G.: Bursting Boilers and the Federal Power, Technology and Culture, Vol. 7, No. 1, Winter 1966, S. 1–23.

P. Laufs, *Reaktorsicherheit für Leistungskernkraftwerke*, DOI 10.1007/978-3-642-30655-6_9, © Springer-Verlag Berlin Heidelberg 2013

wurden der staatlichen Aufsicht unterstellt. Diese technischen aus heutiger Sicht im Einzelnen unzulänglichen Vorschriften entsprachen dem damaligen Stand der Technik und waren von den namhaftesten Experten aus den Naturwissenschaften vorgeschlagen worden.[3]

Nach französischem Vorbild entstand die Dampfkesselgesetzgebung in den industriell am weitesten fortgeschrittenen deutschen Ländern Preußen und Sachsen in den 30er und 40er Jahren des 19. Jahrhunderts. Entsprechend der traditionellen Vormachtstellung des Beamtentums erfolgte durch die beauftragten Baubeamten der polizeirechtliche Vollzug. In Ländern, wie dem Großherzogtum Baden, die keine Dampfkesselgesetze schufen, verlief die Entwicklung nach angelsächsischem Muster: Nach einer schweren Kesselexplosion in Mannheim wurde dort im Jahr 1866 von badischen Kesselbetreibern nach englischem Vorbild die erste deutsche Gesellschaft zur Überwachung und Versicherung von Dampfkesseln als Verein gegründet. In den folgenden Jahren entstanden zahlreiche weitere sogenannte Überwachungs- oder Revisionsvereine sowie überregionale Verbände in ganz Deutschland.[4,5,6]

Nach der 1871 reichseinheitlich eingeführten Norddeutschen Gewerbeordnung von 1869 bestanden private und staatliche Kesselaufsicht nebeneinander. Die Länder blieben für die Regelung und Überwachung des Betriebs von Dampfkesseln zuständig, und ebenso vielfältig und unüberschaubar wurden sie gehandhabt.[7] Die Vereine waren auf ihre Mitglieder beschränkt

und durften die staatlich vorgeschriebenen Überwachungsleistungen nur teilweise erbringen. Erst in einem „mühsamen Kleinkrieg mit der Ministerialbürokratie" wurden die Überwachungsvereine zu weitergehenden Tätigkeiten ermächtigt.[8] Die rasch vorangehende technische Entwicklung, die neue Qualifikationen erforderte, und die zunehmende Belastung der Gewerbeaufsichtsbeamten mit anderen Aufgaben im Bereich des Arbeiterschutzes ließen es nach und nach wünschenswert erscheinen, die Dampfkesselüberwachung im „staatlichen Auftrage" und unter gewisser Staatsaufsicht ganz in die Hände der Überwachungsvereine zu legen. Nachdem dies in Bayern und Württemberg schon 1897 geschehen war, wurden im Jahr 1900 dann reichseinheitlich alle Dampfkessel sowie andere überwachungspflichtige Anlagen der Privatindustrie, z. B. Druckbehälter für verdichtete und verflüssigte Gase, Aufzüge, bestimmte Chemieanlagen und Kraftfahrzeuge der Aufsicht der Überwachungsvereine unterstellt.

Alle Bemühungen um die Regulierung und Überwachung der Dampfkessel hatten das Problem der Explosionen nicht eigentlich gelöst. Die Kessel wurden zwar im Laufe der Zeit immer sicherer, aber nicht deshalb, weil alle Ursachen ihres Versagens grundlegend wissenschaftlich geklärt werden konnten. Sie konnten vielmehr immer zuverlässiger gebaut werden durch die Anwendung der wachsenden Erfahrung im Umgang mit den Werkstoffen und Konstruktionen, durch verbesserte Herstellungsverfahren und Betriebsweisen sowie durch sorgsam bemessene Sicherheitszuschläge.

Mitte des 19. Jahrhunderts bildete sich an den polytechnischen Schulen Deutschlands die Maschinenbaulehre als eigenständige wissenschaftliche Disziplin heraus. Die Entwicklung verzweigte sich zwischen dem praktisch-konstruktiven Maschinenbau, der sich überwiegend auf empirische Erkenntnisse stützte, und der theoretischen Maschinenlehre, die ihre Grundlagen in der Philosophie und der Mathematik sah. Es entstand ein Methodenstreit zwischen „Theoretikern" und „Praktikern", den die Praktiker, die es verstanden, naturwissenschaftliche Theorie mit

[3] Sonnenberg, Gerhard S., a. a. O., S. 90 ff.

[4] Eggert H.: Die Geschichte der Technischen Überwachung, in: 50 Jahre Technische Überwachung im Ruhrbergbau, Technischer Überwachungs-Verein Essen, 1950, S. 14 ff.

[5] Siehe auch: Paturi, Felix R.: 125 Jahre Sicherheit in der Technik, TÜV Bayern Holding AG, München, 1995, S. 15 ff.

[6] Eine ausführliche zusammenfassende Darstellung gibt Wiesenack, Günter: Wesen und Geschichte der Technischen Überwachungs-Vereine, Carl Heymanns Verlag, Köln, 1971.

[7] Wiesenack, Günter: Wesen und Geschichte der Technischen Überwachungs-Vereine, Carl Heymanns Verlag, Köln, 1971, S. 18.

[8] Sonnenberg, Gerhard S., a. a. O., S. 250.

der Empirie und der praktischen Ausbildung zu versöhnen, gegen Ende des 19. Jahrhunderts für sich entscheiden konnten.[9] Zu nennen sind hier vor allem der Berliner Maschinenbauprofessor Alois Rieder und Carl von Bach, der den Stuttgarter Lehrstuhl für Maschinenelemente, Dampfmaschinen, Dampfkessel und Elastizitätslehre innehatte. Bach gilt als einer der Begründer der Festigkeitslehre.

Im ausgehenden 19. und auch im 20. Jahrhundert ereigneten sich noch viele katastrophale Kesselexplosionen.[10] Die Industrie entwickelte ihre technischen Anlagen zu höheren Leistungen weiter und erhöhte dabei die Kesseldrücke in Bereiche hinein, in denen nur unzureichende praktische Erfahrungen vorlagen. Als der Dampfdruck, mit dem die Kessel betrieben wurden, in den Jahren 1915–1920 von wenigen atü auf 15–20 atü heraufgesetzt wurde, ereigneten sich so viele Zerknalle und wurden so viele Behälter schadhaft, dass die Kesselbetreiber sich vereinigten, um diese „Kesselschädenepidemie" zu bekämpfen.[11] Jedem Fortschritt folgten weitere Kesselschäden und Explosionen. Im März 1920 ereignete sich im Kraftwerk Reisholz bei Düsseldorf eine schwere Kesselexplosion mit 28 Toten. Dies war Anlass zur Gründung der Vereinigung der Großkesselbesitzer – später Großkesselbetreiber – (VGB), die sich hohe Qualitätsstandards für Werkstoffe, die Herstellung und den Betrieb von Kesselanlagen zur Aufgabe machte.[12] Es bedurfte noch jahrzehntelanger Forschungsarbeit, bis die entscheidenden Einflussgrößen erkannt und theoretisch ausgedeutet waren.

Hat sich eine Technik bewährt, entsteht der Wunsch nach Vereinheitlichung, Arbeitsvereinfachung, Austauschbarkeit und gesicherter Qualität. Es entsteht der Wunsch nach Normung. Die ersten allgemein verbindlichen technischen Spezifikationen über Druckkessel waren in den frühen Dampfkesselgesetzen enthalten. Die Fortentwicklung der Technik machte sie schnell obsolet. Die gesetzgebenden Instanzen waren aber überfordert, die gesetzlichen Vorschriften dem jeweiligen neuesten Stand der Technik anzupassen. Ergebnis: die Detailregelungen mussten aus den Gesetzen verschwinden.

In der zweiten Hälfte des 19. Jahrhunderts verschoben sich die Gewichte bei der Erarbeitung und Festsetzung technischer Einzelvorschriften von der Ministerialbürokratie zu den Technikern, ihren Vereinen und Verbänden. Der 1856 gegründete Verein Deutscher Ingenieure (VDI), der Verein Deutscher Eisenhüttenleute (VDEh 1860) und der Verband Deutscher Elektrotechniker (VDE 1893) befassten sich frühzeitig mit Fragen der Normung.[13] Im 20. Jahrhundert haben der Deutsche Dampfkesselausschuss und die Arbeitsgemeinschaft Druckbehälter technische Regeln und Merkblätter erarbeitet. Im September 1972 wurde der Kerntechnische Ausschuss gegründet, der das kerntechnische Regelwerk publizierte.

Bald entbrannte ein Streit um die Rechtsqualität der Techniker-Normen und -Regeln. Carl von Bach übernahm als Vorsitzender des Württembergischen Dampfkessel-Überwachungs-Vereins dabei eine führende Rolle.[14] Unter Bachs Vorsitz verabschiedete der 1873 gegründete *Internationale Verband der Dampfkessel-Überwachungsvereine* 1881 die *Würzburger Normen* für die Werkstoffprüfung und 1884 die *Hamburger Normen* für die Berechnung der Wanddicken von Dampfkesseln. In den allgemeinen polizeilichen Bestimmungen über die Auslegung von Dampfkesseln von 1908 wurde erstmalig die lange Zeit umkämpfte Generalklausel „Anerkannte Regeln

---

[9] König, Wolfgang: Künstler und Strichezieher, Konstruktions- und Technikkulturen im deutschen, britischen, amerikanischen und französischen Maschinenbau zwischen 1850 und 1930, suhrkamp taschenbuch wissenschaft, Frankfurt/M, 1997.

[10] vgl. Hoffmann, Werner E.: Die Organisation der Technischen Überwachung in der Bundesrepublik Deutschland, Droste, Düsseldorf, 1980, S. 29 f.

[11] Wellinger, Karl und Kußmaul, Karl: 50 Jahre Werkstofftechnologie im Kraftwerksbau und -betrieb, Mitteilungen der Vereinigung der Großkesselbetreiber, Heft 5, 50. Jg., Oktober 1970, S. 356–362.

[12] 60 Jahre VGB, Jubiläumsschrift der VGB Technischen Vereinigung der Großkraftwerksbetreiber e.V., Essen, 1980, S. 11 ff.

[13] Kiencke, Richard: Die deutsche Normung. Geschichte, Wesen, Organisation, Berlin/Krefeld-Uerdingen, 1949, S. 10.

[14] Wiesenack, Günter, a. a. O., S. 32.

der Wissenschaft und Technik" verwendet.[15] In diesen „Anerkannten Regeln" schlagen sich die beständigen Erfahrungen der Mehrzahl der Fachleute nieder; sie umfassen also auch die technischen Normen, die im Einzelnen nicht rechtsverbindlich sind.

Dieses Verfahren der Normsetzung in partnerschaftlichem Zusammenwirken von Staat und Technik hat sich ausgezeichnet bewährt. Die im Atomgesetz von 1959 und im Bundes-Immissionsschutzgesetz von 1974 benutzten Generalklauseln lauten „Stand von Wissenschaft und Technik" und „Stand der Technik". Sie haben im Jahr 2001 durch Umsetzung europarechtlicher Vorgaben[16] wesentliche inhaltliche Erweiterungen hinsichtlich der Gewährleistung der Anlagensicherheit, Vorbeugung von Unfällen, Verringerung von Unfallfolgen u. a. erfahren, wodurch der praktische bisherige Gesetzesvollzug weiter verrechtlicht wurde.

9.1.1   Der konventionelle Kesselbau im 20. Jahrhundert

Druckbehälter mussten gegenüber der staatlichen Aufsicht in ihrer Ausführung den „anerkannten Regeln der Wissenschaft und Technik", später dem „Stand der Technik" und im Bereich der Kerntechnik dem „Stand von Wissenschaft und Technik" entsprechen. Die technischen Regelwerke konkretisierten im Wesentlichen diesen Stand und enthielten die Sicherheitsanforderungen, die zu beachten waren. Da der Stand von Wissenschaft und Technik dem Stand der Technik vorauseilt, ergibt sich für die Kerntechnik ein sog. „dynamischer Grundrechtsschutz." „Regeln der Technik" können nur zu solchen Sachverhalten aufgestellt werden, bei denen eine Konsolidierung des Standes von Wissenschaft und Technik erreicht ist. In Deutschland war Carl von Bach, Professor für Dampfmaschinen, Dampf-

kessel, Elastizität und Maschinenteile an der Technischen Hochschule Stuttgart, der Gründer und Vorstand der Materialprüfungsanstalt (MPA) Stuttgart, die treibende Kraft bei der Entwicklung sachgerechter Regeln für Dampfkessel und Druckbehälter. Beim Entwurf und Bau von Reaktordruckbehältern (RDB) für Kernkraftwerke gingen die Ingenieure zunächst von ihren Erkenntnissen und Erfahrungen beim konventionellen Kesselbau aus.

So bedeutsam technische Normen für Carl von Bach waren, so eindringlich warnte er die Konstrukteure und Prüfingenieure davor, mechanisch nach behördlich empfohlenen oder vorgeschriebenen Formeln zu verfahren. Er mahnte die besondere Prüfung jedes einzelnen Falls, selbständiges Denken und eigene Verantwortung an. Die Kessel und ihre Betriebsverhältnisse könnten so verschieden sein, dass einheitliche Formeln nichts besagten.[17] Für die Fälle, in denen Berechnungen der Kesselfestigkeit nicht möglich seien, schlug Bach eine Druckprobe vor, die in der zweifachen Höhe des geplanten Betriebsüberdrucks auszuführen sei.[18] Auf Anregung Bachs hat Richard Baumann, Professor für Elastizitäts- und Festigkeitslehre an der Technischen Hochschule Stuttgart und seit 1922 Bachs Nachfolger als Vorstand der MPA Stuttgart, den damaligen Stand von Wissenschaft und Technik für Dampfkessel dargestellt. In die Berechnung der Blechdicken zylindrischer Dampfkesselwandungen mit innerem Überdruck wurden Sicherheitsbeiwerte (,,ein Zahlenwert") eingeführt, die je nach Konstruktionsweise zwischen 4 und 4,75 der Bruchfestigkeit lagen. Mit diesem „Zahlenwert" wurde die Wanddicke multipliziert, die aus dem Innendruck, dem Innendurchmesser und der Mindestzugfestigkeit der Längsnaht bzw. des Kesselblechs errechnet wurde.[19]

Auf Initiative Carls von Bach wurden 1910 der Dampfkesselausschuss des Vereins Deutscher Ingenieure (VDI) und am 5. Mai 1923 der

---

[15] Sonnenberg, Siegfried G., a. a. O., S. 294 f.

[16] Richtlinie 96/61/EG des Rates vom 24. September 1996 über die integrierte Vermeidung und Verminderung der Umweltverschmutzung, Artikel 2, Anhang IV, ABl. EG Nr. L 257, 10. 10. 1996.

[17] Bach, Carl von: Vorwort in Baumann, R.: Die Grundlagen der deutschen Material- und Bauvorschriften für Dampfkessel, Julius Springer Verlag, Berlin, 1912, S. 2 f.

[18] Baumann R., ebenda, S. 89 und 129.

[19] ebenda, S. 50–55.

Deutsche Dampfkesselausschuss (DDA) mit Unterausschüssen für Land- und Schiffskessel gegründet. Der DDA bestand aus 46 ordentlichen und ebenso vielen stellvertretenden Mitgliedern. Neben der staatlichen Seite (Reichsarbeitsminister und Landesregierungen) waren im DDA vor allem die Dampfkessel-Überwachungsvereine, der Verein Deutscher Eisenhüttenleute (VDEh), die Vereinigung der deutschen Dampfkessel- und Apparate-Industrie, die Vereinigung der Großkesselbesitzer (VGB), die Schiffswerften und -reedereien, der VDI sowie Vertreter der Versuchs- und Prüfanstalten vertreten. Carl von Bach und Richard Baumann waren Mitglieder im neu konstituierten DDA.[20] Die Leiter der MPA Stuttgart wurden von da an stets als Vertreter der Wissenschaft in den DDA und die ihm nachfolgenden Ausschüsse berufen.

In der Ende 1923 erlassenen Reichsverordnung über die Anlegung von Dampfkesseln wurde verfügt: „Jeder Dampfkessel muss in Bezug auf die verwendeten Baustoffe und seine Bauart, Ausführung und Ausrüstung den anerkannten Regeln der Wissenschaft und Technik entsprechen. Als solche Regeln gelten die Baustoff- und Herstellungsvorschriften, die auf Grund der Anlage vom Deutschen Dampfkesselausschuss aufgestellt und vom Reichsarbeitsminister durch Verkündung im Reichsanzeiger in Kraft gesetzt werden. Diese Regeln können bei der Vielgestaltigkeit der Verhältnisse und dem Fortschreiten der Technik nicht als erschöpfend angesehen werden." Zu den Aufgaben des DDA gehörte laut Anlage zu dieser Verordnung insbesondere, Baustoff- und Herstellungsvorschriften nach den Bedürfnissen der Praxis und den Ergebnissen der Wissenschaft fortzubilden und zu erlassen.[21]

Im September 1926 verabschiedete der DDA die erste „*Bekanntmachung betr. Werkstoff- und Bauvorschriften für Landdampfkessel und für Schiffskessel*", die im Oktober 1926 im Deutschen Reichsanzeiger und Preußischen Staatsan-

zeiger veröffentlicht wurde. Diese Vorschriften und Bestimmungen wurden im Laufe der Jahrzehnte vielfach geändert und weiterentwickelt. In den Jahren nach 1933 verlor der DDA seine Selbstverwaltung und Selbstverantwortung in einer wechselvollen Geschichte. Nach dem Kriege wurde in den Ländern der drei Westzonen als Vorläufer des 1965 wieder gebildeten *Deutschen Dampfkesselausschusses* (DDA) der „*Deutsche Dampfkessel- und Druckgefäß-Ausschuss*" (DDA) am 27.7.1949 in Mülheim/Ruhr neu gegründet.[22] Mit der Neufassung der Gewerbeordnung 1953 wurde für die Tätigkeit des DDA eine neue Rechtsgrundlage geschaffen. 1965 kam die „*Verordnung über die Errichtung und den Betrieb von Dampfkesselanlagen*" (Dampfkesselverordnung)[23] hinzu und machte das Recht der überwachungsbedürftigen Anlagen zusammen mit den gleichzeitig erlassenen Verwaltungsvorschriften zu einem mehrstufigen System (Abb. 9.1).[24] Ab Juli 1964 wurden die Dampfkessel-Vorschriften in der Form von *Technischen Regeln für Dampfkessel* (TRD) vom Carl Heymanns Verlag, Köln und Berlin, publiziert.[25] Im Jahr 1973 umfasste das TRD-Regelwerk 39 Technische Regeln für Dampfkessel, die ganz überwiegend Ende der 1960er und Anfang der 1970er Jahre erabeitet worden waren.[26]

Neben den Dampfkesseln kamen in Industrie, Handwerk, Verkehr, Haushalten und für vielfältige andere Nutzungen Druckbehälter für verdichtete Luft, Gase, Gasgemische und Flüssiggas in Gebrauch. Diese Gefäße wurden in unterschied-

---

[20] Weber, Franz: Zur Geschichte der deutschen Dampfkessel-Bestimmungen, VDI Information, Nr 8, Juni 1963, S. 6–11.

[21] Verordnung über die Anlegung von Dampfkesseln vom 14. 12. 1923, Reichsgesetzblatt, Teil I, Nr. 131, 22. 12. 1923, S. 1229.

[22] Hoffmann, Werner E.: Ein Blick zurück, in: Deutscher Dampfkesselausschuss (DDA) (Hg.): 50 Jahre DDA, Essen, November 1973, S. 25–32.

[23] Dampfkesselverordnung vom 8. 9. 1965, BGBl. I S. 1300.

[24] Hoffmann, Werner E.: Die Arbeitsgemeinschaft Druckbehälter (AD), Technische Überwachung, 18, Juli/August 1977, S. 233.
Heisl, U.: Sicherheit und Schutz in europäischen technischen Normen am Beispiel von Druckanlagen, in: Lindackers, K. H. (Hg.): Sicherheitsaspekte technischer Standards, Springer-Verlag, Berlin/Heidelberg, 1992, S. 59.

[25] Der Dampfkessel im Vorschriftenwerk, in: Deutscher Dampfkesselausschuss (DDA) (Hg.), a. a. O., S. 65–71.

[26] Hoffmann, Werner E.: Der DDA heute, in: Deutscher Dampfkesselausschuss (DDA) (Hg.), a. a. O., S. 56 f.

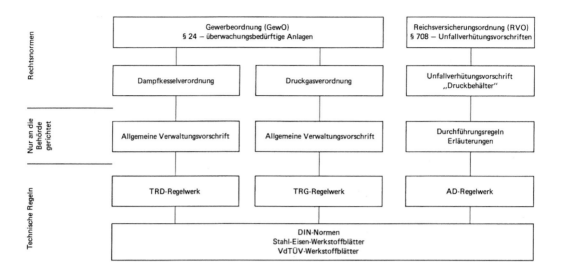

Abb. 9.1 Die technischen Regelwerke und ihre Rechtsgrundlagen (1977)

lichster Bauart und Größe für unterschiedlichste Betriebsbeanspruchungen ausgelegt. Die Hersteller und Betreiber dieser Druckgefäße wünschten im Interesse der Sicherheit ebenfalls ein technisches Regelwerk. Im Jahr 1932 erarbeitete der Zentralverband der Preußischen Dampfkessel-Überwachungsvereine zusammen mit der Berufsgenossenschaft der chemischen Industrie Berechnungsgrundlagen für Druckluftbehälter.[27] Am 2. Dez. 1935 wurde die Polizeiverordnung über die ortsbeweglichen geschlossenen Behälter für verdichtete, verflüssigte und unter Druck gelöste Gase (Druckgasverordnung) erlassen.

Im Juni 1939 bildeten auf einer Tagung der Vereinigung der Großkesselbesitzer (VGB) in Salzburg die VGB mit dem Verein Deutscher Eisenhüttenleute (VDEh), der Vereinigung der Deutschen Dampfkessel- und Apparate-Industrie (VDDA) und dem Reichsverband der Technischen Überwachungs-Vereine (RTÜV) eine „Arbeitsgemeinschaft Dampfkesselwesen" (AD) im Nationalsozialistischen Bund Deutscher Technik (NSBDT).[28] Sie befasste sich mit ortsfesten Druckbehältern, die in unterschiedlichsten Druck- und Temperaturbereichen betrieben wur-

den. Im Juni 1943 kamen die ersten Richtlinien der AD für die Berechnung der Wanddicken zylindrischer bzw. kegelförmiger Schüsse bei innerem Überdruck als AD-Merkblätter B1 und B2 heraus.[29] In der Einleitung zu den Berechnungsunterlagen wurde mitgeteilt, dass die AD-Merkblätter als „Regeln der Technik" dem „heutigen Stand der Technik" entsprächen und im Sinne der Unfallverhütungsvorschriften von den gewerblichen Berufsgenossenschaften anerkannt seien.

Zum Ende des Krieges kam die Arbeit des AD zum Erliegen. 1947 besorgte die Vereinigung der Überwachungsvereine (VdTÜV) eine neu bearbeitete und ergänzte Ausgabe der Werkstoff- und Bauvorschriften für Landdampfkessel nach dem Stand der gesetzlichen Vorschriften vom 1. Jan. 1947.[30] Grundlagen für die Überarbeitung waren neben den AD-Merkblättern die vom Arbeitsausschuss für Dampfkesselwesen im DDA bzw. vom Schweißausschuss im DDA noch vor dem Kriegsende geleisteten Arbeiten. Die neugefassten Berechnungsgrundlagen für zylindrische Dampfkessel hatte Erich Siebel entschei-

---

[27] Hoffmann, Werner E.: Die Arbeitsgemeinschaft Druckbehälter (AD), a. a. O., S. 230.

[28] Weber, Franz, a. a. O., S. 15.

[29] vgl. AD-Merkblatt B2 in Auszügen abgebildet in: Werkstoff- und Bauvorschriften für Landdampfkessel, Carl Heymanns Verlag, Berlin, 1947, S. 171–174.

[30] Werkstoff- und Bauvorschriften für Landdampfkessel, Carl Heymanns Verlag, Berlin, 1947.

dend beigetragen, der als Professor für Materialprüfung, Werkstoffkunde und Festigkeitslehre an der Technischen Hochschule Stuttgart von 1931 bis 1940 und später wieder von 1947 bis 1961 der MPA Stuttgart als Direktor vorstand. Die nächste Ausgabe der vom DDA überarbeiteten und dem Stand der Technik angepassten Werkstoff- und Bauvorschriften kam 1953 heraus und unterschied nicht mehr zwischen Land- und Schiffsdampfkesseln.[31]

Die VdTÜV betrieb die Wiederaufnahme der Zusammenarbeit von Herstellern und Betreibern von Druckbehältern. 1952 gründeten der Fachverband Dampfkessel-, Behälter- und Rohrleitungsbau, der Verein Deutscher Eisenhüttenleute, der Verein Deutscher Maschinenbauanstalten, Fachgemeinschaft Apparatebau, der Verband der chemischen Industrie, die Vereinigung der Großkesselbesitzer und die VdTÜV die „*Arbeitsgemeinschaft Druckbehälter*" (AD). Die VdTÜV übernahm treuhänderisch die Geschäftsführung und gab seit 1952 die AD-Merkblätter beim Carl Heymanns Verlag, Köln und Berlin heraus.[32]

Die aus dem Jahr 1935 stammende Druckgasverordnung wurde nach dem Krieg grundlegend novelliert.[33] Sie war die Grundlage der Technischen Regeln Druckgase (TRG), die nur für ortsbewegliche Druckbehälter galten. Für die ortsfesten Kessel erarbeiteten die gewerblichen Berufsgenossenschaften auf der Grundlage der Reichsversicherungsordnung die Unfallverhütungsvorschrift „Druckbehälter", die auf das AD-Regelwerk verweist (Abb. 9.1). Auch das TRG-Regelwerk der Druckgasverordnung nahm punktuell Bezug auf die AD-Merkblätter.[34] Über

50 AD-Merkblätter sind bis 1977 herausgegeben worden, die der Bundesminister für Arbeit und Sozialordnung zur Veröffentlichung und damit zur verbindlichen Grundlage der Verwaltungspraxis freigegeben hat.[35] Das AD-Regelwerk war strukturiert nach: Grundsätze, Ausrüstung, Berechnung, Werkstoffe, Nichtmetallische Werkstoffe, Sonderfälle sowie Herstellung und Prüfung.

Im europäischen gemeinsamen Binnenmarkt behinderten die unterschiedlichen nationalen technischen Regelwerke die grenzüberschreitenden Warenverkehre als nichttarifäre technische Handelshemmnisse. Rat und Kommission der EG versuchten schon früh in faktischer und rechtlicher Hinsicht die unterschiedlichen technischen Regeln für Druckbehälter innerhalb der EG anzugleichen.[36] Die EG-Rahmen-Richtlinie über Druckbehälter vom 27. Juli 1976[37] umfasste ortsfeste und ortsbewegliche Druckbehälter und musste in eine einheitliche staatliche Vorschrift umgesetzt werden. Dies geschah im Februar 1980 auf der Grundlage der Gewerbeordnung und des Energiewirtschaftsgesetzes mit der Druckbehälterverordnung[38] und der gleichzeitig dazu erlassenen allgemeinen Verwaltungsvorschrift.

Die Druckbehälterverordnung erfuhr im Rahmen der Harmonisierungsbestrebungen der Europäischen Union weitere Novellierungen, insbesondere aufgrund der Richtlinie über Druckgeräte[39], die im Mai 1997 das Europäische Parlament und der Rat verabschiedeten. Die deutschen Regelwerke unterschieden nunmehr zwischen Druckbehältern und Druckgasen. Im Gebiet der Forschung und Entwicklung für kon-

---

[31] Werkstoff- und Bauvorschriften für Dampfkessel, Carl Heymanns Verlag, Köln und Berlin, 1953 (unveränderter Nachdruck 1955).

[32] Hoffmann, Werner E.: Die Arbeitsgemeinschaft Druckbehälter (AD), Technische Überwachung, Bd. 18, Juli/August 1977, S. 230.

[33] Verordnung über ortsbewegliche Behälter und Füllanlagen für Druckgase vom 20. 6. 1968 (Druckgasverordnung), BGBl. I S. 730.

[34] Fitting, Karl: Die Harmonisierung sicherheitstechnischer Vorschriften in der Europäischen Gemeinschaft und ihre Auswirkungen auf die Arbeit der Technischen Überwachungsorganisationen, Technische Überwachung, Bd. 17, Oktober 1976, S. 335.

[35] Hoffmann, Werner E.: Die Arbeitsgemeinschaft Druckbehälter (AD), a. a. O., S. 229 und 231.

[36] Marburger, Peter: Rechtliche und organisatorische Aspekte der technischen Normung auf nationaler und europäischer Ebene, in: Lindackers, K. H. (Hg.): Sicherheitsaspekte technischer Standards, Springer-Verlag, Berlin/ Heidelberg, 1992, S. 175–233.

[37] Rahmenrichtlinie 76/767/EWG, ABl. EG Nr. L 262 vom 27. 9. 1976, S. 153.

[38] Verordnung über Druckbehälter, Druckgasbehälter und Füllanlagen (Druckbehälterverordnung) vom 27. Februar 1980, BGBl. I S. 173.

[39] Richtlinie 97/23/EG vom 29. 5. 1997, ABl. EG Nr. L 181 S. 1 vom 9. 7. 1997.

ventionelle und nukleare Kraftwerke wurden in Europa vornehmlich Aktivitäten in zwei Richtungen entfaltet:

- die Intensivierung der Zusammenarbeit mit dem Pressure Vessel Research Committee (PVRC) des Welding Research Council (WRC) sowie dem Oak Ridge National Laboratory in den USA und
- die Bildung von „Europäischen Netzwerken" unter Einbeziehung der europäischen Forschungseinrichtungen in Petten und Ispra.

Die Technischen Regeln Druckbehälter (TRB) bezogen sich nun u. a. auf die AD-Merkblätter, DIN-Normen, VDI-Richtlinien und Technischen Regeln zu Verordnungen nach § 24 Gewerbeordnung (wie die bisherigen TRD) sowie auf Berufsgenossenschaftliche Richtlinien, Sicherheitsregeln, Grundsätze und Merkblätter. TRB wurden vom Fachausschuss „Druckbehälter" bei der Zentralstelle für Unfallverhütung und Arbeitsmedizin des Hauptverbandes der gewerblichen Berufsgenossenschaften ermittelt.

Die Technischen Regeln Druckgase (TRG) wurden nun von dem beim Bundesministerium für Arbeit und Sozialordnung gebildeten Deutschen Druckbehälterausschuss (DBA) aufgestellt. Der DBA setzte sich wie der frühere DDA zusammen. Die TRG bezogen sich ebenfalls auf die AD-Merkblätter, DIN-Normen, Stahl-Eisen-Werkstoffblätter u. a.

In den USA begann die Entwicklung eines technischen Regelwerks für Druckkessel im Jahr 1911. Alarmiert von schweren Kesselexplosionen setzte die American Society of Mechanical Engineers (ASME) einen Ausschuss ein, der Normen für die Konstruktion von Dampfkesseln und anderen Druckbehältern erarbeiten sollte. Im März 1915 wurde der erste ASME Boiler Code als offizielles ASME-Dokument publiziert.[40] Er umfasste 114 Seiten mit einem Anhang von 20 Seiten, in dem die Rechenverfahren und Formeln zusammengestellt waren. Aus diesen Anfängen wurde ein umfangreicher ASME Boiler and Pressure Vessel Code (ASME BPVC, kurz ASME-Code) ausgebaut, dessen Sections I (Power Boilers) und VIII (Unfired Pressure Vessels) im Wesentlichen das technische Regelwerk für die Konstruktion von Dampfkesseln und Druckbehältern enthielten.

9.1.2 Der nukleare Kesselbau

Ende 1955 setzte das ASME Boiler and Pressure Vessel Committee einen Sonderausschuss zur grundlegenden Überprüfung der technischen Regeln des ASME-Codes ein. 1958 wurde dieser Sonderausschuss auch mit der Schaffung eines besonderen Regelwerks für Bauteile von kerntechnischen Anlagen beauftragt. Anfang der 1960er Jahre wurden dann Section III mit Regeln für Kernkraftwerks-Komponenten und Section VIII Division 2 für abweichende Regeln für Reaktordruckbehälter eingefügt.[41] Der ASME-Code enthielt eine große Zahl von Fallbeispielen.

Die deutschen Hersteller von Kernkraftwerken hatten historisch gewachsene, bis in die Zeit vor den Weltkriegen zurückreichende Verbindungen zu amerikanischen Firmen, die nun weltweit führende Anbieter von Nukleartechnik geworden waren. So wurden nach 1955 AEG im Bereich der Siedewasserreaktoren Lizenznehmer von General Electric und Siemens für Druckwasserreaktoren Lizenznehmer von Westinghouse. Aus diesem Grund hatte der ASME-Code in der Bundesrepublik Deutschland eine große Bedeutung. Er hatte auch Vorbildfunktion für das deutsche kerntechnische Regelwerk, das ab 1972 vom Kerntechnischen Ausschuss (KTA) beim Bundesministerium für Bildung und Wissenschaft (später beim Bundesministerium des Innern bzw. für Umwelt, Naturschutz und Reaktorsicherheit) zusammengestellt und herausgegeben wurde.

Von besonderem Interesse war die Frage, worin sich die Regelwerke der AD-Merkblätter und Technischen Regeln für Dampfkessel (TRD) von anderen international benutzten Regelwerken, insbesondere vom ASME-Code, unterschie-

---

[40] Harlow, J. H.: The ASME Boiler and Pressure Vessel Code, Mechanical Engineering, Vol. 81, No. 7, Juli 1959, S. 56–58.

[41] Bernstein, Martin D.: Design Criteria for Boilers and Pressure Vessels in the USA, Proceedings of the Sixth International Conference on Pressure Vessel Technology, Peking, 1988, S. 111–137.

den. Im Auftrag des Bundesministeriums des Innern wurde 1984 an der MPA Stuttgart eine Studie über Festigkeitsberechnungen von Reaktordruckbehältern (RDB) im Vergleich von AD/TRD zum ASME-Code durchgeführt.[42] Ein wesentlicher Unterschied bestand darin, dass im ASME-Code (und damit auch im KTA-Regelwerk) die Zugfestigkeit als maßgebender Werkstoffkennwert verwendet wurde gegenüber der Streckgrenze in den konventionellen deutschen Regelwerken. Daraus war unter Berücksichtigung der vorgeschriebenen Sicherheitsbeiwerte abzuleiten, dass gemäß TRD die Wanddicken im ungeschwächten zylindrischen Mantel eines RDB um etwa 20 % geringer und die primären Membranspannungen um ungefähr 20 % höher ausfielen als nach dem ASME-Code. Für die werkstoffmechanisch zu beherrschende Sprödbruchgefahr war die Zugfestigkeit allerdings keine brauchbare Werkstoffkenngröße. Nach Aufklärung der Zusammenhänge um den Sprödbruch wurden von der MPA Stuttgart die Streckgrenze zusammen mit einer Kenngröße für die Werkstoffzähigkeit als angemessenere Auslegungsgrundlagen angesehen.[43] Im Gegensatz zum ASME-Code sahen die AD/TRD-Regelwerke keinen Spannungsnachweis vor. Ausschnitte und Übergänge beispielsweise an Stutzen wurden nach Vorschlag von Erich Siebel, MPA Stuttgart, mit Verschwächungs- bzw. Verstärkungsbeiwerten berücksichtigt, die im Versuch ermittelt worden sind.[44] Genauere Spannungsanalysen ergaben, dass bei einer RDB-Auslegung nach ASME-Code bzw. TRD die Spannungswerte teilweise weit unterhalb der zulässigen Werte lagen. Die Zuverlässigkeit der RDB-Festigkeitsberechnung

konnte für beide technischen Regelwerke nachgewiesen werden.[45]

9.1.3 Schwere Schadensfälle im nichtnuklearen Bereich und ihre Konsequenzen

Die technischen Regelwerke konnten viele Ursachen, die Kesselschäden auslösten, nicht erfassen und berücksichtigen:

- Qualitätsmängel bei der Konstruktion, Herstellung und Errichtung, die wegen unzureichender Kontrollen nicht erkannt wurden, wie:
  - abweichende chemische Zusammensetzung der Kesselstähle,
  - Seigerungen und Risse,
  - fehlerhafte Wärmebehandlung,
  - unsachgemäße Schweißungen,
  - hohe Eigenspannungen in komplizierten Bauteilformen,
  - Unrundheiten des Kessels.
- Auswirkungen ungewöhnlicher Betriebsbeanspruchungen, wie:
  - Wechselbeanspruchung druckführender Teile,
  - intermittierender Betrieb,
  - sehr schnelles Anfahren aus kaltem Zustand,
  - Thermoschock,
  - Korrosionseinwirkung,
  - thermische Belastung durch mangelhafte Armaturen.
  - Unzureichende Wartung und periodisch wiederkehrende Prüfungen (Druckprobe und zerstörungsfreie Prüfungen):
  - keine zustands- und fehlerorientierte Prüfung.

Um diese im Einzelnen nicht genau bekannten Einflüsse zu berücksichtigen, wurde der Sicherheitsbeiwert als „Faktor der Unkenntnis oder Unfähigkeit, einen Behälter genau zu berechnen", eingeführt.[46] Der Sicherheitsbeiwert war

[42] Stegmeyer, R. und Herter, K.-H.: Festigkeitsberechnung Reaktordruckbehälter – Vergleich AD/TRD zu ASME-Code -, 14. Technischer Bericht im Forschungsprogramm „Erstellung einer Materialsammlung über kerntechnische Regeln und Richtlinien für Werkstoffe, Berechnung und Prüfung unter Berücksichtigung der sicherheitstechnischen Erfordernisse für das Genehmigungs- und Aufsichtsverfahren (Konstruktionswerkstoffe und Bauteile für Kernkraftwerke), BMI – TB – SR 163, Mai 1984.

[43] ebenda, S. 36 f.

[44] Schwaigerer, Siegfried: Festigkeitsberechnung im Dampfkessel-, Behälter- und Rohrleitungsbau, Springer Verlag, Berlin, Heidelberg, New York, 1978.

[45] Stegmeyer, R. und Herter, K.-H., a. a. O., S. 46 f.

[46] Götz, Moritz: Sicherheit und Sicherheitsbeiwert bei Dampfkesseln und Druckbehältern, Technische Überwachung, Bd. 9, Nr. 11, November 1968, S. 383–391.

ein allgemeiner Erfahrungswert, der über die wirkliche Sicherheit eines bestimmten Behälters gegen sein Versagen nichts aussagte, da immer unbekannt blieb, wie stark sich die einzelnen Konstruktions-, Fertigungs- und Betriebsmängel auswirkten. Anfang des 20. Jahrhunderts wurde beim Bau von Dampfkesseln ein Sicherheitsbeiwert gegen die Bruchfestigkeit von 4 bis 4,75 verwendet. Durch die Forschungen insbesondere von Erich Siebel an der MPA Stuttgart kamen, sofern ein „schmeidiger" (zäher) Werkstoffzustand gewährleistet war, Berechnungsverfahren in Gebrauch, die mit einer bestimmten Sicherheit gegen das Erreichen der Streckgrenze (Beginn des Fließens) an der höchstbeanspruchten Werkstoffstelle arbeiteten. In den 1940er Jahren wurde bei der Berechnung der Behälter für hohe Drücke ein Sicherheitsbeiwert von 1,6 bis 1,8 gegen die Streckgrenze verwendet.[47] Der Sicherheitsbeiwert wurde als empirische Größe dem fortentwickelten Stand von Wissenschaft und Technik angepasst. In den 1960er Jahren war es üblich, bei Werkstoffen mit ausgeprägter Streckgrenze und bei Beachtung aller empirisch abgesicherten Sorgfaltspflichten einen Sicherheitsbeiwert von 1,5 bezogen auf die von der Berechnungstemperatur abhängige Streckgrenze zu verwenden. Die Streckgrenze war und blieb bis Ende 1965 die allein maßgebende Werkstoffkenngröße im Kesselbau. Durch die Vereinbarung zwischen den Fachverbänden VGB, VDEh, VdTÜV und dem Fachverband Dampfkessel-, Behälter- und Rohrleitungsbau vom November 1965 wurde in Anlehnung an das amerikanische Regelwerk für Kesseltrommeln zusätzlich die Mindestzugfestigkeit bei Raumtemperatur als Werkstoffkennwert mit dem Sicherheitsbeiwert 2,7 eingeführt.[48] Auf der Grundlage dieser Sicherheitsregeln traten bei einer äußerst großen Zahl von praktisch verwendeten Druckbehältern keine katastrophalen Schäden auf. Es gab aber trotzdem noch Fälle von schweren Behälterbrüchen. Den

Werkstofffehlern im Behälter- und Rohrleitungsbau mit dicken Blechen galt die besondere Aufmerksamkeit.[49]

Jeder große Kesselschaden schreckte die Fachwelt auf und löste intensive Untersuchungen aus. Von großem Interesse im Hinblick auf die RDB von Kernkraftwerken waren die Schäden an konventionellen Behältern, die mit ihrer Größe und ihren Betriebsbeanspruchungen mit RDB wenigstens annähernd vergleichbar waren, vor allem also schwere Naturumlauf-Kesseltrommeln[50] in Kohlekraftwerken und Behälter der Hochdruckchemie. Mehrere umfassend angelegte Studien versuchten, einen Überblick über aktuelle Fälle von konventionellen Kesselschäden, ihre Ursachen und Schadensfolgen zu geben.[51,52,53]

Im Folgenden werden einige Schadensfälle an Behältern, Zerknalle und ein Beinahe-Zerknall, sowie ein Turbinenschaden vorgestellt, die große Beachtung fanden.

9.1.3.1 Großkraftwerk Mannheim (GKM) 1960

Im Sommer 1960 fanden im GKM in enger Zusammenarbeit mit der MPA Stuttgart auf Veranlassung des Betriebsdirektors Wilhelm Schoch Untersuchungen an einigen Kesseltrommeln statt, die in den Jahren 1950/51 in Betrieb gegangen waren. Dabei wurden Lochkantenrisse an

[47] Siebel, E., Schwaigerer, S. und Kopf, E.: Berechnung dickwandiger Hohlzylinder, Die Wärme, Jg. 65, Nr. 51/52, Dezember 1942, S. 442.

[48] vgl. Wellinger, K. und Kußmaul, K.: Stähle im Kesselbau, Brennstoff-Wärme-Kraft, Jg. 19, Nr. 2, 1967, S. 53–65.

[49] Kußmaul, K. und Blind, D.: Werkstoffungänzen und Werkstofffehler in Grobblechen, Bänder Bleche Rohre, Jg. 10, Nr. 12, 1969, S. 728–736.

[50] Kesseltrommeln im Kraftwerksbereich haben die Aufgabe, den Dampf aus den Dampferzeugern vom Wasser zu trennen und in die Überhitzerstufen zu leiten, sowie das Speisewasser auf die Kesselfallrohre zu verteilen.

[51] USAEC: Report on the Integrity of Reactor Vessels for Light Water Power Reactors, WASH-1285, Januar 1974, autorisierter Nachdruck in: Nuclear Engineering and Design, 28, 1974, S. 147–195.

[52] Smith, T. A. und Warwick, R. G.: A survey of defects in pressure vessels built to high standards of construction and its relevance to nuclear primary circuits, International Journal of Pressure Vessel & Piping, Vol. 2, 1974, S. 283–322.

[53] Holt, A. B.: The Probability of Catastrophic Failure of Reactor Primary System Components, Nuclear Engineering and Design, 28, 1974, S. 239–251.

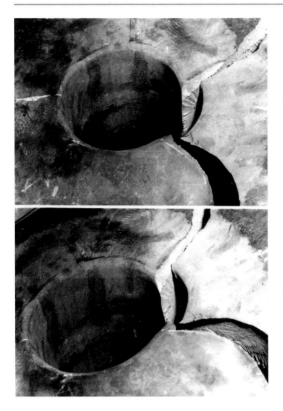

Abb. 9.2 Blick ins Trommelinnere, Rissverläufe am Fall-rohrstutzen

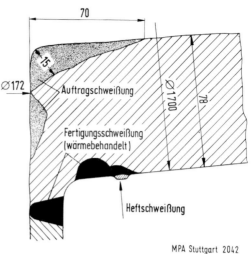

MPA Stuttgart 2042

Abb. 9.3 Rissausgang Montageheftschweißung

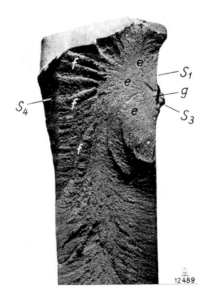

Abb. 9.4 Bruchfläche mit Bruchausgang (g), Ring-schweißung (S_1), Heftschweißung (S_3), Scherbruch (S_4), Strahlen (e) und Strähnen (f)

Aushalsungen für Fallrohrbogen gefunden. Der TÜV forderte, diese Risse auszukreuzen und zu verschweißen, was vom Hersteller der Trommeln besorgt wurde. Zur Verringerung der Schweiß-restspannungen, bzw. zur Erzeugung von günstigen Druckeigenspannungen, entschloss man sich, mittels Pressluthhämmern das Schweißgut plastisch zu verformen (Kaltverformung).

Am 18.8.1960 wurde die Wasserdruckpro-be bei einer Temperatur von etwa 70 °C durch-geführt. Beim Erreichen des Betriebsdrucks von 128 atü barst die Trommel verformungslos (Abb. 9.2). Die Trommel war 57.500 Stunden nach 838 Anfahrten, davon 334 aus kaltem Zu-stand, in Betrieb gewesen. Sie hatte einen Außen-durchmesser von 1.700 mm, eine Wanddicke von 78 mm und war aus dem Werkstoff Cu-Ni 52, entsprechend 17 Cu-Ni 4, gefertigt. Als Bruch-ausgangsstelle wurde eine Heftschweißung an der Außenseite der Trommelaushalsung erkannt, die für Montagezwecke angebracht worden war

(Abb. 9.3 und 9.4).[54] Offenbar erfolgte durch das Kalthämmern eine Eigenspannungsumlage-rung derart, dass an der alten Heftschweißung

---

[54] Kußmaul, K.: Widerstandsfähigkeit von Schweißkons-truktionen im Behälter- und Rohrleitungsbau unter beson-derer Berücksichtigung von Fehlern in den Schweißver-bindungen, Schweißen und Schneiden, Jg. 22, Heft 12, 1970, S. 509–514.

die ursprünglich vorhandene Spannung erheblich zunahm und so infolge der bereits bestehenden hohen Härte in der Wärmeeinflusszone eine Bruchauslösung ohne vorherige makroskopische Rissbildung möglich war (Niedrigspannungsbruch). Die Werkstoffuntersuchungen ergaben, dass die Werkstoffzähigkeit im Grundwerkstoff weit unter den Gewährleistungswerten lag. Die mittlere Umfangsspannung erreichte bei weitem nicht die Streckgrenze. Es handelte sich um einen klassischen Sprödbruch.[55] Der schwere Kesselschaden im GKM veranlasste die VGB, ihren Mitgliedern die Überprüfung ihrer in Betrieb befindlichen Kesseltrommeln zu empfehlen. In den Jahren 1960–1968 untersuchte die MPA Stuttgart 31 Trommeln in 11 Kraftwerken und konnte zahlreiche Anrisse von teilweise beachtlicher Größe feststellen. Einige dieser schadhaften Kesseltrommeln wurden außer Betrieb genommen und zu Versuchszwecken ausgebaut.[56]

9.1.3.2 John Thompson Wolverhampton 1965

Im Jahr 1963 versagte eine für das Kraftwerk Sizewell, England, hergestellte Kesseltrommel bei der Druckprobe.[57] Zwei Jahre darauf folgte der John-Thompson-Fall, der weltweit Aufmerksamkeit fand.[58] Die Kesselbaufirma John Thompson Ltd. in Wolverhampton, England, hatte 1965 für das Düngemittelwerk Immingham der Firma Imperial Chemical Industries einen Ammoniak-Konverter hergestellt. Der Kessel hatte im zylindrischen Teil eine Länge von 16.000 mm, einen Außendurchmesser von 2.000 mm und eine Wanddicke von 150 mm. Er war für einen Betriebsdruck von 365 bar und eine Betriebstemperatur von 120 °C ausgelegt. Sein Werkstoff war ein MnCrMoV-Stahl. Im zylindrischen Teil bestand der Kessel aus zehn miteinander ver-

Abb. 9.5 Der geborstene Ammoniak-Konverter

Abb. 9.6 Das durch die Gebäudewand weggeschleuderte Trümmerstück

schweißten zylindrischen Schüssen. An einem Ende war ein geschmiedeter Hauptflansch angeschweißt, an dem der Boden verschraubt war. Am 22.12.1965 fand im Werk des Herstellers die hydraulische Druckprobe statt. Die Wassertemperatur betrug 10 °C. Der Prüfdruck sollte 465 bar erreichen. Beim Druck von 352 bar barst der Behälter. Der geschmiedete Hauptflansch zersprang an zwei Stellen, und die beiden anschließenden zylindrischen Schüsse wurden völlig zerrissen (Abb. 9.5). Vier Trümmerstücke wurden explosionsartig fortgeschleudert. Ein zwei Tonnen schweres Trümmerstück durchschlug die Wand des Werksgebäudes und flog fast 50 m weit (Abb. 9.6). Glücklicherweise wurde nur eine Person leicht verletzt. Die Untersuchung des zerstörten Kessels ergab, dass der Bruch von zwei bereits bestehenden kleinen Rissen im geschmiedeten Hauptflansch in der Wärmeeinflusszone der Schweißnaht zum zylindrischen Teil ausging. An diesen Stellen war der Gehalt an

---

[55] Schoch, W.: Bericht über die aufgetretenen Schäden an Kesseltrommeln, Mitteilungen der VGB, Heft 101, April 1966, S. 70–85.

[56] Kußmaul, K.: Beobachtungen an Hochleistungs-Kesseltrommeln, Mitteilungen der VGB, Jg. 49, Heft 2, April 1969, S. 113–122.

[57] Holt, A. B., a. a. O., S. 243.

[58] vgl. Case History: Brittle Fracture of a Thick-walled Pressure Vessel: Nuclear Engineering, Mai 1966, S. 368.

Legierungsbestandteilen und Kohlenstoff durch Seigerung erhöht. Der Riss breitete sich zunächst in der Schweißnaht aus, deren Werkstoffzähigkeit sehr gering war. Das Untersuchungskomitee vermutete, dass im Flanschring erhebliche Eigenspannungen bestanden. Durch nicht optimierte Wärmebehandlung war die Zähigkeit des Kesselwerkstoffs wegen der Empfindlichkeit des MnCrMoV-Stahls reduziert. Bei der Prüftemperatur von 10 °C befand sich das Material bereits im Bereich des Steilabfalls der Kerbschlagzähigkeit. Insgesamt wurde der John-Thompson-Zerknall als Sprödbruch eingestuft.[59] Die Explosion

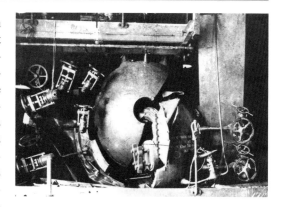

Abb. 9.7 Bodenansicht der geborstenen Kesseltrommel

zeigte, dass die bei einer Wasserdruckprobe eines Hochdruckbehälters gespeicherte Energie sehr beträchtlich ist, insbesondere, wenn das Wasser nicht vollkommen entgast wurde. Der John-Thompson-Fall wurde zum gedachten Musterbeispiel des katastrophalen Versagens eines RDB, dessen Trümmerstücke den Sicherheitsbehälter des Kernkraftwerks durchschlagen. Die Kläger im Wyhl-Prozess (s. Kap. 4.5.10) bezogen sich ausdrücklich auf diesen Kesselschaden.[60]

9.1.3.3 Cockenzie Power Station, East Lothian 1966

Für das neu errichtete Kohlekraftwerk Cockenzie, East Lothian, Schottland, lieferte die Firma Babcock & Wilcox eine im Werk Renfrew 1963 fertiggestellte Kesseltrommel. Diese Trommel hatte im zylindrischen Teil eine Länge von 20.700 mm, einen Außendurchmesser von 1.960 mm und eine Wanddicke von 141 mm. Sie war ausgelegt für einen Betriebsdruck von 200 bar und die Betriebstemperatur von 390 °C und aus einem MnCrMoV-Stahl (Ducol W.30) gefertigt. Vor der Auslieferung bestand sie eine sorgfältige zerstörungsfreie Prüfung sowie eine Wasserdruckprobe mit 300 bar bei der Temperatur von 10 °C. Nach der Installation im Kraftwerk wurden für Dichtigkeitsprüfungen der angeschlossenen Rohrleitungssysteme Anfang

1966 weitere drei hydraulische Druckproben unternommen, bei denen jeweils Drücke von 290 bar und mehr erreicht wurden. Am 6. Mai 1966 sollte von der Versicherungsgesellschaft Scottish Boiler and General Insurance Company Ltd. eine abschließende Wasserdruckprobe abgenommen werden. Die Wassertemperatur war knapp 7 °C. Beim Druck von 280 bar zerknallte die Kesseltrommel. Sie wurde längs in zwei Teile gespalten, und ein 5 m langes Stück wurde abgetrennt (Abb. 9.7 und 9.8). Die weggeschleuderten Trümmerstücke wurden vom Rohrleitungssystem aufgefangen, das dadurch zerstört oder erheblich beschädigt wurde.

Die Trommel war nach den technischen Regeln der British Standard Specification 1113 für Kesseltrommeln hergestellt worden, und es konnten, wohl wegen der mangelhaften Überprüfung, keine Herstellungsfehler nachgewiesen werden. Der Bruch nahm seinen Ausgang von einem 330 mm langen und bis zu 89 mm tiefen Riss, der schon vor der Probe existiert haben musste, was aus der Schwarzfärbung seiner Bruchfläche durch Oxidation geschlossen wurde. Der Rissausgang lag in der Nähe einer Stutzenschweißnaht und eines innen angebrachten Lagerbocks. Die Rissentstehung konnte nicht abschließend geklärt werden. Das Untersuchungskomitee war überwiegend der Auffassung, dass wegen der komplexen Eigenspannungen im Bereich des Stutzens während des Spannungsarmglühens ein Relaxationsriss (stress relief crack) entstehen konnte. Zerstörungsfreie Prüfungen nach der Wärmebehandlung waren nicht durchgeführt

---

[59] Brittle fracture of a thick walled pressure vessel, BWRA (British Welding Research Association) – Bulletin, Vol. 7, No. 6, Juni 1966, S. 149–178.

[60] Schnetzler, Otto W.: Gutachten zur Berstsicherheit von Reaktordruckbehältern in Druckwasserreaktoren, Mai 1977, GLA Abt. 471, Zug. 1979–36, Nr. 37.

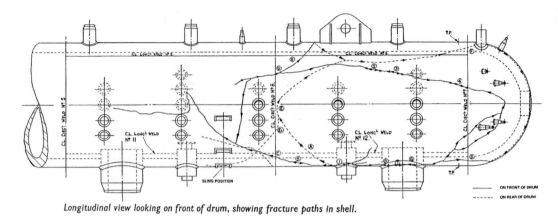

Longitudinal view looking on front of drum, showing fracture paths in shell.

Abb. 9.8 Rissverläufe (durchgezogen Linien: *Vorderseite*, gestrichelte Linien: *Rückwand*)

worden. Der auslösende Riss wurde als „gestoppter Sprödbruch" eingeordnet.[61,62]

Die Serie der schweren Kesselschäden von Sizewell (1963)[63], John Thompson (1965) und Cockenzie (1966) veranlasste die britische Atomenergiebehörde United Kingdom Atomic Energy Authority (UKAEA), ihre Forschungen über die Bruchsicherheit von Reaktorbehältern zu verstärken und die Zusammenarbeit mit ausländischen Institutionen wie der MPA Stuttgart zu suchen.

9.1.3.4 Henrichshütte Hattingen 1969

Die Firma Rheinstahl Hüttenwerke AG, Henrichshütte, Hattingen, fertigte 1969 eine Kesseltrommel mit folgenden Abmessungen: Außendurchmesser 1.600 mm, Gesamtlänge 11.600 mm, Länge des zylindrischen Teils 10.500 mm, Wanddicke 75 mm, Wanddicke der Böden 62 mm. Der Auslegungsdruck betrug 165 atü und die Auslegungstemperatur 350 °C. Die Mantelbleche, die Böden und die vier durchgesteckten Fallrohrstutzen waren aus dem Werkstoff BHW 38, einem Aluminium-beruhigten MnMoNiV-

Stahl hergestellt, der als eine besonders erfolgversprechende, weil sprödbruchsichere Neuentwicklung angeboten wurde. Am 17.3.1969 fand im Herstellerwerk eine Wasserdruckprobe statt. Der vorgesehene Probedruck war 248 atü, also der 1,5-fache Auslegungsdruck. Die Wassertemperatur betrug 65 °C. Beim Erreichen eines Druckes von 220 atü zerlegte sich die Trommel. Vom Rissausgang am Fallrohrstutzen I liefen drei Risse in Richtung des Bodens und ein Riss in Richtung des Fallrohrstutzens II.

Ein Bruchstück der ungefähren Größe von 1,1 m² wurde weggeschleudert (Abb. 9.9). Die Versagensursache war ein 240 mm langer und 15 mm tiefer Riss im Mantelblech an der Innenoberfläche der Trommel in der Wärmeeinflusszone der Schweißnaht am Fallrohrstutzen I. Die Schwarzfärbung der Rissfläche deutete daraufhin, dass diese Fehlstelle schon vor der letzten Spannungsarmglühung vorhanden und bei der zerstörungsfreien Prüfung des Kessels vor der Druckprobe nicht erkannt worden war. Die Werkstoffanalysen ergaben, dass die Zähigkeitswerte des betroffenen Mantelblechs die Garantiewerte deutlich unterschritten, was auf Manganseigerungen zurückgeführt werden konnte.[64] Für die MPA Stuttgart, die ebenfalls Untersuchungen durchführte, war dieser Fall ein Schulbeispiel für

---

[61] AMPA Ku 153, Report on the Brittle Fracture of a High-Pressure Boiler Drum at Cockenzie Power Station, Board of Inquiry, South of Scotland Electricity Board, Januar 1967.

[62] vgl. Cockenzie: brittle fracture failure: Engineering, 2. Juni 1967, S. 885–888.

[63] vgl. Nichols, R. W.: Prevention of Catastrophic Failure in Steel Pressure Circuit Components, Nuclear Engineering, Mai 1966, S. 369–373.

[64] Piehl, K.-H.: Untersuchungen über das Versagen einer Kesseltrommel bei der Druckprobe, Mitteilungen der VGB, 50, Heft 4, August 1970, S. 304–314.

Abb. 9.9 Vorderansicht der geborstenen Trommel mit Loch des herausgeschleuderten Teilstücks

Abb. 9.10 Relaxationsrissigkeit (interkristallin) am Bruchausgang

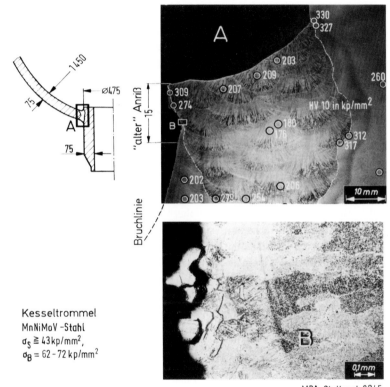

das Auftreten und die Gefährlichkeit von Relaxationsversprödung und Relaxationsrissigkeit (Abb. 9.10).[65] Auch dieser Schadensfall war Anlass, nach Verbesserungen der Sprödbruchsicherheit von Kesseltrommeln und Reaktordruckbehältern zu suchen. Gefragt waren geeignetere,

schweißsichere Werkstoffe und Wärmebehandlungs-Verfahren sowie einwandfrei durchführbare zerstörungsfreie Prüfungen.

9.1.3.5 Ensidesa-Werke Avilés 1971

Für die Auslösung einer Kesselexplosion macht es keinen Unterschied, ob der Versagensdruck durch ein gasförmiges oder flüssiges Medium ausgeübt wurde. Für die Schadensfolgen können die Unterschiede jedoch enorm sein. Beim Bersten des Behälters wird nicht nur die von ihm ge-

---

[65] Kußmaul, K.: Verfügbarkeits- und Sicherheitsaspekte bei geschweißten Bauteilen und größeren Wanddicken für Energieerzeugungsanlagen, Der Maschinenschaden, Jg. 45, 1972, S. 231–242.

Abb. 9.11 Eingesammelte Bruchstücke der geborstenen Ensidesa-Kesseltrommel

speicherte Energie, wie bei der Wasserdruckprobe bei niederer Temperatur, sondern auch die im plötzlich druckentlasteten Medium gespeicherte Energie frei. Bei großen Hochdruckanlagen, die im Betrieb explodieren, können Energien in der Größenordnung von Tonnen Dynamit freigesetzt werden.

Am 6.2.1971 zerknallte während des Betriebs eine Abhitze-Kesseltrommel in den Ensidesa-Hüttenwerken der staatlichen Empresa Nacional Siderúrgica S.A. vor der asturischen Hafenstadt Avilés, Spanien. Die Trommel aus höherfestem Werkstoff BH 51 W[66] zerbarst in zahlreiche Stücke, von denen die größeren bis 800 m und kleinere Bruchstücke bis 3 km weit fortgeschleudert wurden (Abb. 9.11).[67] Acht Menschen verloren ihr Leben und über 100 wurden verletzt. Die Druckwelle zertrümmerte die Fensterscheiben im Umkreis von mehreren Kilometern.[68]

Der Hersteller des Kessels war die Gutehoffnungshütte Sterkrade AG, Rheinstahl Hüttenwerke Hattingen. Der Kessel (Abb. 9.12) hatte eine Länge im zylindrischen Teil von 14.580 mm, einen Außendurchmesser von 3.000 mm und eine Wanddicke von 28 mm. Er war im Mai 1966 in Betrieb genommen worden. Sein Betriebsdruck war 42 bar, seine Betriebstemperatur 255 °C. Der

Rissausgang war im vollen Mantel im Längsnahtübergang. Der Gewaltbruch war als zäher Verformungs- bzw. Schiebebruch ausgebildet. An der Trommelinnenseite, an den Längsnähten und an den eingeschweißten Rohrstutzen wurden zahlreiche Anrisse gefunden. Die Untersuchung der Festigkeits- und Zähigkeitswerte ergaben keine Hinweise auf Mängel. Die Bruchstruktur zeigte keine Merkmale von Mikro-Sprödbrüchen, obwohl der Werkstoff als nicht optimal schweißgeeignet einzustufen war. Die im Laufe der Betriebszeit bei hoher Nennbeanspruchung entstandenen Risse waren auf das Zusammenwirken von Druckänderungen und Korrosion (Korrosionsermüdung) zurückzuführen, was bei der Auslegung des Kessels keine ausreichende Berücksichtigung gefunden hatte.[69]

9.1.3.6 Speisewasserbehälter Biblis A 1976

Im Kernkraftwerk Biblis KWB-A wurde am Speisewasserbehälter aus Werkstoff BHW 33[70] nach annähernd 11.000 Volllaststunden Rissbildung gefährlichen Ausmaßes festgestellt. Der Speisewasserbehälter hatte eine Länge von 50.000 mm, einen Außendurchmesser von 4.000 mm, eine Wanddicke im Mantel von 17 mm und in den Böden von 20 mm. Er war aus 5 Schüssen auf der Baustelle zusammengeschweißt und durch innenliegende Versteifungsringe (Vakuumaussteifung) verstärkt worden (Abb. 9.13).[71] Die Lieferfirma war Krupp-Atlas/Bremen. Der Behälter war für 14 atü bei einer Betriebstemperatur von 200 °C ausgelegt. Die maximale Wasserfüllung betrug 600 m³. Der Speisewasserbehälter wurde im normalen Betrieb bei 10,5 atü, 177 °C und einer Füllmenge von 400 m³ gefahren.

---

[66] Chemische Zusammensetzung in %: 0,18 C, 0,30 Si, 1,5 Mn, 0,25 P, 0,25 S, 0,55 Ni, 0,18 V.

[67] Kußmaul, K.: Gutachten im Wyhl-Prozess vom 2. 3. 1979 für den 10. Senat des Verwaltungsgerichtshofs Baden-Württemberg in Mannheim, Anhang Blatt 5, AMUBW 3481.1.12 IV.

[68] Kesselexplosion fordert acht Tote, Stuttgarter Zeitung, Nr. 31, 8. 2. 1971, S. 16.

[69] AMPA Ku 134: Prüfbericht M 32801 der MPA Stuttgart vom 20. 10. 1972, S. 5, S. 12–14.

[70] Feinkorn-Baustahl der Henrichshütte mit gewährleisteter Warmstreckgrenze BHW 33, chemische Zusammensetzung lt. Werkstoffblatt 158, Januar 1968, entspricht P460NH und EN 10028-3, in %: ≤ 0,20 C, ≤ 0,40 Si, 1,20/1,70 Mn, ≤ 0,035 P, ≤ 0,035 S, 0,40/0,70 Ni, 0,12/0,22 V.

[71] MPA Stuttgart: BMI-Forschungsprogramm SR 10, 5. Technischer Bericht (Fehleratlas II), April 1978, Beilage 13.

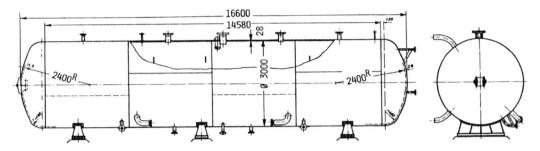

Abb. 9.12 Die Ensidesa-Kesseltrommel

Abb. 9.13 Der Speise-
wasserbehälter KWB-A
mit Rissbildungen

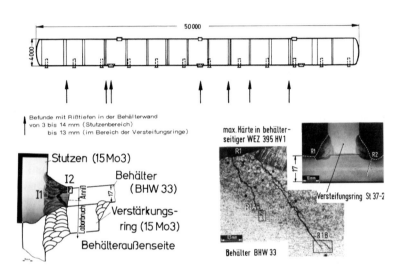

MPA 4997

Bereits am 6. Mai 1975 waren am undicht gewordenen Stutzen der Pumpsaugleitung zwei Anrisse und eine Deformation des Behälters entdeckt worden. Als Ursache wurde die fehlerhafte Konstruktion einer Ausbauvorrichtung ausfindig gemacht, welche die Wärmeausdehnung des Behälters (40 mm) blockierte.[72] Kurz darauf, am 23. Juni 1975 trat nach 4.190 Stunden Volllastbetrieb erneut eine Leckage auf, diesmal an der Kehlnaht eines innenliegenden Versteifungsrings. Man fand ein 50 mm langes Rissfeld aus 5 Rissen, von denen der mittlere einen Durchbruch von 5 bis 6 mm Länge aufwies. Der Rissausgang war die Einbrandkerbe einer 15 mm langen, nachträglich gelegten Handschweißnaht. Die Rissbildung war durch Eindringen von Wasserstoff (wasserstoffin-

duzierte Rissbildung) und Spannungen durch das Gewicht des Behälters begünstigt worden. Der Systemhersteller KWU schätzte den Schaden als einmaligen Herstellungsfehler ein, der durch eine nachträgliche fehlerhafte Handschweißung ohne Vorwärmung von Anfang an bestand. „Im Übrigen würden Feinkornbaustähle in Zukunft nicht mehr für derartige Behälter verwendet werden, u. a. auch deshalb nicht, weil man vielfach mit der Notwendigkeit eines späteren Schweißens beim Betreiber rechnen muss."[73] Nach Reparatur der schadhaften Stelle ging der Behälter ohne vorherige Druckprobe wieder in Betrieb.

Ende April 1976 wurde KWB-A für den ersten Brennelementwechsel abgeschaltet und einer umfassenden Revision unterzogen. Die zu

---

[72] AMPA Ku 24, Ergebnisprotokoll 40. Sitzung RSK-UA RDB, 20. 1. 1976, S. 8.

[73] AMPA Ku 24, Ergebnisprotokoll 40. Sitzung RSK-UA RDB, 20. 1. 1976, S. 9 f.

diesem Zeitpunkt vorgenommene zerstörungsfreie wiederkehrende Prüfung des Speisewasser-
behälters war ohne Befund. Dieser positive Prüfbericht fand den Widerspruch der MPA Stuttgart,
der von Mitgliedern des RSK-UA RDB unterstützt wurde. Eine erneute, gemeinsame Prüfung
durch den TÜV Bayern und die MPA Stuttgart
wurde verlangt und akzeptiert. Das Ergebnis
der am 3. Juni 1976 abgeschlossenen, erneuten
Revision war niederschmetternd.[74] An den Spei-
sewasserzulaufstutzen und den Dampfstutzen
wurden Anrisse bis 300 mm Länge gefunden, die
mit Unterbrechung um die ganzen Stutzen her-
umliefen. Im Bereich der Kehlnähte, mit denen
die Vakuumaussteifungsringe an der Innenseite
verschweißt waren, wurden Risse bis zur maximalen Länge von 1.800 mm entdeckt, die bis zu
80 % der 17 mm Wanddicke durchbrochen hatten, Stelle R2 in Abb. 9.13. Man fand eine sehr
feine Bruchstruktur in Bereichen kleiner Risse
(6 mm Tiefe, 20 mm Länge), die auf Wasserstoffeinfluss hindeutete, und gröbere Strukturen
an großen Rissen, wie sie für Gewaltbrüche cha-
rakteristisch sind.[75] Es gab Risse mit typischen
Merkmalen korrosiven Angriffs und Risse mit
terrassenförmigem Verlauf.[76] Der Sicherheitsabstand gegen katastrophales Versagen war nicht
mehr groß gewesen. Ein Zerknall im Betrieb
hätte unabsehbare Folgen gehabt. Der Behälter
ging nach einer „Total-Reparatur", einer erneuten
Druckprobe und weiteren Nachbesserungen mit
dem auf 5,5 bar verminderten Druck zeitlich eng
befristet noch einmal in Betrieb, bis der Ersatz-
behälter aus einem anderen Werkstoff installiert
war.[77]

In der RSK gab es zu dieser Zeit eine intensive
Diskussion um die Zulässigkeit von höher- und
hochfesten Feinkornbaustählen für sicherheitstechnisch wichtige Anlagenteile. Aus der Anfäl-
ligkeit dieser Feinkornbaustähle gegen nachläs-
sige Verarbeitung konnten sich schwere Schäden
ergeben. Die Auseinandersetzungen über die zur
Beurteilung der Schweißsicherheit 1970 eingeführte verfeinerte Simulationstechnik erreichten
einen gewissen Höhepunkt in dem vom TÜV
Rheinland im März 1976 veranstalteten „Symposium über angewandte Bruchmechanik".[78] Weitere umfassende Erörterungen fanden im September 1978 in der vom TÜV Rheinland und der
Fa. Babcock & Wilcox Company, USA, in Köln
ausgerichteten „2. Internationalen Tagung über
die Qualität von Kernkraftwerken aus amerikanischer und deutscher Sicht" statt. Im Fachseminar
1979 der Kerntechnischen Gesellschaft e. V. mit
dem Titel „Integrität und Festigkeit druckführender Reaktorkomponenten" ergab sich ebenfalls eine Gelegenheit, Wege zum Fortschritt in
der Werkstofftechnik aufzuzeigen.[79] Zusätzliche
Entscheidungshilfen lieferten die im 2. MPA-
Seminar „Anforderungen an Werkstoff und Auslegung von Sicherheitsbehältern" im Juni 1976
vorgestellten Beiträge, die durch Darlegungen
im 4. MPA-Seminar 1978 ergänzt worden sind
(s. Abschnitt SB-Werkstoffe). In Tab. 9.1[80] findet sich eine Zusammenstellung von 9 Feinkornbaustählen unterschiedlicher Festigkeitsgruppen
und chemischer Zusammensetzung, deren unter-

[74] AMPA Ku 24, Ergebnisprotokoll 45. Sitzung RSK-UA RDB, 9. 6. 1976, S. 9–16.

[75] MPA Stuttgart: BMI-Forschungsprogramm SR 10, 5. Technischer Bericht (Fehleratlas II), April 1978, S. 13–17.

[76] MPA Stuttgart: BMI-Forschungsprogramm SR 10, 15. Technischer Bericht: Katastrophales Versagen von Druckbehältern im Betrieb ohne Leck vor Bruch, Fall 5, Mai 1985.

[77] AMPA Ku 157, Kußmaul, K. und Schellhammer, W.: Gutachten zu den Schäden Speisewasserbehälter Kernkraftwerk Biblis, Block A, August 1976.

[78] Kußmaul, K. und Ewald, J.: Die Bewertung der Sprödbruchneigung von Feinkorn- und kaltzähen Baustählen im Vergleich zu herkömmlichen und bruchmechanischen Prüfkriterien, Angewandte Bruchmechanik, Symposium am 15. und 16. März 1976, Bad Neuenahr, Verlag TÜV Rheinland GmbH, Köln, 1976.

[79] Kußmaul. K. und Issler, L.: Forschung und Entwicklung auf den Gebieten Werkstoff und Festigkeit, in: Tagungsband, Fachseminar 1979 der Fachgruppe Reaktorsicherheit der Kerntechnischen Gesellschaft e. V. „Integrität und Festigkeit druckführender Reaktorkomponenten", 27. und 28. September 1979 in Düsseldorf, Kerntechnische Gesellschaft e. V., Bonn, S. 124–128.

[80] Kußmaul, K.: Verwendung hochfester Stähle – pro und contra, in: Die Qualität von Kernkraftwerken aus amerikanischer und deutscher Sicht, 2. Internationale Tagung des Technischen Überwachungs-Vereins Rheinland e. V. und der Firma Babcock & Wilcox Company am 28. September 1978 in Köln, Verlag TÜV Rheinland GmbH, Köln, 1979, S. 169–198.

Tab. 9.1 Feinkornbaustähle unterschiedlicher Festigkeitsgruppen (R_m – Zugfestigkeit; $R_{p0,2}$ – Streckgrenze; A_v – Kerbschlagarbeit)

Werkstoff	R_m N/mm²	$R_{p0,2}$ N/mm²	A_5 %	A_v(JSO-V) J ±0°C	+5°C	+20°C	C	Si	Mn	P max	S max	Cr	Al ges.	Mo	Ni	Sn max	Cu max	V max	As max	N max	Sb max	Zr
15 MnNi 63	490-610	≥370	22			≥68 Q	≤0,18	0,15-0,50	0,85-1,65	0,020	0,015			0,020-0,050	0,50-0,80							
StE 47	560-730	≥460	17		≥55 L		≤0,15	0,10-0,50	1,10-1,50	0,035	0,035				0,50-0,70		0,50-0,70	0,08-0,18				
StE 51	610-780	≥500	16		≥39 L		≤0,21	0,10-0,50	1,30-1,70	0,035	0,035				0,40-0,70			0,10-0,20				
20 MnAl 6	640-790	≥490	16			≥39 Q	≤0,23	0,35-0,60	1,30-1,70	0,040	0,040											
13MnCrMoZr 33	790-940	≥690	16		≥39 Q		≤0,20	0,50-0,90	0,70-1,10	0,035	0,040	0,60-1,00		0,20-0,60								0,08-0,12
22NiMoCr 37	590-740	≥440	18		≥41 Q		0,20	0,20	0,85	0,008	0,008	0,40	0,010-0,040	max. 0,55	1,20	0,005	0,10	0,01	0,015	0,013	0,002	
20MnMoNi 55	590-730	≥450	18		≥41 Q		1) 0,15-0,25	0,10-0,35	1,15-1,55	0,012	0,012	0,20	0,010-0,040	0,40-0,55	0,45-0,85	0,011	0,12	0,02				
							2) 0,15-0,25	0,10-0,35	1,15-1,55	0,015	0,015	0,20	0,010-0,040	0,40-0,63	0,45-0,85		0,18	0,02				
15MnMoNiV 53	600-750	≥450	19			≥41 Q DVM	0,12-0,17	0,15-0,35	1,10-1,50					0,20-0,40	0,30-0,45		0,90-1,20	0,08-0,16				
15 MnNiMoV 53	590-740	≥440	20		≥31 Q		0,10-0,17	0,20-0,40	1,20-1,60	0,020	0,020				0,30-0,45		0,50-0,70	0,08-0,15				

1) uneingeschränkte Zulassung
2) eingeschränkte Zulassung mit Sonderprüfungen

Tab. 9.2 Versprödungs- und Rissbildungsempfindlichkeit unterschiedlicher Feinkornbaustähle (SRC – Relaxationsrissbildung; SIE – dehnungsinduzierte und TIE – temperaturinduzierte Versprödung)

CATEGORY	SIE RESP. SRC		TIE		TYPE OF STEEL	STEEL
I	-		-		CMn	StE 36
II	-	[OPTIMIZED]	X	[OPTIMIZED]	MnNi	15 MnNi 63
	X (xx)		xx (xxx)		-V	StE 43-51
	X		xxx (xx)		-Ti	StE 43-47
III	NO EXAMINATION	[OPTIMIZED]	NO EXAMINATION	[OPTIMIZED]	MnMo-Ni	20 MnMoNi 55
	X		XX		-NiNb	13 MnNiMoNb 54
	XXX		XXX			15 MnMoNiV 53
					-NiV	
	XX		XX			15 MnNiMoV 53
	XXX		XXX		-V	17 MnMoV 64
IV	XXX	[OPTIMIZED]	X	[OPTIMIZED]	NiMo -Cr	22 NiMoCr 37
V	XX (XXX)		XX		Ni -CuMoNb	15 NiCuMoNb 5

SRC = STRESS-RELIEF CRACKING
SIE = STRAIN INDUCED EMBRITTLEMENT
TIE = TEMPERATURE INDUCED EMBRITTLEMENT
▭ OPTIMIZED MATERIAL

– NO SUSCEPTIBILITY DETECTED
X SLIGHT
XX MODERATE
XXX STRONG

schiedliche Empfindlichkeit gegenüber Versprödung und Rissbildung im Zuge des Schweißens und der Spannungsarmglühung aus Tab. 9.2[81] hervorgeht, in das die Ergebnisse von Schweiß-simulationsversuchen eingetragen sind. Das Zähigkeitsspektrum ist aus Abb. 9.14[82] insbeson-

[81] ebenda, S. 178.

[82] vgl. Kußmaul, K. und Schick, M.: Werkstoffeigenschaften, in: Tagungsband, Fachseminar 1979 der Fachgruppe Reaktorsicherheit der Kerntechnischen Gesell-

Abb. 9.14 Zähigkeitsspektrum insbesondere im Vergleich der Feinkornbaustähle WStE 51 und 15 MnNi 63

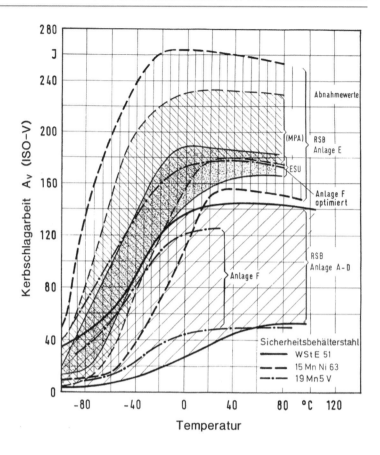

dere im Vergleich für den höherfesten Stahl WSt E 51 (Mindeststreckgrenze 500 N/mm²) und den niedrigfesten Stahl 15 MnNi 63 (Mindeststreckgrenze 370 N/mm²) ersichtlich. Es wird deutlich, dass der optimierte zähe Stahl 15 MnNi 63 eine erheblich geringere Neigung zur Versprödung und Rissbildung aufweist als WSt E 51. Die angewandte Versuchstechnik für Simulation und Nachuntersuchung zur Ermittlung der mechanischen Eigenschaften nach der eingetretenen Schädigung, die den von der RSK für die Reaktordruckbehälterstähle festgelegten Mindestanforderungen gegenübergestellt sind, findet sich in Anhang 10–7. Die Fortschritte in der Stahlentwicklung zeigen sich gleichermaßen im Bild für

die Containmentstähle anhand von Großplattenversuchen mit Wells-Fehler (s. Abb. 6.89, 6.90).

Die RSK hatte bereits im Januar 1975 zur Gewährleistung der Sicherheit gegen Versagen druckführender Komponenten gefordert: *„Es ist nachzuweisen, dass beim Versagen irgendeiner druckführenden Komponente inner- oder außerhalb des Sicherheitsbehälters keine schwerwiegenden Konsequenzen auftreten (Beschädigung des Primärsystems, Beschädigung des Sicherheitsbehälters, unzulässige Spaltproduktfreisetzung). Die zur Beherrschung eines solchen Störfalls vorgesehenen Maßnahmen sind anzugeben.“*[83] Der RSK-UA RDB traf die Feststellung: *„Der UA betont in diesem Zusammenhang, dass es im Fall des Versagens einer der Speisewasserbehälter wegen der Abmessungen und der*

schaft e. V. „Integrität und Festigkeit druckführender Reaktorkomponenten", 27. und 28. September 1979 in Düsseldorf, Kerntechnische Gesellschaft e. V., Bonn, S. 81–110.

[83] AMPA Ku 5, Ergebnisprotokoll 109. RSK-Sitzung, 21. 1. 1976, S. 21.

Wasserzustände zu einem klassischen Dampfkesselzerknall käme, wie er Anlass zu der Dampfkesselgesetzgebung war. Man muss davon ausgehen, dass beim Platzen des Behälters die Turbinenanlage beschädigt wird. Rückwirkungen auf das Primärsystem können nicht ausgeschlossen werden."[84]

Die RSK vertrat die Auffassung, dass bei einem Behälter dieser Größe und dessen Gefährdungspotenzials, auch wenn er sich außerhalb des kerntechnischen Teils der Anlage befinde, sicherheitstechnische Anforderungen wie an Komponenten des Primärkreises hätten gestellt werden müssen. Die RSK forderte deshalb, „dass weitere Teile der Kernkraftwerksanlagen, wie z. B. die Speisewasserbehälter, in das atomrechtliche Genehmigungsverfahren einbezogen werden müssen, da offenbar nur hierdurch erreicht werden kann, dass die sicherheitstechnisch notwendigen Anforderungen auch erfüllt werden."[85]

Zerstörungsfreie, sorgfältige und regelmäßig wiederkehrende Prüfungen an 55 Speisewasserbehältern von Kraftwerken in der Bundesrepublik Deutschland wurden umgehend geplant und durchgeführt. Es wurden zahlreiche Schäden festgestellt.[86]

9.1.3.7 Huckingen, 1979

Am 17. Jan. 1979 zerknallte im Block B des Erdgas/Gichtgas-Kraftwerks Huckingen (307 MW_{el}) der RWE AG südlich von Duisburg am Rhein ein Hochdruck-Vorwärmer aus dem höherfesten Feinkornbaustahl 11 NiMoV 5 3 und zerstörte den Kessel weitgehend.[87] Dieser Werkstoff wurde auch für Druckbehälter in Siede- und Druckwasserkernkraftwerken verwendet. Der aus 4 Längsschüssen und 2 Böden zusammengeschweißte Behälter hatte einen Außendurch-

messer von 1.950 mm und eine Gesamtlänge von 10.104 mm. Die Wanddicke betrug 22 mm.

Der Schaden trat nach nur 11.500 Betriebsstunden bei einem Betriebsdruck von 37,5 bar und der Dampfeintrittstemperatur von 318 °C ein. Der Bruchverlauf mit ca. 25.000 mm Bruchlänge ist aus Abb. 9.15 zu ersehen.[88] Der Bruchausgang an einer Längsnaht im Mantelschuss 3 ist mit einem Pfeil gekennzeichnet. Der Bruch verlief entlang von Längs- und Rundnähten, aber auch durch den ungestörten Grundwerkstoff.

Im Abb. 9.16a[89] sind der Querschnitt einer gebrochenen Längsnaht und die darin enthaltenen Rissformen dargestellt. Die Teilbilder a bis c zeigen den überwiegend interkristallinen Bruch in der WEZ. In den Teilbildern d und e verläuft ein Terrassenbruch („lamellar tearing"), der sich an den längsgerichteten, großflächigen Mangansulfideinschlüssen in der Blechmitte orientiert. Teilbild f zeigt den zähen Restbruch. In der Längsnaht mit dem Bruchausgang fand sich ein etwa 1.300 mm langer, offenbar alter, mit Magnetit belegter Riss, der von innen ausging und durchschnittlich über die halbe Wanddicke reichte. Die Bruchflächenanalyse (Abb. 9.16b) ergab, dass vor dem Bersten die Restwanddicke, gekennzeichnet durch eine Scherlippe (e), stellenweise nur noch 2 mm betrug.

Abbildung 9.16b verdeutlicht die Verhältnisse anhand von Bruchflächenuntersuchungen im Rastermikroskop. Aus Abb. 9.16c erkennt man, wie sich die infolge der Herstellungsfehler bereits erheblich geschwächte Wand durch die An- und Abfahrten (fatigue) des Kessels weiter verringert hat, bis der Restbruch (shear lip) als zäher Gewaltbruch eintrat.

9.1.3.8 Tokuyama 1980

Am 1.4.1980 explodierte ein chemischer Reaktor in einer Chemieanlage der Firma Idemitsu Kosan Company Ltd. in Tokuyama, Japan. Er war mit Stickstoffgas mit einem Druck von etwa 55 bar

---

[84] AMPA Ku 24, Ergebnisprotokoll 45. Sitzung RSK-UA RDB, 9. 6. 1976. S. 13.

[85] BA B 106-87874, Ergebnisprotokoll 115. RSK-Sitzung, 28. 8. 1976, S. 9.

[86] Adamsky, F.-J. und Teichmann, H. D.: Betriebserfahrungen mit Speisewasserbehältern, VGB Kraftwerkstechnik 57, November 1977, S. 756–773.

[87] AMPA Ku 26, Ergebnisprotokoll 81. Sitzung RSK-UA RDB, 29. 3. 1979, S. 5–11.

[88] MPA Stuttgart: BMI-Forschungsprogramm SR 10, 11. Technischer Bericht (Fehleratlas III), Februar 1981, Beilage 76.

[89] MPA Stuttgart: BMI-Forschungsprogramm SR 10, 11. Technischer Bericht (Fehleratlas III), Februar 1981.

Abb. 9.15 Zerknall eines Hochdruck-Vorwärmers aus dem Werkstoff 11 NiMoV 5 3

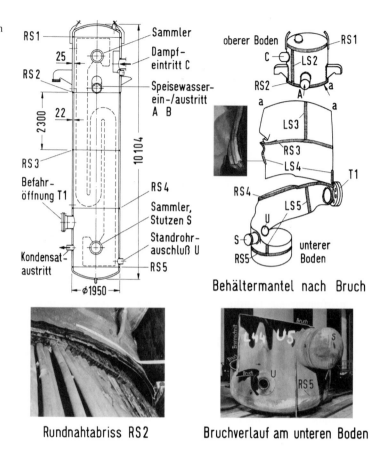

Rundnahtabriss RS2   Bruchverlauf am unteren Boden

gefüllt. Das vom Hersteller Mitsubishi Shipment Building Company im Werk Hiroshima gefertigte Druckgefäß zerbarst in 44 Stücke, die bis zu 100 m weit flogen. Der zylindrische Teil des Kessels war 6.700 mm lang, der Außendurchmesser 2.480 mm und die Wanddicke 89 mm. Der Behälter bestand aus dem Stahl ASTM A-204-61 Grade A F.B.Q. (Cl. 2 M) mit einer inneren, 3,5 mm dicken Auskleidungsschicht aus ASTM A-260-61T Type 405. Der Reaktor war 1964 in Betrieb genommen und bis 1971 jährlichen Inspektionen unterzogen worden. Da sich dabei keinerlei Hinweise auf Fehler ergaben, unterblieben weitere Inspektionen. Die Schadensanalyse zeigte, dass im Laufe der Jahre betriebsbedingte Risse entstanden waren, die mit zerstörungsfreien Prüfverfahren hätten entdeckt werden können. Der Schadensbericht schließt mit der Feststellung:

„Die Notwendigkeit einer regelmäßigen Inspektion, selbst nach jahrelangem, einwandfreiem Betrieb, ist hiermit eindringlich demonstriert."[90]

9.1.3.9 Irsching 1987

Im Öl- und Gaskraftwerk Irsching der Isar-Amperwerke AG zerbarst am 31.12.1987 bei einem Kaltstart die Welle einer Niederdruckturbine, die 1972 in Betrieb genommen worden war und etwa 58.000 Betriebsstunden, 838 Starts, davon 110 Kaltstarts hinter sich hatte. Die Turbine war von der Firma Siemens/KWU, Mülheim/Ruhr geliefert worden. Die Welle war mit 7.500 mm Länge und 1.760 mm maximalem Ballendurchmesser

---

[90] Watanabe, Y.: Explosion eines Reaktionsgefäßes bei Dichteprüfung, Der Maschinenschaden, 56, Heft 3, 1983, S. 98–99.

Abb. 9.16 a Rissverlauf
in der gebrochenen Längs-
naht (Querschliff);
b Bruchflächen; **c** Bruchformen – Ermüdungsriss
unten

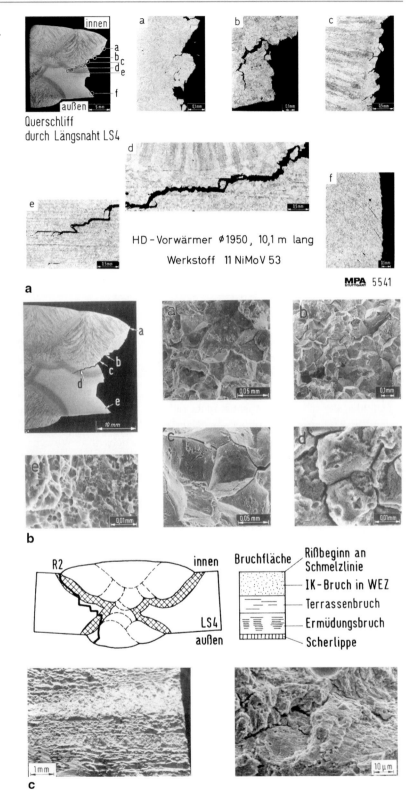

Abb. 9.17 Geborstene Turbinenwelle

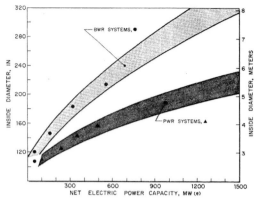

Abb. 9.18 RDB-Innendurchmesser. (BWR: Siede-, PWR: Druckwasserreaktoren)

weltweit eines der größten Schmiedestücke für Dampfturbinen gewesen.[91] Der Berstschaden war sehr groß. Bruchstücke wurden bis zu 1,3 km fortgeschleudert (Abb. 9.17).

Dieser schwere Turbinenschaden wird an dieser Stelle genannt, um auf einen hier interessierenden Sachverhalt hinzuweisen. Die Welle war aus dem Werkstoff 28 NiMoCr V 8 5 gefertigt, der wegen seiner geringen Bruchzähigkeit für später gebaute Läufer nicht mehr verwendet wurde. Die auslösende Schadensursache war ein Herstellungsfehler, der in seinem Ausmaß nicht richtig erkannt und interpretiert worden war. Nahe der Wellenachse lag ein exzentrisches Fehlerfeld von vier Rissen, von denen der größte 130 mm in axialer und 60 mm in radialer Richtung maß. Bei der Ultraschallprüfung der neu hergestellten Welle nach dem damaligen Stand der Technik waren lokale Rückwandecho-Schwächungen festgestellt worden. Nachprüfungen mit unterschiedlichen Prüffrequenzen ergaben unterschiedliche Echoschwächungen, die als nichtmetallische Einschlüsse gedeutet wurden. Erst entscheidende Fortschritte der Ultraschall-Prüftechnik in den 1970er und 1980er Jahre schufen die Grundlagen für die richtige Auflösung komplizierter Fehlerfelder, in denen sich Fehler gegenseitig abschatten können[92] (s. Kap. 10.5).

9.1.4   Anforderungen an die RDB für Großkernkraftwerke

Anfang der 1960er Jahre wurde in den USA der Nachweis erbracht, dass Kernkraftwerke mit Leichtwasserreaktoren zur Stromerzeugung mit Leistungen von mindestens 500–600 MW$_{el}$ im Wettbewerb mit Kohlekraftwerken bestehen können. Mit der Leistungsgröße der Kernkraftwerke wuchs ihre Wirtschaftlichkeit. Reaktorentwürfe für 1.000–1.500 MW$_{el}$ wurden diskutiert. Auf der dritten Genfer Atomkonferenz im September 1964 wurden die Probleme angesprochen, die bei der Herstellung und dem Betrieb von Reaktordruckbehältern gelöst werden mussten, die sich in enorme Größenordnungen im Hinblick auf Durchmesser, Wanddicke und Volumen hineinentwickelten. Abbildung 9.18 zeigt die prognostizierten und, wie sich später herausstellte, sehr realistisch abgeschätzten RDB-Innendurchmesser abhängig von der Kraftwerksleistung. Der Genfer Beitrag aus den USA machte klar, dass nicht nur die außerordentlichen Größenverhältnisse, sondern vor allem auch die außerordentlich hohen Qualitätsansprüche die Hersteller und Prüfer großer RDB vor ganz ungewöhnliche Herausforderungen stellten.[93] Es kamen zunächst nur

---

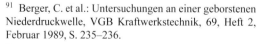

[91] Berger, C. et al.: Untersuchungen an einer geborstenen Niederdruckwelle, VGB Kraftwerkstechnik, 69, Heft 2, Februar 1989, S. 235–236.

[92] Merz, A. und Reifenhäuser, R.: Der Turbinenschaden im Kraftwerk Irsching, VGB Kraftwerkstechnik, 69, Heft 3, März 1989, S. 255–259.

[93] Gaines, A. L. und Porse, L.: Problems in the design and construction of large reactor vessels, Proceedings of the Third International Conference on the Peaceful Uses of Atomic Energy, 31. 8.–9. 9. 1964, Vol. 8, P/227 USA, United Nations, New York, 1965, S. 464–470.

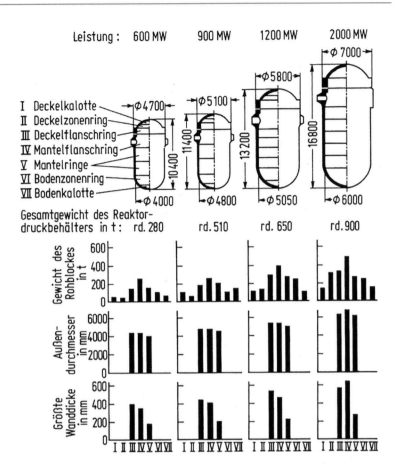

Abb. 9.19 Maße und Gewichte der RDB-Bauteile für Druckwasserreaktoren

hochwertige Schweißkonstruktionen in Frage (Heavy Section Steel Technology).

Im Gegensatz zu den amerikanischen Herstellern, die ihre RDB sowohl für SWR als auch für DWR aus Blechen mit Rund- und Längsnähten zusammenschweißten, war die Fa. Siemens aus Gründen der optimalen Konstruktion bei DWR von Anbeginn (MZFR, KWO, KKS) bestrebt, die zylindrischen Teile der RDB einschließlich Flanschringen aus möglichst hohen nahtlosen Schmiederingen zusammenzusetzen, um die Zahl der Schweißnähte zu minimieren und Längsnähte ganz zu vermeiden (da im Zylinder Längsnähte doppelt so hoch belastet sind wie Rundnähte). Sinngemäßes galt für die Deckel- und Bodenkalotten. Diese schwersten Schmiedestücke aus höherfesten Stählen sollten höchsten Anforderungen an Reinheit, Homogenität, Isotropie und Fehlerfreiheit genügen, um die Verarbeitungssicherheit vor allem beim Schweißen sowie eine

ausreichende Sprödbruchsicherheit zu gewährleisten. Dies galt insbesondere auch hinsichtlich der Zähigkeitsabnahme durch den Neutronenfluss. Neben ausreichend hoher Festigkeit unter statischer und schwingender Beanspruchung durch Innendruck und Temperatur kommt der korrosiven Belastung Bedeutung zu. Die Qualität der Schmiedestücke wird entscheidend von der Qualität der Rohblöcke bestimmt, aus denen sie geschmiedet werden.

Die ersten Druckwasserreaktoren, welche die 1.000-MW$_{el}$-Leistungsgrenze überschritten, wurden in den USA Ende 1966 (Salem, N. J., Diablo Canyon, Cal.), in Deutschland im Frühjahr 1968 (Biblis A) bestellt. Abbildung 9.19[94] zeigt für

---

[94] Hochstein, Fritz: Beitrag zur Herstellung schwerer Schmiedestücke aus Stahl, metallurgisch bedingte Eigenschaften und neuere Prüfkriterien, Stahl und Eisen, 95. Jg., Nr. 17, 1975, S. 777–784.

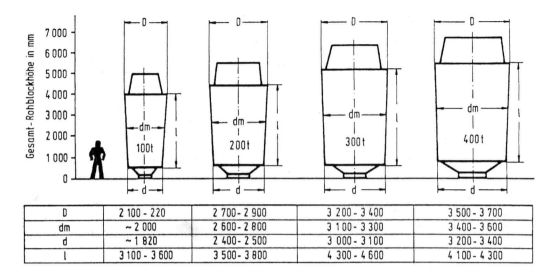

D	2 100 - 220	2 700 - 2 900	3 200 - 3 400	3 500 - 3 700
dm	~ 2 000	2 600 - 2 800	3 100 - 3 300	3 400 - 3 600
d	~ 1 820	2 400 - 2 500	3 000 - 3 100	3 200 - 3 400
l	3 100 - 3 600	3 500 - 3 800	4 300 - 4 600	4 100 - 4 300

Abb. 9.20 Maße und Gewichte von Rohblöcken

einige Kraftwerksleistungen die Maße und Gewichte der Bauteile, aus denen ein RDB gefertigt wird. Für die Herstellung des RDB-Mantelflanschrings eines 1.200-MW$_{el}$-Kernkraftwerks wird ein 400-t-Block benötigt. Die Ausmaße solcher Blöcke veranschaulicht Abb. 9.20.[95]

Die herkömmliche Stahlherstellung ist gekennzeichnet durch das Einschmelzen von Metallen in einer vorgegebenen chemischen Zusammensetzung, die Entgasung der Schmelze[96] und das Vergießen des flüssigen Stahls in eine Kokille, in der er erstarrt. Die Erstarrungszeit beträgt bei 100- bis 400-t-Blöcken 40–85 Stunden. Während der flüssige Stahl noch weitgehend gleichmäßig zusammengesetzt ist, entstehen durch die physikalischen und chemischen Abläufe bei der Erstarrung des Stahls in der Kokille Inhomogenitäten. Die temperaturabhängige, unterschiedliche Löslichkeit der verschiedenen Elemente zusammen mit der Konvektionsströmung in dem von außen nach innen abkühlenden und erstarrenden Rohblock lassen Bereiche unterschiedlicher chemischer Zusammensetzung (Seigerungen) entstehen. Vor der Erstarrungsfront reichern sich die Legierungs- und Begleitelemente in der Restschmelze an. Es gibt makroskopische Seigerungen, nichtmetallische Einschlüsse und in kristallinen Bereichen mikroskopische Seigerungen. In den Seigerungszonen entstehen bei unzureichender Entgasung durch Wasserstoffeinwirkung sog. Flockenrisse. Durch die Volumenkontraktion beim Erstarren und weiteren Abkühlen können Hohlräume (Poren, Schrumpfrisse und Lunker) auftreten. Der Kopfteil des Blocks ist durch eine wärmeisolierende Haube geschützt. Der Stahl bleibt dort am längsten flüssig und kann in den bei der Abkühlung schrumpfenden Block zum Volumenausgleich nachfließen. Die stärksten Seigerungen, nichtmetallischen Einschlüsse und Hohlräume finden sich im Kopf und Fuß sowie in der Kernzone des Rohblocks. Schwefel, Phosphor und Kohlenstoff (Abb. 9.21)[97] neigen stark zu Seigerungen. Je größer der Rohblock, umso ausgeprägter sind die Seigerungen, wie aus

[95] Austel, W. und Maidorn, Chr.: Schwankungsbreite der chemischen Analyse, Seigerungen und Werkstofftrennungen in Schmiedestücken, 1. MPA-Seminar, Stuttgart, 5. 11. 1975, S. 6.

[96] Tix, Arthur: Betriebliche Anwendung der Stahlentgasung im Vakuum, besonders bei großen Schmiedeblöcken, Stahl und Eisen, 76. Jg., Nr. 2, 26. Januar 1956, S. 61–68.

[97] Hochstein, F. und Maidorn, Chr.: Seigerungen in schweren Schmiedeblöcken, 4. MPA-Seminar, Stuttgart, 4./5. 10. 1978, S. 14.

Abb. 9.21 Kohlenstoff-Seigerung
während der Erstarrung eines 180-t-
Rohblocks

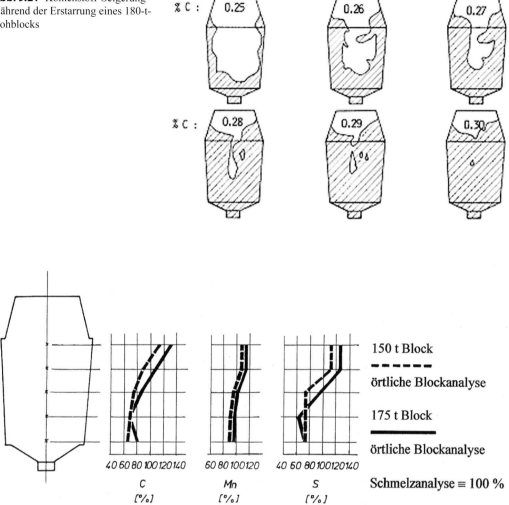

Abb. 9.22 Seigerungsverhältnisse in Rohblöcken aus Werkstoff 22 NiMoCr 3 7

Abb. 9.22 zu entnehmen ist.[98] Im Abb. 9.23 sind im Längsschnitt eines Rohblocks die Zonen der Erstarrung und Blockseigerungen dargestellt.[99] Abbildung 9.24 zeigt das Erstarrungszentrum eines 180-t-Blocks aus dem Werkstoff 20 MnMoNi 5 5 mit Seigerungen, lunkerartigen Hohlräu-men und Schrumpffrissen.[100] Diese Heterogeni-täten in vergossenen Stahlblöcken sind seit den 1920er Jahren bekannt und vielfach beschrieben worden. Die Ursachen der Erscheinungen und die physikalischen und chemischen Vorgänge im Einzelnen waren Forschungsgegenstände bis in die 1980er Jahre.[101]

---

[98] Schmollgruber, Friedrich: Verfahrenswege zur Herstel-lung großer Schmiedestücke und deren qualitativen und wirtschaftlichen Auswirkungen, Dissertation, Aachen, 1974, S. 20.

[99] Hochstein, F. und Maidorn, Chr.: Seigerungen in schweren Schmiedeblöcken, 4. MPA-Seminar, Stuttgart, 4./5. 10. 1978, S. 10.

[100] Demonstrations-Rohblock, Klöckner-Werke, Osna-brück, 1977, Forschungsvorhaben SR0076 des Bundes-ministeriums des Innern: „Untersuchung des Seigerungs-verhaltens des Reaktorstahls 20 MnMoNi 5 5 an einem 150-t-Block", Laufzeit 10. 9. 1977–31. 12. 1979, GRS-F-89, März 1980, lfd. Nr. 9.

[101] Maidorn, Christian: Erstarrungsverlauf und Seigerung in schweren Schmiedeblöcken unter besonderer Berück-

Abb. 9.23 Zonen der Erstarrung
und Blockseigerungen

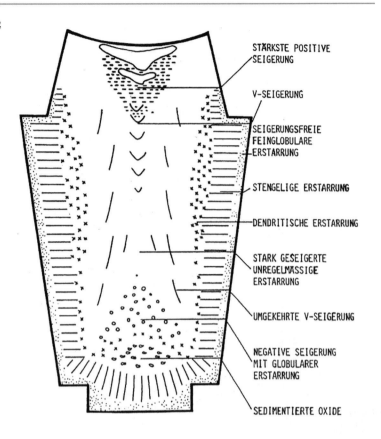

STÄRKSTE POSITIVE SEIGERUNG

V-SEIGERUNG

SEIGERUNGSFREIE FEINGLOBULARE ERSTARRUNG

STENGELIGE ERSTARRUNG

DENDRITISCHE ERSTARRUNG

STARK GESEIGERTE UNREGELMÄSSIGE ERSTARRUNG

UMGEKEHRTE V-SEIGERUNG

NEGATIVE SEIGERUNG MIT GLOBULARER ERSTARRUNG

SEDIMENTIERTE OXIDE

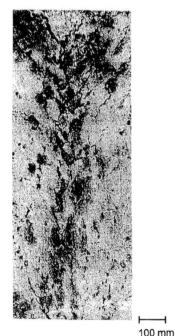

100 mm

Abb. 9.24 Erstarrungszentrum eines 180-t-Blocks (Abfall)

Fehler und Mängel in Rohblöcken lassen sich nur teilweise durch Schmieden und Wärmebehandeln wieder beheben. Aus den Rohblöcken müssen vor der Weiterverarbeitung „Ungänzen" und starke Seigerungen durch „Abschopfen" von Blockfuß und -kopf und Ausstanzen der Kernzone beseitigt werden. Zu diesem Abfall kommt noch ein beträchtlicher Zunder- und Schmiedeverlust, sowie die Abfälle durch die spanende Bearbeitung, sodass die Fertigteile im Verhältnis zum Rohblockgewicht zum Teil deutlich weniger als die Hälfte wiegen (Ausbringungsverhältnis), s. Abb. 9.25.[102] Der Aufwand bei der Anfertigung solcher Schmiedeteile ist hoch. Angesichts dieser gewaltigen technischen und wirtschaftlichen Probleme bei der Herstellung großer RDB wurde in allen Ländern, die Atomprogramme verfolgten, nach Alternativen zum Vollwand-Stahlbehälter

sichtigung des Stahls 20 MnMoNi 5 5, Dissertation, Stuttgart, Techn.-Wiss. Ber. MPA Stuttgart, Heft 83-04, 1983.

[102] Cerjak, Horst: Entwicklungen auf dem Gebiet der Werkstofftechnik, Berg- und Hüttenmännische Monatshefte, 126. Jg., Heft 11, 1981, S. 473–479.

Abb. 9.25 Block- und Fertiggewichte von RDB-Schmiedeteilen

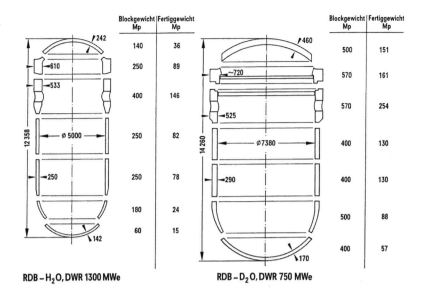

RDB – H_2O, DWR 1300 MWe			RDB – D_2O, DWR 750 MWe	
Blockgewicht Mp	Fertiggewicht Mp		Blockgewicht Mp	Fertiggewicht Mp
140	36		500	151
250	89		570	161
400	146		570	254
250	82		400	130
250	78		400	130
180	24		500	88
60	15		400	57

Abb. 9.26 Der verworfene Biblis-A-Mantelring mit Versuchsbohrungen für Einschweißteile in den GHH-Werkstätten in Sterkrade

Ausschau gehalten (s. Kap. 9.2). Die deutschen Hütten- und Schmiedewerke waren Anfang der 1970er Jahre nicht bereit, große Investitionen für eine risikoreiche, vom Umsatzvolumen recht begrenzte Produktion aufzubringen und neue, verbesserte Schmelz-, Gieß- und Schmiedeverfahren für 400- bis 500-t-Blöcke und größer zu entwickeln.[103] Mit den vorhandenen Einrichtungen war man an die Grenzen des technisch Machbaren gestoßen.

Im September 1970 wurde in der RSK ein Prüfprotokoll der Klöckner-Werke AG, Osnabrück, bekannt, aus dem hervorging, dass bei der Prüfung eines 180-t-Schmiederings für einen Mantelschuss des RDB für das Kernkraftwerk Biblis A Abweichungen von den Spezifikationen bei den Sonderprüfungen auf Alterungsbeständigkeit festgestellt und der Ring daraufhin verworfen worden war.[104]

Abbildung 9.26 zeigt den verworfenen Ring, wie er im Rahmen des Forschungsprogramms Komponentensicherheit des Bundesministeriums für Forschung und Technologie als erstes Projekt

---

[103] AMPA Ku151, Clausmeyer: Persönliche Mitteilung von Prof. Dr.-Ing. Horst Clausmeyer vom 24. 4. 2003. Clausmeyer war ehem. Dir. Gutehoffnungshütte Sterkrade AG und RSK-Mitglied 1989–1994.

[104] BA B 106-75304, Ergebnisprotokoll 61. RSK-Sitzung, 23. 9. 1970, S. 7.

Abb. 9.27 Der Schmiedering aus Werkstoff 22 NiMoCr 3 7 mit Seigerungen und Trennungen

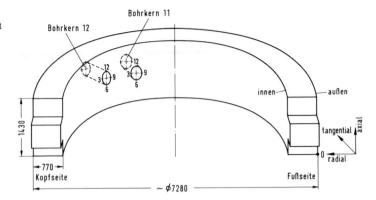

(KS 01) (s. Kap. 10.5) von der MPA Stuttgart untersucht wurde.[105,106] Als Ersatzlieferung für den RDB des Kernkraftwerks Biblis A kamen die Schmiederinge aus Japan.

Im Juni 1971 erteilten die Norddeutschen Kraftwerke AG und die Preußenelektra AG der Firma Kraftwerk Union (KWU), Erlangen, den Auftrag zur Errichtung des Kernkraftwerkes Unterweser (KKU) am Standort Esenshamm/ Weser.[107] KKU war ein Druckwasserreaktor mit der Leistung 1.300 MW_{el}. Der Reaktordruckbehälter wurde bei den Klöckner-Werken, Georgsmarienhütte (Osnabrück), bestellt. Die Brammen für den aus zwei Teilen bestehenden Deckelflanschring wurden bereits 1971 aus dem Reaktor-Baustahl 22 NiMoCr 3 7 in Stabform geschmiedet. Eine daraus hergestellte Halbschale hatte vor der Endverformung die Vorabmaße von ca. 7.280 mm Außendurchmesser bei einer Höhe von 1.430 mm und einer Wanddicke von 770 mm (Abb. 9.27).[108] Die Anfang Januar 1972 vorgenommene Ultraschall-Abnahmeprüfung durch die Qualitätsstelle der Klöckner-Werke

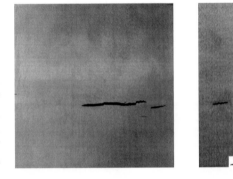

Abb. 9.28 Makroschliff mit Makrotrennungen

verlief nicht zufriedenstellend.[109] Bei Senkrechteinschallung fehlte stellenweise das Rückwandecho, was zunächst vom Besteller auf Schlackeneinschlüsse zurückgeführt worden ist. Um Klarheit zu schaffen, erfolgte die Entnahme von zwei Bohrkernen an Stellen geplanter Stutzendurchbrüche mit jeweils 328 mm Durchmesser, die der MPA Stuttgart zur Untersuchung eingeliefert worden waren. Nachdem sich an den mittigen Oberflächen nur kleine Werkstofftrennungen feststellen ließen, wie sie für Schlackeneinschlüsse kennzeichnend sind, wurden die Untersuchungen zunächst eingestellt, und der Besteller entschloss sich, den Ring zu verwenden. Erst als entgegen dem Versuchsplan ein Bohrkern zerteilt wurde, fand man bereits beim ersten Sägeschnitt einen handtellergroßen klaffenden Riss (Abb. 9.28), der schon auf starke Flockenris-

[105] Kußmaul, K. und Stoppler, W.: Temperaturführung bei und nach dem Schweißen, VGB Kraftwerkstechnik, 58. JG., Heft 11, Nov. 1978, S. 835–847.

[106] AMPA Ku 154, Kußmaul, Karl: Gutachterliche Stellungnahme zur Einhaltung der Basissicherheit ... Kernkraftwerk Krümmel, Stuttgart, Sept. 2001, Anlage 54.

[107] atw, Jg. 17, April 1972, S. 214, Baubeginn August 1972, Inbetriebnahme September 1979 (s. atw, Jg. 25, April 1980, S. 201).

[108] Schmiedering mit Seigerungen und Trennungen, in: BMI-TB SR 10, Fehleratlas für Druckbehälter und Dampferzeuger, MPA Stuttgart, Nov. 1975, Beilage 5, S. 5.

[109] Ultraschallabnahmeprüfung des Herstellers vom 5. 1. 1972, Abb. 2. 43, in: BMFT Forschungsvorhaben Komponentensicherheit RS 304 A, TWB 1/1, Bd. 1, Schmelzen KS 01 bis KS 07, KS 02.

Abb. 9.29 Schliffbilder mit Mikroseigerungen und Trennungen im mm-Bereich

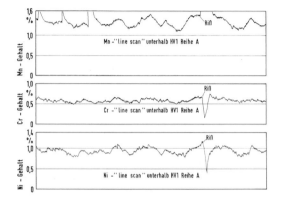

Abb. 9.30 Gehalt von Legierungselementen quer zu den Seigerungslinien

sigkeit hinwies. Die metallographische Prüfung ergab zahlreiche Flockenrisse, die sich vom Mikrobereich bis in den Zentimeterbereich erstreckten (vgl. Abb. 9.29). Eine Verwendung des Rings war damit ausgeschlossen. Die Schwankungen der Gehalte an Legierungselementen im Bereich der Mikroseigerungen (Abb. 9.29) sind beachtlich (Abb. 9.30).[110] Die Ersatzlieferungen für den KKU-RDB kamen auch aus Japan, nun als volle Schmiederinge.

Im November 1974 vereinbarten die MPA Stuttgart und Klöckner/Osnabrück, die noch vorhandene Bramme zu zerteilen, umzuschmieden, zu vergüten und ebenfalls in das Forschungsprogramm Komponentensicherheit als Projekt KS 02 einzubringen.[111]

In Japan fanden bahnbrechende Entwicklungen der Schmelz-, Gieß- und Schmiedetechnik

statt, die nicht zuletzt durch frühe Initiativen der Kraftwerk Union (Siemens) im Zusammenhang mit der Lieferung von großen Generatorwellen ausgelöst worden waren. Die neuen Verfahren erlaubten Rohblöcke bis 600 t innerhalb der nunmehr in Zusammenarbeit mit der MPA Stuttgart geforderten Spezifikationen herzustellen und zu verarbeiten. Die Japan Steel Works, Ltd. (JSW) in Muroran (Hokkaido) entwickelten und führten im Jahr 1969 ein Mehrfach-Gießverfahren (Multiple Pouring) ein, mit dem der damals weltweit erste 400-t-Rohblock erfolgreich hergestellt wurde.

1972 gelang die Anfertigung eines 500-t-Blocks und 1980 sogar eines 570-t-Blocks.[112] Da große Blöcke mit ihren langen Erstarrungszeiten zu ausgeprägten Seigerungen, Hohlraum- und Rissbildung neigen, wurden spezielle Eisenerze verhüttet, die arm an Begleit- und Spurenelementen waren. Aus den Schmelzen wurden die unerwünschten Verunreinigungen, insbesondere Phosphor und Schwefel, weitestgehend entfernt. Zur Entgasung dienten bei JSW in Muroran doppelte Entgasungsprozesse unter Einsatz von Argonspülung und Vakuumkammern. 1970 wurde der Vakuumblockguss eingeführt Abb. 9.31[113] zeigt das Schema des Entgasungsprozesses. In

[110] Fehleratlas für Druckbehälter und Dampferzeuger, MPA Stuttgart, BMI-TB SR10, November 1975, Beilagen 8, 9, 11 und 12.

[111] AMPA KS 02/1, Maidorn, Chr., Klöckner Werke, Aktennotiz vom 22. 11. 1974.

[112] Onodera, S., Kawaguchi, S., Tsukada, H., Moritani, H., Suzuki, K. und Sato, I.: Manufacturing of Ultra-Large Diameter 20 MnMoNi 5 5 Steel Forgings for Reactor Pressure Vessels and Their Properties, 9. MPA-Seminar, Stuttgart, 13./14. 10. 1983, S. 12.

[113] Sasaki, Tomoharu, Kukihara, Iku, Murai, Etsuo, Tanaka, Yasuhiko und Suzuki, Koumei: Manufacturing and Properties of Closure Head Forging Integrated with Flange for PWR Reactor Pressure Vessel, 29. MPA-Seminar, Stuttgart, 9./10. 10. 2003, S. 54.10.

Abb. 9.31 Schema der Entphosphorung und Entschwefelung der Schmelze und Gießen des Rohblocks mit Vakuum-Gießstrahl-Entgasung

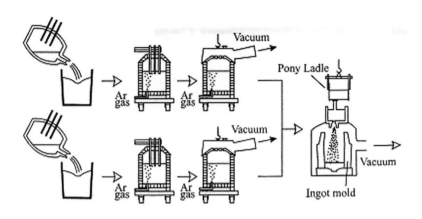

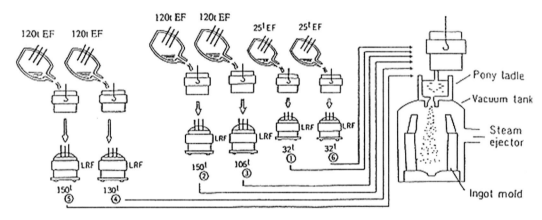

Abb. 9.32 Prinzip des JSW-Mehrfach-Gießverfahrens und der Vakuum-Gießstrahl-Entgasung für Blockgewichte bis 600 t

Abb. 9.32[114] ist das Prinzip des Mehrfach-Gießverfahrens mit den beteiligten Elektroöfen (EF – Electric Furnace) und Pfannen (LRF – Ladle Refining Furnace), sowie das Vakuum-Blockgießen dargestellt. Die einzelnen Schmelzchargen sind chemisch unterschiedlich zusammengesetzt und werden nach einem genau kontrollierten Gießplan (in Abb. 9.32 Nummern 1–6) entsprechend der vorausberechneten räumlichen Verteilung in die Kokille vergossen. Auf diese Weise wurde den Seigerungen des Kohlenstoffs und der Legierungselemente entgegengewirkt. Abbildung 9.33

zeigt einen 570-t-Block.[115] Ab 1987 wurden in Muroran auch 600-t-Blöcke hergestellt.[116]

Die Mizushima Works der Kawasaki Steel Corporation, Tokio, Japan, entwickelten in der zweiten Hälfte der 1970er Jahre die Hohlblock-Gusstechnik für das Schmieden großer Behälterringe. Die Zielsetzung war, durch eine schnellere, kontrolliert verlaufende Erstarrung des gegossenen Rohblocks die Entstehung von Seigerungen und Ungänzen weitgehend zu unterdrücken.[117]

[114] Tanaka, Yasuhiko, Ishiguro, Tohru, Iwadate, Tadao und Tsukada, Hisashi: Development of High-Quality Large Scale Forgings for Energy Service, JSW Technical Review, No. 17, 1999, S. 3.

[115] Onodera, S., Kawaguchi, S. et al., a. a.O., S. 19.

[116] Tanaka, Yasuhiko et al., a. a. O., S. 2.

[117] Iida, Yoshiharu, Yamatomo, Takemi, Matsuno, Junichi, Yamaura, Shigeyoshi und Aso, Kazuo: Development of Hollow Steel Ingot for Large Forgings, Kawasaki Steel Technical Report No. 3, September 1981, S. 26–33.

Abb. 9.33 570-t-Rohblock JSW Muroran

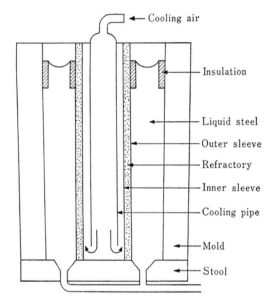

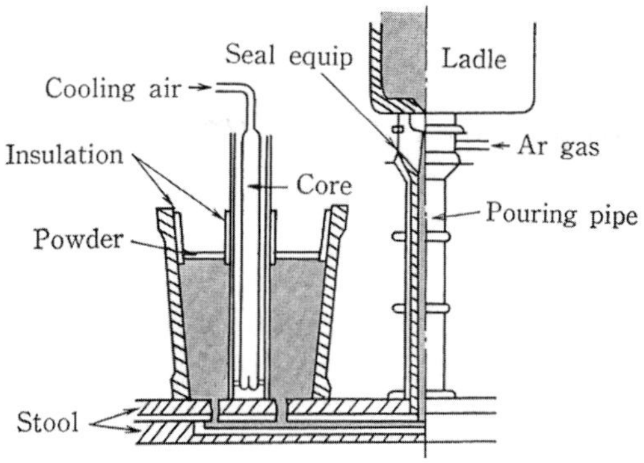

Abb. 9.35 Schema des Gießens eines Hohlblocks

Abb. 9.34 Schnitt durch Kokille mit belüftetem Kern-Hohlraum

Im Kern der Kokille wurde ein doppelwandiger, aus Stahlblech gefertigter Hohlzylinder eingebaut, der von Kühlluft durchströmt war. Der Zwischenraum zwischen Außen- und Innenwand war mit feuerfester Schamotte gefüllt (Abb. 9.34).[118] Die Abmessungen, Kühlleistung, Wärmedämmung und Abdeckung an der Kopfseite sowie die Gießgeschwindigkeit waren sorgfältig aufeinander abzustimmen, um Schrumpf-

risse, Hohlräume und Poren zu vermeiden (Abb. 9.35).[119]

Die Kawasaki Steel Corporation führte im Jahr 1976 die Hohlblock-Gusstechnik ein. Mit zunehmender Erfahrung konnten Hohlblöcke mit einem Gewicht von bis zu 320 t gefertigt werden.[120] Die Erstarrungszeiten konnten im Vergleich mit den herkömmlichen Rohblöcken bei einem 140-t-Hohlblock von 30 auf 17 Stunden und bei einem 200-t-Hohlblock von 37 auf 23 Stunden herabgesetzt werden.[121] Bei der Produktion von RDB-Flanschringen für Kernkraftwerke der 1.300-MW_{el}-Klasse innerhalb der geforderten Qualitätsstandards stieß die Kawasaki Steel Corporation jedoch an technische und wirtschaftliche Grenzen ihres Verfahrens.[122]

JSW Muroran gehörte zu und blieb weltweit bei den hervorragendsten Herstellern von Schmiederingen für die RDB von großen Kernkraftwerken. 1972 wurde dort für das Kernkraftwerk Biblis B aus einem 400-t-Block der Mantelflanschring mit integral geschmiedeten Stutzen hergestellt (integral forging). Er hatte die Höhe von 2.500 mm und den Außendurchmesser von

---

[118] ebenda, S. 27.

[119] Takada, Masaki, Wanaka, Hiroshige, Aso, Kazuo, Arakawa, Yukio, Mino, Hiroyaki und Nanba, Akihiko: Outline of 4400 t Press and Manufacture of Large Forged Steel Shell Rings, Kawasaki Steel Technical Report No. 7, März 1983, S. 16–26.

[120] ebenda, S. 16.

[121] Takada, Masaki et al., a. a. O., S. 20.

[122] Takada, Masaki et al., a. a. O., S. 17.

5.780 mm.[123] Die in Muroran erzielte hohe Qualität der Schmiedestücke war ursächlich dafür, dass alle Schwerbauteile der deutschen DWR-RDB in den folgenden Jahren aus Japan geliefert wurden.

9.2   Alternativen zu Vollwandbehältern aus Schmiedestücken

Neue Technik kann sich in einer marktwirtschaftlichen Ordnung gegen bewährte Technik nur durchsetzen, wenn sie bei mindestens gleichwertigen Leistungen und Qualitäten einen höheren wirtschaftlichen Nutzen erbringt. Die Wirtschaftlichkeit von Leistungsreaktoren wächst mit ihrer Größe. Im Wettbewerb mit Steinkohle- und Braunkohlekraftwerken konnten in der Bundesrepublik Deutschland nur Kernkraftwerke bestehen, deren Leistung über 1.000 MW$_{el}$ lag.

Die Herstellung und der Transport sehr groß dimensionierter Reaktordruckbehälter (RDB) warfen enorme Probleme auf. Deutsche Stahl- und Schmiedewerke waren nicht mehr in der Lage, solche Großkomponenten zu produzieren (s. Kap. 9.1.4). Die Fertigung des RDB eines Großkraftwerks als Vollwand-Stahlbehälter, der in der erforderlichen Qualität aus großen Schmiedestücken zusammengebaut wird, war außerordentlich zeit- und kostenaufwändig. Die Kraftwerkshersteller waren deshalb schon in den 1960er Jahren intensiv auf der Suche nach weniger aufwändigen Alternativen. Sie orientierten sich dabei an den Erfahrungen, die im Bereich der Hochdruckchemie vorlagen. Auch die gasgekühlten Reaktoren mit ihren vorgespannten Betondruckbehältern, wie sie in Großbritannien und Frankreich entwickelt wurden, waren Vorbild für Studien über Betonbehälter für hohe Drücke. Großes Interesse galt den unterschiedlichen Schweiß- und Umschmelzverfahren, mit denen ohne aufwändige Vorfertigung von Gussblöcken Vollwand-Stahlbehälter hergestellt werden können.

Diese Forschungsvorhaben der Industrie wurden in der Regel aus staatlichen Programmen zur Forschungsförderung ergänzend unterstützt. Öffentliche Mittel wurden bereitgestellt, wenn ein öffentliches Interesse an der Entwicklung fortgeschrittener Verfahren im Bereich von Schlüsseltechnologien bestand. Dies war hier der Fall. Die Forschungsbetreuung oblag gewöhnlich dem IRS bzw. der GRS, in die das IRS 1976 eingegliedert wurde.

9.2.1   RDB aus Spannbeton

Aus Kostengründen lag es nahe, für Großbehälter den Werkstoff Beton in Betracht zu ziehen. Die Werkstoffe Stahl und Beton sind außerordentlich verschieden. Eine Stahlwand kann gleichzeitig Kräfte aufnehmen, die in mehrere Richtungen wirken. Beton ist nur mit Druckspannungen höher belastbar, jede Zugbelastung muss bei größerer Spannung durch Armierung, z. B. durch Stähle, abgefangen werden. Da Beton ein billiger Baustoff und auf der Baustelle leicht verarbeitbar ist, kommt es auf beste Materialausnutzung nicht an. In den mächtigen Baukörpern aus Beton lassen sich die nur eindimensional belasteten Spannkabel bzw. -seile oder Zugstäbe sicher bemessen sowie verhältnismäßig unproblematisch einfügen und verankern. Die Spannelemente werden zum Teil so eingebaut, dass sie auch nach Inbetriebnahme wiederholt geprüft und, falls erforderlich, nachgespannt werden können. Sie werden gegen Korrosion geschützt.

Stahl hat – anders als Beton – eine geringe Abschirmwirkung gegen Neutronen. Schnelle Neutronen werden durch Materialien mit geringem Atomgewicht, z. B. solche, die viel Wasserstoff enthalten, wirksam abgebremst. Beton enthält viel Wasser und zugleich Stoffe hohen Atomgewichts, die Gamma-Strahlung gut absorbieren. Spannbetongefäße mit ihren dicken Wänden sind deshalb nicht nur als Druckbehälter geeignet, sondern auch geradezu ideale biologische Schilde.

Ein erheblicher Nachteil von Beton als RDB-Baumaterial ist jedoch, dass seine Temperatur an jeder Stelle so weit wie möglich unter 100 °C bleiben sollte, um Dehydratation und Festigkeitsabfall

---

[123] Tanaka, Yasuhiko, Ishiguro, Tohru et al., a. a. O., S. 13.

zu vermeiden. Beim Abbinden des Betons in dickwandigen Bauteilen entstehen durch Hydratations-
wärme auch Eigenspannungen, die bereits vor Belastung mit dem Vorspanndruck zu Rissen führen
können.[124] Spannbeton-Druckbehälter brauchen
deshalb eine gasdichte innere Stahlauskleidung,
den sog. Liner, der im Idealfall formschlüssig
mit dem Betonkörper verbunden ist. Der Liner
ist etwa 20–30 mm dick und besteht aus einem
alterungs- und korrosionsbeständigen Feinkornbaustahl. Zwischen Liner und Betonwand ist ein
Wärmeschutzsystem mit Kühlrohren vorzusehen,
das die Betontemperaturen unter 50–80 °C hält.

Der Beton unterliegt durch die Einflüsse der
Spannungen, Temperaturen und Bestrahlung
sowie durch die Relaxation der Spannseile[125] erheblichen zeitlichen Veränderungen durch Kriechen und Schwinden.[126] Die Wechselwirkungen
zwischen Beton, Vorspannelementen und Liner
sind komplex, so dass vor Errichtung eines Kernreaktors mit Spannbeton-Druckbehälter das Be-
tongefäß anhand eines verkleinerten Modells
stets sorgfältig getestet wurde. Dabei zeigte sich
in einem Fall, dass bei Drücken über 40 bar der
Beton stark zu kriechen begann.[127]

Mitte der 1950er Jahre wurden im Kernforschungszentrum Saclay bei Paris für die in Frankreich zur Stromerzeugung geplanten, mit CO_2-
Gas gekühlten und mit Graphit moderierten Na-
tururan-Reaktoren Stahlbehälter mit Spannbeton-
behältern verglichen. Aus Gründen der Sicherheit
und der Wirtschaftlichkeit entschied man sich
für vorgespannte Betonbehälter und errichtete
in den Jahren 1956–1960 am Standort Marcoule

bei Avignon die Reaktorblöcke G_2 und G_3 mit
der thermischen Leistung von je 250 MW$_{th}$.[128]
Der Druck des CO_2-Gases betrug 15 bar, seine
Temperatur beim Eintritt 140 °C, beim Austritt
350 °C. Die Druckbehälter bestanden aus liegenden Betonzylindern mit dem Innendurchmesser
von 14 m, der Wanddicke von mindestens 3 m
und der inneren Länge von 15,7 m. Die Behälter
waren mit je 2227 Spannkabeln in Längs- und
Umfangrichtung vorgespannt. G_2 ging im Jahr
1959, G_3 im Jahr 1960 in Betrieb.

Die Erfahrungen mit den Kraftwerken in Marcoule waren so positiv, dass Anfang der 1960er
Jahre für die Reaktorblöcke EDF3 in Chinon an
der Loire und EDF4 in Saint-Laurent-des-Eaux
an der Loire ebenfalls Spannbeton-Druckbehälter vorgesehen wurden. Die Konstruktionen wurden allerdings erheblich verändert und verbessert. Die Reaktorleistungen lagen nun bei 1.560
MW$_{th}$, die Kohlendioxid-Drücke bei 30 bar und
die Temperaturen bei 225–410 °C. Die Innendurchmesser der nun senkrecht stehenden Zylinder betrugen 19 m und die Höhen innen 21 bzw.
36 m. Die maximal zulässige Betontemperatur
konnte auf 75 °C angehoben werden. Bei EDF4
war der Wärmetauscher unterhalb des Cores im
Druckbehälter angeordnet (Abb. 9.36).[129]

In Großbritannien hatten die ersten kommerziellen, gasgekühlten und graphitmoderierten
Reaktoren Druckbehälter aus Stahl. Als rasch
wachsende Leistungen mit höheren Drücken
immer größere Druckgefäße erforderlich machten, wurden die praktischen Grenzen der Stahl-
behälter-Konstruktionen erreicht. Im April 1962
begann The Nuclear Power Group, Knutsford,
Cheshire, am Standort Oldbury das erste britische Kernkraftwerk mit einem Spannbetonbehälter zu errichten.[130] Ebenfalls in der ersten Hälfte

---

[124] Koepcke, W.: Bemerkung zu den Problemen der
Spannbeton-Reaktordruckbehälter, Der Bauingenieur 38,
Heft 3, 1963, S. 110 f.

[125] Becker, G. et al.: Temperaturabhängiges Verhalten der
Vorspannsysteme bei vorgespannten Reaktordruckbehäl-
tern, Jahrestagung Kerntechnik '88, INFORUM, Bonn,
Mai 1988, S. 499–502.

[126] Stünkel, D., Bremer F., Ruf, R. und Schilling, F. E.:
Stand und Entwicklung der Reaktordruckgefäße, atw,
Jg. 19, November 1974, S. 532.

[127] Taylor, R. S. und Williams, A. J.: The design of prestressed concrete pressure vessels, with particular reference to Wylfa, Proceedings of the Third International Conference on the Peaceful Uses of Atomic Energy, Genf, 31.
8. bis 9. 9. 1964, United Nations, New York, Vol. 8, P/141
UK, S. 446.

[128] Lamiral, Georges et al.: La caissons en béton précontraint des réacteurs français de la filière uranium naturel
– graphite – gaz carbonique, Proceedings of the Third
International Conference on the Peaceful Uses of Atomic
Energy, 1964, a. a. O., Vol. 8, P/52 France, S. 422–430.

[129] ebenda, S. 424.

[130] Brown, A. Houghton et al.: The design and construction of prestressed concrete pressure vessels with particular
reference to Oldbury nuclear power station, Proceedings
of the Third International Conference on the Peaceful
Uses of Atomic Energy, 1964, a. a. O., Vol. 8, P/140 UK,
S. 433–443.

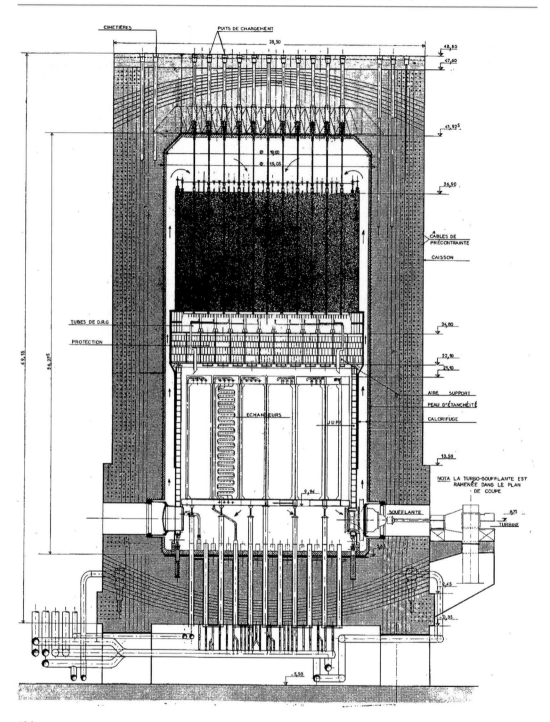

Abb. 9.36 Spannbeton-Druckbehälter des EDF4-Reaktors in Saint-Laurent-des-Eaux

der 1960er Jahre erbaute das Industriekonsortium aus Babcock & Wilcox, Taylor Woodrow Construction Ltd., Southall, und The English Electric Comp. Ltd., Whetstone, Leicester, am Standort Wylfa ein Kernkraftwerk mit Spannbeton-Druckbehälter, dessen Innenraum kugelförmig gestaltet war.[131] Die französischen und britischen Reaktordruckbehälter aus vorgespanntem Beton galten als äußerst sicher. Katastrophales Versagen und unkontrollierte Spaltprodukt-Freisetzungen erschienen unmöglich und ausgeschlossen. Zusätzliche Containments wurden deshalb nicht vorgesehen.

In den USA hatte sich die Firma General Atomic Division of General Dynamics, San Diego, Cal., seit 1961 mit vorgespannten Betondruckbehältern für gasgekühlte Hochtemperatur-Reaktoren befasst. General Atomic entwickelte für die USAEC den Konstruktionsentwurf eines 330-MW$_{el}$-HTGR (High-Temperature Gas-Cooled Reactor).[132] Von den Firmen General Atomics und Bechtel Corp. wurde in den Jahren 1962–1966 der erste amerikanische HTGR Peach Bottom Atomic Power Station, York County, Pa., für die Philadelphia Electric Company errichtet. Er ging Mitte 1967 mit 40 MW$_{el}$ in den Leistungsbetrieb. Die Firma Gulf General Atomic Company baute 1968–1973 am Standort Fort St. Vrain, Platteville, Col., einen 330-MW$_{el}$-HTGR mit Spannbeton-RDB, dem die Doppelanlage Fulton 1 und 2 mit jeweils 1.160 MW$_{el}$ folgen sollte. Das Fulton-Projekt wurde jedoch 1973 aufgegeben.[133,134]

In der Bundesrepublik förderte das damalige Bundesministerium für wissenschaftliche Forschung das Projekt „Planung, Bau und experimentelle Erprobung eines Reaktor-Druckbehäl-

ters aus Spannbeton", das im Januar 1964 auf den Weg gebracht wurde. Dieses frühe Projekt auf dem Gebiet der Reaktorsicherheit[135] wurde von der Siemens AG Erlangen mit einer Eigenbeteiligung von 50 % durchgeführt. Es ging um die Klärung der Frage, ob das Prinzip des Spannbetonbehälters auch für wassergekühlte Reaktoren mit Betriebsdrücken von rund 100 bar geeignet ist. Die Studie wurde – wie in Frankreich und England – damit begründet, dass mit wachsenden Leistungsgrößen die Dimensionen der Behälter wachsen und damit die technologischen Schwierigkeiten bei Herstellung, Prüfung und beim Transport zunehmen. Im Besonderen ging es um die wirtschaftliche Entwicklungsfähigkeit von D$_2$O-moderierten Druckwasserreaktoren, deren Nutzung mit dem Mehrzweck-Forschungsreaktor MZFR in Karlsruhe erprobt wurde und deren Druckbehälter im Vergleich mit Leichtwasser-Reaktoren besonders groß sind. Die Fa. Siemens AG entwarf einen neuartigen Spannbetonbehälter[136], der im Maßstab 1:3 als verkleinerter Modellbehälter mit 6,5 m Höhe, 2,5 m Innendurchmesser und 4,3 m Außendurchmesser erbaut wurde (Abb. 9.37).[137] Er war aus 13 aufeinander geschichteten und mit 256 Stahlzugstäben senkrecht vorgespannten Betonringen gefertigt. Diese Ringe bestanden aus je 16 Betonfertigteilen, die auf der Baustelle mit den Ringspannseilen zusammengesetzt, mit hydraulischen Pressen vorgespannt und mit dem restlichen Beton vergossen wurden. Oben und unten schloss je ein Betonpfropf, der sich in Form eines Pyramidenstumpfs auf einen Keilring aus Beton abstützte, den Behälter ab. Die Konstruktion mit den Betonfertigteilen, die in die wenig hohen, einzeln vergossenen Betonringe eingebaut wurden, vermied große Betonierschüs-

---

[131] Taylor, R. S. und Williams, A. J., a. a. O., S. 446–454.

[132] Marsh, Roland O. und Melese, Gilbert B.: Prestressed Concrete Pressure Vessels, NUCLEONICS, Vol. 23, No. 9, September 1965, S. 63–67.

[133] vgl. Calendar of Procedural Steps for Operational Approval of U. S. Power and/or Experimental Reactors, NUCLEAR SAFETY, Vol. 17, No. 1, Jan.-Febr. 1976, S. 130.

[134] Technische Einzelheiten in: Wessman, G. L. und Moffette, T. R.: Safety-Design Bases of the HTGR, NUCLEAR SAFETY, Vol. 14, No. 6, Nov.-Dez. 1973, S. 618–634.

[135] BMwF-Forschungsvorhaben RS-2, Januar 1964, Laufzeit 5 Jahre, geplante Finanzmittel 1,43 Mio DM, in: Übersicht über die vom Bundesministerium für wissenschaftliche Forschung geförderten Forschungsvorhaben auf dem Gebiet der Reaktorsicherheit, Stand 30. 6. 1968, Schriftenreihe Forschungsberichte des Instituts für Reaktorsicherheit, IRS-F-1, Köln, Juli 1968, S. 8–11.

[136] Dorner, Heinrich und Gruhl, Harald: Spannbeton-Reaktordruckbehälter für 100 atü Innendruck, Technische Überwachung 7, Nr. 1, Januar 1966, S. 10–16.

[137] ebenda, S. 13.

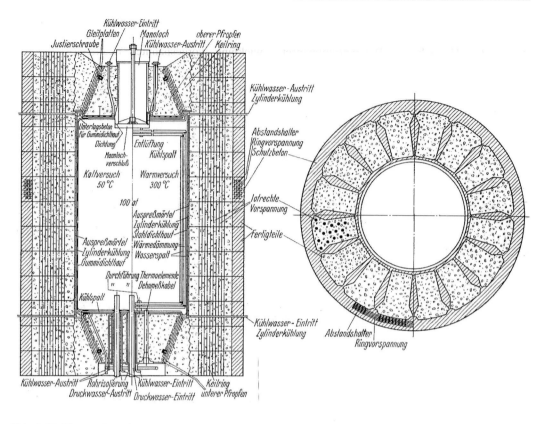

Abb. 9.37 Siemens-Spannbeton-Reaktordruckbehälter für 100 atü Innendruck

se. Damit bestand keine Gefahr der Bildung von Trennrissen durch die rasche Entwicklung großer Hydratations-Wärmemengen, die nicht gleichmäßig durch die Außenflächen des Betonkörpers abgeleitet werden können. Es gab jedoch Hinweise, dass viele Fertigteile der 13 Ringe durch die Aufweitung bei der Ringvorspannung „mehr oder weniger lange und breite Spaltzugrisse erhielten, und dass wahrscheinlich auch feine Risse im Innern der Fertigteile entstanden sind."[138]

Mit vielfältigen Vorversuchen wurde geklärt, wie die Betonbehälterwand durch die stählerne Dichthaut (Liner), eine Wärmedämmschicht und das Kühlsystem gegen das heiße Betriebsmedium abgeschirmt werden konnte. Die maximale Temperatur des Liners wurde auf 90 °C begrenzt.

Ein Kaltdruckversuch mit 130 atü hat keine sichtbaren größeren Schäden am Behälter verursacht. Die Entwicklung eines 100-bar-Behälters mit mindestens 7 m Innendurchmesser erschien möglich.[139] Fragen des langfristigen Schwind- und Kriechverhaltens bei den relativ hohen Temperaturen und Drücken mussten zunächst offen bleiben. Neben der Sicherheit des primären Reaktorkühlsystems musste auch die Sicherheit des sekundären, die Festigkeit der Betonstrukturen erhaltenden Kühlsystems betrachtet werden.

Das Forschungsvorhaben „Plan, Bau und experimentelle Erprobung eines Reaktorbehälters aus Spannbeton" wurde mit einem Vertrag zwischen der Siemens AG, Erlangen, und dem Bundesministerium für wissenschaftliche Forschung bei der Reaktorbau Forschungs- und Baugesellschaft mbH und Co. in Seibersdorf/ Österreich fortgesetzt und Ende März 1972 abge-

---

[138] Bericht des Instituts für Baukonstruktion und Festigkeit, Prof. Koepcke und Prof. Pilny, Techn. Univ. Berlin: Behälter des konstruktiven Ingenieurbaus in der Kerntechnik, in: IRS-F-3, Januar 1970, S. 5.

[139] IRS-F-1, a. a. O., S. 9.

schlossen.[140] Die Untersuchungsziele waren die Prüfung der Hitzebeständigkeit verschiedener Betonsorten, Versuche zur Betonzusammensetzung, Bestimmung der Druckfestigkeiten, Biegezugfestigkeiten sowie der E-Module nach verschiedenen Temperaturzyklen. Außerdem ging es um die temperaturabhängigen Wärmeleitzahlen und die Strahlenbeständigkeit der untersuchten Betonsorten bzw. Zuschlagstoffe sowie um die Bestimmung des Schwind- und Schwellmaßes und der Kriechzahl.[141] Das Versuchsprogramm wurde Mitte 1971 um die Untersuchung eines Isolierbetons erweitert.[142]

Das vom Bundesminister für Bildung und Wissenschaft bzw. Forschung und Technologie seit 1969 geförderte Programm „Forschung und Entwicklung für Spannbeton- Reaktordruckbehälter" wurde ab 1970 vom Deutschen Ausschuss für Stahlbeton im Deutschen Institut für Normung (DIN), Berlin, koordiniert und wissenschaftlich betreut. Über die zahlreichen Einzelvorhaben, für die aus öffentlichen Mitteln bis 1975 fast 18 Mio DM und durch Industriebeteiligungen 5 Mio DM bereitgestellt worden waren, informierte der Deutsche Ausschuss für Stahlbeton auf einer Vortragsveranstaltung „Spannbeton-Reaktordruckbehälter" am 13. und 14. Okt. 1975 in der Kongresshalle in Berlin.[143]

Gegen Ende der 1960er Jahre wurde die Alternative „Spannbeton für Druckwasserreaktoren" von der Industrie für den Bau von Leistungsreaktoren nicht weiter verfolgt. Die deutschen Versorgungsunternehmen wandten sich aus Gründen der Wirtschaftlichkeit der Planung von Druckwasserreaktoren der Leistungsgröße 1.000–1.200 MW$_{el}$ und der Betriebsdrücke von 160 bar zu, für deren Druckbehälter der Werkstoff Stahl erste Wahl war. Spannbetonbehälter blieben im Wesentlichen die Domäne des gasgekühlten Hoch-

temperatur-Reaktorbaus, bei vergleichsweise niedrigen Drücken. Eine viel versprechende Entwicklung vorgespannter Reaktordruckbehälter für DWR ersetzte den Beton durch Blöcke aus Gusseisen oder Stahl (s. Kap. 9.2.4).

9.2.2 Mehrlagen-Stahlbehälter

Mit der Ammoniak-Synthese nach dem Haber-Bosch-Verfahren (seit 1913) entstand in der chemischen Industrie ein Bedarf an Druckbehältern, die Betriebsdrücken von 200 bis 450 bar und Betriebstemperaturen bis 600 °C widerstehen konnten. Die Düngemittel- und Kunststoffindustrie führte weitere Prozesse der Hochdruckchemie ein. Dazu kam die Kohlehydrierung zur synthetischen Treibstoffgewinnung, so dass in Deutschland Ende der 1930er Jahre mehr als 200 großräumige Hochdruckbehälter für hohe Betriebstemperaturen gebraucht wurden, die mit konventionellen Schmiedeverfahren nicht beschafft werden konnten.[144] Die Stahlindustrie stieß auf zunehmende Schwierigkeiten, hohlgeschmiedete Vollwand-Stahlbehälter mit großen Wanddicken in größerer Stückzahl und mit hoher Qualität zu fertigen. Gewaltbrüche mit katastrophalen Schadensfolgen wurden zu einer wachsenden Gefahr. Die Auflösung der massiven Stahlwände der Hochdruckbehälter in mehrere tragende Teile versprach erhebliche Fertigungsvorteile und größere Betriebssicherheiten. In den 1930–1960er Jahren entwickelten und erprobten in- und ausländische Stahlunternehmen verschiedenartige Bauweisen. Man kann mit Schrumpfringen bandagierte Hochdruckgefäße, zwei- oder mehrlagig geschrumpfte Hohlkörper, Mehrlagenbehälter aus übereinander geschichteten und verschweißten Schalen sowie Wickelbehälter, bei denen Kernzylinder mit Drahtseilen oder Stahlbändern umwickelt sind, unterscheiden.[145]

[140] RS 2, Vertragsbeginn 1. Januar 1969, Laufzeit 39 Monate, vertragliche Gesamtkosten 1,43 Mio DM.

[141] IRS Forschungsbetreuung, Projektinformation zu Vorhaben RS 2, in: IRS-F-6, Dezember 1971.

[142] IRS Forschungsbetreuung, Projektinformation zu Vorhaben RS 2, in: IRS-F-7, März 1972.

[143] AMPA Ku 89, Schreiben des Deutschen Ausschusses für Stahlbeton vom 30. 6. 1975 zur Unterrichtung der RSK.

[144] Schierenbeck, Julius: Wickelverfahren zur Herstellung von Synthese-Hochdruckhohlkörpern, Brennstoff-Chemie, Bd. 31, Nr. 23/24, 1950, S. 375.

[145] Class, J. und Maier, A. F.: Bauarten von Hochdruckhohlkörpern in Mehrteil- insbesondere Mehrlagen-Konstruktionen, Chemie-Ingenieur-Technik, 24. Jg., Nr. 4, 1952, S. 184–198.

In den USA wurde frühzeitig der Mehrlagenbehälter entwickelt (Abb. 9.38).[146] Die Arthur O.
Smith Corporation in Milwaukee, Wis., brachte eine Mehrlagentechnik zur Baureife, die mit
vielen Schweißnähten in Längs- und Umfangrichtung arbeitete und als „Multilayer-System"
bekannt wurde (Abb. 9.39).[147] Die zylindrisch
gewalzten Blechschalen waren 5–8 mm dick. Die
einzelnen Schüsse wurden miteinander und am
Ende mit den Böden und Flanschen mit großen
durchgehenden Rundschweißnähten verbunden
(Abb. 9.41, Nr. 4).[148] Im Jahr 1968 konnte die
Feststellung getroffen werden, dass über 10.000
Mehrlagen-Druckgefäße nach der A. O. Smith-
Bauart in Betrieb genommen waren. Schäden
seien nicht bekannt geworden.[149]

In Deutschland wurde von Julius Schierenbeck im Jahr 1938 das nach ihm benannte Wickelverfahren zur Herstellung von Hochdruck-
behältern bei der I. G. Farbenindustrie, Werk
Ludwigshafen/Oppau, entwickelt.[150] Schierenbeck definierte sein Verfahren wie folgt: „Das
Wickelverfahren ist ein Mehrlagenverfahren,
bei dem profilierte Stahlbänder auf dünne, dem
Bandprofil entsprechend mit Rillen versehene
Kernrohre wendelförmig in mehreren Lagen mit
einer Temperatur von 800 bis 900 °C aufgewickelt und aufgeschrumpft werden derart, dass die
einzelnen Lagen sich axial verriegeln und ohne
jede Verschweißung einen drucktragenden Verband bilden."[151] Er begann seine Versuche mit
Stahlbändern mit zwei Rillen (Abb. 9.40)[152] und
erkannte, dass Dreirillen-Profile mit 1/3-Ver-

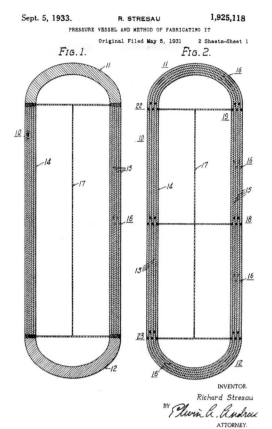

Abb. 9.38 US-Patentschrift für einen Mehrlagenbehälter
aus dem Jahr 1933

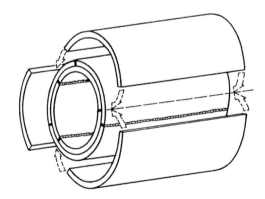

Abb. 9.39 Mehrlagenbehälter-Aufbau nach System A.
O. Smith

---

[146] Entnommen aus: Tschiersch, R.: Der Mehrlagenbehälter, Der Stahlbau 4/1976, S. 109.

[147] ebenda, S. 110.

[148] Entnommen aus: Bornscheuer, F. W.: Vorgespannte Mehrlagen-Hochdruckbehälter, Der Stahlbau 9/1961,
S. 265.

[149] vgl. Diskussionsbeitrag von Dipl.-Ing. K. Kreckel,
Ruhrstahlapparatebau GmbH-Hattingen, in: Kolloquium
über Arbeiten zur Entwicklung von Reaktordruckgefäßen
aus Stahl, KFA Jülich, 22. April 1968, IRS-T-17 (1969),
S. 55.

[150] Schierenbeck, Julius, a. a. O., S. 375–381.

[151] ebenda, S. 375.

[152] ebenda, S. 376.

setzung auch axiale Festigkeitswerte erreichen,
die denen von Vollwandbehältern entsprechen.
Böden und Flansche konnten ohne Schweißtech-

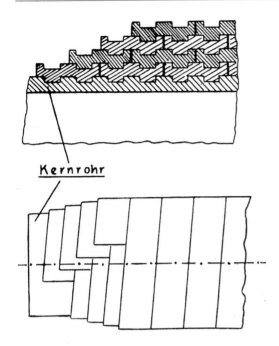

Abb. 9.40 Wickelschema und Bandprofil

nik durch Schrauben mit dem Wickelkörper verbunden werden (Abb. 9.41, Nr. 5).

Ab Januar 1939 konnten in Oppau Wickelkörper bis zu 1.800 mm Außendurchmesser und 20 m Länge hergestellt werden. Die Firmen Krupp sowie die Deutschen Röhrenwerke, Mülheim/Ruhr, übernahmen von der I. G. Farbenindustrie die Lizenzen und fertigten zusammen mit dem Werk Oppau bis Kriegsende über 200 Wickelkörper für 300–700 bar, die sich ausnahmslos bewährten. Wegen der Versorgungsengpässe bei Legierungselementen wie Molybdän, Chrom und Nickel wurden nur die Kernzylinder aus hochwertigen, korrosionsbeständigen Werkstoffen gefertigt, die Wickelbänder bestanden aus Material ohne besondere Anforderungen an die Korrosionsfestigkeit.

Siebel und Schwaigerer von der MPA Stuttgart[153] untersuchten die Vorzüge der Mehrlagenbauweisen im Vergleich mit den Vollwandbehältern.[154] Sie gingen davon aus, dass in zylindrischen Hohlkörpern die Längsspannung (σ_a – axial) nur halb so groß ist wie die mittlere Umfangsspannung (σ_t – tangential). In der dicken zylindrischen Wand, bei der das Verhältnis u von Außen- zu Innendurchmesser deutlich größer als 1,0 ist, nehmen die Umfangs-Zugspannung und die radiale Druckspannung σ_r – wie Abb. 9.42[155] zeigt – von innen nach außen ab. Die resultierende Werkstoffbeanspruchung σ_v ist am höchsten in der Wandinnenseite, dort wird das Material bei Steigerung des Innendrucks und Überbeanspruchung zuerst versagen. Bei Einhaltung einer 1,6- bis 1,8-fachen Sicherheit gegen Überschreiten der Streckgrenze an der höchstbeanspruchten Innenfaser wird die Werkstoffausnutzung in den äußeren Wandbereichen immer schlechter, je höher der Innendruck und damit das Durchmesserverhältnis u ansteigt.[156]

Die Auflösung der Vollwand in mehrere Schichten ermöglicht das Aufbringen unterschiedlich starker Vorspannungen in den verschiedenen Schichten und damit eine gleichmäßigere Spannungsverteilung im Betriebszustand. Das Kernrohr kann so ausgelegt werden, dass es die Längsspannung überwiegend allein trägt (vgl. Abb. 9.41, rechte Spalte).

Siebel und Schwaigerer stellten fest, dass durch die Auflösung des tragenden Querschnitts in viele Einzelelemente „jede Neigung zum Trennungsbruch mit Sicherheit beseitigt" werde.[157] Wenn der Werkstoff eine ausreichende Bruchdehnung aufweist, kommt es vor dem Bruch zu größeren Formänderungen, so dass sich die Erhöhung des Formänderungswiderstandes vom Fließbeginn bis zur Bruchlast auswirken kann. In dünnen Schalen und Wickelbändern sind Einschlüsse und Fehlstellen unwahrscheinlich, und der Werkstoff neigt infolge der guten Durcharbeitung nicht zu Trennbrüchen. Sollte ein solcher an einer Fehlstelle doch auftreten, so bleibt er

[153] Vorübergehend in Berlin (1941 bis 1945).

[154] Siebel, Erich und Schwaigerer, Siegfried: Hochdruckbehälter für die chemische Industrie, Die Technik, Bd. 1, Nr. 3, September 1946, S. 114–118.

[155] Siebel, Erich, Schwaigerer, Siegfried und Kopf, E.: Berechnung dickwandiger Hohlzylinder, Die Wärme, 65. Jg., Nr. 51/52, Dezember 1942, S. 440.

[156] ebenda, S. 443.

[157] Siebel, Erich und Schwaigerer, Siegfried: Hochdruckbehälter für die chemische Industrie, 1946, a. a. O., S. 115.

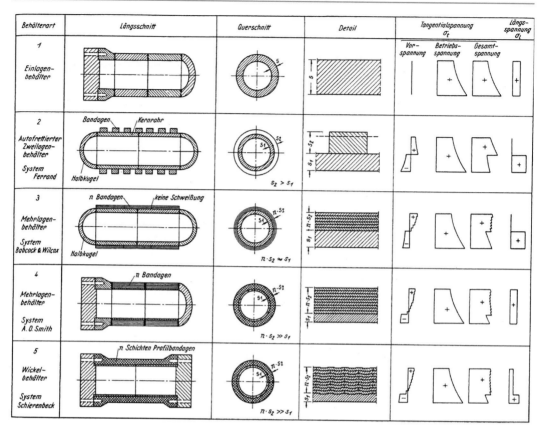

Abb. 9.41 Hochdruckbehälter in Ein- und Mehrlagenbauweise

in den mehreren Lagen örtlich begrenzt.[158] Die Festigkeit von Mehrlagenbehältern ist deshalb – von den Schweißverbindungen an den massiven Behälterteilen abgesehen – der von Vollwandbehältern überlegen.[159] Berstversuche mit Mehrlagenbehältern bestätigten dies. Die äußersten Lagen barsten zuerst mit nachfolgenden Formänderungen der noch intakten Lagen, wonach sich das weitere Aufplatzen der jeweils nächsten Schichten fortsetzte. Ein plötzlicher Zerknall mit geschossartig wegfliegenden Bruchstücken, wie sie beim Bersten von massiven Stahlbehältern häufig beobachtet werden, entstand nicht (Abb. 9.43).[160]

In Japan entwickelte Anfang der 1960er Jahre das Forschungsinstitut der Mitsubishi Heavy Industries Ltd. in Hiroshima einen sogenannten „Coillayer-Behälter", der sich nach japanischen Erfahrungen durch eine große Sicherheit und Wirtschaftlichkeit auszeichnet.[161] Seine Herstellung erfolgte durch das spiralförmige Aufwickeln eines breiten Stahlbandes um das zylindrische Kernrohr in einer Drei-Walzen-Wickelmaschine. Es konnten Zylinder mit Außendurchmesser bis 5.000 mm gefertigt werden (Abb. 9.44).[162] Schüsse, Böden und Flansche wurden mit durchgehenden Rundschweißnähten zusammengefügt und Stutzen in die dazu eingebrachten Löcher eingeschweißt.

---

[158] Siebel, Erich und Schwaigerer, Siegfried: Die Beanspruchung gewickelter Behälter, Chemie-Ingenieur-Technik, 24. Jg., Nr. 41, 1952, S. 199–203.

[159] vgl. Korndorf, B. A.: Hochdrucktechnik in der Chemie, VEB Verlag Technik Berlin, 1956, S. 355.

[160] Entnommen aus: Tschiersch, R., a. a. O., S. 109.

[161] Uno, Tsukumo und Iwasaki, Yasuhiro: Neuartige hochbelastbare Druckbehälter, Die Technische Überwachung, 10, Nr. 7, Juli 1969, S. 205–210.

[162] ebenda, S. 206.

Abb. 9.42 Spannungs-
verteilung in dickwandi-
gen Hohlzylindern

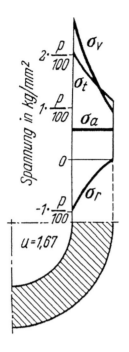

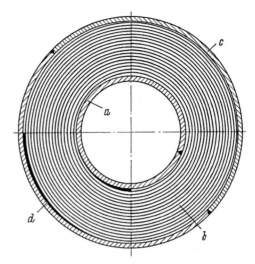

a Innenschale mit Längsnaht
b gewickelte Lagen aus Stahlband
c Außenschale mit geschweißten Längsnähten
d Kittschicht

Abb. 9.44 Querschnitt eines Coillayer-Behälters

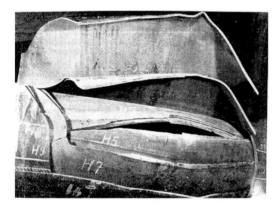

Abb. 9.43 Berstversuch an einem Mehrlagenbehälter

In den USA wurde die Mehrlagen-Bauweise nach dem A. O. Smith-System auch für nukleare Reaktordruckbehälter eingesetzt. Bis zum Jahr 1960 sind Mehrlagen-Behälter in vier nuklearen Anlagen für Forschungs- und Versuchszwecke verwendet worden.[163] Drei dieser Anlagen befanden sich im Bettis Atomic Power Laboratory

in West Miffin in der Nähe von Pittsburgh, Pa., das von der Westinghouse Electric Corporation im Auftrag der USAEC betrieben wurde. Die vierte Anlage war SPERT III, ein Druckwasserreaktor, der ab März 1960 im Rahmen der Special Power Reactor Tests (SPERT) in der National Reactor Testing Station, Idaho, für Leistungsexkursions-Versuche bei Drücken bis 250 bar und Temperaturen bis 400 °C eingesetzt wurde.[164] Am 26.10.1961 riss bei einem nichtnuklearen Test, der mit elektrischen Heizelementen durchgeführt wurde, eine Rundschweißnaht am Umfang des SPERT III-RDB mit Dampf- und Wasseraustritt. Die Temperatur erhöhte sich auf ungefähr 540 °C, und es kam zu einer Verformung des Mehrlagenbehälters, die ihn für weitere Tests unbrauchbar machte, so dass er ersetzt werden musste.[165]

In den Jahren 1960 und 1961 errichtete die Firma Westinghouse Electric Corporation am

[163] Tietze, A.: Mehrlagenbehälter, in: Kolloquium über Arbeiten zur Entwicklung von Reaktordruckgefäßen aus Stahl, KFA Jülich, 22. April 1968, Tagungsbericht, IRS-T-17 (1969), S. 10 f.

[164] Silver, E. G.: SPERT Program, Status Report, NUCLEAR SAFETY, Vol. 4, No. 2, Dezember 1962, S. 50–55.
[165] Silver, E. G.: SPERT Program, Status Report, SPERT III, NUCLEAR SAFETY, Vol. 5, No. 2, Winter 1963–1964, S. 154.

Standort Saxton, Berks County, ungefähr 30 km südöstlich von Altoona, Pa., einen Druckwasserreaktor mit dem größten als Mehrlagenbehälter nach dem A. O. Smith-System gefertigten RDB.[166] Die Träger- und Betreibergesellschaft war die gemeinnützige Saxton Nuclear Experimental Corporation (SNEC), die von der Pennsylvania Electric Company, der Pennsylvania State University und der Rutgers University gegründet worden war. Der Saxton-Reaktor war nach ASME-Code, Section VIII mit vierfacher Bruchsicherheit ausgelegt.

Daten des Saxton-Reaktors	
Leistung	$23,5 \ MW_{th}$[a]
	$3,2 \ MW_{el}$
Betriebsdruck	172 bar
Prüfdruck	258 bar
Betriebstemperatur	343 °C
RDB, zylindrischer Teil[b]	
Innendurchmesser	1.470 mm
Außendurchmesser	1.724 mm
Wanddicke	127 mm
Länge innen	4.750 mm
Stutzendurchmesser innen	263 mm

[a] Howard, D. E.: Operating Experience at Saxton, NUCLEAR SAFETY, Vol. 5, No. 3, Frühjahr 1964, S. 269–277
[b] Tietze A.: Mehrlagenbehälter, a. a. O., S. 16 f.

Er diente der Erforschung wirtschaftlicher Konstruktions- und Betriebsweisen, insbesondere auch der optimalen Brennstoff-Ausnutzung. Er war zunächst mit einem Vollwand-Druckbehälter konstruiert worden, erst während des Genehmigungsverfahrens wurde der Mehrlagen-RDB eingeplant.

Das ACRS prüfte diesen Änderungsantrag mit dem Ergebnis, dass von dem Mehrlagen-RDB keine zusätzliche Gefahr für die Gesundheit und Sicherheit der Öffentlichkeit ausgehe.[167] Die SNEC beabsichtigte, den Nachweis zu führen, dass Mehrlagenbehälter auch für große Leistungsreaktoren geeignet sind und ein beträchtliches Potenzial besitzen, Baukosten einzusparen.[168,169]

Die Mehrlagen-Bauweise beschränkte sich auf den zylindrischen Teil des RDB. Sie bestand aus 18 Lagen von 6,35 mm dickem Stahlblech, die von einer inneren, korrosionsbeständigen Schicht ausgehend, dicht aufeinander gepackt und jeweils auf der darunter liegenden Lage verschweißt waren. Die massiv geschmiedeten Bauteile wie Deckelflansch, Boden und Stutzen waren mit der Mehrlagen-Konstruktion mit mächtigen Schweißnähten verbunden (Abb. 9.45).[170]

Der Saxton-Reaktor war bis Mitte des Jahres 1972 in Betrieb. Ab August 1965 wurden Mischoxid-Brennelemente mit Plutonium-Anteilen (UO_2 und PuO_2) getestet.[171] Im Mai 1970 kam es wegen eines defekten Ventils zu einem Störfall mit der Ableitung von 7,32 Ci radioaktiver Gase (überwiegend Xenon[133]) durch den Schornstein. Schäden wurden nicht festgestellt.[172] Im Übrigen wurden während der 10-jährigen Betriebszeit keine sicherheitsrelevanten Vorkommnisse verzeichnet.

Das Bundesministerium für wissenschaftliche Forschung förderte in den 1960er Jahren zwei Forschungsvorhaben zur Untersuchung von

---

[166] ACRS-Zustimmung September 1959, Baugenehmigung Februar 1960, Betriebsgenehmigung November 1961, erste Kritikalität April 1962, vgl. Calendar of Legal Steps in Licensing U. S. Power Reactors, NUCLEAR SAFETY, Vol. 3, No. 2, Dezember 1961, S. 79 sowie Howard, D. E.: Operating Experience at Saxton, NUCLEAR SAFETY, Vol. 5, No. 3, 1964, S. 270.

[167] Cottrell, William B.: Current Events, Saxton Nuclear Experimental Corporation, NUCLEAR SAFETY, Vol. 2, No. 3, März 1961, S. 71.

[168] Katz, Leonard R., Goldsmith, Edward A. und Maurin, Joseph J.: Multilayer Shell Makes Saxton Vessel 10 % Cheaper, NUCLEONICS, Vol. 20, No. 6, Juni 1962, S. 88–93.

[169] Powell, E. U., Hetrick, D. E. und Kilpatrick, James N.: The Saxton Experimental Power Reactor, NUCLEAR ENGINEERING, Oktober 1962, S. 393–397.

[170] ebenda, S. 396.

[171] Saxton Nuclear Reactor, NUCLEAR SAFETY, Vol. 7, No. 1, Herbst 1965, S. 131.

[172] Casto, W. R.: Radioactive Gases Leak from Faulty Regulating Valve, in: Safety-Related Occurrences in June-July 1970, NUCLEAR SAFETY, Vol. 11, No. 6, Nov.-Dez. 1970, S. 500.

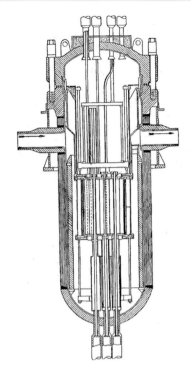

Abb. 9.45 Längsschnitt des Saxton-RDB

großen Druckbehältern in Mehrlagenbauweise, die von der Ruhrstahl-Apparatebau GmbH – Hattingen[173] (Ruhrstahl-Projekt) und der Fried. Krupp GmbH[174] (Krupp-Projekt) durchgeführt wurden. Das Krupp-Vorhaben wurde auch mit EURATOM-Mitteln gefördert.[175] Die Vorzüge der Mehrlagen-Bauweise erschienen im Vergleich mit den Vollwand-Behältern attraktiv:[176]

- Der Zusammenbau auf der Baustelle ist relativ einfach. Auf eine Wärmebehandlung nach dem Schweißen kann verzichtet werden.

- Die relativ dünnen Bleche haben hervorragende physikalische und metallurgische Eigenschaften. Im Mehrlagen-Verband können sich keine räumlichen Spannungszustände mit gefährlichen Spitzenwerten bilden. Dies bedeutet höhere Sicherheit.
- Undichtigkeiten der innersten Schicht (des so genannten Hemdes) können durch Belüften der Spalte zwischen den einzelnen Schichten einfach festgestellt werden.
- Das bruchmechanische Verhalten von Mehrlagenbehältern schließt Sprödbrüche und projektilartig wegfliegende Bruchstücke praktisch aus.
- Bei gleichen Kosten ist der Mehrlagenbehälter größeren Ansprüchen gewachsen als der Massivbehälter.

Diesen Vorteilen stehen zwei beträchtliche Nachteile gegenüber:

- Die Spannungszustände in den geschweißten Übergängen von Mehrlagenteilen zu massiven Bauteilen wie Stutzen, Böden und Flansche sind unübersichtlich.
- Die Prüfbarkeit der Mehrlagen- und Übergangsbereiche mit der Ultraschalltechnik ist erheblich eingeschränkt.

Das Ruhrstahl-Projekt umfasste den Bau eines Mehrlagenbehälters nach dem A. O. Smith-System (Abb. 9.46)[177] und die Untersuchung seines Verhaltens unter dem Einfluss äußerer Kräfte und Momente sowie verschiedener Aufheizgeschwindigkeiten. Besondere Aufmerksamkeit galt der Untersuchung der in die Mehrlagenwand eingeplanten Vollwand-Stutzen der Hauptkühlmittelleitung (Abb. 9.47). Da Stutzen dieser Dimension im Chemieapparatebau praktisch nicht vorkommen, lagen zum Verhalten dieser Konstruktion unter Belastung durch Innendruck und äußere Kräfte keine Erfahrungen vor. Größe und konstruktive Formgebung entsprachen im Maßstab 1:2 dem RDB eines Druckwasserreaktors mit der Leistung von ca. 300 MW$_{el}$.

[173] At T 97, Dezember 1963, Laufzeit 5 Jahre, Fördermittel 600.000 DM.
[174] At T 121, März 1964, Laufzeit 4 Jahre, Fördermittel 256.000 DM.
[175] EURATOM-Forschungsvorhaben 037-64-TEED.
[176] vgl. Kreckel, K.: Bau und Prüfung eines Groß-Druckbehälters in Mehrlagenbauweise, in: Übersicht über die vom Bundesministerium für wissenschaftliche Forschung geförderten Forschungsvorhaben auf dem Gebiet der Reaktorsicherheit, IRS-F-1, Juli 1968, S. 3.
[177] ebenda, S. 5.

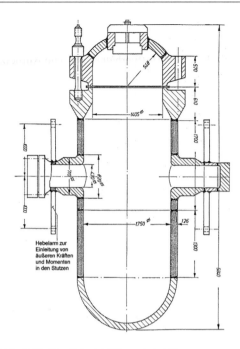

Abb. 9.46 Der Ruhrstahl-Versuchsbehälter

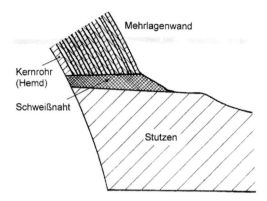

Abb. 9.47 tangentialer Schnitt durch die Schweißverbindung Stutzen/Mehrlagenwand

Daten des Ruhrstahl-Behälters	
Mehrlagenzylinder:	
Innendurchmesser	1.750 mm
Wanddicke	126 mm
Außendurchmesser	2.002 mm
Stutzendurchmesser innen	430 mm
Behälterlänge über alles	5.840 mm
Inhalt ca.	11,7 m^3
Nettogewicht ca.	52 t
Berechnungsdruck	325 atü
Berechnungstemperatur	300 °C
Probedruck	490 atü

durch den TÜV Essen e.V. unterzogen.[178] Der Ruhrstahl-Behälter wurde eigens für die Versuchszwecke im Werk Hattingen der Rheinstahl Hüttenwerke AG konstruiert, gebaut und untersucht. Er war Ende April 1968 fertiggestellt und für das dreimonatige Versuchsprogramm installiert (Abb. 9.48).[179] Zur Erzeugung von Biege- und Torsionsmomenten wurden hydraulisch angetriebene Zug-/Druckstäbe an die Stutzen-Hebelarme angekoppelt. Die Zielsetzungen der Forschungsvorhaben waren:

- Die Untersuchung des Übergangsbereichs zwischen großen, eingeschweißten Stutzen und zylindrischen Mehrlagenkörpern,
- Vergleiche des Verhaltens von Mehrlagen- und Vollwandbauteilen,
- das Verhalten von Flanschverbindungen bei instationärer Fahrweise sowie
- der Wärmedurchgang im Vergleich zur Vollwand bei beheiztem Behälter.

Bei der Herstellung der Mehrlagen-Schüsse wurden die drei Schalen je Lage durch Bänder hydraulisch angepresst und dann durch Längsnähte zusammengeschweißt.

Die Längsnähte wurden von Lage zu Lage versetzt zueinander angeordnet. Die einzelnen Schüsse wurden durch Rundschweißnähte miteinander und den Vollwandteilen verbunden. Die Verbindungsschweißnähte wurden einer Röntgen-Durchstrahlungsprüfung mit Abnahme

---

[178] Möller, M.: Bau und Prüfung eines Reaktordruckbehälters in Mehrlagenbauweise, Rheinstahl AG Maschinenbau, Apparatebau, Forschungsbericht Kernforschung, Bundesministerium für Forschung und Technologie, BMFT-FB K, November 1975, S. 16–23.

[179] Kreckel, K.: Forschungsvorhaben Mehrlagenbehälter, in: Kolloquium über Arbeiten zur Entwicklung von Reaktordruckbehältern aus Stahl, KFA Jülich, 22. April 1968, IRS-T-17 (1969), S. 22 ff.

Abb. 9.48 Versuchsinstallation des Ruhrstahl-Behälters

Dehnungs- und Spannungsverläufe sowie die Wärmeleitfähigkeit in mehrschichtigen Wänden entziehen sich der genauen theoretischen Analyse, weil zahlreiche Parameter, wie Anpressdruck und Oberflächenbeschaffenheit der Schichten, nicht exakt erfassbar sind. Bei den experimentellen Analysen wurden nennenswerte plastische Zugverformungen erst im Bereich des Prüfdrucks (490 atü) im Stutzen-Schweißnahtbereich nachgewiesen. Die Versuche ergaben, dass die durch Spannungsspitzen gefährdeten Zonen in der Stutzenregion der Übergang vom Stutzen zur Mehrlagenwand und der innere Lochrand sind.[180] Als konstruktive Verbesserungsmöglichkeit wurde eine angeschmiedete scheibenförmige Stutzenverstärkung als Einschweißkragen für einen stetigen Übergang zum Mehrlagenmantel vorgeschlagen.[181] Im Übrigen erwies sich die

Mehrlagenwand als schubfester Verband. Im Lastbereich 150–300 atü Innendruck lag ein ideal elastisches Werkstoffverhalten vor. Die Aufheizversuche ergaben eine deutlich geringere Wärmeleitfähigkeit der Mehrlagenwand im Vergleich zur Vollwand.[182]

Der abschließende Forschungsbericht kam insgesamt zum Ergebnis, dass Behälter in Mehrlagenbauweise gegenüber Vollwandbehältern bezüglich der Sicherheit und Montage Vorteile bieten.[183]

Die Firma Siemens hatte sich zunächst im Zusammenhang mit der Planung des Kernkraftwerks Niederaichbach für den Mehrlagenbehälter interessiert. Ende 1969 erklärten jedoch führende Vertreter dieses bedeutenden Herstellers von Druckwasserreaktoren gegenüber der Fa. Ruhrstahl-Apparatebau, dass sich der klassische Druckbehälter amerikanischer Bauart durchgesetzt habe. Es mache keinen Sinn, verschiedene Bauarten in die Praxis einzuführen und mit ihnen Erfahrungen zu sammeln. Man wolle standardisierte Technik und Typen verwenden und diese weiter verbessern.[184]

Im Jahr 1965 schlossen der Bundesminister für wissenschaftliche Forschung, die EURATOM-Kommission und die Firma Fried. Krupp GmbH, Essen, einen Vertrag über die „Entwicklung großer Stahlbehälter in Mehrlagenbauweise". Die Untersuchungen umfassten den Bau und die Erprobung von zwei Versuchsbehältern in verkleinertem Maßstab als Modelle für Großbehälter mit bis zu 15 m Durchmesser, 40 m Höhe, einem Betriebsdruck von 50 atü und einer Betriebstemperatur von 350 °C. Im Gegensatz zum Ruhrstahl-Druckbehälter sollte der Krupp-Behälter als Alternativkonzept für Spannbetonbehälter gasgekühlter Reaktoren erforscht werden.

[180] Möller, M., a. a. O., S. 52 f.

[181] ebenda, S. 53–61.

[182] ebenda, S. 70–73.

[183] ebenda, S. 3.

[184] Persönliche mündliche Mitteilung am 9. 9. 2004 von Dr.-Ing. K.-H. Piehl, damaliger Direktor der Rheinstahl Hüttenwerk AG, Henrichshütte, Hattingen.

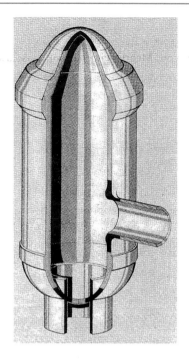

Abb. 9.49 Der Krupp-Mehrlagenbehälter

Daten des Krupp-Versuchsbehälters[a]	
Länge des zylindrischen Teils	4.000 mm
Durchmesser des zyl. Teils	2.400 mm
Wanddicke $10 + 4 \times 5 =$	30 mm
Stutzendurchmesser innen	500 mm
Behälterfuß (zyl. Schale):	
Durchmesser	1.000 mm
Wanddicke	5 mm
Auslegungsdruck	50 atü
Auslegungstemperatur	350 °C

[a] Jorde, Joachim: Entwicklung großer Stahlbehälter in Mehrlagenbauweise, in: Übersicht über die vom Bundesministerium für wissenschaftliche Forschung geförderten Forschungsvorhaben auf dem Gebiet der Reaktorsicherheit, IRS-F-1, 1968, S. 17

Die Konstruktion des Behälters aus zylindrischen, kegeligen und kugelförmigen Bauteilen wurde gewählt, um Biegespannungen in der Behälterwand zu vermeiden (Abb. 9.49).[185] Der Behälter wurde ausgehend von einem inneren Gefäß (so genanntes Hemd) aus darüber gelegten Banda-

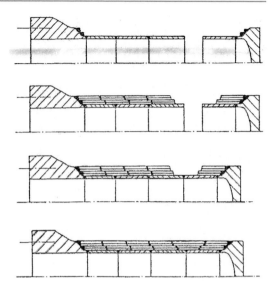

Abb. 9.50 Aufbau des Mehrlagenbehälters

genblechen aufgebaut. Die Lagenbleche wurden dem äußeren Umfang der vorherigen Lage genau angepasst. Sie wurden durch elastisches Biegen aufgebracht, damit ihr plastisches Verformungsvermögen und ihre Verfestigungsfähigkeit beim Überschreiten der Streckgrenze für die Sicherheit des Behälters erhalten blieben. Vor dem Aufbringen einer neuen Lage wurden die Verbindungs-Schweißnähte der vorhergehenden Lage eben abgeschliffen, damit ein einwandfreies Anliegen der Lagenbleche sichergestellt war. Die vorgerundeten Schüsse wurden mit einer hydraulisch einstellbaren Spannvorrichtung vorgespannt, wodurch sich nach Schrumpfung der Schweißnaht die erwünschte Vorspannung ergab. Beim stufenförmigen Aufbau der Mehrlagenwand wurden die Rund- und Längsnähte jeweils von Lage zu Lage versetzt (Abb. 9.50).[186] Die Schweißnähte wurden als Dreiblechschweißungen ausgeführt. Die Enden der Lagenbleche wurden miteinander und zugleich mit dem darunter liegenden Bandagenblech bzw. inneren Hemd verbunden.

Der Stutzen wurde mittels Auftragschweißung hergestellt. Zum „Formschweißen"

---

[185] Jorde, Joachim: Große Druckbehälter aus Stahl in Mehrlagenbauweise, Technische Überwachung 10, Nr. 7, 1969, S. 212–214.

[186] Bretfeld, H., Jorde, J., Müller, R. und Spandick, W.: Sicherheitstechnischer Vergleich von Reaktordruckbehältern (LWR) verschiedener Bauweise, RS 117, Untersuchungsbericht Nr. UB 1046/74, Krupp Forschungsinstitut, Essen, 1974, S. 19.

Abb. 9.51 Versuchsaufbau

(s. Kap. 9.2.5) des Stutzens bediente man sich eines Schweißautomaten, der auf einem Rohr, dem innersten Teil des Stutzens, und einem Schablonenblech, das den Übergang vom Rohr zum inneren Hemd des zylindrischen Behälterteils bildete, Rundschweißraupen neben und auf Rundschweißraupen legte.[187]

Das Experimentierprogramm mit dem 1968 fertiggestellten ersten Behälter (Abb. 9.51)[188] umfasste:

- Optimale Durchführung der Schweißarbeiten,
- Ermüdungsverhalten der Dreiblechnähte,
- Spannungskonzentrationen,
- Wärmeleitfähigkeit der Blechschichtung sowie
- statische und dynamische Belastbarkeit des Behälters bis zum Bersten.

Der Berstversuch ergab einen sich über eine relativ lange Zeit erstreckenden Berstvorgang mit einem zähen Bruch sowie großer Dehnung und Einschnürung (Abb. 9.52).[189] Dieses Berstverhalten von Mehrlagenbehältern, das „Zeit für Gegenmaßnahmen lasse", wurde als bedeutender Vorteil registriert. Dazu wurden als weitere Vorteile genannt, dass sowohl eine Werkstatt- als auch eine Baustellenfertigung möglich ist und wegen der Zerlegbarkeit der Behälter-Bauteile keine Abmessungs- und Gewichtsbegrenzungen bestehen. Als Nachteil war festzuhalten, dass die Mehrlagenbauweise die periodisch wiederkehrenden Prüfungen erschwert.[190]

Im Kolloquium über Arbeiten zur Entwicklung von Reaktordruckgefäßen aus Stahl in Jülich am 22. Apr. 1968[191], an dem rund 70 Experten von in- und ausländischen Forschungszentren, Industrieunternehmen und Überwachungsvereinen teilnahmen, drehte sich die kritische Diskussion vor allem um die Sicherheit der Schweißverbindungen in Mehrlagenbehältern. Es wurde auf die allgemeine Erfahrung hingewiesen, dass an Schweißnähten, die nicht spannungsfrei geglüht wurden – wie dies bei den Mehrlagenbehältern der Fall ist – die Zugfestigkeit weit unter der Gewährleistungs-Streckgrenze liegen kann. Rudolf Trumpfheller[192] hob in seinem Diskussionsbeitrag hervor, dass an Vollwandbehältern des Öfteren noch ausgedehnte Risse an Stellen gefunden worden waren, die zunächst fehlerfrei erschienen.[193] Die Schwierigkeiten träten bei den Rundschweißnähten auf, sowohl bei Nähten zwischen zwei Mehrlagenstücken als auch beim Übergang vom Mehrlagenstück zum Vollwandstück. Beim Schweißen schmolzen die Kanten zwischen den Lagen vorzeitig ab. Das ergäbe in der Röntgenaufnahme ein Strichgitter und bei der Ultraschallprüfung störende Reflexe. Wörtlich sagte Trumpfheller: „Dies bedeutet, dass wir bei den hier geschilderten Konstruktionen von Mehrla-

[187] Jorde, J., Müller, R., Schulte, D. und Bretfeld, H.: Entwicklung großer Stahlbehälter in Mehrlagenbauweise, Kerntechnik, 10. Jg., No. 4, 1968, S. 198–207.

[188] Jorde, Joachim: Große Druckbehälter aus Stahl in Mehrlagenbauweise, a. a. O., S. 214.

[189] Bretfeld, H., Jorde, J. et al., a. a. O., S. 27.

[190] ebenda, S. 131 f.

[191] Tagungsbericht IRS-T-17 (1969).

[192] Trumpfheller, Rudolf, Dipl.-Phys., Dr.-Ing.E.h., Dir. Rheinisch-Westfälischer TÜV, 1971-1989 Mitglied RSK und Leiter RSK-Ausschuss Reaktordruckbehälter bzw. Druckführende Komponenten.

[193] Tagungsbericht IRS-T-17 (1969), S. 56–58.

Abb. 9.52 Berstvorgang
des Krupp-Mehrlagen-
behälters

genbehältern die großen Rund- und Stutzennähte praktisch völlig ohne Informationen über ihren Zustand in Betrieb gehen lassen müssen, weil wir sie im Endzustand nicht mehr prüfen können."

Die in der Diskussion aufgeworfene Frage, warum nach dem Saxton-Reaktor keine weiteren Druckbehälter der Bauart A. O. Smith für Reaktoren größerer Leistung gebaut worden sind, blieb ohne Antwort.[194]

Das Krupp Forschungsinstitut in Essen unterzog im Auftrag des Bundesministeriums für Forschung und Technologie die verschiedenen Behälterbauweisen einer vergleichenden Bewertung nach betrieblichen, fertigungs- und sicherheitstechnischen Aspekten.[195] Der Sachverständigenkreis (SK) Werkstoffe und Festigkeit[196] befasste sich auf seiner 10. Sitzung am 20. Okt. 1975 mit den neuen Druckbehältervarianten als Alternativen zum Stahldruckbehälter. Das Ergebnis der Beratung war, dass der SK den Stahlbeton-RDB (z. B. für den Thorium-Hochtemperaturreaktor THTR) sowie den vorgespannten Guss-Druckbehälter (s. Kap. 9.2.4) für die am meisten versprechenden Varianten hielt. Er stellte jedoch unmissverständlich fest: „Nach Ansicht des SK ist der Kenntnis- und Erfahrungsstand mit dem Vollwandstahldruckbehälter so hoch, dass gleichwertige Alternativen heute nicht greifbar sind. Der SK sieht keine Notwendigkeit in absehbarer Zeit andere Varianten in Angriff zu nehmen."[197]

9.2.3 Das Elektroschlacke-Umschmelzverfahren (MHKW)

In der Sowjetunion wurde Anfang der 1950er Jahre im E.-O.-Paton-Institut für Lichtbogenschweißung der Akademie der Wissenschaften der Ukrainischen Sozialistischen Sowjetrepublik in Kiew das Elektro-Schlacke-Schweißverfahren für Dickbleche und kompakte Querschnitte sowie für Auftragschweißung entwickelt und erfolgreich in die Praxis eingeführt.[198] Zuvor waren in Kiew bei Untersuchungen der Unter-Pulver (UP)-Lichtbogen-Schweißung[199] instabile, lichtbogenlose Schweißvorgänge unter flüssiger Schlacke bei geringen UP-Schweißgeschwindigkeiten beobachtet worden. Es wurde festgestellt, dass sich diese Widerstands-Schweißung grundsätzlich von der Lichtbogenschweißung unterscheidet. Die Wärme entsteht aus dem Ohmschen Widerstand des Schlackebads beim Durchfließen des elektrischen Stroms.[200] Abbildung 9.53 zeigt schematisch die Verbindung zweier Bleche durch Abschmelzen der Elektrode im Schlackenbad und die Ausbildung eines metallischen Schmelzbades, auch Metallsumpf genannt. Die Wärmequelle ist ein begrenztes Volumen stark überhitzer Schlacke zwischen Elektrodenstirnseite und Schmelzbad.[201]

---

[194] Tagungsbericht IRS-T-17 (1969), S. 54 f.

[195] Bretfeld, H. et al., a. a. O., S. 138.

[196] Der Bundesminister für Forschung und Technologie richtete im April 1973 den Sachverständigenkreis Werkstoffe und Festigkeit ein, um sich von ihm zu projektbezogenen Fragen bei der Abwicklung des Forschungsprogramms Reaktorsicherheit beraten zu lassen.

[197] Ergebnisprotokoll 10. Sitzung SK W+F, 20. 10. 1975, AMPA, Ku 89.

[198] Paton, B. E. (Hg.): Elektro-Schlacke-Schweißung, VEB Verlag Technik, Berlin, 1957.

[199] Verfahren, bei dem der Lichtbogen unter einer Schicht aus mineralischem Pulver brennt und die fortlaufend zugeführte Elektrode den Grundwerkstoff und teilweise das Schweißpulver aufschmilzt.

[200] Woloschkiewitsch, G. Z.: Das elektrische Schlackenschweißen, Schweißtechnik, 4. Jg., Heft 6, VEB Verlag Technik, Berlin, Juni 1954, S. 177–180.

[201] Makara, A. M.: Thermische Vorgänge, in: Paton, B. E. (Hg.), a. a. O., S. 20.

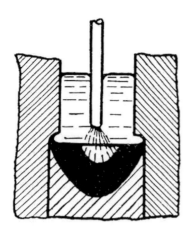

Abb. 9.53 Wärmequelle zwischen Stirnseite der Elektrode und Schmelzbad

In Kiew wurde untersucht, wie die Stabilität und Qualität des neuen Schweißverfahrens von der elektrischen Spannung, Stromstärke, Lage des Elektrodenendes und den Schlackeeigenschaften abhängt. Man arbeitete mit Schlacken aus Gemischen von oxidlosen Chlor- und Fluorverbindungen sowie Silizium-, Aluminium-, Mangan-, Eisen- und Chromoxiden.[202]

In den frühen 1950er Jahren wurde in Kiew und auch im Schweißtechnischen Forschungsinstitut in Bratislava/Tschechoslowakei erkannt, dass sich das neue Schweißverfahren für die Herstellung von unlegierten und legierten Stahlblöcken eignet. Von sowjetischer Seite wurde geltend gemacht, dass schon im Jahr 1892 N. G. Slawjanow die Idee dazu vertreten habe. Das „Blockgussverfahren nach Slawjanow" habe bereits in den USA praktische Anwendung gefunden.[203] In der zweiten Hälfte der 1950er Jahre wurde im Kiewer Paton-Institut das Elektro-Schlacke-Umschmelzen zur wesentlichen Qualitätsverbesserung des umgeschmolzenen Materials aus dem Elektro-Schlacke-Schweißen entwickelt und kleine Gusskörper aus hochlegierten Stählen hergestellt. In wassergekühlten kupfernen Kokillen wurden ein oder mehrere Drähte in der flüssigen Schlacke abgeschmolzen. Nach dem Strangguss-Prinzip

wurden die Böden der Kokillen abgesenkt und längere Blöcke erzeugt.[204] Im Jahr 1958 wurde das Verfahren von der Sowjetunion auf der Brüsseler Weltausstellung bekannt gemacht[205] und eine Elektro-Schlacke-Umschmelzanlage in Saporoshe in Betrieb genommen. Um das Jahr 1960 sollen in der Sowjetunion Blöcke von bis zu zwei Tonnen und 500 mm Durchmesser hergestellt worden sein.[206] In den 1970er Jahren wurde die Elektroschlacke-Technologie in der UdSSR bei der Herstellung von kerntechnischen Komponenten wie Absperrventilgehäusen, Rohren und Rohrluppen angewandt.[207]

In den USA ist das Elektro-Schlacke-Umschmelzverfahren als Hopkins-Prozess bekannt geworden. In der US-Patentschrift von R. K. Hopkins aus dem Jahr 1939 ist das Prinzip des Verfahrens beschrieben.[208] Das Stahlunternehmen Firth Sterling Inc., Mc Keesport bei Pittsburgh, Pa., entwickelte in den 1950er Jahren ein Umschmelz-Verfahren, bei dem über die Metall-Schlacke-Austauschreaktionen das konventionell hergestellte Elektrodenmaterial von seinen nichtmetallischen Einschlüssen gereinigt und ein Werkstoff mit ausgezeichneten chemischen, physikalischen und mechanischen Eigenschaften erzeugt werden konnte. Im Abb. 9.54 ist der Prozess skizziert.[209] Er muss so gefahren werden, dass sich zwischen der mit Wasser gekühlten Kokille und dem erstarrten Metallblock eine dünne

[202] Podgaezki, W. W.: Pulver für Elektro-Schlacke-Schweißung, in: Paton, B. E. (Hg.), a. a. O., S. 33–35.

[203] Medowar, B. I.: Elektrischer Blockguss, in: Paton, B. E. (Hg.), a. a. O., S. 163–166.

[204] Gilde, Werner: Schweiß- und Schneidtechnik bei der Herstellung metallurgischer Erzeugnisse, Neue Hütte, 5. Jg., Heft 4, April 1960, S. 232–237.

[205] Welding.Com 2004, Hobart Institute of Welding Technology, Troy, Ohio, USA.

[206] Richling, Wilfried: Das Elektro-Schlacken-Umschmelzen – ein neues Verfahren zur Herstellung von Stahlblöcken hoher Qualität, Neue Hütte, 6. Jg., Heft 9, September 1961, S. 565–572.

[207] Paton, B. E., Medovar, B. I., Boiko, G. A. Und Saienko, V. Ya.: Electroslag technology in the fabrication of nuclear power engineering products, DVS-Berichte, Bd. 75, Düsseldorf, 1982, S. 108–113.

[208] Löwenkamp, Hubert, Choudhury, Alok, Jauch, Rudolf und Regnitter, Friedhelm: Umschmelzen von Schmiedeblöcken nach dem Elektroschlacke-Umschmelzverfahren und dem Vakuum-Lichtbogenofenverfahren, Stahl und Eisen, 93. Jg., Nr. 14, 5. Juli 1973, S. 625–635.

[209] Hopkins Process Upgrades Metals For Critical Uses: STEEL, Vol. 145, 24. August 1959, S. 94 f.

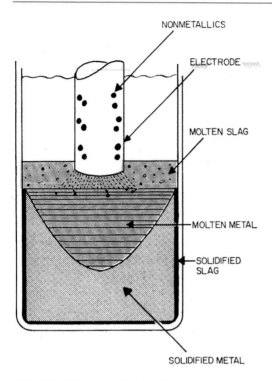

Abb. 9.54 Schema des Hopkins-Prozesses

Schlackenschicht verfestigt, die die Blockober-
fläche schützt. Im Dezember 1959 gab die General Motors Corporation in Chicago bekannt, dass
sie mit diesem Verfahren Teile von Dieselmoto-
ren herstellen werde.[210]

Die nützlichen Anwendungsmöglichkeiten
des neuen Verfahrens wurden in den 1960er Jahren in den Industriestaaten allgemein erkannt.
In Japan entwickelten damals die Mitsubishi
Heavy Industries Ltd., Tokio, in ihrem Kobe
Technical Institute ein Elektroschlacke-Umschmelzverfahren zur Herstellung von Druckbehältern.[211] Die Ausgangsbasis des Verfahrens
war ein ringförmiger Anfahrkörper aus dem
gleichen Werkstoff, mit dem gleichen Durchmesser und der gleichen Wanddicke wie der
zu produzierende zylindrische Behälter. Dieser Anfahrring wurde auf die senkrechte Planscheibe einer Kopfdrehmaschine aufgespannt.

In einer wassergekühlten, gleitenden Kokille
(U shape retainer) am Anfahrring wurden das
Schmelzbad und das Schlackebad durch Strom-
zufuhr hergestellt (Abb. 9.55).[212] Die draht-
förmigen Elektroden wurden automatisch zugeführt und abgeschmolzen. Die Drehmaschine
drehte sich mit einer Geschwindigkeit, die dem
Abschmelzvorgang entsprach. Wendelförmig
wurde Lage um Lage der Behälterwand in
einem automatisch kontrollierten Prozess auf-
geschmolzen (Abb. 9.56).[213] Das Verfahren des
kontinuierlichen Elektroschlacke-Umschmelzens (CESM – continous/consumable electroslag melting), in Japan „Yozo"-Technik genannt,
wurde von Mitsubishi Heavy Industries zur
Herstellung von Komponenten für Chemieanlagen genutzt.[214] Bei großen Wanddicken variie-
ren die Werkstoffkennwerte wie bei Schmiedestücken. Die schnelle Erstarrung bewirkt grobe
dendritische Gefügestrukturen. Um akzeptable
Werkstoffeigenschaften zu erhalten, bedürfen
die Werkstücke langwieriger und aufwändiger
Wärmebehandlung. RDB für Großkraftwerke
sind nicht hergestellt worden.

In Österreich und Deutschland zielten die
Entwicklungsarbeiten auf betriebssichere großtechnische Anlagen zur Herstellung von Schmiedeblöcken hoher Qualität. Die Edelstahlwerke
Gebr. Böhler & Co. AG in Kapfenberg/Steier-
mark nahmen im April 1964 eine halbtechnische
Anlage für Versuchs- und Produktionszwecke
in Betrieb, der 1967 eine Großanlage folgte, die
Blöcke bis 800 mm Durchmesser mit Gewichten
bis 12 t produzieren konnte.[215]

In Deutschland waren es die Rheinstahl Hüttenwerke AG in Hattingen/Ruhr und die Stahlwerke
Röchling-Burbach GmbH in Völklingen/Saar, die

---

[210] Welding.Com 2004, Hobart Institute of Welding
Technology, Troy, Ohio, USA.

[211] An All Electroslag Welded Vessel?: IRON AGE,
Vol. 205, 5. Februar 1970, S. 68 f.

[212] ebenda, S. 68.

[213] Irving, R. R.: Why Not Combine Melting, Fabrication, IRON AGE, Vol. 207, 11. März 1971, S. 53–55.

[214] vgl. Heat Resisting Steel Tube Produced by Newly
Developed „Weld Forming Process": Mitsubishi Heavy
Industries, Technical Review, Vol. 8, No. 2, Ser. No. 21,
Juni 1971, S. 81 f.

[215] Holzgruber, Wolfgang und Pöckinger, Erwin: Metallurgische und verfahrenstechnische Grundlagen des Elektroschlacke-Umschmelzens von Stahl, Stahl und Eisen, 88.
Jg., Nr. 12, 13. Juni 1968, S. 638–648.

Abb. 9.55 Schema der
Behälterherstellung mit
dem Elektroschlacke-
Umschmelzverfahren

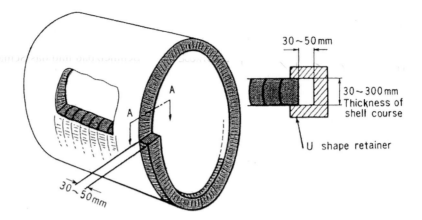

Abb. 9.56 Wendelförmig aufgeschmolzene Lagen der
Behälterwand (760 mm ∅)

sich in den 1960er und 1970er Jahren intensiv um die Weiterentwicklung des Elektro-Schlacke-Umschmelzverfahrens bemühten. Die Forschungsarbeiten waren auf die Verbesserung der Gefüge und Eigenschaften der durch das Umschmelzen erzeugten Stähle gerichtet.[216,217,218] Die Aufnahme unerwünschter nichtmetallischer Bestandteile

(Schwefel- und Phosphorverbindungen, Wasserstoff, Sauerstoff u. a.), die beim Umschmelzen des Stahls vermieden werden soll, wird durch die während des Umschmelzens sich verändernde Schlackenzusammensetzung entscheidend beeinflusst. Gute Erfahrungen wurden mit sonderbehandelten Flussspat(CaF_2)-Tonerde(Al_2O_3)-Schlacken erzielt. Je nach Beschaffenheit des Ausgangswerkstoffs und den erwünschten Stahleigenschaften können auch als Schlackenbestandteile gebrannter Kalk (CaO), Eisenoxid (FeO), Kieselsäure (SiO_2), Bitterspat ($MgCO_3$), Rutil (TiO_2) sowie keimbildende Zusätze in Betracht kommen.[219,220,221] Durch die Optimierung der Prozessführungsgrößen für den stationären Verlauf des Elektro-Schlacke-Umschmelzverfahrens[222] bei einer sorgfältig abgestimmten Schlackenzusammensetzung lassen sich Umschmelz-Stahlblöcke erzeugen, die den konventionell hergestellten Gussblöcken qualita-

[216] Wahlster, Manfred und Choudhury, Alok: Einfluss des Umschmelzens nach Sonderverfahren auf Gefüge und einige Eigenschaften von Stählen, Stahl und Eisen, 88. Jg., Nr. 22, 31. Oktober 1968, S. 1193–1202 und 1480.

[217] Klingelhöfer, Hans-Jürgen und Mathis, Peter: Ein Beitrag zur Metallurgie des Elektro-Schlacke-Umschmelzverfahrens, Archiv für das Eisenhüttenwesen, 42. Jg., Heft 5, Mai 1971, S. 299–306.

[218] Jauch, Rudolf, Choudhury, Alok, Löwenkamp, Hubert und Regnitter, Friedhelm: Herstellung großer Schmiedeblöcke nach dem Elektro-Schlacke-Umschmelzverfahren, Stahl und Eisen, 95. Jg., Nr. 9, 24. April 1975, S. 408–413.

[219] Miska, Horst und Wahlster, Manfred: Verhalten des Schwefels während des Elektro-Schlacke-Umschmelzens, Archiv für das Eisenhüttenwesen, 44. Jg., Nr. 2, Februar 1973, S. 81–85.

[220] Miska, Horst und Wahlster, Manfred: Verhalten des Sauerstoffs beim Elektro-Schlacke-Umschmelzen, Archiv für das Eisenhüttenwesen, 44. Jg., Nr. 1, Januar 1973, S. 19–25.

[221] Erdmann-Jesnitzer, Friedrich und Prosenc, Viktor: Untersuchungen über den Einfluss von Keimbildnern auf die Gefügeausbildung und das Seigerungsverhalten beim Elektro-Schlacke-Umschmelzen von Stahl, Archiv für das Eisenhüttenwesen, 47. Jg., Nr. 6, Juni 1976, S. 367–372.

[222] Willner, Lutz: Bestimmung optimaler Führungsgrößen für den Elektro-Schlacke-Umschmelzprozess, Stahl und Eisen, 96. Jg., Nr. 20, 7. Oktober 1976, S. 952–957.

Abb. 9.57 Die Völklinger Elektro-Schlacke-Umschmelzanlage mit vier Elektroden

tiv weit überlegen sind. Sie sind frei von makroskopischen Fehlern und hinsichtlich Kristallseigerung und Reinheitsgrad wesentlich besser als konventionelle Blöcke.[223]

In Völklingen stellten Anfang der 1970er Jahre die Stahlwerke Röchling-Burbach in Zusammenarbeit mit der auf dem Gebiet von Lichtbogenöfen und Vakuummetallurgie führenden Fa. Leybold-Heraeus, Köln und Hanau, eine Elektro-Schlacke-Umschmelzanlage auf, die Blöcke von maximal 2.300 mm Durchmesser und Blockgewichten bis zu 160 t erschmelzen konnte. Sie besaß vier voneinander unabhängig mit Strom versorgte Elektroden, deren Durchmesser bis 830 mm dick waren (Abb. 9.57).[224]

Die Untersuchungen an dieser Großanlage wurden vom Bundesministerium für Forschung und Technologie gefördert (Projekt NTS 23). Sie ergaben, dass auch in Blöcken mit 2.300 mm Durchmesser keine Makroseigerungen feststellbar waren. Der Reinheitsgrad war sehr gut. Wegen der gerichteten Erstarrung über dem ganzen Querschnitt war die Kristallseigerung sehr gering.

Um Blöcke von der Größe herzustellen, wie sie für die Fertigung von RDB-Bauteilen erfor-

derlich sind, wurde das Elektro-Schlacke-Umschmelzverfahren mit der herkömmlichen Blockgusstechnik kombiniert. Dieses Verfahren entwickelten die Firmen Midvale-Heppenstall Company, Pittsburgh, Pa., und die Klöckner-Werke AG, Osnabrück, gemeinsam, wobei der erste Versuch im Dezember 1972 in Osnabrück durchgeführt wurde (Midvale-Heppenstall-Klöckner-Werke (MHKW) -Verfahren).[225] Der leitende Gedanke war, den an Seigerungen, Schrumpfrissen und anderen Fehlern reichen Kern eines gegossenen Rohblocks durch Lochen mit einer Schmiedepresse zu beseitigen und den so entstandenen zylindrischen Hohlraum durch Umschmelzen von Elektrode und Blockmaterial im Bereich der Hohlraumwand wieder aufzufüllen. Der gelochte Block ist die Kokille für das Elektro-Schlacke-Umschmelzverfahren. Das MHKW-Verfahren ist ein Kernzonen-Umschmelzverfahren, bei dem der fehlerhafte Kernbereich durch qualitativ besseren Werkstoff ersetzt wird. Abbildung 9.58 stellt die Fertigungsstufen schematisch dar.[226] Der Durchmesser des insgesamt umgeschmolzenen Metalls liegt bei 1/3–2/3 des Gesamtblockdurchmessers.[227] Schon die ersten Versuche bestätigten, dass die Verschmelzung zwischen Außen- und Innenbereich einwandfrei sauber und ohne Fehler war.[228] Die Schmelzgrenze zwischen Rohblock und umgeschmolzenem Material erwies sich auch bei späteren Anwendungen nicht als Schwachstelle im MHKW-Werkstoffverbund.[229]

Bis September 1973 wurden weitere Versuche, darunter einer mit einem Rohblock von 100 t Gewicht, durchgeführt. Dieser Rohblock hatte einen Durchmesser von 2.120 mm, eine Länge von 2.900 mm und einen durch Auslochen entstandenen Innenhohlraum von 700 mm Durchmesser. Die Umschmelz-Elektrode hatte einen Durchmesser von 430 mm und der Umschmelzprozess dauerte etwa 10 Stunden. Die chemischen Analysewerte des fertigen Blocks waren sehr zufrieden-

[223] Choudhury, Alok, Jauch, Rudolf und Löwenkamp, Hubert: Primärstruktur und Innenbeschaffenheit herkömmlicher und nach dem Elektro-Schlacke-Umschmelzverfahren hergestellter Blöcke mit einem Durchmesser von 2000 und 2300 mm, Stahl und Eisen, 96. Jg., Nr. 20, 7. Oktober 1976, S. 946–951.

[224] Jauch, Rudolf, Choudhury, Alok et al., a. a. O., S. 409.

[225] Schmollgruber, Friedrich, a. a. O., S. 97.

[226] ebenda, S. 95.

[227] Austel, W. und Maidorn, Chr.: MHKW-Verfahren für schwere Schmiedestücke, 3. MPA-Seminar, Stuttgart, 14./15.9.1977, S. 3.

[228] Schmollgruber, Friedrich, a. a. O., S. 98.

[229] Austel, W. und Maidorn, Chr., a. a. O., S. 14.

Abb. 9.58 Fertigungsstufen des MHKW-Verfahrens

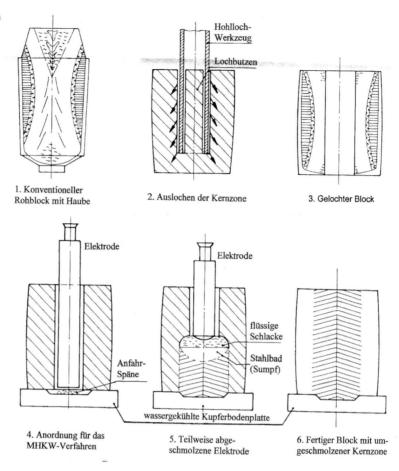

1. Konventioneller Rohblock mit Haube

2. Auslochen der Kernzone

3. Gelochter Block

4. Anordnung für das MHKW-Verfahren

5. Teilweise abge-schmolzene Elektrode

6. Fertiger Block mit um-geschmolzener Kernzone

stellend.[230] In den Jahren 1974 und 1975 errichteten und erprobten die Klöckner-Werke eine neue Umschmelzanlage, die für Rohblöcke bis 300 t Gewicht und 3.500 mm Durchmesser entworfen war. Auf der Ausstellung Nuclex '75 im Oktober 1975 in Basel wurde das MHKW-Verfahren der Öffentlichkeit vorgestellt.[231] Auf der neuen Anlage wurden bis 1977 15 MHKW-Blöcke erschmolzen, von denen der schwerste 200 t wog und aus dem Stahl 20 MnMoNi 5 5 bestand. Aus ihm wurde ein RDB-Deckelflanschring von ca. 160 t geschmiedet. Der MHKW-Verbundwerkstoff erfüllte in allen Bereichen die gestellten Qualitäts-Anfor-

derungen.[232] Die zusätzlichen Verfahrensschritte und der hohe Stromverbrauch beim Umschmelzen steigerten jedoch die Herstellungskosten beträchtlich. Die MHKW-Blöcke waren mit den japanischen Gussblöcken nicht wettbewerbsfähig.

9.2.4   Vorgespannte Guss-Druckbehälter (VGD)

Im Rahmen eines Assoziationsvertrages zwischen EURATOM und KFA Jülich wurden von der Firma Brown Boveri-Krupp Reaktorbau GmbH (später Hochtemperatur Reaktorbau GmbH – HRB) sowie der Nukem GmbH in den Jahren 1963–1968 baureife Unterlagen für die Errichtung eines Kernkraftwerks mit einem he-

[230] Schmollgruber, Friedrich, a. a. O., S. 98.

[231] Sperl, Heinz und Steffen, Rolf: Das MHKW-Verfahren zur Erzeugung schwerer Schmiedestücke, Stahl und Eisen, 85. Jg., Nr. 26, 18. Dezember 1975, S. 1297 f.

[232] Austel, W. und Maidorn, Chr., a. a. O., S. 17.

Abb. 9.59 THTR-300-
RDB, Größenvergleich
Spannbeton zu VGD

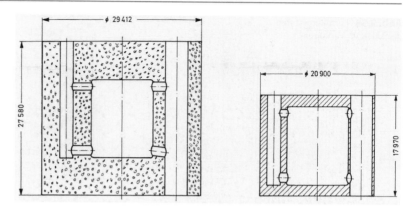

liumgekühlten Thorium-Hochtemperaturreaktor,
des THTR-300, ausgearbeitet.[233] Als Reaktordruckgefäß war ein Spannbetonbehälter mit
dem lichten Innendurchmesser von 15,9 m, der
lichten Innenhöhe von 15,3 m und den Beton-
wandstärken von 4,45 bis 5,1 m vorgesehen.[234]
Die Hochtemperaturreaktor (HTR) -Technik
sollte ein Schwerpunkt des 3. Atomprogramms
(1968–1973) der Bundesregierung werden.[235]
In den USA lief bereits das erste Versuchs-HTR-
Kraftwerk Peach Bottom 1 und 1968 wurde mit
dem Bau des 330-MW$_{el}$-HTGR (High Temperature Gas-Cooled Reactor) Fort St. Vrain begonnen. Der HTR-Technik mit ihren Potenzialen
zur Stromerzeugung mit hohen Wirkungsgraden,
Kohle-Veredelung und Wasserstoffproduktion
wurde gerade in Deutschland eine große Zukunft
vorausgesagt. Es erschien lohnend, vorteilhaftere
Alternativen zur Spannbeton-Technik zu suchen,
wie sie in Frankreich, Großbritannien, den USA
und auch im THTR-300 verwendet wurde.

Die Firma Siempelkamp Gießerei KG, Krefeld, entwickelte auf der Basis der Entwurfs-

daten des THTR-300 einen vorgespannten Guss-
Druckbehälter (VGD) und baute mit eigenen
Mitteln im Jahr 1972 einen Modellbehälter im
Maßstab 1:7,5.[236]

Die Vorzüge des VGD waren offensichtlich
und wurden auch für wassergekühlte Reaktoren
und Berstsicherungen geltend gemacht:[237]

• drastisch reduzierte Abmessungen
  (Abb. 9.59)[238],
• vollständige Vorfabrikation in der Fabrik mit
  beträchtlich verringerten Bauzeiten am Standort,
• Temperatur-Unempfindlichkeit,
• stabiles Langzeitverhalten (keine Schrumpf-
  und Kriechphänomene),
• geringere Herstellungskosten,
• zerstörungsfreie Prüfbarkeit
• einfache Demontage.[239]

---

[233] Das 300-MW-Prototyp-Kernkraftwerk mit Kugelhau-
fen-THTR, atw., 14. Jg., März 1969, S. 118.

[234] Hennings, U. und Schmiedel, F.: Auslegung und
Konstruktion des THTR-Prototyp-Kraftwerks, atw., 14.
Jg., März 1969, S. 118–121.

[235] Die Realisierung des THTR-300 gestaltete sich jedoch äußerst schwierig: 1. Teilerrichtungs-Genehmigung
im Mai 1971, erste Stromerzeugung am 16. 11. 1985,
Übergabe an den Betreiber am 1. 6. 1987. Im Zeitraum
1974 bis 1982 kam es zu einer Vielzahl von planerischen
Änderungen am Gesamtkonzept und Anpassungen an den
Stand von Wissenschaft und Technik. vgl. Bäumer, R.:
THTR-300-Erfahrungen mit fortschrittlicher Technologie, atw., 34. Jg., Mai 1989, S. 222–227.

[236] Schilling, F. E. und Beine. B.: The Prestressed Cast
Iron Reactor Vessel (PCIPV), Nuclear Engineering and
Design, 25, 1973, S. 315–319.

[237] Beine, B., Gross, H. und Schilling, F. E.: The Prestressed Cast Iron Pressure Vessel (PCIV): Its Applicability for
Gas- and Water-Cooled Nuclear Power Reactors and for
the Burst Protections: Second International Conference
on Structural Mechanics in Reactor Technology (SMIRT),
Berlin, 10.-14. September 1973, Abdruck in: Nuclear Engineering and Design, 28, 1974, S. 387–399.

[238] Beine, B., Gross, H. und Schilling, F. E., a. a. O.,
S. 394.

[239] vgl. Böhm, B. et al.: Untersuchung über die Realisierbarkeit eines vorgespannten gusseisernen Reaktordruckbehälters, Studie des Batelle Instituts e. V., Frankfurt/M,
September 1973.

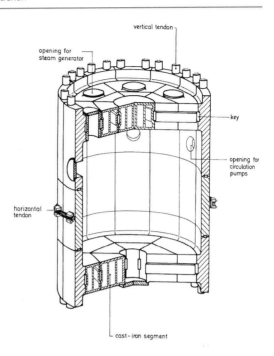

Abb. 9.61 Aufbau-Schema des Siempelkamp-Modellbehälters

Abbildung 9.60[240] zeigt den 1972 fertiggestellten Siempel-Modellbehälter, Abb. 9.61[241] seinen schematischen Aufbau. Sein Innendurchmesser betrug 2,0 m, seine Innenhöhe 1,9 m. Er war aus einzelnen verrippten Gussblöcken bausteinartig zusammengesetzt, die durch Axialspannkabel innerhalb der Behälterwand und Umfangsspannkabel am äußeren Umfang auf Spannschuhen zusammengepresst wurden. Die Kontaktflächen zwischen den Blöcken waren mechanisch bearbeitet. Die aus Gusseisen mit Lamellengraphit hergestellten Blöcke waren im Wesentlichen auf Druck beansprucht. Sie wurden durch Scherkeile untereinander verbunden. Um den Behälter druckdicht zu machen, bedurfte es einer innenliegenden Dichthaut (Liner) aus korrosionsbeständigem Stahl. Bei einem VGD sind also die Stütz-, Trage- und Dichtfunktion klar voneinan-

der getrennt. Der Modellbehälter war für 50 bar ausgelegt. Er hielt einem Probedruck von 90 bar problemlos stand.[242]

In der Wand von zylindrischen Druckbehältern ist die Umfangspannung doppelt so hoch wie die Längsspannung. Um bei der Herstellung von Rohren, Stahlflaschen, Autoklaven usw. mit geringen Wanddicken auszukommen, wurde, schon beginnend im 19. Jahrhundert, versucht, Hohlkörper für hohe Drücke zu bandagieren oder mit Stahldraht von sehr hoher Zugfestigkeit zu umwickeln.[243,244]

Für das Aufbringen der Horizontalverspannung unterscheidet man alternative konstruktive Lösungen (Abb. 9.62):

---

[240] Schilling, F. E, und Beine, B., a. a. O., S. 319.

[241] Beine, B., Gross, H. und Schilling, F. E., a: a. O., S. 390.

[242] Bounin, Dieter: Der Vorgespannte Guss-Druckbehälter VGD – das neue Konzept für Großbehälter, konstruieren+gießen, 12. Jg., Nr. 4, 1987, S. 21–34.

[243] vgl. Class, J. und Maier, A. F.: Bauarten von Hochdruck-Hohlkörpern in Mehrteil- insbesondere Mehrlagen-Konstruktionen, Chemie-Ingenieur-Technik, 24. Jg., Nr. 4, 1952, S. 187 f.

[244] Hartner-Seberich, R.: Leichte Flaschen für gasförmige Treibstoffe, Brennstoff-Chemie, Bd. 16, Nr. 18, 1935, S. 352–354.

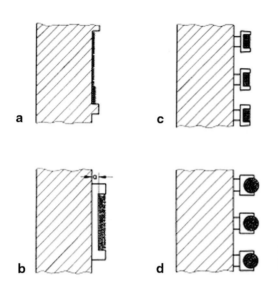

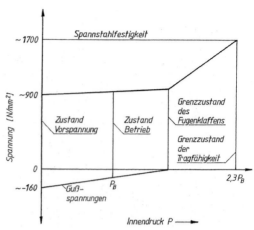

Abb. 9.63 Verlauf der Guss- und Spannstahl-Spannungen über dem Innendruck

Abb. 9.62 alternative Formen der Horizontalverspannung

- das direkte Bewickeln (a),
- das Wickeln auf angegossenen Auflageflächen (b),
- Spannschuhe mit Litzen, die ohne Vorspannung aufgewickelt und erst danach durch radial wirkende Pressen vorgespannt werden (c),
- Spannschuhe mit Kabel, die ähnlich wie Axialkabel mit Muffen zu einem Ring geschlossen, durch Pressen vorgespannt und mit Abstandhaltern gesichert werden (d).

Die Spannschuhverfahren sind kostenaufwändig, im Boden- und Deckelbereich i. d. R. nicht anwendbar, bieten jedoch die Möglichkeit von periodisch wiederkehrenden Prüfungen ohne Abwickeln. Die Variante b erlaubt zwischen den Auflagen den Zugang zur äußeren Behälterwand. Zur Aufbringung der Wicklungen in den Fällen a und b wurden Wickelmaschinen gebaut, die Spannkräfte bis 83.000 N erreichten.[245]

In Abb. 9.63 ist der Verlauf der Guss- und Spannstahl-Spannungen eines VGD über dem Innendruck dargestellt.[246] Die vorgespannten

Guss-Segmente im zylindrischen Teil werden bei steigendem Innendruck entlastet, die Spannkabel belastet. Die zulässigen Spannungen entsprechen dem zweifachen Betriebsdruck. Bei zweifachem Behälterinnendruck wird in der höchstbelasteten Biegedruckzone in den Gussblöcken des Behälterbodens erst ein Viertel der Druckfestigkeit des Gusswerkstoffs erreicht.[247]

Als Anfang der 1970er Jahre im Zusammenhang mit den Planungen für den BASF-Reaktor und das Kernkraftwerk Süd in Wyhl die öffentliche Diskussion um die Berstsicherung der RDB aufkam, betonten die Befürworter des VGD dessen vorzügliches bruchmechanisches Verhalten und seine bemerkenswerten Sicherheitsreserven:[248]

- Die einzelnen Gussblöcke, aus denen ein VGD zusammengesetzt ist, sind druckbeansprucht. Ein schneller Bruch mit völligem Versagen des VGD ist nicht möglich. Ein Riss könnte in einem druckbeaufschlagten Teil keine Erhöhung der Druckspannung und keine Verminderung des tragenden Querschnitts bewirken.

[245] Voigt, Jürgen: Auslegung und konstruktive Gestaltung eines aus Stahlguss-Segmenten aufgebauten Druckbehälters für einen Kugelhaufen-Hochtemperaturreaktor mit einer thermischen Leistung von 3000 MW, Diss., RWTH Aachen, 1978, S. 42–48.

[246] Bounin, Dieter, a. a. O., S. 22.

[247] AMPA Ku 89, Siempelkamp Gießerei KG, Abteilung Reaktortechnik: Studie über einen Vergleich zwischen einem Stahldruckbehälter herkömmlicher Bauweise und einem vorgespannten Guss-Druckbehälter unter besonderer Beachtung der sicherheitstechnisch relevanten Gesichtspunkte, Krefeld, Januar 1975, S. 80.

[248] AMPA Ku 89, Siempelkamp Gießerei KG, a. a. O., S. 47–76.

Abb. 9.64 Längsschnitt durch den Entwurf eines 1.250-MW$_{el}$-Siedewasserreaktors

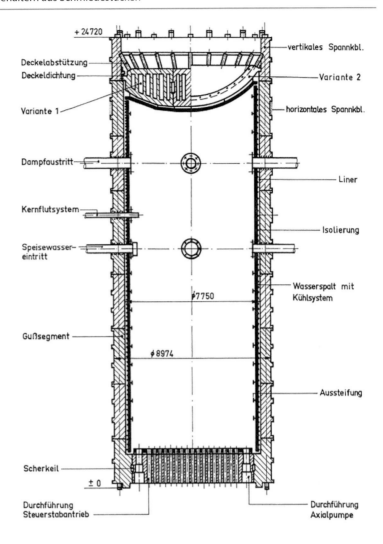

+ 24 720

Deckelabstützung
Deckeldichtung

Variante 1

Dampfaustritt

Kernflutsystem

Speisewasser-eintritt

ⵁ7750

Gußsegment

ⵁ8974

Scherkeil

± 0

Durchführung Steuerstabantrieb

vertikales Spannkbl.

Variante 2

horizontales Spannkbl.

Liner

Isolierung

Wasserspalt mit Kühlsystem

Aussteifung

Durchführung Axialpumpe

• Das für die Behältersicherheit entscheidend wichtige Spannsystem wird durch Kraftmessdosen ständig überwacht. Wenn in einzelnen Spanndrähten Fehler auftreten, die zum Reißen führen, werden die Kräfte auf die Nachbardrähte umgelagert. Sollten während des Betriebs einzelne der über 10.000 Einzeldrähte versagen, führte dies nur zu einer unbedeutenden Erhöhung der Zugspannung in den übrigen Drähten.

Neben dem Entwurf weiterer HTR-Projekte untersuchte die Siempelkamp Gießerei KG auch die Eignung von VGD für RDB von Siedewasserreaktoren (Abb. 9.64)[249] sowie für vorgespannte Großbehälter als Berstsicherung, welche

die RDB umschließen (Abb. 9.65).[250] Siempelkamp baute für den THTR-300 den vorgespannten Steuer-Lagerbehälter VGD-S für 300 bar Stickstoff, der sich in der Praxis bewährte.[251]

Die Argumente zugunsten des VGD und die Erfahrungen mit dem ersten Modellbehälter waren so überzeugend, dass das nordrhein-westfälische Ministerium für Wirtschaft, Mittelstand und Technologie im Jahr 1975 einem Firmenkonsortium unter Führung der Siempelkamp Gießerei KG den Auftrag erteilte, für

---

[249] ebenda, Abb. 1.

[250] Beine, B., Gross, H. und Schilling, F. E., a. a. O., S. 398.

[251] Beine, B.: Prestressed Cast Iron Pressure Vessel (PCIV) VGD-S, 7th SMIRT Conference, Chicago, 22.–26. August 1983, Paper H 1/5.

Abb. 9.65 VGD als Berstschutz für einen Siedewasserreaktor (Längsschnitt)

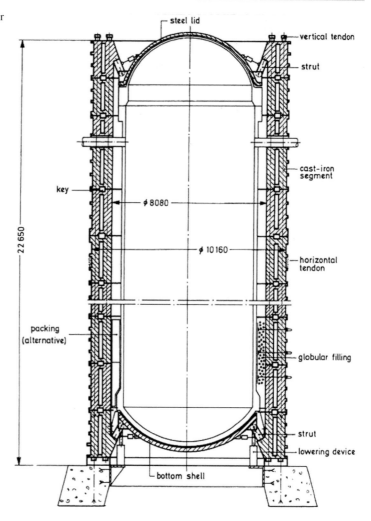

einen Hochtemperaturreaktor mittlerer Leistung (500 MW$_{el}$) einen VGD zu entwickeln. Nach einer längeren Zeit der Voruntersuchungen und Studien wurde in den Jahren 1984–1986 von Siempelkamp, den Reaktorbaufirmen Hochtemperatur-Reaktorbau und Interatom sowie der Anlagenbau-Firma Steinmüller ein zylindrischer VGB-HTR-Versuchsbehälter mit den Hauptabmessungen innen 4.000 $\varnothing \times 4.800$ mm und außen 5.200 $\varnothing \times 7.200$ mm (Abb. 9.66)[252] gefertigt. Dieser im Maßstab 1:4 errichtete Versuchsbehälter wies zahlreiche technische Verbesserungen gegenüber dem Modellbehälter von

1972 auf. Abbildung 9.67 zeigt den Aufbau der zylindrischen Wand des VGD mit Axial- und Umfangsspannkabel und dem zwischen Liner und Gussblock eingefügten, den Liner haltenden Korsett.[253] Die Hohlräume können mit Materialien verfüllt werden, die Strahlung absorbieren. Die Siempelkamp Gießerei KG schätzte 1987 die Einsatzpotenziale der VGD-Systeme sehr positiv ein. VGD mit Durchmessern von 5 bis 10 m, für Drücke bis 80 bar und Temperaturen bis 500 °C seien vorstellbar. Bei Innentemperaturen von mehr als 130 °C bzw. 300 °C, wenn teure warmfeste Spannstähle eingesetzt werden, sind jedoch

---

[252] Bounin, Dieter, a. a. O., S. 24.

[253] ebenda, S. 21.

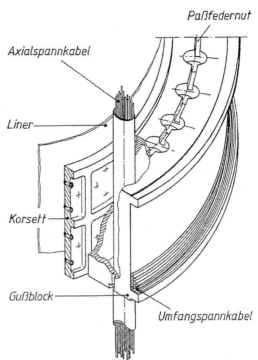

Abb. 9.66 VGD-Versuchsbehälter für einen 500-MW$_{el}$-Hochtemperaturreaktor

Abb. 9.67 Aufbau der Zylinderwand

druckfeste Innenwärmedämmungen bzw. Liner-Kühlsysteme erforderlich.[254]

Der Sachverständigenkreis für Werkstoffe und Festigkeit des Bundesministeriums für Forschung und Technologie (s. Kap. 10.5.2) hatte 1975 den vorgespannten Guss-Druckbehälter als eine der am meisten versprechenden Varianten zum Vollwandbehälter bezeichnet. Der beachtlichste Nachteil des VGD war, dass es keine Erfahrungen mit dem Betrieb von großen VGD und kein kerntechnisches Regelwerk für das atomrechtliche Verfahren gab. Im Jahr 1975 hatte der Vollwand-Stahlbehälter als RDB für Leichtwasserreaktoren bereits das Rennen gemacht. Alternativen waren dafür praktisch nicht mehr gefragt.

Nach dem schweren Störfall im Kernkraftwerk TMI-2 im Jahr 1979 und der Reaktorkatastrophe von Tschernobyl 1986 stand die politische Diskussion unter dem Eindruck der öffentlichen Akzeptanzkrise für die friedliche Nutzung der Kernenergie. Man forderte, bei der probabilistischen Betrachtung des Restrisikos von Kern-

kraftwerken nicht stehenzubleiben, sondern konkrete Vorsorge auch für sehr unwahrscheinliche Unglücksfälle zu treffen. In diesem politischen und gesellschaftlichen Umfeld wurden alternative Reaktorkonzepte mit hoher inhärenter Sicherheit erörtert.

Solche Reaktorsysteme zeichnen sich dadurch aus, dass bei ihnen ein „systemimmanenter Einschluss der Spaltprodukte realisiert wird, der physikalisch bedingt ist und ohne zusätzliches Eingreifen von Maschinen wirksam bleibt."[255] Besondere Aufmerksamkeit galt dabei dem Hochtemperaturreaktor-Modul geringer Leistungsdichte, der diese Eigenschaften besitzt, ohne dass bei einem schweren Störfall das Core zerstört wird.

Nach der Energiekrise 1973 in der Folge des Nahost-Konflikts hatte die Firmengruppe Siemens/KWU, Erlangen, und Interatom, Bergisch Gladbach, einen Hochtemperaturreaktor-Modul (HTR-Modul) mit einer thermischen Reaktorleis-

---

[254] ebenda, S. 34.

[255] Phlippen, Peter-Wilhelm: Technische Konzepte für Anlagen zur passiv sicheren Kernenergienutzung, Habilitationsschrift, RWTH Aachen, 1991, S. 18.

tung von 200 MW für den Wärmemarkt entworfen. Er war von einem in der KFA Jülich entwickelten Reaktor-Konzept abgeleitet worden. Der HTR-Modul ist ein heliumgekühlter Kugelhaufenreaktor mit einem hervorragenden inhärenten Sicherheitskonzept. Die geringe Leistungsdichte und die schlanke Kernkonstruktion ermöglichen bei Störfällen eine Nachwärmeabfuhr nach außen allein durch Wärmeleitung und Naturkonvektion. Der Druckbehälter des HTR-Moduls sollte als Stahlbehälter nach den Leichtwasserreaktor-Kriterien ausgelegt und hergestellt werden.[256]

Ende des Jahres 1987 wurde in der Firma Siempelkamp in Betracht gezogen, den Reaktordruckbehälter des HTR-Moduls als VGD zu konstruieren, um einen Reaktor zu schaffen, der über die inhärenten Sicherheitseigenschaften Berstsicherheit und inaktive Nachwärmeabfuhr gleichermaßen verfügt. Eine detaillierte Betrachtung und Ausarbeitung wurde von Ingenieuren der Firmen Siempelkamp und Interatom sowie des Forschungszentrums Jülich im August 1989 auf der 10. SMIRT-Konferenz vorgetragen.[257] Abbildung 9.68[258] zeigt den Längsschnitt durch den VGD-RDB und die Reaktorzelle des innovativen HTR-Moduls als Prinzipskizze. Der VGD-RDB wird von einer Reaktorzelle umschlossen, die aus einem Gusswand-Stahlbeton-Verbund besteht. Es ist vorgesehen, dass in der innen liegenden Gusswand ein redundantes Wasserkühlsystem eingebaut ist, das im Naturumlauf eine „Inaktive Nachwärmeabfuhr" (INWA) sicherstellen kann. Nach Versagen des primären Helium-Kühlsystems soll die Nachwärme durch Wärmeleitung, Strahlung und Konvektion auf die Reaktorzelle übertragen werden, in deren Gusswand wassergefüllte Röhren integriert sind. Das dort erhitzte Wasser transportiert dann im Umlauf die Wärme allein mittels Schwerkraft in den auf dem Reaktorgebäude errichteten Kühlturm. Zur experimentellen Nachprüfung der theoretischen Berechnungen wurde ein INWA-Versuchsstand bei Siempelkamp aufgebaut, der einen Sektor des Systems in Originalgröße abbildete.[259] Es konnte nachgewiesen werden, dass die Nachwärmeabfuhr auch nach dem Totalausfall aller aktiven Kühlmaßnahmen und unter extremen Umgebungsrandbedingungen allein durch die passiven Eigenschaften sicher beherrscht werden kann.[260] Für die Konstruktion des innovativen HTR-Moduls waren für die tragenden Gussblöcke sowie die Korsettblöcke Sphäroguss GGG 40 vorgesehen worden. Es sind auch Gussblöcke aus Stahl vorgeschlagen worden. In jedem Fall wären beim Versagen der redundanten Abschaltsysteme, dem vollständigen Kühlmittelverlust und Ausfall der aktiven Nachwärmeabfuhr bei diesem Reaktor keine Kernschmelze und keine erhebliche Spaltproduktfreisetzung zu erwarten.[261]

Neben dem Werkstoff Gusseisen mit Lamellen- oder Kugelgraphit wurde vom Institut für Reaktorentwicklung der KFA Jülich als zähes, heliumdichtes und für die Ableitung der Nachwärme besonders geeignetes RDB-Material auch Stahl für die Herstellung der Gusssegmente vorgeschlagen und untersucht.[262] Der vorgespannte Stahlguss-Druckbehälter (VSGD) wurde zunächst für modular zusammensetzbare Hochtempera-

[256] vgl. Weisbrodt, Isidor: Das Hochtemperaturreaktor-Modul-Konzept der KWU-Gruppe für den Wärmemarkt, Energiewirtschaftliche Tagesfragen, 32. Jg., Heft 10, 1982, S. 825–829.

[257] Beine, B., Kaminski, V. und von Lensa, W.: Integrated Design of Prestressed Cast-Iron Pressure Vessel and Passive Heat Remove System for the Reactor Cell of a 200MWTH Modular Reactor, Energy, Vol. 16, No. 1/2, 1991, S. 337–344.

[258] Kugeler, Kurt, Sappok, Manfred und Wolf, Lothar: Development on an Inactive Heat Removal System for High Temperature Reactors, Jahrestagung Kerntechnik '91, 14.-16. Mai, Bonn, Tagungsbericht, INFORUM, Bonn, 1991, S. 120.

[259] Beine, Burkhard: Large Scale Test Setup for the Passive Heat Removal System and the Prestressed Cast-Iron Pressure Vessel of a 200 MW Thermal Modular High Temperature Reactor, Third International Seminar on Small and Medium-Sized Nuclear Reactors, IAEA Wien und Nuclear Power Corp. Bombay, 26.–28. August 1991, Neu-Delhi, Indien.

[260] Beine, Burkhard, Warnke, Ernst Peter und Voß, Wolfgang: Abschlussbericht: Versuchsstand zum Nachweis der inaktiven Nachwärmeabfuhr eines Modulreaktors mit vorgespanntem Gussdruckbehälter, BMFT Projekt Nr. 03 SGR 2027, Siempelkamp Giesserei GmbH & Co., Mai 1993.

[261] Kugeler, Kurt: Gibt es den katastrophenfreien Kernreaktor?: Physikalische Blätter, 57, Nr. 11, 2001, S. 1–6.

[262] Voigt, Jürgen, a. a. O., S. 1 f.

Abb. 9.68 HTR-Modul, Längsschnitt VGD/Reaktorzelle

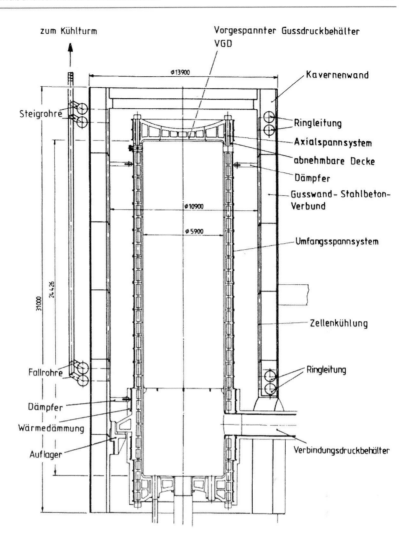

turreaktoren in Betracht gezogen. Wegen seiner Schweißeignung erlaubt Stahl die Abdichtung des Stahlgussbehälters durch Verschweißen der Segmentfugen an außen angeordneten, leicht prüf- und reparierbaren Schweißlippen. Verschiedene Konstruktionen der Schweißlippendichtung wurden analysiert.[263] Beim VSGD kann also auf das Dichthemd (Liner) verzichtet werden. Verschiedene warmfeste ferritische Stahlgusssorten wurden auf ihre Eignung untersucht und bewertet.[264]

Abbildung 9.69 zeigt den prinzipiellen Aufbau der vorgespannten Druckbehältertypen im Vergleich mit dem des konventionellen Stahldruckbehälters.[265]

Anfang der 1990er Jahre wurde auf Bundesebene mit den betroffenen Wirtschaftskreisen die Machbarkeit einer Atomgesetz-Novelle mit der Zielsetzung diskutiert, dass für neue Anlagen Vorsorge auch für äußerst unwahrscheinliche Unfälle aus dem Bereich des Restrisikos getroffen wird. 1993 gründeten Forschungsinstitute (Batelle Ingenieurtechnik GmbH, die

[263] Wagner, Uwe: Vorgespannter Stahlgussdruckbehälter als Primärkreisumschließung für Hochtemperaturreaktoren kleiner und mittlerer Leistung, Diss., Univ. GH Duisburg, 1989, S. 105 f.

[264] Stoltz, Arnim: Untersuchungen zur konstruktiven Gestaltung und Auslegung eines vorgespannten Stahl-

gussdruckbehälters für den HTR-Modul, Diss., RWTH Aachen, 1991, S. 134–140.

[265] nach: Phlippen, Peter-Wilhelm, a. a. O., S. 116.

Abb. 9.69 Prinzipieller Aufbau von Stahl- und vorgespannten Druckbehältern VGD (Gusseisen) und VSGD (Stahl)

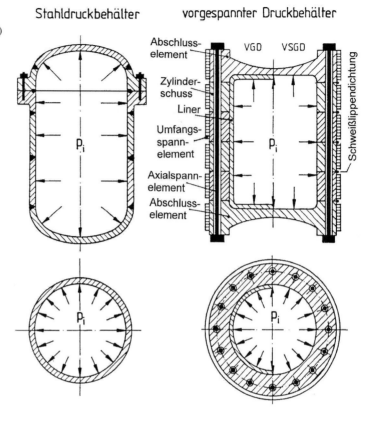

Forschungszentren Jülich und Karlsruhe und die Universitäten RWTH Aachen und TU Karlsruhe) und Industriefirmen (Siemens-KWU und Siempelkamp Gießerei GmbH & Co.) die „Arbeitsgemeinschaft Innovative Kerntechnik" (AGIK), die innovative Reaktorsicherheits-Elemente planerisch-analytisch und experimentell vertieft zu untersuchen beabsichtigte, um deren Tauglichkeit im Hinblick auf die geplante neue Gesetzeslage und die Leichtwasserreaktoren zu prüfen. Die AGIK war bis 1998 tätig und wurde vom Bundesministerium für Forschung und Technologie gefördert.[266] Eines der AGIK-Einzelvorhaben befasste sich mit innovativen VGD-Anwendun-

gen in der Kerntechnik.[267] Die guten Forschungsergebnisse hinsichtlich der Berstsicherheit des HTR-Moduls regten dazu an, die Anwendung des vorgespannten Gussbehälters auch für Siede- und Druckwasserreaktoren zu untersuchen.[268,269] In Abb. 9.70 ist der Entwurf eines Druckwasserreaktors mit interner Kernrückhaltevorrichtung abgebildet.[270] Die Höhe über alles beträgt ca. 38 m, der Außendurchmesser ca. 7,3 m. Für

[266] Steinwarz, Wolfgang, Bounin, Dieter et al.: Abschlussbericht: Theoretische Untersuchungen und Großversuche zum Nachweis der Wirkungsweise und Wirksamkeit von Reaktorsicherheitselementen, BMFT Projekt Nr. 15NU0957, Siempelkamp Nuklear- und Umwelttechnik GmbH & Co., September 1997.

[267] Fröhling, Werner, Bounin, Dieter, Steinwarz, Wolfgang, Böttcher, Andreas, Geiß, Manfred und Trauth, Martin: Vorgespannte Guss-Druckbehälter (VGD) als berstsichere Druckbehälter für innovative Anwendungen in der Kerntechnik, Schriften des Forschungszentrums Jülich, Reihe Energietechnik, Bd. 14, 2000.

[268] „Auslegung und Konstruktion eines VGD für einen SWR-1000", in: Fröhling, Werner, Bounin, Dieter, Steinwarz, Wolfgang et al., a. a. O., S. 151–177.

[269] Böttcher, Andreas: Konstruktion und Berechnung eines vorgespannten Druckbehälters mit internem Corecatcher für Druckwasserreaktoren, Diss. RWTH Aachen, 1998.

[270] ebenda, S. 175.

Abb. 9.70 DWR mit VGD-RDB und Corecatcher

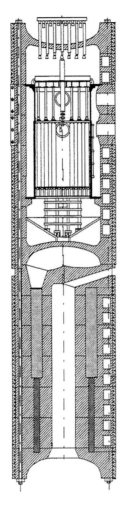

die axiale Verspannung wurden Spannkabel aus dem höchstfesten Stahl Ultrafort 6998, für die Umfangsverspannung Spannringe aus dem feinkörnigen Vergütungsstahl 26 NiCrMo 14 6 gewählt. Die rechteckigen Spannringe werden nach Erwärmung auf die gekühlte Behälterwand thermisch aufgeschrumpft.[271] Der Studie wurde ein Betriebsdruck von 158 bar (Auslegungsdruck 276 bar) und eine Kühlmitteltemperatur von 326 °C (Auslegungstemperatur 350 °C) zugrunde gelegt.[272] Bei einem Kernschmelzunfall wird die Schmelze in der Kernrückhaltevorrichtung, die in einem gefluteten Wasserbecken steht, auf-

gefangen und die Nachwärme durch Wärmeleitung und Konvektion abgeführt.

Diese an der RWTH Aachen entwickelte Lösung mit vertikalen Strukturen zum Auffangen der Kernschmelze wurde von der AGIK um neue Vorschläge für Corecatcher unterhalb des RDB ergänzt. Im Rahmen des AGIK-Teilvorhabens „Inaktives Kernschmelz-Auffangsystem" (INKA) wurden von Siemens und Siempelkamp konstruktive Entwürfe nach dem Prinzip der großflächigen Ausbreitung der Schmelze vorgeschlagen.[273]

Bei dem 1993/1994 durchgeführten Gesetzgebungsvorhaben zur Verschärfung und Präzisierung der Genehmigungsvoraussetzungen künftiger Reaktoren stand als „Referenzreaktor" der Europäische Druckwasserreaktor (EPR) im Vordergrund. In der Diskussion wurde jedoch immer darauf hingewiesen, dass auch die Erfahrungen mit der Hochtemperaturreaktor (HTR)-Technologie unter Sicherheitsgesichtspunkten erheblichen Wert haben. Auch diese Technologien sollten genutzt werden, um den qualitativen Sprung zur anlageninternen Beherrschung auch schwerster Unfallsequenzen zu erreichen.[274] Der von der Bundesregierung nach 1998 vollzogene Ausstieg aus der Kernenergie verhinderte jedoch jede Aussicht auf eine Umsetzung neuer Reaktorsicherheits-Technologien in Deutschland.

Auf der Grundlage der in Deutschland entwickelten HTR-Technologie wurden in China und Südafrika Anlagen betrieben und geplant, bei denen eine Kernschmelze oder unkontrollierte radioaktive Freisetzungen ausgeschlossen werden können (HTR 10 bzw. Pebble Bed Modular Reactor -PBMR). In Russland gibt es ebenfalls Hochtemperaturreaktor-Pläne (GT-MHR).

Eine Gruppe von 10 Ländern hat sich im Jahr 2000 unter Federführung der USA zu einem internationalen Forum „Generation IV Nuclear Energy Systems" zur Entwicklung neuartiger, höchst sicherer Reaktortypen zusammengefun-

---

[271] Böttcher, Andreas, a. a. O., S.60 f.

[272] ebenda, S. 27.

[273] Steinwarz, Wolfgang, Bounin, Dieter et al.: Abschlussbericht, a. a. O., S 33–37.

[274] Töpfer, Klaus: Kernenergie und Umwelt, atw, Jg. 38, Juli 1993, S. 502.

den.[275] Zunächst soll eine „Generation III+" von weiterentwickelten Leichtwasserreaktoren realisiert werden.

9.2.5   Formgeschweißte Großbehälter

Auf der Suche nach einem neuen Herstellungsverfahren für große Druckbehälter befasste sich das Krupp Forschungsinstitut der Fried. Krupp GmbH, Essen, in der zweiten Hälfte der 1960er Jahre näher mit dem Unterpulver (UP) -Auftragschweißen. Das UP-Schweißen ist ein Lichtbogenverfahren, bei dem die aus dem Schweißpulver entstehende flüssige Schlacke das geschmolzene Metall gegen die Atmosphäre abschirmt und metallurgisch günstig beeinflusst. Dem Schweißpulver können Eisen und Legierungsstoffe in Pulverform zugegeben und damit die Abschmelzleistungen deutlich erhöht werden.[276] Mit diesem Verfahren kann ein Bauteil, ausgehend von einem Anfahr- oder Hilfskörper, lagenweise nur aus Schweißgut gefertigt werden. Es ist möglich, den Anfahrkörper nach dem Auftragschweißen durch spanende Bearbeitung wieder zu entfernen. Vorteilhafter ist es jedoch, ihn z. B. als Innenwand-Auskleidung in Form einer austenitischen Plattierungsschicht zu integrieren.

Die Viellagen-Auftragschweißung wurde von der Firma Krupp als flexibler, automatisierter und maschineller Prozess entwickelt. Mit einem numerisch gesteuerten Schweißkopf konnten Formen beliebiger Konturen und Gewichte erzeugt werden (Formschweißen). Bei großen Werkstücken konnte durch gleichzeitigen Einsatz mehrerer Schweißköpfe die Abschmelzleistung vervielfacht werden.

Im Rahmen des von EURATOM und Bundesministerium für wissenschaftliche Forschung geförderten Projekts „Entwicklung großer Stahlbe-

Abb. 9.71 UP-Auftragschweißung zur Herstellung eines Stützrings

hälter in Mehrlagenbauweise" der Firma Krupp (s. Kap. 9.2.2) wurden mit dem automatisierten Formschweißverfahren räumlich gekrümmte Stutzen und Stützringe als Modellbauteile für zwei modellhafte Großbehälter hergestellt.[277] Der Stützring wurde auf einem 30 mm dicken Anfahrring aufgebaut, der auf einem Horizontal-Drehtisch befestigt und dem zum Halten des Pulvers auf beiden Seiten dünne Bleche angeheftet worden waren (Abb. 9.71).[278]

In Abb. 9.72 sind schematisch die Vorrichtungen dargestellt, mit denen Ringe formgeschweißt werden können.[279] Zur Herstellung von räumlich kompliziert gestalteten Bauteilen, wie z. B. Stutzen, bedurfte es einer flexibel beweglichen, automatisch steuerbaren Halterung des Schweißkop-

[275] Streffer, Christian, Gethmann, Carl Friedrich, Heinloth, Klaus, Rumpff, Klaus und Witt, Andreas: Ethische Probleme einer langfristigen globalen Energieversorgung, Walter de Gruyter, Berlin, New York, 2005, S. 131–135.

[276] vgl. Kerkmann, Michael: Beitrag zur Leistungssteigerung und Qualitätsverbesserung beim Unterpulver- Ein- und Mehrdrahtschweißen durch kontinuierliche Metallpulverzugabe, Diss., RWTH Aachen, 1985.

[277] Jorde, J., Müller, R., Schulte, D. und Bretfeld, H.: Entwicklung großer Stahlbehälter in Mehrlagenbauweise, Kerntechnik, 10. Jg., No. 4, 1968, S. 198–207.

[278] Müller, R.: Das formgebende Auftragschweißen als Fertigungsverfahren für große Werkstücke aus dem Behälterbau, Technische Mitteilungen Krupp Forschungsberichte, Bd. 29, H. 2, 1971, S. 73–88.

[279] Formgebendes Schweißen zur Fertigung großer Ringe, technica, 27. Jg., 15/16, 1978, S. 1232.

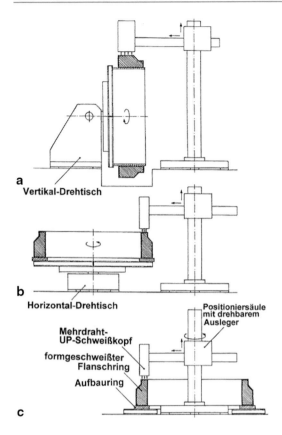

a Vertikal-Drehtisch

b Horizontal-Drehtisch

Positioniersäule
mit drehbarem
Ausleger

Mehrdraht-
UP-Schweißkopf

formgeschweißter
Flanschring

Aufbauring

c

Abb. 9.74 formgeschweißter Stutzen (Rohzustand)

Abb. 9.72 Schema der Vorrichtungen zum Formschweißen von Ringen

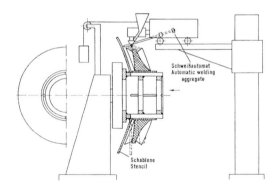

Schweißautomat
Automatic welding
aggregate

Schablone
Stencil

Abb. 9.73 Prinzipskizze der Vorrichtung zum räumlichen Formschweißen

fes. Abbildung 9.73[280] zeigt die Prinzipskizze der Vorrichtung zum Formschweißen eines Stutzens, der fertiggestellt in Abb. 9.74[281] dargestellt ist.

In der Prinzipskizze des Abb. 9.73 ist links der stufenlos regelbare Drehtisch, rechts der Automatenträger abgebildet. An der Schweißstelle wird das Schweißpulver von Blechen gehalten. Links vom nahezu fertiggestellten Stutzen erkennt man ein zylindrisch gebogenes Blech, das als Kopierschablone dient und über eine Abtastvorrichtung den Schweißkopf führt. Der Stutzen sitzt auf einem Rohrabschnitt aus Blech, der Innenwand des Stutzens, die als Anfahrkörper genutzt wurde. Ganz links in Abb. 9.73 ist die Hälfte der Draufsicht auf den Stutzen und die rohrförmige Aufnahmevorrichtung am Drehtisch wiedergegeben. Der Schweißautomat legte die Schweißraupen nach einer bestimmten Schweißfolge (Abb. 9.75).[282] Abbildung 9.76 zeigt einen durch Formschweißen nach dem Krupp-Verfahren hergestellten halbkugelförmigen Behälterdeckel mit Lochverstärkungen und angeschweißten Rohren (Außendurchmesser 1.500 mm, Gewicht 2 t).

[280] Jorde, J., Müller, R. et al., a. a. O., 1968, S. 203.

[281] ebenda, S. 204.

[282] Müller, R., a. a. O., S. 76.

Abb. 9.75 Schnitt durch Stutzen und Lageschichten

Abb. 9.76 formgeschweißter Behälterdeckel

Dieses Werkstück durchlief vier Fertigungsstufen ausgehend von einer ebenen, mittels Auftragschweißung hergestellten Platte.[283] Es wurden auch erfolgreiche Versuche mit Schutzgas gefahren.

Die Anfertigung der Modellbauteile war von intensiven Untersuchungen der Werkstoffeigenschaften begleitet. Es wurden zerstörungsfreie Prüfverfahren wie Ultraschall und Röntgendurchstrahlung verwendet sowie Bohrproben entnommen. Im Einzelnen wurden die chemische Zusammensetzung, das Makrogefüge, Festigkeitseigenschaften, die Kerbschlagzähigkeit und Schweißeigenspannungen analysiert. Die Ergebnisse führten zu keinerlei Bedenken hinsichtlich der Verwendbarkeit der formgeschweißten Werkstücke.[284]

Schon Anfang der 1970er Jahre wurde von Krupp ein Ring mit 1.000 mm Innendurchmesser und einem Gewicht von einer Tonne fabriziert. In der zweiten Hälfte der 1970er Jahre konnten große Ringe formgeschweißt werden. Abbildung 9.77 zeigt die Verladung eines Flansch-

Abb. 9.77 Flanschring mit 8 t Gewicht

rings mit 4.000 mm Außendurchmesser, 370 mm Wanddicke, 270 mm Höhe und 8 t Gewicht. Man arbeitete mit 6 Schweißdrähten von je 4 mm $\varnothing$ und 60 mm Abstand. Mit einem besonders entwickelten Verfahren wurde Metallpulver zugegeben. Bei 650 A Schweißstromstärke und 40 V Schweißspannung ergab sich eine Herstellungszeit von 320 Stunden. Die Gütewerte des Flanschrings waren denen eines geschmiedeten Rings überlegen. Er zeigte über den gesamten Querschnitt sehr gleichmäßige Festigkeit und Zähigkeit.[285]

Anfang der 1970er Jahre musste auch der Montankonzern Thyssen AG, Düsseldorf, die Erfahrung machen, dass einerseits der Bedarf an Großbauteilen für die Chemie, den Kraftwerks- und Schwerapparatebau ständig wuchs, andererseits aber „die Japaner eine weltweite Monopolstellung bei der Herstellung dieser Großbauteile"

---

[283] ebenda, S. 84–88.
[284] Müller, R., a. a. O., S. 77–81.

[285] Formgebendes Schweißen zur Fertigung großer Ringe: technica, 27. JG., 15/16, 1978, S. 1232.

erlangt hatten.[286] Thyssen begann deshalb im Jahr 1973 das „Formgebende Schweißen" als ein alternatives, universelles Verfahren zur Herstellung von Großbauteilen hoher Qualität zu entwickeln. Als Schweißtechnik wurde wie bei der Firma Krupp das Unterpulver-Schweißverfahren gewählt. Anders als bei Krupp war die erste Zielsetzung von Thyssen nicht die hohe Abschmelzleistung pro Schweißkopf, sondern das qualitativ beste Gefüge mit den besten Werkstoffeigenschaften, die sich nur in kleinen Schmelzbädern an den Schweißstellen erreichen ließen. Nach vielen kleineren Einzelversuchen zur Erprobung der besten Schweißparameter und -techniken[287] wurde eine Versuchsanlage für Bauteile – insbesondere Wellen – bis zu 10 t Gesamtgewicht in der Versuchsanstalt des Werks Westfälische Union, Thyssen Draht AG, in Hamm errichtet, die 1978 in Betrieb ging. Hier wurde die Tandem-UP-Schweißung mit mehreren Schweißköpfen und erstmalig das Wechselstromschweißen angewandt.[288]

In der Thyssen-Versuchsanlage in Witten-Annen wurde 1975 mit der Fertigung von formgeschweißten, von innen aufgebauten Ringen begonnen. Dort wurde ein Behälterschuss aus Reaktorbaustahl 10 MnMoNi 5 5 mit 1.812 mm Außendurchmesser, 1.065 mm Länge, 250 mm Wanddicke und 10 t Gewicht hergestellt.[289] Der nächste Schritt zur industriellen Produktion von formgeschweißten schweren Wellen und Großbehältern war die Konstruktion und Errichtung einer 100-t-Prototypanlage bei der Thyssen-Beteiligungsgesellschaft Blohm & Voss AG in

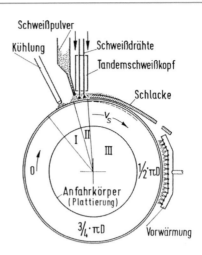

Abb. 9.78 Fertigungsprinzip der 100-t-Prototypanlage

Hamburg. Die Abb. 9.78[290] und 9.79[291] zeigen den Fertigungsprozess schematisch. Auf der Anlage befanden sich mehrere Schweißköpfe, die jeweils eine eigene Schweißlage erzeugten. Durch die Rotation des Zylinders und den langsamen axialen Vorschub der Schweißköpfe wurden die Schweißraupen wendelförmig aufgetragen. In Abb. 9.80 ist der Temperaturverlauf an der Zylinderoberfläche schematisch dargestellt.

Auf der Hamburger 100-t-Prototypanlage wurde Anfang des Jahres 1980 als letzter großer Testkörper (GB II/3) ein 72 t schwerer zylindrischer Hohlkörper (Behälterschuss) aus dem Reaktorbaustahl 20 MnMoNi 5 5 gefertigt, der 6.000 mm lang war, einen Außendurchmesser von 1.856 mm und einen Innendurchmesser von 1.220 mm hatte (Abb. 9.81).[292] Das Schweißgut war auf einen rohrförmigen Anfahrkörper aufgetragen worden, der nach der Fertigstellung des Behälterschusses wieder entfernt wurde.[293] Die Schweißfortschrittsgeschwindigkeit wurde mit 70 cm/min konstant gehalten. Der axiale Vorschub der Schweißköpfe wurde so gesteuert, dass sich die 28 mm breiten Schweißraupen

---

[286] Luckow, H. und Plantikow, U.: Formgebendes Schweißen von Behälterschüssen und Kalotten, Fachberichte Hüttenpraxis Metallweiterverarbeitung, Vol. 20, No. 10, 1982, S. 858.

[287] Große-Wördemann, Josef: Bereitstellung schwerer Halbzeuge durch formgebendes Schweißen, Die Materialprüfung, 22. Jg., No. 4, April 1980, S. 168–173.

[288] Luckow, H. und Plantikow, U., a. a. O., S. 859.

[289] Schoch, Friedrich-Wilhelm: Eigenschaften formgeschweißter Großbauteile, Werkstoffuntersuchungen an einem 72 t Versuchskörper aus Schweißgut 10 MnMoNi 5 5, Diss., Stuttgart, 1984, Techn.-wiss. Ber. MPA Stuttgart (1984), Heft 84-02, S. 19.

[290] ebenda, S. 134.

[291] Kussmaul, K., Schoch, F.-W., und Luckow, H.: High Quality Large Components 'Shape Welded' by a SAW Process, WELDING JOURNAL, September 1983, S. 19.

[292] Luckow, H. und Plantikow, U., a. a. O., S. 858.

[293] ebenda, S. 860.

Abb. 9.79 Aufbauschema der
100-t-Prototypanlage

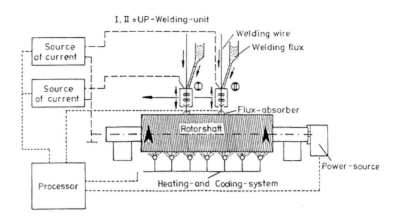

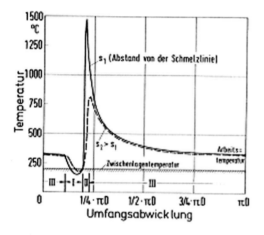

Abb. 9.80 Temperaturverlauf am Schweißumfang

Abb. 9.81 72-t-Versuchskörper (Behälterschuss)

wendelförmig („Wickelschweißen") pro Umdre-
hung mit einer halben Raupenbreite überdeckten (Abb. 9.82). Bei kontinuierlicher Schweiß-
arbeit der 4 Tandem-Schweißköpfe nahm die
Fertigung des 72-t-Versuchskörpers 7 Wochen
in Anspruch.[294] Bei der Mehrlagenschweißung
wird das Gefüge durch die nachfolgenden Lagen
mehrfach umgekörnt und vergütet, sodass eine
Wärmebehandlung entfallen kann.[295] Der 72-t-
Körper wurde jedoch vor den Werkstoffuntersuchungen 20 Stunden lang bei der niedrigen
Anlasstemperatur von 520 °C geglüht, um ihn
gegenüber von Vergleichsproben, die mit 650 °C

spannungsarm geglüht wurden, bei einem Zustand geringerer Zähigkeit prüfen zu können.

Im Rahmen des Forschungsvorhabens „Formgebendes Schweißen", das vom Bundesministerium für Forschung und Technologie seit 1977
gefördert wurde, erhielt die MPA Stuttgart den
Auftrag, am 72-t-Versuchskörper umfangreiche Werkstoffuntersuchungen durchzuführen.
Dazu waren von ihm zwei Prüfringe mit 230 und
1.000 mm Breite abgetrennt worden. Im Einvernehmen mit der MPA Stuttgart wurde ein Teil der
Untersuchungen von der Thyssen Edelstahlwerke AG vorgenommen. Es wurden alle verfügbaren Prüfverfahren genutzt, um die Schweißmetal-
lurgie, Schweißsicherheit, Schweißrestspannungen sowie die Festigkeits- und Zähigkeitseigenschaften unter Einbeziehung unterschiedlicher
Probenorientierungen im Material zu ermitteln.
Das Werkstoffverhalten wurde auch nach thermischer Langzeitauslagerung bzw. künstlicher

---

[294] Schoch, F.-W., a. a. O., S. 21 und S. 231.

[295] vgl. Große-Wördemann, Josef, a. a. O., S. 170.

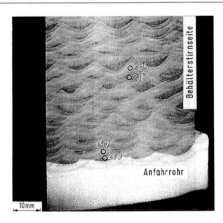

Abb. 9.82 Schliff über die Wanddicke

Abb. 9.83 58-t-Behälter mit Kalotte

Alterung analysiert. Der Prüfumfang war so festgelegt worden, dass die Aussagen statistisch ausreichend abgesichert waren.[296]

Die Ergebnisse der Einzeluntersuchungen zeigten in jeder Hinsicht die Materialüberlegenheit der formgeschweißten Komponenten gegenüber herkömmlichen Schmiedewerkstoffen. Diese Überlegenheit wird umso größer, je dickwandiger ein Bauteil ist. Im Vergleich zu einem Ausbau von Stahl- und Schmiedewerkskapazitäten wurden die Investitionen in das neue Verfahren als gering eingeschätzt. Die Herstellung eines 350-t-RDB-Unterteils einschließlich seiner mechanischen Bearbeitung und Prüfung innerhalb eines halben Jahres erschien möglich.[297]

Es gelang auch, Behälter mit Kalotte ohne Verbindungsschweißnaht mit dem formgebenden Schweißverfahren der Firma Thyssen herzustellen. Abbildung 9.83 zeigt einen 58-t-Behälter.[298]

Wie in Kap. 9 gezeigt wurde, war man an der MPA Stuttgart von Anfang an bestrebt, die Voraussetzungen für optimale Schweißverbindungen systematisch zu erforschen. Aus diesem Grund wurde eine wohl einzigartige universelle 3D-Hochleistungs-Unterpulver-Portal-Schweißanlage, kombiniert mit einer Drehmaschine, erstellt (Baulänge 18 Meter, s. Anhang 10.12.). Auf dieser Anlage konnten nicht nur Formschweißungen

durchgeführt werden, sondern auch die besonders Erfolg versprechenden Engspalt-Schweißverbindungen für Stumpfnähte. Mit den anfallenden Schweißnähten konnten die Grundlagen für eine qualifizierte Rechnersimulation gewonnen werden, mit der es möglich wurde, den Einfluss der Eingangsgrößen wie Draht, Pulver, Nahtgeometrie und Schweißparameter auf die anfallenden Gefügeanteile zu ermitteln.[299]

In den Jahren 1982 und 1983 erbaute die Thyssen Schwerkomponenten GmbH, Düsseldorf, auf dem Hamburger Gelände der Blohm & Voss AG eine kommerzielle Formschweißanlage für rotationssymmetrische Bauteile bis 500 t Gewicht. 1984 wurde dort aus dem Werkstoff 10 CrMo 9 10 ein 320-t-Hydrocracker gefertigt, der jedoch nach falscher Wärmebehandlung allein infolge zu hoher Eigenspannungen im Zuge der Endbearbeitung beim Glattschleifen der zuletzt gelegten Schweißraupen zum Schrecken der Beteiligten spontan spröde zerbarst.[300]

Die – abgesehen von diesem Schadensfall – ausgezeichneten Erfahrungen mit fachgerecht formgeschweißten Großbauteilen und die vielversprechenden Perspektiven des neuen Verfahrens wurden von der MPA Stuttgart und der

---

[296] Schoch, F.-W., a. a. O., S. 22–24.

[297] ebenda, S. 73–81.

[298] Kussmaul, K., Schoch, F.-W. und Luckow, H., a. a. O., S. 24.

[299] Britsch, H.: Optimierung des sensorgeführten Engspaltschweißens durch Rechnersimulation. Techn.-Wiss. Bericht der MPA Stuttgart, Heft 96-03, 1996, Univ. Stuttgart Diss. 1996.

[300] Eigenspannungsmessungen im Zusammenhang mit dem Schaden an dem formgeschmolzenen VEBA-Behälter DC 2101 aus Werkstoff 10 CrMo 9 10: MPA-Prüfungsbericht für Thyssen Schwerkomponenten GmbH 914 141 004, Dr. Koc/W vom 3. 10. 1968.

Firma Thyssen auf der 64. Jahreskonferenz der American Welding Society im April 1983 in Philadelphia, Pa., vorgetragen.[301] Diese Präsentation fand große Aufmerksamkeit und Zustimmung.

Es war innerhalb eines Jahrzehnts in der Bundesrepublik Deutschland mit öffentlicher Förderung gelungen, ein neues Verfahren zur Herstellung großer RDB zu entwickeln, das qualitativ der Guss- und Schmiedetechnik überlegen und wirtschaftlich ohne hohe Investitionsaufwändungen einsetzbar ist. Aber in Deutschland war das Reaktorbauprogramm zu diesem Zeitpunkt bereits abgeschlossen. Neue Bestellungen wurden nicht mehr erteilt. Das Formschweißen von Großbehältern kam für die Erstellung von RDB nicht mehr zum Einsatz.

9.3 Das amerikanische RDB-Vorbild

Die Aufgabe des Reaktordruckbehälters (RDB) ist es, den Reaktorkern (Core) und das ihn umgebende Kühlmittel mit einer druckfesten und dichten Kesselwand zu umschließen. Er ist so konstruiert, dass er die Einbauten für den Reaktorkern aufnehmen sowie die Kühlmittelströmung durch den Reaktorkern sicherstellen kann. Zum Anschluss des Primärkühlkreislaufs ist der RDB mit Kühlmitteleintritts- und -austrittsstutzen versehen. Über diese Stutzen werden Kräfte und Momente von den angeschlossenen Rohrleitungen in die RDB-Wand eingeleitet. Zum Auswechseln der Brennelemente und für Wartungsarbeiten (periodisch wiederkehrende Prüfungen) muss der RDB geöffnet und von außen zugänglich gemacht werden können. Steuerstäbe und Instrumentierungselemente sind durch Bohrungen im Deckel oder Boden in den RDB eingeführt.

Der RDB muss die sichere, druckdichte Umschließung des Reaktorkerns jederzeit gewährleisten. Seine Integrität ist von der allergrößten Bedeutung für die Sicherheit eines Kernkraftwerks.

Die ersten Druckwasserreaktoren (DWR) sind in den 1950er Jahren in den USA gebaut und be-

trieben worden. Ihre Druckbehälter wurden aus Stahl hergestellt. Ihrer Sicherheit galt die besonders kritische Aufmerksamkeit der Reaktorhersteller und der Regulierungs- und Zulassungsbehörden.

Im Folgenden werden die frühen amerikanischen RDB für DWR und ihre Werkstoffe in ihrer Entwicklung zu größeren Leistungseinheiten vorgestellt. Sie waren die Vorbilder für die deutschen Stahlhersteller und Konstrukteure, die sich bemühten, die Musterbeispiele aus den USA an Leistungsfähigkeit und Qualität zu übertreffen. Die amerikanische RDB-Konstruktion bewährte sich im Langzeitbetrieb. An ihren Grundzügen wurde deshalb in den USA auch festgehalten, als in den 1960er und 1970er Jahren deutsche Konstruktionen in Verbindung mit fortschrittlicher japanischer Stahlherstellung und Schmiedetechnik deutliche Verbesserungen aufwiesen.

9.3.1 Die ASTM-Reaktorwerkstoffe

In den USA nahm die Entwicklung des Dampfkesselbaus in den 1920er und 1930er Jahren andere Wege als in Deutschland. Die amerikanischen Kessel hatten größere Dimensionen, aber die Dampfdrücke blieben, von wenigen Ausnahmen abgesehen, auf mäßige Werte von 28 bis 40 at begrenzt. Die Amerikaner gingen nur zögernd zum Hochdruckkessel über. Die Kessel waren jedoch meist für höhere Drücke bestellt und gebaut als betrieben worden, so dass oft eine zehnfache Sicherheit gegen Bruch bestand.[302] Als Kesselbleche wurden Kohlenstoff-Stähle verwendet, die als „Flange Steel" (Bördelbleche) und „Fire Box Steel" (Feuerbleche) auf dem Markt waren. In der MPA Stuttgart wurden Ende der 1920er Jahre amerikanische Kesselbleche für Forschungszwecke untersucht, die „von einem der bekanntesten amerikanischen Stahlwerke" beschafft worden waren.[303] Die Kohlenstoffge-

---

[301] Kussmaul, K., Schoch, F.-W., und Luckow, H., a. a. O.

[302] Schulte, Friedrich: Amerikanische Dampfkesselanlagen, Archiv für Wärmewirtschaft und Dampfkesselbau, Jg. 14, Februar 1933, S. 35–39.

[303] Ulrich, Max: Festigkeitseigenschaften amerikanischer Kesselbleche von 10 bis 60 mm Stärke, Mitteilungen der VGB, Nr. 24, 1929, S. 3–15.

halte lagen bei 0,20–0,26 %, die Mangangehalte schwankten zwischen 0,40 und 0,43 % bei Feuerblechen und 0,46–0,50 % bei Bördelblechen. Die untersuchten amerikanischen Bleche zeigten im Vergleich zu den entsprechenden deutschen Blechen teilweise ungünstigere Eigenschaften, insbesondere war deren Zähigkeit bei den dicken Blechen aus deutscher Sicht unzureichend.

In Deutschland führte die Entwicklung des Dampfkesselbaus zu Hochdruckkesseln und legierten Stählen. Für Betriebsdrücke von 160 atü und Frischdampftemperaturen von 475 °C wurden Kraftwerkstrommeln in den 1930er Jahren aus niedriglegierten, warmfesten Werkstoffen der Stahlwerke Fried. Krupp, Deutsche Röhrenwerke Thyssen und Press- und Walzwerke Reisholz hergestellt.[304] Darunter waren Stähle auf Chrom-Molybdän-Nickel-Basis[305], die auch in den USA zugelassen wurden. In ähnlicher chemischer Zusammensetzung erlangten sie zwei Jahrzehnte später als Reaktorbaustähle ASTM A 508 Cl. 2 und ASTM A 533 Grade B im Rahmen der deutsch-amerikanischen Lizenzverträge in Deutschland letztlich wieder Bedeutung. Die amerikanischen Reaktorbaustähle wurden von den deutschen Herstellerfirmen als Grundlage ihrer Werkstoffe verwendet, im Einzelnen aber unter Berücksichtigung der langen Erfahrung in der konventionellen Technik verbessert (s. Kap. 9.4.1).

Als nach dem Weltkrieg in den USA untersucht wurde, ob großtechnische Kernspaltungsanlagen zur Stromerzeugung gebaut werden könnten, stellte sich auch die Frage nach geeigneten Reaktorwerkstoffen. Während des Kriegs hatten theoretische Studien und erste Experimente im Metallurgischen Laboratorium in Chicago/Argonne gezeigt, dass auch Metalle unter der Bestrahlung mit energiereichen Neutronen

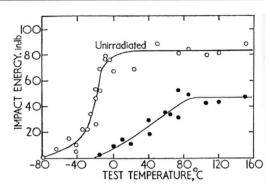

Abb. 9.84 Abnahme der Kerbschlagarbeit von C-Stahl durch Neutronenbestrahlung

in ihren Eigenschaften verändert werden.[306] Die Kollision schneller Neutronen mit den Kernen von Metallatomen kann diese Atome im Kristallgitter versetzen und Störungen bewirken, die sich unter anderem als Änderungen der elektrischen und Wärmeleitfähigkeit, der Elastizität und der Zähigkeit äußern. Atomkerne der Reaktorwerkstoffe können thermische Neutronen einfangen und dadurch zu radioaktiven Isotopen werden. Unter Aussendung von γ-Strahlen wandeln sich diese Isotope wieder um. Die Härte der γ-Strahlen und die Halbwertszeiten sind im Hinblick auf die Handhabung der in Betrieb befindlichen Reaktorbaustoffe und den notwendigen Strahlenschutz wichtige Materialkenngrößen.

Das in den Hanford-Plutoniumfabriken ab September 1944 genutzte Aluminium kam von vornherein wegen seiner fehlenden Belastbarkeit bei höheren Temperaturen nicht in Betracht. Niedriglegierte Stähle wurden zunächst als wenig erfolgversprechend eingeschätzt, weil sie ebenfalls bei höheren Temperaturen geringe Festigkeit aufwiesen und ihre Stabilität unter Bestrahlung fragwürdig erschien. Korrosionsbeständige austenitische Stähle wiederum warfen Probleme wegen ihrer geringen Wärmeleitfähigkeit auf. Man hielt es für erforderlich, die ganze Liste der im Maschinenbau verwendeten Materialien unter

---

[304] Ulrich, Max: Die Werkstoffe von Höchstdruckkesseln, Sonderdruck 25/37 des Hauses der Technik, Essen, aus Techn. Mitteilungen, Heft 15, 1. 8. 1937, S. 6 und 14–15.

[305] Ulrich, Max: Auswertung der Abnahmeuntersuchungen der MPA Stuttgart an Werkstoffen und Kesselteilen für Höchstdruckkessel, Mitteilungen der VGB, Heft 65, 30. 12. 1937, S. 371–384.

[306] Wigner, E. P.: Theoretical Physics in the Metallurgical Laboratory of Chicago, Journal of Applied Physics, Vol. 17, No. 11, November 1946, S. 857–863.

Bedingungen auszutesten, wie sie in Reaktoren vorherrschen.[307]

Im Jahr 1951 wurde im Argonne National Laboratory (ANL) entdeckt, dass bestrahlter Stahl, im Vergleich zum unbestrahlten, härter wird und eine deutlich geringere Kerbschlagarbeit hat, also versprödet. In einer zwischen ANL und dem Oak Ridge National Laboratory (ORNL) abgestimmten Testreihe wurde 1952 der Stahl ASTM A-70, ein damals gebräuchlicher Kohlenstoff-Behälterstahl, mit einer Neutronenfluenz von $7,5 \times 10^{19}$ n/cm^2 bestrahlt und auf seine Zähigkeitseigenschaften untersucht. Abbildung 9.84 stellt dar, dass die Kerbschlagarbeit als Maß für die Zähigkeit des bestrahlten Stahls (vgl. Kap. 10.5.4), verglichen mit dem unbestrahlten, erheblich abgesenkt und der Sprödbruch-Übergang beträchtlich zu höheren Temperaturen verschoben ist.[308] In den Forschungszentren ANL und ORNL wurden in der ersten Hälfte der 1950er Jahre verschiedene Metalle und die im Kesselbau verwendeten Stähle in Versuchsreihen in Forschungsreaktoren einer Neutronenbestrahlung von 10^{19} bis 10^{21} n/cm^2 ausgesetzt, was ungefähr einer damals in Aussicht genommenen Betriebszeit von 20 bis 30 Jahren entsprach, und auf ihre veränderten Eigenschaften untersucht.[309,310]

Die Spannungen in einer Behälterwand werden (neben den Eigenspannungen) vom Behälterinnendruck, den eingeleiteten mechanischen Kräften und den Temperaturgradienten verursacht. Für den Reaktorkonstrukteur bestanden die technischen Probleme im Zusammenwirken

von hohen Temperaturen und der Neutronen- und γ-Strahlung. Die Absorption von Neutronen und γ-Strahlen bringt im RDB zusätzliche Temperaturgradienten hervor. Die Strahlungswärme nimmt exponentiell über der Wanddicke von innen nach außen ab und erzeugt bei größeren Wanddicken höhere thermische Spannungen. Die Untersuchungen im ORNL ergaben, dass in austenitischen Stählen zwei- bis dreimal höhere thermische Spannungen auftraten als in Kohlenstoff-Stählen. Zur Problemlösung entschieden sich die amerikanischen Hersteller, die RDB aus Kohlenstoff-Stahl zu bauen und innen mit einer dünnen Schicht aus korrosionsbeständigem Austenit zu versehen.[311] Dabei dürften Kostengesichtspunkte wesentlich mitgespielt haben.

Die 1898 gegründete *American Society for Testing and Materials* (ASTM) in Philadelphia, Pa., ließ zehn ihrer Ausschüsse Fragen der Klassifizierung und Standardisierung von Reaktorwerkstoffen bearbeiten. Das ASTM-Komitee A-10 war mit Chrom-Nickel-Stählen und verwandten Werkstoffen befasst.[312] Die RDB der frühen amerikanischen Leistungsreaktoren Shippingport, Penn. (100 MW$_{el}$, DWR, Westinghouse, Inbetriebnahme 1957), Dresden, Morris, Illinois (200 MW$_{el}$, SWR, General Electric 1959) oder Yankee, Rowe, Mass. (175 MW$_{el}$, DWR, Westinghouse 1960) wurden aus dem Kohlenstoff-Mangan-Molybdän-Stahl ASTM A 302 B[313] gefertigt. Auch der RDB des Kernkraftwerks Trino Vercellese (Enrico Fermi), Italien (272 MW$_{el}$, DWR, Westinghouse 1964/1965) gehörte zu dieser Familie. Die RDB von anderen frühen Kernkraftwerken wie Indian Point 1, Buchanan, N.Y. (163 MW$_{el}$, DWR, Babcock und Wilcox 1962) oder Pathfinder, Sioux Falls, S.D. (58 MW$_{el}$, SWR, Allis Chalmers 1964) waren aus dem Kohlenstoffstahl ASTM A 212

---

[307] Davidson, Ward F.: Some Design Problems for Nuclear Power Plants, NUCLEONICS, Vol. 5, November 1949, S. 4–13.

[308] Berggren, R. G.: Neutron irridation effects in steels, Studies at Oak Ridge National Laboratory, in: Steels for reactor pressure circuits, Report of a symposium held in London on 30.11.-2.12.1960 by The Iron and Steel Institute for the British Nuclear Energy Conference, The Iron and Steel Institute, Special Report No. 69, London, 1961, S. 370–381.

[309] Evans, George E.: Materials, NUCLEONICS, Vol. 11, No. 6, Juni 1953, S. 18–23.

[310] Sutton, C. R. und Leeser, D. O.: How Radiation Affects Structural Materials, The Iron Age, 19. 8. 1954, S. 128–131 (Part I) und 26. 8. 1954, S. 97–100 (Part II).

[311] Mong, B. A. und Douglass, R. M.: Reactor Vessels, NUCLEONICS, Vol. 13, No. 6, Juni 1955, S. 66–69.

[312] List of Organizations Producing Standards Directly Involving Safety in the Use of Nuclear Energy, NUCLEAR SAFETY, Vol. 1, No. 3, März 1960, S. 17.

[313] ASTM A 302 B chemische Zusammensetzung: C 0,2–0,25%, Mn 1,3–1,4%, Mo 0,47–0,64%, Si 0,23–0,30%, Cu max. 0,40%, P max. 0,035%, S max. 0,040% und Ni- und Cr-Anteile von etwa 0,2%.

B[314] gebaut, der im Vergleich zu ASTM A 302 B deutlich weniger Mangan und kein Molybdän besaß.[315] Die Wanddicken dieser frühen RDB erreichten enorme Ausmaße von 213 mm bei 2.770 mm Innendurchmesser (Shippingport) über 219 mm bei 3.200 mm Innendurchmesser (Trino) bis 270 mm bei 3.910 mm Innendurchmesser (Connecticut Yankee, Haddam, Conn., 463 MW_{el}, DWR, Westinghouse 1967), wozu jeweils noch die Plattierung mit etwa 6 mm kam.[316] Bei diesen Wanddicken fällt die Zähigkeit der Kohlenstoff-Stähle zur Querschnittsmitte stark ab. Angesichts dieser enormen Wanddicken und ihrer Probleme begannen die amerikanischen Hersteller niedriglegierte, höherfeste Stähle zu entwickeln. Sie nahmen dabei, wie später gezeigt wird, eine höhere Beanspruchung durch Innendruck in Kauf. Im Fall TRINO z. B. betrug im Normalbetrieb die Umfangspannung nur 126 MPa (Auslegung) und 102 MPa (Betrieb), sodass die Frage der Berstsicherheit zunächst in den Hintergrund trat. Wichtig blieb, dass das Ausmaß der Strahlenversprödung beobachtet und die Auswirkungen eines postulierten Kühlmittelverluststörfalls beherrscht wurden. Darauf wird im Abschnitt TRINO näher eingegangen. Im schlimmsten Fall dachte man an eine Erholungsglühung in situ zum Abbau der Strahlenversprödung.

Anfang der 1960er Jahre wurden die Flanschringe der RDB aus dem höherwertigen und höherfesten Werkstoff ASTM A 336[317] auf einer Nickel-Molybdän-Chrom-Basis geschmiedet, dessen Phosphor- und Schwefelgehalte verringert waren. Die Bleche für die Mantelschüsse blieben aus dem Kohlenstoff-Mangan-Molyb-

dän-Stahl ASTM A 302 B. Der erste auf diese Weise gebaute RDB wurde im SWR Big Rock Point, Mich. (72 MW_{el}, General Electric 1962) installiert. Der erste DWR mit einem solchen RDB war San Onofre, Cal. (430 MW_{el}, Westinghouse 1966/1967). Für den Hersteller Westinghouse wurde die Werkstoffzähigkeit für DWR-RDB zur entscheidenden Größe.[318] Der Ni-Mo-Cr-Stahl ASTM A 336 wurde modifiziert und als RDB-Stahl für Schmiedestücke unter der Bezeichnung ASTM A 508 Class 2[319] in den USA zugelassen. Dieser Stahl wurde erstmals für die Kernkraftwerke Palisades, South Haven, Mich., (770 MW_{el}, DWR, Westinghouse 1970) und Turkey Point-3, Homestead, Fla., (760 MW_{el}, DWR, Westinghouse 1970) eingesetzt, allerdings nur in Form von Schmiedestücken für Stutzen. Für die zylindrischen Teile fanden nach wie vor Bleche Verwendung. Die beiden Druckwasserreaktoren Connecticut Yankee und Turkey Point-3 hatten den gleichen Auslegungsdruck, die gleiche Auslegungstemperatur und Reaktordruckgefäße mit den gleichen Innendurchmessern von ca. 3.900 mm und Längen von 12.500 mm. Der neue Stahl ASTM A 508 Cl. 2 erlaubte es, zusammen mit dem von 4 (ASME Code Sect. VIII) auf 3 (ASME Code Sect. III) verkleinerten Sicherheitsbeiwert gegen Zugfestigkeit, die RDB-Wanddicke von Turkey Point-3 im Vergleich zu Connecticut Yankee von 270 auf 197 mm herabzusetzen.[320]

Der für die Bleche verwendete Stahl ASTM A 302 Grade B erhielt einen Zusatz von 0,40 bis 0,70 % Nickel und wurde unter der Bezeichnung ASTM A 533 Grade B für die Herstellung von Blechen für RDB-Mantelschüsse zugelassen.[321] Der Stahl ASTM A 533 Grade B ist im Rah-

---

[314] ASTM A 212 B chemische Zusammensetzung nach 1949 Book of ASTM Standards, Part 1, Ferrous Metals, Philadelphia, Pa., 1950, S. 397: C max. 0,31–0,35% (abhängig von der Plattendicke), Mn max. 0,90%, P max. 0,035–0,040%, S max. 0,04–0,05%, Si 0,15–0,30%.

[315] Whitman, G. D.: Technology of Steel Pressure Vessels for Water-Cooled Nuclear Reactors, NUCLEAR SAFETY, Vol. 8, No. 5, September-Oktober 1967, S. 429–442.

[316] ebenda, S. 431.

[317] ASTM A 336 chemische Zusammensetzung: C 0,19%, Mn 0,65%, Si 0,26%, P 0,011%, S 0,014%, Ni 0,79%, Cr 0,40%, Mo 0,64%, Cu 0,12%.

[318] Porse, L.: Reactor Pressure Vessel: design - fabrication - testing, NUCLEAR ENGINEERING, Vol. 12, No. 133, Juni 1967, S. 444–448.

[319] ASTM A 508 Cl. 2 chemische Zusammensetzung: C max. 0,27%, Si 0,15–0,35%, Mn 0,5–0,9%, P max. 0,025%, S max. 0,025%, Cr 0,25–0,45%, Mo 0,55–0,70%, Ni 0,50–0,90%, Cu max. 0,18% V max. 0,05%.

[320] Whitman, G. D., a. a. O., S. 431 und 432.

[321] Sterne, R. H. Jr. und Steele, L. E.: Steels for Commercial Nuclear Power Reactor Pressure Vessels, Nuclear Engineering and Design, 10, 1969, S. 259–307.

men des HSST-Programms umfangreichen Tests
unterworfen worden (s. Kap. 10.1.1). Durch all
diese Maßnahmen erhöhte sich die Umfangsspannung im ungestörten zylindrischen Teil auf
nahezu 200 MPa.

9.3.2 Konstruktionsbeispiele Shippingport, Indian Point, Yankee Rowe, Trino, Haddam Neck

Der erste Prototyp eines Druckwasserreaktors
(DWR) mit Leichtwasser als Kühlmittel und
Moderator war der Submarine Thermal Re-
actor (STR) Mark I, der im Mai 1953 auf dem
Testgelände bei Idaho Falls, Idaho, erstmals
technische Arbeit leistete. Er war von der Fa.
Westinghouse Electric Corp., Pittsburgh, Pa.,
in Zusammenarbeit mit dem Argonne National
Laboratory und der Naval Reactors Branch der
US Atomic Energy Commission (USAEC) unter
Leitung von Hyman G. Rickover entworfen und
gebaut worden.[322,323] Aus Mark I wurde Mark
II, die Reaktoranlage des ersten atomgetriebe-
ne U-Boots U.S.S. Nautilus, entwickelt. Der
Nautilus-Reaktor wiederum war das Vorbild für
das erste Kernkraftwerk der USA am Standort
Shippingport, das Strom in das öffentliche Netz
einspeiste.[324] Die Kessel dieser DWR waren zylindrische Gefäße aus Stahl mit halbkugelförmigen Deckeln und Böden. Sie waren aus Blechen
und Schmiedeteilen mit Längs- und Rundnähten zusammengeschweißt. Der Deckel war mit
einem geschmiedeten Flansch versehen, der mit
Schrauben und Bolzen mit seinem Gegenstück,
dem Mantelflansch des zylindrischen Teils, verbunden war. Nach dem Abheben des Deckels
war der Innenraum des Reaktordruckbehälters
(RDB) zugänglich. Die RDB-Wand hatte zahl-

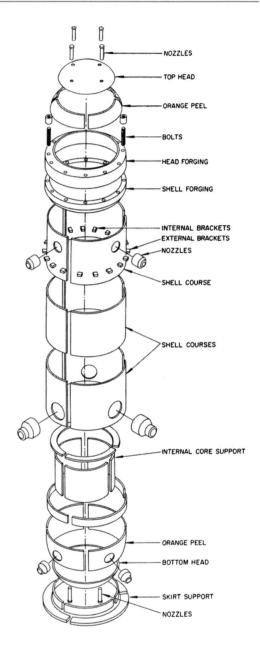

Abb. 9.85 Ansicht der RDB-Einzelteile

[322] Holl, Jack M.: Argonne National Laboratory, a. a. O.,
S. 98.

[323] Kintner, E. E.: Die Wiege der Atomschiffe: Die Entstehung des Nautilus-Reaktorprototyps, atw, Jg. 4, November 1959, S. 463–467.

[324] Reynolds, C. A.: Die fünf neuesten Reaktoren für
industrielle Kernenergie, Atomkernenergie, Jg. 1, 1956,
S. 10 f.

reiche Durchbrüche für Stutzen für Kühlmittel-
leitungen, Steuerstäbe, Brennelementschleusen
und Instrumentierungen. Die Wand des zylindrischen Mittelteils gegenüber dem Reaktorkern
(Core) wurde von Öffnungen und anderen Diskontinuitäten (mit Ausnahme der Längsschweiß-
nähte) freigehalten, weil dort die stärkste Werkstoffversprödung durch Neutronenbestrahlung

zu erwarten war. Diese RDB-Konstruktion setzte sich in den USA mit Variationen des Werkstoffs und konstruktiver Details, insbesondere hinsichtlich des Reaktortyps, durch. Abbildung 9.85 zeigt die Ansicht der Einzelteile eines typischen RDB.[325] An dieser Bauart hielten die amerikanischen Hersteller fest. Sie bewährte sich, wurde nur geringfügig variiert und wurde zum „proven design".

9.3.2.1 Shippingport

Im Herbst des Jahres 1953 traf die USAEC die Entscheidung, die Fa. Westinghouse mit dem Bau eines großtechnischen Atomkraftwerks mit einer Netto-Leistung von mindestens 60 MW$_{el}$ zu beauftragen. Die übergeordnete Leitung wurde Konteradmiral Hyman G. Rickover, dem Direktor der Naval Reactors Branch der USAEC übertragen.[326] USAEC und das Joint Committee on Atomic Energy (JCAE) waren der Auffassung, dass nur die DWR-Technologie dafür weit genug fortgeschritten sei. Sie nahmen das Angebot des Stromversorgers Duquesne Light Company, Pittsburgh, Pa., an, das von der USAEC zu errichtende Kernkraftwerk zu betreiben und die konventionelle Generatoranlage sowie den Standort Shippingport am Ohio, 40 km nordwestlich von Pittsburgh, zur Verfügung zu stellen. Präsident Eisenhower gab am Labor Day 1954 (6. September) das Startsignal zum Bau dieses ersten Kernkraftwerks mit einem DWR. Shippingport ging im Dezember 1957 mit der vollen geforderten Leistung von 230 MW$_{th}$, 60 MW$_{el}$ in Betrieb.[327,328]

Der Shippingport-Reaktor wurde aus der Konzeption der Nautilus-Anlage heraus entwickelt und erfuhr neben der Vergrößerung auch

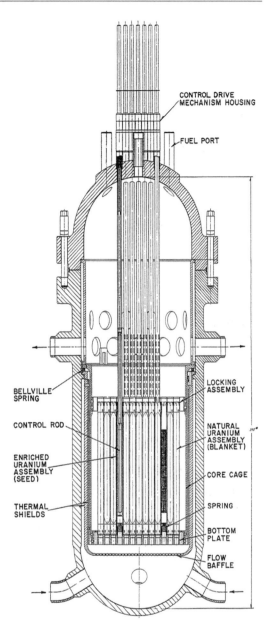

Abb. 9.86 Längsschnitt durch den RDB des Shippingport-Reaktors

[325] Whitman, G. D.: Technology of Steel Pressure Vessels for Water-Cooled Nuclear Reactors, NUCLEAR SAFETY, Vol. 8, No. 5, September-Oktober 1967, S. 439.

[326] Westinghouse Gets Contract to Build Full-Scale Power Reactor by 1957, Rickover to Supervise Project, NUCLEONICS, Vol. 11, Dezember 1953, S. 70.

[327] Hewlett, Richard G. und Holl, Jack M.: Atoms for Peace and War, University of California Press, 1989, S. 196–228, S. 419–422.

[328] Die elektrische Leistung des Shippingport-Reaktors wurde später bis auf 150 MW$_{el}$ erhöht.

Werkstoff	ASTM A 302 B
Höhe (innen)	9.525 mm
Durchmesser (innen)	2.770 mm
Wanddicke	
Zylinder	213 mm
Deckel	254 mm
Boden	157 mm

Plattierung	6 mm
Gewicht ca.	250 t
Auslegungsdruck	175 atü
Druckprobe	264 atü
Betriebsdruck	140 atü
Auslegungstemperatur	315 °C
Betriebstemperatur	
Beim Eintritt	264 °C
Beim Austritt	283 °C

wesentliche Verbesserungen. So wurden zum ersten Mal Urandioxyd-Brennelemente mit gering angereichertem Uran eingesetzt, was von Rickover entschieden und verantwortet wurde.[329] Der Kern enthielt neben angereichertem Uran im äußeren Bereich auch Elemente mit Natururan zur Plutoniumproduktion. In Abb. 9.86[330] ist der Längsschnitt durch den Shippingport-RDB dargestellt.

Der Shippingport-Reaktor wurde zum Vorbild der industriellen Kernenergienutzung. Die technischen Einzelheiten des damals im Bau befindlichen Kernkraftwerks Shippingport wurden auf der ersten Genfer Atomkonferenz im August 1955 vorgestellt.[331]

Die Wanddicke war im Verhältnis zum Innendurchmesser groß. Die Beanspruchung war gegenüber der Streckgrenze bzw. der Zugfestigkeit niedrig. Der Reaktor hatte vier Hauptkühlmittel-Kreisläufe (4-Loop-System). Das Kühlmittel durchströmte den Reaktor von unten nach oben. In Abb. 9.87 sind die Eintrittsstutzen (unten) und die Austrittsstutzen (oben) zu erken-

Abb. 9.87 Der Shippingport-RDB

nen.[332] Während die zylindrische Wand im Bereich der durchgesteckten Stutzen unverstärkt blieb, wurde die Wand der Kugelkalotte, die rechnerisch nur halb so hoch beansprucht ist[333], verstärkt, wodurch die Verstärkung der unteren Stutzen geringer ausfallen konnte. Unterhalb der Austrittsstutzen waren zahlreiche Pratzen zur Lagerung des Druckgefäßes angeschweißt. Der unverstärkte Mantelschuss, in dem die durchgesteckten Kühlmittel-Austrittsstutzen eingeschweißt und die Tragepratzen angeschweißt waren, hatte komplexe Spannungsverläufe aufzunehmen. Der RDB wurde bei der Druckprobe dem 1,5-fachen Auslegungsdruck ausgesetzt.

Bei der Errichtung und dem Betrieb des Kernkraftwerks Shippingport wurde Pionierarbeit

---

[329] Rickover, Hyman G.: Rickover Speaks of Shippingport, in: PWR, The Significance of Shippingport, A NUCLEONICS Special Report, NUCLEONICS, Vol. 16, No. 4, April 1958, S. 54.

[330] Simpson, John W. und Shaw, M.: Description of the Pressurized Water Reactor (PWR) Power Plant at Shippingport, Pa., Proceedings of the International Conference on the Peaceful Uses of Atomic Energy, Geneva, 8-20 August 1955, Vol. III, P/815 USA, United Nations, New York, 1955, S. 214.

[331] Simpson, John W. und Shaw, M.: Description of the Pressurized Water Reactor (PWR) Power Plant at Shippingport, Pa., Proceedings of the International Conference on the Peaceful Uses of Atomic Energy, Geneva, 8-20 August 1955, Vol. III, P/815 USA, United Nations, New York, 1955, S. 211–242.

[332] PWR Engineering the Reactor Plant, in: Reactors on the Line, NUCLEONICS Reactor File No. 5, PWR, NUCLEONICS, Vol. 16, No. 4, April 1958, S. 57.

[333] Theoretisch ist bei gleichem Innendruck die Spannung in einer Kugelschale halb so hoch wie in einer Zylinderwand.

geleistet. Diese Anlage wurde für Experimente und zur Personalausbildung genutzt. Trotzdem war die Verfügbarkeit als kommerzielles Kernkraftwerk hoch; in den ersten beiden Betriebsjahren wurden ca. 400 Mio. kWh Strom erzeugt. Probleme gab es nur mit Pumpen und Dampferzeugern.[334]

9.3.2.2 Indian Point

Die erste von der USAEC erteilte Baugenehmigung für ein von der Industrie errichtetes und betriebenes Kernkraftwerk erhielt im Mai 1956 die Consolidated Edison Co. of New York, Inc. Am Standort Indian Point bei Buchanan, N.Y., am Hudson Fluss ungefähr 40 km nördlich der Stadtgrenze von New York erbaute der Reaktorhersteller Babcock & Wilcox in den Jahren 1958–1962 einen DWR mit der Leistung 163 MW_{el}.[335]

Werkstoff	ASTM A 212 B
Höhe (innen)	11.200 mm
Durchmesser (innen)	2.970 mm
Wanddicke	
Zylinder	176 mm
Deckel	176 mm
Boden	176 mm
Plattierung mind.	3 mm
Gewicht (leer)	231 t
Auslegungsdruck	126 atü
Druckprobe	190 atü
Betriebsdruck	108 atü
Auslegungstemperatur	343 °C
Eintrittstemperatur	252 °C
Austrittstemperatur	270 °C

Die Besonderheit des Kraftwerks Indian Point bestand darin, dass der vom Reaktor erzeugte Dampf mit 232 °C in einem ölbefeuerten Überhitzer auf eine Temperatur von 538 °C gebracht wurde, bevor er auf die Turbine kam. Die Ölfeuerung erhöhte die Leistung um 112 MW_{el} auf 275 MW_{el}. Eine andere Eigenheit von Indian Point war der Reaktorbrennstoff, der aus einem Gemisch von hochangereichertem Urandioxyd

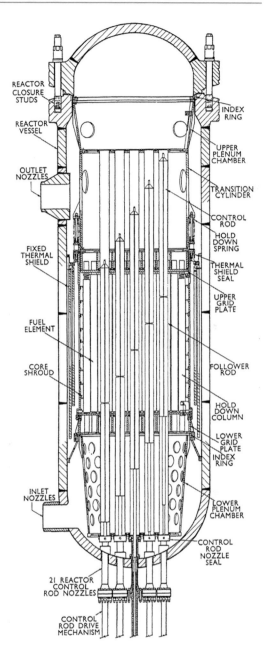

Abb. 9.88 Der Indian Point -RDB im Längsschnitt

und Thoriumdioxyd bestand. Die Reaktorenergie wurde durch Spaltung von U^{235} und U^{233} erzeugt, wobei das Uranisotop U^{233} während des Betriebs durch Neutronenbestrahlung aus dem Th^{232} erbrütet wurde.

Der RDB war aus dem Kohlenstoffstahl ASTM A 212 B gefertigt (s. Kap. 9.3.1); er ist

---

[334] Roberts, J. O.: Shippingport Story, Nuclear Engineering, September 1961, S. 393 f.

[335] INDIAN POINT, Nuclear Engineering, Oktober 1961, S. 413–423.

in Abb. 9.88[336] mit seinen Maßen dargestellt.[337]
Sein zylindrischer Teil bestand aus fünf Mantelschüssen. Die vier Eintrittsstutzen des 4-Loop-
Kühlkreislaufs waren am verstärkten Boden[338]
aufgesetzt angeordnet, die vier Austrittsstutzen
deutlich oberhalb des Cores in der unverstärkten Zylinderwand. Die Stutzenpaare waren nicht
gleichmäßig über den Umfang verteilt. Die Austrittsstutzen waren in einen unverstärkten Mantelschuss durchgesteckt. Die durch die Durchbrüche geschwächte Wand wurde durch die mächtigen Stutzen wieder verstärkt. Der innere Stut-
zenüberstand war thermohydraulisch begründet.
Der Reaktorkern wurde von unten gesteuert und
instrumentiert.

Höhe (innen)	9.600 mm
Durchmesser (innen)	2.770 mm
Wanddicke	
Zylinder	200 mm
Deckel	178 mm
Boden	100 mm
Plattierung mind.	3 mm[a]
Auslegungsdruck	176 atü
Druckprobe	240 atü
Betriebsdruck	146 atü
Auslegungstemperatur	340 °C
Betriebstemperatur	
Beim Eintritt	258 °C
Beim Austritt	278 °C

[a] Es handelte sich nicht um eine Schweißplattierung, sondern um mit Schweißpunkten befestigte Plattierungsble-
che, die spater erhebliche Probleme verursachten.

9.3.2.3   Yankee Rowe

Im November 1957 erteilte die USAEC der Yankee Atomic Electric Co. die Baugenehmigung zur
Errichtung eines 134 MW$_{el}$-Westinghouse-DWR
am Standort Rowe, Massachusetts. Die USAEC
gewährte einen Zuschuss von etwa 15 % zu den
Baukosten dieses privat erbauten und betriebenen
Demonstrations-Kernkraftwerks.[339] Die Anlage
wurde im August 1960 erstmals kritisch und erreichte im Januar 1961 die volle Leistung.

Yankee Rowe besaß technische Merkmale,
die sich prägend auf deutsche Reaktorentwürfe
auswirkten. Zu nennen ist der gasdichte Sicherheitsbehälter in Form einer Stahlkugel mit 38 m
Durchmesser und 22 mm Wanddicke, die 1.800 t
schwer war. Zu nennen ist auch die RDB-Konstruktion. Der zylindrische Teil bestand nur noch
aus drei Schüssen, was die Zahl der Schweißnähte verringerte. Alle 8 Stutzen des 4-Loop-Kühl-
kreislaufs waren in einer Ebene oberhalb des Reaktorkerns angeordnet. Das Kühlwasser strömte
zwischen Core und RDB-Wand nach unten und
durch das Core wieder nach oben. Die Stutzen
waren auf einen etwas verstärkten Mantelschuss

aufgesetzt. Die Schweißnahtverbindung mit dem
Mantelflanschring war jedoch kaum verstärkt
(Abb. 9.89).[340] Die Öffnungen für die Steuerstäbe befanden sich alle im Deckel. Die RDB-Wand
unterhalb der Stutzen und der Boden blieben frei
von Durchbrüchen. Der RDB-Werkstoff war
wiederum der Kohlenstoff-Mangan-Molybdän-
Stahl ASTM A 302 B.

Die Betriebserfahrungen mit dem Yankee-Reaktor waren gut. Probleme beim Betrieb und der
Wartung des Kraftwerks gab es vor allem mit so
genannten konventionellen Komponenten, wie
beispielsweise Ventilen.[341]

9.3.2.4   Trino

In den Jahren 1961–1964 baute und lieferte
die Fa. Westinghouse Electric Corp., USA, den
272-MW$_{el}$-DWR *Enrico Fermi* im Auftrag der
Società Elettronucleare Italiana (SELNI). Der
Standort war bei Trino am Po, Provinz Vercelli,
Piemont. Trino Vercellese wurde im Juni 1964
erstmals kritisch und nahm im Januar 1965 den
kommerziellen Betrieb auf.[342,343] Der RDB für

---

[336] ebenda, S. 415.

[337] Reactor File No. 14, Indian Point on the Line, NUC-
LEONICS, Vol. 21, No. 4, April 1963.

[338] Die Wand der halbkugelförmigen Bodenkalotte könnte wegen der nur halb so hohen Spannung auch nur halb
so dick wie die Zylinderwand sein, ist jedoch gleich stark.

[339] Yankee-Atomkraftwerk im Bau, atw, Jg. 3, März
1958, S. 127 f.

[340] Reactor File No. 9, Yankee on the Line: NUCLEO-
NICS, Vol. 19, No. 3, März 1961.

[341] Kaslow, J. F.: Yankee Operating Experience, NUCLE-
AR SAFETY, Vol. 4, No. 1, September 1962, S. 96–103.

[342] SELNI Atomkraftwerk kritisch: atw, Jg. 9, Juli 1964,
S. 345.

[343] Castelli, F.: Betriebserfahrungen mit den italienischen
Atomkraftwerken, atw, Jg. 12, Februar 1967, S. 80–83.

Abb. 9.89 Längsschnitt durch den Yankee-RDB

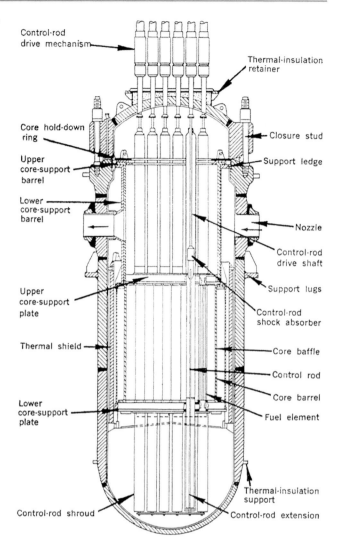

Trino hatte die amerikanische Fa. Combustion Engineering aus dem Werkstoff ASTM A 302 B hergestellt. Zur Verwendung kamen gewalzte Bleche. Der zylindrische Teil bestand aus 3 Schüssen mit jeweils 2 Längsnähten, die in Schmalspaltschweißung ausgeführt waren. Die Innenseite des Behälters war schweißplattiert. Die Auslegung erfolgte gemäß dem ASME „Boiler and Pressure Vessel Code", Section VIII der Ausgabe 1956 mit den neuesten Nachträgen bis zum und einschließlich Sommer 1958 mit den „Rules for Construction of Power Boilers" sowie der ASME „Ruling in Code Case 1224", vgl.[344]

Abbildung 9.90 zeigt den Längsschnitt durch den Trino-RDB mit seinen Abmessungen und Betriebsdaten.[345] Sein Aufbau war im Vergleich zu früheren Konstruktionen einfach und übersichtlich geworden. Im Gegensatz zu deutschen Konstruktionen sind die 8 Stutzen der 4-Loop-Anlage in den unverstärkten oberen Mantelschuss durchgesteckt und eingeschweißt (Abb. 9.90, links oben). Die Spannungsverläufe waren im Bereich der Stutzenschweißnähte mit ihrem großen

---

[344] Fortschritte bei SELNI: atw, Jg. 6, Juni 1961, S. 343.

[345] AMPA Ku 82, Mager, T. R., Meyer, T. A. und Meeuwis, O., Westinghouse: Fracture Mechanics Evaluation of the Trino Vercellese Reactor Vessel Following a Postulated Coolant Pipe Break, Januar 1976, S. 116.

Abb. 9.90 RDB des Trino-Kernkraft-
werks

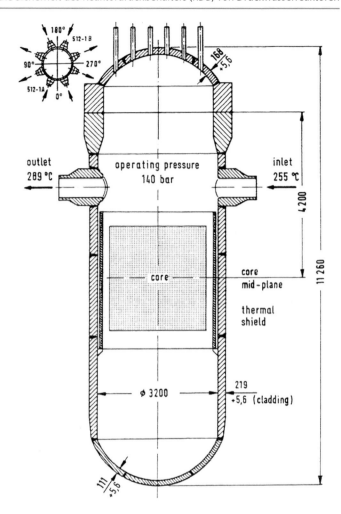

Schweißvolumen außerordentlich komplex. Die Frage war u. a., inwieweit bei der vorliegenden Mehrachsigkeit bei der Spannungsarmglühung ein effektiver Eigenspannungsabbau erreicht wird und welcher Betrag den Lastspannungen hinzugerechnet werden muss.

Um einen Eindruck über die sicherheitstechnische Beurteilung von Reaktordruckbehältern (RDB) älterer Bauart zu vermitteln, sei an dieser Stelle folgendes vermerkt: 1983 entschloss sich die Ente Nazionale per l'Energia Elettrica (ENEL) die Integrität des Trino-RDB gemäß dem damaligen Stand von Wissenschaft und Technik mit Bezug auf einen Bericht aus dem Jahr 1976 erneut durch die Fa. Westinghouse überprüfen zu lassen. Zusätzlich beauftragte ENEL Karl Kußmaul, MPA Stuttgart, mit der Erstellung eines umfassenden unabhängigen Gutachtens

vor dem Hintergrund des in der Bundesrepublik eingeführten Basissicherheitskonzepts.[346] Als Grundlage dienten vor allem die im Rahmen der worst-case-Untersuchungen ermittelten Werkstoffeigenschaften sowie bauteilrepräsentative Schweißverbindungen. Im Gutachten sollte vorrangig überprüft werden, ob der RDB einer extremen Notkühlbelastung („postulated pressurized thermal shock transient") unter Berücksichtigung der Strahlenversprödung mit Sicherheit standhält.[347] Das Gutachten stellte nach dem neuesten

---

[346] Kussmaul, K. F.: Gutachten im Auftrag von ENEL: Expert Opinion on the Integrity of the Trino Reactor Pressure Vessel, Stuttgart, März 1984, 60 S., 130 Bilder und Tafeln.

[347] Kußmaul, K.: Der Integritätsnachweis für strahlenversprödete Reaktordruckbehälter, VGB Kraftwerkstechnik 62, H. 12, Dez. 1982, S. 1060–1076, vgl. auch die MPA-

Stand von Wissenschaft und Technik in seinen Schlussfolgerungen und Empfehlungen fest, dass die Werkstoffzähigkeit der RDB-Wand im Corebereich nicht so hoch war, um eine ausreichende Sicherheit gegen katastrophales Versagen im Falle einer Hochdruckeinspeisung im Notkühlfall zu gewährleisten. Obwohl angenommen werden konnte, dass bei weniger pessimistischen Annahmen eine Berstgefahr nicht bestand, wurde empfohlen, das Notkühlwasser auf 50 °C vorzuwärmen und den Behälterzustand sowie seine Sicherheitsreserven nach einem vollen Betriebsjahr unter Einsatz fortschrittlicher zerstörungsfreier Prüfverfahren auf Fehler sorgfältig zu untersuchen und neu zu evaluieren. Schließlich sollte geprüft werden, ob Heißeinspeisung vorgesehen werden kann.

9.3.2.5   Haddam Neck

Die Connecticut Yankee Atomic Power Co., ein Zusammenschluss von zwölf größeren privaten Energieversorgungsunternehmen aus Neuengland, kündigte im Dezember 1962 den Bau eines 500-MW$_{el}$-DWR-Atomkraftwerks an, dessen Standort mit Haddam Neck am Ostufer des Connecticut Flusses zwischen Hartford und Long Island Sound angegeben wurde.[348]

Werkstoff	ASTM A 302 B
Höhe (innen)	11.400 mm
Durchmesser (innen)	3.910 mm
Wanddicke	
Zylinder	270 mm
Deckel	197 mm
Boden	132 mm
Plattierung	6 mm
Gewicht	360 t
Auslegungsdruck	175 atü
Betriebsdruck	144 atü
Auslegungstemperatur	343 °C
Betriebstemperatur	298 °C

Das Kraftwerk mit DWR sollte von Westinghouse im Rahmen des USAEC *Power Demonstration Reactor Program* gebaut werden. Da die Standortkriterien der USAEC (Mindestdistanz zu größeren Siedlungsgebieten) für Haddam Neck in dieser hochindustrialisierten und dichtbesiedelten Region nicht erfüllt waren, wurden besonders hohe Anforderungen an die Reaktorsicherheitstechnik gestellt.[349,350]

Entwurf und Erbauung von Haddam Neck fielen in die Zeit der Planung und Errichtung des deutschen Demonstrations-Kernkraftwerks Obrigheim (KWO). Haddam Neck war neben dem DWR San Onofre die Referenzanlage für KWO. Im Mai 1964 wurde mit dem Bau von Haddam Neck begonnen. Die erste Kritikalität trat am 24.7.1967 ein. Der kommerzielle Betrieb mit der Leistung von 1.473 MW$_{th}$, 490 MW$_{el}$ begann im Januar 1968.

Der RDB wurde aus dem Kohlenstoffstahl ASTM A 302 B hergestellt. Die zylindrische Wanddicke erreichte mit 270 mm ein bisher nicht gekanntes Ausmaß. Die 8 durchgesteckten Stutzen des 4-Loop-Kühlkreislaufs waren wie bei Yankee Rowe in einem Mantelschuss oberhalb des Reaktorkerns auf gleicher Höhe angeordnet (Abb. 9.91)[351] Die Zylinderschale dieses Stutzenrings, an dem auch die Pratzen für die RDB-Lagerung angeschweißt waren, war nicht verstärkt, ebenso wie der rechnerisch nur halb so dicke untere Boden. Abbildung 9.92[352] zeigt in einem Ausschnitt des Stutzenbereichs die Schweißnähte, die besonders hohen Belastungen ausgesetzt waren. Die Fläche mit der Abdichtung zwischen den Deckel- und Mantelflanschringen war sehr klein. Ein Vergleich mit dem KWO-RDB macht die beträchtlichen Konstruktionsunterschiede zu

Beiträge in ASTM STP 819, ASTM Publication Code No. PCN 04-819000-35, Nov. 1983.

[348] Connecticut Yankee plant Atomkraftwerk Haddam Neck: atw, Jg. 8, Januar 1963, S. 35.

[349] Buchanan, J. R.: Action on Reactor Projects by Licensing and Regulating Bodies, NUCLEAR SAFETY, Vol. 4, No. 4, Juni 1963, S. 157–166.

[350] Action on Reactor Projects Undergoing Regulatory Review: Connecticut Yankee Reactor, NUCLEAR SAFETY, Vol. 6, No. 1, Fall 1964, S. 98 f.

[351] Kilpatrick, J. N. und Beal, F. S.: Connecticut Yankee, A description of the Westinghouse PWR at Haddam Neck, Nuclear Engineering, Juni 1965, S. 216–220.

[352] Haddam Neck Plant UFSAR (USNRC Sicherheitsbericht), Fassung vom Mai 1987, Sammlung GRS, Köln.

Abb. 9.91 Längsschnitt
durch den RDB des Kernkraftwerks Haddam Neck

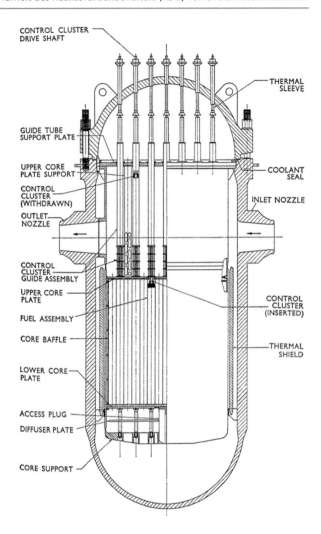

den von der Fa. Siemens entwickelten Lösungen, die sich am Yankee-RDB orientierten, deutlich (s. Kap. 9.4.2).

9.4 Reaktordruckbehälter deutscher Anlagen

9.4.1 Die Reaktorbaustähle

Die Werkstoffauswahl für Reaktordruckbehälter (RDB) war eine Sache der Hersteller, die

ihr große Bedeutung zumaßen.[353,354] Von RDB-Stählen war zu fordern, dass sie ausreichende mechanische Eigenschaften, Durchvergütbarkeit, Schweißeignung und Zähigkeit (Verformbarkeit) aufwiesen. Der Werkstoff musste die erforderliche Materialqualität unter den Betriebsverhältnissen, insbesondere der Neutronenbestrahlung, denen er über die gesamte Lebensdauer der Anlage ausgesetzt ist, gewährleisten. Im Hinblick auf die Veränderung der Materialeigenschaften unter

---

[353] Dorner, H.: Druckgefäße und Primärkomponenten von Druckwasserreaktoren, atw, Jg. 15, September/Oktober 1970, S. 463–468.

[354] Ruf, R.: Konstruktiver Aufbau und sicherheitstechnische Gesichtspunkte für den Primärkreislauf von großen Druckwasserreaktoren, Neue Technik NTB, 4/1970, S. 135–141.

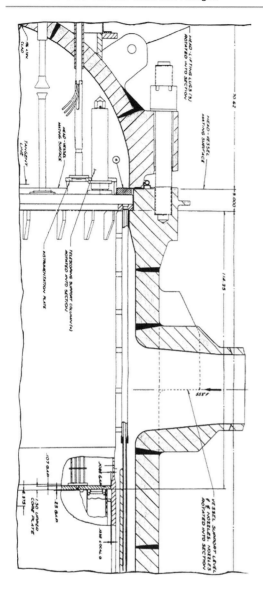

Abb. 9.92 Der RDB-Stutzenbereich im Ausschnitt

Der Prozess der Auswahl und schrittweisen Verbesserung der Reaktorbaustähle für deutsche Kernkraftwerke ist in fünf Generationen aufgegliedert worden.[356] Die Generationenfolge der Werkstoffe wich etwas von derjenigen der Kernkraftwerke selbst ab, bei denen nur vier Generationen unterschieden wurden.

1. Generation
Der erste in der Bundesrepublik Deutschland in Betrieb genommene Reaktor mit nennenswerter Leistung war das Versuchsatomkraftwerk Kahl (VAK) am Main, ein Siedewasserreaktor (SWR)[357] mit 15 MW$_{el}$.[358] Hersteller war die Allgemeine Elektricitäts-Gesellschaft (AEG), Frankfurt, die eng mit der International General Electric Co. (IGE), New York, zusammenarbeitete. Der Reaktor ist in Lizenz der IGE gebaut worden. Der RDB wurde aus 100 mm dicken Blechen, die von der Mannesmann AG im Hüttenwerk Huckingen hergestellt wurden, mit Längs- und Rundschweißnähten zusammengesetzt. Als RDB-Grundwerkstoff wurde der amerikanische Reaktorstahl ASTM A 302 Grade B (s. Kap. 9.3.1) verwendet, nach deutscher Bezeichnungsweise 19 MnMo 5 5.[359] Der amerikanische Stahl ließ relativ hohe maximale Gehalte an Phosphor und Schwefel zu (je 0,035 %), die von Mannesmann entsprechend den in Deutschland erzielten Fortschritten bei der Stahlerschmelzung deutlich abgesenkt wurden (je 0,015 %). Das günstige Verhalten dieses Reaktorbaustahls

Bestrahlung wurden Stähle bevorzugt, die sich durch eine möglichst niedrige Übergangstemperatur der Kerbschlagzähigkeit auszeichneten. Wegen der Aktivierung durch Neutronenbestrahlung sollte der Stahl von Gehalten an solchen Begleit- und Spurenelementen möglichst frei sein, deren Isotope langlebige γ-Strahler sind, wie Kobalt-60.[355]

[355] Zastrow, E.: Werkstoffe im Versuchsatomkraftwerk Kahl, atw, Jg. 6, Januar 1961, S. 67.

[356] Kußmaul, K.: Der Integrationsnachweis für strahlenversprödete Reaktordruckbehälter, VGB Kraftwerkstechnik, 62. Jg., Heft 12, Dezember 1982, S. 1060–1076.

[357] Da die vorliegende Arbeit sich in erster Linie mit Druckwasserreaktoren befasst, wird VAK nicht im Einzelnen dargestellt, sondern nur im Zusammenhang mit Reaktorbaustählen erwähnt.

[358] Mandel, H.: Planung des Versuchsatomkraftwerks Kahl, atw, Jg. 6, Januar 1961, S. 25–29.

[359] 19 MnMo 5 5 ist ein Stahl mit den Bestandteilen: 0,19% Kohlenstoff, 1/4·5% = 1,25% Mangan und 1/10·5% = 0,5% Molybdän. Zur Werkstoffbezeichnungsweise s.: Wellinger, Karl, Gimmel, Paul und Bodenstein, Manfred: Werkstofftabellen der Metalle, Alfred Kröner Verlag, Stuttgart, 1972, S. A13.

unter dem Einfluss von Neutronenbestrahlung war in den USA nachgewiesen worden.[360]

Der erste in Deutschland errichtete Druckwasserreaktor (DWR) war der Mehrzweck-Forschungsreaktor MZFR mit einer Leistung von 200 MW_{th} und 50 MW_{el}. Er wurde von der Fa. Siemens-Schuckertwerke AG als Generalunternehmer unabhängig von amerikanischen Baulinien entwickelt und in den Jahren 1962–1965 auf dem Gelände des Kernforschungszentrums in Karlsruhe erbaut. Moderator und Kühlmittel war schweres Wasser D_2O.[361] Daraus erklären sich die – gemessen an der Reaktorleistung – großen Abmessungen. Die Klöckner-Werke AG, Georgsmarienwerke, Osnabrück, stellte den RDB aus Schmiedestücken her. Bei der Wahl der dafür verwendeten Werkstoffe hatte man sich ebenfalls am amerikanischen Kesselbaustahl ASTM A 302 B orientiert.[362] Die genaue Festlegung war bereits vor MZFR-Vertragsabschluss im November 1961 erfolgt. Im Einzelnen waren es folgende Werkstoffe:[363]

Kesseldeckel	21MnMoNiV 4 5
Kesselflansch	21 MnMoNi 5 5[a]
Schmiederinge u. Boden	21 MnMo 5 5[b]
Verschlussschrauben	34 CrNiMo 6
Schweißplattierung	X10 CrNiNb 18 9.

[a] Chemische Zusammensetzung: 0,19–0,25 % C, 0,15–0,35 % Si, 1,10–1,30 % Mn, 0,50–0,60 % Mo, <0,35 % Cr, 0,40–0,50 % Ni, <0,35 % Cu, ≤0,020 % P, ≤0,015 % S, ≤0,010 % Co; vgl. Debray, W. und Cerjak, H.: 22 NiMoCr 3 7 für Reaktorkomponenten, VGB-Werkstofftagung 1971, S. 14

[b] Chemische Zusammensetzung: 0,19–0,25 % C, 0,15–0,35 % Si, 1,10–1,30 % Mn, 0,50–0,60 % Mo, <0,35 % Cr, <0,35 % Cu, ≤0,020 % P, ≤0,015 % S, ≤0,010 % Co; vgl. Debray, W. und Cerjak, H.: 22 NiMoCr 3 7 für Reaktorkomponenten, VGB-Werkstofftagung 1971, S. 14

Auffallend war die Ähnlichkeit der Werkstoffe für Kesseldeckel und Kesselflansch mit dem Werkstoff ASTM A 533 B Cl. 2. Gegenüber ASTM A 302 B ist der Kohlenstoffgehalt der Werkstoffe etwas erhöht und im Werkstoff für den Kesseldeckel Vanadin als Legierungsbestandteil beigegeben worden. Um die Durchvergütbarkeit des ungewöhnlich dicken Kesselflansches sowie Kesseldeckels zu verbessern, wurde zusätzlich Nickel hinzugefügt.

Das nukleare Forschungsschiff NS Otto Hahn, das im Auftrag der Gesellschaft für Kernenergieverwertung in Schiffbau und Schifffahrt mbH (GKSS) mit Mitteln des Bundes von vier norddeutschen Bundesländern und der Industrie in den Jahren 1962–1968 erbaut wurde, hatte das amerikanische Nuklearschiff NS Savannah zum Vorbild. Der Druckwasserreaktor der NS Savannah war von der Fa. Babcock & Willcox, New York, entwickelt und gebaut worden und hatte eine Leistung von 80 MW_{th} (erstmals kritisch am 21.12.1961).[364,365] Die nukleare Antriebsanlage der NS Otto Hahn mit einem „fortgeschrittenen Druckwasserreaktor" (FDR) wurde von der Arbeitsgemeinschaft Babcock-Interatom unter Berücksichtigung der amerikanischen Erfahrungen und mit Unterstützung der Europäischen Atomgemeinschaft konstruiert und gebaut (Leistung 38 MW_{th}, am 28.8.1968 erstmals kritisch). Der Druckbehälter wurde von der Stahl- und Röhrenwerk Reisholz GmbH, Düsseldorf-Reisholz, hergestellt.[366,367] Auf der Wissensgrundlage der amerikanischen Reaktorbaustähle wurde in langwierigen Voruntersuchungen im Stahl- und Röhrenwerk Reisholz für den NS Otto Hahn -RDB der Stahl 15 MnMoNiV 5 3[368] entwickelt,

[360] Franzl, R., Henseler, H., Heusler, H. und Menke, L.: Druckgefäß, Kondensatunterkühler, Rohrleitungen, atw, Jg. 6, Januar 1961, S. 74.

[361] Finkelnburg, Wolfgang: Der MZFR – ein Markstein der deutschen Reaktorentwicklung, atw, Jg. 10, Juli/August 1965, S. 330 f.

[362] AMUBW 3415.8, Siemens AG: Sicherheitsbericht Mehrzweck-Forschungsreaktor, Band I, Fassung Juli 1968, S. 81.

[363] BA B 138-305/306, MZFR Teil III Technische Beschreibung, S. 130.

[364] Nucleonics Reactor File No. 11, Savannah Under Way, NUCLEONICS, Vol. 20, No. 7, Juli 1962.

[365] Weidauer, R.: Die erste Atlantiküberquerung der „Savannah", atw, Jg. 9, Oktober 1964, S. 485.

[366] Schüler, R., Weisbrodt, I. und Wiebe, W.: Die nukleare Antriebsanlage für die „Otto Hahn", atw, Jg. 10, Mai 1965, S. 227–240.

[367] Betriebsergebnisse der N.S. „Otto Hahn" 1978, atw, Jg. 24, Oktober 1979, S. 489.

[368] Chemische Analyse (jeweils Höchstwerte): 0,17 % C, 0,35 % Si, 1,50 % Mn, 0,020 % P, 0,020 % S, 0,20 % Cr, 0,40 % Mo, 1,10 % Ni, 0,16 % V, 0,10 % Al, 0,20 % Cu,

der durch hohe Festigkeit, gute Schweißbarkeit und ausreichende Sicherheit gegen Sprödbruch durch Bestrahlung gekennzeichnet war.[369] Insbesondere die Warmfestigkeit bei 350 °C lag deutlich über der anderer Reaktorwerkstoffe (38 kp/mm² gegenüber 29–35 kp/mm² bei 20 MnMo 5 5 bzw. 20 NiMoCr 3 6).[370,371] Die höhere Festigkeit erlaubte es, den RDB für NS Otto Hahn relativ leichtgewichtig zu bauen, was für einen Schiffsantrieb günstig ist.

Anfang der 1970er Jahre wurden im Rahmen der Sofort- und Dringlichkeitsprogramme (s. Kap. 10.2.5 und 10.2.6) neue Erkenntnisse über den Einfluss bestimmter Spuren- und Begleitelemente und der Wärmebehandlung auf Reaktorbaustähle gewonnen. Im August 1974 beauftragte der Technische Überwachungsverein Norddeutschland die MPA Stuttgart mit einem Werkstoffgutachten über den Stahl 15 MnMoNiV 5 3. Die Fa. Kammerich-Reisholz GmbH fertigte 1975 für diese Untersuchungen geschmiedete Platten bis 250 mm Dicke aus diesem Grundwerkstoff und und stellte Versuchsschweißungen her. Die MPA unternahm u. a. Bruchmechanikversuche an bis zu 250 mm dicken Proben sowie Schweißsimulationsversuche an diesem Material, die das Ergebnis hatten, dass der Stahl 15 MnMoNiV 5 3 eine erhöhte Neigung zur temperatur- und dehnungsinduzierten Versprödung sowie zur Relaxationsrissigkeit besitzt. Dieser Werkstoff sei in die Gruppe der Stähle einzuordnen, die eine hohe Rissempfindlichkeit aufweisen.[372,373] Besonders Vanadin fördert die Rissbildung beim

Spannungsarmglühen. Neben Finanzierungsfragen hat dieser Befund dazu beigetragen, dass die NS Otto Hahn nach 10 Betriebsjahren 1978 stillgelegt wurde. Der RDB wurde für etwaige spätere Untersuchungen auf dem Gelände der GKSS in einer Grube sichergestellt.

2. Generation

In den USA war im Jahr 1964 damit begonnen worden, für Reaktor-Schmiedeteile (Stutzen) unter der ASTM-Norm den niedriglegierten (höherfesten) Werkstoff A 508 Cl. 2 zu standardisieren[374], der auch bei großen Wanddicken ausreichende mechanisch-technologische Eigenschaften (insbesondere Zähigkeit), eine gute Durchvergütbarkeit und eine geringe Tendenz zur Strahlenversprödung aufwies. Er galt als gut schweißbar. Da die deutschen Reaktorhersteller Schmiedeteile bei der Fertigung von RDB für DWR verwendeten, fiel ihre Werkstoffwahl für die nächste Reaktorgeneration mangels eigener einschlägiger Erfahrungen auf diesen amerikanischen Stahl ASTM 508 Cl. 2, der die deutsche Bezeichnung 20 NiMoCr 3 6 erhielt.[375] Dieser Werkstoff wurde in Deutschland sowohl für Schmiedestücke als auch für gewalzte Bleche von SWR genutzt.

In Gundremmingen an der Donau wurde in den Jahren 1962–1966 das erste deutsche Großkraftwerk mit Kernreaktor (KBR: SWR, 800 MW$_{th}$, 237 MW$_{el}$, Leistungsbetrieb ab November 1966) mit General Electric -Lizenzen erbaut.[376,377] Sein RDB wurde aus dem Werkstoff ASTM A 508 Cl. 2 unter der deutschen Bezeichnung 20 NiMoCr 3 6 in Form geschmiedeter Platten von der Rhein-

---

0,020 % Co, 0,010 N; vgl. AMPA Ku 100, Prüfbericht 935 182, Tafel 1.

[369] Ahlf, J., Florin, C. und Schmelzer, F.: Bestrahlungsuntersuchung am FDR-Druckbehälterstahl der „Otto Hahn", Atomkernenergie (ATKE), 13. Jg., 1968, H. 3, S. 199–204.

[370] AMPA Ku 100, Kammerich-Reisholz GmbH: Werkzeugnis zum Werkstoff 15 MnMoNiV 5 3 vom 5. 2. 1975.

[371] Schoch, W.: Stähle für Temperaturen unter 400 °C, VGB-Werkstofftagung 1969, S. 32.

[372] AMPA Ku 100, MPA Stuttgart: Prüfungsbericht vom 1. 10. 1976, Blatt 13–15.

[373] Kußmaul, K.: Verwendung hochfester Stähle – pro und contra, in: Die Qualität von Kernkraftwerken aus amerikanischer und deutscher Sicht, 2. Internationale Tagung des Technischen Überwachungs-Vereins Rheinland e.V. und der Firma Babcock & Wilcox Company, USA,

am 28. September 1978 in Köln, Verlag TÜV Rheinland, Köln, 1979, S. 178.

[374] vgl. 1967 Book of ASTM Standards, Specification for Quenched and Tempered Vacuum Treated Carbon and Alloy Steel Forgings for Pressure Vessel (A 508), S. 725.

[375] Siemens Arbeitsbericht KWU NT1/99/089, Erlangen, 20. 12. 1999, S. 4.

[376] Mandel, H.: Kernkraftwerk Gundremmingen – seine Stellung in der deutschen Atomwirtschaft, atw, Jg. 10, November 1965, S. 564.

[377] Gundremmingen erzeugt Strom: atw, Jg. 11, Dezember 1966, S. 569.

stahl Hüttenwerke AG, Werk Ruhrstahl Henrichshütte, Hattingen, hergestellt.[378,379]

Im Juli 1964 erhielt die Siemens-Schuckertwerke AG von der Kernkraftwerk Baden-Württemberg Planungsgesellschaft den Zuschlag für die Errichtung eines 300-MW$_{el}$-Kernkraftwerks mit H$_2$O-Druckwasserreaktor bei Obrigheim am Neckar (KWO).[380] Die Klöckner-Werke AG, Georgsmarienwerke, Osnabrück, bekamen im November 1964 von Siemens den Auftrag, den Druckwasser-Reaktorkessel zu bauen. In der Siemens-Bestellung vom 1.11.1964 wurde bestimmt, dass die RDB-Schmiedestücke sowie das RDB-Walzmaterial aus Blöcken herzustellen sind, die unter Vakuumentgasung mit alterungsbeständigem Werkstoff gegossen sind. Der Kobaltgehalt dürfe maximal 200 ppm betragen. Die mechanisch-technologischen Werkstoffeigenschaften wurden im Einzelnen vorgeschrieben. Als Werkstoffvorschlag wurde der Fa. Klöckner genannt: „25 NiMoCr 3 6 (gleich SA 366 Code Case 1.236)", der weitgehend dem Stahl ASTM A 508 Cl. 2 entsprach.[381] Im KWO-Sicherheitsbericht vom Juni 1967 wurde für die RDB-Schmiedeteile (Deckel, Flanschring, Zylinderringe, Rohrstutzen) der amerikanische Stahl SA 366 nach ASME Code Case 1.236 und für das Walzmaterial (RDB-Halbkugelboden) der amerikanische Stahl ASTM A 302 B angegeben. Für beide Fälle wurde der gleiche Werkstoff mit der deutschen Bezeichnung 23 NiMoCr 3 6 und dem Hinweis „ähnlicher Stahl" genannt.[382] Die Lieferung des KWO-RDB erfolgte plangemäß im Juli 1966.[383]

Zu den Werkstoffen der 2. Generation gehörte auch der RDB-Stahl des Kernkraftwerks Stade (KKS). Die Nordwestdeutsche Kraftwerke AG (NWK) und die Hamburgische Electricitäts-Werke AG (HEW) erteilten im Oktober 1967 der Siemens AG den Auftrag, an der Unterelbe nordöstlich von Stade ein 660-MW$_{el}$-Kernkraftwerk mit DWR zu errichten.[384] Der KKS-RDB wurde von den Klöckner-Werken mit einer Konstruktion und einem Werkstoff gebaut, die mit dem KWO-RDB vergleichbar waren.[385] Die chemischen Werkstoffanalysen von KKS und KWO unterschieden sich nur geringfügig.[386]

Die RDB-Stähle der 2. Generation waren ihren amerikanischen Vorbildern sehr ähnlich, aber nicht völlig analysengleich mit ihnen und untereinander. Die deutschen Stahlwerke wichen etwas von den amerikanischen Analysengrenzen ab, wo nach ihren Erfahrungen die Werkstoffgütewerte verbessert werden konnten. So wurde der Kohlenstoffgehalt stärker eingeschränkt und die Phosphor- und Schwefelgehalte gegenüber den in den USA noch zulässigen Werten reduziert. Der Nickelgehalt wurde zur Verbesserung der Durchvergütbarkeit besonders dicker Flansche und der Molybdängehalt zur Gewährleistung der Warmfestigkeit im Vergleich zu den USA etwas erhöht.[387]

In der Bundesrepublik Deutschland und in Europa setzte sich Ende der 1960er Jahre der vom amerikanischen Werkstoff ASTM A 508 Cl. 2 abgeleitete Reaktorbaustahl 22 NiMoCr 3 7 allgemein durch.[388] Da die chemischen Analysenbänder praktisch deckungsgleich waren, wurden die RDB-Werkstoffe von KRB, KWO und KKS später ebenfalls unter der Stahlbezeichnung geführt, die sich durchgesetzt hatte: 22 NiMoCr 3 7.

[378] Stäbler, K.: Planung der Inbetriebnahme, atw, Jg. 10, November 1965, S. 574.

[379] Ringeis, W. K., Strasser, W. und Peuster, K.: Aufbau der Gesamtanlage, atw, Jg. 10, November 1965, S. 577.

[380] Frewer, H., Held, Chr. und Keller, W.: Planung und Projektierung des 300-MW-Kernkraftwerks Obrigheim, atw, Jg. 10, Juni 1965, S. 272–282.

[381] AKWO 01940097167/0017, Siemens-Schuckertwerke: Lieferumfang und technische Abnahmebedingungen für Kernkraftwerk Obrigheim, 1. 11. 1964, Anl.-Teil: Reaktordruckbehälter, 4. Werkstoffe, S. 1 f.

[382] AKWO 01920000354, Siemens AG: Sicherheitsbericht KWO, Band 1, Teil 3, Juni 1967, S. 57.

[383] Knödler, D., Ruf, R. und Weisser, E.: Besonderheiten beim Bau des KWO-Reaktordruckgefäßes, atw, Jg. 13, Dezember 1968, S. 626 f.

[384] Frewer, H. und Keller, W.: Das 660-MW-Kernkraftwerk Stade mit Siemens-Druckwasserreaktor, atw, Jg. 12, Dezember 1967, S. 568–573.

[385] Dorner, H. und Ruf, R.: Hauptkomponenten des KKS-Reaktors, atw, Jg. 16, November 1971, S. 603–605.

[386] Debray, W. und Cerjak, H.: Werkstoffeigenschaften des Stahles 22 NiMoCr 3 7 für Reaktorkomponenten, VGB Werkstofftagung 1971, S. 14.

[387] ebenda, S. 13–15.

[388] Dorner, H. und Ruf, R.: Hauptkomponenten des KKS-Reaktors, atw, Jg. 16, Nov. 1971, S. 603.

Die Firmen Press- und Walzwerke Reisholz, Deutsche Röhrenwerke und Krupp hatten bereits in den 1930er Jahren CrMoNi-Stähle in alterungsbeständiger Güte für Kesseltrommeln entwickelt.[389]

3. Generation

In den Jahren 1969–1971 erhielt die Fa. Siemens/KWU Bauaufträge für die DWR-Kernkraftwerke Biblis A (KWB-A, 1.200 MW$_{el}$), Neckarwestheim (GKN-1, 855 MW$_{el}$), Biblis-B (KWB-B, 1.300 MW$_{el}$) und Unterweser (KKU, 1.300 MW$_{el}$). Der RDB-Werkstoff war durchgängig 22 NiMoCr 3 7[390], der nach dem damals vorhandenen Standard bestellt wurde. Der RDB von GKN-1 wurde von Klöckner und der Gutehoffnungshütte (GHH) hergestellt. Die RDB der anderen DWR fertigte GHH[391], wobei die Schmiedeteile (Mantelschüsse, Flanschringe, Deckel und Böden) aus den Japan Steel Works, Muroran, Japan, kamen. Auch die RDB der SWR-Anlagen Würgassen, Brunsbüttel, Isar-1, Philippsburg-1, Krümmel und Tullnerfeld[392] vom Typ SWR-69 wurden in den Jahren 1970–1974 in Auftrag gegeben und mit Blechen aus Frankreich (Fa. Marrel Frères) aus Stahl 22 NiMoCr 3 7 produziert.

Während der Fertigung der RDB der 3. Werkstoffgeneration wurde entdeckt, dass der Stahl 22 NiMoCr 3 7 zur Unterplattierungs- und Relaxationsrissigkeit neigt. Für die Inbetriebnahme der Reaktoren aus diesem Werkstoff war das „Sofortprogramm 22 NiMoCr 3 7" von großer Bedeutung (vgl. Kap. 10.2.5). Für die spätere betriebliche Überwachung der Druckgefäße wurden mit den damals fortschrittlichsten Verfahren Ultraschall-Nullaufnahmen (US-Atlanten) als Ausgangsbasis für periodisch wiederkehrende Prüfungen hergestellt, um den Ausgangszustand

des RDB im Hinblick auf Fehler- und Rissfreiheit zu dokumentieren bzw. fehlerhafte Stellen aufzuzeichnen.[393]

4. Generation

Im ersten Halbjahr 1975 gingen bei der Fa. Siemens/KWU die Bauaufträge für 1.300-MW$_{el}$-Kernkraftwerke, die so genannten „Vorkonvoi-Anlagen", an den Standorten Grafenrheinfeld (KKG), Brokdorf (KBR), Grohnde (KWG) und Philippsburg-2 (KKP-2) ein.[394] Die RDB für diese DWR wurden auf der Grundlage der Forschungsergebnisse der Sofort- und Dringlichkeitsprogramme (s. Kap. 10.2.5 und 10.2.6) nun aus optimiertem Stahl 22 NiMoCr 3 7[395] gefertigt. Die schweren Schmiedestücke kamen aus Japan. Die RDB-Hersteller waren GHH und Uddcomb Engineering, Karlskrona, Schweden.[396] 1972, 1974 und 1976 sind vom VdTÜV die vorläufigen Werkstoffblätter 365 und 366 für 22 NiMoCr 3 7 (Schmiedegüte und Bleche) für den internen Gebrauch herausgegeben worden. Deren Angaben zur chemischen Zusammensetzung für den Stahl 22 NiMoCr 3 7 wichen teilweise noch erheblich von den später endgültig optimierten Werten ab. Die optimierten Analysenwerte stimmten wiederum mit der eingeführten Bezeichnung 22 NiMoCr 3 7 nicht mehr überein. Als die Entscheidung der Industrie, den RDB-Werkstoff auf 20 MnMoNi 5 5 umzustellen, gefallen war, verzichtete der Kerntechnische Ausschuss (KTA) darauf, einen Werkstoffanhang zur Regel KTA 3201.1 auch für den Werkstoff 22 NiMoCr 3 7 zu veröffentlichen. Die ausreichende Sicherheit aller bereits unter der Bezeichnung 22 NiMoCr

---

[389] Ulrich, Max: Die Werkstoffe von Höchstdruckkesseln, a. a. O., S. 14.

[390] Chemische Analyse in Masse-% für Biblis-A (vgl. Debray, W. und Cerjak, H., a. a. O., S. 14): 0,17–0,25 C, 0,10–0,35 Si, 0,5–1,00 Mn, ≤ 0,015 P, ≤ 0,015 S, ≤ 0,018 Cu, ≤ 0,050 Al, 0,25–0,50 Cr, 0,55–0,80 Mo, 0,50–1,00 Ni, ≤ 0,05 V, ≤ 0,020 Co, ≤ 0,020 Ta.

[391] Krug, Hans-Heinrich: Siemens und Kernenergie, Siemens/KWU, 1998, S. 154.

[392] ebenda, S. 114.

[393] Huttach, A., Putschögl, G. und Ritter, M.: Die Nuklearanlage des Kernkraftwerks Biblis, atw, Jg. 19, August/September 1974, S. 422 f.

[394] Krug, Hans-Heinrich: Siemens und Kernenergie, Siemens/KWU, 1998, S.107.

[395] Chemische Analyse für KWB-C (vgl. AMPA KU 154, Kußmaul, K.: Krümmel-Gutachten, Anlage 66) in Masse-%: ≤ 0,20 C, 0,20 Si (Richtwert), 0,85 Mn (Richtwert), ≤ 0,008 P, ≤ 0,008 S, ≤ 0,10 Cu, 0,010-0,040 Al, ≤ 0,40 Cr, ≤ 0,58 Mo, 1,20 Ni (Richtwert), ≤ 0,01 V, ≤ 0,030 Co.

[396] Krug, Hans-Heinrich: Siemens und Kernenergie, Siemens/KWU, 1998, S.154.

3 7 verwendeten Werkstoffe war schon durch die Forschungsprogramme nachgewiesen worden.[397]

5. Generation

Als sich das gesellschaftliche und politische Umfeld zunehmend gegen die Errichtung neuer Kernkraftwerke wandte, wurde das „Konvoi-Konzept" verwirklicht. In Bayern, Niedersachsen und Baden-Württemberg wurden nahezu zeitgleich in den „nuklearen" Anlagenteilen zeichnungsgleiche und nur in den Nebenanlagen mit minimalen standortbedingten Änderungen versehene 1.300-MW_{el}-Kernkraftwerke mit DWR erbaut. Die Genehmigungsverfahren für diese Konvoi-Anlagen Isar-2 (KKI-2), Emsland (KKE) und Neckarwestheim-2 (GKN-2) wurden im Gleichtakt durchgeführt. Zum Zeitpunkt der Vertragsabschlüsse im zweiten Halbjahr 1982 lagen alle für den Bau optimierter RDB erforderlichen Erkenntnisse über die optimierten Werkstoffe 22 NiMoCr 3 7 und 20 MnMoNi 5 5 aus den Sofort- und Dringlichkeitsprogrammen und dem Forschungsvorhaben Komponentensicherheit vor (s. Kap. 10.2.5, 10.2.6, 10.2.9 und 10.5). Die RDB für KKI-2 und GKN-2 wurden aus dem optimierten Stahl 20 MnMoNi 5 5 gefertigt. Die RDB für KKI-2, KKE und GKN-2 wurden bei MAN-GHH in Oberhausen-Sterkrade aus japanischen Halbzeugen hergestellt.[398]

Generell wurde mit der Optimierung der Werkstoffe auch die Voraussetzung für eine uneingeschränkte volumetrische Ultraschallprüfung, insbesondere der Schweißnähte, geschaffen.

9.4.2   RDB-Beispiele MZFR, Atucha-2, NS Otto Hahn, KWO, KWB-A, KMK, KKP-2

Der Mehrzweck-Forschungsreaktor (MZFR) war ein mit Natururan betriebener und mit Schwerwasser moderierter und gekühlter DWR. Der Kern eines solchen Reaktors hat wegen des erforder-

lichen größeren Abstands zwischen den Brennelementen nur ein Viertel der Leistungsdichte eines Leichtwasser-Reaktors mit angereichertem Brennstoff.[399] Aus diesem Sachverhalt folgt eine RDB-Dimension des D_2O-Reaktors, die deutlich über die des H_2O-Reaktors hinausgeht. Der für die Reaktorwärmeleistung von 200 MW_{th} (netto 50 MW_{el}) ausgelegte MZFR erhielt einen von der Fa. Klöckner-Werke AG, Georgsmarienwerke, Osnabrück gefertigten RDB, der damals der weltweit größte in Werkstattfertigung hergestellte Druckkessel war.[400] Er war 7.645 mm hoch, hatte einen Innendurchmesser von 4.100 mm und war für 100 atü und 300 °C ausgelegt. Die vorgesehenen Betriebsverhältnisse waren: 90 atü Druck (Druckprobe 130 atü) und 280 °C Temperatur. Abbildung 9.90 zeigt den MZFR-RDB je zur Hälfte in der Längsdraufsicht und im Schnitt[401] (Abb. 9.93). Der flachgewölbte, von einer Vielzahl von Kanälen durchbohrte RDB-Deckel mit einem Außendurchmesser von 4.550 mm und einer Flanschdicke von 600 mm war aus einem Stück geschmiedet. Die Wanddicke des Deckels nahm von innen nach außen von 350 auf 560 mm zu. Der zylindrische Teil des RDB bestand aus zwei nahtlos über einen Dorn ausgeschmiedeten Mantelschüssen, die mit einer Rundschweißnaht verbunden wurden. Die Wanddicke dieses zylindrischen Teils betrug 136 mm. An den unteren Mantelschuss wurde ein Halbkugelboden mit der Dicke 88 mm angeschweißt. Der obere Mantelschuss wurde mit einer Rundnaht mit dem nahtlos geschmiedeten Mantelflanschring verschweißt, der eine Dicke von 290 mm besaß (Abb. 9.94).[402] In diesen nahezu biegefreien Flanschring waren wesentliche Funktionen integriert. Er bot für den

---

[397] Siemens Arbeitsbericht KWU NT1/99/089, Erlangen, 20. 12. 1999, S. 7.

[398] Krug, Hans-Heinrich: Siemens und Kernenergie, Siemens/KWU, 1998, S.150–154.

[399] Ziegler, A.: Weiterentwicklung und Aussichten der D_2O-Druckkessel-Reaktoren, atw, Jg. 10, Juli/August 1965, S. 391.

[400] Dorner, H.: Reaktordruckgefäß und Einbauten-Konstruktion, atw, Jg. 10, Juli/August 1965, S. 348–351.

[401] Wawersik, Heinrich: Über die Fertigung des Reaktordruckgefäßes für den 50-MW_{el}-Mehrzweckforschungsreaktor (MZFR) Karlsruhe, Energie und Technik, 1965, Heft 4, S. 150–153.

[402] Wawersik, Heinrich: Über die Fertigung des Reaktordruckgefäßes für den 50-MW_{el}-Mehrzweckforschungsreaktor (MZFR) Karlsruhe, Energie und Technik, 1965, Heft 4, S. 151.

Abb. 9.93 Längsdraufsicht und -schnitt des MZFR-RDB

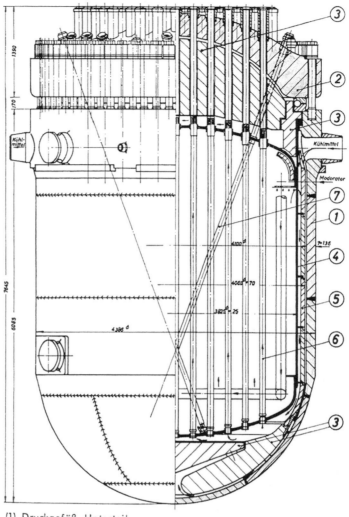

(1) Druckgefäß, Unterteil
(2) Druckgefäß, Deckel
(3) Vier Füllkörper
(4) Moderatorbehälter
(5) Thermischer Schild
(6) 121 Trennrohre für Brennstoff und Versuche
(7) 17 Regel- und Abschaltstäbe und 1 Versuchsrohr

Deckel die Auflagekonsolen und nahm die Verschlussschrauben auf. Er enthielt auch die Durchbrüche für die aufgesetzten „Kesselstutzen". Der Mantelflanschring saß mit Tragleisten auf einem Tragring, der am biologischen Schirm aus Beton gelagert war (Abb. 9.95)[403] Damit sich der MZFR-RDB mit zunehmender Erwärmung ohne Drehung radial ausdehnen konnte, wurde er im

Tragring durch radial angeordnete Zentrierstifte geführt. Da sich der Tragring etwa auf Stutzenebene befand, konnte der RDB Stutzenkräfte ohne Kippbewegung und senkrechte Verschiebungen aufnehmen (Abb. 9.96).

Der RDB wurde aus den in Kap. 9.4.1 (1. Generation) aufgeführten Werkstoffen hergestellt. Er wurde innen mit einer nichtrostenden Edelstahlschicht (austenitische Plattierung) der Dicke 6–7 mm schweißplattiert. Die RDB-Inneneinrichtung bestand aus vier stählernen Füllkörpern und dem Moderatorbehälter. Ein 70 mm dicker

---

[403] AMUBW 3415.8, Siemens AG: Sicherheitsbericht Mehrzweckforschungsreaktor (MZFR) Band IV, Juli 1968.

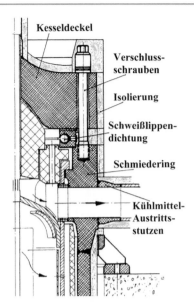

Abb. 9.94 Ausschnitt des RDB-Stutzenbereichs

Abb. 9.95 Schweißen der letzten Rundnaht des MZFR-RDB

thermischer Schild aus Chrom-Nickel-Stahl mit ca. 0,8 % Bor zwischen Moderatorbehälter und RDB-Wand verminderte die Neutronenbestrahlung der RDB-Wand. Die im MZFR-RDB durch Vorspannung, Innendruck und instationäre Wärmespannungen auftretenden Spannungen wurden mit einem von Heinrich Dorner (Siemens) entwickelten Berechnungsverfahren, der Stufenkörper-Methode für Reaktordruckbehälter[404], elas-

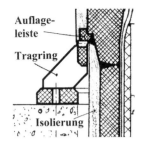

Abb. 9.96 Lagerung des RDB

tizitätstheoretisch ermittelt. Bei der Druckprobe wurden die tatsächlich auftretenden Spannungen mit Dehnungsmessungen festgestellt und mit den berechneten Werten verglichen. Die Rechenergebnisse lagen in einem Toleranzbereich von ±5 %.[405] Anfang der 1970er Jahre wurden elastoplastische Berechnungsverfahren auf der Grundlage der Finite-Elemente-Methode (FEM) eingeführt, die später neben der Stufenkörpermethode im KTA-Regelwerk normiert wurden.[406,407]Die FEM ermöglichte, das Vorhandensein beispielsweise von Rissen zu berücksichtigen.

Diese erste RDB-Konstruktion eines DWR durch die Fa. Siemens zeigte bereits alle wesentlichen Unterschiede zwischen der deutschen und der amerikanischen Bauweise:

- vollständige Vermeidung von Längsnähten im Zylindermantel durch nahtlos geschmiedete Ringe[408],
- Minimierung der Zahl der Rundnähte durch möglichst hohe Mantelschüsse,

---

[404] Dorner, Heinrich: Reaktordruckbehälter, Siemens-Zeitschrift 42, 1968, Beiheft „Kernkrafttechnik", S. 50–60 (Diss. TH Graz).

[405] Dorner, Heinrich: Druckgefäße und Primärkomponenten von Druckwasserreaktoren, atw, Jg. 15, September/Oktober 1970, S. 465.

[406] vgl. AMPA Ku 86, IRS Forschungsbetreuung Projektinformation: Vorhaben konstruktive und rechnerische Entwicklungsarbeiten an Druckbehältern in Stahlbauweise RS 35, März 1971.

[407] KTA 3201.2: Komponenten des Primärkreises von Leichtwasserreaktoren, Teil 2: Auslegung, Konstruktion und Berechnung, Anlage B, Rechnerische Methoden, 10/80, BAnz Nr. 152a vom 18. 8. 1981.

[408] In Zylindern unter Innendruck sind die Umfangsspannungen in der Zylinderwand, die von den Längsschweißnähten aufgenommen werden müssen, doppelt so hoch wie die Längsspannungen, die in den Rundnähten wirken. Das Auftreten und Nichterkennen von Fehlern an und in den Schweißnähten ist wahrscheinlicher als im ungestörten Grundwerkstoff.

- Integration mehrerer Funktionen in den verstärkten, nahezu biegesteifen Mantelflanschring: Verschraubung mit dem Deckel, Deckeldichtung, Verstärkung der Stutzenlöcher und Auflagekonsole für die RDB-Lagerung,
- Stutzen werden nicht durchgesteckt, sondern aufgesetzt und außen angeschweißt,
- die Konstruktion von Deckel und Mantelflanschring sorgt für eine hohe Steifigkeit dieser miteinander verbundenen Komponenten, um Dichtigkeitsprobleme zu vermeiden.

9.4.2.1 Atucha-2

Der MFZR war der Prototyp für die argentinischen Kernkraftwerke Atucha-1 (1968) und Atucha-2 (1980). Größe und Gewicht der RDB dieser mit Schwerwasser moderierten und gekühlten und mit Natururan (UO_2) betriebenen Druckwasser-Reaktoren waren enorm: Atucha-1 hatte einen RDB der Höhe 12.160 mm, des Außendurchmessers 6.200 mm und mit dem Gewicht von 470 t.[409] Atucha-1 ging im Jahr 1974 in den kommerziellen Betrieb.

Im Mai 1980 erhielt die KWU von der argentinischen Atomenergiebehörde CNEA den Auftrag, am Standort des Kernkraftwerks Atucha-1 den zweiten Block eines Schwerwasser-DWR, Atucha-2, mit einer elektrischen Leistung von 745 MW_{el} zu errichten.[410] Der RDB für Atucha-2 war der größte Reaktorkessel, der für einen DWR im 20. Jahrhundert gebaut wurde (Abb. 9.97).[411] Seine Höhe betrug 14,26 m (außen) und 13,62 m (innen). Sein Innendurchmesser war 7,37 m. Seine Wanddicken betrugen 290 mm (Zylindermantel), 170 mm (Boden) und 6 mm (Plattierung). Der Deckelflanschring hatte einen Außendurchmesser von 8.440 mm und wog 161 t. Der 2.550 mm hohe und 516 mm dicke

Mantelflanschring hatte mit Stutzen ein Gewicht von 275 t.[412] Die Schmiederinge wurden von den Japan Steel Works aus dem optimierten Werkstoff 22 NiMoCr 3 7 hergestellt. Das RDB-Gesamtgewicht betrug 917 t. Bemerkenswert war die 21,4 m lange, 670 mm hohe und 25–35 mm dicke Schmalspalt-Schweißnaht zwischen Deckelkalotte und Deckelflansch, die im Schweißlabor der KWU qualifiziert und von der Gutehoffnungshütte Sterkrade AG (GHH) gefertigt wurde. Der Bau von CNA-2 wurde 1995 aus politischen und finanziellen Gründen unterbrochen, aber 2006 von Argentinien in Eigenregie wieder aufgenommen und befindet sich in der Inbetriebsetzung.

9.4.2.2 Nukleares Schiff (NS) „Otto Hahn"

Die Stahl- und Röhrenwerk Reisholz GmbH in Düsseldorf fertigte in den Jahren 1964–1966 den RDB des NS „Otto Hahn" aus dem Werkstoff 15 MnMoNiV 5 3.[413] Nach Fertigstellung im Sommer 1966 wurde die Druckprobe bei nur leicht auf 35 °C erhöhter Temperatur und einem Probedruck von 127,5 atü, dem 1,5-fachen Auslegungsdruck (85 atü), durchgeführt. Abbildung 9.98 zeigt den RDB beim Aufrichten in einer eigens für die Druckprobe hergerichteten Grube. Im September 1966 wurde der RDB zur Montage der Druckbehältereinbauten in das Werk Friedrichsfeld der Fa. Babcock gebracht.[414] Ende April 1967, nach Abschluss der Endmontage der Druckbehältereinbauten,

---

[409] Krug, Hans-Heinrich: Siemens und Kernenergie, a. a. O., S. 91.

[410] ebenda, S. 136.

[411] Kußmaul, K.: Fortschritte und Entwicklung beim Einsatz hochzäher und hochfester Werkstoffe, VGB-Ehrenkolloquium „Werkstofftechnik und Betriebserfahrungen", Mannheim, 19. Juni 1985, Sonderheft, Verlag VGB Technische Vereinigung der Großkraftwerksbetreiber, 1985, S. 20.

[412] Onodera, S.: Improved Quality of Heavy Steels and their Welds as Related to the Integrity of RPCs, in: Reliability of Reactor Pressure Components, Proceedings of an International Symposium of Reliability of Reactor Pressure Components, organized by the International Atomic Energy Agency, held in Stuttgart, 21–25 March 1983, IAEA, Wien, November 1983, S. 113.

[413] Europäische Atomgemeinschaft -EURATOM und Gesellschaft für Kernenergieverwertung in Schiffbau und Schiffahrt mbH -GKSS: Kernenergie-Forschungsschiff „Otto Hahn", Jahresbericht 1965, EUR 3066 d, Brüssel, 1966, S. 26–30.

[414] Europäische Atomgemeinschaft -EURATOM und Gesellschaft für Kernenergieverwertung in Schiffbau und Schiffahrt mbH -GKSS: Kernenergie-Forschungsschiff „Otto Hahn", Jahresbericht 1966, EUR 3745 d, Brüssel, S. 35–39.

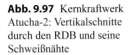

Abb. 9.97 Kernkraftwerk Atucha-2: Vertikalschnitte durch den RDB und seine Schweißnähte

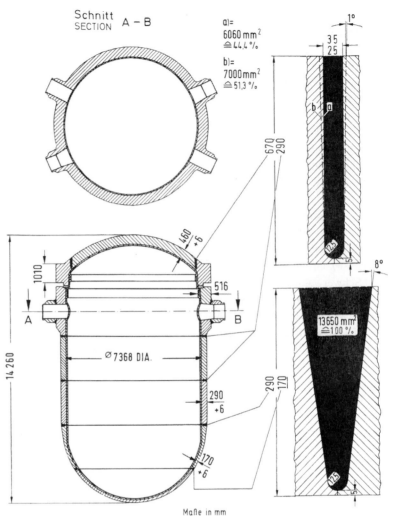

Maße in mm

wurde der RDB auf dem Wasserweg nach Kiel transportiert und am 8. Mai 1967 in die „Otto Hahn" eingesetzt.[415]

Die Konstruktion des NS „Otto Hahn"-RDB durch Babcock & Wilcox orientierte sich an anderen RDB-Entwürfen dieses amerikanischen Reaktorherstellers, insbesondere an dem des Nu-

klearschiffs „Savannah."[416] Der RDB bestand aus zwei zylindrischen Schmiederingen (Mantelschüssen), dem zylindrischen Behälterflanschring, dem Deckelflanschring, dem Bodenring und den Deckel- und Bodenkalotten. Die einzelnen RDB-Bauteile wurden mit Rundschweißnähten miteinander verbunden.

[415] Europäische Atomgemeinschaft -EURATOM und Gesellschaft für Kernenergieverwertung in Schiffbau und Schiffahrt mbH -GKSS: Kernenergie-Forschungsschiff „Otto Hahn", Jahresbericht 1967, EUR 4226 d, Brüssel, 1969, S. 31 f.

[416] vgl. Nucleonics Reactor File No. 11, Savannah Under Way, NUCLEONICS, Vol. 20, No. 7, Juli 1962.

Abb. 9.98 NS „Otto Hahn"-RDB, Vorbereitung der Druckprobe

Die technischen Daten des RDB waren[a,b]	
Werkstoff	15 MnMoNiV 5 3
Höhe (innen)	8.580 mm
Innendurchmesser	2.360 mm
Wanddicke:	
zylind. Teil	80 mm
Behälterflanschring	80/240 mm
Boden	70 mm
Deckel	60 mm
Plattierung	8 mm
Gewicht (leer)	100 t
Auslegungsdruck	85 kp/cm^2
Betriebsdruck	63,5 kp/cm^2
Druckprobe, kalt	127,5 kp/cm^2
Primärsystem:	
Auslegungstemperatur	300 °C
Betriebstemperatur	267/278 °C

[a] Kostrzewa, W.: Die Reaktoranlage der NS „Otto Hahn", atw, Jg. 13, Juni 1968, S. 301
[b] AMPA Ku 100, MPA Stuttgart: Prüfungsbericht Nr. 935182, 7. 4. 1976, Anlage 1

Die Daten des Sekundärsystems waren:	
Speisewassertemperatur	185 °C
Dampftemperatur	273 °C
Dampfdruck	31 kp/cm^2
Reaktorleistung	38 MW$_{th}$
Wellenleistung, max.	11.000 WPS

Im verstärkten Bodenring des halbkugelförmigen Bodens waren die Stutzen der Pumpenrohrkrümmer für die drei Primärkühlkreisläufe eingesteckt und eingeschweißt (Abb. 9.99).[417] Eine konstruktive Besonderheit bestand darin, dass die Dampferzeuger oberhalb des Reaktorkerns in den RDB-Innenraum integriert waren. Die Pumpenrohre waren als Doppelrohre ausgeführt, durch die das Kühlwasser gleichzeitig aus den Dampferzeugern heraus- und in den Reaktorkern hineingepumpt werden konnte. An ihrem Ende saßen die außen liegenden Primärumwälzpumpen (Abb. 9.100).[418] Die je drei eingesteckten Stutzen für den Speisewassereintritt und den Dampfaustritt des Sekundärkreislaufs befanden sich im verstärkten Behälterflanschring. Zwischen Reaktorkern und RDB-Wand wurde ein thermischer Neutronenschild eingebaut, der die Fluenz in der Behälterwand herabsetzte. Der RDB war auf einer Standzarge gelagert, die am Halbkugelumfang mit der Bodenschale verbunden war.

Die Konstruktion des Bodens mit Zarge und eingesteckten, überstehenden Rohrkrümmerstutzen verhinderte Ultraschall-Wiederholungsprüfungen. Als ein Werkstoffgutachten der MPA Stuttgart die hohe Rissempfindlichkeit des Stahls 15 MnMoNiV 5 3 ergab (s. Kap. 9.4.1), wurde der Betriebsdruck auf 53,9 bar abgesenkt, so dass im ungestörten Bodenbereich die Membranspannung nur noch bei 50-60 N/mm^2 lag. Ein Weiterreißen von Rissen konnte damit vermieden werden, weil die Kriterien des Rissstopps erfüllt waren.[419]

Als sich die Reaktoranlage der NS „Otto Hahn" im Bau befand, begannen die Vertragspartner

---

[417] Jahns, W.: Auslegung und Eigenschaften des fortschrittlichen Druckwasserreaktors (FDR) für das deutsche Kernenergie-Forschungsschiff, Kerntechnik, Jg. 6, Heft 7/8, 1964, S. 324–332.

[418] AMPA Ku 100, MPA Stuttgart: Prüfungsbericht Nr. 935182, 7. 4. 1976, Anlage 1.

[419] AMPA Ku 25, RSK-UA RDB, Ergebnisprotokoll 57. Sitzung, 3. 5. 1977, S. 8.

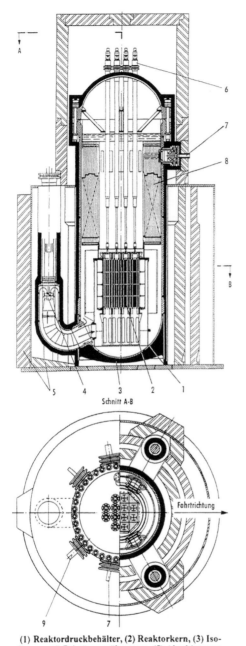

Schnitt A-B

(1) Reaktordruckbehälter, (2) Reaktorkern, (3) Isolierung, (4) Primärumwälzpumpe, (5) Abschirmung,
(6) Regelstabantrieb, (7) Speisewassereintritt,
(8) Dampferzeuger, (9) Dampfaustritt

Abb. 9.99 RDB der NS „Otto Hahn" im Längs- und
Querschnitt

GKSS (Gesellschaft für Kernenergieverwertung
in Schiffbau und Schiffahrt mbH) und INTER-
ATOM (Internationale Atomreaktorbau GmbH)
mit der Weiterentwicklung dieses Schiffsantriebs
für eine Leistungsgröße von 50.000 Wellen-PS

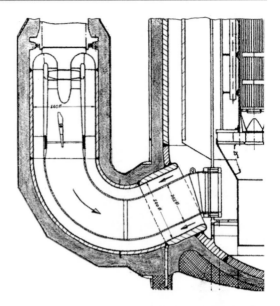

Abb. 9.100 Primärkühlkreislauf des RDB NS „Otto
Hahn"

(EFDR-Projekt).[420] Die Vorentwürfe lehnten sich
eng an das Konzept der NS „Otto Hahn" an. Anfang der 1970er Jahre wurden von den Unternehmen GKSS, INTERATOM und Bremer Vulkan
die Pläne für ein „Nukleares Container Schiff"
mit 80.000 Wellen-PS „NCS 80" erstellt und
ein Konzeptgenehmigungsverfahren eingeleitet.
Es war geplant, den RDB aus dem Werkstoff 22
NiMoCr 3 7 herzustellen.[421] RSK und Bundesinnenministerium erhoben Bedenken gegen die
Konstruktion des Primärkreislaufs, weil diese
- wie bei der NS „Otto Hahn" - periodisch wiederkehrende Prüfungen mit Ultraschall nicht zu-
lasse. Die RSK empfahl eine Umkonstruktion.[422]
1974 wurde ein neues Konzept vorgelegt, das
als RDB-Werkstoff den Stahl 20 MnMoNi 5 5
vorsah und die Primärumwälzpumpen innerhalb
des RDB anordnete. Die Pumpenmotoren des
4-Loop-Kühlsystems saßen auf dem RDB-Deckel; die Pumpenantriebswellen wurden durch
den Deckel geführt (Abb. 9.101).[423] Die Pum-

[420] Andler, M., Bünemann, D. und Hedemann, H.-J.:
Die Weiterentwicklung des FDR, atw, Jg. 13, Juni 1968,
S. 322–324.

[421] AMPA Ku 40, NCS 80 -Sicherheitsbericht, S. 673, 6.6–2.

[422] BA B106-75312, Ergebnisprotokoll 97. RSK-Sitzung,
18. 9. 1974, S. 17.

[423] AMPA Ku 40, INTERATOM: NCS 80, Beschreibung
der neuen Anordnung der Umwälzpumpen im Primärsystem, 2. 9. 1974.

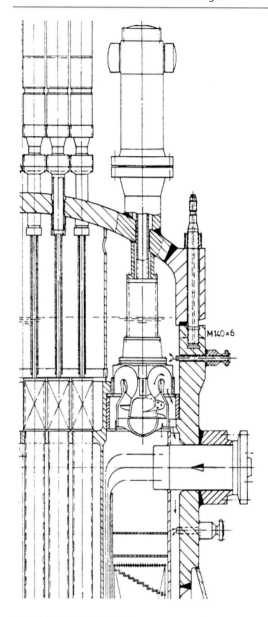

Abb. 9.101 NCS 80 -RDB, neue Konstruktion

penstutzen und Rohrkrümmer am Boden konnten entfallen. Es blieben jedoch gewisse Probleme mit den regelmäßig wiederkehrenden Prüfungen und der Beherrschung des Auslegungslecks in der von der RSK geforderten Größe.[424]

Das Projekt des NCS 80 wurde nicht verwirklicht.

---

[424] AMPA Ku 24, RSK-UA RDB, Ergebnisprotokoll 26. Sitzung, 10. 10. 1974, S. 8 f.

9.4.2.3 KWO

Der Reaktordruckbehälter des Kernkraftwerks Obrigheim (KWO-RDB) wurde in den Jahren 1964–1966 von der Klöckner-Werke AG, Georgsmarienwerke, Osnabrück gefertigt. Es war der erste RDB eines mit Leichtwasser moderierten und gekühlten Druckwasserreaktors (DWR) größerer Leistung, der in der Bundesrepublik Deutschland konstruiert und gebaut wurde (Abb. 9.102).[425] Seine Daten waren:[426,427]

Werkstoff	22 NiMoCr 3 7
	(23 NiMoCr 3 6)
Höhe	
Außen	9.830 mm
Innen	9.265
Innendurchmesser	3.270 mm
Wanddicke	
Zylind. Teil	160 mm
Deckel	205 bis 263 mm
Boden	95 mm
Deckelflansch	482 mm
Mantelflansch	396 mm
Plattierung	7 mm
Gewicht	195 t
Betriebsdruck	145 ata
Betriebstemperatur (bei Volllast)	
Beim Eintritt	283 °C
Beim Austritt	310 °C

Die von der Fa. Siemens gewählte Konstruktion wies die wesentlichen Merkmale auf, die auch den MZFR-RDB kennzeichneten. Der KWO-RDB war darüber hinaus unterhalb des Mantelflanschrings völlig frei von Durchbrüchen, ein konstruktives Merkmal, das bei allen späteren von Siemens/KWU geplanten und gebauten DWR-Druckbehältern beibehalten wurde. Die einfache, übersichtliche Formgebung war

---

[425] Schenk, H., Mayr, A. und Pickel, E.: Ergebnisse der US-Prüfungen am Reaktordruckgefäß des Kernkraftwerks Obrigheim, atw, Jg. 16, August/September 1971, S. 453.

[426] AMPA Ku 158, Klöckner-Werke AG: Reaktordruckbehälter, Zeichnung Nr. K2/0.02.02, 19. 7. 1966.

[427] Frewer, H., Held, Chr. und Keller, W.: Planung und Projektierung des 300-MW$_{el}$-Kernkraftwerks Obrigheim, atw, Jg. 10, Juni 1965, S. 272.

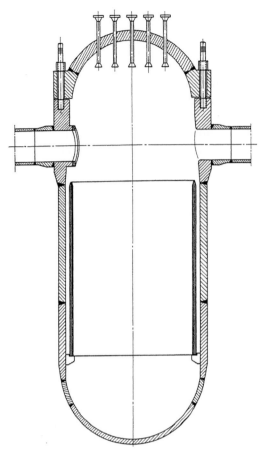

Abb. 9.102 KWO-RDB im Längsschnitt

so gewählt, dass erheblich über der mittleren Nennspannung liegende Spannungsspitzen und Spannungsfelder weitgehend vermieden wurden. Diese Formgebung erleichterte auch die Anwendung der Stufenkörper-Methode zur Spannungsberechnung.

Der KWO-RDB hatte auch einige konstruktive und fertigungstechnische Besonderheiten, die bei späteren RDB-Entwürfen nicht wiederholt wurden:

- KWO war eine 2-Loop-Anlage mit 2 Dampferzeugern und je 2 Kühlmitteleintritts- und -austrittsstutzen (Abb. 9.103).[428] Alle weiteren Siemens-Kernkraftwerke hatten 3 Loops bzw. 4 Loops.

- Der KWO-RDB wurde auf eine Zarge gestellt, die am Bodenzonenring angebracht war (Abb. 9.104), obwohl am verstärkten Mantelflanschring 2 Transportnocken und 4 Auflagerpratzen angeschweißt waren.

- Die Schweißnähte des KWO-RDB (Abb. 9.105)[429] wurden als Unterpulverschweißungen von Schweißautomaten ausgeführt. Dabei wurden Schweißdrähte verwendet, die zum Rostschutz verkupfert waren. Das Schweißgut hatte deshalb einen relativ hohen Kupfergehalt von 0,24 %, was hinsichtlich der Strahlenversprödung ungünstig war. Der an der Innenseite der RDB-Wand angrenzende Teil der Schweißnaht war jedoch von Hand mit ummantelten Elektroden (ohne zusätzliche Verkupferung) gefertigt worden und hatte nur einen Kupfergehalt von 0,15 %, wodurch das Versprödungsproblem deutlich abgemildert war.[430]

- Der KWO-RDB hatte im Verhältnis zu seiner Höhe einen geringen Innendurchmesser. Der Wasserspalt zwischen Reaktorkern und RDB-Wand war ebenfalls relativ gering, so dass ein thermischer Schild zur Verringerung der Neutronenfluenz zwischen Reaktorkern und RDB-Wand eingefügt wurde. In den ersten Betriebsjahren stieg die akkumulierte Fluenz dennoch zu schnell an, so dass zunächst höher abgebrannte Brennelemente, später stählerne Brennelement-Attrappen in den äußeren Positionen des Reaktorkerns eingesetzt wurden.[431]

Bei der Weiterentwicklung der RDB-Konstruktionen durch die Siemens/KWU wurde der Wasserspalt überproportional zur Leistungsgröße

---

[428] AMPA Ku 158, Klöckner-Werke AG: Reaktordruckbehälter, Zeichnung Nr. K2/0.02.02, 19. 7. 1966.

[429] ebenda.

[430] Kussmaul, Karl: Specific Problems of Reactor Pressure Vessels Related to Irradiation Effects, in: Steele, Lendell E. (Hg.): Radiation Embrittlement and Surveillance of Nuclear Reactor Pressure Vessels: An International Study, A Conference sponsored by IAEA and ASTM, Vienna, 19–21 Oct. 1981, ASTM Special Technical Publication 819, Philadelphia, Pa., 1983, S. 86–99.

[431] Bartsch, R. und Wenk, M.: Safety against brittle fracture of the reactor pressure vessel in the nuclear power plant Obrigheim, Nuclear Engineering and Design, 198, 2000, S. 100 f.

Abb. 9.103 Unterer Teil des KWO-
RDB, von oben gesehen

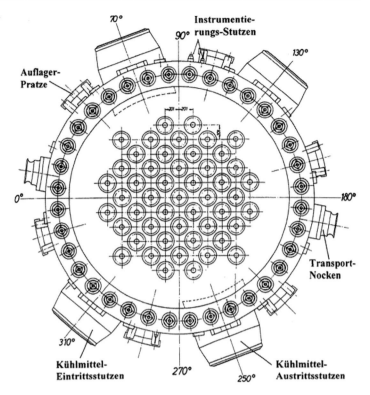

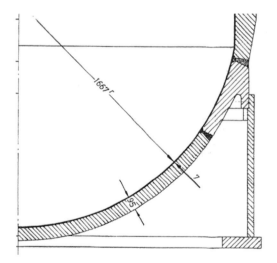

Abb. 9.104 Standzarge am Bodenzonenring

rend der gesamten Reaktor-Lebenszeit nicht über 5×10^{18} cm^{-2} und blieben deutlich unter dem Grenzwert von 1×10^{19} cm^{-2} der RSK-Leitlinien.[433] Voraussetzung für die Konstruktion von RDB mit stark vergrößertem Innendurchmesser war die Entwicklung der Fertigungstechnik für große Schmiedestücke.

Die amerikanischen und französischen Reaktorhersteller gingen nicht so weit wie Siemens/KWU. Der 1.300-MW$_{el}$-DWR des Konsortiums aus Brown, Boveri & Cie. AG (BBC) und Babcock-BrownBoveri Reaktor GmbH (BBR) am Standort Mülheim-Kärlich hatte einen deutlich geringeren Wasserspalt und auch einen entsprechend geringeren Innendurchmesser.

verbreitert (Abb. 9.106).[432] Damit wuchsen auch bei den 1.300-MW$_{el}$-Anlagen die Fluenzen wäh-

[432] Kußmaul, K.: Der Integritätsnachweis für strahlenversprödete Reaktordruckbehälter, VGB Kraftwerkstechnik, Jg. 62, Heft 12, Dezember 1982, S. 1061.

[433] RSK-Leitlinien für Druckwasserreaktoren, 2. Ausgabe vom 24. 1. 1979, Ziff. 4.1.2.6.

Abb. 9.105 Aufbau der Rund-schweißnaht zwischen den Man-telschüssen

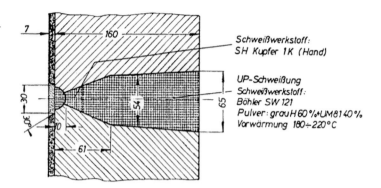

Schweißwerkstoff:
SH Kupfer 1K (Hand)

UP-Schweißung
Schweißwerkstoff:
Böhler SW 121
Pulver: grau H 60 % + UM 81 40 %
Vorwärmung 180÷220 °C

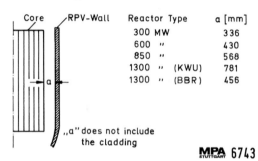

"Water Gap" of
Light Water Reactors

Core	RPV-Wall	Reactor Type		a [mm]
		300 MW		336
		600 "		430
		850 "		568
		1300 "	(KWU)	781
		1300 "	(BBR)	456

"a" does not include
the cladding

MPA STUTTGART 6743

Abb. 9.106 Wasserspalte in RDB verschiedener Leistungsgrößen

9.4.2.4 Biblis-A

Das 1.200-MW$_{el}$-Kernkraftwerk Biblis (1. Block) war damals weltweit das größte Kernkraftwerk und ein Meilenstein der Reaktorentwicklung.[434] Der geradezu sprunghafte Anstieg der Blockleistung innerhalb weniger Jahre wurde durch eine Steigerung der Leistungsdichte (Shippingport 27 kW$_{th}$/l, Obrigheim 77 kW$_{th}$/l, Biblis-A 100 kW$_{th}$/l)[435] und die Vergrößerung der RDB ermöglicht.

Die RDB-Daten von Biblis-A sind[a]	
Werkstoff	22 NiMoCr 3 7
Höhe (außen)	13.247 mm
Innendurchmesser	5.000 mm
Wanddicke	
zylind. Teil	235 mm
Deckel	235 mm
Boden	140 mm
Plattierung	7 mm
Gewicht	513 t
Auslegungsdruck	172,5 bar
Betriebsdruck	155 bar
Auslegungstemperatur	350 °C
Betriebstemperatur (bei Volllast)	
beim Eintritt	284,7 °C
beim Austritt	316,6 °C

[a] Huttach, A., Putschögl, G. und Ritter, M.: Die Nuklearanlage des Kernkraftwerks Biblis, atw, Jg. 19, Aug./Sept. 1974, S. 428

Die Herstellung des Biblis-A-RDB stieß an die Grenzen der Leistungsfähigkeit deutscher Stahl- und Schmiedewerke (vgl. Kap. 9.1.4). Der zylindrische Teil des Biblis-A-RDB bestand deshalb aus 4 Mantelschüssen, so dass bis zum Bodenzonenring 5 Rundschweißnähte erforderlich waren. Die Ersatzlieferung für einen verworfenen Schmiedering kam von den Japan Steel Works, Muroran, Japan. Die Konstruktion selbst wurde gegenüber KWO und KKS nur wenig geändert (Abb. 9.107).[436] Der wesentliche Unterschied war der deutlich erhöhte Innendurchmesser mit dem entsprechend vergrößerten Wasserspalt zwi-

---

[434] Mandel, H.: Der Bauentschluss für das Kernkraftwerk Biblis, atw, Jg. 14, September/Oktober 1969, S. 453–455.

[435] Keller, W.: Fortschritte bei den wassergekühlten Reaktoren - 1. Druckwasserreaktoren, atw, Jg. 15, September/Oktober 1970, S. 469.

[436] Huttach, A., Putschögl, G. und Ritter, M.: Die Nuklearanlage des Kernkraftwerks Biblis, atw, Jg. 19, August/September 1974, S. 422.

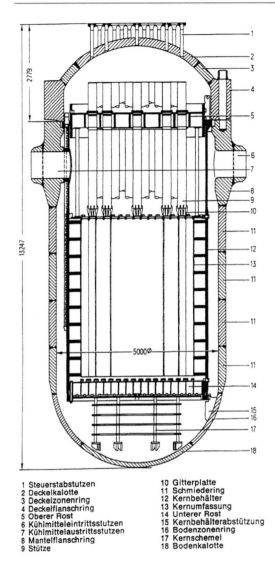

1 Steuerstabstutzen
2 Deckelkalotte
3 Deckelzonenring
4 Deckelflanschring
5 Oberer Rost
6 Kühlmitteleintrittsstutzen
7 Kühlmittelaustrittsstutzen
8 Mantelflanschring
9 Stütze

10 Gitterplatte
11 Schmiedering
12 Kernbehälter
13 Kernumfassung
14 Unterer Rost
15 Kernbehälterabstützung
16 Bodenzonenring
17 Kernschemel
18 Bodenkalotte

Abb. 9.107 Der Biblis-A-RDB, Längsschnitt

schen Reaktorkern und RDB-Wand. Auf einen thermischen Schild konnte nunmehr verzichtet werden.

Zwei Jahre nach Auftragserteilung für Block A des Biblis-Kernkraftwerks wurde im August 1971 Block B von der Rheinisch-Westfälische Elektrizitätswerk AG (RWE) bei Siemens/KWU bestellt. Biblis-B sollte dem ersten Block weitgehend gleichen. Die Wärmeleistung wurde jedoch um 200 MW, die elektrische Leistung um 100 MW gesteigert, was durch die Erhöhung der Betriebstemperatur bewirkt wurde (Kühlmittel-Eintrittstemperatur 290 °C, -Austrittstempera-

tur 323 °C).[437] Die Abmessungen des RDB für Block B blieben bis auf die zylindrische Wanddicke, die auf 243 mm verstärkt wurde, unverändert. Die schweren RDB-Schmiedeteile kamen nun aus Japan. Der Biblis-B-Mantelflanschring war für Japan Steel Works der erste Schmiedering, in dem Mantelflansch und Stutzenring integriert waren.[438] Diese integrale Bauweise, die sich bereits bei allen zuvor von Siemens gebauten RDB für DWR bewährt hatte, wurde auch von den belgischen Stahl- und Hüttenwerken Cockerill empfohlen.[439]

Die aufgesetzten Stutzen wurden bereits in Japan angeschweißt. Im Übrigen wurde der Biblis-B-RDB von der Gutehoffnungshütte Sterkrade AG (GHH) zusammengebaut und fertiggestellt. Er besaß, wie der Biblis-A-RDB, 4 Mantelschüsse.

9.4.2.5 KMK

Im Oktober 1972 erteilte das Energieversorgungsunternehmen RWE dem Konsortium aus Brown, Boveri & Cie. AG (BBC) und Babcock-Brown Boveri Reaktor GmbH (BBR) den Auftrag, am Standort Mülheim-Kärlich nördlich von Koblenz am Rhein ein 1.250-MW$_{el}$-Kernkraftwerk (KMK) mit Druckwasserreaktor zu errichten.[440]

Das Konsortium BBC/BBR lieferte den DWR auf der Grundlage einer Lizenz der Babcock & Wilcox Company (B&W), USA. Die B&W-Konstruktion hatte sich in 6 Anlagen, die sich in

[437] Schaumburger, R.: Das 1300-MW-Kernkraftwerk Biblis B mit Siemens-Druckwasserreaktor, atw, Jg. 17, November 1972, S. 553.

[438] Onodera, S.: Improved Quality of Heavy Steels and their Welds as Related to the Integrity of RPCs, in: Reliability of Reactor Pressure Components, Proceedings of an International Symposium of Reliability of Reactor Pressure Components, organized by the International Atomic Energy Agency, held in Stuttgart, 21–25 March 1983, IAEA, Wien, November 1983, S. 113.

[439] Widart, J.: Integral Design of Reactor Pressure Vessels, in: Nichols, R. W.: Trends in Reactor Pressure Vessel and Circuit Development, Proceedings of the IAEA Specialists Meeting on „Trends in Reactor Pressure Vessel and Circuit Development" held 5–8 March 1979 in Madrid, Applied Science Publishers Ltd, London, 1980, S. 221–230.

[440] Mülheim-Kärlich 1250 MW DWR, atw, Jg. 18, April 1973, S. 187.

den USA in Betrieb befanden, bereits bewährt.[441] Die amerikanischen Baupläne mussten an die Anforderungen der deutschen Auslegungs- und Sicherheitsvorschriften angepasst werden. Noch nie hatte ein amerikanischer Reaktorhersteller Schwerkomponenten für RDB und Dampferzeuger nach deutschen Anforderungen gefertigt. Die nahtlosen Schmiederinge für den KMK-RDB-Zylindermantel wurden, wie für die Siemens/KWU-Reaktoren, von den Japan Steel Works in Muroran, Japan, hergestellt. Zum ersten Mal wurde der optimierte Werkstoff 22 NiMoCr 3 7 verwendet.[442] RDB und Dampferzeuger wurden im B&W-Werk Mt. Vernon, Indiana, zusammengebaut. Die Erfahrungen mit dem deutschen Genehmigungsverfahren und dem noch nicht abgeschlossenen KTA-Regelwerk wurden von den Amerikanern kritisch bewertet.[443] Die Anforderungen an die sicherheitstechnischen Nachweise waren in der Tat enorm.[444]

Das von BBC/BBR in den Jahren 1975–1985 errichtete 1.300 MW$_{el}$-Kernkraftwerk Mülheim-Kärlich (KMK) war eine 2-Loop-Anlage mit 2 Dampferzeugern und 4 Hauptkühlmittelpumpen. KMK unterschied sich wesentlich von den DWR, wie sie von Siemens/KWU gebaut wurden (Abb. 9.108).[445]

Die technischen Daten des KMK-RDB waren[a,b]	
Werkstoff	22 NiMoCr 3 7
Höhe (außen)	13.056 mm
Innendurchmesser	4.622 mm
Wanddicke:	
Stutzenring	358,8 mm
Zylind. Teil	231,8 mm
Deckel	190,5 mm
Boden	152,4 mm
Plattierungsdicke	
mindestens	3,17 mm
Gewicht	466 t
Auslegungsdruck	173,6 bar
Betriebsdruck	155 bar
Auslegungstemperatur	355 °C
Betriebstemperatur (Volllast)	
beim Eintritt	297 °C
beim Austritt	329 °C

[a] BBC/BBR: Aktualisierte Anlagenbeschreibung (Ergänzender Sicherheitsbericht) zum Kernkraftwerk Mülheim-Kärlich 1300 MW$_{el}$ mit Druckwasserreaktor, Band 1, Ausgabe Juli 1980, S. 2.6.1–2
[b] AMPA Ku 162, Mülheim-Kärlich, RWE 1200 MW$_{el}$, Unterlagen zur 14. Sitzung des RSK-UA RDB

---

[441] Peter, F.: Die Gesamtanlage des RWE-Kernkraftwerks Mülheim-Kärlich, atw, Jg. 20, Mai 1975, S. 246–258.

[442] AMPA Ku 160, RDB Mülheim-Kärlich, MPA-Bericht 937830.

[443] Vannoy, W. M.: Reliability Experience of Nuclear Power Stations, in: Die Qualität von Kernkraftwerken aus amerikanischer und deutscher Sicht, 2. Internationale Tagung des Technischen Überwachungs-Vereins Rheinland e.V. und der Firma Babcock & Wilcox Company, USA, am 28. September 1978 in Köln, Verlag TÜV Rheinland GmbH, Köln, 1979, S. 30–61.

[444] Simon, M.: Fertigstellung des Kraftwerks Mülheim-Kärlich, atw, Jg. 31, 1986, S. 373–379.

[445] BBC/BBR: Aktualisierte Anlagenbeschreibung (Ergänzender Sicherheitsbericht) zum Kernkraftwerk Mülheim-Kärlich 1300 MW$_{el}$ mit Druckwasserreaktor, Band 2, Ausgabe Juli 1980, Abb. 2.6.1–9.

Neben dem verstärkten Deckel, der für Steuerelementantriebs-Stutzen durchbrochen war, wies auch der ebenfalls verstärkte Boden viele Bohrungen für Instrumentierungen auf. Im Zylindermantel war unter dem Mantelflanschring ein geringfügig verstärkter Schmiedering eingefügt, in dem die verstärkten Stutzen eingesteckt und eingeschweißt waren. Abbildung 9.109 zeigt den RDB-Querschnitt auf der Stutzenebene. Die 2 Kühlmittel-Austrittsstutzen hatten einen Innendurchmesser von 965 mm, die 4 Eintrittsstutzen von 712 mm. Daneben waren in den Stutzenring noch 2 Kernflut-Stutzen eingeschweißt. Die 8 eingesteckten und eingeschweißten Stutzen füllten einen großen Teil des Umfangs aus. Durch die benachbarte Flanschrundnaht ergab sich eine komplexe Schweißkonstruktion im Hinblick auf Schweißeigenspannungen, Schweißrestspannungen und zerstörungsfreie Prüfbarkeit. Die RSK

Abb. 9.108 KMK-RDB im Längsschnitt (Eintrittsstutzen in die Bildebene gedreht)

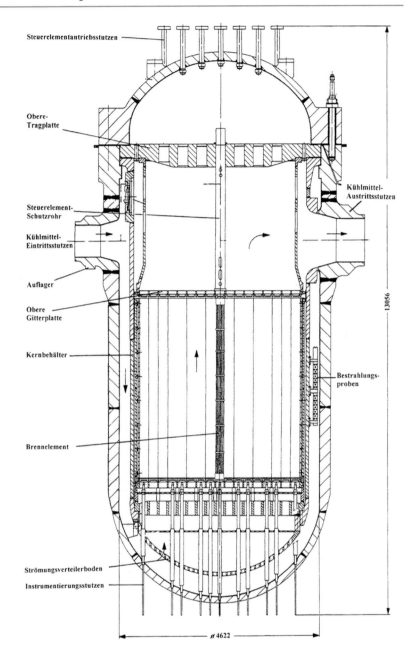

Steuerelementantriebsstutzen

Obere-Tragplatte

Kühlmittel-Austrittsstutzen

Steuerelement-Schutzrohr

Kühlmittel-Eintrittsstutzen

Auflager

Obere Gitterplatte

Kernbehälter

Bestrahlungs-proben

Brennelement

Strömungsverteilerboden

Instrumentierungsstutzen

13056

ⅾ 4622

und ihr Unterausschuss „RDB" befassten sich intensiv mit diesen Fragen.[446,447]

Eine Besonderheit amerikanischer Konstruktionen war die Lagerung des RDB an den Kühlmittelstutzen. An der Unterseite der Ein-trittsstutzen des KMK-RDB waren dafür eigens Auflager-Nocken angebracht. In Abb. 9.110 ist diese amerikanische Bauart schematisch dargestellt. Aus dieser Konstruktion folgen komplexe Verläufe der Eigen- und Lastspannungen in den Stutzen und im Stutzenring. Dies gilt insbesondere auch für instationäre Belastungsvorgänge, wie sie beispielsweise beim An- und Abfahren des Reaktors auftreten.

---

[446] BA B 106-75309, Ergebnisprotokoll 90. RSK-Sitzung, 23. 1. 1974, S. 17–19.

[447] AMPA Ku 25, Ergebnisprotokoll RSK-UA RDB, 54. Sitzung, 11. 2. 1977, S. 8–10.

Abb. 9.109 RDB-Querschnitt auf
Stutzenebene

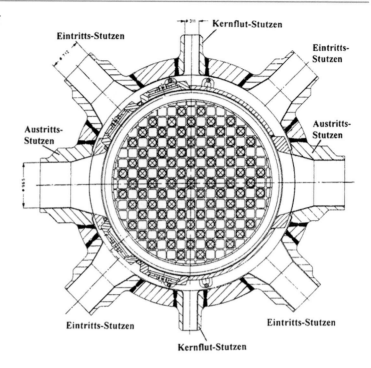

Abb. 9.110 Die Lagerung
des KMK-RDB

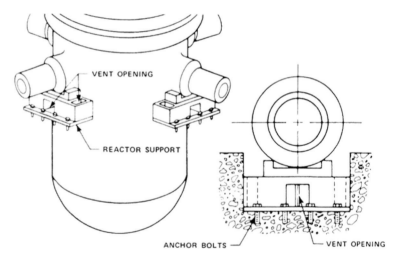

9.4.2.6 KKP-2

In den Jahren 1977–1985 errichtete die Kraftwerk
Union AG (KWU) den Block 2 des Kernkraftwerks Philippsburg (KKP-2). Der DWR mit der
Leistung 1.349 MW_{el} war die erste Anlage, bei
der die volle Anwendung der „Rahmenspezifikation Basissicherheit" von 1979 (s. Kap. 11.2.3)
gefordert wurde. Dies führte zu wesentlichen
Änderungen an Komponenten und teilweise zu

Neufertigungen.[448] Die Zuatzkosten für die „basissichere" Ausführung wurden vom Betreiber
mit 900 Mio. DM angegeben.[449]

---

[448] Clasen, H.-J., Fröhlich, H.-J. und Langetepe, G.: Die
Errichtung des Kernkraftwerks Philippsburg Block 2, atw,
Jg. 30, Februar 1985, S. 70–79.

[449] AMPA Ku 151, Persönliche schriftliche Mitteilung
des ehemaligen, für die Kernenergieaufsicht in der baden-
württembergischen Landesregierung zuständigen Ministerialdirigenten Dr. Dietmar Keil vom 17. 10. 2006.

Abb. 9.111 RDB des KKP-2 im Längsschnitt

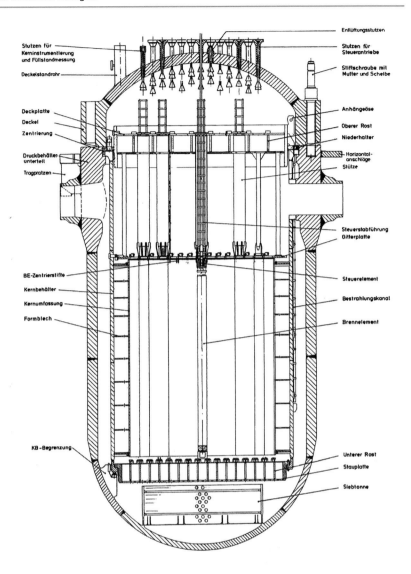

Werkstoff	22 NiMoCr 3 7, optimiert
Höhe (außen)	12.312 mm
Innendurchmesser Zylindermantel	5.000 mm
Wanddicke	
Zylindermantel	250 mm
Deckel	242 mm
Boden	142 mm
Plattierung	6–7 mm
Gewicht	478 t
Auslegungsdruck	175 bar
Betriebsdruck	158 bar
Auslegungstemperatur	350 °C
Betriebstemperatur (Volllast)	
beim Eintritt	291,3 °C
beim Austritt	326,1 °C

KKP-2 wurde auch als „Vorkonvoi"-Anlage bezeichnet. Abbildung 9.111 zeigt den RDB-Längsschnitt und die technischen Daten.[450] KKP-2 ist eine 4-Loop-Anlage. Die Formgebung des RDB hatte ihr endgültiges Gepräge gefunden. Neben dem Mantelflanschring bestand der Zylindermantel aus 2 Schüssen. Die Fortschritte der Stahlherstellung und -verarbeitung in Japan hätten es erlaubt, den Zylindermantel aus einem einzigen Schuss zu fertigen, wie dies die Japan Steel Works für den RDB des japani-

---

[450] KWU AG: Sicherheitsbericht Kernkraftwerk Philippsburg (KKP-2) mit Druckwasserreaktor elektrische Leistung 1300 MW, Band 2, Februar 1984, Reaktordruckbehälter 2.6.2.1/1.

schen 1.200-MW$_{el}$-Kernkraftwerks mit DWR Tsuruga-2 im Jahr 1983 bewerkstelligten. Der nahtlose Zylindermantel des Tsuruga-2-RDB hatte eine Höhe von 4.286 mm, einen Innendurchmesser von 4.405 mm und eine Wanddicke von 216 mm.[451] KKP-2 und die Konvoi-Anlagen Isar-2, Emsland und Neckarwestheim-2 hatten jeweils eine Rundnaht auf Höhe des Reaktorkerns, wie alle früher gefertigten RDB auch. Der große Wasserspalt zwischen Core und RDB-Wand sowie die „basissichere" Ausführung der Schweißnähte machte die kostspielige Herstellung des Zylindermantels aus einem Schuss nicht erforderlich.

9.5   Reaktordruckbehälter russischer Bauart - WWER-440/1.000

In den Jahren 1970–1979 wurden am Standort Lubmin, 20 km nordöstlich von Greifswald an der Ostsee, vier Reaktorblöcke des sowjetischen Bautyps WWER-440/W-230 mit Druckwasserreaktoren (DWR) der thermischen Leistung von je 1.375 MW$_{th}$ und der elektrischen Leistung von 440 MW$_{el}$ (netto 408 MW$_{el}$) als Doppelblockanlagen errichtet. Hersteller der Anlagen war OKB Gidropress, Podolsk im Oblast Moskau (40 km südlich von Moskau). Der erste Block KGR-1 ging am 12.7.1974, der vierte Block am 1.11.1979 in den Dauerbetrieb. Die vier Blöcke des Kernkraftwerks Greifswald erzeugten bis zu ihrer Abschaltung im Jahr 1990 nahezu 150 TWh Elektrizität (brutto). Durch Überwachungs-, Ertüchtigungs- und Schulungsmaßnahmen war trotz bestehender Konstruktions- und Herstellungsmängel ein weitgehend sicherer Betrieb möglich.[452] Eine im Jahr 1990 durchgeführte,

gegenüber dem westlichen Sicherheitsniveau vergleichende Analyse der GRS gemeinsam mit dem Staatlichen Amt für Atomsicherheit der DDR ergab schwere, mit vernünftigem Aufwand nicht behebbare Mängel bei den älteren Anlagen.[453] Die vier im Bau befindlichen WWER-440/W-213-Anlagen[454] (Blöcke 5–8) hätten zur Erreichung der Genehmigungsfähigkeit entsprechend der westdeutschen Standards nachgerüstet werden können. Die Gesellschaft für Anlagen- und Reaktorsicherheit (GRS) hatte bereits Ertüchtigungsmaßnahmen vorgeschlagen.[455] Im September 1991 erfolgte jedoch der Stilllegungsbeschluss der Bundesregierung für alle Kernkraftwerksstandorte in der ehemaligen DDR.

Der Bautyp WWER-440/W-230 gehörte zur 1. Generation der WWER-Reaktoren mit der Technologie der 1960er Jahre. Sein Primärkühlkreislauf besaß 6 parallele Umwälzschleifen mit 6 Dampferzeugern, deren Sekundärkreisläufe zwei Sattdampfturbinen mit je 220 MW$_{el}$ Leistung speisten. Der WWER-440-Reaktordruckbehälter (RDB) bestand aus einem senkrechtstehenden zylindrischen Gefäß mit einem ellipsoidförmigen Boden (Abb. 9.113).[456] Die untere RDB-Zone bestand aus drei je aus einem Stück geschmiedeten Schüssen und dem aus zwei Teilen zusammengeschweißten Boden. Die mittlere RDB-Zone war aus zwei je aus einem Stück geschmiedeten Schüssen gefertigt, die auf zwei Ebenen die je sechs Kühlmittel- Eintritts- oder sechs -Austrittsstutzen trugen (s. auch Abb. 9.112). Die Stutzen mit den Übergangsstücken zu den Hauptkühlmittelleitungen waren aufgesetzt und aufgeschweißt. Der zylindrische RDB-Teil war nur mit

[451] Onodera, S.: Improved Quality of Heavy Steels and their Welds as Related to the Integrity of RPCs, in: Reliability of Reactor Pressure Components, Proceedings of an International Symposium of Reliability of Reactor Pressure Components, organized by the International Atomic Energy Agency, held in Stuttgart, 21–25 March 1983, IAEA, Wien, November 1983, S. 114.

[452] Meyer, R., Kroll, P., Schulz, K. D., Skrock, K.-H. und Volkmann, B.: Betriebserfahrungen mit den Reak-

toranlagen WWER-440/W-230, atw, Jg. 36, April 1991, S. 180–187.

[453] Birkhofer, A.: Zum Stand der Sicherheitsbeurteilung osteuropäischer Kernkraftwerke, atw, Jg. 36, Juni 1991, S. 188–191.

[454] Der Bautyp W-213 folgte W-230 nach, obwohl die niedrigere Zahl eine andere Reihenfolge vermuten lässt.

[455] AMPA Ku 15, Ergebnisprotokoll der 261. RSK-Sitzung, 24. 4. 1991, S. 10–12.

[456] Gorski, K. und Ivanow, M.: Das Kernkraftwerk „Bruno Leuschner" Greifswald, Kernenergie, Jg. 17, Heft 7, 1974, S. 200–222.

Rundnähten zusammengeschweißt. Die obere RDB-Zone bestand aus dem aus einem Stück geschmiedeten, verstärkten Mantelflanschring und dem sphärischen Deckel mit Ringflansch zur Aufnahme der 60 Stiftschrauben. Der Werkstoff war der Chrom-Molybdän-Stahl 15 CrMoV 11

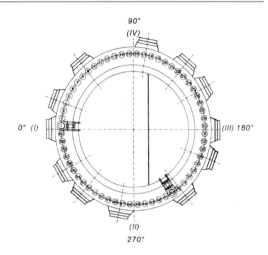

Abb. 9.112 Mantelflanschring des WWER-404-RDB von oben

Daten des WWER-440-RDB	
RDB-Höhe (innen)	13,3 m
RDB Innendurchmesser	3,56 m
Wanddicke:	
Deckel	200 mm
Stutzenring	190/219 mm
zylindrischer Teil	140/149 mm
Boden	160 mm
RDB-Gewicht	215 t
Auslegungsdruck	140 bar
Prüfdruck	171 bar
Betriebsdruck	125 bar
Auslegungstemperatur	335 °C
Betriebstemperatur:	
beim Eintritt	267 °C
beim Austritt	295 °C
RDB-Außendurchmesser:	
zylindrischer Teil	3,84 m
Stutzenring	3,98 m
RDB-Werkstoff	15Ch2MFA

7 (russ. Bezeichnung 15Ch2MFA) hoher Qualität.[457,458]

Die Konstruktion des WWER-440-RDB ähnelte der KWU-Bauart, war jedoch wesentlich schlanker und höher gestaltet. Da die WWER-440-RDB damals nur mit der Eisenbahn transportiert werden konnten, war man bei der Festlegung des Durchmessers eingeschränkt gewesen. Die Gefahr der Strahlenversprödung der Rundnaht im Core-Bereich nahm man in Kauf. Der WWER-440-Kern aus sechseckigen Brennstoffkassetten hatte eine Höhe von 2,5 m, einen Durchmesser

von 3 m und war von einem thermischen Schild umgeben. Der Wasserspalt zwischen dem Kern und der RDB-Innenwand betrug 270 mm und die Lebenszeit-Neutronenfluenz der RDB-Wand im Core-Bereich (in 10^9 s oder 32 Reaktorbetriebsjahren) $1,2 \times 10^{20}$ n/cm². Die Werte für den KWU-RDB eines 1.300 MW$_{el}$-DWR betragen im Vergleich 781 mm Wasserspalt und 5×10^{18} n/cm² Lebenszeit-Fluenz. Die Frage nach der fortschreitenden Neutronenversprödung des WWER-440-RDB-Werkstoffs, insbesondere der mit relativ hohen Kupfer- und Phosphorgehalten belasteten Rundschweißnaht im Core-Bereich, war von großem Gewicht.[459] Im Zusammenwirken mit sowjetischen Institutionen wurde festgestellt, dass die RDB der Blöcke KGR-1, -2 und -3 wegen der bereits fortgeschrittenen Neutronenversprödung ihre geplante betriebliche Lebensdauer nicht erreichen werden. Zur Senkung der Neutronenflussdichte in der RDB-Wand wurden am Rand des Reaktorkerns Blindkassetten bzw. hochabgebrannte Brennelemente eingesetzt. Der RDB von KGR-1 wurde 1988, die der Blöcke KGR-2 und -3 wurden 1990 nach sowjetischer Technologie und mit sowjetischem Gerät im Bereich der Rundschweißnaht in der Core-Zone thermisch

---

[457] IAEA Nuclear Energy Series: Integrity of Reactor Pressure Vessels in Nuclear Power Plants: Assessment of Irradiation Embrittlement Effects in Reactor Pressure Vessel Steels, IAEA Technical Report No. NP-T-3.11, Wien, 2009, S. 17.

[458] chemische Zusammensetzung in Gew.%: C 0,13-0,18, Mn 0,30-0,60, Si 0,17-0,37, P max. 0,025, S max. 0,025, Cr 2,5-3,0, Ni max. 0,40, Mo 0,60-0,80, V 0,25-0,35.

[459] Heuser, F.-W., Janke, R. und Kelm, P.: Sicherheitsbeurteilung von Kernkraftwerken mit WWER-Reaktoren, atw, Jg. 38, Juni 1993, S. 426–436.

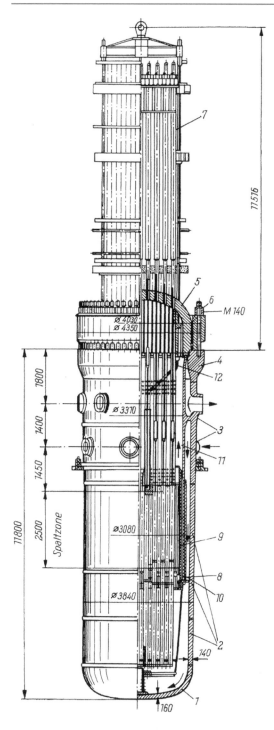

Abb. 9.113 Vertikalschnitt und Ansicht des WWER-440-RDB. *1* elliptischer Boden; *2* Schüsse der unteren Zone; *3* mittlere Zone mit Stutzen und ringförmiger Auflage; *4* Flansch der oberen Zone; *5* sphärischer Deckel; *6* Stehbolzen zur Befestigung des oberen Blockes; *7* oberer Block; *8* Schacht mit Boden; *9* herausnehmbarer Korb; *10* thermischer Schild; *11* Block der Schutzrohre; *12* Kanäle der Temperaturkontrolle

behandelt. Die Werkstofferholung durch die Wärmebehandlung war erfolgreich. Durch Untersuchung von Proben konnte nachgewiesen werden, dass ca. 80 % der ursprünglichen Werkstoffwerte wieder erreicht wurden. Betriebsbedingte Werkstoffschäden konnten auch mit moderner Prüftechnik nicht entdeckt werden.[460]

Ebenfalls Mitte der 1980er Jahre wurde das Problem der Neutronenversprödung auch vom finnischen Kernkraftwerkbetreiber Fortum Oy angegangen. Am Standort Loviisa war eine Doppelblockanlage des Typs WWER-440/W-311 mit der Nettoleistung von je 488 MW_{el} in den Jahren 1971–1981 mit westlicher Sicherheitstechnik errichtet worden. Der kommerzielle Betrieb wurde von Block Loviisa-1 am 9.5.1977 und Loviisa-2 am 5.1.1981 aufgenommen. Der finnische Betreiber, der sein Vorgehen nicht allein auf die sowjetischen Berater abstützen wollte, zog Prof. Karl Kußmaul von der MPA Stuttgart bei.[461] Sicherheitshalber entschloss sich der Betreiber dann 1989 zu einer „Erholungs-Wärmebehandlung"[462,463,464] (thermal annealing) der RDB-Wand im Core-Bereich, die bei 475 °C und einer Haltezeit von 150 h durchgeführt worden ist. Es ist bemerkenswert, dass im Juli 2007 die finnische Aufsichtsbehörde mit Auflagen einer Laufzeitverlängerung für beide Blöcke bis 2030 zustimmte.

Nach Abschaltung und Stilllegung der WWER-440/W-230-Blöcke in Greifswald wurde von politischer Seite die vielfache dringliche Forderung erhoben, auch die vier WWER-440/W-230-Blöcke des bulgarischen Kernkraftwerks Kosloduj unverzüglich vom Netz zu

---

[460] Meyer, R., Kroll, P., Schulz, K. D., Skrock, K.-H. und Volkmann, B.: Betriebserfahrungen mit den Reaktoranlagen WWER-440/W-230, atw, Jg. 36, April 1991, S. 185.

[461] Persönliche Mitteilung von Prof. Karl Kußmaul.

[462] Pelli, Reijo und Törrenen, Karl: State-of-the-art review on thermal annealing, European Network on Ageing Materials Evaluation and Studies (AMES), VTT Manufacturing Technology, Espoo, Finland, März 1995, 41 S.

[463] Weeks, J., R.: Embrittlement and Annealing of VVER Pressure Vessels, Brookhaven National Laboratory, BNL - 43164, DE 90000031, 1988.

[464] U. S. NRC, 10 CFR 50.66, Requirements for thermal annealing of the reactor pressure vessel.

nehmen. Die IAEA unternahm es in den Jahren 1994–1996 zusammen mit den bulgarischen Behörden und unter Beiziehung des Herstellers Gidropress sowie der Firmen EDF Frankreich, Siemens/KWU und Westinghouse Energy Systems Europe den Sicherheitsstatus des RDB von Kosloduj-1 zu prüfen. Dazu wurden Werkstoffproben (Schiffchen) aus der RDB-Wand unter Einsatz eines von Westinghouse entwickelten Manipulators entnommen, um den Grad der Werkstoffversprödung genau zu ermitteln. Die IAEA veranstaltete vom 21–23. Mai 1997 in Sofia eine internationale Konferenz über das Ausmaß der Strahlenversprödung und deren Bewertung. Es ergab sich keine Notwendigkeit für eine sofortige Abschaltung.[465] In Abstimmung mit der Europäischen Kommission wurden die Blöcke 1 und 2 Ende 2002, die Blöcke 3 und 4 Ende 2006 endgültig abgeschaltet. Die Blöcke 5 und 6 vom Bautyp WWER-1000/W-320 mit der Nettoleistung von je 953 MW_{el} wurden 2007 modernisiert und auf westliche Sicherheitstechnik umgerüstet. Auslegung und Aufbau der Baulinie WWER-1000/W-320 entsprachen weitgehend den westlichen Sicherheitsanforderungen.[466] Die RDB-Höhe wurde auf 12,3 m (innen) reduziert und der RDB-Innendurchmesser auf 4,14 m erweitert. Der Wasserspalt zwischen Kern und RDB-Innenwand konnte auf 393 mm vergrößert werden.

Die Wanddicken betrugen 192 mm (zylindrische Schüsse), 265 mm (Stutzenringe) und 237 mm (Boden). WWER-1000-Anlagen haben 4 Kühlkreisläufe mit dem Innendurchmesser der Hauptkühlmittelleitungen und der Stutzen von 850 mm. Das RDB-Gewicht ist ca. 800 t. Abbildung 9.114 zeigt den Vertikalschnitt und die Ansicht des RDB.[467] Der Werkstoff 15 CrMoV

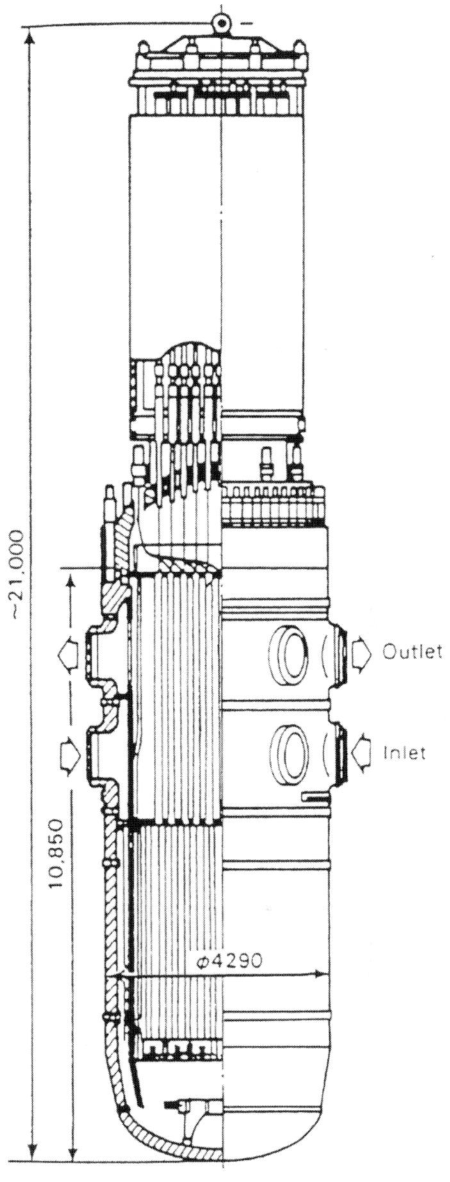

Abb. 9.114 Vertikalschnitt WWER-1000-RDB

11 7 zeichnete sich gute Eigenschaften aus. In Abb. 9.115 sind die Kerbschlagarbeit-Temperatur-Kurven im Vergleich zu westlichen Stählen und den Anforderungen des KTA-Regelwerks

---

[465] Abschließende Feststellung des Leiters der Sofia-Konferenz Karl Kußmaul, in: Preface, IAEA Workshop on Kozloduy Unit 1 Reactor Pressure Vessel Integrity, 21–23 May 1977, Sofia, Bulgaria, Nuclear Engineering and Design, Vol. 191/3, 1999, S. v-vi.

[466] Schomer, E.: WWER-Modernisierung, atw, Jg. 38, Juni 1993, S. 433–436.

[467] Werner, H.: Druckführende Komponenten des WWER, Auslegung, Werkstoffe, Betriebserfahrungen,

Forschungsprogramm SR 471 im Auftrag des Bundesministers für Forschung und Technologie, 20. Technischer Bericht, MPA-Auftrags-Nr. 8711 00 000, Stuttgart, Juni 1991.

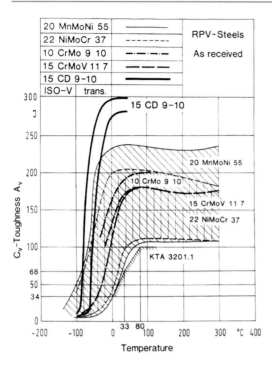

Abb. 9.115 Kerbschlagarbeit-Temperatur-Kurven für russische und westliche RDB-Stähle

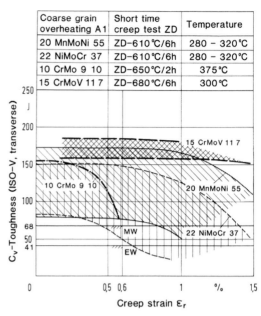

Abb. 9.116 Kerbschlagzähigkeit von RDB-Werkstoffen in Abhängigkeit von der Kriechdehnung, Schweißsimulationsversuch, Monozyklus A 1

dargestellt. Abbildung 9.116 zeigt die hervorragende Kerbschlagarbeit in Abhängigkeit von der Kriechdehnung[468], ermittelt nach Schweißsimulation des Grundwerkstoffs (s. Anhang 10–7). Im Übrigen ist die Sprödbruch-Übergangstemperaturverschiebung durch Neutronenbestrahlung für die russischen Stähle außerordentlich gering.[469]

[468] Kussmaul, K.: Integrity of Mechanical Components, Materials, Design, Inspection, Service, in: Proceedings, Quadripartite Meeting of the National Advisory Committees of France, Germany, Japan, USA: Safety Options for Future Pressurized Water Reactors, Luynes, Frankreich, 11.-15. 10. 1993, Abb. 22 und 31.

[469] Böhmert, J., Viehrig, H.-W. und Richter, H.: Irradiation Response of VVER Pressure Vessel Steels: First Results of the Rheinsberg Irridation Programme, Forschungszentrum Rossendorf, wiss.-techn. Berichte, FZR-284, Annual Report 1999, Institute of Safety Research, Febr. 2000, S. 71–76.

10.1 Frühe internationale Vorhaben und Kooperationen

10.1.1 Das amerikanische HSST-Programm

Im Januar 1967 begannen USAEC, Stahlindustrie, Behälterproduzenten, Kernkraftwerkshersteller und -betreiber sowie Vertreter von Forschungsinstituten das „Heavy-Section Steel Technology (HSST) Program" in Angriff zu nehmen. Es sollte klären, unter welchen Voraussetzungen der Nachweis für die bis dahin geltende These der Reaktorhersteller zu führen sei, dass ein katastrophales RDB-Versagen ausgeschlossen werden könne („…to support the incredibility of the vessel-failure thesis in reactor safety analysis").[1] Unter dieser Zielsetzung sollte das Bruchverhalten von dickwandigen Druckbehältern für Siedewasser- und Druckwasserreaktoren großer Leistung so grundlegend erforscht werden, dass zuverlässige Voraussagen für alle Beanspruchungen, auch bei verminderter Werkstoffqualität, ermöglicht würden. Dabei sollten Risse, Einschlüsse, inhomogene chemische Stahlzusammensetzungen, geometrische Störstellen, Einflüsse der Wärmebehandlung und Neutronen- und γ-Strahlung, Ermüdung und Risswachstum untersucht werden. Die geprüften Werkstoffe waren in der Qualität nach ASTM-Standards beschafft worden, wie sie von den RDB-Herstellern verwendet wurden. Für ihre Metallurgie bestand im Einzelnen kein Interesse. Die Schwerpunkte des HSST-Programms waren zweifellos die Erkundung der Neutronenversprödung von Behälterstählen und die Anwendbarkeit der ursprünglich in Großbritannien entwickelten linear-elastischen Bruchmechanik für ideal spröde Materialien sowie deren Erweiterung auf das elasto-plastische Verhalten zäher Werkstoffe. Große Bedeutung kam auch den Berstversuchen zu, die an Testbehältern in Zwischengröße unter simulierten Betriebsbedingungen mit künstlich eingebrachten Fehlern vorgenommen wurden.[2]

Dieses umfangreiche, auf die damaligen US-Markterfordernisse angelegte HSST-Forschungsprogramm war durch einen Brief des ACRS an die USAEC angestoßen worden, in dem Ende 1965 Zweifel an der uneingeschränkten Bruchsicherheit aller RDB für die zahlreich geplanten und in Bau befindlichen Großkraftwerke geäußert worden waren (s. Kap. 6.6.2). Die Wanddicken der damals in Fertigung befindlichen Druckgefäße erreichten je nach Reaktortyp 270 mm, die Durchmesser 6.000 mm und die Höhen 14.000–21.000 mm. Die Meinungen der Fachleute über das Verhalten solcher Großbehälter unter hohen Belastungen während mehrerer Jahrzehnte waren uneinheitlich.

---

[1] Whitman, G. D.: Proposed State-of-the-Art Review of Reactor Pressure Vessel Technology, NUCLEAR SAFETY, Vol. 7, No. 4, Sommer 1966, S. 436.

[2] Witt, F. J.: The Heavy Section Steel Technology Program, Nuclear Engineering and Design, Vol. 8, 1968, S. 22–38.

P. Laufs, *Reaktorsicherheit für Leistungskernkraftwerke*,
DOI 10.1007/978-3-642-30655-6_10, © Springer-Verlag Berlin Heidelberg 2013

Zunächst waren die besorgten Fragen des ACRS im Januar 1966 vom „Pressure Vessel Research Committee" (PVRC – Druckbehälter-Forschungsausschuss) des „Welding Research Council" (WRC – Forschungsrat für Schweißtechnik der Industrie) aufgegriffen worden. Das PVRC hatte schon 1964 zwei experimentelle Programme zur Untersuchung von dickwandigen Behältern aufgelegt.

In Abstimmung mit dem „ASME Boiler and Pressure Vessel Code Committee", dem „National Board of Boiler and Pressure Vessel Inspectors" und Industrieverbänden, die mit Druckbehälter-Technologie befasst waren, stellte das PVRC einen Katalog grundlegender Fragen zusammen, die auf die Auswirkungen von inhomogenen Stahleigenschaften, Rissen und radioaktiver Bestrahlung zielten sowie Verfahren der Inspektion und wiederkehrenden Überwachung zum Gegenstand hatten.[3] Zur Bearbeitung der verschiedenen Fragenkomplexe richtete das PVRC einige Unterausschüsse und Ad-hoc-Arbeitsgruppen ein, so beispielsweise die „Ad Hoc Task Group to Develop Programs on Materials Properties and Inspection of Heavy-Section Steels" und die „Ad Hoc Task Group to Develop Programs on Effects of Material Variations and Flaws on the Behavior of Thick-Walled Pressure Vessels".

Im Mai 1966 beteiligte sich die USAEC an diesen Studien, indem sie das Oak Ridge National Laboratory (ORNL) damit beauftragte, vier 12 in. (305 mm) dicke, ca. 50 t schwere Bleche aus dem für die RDB ganz überwiegend verwendeten Stahl ASTM A 533 Grade B Class 1 bei der Lukens Steel Company für bruchmechanische Untersuchungen zu beschaffen. Auch für die Stähle A 542 Cl. 1 und 2 sowie A 543 Cl. 1 und 2 bestand ein Interesse innerhalb des HSST-Programms.

Die PVRC-Empfehlungen für ein „Heavy-Section Steel Program" lagen im Juni 1966 vor und umfassten 10 Projekte, von denen drei die Fragen der zerstörungsfreien Prüfverfahren zum Inhalt hatten. Neben der Materialbeschaffung hatten die PVRC-Forschungsvorschläge diese Schwerpunkte:

- Untersuchung der Werkstoffeigenschaften an verschiedenen Stellen in den Blechen,
- Auswirkungen der fertigungsbedingten Abweichungen von den Nennwerten auf die mechanischen Eigenschaften an verschiedenen Stellen in den Blechen,
- Ermittlung der Bruchzähigkeit der Werkstoffe,
- Untersuchung der Sprödbruchübergangstemperatur als Funktion der Wanddicke,
- Untersuchungen zur Ermüdung und zum Risswachstum und
- Simulationen von Werkstoffdefekten (Risse verschiedener Größe und an verschiedenen Stellen) und deren Auswirkungen während des Betriebs.[4]

Über die Dringlichkeit und Sinnhaftigkeit der PVRC-Empfehlungen wurde in der zweiten Hälfte des Jahres 1966 zwischen den beteiligten Institutionen der Industrie, Wissenschaft und USAEC intensiv und kritisch beraten. Ein allgemeines Einvernehmen bestand darüber, dass eine zentrale Leitung mit starker Autorität eingerichtet werden müsse, wenn ein vielschichtiges Forschungsprogramm mit einer größeren Zahl beteiligter Institutionen mit Erfolg durchgeführt werden solle. Im November 1966 entschied sich die USAEC, den Hauptteil der Kosten des HSST-Programms zu übernehmen, und schlug vor, die 10 vom PVRC empfohlenen Projekte um

- die Untersuchung von Bestrahlungseinflüssen,
- periodische Druckproben und
- elasto-plastische bruchmechanische Untersuchungen mit Berücksichtigung komplexer Spannungszustände

zu ergänzen. Die USAEC folgte damit den Anregungen des ACRS.[5] Die Forderung nach einer sorgfältigen Untersuchung der Neutronenversprödung von RDB-Stählen wurde mit dem katastrophalen Versagen britischer Druckgefäße (s. Kap. 9.1.3) und den von W. S. Pellini erforschten, in den USA, insbesondere in der US-Marine

[3] Whitman G. D.: Historical Summary of the Heavy-Section Steel Technology Program and Some Related Activities in Light-Water Reactor Pressure Vessel Safety Research, NUREG/CR-4489, ORNL-6259, 1986, S. 5.

[4] ebenda, S. 7–9.

[5] Blakely, J. P.: AEC Administrative Activities, NUCLEAR SAFETY, Vol. 8, No. 3, Frühjahr 1967, S. 278.

bei Liberty-Schiffen, aufgetretenen Sprödbrüchen begründet.[6]

Die USAEC übernahm und finanzierte die zentralen Projekte im Rahmen des HSST-Programms. Zwei Forschungsschwerpunkte überließ sie der Industrie. Das „Industry Cooperative Program" des PVRC erhielt die Aufgabe, die mechanischen Eigenschaften der dickwandigen Stahlbleche, Schweißnähte, Schmiedestücke und Gusskörper zu ermitteln sowie die Leistungsfähigkeit von Prüfverfahren zu erforschen, mit denen in diesen Materialien Fehler aufgefunden werden können. Das „Industry-Funded Program", das gemeinsam vom Edison Electric Institute und der Tennessee Valley Authority getragen wurde, sollte Inspektionstechniken während der Herstellung von RDB und Verfahren für periodisch wiederkehrende Prüfungen für den Betrieb entwickeln und erproben. Zur Aufsicht über die HSST Programmdurchführung wurde ein 28-köpfiges Komitee kompetenter Fachleute berufen.[7]

Die USAEC wickelte das in 12 Projekte gegliederte HSST-Programm wie viele ihrer Programme mit der Industrie ab und verpflichtete vertraglich die Union Carbide Corporation, Nuclear Division, als Generalunternehmer. Die Union Carbide Corp. wiederum übertrug dem ORNL die technisch-wissenschaftliche Programmdurchführung. Als Programmdirektor wurde F. J. Witt aus dem ORNL berufen, der 1973 von G. D. Whitman abgelöst wurde. Das HSST-Programm wurde auf sechs Jahre angelegt. Dreiviertel der 1966 geschätzten Kosten von 10 Mio. US$ sollte die USAEC, das restliche Viertel die beteiligte Industrie tragen. Das ORNL vergab einen erheblichen Teil der Arbeiten an fachlich ausgewiesene Forschungsinstitute und Firmen durch Unterverträge. Auftragnehmer waren beispielsweise TRW Systems, Westinghouse Electric Corp., Southwest Research Institute, Brown University,

Pacific Northwest Laboratory, Naval Research Laboratory u. a.[8]

Freiwillige Zuarbeit auch aus dem Ausland war willkommen. So besorgte die Siemens AG, Erlangen, Bruchzähigkeitsuntersuchungen an schweren Schmiedestücken aus dem Werkstoff ASTM A 508 Cl. 2 (22 NiMoCr 3 7).[9] Der Verein Deutscher Eisenhüttenleute (VDEh) ließ Versuchsreihen mit niedriglegierten Stählen und Schweißnähten unter Neutronenbestrahlung durchführen.[10] Die Ergebnisse dieser Arbeiten wurden im Rahmen der HSST-Publikationen dokumentiert und verbreitet. Die Ergebnisse der HSST-Untersuchungen wurden auf jährlichen Tagungen, in halbjährlichen – später auch in vierteljährlichen – Fortschrittsberichten und durch Veröffentlichungen in den Fachzeitschriften vorgestellt.[11]

Im Auftrag des Japanischen Atomenergie-Forschungsinstituts (JAERI) war in der Zeit vom 1.11.1977 bis 31.10.1978 von der Japanischen Schweißtechnischen Gesellschaft unter der Leitung von Prof. Yoshido Ando (Universität Tokio, Vorstand der Japanese Welding Society) eine Untersuchung der Bruchzähigkeitseigenschaften außergewöhnlich dicker Platten aus den amerikanischen RDB-Stählen ASTM A 533 B Cl. 1 und ASTM A 508 Cl. 3 durchgeführt worden. Die japanische Stahlindustrie (Shin-Nippon Stahl, Kawasaki Stahl und Nippon Stahl) war im Wesentlichen an diesem mit Nachdruck vorangetriebenen, zeitlich gestrafften Forschungsvorhaben beteiligt. Die Ergebnisse bestätigten die bis dahin in den USA festgestellten Eigenschaften. Es wurde u. a. erwähnt, dass die Prüfkörperab-

---

[6] Wechsler, M. S.: Radiation Damage to Pressure Vessel Steels, NUCLEAR SAFETY, Vol. 8, No. 5, September-Oktober 1967, S. 461–469.

[7] Witt, F. J.: Introduction: HSST Program Investigations, Nuclear Engineering and Design, Vol. 17, 1971, S. 1–3.

[8] Savolainen, A. W. und Whetsel, H. B.: Progress Summary of Nuclear Safety Research and Development Projects, NUCLEAR SAFETY, Vol. 10, No. 2, März-April 1969, S. 186 bzw. Vol. 10, No. 6, November-Dezember 1969, S. 537.

[9] Klausnitzer, E.: Fracture Toughness Tests on Forgings from 22 NiMoCr 3 7, Nuclear Engineering and Design, Vol. 17, 1971, S. 172.

[10] Sievers, G.: State of Cooperative Efforts between the HSST Program and the Pressure Vessel Steel Irradiation Program of Verein Deutscher Eisenhüttenleute (VDEh), Nuclear Engineering and Design, Vol. 17, 1971, S. 174 f.

[11] Eine Übersicht bietet der Statusbericht Reaktordruckbehälter Bd. 3, IRS Bericht SB 4, Köln, Dezember 1976.

messungen den plastischen Verformungsbruch stark beeinflussen. Zusätzliche Untersuchungen an Großplatten seien notwendig.[12]

Die HSST-Untersuchungen wurden ganz überwiegend am Werkstoff ASTM A 533 Grade B Class 1 (ähnlich 20 MnMoNi 5 5) durchgeführt. Die wichtigsten frühen Ergebnisse seien hier skizziert:

- In dicken, 305 mm mächtigen Wänden fällt die Zähigkeit in der Mitte stark ab.[13] Die Bruchzähigkeit ist in hohem Maß temperaturabhängig.[14]
- Großproben zeigten in Schlagbiege-Versuchen (Dynamic Tear Test) gegenüber kleinen Proben einen Anstieg der NDT-Temperatur und eine Abnahme der Hochlagenenergie, also insgesamt ein schlechteres Sprödbruchverhalten als kleinere Proben.[15]
- Die Rissstopp-Bruchzähigkeit ist kleiner als die statische Bruchzähigkeit, was als günstig und „konservativ" eingeschätzt wurde.[16]
- Neutronenbestrahlung erhöht die Festigkeit des Stahls, verringert jedoch seine Zähigkeit und erhöht die NDT-Temperatur. Die Ausheilung der Strahlenversprödung nimmt mit der Temperatur zu.[17]
- Kupfer als Legierungselement hat einen erheblich verstärkenden Einfluss auf die Strahlenversprödung, weshalb in den Werkstoffnormen der Kupfergehalt eingeschränkt wurde.[18]

Etwa drei Jahre nach Beginn des HSST-Programms konnte ein erstes Fazit gezogen werden. Die 1971 vorliegenden Ergebnisse der systematischen Untersuchungen stützten eindeutig die Auffassung, dass die Belastbarkeit der in den USA verwendeten RDB die Belastungen erheblich überstieg, für die sie ausgelegt waren. Dieser Sicherheitsabstand war quantitativ ermittelt worden.[19]

Anfang 1971 bildete das PVRC einen Sonderausschuss, der Ergänzungen des ASME Code Section III hinsichtlich der Bruchzähigkeitsanforderungen an ferritische Stähle für druckführende Komponenten vorschlug und erarbeitete. Im Sommer 1972 wurde ASME-Section III um Appendix G entsprechend erweitert.[20] Im Oktober 1972 verlangte die USAEC ergänzende Forschungen zum Nachweis, dass diese Änderungen in ASME-Section III konservativ seien. Darauf richteten PVRC und MPC (Metal Properties Council) einen neuen Sonderausschuss „Fracture Toughness Properties for Nuclear Components" ein, der ein umfangreiches Testprogramm insbesondere zu Fragen der Rissstopp-Bruchzähigkeit erstellte. Dem PVRC/MPC-Sonderausschuss gehörten Vertreter der Reaktorhersteller, der Stahlindustrie, des US Naval Research Laboratory und der USAEC an.[21] Auf der Grundlage dieses Testprogramms ließ das Electric Power Research Institute (EPRI) die Untersuchungen von den Firmen Combustion Engineering, Babcock & Wilcox sowie Effects Technology Inc. durchführen.

Ein wichtiges Vorhaben des HSST-Programms war es, die aus den Werkstoffuntersuchungen gewonnenen Erkenntnisse auf Druckbehälter anzuwenden und durch Berstversuche abzusichern. Zehn mittelgroße Druckbehälter wurden mit einem Außendurchmesser von

[12] AMPA Ku 174: Japan HSST I, Inka-tr-80/6, Oktober 1978, S. 1–9

[13] Canonico, D. A. und Berggren, R. G.: Tensile and Impact Properties of Thick-Section Plate and Weldments, Nuclear Engineering and Design, Vol. 17, 1971, S. 4–15.

[14] Mager, T. R.: Fracture Toughness of Steel Plate and Weldment Material, Nuclear Engineering and Design, Vol. 17, 1971, S. 76–90.

[15] Loss, F. J.: Effect of Mechanical Constraint of the Fracture Characteristics of Thick-Section Steel, Nuclear Engineering and Design, Vol. 17, 1971, S. 16–31.

[16] Crosely, P. B. und Ripling, E. J.: Crack Arrest Toughness of Pressure Vessel Steel, Nuclear Engineering and Design, Vol. 17, 1971, S. 32–45.

[17] Berggren, R. G. und Stelzman, W. J.: Radiation Strengthening and Embrittlement in Heavy-Section Plate and Welds, Nuclear Engineering and Design, Vol. 17, 1971, S. 103–115.

[18] Hawthorne, J. R.: Postirradiation Dynamic Tear and Charpy-V Performance of 12-in. Thick A 533-B Steel

Plates and Weld Metal, Nuclear Engineering and Design, Vol. 17, 1971, S. 116–130.

[19] Witt, F. J. und Whitman, G. D.: Fracture Investigations and Status of the Heavy-Section Steel Technology Program, NUCLEAR SAFETY, Vol. 12, No. 5, September-Oktober 1971, S. 523–529.

[20] The Welding Research Council: pvrc/mpc task group on fracture toughness properties for nuclear components, final report, Library of Congress Catalog Number 77-88087, 1977, S. 7.

[21] ebenda, S. 6.

990 mm und einer Wanddicke von 152 mm für diese Versuchszwecke gebaut (Abb. 10.1). Sechs dieser Behälter waren aus dem Werkstoff für Schmiedestücke A 508 Cl. 2 (ähnlich 22 NiMoCr 3 7), die übrigen aus dem Werkstoff für Bleche A 533 B Cl. 1 (ähnlich 20 MnMoNi 5 5) gefertigt. Drei Behälter wurden mit zylindrischen Stutzen aus A 508 Cl. 2 versehen (Abb. 10.2).[22] In die Behälter ohne Stutzen wurde von außen je ein scharfer Riss definierter Tiefe, Länge, Form und Lage eingeschliffen. Die Risstiefe lag, von einer Ausnahme abgesehen, zwischen 30 und 76 mm. Der in Testbehälter V-7 eingebrachte Riss hatte eine Tiefe von 135 mm und eine Länge von 472 mm (Abb. 10.1). In die Behälter mit Stutzen wurden die Risse von innen am Stutzen in Gebieten der Spannungskonzentration eingebracht. Das Testprogramm war sorgfältig mit kleinen Modellbehältern aus Kunststoff und Stahl sowie Berechnungen anhand der linear-elastischen Bruchmechanik hinsichtlich der zu wählenden Testtemperaturen und zu erwartenden Versagensarten vorbereitet worden.

Die Berstversuche verliefen jeweils so, dass der hydraulische Druck bis zum Behälterversagen gesteigert wurde. Das Risswachstum wurde aufgezeichnet. Die Tests begannen im Sommer 1972[23] und zogen sich bis in das Jahr 1974 hin.[24] Der bei der niedrigsten Prüftemperatur von 0 °C getestete Behälter zerknallte mit einem schnellen Sprödbruch. Zwei Behälter entwickelten bei Temperaturen von etwa 90 °C Lecks ohne zu bersten. Ein Kessel zerriss mit einem zähen Scherbruch. Andere Behälter versagten mit Mischformen der Rissentwicklung (Abb. 10.3). Bei allen Testbehältern übertraf der Berstdruck den Auslegungsdruck nach ASME Code eines entsprechenden Behälters ohne Defekte um das Dreifache mit Ausnahme des Behälters V-7, der

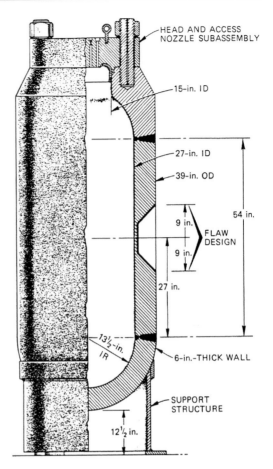

Abb. 10.1 Testbehälter V-7

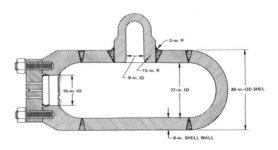

Abb. 10.2 Testbehälter mit eingesetztem Stutzen

---

[22] Merkle, J. G., Whitman, G. D. und Bryan, R. H.: Relation of Intermediate-Sized Pressure Vessel Tests to LWR Safety, NUCLEAR SAFETY, Vol. 17, No. 4, Juli–August 1976, S. 447–463.

[23] Sheldon, M.: Progress Summary of Nuclear Safety Research and Development Projects, NUCLEAR SAFETY, Vol. 13, No. 6, November-Dezember 1972, S. 496.

[24] Sheldon, M.: Progress Summary of Nuclear Safety Research and Development Projects, NUCLEAR SAFETY, Vol. 14, No. 6, November-Dezember 1973, S. 673.

bei gut dem Zweifachen des Auslegungsdrucks barst. Der Eintritt und die Art des Versagens waren stark beeinflusst von der Testtemperatur, dann von der Rissgröße und den Spannungskonzentrationen. F. J. Witt hatte auf der Grundlage der linear-elastischen Bruchmechanik das Verfahren „Equivalent Energy Method" entwickelt, um vom Bruchverhalten kleiner Behälter auf das

Abb. 10.3 Der bei 54 °C geborstene Testbehälter V-1

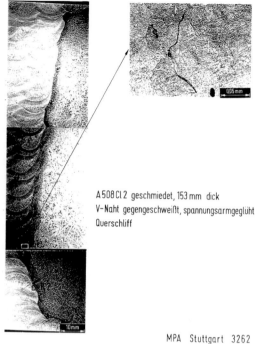

A 508 Cl 2 geschmiedet, 153 mm dick
V-Naht gegengeschweißt, spannungsarmgeglüht
Querschliff

MPA Stuttgart 3262

Abb. 10.4 HSST-Probe Testbehälter ITV-4

von rissbehafteten dickwandigen Druckbehältern zu schließen.[25] Es zeigte sich, dass die Voraussagen nach diesem Verfahren, insbesondere über die Art des Versagens, nicht immer zutreffend waren.

Die Testergebnisse bestätigten die hohe Bruchsicherheit der Stähle, die im Reaktordruckbehälterbau verwendet wurden. Aus den Resultaten des HSST-Programms wurde gefolgert, dass die in den USA betriebenen RDB unter Betriebsbedingungen nicht durch einen schnellen Bruch katastrophal versagen können.[26] Ein RDB-Zerknall sei nur denkbar, wenn unzulässige Werkstoffeigenschaften, große Risse und extreme Überlasten vorlägen.[27]

1974 konnte sich die MPA Stuttgart über die Brüsseler Repräsentanz der Westinghouse Research Laboratories – Europe (WRL-E) eine Materialprobe von einem Testbehälter des HSST-Programms mit gegengeschweißter V-Naht (Viellagentechnik) besorgen. Diese Probe aus ASTM A 508 Cl. 2 des Intermediate Test Vessel 4 war in den USA ohne Beanstandung geprüft worden. In der MPA wurden ebenfalls Querschliffe vor-

genommen und nur einige unbedeutende Mikrotrennungen gefunden (Abb. 10.4). Entscheidend waren jedoch die Tangentialschliffe, die entlang der Wärmeeinflusszonen der Schweißnaht gefertigt wurden. Es wurden zahlreiche Relaxationsrisse von mehreren mm Länge in der Grobkornzone entdeckt (Abb. 10.5).[28]

In den USA war man alarmiert. Auf Veranlassung der USAEC reiste unter der Führung des ORNL eine Expertengruppe aus Industrie und Wissenschaft nach Stuttgart, um vom 11. bis 15. November 1974 in der MPA die Fragen der Relaxationsrissigkeit von ASTM A 508 Cl. 2 zu erörtern.[29] Die Delegation empfahl in ihrem Reisebericht, die in der MPA Stuttgart entwickelten

---

[25] Witt, F. J, und Mager, T. R.: Fracture Toughness K_{Icd} Values at Temperatures up to 550 °F for ASTM A 533 Grade B, Class 1 Steel, Nuclear Engineering and Design, Vol. 17, 1971, S. 91–102.

[26] Pressure Vessel Integrity: So Far, the Evidence is Very Reassuring, NUCLEONICS WEEK, 5. 9. 1974, S. 2.

[27] Merkle, J. G., Whitman, G. D. Und Bryan, R. H., a. a. O., S. 461.

[28] AMPA Ku 154, Kußmaul, K.: Gutachterliche Stellungnahme zur Einhaltung der Basissicherheit im Rahmen des Basissicherheitskonzepts für den Ist-Zustand des RDB im Kernkraftwerk Krümmel, Stuttgart, September 2001, Anlagen 30–32

[29] Die Besucher waren: K. Smith, Dr. P. Murray und Dr. H. Goretzki vom WRL-E, A. Klein, Westinghouse (Pittsburgh, Pa.), Prof. A. Pense, Lehigh Univ. und ORNL Consultant sowie Dr. D. Canonico, ORNL.

Untersuchungsmethoden in den USA zu übernehmen.[30] Die chemische Analyse der HSST-
Probe ergab, dass nach einem von der MPA eingeführten Risskriterium die Grenzgehalte für die
Spurenelemente Kupfer, Phosphor, Schwefel und
Zinn überschritten waren.[31] Rissbildung war zu
erwarten, wenn bei mindestens zwei kritischen
Elementen der Grenzgehalt überschritten ist
(s. Kap. 10.2.6).

Zwischen dem ORNL und der MPA Stuttgart begann eine intensive Zusammenarbeit. Es
waren über Jahre ständig Mitarbeiter aus dem
ORNL zur Teilnahme an den BMFT-Forschungs-
programmen (entsprechend einer deutsch-amerikanischen Vereinbarung) in Stuttgart und MPA-
Wissenschaftler in Oak Ridge sowie in anderen
am HSST-Programm beteiligten Institutionen,
namentlich im Naval Research Institute und im
Batelle Institute tätig.

Gegen Jahresende 1974 konnte von den Pla-
nungs- und Revisionsgremien gegenüber der
an der Stelle der USAEC neu eingerichteten
USNRC (US Nuclear Regulatory Commission)
festgestellt werden, dass die grundlegenden Forschungsarbeiten des HSST-Programms erfolgreich abgeschlossen werden konnten. Das HSST-
Programm wurde in die Abteilung für Metallurgie und Werkstoffe der USNRC verlagert. Die
Untersuchungen befassten sich nun vor allem
mit den Auswirkungen der radioaktiven Bestrahlung schwerer Bauteile und dem Ermüdungsrisswachstum bei niedrigen Lastfrequenzen.[32]

1974 wurde das HSST-Programm unter großem Aufwand um die theoretische und experimentelle Erforschung des Thermoschock-Verhal-
tens im Notkühlfall (pressurized thermal shock –

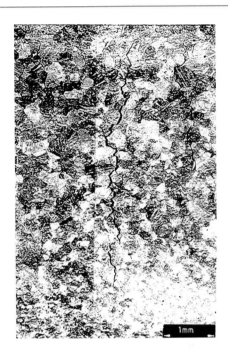

Abb. 10.5 Relaxationsriss in der HSST-Probe

PTS) erweitert.[33] Dabei ging es vor allem um die
Verifikation der bisherigen bruchmechanischen
Erkenntnisse anhand von Großproben, Hohlzylindern und Behältern in Zwischengröße (ab
1983/1984) unter Verwendung von Werkstoffen
unterschiedlicher Zähigkeit, die teilweise auch
austenitisch plattiert waren. Die Versuchsbedingungen waren so gestaltet, dass durch Tempera-
tur- bzw. Zähigkeitsgradienten Risserweiterung
und Rissstopp erreicht werden konnten. Um die
Ergebnisse weiter abzusichern, entschied man
sich 1985, eine Reihe von Großplattenversuchen
durchzuführen, die 1988 beendet waren. Für die
unter der Leitung des ORNL gefahrenen Versuche stand beim National Bureau of Standards
eine leistungsfähige Großprüfmaschine zur Verfügung, sodass 1 m breite Großplatten mit Dicken bis 150 mm bei einer Einspannlänge von ca.
9,6 m (s. Bilder im Anhang 6–3) im Gradientenversuch getestet werden konnten. Durch die große
Einspannlänge konnte der Einfluss der durch den

---

[30] Canonico, D.: Report of Foreign Travel to Germany,
ORNL Central Files Number 75-1-55, 8.1.1975, S. 1–23.

[31] Schellhammer, Wolfgang: Über die Ursachen von Re-
laxations- und Heißrissbildung in der Wärmeeinflusszone
der Feinkornbaustähle 22 NiMoCr 3 7 und 20 MnMoNi 5
5, Techn.-Wiss. Bericht MPA Stuttgart, Heft 78-01, 1978,
Schweißnaht Nr. 55, S. 63, 73 und 85, Univ. Stuttgart
Diss. 1978.

[32] Cottrell, Wm. B., Hobson, D. O. und Whitman, G. D.:
Water-Reactor Safety–Research Information Meeting,
NUCLEAR SAFETY, Vol. 16, N0. 1, Januar–Februar
1975, S. 20.

[33] Whitman, G. D.: Historical Summary of the HSST
Program and Some Related Activities in Light-Water
Reactor Pressure Vessel Safety Research, NUREG/CR-
4489, ORNL-6259, 1986, S. 15–17.

Bruchvorgang entstehenden Spannungswellen auf den Rissfortschritt minimiert werden. Zwei Werkstoffe wurden untersucht: Der üblicherweise verwendete RDB-Stahl A 533 B Cl. 1 und der im Kesselbau vielfach eingesetzte 2,25 Cr – 1 Mo Stahl. Letzterer wurde so warmbehandelt, dass er eine Charpy-V-Kerbschlagarbeit von etwa 50 J in der Hochlage aufwies, die bei etwa 150 °C erreicht wurde (s. Bild im Anhang 6–3). Angestrebt war eine NDT-Temperatur von > 60 °C. Auch mit dieser Versuchsreihe war es möglich, Risserweiterung und Rissstopp gezielt zu erzeugen.[34] Die Ergebnisse fanden u. a. Eingang in das „IAEA Specialists Meeting on Large-Scale Testing" bei der MPA Stuttgart im Mai 1988. Untersuchungen in der MPA Stuttgart befassten sich in diesem Zusammenhang mit der Einordnung und Bewertung aller Großplattenversuche, die im Rahmen des HSST-Programms, der japanischen Versuche sowie der deutschen Forschungsvorhaben unternommen worden waren[35, 36] (s. auch Kap. 10.5.4 und 10.5.9). In Japan wurden seit der zweiten Hälfte der 50er Jahre die Großplattenversuche zunächst ebenfalls an Schiffsbaustählen der Wanddicke bis 30 mm mit stationärem Temperaturfeld durchgeführt. Die Plattenbreite war großenteils 500 mm; es wurden dann auch Plattenbreiten bis 1.300 mm einbezogen.[37] Dabei wurde u. a. mit der Doppel-Zugprobe (Double Tension Test) gearbeitet, einer interessanten Variante des Robertson-Versuchs[38] (s. Anhang 6–3). Der Riss wird hierbei nicht durch einen Schlag eingeleitet, sondern statisch durch eine zweite Zugvorrichtung, die in die eigentliche Prüfmaschine integriert ist. Durch eine Modifikation des Double Tension Tests wurden lange Risse ermöglicht und die Beschleunigung und Verzögerung des Rissfortschritts bis zum Rissstopp untersucht.[39]

In den USA liefen Einzeluntersuchungen unter dem Namen HSST-Programm noch über das Jahr 2005 hinaus.

10.1.2 Die EURATOM-Forschungsprogramme

Im „Vertrag zur Gründung der Europäischen Atomgemeinschaft (Euratom)", der am 1. Januar 1958 in Kraft trat, wurde die Entwicklung der Forschung und Verbreitung der Kenntnisse als erste Aufgabe genannt. Für die Jahre 1958–1962 und 1963–1967 wurden zwei Fünfjahrespläne für Forschung und Ausbildung von der Atomgemeinschaft aufgestellt, finanziert und abgewickelt. Forschungen für die Energiegewinnung in Reaktoren unterschiedlicher Baulinien hatten Vorrang. Grundlagen- und angewandte Forschung sollten dazu beitragen, dass die Kosten der in Kernreaktoren erzeugten Nutzenergie möglichst schnell sinken. Im Bereich der sonstigen Forschungsaufgaben wurden im ersten Forschungsprogramm für einige technische Arbeitsgebiete, wie den Bau von Reaktorbehältern, Forschungsaufträge innerhalb der Gemeinschaft vergeben.[40]

Im zweiten Fünfjahresprogramm war eine von 23 Aufgabengruppen den „Forschungs- und industriellen Entwicklungsarbeiten insbesondere für Wasserreaktoren" zugeeignet. Eine Untergruppe dieses Bereichs waren die „Untersuchungen über Reaktorwerkstoffe – Stahlprogramm",

[34] Pugh, C. E., Naus, D. J., Bass, B. R. und Keeney-Walker, J.: Crack Arrest Behaviour of Reactor Pressure Vessel Steels at High Temperatures, in: Kussmaul, K. (Hg.): Fracture Mechanics Verification by Large-Scale Testing, IAEA Specialists Meeting on Large-Scale Testing, EGF/ESIS Publication 8, Mechanical Engineering Publications Limited, London, 1991, S. 357–380.

[35] Gillot, Rainer: Experimentelle und numerische Untersuchungen zum Rissstopp-Verhalten von Stählen und Gusseisenwerkstoffen, Technisch-wissenschaftliche Berichte der MPA Stuttgart, Heft 88–03, 1988, Univ. Stuttgart Diss. 1988

[36] Elenz, Thomas: Experimentelle und numerische Untersuchungen von instabiler Rissausbreitung und Rissstopp beim schnellen Bruch von zugbelasteten Platten, Technisch-wissenschaftliche Berichte der MPA Stuttgart, Heft 92–03, 1992, Univ. Stuttgart Diss. 1992.

[37] Kanazawa, T. S., Machida, S., Teramoto, T. und Yoshinari, H.: Study on Fast Fracture and Crack Arrest, Experimental Mechanics, Vol. 21, Februar 1981, S. 78–88.

[38] Robertson, T. S.: Propagation of Brittle Fracture in Steel, J. Iron Steel Inst., 175, 1953, S. 361–374.

[39] Machida, S., Yoshinari, H. und Kanazawa, T. S.: Some Recent Experimental Work in Japan on Fast Fracture and Crack Arrest, Engineering Fracture Mechanics, Vol. 23, No. 1, 1986, S. 251–264.

[40] Euratom an der Arbeit, atw, Jg. 7, August/September 1962, S. 93–99

wofür ein Prozent der vorgesehenen Gesamtmittel des Euratom-Forschungsprogramms eingeplant war.[41] Am 19. Juni 1962 verabschiedete der Ministerrat das zweite Fünfjahresprogramm mit der Mittelausstattung in Höhe von 445 Mio. US-$ (1,7 Mrd. DM). Die Ausgaben sollten sich je zur Hälfte auf die Euratom-Forschungsstelle und auf Forschungsaufträge verteilen.[42]

Die Staatsuniversität Gent, Belgien, erhielt 1962 den Auftrag, eine Maschine zur Prüfung von Großplatten von 1 m Breite, 1 m Länge und 100 mm Dicke zu konstruieren. Im Ergebnis wurde im *Laboratorium voor Weerstand van Materialen* des Prof. Soete eine 4.000-Tonnen-Zugprüfmaschine aufgestellt.[43] Mit dieser Einrichtung wurden u. a. zahlreiche Robertson-Versuche (s. Anhang 6–3) an geschweißten Platten durchgeführt.[44] Die übrigen europäischen Länder benutzten die Maschine nicht. Andere Anlagen wurden bevorzugt, wie auf dem IAEA Specialists Meeting im Mai 1988 in Stuttgart deutlich wurde.

Ein größeres Forschungsvorhaben des Stahlprogramms über „Entwicklung, Bau und Prüfung eines Reaktordruckbehälters" wurde 1965 in die Bundesrepublik Deutschland vergeben. Die Bundesanstalt für Materialprüfung, Berlin (BAM), die Maschinenfabrik Augsburg-Nürnberg AG, Nürnberg (MAN) und die Mannesmannröhren-Werke AG, Düsseldorf (MRW) sollten einen Stahlwerkstoff für RDB entwickeln und untersuchen, der sich durch hohe Warmfestigkeit, gute Schweißeignung und große Sprödbruchunempfindlichkeit auszeichnet. Dieses Euratom-Projekt wurde auch vom Bundesministerium für wissenschaftliche Forschung im Rahmen der Forschungsvorhaben auf dem Gebiet der Reak-

torsicherheit gefördert.[45] Mit diesem Stahl sollte ein mittelgroßes Modell-Reaktordruckgefäß gebaut und evtl. bis zum Bersten experimentellen Spannungsanalysen unterworfen werden.[46] Es war zunächst vorgesehen, einen für Hochdruckkesseltrommeln viel verwendeten Cu-Ni-Mo-legierten Stahl durch Zusatz von Aluminium und Niob im Gefüge zu verfeinern und damit seine Zähigkeit zu erhöhen.[47] Die zahlreichen Schäden an Druckbehältern aus Mn- und Cu-Ni-legierten „grobkörnigen" Baustählen hatten den Anstoß zu dieser Entwicklung gegeben.[48] Es zeigte sich jedoch, dass die neuen feinkörnigen Cu-Ni-Mo-Stähle nicht schweißsicher waren, sondern zur Relaxationsrissigkeit neigten, was auf die Kupfergehalte zurückgeführt wurde. Der Cu-Ni-Mo-Feinkornstahl wurde deshalb im Euratom-Forschungsvorhaben nicht weiter verfolgt. Anfang des Jahres 1967 wurde ein kupferfreier, mit Zusätzen von Aluminium, Niob und Stickstoff feinkörnig und hochfest gemachter Sonderstahl auf Mn-Ni-Mo-Cr-Basis eingeführt, der von der Firma Thyssen Röhrenwerke AG, Mülheim/Ruhr, entwickelt worden war.[49] Er erhielt die Bezeichnung WSB 70. Dieser Stahl war aus einer größeren Versuchsreihe chemisch unterschiedlich zusammengesetzter Stähle im Hinblick auf seine Eignung für eine spezielle Wärmebehandlung ausgewählt worden.[50] Die Vergütung

[41] Ehrhardt, Carl A.: Der Entwurf des zweiten Fünfjahresprogramms der Euratom, atw, Jg. 7, März 1962, S. 180–181.

[42] Euratom und die Atomindustrie, atw, Jg. 7, August/September 1962, S. 383.

[43] Soete, W. und Dechaene, R.: Présentation de la machine EURATOM de 4000 tonnes pour essais de traction et essais Robertson, EURATOM Report EUR 3121. d, f, e

[44] Dechaene, R. und Sebille, J.: Results of Robertson Tests on Welded Plates, EURATOM Report EUR 3121. d, f, e.

[45] Entwicklung eines hochwarmfesten Stahles für Atomreaktor-Druckbehälter, Thyssen-Röhrenwerke AG – Mülheim/Ruhr, Dr. K. Born und Dipl.-Ing. Baumgardt, Vorhaben-Nr. At T 129, September 1966, IRS-F-1, Juli 1968, S. 28–32

[46] Euratom-Forschungsprogramm 042 – 65 – 10 TEED: Entwicklung, Bau und Prüfung eines Reaktordruckbehälters, Schlussbericht Teile I und II, April 1972.

[47] Born, K.: Werkstoffzähigkeit und Bauteilsicherheit, VGB-Werkstofftagung 1969, S. 8.

[48] Schoch, W.: Stähle für Temperaturen unter 400 °C, VGB-Werkstofftagung 1969, S. 31.

[49] Chemische Zusammensetzung in %: C max. 0,16; Si 0,25–0,50; Mn 1,45–1,65; P, S max. 0,02; Ni 1,20–1,40; Mo 0,50–0,60; Nb ca. 0,02; Cr max. 0,30; Al 0,02–0,06; N ca. 0,012.

[50] Born, K.: Die Entwicklung eines Sonderstahles für Atomreaktor-Druckbehälter, Kolloquium über Arbeiten zur Entwicklung von Reaktordruckgefäßen aus Stahl, KFA Jülich, 22. 4. 1968, Tagungsbericht IRS-T-17, 1969, S. 86–106.

Abb. 10.6 Modell-Behälter aus Stahl WSB 70

durch eine dreistufige Wärmebehandlung machte aus WSB 70 einen Stahl mit im Anlieferungszustand hervorragenden Zähigkeits- und Festigkeitseigenschaften.[51]

Von der Firma MAN wurde im Werk Nürnberg mit dem Stahl WSB 70 ein Reaktordruckgefäß gebaut (Abb. 10.6). Seine Abmessungen waren: Außendurchmesser 2.000 mm, zylindrische Wanddicke 125 mm, Länge des zylindrischen Mantels 3.800 mm, Gesamtlänge 5.460 mm, 3 eingeschweißte Stutzen mit Außendurchmesser 750 mm. Der Behälter war für eine Betriebstemperatur von 375 °C und einen Betriebsdruck von 365 atü ausgelegt. Die experimentellen Spannungsuntersuchungen wurden im Oktober 1970 auf dem MAN-Werksgelände in Nürnberg durchgeführt. Die Innendruckprüfung sollte bei 20 °C und einem Prüfdruck von 547 atü erfolgen. Für die experimentellen Dehnungs- und Verformungsmessungen wurde ein Druckbereich bis 673 atü durchfahren.[52]

Auf Ersuchen der MPA Stuttgart, die in das Euratom-Forschungsvorhaben nicht einbezogen worden war, stellte die MAN Proben aus dem Versuchsbehälterwerkstoff zur Verfügung. Es wurde gefunden, dass der Stahl WSB 70 thermisch nicht stabil ist. Langzeitversuche in der MPA Stuttgart ergaben bei der vorgesehenen Betriebstemperatur von 375 °C bereits nach einem Jahr einen starken Abfall der Zähigkeitswerte im Grundwerkstoff und verstärkt in der Wärmeeinflusszone (WEZ) der Stumpfschweißverbindung. Dieser Befund[53] bedeutete das Scheitern dieses Euratom-Projektes. Der Stahl WSB 70 war untauglich als RDB-Stahl. Der Modell-Behälter aus WSB 70 wurde der MPA Stuttgart unentgeltlich übereignet[54] und als Projekt Zwischengrößen-Behälter in das Forschungsprogramm Komponentensicherheit (FKS) (s. Kap. 10.5) eingegliedert (s. Anhang 10–11).

Die bis Ende 1965 vorliegenden Ergebnisse der von Euratom im Gebiet der Sicherheit von Reaktorbehältern vergebenen Forschungsvorhaben wurden in zwei Kolloquien vom 11. bis 13. Januar 1966 in Brüssel und am 2. Juni 1966 in Risley, England, der internationalen Fachwelt vorgestellt. Die Euratom-Kommission wollte Werkstoff- und Konstruktionsfragen in sachverständigem Kreis diskutieren lassen und versprach sich Impulse für die weitere Förderung der Reaktor-Sicherheitsforschung. Am Brüsseler Kolloquium über „Sprödbruch und Sicherheitsfragen"[55] nahmen 300 Wissenschaftler und Ingenieure aus den EG-Mitgliedsstaaten, aus Schweden, England und den USA teil. Es wurde auch über Arbeiten berichtet, die nicht von Euratom gefördert worden waren.

Die Brüsseler Tagung hatte durch die US ACRS-Forderungen im Hinblick auf die Berstsicherheit von Reaktordruckbehältern (RDB) (s. Kap. 6.6.2) an Aufmerksamkeit und Aktualität gewonnen. Das Kolloquium befasste sich intensiv mit der Bruchsicherheit von RDB. Es wurde über die Stahlversprödung in Schweißnähten und deren Wärmeeinflusszonen (WEZ) im Grundwerkstoff sowie über Versprödungserscheinungen nach falscher Wärmebehandlung berichtet.

[51] Born, K. und Haarmann, K.: Einfluss einer dreistufigen Vergütung auf die mechanischen Eigenschaften niedriglegierter schweißbarer Baustähle, Archiv des Eisenhüttenwesens, Jg. 40, Heft 1, 1969, S. 57–66.

[52] Euratom-Forschungsprogramm 042 – 65 – 10 TEED, Schlussbericht Teil II, S. 17 und 25–58.

[53] Euratom-Forschungsprogramm 042 – 65 – 10 TEED, Schlussbericht Teil I, S. 47.

[54] AMPA Ku 81, Nach Abstimmung mit allen Beteiligten: Schenkungsvertrag zwischen Mannesmannröhren-Werke AG, Düsseldorf und MPA Stuttgart vom 25.1.1972.

[55] Institut für Reaktorsicherheit der Technischen Überwachungsvereine e. V., Schnellbericht IRS-T-8, Köln, 1966.

Besondere Aufmerksamkeit galt den Einflussgrößen bei der Neutronenversprödung von Stahl. Aus dem US Naval Research Laboratory, Washington, D. C. (NRL), wurde über Versuchsergebnisse der Neutronenversprödung von Einhängeproben in RDB und deren Übertragbarkeit auf die Reaktorstähle der RDB selbst informiert.

Großes Interesse galt der Ermittlung der vom NRL favorisierten Sprödbruch-Übergangstemperatur („Nil Ductility Transition" (NDT) -Temperature), bei der das zähe Verhalten eines Werkstoffs in ein sprödes übergeht, sowie der Riss-Stopp-Temperatur („Crack Arrest Temperature" – CAT), bei der ein laufender Riss zum Stillstand kommt. Die Darstellung der neuesten Versuchsmethoden für die Schlag-, Zug- und Biegebeanspruchung von Proben zur Ermittlung der NDT-T und CAT nahm breiten Raum ein. Neu entwickelte, von Euratom finanzierte Prüfmaschinen wurden vorgestellt. Die Frage war, inwieweit Ergebnisse aus herkömmlichen Kerbschlagbiegeproben (Charpy-V) und Robertson-Versuchen an flachen Proben auf dickwandige RDB übertragen werden können.

William S. Pellini berichtete über die Forschungsarbeiten auf dem Sprödbruchgebiet, die seit 1954 im US Naval Research Laboratory durchgeführt wurden. Viele Versuche und praktische Beispiele zeigten, dass nach dem Pellini-Kriterium Sprödbrüche nicht eintreten, wenn die Behältertemperatur mindestens 33 °C höher als die Übergangstemperatur der CAT-Linie ist. Pellini wies jedoch darauf hin, dass wegen der komplizierten Spannungsverhältnisse und des schlechten Dehnverhaltens sehr dickwandige Behälter von seinem Kriterium abweichen könnten.

Die Briten stellten heraus, dass die theoretischen und experimentellen Befunde über die Stabilität von Rissen in Behältern auch auf den Bereich des zähen Werkstoffverhaltens ausgedehnt werden konnten. Auch im zähen Werkstoff gebe es eine kritische Risslänge, bei deren Erreichen der Riss bei konstanter Spannung nicht mehr zum Stillstand komme. Auch oberhalb von NDT-T und CAT könne ein schneller und vollständiger Behälterbruch eintreten. Die im sogenannten Robertson-Versuch (s. Anhang 6–3) ermittelte CAT könne nicht auf dickwandige

Behälter übertragen werden, in denen genügend Energie gespeichert sei, um die plastische Verformungsarbeit an der laufenden Rissfront aufrechtzuerhalten. Die Rissstabilität hänge stark von der Größe der plastischen Zone an der Rissfront ab, die in kleinen Modellen nicht äquivalent erzeugt werden könne.

In einem der deutschen Beiträge wurde nachgewiesen, dass im Euratom-Stahlprogramm nur ein kleiner Teil der bei RDB auftretenden Probleme aufgegriffen wurde. Versuchsergebnisse aus der MPA Stuttgart zeigten, dass Bauteilformen, Beanspruchungsarten, Zeitfaktoren und Spannungszustände von großem Einfluss auf das Bruchverhalten von großen Behältern waren. Von französischer Seite wurde vorgeschlagen, die Forschungsprogramme der verschiedenen Länder aufeinander abzustimmen.

Die nationalen industriepolitischen Forschungsinteressen der Euratom-Mitgliedsstaaten hatten sich im Bereich der Reaktor-Baulinien Mitte der 60er Jahre so weit voneinander entfernt, dass ein drittes Fünfjahresprogramm 1967–1971 nicht mehr zustande kam. Es folgte eine Reihe von Notlösungen durch Übergangsprogramme,[56] in deren Rahmen ein multilaterales Programm zur Erforschung der RDB-Bruchsicherheit nicht mehr möglich wurde.

10.2 Anfänge deutscher Forschungsvorhaben „Reaktordruckbehälter"

10.2.1 Forschungsprojekte in den 1960er Jahren (national/international)

Die ersten Kernkraftwerke in der Bundesrepublik Deutschland – VAK Kahl (1962) und KRB Gundremmingen (1966) – wurden nach USA-Lizenzen gebaut. Ihre Sicherheitsstandards entsprachen denen des Reaktorsicherheits-Konzepts, das in den USA entwickelt worden war und sich auf

---

[56] Kramer, Heinz: Nuklearpolitik in Westeuropa und die Forschungspolitik der Euratom, Carl Heymanns Verlag, Köln/Berlin, 1976, S. 119 ff.

umfangreiche amerikanische Forschungsarbeiten abstützte. In dem Maße, in dem die deutsche Industrie und Wissenschaft eigene Wege beschritt, mussten dabei auftretende sicherheitstechnische Fragestellungen auch in Deutschland geklärt und abgearbeitet werden. Beispielhaft seien die Reaktorprojekte Mehrzweck-Forschungsreaktor (MZFR) Karlsruhe, Heißdampfreaktor (HDR) Großwelzheim oder der Fortgeschrittene Druckwasserreaktor (FDR) des Nuklearen Schiffes „Otto Hahn" genannt. Zur gleichen Zeit entwickelten die deutschen Genehmigungsbehörden und die Reaktorsicherheitskommission (RSK) zusätzliche Sicherheitsanforderungen und warfen Fragen auf, die nicht mehr von den amerikanischen Forschungsprogrammen abgedeckt waren.[57]

Mitte der 60er Jahre entschloss sich die Bundesregierung, Reaktorsicherheitsforschung unabhängig von industriellen Reaktorentwicklungsprojekten zu betreiben. Eines der ersten größeren Forschungsvorhaben war die Untersuchung des Bruchs einer Frischdampfleitung eines Siedewasserreaktors. Dieses Forschungsprojekt wurde vom Battelle-Institut, Frankfurt, durchgeführt und begann im März 1967.[58] Es war von der RSK vorgeschlagen worden, um Berechnungen, die im Genehmigungsverfahren Gundremmingen vorgelegt worden waren, nachzuprüfen.

Diesem größeren Projekt waren Untersuchungen über das statische Bruchverhalten von Stahl-Hohlkörpern (19 Kugeln von 1 m Ø mit Wanddicken von 10 und 50 mm aus drei verschiedenen Stahlsorten) an der MPA Stuttgart in den Jahren 1964 und 1965 vorangegangen.[59] Die Kugeln wurden zum Bersten gebracht. „Es zeigte sich,

dass im Wesentlichen Inhomogenitätsstellen wie Stutzenansätze oder Ansatzpunkte für Transport-Ösen als Anfangspunkte für Sprödbrüche wirksam waren. Die Auswertung der Versuche hat für die Auslegung von Druckgefäßen für Kernreaktoren interessante Einzelheiten ergeben."[60] Um das für die Lebensdauer von druckführenden Hohlkörpern ausschlaggebende Ermüdungsverhalten des Werkstoffs zu untersuchen, wurden in den Jahren 1966–1968 an der MPA Stuttgart Experimente mit schwellender Innendruckbeanspruchung bei höheren Temperaturen an Rohren gefahren.[61]

Zu Beginn der 50er Jahre entschloss sich die Regierung des Vereinigten Königreichs, die zivile Kernenergienutzung einzuführen. Nach einer wechselvollen Vorgeschichte wurde 1954 die britische Atomenergiebehörde UK Atomic Energy Authority (UKAEA) gebildet. 1956 konnten die 4 gasgekühlten Magnox-Reaktoren in Calder Hall in Betrieb genommen werden. 1957 wurde von der britischen Regierung ein ehrgeiziges Bauprogramm zur Bereitstellung von 5.000 bis 6.000 MW$_{el}$ Kernkraft in Gang gesetzt.[62] Sowohl für die Magnox-Reaktoren als auch für die späteren „Advanced Gas-cooled Reactors" wurden Behälter und voluminöse Wärmetauscher in Form von Kesseltrommeln mit relativ großer Wanddicke eingesetzt. Es lag nahe, die Widerstandsfähigkeit derartiger Bauteile gegen Rissbildung und Versagen näher zu untersuchen. Um entsprechende Forschungsvorhaben zu fördern, gründete die UKAEA das Risley Structural Integrity Centre in Warrington, Cheshire. Dort fanden frühzeitig Robertson-Großplattenversuche mit bauteilgerechten Wanddicken zum Nachweis der Rissauffangbedingungen statt.[63] Seit der „Erfindung" des Versuchs hat dieser unterschiedliche spezifische Formen angenommen (s. Anhang 6–3). Eine erhellende Betrachtung zur richtigen Einordnung

[57] AMPA Ku 105, Seipel, H. G.: Review of Nuclear Safety Research in the Federal Republic of Germany, in: Comissão Nacional de Energia Nuclear (Hg.): Proceedings of the Brazilian-German Symposium on Nuclear Reactor Safety, 16.-20. 6. 1980, Rio de Janeiro, Bd. I, S. 322 f.

[58] IRS-F-1, Juli 1968, RS-16, S. 36–38, Forschungs- und Entwicklungsarbeiten über die im Falle einer plötzlichen Druckentlastung im Kessel und in der Hauptdampfleitung eines Siedewasserreaktors auftretenden Vorgänge, Battelle Institut, Frankfurt, März 1967, Laufzeit 2,5 Jahre.

[59] Wellinger, K. und Sturm, D.: Festigkeitsverhalten von Kugelbehältern unter Innendruck, Schweißen und Schneiden, Jg. 20, Heft 2, 1968, S. 79–80.

[60] IRS-F-1, Juli 1968, S. 20.

[61] IRS-F-1, Juli 1968, At T 132, S. 20–22, Untersuchungen über das Innendruckverhalten von Metallhohlkörpern, MPA Stuttgart, März 1966, Laufzeit 2 Jahre.

[62] vgl. Massey, Andrew: Technocrats and Nuclear Politics, Avebury, Aldershot, 1988.

[63] Robertson, T. S.: Propagation of Brittle Fracture in Steel, J. Iron Steel Inst., 175, 1953, S. 361–374.

des Versuchs, den er als sehr bedeutsam ansah, hat William S. Pellini angestellt.[64] Ende der 50er Jahre wurde das Rissöffnungs-Verhalten (Crack Opening Displacement – COD) anhand von ungeschweißten und geschweißten (mit „Wells-Fehler"[65]) breiten Blechen (wide plate tests) systematisch untersucht. Das Prüfverfahren fand weite Verbreitung und wurde später genormt.[66, 67]

In England haben Bruchbetrachtungen eine lange Tradition. Bereits 1920 veröffentlichte Alan Arnold Griffith eine weltweit erste bahnbrechende wissenschaftliche Schrift zum Bruchverhalten,[68] die George Irwin in den USA ab 1948 als Grundlage für die bruchmechanische Bewertung nahezu aller Werkstoffe – auch der Reaktorbaustähle – benutzte.[69] Die Irwinsche Konzeption war auch eine Grundlage des HSST-Programms. Parallel zu den amerikanischen Arbeiten kam es in England zur Entwicklung des COD-Konzepts, das unabhängig von einander von Wells[70] und Cottrell vorgeschlagen worden ist.[71, 72] Die

Anwendbarkeit dieser Methodik wurde mittels Großplattenversuchen überprüft und für gut befunden.[73] Im Auftrag des Nuclear Installation Inspectorate (NII) wurde beim Welding Institute ein Versuchsprogramm mit dem Werkstoff A 533 B Class 1 durchgeführt, in dem die verschiedenen Kriterien zur Zähbruchbeurteilung bis hin zum Failure-Assessment-Diagram (FAD) einbezogen wurden.[74] Der Abschlussbericht lag 1979 vor.

Nachdem in Großbritannien 1963, 1965 und 1966 große Druckbehälter zerknallt waren, begann die UKAEA in Risley unter Einschaltung der MPA Stuttgart ein Forschungsprogramm mit Innendruckschwell- und Berstversuchen. Die Versuchsbehälter waren zylindrisch mit Außendurchmessern zwischen 660 und 3.000 mm und einer Wanddicke von 25 mm, die durch künstlich eingebrachte Schlitze geschwächt wurden.[75] Einzelne Experimente zeigten auch bei zähen Werkstoffzuständen vollständige Brüche, wenn Risse eine bestimmte Größe erreicht hatten. Die MPA Stuttgart erhielt im März 1968 vom Bundesministerium für wissenschaftliche Forschung (BMwF) den Auftrag, entsprechende Festigkeitsuntersuchungen an dick- und dünnwandigen zylindrischen Hohlkörpern mit künstlich erzeugten Fehlstellen durchzuführen.[76]

Als im Rahmen der EURATOM-Forschungsprogramme ein multilaterales Programm zur Erforschung der RDB-Bruchsicherheit nicht mehr

[64] Pellini, W. S.: Principles of Structural Integrity Technology, Office of Naval Research, Arlington, 1976, S. 102–105.

[65] vgl. Julisch, P.: Beitrag zur Bestimmung des Tragverhaltens fehlerbehafteter, ferritischer Schweißkonstruktionen mit Hilfe von Großplatten-Zugversuchen, Techn.-wiss. Bericht MPA Stuttgart, Heft 90–02, 1990, S. 32–34, Univ. Stuttgart Diss. 1990.

[66] Wells, A. A.: Application of Fracture Mechanics at and Beyond Yielding, British Welding Journal, November 1963, S. 563–570.

[67] Burdekin, F. M. und Stone, D. E. W.: The Crack Opening Displacement Approach to Fracture Mechanics in Yielding Materials, Journal of Strain Analysis, Vol. 1, No. 2, 1966, S. 145–153.

[68] Griffith, A. A.: The phenomenon of rupture and flow in solids, Philosophical Transactions of the Royal Society, Vol. A 221, S. 163–198.

[69] Irwin, G. R.: Fracture, Handbuch der Physik, Vol. VI, Springer Verlag, 1958, S. 551–590.

[70] Wells, A. A.: Unstable crack propagation in metals: Cleavage and fast fracture, Proceedings, Crack Propagation Symposion, Cranfield, 1961, S. 210–230.

[71] Cottrell, A. H.: Theoretical aspects of radiation damage and brittle fracture in steel pressure vessels, Steels for Reactor Pressure Circuits, ISl Special Report 69 (1961), S. 281–296.

[72] Harrison, J. D., Dawes, M. G., Archer, G. L. und Kamath, M. S.: The COD Approach and its Application to Welded Structures, in: Landes, J. D., Begley, J. A. und Clarke, G. A. (Hg.): Elastic-Plastic Fracture, American

Society for Testing and Materials, ASTM STP 668, 1979, S. 606–631.

[73] Kamath, M. S.: The COD Design Curve: An Assessment of Validity Using Wide Plate Tests, International Journal on Pressure Vessel and Piping, Vol. 9, 1981, S. 79–105.

[74] Garwood, S. J.: Crack Propagation Toughness of Structural Steels at Temperatures Above the Brittle-Ductile Transition Temperature, Final Contract Report 3545/8/79, März 1979, The Welding Institute, Abington Hall, Abington, Cambridge.

[75] AMPA Ku 101, Beschreibung der britischen Untersuchungen in: MPA Stuttgart: Forschungsantrag Innendruckschwellversuche an einer ausgebauten Kesseltrommel des Kraftwerks Heyden bei Lahde/Weser, 10.11.1969.

[76] IRS-F-1, Juli 1968, RS-22, S. 41–42, Festigkeitsuntersuchungen an dick- und dünnwandigen zylindrischen Hohlkörpern mit künstlich erzeugten Fehlstellen, MPA Stuttgart, März 1968, Laufzeit 2 Jahre.

zustande kam, wandte sich die UKAEA an das BMwF mit dem Angebot, Forschungen gemeinsam durchzuführen. Im November 1967 wurde im Kraftwerk Heyden bei Lahde/Weser zwischen Vertretern der UKAEA, IRS (später GRS), TÜV Hannover und Kraftwerks-Vertretern ein konkretes Forschungsvorhaben besprochen, bei dem Berstversuche an einer dort ausgebauten mit einer Wanddicke von 82 mm relativ dickwandigen Kesseltrommel durchgeführt werden sollten. Alle Kosten sollte der BMwF tragen.[77] Die weiteren Verhandlungen zogen sich hin. Als deutscher Partner für die deutsch-britische Zusammenarbeit wurde die MPA Stuttgart benannt. Im November 1969 stellte die MPA Stuttgart beim Bundesministerium für Bildung und Wissenschaft (BMBW) den Forschungsantrag mit detaillierten Erläuterungen.[78] Dieser Antrag wurde nicht mehr bewilligt. Am 9. März 1970 fand in der MPA Stuttgart ein Gespräch mit Vertretern des BMBW, RSK, IRS, TÜV u. a. statt, in dem verabredet wurde, ein systematisch angelegtes Forschungsprogramm zur Komponentensicherheit zu entwerfen und keine einzelnen unzusammenhängenden Projekte mehr durchzuziehen (s. Kap. 10.2.3).

Eine Zusammenarbeit zwischen der MPA Stuttgart und der UKAEA in Risley war mit einem anderen Forschungsvorhaben 1968 zustande gekommen, das Festigkeitsuntersuchungen an Kugelbehältern mit künstlich erzeugten Durchbrüchen zum Inhalt hatte.[79]

Ein frühes weiteres Forschungsvorhaben von großer Bedeutung war die Entwicklung von zerstörungsfreien Prüfverfahren zur wiederholbaren Fehlersuche in dickwandigen Behältern. Die Firmen MAN-Nürnberg und A. u. J. Krautkrämer-Köln sowie der TÜV-Essen wurden mit dieser Aufgabe betraut. Ziel der Forschungsarbeit war es insbesondere, ein kompaktes Ultraschall-Prüfkopfsystem mit einer Manipulator-Vorrichtung zu entwickeln, das in längerem zeitlichen Abstand periodisch wiederkehrende Prüfungen am RDB ermöglicht.[80]

10.2.2 RSK-Ad-hoc-Ausschuss RDB

Das von der British Nuclear Energy Society am 28. März 1969 in London veranstaltete Symposium über Reaktorsicherheit und Standortwahl hat die deutschen Teilnehmer, unter ihnen der RSK-Vorsitzende Wengler, der IRS-Geschäftsführer Kellermann und der Referent für Strahlenschutz im Bundesministerium für wissenschaftliche Forschung Schwibach,[81] nachhaltig beeindruckt. Der Technische Überwachungsverein Rheinland hielt kurz darauf am 23. Juni 1969 in Köln ein Kolloquium über das ähnliche Thema der Beurteilung des Risikos schwerer Schäden am Reaktordruckbehälter (RDB) ab. Bei diesem Kolloquium wurde hervorgehoben, dass es nicht gerechtfertigt sei, die an dem RDB angeschlossenen Rohrleitungen als schwache Teile anzusehen, wie dies nach den bisherigen Annahmen des mca/GAU-Konzepts der Fall sei. Der Bruch des RDB selbst sei nicht weniger glaubhaft als der einer Hauptkühlmittelleitung.[82] Die offenen Fragen der RDB-Sicherheit wurden nachdrücklich aufgezeigt:

- Kann die maximale Werkstoffbeanspruchung für jede Stelle eines RDB mit hinreichender Genauigkeit ermittelt werden?

---

[77] AMPA Ku 101, Aktennotiz über die Besprechung im Kraftwerk Heyden am 24.11.1967.

[78] AMPA Ku 101, MPA Stuttgart: Forschungsantrag Innendruckschwellenversuche an einer ausgebauten Kesseltrommel des Kraftwerks Heyden bei Lahde/Weser, 10.11.1969.

[79] IRS-F-1, Juli 1968, RS-26, S. 44 f, Festigkeitsuntersuchungen an Kugelbehältern mit künstlich erzeugten Durchbrüchen, MPA Stuttgart zusammen mit der UKAEA, März 1968, Laufzeit 1 Jahr.

[80] IRS-F-2, Berichtszeitraum Juli-Dezember 1968, RS-27, S. 34–36, Entwicklung von zerstörungsfreien Prüfverfahren zur Fehlersuche in dickwandigen Behältern, MAN-Nürnberg, Dr. H. J. Meyer, A. und J. Krautkrämer-Köln, TÜV-Essen, Dipl.-Phys. R. Trumpfheller, Februar 1968, Laufzeit 3 Jahre.

[81] AMPA Ku 151, Lindackers: Persönliche schriftliche Mitteilung des Teilnehmers und Referenten auf dem BNES-Symposium Prof. Dr. Karl-Heinz Lindackers vom 3.4.2003.

[82] AMPA Ku 151, Lindackers, Karl-Heinz: Die Bedeutung des Reaktordruckbehälters für die Sicherheit in der Umgebung von Kernkraftwerken, Kolloquium TÜV Rheinland, 23.6.1969, Köln, Manuskript, S. 6.

- Sind die Werkstoffkennwerte, die in Berechnungen bei Sicherheitsbetrachtungen eingehen, mit hinreichender statistischer Sicherheit belegt?
- Sind die Erkenntnisse über spröde Brüche so weit fundiert, dass räumliche Bereiche oder Zustände des Werkstoffs, in denen eine Sprödbruchgefahr besteht, quantitativ mit hinreichender statistischer Sicherheit angegeben werden können?
- Für welchen RDB-Betriebszeitraum können diese Fragen beantwortet werden?
- Ist sichergestellt, dass die notwendigen, regelmäßig wiederkehrenden Prüfungen durchgeführt werden können und auch mit hinreichender statistischer Sicherheit die Aussagen, die erforderlich sind, erbringen?[83]

Der RSK-Vorsitzende Wengler zog aus den Ergebnissen des TÜV-Kolloquiums die Schlussfolgerung, dass über die Sicherheit von RDB weitere Sachverständige gehört werden sollten und schlug in der RSK-Sitzung vom 21. Juli 1969 die Bildung eines RSK-Ad-hoc-Ausschusses „Reaktordruckbehälter" vor.[84]

Die konstituierende Sitzung fand am 7. November 1969 im Bundesministerium für Bildung und Wissenschaft (BMBW) statt. Neben dem RSK-Vorsitzenden Wengler, der den Vorsitz des RSK-Ad-hoc-Ausschusses übernahm, waren aus der RSK die Herren Birkhofer, Smidt, Renz und Wiesenack anwesend. Vom BMBW waren sechs Gutachter von Technischen Überwachungsvereinen sowie der Direktor der MPA Stuttgart, Wellinger, zugezogen worden. Auch der Direktor des IRS, Kellermann, nahm an der Sitzung teil. Das BMBW war mit hochrangigen und sachkundigen Beamten vertreten. Wengler bemerkte eingangs, dass bis vor vier Jahren das RDB-Versagen kaum erörtert worden sei.[85] Das plötzliche Aufreißen eines RDB könne die Integrität des Containments gefährden und in dichtbesiedelten Gebieten das

Leben vieler 10.000 Menschen kosten. Die Einwohnerzahlen in der Nähe der Standorte Biblis/Rhein und BASF/Ludwigshafen seien höher als an jedem der schon genützten oder vorgesehenen Standorte der USA. Deshalb sei zu prüfen, „ob nach dem Stand von Wissenschaft und Technik und unter Berücksichtigung menschlichen und technischen Versagens bei der Herstellung, der Prüfung und dem Betrieb von Reaktordruckgefäßen das Bersten eines Druckgefäßes während seiner ganzen Lebensdauer (ca. 30 Jahre) nach menschlichem Ermessen ausgeschlossen werden könne. Sollten irgendwelche Zweifel bestehen, so müssten diese klar ausgesprochen werden."[86]

Im Ad-hoc-Ausschuss bestand nach eingehender Diskussion Einigkeit darüber, dass
- die optimale Stahlart verwendet,
- die chemische Stahlzusammensetzung und die Stahleigenschaften in allen Teilen des Behälters innerhalb der vorgegebenen Toleranzen bleiben,
- die Dehnung an kritischen Stellen unterhalb der Streckgrenzendehnung sichergestellt und
- die Auswirkung von Störungen wie Schnellabschaltung, Turbinenschnellschluss, Reaktivitätsstörungen oder Kühlmittelverlust durch große Lecks beherrscht werden müsse.

Man stellte einvernehmlich fest, dass die Rechenmethoden noch nicht ausreichten, um die Spannungsspitzen an geometrisch komplizierten Stellen quantitativ zu erfassen. Es wurde auf die neue Methode der Finiten Elemente hingewiesen, die auch auf RDB angewendet werden könne. Der Vorsitzende Wengler forderte große Anstrengungen bei der Entwicklung neuer zerstörungsfreier Prüftechniken, insbesondere des Ultraschall-Verfahrens, die eine eingehende Prüfung des RDB auch während des Reaktorbetriebs erlaubten.

Die Ausschussmitglieder erarbeiteten auf dieser ersten Sitzung einen Fragenkatalog über

[83] ebenda, S. 7 f.

[84] BA B 138–3449, Ergebnisprotokoll 52. RSK-Sitzung, 21.7.1969, S. 10.

[85] Ende November 1965 schrieb das USACRS der USAEC einen Aufsehen erregenden Brief, in dem Schutzmaßnahmen gegen das RDB-Bersten empfohlen wurden (s. Kap. 6.6.2).

[86] AMUBW 3410.4.5 A I, Kurzprotokoll der 1. RSK-Ad-hoc-Ausschusssitzung „Reaktordruckbehälter" am 7. 11. 1969, S. 3.

RDB, der mehr als 50 Fragen umfasste und in folgende Abschnitte gegliedert war:[87]

- Auslegung und Berechnung
- Werkstoffe und Herstellung
  - Kenntnis der Werkstoffeigenschaften
  - Herstellungsverfahren
  - Schweißen
  - Wärmebehandlung und Eigenspannungen
  - Herstellungsort
- Erst- und periodisch wiederkehrende Prüfungen
- Betriebliche Einflüsse und Randbedingungen
- Menschliches Versagen.

Dieser Fragenkatalog wurde umgehend der Firma Siemens mit der Bitte um Beantwortung zugeleitet. Der Ausschuss werde auf dieser Grundlage ein abschließendes Urteil zum RDB des Kernkraftwerks Biblis abgeben.

Auf der zweiten Sitzung des Ad-hoc-Ausschusses am 25.11.1969 wurden die Experten der Industrie zur Fertigung des RDB für das Kernkraftwerk Biblis angehört. Es waren von der Siemens AG (Reaktorhersteller), vom Betreiber Rheinisch-Westfälisches Elektrizitätswerk AG (RWE), vom RDB-Hersteller Gutehoffnungshütte Sterkrade AG (GHH), von der Thyssenröhrenwerke AG und der BASF insgesamt 14 hochrangige Sachverständige erschienen.

Diese zweite Sitzung brachte das Ergebnis, dass der Ad-hoc-Ausschuss RDB keine Befürchtungen hatte, der Biblis-RDB könne innerhalb der vorgesehenen Betriebszeit bersten. Es sei aber sicherzustellen, dass unzulässig hohe oder tiefe Temperaturen oder Drücke – auch durch eine bewusste Schädigungsabsicht eines Einzelnen – nicht auftreten könnten. Eine gründliche Fertigungskontrolle zur Entdeckung und Vermeidung menschlicher Fehler dürfe durch dafür erforderlichen zeitlichen und finanziellen Aufwand nicht beeinträchtigt werden. Der Ad-hoc-Ausschuss werde den Fertigungskontrollplan der beteiligten Firmen sowie der Sachverständigengremien überprüfen.

Bei den Beratungen wurde Einvernehmen darüber erzielt, dass

- unzureichende Berechnungsmethoden durch Dehnungsmessungen unterstützt,
- Einflüsse von Analyseschwankungen im Werkstoff, von unterschiedlichen Wanddicken und Herstellungsbedingungen auf die Festigkeitseigenschaften untersucht,
- die während der Schweißvorgänge entstehenden Gefüge analysiert und
- alle Abweichungen von den vorgegebenen Arbeitsgängen und alle Reparaturen den überwachenden Stellen zur Kenntnis gegeben und protokolliert werden müssten.

Die Informationen über die Werkstoffversprödung durch Bestrahlung hielten die Experten für noch nicht umfassend genug. Es sollten vorgespannte Proben eingeplant werden, die unter Berücksichtigung von Neutronenfluss, Zeit und Temperatur eine voreilende Beurteilung des Behälterwerkstoffs erlaubten.[88, 89]

Die dritte Sitzung des Ad-hoc-Ausschusses am 23.1.1970 diente der Überprüfung des Netzplans der Fertigungskontrolle für den Biblis-RDB, im Einzelnen den Schweiß-, Wärmebehandlungs- und Prüfplänen. Eine eingehende Diskussion galt den Möglichkeiten und Grenzen der Ultraschall-Prüfung sowie des Betatron-Durchstrahlungsverfahrens. Zum Restrisiko des RDB-Versagens wurde vonseiten des TÜV-Bayern angemerkt, dass die Frage, ob für den Fall eines solchen Versagens irgendwelche Vorsichtsmaßnahmen zu treffen seien, vom Standpunkt der Technik nicht mehr beantwortet werden könne, so klein sei die Versagenswahrscheinlichkeit. „Die Forderung nach solchen Vorsichtsmaßnahmen lässt sich also nicht mit der Versagenswahrscheinlichkeit, sondern allenfalls mit den Versagensfolgen begründen. Die Entscheidung, ob eine solche Forderung zu stellen ist, gehört zu den grundsätzlichen Annahmen der Unfallphilosophie und überschreitet damit die Kompetenz des Gutachters für ein Ein-

---

[87] AMUBW 3410.4.5 A I, Anlage zu den Kurzprotokollen der ersten vier Sitzungen des RSK-Ad-hoc-Ausschusses RDB.

[88] AMUBW 3410.4.5 A I, Kurzprotokoll des 2. RSK-Ad-hoc-Ausschusses RDB am 25.11.1969, S. 3–6.

[89] Es handelte sich um Reaktorwerkstoffproben, die unter Zugspannung so in den RDB eingehängt werden, dass sie während des Betriebs einem größeren Neutronenfluss ausgesetzt sind als der RDB selbst.

zelprojekt."[90] Diese grundsätzliche Frage wurde im Zusammenhang mit der Planung des Kernkraftwerks BASF/Ludwigshafen (s. Kap. 6.6.4) mit Nachdruck gestellt und politisch entschieden.

Die vierte Sitzung des Ad-hoc-Ausschusses RDB befasste sich am 4.2.1970 mit dem RDB des Siedewasserreaktors Brunsbüttel, der nach USA-Vorschriften von der Firma De Rotterdamsche Droogdock Maatschappij N. V. (RDM) hergestellt wurde. Unterlieferanten waren die Firmen Marrel, Frankreich, (Behälterwerkstoff, Bleche), Breda, Italien, (Deckel und Boden), Ladish, USA, (Flanschring) und Sulzer, Schweiz, (Baustellenschweißungen). Der Ad-hoc-Ausschuss verabschiedete für den Reaktorhersteller AEG eine lange Liste von Anforderungen an die Fertigungskontrolle und Prüfung des Brunsbüttel-RDB.[91]

Die in den Beratungen des Ad-hoc-Ausschusses RDB immer wieder spürbar gewordenen Unsicherheiten ließen den RSK-Vorsitzenden Wengler zu dem Entschluss kommen, den Stand von Wissenschaft und Technik im Druckbehälterwesen grundlegend und umfassend abklären zu lassen. Angesichts der außerordentlichen Ausbaupläne für die Kernenergie sollten mögliche Forschungslücken umgehend geschlossen werden (s. Kap. 10.2.3).

Der RSK-Ad-hoc-Ausschuss RDB tagte noch ein fünftes Mal am 23.6.1971 und wurde danach aufgelöst. Am 8. Dezember 1971 konstituierte sich der RSK-Unterausschuss (UA) Reaktordruckbehälter (RDB) unter dem Vorsitz des Direktors beim Rheinisch-Westfälischen TÜV, Rudolf Trumpfheller. Dieser Ausschuss behandelte in der Folge auch die übrigen Komponenten des Primärkreises sowie alle sicherheitstechnisch bedeutsamen druckführenden Teile des Sekundärkreises. Trumpfheller blieb bis Februar 1990 Vorsitzender dieses RSK-Ausschusses, der Anfang 1981 den Namen „Druckführende Komponenten" erhielt. Von der 172. Sitzung am 20.2.1990 bis zur 263. Sitzung am 7.10.1998, nach der die Bundesumweltminister Jürgen Trittin (Grüne) die

RSK-Mitglieder in ihrer damaligen Zusammensetzung entließ, war Karl Kußmaul Vorsitzender dieses für die Arbeit der RSK sehr bedeutenden Ausschusses.

10.2.3 Der MPA-Statusbericht 1970/1971 und der IRS-Statusbericht 1973/1976

Am 9. März 1970 besuchte der RSK-Unterausschuss „Forschung" die MPA Stuttgart, um ungeklärte Fragen zur Bruchsicherheit von RDB und den aus der Sicht der MPA bestehenden Forschungsbedarf zu erörtern. Der RSK-Vorsitzende Wengler und das RSK-Mitglied Zuehlke wurden von Sachverständigen des Bundesministeriums für Bildung und Wissenschaft (BMBW), IRS (später GRS), TÜV und des Instituts für Mess- und Regelungstechnik begleitet. Zur Sitzung wurden Vertreter der Industrie, namentlich der Farbwerke Hoechst, BASF, AEG und MAN sowie des Batelle-Instituts hinzugezogen. Wellinger, Kußmaul und Sturm erläuterten seitens der MPA Stuttgart die Forschungsprojekte an Rohren, Kugelbehältern, Kesseltrommeln und geschweißten Großproben, die seit 1963 durchgeführt wurden oder geplant waren, ergänzt durch spezielle Analysen von Schadensuntersuchungen. Aus dem bisher erreichten Erkenntnisstand ließ sich ableiten, dass für die Brüche bei niedriger Nennspannung (Spannung unterhalb der Auslegungsspannung) folgende Hauptursachen verantwortlich seien:

- ungünstiger Ausgangs-Werkstoffzustand,
- örtliche Versprödung (einschließlich Aufhärtungen und Gefügeeigenspannungen),
- ungünstiger Gesamtspannungszustand (einschließlich Restspannungen und Kerbwirkung).[92]

In der Sitzung vom 9. März 1970 erzielte man Einigkeit, dass vor allem die Probleme der Rissmechanik und der Wärmebehandlung an definierten

---

[90] AMUBW 3410.4.5 A I, Kurzprotokoll des 3. RSK-Ad-hoc-Ausschusses RDB am 23.1.1970, S. 6.

[91] AMUBW 3410.4.5 A I, Kurzprotokoll der 4. RSK-Ad-hoc-Ausschusses RDB am 4.2.1970, S. 10–12.

[92] AMPA Ku 124, Kußmaul, K.: Ausführungen zu Punkt 1 der Tagesordnung für die Sitzung des Unterausschusses „Forschung" der Reaktor-Sicherheitskommission am 9.3.1970 in Stuttgart (Niederschrift in Kurzfassung vom 18.3.1970).

Schweißnähten unter Beachtung der Grenzbeanspruchungen zu untersuchen wären, wobei es zweckmäßig erschien, Versuche an bauteilähnlichen Versuchskörpern durchzuführen. Dabei wurde die übergeordnete MPA-Fragestellung deutlich: Lässt sich das Festigkeitsverhalten von RDB bei nicht richtig wärmebehandeltem Werkstoff, bei nicht einwandfreier Schweißung, bei Vorhandensein von Eigenspannungen und Rissen sicher beurteilen? Wie wirken sich Abweichungen von der optimalen chemischen Analyse und Wärmebehandlung aus? Können durch Versuche Verformungsfähigkeit bzw. Sprödbruchneigung und Ermüdungsverhalten, kritische Rissgröße und Rissfortschritt bis zum Instabilwerden eindeutig herausgefunden werden?[93] Die Forschungsaufgabe bestand für die MPA Stuttgart also darin, die Auswirkungen von qualitätsmindernden Einflüssen so genau zu erfassen, dass es möglich ist, den Sicherheitsabstand mechanischer Reaktorkomponenten gegenüber ihrem katastrophalen Versagen quantitativ berechenbar zu bestimmen.

Auf Vorschlag Zuehlkes, einen Koordinierungsausschuss für Forschungsprogramme zu bilden, empfahl der RSK-Vorsitzende Wengler, diese Aufgabe der MPA Stuttgart zu übertragen. Die MPA solle als Hauptforschungsstelle auch Unteraufträge an andere Forschungsinstitutionen vergeben können. Das BMBW stellte in Aussicht, sich an der Finanzierung der in der MPA geplanten Versuche an geschweißten Großproben aus dem Reaktorbaustahl 22 NiMoCr 3 7 und an der Stahlbeschaffung zu beteiligen.[94]

Das BMBW traf nach allen Beratungen und Gesprächen die Entscheidung, auf dem Gebiet der Druckbehälterforschung neue Programme aufzustellen, diese aber systematischer („gezielter") als bisher anzulegen. Als Grundlage einer neuen Forschungsplanung sollte ein Statusbericht über den wissenschaftlich-technischen Wissensstand über alle für die Sicherheit von RDB wichtigen Einflussgrößen in der Bundesrepublik, den EWG-Staaten, England, USA und Japan dienen, den zu erstellen die MPA Stuttgart beauftragt wurde.[95] Neben den Literatur auswertenden Studien und brieflichen Kontakten sollten auch mehrere Informationsreisen unternommen werden. Es sollten die vorhandenen Unsicherheiten und Wissenslücken identifiziert und unter Berücksichtigung der deutschen und ausländischen Forschungsaktivitäten die in der Bundesrepublik erforderlichen Forschungsarbeiten angegeben und begründet werden. Die MPA Stuttgart legte dem BMBW dazu am 27.4.1970 einen detaillierten Vorschlag vor.

Die Vertreter der MPA Stuttgart, Kußmaul und Sturm, suchten zusammen mit je einem Beobachter aus dem IRS und dem TÜV Bayern, Bazant und Rumpf, zahlreiche Firmen und Forschungsinstitute in den Vereinigten Staaten von Amerika und Großbritannien auf.[96] Das amerikanische Programm war von W. H. Tuppeny Jr., dem späteren Vice President der Fa. Combustion Engineering Inc., Stamford, Ct., vorbereitet worden.[97] Unter den besuchten Stellen waren in den USA die Forschungslabors der Herstellerfirmen Westinghouse, Babcock & Wilcox, Combustion Engineering und die Forschungsanstalten Oak Ridge National Laboratory, US Naval Research Laboratory, Battelle Memorial Institute, South-West Research Institute sowie die einschlägigen Vereinigungen American Society of Mechanical Engineers, American Welding Society und Pressure Vessel Research Committee. In Großbritannien wurden u. a. die UKAEA und deren Forschungslabors in Risley, Warrington, Culcheth und Thurso besucht sowie The Welding Institute in Abington, die Berkeley Nuclear Laboratories in Berkeley, Gloucester, und das National Engineering Laboratory in East Kilbride, Glasgow. Auf eine beson-

---

[93] ebenda, S. 2–4.

[94] AMPA Ku 124, Protokoll zur RSK-Sitzung, Unterausschuss „Forschung", am 9. 3. 1970 in der MPA Stuttgart, 11.3.1970, S. 1–3.

[95] IRS-F – 5, Forschungsprojekt RS-46: Statusbericht über laufende und geplante Forschungsarbeiten auf dem Gebiet der Druckbehälter, Laufzeit 1.5.1970 bis 31.7.1971, Köln, März 1971, S. 54.

[96] AMPA Ku 150, MPA Stuttgart: Forschung auf dem Kernreaktor-Druckbehälterwesen, Statusbericht (Entwurf) erstellt im Auftrag des Bundesministeriums für Bildung und Wissenschaft Bonn, (MPA-Statusbericht), Stand Frühjahr 1971, Juni 1971, S. 3.

[97] Persönliche Mitteilung von Prof. Dr.-Ing. Karl Kußmaul.

dere Reise nach Japan wurde zunächst verzichtet und stattdessen Informationen auf dem Wege langjähriger persönlicher Verbindungen zu den führenden japanischen Forschungseinrichtungen beschafft.

Bei allen Kontakten wurden die Auffassungen der MPA vorgetragen und eingehend erörtert. Die deutschen Besucher und Gesprächspartner wurden überall freundlich und zuvorkommend behandelt und mit allen gewünschten Informationen versorgt.

Der Direktor des amerikanischen HSST (Heavy Section Steel Technology) -Programms (s. Kap. 10.1.1), F. Joe Witt, besuchte am 15.9.1971 auf dem Rückweg von der vierten Genfer Atomkonferenz der Vereinten Nationen (6.–16.9.1971) die MPA Stuttgart, um die im Oak Ridge National Laboratory begonnenen Gespräche fortzusetzen und an den Diskussionen um eine zielgerichtete deutsche Forschungsplanung teilzuhaben. Eine Woche später traf sich Witt im Beisein von Kußmaul in Berlin mit Vertretern von Siemens/KWU, AEG-Telefunken, Westinghouse und Forschungsinstituten. Als Ergebnis seiner Gespräche in Stuttgart und Berlin hielt er fest: „I do see a very real potential for a strong cooperative effort with the HSST program based on a frequent exchange of information both in person and by mail."[98] Dieser intensive Austausch zwischen den amerikanischen und deutschen Forschungsarbeiten entwickelte sich in der Tat zu beiderseitigem Nutzen. Die Tatsache, dass Witt bereits im Besitz eines Exemplars des offiziell noch nicht freigegebenen MPA-Statusberichts war und am Rande der Genfer Konferenz darüber Gespräche führte, war allerdings Anlass zu einem distanzierten Briefwechsel zwischen BMBW und MPA.

Der 106 Seiten, zahlreiche Beilagen und Anhänge umfassende MPA-Statusbericht enthielt eine Übersicht über den Stand der Entwicklungsarbeiten in den besuchten Ländern. Überall wurde es als entscheidend wichtig angesehen, die Einflüsse zu erfassen, die bei der Herstellung und dem Betrieb eines Druckbehälters den Werkstoff schädigen, insbesondere zu seiner Versprödung führen.

Während der Erarbeitung des MPA-Statusberichts wurden zwei Ereignisse bekannt, die den Fortgang der Planungen stark beeinflussten:

- Nach Schweißarbeiten und dem Spannungsarmglühen bei der Herstellung der Dampferzeuger aus dem Reaktorbaustahl 22 NiMoCr 3 7 für das Kernkraftwerk Stade, im Zeitraum 1967–1970, traten größere Nebennahtrisse längs und quer zur Naht an induktiv geglühten Längs- und Rundnähten auf, die im Herbst 1970 schließlich zur Entnahme einer Schliffprobe durch die MPA Stuttgart führten. Die Untersuchung ergab interkristalline Rissbildung, die von der MPA gegen die Meinung der damit befassten Fachwelt als „Relaxationsversprödung mit Rissbildung" bezeichnet wurde[99] (s. Kap. 10.2.5).

- Mitte des Jahres 1970 wurden bei Labor-Untersuchungen unter der Austenitplattierung des Moderatorkühlers für das argentinische Kernkraftwerk Atucha-1[100] kleine Risse im Grundwerkstoff 22 NiMoCr 3 7 (Unterplattierungsrisse) festgestellt (s. Kap. 10.2.4).

Der in der Bundesrepublik Deutschland im Reaktor-Druckbehälterbau fast ausschließlich verwendete Stahl 22 NiMoCr 3 7 (ASTM A 508 Cl. 2) hatte als gut geeignet für Schweißverbindungen gegolten. Nun zeigte er sich unter bestimmten Umständen empfindlich gegenüber Versprödung und Rissbildungen in Schweißeinflusszonen.

Die Empfehlungen des MPA-Statusberichts für die anstehende Forschungsplanung des BMBW konzentrierten sich ganz auf die Erforschung dieser Phänomene. Bei deren Klärung war zu erwarten gewesen, dass auch die übrigen Fragestellungen wie die Sicherung ausreichender Zähigkeit bei Langzeitbeanspruchung durch Temperatur und Bestrahlung beantwortet werden konnten. Es wurden deshalb vorgeschlagen:

---

[98] AMPA Ku 124, Brief von F. J. Witt an Karl Kußmaul vom 7.10.1971.

[99] MPA-Statusbericht, a. a. O., S. 40–41.

[100] Central Nuclear Atucha (CNA) der staatlichen Comisión de Energía Atómica (CNEA), 345 MW$_{el}$, schwerwassermoderierter Natururanreaktor, Hersteller Siemens/KWU.

- Dringlichkeitsprogramme zur Klärung der mit Versprödungserscheinungen und/oder Rissbildungen in der Wärmeeinflusszone des Werkstoffs 22 NiMoCr 3 7 zusammenhängenden Sicherheitsfragen sowie
- Grundlagenprogramme für die Erstellung von umfassenden Unterlagen für den Sicherheitsnachweis hinsichtlich der verwendeten Werkstoffe, ihrer Verarbeitung und ihrer Konstruktions- und Berechnungsprinzipien.[101]

Für die Bruchsicherheit der druckführenden Umschließung wurden drei Hauptkriterien genannt: Höhe der Beanspruchung, Zähigkeit und Fehlerfreiheit. Diesen maßgebenden Kriterien wurde eine größere Zahl von Einflussgrößen sowie Nachweisverfahren für die tatsächlich vorliegenden Sachverhalte zugeordnet. Die Höhe der Beanspruchung eines Bauteils hänge nicht nur von den einwirkenden Drücken, Temperaturen und Temperaturdifferenzen ab; seine Form und die Anordnung der Schweißnähte seien ebenfalls von großem Einfluss. Die Zähigkeit des Grundwerkstoffs werde von seiner chemischen Zusammensetzung einschließlich der Begleit- und Spurenelemente sowie der Wärmebehandlung wesentlich bestimmt. Von hoher Bedeutung seien dabei der Reinheitsgrad, die Wanddicke und der Grad der vorausgegangenen Verformung durch Schmieden oder Walzen. Schweißverbindungen seien darüber hinaus vielfältigen weiteren Einflüssen ausgesetzt. Zur Feststellung der Fehlerfreiheit bedürfe es geeigneter und zuverlässiger Überwachungs- und Prüfmethoden.[102]

Zu den Zielsetzungen der vorgeschlagenen Untersuchungen gehörten:

- Ermittlung von rissunempfindlichen Werkstoffzusammensetzungen
- Bestimmung der mechanischen Eigenschaften der Grundwerkstoffe unter Berücksichtigung des tatsächlichen Werkstoffzustands im Bereich der rissigen Schicht und im Bereich der Wärmeeinflusszone von Verbindungsschweißnähten, selbst wenn ungünstige metallurgische Werkstoffzustände gegeben sind.
- Versuche an bauteilspezifischen Großproben zur Überprüfung, wie die Versuchsergebnisse

an Modellen kleiner und mittlerer Größe auf Großbauteile übertragbar sind.
- Verbesserung der Ultraschall-Prüftechnik und anderer zerstörungsfreier Prüfverfahren.[103]

Das Fazit des MPA-Statusberichts war: *„Erst wenn alle diese Fragen, die insbesondere auf mögliche Versprödung in den Wärmeeinflusszonen und damit unmittelbar im Zusammenhang stehenden typischen Rissbildungen abzielen, zufriedenstellend beantwortet werden können, ist die Sicherheitsbetrachtung ausreichend."*[104] Im MPA-Statusbericht wurde erkennbar, dass die deterministische Quantifizierung des Sicherheitsabstands das eigentliche, übergeordnete Forschungsziel der MPA war.

In den USA waren seit Anfang der 50er Jahre große Anstrengungen unternommen worden, die Riss- und Bruchempfindlichkeit von geschweißten Stahlkonstruktionen auf der Grundlage deterministischer Analysen zu ermitteln, die von ingenieursmäßigen Erfahrungen und Einschätzungen unabhängig sind. Eine wichtige Grundlage hierfür lieferten die Arbeiten des Naval Research Laboratory (NRL) in Washington, D. C., in den Abteilungen Metallurgie und Mechanik. Die bahnbrechenden Forschungen des NRL waren von den schweren Schäden durch Sprödbrüche in der stählernen, durch Schweißnähte verbundenen Außenhaut zahlreicher US Liberty-Schiffe im 2. Weltkrieg angestoßen worden, die zum völligen Auseinanderbrechen des Schiffsrumpfs auf See führten. Innerhalb von 10 Jahren sanken etwa 100 Schiffe. Manchmal brachen sogar ganze Schiffskörper schon im Dock auseinander. Offenbar wurden schon früh bereits im Zuge der Fertigung aufgetretene Rissbildungen nicht ernst genommen. Die Risse waren bei niedrigen Temperaturen bereits bei niedriger Belastung (Niedrigspannungsbrüche – low stress fractures) teilweise bei Nennspannungen weit unterhalb der Streckgrenze der verwendeten Werkstoffe (yield stress elastic) aufgetreten und bevorzugt von kleinen „scharfen" Anrissen in den spröden Wärmeeinflusszonen der Schweißnähte ausgegangen. Selbst Elektrodenzündstellen oder Strichraupen reichten aus, um große Brüche auszulösen.

---

[101] MPA-Statusbericht, a. a. O., S. 89, Anhang 4–1, Tafel 9.

[102] Anhang 4–2, Tafel 8 aus dem MPA-Statusbericht S. 88.

[103] MPA-Statusbericht, a. a. O., S. 14 f.

[104] ebenda, S. 4.

Es ist nach Auffassung vieler Fachleute an erster Stelle das Verdienst von William S. Pellini, des Direktors der Metallurgischen NRL-Abteilung, mit den von ihm im 2. Weltkrieg durchgeführten Forschungsarbeiten, die er über viele Jahre mit seinen Kollegen und Mitarbeitern unbeirrt weitergeführt hat, den Grundstein zu einer international bis heute unangefochtenen, breit angelegten Sicherheitstechnik für weite Bereiche risikoreicher Stahlbau-Anwendungen gelegt zu haben. Seine grundlegenden Entwicklungsarbeiten sind in seiner Schrift vom September 1969,[105] seine Lebensleistung ist in seinem 1976 erschienenen Buch „Principles of Structural Integrity Technology" dargestellt.[106] Wegen der grundsätzlichen Bedeutung der NRL-Beiträge für die Entwicklung der Reaktorsicherheit erscheint es an dieser Stelle angebracht, einen technikhistorischen Einblick in die Wege aufzuzeigen, wie sie von Anfang an beschritten worden sind.

Man erkannte früh, dass es beim Integritätsverlust durch große Brüche in Stahlbauteilen auf die Temperatur ankommt (cracked body temperature range). Entscheidend ist die Übergangstemperatur von sprödem zu zähem Verhalten ferritischer Stähle (ductility transition temperature). Die NDT-Temperatur (Sprödbruch-Übergangstemperatur) gibt die Grenze an, bis zu der ein im Wesentlichen verformungsloser (spröder) Bruch eintritt und oberhalb derer ein Bruch nur nach größerer plastischer Verformung stattfindet.[107, 108] „Überraschenderweise waren große – einige Zoll lange – Risse, die bereits im gleichen Blech vorhanden waren, für die katastrophalen Brüche

nicht verantwortlich. Dieser verwirrende Aspekt konnte später mit der Erkenntnis aufgeklärt werden, dass diese bereits vorhandenen großen Risse Anfangsrisse waren, die bereits gestoppt waren und dadurch eine weniger kritische, abgestumpfte (blunted) Rissspitze als Kennzeichen aufwiesen."[109]

Der (statische) Zugversuch war nicht dazu geeignet, die Sprödbrüche zu untersuchen, wogegen sich eine Schlagbeanspruchung, wie sie bereits seit etwa 1905 von Georges Charpy eingeführt worden war,[110] als das Hilfsmittel erwies, um den mit steigender Temperatur relativ schnellen Übergang von Spröd- zu Zähbrüchen zu ermitteln. Im NRL wurde erkannt, dass die Höhe der Kerbschlagarbeit-Hochlage von der chemischen Zusammensetzung und dem Gefüge des Stahls abhängt.[111] Für andere im Stahlbau verwendete Stähle fanden NRL-Forscher schon 1953 heraus, dass die für die Stähle der Liberty-Schiffe angegebene, auf eine Kerbschlagarbeit von 10 bis 20 ft. lb (14 bis 28 J) bezogene Sprödbruch-Übergangstemperatur bei merklich höherer Kerbschlagarbeit lag (s. Anhang 5). Diese ernüchternde Einsicht bedeutete, dass das Zähigkeitskriterium 10–20 ft · lb Kerbschlagarbeit nicht verallgemeinert werden durfte und führte zur Entwicklung von Probekörpern mit natürlichen Rissen (evolution of natural crack tests). Man ging dabei von den Erkenntnissen über die Bedeutung der Mikrobruchprozesse bei der Einleitung von Trennbrüchen aus, wie sie vor allem in besonders spröden Bereichen von Schweißnähten in der Wärmeeinflusszone (WEZ) spon-

[105] Pellini, W. S.: Evolution of Engineering Principles for Fracture-Safe Design of Steel Structures, Naval Research Laboratory, NRL Report 6957, Washington, September 1969, 100 S.

[106] Pellini, W. S.: Principles of Structural Integrity Technology, Office of Naval Research, Arlington, Va., 1976, 311 S.

[107] Puzak, Peter P., Eschbacher, Earl W. und Pellini, William S.: Initiation and Propagation of Brittle Fracture in Structural Steels, Welding Journal, Welding Research Supplement, Dezember 1952, S. 561-s bis 581-s.

[108] Puzak, P. P., Schuster, M. E. und Pellini, W. S.: Crack-Starter Tests of Ship Fracture and Project Steels, Welding Journal, Welding Research Supplement, Oktober 1954, S. 481-s bis 495-s.

[109] Pellini, W. S.: Evolution of Engineering Principles for Fracture-Safe Design of Steel Structures, Naval Research Laboratory, NRL Report 6957, Washington, September 1969, S. 4

[110] Die Kerbschlagarbeit als Maß für die Zähigkeit wird mit einem Pendelschlagwerk bestimmt (DIN EN 10045-1). Die heute übliche Probenform wurde bereits Anfang des 20. Jahrhunderts entwickelt und nach dem französischen Metallurgen Georges Charpy (1865–1945) als Charpy V-Probe bezeichnet.

[111] Pellini, W. S. und Puzak, P. P.: Practical Considerations in Applying Laboratory Fracture Test Criteria to the Fracture-Safe Design of Pressure Vessels, Journal of Engineering for Power, Transactions of the ASME, Oktober 1964, S. 429–443.

tan ablaufen. „Dementsprechend unterliegen die angrenzenden Werkstoffbereiche einer dynamischen Beanspruchung durch einen ultrascharfen natürlichen Riss. Das mechanische Verhalten der Struktur als Ganzes ist äquivalent zu dem, was für eine dynamische Belastung erwartet werden kann."[112]

Analysen zur Erkundung eines technologischen Kennwerts lagen zunächst Fallgewichtsversuche (s. Anhang 6–1), dann Explosion Crack Starter Tests (s. Anhang 6–2) zugrunde, wobei auf die Probekörper jeweils eine kurze, spröde Strichraupe im Mittenbereich gelegt worden war. Auf diese Weise gelang es, Sprödbrüche bei Temperaturen zu erzeugen, wie sie zum Zeitpunkt der Schiffskatastrophen vorherrschten. Der Ausdruck Nil Ductility Transition (NDT) Temperature bezog sich auf die erlangten verformungslosen Brüche.[113] Der Wunsch nach einem einfachen, genormten Laborversuch zur Bestimmung der NDT-Temperatur führte 1953 zur Einführung des heute üblichen Fallgewichtsversuchs mit begrenzter Durchbiegung (Drop Weight Test), s. Anhang 6–1. Wegen der auf den ersten Blick fragwürdigen Reproduzierbarkeit der NDT-Temperatur als ein maßgebliches Sprödbruchkriterium im technischen Regelwerk wurden weltweite Versuchsreihen durchgeführt, so auch im Rahmen des FKS, Einzelvorhaben Round Robin Test.[114] Für die dort zugrunde liegenden Ausführungsbestimmungen ergaben sich übereinstimmende Ergebnisse.

Bei der Ermittlung der Bedingungen für das Auffangen von sich fortpflanzenden (laufenden) Rissen konnte sich Pellini auf den englischen Robertson-Rissstoppversuch[115] abstützen, den er als besonders aussagefähig ansah. Gegenüber dem Original kamen in anderen Ländern wie den USA oder Japan einige Abwandlungen zur Anwendung. In den Esso-Laboratorien (in denen die Mineralölfirma ihre Lagertanks testete)[116] war dies der Esso-Test (s. Anhang 6–3) und in Japan der Double Tension Test (s. Anhang 6–3) zusätzlich zum Esso-Test. Die Unterschiede bestehen allein in der Art der Krafteinleitung. Beim Original erfolgt die Bruchauslösung nach der Verformung der Probennase, beim Esso-Test durch das Hineinschlagen eines Keils in die Auslösekerbe und beim Double Tension Test durch eine in die eigentliche Prüfmaschine integrierte zweite Zugvorrichtung. Alle Proben stehen unter Zugspannung senkrecht zur Richtung der Bruchausbreitung. Man unterscheidet zwischen isothermischem und Gradientenversuch. Als Bewertungskriterium dient die Temperatur, bei der der Riss zum Stehen kommt. Weitere vielfältige Probenformen mit unterschiedlichen Rissstartern wurden entwickelt und verwendet.[117]

---

[112] Pellini, W. S.: Evolution of Engineering Principles for Fracture-Safe Design of Steel Structures, Naval Research Laboratory, NRL Report 6957, Washington, September 1969, S. 13.

[113] Pellini, W. S.: Evolution of Engineering Principles for Fracture-Safe Design of Steel Structures, Naval Research Laboratory, NRL Report 6957, Washington, September 1969, S. 14–19.

[114] Forschungsvorhaben Komponentensicherheit, RS 304 A, Einzelvorhaben 07, Herstellungszustand, TWB 07/2 Fallgewichtsversuch und instrumentierter Kerbschlagbiegeversuch, MPA Stuttgart, Feb. 1983.

[115] Robertson, T. S.: Propagation of Brittle Fracture in Steel, Journal of the Iron and Steel Institute, Vol. 175, 1953, S. 361–374.

[116] Pellini, W. S.: Evolution of Engineering Principles for Fracture-Safe Design of Steel Structures, Naval Research Laboratory, NRL Report 6957, Washington, September 1969, S. 22.

[117] s. beispielsweise:

1) Gillot, Rainer: Experimentelle und numerische Untersuchungen zum Rissstopp-Verhalten von Stählen und Gusseisenwerkstoffen, Technisch-wissenschaftliche Berichte der MPA Stuttgart, Heft 88–03, 1988, Univ. Stuttgart Diss. 1988.

2) Elenz, Thomas: Experimentelle und numerische Untersuchungen von instabiler Rissausbreitung und Rissstopp beim schnellen Bruch von zugbelasteten Platten, Technisch-wissenschaftliche Berichte der MPA Stuttgart, Heft 92–03, 1992, Univ. Stuttgart Diss. 1992.

3) Pugh, C. E., Naus, D. J., Bass, B. R. und Keeney-Walker, J.: Crack Arrest Behaviour of Reactor Pressure Vessel Steels at High Temperatures, in: Kussmaul, K. (Hg.): Fracture Mechanics Verification by Large-Scale Testing, IAEA Specialists Meeting on Large-Scale Testing, EGF/ESIS Publication 8, Mechanical Engineering Publications Limited, London, 1991, S. 357–380.

Die Ergebnisse aus den Rissstopp-Versuchen zusammen mit den Resultaten aus den vorerwähnten Explosion Tests lagen der Rissauffang (Crack Arrest Temperature – CAT) -Kurve zugrunde, die durch die NDT-Temperatur nach unten abgegrenzt war. Auf dieser Grundlage entstand das Fracture Analysis Diagram (FAD),[118] das zunächst nur für kleine Probendicken bis 50 mm (small T) erstellt und später zur Berücksichtigung der Mehrachsigkeit des Spannungszustands (constraint effect) bei Reaktordruckbehältern auf große Dicken (heavy section) bis 300 mm (large T) erweitert wurde (s. Anhang 6–4). Dazu war erforderlich, extrem große, bis zu zwei Tonnen schwere Schlagbiegeproben im sog. Dynamic Tear Test (DT-Test) zu prüfen. Als Rissstarter beim DT-Test diente eine Elektronenstrahl-Schweißnaht von bestimmter Tiefe (Blindnaht), wobei ein Titan-Zusatzdraht für einen ultrascharfen Kerb sorgte, in dem das außerordentlich spröde Schweißgut bereits bei sehr geringer (elastischer) Anfangsbelastung einriss (s. Anhang 6–5). Wie aus dem FAD (auch Pellini-Bruchdiagramm genannt, s. Anhang 6–4) hervorgeht, ist es auf einfache Weise möglich, das Bruchverhalten von unterschiedlich hoch belasteten (stress) und unterschiedlich dicken (thickness T) und fehlerhaften (flaw sizes) Strukturen in Abhängigkeit von der Temperatur abzuschätzen. Die bestimmende Werkstoffkenngröße NDT (Nil Ductility Transition)-Temperatur kennzeichnet – wie bereits erwähnt – diejenige Temperatur, bei deren Überschreitung im Falle von ferritischen Stählen ein Übergang vom spröden zum zähen Bereich stattfindet und sich die Möglichkeit auftut, einen (gefährlichen) Trennbruch aufzufangen, sodass es nicht zum katastrophalen Versagen kommt.

Wie sich gezeigt hat, liefert der DT-Test interessanterweise eine auf der sicheren Seite liegende Einhüllung zu den von Edwin T. Wessel in den Westinghouse-Laboratorien unter dynamischer (K_{ld}) Belastung durchgeführten linear-

elastischen Bruchmechanikversuchen[119] (s. Anhang 6–6). Im Übrigen hat sich Pellini frühzeitig mit der Bruchmechanik eingehend und kritisch auseinandergesetzt und hierzu Stellung genommen[120].

Die damals neueste Publikation Pellinis über die Grundsätze der bruchsicheren Auslegung lag bei der Erstellung des MPA-Statusberichts vor und wurde diesem als Beilage 3 angefügt.

Gleichzeitig mit Pellinis bedeutenden Arbeiten fand in der Abteilung für Mechanik des NRL eine andere bahnbrechende Entwicklung unter der Direktion von George R. Irwin statt. Um das Jahr 1947 entwarf Irwin das Konzept, Bruchzähigkeit als Maß des Widerstands gegen Rissausbreitung aufzufassen. Auch er hatte sich eingehend mit den Liberty-Schiffen zu befassen, nachdem er 1946 für das „Projekt Sprödbruch" zuständig wurde. Aufbauend auf der kontinuumsmechanisch angelegten Theorie der Bruchmechanik von Alan A. Griffith, der sich schon während des 1. Weltkriegs in England vertieft mit den Phänomenen Bruch und Verformung auseinandergesetzt hatte, modifizierte Irwin dessen thermodynamischen Ansatz für die Energiebilanz beim Rissfortschritt. Griffiths Theorie hatte gute Ergebnisse nur für extrem spröde Stoffe wie Glas geliefert. Irwin erweiterte sie auf verformbare Werkstoffe. Er fand heraus, dass sich vor einem Sprödbruch – vor Eintritt der Instabilität – an der Rissspitze stets eine gegenüber dem vorhandenen Riss kleine plastische Zone ausbildet, welche bei der Bruchenergie-Berechnung berücksichtigt werden muss.[121] Als Stoffgesetz für die spontane Instabilität im Falle eines Mittelrisses der Länge 2a in einer unendlich breiten Platte unter der Spannung σ gilt die Spannungsintensi-

[118] Pellini, W. S. und Puzak, P. P.: Practical Considerations in Applying Laboratory Fracture Test Criteria to the Fracture-Safe Design of Pressure Vessels, Journal of Engineering for Power, Transactions of the ASME, Oktober 1964, S. 429–443.

[119] Wessel, E. T. und Mager, T. R.: The Fracture Mechanics Approach to Reliability in Nuclear Pressure Vessels, in: Wechsler, M. S. (Hg.): The Technology of Pressure-Retaining Steel Components, Proceedings of the Symposium Vail Village, Colorado, Sept. 21–23, 1970, Nuclear Metallurgy, Vol. 16, 1970, S. 119–152.

[120] Irwin, G. R., Krafft, J. M., Paris, P. C. und Wells, A. A.: Basic Aspects of Crack Growth and Fracture, NRL Report 6598, Nov. 1967.

[121] Pellini, W. S.: Evolution of Engineering Principles for Fracture-Safe Design of Steel Structures, Naval Research Laboratory, NRL Report 6957, Washington, September 1969.

tät $K_I = \sigma \times \sqrt{(\pi \times a)}$. Erreicht der Spannungsintensitätsfaktor (Proportionalitätsfaktor) K_I mit zunehmender Belastung σ den kritischen Wert K_{Ic}, tritt Versagen ein. In der Praxis wird dieser Werkstoffkennwert meist an Compact Tension (CT) -Proben (s. Anhang 7) nach der amerikanischen Vorschrift ASTM E 399 bestimmt, die so dimensioniert sind, dass an der Rissspitze nur eine kleine plastische Zone entsteht und damit die Bruchzähigkeit für den ebenen Dehnungszustand (plain strain fracture toughness) klar definiert ist. Irwin gilt als „Vater" der Bruchmechanik, die zur Analyse von Risseinleitung, zyklischem Risswachstum und Rissstopp weltweit Anwendung findet. Zu seinen engen Mitarbeitern bzw. Schülern zählten die aus der Fachliteratur bekannten Wissenschaftler Paris, Erdogan, McClintoc, Rice, Tada und nicht zuletzt Wells.

Der Engländer Alan Arthur Wells, damals Forschungsleiter bei der British Welding Research Association BWRA (später The Welding Institute), der sich seit Berufsbeginn für Sprödbruch, Anfang der 50er Jahre insbesondere auch für die Werkstoffprobleme der Liberty-Schiffe, interessierte, war von Irwins Forschungen beeindruckt und führte sie mit eigenen Studien weiter. Er konnte zeigen, dass die für den Fortschritt des spröden Risses notwendige Energie vollständig aus der in den Blechen gespeicherten elastischen Energie stammte und nicht aus äußeren Lasten. Auch konnte er den Einfluss von Eigenspannungen auf den Rissfortschritt aufzeigen. Aus diesen Arbeiten entwickelte sich in den 50er Jahren eine Kooperation zwischen Irwin und Wells. Auf diese Weise fand das von Wells am British Welding Institute eingeführte zähbruchmechanische COD-Konzept (Crack Opening Displacement Concept – s. Anhang 8), ergänzt durch das Linienintegral (J-Integral) nach James R. Rice, Eingang in eine Art übergeordnete Bruchmechanik-Strategie, wobei nicht zuletzt Großplattenversuche gebührend berücksichtigt wurden. Der im Jahr 1970 von der MPA geführte Besuch der deutschen Delegation im Oak Ridge National Laboratory (ORNL) und die vorangegangenen Besuche in Großbritannien beim Welding Institute sowie in Japan bei der Universität Tokio in den Departments of Nuclear Engineering und Naval Architecture (wo ebenfalls katastrophale Schäden an Schiffen aus-

gedehnte Sprödbruchuntersuchungen an Großplatten mit stationärem Temperaturfeld ausgelöst hatten)[122] erbrachten Erkenntnisse, die dazu beitrugen, bereits im Statusbericht die in der Bundesrepublik Deutschland einzuschlagende Richtung zur Quantifizierung der Sicherheit gegen katastrophales Versagen vorzugeben.

Karl Kußmaul ordnete die diskutierten Vorgehensweisen bei der Bruch- und Sicherheitsanalyse nach ihrer Aussagefähigkeit (Accuracy) und zunehmender Komplexität in ein Schema ein (s. Anhang 9–3), das er in dieser Form für das Sizewell Inquiry verwendete (s. Kap. 11.3.2).

Der Besuch im NRL am 27.10.1970 bot die Gelegenheit, alle Fragen zur Beherrschung des Versagens von geschweißten Bauteilen bis hin zu größten Wanddicken zusammenfassend zu erörtern. Dabei wurde auch auf das von Laurids Porse entwickelte Diagramm (s. Kap. 10.5.10) hingewiesen. Kurze Zeit zuvor hatte vom 21. bis 23. September 1970 ein Symposium des Nuclear Metallurgy and Structural Materials Committee des Institute of Metals Division von AIME sowie der Metals Engineering Division von ASME zum Thema „The Technology of Pressure-Retaining Steel Components"[123] stattgefunden. Die deutsche Delegation wurde auf die Beiträge in diesem Symposium, insbesondere auf die Ergebnisse der bruchmechanischen Untersuchungen an den Reaktordruckbehälterstählen im Rahmen des HSST-Programms[124] und bei der Fa. Westinghouse[125]

[122] vgl. Elenz, Thomas: Experimentelle und numerische Untersuchungen von instabiler Rissausbreitung und Rissstopp beim schnellen Bruch von zugbelasteten Platten, Technisch-wissenschaftliche Berichte der MPA Stuttgart, Heft 92–03, 1992, Univ. Stuttgart Diss. 1992, S. 28 f.

[123] Wechsler, M. S. (Hg.): The Technology of Pressure-Retaining Steel Components, Proceedings of the Symposium Vail Village, Colorado, Sept. 21–23, 1970, Nuclear Metallurgy, Vol. 16, 1970.

[124] Whitman, G. D. und Witt, F. J.: Heavy Steel Technology Program, in: Wechsler, M. S. (Hg.): The Technology of Pressure-Retaining Steel Components, Proceedings of the Symposium Vail Village, Colorado, Sept. 21–23, 1970, Nuclear Metallurgy, Vol. 16, 1970, S. 1–19.

[125] Wessel, E. T. und Mager, T. R.: The Fracture Mechanics Approach to Reliability in Nuclear Pressure Vessels, in: Wechsler, M. S. (Hg.): The Technology of Pressure-Retaining Steel Components, Proceedings of the Symposium Vail Village, Colorado, Sept. 21–23, 1970, Nuclear Metallurgy, Vol. 16, 1970, S. 119–152.

hingewiesen, die auch schlagartige (dynamic) Belastung und Rissstoppversuche an Bruchmechanikproben umfassten. Für die Sicherheitsanalyse wurde der Delegation ein Schaubild erläutert, das die zulässige Spannung bei festgelegter maximaler Fehlergröße in Abhängigkeit von der Temperatur angibt, wobei die (kleinere) dynamische Bruchzähigkeit zugrunde gelegt und Strahlenversprödung berücksichtigt ist, bei einer zweifachen Spannungssicherheit (s. Anhang 9–1).[126] In Anlehnung an dieses Schaubild, dem im Wesentlichen die Arbeiten aus dem Westinghouse-Forschungslabor zugrunde lagen, hat die Fa. Siemens ein Sprödbruch-Fahrdiagramm entwickelt, das jedoch praktisch keine Strahlenversprödung berücksichtigte (s. Anhang 9–2). Siemens beabsichtigte frühzeitig, zwischen Reaktorkern und RDB-Wand einen großen, neutronenabschirmenden Wasserspalt vorzusehen, der eine stärkere Strahlenversprödung wirksam verhindert. Beide Diagramme wurden dem MPA-Statusbericht beigefügt (als Bild 17, S. 69 und Bild 23, S. 79).

Prof. William S. Pellini hatte beim Zustandekommen des 1977 durch Konsistorialvertrag mit der Industrie vereinbarten groß angelegten BMFT-Forschungsprogramms Komponentensicherheit (FKS, s. Kap. 10.5) eine bedeutende Rolle. Vor dessen endgültiger Bewilligung befragte der BMFT die USNRC nach deren Meinung. Die damalige USNRC-Vorsitzende (chairman) Dixy Lee Ray bat den BMFT, eine Anhörung Prof. Kußmauls bei der USNRC unter Leitung von Pellini im Beisein amerikanischer Wissenschaftler durchführen zu dürfen. Der BMFT stimmte mit der Bitte zu, zwei von ihm benannte Beobachter aus dem BMFT (Dr.-Ing. Diethard Lummerzheim) und aus der RSK (Dipl.-Phys. Rudolf Trumpfheller) zuzulassen. Nach Abschluss der mehrstündigen Befragung und Erörterung empfahl Pellini uneingeschränkt das Forschungsvorhaben FKS, umsomehr, als es seinen Vorstellungen über die Analyse der Bauteilzähigkeit „cracked-body ductility" entsprach.

Die Optimierung der Werkstofftechnik einerseits und die Einbeziehung von kritischen Werkstoff- und Fehlerzuständen in Halbzeugen und Bauteilen samt Ausschussteilen (worst case) an-

dererseits waren als entscheidende Forschungsaufgaben in den von der MPA empfohlenen Grundlagenprogrammen ausdrücklich enthalten. Die hier zum Ausdruck kommende Zielrichtung der Sicherheitsforschung bedeutete, von probabilistischen Betrachtungen zu deterministischen überzugehen, bei denen nicht mehr große Streubreiten der Werkstoffeigenschaften und des Festigkeitsverhaltens angenommen werden müssen. Diese im MPA-Statusbericht vom Juni 1971 in grundlegenden Ansätzen enthaltenen Fragestellungen wurden im Rahmen des BMFT-Forschungsvorhabens Komponentensicherheit (FKS) aufgegriffen und in einem Zeitraum von rund 20 Jahren mit aufwändigen Forschungsprojekten abgearbeitet (s. Kap. 10.5). Auf der Grundlage dieser Überlegungen war es auch möglich, die Basissicherheits-Konzeption zu entwickeln und gegen Ende der 70er Jahre in das Regelwerk einzubringen (s. Kap. 11.2).

Der gedruckte Entwurf des MPA-Statusberichts wurde Anfang September 1971 an einen größeren Verteilerkreis in Industrie, Instituten und Verbänden verschickt. Provoziert vom MPA-Fazit, beklagten sich umgehend Vertreter der Industrie, des TÜV Rheinland und des IRS beim BMBW darüber, dass der Bericht nicht in ausreichendem Maße alle sicherheitstechnisch bedeutsamen Vorhaben gewürdigt habe.[127] Die Reaktion der Herstellerfirma AEG war besonders negativ. Sie könne die Analyse des Standes der Technik auf diesem Gebiet so nicht anerkennen und fordere eine gründliche Überarbeitung.[128] Die konträre Beurteilung wichtiger Sachverhalte durch die repräsentative Fachwelt stehe den Feststellungen des Statusberichts entgegen. So lägen über den international für die Druckgefäße verwendeten Stahl ASTM 508 Cl. 2 umfangreiche Erfahrungen im positiven Sinne vor. Im Statusbericht erwecke die MPA den Eindruck, dies könnte ein potenziell rissempfindlicher und zu örtlicher Versprödung neigender Werkstoff sein. *„Wir vermissen Hinweise auf die enormen Anstrengungen aller am Bau und dem Betrieb von Kernreaktoren Beteiligten, jede Art von Fehlern auszuschalten und dieses durch eine*

---

[126] Landerman, Edgar et al. in: ASTM STP 426, 1967, S. 260–277.

[127] AMPA Ku 124, Aktenvermerk Trumpfheller, Rheinisch-Westfälischer TÜV, vom 24.11.71.

[128] Stellungnahme und Begleitbrief AEG-TELEFUNKEN, Fachbereich Kernreaktoren, vom 8.10.1971.

Vielzahl von zerstörenden und zerstörungsfreien Prüfungen sicherzustellen. Diese Anstrengungen waren in allen sicherheitstechnisch wesentlichen Punkten erfolgreich."[129] Die Behauptung, dass bei Viellagenschweißung im Stahl ASTM A 508 Cl. 2 „stress relief cracking" auftreten könne,[130] sei eine Vermutung, die bisher in der Praxis nicht bestätigt worden sei. Auch könne man der Auffassung nicht folgen, die zerstörungsfreien Prüfverfahren, insbesondere die Ultraschall-Prüftechnik, seien nicht ausreichend.[131] Die AEG könne sich der MPA-Meinung nicht anschließen, dass im Hinblick auf Schweißspannungen aufgesetzte Stutzen wesentlich günstiger als eingesetzte seien.[132] Insgesamt seien die Sicherheitsbetrachtungen der MPA in keiner Weise vollständig.

Am 22.10.1971 fand im BMBW eine Aussprache über den MPA-Statusbericht statt, an dem 36 Vertreter von Industriefirmen, Betreibergesellschaften, Überwachungsvereinen, Forschungsinstituten und Hochschulen teilnahmen. Die lebhaft, mitunter kontrovers geführte Diskussion hatte folgende Ergebnisse:

- Niemand, auch nicht die Vertreter der MPA Stuttgart, äußerte Zweifel daran, dass die RDB der in Betrieb befindlichen Kernkraftwerke ausreichend sicher waren und weiterbetrieben werden konnten.
- Der MPA-Bericht sollte künftig als „MPA-Studie" bezeichnet werden, weil er den Status der Forschungsarbeiten u. a. in der Industrie nicht ausreichend darstellte.
- Die von der MPA angeregten Dringlichkeits- und Grundlagenprogramme wurden allgemein befürwortet.[133]

Nach dieser Aussprache entschied das BMBW im Rahmen des Forschungsprogramms Reaktorsicherheit einen neuen, umfassenden „Statusbericht Reaktordruckbehälter" erstellen zu lassen.

Die Projektleitung wurde der IRS-Forschungsbetreuung (FB) übergeben. Die führenden System- und RDB-Hersteller, Kernkraftwerks-Betreiber, Sachverständigen-Organisationen und Fachverbände wurden beauftragt, Einzelbeiträge zu erarbeiten. Inhaltlich wurde der Statusbericht in die Themenbereiche Auslegung, Werkstoffe, Plattierungswerkstoff, Fertigung, Qualitätssicherung und Betrieb gegliedert. Für die einzelnen Sachbereiche wurden Projektgruppen von Sachverständigen gebildet, welche die eingegangenen 18 größeren Ausarbeitungen beurteilten und auswerteten. In Abstimmung mit einem zur fachlichen Leitung berufenen Redaktionsausschuss wurde der Statusbericht entworfen. Die erste Sitzung des Redaktionsausschusses[134] fand Mitte Juni 1972 in Köln statt.[135] Die redaktionelle Abstimmung und Überarbeitung zog sich bis in das Jahr 1976 hinein, so dass der dreibändige „Statusbericht Reaktordruckbehälter" insgesamt erst Ende 1976 als IRS-Bericht gedruckt vorlag.[136] Der Statusbericht gab eine detaillierte Übersicht über den wissenschaftlich-technischen Stand des Reaktor-Druckbehälterbaus im Jahr 1973 sowie über den Stand der Forschungsarbeiten. Den bis Frühjahr 1973 bekannt gewordenen Ergebnissen des amerikanischen HSST-Programms war ein eigener Band gewidmet.

Bei der Beschreibung des Standes von Wissenschaft und Technik wurde auf weiterer Forschungsbedarf hingewiesen. Eine zusammenfassende Empfehlung für Forschungsprogramme des Bundes wurde jedoch nicht gegeben. Die von der MPA Stuttgart vorgeschlagenen dringlichen Forschungsvorhaben waren bereits in vollem Gang. Durch die Ergebnisse der laufenden Unter-

---

[129] Stellungnahme und Begleitbrief AEG-TELEFUNKEN, a. a. O., S. 2 f.

[130] MPA-Statusbericht, a. a. O., S. 38.

[131] AEG-Stellungnahme, a. a. O., S. 10.

[132] AEG-Stellungnahme, a. a. O., S. 11.

[133] AMPA Ku 124, IRS Forschungsbetreuung: Ergebnis-Protokoll der Aussprache am 22.10.1971 über den Statusbericht der MPA „Forschungen auf dem Kernreaktor-Druckbehälterwesen".

[134] Mitglieder des Redaktionsausschusses: Dahl RWTH Aachen, Kellermann IRS/RSK, Kußmaul MPA Stuttgart, Latzko Univ. Delft, Schenk KWO, Trumpfheller TÜV Essen/RSK, Ziegler BMBW.

[135] AMPA Ku 124, Einladungsschreiben vom 5. 6. 1972 der IRS-FB.

[136] IRS-Bericht SB 4, Statusbericht Reaktordruckbehälter, Bd. 1: Zusammenfassung und Ergebnisse (129 Seiten) Dezember 1973, Bd. 2: Ausführliche Darstellung der Technik von Reaktordruckbehältern (505 Seiten) Dezember 1976, Bd. 3: Darstellung der wesentlichen Ergebnisse des Heavy Section Steel Technology Program (73 Seiten) Dezember 1976.

Abb. 10.7 Querschnitt durch Plattierung und Wärmeeinflusszone

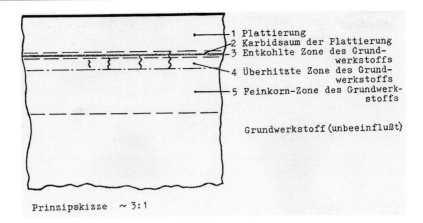

```
                                    ─1 Plattierung
                                    ─2 Karbidsaum der Plattierung
                                    ─3 Entkohlte Zone des Grund-
                                                    werkstoffs
                                    ─4 Überhitzte Zone des Grund-
                                                    werkstoffs
                                    ─5 Feinkorn-Zone des Grundwerk-
                                                    stoffs

                     Grundwerkstoff (unbeeinflußt)



     Prinzipskizze   ~ 3:1
```

suchungen war der IRS-Statusbericht Ende 1976 bereits in Teilen überholt.

10.2.4 Das Aktionskomitee Unterplattierungsrisse (AK UPR) 1971

In den Stahl- und Röhrenwerken Reisholz wurden 1970 die Schmiedestücke für die Dampferzeuger (DE) des argentinischen Kernkraftwerks CNA-1 (Central Nuclear Atucha) aus dem Stahl 22 NiMoCr 3 7 (ASTM 508 Cl. 2) hergestellt und auf der Primärseite durch Auftragsschweißung mit Inconel 606 bandplattiert. In der Gutehoffnungshütte Sterkrade wurden die Atucha-DE zusammengebaut. Beim Abtragen der Austenitplattierung am Umfang des Rohrbodens für die Schweißverbindung mit dem DE-Boden brachen die Späne „spröde" ab. Bei der Prüfung dieses Bereiches wurden unter der Plattierungsschicht kleine Risse entdeckt.[137] In der Plattierung selbst wurden keine Risse gefunden. Sie waren auf den überhitzten, dünnen, grobkörnigen Bereich der Wärmeeinflusszone begrenzt. Sie gingen bis etwa 2,5 mm tief in den Grundwerkstoff und waren 2–12 mm lang. Es handelte sich um Korngrenzentrennungen in der Grobkornzone, die nach dem Spannungsarmglühen auftraten.[138]

Laborversuche im Hause Siemens an Proben von Hand- und Bandplattierungen mit unterschiedlicher Wärmebehandlung hatten das Ergebnis, dass in einigen Fällen quer zur Schweißrichtung Anrisse bis 6 mm Länge (Abb. 10.7 und 10.15 oben) auftraten. Als Ursache wurde zunächst vermutet, dass der rissige Probensatz zu lange und zu hoch geglüht und damit versprödet worden war.[139] Bei Nachprüfungen am CNA-1-RDB aus Stahl 22 NiMoCr 3 7 (ASTM 508 Cl. 2) wurden Anrisse in den Lochleibungen der Steuerstabstutzen des RDB-Deckels gefunden. Auch Sprödbruchuntersuchungen am CNA-1-Dampferzeuger-Rohrboden zeigten im November 1970 die Notwendigkeit auf, in den Siemens-Labors ein Untersuchungsprogramm aufzulegen, mit dem die sicherheitstechnischen Auswirkungen der Unterplattierungsrisse (UPR) auf das Betriebsverhalten der Reaktorkomponenten beurteilt werden konnte.[140]

Die Siemens-Zentralabteilung Technik hielt es für geboten, einen Kreis von Sachverständigen der Technischen Überwachungsvereine, MPA Stuttgart (Prof. Wellinger), BAM (Prof. Pfender), BASF (Prof. Spähn), RWTH (Prof. Dahl), RSK (Prof. Wengler) sowie Vertreter des IRS (später GRS), der AEG und Stoomwezen Amsterdam über das Phänomen UPR zu informieren und

---

[137] AMPA Ku 71, Auflistung der von UPR betroffenen Objekte, Materialien des AK UPR.

[138] Cerjak, H. und Debray, W.: Erfahrungen mit austenitischen Schweißplattierungen an Kernreaktorkomponenten, VGB-Werkstofftagung 1971, Düsseldorf, 30.11.1971, S. 23–31.

[139] AMPA Ku 71, Siemens AG, Erlangen, 14.7.1970, Laborbericht Nr. 89/70: Mehrlagen-Austenitplattierung für CNA-Moderatorkühler, Verfahrensproben Babcock.

[140] AMPA Ku 71, Siemens AG, Erlangen, Aktenvermerk RT 71/753 332/Bé, 23.11.1970, Bartholomé, G.: CNA-Dampferzeuger Untersuchungsprogramm.

deren Meinung über die Gefährlichkeit oder Ungefährlichkeit der Risse einzuholen. Am 25. Januar 1971 fand im Siemens-Forschungszentrum Erlangen ein Informations- und Diskussionsgespräch über UPR bei Reaktorkomponenten statt, an dem sich etwa 40 Personen beteiligten.

Die Siemens-Ingenieure vertraten ihre durch theoretische Überlegungen und erste Versuche gestützte Auffassung, dass sich die UPR aus der schmalen grobkörnigen Wärmeeinflusszone weder in die Plattierung noch zum Grundwerkstoff hin ausbreiten könnten. Wenn dies sichergestellt sei, dann genüge es, diese schmale Zone gegenüber der dicken Wand als nicht tragend anzunehmen, und die Tragfähigkeit des Bauteils sei nicht wesentlich eingeschränkt. Die Erörterung befasste sich damit, ob das von Siemens vorgesehene Versuchsprogramm ausreiche, die Ungefährlichkeit der UPR lückenlos nachzuweisen und die offenen Fragen zu klären: Können die an relativ dünnen Wanddicken gewonnenen Versuchsergebnisse auf dickwandige Schmiedeteile übertragen werden? Wie lassen sich diese kleinen Risse und insbesondere Rissnester mit zerstörungsfreien Prüfmethoden zuverlässig erkennen? Können Rissnester bruchmechanisch untersucht werden? Können UPR durch Spannungswechsel durch die Plattierung wachsen und Spannungsrisskorrosion den Weg öffnen? Dazu kamen Fragen nach den Eigenspannungen in der Wärmeeinflusszone, der Wiederplattierung von Schliff-Fenstern für die Prüfungen am Bauteil und ein Versuchsprogramm zur Vermeidung von UPR. Man sah Probleme mit der Spezifikation des ASME-Codes, nach dem Risse in Schweißnähten grundsätzlich nicht zulässig waren.[141]

Während der Diskussion am 25. Januar 1971 war wiederholt vorgeschlagen worden, Arbeitsgruppen zur Klärung offener Fragen einzurichten, worauf jeweils sofort sachverständige Mitglieder benannt wurden. Die Zentralabteilung Technik der Siemens AG entschloss sich nach dem Informations- und Diskussionsgespräch,

darüber hinaus ein „Aktionskomitee Unterplattierungsrisse" (AK UPR) zu bilden, in das neben Siemens-Experten sechs, einige Monate später weitere vier namhafte Sachverständige von außerhalb hinzuberufen wurden.[142] Das AK UPR sollte die Untersuchungen insgesamt kontrollierend und lenkend begleiten. Den Vorsitz übernahm Heinrich Dorner (Siemens).

Am 17. Februar 1971 kam das AK UPR zu einem ersten Gespräch zusammen, in dem Ergänzungen des Versuchsprogramms diskutiert und angeregt wurden. Es müsse insbesondere die Frage geklärt werden, ob es Risse geben könne, die deshalb mit Ultraschall nicht zuverlässig geortet werden könnten, weil die rissbehaftete Zone unter Druckspannung stehe oder die Rissanzeige im Störecho, das durch die Übergangszone von Plattierung zum Grundwerkstoff hervorgerufen werde, untergehe. Kußmaul (MPA Stuttgart) wies auf Erfahrungen mit vanadiumhaltigen Stählen hin. Eine nicht mit Rissen behaftete spröde Übergangszone mit geringer Bruchzähigkeit könne aus sicherheitstechnischer Sicht ebenso schlecht oder schlechter sein als eine bereits mit Rissen behaftete Zone. Bei der Druckprobe oder den Betriebsbeanspruchungen könne eine sehr kleine Störstelle zum Sprödbruch führen. Dann müsse das Grundmaterial einen laufenden Riss auffangen, was ungünstiger sei, als das Wachstum eines bereits bestehenden Risses zu verhindern.

Es bestand unter den Sachverständigen Einigkeit darüber, dass die UPR ausschließlich in der überhitzten Zone des Grundwerkstoffs (Grobkornzone) in dem Bereich entstanden, der ein zweites Mal durch das Schweißen benachbarter Bandraupen oder einer zweiten Lage kurzzeitig hocherhitzt wurde. Die UPR endeten am Anfang der Feinkornzone, die sich beim Schweißen der ersten Lage gebildet hatte (Abb. 10.7). Die Sachverständigen verständigten sich auf Vorschlag Kußmauls, das Verhalten des Stahls in der Grobkornzone als „Relaxationsversprödung" zu bezeichnen. Die verursachende Versprödung

---

[141] AMPA Ku 71, Siemens AG, Bericht Nr. 72/71 vom 22.2.1971: Protokoll zum Informations- und Diskussionsgespräch über Unterplattierungsrisse bei Reaktorkomponenten.

[142] AMPA Ku 71: Clausmeyer (GHH), Florin (Reisholz), Hartz (AEG), Korff (Stoomwezen), Kußmaul (MPA), Isken (TÜV Baden), Peter (TÜV Rheinland), Rumpf (TÜV Bayern), Schlegel (TÜV Rheinland) und Trumpfheller (TÜV Essen), vgl. Protokolle der Sitzungen AK UPR.

wurde im englischsprachigen Raum „stress-relief embrittlement" genannt und die Risse als „stress relief cracks" oder „reheat cracks" bezeichnet.[143]

Die UPR waren nach Auffassung von Kußmaul von gleicher Art wie die Nebennahtrisse, die erstmals in den Dampferzeugern für das Kernkraftwerk Stade nach dem Spannungsarmglühen beobachtet wurden (Kap. 10.2.5 und Abb. 10.15 unten). Die Entstehung von Relaxationsrissen im Werkstoff 22 NiMoCr 3 7 sollte deshalb umfassend erforscht werden. Von vordringlichem Interesse für die Firma Siemens war jedoch die Frage, wie mit den in Fertigung befindlichen Reaktorkomponenten umgegangen werden sollte, die bereits plattiert waren oder eine Plattierung erhalten sollten.[144] Das Siemens-Untersuchungsprogramm umfasste 24 Teilprogramme.[145]

Die RSK wurde auf ihrer 63. Sitzung am 4. März 1971 über die UPR-Probleme informiert, mit denen ein AK UPR in Zusammenarbeit mit Siemens befasst sei. Die RSK begrüßte die Tätigkeit des AK UPR.

Im Siemens-Untersuchungsprogramm wurde zwischen UPR an ungestörten Bauteilen wie zylindrischen Wänden oder Kugelschalen und UPR an „Störstellen wie z. B. Schweißnähten oder Stutzen" unterschieden. Jeweils sollten die Versuche mit und ohne Strahlenbelastung (4×10^{18} nvt) vorgenommen werden. Im Bestrahlungsprogramm waren 60 Proben vorgesehen. Ein beträchtlicher Teil der Versuche sollte in der MPA Stuttgart durchgeführt werden: Die große Ermüdungsprobe (Innendruck-Schwellversuche) an einem Rohr kleinerer Wanddicke, Mikro- und Makroproben im Vergleich, Zugversuche mit Plattierung und Wärmeeinflusszone sowie die Untersuchungen an einer „dicken Schweißnaht" und einer „2,8 m langen Schweißnaht" mit Plattierung unter Verwendung von Restmaterial aus der Atucha-1-RDB-Fertigung, jeweils an der vollen Wandstärke. Restmaterial von den CNA-

1-Dampferzeugern wurde der MPA Stuttgart für den Vergleich von Mikro- und Makroproben überlassen.[146] Der MPA Stuttgart stand zusätzlich Blechmaterial der französischen Firma Marrel-Frères S.A., Rive de Gier, mit 150 und 240 mm Dicke zur Verfügung.

Am 3. Mai 1971 kam das AK UPR zu der einstimmigen Beschlussfassung, dass nach dem vorliegenden Stand der Kenntnisse die UPR keine sicherheitstechnisch bedenklichen Auswirkungen auf die Tragfähigkeit der ungestörten druckführenden Wände bis zu Wanddicken von 100 mm hätten und damit vertretbar seien. Um UPR an Störstellen wie Festigkeitsnähten abschließend beurteilen zu können, seien die Versuchsergebnisse der laufenden entsprechenden Teilprogramme abzuwarten.[147]

Auf ihrer 4. Sitzung am 8. und 9. Juni 1971 konnte das AK UPR im Hinblick auf die vorliegenden Versuchsergebnisse den Beschluss fassen, dass ein Durchwachsen eines UPR durch die gesunde Plattierung ausgeschlossen werden könne. Es konnte auch festgestellt werden, dass unabhängig voneinander an verschiedenen Stellen des In- und Auslandes Plattierungsverfahren entwickelt worden seien, die das Auftreten von UPR vermieden.[148] Allen Verfahren sei eigen, dass die Grobkornzone möglichst schmal gehalten und anschließend umgekörnt werde. Die Rissfreiheit der Komponenten könne durch geeignet angewendete Ultraschall-Verfahren kontrolliert werden.[149] An den überplattierten Festigkeitsnähten wurden kennzeichnenderweise keine UPR festgestellt.

---

[143] AMPA Ku 71, Siemens AG, Protokoll der 1. Sitzung AK UPR vom 17.2.1971 in Erlangen, 1.3.1971.

[144] AMPA Ku 71, Siemens AG, Protokoll zur 2. Sitzung AK UPR vom 24.2.1971 in der MPA Stuttgart, 23.4.1971.

[145] vgl. AMPA Ku 71, Siemens AG, Protokoll zur 6. Sitzung AK UPR vom 17./18.1.1972 in Bad König, S. 4.

[146] AMPA Ku 71, Siemens AG, Protokoll zur 3. Sitzung AK UPR vom 3.5.1971 in Erlangen, 5.5.1971.

[147] AMPA Ku 71, Siemens AG, Protokoll zur 3. Sitzung AK UPR vom 3.5.1971 in Erlangen, 5.5.1971, S. 5.

[148] Der Bundesminister für Forschung und Technologie förderte das Forschungsvorhaben RS 91 „Schweißversuche zum Plattieren von Reaktordruckgefäßen" zur Eigenspannungsermittlung in Schweißplattierungen mit Zeitstand- und Relaxationsversuchen; Auftragnehmer AEG und KWU; Laufzeit 1.12.1972 bis 30.6.1975, vgl. IRS-F-15 (Juli 1973) S. 159–161 und IRS-F-26 (August 1975) S. 229–230.

[149] AMPA Ku 71, Siemens AG, Protokoll zur 4. Sitzung AK UPR vom 8./9.6.1971 in Starnberg, 11.6.1971.

Der RSK-„Ad-hoc-Ausschuss Reaktordruck-behälter" wurde am 16.6.1971 zu seiner 5. und letzten Sitzung einberufen, um sich über den Stand der UPR-Untersuchungen des Siemens-Programms unterrichten zu lassen und darüber zu befinden. Er gab sich überzeugt, dass er seine bisherigen positiven Voten über die Berstsicherheit der in der Bundesrepublik gebauten und betriebenen RDB wegen des Phänomens der UPR nicht in Frage stellen müsse.[150] Man solle aber in Zukunft den Anlass dieser Diskussion mehr aus psychologischen Gründen durch rissfreie Plattierungssysteme zu vermeiden suchen.[151] Die vorgesehenen Untersuchungen zur Klärung der noch offenen Fragen seien umgehend in Angriff zu nehmen.[152]

Im Dezember 1971 wurden nach dem Einschweißen und Spannungsarmglühen in den Hauptkühlmittelstutzen des RDB für das Kernkraftwerk KCB Borssele UPR über der ganzen Bandbreite der Plattierungsraupen gefunden. Vorangegangene Ultraschallprüfungen hatten diese UPR nicht festgestellt.[153]

Es ist das große Verdienst von Siemens und des AK UPR, dass der weltweit in der Nuklear-technik verwendete Werkstoff 22 NiMoCr 3 7 grundlegend untersucht und in seiner chemischen Zusammensetzung und Wärmebehandlung optimiert werden konnte (vgl. Kap. 10.2.5 und 10.5). Im Herbst 1972 entschloss sich der Bundesminister für Forschung und Technologie, die Forschungsvorhaben RS 84 „Untersuchungsprogramm zum Festigkeitsverhalten rissbehafteter Schweißnähte" (Siemens-Sofortprogramm) und RS 101 „Forschungsprogramm Reaktordruckbehälter-Dringlichkeitsprogramm 22 NiMoCr 3 7" (Auftragnehmer MPA Stuttgart) zu fördern. Damit begann sich die Verantwortung für die grundlegende Erforschung und Verbesserung der Reaktorbaustähle zunehmend in den staatlichen

Bereich, insbesondere in die RSK und ihre Ausschüsse zu verlagern.

Das AK UPR konnte auf seiner 15. Sitzung am 9. Mai 1973 in der MPA Stuttgart die UPR bezüglich des Kernkraftwerks CNA-1 abschließend beurteilen. Es stellte auf der Grundlage umfassender Arbeits- und Laborberichte fest, dass die UPR keine sicherheitstechnisch bedenklichen Auswirkungen auf die Tragfähigkeit der betroffenen Bauteile RDB und Dampferzeuger haben. Dies gelte auch für die vorhandenen Störstellen, wie beispielsweise die plattierten Festigkeitsnähte.[154]

Das AK UPR löste sich nach seiner 17. Sitzung am 17.9.1973 in Düsseldorf auf und empfahl die Einrichtung eines „Arbeitskreises für Werkstoffe und Fertigung", der sich im November 1973 in der personell gleichen Besetzung konstituierte. Der neue Arbeitskreis befasste sich mit den Ergebnissen des Sofortprogramms 22 NiMoCr 3 7 (s. Kap. 10.2.5) und begleitete das Dringlichkeitsprogramm RS 101 bis Ende 1975 parallel zu dem vom BMFT Mitte 1973 eingerichteten Sachverständigenkreis „Werkstoffe und Festigkeit", der die entsprechenden BMFT-Forschungsprogramme wissenschaftlich bis 1985 betreute. Anlässlich der vom BMFT festgelegten neuen Arbeitsschwerpunkte des Forschungsvorhabens Komponentensicherheit (FKS) richtete dieser Ende 1985 den Fachkreis Komponentenverhalten (Projektkomitee Komponentenverhalten – PKKOM) ein. Die erste Sitzung des PKKOM fand am 7. Januar 1986 statt.[155]

Anfang 1978 wurden bei der französischen Firma Framatome nach der Schweißplattierung der Stutzen eines RDB aus dem Werkstoff ASTM A 508 Cl. 2 UPR gefunden. Im Sommer 1978 entdeckte man bei der Überprüfung der Dampferzeuger des französischen Kernkraftwerks Fessenheim durch Zufall in deren Rohrböden UPR. Framatome setzte umgehend eine interdisziplinäre Arbeitsgruppe ein. Auch die Deutsch-französische Kommission befasste sich mit Fessenheim. Im Herbst 1979 machte die Gewerkschaft Con-

[150] BA B 106-75305, 65. RSK-Sitzung vom 23.6.1971, S. 10 f.

[151] ebenda, S. 11; das Protokoll der Diskussion im Ad-hoc-Ausschuss RDB wurde jedoch nicht in das RSK-Protokoll übernommen.

[152] MPA-Statusbericht, Stand Frühjahr 1971, Juni 1971, S. 19.

[153] AMPA Ku 71, Siemens AG, Aktenvermerk Nr. 23/72 Az RT 71/401 315/Rr vom 1.3.1972.

[154] AMPA Ku 71, Siemens AG: Protokoll der 15. Sitzung des AK UPR vom 9.5.1973 in Stuttgart, 15.5.1973.

[155] AMPA Ku 179.

fédération Française et Démocratique du Travail (CFDT) diese Tatbestände öffentlich.[156] Die Beschäftigten der neu errichteten Kernkraftwerke der ähnlichen Baulinie Tricastin (Rhonetal) und Gravelines (Nordfrankreich) traten daraufhin in einen Streik und verhinderten deren Beladung mit Brennstoff. Der Leiter des Kernkraftwerks Fessenheim, Leblond, erklärte, dass die UPR unvermeidbar und schon seit der Inbetriebnahme 1977 bekannt seien. Sie hätten sich seitdem nicht vergrößert.[157]

Die Meldungen über „Haarrisse" in Fessenheim alarmierten die „Internationale Kontrollkommission der badisch-elsässisch-schweizerischen Bürgerinitiativen zur Überwachung von Atomanlagen" und führte zu einer intensiven Öffentlichkeitsarbeit der Umweltschutzgruppen.[158] Es kam zu Protestdemonstrationen vor dem Regierungspräsidium Freiburg,[159, 160] zum Schulstreik in Staufen und Müllheim und zur Demonstration von 2.000 Schülern, Lehrern und Eltern in Freiburg.[161] 350 Bürgermeister, Kreis-, Stadt- und Gemeinderäte, Gewerkschafter, Pfarrer, Ärzte, Lehrer und Persönlichkeiten des öffentlichen Lebens forderten eine internationale Anhörung mit Beteiligung kernenergiekritischer Wissenschaftler.[162]

Am 26. Juni 1980 fand im Bonner Bundesinnenministerium ein Gespräch zwischen Vertretern der badisch-elsässischen Bürgerinitiati-ven und den Fachleuten aus der Abteilung Reaktorsicherheit über Fragen der UPR und des Notfallschutzes hinsichtlich des Kernkraftwerks Fessenheim statt. Dieses Gespräch wurde am 19. September 1980 im Regierungspräsidium Freiburg fortgesetzt. Schließlich wurde zum 11. März 1981 ein dritter Gesprächstermin in der MPA Stuttgart vereinbart, zu dem rund 40 Teilnehmer von Bürgerinitiativen, Behörden, Medien und politischen Parteien erschienen.

Der MPA-Direktor Professor Kußmaul und seine Mitarbeiter gaben zunächst eine Übersicht über die in der MPA Stuttgart vorhandenen Prüfeinrichtungen und demonstrierten reaktorsicherheitsnahe Versuche. Dies war für die wissenschaftliche Glaubwürdigkeit und Unabhängigkeit der MPA im Hinblick auf die anschließende Diskussion bedeutsam. Den kritischen Teilnehmern wurde der internationale Stand der Erkenntnisse über Rissentstehung und -wachstum dargelegt und die Versuchsergebnisse an Modellbehältern, Großplatten und Sicherheitsbehältern erläutert. *„Den Feststellungen und Wertungen Prof. Kußmauls bezüglich der Tatsache, dass von Fessenheim aus keine Gefahr im Verzuge ist (selbst bei absurdest-pessimistischen Annahmen bezüglich vorhandener Risskonfigurationen) und bezüglich der Tatsache, dass grundsätzlich nicht auszuschließendes Risswachstum gleichwohl nur über längere Jahreszeiträume stattfindet und mit verfügbarer Prüftechnik lange vor Eintreten einer Gefahr erkannt wird, konnte von den Fachleuten der Bürgerinitiativen schließlich nichts Überzeugendes mehr entgegengehalten werden."*[163] Selbst die kritische Presse sprach davon, dass die MPA-Präsentation ihre Wirkung nicht verfehlt habe, Überraschung und Anerkennung seien in einigen Diskussionsbeiträgen angeklungen.[164]

Auf Veranlassung des Bundesministers des Innern wurde in der MPA noch eine fachtechnische Stellungnahme ausgearbeitet, die den französischen Reaktordruckbehältern, die aus dem

---

[156] Templeman, John: Labor Union Revelation of Cracks in Reactors Stir Furor in France, Nucleonics Week, 27.9.1979, S. 3 f

[157] Unruhe über Risse in Reaktoren (1979) Badische Zeitung, Nr. 231, 5.10.1979, S. 1.

[158] vgl. Martenstein, Harald: Apokalyptische Vision einer KKW-Explosion, Badische Zeitung, Nr. 268, 19.11.1979, S. 12.

[159] Bettge, Ulla: Spontane Anti-KKW-Demonstration, Badische Zeitung, Nr. 277, 30.11.1979, S. 28, s. auch S. 14.

[160] Bildberichterstattung: Badische Zeitung, Nr. 64, 15./16.3.1980, S. 13.

[161] Sorge um die Sicherheit, 2000 demonstrieren für KKW-Katastrophenschutz: Badische Zeitung, Nr. 74, 27.3.1980, S. 19.

[162] Risse im AKW Fessenheim, offener Brief an den Regierungspräsidenten Nothhelfer: Badische Zeitung, Nr. 64, 15./16.3.1980, S. 39.

[163] AMPA Ku 148, Sahl, W.: Aktennotiz BMI RS – 510 216/10 vom 6.4.1981.

[164] Koppelstätter, Horst: Keine Haarspaltereien um die Haarrisse, Badische Neueste Nachrichten, Nr. 60, 13.3.1981, S. 9.

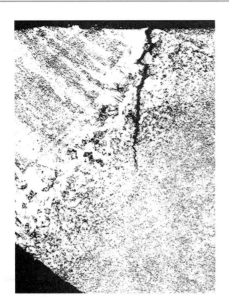

Abb. 10.8 DE-Rundnaht mit Relaxationsriss (Querschliff)

Werkstoff 20 MnMoNi 5 5 gefertigt waren und sich in das Zähigkeitskonzept der Basissicherheit einordnen ließen, „unter betrieblichen Bedingungen eine uneingeschränkte Sicherheit gegen großen Bruch" bestätigte.[165] Die öffentliche Kontroverse um die UPR beruhigte sich und fand keine Fortsetzung mehr.

10.2.5 Das Sofortprogramm 22 NiMoCr 3 7, RS 84

In der zweiten Jahreshälfte 1967 wurden die Dampferzeuger (DE) des Kernkraftwerks Stade (KKS) bei der Firma Maschinenbau AG Balcke, Werk Neubeckum, einer Tochterfirma der Deutsche Babcock AG, bestellt. Balcke fertigte die DE aus dem Werkstoff 22 NiMoCr 3 7. Die Berohrung der DE erfolgte ebenfalls bei Balcke. Die DE wurden gegen Ende des Jahres 1970 nach Stade geliefert.[166] Beim Zusammenbau der DE

im Herstellerwerk waren entlang von Längs- und Rundschweißnähten nach dem örtlichen induktiven Spannungsarmglühen in der Wärmeeinflusszone (WEZ) größere Nebennahtrisse längs, aber auch viele kleinere quer zur Naht aufgetreten, die auch bei mehrfacher Änderung der Schweißparameter immer wieder in Erscheinung traten, vor allem bei noch nicht vollständig gefüllten oder durch Nahtüberhöhung mit Kerbwirkung „belasteten" Nähten. Im Herbst 1970 wurde auf Veranlassung der in Auslieferungsnot geratenen Firma Babcock von der MPA Stuttgart eine kleine Schliffprobe („Schiffchen") entnommen und metallografischen Untersuchungen und Härteprüfungen unterzogen. In Abb. 10.8 ist ein Flankenriss einer DE-Rundnaht abgebildet, verursacht durch Relaxationsversprödung.

Abbildung 10.9 zeigt einige 3–4 mm lange Relaxationsrisse und den Härteverlauf in der WEZ einer Längsnaht.[167, 168] Insgesamt wurden zahlreiche weitere größere Risse nach der Induktivglühung an den Schweißnähten der vier Stade-DE gefunden, beispielsweise ein 400 mm langer und 12 mm tiefer Riss am Stutzen der Kugelkalotte.[169] Bei der daraufhin eingeleiteten gezielten weiteren Prüfung von Bauteilen aus 22 NiMoCr 3 7, die sich in der Fertigung befanden, wurden ebenfalls Makrorisse festgestellt, beispielsweise in einem Reaktordruckbehälter (Abb. 10.10, „Schiffchenprobe" aus der Meridiannaht der Bodenkalotte des 900-MW$_{el}$-SWR-RDB von KKP 1).[170, 171] Desweiteren sind in

---

[165] AMPA Ku 177: Kußmaul, K. und Issler, L.: Die Bruchsicherheit des Reaktordruckbehälters von Leichtwasserreaktoren, fachtechnische Stellungnahme zur Unterplattierungsrissbildung in französischen Reaktordruckbehältern, Stuttgart, Juli 1981, S. 54.

[166] AMPA Ku 153, Salcher, Horst, E.ON Kernkraftwerk Stade, Schreiben vom 23.9.2003.

[167] AMPA Ku 150, MPA-Statusbericht: Forschungen auf dem Kernreaktor-Druckbehälterwesen, Stand Frühjahr 1971, S. 40–41.

[168] vgl. Wellinger, K., Kraegeloh, E., Kußmaul, K. und Sturm, D.: Die Bruchgefahr bei Reaktordruckbehältern und Rohrleitungen, Nuclear Engineering and Design, Vol. 20, 1972, S. 220–221, eingegangen 16.8.1971.

[169] AMPA Ku 70, Trumpfheller, R.: Zusammenstellung über die während der Fertigung einiger Kraftwerkskomponenten aus 22 NiMoCr 3 7 im Bereich der Schweißnaht festgestellten Fehler, Anlage zum Schreiben RWTÜV Dir II 186/71 vom 6.4.1973.

[170] Schliffprobe aus Meridiannaht 1, MPA-Bericht M 934050 a, Bild-Dokument 4909.

[171] Die Makrorisse im RDB von Philippsburg 1 ließen sich leicht feststellen und sachgemäß ausbessern. Der KKP-1-RDB wurde unter verschärften Gutachterbedin-

Abb. 10.9 DE-Längsnaht mit Rissbildung durch Relaxationsversprödung. (Oberflächenschliff)

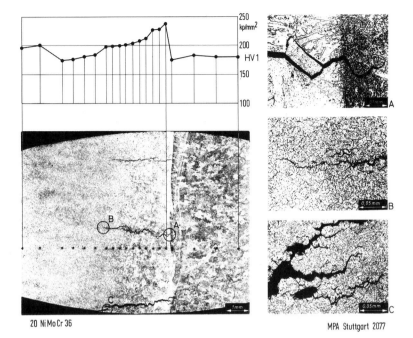

20 NiMoCr 36

MPA Stuttgart 2077

Rohrleitungskrümmern für das Kernkraftwerk CNA Atucha-1 bis 70 mm lange, mehrere mm tiefe Relaxationsrisse entdeckt worden, die während des Spannungsarmglühens bei 610 °C entstanden und z. T. mit bloßem Auge sichtbar waren.[172] In Bauteilen wie Dampferzeugern, Niederdruck-Vorwärmern, Kühlern und Bodensegmentringen für die Kernkraftwerke Borssele, Brunsbüttel, Biblis und Philippsburg wurden ebenfalls zahlreiche Nebennahtrisse bis zu einer Länge von von mehreren Metern gefunden.[173]

In den USA hatte die USAEC lange Zeit die entschiedene Position vertreten, dass beim Stahl ASTM A 508 Cl. 2 Relaxationsrisse nur vereinzelt als Unterplattierungsrisse auftreten könnten. Im RDB des Kernkraftwerks Hatch-1[174] wurden

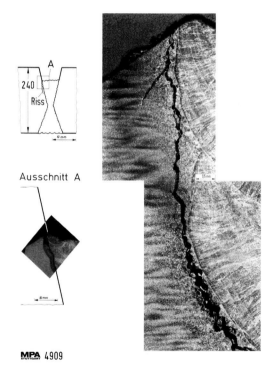

Ausschnitt A

MPA 4909

Abb. 10.10 Relaxationsriss in der Meridiannaht einer RDB-Bodenkalotte aus 22 NiMoCr 3 7

---

gungen bzw. Auflagen der Genehmigungsbehörde nach dem Stand von Wissenschaft und Technik fortlaufend überprüft.

[172] AMUBW 3410.4.5 A I, Mück, Günther H., Rheinisch-Westfälischer Technischer Überwachungsverein e. V.: Zusammenfassende Darstellung der Schweißprobleme beim 22 NiMoCr 3 7, Fassung vom 17.4.1973, S. 5.

[173] Trumpfheller, R.: Zusammenstellung vom 6.4.1973, a. a. O.

[174] Edwin I. Hatch Nuclear Power Plant, Unit 1, Ga., Georgia Power Comp., 786 MW$_{el}$, SWR, General Electric, kommerzieller Betrieb ab Oktober 1974.

dann 50 mm tiefe Längsrisse entlang den Nähten von durchgesteckten Kühlmittelstutzen gefunden.[175] Es waren ausgesprochene Relaxationsrisse mit einem terrassenbruchartigen Verlauf. Dies wurde als Hinweis gedeutet, dass der Reinheitsgrad des Werkstoffs im Nahtbereich von großer Bedeutung ist.[176] Es wurde vermutet, dass im Hatch-1-RDB Heißrisse und Relaxationsrisse zu makroskopischen Rissgebieten zusammengewachsen waren.[177]

Die werkstoffkundigen Stellen, die sich ständig mit angewandter Werkstofftechnik und Schadenskunde befassten und ihre Erfahrungen austauschten, konnten diese Entdeckungen nicht überraschen. Es war vor allem auch aus den seit 1957 veröffentlichten englischen Arbeiten bekannt, dass Baustähle, deren Festigkeit durch Legierung mit Molybdän, Chrom, Niob und anderen Zusätzen erhöht wurde, in schweißnahtnahen Bereichen nach dem Spannungsarmglühen durch Ausscheidungshärtung zur Rissigkeit neigen.[178] Kerben erhöhen die Rissgefahr ganz wesentlich. Die Rissverläufe sind in dem durch Schweißwärme entstandenen Grobkornbereich interkristallin.[179] Aufgrund dieser Tatsache wurden bei allen einschlägigen Schadensuntersuchungen, die in diesen und folgenden Jahren von der MPA Stuttgart durchgeführt worden sind, neben der Zähigkeitsbestimmung sorgfältige metallografische Untersuchungen der Schweißverbindungen einbezogen, gerade auch im Hinblick auf das „Risspotenzial" noch nicht eingerissener Grobkornzonen. Starke Grobkornschichten

konnten bei Ultraschallprüfungen wie Risse angezeigt werden und die Anzeigen bei periodisch wiederkehrenden Prüfungen in hohem Maß stören.[180] Die genauen Bedingungen des Rissentstehungsmechanismus konnten jedoch noch nicht angegeben werden. Zu vermuten war aber, dass Relaxationsvorgänge (Relaxationsversprödung) bei (wiederholter) Wärmeeinbringung insbesondere auch durch die Spannungsarmglühung eine entscheidende Rolle spielten.

Das Siemens-Programm zur Untersuchung der etwa zur gleichen Zeit bekannt gewordenen Unterplattierungsrisse (UPR) (s. Kap. 10.2.4) sah u. a. vor, eine längere, bauteilgerechte Schweißnaht herzustellen und nach verschiedenen Verfahren zu plattieren. Bei der Firma Rheinstahl Hüttenwerke AG, Henrichshütte, Hattingen, die den RDB für Atucha-1 gefertigt hatte, lagerte noch umfangreiches Restmaterial des Werkstoffs 22 NiMoCr 3 7 in Form geschmiedeter, ungefähr 2,8 m breiter und 280 mm dicker Platten für Mantelschüsse. 1971 wurde in Hattingen für Siemens eine mit zwei Drähten im Tandemverfahren unter Pulver geschweißte Naht von 2,8 m Länge erzeugt, die zwei 300–400 mm breite Mantelschussabschnitte miteinander verband (Abb. 10.11 und 10.12).[181] Es war eine in Viellagenschweißung sehr sorgfältig hergestellte Schmalspaltnaht, deren eine Flanke senkrecht verlief. Im Querschnitt war die Schweißnaht an der Wurzel ca. 30 mm, an der Oberseite ca. 60 mm breit. Ungefähr auf einer Länge von 1.500 mm wurde die 2,8 m lange, etwa 710 mm breite und 275 mm dicke Schweißprobe an der Oberseite abgearbeitet und auf eine Dicke von 250 mm gebracht. Dort wurde die 2,8 m-Schweißprobe quer zur Naht teils einlagig, teils zweilagig bandplattiert und spannungsarm geglüht. Mit den verfügbaren zerstörungsfreien Prüfverfahren konnten keine Fehler festgestellt werden. Der nicht plattierte, 1.300 mm lange Bereich wurde zur mechanisch-technologischen Untersuchung, insbesondere

[175] BA B 106-75306, Niederschrift 79. RSK-Sitzung, 20.12.1972, S. 13.

[176] AMPA Ku 85, Trumpfheller, Rudolf: Niederschrift des Vortrags über „Werkstoff-Fragen des Kernreaktorbaus" vor dem VdTÜV-Arbeitskreis „Erfahrungsaustausch TÜV-Eigenüberwacher" am 20.12.1974, Frankfurt-Höchst.

[177] AMPA Ku 24, Ergebnisprotokoll 17. Sitzung RSK-UA RDB, 15.1.1974, S. 7.

[178] vgl. auch Untersuchungsbericht der MPA Stuttgart, in: Kaes, H.: Berichte über Schäden, Mitteilungen der VGB, Heft 73, August 1961, S. 305–307.

[179] Faber, Guy und Maggi, Caro M.: Rissbildung in ausscheidungshärtenden Werkstoffen beim Glühen nach dem Schweißen, Archiv für das Eisenhüttenwesen, Jg. 36, Heft 7, Juli 1965, S. 497–500.

[180] Trumpfheller, Rudolf: Niederschrift des Vortrags über „Werkstoff-Fragen des Kernreaktorbaus", a. a. O., S. 2.

[181] AMPA Ku 71.

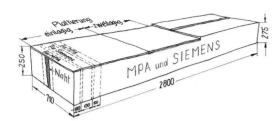

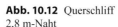

Abb. 10.11 Die 2,8 m-Naht

Abb. 10.12 Querschliff
2,8 m-Naht

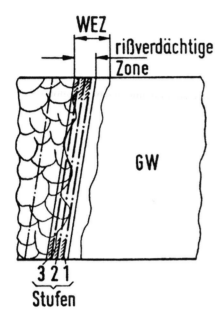

Abb. 10.13 Tangentialschlifflagen. (GW = Grundwerkstoff)

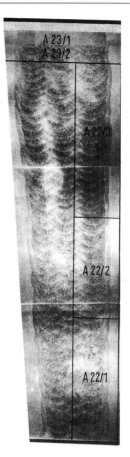

zur Ermittlung der Kerbschlag- und Bruchzähigkeitswerte benötigt.[182]

Abschnitte dieser „optimal gefertigten" 2,8 m-Naht wurden von der Fa. Siemens umgehend zu den mechanischen, chemischen und metallografischen Untersuchungen in die MPA Stuttgart gebracht. Das besondere Interesse der MPA galt den WEZ der Stumpfschweißverbindung. Mittels der Tangentialschliff-Methode der MPA, bei der die Schliffflächen stufenweise parallel zur Nahtflanke in kleinen Abständen durch die WEZ gelegt wurden (Abb. 10.13)[183], konnten an zahlreichen Stellen der 2,8 m-Naht senkrecht zur Nahtflanke und Schmelzfläche verlaufende Korngrenzenanrisse nachgewiesen werden. Die Trennungen befanden sich stets in der trotz Viellagentechnik noch teilweise „schlauchförmig" verbliebenen Grobkornzone und kamen gehäuft in einzelnen Nestern mit unterschiedlicher Tiefenlage vor. Ihr Erscheinungsbild entsprach dem der UPR, und ihre Ausdehnung senkrecht zur Naht lag bei etwa 1 mm.[184] In den USA wurden diese Mikro-Relaxationsrisse in Fachkreisen kurz „Kussmaul cracks" genannt.[185]

---

[182] AMPA Ku 155, Siemens AG: Bericht 19/1971: Entwurf eines Untersuchungsprogramms zum Nachweis der Ungefährlichkeit von Rissen im Bereich von Schweißnähten aus dem Werkstoff 22 NiMoCr 3 7, 8.4. 1971.

[183] Schellhammer, Wolfgang et al., MPA Stuttgart: Forschungsprogramm „Zentrale Auswertung von Herstel-

lungsfehlern und Schäden im Hinblick auf druckführende Anlagenteile von Kernkraftwerken" SR 10, 1. Technischer Bericht, Projekt Tangentialschliffprogramm 22 NiMoCr 3 7, Januar 1976, Beilage 32.

[184] Mück, Günther H.: Zusammenfassende Darstellung, a. a. O., S. 4.

[185] AMPA Ku 139, vgl. Schreiben des ehemaligen USAEC/USNRC-Chief, Materials Engineering Branch, und späteren Nuclear Safety Attaché der United States

Die UPR konnten aufgrund der ausreichenden Zähigkeit des Grundwerkstoffs schnell als harmlos eingestuft werden (s. Kap. 10.2.4). Sie entstanden im Grobkornbereich, der parallel zur Oberfläche verlief, mit einer Tiefenausdehnung bis 2,5 mm. Bruchmechanische Untersuchungen zeigten, dass die Einflüsse dieser dünnen, rissigen, beiderseits in zähen Werkstoff eingebetteten Schichten unter der Oberfläche von Wänden mit 150–300 mm Dicke vernachlässigbar sind. An den Stumpfnähten in Druckbehälterwänden verliefen die Grobkornschichten jedoch senkrecht zu den Wandoberflächen. Das Verhalten dieser je nach Schweißverfahren und Wärmeeinbringung mehr oder weniger ausgeprägten Schichten und ihre Auswirkungen auf die Bruchsicherheit von Druckgefäßen waren nicht einfach abzuschätzen. Die gründliche Klärung der Sachverhalte, die zur Entstehung der Nebennahtrisse führten, und deren Einflüsse auf die Bauteilsicherheit gegenüber statischer, quasistatischer und schwingender Beanspruchung unter Berücksichtigung korrosiver Einflüsse und Einwirkung von Neutronenbestrahlung, war vordringlich. Des Weiteren musste erforscht werden, wie Werkstoff und Schweißtechnik sowie die Prüfverfahren verbessert werden konnten, um Relaxationsversprödung und (größere) Relaxationsrisse in der WEZ sicher zu vermeiden oder zumindest zerstörungsfrei zuverlässig genug aufzufinden. Es zeichnete sich ab, dass aufgrund dieser Situation Probleme und Verzögerungen in den Genehmigungsverfahren, insbesondere hinsichtlich der Betriebsgenehmigungen für die im fortgeschrittenen Bau befindlichen Kernkraftwerke entstehen könnten. Die Genehmigungsbehörden wünschten eine Klärung der Schweißprobleme bis 1.9.1973.[186] Eine vorübergehende Stilllegung der Fertigung von Bauteilen aus 22 NiMoCr 3 7 war nicht auszuschließen, nicht zuletzt, weil im ASME-Code nur „rissfreie" Komponenten für den Betrieb zugelassen sind.

1971 ließ sich bereits absehen, dass die Untersuchung und Aufklärung aller Schweißprobleme des Stahls 22 NiMoCr 3 7 im Verein mit Reinheit, Homogenität und Isotropie des Grundwerkstoffs einen beträchtlichen Mittel- und Zeitaufwand erforderlich machten. Es erschien höchst fragwürdig, ob die für die laufenden Genehmigungsverfahren notwendigen Ergebnisse rechtzeitig vorliegen würden. Deshalb wurde ein kurzfristig realisierbares Forschungs- und Entwicklungsprogramm entworfen.

Der MPA-Statusbericht enthielt bereits einen detaillierten Vorschlag für vordringliche Großschweißversuche zur Untersuchung der Relaxationsversprödung an hoch verspannten Schweißnähten und deren Einfluss auf das Festigkeitsverhalten des betroffenen Bauteils. Die MPA ging davon aus, dass gültige und übertragbare Ergebnisse nur erzielt werden könnten, wenn die Untersuchungen unter bauteilähnlichen Bedingungen erfolgten. Der für den RDB des Kernkraftwerks Biblis A vorgesehene und verworfene Schmiedering (s. Kap. 9.1.4) stand zur Verfügung. Wenn ein weiterer gleicher Ring bereitgestellt würde, könnten sie zusammengeschweißt und zu einem Großbehälter ergänzt werden (Abb. 10.14).[187] In diesen Großbehälter sollten ein durchgesteckter Stutzen (s. Abb. 10.14) sowie ein aufgesetzter Stutzen eingeschweißt werden. In die Schmiederinge sollte ebenfalls eine mit einer Längsnaht versehene Ronde eingeschweißt werden. Nach dem Spannungsarmglühen sollten wiederholte Druckproben mit dem 1,3-fachen Betriebsdruck sowie abschließend Drucksteigerungen bis zur plastischen Verformung und dem Bersten erfolgen. Bei der Diskussion des MPA-Statusberichts im Oktober 1971 in Bonn wurde den MPA-Forschungsvorschlägen nicht widersprochen. Vertreter von TÜV und Forschungsinstituten stimmten der MPA ausdrücklich zu. Die Fa. Siemens anerkannte die Notwendigkeit eingehender Studien.[188]

Mission to the United Nations System Organizations in Vienna, Charles Z. Serpan, Jr., vom 14.9.998.

[186] AMUBW 3410.4.5 A I, MPA-Stellungnahme: Schweißprobleme am Druckbehältermaterial 22 NiMoCr 3 7 -Sofortprogramm, 28.2.1973, S. 2.

[187] MPA-Statusbericht, a. a. O., S. 19–24.

[188] AMPA Ku 124, IRS Forschungsbetreuung: Ergebnis-Protokoll der Aussprache am 22.10.1971 in Bonn über den Statusbericht der MPA „Forschungen auf dem Kernreaktor-Druckbehälterwesen."

Ein bereits im August 1970 beim Verein Deutscher Eisenhüttenleute (VDEh) aufgestellter Plan für Gemeinschaftsversuche, an denen sich über zehn Industrieunternehmen und -institute beteiligten, hatte Relaxationsversuche an simulierten Proben vorgesehen.[189] Die Fa. Siemens beabsichtigte ebenfalls, analog zum UPR-Versuchsprogramm, ungünstige Zustände in den Grobkornbereichen der WEZ in Proben zu simulieren und zu testen.[190]

Die terminlichen Zwänge bei der Abwicklung ihrer Bauaufträge ließen die Fa. Siemens AG in Zusammenarbeit mit der MPA Stuttgart unverzüglich die Simulierungsversuche, die bruchmechanischen, metallographischen und fraktographischen Untersuchungen aufnehmen. Das Bundesministerium für Bildung und Wissenschaft (BMBW) verhielt sich noch zögerlich. Man wollte den angeforderten umfassenden Statusbericht des IRS abwarten und sehen, wie sich öffentlich geförderte Forschungsarbeiten in andere Programme, insbesondere das amerikanische HSST-Programm, einordnen ließen.[191]

Am 8. Dezember 1971 konstituierte sich in Bonn der RSK-Unterausschuss „Reaktordruckbehälter" (RSK-UA-RDB) in der Nachfolge des Ad-hoc-Ausschusses RDB. Mit der Einladung zur ersten Sitzung erläuterte der UA-Vorsitzende Rudolf Trumpfheller, Direktor beim Rheinisch-Westfälischen TÜV, Essen, in einer schriftlichen Stellungnahme zum Tagesordnungspunkt „Sicherheitstechnische Untersuchung über den Werkstoffzustand" das MPA-Forschungsvorhaben. Die MPA-Versuche müssten in eine breit angelegte Parameterstudie über die mögliche Varianz der Werkstoffzustände eingebettet werden.[192] Der RSK-UA RDB empfahl der RSK,

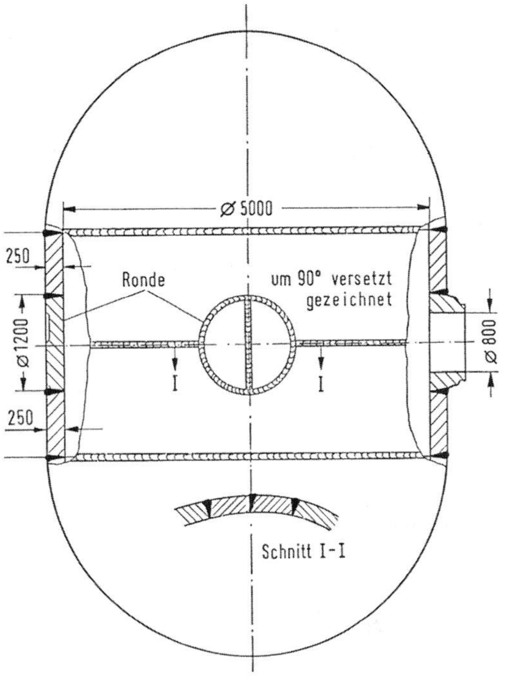

Abb. 10.14 MPA-Großbehälter-Versuchsmodell

dem BMBW geeignete Forschungsvorhaben vorzuschlagen, um Parameterstreubreiten und Gefügezustände vor allem im Bereich von Schweißnähten zu ermitteln.[193]

Auf seiner vierten Sitzung am 29.6.1972 befasste sich der RSK-UA RDB an erster Stelle mit den Mängeln beim Schweißen von Bauteilen aus dem Stahl 22 NiMoCr 3 7 und schlug ein Sofortprogramm mit folgenden Untersuchungen vor:

- Metallographische Untersuchungen an Schweißproben aus Bauteilen oder Versuchsschweißnähten sowie
- Anfertigung und Prüfung von Versuchsschweißnähten unter extremen Bauteilbedingungen, wozu das Einschweißen von Scheiben (Ronden) in Versuchsbehälter bzw. den zurückgewiesenen Behälterschuss des RDB Biblis-A gehöre.

Der Molybdängehalt solle bei weiteren Bauteilen aus 22 NiMoCr 3 7 auf 0,6 % begrenzt werden.

Durch dieses Sofortprogramm könnten die anderen Forschungsvorhaben als Langzeitpro-

---

[189] vgl. MPA-Statusbericht, a. a. O., S. 6–9.

[190] vgl. AMUBW 3410.4.5 A I, MPA-Stellungnahme: Schweißprobleme an Druckbehältermaterial 22 NiMoCr 3 7, 28.2.1973, Beilage 6 b: Siemens AG Reaktortechnik: Sicherheitstechnisches Forschungsprogramm auf dem Gebiet Druckwasserreaktor, Unterprogramm Versuche an simulierten Proben, Januar 1973.

[191] Persönliche Mitteilung von Prof. Dr. Karl Kußmaul.

[192] AMPA Ku 37, Trumpfheller, R.: Kommentare zur Tagesordnung der 1. RSK-UA-Sitzung „Reaktordruckbehälter", Köln, 1.12.1971, S. 2 f.

[193] AMPA Ku 24, Ergebnisprotokoll RSK-UA RDB vom 8.12.1971, S. 5.

gramm betrachtet und von den Fragestellungen der laufenden Genehmigungsverfahren abgetrennt werden. Im Rahmen der längerfristig angelegten Forschungen könne geklärt werden, in welcher Weise die Risse durch Optimierung der maßgebenden Parameter vermieden werden könnten. Die wichtigsten Einflussgrößen seien:

- Chemische Zusammensetzung des Stahls,
- Zeit-Temperatur-Verläufe beim Schweißen und Glühen,
- Verformung,
- Beanspruchung.[194]

Das vorgeschlagene Sofortprogramm wurde auf der 5. Sitzung des RSK-UA RDB mit den Herstellern erörtert. Die Fa. AEG sah kein Erfordernis für ein Sofortprogramm. Es seien ausreichende Vorkehrungen für die Qualität in der laufenden Produktion getroffen. Die Siemens AG schlug vor, einen Großversuch durch Verschweißen zweier RDB-Schüsse (Schmiederinge) mittels einer Rundnaht im Maßstab 1:1 durchzuführen. Dafür könne auf die für Siemens nicht repräsentativen Rondeneinschweißversuche verzichtet werden. Bei der Siemens AG werde (anders als bei AEG) die Konstruktion von durchgesteckten, eingeschweißten Kühlmittelstutzen nicht verwendet.[195] Der RSK-UA RDB folgte den Anregungen der Hersteller nicht. In einer weiteren Erörterung der Schweißprobleme beim Stahl 22 NiMoCr 3 7 räumten die Hersteller ein, dass die Verarbeitung, insbesondere das Schweißen dieses Stahls mehr Schwierigkeiten bereitet habe, als vorausgesehen worden war.[196]

Die RSK machte sich die Positionen ihres UA RDB zu Eigen. Sie empfahl dem BMBW ein Sofortprogramm aufzulegen, das vor Inbetriebnahme der im Bau befindlichen Anlagen durchzuführen sei. Es müsse neben den metallographischen Untersuchungen, Versuche mit der 2,8 m-Naht, mindestens drei eingeschweißte Ronden sowie

Simulierungsprüfungen nach fortgeschrittenen Verfahren der MPA Stuttgart umfassen.[197]

Am 15.11.1972 begann das auf Antrag der Siemens AG vom 16.8.1972 vom BMBW geförderte Forschungsvorhaben RS 84 „Untersuchungsprogramm zum Festigkeitsverhalten rissbehafteter Schweißnähte", das von den Beteiligten kurz „Sofortprogramm" genannt wurde. Die ausführenden Stellen waren die Siemens AG und die MPA Stuttgart. Die Laufzeit war zunächst auf 9 Monate festgelegt. Die durchzuführenden Untersuchungen waren:

- Fertigung, Metallographie und Fraktographie,
- Berechnungen,
- Versuche an simulierten Proben,
- Versuche an der 2,8 m-Naht und
- Einschweiß- und Innendruck-Schwellversuche.

Die Zielsetzung war im Wesentlichen, Art und Ursache des Auftretens der Risse zu klären. Im Hinblick auf die bereits gefertigten und in Fertigung befindlichen Bauteile wurde als Zielsetzung des Vorhabens ausdrücklich genannt: „Sicherheitsnachweis der vorhandenen Fehler unter Berücksichtigung von Betriebsbedingungen und Störfällen"[198] Diese auf die Behebung akuter Produktionsprobleme ausgerichtete Zielsetzung konnte die MPA-Wissenschaftler nicht befriedigen. Schon im MPA-Statusbericht vom Frühjahr 1971 waren umfassend angelegte Grundlagenprogramme empfohlen worden. Diese systematischen Forschungsvorhaben konnten dann im Rahmen des Forschungsvorhabens Komponentensicherheit (s. Kap. 10.5) geleistet werden.

Das Forschungsvorhaben RS 84 wurde bis Ende 1973 verlängert und abgeschlossen. Die Untersuchungen der Rondeneinschweißungen sowie der Chargeneinflüsse (chemische Stahlzusammensetzung) wurden im Sofortprogramm begonnen und im Dringlichkeitsprogramm 22 NiMoCr 3 7 (s. Kap. 10.2.6) zu Ende geführt.

Die Fa. Siemens AG hatte eine große Zahl von Simulierungsversuchen an Proben vorgenommen, die der 2,8 m-Naht entnommen wor-

---

[194] AMPA Ku 24, Ergebnisprotokoll RSK-UA RDB vom 29.6.1972, S. 4–6.

[195] AMPA Ku 24, Ergebnisprotokoll der 5. Sitzung RSK-UA RDB vom 8.9.1972, S. 3 f.

[196] AMPA Ku 24, Ergebnisprotokoll der 6. Sitzung RSK-UA RDB vom 2.10.1972, S. 3.

[197] BA B 106-75306, Ergebnisprotokoll der 77. RSK-Sizung vom 18.10.1972, S. 6.

[198] IRS-Forschungsberichte, Berichtszeitraum 1.10. bis 31.12.1972, IRS-F-14, Köln, 1973, S. 96–99.

den waren. Die MPA hatte metallografische und fraktografische Untersuchungen sowie Simulationsversuche nach von ihr neu entwickelten Verfahren (s. Anhang 10–7) durchgeführt.[199] Die Arbeitsproben der MPA stammten aus der Herstellung von RDB- und DE-Halbzeugen und kamen von Biblis A und B, Unterweser, Neckarwestheim, Brunsbüttel, Isar und Philippsburg. Mitte September 1973 hatte die MPA von 54 Arbeitsproben 22 im Rahmen ihres Tangentialschliffprogramms geprüft und bei 11 Proben im grobkörnigen Anteil der WEZ Rissnester gefunden. Darüber hinaus wurden kleine Heißrisse festgestellt. Die maximale Ausdehnung eines Relaxations-Rissnestes betrug 30 mm in Längsrichtung und 1,3 mm in Tiefenrichtung. Bei den MPA-Simulationsversuchen wurden Werte für die Kerbschlagzähigkeit gemessen, die teilweise um die Faktoren 4–8 kleiner waren, als die von Siemens/KWU gemessenen Werte.[200] Die RSK erörterte am 19.9.1973 die ersten Ergebnisse des Sofortprogramms und nahm wie folgt Stellung: *„Die bisherigen Untersuchungen haben ergeben, dass Rissnester kleine Ausdehnungen und eine relativ geringe Häufigkeit besitzen. Das versprödete Material wird somit zum Hauptproblem. Die Grobkornzone wird um so größer, je stärker die einzelne Schweißlage ist, d. h. bei relativ geringer Wärmeeinbringung und geringer Lagendicke ist die Ausdehnung der Grobkornzone kleiner. Über diese beiden Parameter ist eine Beeinflussung der Grobkornzonenausdehnung möglich."*[201] Die MPA und Siemens wurden in dieser Sitzung beauftragt, die bestehenden starken Unterschiede in den ermittelten Kerbschlagzähigkeiten zu interpretieren. Die RSK erwartete von beiden Stellen eine einheitliche Auffassung bzw. klare Darlegung der relevanten Gründe. *„Bevor die Ergebnisse des Rondeneinschweißprogramms und die einheitliche Stellungnahme beider Institutionen zu den Simulationsproben nicht vorlie-*

gen, sieht sich die RSK nicht in der Lage, eine Empfehlung zur Inbetriebnahme von Biblis A zu erarbeiten. Da die Rissnester von geringer Ausdehnung und Häufigkeit sind und die Grobkornzone von verschiedenen Parametern abhängt, wird die sich momentan darstellende Situation jedoch nicht als kritsch betrachtet."

Die sicherheitstechnische Beurteilung der Querrissnester und Grobkornzonen in den WEZ von Verbindungsschweißnähten fiel im Abschlussbericht von Siemens/KWU auf der Grundlage der Ergebnisse des Sofortprogramms RS 84 günstig aus. Zusammenfassend wurde festgestellt, dass eine ausreichende Sicherheit gegen Sprödbruch, zähen Gewaltbruch und unterkritisches Risswachstum vorhanden sei.[202]

Die von der RSK im Interesse einer von wirtschaftlichen Rücksichtnahmen möglichst unabhängigen Bewertung angeforderte gemeinsame Stellungnahme von Siemens-KWU und MPA Stuttgart wurde am 18. Januar 1974 abgegeben. Es gab Einvernehmen über die Erklärung des Schädigungsmechanismus durch kurze Zeitstandversprödung. Der Grad der Schädigung und damit die Verringerung der Kerbschlagzähigkeit variierten mit der mechanischen Beanspruchung im Bereich des Spannungsarmglühens.[203]

Aus der Sicht der Reaktorhersteller sollte das Sofortprogramm 22 NiMoCr 3 7 pauschal die Erwartung bestätigen, dass die Schweißnähte in den Bauteilen aus 22 NiMoCr 3 7 im Betrieb nicht versagen werden, wenn sie mit den damals angewendeten Produktionsmethoden hergestellt und mit den damals durchgeführten Prüfungen als fehlerfrei festgestellt worden waren. Dahinter standen wirtschaftliche Interessen. *„Das Ziel aller Anstrengungen müsste sein, übertriebenen Aufwand – speziell bei Prüfungen – zu erkennen und abzubauen, um konkurrenzfähig zu bleiben."*[204]

---

[199] AMPA Ku 127, Siemens AG: Zusammenstellung der Versuche zum Sofortprogramm RS 84, Erlangen, 12.9.1973.

[200] AMPA Ku 24, Ergebnisprotokoll der 15. Sitzung des RSK-UA RDB, 14.9.1973, S. 4–7.

[201] AMPA Ku 3, Ergebnisprotokoll 86. RSK-Sitzung, 19.9.1973, S. 8.

---

[202] AMPA Ku 127, Dorner H. et al., Siemens AG: Sicherheitstechnische Beurteilung der Nebennahtrisse (NNR) im Rahmen des Sofortprogramms, Erlangen, 12.10.1972

[203] AMPA Ku 38, Kraftwerk Union und MPA Stuttgart: Sofortprogramm, 2,8 m-Naht, erweiterte Simulation: Gemeinsame Stellungnahme der KWU und der MPA Stuttgart, 18.1.1974.

[204] AMPA Ku 124, Diskussionsbeitrag Debray (Siemens) in: IRS Forschungsbetreuung: Ergebnis-Protokoll der

Auf der anderen Seite war unausgesprochen allen Beteiligten bewusst, dass ein katastrophales Versagen des RDB unter allen Umständen verhindert werden musste. Es musste nach menschlichem Ermessen uneingeschränkt sichergestellt sein, dass große Nebennahtrisse mittels der zur Verfügung stehenden Prüfmethoden aufgefunden und ausgebessert wurden. Risse, die nicht von der Oberfläche ausgingen, konnten zerstörungsfrei zuverlässig nur mit dem Ultraschall-Verfahren gefunden werden. Mit großem Nachdruck wurde deshalb die Leistungsfähigkeit dieser Prüfmethode vorangetrieben (s. Kap. 10.5). Bei den unentdeckt gebliebenen Mikroriss-Nestern musste eindeutig geklärt werden, ob sie langfristig tolerierbar sind.

Der RSK-UA RDB befasste sich im Januar 1974 mit den Ergebnissen des Sofortprogramms und sah keinen Anlass zu sicherheitstechnischen Bedenken gegen die im Betrieb oder im Bau befindlichen Leichtwasserreaktoren. Er forderte jedoch wegen der möglicherweise vorhandenen ausgedehnten Grobkornzonen besonders sorgfältige, regelmäßig wiederkehrende Prüfungen.[205]

Die Ergebnisse der von Siemens durchgeführten Simulierungsversuche konnten nur in erster Näherung die komplexen Verhältnisse im Gefüge an den Schweißnähten in Bauteilen aus 22 NiMoCr 3 7 abbilden. In großen Bauteilen mit mehrachsigen Spannungszuständen sind die Zusammenhänge zum einen komplexer als beim einachsigen Versuch mit kleinen Querschnitten. Zum anderen wurde wie im HSST-Programm die Ermittlung der mechanisch-technologischen Eigenschaften an homogenen Gefügen bei einem definitionsgemäßen Werkstoffzustand vorgenommen. Tatsächlich konnten die verwendeten Werkstoffe nicht unerhebliche Streubreiten der Gehalte an Spuren- und Legierungselementen aufweisen. Auch war das Gefüge im Schweißnahtbereich durch den Mehrlagenaufbau der Naht heterogen. Grobkorn- und Feinkorngefüge

wechselten in unregelmäßiger Weise miteinander ab. Je nach Lagendicke und Wärmeeinbringung konnten Grobkornschichten erhebliche Dicken erreichen. Die Frage blieb offen, inwieweit derartige heterogene Gefügeformationen die Zähigkeitseigenschaften des Bauteils und damit seine Widerstandfähigkeit beeinträchtigen konnten.

10.2.6 Das Dringlichkeitsprogramm 22 NiMoCr 3 7, RS 101

Die MPA Stuttgart stellte am 28.2.1972 beim Bundesministerium für Bildung und Wissenschaft (BMBW) einen Förderantrag für ein „Dringlichkeitsprogramm 22 NiMoCr 3 7", der am 13.7.1972 in der endgültigen Fassung eingereicht wurde. Seine Zielsetzung war, die mit der Schweißbarkeit und Schweißsicherheit des Werkstoffs 22 NiMoCr 3 7 zusammenhängenden Bearbeitungs- und Sicherheitsfragen soweit zu klären, dass der Betrieb der RDB bis auf weiteres sicherheitstechnisch zuverlässig, mit welchem Ergebnis auch immer, beurteilt werden konnte. Es sollte insbesondere ermittelt werden,

- ob kritische Zustände in der Wärmeeinflusszone (WEZ) auftreten,
- wie sich solche Zustände auf die Widerstandsfähigkeit und Bruchsicherheit auswirken und
- welche Anforderungen zu stellen sind, um kritische Zustände zu beherrschen.[206]

Die konventionellen mechanisch-technologischen Untersuchungen der verschiedenen Gefügezustände in der WEZ hatten große Streubreiten der Zähigkeitseigenschaften ergeben. Die wahren örtlichen Verhältnisse ließen sich nicht oder nur unvollkommen daraus ableiten. Deshalb sollte vor allem ein Verfahren für die wirklichkeitsnahe Simulation charakteristischer Gefüge sowie der Vorstadien der Rissbildung entwickelt werden. Im Projekt „Schweißsimulation" sollten die entscheidenden Einfluss-Parameter und deren Abhängigkeit von Temperatur-Zeit-Verläufen bei der

---

Aussprache am 22.10.1971 in Bonn über den Statusbericht der MPA „Forschungen auf dem Kernreaktor-Druckbehälterwesen", S. 14.

[205] AMPA Ku 24, Ergebnisprotokoll 17. Sitzung RSK-UA RDB, 15.1.1974, S. 4–7.

---

[206] MPA Stuttgart: Abschlussbericht BMFT-TB RS 101 „Dringlichkeitsprogramm 22 NiMoCr 3 7", Juli 1977, S. 3.

Abb. 10.15 Unterplattierungs- und Nebennahtrissigkeit

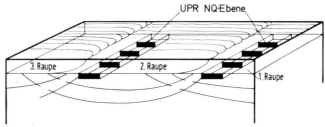

UPR NQ-Ebene

3. Raupe   2. Raupe   1. Raupe

Unterplattierungsrissigkeit bei Einlagen - Bandplattierung

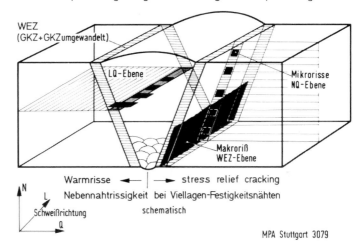

WEZ
(GKZ+GKZ umgewandelt)

LQ-Ebene

Mikrorisse
NQ-Ebene

Makroriß
WEZ-Ebene

Warmrisse ◄—— | ——► stress relief cracking
Nebennahtrissigkeit bei Viellagen-Festigkeitsnähten
schematisch

N
L
Schweißrichtung
Q

MPA Stuttgart 3079

- Überhitzungssimulation (thermisch) und
- Simulation der Spannungsarmglühung (thermomechanisch)

gefunden und durch umfangreiche Temperaturmessungen an Schweißproben erforscht werden. Alle Arten von Rissbildung sollten reproduzierbar untersucht werden (Abb. 10.15 unten)[207]. Mit Versuchen an Behältern und Großbauteilen sollten die Simulationsergebnisse verifiziert werden.

Das auf umfangreiche Parameterstudien angelegte Dringlichkeitsprogramm der MPA ergänzte das amerikanische HSST-Programm vorzüglich.

Am 1.12.1972 begann im Rahmen des Forschungsprogramms „Reaktordruckbehälter" des Bundesministers für Forschung und Technologie (BMFT) das Forschungsvorhaben RS 101 „Dringlichkeitsprogramm 22 NiMoCr 3 7" mit der Laufzeit bis 31.12.1975. Auftragnehmer war

die Universität Stuttgart, ausführende Stelle die MPA.[208]

Das Forschungsvorhaben RS 101 umfasste folgende Projekte:

- ZB 1 (Behälter in Zwischengröße)
- S-UP-Ro (Unterpulver-Einschweißen von Ronden in Reaktordruckbehälterring)
- Si-SSi (Simulationsproben für den Schweißsimulator)
- Si-G/R (Simulationsproben für Glüh- und Relaxationsversuche)
- Si-E-Strahl (Elektronenstrahlschweißung)
- S-UP-RN (UP-Schweißproben mit Rundnähten)
- S-UP-LN (UP-Schweißproben mit Längsnähten)
- Einspannvorrichtung für Großproben.

1973 wurde noch das Projekt VBM (Verformungs- und Bruchmechanismus) für die Anwen-

[207] MPA Stuttgart: Abschlussbericht BMFT-TB RS 101, a. a. O., Beilage 4.

[208] IRS-F-14, Berichtszeitraum 1.10. bis 31.12.1972, S. 163–167.

Abb. 10.16 Versuchsbehälter
ZB 1

dung eines Rechnerprogramms zur theoretischen Berechnung von Temperaturfeldern hinzugefügt.

Die Projekte von RS 101 waren bis 31.3.1976 abgeschlossen, mit Ausnahme des Projekts „Einspannvorrichtung für Großproben", das bis Ende 1976 verlängert wurde. Die Gesamtkosten beliefen sich auf 12,6 Mio. DM.[209]

„Sofortprogramm" und „Dringlichkeitsprogramm 22 NiMoCr 3 7" waren thematisch und von den beteiligten Stellen frühzeitig miteinander verknüpft. Als Mitte 1973 durch Zeitverzögerungen und technische Pannen das Rondeneinschweißprogramm in Schwierigkeiten geriet, wurde es in das Dringlichkeitsprogramm und damit in die Verantwortung der MPA Stuttgart verlagert.[210] Das Rondeneinschweißprojekt des Sofortprogramms war federführend von der KWU-Frankfurt (AEG) bearbeitet worden. Die ersten Versuche hatten am Schmiedering Bib-

lis-A bei der Gutehoffungshütte in Sterkrade bereits begonnen.

Im Folgenden werden die wichtigsten Ergebnisse des Dringlichkeitsprogramms 22 NiMoCr 3 7 dargestellt.

Projekt ZB 1 (Behälter in Zwischengröße) Die Rheinstahl Hüttenwerke AG Hattingen fertigte aus dem Werkstoff 13 MnNiMo 5 4 eine Versuchstrommel mit den Abmessungen: Innendurchmesser 1.473 mm, Wanddicke 120 mm, zylindrische Länge 2.700 mm (Abb. 10.16).[211] Neben einem Stutzen wurde in den Mantelschuss eine Ronde eingeschweißt, die aus einem von der französischen Firma Marrel Frères gelieferten Blech aus 22 NiMoCr 3 7 hergestellt worden war. Die Ronde war zuvor halbiert, wieder mit einer halbseitigen Tulpenschweißnaht zusammengefügt und spannungsarmgeglüht worden. In der WEZ der radialen Schweißflanke dieser Längsnaht wurde eine 300 mm lange und

[209] IRS-F-31, Berichtszeitraum 1.4. bis 30.6.1976, September 1976, S. 263.

[210] AMPA Ku 24, Ergebnisprotokoll 13. Sitzung des RSK-UA RDB, 19.6.1973, S. 4.

[211] Julisch, Peter et al., MPA Stuttgart: BMFT-TB RS 101, 3. Technischer Bericht, Projekt „Behälter in Zwischengröße" ZB 1, Dezember 1975, Beilage 9.

40 mm tiefe Kerbe mit V-Profil eingeschliffen. Der mit Wasser gefüllte Versuchsbehälter ZB 1 wurde einer schwellenden Belastung zwischen 3 und 320 bar Innendruck bei ca. 8 Lastspielen pro Stunde ausgesetzt. Bereits nach 1906 Lastspielen zerknallte der Versuchsbehälter bei einem Innendruck von 320 bar völlig unerwartet (ohne Leck vor Bruch) mit einem Sprödbruch, der zu einem Rundabriss des Behälterbodens führte (Abb. 10.18).[212] Nach Ersatz des Behälterbodens wurden die Schwellversuche bis zum Eintreten eines Lecks weitergeführt. Das von der Kerbe ausgehende Risswachstum wurde verfolgt. Nach insgesamt 6.290 Lastspielen kam es zum Durchriss mit Leckage.[213] Die „Leck-vor-Bruch"-Forderung war in diesem Fall erfüllt (Abb. 10.17).[214, 215] Bei den mechanisch-technologischen und metallografischen Untersuchungen an den Rondenschweißnähten konnten keine Heiß- oder Relaxationsrisse und keine Anzeichen für örtliche Versprödung festgestellt werden. Im Schweißnahtübergang auf der Seite des Behälterschusses lag ein beim Einschweißen entstandener Bindefehler mit etwa 23 mm Durchmesser vor, der bei der Ultraschall-Prüfung nach dem Schweißen nicht gefunden worden war.

Abb. 10.17 Leckage an der Rondenlängsnaht

Projekt S-UP-Ro (Einschweißen von Ronden in Reaktordruckbehälterring) Mit dem Einschweißen von Ronden in Großbauteile sollten unter wirklichkeitsnahen Fertigungsbedingungen Festigkeitsnähte erzeugt werden, wie sie den Schweißnähten von durchgesteckten Stutzen in RDB entsprachen. Als Trägerbauteil wurde der zurückgewiesene Mantelschuss des Biblis-A-RDB verwendet (s. Kap. 9.1.4). Seine Abmessungen waren: 5.000 mm Innendurchmesser, 235 mm Wanddicke und 1.400 mm Länge. Wegen der geringen Länge des Mantelschusses

konnte die volle Verformungsbehinderung nicht erreicht werden. Der von der MPA ursprünglich vorgeschlagene Aufbau eines Großbehälters (s. Kap. 10.2.5) konnte nicht verwirklicht werden.

Für die Einschweißversuche waren zwei 140 mm dicke Ronden aus einem SWR-Blech und zwei 235 mm dicke Schmiederonden, die aus dem Trägerring ausgebrannt worden waren, bereitgestellt worden. Sie hatten jeweils einen Durchmesser von 800 mm und wurden mit einer mittigen Schweißnaht versehen. Die Schweißarbeiten wurden von der Gutehoffnungshütte (GHH) Sterkrade AG durchgeführt, wo sich der Trägerring befand. Beim Schweißen der Längs- und Rundnähte der Schmiederonde 1 wurden Temperatur- und Dehnungsmessungen vorgenommen.[216] Für die Schmiederonde 2 wurde für

[212] MPA Stuttgart Dokumente 3194 und 3344 (RS 101, 1973).

[213] Julisch, Peter et al., MPA Stuttgart: BMFT-TB RS 101, a. a. O., S. 4.

[214] ebenda, Beilage 12.

[215] Das Leck-vor-Bruch-Verhalten bedeutet ein stabiles Risswachstum in der Behälterwand bis zur Außenwand mit einem sich öffnenden Leck ohne spontanes Versagen durch instabiles Risswachstum.

[216] Sturm, Dietmar et al., MPA Stuttgart: BMFT-TB RS 101, Projekt „Einschweißen von Ronden in Reaktordruckbehälterring" (S-UP-Ro), 1. Technischer Bericht, Oktober 1973, S. 6–15.

Abb. 10.18 Der zerknallte Behälter in Zwischengröße und sein abgesprengtes Bodenteil

die Temperaturmessungen in der WEZ der Rundnaht eine gegenüber der Schmiederonde 1 verbesserte Instrumentierungsmethode eingesetzt.
Die Thermoelemente wurden möglichst nahe und
mit ausreichender Genauigkeit an der Nahtflanke angeordnet. Abbildung 10.20 zeigt im Vertikalschnitt den Aufbau der Versuchs-Schweißnaht mit der Lage der Thermoelemente.[217] Der
Temperatur-Zeit-Verlauf im Nahtflankenbereich
konnte damit ermittelt werden.[218] Für jeden
Punkt der WEZ konnte die erreichte Spitzentemperatur, die von den einzelnen Schweißlagen verursacht wurde, angegeben werden. Die Tempe-
ratur-Geschichte der einzelnen Gefügezonen ließ
sich rekonstruieren. Abbildung 10.19[219] zeigt die
Isothermen kritischer Temperaturen in der WEZ.
Bei den Temperaturen $Ac_1 = 718$ °C beginnt die
Austenitisierung, bei $Ac_3 = 825$ °C ist sie beendet.
Bei 1.100 °C setzt verstärkte Grobkornbildung
ein. Bei jeder Schweißlage erfährt das Gefüge
eine erneute Umkörnung.

Die eingeschweißten Ronden wurden wieder
ausgetrennt und mechanisch-technologischen
Untersuchungen unterzogen. Die Ergebnisse der

Rondeneinschweißversuche machten deutlich,
dass die Temperaturführung bei und nach dem
Schweißen von entscheidender Bedeutung für
die Festigkeits- und Zähigkeitseigenschaften der
Schweißverbindungen ist.[220]

Die Projekte mit Simulationsproben Bei den
Projekten mit Simulationsproben Si-SSi und Si-
G/R ging es darum, ausreichend große Proben
der Grobkornzone der WEZ durch eine möglichst
wirklichkeitsnahe Simulation der Überhitzung
und der Spannungsarmglühung (Relaxations-Simulation) zu erzeugen und ihre Eigenschaften zu
untersuchen (s. Anhang 10–7):

• Überhitzung: Herstellung genügend großer
  Probekörper mit einem der echten WEZ möglichst nahe kommenden Gefüge;

• Relaxations-Simulation: Erzeugung von Tem-
  peratur- und Beanspruchungsverhältnissen
  ähnlich denen beim Spannungsarmglühen;
  Ermittlung der Auswirkungen der beim Glühen entstehenden plastischen Verformungen
  (Spannungsrelaxation) auf die Werkstoffeigenschaften der überhitzten Gefüge;

• Werkstoffprüfung: Ermittlung des Werkstoffverhaltens – Kerbschlagzähigkeit, Zugversuch, Härteprüfung, Metallografie.

---

[217] Kußmaul, K. und Stoppler, W.: Temperaturführung
bei und nach dem Schweißen, VGB Kraftwerkstechnik,
Jg. 58, November 1978, S. 841.

[218] Sturm, Dietmar et al., MPA Stuttgart: BMFT-TB
RS 101, Projekt „Einschweißen von Ronden in Reaktor-
druckbehälterring" (S-UP-Ro), 3. Technischer Bericht,
Bd. 2, Dezember 1975, S.1–4.

[219] ebenda, Beilage 29.

[220] vgl. Kußmaul, K. und Stoppler, W.: Temperaturführung bei und nach dem Schweißen, VGB Kraftwerkstechnik, Jg. 58, Heft 11, November 1978, S. 835–847.

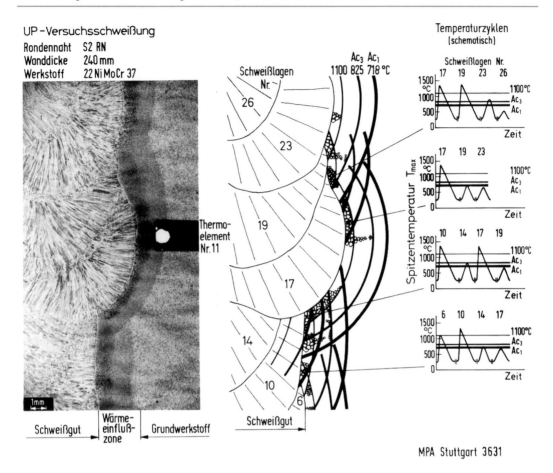

Abb. 10.19 Rekonstruktion der Grobkornzonen in der Rundnaht der Schmiederonde 2

Die Versuchswerkstoffe wurden, wie im Sofortprogramm, aus Halbzeugen (dickwandige Bleche und Schmiedestücke) entnommen sowie aus Laborschmelzen mit gezielt variierten chemischen Zusammensetzungen gewonnen. Die Untersuchungen zum Ausscheidungs- und Umwandlungsverhalten des Druckbehälterstahls 22 NiMoCr 3 7 wurden zum Teil in der August Thyssen-Hütte, Duisburg, sowie vom Stahl- und Röhrenwerk Reisholz, Düsseldorf-Reisholz, durchgeführt.

Die systematisch angelegten Experimente und Analysen hatten das Ergebnis, dass sich Relaxationsversprödung und -risse nur bilden können, wenn der Werkstoff einer hohen Überhitzung mit Grobkornbildung ausgesetzt war und wenn durch schnelle Abkühlung und nachfolgender Wärmebehandlung die zunächst gelösten metallischen Karbide an den Korngrenzen ausgeschieden werden (Abb. 10.21)[221]. Diese Ausscheidungen machen den Werkstoff härter und verringern seine Kriechneigung und sein Dehnvermögen in den Korngrenzenbereichen. Beim konventionellen zweistufigen Spannungsarmglühen wurden die beim Schweißen erzeugten Eigenspannungen durch plastische Kriechverformung bei Glühtemperaturen von 530 bis 550 °C abgebaut. In geschädigten Korngrenzenbereichen ist das Kriech- und Dehnvermögen

---

[221] Ewald, Jürgen et al., MPA Stuttgart: Forschungsprogramm „Reaktordruckbehälter", Dringlichkeitsprogramm 22 NiMoCr 3 7, RS 101, 3. Technischer Bericht, Bd. 4, Projekt „Simulationsproben" (Si-SSi), (Si-G/R), Dezember 1975, Beilage 8, S. 61.

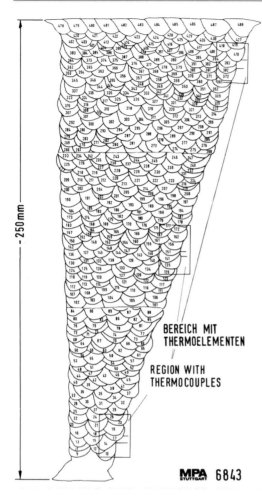

Abb. 10.20 Aufbau der Versuchs-Schweißnaht

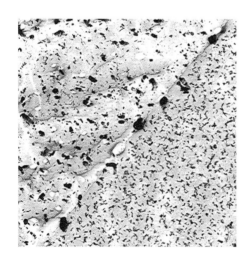

Abb. 10.21 Ausscheidungen an einer Korngrenze (10.000:1)

schnell erschöpft, und es kann zu interkristalliner Rissbildung kommen. Die entscheidenden Einflussgrößen sind neben den einwirkenden Spannungen die chemische Stahlzusammensetzung sowie die von den Temperatur-Zeit-Verläufen beim Schweißen und der nachfolgenden Wärmebehandlung abhängige Kinetik der Ausscheidungsvorgänge in der WEZ.

Die Versuchsergebnisse zeigten bei der Spannungsarmglühung einen kritischen Temperaturbereich zwischen 500 und 600 °C und eine günstige Endglühtemperatur von 610 bis 650 °C.[222] Daraus wurde die Empfehlung abgeleitet, die Spannungsarmglühung einstufig bei einer Endglühtemperatur von 630 °C vorzunehmen, wobei der Temperaturbereich von 500 bis 600 °C beim Hochheizen schnell durchlaufen werden sollte.[223]

Nach einer großen Zahl von Versuchsreihen stellte sich immer deutlicher heraus, welche Kriterien die Rissempfindlichkeit und „Gebrauchstauglichkeit" eines Werkstoffs bestimmten.[224]

Zunehmende Gehalte an Molybdän, Vanadium, Kupfer, Phosphor und Zinn wirkten sich verschlechternd (Mo≥0,5 %, V≥0,01 %), von Nickel (Ni≥1 %) verbessernd auf Kriechneigung und Dehnvermögen aus. Chrom und Mangan zeigten keine eindeutigen Ergebnisse. Interkristalline Rissbildungen wurden bevorzugt in Seigerungsstreifen gefunden, wobei Mangansulfid-Einschlüsse besonders negativ in Erscheinung traten. An Seigerungen und sulfidischen Einschlüssen wurden auch Heißrisse festgestellt. Ein hoher Reinheitsgrad des Werkstoffs war deshalb anzustreben. In Abb. 10.22 sind die kritischen Elemente zusammengestellt, die im Werkstoff 22

---

[222] Ewald, Jürgen et al., MPA Stuttgart: Forschungsprogramm „Reaktordruckbehälter", Dringlichkeitsprogramm 22 NiMoCr 3 7, RS 101, 3. Technischer Bericht, Bd. 1, Projekt „Simulationsproben" (Si-SSi), (Si-G/R), Dezember 1975, S. 5 f.

[223] Kußmaul, K. und Stoppler, W., a. a. O., S. 847.

[224] Ewald, Jürgen et al., MPA Stuttgart: Forschungsprogramm „Reaktordruckbehälter", Dringlichkeitsprogramm 22 NiMoCr 3 7, RS 101, 3. Technischer Bericht, Bd. 1, Projekt „Simulationsproben" (Si-SSi), (Si-G/R), Dezember 1975, S. 5–13.

Grenzgehalte in Gew. %					
Mo	Cu	Sn	P	S	N
0,62	0,12	0,011	0,008	0,008	0,013

Rißbildung bei Überschreiten von 2 oder mehr Grenzwerten

Abb. 10.22 Kritische Elemente für Relaxationsrissbildung im Werkstoff 22 NiMoCr 3 7

NiMoCr 3 7 Relaxationsrisse verursachen können.[225, 226]

Die aufgeführten Grenzgehalte ergaben sich bei der statistischen Auswertung von 50 Arbeits- und Verfahrensproben mit Viellagenschweißungen bei 50–360 mm Wanddicke. Die untersuchten Elemente waren: Kohlenstoff, Silizium, Mangan, Phosphor, Schwefel, Kupfer, Zinn, Aluminium, Stickstoff, Chrom, Molybdän, Nickel, Vanadium, Kobalt, Arsen, Antimon, Titan, Niob und Wolfram.

Die Simulationsergebnisse an Proben wurden mit Befunden an echten Schweißungen verglichen. Dem Vergleich wurde das von den Zeit-Temperatur-Verläufen abhängige Gefügeumwandlungs- und Karbidausscheidungsverhalten der Werkstoffe zugrunde gelegt. Die Ergebnisse stimmten im Wesentlichen überein. Vorhandene Unterschiede ließen sich anhand der Gegebenheiten in einer Viellagenschweißnaht in der Tendenz erklären.[227]

Die Wände von RDB sind während des Reaktorbetriebs der Bestrahlung durch Neutronen eines breiten Energiespektrums ausgesetzt, die Änderungen der Werkstoffeigenschaften, u. a. der Zähigkeit, zur Folge hat. Im Rahmen des „Dringlichkeitsprogramms 22 NiMoCr 3 7" wurden diese Bestrahlungseinflüsse nicht berücksichtigt. Dies blieb dem „Forschungsvorha-

ben Komponentensicherheit" (FKS) vorbehalten (s. Kap. 10.5.10).

10.2.7 Schadenphänomene/Fehleratlas

Als sich Anfang 1970 das Bundesministerium für Bildung und Wissenschaft (BMBW) entschloss, die Forschungen im Bereich des Kernreaktor-Druckbehälterwesens zu verstärken, war eine der zu klärenden Fragen, wie Fehlerstellen (Trennungen, örtliche Versprödung u. ä.) das Festigkeitsverhalten von Werkstoffen und damit die Bruchsicherheit von Bauteilen beeinflussen. Die Erfahrungen aus dem konventionellen Kesselbau und aus dem Komponentenbau bei sehr frühen Forschungsreaktoren und Demonstrationskraftwerken lehrten, dass auch bei der Fertigung von Reaktorkomponenten Fehler nicht ausgeschlossen werden konnten. In dem im Auftrag des BMBW erstellten MPA-Statusbericht (s. Kap. 10.2.3) wurden die Ursachen aufgeführt, welche die zuverlässige Beherrschung des Werkstoffzustands erschwerten.

Durch die qualitätsmindernden Einflüsse beim Erschmelzen und Abgießen des Stahls, der Verarbeitung zum Halbzeug und der Weiterverarbeitung, insbesondere beim Schweißen, können mikro- und makroskopische Inhomogenitäten auftreten. Unter bestimmter Belastung können dort Fehlerstellen entstehen, die von Mikro-Rissen (Rissausdehnung < 0,5 mm) über Risse im mm-Bereich (Rissausdehnung ca. 0,5–15 mm) bis zu Makrorissen (Risslänge > 15 mm bis zu mehreren Metern und größerer Tiefenausdehnung) reichen.

Ihrem wissenschaftlichen Auftrag gemäß versuchte die MPA Stuttgart, die in ihrer Untersuchungspraxis bekannt gewordenen Schäden phänomenologisch und quantitativ zu erfassen und erschöpfend auszuwerten.

Der für die atomrechtlichen Genehmigungsverfahren zuständige Bundesminister des Innern (BMI) hatte ein hohes Interesse an der Erfassung von Herstellungsfehlern und Schäden an Komponenten der Kernkraftwerke und an deren sachkundigen Beurteilung. Der BMI finanzierte

---

[225] Ewald, Jürgen et al., MPA Stuttgart: Forschungsprogramm „Reaktordruckbehälter", Dringlichkeitsprogramm 22 NiMoCr 3 7, RS 101, 3. Technischer Bericht, Bd. 1, Projekt „Simulationsproben" (Si-SSi), (Si-G/R), Dezember 1975, Beilage 16.

[226] Schellhammer, Wolfgang: 1. TB BMI-Forschungsprogramm SR 10, Januar 1976, S. 15–26.

[227] Ewald, Jürgen et al., MPA Stuttgart: Forschungsprogramm „Reaktordruckbehälter", Dringlichkeitsprogramm 22 NiMoCr 3 7, RS 101, 3. Technischer Bericht, Bd. 4, Projekt „Simulationsproben" (Si-SSi), (Si-G/R), Dezember 1975, S. 4–16.

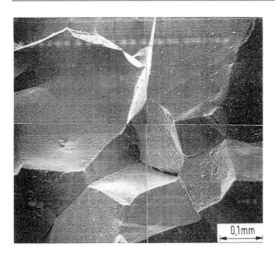

Abb. 10.23 Interkristalline Bruchfläche des Werkstoffs 22 NiMoCr 3 7

die Durchführung von Studien, Gutachten und Untersuchungen auf dem Gebiet der Sicherheit kerntechnischer Anlagen (SR-Vorhaben). Zum 1.1.1976 legte der BMI das Forschungsprogramm „Zentrale Auswertung von Herstellungsfehlern und Schäden im Hinblick auf druckführende Anlageteile von Kernkraftwerken" (Vorhaben SR 10) auf, das bis Ende 1976 laufen sollte.[228] Auftragnehmer war die MPA Stuttgart. Das SR-10-Vorhaben stand zunächst in einem engen Zusammenhang mit den BMFT-Forschungsprojekten „Sofortprogramm und Dringlichkeitsprogramm 22 NiMoCr 3 7". Das BMI-Untersuchungsvorhaben SR 10 wurde dann umfassender angelegt, bis Mitte 1980 fortgesetzt und anschließend dreimal in 3-Jahres-Schritten verlängert. Es wurde Mitte 1989 abgeschlossen.[229]

Das SR-10-Vorhaben zielte auf die Erfassung und Auswertung von Herstellungsfehlern und Schäden an druckführenden Komponenten von Kernkraftwerken. Darüber hinaus sollten die Ursachen der Entstehung von Herstellungs- und Verarbeitungsfehlern untersucht sowie die im Betrieb auftretenden Schäden beurteilt und sicherheitstechnische Folgerungen gezogen werden.

Im Rahmen des SR-10-Vorhabens hatte die MPA die erforderlichen Versuchseinrichtungen bereitzustellen: Einrichtungen zur metallografischen und mechanisch-technologischen Werkstoffprüfung, chemische Analyseneinrichtungen, Elekronenmikroskope und eine Auger-Mikrosonde.[230] Die Ausweitung der Gefügeuntersuchungen an Relaxationsrissen machte eine Verfeinerung der üblichen metallografischen, fraktografischen und mikroanalytischen Techniken und Methoden notwendig. Es mussten die Tangentialschlifftechnik, besondere Ätz- und Polierverfahren und die Herstellung von simulierten Proben unter Schutzgasatmosphäre entwickelt werden. Zur Feinanalyse von nichtmetallischen Einschlüssen, intermetallischen Phasen, Mikroseigerungen u. a. an metallografisch geätzten und polierten Schliffflächen wurde eine wellenlängendispersive Elektronenmikrosonde erfolgreich eingesetzt. Durch ein mit dem Rasterelektronenmikroskop (REM) gekoppeltes, energiedispersives Analyse-System konnten solche Feinanalysen auch auf Bruchoberflächen vorgenommen werden. Zum Nachweis der Anreicherung von kritisch einzuschätzenden Spurenelementen, insbesondere Schwefel, wurde die „Auger"-Feinanalysentechnik verwendet. Mit dem gezielten Einsatz der Transmissions-Elektronenmikroskopie (TEM) wurden nähere Aufschlüsse über das Ausscheidungsverhalten der hier untersuchten RDB-Stähle an den Korngrenzen erhalten. Die Ausscheidungs-Produkte wurden mit Hilfe nasschemischer, röntgenfraktografischer, elektronenoptischer und anderer Feinmethoden analysiert.[231] Abbildung 10.23[232] zeigt beispielhaft die

---

[228] GRS-F-38, Fortschrittsbericht 1976, Berichte über die vom Bundesminister des Innern finanzierten Aufträge auf dem Gebiet der Sicherheit kerntechnischer Anlagen, Mai 1977, S. 19–21.

[229] GRS-F-182, November 1990, 14. Jahresbericht über SR-Vorhaben 1989, Lfd. Nr. 6, S. 1.

[230] Die Auger-Elektronen-Spektroskopie kann mittels der „Auger-Sonde" zur semiquantitativen Bestimmung der chemischen Zusammensetzung der obersten Schichten eines Materials verwendet werden. Beim Auger-Meitner-Effekt handelt es sich um den strahlungslosen Übergang eines durch Röntgenstrahlen angeregten Atoms, wobei ein Elektron (das Auger-Elektron) emittiert wird und das Atom in den Grundzustand zurückkehrt.

[231] Kußmaul, K., Blind, D. und Ewald, J.: Methoden zum Nachweis und zur Untersuchung von Korngrenzenschwächungen und Nebennahtrissigkeit an Schweißnähten von Druckbehältern, in: BMI-Vorhaben SR 10, 1. Technischer Bericht, Januar 1976, Anhang A 4, S. 2–26.

[232] ebenda, S. 24.

Korngrenzenoberflächen einer interkristallinen Bruchfläche des Werkstoffs 22 NiMoCr 3 7.

Während der Laufzeit des SR-10-Vorhabens wurden 18 Technische Berichte (TB) erstellt, die jeweils besondere Untersuchungsgegenstände hatten. Solche Einzelzielsetzungen waren:

- Tangentialschliffprogramm 22 NiMoCr 3 7 (1. TB, Januar 1976),
- Anlassversprödung in grobkörnig überhitzten WEZ-Gefüge des Stahls 22 NiMoCr 3 7 (3. TB, März 1978),
- Ursachen von Relaxations- und Heißrissbildung in der WEZ der Feinkornbaustähle 22 NiMoCr 3 7 und 20 MnMoNi 5 5 (6. TB, Juni 1978),
- Untersuchungen zur mikrofraktografischen Beurteilung von magnetitbelegten Bruchflächen (9. TB, Mai 1979),
- Auffindbarkeit und Beurteilung von Ungänzen bei Ultraschallprüfungen in K-Nähten (12. TB, Juni 1984),
- Leckage im Mantel eines Dampferzeugers im Kernkraftwerk Indian Point 3 (14. TB, Juni 1984),
- Katastrophales Versagen von Druckbehältern im Betrieb ohne Leck-vor-Bruch – Fallsammlung – (15. TB, Mai 1985),
- Korrosionserscheinungen in Kernkraftwerken – metallografische und mikrofraktografische Befunde – (17. TB, November 1987).

Ein Schwerpunkt des SR-10-Vorhabens war die Erstellung eines umfassenden Fehler- und Schadenkatalogs. Ein „Fehleratlas" wurde in vier Teilen erarbeitet.[233]

Diese Fehleratlanten enthielten neben einem etwa 10–30 Seiten umfassenden Textteil einen Bildteil mit ca. 50–80 Beilagen, in denen die Fehler und Schäden bildhaft dargestellt wurden.

Fehleratlas I Im November 1975 legte die MPA Stuttgart den „Fehleratlas für Druckbehälter und Dampferzeuger" vor. Er stellte anhand von Bildbeispielen kennzeichnende Fehler an Grundwerkstoff und Schweißungen der Stähle 22 NiMoCr 3 7 aus deutscher Herstellung und A 508 Cl. 2 aus USA-Fertigung dar. Den Unter-

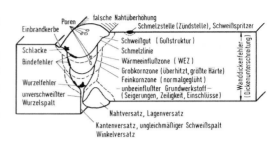

Abb. 10.24 Schweißimperfektionen. (schematisch)

suchungen lagen RDB-Halbzeuge als Bleche und Schmiedestücke, RDB-Bohrkerne und Schiffchen aus Dampferzeugern (DE) sowie RDB- und DE-Arbeits- und Verfahrensproben zugrunde. Insgesamt wurden 81 Proben analysiert. Die RDB-Bohrkerne waren dem verworfenen Deckelflanschring für das Kernkraftwerk Unterweser entnommen (s. Kap. 9.1.4). Das DE-Schiffchen entstammte einem DE für das Kernkraftwerk Stade (s. Kap. 10.2.5). Auch die 2,8 m-Naht (s. Kap. 10.2.5) war hier ein Untersuchungsgegenstand. Im Einzelnen wurden Seigerungen, Heißrisse und Relaxationsrisse (Unterplattierungs- und Nebennahtrisse) abgebildet und erörtert.

Fehleratlas II Der „Fehleratlas für druckführende Komponenten von Leichtwasserreaktoren" wurde im April 1978 als 5. Technischer Bericht des Forschungsprogramms SR 10 abgeschlossen. Er enthielt im Wesentlichen Befunde aus eingebauten druckführenden Komponenten (Rohrleitungen, Behälter und Gussarmaturen), die teilweise bereits im Betrieb waren. Ein Schwerpunkt waren fehlerhafte Schweißverbindungen. Abbildung 10.24[234] zeigt schematisch, welche Schweißfehler auftreten können. Abbildung 10.25[235] stellt das Beispiel des Speisewasserstutzens eines SWR-RDB aus Werkstoff A 508 Cl. 2 dar, bei dem nach Transportschäden ferritische und austenitische Reparaturschweißungen vorgenommen worden waren. Der Gefügeabdruck zeigt netzförmige interkristalline

---

[233] Der MPA-Mitarbeiter Dr.-Ing. H. Werner besorgte die Zusammenstellung und Bearbeitung der Fehleratlanten.

[234] MPA Stuttgart: 5. Technischer Bericht des BMI-Forschungsprogramms SR 10, Fehleratlas II, April 1978, Beilage 1.

[235] MPA Stuttgart, Fehleratlas II, a. a. O., Beilage 31.

Abb. 10.25 Interkristalline Heißrisse in Werkstoff A 508 Cl. 2

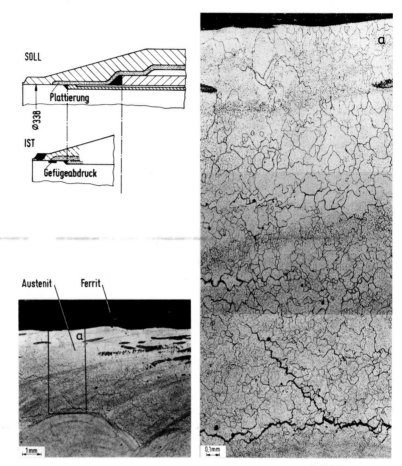

RDB - Speisewasserstutzen NW 350
Grundwerkstoff A 508 Cl II, austenitische Handplattierung

MPA STUTTGART 4645

Heißrisse (Erstarrungsrisse), die sich möglicherweise erst bei der Druckprobe so deutlich geöffnet haben.

Fehleratlas III Der 11. Technische Bericht des BMI-Forschungsprogramms SR 10 wurde im Februar 1981 als „Fehleratlas III"[236] vorgelegt. Er befasste sich, wie Fehleratlas II, mit eingebauten druckführenden Komponenten, die zu einem großen Teil schon in Betrieb waren. Neu war die Darstellung von Dauerbrüchen durch Schwing-

beanspruchung. Besondere Aufmerksamkeit galt der Interpretation der Bruchflächen von Rissen, die vermutlich im Zuge der Herstellung entstanden und im Betrieb unter dem Einfluss von Korrosion weitergewachsen waren. Abbildung 10.26 gibt die Bruchfläche eines Risses an der reparierten Rundnaht einer Hilfsdampfleitung wieder. Im Bildteil a erscheint die Bruchfläche makroskopisch spröd, weist aber einen dichten Magnetitbelag auf (Bildteil b). Nach Entfernen des Belags zeigten sich die Strukturen durch Oxidation so verändert, dass sie nicht mehr interpretierbar waren (Bildteil c). In den Bereichen d und e

---

[236] MPA Stuttgart: 11. Technischer Bericht, BMI-Forschungsprogramm SR 10, Fehleratlas III, Februar 1981.

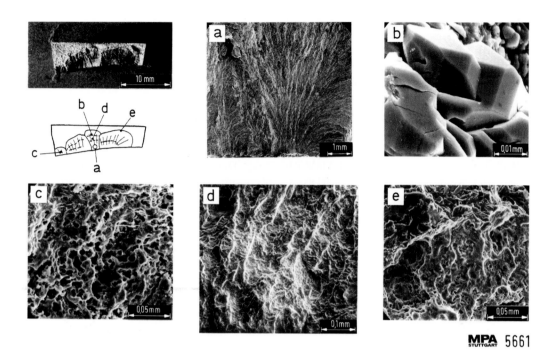

Abb. 10.26 Bruchflächenbefund an einer Reparaturstelle einer Rundnaht. (Werkstoff 22 NiMoCr 3 7)

deuteten die Oberflächenstrukturen auf zähe und spröde Gewaltbrüche hin.[237]

Fehleratlas IV Im August 1984 erschien der Fehleratlas IV als 13. Technischer Bericht des BMI-SR-10-Vorhabens. Er behandelte Fehler und Schäden an Bauteilen aus austenitischen Stählen und Nickellegierungen. Er untersuchte und präsentierte austenitische Schweißungen und Schweißplattierungen, Rissbildung durch schwingende mechanische Beanspruchung und Temperaturwechsel sowie Schäden durch Korrosion (interkristalline und Spannungsrisskorrosion).

Der vierteilige Fehleratlas machte deutlich, dass trotz hoher Qualitätsanforderungen an Konstruktion, Fertigung und Betrieb auch in Kernkraftwerken fehlerhafte Komponenten in Betrieb genommen worden und schadhaft geworden waren. Besondere Vorsicht schien bei Reparaturstellen angebracht. Es zeigte sich auch, dass die genaue Interpretation der Schadensbilder und ihrer Ursachen auf enorme Schwierigkeiten stoßen konnte. Diese Erfahrungen gaben den

Forschungsprogrammen Komponentensicherheit und Qualitätssicherung starken Nachdruck.

Als die Kernenergiegegner Wind von der Existenz des Fehleratlas bekamen, wollten sie Einblick nehmen. Der BMI war zunächst zögerlich und gab nur den 1. Technischen Bericht über das Tangentialschliffprogramm frei.[238] Die MPA vertrat die Auffassung, dass nur uneingeschränkte Offenheit Vertrauen bilden könne. Ende 1980 wurde entschieden, dass alle bisher erstellten Berichte gegen eine Schutzgebühr bei der MPA Stuttgart bezogen werden konnten.[239] Ab 1984 wurden die SR-10-Berichte im Fachinformationszentrum Energie, Physik, Mathematik GmbH in Eggenstein-Leopoldshafen zugänglich gemacht.

10.2.8   Die BMI-Krisensitzung 1975

Die Probleme mit der Schweißsicherheit des Stahls 22 NiMoCr 3 7 und seiner Neigung zu Unterplattierungs- und Nebennahtrissen ver-

---

[237] ebenda, S. 11.

[238] GRS-F-38, a. a. O., S. 21.

[239] GRS-F-103, März 1981, 5. Jahresbericht 1980 über SR-Vorhaben, Lfd. Nr. 17, S. 3.

anlasste den Hersteller KWU AG sich auf den anderen, in den USA unter der Bezeichnung A 533 Grade B Class 1 für Bleche verwendeten Reaktorbaustahl 20 MnMoNi 5 5 umzuorientieren. Untersuchungsergebnisse des amerikanischen HSST-Programms ließen erwarten, dass der neue Werkstoff bessere Schweißeigenschaften aufweisen werde. Bereits 1974 hatte die Japan Steel Works Ltd. im Auftrag von KWU dickwandige RDB-Flanschringe aus dem Stahl 20 MnMoNi 5 5 gefertigt, womit sich der RSK-UA RDB im Oktober 1974 befasste und die kritische Frage nach der Optimierung dieses Stahls stellte.[240] 1975 verfolgte die KWU AG systematisch den Wechsel der Stahlsorte. Aufgrund dieser Tatsache unternahmen einige RSK-Mitglieder im Juli 1975 eine Japan-Reise, um sich über die japanischen Herstellungs- und Begutachtungsverfahren sowie die Maßnahmen der Qualitätssicherung zu informieren. Die KWU platzierte schließlich in Japan Bestellungen für neun komplette Sätze RDB-Schmiedeteile aus dem Stahl 20 MnMoNi 5 5.

Als der Bundesminister des Innern (BMI) von dieser neuen Entwicklung erfuhr, lud er umgehend mit Fernschreiben einige maßgebliche Vertreter der Herstellerfirmen KWU AG und Brown Boveri Reaktor GmbH (BBR), der Betreiber Badenwerk/EVS, RWE und VEW, der RSK sowie von Gutachterinstituten (VdTÜV, IRS, TÜV Bayern) und Landesbehörden kurzfristig zu einem Gespräch über akute Entscheidungsprobleme am 16. Dezember 1975 nach Bonn ein.[241] Eine gewisse Krisensituation sei dadurch entstanden, dass KWU die Vorratsfertigung von Schmiedeteilen für Druckwasser-RDB *„aus dem hierfür noch nicht hinreichend erprobten und von den für die Sicherheit verantwortlichen Behörden hierfür noch nicht zugelassenen Stahl 20 MnMoNi 5 5"* in Auftrag gegeben habe.[242] Es bestehe die Gefahr, dass dadurch Fakten mit nicht akzeptierbarer präjudizierender Wirkung im Hinblick auf die geplanten standardisierten Druckwasserreaktoren geschaffen

würden. Andererseits sehe es der BMI als durchaus wünschenswert an, die bisher erreichte Druckbehälterqualität durch Einsatz von nachweisbar besseren Werkstoffen weiter zu erhöhen.

Die KWU-Vertreter[243] erklärten, dass die Umorientierung auf den anderen Reaktorbaustahl im Bewusstsein voller eigener Verantwortung und auf eigenes Risiko erfolgt sei. Sie seien von der besseren Qualität des neuen Werkstoffs überzeugt. Die bisher stattgefundene Begutachtung sei als positiv zu bewerten. Der TÜV Bayern schloss sich dieser Haltung an. Der RWE-Vertreter betonte im Gegensatz dazu, dass die Entscheidung von RWE, für die Projekte Biblis C und Hamm wieder auf den alten Stahl 22 NiMoCr 3 7 umzudisponieren, endgültig sei.[244] Der BMI äußerte Bedenken, ob eine Rückorientierung auf den Stahl 22 NiMoCr 3 7 angesichts der noch offenen Fragen hinsichtlich des Langzeitbetriebs von RDB aus diesem Material noch gangbar sei. Es müsse zuerst geklärt werden, inwieweit der bisher verwendete Stahl 22 NiMoCr 3 7 die für ein Programm von standardisierten Kernkraftwerken notwendigen Vorraussetzungen erfülle. Es sei nicht auszuschließen, *„dass der alte Stahl nicht mehr, der neue jedoch noch nicht genehmigungsfähig sei."*[245] Dieser Formulierung wurde entschieden widersprochen. Beide Stähle seien grundsätzlich voll verwendungsfähig, eine Feststellung, die in der Diskussion allgemein akzeptiert wurde.

Im Krisengespräch am 16. Dezember 1975 wurde wiederholt auf die Notwendigkeit hingewiesen, das Forschungsprogramm Komponentensicherheit (s. Kap. 10.5) voranzubringen. Die weitere Optimierung der beiden Werkstoffe müsse betrieben werden. Die Kenntnisse über den Stahl 20 MnMoNi 5 5 müssten auf den mit dem Werkstoff 22 NiMoCr 3 7 vergleichbaren Stand gebracht werden. Vonseiten der BBR wurde betont, dass nicht der Werkstoff allein ausschlaggebend für die RDB-Qualität sei, sondern vor allem auch die Fertigung. Vor

---

[240] AMPA Ku 24, Ergebnisprotokoll 26. Sitzung RSK-UA RDB, 10.10.1974, S. 5.

[241] AMPA Ku 85, BMI-Telegramm vom 11.12.1975.

[242] AMPA Ku 85, BMI Unterabteilung RS I: Ergebnisprotokoll des Krisengesprächs zur Vorratsfertigung von Reaktordruckbehältern vom 16.12.1975, 21.1.1976, S. 1.

[243] Am Krisengespräch nahmen die Herren Cerjak, Debray, Orth, Rösler und Ruf teil.

[244] BMI Unterabteilung RS I: Ergebnisprotokoll des Krisengesprächs, a. a. O., S. 5–7.

[245] BMI Unterabteilung RS I: Ergebnisprotokoll des Krisengesprächs, a. a. O., S. 4.

einer Schwarz-Weiß-Entscheidung bei der Wahl des Stahls müsse gewarnt werden. Der BMI erläuterte, dass eine Vorratsfertigung von RDB-Schwerkomponenten aus 20 MnMoNi 5 5 nur gebilligt werden könne, wenn die Herstellung und ihre Überwachung von Beginn der Fertigung an von einer formalen Begutachtung durch unabhängige Sachverständige begleitet werde. Der BMI kündigte an, die offenen Materialfragen vom RSK-UA RDB unverzüglich weiterberaten zu lassen.

Am 14. Januar 1976 forderte der RSK-UA RDB die Firma KWU auf, die detaillierte Ausarbeitung eines Untersuchungsprogramms zum Stahl 20 MnMoNi 5 5 vorzulegen.[246] Zur Sitzung des Unterausschusses am 4. Februar 1976 entsprach die KWU diesem Wunsch und entwickelte Pläne über ein „Sofortprogramm 20 MnMoNi 5 5" und weitere Untersuchungen, die vom RSK-UA RDB als ausreichend bewertet wurden.[247]

Im Kampf um den Kernkraftwerks-Standort Wyhl wurde auf einem Flugblatt von Atomkraftgegnern ein „erstaunliches Dokument" zitiert, das „geheime Protokoll einer Krisensitzung im Bundesministerium des Innern vom 16.12.1975 über Stahlsorten für den Reaktorbau."[248] Bundesinnenminister Maihofer habe die Krisensitzung einberufen und von einer Materialkrise gesprochen. „*Die Atomindustrie hatte also herausgefunden, dass der bisher in allen Reaktoren (Würgassen, Biblis usw.) verwendete Stahl schwerste Mängel, nämlich Neigung zur Rissbildung, aufwies.*" Deshalb habe die Atomindustrie plötzlich im Jahr 1975– ohne die Behörden davon zu unterrichten – die Bauteile des Primärkreislaufs statt aus 22 NiMoCr 3 7 aus der neuen Stahlsorte 20 MnMoNi 5 5 fertigen lassen. Der Druckbehälter für Wyhl sei aber schon 1973 in Japan aus der Stahlsorte 22 NiMoCr 3 7 hergestellt worden. Die Frage des richtigen

Werkstoffs und der RDB-Berstsicherheit stand dann im Mittelpunkt des Berufungsverfahrens vor dem Verwaltungsgerichtshof in Mannheim (s. Kap. 4.5.10).

Die Diskussion um die konkurrierenden Reaktorbaustähle 22 NiMoCr 37 und 20 MnMoNi 5 5 entspannte sich dadurch, dass durch eine nach den Untersuchungen der MPA Stuttgart empfohlene starke Einengung der Analysengrenzen, vorzugsweise für Molybdän und die stahlbegleitenden Spurenelemente, der Stahl 22 NiMoCr 3 7 in seinen Eigenschaften wesentlich verbessert werden konnte. Die RSK vertrat die Auffassung, dass dieser modifizierte 22 NiMoCr 3 7 eine wünschenswerte Alternative zum Stahl 20 MnMoNi 5 5 sei.[249]

10.2.9   Das Sofortprogramm 20 MnMoNi 5 5

Nach der Entdeckung der Schweißprobleme mit dem Reaktorbaustahl 22 NiMoCr 3 7, der in ähnlicher Zusammensetzung u. a. für geschmiedete RDB-Stutzen unter der Bezeichnung ASTM A 508 Cl. 2 in den USA eingesetzt wurde, suchte der Systemhersteller Siemens/KWU nach der Alternative eines besser geeigneten Stahls. Im Blickfeld war der in Amerika für RDB-Bleche verwendete Stahl ASTM A 533 Grade B Class 1 (20 MnMoNi 5 5), auf den das HSST-Programm ganz überwiegend ausgerichtet war. Die Prüfung dieses Stahls auf seine Eignung und die Möglichkeit seiner Zulassung im deutschen Genehmigungsverfahren wurde zu einem vorrangigen Interesse der Fa. Siemens/KWU.

Schon auf der ersten Sitzung des zur Beratung des Bundesministers für Forschung und Technologie (BMFT) und zur Koordinierung der Reaktor-Sicherheitsforschung bestellten Sachverständigenkreises „Werkstoffe und Festigkeit" (SK W + F) (s. Kap. 10.5.2) am 15.6.1973 in Köln wurde die Alternative des amerikanischen Stahls ASTM A 533 B diskutiert und empfohlen, diesen Stahl in die Forschungsplanung des BMFT ein-

---

[246] AMPA Ku 24, Ergebnisprotokoll der 39. Sitzung RSK-UA RDB, 14.1.1976, S. 9.

[247] AMPA Ku 24, Ergebnisprotokoll der 41. Sitzung RSK-UA RDB, 4.2.1976, S 21 f, vgl. auch AMPA Ku 24, Ergebnisprotokoll der 42. Sitzung RSK-UA RDB, 3.3.1976, S. 15.

[248] Arbeitskreis Umweltschutz an der Uni Freiburg: Wyhl-Prozess-Info Nr. 7, Reaktorsicherheit, Februar 1977.

[249] BA B 106-75321, Ergebnisprotokoll 122. RSK-Sitzung, 16.3.1977, S. 11.

zubeziehen.[250] Die Planung des Reaktordruck-
behälter-Forschungsprogramms bzw. des Forschungsvorhabens Komponentensicherheit zog
sich jedoch hin, so dass die KWU die erforderlichen Untersuchungen selbst in die Hand nahm.
Die mechanisch-technologischen und metallografischen Untersuchungen wurden überwiegend
in der MPA Stuttgart durchgeführt.

Als im Laufe des Jahres 1974 bekannt wurde,
dass der Systemhersteller KWU beabsichtigte, die Primärkomponenten nun nicht mehr aus
dem Stahl 22 NiMoCr 3 7, sondern aus dem
amerikanischen Stahl A 533 Grade B Class 1
(20 MnMoNi 5 5) zu bauen und bereits schwere
Komponenten in Japan fertigen ließ, begann der
Unterausschuss „Reaktordruckbehälter" der Reaktor-Sicherheitskommission (RSK-UA RDB)
sich mit der geplanten Umstellung der Stahlsorte
intensiv zu befassen. Er bemängelte, dass jegli-
che Hinweise auf andere Alternativen und eine
Abwägung aller Vor- und Nachteile fehlten.[251]
Nach den aus den USA vorliegenden Erfahrungen scheine die Neigung dieses Stahles zur Relaxationsversprödung geringer zu sein als beim
22 NiMoCr 3 7. Der TÜV Bayern habe erst an
einer der untersuchten Schweißproben ein Nest
von Mikro-Relaxationsrissen gefunden. Die
Durchvergütbarkeit sei andererseits jedoch prob-
lematischer, weshalb in den USA der Stahl A 533
Grade B Class 1 nur für verhältnismäßig dünne
Bleche eingesetzt werde. Für die Zulassung des
neuen Stahls müsse wie beim 22 NiMoCr 3 7
ein umfangreiches Sofort- und Forschungsprogramm verlangt werden. Rondeneinschweißungen, Tangentialschliffe und Simulationsproben
müssten in einem ähnlichen Umfang untersucht
werden.

Im November 1974 erstellte das IRS eine
ausführliche Gegenüberstellung der Werkstoffeigenschaften der beiden Reaktorbaustähle auf
der Grundlage der zugänglichen Literatur, insbesondere auch des HSST-Programms. Der höher
legierte Stahl 22 NiMoCr 3 7 (Nickel, Molybdän,

Chrom), dessen Kohlenstoff-, Phosphor- und
Schwefelgehalte enger begrenzt seien als beim 20
MnMoNi 5 5, weise danach Vorteile auf durch:
- höhere Festigkeit,
- gute Vergütbarkeit,
- Flockenrissfreiheit,
- Erfahrungen beim Schmieden schwerer Kom-
  ponenten wie Flanschringe und Stutzen sowie
- Unempfindlichkeit gegen Bestrahlung.

Dem stehe die geringere Schweißsicherheit
und größere Neigung zur Relaxationsrissigkeit
gegenüber.[252]

Ende Oktober 1975 drängte der RSK-UA
RDB erneut auf die Vorlage eines 20 MnMoNi
5 5 -Untersuchungsprogramms. Beispielsweise müsse der Einfluss der chemischen Zusammensetzung, die Durchvergütbarkeit bei großen Wanddicken, das Seigerungsverhalten, die
Strahlenversprödung und Schweißbarkeit im
Einzelnen auch im Langzeitverhalten bekannt
sein, bevor er eine Stellungnahme über die Zulassung dieses neuen Stahls abgeben könne.[253]
Daraufhin legte die KWU dem RSK-UA RDB
einen Zwischenbericht über das Prüfprogramm
des Stahls 20 MnMoNi 5 5 vor, das vom japanischen Werkstoffhersteller Japan Steel Works
Ltd. (JSW), aber auch von KWU im Zusammenhang mit der Verwendung des neuen Stahls für
Primärrohrleitungen z. B. für das Kernkraftwerk
Biblis B durchgeführt wurden. Für das geplante Kernkraftwerk in Iran werde bereits der RDB
aus diesem Material gefertigt. Das wesentlichste
Ergebnis sei bisher gewesen, dass nie Unterplat-
tierungs- und Nebennahtrisse gefunden worden
seien.[254]

Nach der BMI-Krisensitzung am 16.12.1975
(s. Kap. 10.2.8) verständigten sich KWU, MPA
Stuttgart, TÜV-Arbeitskreise und RSK-UA RDB
auf ein umfangreiches Prüfprogramm, das sich

[250] AMPA Ku 86, Ergebnisprotokoll 1. Sitzung SK W+F,
15.6.1973, S. 6.

[251] AMPA Ku 24, Ergebnisprotokoll 26. Sitzung RSK-
UA RDB, 10.10.1974, S. 5 f.

[252] AMPA Ku 88, Chakraborty, A. K.: Gegenüberstellung
einiger Werkstoffeigenschaften der Stähle 20 MnMoNi 5 5
(SA 533 Grade B Class 1) und 22 NiMoCr 3 7 (SA 508
Class 2) und ihre Eignung als Reaktordruckbehälterwerk-
stoffe, IRS Interner Bericht Nr. 70, Köln, November 1974.

[253] AMPA Ku 24, Ergebnisprotokoll 37. Sitzung RSK-
UA RDB, 30.10.1975, S. 5.

[254] AMPA Ku 24, Ergebnisprotokoll 38. Sitzung RSK-
UA RDB, 26.11.1975, S. 11 f

Tab. 10.1 Chemische Zusammensetzung des Stahls 20 MnMoNi 5 5

C	Si	Mn	P	S	Cr	Al$_{ges}$	Mo	Ni	Sn	Cu	V
			max	max	max				max	max	max
0,15	0,10	1,15	0,012	0,012	0,20	0,010	0,40	0,45	0,011	0,12	0,02
–	–	–				–	–	–			
0,25	0,35	1,55				0,040	0,55	0,85			
			max	max	max					max	max
0,15	0,10	1,15	0,015	0,015	0,20	0,010	0,40	0,45		0,18	0,02
–	–	–				–	–	–			
0,25	0,35	1,55				0,040	0,63	0,85			

eng an das Sofort- und Dringlichkeitsprogramm 22 NiMoCr 3 7 anlehnte.[255] Die KWU verpflichtete sich zu folgenden Untersuchungen:

- Sofortprogramm 20 MnMoNi 5 5 mit Tangentialschliffen an 4 Verbindungsschweißnähten, Seigerungsuntersuchungen an 4 Schmelzen, metallografische Untersuchungen, Simulationsversuche anhand von 18 Reihen Zeitstandversuchen an 8 verschiedenen Schmelzen bzw. Halbzeugen,
- Rondeneinschweißversuch,
- Grundsatzuntersuchungen durch JSW über Ausscheidungsverhalten, Fehlerberichte,
- Untersuchungen im Rahmen der Werkstoffzulassung mit Schweißeignungsprüfungen,
- Tangentialschliffuntersuchungen aus der laufenden Fertigung und
- statistische Auswertungen über mechanische Eigenschaften und Seigerungsverhalten.[256]

Die RSK übernahm in ihrer Empfehlung dieses Prüfprogramm und fügte insbesondere hinzu, dass vor Inbetriebnahme von RDB aus dem neuen Stahl auch Ergebnisse aus Bestrahlungsversuchen an kennzeichnenden Schmelzen vorliegen müssten. Die RSK stellte fest: *„Sie hält diesen Stahl vom Grundsatz her zur Herstellung von Reaktordruckbehältern für geeignet und erwartet von den Untersuchungen zufriedenstellende Ergebnisse. Unter dem Vorbehalt, dass sich diese Erwartung erfüllt, hält es die RSK für sinnvoll, die Fertigung fortzusetzen und die hierbei* anfallenden Erfahrungen mit in die Beurteilung einzubeziehen."[257]

Gegen Jahresende 1976 hatte das Sofortprogramm zum Stahl 20 MnMoNi 5 5 so viele Ergebnisse erbracht, dass im RSK-UA RDB die Feststellung getroffen werden konnte, dieser Werkstoff verhalte sich gegenüber dem Stahl 22 NiMoCr 3 7 hinsichtlich seiner mechanisch-technologischen Eigenschaften sicherheitstechnisch mindestens gleichwertig, hinsichtlich seiner Schweißeignung günstiger. Dies gelte uneingeschränkt allerdings nur für die Analysengrenzen der chemischen Zusammensetzung der Zeile 1 in Tab. 10.1. Da auch die in der zweiten Zeile der Tab. 10.1 angegebenen Grenzwerte mit höheren Gehalten an Phosphor, Schwefel und Molybdän in Anspruch genommen werden könnten, forderte der RSK-UA RDB zusätzliche Untersuchungen.[258] Diese betrafen insbesondere das Seigerungs- und Zähigkeitsverhalten.[259]

Die Werkstoffspezifizierung des optimierten 20 MnMoNi 5 5 konnte Anfang der 80er Jahre abgeschlossen und ein Werkstoffanhang im KTA-Regelwerk erstellt werden.[260] Für den Fall, dass bei der Herstellung des Stahls 20 MnMo-

---

[255] AMPA Ku 24, Ergebnisprotokoll 39. Sitzung RSK-UA RDB, 14.1.1976, S. 7–9.

[256] AMPA Ku 24, Ergebnisprotokoll 41. Sitzung RSK-UA RDB, 4.2.1976, S. 21 f.

[257] AMPA Ku 5, Ergebnisprotokoll 110. RSK-Sitzung, 18.2.1976, S. 33 f, vgl. auch BA B 106-75316.

[258] AMPA Ku 25, Ergebnisprotokoll 52. Sitzung RSK-UA RDB, 7.12.1976, S. 5–8.

[259] AMPA Ku 25, Ergebnisprotokoll 54. Sitzung RSK-UA RDB, 11.2.1977, S. 11–13.

[260] KTA 3201.1, Komponenten des Primärkreises von Leichtwasserreaktoren, Teil 1, Werkstoffe und Erzeugnisformen, Fassung 6/98, Anhang A1, S. 99–103, erste Fassung: 11/82, BAnz. Nr. 68a vom 12. April 1983.

Ni 5 5 erweiterte Analysenwerte in Anspruch genommen werden, ist im Rahmen der Begutachtung zu prüfen, ob WEZ-Simulationsversuche und Tangentialschliffuntersuchungen[261] notwendig sind.[262] Für den optimierten Werkstoff 20 MnMoNi 5 5 wurde durch experimentelle und zähbruchmechanische Untersuchungen die Versagensgrenze (Risseinleitung, Instabilität) ermittelt und die Unterschiede zwischen dem Verhalten von Klein- gegenüber Großproben herausgearbeitet.[263] Zwei RDB für die sogenannten Konvoi-Anlagen Isar-2 (KKI 2) und Neckarwestheim-2 (GKN 2) wurden aus dem optimierten Stahl 20 MnMoNi 5 5 gefertigt.

Im Rahmen des BMFT-Forschungsvorhabens Komponentensicherheit (FKS) wurden wie für den Werkstoff 22 NiMoCr 3 7 auch für den Stahl 20 MnMoNi 5 5 fehlerhafte Bauteilschmelzen beschafft, die Seigerungen enthielten und in ihrer chemischen Zusammensetzung Grenzgehalte der kritischen Spurenelemente und des Molybdäns aufwiesen.[264] Die mechanisch-technologischen und metallografischen Untersuchungsergebnisse für die unbestrahlten Ausgangszustände lagen im August 1982 vor.[265]

In den 80er Jahren erlosch dann das Interesse an weiteren Untersuchungen fehlerhafter Bauteile aus 20 MnMoNi 5 5. Alle bisher gefertigten Reaktorkomponenten waren aus dem optimierten, uneingeschränkt zugelassenen Werkstoff

hergestellt worden. Neue Aufträge für weitere Bauvorhaben waren nicht in Sicht.

10.3   Das Forschungsprogramm Reaktorsicherheit der Bundesregierung

In ihrer politischen Bedrängnis zwischen den sich stürmisch mehrenden Bürgerprotesten gegen die Atomkraft (s. Kap. 4.5.7) und ihrem ehrgeizigen Kernenergie-Ausbauprogramm verstärkte die Bundesregierung ihre Forschungsaktivitäten, um die Sicherheitsstandards deutscher Kernkraftwerke weiter zu erhöhen. Am 9. August 1972 stellte der Bundesminister für Bildung und Wissenschaft (BMBW), Klaus von Dohnanyi, in Bonn ein neues umfassendes „Forschungsprogramm Reaktorsicherheit" vor, für das im Zeitraum 1972–1976 über 187 Mio. DM zur Verfügung gestellt werden sollten, mehr als das Fünffache der Ausgaben für Forschungsvorhaben im Bereich der Reaktorsicherheit in den Jahren 1967–1971.[266, 267] In der ersten Phase der Kernenergienutzung habe sich die Bundesrepublik im Wesentlichen auf den Stand der Sicherheitsbeurteilung in den USA abstützen können. Die neueren deutschen Kernreaktoren wichen aber immer mehr von den amerikanischen ab, sodass ihrer technischen Weiterentwicklung eigene Forschungsergebnisse zugrunde gelegt werden müssten. Die in der Bundesrepublik im Vergleich zu den USA höheren Dichten von Besiedlungszonen, Industrieansiedlungen und Verkehrswegen stellten erweiterte Anforderungen an die Sicherheit von Kernkraftwerken.

Im Rahmen des Vierten Atomprogramms der Bundesrepublik Deutschland für die Jahre 1973–1976 wurde die Reaktorsicherheitsforschung ausgebaut und für Projekte innerhalb und außerhalb der Forschungszentren insgesamt mehr

---

[261] KTA 3201.3, Anhang A, Erweiterte Querschliff- und Mehrstufen-Tangentialschliffuntersuchungen, Fassung 6/98, BAnz. Nr. 129 vom 13.7.2000 und Nr. 136 vom 22.7.2000, S. 116–118.

[262] KTA 3201.1, Komponenten des Primärkreises von Leichtwasserreaktoren, Teil 1, Werkstoffe und Erzeugnisformen, Fassung 6/98, Anhang A1, S. 102.

[263] Roos, Eberhard: Erweiterte experimentelle und theoretische Untersuchungen zur Quantifizierung des Zähbruchverhaltens am Beispiel des Werkstoffs 20 MnMoNi 5 5, Techn.-wiss. Berichte MPA Stuttgart, Heft 82–01, 1982.

[264] AMPA Ku 92, FKS-Untersuchungsübersicht, Beilagen, 19. Sitzung SK W + F, 13.8.1978.

[265] Föhl, Jürgen et al., MPA Stuttgart: FKS RS 304 A, Technisch-Wissenschaftlicher Bericht TWB 5/2: Beschreibung der Werkstoffe KS 12 und KS 15 20 MnMoNi 5 5, unbestrahlter Ausgangszustand, August 1982.

[266] IRS (Hg.): Forschungsprogramm Reaktorsicherheit des BMBW, Köln, November 1972.

[267] Das deutsche Forschungsprogramm Reaktorsicherheit, atw, Jg. 17, September/Oktober 1972, S. 494–496.

Abb. 10.27 Sachbereiche der LWR-
Sicherheitsforschung der Bundesrepublik
Deutschland

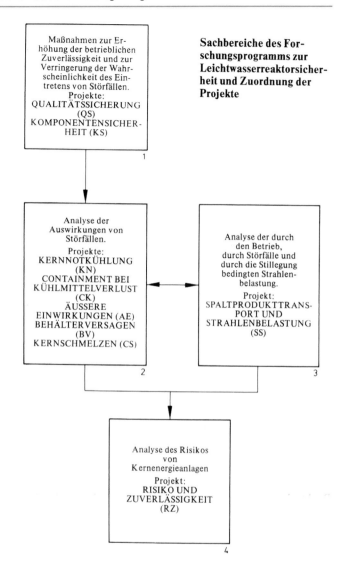

als 300 Mio. DM aufgewendet.[268] Im Jahr 1977 umfasste das Forschungsprogramm Reaktorsicherheit der Leichtwasserreaktoren (LWR) über 100 Einzelthemen.[269] Abbildung 10.27 stellt die übergeordneten Sachbereiche des Forschungsprogramms zur LWR-Sicherheit dar und zeigt die Zuordnung der großen Projekte (Forschungsvorhaben). Werkstoff- und Festigkeitsfragen von LWR sind vorwiegend den Projekten Qualitätssicherung und Komponentensicherheit zugeordnet.[270]

---

[268] Der Bundesminister für Forschung und Technologie (Hg.) Viertes Atomprogramm der Bundesrepublik Deutschland für die Jahre 1973 bis 1976, Druck und Verlagsanstalt Neue Presse GmbH, Coburg, S. 75 f.

[269] Der Bundesminister für Forschung und Technologie (Hg) Zur friedlichen Nutzung der Kernenergie, eine Dokumentation der Bundesregierung, Bonn, 1977, S. 356–367.

[270] Kußmaul. K. und Issler, L.: Forschung und Entwicklung auf den Gebieten Werkstoff und Festigkeit, in: Tagungsband, Fachseminar 1979 der Fachgruppe Reaktorsicherheit der Kerntechnischen Gesellschaft e. V. „Integrität und Festigkeit druckführender Reaktorkomponenten", 27. und 28. September 1979 in Düsseldorf, Kerntechnische Gesellschaft e. V., Bonn, S. 137.

10.4   Das BMFT-Projekt Qualitätssicherung

Das Projekt Qualitätssicherung des Bundesministers für Forschung und Technologie (BMFT) hatte das Ziel, Verfahren zur systematischen Erfassung und Auswertung von qualitätsmindernden Einflüssen zu entwickeln oder zu verbessern sowie die organisatorische Abwicklung der Kontrollen zu optimieren.[271] Mit dem Forschungsvorhaben Komponentensicherheit bestand ein enger Zusammenhang.

Bei den technischen Prüfverfahren war beabsichtigt, deren Leistungsfähigkeit über die der bewährten Oberflächenrissprüfungen mit Magnetpulver oder nach einem Farbeindringverfahren hinaus zu entwickeln. Es war auch bekannt, dass die Leistungsfähigkeit und Prüfsicherheit der Durchstrahlverfahren mit der Größe der geprüften Werkstücke abnehmen. Die besondere Aufmerksamkeit galt den Prüfverfahren, die sich auch für periodisch wiederkehrende Prüfungen eignen.

Um die Beschreibung von Fehlern nach Art, Lage und Größe in vertiefter und erweiterter Form zu ermöglichen, wurden in den 70er Jahren Untersuchungen zur Weiterentwicklung und Anpassung der akustischen Holographie, der Wirbelstromprüfung sowie elektrischer, elektromagnetischer und magnetischer Prüfverfahren für den Einsatz an Reaktoren durchgeführt. Zu nennen sind hier insbesondere:

- Zerstörungsfreie Wiederholungsprüfung an Reaktordruckbehältern mittels Wirbelstromverfahren (Auftragnehmer Kraftwerk Union AG, Laufzeit 1.12.1972–31.12.1975),[272, 273]
- Mehrfrequenz-Wirbelstromprüfverfahren zur Prüfung der Rohre in Dampferzeugern, Schweißverbindungen austenitischer Plattierungen, Reaktoreinbauten und deren Wandung (Auftragnehmer Fraunhofer-Gesellschaft Institut für zerstörungsfreie Prüfung IzfP Saarbrücken, Laufzeit 1.8.1973–31.12.1982),[274, 275]
- Elektrodynamische Verfahren zur Anregung freier elastischer Wellen in Rohren mit elektrodynamischen Wandlern (Auftragnehmer Fraunhofer-Gesell. IzfP Saarbrücken, Laufzeit 1.8.1973–30.9.1977),[276, 277] Fortsetzungsprojekt: Elektrodynamische Anregung freier Ultraschallwellen,[278]
- Potenzialsondenverfahren zur exakten Vermessung insbesondere tiefer Risse durch Messung der von Rissen veränderten elektrischen Potenzialfelder (Auftragnehmer Fraunhofer-Gesell. IzfP Saarbrücken, Laufzeit 1.1.1975–30.9.1977),[279, 280]
- Schallemissionsmessungen an fortschreitenden Ermüdungsrissen/bruchmechanischen Proben (Auftragnehmer Battelle-Institut, Laufzeit 1.1.1976–31.7.1980),[281, 282]
- Schallemissionsanalyse zur Lecküberwachung, Leckentdeckung und -lokalisation bzw. Echtzeit-Schallemissions-Prüfsystem (Auftragnehmer Battelle-Institut, Laufzeit 1.1.1976–31.3.1980),[283, 284]

---

[271] Der Bundesminister für Forschung und Technologie: Programm Forschung zur Sicherheit von Leichtwasserreaktoren 1977–1980, Bonn, 1978, ISBN 3-88135-065-9, S. 16–21.

[272] IRS-F-19, Berichtszeitraum 1. 10. bis 31.12.1973, März 1974, Projekt-Nr. RS 89, S. 213 f.

[273] IRS-F-26, Berichtszeitraum 1.4. bis 30.6.1975, August 1975, Projekt-Nr. RS 89, S. 263–265.

[274] IRS-F-19, Berichtszeitraum 1.10. bis 31.12.1973, März 1974, Projekt-Nr. RS 102–18, S. 215 f

[275] GRS-F-123, Berichtszeitraum 1.7. bis 31.12.1982, Mai 1983, Projekt-Nr. RS 255, S. 1–3.

[276] IRS-F-19, Berichtszeitraum 1.10. bis 31.12.1973, März 1974, Projekt-Nr. RS 102–18, S. 217–219.

[277] GRS-F-55, Berichtszeitraum 1.10. bis 31.12.1977, April 1978, Projekt-Nr. RS 102–18, S. 456–458.

[278] GRS-F-88, Berichtszeitraum 1.10. bis 31.12.1979, März 1980, Projekt-Nr. RS 150321, Lfd. Nr. 178, S. 1–3.

[279] IRS-F-25, Berichtszeitraum 1.1. bis 31.3.1975, Mai 1975, Projekt-Nr. RS 102–18, S. 203–205.

[280] GRS-F-55, Berichtszeitraum 1.10. bis 31.12.1977, April 1978, Projekt-Nr. RS 102–18, S. 458 f.

[281] IRS-F-33, Berichtszeitraum 1.7. bis 30.9.1976, Dezember 1976, Projekt-Nr. RS 191, S. 225–228.

[282] GRS-F-96, Berichtszeitraum 1.4. bis 30.6.1980, September 1980, Projekt-Nr. RS 191A, S. 155 f.

[283] IRS-F-33, Berichtszeitraum 1.7. bis 30.9.1976, Dezember 1976, Projekt-Nr. RS 193, S. 229–232.

[284] GRS-F-88, Berichtszeitraum 1.10. bis 31.12.1979, März 1980, Projekt-Nr. 150332, Lfd.Nr. 193, S. 1 f.

- Streuflussverfahren zur Messung und Interpretation von magnetischen Streuflusssignalen bei der Prüfung von Schweißnähten (Auftragnehmer Fraunhofer-Gesell. IzfP Saarbrücken, Laufzeit 1.10.1976–30.9.1977),[285, 286, 287]
- Akustische Holographie (Ultraschallholographie) zur realen Darstellung von im Material vorhandenen Defekten in ihrer Lage, Größe und Form (Auftragnehmer Fraunhofer-Gesell. IzfP Saarbrücken, Laufzeit 1.8.1974–31.12.1981),[288, 289]
- Optische Holographie zur Risserkennung an Oberflächen druckführender Reaktorbauteile mit Hilfe holographischer Interferometrie (Auftragnehmer Technische Universität Hannover, Laufzeit 1.8.1974–30.6.1978).[290, 291]

Jedes dieser untersuchten Prüfverfahren hatte seine spezifischen interessanten Eigenschaften. Die Forschungsergebnisse entsprachen weitgehend den Erwartungen. Die Ultraschallprüfung setzte sich jedoch als das vollvolumetrisch bei großen Wanddicken einsetzbare zerstörungsfreie Prüfverfahren durch. Daneben wurde gelegentlich noch das Durchstrahlungsverfahren benutzt, wenn es bei der Deutung von Ultraschallbefunden hilfreich erschien. Wirbelstrom, magnetischer Streufluss, Potenzialsonde und Eindringflüssigkeiten wurden daneben von der RSK nur als zusätzliche Maßnahmen an besonderen Stellen empfohlen.[292] Die RSK sah auch keine Notwendigkeit, Schallemissionsmessungen zur Analyse von Rissentwicklungen oder zur Lecküberwachung einzuführen.

10.4.1   Die Anfänge der Ultraschall-Prüfung

Ende der 20er Jahre wurde im Funklaboratorium des Elektrotechnischen Instituts in Leningrad entdeckt, dass ultra-akustische Schwingungen mit ca. 73 kHz Metalle leichter durchdringen als dies Röntgenstrahlen vermögen. S. J. Sokoloff fand, dass Sprünge, Inhomogenitäten und Einschlüsse in durchstrahlten Metallen zu einer starken Dämpfung der ultra-akustischen Strahlen führten. Er konnte sich Anwendungen dieser Strahlen im Bereich der Metallprüfung vorstellen: *„Nach unserer Meinung könnten sie hauptsächlich zur Aufsuchung von Sprüngen und Gussfehlern in dicken, großen Stücken Verwendung finden."*[293] 1934 gelang Sokoloff der Nachweis von Gussfehlern verschiedener Größe in Metallblöcken bis 220 mm Stärke. Die Ultraschallwellen mit Frequenzen von 3 bis 6×10^6 Hz erzeugte er mit Piezoquarzen und machte sie mit Beugungsspektren eines senkrecht sie durchquerenden Lichtstrahls sichtbar.[294]

In den 30er Jahren wurden die erheblichen Probleme untersucht, die bei der praktischen Durchführung der Durchschallung von Werkstücken auftraten: Schwierigkeiten bei der Ankopplung der Schallquelle an den Körper und bei der Herstellung empfindlicher und genauer (hochabgestimmter) Empfängeranordnungen sowie Probleme mit der Streustrahlung und den Eigenschwingungen und bei der Fehlererkennbarkeit.[295, 296]

[285] GRS-F-35, Berichtszeitraum 1.10. bis 31.12.1976, März 1977, Projekt-Nr. RS 102–18, S. 335.

[286] GRS-F-40, Berichtszeitraum 1.1. bis 31.3.1977, Juni 1977, Projekt-Nr. RS 102–18, S. 268–270.

[287] GRS-F-55, Berichtszeitraum 1.10. bis 31.12.1977, April 1978, Projekt-Nr. RS 102–18, S. 460 f.

[288] IRS-F-23, Berichtszeitraum 1.10. bis 31.12.1974, März 1975, Projekt-Nr. RS 102–20, S. 273–275.

[289] GRS-F-114, Berichtszeitraum 1.7. bis 31.12.1981, März 1982, Projekt-Nr. 150423, S. 1–3.

[290] IRS-F-23, Berichtszeitraum 1.10. bis 31.12.1974, März 1975, Projekt-Nr. RS 132, S. 269–272.

[291] GRS-F-66, Berichtszeitraum 1.4. bis 30.6.1978, September 1978, Projekt-Nr. RS 132, S. 417–422.

[292] RSK-Leitlinien für Druckwasserreaktoren vom 24.4.1974, BAnz Nr. 144 vom 7.8.1974, Ziff. 4.1.4.4.1 Prüftechnik.

[293] Sokoloff, S. J.: Zur Frage der Fortpflanzung ultraakustischer Schwingungen in verschiedenen Körpern, Elektrische Nachrichten-Technik E.N.T., Bd. 6, Heft 11, 1929, S. 454–461.

[294] Sokoloff, S. J.: Über die praktische Ausnutzung der Beugung des Lichts an Ultraschallquellen, Physikalische Zeitschrift, Bd. 36, 1935, S. 142–144.

[295] Kruse, Fritz: Zur Werkstoffprüfung mittels Ultraschall, Akustische Zeitschrift, Jg. 4, Mai 1939, S. 153–168.

[296] Kruse, Fritz: Untersuchungen über Schallvorgänge in festen Körpern bei Anwendung frequenzmodulierten

Ultraschallwellen werden im Gegensatz zu Röntgenstrahlen an Grenzflächen und Störstellen stark reflektiert und abgelenkt. Anfang der 40er Jahre wurde in den USA[297, 298] und im Vereinigten Königreich[299] das Echolot-Verfahren in Form von einseitig aufsetzbaren Sende- und Empfängerprüfköpfen in die Werkstoffprüfung eingeführt (Impuls-Echo-Verfahren). Dabei wurden bereits Winkelprüfköpfe mit Piezoquarzen verwendet.[300] Das Ultraschall-Prüfverfahren gewann in den 50er Jahren als zerstörungsfreies Verfahren zur Untersuchung schwerer Schmiedestücke wie Turbinenwellen und Rotorkörper immer mehr an Bedeutung.[301] Automatische Aufzeichnungsverfahren wurden entwickelt[302] und die Prüfmöglichkeiten so komplexer Strukturen wie Schweißnähte[303] und Seigerungszonen in Gussblöcken[304] erforscht.

Im Laufe der 50er Jahre konnten so viele Erfahrungen im Umgang mit der Ultraschallprüftechnik gewonnen werden, dass dieses Verfahren bei-

spielsweise für die Güteprüfung von Gusseisenstücken als ein geeignetes Hilfsmittel anerkannt wurde.[305] Schon 1953 wurde erkannt, dass die Ultraschallprüfung dem Durchstrahlungsverfahren auch bei der Prüfung von Schweißnähten überlegen ist, wie an Rundnähten von Heißdampfleitungen mit Wanddicke 35 mm eindrucksvoll nachgewiesen wurde. Es wurden zahlreiche Risse mit einer Tiefe von mindestens 5 mm gefunden, die bei der Durchstrahlung unentdeckt geblieben waren.[306] Gleichwohl traten Schwierigkeiten und Rückschläge bei der Anwendung des Ultraschallverfahrens bei Schweißnahtprüfungen auf. Den Anwendern fehlten hier Erfahrungen und Prüfrichtlinien. Es kam häufig vor, dass Rissanzeigen als belassbare Schlackeneinschlüsse, Poren oder Formechos missdeutet wurden. Um Fehleranzeigen deutlich vom Rauschen und vom Störpegel unterscheiden zu können, wurde die Registriergrenze häufig so hoch festgelegt, dass die Echohöhen beträchtlicher Fehler darunter und diese damit unentdeckt blieben.[307]

Ende der 50er Jahre bestanden noch beträchtliche Einschränkungen hinsichtlich der fehlenden Standards sowie der Zuverlässigkeit, Genauigkeit und Anwendbarkeit der Ultraschall-Prüfmethode auf komplexe vielfältige Strukturen.[308] Mit diesen Fragen waren Industrie und Wissenschaft noch bis in die 70er Jahre befasst.

Ultraschalls, Akustische Zeitschrift, Jg. 6, Mai 1941, S. 137–149.

[297] Firestone, Floyd A.: The Supersonic Reflectoscope, an Instrument for Inspecting the Interior of Solid Parts by Means of Sound Waves, The Journal of the Acoustical Society of America, Vol. 17, No. 3, Januar 1946, S. 287–299.

[298] Firestone, Floyd A.: Tricks With The Supersonic Reflectoscope, Non-Destructive Testing, Vol. 7, No. 2, 1948, S. 5–19.

[299] Desch, C. H., Sproule, D. O. und Dawson, W. J.: The detection of cracks in steel by means of supersonic waves, The Journal of the Iron and Steel Institute, Vol. 153, 1946, S. 320.

[300] ebenda, S. 323 und Tafeln XXI, XXIII und XXIV.

[301] Schinn, Rudolf und Wolff, Ursula: Einige Ergebnisse der Überschallprüfung schwerer Schmiedestücke mit dem Impulsecho-Verfahren, Stahl und Eisen, Jg. 72, Nr. 12, Juni 1952, S. 695–702.

[302] Erdmann, Donald C.: Ultrasonic Inspection Using Automatic Recording and Frequency Modulated Flaw Detectors, Nondestructive Testing, Vol. 11, No. 8, November-Dezember 1953, S. 27–31.

[303] Krächter, Hans, Krautkrämer, Josef und Krautkrämer, Herbert: Schweißnahtprüfung mit Ultraschall, Schweißen und Schneiden, Jg. 5, Heft 8, 1953, S. 305–314.

[304] Lucas, Gerhard und Lutsch, Adolf: Bestimmung der Seigerungszonen im Gussblock einer Aluminium-Magnesium-Silizium-Legierung mit dem Ultraschall-Reflexionsverfahren, Zeitschrift für Metallkunde, Jg. 45, 1954, S. 158–160.

[305] Bierwirth, Günter: Zerstörungsfreie Prüfung von Gussstücken durch Ultraschall, GIESSEREI, Jg. 44, Heft 17, August 1957, S. 477–485.

[306] Trumpfheller, Rudolf und Meyer, Hans-Jürgen: Experiences in ultrasonic testing of welds in heavy steel structures, International Institute of Welding, Colloquium of Commission V, Delft, 9.-16.7.1966, Doc. V-315–66/OE, S. 6.

[307] Trumpfheller, Rudolf: Geschichte des Leistungsnachweises in der ZfP, Deutsche Gesellschaft für Zerstörungsfreie Prüfung: Leistungsnachweis bei ZfP-Methoden, Seminar 4./5.11.1993 in Berlin, Berichtsband 38, S. 12 f.

[308] Ballard, D. W.: A Critical Survey of the General Limitations of the Nondestructive Testing Field, Nondestructive Testing, Vol. 16, Nr. 2, 1958, S. 103–112.

10.4.2   Die Ultraschallprüfung der Druckführenden Umschließung

Die Herstellung der Reaktordruckbehälter (RDB) von Kernkraftwerken großer Leistung zog sich über zwei bis drei Jahre hin. 100–200 Tage der Herstellungszeit wurden allein für das zerstörungsfreie Prüfen benötigt. Der Aufwand für die Fertigungskontrollen erreichte einen erheblichen Anteil der gesamten Herstellungskosten.[309, 310]

Nach der Inbetriebnahme des RDB dürfen auch über lange Zeiträume gesehen keine Schäden oder Veränderungen eintreten, die zu Betriebsstörungen oder Gefährdungen Anlass geben könnten. Deshalb war ein Prüfverfahren gesucht, das in kontinuierlichen Zeitabständen auftretende Veränderungen gegenüber dem Zustand vor der Inbetriebnahme möglichst vollautomatisch und zuverlässig erfassen und aufzeichnen konnte. Die Ultraschallprüfung galt seit den 50er Jahren als das aussichtsreichste Prüfverfahren für die vollvolumetrische Prüfung der gesamten Druckführenden Umschließung, insbesondere auch für periodisch wiederkehrende Prüfungen an radioaktiv kontaminierten Komponenten.

Die Errichtung des Kernkraftwerks Stade war schon weit fortgeschritten, als sich die RSK nach dem Konzept der wiederkehrenden Prüfungen am Stade-RDB erkundigte. Im Dezember 1968 fand in Frankfurt bei den Farbwerken Hoechst auf Einladung des RSK-Vorsitzenden Wengler mit einigen RSK-Mitgliedern, beigezogenen Sachverständigen, dem Betreiber und dem Anlagenlieferer eine Beratung darüber statt, wie nach einiger Betriebszeit unter hoher Strahlenbelastung periodisch wiederkehrende Prüfungen am RDB des Kernkraftwerks Stade stattfinden könnten. Der Betreiber sagte zu, dass die Durchführbarkeit von wiederkehrenden zerstörungsfreien Prüfungen ermöglicht würde. Um die Zugänglichkeit von außen für die Ultraschallprüfgeräte zu schaf-

fen, musste er von der Innenseite des Betonmantels, der den RDB ziemlich eng umschloss, eine etwa 50 mm dicke Schicht wegspitzen lassen.[311]

Die RSK richtete nach der Erfahrung mit dem Kernkraftwerk Stade erhöhte Aufmerksamkeit auf das Prüfwesen. Bei der ersten Sitzung des RSK-Ad-hoc-Ausschusses „Reaktordruckbehälter" Anfang November 1969 wurden die Erst- und wiederkehrenden Prüfungen am RDB unter den Hauptthemen genannt, die zur Bearbeitung anstanden. Wengler betonte, dass noch große Anstrengungen unternommen werden müssten, um neue Prüftechniken zu entwickeln, die auch während des Reaktorbetriebs einsetzbar seien. Trumpfheller[312] wies daraufhin, dass keinerlei Erfahrungen mit periodisch wiederkehrenden Prüfungen am RDB vorlägen und die Firmen MAN und Krautkrämer noch einige Zeit bräuchten, um ein Ultraschallprüfsystem zur Serienreife zu bringen.[313]

Als eines der ersten Forschungsvorhaben im Bereich der Reaktorsicherheit war im Februar 1968 vom Bundesministerium für wissenschaftliche Forschung das Projekt „Entwicklung von zerstörungsfreien Prüfverfahren zur Fehlersuche in dickwandigen Behältern" aufgelegt worden.[314] Die Auftragnehmer für dieses Forschungsvorhaben waren die Firmen MAN-Nürnberg (Dr.-Ing. Hans-Jürgen Meyer), Krautkrämer Köln (Dr. rer. nat. Herbert Krautkrämer und Dr. rer. nat. Josef Krautkrämer) und der TÜV Essen (Dipl.-Phys. Rudolf Trumpfheller). Später kamen noch die Bundesanstalt für Materialprüfung Berlin (BAM) und die Kraftwerk Union AG Erlangen (KWU) hinzu. Die konkrete Entwicklungsaufgabe bestand darin, ein kompaktes Ultraschall-Prüfkopf-

---

[309] Trumpfheller, Rudolf: Zerstörungsfreies Prüfen an Behältern und Rohrleitungen in der Kerntechnik, Schweißen und Schneiden, Jg. 23, Heft 4, 1971, S. 138–140

[310] Dorner, H., Hartz, K. und Trumpfheller, R.: Technik und Ökonomie der Fertigungskontrolle großer Reaktorkomponenten, atw, Jg. 17, September/Oktober 1972, S. 524–527.

[311] AMPA Ku 151, persönliche schriftliche Mitteilung von Dr. Rudolf Trumpfheller vom 14.2.2003, Anlage mit Angaben für die Historische Kommission der Deutschen Gesellschaft für Zerstörungsfreie Prüfung vom 8.11.2001, S. 2A.

[312] Rudolf Trumpfheller war beim Rheinisch-Westfälischen TÜV Leiter der Abteilung „Zerstörungsfreie Prüfung" und Stellvertretender Vorsitzender der „Deutschen Gesellschaft für Zerstörungsfreie Prüfung".

[313] AMUBW 3410.4.5 A I, Ergebnisprotokoll über die 1. Sitzung des Ad-hoc-Ausschusses „Reaktordruckbehälter" der Reaktor-Sicherheitskommission am 7.11.1969, S. 4 f.

[314] IRS-F-2, Berichtszeitraum Juli bis Dezember 1968, Juni 1969, Projekt-Nr. RS 27, S. 34–36.

system zu schaffen, das fernbedient und automatisch jenseits der Strahlenschutzabschirmung den RDB durch Winkeleinschallung auf Anrisse und durch Normaleinschallung auf Plattierungsveränderungen untersuchen kann. Dabei sollten auch die thermisch am höchsten beanspruchten Behälterrundnähte und die Stutzensegmente, an denen die Schweißungen den höchsten Belastungen ausgesetzt sind, geprüft werden können. Die Prüfungen sollten jeweils nicht nur die Schweißnähte selber, sondern auch das benachbarte Grundmaterial mit umfassen. Die erfassten Daten sollten durch ein geeignetes Monitor- und Schreibersystem registriert und angezeigt werden können sowie einen Vergleich mit dem Zustand vor der Inbetriebnahme ermöglichen. Grundsätzlich sei die Prüfung mit 2-MHz-Prüfköpfen vorzusehen, wobei die Tandem-Methode Vorteile gegenüber der Einkopf-Methode aufweise.

Die Arbeiten erstreckten sich über 15 Jahre und befassten sich hauptsächlich mit der Entwicklung der Prüfsysteme und Manipulatoren für den RDB.[315, 316] Für die Fehleranalyse und die Verbesserung des Signal-Rauschverhältnisses wurden Rechenprogramme erstellt. Mit Hilfe echodynamischer Techniken konnte eine dreidimensionale Erfassung der Prüfzonen für Einkopf und Tandem ermöglicht werden. Manipulatorsysteme wurden konstruiert und erprobt (Abb. 10.28,[317] vgl. auch Kap. 10.5.6).

Die Tandem-Anordnung der Prüfköpfe war auf der Delfter Konferenz des International Institute of Welding im Juli 1966 erstmals von verschiedener Seite vorgeschlagen worden.[318] Die Tandemtechnik war für die Prüfung bei Wanddicken von über 100 mm notwendig geworden.

Im Frühjahr 1971 lagen die Ergebnisse der Basisprüfung am RDB des Kernkraftwerks Stade vor, die als Vergleichsgrundlage für spätere wiederkehrende Prüfungen gefordert worden waren. Sie waren von der Fa. MAN Nürnberg vom Behälterinnern aus sowie vom Werkstoffprüfamt der Freien und Hansestadt Hamburg vom 50-mm-Spalt aus an der Außenseite ermittelt worden. Das Ausmaß der Störanzeigen verhinderte aber jede sachgerechte Auswertung.[319] Dies war ein alarmierender Befund. Nach dem Vorbild des Aktionskomitees Unterplattierungsrisse gründeten Rudolf Trumpfheller und Heinrich Dorner (Siemens/KWU) Anfang des Jahres 1972 das „Aktionskomitee für wiederkehrende Prüfungen an druckführenden Teilen wassergekühlter Reaktoren". Mitglieder wurden sachkundige Vertreter der Firmen Siemens, AEG, MAN und Krautkrämer sowie des Versuchskernkraftwerks Kahl und der Institutionen IRS, BAM, TÜV Bayern und RW TÜV. Den Vorsitz übernahm Trumpfheller.[320] Das Aktionskomitee begleitete und begutachtete die Forschungs- und Entwicklungsarbeiten im Bereich der zerstörungsfreien Prüfverfahren. Es befasste sich auch gründlich mit den Basismessungen, die an den RDB von Stade und Würgassen wiederholt werden mussten und bei den im Bau befindlichen RDB für Biblis, Brunsbüttel, Philippsburg, Unterweser und Neckarwestheim anstanden.

Die RSK musste sich in einem erstaunlich großen Ausmaß in die Regelung von Fragen der zerstörungsfreien Prüfung einschalten. Um die sichere und effiziente Anwendung des Ultraschallverfahrens machte sich Rudolf Trumpfheller verdient. Die Festlegungen der RSK sind durchweg von ihm vorgeschlagen oder unter seinem Vorsitz im RSK-UA RDB erarbeitet worden. Die Möglichkeiten wiederkehrender Prüfungen an Druckbehältern von DWR und SWR standen schon auf der ersten Tagesordnung dieses RSK-

---

[315] IRS-F-33, Berichtszeitraum 1.7. bis 30.9.1976, Dezember 1976, Projekt-Nr. RS 2703, S. 292–294.

[316] GRS-F-132, Berichtszeitraum 1.7. bis 31.12.1983, April 1984, Projekt-Nr. 150 2704 A, S. 1–3.

[317] Kussmaul, K.: German Basis Safety Concept rules out possibility of catastrophic failure, Nuclear Engineering International, Dezember 1984, S. 43.

[318] AMPA Ku 151, Persönliche schriftliche Mitteilung von Dr. Rudolf Trumpfheller vom 22.12.2003: Von deutscher Seite waren es Hans-Jürgen Meyer und Rudolf Trumpfheller, von holländischer Seite war es Arie de Sterke vom Röntgentechnischen Dienst Rotterdam.

[319] AMPA Ku 151, persönliche schriftliche Mitteilung von Dr.-Ing. Rudolf Trumpfheller vom 12.3.2003, S. 9.

[320] AMPA Ku 37, Ergebnisprotokoll 2. Sitzung des Aktionskomitees für wiederkehrende Prüfungen an drucktragenden Teilen wassergekühlter Reaktoren vom 13.4.1972, S. 1.

Abb. 10.28 Ultraschallprüfsystem mit Zentral-
mastmanipulator an der
RDB-Innenwand

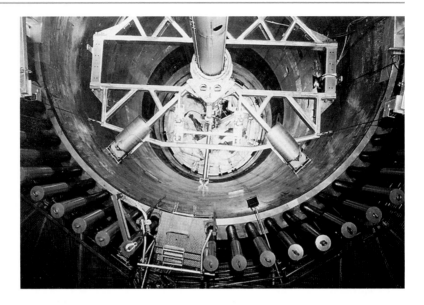

Unterausschusses im Dezember 1971.[321] Hier
wurden auch die Empfehlungen für wiederkehrende Prüfungen in den RSK-Leitlinien für DWR
entworfen. Der RSK-UA RDB forderte, dass am
RDB, insbesondere an den Schweißnähten, bei
der Fertigung und nach der Inbetriebnahme Ultraschallprüfungen volumetrisch mit ausreichender Fehlererkennbarkeit von innen und außen
auch als regelmäßig wiederkehrende Prüfungen
durchführbar sein müssen. Die konstruktiven
Voraussetzungen seien dafür zu schaffen. Ein
Messwerteatlas des RDB, der bei periodisch wiederkehrenden Prüfungen zum Vergleich herangezogen werden könne, müsse vor Inbetriebnahme
angefertigt werden.[322] Die RSK diskutierte im
April 1973 die Frage der periodisch wiederkehrenden Prüfungen im Zusammenhang mit der
Konzeptgenehmigung für das Kernkraftwerk
Krümmel als „das z. Z. schwerwiegendste Problem". Vor einer Konzeptgenehmigung müsse die
Durchführbarkeit solcher Prüfungen zufrieden
stellen – auch experimentell – nachgewiesen
werden.[323]

Am 24.4.1974 verabschiedete die RSK die 1.
Ausgabe der *RSK-Leitlinien für Druckwasserreaktoren*, die umfangreiche Empfehlungen für die
zerstörungsfreien periodischen wiederkehrenden
Prüfungen mit dem Ultraschallprüfverfahren enthielten.[324] Sie verwendete dabei die von ihrem
Unterausschuss „RDB" vorgeschlagenen Formulierungen. Die Leitlinien zur Ultraschallprüfung
waren so ausführlich, weil entsprechende Regeln
noch fehlten. Die Bestrebungen, die Prüfsicherheit des Ultraschallverfahrens mit Hilfe einer
Prüfrichtlinie über die verfahrenstechnischen
Anforderungen allgemein zu erhöhen, gingen
bis in die frühen 60er Jahre zurück. Einige Prüf-
stellen, wie der Rheinisch-Westfälische (RW)
TÜV, arbeiteten mit internen Vorschriften. Ende
des Jahres 1963 wurde im DIN-Fachnormen-
ausschuss Materialprüfung ein Antrag auf Erstellung einer Richtlinie mit großer Mehrheit
erstaunlicherweise abgelehnt. Man hielt die Ultraschalltechnik noch nicht für eine Normung geeignet.[325] In den 60er Jahren und Anfang der 70er

[321] AMPA Ku 24, Ergebnisprotokoll 1. Sitzung RSK-UA
RDB, 8.12.1971, S. 3–5.

[322] AMPA Ku 24, Ergebnisprotokoll 2. Sitzung RSK-UA
RDB, 11.1.1972, S. 10–12.

[323] BA B 106-75307, Ergebnisprotokoll 83. RSK-Sitzung,
18.4.1973, S. 6.

[324] BAnz Nr. 144 vom 7.8.1974, Ziff. 4.1.4.4 Zerstörungsfreie Wiederholungsprüfungen am Reaktordruckbehälter: 4.1.4.4.1 Prüftechnik, 4.1.4.4.2 Anforderungen an
den Prüfumfang, 4.1.4.4.3 Prüfintervalle.

[325] Trumpfheller, Rudolf: Geschichte des Leistungsnachweises in der ZfP. Deutsche Gesellschaft für Zerstörungsfreie Prüfung: Leistungsnachweis bei ZfP-Methoden, Seminar 4./5.11.1993 in Berlin, Berichtsband 38, S. 14

Jahre wurden Prüfvorschriften entwickelt[326] und Richtlinienentwürfe vorgeschlagen,[327] die nicht verabschiedet wurden, jedoch ihren Niederschlag in den RSK-Leitlinien und später im KTA-Regelwerk (KTA Nr. 3201.4 und 3211.4) fanden. Ein Vergleich mit den in den USA geltenden Spezifikationen ergab, dass die in der Bundesrepublik Deutschland vorgesehenen periodisch wiederkehrenden Prüfungen umfassender und zuverlässiger waren, als nach ASME Code III und XI gefordert wurde.[328]

Das BMFT führte in den 70er Jahren noch einige ergänzende Forschungsvorhaben durch, wie die Untersuchung des Gefügezustands mittels Ultraschall-Rückstreuung[329] oder die Verbesserung der Ultraschallprüfbarkeit schwer prüfbarer austenitischer Werkstoffe.[330] Teilbereiche wurden im Rahmen der deutsch-französischen Zusammenarbeit auf dem Gebiet der Reaktorsicherheit bearbeitet. Die Untersuchungen wurden in den 80er Jahren im Forschungsvorhaben Großbehälter (s. Kap. 10.5.6) fortgeführt.

10.5   Das BMFT-Forschungsvorhaben Komponentensicherheit (FKS)

Ein besonderer Schwerpunkt des Forschungsprogramms zur Leichtwasserreaktorsicherheit waren Bauteiluntersuchungen, Berstversuche, Konstruktionsformen, Fertigungsmethoden, Werkstoffe und Festigkeit druckführender Umschließungen. Es wurde darauf hingewiesen, dass auf der Grundlage eines noch in Arbeit befindlichen Statusberichts „Reaktordruckbehälter" ein umfas-

sendes Forschungsprogramm zum Problemkreis „Werkstoffe und Festigkeit" erstellt werde.[331] Die Reaktorsicherheitsforschung wurde zu einem Bestandteil des 4. Atomprogramms der Bundesregierung. Als eines von sechs Schwerpunktthemen wurde die Sicherheitsbeurteilung des Primärkreislaufs genannt.[332]

Anfang August 1973 schlug die MPA Stuttgart ein umfassendes „Demonstrationsprogramm Sicherheit Reaktordruckbehälter" vor, mit dem „es gelingen müsste, durch Parameterstudien mit schrittweiser Veränderung der Einflussgrößen den Nachweis zu erbringen, dass die Sicherheit auch unter ungünstigsten Voraussetzungen noch gewährleistet ist."[333] Das MPA-Programm sah für den Reaktorstahl 22 NiMoCr 3 7 umfangreiche systematische Parametervariationen bei der Untersuchung von Simulationsproben, Behältern in Zwischengröße und Großbehältern vor. Ziel war die Ermittlung von Sicherheitsabständen bei ungünstigen Voraussetzungen sowie die Erkundung von Verbesserungsmöglichkeiten.

Die entscheidenden Unterschiede des MPA-Demonstrationsprogramms vom August 1973 gegenüber anderen ähnlichen Programmen, insbesondere dem amerikanischen HSST (Heavy Section Steel Technology)-Programm (s. Kap. 10.1.1), bestanden also darin, dass die MPA das ganze, noch realistische Spektrum der Einflussgrößen Schritt für Schritt durchmustern und dabei auch Proben und Behälter in Originalgröße untersuchen wollte.

Im Wesentlichen auf der Grundlage dieses MPA-„Demonstrationsprogramms Sicherheit Reaktordruckbehälter" vom August 1973 sowie des MPA-Statusberichts (Entwurf) „Forschungen auf dem Kernreaktor-Druckbehälterwesen" vom Juni 1971 erarbeitete die IRS-Forschungsbetreuung das „Forschungsprogramm Reaktordruckbe-

---

[326] Trumpfheller, Rudolf: Abnahmeprüfungen an Schweißnähten nach dem Ultraschallprüfverfahren, Schweißen und Schneiden, Jg. 18, Heft 6, 1966, S. 268–279.

[327] AMUBW 3410.4.5 A I, Richtlinie über die zerstörungsfreien Prüfungen bei der Herstellung von Reaktordruckbehältern aus Stahl, RW TÜV Essen, Vorlage Mai 1972, Materialien zur Sitzung des RSK-UA RDB am 29.6.1972.

[328] AMPA Ku 24, Ergebnisprotokoll 2. Sitzung RSK-UA RDB, 11.1.1972, S. 5 f.

[329] IRS-F-28, Berichtszeitraum 1.10. bis 31.12.1975, März 1976, Projekt-Nr. RS 102–16/1, S. 323–332.

[330] GRS-F-88, Berichtszeitraum 1.10. bis 31.12.1979, März 1980, Projekt-Nr. 150439, Lfd. Nr. 194, S. 1–3.

[331] IRS (Hg.): Forschungsprogramm Reaktorsicherheit des BMBW, Köln, November 1972, S. 50.

[332] Der Bundesminister für Bildung und Wissenschaft: 4. Atomprogramm der Bundesrepublik Deutschland für die Jahre 1973–1976, Entwurf, Bonn, 6.12.1972, S. 137.

[333] AMPA Ku 86, MPA Stuttgart: Demonstrationsprogramm Sicherheit Reaktordruckbehälter, 6.8.1973, Unterlage zur 5. Sitzung SK W + F (Sachverständigenkreis Werkstoffe und Festigkeit), 7.5.1974.

hälter", das Anfang März 1974 vorgelegt wurde.[334] Die problemorientierte Gesamtübersicht folgte den Vorstellungen der MPA Stuttgart.

Zu diesem Zeitpunkt wurden im Bundesministerium für Forschung und Technologie (BMFT) Überlegungen entwickelt, die Zusammenarbeit von Wirtschaft, Wissenschaft und Staat, die sich bei der Einführung neuer Reaktorlinien, aber auch bei den Sofort- und Dringlichkeitsprogrammen bewährt hatte, für das Forschungsprogramm Reaktorsicherheit zu nutzen und neu zu organisieren. Die BMFT-Vorstellungen zielten darauf, die betroffene Wirtschaft, also die Elektrizitätsversorgungsunternehmen (EVU) sowie die Hersteller von Werkstoffen, Komponenten und Reaktorsystemen, zur Bildung eines Konsortiums zu bewegen, das zusammen mit dem BMFT die fachliche, organisatorische und finanzielle Verantwortung für das gesamte „Forschungsprogramm Reaktordruckbehälter" übernehmen könnte.[335]

Der BMFT und das zu bildende Industriekonsortium sollten für die Ausführung und Finanzierung gemeinsam verantwortlich sein. Die Verhandlungen zwischen BMFT und den als Konsortialpartner in Aussicht genommenen Industrieunternehmen und -verbänden zogen sich nahezu über drei Jahre hin. Es gab im Detail unterschiedliche Auffassungen über die Untersuchungsgegenstände, über Kostenumfang und -aufteilung sowie über die Anerkennung von Vor- und Sachleistungen.[336]

MPA und IRS erstellten im Februar 1975 eine Übersicht zur 1. Phase „Forschungsprogramm Komponentensicherheit", wie nun das Gesamtprogramm allgemeiner und umfassender genannt wurde. Diese Übersicht wurde im März 1975 mit Anfragen zur finanziellen Beteiligung

an die Vereinigung der Großkesselbetreiber (VGB), den Verband der Elektrizitätswirtschaft (VDEW), den Verband der Industriellen Energie- und Kraftwirtschaft (VIK), den Verein Deutscher Eisenhüttenleute (VDEh) und die KWU AG verschickt.[337]

Beim „Krisengespräch" im Bundesinnenministerium im Dezember 1975 stellte der Bundesminister des Innern „mit Bedauern und Besorgnis" fest, dass das Komponenten-Sicherheitsprogramm wegen mangelnder Bereitschaft der Betreiber, sich in angemessener Weise an der Finanzierung zu beteiligen, immer noch nicht angelaufen sei. Er richtete an Betreiber und Hersteller den dringenden Appell, sich unverzüglich auf einen Modus für ihren Finanzierungsbeitrag zu einigen, „da sonst unmittelbare Konsequenzen für die Genehmigungs- und Aufsichtspolitik nicht auszuschließen seien."[338]

Im November 1975 richtete der BMFT für die MPA Stuttgart das Forschungsvorhaben RS 192 „Grob- und Detailspezifikation des Forschungsprogramms Komponentensicherheit (1. Phase)" ein.[339] Die MPA setzte 8 Arbeitsgruppen aus Hersteller-, Betreiber- und Überwachungsorganisationen sowie Forschungsinstituten ein, welche die Einzelprojekte diskutierten.[340] Ende Mai 1976 waren die Spezifikationen im Umfang von mehreren tausend Seiten durch ein Kernteam von 10 MPA-Mitarbeitern für das erste Versuchsjahr, im Einzelnen die Ziel- und Projektstrukturen, Netzpläne und Kostenlisten erstellt.[341] Die Gesamtkosten für das Projekt FKS Phase I mit einer geplanten Laufzeit von 5 Jahren wurden auf 50 Mio. DM festgesetzt. Die eine Hälfte sollte der BMFT tragen, die andere Hälfte zwischen den Konsorten Stahl- und Komponentenherstel-

---

[334] AMPA Ku 86, IRS Forschungsbetreuung: Forschungsprogramm Reaktordruckbehälter, Stand 6.5.1974, Unterlage zur 5. Sitzung SK W + F, 7.5.1974.

[335] Lehr, Günter: Zusammenarbeit von Wirtschaft, Wissenschaft und Staat – dargestellt am Beispiel des vierten Atomprogramms und des Rahmenprogramms Energieforschung, Schweißen und Schneiden, Jg. 27, Heft 2, 1975, S. 45–49.

[336] vgl. AMPA Ku 86, Schreiben der KWU an BMFT, KR 4 (RZR)/Te./Rh., 16.10.1974.

[337] AMPA Ku 88, Ergebnisprotokoll 8. Sitzung SK W + F, 18.3.1975, S. 6.

[338] AMPA Ku 85, BMI Unterabteilung RS I: Ergebnisprotokoll des Krisengesprächs zur Vorratsfertigung von Reaktordruckbehältern vom 16.12.1975, 21.1.1976, S. 4.

[339] Forschungsberichte IRS-F-28, März 1976, S. 307.

[340] Forschungsberichte IRS-F-30, Juni 1976, S. 217.

[341] Forschungsberichte IRS-F-31, September 1976, S. 285.

lern, Systemherstellern und Betreibern je gedrittelt werden.[342]

Am 7. September 1977 wurde schließlich der Konsortialvertrag zwischen den Konsortialpartnern

- Arbeitsgemeinschaft Babcock-Brown Boveri Reaktor GmbH (BBR)/ Brown Boveri & Cie. AG (BBC),
- Gutehoffnungshütte Sterkrade AG,
- Kraftwerk Union AG (KWU),
- Verein Deutscher Eisenhüttenleute e. V. (VDEh) und
- Arbeitsgemeinschaft Vereinigung Deutscher Elektrizitätswerke –VDEW e. V./VGB Technische Vereinigung der Großkraftwerksbetreiber e. V.

mit der Absicht abgeschlossen, am Forschungsvorhaben „Komponentensicherheit" (FKS) des BMFT mitzuwirken.[343] Die Konsortialpartner stellten gemeinsam 23,7 Mio. DM zur Verfügung, wobei die KWU mit 35 % den höchsten Anteil beitrug. Vorleistungen wurden nicht angerechnet.

Unmittelbar danach, ebenfalls am 7. September 1977, wurde auch die Rahmenvereinbarung zur Durchführung des Forschungsprogramms Komponentensicherheit zwischen der Bundesrepublik Deutschland, vertreten durch den BMFT, und dem Industriekonsortium unterzeichnet. Darin wurden der MPA Stuttgart „alle mit der Durchführung des FKS zusammenhängenden fachlichen und administrativen Aufgaben" übertragen.[344] Der Arbeitsbeginn des Forschungsprogramms Komponentensicherheit (FKS) unter der BMFT-Projektnummer RS 304 war der 1. September 1977.[345] Mit der amerikanischen NRC wurde ein Austausch-Programm vereinbart,[346] in dessen Rahmen das BMFT sogleich ausführlich über sein Gesamtprogramm der Reaktorsicher-

heitsforschung für das internationale Publikum berichtete.[347] Seitens der MPA wurde die Projektleitung Dr.-Ing. Lothar Issler übertragen, der großen Anteil am Zustandekommen der Spezifikationen hatte. Zur Projektleitung wurden Ingenieure der Reaktorbau-Firmen KWU und BBR, dem RWTÜV Essen, der Unternehmensberatung FRASER sowie des Fraunhofer Instituts für zerstörungsfreie Prüfverfahren (IZFP) Saarbrücken abgestellt.[348] Die Begeisterung und das Zusammengehörigkeitsgefühl wurden durch den Bezug eines eigenen Gebäudes im Universitätsgelände Pfaffenwald, der FKS-Baracke, noch verstärkt.[349]

10.5.1   Die FKS-Zielsetzung

Die MPA Stuttgart war bestrebt, die Untersuchungen zur Quantifizierung des Sicherheitsabstands druckführender Komponenten gegen katastrophalen Bruch systematisch und umfassend anzulegen. Die Sicherheit einer Komponente wird durch die Produktionstechnologie, die Betriebstechnologie und die Sicherheitstechnologie festgelegt. Abbildung 10.29[350] führt alle technologischen Aspekte auf, die bei der Beurteilung der Komponentensicherheit im Einzelnen betrachtet und aus denen die qualitätsrelevanten Untersuchungsparameter abgeleitet werden mussten.

Das FKS hatte von Anfang an eine doppelte Zielsetzung (Abb. 10.30).[351] Einmal ging es um die deterministische Bestimmung des Sicherheitsabstands von Komponenten, wie sie in üblicher Weise mittels der verfügbaren Technologien hergestellt, geprüft und betrieben wurden. Dabei sollte die ganze Bandbreite der realistisch möglichen Qualitätsschwankungen erfasst und unter-

[342] MPA Stuttgart: FKS Zusammenfassung der Detailspezifikation, RS 192, Mai 1977, S. 6.

[343] AMPA Ku 90, Konsortialvertrag vom 7.9.1977.

[344] AMPA Ku 90, Rahmenvereinbarung vom 7.9.1977, § 9, Aufgaben der MPA.

[345] Forschungsberichte GRS-F-55, April 1978, S. 360.

[346] Bennett, G. L., Spano, A. H. und Szawlewicz, S. A.: NRC International Agreements on Reactor Safety Research, NUCLEAR SAFETY, Vol. 18, No. 5, September-Oktober 1977, S. 589–595.

[347] Seipel, H. G., Lummerzheim, D. und Rittig, D.: German Light-Water-Reactor Safety-Research Program, NUCLEAR SAFETY, Vol. 18, No. 6, November-Dezember 1977, S. 727–756.

[348] Langer (KWU), Hoffmann u. Lehmann (BBR Mannheim), Dr.-Ing. Neubauer (RWTÜV), Wallraff (FRASER) und Dr.-Ing. Deuster (IZFP).

[349] Persönliche Mitteilung Prof. Dr. Karl Kußmaul.

[350] MPA Stuttgart: FKS Zusammenfassung der Detailspezifikation, RS 192, Mai 1977, S. 37.

[351] ebenda, S. 40.

Abb. 10.29 Sicherheitsrelevante
Technologien

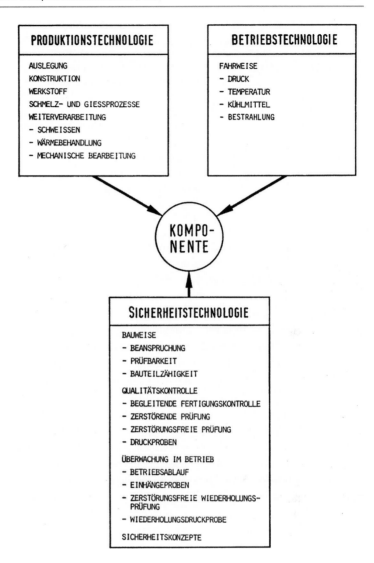

sucht werden. Der untere Grenzzustand (lower bound) war von besonderem Interesse. Er gab den Sicherheitsabstand für die ungünstigsten Randbedingungen („worst case"). Zum anderen ging es im FKS um Hinweise auf technologische Verbesserungsmöglichkeiten, letztlich um optimierte Technologien, die eine uneingeschränkte Sicherheit gegen katastrophales Versagen gewährleisten (Basissicherheitskonzept).

Im Vordergrund des Industrieinteresses stand zunächst nicht die wissenschaftlich breite Aufarbeitung einer komplexen Fragestellung, sondern die Gewinnung praktischer Erkenntnisse für die in Betrieb und in Bau befindlichen Kernkraftwerke. In der Rahmenvereinbarung wurde

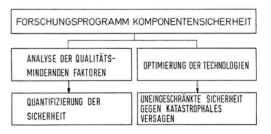

Abb. 10.30 Die FKS-Zielsetzungen

als Zweck des FKS genannt, es ziele darauf ab, „den Sicherheitsabstand der für die Sicherheit von Kernkraftwerken wichtigen druckführenden Komponenten aus Stahl bei fertigungsbedingten

Tab. 10.2 Qualitätsmindernde Einflüsse auf den Werkstoff- und Fehlerzustand

Qualitätsmindernde Einflüsse	Zähigkeitsminderung	Rissbildung
Herstellung	Ungünstige chem. Zusammensetzung	Seigerungsrisse
	Nicht optimale Wärmebehandlung	Terrassenbruch
	Seigerung	Schmiede- und Walzaufbrüche
	Aufhärtung	Heißrisse
	Temperaturinduzierte Versprödung (TIV)	Kaltrisse
	Relaxationsversprödung (DIV)	Relaxationsrisse (SRC)
Betrieb	Temperaturinduziert	Unsachgem. Überlastung
	Dehnungsinduziert	Ermüdung
	Neutronenbestrahlung	Korrosion
	Wasserstoff	Korrosionsermüdung

Werkstoffabweichungen und Rissbildungen zu quantifizieren." In der Beschreibung des Projekts RS 304 wurde präzisiert, dass sich die 1. Phase des FKS mit dem Langzeitverhalten des Reaktordruckbehälters (auch älterer Anlagen) befasse, dessen Sicherheitsreserven („Sicherheitsabstand") unter besonderer Berücksichtigung ungünstiger Werkstoff-, Fehler- und Spannungszustände ausgelotet werden solle („Lower-Bound-Konzept").[352] Als schädlich waren alle Einflüsse zu berücksichtigen, die in einer druckführenden Komponente eine Zähigkeitsminderung des Werkstoffs und/oder Rissbildung verursachen konnten. In Tab. 10.2 sind alle qualitätsmindernden Einflüsse bei der Herstellung und im Betrieb zusammengestellt.[353]

Neben Zähigkeit und Fehlerzustand hängt der Sicherheitsabstand gegen katastrophales Versagen von der Höhe der Beanspruchung ab. Die quantitative Bestimmung des Sicherheitsabstands setzt sowohl die richtige Ermittlung der Belastung bei allen Betriebs-, Stör- und Schadensfällen als auch die richtige Beschreibung des Werkstoff- und Fehlerzustands voraus.[354] Abbildung 10.31[355] macht schematisch anschaulich, wie sich der Sicherheitsabstand zwischen verminderter Belastbarkeit und erhöhter Beanspruchung verkleinert.

Die Widerstandsfähigkeit (Belastbarkeit) einer Komponente ist umso geringer, je schlechter die Herstellungsqualitäten hinsichtlich lokaler und integraler Ausgangszähigkeit und Fehlergröße sind. Nach Inbetriebnahme (begin of life – BOL) nimmt die Widerstandsfähigkeit im Laufe der Betriebszeit weiter ab, umso schneller, je schlechter die Ausgangsqualitäten waren. Abbildung 10.32[356] zeigt im Prinzip den Rückgang des Sicherheitsabstands unter qualitätsmindernden Laufzeiteinflüssen und zusätzlichen Belastungen bis zur Stilllegung (end of life – EOL).

Stellt man die Belastbarkeit einer Komponente als Funktion der Zähigkeitsminderung und der Fehlergröße dar, so erhält man eine gekrümmte Grenzfläche der ertragbaren Last (Abb. 10.33, schematisch),[357] auf der die Kurve der Widerstandsfähigkeit/Belastbarkeit zwischen BOL und EOL liegt. Die Ermittlung dieser Grenzfläche der Belastbarkeit als Funktion der Zähigkeitsminderung und Fehlergröße war eine der beiden Zielsetzungen des FKS.

Der aus den aufgebrachten Lasten resultierende Spannungszustand geht direkt in die Belastung ein. Der Eigenspannungszustand – auch nach dem Spannungsarmglühen – ist zu berücksichtigen. Wenn sehr dickwandige Bauteile durch komplexe Schweißnähte, z. B. mit durchgesteck-

---

[352] Forschungsberichte GRS-F-55, April 1978, S. 360.

[353] MPA Stuttgart: FKS Zusammenfassung der Detailspezifikation, RS 192, Mai 1977, S. 43.

[354] Kußmaul, K.: Die Gewährleistung der Umschließung, atw, Jg. 23, Juli/August 1978, S. 354–361.

[355] AMPA Ku 94, MPA Stuttgart: Vorlage für 23. Sitzung SK W + F, 27.3.1980, Beilage 2.2.

[356] MPA Stuttgart: FKS RS 304, Technisch-Wissenschaftlicher Bericht 1/1, August 1981, Abb. 1.3.

[357] AMPA Ku 94, MPA Stuttgart: Vorlage für 23. Sitzung SK W + F, 27.3.1980, Beilage 2.4

Abb. 10.31 Sicherheitsabstand für Grenzzustände

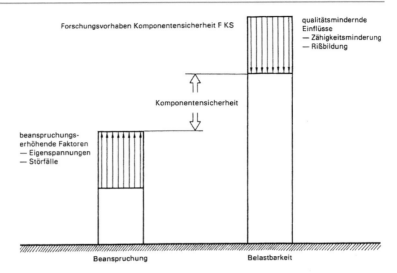

Abb. 10.32 Sicherheitsabstand unter Langzeiteinflüssen K_R = Widerstandsfähigkeit

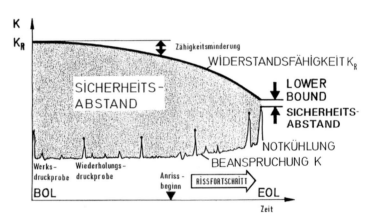

ten Stutzen, verbunden sind, können starke mehrachsige Spannungszustände auftreten, die bei der Spannungsarmglühung nicht vollständig abgebaut werden.

Das FKS sollte auch Wege zur Verbesserung der Technologien weisen. Von hoher Bedeutung war dabei die Optimierung der Werkstoffe. Die Werkstoffzähigkeit, üblicherweise bewertet anhand der Kerbschlagarbeit oder Bruchzähigkeit, ist eine Funktion vielfältiger Einflussgrößen (Tab. 10.2), von denen die entscheidend wichtigen die chemische Zusammensetzung und die Temperatur sind. Jeder ferritische Baustahl verhält sich, im Gegensatz zum austenitischen, bei genügend tiefen Temperaturen spröde, seine Zähigkeit weist eine „Tieflage" auf, die durch sehr niedrige Werte gekennzeichnet ist. Dies gilt für alle hier genannten RDB-Stähle, die sämtlich

ferritischer Art sind. Mit steigender Temperatur durchläuft die Zähigkeits-Temperatur-Kurve einen mehr oder weniger ausgeprägten „Übergangsbereich" unterschiedlicher Steigung bis zur werkstoff- und verarbeitungsabhängigen Hochlage (Abb. 10.34).[358]

Eine der entscheidenden Fragestellungen des FKS war nun, ob es durch Optimierung gelingen kann, die Zähigkeit bzw. die Bruchzähigkeit des Werkstoffs lokal und integral so weit zu steigern, dass selbst nach Langzeitbeanspruchung bei tiefsten Betriebs- oder Störfalltemperaturen ausreichende Werte für die Hochlage der Zähigkeit gegeben sind. Es war zumindest für die inte-

---

[358] Kußmaul, K.: Aufgaben, Ziele und erste Ergebnisse des Forschungsprogramms Komponentensicherheit, VGB Kraftwerkstechnik, Jg. 60, Heft 6, Juni 1980, S. 438–449.

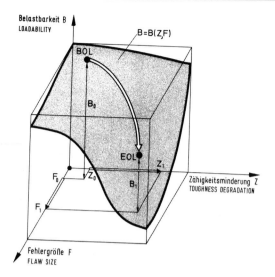

Abb. 10.33 Grenzfläche der Belastbarkeit

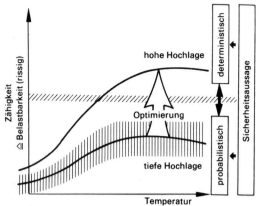

Abb. 10.34 Optimierung von Werkstoffen

grale Werkstoffzähigkeit zu erwarten, dass sich dann die Streubreiten bei „tiefer Hochlage", die den Schwankungen der werkstoff- und verarbeitungsabhängigen Eigenschaften entspricht, durch Optimierung erheblich verringert. Ab einem noch festzulegenden Niveau (Schwellenwert) könnte man dann unter Einsatz fortgeschrittener Prüftechniken möglicherweise von einer probabilistischen zu einer deterministischen Sicherheitsaussage gelangen (s. Abb. 10.34).

Die Schaubilder 10.29 bis 10.34 wurden zu Beginn des FKS, Ende der 70er Jahre, als Argumentationshilfe entwickelt. Sie haben ihre Aktualität bis heute nicht verloren.

10.5.2   Die FKS-Organisationsstruktur

Bei der Durchführung des Forschungsprogramms Reaktorsicherheit (RS) bediente sich der zuständige Bundesminister (bis Ende 1972 der Bundesminister für Bildung und Wissenschaft – BMBW, danach der Bundesminister für Forschung und Technologie – BMFT) einer eigens geschaffenen Organisation (Abb. 10.35).[359] Ein Ad-hoc-Ausschuss beriet den BMBW/BMFT in

Grundsatzfragen bei der Erstellung und Überprüfung des RS-Forschungsprogramms. Zur sachlichen, terminlichen und kostenmäßigen Verfolgung und Abwicklung der Forschungsvorhaben und -projekte hatte der BMBW die Abteilung Forschungsbetreuung im Institut für Reaktorsicherheit (IRS-Forschungsbetreuung, IRS-FB) einrichten lassen. Die IRS-FB hatte für einen optimalen Informationsaustausch zwischen allen beteiligten Stellen zu sorgen und die vierteljährlichen Forschungsberichte zu veröffentlichen. Die Schriftenreihe der IRS-Forschungsberichte hatte bereits im Juli 1968 begonnen.

Für die projektbezogene fachliche Beratung des Forschungsministers wurden für die Durchführung des RS-Forschungsprogramms Sachverständigenkreise (SK) bestellt.[360] Ihre Geschäftsführung lag beim IRS. Nach der Gründung der Gesellschaft für Reaktorsicherheit (GRS) 1976 gingen alle IRS-Funktionen auf die GRS über. SK wurden für die einzelnen Forschungsprojekte wie beispielsweise „Blow-down im Containment", „Notkühlung", „Coreschmelzen", „Berstsicherheit" oder „Qualitätssicherung" eingerichtet.[361] Die SK, die ungefähr 10 Mitglieder haben sollten, wurden vom IRS/GRS im Auftrag des BMBW/BMFT für die Dauer von jeweils zwei Jahren benannt. Sie sollten Vorschläge zur Projekt- bzw. Vorhabensdurchführung beurteilen

---

[359] IRS (Hg.): Forschungsprogramm Reaktorsicherheit, a. a. O., S. 14.

[360] ebenda, S. 11 f.

[361] vgl. Mayinger, F.: Sicherheitsforschung in der Bundesrepublik Deutschland, atw, Jg. 19, Juni 1974, S. 288–295.

Abb. 10.35 Organisation der Reaktorsicherheitsforschung

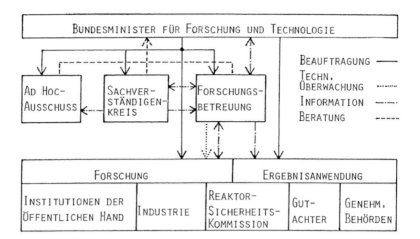

und den Arbeitsfortschritt bewerten. Sie hatten auch die Aufgabe, notwendige Änderungen von Zielsetzungen und Abläufen zu empfehlen und Vorschläge für Anschlussprojekte bzw. -vorhaben auszuarbeiten. Für spezielle fachliche Probleme konnten Arbeitsgruppen eingesetzt werden. Das Nähere regelte die SK-Geschäftsordnung.[362]

Der SK „Werkstoffe und Festigkeit" (SK W+F) konstituierte sich am 15. Juni 1973 in Köln. Ihm gehörten Vertreter der Industrieunternehmen Gutehoffnungshütte Sterkrade (GHH), Großkraftwerk Mannheim (GKM), Klöckner-Osnabrück, KWU Erlangen und Mannesmann Duisburg an. Weitere Mitglieder kamen vom Deutschen Verband für Schweißtechnik, Fraunhofer Institut für Festkörpermechanik Freiburg, Rheinisch-Westfälischen TÜV sowie von der MPA Stuttgart. Später kamen noch die Bundesanstalt für Materialprüfung (BAM), Berlin, und das Institut für Eisenhüttenkunde (IEHK) der RWTH Aachen hinzu. Den Vorsitz übernahm Wilhelm Schoch, GKM. Nach dessen altersbedingten Ausscheiden wurde der Vorsitz Horst Clausmeyer, GHH anvertraut. Beide mussten zur Bewältigung dieser anspruchsvollen Aufgabe einen großen Einsatz erbringen.

Da das FKS zusammen mit einem Industriekonsortium abgewickelt wurde und die MPA Stuttgart als Hauptauftragnehmer auch eine konzeptionell führende Rolle spielte, musste die

Organisationsstruktur ergänzt werden. Das vom IRS erarbeitete „Forschungsprogramm Reaktordruckbehälter" vom Mai 1974 hatte bereits ein ausführendes Gremium des Konsortiums unter der Federführung des BMFT vorgeschlagen, das über den beratenden, überwachenden und fachlich leitenden Institutionen SK, IRS-FB und MPA die grundlegenden Entscheidungen treffen sollte.[363]

Die Rahmenvereinbarung zwischen BMFT und Industriekonsortium setzte den IRS-Vorschlag um (Abb. 10.36). Sie nannte als Durchführungsbeteiligte die Bundesrepublik Deutschland, vertreten durch den BMFT, das Konsortium, deren gemeinsamen Lenkungsausschuss (LA), den Sachverständigenkreis „Werkstoffe und Festigkeit" sowie die Staatliche Materialprüfungsanstalt an der Universität Stuttgart. Der LA bestand aus fünf ehrenamtlichen Mitgliedern, die vom Konsortium und dem BMFT entsandt wurden. Der Vertreter des Bundes (Seipel, später Krewer) führte den Vorsitz und hatte die Entscheidungsvollmacht. Die Vertreter des Konsortiums waren Clausmeyer (Stahl- und Komponentenhersteller), Dorner (Systemhersteller), und Spähn (Betreiber).

Der MPA Stuttgart wurden von der Rahmenvereinbarung alle mit der Durchführung des FKS zusammenhängenden fachlichen und administrativen Aufgaben zugewiesen. Die Bedeutung der

---

[362] BA B 196-03930, IRS: Sachverständigenkreise, Arbeitsgruppen, Köln, November 1972, S. 3–6.

[363] AMPA Ku 86, IRS Forschungsbetreuung: Anlage zum Forschungsprogramm Reaktordruckbehälter, Stand 6.5.1974, Unterlage zur 5. Sitzung SK W+F, 7.5.1974.

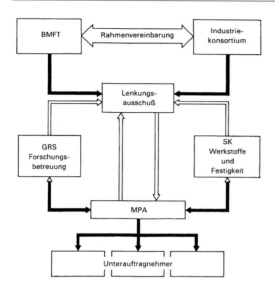

Abb. 10.36 Die FKS-Organisationsstruktur

Auswahl der unter fachlichen und wirtschaftlichen Gesichtspunkten geeigneten Unterauftragnehmer durch die MPA wurde besonders hervorgehoben. Die MPA sollte die erforderlichen Unterlagen für Entscheidungen des LA erarbeiten und jeweils rechtzeitig vorlegen.[364]

Der BMFT legte Wert darauf, dass andere einschlägig tätige Forschungsinstitute in das Gesamtprojekt FKS eingebunden und deren fachliche Vorstellungen berücksichtigt wurden. Er wollte sich bei der Durchführung dieses, auch im internationalen Vergleich, überdimensionalen Forschungsvorhabens absichern und sich nicht allein auf die MPA verlassen. Er wollte fortlaufend von dritter Seite Kritik und Bestätigung erhalten. Die auf diese Weise einbezogenen Institutionen waren vor allem:

- Fraunhofer-Institut für Festkörpermechanik (IFKM), Freiburg,
- Fraunhofer-Institut für Fertigungstechnik und Angewandte Materialforschung (IFAM), Bremen,
- Fraunhofer-Institut für Zerstörungsfreie Prüfverfahren (IZFP), Saarbrücken,
- Bundesanstalt für Materialprüfung (BAM), Berlin,

- Gesellschaft für die Kernenergieverwertung in Schiffbau und Schifffahrt (GKSS), Geesthacht,
- Institut für Eisenhüttenkunde der RWTH Aachen (IEHK),
- Kernforschungsanstalt (KFA), Jülich,
- Kernforschungszentrum Karlsruhe (KFK), jetzt Forschungszentrum Karlsruhe (FZK).

Hinzu kamen die Forschungslabors der Industrie.

Der BMFT förderte deshalb in großem Umfang auch Projekte außerhalb der MPA Stuttgart, die vielfach thematisch sehr ähnlich angelegt waren wie die MPA-Arbeiten.[365, 366] Diese Forschungen gaben dem Vorhaben FKS Impulse und Bestätigung. Die zentrale Stelle für die Diskussion der Forschungsanträge und -ergebnisse war der Sachverständigenkreis „Werkstoffe und Festigkeit".

In den Jahren 1977–1981 vergab die MPA Stuttgart Unteraufträge an über 40 deutsche Forschungsinstitute und Industrielaboratorien sowie an einige ausländische Stellen, wie beispielsweise Babcock & Wilcox in den USA oder die Japan Steel Works in Muroran/Japan. Bei Beendigung des FKS 1997 hatte das Fördervolumen ohne die parallel laufenden Forschungsprogramme ca. 200 Mio. DM erreicht.

10.5.3 Die Stellung der MPA Stuttgart

Ein Großteil der FKS-Untersuchungen wurde in der MPA Stuttgart vorgenommen. Dazu gehörten beispielsweise die metallographischen und metallkundlichen Untersuchungen, die WEZ (Wärmeeinflusszone) -Simulation, statisch und dynamisch zu prüfende Zugproben, CT (Compact Tension)- und Biegeproben und die Untersuchungen an zylindrischen Behältern. Die MPA hatte einen wesentlichen Anteil an der Konzeption und Durchsetzung des FKS. Ihr wurde laut Rahmenvereinbarung zwischen BMFT und In-

---

[364] AMPA Ku 90, Rahmenvereinbarung, § 9.

[365] vgl. AMPA Ku 88, IRS (Forschungsbetreuung): Zuordnung beantragter und laufender Forschungsvorhaben zum Forschungsprogramm Reaktordruckbehälter, Köln, 13.11.1974

[366] vgl. AMPA Ku 90, Ergebnisprotokoll 11. Sitzung SK W + F, 17.2.1976.

dustriekonsortium die Verantwortung für die fachliche, wirtschaftliche und organisatorische Durchführung des FKS übertragen.[367] Wie war die MPA Stuttgart für diese bedeutende Aufgabe qualifiziert?

Der vorzügliche Ruf der 1884 an der Universität Stuttgart errichteten Staatlichen Materialprüfungsanstalt wurde von ihren hochangesehenen Vorständen und Direktoren begründet, die zugleich Ordinarien für Materialprüfung, Werkstoffkunde und Festigkeitslehre waren. Zu nennen ist an erster Stelle der Gründer der MPA Stuttgart und Mitbegründer der Festigkeitslehre Carl von Bach (1847–1931). Dieser Pionier der Technikwissenschaft prägte die Entwicklung der Materialprüfung, Festigkeitsberechnung und Maschinenkonstruktion in Deutschland.[368] Das hohe Ansehen Bachs und seiner Materialprüfungsanstalt fand seinen Niederschlag in der Verfügung des württembergischen Ministeriums des Innern, dass in Württemberg zur Prüfung des Baustoffs von Dampfkesseln neben den Ingenieuren des Revisionsvereins auch die Ingenieure der MPA der Technischen Hochschule Stuttgart ermächtigt waren.[369] Nach einer Vereinbarung der verbündeten Regierungen, betreffend Bestimmungen über die Genehmigung, Untersuchung und Revision der Dampfkessel vom 17.12.1908, wurden die von württembergischen Sachverständigen ausgestellten Bescheinigungen in allen Bundesstaaten anerkannt.[370] Eine strafbewehrte Vorschrift des § 24 der Gewerbeordnung für das Deutsche Reich machte die Inbetriebnahme von Kesseln von diesen Bescheinigungen abhängig. Dies war auch die Rechtsgrundlage für die Errichtung einer Außenstelle der MPA Stuttgart in Essen, im Hause des TÜV, anfangs der 20er Jahre, die nach dem 2. Weltkrieg nach Düsseldorf verlegt wurde.

Auf Bach folgten hervorragende Ingenieure und Wissenschaftler wie Richard Baumann, Otto Graf, Erich Siebel und Karl Wellinger.[371, 372]

Während der Abwicklung des Forschungsprogramms Komponentensicherheit (FKS) war Karl Kußmaul von 1976 bis 1998 Direktor der MPA und ordentlicher Professor. Dieser Aufgabe war eine 10-jährige Tätigkeit als Abnahmeingenieur und Projektleiter im Außenbüro Düsseldorf der MPA Stuttgart in den westdeutschen Zentren der stahlherstellenden und -verarbeitenden Industrie vorausgegangen. Er stand mit seinen aus dem neuesten Entwicklungsstand der Technik abgeleiteten, international beachteten Forschungen und kompromisslos sicherheitsorientierten Beiträgen in RSK und Fachverbänden ganz in der Tradition Carl von Bachs und seiner Lehrer Siebel und Wellinger. Ihm folgte sein Schüler Eberhard Roos nach, der von 1976 bis 1989, zuletzt als Leiter der Abteilung Komponentensicherheit und verantwortlicher Projektleiter des FKS, in der MPA Stuttgart tätig gewesen war. Noch während seiner letzten Industrietätigkeit hatte Roos seine Habilitationsschrift[373] vorgelegt, die das gesamte im FKS untersuchte Spektrum der Werkstoff- und Bruchmechanik bis hin zur Risswiderstandskurve und deren experimentelle Verifikation umfasste. Mit seinem Beitrag zur Quantifizierung und werkstoffmechanischen Bewertung der Sicherheitsanalyse schuf er erstmals eine anerkannte Anweisung zu einem deterministischen, statisch und dynamisch angelegten Gesamtkonzept.[374]

Die MPA Stuttgart beschäftigte im Jahr 1993 mit einer Drittmittel-Finanzierung von rund 87 %

---

[367] AMPA Ku 90, Rahmenvereinbarung vom 7.9.1977, § 9, Aufgaben der MPA.

[368] vgl. Naumann, Friedrich (Hrsg.): Carl Julius von Bach (1847–1931), Verlag Konrad Wittwer, Stuttgart, 1998, S. 98–102, S. 141–148.

[369] Verfügung des Ministeriums des Innern über die Dampfkessel vom 27. Juli 1911, Regierungsblatt für das Königreich Württemberg, Stuttgart, 12.8.1911, Nr. 19, § 39, Abs. II, S. 270.

[370] ebenda, § 39 Abs. I und Anlage A, S. 299.

[371] Zur Geschichte der MPA Stuttgart siehe: Blind, Dieter: Geschichte der Staatlichen Materialprüfungsanstalt an der Universität Stuttgart, Stuttgart, 1971.

[372] Blind, Dieter und Werner, Gerhard: 100 Jahre Materialprüfung in Stuttgart, „Wechselwirkungen", Jahrbuch 1984 der Universität Stuttgart, S. 65–75.

[373] Roos, Eberhard: Grundlagen und notwendige Voraussetzungen zur Anwendung der Risswiderstandskurve in der Sicherheitsanalyse angerissener Bauteile, Fortschrittsberichte VDI, Reihe 18, Nr. 122, Düsseldorf, 1993.

[374] Roos, Eberhard, Demler, Thomas, Eisele, Ulrich und Gillot, Rainer: Fracture mechanics safety assessment based on mechanics of materials, steel research 61, No. 4, 1990, S. 172–180.

272 Mitarbeiter, die in 10 Abteilungen sowie in Fachgruppen, die den Hauptarbeitsgebieten entsprachen, tätig waren. Die universitäre Lehre wurde als ständige wichtige Aufgabe gleichzeitig wahrgenommen, woran sich zahlreiche Wissenschaftler in der MPA beteiligten. Der Lehrstuhl war gleichsam ein bedeutendes Element der MPA. Der Wissenschaftsrat traf einmal die Feststellung: *„Der Direktor der Materialprüfungsanstalt Stuttgart ist in Personalunion Lehrstuhlinhaber an der Universität Stuttgart und vertritt dort das Fach Materialprüfung, Werkstoffkunde und Festigkeitslehre. … Die Staatliche Materialprüfungsanstalt ist ein anwendungsorientiert arbeitendes Institut der Universität Stuttgart, das in großer Breite Forschung und Entwicklung im Bereich der ingenieurwissenschaftlichen Materialforschung betreibt. Es ist in seiner Ausrichtung und seiner Einbindung in die Universität einmalig in der Bundesrepublik.“*[375] Anhang 3 gibt einen Überblick aus den 80er Jahren über die traditionellen Arbeitsgebiete der MPA Stuttgart und die neu hinzugekommen, wie Wasserstofftechnologie und Kernkraftwerke. Vor diesem Hintergrund war es der MPA Stuttgart möglich, den universitären Anforderungen in besonders hohem Maße gerecht zu werden. Am Lehrstuhl für Materialprüfung, Werkstoffkunde und Festigkeitslehre wurden elf Vorlesungen angeboten, ergänzt durch ein Werkstoffpraktikum. Den Studenten standen zwei Ausbildungsschwerpunkte „Festigkeitslehre und Materialprüfung" sowie „Werkstoffwissenschaften" zur Wahl, die neben den Professoren von wissenschaftlich qualifizierten MPA-Mitarbeitern als Lehrbeauftragte der Universität vertreten wurden. Die Vorlesung Kunststoffkunde konnte dabei am Lehrstuhl für Kunststofftechnik belegt werden. Die Großforschungsvorhaben erweiterten und vertieften nicht nur die MPA-Arbeitsgebiete, sie lieferten auch das Rüstzeug für ein erstmals eingeführtes geschlossenes System des Werkstoff- und Soft-

ware-Engineerings, das seinerzeit große Beachtung fand.[376]

Seit Carl von Bach war es geradezu selbstverständlich, dass die Direktoren der MPA Stuttgart an prominenter Stelle in technisch-wissenschaftlichen Vereinen, Gesellschaften und Fachverbänden mitarbeiteten sowie als Gutachter gesucht waren. Die sachliche Bearbeitung der kerntechnischen Aufgaben, der weltoffene, respektvolle und freundschaftliche Umgang der MPA mit Kollegen und Fachleuten aus Industrie und Administration verschaffte dieser Einrichtung wachsendes Ansehen.

Mit 12 europäischen, 4 nordamerikanischen und 8 asiatischen Hochschulen und Universitäten bestanden unter Kußmaul Kooperationsvereinbarungen und Austauschpartnerschaften. Darunter befanden sich die École Nationale Supérieure des Mines in Paris, die George Washington University of Washington, D.C. und das Research Center for Advanced Science and Technology der Universität Tokio in Japan. Mit dem Commissariat à l'Énergie Atomique (CEA) schloss die MPA Stuttgart am 13.7.1994[377] und mit dem Research Center for Advanced Science and Technology der Universität Tokio am 24.7.1997[378] je einen Zusammenarbeitsvertrag für gemeinsame Forschungen auf den Gebieten Komponentensicherheit, zerstörungsfreie Prüfverfahren und Berechnungsverfahren. Zu einer Reihe von bedeutenden Forschungseinrichtungen entwickelten sich dauerhafte Kooperationen, wie beispielsweise zum Oak Ridge National Laboratory (ONRL) und dem Naval Research Laboratory (NRL) in den USA oder dem Institute of Strength Physics and Materials Science (ISPMS) der russischen Akademie der Wissenschaften. In der ersten Hälfte der 90er Jahre haben in der MPA Stuttgart mehr als 50 Gastwissenschaftler aus elf Ländern, teilweise über mehrere Jahre hinweg, gearbeitet. Die enge Verbindung der MPA Stuttgart mit der inter-

---

[375] Wissenschaftsrat: Stellungnahme zur außeruniversitären Materialwissenschaft, 1996, (Hg.): Wissenschaftsrat, Köln, ISBN 3-923203-62-4, S. 242–246.

[376] vgl. Kußmaul, K. F.: Das Bachsche Erbe, In: Naumann, Friedrich (Hg.): Carl Julius von Bach (1847–1931), Verlag Konrad Wittwer, Stuttgart, 1998, S. 95–153.

[377] AMPA Ku 105, Zusammenarbeitsvertrag, Fassung vom 22.4.1994.

[378] AMPA Ku 105, Agreement on Academic Exchange and Cooperation, 24.7.1997.

nationalen Fachwelt fand auch ihren Ausdruck in der Mitarbeit an der im Amsterdamer Elsevier Verlag erscheinenden Zeitschrift „Nuclear Engineering and Design" (NED), deren Editor und Principal Editor Karl Kußmaul von 1981 bis 2001 war. Kußmaul war ebenfalls Mitherausgeber der ASME-Zeitschrift „Journal of Pressure Vessel Technology" (1987–1993). NED war als Sprachrohr der International Association of Structural Mechanics in Reactor Technology (IASMiRT) gegründet worden, die alle zwei Jahre die internationale Konferenz „Structural Mechanics in Reactor Technology" (SMiRT) bis zum heutigen Tage durchführt. Kußmaul erweiterte den NED-Publikationsrahmen auf andere bedeutende Zusammenkünfte, wie etwa das von der USNRC jährlich veranstaltete Water Reactor Safety Information Meeting (WRSIM). Über das HSST-Programm der USNRC wurde regelmäßig berichtet.

Die Bundesregierung benannte den MPA-Direktor Kußmaul im Rahmen der bilateralen Abkommen über Zusammenarbeit auf dem Gebiet der Reaktorsicherheit, insbesondere der Komponentensicherheit, zur Kontaktperson gegenüber den USA (Nuclear Regulatory Commission – NRC und Electric Power Research Institute – EPRI 1974), Japan (1976), Frankreich (1980), Brasilien (1980), China (1984), DDR (1987–1990) und UdSSR/Russland (1987). Kußmaul war Mitglied und Vorsitzender (1977–1979) von CSNI (Committee on the Safety of Nuclear Installations) der OECD Nuclear Energy Agency. Die Europäische Kommission berief ihn 1996 in die „Senior Advisory Group for all the European Networks on Structural Integrity Matters of the European Commission".[379]

Auch die deutsch-britische Kooperation war von großem gegenseitigem Respekt und hilfsbereiter Kollegialität geprägt. Die freundschaftlichen Beziehungen fanden u. a. dadurch ihren Ausdruck, dass die britische Aufsichtsbehörde über kerntechnische Einrichtungen HMNII (Her Majesty's Nuclear Installation Inspectorate) 1982 in der MPA Stuttgart ein wissenschaftliches

Seminar abhielt.[380] Haushaltsrechtliche Probleme auf britischer Seite ließen jedoch gemeinsame Forschungsprojekte nicht zu.

Im März 1983 hielt die Internationale Atomenergie Organisation (IAEA), Wien, in Stuttgart ein mehrtägiges internationales Symposium über die „Zuverlässigkeit der Druckführenden Reaktorkomponenten" ab, das die MPA Stuttgart mit Kußmaul als Co-ordinating Chairman ausrichtete.[381] Im Mai 1988 fand dort wiederum unter Kußmauls Leitung ein IAEA-Treffen zur Frage der Übertragbarkeit von bruchmechanischen Kennwerten auf geschweißte, dickwandige Bauteile unter mehrachsiger Belastung statt, nachdem erkannt worden war, dass die Prüfung realer Bauteile oder zumindest die Verwendung repräsentativer Probekörper unumgänglich war.[382] Mit der mehrachsigen Beanspruchung bei schwingender Belastung befasste sich die „Dritte internationale Konferenz über zwei-/mehrachsige Schwingbeanspruchung" der European Structural Integrity Society (ESIS), die 1989 ebenfalls an der MPA Stuttgart unter Kußmaul als General and Scientific Chairman abgehalten wurde.[383] Als die Strahlenversprödung von Reaktordruckbehältern russischer Bauart Sorgen bereitete, bestellte die IAEA Kußmaul 1997 zum Vorsitzenden (Chairman) des „Workshops on Kozloduy Unit 1 Pressure Vessel Integrity" in Sofia, Bulgarien.[384]

Zu den MPA-Seminaren und -Ingenieurskolloquien kamen und kommen jährlich bis zu meh-

---

[379] AMPA Ku 105, siehe Bestellungsschreiben.

[380] Health & Safety Executive, London: Seminar sponsered by HMNII at MPA Stuttgart, 18.10.1982.

[381] Reliability of Reactor Pressure Components, Proceedings of an International Symposium of Reliability of Reactor Pressure Components, organized by the International Atomic Energy Agency, held in Stuttgart, 21–25 March 1983, IAEA, Wien, November 1983.

[382] Kussmaul, K. F. (Hg.): Fracture Mechanics Verification by Large-Scale Testing, EGF/ESIS Publication 8, Mechanical Engineering Publication Ltd., London, 1991, S. 448.

[383] Kussmaul, K. F., McDiarmid, D. L. und Socie, D. F. (Hrsg.): Fatigue under Biaxial and Multiaxial Loading, ESIS Publication 10, Mechanical Engineering Publication Ltd., London, 1991, S. 480.

[384] Kussmaul, K. (Hg.): IAEA Workshop on Kozloduy Unit 1 Pressure Vessel Integrity, Sofia, Bulgaria, 21–23 May 1997, Nuclear Engineering and Design, Topical Issue, Vol. 191, No. 3, 1999, S. 285–373.

reren hundert Teilnehmer. Besonders erwähnenswert sind die Veranstaltungen, die während der FKS-Abwicklung durchgeführt wurden: der jährliche Workshop „Computational Mechanics of Materials", das Deutsch-russische Seminar (jährlich), das Deutsch-französische Seminar (alle 2 Jahre) und das Deutsch-japanische Seminar (alle 3 Jahre). Die MPA-Seminare wurden zum internationalen Treffpunkt der „wissenschaftlichen Gemeinde" (scientific community) aus Fachleuten für Werkstoffkunde, Festigkeitsberechnung und Reaktorsicherheit. Hier fand ein reger Austausch von Erfahrungen und Überlegungen zur Weiterentwicklung der Sicherheitstechnik statt.

Während der Durchführung des FKS nahm die MPA Stuttgart einen starken Aufschwung. Ihre Belegschaft verdoppelte sich gegen Ende der 70er Jahre auf rund 300 wissenschaftliche und technische Mitarbeiter.[385] Neue Werkhallen und Laboratorien wurden in den Jahren 1978–1997 zugebaut. Die Prüfeinrichtungen wurden ab Mitte der 70er Jahre in einer beispiellosen Weise erweitert, um das gesamte Spektrum werkstoffkundlicher Untersuchungen von der Atomistik bis zu Großkomponenten abdecken zu können. Dazu gehörte im Rahmen der Forschungsvorhaben im Bereich der Komponentensicherheit die Beschaffung u. a. folgender Neuentwicklungen:

- Raster-Transmissions-Elektronenmikroskop zur Untersuchung der Ausscheidungsmechanismen und Ausscheidungen im Korn und an den Korngrenzen von Reaktorbaustählen und deren Schweißverbindungen,
- Auger-Spektrometer zur Untersuchung weniger Atomlagen dicker Oberflächenschichten von Bruchflächen aus Schweißverbindungen,
- (10.000 t)-Zugprüfmaschine zur Untersuchung von Großproben (s. Anhang 10–12),
- pulvergetriebene (1.200 t)-Schnellzerreißmaschine für mechanisch-technologische Untersuchungen an Großproben bei unterschiedlich hohen Beanspruchungsgeschwindigkeiten (s. Anhang 10–12),
- Tieftemperatur-Materialprüfsystem mit Kryostat,

- Zug-Torrsions-Prüfmaschine mit Ofen für 1.600 °C samt Vakuumkammer und integriertem Korrosionsloop,
- Elektronische Hochgeschwindigkeitsbildwandlerkamera (IMACON 790 der Fa. Hadland Photonics, Bildfrequenz bis zu $2 \cdot 10^7$ pro Sekunde),
- Sonderschweißanlage zur Herstellung dickwandiger Schweißverbindungen an Flach- und Rundproben sowie zur Fertigung formgeschweißter Hohlkörper und Entwicklung der Schmalspaltschweißtechnik,
- Einrichtungen zur Schweißsimulation sowie die
- Kopplung der MPA an das Höchstleistungs-Rechenzentrum der Universität Stuttgart, zu dessen Realisierung die MPA erheblich beitrug.

Abbildung 10.37 gibt einen Überblick auf die in der MPA Stuttgart eingesetzten Prüfanlagen und deren Einsatzgebiete.

Im Anhang 10 wird mit einer Reihe von Bildern ein zusammenfassender Überblick über den Aufbau und die Zielrichtungen des FKS gegeben:

- Ziele, Untersuchungsgebiete und Einzelprojekte (Anhang 10–1),
- besondere Einrichtungen (Anhang 10–2),
- untersuchte Werkstoff- und Fehlerzustände im Grundwerkstoff und in den Schweißverbindungen (Anhang 10–3),
- Untersuchungsablauf (Anhang 10–4),
- Optimierung des Werkstoffs (Anhang 10–5),
- metallkundliche Untersuchungsmethoden und zerstörungsfreie Prüfverfahren (Anhang 10–6),
- Simulationsverfahren für Wärmeeinflusszonen (Anhang 10–7),
- Arten von Großzugproben bis 500 mm (Anhang 10–8 und 10–14),
- Proben für dynamische (schlagartige) Prüfungen[386] (Anhang 10–9),
- Proben für Rissstoppversuche (Anhang 10–10),
- verwendete Großbehälter (Anhang 10–11),
- Großproben und Großprüfanlagen, Sondermaschinen (Anhang 10–12A–G).

---

[385] Kußmaul K.: Das Bachsche Erbe, In: Naumann, F. (Hg.): Carl Julius von Bach (1847–1931), Verlag Konrad Wittwer, Stuttgart, 1998, S. 95–137.

[386] vgl. Demler, Thomas: Untersuchungen zum Einfluss der Beanspruchungsgeschwindigkeit auf das Festigkeits- und Zähigkeitsverhalten von Feinkornbaustählen, Diss., Universität Stuttgart, 1990.

PRÜFANLAGEN

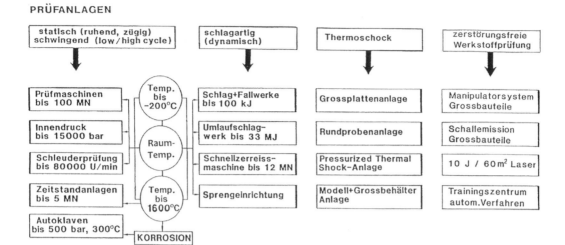

Abb. 10.37 Die Prüfanlagen der MPA Stuttgart und ihre Anwendungsgebiete

- Zähbruchkonzeption zur Übertragung von Kennwerten auf das Bauteil (Anhang 10–13) und
- die Verknüpfung aller Kenngrößen von der Kleinprobe bis hin zum Bauteil (Anhang 10–14).

Die MPA-Forschungs- und Entwicklungsarbeiten zur Beurteilung der für die Sicherheit wichtigen Komponenten des Sekundärkreislaufs sowie der Containments sind parallel zum FKS durchgeführt worden. Ihre Finanzierung erfolgte überwiegend durch die deutsche Kraftwerks- und Stahlindustrie sowie die Europäische Gemeinschaft für Kohle und Stahl. Unter den BMFT-Förderzeichen 1.500 749 und 1.500 825 lief weiterhin ein (Sonder-) Programm zur schlagartigen Beanspruchung von fehlerbehafteten großen Rohren, wobei die neu entwickelte pulvergetriebene Schnellzerreißmaschine erstmals eingesetzt wurde. Damit konnten Vorgänge wie Wasserschlag oder explosionsartige Energieexkursionen simuliert werden.

Die von der MPA Stuttgart erzielten Erkenntnisfortschritte ergaben sich nicht zuletzt aus ihrer Nähe zur industriellen Praxis. Der im württembergischen Staatsanzeiger 1884 bekannt gemachte Gründungsauftrag lautete: „Die Materialprüfungsanstalt ist bestimmt, den Interessen der Industrie, wie auch denjenigen des Unter-

richts zu dienen."[387] Für Carl von Bach stellte sich die Frage nach einem Konflikt zwischen den industriellen Interessen der Gewinnerzielung und der Unabhängigkeit seiner wissenschaftlichen Arbeit nicht, im Gegenteil: Für ihn waren die Erkenntnisse aus der industriellen Praxis eine entscheidende Grundlage für die wissenschaftliche Entwicklung der Werkstofflehre und des Maschinenwesens. War der Markterfolg der Maschinenbau-Unternehmen nicht zuerst davon abhängig, dass ausgelieferte Kessel nicht explodierten und Maschinen-Konstruktionen nicht versagten? Carl von Bach sah vielmehr einen anderen Widerspruch: Für ihn hatte der landläufige Spruch vom Gegensatz zwischen Theorie und Praxis keinerlei Berechtigung. Mit einer Theorie, die nur unvollkommen die Wirklichkeit zu erklären und abzubilden in der Lage war, gab er sich nicht zufrieden. Er machte die Elastizitätslehre zu einer Erfahrungswissenschaft, die weit über den mathematischen Ansatz des Hookeschen Gesetzes hinausging.[388] Er folgte seinem Grundsatz: „Nur dann ist ein für die Praxis brauchbares Ergebnis zu erwarten, wenn die Versuche weitestgehend

[387] Staats-Anzeiger für Württemberg, No. 44, 21.2.1884, S. 289: Bekanntmachung, betreffend die Einrichtung einer Materialprüfungsanstalt am Polytechnikum Stuttgart.

[388] Bach, C.: Mein Lebensweg und meine Tätigkeit, Verlag Julius Springer, Berlin, 1926, S. 29–32.

nach Maßgabe der in Wirklichkeit herrschenden Verhältnisse durchgeführt werden und die Forschung in engster Fühlung mit der ausführenden Technik bleibt.“[389]

Gleichwohl befand sich jede industrielle Auftragsforschung in einem gewissen Spannungsfeld zwischen den konkreten, vordringlichen Markterfordernissen der im Wettbewerb stehenden Unternehmen und den Anforderungen methodisch-systematischer Forschungs- und Erkenntnisarbeit der Wissenschaft. Die Zusammenarbeit konnte konfliktträchtig werden, wenn die Vorstellungen über den notwendigen Umfang sicherheitstechnischer Vorkehrungen auseinander gingen. Die praktische Vereinbarkeit divergierender Interessen gelang stets, wenn auf beiden Seiten, der Industrie und der Wissenschaft, starke Persönlichkeiten Verantwortung trugen, die von ihrem Berufsethos geleitet wurden.

Im Vorfeld und während der Durchführung des FKS kam es immer wieder zu Meinungsverschiedenheiten zwischen Industrie und MPA Stuttgart über das Ausmaß der erforderlichen Untersuchungen und Prüfungen. Ein Gegengewicht zu vordergründigen Unternehmensinteressen waren auch die Industrieverbände, in deren Ausschüssen stets die Wissenschaft vertreten war. Für ihr ausgleichendes, die Wissenschaft förderndes Wirken sind insbesondere die Industrieverbände Verein Deutscher Eisenhüttenleute (VDEh, gegründet 1860), Deutscher Verband für Schweißtechnik (DVS 1897), Technische Vereinigung der Großkraftwerksbetreiber (VGB 1920), Deutsche Gesellschaft für Chemisches Apparatewesen (DECHEMA 1926) und Deutsche Gesellschaft für Zerstörungsfreie Prüfung (DGZfP 1933) zu nennen.[390]

Das Forschungsvorhaben Komponentensicherheit (FKS) sollte das Wissen über die Druckbehältertechnologie systematisch und umfassend erweitern und eine breite, belastbare Grundlage für staatliche Genehmigungsentscheidungen hinsichtlich der gesamten „Druckführenden Um-

schließung“ des Reaktorkühlkreislaufs (Primärkreislauf) schaffen. Auch sollte die praxisnahe Forschung nicht der Industrie allein überlassen werden.[391] Da das FKS auch Interessen der Industrie abdecken werde, solle deren finanzielle Beteiligung eingefordert werden. Das Bundesministerium für Forschung und Technologie (BMFT) suchte für die Leitung des Gesamtprogramms eine Stelle, deren fachliche Qualifikation und Unabhängigkeit national und international außer Zweifel standen und die personellen und organisatorischen Voraussetzungen dazu erbringen konnte. Es wurde geprüft, ob das Programm an ein Ingenieursbüro vergeben werden könnte.[392]

Die Erfahrungen des BMFT mit der MPA Stuttgart bei der Konzeption und Durchführung von Forschungsprogrammen in den 60er und frühen 70er Jahren brachten dieses international anerkannte Institut der Universität Stuttgart in die engere Wahl. Die Gesellschaft für Unternehmensberatung FRASER in Essen wurde eingeschaltet, um in Zusammenarbeit mit der MPA Stuttgart ein umfängliches Organisationshandbuch zur Projektabwicklung zu erstellen.[393] Im März 1974 wurde im BMFT entschieden, „der MPA eine Schlüsselrolle bei der Durchführung des Gesamtprogramms zuzuweisen.“[394] Die Person Kußmaul, so war die Erwartung des BMFT, sollte eine Schlüsselstellung im Forschungsprogramm erhalten.[395] Dem stand jedoch entgegen, dass Kußmaul noch nicht als Ordinarius und MPA-Direktor in Stuttgart berufen war, aber bereits einen Ruf auf den Lehrstuhl für „Mechanische Technologie I und Baustoffe“ der Techni-

---

[389] zitiert nach: Wellinger, K. und Kußmaul, K.: 50 Jahre Werkstofftechnologie im Kraftwerksbau und -betrieb, Mitteilungen der VGB, Jg. 50, H. 5, Oktober 1970, S. 356

[390] Persönliche Mitteilung von Prof. Dr. Karl Kußmaul.

[391] AMPA Ku 105, Protokoll zur Besprechung beim Kultusministerium Baden-Württemberg am 17.9.1974 zum Thema Forschungsprojekt Reaktordruckbehälter – Einbindung der MPA Stuttgart, S. 2 f.

[392] ebenda, S. 6.

[393] AMPA Ku 178, FRASER, FKS Forschungsvorhaben Komponentensicherheit. Organisations-Handbuch zur Projektabwicklung, Stand 31.12.1978.

[394] AMPA Ku 105, BMFT-Schreiben vom 18.3.1974 an den Direktor der MPA Stuttgart, Prof. Dr. Karl Wellinger.

[395] AMPA Ku 105, Protokoll zur Besprechung beim Kultusministerium Baden-Württemberg am 17.9.1974 zum Thema Forschungsprojekt Reaktordruckbehälter – Einbindung der MPA Stuttgart, S. 2.

schen Hochschule Wien erhalten hatte, was das Bundesinnenministerium zu einer besorgten Anfrage veranlasste.[396] 1976 waren dann alle Voraussetzungen für den Beginn des FKS erfüllt.

Zu beachten war, dass für die MPA die Grundordnung und das Hochschulgesetz des Landes Baden-Württemberg galten. Auch bei Übernahme des FKS musste gewährleistet bleiben, dass die Arbeiten in der MPA für wissenschaftliche Forschung und Lehre förderlich sind. Das Forschungsprogramm durfte nichts mit gutachterlicher Tätigkeit zu tun haben, vor allem auch wegen der Haftungsfragen.[397]

10.5.4   Durchführung und Ergebnisse des FKS Phase I und II

Das Forschungsvorhaben Komponentensicherheit (FKS) wurde in zwei Phasen durchgeführt. Phase I (BMFT FV RS 304 bzw. 150 304A) erstreckte sich von Ende 1977 bis Ende 1983. Ihr schloss sich das Forschungsvorhaben FKS II (Phase II, BMFT FV 1.500 304B) an, das im Juni 1997 abgeschlossen wurde. Die übergeordneten Zielsetzungen waren unverändert geblieben:

- Quantifizierung des Sicherheitsabstands unter Berücksichtigung qualitätsmindernder Faktoren und Anwendung einer weiterentwickelten Sicherheitskonzeption,
- Erhöhung des Sicherheitsabstands durch Optimierung der Technologie in Herstellung und Betrieb mit dem Endziel der uneingeschränkten Sicherheit gegen katastrophales Versagen.[398]

Das Anschlussvorhaben FKS Phase II unterlag den zeitlichen und finanziellen Begrenzungen, die in Konsortialvertrag und Rahmenvereinba-

rung von der Wirtschaft und der Bundesregierung festgelegt worden waren. Das FKS-Gesamtziel war im Jahr 1983 im Wesentlichen erreicht worden, was auch den in das FKS eingeflossenen Forschungsergebnissen aus anderen in- und ausländischen Forschungsprojekten zu verdanken war (vgl. Kap. 10.5.5). Gleichwohl hatten besondere FKS-Einzelvorhaben nicht abschließend untersucht werden können.[399]

Da Bestrahlungsexperimente sehr zeitaufwändig sind, konnten im Rahmen der Phase I nur wenige Ergebnisse gewonnen werden. In den Jahren 1988–1997 konzentrierte sich das FKS Phase II ausschließlich auf die Einflüsse der Bestrahlung. Dieses FKS-Bestrahlungsprogramm wird in Kap. 10.5.10 abgehandelt.

Die Phase I des FKS war auf die Untersuchung der Belastbarkeit von Komponenten ausgerichtet, deren Werkstoffe, Fehlerzustände und Eigenspannungsbelastungen gerade noch denkbar realistische untere Grenzzustände kennzeichneten. Die Beschaffung der für dieses „Lower-Bound-Konzept" erforderlichen Versuchswerkstoffe gestaltete sich schwierig. Es bedurfte intensiver Überzeugungsarbeit, die Grundgedanken des FKS der betroffenen Industrie zu vermitteln und sie zu bewegen, Ausschussteile zur Verfügung zu stellen und minderwertige Produkte eigens herzustellen.[400] Ein Teil des verworfenen Mantelschusses von Biblis A im Gewicht von 45 t und die Hälfte des zurückgewiesenen Deckelflanschrings Unterweser (170 t) (s. Kap. 9.1.4) wurden als die ersten Untersuchungsobjekte KS 01 und KS 02 in das FKS eingebracht. Die Kooperationsbereitschaft der Klöckner-Werke Osnabrück trug wesentlich dazu bei, dass bis zum Herbst 1978 die Werkstoffbeschaffung mit wenigen Ausnahmen zum Abschluss kommen konnte.[401] Die FKS-Schmelzen bestanden, von wenigen Modellwerkstoffen abgesehen, aus den Reaktorbaustählen 22 NiMoCr 3 7 und 20

---

[396] AMPA Ku 105, Schreiben BMI UA II 2 – 510 321 – SR 10, MDgt. W. Sahl an Prof. Karl Wellinger, 24. April 1974.

[397] AMPA Ku 105, Protokoll zur Besprechung beim Kultusministerium Baden-Württemberg am 17.9.1974 zum Thema Forschungsprojekt Reaktordruckbehälter – Einbindung der MPA Stuttgart, S. 3, 5 und 6.

[398] vgl. GRS-Fortschrittsberichte GRS-F-55 (April 1978), S. 360 und GRS-F-141 (Mai 1985), FV 150 304B, S. 1.

[399] MPA Stuttgart: Forschungsvorhaben Komponentensicherheit, Fortschreibung Phase II, FKS-II Grobspezifikation, Stuttgart, November 1983, S. 2–8.

[400] Kußmaul, K.: Aufgaben, Ziele und erste Ergebnisse …, a. a. O., S. 438.

[401] AMPA Ku 92, 19. Sitzung SK W + F, 13.10.1978, Bericht 1978.

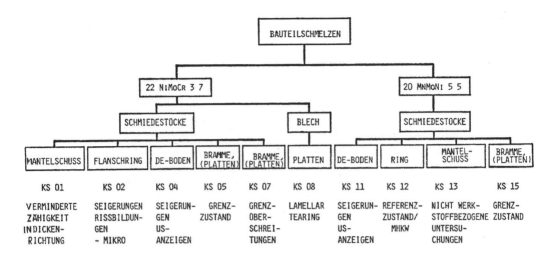

Abb. 10.38 Bauteilschmelzen im FKS, Herbst 1978

MnMoNi 5 5 und umfassten Bauteilschmelzen aus vorhandenen und neu erschmolzenen Werkstoffen sowie Sonderschmelzen mit gezielten chemischen Analysen. In Abb. 10.38 sind die im Herbst 1978 vorhandenen Versuchswerkstoffe zusammengestellt.[402] KS 11 (Dampferzeugerboden, 70 t) kam aus den Stahl- und Röhrenwerken Reisholz (SRR), KS 13 (Mantelschuss, 50 t) aus den Japan Steel Works, Muroran, alle anderen Schmelzen stammten von Klöckner.[403] Insgesamt stand Versuchsmaterial im Gesamtgewicht von ca. 1.200 t zur Verfügung. Abbildung 10.39 zeigt für die Versuchsschmelzen das Spektrum ihrer Fehlerhaftigkeit und Zähigkeitsminderung.[404] Die größeren Bauteile, wie beispielsweise der halbe Flanschring Unterweser, wurden in eine Vielzahl von Proben für die Basisuntersuchung des Grundwerkstoffs, das Umschmieden und mechanische Bearbeiten, das Schweißen von Festigkeitsnähten sowie die Bestrahlungs- und Korrosionsversuche zerlegt.[405] Die Kerbschlagarbeit-Temperatur-Kurven der FKS-Schmelzen, die Anfang 1980 vorlagen,

zeigten das abgedeckte breite Werkstoffspektrum (Abb. 10.40).[406] Im Zuge der Untersuchungen wurden in den Jahren bis 1982 weitere Bauteilschmelzen beschafft, um das Werkstoffspektrum zu ergänzen:[407]

KS 16:   16 Sonderschmelzen zu je 5 t Gewicht mit Variation der chemischen Zusammensetzung der Werkstoffe 22 NiMoCr 3 7 und 20 MnMoNi 5 5 im Hinblick auf Relaxations- und Heißrissempfindlichkeit (Klöckner, Osnabrück),

KS 17:   Mantelschussüberlänge, 11 t Gewicht, mit optimierter chemischer Zusammensetzung (20 MnMoNi 5 5, über 200 J in der Hochlage, Japan Steel Works),

KS 18:   7 Stück je 2 t Gewicht Überlängen bzw. Stutzenausbrände aus Reaktorkomponenten amerikanischer Fertigung, Werkstoffe A 508 Cl. 2 und A 533 Grade B, ausgewählt nach der Anzahl der grenzüberschreitenden Elemente hinsichtlich Relaxationsrissempfindlichkeit (USA),

---

[402] ebenda, Beilage 5/1.

[403] MPA Stuttgart: FKS Fortschreibung Phase II, Grobspezifikation, November 1983, Anhang Blatt 1 und 2.

[404] AMPA Ku 94, 23. Sitzung SK W + F, 27.3.1980, Vorlage.

[405] AMPA Ku 92, 19. Sitzung SK W + F, 13.10.1978, Anhang 6: Untersuchungsübersicht KS 02, Beilage 5/3.

[406] AMPA Ku 94, 23. Sitzung SK W + F, 27.3.1980, Beilage 1.2.

[407] Sinz, R. et al., MPA Stuttgart: FKS RS 304 A, Abschlussbericht A, Werkstoffe und Schweißverbindungen, Dezember 1983, S. 11 und Abb. 3.4.

Abb. 10.39 Zähigkeits-
und Fehlerzustände der
FKS-Versuchsschmelzen,
schematisch

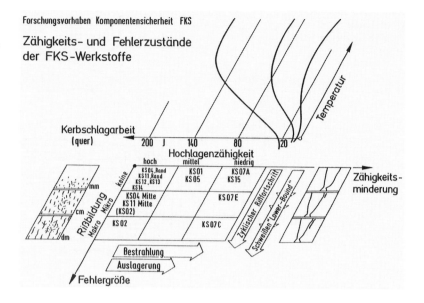

KS 20:   Trägerbehälter für geschwächte Einschweißteile (Einzelrisse und Rissfel-
der),   Innendruckschwellversuche,
Werkstoff 13 MnNiMoNb 5 4 (Klöckner, Osnabrück),

Ks 21:   RDB-Modell aus 14 MnNiMo 6 5
(WSB 70), durch Auslagerung bei
375 °C Zähigkeitsminderung im
Grundwerkstoff und vor allem in der
WEZ (Klöckner, Osnabrück),

KS 22:   Behälterteile aus 17 MoV 8 4, durch
entsprechende Wärmebehandlung ist
isotrope Versprödung (Simulation der
Strahlenversprödung) möglich (Klöckner, Osnabrück).

An erster Stelle interessierten im Hinblick auf die
Sicherheit der Druckführenden Umschließung
„Lower-bound-Sonderschmelzen" am unteren
Ende des Werkstoffspektrums sowohl bei statischer, als auch bei schlagartiger Beanspruchung.
Mit Reaktorbaustählen auf der Grundlage der
Werkstoffe 22 NiMoCr 3 7 und 20 MnMoNi 5 5
konnte die Zähigkeit in der Hochlage nicht so
weit abgesenkt werden, dass damit die Bruchvorgänge (Risseinleitung und Rissstoppvorgänge
bei statischer Beanspruchung) auch unter Berücksichtigung extrem ungünstiger metallurgischer Eigenschaften und Bestrahlungseinflüsse
mittels Klein- und Großproben simuliert werden
konnten. Deshalb wurde für solche Experimen-

te auch ein vanadinlegierter Kesselbauwerkstoff
(KS 22) ausgewählt. Aus einem Mantelschuss
des Heißdampfumformers aus dem stillgelegten Heißdampfreaktor (HDR) bei Großwelzheim wurden durch Umschmieden Platten der
Dicke 180 mm für Rissstoppversuche hergestellt
(Abb. 10.41)[408] sowie Hohlzylinder mit 800 mm
äußerem Durchmesser und 200 mm Wanddicke
zur Simulation von Notkühlvorgängen (NKS-
Proben, Abb. 10.42[409]).

Der Einfluss einer schlagartigen Beanspruchung wurde für alle realistischen Werkstoffzustände der RDB-, Containment- und Rohrlei-
tungsstähle an bauteilähnlichen Proben in neu
entwickelten Großprüfanlagen untersucht (s. Anhang 10–12).

Durch eine spezielle Wärmebehandlung wurden im Plattengefüge feinste Carbide ausgeschieden, die zur Erhöhung der Härte und Festigkeit

---

[408] Elenz, T., Gillot, R., Stumpfrock, L. et al., MPA Stuttgart: Experimentelle und numerische Untersuchungen
zum Verhalten eines niedrigzähen Behälterwerkstoffs...,
Forschungsvorhaben BMFT-FKZ 150 0787, Abschlussbericht, Stuttgart, Dezember 1992, S. 71.

[409] Stumpfrock, L., Eisele, U. et al.: Untersuchungen zur
Auswirkung der Plattierung auf das Verhalten von kleinen
Fehlern im Grundwerkstoff bei gekoppelter thermischer
und mechanischer Belastung, Abschlussbericht, RS-For-
schung Vorhaben Nr. 1501065, Berichtsdatum 12/2000,
Berichtsnr. 880 400 000, MPA Universität Stuttgart, S 131.

Abb. 10.40 Kerbschlagarbeit-Temperatur-Kurven
der FKS-Schmelzen (Anfang
1980)

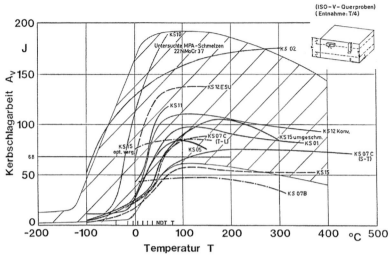

Abb. 10.41 Großplatte vor Einbau in 100 MN-Zugma-
schine, MPA Stuttgart

Abb. 10.42 Rundprobe für Notkühlsimulation. (s. Anhang 10–12)

bei Verringerung der Verformungsfähigkeit führten (Proben NKS 6, S-L, Kerbschlagarbeit in der
Hochlage 30 J).

Damit wurde die Simulation extremer Ver-
sprödungszustände, beispielsweise von bestrahlten kupferhaltigen Schweißnähten, ermöglicht.

Abb. 10.43 zeigt die Bruchfläche einer Großplatte (Breite 1.500 mm, Dicke 180 mm) mit
fünf Rissstopps. Der Bruchvorgang wurde von
einem Schwingriss (links im Abb. 10.43) eingeleitet. Anfang der 90er Jahre war das Werkstoffspektrum im Lower-bound-Bereich abschließend

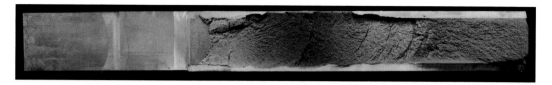

Abb. 10.43 Bruchfläche einer Großplatte mit fünffachem Rissstopp. (Plattendicke 180 mm)

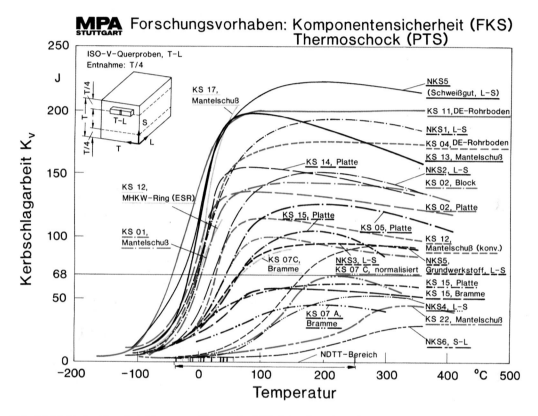

Abb. 10.44 Kerbschlagarbeit-Temperatur-Kurven der FKS-Schmelzen. (Stand 1992)

untersucht worden (Abb. 10.44).[410] Die Sprödbruchübergangstemperaturen erreichten bei diesen Werkstoffen bis +250 °C.

Die Untersuchungen der FKS-Schmelzen waren in drei Aufgabenfelder gegliedert:

1. Erfassung und Interpretation der Fehlerzustände, wozu alle verfügbaren zerstörenden und zerstörungsfreien Prüfverfahren eingesetzt wurden.[411] Die Untersuchungen umfassten die Nachweise der Fehler und die Rekonstruktion ihrer Beschaffenheit im Einzelnen. Die Fehlerauffindbarkeit und damit das Maß der Leistungsfähigkeit der zerstörungsfreien Prüfverfahren ergaben sich aus dem Vergleich der zerstörungsfrei und zerstörend erhaltenen Ergebnisse.

2. Ermittlung der Auswirkungen verminderter Zähigkeit, Rissbildungen in allen auftretenden Formen und Größen sowie der langzeitabhängigen, noch realistisch denkbaren negativen Umgebungseinflüsse auf das Bauteil-

---

[410] AMPA Ku 154, Kußmaul, Karl: Gutachterliche Stellungnahme zur Einhaltung der Basissicherheit Kernkraftwerk Krümmel, Stuttgart, Sept. 2001, Anlage 70.

[411] s. Anhang 12: Zerstörungsfreie Prüfverfahren, in: MPA Stuttgart: FKS RS 304 A, Abschlussbericht B, Prüf- und Versuchstechnik, Oktober 1983, Abb. 2.2.

verhalten. Dazu dienten systematisch variierte Belastungsversuche an Proben unterschiedlicher Größe. Für die mechanisch-technologische und metallografisch/metallkundliche Werkstoffprüfung wurde das ganze Arsenal an leistungsfähigen maschinellen und messtechnischen Einrichtungen der MPA Stuttgart aufgeboten. Falls erforderlich wurde auf die fachkundige Hilfe etwa der Max-Planck-Institute oder der Forschungslaboratorien der Industrie zurückgegriffen. Für Großzugproben stand ab Mai 1979 eine 100-MN-Prüfanlage zur Verfügung. Die dynamischen (schlagartigen) Prüfungen erfolgten in einem Fallwerk (max. 10^5 N m), einem Umlaufschlagwerk (max. 10^7 N m), einer servohydraulischen Maschine (1,5 MN) und einer Explosionszerreißmaschine (12 MN, s. Anhang 10–12). Proben für Rissstoppversuche konnten auf einem Schleuderprüfstand untersucht werden. Zur Versagensanalyse gehörten die richtige Beschreibung der Gefüge- und Fehlerzustände im Mikro- und Makrobereich sowie die Ermittlung der chemischen Zusammensetzung und der Struktur der Werkstoffe. Für diese Gefügeuntersuchungen konnten Verfahren eingesetzt werden, die einen Auflösungsbereich von 10^{-10}–10^{-1} m abdeckten.[412]

3. Die FKS-Versuche sollten von der Theorie der spröd- und zähbruchmechanischen Festigkeitsbetrachtung begleitet werden. Mit Hilfe des Einzelprojekts „Theorie" sollten Versuchskonzeption, -instrumentierung und -auswertung festgelegt und Versuchsergebnisse analysiert werden. Im Einzelnen befasste sich das Projekt Theorie mit:

   – Spannungsanalyse,
   – Bruchmechanischen Konzepten,
   – weiteren Bruchtheorien,
   – Übertragbarkeit und
   – Sicherheitskonzepten.[413]

Der Aufbau des FKS ist in einer Übersicht im Abb. 10.45 dargestellt.[414] Die Abwicklung des FKS Phase I verzögerte sich wegen der anfänglichen Schwierigkeiten bei der Werkstoffbeschaffung und der verspäteten Inbetriebnahme der 100 MN-Zugprüfanlage (s. Anhang 10–12) um ein Jahr und wurde am 31.12.1983 abgeschlossen.[415] Die Forschungsergebnisse im Einzelnen wurden in 21 Technisch-Wissenschaftlichen Berichten der MPA Stuttgart zwischen Oktober 1981 und Mai 1984 publiziert. Für die Projektbereiche

• Werkstoffe und Schweißverbindungen,
• Prüf- und Versuchstechnik,
• Werkstoffmechanische Untersuchungen,
• Langzeitverhalten und
• Zerstörungsfreie Prüfung, Anwendung und Erfahrungen

wurden von der MPA Stuttgart im Herbst 1983 die Abschlussberichte A bis E vorgelegt. Eine zusammenfassende Darstellung und Bewertung der Ergebnisse des FKS erschien als Abschlussbericht F im Dezember1983. Alle diese Berichte waren über die GRS-Forschungsbetreuung öffentlich zugänglich.

Aus den Ergebnissen des FKS Phase I ließ sich für den Reaktorbau das zusammenfassende Fazit ziehen, dass Werkstoffe und Herstellung entscheidend optimiert werden konnten. Im Wesentlichen ging es dabei um die chemische Zusammensetzung des Grundwerkstoffs und des Schweißguts sowie um die Temperaturführung beim Schweißen und Spannungsarmglühen. Im Zuge der Optimierung nahmen die Zähigkeit, Langzeitbewährung und Fehlerauffindbarkeit zu und der Rissbefall verringerte sich (Abb. 10.46).[416] Ohne die unablässigen Bemühungen von Direktor Wilhelm Schoch, Großkraftwerk Mannheim, wäre das FKS in dieser Form nicht zustande gekommen. Schoch war 1971 in Würdigung seiner Arbeiten zur Sicherheit und Verfügbarkeit von Komponenten kon-

---

[412] s. Anhang 13: Metallkundliche Prüfverfahren im FKS, in: MPA Stuttgart: FKS RS 304 A, Abschlussbericht B, Prüf- und Versuchstechnik, Oktober 1983, Abb. 4.1.

[413] MPA Stuttgart: FKS RS 192, Zusammenfassung der Detailspezifikation, Mai 1977, S. 34.

[414] ebenda, S. 45.

[415] GRS-F-132, Fortschrittsbericht 1.7. bis 31.12.1983, Projekt Nr. 150 304 A, S. 1–4.

[416] MPA Stuttgart: FKS RS 304 A, Abschlussbericht A, Werkstoffe und Schweißverbindungen, Dezember 1983, Abb. 2.4.

Abb. 10.45 Der Aufbau des FKS

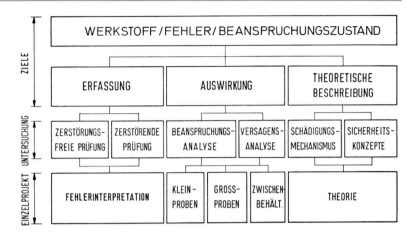

ventioneller Kraftwerke durch werkstoffgerechte Auslegung und Herstellung von der Universität Stuttgart die Ehrendoktorwürde verliehen worden. Im Juni 1985 fand anlässlich seines Ausscheidens aus dem aktiven Dienst in Mannheim das VGB-Ehrenkolloquium „Werkstofftechnik und Betriebserfahrungen" statt. Prof. Karl Kußmaul (MPA Stuttgart) und Prof. Ulrich Rösler mit Werner Debray (Kraftwerk Union AG, Erlangen) berichteten über die erreichten Fortschritte und Meilensteine auf dem Weg der kerntechnischen Entwicklung.[417, 418]

Optimierte Werkstoffe und Herstellungsverfahren ermöglichen eine deterministische Aussage bezüglich des katastrophalen Versagens eines RDB.[419] Für Werkstoffe im unteren Grenzzustand (lower bound) konnte nachgewiesen werden, dass die ertragbare Beanspruchung, die

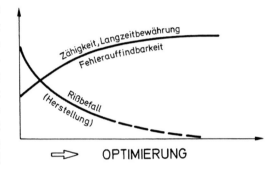

Abb. 10.46 Optimierung von Werkstoff und Herstellung

Nettonennspannung, im kleinsten Querschnitt in Höhe der Streckgrenze liegt.[420]

Die Phase II des FKS (BMFT FV 150 304B) begann am 1.1.1984. Auftragnehmer war wieder die MPA Stuttgart. Projektleiter wurden Eberhard Roos und Jürgen Föhl. Die geplanten Untersuchungen sollten den in Phase I gewonnenen Kenntnisstand absichern, ergänzen und vertiefen. „Mit Abschluss des Vorhabens sollen neben abgesichertem Wissen ein belastbares Instrumentarium zur Verfügung stehen, mit dem die Bewertung der Sicherheit von Reaktorkomponenten auch nach längerer Betriebszeit möglich ist."[421] Schwerpunkte des Programms waren neben den Bestrahlungsversuchen (s. Kap. 10.5.10) metallkundliche und Korrosionsuntersuchungen.

---

417 Kußmaul, K.: Fortschritte und Entwicklung beim Einsatz hochzäher und hochfester Werkstoffe, VGB-Ehrenkolloquium „Werkstofftechnik und Betriebserfahrungen", Mannheim, 19. Juni 1985, Sonderheft, Verlag VGB Technische Vereinigung der Großkraftwerksbetreiber, 1985, S. 7–38.

418 Rösler, U. und Debray, W.: Meilensteine auf dem Weg der kerntechnischen Entwicklung, VGB-Ehrenkolloquium "Werkstofftechnik und Betriebserfahrungen", Mannheim, 19. Juni 1985, Sonderheft, Verlag VGB Technische Vereinigung der Großkraftwerksbetreiber, 1985, S. 7–38

419 MPA Stuttgart: FKS RS 304 A, Abschlussbericht A, Werkstoffe und Schweißverbindungen, Dezember 1983, S. 5.

420 MPA Stuttgart: FKS Fortschreibung Phase II, Grobspezifikation, November 1983, Beilage 1.

421 MPA Stuttgart: FKS Fortschreibung Phase II, Grobspezifikation, November 1983, S. 3.

Die metallkundlichen Untersuchungen an Schweißverbindungen und simulierten Wärmeeinflusszonen erweiterten das Verständnis von den Werkstoffeigenschaften in Abhängigkeit von den Mikrostrukturparametern. Die mechanisch-technologischen Eigenschaften und das Mikrogefüge der FKS-Versuchswerkstoffe wurden über deren gesamte Bandbreite unterschiedlicher Zähigkeiten betrachtet. Der Ablauf der beim Schweißen verursachten Auflösung der an den Korngrenzen vorhandenen Ausscheidungen von Legierungs- und Spurenelementen wurde experimentell erkundet. Die Neubildung und Veränderung dieser Ausscheidungen beim Spannungsarmglühen wurde näher analysiert. Es konnte gezeigt werden, dass ein Zusammenhang zwischen den mechanisch-technologischen Werkstoffkennwerten und gewissen typischen Parametern der Größenverteilung entstehender Sonderkarbide und vorhandener nichtmetallischer Einschlüsse in den Mikrogefügen besteht.

Es konnten qualitative Aussagen zur Abhängigkeit der Festigkeits- und Zähigkeitskennwerte von bestimmten Mikrostrukturparametern gemacht werden. Bei vorgegebenem Reinheitsgrad des Stahls und ähnlichen Herstellungsbedingungen des Halbzeugs ist die erreichbare Zähigkeit durch die Wärmebehandlung bedingt. Wenn umgekehrt die Wärmebehandlung ungefähr gleich ist, so hängt die erreichbare Zähigkeit vom Reinheitsgrad des Werkstoffs ab.[422]

Aus den Großprobenversuchen konnte abgeleitet werden, dass bei hochzähem Werkstoff selbst bei sehr komplexen Spannungszuständen den Brüchen stets plastische Verformungen vorausgehen, die größere Bereiche umfassen. Niedrigspannungsbrüche in Schweißnähten traten auch im Falle von Mikrorissen nie auf, wenn die Werkstoffzähigkeit den Wert der Kerbschlagarbeit von 68 J überschritt.[423]

Die Korrosionsuntersuchungen hatten das Ziel, das Verhalten warmfester Reaktorbaustähle unter gleichzeitiger mechanischer und korrosiver Beanspruchung zu erforschen. Das in Luftatmosphäre bekannte Werkstoffverhalten kann sich im hochreinen, sauerstoffhaltigen Hochtemperaturkühlmittel des Primärkreislaufs erheblich verändern. Im Einzelnen war die Aufgabe, das Anrissverhalten und das Risswachstum unter länger anstehender statischer sowie langsamer zyklischer Belastung zu untersuchen. Von besonderem Interesse war die Frage, welcher Sicherheitsabstand bei Werkstoffen auch geringer Zähigkeit gegenüber den für Luft geltenden Auslegungskurven bestand, die nach dem amerikanischen Regelwerk ASME III und XI empfohlen wurden.

Die theoretischen und experimentellen Arbeiten zeigten, dass korrosionsgestütztes Risswachstum bei niedriglegierten Stählen im sauerstoffhaltigen Hochtemperaturwasser durch ein komplexes Zusammenwirken von Werkstoff, umgebendem Medium und Belastungen herbeigeführt und gesteuert wird. Hinsichtlich der Herstellung und des Betriebs von Reaktorkomponenten konnten die Bedingungen aufgezeigt werden, unter denen ihre langanhaltende Sicherheit gewährleistet ist.

Die Versuche wurden bei hohen Temperaturen (200–290 °C), unterschiedlichen Sauerstoffgehalten (0,4, 2 und 8 ppm), Frequenzen und Dehnungsschwingbreiten von der MPA Stuttgart sowie in Vergleichsexperimenten von der KWU AG durchgeführt. Sie ergaben, dass die ASME-Auslegungskurven überwiegend konservativ waren. Bei zyklischer Belastung wurde nur bei sehr geringen Frequenzen (0,0001 Hz) deutlich frühere Anrissbildung beobachtet. Beim zyklischen Risswachstum in den FKS-Versuchswerkstoffen wurden in der MPA Stuttgart keine Überschreitungen der ASME-Referenzkurve beobachtet. Zur Frage, ob und inwieweit die Belastungsvorgeschichte eines Risses das zyklische Risswachstum beeinflusst, konnten keine Auswirkungen von Lastüberhöhungen festgestellt werden.

An nur wenigen aller nachuntersuchten mit äußerer Last beanspruchten sowie vorgespannten Proben konnten im Rasterelektronenmikro-

---

[422] Katerbau, Karl-Heinz et al., MPA Stuttgart: Forschungsvorhaben 1500 304B Komponentensicherheit (Phase II), Metallkundliche Untersuchungen, Abschlussbericht, Stuttgart, Februar 1990, S. 58–60.

[423] Roos, Eberhard et al., MPA Stuttgart: Forschungsvorhaben 1500 304B Komponentensicherheit (Phase II), zusammenfassende Bewertung des Vorhabens, Abschlussbericht, Mai 1991, S. 5.

Abb. 10.47 Forschungsvorhaben im Verantwortungsbereich der MPA Stuttgart

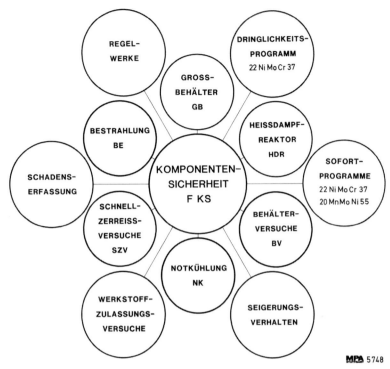

skop geringfügige Rissverlängerungen (14 und 74 μm) ermittelt werden.[424]

Im zusammenfassenden Abschlussbericht des FKS Phase II konnte festgestellt werden, dass mit den durchgeführten Untersuchungen die werkstoffmechanische Basis zur quantitativen Erfassung des Sicherheitsabstands des Reaktordruckbehälters geschaffen worden ist. Diese Feststellung gilt auch für Werkstoffzustände, die außerhalb der Spezifikationsgrenzen liegen, und für langzeitig wirkende Umgebungseinflüsse. Die eingeführten Prüfmethoden und Kriterien wurden darüber hinaus daraufhin analysiert, wie sie neben dem Sicherheitsabstand auch den Versagensverlauf voraussagen können.[425]

Das Konzept der Basissicherheit (s. Kap. 11) ist durch die Ergebnisse des FKS weiter gestützt und bestätigt worden.

10.5.5 Das Gesamtkonzept Komponentensicherheit

Das zentrale BMFT-Forschungsvorhaben Komponentensicherheit (FKS) war zeitlich und sachlich von einem Dutzend ergänzender Forschungsprojekte umgeben, die im Verantwortungsbereich der MPA Stuttgart durchgeführt wurden und sich in ein Gesamtkonzept Komponentensicherheit einordneten (Abb. 10.47).[426] Diese FKS-flankierenden Projekte waren nicht zuletzt deshalb notwendig, weil die von Industrie und BMFT gemeinsam aufgebrachten FKS-Mittel knapp bemessen waren und auch bei auftretenden Zeitverzögerungen nicht erhöht wurden. Die wichtigsten der in Abb. 10.47 genannten Großforschungsvor-

[424] Buller, Paulus et al., MPA Stuttgart: Forschungsvorhaben 1500 304B Komponentensicherheit (Phase II), Korrosionsuntersuchungen, Abschlussbericht, Stuttgart, Oktober 1989, S. 62–66.

[425] Roos, Eberhard et al., MPA Stuttgart: Forschungsvorhaben 1500 304B Komponentensicherheit (Phase II), zusammenfassende Bewertung des Vorhabens, Abschlussbericht, Mai 1991, S. 76.

[426] Kußmaul, K.: Aufgaben, Ziele und erste Ergebnisse des Forschungsprogramms Komponentensicherheit, VGB Kraftwerkstechnik, 60. Jg., Heft 6, Juni 1980, S. 445.

haben, die mit öffentlichen Mitteln durchgeführt wurden, sind in den Kap. 10.2.5–10.2.7 und 10.5.6–10.5.10 dargestellt.

Das FKS wurde auch vorangebracht und vervollständigt durch Forschungs- und Entwicklungsarbeiten, die zusätzlich von Industrieunternehmen geleistet wurden. Ein Teil dieser Industrieprojekte erfuhr dabei eine Förderung durch den BMFT, die Deutsche Forschungsgemeinschaft (DFG), den Bundesminister für Wirtschaft über die Arbeitsgemeinschaft Industrieller Forschungsvereinigungen e. V. (AIF) sowie Ministerien der Bundesländer.

Zur Erfassung und Einbeziehung des internationalen Umfeldes wurden von der MPA Stuttgart neben den internationalen MPA-Seminaren im Rahmen der IAEA und der European Structural Integrity Society (ESIS) drei Großveranstaltungen in Stuttgart in den Jahren 1983–1988 durchgeführt:

- Reliability of Reactor Pressure Components,[427]
- Fracture Mechanics Verification by Large-Scale Testing,[428]
- Fatigue under Biaxial and Multiaxial Loading,[429]

Um eine europäische Plattform für zukünftige Entwicklungen zu schaffen, fand im Oktober 1995 die Gründung des „European Pressure Equipment Research Council" (EPERC) in Paris statt. Im Bulletin No. 1 wird die Geschichte der Entstehung dieses Netzwerks dargestellt, das alle anderen bedeutenden Netzwerke, insbesondere

das „Network for Evaluation of Structural Components" mit umfassen soll.[430]

Die Systemhersteller AEG, Babcock-Brown Boveri, Interatom und insbesondere Siemens/KWU unterhielten leistungsfähige Laboratorien, die auch Verbindung mit Großforschungseinrichtungen, Universitäten und öffentlichen Forschungsinstituten pflegten.

Die stahlherstellende und -verarbeitende Industrie hatte ein starkes Interesse an der vertieften Erforschung des Werkstoffverhaltens. Die Firmen Klöckner, Mannesmann, Thyssen und Gutehoffnungshütte trugen erheblich zum Gelingen des FKS bei. Das Max-Planck-Institut für Eisenforschung in Düsseldorf und der Verein Deutscher Eisenhüttenleute VDEh übernahmen in Abstimmung mit der MPA Stuttgart begleitende metallkundliche Untersuchungen zum Umwandlungs- und Ausscheidungsverhalten auch der Schweißvorgänge (Zeit-Temperatur-Umwandlungs-Schaubilder). Der VDEh beschäftigte sich bereits im Vorfeld des sich kräftig entwickelnden Kernenergieausbaus mit den Eigenschaften bestrahlter Werkstoffe.

Die Forschungsvereinigung Schweißen und Schneiden e. V. im Deutschen Verband für Schweißtechnik (DVS) führte in den 70er Jahren zahlreiche Forschungsarbeiten durch, die einen Bezug zum FKS hatten.[431]

10.5.6 Das Forschungsvorhaben Großbehälter (FV-GB)

Im Februar 1971 bestellte die Kernkraftwerk Philippsburg GmbH (KKP), eine gemeinsame Tochter von Badenwerk und Energie-Versorgung Schwaben, beim Reaktorhersteller KWU den zweiten Block des Kernkraftwerks Philippsburg am Rhein, der zeichnungsgleich mit dem

---

[427] IAEA International Symposium, organized in co-operation with the *Materialprüfungsanstalt Stuttgart (MPA) der Universität Stuttgart*, 21–25th March 1983, IAEA, Wien, 1983.

[428] Kussmaul, K. (Hg.): Fracture Mechanics Verification by Large-Scale Testing, IAEA Specialists Meeting held on 25–27th May 1988 at the Staatliche Materialprüfungsanstalt University of Stuttgart, FRG, EGF/ESIS Publication 8, Mechanical Engineering Publication Limited, London, 1991.

[429] Kussmaul, K. F., McDiasmid, D. L. und Socie, D. F. (Hg.): Fatigue under Biaxial and Multiaxial Loading, Third International Conference held on 3–6th April 1989 in Stuttgart, FRG, ESIS Publication 10, Mechanical Engineering Publication Limited, London, 1991.

[430] Kussmaul, K.: The History, in: McAllister, S. (Hg.): The Added Value of EPERC, EPERC Bulletin No. 1, EUR 17722 EN, The European Commission, Directorate General, Joint Research Center, Petten, Netherlands, 1998, S. 6–8.

[431] vgl. Forschungsvereinigung Schweißen und Schneiden e. V. im DVS: Tätigkeitsbericht, Berichtszeitraum Juni 1975–1976, Düsseldorf, 1976, S. 14–24

ersten Block KKP-1, einem AEG-Siedewasser-reaktor (SWR) mit 900 MW$_{el}$ (2.575 MW$_{th}$), sein sollte.[432] Gegen den Antrag zum Bau von KKP-2 gingen aus der Bevölkerung keine Einsprüche ein, so dass vom baden-württembergischen Wirtschaftsministerium, der Genehmigungsbehörde, kein Erörterungstermin festgesetzt wurde.[433] Im Kernkraftwerk Würgassen ereignete sich jedoch im April 1972 ein aufsehenerregender Störfall,[434] der zu baulichen und sicherheitstechnischen Änderungen dieses AEG-SWR führte und auch Rückwirkungen auf die Genehmigungsverfahren am Standort Philippsburg hatte. Die Bauarbeiten im bereits weitgehend errichteten Block KKP-1 kamen im Herbst 1972 teilweise zum Erliegen. Auch die erste Teilerrichtungsgenehmigung (1. TEG) für KKP-2 verzögerte sich und wurde erst im August 1974 erteilt.[435]

Die Probleme im KKP-1-Genehmigungs-verfahren und eine sich abzeichnende Dominanz von Druckwasserreaktoren (DWR) als Leistungsreaktoren veranlassten die KKP Ende Juni 1975, den Bauauftrag für den SWR KKP-2 zurückzuziehen und bei KWU stattdessen ein 1.300-MW$_{el}$-Kernkraftwerk mit DWR zu ordern.[436] Die terminführenden Komponenten des SWR KKP-2 waren zu diesem Zeitpunkt schon in der Fertigung oder bereits hergestellt. Der SWR-RDB war in den Jahren 1971–1975 im Auftrag der KWU von dem italienischen Hüttenwerk Breda Termomeccanica S.p. A. in Mailand

aus dem Werkstoff 22 NiMoCr 3 7 (A 508 Cl. 2) gefertigt worden. Er bestand aus Bodenkalotte, 4 zylindrischen Schüssen und dem Deckel. Die Bodenkalotte und die beiden Flanschringe am Deckel und an einem Mantelschuss waren geschmiedet, die übrigen Teile aus gewalztem Blech zusammengeschweißt.

Für die Forschungsarbeiten der MPA Stuttgart ergab sich durch die Umdisposition in Philippsburg die Möglichkeit, einen originalen RDB zu erwerben. Im Herbst 1975 begannen die Verhandlungen zwischen MPA, KWU und BMFT. Ergebnis: der für Philippsburg bestimmte RDB wurde 1976 für 10 Mio. DM vom BMFT für das „Forschungsvorhaben Großbehälter" der MPA Stuttgart gekauft. Im Jahr 1977 fanden die Endfertigung der Behältereinzelteile und die Herstellung der Hilfskonstruktionen für den See- und Landtransport bei Breda statt. Die insgesamt 67 Stutzen wurden bis auf wenige Ausnahmen mit Flanschdeckeln versehen und dichtgeschweißt.[437] In Stuttgart wurde in den Jahren 1976–1978 eine neue Komponentenprüfhalle erstellt, in die auch ein Prüfschacht für den Original-RDB (MPA-GB) einbezogen war.

Im Mai 1978 wurden die RDB-Teile des MPA-GB im Werk Breda von der MPA Stuttgart abgenommen. Der MPA-GB wurde von Anfang Juni bis Ende Juli 1978 in mehreren Einzelteilen mit jeweils 130 t von Mailand nach Stuttgart transportiert. Umschlaghäfen waren Venedig, Rotterdam und Heilbronn.[438] Abbildung 10.48 zeigt die Ankunft des Mantelschusses mit Flanschring (Innendurchmesser 5.875 mm, Höhe 3.212 mm, Wanddicke 141 mm im zylindrischen Teil) bei der MPA Stuttgart.[439] In Abb. 10.49 ist der Längsschnitt durch den MPA-GB mit seiner Ge-

---

[432] Nachrichten des Monats: Kernkraftwerk Philippsburg-2 mit Siedewasserreaktor bestellt, atw, Jg. 16, März 1971, S. 101.

[433] Keine Einsprüche gegen KKP-2, atw, Jg. 16, November 1971, S. 553.

[434] Während der Inbetriebnahmeprüfungen kam es wegen eines unbeabsichtigt geöffneten Ventils zu Druckpulsationen, welche die Kondensationskammer leckschlugen, vgl. KWW: Störung bei der Inbetriebnahme, atw, Jg. 17, Mai 1972, S. 227. Nach Beendigung der Reparatur- und Umbauarbeiten ging KWW im November 1972 wieder in Betrieb, vgl. KWW wieder in Betrieb, atw, Jg. 17, Dezember 1972, S. 587 f.

[435] Baugenehmigung für KKP-2, atw, Jg. 19, Oktober 1974, S. 454.

[436] KKP-2: Jetzt 1250-MW-DWR statt 900 MW$_{el}$-SWR, atw, Jg. 20, Juli/August 1975, S. 313 f.

[437] Sturm, D., Doll, W., Großgut, W. und Deuster, G.: Grobspezifikation des Forschungsvorhabens Großbehälter FV-GB sowie Dringlichkeitsprogramm Großbehälter DP-GB, MPA Stuttgart, Oktober 1980, S. 8.

[438] GRS Fortschrittsbericht GRS-F-66, Berichtszeitraum 1. 4. bis 30. 6. 1978, Projektnummer RS 245, S. 383 f.

[439] Sturm, D., Doll, W., Großgut, W., Maier, H.-J. und Deuster, G.: Stand des „Forschungsvorhabens Großbehälter". in: 5. MPA-Seminar, Stuttgart, 11./12. Oktober 1979, Vortragsnummer 8, S. 7.

Abb. 10.48 RDB-Mantelteil mit Flanschring vor der MPA Stuttgart

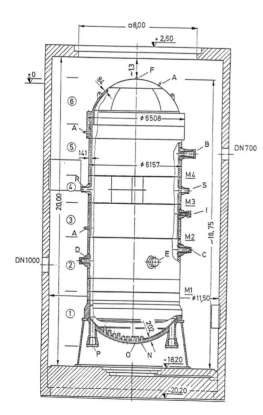

Abb. 10.49 Der MPA-GB im Prüfschacht

samtlänge von 17.492 mm und den Prüfschacht abgebildet.[440]

Das Hauptziel des FV-GB war es, die Leistungsfähigkeit konventioneller und neuentwickelter zerstörungsfreier Prüfsysteme (zfP) in Verbindung mit automatisierten, fortschrittlichen Manipulatorsystemen zu erproben. Die sichere Auffindbarkeit von Fehlern und deren richtige Bewertung war und ist eine Säule der Komponentensicherheit. Dabei sollten Prüfkonzepte und -verfahren anhand einer Fehler- und Systemanalyse miteinander verglichen und gegebenenfalls optimiert werden. Der MPA-GB bot dazu die realen Vor-Ort-Bedingungen. Er sollte auch die ganze Variationsbreite von Werkstoff- und Fehlerzuständen aufweisen, wie sie von den wesentlichsten Fertigungsfehlern und betriebsbedingten Schädigungen verursacht werden.[441]

Beim Kauf des SWR-RDB für KKP-2 besaßen die bereits weitgehend fertiggestellten Behälterteile die für das FV-GB erforderlichen Fehler- und Grenzzustände nicht. Deshalb wurde der 1.750 mm hohe Mantelschuss M 4 (Abb. 10.49) bei der Klöckner AG in Osnabrück entsprechend präpariert. Sechs Mantelpartien aus verworfenen Schmiedeteilen in Grenzzuständen aus den Werkstoffen 22 NiMoCr 3 7 und 20 MnMoNi 5 5 wurden dafür hergerichtet und eingebaut. Sie enthielten u. a. verschmiedete Makrorisse im geseigerten Bereich. Auch bei der Herstellung der elektrohandgeschweißten Montagerundnähte zwischen den Mantelschüssen wurde eine breite Palette von natürlichen und künstlichen Fehlern, einschließlich Diffusionsschweißungen, gezielt produziert.

Die hervorragend ausgebildeten und erfahrenen Schweißer der Fa. Gutehoffnungshütte (GHH), die im Herbst 1978 mit der Montage des GB im Prüfschacht begannen, hatten sich zunächst geweigert, so schlechte Arbeit abzuliefern. Die Facharbeiter mussten von der GHH-Direktion persönlich überzeugt und angewiesen

---

[440] ebenda, S. 9.

[441] Sturm, D., Doll, W., Großgut, W. und Deuster, G.: Grobspezifikation des Forschungsvorhabens Großbehälter FV-GB sowie Dringlichkeitsprogramm Großbehälter DP-GB, MPA Stuttgart, Oktober 1980, S. 1–4.

werden, diese fehlerhaften Arbeiten zu leisten.[442] Als zusätzliche künstliche Fehler wurden Erosiv- und Sägeschnitte unterschiedlicher Größe und Tiefe in den Grundwerkstoff und die Schweiß-nähte eingebracht.[443]

Der geschwächte Mantelschuss 4 war Anfang 1979 fertiggestellt und im März 1979 zur MPA Stuttgart gebracht worden. Die Druckbehälter-montage war im ersten Quartal 1980 so weit abge-schlossen, dass die vorläufige Übergabe des GB an die MPA stattfinden konnte.[444] Der Fehlerkatalog enthielt 159 künstliche und eine große Zahl natür-licher Fehler in den verschiedenen Behälterberei-chen. Die Bereitstellung des MPA-GB im Prüf-schacht der MPA Stuttgart hatte mit den begleiten-den Arbeiten nahezu 17 Mio. DM gekostet.[445]

Das Dringlichkeitsprogramm Großbehälter (DP-GB) Die Laufzeit des FV-GB wurde auf ungefähr 13 Jahre geschätzt. Es standen jedoch aktuelle Probleme an, die kurzfristig gelöst werden sollten. Deshalb wurde von der MPA Stuttgart ein Dringlichkeitsprogramm Großbe-hälter (DP-GB) vorgeschlagen, das auf maximal 5 Jahre beschränkt bleiben sollte. Im Zentrum des DP-GB standen die Einzelprojekte:

- *Basisprüfung* zur zerstörungsfreien Erfassung und Beschreibung der im MPA-GB enthalte-nen Fehler und Erstellung eines Nullatlasses dieser Fehler,
- *Druckversuch kalt* zur unterkritischen Verän-derung der im MPA-GB enthaltenen Fehler sowie zur Fehlerneubildung in vorgeschädig-ten Werkstoffbereichen durch Innendruck,
- *Automatisierte Fehlerbeseitigung*, d. h. Ent-wicklung, Fertigung, Inbetriebnahme und

Optimierung eines Reparaturmanipulatorsys-tems (wurde nur konstruktiv verfolgt) und
- *Schulung.*

Die Basisprüfung sollte vordringlich am Mantel-schuss 4 sowie an Stutzeninnenkanten erfolgen.

Die zentralen Aufgaben im Rahmen des DP-GB waren die automatische Fehlerdaten-erfassung und -dokumentation sowie die Erkun-dung der Leistungsfähigkeit von neu- und wei-terentwickelten Prüfverfahren. Der Schwerpunkt lag bei der automatischen Innenprüfung mit einem Zentralmastmanipulator, wie sie für RDB der DWR gefordert wird. Die vollautomatische, elektronische Erfassung, Speicherung und Ver-arbeitung der Daten sowie deren Dokumentation erforderte anfangs der 80er Jahre grundlegende Entwicklungsarbeiten. Der BMFT förderte seit Mitte der 70er Jahre entsprechende Forschungs-projekte, die von den einschlägigen Industrie-unternehmen und Forschungsinstituten durch-geführt wurden. Beispielhaft sollen hier einige, insbesondere im Bereich der Ultraschall (US) -Prüfverfahren angesiedelte Projekte angeführt werden:

- Entwicklung und Bau einer Ultraschall-Prüf- und Auswertungselektronik (Krautkrämer GmbH, Hürth),
- Entwicklung und Bau des Prototyps eines Universalsteuerpults für rechnerunterstützte, maschinelle US-Prüfung an komplizierten Geometrien (KWU, Erlangen),
- Weiterentwicklung zerstörungsfreier Prüf-verfahren für wiederkehrende Prüfungen in Reaktoranlagen (MAN, Nürnberg),
- Rekonstruktion aus Signalortskurven (Fraun-hofer-Institut für zerstörungsfreie Prüfverfah-ren (IzfP), Saarbrücken),
- Anfertigung einer digitalen Signalverarbei-tungseinheit für die automatische US-Prüfung (IzfP),
- Weiterentwicklung von elektronisch steuerba-ren US-Prüfköpfen (Phased Arrays) (IzfP),
- US-Prüfung oberflächennaher Zonen mit gesteuerten Signalen (Universität Dortmund),
- US-Prüfung mit Phased Arrays an den Stut-zenfeldern in den RDB-Böden der SWR bzw. RDB-Deckel der DWR (IzfP).

---

[442] Persönliche Mitteilung von Prof. Dr.-Ing. Karl Kuß-maul.

[443] Sturm, D., Doll, W., Großgut, W., Maier, H.-J. und Deuster, G.: Stand des "Forschungsvorhabens Großbehäl-ter", In: 5. MPA-Seminar, Stuttgart, 11./12. Oktober 1979, Vortragsnummer 8, S. 3.

[444] GRS Fortschrittsbericht GRS-F-93, Berichtszeitraum 1.1. bis 31.3.1980, Projektnummer RS 245, lfd. Nr. 104, S. 2 f.

[445] GRS Fortschrittsbericht GRS-F-102, Berichtszeit-raum 1.10. bis 31.12.1980, Projektnummer RS 245, lfd. Nr. 115, S. 1.

Zum Entwicklungsprogramm der Fa. MAN, Nürnberg, gehörte der Bau eines Universalmanipulator-Prototyps für die sicherheitstechnischen Untersuchungen am GB der MPA Stuttgart.[446]

Im Jahr 1985 konnten die technischen Voraussetzungen für systematische zerstörungsfreie Ultraschalluntersuchungen am MPA-GB abschließend geschaffen werden. In Zusammenarbeit mit dem Fraunhofer-Institut für zerstörungsfreie Prüfverfahren (IzfP), Saarbrücken, der Kraftwerk Union AG (KWU), Erlangen, der Hamburgischen Electricitäts-Werke AG (HEW), Hamburg, der Bundesanstalt für Materialprüfung (BAM), Berlin, dem Rheinisch-Westfälischen Technischen Überwachungsverein e. V. (RWTÜV), Essen, und der MAN, Nürnberg, wurden ein Universalmanipulator (UMAN II, MAN)[447] und das Universalsteuerpult (UNSPO, KWU) in Betrieb genommen und an den MPA-GB angepasst. Von der HEW wurde die Software für die Datenübernahme und -verarbeitung installiert. Die US-Prüfungen wurden vom IzfP vorbereitet.[448]

Für die 1986 am MPA-GB vorgenommenen Untersuchungen legte der BMFT zwei Projekte für die Auftragnehmer IzfP und RWTÜV auf. IzfP erprobte fünf Techniken[449] zur Rekonstruktion der realen Fehlergeometrie und Bestimmung der Fehlerart. Dabei wurde erkundet, welches Verfahren für welche Fehlerart am besten ein-

setzbar ist.[450, 451] RWTÜV ermittelte das Nachweisvermögen eines neu entwickelten US-Prüfverfahrens (ALOK) mit konventionellen US-Prüfköpfen, wobei die Fehlergebiete farbkodiert dargestellt wurden.

Während der Testläufe waren noch einige technische Anpassungen erforderlich geworden. Insgesamt waren die Untersuchungen sehr erfolgreich. Alle Komponenten arbeiteten problemlos.[452] Die automatisierten, computergestützten Prüfverfahren, die auf bildgebenden und fehlerrandrekonstruierenden Algorithmen aufgebaut waren, erwiesen sich hinsichtlich Suchtauglichkeit und Fehleranalyse als besonders leistungsfähig.[453]

Diese Untersuchungen an einem RDB in Originalgröße (MPA-GB) erbrachten den Nachweis, dass mit den fortschrittlichen Prüftechniken eine ausreichend genaue und reproduzierbare Basisprüfung mit Erstellung eines Nullatlasses praktikabel machbar war. Bei Wiederholungsprüfungen konnten im Vergleich mit dieser Basis Fehlerveränderungen und neu entstandene Fehler eindeutig identifiziert werden.

Die Prüfung der Innenkanten von Speisewassereintritts- und Kernflutstutzen war nicht zuletzt deshalb mit besonders großer Sorgfalt vorgenommen worden, weil in den USA an diesen Stellen von SWR-RDB größere Rissbildungen aufgetreten waren. Die an den Prüfungen betei-

---

[446] GRS Fortschrittsbericht GRS-F-123, Berichtszeitraum 1.7. bis 31.126.1982, Mai 1983, Projektnummer 150 2704 A, S. 2 f.

[447] s. Anhang 14: schematische Darstellung des Zentralmastmanipulators Bauart MAN aus: Sturm, D. et al.: Vorprojekt Großbehälter, Grobspezifikation FV GB, a. a. O., Abb. 5.3–5.4.

[448] Maier, H.-J. et al., MPA Stuttgart: Forschungsvorhaben Großbehälter, Abschlussbericht: Mantelschuss 4 und Stutzenkanten, Aufbau eines Dokumentationssystems, Anpassung von UMAN II und UNSPO an Großbehälter und EDV, Februar 1986, S. 1–3.

[449] Amplituden-Laufzeit-Ortskurven (ALOK), Synthetic Aperture Focusing Technique (SAFT), SAFT in Kombination mit Holografie (HOLOSAFT), Gruppenstrahler (Phased Array) und Elektromagnetisch angeregter Ultraschall (EMUS).

[450] GRS Fortschrittsbericht GRS-F-156, Berichtszeitraum 1.7. bis 31.12.1986, Mai 1987, Projektnummer 150716, S. 1–3.

[451] Das Fraunhofer-Institut für Zerstörungsfreie Prüfverfahren, Saarbrücken, publizierte vom November 1980 bis Juni 1989 zum FV GB 14 Berichte über Ultraschalluntersuchungen am MPA-GB u. a. mit Vergleichen zwischen herkömmlichen und fortgeschrittenen Verfahren. Im Juni 1989 erfolgte der Abschlussbericht: Deuster, G. et al., FhG: Zerstörungsfreie Prüfungen am Großbehälter, Abschlussbericht, 28.6.1989, FhG-Bericht-Nr. 890227-TW.

[452] GRS Fortschrittsbericht GRS-F-156, Berichtszeitraum 1.7. bis 31.12.1986, Mai 1987, Projektnummer 1500725, S. 1–3.

[453] Maier, H.-J. et al., MPA Stuttgart: WTZ mit der DDR: Untersuchungen an Großbehälter für praxisrelevante Prüfverfahren, zur Bewertung der Leistungsfähigkeit der wiederkehrenden Prüfungen an KKW-Komponenten, 4. Teilbericht: Zerstörungsfreie Ringversuche am MPA-Großbehälter, Mai 1993, S. 35–37.

ligten Stellen gaben aufgrund der gewonnenen Erkenntnisse eine Empfehlung zur Durchführung von Stutzeninnenkanten-Prüfungen von außen mittels Ultraschall für SWR-RDB heraus, die als bahnbrechend aufgenommen wurde.[454] Ein Spezialist vom Battelle Institute Pacific Northwest, USA, nahm im Auftrag der NRC eigene Untersuchungen vor.

Im September 1987 schloss die Bundesrepublik Deutschland mit der damaligen DDR ein Abkommen über wissenschaftlich-technische Zusammenarbeit (WTZ) auf dem Gebiet der Reaktorsicherheit, insbesondere hinsichtlich der wiederkehrenden Prüfungen an Kernkraftwerkskomponenten. Vonseiten der DDR waren die Schweißtechnische Lehr- und Versuchsanstalt Halle (SLV), das Zentralinstitut für Kernforschung (ZfK) Rossendorf, der Kraftwerks- und Anlagenbau (KAB) Lubmin/Greifswald sowie Prüfpersonal aus dem Kernkraftwerk „Bruno Leuschner" Lubmin/Greifswald beteiligt. Vonseiten der Bundesrepublik Deutschland hatte die MPA Stuttgart die Organisation und technische Betreuung übernommen. Die mit zerstörungsfreien Prüfverfahren befassten westdeutschen Industrieunternehmen und Forschungsinstitute wirkten ebenfalls mit. Ein 1989 gemeinsam konzipiertes Untersuchungsprogramm am MPA-GB und an einer Hauptkühlmittelleitung konnte wegen der politischen Umbruchsituation erst im Juni 1990 begonnen werden. Die Untersuchungen, die im Wesentlichen eine technische Schulung des Personals aus der DDR bedeuteten, wurden im Herbst 1991 abgeschlossen.[455]

Anfang der 90er Jahre wurden dem MPA-GB zusätzliche Prüfringe eingefügt. Dazu gehörte ein ca. 3.000 mm hoher Mantelschuss, der Stutzen deutscher und amerikanischer Bauart enthielt (Abb. 10.50).

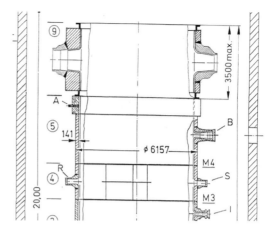

Abb. 10.50 MPA-GB mit eingebauten Stutzen deutscher (*links*) und amerikanischer (*rechts*) Bauart

10.5.7 Das HDR-Sicherheitsprogramm

Im April 1965 erteilte die Gesellschaft für Kernforschung (GfK) Karlsruhe als Trägergesellschaft dem Systemhersteller AEG als Generalunternehmer den Auftrag, neben dem Versuchsatomkraftwerk Kahl (VAK) in Großwelzheim[456] am Main, 40 km östlich von Frankfurt, eine Heißdampfreaktor (HDR) -Anlage zu errichten. Der HDR mit einer Leistung von 100 MW$_{th}$ (25 MW$_{el}$) war als Versuchsanlage geplant, deren Kosten vom Bundesminister für wissenschaftliche Forschung (BMwF) im Rahmen des 2. Deutschen Atomprogramms 1963/1967 getragen werden sollte. Der HDR war ein Siedewasserreaktor, dessen Sattdampf durch viermalige Rückführung durch den Reaktorkern nuklear auf 500 °C, 90 bar überhitzt werden sollte. Die Zielsetzung war, Dampfzustände und Wirkungsgrade zu erreichen, wie sie in konventionellen Wärmekraftwerken die Regel waren.[457] Während der Errichtung des HDR traten vor allem bei der Brennelementfertigung Schwierigkeiten auf.[458] Die Bauzeit verlängerte sich um mehr als ein Jahr. Der HDR wurde am

---

[454] AMPA Ku 154, Kußmaul, K.: Gutachterliche Stellungnahme, Kernkraftwerk Krümmel, Stuttgart, September 2001, S. 33 f.

[455] Maier, H.-J. et al., MPA Stuttgart: WTZ mit der DDR: Untersuchungen an Großbehälter für praxisrelevante Prüfverfahren, zur Bewertung der Leistungsfähigkeit der wiederkehrenden Prüfungen an KKW-Komponenten, 4. Teilbericht: Zerstörungsfreie Ringversuche am MPA-Großbehälter, Mai 1993

[456] Nach der bayerischen Gebietsreform vom 1.7.1975 Ortsteil von Karlstein.

[457] Kornbichler, Heinz: Der Heißdampfreaktor in Großwelzheim, atw, Jg. 10, Juni 1965, S. 286–291.

[458] Höchel, J. und Fricke, W.: Besonderheiten bei Entwicklung und Fertigung der HDR-Brennelemente, atw, Jg. 14., November 1969, S. 549–555.

Abb. 10.51 Luftbild der Anlagen des HDR (*links*) und des VAK

14.10.1969 erstmals kritisch. Abbildung 10.51 zeigt die HDR-Anlage am Main.[459] Im Rahmen des Inbetriebnahme-Programms wurden im April 1971 am abgeschalteten HDR Brennelement-Untersuchungen durchgeführt. Nahezu alle Brennstoffrohre wiesen Schäden auf. Die Spaltstoffzonen waren teilweise ausgebeult und undicht geworden. Der HDR musste nach nur ca. 2.000 Stunden Leistungsbetrieb stillgelegt werden.[460, 461]

Nach mehreren Untersuchungen und neu aufgenommenen Planungen wurde im März 1973 im Bundesministerium für Forschung und Technologie (BMFT) entschieden, das HDR-Projekt zu beenden.[462] Nach Diskussionen mit externen Fachleuten, insbesondere von der MPA Stuttgart, wurde das hohe Potenzial des HDR für sicherheitstechnische Untersuchungen erkannt und das spätere HDR-Sicherheitsprogramm in seinen Grundzügen entwickelt. Als Teilprogramme wurden „Blow-down-Versuche" im Sicherheitsbehälter, werkstofftechnische Untersuchungen an den Primärkreislauf-Komponenten, zerstörungsfreie Prüfverfahren, Erdbebensimulationen

u. a. ohne nuklearen Betrieb in Aussicht genommen.[463, 464] Im August 1973 stimmte das BMFT den von der MPA Stuttgart vorgetragenen Überlegungen zu, den HDR in das 4. Atomprogramm in Verbindung mit dem Forschungsvorhaben Komponentensicherheit (FKS) einzubeziehen. Das BMFT erbat von der GfK dazu eine detaillierte Ausarbeitung, die im November 1973 vorlag. Nach Klärung abschließender Sachfragen erfolgte der offizielle Startschuss für das HDR-Sicherheitsprogramm am 13.12.1973.

Am 1.10.1974 begannen die vorbereitenden Arbeiten für das BMFT-Forschungsvorhaben „HDR-Sicherheitsprogramm" mit der Projektnummer RS 123. Der Auftragnehmer war die GfK Karlsruhe, die ausführenden Stellen waren:

- das Institut für zerstörungsfreie Prüfverfahren, Saarbrücken, (zerstörungsfreie Prüfungen),
- die MPA Stuttgart (RDB- und Rohrleitungsuntersuchungen),
- die GfK Karlsruhe (Blow-down-Versuche) und
- das Battelle-Institut, Frankfurt, (Erdbebensimulationen).[465]

Der Kern und alle RDB-Einbauten wurden aus dem HDR entfernt, die übrigen aktiven Komponenten dekontaminiert. Ein Versuchskreislauf mit einer elektrischen Kesselanlage wurde entworfen und ein 4,2-MW-Elektrokessel im 3. Quartal 1976 eingebaut. Abb. 10.52 zeigt einen Vertikalschnitt durch die gesamte HDR-Versuchsanlage und die Stellen, an denen die Störfall-Simulationen stattfanden.[466]

Der HDR-RDB war aus dem Stahl 23 NiMoCr 3 6, ähnlich dem amerikanischen Werkstoff ASTM A 508 Cl. 3, für einen Druck von 110 bar und eine Temperatur von 310 °C gefertigt. Seine

---

[459] Malcher, L. und Kot, C. A.: HDR Phase II Vibrational Experiments, Nuclear Engineering and Design, Vol. 108, 1988, S. 23–36.

[460] HDR: Wiederinbetriebnahme wird noch geprüft: atw, Jg. 18, April 1973, S. 146 f.

[461] HDR wird endgültig stillgelegt: atw, Jg. 18, August/September 1973, S. 366.

[462] Seipel, Heinz G.: Perspektiven zum Anfang der Phase II des HDR-Sicherheitsprogramms, in: 7. Statusbericht des Projektes HDR-Sicherheitsprogramm. PHDR-Arbeitsbericht 05.18/83, 14.12.1983, S. I-1 f.

[463] Sicherheitsforschung am HDR: atw, Jg. 19, Juni 1974, S. 270.

[464] HDR für Sicherheitstest: atw, Jg. 19, Juni 1974, S. 50.

[465] IRS-Forschungsberichte, IRS-F-23, Berichtszeitraum 1. 10. bis 31.12.1974, März 1975, S. 315 f.

[466] Katzenmeier, G., Kussmaul, K., Diem, H. und Roos, E.: The HDR-Project-Validation Tests for Structural Integrity Assessment of LWR-Components, SMIRT Post Conference Seminar No. 2: Assuring Structural Integrity of Steel Reactor Pressure Boundary Components, Taiwan, August 1991, S. 1.2.53, vgl. PHDR-Arbeitsbericht Nr. 05.53/91, Kernforschungszentrum Karlsruhe, Dezember 1991, S. 141–261.

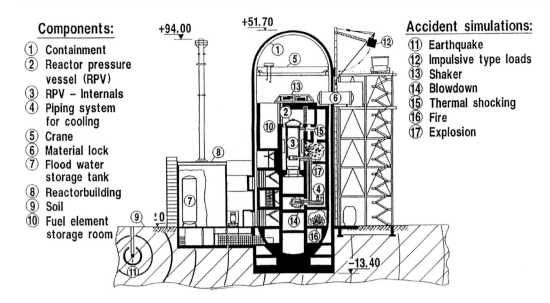

Components:
1. Containment
2. Reactor pressure vessel (RPV)
3. RPV – Internals
4. Piping system for cooling
5. Crane
6. Material lock
7. Flood water storage tank
8. Reactorbuilding
9. Soil
10. Fuel element storage room

Accident simulations:
11. Earthquake
12. Impulsive type loads
13. Shaker
14. Blowdown
15. Thermal shocking
16. Fire
17. Explosion

Abb. 10.52 HDR-Versuchsanlage und Störfall-Simulationen

Höhe über alles betrug 12.700 mm, sein Außendurchmesser im zylindrischen Teil 3.185 mm, seine Wanddicken lagen bei 105 bzw. 135 mm (Abb. 10.53). Die Werkstoffzähigkeit des HDR-RDB-Stahls lag an der unteren Grenze der später zugelassenen Werte.[467]

Das HDR-Sicherheitsprogramm hatte die übergeordnete Zielsetzung, das Grenzverhalten und die Sicherheit von Leichtwasserreaktor-Komponenten unter betriebsnaher Belastung und bei Störfällen experimentell zu untersuchen. Die praktischen Tests sollten von theoretischen Analysen begleitet und zur Verifikation und Weiterentwicklung der Rechen- und Prüfverfahren genutzt werden. Die HDR-Großexperimente an originalen, in ein reales Kernkraftwerk integrierten Komponenten waren besonders geeignet, den Entwicklungsstand von Rechenmodellen und des Expertenwissens zu prüfen, und fanden sogleich internationales Interesse. Mit mehreren ausländischen Partnern wurden bilaterale Verträge über deren Beteiligung am HDR-Sicherheitspro-

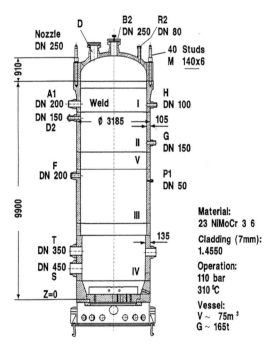

Abb. 10.53 HDR-Reaktordruckbehälter

---

[467] Kußmaul, K. et al.: Die Beanspruchung des Druckbehälters unter Betriebs- und Störfallbedingungen, HDR-Sicherheitsprogramm, 6. Statusbericht, Dezember 1982, S. 8.

gramm abgeschlossen.[468] Zu nennen sind aus den USA die Vertragspartner US Nuclear Regulatory Commission (USNRC) und das Electric Power Research Institute (EPRI). Das Oak Ridge National Laboratory, das Lawrence Livermore Nat. Lab. und die Fa. ANCO Engineers, Inc., Los Angeles, beteiligten sich an der Kooperation. Der schweizerische Vertragspartner war die Hauptabteilung für die Sicherheit von Kernanlagen (HSK) Würenlingen, und das Paul Scherrer Institut (PSI) Würenlingen arbeitete mit. Der finnische Vertragspartner war VTT Technical Research Center of Finland, Helsinki, und der finnische Betreiber Imatran Voima Corp. (IVO), Vantaa, beteiligte sich. Mit Großbritannien (Central Electricity Generating Board – CEGB) und Frankreich (Commissariat à l'Énergie Atomique – CEA) wurden Austauschverträge geschlossen. Kanada, Japan, China und die DDR delegierten Wissenschaftler zum HDR-Projekt. Der ausländische Beitrag bestand i.Allg. darin, die Experimente anhand von Rechenmodellen abzubilden, vorauszuberechnen und die Ergebnisse zu interpretieren. Hervorzuheben ist die Kooperation mit den amerikanischen Stellen, die sich mit einem Personal- und Sachaufwand in Höhe von 50 Mio. DM an den Kosten der Erdbebensimulationen, thermohydraulischen Untersuchungen, Komponententests (insbesondere zum Rohrversagen) und der Wasserstoffverbrennungs-Experimente beteiligten. Die vom BMFT für das HDR-Sicherheitsprogramm aufgebrachten Projektmittel beliefen sich bis 1994 auf annähernd 200 Mio. DM. Das Kernforschungszentrum Karlsruhe trug aus Eigenmitteln weitere 50 Mio. DM bei, so dass insgesamt etwa 300 Mio. DM aufgewendet wurden.[469]

Die Abwicklung des HDR-Sicherheitsprogramms erstreckte sich in drei Phasen über insgesamt rund 20 Jahre. In der Phase I von 1974 bis 1983 wurden die Versuche vorbereitet und RDB-Rohrsysteme und Containment in ersten Tests relativ niederen, allmählich steigenden Belastun-

gen im linearen Bereich ausgesetzt. Während der Phase II (1984–1988) wurden die Belastungen bis zu plastischen Verformungen und an die Grenzen des Versagens verschärft. Das Bersten des HDR-RDB wurde jedoch vermieden.[470] In der letzten Phase III (1988–1994) wurden das Verhalten der Komponenten und die Sicherheitsreserven im Langzeitbetrieb, bei Auslegungsstörfällen mit dynamischen Belastungen, bei Brand sowie bei Schwerststörfällen mit Wasserstoffbildung untersucht.[471] Die praktischen Experimente am HDR wurden von 1975 bis 1992 durchgeführt.

Das HDR-Sicherheitsprogramm bestand zunächst aus fünf Einzelvorhaben:[472]

- zerstörungsfreie Prüfungen: Untersuchung der Aussagefähigkeit und des Fehlernachweisvermögens zerstörungsfreier Prüfverfahren,
- RDB und Rohrleitungen: Verhalten und Sicherheitsreserven der Primärkreis-Komponenten bei Betriebs- und Störfallbedingungen,
- Blowdown-Untersuchungen: Kühlmittelverlustunfälle und ihre Auswirkungen auf RDB-Einbauten, Containment und Sicherheitsarmaturen,
- Simulationen von Erdbeben und Flugzeugabsturz: Beanspruchung von Gebäude und Komponenten bei erdbebenähnlichen und stoßartigen Belastungen und
- Leckratenuntersuchungen: Ermittlung der Zuverlässigkeit der Prüfverfahren von Leckraten eines Containments unter verschiedenen Störfallbedingungen.

Diesen Einzelprojekten wurde in der Phase II ein weiteres hinzugefügt:

- Brandversuche in Ein- und Mehrraumanordnung mit verschiedenen Brandquellen (Öl- und Kabelbrände, Wasserstoffverbrennung).[473]

---

[468] Katzenmeier, G. und Müller-Dietsche, W.: Großversuche am ehemaligen Kernkraftwerk HDR, atw, Jg. 36, März 1991, S. 134–137.

[469] Persönliche Mitteilung von Dr.-Ing. Gustav Katzenmeier vom 13.9.2005.

[470] HDR-Sicherheitsprogramm, Gesamtprogramm Phase II, Stand Januar 1984, Kernforschungszentrum Karlsruhe, PHDR Arbeitsbericht 05.19/84.

[471] GRS-Fortschrittsbericht, GRS-F-172, Berichtszeitraum 1.7. bis 31.12.1988, Juni 1989, Projektnummer 1500123D, S. 1.

[472] vgl. GRS-Fortschrittsbericht GRS-F-55, Berichtszeitraum 1.10. bis 31.12.1977, April 1978, S. 556–558.

[473] vgl. GRS-Fortschrittsbericht GRS-F-141, Berichtszeitraum 1.7. bis 31.12.1984, Mai 1985, Projektnummer 150123 C, S. 2 f.

Das ganze Lastspektrum, dessen Beherrschung in den Genehmigungsverfahren nachgewiesen werden musste, wurde systematisch untersucht.[474]

Betriebsnahe Lasten: Druckprobe „kalt" bis 156 bar, Korrosionswirkung bei Betriebsdruck und -temperatur, Temperaturschichtung, Transienten, Biegewechsellast.

Lasten durch innere Störfälle: Thermoschock im RDB, Druckstoß durch Ventilschließen, Kondensationsschlag, Blowdown bei kleinem und großem Rohrbruch, Wasserstoffverteilung und -verbrennung im Containment, Brand im Containment.

Lastfälle durch Einwirkungen von außen: Erdbeben, Flugzeugabsturz, Explosionsimpuls.

Zwischen 1977 und 1994 wurden Durchführung und Ergebnisse der Einzelprojekte in ca. 1850 Arbeitsberichten beschrieben, die in 130 Technischen Fachberichten zusammengefasst und ausgewertet wurden.[475] Jeweils zum Jahresende fand ein Statusseminar statt, dessen Resultate in einem Statusbericht festgehalten wurden. Der 15. und letzte Statusbericht erschien am 4.12.1991. Einen Überblick vermittelten die vom Kernforschungszentrum Karlsruhe (KFK) herausgegebenen Quick Look Reports und Ausweberichte für die verschiedenen Versuchsgruppen. Die HDR-Berichte und die gespeicherten Ergebnisdaten standen den deutschen und ausländischen Beteiligten – über 40 Partnerinstitutionen – zur Verfügung; ihre freie Publikation oder Bereitstellung in öffentlichen Bibliotheken war wegen der bilateralen Verträge nicht vorgesehen. Sie waren über die GRS-Forschungsbetreuung, Köln, nur mit Einschränkungen zugänglich. Um die Forschungsarbeiten und Ergebnisse des HDR-Sicherheitsprogramms der Öffentlichkeit vorzustellen, wurden in den Jahren 1979–1992 13 HDR-Filme gedreht, deren Spieldauer zwischen einer viertel und einer halben Stunde lag.

Die Erwartungen, dass die öffentlichen Medien in einer Zeit heftiger Auseinandersetzungen um die Reaktorsicherheit von diesem Informationsangebot ausgiebig Gebrauch machen würden, erfüllten sich nicht.

Aus den Experimenten an der HDR-Versuchsanlage ergaben sich vertiefte Kenntnisse der Störfallabläufe und Schadensmechanismen in Leichtwasserreaktoren. Die neben den praktischen Versuchen zugleich angewendeten Berechnungs- und Prüfverfahren konnten teils verifiziert, teils erweitert und verbessert werden. Aus der Fülle der durchgeführten Untersuchungen sollen hier nur wenige Projekte summarisch dargestellt werden.

Blowdown-Untersuchungen Der Kühlmittelverluststörfall ist im Genehmigungsverfahren ein Auslegungsstörfall. Als ungünstigste Schadensannahme wurde ein spontan erfolgender glatter Abriss der Hauptkühlmittelleitung mit der vollen beidseitigen Freigabe der gebrochenen Rohrquerschnitte (2-F-Bruch) angenommen. Die für diesen Fall sicherzustellende Integrität der Primärkreiskomponenten (RDB mit Einbauten, Rohrleitungen, Sicherheitsarmaturen) konnte wegen der fehlenden praktischen Erfahrungen nur mit Hilfe analytischer Rechenverfahren nachgewiesen werden. Die Frage war: Was geschieht bei diesem Störfall wirklich? Wie genau wird er von den Rechenverfahren abgebildet? Im HDR- Sicherheitsprogramm wurde der plötzliche Kühlmittelverlust (Blowdown) realitätsnah experimentell untersucht. Abbildung 10.54 zeigt schematisch den Versuchsaufbau.[476]

Die erste Blowdown-Versuchsreihe, die im Oktober und November 1977 gefahren wurde, hatte die Funktionssicherheit von Sicherheitsarmaturen, etwa des Dampfisolierventils DIV oder des Speisewasserrückschlagventils, zum Untersuchungsobjekt. Die Experimente liefen bei einer Temperatur von 280 °C und dem Druck von 70 bar. Der RDB-Füllstand wurde zwischen

---

[474] Katzenmeier, G. und Müller-Dietsche, W.: Bilanz der Großversuche an der HDR-Anlage zur Anlagensicherheit bei Störfall- und Betriebslasten, 20. MPA-Seminar, 6./7. 10. 1994, MPA Stuttgart, Bd. 1, Vortrag 2, S. 2.3 f.

[475] Bombera, O. und Junker, B.: Zusammenstellung der Berichte zum HDR-Sicherheitsprogramm Phase I, II, III, PHDR-Arbeitsbericht 05.057/94, Kernforschungszentrum Karlsruhe, März 1994.

[476] Katzenmeier, G.: Zielsetzung und Stand des Einzelvorhabens 2000: „Druckbehälter- und Rohrleitungsuntersuchungen", 2. Statusbericht, PHDR-Arbeitsbericht 05.1/78, KFK, 24.10.1978, S. 2–42 Abb. 3.2.

Abb. 10.54 Blowdown-Versuchsaufbau

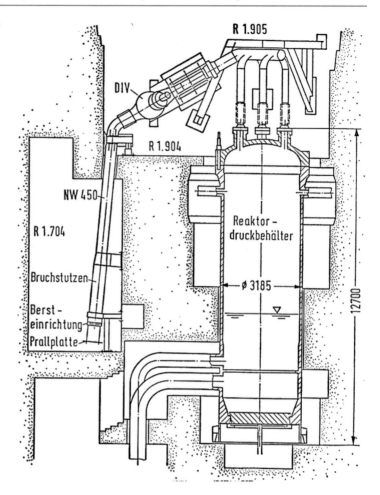

4 und 12 m variiert. Der Bruchstutzen hatte einen Durchmesser von 450 mm; er wurde mit einer Berstscheibe geöffnet.[477]

Anfang 1980 folgten Blowdown-Versuche mit RDB-Einbauten[478]. 1984 begannen Containment-Dampf-Blowdown-Experimente und Untersuchungen der intensiven Mischprozesse und Temperaturschichtungen zwischen Kalt- und Warmwasser im Notkühlfall mit Kaltwassereinspeisung.[479] In den Jahren 1990–1993 wurden

Blowdown-Versuche mit z. T. tief vorgeschädigten Rohrleitungen (Risstiefe bis 50 % der Wanddicke) gefahren und Druckstoßlasten durch schnelles Armaturenschließen erzeugt[480]. Außerdem wurden dynamische Belastungen durch Schwingausschläge aufgebracht, die zum Druckabbau durch ein entstandenes Leck in der Rohrleitung führten.[481, 482] Experimente mit Rissentwicklungen bei statischen und dynamischen Lasten und unterschiedlichen Leckausströmmengen wurden bis 1993 fortgesetzt. Das erwünschte

---

[477] GRS-Fortschrittsbericht, GRS-F-55, Berichtszeitraum 1.10. bis 31.12.1977, April 1978, Projektnummer RS 0123 A und B, S. 4 f

[478] GRS-Fortschrittsbericht, GRS-F-96, Berichtszeitraum 1.4. bis 31.6.1980, September 1980, Projektnummer RS 123 B, S. 175.

[479] GRS-Fortschrittsbericht, GRS-F-141, Berichtszeitraum 1.7. bis 31.12.1984, Mai 1985, Projektnummer RS 150 123 C, S. 4–6.

[480] GRS-Fortschrittsbericht, GRS-F-188, Berichtszeitraum 1. 7. bis 31. 12. 1990, August 1991, Projektnummer 1500 123 D, S. 4–7.

[481] GRS-Fortschrittsbericht, GRS-F-2/1991, Berichtszeitraum 1.7. bis 31.12.1991, August 1991, Projektnummer 1500 123 D, S. 5.

[482] IRS-Forschungsbericht IRS-F-27, Berichtszeitraum 1.7. bis 30.9.1975, Dezember 1975, S. 327

Leck-vor-Bruch-Verhalten stellte sich bei Rohrleitungen aus zähem Werkstoff ein.

Die insgesamt über 50 schweren Blowdown-Experimente waren ohne unerwartete, aufsehenerregende Ereignisse verlaufen und führten zu keinen sicherheitstechnisch relevanten Schädigungen der inneren Komponenten und der äußeren Hülle. Die Wirksamkeit der Barrieren wurde damit nachgewiesen. Die analytischen Methoden der heutigen Auslegungspraxis konnten weitgehend verifiziert werden.

Erdbebensimulation Mit der experimentellen Simulation von Erdbeben wurden das Eigenschwingungsverhalten sowie das Schwingungsverhalten bei Fremdanregung des Gebäudes, des RDB und der Rohrleitungen untersucht. Die Messergebnisse wurden den analytischen Rechenergebnissen gegenübergestellt. Die künstliche Anregung erfolgte durch Unwuchtgeneratoren (Shaker), Rückschnellvorrichtungen mit Drahtseilen (Snap-back) und verdämmte Explosionen im Boden nahe dem Gebäude.

Im September 1975 wurden die ersten Erschütterungsversuche auf niedriger Anregungsstufe durchgeführt.[483] Zum Versuchsprogramm gehörten insgesamt 70 Versuchsläufe mit unterschiedlichen Unwuchten, Frequenzbereichen und Messorten bei der Shaker-Anregung. Zusätzlich wurden 7 Rückschnellexperimente an Rohrleitungen sowie 10 Sprengungen mit Ladungen in 8 m Tiefe von 1 bis 10 kg Sprengstoff in Entfernungen von 15 bis 35 m von der Gebäudemitte vorgenommen.[484, 485, 486]

Mit einer großen Zahl von Beschleunigungs- und Dehnungsmessungen wurde die Belastung der Komponenten von der MPA Stuttgart erfasst. Erwartungsgemäß bestand zu keinem Zeitpunkt die Gefahr der Überbeanspruchung.[487] Die Rechenergebnisse der analytischen Verfahren zum Schwingungsverhalten von Gebäude und RDB stimmten zunächst nicht zufriedenstellend mit den Messergebnissen überein.[488] Erst durch die nähere Auswertung der erfassten Daten konnten die richtigen Eingabeparameter bestimmt und Erkenntnisse für verbesserte Berechnungen gewonnen werden.

1977 wurden die Experimente mit mittlerer und hoher Anregung vorbereitet und größere Unwuchtgeneratoren neu entwickelt. Im Herbst 1979 wurden die Erdbebenversuche mit höherer Anregung gefahren, wobei Nichtlinearitäten im Schwingungsverhalten auftraten.[489] Vergleiche mit den rechnerischen Analysen ergaben für das Schwingungsverhalten der direkt angeregten Anlagen „relativ gute" Übereinstimmung zwischen Mess- und Rechenergebnissen.[490] Schwerpunkt der Datenauswertung war der Komplex „Dämpfung". Auf deutscher Seite wurden Vergleiche mit den Snapback-Versuchen im amerikanischen Kernkraftwerk Indian Point[491] sowie mit den in den USA mit Sprengungen ins Werk gesetzten Sim-Quake-II-Tests[492] angestellt. Das Fazit der Messdatenauswertung und Vergleiche mit den Rechenergebnissen war, dass Näherungsverfah-

---

[483] Steinhilber, H.: Das Schwingverhalten von Reaktorgebäude, Druckbehälter und Rohrleitungen während der Versuche auf niedriger Anregungsstufe, Vergleich von Mess- und Rechenergebnissen, HDR-Sicherheitsprogramm, 2. Statusbericht, 24.10.1978, S. 4–14.

[484] 5. Statusbericht des Projekts HDR-Sicherheitsprogramm des Kernforschungszentrums Karlsruhe, PHDR-Arbeitsbericht 05.8/81, 10. Dezember 1981, S. 4–18.

[485] Issler, L. et al., MPA Stuttgart: Die Beanspruchung von Druckbehältern und Rohrleitungssystemen bei kalten und warmen Druckproben, Erdbeben- und Blowdown-Versuchen, HDR-Sicherheitsprogramm, 2. Statusbericht, 24.10.1978, S. 2–18.

[486] Freund, H. U., Schumann, St., Wegener, H. und Müller, K.: HDR concrete dismantling experiments with

explosive charges, Nuclear Engineering and Design, Vol. 135, 1992, S. 395–402.

[487] Steinhilber, H., a. a. O., S. 4–17 bis 4–23.

[488] GRS-Fortschrittsbericht GRS-F-88, Berichtszeitraum 1.10. bis 31.12.1979, März 1980, Projektnummer RS 123 B, lfd. Nr. 210, S. 4–6.

[489] GRS-Fortschrittsbericht GRS-F-96, Berichtszeitraum 1.4. bis 31.6.1980, September 1980, Projektnummer RS 123 B, lfd. Nr. 175, S. 5 f.

[490] GRS-Fortschrittsbericht GRS-F-107, Berichtszeitraum 1.1. bis 31.3.1981, Juni 1981, Projektnummer RS 123 B, lfd. Nr. 119, S. 3.

[491] GRS-Fortschrittsbericht GRS-F-74, Berichtszeitraum 1.10. bis 31.12.1978, März 1979, Projektnummer RS 0123 B, S. 141.

[492] GRS-Fortschrittsbericht GRS-F-119, Berichtszeitraum 1.1. bis 31.6.1982, September 1981, Projektnummer RS 123 B, S. 4.

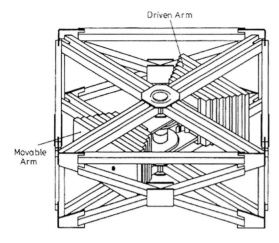

Abb. 10.55 Der große Gebäudeschüttler ANCO MK 16

ren geeignet und in der Regel gleichwertig neben den aufwändigen Rechenmodellen waren, das globale Schwingungsverhalten von Gebäude und Strukturen zu ermitteln.[493]

Bei den Versuchen 1975 und 1979 wurden maximale Beschleunigungen von 0,64 m/s² auf der 30-m-Bühne des Reaktorgebäudes erreicht. Diese Werte waren für die wirklichkeitsnahe Untersuchung von Erdbeben nicht ausreichend. Da wegen der Nachbarschaft zum Versuchsatomkraftwerk Kahl (VAK) Sprengungen mit schweren Ladungen nicht möglich waren, wurde ein neuer Unwuchtgenerator (Shaker) gebaut, dessen waagrechte Kantenlänge ca. 8 m und dessen exzentrische Massen 2 × 25 Tonnen auf 2,50 m Drehradius betrugen (Abb. 10.55). Mit dem großen Gebäudeschüttler konnten auf der 30-m-Bühne Beschleunigungen von 5 m/s² erzielt und Gebäudeauslenkungen von über 100 mm angeregt werden.[494] Dieser große Unwuchterreger war von der amerikanischen Fa. ANCO Engineers in Los Angeles entworfen und gebaut worden. Die Kosten wurden von der USNRC getragen. Der große Gebäudeschüttler wurde Ende 1985 in Karlstein-Großwelzheim angeliefert. Während der Installation und der Versuche war

eine größere Gruppe amerikanischer Spezialisten am HDR tätig.

Am 2. Juni 1986 begannen die Hauptversuche des SHAG (Shakergebäude) -Programms an der Anlage bei betriebswarmem Kreislauf (210 °C, 70 bar). Die Shaker-Unwucht wurde von 4.000 bis 67.000 kgm, die Shaker-Frequenz von 1,6 bis 8 Hz gesteigert. Aus Sicherheitsgründen wurde die maximal mögliche Leistung des Gebäudeschüttlers nicht ausgenutzt. Die maximal eingesetzte Shaker-Kraft betrug 10,6 t. Am Gebäude traten die ersten Betonrisse auf. Nach Abschluss der Experimente im vierten Quartal 1986 wurden jedoch insgesamt nur begrenzte Gebäudeschäden festgestellt.[495] Der nicht für Erdbeben ausgelegte HDR widerstand in den Shakerexperimenten mit maximaler Unwucht von 67.000 kgm Erdbeben der Intensität 8 auf der Richter-Skala. Die Gebäudebeanspruchungen waren um den Faktor 5 größer als sie beim Friaul-Erdbeben (24 km vom Epizentrum) im Jahr 1976 gewesen wären. Im Abb. 10.56 sind für die größte Unwucht (67.000 kgm) und die kleinste Startfrequenz (1,6 Hz) die Beschleunigungswerte aufgezeichnet, die starke Gebäudevibrationen im Schaukelmodus zur Folge hatten. Diese Experimente führten zu einem besseren Verständnis der nichtlinea-

---

[493] HDR-Sicherheitsprogramm, Gesamtprogramm Phase II, Stand Januar 1984, PHDR Arbeitsbericht 05.19/84, Kernforschungszentrum Karlsruhe, 1984, S. 142–146.

[494] GRS-Fortschrittsbericht GRS-F-153, Berichtszeitraum 1.1. bis 30.6.1986, November 1986, Projektnummer 150 123 C, S. 4.

[495] GRS-Fortschrittsbericht GRS-F-156, Berichtszeitraum 1.7. bis 31.12.1986, Mai 1987, Projektnummer 150 123 C, S. 4.

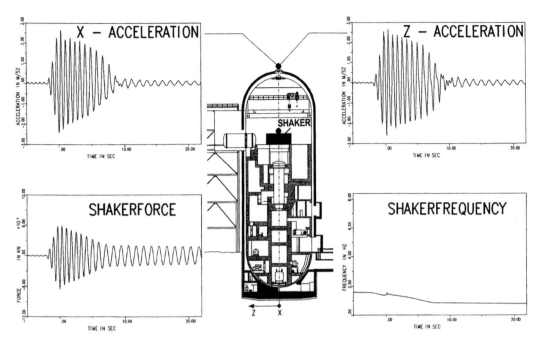

Abb. 10.56 Aufzeichnungen des Experiments mit maximaler Unwucht und geringster Startfrequenz

ren Boden-Gebäude-Wechselwirkungen.[496] Mit wachsender Last nahm die Resonanzfrequenz des Gebäudes ab, die Dämpfung durch Gebäude und Boden wurde jedoch größer. Bei zunehmender Stärke des Erdbebens erhöhte sich also der Widerstand gegen die Erschütterungen von selbst. Ein Abheben der Fundamentplatte und „Bodenverflüssigung" fanden nicht statt. Die Annahmen, die den KTA-Regeln zum Schutz gegen Erdbeben zugrunde lagen, wurden bestätigt.[497]

In der ersten Jahreshälfte 1988 wurden darüber hinaus Rohrsysteme mit sechs verschiedenen Hängerkonzepten unter hohen erdbebenähnlichen, servohydraulisch erzeugten Belastungen experimentell untersucht. Trotz eines achtfach überhöhten Sicherheitserdbebens traten keine nennenswerten Schäden, d. h. kein Integritätsverlust der Rohrleitungen auf.[498] Beim Vergleich der verschiedenen Rohraufhängungen ergaben sich keine Vorteile für die aufwändigen steifen Unterstützungskonzepte, wie sie in den USA typisch waren, gegenüber weich verlegten Rohrleitungen. Aus dem systematischen Vergleich der Messergebnisse mit den Rechnungen wurden wichtige Erkenntnisse gewonnen, mit denen sich die zunächst unbefriedigende Übereinstimmung Messung/Rechnung[499] erklären und beheben ließ. Die Rechenverfahren konnten so modifiziert werden, dass ihre Ergebnisse eindeutig „auf der sicheren Seite" lagen.[500]

Lastfall Flugzeugabsturz In Deutschland müssen Kernkraftwerke seit 1974 entsprechend den RSK-Leitlinien[501] gegen die großen Stoßlasten

---

[496] Malcher, L. und Kot, C. A., a. a. O., S. 31–36.

[497] Wenzel, H. H.: Kernkraftwerks-Komponenten halten auch das stärkste Erdbeben aus, atw, Jg. 34, März 1989, S. 128.

[498] GRS-Fortschrittsbericht GRS-F-169, Berichtszeitraum 1.1. bis 30.6.1988, Oktober 1988, Projektnummer 150 123 C, S. 4–6.

[499] GRS-Fortschrittsbericht GRS-F-164, Berichtszeitraum 1.7. bis 31.12.1987, Juni 1988, Projektnummer 150 123 C, S. 5 f.

[500] Steele, R., Jr. und Arendts, J. G.: Performance of a Piping System and Equipment in the HDR Simulated Seismic Experiments, Nuclear Engineering and Design, Vol. 115, 1989, S. 339–347

[501] RSK-Leitlinien für Druckwasserreaktoren, 1. Ausgabe vom 24.4.1974, Ziff. 2.7.1 Flugzeugabsturz, max.

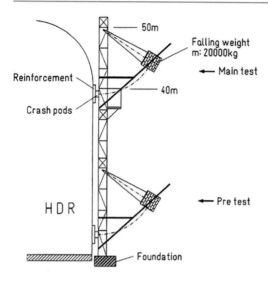

Abb. 10.57 Das HDR-Pendelschlagwerk

bei einem Flugzeugabsturz ausgelegt werden. Der in den 60er Jahren geplante und erbaute HDR entsprach diesen RSK-Vorgaben nicht. Neben den lokalen Wirkungen im unmittelbaren Aufprallbereich beansprucht dieser Lastfall die dynamische Standsicherheit des Reaktorgebäudes und der Reaktorkomponenten. Praktische Erfahrungen mit Flugzeugabstürzen auf Kernkraftwerke gab es nicht.

Zur Simulation einer hohen Stoßbelastung wurde im ersten Halbjahr 1984 neben der HDR-Betonaußenschale ein Pendelschlagwerk errichtet.[502] Es bestand aus einem ca. 50 m hohen Stahlgerüst, an dessen Spitze eine Pendelstange mit einem Pendelschlaggewicht von 20 t montiert war (Abb. 10.57).[503] Das Gewicht wurde mit hydraulischen Greifzügen auf maximal 5 m Fallhöhe gezogen. Im Aufprallbereich musste der HDR-Außenbeton verstärkt werden. Zwischen dem verstärkten Auftreffpunkt und dem Pendelfallgewicht wurde eine Knautschzone ein-

gebracht, mit welcher der Stoßlast-Zeit-Verlauf gesteuert werden konnte.[504] Mit diesem Pendelschlagwerk konnten eine maximale Stoßlast von 4 MN, ein maximaler Impuls von 220 kNs und eine Aufschlagdauer von 85 bis 100 ms erzeugt werden.[505] Die Vorversuche am HDR begannen im Herbst 1984. Die 10 Stoß-Hauptversuche wurden in 4 Laststufen und mit Variationen der Lastcharakteristik im ersten Halbjahr 1985 abgeschlossen. Das Erkenntnisinteresse richtete sich vor allem auf das Schwingverhalten der Gesamtanlage und die Direktwirkung des Stoßes auf eine Rohrleitung, die im Gebäude unmittelbar hinter dem Auftreffpunkt installiert war.[506] Die mit über 200 Messinstrumenten erfassten Werte der Kräfte, Beschleunigungen, Frequenzen, Auslenkungen und Spannungen wurden mit den Rechenergebnissen verglichen, die von verschiedenen Institutionen zuvor bereitgestellt worden waren. Das vereinfachte linear-elastische Rechenmodell erwies sich als geeignet, das Rohrleitungsverhalten sowie die Spannungen und Dehnungen genügend genau und konservativ zu ermitteln.[507]

Die Experimente bildeten einen wichtigen Beitrag zum Nachweis der hohen Widerstandsfestigkeit von Reaktorgebäuden und Rohrsystemen gegen Flugzeugabsturz. Sie bestätigten die Annahme, dass die gebräuchlichen Konstruktionen erhebliche Sicherheitsreserven enthalten.

Thermoschock-Versuche Bei einem Kühlmittelverlust-Störfall wird kaltes Wasser in den heißen Primärkreislauf eingespeist, das ein schockartiges Abkühlen der Komponenten verursacht. Es gehörte schon früh zur Zielsetzung des HDR-Sicherheitsprogramms, das Thermoschock-Verhalten von Rohrleitungen, RDB-

Stoßlast 11 Gp, Stoßzeit 70 ms, Auftrefffläche 7 m² kreisförmig, Auftreffwinkel normal zur Tangentialebene im Auftreffpunkt.

[502] GRS-Fortschrittsbericht GRS-F-137, Berichtszeitraum 1.1. bis 30.6.1984, September 1984, Projektnummer 150 123 C, S. 4.

[503] Katzenmeier, G., Kußmaul, K., Diem, H. und Roos, E., a. a. O., S. 1.2.91.

[504] HDR-Sicherheitsprogramm, Gesamtprogramm Phase II, Stand Januar 1984, PHDR-Arbeitsbericht 05.19/84, Kernforschungszentrum Karlsruhe, 1984, S. II 4–12 bis II 4–13.

[505] Katzenmeier, G., Kußmaul, K., Diem, H. und Roos, E., a. a. O., S. 1.2.26.

[506] GRS-Fortschrittsbericht GRS-F-145, Berichtszeitraum 1.1. bis 30.6.1985, Oktober 1985, Projektnummer 150 123 C, S. 4.

[507] Katzenmeier, G., Kußmaul, K., Diem, H. und Roos, E., a. a. O., S. 1.2.28.

Abb. 10.58 Rißtiefe
im RDB-Stutzen unter
Thermoschock

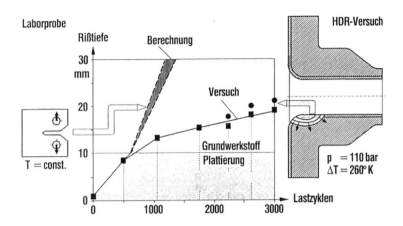

Stutzen und -Zylinderwand zu untersuchen. In den Jahren 1979–1981 wurden Vorversuche im Labor der MPA Stuttgart an Modellbehältern und mit Hilfe eines Rohrleitungsprüfstands unternommen.[508] Rohrleitungen unter Betriebsdruck wurden so lange zyklisch mit Biegewechsellasten und Temperaturschichtungen beansprucht, bis ein Anriss, Risswachstum und schließlich Versagen eintraten. Das Ergebnis war, dass das Risswachstum langsamer erfolgte als die Theorie voraussagte. Spezielle Experimente mit Rohren kleinen Durchmessers unter Betriebsdruck und Biegelast, die mit Rissen versehen waren und aus einem Leck Kühlwasser verloren, wurden von den begleitenden Rechnungen zufriedenstellend abgebildet.[509]

Im ersten Quartal 1981 wurde mit dem Umbau des HDR-Versuchskreislaufs für die Thermoschockversuche an einer RDB-Stutzenkante begonnen.[510] Mit Hilfe eines eigens in der MPA Stuttgart entwickelten Thermoschock-Spritzstempels war die zyklische Abkühlung des

Stutzens von innen um $\Delta T = 265$ K bei einer Abkühlungsdauer von $\Delta t = 15$ s bzw. 120 s bei Betriebsbedingungen (310 °C, 110 bar) möglich.[511]

1982/1983 wurde die Rissentstehung und der Rissfortschritt an einer RDB-Stutzenkante experimentell untersucht und die Voraussetzungen ermittelt, unter denen eine Gefährdung des Behälters bei Thermoschockbeanspruchung gegeben sein kann.[512] Die entstandenen Risse wuchsen trotz Korrosionseinfluss bedeutend langsamer als von der Theorie und nach Laborprobentests erwartet worden war (Abb. 10.58).[513] Während der Phase II des HDR-Sicherheitsprogramms wurden in den Jahren 1985–1988 weitere Thermoschockexperimente an der RDB-Zylinderwand unternommen. Unterhalb des Kühlmitteleintrittsstutzens wurden Kerben in die Plattierung der RDB-Innenwand eingebracht, die teilweise bis in den Grundwerkstoff reichten. Bei den Versuchen war der Innendruck 106 bar. Der Sauerstoffgehalt des Kühlmittels betrug 8 ppm, um die

[508] GRS-Fortschrittsbericht GRS-F-88, Berichtszeitraum 1.10. bis 31.12.1979, März 1980, Projektnummer RS 123 B, lfd. Nr. 210, S. 3.

[509] Katzenmeier, G. und Müller-Dietsche, W.: Bilanz der Großversuche an der HDR-Anlage zur Anlagensicherheit bei Störfall- und Betriebslasten, 20. MPA-Seminar, 6./7.10.1994, MPA Stuttgart, Bd. 1, Vortrag 2, S. 2.10–2.12.

[510] GRS-Fortschrittsbericht GRS-F-107, Berichtszeitraum 1.1. bis 31.3.1981, Juni 1981, Projektnummer RS 123 B, lfd. Nr. 119, S. 2–4.

[511] Kußmaul, K.: Ergebnisse Einzelvorhaben 2000: Beanspruchungs- und Versagensuntersuchungen am Druckbehälter und an Rohrleitungen. 7. Statusbericht PHDR, Beitrag Nr. III, Kernforschungszentrum Karlsruhe, Dezember 1983, III-1 bis III-54.

[512] ebenda, S. III-11.

[513] Katzenmeier, G. und Müller-Dietsche, W.: Bilanz der Großversuche an der HDR-Anlage zur Anlagensicherheit bei Störfall- und Betriebslasten, 20. MPA-Seminar, 6./7.10.1994, MPA Stuttgart, Bd. 1, Vortrag 2, S. 2.8.

Korrosionswirkung zu verstärken.[514] Bei den zyklisch einwirkenden Thermoschocks schwankte die Temperatur in den geschwächten Wandbereichen zwischen 70 °C nach Kühlung und 300 °C nach Aufheizung. Nach insgesamt 9.500 Kühlzyklen waren Risse entstanden, die bis 28 mm tief waren. Als die Experimente beendet waren, wurde erst durch Anwendung zerstörender Prüfverfahren entdeckt, dass die Risse sehr stark verästelt waren.[515]

Die Thermoschockversuche zeigten in der Regel zunächst eine unbefriedigende Übereinstimmung zwischen Experiment und Theorie insbesondere hinsichtlich Rissfortschritt bei zyklischer thermischer Belastung unter Druck und verschärften Korrosionsbedingungen. Auch die Übertragbarkeit von Messergebnissen an kleinen Proben auf große Komponenten erwies sich als unzureichend. Zusätzliche Forschungsprojekte wurden empfohlen.[516] Die Rechen- und Probenergebnisse lagen jedoch generell „auf der sicheren Seite". Sie überzeichneten das Risswachstum im Vergleich zum wirklichen Geschehen. Die Versuche erbrachten den Nachweis, dass der Druckbehälter selbst gegen extreme Thermoschocklasten hohe Tragreserven besitzt.

Nach Abschluss der HDR-Forschungsvorhaben diente der HDR als Beispiel dafür, wie ein Kernkraftwerk in wenigen Jahren ohne Schaden für Mensch und Umwelt demontiert und beseitigt werden kann.[517] Der Rückbau wurde allerdings durch den Umstand erleichtert, dass der HDR nur 2.000 Stunden im nuklearen Betrieb gewesen war. Vom Spätherbst 1992 bis Anfang 1995 wurden die im Rahmen des HDR-Sicherheitsprogramms eingebauten Versuchsanlagen

abgebaut und entsorgt. Die Demontagearbeiten an allen Systemen und Einrichtungen schlossen sich übergangslos an. Ende Juni 1995 war der RDB zerlegt und das Material – soweit möglich – der Verwertung zugeführt worden. 1996–1997 wurden die Betonstrukturen innerhalb des Reaktor-Sicherheitsbehälters (RSB) abgebaut und dekontaminiert. Im Februar 1998 begann die Zerlegung der Stahlschale des RSB. Mitte Mai 1998, nachdem die Restgebäude und das Gelände freigemessen worden waren, wurde die Anlage des HDR vom Bayerischen Staatsministerium für Landesentwicklung und Umweltfragen aus dem Geltungsbereich des Atomgesetzes entlassen. Nach abschließenden Abrissarbeiten war im August 1998 „die grüne Wiese" wiederhergestellt.[518]

10.5.8 Phänomenologische Behälterberstversuche (BV)

Das Bersten eines RDB im Betrieb und dessen Folgen waren ein bewegendes Thema wissenschaftlicher Forschung, gerichtlicher Auseinandersetzungen (s. Wyhl-Prozess, Kap. 4.5.7), einer beunruhigten Bevölkerung und der Argumentation der Atomkraftgegner. Industrie und Behörden vertraten entschieden die Auffassung, dass die in der Bundesrepublik zugelassenen und betriebenen RDB nicht versagen könnten. Sie wollten deshalb gegenüber einer leicht erregbaren Öffentlichkeit unter allen Umständen vermeiden, dass bei den Forschungsarbeiten an originalen RDB (MPA-Großbehälter, s. Kap. 10.5.6 und HDR-Sicherheitsprogramm, s. Kap. 10.5.7) ein Zerknall eintrat. Andererseits lagen nur unzureichende praktische Erfahrungen mit den Vorgängen beim zähen Versagen von Großbehältern, insbesondere auch über das Leck-vor-Bruch-Kriterium vor.

Am 1. September 1977 begann das Bundesministerium für Forschung und Technologie (BMFT) mit dem Forschungsvorhaben „Phänomenologische Behälterberstversuche". Dieses

---

[514] GRS-Fortschrittsbericht GRS-F-160, Berichtszeitraum 1.1. bis 30.6.1987, Oktober 1987, Projektnummer 150 123 C, S. 3 f.

[515] Kussmaul, K., Roos, E., Diem, H., Katzenmeier, G., Klein, M., Neubrech, G. E. und Wolf, L.: Cyclic and transient thermal loading of the HDR reactor pressure vessel with respect to crack initiation and crack propagation, Nuclear Engineering and Design, 124, 1990, S. 162–165.

[516] Katzenmeier, G., Kußmaul, K., Diem, H. und Roos, E., a. a. O., S. 1.2.39 f

[517] Kühlewind, Hans Werner: HDR: Demontage und Beseitigung, atw, Jg. 43, November 1998, S. 676–678.

[518] Valencia, Luis: Vom HDR zur grünen Wiese, atw, Jg. 43, November 1998, S. 684–688.

Projekt Behälterversagen zog sich in zwei Phasen über 10 Jahre hin und wurde am 31.12.1987 beendet. In diesem Zeitraum wurden 17,4 Mio. DM Forschungsmittel aus dem Bundeshaushalt aufgewendet.[519]

Die übergeordnete Zielsetzung waren die „Feststellung und quantitative Erfassung der mit dem schnellen Versagen von ungeschützten Druckbehältern unter Warmbedingungen (Druck bis maximal 170 bar, Temperatur bis maximal 350 °C) verbundenen Effekte.“[520] Es sollten Berstversuche mit künstlich geschwächten zylindrischen Behältern (Innendurchmesser 700 mm, Wanddicke 45 mm) aus Werkstoff 20 MnMoNi 5 5 in unterschiedlich zähem Zustand unter Druckwasserreaktor (DWR) -Betriebsbedingungen durchgeführt werden. Dabei sollten im Einzelnen die Druck- und Temperaturverteilungen, die Bruchausbildung und -geschwindigkeit sowie die Beschleunigung und Geschwindigkeit wegfliegender Bruchstücke erfasst werden. Das besondere Interesse galt dem zeitlichen Verlauf der Rissöffnung, dem Rissfortschritt sowie den Bedingungen, unter denen ein einmal eingeleiteter Riss wieder gestoppt werden kann.

Auftragnehmer dieses Forschungsvorhabens war die MPA Stuttgart. Die Bleche für die Versuchskörper fertigten die Firmen Klöckner AG, Osnabrück, und Thyssen Henrichshütte, Hattingen. Die Herstellung der Behälter lief in der Henrichshütte im Herbst 1978 an.[521] Die Abmessungen der Querschnitte entsprachen etwa denen einer DWR-Hauptkühlmittelleitung. Das Verhältnis von Wanddicke zu Durchmesser kam ungefähr dem des DWR-RDB gleich. Der Werkstoff 20 MnMoNi 5 5 war optimiert und besaß eine hohe Kerbschlagsarbeitshochlage. Prüfkörper wurden auch aus dem Werkstoff 22 NiMoCr 3 7 aus einer modifizierten Sonderschmelze mit niedriger Kerbschlagarbeitshochlage angefertigt.

Beim Bersten der Behälter (160 bar, 300 °C) wurde erhebliche Energie frei (1.000–2.000 MJ). Der Prüfstand musste Splitterschutz bieten und dem Druck standhalten, der sich beim Zerknall aufbaute. Als Prüfstand für die Hauptversuche wurde das unterirdische „Werk Fritz“, eine aus dem letzten Krieg stammende Bunkeranlage im Großkraftwerk Mannheim AG (GKM), ausfindig gemacht und vom GKM-Vorstand Wilhelm Schoch zur Verfügung gestellt.[522] Werk Fritz wurde bis Ende 1978 für die Berstversuche baulich hergerichtet und mit einer Kondensatleitung zum Füllen und Hochheizen der Testbehälter versorgt.[523] Für Innendruckversuche mit hoher im Druckmedium (Druckluft) gespeicherter Energie konnte das wehrtechnische Freigelände der Bundeswehrerprobungsstelle 91 in Meppen/Niedersachsen genutzt werden.[524]

Von entscheidender Bedeutung war eine „schnelle“ Messtechnik. Die Behälter wurden mit Kerben oder Schlitzen geschwächt. Obwohl die Geometrie und die Werkstoffkennwerte bekannt waren, ließ sich der Berstdruck nicht so genau vorausberechnen, dass die Messwertaufzeichnungsgeräte und Hochgeschwindigkeitsfilmkamera (bis 3.000 Bilder/Sekunde) zum richtigen Zeitpunkt aufnahmebereit geschaltet werden konnten. Deshalb wurde der Bruch, nachdem der gewünschte Druck erreicht war, durch eine kleine Sprengladung an der Kerbe künstlich ausgelöst. Rissöffnung und Rissfortschritt wurden mittels aufgebrachter Reißdrähte und Beschleunigungsaufnehmer verfolgt (s. Abb. 10.59).[525] 40 Messstellen wurden gleichzeitig erfasst. Die gesamte Messanlage wurde automatisch gesteu-

[519] GRS-Fortschrittsbericht, GRS-F-164, Berichtszeitraum 1.7. bis 31.12.1987, Juni 1988, Projektnummer 150 279, S. 1.

[520] GRS-Fortschrittsbericht, GRS-F-66, Berichtszeitraum 1.4. bis 31.6.1978, September 1978, S. 394–396.

[521] GRS-Fortschrittsbericht, GRS-F-74, Berichtszeitraum 1.7. bis 31.12.1978, März 1979, Projektnummer RS 279, Lfd. Nr. 104, S. 2.

[522] vgl. Kußmaul, K.: Das Bachsche Erbe, a. a. O., S. 101.

[523] Sturm, D., Stoppler, W. und Julisch, P.: Stand des Forschungsvorhabens Behälterversagen, 5. MPA-Seminar, 11./12.10.1979, MPA Stuttgart, Vortragsnummer 7, S. 3 und 11.

[524] Sturm, D., Stoppler, W. et al., MPA Stuttgart: Forschungsprogramm „Phänomenologische Behälterberstversuche“, Abschlussbericht Phase I, MPA Stuttgart, Juli 1985, Vorwort

[525] Sturm, D. et al., MPA Stuttgart: Bruchauslösung und Bruchöffnung unter Leichtwasserreaktor-Betriebsbedingungen, 7. MPA-Seminar, 8./9.10.1981, Stuttgart, Vortragsnummer 8, S. 16.

Abb. 10.59 Bruchausbildung mit Längsschlitz 800 mm

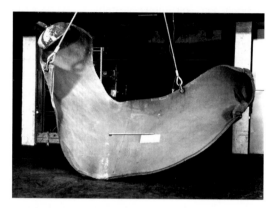

Abb. 10.60 Katastrophales Aufreißen mit Längskerbe 35 mm tief, 1.100 mm lang

ert, Datenspeicherung und -auswertung erfolgten elektronisch.[526]

Nach Erprobung des Messsystems und Versuchskreislaufs wurden im 4. Quartal 1979 die ersten 4 Berstversuche mit 2.500 mm langen Versuchsbehältern (äußerer Durchmesser 790 mm, Wanddicke 45 mm) aus Werkstoff 20 MnMoNi 5 5 hoher Zähigkeit vorgenommen. Die Behälter barsten nicht, sondern entwickelten Lecks.[527] Im weiteren Versuchsprogramm Anfang 1980 wurden die Kerblängen und -tiefen, um ein Bersten zu erzeugen, vergrößert (Abb. 10.60).[528] Zur Er-

mittlung der Geschwindigkeit von Bruchstücken beim Bersten wurden Induktionsschleifen eingesetzt. Die Geschwindigkeit einer fliegenden Behälterhälfte konnte zu ungefähr 100 m/s ermittelt werden, die Beschleunigung lag bei maximal 7.000 m/s².[529]

Während der Phase I von 1977 bis 1984 wurden 14 Hauptversuche mit 9 Behältern aus 20 MnMoNi 5 5 und 5 Behältern aus 22 NiMoCr 3 7 durchgeführt. Die untersuchten Behälter waren vorwiegend längsfehlerbehaftete Rohre unter Innendruckbelastung mit den Druckmedien Wasser oder Luft. Die Längsfehler waren künstlich eingebrachte Kerben sowie wanddurchdringende Schlitze, die von der Behälterinnenseite aus für den Druckversuch abgedichtet wurden. Bei den Experimenten traten Lecks, begrenzte Brüche und große Brüche auf.[530] In Abb. 10.61[531] ist für einen Behälter aus 22 NiMoCr 3 7 der Druck-Zeit-Verlauf eines Bruches aufgezeichnet, der sich nach Erreichen des Maximaldrucks beidseitig von den Schlitzenden in Behälterlängsrichtung ausbreitete. Durch das entstandene Leck kam es zur Druckentlastung und zum Rissstopp. Aus dem Bruchverlauf konnte die Leck-vor-Bruch-Kurve abgeleitet werden, die zeigt, bei welchem Druck, abhängig von der Schlitzlänge, schnelles Versagen (großer Bruch) eintritt (s. Abb. 10.62).[532]

Für einen Behälter bestimmter Geometrie und Werkstoffbeschaffenheit ist von großem Interesse der Druck, bei dem ein Schlitz instabil wird, ohne weitere Druckerhöhung weiterreißt und zum Zerknall führt (kritischer Druck). Dem kritischen Druck entspricht die kritische Risslänge. War der Schlitz (Riss) kürzer als die kritische Schlitzlänge, so bildete sich im Versa-

[526] Sturm, D., Stoppler, W. und Julisch, P.: Stand des Forschungsvorhabens Behälterversagen, . 5. MPA-Seminar, 11./12.10.1979, MPA Stuttgart, Vortragsnummer 7, S. 4–7.

[527] GRS-Fortschrittsbericht, GRS-F-88, Berichtszeitraum 1.10. bis 31.12.1979, März 1980, Projektnummer RS 279, Lfd. Nr. 156, S. 2 f.

[528] Sturm, D. et al., MPA Stuttgart: Bruchauslösung und Bruchöffnung unter Leichtwasserreaktor-Betriebsbedingungen, 7. MPA-Seminar, 8./9.10.1981, Stuttgart, Vortragsnummer 8, S. 20.

[529] GRS-Fortschrittsbericht, GRS-F-93, Berichtszeitraum 1.1. bis 31.3.1980, Juni 1980, Projektnummer RS 279, Lfd. Nr. 112, S. 2 f

[530] Sturm, D., Stoppler, W. et al., MPA Stuttgart: Forschungsprogramm „Phänomenologische Behälterberstversuche", Abschlussbericht Phase I, MPA Stuttgart, Juli 1985, Kap. 2, Beilage 4.

[531] Sturm, D., MPA Stuttgart: Forschungsprogramm „Phänomenologische Behälterversuche". RS 279, 1. Technischer Zwischenbericht, Oktober 1980, Abb. 2.2.

[532] ebenda, Abb. 2.4.

Abb. 10.61 Druck- und Riss-
länge-Zeit-Verlauf mit einem
beidseitig aufreißenden 800 mm
Längsschlitz

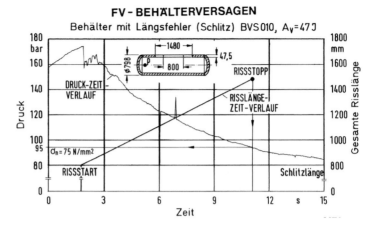

Abb. 10.62 Leck-vor-Bruch-Kurve, Ausgangsschlitzlänge 800 mm
(R_m = Zugfestigkeit)

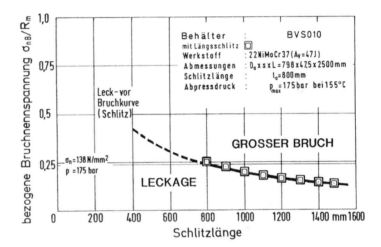

gensfall immer eine Leckage oder ein begrenzter Bruch aus. Abbildung 10.63[533] zeigt den Zusammenhang zwischen Fehlerlänge und Bruchöffnungsfläche für DWR-Betriebsbedingungen
(17,5 MPa, 300 °C), der sich aus Versuchen mit
rohrförmigen Behältern mit Längsfehlern (Oberflächenkerben) ergab.

Bei Behältern gleicher Abmessungen mit
Längsfehlern hängt, so zeigten dies die Experimente, die Leck-vor-Bruch-Kurve, die den Le-
ckagebereich von dem des Zerknalls trennt, im
Wesentlichen von der Zähigkeit des Behälter-

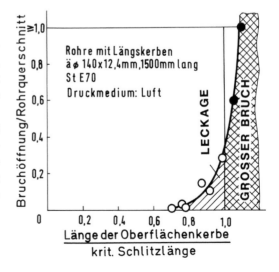

Abb. 10.63 Zusammenhang zwischen Bruchöffnung
und Ausgangsfehlerlänge

[533] ebenda, Abb. 4.10.

Abb. 10.64 Leck-vor-Bruch-Kurven, Werkstoffe verschiedener Zähigkeiten

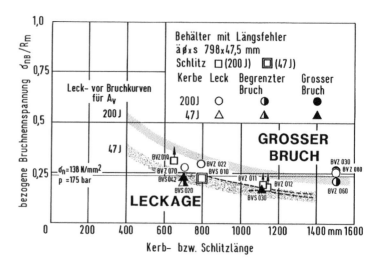

werkstoffs ab (Abb. 10.64).[534, 535] Der Verlauf dieser Kurve war in den Berstversuchen unabhängig von der Risseinleitung (quasistatisch oder dynamisch).

In Phase I wurden nur wenige Versuche mit Behältern gemacht, die mit Umfangsfehlern geschwächt worden waren. Die Ergebnisse waren für eindeutige Aussagen nicht ausreichend.[536]

Phase II des Forschungsvorhabens „Phänomenologische Behälterberstversuche" in den Jahren 1984–1987 hatte Experimente mit umfangsfehlerbehafteten Rohren zum Inhalt, die durch Innendruck und ein äußeres Biegemoment belastet waren. Die Rohrabmessungen (Außendurchmesser 800 mm, Wanddicke 47 mm) entsprachen denen einer Hauptkühlmittelleitung eines 1.300 MW_{el}-DWR. Ziel der Phase II war die Vertiefung der Kenntnisse über das Berstverhalten dieser Primärkreiskomponente im Fall vorhandener Risse bei zusätzlich wirkenden störfallartigen Belastungen, die durch Erdbeben,

Flugzeugabsturz oder Wasserschlag verursacht werden können.[537]

Die Bleche für die Versuchsrohre wurden wieder in Osnabrück und Hattingen aus „basissicherem" (hochzähem) Werkstoff 20 MnMoNi 5 5 und einer modifizierten Schmelze (niedrigzäh) auf der Basis 22 NiMoCr 3 7 hergestellt. Die rohrförmigen Behälter mit der Länge 5.000 mm wurden von der Thyssen AG in Hattingen gefertigt. Eine 10-MNm-Biegevorrichtung konstruierte und baute die Fa. Klöckner-Wilhelmsburger GmbH, Georgsmarienhütte Osnabrück. Die Rohrbiegevorrichtung wurde Ende 1985 zuerst in der MPA Stuttgart bis zur Maximallast von ca. 12 MNm getestet.[538] Danach wurde sie nach Meppen gebracht, wo die Berstversuche mit Druckluft auf dem Bundeswehr-Freigelände der Wehrtechnischen Dienststelle 91 durchgeführt wurden. Die ersten vier Versuche fanden im ers-

---

[534] Sturm, D., Stoppler, W., Julisch, P., Hipplein, K. und Muz, J.: Fracture Initiation and Fracture Opening under Light Water Reactor Conditions, Nuclear Engineering and Design, Vol. 72, 1982, S. 81–95.

[535] Hippelein, K. W. et al., MPA Stuttgart: Forschungsprogramm „Phänomenologische Behälterberstversuche". Abschlussbericht Phase I, Juli 1985, Kap. 2, Beilage 5.

[536] ebenda, Zusammenfassung.

[537] Hippelein, K. et al., MPA Stuttgart: Forschungsvorhaben „Phänomenologische Behälterberstversuche" (Phase II), Forschungsbericht, Dezember 1987, Kap. 1, S. 2 f.

[538] GRS-Fortschrittsbericht, GRS-F-149, Berichtszeitraum 1.7. bis 31.12.1985, Juni 1986, Projektnummer 150 279, S. 3.

Abb. 10.65 Leck-vor-Bruch-Kurven bei Biegung, Innendruck und Umfangsschlitz

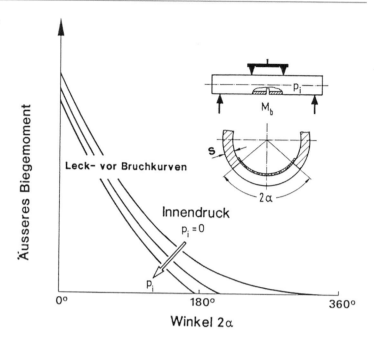

ten Halbjahr 1986 statt.[539] Abbildung 10.66 zeigt schematisch den Versuchsaufbau.[540]

Während der Phase II wurden insgesamt 16 Versuche gefahren. Bei 14 Versuchskörpern waren Teilumfangsfehler (Schlitze, Innen- und Außenkerben) mechanisch eingebracht worden. Zwei Experimente wurden mit fehlerfreien Rohrbehältern durchgeführt. Der Innendruck und die Temperatur entsprachen DWR-Betriebsbedingungen mit 15 MPa und 200–300 °C. Die Biegemomente erreichten nahezu 12 MNm. Die letzten Versuche fanden in der zweiten Jahreshälfte 1987 statt.[541] In Abb. 10.65 ist die Verschiebung der Leck-vor-Bruch-Kurven mit der Erhöhung des Druckniveaus im Rohr dargestellt, das durch einen wanddurchdringenden Umfangsfehler (Schlitz) geschwächt ist und unter der Belastung

mit einem äußeren Biegemoment steht.[542] Bei den Vergleichen von Rechnungen und Versuchen lieferten sowohl die „plastische Grenzlastmethode" als auch die „Momentenmethode" für das Versagensverhalten der Rohre sichere Ergebnisse. Genauere Aussagen zur kritischen Fehlergeometrie, insbesondere zum Verhalten bei Rissinitiierung waren nur mittels der Finite-Elemente-Methode in Verbindung mit fluiddynamischen Analysen zu erhalten.[543]

Die wesentlichen Ergebnisse der Behälterberstversuche waren:[544]

- Die kritische Fehlerlänge (Schlitz) in Umfangsrichtung beträgt bei der Geometrie einer DWR-Hauptkühlmittelleitung, einem Innendruck von 15 MPa und einem äußeren Biegemoment von annähernd 12 MNm etwa 240 mm bei hochzähem und etwa 100 mm bei einem niedrigzähen Werkstoff.

[539] GRS-Fortschrittsbericht, GRS-F-153, Berichtszeitraum 1.1. bis 30.6.1986, November 1986, Projektnummer 150 279, S. 2 f.

[540] Hippelein, K. et al., MPA Stuttgart: Forschungsvorhaben „Phänomenologische Behälterberstversuche" (Phase II), Forschungsbericht, Dezember 1987, Kap. 2, S. 1.

[541] GRS-Fortschrittsbericht, GRS-F-164, Berichtszeitraum 1.7. bis 31.12.1987, Juni 1988, Projektnummer 150 279, S. 2 f.

[542] Sturm, Dietmar, Stoppler, Waldemar, Hippelein, Karl et al., MPA Stuttgart: Forschungsvorhaben 1500 279, Phänomenologische Behälterberstversuche, Abschlussbericht, Stuttgart, November 1989, Kap. 8, Beilage 8.4.

[543] ebenda, S. 6 f.

[544] Hippelein, K. et al., MPA Stuttgart: Forschungsvorhaben „Phänomenologische Behälterberstversuche" (Phase II), Forschungsbericht, Dezember 1987, S. 5–7.

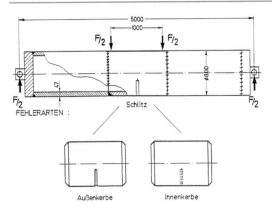

Abb. 10.66 Mit äußerem Biegemoment belasteter Rohrbehälter (schematisch)

- Wenn ein Umfangsfehler die kritische Schlitzlänge erreicht, ist ein Rissstopp nicht mehr möglich.
- Umfangsfehler, die kürzer als die kritische Schlitzlänge sind, führen im Versagensfall zu Leckagen.
- Die maximale Bruchöffnungsfläche liegt bei Fehlern, die kürzer als 90 % der kritischen Schlitzlänge sind, deutlich unter 10 % des Rohrquerschnitts (0,1 F-Kriterium der RSK-Leitlinien für DWR – s. folgende Spalte).
- Die experimentell bestimmten kritischen Fehlerlängen liegen um ein Mehrfaches über den mit zerstörungsfreien Prüfverfahren sicher anzeigbaren Fehlergrößen. Dies bedeutet im Hinblick auf die vorgeschriebenen Abnahme- und Wiederholungsprüfungen, dass ein ausreichender Sicherheitsabstand gegen Versagen immer gegeben ist.

Auf der Grundlage dieser Behälterberstversuche der MPA Stuttgart sowie weiterer Experimente der Battelle Columbus Laboratories in Columbus, Ohio wurden bruchmechanische Berechnungen vorgenommen, die große Sicherheitsreserven bei den in deutschen Kernkraftwerken eingesetzten Hauptkühlmittelleitungen ergaben.[545]

In der 3. Ausgabe der RSK-Leitlinien für DWR vom 14.10.1981 waren die Ausschlag-

sicherungen zur Beherrschung des postulierten Totalabrisses der Hauptkühlmittel- und Speisewasserleitungen (2 F-Bruch) als Auslegungsanforderung im Genehmigungsverfahren für Kernkraftwerke entfallen.[546] Der 2 F-Bruch wurde hinsichtlich der Reaktions- und Strahlkräfte sowie der Druckwellen-Belastungen durch das 0,1 F-Leckpostulat ersetzt. Hinsichtlich der Auslegung der Notkühlsysteme, Sicherheitsbehälter, Standsicherheit und Störfallfestigkeit bestimmter Komponenten blieb der „2 F-Bruch" als Postulat und als Grundlage für Lastannahmen für Analysen jedoch erhalten.

Die RSK begründete das Postulat eines kleinen Lecks mit einer 0,1 F-Öffnung auf der Grundlage von Ergebnissen der Werkstoffforschung, verbesserter Methoden der Konstruktion und Verarbeitung sowie der Werkstoffprüfung. Das Forschungsvorhaben Behälterversagen hatte dazu die Basis gelegt und die Richtigkeit der neuen RSK-Leitlinien bestätigt. Ein weiteres beachtliches Argument war, dass die Ausschlagsicherungen wegen ihrer raumgreifenden Konstruktionen die Zugänglichkeit für wiederkehrende Prüfungen behinderten und dadurch auch die Strahlenexposition des Prüfpersonals erhöht wurde. Aufgrund der nunmehr vorliegenden Erkenntnisse wäre eine weitere Abschwächung des 0,1 F-Leck-Postulats möglich gewesen. Die RSK blieb jedoch bei dem Zahlenwert 0,1 F, weil die größte Anschlussleitung an die Hauptkühlmittelleitung, die Verbindungsleitung zum Druckhalter, bei ihrem postulierten Abriss einen vergleichbaren Querschnitt freigeben würde.

Die Einführung der Basissicherheit in die RSK-Leitlinien und die Störfall-Leitlinien wurde von den Atomkraftgegnern als eine drastische Verminderung der hohen sicherheitstechnischen Anforderungen an die Auslegung von Kernkraftwerken aufgefasst und hatte politische Auseinandersetzungen zur Folge (s. Kap. 6.1.4).

---

[545] Bartholomé, G., Steinbuch, R. und Wellein, R.: Preclusion of Double-Ended Circumferential Rupture of the Main Coolant Line, Nuclear Engineering and Design, Vol. 72, 1982, S. 97–105.

[546] RSK-Leitlinien für Druckwasserreaktoren, 3. Ausgabe, 14. Oktober 1981, GRS, Köln, S. 21.1–1.

10.5.9 RDB-Notkühlsimulationen (NKS)

Bei den Untersuchungen hypothetischer Störfälle in Druckwasserreaktoren galt den druckbeaufschlagten Thermoschockbeanspruchungen durch Überkühlungstransienten (overcooling transient) besondere Aufmerksamkeit. Im Notkühlfall kommt es zur schnellen und lang andauernden Abkühlung der inneren Wandoberfläche des Reaktordruckbehälters (RDB) bei hohen bis niedrigen Systemdrücken, die steile, in die Wand einwirkende Temperaturgradienten verursacht. Mehrere Forschungsstätten unternahmen dazu in den 70er und 80er Jahren experimentelle und theoretische Studien mit unterschiedlichen Zielsetzungen, Versuchsanordnungen und Randbedingungen. Zu nennen sind hier insbesondere:

- Joint Research Centre (JRC), Ispra, Italien,
- Oak Ridge National Laboratory (ONRL), USA,
- Electric Power Research Institute (EPRI), USA,
- National Bureau of Standards, USA,
- Framatome, Frankreich,
- Department of Nuclear Engineering, Universität Tokio, Japan,
- Risley Nuclear Laboratories, England,
- KfK Karlsruhe/MPA Stuttgart, Projekt HDR-Sicherheitsprogramm.

Die MPA Stuttgart beobachtete und verfolgte die an diesen Stellen betriebenen Vorhaben und die dabei erzielten Ergebnisse.[547] Man vertrat die Ansicht, dass zur Klärung des komplexen Sachverhalts weitere Versuche notwendig seien, um die werkstoffmechanischen Vorgänge im Notkühlfall so realitätsnah und reproduzierbar darzustellen, dass jede andere Forschungsstelle die eigenen Analysenmethoden daran messen konnte (predictive capabilities).

Im Juli 1982 begann an der MPA Stuttgart ein vom Bundesminister für Forschung und Technologie (BMFT) getragenes Forschungsvorhaben zur Quantifizierung des Sicherheitsabstands von RDB gegen einen Zerknall bei Notkühlvorgängen.[548] Die Zielsetzung war, an hohlzylindrischen Großproben mit RDB-ähnlichen Wanddicken und daher RDB-ähnlichen Spannungs- und Werkstoffzuständen sowie konservativ angenommenen Fehlerzuständen Thermoschocks zu simulieren, wie sie bei der RDB-Notkühlung eintreten können. Die Versuchsergebnisse sollten dazu benutzt werden, die auf der Grundlage erweiterter Bruchmechanikkonzepte mit numerischen Rechenprogrammen erstellten Vorausanalysen zu überprüfen und zu verifizieren. Fünf Großproben waren zur Prüfung vorgesehen. Der Spannungszustand, wie er in RDB-Wänden herrscht, sollte durch eine geeignete Kombination von Innendruck und Axialzugbelastung simuliert werden.[549] Der Versuchskreislauf mit einer 100-MN-Zugprüfmaschine, zwei Hochdruckpumpen, elektronischer Datenerfassungs-, Speicherungs- und Verarbeitungsanlage wurde im Jahr 1983 errichtet. Das Verfahren zur Einbringung einer Umlaufkerbe als Fehlerstelle in die Großproben und zur Rissvertiefung durch einen Anschwingvorgang wurde erfolgreich erprobt.[550] Die Forschungsarbeiten hatten die Vorgabe, dass sich im zylindrischen Schuss des RDB mit der Wanddicke von 200 mm innen unterhalb des Kühlmitteleintrittsstutzens eine rissartige Fehlerstelle befindet. Abbildung 10.67 zeigt die schematische Darstellung des Versuchskreislaufs. Die in die Zugprüfmaschine eingespannte Großzugprobe wurde auf ca. 320 °C aufgeheizt. Die innere Wandoberfläche wurde mit kaltem Wasser (10–20 °C) aus dem Spritzstempel schockartig abgekühlt. Auf diese Weise konnten die für druckbeaufschlagte RDB-Thermoschockbeanspruchungen typischen Wärmespannungsfelder simuliert werden. Die Probestähle deckten ein beträchtliches Spektrum

---

[547] Doll, Wolfgang, Ehling, Walter, Huber, Hermann, Nguyen-Huy, Tan und Weber, Ulrich, MPA Stuttgart: Forschungsvorhaben 1500 618 RDB-Notkühlsimulation, MPA-Forschungsbericht, Januar 1990, S. 31–73.

[548] Projektnummer 1500 618: „Experimentelle und theoretische Bruchanalyse mit numerischen Methoden zur Behandlung einer Innendruckbelastung mit überlagerter Thermoschockbeanspruchung an Reaktordruckbehältern".

[549] GRS-Fortschrittsbericht GRS-F-128, Berichtszeitraum 1.1. bis 30.6.1983, September 1983, Projektnummer 1500 618, S. 1–3.

[550] GRS-Fortschrittsbericht GRS-F-132, Berichtszeitraum 1.7. bis 31.12.1983, April 1984, Projektnummer 1500 618, S. 1–3.

Abb. 10.67 Versuchskreislauf für
RDB-Notkühlsimulation

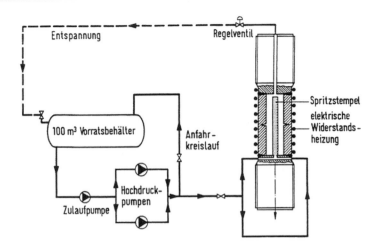

von Werkstoffzuständen ab (NDT-Temperaturen von 5 °C bis 120 °C, Hochlagen der Kerbschlagarbeit von 60 J bis 185 J).[551] Drei Probenwerkstoffe konnten als „basissicher" bzw. optimiert eingestuft werden; einer entsprach dem Werkstoff älterer Anlagen. In der fünften Probe war zur Simulation einer strahlenversprödeten RDB-Wand ein niedrig-zäher Werkstoff im Innenwandbereich mit einem höher-zähen Werkstoff der Außenwand verbunden. Die hier interessierende Fragestellung war, ob werkstoffspezifische Kennwerte quantitativ ermittelt werden können, bei deren Einhaltung spröde Risse in dickwandigen Komponenten unter Notkühlbedingungen gestoppt werden.

Die Notkühlversuche an den ersten fünf Großproben NKS 1–NKS 5 waren im September 1988 abgeschlossen. Die Projektkosten beliefen sich auf 7,2 Mio. DM.[552]

Das Versagensverhalten der Proben aus „basissicherem" und optimiertem Werkstoff konnte mittels der bruchmechanischen Analyse zufriedenstellend reproduziert werden. „Damit ist ein effektives Werkzeug verfügbar, um ohne aufwändige, nichtlineare Finite-Elemente-Berechnungen das Versagensverhalten von zylindrischen Strukturen unter überlagerten Beanspruchungen aus mechanischen und thermischen Spannungen

zuverlässig und auf der sicheren Seite liegend zu ermitteln."[553] Das Ausmaß der stabilen Risserweiterung hängt von den jeweiligen Werkstoffzähigkeiten ab. Bei den Versuchen mit dem Werkstoff älterer Anlagen trat ebenfalls keine spröde Rissbildung auf, da sich die Temperatur an der tiefer in der Wand befindlichen Rissspitze noch im Bereich der Hochlagentemperatur der Kerbschlagarbeit befand. Die *zähe* Rissausbreitung konnte auch hier zuverlässig bruchmechanisch behandelt werden. In der Verbundprobe aus niedrig- und höher-zähen Werkstoffen wurde an der Innenwand ein spröder Riss initiiert, der jedoch im zähen Material wieder gefangen wurde.[554]

Die Rissstoppanalyse bei instabiler Rissausbreitung ist ein wichtiger Aspekt der Sicherheitsbeurteilung eines RDB. Dabei ist nachzuweisen, dass instabile, schnell laufende Risse bei allen voraussehbaren Betriebs- und für die Auslegung vorgegebenen Störfallzuständen nicht auftreten können. Das komplexe Zusammenwirken von Lage und Größe der anzunehmenden Fehlerstellen, von Spannungs- und Verformungszuständen durch äußere Lasten und von Umgebungsbedingungen mit dem Werkstoffverhalten ist eingehend zu untersuchen. Zur Abklärung dieser Fragen wurden drei weitere, aufeinander folgende Forschungsvorhaben von der MPA Stuttgart durchgeführt, die sich bis zum Jahr 1999 erstreckten.

---

[551] Doll, Wolfgang et al., MPA Stuttgart, a. a. O., S. 75–80.

[552] GRS-Fortschrittsbericht GRS-F-172, Berichtszeitraum 1.7. bis 31.12.1983, Juni 1989, Projektnummer 1500 618, S. 1.

[553] Doll, Wolfgang et al., MPA Stuttgart, a. a. O., S. 6.

[554] ebenda, S. 2–5.

Da die Untersuchungen in anderen Forschungsstätten überwiegend an zähen Behälterwerkstoffen erfolgten, wurde der gängige niedrig-zähe Behälterstahl 17 MoV 8 4 von der MPA als Versuchswerkstoff gewählt, um die bis zu diesem Zeitpunkt vorliegenden Erkenntnisse im Bereich des grenzüberschreitenden Werkstoff- und Beanspruchungszustands zu überprüfen und zu ergänzen. Durch Ausscheidungshärtung wurde zusätzlich eine isotrope Versprödung erreicht. Die dazu erforderliche Wärmebehandlung bestand in einer Austenitisierung bei 1050 °C mit anschließender schnellen Ölabschreckung und Anlassen bei 640 °C, 7 Stunden lang. Dabei wurde eine NDT-Temperatur von 140 °C erzielt. Die Zähigkeitseigenschaften des so modifizierten Werkstoffs sind aus Abb. 10.44 ersichtlich (Kurve NKS 6). Die Werkstoffeigenschaften wurden so eingestellt, dass die gesamte Betriebszeit eines RDB sicher abgedeckt werden konnte. Ein Erkenntnisinteresse bestand auch für Notkühlvorgänge bei niedrigem Systemdruck und plattierten Werkstoffen, s. Anhang 10–12.

Die MPA-Versuchseinrichtung wurde um eine 12 MN-Schnellzerreißmaschine für die dynamische Belastung von Flachzugproben erweitert. Für die umfangreichen, teilweise dreidimensionalen, numerischen Voraus- und Nachrechnungen stand der Vektorrechner CRAY-2 der Universität Stuttgart zu Verfügung.[555] Die numerischen Analysen dienten sowohl zur Vorausfestlegung der Versuchsbedingungen als auch zur Verbesserung und Verifizierung der Rechenprogramme anhand der Messdaten. Für diese drei weiteren NKS-Projekte wurden im Zeitraum 1988–1999 aus Bundesmitteln 10 Mio. DM aufgewendet. Es handelte sich um folgende Projekte:

- „Experimentelle und numerische Untersuchungen zum Verhalten eines niedrigzähen Behälterwerkstoffs bei Risseinleitung, instabiler Rissausbreitung und Rissstopp bei überlagerten mechanischen und thermischen Beanspruchungen", Laufzeit: 1988–1991, Zielsetzung: Quantitative Beschreibung der spröden Rissausbreitung in dickwandigen Druckbehältern,[556] Experimente: 1 Notkühlversuch und 2 Großplattenversuche, Abschlussbericht: Dezember 1992.[557]

- „Untersuchungen zu den Auswirkungen von Niederdrucktransienten bei simulierten Werkstoffzuständen", Laufzeit: 1992–1995, Zielsetzung: Rissstoppanalyse bei instabiler Risserweiterung, Fehlerverhalten in RDB-Wand im Übergangsbereich der Zähigkeit,[558] Experimente: 5 Notkühlversuche an 3 Behältern, Abschlussbericht: Dezember 1996.[559]

- „Untersuchungen zu Auswirkungen der Plattierung auf das Verhalten von kleinen Fehlern im Grundwerkstoff bei gekoppelter thermischer und mechanischer Belastung", Laufzeit: 1996–1999, Zielsetzung: Rissinitiierung durch kleine Fehler, Rissausbreitung und Rissstopp im Einflussbereich der Plattierung bei Thermoschock,[560] Experimente: 2 Notkühlversuche mit Plattierung, Abschlussbericht: Dezember 2000.[561]

[555] GRS-Fortschrittsbericht GRS-F-172, Berichtszeitraum 1.7. bis 31.12.1988, Juni 1989, Projektnummer 1500 787, S. 1–4.

[556] GRS-Fortschrittsberichte GRS-F-172, (Juni 1989), 1500 787, S. 1 und GRS-F-2/1991, 1500 787, S. 1–4.

[557] Elenz, T., Hädrich, H.-J., Huber, H., Nguyen-Huy, T., Stumpfrock, L. und Weber, U., MPA Stuttgart: Forschungsvorhaben BMFT-FKZ-1500787, Reaktorsicherheitsforschung, Experimentelle und numerische Untersuchungen zum Verhalten eines niedrigzähen Behälterwerkstoffs bei Risseinleitung, instabiler Rissausbreitung und Rissstopp bei überlagerten mechanischen und thermischen Beanspruchungen, Abschlussbericht, Stuttgart, Dezember 1992.

[558] GRS-Fortschrittsberichte GRS-F-2/1992, (September 1993), 1500 946, S. 1–3 und GRS-F-2/1995, 1500 946, S. 1–3.

[559] Gillot, R., Huber, H., Stumpfrock, L. und Weber, U., MPA Stuttgart: Forschungsvorhaben BMFT-FKZ-1500946, Untersuchungen zu den Auswirkungen von Niederdrucktransienten bei simulierten Werkstoffzuständen, Abschlussbericht, Stuttgart, Dezember 1996.

[560] GRS-Fortschrittsberichte GRS-F-2/1996, 1501065, S. 1–3 und GRS-F-2/2000, 1501065, S. 1–3.

[561] Stumpfrock, Ludwig, Eisele, U., Huber, H., Merkert, G., Restemeyer, D., Seidenfuß, M. und Weber, U., MPA Stuttgart: Reaktorsicherheitsforschungs-Vorhaben Nr. 1501065, Untersuchungen zu Auswirkungen der Plattierung auf das Verhalten von kleinen Fehlern im Grundwerkstoff bei gekoppelter thermischer und mechanischer Belastung, Abschlussbericht, Stuttgart, Dez. 2000.

Zwei der MPA-Experimente aus den Jahren 1988–1991 wurden in die 1. Phase (1990–1992) des OECD-Projekts FALSIRE (Fracture Assessment of Large Scale International Reference Experiments)[562] eingebracht. Das OECD-Vorhaben wurde von GRS und ORNL gemeinsam organisiert und diente dazu, die Berechnungs- und Bewertungsverfahren für Bauteile unter komplexer mechanischer und thermischer Belastung (Thermoschocks) international vergleichbar zu machen. Aus zwei weiteren MPA-Experimenten konnte das OECD-Vorhaben FALSIRE in seiner 2. Phase (1992–1995) Nutzen ziehen.[563] Die beiden letzten MPA-Notkühlversuche aus den Jahren 1996–1999 wurden in das Euratom-Netzwerk NESC (Network for Evaluation of Structural Components) als Kern des Projects NESC II eingebracht.[564] Über das FALSIRE-Projekt hinausgehend und thermohydraulische Aspekte mit einbeziehend, wurde eine internationale vergleichende Studie „Reactor Pressure Vessel Pressurized Thermal Shock International Comparative Assessment Study "(RPV PTS ICAS) unter der Schirmherrschaft der OECD/NEA durchgeführt, die 1999 abgeschlossen war.[565, 566] Darin

wird auch auf Thermoschockversuche am Reaktordruckbehälter der HDR-Versuchsanlage (s. Kap. 10.5.7) eingegangen (Teilumfangsriss mit Streifenkühlung).

Die Ergebnisse der Notkühlsimulationen der MPA Stuttgart in den Jahren 1982–1999 ermöglichten die Weiterentwicklung und Verifizierung der numerischen bruchmechanischen Berechnungsverfahren. Eine zuverlässige und sichere Grundlage für die quantifizierte Vorhersage des Versagensverhaltens von bestrahlten und unbestrahlten Reaktorkomponenten hinsichtlich Risseinleitung und Rissausbreitung konnte geschaffen werden.[567]

10.5.10   Bestrahlung (BE)

Während des Betriebs werden die ferritischen Stähle von Reaktordruckbehältern (RDB) im kernnahen Bereich durch Neutronenbestrahlung in ihren Eigenschaften verändert. Sie werden härter und verlieren an Zähigkeit (Strahlenversprödung). Dies wurde schon Anfang der 50er Jahre in den amerikanischen National Laboratories Argonne und Oak Ridge im Einzelnen untersucht (s. Kap. 9.3.1). In allen Ländern, die Kernenergie nutzen, wurden Bestrahlungsversuche unternommen, die, soweit möglich, von der International Atomic Energy Agency (IAEA) koordiniert wurden. Um die qualitätsmindernde Strahlenwirkung bei der Auslegung und Konstruktion von Reaktordruckbehältern angemessen berücksichtigen zu können, sind Auslegungskurven aufgestellt worden, die den Zusammenhang zwischen Neutronenexposition und Änderung der Werkstoffeigenschaften wiedergaben.

Der Reaktorhersteller Westinghouse Electric Corporation, Pittsburgh, Pa., suchte Anfang der 60er Jahre auf der Grundlage der vielfach vorliegenden Messergebnisse aus Bestrahlungsver-

[562] Bass, B. R., Pugh, C. E., Keeney, J., Schulz, H. und Sievers, J.: CSNI Project for Fracture Analyses of Large-Scale International Reference Experiments (Project FALSIRE), NUREG/CR-5997 (ORNL/TM-12307), Oak Ridge National Laboratory, December 1992, NEA/CSNI/R(94)12, GRS-108, April 1994.

[563] Bass, B. R., Pugh, C. E., Keeney, J., Schulz, H. und Sievers, J.: CSNI Project for Fracture Analyses of Large-Scale International Reference Experiments (FALSIRE II), NUREG/CR-6460 (ORNL/TM-13207), Oak Ridge National Laboratory, April 1996, NEA/CSNI/R(96)12, GRS-130, November 1996.

[564] Stumpfrock, L., Swan, D. I., Siegele, D., Taylor, N. G. et al.: NESC-II Final Report, Brittle crack initiation, propagation and arrest of shallow cracks in a clad vessel under PTS loading, NESCDOC MAN (02) 07, März 2003.

[565] Sievers, Jürgen: Internationale Vergleichsanalysen zur Integrität von Reaktordruckbehältern (RPV PTS ICAS), atw, Jg. 45, 2000, S. 94–97, s. auch: Weiterentwicklung der Methodik zur Integritätsbewertung von Reaktordruckbehältern mit Verifizierung durch Analysen zu Großversuchen, Habilitationsschrift Universität Suttgart, Mai 2001, S. 185.

[566] vgl. auch Sievers, J.: Weiterentwicklung der Methodik zur Integritätsbewertung von Reaktordruckbehältern mit Verifizierung durch Analysen zu Großversuchen, Habilitationsschrift Universität Stuttgart, Mai 2001.

[567] Roos, E. und Stumpfrock, L.: Komponentenverhalten bei transienten thermischen Belastungen, 2. Workshop Kompetenzverbund Kerntechnik „Komponentensicherheit und Integritätsbewertung", Tagungsband, Köln, 18.-19. September 2002

Abb. 10.68 Porse-Diagramm (Design Transition Temperature DTT, DTT = NDT − T + 60 °F [33 °C])

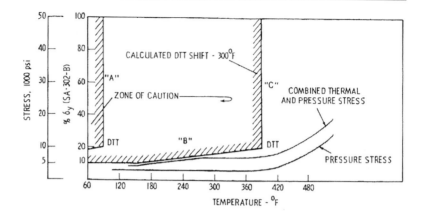

suchen und der Arbeiten von Pellini[568] ein einfaches sicherheitsorientiertes Konzept für die Reaktorauslegung, das den Wirkungen der Neutronenstrahlung Rechnung trug. Der Ingenieur für Reaktorentwicklung bei Westinghouse, Laurids Porse, machte im November 1963 auf dem Winter Annual Meeting der American Society of Mechanical Engineers (ASME) in Philadelphia, Pa., den Vorschlag, einen „verbotenen Bereich" für die Spannungen in der RDB-Wand abhängig von der Temperatur vorzugeben.[569] Im so genannten Porse-Diagramm (s. Abb. 10.68)[570] sind die Grenzkurven dieser „Zone of Caution" so festgelegt, dass die von der Neutronenstrahlung verursachte Verschiebung der Sprödbruchübergangstemperatur NDT-T sowie das Rissstoppvermögen des Werkstoffs in der „Design Transition Temperature" DTT (DTT = NDT − T + 60 °F) berücksichtigt sind. Der „verbotene Bereich" rückt im Laufe der Betriebszeit des RDB infolge der mit der zunehmenden Bestrahlung einhergehenden Anhebung der Sprödbruchübergangstemperatur in Bereiche höherer Temperaturen (in Abb. 10.68 um 300 °F). Der Verlauf der Grenzkurven ist von der chemischen Zusammensetzung des Werkstoffs, der Strahlungsintensität sowie der Bestrahlungstemperatur und -zeitdauer abhängig. Das Porse-Diagramm wurde auch bei der Auslegung deutscher Reaktoren verwendet.[571, 572]

Zur Überwachung der tatsächlich eingetretenen Strahlenversprödung und zur Überprüfung dieser aus den USA kommenden Auslegungsvorgaben wurden schon bei den ersten deutschen Reaktoren so genannte Einhängeproben eingesetzt: Proben aus den verwendeten RDB-Werkstoffen wurden so am Reaktorkern platziert, dass sie einer deutlich höheren Strahlung ausgesetzt waren als das durch den Wasserspalt zwischen Kern und RDB-Wand besser geschützte Behältermaterial. Dadurch konnte die Strahlungswirkung an diesen sog. „Voreilproben" zeitlich vorauseilend gemessen werden. Im Mehrzweck-Forschungsreaktor Karlsruhe (MZFR, 200 MW_{th}, Werkstoff 21 MnMo 5 5, Inbetriebnahme September 1965) wurde ein Satz Bestrahlungsproben vom November 1965 bis November 1971 einer Fluenz schneller Neutronen ausgesetzt, die ungefähr 30 Volllastjahren entsprach. Die Ergebnisse der Probenanalyse stimmten mit den aus der amerikanischen Fachliteratur bekannten Werten überein. Es konnte im Hinblick auf Strahlenversprödung ein sicherer Betrieb des MZFR für die geplante Lebensdauer von 20 Jahren erwartet werden.[573]

---

[568] vgl. Kap. 10.2.3 und Anhang 6–4.

[569] ASME-Paper No. 63-WA-100, vgl. Porse, L.: Reactor-Vessel Design Considering Radiation Effects, Journal of Basic Engineering, Transactions of the ASME, Dezember 1964, S. 743–749.

[570] Porse, L.: Reactor-Vessel Design Considering Radiation Effects, Journal of Basic Engineering, Transactions of the ASME, Dezember 1964, S. 747.

[571] AMPA Ku 87, KWU/R 213/Bartholomé: Versagensanalyse mit Berücksichtigung von Fehlstellen, Stand 1.5.1974, Erlangen, 3.5.1974, S. 2–6 und Abb. 1.1.

[572] vgl. IRS-Bericht SB 4, Statusbericht Reaktordruckbehälter, Bd. 1.1: Zusammenfassung und Ergebnisse, Dezember 1973, S. 44–47.

[573] AMPA Ku 83, Klausnitzer E, SIEMENS AG, Erlangen, Abt. Werkstofftechnik: MZFR Karlsruhe, Überwa-

Im Kernkraftwerk Obrigheim (KWO) wurde im Jahr 1967 ein Bestrahlungsprogramm mit der Zielsetzung begonnen, mit zahlreichen Proben in zwei zwischen Kesselwand und thermischem Schild installierten Bestrahlungskanälen die Strahlenschädigung des KWO-RDB (Werkstoff 22 NiMoCr 3 7) zu untersuchen. Die Materialproben bestanden aus dem Werkstoff des Schusses II, der am stärksten der Neutronenbestrahlung ausgesetzt war, sowie aus Schweißgut der am höchsten strahlenbelasteten Schweißnaht zwischen den Schüssen II und III. Das Material stammte sowohl aus der Wurzellage als auch aus der Mittellage der wegen relativ hoher Kupferanteile besonders strahlenempfindlichen Naht.[574] Um den Sicherheitsabstand dieser Naht zu untersuchen, wurden 1976 von den Klöckner Werken KWO-ähnliche Schweißnähte unterschiedlicher, insbesondere auch „schlechter" Qualität in originaler Wanddicke hergestellt. Darunter war eine 6 m lange Schweißnaht mit Kupfergehalten zwischen 0,14 % und 4,2 %. Klein- und Großproben aus diesen Schweißnähten wurden im KWO, überwiegend jedoch im Versuchsreaktor Kahl (VAK) bestrahlt.[575] Das KWO-Bestrahlungsprogramm lief bis 1995 und deckte einen Fluenzbereich schneller Neutronen von $0,7–6 \cdot 10^{19}$ ncm^{-2} ab. Es konnte nachgewiesen werden, dass ein beträchtlicher Sicherheitsabstand gegen Sprödbruch auch im Fall eines Thermoschocks bei Notkühlung (pressurized thermal shock) besteht.[576] Die Strahlenschädigung des KWO-RDB war u. a. Gegenstand eines Untersuchungsausschusses des Landtags von Baden-Württemberg in den Jahren 1994–1996.[577]

Ein großangelegtes Bestrahlungsprogramm wurde im Rahmen des Heavy Section Steel Technology (HSST) Program (s. Kap. 10.1.1) durchgeführt. Als die FKS-Bestrahlungsversuche geplant wurden, war beabsichtigt, diese mit dem HSST-Programm zu verknüpfen. Dazu sollte die Vergleichbarkeit der Messungen sichergestellt werden. Die Ergebnisse von Bestrahlungsexperimenten im Rahmen der IAEA-Programme hatten teilweise starke Streuungen aufgewiesen, deren Ursachen in Werkstoffinhomogenitäten, aber möglicherweise auch in Einflüssen divergierender Bestrahlungs- und Prüfpraktiken vermutet wurden. Das Bundesministerium für Forschung und Technologie (BMFT) und die US Nuclear Regulatory Commission (USNRC) fanden sich von Juni 1980 bis Ende 1985 zu einer Kooperation über ein Untersuchungsprogramm zusammen, mit dem eine Vergleichsbasis bei der Bestrahlung von RDB-Werkstoffen hergestellt werden sollte.[578] Zu diesem Zweck wurde FKS-Werkstoff der „lower bound"-Schmelze KS 07 im Oak Ridge National Laboratory (ORNL) zunächst in unbestrahltem und nach ca. 2 Jahren Bestrahlungsdauer in bestrahltem Zustand mechanisch-technologischen Prüfungen unterzogen.[579] Die Ergebnisse dieser Kooperation flossen in das FKS Phase II ein.

Das FKS-Bestrahlungsprogramm war darauf ausgerichtet, den Einfluss werkstofflicher und betrieblicher Parameter auf die Bestrahlungswirkungen in ferritischen Stählen zu quantifizieren. Die Experimente sollten in den dafür bereitstehenden Forschungs- und Leistungsreaktoren durchgeführt werden, die in der Bundesrepublik betrieben wurden. Am 1.12.1977 wurde zwischen BMFT, einem Industriekonsortium und den Forschungszentren Jülich KFA und Geesthacht GKSS ein „Zentrenvertrag" über die Bearbeitung des Be-

chung der Strahlenversprödung des Kernreaktordruckbehälters, zusammenfassender Bericht, 31.3.1973, S. 15.

[574] AKWO 01930105261, SIEMENS AG, Notiz betr. Bestrahlungsprogramm zur Bestimmung der Strahlenschädigung beim Betrieb des KWO-RDB, Erlangen, 5.6.1967, S. 9.

[575] Bartsch, R. und Wenk, M.: Safety against brittle fracture of the reactor pressure vessel in the nuclear power plant Obrigheim, Nuclear Engineering and Design, 198, 2000, S. :105–110.

[576] ebenda, S. 113.

[577] Landtag von Baden-Württemberg, 11. Wahlperiode, Bericht und Beschlussempfehlung des Untersuchungsausschusses „Genehmigungsverfahren, sicherheitstechnische Auslegung, Aufsicht und Begutachtung im Zusam-

menhang mit dem Kernkraftwerk Obrigheim (KWO)", 2.2.1996, Drs. 11/7005.

[578] GRS-Fortschrittsberichte GRS-F-102 (März 1981), Projektnummer 150 485, Lfd. Nr. 121, S. 1 f und GRS-F-149 (Juni 1986), Projektnummer 150 485, S. 1 f.

[579] Föhl, J. und Groß, K.-J., MPA Stuttgart: Forschungsprogramm Strahlenversprödung, RDB-Material, Kooperation BMFT/USNRC, BMFT-FB 1500 485, Stuttgart, Oktober 1986.

strahlungsvorhabens abgeschlossen. GKSS wurden für erste Bestrahlungsexperimente Sach- und Sonderbetriebsmittel des FKS I zur Verfügung gestellt. Das umfassende FKS-Bestrahlungsprogramm wurde jedoch erst in der Phase II verwirklicht. Der Zentrenvertrag wurde Ende 1984 für die Phase II modifiziert. Die Bestrahlungsexperimente sollten im Versuchsreaktor Kahl (VAK) und dem Kernkraftwerk Stade (KKS), weitere Versuche und die Untersuchungen des bestrahlten Materials von KFA Jülich und GKSS Geesthacht durchgeführt werden. Die Fachprojektleitung lag wieder bei der MPA Stuttgart. Für die Finanzierung waren rund 51 Mio. DM vorgesehen; sie sollte aus Planmitteln der Großforschungseinrichtungen erwirtschaftet werden.[580]

Im GKSS-Forschungszentrum hatte am 1.7.1978 das FKS-Forschungsprogramm zur Untersuchung der Werkstoffeigenschaften Festigkeit, Sprödbruchverhalten und Zähigkeit in Abhängigkeit vom Werkstoff, vom Werkstoffzustand und den Parametern Neutronenfluenz und -spektrum sowie der Bestrahlungstemperatur mit vorbereitenden Arbeiten begonnen. Ende 1979 wurde nach Wiederinbetriebnahme des Forschungsreaktors FRG-2 die Bestrahlung von Proben im Rahmen des 2. IAEA-Programms aufgenommen. Das IAEA-Programm lief stets parallel zum FKS. Die Erstellung der Bestrahlungskapseln und insbesondere der Aufbau fernbedienter Werkstoffprüfmaschinen für Untersuchungen im „Heißen Bereich" (Zerreißmaschine, Vorrichtungen zur Temperierung und für Bruchmechanikversuche) für das FKS-Programm waren sehr zeitaufwändig. Erste Versuchsergebnisse in den Heißen Zellen an bestrahlten Bruchmechanikproben lagen im 2. Quartal 1981 vor.[581] Messungen im Jahr 1982 an bestrahlten Fe-Cu-Legierungen ließen die Cu-Ausscheidungsstruktur sowie weitere kleine Strahlungsdefekte erkennen.[582] Im Übrigen ergaben sich an bestrahlten Pellini-Proben von RDB-Stählen die erwarteten Verschie-

bungen der NDT-Temperatur und die Absenkung der Hochlage der Kerbschlagarbeit in Abhängigkeit von der chemischen Zusammensetzung. 1984 wurde bei GKSS die Ausheilung von Strahlenschäden bestrahlter Fe-Cu-Proben bei Temperaturen von 400 und 450 °C untersucht.[583]

In der Phase II des FKS ab April 1984 wurden FKS-Werkstoffe, die das ganze Spektrum der Werkstoff-, Fehler- und Beanspruchungszustände vorstellten, unter statischer und dynamischer Belastung sowie unter Kühlmitteleinwirkung bestrahlt und danach mechanisch-technologisch untersucht. Die Bestrahlung wurde in den Reaktoren FRG-2 (Geesthacht), FRJ-1 (Jülich), VAK (Kahl) und KKS (Stade) vorgenommen, wobei die Neutronenfeldparameter Fluenz, Energiespektrum und Flussdichte variiert wurden. Im VAK war für FKS-Bestrahlungen eine Bestrahlungsposition mit der Flussdichte von ca. 3×10^{12} cm^{-2} s^{-1} zur Verfügung gestellt worden. Im FRG-2 lag die Flussdichte um eine bis zwei Zehnerpotenzen niedriger. Im Jahr 1984 wurden Kleinprobenversuche an 22 NiMoCr 3 7-Grundwerkstoffen und 20 MnMoNi 5 5-Proben bei GKSS sowie ein Bestrahlungsexperiment mit zyklischer Belastung im Kühlmittel bei VAK abgeschlossen. Die gegenüber dem unbestrahlten Zustand gefundene Verschiebung der Werkstoff-Kennwerte lag im erwarteten Rahmen.[584]

In den Jahren 1985–1987 wurden zahlreiche Klein- und Großproben aus FKS-Grundwerkstoff, Schweißgut und Wärmeeinflusszonen bestrahlt und nachuntersucht. Ende 1987 waren alle Bestrahlungsversuche bei VAK, KKS und KFA abgeschlossen. Die Nachuntersuchungen der dort bestrahlten Proben waren bis Mitte 1988 (VAK und KKS) bzw. Mitte 1989 (KFA) in Arbeit. Im GKSS-Forschungszentrum liefen die Bestrahlungsuntersuchungen für die FKS- und IAEA-Programme noch bis Juni 1991 weiter, wobei vor

---

[580] AMPA Ku 90, Zentrenvertrag.

[581] GRS-Forschungsbericht GRS-F-110 (September 1981), Lfd. Nr. 81, S. 3.

[582] GRS-Forschungsbericht GRS-F-119 (September 1982), GKSS-241, S. 3.

[583] GRS-Forschungsbericht GRS-F-137 (September 1984), GKSS-241, S. 2.

[584] GRS-Forschungsbericht GRS-F-141, Berichtszeitraum 1.7. bis 31.12.1984, Mai 1985, Projektnummer 150 304B, S. 1–5.

Abb. 10.69 Kerbschlagarbeit-Messungen am bestrahlten Werkstoff KS 07 (lower bound)

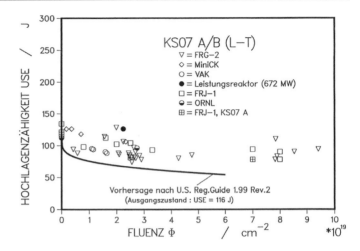

allem Experimente mit niedriger Flussdichte vorgenommen wurden.[585, 586]

Das FKS-Bestrahlungsprogramm hat bestätigt, dass das Bestrahlungsverhalten von Bauteilen, insbesondere des RDB, von den bereits bekannten Einflussgrößen bestimmt wird. Bezüglich der Werkstoffe sind dies die Elementgehalte an Kupfer, Nickel und Phosphor, hinsichtlich des Neutronenfeldes die Dosis energiereicher Neutronen (> 1 MeV). Die Untersuchungen haben den Kenntnisstand über das Sprödbruchverhalten bestrahlter Komponenten erweitert. Die Ergebnisse haben gezeigt, dass die geltenden Regelwerke das Werkstoffverhalten konservativ abdeckend beschreiben.[587]

In Abb. 10.69[588, 589] sind die Messergebnisse der Kerbschlagarbeit in der Hochlage in Abhängigkeit von der Fluenz und im Vergleich zur Auslegungskurve nach der amerikanischen Regulierungs-Leitlinie U.S. Reg. Guide 1.99 Rev. 2 für das Beispiel des Werkstoffs KS 07 dargestellt. Der Werkstoff KS 07 ist eine „lower bound"-Schmelze mit hohen Gehalten an Kupfer (0,20 %), Phosphor (0,022 %) und Nickel (0,74 %). Dieser Stahl vom Typ 22 NiMoCr 3 7 war als stark strahlenempfindlich einzustufen. Die gemessenen Zähigkeitwerte lagen jedoch sämtlich, überwiegend sogar mit deutlichem Abstand, über den vom amerikanischen Regelwerk vorausgesagten Werten.

Abschließend konnte festgestellt werden, dass bei Einhaltung der Vorgehensweise, wie sie im amerikanischen Regelwerk und damit übereinstimmend im Deutschen Kerntechnischen Regelwerk des KTA niedergelegt war, ein strahlungsbedingter Sprödbruch des RDB während der gesamten Betriebszeit ausgeschlossen werden kann. Das FKS-Bestrahlungsprogramm zeigte darüber hinaus erhebliche Sicherheitsreserven auf.

[585] GRS-Forschungsbericht GRS-F-169, Berichtszeitraum 1.1. bis 30.6.1988, Oktober 1988, Projektnummer 150 304B, S. 2.

[586] Die Großproben aus diesen Programmen wurden später in Forschungsvorhaben eingebracht, die von der Bundesregierung, der VGB und Framatome-ANP gefördert wurden (CARISMA) und teilweise über das Jahr 2005 hinaus noch liefen.

[587] Föhl, Jürgen und Beyer, Heinrich, MPA Stuttgart: Forschungsvorhaben Komponentensicherheit (FKS), Einfluss der Neutronenbestrahlung auf die Eigenschaftsänderungen der Werkstoffe von Reaktordruckbehältern für Leichtwasserreaktoren, Abschlussbericht, Stuttgart, Oktober 1996, S. 10 f.

[588] Föhl, Jürgen und Beyer, Heinrich, MPA Stuttgart: Forschungsvorhaben Komponentensicherheit (FKS), Einfluss der Neutronenbestrahlung auf die Eigenschaftsänderungen der Werkstoffe von Reaktordruckbehältern für Leichtwasserreaktoren, Detaillierte Darstellung der Ergebnisse, Stuttgart,, November 1996, Abb. 10.6.

[589] Beyer, Heinrich: Bewertung von unbestrahlten und bestrahlten Reaktordruckbehälter-Werkstoffen auf der Basis derzeitiger Bruchmechanikkonzepte, Techn.-Wiss. Bericht der MPA Stuttgart, Heft 98/04, 1998, Univ. Stuttgart Diss. 1998.

Die Basissicherheit und das Basissicherheitskonzept für die druckführende Umschließung

11.1 Die Basissicherheit und ihre Vorgeschichte

11.1.1 Die Bedingungen der „primären" RDB-Berstsicherheit

Wissenschaft und Industrie begriffen die schweren Kesselschäden der 1960er Jahre als eine gewaltige Herausforderung. Es bestand ein uneingeschränkter Konsens darüber, dass die Integrität der Reaktordruckbehälter (RDB) unter keiner realistisch anzunehmenden Beanspruchung durch ein katastrophales Versagen gefährdet sein durfte. Die Fa. Siemens versuchte mit beträchtlichem Aufwand ihre Druckgefäßkonstruktionen einem idealen Modell anzunähern.[1] Sie setzte auf große Sicherheitsabstände zwischen den höchsten berechneten Spannungen und den garantierten Werten der Streckgrenze und der Bruchfestigkeit. Sie hatte erkannt, dass die Werkstoffentwicklung eher zu besseren Zähigkeitseigenschaften als zu höheren Festigkeiten tendieren sollte. Sie vertraute auf sorgfältige Qualitätskontrollen, Druckproben und Wiederholungsprüfungen, mit denen Fehler gefunden werden könnten, bevor sie größere Schäden verursachten. Siemens vertrat im Jahr 1970 entschieden die Auffassung, dass ein Versagen des RDB „mit großer Wahrscheinlichkeit"[2] ausgeschlossen werden könne, wobei der Sicherheitsabstand nicht quantifiziert wurde.

Die Wissenschaft richtete ihre Forschungen auf die Versagensursachen. Ihr vorrangiges Ziel war die „primäre" Sicherheit[3] der „Druckführenden Umschließung". Sie wollte die Bedingungen ermitteln, unter denen eine ingenieursmäßig deterministische Aussage über den Bruchausschluss möglich würde.

Die wissenschaftlichen Untersuchungen setzten bei den Schadensfällen ein. Das besondere Interesse galt den Kesseltrommeln, die als konventionelle Druckbehälter am ehesten mit RDB vergleichbar sind.[4] In Deutschland war durch den Materialmangel in den Kriegs- und Nachkriegsjahren die Entwicklung zu hochfesten Feinkornbaustählen vorangetrieben worden. Diese Stähle wurden mit Molybdän und zum Teil auch mit Vanadin legiert und einer besonderen Wärmebehandlung unterzogen. Bei unsachgemäßer Schweißung dieser ausscheidungshärtenden Stähle konnten ihre Werkstoffeigenschaf-

---

[1] Dorner, Heinrich: Druckgefäße und Primärkomponenten von Druckwasserreaktoren, atw, Jg. 15, September/Oktober 1970, S. 463–468.

[2] ebenda, S. 465.

[3] Der in Deutschland verwendete Begriff „Primärsicherheit" führte in den USA als „primary safety" zu Missverständnissen im Zusammenspiel mit „primary stress" oder „primary circuit", weshalb von Vertretern der MPA Stuttgart die Wortwahl „basic safety" bevorzugt wurde: Persönliche Mitteilung von Prof. Dr. Karl Kußmaul.

[4] Schoch, W.: Bericht über die aufgetretenen Schäden an Kesseltrommeln, Mitteilungen der VGB, Heft 101, April 1966, S. 70–84.

P. Laufs, *Reaktorsicherheit für Leistungskernkraftwerke*, DOI 10.1007/978-3-642-30655-6_11, © Springer-Verlag Berlin Heidelberg 2013

ten stark verändert, insbesondere ihre Zähigkeit vermindert werden. Unkontrollierte Ausbesserungsarbeiten wurden als besonders gefährliche Schwachstellen erkannt. Es wurde gefunden, dass Eigenspannungen einschließlich Schweißrestspannungen in Schweißkonstruktionen mit hochfesten Feinkornbaustählen kritische Größen erreichen können. Sprödbrüche bei Nennspannungen weit unterhalb der Streckgrenze sind beobachtet worden. Sicherheitsbeiwerte und Verschwächungsbeiwerte hatten dabei ihre Gültigkeit verloren. Deshalb wurden Prüfungen der Werkstoffe, Halbzeuge und Fertigteile gefordert, die über die „klassischen" Prüfverfahren und allgemeinen Spezifikationen hinausgingen.[5]

Als im Jahr 1970 im Reaktorbaustahl 22 NiMoCr 3 7 neben Unterplattierungsrissen auch Relaxationsrisse in stumpf geschweißten Festigkeitsnähten (Nebennahtrisse) entdeckt wurden, stellte die MPA Stuttgart in ihrem Statusbericht vom Frühjahr 1971 alle Einflussgrößen und Nachweis-Erfordernisse bei der RDB-Fertigung zusammen, von denen die Sicherheit des RDB abhängt (s. Kap. 10.2.3 und Anhang 4). Für die damals verwendeten Reaktorbaustähle wurden im Rahmen der Forschungsprogramme des Bundes in den 1970er Jahren die Anforderungen an primär- bzw. „basissichere" RDB im Einzelnen konkretisiert.

In den Verwaltungsstreitverfahren um die Genehmigungen der Kernkraftwerke in Wyhl und Grafenrheinfeld ging es entscheidend um die Frage der Integrität der druckführenden Umschließung, insbesondere des RDB. Das VG Freiburg machte mit seinem Urteil vom 14. März 1977 die Genehmigungsfähigkeit des KKW Süd (Wyhl) von einem Berstschutz abhängig. Die Idee zur Begründung einer „Basissicher-

heit" als Bruchausschlusskonzept entstand in der RSK, als Prof. Karl Kußmaul die Erkenntnisse aus den neuesten Forschungen über Unterplattierungs- und Nebennahtrisse vorstellte, um die angeforderten Sachverständigenaussagen vor dem VG Würzburg vorzubereiten. Das VG Würzburg folgte mit seinem Urteil vom 25. März 1977 diesen Sachverständigenaussagen (s. Kap. 4.5.8).

Die RSK befasste sich auf ihrer Sitzung am 20.4.1977 mit dem Urteil des Verwaltungsgerichts Würzburg und würdigte die klare Stellungnahme der RSK-Mitglieder. Sie hatten vor Gericht folgende Argumente vorgetragen: „Ein Bersten des Reaktordruckbehälters, das zum Durchschlagen des Sicherheitsbehälters führt, kann beim KKW Grafenrheinfeld ausgeschlossen werden. Die Grundlage für diese Feststellung ist die Gewährleistung der Primär- oder Basissicherheit, bei der die Integrität der Komponenten durch Konstruktion, Werkstoffe und Verarbeitung bestimmt wird. Diese Basissicherheit wird bestätigt und redundant abgesichert durch zwei weitere Sicherheitsbarrieren, nämlich Sicherheit durch Qualitätskontrolle und Sicherheit durch Prüfung und Überwachung im Betrieb."[6] Als Anlage wurden dem Ergebnisprotokoll dieser RSK-Sitzung zwei von Kußmaul entworfene Schaubilder zur Basissicherheit beigefügt (Abb. 11.1 und 10.29). Sie entsprachen den Erläuterungen, die er am 30. März dem RSK-UA RDB gegeben hatte. Der BMI bat die RSK, die Aussagen zur Basissicherheit noch durch Auflistung konkreter nachprüfbarer Details zu erläutern.

Die RSK übernahm einmütig die Intention der Basissicherheit, deren Anwendung nach menschlichem Ermessen zum Ausschluss des katastrophalen Versagens des RDB führt. Einige RSK-Mitglieder machten jedoch geltend, dass anders als für das Kurzzeitverhalten der Werkstoffe für den Langzeitbetrieb noch nicht alle Nachweise ausreichend erbracht wurden. Sie wurden auf das kurzfristig anlaufende Forschungsvorhaben Komponentensicherheit hinge-

[5] Kussmaul, K.: Resistance of Welded Constructions in Pressure Vessel and Piping Technology with Special Regard to Defects in Welded Joints, in: IIW Konferenz, Güteanforderungen an Schweißkonstruktionen, Öffentliche Sitzung, 12.-18. 7. 1970, Lausanne, Bd. A, S. 33–60, Abdruck auch in: Welding Research Abroad, Vol. XVII, No. 3, März 1971, S. 2–18, vgl. auch: Kußmaul, Karl: Widerstandsfähigkeit von Schweißkonstruktionen im Druckbehälter- und Rohrleitungsbau unter besonderer Berücksichtigung von Fehlern in den Schweißverbindungen, Schweißen und Schneiden, Jg. 22, Heft 12, 1970, S. 509–514.

[6] BA B 106-75321, Ergebnisprotokoll 123. RSK-Sitzung, 20. 4. 1977, S. 6.

Abb. 11.1 Anhang 2 zum
Ergebnisprotokoll der
123. RSK-Sitzung vom
20. 4. 1977

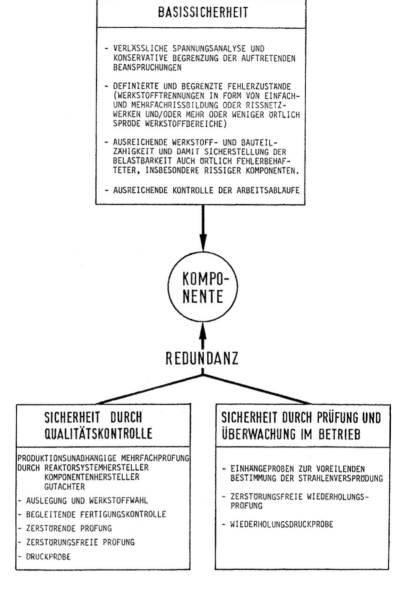

wiesen, das die erforderlichen Untersuchungen vorsehe.[7]

11.1.2   Das Thesenpapier

Nachdem das Freiburger Verwaltungsgericht das Bersten des RDB für möglich hielt, bat der Bundesminister des Innern (BMI) den RSK-UA RDB um eine schriftliche Stellungnahme zum

Stand der Sicherheit von RDB. Anfang Mai 1977 erörterte der RSK-UA RDB anhand einer MPA-Ausarbeitung[8,9] die neuen Erkenntnisse über die

---

[7] BA B 106-75321, Ergebnisprotokoll 123. RSK-Sitzung, 20. 4. 1977, S. 7.

[8] Es handelte sich um das Manuskript eines Vortrags für die 4. SMIRT-Konferenz: Kussmaul, K., Ewald, J., Maier, G. und Schellhammer, W.: Enhancement of the Quality Level of Pressure Vessels Used in Nuclear Power Plants by Advanced Material, Fabrication and Testing Technologies, 4th International Conference on Structural Mechanics in Reactor Technology, 15.-19. 8. 1977, San Francisco, Cal., USA, Vol. G 1/b.

[9] vgl. auch: Kußmaul, K., Ewald, J., Maier, G. und Schellhammer, W.: Maßnahmen und Prüfkonzepte zur weiteren Verbesserung der Qualität von Reaktordruckbehältern für

Sicherheit der RDB. Dabei ging es vor allem um die optimierten chemischen Zusammensetzungen der Werkstoffe 22 NiMoCr 3 7 und 20 MnMoNi 5 5 mit ihren Grenzwerten für Spurenelemente und Verunreinigungen sowie um verbesserte Schweißverfahren und Wärmebehandlung.[10,11]

Die Geschäftsstelle der RSK in der Gesellschaft für Reaktorsicherheit (GRS) in Köln fertigte in Abstimmung mit dem UA-Vorsitzenden Rudolf Trumpfheller und der MPA Stuttgart Vorentwürfe, die in den Monaten September,[12] Oktober,[13] November[14] und Dezember[15] 1977 im RSK-UA RDB beraten wurden. Dabei ging es beispielsweise um die konkret zu stellenden Anforderungen an Auslegung, Konstruktion und Berechnung von RDB. Die Erörterungen im RSK-UA RDB befassten sich in diesem Zusammenhang mit folgenden Punkten:

* Begrenzung für die absolute Höhe der primären Membranspannung,
* Spannungsabsicherung für gestörte Bereiche,
* Ausschnittverstärkungen in Behälterwand mit aufgesetzten Stutzen statt verstärkte durchgesteckte Stutzen,
* Berücksichtigung äußerer Kräfte und Momente,
* Optimale Anordnung von Schweißnähten.[16]

Am 18. Januar 1978 fand ein Empfang der neu konstituierten RSK beim BMI Werner Maihofer im Kasino der Bundesgrenzschutz-Kaserne in Hangelar statt. Für das Gespräch mit dem Minister war als eines der wichtigsten Themen zukünftiger Arbeit die Sicherheit von RDB genannt worden. Zur Vorbereitung dieses Gesprächs wurde der Ende Dezember 1977 im RSK-UA RDB redigierte, recht umfangreiche Entwurf einer Stellungnahme zur RDB-Sicherheit kurzfristig zu einem Thesenpapier[17] komprimiert.[18] Es sollte als schriftliche Information die Ausführungen des UA-Vorsitzenden Trumpfheller ergänzen und enthielt 7 Thesen mit Erläuterungen.[19]

These 1

Neben den betrieblichen Anlagenzuständen werden auch alle zu berücksichtigenden Stör- und Schadensfälle im Belastungskollektiv der Auslegung erfasst

Es wird ein Gesamt-Belastungskollektiv mit allen Beanspruchungen auch aus Stör- und Schadensfällen ermittelt und mit den tatsächlich auftretenden betrieblichen Belastungen kontinuierlich verglichen.

These 2

Die im Rahmen der Spannungsanalyse überprüfte Spannungsabsicherung gewährleistet einen grossen Sicherheitsabstand gegen die Beanspruchungen bei allen in Frage kommenden Betriebszuständen und Stör- und Schadensfällen

Als Vorsorge gegen Bersten wird die zulässige primäre Membranspannung bei Auslegungsdruck unter 200 N/mm^2 gehalten. Dies wird durch Berechnungen und Messungen während der Druckprobe nachgewiesen. Die Festigkeitswerte der Reaktorbaustähle weisen als gewährleistete Mindestwerte auf:

Leichtwasserreaktoren, VGB Kraftwerkstechnik, Jg. 58, Heft 6, Juni 1978, S. 439–448.

[10] AMPA Ku 25, Ergebnisprotokoll 56. Sitzung RSK-UA RDB, 30. 3. 1977, S. 13.

[11] AMPA Ku 25, Ergebnisprotokoll 57. Sitzung RSK-UA RDB, 3. 5. 1977, S. 6 f und Anlage 1.

[12] AMPA Ku 25, Ergebnisprotokoll 61. Sitzung RSK-UA RDB, 7./8. 9. 1977, S. 9–12.

[13] AMPA Ku 25, Ergebnisprotokoll 62. Sitzung RSK-UA RDB, 11. 10. 1977, S. 4 f und Anhang 1.

[14] AMPA Ku 25, Ergebnisprotokoll 63. Sitzung RSK-UA RDB, 15. 11. 1977, S. 7–11.

[15] AMPA Ku 25, Ergebnisprotokoll 65. Sitzung RSK-UA RDB, 22. 12. 1977, S. 4 f.

[16] AMPA Ku 111, RSK-Geschäftsstelle: Stellungnahme zur Sicherheit von Reaktordruckbehältern, 10. 11. 1977, Tischvorlage für RSK-UA RDB -Sitzung am 15. 11. 1977.

[17] AMPA Ku 111, RSK-Geschäftsstelle: Zur Sicherheit von Reaktordruckbehältern gegen katastrophales Versagen (Thesenpapier), 18. 1. 1978.

[18] AMPA Ku 151, Persönliche schriftliche Mitteilung von Dr. Rudolf Trumpfheller vom 14. 2. 2003, S. 2.

[19] Die Thesen sind wörtlich, die Erläuterungen teilweise gekürzt wiedergegeben.

für die Streckgrenze bei 20° C 390 N/mm^2
bei 350° C 343 N/mm^2
für die Festigkeit bei 20° C 560 N/mm^2
bei 350° C 490 N/mm^2

These 3

Durch die hohe Zähigkeit der für Reaktordruckbehälter eingesetzten Stähle und die Begrenzung der spezifischen Beanspruchungen ist sichergestellt, dass sich für die Abmessungen kritischer Fehler grosse Werte ergeben, die mit Sicherheit erkannt und ausgeschieden werden

Die Abmessungen der kritischen Fehler, die zu einem RDB-Bersten führen, sind umso größer, je höher der Wert für die Bruchzähigkeit und je kleiner die Spannung ist. Für die vergüteten Feinkornbaustähle 22 NiMoCr 3 7 und 20 MnMoNi 5 5 liegen die kritischen Fehlerabmessungen in der ungestörten zylindrischen RDB-Wand unter Auslegungsbedingungen im Dezimeterbereich und können bei den Prüfungen nicht übersehen werden.

These 4

Die bei der Spannungsanalyse und beim Abschätzen kritischer Fehlergrössen zugrundegelegten mechanisch-technologischen Eigenschaften werden durch die Technologie der Werkstoff- und Druckbehälterherstellung bestimmt und im Zuge der Qualitätssicherungsmassnahmen nachgewiesen

Die mechanisch-technologischen Eigenschaften von Grundwerkstoff und Schweißgut werden in einem repräsentativen Umfang an entnommenen Werkstoffproben nachgewiesen. Die verwendeten Werkstoffe zeichnen sich durch eine hohe Reinheit und eine optimierte chemische Zusammensetzung aus. Die Zahl der Schweißnähte wird minimiert.

These 5

Die voneinander unabhängige dreifache Qualitätskontrolle bei der Herstellung des

Reaktordruckbehälters garantiert als weitere redundante Massnahme die Qualität für einen sicheren Betrieb

Der Herstellungsablauf eines RDB unterliegt einer sorgfältigen Überwachung, die dreifach unabhängig durch Hersteller, Reaktoranlagenlieferer und Sachverständige durchgeführt wird. Zerstörende Prüfungen finden an Proben aus allen verwendeten Halbzeugen, zerstörungsfreie Prüfungen am RDB selbst statt. Die Erst-Druckprobe bei 1,3-fachem Auslegungsdruck ist eine diversitäre integrale Überprüfung des RDB auf seine Freiheit von kritischen Fehlern.

These 6

Werkstoffbeeinträchtigungen durch Betriebseinflüsse werden frühzeitig erkannt

Durch die Prüfung und Überwachung in den vorgeschriebenen Intervallen während des Betriebs werden sämtliche Werkstoffbeeinträchtigungen und Veränderungen an der Anlage schon sicher erkannt, wenn sie noch weit unterhalb kritischer Größen liegen. Zur Überwachung der Strahlenbelastung sind in die RDB Proben für die zerstörende Werkstoffprüfung eingehängt, die nahe am Reaktorkern eine höhere Neutronenfluenz erhalten und so gegenüber der RDB-Wand selbst „voreilende" Werkstoffkennwerte liefern.

These 7

Vervollständigung der Kenntnisse über das Langzeitverhalten werden durch das Forschungsprogramm „Komponentensicherheit" rechtzeitig geliefert

Im Rahmen des Forschungsprogramms „Komponentensicherheit" soll auf einer breiten Parameterbasis das Langzeitverhalten älterer und neuer RDB unter Betriebs- und Störfalleinflüssen ermittelt werden. Dabei werden auch fehlerbehaftete Bauteile (Ausschussteile) untersucht. Dieses Werkstoffprogramm wird frühzeitig, bevor sie im RDB selbst im Betrieb auftreten, über Werkstoffveränderungen Aufschluss geben, und Wege zur Einhaltung eines ausreichenden Sicherheitsabstands weisen.

11.2 Die Übernahme der Basissicherheit in das Regelwerk

11.2.1 Die RSK-Leitlinien für DWR vom 24.1.1979

Die RSK überarbeitete und erweiterte in den Jahren 1977 und 1978 die 1. Ausgabe der RSK-Leitlinien für Druckwasserreaktoren (DWR) vom 24.4.1974. Die Beratungen zu den sachlichen Einzelregelungen fanden in den RSK-Unterausschüssen *Leichtwasserreaktoren, Reaktordruckbehälter* bzw. *Druckbehälter, Kühlmittelkreisläufe, Spaltproduktrückhaltung, Notkühlung, Elektrische Einrichtungen* und *Bautechnik* statt. Die RSK verabschiedete die 2. Ausgabe ihrer Leitlinien (LL-DWR 1.79)[20] auf der 141. Sitzung am 24. Januar 1979, nachdem sie zu letzten offenen Punkten Festlegungen getroffen hatte.[21] Im Kap. 4, *Behälter und Rohrleitungen*, wurde die Basissicherheit als Grundlage für die Auslegung, Gestaltung und Werkstoffwahl des Reaktordruckbehälters (RDB) und der anderen Komponenten der Druckführenden Umschließung genannt. Es wurde dazu festgestellt, dass die Basissicherheit ein katastrophales, aufgrund herstellungsbedingter Mängel eintretendes Versagen eines Anlagenteils ausschließt, und erklärt:

„Diese Basissicherheit eines Anlagenteils wird durch

- hochwertige Werkstoffeigenschaften, insbesondere Zähigkeit
- konservative Begrenzung der Spannungen
- Vermeidung von Spannungsspitzen durch optimale Konstruktion
- Gewährleistung der Anwendung optimierter Herstellungs- und Prüftechnologien
- Kenntnis und Beurteilung ggf. vorliegender Fehlerzustände
- Berücksichtigung des Betriebsmediums bestimmt."

Die Basissicherheit ist auf der Erkenntnis gegründet, dass jedes katastrophale Versagen eines Bauteils nicht unvorhersehbar und zufällig eintritt, sondern eine Vorgeschichte hat, die rechtzeitig erfasst und bewertet werden kann. Sie ermöglicht es, das Versagen eines Bauteils dadurch nach menschlichem Ermessen auszuschließen, dass:

- durch geeignete Werkstoffwahl, günstige Konstruktion und Begrenzung des Spannungsniveaus die kritische, zu instabilem Risswachstum führende Fehlergröße möglichst groß gemacht wird;
- durch geeignete Fertigungsverfahren und sorgfältige, genau spezifizierte und die Herstellung begleitende Prüfungen die unvermeidbaren, unentdeckbaren aber belassbaren Fehlstellen möglichst klein werden;
- durch wiederkehrende Prüfungen in der Zeit des Betriebs verifiziert wird, dass der Sicherheitsabstand zwischen den größten tatsächlich vorhandenen Fehlern und der kritischen Fehlergröße stets ausreichend groß bleibt.

Wenn also die tatsächlich vorhandenen Fehler nie die kritische Fehlergröße erreichen können, bevor sie entdeckt werden, dann ist das plötzliche Versagen ausgeschlossen. Die Anforderungen im Einzelnen wurden in einer umfangreichen Aufgliederung festgelegt.[22]

Abbildung 11.2 der MPA Stuttgart stellt die wichtigsten Eigenschaften einer „basissicher" aus dem Werkstoff 20 MnMoNi 5 5 hergestellten Komponente dar. In Abb. 11.3 ist die „basissichere" RDB-Konstruktion eines DWR der in den USA üblichen Bauweise gegenübergestellt.[23] Unübersehbar sind die Unterschiede im Stutzenbereich. Beim amerikanischen, durchgesteckten Stutzen befindet sich die Anschlussschweißnaht in der voll beanspruchten RDB-Wand. Wegen der Verspannung beim Schweißen sind relativ hohe Schweißeigenspannungen zu erwarten. Die

---

[20] RSK-Leitlinien für Druckwasserreaktoren, 2. Ausgabe, 24. Januar 1979, GRS, Köln.

[21] BA B 106-75330, Ergebnisprotokoll 141. RSK-Sitzung, 24. 1. 1979, S. 12 f.

[22] Die Detailspezifikationen waren insbesondere im RSK-UA RDB bzw. DB diskutiert worden: vgl. AMPA Ku 25, Ergebnisprotokoll 62. Sitzung RSK-UA RDB, 11. 10. 1977, S. 4 f und Anhang 1, vgl. auch AMPA Ku 25, Ergebnisprotokoll 75. Sitzung RSK-UA DB, 2. 11. 1978, S. 8 f.

[23] Kussmaul, K.: German Basis Safety Concept rules out possibility of catastrophic failure, Nuclear Engineering International, Dezember 1984, S. 41.

BASISSICHERHEIT
(20 MnMoNi 55)

1. MODIFIZIERTE CHEMISCHE ZUSAMMENSETZUNG (KTA 3201.1)

C+0,17–0,23% Si+0,15–0,30% Mn+1,20–1,50% Cr+0,20%
Mo+0,40–0,55% Ni+0,50–0,80% V+0,020% (SCHMELZENANALYSE SA)

NIEDRIGER GEHALT AN
BEGLEIT- } ELEMENTEN
SPUREN - }

S+0,008% P+0,012% Cu+0,12% Sn+0,011% N+0,013% As+0,025% (SA)
S+0,012 %   (STÜCKANALYSE)

2. ZÄHIGKEITSANFORDERUNGEN (MIN)

2.1 KERBSCHLAGARBEIT, ISO-V, S/4, S/2 (QUER, S≤230 mm)

±0°   41 J   MITTELWERT
             34 J   }
RT_{NDT} – 33 K 68 J }   EINZELWERT
USE (80 C) 100 J   }

2.2 BRUCHEINSCHNÜRUNG, S, S/4, S/2 (S≤230 mm)

           45 % } EINZEL-   QUER
RT   35 % } WERT   } IN DICKEN-
           45 % } MITTELW. } RICHTUNG

3. OPTIMIERTE KONSTRUKTION UND HERSTELLUNG

4. WIDERSTANDSFÄHIGKEIT GEGEN BETRIEBLICHE EINFLÜSSE
TEMPERATUR, KORROSION, VERSCHLEISS, BESTRAHLUNG

Abb. 11.2 Merkmale einer aus 20 MnMoNi 5 5 „basissicher" hergestellten Komponente

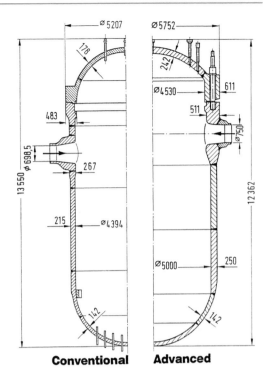

Conventional   Advanced

Abb. 11.3 Herkömmliche (links) und „basissichere" (rechts) RDB-Konstruktionen

Stutzennaht im Behältermantel ist größer als die Stutzenöffnung. Bei der „basissicheren" Ausführung sind die Stutzen auf den verstärkten integralen Behälterflanschring aufgesetzt und nahezu völlig außerhalb der RDB-Wand mit einer relativ niedrigen Beanspruchung. Durch die niedrige primäre Membranspannung im Stutzenbereich und die Verwendung hochzähen Werkstoffs sind die Bedingungen für den Rissstopp erfüllt. Die mächtigen Deckel- und Behälterflanschringe sorgen für eine biegesteife Konstruktion. Der Behälterunterteil ist frei von Durchbrüchen und deshalb auch am Boden frei zugänglich für Wiederholungsprüfungen. Der große Innendurchmesser erlaubt einen großen Wasserspalt zwischen dem Reaktorkern und der RDB-Wand, so dass die Neutronenfluenz deutlich unter 10^{19} n/cm² gehalten werden kann. Alle Mantel- und Flanschringe sind nahtlos geschmiedet.

Die RSK-Leitlinien repräsentierten den neuesten Stand von Wissenschaft und Technik im Bereich der Kernenergienutzung. Die Aufnahme der Basissicherheit in die RSK-Leitlinien machte sie faktisch zu einem Bestandteil des Standes von Wissenschaft und Technik und damit zu einer Genehmigungsvoraussetzung nach dem Atomgesetz.

11.2.2 Die Anwendung der Basissicherheit auf die „Äußeren Systeme"

Auf Anregung der RSK befasste sich der RSK-UA Leichtwasserreaktoren (LWR) im Januar 1979 mit der Frage, welche sicherheitstechnisch bedeutsamen Systeme außerhalb der Druckführenden Umschließung des Primärkühlkreislaufs in den Anwendungsbereich der Basissicherheit einbezogen werden sollten.[24] Für die Aufnahme „Äußerer Systeme" in den Geltungsbereich der Basissicherheit in den neu bearbei-

---

[24] AMPA Ku 31, Ergebnisprotokoll 22. Sitzung RSK-UA Leichtwasserreaktoren, 17. 1. 1979, S. 8 f.

teten RSK-Leitlinien schlug der RSK-UA LWR folgende Zuordnungskriterien vor:

- Das Anlagenteil ist bei der Beherrschung von Störfällen notwendig hinsichtlich Abschaltung, Aufrechterhaltung langfristiger Unterkritikalität und Nachwärmeabfuhr.
- Bei Versagen des Anlagenteils werden große Energien freigesetzt, und die Versagensfolgen sind nicht durch bauliche Maßnahmen, räumliche Trennung oder sonstige Sicherheitsmaßnahmen auf ein im Hinblick auf die nukleare Sicherheit vertretbares Maß begrenzt.
- Das Versagen des Anlagenteils kann unmittelbar oder in einer Kette von anzunehmenden Folgeereignissen zu einem Störfall führen, der eine unzulässige Strahlenbelastung (Grenzen gemäß § 28 Abs. 3 StrlSchV) in der Umgebung der Anlage verursacht.

Die RSK diskutierte und änderte auf ihren Sitzungen im Februar,[25] März[26] und April[27] eine vom RSK-UA LWR erstellte Liste der „Äußeren Systeme", auf die die „Rahmenspezifikationen Basissicherheit von druckführenden Komponenten" (s. Kap. 11.2.3) anzuwenden ist. Diese Auflistung war in zwei Gruppen gegliedert.[28] Gruppe I enthielt die Systeme und Komponenten, die eine spezifische reaktorsicherheitstechnische Bedeutung im Sinne wenigstens eines der Zuordnungskriterien besaßen. In Gruppe I waren beispielsweise Speisewasser- und Frischdampfleitungen, Notspeiseleitungen und -pumpen und das Sicherheitsboriersystem aufgeführt. Gruppe II umfasste die Systeme und Komponenten, die keines der Zuordnungskriterien erfüllten, deren Versagen aber schwere anlageninterne Schäden nach sich ziehen konnte. In dieser Kategorie befanden sich beispielsweise der Speisewasserbehälter, sekundärseitige Frischdampfleitungen, Hochdruck-Vorwärmer und -Anzapfung.

Diese Auflistung von „Äußeren Systemen" konnte anlagenbezogen ergänzt werden. So wurden beispielsweise die Haupt- und Hilfssprühleitungen bei Umrüstungsmaßnahmen in den Kernkraftwerken Obrigheim (KWO) und Neckarwestheim, Block 1 (GKN-1) im Jahr 1992 nach den Grundsätzen der Basissicherheit ausgetauscht.[29]

Die Entscheidung der RSK, auch „Äußere Systeme" den Anforderungen der Basissicherheit zu unterwerfen, bedeutete für den Bereich des Kernkraftwerkbaus eine weitgehende Abkehr von der bisherigen deutschen Stahlentwicklung, die zu hochfesten Stählen tendierte. Die bei der Verwendung hochfester Stähle sich ergebenden hohen Gewichtseinsparungen und geringen Wanddicken gingen verloren. Eine nach den Grundsätzen der Basissicherheit hergestellte Vorwärmstrecke eines Kernkraftwerks hat ein Stahlgewicht von etwa 1.500 t im Vergleich zu nur 1.000 t bei Verwendung hochfester Stähle.[30]

11.2.3　Die Rahmenspezifikation Basissicherheit

Die Basissicherheit wird durch Maßnahmen erreicht, die hohe primäre Qualität der druckführenden Systeme und Komponenten erzeugen. Das deutsche Regelwerk für druckführende Komponenten und das in den USA von der American Society of Mechanical Engineers (ASME) herausgegebene Regelwerk ASME – Boiler and Pressure Vessel Code enthielten detaillierte Vorschriften zu den Werkstoffen, Berechnungen, konstruktiven Ausführungen und der Qualitätssicherung. Die im Hinblick auf die Grundsätze der Basissicherheit davon abweichenden und zusätzlichen Maßnahmen wurden von Walter Ullrich in der Fa. Kraftwerk Union AG (KWU) in einer „Rahmenspezifikation Basissicherheit von druckführenden Komponenten, Behälter, Apparate, Rohrleitungen, Pumpen und Armaturen" im Oktober 1978 beschrieben

---

[25] BA B 106-75331, Ergebnisprotokoll 142. RSK-Sitzung, 21. 2. 1979, S. 8.

[26] BA B 106-75332, Ergebnisprotokoll 143. RSK-Sitzung, 21. 3. 1979, S. 17 f.

[27] AMPA Ku 8, Ergebnisprotokoll 145. RSK-Sitzung, 25. 4. 1979, S. 27.

[28] BA B 106-75334, Anlage 2.

[29] AMPA Ku 28, Ergebnisprotokoll 195. Sitzung RSK-UA Druckführende Komponenten, 4. 5. 1992, S. 7–9 und AMPA Ku 15, Ergebnisprotokoll 270. RSK-Sitzung, 17. 6. 1992, S. 12–14.

[30] Stäbler, K.: Einführung in die Basissicherheit, VGB Kraftwerkstechnik, Jg. 60, Heft 6, Juni 1980, S. 433.

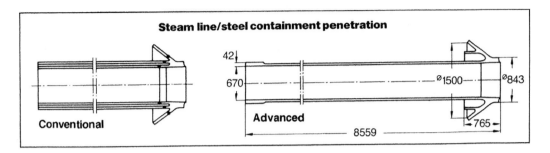

Abb. 11.4 Herkömmliche und „basissichere" Ausführung einer Dampfleitung für die Durchdringung des Sicherheitsbehälters

und zusammengestellt.[31] Dieser KWU-Entwurf Rahmenspezifikation wurde Ende Oktober 1978 wiederholt mit Prof. Kußmaul in der MPA Stuttgart durchgesprochen. Er bildete die Grundlage für die Erarbeitung eines Anhangs zu den Regelungen für die „Äußeren Systeme" in der RSK-Leitlinie vom 24.1.1979.

Mit der Beratung der Rahmenspezifikation Basissicherheit wurde der RSK-UA Kühlmittelkreisläufe beauftragt, der Anfang Februar 1979 mit der Arbeit daran begann und einen Redaktionskreis einrichtete.[32] Die RSK verabschiedete nach eingehender Diskussion am 25. April 1979 die von seinem Unterausschuss vorgelegte Rahmenspezifikation „Basissicherheit von druckführenden Komponenten" sowie die Auflistung der entsprechenden Systeme und Komponenten als Anhänge zu Kap. 4.2 „Äußere Systeme" der RSK-Leitlinien.[33]

Die Rahmenspezifikation gab für die „basissichere" Ausführung von Konstruktion, Berechnung, Werkstoffwahl, Herstellung und Prüfung umfangreiche und detaillierte Beschreibungen, Tabellen und Beispiele. In Anhang 15 sind einige Beispiele von „basissicheren" Konstruktionen im

Vergleich mit der früheren Praxis dargestellt.[34] Wanddickenübergänge sind mit guter Ultraschall-Prüfbarkeit spannungsgünstig zu gestalten. Für Stutzen ist grundsätzlich die Grundschale im Ganzen zu verstärken unter Beachtung eines günstigen Spannungsverlaufs. Bei eingesteckten Stutzen soll das Wanddickenverhältnis vom Stutzen zur verstärkten Grundschale maximal 1,3 : 1 betragen. Stutzeneinschweißungen sind grundsätzlich gegenzuschweißen. An Rohrböden sind zylindrische Ansätze vorzusehen, damit die Zylinderschüsse mit Schweißnähten in einem Bereich niedriger Spannung angeschlossen werden können. Anschlussnähte sind grundsätzlich gegenzuschweißen, innen zu beschleifen und Oberflächenrissprüfungen zu unterziehen.[35]

Schweißnähte sind möglichst entfernt von Störstellen und Bereichen hoher Spannung sowie für Wiederholungsprüfungen leicht zugänglich anzuordnen. Soweit dies schmiedetechnisch möglich ist, sollen Schweißnähte vermieden werden. Abbildung 11.4 zeigt ein Beispiel hervorragender japanischer Schmiedekunst.[36] Es ist eine nahtlos gefertigte Dampfleitung für die Durchdringung des Sicherheitsbehälters mit einer Länge von 8.559 mm und einem inneren Durchmesser von

[31] AMPA Ku 43, Ullrich, W. (KWU): Rahmenspezifikation Basissicherheit von druckführenden Komponenten, Behälter, Apparate, Rohrleitungen, Pumpen und Armaturen, 17. 10. 1978.

[32] BA B 106-75331, Ergebnisprotokoll 142. RSK-Sitzung, 21. 2. 1979, S. 8.

[33] BA B 106-75334, Anlagen 1 und 2 zum Ergebnisprotokoll 145. RSK-Sitzung, 25. 4. 1979.

[34] AMPA Ku 43, Ullrich, W.: Das Konzept der Basissicherheit, 20. 3. 1990, Abb. 3.

[35] RSK-Leitlinien für Druckwasserreaktoren vom 24. 1. 1979, Anhang 2: Rahmenspezifikation Basissicherheit, Stand 25. 4. 1979: 1.2 Vorschriften für Konstruktionsdetails, S. 8–12.

[36] Kussmaul, K.: German Basis Safety Concept rules out possibility of catastrophic failure, Nuclear Engineering International, Dezember 1984, S. 42

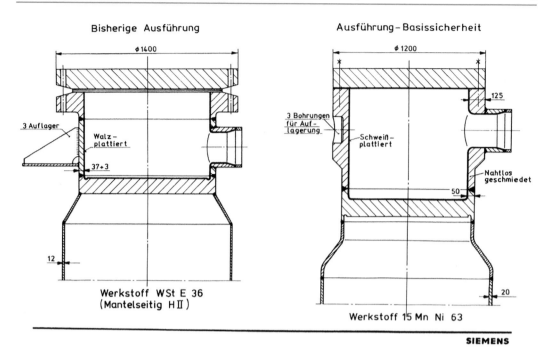

Abb. 11.5 Nachwärmekühler-Konstruktionen im Vergleich

670 mm. Die bisherige Schweißkonstruktion war nur mit erheblichen Einschränkungen für Wiederholungsprüfungen mit Ultraschall-Verfahren zugänglich. In Abb. 11.5 wird die herkömmliche Konstruktion eines Nachwärmekühlers mit der „basissicheren" Ausführung verglichen.[37] Die Auflagerung wurde in die verstärkte, nahtlos geschmiedete Zylinderwand verlegt. Die Plattierung wurde durch Auftragsschweißung aufgebracht, wodurch sie mit Ultraschall-Verfahren sicher geprüft werden konnte. Bedingt durch den zähen, weniger hochfesten Werkstoff wurden die Wände verstärkt.

Konstruktionen nach den Regeln der Basissicherheit sind dadurch gekennzeichnet, dass sie einfach, übersichtlich, für zerstörungsfreie Wiederholungsprüfverfahren uneingeschränkt zugänglich und insgesamt technisch sicher mit wenigen und unkomplizierten Schweißverbindungen machbar sind. Die Nutzungsdauer von

nuklearen Komponenten ist abhängig von der Ausgangsqualität und der Art der Beanspruchung. Durch die Anwendung der Regeln der Basissicherheit werden wesentliche Voraussetzungen für hohe Verfügbarkeit und lange Nutzungsdauer geschaffen.[38] Für die Anlagenverfügbarkeit fällt der Zeitaufwand für die zerstörungsfreien Prüfungen bei den Revisionen besonders ins Gewicht. Mit dem Einsatz von modernen Zentralmastmanipulator-Systemen an einfach zugänglichen, übersichtlich aus optimierten Werkstoffen gebauten Komponenten konnte die Zeit beispielsweise für eine Standard-Prüfung eines RDB von sechs auf drei Tage halbiert werden.[39] Bei etwaigen Fehleranzeigen entsteht ein übermäßig großer Aufwand für deren Doku-

---

[37] Debray, W., Ullrich, W., Fischdick, H., Blind, D. und Schick, M.: Konstruktive, werkstofftechnische und prüftechnische Optimierung von Kernkraftwerkssystemen, Übersichtsvortrag vom DVM-Tag, 10. 10. 1979, Stuttgart, Materialprüfung, Jg. 22, Nr. 1, Januar 1980, S. 19.

[38] Kußmaul, Karl: Setzt die Werkstofftechnik Grenzen in Bezug auf die Nutzungsdauer von Kernkraftwerken? „Jahrestagung Kerntechnik" 94, 17.-19. 5. 1994, Stuttgart, S. 1–13.

[39] Otte, H.-Jo., Müller, G. und Roth, W.: Erhöhung der Verfügbarkeit von Druckwasserreaktoren durch bessere Prüftechnik beim Reaktordruckbehälter, VGB Kongress „Kraftwerke 1997", 23.-25. 9. 1997, Dresden, Vortragsband, S. 1–5.

mentation und Interpretation. Reine Grundwerkstoffe bieten die besten Voraussetzungen für eine schnelle und richtige Fehlerbeurteilung, weil sie ultraschalldurchlässig sind und keinerlei Störechos abgeben. Wegen ihrer Primärsicherheit können sich also „basissichere" Anlagen über die ganze Betriebszeit betrachtet auch als wirtschaftlich erweisen.

11.2.4   Die Basissicherheit im KTA-Regelwerk

Das KTA-Regelwerk orientiert sich in weiten Bereichen am ASME Boiler and Pressure Vessel Code Section III, wobei in Division 1 Appendices „Rules of Construction of Nuclear Facility Components" enthalten sind, einschließlich des hier bedeutsamen Nonmandatory Appendix G „Fracture Toughness Criteria for Protection Against Failure".

Parallel zur Beratung der neuen RSK-Leitlinien in den Jahren 1977 und 1978 wurden in der RSK bzw. ihren Unterausschüssen die entsprechenden Regelentwürfe KTA-3201 für Komponenten des Primärkreises von Leichtwasserreaktoren diskutiert und redigiert (s. Kap. 6.1.3). Es ging u. a. um die KTA-Regeln über Werkstoffe und Erzeugnisformen (KTA-3201.1, Teil 1) und insbesondere über die Herstellung des RDB aus Stahl (KTA-3201.3). Diese KTA-Regelentwurfsvorlagen wurden nach eingehender Beratung im RSK-UA RDB bzw. DB (Druckbehälter) häufig mit konkreten Änderungswünschen zurückgegeben. Wiederholt musste der RSK-UA DB darauf bestehen, dass die Forderung der RSK nach Basissicherheit im KTA-Regelwerk berücksichtigt wurde. Dies betraf beispielsweise die Basissicherheit der Werkstoffe (KTA-Regel 3201.1) hinsichtlich Brucheinschnürung in Dickenrichtung, Hochlage der Kerbschlagarbeit und Analysenbegrenzung für Legierungs-, Spuren- und Begleitelemente[40] oder die Forderung nach Schweißsimulationsver-

suchen und unabhängigen Mehrfachprüfungen (KTA 3201.3).[41]

Die RSK setzte im Zuge der KTA-Regelungen die Grundsätze der Basissicherheit durch. Im Jahr 1999 wurden noch die Wiederkehrenden Prüfungen und die Betriebsüberwachung im Sinne des Basissicherheitskonzepts geregelt (KTA 3201.4).[42] Der langjährige Vorsitzende des RSK-Unterausschusses Reaktordruckbehälter, Rudolf Trumpfheller, trug entscheidend dazu bei. Nicht zuletzt hat die Gesellschaft für Reaktorsicherheit (GRS) mit ihrer RSK-Geschäftsstelle durch fachliche und redaktionelle Beiträge bei der endgültigen Fassung der Grundsätze der Basissicherheit und deren Aufnahme in die KTA-Regeln mitgewirkt. Das Institut für Reaktorsicherheit, die Vorläuferorganisation der GRS, hatte sich nach Abschluss des ersten Teils des von ihr herausgebrachten Statusberichts Reaktordruckbehälter (s. Kap. 10.2.3) den Auffassungen der MPA Stuttgart angeschlossen und mitgeholfen, den schwierigen Weg zur Anerkennung und Einführung der Grundsätze der Basissicherheit zu erschließen.[43] In Anhang 15-3 wird eine Übersicht über die werkstofftechnologischen KTA-Regeln gegeben.

11.3   Das Basissicherheitskonzept

Parallel zu den Arbeiten am Regelwerk waren die MPA Stuttgart sowie die Hersteller und Betreiber von Kernkraftwerken bestrebt, die produktionsbezogene Basissicherheit durch zusätzliche qualitätsüberwachende Maßnahmen (unabhängige Redundanzen) im Sinne einer deterministisch uneingeschränkten Sicherheitsaussage zu untermauern. Besondere Bedeutung wurde dem

---

[40] AMPA Ku 25, Ergebnisprotokoll 71. Sitzung RSK-UA DB, 29. 6. 1978, S. 10–12

[41] AMPA Ku 25, Ergebnisprotokoll 73. Sitzung RSK-UA DB, 6. 9. 1978, S. 5–8

[42] Sicherheitstechnische Regeln des KTA, Carl Heymanns Verlag, Köln, 2005.

[43] vgl. Kellermann, O., Krägeloh, E., Kussmaul, K. und Sturm, D.: Considerations about the Reliability of Nuclear Pressure Vessels, Status and Research Planning, 2nd International Conference on Pressure Vessel Technology, San Antonio, Texas, 1.-4. Oktober 1973, Part I, Design and Analyses, ASME 1973, S. 25–38.

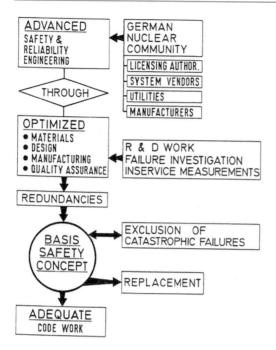

Abb. 11.6 Die Basissicherheits-Strategie

Betrieb der Anlagen zugemessen, der eine Veränderung der Komponentenqualität mit der Zeit zur Folge haben kann. Wechselnde Beanspruchungen, die chemische Zusammensetzung des Mediums und Werkstoffänderungen können die Ursache von Wandabtrag, Anrissbildung und Risswachstum sein.

Auf einer Konferenz der OECD-Nuclear Energy Agency (NEA) im August 1981 in Paris wurde der Gedanke der unabhängigen Redundanzen der Basissicherheit im Rahmen eines Basissicherheitskonzepts der internationalen Fachwelt vorgestellt. (Abb. 11.6). Dabei wurden als Redundanzen die Schadensforschung hinsichtlich Korrosionsermüdung, Strahlenversprödung und Thermoschock sowie die Betriebsüberwachung mit Messung qualitätsmindernder Parameter besonders hervorgehoben.[44]

Anfang 1983 erhielt das Basissicherheitskonzept seine endgültige Form. Auf dem Deutsch-Schweizer MPA-Seminar Ende März 1983 in Stuttgart wurde das Zusammenspiel der Basissicherheit mit den vier unabhängigen Redundanzen für die Bruchausschluss-Aussage in einem Schaubild dargestellt, das danach unverändert gültig blieb (Abb. 11.7).[45]

Das Basissicherheitskonzept enthält neben dem Prinzip der Qualität durch fortschrittliche Produktion vier Prinzipien, die unabhängige Absicherungen der hohen Qualität während des Betriebs gewährleisten.

An erster Stelle steht das Prinzip der Mehrfachprüfung. Es bedeutet, dass bei der Qualitätsüberwachung mehrere voneinander unabhängige Stellen beteiligt sind.

Das zweite Prinzip, als Worst Case Prinzip bezeichnet, steht für den Anspruch, alle noch als realistisch annehmbaren menschlichen und technischen Fehler zu berücksichtigen, die zu Qualitätsminderungen bei der Herstellung und im Betrieb führen. Durch systematische Untersuchungen schlechter Zustände wird festgestellt, welche Sicherheitseinbußen sie verursachen.

Das dritte Prinzip der Anlagenüberwachung und Dokumentation ermöglicht den kontinuierlichen Vergleich zwischen den tatsächlich eingetretenen Betriebsdaten mit den Auslegungswerten. Die periodisch wiederkehrenden Prüfungen decken unerwartete Mängel, wie betriebliche Rissbildung und Risswachstum auf.

Das Gültigkeitsprinzip bedeutet den Nachweis, dass rechtliche Vorschriften und technische Regeln eingehalten werden. Es bedeutet die experimentelle Überprüfung der bei der Auslegung und Störfallanalyse verwendeten Rechenverfahren sowie den Nachweis der Leistungsfähigkeit der zerstörungsfreien Prüfverfahren.[46]

[44] Kussmaul, K.: Development in Nuclear Pressure Vessel and Circuit Technology in the Federal Republic of Germany, in: Steele, L. E., Stahlkopf, K. E. Und Larsson, L. H. (Hg.): Structural Integrity of Light Water Reactor Components, Proceedings of the 2nd International Seminar on „Assuring Structural Integrity of Steel Reactor Pressure Boundary Components", Château de la Muette

(OECD-NEA), Paris, 24.-25. 8. 1981, Applied Science Publishers, London und New York, 1982, S. 1–28.

[45] Kußmaul, K.: Basissicherheit, in: Gräfen, Hubert (Hg.): Lexikon Werkstofftechnik, VDI-Verlag, Düsseldorf, 1991, S. 58, vgl. auch: Hiersig, Heinz M. (Hg.): Lexikon Produktionstechnik/Verfahrenstechnik, VDI-Verlag, Düsseldorf, 1995, S. 67–69.

[46] Kussmaul, K.: German Basis Safety Concept rules out possibility of catastrophic failure, Nuclear Engineering International, Dezember 1984, S. 41–46.

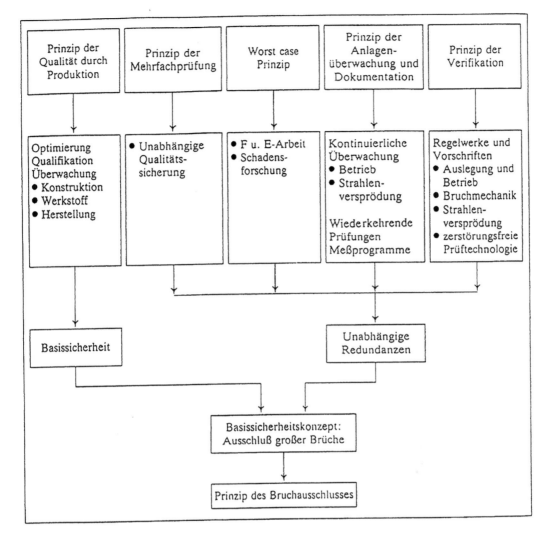

Abb. 11.7 Das Basissicherheitskonzept

Das Basissicherheitskonzept soll einen hohen Qualitätsstandard von der Herstellung bis zur Stilllegung einer kerntechnischen Anlage gewährleisten. Es beruht auf der Anwendung sicherheitstechnischer Grundsätze, die in Wissenschaft und Industrie eingeführt und anerkannt waren. Die Innovation des Basissicherheitskonzepts bestand darin, dass diese bewährten Grundsätze in ihrem Zusammenwirken konsequent umgesetzt und durch systematische Forschungsarbeit die Nachweise geführt wurden, dass nach menschlichem Ermessen ein katastrophales Versagen auszuschließen ist. Es ist vor allem das Verdienst der MPA Stuttgart und insbesondere von Karl Kußmaul gewesen, die Voraussetzun-

gen für das Basissicherheitskonzept geschaffen und es durchgesetzt zu haben.[47,48] Der Durchbruch für die Basissicherheit kam, als die nicht belegbaren Wahrscheinlichkeitsbetrachtungen für das RDB-Versagen in der Akzeptanzkrise der Kernenergienutzung nicht dazu beitragen konnten, Vertrauen in der Öffentlichkeit zu bilden und vor Gericht zu überzeugen.

[47] vgl. Stäbler, K.: Einführung in die Basissicherheit, VGB Kraftwerkstechnik, Jg. 60, Heft 6, Juni 1980, S. 432.

[48] vgl. Mappus, Stefan, Minister für Umwelt und Verkehr des Landes Baden-Württemberg: Grußwort anlässlich der Festveranstaltung 120 Jahre MPA Stuttgart, 8. 10. 2004, Festschrift, MPA Stuttgart, 2004.

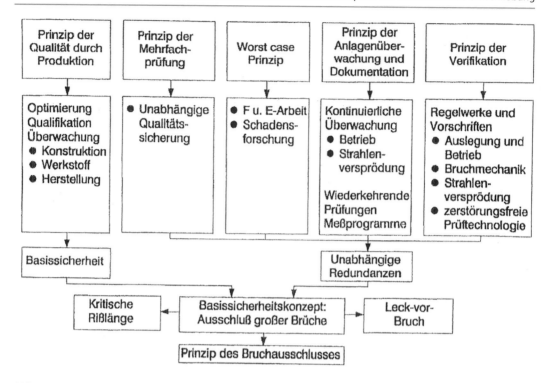

Abb. 11.8 Das Basissicherheitskonzept mit den Hinweisen auf die kritsche Risslänge und das Leck-vor-Bruch-Kriterium

Das Forschungsprojekt „Phänomenologische Behälterberstversuche" (s. Kap. 10.5.8) ergab mit den Versuchen an rohrförmigen Behältern, bei welcher Länge ein Riss, abhängig von der Behältergeometrie, der Werkstoffbeschaffenheit und dem Druck, weiterreißt und instabil wird (kritische Risslänge). Die Voraussetzungen der Leck-vor-Bruch-Bedingungen konnten ermittelt und quantifiziert werden. Entsprechend der Darlegung dieser Zusammenhänge auf einer internationalen Konferenz 1985[49] wurden die Hinweise auf die kritische Risslänge und das Leck-vor-Bruch-Kriterium in das Basissicherheitskonzept integriert (Abb. 11.8).

Aus dem Basissicherheitskonzept wurde in den 1990er Jahren eine einheitliche, abgestufte Vorgehensweise und Bewertungsgrundlage für den Integritätsnachweis der sicherheitstechnisch rele-

vanten Komponenten und Systeme im Rahmen des Alterungs- und Lebensdauermanagements entwickelt. Mit dem „Allgemeinen Integritätskonzept für druckführende Komponenten" können die betrieblichen Schädigungsmechanismen wie fortschreitende plastische Deformation, Instabilität, Ermüdung einschließlich Rissfortschritt, Sprödbruch, Korrosion, Verschleiß und Erosion-Korrosion beherrscht werden.[50]

Auf der Grundlage neuerer Erkenntnisse über das Trag- und Versagensverhalten von austenitischen und ferritischen Rohrleitungen[51] konnte gezeigt werden, unter welchen Voraussetzungen der Bruchausschluss auch für Rohrleitungen kleinerer Nennweite nachgewiesen werden kann. Somit liegt für alle in der kerntechnischen Pra-

[49] Kußmaul, K., Blind, D., Roos, E. und Föhl, J.: Principles of the German Approach to Safety and Reliability of Light Water Nuclear Power Plants, Reactor Pressure Vessel and Piping, International Conference on Nuclear Power Plant Aging, Availability Factor and Reliability Analysis, 8.-12. Juli 1985, San Diego, USA.

[50] Roos, E., Herter, K.-H., Otremba, F., Metzner, K.-J. und Bartonicek, J.: Allgemeines Integritätskonzept für druckführende Komponenten, 27. MPA-Seminar, 4./5. 10. 2001, Stuttgart, S. 1.1–1.16.

[51] Roos, Eberhard, Diem, Harald, Herter, Karl-Heinz und Stumpfrock, Ludwig: Fracture mechanical assessment of pipes under quasistatic and cyclic loading, steel research No. 4, 1990, S. 181–187.

xis verwendeten Rohrleitungsabmessungen ein abgesicherter Kenntnisstand vor.[52]

Parallel zur Anwendung des Basissicherheitskonzepts auf LWR übertrugen die Firmen Siemens/KWU und INTERATOM dieses Konzept auch auf Schnelle Brüter[53] und den Hochtemperaturreaktor-Modul[54] (HTR-Modul mit kugelförmigen Brennelementen aus „coated particles" und Graphit).

11.3.1 Umrüstungen

Nach Auffassung der RSK waren ihre Leitlinien „nicht ohne weiteres gedacht für eine Anpassung von bestehenden, im Bau oder Betrieb befindlichen Kernkraftwerken. Der Umfang der Berücksichtigung dieser Leitlinien wird bei diesen Anlagen von Fall zu Fall zu prüfen sein."[55] Bei der Anwendung des Basissicherheitskonzepts auf ältere Anlagen war in jedem einzelnen Fall zu prüfen, in welchem Umfang die vier Prinzipien der unabhängigen Redundanzen umgesetzt werden sollten. Dies war je nach möglicherweise bei der Basissicherheit selbst vorhandenen Defiziten und Bewertungsunsicherheiten zu entscheiden.[56] Für Anlagen, die den Maßgaben der Basissicherheit nicht entsprachen, wurden im Wiederho-

lungsprüfprogramm Prüfzyklen verkürzt und der Prüfumfang erweitert.[57]

Vonseiten der staatlichen Aufsicht wurde festgehalten: „Mit dem Konzept der Basissicherheit wurden die im Sicherheitskriterium 1.1[58] formulierten Grundsätze der Sicherheitsvorsorge für die druckführende Umschließung und die äußeren Systeme im Hinblick auf das Optimieren der Betriebssicherheit und damit das Minimieren der Störanfälligkeit konkretisiert." Der Genehmigungsinhaber trage die alleinige Verantwortung für die Verwirklichung des „dynamischen Grundrechtsschutzes" durch qualitätssichernde Maßnahmen gerade auch in der Betriebsphase. Ein „statisches Beharren" auf dem gegenwärtig Üblichen könne nicht hingenommen werden. Die Diskussion über die erforderlichen qualitätssichernden Maßnahmen ließe sich versachlichen, wenn die Anlage durch Basissicherheit insgesamt „unempfindlicher" gegen etwaige Fehler bei der Planung, Fertigung oder im Betrieb gemacht worden sei.[59] Die deutschen Genehmigungs- und Aufsichtsbehörden sahen die Umsetzung der Basissicherheit als Bestandteil des Pflichtenkatalogs der Betreiber auch älterer, in Betrieb befindlichen Anlagen.

Bereits in den Jahren vor der Aufnahme der Basissicherheit in das kerntechnische Regelwerk wirkte die MPA Stuttgart darauf hin, dass deren Grundsätze bei Umrüstmaßnahmen eingehalten wurden. Die ersten größeren Fälle ereigneten sich im Bereich der Siedewasserreaktoren (SWR). Die RSK und ihre Unterausschüsse erarbeiteten

---

[52] Roos, E., Schuler, X., Herter, K.-H. und Hienstorfer, W.: Bruchausschlussnachweise für Rohrleitungen – Stand der Wissenschaft und Technik, 31. MPA-Seminar in Verbindung mit der Fachtagung „Werkstoff- & Bauteilverhalten in der Energie- & Anlagentechnik", 13./14. 10. 2005, Stuttgart, S. 5.1–5.19.

[53] vgl. Vinzens, K., Laue, H. und Hosemann, B.: Strukturintegrität von Schnellen Brütern einschließlich Leck-vor-Bruch-Verhalten, 14. MPA-Seminar, 6.-7. Oktober 1988, Stuttgart, Bd. 1, S. 7.1–7.16.

[54] vgl. HTR-Modul-Kraftwerksanlage, Sicherheitsbericht, SIEMENS/INTERATOM, Bd. 1, November 1988, S. 2.6-3, Hinweis auf KTA 3201 mit HTR-spezifischer Anpassung: Bruchausschluss und Leck-vor-Bruch-Postulat für die Druckbehältereinheit.

[55] Aus dem Vorwort der RSK-Leitlinien für Druckwasserreaktoren vom 24. 1. 1979.

[56] Kußmaul, K.: Basissicherheit, in: Gräfen, Hubert (Hg.): Lexikon Werkstofftechnik, VDI-Verlag, Düsseldorf, 1991, S. 57.

[57] Beispielsweise wurden für KKP-1 für den Betrieb vor der geplanten Nachrüstung die Wiederholungsprüfpläne überarbeitet und zusätzliche Überwachungsmaßnahmen vorgeschrieben, siehe AMPA Ku 25, Ergebnisprotokoll 70. Sitzung RSK-UA RDB, 9. 6. 1978, S. 11–14 und BA B 106-75326, Ergebnisprotokoll 135. RSK-Sitzung, 21. 6. 1978, S. 25–29.

[58] Der Bundesminister des Innern: Bekanntmachung von Sicherheitskriterien für Kernkraftwerke vom 21. 10. 1977, BAnz Nr. 206 vom 3. 11. 1977, S. 1–3.

[59] AMPA Ku 105, Ministerialdirigent Pfaffelhuber, J.: Qualitätssicherung im Rahmen atomrechtlicher Genehmigungsverfahren: zur Rolle der beteiligten Stellen und Personen, in: „Basissicherheit – Umsetzung in die Praxis; Folgerungen", VdTÜV-Symposium am 12.-13. 12. 1979 in Essen, S. 1–14.

parallel zu den Leitlinien für DWR auch solche für SWR. Es gab mehrere ausformulierte Entwürfe von RSK-Leitlinien für SWR (E 3.75 vom März 1975, E 5.78 und E 9.80),[60] die jedoch nicht formal verabschiedet wurden. Die darin enthaltenen RSK-Empfehlungen wurden in den Genehmigungsverfahren berücksichtigt. Ebenso wurden die RSK-Leitlinien für DWR sinngemäß auf SWR angewendet. Die Nicht-Verabschiedung der RSK-Leitlinien für SWR wurde damit begründet, dass nach den SWR-Kernkraftwerken Krümmel (SWR-Baulinie 69) und Gundremmingen B/C (SWR-Baulinie 72) keine neuen SWR-Anlagen mehr geplant wurden. Die RSK wandte sich den in Planung befindlichen DWR zu.[61]

Es ergaben sich – wie im Folgenden beispielhaft aufgezeigt wird – gravierende Fälle von Um- und Nachrüstungsbedarf. Die gesamten Kosten der im Laufe von zwei Jahrzehnten durchgeführten Nach- und Umrüstmaßnahmen im Sinne der Basissicherheit wurden auf einige Milliarden DM geschätzt.[62] Neben den Kosten für „basissichere" Komponenten und Systeme entstand ein sehr beträchtlicher Aufwand für Ingenieursleistungen und Nachweise im Genehmigungsverfahren sowie durch Stillstandszeiten der Kraftwerke.

Schnellabschaltbehälter In Siedewasserreaktoren enthalten Schnellabschaltbehälter Druckgas (Stickstoff), mit dem bei Schnellabschaltungen die Steuerstäbe von unten in den Reaktorkern getrieben werden. Die RSK vertrat seit Mitte der 1970er Jahre die Auffassung, dass Schnellabschaltsysteme (SAS) wegen ihrer hohen sicherheitstechnischen Bedeutung die gleichen Anforderungen erfüllen müssen, wie die Reaktordruckbehälter (RDB).[63] Die bisher gebauten

SAS-Behälter seien jedoch nicht wie RDB mit einem Faktor 3 gegen Bruchfestigkeit ausgelegt, sondern wie konventionelle Behälter nur mit einem Faktor 1,5 gegen die Streckgrenze, was ein erheblich höheres Spannungsniveau bedeute.[64] Die SAS-Behälter der Kernkraftwerke mit SWR Würgassen (KWW), Brunsbüttel (KKB), Philippsburg-1 (KKP-1) und Isar-1 (KKI-1) waren aus den Werkstoffen Rheinstahl BH 51 bzw. TTSt E 51 oder WSt E 51[65] und BH 47 bzw. WSt E 47[66] gefertigt. Diese einander ähnlichen, hochfesten Feinkornbaustähle waren mit Vanadin legiert und empfindlich gegen unsachgemäße Schweißung und Wärmebehandlung.

1972 wurden im Rahmen des amerikanischen ASME Codes für Werkstoffe von Reaktorkomponenten besondere Zähigkeitsanforderungen normiert. Die Erkenntnisse aus den deutschen Sofort- und Dringlichkeitsprogrammen bestätigten die Forderung, grundsätzlich hochzähe Stähle im Reaktorbau zu verwenden. Der Hersteller Siemens/KWU begann 1974 mit Versuchs- und Prüfprogrammen Komponenten aus hochfesten Feinkornbaustählen zu untersuchen, deren Zähigkeitsverhalten nicht durchgängig positiv bewertet werden konnte. Ein Kurzprogramm mit zerstörungsfreien Prüfverfahren ergab in Schweißnähten des KWW-Schnellabschaltbehälters zahlreiche Fehleranzeigen, die auf Querrisse hindeuteten.[67] Die RSK war alarmiert und befasste sich in den Jahren 1975 und 1976 in mehreren Sitzungen mit der Werkstoffwahl, Auslegung, Fertigung und Prüfung von SAS-Behältern.

Nachträgliche Untersuchungen der fertigen SAS-Behälter von KKB, KKI-1 und KKP-1 ergaben ähnliche Befunde wie in Würgassen. Die Wärmeeinflusszonen an den Schweißnähten wiesen ausgedehnte Grobkornbereiche mit

---

[60] AMPA Ku 9, Ergebnisprotokoll 161. RSK-Sitzung, 17. 12. 1980, S. 7 f: Entwurf E 9.80 RSK-Leitlinien für Siedewasserreaktoren, BA B 106–75349, 161. RSK-Sitzung, 17. 12. 1980, Beratungsunterlagen.

[61] AMPA Ku 153, RSK-Information Nr. 213/3, RSK-Geschäftsstelle in der GRS, Köln, 5. 6. 1986.

[62] Persönliche Mitteilungen von Prof. Dr. Karl Kußmaul und Dr. Wolfgang Keller, ehem. Vorstand Technik Siemens/KWU, vom 20. 2. 2006.

[63] AMPA Ku 24, Ergebnisprotokoll 29. Sitzung RSK-UA RDB, 9. 1. 1975, S. 7.

[64] AMPA Ku 24, Ergebnisprotokoll 36. Sitzung RSK-UA RDB, 13. 10. 1975, S. 11.

[65] Chemische Zusammensetzung: 0,20 % C, 0,40 % Si, 1,2–1,7 % Mn, max. 0.025 % P, max. 0.025 % S, $\geq$0,7 Ni, 0,22 V.

[66] Chemische Zusammensetzung in %: 0,20 C, 0,50 Si, 1,2–1,7 Mn, max. 0.035 P, max. 0.035 S, 0,7 Ni, 0,015 N, 0,14 V, + Al.

[67] AMPA Ku 24, Ergebnisprotokoll 29. Sitzung RSK-UA RDB, 9. 1. 1975, S. 7–9.

einem besonders ungünstigen Zähigkeitsverhalten auf.[68,69] Die RSK kam zu der Überzeugung, dass diese SAS-Behälter nicht auf Dauer, sondern nur für einen möglichst kurz bemessenen befristeten Betrieb belassen werden konnten. Ersatzlösungen sollten so schnell wie möglich – spätestens innerhalb der nächsten 3–5 Jahre – realisiert werden. Ein befristeter Betrieb sei vertretbar, wenn durch eine verschärfte Druckprobe und Überwachung ein Versagen während des Betriebs ausgeschlossen werden könne. Die periodisch wiederkehrenden Prüfungen seien halbjährlich vorzunehmen.[70]

Bei der Verwirklichung der Ersatzlösungen wurden unterschiedliche Wege gegangen. Die Austauschbehälter für KWW und KKP-1 wurden entsprechend der Rahmenspezifikation Basissicherheit konstruktiv optimiert, aus dem Werkstoff 20 MnMoNi 5 5 gefertigt und in einem an das Reaktorgebäude anschließenden gesonderten Gebäude aufgestellt.[71] An den belassenen SAS-Behältern von KKB und KKI-1 wurden Splitterschutzkonstruktionen angebracht. Die Firma Krupp, Essen, baute im Jahr 1980 dazu Mehrlagen-Schutzummantelungen mit geschmiedeten Ober- und Unterteilen aus 20 MnMoNi 5 5. Die Schutzummantelungen bestanden aus je 11 Ringen in Mehrlagenbauweise, die über die SAS-Behälter geschoben wurden. Sie wurden mit je 24 Spanngliedern in der Behälterlängsrichtung vorgespannt.[72,73,74]

Sicherheitsbehälter (SB) SB wurden so konstruiert, dass sie den Drücken und Temperaturen

standhalten konnten, die sich nach einem anzunehmenden Totalabriss einer Hauptkühlmittelleitung ergeben würden. Bei der Herstellung der SB der Kernkraftwerke Gundremmingen KRB-A und KKU Unterweser aus hochfesten bzw. höherfesten Stählen waren an Schweißnähten wasserstoffinduzierte Risse aufgetreten (s. Kap. 6.5.2 und Kap. 6.5.3). Im Juni 1976 wurden am Speisewasserbehälter von Biblis A schwere Schäden nahe am katastrophalen Versagen bekannt. Der RSK-UA RDB empfahl, den Stahl WSt E 51 S für SB nicht mehr zu verwenden. WSt E 51 S und BHW 33, der Stahl aus dem der Speisewasserbehälter von Biblis A hergestellt war, sind von der Analyse her praktisch identisch (vgl. Kap. 9.1.3). Im September 1976 folgte die RSK ihrem Unterausschuss und verabschiedete die Empfehlung, für den Bau von SB den hochfesten Stahl WSt E 51 S durch den hochzähen, schweißunempfindlichen Werkstoff 15 MnNi 6 3 zu ersetzen.[75] Diese Empfehlung ging in das Regelwerk ein, wobei gleichzeitig die Glühgrenze auf 38 mm Wanddicke erhöht wurde (KTA 3401). Die Hersteller disponierten unverzüglich um, wodurch nicht unerheblicher Aufwand entstand. Die schon zur Montage des Containments des KKP-2 bereit liegenden Halbzeuge (über 2.000 t Kümpelteile) wurden verschrottet.

Philippsburg, Block 1, KKP-1 Die Befunde am Speisewasserbehälter im Kernkraftwerk Biblis A (s. Kap. 9.1.3) waren Anlass, die Vorwärmstrecke des im Bau befindlichen Kernkraftwerks KKP-1 (SWR-69, 864 MW$_{el}$) nachträglichen zerstörungsfreien Prüfungen zu unterziehen. Es wurden Anfang 1977 in größerem Umfang Schäden durch Anrisse an Hochdruckvorwärmern und Zwischenüberhitzer-Kondensatkühlern festgestellt.[76,77]

Anfang des Jahres 1978 traten bei weiteren Nachprüfungen an den Speisewassereintrittsstut-

---

[68] AMPA Ku 24, Ergebnisprotokoll 28. Sitzung RSK-UA RDB, 10. 12. 1974, S. 9 f.

[69] AMPA Ku 24, Ergebnisprotokoll 30. Sitzung RSK-UA RDB, 14. 2. 1975, S. 6–8.

[70] AMPA Ku 24, Ergebnisprotokoll 36. Sitzung RSK-UA RDB, 13. 10. 1975, S. 8–11.

[71] AMPA Ku 25, Ergebnisprotokoll 56. Sitzung RSK-UA RDB, 30. 3. 1977, S. 8–10.

[72] BA B 106–75331, Ergebnisprotokoll 142. RSK-Sitzung, 21. 2. 1979, S. 10–12.

[73] Rieser, R., Knoerzer, G., Jaerschky, R. und Roettges, H.: Kernkraftwerk Isar 1 – Betriebserfahrungen, Vorbereitung und Durchführung der Umrüstung, VGB Kraftwerkstechnik, Jg. 62, Heft 11, November 1982, S. 918–920.

[74] AMPA Ku 132, Schreiben der Kernkraftwerk Brunsbüttel GmbH vom 19. 11. 1979 an die MPA Stuttgart.

[75] BA B 106–75318, Ergebnisprotokoll 116. RSK-Sitzung, 15. 9. 1976, S. 23–28.

[76] BA B 106–75321, Ergebnisprotokoll 123. RSK-Sitzung, 20. 4. 1977, S. 16 f.

[77] BA B 106–75322, Ergebnisprotokoll 125. RSK-Sitzung, 22. 6. 1977, S. 18–23.

zen des nahezu fertiggestellten Siedewasserreaktors KKP-1 Rissanzeigen auf. Außerdem wurden Reparaturschweißungen gefunden. Bei fortgesetzten Prüfungen wurden in den Kondensationsrohren ebenfalls Reparaturschweißungen nach Rissbildung gefunden. In den Speisewasser-, Frischdampf- und Entlastungsleitungen wurden fertigungsbedingte Aufhärtungszonen („Härtemanschetten") mit niedriger Kerbschlagzähigkeit entdeckt. Der RSK-UA Druckbehälter (DB) vermerkte dazu, dass der für Rohrleitungen und Formstücke eingesetzte Werkstoff und teilweise auch seine Verarbeitung den neuen Anforderungen des inzwischen erreichten Standes von Wissenschaft und Technik nicht mehr entsprächen.[78]

Die RSK entschied, dass KKP-1 nur unter strengen Auflagen in Betrieb gehen könne und nach zwei Jahren umfangreiche Ertüchtigungsmaßnahmen durchzuführen seien.[79] Der Betreiber legte daraufhin kurzfristig ein Konzept zur Ertüchtigung zunächst der Speisewasser-Rohrleitungen vor. Er orientierte sich an den Vorgaben der Basissicherheit für „Äußere Systeme" und verwendete den optimierten Werkstoff 20 MnMoNi 5 5.[80]

Die erste Kritikalität von KKP-1 erfolgte am 9.3.1979. Die Übergabe des Kernkraftwerks vom Hersteller KWU zum Betreiber fand am 23.3.1980 statt. Nach dem Betrieb von rund einem Jahr wurde KKP-1 für Umrüstmaßnahmen abgeschaltet, die von Mai 1980 bis November 1981 dauerten. Der Umrüstumfang war enorm und umfasste die Speisewasserleitungen zwischen RDB und 1. Absperrarmatur, 3 Schnellabschaltbehälter, 4 Hochdruckvorwärmer und 2 Zwischenüberhitzer-Kondensatkühler. Als Vorsorgemaßnahme des Betreibers wurden die gesamten Rohrleitungssysteme ausgebaut und durch „basissichere" Ausführungen ersetzt. Die Kosten betrugen über 370 Mio. DM, wozu noch Ersatzstrom-Beschaffungskosten von ca. 500 Mio. DM

kamen.[81] Die Kosten wurden im Rahmen der Gewährleistungs- und Konventionalstrafen-Regelungen vom Hersteller AEG getragen.

Speisewasserstutzen Die Befunde an den Rohrleitungen der druckführenden Umschließung des Kernkraftwerks Philippsburg 1 (KKP-1), insbesondere die umlaufenden Härteringe in der Nähe der Schweißnähte der vom RDB unmittelbar wegführenden Speisewasserleitungen, veranlassten die RSK im Mai 1978, alle Siedewasserreaktoren (SWR) der Baulinie 69 Überprüfungen und Untersuchungen zu unterziehen.[82] Anfang September 1979 wurden Röntgenprüfungen der Rohrleitungen und auch der Stutzenbereiche des RDB der Anlage Brunsbüttel (KKB) vorgenommen. An den Anschlussnähten der Speisewasserstränge ergaben sich Rissverdachte, zu deren Klärung die betroffenen Nähte herausgeschnitten wurden. Bei den metallografischen Untersuchungen in der MPA Stuttgart wurden Risse bis zu 120 mm Länge und 7 mm Tiefe gefunden.[83] Für die Umrüstung wurde der Anschlussbereich von KWU umkonstruiert, auf das Thermoschutzrohr verzichtet und der „basissichere" Werkstoff 20 MnMoNi 5 5 verwendet.[84] Die neue Konstruktion war bereits für das im Bau befindliche Kernkraftwerk Krümmel (KKK) entworfen worden.[85] Die Schäden an den KKB-Speisewasserstutzen hatten die Konsequenz, dass alle Anschlussnähte der Speisewasserstutzen der SWR-69-Baulinie entfernt und ersetzt werden mussten. Im KKP-1 wurde die Reparatur durch Vorschuhen der Stutzen (Einsetzen eines Anschlussstücks zwischen Stutzen und Rohrleitung) in „basissiche-

---

[78] AMPA Ku 25, Ergebnisprotokoll 68. Sitzung RSK-UA DB, 5. 4. 1978, S. 6–11.

[79] BA B 106–75325, Ergebnisprotokoll 133. RSK-Sitzung, 19. 4. 1978, S. 16 f.

[80] AMPA Ku 25, Ergebnisprotokoll 70. Sitzung RSK-UA DB, 9. 6. 1978, S. 11–16.

[81] Stäbler, K. und Bilger, H.: Erfahrungen bei der Umrüstung des Kernkraftwerks Philippsburg, Block 1, VGB Kraftwerkstechnik, Jg. 62, Heft 5, Mai 1982, S. 339–346.

[82] BA B 106-75326, Ergebnisprotokoll 134. RSK-Sitzung, 17. 5. 1978, S. 10–12.

[83] AMPA Ku 126, MPA Stuttgart: Aktennotiz Nr. 937 600/1, Kernkraftwerk Brunsbüttel, Rohrleitungen aus Werkstoff 17 MnMoV 64 (WB 35) innerhalb der druckführenden Umschließung, Bericht Nr. 2, 31. 10. 1979, S. 5–7 und Anlagen 1–5.

[84] AMPA Ku 126, KKB Speisewasserstutzen C1-C4, Zeichnung Nr. R 211E-11-5053, 30. 11. 1979.

[85] AMPA Ku 25, Ergebnisprotokoll 67. Sitzung des RSK-UA Druckbehälter, 1. 3. 1978, S. 12

rer" Qualität mit dem Werkstoff 22 NiMoCr 3 7 vorgenommen.[86]

Isar 1 (KKI-1) Das erste in Bayern kommerziell betriebene Kernkraftwerk war Isar-1 (SWR-69, 870 MW_{el}) am Standort Essenbach-Ohu bei Landshut, das praktisch baugleich mit KKP-1 war. Der Baubeginn von KKI-1 lag rund eineinhalb Jahre später als bei KKP-1. KKI-1 zog den Nutzen aus den Erfahrungen mit KKP-1 und ging etwa ein Jahr früher in Betrieb. Aber auch bei KKI-1 wurden Umrüstmaßnahmen in ähnlichem Umfang erforderlich. Sie fanden zwischen September 1981 und September 1982 statt und kosteten rund 300 Mio. DM sowie Mehraufwändungen für die Ersatzstrom-Beschaffung in Höhe von etwa 400 Mio. DM.[87] Die Betreiber von KKI-1, Bayernwerk und Isar-Amper-Werke, äußerten Kritik an der von RSK und BMI durchgesetzten Umrüstung. Sie wollten von „weiteren unausgewogenen Entscheidungen verschont" bleiben. Sie stellten in Frage, ob die Kosten zu rechtfertigen waren und ob ein messbarer Beitrag zur Risikominimierung erbracht worden sei. Man solle sich mehr an ingenieursmäßige Kriterien halten als an politische Opportunität.[88] Die grundsätzlichen Erwägungen der RSK für die Anpassung der kerntechnischen Systeme an das Basissicherheitskonzept stießen bei den ersten größeren Umrüstaktionen auf Skepsis und Ablehnung. Erst später wurde erkannt und anerkannt, dass damit eine der Grundlagen für die hohe Verfügbarkeit und damit auch Wirtschaftlichkeit der deutschen Kernkraftwerke geschaffen worden ist.

Umrüstungen an Druckwasserreaktoren[89] Im Kernkraftwerk Obrigheim (KWO) sind umfangreiche Umrüstmaßnahmen (teilweise auch wegen frühzeitig aufgetretener Werkstoffschäden) im Rahmen seines besonderen Genehmigungsverfahrens durchgeführt worden, beispielsweise:

- Austausch der alten Dampferzeuger (DE) gegen neue mit verbesserter Konstruktion, verbesserten Werkstoffen und Schweißverbindungen (1983),
- Einbau neuer „basissicherer" Hauptkühlmittelleitungs (HKL) -Teile im DE-Bereich (1983),
- erweiterte Überwachung durch Entwicklung eines Core-Naht-Manipulators und Installation eines Schwingungsüberwachungssystems,
- Austausch von Speisewasser- und Frischdampfleitungen innerhalb des Sicherheitsbehälters bzw. bis zum Notstandsgebäude gegen Rohrleitungen in „basissicherer" Ausführung (1984),
- Schutz des Reaktorsicherheitsbehälters gegen Überdruckbeanspruchung durch Druckentlastung mit Filterung (so genanntes „Wallmann-Ventil") in „basissicherer" Ausführung (1989).[90]

Im Kernkraftwerk Neckarwestheim-1 (GKN-1) sind folgende wesentlichen Umrüstungen ausgeführt worden:

- Stahlgussarmaturen mit Herstellungsfehlern im Reaktorgebäude-Vorbau sind gegen Armaturen in KTA-Qualität ausgetauscht worden.
- Ein Abblasebehälter aus Werkstoff St E 47 wurde durch einen Behälter in KTA-Qualität ersetzt.
- Drei Druckspeicher aus Stahl St E 47 wurden gegen drei Behälter in KTA-Qualität ausgetauscht.
- Der Reaktorsicherheitsbehälter wurde gegen Überdruckbeanspruchung durch Druckentlastung mit Filterung geschützt (1989).

11.3.2 Internationale Beachtung

Die Grundsätze des Basissicherheitskonzepts wurden nach ihrer Aufnahme in die RSK-Leitlinien und das KTA-Regelwerk auf internationalen

---

[86] AMPA Ku 126, KKP-1-Umrüstung, Anschlussstück RDB, Zeichnung Nr. 3159804.A4013, 25. 1. 1980.

[87] Rieser, R., Knoerzer, G., Jaerschky, R. und Roettges, H.: Kernkraftwerk Isar 1 – Betriebserfahrungen, Vorbereitung und Durchführung der Umrüstung, VGB Kraftwerkstechnik, Jg. 62, Heft 11, November 1982, S. 914–926.

[88] ebenda, S. 914.

[89] AMPA Ku 126, MPA Stuttgart: Zusammenstellung von Umrüstmaßnahmen, Stand 1989.

[90] Die gefilterte SB-Druckentlastung selbst folgt nicht aus den Kriterien der Basissicherheit.

wissenschaftlichen Konferenzen dargestellt.[91,92] Die Bundesregierung brachte sie im Rahmen der nuklearen Sicherheitskonvention auf Regierungsebene in die internationale Diskussion der Reaktorsicherheitsstandards ein. Dieses „Übereinkommen über nukleare Sicherheit" ist nach der Reaktorkatastrophe von Tschernobyl auf Initiative der deutschen Bundesregierung zustande gekommen. Es ist unter der Schirmherrschaft der IAEO in Wien am 17. Juni 1994 abgeschlossen sowie von 50 Staaten ratifiziert worden und am 24. Oktober 1996 in Kraft getreten. Die Vertragsstaaten sind verpflichtet, Länderberichte über den Stand der Reaktorsicherheit vorzulegen, die auf den „Überprüfungstagungen", die im dreijährigen Turnus stattfinden, im internationalen Dialog geprüft und bewertet werden. Von den 31 Staaten, in denen Kernkraftwerke betrieben werden, sind bis zur ersten Überprüfungskonferenz im April 1999 alle bis auf Indien und Kasachstan beigetreten.[93] Im ersten deutschen Länderbericht führte die Bundesregierung in der Referenzliste des kerntechnischen Regelwerks die RSK-Leitlinien für Druckwasserreaktoren sowie die KTA-Regeln der internationalen Bewertung zu und verwies ausdrücklich auch auf die Rahmenspezifikation Basissicherheit.[94] In den folgenden deutschen Berichten wurden diese Angaben fort-

geschrieben. Die Vertragsstaaten sahen in den deutschen Berichten jeweils wertvolle Beiträge zur Weiterentwicklung der Reaktorsicherheit.

Im Vereinigten Königreich wurde das Basissicherheitskonzept Grundlage des ersten Genehmigungsverfahrens für einen Druckwasserreaktor (1.250 MW_{el}, Westinghouse), der am Standort Sizewell in Suffolk erbaut wurde. Seit Anfang der 1970er Jahre hatte der Central Electricity Generating Board (CEGB) auf die Errichtung von großen, wirtschaftlichen Kernkraftwerken mit Leichtwasserreaktoren amerikanischer Bauart gedrängt. Die politischen Auseinandersetzungen mit diesen Plänen zogen sich über die 1970er Jahre hin.[95] Eine bedeutende Rolle spielte dabei ein „Report by a Study Group under the Chairmanship of Dr. W. Marshall" mit dem Titel „An Assessment of the Integrity of PWR Pressure Vessels" vom 1.10.1976. Von Januar 1983 bis März 1985 wurde schließlich ein öffentliches Anhörverfahren (Public Inquiry) unter dem Vorsitz von Sir Frank Layfield durchgeführt, in dem alle Sicherheitsfragen außergewöhnlich detailliert und gründlich abgehandelt wurden. Dabei kamen die Grundsätze des Basissicherheitskonzepts ausdrücklich zur Geltung, insbesondere was die Integrität des RDB betraf.[96] Der umfangreiche Bericht über dieses Public Inquiry wurde im Dezember 1986 dem Secretary of State for Energy übergeben.[97]

Bei diesem bemerkenswerten Genehmigungsverfahren ging es auch um Grundsatzfragen der Probabilistik, die von Frank Reginald Farmer bereits 1967 in die Reaktor-Sicherheitsanalyse eingeführt, in Großbritannien die dominante Methode war. Die Frage in Sizewell war, ob sich einvernehmlich eine Ausfallwahrscheinlichkeit

[91] Kussmaul, K. und Blind, D.: Basis Safety – A Challenge to Nuclear Technology, IAEA Specialists Meeting on „Trends in Reactor Pressure Vessel and Circuit Development", Madrid/Spanien, 5.-8. 3. 1979, Proceedings edited by Nichols, R. W., Applied Science Publishers, London, 1980, S. 1–16.

[92] Kussmaul, K.: Developments in Nuclear Pressure Vessel and Circuit Technology in the Federal Republic of Germany, Proceedings of the 2nd International Seminar on „Assuring Structural Integrity of Steel Reactor Pressure Boundary Components", OECD-NEA, Chateau de la Muette, Paris, 24th-25th August 1981, zusammen mit 6th International Conference on Structural Mechanics in Reactor Technology, in: Steele, L. E., Stahlkopf, K. E. Und Larsson, L. H. (Hg.): Structural Integrity of Light Water Reactor Components, Applied Science Publishers, London und New York, 1982, S. 1–28.

[93] GRS Jahresbericht 1998, Kapitel 8: Internationale Zusammenarbeit, Köln, 1999, S. 114.

[94] Übereinkommen über nukleare Sicherheit, Bericht der Regierung der Bundesrepublik Deutschland für die erste Überprüfungstagung im April 1999, Bonn, Juli 1998, S. 130.

[95] Massey, Andrew: Technocrats and Nuclear Politics, Avebury, Aldershot, 1988, S. 132–155.

[96] Kussmaul, K.: Structural Integrity of the Primary Circuit, PROOF OF EVIDENCE, LPA/P/4A, 4B und 4C, April 1983, In: Department of Energy: Sizewell B Public Inquiry, Vol. 1–3, Report by Sir Frank Layfield, Her Majesty's Stationery Office, Dezember 1986, London, 1987.

[97] Department of Energy: Sizewell B Public Inquiry, Vol. 1 to 8, Report by Sir Frank Layfield, Her Majesty's Stationery Office, Dezember 1986, London, 1987.

angeben lässt, unterhalb derer ein katastrophales Versagen der Druckführenden Umschließung vernünftigerweise ausgeschlossen werden kann („incredibility of failure"). Für den CEGB lag diese Grenze bei 10^{-7} pro Reaktorjahr für das auslösende Ereignis des RDB-Versagens.[98] Die lokalen Genehmigungsbehörden (Local Planning Authorities) wiederum sahen eine akzeptable Ausfallwahrscheinlichkeit eher bei 10^{-9} pro Reaktorjahr.[99]

Diesen Überlegungen wurden im Zuge des Sizewell B Inquiry von Karl Kußmaul die Grundsätze des Basissicherheitskonzepts gegenübergestellt und eingehend diskutiert.[100] Kußmaul legte insbesondere die Voraussetzungen dar, unter denen nach menschlichem Ermessen die Feststellung des Bruchausschlusses zulässig ist. Diese Ausführungen überzeugten: „*The CEGB agreed to include Kussmaul's materials specifications and conditions in the Pre-Construction Safety Report (PCSR) as part of the safety case for licensing, and the NII[101] agreed to monitor observance of the conditions.*"[102] Wörtlich wurde schließlich festgestellt: „*The demonstration of 'incredibility' was based on the use of engineering design and judgment. The Board estimated the propability of RPV* [Reactor Pressure Vessel] *failure for the purpose of Westinghouse's accident probability analysis, but did not rely on it in the safety case for licensing.*"[103] In der Aussprache zwischen CEGB, NII, Local Planning Authorities und Rechtsanwälten im Beisein von Karl Kußmaul wurde das Ergebnis der Anhörung mit folgender Formulierung zusammengefasst: „*The exclusion of catastrophic failure does not invoke probabilistic arguments. It is possible to see, without detailed calculations and despite human errors and human factors, that probabilities are so low as to be meaningless.*"[104] Damit wurde der deterministische Ansatz des Basissicherheitskonzepts auch von der obersten britischen Atombehörde anerkannt, in der Frank Reginald Farmer, der Begründer der probabilistischen Sicherheitsanalyse für Kernkraftwerke, gewirkt hat.

Das Sizewell B Public Inquiry („the largest ever UK public inquiry") und seine ungewöhnlich minutiöse wissenschaftliche und technische Vorgehensweise fand bei den in- und ausländischen Beobachtern aus Wissenschaft, Industrie, Justiz, Politik und Presse erhebliche Beachtung und Zustimmung.[105] Der Bau des Kernkraftwerks Sizewell B begann 1987. Seit Februar 1995 ist dieser Druckwasserreaktor im kommerziellen Betrieb.

Mit der Verfügbarkeit des deterministisch angelegten Basissicherheitskonzepts und dem Scheitern probabilistischer Begründungen vor den Gerichten (vgl. Kap. 4.5.7 und 4.5.8) wurde die Vorgehensweise im Genehmigungsverfahren geändert. Risikoanalysen, die Ausmaß und Häufigkeit von Schadensfällen mit probabilistischen Methoden zu ermitteln suchten, wurden neu eingeordnet. Die amerikanische Rasmussen-Studie (Oktober 1975, s. Kap. 7.2.2) und die Deutsche Risikostudie A (1976–1979)[106] hatten konkrete unfallbedingte Individual- und Kollektivrisiken berechnet. Diese errechneten Risikowerte waren vielfältiger Kritik ausgesetzt, etwa hinsichtlich der Unfall einleitenden Ereignisse oder der jeweils zugrunde liegenden Schätzunsicherheiten bei seltenen oder noch nie eingetretenen Ereignissen. Abhängig von den getroffenen Annahmen konnten enorme Streuungen der Rechenergeb-

[98] Department of Energy: Sizewell B Public Inquiry, Vol. 1 to 8, Report by Sir Frank Layfield, Her Majesty's Stationery Office, Dezember 1986, London, 1987, Vol. 8, S. 19.

[99] ebenda, Vol. 2, Chap. 21, S. 27.

[100] ebenda, Vol. 2, Chap. 21, S. 8–29.

[101] United Kingdom Nuclear Installation Inspectorate, oberste britische Aufsichtsbehörde über kerntechnische Anlagen.

[102] Department of Energy: Sizewell B Public Inquiry, Vol. 1 to 8, Report by Sir Frank Layfield, Her Majesty's Stationery Office, Dezember 1986, London, 1987, Vol. 2, Chap. 21, S. 27.

[103] ebenda, Vol. 2, Chap. 21, S. 2.

[104] Kussmaul, K.: German Basis Safety Concept rules out possibility of catastrophic failure, Nuclear Engineering International, Dezember 1984, S. 46.

[105] Um die weitreichenden Aussagen zur Problematik der probabilistischen und deterministischen Sicherheitsanalysen und die Schlussfolgerungen zu dokumentieren, ist im Anhang 18-1–18-3 das Ergebnisprotokoll dieser Erörterung aus dem Inquiry-Bericht wiedergegeben.

[106] Deutsche Risikostudie Kernkraftwerke, Hauptband, Verlag TÜV Rheinland, Köln, 1979.

nisse auftreten. Probabilistische Methoden schließen Ja-Nein-Aussagen prinzipiell aus, auch für die nukleare Katastrophe, und der Zeitpunkt eines solchen Ereignisses kann nicht vorhergesagt werden.

Mit Hilfe des Basissicherheitskonzepts kann die Sicherheit der einzelnen Komponenten ermittelt, jedoch nicht das Gesamtsystem im Betrieb unter vielfältigen Rahmenbedingungen betrachtet werden. Die probabilistische Sicherheitsanalyse (PSA) ist hierbei eine wertvolle Ergänzung.

Mitte der 1980er Jahre wurden die Aufgaben und Zielsetzungen probabilistischer Analysen dahin geändert, die Ausgewogenheit der Sicherheitstechnik komplexer Anlagen zu studieren und Schwachstellen der Systemtechnik zu identifizieren.[107] PSA wurden in Ergänzung der deterministisch angelegten Sicherheitsbeurteilungen zur ganzheitlichen Darstellung von Personalhandlungen und Komponenteneinflüssen auf das Systemverhalten eingesetzt. Nach der Überprüfung der Sicherheit der deutschen Kernkraftwerke in der Folge des Tschernobyl-Unglücks empfahl die RSK im November 1988 auf Wunsch des Bundesministers für Umwelt, Naturschutz und Reaktorsicherheit eine periodische Sicherheitsüberprüfung jedes Kernkraftwerks im Zehnjahresrhythmus, wobei auch eine PSA durchgeführt werden soll.[108] Diese PSA dient heute als Orientierungshilfe, vorzugsweise zur Optimierung des Vorgehens bei der Bewertung der „Alterung", des „Veraltens" und des Alterungsmanagements.[109]

In den Jahren 1998 und 1999 wurden im Rahmen eines Studienauftrags der Europäischen Kommission die verschiedenen in Europa verwendeten Leck-vor-Bruch-Verfahren für die Bewertung von Rohrleitungssystemen in Kernkraftwerken vergleichend untersucht. Das dafür berufene Konsortium wurde von der Gesellschaft für Anlagen- und Reaktorsicherheit (GRS), Köln, geführt und umfasste die zuständigen Institutionen MPA Stuttgart (Deutschland), Empresarios Agrupados (EA, Spanien), Engineering Nuclear Equipment Strength (ENES, Russische Föderation), Nuclear Research Institute Rez (NRI, Tschechische Republik) und Säteilyturvaskeskus (STUK, Radiation and Nuclear Safety Authority, Finnland). Als Ergebnis dieser Untersuchung wurde eine Harmonisierung der verschiedenen Verfahren angeregt, um vergleichbare Sicherheitsstandards in Europa zu erreichen. Aus deutscher Sicht ergab sich keine Notwendigkeit, das Basissicherheitskonzept zu ändern.[110]

---

[107] vgl. Deutsche Risikostudie Kernkraftwerke, Phase B: GRS. Eine Untersuchung im Auftrag des Bundesministers für Forschung und Technologie, Verlag TÜV Rheinland, Köln, 1990, S. 6 f.

[108] BA B 295-18744, Ergebnisprotokoll 238. RSK-Sitzung, 23. 11. 1988, Anlage 4: Abschlussbericht über die Ergebnisse der Sicherheitsüberprüfung der Kernkraftwerke in der Bundesrepublik Deutschland durch die RSK, S. 9.

[109] vgl. Bekanntmachung des Leitfadens zur Durchführung der Sicherheitsüberprüfung gemäß § 19a des Atomgesetzes -Leitfaden Probabilistische Sicherheitsanalyse- für Kernkraftwerke in der Bundesrepublik Deutschland vom 30. 8. 2005, BAnz. Nr. 207a vom 3. 11. 2005, S. 1.

[110] Survey of European Leak-Before-Break Procedures and Requirements Related to the Structural Integrity of Nuclear Power Plants Components, Final Report, Revision 2, Contract with the European Commission, DG XI Study Contract B7-5200/97/000782/MAR/C2, April 2000.

Reaktor-Sicherheitsforschung begleitete die energetische Nutzung der Kernspaltung von Beginn an. Seit Anfang der 1970er Jahre wurde sie im Westen systematisch breit angelegt und intensiv betrieben; u. a. wurden umfassende Risikostudien zum Verhalten des Gesamtsystems bei Störungen in Teilsystemen durchgeführt (vgl. Kap. 7.2 und 7.3). Der schwere Störfall im amerikanischen Kernkraftwerk TMI-2 am 28. März 1979 hatte den amerikanischen, aber auch den internationalen, nicht zuletzt den deutschen Arbeiten Nachdruck verliehen, nicht weil außerhalb der USA überall unmittelbare Konsequenzen hätten gezogen werden müssen, sondern weil dieses Ereignis vor Augen geführt hatte, dass Unfälle jenseits der Auslegungsstörfälle durch Bedienungsfehler bei „nicht fehlerverzeihender" Technik tatsächlich eintreten konnten. Unter dem Eindruck des Tschernobyl-Unglücks konzentrierten sich die Untersuchungen auf frühe Fehlererkennung und Vermeidung gefährlicher Anlagenzustände, aber auch die Arbeiten an neuen passiven und inhärenten Sicherheitssystemen wurden verstärkt und beschleunigt fortgesetzt. Alle Entwicklungsvorhaben hatten eine doppelte Zielsetzung: zum einen die wirtschaftliche Wettbewerbsfähigkeit zu verbessern sowie die Errichtungszeiten zu verkürzen und zum anderen erhöhte Sicherheitsanforderungen zu erfüllen.

Anfang der 1980er Jahre begann eine lange, einige Jahrzehnte anhaltende Unterbrechung des Kernkraft-Ausbaus in den USA und den westlichen Industrieländern. Nach Abwicklung der in Bau befindlichen Anlagen gab es teils keinen Neubaubedarf für Großkraftwerke mehr, teils gab es wachsende Widerstände in Politik und Öffentlichkeit. Anfang der 1980er Jahre fanden sich in den USA führende Persönlichkeiten aus Energieversorgungs-Unternehmen zusammen, um auf der Grundlage ihrer Erfahrungen mit der Kernenergie-Nutzung und ihrer zukünftigen Verantwortung für eine sichere, wirtschaftliche und umweltverträgliche Versorgung ihrer Kunden mit Elektrizität neue Entwicklungslinien für eine nächste Generation von Leichtwasserreaktoren (LWR) zu erarbeiten. Ihre Bemühungen wurden vom Electric Power Research Institute (EPRI) koordiniert und zu dem Programm „Fortschrittliche Leichtwasserreaktoren" (ALWR – Advanced Light Water Reactor oder auch ASLWR – Advanced Simplified Light Water Reactor) ausgebaut.[1] Die Reaktor-Hersteller und die anlagenplanenden Ingenieurs-Gesellschaften (architect engineers) wurden hinzugezogen. Internationale Partner aus der Versorgungsindustrie Frankreichs, Italiens, Japans, Deutschlands, Koreas, der Niederlande u. a. schlossen sich an, wie sich überhaupt ein verstärkter Trend zu internationaler Kooperation zeigte.

Im Rahmen des ALWR-Programms förderte das amerikanische Energieministerium Department of Energy (DOE) ab 1986 Entwicklungsarbeiten, und die USNRC begleitete

---

[1] Taylor, J. J., Stahlkopf, K. E., Noble, D. M. und Dau, G. J.: LWR Development in the USA, Nuclear Engineering and Design, Vol. 109, 1988, S. 19–22.

die Untersuchungen im Hinblick auf die Genehmigungsfähigkeit neuer Entwürfe. Die Konstruktionsmerkmale und die Leistungsfähigkeit der Sicherheitssysteme der ALWR-Baulinien sollten mit deterministischen Verfahren ermittelt und zugleich mit probabilistischen Analysen abgesichert werden. Als ein Hauptteil des ALWR-Programms wurden die aus der Energieversorger-Sicht wesentlichen Grundsätze und Anforderungen für künftige Reaktorlinien in einem EPRI Utilities Requirements Document for Next Generation Nuclear Plants (URD) erarbeitet, geprüft und im März 1990 publiziert:[2]

- „Sicherheit zuerst": Unfälle, die wie bei TMI-2 zu schweren Kernschäden führen, können nicht hingenommen werden.
- „Vereinfachte Konstruktionen": Die technischen Entwicklungen der 1970er Jahre und die enormen Anforderungen in den Genehmigungsverfahren, mit denen die Anlagenkomplexität rasch zugenommen hatte, wurden als eher negativ eingeschätzt. Sie hätten die Bau- und Betriebskosten erhöht, die Zuverlässigkeit vermindert und die Gesamtanlage gegen technische Funktions- und menschliche Bedienungsfehler verletzlicher gemacht.
- „Sicherheitsreserven": Künftige fortschrittliche LWR müssen robust, fehlerverzeihend und in allen Funktionen „auf der sicheren Seite" konzipiert sein.
- „Einsatz bewährter Technik": Die Erfahrungen aus dem Betrieb mehrerer hundert LWR bieten eine ausgezeichnete Grundlage, um technische Unsicherheiten zu vermeiden.
- „Größte Achtsamkeit für das Mensch-Maschine-Zusammenwirken": Ein ALWR-System muss den inhärenten Stärken und Schwächen der Reaktormannschaft voll gerecht werden.

Das ALWR-Programm war breit angelegt. Die neuen Reaktorlinien sollten evolutionär verbesserte Großkraftwerke der 1.200-MW$_{el}$-Klasse ebenso wie mittelgroße und kleine Reaktoren umfassen, die innovativen Konzepten folgten. Während der Trend in den 1960er und 1970er zu

immer größeren Reaktorleistungen ging, schien sich Anfang der 1980er Jahre ein interessanter Markt für eine LWR-Klasse geringer Leistung bis 600 MW$_{el}$ zu öffnen, die sich flexibel und in überschaubarer Errichtungszeit in die Versorgungsnetze einpassen ließ, sofern die Wirtschaftlichkeit gegeben war.

Im Jahr 1986 begann EPRI damit, für evolutionäre Reaktorlinien und parallel dazu für innovative Reaktorkonzepte mittlerer Leistungsgröße aus den Entwurfsgrundsätzen die technischen Anforderungen im Einzelnen zu bestimmen. Den wesentlichen Unterschied zwischen evolutionären und innovativen Konzepten machten die passiven, von Schalthandlungen und Fremdenergiezufuhr unabhängigen Sicherheitssysteme aus. Die fortschrittlichen passiven LWR-Anlagen („advanced LWR passive plants") der Leistungsgröße 600 MW$_{el}$ wurden zu einem Schwerpunkt des ALWR-Programms.[3,4]

Definitionsgemäß verwendeten passive Sicherheitssysteme des ALWR-Programms:
- Natürliche Kräfte wie Schwerkraft, Naturumlauf, Verdampfung/Verdunstung
- Gespeicherte Energien wie gespannte Federn, komprimierte Gase, Batterien, Chemikalien
- Rückschlagventile und Ventile, die nur ein einziges Mal ansprechen, um eine Systemfunktion auszulösen
- Unabhängig vom Stromnetz mit Elektrizität versorgte Ventile und Instrumente

Passive Sicherheitssysteme des ALWR-Programms verwendeten keine
- kontinuierlich rotierenden Maschinen wie Pumpen, Turbinen usw.,
- mehrfach öffnende, schließende oder regelnde Ventile und
- vom Stromnetz abhängigen Geräte.

Bei den Auslegungsstörfällen sollten notwendige Sicherheitsfunktionen 72 Stunden lang von Handlungen der Betriebsmannschaft unabhängig ablaufen (Eingriffe des Personals sollten mög-

[2] DeVine, J. C. Jr.: Conceptional benefits of passive nuclear power plants and their effect on component design, Nuclear Engineering and Design, Vol. 165, 1996, S. 299–305.

[3] Stahlkopf, K. E., Noble, D. M., DeVine, J. C. Jr. und Sugnet, W. R.: The United States Advanced Light Water Reaktor (USALWR) Development Program, Transactions of the American Nuclear Society, Vol. 56, Supplement No. 1, 1988, S. 127–134.

[4] Taylor, J. J.: Improved and Safer Nuclear Power, SCIENCE, Vol. 244, 21. April 1989, S. 318–325.

lich bleiben). Die passiven Sicherheitssysteme ermöglichten einerseits die Vereinfachung der Konstruktion durch weitgehenden Verzicht auf Pumpen, Ventile, aktive Komponenten, Behälter usw.[5], andererseits erfordert die Realisierung passiver Wirkungen häufig auch eine aufwändige Systemgestaltung.

Nach dem Tschernobyl-Unglück am 26. April 1986 wurde für künftige LWR in den USA und einigen anderen Ländern der IAEA eine „neue Dimension der Sicherheit" gefordert:

- Größere Aufschubfristen für Aktionen des Betriebspersonals („Karenzzeiten"),
- Auslegung gegen Kernschmelzen,
- Auslegung zur Vermeidung von Wasserstoff-Detonationen und
- angemessene Kriterien und Grenzwerte für radioaktive Freisetzungen und Strahlendosen bei schweren Unfällen.[6]

Zur Erfüllung dieser weitreichenden Sicherheitsanforderungen müssen nicht nur Ereignisabläufe bei vollständigem Ausfall der vorgesehenen Sicherheitseinrichtungen, sondern auch Kernschmelzen beherrscht werden. Neue Containment-Konzepte sind dafür zwingend erforderlich (s. Kap. 6.5.8).

Das ALWR-Programm wirkte als Vorbild prägend auf andere Länder, die Kernenergie nutzten und Kernkraftwerks-Baulinien unterschiedlicher Technik entwickelten und realisierten. In den 1980er Jahren beginnend wurden weltweit mehr als 40 neue Reaktorkonzepte evolutionär oder innovativ erarbeitet.[7] Ab Mitte der 1990er Jahre waren annähernd 20 evolutionär weiterentwickelte neue Baulinien baureif verfügbar und wurden später als „Generation III" oder „Generation III+" kategorisiert.[8] Neben den Druckwasserreaktoren (DWR) waren interessante Konzepte für

fortschrittliche Siedewasserreaktoren (SWR) entstanden. Die Internationale Atomenergieagentur IAEA in Wien gab in den Jahren 1988, 1996 und 2004 umfangreiche technische Dokumentationen zum Stand der internationalen Entwicklungsarbeiten an fortschrittlichen LWR heraus.[9,10,11] Die IAEA-Dokumentation unterschied bei den evolutionären neuen Konzepten zwischen Großkraftwerken (mehr als 700/850 MW$_{el}$), Kernkraftwerken mittlerer (300/500–700/850 MW$_{el}$) und kleiner (unter 300 MW$_{el}$) Leistungsgröße. Aus der großen Zahl der Entwicklungsvorhaben sollen einige beispielhaft – zunächst für Großanlagen – genannt werden:

- *System 80+* ein fortschrittlicher 1350-MW$_{el}$-DWR der Firma Combustion Engineering[12,13]
- *ABWR* der „Advanced Boiling Water Reactor", ein amerikanisch-japanischer 1300-MW$_{el}$-SWR der Firmen General Electric, Toshiba und Hitachi,[14,15] der an verschiedenen japanischen Standorten errichtet und in den 1990er Jahren zum ABWR II (1700 MW$_{el}$) weiterentwickelt wurde.[16,17]

[5] Yedidia, J. M. und Sugnet, W. R.: Utility requirements for advanced LWR passive plants, Nuclear Engineering and Design, Vol. 136, 1992, S. 187–193.

[6] Rittig, D.: Sicherheitsaspekte künftiger Leichtwasserreaktoren, atw, Jg. 37, Juli 1992, S. 352–358.

[7] Kabunov, L., Kupitz, J. und Goetzmann, C. A.: Advanced reactors: Safety and environment considerations, IAEA Bulletin, 2/1992, S. 32–36.

[8] Schuppner, S. M. H.: The U. S. Nuclear Future: DOE Initiatives to Advance Nuclear Energy in the United States, atw, Jg. 47, März 2002, S. 158–161.

[9] IAEA-TECDOC-479, Status of Advanced Technology and Design for Water Cooled Reactors: Light Water Reactors, Wien, Oktober 1988.

[10] IAEA-TECDOC-968: Status of advanced light water cooled reactor designs 1996, IAEA, Wien, 1997, S. 1–576.

[11] IAEA-TECDOC-1391: Status of advanced light water reactor designs 2004, IAEA, Wien, Mai 2004, S. 1–779.

[12] Newman, R. E., Brunzell, P. und Ehlers, K.: Evolutionäre Druck- und Siedewasserreaktoren, atw, Jg. 39, Januar 1994, S. 41–46.

[13] Longo, J., Matzie, R. A., Rec, J. R. und Schumacher, R. F.: Development of ALWR Design Features, atw, Jg. 41, April 1996, S. 260–263.

[14] Wilkins, D. R., Duncan, J. D., Hucik, S. A. und Sweeney, J. I.: Future Directions in Boiling Water Reactor Design, Transactions of the American Nuclear Society, Vol. 56, Supplement No. 1, 1988, S. 104–111.

[15] Redding, J. R.: The ABWR Goes On-Line, atw, Jg. 41, April 1996, S. 251–255.

[16] Omoto, A., Tanabe, A. et al.: ABWR evolution program, Nuclear Engineering and Design, Vol. 144, Oktober 1993, S. 205–211.

[17] Hida, T., Tominaga, K., Nagae, H. et al.: Study on Power Upgrade of an ABWR, Proceedings of the 8th International Conference on Nuclear Engineering, ICONE 8, 2.-4. April 2000, Baltimore, MD, USA, ICONE-8756, S. 1–7.

- *APWR* die „APWR-Anlage in Japan" mit 1500 MW$_{el}$, ein gemeinsames Konzept von Mitsubishi Heavy Industries/Japan und Westinghouse/USA.[18,19] Die japanische Industrie entwickelte den Reaktor zur Leistungsgröße 1700 MW$_{el}$ (APWR+) weiter.
- *BWR 90+* ein SWR der Leistungsklasse 1500 MW$_{el}$ der Fa. ABB Atom bzw. Westinghouse Atom Schweden.[20,21,22]
- *ESBWR* der „European Simplified Boiling Water Reactor", ein 1400-MW$_{el}$-SWR, der unter Federführung der General Electric Comp./USA in sieben Ländern nach europäischen Sicherheitsanforderungen entworfen wurde.[23,24,25]
- *APR-1400* ein 1400-MW$_{el}$-DWR, der 1992/94 als Korean Next Generation Reactor (KNGR) von der Korea Hydro and Nuclear Power Company entworfen und für den Standort Shin-Kori

erstmals genehmigt wurde.[26,27] Der weiter verbesserte APR1400 wird von einem südkoreanischen Industrie-Konsortium unter Führung der Korea Electric Power Corporation (KEPCO) vermarktet.
- *WWER-1000/1500* Weiterentwicklungen des DWR WWER-440 der russischen Atomenergoproject/Gidropress unter Federführung des Kurchatov Instituts in Zusammenarbeit mit der finnischen Fa. Fortum Engineering Ltd. seit den frühen 1990er Jahren mit der Zielsetzung, die IAEA-Standards der Reaktorsicherheit und die ISO-Qualitätsnormen zu erfüllen.[28,29,30]
- *AP1000* „Advanced Passive PWR" von Westinghouse (s. im Folgenden)
- *SWR 1000* Siemens/KWU-SWR mit passiven, vereinfachten Sicherheitssystemen (s. Kap. 6.5.2)
- *EPR* der „European Pressurized Water Reactor", ein deutsch-französisches Projekt von Siemens/KWU und Framatome (s. Kap. 12)

Auch die mit schwerem Wasser moderierten und gekühlten kanadischen Reaktoren wurden evolutionär weiterentwickelt:
- *ACR* der „Advanced CANDU Reactor" der Atomic Energy of Canada Ltd. (AECL), 750 MW$_{el}$.[31,32]

[18] Tujikura, Y. et al.: Development of passive safety systems for Next Generation PWR in Japan, Nuclear Engineering and Design, Vol. 201, September 2000, S. 61–70.

[19] Suzuki, H.: Design Features of Tsuruga-3 and -4: The APWR Plant in Japan, Nuclear News, Vol. 45, No. 1, 2002, S. 35–39.

[20] Haukeland, S. und Ivung, B.: ABB's BWR 90+-designed for beyond the 90s, Nuclear Engineering International, März 1998, S. 8–11.

[21] Pedersen, T.: BWR 90 – the advanced BWR of the 1990s, Nuclear Engineering and Design, Vol. 180, März 1998, S. 53–66.

[22] Ivung, B. und Öhlin, T.: The BWR 90+ Design – Safety Aspects, Proceedings of the 8th International Conference on Nuclear Engineering, ICONE 8, 2.-4. April 2000, Baltimore, MD, USA, ICONE-8757, S. 1–6.

[23] Shiralkar, B. S. et al.: General Electric Company: „Thermal Hydraulic Aspects of the SBWR Design", Nuclear Engineering and Design, Vol. 144, 1993, S. 213–222.

[24] Rao, A. S. und Gonzalez, A.: ESBWR Program-Development of Passive Plant Technologies and Designs, Proceedings of the 8th International Conference on Nuclear Engineering, ICONE 8, 2.-4. April 2000, Baltimore, MD, USA, ICONE-8205, S. 1–9.

[25] Rohde, M. et al.: Investigating the ESBWR stability with experimental and numerical tools: A comparative study, Nuclear Engineering and Design, Vol. 240, Februar 2002, S. 375–384.

[26] Song, J. H., Kim, S. B. und Kim, H. D.: On some salient unresolved issues in severe accidents for advanced light water reactors, Nuclear Engineering and Design, Vol. 235, August 2005, S. 2055–2069.

[27] Kim, H.-G., Kim, B.-S., Cho, S.-J. und Kim, Y.-H.: Advancing reactors, Nuclear Engineering International, Oktober 2005, S. 16–19.

[28] Lunin, G. L., Voznesensky, V. A. et al.: Status and further development of nuclear power plants with WWER in Russia, Nuclear Engineering and Design, Vol. 173, Oktober 1997, S. 43–57.

[29] Krynkov, A. M. und Nikolaev, Yu. A.: The properties of WWER-1000 type materials obtained on the basis of a surveillance program, Nuclear Engineering and Design, Vol. 195, Februar 2000, S. 143–148.

[30] Havel, R.: Summary report on new regulatory codes and criteria and guidelines for WWER reactor coolant system integrity assessment, Nuclear Engineering and Design, Vol. 196, März 2000, S. 93–100.

[31] Torgerson, D. F., Shalaby, B. A. und Pang, S.: CANDU technology for Generation III+ and IV reactors, Nuclear Engineering and Design, Vol. 236, 2006, S. 1565–1572.

[32] Fabian, T.: Driving the ACR licence, Nuclear Engineering International, November 2004, S. 18–21.

Die IAEA beschrieb eine Reihe von neuartigen Konzepten mit grundlegendem Entwicklungsbedarf, woraus wenige Beispiele angeführt werden sollen:

- *ISIS* ein „Inherently Safe Immersed System" -DWR mit 200 MW$_{el}$ Leistung, der vollständig in einem großen Becken mit kaltem, boriertem Wasser eingetaucht ist und inhärente Sicherheitseigenschaften gegen Unfallabläufe mit Kernschäden besitzt. Die Entwicklung begann 1987 und wurde von der italienischen Fa. Ansaldo STS der Finmeccanica-Gruppe durchgeführt.[33]
- *PIUS* der in Schweden von ABB entworfene 600-MW$_{el}$-PIUS („Process Inherent Ultimate Safe") -DWR, der ein geradezu revolutionäres Konzept darstellte.[34,35,36]
- *SCPR* ein „Supercritical-water Cooled Power Reactor", ein mit überkritischem Druck betriebener DWR (250 bar, RDB-Eintrittstemperatur 228 °C, -Austrittstemperatur 508 °C), der in Japan von den Firmen Toshiba Corp. und Hitachi Ltd. im Zusammenwirken mit den Universitäten Tokio, Kyushu und Hokkaido mit den Leistungen 1000 MW$_{el}$ und 2270 MW$_{th}$ (über 40 % Wirkungsgrad) entworfen wurde (Startjahr 2000). Dieser Reaktortyp ist als Supercritical Water Cooled Reactor (SCWR) als einziger LWR in die Liste der Generation-IV-Systeme aufgenommen worden.[37,38]

Die Wiener Atomenergieagentur IAEA legte im Jahr 1983 ein Projekt zur Förderung der Reaktorentwicklung im kleinen und mittleren Leistungsbereich auf (Small and Medium Power Reactors – SMPR), die besonders für die Einführung der Kernenergie in Entwicklungs- und Schwellenländern vielversprechend erschien. Bis 1987 erhielt die IAEA 23 verschiedene Konstruktionsentwürfe aus 12 Ländern zur Begutachtung.[39] Eine einfache maßstäbliche Verkleinerung der großen Leistungsreaktoren verbot sich jedoch aus Gründen der Wirtschaftlichkeit und Sicherheit. Es mussten innovative Konzepte entwickelt werden.[40,41] In den 1990er Jahren und Anfang des 21. Jahrhunderts wurden diese Entwürfe fortgeführt und ergänzt.

Von den kleinen und mittleren Reaktor-Konzepten mit hoher inhärenter Sicherheit erscheinen erwähnenswert:[42]

- CAREM, ein DWR mit 25–150 MW$_{el}$ Leistung, im Reaktordruckbehälter (RDB) integrierten Dampferzeugern, sich selbst stabilisierender Druckhaltung und passiven Sicherheitseigenschaften wie Naturumlaufkühlung. CAREM wurde vom argentinischen Hochtechnologieunternehmen INVAP SE im Auftrag der nationalen Atomenergie-Kommission CNEA entwickelt und als erster Reaktor der nächsten Generation im März 1984 auf einer IAEA-Konferenz vorgestellt. 2009 ent-

[33] Cinotti, L. und Rizzo, F. L.: The Inherently Safe Immersed System (ISIS) reactor, Nuclear Engineering and Design, Vol. 143, September 1993, S. 295–300.

[34] vgl. Fogelström, L. und Simon, M.: Entwicklungstendenzen bei Leichtwasserreaktoren, atw, Jg. 33, August/September 1988, S. 425.

[35] Pedersen, Tor: PIUS: Status and perspectives, IAEA Bulletin, 3/1989, S. 25–29.

[36] Pedersen, T.: PIUS – status and perspectives, Nuclear Engineering and Design, Vol. 136, 1992, S. 167–177.

[37] IAEA-TECDOC-1391, Kap. 4.16, S. 402–417 und S. 772.

[38] Duffey, R. B., Pioro, I., Zhou, X. et al.: Supercritical Water-Cooled Nuclear Reactors (SCWRs): Current and Future Concepts – Steam Cycle Options, Proceedings of the 16th International Conference on Nuclear Engineering, ICONE 16, 11.-15. 5. 2008, Orlando, Florida, USA, ICONE 16-48869, S. 1–9.

[39] Konstantinov, L. V. und Kupitz, J.: The Status of Development of Small and Medium Sized Reactors, Nuclear Engineering and Design, Vol. 109, 1988, S. 5–9.

[40] Goetzmann, C.: Low Specific Capital Cost: The Design Problem of Small Reactors, Nuclear Engineering and Design, Vol. 109, 1988, S. 11–18.

[41] Gremm, O.: On the Safety Goal for Small Reactors, Nuclear Engineering and Design, Vol. 109, 1988, S. 329–333.

[42] Kröger, W.: Vorstellungen über Kernkraftwerke der nächsten Generation, atw, Jg. 33, Juli 1988, S. 392.

schied die argentinische Regierung, einen 27-MW_{el}-Prototypreaktor zu bauen.[43,44,45]

- Der „Safe Integral Reactor – SIR", ein 320-MW_{el}-DWR, der von ABB/Combustion Engineering, Rolls-Royce, Stone & Webster und AEA entwickelt wurde.[46]

- NP-300, ein aus französischen U-Boot-Antrieben entwickelter DWR der 300-MW_{el}-Leistungsklasse in vereinfachter, kompakter Bauweise der Firmen Technicatome und Areva.[47]

- LSBWR, der 100–300 MW_{el}-SWR wurde von der japanischen Toshiba Corp. und dem Tokyo Institute of Technology als „Long Operating Cycle Simplified BWR" mit einem langen Brennstoffzyklus (bis 15 Jahre) und vereinfachter, modularer, inhärent sicherer Bauweise entworfen.[48]

- Der CANDU 300 der Atomic Energy of Canada Limited, mit einer Leistung bis 450 MW_{el}.[49]

- Der ARGOS 380, ein argentinisch-deutscher Entwurf der Firmen ENACE und Siemens/

KWU, ein DWR, der mit schwerem Wasser betrieben wird.[50]

- Das Nukleare Heizkraftwerk (Nuclear Heating Plant – NHP) SBWR 200 (Small Boiling Water Reactor, 200 MW_{el}) der Fa. Siemens/KWU mit geringer Leistungsdichte und Naturumlaufkühlung.[51]

- SMART, ein 90 MW_{el}- bzw. 330 MW_{th}-DWR für Meerwasser-Entsalzungsanlagen, dessen grundlegender Entwurf vom koreanischen Atomenergie-Forschungsinstitut KAERI 2002 abgeschlossen wurde. Alle wesentlichen Komponenten des Kühlkreislaufs sind in den RDB integriert.[52,53]

- Der schweizerische Heizreaktor SHR mit der thermischen Leistung von 10 MW_{th}, der von der schweizerischen Industrie und dem Eidgenössischen Institut für Reaktorforschung (EIR) entwickelt wurde.[54]

- MARS II, ein 170-MW_{el}-DWR, der in Italien vom Department of Energetics der Universität Rom mit einer einfachen, modular aufgebauten Konstruktion und einem robusten Containment entworfen wurde.[55]

- SSBWR, ein kompakter 150-MW_{el}-SWR „Safe and Simplified BWR" mit einem extrem langen Brennstoffzyklus von 20 Jahren und passiven Sicherheitseigenschaften der

[43] Schaffrath, A., Walter, D., Delmastro, D. et al.: Berechnung des Notkondensators des argentinischen Integralreaktors CAREM, atw, Jg. 48, Februar 2003, S. 111–115.

[44] Mazzi, R.: CAREM: An Innovative-Integrated PWR, Proceedings of the 18th International Conference on Structural Mechanics in Reactor Technology, Peking, 7.-12. August 2005, SMiRT 18-S01–2, S. 4407–4415.

[45] Mazzi, R. und Brendstrup, C.: CAREM Project Development Activities, Proceedings of the 18th International Conference on Structural Mechanics in Reactor Technology, Peking, 7.-12. August 2005, SMiRT 18-S01–3, S. 4416–4427.

[46] Matzie, R. A., Longo, J. et al.: Design of the Safe Integral Reactor, Nuclear Engineering and Design, Vol. 136, 1992, S. 73–83.

[47] IAEA-TECDOC-1391, Kap. 6.7, S. 620–641.

[48] Hiraiwa, K., Yoshida, N. et al.: Core Concept for Long Operating Cycle Simplified BWR (LSBWR), in: Advanced Reactors with Innovative Fuels, Workshop Proceedings, Chester, United Kingdom, 22–24 Oct. 2001, NEA/OECD, Paris, 2002, S. 193–204.

[49] Hart, R. S.: CANDU 300: The Economic Small Reactor, Nuclear Engineering and Design, Vol. 109, 1988, S. 47–53.

[50] Herzog, G., Dörfler, U. und Loos, F.: The PHWR of Siemens as Appropriate Type of the SMPR-Class, Nuclear Engineering and Design, Vol. 109, 1988, S. 37–46.

[51] Goetzmann, Claus: Low Specific Capital Cost: The Design Problem of Small Reactors, Nuclear Engineering and Design, Vol. 109, 1988, S. 11–18.

[52] Chang, M. H., Sim, S. K. und Lee, D. J.: SMART behavior under over-pressurizing accident conditions, Nuclear Engineering and Design, Vol. 199, Juni 2000, S. 187–196.

[53] Chung, Y.-J., Kim, S. H. und Kim, H.-C.: Thermal hydraulic analysis of SMART for heat removal transients by a secondary system, Nuclear Engineering and Design, Vol. 225, Nov. 2003, S. 257–270.

[54] Burgsmüller, P., Jacobi, A. Jr., Jaeger, J. F. et al.: The Swiss Heating Reactor (SHR) for District Heating of Small Communities, Nuclear Engineering and Design, Vol. 109, 1988, S. 129–134.

[55] Caira, M., Cumo, M., Naviglio, A. und Socrate, S.: MARS II: A Design Improvement to Reduce Construction Time and Cost, Nuclear Engineering and Design, Vol. 109, 1988, S. 213–219.

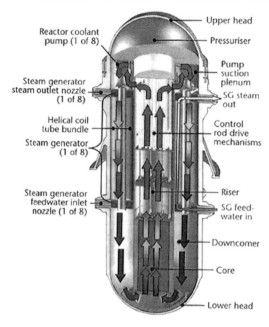

Abb. 12.1 Der integrale IRIS-RDB

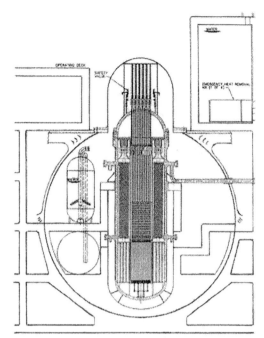

Abb. 12.2 Das IRIS-Containment

Fa. Hitachi Ltd. Er soll kommerziell in den 2020er Jahren verfügbar sein.[56,57]

- IMR, der „Integrated Modular water Reactor" der 300-MW$_{el}$-Leistungsklasse, der von einem japanischen Konsortium (Mitsubishi, Universität Kyoto, Central Research Institute of the Electric Power Industry – CRIEPI – und der Japan Atomic Power Company) mit einem unbegrenzt selbsttätigen Wärmeabfuhrsystem entworfen wurde.[58]

- IRIS, der „International Reactor Innovative and Secure", ein DWR mit 335 MW$_{el}$ Leistung, an dessen Entwicklung unter Führung von Westinghouse/USA über 20 Institutionen und Unternehmen in 10 Ländern beteiligt waren. Der Entwurf folgte dem Grundsatz „safety by design" mit Vereinfachungen, passiven Eigenschaften und einem auf 3 bis 4

Jahre verlängerten Brennstoff-Zyklus. Bei der integralen Bauart von IRIS sind alle Teilsysteme des primären Kühlkreislaufs in den RDB integriert, s. Abb. 12.1. Der RDB selbst unterscheidet sich in seiner Bauart nur durch die etwas größeren Abmessungen von den eingeführten basissicheren RDB. Der IRIS-RDB hat einen inneren Durchmesser von 6,21 m, eine zylindrische Wanddicke von 285 mm und eine Höhe über alles von 21,3 m. Er ist für einen Betriebsdruck von 155 bar, eine Kerneintrittstemperatur von 292 °C und eine Kernaustrittstemperatur von 330 °C ausgelegt. Durch die integrale Bauweise wird der große Kühlmittelverluststörfall ausgeschlossen. Das kugelförmige Stahlblech-Containment mit 25 m Durchmesser und 44,5 mm Wanddicke ist für hohen Druck ausgelegt (mit 14 bar drei- bis viermal höher als bei vergleichbaren DWR) und besitzt zudem ein Druckabbausystem, das für die Naturumlaufkühlung eine Wärmesenke darstellt (Abb. 12.2). Bei einem Kühlmittelverluststörfall mit kleinem oder mittlerem Leck (z. B. Abriss einer Speisewasserleitung) entstehen nach 30–60 min ein Druckausgleich

[56] Kataoka, Y. et al.: Conceptual Design and Safety Characteristics of a Natural-Circulation Boiling Water Reactor, Nuclear Technology, Vol. 91, 1990, S. 16–27.

[57] IAEA-TECDOC-1391, Kap. 6.4, S. 699–714.

[58] Hibi, K., Ono, H. und Kanagawa, T.: Integral modular water reactor (IMR) design, Nuclear Engineering and Design, Vol. 230, Mai 2004, S. 253–266.

und eine thermodynamische Kopplung von RDB und Containment. Kühlmittelmenge und Raumstrukturen im Containment stellen sicher, dass danach der Reaktorkern stets unterhalb der Wasseroberfläche liegt. Die Nachwärme wird durch Naturumlauf über die Dampferzeuger oder durch Außenkühlung des Containments selbsttätig abgeführt. IRIS braucht kein Notkühl-Einspeisesystem.[59] Das IRIS-Projekt begann 1999 als Teil des NERI (Nuclear Energy Research Initiative) -Programms der US-Regierung.[60,61] IRIS soll in der zweiten Hälfte des zweiten Jahrzehnts für die kommerzielle Errichtung verfügbar sein.

Auf der Grundlage der Kriterien für passive, vereinfachte LWR einer Leistung von etwa 600 MW$_{el}$ entwarfen unabhängige Entwicklungsgruppen im Rahmen des ALWR-Programms vorläufige Konzepte, von denen zwei für die weitere Entwicklung von EPRI 1986/1987 besonders ausgewählt wurden:

- „AP600" der fortschrittliche Westinghouse DWR mit der Leistung von 600 MW$_{el}$ mit einfachen, passiven Eigenschaften. Er wurde in Zusammenarbeit mit den Firmen Burns & Roe und Avondale Shipyards entworfen.[62,63]
- „SBWR" der kleine, vereinfachte General Electric SWR mit der Leistung von 600 MW$_{el}$ (Small/Simplified Boiling Water Reactor), der zusammen mit Bechtel und dem Massachu-

setts Institute of Technology (MIT) entwickelt wurde.[64,65]

Der AP600-DWR wurde mit seinen Konstruktionsmerkmalen und Auslegungseinzelheiten auf der von der American Nuclear Society (ANS) und dem DOE veranstalteten internationalen Konferenz über die Sicherheit von Leistungsreaktoren der nächsten Generation Anfang Mai 1988 (zwei Jahre nach dem Tschernobyl-Unglück) in Seattle, Wash. vorgestellt. Es wurde ausdrücklich hervorgehoben, dass die verwendeten passiven Sicherheitssysteme für die kurz- und langfristige Kernnotkühlung, die Nachwärmeabfuhr, die Noteinspeisung und die Containmentkühlung zu einer erheblichen Vereinfachung der Anlagenkonstruktion und zu einer Kostenminderung führen (s. Tab. 12.1).[66] Probabilistische Analysen ergaben, dass die Häufigkeit von Unfällen mit Kernschäden mindestens eine Größenordnung geringer ist als bei den sichersten in den USA betriebenen Kernkraftwerken. Die Energiedichte im Kern des 2-Loop-DWR wurde im Vergleich zu den großen Leistungsreaktoren deutlich reduziert. Für jede Umwälzschleife wurden ein Dampferzeuger, zwei verkapselte Kühlmittelpumpen, ein heißer Strang und zwei kalte Stränge sowie für den Kühlmittelkreislauf ein Druckhalter vorgesehen. In einer kompakten Bauweise wurden bewährte Westinghouse-Systemkomponenten eingesetzt.[67]

An der Entwicklung des AP600 bis zur Baureife und an einem umfassenden Testprogramm zur Prüfung der Leistungsfähigkeit und Sicherheit dieses fortschrittlichen Konzepts bis Ende 1994 beteiligten sich zahlreiche amerikanische

[59] Carelli, M. D. und Petrovic, B.: Here's looking at IRIS, Nuclear Engineering International, März 2006, S. 12–17.

[60] Carelli, M. D., Conway, L. E. et al.: The design and safety features of the IRIS reactor, Nuclear Engineering and Design, Vol. 230, Mai 2004, S. 151–167.

[61] Franceschini, F. und Petrovic, B.: Advanced operational strategy for the IRIS reactor: Load follow through mechanical shim (MSHIM), Nuclear Engineering and Design, Vol. 238, Dezember 2008, S. 3240–3252.

[62] Conway, L. E.: The Westinghouse AP600 passive safety system key to a safer, simpler PWR, Proceedings of the International Topical Meeting on Safety of Next Generation Power Reactors, 1.-5. Mai 1988, Seattle, Wash., American Nuclear Society, 1988, S. 552–557.

[63] Hall, A. und Sherbine, C. A.: PWRs with passive safety systems, Nuclear Energy, Vol. 30, April 1991, S. 95–103.

[64] Wilkins, D. R., Duncan, J. D., Hucik, S. A. und Sweeney, J. I.: Future Directions in Boiling Water Reactor Design, Transactions of the American Nuclear Society, Vol. 56, Supplement No. 1, 1988, S. 109 f.

[65] Duncan, J. D.: SBWR, A Simplified Boiling Water Reactor, Nuclear Engineering and Design, Vol. 109, 1988, S. 73–77.

[66] Conway, L. E., a. a. O., S. 552.

[67] Tower, S. N., Schulz, T. L. und Vijuk, R. P.: Passive and Simplified System Features for the Advanced Westinghouse 600 MW$_{el}$ PWR, Nuclear Engineering and Design, Vol. 109, 1988, S. 147–154.

Tab. 12.1 Vereinfachte Konstruktion des AP600-DWR im Vergleich zur herkömmlichen Bauweise

Plant Features	Reference 2 Loop	AP600	% Reduction
Pumps – Safety	25	None	Eliminated
Pumps – NNS	188	139	26 %
HVAC Fans	52	27	48 %
HVAC Filter units	16	7	56 %
Valves – NSSS (>2″)	512	215	58 %
Valves – BOP (>2″)	2041	1530	25 %
Pipe – NSSS (>2″)	44,300 ft	11,042 ft	75 %
Pipe – BOP (>2″)	97,000 ft	67,000 ft	31 %
Evaporators	2	None	Eliminated
Diesel Generators	2 (SC)	1 (NNS)	50 %
Bldg. Vol. – Containment	2.7 mil ft^3	3.0 mil ft^3	51 %
Bldg. Vol. – Seismic	6.7 mil ft^3	1.6 mil ft^3	

und ausländische Firmen und Institutionen.[68] Im Dezember 1999 wurde der AP600-Reaktorbautyp von der USNRC zertifiziert. Westinghouse erkannte jedoch, dass die AP600-Stromerzeugungskosten mit 4,1–4,6 US-Ct pro kWh auf dem amerikanischen Markt nicht wettbewerbsfähig waren.[69] Der AP600-DWR wurde ohne Änderung der Konstruktionsmerkmale zum AP1000-DWR ausgebaut und aufgestockt, dessen Stromerzeugungskosten mit 3,0–3,6 US-Ct pro kWh angegeben wurden. Abbildung 12.3 zeigt die Vertikalschnitte beider Bautypen (Containment-Durchmesser je 39,6 m, Höhe AP600-Anlage 75,5 m, AP1000-Anlage 83,3 m). Im Dezember 2004 erhielt der AP1000-DWR die Zertifizierung durch die USNRC.[70,71]

Der AP1000-DWR war wiederum Gegenstand intensiver Analysen.[72] Die im Jahr 2004 durchgeführte Risikoermittlung AP1000-PRA (Probabilistic Risk Assessment) ergab Eintrittswahrscheinlichkeiten für Kernschmelzen ($4,2 \cdot 10^{-7}$ pro Jahr) und für massive Freisetzungen radioaktiver Stoffe ($3,7 \cdot 10^{-8}$ pro Jahr), die um Größenordnungen niedriger waren, als die von der amerikanischen Genehmigungsbehörde USNRC geforderten Werte ($1 \cdot 10^{-4}$/a bzw. $1 \cdot 10^{-6}$/a).[73]

In den USA wurde im April 2008 ein Vertrag über die Errichtung von 2 Blöcken AP1000 für den Standort Alvin W. Vogtle Electric Generating Plant in Burke County bei Augusta, Georgia, zwischen Westinghouse und der Georgia Power Company abgeschlossen, wozu Präsident Obama im Februar 2010 eine hohe US-Kreditbürgschaft ankündigte. Anfang 2010 wurden in den USA weitere 14 Genehmigungsverfahren (Combined Construction and Operating Licenses – COL – zugleich für die Errichtung und den Betrieb von Kernkraftwerken an einem bestimmten Standort) für 7 Doppelblock-AP1000-Anlagen eingeleitet. Im Februar 2012 erteilte die USNRC die COL für die beiden Blöcke am Standort Vogtle und einen Monat später für zwei Blöcke des Kernkraftwerks Virgil C. Summer der South Carolina Electric & Gas Company (SCE&G). Im Rahmen des 37. MPA-Seminars im Oktober 2011 in Stutt-

---

[68] Bruschi, H. J.: The Westinghouse AP600, atw, Jg. 41, April 1996, S. 256–259.

[69] Winters, J. W.: AP600 – Ready to Build, AP1000 – Ready to License, atw, Jg. 47, Juni 2002, S. 378–382.

[70] Schulz, T. L.: Westinghouse AP1000 advanced passive plant, Nuclear Engineering and Design, Vol. 236, 2006, S. 1547–1557.

[71] Cummins, E. und Benitz, K.: Signifikante Vorteile des Safety-First-Konzepts bei Errichtung, Betrieb und Wartung des Westinghouse AP1000-Reaktors, atw, Jg. 49, Februar 2004, S. 78–80.

[72] Botta, E. und Orsi, R.: Westinghouse AP1000 internal heating rate distribution calculation using a 3 D deterministic transport method, Nuclear Engineering and Design, Vol. 236, 2006, S. 1558–1564.

[73] Schulz, T. L.: Westinghouse AP1000 advanced passive plant, Nuclear Engineering and Design, Vol. 236, 2006, S. 1553.

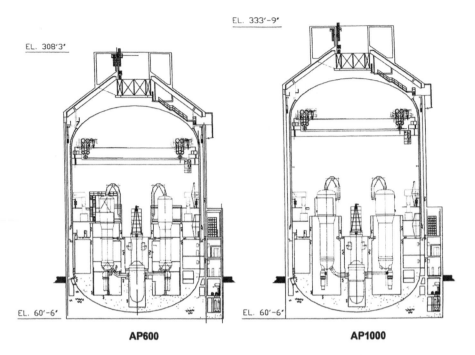

Abb. 12.3 Vertikalschnitte durch die Reaktorgebäude von AP600 und AP1000

gart berichteten USNRC-Vertreter von 23 in den USA laufenden COL-Genehmigungsverfahren. Es handelte sich um 2 ABWR-, 14 AP-1000-, 3 U.S.EPR-, 1 ESBWR- und 3 U.S.APWR-Anlagen.[74] In China sind nach Angaben der Fa. Westinghouse 12 AP1000-Anlagen seit 2008 in Bau. Bis 2020 sollen 100 Blöcke in Betrieb sein.[75] Abbildung 12.4 zeigt eine skizzierte AP1000-Gesamtansicht mit dem charakteristischen Turm, in dem sich der Wasservorrat befindet.

Im Jahr 2010 hatten sich die Hersteller von Nuklearanlagen mit einer zunehmenden Verlagerung in den asiatischen Raum weltweit neu aufgestellt. Insgesamt wurden am Markt 10 verschiedene Baulinien der Generation III/III+ auf der Grundlage bewährter Nukleartechnik mit innovativen Merkmalen angeboten. Im oberen Segment der Leistungsklasse 1350–1700 MW$_{el}$

waren es die Druckwasserreaktoren EPR (Areva), APWR (Mitsubishi) und APR1400 (Kepco) sowie die Siedewasserreaktoren ABWR (Toshiba und General Electric/Hitachi) und ESBWR (General Electric). Im Leistungssegment 1200–1250 MW$_{el}$ wurden die DWR AP1000 (Westinghouse) und WWER 1200 (Atomstroyexport) sowie der SWR Kerena (Areva) vermarktet. In der mittleren Leistungsklasse 1000–1100 MW$_{el}$ waren die DWR ATMEA1 (ATMEA – gemeinsames Tochterunternehmen von Areva und Mitsubishi) und WWER 1000 (Atomstroyexport) am Markt.

Nach Angaben der World Nuclear Association (WNA) gab es Ende des ersten Jahrzehnts des 21. Jahrhunderts in 28 Ländern Planungen für die Errichtung neuer Kernkraftwerke. 60 Nationen hatten ihr Interesse an der Einführung kommerziell genutzter Kernenergie bekundet, ein beträchtlicher Anteil davon im asiatisch-pazifischen Raum. Nach einer längeren Stagnationsperiode hat die Zahl der jährlich begonnenen KKW-Neubauten wieder deutlich zugenommen (Abb. 12.5). Die OECD Nuclear Energy Agency (NEA) schätzte im Jahr 2010 für das Jahr 2050

---

[74] Tregoning, R. L. und Stevens, G. L.: U.S. Nuclear Regulatory Commission Plans for Commercial Power Plant Licensing and Assessment of Environmental Effects on Fatigue Lives of Critical Reactor Components, 37. MPA-Seminar 2011 "Werkstoff- & Bauteilverhalten in der Energie- & Anlagentechnik", Stuttgart, 6. 10. 2011.

[75] Wikipedia: Westinghouse, AP1000.

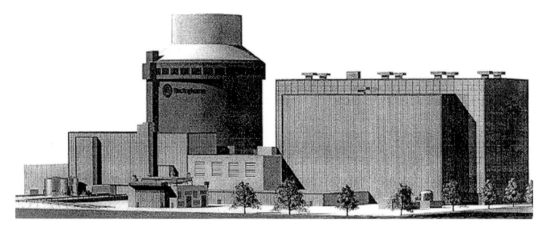

Abb. 12.4 Skizze der Gesamtansicht einer AP1000-Anlage

Abb. 12.5 Weltweite Anzahl der jähr-lich neu begonnenen KKW-Errichtungen

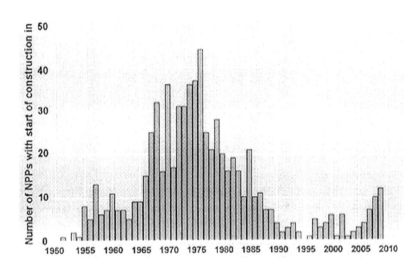

einen globalen Bedarf an nuklearer Elektrizitäts-bereitstellung von bis zu 1400 GW$_{el}$.[76]

Die Geschichte der friedlichen Nutzung der Kernenergie ist auch nach dem Unglück im japa-nischen Fukushima im März 2011 nicht zu Ende gegangen, wie die fortgesetzten und neuen Initia-tiven in zahlreichen Ländern zeigen.

12.1 Entwicklungen in Deutschland

In der Bundesrepublik Deutschland wurden die Erfahrungen und Erkenntnisse der weltweiten Reaktorsicherheits-Forschungen für die weitere Verminderung des ohnehin schon geringen Rest-risikos durch Ausnutzung von Auslegungsreser-ven für anlageninterne Notfallschutzmaßnahmen sowie zur weiteren Optimierung der Anlagentech-nik und insbesondere für anlagenbezogene Not-fallschutzmaßnahmen zur weiteren Verbesserung der Containment-Funktion gezielt genutzt.[77] Auf

[76] Gräber, Ulrich: The Status Quo and Future of Nuclear Power in Germany and Worldwide, Presentation 1, 36. MPA-Seminar, 7.-8. Oktober 2010, Universität Stuttgart, S. 1.1–1.21.

[77] Mayinger, F. und Birkhofer, A.: Neuere Entwicklun-gen in der Sicherheitsforschung und Sicherheitstechnik,

einer VDI-Tagung Ende März 1990 in Aachen erläuterte die Herstellerfirma Siemens, dass sie in Abstimmung mit den deutschen EVU als Anlagenbetreiber für künftige Kernkraftwerke evolutionär fortentwickelte Notfallschutzmaßnahmen einer neu eingerichteten vierten Sicherheitsebene konsequent einführen werde.[78] Siemens unterschied „präventive" von „mitigativen" Accident-Management-Maßnahmen. Mit präventiven AM-Maßnahmen kann beispielsweise unter Ausnutzung vorhandener Systeme (wie z. B. die primär- und sekundärseitige Druckentlastung und Bespeisung) eine ausgefallene Kernkühlung wieder hergestellt und damit ein schwerer Kernschaden vermieden werden. Mit „mitigativen" AM-Maßnahmen (wie z. B. gefilterte SB-Druckentlastung und die katalytische Wasserstoffverbrennung) sollen etwa nach einer Kernschmelze hochenergetische Zustände in der Containmentatmosphäre vermieden werden. Solche AM-Maßnahmen „beyond design" wurden zusammen mit den EVU entwickelt, um diese dann auch mit zumutbarem wirtschaftlichem Aufwand in den im Betrieb befindlichen Kernkraftwerken nachzurüsten. Es wurde vonseiten der Firma Siemens dargelegt, dass von der Deutschen Risikostudie Phase B die Eintrittswahrscheinlichkeit für das Durchschmelzen des RDB unter hohem Druck mit hohen Radioaktivitätsfreisetzungen mit $5 \cdot 10^{-7}$ pro Reaktorjahr errechnet wurde. Dieser Wert sei für die Konvoi-Anlagen auf $0{,}7 \cdot 10^{-7}$/a verringert worden. Für zukünftige Druckwasserreaktoren könne man die Eintrittshäufigkeit dieses Unfalls *„aller Voraussicht nach auf einen Wert unter $5 \cdot 10^{-8}$/a reduzieren, gering genug, um nach den Regeln der praktischen Vernunft nicht betrachtet werden zu müssen."*[79]

Ende der 1980er Jahre kamen in Politik und Wissenschaft Zweifel auf, ob die weitere Verminderung der ohnehin schon äußerst kleinen Eintrittswahrscheinlichkeit schwerer Unfälle die Akzeptanz in der Bevölkerung zu heben geeignet sei.[80] Probabilistische Aussagen erwiesen sich für die öffentliche Diskussion als unbrauchbar, weil sie völlig aus dem Rahmen alltäglicher Vorstellungen und Erfahrungen fielen. Sie wurden auch aus ihrer Anlagenbezogenheit gelöst und für Kernkraftwerke schlechthin verstanden. Außerdem wurde in der politischen Auseinandersetzung immer hervorgehoben, dass Eintrittswahrscheinlichkeiten über den Zeitpunkt des Eintritts eines unerwünschten Ereignisses nichts aussagen können, dieses also jederzeit geschehen könne.

Gerade in Deutschland wurde über Reaktoren mit passiven und inhärenten Sicherheitseigenschaften und deren öffentliche Akzeptanz nachgedacht. Neue Sicherheitskonzepte müssten nicht nur in der Wirklichkeit halten, was sie versprechen, sie müssten auch so transparent und einfach vermittelbar sein, dass ein breites Publikum sie verstehen und Vertrauen entwickeln könne.[81] Deterministische Sicherheitsnachweise wurden als unverzichtbar angesehen; sie sollten jedoch durch probabilistische Analysen ergänzt werden.

In der Kernforschungsanlage Jülich (KFA) und an der RWTH Aachen liefen die Forschungsprojekte zu grundlegend neuen Reaktorkonzepten, insbesondere zum HTR-Modul, an dessen Entwicklung zur Baureife Siemens maßgeblich beteiligt war (s. Kap. 9.2.4.). Die RSK befasste sich gründlich mit dem HTR-Modul-Konzept,

Plenarvortrag auf der Jahrestagung Kerntechnik der KTG und des DAtF 1988, 19. 5. 1988, Travemünde, nicht im Tagungsbericht enthalten; siehe überarbeitete Fassung in: atw, August-September 1988, S. 426–434.

[78] Märkl, H.: Sicherheitstechnische Ziele und Entwicklungstendenzen für die nächste Generation von LWR-Kernkraftwerken, in: VDI-Gesellschaft Energietechnik: Perspektiven der Kernenergie und CO_2-Minderung, Tagung Aachen, 28./29. März 1990, VDI Berichte 822, VDI Verlag, Düsseldorf, 1990, S. 107–135.

[79] Märkl, H.: Sicherheitstechnische Ziele und Entwicklungstendenzen für die nächste Generation von LWR-

Kernkraftwerken, in: VDI-Gesellschaft Energietechnik: Perspektiven der Kernenergie und CO_2-Minderung, Tagung Aachen, 28./29. März 1990, VDI Berichte 822, VDI Verlag, Düsseldorf, 1990, S. 130.

[80] AMPA Ku 151, Krieg: Persönliche schriftliche Mitteilung von Dr.-Ing. Rolf Krieg vom 9. 1. 2003, S. 7, Krieg war langjähriger Leiter der Abteilung für technische Mechanik im Institut für Reaktorsicherheit des Forschungszentrums Karlsruhe.

[81] Krieg, R.: Can the acceptance of nuclear reactors be raised by a simple, more transparent safety concept employing improved containments? Nuclear Engineering and Design, 140, 1993, S. 39–48.

dem sie auch im auslegungsüberschreitenden Bereich sicherheitstechnisch günstige Eigenschaften bescheinigte. Sie stellte abschließend fest: *„Eine maximale Brennelementtemperatur von 1620 °C wird sowohl bei allen Störfallereignissen mit auslegungsgemäßer Nachwärmeabfuhr als auch bei zusätzlichem Ausfall der Nachwärmeabfuhr über die Flächenkühler nicht überschritten. Die Einhaltung dieser maximalen Brennelementtemperatur ist ein inhärentes Sicherheitsmerkmal dieses Reaktortyps."*[82] Bei hypothetischen Ereignisabläufen behalte der Reaktor seine Integrität. Die Struktur der äußeren Hülle des standsicheren Reaktorgebäudes werde nicht zerstört.

In den Jahren nach Tschernobyl erschienen neue Reaktorkonzepte auf der Grundlage der Hochtemperaturtechnologie, deren passiv-inhärente Sicherheitseigenschaften Kernschmelzen und dadurch verursachte Spaltproduktfreisetzungen praktisch ausschlossen, besonders attraktiv. Ob diese revolutionär neuartigen Reaktoren in Genehmigungsverfahren eine größere öffentliche und politische Akzeptanz als der Leichtwasserreaktor gefunden hätten, ist fraglich. Im September 1987 brachte die SPD-Fraktion im Deutschen Bundestag einen Entschließungsantrag mit der Zielsetzung ein, auch die Hochtemperaturreaktorlinie in den Stufenplan des Ausstiegs aus der Atomkraft einzubeziehen.[83]

Auf die sicherheitstechnische Erforschung und Verbesserung der weitgehend ausgereiften Technologie der Leichtwasserreaktoren (LWR) konzentrierte sich in Deutschland das Kernforschungszentrum Karlsruhe (KfK) im Rahmen des „Projektes Nukleare Sicherheit" (PNS, später „Projekt Nukleare Sicherheitsforschung" – PSF). Das Projekt war am 1.1.1972 als Teil des Reaktorsicherheits-Programms der Bundesregierung gegründet worden. Zu seinen Arbeitsbereichen gehörten u. a. die Verbesserung des Verständnisses und der Bewertung von Ereignisabläufen,

insbesondere die dynamische Beanspruchung von Reaktorkomponenten wie RDB und SB, der Ablauf und die Beherrschung von Kernschmelzunfällen in DWR sowie die Verbesserung der Spaltproduktrückhaltung und Reduktion der Strahlenbelastung. Die Forschungsvorhaben waren bis 1986 mit wenigen Ausnahmen abgeschlossen worden. Im Zeitraum 1972–1986 waren für das PNS insgesamt 110 Mio. DM für Investitionen und Betriebsmittel sowie ca. 2.000 Mannjahre Personaleinsatz aufgewendet worden.[84,85]

Auf dem Gebiet der LWR-Reaktorentwicklung wurden von Siemens/KWU in Zusammenarbeit mit in- und ausländischen Partnern zwei Projekte vorangetrieben, die sich durch eine neue Dimension der Sicherheit auszeichneten:

- SWR-1000, ein SWR mittlerer Leistung mit passiven Sicherheitssystemen und Maßnahmen zur Beherrschung einer Kernschmelze (s. Kap. 6.5.2 „Die weitere Entwicklung der SWR-Containments") sowie
- EPR, das deutsch-französischen DWR-Projekt der nächsten Generation.

12.2 Das deutsch-französische Projekt EPR

Im April 1989 schlossen die beiden führenden Hersteller von Kernkraftwerken in Frankreich und Deutschland, die staatliche Framatome S. A., Paris, und Siemens AG, Erlangen, einen Vertrag über die Zusammenarbeit bei der gemeinsamen Entwicklung einer Druckwasser-Reaktorlinie der nächsten Generation und deren weltweiten Vertrieb. Zu diesem Zweck gründeten Framatome und Siemens die zu gleichen Teilen gemeinsame Tochterfirma Nuclear Power International (NPI) mit Hauptsitz in Paris, die im September 1989 ihre Tätigkeit aufnahm.[86] Vonseiten der Betrei-

---

[82] BA B 295 – 18745, Ergebnisprotokoll 250. RSK-Sitzung, 24. 1. 1990, Anlage 4, S. A4–22.

[83] Thorium-Hochtemperaturreaktor THTR 300 und die Hochtemperaturreaktorlinie, Entschließungsantrag der Fraktion der SPD, BT Drs. 11/806, 16. 9. 1987.

[84] Rininsland, H., Bork, G., Fliege, A. et al.: Das Projekt Nukleare Sicherheit 1972–1986 – Ziele und Ergebnisse –, KfK-Nachr., Jg. 18, 3/86, 1986, S. 114–126.

[85] vgl. Abschlusskolloquium des Projektes Nukleare Sicherheit, 10.-11. Juni 1986 in Karlsruhe, Berichtsband, KfK 4170, August 1986.

[86] Ruess, F. und Vignon, D.: Die deutsch-französische Kooperation, atw, Jg. 35, August/September 1990,

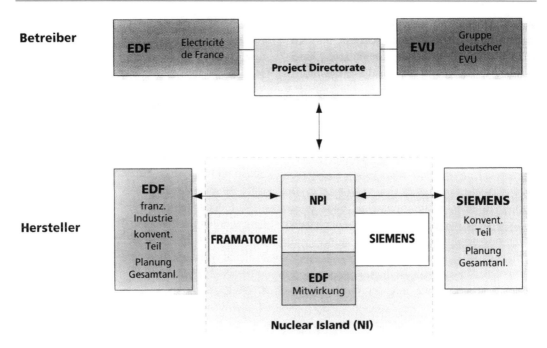

Abb. 12.6 Organisation des deutsch-französischen Projekts

ber vereinbarten deutsche Energieversorgungs-unternehmen (EVU) und die französische EDF eine Kooperation, mit der die Betreibererfahrungen bei der Entwicklung des neuen Reaktortyps eingebracht werden sollten. Abbildung 12.6 zeigt die Organisation des deutsch-französischen Projektes zwischen Betreibern und Herstellern.[87] Die NPI setzte auf eine gemeinsame Druckwasserreaktor-Technik und damit auf evolutionäre Entwicklung und Kontinuität. Es würde einer langen Zeit bedürfen, bevor „revolutionäre" Reaktorkonzepte ausgereift seien, insbesondere wenn zunächst der Bau von Demonstrationskraftwerken erforderlich sei. So lange könne man die „Wiederbelebung des Nuklearmarktes" nicht aufschieben.[88]

Die Entscheidung über den Reaktor der nächsten Generation fiel zu Beginn des Jahres 1992 zwischen den deutsch-französischen Part-

nern zugunsten des *European Pressurized Water Reactor* (EPR) mit einer Leistung von 1400–1500 MW_{el} als Weiterentwicklung der bewährten deutschen und französischen Druckwasserreaktorlinien, der Konvoi-Anlagen und der französischen N4-Kernkraftwerke. Wulf Bürkle, der Leiter des Bereichs Nukleare Energieerzeugung der Siemens AG, begründete diese Entscheidung damit, dass man bei der Weiterentwicklung der Sicherheitsphilosophie auf den großen Erfahrungsschatz bewährter Konzepte nicht verzichten, sondern ihn als gesichertes Fundament für den Weiterbau nutzen sollte. Der HTR-Modul (200 MW_{th}) habe vergleichsweise noch nicht einmal ein formales Genehmigungsverfahren durchlaufen. In Abstimmung mit den EVU solle jedoch auch das Konzept eines fortschrittlichen Siedewasserreaktors untersucht werden.[89] Die Wirtschaftlichkeit eines Kernkraftwerks mit weiterentwickelten sicherheitstechnischen Merkmalen sei jedenfalls nur bei großer Leistung sicher

---

S. 394–396; Ruess und Vignon waren die NPI-Geschäftsführer für Vertrieb und Technik.

[87] Bacher, Pierre und Bröcker, Bernhard: EPR – Der Standpunkt der Betreiber, CONTRÔLE, la revue de l'Autorité de sûreté nucléaire, Paris, No. 105, Juni 1995, S. 14–17.

[88] Ruess, F. und Vignon, D., a. a. O., S. 395.

[89] Projekt SWR-1000, vgl. Mohrbach, Ludger: Notwendigkeit einer neuen Energiekultur, atw, Jg. 40, Dezember 1995, S. 772.

gegeben. Das deutsch-französische Druckwas-
serreaktor-Projekt ziele auf:
- Optimale Kombination inhärenter Eigenschaften mit aktiven und passiven Sicherheitseigenschaften,
- Nutzung der Betriebserfahrung und
- Entlastung der Betriebsmannschaft.

Die Kernenergie müsse auch bei weitreichenden
sicherheitstechnischen Zielen wettbewerbsfähig
bleiben. Die Hoffnung sei, dass für die Nutzung
der gemeinsamen europäischen Lösungen die
Politik eine Chance einräumen werde.[90]

Die von der Wirtschaft angebahnte deutsch-
französische Zusammenarbeit bedurfte der
Ergänzung auf der politischen Ebene. Gemeinsame Lösungen konnten nur Markterfolge haben,
wenn sie genehmigungsfähig waren und politische Akzeptanz fanden. Zunächst ging es um
die staatlichen Sicherheitsanforderungen an neue
Reaktorkonzepte, um die Weiterentwicklung von
Bewertungsmaßstäben, Leitlinien sowie Regeln
und Richtlinien für zukünftige LWR, die zwischen Deutschland und Frankreich harmonisiert
werden sollten.

Am 31. Mai 1989 gab der Vorstandsvorsitzende der Veba AG, Rudolf von Bennig-
sen-Foerder überraschend bekannt, dass die
Energiewirtschaft den Bau der Wiederaufarbeitungsanlage in Wackersdorf aufgeben und von
dem Angebot der französischen Staatsgesell-
schaft Cogéma in La Hague Gebrauch machen
werde, die abgebrannten Brennelemente aus
deutschen Kernkraftwerken in Frankreich verarbeiten zu lassen. Die „Grundsätze der Entsorgungsvorsorge" der Bundesregierung waren
damit überholt. Die Bundesregierung kam unter
Handlungsdruck und musste die Umorientierung
der Wirtschaft auf arbeitsteilige Kooperation mit
europäischen Partnern nachvollziehen.

Am 6. Juni 1989 unterzeichneten der deutsche
Bundesumweltminister Klaus Töpfer und der
französische Industrieminister Roger Fauroux in
Bonn eine gemeinsame Erklärung über eine mög-
lichst enge Zusammenarbeit bei der friedlichen
Nutzung der Kernenergie. Dabei wurden nicht

nur die Fragen der Wiederaufarbeitung geklärt,
es ging auch um die Entwicklung neuer Reaktorkonzepte. Die Absichten der Industrie wurden
begrüßt. Beide Seiten erklärten, eine vertiefte
kontinuierliche Zusammenarbeit zur Verwirklichung gemeinsamer Sicherheitsziele einleiten
zu wollen.[91] Ende 1989/Anfang 1990 wurde als
neue Struktur der deutsch-französischen Kommission[92] ein deutsch-französischer Direktionsausschuss (DFD) eingesetzt und mit der Prüfung
grundsätzlicher Sicherheitsfragen, insbesondere
auch der Reaktorkonzepte von zukünftigen DWR
beauftragt. Damit sollten die Grundlagen erarbeitet werden, die es den Sicherheitsbehörden beider Länder ermöglichten, gemeinsam getragene
Sicherheitsbewertungen vorzunehmen.

Im DFD arbeiteten Vertreter aus dem BMU
mit Unterstützung durch die GRS mit Vertretern
aus der französischen Genehmigungsbehörde
Direction de Sûreté des Installations Nucléaires
(DSIN) zusammen, die von deren Gutachter-
organisation *Institut de Protection et de Sûreté
Nucléaire* (IPSN) unterstützt wurden. Der DFD
bewertete Empfehlungen zu sicherheitstechnischen Themen, die von Arbeitsgruppen der
Beratergremien RSK auf deutscher Seite und
GPR (*Groupe Permanent chargé des Réacteurs
Nucléaires*) auf französischer Seite gemeinsam
erarbeitet und von RSK und GPR gemeinsam
vorgelegt wurden. Die fachliche Zuarbeit leis-
teten gemeinsam GRS und IPSN, die sachbezogene Arbeitsgruppen einrichteten (Abb. 12.7).[93]
Bis Ende 1991 fanden vier Sitzungen und mehrere Treffen des DFD mit der NPI statt.[94]

---

[90] Bürkle, Wulf: Weiterentwicklung von Leichtwasserreaktoren, atw, Jg. 37, August/September 1992, S. 404–409.

[91] Verzicht auf Wiederaufarbeitung in Wackersdorf endgültig beschlossen: Frankfurter Allgemeine Zeitung,
Nr. 129, 7. 6. 1989, S. 1 f.

[92] Die deutsch-französische Kommission für Fragen der
Sicherheit kerntechnischer Anlagen und des Strahlenschutzes wurde 1976 durch eine Vereinbarung zwischen
dem Bundesinnenminister und dem französischen Industrieminister eingerichtet.

[93] Hennenhöfer, Gerald und Lacoste, André-Claude: Die
Zusammenarbeit zwischen den deutschen und französischen Sicherheitsbehörden, CONTRÔLE, No. 105, Juni
1995, S. 7–9.

[94] AMPA Ku 15, Ergebnisprotokoll 266. RSK-Sitzung,
17./18. 12. 1991, S. 7.

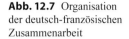

Abb. 12.7 Organisation der deutsch-französischen Zusammenarbeit

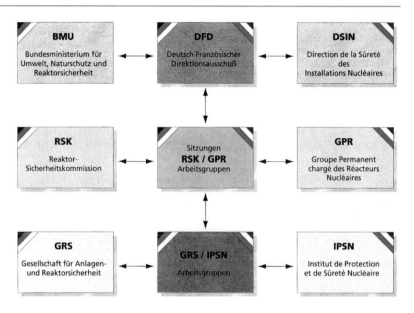

Im Dezember 1991 unterrichtete die Bundesregierung den Deutschen Bundestag über ihr energiepolitisches Gesamtprogramm für das vereinte Deutschland. Darin stellte sie den nach ihrer Auffassung unverzichtbaren Beitrag der Kernenergie und deren Zukunftsperspektiven dar. Sie stellte fest, dass für die Energieversorgungsunternehmen ein breiter energiepolitischer Konsens erforderlich sei, ohne den sie Entscheidungen über den Bau neuer Kernkraftwerke nicht treffen könnten. Die Bundesregierung kündigte eine umfassende Novellierung des Atomgesetzes an. Es solle zu einem modernen Sicherheitsgesetz fortentwickelt werden. Die Sicherheit der Kernenergienutzung solle weiter mit dem Ziel erhöht werden, dass die Auswirkungen auch großer Störfälle möglichst auf die Anlage selbst begrenzt blieben.[95]

Am 16.12.1991 stellte die Fa. Siemens auf Wunsch der EVU der Abteilung Reaktorsicherheit des Bundesumweltministeriums ihr neues, mit der französischen Seite abgestimmtes Reaktorkonzept und ihre Terminplanungen vor, um Fragen der Genehmigungsvoraussetzungen zu erörtern. Die Vorstellungen zum Rahmentermin-

plan der deutsch-französischen Gemeinschaftsentwicklung waren wie folgt:

- Standortunabhängiges „Conceptual Design" Abschluss Ende 1992,
- standortunabhängiges „Basic Design" Abschluss Ende 1994,
- Antragstellung auf Errichtung eines Kernkraftwerks neuer Bauart in Deutschland 1. Halbjahr 1995,
- standortspezifischer Sicherheitsbericht Mitte 1995,
- „Detailed Design" Abschluss Mitte 1998 und
- Baubeginn in Deutschland 1. Halbjahr 1998.[96]

Damit die Konzeptentwicklung zu Ende gebracht werden konnte, sollten die zu erfüllenden Sicherheitsanforderungen als Genehmigungsvoraussetzung von staatlicher Seite möglichst bald festgelegt werden.

Ende 1991 begann die RSK ihre Beratungen über Sicherheitsanforderungen an neue Reaktorkonzepte, die sie im September 1992 abschloss (s. Kap. 6.1.6). Im Dezember 1992 wurden intensive und zunächst kontroverse Fachgespräche über die deutschen Positionen mit der französischen Seite aufgenommen. Die deutsch-

---

[95] Unterrichtung durch die Bundesregierung: Das energiepolitische Gesamtkonzept der Bundesregierung, Energiepolitik für das vereinte Deutschland, BT Drs. 12/1799, 11. 12. 1991, S. 32, 34 und 37.

[96] Diese im Verlauf der Entwurfs- und Entwicklungsarbeiten wiederholt in die Zukunft verschobenen Daten wurden von Wulf Bürkle auf der Jahrestagung der Kerntechnischen Gesellschaft Anfang Mai 1992 in Karlsruhe vorgetragen, vgl. Bürkle, Wulf, a. a. O., S. 409.

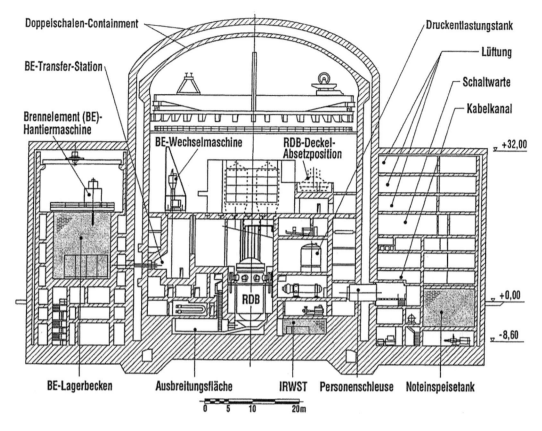

Abb. 12.8 EPR-Vertikalschnitt, Stand Mitte 1995

französischen Abstimmungsgespräche führten schließlich im Juni 1993 zur Verabschiedung einer „Gemeinsamen Empfehlung von RSK und GPR für Sicherheitsanforderungen an zukünftige Kernkraftwerke mit Druckwasserreaktor".

Das Herstellerkonsortium NPI stellte den deutschen und französischen Beratungsgremien RSK und GPR am 29.11.1993 in Paris den EPR-Entwicklungsstand und den Bericht „*Assessment of the EPR Conceptual Safety Features Review File*" (CSFRF) vor, der die wichtigsten sicherheitstechnischen Vorkehrungen für den EPR aus der Sicht der Hersteller Framatome und Siemens sowie EDF und den deutschen EVU beschrieb. Die RSK fand erhebliche Diskrepanzen gegenüber ihren Vorstellungen von der konkreten Umsetzung der Sicherheitsanforderung. Dies betraf insbesondere die Behandlung von

• Flugzeugabsturz,
• RDB-Versagen unter hohem Druck (HD-Pfad),

• Dampfexplosion und
• Wasserstoff-Verbrennung.[97]

Die Arbeiten an den gemeinsamen deutsch-französischen Sicherheitsanforderungen wurden fortgesetzt. Zwischen März 1994 und Anfang 1995 waren zahlreiche Beratungen zwischen den deutsch-französischen Gremien erforderlich, um eine abschließende Verständigung zu erreichen.

Abbildung 12.8[98] zeigt den Vertikalschnitt durch die EPR-Anlage nach dem Entwicklungsstand Juni 1995.[99] Für den Ausschluss des Hochdruckversagens bei postulierten Kernschmelzen war ein hochzuverlässiges Druckentlastungs-

---

[97] AMPA Ku 16, Ergebnisprotokoll 281. RSK-Sitzung, 8. 12. 1993, S. 7–9.

[98] Kuczera, Bernhard: Leichtwasserreaktor-Sicherheitsforschung, atw, Jg. 41, Dezember 1996, S. 787.

[99] Baumgartl, B. J. und Bouteille, F.: Der Europäische Druckwasserreaktor, CONTRÔLE, No. 105, Juni 1995, S. 20.

system vorgesehen. Man erkennt den Druck-entlastungstank, den Kernschmelzefänger (core catcher) mit Ausbreitungsfläche und den inneren Flutbehälter mit boriertem Wasser (In-Contain-ment Refuelling Water Storage Tank – IRWST).

Die Forschungsarbeiten zu den wesentlichen Problembereichen des ursprünglichen EPR-Si-cherheitskonzepts wurden bis zum Jahr 2002 abgeschlossen. Deutschland und Frankreich haben sich mit ihren Entwicklungsarbeiten im Zusammenhang mit dem EPR einen beachtli-chen Vorsprung gegenüber anderen Ländern im Bereich der Reaktorsicherheit erarbeitet.

Anfang des neuen Jahrhunderts plante das finnische EVU Teollisuuden Voima Oy (TVO) wegen der Umweltfreundlichkeit und Wirt-schaftlichkeit der Kernenergie den Neubau eines fünften Kernkraftwerks.[100] Nach dem positi-ven Grundsatzentscheid der finnischen Regie-rung und der Zustimmung des Parlaments im Mai 2002 kam es im September 2002 zu einer Ausschreibung. Den Zuschlag erhielt die Firma Framatome ANP, zu der Framatome und Sie-mens ihr Nukleargeschäft zusammengelegt hat-ten. Im Dezember 2003 wurde der Vertrag über die schlüsselfertige Lieferung eines Kernkraft-werks des Typs EPR mit der Nettoleistung von

1600 MW_{el} unterschrieben. Im Februar 2005 erhielt TVO die atomrechtliche Baugenehmi-gung für das EPR-Kernkraftwerk Olkiluoto 3 (OL3). Die Bauarbeiten bei der Errichtung und das finnische Genehmigungsverfahren erwie-sen sich als schwieriger und langwieriger als erwartet. Es kam zu erheblichen zeitlichen Ver-zögerungen und Kostenüberschreitungen. Im September 2009 wurde mit der Installation des Doms der innere Sicherheitsbehälter geschlossen und das Reaktorgebäude erreichte eine Höhe von ca. 60 m. OL3 wird voraussichtlich erst im Jahr 2014/15 ans Netz gehen (geplant war 2009).

Seit Mitte 2007 wird am Standort Flamanville in der Region Basse-Normandie 25 km westlich von Cherbourg für den französischen Betreiber EDF ein EPR (FA3) erbaut,[101] der voraussicht-lich im Jahr 2016 kommerziell in Betrieb gehen wird. Eine weitere EPR-Anlage soll am Stand-ort Penly in der Region Haute-Normandie 15 km von Dieppe errichtet werden.

In China sind seit Herbst 2009 zwei Blöcke EPR mit der Nettoleistung von je 1700 MW_{el} am Standort Taishan in der Provinz Guangdong an der Küste des südchinesischen Meeres in Bau. Die Errichtung weiterer zwei EPR-Blöcke wurde vertraglich vereinbart.

---

[100]   Paavola, Mauno: A new Power Plant for Finland, atw, Jg. 47, März 2002, S. 162–166.

[101]   Pays, R.: The EPR Project Flamanville 3, atw, Jg. 51, Februar 2006, S. 86–88.

Zukunftsoption Kernenergie in Deutschland?

13

Die IAEO-Generalkonferenz hatte Ende September 1986 in Wien die Frage, ob nach der Katastrophe von Tschernobyl die Kernenergie weiterhin als Energiequelle genutzt werden kann, mit einem klaren, einstimmigen Ja beantwortet.[1] Diese Position wurde auf allen nachfolgenden internationalen Konferenzen zu Fragen der friedlichen Kernenergienutzung bestätigt. Die Betriebsräte aus der kerntechnischen Industrie und den Kernkraftwerken forderten schon wenige Wochen nach dem Unfall, der Gewerkschaftsbund solle nicht in Panik verfallen, sondern sich „wenn's auch schwer fällt, mal positiv zur Kernenergie äußern". Es gehe um mindestens 150.000 Arbeitsplätze.[2] Der Vorstandsvorsitzende Heinz Horn der Ruhrkohle AG rief dazu auf, zur Formel „Kohle und Kernenergie" zurückzukehren, zu der sich der deutsche Steinkohlebergbau ohne Einschränkungen bekenne.[3] Der Deutsche Industrie- und Handelstag (DIHT) legte im November 1986 ein energiepolitisches Positionspapier vor, in dem er die *„tiefe Kluft, wie sie sich zur Zeit zwischen der Regierungs- und der Oppositionspolitik sowie zwischen der Politik des Bundes und der einzelner Bundes-* *länder abzeichnet"*, als kontraproduktiv beklagte und forderte, die bisher bestehende Übereinstimmung in der Energiepolitik wiederherzustellen.[4] Die Bundesregierung Kohl/Genscher und die sie tragenden Fraktionen verteidigten die weitere Nutzung der Kernenergie nachdrücklich, insbesondere weil sie durch ihre günstigen Erzeugungskosten die unentbehrliche Voraussetzung für die Verstromung heimischer Steinkohle entsprechend dem „Jahrhundertvertrag" von 1975 sei.[5] Diese Stimmen hatten nur geringe Wirkung bei der Opposition und in der Öffentlichkeit, die von Antikernkraft-Demonstrationen, schweren Ausschreitungen an Nuklearstandorten, Krawallen, Blockaden und Protesten weithin beherrscht war. Die Standorte der Wiederaufarbeitungsanlage Wackersdorf, des Schnellen Brüters Kalkar und der Nuklearbetriebe Hanau waren besonders erbittert umkämpft. Der ausstiegsorientierte Vollzug des Atomrechts einzelner Bundesländer führte zu Bund-Länder-Konflikten, insbesondere mit Hessen. Große Teile der Bevölkerung reagierten zu Fragen der Kernenergie leicht erregbar, verunsichert und verängstigt. In der deutschen Öffentlichkeit wurden die vom Nuklearunglück in Tschernobyl hervorgerufenen Befürchtungen und Bedrohungsgefühle auf die eigenen Kern-

---

[1] Preuschen-Liebenstein, R. Frh. von: Die IAEO-Generalkonferenzen im Jahr 1986, atw, Jg. 31, Dezember 1986, S. 603–605.

[2] Kompromiss zur Energiepolitik auf dem DGB-Kongress, Frankfurter Allgemeine Zeitung, Nr. 123, 31. 5. 1986, S. 1.

[3] Horn, H.: Kohle und Kernenergie, Konkurrenz oder Bündnis der Vernunft?, atw, Jg. 31, August/September 1986, S. 445–447.

[4] DIHT-Positionspapier zur Energiepolitik, atw, Jg. 31, Dezember 1986, S. 608.

[5] vgl. Kohl, Helmut (CDU): Regierungserklärung PlPr 11/4, 18. 3. 1987, S. 59, Bangemann, Martin (FDP), ebenda, S. 107, Graf Lambsdorff, Otto (FDP), ebenda, S. 130, Blüm, Norbert (CDU), ebenda, S. 196, Jobst, Dionys (CSU), ebenda, S. 336.

P. Laufs, *Reaktorsicherheit für Leistungskernkraftwerke*, DOI 10.1007/978-3-642-30655-6_13, © Springer-Verlag Berlin Heidelberg 2013

kraftwerke übertragen. Die Frage der Kernenergienutzung blieb ein bedeutendes Element des parteipolitischen Kampfes um Stimmungen und Stimmen. Jedes Vorkommnis im Nuklearbereich wurde zum Großereignis hochgespielt. Die Befürworter der Kernenergie wurden von den Atomkraftgegnern mit dem Ausdruck der moralischen Überlegenheit auf die politische Anklagebank gesetzt. Die Konfrontation verhärtete sich.

Mit den Jahren nach Tschernobyl wurde immer deutlicher erkennbar, dass der Ausbau der Kernenergie in Deutschland keinesfalls mehr allein auf der Grundlage der RSK-Leitlinien für Druckwasserreaktoren von 1981 fortgesetzt werden konnte. Die drei aufgrund gleicher Planunterlagen so genannten „Konvoi-Anlagen" (Isar 2 – KKI-2, Emsland – KKE und Neckarwestheim 2 – GKN-2) waren 1988 und 1989 in den kommerziellen Betrieb gegangen. Neue Bauaufträge waren nicht mehr zu erwarten. Im Nuklearbereich waren der Abbau hochwertiger Arbeitsplätze und die Abwanderung von Spezialisten absehbar. Die Herstellerindustrie suchte nach Wegen, sich aus der festgefahrenen Situation in Deutschland zu befreien, neue Zukunftsperspektiven zu eröffnen und den technologischen Fadenriss zu verhindern. Sie verfolgte dazu eine zweifache Strategie:
1. die Entwicklung einer Reaktorbauart, die auch auslegungsüberschreitende Ereignisabläufe anlagenintern weitgehend beherrscht,
2. die Internationalisierung der Entwicklung und des Vertriebs der neuen Reaktor-Generation, insbesondere die Zusammenarbeit mit dem akzeptanzstabilen Frankreich. Die Zusammenführung der deutschen und französischen Aktivitäten in der AREVA mit dem weltweit größten Kraftwerkspark und entsprechenden Erfahrungen zeigte erste Erfolge mit der Errichtung des EPR in Finnland, Frankreich und China.

Es eröffneten sich dabei als alternative Lösungsmöglichkeiten die Weiterentwicklung bewährter Leichtwasser-Reaktorlinien oder grundlegend neue Reaktorkonzepte.

Die Verbände der Elektrizitätswirtschaft und des deutschen Steinkohlebergbaus erklärten Anfang 1987, dass die Stromversorgung wirtschaftlich nur durch Kohle und Kernenergie gemeinsam gesichert werden könne. Die Steinkohle sei für den Mittellastbedarf, die Kernenergie und die Braunkohle seien für die Grundlaststromerzeugung einzusetzen.[6]

Die Kernenergiebefürworter wurden im Jahr 1989 durch zwei Ereignisse verunsichert, von denen „erhebliche Irritationen und Turbulenzen"[7] ausgingen. Im Mai gab die Energiewirtschaft die Wiederaufarbeitungsanlage in Wackersdorf zugunsten einer deutsch-französischen Kooperation auf. Im September wurde nach über 30 Jahren Entwicklungszeit und nur zwei Jahren Betrieb der THTR 300 in Hamm-Uentrop definitiv abgeschaltet. Bei der Revision und Inspektion des THTR 300 im September 1988 war entdeckt worden, dass die Befestigung von Abdeckplatten der Isoliermatten aus Metallgewebe in den Heißgaskanälen teilweise schadhaft war. Die RSK studierte die Schäden und kam zum Ergebnis, dass keine Bedenken gegen den weiteren Betrieb des THTR 300 bestanden.[8] Langwierige Verhandlungen zwischen der Bundesregierung, der nordrhein-westfälischen Landesregierung und den Gesellschaftern der HKG-Betreibergesellschaft über die finanzielle Vorsorge für den späteren Stilllegungsaufwand und die finanzielle Abdeckung vorhandener Stillstandsrisiken scheiterten, und die Anlage wurde am 1.9.1989 endgültig stillgelegt.[9]

---

[6] E-Wirtschaft und Bergbau einig: Kohle und Kernenergie, Kernenergie und Umwelt, Nr. 2, Februar 1987, S. IV.

[7] Holzer, Jochen: Die Zukunft der Kernenergie in Deutschland, atw, Jg. 38, Juli 1993, S. 503.

[8] AMPA Ku 14, Ergebnisprotokoll der 243. RSK-Sitzung, 26. 4. 1989, S. 6 und Anlage 1, S. A1–5.

[9] Bäumer, R.: Die Situation des THTR im Oktober 1989, VGB-Kraftwerkstechnik, 70. Jg., Januar 1990, S. 8–14. Der THTR 300 hätte im April 1989 wieder angefahren werden können. Durch die lange Verhandlungszeit kam die HKG an den Rand des Konkurses. Das Land NRW, das keine Mittel für den Weiterbetrieb mehr zur Verfügung stellen wollte, erhob Zweifel an der wirtschaftlichen Zuverlässigkeit des Betreibers HKG und machte die Wiederanfahrerlaubnis vom Nachweis ausreichender wirtschaftlicher Ausstattung abhängig. Der Bund konnte die alleinige Übernahme der Mittelaufstockung aus dem Risikobeteiligungsvertrag nicht zusagen. Die EVU-Gesellschafter waren zu erheblichen Mehraufwändungen auch nicht bereit.

Die Elektrizitätswirtschaft trat den Irritationen mit einem kraftvollen Bekenntnis zur Kernenergie entgegen. Auf der Jahrestagung Kerntechnik '90 im Mai 1990 in Nürnberg präsentierten die kernkraftwerksbetreibenden Unternehmen der öffentlichen Stromversorgung ihr Positionspapier „Zur derzeitigen Situation und zukünftigen Rolle der Kernenergie", das vom Vorstandsvorsitzenden der PreussenElektra AG, Krämer, vorgestellt wurde.[10] Die Unternehmen gaben sich sehr überzeugt, dass Kernenergie verantwortbar sei und auch in Zukunft wesentlicher Bestandteil eines Gesamtversorgungskonzepts bleiben sollte und mahnten die Rückkehr zum energiepolitischen Konsens an. *„Die kernkraftwerksbetreibenden EVU in der Bundesrepublik Deutschland sind zu jedem zielführenden Dialog in dieser zukunftsentscheidenden Fragestellung bereit."*

Im März 1991 unterrichtete die Bundesregierung die Öffentlichkeit vom endgültigen Aus für den Schnellen Brüter in Kalkar. Der Hersteller Interatom hatte bereits 1986 den 1973 begonnenen Bau des Prototypreaktors SNR 300 für abgeschlossen und die Anlage für betriebsbereit erklärt. Die nordrhein-westfälische Landesregierung hatte jedoch keine Genehmigung zur Einlagerung der Brennelemente erteilt und die Anlagensicherheit immer wieder aufs Neue in Frage gestellt.

In den Jahren 1991 und 1992 forderten Bundesregierung, Industrie und die Industriegewerkschaften Bergbau und Chemie bei zahlreichen Gelegenheiten, die ideologisch und politisch blockierte Entwicklung der Kerntechnik wieder aufzunehmen und großen volkswirtschaftlichen Schaden abzuwenden.[11,12] Bundesumweltminister Klaus Töpfer betonte, dass eine Voraussetzung für das Festhalten an der Option Kern-

energie sei, „dass weiter mit Hochdruck an der Entwicklung neuer Reaktorkonzepte mit weitgehenden inhärenten Sicherheitseigenschaften gearbeitet werde."[13]

Im Herbst 1992 versuchten die Vorstandsvorsitzenden Klaus Piltz der Veba AG und Friedhelm Gieske der RWE AG in Gesprächen mit dem niedersächsischen Ministerpräsidenten Gerhard Schröder (SPD) und den Gewerkschaftsvorsitzenden und SPD-MdB Hans Berger (IG Bergbau und Energie) sowie Hermann Rappe (IG Chemie-Papier-Keramik) die Möglichkeiten eines energiepolitischen Konsenses auszuloten. Mit Datum vom 23. November 1992 November schrieben Piltz und Gieske dem Bundeskanzler einen Brief, mit dem sie Bewegung in die lange festgefahrene Energiediskussion bringen wollten. Sie schrieben, dass sie aus verschiedenen Gesprächen den Eindruck gewonnen hätten, dass *„die pauschale programmatische Forderung des Kernenergie-Ausstiegs auf ein geordnetes Auslaufen der heute genutzten Kernkraftwerke präzisiert und zugleich Kernenergie als eine Option für die langfristige Energiezukunft bei Weiterentwicklung der Kerntechnik sehr wohl akzeptiert werden könnte."*[14] Dem Brief lag ein mit Gerhard Schröder abgestimmtes „Konsens-Papier" bei, das neben Leitsätzen und Vorschlägen zu Entsorgungsrichtlinien und -standorten zwei grundlegende Empfehlungen enthielt:

1. Jedes vorhandene Kernkraftwerk wird nach Ablauf einer noch festzulegenden Regelnutzungsdauer stillgelegt.
2. Eine langfristige Kernenergieoption wird durch Weiterentwicklung der Technologie offengehalten. Ein erneuter Einstieg in die Kernenergienutzung bedarf einer breiten politischen Mehrheit (z. B. mindestens einer Zweidrittel-Mehrheit des Bundestages).

Für Schröder bedeutete diese Initiative den „Einstieg in den Ausstieg",[15] für andere Kommentato-

---

[10] In vollem Wortlaut wiedergegeben in: Zur derzeitigen Situation und zukünftigen Rolle der Kernenergie, atw, Jg. 35, August/September 1990, S. 378–384.

[11] vgl. Berke, C.: Zurück zum Miteinander von Kohle und Kernenergie, ideologischer Widerstand verunsichert Großinvestoren, Jahrestagung Kerntechnik 1991 in Bonn, atw, Jg. 36, Juni 1991, S. 275 ff.

[12] vgl. Kernenergie – Perspektive für Deutschland, Tagungsbericht Wintertagung des Deutschen Atomforums 28./29. 1. 1992, atw, Jg. 37, März 1992, S. 156–159.

[13] ebenda, S. 158.

[14] Brief und Anlage zum Brief sind im Wortlaut abgedruckt in: Frankfurter Rundschau, Nr. 283, 5. 12. 1992, S. 5.

[15] Atomkraft soll „Option" bleiben, Frankfurter Rundschau, Nr. 283, 5. 12. 1992, S. 1.

ren den „Ausstieg aus dem Ausstieg"[16] und neuen politischen Konfliktstoff mit ungeheurer Spreng- kraft.[17] Die Reaktionen auf den Vorstoß der nord- deutschen Stromwirtschaft (die Unternehmen in Baden-Württemberg und Bayern waren nicht eingebunden) waren höchst unterschiedlich. Es wurde auch die grundsätzliche Frage nach dem Sinn eines nationalen Energiekonsenses gestellt, der auf jeden Fall in den bestehenden europa- weiten Energiekonsens eingebettet sein und des- halb immer Wasser-, Kohle- und Kernkraftwerke umfassen müsse. Auch Länder wie Italien und Österreich, die aus der Atomkraft ausgestiegen seien, würden im Verbundnetz aus Kernenergie umgewandelte elektrische Arbeit in Form von Strom aus Frankreich oder östlichen Staaten nutzen.[18]

Im Februar 1993 verständigten sich in Bonn Bundeswirtschaftsminister Günter Rexrodt (FDP), Bundesumweltminister Klaus Töpfer (CDU), der niedersächsische Ministerpräsi- dent Gerhard Schröder (SPD) und der hessische Umweltminister Joseph Fischer (Grüne) auf Gespräche über die zukünftige Energiepolitik. In paritätisch besetzten Arbeitskreisen, in denen auch gesellschaftliche Gruppen mitwirken soll- ten, solle bis zum Jahresende 1993 ein Konsens in der Energiepolitik gefunden werden. Schrö- der sagte, Grundlage der Gespräche solle das Angebot der Energiewirtschaft sein, auf den Bau neuer Kernkraftwerke solange zu verzichten, bis eine neue Generation von Kernkraftwerken ent- wickelt sei.[19] Fischer zeigte seine Skepsis und verwies auch eine teilweise Akzeptanz der Kern- energie ins Reich der Utopie.[20]

Der Beginn der Konsensgespräche wurde überschattet von einer öffentlichen Diskussion über Rissbefunde im Kernkraftwerk Brunsbüt-

tel.[21] Die älteren deutschen Kernkraftwerke waren seit März 1992 auf Rissbildungen an Schweiß- nähten austenitischer Stähle untersucht worden. Mitte November 1992 wurden in Brunsbüttel an Schweißnähten im Bereich der Wärmeeinfluss- zone von Rohrleitungen aus titanstabilisiertem austenitischem Stahl des Reaktor-Wasserreini- gungssystems und des Lagerdruckwassersys- tems Risse gefunden. Diese Rohrleitungen waren 1973 gefertigt worden. Die dunkle Färbung der Rissflächen deutete nach Auffassung von Her- steller und Betreiber darauf hin, dass die Risse fertigungsbedingt waren. Zu Leckagen war es nicht gekommen. Die schleswig-holsteinische Landesregierung und ein von ihr aus dem Aus- land beigezogener Sachverständiger teilten diese Auffassung nicht. Der Deutsche Bundes- tag beschäftigte sich mit dieser Angelegenheit.[22] Fischer übte heftige Kritik an Töpfer und sagte: *„Insofern kann ich Sie nur davor warnen, zu glauben, ein Energiekonsens wäre herstellbar, wenn Sie sich gleichzeitig massiv zum Vertreter der Atomindustrie machen und nicht Reaktor- sicherheitsminister sind."*[23] Ein SPD-Sprecher meinte, die Bundesregierung sei selbst zu einer atomrechtlichen Gefahr geworden.[24] Tatsächlich stellten sich aber die ersten Schadensabschätzun- gen als überzeichnet heraus.[25]

Die Energiekonsens-Gespräche kamen im März 1993 in kleinen und großen Gremien in

---

[16] Ausstieg aus dem Ausstieg, ebenda, S. 3.

[17] Ziller, Peter: Gefährliches Angebot, Frankfurter Rund- schau, Nr. 286, 9. 12. 1992, S. 3.

[18] Liebholz, Wolf-M.: Energiekonsens?, atw, Jg. 38, Januar 1993, S. 19.

[19] Einigkeit über den Dissens beim Energiekonsens, Frankfurter Allgemeine Zeitung, Nr. 33, 9. 2. 1993, S. 1.

[20] Skepsis vor Konsens-Gesprächen, Süddeutsche Zei- tung, Nr. 32, 9. 2. 1993, S. 4.

[21] vgl. Kiel warnt vor alten Reaktoren, Frankfurter Rund- schau, Nr. 27, 2. 2. 1993, S. 1 und: Risse im Vertrauen, ebenda, S. 3.

[22] Aktuelle Stunde: Haltung der Bundesregierung zu den jüngsten Vorgängen im Kernkraftwerk Brunsbüttel, Deut- scher Bundestag, PlPr 12/136, 3. 2. 1993, S. 11791–11800.

[23] ebenda, S. 11799.

[24] ebenda, S. 11792.

[25] Der RSK-Ausschuss „Druckführende Komponenten" befasste sich unter dem Vorsitz von Karl Kußmaul auf fünf Sitzungen mit den Rohrleitungen in Brunsbüttel. Von 1.100 geprüften Schweißnähten enthielten weniger als 20 Nähte Anrisse, die alle fertigungsbedingt waren. AMPA Ku 28, Ergebnisprotokoll der 209. RSK-DK-Sitzung, 12. 7. 1993, S. 10. Die RSK stellte zusammenfassend fest, „dass die in deutschen Siedewasserreaktoren mit einer Betriebserfahrung von bis zu 100.000 Stunden bisher ermittelten Rissbefunde zu keiner Gefährdung geführt haben." AMAP Ku 16, Ergebnisprotokoll der 283. RSK- Sitzung, 16. 2. 1994, Anlage 1.

Gang und wurden in nüchternen und sachlichen Diskussionen geführt. Die Verhandlungen umfassten drei Bereiche:

* Fossile Energieträger, insbesondere die Probleme der Stein- und Braunkohle,
* Energieeinsparung sowie erneuerbare Energieträger,
* Die friedliche Nutzung der Kernenergie in allen ihren Aspekten.

Die drei Bereiche wurden stets zusammen gesehen und eine energiepolitische Gesamtlösung angestrebt. Mit der Vorlage eines Referentenentwurfs einer Atomgesetznovelle, die mit der Neuordnung der Steinkohlenutzung nach Auslaufen des „Jahrhundertvertrags" gekoppelt wurde, versuchte die Bundesregierung Druck auf die Konsensgespräche auszuüben.[26]

Töpfer setzte auf den Reaktor der nächsten Generation, bei dem „Schäden in einem Ereignisfall – auch bei der Kernschmelze – auf die Anlage beschränkt bleiben und einschneidende Katastrophenschutzmaßnahmen in der Umgebung nicht erforderlich sind."[27] Man nannte diesen zukünftigen Typ „Referenzreaktor" oder „Fadenrissverhinderungs-Reaktor."[28] Töpfer sprach sich klar für die neue Technik aus. Schon auf dem Neunten Atomrechts-Symposium im Juni 1991 in München hatte er ausgeführt: *Alte Konzepte und Anlagen sind nicht mehr zeitgemäß und deshalb durch neue zu ersetzen. Es wäre geradezu grotesk, die Lebenszeit alter Kernkraftwerke zu verlängern, nur weil niemand den Mut hat, neue Anlagen mit besserem Zustand zu bauen bzw. zuzulassen."[29] In der Gesprächsrunde am 31. Juni 1993 legte Töpfer ein Papier vor, in dem als Grundlage eines Konsenses vorgeschlagen wurde, den Fadenriss in der Technologie zu vermeiden und den Neu-

bau von Prototyp-Kernkraftwerken zuzulassen, die einer neuen Qualität der Reaktorsicherheit genügten. Die Vertreter der Grünen kündigten daraufhin ihre Teilnahme an den Mehrparteiengesprächen auf. Fischer sah keine Basis mehr für einen Konsens. Da die anderen Teilnehmer, die Umweltgruppen, Gewerkschaften, Industrievertreter und insbesondere die SPD mit Schröder („Konsens zu wichtig, um die Brocken hinzuwerfen") dabeiblieben, bestand weiterhin die Hoffnung, einen breiten gesellschaftlichen Konsens erarbeiten zu können.[30]

Bundeskanzler Kohl forderte in einer Regierungserklärung am 21. Oktober 1993 einen breiten Konsens über einen vernünftigen und zukunftsfähigen Energiemix ein, der sowohl die Kohle als auch das Öl, das Gas und die Kernenergie enthalten müsse.[31]

Am 25. Oktober 1993 befasste sich in Bonn das SPD-Parteipräsidium mit dem Stand der Energiekonsens-Gespräche. Schröder sprach sich für den Bau eines Referenzreaktors aus, wie er von Siemens und Framatome entwickelt werde. Die niedersächsischen Grünen hatten allerdings Schröder mit dem Bruch der rot-grünen Koalition gedroht, falls er einem Referenzreaktor zustimmen werde. Das SPD-Präsidium lehnte den Bau eines Referenzreaktors entschieden ab. Die SPD halte am Verzicht auf Atomenergie fest.[32] Darauf sagte Töpfer, er sehe nicht, wie unter diesen Umständen noch ein Energiekonsens erreicht werden könne. Die Fraktionsvorsitzenden von CDU/CSU und FDP, Schäuble und Solms, werteten das SPD-Verdikt als von parteitaktischem Interesse geleitet: „Die SPD hat in ihrem Beschluss deutlich gemacht, dass ihr die vagen Aussichten auf rot-grüne Bündnisse wichtiger sind, als die Zukunftsinteressen unseres Landes."[33] Nach dem Treffen am 27.10.1993 ging

[26] Töpfer, Klaus: Kernenergie und Umwelt, atw, Jg. 38, Juli 1993, S. 501.

[27] ebenda, S. 502.

[28] Der Ausdruck „Fadenriss" und die ständige Ermahnung, einen „Fadenriss" zu verhindern, gehen auf den KWU-Chef Klaus Barthelt zurück.

[29] Töpfer, Klaus: Die Pläne der Bundesregierung zur Novellierung des Atomrechts, In: Lukes, Rudolf und Birkhofer, Adolf (Hg.): Neuntes Deutsches Atomrechts-Symposium, Schriftenreihe Recht-Technik-Wirtschaft, Bd. 64, Carl Heymanns Verlag, Köln, 1991, S. 13.

[30] SPD setzt Energie-Gespräche fort, Süddeutsche Zeitung, Nr. 149, 2. 7. 1993, S. 2.

[31] Regierungserklärung Bundeskanzler Dr. Helmut Kohl, BT PlPr 12/182, 21. 10. 1993, S. 15660.

[32] SPD-Spitze hält an Atom-Ausstieg fest, Frankfurter Rundschau, Nr. 250, 27. 10. 1993, S. 1.

[33] Scheitern die Gespräche über den Energiekonsens?, Franfurter Allgemeine Zeitung, Nr. 250, 27. 10. 1993, S. 1 f.

man ohne Ergebnis auseinander. Die Energie-konsens-Gespräche waren gescheitert. In einer Debatte des Deutschen Bundestages zur Energie-politik wurden die unterschiedlichen Positionen noch einmal kontrastreich dargestellt.[34] In dieser Aussprache bestätigte der hessische Staatsminister Joseph Fischer, dass er die Konsensrunde mit der Absicht verlassen habe, den technologischen Fadenriss herbeizuführen.[35]

Nach dem Scheitern der sechsmonatigen intensiven Verhandlungen um einen Energiekonsens entschlossen sich die Bundesregierung und die Koalitionsfraktionen ohne Abstimmung mit der Opposition ein Artikelgesetz im Deutschen Bundestag einzubringen, das einerseits eine Steinkohle-Anschlussregelung als auch neue Sicherheitskriterien für künftige Reaktoren und die Zulassung der direkten Endlagerung als Entsorgungsvorsorge vorsah.[36] Der Gesetzentwurf wurde im Dezember 1993 dem Bundesrat zugeleitet, der ihn Anfang Februar 1994 ablehnte. Ende Februar wurde der Entwurf im Deutschen Bundestag eingebracht,[37] der ihn Anfang März 1994 in erster Lesung beriet.[38] Das „Siebente Gesetz zur Änderung des Atomgesetzes" schrieb als Genehmigungsvoraussetzung nun auch die Vorsorge gegen hypothetische Unfälle, also Ereignisse, deren Eintritt praktisch ausgeschlossen ist, in der Weise vor, dass einschneidende Schutzmaßnahmen gegen die schädliche Wirkung ionisierender Strahlen außerhalb des abgeschlossenen Geländes, wie Evakuierungen in der Umgebung des Kraftwerks, nicht mehr erforderlich werden.

Bestehende Anlagen sowie wesentliche Veränderungen dieser Anlagen wurden von der Neuregelung ausdrücklich ausgenommen.[39] Die Energieversorger hatten im Hinblick auf Genehmigungsverfahren zu Änderungen an bestehenden Kernkraftwerken Bedenken geäußert, weil sie unübersehbare Rückwirkungen befürchteten. Diese Bedenken konnten durch den so festgeschriebenen Bestandsschutz und in Gesprächen zwischen BMU und EVU ausgeräumt werden.[40]

Der Deutsche Bundestag verabschiedete am 29. April 1994 das Artikelgesetz zur Sicherung des Einsatzes von Steinkohle in der Verstromung und der Änderung des Atomgesetzes.[41] Der Bundesrat stimmte am 20. Mai 1994 dieser Gesetzgebung zu.[42]

Am 16. Juli 1997 beschloss das Bundeskabinett, einen Gesetzentwurf zu einer weiteren Änderung des Atomgesetzes in das parlamentarische Verfahren einzubringen, um die weitere Nutzung der Kernenergie abzusichern. Die Bundesregierung verfolgte dabei drei Zielsetzungen:

- Die sicherheitsgerichtete Nachrüstung der bestehenden Kernkraftwerke sollte erleichtert werden.
- Die langfristige Option einer zukünftigen Reaktorgeneration sollte aufrechterhalten werden. Dazu sollte ein standortunabhängiges Prüfverfahren durch behördliche Sachverstände schon während der Entwicklungsphase ermöglicht werden.
- Regelungen zur Entsorgung, u. a. die Privatisierung der Endlagerung, sollten eine neue belastbare Grundlage der Entsorgungsvorsorge schaffen.[43]

---

[34] Debatte zur Energiepolitik, BT PlPr 12/186, 29. 10. 1993, S. 16129–16139.

[35] ebenda, S. 16135.

[36] Ziller, Peter: Zukunft von Kohle und Atomenergie soll in Gesetz geregelt werden, Frankfurter Rundschau, Nr. 252, 29. 10. 1993, S. 1.

[37] Gesetzentwurf der Bundesregierung: Entwurf eines Gesetzes zur Sicherung des Einsatzes von Steinkohle in der Verstromung und zur Änderung des Atomgesetzes, BT Drs. 12/6908, 25. 2. 1994, Einfügung des neuen Absatzes § 7, 2a AtG und Änderung von § 9a, 1, S. 9 f.

[38] Erste Beratung des Gesetzentwurfs BT Drs. 12/6908, PlPr 12/213, 3. 3. 1994, S. 18439–18463.

[39] Satz 2 des neuen § 7, 2a AtG.

[40] Persönliche schriftliche Mitteilung von Dr. Walter Hohlefelder vom 24. 2. 2005, AMPA Ku 151, Hohlefelder.

[41] Zweite und dritte Beratung des Gesetzentwurfs BT Drs. 12/6908, 29. 4. 1994, BT PlPr 12/226, S. 19545 ff.

[42] Verhandlungen des Bundesrats, 669. Sitzung, 20. 5. 1994, S. 221 ff.

[43] Gesetzentwurf der Bundesregierung: Entwurf eines Gesetzes zur Änderung des Atomgesetzes und des Gesetzes über die Errichtung eines Bundesamtes für Strahlenschutz, BT Drs. 13/8641, 1. 10. 1997.

Der Gesetzentwurf flankierte u. a. die deutsch-französischen EPR-Entwicklungsarbeiten und die Bemühungen um die Harmonisierung der Sicherheitsanforderungen im Genehmigungsverfahren. Das Gesetz wurde so entworfen, dass es im SPD-dominierten Bundesrat nicht zustimmungsbedürftig war.

Die Opposition im Deutschen Bundestag lehnte die Möglichkeit eines flexiblen, frühzeitigen Prüfverfahrens im Hinblick auf das deutsch-französische EPR-Projekt ab.[44,45] Das 8. Gesetz zur Änderung des Atomgesetzes wurde am 13.11.1997 von den Koalitionsfraktionen gegen die Stimmen der Oppositionsfraktionen verabschiedet.[46] Von weiteren Energiekonsens-Gesprächen war nicht mehr die Rede.

Im Oktober 1998 fand in Bonn ein Regierungswechsel statt. Die neue Bundesregierung Schröder/Fischer machte sich den „unumkehrbaren" Ausstieg aus der Kernenergie auf Grund der mit ihr verbundenen Risiken zu einer bedeutenden Aufgabe. Im Herbst 1999 unterbreitete eine große Zahl deutscher Hochschullehrer der Bundesregierung ein Dialogangebot zu den erarbeiteten neuen Erkenntnissen über die Sicherheit der friedlichen Kernenergienutzung. Letztlich nahezu 700 Professoren von 50 deutschen Hochschulen und Forschungseinrichtungen forderten die Bundesregierung auf, „eine ernsthafte Neubewertung der Kernenergie vorzunehmen", statt weiterhin „Parteitagsbeschlüsse aus den siebziger und achtziger Jahren ohne Überprüfung ihrer heutigen Berechtigung zu vollziehen." Der zuständige stellvertretende Vorsitzende der SPD-Bundestagsfraktion bezeichnete das Professoren-Memorandum als „Teil einer Geisterdebatte".[47]

Die Bundesregierung Schröder/Fischer wies das Dialogangebot zurück.[48]

Die deutsch-französische Zusammenarbeit wurde auf Regierungsebene abgebrochen. Am 14. Juni 2000 schlossen Bundesregierung und EVU eine Vereinbarung über die Restnutzungsdauer der in Betrieb befindlichen Kernkraftwerke. Im September 2001 brachten die Koalitionsfraktionen, Ende Oktober 2001 die Bundesregierung, den jeweils gleichlautenden Gesetzentwurf über die Beendigung der Kernenergienutzung im Deutschen Bundestag ein,[49] der am 14.12.2001 verabschiedet wurde.[50] Das Ausstiegsgesetz trat im April 2002 in Kraft.[51] Die rot-grüne Bundesregierung begleitete die weitere Diskussion über die Kernenergie mit massiven Anti-AKW-Kampagnen in der Öffentlichkeit.[52,53]

Mit dem *Energiekonzept für eine umweltschonende, zuverlässige und bezahlbare Energieversorgung* der Bundesregierung Merkel/Westerwelle vom 28. September 2010 wurde

---

[44] vgl. Erste Beratung der 8. Atomnovelle, BT PlPr 13/197, 9. 10. 1997, S. 17816 ff.

[45] Deutscher Bundestag, Beschlüsse des 16. Ausschusses vom 11. 11. 1997, BT Drs. 13/8958, S. 16.

[46] Zweite und dritte Beratung, BT PlPr 13/203, 13. 11. 1997, S. 18310–18325.

[47] Memorandum deutscher Wissenschaftler zum geplanten Kernenergieausstieg, unterzeichnet von Birkhofer, A., Grawe, J., Popp, M., Voß, A. und Wegener, D. sowie von weiteren ca. 560 Professoren, August/September 1999, In: Stromthemen Extra Nr. 65, November 1999, S. 1–4.

[48] Antwort des Staatssekretärs Rainer Baake vom 29. 02. 2000 auf eine parlamentarische Anfrage, Bundestagsdrucksache 14/2850, S. 50.

[49] Gesetzentwurf der Fraktion der SPD und der Fraktion B90/GR: Entwurf eines Gesetzes zur geordneten Beendigung der Kernenergienutzung zur gewerblichen Erzeugung von Elektrizität, BT Drs. 14/6890, 11. 9. 2001 bzw. Gesetzentwurf der Bundesregierung BT Drs. 14/7261, 1. 11. 2001.

[50] Zweite und dritte Beratung, BT PlPr 14/209, 14. 12. 2001, S. 20706–20729.

[51] Gesetz vom 22. 4. 2002, BGBl I 2002 Nr. 26, 26. 4. 2002, S. 1351.

[52] vgl.: Zur Stilllegung des Kernkraftwerks Obrigheim ließ der Bundesminister für Umwelt, Naturschutz und Reaktorsicherheit, Jürgen Trittin (Grüne), am 23. und 24. April 2005 als Beilage zu Tageszeitungen ein „Obrigheim – Magazin zum Abschalten" in die Haushalte verteilen, in dem zur Begründung ein Bild der zerstörten Reaktorhalle von Tschernobyl gezeigt wurde. AMPA Ku 153, vgl. Antwort der Bundesregierung auf die Kleine Anfrage des Abg. Dr. Paziorek und der Fraktion der CDU/CSU zu Auswirkungen der Öffentlichkeitsarbeit des BMU zur Stilllegung des Kernkraftwerks Obrigheim auf die Steuerzahler, BT Drs. 15/5552 vom 30. 5. 2005.

[53] vgl.: Zum 20. Jahrestag der Tschernobyl-Katastrophe am 26. 4. 2006 ließ der Bundesumweltminister Sigmar Gabriel (SPD) mit einer Startauflage von 1,45 Mio. Stück „Tschernobyl", ein Magazin zur Atompolitik, verbreiten, in dem er u. a. ausführte: „Atomkraft macht uns unendlich verletzlich.", AMPA Ku 153.

die Laufzeitverlängerung der 17 Kernkraftwerke in Deutschland um durchschnittlich 12 Jahre als unverzichtbar durchgesetzt. Die Ereignisse in Fukushima führten jedoch im März 2011, obwohl das Erdbeben und die nachfolgende Flutwelle in Japan keinerlei Anlass für Zweifel an der Sicherheit der deutschen Kernkraftwerke und damit auch an dem politisch akzeptierten und von der Allgemeinheit zu tragenden Risiko gegeben haben, zu einer abrupten Kehrtwendung und zum Atomausstieg bis 2022 (s. Kap. 4.9.4).

Die physikalischen und radiochemischen Erkenntnisse über die in Kernreaktoren entstehenden Spaltprodukte wurden im Grundsatz schon im Jahr 1939 gewonnen. Das Ausmaß ihrer Gefahren ist Anfang der 40er Jahre in den USA erkannt und erforscht worden. Der amerikanischen Öffentlichkeit sind die bedrohlichen Folgen größerer Spaltproduktfreisetzungen in den frühen 1950er Jahre nach und nach mitgeteilt worden. Edward Teller bezeichnete im September 1953 einen Kernreaktor als „selbstzerstörerischen Mechanismus" und machte damit deutlich, dass ein nach längerer Zeit abgeschalteter größerer Reaktor noch eine große Menge Nachzerfallswärme erzeugt, die – falls sie nicht abgeführt wird – ausreicht, um den Kern zum Schmelzen zu bringen und die Umschließung zu zerstören. Im März 1957 wurde von der amerikanischen Atomenergiebehörde US Atomic Energy Commission (USAEC) der Brookhaven-Bericht publiziert, der enorme Verluste an Menschenleben und Sachwerten für den Fall angab, dass sich in einem Leistungsreaktor ein katastrophales Unglück ereignet.

Im Bewusstsein dieser Gefahren haben Wissenschaft, Industrie, Genehmigungs- und Aufsichtsbehörden in den kernenergienutzenden Staaten von vornherein hohe Qualitätsanforderungen an die Anlagentechnik und das Prinzip der hintereinander gestaffelten Mehrfachsicherung verwirklicht. Die in Deutschland in Betrieb befindlichen und die im Ausland gegenwärtig errichteten Kernkraftwerke der nächsten Generation besitzen im Rahmen einer hochentwickelten Sicherheitskultur ein höchst umfassendes Sicherheitskonzept aus vielfältigen technischen und organisatorischen Vorkehrungen, mit denen gefährliche Betriebszustände vermieden und im Fall von radioaktiven Freisetzungen Schäden verhindert oder vermindert werden.

In Deutschland wurden bei der öffentlichen Berichterstattung über die Erste Genfer Atomkonferenz im August 1955 auch ausführlich die radioaktiven Gefahren der Kernenergienutzung dargestellt. In der Hochstimmung des Aufbruchs in das Atomzeitalter blieben jedoch die Probleme für längere Zeit unbeachtet. Politik und Bevölkerung waren damals – von Ausnahmen abgesehen – nicht bereit, neben der unheildrohenden Atombombe auch die Gefahren der Spaltprodukt-Inventare großer Leistungsreaktoren wahrzunehmen. An den ersten deutschen Standorten für Leistungsreaktoren gab es keine öffentlichen Widerstände. Als Anfang der 70er Jahre die Kämpfe um die Standorte Breisach/Wyhl und Brokdorf begannen, hatte die Ablehnung durch die Bevölkerung erst einmal andere Beweggründe als die Sorge um die Reaktorsicherheit. Die diffus vorhandenen Atomängste machten sich zunächst politische Extremisten taktisch zunutze.

Erst im Laufe der 70er Jahre sind die radioaktiven Gefahren bei der Kernenergienutzung einer breiten deutschen Öffentlichkeit bewusst geworden. Im Gegensatz etwa zu Großbritannien wurden in Deutschland jedoch die Restrisiken der Kernkraftnutzung stets isoliert von teilweise vergleichbaren Sicherheitsproblemen anderer Industriezweige betrachtet, weil sie am Versiche-

P. Laufs, *Reaktorsicherheit für Leistungskernkraftwerke*,
DOI 10.1007/978-3-642-30655-6_14, © Springer-Verlag Berlin Heidelberg 2013

rungsmarkt nicht versicherbar waren. Alle technisch machbaren und wirtschaftlich zumutbaren Schutzvorkehrungen wurden ohne Abwägung gegenüber den Risiken in anderen Wirtschaftsgebieten gefordert und durchgesetzt. In der energiepolitischen Auseinandersetzung wurde die Ablehnung der Kernenergienutzung zu einem zentralen Gegenstand parteipolitischer Standortbestimmung, die sich weniger auf sachliche Einwände im Einzelnen als auf ein moralisches Urteil gründete.

Nahezu zeitgleich mit den ersten heftigen Atomprotesten wurden 1970 erstmals bei der Herstellung von Reaktorkomponenten Risse an Schweißnähten sowie Unterplattierungsrisse entdeckt. In den Jahren zuvor waren im In- und Ausland schwere Schadensfälle an konventionellen Großbehältern eingetreten. In den USA lief seit 1967 das Heavy-Section Steel Technology (HSST) Program zur Untersuchung der Sicherheit großer Reaktordruckbehälter. Ebenfalls in den USA wurde im Jahr 1970 das seit 1962 betriebene Loss-of-Fluid-Test (LOFT) Programm zu einem umfassenden Forschungsvorhaben um- und ausgebaut, um das nur in bescheidenen Ansätzen vorhandene Wissen über die thermohydraulischen Phänomene und komplexen Zweiphasenströmungen im Primärkreislauf bei Kühlmittelverlust-Störfällen, das durch entsprechende Sicherheitszuschläge bei der Anlagenplanung ausgeglichen wurde, grundlegend zu erweitern.

Die Druckkulisse der Anti-Atomkraft-Bewegung auf den Straßen und Plätzen forderte von der an einem zügigen Ausbau der Kernenergie interessierten Bundesregierung politische Reaktionen heraus. Sie verstärkte ihre Forschungstätigkeiten mit der doppelten Zielsetzung:

- Quantifizierung der Sicherheitsabstände der Reaktorsysteme gegen katastrophales Versagen und
- Erhöhung der Sicherheitsreserven durch Optimierung der Technologie in Auslegung, Herstellung und Betrieb.

Seit Mitte der 60er Jahre hatte der Bundesforschungsminister die Untersuchung von Fragen zur Kernnotkühlung gefördert. Mit Beginn der 70er Jahre wurden Umfang und Intensität der

Forschungsvorhaben rasch erhöht und erreichten in den 80er Jahren ihr größtes Ausmaß. Bei Siemens/KWU in Erlangen entstand eine Großversuchsanlage, mit der zunächst die von ausländischen Vorbildern wesentlich abweichende Funktionsweise der KWU-Kernnotkühlsysteme – insbesondere die sog. Heißeinspeisung – auf ihre Wirksamkeit untersucht wurde. Bis ins neue Jahrhundert hinein wurden in Erlangen umfangreiche Forschungsprogramme ausgeführt. Eine enge Kooperation ergab sich mit dem Euratom-Forschungszentrum Ispra/Italien und dessen LOBI-Versuchsanlage. Alle Staaten, die Kernkraftwerke betrieben, beteiligten sich an internationalen Forschungsprojekten oder unternahmen eigene theoretische und experimentelle Untersuchungen zu Problemen der Kernnotkühlung; Japan hat sich dabei besonders hervorgetan.

Die Entwicklung von analytischen Rechencodes zur Abbildung der thermohydraulischen Vorgänge in den jeweiligen Anlagen war ein zentrales Anliegen der internationalen Forschungsaktivitäten. Da aus den Versuchsergebnissen an Modellen in verkleinertem Maßstab nur näherungsweise auf die Ereignisabläufe in Großanlagen geschlossen werden kann, wurden schließlich im Zusammenwirken von USA, Japan und Deutschland im Großkraftwerk Mannheim im Originalmaßstab Großversuche in den Jahren 1986 bis 1989 durchgeführt. Für die nach langer Vorbereitungszeit erfolgte Errichtung der riesigen Versuchsanlage, die begleitenden Untersuchungen und die Experimente selbst sind allein von deutscher Seite Finanzmittel in Höhe von 300 Mio. DM aufgebracht worden. Der Abschluss des Mannheimer Versuchsprogramms bedeutete gewissermaßen die Vollendung der weltweit durchgeführten Forschungsvorhaben zur Untersuchung des Kühlmittelverlust-Störfalls, dessen Beherrschung im Genehmigungsverfahren nachgewiesen werden musste. Alle bedeutenden Fragen im Zusammenhang mit den möglichen Auswirkungen mehrdimensionaler thermohydraulischer Effekte auf Kernnotkühl-Prozesse sind für diesen Auslegungsstörfall beantwortet worden. Die im Zeitraum 1960–1990 dafür weltweit aufgewendeten Forschungsmittel betrugen etwa zwei Milliarden US $.

Die Analyse des Kühlmittelverlust-Unfalls im amerikanischen Kernkraftwerk TMI-2 Ende März 1979 legte die Vermutung nahe, dass auch bei auslegungsüberschreitenden Ereignissen eine Anlage durch Nutzung aller einsetzbaren Systemeinrichtungen so weit beherrscht und in einen sicheren Zustand gebracht werden kann, dass Schäden in der Kraftwerksumgebung nicht auftreten. Die Erkundung von anlageninternen Notfallschutzmaßnahmen (accident management) wurde in den 80er Jahren weltweit zu einer vordringlichen Forschungsaufgabe. Die Mannheimer Großversuchsanlage ermöglichte in den Jahren 1992–1995 Experimente für die zuverlässige Analyse der realitätsnahen thermodynamischen Vorgänge und Strömungsphänomene vor und bei Beginn des Kernschmelzens. Sie zeigten auf, unter welchen Voraussetzungen sich auch auslegungsüberschreitende Unfälle unter Verhütung katastrophaler Schäden im Reaktorkern und unter vollem Schutz des Sicherheitsbehälters beherrschen lassen. Die in Mannheim gewonnene experimentelle Datenbasis erlaubte die Entwicklung neuer Rechencodes und damit eine äußerst wirksame und eindeutig sicherheitsgerichtete Planung von „Accident-Management"-Maßnahmen.

Neben der Klärung der Fragen zur Kernnotkühlung stand die druckführende Umschließung – insbesondere der Reaktordruckbehälter – im Zentrum der deutschen und internationalen Forschungsvorhaben. In der ersten Hälfte der 70er Jahre wurden in Deutschland von der Bundesregierung zusammen mit der betroffenen Industrie und führenden wissenschaftlichen Einrichtungen eigene, mit den internationalen Aktivitäten abgestimmte Großforschungsvorhaben aufgelegt, mit denen die Integrität der druckführenden Umschließung eingehend untersucht wurde.

Von 1977 an, über einen Zeitraum von 20 Jahren, wurde in der wissenschaftlichen und organisatorischen Verantwortung der Materialprüfungsanstalt (MPA) der Universität Stuttgart das „Forschungsvorhaben Komponentensicherheit" (FKS) durchgeführt, dessen Kosten gemeinsam von Industrie und Staat getragen wurden. Die gründliche, systematisch und umfassend angelegte Vorgehensweise zeichnete das FKS vor anderen Forschungsprojekten, auch dem HSST-Programm, aus. Das FKS mit seinen ergänzenden, ebenfalls großen Forschungsprojekten wurde zur Erfolgsgeschichte. Für Reaktorkomponenten aus den Baustählen 22 NiMoCr 3 7 (A 508 Cl. 2) und 20 MnMoNi 5 5 (A 533 Grade B Cl. 1) wurden

- optimierte chemische Werkstoffzusammensetzungen gefunden, die Schweißsicherheit und Rissunempfindlichkeit gewährleisten,
- optimierte Konstruktionen entwickelt, die Schweißnähte unter hoher Beanspruchung, insbesondere komplexen Eigenspannungen, vermeiden, die Wirkung der Neutronenbestrahlung begrenzen sowie für Wiederholungsprüfungen leicht zugänglich sind,
- optimierte Herstellungsverfahren beschrieben, die eine hohe Qualität sicherstellen und
- zerstörungsfreie Mehrfach- und Wiederholungsprüfverfahren hoher Fehlererkennbarkeit entwickelt.

Im Rahmen eines an der MPA Stuttgart neu entwickelten „Basissicherheitskonzepts" konnten die Bedingungen vorgegeben werden, unter denen nach menschlichem Ermessen – oder in der Formulierung des Bundesverfassungsgerichts: „nach dem Maßstab der praktischen Vernunft" – der Bruchausschluss gewährleistet ist. Die Maßgaben der Basissicherheit wurden 1979 in die Leitlinien der Reaktor-Sicherheitskommission und anschließend in das kerntechnische Regelwerk übernommen.

Die Einführung des Basissicherheitskonzepts mit den darin enthaltenen Festlegungen und Forderungen als weitere unverzichtbare Prinzipien bedeutete für den deutschen Kernkraftwerksbau eine weitgehende Abkehr von der früheren, überwiegend durch die Kriegswirtschaft bedingten deutschen Stahlentwicklung, die zu hochfesten Stählen und damit zu hohen Gewichtseinsparungen und geringen Wanddicken tendierte. Die „basissicheren" Nachrüstungen in den bereits in Betrieb bzw. im Bau befindlichen Kernkraftwerken verursachten Kosten in Höhe von einigen Milliarden DM.

Eine bedeutende Anerkennung erhielt das Basissicherheitskonzept durch seine Anwendung im britischen Genehmigungsverfahren Sizewell B (1983–1985). Hier wurde nach einer intensiven wissenschaftlich-technischen Erörterung der deterministischen Vorgehensweise des Basissicherheitskonzepts der Vorrang vor der probabilistischen Sicherheitsanalyse eingeräumt, die bis dahin in Großbritannien dominiert hatte.

Auf deutsche Initiative hin ist nach der Reaktorkatastrophe im April 1986 in Tschernobyl die „Nukleare Sicherheitskonvention" zustande gekommen. Sie wurde von 50 Vertragsstaaten unterzeichnet und ist 1996 in Kraft getreten. Die Bundesregierung hat das Basissicherheitskonzept als ihren Beitrag zur Sicherheit der Kernkraftwerke dort eingebracht.

Die Frage nach dem richtigen Verhältnis der unfallverhindernden zu den unfallfolgenbegrenzenden Sicherheitsmaßnahmen begleitete die friedliche Nutzung der Kernenergie seit ihren Anfängen. In den USA ging die Auseinandersetzung vor allem um akzeptable Verminderungen der Sicherheitsabstände von Kernkraftwerksstandorten zu dicht bevölkerten Gebieten, die durch zusätzliche technische Sicherheitsmaßnahmen ermöglicht werden sollten. In der dicht besiedelten Bundesrepublik Deutschland war die Frage, in welchem Umfang die primäre technische Sicherheit durch verstärkte sekundäre, also Schaden eindämmende Maßnahmen ergänzt werden muss.

Das in der ersten Hälfte der 70er Jahre unter dem Eindruck der Ölkrise am Standort Werksgelände Ludwigshafen am Rhein überwiegend zur Gewinnung von Prozessdampf geplante Kernkraftwerk der BASF gab wegen seines Standorts in der Mitte großer chemischer Produktionsstätten und in der Nähe eines Ballungszentrums Anlass zu intensiven Erörterungen zusätzlicher und besonderer Sicherheitsvorkehrungen. Im Vordergrund stand dabei die Entwicklung der Konstruktion einer sog. „Berstsicherung" zunächst für den Reaktordruckbehälter, dann für die gesamte druckführende Umschließung. Diese Berstschutz-Technik wurde wegen Aufgabe des Projekts durch die BASF und wegen der neu gewonnenen Erkenntnisse zur Integrität der Primärkreiskomponenten nicht weiter verfolgt. Das Verwaltungsgericht Freiburg machte jedoch den Berstschutz mit seinem Beschluss

von 1977 für das geplante Kernkraftwerk Wyhl zur Genehmigungsvoraussetzung. Der Verwaltungsgerichtshof Baden-Württemberg verwarf im Revisionsverfahren 1982 diese Rechtsprechung und bezeichnete die Berstsicherungstechnik im Hinblick auf das Basissicherheitskonzept als überholt. Das Verwaltungsgericht Würzburg hatte schon 1977 beim Prozess um das Kernkraftwerk Grafenrheinfeld diese Auffassung vertreten.

Von Anbeginn der Kernkraftnutzung wurde einer druckfesten und gasdichten äußeren Umschließung der Reaktoranlage (Containment aus Sicherheitsbehälter und Stahlbetonhülle) große Bedeutung zugemessen, zum Schutz der Kraftwerksumgebung vor Strahlenexposition einerseits und zum Schutz der Anlage vor Einwirkungen von außen andererseits. Unterschiedliche Bauformen wurden verwirklicht. International uneinheitlich waren die Sicherheitsanforderungen an die Containments geregelt, insbesondere, in welchem Maß der Schutz gegen Flugzeugabsturz vorzusehen ist. In Deutschland führten die wiederholt verschärften Anforderungen zu außerordentlich robusten Containment-Bauwerken. Die deutsche Risikostudie Phase A und B (Referenz-Kernkraftwerk Biblis B) in den Jahren 1976–1979 und 1981–1989 verfolgte vor allem das Ziel, die Häufigkeit von auslegungsüberschreitenden Unfällen zu ermitteln, die für die Belastbarkeit des Containments problematisch sind. Es wurde gefunden, dass die Häufigkeit von Kernschmelzen mit bedeutenden Belastungen des Sicherheitsbehälters in der Größenordnung von 10^{-8} bis 10^{-6} pro Jahr liegt. In den USA sind Ende der 80er Jahre für typische amerikanische Baulinien Notfallschutzmaßnahmen bei schweren Reaktorunfällen untersucht worden (Risikostudie NUREG-1150). Am japanischen Standort Fukushima konnten nach der Zerstörung von 3 Reaktoren durch die schwere Naturkatastrophe vom 11. März 2011 mit der für SWR-Anlagen mit Mark-l-Containment entwickelten – allerdings sehr spät erst eingesetzten – Notfallschutz-Strategie die Schadensfolgen in engen Grenzen gehalten werden.

In der Folge des Tschernobyl-Unglücks, das sich aus Bedienungsfehlern bei einem Reaktor mit nicht fehlerverzeihender Technik entwickelt hatte, wurde bewusst, dass die in einem Kernkraftwerk gepflegte Sicherheitskultur von entscheidender Bedeutung ist. Die Sicherheit eines Kernkraftwerks ruht auf den vier Säulen der Nuklearen Sicherheitsarchitektur (NSA): Mensch, Technik, Organisation und Umfeld (MTOU). Die Internationale Atomenergie-Organisation (IAEA) in Wien sah in der Sicherheitskultur ein „fundamentales Sicherheitsprinzip" und erarbeitete in den Jahren nach Tschernobyl die Kriterien für politische Rahmenbedingungen, Anforderungen an das Betriebsmanagement und die Eigenverantwortung. Für die Ermittlung des Niveaus der Sicherheitskultur im konkreten Fall führte die IAEA zahlreiche Indikatoren ein, mit denen die Haltungen und Handlungen der Behörden, Betreiber, Hersteller und Forschungsinstitute beurteilt werden können. Nationale und internationale Meldesysteme für besondere Ereignisse wurden eingerichtet. Im Jahr 2002 erarbeitete der Betreiber EnBW in Baden-Württemberg aus gegebenem Anlass (s. Kap. 8.2) ein Sicherheitsmanagementsystem, in dem sämtliche sicherheitsrelevante Betriebsabläufe in Form optimierter Prozesse erfasst und überwacht werden. In den Jahren danach wurde es als ein zentrales Element in die Sicherheitskultur der deutschen Kernkraftwerke eingefügt und weiterentwickelt.

Der Beschluss der Bundesregierung Schröder/Fischer 1998, die friedliche Nutzung der Kernenergie in Deutschland zu beenden, hat auch die Einstellung der Entwicklungsarbeiten im Bereich der Reaktorsicherheitstechnik zur Folge gehabt. Die in Deutschland bis dahin gewonnenen Erkenntnisse konnten immerhin einen wertvollen Beitrag dazu leisten, die von den Kernenergie nutzenden Staaten gemeinsam geplanten nächsten Generationen von Kernreaktoren („Generation III+" und „Generation IV") mit hohen Sicherheitsstandards auszustatten.

Die Kernenergie-Debatte in Deutschland wurde seit Jahrzehnten durch einen von den tatsächlichen Sachverhalten losgelösten Überzeugungskonflikt bestimmt. Entschiedenen Kernenergiegegnern, die die Kernkraftnutzung aufgrund ihres Restrisikos katastrophaler Unfallfolgen und der immer noch nicht abschließend gelösten Endlagerfrage für unverantwortbar hielten, standen ebenso entschiedene Kernenergiebefürworter, die die Kernkraft schon aus Gründen des Klimaschutzes für unverzichtbar hielten, unversöhnlich gegenüber. Weite Teile der Bevölkerung betrachteten die Kernenergie skeptisch, weil sie den Versicherungen der Unbedenklichkeit vonseiten der Industrie, Wissenschaft und Behörden nicht vertrauten, und weil sie glaubten, auf die Kernenergie auch verzichten zu können. Die Kernenergie machte vielen Menschen Angst. Meinungsumfragen in den letzten Jahrzehnten des vergangenen und im ersten Jahrzehnt des neuen Jahrhunderts über die Einstellung zur Kernenergie haben sehr schwankende Ergebnisse gezeigt. Für eine sachorientierte und faktenbasierte Diskussion fehlte jedoch insoweit der Leidensdruck für eine sichere, zuverlässig verfügbare, preiswerte und umweltfreundliche Energieversorgung. Die zentrale Frage lautete dabei nicht: Kann Deutschland auf die Kernenergie verzichten? Diese Frage kann selbstverständlich bejaht werden. Die Kernfrage muss vielmehr lauten: Welche Konsequenzen hätte der Verzicht auf die Kernenergie in der Zukunft für Deutschland? Hierzu gibt es im Jahr 2012 noch keine belastbare und schlüssige Antwort, insbesondere nicht zu den teilweise weit in der Zukunft liegenden, aber bereits heute als gültig propagierten Szenarien. Es bestehen erhebliche Zweifel, ob die erneuerbaren Energien Wind und Sonnenstrahlung wegen ihrer stark schwankenden Produktion, ihrer hohen Bereitstellungskosten und insbesondere wegen der in absehbarer Zeit nicht verfügbaren Transport- und Speichermöglichkeiten im erforderlichen TWh-Bereich fossil befeuerte und nukleare Kraftwerke werden ersetzen können. Klar ist auch, dass angesichts der teilweise nur begrenzt verfügbaren fossilen Ressourcen und der Umweltprobleme bei ihrer Nutzung Kernkraftwerke der kommenden Generationen ganz erhebliche Beiträge zur klimaneutralen und zugleich wirtschaftlichen Energie- und Stromversorgung leisten könnten. Die Kernbrennstoffe Uran und Thorium stehen noch für lange

Zeiträume zur Verfügung. Das in großer Menge bereits vorrätige abgereicherte Uran könnte allein schon die Basis einer wirtschaftlichen und umweltverträglichen Elektrizitätsversorgung für Jahrhunderte sein.

Die seit Anfang der 80er Jahre zu beobachtenden Bemühungen in den USA, Asien und einigen europäischen Ländern, den Ausbau der Kernenergienutzung mit neuen fortschrittlichen Reaktor-Baulinien wiederaufzunehmen, machen deutlich, dass die Industrienationen dieser Welt den deutschen Sonderweg auch nach dem Reaktor-Unfall am japanischen Standort Fukushima nicht zum Vorbild nehmen. Im Rahmen internationaler Kooperationen, bei denen die asiatischen Länder eine bedeutende Rolle spielten, sind für alle Leistungsklassen Reaktor-Neuentwicklungen bis zur Baureife vorangetrieben worden. Diese Reaktoren der Generation III bzw. III + besitzen verbesserte sicherheitstechnische Standards und versprechen überdies höhere Wirtschaftlichkeit und kürzere Errichtungszeiten. Neben Korea, China und Indien haben die USA, Russland, Großbritannien und weitere europäische Länder mit konkreten Planungen für den Wiedereinstieg in den Ausbau der Kernenergie-Nutzung begonnen. Der neue europäische Druckwasserreaktor EPR mit einer Leistung von 1.600 MW$_{el}$ wird bereits in Finnland, Frankreich und China errichtet. Zu seinen Sicherheitsmerkmalen gehört u. a. ein Kernfänger („core catcher"), der nach einer höchst unwahrscheinlichen Kernschmelze den flüssigen Kern und aufgeschmolzene Teile des Reaktordruckbehälters auffangen, abkühlen und sicher einschließen könnte.

Ende des Jahres 2012 waren weltweit 64 neue Kernkraftwerke im Bau, mehr als 100 Neubauprojekte wurden konkret verfolgt. Außerhalb Deutschlands spricht man von einer „Renaissance der Kernenergie", weil die energiehungrige Menschheit auf eine der größten Energiequellen dieser Erde nicht verzichten könne. Der Reaktorunfall in Fukushima im März 2011 bedeutete jedoch einen Rückschlag, der zu Verzögerungen und Neuplanungen führte. Neben Deutschland fasste die Schweiz den Entschluss, ihre Kernkraftwerke bis zum Jahr 2034 stillzulegen und keine Neubaupläne mehr zu verfolgen. Die pol-

nische Regierung bekräftigte jedoch ihre Entscheidung für den Bau von Atomkraftwerken. Im Jahr 2020 soll das erste polnische Kernkraftwerk ans Netz gehen.[1] Tschechien betreibt mit Entschiedenheit die Neubauprojekte Temelin-3 und -4 weiter. Laufende Bauvorhaben wurden nirgendwo eingestellt. Die einzelnen Länder zogen unterschiedliche Konsequenzen aus dem Fukushima-Unfall, der globale Trend zur verstärkten Nutzung der Kernenergie wurde aber nicht entscheidend aufgehalten.[2]

Der im Frühjahr 2011 politisch durchgesetzte endgültige Verzicht auf die friedliche Nutzung der Kernenergie in Deutschland darf selbstverständlich das erforderliche hohe Sicherheitsniveau bis zur letzten nuklear erzeugten Kilowattstunde, auch bis zum Abschluss der Stilllegung, des Abbaus und der Entsorgung aller kerntechnischen Anlagen sowie der radioaktiven Abfälle in Deutschland nicht in Frage stellen. In der Ausbauphase dieser Technologie in Deutschland fand eine dynamisch-optimistische Aufwärtsentwicklung mit hoch motiviertem kerntechnischem Personal statt. Im Jahr 2011 ist die Kernenergie in Deutschland zu einer „Technologie ohne Zukunft" geworden, die für qualifiziertes Nachwuchspersonal keine attraktive Zukunftsperspektive mehr bot, obwohl immer noch die Vorstellung von einer „Brückentechnologie" aufrecht erhalten wurde.

Ein hochentwickeltes Industrieland wie Deutschland wird auf alle Fälle ein hohes nukleares Know-how-Niveau aufrechterhalten müssen, um für zukünftige Herausforderungen gewappnet zu sein und um auf internationaler Ebene ernsthaft mitreden zu können. Strahlenschutz ist ohnehin eine Daueraufgabe in Medizin, Forschung, Industrie und Wirtschaft.

Auch in der gegenwärtigen Situation müssen deshalb in Deutschland alle Anstrengungen unternommen werden, den kerntechnischen

---

[1] vgl. Interview des polnischen Vizepremier- und Wirtschaftsministers Waldemar Pawlak mit Sven Astheimer: Die Entscheidung für den Bau von Atomkraftwerken ist gefallen, FAZ Nr. 57, 7. 3. 2012, S. 11.

[2] vgl. Breyer, Wolfgang: Kernenergie nach Fukushima: Lehren und Konsequenzen, AREVA argumente März 2012.

Kenntnisstand nicht nur zu erhalten, sondern weiterzuentwickeln und das Sicherheitsniveau weiter zu verbessern, sonst wird es rasch abfallen. Es
wäre daher unverantwortlich, die vorhandenen
kerntechnischen Infrastruktureinrichtungen und
Forschungskapazitäten austrocknen zu lassen,
um dadurch vermeintlich gefahrlos den Atomausstieg zu beschleunigen.

Anhang

Anhang 1

Anhang 1.1 Siede- und Druckwasserreaktor-Anlagen in der BR Deutschland

Kernkraftwerk/Kurzbezeichnung	Bundesland	Hersteller	Betreiber	Typ	Bruttoleistung [MWel]	Nettostromerzeugung bis 31.12.10 [TWh]	Baubeginn	Inbetriebsetzung	Mittlere Verfügbarkeit [%]	Außerbetriebstellung
Versuchsatomkraftwerk Kahl VAK	BY	GE/AEG	RWE	SWR	16	2,2	7/1958	2/1962		11/1985
Mehrzweckforschungsreaktor MZFR	BW	SSW	Staat	DWR	55	5,7	12/1961	9/1965		5/1984
Gundremmingen A KGG-A	BY	AEG	RWE	SWR	250	13,8	12/1962	12/1966	54,5	1/1977
Lingen KWL	NI	AEG	VEW/RWE	SWR	268	9,1	10/1964	1/1968	37,5	1/1977
Obrigheim KWO	BW	SSW	EnBW	DWR	357	86,8	3/1965	10/1968	83,6	5/2005
Stade KKS	NI	Siemens AG	E.ON	DWR	662	145,9	11/1967	1/1972	84,6	11/2003
Würgassen KWW	NW	AEG	E.ON	SWR	670	69,7	1/1968	2/1971	58,7	8/1994
Biblis A KWB-A	HE	KWU	RWE	DWR	1225	230,7	1/1970	7/1974	68,0	6/2011
Brunsbüttel KKB	SH	AEG/KWU	Vattenfall	SWR	806	120,4	4/1970	6/1976	58,0	6/2011
Philippsburg 1 KKP-1	BW	AEG/KWU	EnBW	SWR	926	186,1	10/1970	3/1979	79,7	6/2011
Neckarwestheim 1 GKN-1	BW	KWU	EnBW	DWR	840	185,4	2/1972	5/1976	84,2	6/2011
Biblis B KWB-B	HE	KWU	RWE	DWR	1300	245,7	2/1972	3/1976	73,5	6/2011
Isar/Ohu 1 KKI-1	BY	KWU	E.ON	SWR	912	196,7	5/1972	11/1977	83,2	6/2011
Unterweser KKU	NI	KWU	E.ON	DWR	1410	287,4	7/1972	9/1978	82,4	6/2011
Krümmel KKK	SH	KWU	Vattenfall	SWR	1402	201,7	4/1974	9/1983	69,1	6/2011
Grafenrheinfeld KKG	BY	KWU	E.ON	DWR	1345	273,4	1/1975	12/1981	88,4	
Mülheim-Kärlich KMK	RP	BBC/BBR	RWE	DWR	1302	10,3	1/1975	3/1986	87,9	9/1988
Brokdorf KBR	SH	KWU	E.ON	DWR	1480	254,3	1/1976	10/1986	87,3	
Grohnde KWG	NI	KWU	E.ON	DWR	1430	278,7	6/1976	9/1984	90,4	
Gundremmingen B KGG-B	BY	KWU	RWE	SWR	1344	246,1	7/1976	3/1984	89,7	
Gundremmingen C KGG-C	BY	KWU	RWE	SWR	1344	237,5	7/1976	10/1984	86,4	
Philippsburg 2 KKP-2	BW	KWU	EnBW	DWR	1468	269,8	7/1977	12/1984	86,8	
Emsland KKE	NI	KWU	RWE	DWR	1400	242,5	8/1982	4/1988	91,7	
Isar/Ohu 2 KKI-2	BY	KWU	E.ON	DWR	1485	244,9	9/1982	1/1988	91,9	
Neckarwestheim 2 GKN-2	BW	KWU	EnBW	DWR	1400	226,2	11/1982	12/1988	93,6	

Hersteller: GE – General Electric Co., AEG – Allgemeine Electricitäts-Gesellschaft AG, SSW – Siemens-Schuckertwerke AG, KWU – Kraftwerk Union AG, BBC – Brown, Boveri & Cie. AG, BBR – Babcock-Brown Boveri Reaktor GmbH

P. Laufs, *Reaktorsicherheit für Leistungskernkraftwerke*,
DOI 10.1007/978-3-642-30655-6, © Springer-Verlag Berlin Heidelberg 2013

**Anhang 1.2   Die Durchführung
des atomrechtlichen
Genehmigungsverfahrens**

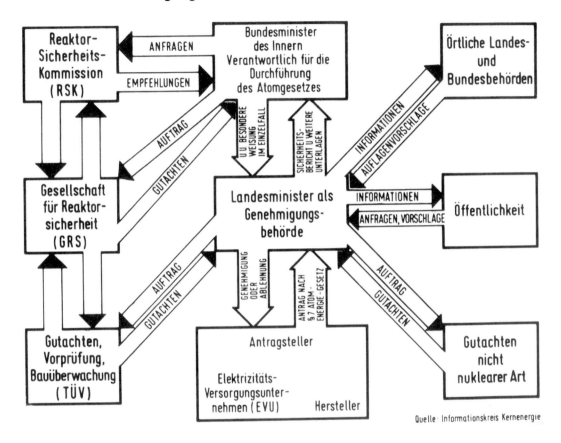

Quelle: Informationskreis Kernenergie

Anhang 2

Anhang 2.1   Mitglieder der 1958 neu
errichteten RSK und ihre
Fachgebiete

Direktor Dr.-Ing. Dr. rer. nat. h. c. Joseph Wengler, - Vorsitzender - Vorstandsmitglied der Farbwerke Hoechst AG, Frankfurt a. M. – Hoechst	„Industrieingenieurwesen"
Professor Dr. phil. Heinz Maier-Leibnitz, - stellv. Vorsitzender - Direktor des Laboratoriums für Technische Physik der Technischen Hochschule München, München	„Kernphysik"
Dr.-Ing. Dieter Hasenclever, Staubforschungsinstitut des Hauptverbandes der gewerblichen Berufsgenossenschaften e. V., Bonn	„Luftreinigung"
Prof. Dr. med. Richard Kepp, Direktor der Frauenklinik der Universität Gießen	„Strahlenschutzmedizin"
Prof. Dr.-Ing. Otto Luetkens, Honorarprofessor an der Technischen Universität, Berlin-Charlottenburg	„Bauwesen"
Prof. Dr.-Ing. Ludwig Merz, apl. Professor an der Technischen Hochschule München, Abteilungsdirektor der Siemens & Halske AG, Karlsruhe	„Regeltechnik"
Bauassessor Dr.-Ing. Günter Müller-Neuhaus, Stellv. Geschäftsführer der Emschergenossenschaft und des Lippeverbandes, Essen	„Abwasserreinigung und -beseitigung"
Direktor Dipl.-Ing. Heinrich Schindler, Vorstandsmitglied der Dynamit AG, Troisdorf	„Verfahrenstechnik"
Ministerialdirigent Hans Stephany, Bundesministerium für Arbeit und Sozialordnung, Bonn	„Gewerbeaufsicht"
Dipl.-Ing. Paul Volkmann, Hauptverband der gewerblichen Berufsgenossenschaften e. V., Zentralstelle für Unfallverhütung, Bonn	„Berufsgenossenschaften"
Professor Dr.-Ing. Felix Wachsmann, Strahleninstitut der Universität Erlangen, Erlangen	„Strahlenschutztechnik"
Dipl.-Volkswirt Kurt Weighardt Deutscher Gewerkschaftsbund – Hauptverwaltung, Düsseldorf	„Umgebungsschutz"
Dipl.-Ing. Günter Wiesenack, Vereinigung der Technischen Überwachungs-Vereine e. V., Essen	„TÜV"
Professor Dr. Karl-Erik Zimen, Direktor des Instituts für Kernforschung, Berlin, Sektor Kernchemie, Berlin-Wannsee	„Kernchemie"
Professor Dr. Karl Günter Zimmer, Professor für Strahlenbiologie an der Universität, Heidelberg, Leiter des Instituts für Strahlenschutz und Strahlenbiologie der Reaktorstation Karlsruhe, Karlsruhe	„Strahlenschutzbiologie"

Anhang 2.2   RSK-Vorsitzende und ihre Stellvertreter seit 1958

Vorsitzender	Stellvertretender Vorsitzender
Prof. Dr.-Ing. Joseph Wengler (Mai 1958–Juni 1971)	Prof. Dr. phil. Heinz Maier-Leibniz (Mai 1958–Juni 1967)
	Prof. Dr.-Ing. Ludwig Merz (Sept. 1967–Nov. 1969)
	Prof. Dr. rer. nat. Dieter Smidt (Nov. 1969–Juni 1971)
Prof. Dr. rer. nat. Dieter Smidt (Okt. 1971–Juli 1974)	Dr. rer. nat. Herbert Schenk (Okt. 1971–Juni 1974)
Prof. Dr. phil. Adolf Birkhofer (Sept. 1974–Dez. 1977)	Prof. Dr. rer. nat. Dieter Smidt (Sept. 1974–Dez. 1977)
Prof. Dr. rer. nat. Hubertus Nickel (Jan. 1978–Dez. 1980)	Prof. Dr. phil. Adolf Birkhofer (Jan. 1978–Dez. 1980)
Prof. Dr. rer. nat. Dieter Smidt (Jan. 1981–Dez. 1982)	Prof. Dr. rer. nat. Hubertus Nickel (Jan. 1981–Dez. 1982)
Prof. Dr.-Ing. Franz Mayinger (Jan. 1983–Dez. 1984)	Prof. Dr. phil. Adolf Birkhofer (Jan. 1983–Dez. 1984)
Dr. rer. nat. Herbert Schenk (Jan. 1985–Dez. 1985)	Prof. Dr.-Ing. Franz Mayinger (Jan. 1985–Dez. 1985)
Prof. Dr. phil. Adolf Birkhofer (Jan. 1986–Dez. 1986)	Prof. Dr.-Ing. Josef Eibl (Jan. 1968–Dez. 1986)
Prof. Dr.-Ing. Franz Mayinger (Jan. 1990–Dez. 1990)	Prof. Dr.-Ing. Günther Keßler (Jan. 1990–Dez. 1990)
Prof. Dr.-Ing. Günther Keßler (Jan. 1991–Dez. 1992)	Prof. Dr.-Ing. Franz Mayinger (Jan. 1991–Dez. 1992)
Prof. Dr. phil. Adolf Birkhofer (Jan. 1993–Dez. 1998)	Prof. Dr.-Ing. Günther Keßler (Jan. 1993–Dez. 1998)
Dipl.-Phys. Lothar Hahn (März 1999–März 2002)	Dipl.-Ing. Edmund Kersting (März 1999–März 2006)
Dipl.-Ing. Michael Sailer (März 2002–März 2006)	Dipl.-Ing. Rudolf Wieland (März 1999–März 2006)
Dipl.-Ing. Klaus-Dieter Bandholz (Mai 2006–Febr. 2011)	Dipl.-Phys. Lothar Hahn (Mai 2006–Dez. 2009)
Dipl.-Ing. Rudolf Wieland (seit Febr. 2011)	Dipl.-Phys. Richard Donderer (seit Jan. 2010)

Anhang 3   MPA – Universität Stuttgart

Forschung und Entwicklung
Maschinen- und Apparatebau, System- und Anlagentechnik

Arbeitsschwerpunkte		Arbeitsbereiche	
Metalle, Keramik, Kunststoffe, Verbund- und Faserverbundwerkstoffe		Energietechnik, Chemieanlagentechnik, Verkehrstechnik und Medizintechnik	
Grundlagenforschung	**Anwendung** Werkstoffgesetze Anlagenberechnung Bruchausschluß Schadensverhütung durch Optimierung/Neuentwicklung Konstruktionsprinzipien Werkstoffe Fertigung/Schweißen Qualitätssicherung	Tiefkalttechnik	Wasserstoff -253 °C
Materialverhalten		(verflüssigte Gase)	Naturgas -162 °C
Festigkeitsberechnung		Offshoretechnik	-40 °C
Bauteilverhalten		Brückenlager	-35 °C
Schadensanalyse		Gas- und Ölfernleitungen	0 °C
		Medizintechnik	30 °C
		Fördertechnik	$-40/+300$ °C
		Kohleverflüssigung	500 °C
		Konventionelle Kraftwerke	650 °C
		Kernkraftwerke (LWR, SNR, THTR, HHT)	350/550/750/850 °C
		Chemieanlagen	900 °C
		Kohlevergasung durch NPW	950 °C
		Fahrzeuge (Land, Luft, Wasser, Schiene)	$-50/+150/+2000$ °C

Ausschußarbeit national und international

AD, AGL, AFR, AWT, BMFT. DDA, DECHEMA, DGZFP, DIN, DVS, G FT, IFBT, KTA, RSK, VDEH, VDI, VGB, VMPA, ASME, ASTM, CSNI, ECE, EG, IAEA. ICPVT, IIW, ISO, KEG, OECD. PVRC, USNRC, WRC

Justiz

Gerichte mit Verwaltungsgerichten und Bundesgerichtshof

Versicherungen

National, international

Zielgruppen:

Arbeitsgemeinschaft Industrieller Forschungsvereinigungen, Deutsche Forschungsgemeinschaft, Öffentliche Auftraggeber, Verbände.

Stahlwerke, Walzwerke, Schmiedewerke, Leichtmetallwerke, Kunststoffwerke, Keramikwerke, Schweißwerke, Maschinen- und Apparatebau, Anlagenbau, Kraftwerkshersteller, Rohrhersteller, Rohrleitungsbauer, Kraftfahrzeughersteller, Schienenfahrzeughersteller, verarbeitende Industrie, Hersteller von Funktionsteilen und Maschinen, mittelständische Industrie, Handwerk, energietechnische und verfahrenstechnische Industrie, Medizintechnik, Tiefkalttechnik, Offshoretechnik, Fördertechnik, Verkehrstechnik, Betreiber von Kraftwerken und Chemieanlagen, Energieversorgungsunternehmen, Hochbau, Tiefbau, Bergbau, Überwachungsstellen, Ingenieurbüros.

Quelle: MPA-Broschüre „Prüfen Forschen Lehren"

Anhang 4

Anhang 4.1   Tafel 9 des MPA-Statusberichts, Stand Frühjahr 1971

A. Dringlichkeitsprogramme
    (Grundwerkstoff 22 NiMoCr 37)

B. Grundlagenprogramme

1. Herstellung und Prüfung eines Großbauteiles in der auf Seite 19 bis 24 beschriebenen Weise.

2. Herstellung und Prüfung einer Probeschweißung in der auf Seite 14 und 15 unter 6d) beschriebenen Weise.

3. Herstellung und Prüfung von Schweißplattierungen.

4. Prüfung des Grundwerkstoffes auf Neigung zur Relaxationsversprödung in Abhängigkeit von den zulässigen bzw. effektiven Analysenschwankungen.

5. Prüfung des Grundwerkstoffes, der wärmebeeinflußten Zone und des Schweißgutes auf Neigung zur Wechseldehnungsversprödung.

6. Prüfung von Behältern in Zwischengröße, wie auf Seite 16 und Tafel 2 beschrieben.

1. Grundlagenuntersuchungen über das Rißstoppvermögen bei rissigen oder gekerbten Behältern (mit ausreichender gespeicherter Energie) in Abhängigkeit von absoluter Wanddicke, Fehlstellengeometrie, Art (Schweißeinflußzonen, Wechseldehnungsversprödung u.ä.) und Größe eines versprödeten Werkstoffbereiches im Gebiet der Schwachstelle und von Eigenspannungen. Parallelversuche zur Ermittlung der Rißstopp-Bruchzähigkeit an unterschiedlich vorbehandelten Proben.

2. Optimierung des Stahles auf der Basis 22 NiMoCr 37 durch Modifikation der Schmelzenanalyse. Nachweis der Eigenschaften von Grundwerkstoff und Schweißverbindung mit konventionellen und bruchmechanischen Proben unter besonderer Berücksichtigung des Rißstoppvermögens bei Vorhandensein versprödeter Werkstoffbereiche im Gebiet der Rißeinleitungsstelle. Wenn gute Erfolge erzielt werden, Herstellung eines "Bauteils" aus dem optimalen Werkstoff unter ungünstigen Randbedingungen (Simulierung einer evtl. zu erwartenden Strahlenversprödung, Wechseldehnungsversprödung, Reparaturschweißungen u.ä.).

3. Entwicklung eines höherfesten Werkstoffes durch Variation einer zweckmäßigen bzw. erfolgversprechenden Legierungsbasis. Nachweis der Eigenschaften von Grundwerkstoff und Schweißverbindung mit konventionellen und bruchmechanischen Proben unter besonderer Berücksichtigung des Rißstoppvermögens bei Vorhandensein versprödeter Werkstoffbereiche im Gebiet der Rißeinleitungsstelle. Wenn gute Erfolge erzielt werden, Herstellung eines Bauteils aus dem optimalen Werkstoff unter ungünstigen Randbedingungen (Simulierung einer evtl. zu erwartenden Strahlenversprödung, Wechseldehnungsversprödung, Reparaturschweißungen u. ä.).

4. Schweißtechnische Grundlagenuntersuchungen über den Einfluß der Schweißparameter auf Versprödung und/oder Rißbildung unter Einbeziehung von Reparaturschweißungen. Entwicklung einer geeigneten Methode zur Schweißeignungsprüfung.

5. Entwicklung von geeigneten Rechenmethoden zur zuverlässigen Ermittlung aller Spannungskomponenten für ein rissiges Bauteil aus "weichem" Stahl unter Einbeziehung der plastischen Verformungen insbesondere am Rißgrund.

6. Grundlagenuntersuchungen zur Ermittlung des Korrosionseinflusses bei Wechseldehnung an einer Rißfront.

7. Untersuchungen zur Abgrenzung der Aussagefähigkeit der zerstörungsfreien Prüfung in Abhängigkeit von Fehlergröße, Fehleranordnung und Fehlerhäufigkeit.

8. Analyse der Rißausbreitung mittels emittierten Schallwellen.

Tafel 9

Anhang 4.2   Tafel 8 des MPA-Statusberichts, Stand Frühjahr 1971

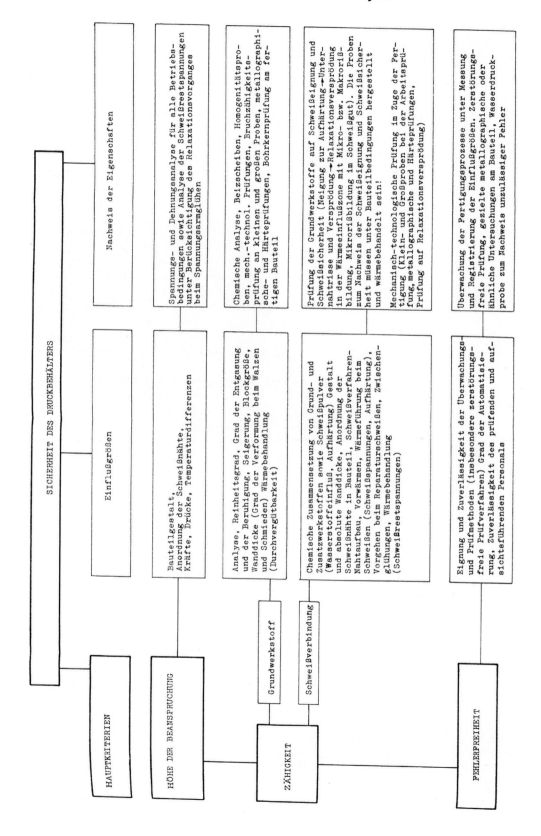

Anhang 5   Kerbschlagarbeit-Tempera-
tur-Kurven

für Stähle der US Liberty-Schiffe[1]

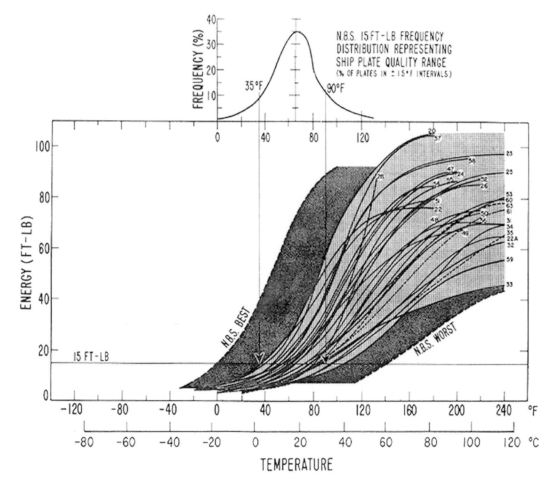

Fig. 9 – Spread of C_v transition temperature range characteristics of ship fracture steels. The 15 ft-lb transition temperature provides a significant reference point for defining the quality of specific steels.

(Kerbschlagarbeit 15 ft · lb = 20,4 J)

[1] Pellini, W. S.: Evolution of Engineering Principles for Fracture-Safe Design of Steel Structures, Naval Research Laboratory, NRL Report 6957, Washington, September 1969, S. 11.

Anhang 6   Versuche zum Rissstopp-Verhalten

Anhang 6.1   Fallgewichtsversuch nach W. S. Pellini

Im Fallgewichtsversuch nach Pellini (Schlagbiegeversuch mit festgelegter – begrenzter – Durchbiegung) wird die Rissbildung durch eine im Pellini-Fallwerk auf eine Normprobe mit gekerbter, unten liegender Schweißraupe frei herabfallende Masse ausgelöst. Es werden Dreipunkt-Biegeproben mit Rechteckquerschnitt verwendet. Auf der Biegezugseite ist in der Mitte der Probenoberfläche durch Schweißen eine Strichraupe geringer Zähigkeit bzw. hoher Härte aufgebracht. In deren Mitte ist eine künstliche Kerbe eingebracht, die bis knapp an die Probenoberfläche reicht. Die Probe gilt als gebrochen, wenn der entstehende Riss bei einer bestimmten Temperatur eine der beiden Seitenflächen der Probe erreicht. Eben diese Temperatur ist die NDT-Temperatur.[2,3] Die hier dargestellte Probe[4] weist gegenüber der Normprobe engere Maßtoleranzen auf.

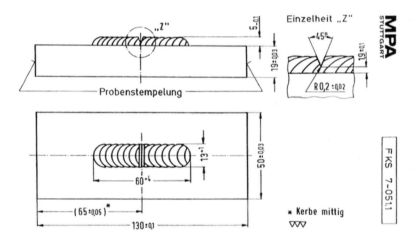

---

[2] Stahl-Eisen-Prüfblatt 1325, Verlag Stahleisen Düsseldorf.

[3] vgl. auch Norm ASTM-E 208 der American Society for Testing and Materials sowie KTA 3201.1.

[4] Föhl, Jürgen et al.: Forschungsvorhaben Komponentensicherheit RS 304 A Einzelvorhaben EV 05 Bestrahlung, MPA Stuttgart, August 1982, Bild 4.3.

Anhang 6.2   Explosion Crack Starter Tests[5]

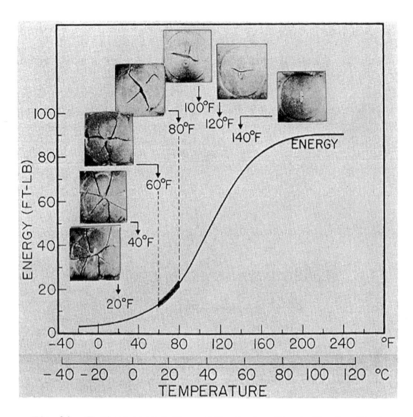

Fig. 13 - Typical correlation of Explosion Crack Starter Test performance with C_v transition curves for ship fracture steels. Flat break (NDT) fractures are obtained at temperatures below the 10-ft-lb transition temperature. Arrest characteristics are developed in the range indicated by the solid band which spans the 10 to 20 ft-lb transition temperature range. Full ductility is attained on approach to shelf temperatures.

[5] Pellini, W. S.: Evolution of Engineering Principles for Fracture-Safe Design of Steel Structures, Naval Research Laboratory, NRL Report 6957, Washington, September 1969, S. 16.

Anhang 6.3   Robertson-Versuch mit Plattendicken bis ca. 150 mm

Stationäres Temperaturfeld

- Rissauslösung dynamisch durch Schlag (impact)

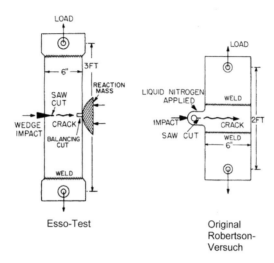

Esso-Test

Original
Robertson-
Versuch

Pellini, W. S.: Features of Robertson tests. In one type (left), fracture is initiated by plastic deformation of the saw cut region by wedge impact. In the original Robertson version, (right) a nub region is deformed by impact while being cooled to low temperatures. In both cases the crack traverses a region of fixed temperature and elastic stress. The tests are conducted over a range of temperatures.[6]

- Rissauslösung statisch durch Zugkraft
  Double-Tension- Probe[7]

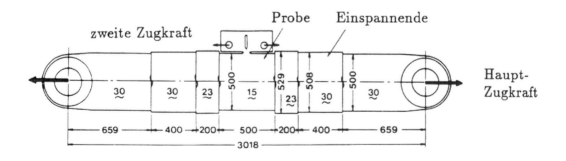

[6] Pellini, W. S.: Principles of Structural Integrity Technology, Office of Naval Research, Arlington, Va., 1976, S. 102 f., Fig. 79.

[7] vgl. Elenz, Thomas: Experimentelle und numerische Untersuchungen von instabiler Rissausbreitung und Rissstopp beim schnellen Bruch von zugbelasteten Platten, Technisch-wissenschaftliche Berichte der MPA Stuttgart, Heft 92-03, 1992, Univ. Stuttgart Diss. 1992, S. 29.

**Versuche mit Temperaturgradienten über dem
Risspfad (Gradientenversuche)**

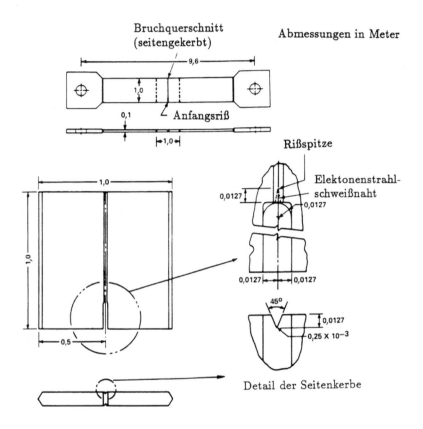

Schema der HSST-Großplatte[8,9] für Versuche mit
   den Werkstoffen
– A 533 B Cl. 1 (WP-1 Serie)
– 2,25 Cr – 1 Mo (WP-2 Serie mit den Probendicken 0,1 und 0,15 m)

[8] Pugh, C. E. et al.: Crack Arrest Behaviour of Reactor
Pressure Vessel Steels at High Temperatures, in: Kuss-
maul, K.: Fracture Mechanics Verification by Large-Scale
Testing, EGF/ESIS Publication 8, Mechanical Enginee-
ring Publications Limited, London, 1991, S. 357- 380,
Fig. 2.

[9] vgl. Elenz, Thomas: Experimentelle und numerische
Untersuchungen von instabiler Rissausbreitung und
Rissstopp beim schnellen Bruch von zugbelasteten Platten, Technisch-wissenschaftliche Berichte der MPA Stuttgart, Heft 92-03, 1992, Univ. Stuttgart Diss. 1992, S. 38.

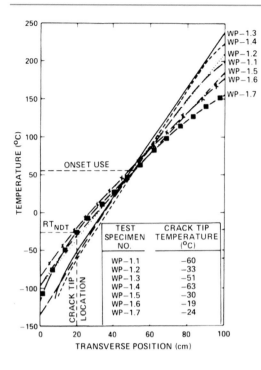

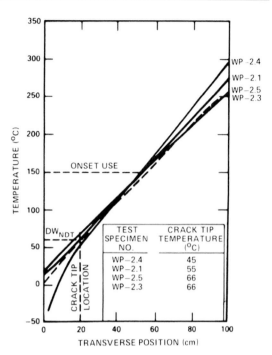

Gradientenversuche[10] mit den Werkstoffen A 533
B Cl. 1 (links) und 2,25 Cr – 1 Mo (rechts)

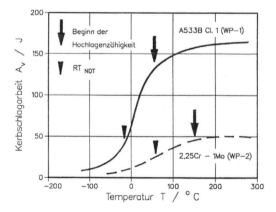

Kerbschlagarbeit-Temperaturkurve für die Werkstoffe der WP-1 und WP-2 Serien[11]

---

[10] Pugh, C. E. et al.: Crack Arrest Behaviour of Reactor
Pressure Vessel Steels at High Temperatures, in: Kuss-
maul, K.: Fracture Mechanics Verification by Large-Scale
Testing, EGF/ESIS Publication 8, Mechanical Enginee-
ring Publications Limited, London, 1991, S. 357–380,
Fig. 4 und 7.

[11] ebenda, S. 359, Fig. 1.

Anhang 6.4   Das Fracture Analysis Diagram (Pellini-Bruch-diagramm)

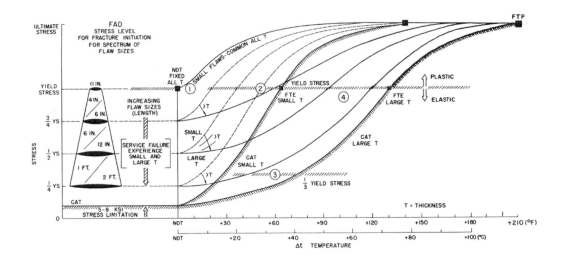

Das Fracture Analysis Diagram (FAD): Hier das zur Berücksichtigung der Mehrachsigkeit (constraint effect) auf große Wanddicken (large T) erweiterte Pellini-Bruchdiagramm (1 – kleine Fehler, 2 – mittlere Fehlergröße, 3 – sehr große Fehler bei Belastung in Höhe der Auslegungs-nennspannungen, 4 – sehr große Fehler)

NDT: Übergang spröd/zäh (Nil Ductility Transition)

FTE: Bruchübergang elastisch (Fracture Transition Elastic)

FTP: Bruchübergang plastisch (Fracture Transition Plastic)

CAT: Rissstopptemperatur (Crack Arrest Temperature)

ULTIMATE STRESS: Höchste Belastbarkeit im vollplastischen Zustand (nicht identisch mit der Zugfestigkeit R_m nach DIN EN ISO 6892-1)

Anhang 6.5

W.S. PELLINI

Table 1
Dimensions and Weights of Various Steel Specimens
Used in the DT Test

Specimen Designation	Thickness B		Depth W		Length L		Span Between Supports S		Brittle Weld or Notch Depth a		Weight	
	in.	cm	in.	cm	in.	cm	in.	cm	in.	cm	lb	kg
5/8-in. DT*	0.625	1.6	1.62	4.1	7	18	6.5	16.5	0.5	1.3	2	0.9
1 in.	1	2.5	4.75	12.0	18	46	16	40.6	1.75	4.4	24	10
2 in.	2	5.0	8	20.3	28	71	26	66.0	3	7.6	127	57
3 in.	3	7.6	8	20.3	28	71	26	66.0	3	7.6	190	86
6 in.	6	15.2	12	30.5	62	158	58	147.3	3	7.6	1220	554
12 in.	12	30.5	15	38.1	90	228	84	213.3	3	7.6	4580	2080

*Also deep machined notch having tip sharpened by pressed knife edge.

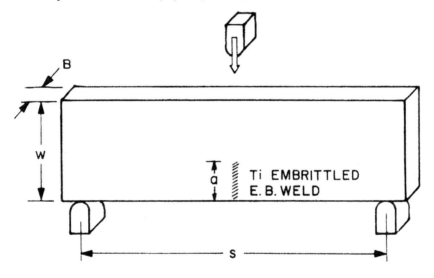

Anhang 6.6 Testergebnisse von Schlagbiegeproben (DT-Tests) und linear-elastischen Bruchmechanikversuchen[12]

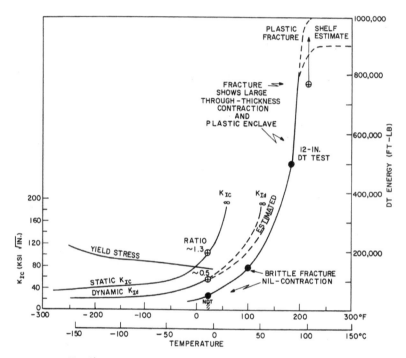

Fig. 56 - Summary of K_{Ic} estimated K_{Id} and DT test data for the 12-in. A533-B steel plates

[12] Pellini, W. S.: Evolution of Engineering Principles for Fracture-Safe Design of Steel Structures, Naval Research Laboratory, NRL Report 6957, Washington, September 1969, S. 63.

Anhang 7

Standard-Bruchmechanikproben[13]

Dreipunktbiegeprobe

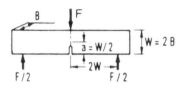

Compact-Tension (CT)-Probe

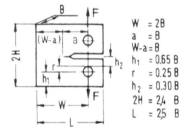

$W = 2B$
$a = B$
$W-a = B$
$h_1 = 0.65\,B$
$r = 0.25\,B$
$h_2 = 0.30\,B$
$2H = 2.4\;B$
$L = 2.5\;B$

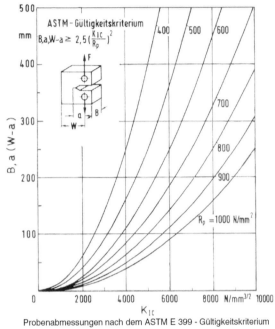

Probenabmessungen nach dem ASTM E 399 - Gültigkeitskriterium

---

[13] Kußmaul, K. und Issler, L.: Linear-elastische Bruchmechanik (LEBM), in: Kußmaul, K. (Hg.): Werkstoffe,
Fertigung und Prüfung drucktragender Komponenten von
Hochleistungsdampfkraftwerken, Vulkan-Verlag, Essen,
1981, S.

Anhang 8   Das Rissöffnungs- (crack opening displacement – COD) Konzept[14]

Nach dem COD-Konzept wird angenommen, dass ein Zusammenhang zwischen dem Spannungszustand an der Rissspitze und der Rissöffnung δ besteht. Wells ging bei seiner Betrachtung davon aus, dass sich vor der Rissspitze eine kreisförmige plastische Zone ausbildet, wobei die fiktive Rissspitze in der Mitte der plastischen Zone zu denken ist. Dann soll die Rissöffnungsverschiebung δ proportional der Fließdehnung $\varepsilon_F = R_e/E$ sein, die in der plastischen Zone mit dem Umfang $2\pi a_{pl}$ wirkt. Es ergibt sich nach Wells:

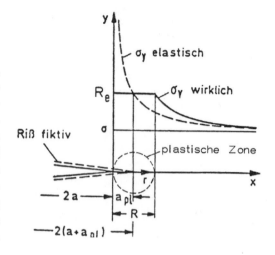

$$\delta = 2\pi a_{pl}\varepsilon_F$$

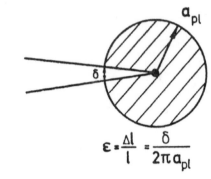

Unter der Annahme, dass bei ebenem Spannungszustand die elastische Spannungsverteilung nach Sneddon die realen Spannungsgrößen sehr gut annähert, erhält man mit der Schubspannungshypothese

$$a_{pl} = \frac{1}{2\pi}\frac{K_I^2}{R_e^2}\frac{1}{2\pi}\frac{K_I^2}{R_e^2}.$$

Mit

$$\varepsilon_F = \frac{R_e}{E}$$

wird nun der Ausdruck für die Rissöffnung

$$\delta = \frac{K_I^2}{ER_e}.$$

$$\varepsilon = \frac{\Delta l}{l} = \frac{\delta}{2\pi a_{pl}}$$

In der Literatur werden weitere Beziehungen angegeben, die versuchen, den Spannungszustand an der Rissspitze besser anzunähern, von der Vorgehensweise her aber auf der von Wells beruhen.

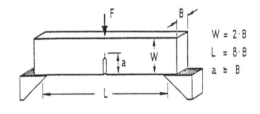

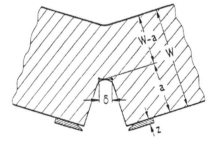

---

[14] Kußmaul, K.: Festigkeitslehre I, Vorlesungsmanuskript, 11. Auflage, Univ. Stuttgart, 1996, S. 137.

**Anhang 9.1   RDB-Bruchdiagramm,
MPA-Statusbericht,
Stand Frühjahr 1971,
S. 68**

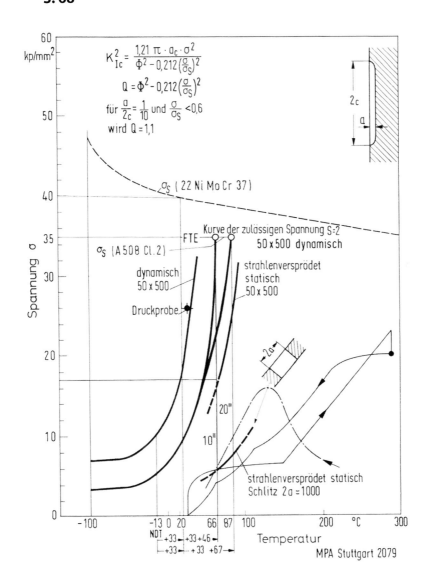

Durchgezogene Kurve mit Pfeilen und Betriebs-
punkt: RDB-Fahrdiagramm
Strichpunktierte Linie: Kernnotkühlung
Fluenz $(1-8) \times 10^{19}$ n/cm²

Anhang 9.2   RDB-Bruchdiagramm nach Siemens MPA-Statusbericht, Stand Frühjahr 1971, S. 79

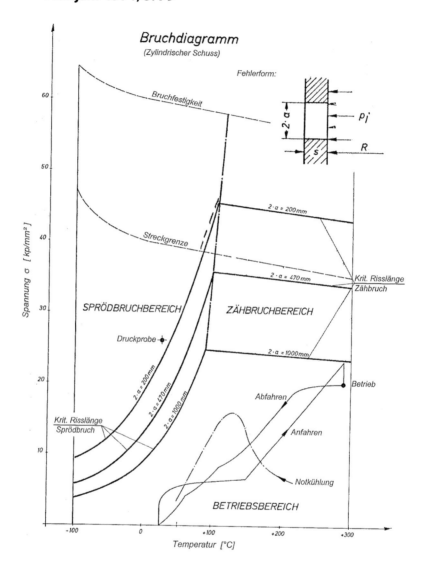

Statische Belastung
Fluenz 5×10^{18} n/cm^2

Anhang 9.3

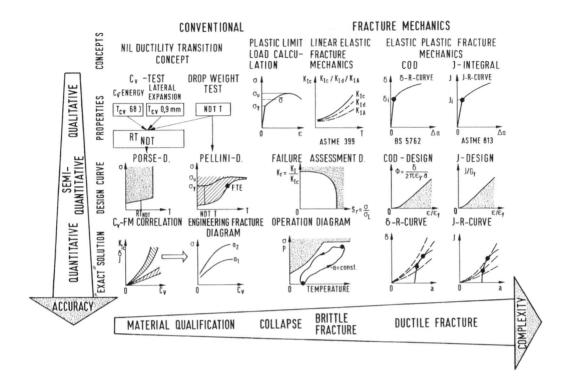

Anhang 10

Anhang 10.1 Ziele, Untersuchungsgebiete und Einzelprojekte – Lower Bound Concept

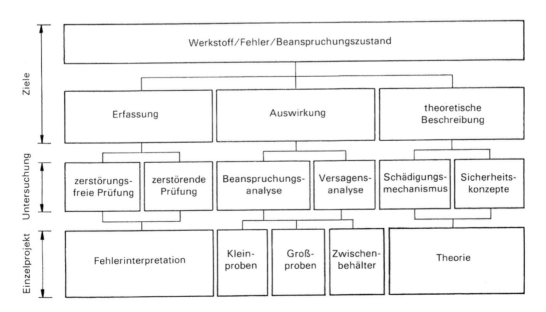

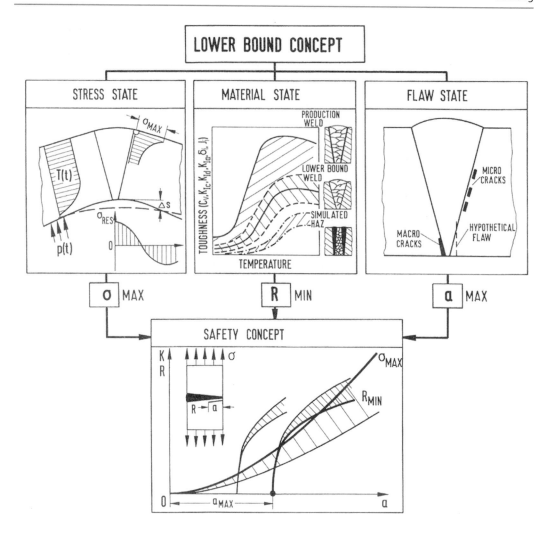

Anhang 10.2 Besondere Einrichtungen der MPA Stuttgart

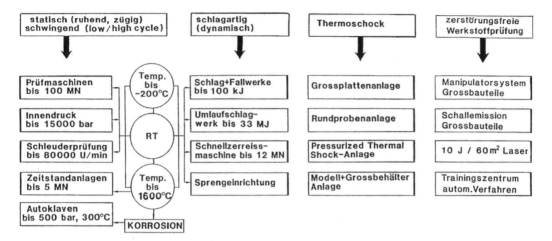

statisch (ruhend, zügig) schwingend (low/high cycle)		schlagartig (dynamisch)	Thermoschock	zerstörungsfreie Werkstoffprüfung
Prüfmaschinen bis 100 MN	Temp. bis –200°C	Schlag+Fallwerke bis 100 kJ	Grossplattenanlage	Manipulatorsystem Grossbauteile
Innendruck bis 15000 bar	RT	Umlaufschlag-werk bis 33 MJ	Rundprobenanlage	Schallemission Grossbauteile
Schleuderprüfung bis 80000 U/min		Schnellzerreiss-maschine bis 12 MN	Pressurized Thermal Shock–Anlage	10 J / 60 m² Laser
Zeitstandanlagen bis 5 MN	Temp. bis 1600°C	Sprengeinrichtung	Modell+Grossbehälter Anlage	Trainingszentrum autom.Verfahren
Autoklaven bis 500 bar, 300°C	KORROSION			

INFRASTRUKTUR : Büros, Laboratorien, Technologietransferzentrum

Überbaute Fläche 11000 m² Nutzfläche 15000 m²

Metallografie – Elektronenmikroskopie – Messtechnik – Tribologielaboratorium – Isotopenlaboratorium

Elektronische Datenverarbeitung / Bilderzeugung / Bildauswertung

Grösstrechner CRAY 1M – Rechnergestützte Dokumentationssysteme

Mechanische Werkstätten und Schweissanlagen für Schwerkomponenten sowie Schweißsimulatoren

Amtliche Kalibrierstelle für Prüfmaschinen und Kraftmessgeräte

Externe Prüffelder in Mannheim, Meppen und im Raum Frankfurt

Anhang 10.3 Untersuchte Werkstoffzustände (Grundwerkstoff und Schweißverbindungen)

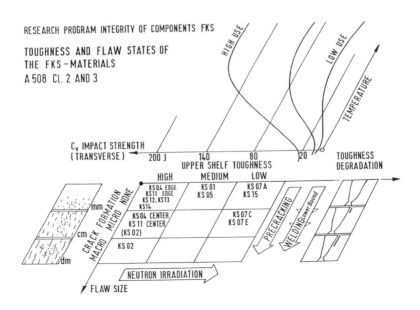

RESEARCH PROGRAM INTEGRITY OF COMPONENTS FKS

TOUGHNESS AND FLAW STATES OF THE FKS–MATERIALS A 508 Cl. 2 AND 3

Anhang 10.4   FKS-Untersuchungsablauf

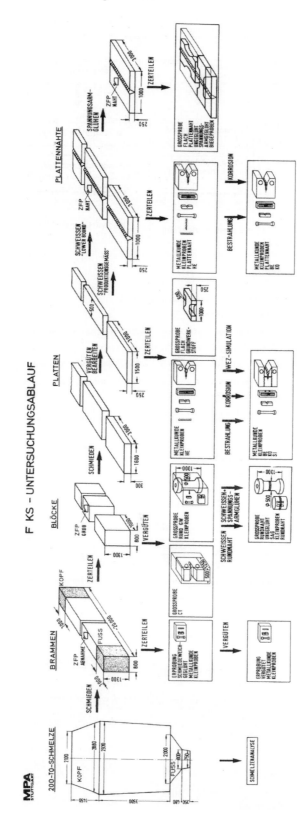

Anhang 10.5   Optimierung des Werkstoffs

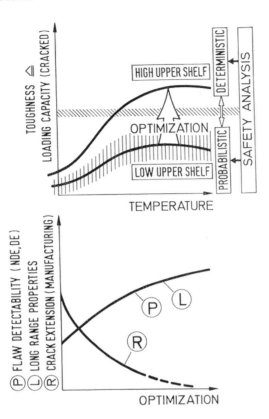

Anhang 10.6   Metallkundliche Untersuchungsmethoden und zerstörungsfreie Prüfverfahren

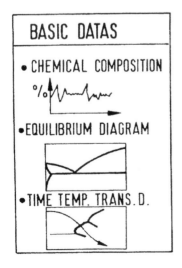

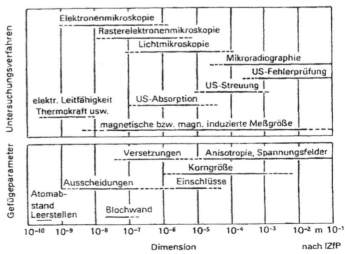

Anhang 10.7   Simulationsverfahren
            für Wärmeeinflusszonen

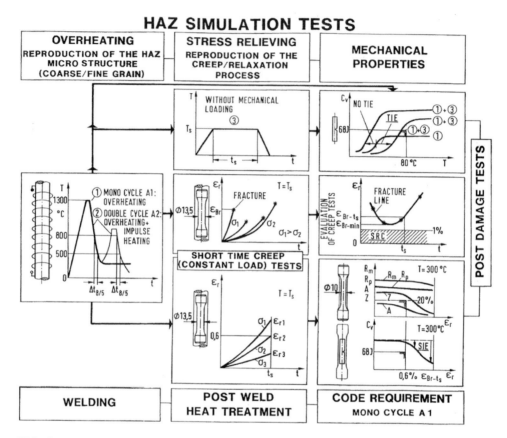

SRC - Stress Relief Cracking
SIE - Strain Induced Embrittlement
TIE - Temperature Induced Embrittlement

 KTA-requirements

**Anhang 10.8   Arten von
                 Großzugproben**

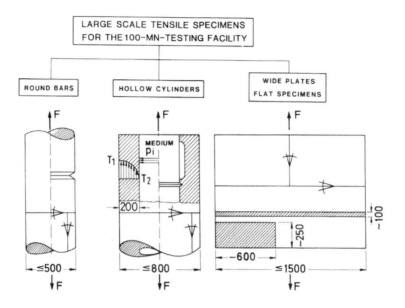

**Anhang 10.9   Proben für dynamische
                 (schlagartige) Prüfungen**

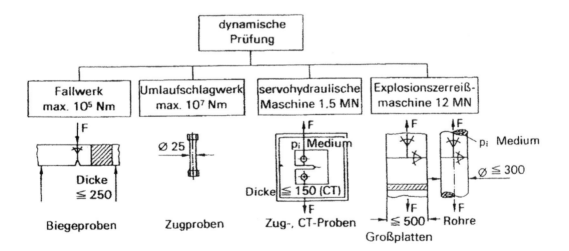

Anhang 10.10   Proben für Rissstopp-
versuche

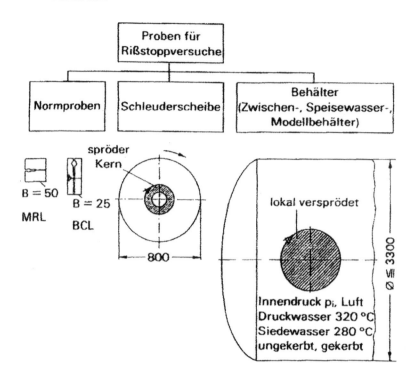

Anhang 10.11   Verwendete
Großbehälter

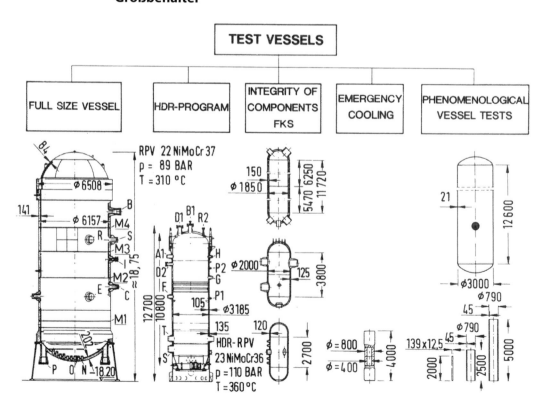

Anhang 10.12   Großproben und Großprüfanlagen, Sondermaschinen

A Großproben für Notkühlsimulation

Specimen	NKS1	NKS2	NKS3	NKS4	NKS5
	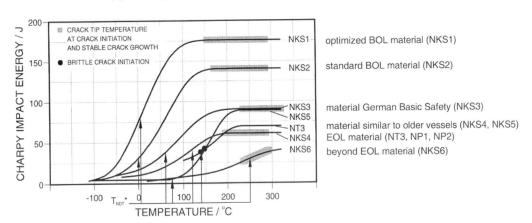				
Material	20 MnMoNi 5 5 (A533 B)	20 MnMoNi 5 5 (A533 B)	22 NiMoCr 3 7 (A508 class2)	22 NiMoCr 3 7 (A508 class2)	22 NiMo Cr 3 7 (A508 class2) S3 NiMo1
Specimen	NKS6	NT3	NP1	NP2	
Material	17 MoV 8 4 mod (KS22) S3 NiMo 1	17 MoV 84 mod	17 MoV 8 4 mod with cladding	17 MoV 8 4 mod with cladding	

Charpy energy

CRACK TIP TEMPERATURE AT CRACK INITIATION AND STABLE CRACK GROWTH
● BRITTLE CRACK INITIATION

CHARPY IMPACT ENERGY / J
200
150
100
50
0

TEMPERATURE / °C
-100 T_{NDT}*   0   100   200   300

NKS1 — optimized BOL material (NKS1)

NKS2 — standard BOL material (NKS2)

NKS3 — material German Basic Safety (NKS3)
NKS5
NT3 — material similar to older vessels (NKS4, NKS5)
NKS4   EOL material (NT3, NP1, NP2)
NKS6 — beyond EOL material (NKS6)

Zähigkeitseigenschaften der Großproben, vgl. auch Abb. 10.44

B Versuchskreislauf für RDB-Notkühlsimu-
lation

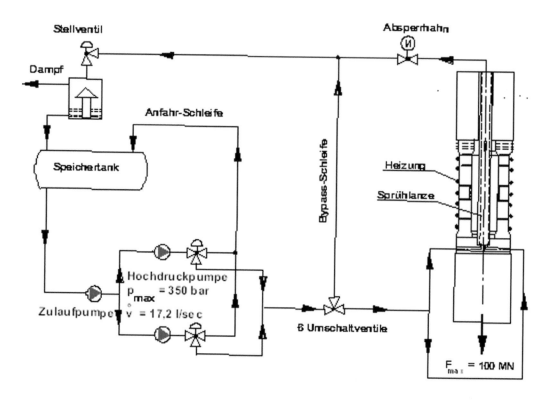

C Schnellzerreißmaschine bis 12 MN

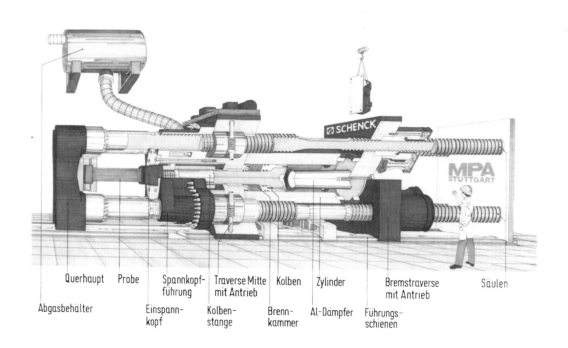

Schießpulverantrieb (Kanonenprinzip)
Systemenergie 5×10^4 kJ
Geschwindigkeit bis 60 m/s
Kolbenhub 400 mm
Probenlänge 1800 mm

**D Großprüfanlage für Lasten bis 100 MN
(10.000 Mp)**

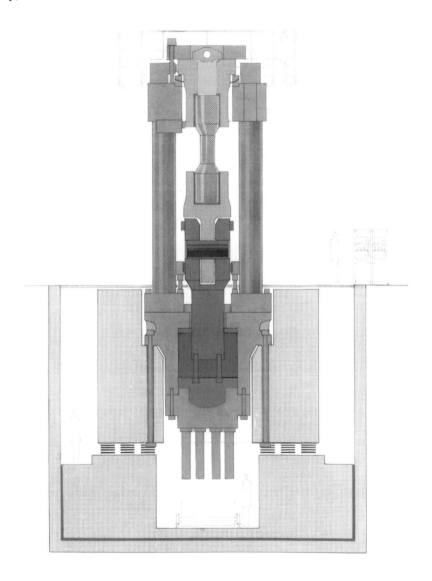

Servohydraulische 4-Säulen-Zugprüfmaschine im Vertikalschnitt (schematisch).
Lastaufbringung über zentralen Hydraulikkolben (Zylinderdurchmesser 2000 mm). Kolbenhub 400 mm. Einspannvorrichtungen für Rund- und Flachproben. Maximale Probenlängen: 5900 mm (Flachproben), 3450 mm (Rundproben). Vorrichtungen zum Kühlen und Erwärmen der Proben. Einbaubeispiel: Rundprobe 500 mm Ø.

**E   Universelle 3D-Hochleistungs-Unterpul-
     ver-Portal-Schweißanlage kombiniert mit
     einer Drehmaschine, Baulänge 18 Meter**

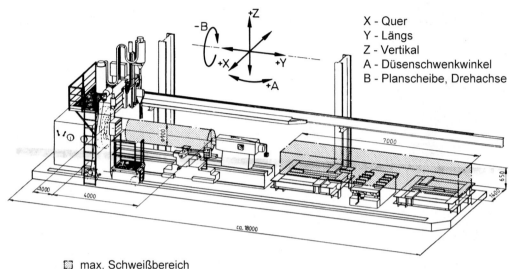

X - Quer
Y - Längs
Z - Vertikal
A - Düsenschwenkwinkel
B - Planscheibe, Drehachse

▦ max. Schweißbereich

Anwendungsmöglichkeiten:

a) Stumpfnähte und Kehlnähte
   y-Richtung bis 7000 mm
   x-Richtung bis 1540 mm
   z-Richtung bis 920 mm
b) Rundnähte bis 900 mm Durchmesser im Bereich von 4400 mm
c) Formgebendes Schweißen von 4400 mm langen zylindrischen Hohlkörpern bis 900 mm
   Durchmesser
d) Rechnergestützte 8-Achsensteuerung für Werkstücke komplexer Geometrie wie
   Viereckschweißungen 600 mm x 800 mm
e) Einsatz und Erprobung von Sensoren
f) Optimierung der Herstellung von Engspaltschweißungen und Schweißplattierungen

**F Schweißportal mit Engspaltdrahtdüse und
Steuerpult**
(fotografisches Detail zu Anhang 10.12 - E)

G NKS-Probe mit Rundschweißnähten bei der Endbearbeitung in der integrierten Drehmaschine
(fotografisches Detail zu Anhang 10.12 – E, vgl. Abb. 10.42)

Anhang 10.13 Zähbruchkonzeption zur Übertragung von Kennwerten auf das Bauteil

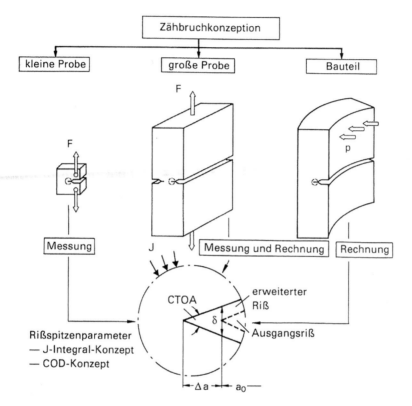

**Anhang 10.14   Verknüpfung aller
Kenngrößen von der
Kleinprobe bis hin zum
Bauteil**

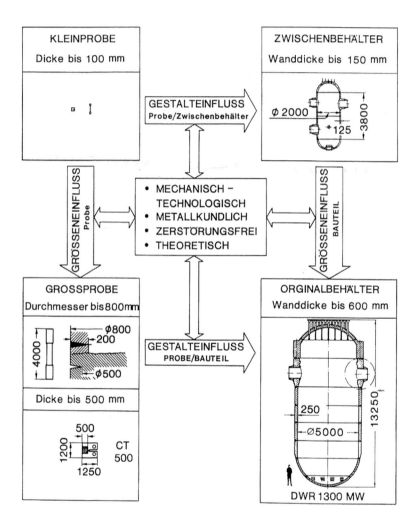

Anhang 11   Untersuchungsübersicht
KS 02

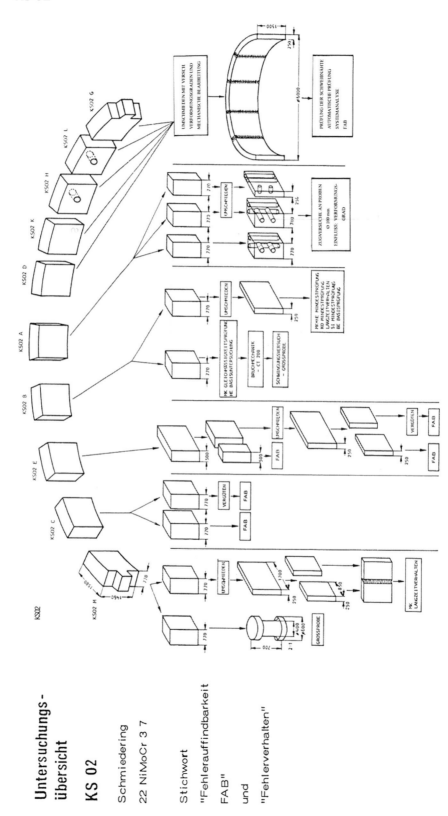

**Anhang 12   Zerstörungsfreie
                Prüfverfahren**

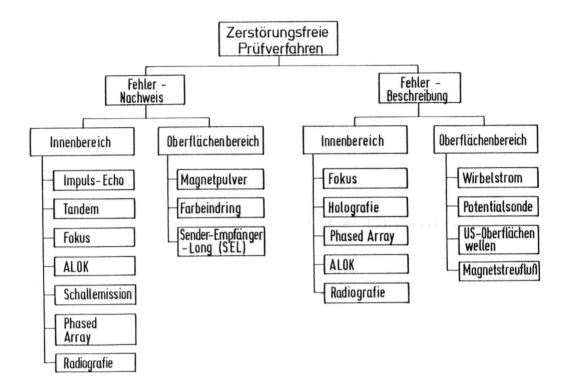

Anhang 13 Metallkundliche Prüfverfahren im FKS

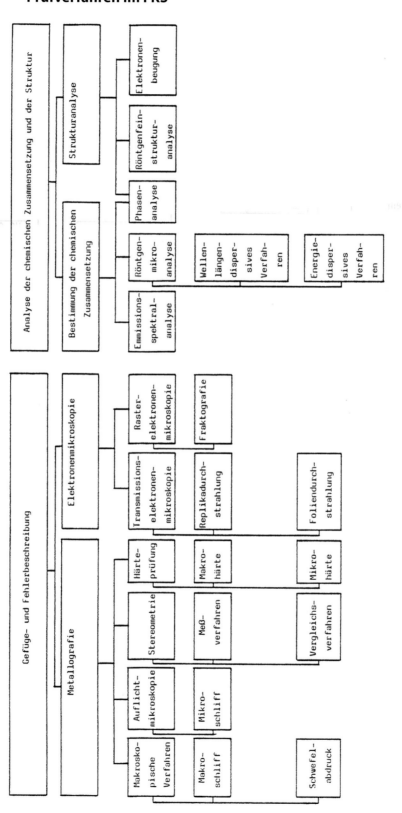

Anhang 14

Anhang 14.1   Zentralmastmanipulator
Bauart MAN (DWR)

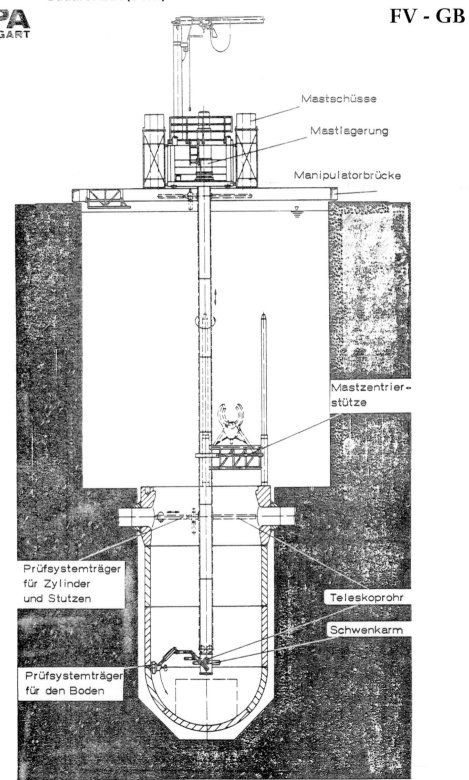

MPA STUTTGART

FV - GB

Mastschüsse

Mastlagerung

Manipulatorbrücke

Mastzentrier- stütze

Prüfsystemträger für Zylinder und Stutzen

Teleskoprohr

Schwenkarm

Prüfsystemträger für den Boden

Anhang 14.2   Zentralmastmanipulator
Bauart MAN (SWR)

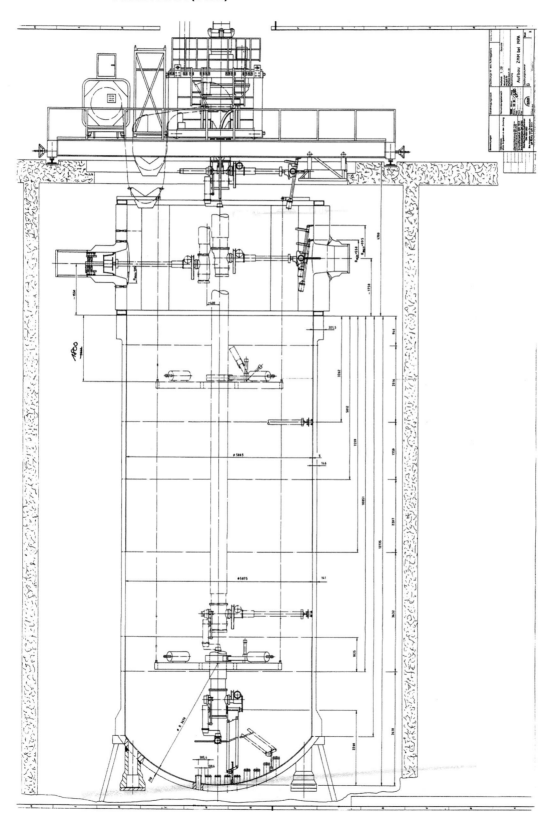

Anhang 15

Anhang 15.1 Beispiele „basissicherer" Konstruktionsdetails

	Bisherige Ausführung	Ausführung Basissicherheit
Wanddicken-übergänge	 Kurze zylindrische Ansätze Prüflängen für US-Prüfungen im Regelwerk nicht eindeutig vorgeschrieben	 max. 10° Prüflängen und Prüfwinkel sind wanddickenabhängig festgelegt z. B. für S 20 bis 40 mm: L = 3,5 · S + 30 mm (Prüfwinkel 60°) oder 2 · S + 30 mm (Prüfwinkel 45° und 60°)
Stutzen	 Verstärkung nur im Stutzen $S_2 : S_1$ max. 2 : 1	 Verstärkung auch in der Grundschale $S_2 : S_1$ max. 1,3 : 1 Nur durchgeschweißte Nähte Radien beschliffen
Rohrboden-anschlüsse	 Schlußnaht (Einseitennaht)	 1,5 S Nicht als Schlußnaht ausführen Anschlußnähte an Rohrboden gegenschweißen und eben beschleifen

Anhang 15.2   Optimierung der Konstruktion

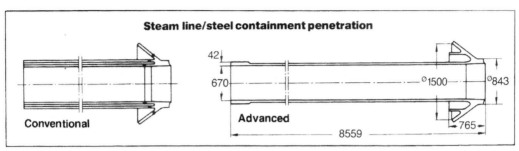

Steam line/steel containment penetration

Conventional

Advanced

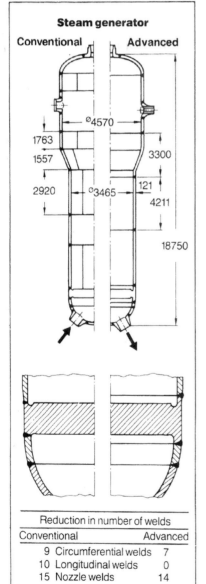

Steam generator

Conventional   Advanced

Reduction in number of welds		
Conventional		Advanced
9	Circumferential welds	7
10	Longitudinal welds	0
15	Nozzle welds	14
34	Total number of welds	21

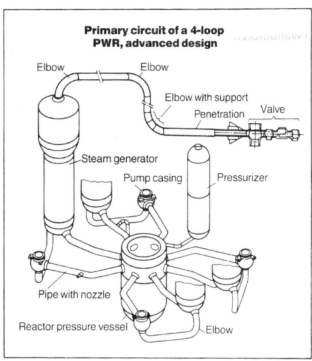

Primary circuit of a 4-loop PWR, advanced design

Elbow

Elbow

Elbow with support

Penetration   Valve

Steam generator

Pump casing   Pressurizer

Pipe with nozzle

Reactor pressure vessel   Elbow

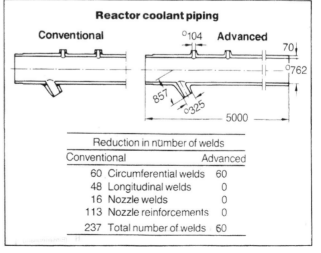

Reactor coolant piping

Conventional   °104   Advanced

Reduction in number of welds		
Conventional		Advanced
60	Circumferential welds	60
48	Longitudinal welds	0
16	Nozzle welds	0
113	Nozzle reinforcements	0
237	Total number of welds	60

**Anhang 15.3   Die werkstofftechnologi-
schen KTA-Regeln**

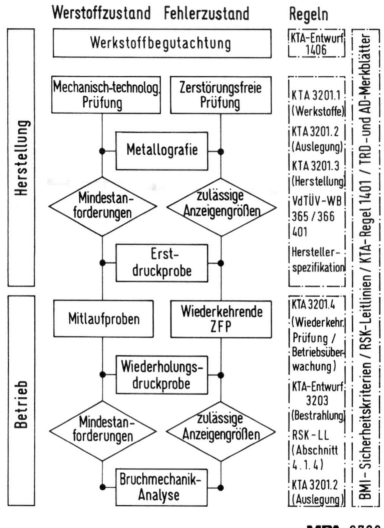

MPA 6768

Anhang 16   Vertikalschnitt durch das BASF-Kernkraftwerk (Entwurf)

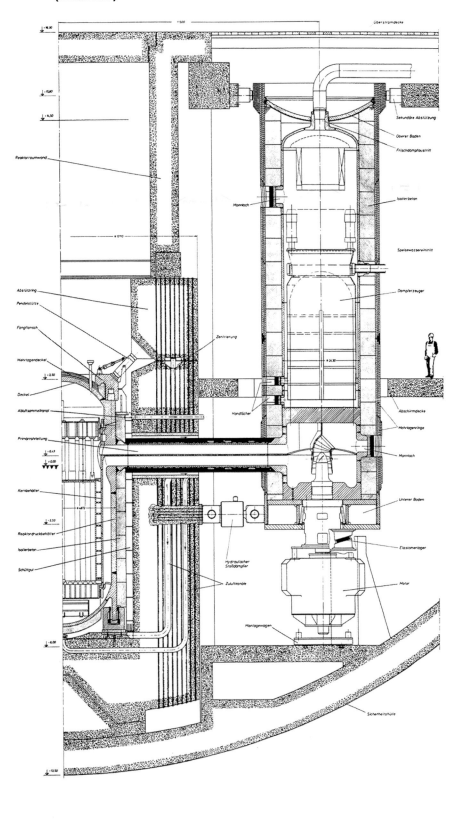

Anhang 17 BASF-RDB ohne Mehr-lagen-Deckel und Fangflansch

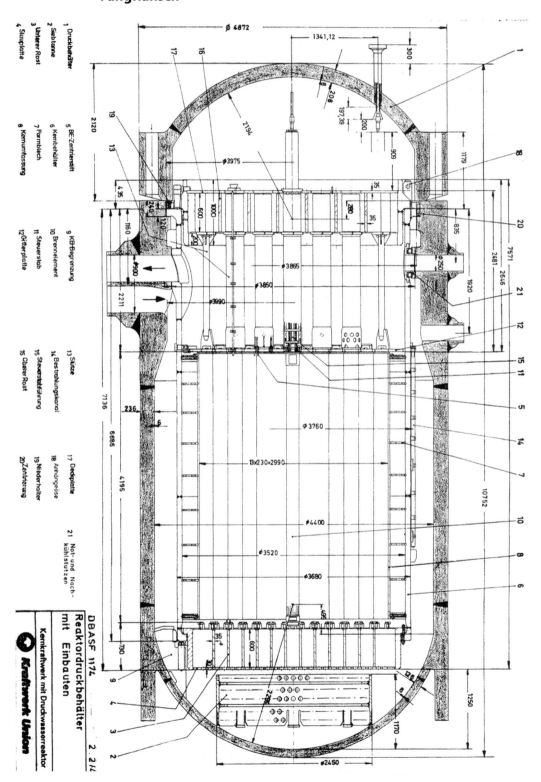

Anhang 18

Anhang 18.1 Auszüge aus dem Bericht Sizwell B Public Inquiry, London, 1987

persuaded that the CEGB's QA arrangements would be adequate to achieve 'incredibility' of failure, but no party proposed that the Board's QA arrangements should be improved or extended in any specific and substantial way.

J. THE PROBABILITY OF REACTOR PRESSURE VESSEL FAILURE

21.125 The CEGB's claim that failure of the RPV was 'incredible' did not rely on a calculation of the probability of failure, because, the Board said, such a probability could not be reliably estimated. Nonetheless, both objectors and the CEGB made estimates of the probability of failure, for different reasons. The Greater London Council (GLC) estimated the annual failure probability to be one in a million, based on a survey of experience with pressure vessels. The CEGB estimated an annual failure probability using theoretical fracture mechanics of between 2.4×10^{-9} and 4.2×10^{-7}, depending on the assumptions made. The Board's estimate was intended for use in Westinghouse's accident probability analysis [155].

Estimating the RPV Failure Probability Based on Experience of Pressure Vessels

21.126 There has been operating experience of high-quality pressure vessels over hundreds of thousands of vessel-years, but only over about four thousand vessel-years for PWR pressure vessels (by 1982) [156]. A few non-nuclear pressure vessels have failed disruptively; no nuclear pressure vessels have done so [157].

21.127 Technica, consultants to the GLC, estimated that the annual failure probability of the Sizewell B RPV would be one in a million. This estimate was based on a survey of pressure vessel failures by Smith and Warwick and published by the UKAEA's Safety and Reliability Directorate [158]. The GLC had counted one failure identified by Smith and Warwick as relevant to Sizewell B.

21.128 The Smith and Warwick survey was one of a number of such surveys submitted [159]. It considered vessels in the UK and US built to Class 1 requirements of a recognised design code. The authors said that the major difference between nuclear and non-nuclear pressure vessels was the degree of inspection to which the former were subjected during construction. The survey found that in-service inspection had a major beneficial role in preventing failures.

21.129 Smith and Warwick did not regard their survey as providing a sound basis for predicting the failure probability of nuclear pressure vessels [160].

21.130 Edmondson did not accept the GLC's contention that the Sizewell B RPV failure probability could be estimated from failure rates of other types of pressure vessel. Kussmaul and the NII agreed [161]. Edmondson's reasons were:
a) the quality of nuclear RPVs is superior to that of typical non-nuclear vessels, but the failure probability for nuclear vessels was estimated by the GLC solely on the basis of non-nuclear vessel failures;
b) in most cases, 'failure' meant only that a defect requiring remedial action had been found;
c) the GLC's statistical assessment took no account of the circumstances of each failure. For example, the single failure which was the basis of Technica's estimated annual failure probability of 10^{-6}, was of a vessel in which part of the flange had been machined away so that bolts could be fitted. As a result, half of the weld attaching the end of the vessel to the flange was removed. Such an event would not be allowed to occur in the case of the Sizewell B vessel [162].

21.131 Professor T A Kletz gave evidence at my request on risk assessment. Kletz was for 14 years safety adviser to the Petrochemicals Division of ICI. He pointed out that the absence of any RPV failures which were relevant to Sizewell B could have been due to good luck. On a strict statistical basis, the absence of failures so far could only support the conclusion that the true annual failure probability was probably less than 6.4×10^{-5}. It might be much less, but there was insufficient experience to support a smaller value [163].

21.132 The CEGB submitted details of types and uses of non-nuclear pressure vessels. It was apparent that the Sizewell B vessel would only experience conditions more severe than those experienced by non-nuclear vessels in regard to neutron irradiation. The temperatures and pressures in the Sizewell B RPV had been exceeded in a number of non-nuclear vessels, some of which had involved dangerous chemicals. The demands to be made of the Sizewell B vessel were therefore not novel, except that the probability of failure had to be reduced to a lower level than was commonly required in non-nuclear vessels [164].

The CEGB's Calculation of Failure Probability Using Fracture Mechanics

21.133 The CEGB estimated the probability of RPV failure caused by conditions within the design basis by using fracture mechanics [165]. Failure of the RPV caused by beyond design basis accidents was not considered as part of the same exercise, but was taken into account at a later stage in the WCAP study [166].

21.134 Edmondson said that the CEGB's calculation used some pessimistic assumptions. These included:
a) an unrealistically large number of large defects [167];

Anhang 18.2 Auszüge aus dem Bericht Sizewell B Public Inquiry, London, 1987

C21

b) the assumption that cracks would be exposed to the reactor coolant [168];

c) no account was taken of the possibility of detecting incipient failures by the cold overpressure test or by in-service inspection [169].

21.135 The CEGB calculated three different annual failure probabilities, depending on the assumptions made:

a) no stable crack growth assumed: 4.2×10^{-7} per year

b) stable crack growth up to 2 mm assumed: 3.8×10^{-8} per year

c) omission of large loss of coolant accident (LOCA): 2.4×10^{-9} per year [170].

The large LOCA was omitted on the grounds that it would result in depressurisation of the vessel, so preventing it from failing in a violent manner.

21.136 Edmondson submitted figures which showed that the failure probability for an MSLB was increased by a factor of between seven and ten if the assumed average fracture toughness was reduced by 10% [171]. But he also submitted test data which suggested that such a reduction would be unduly pessimistic [172].

21.137 Kussmaul agreed that the estimate of 2.4×10^{-9} per year was pessimistic, provided that certain conditions for the quality of materials were met, that the validation of ultrasonic testing was successful, and that the full stress analysis of the RPV gave acceptable results [173].

21.138 Kletz doubted whether any man-made article could have an annual failure probability as low as 10^{-8}. He thought that an allowance should have been included for unknown phenomena or other failures which had not been foreseen [174]. Edmondson did not accept that some as yet unknown phenomena would lead to failure; he said that all previous pressure circuit failures would have been foreseen by the CEGB's methodology [175].

K. THE CEGB'S RESPONSE TO THE SECOND MARSHALL REPORT

21.139 The second Marshall Report included 57 recommendations regarded as 'essential to the safe operation of PWRs installed in the UK' [176]. The CEGB undertook to take the essential recommendations into account, but said that there were a small number of instances where the Board did not intend to comply with the letter of the Marshall recommendation. These instances were peculiar to the specific Sizewell B design; the Marshall report had been based on PWRs in general [177].

21.140 The CEGB submitted its reply to the essential recommendations [178]. It was apparent that the Board had carefully considered these recommendations in its proposals for the Sizewell B RPV.

L. THE LOCAL PLANNING AUTHORITIES' CRITICISMS

21.141 The detailed evidence of the LPAs and Kussmaul, their expert witness on RPV integrity, has been noted above. The LPAs' more general opinions are now summarised.

21.142 Kussmaul was not satisfied with the CEGB's proposals for ensuring RPV integrity as originally submitted. His main anxiety was that the demonstration of 'incredibility' of failure depended on ultrasonic testing, which had not yet been validated [179]. But Kussmaul said that he was impressed with the quality of the CEGB's work on RPV integrity. He commended the choice of materials to be used and the proposed departures from the ASME Code. He endorsed the R6 failure assessment method [180].

21.143 Kussmaul put forward alternative design proposals for the vessel intended to reduce the adverse effects of welding, especially in areas of complex shapes and stresses [181]. The LPAs disputed the CEGB's belief that the procurement of the Board's design would be easier [182].

21.144 The LPAs eventually accepted the CEGB's case on the basis that the estimated annual disruptive failure probability of 2.4×10^{-9} was pessimistic, and that the Board would accept conditions stipulated by Kussmaul to ensure that the estimate was pessimistic. Kussmaul's conclusions, which include the conditions accepted by the CEGB, are set out in Annex 21.1. The conditions set by Kussmaul relate mainly to materials properties, validation of ultrasonic inspection, completion of stress analysis including residual stresses and quality control [183].

21.145 The CEGB agreed to include Kussmaul's materials specifications and conditions in the Pre-Construction Safety Report (PCSR) as part of the safety case for licensing, and the NII agreed to monitor observance of the conditions [184].

M. THE NII'S ASSESSMENT

21.146 The NII used its 'special case procedure' to evaluate the CEGB's case for RPV integrity [185]. The NII had detailed reservations about the CEGB's proposals, the most important of which related to the establishment of quality assurance procedures [186].

21.147 At the end of the Inquiry it appeared that all significant outstanding problems identified by the NII were resolved or likely to be resolved without difficulty [187]. An NII witness made the following statement on the NII's overall approach to the RPV:
'In terms of the pressure vessel, our objective has been not simply to achieve the admittedly very high standards achieved in the generality of PWR pressure vessels. We

C21

Anhang 18-3 Auszüge aus dem Bericht Sizewell B Public Inquiry, London, 1987

C21

have looked again and again to see where confidence in the integrity of that vessel could be improved by steps that are reasonably practicable, and we have sought from the Board that they show why they should not perform those steps. I do not think there is ... any doubt in either their minds or mine that [the CEGB's proposals] in respect of the reactor pressure vessel [provide] added confidence to the confidence that one would have in the generality of PWR pressure vessels in service today.' [188].

N. CONCLUSIONS

21.148 The design for Sizewell B consists largely of conventional plant and components laid out in familiar ways. The nuclear island is a small part of the total plant but it is in that part that questions of safety are of first importance. The reactor pressure vessel (RPV) is the largest and most important feature of the nuclear island. The vessel is of fundamental importance to the maintenance of safety. Any serious failure of the vessel would be likely to lead to a large uncontrolled release of radioactive materials.

21.149 The CEGB based its safety case for the RPV on engineering design and judgment extending over a substantial and carefully-conceived sequence of stages. I have summarised these stages in paragraph 21.4. The stages take advantage of experience in those branches of engineering knowledge and practice that concern the safety of pressure vessels. They provide for repeated checks to be made on the vessel's design, manufacture and testing, including its commissioning on the site and its operation. The engineering standards employed throughout are of the most demanding kind. Their quality may be judged from Smedley's statement that 'the Pressurised Water Reactor vessel is of the highest standard that has ever been achieved in engineering' [189]. The sequence as a whole, most of which was not in dispute, provides a reliable basis for ensuring the integrity of the RPV.

21.150 The use of failure probability estimates for major plant components and systems offers valuable supporting assurance of safety. For the RPV, the CEGB did not rely on such an estimate of the probability of failure, because it could not be reliably calculated. In the absence of reliable and sufficient information on nuclear pressure vessel failures, I consider that the CEGB is correct not to place great reliance on estimates of the probability of failure.

21.151 Nevertheless, the CEGB's calculation of the probability of RPV failure, based on theoretical fracture mechanics, provides a useful general corroboration of the engineering analysis of the safety of the vessel.

C21

21.152 The GLC's estimate of RPV failure probability based on an analysis of failures in non-nuclear pressure vessels suffers from serious shortcomings; such an approach is unlikely ever to provide a sound estimate of the probability of RPV failure.

21.153 Repeated and careful ultrasonic inspection is of outstanding importance. The proposal to use two independent organisations to reinforce assurance that ultrasonic inspections are adequate to ensure safety is an invaluable reinforcement of the case for RPV integrity.

21.154 Fordham's evidence for the Town and County Planning Association (TCPA) ensured that the phenomenon of stable crack growth was properly examined. The existence and role of stable crack growth is an important part of the safety case for the RPV. The TCPA's evidence was not convincing. But the onus of proving that the phenomenon of stable crack growth was reliable rested on the CEGB. The expert evidence that 2 mm of stable crack growth could be relied upon was of great weight and I accept it.

21.155 I place great value on Kussmaul's constructive evidence for the Local Planning Authorities, and the conditions agreed with the CEGB as a result. The NII's agreement to monitor their observation was welcome. I am confident that the conditions will be fully observed.

21.156 For the RPV, the quality assurance programme and arrangements are of outstanding significance. Elsewhere, I have urged that special attention should be given to monitoring that programme [190]. For the RPV, it is essential that the NII ensures that the CEGB's quality standards are observed if Sizewell B is built.

21.157 My engineering Assessor, after considering the criticisms of the RPV integrity, considered that the case for the RPV's safety justified the claims made for it. I share his judgment.

Anhang 19 Wesentliche Erkenntnisse – Schwächen und Abhilfemaßnahmen – aus den INES-2-Ereignissen im KKP 2 im Sommer 2001[15]

1 Bereich „Technik"

1.1 Die systemtechnische Schwachstelle („Knotenstelle"), nämlich die Handarmatur KBC20 AA002 im KBC-System „Borsäure- und Deionateinspeisung", einem nuklearen Hilfssystem, war nicht bekannt und auch durch ein Vorläuferereignis nicht bewusst geworden. Bei Fehlstellung oder Fehlfunktion dieser Armatur konnte es zu redundanzübergreifenden Auswirkungen kommen, d. h. auf die Flutbehälter aller Redundanzen des Not- und Nachkühlsystems, einem wichtigen Sicherheitssystem.

1.2 Erschwerend kamen hinzu die Schwergängigkeit und die schlechte Ablesbarkeit der örtlichen Stellungsanzeige der KBC-Handarmatur sowie die ungeeignet positionierte Durchflussmessstelle vor der eigentlichen Durchmischungsstrecke von Borsäure und Deionat, so dass die Einspeisung von reinem Deionat in die Flutbehälter nicht erkannt wurde.

1.3 Weitere derartige „Knotenstellen", d. h. Komponenten, bei deren Fehlfunktion es zu redundanzübergreifenden Auswirkungen kommen kann, wurden nicht gefunden.

Die technischen Abhilfemaßnahmen bezogen sich in erster Linie auf das KBC-System, so die gegenseitige Verriegelung der Handarmaturen KBC20 AA002 in der Borsäure-Umwälzleitung und KBC20 AA004 in der Flutbehälter-Füllleitung, eine verbesserte Anordnung der Durchflussmessstelle mit Borsäure-Detektion (Leitfähigkeitsmessung), eine verbesserte örtliche Stellungsanzeige der Handarmaturen, eine automatische Verriegelung der Deionateinspeisearmatur KBC20 AA505 bei Ausfall der Borsäureeinspeisung, die Installation von Einrichtungen zur direkten Probenahme aus verschiedenen Höhen der Flutbehälter, ein sicherheitsoptimiertes Wassermanagement, die automatische Überwachung der Schalthäufigkeit der Deionatnachspeiseventile in das Sperrwassersystem des Nachkühlsystems sowie der Schließbefehl auf die Deionateinspeisearmatur FAL31 AA009, wenn das Brennelementlagerbecken nicht umgewälzt wird.

2 Bereich „Mensch"

2.1 Technisch-ingenieurmäßigen Sicherheitsbetrachtungen wurde ein höherer Stellenwert eingeräumt als den Festlegungen im Betriebshandbuch (BHB).

2.2 Es wurde zunächst nicht erkannt, dass 3 von 4 Flutbehältern keinen spezifizierten Zustand hatten (Common-Mode-Fehler). Ebenfalls wurde nicht die Problematik der möglicherweise unzureichenden Durchmischung der Flutbehälter erkannt (Konzentrationsgradient, Schichtung).

2.3 Die Anlage hätte sofort nach Erkennen des nicht spezifikationsgerechten Zustands der Flutbehälter abgefahren werden müssen, was nicht erfolgt ist.

2.4 Aufgrund unzureichender Anweisungen an die Maschinisten, die mit dem Verstellen der Handarmatur KBC20 AA002 beauftragt wurden, unterblieb eine Rückmeldung an das verantwortliche Schichtpersonal über die erfolgte oder nicht erfolgte Verstellen der Armatur.

2.5 Das Schichtpersonal verließ sich einseitig auf die Anzeige der Durchflussmessung auf der Warte und kontrollierte nicht zusätzlich – im Sinne einer Plausibilitätskontrolle – den Füllstand der Borsäurebehälter, ob auch tatsächlich Borsäure in die Flutbehälter eingespeist wurde.

2.6 Die nach dem Befüllen der Flutbehälter vorgeschriebene Messung der Borsäurekonzentration wurde nicht als Voraussetzung für das Wiederanfahren angesehen, da die erforderliche Borsäurekonzentration durch die Befüllungsmodalitäten ausreichend gesichert erschien.

2.7 Auch im Fall des unzureichenden Füllstandes der Flutbehälter war sich das Schichtpersonal nicht bewusst, dass der erforderliche Füllstand unmittelbar zu Beginn des Wiederanfahrens gegeben sein muss.

2.8 Das verantwortliche Schichtpersonal war sich nicht bewusst darüber, dass nach dem BHB das Not- und Nachkühlsystem zu Beginn des Wiederanfahrens, d. h. vor Verlassen des Anlagenzustands 0 bar und 50° C („Anfahrpunkt") funktionsbereit sein muss (u. a. Flutbehälter gefüllt und beprobt).

2.9 Die Qualität der Meldung des primären Unterborierungsereignisses war unzureichend, weil die Meldung fehlerhaft und unvollständig war.

2.10 Die Einstufung des Unterborierungereignisses war weder nach der INES-Skala noch nach der AtSMV korrekt: Die korrekte Einstufung ist INES 2 (Betreiber: 0) und AtSMV S (Betreiber: N)[16]

---

[15] Dieser Beitrag entspricht – von wenigen Korrekturen abgesehen – den Aufzeichnungen vom 28. 8. 2010 des ehemaligen, in der baden-württembergischen Aufsichtsbehörde zuständigen Ministerialdirigenten Dr. Dietmar Keil (s. AMPA KU 173, Persönliche Mitteilungen).

---

[16] Nach Auffassung des Betreibers war und ist diese Einstufung umstritten, denn die nachträglichen von KKP durchgeführten Störfallanalysen haben im Hinblick auf die Nachwärmeabfuhr und Unterkritikalität gezeigt, dass alle Kriterien für die Störfallbeherrschung – trotz der Abweichungen in den Flutbehältern – eingehalten waren.

3 Bereich „Organisation"

3.1   Erhebliche Defizite wurden im BHB festgestellt, insbesondere:

- Unvollständigkeit der sicherheitstechnisch wichtigen Grenzwerte und Parameter in der Sicherheitsspezifikation (SSP),
- keine eindeutige Festlegung der notwendigen Systemverfügbarkeiten in Abhängigkeit vom Anlagenbetriebszustand,
- keine eindeutige Festlegung der Ausfallkriterien (Kriterien für Funktionsunfähigkeit) für Sicherheitskomponenten, Sicherheitsteileinrichtungen oder Sicherheitssysteme,
- keine eindeutigen und konkreten Vorgaben für den Anfahrprozess,
- Widersprüche innerhalb der schriftlichen betrieblichen Regelungen, insbesondere im BHB,
- keine Optimierung des Befüllkonzepts der Flutbehälter (Wassermanagement) unter Sicherheitsaspekten,
- Praktizierung von Vorgehensweisen durch das Schichtpersonal, die so nicht im BHB festgelegt waren.

3.2   Kein geregelter und organisierter Erfahrungsrückfluss aus dem Betrieb zur ständigen Verbesserung des Betriebsreglements und des Fahrbetriebs.

3.3   Unzureichende betreiberseitige Kontrolle des Betriebsablaufs und insbesondere des Fahrbetriebs.

3.4   Die Aufarbeitung des Precursor-Ereignisses vom Frühjahr 2001 war gekennzeichnet durch eine unzureichende Untersuchung dieses Ereignisses und generelle Mängel in der Störungsanalyse, die teilweise auf eine ungenügende Personalausstattung zurückzuführen waren.

3.5   Defizite im internen und externen Kommunikationsverhalten des Betreibers im Umgang mit meldepflichtigen Ereignissen.

3.6   Mängel im Diagnose- und Entscheidungsprozess bei Ereignissen und besonderen Anlagenzuständen.

3.7   Abweichungen in der notwendigen Übereinstimmung der drei Datensätze

- Datensatz Nr. 1: sicherheitstechnisch wichtige Grenzwerte, Parameter und Randbedingungen aus den Sicherheitsanalysen,
- Datensatz Nr. 2: sicherheitstechnisch wichtige Grenzwerte in der Sicherheitsspezifikation des BHB,
- Datensatz Nr. 3: die tatsächliche Realisierung dieser Grenzwerte, Parameter und Randbedingungen in der Hardware der Anlage.

Die von der Aufsichtsbehörde veranlasste Überprüfung dieser drei Datensätze ergab wenige Abweichungen, die sicherheitstechnisch unbedeutend waren.

4 Abhilfemaßnahmen und Konsequenzen im personell-organisatorischen Bereich beim Betreiber

4.1   Personelle Konsequenzen:

Rücktritt des technischen Vorstands (zugleich Strahlenschutzverantwortlicher für KKP) sowie des Aufsichtsratsvorsitzenden der EnBW Kraftwerke AG (zugleich Technikvorstand in der EnBW Holding AG). Interne Versetzung des Leiters der Anlage für KKP 2, der zugleich Betriebsleiter für KKP 2 war. Vorübergehende Freistellung vom Schichtdienst desjenigen Schichtleiters, der bei der Entdeckung der Unterborierung des Flutbehälters JNK 10 Dienst hatte. Zuziehung von drei international angesehenen Experten aus dem Ausland zur Sicherheitsberatung des Vorstandsvorsitzenden des Konzerns.

4.2   Indikatorgestütztes Sicherheitsmanagementsystem:

Zur künftig besseren Gewährleistung des sicheren Betriebs wurde dem Betreiber die Einführung eines indikatorgestützten Sicherheitsmanagementsystems an allen drei Kernkraftwerksstandorten auferlegt.

4.3   Überarbeitung des BHB:

Die Betriebshandbücher aller Kernkraftwerke der EnBW wurden entsprechend den Erkenntnissen aus den KKP 2-Ereignissen umfassend überarbeitet. Insbesondere wurde für die Nichtleistungszustände und für die An- und Abfahrzustände ein Phasenkonzept für das BHB entwickelt.

4.4   Optimierung des Wassermanagements:

Das Wassermanagement insbesondere während der Revision, z. B. zum Befüllen und Entleeren von Flutbehältern und Druckspeichern, wurde unter Sicherheitsaspekten optimiert.

Nach Auffassung des ehemaligen, in der baden-württembergischen Aufsichtsbehörde zuständigen Ministerialdirigenten Dr. Dietmar Keil kommt es bei der „fomalen" Einstufung von Ereignissen nicht darauf an, ob die Ereignisse - nach komplizierten und zeitaufwändigen Sicherheitsanalysen - bei nachträglicher technisch-ingenieurmäßiger Betrachtung tatsächlich beherrscht worden waren, sondern auf die unmittelbare Beurteilung durch das Betriebspersonal beim Erkennen der Ereignisse. Zu diesem Zeitpunkt lagen schwerwiegende Abweichungen von den Vorgaben in der Sicherheitsspezifikation des BHB vor, so dass mehrere Redundanzen eines wichtigen Sicherheitssystems (Not- und Nachkühlsystem) „formal" als ausgefallen zu bewerten waren. Auf Ziffer 4.11 des vorliegenden Anhangs wird hingewiesen.

4.5 Verbesserung der Eigenkontrolle des Betreibers:
Die Eigenkontrolle des Betreibers wurde im Bereich des Fahrbetriebs, insbesondere beim Anfahren, und der Qualitätssicherungsüberwachung verbessert und verstärkt. Außerdem wurden Expertenteams gemäß dem VGB-Selbstbewertungssystem und nationale und internationale Peer-Review-Teams zur Überprüfung der Betriebsführung eingesetzt. Die Betriebssicherheit des KKP 2 wurde im Herbst 2004 durch ein OSART-Team überprüft; im GKN ist dies im Jahre 2007 erfolgt.

4.6 Verbesserung des Erfahrungsrückflusses aus der Betriebsführung, Sicherheitskultur:
Der Erfahrungsrückfluss aus dem Fahrbetrieb zur kontinuierlichen Verbesserung der Betriebsvorschriften, insbesondere des BHB, sowie der Betriebsführung wurde geregelt und organisiert. Außerdem wurden und werden zahlreiche Schulungsmaßnahmen zur weiteren Verbesserung des innerbetrieblichen Erfahrungsaustausches und der Kommunikation sowie der Sicherheitskultur durchgeführt.

4.7 Ereignisanalyse:
Durch die personelle Verstärkung des Störfallanalyse-Bereichs und durch die Einführung der ganzheitlichen Störungsanalyse wurden Verbesserungen bei Erfassung, Bewertung und Auswertung von meldepflichtigen und sonstigen Ereignissen im Hinblick auf Human-Factors-Aspekte und Precursor-Ereignisse erreicht.

4.8 Personalentwicklungsplan:
Der Betreiber hat zur Personalplanung einen Personalentwicklungsplan aufgestellt, in dem den absehbaren Abgängen, notwendigen vorübergehenden Doppelbesetzungen, längeren Einarbeitungszeiten und erforderlichen Stellenaufstockungen im technischen Bereich Rechnung getragen wird. Dieser Personalentwicklungsplan wird regelmäßig fortgeschrieben und der Aufsichtsbehörde halbjährlich vorgelegt.

4.9 Personelle Betriebsorganisation:
Die Betriebsorganisation wurde im Auftrag der Aufsichtsbehörde von externen Experten untersucht und verbessert. Außerdem wurden alle drei Kernkraftwerksstandorte zu einer einzigen Betriebsführungsgesellschaft (EnKK Kernkraft GmbH) umorganisiert. Dadurch soll vor allem die Verantwortlichkeit vor Ort gestärkt und die Sicherheitseffizienz verbessert werden.

4.10 Überprüfung der drei Datensätze:
Die Datensätze gemäß Ziffer 3.7 wurden für alle Kernkraftwerke in Baden-Württemberg überprüft.

4.11 Paradigmenwechsel:
Im Zuge der Aufarbeitung der KKP 2-Ereignisse wurde die Betrachtungsweise in Bezug auf die Verfügbarkeit von Sicherheitssystemen modifiziert. Gegenüber früheren, stärker technisch-ingenieurmäßigen Bewertungen ähnlicher Fälle wird nun eine gleichberechtigte formale Betrachtungsweise hinsichtlich des Ausfalls von Teilsystemen vorgenommen. Beiden Betrachtungsweisen muss jeweils Rechnung getragen werden.

4.12 Diagnose- und Entscheidungsprozess:
Dem Diagnose- und Entscheidungsprozess beim Betriebspersonal kommt im Falle von Ereignissen und Befunden und ungewöhnlichen Anlagenzuständen besondere Bedeutung zu. Fehler bei diesem Prozess können gravierende Auswirkungen haben (vgl. z. B. Radiolysegasexplosion im Kernkraftwerk Brunsbüttel am 14. Dezember 2001). Hierzu wurden intensive Schulungen des Betriebspersonals vorgenommen und praxistaugliche Regeln aufgestellt (vgl. DIN A6-Heft „Marker" der EnKK).

Anhang 20

Frühwarnsystem zur Erkennung von Schwächen bei der Nuklearen Sicherheitsarchitektur

Ziel jedes verantwortungsbewussten Betreibers im Rahmen der Wahrnehmung seiner Eigenverantwortung sowie der atomrechtlichen Aufsichtsbehörde im Rahmen ihres gesetzlichen Auftrags der staatlichen Überwachung des sicheren Kernkraftwerksbetriebs ist es, frühzeitig Hinweise auf ernst zu nehmende, die Sicherheit tangierende Mängel im personell-organisatorischen Bereich des Kernkraftwerks („early warning flags") sowie negative Einflussfaktoren aus seinem Umfeld (Umfeldeinflüsse) zu identifizieren. Die nachstehende Übersicht stellt die Tätigkeiten im Kernkraftwerk sowie die Umfeldeinflüsse zusammen, aus denen frühzeitige Warnhinweise auf negative Entwicklungen in der Sicherheitskultur gewonnen werden können. Die Erfahrungen deutscher Aufsichtsbehörden und die internationalen Erfahrungen des Institute of Nuclear Power Operations (INPO), der World Association of Nuclear Operators (WANO) sowie der OECD/ Nuclear Energy Agency (OECD/NEA) erlauben eine sehr detaillierte Aufgliederung der hier aufgelisteten Einflussfaktoren.[17] Die aufmerksame Beobachtung dieser Hinweise seitens des Betreibers sowie durch die Aufsichtsbehörde dient dem frühzeitigen Erkennen von Schwächen in der Sicherheitsarchitektur im Sinne eines Frühwarnsystems. Meist ist die Beobachtung über einen längeren Zeitraum notwendig, um anhand identifizierter einzelner Hinweise bereits erste negative Abweichungen und Trends in der ganzheitlichen Zusammenschau zu erkennen.

Demgegenüber treten im technischen Bereich Mängel und Schwächen bei Vorkommnissen sowie den regelmäßigen wiederkehrenden Prüfungen, Instandhaltungsmaßnahmen, Maßnahmen des Alterungsmanagements und gezielten Schwerpunktinspektionen klar und in der Regel auch frühzeitig zu Tage.

1. Hinweise auf Schwächen im personell-organisatorischen Bereich des Kernkraftwerks (early warning flags)

1.1   Verhalten der Geschäftsführung der Kernkraftwerksgesellschaft gegenüber der Einhaltung von Bestimmungen der Gesetze, Verordnungen und behördlicher Bescheide sowie der Aufsichtsbehörde, dem Personal und anderen Kernkraftwerksbetreibern

1.2   Fachkunde und Zuverlässigkeit sowie sonstige Verhaltensweisen der atomrechtlich verantwortlichen Personen

1.3   Umgang mit Ereignissen und Befunden und sonstigen meldepflichtigen Sachverhalten

1.4   Umgang des Kernkraftwerksbetreibers mit der Aufsichtsbehörde

1.5   Qualität des Betriebsreglements und sonstiger schriftlicher betrieblicher Unterlagen

1.6   Sicherheitskultur

1.7   Sicherheitsmanagementsystem

1.8   Einhaltung von Vorschriften

1.9   Effizienz und Effektivität der Wahrnehmung der Eigenverantwortung des Betreibers

1.10 Kenntnisse und Kompetenzen des Betriebspersonals

1.11 Schulungsmaßnahmen

1.12 Arbeitsbelastung

1.13 Wahrnehmung von Führungsaufgaben, Führungsstil

1.14 Sauberkeit, Ordnung und Pflege der Anlage (Housekeeping)

1.15 Öffentlichkeits- und Pressearbeit

2. Negative Einflussfaktoren aus dem Umfeld des Kernkraftwerks (Umfeldeinflüsse)

2.1   Management und Unternehmenskultur des Energieversorgungsunternehmens, Konzernumfeld

2.2   Kerntechnische Infrastruktur als industrielles, technisches und wissenschaftliches Umfeld

2.3   Gesellschaftlich-politisches und mediales Umfeld

2.4   Nachwuchspersonal als Human-Resources-Umfeld

2.5   Liberalisierung und Globalisierung des Strommarkts als wirtschaftliches Umfeld

2.6   Aufsichtsbehörde und zugezogene Sachverständige als Kontrollumfeld

---

[17] Dieser Anhang enthält Auszüge aus einer schriftlichen Ausarbeitung vom 28.08.2010 des ehemaligen Ministerialdirigenten Dr. Dietmar Keil der baden-württembergischen Aufsichtsbehörde. Die detaillierte Aufgliederung ist in der vollständigen Ausarbeitung enthalten. (s. AMPA Ku 173, Persönliche Mitteilungen).

Archive

Archiv des Deutschen Museums München

AGKM	Archiv des Großkraftwerks Mannheim, Marguerrestr. 1, Mannheim
AKWO	Archiv des Kernkraftwerks Obrigheim/Neckar
AMPA Ku	Archiv der Materialprüfungsanstalt der Universität Stuttgart, Bestand Prof. Dr. Karl Kußmaul. Diesem Bestand wurden die Bände AMPA Ku 151 und 173 mit persönlichen schriftlichen Mitteilungen hinzugefügt. In den Bestand AMPA Ku wurden Materialien aus dem übrigen, nicht systematisch erschlossenen MPA-Archiv integriert, soweit sie in der vorliegenden Arbeit zitiert sind.
AMUBW	Archiv des Ministeriums für Umwelt Baden-Württemberg, Stuttgart
BA	Bundesarchiv Koblenz
	Bestand B 106 BMI
	Bestand B 138 BMAt
	Bestand B 196 BMFT
	Bestand B 295 BMU

GemAFriedrichstal Gemeindearchiv Friedrichstal/Stutensee

GLA	Landesarchiv Baden-Württemberg, Archivabteilung Generallandesarchiv Karlsruhe
	Bestand 69/KfK
	Bestand 471 Zug. 1997-36 Wyhl-Prozess
LNT	Linear-Non-Threshold
NAIIC	The Fukushima Nuclear Accident Independent Investigation Commission
StAF	Landesarchiv Baden-Württemberg, Archivabteilung Staatsarchiv Freiburg
	Bestand G-575/13 Wyhl-Prozess
StAWu	Bayerisches Staatsarchiv Würzburg Bestand Verwaltungsgericht Würzburg 457 II

Glossar

Absorberstäbe Reaktorsteuerstäbe aus Legierungen mit Cadmium, Bor, Gadolinium, Silber, Indium u. a., die beim Einfahren zwischen den Brennelementen Neutronen einfangen und damit die Kritikalität des Reaktors vermindern

Accident Management anlageninterne und -externe Notfallschutzmaßnahmen

Akkumulator Kühlmittel-Druckspeicher

Aktivität Anzahl der Kernumwandlungen in radioaktiven Körpern pro Zeiteinheit

Anlagenraum während des Betriebs wegen Strahlung und begrenzter Lüftungsführung nicht betretbar

Architect Engineer Ingenieurbüro, das verantwortlich den Gesamtauftrag der Errichtung eines Kernkraftwerks in den USA abwickelt

ATWS-Störfälle Anticipated Transients without Scram: Betriebstransienten bei gleichzeitig unterstelltem Ausfall der Reaktor-Schnellabschaltung

Auslegungsstörfall Störfall, der durch konstruktive Eigenschaften und Sicherheitseinrichtungen des Kernkraftwerks sicher beherrscht wird (gemäß § 28 Abs. 3 Satz 4 Strahlenschutzverordnung)

Ballooning Aufblähen der unter Innendruck stehenden Hüllrohre bei Überhitzung der Brennelemente

Basissicherheit Sicherheitsniveau, das bei Einhaltung der Anforderungen an Konstruktion, Auslegung, Werkstoffe, Herstellung und Prüfbarkeit von Anlagenteilen gemäß der Rahmenspezifikation Basissicherheit vom 29. 4.

1979 ein „katastrophales" Versagen der Komponente ausschließt (Anhang 2 zu Kap. 4.2 der RSK-Leitlinien für Druckwasserreaktoren)

Betriebsraum während des Betriebs aufgrund Abschirmung und Lüftungsführung betretbar

Bleed-and-Feed kontrollierte Druckentlastung und gleichzeitige Bespeisung mit Kühlmittel primär- und/oder sekundärseitig

Blowdown Ausströmvorgang des Kühlmittels aus der druckführenden Umschließung, beginnt mit der Entstehung des Lecks bzw. des postulierten Abrisses einer Kühlmittelleitung. Er ist bei einem großen Leck bei Erreichen des im Containment herrschenden Drucks abgeschlossen.

Brennelement Kernbrennstoff in Brennstäben enthaltendes Bauteil, das beim Laden und Entladen eines Reaktors eine Einheit bildet

Brennstab beidseitig verschlossenes mit Kernbrennstoff gefülltes Metall-/Hüllrohr

Brutreaktor/Brüter Reaktor, in dem das Uranisotop U^{238} so in Pu^{239} umgewandelt wird, dass mehr neuer Spaltstoff erzeugt als zugleich verbraucht wird.

Common-Mode-Fehler Ausfall von mindestens zwei Komponenten eines Systems aufgrund einer gemeinsamen Ursache

Containment äußere Umhüllung der Reaktoranlage, die i. d. R. aus einem gasdichten, druckfesten Sicherheitsbehälter und einem diesen einhüllenden Stahlbetongebäude besteht, wobei alle Systeme umfasst sind, die bei einem Unfall zusammenwirken, um die Radioaktivitäts-Freisetzung in einer vorbe-

P. Laufs, *Reaktorsicherheit für Leistungskernkraftwerke*,
DOI 10.1007/978-3-642-30655-6, © Springer-Verlag Berlin Heidelberg 2013

stimmten Weise mit hoher Zuverlässigkeit zu kontrollieren.

Core Catcher „Kernfänger", Einrichtung zum Auffangen und Abkühlen einer Kernschmelze

Dampfblasenkoeffizient Maß für die Veränderung der Reaktivität (des Neutronenflusses) eines Kernreaktors bei Bildung von Dampfblasen im Kühlwasser oder Moderator infolge Verringerung der Dichte

Deflagration mit Unterschallgeschwindigkeit laufende Flammenfront

Detonation nach extrem rascher Energiefreisetzung mit Überschallgeschwindigkeit sich als Stoßwelle ausweitender Druckanstieg

Doppler-Effekt bei Erhöhung der Brennstofftemperatur zunehmende Resonanz-Absorption der Neutronen an den U^{238}-Atomen

Downcomer Ringraum/Fallraum zwischen Reaktorkernbehälter und RDB-Innenwand sowie zwischen Eintrittsstutzen und unterem Plenum eines Reaktordruckbehälters, durch den das Kühlwasser aus dem „kalten Strang" nach unten strömt

Defense in Depth in die Tiefe gestaffelte Schutzbarrieren und Sicherheitsvorkehrungen zur „Verteidigung" gegen die Auswirkungen von Betriebsstörungen/Störfällen

Deionat demineralisiertes (vollentsalztes) natürliches Wasser

Druckwasserreaktor (DWR) Reaktortyp, bei dem die im Reaktorkern erzeugte Wärme in einem unter hohem Druck (ca. 155 bar) stehenden dampffreien Wasserkühlkreislauf (Primärkreislauf) in Wärmetauscher (Dampferzeuger) gefördert wird, die den Frischdampf (Sattdampf) für die Turbinen erzeugen.

Eigenspannungen sind mechanische Spannungen in einem Baukörper, auf den keine äußeren Kräfte einwirken und der sich im thermischen Gleichgewicht befindet.

Einzelfehler zufälliges Versagen, wenn eine Systemkomponente einer Sicherheitseinrichtung ihre Funktion bei Anforderung nicht erfüllt

Fail-Safe sicherheitsgerichtetes Ausfallverhalten, Eigenschaft eines zuverlässigen Systems, das sich bei Auftreten von Fehlern/Versagen von Komponenten selbst in einen sicheren Zustand überführt

Filmsieden Siedevorgang, bei dem sich zwischen dem Brennstabhüllrohr und dem Kühlwasser ein stabiler Dampffilm befindet

Fortluft die in das Freie abgeführte Abluft

Fluten Das Fluten des Reaktorkerns beginnt bei Ende des Wiederauffüllens des Reaktordruckbehälters mit Notkühlwasser und ist beendet, wenn der Kern vollständig mit Wasser bedeckt ist und die Temperaturen der Brennstäbe ihr niedriges Langzeitniveau erreicht haben.

inhärente Sicherheit Stabilisierung eines Zustands durch systemeigene Selbstregelungsmechanismen ohne Mitwirkung technischer Einrichtungen

Karenzzeit Zeitspanne zwischen dem Eintritt eines auslösenden Ereignisses und dem Erreichen eines unzulässigen Anlagenzustands, die für Notfallschutz (AM) -Maßnahmen genutzt werden kann

Kernbrennstoffe spaltbare Materialien in Form von Uran und Plutonium als Metall, Legierung oder chemische Verbindung

Kernreaktor Einrichtung, in der eine sich selbsterhaltende Kettenreaktion von Atomkernspaltungen aufrecherhalten und gesteuert werden kann

Kondensator Behälter, in dem der entspannte und abgekühlte Arbeitsdampf aus den Turbinen durch Wärmeübertragung an die Umgebung kondensiert und sich an der tiefsten Stelle als „Speisewasser" sammelt, das wieder in den Reaktor (SWR) bzw. in den Dampferzeuger (DWR) zurückgeführt wird.

Konvoi-Anlage eines der drei Kernkraftwerke Emsland, Isar-2 oder Neckarwestheim-2, deren für die Sicherheit der Anlage wichtigen Komponenten, Systeme und Bauwerke völlig identisch waren und die in den 1980er Jahren „im Konvoi" errichtet wurden.

Kritikalität Neutronenbilanz, auch kritischer Zustand eines Kernreaktors

kritisch Zustand einer konstant fortlaufenden Kettenreaktion, in dem gleich viele Neutronen erzeugt wie verbraucht werden

Leck-vor-Bruch Verhalten, bei dem ein stetig wachsender Riss die Behälterwand mit einem Leck nach außen öffnet ohne spontanes Aufreißen mit Zerknall

Liner (technisch) gasdichte (Stahlblech-) Auskleidung an Betonwänden

Loop s. Umwälzschleife

Mischoxid-Brennelement Brennelement, dessen Kernbrennstoff Urandioxid in der Regel Plutoniumdioxid oder seltener Thoriumdioxid beigemischt wurde

Nachzerfallswärme Wärme, die nach Abschaltung des Reaktors durch den weiteren radioaktiven Zerfall der Spaltprodukte entsteht.

NDT-Temperatur nil-ductility-transition temperature (Übergangstemperatur), die höchste Temperatur, bei der eine Werkstoffprobe im Fallgewichtsversuch bricht

Neutronenfluenz die über die Bestrahlungszeit integrierte Neutronenflussdichte

Neutronenflussdichte Produkt aus der Neutronenzahldichte und der mittleren Geschwindigkeit der Neutronen

passive Sicherheitssysteme Schutzeinrichtungen, die selbsttätig bewirken, dass Unfälle vermieden oder deren Folgen verringert werden

Peer Review objektive, an besten internationalen Standards ausgerichtete Sicherheitsüberprüfung „unter Kollegen" durch Experten von außen

Plenum oberes/unteres Plenum: Raum oberhalb bzw. unterhalb der den Reaktorkern haltenden RDB-Einbauten

Primärkühlkreislauf aus zwei oder mehreren Umwälzschleifen sowie einem Druckhalter bestehendes Reaktorkühlsystem des Druckwasserreaktors, das die im Reaktorkern erzeugte Wärme in die Dampferzeuger transportiert

Quench Front Benetzungsfront

Reaktivität Maß für die Abweichung des Neutronenflusses vom kritischen Zustand (Multiplikationsfaktor $\gtrless 1$)

Reaktor s. Kernreaktor

Reaktordruckbehälter zylindrischer Stahlbehälter mit halbkugelförmigem Boden und Deckel aus Schmiedestücken, in dem sich der von Kühlmittel durchströmte Reaktorkern befindet und an dessen Stutzen die Rohrleitungen des Primärkühlkreislaufs (DWR) angeschweißt sind

Reaktorkern Reaktorbauteil, das aus den Brennelementen besteht, in denen durch Kernspaltung Wärme erzeugt wird

Reaktorschutzsystem Teil des Sicherheitssystems, erfasst und überwacht die sicherheitsrelevanten Prozessvariablen und löst Schutzaktionen aus, um den Anlagenzustand in sicheren Grenzen zu halten

Redundanz Vorhandensein von mehr funktionsfähigen technischen Einrichtungen, als zur Erfüllung der vorgesehenen Funktion erforderlich ist

Rissstopp Auffangen eines von einer Fehlstelle ausgehenden Risses, der in die ungestörte Wand eines unter Innendruck stehenden Rohres oder Behälters läuft

Scram Reaktor-Schnellabschaltung (scram = verschwinde! Mach, dass du wegkommst!)

Semiscale-Anlage gegenüber der LOFT-Versuchsanlage im Maßstab 1: 2 (später 1: 4) linear verkleinerte thermohydraulische Modellanlage

Sicherheitsbehälter Stahlblechbehälter, der das Primär- und das Sekundärsystem bis zu den ersten Absperrarmaturen einschließt und den Massen- und Energieaustrag aus diesen Systemen vollständig aufnehmen kann

Sicherheitseinschluss s. Containment

Siedewasserreaktor (SWR) Reaktortyp, bei dem der Arbeitsdampf unmittelbar im Reaktorkern erzeugt und als Sattdampf direkt auf die Turbine gegeben wird

Spaltprodukte Nuklide, die durch Spaltung der Kernbrennstoffe oder nachfolgend aus dem radioaktiven Zerfall der durch Spaltung entstandenen Nuklide entstehen

Spaltstoff s. Kernbrennstoff

Steam binding Behinderung der Dampfabströmung aus dem oberen RDB-Plenum

Störfälle Abweichungen vom bestimmungsgemäßen Betrieb, bei deren Eintritt der Anlagenbetrieb aus sicherheitstechnischen Gründen nicht fortgeführt werden kann und für die die Anlage auszulegen ist sowie Schutzvorkehrungen vorzusehen sind.

Strahlenexposition Einwirkung ionisierender Strahlen auf den menschlichen Körper

Strang Teil eines Rohrleitungssystems

Temperaturkoeffizient Änderung der Reaktivität (des Neutronenflusses) mit der Temperatur

Transiente ein zeitlich veränderliches Ereignis, bei dem ohne Kühlmittelverlust ein länger andauerndes Ungleichgewicht zwischen Wärmeerzeugung und Wärmeabfuhr besteht

Umwälzschleife Rohrleitungen und Pumpe, durch die das im Reaktorkern erhitzte Wasser aus dem RDB in den Dampferzeuger gefördert und das im Dampferzeuger abgekühlte Wasser wieder zurück in den RDB gebracht wird

Unfall Ereignisablauf, der für eine oder mehrere Personen die Grenzwerte der Anlage übersteigende Strahlenexposition oder Inkorporation radioaktiver Stoffe zur Folge haben kann.

Void-Koeffizient Dampfblasen- oder auch Kühlmittelverlust-Koeffizient, Maß für die Reaktivitätsänderung durch Dampfblasenbildung

Wärmeeinflusszone Bereiche des Grundwerkstoffs entlang von Schweißnähten, deren Mikrostrukturen durch den Wärmeeintrag bei der Schweißung verändert wurden

Wiederauffüllen Das Wiederauffüllen des Reaktordruckbehälters (RDB) mit Notkühlwasser beginnt bei Ende oder kurz vor dem Ende des Blowdown und ist beendet, wenn das eingespeiste Kühlmittel den Boden des RDB bis zu den unteren Enden der Brennstäbe aufgefüllt hat.

Wigner-Energie von Eugene Paul Wigner entdeckte Energie, die bei der Versetzung von Kohlenstoffatomen aus der kristallinen Gitterstruktur des Graphits auf Zwischengitterplätze durch Bestrahlung mit schnellen Neutronen gespeichert wird. Bei Temperaturen von 200-250° C rekombinieren die Fehlstellen und setzen die Wigner-Energie als Wärme frei. Diese Freisetzung kann unkontrollierbar spontan verlaufen.

Literatur

Aamodt NG (1958) Underground location of a nuclear reactor. Proceedings of the Second United Nations international conference on the peaceful uses of atomic energy. Genf, Bd 11 P/561 Norway, S 92–100, 1–13 September 1958

Abdollahian D et al (1977) UCB experimental study of reflood heat transfer. Trans Am Nucl Soc 27:609–611

Abele J (2002) Wachhund des Atomzeitalters. Deutsches Museum

Abelson P (1939a) An investigation of the products of the disintegration of uranium by neutrons. Phys Rev 56(1):1–9

Abelson P (1939b) Cleavage of the uranium nucleus. Phys Rev 55:418

Adachi H et al (1981) SCTF Core-I test results. Proceedings, 9th water reactor safety research information meeting. Gaithersburg, Md., NUREG/CP-0024, Bd 2, 26–30 Oktober 1981

Adachi H et al (1982) SCTF Core-I reflood test results. Proceedings, 10th water reactor safety research information meeting. Gaithersburg, Md., NUREG/CP-0041, 1:287–306, 12–15 Oktober 1982

Adams JP (1981) Quick-look report on LOFT nuclear experiments L5–1 and L8–2, EGG-LOFT-5625, Project No. P 394, S 61, Oktober 1981

Adams JP, Batt DL, Berta VT (1986) Influence of LOFT PWR transient simulations on thermal-hydraulic aspects of commercial PWR safety. Nucl Saf 27(2):179–192 (April–Juni)

Adamsky F-J, Teichmann HD (1977) Betriebserfahrungen mit Speisewasserbehältern. VGB Kraftwerkstech 57(November):756–773

Addabbo C, Annunziato A (1993) Contribution of the LOBI project to LWR safety research. Nucl Saf 34(2):180–195

Addabbo C, Worth B (1990) LOBI-MOD2 Research programme a, small break LOCA and special transients. Final Report, CEC-BMFT Contract No. 2009-82-12 TI ISP D, Communication Nr 4333, Oktober 1990

Adler F, von Halban H (1939) Control of the chain reaction involved in fission of the uranium nucleus. Nature 143:793 (13 Mai 1939)

Ahlf J, Florin C, Schmelzer F (1968) Bestrahlungsuntersuchung am FDR-Druckbehälterstahl der „Otto Hahn". Atomkernenergie (ATKE) 13(3):199–204

Ahrens G, Haury G, Lahner K, Schatz A (1983) Versuchsanlage GERDA für DWR mit Geradrohrdampferzeuger. atw 28(November):564–568

Aisch D, Petersen G (1965) Sicherheitshülle mit Anlage zur Druckentlastung. atw 10(Juli/August):359–360

Aksan SN (1982) NEPTUN Bundle boil-off reflooding experimental program results. Proceedings, 10th water reactor safety research information meeting, Gaithersburg, Md., NUREG/CP-0041, Bd 1, S 363–374, 12–15 Oktober 1982

Aksan SN, D'Auria FD, Städtke H (1993) User effects on the thermal-hydraulic transient system code calculations. Nucl Eng Des 145:159–174

Albers H (1978) Atomgesetz und Berstsicherung für Druckwasserreaktoren. Dtsch Verwalt-Bl (DVBl) 1/15(Januar):22–28

Albert N, Bilger H (1988) Inerting system and pressure relief system with filtered venting in KWU BWRs. Proceedings of an international symposium on severe accidents in nuclear power plants, IAEA, Vienna, Bd 2, S 629–642

Aleite W (1966) Regelung des Kernkraftwerks Obrigheim. Kerntechnik 8(1):15–18

Aleite W (1970) Regelung des Kernkraftwerks, VGB-Kernkraftwerks-Seminar 1970, Druckwasserreaktoren, Vereinigung der Grosskesselbetreiber. Vulkan-Verlag, Essen, S 57–63

Aleite W (1976) 1300-MW-Kernkraftwerke im Lastfolgebetrieb. VGB Kraftwerkstech 56(2 Februar):72–75

Aleite W (1978) Improved safety and availability by limitation systems. Proceedings ENS/ANS international topical meeting on nuclear power reactor safety, Brüssel, Bd 1, S 599–610, 16–19 Oktober 1978

Aleite W (1983a) Aufgabe der Instrumentierung. In: Kaiser G (Hrsg) Reaktorinstrumentierung. VDE-Verlag, Berlin, S 29–42

Aleite W (1983b) Defence in depth by ‚Leittechnique' systems with graded intelligence: proceedings, international symposium on nuclear power plant control and

P. Laufs, *Reaktorsicherheit für Leistungskernkraftwerke*,
DOI 10.1007/978-3-642-30655-6, © Springer-Verlag Berlin Heidelberg 2013

instrumentation, IAEA, München, IAEA-SM-265/14, Wien, S 301–319, 11–15 Oktober 1982

Aleite W (1986) The contribution of KWU PWR Leittechnik important to safety to minimize reactor scram frequency. Proceedings OECD/NEA symposium on reducing reactor scram frequency, Tokio, Session 6, S 403–412, 14–18 April 1986

Aleite W (1987) Leittechnik in kerntechnischen Anlagen, Stand und Ausblick, in: Berichtsband der Fachtagung des Deutschen Atomforums e. V. „Mensch und Chip in der Kerntechnik", 27–28 Oktober 1987, Bonn, INFO-RUM, Bonn S 11–42

Aleite W (1992) Leittechnik in Kernkraftwerken. atw 37(Oktober):462–471

Aleite W, Bock H-W (1970) Spezial-Hybrid-Rechner für die Berechnung raumzeitlicher Leistungsverteilungen in großen Druckwasserreaktorkernen zur Optimierung von Regelungsstrukturen und Steuerstabfahrprogrammen. Proceedings, conference on hybrid computation, Sixth international analogue computation meetings, München, Presses Academiques Européennes, Brüssel, S 507–512, 31 August–4 September 1970

Aleite W, Bock H-W (1973) Ergebnisse bei der Inbetriebsetzung der Reaktor-Regeleinrichtungen des Kernkraftwerkes Stade (KKS), Tagungsbericht, Reaktortagung Karlsruhe 10–13 April 1973, Deutsches Atomforum, Bonn, S 514–517

Aleite W, Bock HW (1975) Ergebnisse bei der Inbetriebsetzung der Reaktor-Regelungs- und Überwachungs-Systeme des Kernkraftwerks Biblis A, Tagungsbericht der Reaktortagung am 9–11 April 1975 in Nürnberg, Kerntechnische Gesellschaft im Deutschen Atomforum e. V., Bonn, S 579–582

Aleite W, König N (1988) Moderne Leittechnik-Systeme in Kernkraftwerken, VDI-Bericht 668 über die VDI-Tagung: Kernenergie, eine Energiequelle der Zukunft?, Hannover, VDI-Verlag, Düsseldorf, S 87–111, 24 und 25 Februar 1988

Aleite W, Struensee S (1987) Leistungsregeleinrichtungen und Begrenzungen von Druck- und Siedewasserreaktoren. atw 32(März):129–134

Aleite W, Lepie G, Rauscher T (1967) Die Regelung des Kernkraftwerks Obrigheim. At Strom Folge 11/12(November/Dezember):194–198

Aleite W, Bock H-W, Dorer K (1971) Regeleinrichtungen des Kernkraftwerks Stade. atw 16(November):597–599

Aleite W, Bock HW, Bortolazzi K (1977) Inbetriebsetzung der Reaktor-Leistungs-Leittechnik der Kernkraftwerke Neckarwestheim und Biblis B, Tagungsbericht der Reaktortagung am 29 März–1 April 1977 in Mannheim, Kerntechnische Gesellschaft im Deutschen Atomforum e. V., Bonn, S 865–868

Aleite W, Geyer KH, Hofmann H, Scherschmidt F (1983) Leittechnik im Kernkraftwerk – zuviel oder zuwenig? atw 28(November):559–563

Aleite W, Bock HW, Rubbel E (1984) Video display units in nuclear power plant main control rooms: the process information system KWU-PRINS: Siemens Forsch. U. Entwickl.-Ber., Bd 13, Nr 3, Springer-Verlag, Berlin

Aleite W, Hoffmann H, Jung M (1987) Leittechnik in Kernkraftwerken. atw 32(März):122–134

Alex H, Jungclaus D (1974) Informationsreise am 31 Juli 1974 nach Flixborough, England, IRS-T-26, Köln, November 1974

Alsmeyer H (1986a) BETA-Experimente zum Kernschmelzen. KfK-Nachr 18(3/86):165–173

Alsmeyer H (1986b) BETA-Experimente zur Verifizierung des WECHSL-Codes, Experimentelle Ergebnisse der Schmelze-Beton-Wechselwirkung, Abschlusskolloquium des Projektes Nukleare Sicherheit, Karlsruhe, Berichtsband KfK 4170, August, S 409–430, 10 und 11 Juni 1986

Alsmeyer H, Stiefel S (1988) Rechnungen zum Langzeitverhalten einer Kernschmelze bei der Fundamenterosion. Jahrestagung Kerntechnik, '88, Tagungsbericht, INFORUM, Bonn, Mai 1988, S 227–230

Alsmeyer H, Tromm W (1999) The COMET concept for cooling core melts: evaluation of the experimental studies and use in the EPR, Forschungszentrum Karlsruhe, wiss. Bericht FZKA 6186, Oktober 1999

Alsmeyer H, Werle H (1994) Kernschmelzkühleinrichtungen für zukünftige DWR-Anlagen. KfK-Nachrichten 26(3/94):170–178

Alsmeyer H, Tromm W et al (1997) Beherrschung und Kühlung von Kernschmelzen außerhalb des Druckbehälters. Nachr Forsch Karlsr 29(4/97):327–335

Amann A (1972) Alarmstufe Eins am Kaiserstuhl: Massive Abwehrfront gegen Atomkraftwerke am Oberrhein, Badische Neueste Nachrichten, 27 Januar 1972

Amendola A (1986) Uncertainties in systems reliability modelling: insight gained through european benchmark exercises. Nucl Eng Des 93:215–225

Andersen A (1986) Reaktorsicherheitsbehälter aus Stahl. In: Stahlbau Handbuch, Bd 2. Köln, S 1223–1239

Anderson HL (1965) Work carried out by the physics division. In: Fermi E (Hrsg) NOTE E MEMORIE, Bd II. Accademia Nazionale dei Lincei, Rom, S 268

Anderson HL, Booth ET, Dunning JR, Fermi E, Glasoe GN, Slack FG (1939a) The fission of Uranium. Phys Rev 55:511–512 (16 Februar 1939)

Anderson HL, Fermi E, Hanstein HB (1939b) Production of neutrons in uranium bombarded by neutrons. Phys Rev 55:797–798

Andler M, Bünemann D, Hedemann H-J (1968) Die Weiterentwicklung des FDR. atw 13(Juni):322–324

Andreoni D, Courtaud M (1972) Study of heat transfer during the reflooding of a single rod test section. In: Proceedings of the CREST spezialist meeting on emergency core cooling for light water reactors, Garching/München, LRA-MRR 115, Bd 1, Dezember 1972, 18–20 Oktober 1972

Annunziato A, Cumo M, Palazzi G (1982) Uncovered core heat transfer and thermal non-equilibrium. Proceedings of the Seventh international heat transfer conference, München, Bd 5, S 405–410, 6–10 September 1982

Annunziato A, Mazzocchi L, Palazzi G, Ravetta R (1984) SPES: the italian integral test facility for PWR safety research. Energ Nucl 1(1):66–87 (Dezember)

Annunziato A, Addabbo C et al (1992) Small break LOCA counter part test in the LSTF, BETHSY, LOBI and SPES test facilities. Proceedings of the Fifth international topical meeting on reactor thermal hydraulics NURETH-5, Salt Lake City, Bd VI, S 1570–1576, 21–24 September 1992

Anthony RD (1986) Nuclear safety philosophy in the United Kingdom. Nucl Saf 27(4):443–456 (Oktober–Dezember)

Apostolakis G (1986) On the use of judgment in probabilistic risk analysis. Nucl Eng Des 93:161–166

Apostolakis GE (1989) Uncertainty in probabilistic safety assessment. Nucl Eng Des 115:173–179

Appelt KB, Kadlec J, Wolf E (1975) Investigation of the resonance phenomena in the PS containment of the Marviken reactor during blowdown. Trans Am Nucl Soc 20:503–510

Appleford AM et al (1965) Structural design considerations. In: Cottrell WB, Savolainen AW (Hrsg) U. S. reactor containment technology, Bd I. ORNL-NSIS-5, S 8.80 August 1965

Arnold PC (1959) Welding of containment sphere for Dresden nuclear power station. Weld J 38(5):461–468 (Mai)

Arnold ED, Nichols JP (1961) Effects of chemical and nuclear explosions. Nucl Saf 3(1):59 (September)

Ashworth CP, Barton DB, Robbins CH (1962) Pressure suppression. Nucl Eng 7:313–321

Austel W, Maidorn C (1975) Schwankungsbreite der chemischen Analyse, Seigerungen und Werkstofftrennungen in Schmiedestücken, 1. MPA-Seminar, Stuttgart, S 6, 5 November 1975

Austel W, Maidorn C (1977) MHKW-Verfahren für schwere Schmiedestücke, 3. MPA-Seminar, Stuttgart, S 3, 14/15 September 1977

Bach C von (1912) Vorwort in Baumann R.: Die Grundlagen der deutschen Material- und Bauvorschriften für Dampfkessel. Julius Springer, Berlin, S 2 f

Bach C (1926) Mein Lebensweg und meine Tätigkeit. Julius Springer, Berlin

Bacher P, Bröcker B (1995) EPR – Der Standpunkt der Betreiber, Contrôle, la revue de l'Autorité de sûreté nucléaire, Paris, No 105, S 14–17, Juni 1995

Bachmann G, Sych W (1987) Aufgaben und Konzept des Reaktorschutzsystems. atw 32(März):134–138

Bachner D, Friederichs H-G, Morlock G (1976a) Radiologische Auswirkungen massiver Spaltproduktfreisetzungen aus Druckwasserreaktoren, IRS-Arbeitsbericht Nr 293. IRS, Köln, S 56, November 1976

Bachner D, Holm D, Meltzer A, Morlock G, Neußer P, Urbahn H (1976b) Untersuchungen zum Vergleich größtmöglicher Störfallfolgen in einer Wiederaufarbeitungsanlage und in einem Kernkraftwerk. IRS-Arbeitsbericht Nr 290, StAF G 575/13 Nr 42, Anlage 21. IRS, Köln, August 1976

Bacia H (1986) Ahnungslos spazieren die Stockholmer im Südostwind. Frankf Allg Ztg 100(30 April):3

Baker JN (1972) Fuel element integrity and behaviour in a loss of coolant accident. Proceedings of the CREST spezialist meeting on emergency core cooling for light water reactors, Garching/München, LRA-MRR 115, Bd 2, Dezember, 18–20 Oktober 1972

Balfanz H-P, Kafka P (1976) Kritischer Bericht zur Reaktorsicherheitsstudie (WASH-1400). IRS-I-87, MRR-I-65, Köln, April 1976

Balke S (1957) Vorwort. In: Der Bundesminister für Atomfragen (Hrsg) Deutsche Atomkommission, Geschäftsordnung, Mitgliederverzeichnis, Organisationsplan. S 6, September 1957

Balke S (1962) Vorwort. In: Der Bundesminister für Atomkernenergie (Hrsg) Deutsche Atomkommission, Geschäftsordnung, Mitgliederverzeichnis, Organisationsplan. S 6

Ball LJ, Dietz KA, Hanson DJ, Olson DJ (1978) Semiscale program description, 01-NUREG/CR-0172, 01-TREE-NUREG-1210. Mai 1978

Ballard DW (1958) A critical survey of the general limitations of the nondestructive testing field. Nondestruct Test 16(2):103–112

Banerjee AK, Holley MJ Jr (1978) Research requirements for improved design of reinforced concrete containment structures. Nucl Eng Des 50:33–39

Banz P, Lange-Stalinski K, Mitschel H (1975) Das 1300-MW-Kernkraftwerk Krümmel. atw 20(Februar):66–73

Banz P, Lange-Stalinski K, Zimmermann A (1984) Das Kernkraftwerk Krümmel geht in Betrieb. atw 29(Januar):19–28

Bargen J von (1977) Zu den Voraussetzungen für die Genehmigung eines Kernkraftwerks, VG Freiburg Urteil vom 14 März 1977–VS II 27/75. Neue Jurist Wochenschr (NJW) 36:1645–1649

Barnum DJ, Solbrig CW (1976a) The RELAP4 computer code: part 2. Engineering design of the input model. Nucl Saf 17(3):299–311 (Mai–Juni)

Barnum DJ, Solbrig CW (1976b) The RELAP4 computer code: part 3. LOCA analysis results of a typical PWR plant. Nucl Saf 17(4):422–436 (Juli–August)

Barr P et al (1980) Studies of missile impact with reinforced cobcrete structures. Nucl Energy 19(Juni):179–189

Barrachin B, Bouche D, Jamet P (1985) French regulatory practice and reflections on the leak-before-break concept. In: Proceedings of the seminar on leak-before-break: international policies and supporting research. Held at Columbus, Ohio, NUREG/CP-0077, S 49–56, 28–30 Oktober 1985

Barre F, Bernard M (1990) The CATHARE code strategy and assessment. Nucl Eng Des 124:257–284

Barschdorff D, Neumann M, Wiogo S (1977) Auswertung von Infrarotabsorptionsmessungen bei Blowdownversuchen am Druckabbausystem des Reaktors Marviken, Gesell. f. Kernforschung Karlsruhe, Projekt Nukleare Sicherheit, KFK 2534, Oktober 1977

Bartholomé G, Dorner H (1972) Sicherheitsanalyse von Reaktordruckbehältern. Nucl Eng Des 20:201–213

Bartholomé G, Steinbuch R, Wellein R (1981) Ausschluss des doppelendigen Rundabrisses der Hauptkühlmittelleitung, 7. MPA-Seminar, „Zähbruchkonzepte", Stuttgart, S 12, Abb 14, 8–9 Oktober 1981

Bartholomé G, Steinbuch R, Wellein R (1982) Preclusion of double-ended circumferential rupture of the main coolant line. Nucl Eng Des 72:97–105

Bartholomé G, Kastner W, Keim E, Wellein R (1983) Preclusion of failure of the pressure retaining coolant system, part 2: application on coolant pipe of the primary system. International symposium on reliability of reactor pressure components, Stuttgart, IAEA-SM-269/7, Wien, S 237–254, 21–25 März 1983

Bartholomé G, Kastner W, Zeitner W (1986) Experimental and theoretical investigations of KWU on leak-before-break behaviour and its application on excluding of breaks in nuclear piping of KWU-plants. Nucl Eng Des 94:269–280

Bartsch R, Wenk M (2000) Safety against brittle fracture of the reactor pressure vessel in the nuclear power plant Obrigheim. Nucl Eng Des 198:97–113

Barzoni G, Martini R (1982) Post-dryout heat transfer: an experimental study in a vertical tube and a simple theoretical method for predicting thermal non-equilibrium. Proceedings of the Seventh international heat transfer conference, München, Bd 5, S 411–416, 6–10 September 1982

Bass BR, Pugh CE, Keeney J, Schulz H, Sievers J (1994) CSNI Project for Fracture Analyses of Large-Scale International Reference Experiments (Project FALSIRE), NUREG/CR-5997 (ORNL/TM-12307), Oak Ridge National Laboratory, Dezember 1992, NEA/CSNI/R(94)12,GRS-108, April 1994

Bass BR, Pugh CE, Keeney J, Schulz H, Sievers J (1996) CSNI Project for Fracture Analyses of Large-Scale International Reference Experiments (FALSIRE II), NUREG/CR-6460 (ORNL/TM-13207), Oak Ridge National Laboratory, April 1996, NEA/CSNI/R(96)12,GRS-130, November 1996

Bassing G, Willing C (2008) OSART-Missionen der IAEO als Teil des proaktiven Managements betrieblicher Sicherheit – Erfahrungen der EnBW aus den Missionen in Philippsburg und Neckarwestheim. atw 53 (Mai): 302–308

Bastl W (1997) Eröffnung: Digitalisierung der Leittechnik in Kernkraftwerken. In: Deutsches Atomforum e. V. (Hrsg) LEITTEC '96. Inforum, Bonn, S 7–11

Bastl W (1967/1968) Erfahrungen mit Sicherheitssystemen deutscher Reaktoren. atw 12(August/September 1967):422–426 und 13(Oktober):509–511

Batt DL, Leach LP (1981) LOFT reactor experiments help to resolve PWR accident concerns. Nucl Eng Int 26(September):40–42

Bäumer R (1990) Die Situation des THTR im Oktober 1989. VGB Kraftwerkstech 70(Januar):8–14

Baumgartl BJ, von Braunmühl H (1972) Das 900-MW-Kernkraftwerk Isar mit AEG-Siedewasserreaktor. atw 17(Mai):269–273

Baumgartl BJ, Bouteille F (1995) Der Europäische Druckwasserreaktor. Contrôle 105(Juni):20

Bayer A (1996) Folgen des Tschernobyl-Unfalls für Deutschland. atw 41(März):167–170

Bazin P et al (1990) Investigation of PWR accident situations at BETHSY facility. Nucl Eng Des 124:285–297

Bechert K (1956) Probleme des Strahlenschutzes. Atomkernenergie 1:221

Bechtold E, Köth D, Hüttl A (1972) Das 700-MW-Gemeinschaftskernkraftwerk Tullnerfeld. atw 17 (März):146–153

Beck CK (1958) Hazard evaluation of the Yankee reactor. Nucleonics 16(3):112–114 (März)

Beck CK (1965) US reactor experience and power reactor siting. Proceedings of the Third international conference on the peaceful uses of atomic energy, Genf, Bd 13, P/275 USA, United Nations, New York, S 358, 31 August–9 September 1964

Beck CK, Mann MM, Morris PA (1958) Reactor safety, hazards evaluation and inspection. Proceedings of the Second United Nations international conference on the peaceful uses of atomic energy, Genf, United Nations, New York, Bd 11, P/2407 USA, S 17–20

Becker K (1977) Der Normenausschuss Kerntechnik (NKe) im DIN. In: Deutsches Atomforum e. V. (Hrsg) Tagungsbericht „Regeln und Richtlinien für die Kerntechnik", 24 und 25 Januar 1977 Mainz. Bonn, S 128–144

Becker G et al (1988) Temperaturabhängiges Verhalten der Vorspannsysteme bei vorgespannten Reaktordruckbehältern, Jahrestagung Kerntechnik '88. Inforum, Bonn, S 499–502, Mai 1988

Beelman RJ, Fletcher CD, Modro SM (1994) Issues affecting advanced passive light-water reactor safety analysis. Nucl Eng Des 146:289–299

Beers NR (1949a) The atomic industry and human ecology, part II. Nucleonics 5(9):2 (September)

Beers NR (1949b) The atomic industry and human ecology, part IV. Nucleonics 5(11):2 (November)

Behrens E, Grün AE et al (1965) Nullenergie-Messungen am Core des Mehrzweckforschungsreaktors. Nukleonik 7(5):221–231

Beine B (1983) Prestressed Cast Iron Pressure Vessel (PCIV) VGD-S, 7th SMIRT conference, Chicago, 22–26 August 1983, Paper H 1/5

Beine B (1991) Large scale test setup for the passive heat removal system and the prestressed cast-iron pressure vessel of a 200 MW thermal modular high temperature reactor. Third international seminar on small and medium-sized nuclear reactors, IAEA Wien und Nuclear Power Corp. Bombay, Neu-Delhi, Indien, 26–28 August 1991

Beine B, Gross H, Schilling FE (1974) The Prestressed Cast Iron Pressure Vessel (PCIV): its applicability for gas- and water-cooled nuclear power reactors and for the burst protections: Second International Conference on Structural Mechanics in Reactor Technology (SMIRT), Berlin, Abdruck in: Nuclear Engineering and Design, 28, 1974, S. 387–399, 10–14 September 1973

Beine B, Kaminski V, von Lensa W (1991) Integrated design of prestressed cast-iron pressure vessel and passive heat remove system for the reactor cell of a 200MWTH modular reactor. Energy 16(1/2):337–344

Beine B, Warnke EP, Voß W (1993) Abschlussbericht: Versuchsstand zum Nachweis der inaktiven Nachwärmeabfuhr eines Modulreaktors mit vorgespanntem Gussdruckbehälter, BMFT Projekt Nr 03 SGR 2027, Siempelkamp Giesserei GmbH & Co., Mai 1993

Bell CG, Culver HN (1960) Comparison of maximum credible accidents postulated for U. S. power reactors. Nucl Saf 1(4):24–32 (Juni)

Benda J (1983) Der Verrat der Intellektuellen. Ullstein Materialien, Ullstein, Frankfurt a. M.

Bennett GL, Spano AH, Szawlewicz SA (1977) NRC international agreements on reactor safety research. Nucl Saf 18(5):589–595 (September–Oktober)

Beraha D (1987) Analysesimulatoren. In: Deutsches Atomforum e. V. (Hrsg) Fachtagung „Mensch und Chip in der Kerntechnik" 27–28 Oktober 1987 Bonn, Berichtsband. Inforum, Bonn, S 370–389

Berg HP, Scholl H Probabilistische Sicherheitsanalyse, BfS-KT-3/92-REV-1. ISSN 0937-4442, S 42–48

Berg K-H, Fechner JB (1975) Menschlicher Einfluss auf die Sicherheit kerntechnischer Anlagen. atw 20(November):556–558

Berger C et al (1989) Untersuchungen an einer geborstenen Niederdruckwelle. VGB Kraftwerkstech 69(2):235–236 (Februar)

Bergeron KD, Williams DC (1985) CONTAIN calculations of containment loading of dry PWRs. Nucl Eng Des 90:153–159

Berggren RG (1961) Neutron irridation effects in steels, Studies at Oak Ridge National Laboratory, in: steels for reactor pressure circuits, Report of a symposium held in London on 30 November–2 Dezember 1960 by The Iron and Steel Institute for the British Nuclear Energy Conference, The Iron and Steel Institute, Special Report no 69, London, S 370–381

Berggren RG, Stelzman WJ (1971) Radiation strengthening and embrittlement in heavy-section plate and welds. Nucl Eng Des 17:103–115

Bergstrom RN, Chittenden WA (1959) Reactor-containment engineering – our experience to date. Nucleonics 17(4):86–93 (April)

Berke C (1991) Zurück zum Miteinander von Kohle und Kernenergie, ideologischer Widerstand verunsichert Großinvestoren, Jahrestagung Kerntechnik 1991 in Bonn. atw 36(Juni):275 ff

Berman M (1986) A critical review of recent large-scale experiments on hydrogen-air detonations. Nucl Sci Eng 93:321–347

Bernell L, Lindbo T (1965) Tests of air leakage in rock for underground reactor containment. Nucl Saf 6(3 Frühjahr):267–277

Bernstein MD (1988) Design criteria for boilers and pressure vessels in the USA. Proceedings of the Sixth international conference on pressure vessel technology, Peking, S 111–137

Bessette DE, Di Marzo M (1999) Transition from depressurization to long term cooling in AP600 scaled integral test facilities. Nucl Eng Des 188:331–344

Beyer H (1998) Bewertung von unbestrahlten und bestrahlten Reaktordruckbehälter – Werkstoffen auf der Basis derzeitiger Bruchmechanikkonzepte. Techn.-Wiss. Bericht MPA Stuttgart, Heft 98/04, Diss. Univ. Stuttgart 1998

Bianchi G, Cumo M (1979) Safety aspects of LWR thermohydraulics. Trans Am Nucl Soc 31:414–417

Bieber H-J (1977) Zur politischen Geschichte der friedlichen Kernenergienutzung in der Bundesrepublik Deutschland. Forschungsstätte der Evangelischen Studiengemeinschaft, Heidelberg

Bierwirth G (1957) Zerstörungsfreie Prüfung von Gussstücken durch Ultraschall. Giesserei 44(17):477–485 (August)

Bignon PG, Riera JD (1980) Verification of methods of analysis for soft missile impact problems. Nucl Eng Des 60:311–326

Bilger H, Hartel W, Ringeis W (1994) Neue Leichtwasserreaktorkonzepte mit passiven Sicherheitseigenschaften. VGB Kraftwerkstech 74(2):103–108

Binggeli E, Verstraete P, Sutter A (1965) The underground containment of the Lucens experimental nuclear power plant. Proceedings of the Third international conference on the peaceful uses of atomic energy, Geneva, Bd 13, P/459 Switzerland, United Nations, New York, S 411–419, 31 August–9 September 1964

Bingham GE, Norberg JA, Waddoups DA CVTR leakage rate tests. Trans Am Nucl Soc 12(Suppl):29 f

Binks W (1956) Radiation injury and protection – maximum permissible exposure standards. Proceedings of the international conference on the peaceful uses of atomic energy, Bd 13, P/451 UK, United Nations, New York, S 129–131

Birkhofer A (1973) Das Reaktorschutzsystem als zentrale Sicherheitseinrichtung in Kernkraftwerken, Bericht über das IRS-Fachgespräch in Köln. atw 18(Februar):77

Birkhofer A (1979) Die deutsche Risikostudie. VGB Kraftwerkstech 59(12):911–916 (Dezember)

Birkhofer A (1980) Die Deutsche Reaktorsicherheitsstudie. atw 25(Oktober):517–520

Birkhofer A (1983) Das Risikokonzept aus naturwissenschaftlich-technischer Sicht. In: Lukes R (Hrsg) Schriftenreihe Recht-Technik-Wirtschaft, Bd 31: Siebtes Deutsches Atomrechts-Symposium, 16/17 März 1983 in Göttingen, Carl Heymanns, Köln, S 33–43

Birkhofer A (1984) Grenzen der Sicherheit in der Technik. Maschinenschaden 57(5):150–158

Birkhofer A (1986) Was leisten Risikostudien? atw 31(August/September):440–445

Birkhofer A (1991) Zum Stand der Sicherheitsbeurteilung osteuropäischer Kernkraftwerke. atw 36(Juni):188–191

Birkhofer A (1993) Gedanken zur Weiterentwicklung der Reaktorsicherheit. atw 38(Dezember):823–827

Birkhofer A, Reimann H (1959) Elektronische Nachbildung des dynamischen Verhaltens eines Kernreaktors. Nachrichtentechnische Z NTZ 12(3):152–159

Birkhofer A, Jahns A (1977) Einfluss der RSK auf den Sicherheitsstandard. atw 22(April):191–194

Birkhofer A, Braun W, Koch EH, Kellermann O, Lindackers KH, Smidt D (1970) Reaktorsicherheit in der Bundesrepublik Deutschland. atw 15(September/Oktober):441–448

Birkhofer A, Chevet P-F, Quérinart D, Wendling R-D (1995) Gemeinsamer deutsch-französischer sicherheitstechnischer Ansatz für zukünftige Kernkraftwerke. Contrôle 105(Juni):10–13

Birkhofer A, Köberlein K, Heuser FW (1977) Zielsetzung und Stand der deutschen Risikostudie. atw 22(Juni):331–338

Bischof W (1980) Die Begriffe „Störfall" und „Unfall" im Atomenergierecht. Energiewirtschaftliche Tagesfragen 30(8):592–606

Bixby WW (1980) LOFT instrumentation. In: 3. GRS-Fachgespräch „Analyse von Kühlmittelverlust-Störfällen heute – die LOFT-Versuche und ihre Konsequenzen", München, GRS-16 (April 1980), S 20–29, 29–30 November 1979

Blaisdell JA, Cadek FF, Hochreiter LE, Suda AP, Waring JP (1973a) FLECHT systems-effects tests Phase A. Trans Am Nucl Soc S 368 f (November)

Blaisdell JA, Hochreiter LE, Waring JP (1973b) PWR FLECHT-SET phase a report, WCAP-8238, Westinghouse Electric Corp., Dezember 1973

Blakely JP (1966) Action on reactor and other projects undergoing regulatory review or consideration: Brookwood unit no 1 (Docket 50-244). Nucl Saf 7(4 Sommer):517 f

Blakely JP (1967a) AEC administrative activities. Nucl Saf 8(3 Frühjahr):278

Blakely JP (1967b) Action on reactor and other Projects undergoing regulatory review or consideration: Palisades nuclear power plant (Docket 50-255). Nucl Saf 8(4 Sommer):417

Blakely JP (1967c) Action on reactor and other projects undergoing regulatory review or consideration: Connecticut Yankee (Docket 50-213). Nucl Saf 8(5):526 f (September–Oktober)

Blakely JP (1968a) AEC administrative activities: ACRS on Ice. Nucl Saf 9(2):174 f (März–April)

Blakely JP (1968b) Action on reactor and other projects undergoing regulatory review or consideration: Piqua (Docket 115-2). Nucl Saf 9(3):294 f (Mai–Juni)

Blakely JP (1968c) Action on reactor and other projects undergoing regulatory review or consideration: Fort Calhoun (Docket 50-285). Nucl Saf 9(4):331 (Juli–August)

Blakely JP (1968d) Action on reactor and other projects undergoing regulatory review or consideration: Prairie Island 1 and 2 (Dockets 50-282 and 50-306). Nucl Saf 9(4):333 (Juli–August)

Blakely JP (1968e) Action on reactor and other projects undergoing regulatory review or consideration: Kewaunee (Docket 50-305). Nucl Saf 9(5):437 (September-Oktober)

Blakely JP (1969a) Action on reactor and other projects undergoing regulatory review or consideration: Sequoyah 1 and 2 (Dockets 50-327 and 50-328). Nucl Saf 10(2):194 (März–April)

Blakely JP (1969b) Action on reactor and other projects undergoing regulatory review or consideration: Cook 1 and 2 (Dockets 50-315 and 50-316). Nucl Saf 10(3):274 f (Mai–Juni)

Blakely JP (1969c) Action on reactor and other projects undergoing regulatory review or consideration: Brunswick 1 and 2 (Dockets 50-324 and 50-325). Nucl Saf 10(5):467 (September–Oktober)

Blakely JP (1969d) Action on reactor and other projects undergoing regulatory review or consideration: Three Mile Island 2 (Docket 50-320). Nucl Saf 10(6):558 f (November–Dezember)

Blakely JP (1972a) General administrative activities. Nucl Saf 13(3):243 (Mai–Juni)

Blakely JP (1972b) General administrative activities: ACRS on LWR safety research. Nucl Saf 13(4):325 (Juli–August)

Blejwas TE, von Riesemann WA (1984) Pneumatic pressure tests of steel containment models – recent developments. Nucl Eng Des 79:203–209

Blind D (1971) Geschichte der Staatlichen Materialprüfungsanstalt an der Universität Stuttgart. Universität Stuttgart, Stuttgart

Blind D, Miyata T (1976) Niedrigspannungsbrüche durch örtlich geschädigtes Schweißgut, 2. MPA-Seminar, Stuttgart, S 16, (29/30 Juni 1976)

Blind D, Schick M (1989) Absicherungsprogramm zum Integrationsnachweis von Bauteilen, Zusammenfassender Bericht mit Bewertung, MPA-Auftrags-Nr 940 500, MPA Stuttgart, Februar 1989, S 15, 47 Beilagen

Blind D, Werner G 100 Jahre Materialprüfung in Stuttgart, „Wechselwirkungen". Jahrbuch 1984 der Universität Stuttgart, Stuttgart, S 65–75

Blokhintsev DI, Nikolaev NA (1955) The first atomic power station of the USSR and the prospects of atomic power development. Proceedings of the international conference on the peaceful uses of atomic energy, Genf, Bd 3, P/615 USSR, United Nations, New York, S 35–55, 8–20 August 1955

Bochmann H-P (1983) Gefahrenabwehr und Schadensvorsorge bei der Auslegung von Kernkraftwerken. In: Lukes R (Hrsg) Recht-Technik-Wirtschaft, Bd 31, Siebtes Deutsches Atomrechts-Symposium 16/17 März 1983 in Göttingen. Carl Heymanns, Köln, S 17–31

Bock H-W (1973) Ein analoges Diffusionsmodell für große Druckwasser-Leistungsreaktoren zur Untersuchung zeitabhängiger Probleme der Leistungsdichteverteilung, Dissertation, TU Carolo-Wilhelmina, Braunschweig

Bock H-W. Bortolazzi K, Rubbel FE (1983) Grafenrheinfeld: Weiterentwicklung und IBS-Erfahrungen auf dem Gebiet der Reaktor-Leittechnik, Tagungsbericht, Jahrestagung Kerntechnik '83, Berlin S 781–784, 14–16 Juni 1983

Boffey PM (1976) Reactor safety: congress hears critics of Rasmussen report. Science 192(25 Juni):1312 f

Bohannon JR, Baker WE (1958) Simulating nuclear blast effects. Nucleonics 16(3):75–77, 79 (März)

Böhm W, Katinger T, Kollmar W (1971) Physikalische Auslegung des KKS-Reaktorkerns. atw 16(November):590–592

Böhm B et al (1973) Untersuchung über die Realisierbarkeit eines vorgespannten gusseisernen Reaktordruckbehälters. Studie des Batelle Instituts e. V., Frankfurt a. M., September 1973

Böhmert J, Viehrig H-W, Richter H (2000) Irradiation response of VVER pressure vessel steels: first results of the Rheinsberg Irridation Programme, Forschungszentrum Rossendorf, wiss.-techn. Berichte, FZR-284, Annual Report 1999, Institute of Safety Research, S 71–76, Februar 2000

Bohr N (1939) Resonance in uranium and thorium disintegrations and the phenomenon of nuclear fission. Phys Rev 55(7 Februar):418–419

Bohr N, Wheeler JA (1939) The mechanism of nuclear fission. Phys Rev 56(28 Juni):426–450

Bombera O, Junker B (1994) Zusammenstellung der Berichte zum HDR-Sicherheitsprogramm Phase I, II, III, PHDR-Arbeitsbericht 05.057/94, Kernforschungszentrum Karlsruhe, März 1994

Booth ET, Dunning JR, Slack FG (1939a) Energy distribution of uranium fission fragments. Phys Rev 55(1 Mai):981

Booth ET, Dunning JR, Slack FG (1939b) Delayed neutron emission from uranium. Phys Rev 55:876

Bork M, Kaestle HJ (1978) Seismic instrumentation for nuclear power plants: an interpretative review of current practice and the related standard in Germany. Nucl Eng Des 50:347–352

Born K (1969a) Die Entwicklung eines Sonderstahles für Atomreaktor-Druckbehälter, Kolloquium über Arbeiten zur Entwicklung von Reaktordruckgefäßen aus Stahl, KFA Jülich, Tagungsbericht IRS-T-17, S 86–106, 22 April 1968

Born K (1969b) Werkstoffzähigkeit und Bauteilsicherheit. VGB-Werkstofftagung. S 8

Born H-P (1983) Kernenergie in der Sowjetunion. atw 28(Dezember):645–648

Born H-P (1986) Zur Verlässlichkeit des Tschernobyl-Reaktortyps. Kernenerg Umw 7:IV

Born K, Haarmann K (1969) Einfluss einer dreistufigen Vergütung auf die mechanischen Eigenschaften niedriglegierter schweißbarer Baustähle. Arch Eisenhüttenwes 40(1):57–66

Börnke F (1961) Die bauliche Entwicklung des Versuchsatomkraftwerks Kahl. atw 6(Januar):61–65

Bornscheuer FW (1961) Vorgespannte Mehrlagen-Hochdruckbehälter. Stahlbau 9:265

Botta E, Orsi R (2006) Westinghouse AP1000 internal heating rate distribution calculation using a 3 D deterministic transport method. Nucl Eng Des 236:1558–1564

Böttcher D (1984) Fehlentwicklungen bei nachträglicher Erhöhung der Sicherheits- und Qualitätsanforderungen. atw 29(März):131–134

Böttcher A (1998) Konstruktion und Berechnung eines vorgespannten Druckbehälters mit internem Corecatcher für Druckwasserreaktoren, Dissertation, RWTH Aachen

Böttcher D, Beckmann G, Ritter M, Klein W (1985) Das Kernkraftwerk Grohnde in Betrieb. atw 30(Mai):236–243

Bounin D (1987) Der Vorgespannte Guss-Druckbehälter VGD – das neue Konzept für Großbehälter. konstruieren + gießen 12(4):21–34

Braarud Ø et al (1998) Overview and results from the human error analysis project. Proceedings of the twenty-sixth water reactor safety information meeting, Bethesda, Maryland, NUREG/CP-0166, Bd 2, S. 231–243, 26–28 Oktober 1998

Brand S (2011) Ihr Deutschen steht allein da, Interview mit Jordan Mejias, FAZ, Nr 84, 9 April 2011, Feuilleton

Brand B, Hein D (1978) PKL-Refill and -Reflood experiment of injection mode and loop resistance. Paper presented at the OECD-CSNI-working group on emergency core cooling in water reactors, Paris, S 3, 7–9 Juni 1978

Brand W, Heyden W, Martin H-D (1985) Erfahrungen mit der Ausbildung am ersten Vorkonvoi-Simulator. atw 30(Dezember):638–640

Brand B, Helf H, Watzinger H (1989) Experimentelle Untersuchungen von Betriebstransienten beim DWR, Jahrestagung Kerntechnik '89, 9–11 Mai 1989 Düsseldorf, S 1–22 (nicht im Tagungsbericht)

Brand B, Helf H, Kastner W, Mandl R (1991a) Experimentelle Verifikation des passiven Wärmetransports vom Reaktorkern an die Dampferzeuger des DWR in Störfallsituationen, Jahrestagung Kerntechnik '91, 14–16 Mai 1991 Bonn, Vortrag auf der Fachsitzung Naturumlaufprobleme zur passiven Nachwärmeabfuhr bei fortschrittlichen Reaktoren, S 1–24 (nicht im Tagungsbericht)

Brand B, Helf H, Kastner W, Mandl R (1991b) Verification of accident management procedures PKL-experiments related to secondary feed and bleed. Proceedings of the 1st JSME/ASME joint international conference on nuclear engineering, Tokio, Bd 2, S 171–175, 4–7 November 1991

Brand B, Schwarz W, Sgarz G (1997) Nutzen der Ergebnisse von PKL III und UPTF/TRAM für den Betrieb von DWR-Anlagen, Jahrestagung Kerntechnik '97, 13–15 Mai 1997 in Aachen, Fachsitzung: „Forschungsvorhaben zur Unterstützung des Betriebs von Kernkraftwerken"

Brand B, Liebert J, Mandl R, Umminger K, Watzinger H (1998) Experimental and analytical verification of accident management measures. Kerntechnik 63:25–32

Brandes K (1988) Assessment of the response of reinforced concrete structural members to aircraft crash impact loading. Nucl Eng Des 110:177–183

Brandl J (1963) Der Mehrzweck-Forschungsreaktor (MZFR). atw 8(April):257–259

Braun H (1960) Das OEEC-Halden-Rektorprojekt (HBWR). atw 5(März):112–120

Breeding RJ et al (1992a) The NUREG-1150 probabilistic risk assessment for the Surry nuclear power station. Nucl Eng Des 135:29–59

Breeding RJ, Helton JC, Gorham ED, Harper FT (1992b) Summary description of the methods used in the probabilistic risk assessments for NUREG-1150. Nucl Eng Des 135:1–27

Breen RJ (1981) Defense-in-depth approach to safety in light of the Three Mile Island accident. Nucl Saf 22(5):561–569 (September–Oktober)

Breitung W, Kessler G (1996) Calculation of hydrogen detonation loads for future reactor containment design, Festschrift zum 60. Geburtstag von Prof. J. Eibl, Schriftenreihe des Instituts für Massivbau und Bautechnologie, Universität Karlsruhe, S 331–350 (März)

Breitwieser W, Kirchweger K, Martin A, Wegmann A (1968) Das Inbetriebnahmeprogramm des KWO bis zur ersten Kritikalität. atw 13(Dezember):607–612

Bretfeld H, Jorde J, Müller R, Spandick W (1974) Sicherheitstechnischer Vergleich von Reaktordruckbehältern (LWR) verschiedener Bauweise, RS 117, Untersuchungsbericht Nr UB 1046/74, Krupp Forschungsinstitut, Essen, S 19

Brettschuh W (2007) SWR 1000: AREVA's advanced, medium-sized boiling water reactor with passive safety features, conference „New nuclear power plant technologies", 8 März, Budapest

Brettschuh W, Meseth J (2000) SWR 1000 vor Angebotsreife. atw 45(Juni):369–373

Brettschuh W, Schneider D (2001) Moderne Leichtwasserreaktoren – EPR und SWR 1000. atw 46(August/September):536–541

Brettschuh W, Wagner K (1999) Das Sicherheitskonzept des SWR 1000. atw 44(Januar):23–27

Breyer W (2012) Kernenergie nach Fukushima: Lehren und Konsequenzen. AREVA argumente März

Britsch H (1996) Optimierung des sensorgeführten Engspaltschweißens durch Rechnersimulation. Techn.-Wiss. Bericht der MPA Stuttgart, Heft 96-03, Univ. Stuttgart Diss. 1996

Brittan RO, Heap JC (1958) Reactor containment. Proceedings of the Second United Nations international conference on the peaceful uses of atomic energy, Genf, Bd 11, P/437 USA, S 66–78, 1–13 September 1958

Brockmeier U (2003) Safety First – Sicherheitsstandards und Sicherheitsmanagement in Deutschland. atw 48(März):168–170

Broichhausen K (1987) Wallmann bereitet der Irrfahrt der Molke einstweilen ein Ende. Frankf Allg Ztg 32(7 Februar):3

Bronner G, Dio H-W, Etzel W, Grün AE, Pfeiffer R (1968) Neutronenphysikalische Untersuchungen bei der Inbetriebnahme des KWO. atw 13(Dezember):618–620

Brown A, Houghton et al (1964) The design and construction of prestressed concrete pressure vessels with particular reference to Oldbury nuclear power station. Proceedings of the Third international conference on the peaceful uses of atomic energy, a. a. O., Bd 8, P/140 UK, S 433–443

Browzin BS (1978) Regulatory research in structural design and analysis of nuclear power plants. Nucl Eng Des 50:23–32

Browzin BS, Anderson WF (1984) Status of structural and mechanical engineering research at the U. S. nuclear regulatory commission. Nucl Eng Des 79:119–124

Browzin BS, Shao LC (1980) Structural and mechanical engineering research of the U. S. nuclear regulatory commission. Nucl Eng Des 59:3–13

Broy Y, Wiesenack W (2000) The OECD halden reactor project. atw 45(April):229–233

Bruschi HJ (1996) The Westinghouse AP600. atw 41(April):256–259

Bruyere M, Poujol A (1983) Mise en oeuvre de nouvelles fonctions de protection. Proceedings, international symposium on nuclear power plant control and instrumentation, IAEA, München, IAEA-SM-265/14, Wien, S 395–404, 11–15 Oktober 1982

Buchanan JR (1962) Hanford reactor incidents. Nucl Saf 4(1):103–107 (September)

Buchanan JR (1963a) Action on reactor projects by licensing and regulating bodies. Nucl Saf 4(4):157–166 (Juni)

Buchanan JR (1963b) SL-1 Final Report. Nucl Saf 4(3):83–86 (März)

Buchanan JR (1964) Action on reactor projects undergoing regulatory review: San Onofre nuclear generating station (Docket 50-206). Nucl Saf 5(3, Frühjahr):281 f

Buchanan JR (1965) Research. In: Cottrell WB, Savolainen AW (Hrsg) U. S. reactor containment technology, Bd II, ORNL-NSIS-5, S 12.1–12.7 August, 1965

Buchhardt F (1980) Some comments on the concept of ‚Underground siting of nuclear power plants' – A critical review of the recently elaborated numerous studies. Nucl Eng Des 59:217–230

Buller P et al (1989) MPA Stuttgart: Forschungsvorhaben 1500 304B Komponentensicherheit (Phase II). Korrosionsuntersuchungen, Abschlussbericht, Stuttgart, Oktober

Bundesamt für Strahlenschutz (Hrsg) (2003) Leitfaden für den Fachberater Strahlenschutz der Katastrophenschutzleitung bei kerntechnischen Notfällen, Berichte der Strahlenschutzkommission (SSK) des Bundesministers für Umwelt, Naturschutz und Reaktorsicherheit, Heft 37

Burdekin FM, Stone DEW (1966) The crack opening displacement approach to fracture mechanics in yielding materials. J Strain Anal 1(2):145–153

Burgazzi L (2004) Evaluation of uncertainties related to passive systems performance. Nucl Eng Des 230:93–106

Burgsmüller P, Jacobi A Jr, Jaeger JF et al (1988) The Swiss Heating Reactor (SHR) for district heating of small communities. Nucl Eng Des 109:129–134

Burke JG (1966) Bursting boilers and the federal power. Technol Cult 7(1, Winter):1–23

Bürkle W (1992) Weiterentwicklung von Leichtwasserreaktoren. atw 37(August/September):404–409

Bürkle W, Petersen K, Popp M (1994) Möglichkeiten und Grenzen der Reaktorsicherheitsforschung. atw 39(November):753–757

Burnett TJ (1961) Reactor siting trends and developments. Nucl Saf 2(4):1 (Juni)

Büttner W-E, Fischer HD (1986) Advanced German operator support systems. Nucl Saf 27(2):199–209 (April–Juni)

Butz H-P, Rakowitsch B (2003) Reaktorsicherheit – Eine permanente Herausforderung. In: Zander E, Krause HG (Hrsg) Arbeitssicherheit, Handbuch für Unternehmensleitung, Betriebsrat und Führungskräfte, Rudolf Haufe, Freiburg, Heft 8

Caira M, Cumo M, Naviglio A, Socrate S (1988) MARS II: a design improvement to reduce construction time and cost. Nucl Eng Des 109:213–219

Campanile A, Pozzi A (1972) Low rate emergency reflooding heat transfer tests in rod bundle. Proceedings of the CREST spezialist meeting on emergency core cooling for light water reactors, Garching/München, LRA-MRR 115, Bd 1, Dezember, 18–20 Oktober 1972

Canonico D (1975) Report of foreign travel to Germany, ORNL central files number 75-1-55, S 1–23, 8 Januar 1975

Canonico DA, Berggren RG (1971) Tensile and impact properties of thick-section plate and weldments. Nucl Eng Des 17:4–15

Carelli MD, Conway LE et al (2004) The design and safety features of the IRIS reactor. Nucl Eng Des 230(Mai):151–167

Carelli MD, Petrovic B (2006) Here's looking at IRIS. Nucl Eng Int 51(März):12–17

Carlbom L, Ubisch H, von Holmquist C-E, Hultgren S (1958) On the design and containment of nuclear power stations located in rock. Proceedings of the Second United Nations international conference on the peaceful uses of atomic energy, Genf, Bd 11, P/172 Sweden S 101–106, 1–13 September 1958

Cartellieri W, Hocker A, Schnurr W (Hrsg) (1959) Taschenbuch für Atomfragen 1959. Festland, Bonn, S 229–231

Cartellieri W, Hocker A, Weber A, Schnurr W (Hrsg) (1960) Taschenbuch für Atomfragen 1960/61. Festland, Bonn, S 362

Case EG (1962) Principles and practices in reviewing hazards summary reports. Proceedings of the symposium on reactor safety and hazards evaluation techniques, Bd II, IAEA, Wien, S 455–462, 14–18 May 1962

Castelli F (1967) Betriebserfahrungen mit den italienischen Atomkraftwerken. atw 12(Februar):80–83

Casto WR (1970) Radioactive gases leak from faulty regulating valve, safety-related occurrencies in June–July 1970. Nucl Saf 11(6):500 (November–Dezember)

Casto WR (1973) Operating experiences: axial xenon oscillations controlled at a PWR. Nucl Saf 14(2):121 f (März–April)

Caufield C (1994) Das strahlende Zeitalter. Beck, München, S 69 f

Cave L, Halliday P (1969) Suitability of gas cooled reactors for fully urban sites. Appendix I: estimate of casualties following large releases of fission products from a nuclear power station. British nuclear energy society, symposium on safety and siting, London, Section 4, Paper 10, S 101–121, 28 März 1974

Celata GP, Cumo M, D'Annibale F, Farello GE (1986) Two-phase flow models in unbounded two-phase critical flows. Nucl Eng Des 97:211–222

Cerjak H (1981) Entwicklungen auf dem Gebiet der Werkstofftechnik. Berg- Hüttenmännische Monatshefte 126(11):473–479

Cerjak H, Debray W (1971) Erfahrungen mit austenitischen Schweißplattierungen an Kernreaktorkomponenten. VGB-Werkstofftagung, Düsseldorf, S 23–31, 30 November 1971

Chamberlain AC, Loutit JF, Martin RP, Russell RS (1956) The behaviour of I^{131}, Sr^{89} and Sr^{90} in certain agricultural food chains. Proceedings of the international conference on the peaceful uses of atomic energy, Bd 13, P/393 UK, United Nations, New York, S 360–363

Chan C (1978) Electric power research institute research in structural design and analysis. Nucl Eng Des 50:17–22

Chan HC, McMinn SJ (1966) The stabilisation of the steel liner of a prestressed concrete pressure vessel. Nucl Eng Des 3:66–73

Chave CT, Balestracci OP (1958) Vapor container for nuclear power plants. Proceedings of the Second United Nations international conference on the peaceful uses of atomic energy, Genf, Bd 11, P/1879 USA, S 107–117, 1–13 September 1958

Chave CT, Balestracci OP (1959) The vapor container for the Yankee atomic electric plant. Power Eng 63(April):52–54

Chelapati CV, Kennedy RP, Wall IB (1972) Probabilistic assessment of aircraft hazard for nuclear power plants. Nucl Eng Des 19:333–364

Chen C, Moreadith FL (1978) Research needs and improvement of standards for nuclear power plant design. Nucl Eng Des 50:13–16

Chen C, Moreadith FL (1980) Seismic qualification of equipment – research needs. Nucl Eng Des 59:149–153

Chen T-U, Modro SM, Condie KG (1980) Best estimate prediction for LOFT nuclear experiment L3-6, EGG-LOFT-5299, Project No P 394, Dezember

Chon WY (1978) Recent advances in alternate ECCS studies for pressurized-water reactors. Nucl Saf 19(4):473–482 (Juli–August)

Choudhury A, Jauch R, Löwenkamp H (1976) Primärstruktur und Innenbeschaffenheit herkömmlicher und nach dem Elektro-Schlacke-Umschmelzverfahren hergestellter Blöcke mit einem Durchmesser von 2000 und 2300 mm. Stahl Eisen 96(20):946–951 (7 Oktober)

Christy RF, Fermi E, Weinberg AM (1965) Effect of the temperature changes on the reproduction factor, Report CP-254, September 14, 1942. In: Fermi E (Hrsg) NOTE E MEMORIE, Bd II, Accademia Nazionale dei Lincei, Rom, S 195–199

Cinotti L, Rizzo FL (1993) The Inherently Safe Immersed System (ISIS) reactor. Nucl Eng Des 143(September):295–300

Clasen H-J, Fröhlich H-J, Langetepe G (1985) Die Errichtung des Kernkraftwerks Philippsburg Block 2. atw 30(Februar):70–79

Class J, Maier AF (1952) Bauarten von Hochdruckhohlkörpern in Mehrteil- insbesondere Mehrlagen-Konstruktionen. Chem-Ing-Technik 24(4):184–198

Clauss DB (1985a) Pretest predictions for the response of a 1:8 scale steel LWR containment building model to static overpressurization. Nucl Eng Des 90:223–240

Clauss DB (1985b) Comparison of analytical predictions and experimental results for a 1:8 scale steel containment model pressurized to failure. Nucl Eng Des 90:241–260

Cole N, Friderichs T, Lipford B (1994) Specimens removed from the damaged Three Mile Island reactor vessel. Proceedings of an open forum „Three Mile Island Reactor Vessel Investigation Project – Achievements and Significant Results", Boston 20–22 Oktober 1993, OECD Documents, Paris, S 81–91

Colomb AL, Sims TM (1963–1964) ORR fuel failure incident. Nucl Saf 5(2, Winter):203

Compton AH (1958) Die Atombombe und ich. Nest, Frankfurt a. M., S 243 f

Conway LE (1988) The Westinghouse AP600 passive safety system key to a safer, simpler PWR. Proceedings of the international topical meeting on safety of next generation power reactors, Seattle, Wash. American Nuclear Society, S 552–557, 1–5 Mai 1988

Coplen HL, Ybarrondo LJ (1974) Loss-of-Fluid test integral test facility and program. Nucl Saf 15(6):676–690 (November–Dezember)

Corradini ML (1990) Current aspects of LWR containment loads due to severe reactor accidents. Nucl Eng Des 122:287–299

Corradini ML, Swenson DV, Woodfin RL, Voelker LE (1981) An analysis of containment failure by a steam explosion following a postulated core meltdown in a light water reactor. Nucl Eng Des 66:287–298

Coryell CD, Sugarman N (Hrsg) (1951) Radiochemical studies: the fission products. Book 1, 2 und 3, McGraw-Hill Book Company, Inc., New York

Costaz JL, Danisch R (1997) Discussion on recent concrete containment design. Nucl Eng Des 174:189–196

Costes D (1972) Précautions parasismiques pour les réacteurs nucléaires. Nucl Eng Des 20:303–322

Cottrell WB (1959) Site selection criteria. Nucl Saf 1(2):2–5 (Dezember)

Cottrell AH (1961a) Theoretical aspects of radiation damage and brittle fracture in steel pressure vessels, steels for reactor pressure circuits, ISl special report 69, S 281–296

Cottrell WB (1961b) Current events, saxton nuclear experimental corporation. Nucl Saf 2(3):71 (März)

Cottrell WB (1962a) Reactor site criteria. Nucl Saf 4(1):13 (September)

Cottrell WB (1962b) The SL-1 accident. Nucl Saf 3(3):64–74 (März)

Cottrell WB (1974) The ECCS rule-making hearing. Nucl Saf 15(1):30–55 (Januar–Februar)

Cottrell WB (1976) Water-reactor safety-research information meeting: loss of coolant accident (LOCA) test programm. Nucl Saf 17(2):147 f (März–April)

Cottrell WB (1979) First nuclear test conducted in LOFT reactor. Nucl Saf 20(2):224 f, (März–April)

Cottrel WB (1982) Ninth NRC water-reactor safety research information meeting. Nucl Saf 23(3):264 (Mai–Juni)

Cottrell WB, Hobson DO, Whitman GD (1975) Water-reactor safety-research information meeting. Nucl Saf 16(1):20 (Januar–Februar)

Cottrell WB, Savolainen AW (Hrsg) (1965) U. S. reactor containment technology, ORNL-NSIC-5, August

Cottrell WB, Sharp DS (1976) First LOFT nonnuclear test completed. Nucl Saf 17(4):506 (Juli–August)

Courtaud M (1975) French experimental work on emergency core cooling. Trans Am Nucl Soc 20:502

Covelli B, Varadi G et al (1982) Computer-Simulation der Containmentkühlung mit Außensprühung nach einem Kernschmelzunfall. In: Tagungsbericht Kerntechnik '82, Mannheim, Deutsches Atomforum e. V. und Kerntechnische Gesellschaft e. V., Bonn, S 299–302, 4–6 Mai 1982

Creswell SL (1985) Leak before break, HM NII's present view. In: Proceedings of the seminar on leak-before-break: international policies and supporting research, Held at Columbus, Ohio, NUREG/CP-0077, S 19 f, 28–30 Oktober 1985

Crosely PB, Ripling EJ (1971) Crack arrest toughness of pressure vessel steel. Nucl Eng Des 17:32–45

Cruickshank A (1993) INSAG reconsiders the causes of Chernobyl. Atom 427(März–April):44–46

Cudnik RA, Carbiener WA (1976) Steam-water mixing studies related to emergency core-cooling system performance. Nucl Saf 17(2):185–193 (März–April)

Cudnik RA, Flanigan LJ, Wooton RO (1975) Studies of steam-water interactions in the downcomer of 1:15-Scale representation of a four-loop PWR. Trans Am Nucl Soc 21(Juni):337–339

Culver HN (1960) Consequences of activity release, maximum credible accident. Nucl Saf 2(1):89 (September)

Culver HN (1966) Effect of engineered safeguards on reactor siting. Nucl Saf 7(3):342–346

Cummins E, Benitz K (2004) Signifikante Vorteile des Safety-First-Konzepts bei Errichtung, Betrieb und Wartung des Westinghouse AP1000-Reaktors. atw 49 (Februar):78–80

Curry TE (1972) Semiscale project test data report – test 851, Aerojet Nuclear Company, ANCR-1065, TID-4500, Juli

Czech J, Serret M, Krugmann U et al (1999) European pressurized water reactor: safety objectives and principles. Nucl Eng Des 187:25–33

Dallman R, Jack G, William J, Wagner KC (1990) Containment venting as an accident management strategy for BWRs with Mark I containments. Nucl Eng Des 121:421–429

Damerell PS, Simons JW (Hrsg) (1992) 2D/3D program work summary report, GRS-100, ISBN 3-923875-50-9, Dezember

Damerell PS, Simons JW (Hrsg) (1993) Reactor safety issues resolved by the 2D/3D Program, GRS-101, ISBN 3-923875-51-7, September

Davidson WF (1949) Some design problems for nuclear power plants. Nucleonics 5(November):4–13

Davis WK, Cottrell WB (1965) Containment and engineered safety of nuclear power plants, Proceedings of the Third international conference on the peaceful uses of atomic energy, Genf, Bd 13, P/276 USA, United Nations, New York, S 362–371, 31 August–9 September 1964

D'Auria F, Galassi GM et al (1992) Comparative analysis of accident management procedures in LOBI and SPES facilities. Proceedings of the Fifth international topical meeting on reactor thermal hydraulics NURETH-5, Salt Lake City, Bd VI, S 1577–1587, 21–24 September 1992

De Santi GF (1991) Analysis of steam generator U-tube rupture and intentional depressurization in LOBI-MOD2 facility. Nucl Eng Des 126:113–125

Debray W, Cerjak H (1971) Werkstoffeigenschaften des Stahles 22 NiMoCr 3 7 für Reaktorkomponenten, VGB Werkstofftagung, S 12–23

Debray W, Ullrich W, Fischdick H, Blind D, Schick M (1980) Konstruktive, werkstofftechnische und prüftechnische Optimierung von Kernkraftwerkssystemen, Übersichtsvortrag vom DVM-Tag, Stuttgart, Materialprüfung, Jg. 22, Nr 1, Januar, S 18–22, 10 Oktober 1979

DeCew WM (1947) Should nuclear power plants be built now? Nucleonics 1(1):1–3 (November)

DeCew WM (1948) Parallels between German science before 1932 and nucleonics in the United States today. Nucleonics 2(2):1–3 (Februar)

Dechaene R, Sebille J Results of Robertson tests on welded plates. EURATOM report EUR 3121. d, f, e

Demler T (1990) Untersuchungen zum Einfluss der Beanspruchungsgeschwindigkeit auf das Festigkeits- und Zähigkeitsverhalten von Feinkornbaustählen, Dissertation, Universität Stuttgart

Denkins RF, Northup TE (1964/1965) Concrete containment structures. Nucl Saf 6(2Winter):194–211

Der Bundesminister für Forschung und Technologie (1978) Programm Forschung zur Sicherheit von Leichtwasserreaktoren 1977–1980, Bonn, ISBN 3-88135-065-9, S 16–21

Desch CH, Sproule DO, Dawson WJ (1946) The detection of cracks in steel by means of supersonic waves. J Iron Steel Inst 153:319–353

Dessauer F (1945) Vorwort zur deutschen Ausgabe. In: Smyth HD (Hrsg) Atomic energy for military purposes. Princeton University Press, Princeton

Deublein O (1968) Entstehung und Bedeutung des Kernkraftwerks Lingen. atw 13(März):138–141

Deuster RW (1958) Comment on „Simulating Nuclear Blast Effects". Nucleonics 16(3):78 (März)

Deuster G et al (1989) FhG: Zerstörungsfreie Prüfungen am Großbehälter, Abschlussbericht, FhG-Bericht-Nr. 890227-TW, 28 Juni 1989

Deutsche Risikostudie Kernkraftwerke (1979) Hauptband. Verlag TÜV Rheinland, Köln, S 239

Deutsche Risikostudie Kernkraftwerke, Phase B (1990) Eine Untersuchung/GRS im Auftrag des Bundesministers für Forschung und Technologie. Verlag TÜV Rheinland, Köln

DeVine JC Jr (1996) Conceptional benefits of passive nuclear power plants and their effect on component design. Nucl Eng Des 165:299–305

Dickey DE (1960) A Human-engineered reactor control panel. Nucleonics 18(12) (Dezember):80–82

Dietrich JR (1956) Experimental determination of the self-regulation and safety of operating water-moderated reactors. Proceedings of the international conference on the peaceful uses of the atomic energy, United Nations, New York, Bd 13, P/481 USA, S 92

Dietrich R, Fürste W (1973) Beanspruchung und Bemessung von Kernkraftwerksgebäuden bei den äußeren Einwirkungen Flugzeugabsturz und Druckwelle. Techn Mitt Krupp – Forsch-Ber 31(3):99–112

DiMarzo M, Almenas KK, Hsu YY, Wang Z (1988) The phenomenology of a small break LOCA in a complex thermal hydraulic loop. Nucl Eng Des 110:107–116

DiMarzo M, Almenes K, Hsu YY (1991) On the scaling of pressure for integral test facilities. Nucl Eng Des 125:137–146

Dittler K, Gruner P, Sütterlin L (1973) Zur Auslegung kerntechnischer Anlagen gegen Einwirkungen von außen, Teilaspekt: Flugzeugabsturz, Zwischenbericht, IRS-W-7 (Dezember)

Doelfs M (1975a) Belagerungszustand im Wyhler Rheinwald. Badische Ztg 41(19 Februar):3

Doelfs M (1975b) Keine „Bau"-Arbeiten vor einem Richterspruch. Badische Ztg 44(22/23 Februar):3

Doelfs M (1975c) Zäsur in Wyhl. Badische Ztg 22(28 Januar):1

Doelfs M (1977a) Bürgerinitiativen: Ein politisches Problem. Badische Ztg 25(1 Februar):1, 5

Doelfs M (1977b) Der Primus. Badische Ztg 34(11 Februar):7

Doelfs M (1977c) Elegante Schale. Badische Ztg 32(9 Februar):5

Doelfs M (1977d) Wyhl-Prozess beginnt in ruhiger Atmosphäre. Badische Ztg 22(28 Januar):1

Doelfs, M, Piper N (1975) Ihr wisst nicht, was ihr zerstört habt. Badische Ztg 43(21 Februar):3

Doelfs M, Kühnert H, Piper N (1977) Pollard spricht von vielen Schwachstellen. Badische Ztg 31(8 Februar):5

Doll W, Ehling W, Huber H, Nguyen-Huy T, Weber U (1990) MPA Stuttgart: Forschungsvorhaben 1500 618 RDB-Notkühlsimulation, MPA-Forschungsbericht, Januar

Dölle H-H (1974a) In Wyhl kocht das Wasser schon auf zweihundert Grad. Badische Ztg 261(11 November):10

Dölle H-H (1974b) Zimmer: Keine Prognose zum Ausgang des Entscheids. Badische Ztg 263(13 November):8

Dollezhal NA et al (1958) Operating experience with the first atomic power station in the USSR and its use under boiling conditions. Proceedings of the Second United Nations international conference on the peaceful uses of atomic energy, Genf, Bd 8, P/2183 USSR, United Nations, Genf, S 86–99, 1–13 September 1958

Dorner H (1965) Reaktordruckgefäß und Einbauten-Konstruktion. atw 10 (Juli/August):348–351

Dorner H (1968) Reaktordruckbehälter, Siemens-Zeitschrift 42, Beiheft „Kernkrafttechnik", S 50–60

Dorner H (1970) Druckgefäße und Primärkomponenten von Druckwasserreaktoren. atw 15(September/Oktober):463–468

Dorner H, Gruhl H (1966) Spannbeton-Reaktordruckbehälter für 100 atü Innendruck. Techn. Überw 7(1):10–16 (Januar)

Dorner H, Ruf R (1971) Hauptkomponenten des KKS-Reaktors. atw 16(November):603–605

Dorner H, Hartz K, Trumpfheller R (1972) Technik und Ökonomie der Fertigungskontrolle großer Reaktorkomponenten. atw 17(September/Oktober):524–527

Droste G von (1939) Über die Energieverteilung der bei der Bestrahlung von Uran mit Neutronen entstehenden Bruchstücke. Naturwissenschaften 27:198

Droste G von, Reddemann H (1939) Über die beim Zerspalten des Urankerns auftretenden Neutronen. Naturwissenschaften 27:372

Duffey RB (1989) U.S. nuclear power plant safety: impact and opportunities following Three Mile Island. Nucl Saf 30(2):222–231 (April–Juni)

Duffey RB, Porthouse DTC (1972) Experiments on the cooling of high-temperature surfaces by water jets and drops. Proceedings of the CREST spezialist meeting on emergency core cooling for light water reactors, Garching/München, LRA-MRR 115, Bd 2, Dezember 1972, 18–20 Oktober 1972

Duffey RB, Pioro I, Zhou X et al (2008) Supercritical water-cooled nuclear reactors (SCWRs): current and future concepts – steam cycle options. Proceedings of the 16th international conference on nuclear engineering, ICONE 16, Orlando, Florida, USA, ICONE 16-48869, S 1–9, 11–15 Mai 2008

Dumont D, Lavialle G, Noel B, Deruaz R (1994) Loss of residual heat removal during mid-loop operation: BETHSY experiments. Nucl Eng Des 149:365–374

Duncan JD (1988) SBWR, a simplified boiling water reactor. Nucl Eng Des 109:73–77

Dürr A (1986) Grüne fordern Evakuierung von Familien. Süddeutsche Ztg 104(7/8 Mai):17

Dyatlov A (1991) How it was: an operator's perspective. Nucl Eng Int S 43–50

Eckert G (1984) Die wesentlichen Nachbesserungen der SWR-Kraftwerke der Baulinie 69. atw 29(Dezember):639–644

Eckert M (1987) US-Dokumente enthüllen: 'Atoms for Peace' – eine Waffe im Kalten Krieg, bild der wissenschaft, S 64–74 (Mai)

Eckert, M, Osietzki M (1989) Wissenschaft für Macht und Markt. Beck, München

Eggert H (1950) Die Geschichte der Technischen Überwachung, in: 50 Jahre Technische Überwachung im Ruhrbergbau, Technischer Überwachungs-Verein Essen, S 14 ff

Egorov N, Novikov VM, Parker FL, Popov V, K. (Hrsg) (2000) The radiation legacy of the soviet nuclear complex. Earthscan Publications Ltd., London

Ehlers H (1958) Die Gefahren des Reaktorbaus, in: Briefe an die Herausgeber. Frankf Allg Ztg 79(3 April):11

Ehrhardt CA (1962) Der Entwurf des zweiten Fünfjahresprogramms der Euratom. atw 7(März):180–181

Ehrhardt J, Panitz H-J (1986) Schwerpunkte der Weiterentwicklung des Unfallfolgenmodells UFOMOD und erste Analysen zum Reaktorunfall in Tschernobyl, KfK 4170, Juli

Eiber RJ, Maxey WA, Duffy AR, Atterbury TJ (1969) Investigation of the initiation and extent of ductile pipe rupture, Phase I, final report, Battelle Memorial Institute, Columbus, Ohio, BMI 1866, Juli

Eibl J (1993) Zur bautechnischen Machbarkeit eines alternativen Containments für Druckwasserreaktoren – Stufe 3, Kernforschungszentrum Karlsruhe, KfK 5366

Eibl J, Schlueter F-H, Cueppers H, Hennies HH, Kessler G (1991) Containments for future PWR-reactors. In: Shibata H (Hrsg) Transactions of the 11th international conference on structural mechanics in reactor technology, Atomic Energy Society of Japan, V. A., S 57–68

Eickelpasch N (1968) Katastrophenschutzübung in Gundremmingen. atw 13(November):555–556

Eidam GR (1984) TMI-2 reactor characterization program. Trans Am Nucl Soc 47:305 f

Eisele H (1978) Unabhängige Sachverständige fehlen. Stuttgarter Nachrichten, Nr 236, S 12, 12 Oktober 1978

Elenz T (1992) Experimentelle und numerische Untersuchungen von instabiler Rissausbreitung und Rissstopp beim schnellen Bruch von zugbelasteten Platten, Technisch-wissenschaftliche Berichte der MPA Stuttgart, Heft 92-03, Universität Stuttgart Dissertation

Elenz T, Gillot R, Hädrich H-J, Huber H, Nguyen-Huy T, Stumpfrock L, Weber U (1992) MPA Stuttgart: Forschungsvorhaben BMFT-FKZ-1500787, Reaktorsicherheitsforschung, Experimentelle und numerische Untersuchungen zum Verhalten eines niedrigzähen Behälterwerkstoffs bei Risseinleitung, instabiler Rissausbreitung und Rissstopp bei überlagerten mechanischen und thermischen Beanspruchungen, Abschlussbericht, Stuttgart, Dezember

Ellmer M, Kornbichler H (1961) Gestaltung und Errichtung des Versuchsatomkraftwerks Kahl. atw 6(Januar):30–41

Emel'yanov IY, Vasilevskii VP, Volkov VP et al (1977) Safety of power plants with boiling-water graphite channel reactors. Atomnaya Énergiya 43(6) (Dezember), engl. Übers. In: Soviet At Energy 43(6):1107–1114 (New York, Juni)

Emel'yanov, IYa, Kuznetsov SP, Cherkashov, Yu M (1981) Design provisions for operational capability of a nuclear power plant with a high-powered water-cooled channel reactor in emergency regimes. Atomnaya Énergiya 50(4) (April), engl. Übers. In: Soviet At Energy 50(4):226–235 (Oktober, New York)

Emonts H, Schomer E (1973) Das 1300-MW-Kernkraftwerk Unterweser mit Siemens-Druckwasserreaktor. atw 18(Mai):226–231

Engel G-J, Spindler B, Kruip J (2001) 5 Jahre Simulatorbewertung – Ein Beitrag zur Sicherheitskultur. atw 46(Mai):319–327

Engelbrecht U (1986) Nicht wie der Blitz aus heiterem Himmel. Stuttgarter Ztg 99(30 April):3

English RE (1981) Chemistry, report of the technical assessment task force, Oktober 1979, Washington DC. In: Staff reports to the president's commission on the accident at Three Mile Island, progress in nuclear energy, Bd 6, S 91–115

Epler EP (1969) Common mode failure considerations in the design of systems for protection and control. Nucl saf 10:38–45

Epler EP, Oakes LC (1973) Obstacles to complete automation of reactor control. Nucl Saf 14(2):95–104, (März–April)

Erdmann DC (1953) Ultrasonic inspection using automatic recording and frequency modulated flaw detectors. NDT 11(8):27–31 (November–Dezember)

Erdmann-Jesnitzer F, Prosenc V (1976) Untersuchungen über den Einfluss von Keimbildnern auf die Gefügeausbildung und das Seigerungsverhalten beim Elektro-Schlacke-Umschmelzen von Stahl. Arch Eisenhüttenwes 47(6):367–372 (Juni)

Ergen WK (1962) Power-excursion experiments in SPERT-I. Nucl Saf 3(3):15–16 (März)

Ergen WK (1963) Site criteria for reactors with multiple containment. Nucl Saf 4(4):8–14 (Juni)

Evans GE (1953) Materials. Nucleonics 11(6):18–23 (Juni)

Ewald J (1976) Beurteilungsmöglichkeiten für FK-Baustähle, insbesondere im Hinblick auf spannungsarmgeglühte Schweißverbindungen, 2. MPA-Seminar, Stuttgart, S 10, 29/30 Juni 1976

Ewald J et al (1975a) MPA Stuttgart: Forschungsprogramm „Reaktordruckbehälter", Dringlichkeitsprogramm 22 NiMoCr 3 7, RS 101, 3. Technischer Bericht, Bd 4, Projekt „Simulationsproben" (Si-SSi), (Si-G/R), Dezember

Ewald J et al (1975b) MPA Stuttgart: Forschungsprogramm „Reaktordruckbehälter", Dringlichkeitsprogramm 22 NiMoCr 3 7, RS 101, 3. Technischer Bericht, Bd 1, Projekt „Simulationsproben" (Si-SSi), (Si-G/R), Dezember

Faber G, Maggi CM (1965) Rissbildung in ausscheidungshärtenden Werkstoffen beim Glühen nach dem Schweißen. Arch Eisenhüttenwes 36(7):497–500 (Juli)

Fabian H (2004a) KTG Fachtag: Fortschritte bei der Beherrschung und Begrenzung der Folgen auslegungsüberschreitender Ereignisse. atw 49(Januar):37–39

Fabian T (2004b) Driving the ACR licence. Nucl Eng Int (November):18–21

Fabian H, Pamme H, Schmaltz H (1999) Neue Qualität in der Sicherheitskonzeption des SWR 1000. atw 44(Januar):12–18

Fabic S (1976) Data sources for LOCA code verification. Nucl Saf 17 (6):671–685 (November–Dezember)

Fahlbruch B, Wilpert B (2000) Die Bewertung von Sicherheitskultur. atw 45(November):684–687

Fahlbruch B, Miller R et al (1996) Human Factors und Ereignisanalyse. In: Wilpert B (Hrsg) Beitrag der Psychologie zur Sicherheit von Einrichtungen hohen Gefährdungspotenzials, Forschungsbericht 96-4, Zentrum Mensch-Maschine-Systeme, TU Berlin, S 15–21

Farbrot JE, Nihlwing, C, Svengren H (2005) Human-machine communication. atw 50(Februar):96–101

Farmer FR (1962) Towards the simplification of reactor safety. J Brit Nucl Energy Soc 1(Oktober):295–306

Farmer FR (1967) Siting criteria – a new approach. Proceedings of a symposium on the containment and siting of nuclear power plants held by the IAEA, Wien, S 303–329, 3–7 April 1967

Farmer FR (1980) Diskussionsbeitrag. In: Hauff V (Hrsg) Expertengespräch Reaktorsicherheitsforschung, Bundesministerium für Forschung und Technologie Neckar-Verlag Villingen, S 74, 31 August–1 September 1978

Farmer FR (1987) Past and present approaches to the anticipation and control of potentially major hazard situations In: Probabilistic safety assessment and risk management PSA ‚87, Bd I, Verlag TÜV Rheinland, S LVII–LXII

Fechner JB, Erven U, Viefers W (1985) Leitlinien zur Beurteilung der Auslegung von Kernkraftwerken. atw 37

Fehr HO (1973) Ein resoluter Bürgermeister nutzt die Stimmungsmache von außen. Stuttgarter Ztg 169(25 Juli):21

Feldman EM (1981) July 1981 LOFT progress report to foreign participants, EGG-LOFT-5541, August

Feldmann FJ (1983) Schadensvorsorge gegen Störfälle und Unfälle bei der Auslegung von Kernkraftwerken. Energiewirtschaftliche Tagesfragen 33(6):385–392

Fendler HG, Knopf K (1961) Strahlenschutz am Versuchsatomkraftwerk Kahl. atw 6(Januar):50–56

Fermi E (1946) The development of the first chain reacting pile. Proc Am Phil Soc 90:20–24

Fermi E (1952) Experimental production of a divergent chain reaction. Am J Phys 20:536–558

Fermi E (1955) Physics at Columbia university. Phys Today 8(November):12–16

Fermi E (1965a) Feasibility of a chain reaction, report CP-383, November 26, 1942. In: Fermi E (Hrsg) NOTE E MEMORIE, Bd II, Accademia Nazionale dei Lincei, Rom, S 265 f

Fermi E (1965b) Some remarks on the production of energy by a chain reaction in Uranium, report A-14, June 30, 1941. In: Fermi E (Hrsg) NOTE E MEMORIE, Bd II, Accademia Nazionale dei Lincei, Rom, S 90

Fermi E (1965c) Summary of experimental research activities, report CP-416, January 1943. In: Fermi E (Hrsg) NOTE E MEMORIE, Bd II, Accademia Nazionale dei Lincei, Rom, S 309 f

Fermi E (1965d) The temperature effect on a chain reacting unit, report C-8, February 25, 1942. In: Fermi E (Hrsg) NOTE E MEMORIE, Bd II, Accademia Nazionale dei Lincei, Rom, S 149–151

Ferng YM, Lee CH (1994) Numerical simulation of natural circulation experiments conducted at the IIST facility. Nucl Eng Des 148:119–128

Ferri R, Cattadori G et al (2000) Cold leg intermediate break experiment in SPES facility and post-test calculations with Relap5 Mod 3.2 code. Proceedings of the 38th European two-phase flow group meeting, Karlsruhe, 29–31 Mai 2000

Ferroni F, Collins P, Schiel L (1994) Containmentschutz mit Wasserstoffrekombinatoren. atw 39(Juli):513 f

Fieg G, Möschke M, Werle H (1995) Untersuchungen zu Kernfängerkonzepten, Projekt Nukleare Sicherheitsforschung, Jahresbericht 1993, KfK 5327, S 90–100, vgl. auch: Studies for the staggered pans core catcher. Nucl Tech 111(September):331–340

Filbinger H (1975) Regierungserklärung, Stenografische Berichte, Landtag von Baden-Württemberg, 6. Wahlperiode, 75. Sitzung, S 5050 ff, 27 Februar 1975

Fineschi F, Bazzichi M, Carcassi M (1996) A study on the hydrogen recombination rates of catalytic recombiners and deliberate ignition. Nucl Eng Des 166:481–494

Finkelnburg W (1965) Der MZFR – ein Markstein der deutschen Reaktorentwicklung. atw 10(Juli/August):330 f

Fiquet G, Dacquet S (1977) Study of the perforation of reinforced concrete slabs by rigid missiles – experimental study, part II. Nucl Eng Des 41:103–120

Firestone FA (1946) The supersonic reflectoscope, an instrument for inspecting the interior of solid parts by means of sound waves. J Acoustical Soc Am 17(3 Januar):287–299

Firestone FA (1948) Tricks with the supersonic reflectoscope. NDT 7(2):5–19

Fischer HD (1987) DWR-Teilsimulator. In: Deutsches Atomforum e. V.: Fachtagung „Mensch und Chip in der Kerntechnik". Berichtsband, INFORUM, Bonn, S 390–406, 27–28 Oktober 1987

Fish JD, Pilch M, Arellano FE (1982) Demonstration of passively cooled particle-bed core retention. Proceedings of the LMFBR safety topical meeting, Lyon, Bd III, S 327–336, 19–23 Juli 1982

Fitting K (1976) Die Harmonisierung sicherheitstechnischer Vorschriften in der Europäischen Gemeinschaft und ihre Auswirkungen auf die Arbeit der Technischen Überwachungsorganisationen. Technische Überwachung 17(Oktober):335

Flügge S (1939) Kann der Energieinhalt der Atomkerne technisch nutzbar gemacht werden? Naturwissenschaften 23/24(9 Juni):402–410

Flügge S (1982) Die Ausnutzung der Atomenergie, in: Deutsche Allgemeine Zeitung, Nr 387, Beiblatt; Faksimile in: ATOM, Stadtverwaltung Haigerloch, Druckerei Elser Haigerloch, S 23–24, 15 August 1939

Fogelström L, Simon M (1988) Entwicklungstendenzen bei Leichtwasserreaktoren. atw 33(August/September):425

Föhl J, Beyer H (1996a) MPA Stuttgart: Forschungsvorhaben Komponentensicherheit (FKS), Einfluss der Neutronenbestrahlung auf die Eigenschaftsänderungen der Werkstoffe von Reaktordruckbehältern für Leichtwasserreaktoren, Abschlussbericht, Stuttgart, Oktober

Föhl J, Beyer H (1996b) MPA Stuttgart: Forschungsvorhaben Komponentensicherheit (FKS), Einfluss der Neutronenbestrahlung auf die Eigenschaftsänderungen der Werkstoffe von Reaktordruckbehältern für Leichtwasserreaktoren, Detaillierte Darstellung der Ergebnisse, Stuttgart, November

Föhl J, Groß K-J (1986) MPA Stuttgart: Forschungsprogramm Strahlenversprödung, RDB-Material, Koope-

ration BMFT/USNRC, BMFT-FB 1500 485, Stuttgart, Oktober

Föhl J et al (1982a) Forschungsvorhaben Komponentensicherheit RS 304 A Einzelvorhaben EV 05 Bestrahlung, MPA Stuttgart, August

Föhl J et al (1982b) MPA Stuttgart: FKS RS 304 A, Technisch-Wissenschaftlicher Bericht TWB 5/2: Beschreibung der Werkstoffe KS 12 und KS 15 20 MnMoNi 5 5, unbestrahlter Ausgangszustand, August

Fontana MH (1960) Containment of power reactors. Nucl saf 2(1):55–70 (September)

Fontana MH (1961) Underground containment of power reactors. Nucl Saf 2(3):31–34 (März)

Forbes IA, Ford DF, Kendall HW, MacKenzie JJ (1971) Nuclear reactor safety: an evaluation of new evidence. Nucl News 14(9):32–40 (September)

Ford FP, Silverman M (1980) Effect of loading rate on environmentally controlled cracking of sensitized 304 stainless steel in high purity water. Corrosion-nace 36(11):597–603 (November)

Ford DF, Kendall HW, MacKenzie JJ (1972) A critique of the AEC's interim criteria for emergency core-cooling systems. Nucl News 15(1):28–35 (Januar)

Fowler RD, Dodson RW (1939) A new type of nuclear reaction. Nature 143(11 Februar):233

Fox M (1979) An overview of intergranular stress corrosion cracking in BWRs. J Mater Energy Syst 1:3–13

Franceschini F, Petrovic B (2008) Advanced operational strategy for the IRIS reactor: load follow through mechanical shim (MSHIM). Nucl Eng Des 238(Dezember):3240–3252

Frank L, Hazelton WS et al (1980) Pipe cracking experience in light-water reactors. USNRC, NUREG-0679, August

Franz JP, Alliston WH (1957) PWR training simulator. Nucleonics 15(5):80–88 (Mai)

Franzl R, Henseler H, Heusler H, Menke L (1961) Druckgefäß, Kondensatunterkühler, Rohrleitungen. atw 6(Januar):74

Fraude A (1969) Erfahrungen bei der Inbetriebnahme der Kernkraftwerke GKN, KWL und KWO. atw 14(April):185 f

Frei G (1970) Betriebs- und Störfallverhalten des Reaktors, VGB-Kernkraftwerks-Seminar 1970. Druckwasserreaktoren, Vereinigung der Grosskesselbetreiber. Vulkan-Verlag, Essen, S 46–57

Frei G, Orth K (1965) Langzeit-Betriebsverhalten eines Druckwasserreaktors großer Leistung mit Bortrimmung (chemical shim). Nukleonik 7(5):231–236

Frei G, Rauscher T (1969) Dynamic tests on the MZFR, Atomkernenergie (ATKE) 14(2):81–93

Freund HU, Schumann St, Wegener H, Müller K (1992) HDR concrete dismantling experiments with explosive charges. Nucl Eng Des 135:395–402

Frewer H, Keller W (1967) Das 660-MW-Kernkraftwerk Stade mit Siemens-Druckwasserreaktor. atw 12(Dezember):568–573

Frewer H, Held, C, Keller W (1965) Planung und Projektierung des 300-MW-Kernkraftwerks Obrigheim. atw 10(Juni):272–282

Frisch OR (1939) Physical evidence for the division of heavy nuclei under neutron bombardement. Nature 143(18 Februar):276

Frisch OR (1981) Woran ich mich erinnere, Wiss. Verlagsgesellsch. Stuttgart, S 148 ff

Fröhling W, Bounin D, Steinwarz W, Böttcher A, Geiß M, Trauth M (2000) Vorgespannte Guss-Druckbehälter (VGD) als berstsichere Druckbehälter für innovative Anwendungen in der Kerntechnik, Schriften des Forschungszentrums Jülich, Reihe Energietechnik, Bd 14

Frühauf H, Lepie G (1974) Aufbau der Gesamtanlage des Kernkraftwerks Biblis. atw 19(August/September):408–419

Furthmeier-Schuh A (1986) Über Spätschäden durch geringe Radioaktivität – Was geschieht im Körper? Krebsrisiko so gut wie nicht erhöht. Frankf Allg Ztg 107(10 Mai):8

Gaines AL, Porse L (1965) Problems in the design and construction of large reactor vessels. Proceedings of the Third international conference on the peaceful uses of atomic energy, Bd 8, P/227 USA, United Nations, New York, S 464–470, 31 August–9 September 1964

Gall WR (1962a) Plant safety features. Nucl Saf 3(4 Juni):57

Gall WR (1962b) Reactor containment design. Nucl Saf 3(4):52–58 (Juni)

Gall WR (1965) Review of containment philosophy and design practice. Nucl Saf 7(1 Herbst):81–86

Gall WR (1967) Design trends in systems for containment. Nucl Saf 8(3 Frühjahr):245–248

Gardiner DA (1960) Predicting reliability of safety devices. Nucl Saf 2(2):27–30 (Dezember)

Garwood SJ (1979) Crack propagation toughness of structural steels at temperatures above the brittle-ductile transition temperature, final contract report 3545/8/79, März, The Welding Institute, Abington Hall, Abington

Gaspari CP, Granzini R, Hassid A (1972) Dryout onset in flow stoppage, depressurization and power surge transient. Proceedings of the CREST spezialist meeting on emergency core cooling for light water reactors, Garching/München, LRA-MRR 115, Bd 1, Dezember, 18–20 Oktober 1972

Gaul H-P, Liebert J (1999) Abschlussbericht zum Forschungs- und Entwicklungsvertrag BMWi 1501 070 „UPTF-Experiment – Auflösung des Versuchsbetriebs; Ergebnis- und Datensicherung; Dokumentation", Dezember

Gaul HP, Kerst B, Kauer M (1989) UPTF-Experiment, Notkühluntersuchungen im Originalmaßstab 1:1, Zielsetzungen, Versuchsprogramm. In: Tagungsbericht, Jahrestagung Kerntechnik '89, 9–11 Mai 1989 Düsseldorf, KTG, DAtF, INFORUM Bonn, S 125–128

Geiger W (1974) Generation and propagation of pressure waves due to unconfined chemical explosions and their impact on nuclear power plant structures. Nucl Eng Des 27:189–198

Gerlach W (1948) Probleme der Atomenergie. Biederstein Verlag, München, S 14

Gerlach W, Hahn D (1984) Otto Hahn. In: Große Naturforscher, Bd 45, Wiss. Verlagsgesell., Stuttgart

Gersten W (1972) Kernkraftwerk Würgassen – Gesamtkonzeption und technische Daten. atw 17(Februar):87–97

Gilbert FW (1954) Decontamination of the Canadian reactor. Chem Eng Prog 50(5):267

Gilde W (1960) Schweiß- und Schneidtechnik bei der Herstellung metallurgischer Erzeugnisse. Neue Hütte 5(4):232–237 (April)

Gillette R (1971) Nuclear reactor safety: a skeleton of the feast? Science 172(Mai):918 f

Gilette R (1972a) Nuclear safety (II): the years of delay. Science 177(8 September):867–871

Gilette R (1972b) Nuclear safety: critics charge conflicts of interest. Science 177(15 September):970–975

Gilette R (1972c) Nuclear safety: the roots of dissent. Science 177(1 September):771–776

Gilette R (1973) Nuclear safety: AEC report makes the best of it Science 179(26 Januar):361

Gillot R (1988) Experimentelle und numerische Untersuchungen zum Rissstopp-Verhalten von Stählen und Gusseisenwerkstoffen, Technisch-wissenschaftliche Berichte der MPA Stuttgart, Heft 88-03, Universität Stuttgart Dissertation

Gillot R, Huber H, Stumpfrock L, Weber U (1996) MPA Stuttgart: Forschungsvorhaben BMFT-FKZ-1500946, Untersuchungen zu den Auswirkungen von Niederdrucktransienten bei simulierten Werkstoffzuständen, Abschlussbericht, Stuttgart, Dezember

Glaeser H (1992) Downcomer and tie plate countercurrent flow in the Upper Plenum Test Facility (UPTF). Nucl Eng Des 133:259–283

Glaser H, Scharlaug FH (2008) Durchführung und Bewertung von Sicherheitsüberprüfungen in Schleswig-Holstein. atw 53 (Mai): 337–341

Gleitsmann R-J (1986) Im Widerstreit der Meinungen: Zur Kontroverse um die Standortfindung für eine deutsche Reaktorstation (1950–1955), Kernforschungszentrum Karlsruhe, KfK 4186

Gleitsmann R-J (1987) Die Anfänge der Atomenergienutzung in der Bundesrepublik Deutschland. In: Hermann A, Schumacher R (Hrsg) Das Ende des Atomzeitalters? Verlag Moos & Partner, München, S 40

Gluckmann AL (1965) Some notes on dynamic structural problems in the design of nuclear power stations. Nucl Struct Eng 2:419–437

Goetzmann C (1988) Low specific capital cost: the design problem of small reactors. Nucl Eng Des 109:11–18

Göhlich D (1979) Über die Bewährung des Kernkraftwerk-Simulator-Zentrums der Kraftwerksschule e. V. aus der Sicht eines Kernkraftwerksbetreibers. VGB Kraftwerkstech 59(1 Januar):14–16

Goldemund MH (1972) „CLADFLOOD" – an analytical method of calculating core reflooding and its application to PWR loss-of-coolant analysis. Proceedings of the CREST spezialist meeting on emergency core cooling for light water reactors, Garching/München, LRA-MRR 115, Bd 2, Dezember, 18–20 Oktober 1972

Goldstein S, Berriand C (1977) Study of the perforation of reinforced concrete slabs by rigid missiles – experimental study, part III. Nucl Eng Des 41:121–128

Golitschek H von (1977) Zu den Voraussetzungen für die Genehmigung eines Kernkraftwerks, VG Würzburg, Urteil vom 25 März 1977 -Nr W 115 II/74, NJW 1977, Heft 36, S 1649–1654

Göller B, Dolensky B, Krieg R (1992) Mechanische Auslegung eines kernschmelzenfesten Druckwasserreaktor-Sicherheitsbehälters. KfK-Nachrichten 24(4):183–191

Goodman C (1947) Nuclear principles of nuclear reactors. Nucleonics 1(3):23–33 (November) und Propagation of a Chain Reaction. Nucleonics 1(4):22–31 (Dezember)

Gorham ED et al (1992) Evaluation of severe accident risks: methodology for accident progression, source term, consequence, risk integration, and uncertainty analyses, NUREG/CR-4511, SAND86-1309, Bd 1

Gorski K, Ivanow M (1974) Das Kernkraftwerk „Bruno Leuschner" Greifswald. Kernenergie 17(7):200–222

Goswami S, Ziegler A (1979) TMI-2-Störfall: Neue Daten und Erkenntnisse. atw 24(Dezember):578–582

Götte H (1952) Anwendungsmöglichkeiten der radioaktiven Isotope in Chemie und Technik. Chem Ing Tech 24(4):204–209

Götz M (1968) Sicherheit und Sicherheitsbeiwert bei Dampfkesseln und Druckbehältern. Tech Überwachung 9(11 November):383–391

Gräber U (2010) The status quo and future of nuclear power in Germany and worldwide, presentation 1, 36. MPA-Seminar, Universität Stuttgart S 1.1–1.21, 7–8 Oktober 2010

Graham RH (1955) U.S. reactor operating history 1943–1954. Nucleonics 13(10 Oktober):42–45

Graham, Richard H, Boyer D (1956) Glenn: AEC steps up reactor safety experiments. Nucleonics 14(3):45 (März)

Grauf E (2000) „Nationale Peer Reviews" – Selbstbeurteilungsprogramm der deutschen Kernkraftwerke. atw 45 (Februar): 82–85

Gremm O (1988) On the safety goal for small reactors. Nucl Eng Des 109:329–333

Griffel J, Bonilla CF (1965) Forced-convection boiling burnout for water in uniformly heated tubular test sections. Nucl Struct Eng 2:1–35

Griffin RF, Dyer GH, Wahl HW (1965) Containment accessories. In: Cottrell WB, Savolainen AW (Hrsg) U. S. reactor containment technology, Bd I, ORNL-NSIS-5, S 9. 31 (August)

Griffith AA The phenomenon of rupture and flow in solids. Philos Trans R Soc A 221:163–198

Griffiths V (1964–1965) Use of sprays as a safeguard in reactor containment structures. Nucl Saf 6(2, Winter):186–194

Grigoryantz AN et al (1965) Start-up and pilot operation of the first unit of the Beloyarsk nuclear power station after I. V. Kurchatov. Proceedings of the Third international conference on the peaceful uses of atomic energy, Genf, Bd 6, P/308 USSR, United Nations, New York, S 249–255 (russisch), 31 August–9 September 1964

Groos OH (1965) Aufgaben der Behörden bei Reaktorstandorten in dichtbesiedelten Gebieten, 1. IRS Fachgespräch: Der Einfluss des Standortes auf die Sicherheitsmaßnahmen in der Reaktoranlage, München, S 2, 29 Oktober 1965

Groos OH (1966) Grundsätze und Grenzen der Vorsorge gegen die Gefahren von Atomanlagen, in: IRS, 2. Fachgespräch in Jülich, „Der Größte Anzunehmende Unfall", S 8–12, 8 November 1966

Große-Wördemann J (1980) Bereitstellung schwerer Halbzeuge durch formgebendes Schweißen. Materialprüfung 22(4):168–173 (April)

Groves LR (1983) Now it can be told. The story of the Manhattan project. Harper, New York, 1962, Reprint: A Da Capo paperback, New York, S 44 ff

Grüner W, Haebler Dv, Klar E, Hofmann W (1971) Die Weiterentwicklung der Kerninstrumentierung von Druckwasserreaktoren, Reaktortagung, Tagungsbericht, Deutsches Atomforum, Bonn, S 375–378, 30 März–2 April 1971

Grush WH, White JR (1978) Prediction of LOFT core fluid conditions during blowdown and refill. Trans Am Nucl Soc 30:395 f

Grütter J, Holl B, Meltz P, Kruip J (1998) Neue Simulatoren für die Schulung. atw 43(Februar):102–104

Gueraud R, Sokolovsky A et al (1977) Study of the perforation of reinforced concrete slabs by rigid missiles. Nucl Eng Des 41:91–102

Guthrie CE (Hrsg) (1967) Containment integrity – a state-of-the-program report. Nucl Saf 8(5):483–489 (September–Oktober)

Gutierrez, AMH (1996) Innovative Kernreaktoren mit verbesserten Sicherheitseigenschaften. Habilitationsschrift, RWTH Aachen, S 34

Haas H, Rothe F (2003) Anlageninterne Notfallübungen. atw 48(Juni):380–382

Hacker BC (1987) The Dragon's Tail, radiation safety in the manhattan project, 1942–1946. University of California Press, Berkeley

Hadjian AH (1976) Soil-structure interaction – an engineering evaluation. Nucl Eng Des 38:267–272

Hadjian AH, Luco JE et al (1974) Soil-Structure interaction: continuum or finite elements? Nucl Eng Des 31:151–167

Hadjian AH, Niehoff D, Guss J (1974) simplified soil-structure interaction analysis with strain dependent soil properties. Nucl Eng Des 31:218–233

Häfele W (1975) Die historische Entwicklung der friedlichen Nutzung der Kernenergie. In: Kaiser K, Lindemann B (Hrsg) Kernenergie und internationale Politik. Oldenbourg, München/Wien, S 47

Häfele W (1989) Sicherheitstechnische Maßnahmen und Regeln im Bereich der Kerntechnik. atw (November):518–526

Hagen EW (1976) human reliability analysis. Nucl Saf 17(3):315–326 (Mai–Juni)

Hagen EW (1982) Control and instrumentation. Nucl Saf 23(3):291–299 (Mai–Juni)

Hahn GT, Sarrate M, Rosenfield AR (1969) Criteria for crack extension in cylindrical pressure vessels. Int J Fract Mech 5(3):187–210 (September)

Hahn O (1953) Die Auffindung der Uranspaltung. In: Bothe W, Flügge S (Hrsg) Naturforschung und Medizin in Deutschland 1939–1946, Bd 13: Kernphysik und kosmische Strahlung, Teil I, Wiesbaden S 178

Hahn O (1975) Erlebnisse und Erkenntnisse. Econ, Düsseldorf-Wien

Hahn O, Strassmann F (1939a) Nachweis der Entstehung aktiver Bariumisotope aus Uran und Thorium. Naturwissenschaften 27(10 Februar):94

Hahn O, Strassmann F (1939b) Über das Zerplatzen des Urankerns durch langsame Neutronen, Abhandlungen der Preußischen Akademie der Wissenschaften Jg. 1939, Math.-naturwiss. Klasse Nr 12, Vortrag vom 25 Mai 1939

Hahn O, Strassmann F (1939c) Über den Nachweis und das Verhalten der bei der Bestrahlung des Urans mittels Neutronen entstehenden Erdalkalimetallen. Naturwissenschaften 27:14

Halban H von, Joliot F, Kowarski L (1939) Number of neutrons liberated in the nuclear fission of Uranium. Nature 143(22 April):680

Halban H von, Joliot F, Kowarski L(1939) Liberation of neutrons in the nuclear explosion of Uranium. Nature 143(18 März):471

Haldar A, Miller FG (1982) Penetration depth in concrete for nondeformable missiles. Nucl Eng Des 71:79–88

Hall J (1974) British MPs do not like US reactor plan. Nature 247(February 22):499 f

Hall JR, Kissenpfennig JF (1976) Special topics on soil-structure interaction. Nucl Eng Des 38:273–287

Hall A, Sherbine CA (1991) PWRs with passive safety systems. Nucl Energy 30(April):95–103

Hamilton CW, Hadjian AH (1976) Probabilistic frequency variation of structure-soil systems. Nucl Eng Des 38:303–322

Hanauer SH, Walker CS (1968) Principles of design of reactor-protection instrumentation systems. Nucl Saf 9(1):28–34 (Januar/Februar)

Hanson NW, Schultz DM (1989) Implications of results from full-scale test of reinforced and prestressed concrete containments. Nucl Eng Des 117:79–83

Hanson RG, Wilson GE, Oritz MG, Griggs DP (1992) Development of a phenomena identification and ranking table (PIRT) for a double-ended guillotine break in a production reactor. Nucl Eng Des 136:335–346

Harlow JH (1959) The ASME boiler and pressure vessel code. Mech Eng 81(7):56–58 (Juli)

Harrer JW (1957) Starting Up EBWR. Nucleonics 15(7):60–64 (Juli)

Harrer JM, Jameson AC, West JM (1956) The Engineering design of a prototype boiling water reactor power plant. Proceedings of the international conference on the peaceful uses of the atomic energy, Genf, Bd III, P/497 USA, United Nations, New York, S 250–262, 8–20 August 1955

Harris TA (1959) Analysis of the coolant expansion due to a loss-of-coolant accident in a pressurized water, nuclear power plant. Nucl Sci Eng 3:238–244

Harrison JD, Dawes MG, Archer GL, Kamath MS (1979) The COD approach and its application to welded structures. In: Landes JD, Begley JA, Clarke GA (Hrsg) Elastic-plastic fracture. American Society for Testing and Materials, ASTM STP 668, S 606–631

Hart RS (1988) CANDU 300: The economic small reactor. Nucl Eng Des 109:47–53

Hartner-Seberich R (1935) Leichte Flaschen für gasförmige Treibstoffe. Brennst Chem 16(18):352–354

Hauff V (Hrsg) (1980) Expertengespräch Reaktorsicherheitsforschung, Protokoll des Expertengesprächs vom 31 August bis 1 September 1978 im Bundesministerium für Forschung und Technologie. Neckar-Verlag, Villingen

Haukeland S, Ivung B (1998) ABB's BWR 90+-designed for beyond the 90s. Nucl Eng Int März:8–11

Hauser B (1986) Man sieht es nicht, man riecht es nicht – da könnte man schon hintersinne. Frankf Allg Ztg 107(10 Mai):3

Haußmann H (1965) Reaktor-Umschließungsgebäude. atw 10(November):611–615

Haußmann H, Gaßner K-H, Frisch J, Kuhne H (1984) Das Kernkraftwerk Gundremmingen B und C. atw 29(Dezember):616–628

Havel R (2000) Summary report on new regulatory codes and criteria and guidelines for WWER reactor coolant system integrity assessment. Nucl Eng Des 196(März):93–100

Hawthorne JR (1971) Postirradiation dynamic tear and Charpy-V performance of 12-in. thick A 533-B steel plates and weld metal. Nucl Eng Des 17:116–130

Heck R, Kelber G, Schmidt K-E, Zimmer H-J (1993) Hydrogen reduction following severe accidents. atw 38(Dezember):850–853

Hein D, Riedle K (1983) Untersuchungen zum Systemverhalten eines Druckwasserreaktors bei Kühlmittelverlust-Störfällen. Das PKL Experiment. Atomkernenerg Kernt 42(1):19–27

Hein D, Watzinger H (1978) Status of experimental verification of ECCS efficiency. Proceedings, ENS/ANS topical meeting on nuclear power reactor safety, Brüssel, Bd 3, S 2688–2702, Fig 13, 16–19 Oktober 1978

Hein D, Watzinger H (1980) Energy transport to EC coolant within the primary system, PKL test results. Proceedings, 19th national heat transfer conference, Orlando, Fla, USA, HTD-vol 7, S 57–64, 27–30 Juli 1980

Hein D, Mayinger F, Winkler F (1977) The influence of loop resistance on refilling and reflooding in the PKL-tests, 5th water reactor safety research information meeting, 7 November 1977, Gaithersburg, USA

Hein K, Bott E, Debus HD, Lapp R (1989) UPTF-Experiment, Versuchsdatensysteme – Übersicht und Betriebserfahrung. Tagungsbericht, Jahrestagung Kerntechnik '89, 9–11 Mai 1989 Düsseldorf, KTG, DAtF, INFORUM Bonn, S 133–136

Heineman AH, Fromm LW (1958) Containment for the EBWR. Proceedings of the Second United Nations international conference on the peaceful uses of atomic energy, Genf, Bd 11, P/1891 USA, S 139–152, 1–13 September 1958

Heisenberg W, Wirtz K (1953) Großversuche zur Vorbereitung der Konstruktion eines Uranbrenners. In: Bothe W, Flügge S (Hrsg) Naturforschung und Medizin in Deutschland 1939–1946 (Fiat Review of German Science) Bd 14, Kernphysik und Kosmische Strahlung, Teil II. Verlag Chemie GmbH Weinheim/Bergstr, 1953, S 143–165

Heisl U (1992) Sicherheit und Schutz in europäischen technischen Normen am Beispiel von Druckanlagen. In: Lindackers KH (Hrsg) Sicherheitsaspekte technischer Standards. Springer-Verlag, Berlin, S 59

Held C (1964) Erfahrungen mit dem Betrieb des Kernkraftwerks Yankee. atw 9(Januar):17–24

Hellmerichs K, Pannewick A, Riemann K (1967) Instrumentierung und Prozessüberwachung beim Kernkraftwerk Obrigheim. Atom Strom, Folge 11/12(November/Dezember):188–193

Hénard J (1986) Strahlenmessungen auf zwei Wochen ausgebucht – Das Geschäft mit den Ängsten floriert/Geigerzähler, Schutzanzüge, Katastrophenseminare. Frankf Allg Ztg 111(15 Mai):7

Henderson MC (1940) The heat of fission of uranium. Phys Rev 58(November):774–780

Hennenbruch A (1973) Keine Vorentscheidung. Badische Ztg 178(4/5 August):8

Hennenhöfer G, Lacoste A-C (1995) Die Zusammenarbeit zwischen den deutschen und französischen Sicherheitsbehörden. Contrôle 105(Juni):7–9

Hennies H-H (1986) Zum Ablauf des Reaktorunfalls in Tschernobyl und zur Übertragbarkeit auf deutsche Reaktoranlagen. KfK-Nachrichten 18(3/86):127–132

Hennings U, Schmiedel F (1969) Auslegung und Konstruktion des THTR-Prototyp-Kraftwerks. atw 14(März):118–121

Hennies H-H, Kuczera B, Rininsland H (1986) Forschungsergebnisse zum Kernschmelzunfall in einem 1300-MW$_e$-DWR. atw 31(November):547

Hennies HH, Kessler G, Eibl J (1989) Improved containment concept for future pressurized water reactors. In: Möllendorff U von, Goel B (Hrsg) Emerging nuclear energy systems 1989. Proceedings of the Fifth international conference on emerging nuclear energy systems, Karlsruhe, World Scientific, Singapore u. a. S 19–24, 3–6 Juli 1989

Hennies H-H, Keßler G, Eibl J (1992) Sicherheitsumschließungen in künftigen Reaktoren. atw 37(Mai):238–247

Herbold G, Kersting EF (1984) Analysis of a total loss of AC-power in a German PWR. Proceedings of the 5th international meeting in thermal nuclear reactor safety. Karlsruhe 1984, Bericht KfK-3880/1, Bd 1, Kernforschungszentrum Karlsruhe, S 436–447

Herneck F (1965) Bahnbrecher des Atomzeitalters. Berlin

Herter K-H, Kerner A et al (2004) Bruchannahmen für die druckführende Umschließung von Leichtwasserreaktoren. ILK-Auftrags-Nr ILK 38/04 Krüger, MPA-Nr 8333 000 000, Stuttgart, S 73, 15 Oktober 2004

Hertlein R (1981) Nachrechnung des PKL-Flutversuchs K 10 mit dem Rechenprogramm WAK 3. Tagungsbericht. Jahrestagung Kerntechnik '81, Düsseldorf, KTG, DAF, Bonn, S 73–76, 24–26 März 1981

Hertlein R (1997) UPTF-Experiment: Versuche zum Vermischen unterschiedlich borierter Wasserströme. Tagungsbericht, Jahrestagung Kerntechnik '97, Aachen, KTG und DAF, INFORUM Bonn, S 104–107, 13–15 Mai 1997

Hertlein R, Däuwel W (1996) UPTF-Experiment: Versuche zur Strähnen- und Streifenkühlung der RDB-Wand. Tagungsbericht, Jahrestagung Kerntechnik '96, Mannheim, KTG und DAF, INFORUM Bonn, S 85–88, 21–23 Mai 1996

Herttrich M (2006) „WENRA" Ansätze zur Harmonisierung und Weiterentwicklung der Reaktorsicherheit in Europa. atw 51(Dezember):803–807

Herzog G, Dörfler U, Loos F (1988) The PHWR of Siemens as appropriate type of the SMPR-class. Nucl Eng Des 109:37–46

Hessheimer MF, Dameron RA (2006) Containment integrity research at Sandia national laboratories. NUREG/CR-6906 SAND2006–227P, Juli

Heuser F-W, Janke R, Kelm P (1993) Sicherheitsbeurteilung von Kernkraftwerken mit WWER-Reaktoren. atw 38(Juni):426–436

Hewlett RG, Anderson OE (1962) The new world, 1939/1946. A history of the United States atomic energy commission. The Pennsylvania State University Press, Bd I

Hewlett, Richard G, Duncan F (1972) Atomic shield, A history of the United States atomic energy commission, Bd II, 1947/1952, USAEC Wash 1215, Reprint 1972

Hewlett, Richard G, Duncan F (1974) Nuclear navy 1946–1962. The University of Chicago Press, Chicago

Hewlett RG, Holl JM (1989) Atoms for peace and war 1953–1961. University of California Press, Berkeley

Hicken E (1986) Erste Auswertung des sowjetischen Berichts. atw 31(Oktober):486–488

Hicken EF (1990) Das OECD-LOFT-Projekt. atw 35(Dezember):562–567

Hicken EF, Leach LP, Ybarrondo LF (1977) Experimentelle Ergebnisse der nicht nuklearen LOFT-Versuche. Tagungsbericht, Reaktortagung in Mannheim, DAtF/KTG, Bonn, S 269–273, 29 März–1 April 1977

Hida T, Tominaga K, Nagae H et al (2000) Study on power uprate of an ABWR. Proceedings of the 8th international conference on nuclear engineering, ICONE 8, Baltimore, S 1–7, 2–4 April 2000

Hill P, Hille R (2002) Radiologische Folgen des Reaktorunfalls in Tschernobyl. atw 47:31–36

Hille R (1996) Strahlenexposition der Bevölkerung um Tschernobyl. atw 41(März):162–166

Hines E, Gemant A, Kelley JK (1956) How strong must reactor housings Be To contain Na-air reactions? Nucleonics 14(10):38–41 (Oktober)

Hinton SC (1954) British developments in atomic energy. Nucleonics 12(1):6–10 (Januar)

Hippelein KW et al (1985) MPA Stuttgart: Forschungsprogramm „Phänomenologische Behälterberstversuche". Abschlussbericht Phase I, Juli

Hippelein K et al (1987) MPA Stuttgart: Forschungsvorhaben „Phänomenologische Behälterberstversuche" (Phase II). Forschungsbericht, Dezember

Hisada T et al (1972) Philosophy and practice of the aseismic design of nuclear power plants – summary of the guidelines in Japan. Nucl Eng Des 20:339–370

Höchel J, Fricke W (1969) Besonderheiten bei Entwicklung und Fertigung der HDR-Brennelemente. atw 14(November):549–555

Hochreiter LE (1985) FLECHT SEASET program final report. NUREG/CR-4167, EPRI NP-4112, WCAP-10926, November

Hochreiter LE et al (1980) PWR FLECHT SEASET 21-Rod bundle flow blockage task. NUREG/CR-1370, EPRI NP-1382, WCAP-9658, Oktober

Hochreiter LE, Rosal ER, Fayfich RR (1978) Downflow film boiling in a rod bundle at low pressure. Proceedings ENS/ANS international topical meeting on nuclear power reactor safety, Brüssel, Bd 2, S 1675–1686, 16–19 Oktober 1978

Hochstein F (1975) Beitrag zur Herstellung schwerer Schmiedestücke aus Stahl, metallurgisch bedingte Eigenschaften und neuere Prüfkriterien. Stahl Eisen 95(17):777–784

Hochstein F, Maidorn C (1978) Seigerungen in schweren Schmiedeblöcken, 4. MPA-Seminar, Stuttgart, 4/5 Oktober 1978

Hoffmann WE (1973a) Der DDA heute. In: Deutscher Dampfkesselausschuss (DDA) (Hrsg) 50 Jahre DDA, Essen, S 56 f (November)

Hoffmann WE (1973b) Ein Blick zurück. In: Deutscher Dampfkesselausschuss (DDA) (Hrsg) 50 Jahre DDA, Essen, S 25–32 (November)

Hoffmann WE (1977) Die Arbeitsgemeinschaft Druckbehälter (AD). Tech Überwachung 18(Juli/August):233

Hoffmann WE (1980) Die Organisation der Technischen Überwachung in der Bundesrepublik Deutschland. Droste, Düsseldorf

Hoffmann E (1997) Die Simulatorschulung – Anforderungen und deren Realisierung. atw 42(2):88–92 (Februar)

Hoffmann E (2007) Das Simulatorzentrum der KSG/GfS wird 20 Jahre alt! VGB PowerTech 5:69–72

Hoffmann P, Hagen S (1986) Untersuchungen zu schweren Kernschäden, insbesondere die chemischen Wechselwirkungen zwischen Brennstoff und Hüllmaterial. Abschlusskolloquium des Projektes Nukleare Sicherheit, Karlsruhe, Berichtsband KfK 4170, August S 251–319. 10 und 11 Juni 1986

Hoffmann H, Ilg U, Mayinger W et al (2007) Das Integritätskonzept für Rohrleitungen sowie Leck- und Bruchpostulate in deutschen Kernkraftwerken. VGB PowerTech 87(7):78–91

Hogerton JF (1968) The arrival of nuclear power. Scientific Am 218(2):21–31 (Februar)

Hohlefelder W (1983) Zur Regelung der Gefahrenabwehr bei Kernenergieanlagen in der deutschen Rechtsordnung. Energiewirtschaftliche Tagesfragen 33(6):392–399

Holl JM (1997) Argonne national laboratory, 1946–96. University of Illinois Press, Urbana und Chicago

Holl T (2010) Mit der Vernebelung ist alles klar. FAZ273, (23 November):4

Höller P (1983) New procedures in nondestructive testing. Proceedings of the German-U. S. Workshop Fraunhofer-Institut, Saarbrücken. Springer-Verlag, Berlin, S 604, Abb 369, 30 August–3 September 1982

Höller P, Hübschen G, Salzburger HJ (1984) Ultraschall-Prüfung der innenoberflächennahen Zonen an Stutzen, Behältern und Rohren von außen, 10. MPA-Seminar, Bd 1, Vortrag 19, S 13, Abb 23, 10–13 Oktober 1984

Holt AB (1974) The probability of catastrophic failure of reactor primary system components. Nucl Eng Des 28:239–251

Holtbecker HF, Hardt von der P (1994) Phebus PF – Ein internationales Projekt der Reaktorsicherheits-Forschung. atw 39(Februar):116–119

Holzer J (1993) Die Zukunft der Kernenergie in Deutschland. atw 38(Juli):503

Holzgruber W, Pöckinger E (1968) Metallurgische und verfahrenstechnische Grundlagen des Elektroschlacke-Umschmelzens von Stahl. Stahl Eisen 88(12):638–648, 13 Juni 1968

Holzhaider H (1987a) Molkepulver nicht an den Mann zu bringen. Süddeutsche Ztg 25(31 Januar/1 Februar):23

Holzhaider H (1987b) Umweltminister verspeist verseuchtes Molkepulver. Süddeutsche Ztg 28(4 Februar):18

Holzhaider H (1987c) Verseuchtes Molkepulver – Abfall oder Wirtschaftsgut? Süddeutsche Ztg 27(3 Februar):17

Hora A, Michetschläger C, Teschendorff V (1981) Vorausberchnung eines FLECHT-Experiments mit dem Rechenprogramm FLUT. Tagungsbericht, Jahrestagung Kerntechnik '81, Düsseldorf, KTG, DAF, Bonn, S 69–72, 24–26 März 1981

Horn H (1986) Kohle und Kernenergie, Konkurrenz oder Bündnis der Vernunft? atw 31(August/September):445–447

Howard DE (1964) Operating experience at Saxton. Nucl Saf 5(3 Frühjahr):269–277

Howard GE, Ibáñez P, Smith CB (1976) Seismic design of nuclear power plants – an assessment. Nucl Eng Des 38:385–461

Howard RC, Hochreiter LE (1982) PWR FLECHT SEASET steam generator separate effects task data analysis and evaluation report. NUREG/CR-1534, EPRI NP-1461, WCAP-9724, Februar

Hughes DJ (1950) Pile neutron research techniques. Nucleonics 6(2):5–17, 5:38–53, 6:50–55

Hunter HF, Ballou NE (1951) Fission-product decay rates. Nucleonics 9(5 November):C-2–C-7

Hurwitz H (1954) Safeguard considerations for nuclear power plants. Nucleonics 12(3):57 f

Hutcherson MN, Henry RE, Gunchin ER (1974) Compressible aspects of water reactor blowdown. Trans Am Nucl Soc 18(Juni):232–234

Hutcherson MN, Henry RE, Wollersheim DE (1975) Experimental measurements of large pipe transient blowdown. Trans Am Nucl Soc 20(April):488–490

Hutchinson WS (1946) The Manhattan project declassification program. Bull At Sci 2(9, 10 November):14 f

Huttach A, Putschögl G, Ritter M (1974) Die Nuklearanlage des Kernkraftwerks Biblis. atw 19(August/September):422 f

Hüttl A, Moll W (1970) Das 900-MW-Kernkraftwerk Philippsburg mit AEG-Siedewasserreaktor. atw 15(Juli):320–323

Hüttl AJ (1984) Betriebserfahrungen mit Siedewasserreaktor-Kernkraftwerken. atw 29(Oktober):634–638

Iida Y, Yamatomo T, Matsuno J-I, Yamaura S, Aso K (1981) Development of hollow steel ingot for large forgings. Kawasaki steel technical report No 3, S 26–33, September 1981

Ilg U, König G et al (2010) Development of an Integrated fatigue assessment concept for ensuring long term operation, 36. MPA-Seminar, Stuttgart, S 20, 7–8 Oktober 2010

Illies F (2011) Die Macht der Bilder. Zeit 12(17 März):49

Ireland JR, Wehner TR, Kirchner WL (1981) Thermal-hydraulic and core-damage analyses of the TMI-2 accident. Nucl Saf 22(5):583–593 (September–Oktober)

Irving D (1967) The virus house. William Kimber, London

Irwin GR (1958) Fracture, Handbuch der Physik, Bd VI. Springer, New York, S 551–590

Irwin GR (1963) Fracture of pressure vessels. In Parker ER (Hrsg) Materials of missiles and spacecraft. McGraw-Hill, New York, S 204–229

Irwin GR, Krafft JM, Paris PC, Wells AA (1967) Basic aspects of crack growth and fracture. NRL Report 6598, November

Isozaki T, Soda K, Miyazono S (1987) Structural analysis of a Japanese BWR mark-I containment under internal pressure loading. Nucl Eng Des 104:365–370

Issler L et al (1978) MPA Stuttgart: Die Beanspruchung von Druckbehältern und Rohrleitungssystemen bei kalten und warmen Druckproben, Erdbeben- und Blowdown-Versuchen, HDR-Sicherheitsprogramm, 2. Statusbericht, S 2–18, 24 Oktober 1978

Ivung B, Öhlin T (2000) The BWR 90+design – safety aspects. Proceedings of the 8th international conference on nuclear engineering, ICONE 8, Baltimore, MD, USA, ICONE-8757, S 1–6, 2–4 April 2000

Jacobs G (1995) Dynamic loads from reactor pressure vessel core melt-through under high primary system pressure. Nucl Tech 111(September):331–357

Jaeger T (1959) Die Containerschale des Dresden-Kernkraftwerkes. in: Kurze Technische Berichte. BAUINGENIEUR 34(2):60–65 (Kurze Technische Berichte)

Jaeger T (1960) Sicherheitseinschluss von Leistungsreaktoren. Atomkernenergie 5(3):100–107

Jaeger TA (1972) Preface to the publication of the invited lectures of the first international conference on structural mechanics in reactor technology. Nucl Eng Des 18:1–9

Jaerschky R (1968) Die Inbetriebnahme des KWL. atw 13(März):142–145

Jaerschky R, Martin H-D (1970) Simulatortraining für Betriebspersonal von Kernkraftwerken – Entwicklungen und Erfahrungen in den USA. atw 15(Juli):329–330

Jaerschky R, Ringeis W (1990) Die probabilistische Sicherheitsanalyse aus Betreibersicht. atw 35(Juli):330–334

Jahns W (1964) Auslegung und Eigenschaften des fortschrittlichen Druckwasserreaktors (FDR) für das deutsche Kernenergie-Forschungsschiff. Kerntechnik 6(7/8):324–332

Jansky J, Blind D, Katzenmaier G (1984) Erkenntnisse aus einem Rohrbriss an der HDR-Versuchsanlage unter Betriebsbedingungen mit Einfluss von hohem Sauerstoffgehalt, MPA Stuttgart

Jarass HD (1991) Befund und Reform der untergesetzlichen Regelungen im Atomrecht. In: Lukes R, Birkhofer A (Hrsg) Neuntes Deutsches Atomrechts-Symposium, 24–26 Juni 1991 in München, Schriftenreihe Recht-Technik-Wissenschaft, Bd 64, Carl Heymanns, Köln, S 117–118

Jauch R, Choudhury A, Löwenkamp H, Regnitter F (1975) Herstellung großer Schmiedeblöcke nach dem Elektro-Schlacke-Umschmelzverfahren. Stahl Eisen 95(9):408–413 (24 April)

Jehlicka P (1988) Seismic design concept using methods of probabilistic structural mechanics. Nucl Eng Des 110:247–250

Jelzin B (1996) On the tenth anniverary of the accident at the Chernobyl nuclear power station, Vorwort. In: Orlov I et al (Hrsg) Chernobyl, London Editions, London

Jentschke W, Prankl F (1939) Untersuchung der schweren Kernbruchstücke beim Zerfall von neutronenbestrahltem Uran und Thorium, 14. 2. 1939. Naturwissenschaften 27(24 Februar):134–135

Jessen J (2011) Gegen den Strom. Zeit 14(31 März):49

Johansson K, Nilsson L, Persson A (1982) Design considerations for implementing a vent-filter system at the Barseback nuclear power plant. FILTRA Log. No 255. The interational meeting on thermal nuclear reactor safety, Chicago, Ill., 29 August–2 September 1982

Johnson SO, Grace JN (1957) Analog computation in nuclear engineering. Nucleonics 15(5):72–75 (Mai)

Johnson TE, Morrow MW (1978) Research to provide criteria for more economical nuclear power plant structures and components. Nucl Eng Des 50:3–11

Joliot F (1939) Preuve expérimentelle de la rupture explosive des noyaux d' uranium…. Comptes Rendus 208:342

Jorde J (1968) Entwicklung großer Stahlbehälter in Mehrlagenbauweise, in: Übersicht über die vom Bundesministerium für wissenschaftliche Forschung geförderten Forschungsvorhaben auf dem Gebiet der Reaktorsicherheit, IRS-F-1, S 17

Jorde J (1969) Große Druckbehälter aus Stahl in Mehrlagenbauweise. Tech Überwachung 10(7):212–214

Jorde J, Müller R, Schulte D, Bretfeld H (1968) Entwicklung großer Stahlbehälter in Mehrlagenbauweise. Kerntechnik 10(4):198–207

Julisch P (1990) Beitrag zur Bestimmung des Tragverhaltens fehlerbehafteter, ferritischer Schweißkonstruktionen mit Hilfe von Großplatten-Zugversuchen.
Dissertation Universität Stuttgart 1990, Techn.-wiss.
Bericht MPA Stuttgart, Heft 90-02

Julisch P, Sturm D, Wiedemann J (1995) Exclusion of
rupture for welded piping systems of power stations
by component test and failure approaches. Nucl Eng
Des 158:191–201

Julisch, Peter et al (1975) MPA Stuttgart: BMFT-TB
RS 101, 3. Technischer Bericht, Projekt „Behälter in
Zwischengröße" ZB 1, Beilage 9, Dezember 1975

Jungclaus D (1977) Basic ideas of a philosophy to protect
nuclear plants against shock waves related to chemical
reactions. Nucl Eng Des 41:75–89

Jungk R (1955) Der Blick hinter den Uran-Vorhang. Süddeutsche Ztg 191/192(13/14/15 August):

Kabunov L, Kupitz J, Goetzmann CA (1992) Advanced reactors: safety and environment considerations.
IAEA Bull 2:32–36

Kaes H (1961) Berichte über Schäden. Mitteilungen der
VGB, Heft 73, S 305–307, August 1961

Kafka P, Polke H (1986) Treatment of uncertainties in
reliability models. Nucl Eng Des 93:203–214

Kallenbach R (1965) Kernkraftwerk Obrigheim – die
Konzeption des Bauherrn. atw 10(Juni):266–271

Kallmeyer D, Hoffmann E, Kley H (1987) Einsatzmöglichkeiten für Simulatoren: ein Überblick, in: Deutsches Atomforum e. V.: Fachtagung „Mensch und
Chip in der Kerntechnik", Berichtsband, INFORUM,
Bonn, S 357–369, 27–28 Oktober 1987

Kamath MS (1981) The COD design curve: an assessment of validity using wide plate tests. Int J Pres Ves
Pip 9:79–105

Kanazawa TS, Machida S, Teramoto T, Yoshinari H
(1981) Study on fast fracture and crack arrest. Exp
Mech 21(Februar):78–88

Kanninen MF et al (1982) Instability predictions for circumferentially cracked type-304 stainless steel pipes
under dynamic loading, project T118-2, final report,
Bd 1 und 2, EPRI NP-2347, April

Kanzleiter TF (1976) Experimental investigations of pressure and temperature loads on a containment after a
loss-of-coolant accident. Nucl Eng Des 38:159–167

Kanzleiter T (1980) Modellcontainment-Versuche,
Abschlussbericht RF-RS 50-01. Battelle-Institut e. V.
Frankfurt a. M., Dezember

Kanzleiter TF (1993) Hydrogen deflagration experiments
performed in a multi-compartment containment.
In: Kussmaul KF (Hrsg) Transactions of the 12th
international conference on structural mechanics in
reactortechnologies, Stuttgart, Bd U: Severe Containment Loading and Core Melt, Elsevier, Amsterdam,
S 61–78, 15–20 August 1993

Kanzleiter T, Seidler M (1995) Katalytische Rekombinatoren zum Abbau von Wasserstoff. atw
40(Juni):392–396

Karr H (1965) Das neue Institut für Reaktorsicherheit. atw
10(März):140 f

Karwat H (1965) The influence of activity release and
removal effects on the escape of fission products
from a double containment system. Nucl Struct Eng
2:315–322

Karwat H (1974) Durchführung realistischer Rechnungen
als Basis für die Auslegung von Notkühleinrichtungen.
In: Tagungsbericht „Notkühlung in Kernkraftwerken.
Die Beurteilung aus der Sicht des Gutachters", 9. IRS-
Fachgespräch, in Köln, IRS-T-25 (April), S 84–94,
8–9 November 1973

Karwat H (1999) Unfallmanagement bei schweren Störfällen. atw 36(Juli):339

Kaslow JF (1962) Yankee operating experience. Nucl Saf
4(1):96–103 (September)

Kass JN, Walker WL, Giannuzzi AJ (1980) Stress corrosion cracking of welded type 304 and 304 L stainless
steel under cyclic loading. Corrosion-Nace 36(6):299–
305 (Juni)

Kastner W, Lochner H, Rippel R, Bartholomé G, Keim
E, Gerscha A (1983) Forschungsprogramm Reaktorsicherheit, Abschlussbericht Fördervorhaben BMFT
150 320, Untersuchungen zur instabilen Rissausbreitung und zum Rissstoppverhalten, Kraftwerk Union,
Reaktorentwicklung, Technisches Berichtswesen, R
914/83/018, Erlangen, Juni 1983

Katerbau KH et al (1990) MPA Stuttgart: Forschungsvor-
haben 1500 304B Komponentensicherheit (Phase II),
Metallkundliche Untersuchungen. Abschlussbericht,
Stuttgart, Februar

Kato M (1989) Review of revised Japanese seismic guidelines for NPP design. Nucl Eng Des 114:211–228

Katz LR, Goldsmith EA, Maurin JJ (1962) Multilayer
shell makes Saxton vessel 10 % cheaper. Nucleonics
20(6):88–93 (Juni)

Katzenmeier G (1978) Zielsetzung und Stand des
Einzelvorhabens 2000: „Druckbehälter- und
Rohrleitungsuntersuchungen", 2. Statusbericht,
PHDR-Arbeitsbericht 05.1/78, KFK, S 2–42, Bd 20,
24 Oktober 1978

Katzenmeier G, Kussmaul K, Diem H, Roos E (1991a)
The HDR-project-validation tests for structural integ-
rity assessment of LWR-components, SMIRT post
conference seminar no 2: assuring structural integ-
rity of steel reactor pressure boundary components,
Taiwan, August 1991, vgl. PHDR-Arbeitsbericht
Nr 05.53/91, Kernforschungszentrum Karlsruhe,
Dezember, S 141–261

Katzenmeier G, Müller-Dietsche W (1991b) Großversuche am ehemaligen Kernkraftwerk HDR. atw
36(März):134–137

Katzenmeier G, Müller-Dietsche W (1994) Bilanz der
Großversuche an der HDR-Anlage zur Anlagensicherheit bei Störfall- und Betriebslasten, 20. MPA-Seminar, MPA Stuttgart, Bd 1, Vortrag 2, 6/7 Oktober 1994

Kaul A (1996) Radiologische Folgen des Tschernobyl-
Unfalls. Bundesamt für Strahlenschutz, BfS-10/96,
Salzgitter, August

Keepin GR, Wimett TF (1956) Delayed neutrons. Proceedings of the international conference on the peaceful

uses of atomic energy, Genf, United Nations, New York Bd 4, P/831, USA, S 162–170, 8–20 August 1955

Keil D, Glöckle W (2000) Sicherheitskultur im Wettbewerb – Erwartungen der Aufsichtsbehörde. atw 45(Oktober):588–592

Keilholtz GW, Battle GC (1969) Air cleaning as an engineered safety feature in light-water-cooled power reactors. Nucl Saf 10(1):46–53 (Januar–Februar)

Keller W (1970) Fortschritte bei den wassergekühlten Reaktoren – 1. Druckwasserreaktoren. atw 15(September/Oktober):469

Keller W (1980a) Neue Wege bei Planung und Begutachtung von Kernkraftwerken. VGB-Sondertagung, Dortmund, 24 April 1980

Keller W (1980b) Neue Wege bei Planung und Begutachtung von Kernkraftwerken. VGB Kraftwerkstech 60(6):417–422 (Juni)

Keller W (1984) Siedewasserreaktoren in der Bundesrepublik Deutschland. atw 29(Dezember):614 f

Kellerer AM (1991) Zur Situation der vom Reaktorunfall betroffenen Gebiete der Sowjetunion. atw 36(März):118–124

Kellerer AM (1993) Kernenergie in Europa und ihre radiologischen Folgen. atw 38(Juli):515

Keller W (1995) Quo vadis Kernenergie? atw 40(Dezember):751–755

Kellermann O (1965) Reaktorsicherheit, Standort und Sicherheitsbehälter. Tech Überwachung 6(1):24 (Januar)

Kellermann O, Krägeloh E, Kußmaul K, Sturm D (1973) Considerations about the reliability of nuclear pressure vessels, status and research planning, 2nd international conference on pressure vessel technology, San Antonio, Part I, Design and Analyses, ASME, S 25–38, 1–4 Oktober 1973

Kellermann O, Seipel HG (1967) Analysis of the improvement in safety devices for water-cooled reactors. In: Proceedings of a symposium on the containment and siting of nuclear power plants, IAEA, Wien, S 403–420, 3–5 April

Kemeny JG et al (1979) Der Störfall von Harrisburg, Der offizielle Bericht der von Präsident Carter eingesetzten Kommission über den Reaktorunfall auf Three Mile Island. Erb, Düsseldorf, S 55 f

Kendall, Henry W., Hubbard, Richard B, Minor GC (Hrsg) (1977) The risks of nuclear power reactors, A review of the NRC reactor safety study WASH-1400, Cambridge, August

Kennedy RP (1976) A Review of procedures for the analysis and design of concrete structures to resist missile impact effects. Nucl Eng Des 37:183–203

Kennedy RP, Wesley DA et al (1976) Effect on non-linear soil-structure interaction due to base slab uplift on the seismic response of a high-temperature gas-cooled reactor. Nucl Eng Des 38:323–355

Kepplinger HM (1988) Die Kernenergie in der Presse. Köln Z Soziol Sozialpsych 4:659–683

Kepplinger HM (2000) Vom Hoffnungsträger zum Angstfaktor. In: Grawe J, Picaper J-P (Hrsg) Streit ums

Atom – Deutsche, Franzosen und die Zukunft der Kernenergie, Piper, München, S 81–103

Kerkmann M (1985) Beitrag zur Leistungssteigerung und Qualitätsverbesserung beim Unterpulver- Ein- und Mehrdrahtschweißen durch kontinuierliche Metallpulverzugabe, Diss., RWTH Aachen

Kerr W, Dey MK (1988) Containment loads from severe accidents – U. S. program. Nucl Saf 29(1):29–35 (Januar–März)

Kervinen T, Tuuanen J (1987) Emergency cooling experiments with aqueous boric acid solution in the REWET-II facility. Trans Am Nucl Soc 55:466 f

Kervinen T, Purhonen H, Kalli H (1984) REWET-II reflood experiment project. Trans Am Nucl Soc 46:471 f

Keßler G (1999) Das Sicherheitskonzept für neue Reaktoren. atw 44(Januar):19 f

Keßler G, Wirtz K Von der Entdeckung der Kernspaltung zur heutigen Reaktortechnik. KfK-Nachrichten 20(4/88):200–210

Kiefer H, Koelzer W (1986) Strahlen und Strahlenschutz. Springer, Berlin, S 65, 69

Kiencke R (1949) Die deutsche Normung. Geschichte, Wesen, Organisation, Berlin/Krefeld-Uerdingen

Kilpatrick JN, Beal FS (1965) Connecticut Yankee, A description of the Westinghouse PWR at Haddam Neck. Nucl Eng (Juni):216–220

Kilsby ER (1965–1966) Reactor primary-piping-system rupture studies. Nucl Saf 7(2 Winter):185–194

Kim H-G, Kim B-S, Cho S-J, Kim Y-H (2005) Advancing reactors. Nucl Eng Int (Oktober):16–19

Kintner EE (1959) Die Wiege der Atomschiffe: Die Entstehung des Nautilus-Reaktorprototyps. atw 4(November):463–467

Kitschelt H (1980) Kernenergiepolitik, Arena eines gesellschaftlichen Konflikts. Campus, Frankfurt a. M.

Klar E, Schaffer S, Spillekothen HG (1974) Erfahrungen mit der Nuklearinstrumentierung des Kernkraftwerks Stade. atw 19(Oktober):477–480

Klausnitzer E (1971) Fracture toughness tests on forgings from 22 NiMoCr 3 7. Nucl Eng Des 17:172

Klee O (1966) Bauwerke des Mehrzweck-Forschungsreaktors im Kernforschungszentrum Karlsruhe. Nucl Eng Des 3:95–104

Klemm L, Liebert J (1997) UPTF-Experiment: Gaskonvektionsströmung in der heißseitigen Leitung eines DWR vor und zu Beginn des Kernschmelzens. Tagungsbericht, Jahrestagung Kerntechnik '97, Aachen, KTG und DAtF, INFORUM Bonn, S 120–123, 13–15 Mai 1997

Klingelhöfer H-J, Mathis P (1971) Ein Beitrag zur Metallurgie des Elektro-Schlacke-Umschmelzverfahrens. Arch Eisenhüttenwes 42(5 Mai):299–306

Knödler D, Ruf R, Weisser E (1968) Besonderheiten beim Bau des KWO-Reaktordruckgefäßes. atw 13(Dezember):626–627

Knoglinger E, Burlokov EV, Stenbock IA (1995) RBMK Shut-down Systems. atw 40(5 Mai):319–323

Koch EH (1979) Grundzüge der erdbebensicheren Auslegung von Kernkraftwerken. VGB Kraftwerkstech 59(1 Januar):36–45

Koch C, Bökemeier V (1977) Phenomenology of explosions of hydrocarbon gas-air mixtures in the atmosphere. Nucl Eng Des 41:69–74

Koenne W (1965) Einige Gedanken zur Errichtung von Beton-Containments. Nucl Struct Eng 2:126–133

Koepcke W (1963) Bemerkung zu den Problemen der Spannbeton-Reaktordruckbehälter. Der Bauingenieur 38(3):110 f

Koepcke W, Pilny F (1970) Techn. Univ. Berlin Behälter des konstruktiven Ingenieurbaus in der Kerntechnik, in: IRS-F-3, Januar, S 5

Kohl H (1986) Regierungserklärung des Bundeskanzlers vor dem Deutschen Bundestag, Stenographischer Bericht BT PlPr 10/215, S 16526, 14 Mai 1986

Koizumi Y, Tsaka K, Abe N, Shiba M (1981) Analysis of 5 % small break LOCA experiment at ROSA-III. In: Proceedings ANS/USNRC/EPRI specialists meeting on small break loss-of-coolant accident analysis in LWRs, Monterey, EPRI WS-81-201, S 5–51 bis 5–64, 25–27 August 1981

Kolar W, Brewka W, Piplies L (1980) LOBI project, technical note no I.06.01.80.104, J.R.C. Ispra Establishment

Kolflat A (1958) Reactor building design. In: Etherington H (Hrsg) Nuclear engineering handbook, McGraw Hill Book Co., S 13–160 bis 13–176

Kolflat A (1960) Results of 1959 nuclear power plant containment tests, Report SL-1800, März 1960, auch: Preprint Paper 10. Nuclear engineering & science conference, New York, Engineers Joint Council S 1–34, 4–7 April 1960

Kolflat A, Chittenden WA (1957a) A new approach to the design of containment shells for atomic power plants. Proceedings of the American power conference, Bd 19, S 651–659, 27–29 March 1957

Kolflat A, Chittenden WA (1957b) Containment vessel can be reduced. Electrical World 29(July):53–57

Kondo J (1996) The spirit of safety: oriental safety culture. Nucl Eng Des 165:281–287

König W (1997) Künstler und Strichezieher, Konstruktions- und Technikkulturen im deutschen, britischen, amerikanischen und französischen Maschinenbau zwischen 1850 und 1930, suhrkamp taschenbuch wissenschaft, Frankfurt a. M.

Konstantinov LV, Gonzalez AJ (1989) The radiological consequences of the Chernobyl accident. Nucl Saf 30(1 Januar–März):62

Konstantinov LV, Kupitz J (1988) The status of development of small and medium sized reactors. Nucl Eng Des 109:5–9

Koppelstätter H (1981) Keine Haarspaltereien um die Haarrisse. Badische Neueste Nachrichten, Nr 60, S 9, 13 März 1981

Körber A (1968) Besondere bautechnische Aufgaben für das KWL. atw 13(März):155–157

Korff SA (1942) The operation of proportional counters. Rev Modern Phys 14(1):1–11

Korff SA, Danforth WE (1939) Neutron measurements with boron-trifluoride-counters. Phys Rev 55:980

Kornbichler H (1965) Der Heißdampfreaktor in Großwelzheim. atw 10(Juni):286–291

Kornbichler H (1968) Sicherheitstechnik bei Kernkraftwerken mit Siedewasserreaktoren. atw 13(Januar):50–53

Kornbichler H (1970) Fortschritte bei den wassergekühlten Reaktoren – 2. Siedewasser-Reaktoren. atw 15(September/Oktober):473–476

Kornbichler H, Ringeis W (1970) Das 800-MW-Kernkraftwerk Brunsbüttel. atw 15(April):191–202

Korndorf BA (1956) Hochdrucktechnik in der Chemie. VEB Verlag Technik, Berlin

Kössler A (1975) Nicht die letzte Runde, das Baugelände soll besetzt werden. Badische Ztg 10(14 Januar):3

Kostrzewa W (1968) Die Reaktoranlage der NS „Otto Hahn".atw 13(Juni):298–302

Kotthoff K (1993) Generische Auswertung von Betriebserfahrungen. atw 38(Dezember):837–840

Kotthoff K, Erven U (1987) Stand der Analysen des Tschernobyl-Unfalls. atw 32(Januar):32–37

Kovalevska L (1986) Keine private Angelegenheit, Literaturna Ukraina, März 1986, Übersetzung in: Viele grobe Mängel beim Kraftwerksbau in Tschernobyl. Frankf Allg Ztg 108(12 Mai):10

Krächter H, Krautkrämer J, Krautkrämer H (1953) Schweißnahtprüfung mit Ultraschall. Schweißen und Schneiden 5(8):305–314

Kramer H (1976) Nuklearpolitik in Westeuropa und die Forschungspolitik der Euratom. Carl Heymanns, Köln/Berlin, S 119 ff

Krause HD (1974) Entwicklung der LRA, in: 10 Jahre Laboratorium für Reaktorregelung und Anlagensicherheit. Technische Universität München, S 7–12

Kreckel K (1968) Bau und Prüfung eines Groß-Druckbehälters in Mehrlagenbauweise. In: Übersicht über die vom Bundesministerium für wissenschaftliche Forschung geförderten Forschungsvorhaben auf dem Gebiet der Reaktorsicherheit, IRS-F-1, S 3, Juli 1968

Kreckel K (1969) Forschungsvorhaben Mehrlagenbehälter. In: Kolloquium über Arbeiten zur Entwicklung von Reaktordruckbehältern aus Stahl, KFA Jülich, IRS-T 17, S 22 ff, 22 April 1968

Krieg R (1988) Wie sicher sind Kernreaktoren? Bonn Aktuell, Stuttgart

Krieg R (1993) Can the acceptance of nuclear reactors be raised by a simple, more transparent safety concept employing improved containments? Nucl Eng Des 140:39–48

Krieg R, Göller B, Hailfinger G (1981) Dynamic stresses in spherical containments with pressure suppression system during steam condensation. Nucl Eng Des 64:203–223

Krieg R, Eberle I et al (1982) Spherical steel containments of pressurized water reactors under accident conditions. Nucl Eng Des 82:77–87

Krieg R, Göller B, Messemer G, Wolf E (1986) Verhalten eines DWR-Sicherheitsbehälters bei steigender Innendruckbelastung, in: Abschlusskolloquium des Projektes Nukleare Sicherheit, Karlsruhe, Berichtsband, KfK 4170, August, S 501–523, 10 und 11 Juni 1986

Krieg R, Göller B, Messemer G, Wolf E (1987) Failure pressure and failure mode of the latest type of German PWR containments. Nucl Eng Des 104:381–390

Krieg R, Dolensky B, Göller B, Breitung W, Redlinger R, Royl P (2003a) Assessment of the load-carrying capacities of a spherical pressurized water reactor steel containment under a postulated hydrogen detonation. Nucl Techn 141(Februar):109–121

Krieg R, Dolensky B, Göller B, Hailfinger G, Jordan T, Messemer G, Prothmann N, Stratmanns E (2003b) Load carrying capacity of a reactor vessel head under molten core slug impact: final report including recent experimental findings. Nucl Eng Des 223:237–253

Kröger W (1988) Vorstellungen über Kernkraftwerke der nächsten Generation. atw 33(Juli):392

Kröger W, Altes J, Schwarzer K (1976) Underground siting of nuclear power plants with emphasis on the 'cut-and-cover' technique. Nucl Eng Des 38:207–227

Krug H-H (1998) Siemens und Kernenergie, Siemens KWU, S 69

Kruip J (2007) Konsequenzen moderner Informationsdarbietung in der Kraftwerkswarte. Was hat sich in der Warte geändert? atw 52(März):161–167

Kruse F (1939) Zur Werkstoffprüfung mittels Ultraschall. Akustische Zeitschrift 4(Mai):153–168

Kruse F (1941) Untersuchungen über Schallvorgänge in festen Körpern bei Anwendung frequenzmodulierten Ultraschalls. Akustische Zeitschrift 6(Mai):137–149

Krutzik NJ (1988) Reduction of the dynamic response by aircraft crash on building structures. Nucl Eng Des 110:191–200

Krynkov AM, Nikolaev YA (2000) The properties of WWER-1000 type materials obtained on the basis of a surveillance program. Nucl Eng Des 195 (Februar):143–148

Kuczera B (1989) Status und Trends der LWR-sicherheitsorientierten Forschungsarbeiten im KfK. atw 34(Januar):37–42

Kuczera B (1996) Leichtwasserreaktor-Sicherheitsforschung. atw 41(Dezemder):787

Kuczera B (1999) Technik gegen den GAU. Kultur&Technik 4:44

Kuczera B (2011) Das schwere Tohoku-Seebeben in Japan und die Auswirkungen auf das Kernkraftwerk Fukushima-Daiichi. atw 56(April/Mai):234–241

Kuczera B, Wilhelm J (1989) Druckentlastungseinrichtungen für LWR-Sicherheitsbehälter. atw 34(März):129–133

Kugeler K (2001) Gibt es den katastrophenfreien Kernreaktor? Physikalische Blätter 57(11):1–6

Kugeler K, Schulten R (1989) Hochtemperaturreaktortechnik. Springer, Berlin

Kugeler K, Sappok M, Wolf L (1991) Development on an inactive heat removal system for high temperature reactors. Jahrestagung Kerntechnik '91. Tagungsbericht, INFORUM, Bonn, S 120, 14–16 Mai 1991

Kühlewind HW (1998) HDR: Demontage und Beseitigung. atw 43(November):676–678

Kuhlmann A (1967) Einführung in die Probleme der Kernreaktorsicherheit. VDI, Düsseldorf

Kuhlmann A (1995) Einführung in die Sicherheitstechnik. Verlag TÜV Rheinland, Köln

Kühne H (1959) Reaktor-Sicherheitskommission. In: Cartellieri W et al (Hrsg) Taschenbuch für Atomfragen 1959, Festland, Bonn, S 158–160 und S 223 f

Kühnel R (1961) The 15 MW BWR at Kahl. Nucl Eng (Februar):56–65

Kühnert H (1977) Mit steinzeitlichem Werkzeug. Badische Ztg 20(26 Januar):5

Küppers B (1986a) Die Havarie wird zur Tragödie. Süddeutsche Ztg 106(10/11 Mai):3

Küppers B (1986b) Nichtssagendes, das Schlimmes ahnen läßt. Süddeutsche Ztg 99(30 April/1 Mai):3

Kußmaul K (1969) Beobachtungen an Hochleistungs-Kesseltrommeln. Mitteilungen der VGB 49(2 April):113–122

Kußmaul K (1970a) Resistance of welded constructions in pressure vessel and piping technology with special regard to defects in welded joints. In: IIW Konferenz, Güteanforderungen an Schweißkonstruktionen, Öffentliche Sitzung, Lausanne, Bd A, S 33–60, 12–18 Juli 1970

Kußmaul K (1970b) Widerstandsfähigkeit von Schweißkonstruktionen im Druckbehälter- und Rohrleitungsbau unter besonderer Berücksichtigung von Fehlern in den Schweißverbindungen. Schweißen und Schneiden 22(12):509–514

Kußmaul K (1972) Verfügbarkeits- und Sicherheitsaspekte bei geschweißten Bauteilen und größeren Wanddicken für Energieerzeugungsanlagen. Der Maschinenschaden 45:231–242

Kußmaul K (1978) Die Gewährleistung der Umschließung. atw 23(Juli/August):354–361

Kußmaul K (1979a) Gutachtliche Stellungnahme über die Änderung der Fönanschlüsse im Kernkraftwerk Brunsbüttel (KKB), abgegeben im Auftrag des Sozialministeriums des Landes Schleswig-Holstein, Geschäftszeichen IX 354-416-799 710- vom 29 Juni 1978, Stuttgart, Januar, S 7, 10 Beilagen

Kußmaul K (1979b) Verwendung hochfester Stähle – pro und contra, in: Die Qualität von Kernkraftwerken aus amerikanischer und deutscher Sicht, 2. Internationale Tagung des Technischen Überwachungs-Vereins Rheinland e. V. und der Firma Babcock & Wilcox Company, USA, am 28 September 1978 in Köln, Verlag TÜV Rheinland, Köln, S 169–198

Kußmaul K (1980) Aufgaben, Ziele und erste Ergebnisse des Forschungsprogramms Komponentensicherheit, VGB Kraftwerkstech 60(6 Juni):438–449

Kußmaul K (1982a) Der Integrationsnachweis für strahlenversprödete Reaktordruckbehälter. VGB Kraftwerkstech 62(12 Dezember):1060–1076

Kußmaul K (1982b) Developments in nuclear pressure vessel and circuit technology in the Federal Republic of Germany. In: Steele LE, Stahlkopf KE, Larsson LH (Hrsg) Structural integrity of light water reactor components. Proceedings of the 2nd international seminar on 'Assuring Structural Integrity of Steel Reactor Pressure Boundary Components', Château de la Muette (OECD-NEA), Paris, Applied Science Publishers, London, S 1–28, 24–25 August 1981

Kußmaul K (1983a) Ergebnisse Einzelvorhaben 2000: Beanspruchungs- und Versagensuntersuchungen am Druckbehälter und an Rohrleitungen, 7. Statusbericht PHDR, Beitrag Nr III, Kernforschungszentrum Karlsruhe, Dezember, III-1 bis III-54

Kußmaul K (1983b) Specific problems of reactor pressure vessels related to irradiation effect. In: Steele LE (Hrsg) Radiation embrittlement and surveillance of nuclear reactor pressure vessels: an international study, A conference sponsored by IAEA and ASTM, Vienna, ASTM Special Technical Publication 819, Philadelphia, Pa., S 86–99, 19–21 Oktober. 1981

Kußmaul K (1984) German basis safety concept rules out possibility of catastrophic failure. Nucl Eng Int 12(Dezember):41–46

Kußmaul K (1985) Fortschritte und Entwicklung beim Einsatz hochzäher und hochfester Werkstoffe, VGB-Ehrenkolloquium „Werkstofftechnik und Betriebserfahrungen", Mannheim, Sonderheft, Verlag VGB Technische Vereinigung der Großkraftwerksbetreiber, S 7–38, 19 Juni 1985

Kußmaul K (1986) Structural integrity of the primary circuit. PROOF OF EVIDENCE, LPA/P/4A, 4B und 4C, April 1983. In: Department of energy: Sizewell B public inquiry, Bd 1–3, report by Sir Frank Layfield, Her Majesty's Stationary Office, London, December

Kußmaul K (1990) Gutachten zur Beurteilung der Versagenshäufigkeit von Rohrleitungen des Speisewasser-Dampf-Kreislaufs im Kernkraftwerk Biblis A, erstattet im Auftrag des Hessischen Ministers für Umwelt und Reaktorsicherheit, Zeichen VA 51–99.1.2.1/2.1.9, Stuttgart, Februar

Kußmaul K (1991a) Basissicherheit. In: Gräfen H (Hrsg) Lexikon Werkstofftechnik. VDI, Düsseldorf, S 57–58

Kußmaul K (Hrsg) (1991b) Fracture mechanics verification by large-scale testing, IAEA specialists meeting held on 25–27th May 1988 at the Staatliche Materialprüfungsanstalt University of Stuttgart, FRG, EGF/ESIS Publication 8, Mechanical Engineering Publication Limited, London

Kußmaul K (1993) Integrity of mechanical components, materials, design, inspection, service. In: Proceedings, quadripartite meeting of the national advisory committees of France, Germany, Japan, USA: safety options for future pressurized water reactors, Luynes, Frankreich, S 9, Abb 55, 11–15 Oktober 1993

Kußmaul K (1994) Setzt die Werkstofftechnik Grenzen in Bezug auf die Nutzungsdauer von Kernkraftwerken? Jahrestagung Kerntechnik '94, Stuttgart S 1–13, 17–19 Mai 1994

Kußmaul K (1998a) Das Bachsche Erbe. In: Naumann F (Hrsg) Carl Julius von Bach (1847–1931). Verlag Konrad Wittwer, Stuttgart, S 95–137

Kußmaul K (1998b) The added value of EPERC. In: McAllister S (Hrsg) EPERC Bulletin No 1, EUR 17722 EN, The European Commission, Directorate General, Joint Research Center, Petten, Netherlands

Kußmaul K (1999a) Preface, IAEA workshop on Kozloduy Unit 1 reactor pressure vessel integrity, 21–23 May 1977, Sofia, Bulgaria. Nucl Eng Des 191–193:v–vi

Kußmaul K (Hrsg) (1999b) IAEA workshop on Kozloduy Unit 1 pressure vessel integrity, Sofia, Bulgaria, 21–23 May 1997. Nucl Eng Des Topical Issue 191(3):285–373

Kußmaul K, Blind D (1969) Werkstoffungänzen und Werkstofffehler in Grobblechen. Bänder Bleche Rohre 10(12):728–736

Kußmaul K, Blind D (1980) Basis safety – a challenge to nuclear technology, IAEA specialists meeting on „Trends in Reactor Pressure Vessel and Circuit Development", Madrid/Spanien. Proceedings edited by Nichols RW, Applied Science Publishers, London, S 1–16, 5–8 März 1979

Kußmaul. K, Issler L (1979) Forschung und Entwicklung auf den Gebieten Werkstoff und Festigkeit. In: Tagungsband, Fachseminar 1979 der Fachgruppe Reaktorsicherheit der Kerntechnischen Gesellschaft e. V. „Integrität und Festigkeit druckführender Reaktorkomponenten", 27 und 28 September 1979 in Düsseldorf, Kerntechnische Gesellschaft e. V., Bonn S 124–128

Kußmaul K, Stoppler W (1978) Temperaturführung bei und nach dem Schweißen. VGB Kraftwerkstech 58(11 November):835–847

Kußmaul K, Sturm D (1985) Piping research in the Federal Republic of Germany – recent results and plans – LBB research programs. In: Proceedings of the seminar on leak-before-break: international policies and supporting research, Columbus, Ohio, NUREG/CP-0077, S 194–255, 28–30 Oktober 1985

Kußmaul K, Blind D, Ewald J (1976) Methoden zum Nachweis und zur Untersuchung von Korngrenzenschwächungen und Nebennahtrissigkeit an Schweißnähten von Druckbehältern, in: BMI-Vorhaben SR 10, 1. Technischer Bericht, Januar, Anhang A4, S 2–26

Kußmaul K, Ewald J, Maier G, Schellhammer W (1977a) Enhancement of the quality level of pressure vessels used in nuclear power plants by advanced material, fabrication and testing technologies, 4th international conference on structural mechanics in reactor technology, San Franzisco, Bd G 1/b, 15–19 August 1977

Kußmaul K, Krägeloh E, Kochendörfer A, Hagedorn E (1977b) The relationship between notched bar impact bending test, Robertson test and drop-weight test. Nucl Eng Des 43:203–217

Kußmaul K, Ewald J, Maier G, Schellhammer W (1978) Maßnahmen und Prüfkonzepte zur weiteren Verbesserung der Qualität von Reaktordruckbehältern für Leichtwasserreaktoren. VGB Kraftwerkstech 58(6 Juni):439–448

Kußmaul K et al (1982) Die Beanspruchung des Druckbehälters unter Betriebs- und Störfallbedingungen. HDR-Sicherheitsprogramm, 6. Statusbericht, Dezember, S 8

Kußmaul K, Schoch F-W, Luckow H (1983a) High quality large components ,Shape Welded' by a SAW process. Welding J (September):19

Kußmaul K, Stoppler W, Sturm D, Julisch P (1983b) Ruling-out of fractures in pressure boundary pipings. Proceedings, part 1: experimental studies and their interpretation, international symposium on reliability of reactor pressure components, Stuttgart, IAEA-SM-269/7, Wien, S 211–235, 21–25 März 1983

Kußmaul K, Blind D, Jansky J (1984) Rissbildungen in Speisewasserleitungen von Leichtwasserreaktoren. VGB Kraftwerkstech 64(12 Dezember):1115–1129

Kußmaul K, Blind D, Bilger H, Eckert G et al (1986) Experience in the replacement of safety related piping in German boiling water reactors. Int J Pres Ves Pip 25:111–138

Kußmaul K, Blind D, Roos E, Sturm D (1990a) Leck-vor-Bruch-Verhalten von Rohrleitungen. VGB Kraftwerkstech 70(Juli):553–565

Kußmaul K, Roos E, Diem H, Katzenmeier G, Klein M, Neubrech GE, Wolf L (1990b) Cyclic and transient thermal loading of the HDR reactor pressure vessel with respect to crack initiation and crack propagation. Nucl Eng Des 124:162–165

Kußmaul KF, McDiasmid DL, Socie DF (Hrsg) (1991) Fatigue under biaxial and multiaxial loading, third international conference held on 3–6th April 1989 in Stuttgart, FRG, ESIS Publication 10, Mechanical Engineering Publication Limited, London

Kußmaul K, Klenk A, Schüle M, (1994) Rißverhalten bei dynamischer Beanspruchung, Forschungsvorhaben 1500 825, Abschlussbericht, MPA-Auftrags-Nr 8710 02 000, Stuttgart, Mai

Kußmaul K, Klenk A, Link T, Schüle M (1997) Dynamic material properties and their application to components. Nucl Eng Des 174:219–235

Labeyrie J (1957) Strahlenschutz am Reaktor. In: Rajewsky B (Hrsg) Wissenschaftliche Grundlagen des Strahlenschutzes. Verlag G. Braun, Karlsruhe, S 361 f

Labno L (1992) Überwachung der Radioaktivitätsabgabe bei Containmentdruckentlastung. atw 37(Oktober):472–476

Ladeira LD, Navarro MA (1992) DTLES Brasilian test facility for thermohydraulic reactor safety research. Proceedings of the Fifth international topical meeting on reactor thermal hydraulics NURETH-5, Salt Lake City, Bd VI, S 1557–1561, 21–24 August 1992

Laguna W de (1960) Geologic and hydrologic considerations in power reactor site selection. Nucl Saf 1(4 Juni):64–68

Lamiral G et al (1965) La caissons en béton précontraint des réacteurs français de la filière uranium naturel – graphite – gaz carbonique. Proceedings of the Third international conference on the peaceful uses of atomic energy, Geneva, United Nations, New York, Bd 8, P/52 France S 422–430, 31 August–9 September 1964

Landermann, Edgar et al. in: ASTM STP426, 1967, S. 260–277

Lapierre D, Moro J (2004) Fünf nach zwölf in Bhopal. Europa, Leipzig, S 362–366

Larson TK, Loomis GG (1988a) A review of mod-2 results. Nucl Saf 29(2 April–Juni):150–166

Larson TK, Loomis GG (1988b) Semiscale program: a summary of program contributions to water reactor safety research. Nucl Saf 29(4 Okober–Dezember):436–450

Laufs P (2006) Die Entwicklung der Sicherheitstechnik für Kernkraftwerke im politischen und technischen Umfeld der Bundesrepublik Deutschland seit dem Jahr 1955, Dissertation, Philosophisch-Historische Fakultät der Universität Stuttgart

Laurence GC (1962) Operating nuclear reactors safely. Proceedings of the symposium on reactor safety and hazards evaluation techniques, Bd I, IAEA, Wien, S 135–146, 14–18 May 1962

Leach LP, McPherson GD (1980) Results of the first nuclear-powered loss-of-coolant experiments in the LOFT- facility. Nucl Saf 21(4 Juli–August):461–468

Leach LP, Ybarrondo LJ (1978) LOFT emergency core-cooling system experiments: results from the L 1–4 experiment. Nucl Saf 19(1 Januar–Februar):43–49

Lebert S, Roll E (1986) Die Folgen – In München hautnah zu spüren. Süddeutsche Ztg 104(7/8 Mai):17

Lechmann H (1959a) Deutsche Atomkommission. In: Cartellieri W et al (Hrsg) Taschenbuch für Atomfragen 1959, Festland, Bonn, S 210 f

Lechmann H (1959b) Deutsche Atomkommission. In: Cartellieri W et al (Hrsg) Taschenbuch für Atomfragen 1959, Festland, Bonn, S 9–16

Lee CH et al (1996) Investigation of mid-loop operation with loss of RHR at INER integral system test (IIST) facility. Nucl Eng Des 163:349–358

Lehmann A (1974) Panne, ein Sündenbock und viel Durcheinander. Badische Ztg 258(7 Oktober):8

Lehr G (1975) Zusammenarbeit von Wirtschaft, Wissenschaft und Staat – dargestellt am Beispiel des vierten Atomprogramms und des Rahmenprogramms Energieforschung. Schweißen und Schneiden 27(2):45–49

Lehrbach D (1996) Wiederaufbau und Kernenergie. Dissertation Stuttgart, S 173 ff

Lepie G, Martin A (1968) Aufbau der Gesamtanlage KWO. atw 13(Dezember):596–606

Lepie GM, Martin AH (1967) Obrigheim, the KWO nuclear power station with a siemens PWR. Nucl Eng 12(131 April):278–285

Lessner R (1975) Am Tümpel schöpften sie Mut. Badische Ztg 44(22/23 Fubruvar):3

Leverett MC (1961) Reactors, sites, and safety. Nucl Saf 3(2 Dezember):1–2

Levy S (1967) A systems approach to containment design in nuclear power plants. In: Proceedings of a symposium on the containment and siting of nuclear power plants, IAEA, Wien, S 227–242, 3–5 April

Levy S (1994) The important role of thermal hydraulics in 50 years of nuclear power applications. Nucl Eng Des 149:1–10

Libby LM (1979) The Uranium people. Crane Russak, Charles Scribner's Sons, New York

Lieberman JA, Hamester HL, Cybulski P (1965) The nuclear safety research and development program in the United States. Proceedings of the Third international conference on the peaceful uses of the atomic energy, Genf, Bd 13, P/282 USA, United Nations, New York, S 3–10, 31 August–9 September 1964

Liebert J, Emmerling R (1987) UPTF-Experiment: Eindringen von heißseitig eingespeistem Notkühlwasser in einen dampfproduzierenden Kern, Jahrestagung Kerntechnik '87 Karlsruhe, S 5, 2–4 Juni 1987

Liebert J, Gaul H-P, Weiss P (1997) Forschungsprogramm Reaktorsicherheit, Abschlussbericht zum Forschungs- und Entwicklungsvertrag 1500 876, UPTF-Experiment, Durchführung von Versuchen zu Fragestellungen des anlageninternen Notfallschutzes (TRAM), Siemens/KWU NT31/97/58, Erlangen, September

Liebert J, Umminger K, Kastner W (1998) Thermohydraulische Vorgänge in Dampferzeuger und heißem Strang eines DWR bei Reflux-Condenser-Betrieb – Ergänzende Versuchsergebnisse aus den UPTF- und PKL-Vorhaben. Tagungsbericht, Jahrestagung Kerntechnik '98, München, KTG und DAtF, INFORUM Bonn, S 103–106, 26–28 Mai 1998

Liebert J, Hertlein R, Umminger K (1999) Experimente in UPTF, PKL und Modellanlagen zur Borvermischung, Jahrestagung Kerntechnik '99, Karlsruhe, Fachsitzung, KTG und DAtF, INFORUM Bonn, S 1–19, 18–20 Mai 1999

Liebholz W-M (1993) Energiekonsens? atw 38(Januar):19

Liesch KJ, Hofmann K, Ringer FJ (1977) Die Nachbildung des Bruchöffnungsvorgangs im LOFT-Versuchsstand und Möglichkeiten der Simulation im Rechenprogramm DAPSY, Tagungsbericht, Reaktortagung 29. in Mannheim, DAtF/KTG, Bonn, S 282–285, 3–1 April 1977

Lilly GP, Hochreiter LE (1975) Mixing of emergency core coolant with steam in a PWR cold leg. Trans Am Nucl Soc 22(November):491–492

Lindackers KH (Hrsg) (1992) Sicherheitsaspekte technischer Standards. Springer-Verlag, Berlin

Lindauer E (2002) Kontinuität und Innovation – 25 Jahre Simulatorschulung für Kernkraftwerke. atw 47(10):2–8 (Oktober)

Lindbo T, Bronner N (1960) Prestressed concrete containment vessel for R4/EVE Sweden, Diskussionsbeitrag in: Nuclear reactor containment buildings and pressure vessels, Butterworths, London, S 72–75

Lindner L (2000) Tschernobyl heute und im Vergleich zu anderen Katastrophen. atw 45: 282–285

Lipár M (2004) Status und Trends in IAEA Safety Standards. atw 49 (März): 172–176

Liu T-J (2002) IIST and BETHSY counterpart tests on PWR total loss-of-feedwater transient with two different bleed-and-feed scenarios. Nucl Tech 137(Januar):10–27

Livingston RS, Boch AL (1955) ORNL's Design for a power reactor package. Nucleonics 13(5 Mai):24–27, 46

Locke JH, Dunster HJ, Pittom LA (1978) CANVEY, an investigation of potential hazards from operations in the Canvey Island/Thurrock area, Her Majesty's Stationary Office, London, Mai

Loewenstein WB (1975) EPRI water-reactor safety program. Nucl Saf 16(6 November–Dezember):659–666

Longest AW, Chapman RH, Crowley JL (1982) Boundary Effects on Zirkaloy-4 Cladding deformation in LOCA simulation tests. Trans Am Nucl Soc 41(Juni):383–385

Loss FJ (1971) Effect of mechanical constraint of the fracture characteristics of thick-section steel. Nucl Eng Des 17:16–31

Lossau N (1996) Die vergessene Nuklear-Katastrophe von Kyshtym im Ural. Die Welt, Wissenschaft, 9 April 1996

Louka M, Holmstrøm C, Øwre F (1998) Human factors engineering and control room design using a virtual reality based tool for design and testing. Proceedings of the twenty-sixth water reactor safety information meeting, Bethesda, Maryland, NUREG/CP-0166, Bd 2, S 267–301, 26–28 Oktober 1998

Löwenkamp H, Choudhury A, Jauch R, Regnitter F (1973) Umschmelzen von Schmiedeblöcken nach dem Elektroschlacke-Umschmelzverfahren und dem Vakuum-Lichtbogenofenverfahren. Stahl Eisen 93(14):625–635 (5 Juli 1973)

Lübberding F (2011) Die Welt geht unter, wir gehen mit. Frankf Allg Ztg 184(10 August):33

Lucas G, Lutsch A (1954) Bestimmung der Seigerungszonen im Gussblock einer Aluminium-Magnesium-Silizium-Legierung mit dem Ultraschall-Reflexionsverfahren. Z Metallkund 45:158–160

Luckow H, Plantikow U (1982) Formgebendes Schweißen von Behälterschüssen und Kalotten. Fachberichte Hüttenpraxis Metallweiterverarbeitung 20(10):858

Lunin GL, Voznesensky VA et al (1997) Status and further development of nuclear power plants with WWER in Russia. Nucl Eng Des 173(Oktober):43–57

Luntz JD (1953a) Atomic forum. Nucleonics 11(5 Mai):9

Luntz JD (Hrsg) (1953b) How safe is safe? Nucleonics 11(3 März):9

Luntz JD (Hrsg) (1956) Nuclear accidents are everybody's business. Nucleonics 14(5 Mai):39

Machida S, Yoshinari H, Kanazawa TS (1986) Some recent experimental work in Japan on fast fracture and crack arrest. Eng Fract Mech 23(1):251–264

MacPhee J (1958) Today's control design. Nucleonics 16(5 Mai):69

Mager TR (1971) Fracture toughness of steel plate and weldment material. Nucl Eng Des 17:76–90

Magni A (1972) „TILT": a digital simulation programme for the study of hydrodynamic processes and core heat-up of a boiling water pressure tube reactor during transient conditions. Proceedings of the CREST spezialist meeting on emergency core cooling for light water reactors, Garching/München, LRA-MRR 115, Bd 2, Dezember, 18–20 Oktober 1972

Maidorn C (1983) Erstarrungsverlauf und Seigerung in schweren Schmiedeblöcken unter besonderer Berücksichtigung des Stahls 20 MnMoNi 5 5, Dissertation, Stuttgart, Techn.-Wiss. Ber. MPA Stuttgart, Heft 83-04

Maier H-J et al (1986) MPA Stuttgart: Forschungsvorhaben Großbehälter A,: Mantelschuss 4 und Stutzenkanten, Aufbau eines Dokumentationssystems, Anpassung von UMAN II und UNSPO an Großbehälter und EDV, S 1–3, Februar 1986

Maier H-J et al (1993) MPA Stuttgart: WTZ mit der DDR: Untersuchungen an Großbehälter für praxisrelevante Prüfverfahren, zur Bewertung der Leistungsfähigkeit der wiederkehrenden Prüfungen an KKW-Komponenten, 4. Teilbericht: Zerstörungsfreie Ringversuche am MPA-Großbehälter, Mai 1993

Maier-Leibnitz H (1982) Atomenergie – vor 23 Jahren und heute betrachtet. In: Kafka P, Maier-Leibnitz H (Hrsg) Streitbriefe über Kernenergie, Piper, München, S 53

Makara AM (1957) Thermische Vorgänge. In: Paton BE (Hrsg) Elektro-Schlacke-Schweißung, VEB Technik, Berlin, S 20

Malcher L, Kot CA (1988) HDR Phase II vibrational experiments. Nucl Eng Des 108:23–36

Mampaey L (2006) Meeting the energy challenge for the environment: the role of safety. Nucl Eng Des 236:1460–1463

Mandel H (1961) Planung des Versuchsatomkraftwerks Kahl. atw 6(Januar):25–29

Mandel H (1965) Kernkraftwerk Gundremmingen – seine Stellung in der deutschen Atomwirtschaft. atw 10(November):564

Mandel H (1969) Der Bauentschluss für das Kernkraftwerk Biblis. atw 14 (September/Oktober):453–455

Mandel H (1974) Die Kernenergie im Spannungsfeld der Energiepolitik. atw 19(Januar):18–22

Mandl RM, Weiss PA (1982) PKL tests on energy transfer mechanisms during small-break LOCAs. Nucl Saf 23(2 März–April):146–154

Mann ER (1958) A look ahead to tomorrow in power reactor control. Nucleonics 16(5):78 f

Mann LA (1960) Organization of standards in the nuclear field. Nucl Saf 1(3 März):15

Marburger P (1992) Rechtliche und organisatorische Aspekte der technischen Normung auf nationaler und europäischer Ebene. In: Lindackers KH (Hrsg) Sicherheitsaspekte technischer Standards. Springer-Verlag, Berlin, S 175–233

Margolis H (1961) The PRDC case, private safety and public power. Science 133:1908

Märkl H (1990) Sicherheitstechnische Ziele und Entwicklungstendenzen für die nächste Generation von LWR-Kernkraftwerken. In: VDI-Gesellschaft Energietechnik: Perspektiven der Kernenergie und CO$_2$-Minderung, Tagung Aachen, VDI Berichte 822, VDI, Düsseldorf, S 107–135, 28/29 März 1990

Marley WG, Fry TM Radiological hazards from an escape of fission products and the implications in power reactor location. Proceedings, a. a. O., Bd 13, P/394 UK, S 102–105

Marquardt H (1956) Die Genfer Atomkonferenz in medizinischer und biologischer Hinsicht. Naturwissenschaftliche Rundschau 9(2):41–43

Marsh RO, Melese GB (1965) Prestressed concrete pressure vessels. Nucleonics 23(9 September):63–67

Marshall BJ Jr (1986) Hydrogen: air: steam flammability limits and combustion characteristics in the FITS vessel. NUREG/CR-3468, SAND84–0383, Dezember

Martenstein H (1979) Apokalyptische Vision einer KKW-Explosion. Badische Ztg 268(19 November):12

Martini R, Premoli A (1972) Bottom flooding experiments with simple geometries under different ECC conditions. Proceedings of the CREST spezialist meeting on emergency core cooling for light water reactors,

Garching/München, LRA-MRR 115, Bd 1, Dezember, 18–20 Oktober 1972

Martini R, Pierini GC, Sandri C (1976) The RATT-1 code for thermal-hydraulic analysis of power channel blowdown. Trans Am Nucl Soc 23:288–292

Massey A (1988) Technocrats and nuclear politics. Avebury, Aldershot, S 132–155

Matsuda Y, Suehiro K, Taniguchi S (1984) The Japanese approach to nuclear power safety. Nucl Saf 25(4 Juli–August):451–471

Mattern KH, Raisch P (1961) Atomgesetz Kommentar. Verlag Franz Vahlen, Berlin, S 67 ff

Matzie RA, Longo J et al (1992) Design of the safe integral reactor. Nucl Eng Des 136:73–83

Maxey WA, Kiefner JF, Eiber RF, Duffy AR (1972) „Ductile Fracture Initiation, Propagation, and Arrest in Cylindrical Vessels", fracture toughness. Proceedings of the 1971 national symposium on fracture mechanics, part II, ASTM STP 514, American Society for Testing and Materials, S 70–81

Mayinger F (1974a) Notkühlung in Kernkraftwerken – aus der Sicht des Gutachters. atw 19(März):146–148

Mayinger F (1974b) Sicherheitsforschung in der Bundesrepublik Deutschland. atw 19(Juni):288–295

Mayinger F (1974c) Zusammenfassung der Ergebnisse. In: Tagungsbericht „Notkühlung in Kernkraftwerken. Die Beurteilung aus der Sicht des Gutachters", 9. IRS-Fachgespräch, 8–9 November 1973 in Köln, IRS-T-25 April, S 181–185

Mayinger F (1980) Schlusswort und Zusammenfassung, 3. GRS-Fachgespräch „Analyse von Kühlmittelverlust-Störfällen heute – die LOFT-Versuche und ihre Konsequenzen", München, GRS-16 (April), S 57 f, 29–30 November 1979

Mayinger F (1999) Abschlussbericht zum Projekt „Begleitung, Betreuung und Steuerung der nationalen Aktivitäten beim internationalen TRAM-Programm", Förderkennzeichen 1500843, Garching, August

Mayinger F, Birkhofer A (1988) Neuere Entwicklungen in der Sicherheitsforschung und Sicherheitstechnik, Plenarvortrag auf der Jahrestagung Kerntechnik der KTG und des DAtF 1988, Travemünde, nicht im Tagungsbericht enthalten; siehe überarbeitete Fassung in: atw, August/September 1988, S 426–434, 19 Mai 1988

Mayinger F, Winkler F, Hein D (1977) Efficiency of combined cold- and hot-leg injection. Trans Am Nucl Soc 26:408 f

Mazuzan GT, Walker JS (1984) Controlling the atom. University of California Press, Berkeley

Mazzi R (2005) CAREM: an innovative-integrated PWR. Proceedings of the 18th international conference on structural mechanics in reactor technology, Peking, SMiRT 18-S 01-2, S 4407–4415 (7–12 August 2005)

Mazzi R, Brendstrup C (2005) CAREM project development activities. Proceedings of the 18th international conference on structural mechanics in reactor technology, Peking, SMiRT 18-S 01-3, S 4416–4427 (7–12 August 2005)

McCardell RK, Russell ML, Akers DW, Olsen CS (1990) Summary of TMI-2 core sample examinations. Nucl Eng Des 118:441–449

McCreery GE (1980) Quick-look report on LOFT nuclear experiment L3-6/L8-1, EGG-LOFT-5318, project no P 394, Dezember

McCullough CR (1957) Reactor safety. Nucleonics 15(9 September):135

McCullough CR, Mark MM, Edward T (1956) The safety of nuclear reactors. Proceedings of the international conference on the peaceful uses of the atomic energy, Geneva, United Nations, New York, Bd 13, P/853 USA, S 86, 8–20 August 1955

McMillan E, Abelson PH (1940) Radioactive element 93. Phys Rev 57:1185–1186 (Mitteilung vom 27 Mai 1940)

McPherson GD (1976) Results of the first three non-nuclear tests in the LOFT facility. Nucl Saf 18(3 Mai–Juni):306–316

McPherson GD, Leach LP (1981) The status and future directions of small-break studies in the LOFT and semiscale facilities. In: Proceedings ANS/USNRC/EPRI specialists meeting on small break loss-of-coolant accident analysis in LWRs, Monterey, EPRI WS-81-201, S 1.35–1.54, 25–27 August 1981

Medowar BI Elektrischer Blockguss. In: Paton BE (Hrsg) a. a. O., S 163–166

Medvedev ZA (1976) Two decades of dissidence. New Scientist 72(1025):265 (4 November 1976)

Medvedev ZA (1977) Facts behind the Soviet nuclear disaster. New Scientist 74(1058):761–764 (30 Juni 1977)

Medvedev ZA (1980) Nuclear disaster in the Urals, Vintage Books, New York

Meijer CH (1976) Reaktorschutzsystem mit automatischer Prüfung für DWR in den USA. atw 21(März):142–147

Meitner L (1924) Der Zusammenhang zwischen β- und γ- Strahlen. In: Ergebnisse der exakten Naturwissenschaften, Bd III. Verlag von Julius Springer, Berlin, S 160–181

Meitner L (1937) Über die β- und γ- Strahlen der Transurane. Annalen der Physik 29:246–250

Meitner L, Frisch OR (1939a) Disintegration of Uranium by neutrons: a new type of nuclear reaction. Nature 143:239

Meitner L, Frisch OR (1939b) Products of the fission of the Uranium nucleus. Nature 143:471 (18 März)

Meitner L, Hahn O, Strassmann F (1937) Über die Umwandlungsreihen des Urans, die durch Neutronenbestrahlung erzeugt werden. Z Physik 106:249–270

Mengolini A, Debarberis L (2007) Safety culture enhancement through the implementation of IAEA guidelines. Reliab Eng Syst Saf 92:520–529

Merkel A (1996a) Erklärung der Bundesregierung: 10 Jahre nach Tschernobyl, BT PlPr 13/101, S 8904–8908, 25 April 1996

Merkle JG (1966b) The strength of steel containment shells. Part I: Nucl Saf 7(2 Winter):204–212, (1965/1966); Part II: Nucl Saf 7(3 Frühjahr):346–353

Merkle JG, Whitman GD, Bryan RH (1976) Relation of intermediate-sized pressure-vessel tests to LWR safety. Nucl Saf 17(4 Juli–August):447–463

Merton A (1973) Der Brookhaven-Bericht (WASH-740), Inhalt und Bedeutung, IRS-S-9, Stellungnahmen zu Kernenergiefragen, Köln, Mai

Merz A, Reifenhäuser R (1989) Der Turbinenschaden im Kraftwerk Irsching. VGB Kraftwerkstech 69(3 März):255–259

Meyer HL (1962) Constructing Indian point. Nucleonics 20(9 September):48 f

Meyer R, Kroll P, Schulz KD, Skrock K-H, Volkmann B (1991) Betriebserfahrungen mit den Reaktoranlagen WWER-440/W-230. atw 36(April):180–187

Mishima Y et al (1965) An experimental study on the mechanical strength of fuel cladding tubes under loss-of-coolant accident conditions in water-cooled reactors. Proceedings of the Third international conference on the peaceful uses of atomic energy, Genf, Bd 13, P/438 Japan, United Nations, New York, S 105–117, 31 August–9 September 1964

Miska H, Wahlster M (1973a) Verhalten des Sauerstoffs beim Elektro-Schlacke-Umschmelzen. Arch Eisenhüttenwes 44(1 Januar):19–25

Miska H, Wahlster M (1973b) Verhalten des Schwefels während des Elektro-Schlacke-Umschmelzens. Arch Eisenhüttenwes 44(2 Februar):81–85

Mohrbach L (1995) Notwendigkeit einer neuen Energiekultur. atw 40(Dezember):772

Mohrbach L (2011) The defence-in-depth safety concept: comparison between the Fukushima Daiichi units and German nuclear power plants. VGB PowerTech 6/2011, S 51–58

Mohrbach L (2011a) Tohoku-Kanto Earthquake and Tsunami on March 11, 2011 and consequences for Northeast Honshu nuclear power plants. VGB PowerTech, März 2011

Mohrbach L (2011b) Unterschiede im gestaffelten Sicherheitskonzept: Vergleich Fukushima Daiichi mit deutschen Anlagen. atw 56(April/Mai):242–249

Möller M (1975) Bau und Prüfung eines Reaktordruckbehälters in Mehrlagenbauweise, Rheinstahl AG Maschinenbau, Apparatebau, Forschungsbericht Kernforschung, Bundesministerium für Forschung und Technologie, BMFT-FB K, November, S 16–23

Monbiot G (2011) Why Fukushima made me stop worrying and love nuclear power. The Guardian, Mail & Guardian Online, 22 März 2011

Mong BA, Douglass RM (1955) Reactor vessels. Nucleonics 13(6 Juni):66–69

Morgan KZ, Ford MR (1954) Developments in internal dose determinations. Nucleonics 12(6 Juni):32–39

Morris DG, Mullins CB, Yoder GL (1981) Transient film boiling of high-pressure water in a rod bundle. Trans Am Nucl Soc 39:565–567

Morrone A (1974) Damping values of nuclear power plant components. Nucl Eng Des 26:343–363

Mouzon JC, Park RD, Richards JA (1939) Gamma-rays from Uranium activated by neutrons. Phys Rev 55:668

Muller HJ (1956) Strahlenwirkung und Mutation beim Menschen. Naturwissenschaftliche Rundschau 9(4 April):127–135

Müller R (1971) Das formgebende Auftragschweißen als Fertigungsverfahren für große Werkstücke aus dem Behälterbau. Technische Mitteilungen Krupp Forschungsberichte 29(2):73–88

Müller M (1977) Experimentelle LOFT-Ergebnisse der unterkühlten Blowdownphase und Vergleich mit posttest-Berechnungen. Tagungsbericht, Reaktortagung 29 März–1 April 1977 in Mannheim, DAtF/KTG, Bonn, S 274–281

Müller WC (1994) Fast and accurate water and steam properties programs for two-phase flow calculations. Nucl Eng Des 149:449–458

Müller WD (1996) Geschichte der Kernenergie in der Bundesrepublik Deutschland, Bd I, Schäffer, Stuttgart

Müller-Jentsch E (1986a) Im Zweifelsfall auf Nummer sicher gehen. Süddeutsche Ztg 101(3/4 Mai):17

Müller-Jentsch E (1986b) Verwirrspiel um Strahlenbelastung. Süddeutsche Ztg 103(6 Mai):13

Müller-Ullrich B (1996) Medienmärchen. Karl Blessing, München, S 35–49

Münzinger F (1955) Atomkraft. Springer-Verlag, Berlin

Murao Y, Hirano K, Nozawa M (1980) Results of CCTF core 1 tests. Proceedings, eighth water reactor safety research information meeting, Gaithersburg, Md., NUREG/CP-0023, Bd 2, Fig 1, 27–31 Oktober 1980

Murao Y et al (1981) CCTF core 1 test results. Proceedings, ninth water reactor safety research information meeting, Gaithersburg, Md., NUREG/CP-0024, Bd 2, Fig 3, 26–30 Oktober 1981

Murao Y, Akimoto H, Sudoh T, Okubo T (1982a) Experimental study of system behavior during reflood phase of PWR-LOCA using CCTF. J Nucl Sci Tech 19(September):705–719

Murao Y et al (1982b) Findings in CCTF core I test. Proceedings, tenth water reactor safety research information meeting, Gaithersburg, Md., NUREG/CP-0041, Bd 1, S 275–286, Fig 1, 12–15 Oktober 1982

Murao Y et al (1993) Large-scale multi-dimensional phenomena found in CCTF and SCTF experiments. Nucl Eng Des 145:85–95

Muto K et al (1974) Comparative forced vibration test of two BWR-type reactor buildings. Nucl Eng Des 27:220–227

Nachtsheim W, Stangenberg F (1982) Interpretation of results of Meppen slap tests – comparison with parametric investigations. Nucl Eng Des 75:283–290

Naumann E (1956) Probleme des Umweltschutzes bei Kernreaktoren. Ärztliche Wochenschr 11(24):528–534 (15 Juni 1956)

Naumann F (Hrsg) (1998) Carl Julius von Bach (1847–1931). Verlag Konrad Wittwer, Stuttgart

Neider RJA (1973) Activities of the German standards committee for nuclear technology. Nucl Saf 14(3):181–186 (Mai–Juni)

Neubert M (1996) Verstrahlt, vergessen, verstorben. Süddeutsche Ztg 94(23 April):3

Newmark NM (1972) Earthquake response analysis of reactor structures. Nucl Eng Des 20:303–322

Nichols RW (1966) Prevention of catastrophic failure in steel pressure circuit components. Nucl Eng (Mai):369–373

Nie M, Bittermann D (2003) Implementierung von Maßnahmen zur Beherrschung schwerer Störfälle in Anlagen der 3. Generation am Beispiel EPR, KTG-Fachtagung „Fortschritte bei der Beherrschung und der Begrenzung der Folgen auslegungsüberschreitender Ereignisse" am 25/26 September 2003 in Karlsruhe

Nie M, Bittermann D (2004) Implementierung von Maßnahmen zur Beherrschung schwerer Störfälle in Anlagen der 3. Generation am Beispiel EPR. atw 49(Mai):324–327

Norberg JA, Schmitt RC, Waddoups DA The Carolinas Virginia tube reactor simulated design basis accident tests. Trans Am Nucl Soc 12(Suppl):30 f

Nyer WE, Forbes SG et al (1956) Transient experiments with SPERT-1 reactor. Nucleon 14(6 Juni):44–49

Oberbacher B et al (1976) Vergleich der Gesundheitsgefährdung bei verschiedenen Technologien der Stromerzeugung und erster Versuch der Einordnung des Risikos der Kernenergie, Zwischenbericht 200/1, BMI-Vorhaben RS I 2 – 510321/40 – SR 30, Batelle-Institut, Frankfurt a. M., Januar 1976

Oetzel G (1996) Forschungspolitik in der Bundesrepublik Deutschland, Kernforschungszentrum Karlsruhe 1956–1963, Europäische Hochschulschriften: Reihe 3, Geschichte und ihre Hilfswissenschaften; Bd 711. Peter Lang Europäischer Verlag der Wissenschaften, Frankfurt a. M.

Okrent D (1981) Nuclear reactor safety. University of Wisconsin Press, Madison

Oldekop W (1978) Entwicklungslinien und gegenwärtiger Stand des Leichtwasserreaktors. Die Sicherheit des Leichtwasserreaktors, Berichtsband, Informationstagung 16–17 Januar 1978, Deutsches Atomforum e. V., Bonn, S 10–48

Olson DJ (1972a) Semiscale blowdown and Emergency Core Cooling (ECC) project test report – test 845 (ECC Injection), Aerojet Nuclear Company, ANCR-1014, TID-4500, Januar 1972

Olson DJ (1972b) Semiscale blowdown and Emergency Core Cooling (ECC) project test report tests 848, 849 and 850 (ECC Injection), Aerojet Nuclear Company, ANCR-1036, UC-80, TID-4500, Juni 1972

Olson NJ et al (1982) Verification of intergranular stress corrosion crack resistance in boiling water reactor large-diameter pipe, progress report for the period from August 1980 to February 1982, Battelle Pacific Northwest Laboratories, Mai 1982, 41 S, 9 S Anhang

Omoto A, Tanabe A, Moriya K, Dillmann CW (1993) ABWR evolution program. Nucl Eng Des 144:205–211

Onodera S (1983) Improved quality of heavy steels and their welds as related to the integrity of RPCs. Reliability of reactor pressure components, Proceedings of an international symposium of reliability of reactor pressure components, organized by the international atomic energy agency, held in Stuttgart, IAEA, Wien, November 1983, S 111–125, 21–25 March 1983

Onodera S, Kawaguchi S, Tsukada H, Moritani H, Suzuki K, Sato I (1983) Manufacturing of ultra-large diameter 20 MnMoNi 5 5 steel forgings for reactor pressure vessels and their properties, 9. MPA-seminar, Stuttgart, S 12, 13/14 Oktober 1983

Orlov I et al (Hrsg) (1996) Chernobyl. Leader-Invest Inc. Moskau und London Editions and Troika

Orth K (1968) Untersuchung des Betriebsverhaltens eines großen Druckwasser-Leistungsreaktors. Proceedings actes II applications, Fifth international analogue computation meetings, Lausanne, Presses Academiques Européennes, Brüssel, S 1043–1055, 28 August–2 September 1967

Orth K (1985) Neuere Aspekte zur Sicherheit von Druckwasserreaktoren, Kerntechnische Gesellschaft e. V.: Tagungsbericht „Neuere Entwicklungen zur Sicherheit von Kernkraftwerken und Anlagen des Kernbrennstoffkreislaufs", Düsseldorf, S 1–52, 24 und 25 September 1985

Orth K (1988) Fehlerverzeihende Technik. Energie 40(5):44 (Mai)

Orth K (2010) Sind die deutschen Kernkraftwerke sicher? www.Energie-Fakten.de, aktualisiert Februar 2010, S 2–7, 18 September 2001

Orth K, Türp H (1996) Ursachen und Folgen des Unfalls Tschernobyl-4. atw 41(März):157

Orth K, Ulrych G (1967) Wärmetechnische Auslegung des Reaktors und Betriebsverhalten des Kernkraftwerks Obrigheim. Atom und Strom, Folge 11/12, November/Dezember 1967, S 150–155

Osietzki M Zur ökonomischen und politischen Funktion der Naturwissenschaften

Ostrom L, Wilhelmsen C, Kaplan B (1993) Assessing safety culture. Nucl Saf 34(2):163–172 (April–Juni)

Otte H-J, Müller G, Roth W (1997) Erhöhung der Verfügbarkeit von Druckwasserreaktoren durch bessere Prüftechnik beim Reaktordruckbehälter, VGB Kongress „Kraftwerke 1997", Dresden, Vortragsband S 1–5, 23–25 September 1997

Otway HJ, Erdmann RC (1970) Reactor siting and design from a risk viewpoint. Nucl Eng Des 13:365–376

Otway HJ, Lohrding RK, Battat ME (1971) A risk estimate for an urban-sited reactor. Nucl Technol 12(Oktober):173–184

Øwre F (1998) Achievements and further plans for the OECD halden reactor project, man-machine systems programme. Proceedings of the twenty-sixth water reactor safety information meeting, Bethesda, Maryland, NUREG/CP-0166, Bd 2, S 213–229, 26–28 Oktober 1998

Paavola M (2002) A new power plant for Finland. atw 47(März):162–166

Pamme H (2000) Beeinflusst der Wettbewerb die Sicherheit? atw 45(Juli):448–452

Parker GW (1959) Fission-product release. Nucl Saf 1(1):32–33 (September)

Parker HM (1956) Radiation exposure from environmental hazards. Proceedings of the international confe-

rence on the peaceful uses of atomic energy, United Nations, New York, Bd 13, P/279, USA, S 305–310

Parker HM, Healy JW (1956) Environmental effects of a major reactor disaster. Proceedings of the international conference on the peaceful uses of the atomic energy, Geneva, United Nations, New York, Bd 13, P/482 USA, S 106–109, 8–20 August 1955

Parks CE (1965) Blowdown models applicable to the Loss-of-Fluid Test Facility (LOFT) evaluation. Trans Am Nucl Soc 8(2):541 f

Passarelli WO (1952) Ventilation requirements for power reactor compartments. Nucleonics 10(6):46–49 (Juni)

Paton BE (Hrsg) (1957) Elektro-Schlacke-Schweißung. VEB Verlag Technik, Berlin

Paton BE, Medovar BI, Boiko GA, Saienko VY (1982) Electroslag technology in the fabrication of nuclear power engineering products, DVS-Berichte, Bd 75, Düsseldorf, S 108–113

Paturi FR (1995) 125 Jahre Sicherheit in der Technik. TÜV Bayern Holding AG, München, S 15 ff

Pauly SE (1974) Earthquake instrumentation for nuclear power plants. Nucl Eng Des 27:359–371

Pays R (2006) The EPR project Flamanville 3. atw 51(Februar):86–88

Pedersen T (1989) PIUS: Status and perspectives. IAEA Bull 3:25–29

Pedersen T (1992) PIUS – status and perspectives. Nucl Eng Des 136:167–177

Pedersen T (1998) BWR 90 – the advanced BWR of the 1990s. Nucl Eng Des 180(März):53–66

Pelli R, Törrenen K (1995) State-of-the-art review on thermal annealing. European Network on Ageing Materials Evaluation and Studies (AMES), VTT Manufacturing Technology, Espoo, Finland, S 41, März 1995

Pellini WS (1969) Evolution of engineering principles for fracture-safe design of steel structures, Naval Research Laboratory, NRL Report 6957, Washington, September 1969

Pellini WS (1971) Principles of fracture-safe design, welding research supplement, Part I März 1971, S 91-s–109-s, Part II April 1971, S 147-s–162-s

Pellini WS (1976) Principles of structural integrity technology. Office of Naval Research, Arlington, Va., S 51, 118

Pellini WS, Puzak PP (1964) Practical considerations in applying laboratory fracture test criteria to the fracture-safe design of pressure vessels. J Eng Power Trans ASME (Oktober):429–443

Perry AM (1960) Temperature excursion following loss-of-coolant accident. Nucl Saf 1(4):34–37 (Juni)

Peter F (1975) Die Gesamtanlage des RWE-Kernkraftwerks Mülheim-Kärlich. atw 20(Mai):246–258

Peterson AC, Harvego EA, North P (1977) An investigation of alternative ECC injection concepts in the semi-scale MOD-1 system. Trans Am Nucl Soc 26:406 f

Petros'yants AM et al (1972) The Leningrad atomic power station and the prospects for channel-type boiling-water reactors. Proceedings of the Fourth international conference on the peaceful uses of atomic energy, Genf, 6–16 September 1971, Bd 5, P/715 USSR, United Nations, International Atomic Energy Agency, Wien, 1972, S 297–315 (russisch), ebenfalls erschienen in Atomnaya Énergiya, Bd 31, No. 4, Oktober 1971, engl. Übers. Soviet Atomic Energy, Bd 31, 1971, Consultants Bureau, New York, April 1972, S 1086–1097

Pfeiffer PA, Kulak RF et al (1989) Pretest analysis of a 1:6 scale reinforced concrete containment model subject to pressurization. Nucl Eng Des 115:73–89

Pförtner H (1977) Gas cloud explosions and resulting blast effects. Nucl Eng Des 41:59–67

Phlippen P-W (1991) Technische Konzepte für Anlagen zur passiv sicheren Kernenergienutzung, Habilitationsschrift, RWTH Aachen, S 18

Pickel TW Jr (1972) Evaluation of nuclear system requirements for accomodating seismic effects. Nucl Eng Des 20:323–337

Pidgeon N, O'Leary M (2000) Man-made disasters: why technology and organizations (sometimes) fail. Saf Sci 34:15–30

Piehl K-H (1970) Untersuchungen über das Versagen einer Kesseltrommel bei der Druckprobe. Mitteilungen VGB 50(4):304–314 (August)

Piel KH (1976) Werkstoffe für Sicherheitsbehälter, 2. MPA-Seminar, Stuttgart, S 18, 29/30 Juni 1976

Piel KH (1985) State of experience in the application of the steal 15 MnNi 6 3 for containments and components of nuclear power stations. Nucl Eng Des 84:241–251

Piggott BDG, Porthouse DTC (1975) A correlation of rewetting data. Nucl Eng Des 32:171–182

Piper HB (1965a) Credible accidents. In: Cottrell WB, Savolainen AW (Hrsg) U. S. reactor containment technology, ORNL-NSIC-5. Oak Ridge National Laboratory, S 3.1–3.14

Piper HB (1965b) Description of specific containment systems. In: Cottrell WB, Savolainen AW (Hrsg) U. S. reactor containment technology, Bd I, ORNL-NSIS-5. Oak Ridge National Laboratory (August)

Piper N (1975a) Badenwerk: Notfalls mit Staatsgewalt. Badische Ztg 239(16 Oktober):8

Piper N (1975b) Immer mehr Besetzer kamen aufs Wyhler Gelände. Badische Ztg 46(25. Februar):8

Piper N (1976) Unbehagen im Wyhler Wald. Badische Ztg 254(2 November):12

Piper N (1977) Verhärtete Fronten in Wyhl. Badische Ztg 12(17 Januar):1, 18

Piper N, Doelfs M, Kühnert H (1977) Abschätzungen über den schwersten Unfall. Badische Ztg 32(9 Februar):5

Podgaezki WW Pulver für Elektro-Schlacke-Schweißung. In: Paton BE (Hrsg) a. a. O., S 33–35

Popper KR (1984) Auf der Suche nach einer besseren Welt. Piper, S 11

Porse L (1964) Reactor-vessel design considering radiation effects. J Basic Eng Trans ASME (Dezember):743–749

Porse L (1967) Reactor pressure vessel: design – fabrication – testing. Nucl Eng 12(133):444–448 (Juni)

Porzel FB (1958a) Comment on „Simulating Nuclear Blast Effects". Nucleonics 16(3):78 (März)

Porzel FB (1958b) Designing for blast protection. Nucleonics 16(10):82–85 (Oktober)

Powell EU, Hetrick DE, Kilpatrick JN (1962) The Saxton experimental power reactor. Nucl Eng (Oktober):393–397

Preuschen-Liebenstein R (1986) Frh. von: Die IAEO-Generalkonferenzen im Jahr 1986. atw 31(Dezember):603–605

Prüß K (1974) Kernenergiepolitik in der Bundesrepublik Deutschland. Frankfurt a. M.

Pugh CE, Naus DJ, Bass BR, Keeney-Walker J (1991) Crack arrest behaviour of reactor pressure vessel steels at high temperatures. In: Kussmaul K (Hrsg) Fracture mechanics verification by large-scale testing, IAEA specialists meeting on large-scale testing, EGF/ESIS publication 8. Mechanical Engineering Publications Limited, London, S 357–380

Puzak PP, Eschbacher EW, Pellini WS (1952) Initiation and propagation of brittle fracture in structural steels. Weld J Weld Res Suppl 31(Dezember):561-s–581-s

Puzak PP, Schuster ME, Pellini WS (1954) Crack-starter tests of ship fracture and project steels. Weld J Weld Res Supp 33(Oktober):481-s–495-s

Radkau J (1983) Aufstieg und Krise der deutschen Atomwirtschaft 1945–1975. Rowohlt, Reinbek

Raetzke C, Micklinghoff M (2005) Die Überarbeitung des deutschen kerntechnischen Regelwerks: ein Vergleich mit dem Ausland. atw 50(Mai):298–304

Raetzke C, Micklinghoff M, Pamme H (2007) Erfahrungsrückfluss als Beitrag zur Sicherheit – eine Aufgabe der Betreiber. atw 52(April):270–272

Rahn FJ, Adamantiades AG, Kenton JE, Braun C (1984) A guide to nuclear power technology. Wiley, New York

Randall D, John DS St (1958) Xenon spatial oscillations. Nucleonics 16(3):82–86, 129 (März)

Rao AS, Gonzalez A (2000) ESBWR program-development of passive plant technologies and designs. Proceedings of the 8th international conference on nuclear engineering, ICONE 8, Baltimore, ICONE-8205, S 1–9, 2–4 April 2000

Rasmussen NC (1975) The safety study and its feedback. Bull At Sci (September):25–28

Raudenbush MH (1973) Human engineering factors in control-board design for nuclear power plants. Nucl Saf 14(1):21–26 (Januar–Februar)

Reason J (1994) Menschliches Versagen, Psychologische Risikofaktoren und moderne Technologien. Spektrum Akademischer, Heidelberg

Redding JR (1996) The ABWR goes on-line. atw 41(April):251–255

Reed JW, Riesemann WA von, Kennedy RP, Waugh CB (1980) Recommended research for improving seismic safety of light-water nuclear power plants. Nuc Eng Des 59:57–66

Reedy RF, Sims JE (1970) Construction of a site-assembled nuclear reactor pressure vessel. Nucl Saf 11(2):119–129 (März–April)

Reimann M (1986) Verifizierung des WECHSL-Codes zur Schmelze-Beton-Wechselwirkung und Anwendung auf den Kernschmelzunfall, Abschlusskolloquium des Projektes Nukleare Sicherheit, Karlsruhe, Berichtsband KfK 4170, August 1986, S 431–453, 10 und 11 Juni 1986

Renn O (2000) Energie im Widerstreit der öffentlichen Meinung – zur Notwendigkeit einer neuen Diskurskultur. In: Grawe J, Picaper J-P (Hrsg) Streit ums Atom. Piper, München, S 163–186

Renn O (2011) Eher fällt ein Meteorit auf Deutschland, Interview mit Rainer Wehaus, Stuttgarter Nachrichten, Nr 78, S 7, 4 April 2011

Renneberg W (2005) Atomaufsicht – Bundesauftragsverwaltung oder Bundeseigenverwaltung aus der Sicht optimaler Aufgabenerfüllung. atw 50(Januar):15–19

Réocreux M, Scott de Martinville EF (1990) A study of fuel behaviour in PWR design basis accident: an analysis of results from the PHEBUS and EDGAR experiments. Nucl Eng Des 124:363–378

Repke W (1973) Der Einfluss neuer sicherheitstechnischer Überlegungen auf Konzeption und Ausführung von Schutzsystemen in künftigen Kernkraftwerken. Tagungsbericht „Das Reaktorschutzsystem als zentrale Sicherheitseinrichtung in Kernkraftwerken", 8. IRS-Fachgespräch in Köln, IRS-T-24, April 1973, S 89–105, 21–22 November 1972

Repke W (1993) Eindrücke aus Tscheljabinsk und Tschernobyl. atw 38(Februar):146–149

Reynolds CA (1956) Die fünf neuesten Reaktoren für industrielle Kernenergie. Atomkernenergie 1:10

Rhodes R (1986) Die Atombombe. Greno, Nördlingen, S 300–312

Richardson JA (1976) Summary comparison of West European & U. S. licensing regulations for LWR's. Nucl Eng Int 21(239):32–41 (Februar)

Richardson JE, Bagchi G, Brazee RJ (1980) The seismic Safety Margins Research Program of the U. S. Nuclear Regulatory Commission. Nucl Eng Des 59:15–25

Richei A (1996) Der menschliche Faktor im Kernkraftwerksbetrieb. atw 41(Dezember):807–808

Richling W (1961) Das Elektro-Schlacken-Umschmelzen – ein neues Verfahren zur Herstellung von Stahlblöcken hoher Qualität. Neue Hütte 6(9):565–572 (September)

Richter R, Kraemer J (2006) Tschernobyl – 20 Jahre danach. atw 51(April):251–253

Rickover HG (1958) Rickover speaks of Shippingport. PWR, the significance of Shippingport. A nucleonics special report. Nucleonics 16(4):54 (April)

Rickover HG (1963) Quality the never-ending challenge. Nucl Eng 20(Februar):50–54

Riebold WL, Addabbo C, Piplies L, Städtke H (1984) LOBI project: influence of PWR primary loops on blowdown, Part I: LOBI-MOD1 programme on large break loss-of-coolant accidents, final report J. R. C. Ispra, LFC-84-01, August 1984

Riebold WL, Mörk-Mörkenstein P, Piplies L, Städtke H (1983) Einfluss der DWR-Umwälzschleifen auf den Blowdown. atw 28(April):196–202

Riebold WL, Piplies L (1981) The LOBI-project small break experimental programme. Proceedings, ANS/USNRC/EPRI-conference on small break loss-of-coolant accident analyses in LWRs, Monterey, S 5–65 bis 5–100, 25–27 August 1981

Riera JD (1968) On the stress analysis of structures subjected to aircraft impact forces. Nucl Eng Des 8:415–426

Riera JD, Zorn NF, Schuëller GI (1982) An approach to evaluate the design load time history for normal engine impact taking into account the crash-velocity distribution. Nucl Eng Des 71:311–316

Rieseman von WA, Blejwas TE, Dennis AW, Woodfin RL (1982) NRC containment safety margins program for light-water reactors. Nucl Eng Des 69:161–168

Rieser R, Knoerzer G, Jaerschky R, Roettges H (1982) Kernkraftwerk Isar 1 – Betriebserfahrungen, Vorbereitung und Durchführung der Umrüstung. VGB Kraftwerkstech 62(11):914–926 (November)

Riezler W, Walcher W (1958) Kerntechnik. Stuttgart

Ringeis WK (1968a) Das 670-MW-Kernkraftwerk Würgassen mit AEG-Siedewasserreaktor. atw 13(Januar):40–49

Ringeis WK (1968b) Das 670-MW-Kernkraftwerk Würgassen mit AEG-Siedewasserreaktor (II). atw 13(Februar):95–98

Ringeis WK, Strasser W, Peuster K (1965) Aufbau der Gesamtanlage. atw 10(November):577–587

Ringot C (1978) French safety studies of pressurized-water reactors. Nucl Saf 19(4):411–427 (Juli–August)

Rininsland H (1983a) BETA (Core-Concrete Interaction) and DEMONA (Demonstration of NAUA) – key experimental programs for validation and demonstration of source terms in hypothetical accident situations. Proceedings, international meeting on light water reactor severe accident evaluation, Cambridge, American Nuclear Society, S 12.3-1–12.3-8, 28 August–1 September 1983

Rininsland H (1983b) Core meltdown investigations and fission product release to the environment. Proceedings, VTT symposium 25, second Finnish-German seminar on nuclear safety, Otaniemi, Finnland, Technical Research Centre of Finland, Espoo, S 233–260, 29 und 30 September 1982

Rininsland H, Kuczera B (1986) Das Projekt Nukleare Sicherheit 1972–1986, Abschlusskolloquium 1986, Berichtsband KfK 4170, S 43–112, August 1986

Rininsland H, Bork G, Fliege A et al (1986) Das Projekt Nukleare Sicherheit 1972–1986 – Ziele und Ergebnisse-. KfK-Nachr 18(3/86):114–126

Rittenhouse PL (1970) Failure modes of zircaloy-clad fuel rods. Nucl Saf 11(5):408 f (September–Oktober)

Ritter GA (1992) Großforschung und Staat in Deutschland. Beck, München

Rittig D (1992) Sicherheitsaspekte künftiger Leichtwasserreaktoren. atw 37(Juli):352–358

Roberts BF et al (1969) Evaluation of various methods of fission product aerosol simulation. Trans Am Nucl Soc 12(1):326

Roberts JO (1961) Shippingport story. Nucl Eng (September):393 f

Roberts RB, Meyer RC, Wang P (1939) Further observations on the splitting of uranium and thorium. Phys Rev 55:510–511

Robertson TS (1953) Propagation of brittle fracture in steel. J Iron Steel Inst 175:361–374

Robinson GC (1959) Containment vessel leak detection. Nucl Saf 1(1):29 f (September)

Rogers GJ (1969) Containment systems experiment. Nucl Saf 10(3):263 (Mai–Juni)

Rogers GJ et al (1969) Removal of airborne fission products by containment sprays. Trans Am Nucl Soc 12(1):327 f

Rohde J (1974) Beurteilung von Rechenprogrammen und ihrer Absicherung durch experimentelle Untersuchungen. Tagungsbericht „Notkühlung in Kernkraftwerken. Die Beurteilung aus der Sicht des Gutachters", 9. IRS-Fachgespräch, 8–9 November 1973 in Köln, IRS-T-25, April, S 39–78

Rohde J, Tiltmann M, Schwinges B (1990) Maßnahmen zur Erhaltung der Integrität des Sicherheitsbehälters. atw 35(Februar):60–73

Rohde M et al (2002) Investigating the ESBWR stability with experimental and numerical tools: a comparative study. Nucl Eng Des 240(Februar):375–384

Roll E (1986a) Belastungsprobe für Boden, Luft und Bürger. Süddeutsche Ztg 102(5 April):13

Roll E (1986b) Notfalls mit Jod-Tabletten in den Keller. Süddeutsche Ztg 99(30 April/1 Mai):18

Rolph ES (1979) Nuclear power and the public safety. Lexington Books, Lexington

Römer H (1961) Der SL-1-Reaktorunfall in Idaho. atw 6(Februar):85–88

Roos E (1982) Erweiterte experimentelle und theoretische Untersuchungen zur Quantifizierung des Zähbruchverhaltens am Beispiel des Werkstoffs 20 MnMoNi 5 5, Techn.-wiss. Berichte MPA Stuttgart, Heft 82-01

Roos E (1993) Grundlagen und notwendige Voraussetzungen zur Anwendung der Risswiderstandskurve in der Sicherheitsanalyse angerissener Bauteile, Fortschrittsberichte VDI, Reihe 18, Nr 122, Düsseldorf

Roos E, Stumpfrock L (2002) Komponentenverhalten bei transienten thermischen Belastungen, 2. Workshop Kompetenzverbund Kerntechnik „Komponentensicherheit und Integritätsbewertung", Tagungsband, Köln, 18–19 September 2002

Roos E, Demler T, Eisele U, Gillot R (1990a) Fracture mechanics safety assessment based on mechanics of materials. Steel Res 61(4):172–180

Roos E, Diem H, Herter K-H, Stumpfrock L (1990b) Fracture mechanical assessment of pipes under quasistatic and cyclic loading. Steel Res 4:181–187

Roos E et al (1991) MPA Stuttgart: Forschungsvorhaben 1500 304B Komponentensicherheit (Phase II), Zusammenfassende Bewertung des Vorhabens, Abschlussbericht, Mai 1991

Roos E, Herter K-H, Otremba F, Metzner K-J, Bartonicek J (2001) Allgemeines Integritätskonzept für druck-führende Komponenten, 27. MPA-Seminar, Stuttgart S 1.1–1.16, 4/5 Oktober 2001

Roos E, Schuler X, Herter K-H, Hienstorfer W (2005) Bruchausschlussnachweise für Rohrleitungen – Stand der Wissenschaft und Technik, 31. MPA-Seminar in Verbindung mit der Fachtagung „Werkstoff- & Bauteilverhalten in der Energie- & Anlagentechnik", Stuttgart, S 5.1–5.19, 13/14 Oktober 2005

Rosal ER et al (1983) PWR FLECHT SEASET systems effects natural circulation and Reflux condensation, NUREG/CR-2401, EPRI NP-2015, WCAP-9973, Februar 1983

Rösch H, Vogel G (1961) Die Genehmigungsverfahren. atw 6(Januar):41–46

Rösler U, Debray W (1985) Meilensteine auf dem Weg der kerntechnischen Entwicklung, VGB-Ehrenkolloquium „Werkstofftechnik und Betriebserfahrungen", Mannheim, Sonderheft, Verlag VGB Technische Vereinigung der Großkraftwerksbetreiber, S 7–38, 19 Juni 1985

Rossi BR, Staub HH (1949) Ionization chambers and counters. McGraw-Hill, New York

Rothe R (1961) Möglichkeiten und Verfahren der Druckentlastung von Reaktorgebäuden bei einem Unfall. Tech Überwachung 2(Oktober):377–381

Roth-Seefried H, Feigel A, Moser H-J (1994) Implementation of bleed and feed procedures in Siemens PWRs. Nucl Eng Des 148:133–150

Rouge N, Dreier J, Yanar S, Chawla R (1992) Experimental comparisons for bottom reflooding in tight LWHCR and standard LWR geometries. Nucl Eng Des 137:35–47

Rousseau JC, Riegel B (1978) Super Canon experiments. Proceedings of the 2nd CSNI specialists meeting on transient two-phase flow, Paris, Bd 1, S 667–682, 12–14 Juni 1978

Row TH (1970) Research on the use of containment-building spray systems in pressurized-water reactors. Nucl Saf 11(3):223–234 (Mai–Juni)

Rubbel FE (1983) „Intelligente Bilder" der Sichtgerätewand vorgeführt mit Videorecordern, Tagungsbericht, Jahrestagung Kerntechnik '83, Berlin, S 834–837, 14–16 Juni 1983

Rubin AM, Beckjord E (1994) Three Mile Island – new findings 15 years after the accident. Nucl Saf 35(Juli–Dezember):256–269

Rubio A, Loewenstein WB, Oehlberg R (1989) Nuclear safety research: responsive industry results. Nucl Eng Des 115:219–271

Rüdinger V, Ricketts CI, Wilhelm JG (1987) Schwebstofffilter hoher mechanischer Belastbarkeit. atw 32(Dezember):587–589

Ruess F, Vignon D (1990) Die deutsch-französische Kooperation. atw 35(August/September):394–396 (Ruess und Vignon waren die NPI-Geschäftsführer für Vertrieb und Technik)

Ruf R (1970) Konstruktiver Aufbau und Sicherheitstechnische Gesichtspunkte für den Primärkreislauf von großen Druckwasserreaktoren. Neue Technik NTB 4/1970:135–141

Ruoff K, Katerbau K-H (1996) Einfluss hoher Temperaturen (>650 °C) auf Gefüge und Festigkeit von Reaktordruckbehälter-Werkstoffen, Abschlussbericht Reaktorsicherheitsforschungs-Vorhaben Nr 1500966, Staatliche Materialprüfungsanstalt Universität Stuttgart, Dezember 1996

Ruoff H, Katerbau K-H, Sturm D (1994) Microstructural investigations of TMI-2 lower pressure vessel head steel. Proceedings of an open forum „Three Mile Island Reactor Vessel Investigation Project – Achievements and Significant Results", Boston 20–22 Oktober 1993, OECD Documents, Paris, S 123–137

Rusinek B-A (1996) Das Forschungszentrum, Eine Geschichte der KFA Jülich von ihrer Gründung bis 1980. Campus, Frankfurt a. M.

Russell CR (1962) Reactor Safeguards. Pergamon Press, Oxford

Russell ML (1978) LOFT fuel design and operating experience. Trans Am Nucl Soc 30:392 f

Sailer M (1994) Politische und wirtschaftliche Aspekte der Sicherheit beim Betrieb von Kernkraftwerken. In: Moltmann B, Sahm A, Sapper M (Hrsg) Die Folgen von Tschernobyl. Haag und Herchen, Frankfurt a. M., S 97

Sammataro RF (1989) Lifetime integrity requirements for containments in the United States. Nucl Eng Des 117:67–77

Sasaki T, Kukihara I, Murai E, Tanaka Y, Suzuki K (2003) Manufacturing and properties of closure head forging integrated with flange for PWR reactor pressure vessel, 29. MPA-seminar, Stuttgart, S 54.10, 9/10 Oktober 2003

Savolainen AW, Whetsel HB (1969) Progress summary of nuclear safety research and development projects. Nucl Saf 10(2):186 (März–April) bzw. 10(6):537 (November–Dezember)

Sawan ME, Carbon MW (1975) A review of spray-cooling and bottom-flooding work for LWR cores. Nucl Eng Des 32:191–207

Sawitzki M, Kühlwein K, Winkler F, Emmerling R, Hertlein R, Gaul H-P (1987) Errichtung und Inbetriebsetzung der UPTF, Abschlussbericht zum Forschungs- und Entwicklungsvertrag BMFT 1500 500/8, Forschungsprogramm Reaktorsicherheit, Siemens Unternehmensbereich KWU, U9 414/87/030 März 1987, S 18

Schaffrath A, Hicken EF, Jaegers H, Prasser H-H (1999) Operation conditions of the emergency condenser of the SWR 1000. Nucl Eng Des 188:303–318

Schaffrath A, Walter D, Delmastro D et al (2003) Berechnung des Notkondensators des argentinischen Integralreaktors CAREM. atw 48(Februar):111–115

Schaumburger R (1972) Das 1300-MW-Kernkraftwerk Biblis B mit Siemens-Druckwasserreaktor. atw 17(November):552–555

Schein EH (1995) Unternehmenskultur. Campus-Verlag, Frankfurt a. M.

Schellhammer W (1978) Über die Ursachen von Relaxations- und Heißrissbildung in der Wärmeeinflusszone der Feinkornbaustähle 22 NiMoCr 3 7 und 20

MnMoNi 5 5, Techn.-Wiss. Bericht MPA Stuttgart, Heft 78-01, Schweißnaht Nr 55, S 63, 73 und 85

Schellhammer W et al (1976) MPA Stuttgart: Forschungsprogramm „Zentrale Auswertung von Herstellungsfehlern und Schäden im Hinblick auf druckführende Anlagenteile von Kernkraftwerken" SR 10, 1. Technischer Bericht, Projekt Tangentialschliffprogramm 22 NiMoCr 3 7, Januar 1976

Schenk H (1968) Das Kernkraftwerk Obrigheim. atw 13(Dezember):594 f

Schenk H, Mayr A (1970) Kernkraftwerk Obrigheim: Erfahrungen im ersten Betriebsjahr. atw 15(Juli):324–329

Schenk H, Mayr A, Pickel E (1971) Ergebnisse der US-Prüfungen am Reaktordruckgefäß des Kernkraftwerks Obrigheim. atw 16(August/September):453–454

Schiedermaier J et al (1989) Absicherungsprogramm zum Integritätsnachweis von Bauteilen, Einzelvorhaben „Bauteilversuche", Bericht 940 500 300, MPA Stuttgart, Februar 1989

Schier H (2006) Der Störfall vom 25. Juli 2006 im schwedischen Kernkraftwerk Forsmark 1. atw 51(Oktober):616–621

Schierenbeck J (1950) Wickelverfahren zur Herstellung von Synthese-Hochdruckhohlkörpern. Brennstoff-Chemie 31(23/24):375

Schikarski W (1966) Überlegungen zu schweren Unfällen an schnellen natriumgekühlten Leistungsreaktoren, IRS, 2. Fachtagung in Jülich, Der Größte Anzunehmende Unfall, S 39–45, 8 November 1966

Schilling FE, Beine B (1973) The Prestressed Cast Iron Reactor Vessel (PCIPV). Nucl Eng Des 25:315–319

Schinn R, Wolff U (1952) Einige Ergebnisse der Überschallprüfung schwerer Schmiedestücke mit dem Impulsecho-Verfahren. Stahl Eisen 72(12):695–702 (Juni)

Schirrmacher F (2011a) Der Moment, in dem man versteht. FAZ 66(19 März):33

Schirrmacher F (2011b) Die neun Gemeinplätze des Atomfreunds. FAZ 73(28 März):27

Schmid FJ (1975) Aufruhr in Wyhl, Leitartikel. Stuttgarter Ztg 46(25 Februar):1

Schmid FJ (1976) Neun Stunden Grabenkampf um Wyhl. Stuttgarter Ztg 288(13 Dezember):6

Schmoczer R (1968) Aufbau der Gesamtanlage KWL. atw 13(März):146–155

Schmollgruber F (1974) Verfahrenswege zur Herstellung großer Schmiedestücke und deren qualitativen und wirtschaftlichen Auswirkungen, Dissertation, Aachen

Schneider R (1986) Jeder bekommt sein Teilchen ab. Frankf Allg Ztg 111(15 Mai):4

Schneider C (1996) Tschernobyl-Molke soll verbrannt werden. Süddeutsche Ztg 90(18 April):48

Schnellenbach G, Stangenberg F (1979) Neue Entwicklungen bei der Auslegung von Kernkraftwerken gegen Flugzeugabsturz. VGB Kraftwerkstech 59(1):46–53 (Januar)

Schnetzler OW (1979) Gutachten zur Berstsicherheit von Reaktordruckbehältern in Druckwasserreaktoren. GLA Abt. 471, Zug. 1979–36, Nr 37, Mai 1977

Schnurer H (1980) Future developments of probabilistic structural reliability to meet the needs of risk analyses of nuclear power plants. Nucl Eng Des 60:145–149

Schoch W (1966) Bericht über die aufgetretenen Schäden an Kesseltrommeln. Mitteilungen der VGB 101(April):70–85

Schoch W (1969) Stähle für Temperaturen unter 400° C. VGB-Werkstofftagung, S 31

Schoch F-W (1984) Eigenschaften formgeschweißter Großbauteile, Werkstoffuntersuchungen an einem 72 t Versuchskörper aus Schweißgut 10 MnMoNi 5 5, Dissertation, Stuttgart, Techn.-wiss. Ber. MPA Stuttgart (1984), Heft 84-02

Schomer E (1993) WWER-Modernisierung. atw 38(Juni):433–436

Schreyer U (1986) Aus deutschen Landen frisch unter die Erde. Stuttgarter Ztg 112(17 Mai):8

Schröder W (1982) Kernkraftwerk Grafenrheinfeld – Auslegung, technische Daten, Zusatzforderungen. atw 27(Oktober):505–509

Schröter H-J (1985) Die KTA-Regeln für den stählernen Reaktorsicherheitsbehälter. Stahlbau, 54(2):46–52

Schubert F, Tschannerl J (1972) Das 805-MW-Gemeinschaftskernkraftwerk Neckar mit Siemens-Druckwasserreaktor. atw 17(August):410–414

Schüler R, Weisbrodt I, Wiebe W (1965) Die nukleare Antriebsanlage für die „Otto Hahn". atw 10(Mai):227–240

Schulte F (1933) Amerikanische Dampfkesselanlagen. Archiv für Wärmewirtschaft und Dampfkesselbau 14(Februar):35–39

Schulten R (1957) Sicherheits- und Schutzmaßnahmen bei Reaktoranlagen. atw 2(April):121

Schultz MA (1965) Steuerung und Regelung von Kernreaktoren und Kernkraftwerken, 2. Aufl., Berliner Union, Stuttgart

Schultz RR (2005) RELAP5-3D code manuel volume V: User's guidelines, appendix A: abstracts of RELAP5-3D reference documents S A-1 bis A-132, INEEL-EXT-98-00834, Revision 2.3, April 2005

Schulz EH (1966) Vorkommnisse und Strahlenunfälle in kerntechnischen Anlagen. Verlag Karl Thiemig, München

Schulz H (1983) Current position and actual licensing decisions on leak-before-break in the Federal Republic of Germany. In: Proceedings of the CSNI specialist meeting in nuclear reactor piping, Held at Monterey, California, NUREG/CP-0051, CSNI report no 82, S 505–522, 1–2 September 1983

Schulz TL (2006) Westinghouse AP1000 advanced passive plant. Nucl Eng Des 236:1547–1557

Schuppner SMH (2002) The U. S. nuclear future: DOE initiatives to advance nuclear energy in the United States. atw 47(März):158–161

Schütze C (1986) Ausstrahlungen einer Katastrophe. Süddeutsche Ztg 100(2 Mai):4

Schwaigerer S (1978) Festigkeitsberechnung im Dampfkessel-, Behälter- und Rohrleitungsbau. Springer, Berlin

Schwan H (1978) Reaktorsicherheits-Experimente im Kernkraftwerk Marviken. Kerntechnik 20(10):445–449

Schwarz M, Clement B et al (1998) The Phebus F.P. international research program on severe accident: status and main findings. Proceedings of the twenty-sixth water reactor safety information meeting, Bethesda, Md., NUREG/CP-0166, Bd 1, S 157–179, 26–28 October 1998

Schwarzer W (1992) Entstehung, Aufgabe und Arbeit des Kerntechnischen Ausschusses, KTA-GS-60, Köln, Juni 1992

Scott RL (1976) Browns Ferry nuclear power-plant fire on Mar. 22, 1975. Nucl Saf 17(5):592–610, (September–Oktober)

Seeberger GJ, Umminger K, Brand B, Watzinger H (1998) S-RELAP5 und PKL III, Jahrestagung Kerntechnik '98, München S 1–22 (nicht im Tagungsbericht), 26–28 Mai 1998

Seelmann-Eggebert W, Götte H (1953) Chemische Untersuchung der Spaltprodukte. In: Bothe W, Flügge S (Hrsg) Naturforschung und Medizin in Deutschland 1939–1946 (Fiat Review of German Science), Bd 13, Kernphysik und Kosmische Strahlen, Teil I. Verlag Chemie GmbH Weinheim/Bergstr., S 178–193

Segrè E (1939) An unsuccessful search for transuranic elements. Phys Rev 55:1104–1105

Seidel ER, Rauh H-J (2004) Das Sicherheitsmanagement von Kernkraftwerken aus Sicht der atomrechtlichen Aufsichtsbehörde. atw 49(März):166–171

Seidel ER, Straub G (2001) Analyse meldepflichtiger Ereignisse in bayerischen Kernkraftwerken mithilfe von aufsichtlichen Sicherheitsindikatoren. atw 46(März):180–185

Seidel ER, Straub G (2002) Indikatoren für die Bewertung des Sicherheitsniveaus von Kernkraftwerken. atw 47(Dezember):754–758

Seidelberger E (1976) Berechnung des Kernflutens bei gleichzeitiger Heiß- und Kalteinspeisung mit WAK 2. Tagungsbericht, Reaktortagung, 30 März–2 April 1976 in Düsseldorf, Deutsches Atomforum e. V., Bonn, S 91–94

Seipel H (1967) Nuclex-Diskussion über Sicherheitsfragen. Tech Überwachung 8(1):35 f (Januar)

Seipel HG (1965) Dynamische Belastungen eines Containments bei einem schweren Reaktorunfall, 1. IRS Fachgespräch: Der Einfluss des Standortes auf die Sicherheitsmaßnahmen in der Reaktoranlage, München, IRS, Köln, S 1–6, 29 Oktober 1965

Seipel HG (1966) Dynamische Belastungen eines Containments bei einem schweren Reaktorunfall. Atomkernenergie 11(9/10):367–372

Seipel HG (1972) Perspektiven zum Anfang der Phase II des HDR-Sicherheitsprogramms, in: 7. Sheldon M,: progress summary of nuclear safety research and development projects. Nucl Saf 13(6):496 (November–Dezember)

Seipel HG (1980) Harrisburg – Konsequenzen für Forschungs- und Entwicklungsprogramme. atw 25(Oktober):508–514

Seipel HG, Lummerzheim D, Rittig D (1977) German light-water-reactor safety-research program. Nucl Saf 18(6):727–756, (November–Dezember)

Sellner D (1982) Die Bewertung technischer Risiken. In: Hosemann G (Hrsg) Risiko – Schnittstelle zwischen Technik und Recht, VDE/VDI-Tagung 18/19 März 1982 in Seeheim. VDE-Verlag, Berlin, S 183–203

Sellner D, Hennenhöfer G et al (2006) Die Aufgabe der Sachverständigen bei der Gewährleistung der kerntechnischen Sicherheit und Auswirkungen möglicher Reformen, in: Schriftenreihe Recht & Technik, Bd 17, Verlag VdTÜV, Berlin, Oktober 2006

Seminara JL, Pack RW, Gonzales WR, Parsons SO (1977) Human factors in the nuclear control room. Nucl Saf 18(6):774–790, (November–Dezember)

Serkiz AW (1984) Evaluation of water hammer occurrence in nuclear power plants, technical findings to unresolved safety issues A-1, NUREG-0927, Revision 1, März 1984

Sethi JS, Niyogi BK (1980) Research needs for improved seismic safety of mechanical equipment in nuclear power plants. Nucl Eng Des 59:113–115

Sgarz G, Umminger K (1996) Experimentelle Absicherung von Notfallmaßnahmen, Jahrestagung Kerntechnik '96, 21–23 Mai 1996 Mannheim S 1–22 (nicht im Tagungsbericht)

Sheldon M (1973) Progress summary of nuclear safety research and development projects. Nucl Saf 13(6):673 (November–Dezember)

Sherman MP, Tieszen SR, Benedick WB (1989) Flame facility, NUREG/CR-5275, April 1989

Shibata H et al (1972) Development of aseismic design of mechanical structures. Nucl Eng Des 20:393–427

Shimamune H et al (1972) Current status of ROSA program 1 September 1972. In: Proceedings of the CREST spezialist meeting on emergency core cooling for light water reactors, Garching/München, LRA-MRR 115, Bd 1, 18–20 Oktober 1972

Shiralkar BS et al (1993) General Electric Company: „Thermal Hydraulic Aspects of the SBWR Design". Nucl Eng Des 144:213–222

Shires GL, Lee DH, Bowditch FH, Mogford DJ (1986) PWR cluster critical heat flux tests carried out in the TITAN loop at Winfrith. Proceedings, European two-phase flow group meeting, München, Paper H1, S 19, 10–13 Juni 1986

Shteynberg NA, Petrov VA et al (1992) Causes and circumstances of the accident at unit 4 of the Chernobyl nuclear power plant on 26 April 1986, Moskau, 1991, in: the chernobyl accident: updating INSAG-1, INSAG-7, A report by the International nuclear safety advisory group, IAEA safety series no 75-INSAG-7, Wien, Annex I, S 29–94, November 1992

Siddall E (1959) Statistical analysis of reactor safety standards. Nucleonics 17(2):64–69 (Februar)

Siebel E, Schwaigerer S (1946) Hochdruckbehälter für die chemische Industrie. Die Technik 1(3):114–118 (September)

Siebel E, Schwaigerer S (1952) Die Beanspruchung gewickelter Behälter. Chemie-Ingenieur-Technik 24(41):199–203

Siebel E, Schwaigerer S, Kopf E (1942) Berechnung dickwandiger Hohlzylinder. Wärme 65(51/52):442 (Dezember)

Siebel E, Schwaigerer S, Kopf E (1942) Berechnung dickwandiger Hohlzylinder. Die Wärme 65(51/52):440 (Dezember)

Siegel JM, Coryell CD u. a. (1946) (Plutoniumprojekt): Nuclei formed in fission: decay characteristics, fission yields, and chain relationships. J Am Chem Soc 68:2411–2442

Sievers G (1971) State of cooperative efforts between the HSST Program and the pressure vessel steel irradiation program of Verein Deutscher Eisenhüttenleute (VDEh). Nucl Eng Des 17:174 f

Sievers J (2000) Internationale Vergleichsanalysen zur Integrität von Reaktordruckbehältern (RPV PTS ICAS). atw 45:94–97

Sievers J (2001) Weiterentwicklung der Methodik zur Integritätsbewertung von Reaktordruckbehältern mit Verifizierung durch Analysen zu Großversuchen, Habilitationsschrift Universität Stuttgart, Mai 2001

Siler WC, Wells JH (1965) Design of BONUS containment structure. Nucl Struct Eng 2:306–314

Silver EG (1962) SPERT Program, Status Report. Nucl Saf 4(2):50–55 (Dezember)

Silver EG (1963–1964) SPERT program, status report, SPERT I. Nucl Saf 5(2 Winter):154

Silver EG (1985) Twelfth NRC water reactor safety research information meeting. Nucl Saf 26(5):582 (September–Oktober)

Silvestri M (1967) Grundzüge und Ablauf des CIRENE-Programms. atw 12(Februar): 85–88

Sime RL (2001) Lise Meitner. Insel, Frankfurt a. M.

Simon M (1986) Fertigstellung des Kraftwerks Mülheim-Kärlich. atw 31:373–379

Simpson JW, Rickover HG (1958) Shippingport atomic power station (PWR). Proceedings of the Second United Nations international conference on the peaceful uses of atomic energy, Genf, Bd 8, P/2462 USA, S 40–46, 1–13 September 1958

Simpson JW, Shaw M (1955) Description of the pressurized water reactor (PWR) power plant at Shippingport, Pa. Proceedings of the international conference on the peaceful uses of atomic energy, Geneva, Bd III, P/815 USA, United Nations, New York, S 211–242, 8–20 August 1955

Sinz R et al (1983) Abschlussbericht A, Werkstoffe und Schweißverbindungen, FKS RS 304 A, MPA Stuttgart, S 11 und Bd 3.4, Dezember 1983

Skokan A, Holleck H (1986) Die Bedeutung der chemischen Reaktionen von Reaktormaterialien beim Kernschmelzen, Abschlusskolloquium des Projektes Nukleare Sicherheit, Karlsruhe, Berichtsband KfK 4170, August 1986, S 367–379, 10 und 11 Juni 1986

Slaughterbeck DC, Ericson L (1977) Nuclear safety experiments in the Marviken power station. Nucl Saf 18(4):481–491

Slotosch W (1955) Atome für den Frieden. Süddeutsche Ztg 189(11 August):1–2

Smidt D (1976a) Reaktortechnik. Bd 1, G. Braun, Karlsruhe

Smidt D (1976b) Verminderung des Restrisikos in DWR-Kernkraftwerken. atw (Mai):257

Smidt D (1979) Reaktor-Sicherheitstechnik. Springer-Verlag, Berlin

Smidt D, Salvatori R (1976) Safety technology for accident analysis and consequence mitigation – pressure vessel types. Proceedings of the international conference on world nuclear energy – a status report, Washington DC, S 227–238, 14–19 November 1976

Smith CB (1974) Dynamic testing of full-scale nuclear power plant structures and equipment. Nucl Eng Des 27:199–208

Smith ML, Schmitt RC Evaluation and comparison of seismic response investigations of the Carolinas Virginia tube reactor containment system. Trans Am Nucl Soc 12(Supplement):28 f

Smith TH, Burr HR (1958) Selection of a reactor containment structure. Nucl Sci Eng 4:762–784

Smith TA, Warwick RG (1974) A survey of defects in pressure vessels built to high standards of construction and its relevance to nuclear primary circuits. Int J Pres Ves Pip 2:283–322

Smith TH, Dunn JT, Love JE (1958) Dresden Nuclear Container Sphere. Electrical World 15(Dezember):32

Smyth HD (1947) Atomic energy for military purposes. Princeton University Press, Princeton NJ, 1945 Deutsche Übersetzung: Atomenergie und ihre Verwertung im Kriege, Ernst Reinhardt Verlag AG., Basel, 1947

Smyth HD (1954) Nucleonics 12(1):9, (Januar)

Snell AH, Weinberg AM (1964) Oak Ridge graphite reactor. Phys Today (August):32–38

Snell AH, Nedzel VA, Ibser HW et al (1947) Studies of the delayed neutrons I. The decay curve and the intensity of the delayed neutrons. Phys Rev 72:541

Sobajima M, Fujishiro T (1988) Examination of the destructive forces in the Chernobyl accident based on NSRR experiments. Nucl Eng Des 106:179–190

Soete W Dechaene R Presentation de la machine EURATOM de 4000 tonnes pour essais de traction et essais Robertson, EURATOM report EUR 3121. d, f, e

Sokoloff SJ (1929) Zur Frage der Fortpflanzung ultra-akustischer Schwingungen in verschiedenen Körpern. Elektrische Nachrichten-Technik E.N.T. 6(11):454–461

Sokoloff SJ (1935) Über die praktische Ausnutzung der Beugung des Lichts an Ultraschallquellen. Physikalische Z 36:142–144

Solbrig CW, Barnum DJ (1976) The RELAP4 computer code: part 1. Application to nuclear power-plant analysis. Nucl Saf 17(2):194–204 (März–April)

Sommer P (1975) Auslegung von Reaktorschutzsystemen nach VdTÜV-Empfehlungen. Tagungsbericht der Reaktortagung des Deutschen Atomforums e. V., 8–11 April 1975 in Nürnberg S 519–522

Song JH, Kim SB, Kim HD (2005) On some salient unresolved issues in severe accidents for advanced light water reactors. Nucl Eng Des 235 (August):2055–2069

Sonnenberg GS (1968) Hundert Jahre Sicherheit, Beiträge zur technischen und administrativen Entwicklung des Dampfkesselwesens in Deutschland 1810 bis 1910, Verein Deutscher Ingenieure. Technikgeschichte in Einzeldarstellungen, Nr 6, VDI, Düsseldorf

Soodak H, Campbell EC (1950) Elementary pile theory. Wiley, New York, S 43–63

Sorensen JN (2002) Safety culture: a survey of the state-of-the-art. Reliab Eng Syst Saf 76(2002):189–204

Sowa ES (1960) First TREAT results – meltdown tests of EBR-2 fuel. Nucleonics 18(6):122–124 (Juni)

Sparhuber R (1968) Inbetriebsetzung und Anfangsbetrieb des MZFR. atw 13(März):130–134

Sperl H, Steffen R (1975) Das MHKW-Verfahren zur Erzeugung schwerer Schmiedestücke. Stahl Eisen 85(26):1297 f (18 Dezember 1975)

Spillekothen H-G (1983) Strahlenmessung. In: Kaiser G (Hrsg) Reaktorinstrumentierung. VDE-Verlag, Berlin

Stäbler K (1965) Planung der Inbetriebnahme. atw(10):574 (November)

Stäbler K (1980) Einführung in die Basissicherheit. VGB Kraftwerkstech 60(6):428–437 (Juni)

Stäbler K, Bilger H (1982) Erfahrungen bei der Umrüstung des Kernkraftwerks Philippsburg, Block 1. VGB Kraftwerkstech 62(5):339–346 (Mai)

Stadie KB (1981) Sharing safety experience in OECD countries. Nucl Eng Int (April):36–39

Stadie KB, Oliver P (1981) International cooperation for assuring safety. Proceedings international conference on world nuclear energy – accomplishments and perspectives, 17–21 November 1980, Washington DC, in: Trans Am Nucl Soc 37:103–109

Städtke H (1987) International standard problem ISP-18, LOBI-MOD2 small break LOCA experiment, final comparison report, CSNI report 133, S 5, 67 f, April 1987

Staebler UM (1956) Objectives and summary of USAEC civilian power reactor program. Proceedings of the international conference on the peaceful uses of the atomic energy, Genf, Bd III, P/816 USA, United Nations, New York, S 361–365, 8–20 August 1955

Stahlkopf KE, Noble DM, DeVine JC Jr, Sugnet WR (1988) The United States Advanced Light Water Reaktor (USALWR) development program. Trans Am Nucl Soc 56(Supplement no 1):127–134

Stammsen S, Glöckle W (2007) Erfassen der Sicherheitskultur bei Anlageninspektionen: Das KOMFORT-Aufsichtsinstrument der baden-württembergischen atomrechtlichen Aufsichtsbehörde. atw 52(November):731–736

Stangenberg F, Zilch K (1976) Erläuterungen zu den Richtlinien für die Bemessung von Stahlbetonbauteilen von Kernkraftwerken für außergewöhnliche Belastungen (Erdbeben, äußere Explosionen, Flugzeugabsturz), Mitteilungen IfBt 1/1976, S 3–11

Starke K (1942) Abtrennung des Elements 93. Die Naturwissen schaften 30: 107f (19.1.1942)

Starke K (1942) Abreicherung des künstlich radioaktiven uran-lsotops $^{239}_{92}$U und eines Folgeprodukts ^{239}93 (Element 93). Die Naturwisseuschaften 30: 577–582 (18.9.1942)

Staudt U (2007) Die Zentrale Melde- und Auswertestelle des VGB – ein Instrument des Informations- und Erfahrungsaustauschs. atw 52(Februar):77–79

Steele R Jr, Arendts JG (1989) Performance of a piping system and equipment in the HDR simulated seismic experiments. Nucl Eng Des 115:339–347

Stegmeyer R, Herter K-H (1984) Festigkeitsberechnung Reaktordruckbehälter -Vergleich AD/TRD zu ASME-Code-, 14. Technischer Bericht im Forschungsprogramm „Erstellung einer Materialsammlung über kerntechnische Regeln und Richtlinien für Werkstoffe, Berechnung und Prüfung unter Berücksichtigung der sicherheitstechnischen Erfordernisse für das Genehmigungs- und Aufsichtsverfahren (Konstruktionswerkstoffe und Bauteile für Kernkraftwerke), BMI – TB – SR 163, Mai 1984

Stehn JR, Clancy EF (1958) Fission-product radioactivity and heat generation. Proceedings of the Second United Nations international conference on the peaceful uses of atomic energy, Genf, Bd 13, P/1071 USA, United Nations, Genf, 1958, S 49–54, 1–13 September 1958

Steinhilber H (1978) Das Schwingverhalten von Reaktorgebäude, Druckbehälter und Rohrleitungen während der Versuche auf niedriger Anregungsstufe, Vergleich von Mess- und Rechenergebnissen, HDR-Sicherheitsprogramm, 2. Statusbericht, S 4–23, 24 Oktober 1978

Steinwarz W, Bounin D et al (1997) Abschlussbericht: Theoretische Untersuchungen und Großversuche zum Nachweis der Wirkungsweise und Wirksamkeit von Reaktorsicherheitselementen, BMFT Projekt Nr. 15NU0957, Siempelkamp Nuklear- und Umwelttechnik GmbH & Co., September 1997

Sterne RH Jr, Steele LE (1969) Steels for commercial nuclear power reactor pressure vessels. Nucl Eng Des 10:259–307

Stevenson JD (1976) Survey of extreme load design regulatory agency licensing requirements for nuclear power plants. Nucl Eng Des 37:3–22

Stevenson JD (1980a) Current summary of international extreme load design requirements for nuclear power plant facilities. Nucl Eng Des 60:197–209

Stevenson JD (1980b) Structural damping values as a function of dynamic response stress and deformation levels. Nucl Eng Des 60:211–237

Stevenson JD (1984) Summary and comparison of current U. S. regulatory standards and foreign standards. Nucl Eng Des 79:145–160

Stoller SM (1955) Site selection and plant layout. Nucleonics 13(6):42–45 (Juni)

Stoltz A (1991) Untersuchungen zur konstruktiven Gestaltung und Auslegung eines vorgespannten Stahlgussdruckbehälters für den HTR-Modul, Dissertation, RWTH Aachen, S 134–140

Stoykovich M (1976) Development and use of seismic instructure response spectra in nuclear power plants. Nucl Eng Des 38:253–266

Stoykovich M (1978) Nonlinear effects in dynamic analysis and design of nuclear power plant components: research status and needs. Nucl Eng Des 50:93–114

Strauß FJ (1956) Der Staat in der Atomwirtschaft. atw 1:2–5

Strauss LL (1964) Kette der Entscheidungen. Droste, Düsseldorf

Streffer C, Gethmann CF, Heinloth K, Rumpff K,Witt A (2005) Ethische Probleme einer langfristigen globalen Energieversorgung. Walter de Gruyter, Berlin

Struwe D, Jacobs H, Imke U, Krieg R, Hering W, Böttcher M, Lummer M, Malmberg T, Messemer G, Schmuck Ph, Göller B, Vorberg G (1999) Consequence evaluation of in-vessel fuel coolant interactions in the European Pressurized Water Reactor, Forschungszentrum Karlsruhe, wiss. Bericht FZKA 6316, Juli 1999

Stumpfrock L, Eisele U, Huber H, Merkert G, Restemeyer D, Seidenfuß M, Weber U (2002) MPA Stuttgart: Reaktorsicherheitsforschungs-Vorhaben Nr 1501065, Untersuchungen zu Auswirkungen der Plattierung auf das Verhalten von kleinen Fehlern im Grundwerkstoff bei gekoppelter thermischer und mechanischer Belastung, Abschlussbericht, Stuttgart, Dezember 2000

Stumpfrock L, Swan DI, Siegele D, Taylor NG et al (2003) NESC-II final report, Brittle crack initiation, propagation and arrest of shallow cracks in a clad vessel under PTS loading, NESCDOC MAN (02) 07, März 2003

Stünkel D, Bremer F, Ruf R, Schilling FE (1974) Stand und Entwicklung der Reaktordruckgefäße. atw November:532

Sturm D (1980) MPA Stuttgart: Forschungsprogramm „Phänomenologische Behälterversuche", RS 279, 1. Technischer Zwischenbericht, Oktober 1980

Sturm D, Julisch P (1978) Großplattenversuche, 4. MPA-Seminar, „Bruchverhalten und Brucherscheinungen – Primärsystem und Sicherheitsbehälter", Stuttgart, S 24, 4/5 Oktober 1978

Sturm D et al (1973) MPA Stuttgart: BMFT-TB RS 101, Projekt „Einschweißen von Ronden in Reaktordruckbehälterring" (S-UP-Ro), 1. Technischer Bericht, Oktober 1973

Sturm D et al (1975), MPA Stuttgart: BMFT-TB RS 101, Projekt „Einschweißen von Ronden in Reaktordruckbehälterring" (S-UP-Ro), 3. Technischer Bericht, Bd 2, Dezember 1975

Sturm D, Doll W, Großgut W, Maier H-J, Deuster G (1979a) Stand des „Forschungsvorhabens Großbehälter", in: 5. MPA-Seminar, Stuttgart, Vortragsnummer 8, 11/12 Oktober 1979

Sturm D, Stoppler W, Julisch P (1979b) Stand des Forschungsvorhabens Behälterversagen, 5. MPA-Seminar „Sicherheit und Prüfkonzeption für Komponenten und Systeme", Stuttgart, Vortrag Nr 7, S 23, Abb 21, 11–12 Oktober 1979

Sturm D, Stoppler W, Julisch P (1979c) Stand des Forschungsvorhabens Behälterversagen, 5. MPA-Seminar, MPA Stuttgart, Vortragsnummer 7, 11/12 Oktober 1979

Sturm D, Doll W, Großgut W, Deuster G (1980) Vorprojekt Großbehälter 150 369, Grobspezifikation des Forschungsvorhabens Großbehälter FV-GB sowie Dringlichkeitsprogramm Großbehälter DP-GB, MPA Stuttgart, Oktober 1980

Sturm D et al (1981) MPA Stuttgart: Bruchauslösung und Bruchöffnung unter Leichtwasserreaktor-Betriebsbedingungen, 7. MPA-Seminar, Stuttgart, Vortragsnummer 8, 8/9 Oktober 1981

Sturm D, Stoppler W, Julisch P, Hipplein K, Muz J (1982) Fracture initiation and fracture opening under light water reactor conditions.Nucl Eng Des 72:81–95

Sturm D, Stoppler W et al (1985) MPA Stuttgart: Forschungsprogramm „Phänomenologische Behälterberstversuche", Abschlussbericht Phase I, MPA Stuttgart, Juli 1985

Sturm D, Stoppler W, Hippelein K et al (1989) MPA Stuttgart: Forschungsvorhaben 1500 279, Phänomenologische Behälterberstversuche, Abschlussbericht, Stuttgart, November 1989

Sturm D, Stoppler W, Julisch P, Hippelein K, Muz J (1981) Bruchauslösung und Bruchöffnung unter Leichtwasserreaktor-Betriebsbedingungen, 7. MPA-Seminar, „Zähbruchkonzepte", Stuttgart, S 10, Abb 31, 8–9 Oktober 1981

Sugano T et al (1993a) Full-scale aircraft impact test for evaluation of impact force. Nucl Eng Des 140:373–385

Sugano T et al (1993b) Local damage to reinforced concrete structures caused by impact of aircraft engine missiles part 1. Test program, method and results. Nucl Eng Des 140:387–405

Sugano T et al (1993c) Local damage to reinforced concrete structures caused by impact of aircraft engine missiles part 2. Evaluation of test results. Nucl Eng Des 140:407–423

Susukida H, Satoh M, Ubayashi T, Yoshida K (1975) The application of high strength steel to containment vessels. NUCLEX 75, Basel/Schweiz, 7–8 Oktober 1975

Sutter A (1960) Reactor containment. Neue Technik 2(10–11):69–76

Sütterlin L, Liemersdorf H (1988) Probabilistic risk assessment of nuclear power plants for seismic events in the Federal Republic of Germany. Nucl Eng Des 110:165–169

Sutton OG (2002) Micrometeorology. McGraw-Hill, New York

Sutton CR, Leeser DO (1954) How radiation affects structural materials. The iron age, 19 August 1954, S 128–131 (Part I) und 26 August 1954, S 97–100 (Part II)

Suzuki M (2002) Design features of Tsuruga-3 and -4: the APWR plant in Japan. Nucl News 45(1):35–39

Tachibana F, Akiyama M, Kawamura H (1968) Heat transfer and critical heat flux in transient boiling. J Nucl Sci Tech 5(3):117–126 (März)

Tait GWC (1958) Reactor exclusion areas – can they be eliminated? Nucleonics 16(1):71–73 (Januar)

Takada M, Wanaka H, Aso K, Arakawa Y, Mino H, Nanba A (1983) Outline of 4400 t press and manufacture of large forged steel shell rings, Kawasaki Steel Technical Report No 7, S 16–26, März 1983

Takemori T, Sotomura K, Yamada M (1976) Nonlinear dynamic response of reactor containment. Nucl Eng Des 38:463–474

Tanabe F, Yoshiba K et al (1982) Post-facta analysis of the TMI accident: analysis of thermal hydraulic behavior by use of RELAP4/MOD6/U4/J2. Nucl Eng Des 69:3–35

Tanaka Y, Ishiguro T, Iwadate T, Tsukada H (1999) Development of high-quality large scale forgings for energy service. JSW Tech Rev 17:3

Tanguy P (1983) The French approach to nuclear power safety. Nucl Safety 24(5):589–606, (September–Oktober)

Tasaka K (1982) ROSA-IV program for the experimental study on small-break LOCA's and the related transients in a PWR. In: Tenth water reactor safety research information meeting, NUREG/CP-0041, Bd 1, S 353–355, 12–15 Oktober 1982

Tasaka K et al (1977) ROSA-II UHI tests in JAERI. Trans Am Nucl Soc 26:407 f

Tasaka K et al (1988) The Results of 5 % small-break LOCA and natural circulation tests at the ROSA-IV LSTF. Nucl Eng Des 108:37–44

Taylor JJ (1989) Improved and safer nuclear power. Science 244(21):318–325 (April)

Taylor RS, Williams AJ (1964) The design of prestressed concrete pressure vessels, with particular reference to Wylfa. Proceedings of the Third international conference on the peaceful uses of atomic energy, Genf, United Nations, New York, Bd 8, P/141 UK, S 446, 31 August–9 September 1964

Taylor JJ, Stahlkopf KE, Noble DM, Dau GJ (1988) LWR Development in the USA. Nucl Eng Des 109:19–22

Teller E (1979) Energy from Heaven and Earth. Freeman, San Francisco

Teller E, Brown A (1963) The legacy of Hiroshima. Doubleday, Garden City NY, 1962, deutsche Ausgabe: Das Vermächtnis von Hiroshima, Econ, Düsseldorf

Templeman J (1979) Labor union revelation of cracks in reactors stir furor in France. Nucleonics Week 27(September):3 f

Theis KA (2006) Welcoming remarks zur GRS-Konferenz: improving nuclear safety through operating experience feedback – present challenges and future solutions, 29–31 Mai 2006, Köln

Thompson TJ, Berkeley JG (1964) Introduction in: the technology of nuclear reactor safety, Bd I. The Massachusetts Institute of Technology Press, Cambridge

Thompson TJ, McCullough CR (1973) The concepts of reactor containment. In: Thompson TJ, Beckerley JG (Hrsg) The technology of nuclear reactor safety, Bd 2. The M. I. T. Press, Cambridge, S 755–801

Tietze A (1969) Mehrlagenbehälter, in: Kolloquium über Arbeiten zur Entwicklung von Reaktordruckgefäßen aus Stahl, KFA Jülich. Tagungsbericht, IRS-T 17, S 10 f, 22 April 1968

Tiggemann A (2004) Die „Achillesferse" der Kernenergie in der Bundesrepublik Deutschland: Zur Kernenergiekontroverse und Geschichte der nuklearen Entsorgung von den Anfängen bis Gorleben 1955–1985, Europaforum-Verlag, Lauf

Tix A (1956) Betriebliche Anwendung der Stahlentgasung im Vakuum, besonders bei großen Schmiedeblöcken. Stahl Eisen 76(2):61–68 (26 Januar 1956)

Tokumitsu M (1972) Full scale safety experiment of FUGEN. In: Proceedings of the CREST spezialist meeting on emergency core cooling for light water reactors, Garching/München, LRA-MRR 115, Bd 1, Dezember 1972, 18–20 Oktober 1972

Tolman EL, Kuan P, Broughton JM (1988) TMI-2 accident scenario update. Nucl Eng Des 108:45–54

Tong LS (1980a) 2D/3D program, in: Cottrell WB: Seventh NRC water-reactor safety-research information meeting. Nucl Safety 21(3):302 f (Mai–Juni)

Tong LS (1980b) USNRC LOCA research program. Proceedings, eighth water reactor safety research information meeting, Gaithersburg, Md., NUREG/CP-0023, Bd 1, IAEA-CN-39/99, 27–31 Oktober 1980

Tong LS (1980c) Water reactor safety research. Prog Nucl Ener 4:51–95

Tong LS, Bennett GL (1977) NRC water-reactor safety-research program. Nucl Safety 18(1) (Januar–Februar):1–40

Töpfer K (1990) Die Pläne der Bundesregierung zur Novellierung des Atomrechts. In: Lukes, R, Birkhofer, A (Hrsg) Neuntes Deutsches Atomrechts-Symposium, Schriftenreihe Recht-Technik-Wirtschaft, Bd 64, Carl Heymanns, Köln S 13

Töpfer K (1993a) Hilfe für östliche Kernkraftwerke. atw 38(Juli):500

Töpfer K (1993b) Kernenergie und Umwelt. atw 38(Juli):501

Torgerson DF, Shalaby BA, Pang S (2006) CANDU technology for Generation III+ and IV reactors. Nucl Eng Des 236:1565–1572

Tower SN, Schulz TL, Vijuk RP (1988) Passive and simplified system features for the advanced Westinghouse 600 MW$_{el}$ PWR. Nucl Eng Des 109:147–154

Trabalka et al (1979) Another perspective of the 1958 soviet nuclear accident. Nucl Saf 20(2):206–210 (März–April)

Traube K (1972) Boiling water reactor development and its mechanical-structural requirements and problems. Nucl Eng Des 19:55–69

Tregoning RL, Stevens GL (2011) U.S. Nuclear regulatory commission plans for commercial power plant licensing and assessment of environmental effects on fatigue lives of critical reactor components, 37. MPA-Seminar 2011 „Werkstoff- & Bauteilverhalten in der Energie- & Anlagentechnik", Stuttgart, 6 November 2011

Trumpfheller R (1966) Abnahmeprüfungen an Schweißnähten nach dem Ultraschallprüfverfahren. Schweißen und Schneiden 18(6):268–279

Trumpfheller R (1971) Zerstörungsfreies Prüfen an Behältern und Rohrleitungen in der Kerntechnik. Schweißen und Schneiden 23(4):138–140

Trumpfheller R (1993) Geschichte des Leistungsnachweises in der ZfP, Deutsche Gesellschaft für Zerstörungsfreie Prüfung: Leistungsnachweis bei ZfP-Methoden, Seminar 4/5 November 1993 in Berlin, Berichtsband 38, S 1–16

Trumpfheller R, Meyer, H-J (1966) Experiences in ultrasonic testing of welds in heavy steel structures. International Institute of Welding, Colloquium of Commission V, Delft, Doc. V-315–66/OE, 9–16 Juli 1966

Tsai NC, Swatta M et al (1974) The use of frequency-independent soil-structure interaction parameters. Nucl Eng Des 31:168–183

Tschiersch R (1976) Der Mehrlagenbehälter. Stahlbau 4:109

Tsuzuki M (1956) Early effects of radiation injury. Proceedings of the international conference on the peaceful uses of atomic energy, Bd 11, New York, S 128–129

Tujikura Y et al (2000) Development of passive safety systems for next generation PWR in Japan. Nucl Eng Des 201(September):61–70

Turner LA (1940a) Nuclear fission. Rev Modern Phys 12(1):1–29 (Januar)

Turner LA (1940b) The nonexistence of transuranic elements. Phys Rev 57:157 (Mitteilung vom 31 Dezember 1939)

Tuuanen J, Semken RS et al (1998) General description of the PACTEL test facility, VTT, ESPOO. ISBN 951-38-5338-1

Uchida H, Kodama K (1972) Japanese safety examination criteria on ECCS. In: Proceedings of the CREST spezialist meeting on emergency core cooling for light water reactors, Garching/München, LRA-MRR 115, Bd 2, 18–20 Oktober 1972

Ulrich M (1929) Festigkeitseigenschaften amerikanischer Kesselbleche von 10 bis 60 mm Stärke, Mitteilungen der VGB, Nr 24, S 3–15

Ulrich M (1937a) Auswertung der Abnahmeuntersuchungen der MPA Stuttgart an Werkstoffen und Kesselteilen für Höchstdruckkessel, Mitteilungen der VGB, Heft 65, S 371–384, 30 Dezember 1937

Ulrich M (1937b) Die Werkstoffe von Höchstdruckkesseln, Sonderdruck 25/37 des Hauses der Technik, Essen, aus Techn. Mitteilungen, Heft 15, S 6, 14–15, 1 August 1937

Umminger K, Brand B (2003) Boron dilution tests/PKL. Proceedings of the 2003 nuclear safety research conference, Washington DC, NUREG/CP-0185, S 185–206, 20–22 Oktober 2003

Umminger K, Kastner W, Weber P (1996) Effectiveness of emergency procedures under BDBA-conditions – experimental investigations in an integral test facility (PKL). Proceedings, ASME/JSME ICONE-4, New Orleans, S 1–9, 10–14 März 1996

Umminger K, Liebert J, Kastner W (1997) Thermal-Hydraulic behavior of a PWR under accident conditions – complementary test results from UPTF and PKL. Proceedings, NURETH 8, Kyoto, Bd 2, S 1142–1150, 30 September–4 Oktober 1997

Umminger K, Kastner W, Liebert J, Mull T (2001) Thermal hydraulics of PWRS with respect to boron dilution phenomena. Experimental results from the test facilities PKL and UPTF. Nucl Eng Des 204:191–203

Umminger K, Brand B, Kastner W (2002) The PKL test facility of Framatome ANP – 25 years experimental accident investigation for pressurized water reactors, VGB PowerTech 1/2002, S 36–42

Umminger K, Schön B, Mull T (2006) PKL experiments on loss of residual heat removal under shutdown conditions in PWRS. Proceedings of ICAPP '06, 4–8 Juni 2006 Reno, Paper 6440, S 1–9

Uno T, Iwasaki Y (1969) Neuartige hochbelastbare Druckbehälter. Tech Überwachung 10(7 Juli):205–210

Urban M (1986) Im Prinzip war RBMK 1000 ein zuverlässiges System. Süddeutsche Ztg 99:2 (30 April/1
Mai 1986)

Urban M (1986) Umgang mit dem Unwahrscheinlichen.
Süddeutsche Ztg 103(6 Mai):4

USAEC/General Nuclear Engineering Corporation
(1959) Reactor safety and containment. Power Reactor Tech 2(3 Juni)

Valencia L (1998) Vom HDR zur grünen Wiese. atw
43(November):684–688

Vandenberg SR (1966–1967) Status of pipe-rupture study
at general electric. Nucl Saf 8(2):148–155 (Winter)

Vannoy WM (1979) Reliability experience of nuclear
power stations, in: Die Qualität von Kernkraftwerken
aus amerikanischer und deutscher Sicht, 2. Internationale Tagung des Technischen Überwachungs-Vereins
Rheinland e. V. und der Firma Babcock & Wilcox
Company, USA, am 28 September 1978 in Köln, Verlag TÜV Rheinland GmbH, Köln, S 30–61

Varley J (1993) Who was to blame for Chernobyl – Insag's
second thoughts. Nucl Eng Int Mai:51 f

Verkamp JP, Williams SL (1956) Nuclear-plant leaktightness. Nucleonics 14(6):54–57 (Juni)

Vieweg K (1982) Atomrecht und technische Normung:
Der Kerntechnische Ausschuss (KTA) und die KTA-
Regeln, Schriften zum Öffentlichen Recht, Bd 413,
Dunker und Humblot, Berlin

Vigil JC, Pryor RJ (1980) Development and assessment
of the Transient Reactor Analysis Code (TRAC). Nucl
Saf 21(2):171–183 (März-April)

Vinzens K, Laue H, Hosemann B (1988) Strukturinteg-
rität von Schnellen Brütern einschließlich Leck-vor-
Bruchverhalten, 14. MPA-Seminar, Stuttgart, Bd 1,
S 7.1–7.16, 6–7 Oktober 1988

Vitanza C (1998) Overview of the OECD-Halden reactor
project. Proceedings of the twenty-sixth water reactor safety information meeting, Bethesda, Maryland,
NUREG/CP-0166, Bd 2, S 190–194, 26–28 Oktober
1998

Voigt O (1972) Weiterentwicklung des Siedewasserreaktors in der BRD. atw 17(September/Oktober):488–491

Voigt J (1978) Auslegung und konstruktive Gestaltung
eines aus Stahlguss-Segmenten aufgebauten Druckbehälters für einen Kugelhaufen-Hochtemperaturreaktor
mit einer thermischen Leistung von 3000 MW, Dissertation, RWTH Aachen, S 42–48

Voigt O, Koch E (1973) Störfallursachen und Problemlösungen. atw 18(Dezember):584–587

Völkle H (2012) Strahlenbelastung nach Reaktorunfällen:
Tatsachen und Meinungen, Fachtagung 2012 Nuklearforum Schweiz, Olten, 31 Januar 2012

Volkmer M (2007) Kernenergie Basiswissen, Informati-
ons Kreis Kernenergie, Ubia Druck Köln, Juni 2007

Waas U (2000) Sicherheitskonzept deutscher Kernkraftwerke zum Ausschluss von Schäden in der Umgebung. Deutscher Instituts-Verlag GmbH, Köln

Wagner U (1989) Vorgespannter Stahlgussdruckbehälter
als Primärkreisumschließung für Hochtemperatur-

reaktoren kleiner und mittlerer Leistung, Dissertation,
Universität GH Duisburg, S 105 f

Wahl HW (1966) Foundation caisson provides underground containment for nuclear power plant. Nucl Eng
Des 3:478–494

Wahlster M, Choudhury A (1968) Einfluss des Umschmelzens nach Sonderverfahren auf Gefüge und einige
Eigenschaften von Stählen. Stahl Eisen 88(22):1193–
1202 und 1480 (31 Oktober 1968)

Walker M (1990) Die Uranmaschine. Siedler, Berlin

Walker SJ (1992) Containing the atom. University of
California Press

Walker JS (2004) Three Mile Island. University of California Press, Berkeley

Walker M (2007) Eine Waffenschmiede? In: Maier H
(Hrsg) Gemeinschaftsforschung, Bevollmächtigte und
Wissenstransfer. Wallstein-Verlag, Göttingen

Wang MJ, Mayinger F (1995) Simulation and analysis of
thermal-hydraulic phenomena in a PWR hot leg related to SBLOCA. Nucl Eng Des 155:643–652

Wang Z et al (1989) On the applicability of Ishii's simi-
larity parameters to integral systems. Nucl Eng Des
117:317–323

Wang Z et al (1992) Impact of rapid condensations of
large vapour spaces on natural circulation in integral
systems. Nucl Eng Des 133:285–300

Waring JP, Rosal ER, Hochreiter LE (1974) FLECHT-
Systems-Effects tests – phase B1 results. Trans Am
Nucl Soc (Oktober):292 f

Watanabe Y (1983) Explosion eines Reaktionsgefäßes bei
Dichteprüfung. Maschinenschaden 56(3):98–99

Waters TC (1960) Reinforced concrete as a material for
containments. In: Nuclear reactor containment buildings and pressure vessels, Butterworths, London,
S 50–87

Watzel GVP (1971) Kritische Anmerkung zur Sicherheitsanalyse mit Hilfe des Auslegungsstörfalls. atw
16(Oktober):533 f

Watzinger H, Weiss P, Winkler F, Wolfert K (1989) Ziele
und Ergebnisse des 2D/3D-Programms (UPTF) zur
Untersuchung des thermo- und fluiddynamischen Ver-
haltens bei Störfällen. Tagungsbericht Jahrestagung
Kerntechnik '89, Fachsitzung „Aktuelle thermo- und
fluiddynamische Aspekte bei Leichtwasserreaktoren",
Mai 1989 Düsseldorf, Deutsches Atomforum e. V.
Bonn, INFORUM Bonn S 30–43

Wawersik H (1965) Über die Fertigung des Reaktordruckgefäßes für den 50-MW$_{el}$-Mehrzweckforschungs-
reaktor (MZFR) Karlsruhe. Energie und Technik
4:150–153

Way K, Wigner EP (1946) Radiation from fission products. Phys Rev 70:115

Way K, Wigner EP (1948) The rate of decay of fission
products. Physical Rev 73:1318–1330

Weatherwax RK (1975) Virtues and limitation of risk analysis. Bull At Sci (September):29–32

Weber F (1963) Zur Geschichte der deutschen Dampfkessel-Bestimmungen. VDI Information, Nr 8, Juni 1963

Weber JP, Reichenbach D, Tscherkashow JM (1995)
Sicherheitsfragen des RBMK. atw 40(5):314–319
(Mai)

Webster CC (1967) Water-Loss tests in Water-Cooled and -Moderated research reactors. Nucl Saf 8(6):591 (November–Dezember)

Wechsler MS (1967) Radiation damage to Pressure-Vessel steels. Nucl Saf 8(5):461–469

Wechsler MS (Hrsg) (1970) The technology of Pressure-Retaining steel components. Proceedings of the symposium Vail village, Colorado, nuclear metallurgy, Bd 16, New York, 21–23 September 1970

Weckesser A (1965) Vom VAK zum KRB Gundremmingen. atw 10(November):565–567

Weckesser A et al (1967) Inbetriebnahme des Kernkraftwerks Gundremmingen. atw 12(Juli):348–351

Weeks JR (1988) Embrittlement and annealing of VVER pressure vessels, Brookhaven National Laboratory, BNL – 43164, DE 90000031

Weems SJ, Lyman WG, Haga PB (1970) The Ice-Condenser reactor containment system. Nucl Saf 11(3):2115–222 (Mai–Juni)

Weidauer R (1964) Die erste Atlantiküberquerung der „Savannah". atw 9(Oktober):485

Weigt P (1968) Revolutions-Lexikon – Handbuch der Außerparlamentarischen Aktion, Bärmeier & Nikel, Frankfurt a. M.

Weil GL (1955) Hazards of nuclear power plants. Science 121(3140):315–317 (4 März 1955)

Weinberg AM (1990) Engineering in an age of anxiety: The search for inherent safety. VDI Berichte Nr 822, S 254 f

Weisbrodt I (1982) Das Hochtemperaturreaktor-Modul-Konzept der KWU-Gruppe für den Wärmemarkt. Energiewirtschaftliche Tagesfragen 32(10):825–829

Weiss P, Sawitzki M, Winkler F (1986) UPTF, a full-scale PWR loss-of-coolant accident experiment program. Atomkernenergie-Kerntechnik 49(1/2):61–67

Weiss P, Steinbauer K (1989) Betriebserfahrungen, Versuchsergebnisse, UPTF Fachtagung II, 14 Februar 1989 in Mannheim, Siemens UB KWU, S 9

Weiss P, Watzinger H, Hertlein R (1990) UPTF experiment: a synopsis of full scale test results. Nucl Eng Des 122:219–234

Weisshäupl W, Brand B (1981) PKL small break tests and energy transport mechanisms. Proceedings ANS/USNRC/EPRI specialists meeting on small break Loss-of-Coolant accident analysis in LWRs, Monterey, EPRI WS-81-201, S 5–31 bis 5–50, 25–27 August 1981

Wellinger K, Gimmel P, Bodenstein M (1972a) Werkstofftabellen der Metalle. Alfred Kröner, Stuttgart

Wellinger K, Kraegeloh E, Kußmaul K, Sturm D (1972b) Die Bruchgefahr bei Reaktordruckbehältern und Rohrleitungen. Nucl Eng Des 20:220–221

Wellinger K, Kußmaul K (1967) Stähle im Kesselbau. Brennstoff-Wärme-Kraft 19(2):53–65

Wellinger K, Kußmaul K (1970) 50 Jahre Werkstofftechnologie im Kraftwerksbau und -betrieb. Mitteilungen der Vereinigung der Großkesselbetreiber 50(5 Oktober):356–362

Wellinger K, Sturm D (1968) Festigkeitsverhalten von Kugelbehältern unter Innendruck. Schweißen und Schneiden 20(2):79–80

Wells AA (1961) Unstable crack propagation in metals: cleavage and fast fracture. Proceedings, crack propagation symposion, Cranfield, S 210–230

Wells AA (1963) Application of fracture mechanics at and beyond yielding. Br Weld J 10(November):563–570

Wenzel P (1965) Graphitmoderierte wassergekühlte Druckröhrenreaktoren. Kernenergie 8(8):449–464

Wenzel HH (1989) Kernkraftwerks-Komponenten halten auch das stärkste Erdbeben aus. atw 34(März):128

Wenzel P, Zabka G (1974) Graphitmoderierte wassergekühlte Druckröhrenreaktoren in der UdSSR. Kernenergie 17(12):361–367

Werner H (1991) Druckführende Komponenten des WWER, Auslegung, Werkstoffe, Betriebserfahrungen, Forschungsprogramm SR 471 im Auftrag des Bundesministers für Forschung und Technologie, 20. Technischer Bericht, MPA-Auftrags-Nr 8711 00 000, Stuttgart, Juni 1991

Wessel ET, Mager TR (1970) The fracture mechanics approach to reliability in nuclear pressure vessels. In: Wechsler MS (Hrsg) The technology of Pressure-Retaining steel components. Proceedings of the symposium Vail village, Colorado, nuclear metallurgy, Bd 16, New York, S 119–152, 21–23 September 1970

Wessman GL, Moffette TR (1973) Safety-Design bases of the HGTR. Nucl Saf 14(6):618–634 (November–Dezember)

Whatley ME (1960) Pressure-Suppression containment. Nucl Saf 2(1):49 f (September)

Whetsel HB (1966) Progress summary of nuclear safety research and development projects. Nucl Saf 8(1):87 f (Herbst)

White EP, Duffey RB (1975) A study of the unsteady reflooding of water reactor cores. Trans Am Nucl Soc 20:491–494

Whitfield D (1987) Advances in human factors in nuclear power systems. Nucl Energy 26(4):205–206, (August)

Whitman GD (1966) Proposed State-of-the-Art review of reactor Pressure-Vessel technology. Nucl Saf 7(4):436 (Sommer)

Whitman GD (1967) Technology of steel pressure vessels for Water-Cooled nuclear reactors. Nucl Saf 8(5):429–442 (September–Oktober)

Whitman GD (1986) Historical summary of the Heavy-Section steel technology program and some related activities in Light-Water reactor pressure vessel safety research, NUREG/CR-4489, ORNL-6259, S 5

Whitman GD, Robinson GC Jr, Savolainen AW et al (1967) Technology of steel pressure vessels for water cooled nuclear reactors, ORNL report NSIC-21, Dezember 1967

Whitman GD, Witt FJ (1970) Heavy steel technology program. In: Wechsler MS (Hrsg) The technology of Pressure-Retaining steel components. Proceedings of the symposium Vail village, Colorado, Nuclear metallurgy, Bd 16, New York, S 1–19, 21–23 September 1970

Widart J (1980) Integral design of reactor pressure vessels. In: Nichols RW (Hrsg) Trends in reactor pressure vessel and circuit development. Proceedings of the IAEA specialists meeting on „Trends in Reactor Pressure Vessel and Circuit Development" held 5–8 March 1979 in Madrid, Applied Science Publishers Ltd, London, S 221–230

Wiesenack G (1958) Die Lehren des Windscale-Unfalls. atw 3(5):183–188 (Mai)

Wiesenack G (1967) Entwicklung der Sicherheitsphilosophie nach dem Modell des GAU. atw 12(August/September):418–421

Wiesenack G (1971) Wesen und Geschichte der Technischen Überwachungs-Vereine. Carl Heymanns, Köln

Wigner EP (1946) Theoretical physics in the metallurgical laboratory of Chicago. J Appl Phys 17(11):857–863 (November)

Wigner EP (1970) Symmetries and reflections. The M.I.T. Press, Cambridge, S 118

Wigner EP, Way K (1974) Radiation from fission products. Manhattan District Declassification Code (MDDC) 48 vom 6 Mai 1946. Nucleonics 1(1):73 (September)

Wilkins DR, Duncan JD, Hucik SA, Sweeney JI (1988) Future directions in boiling water reactor design. Trans Am Nucl Soc 56(Supplement No 1):104–111

Wilkowski G (2000) Leak-Before-Break: what does it mean? J Press Vess Tech 122(August):267–272

Williams KA (1980) TRAC analysis support for the 2D/3D program. Proceedings, eighth water reactor safety research information meeting, Gaithersburg, Md., NUREG-CP-0023, Bd 2, LA-UR-80-3086, 27–31 Oktober 1980

Williams RC, Cantelon PL (Hrsg) (1984) The American atom. University of Pennsylvania Press, Philadelphia

Willner L (1976) Bestimmung optimaler Führungsgrößen für den Elektro-Schlacke-Umschmelzprozess. Stahl Eisen 96(20):952–957 (7 Oktober 1976)

Wilpert B, Itoigawa N (2002) A culture of safety. Nucl Eng Int Mai:28–31

Wilson GE, Boyack BE (1998) The role of the PIRT process in experiments, code development and code applications. Nucl Eng Des 186:23–37

Wilson JV (1964) Xenon instabilities. Nucl Safety 5(4):345–354 (Sommer)

Wilson J (1974) Counting the cost at Flixborough. Nature 249(14 Juni):604 f

Wilson TR (1966–1967) Status report on LOFT. Nucl Saf 8(2 Winter):127–139

Winkler F (1976) Beherrschung von Kühlmittelverluststörfällen im Primärkreis von Druckwasserreaktoren. Tagungsbericht Reaktortagung 30 März–2 April 1976 in Düsseldorf, DAtF/KTG, Bonn, S 3–6

Winnacker K, Wirtz K (1975) Das unverstandene Atom – Kernenergie in Deutschland. Econ, Düsseldorf, Wien

Winters JW (2002) AP600– ready to build, AP1000– ready to license. atw 47(Juni):378–382

Winter U (2004) Neue Elemente in der baden-württembergischen Kernenergieaufsicht. atw 49(Juli):486–492

Wirtz K Production and neutron absorption of nuclear graphite. Proceedings, Bd VIII, P/1132, Federal Republik of Germany S 496–499

Witherspoon JP Jr, Early TO (1990) The Chernobyl source term: a critical review. Nucl Saf 31(3):360 (Juli–September)

Witt F, J, Mager TR (1971) Fracture toughness K_{Icd} values at temperatures up to 550°F for ASTM A 533 grade B, class 1 steel. Nucl Eng Des 17:91–102

Witt FJ (1968) The heavy section steel technology program. Nucl Eng Des 8:22–38

Witt FJ (1971) Introduction: HSST program investigations. Nucl Eng Des 17:1–3

Witt FJ, Whitman GD (1971) Fracture investigations and status of the heavy-section steel technology program. Nucl Safety 12(5):523–529 (September–Oktober)

Wolf JP (1976) Soil-structure interaction with separation of base mat from soil (Lifting-Off). Nucl Eng Des 38:357–384

Wolfert K, Brittain I (1988) CSNI validation matrix for PWR und BWR thermal-hydraulic system codes. Nucl Eng Des 108:107–119

Wolfert K, Frisch W (1983) Proposal for the formulation of a validation matrix, CSNI-SINDOC (83)

Wolff PHW (1967) TO CONTAIN, OR NOT TO CONTAIN. In: Proceedings of a symposium on the containment and siting of nuclear power plants, IAEA, Wien, S 619–630, 3–5 April 1967

Woloschkiewitsch GZ (1954) Das elektrische Schlackenschweißen. Schweißtechnik 4. Jg., Heft 6, VEB Verlag Technik, Berlin, S 177–180 (Juni)

Wong CC (1988) HECTR analyses of the Nevada Test Side (NTS) premixed combustion experiments. NUREG/CR-4916, SAND87–0956, S 3 (November)

Wootton KJ (1959) Designing an earthquake-proof nuclear power station. New Scientist 5(23 April):913–915

Wurm T (1973) Elf Standorte benötigt. Badische Ztg 174(31 Juli):10

Yaffe L (1948) The fission products and their uses. Nucleonics 3(9):68–73 (September)

Yamaba R, Okamoto K, Moriyama K, Itoh K (1985) Strength and toughness of newly developed HT 60 steel plate used for P.C.V., The 3rd German-Japanese joint seminar, Research of structural strength and NDE problems in nuclear engineering, Stuttgart, Bd II, Beitrag II.2.10, S 15, 29–30 August 1985

Yamaba R, Okayama Y, Okamoto K, Nakao H (1990) Development of steel plate with high toughness for primary containment vessel of nuclear reactor. The 5th German-Japanese joint seminar, research of structural strength and NDE problems in nuclear engineering, München, Beitrag 2.1, S 15, 11–12 Oktober 1990

Yamada T (1962) Safety evaluation of nuclear power plants. Proceedings of the symposium on reactor safety and hazards evaluation techniques, Bd II, IAEA, Wien, S 496–515, 14–18 May

Yamanouchi A (1968) Effect of core spray cooling at stationary state after loss of coolant accident. J Nucl Sci Tech 5(11):498–508 (November)

Yamanouchi A (1968) Effect of core spray cooling in transient state after loss of coolant accident. J Nucl Sci Tech 5(11):547–558 (November)

Yedidia JM, Sugnet WR (1992) Utility requirements for advanced LWR passive plants. Nucl Eng Des 136:187–193

Yeh GCK (1976) Probability and containment of turbine missiles. Nucl Eng Des 37:307–312

Yeh H-C, Hochreiter LE (1975) An analysis of oscillations in simulated reflood experiments. Trans Am Nucl Soc (November):490 f

Yellowlees JM, Spruce TW (1967) Safety features of the Hinkley Point B AGR pressure vessel and penetrations. In: Proceedings of a symposium on the containment and siting of nuclear power plants, IAEA, Wien, S 597–617, 3–5 April 1967

Yonomoto T, Ohtsu I, Yoshinari A (1998) Thermal-hydraulic characteristics of a next-generation reactor relying on steam generator secondary side cooling for primary depressurization and long-term passive core cooling. Nucl Eng Des 185:83–96

Young MW, Sursock JP (1987) Coordination of safety research for the Babcock and Wilcox integral system test program. März, NUREG-1163

Zapp FC (1969) Testing of containment systems used with light-water-cooled power reactors. Nucl Saf 10(4):308–315 (Juli–August)

Zastrow E (1961) Werkstoffe im Versuchsatomkraftwerk Kahl. atw 6(Januar):66–72

Zebroski EL et al (1981) World progress in LWR safety. Trans Am Nucl Soc 37:84–101

Zerna W, Schnellenbach G, Stangenberg F (1976) Optimized reinforcement of nuclear power plant structures for aircraft impact forces. Nucl Eng Des 37:313–320

Zick LP (1960) Design of steel containment vessels in the U. S. A. In: Nuclear reactor containment buildings and pressure vessels. Proceedings of a symposium by the royal college of science and technology, glasgow, Butterworths, London, S 91–113, 17–20 Mai

Ziegler A (1962) Der Mehrzweck-Forschungsreaktor. atw 7(Januar):17–26

Ziegler A (1965) Weiterentwicklung und Aussichten der D_2O-Druckkkessel-Reaktoren. atw 10(Juli/August):390–392

Ziller P (1992) Gefährliches Angebot. Franfurter Rundschau, Nr 286, S 3, 9 Dezember 1992

Ziller P (1993) Zukunft von Kohle und Atomenergie soll in Gesetz geregelt werden. Frankfurter Rundschau, Nr 252, S 1, 29 Oktober 1993

Zinn WH (1956) A letter on EBR-1 fuel meltdown. Nucleonics 14(6):35, 103–104, 119

Zinn WH, Szilard L (1939) Emission of neutrons by Uranium. The Physi Rev 57:619–624

Zint G (1979) Gegen den Atomstaat, 300 Fotodokumente. Zweitausendeins, Frankfurt a. M., S 9–51

Zorn NF, Schuëller GI (1986) On the failure probability of the containment under accidental aircraft impact. Nucl Eng Des 91:277–286

Namenverzeichnis

P. Laufs, *Reaktorsicherheit für Leistungskernkraftwerke*,
DOI 10.1007/978-3-642-30655-6, © Springer-Verlag Berlin Heidelberg 2013

Sachverzeichnis

P. Laufs, *Reaktorsicherheit für Leistungskernkraftwerke*,
DOI 10.1007/978-3-642-30655-6, © Springer-Verlag Berlin Heidelberg 2013